岩土工程系列手册

岩土工程勘察手册

Geotechnical Investigation Manual

化建新　王长科　主编

中国建筑工业出版社

图书在版编目（CIP）数据

岩土工程勘察手册 = Geotechnical Investigation Manual / 化建新，王长科主编. — 北京：中国建筑工业出版社，2024.6
（岩土工程系列手册）
ISBN 978-7-112-29743-6

Ⅰ. ①岩… Ⅱ. ①化…②王… Ⅲ. ①岩土工程–地质勘探–手册 Ⅳ. ①TU412-62

中国国家版本馆 CIP 数据核字（2024）第 073120 号

责任编辑：杨　允　李静伟　刘颖超　咸大庆
责任校对：张　颖

岩土工程系列手册
岩土工程勘察手册
Geotechnical Investigation Manual
化建新　王长科　主编
＊
中国建筑工业出版社出版、发行（北京海淀三里河路 9 号）
各地新华书店、建筑书店经销
国排高科（北京）信息技术有限公司制版
鸿博睿特（天津）印刷科技有限公司印刷
＊
开本：787 毫米×1092 毫米　1/16　印张：80　字数：2605 千字
2024 年 8 月第一版　　2024 年 8 月第一次印刷
定价：**285.00** 元
ISBN 978-7-112-29743-6
（42256）

《岩土工程勘察手册》
编写人员名单

主　　　编：化建新　王长科

常务副主编：王　浩　孙会哲　陈　波　杨书涛　刘尊平

副　主　编：（排名不分先后）

宁俊栋	吴　浩	张继文	侯东利	高文新	陈则连	孙红林
张修杰	胡惠华	李建光	荆少东	王旭宏	孙立川	刘志伟
司富安	李会中	刘荣毅	郭青林	眭素刚	周玉明	邢忠学
许水潮	丁　冰	刘俊龙	杨石飞	段志刚	黄强兵	高文生
卢玉南	蒋良文	郑玉辉	江强强	罗　勇	南亚林	王泉伟
丁洪元	梁　涛					

编　　　委：（排名不分先后）

张春辉	苟家满	杨建生	聂淑贞	蔡怀恩	朱辉云	李世民
程海陆	高　涛	姚洪锡	崔庆国	张永忠	周正礼	江秀海
马百财	龚道平	张金平	刘少波	王慧珍	黄广明	牟晓东
徐帅陵	李志华	施晓文	贾国和	王红贤	杨球玉	韩　林
段　毅	张小宝	王吉亮	许　琦	罗　飞	白　伟	彭满华
裴强强	陈鹏飞	刘争宏	余武术	符亚兵	崔建波	林忠伟
信立晨	迟占颖	金新锋	张长城	郑金伙	王　蓉	黄伟亮
秋仁东	陈盛金	周绪鸿	谭智杰	杜宇本	郭　晨	周　航
卢　游	高胜军	杨龙伟	王孝臣	崔文君	吴　博	秦仕伟
陈艳国	王贵军	徐牧明	潘志军	翟　航	刘　春	李春宝
王　炜	李耀华	曾海柏	王书行	蒋　力		

审查专家：（排名不分先后）

沈小克	戴一鸣	梁金国	徐张建	刘厚健	许再良	周宏磊
武　威	郑建国	徐杨青	王笃礼	孟祥连	刘文连	高玉生
蒋建良	李清波	闫德刚				

主 编 单 位：中兵勘察设计研究院有限公司
中国兵器工业北方勘察设计研究院有限公司

参 编 单 位：（排名不分先后）
机械工业勘察设计研究院有限公司
北京市勘察设计研究院有限公司
北京城建勘测设计研究院有限责任公司
中国铁路设计集团有限公司
中铁第四勘察设计院集团有限公司
广东省交通规划设计研究院集团股份有限公司
湖南省交通规划勘察设计院有限公司
中航勘察设计研究院有限公司
中勘冶金勘察设计研究院有限责任公司
中石化石油工程设计有限公司
中国核电工程有限公司
河北中核岩土工程有限责任公司
中国电力工程顾问集团西北电力设计院有限公司
水利部水利水电规划设计总院
长江三峡勘测研究院有限公司（武汉）
中船勘察设计研究院有限公司
敦煌研究院
中国有色金属工业昆明勘察设计研究院有限公司
天津市勘察设计院集团有限公司
内蒙古筑业工程勘察设计有限公司
中机三勘岩土工程有限公司
新疆建筑设计研究院有限公司
福建省建筑设计研究院有限公司
上海勘察设计研究院（集团）股份有限公司
海军研究院
长安大学
中国建筑科学研究院有限公司地基基础研究所
广西华蓝岩土工程有限公司
中铁二院工程集团有限责任公司
中节能建设工程设计院有限公司
中煤科工集团武汉设计研究院有限公司
北京市地质环境监测所
信电综合勘察设计研究院有限公司
黄河勘测规划设计研究院有限公司
中冶武勘工程技术有限公司
航天规划设计集团有限公司

序　一

自从二十世纪八十年代我国探索推行岩土工程体制以来，工程勘察行业以创新引领发展，从功能单一的传统工程勘察向为用户提供岩土工程全过程咨询服务转型，成为与国际接轨、为经济社会提供全方位科技智力服务行业，取得了良好的经济、社会和环境效益。

作为推动我国岩土工程体制的参与者，耳闻目睹了当年老一辈院士、大师、专家们的治学理念、敬业精神、求真态度，他们把扎实理论基础和丰富实践经验奉献给勘察设计行业，他们是我国岩土工程界的先驱，也是我们学习的榜样。二十多年前，在原建设部勘察设计司的大力支持下，中国勘察设计协会工程勘察分会原秘书长、全国工程勘察大师林宗元牵头编著了《岩土工程治理手册》系列丛书，为推动岩土工程体制改革和技术进步，发挥了重要作用，成为岩土工程从业人员必备的工具书。

进入新世纪，伴随经济社会高质量发展，建设领域取得了举世瞩目的成就，岩土工程领域新技术、新方法不断呈现并取得一定的突破，积累了大量的工程实践经验。为适应新时代发展的需要，由中兵勘察设计研究院有限公司、全国工程勘察大师化建新牵头主编的《岩土工程勘察手册》、《岩土工程设计治理手册》和《岩土工程试验监测手册》，组织了全国 50 多家勘察设计企业、高校、研究院所共计 280 多位岩土工程专家、研究员、教授、青年工程师参加编写，邀请 18 位全国工程勘察大师和 16 位行业专家对编写内容进行了技术审查。此举既是对林宗元大师等老一辈岩土工程先驱宝贵财富的传承，也是新时期广大岩土工程技术、科研人员工程创新实践的总结，必将为行业的高质量发展注入勃勃生机。

党的十八大以来，习近平总书记对城市工作和住房城乡建设工作作出了一系列指示批示，为我国勘察设计工作指明了方向，提供了根本遵循。完整、准确、全面贯彻新发展理念，紧密结合宜居、韧性、智慧城市建设，以及环境保护与修复、城市更新、新型城镇化建设、智能化、绿色低碳发展等机遇对专业服务的需求和数字化转型的需要，促进岩土工程专业体制的进一步深化，提升岩土工程在工程建设全过程的专业集成化服务价值，促进工程勘察行业服务能力提升和持续健康发展，是岩土工程界有识之士的共识。

这三本《手册》的修编发行，将进一步促进提高从业人员的素质和工程质量安全，成为岩土工程界专业技术人员的良师益友，为新时代经济社会高质量发展添砖加瓦，为实现中国式现代化贡献力量。

中国勘察设计协会理事长

序 二

历时 3 年，经国内 280 余位工程勘察行业专家协力修订补充，由 20 位全国、省工程勘察设计大师和 14 位业界著名专家审核、重新出版的《岩土工程勘察手册》《岩土工程设计治理手册》和《岩土工程试验监测手册》终于面世，这是对我国建设工程的勘察设计工作和专业技术人员实践能力的养成工作的一项十分重要的新贡献。这三本岩土工程的相关技术手册至少具有两方面的重要价值：一个是对勘察设计工程师基本能力水平的基础性支撑，一个是促进勘察设计行业服务国家建设能力的不断发展。

关于"岩土工程"的定义，《中国大百科全书》（第三版）是"应用土力学、岩体力学和工程地质学，研究土木工程中涉及岩体、土体和岩、土中水的认识、利用、整治或改造的工程技术学科"；《岩土工程基本术语标准》GB/T 50279—2014 是"土木工程涉及岩石和土的利用、整治和改造的科学技术"。可以说，这两种定义从科学与技术两个侧面比较客观地反映了"岩土工程"同时具备的特性，在专业学科发展和工程实际中，"岩土工程"既要不断研究涉及复杂机理的科学问题（搞清楚为什么），还要针对复杂多变的工程问题提出恰当的工程技术方案（创造性地解决问题）。与上部结构工程及传统土建施工之间的最大不同，是岩土工程师必须（不得不）面对地域性很强、由大自然经过亿万年形成且工程特性随环境变化的岩土体（材料）和人类无序活动、随机行为所造成的不均匀性和不确定性，并因此要承担更多和更大的风险责任。因此，岩土工程师必须将很难完美的理论、方法与大量的工程实践经验相结合，针对个性化的场区条件选用不同的勘测试验技术方法，为做出正确的工程判断奠定可靠的基础，针对复杂的岩土工程问题研究提供正确的解决方案。因此，具有覆盖所需基本常识和专业知识、适用经验及工程应用研究成果的岩土工程专业指导手册，为在生疏地域从事岩土工程的技术人员以及在校的土木工程专业学生提供完整的工作理念和与时俱进的现实工作指引，无疑是十分重要的。

由林宗元大师牵头组织全国 400 余位专家编纂、于 2003 年首次出版的 5 本岩土工程相关技术手册与我国推行的"岩土工程体制"密切相关，是我国岩土工程专家积极奉献行业发展的重要工作成果。以与国际发达国家接轨、全面提升我国传统工程勘察行业科技服务能力和水平为目标，建设部和国家计委联合进行顶层设计，并以"岩土工程体制"为实现路径持续推进的行业变革至今已近 45 年，期间先后经历了国际行业发展轨迹及执业管理调研与方案酝酿（1979—1980，国家建委）；试行开展"岩土工程"技术服务（1986，国家计委），将岩土工程勘察、岩土工程设计、岩土工程治理、岩土工程监测等内容纳入工程勘察企业资格（1991，建设部，现为工程勘察企业资质标准），明确"岩土工程"的具体服务分类包括岩土工程勘察、岩土工程设计、岩土工程治理、岩土工程监测、岩土工程监理（1992，建设部）；编制、出台国家标准《岩土工程勘察规范》（1994，建设部）；准备并开始注册土木工程师（岩土）注册资格考试（1998—2002，建设部）；注册土木工程师（岩土）

实施执业（2002，建设部）等。开展岩土工程技术服务近40年来，我国工程勘察行业的科技服务能力获得了显著的拓展，为社会创造了巨大的价值，岩土工程技术的发展方兴未艾。近年来，我国社会的新时期发展对高质量岩土工程技术服务的需求越来越多，作为地下空间开发利用的基石和保障21世纪我国资源、能源、生态安全可持续发展的重要基础领域之一，要求岩土工程技术的发展在服务国家战略和地区发展方面创造新价值（2018，全国岩土工程师论坛），并在"韧性""绿色""智能""人文"方面不断作出新贡献（2019，中国土木工程学会第十三届全国土力学及岩土工程学术大会）。因此，我国建设主管部门在《"十四五"工程勘察设计行业发展规划》中再次明确和强调要进一步推行"岩土工程专业体制"，发挥注册岩土工程师在岩土工程技术服务中的主导作用和提供好工程勘察专业全过程服务、岩土工程一体化集成化服务。面向新时期的社会进步与行业发展，此次修编补充和整合出版的三本手册补充了部分新的技术发展内容，必将在促进行业发展和集成服务能力的提升方面发挥积极的作用。感谢编委会对前辈精神的传承和全体编委专家对行业发展的积极奉献。

全国工程勘察设计大师
中国勘察设计协会　监事长
中国勘察设计协会工程勘察分会　名誉会长

前 言

20世纪末，在建设部吴奕良司长等有关领导的支持下，全国勘察设计大师林宗元组织全国400多名岩土工程专家学者，先后编写出版了《岩土工程治理手册》《岩土工程试验监测手册》《岩土工程勘察设计手册》《岩土工程监理手册》和《国内外岩土工程实例和实录选编》，之后又于千年之交，在中国建筑工业出版社组织编写出版了《简明岩土工程勘察设计手册》《简明岩土工程监理手册》《岩土工程治理手册》《岩土工程试验监测手册》，该系列手册涉及工业与民用建筑、公路、铁路、水电等多个行业，充分体现了岩土工程特点，内容上注重实用性、指导性、可靠性和先进性，对当时的广大工程勘察及岩土工程从业人员起到了较好的指导参考作用，对我国的工程建设起到了很好的服务支撑。

近20多年来，我国在工程建设领域取得了举世瞩目的成就，工程勘察及岩土工程领域新技术、新方法的应用也取得一定突破，并积累了大量的工程经验；相关行业技术标准体系也发生了一些变化，特别是国家标准《工程勘察通用规范》等一批规范、规程、标准的实施，对工程勘察技术进步提出了更高的要求。为了适用新的发展要求，对林宗元大师主编的手册进行了修编出版。在中国建筑工业出版社咸大庆社长的支持指导下，本次修编工作将原《简明岩土工程勘察设计手册》更名为《岩土工程勘察手册》，将《岩土工程勘察设计手册》中设计的内容编入《岩土工程设计治理手册》，原《岩土工程试验监测手册》名称不变。修编后《岩土工程勘察手册》主要内容共分为6篇52章。

本次手册出版，得到了中国勘察设计协会朱长喜理事长和沈小克监事长的大力支持，两位领导在百忙之中，抽出时间对手册出版工作，提出宝贵指导性意见并撰写序言，主编在此表示感谢！

本次手册出版工作，得到了国内许多单位的大力支持，手册编辑出版工作得到了中国建筑工业出版社杨允责任编辑等人的多方面全力支持，在此对以上参编作者、审核专家和各有关单位表示衷心的感谢！由于主编水平和时间所限，文中难免存在错漏，欢迎读者批评指正，提出宝贵意见，请将意见建议发到 zgbkhjx@126.com 邮箱。

化建新　王长科

编写和审核人员表

篇	章节	编写人员和单位	审核人员
第1篇	第1~3章	孙会哲和张春辉（中国兵器北方勘察设计研究院有限公司）	王长科
	第4~5章	王浩（中兵勘察设计研究院有限公司）	
	第6章	苟家满和杨建生（中兵勘察设计研究院有限公司）	
第2篇	第1章	聂淑贞（中兵勘察设计研究院有限公司）	周宏磊
	第2章	张继文和蔡怀恩（机械工业勘察设计研究院有限公司）	
	第3章	侯东利和朱辉云（北京市勘察设计研究院有限公司）	
	第4章	北京城建勘测设计研究院有限责任公司组织编写	许再良
	4.1、4.2节	李世民	
	4.3节	程海陆	
	4.4节	高涛	
	第5章	中国铁路设计集团有限公司（中国铁设）和中铁第四勘察设计院集团有限公司（铁四院）组织编写	孟祥连
	5.1、5.2节	孙红林（铁四院）	
	5.3.1~5.3.3节	孙红林和姚洪锡（铁四院）	
	5.3.4~5.3.8节	崔庆国和张永忠（中国铁设）	
	5.4节	陈则连、周正礼和江秀海（中国铁设）	
	5.5节	孙红林和姚洪锡（铁四院）	
	5.6.1~5.6.5节	崔庆国和马百财（中国铁设）	
	5.6.6节	姚洪锡（铁四院）	
	5.6.7节	姚洪锡（铁四院），崔庆国和马百财（中国铁设）	
	第6章	湖南省交通规划勘察设计院有限公司和广东省交通规划设计研究院集团股份有限公司组织编写	化建新
	6.1~6.4节	张修杰和张金平（广东省交通规划设计研究院集团股份有限公司）	
	6.5、6.6节	胡惠华和龚道平（湖南省交通规划勘察设计院有限公司）	
	第7章	李建光和刘少波（中航勘察设计研究院有限公司）	王笃礼
	第8章	杨书涛、王慧珍和黄广明（中勘冶金勘察设计研究院有限责任公司）	刘文连
	第9章	中石化石油工程设计有限公司组织编写	王长科
	9.1节	荆少东	
	9.2、9.3节	牟晓东和徐帅陵	
	9.4节	荆少东和李志华	

篇	章节	编写人员和单位	审核人员
	9.5 节	荆少东	王长科
第2篇	第 10 章	中国核电工程有限公司（中核工程）和 河北中核岩土工程有限责任公司（中核岩土）组织编写	化建新
	10.1 节	王旭宏、施晓文（中核工程）	
	10.2 节	贾国和和王红贤（中核岩土）	
	10.3 节	王旭宏和杨球玉（中核工程）	
	10.4 节	韩林和孙立川（中核岩土）	
	第 11 章	中国电力工程顾问集团西北电力设计院有限公司组织编写	刘厚健
	11.1、11.2 节	刘志伟	
	11.3 节	段毅	
	11.4 节	刘志伟	
	11.5、11.6 节	段毅	
	第 12 章	水利部水利水电规划设计总院（水规总院） 和长江三峡勘测研究院有限公司（武汉）（三峡院）组织编写	李清波 司富安 李会中
	12.1 节	张小宝（水规总院）	
	12.2 节	王吉亮（三峡院）	
	12.3 节	许琦（三峡院）	
	12.4 节	罗飞（三峡院）	
	12.5 节	白伟（三峡院）	
	12.6 节	罗飞（三峡院）	
	第 13 章	刘荣毅和彭满华（中船勘察设计研究院有限公司）	蒋建良
	第 14 章	郭青林（敦煌研究院）、裴强强（敦煌研究院）和 陈鹏飞（中兵勘察设计研究院有限公司）	化建新
第3篇	第 1 章	刘争宏和余武术（机械工业勘察设计研究院有限公司）	郑建国
	第 2 章	眭素刚（中国有色金属工业昆明勘察设计研究院有限公司）	戴一鸣
	第 3 章	周玉明和符亚兵（天津市勘察设计院集团有限公司）	武威
	第 4 章	崔建波（中国兵器北方勘察设计研究院有限公司）	蒋建良
	第 5 章	林忠伟（中兵勘察设计研究院有限公司）	刘厚健
	第 6 章	信立晨和迟占颖（内蒙古筑业工程勘察设计有限公司）	孟祥连
	第 7 章	许水潮和金新锋（中机三勘岩土工程有限公司）	王笃礼
	第 8 章	丁冰和张长城（新疆建筑设计研究院有限公司）	郑建国
	第 9 章	刘俊龙和郑金伙（福建省建筑设计研究院有限公司）	戴一鸣
	第 10 章	杨石飞和王蓉（上海勘察设计研究院（集团）股份有限公司）	武威
	第 11 章	段志刚（海军研究院）	化建新
第4篇	第 1 章	黄强兵和黄伟亮（长安大学）	梁金国
	第 2 章	高文生和秋仁东（中国建筑科学研究院有限公司地基基础研究所）	

篇	章节	编写人员和单位	审核人员
第4篇	第3章	卢玉南、陈盛金、周绪鸿和谭智杰（广西华蓝岩土工程有限公司）	化建新
	第4章	蒋良文、杜宇本、郭晨和周航（中铁二院工程集团有限公司）	许再良
	第5章	李建光和卢游（中航勘察设计研究院有限公司）	徐张建
	第6章	郑玉辉和高胜军（中节能建设工程设计院有限公司）	
	第7章	江强强、杨龙伟和王孝臣（中煤科工集团武汉设计研究院有限公司）	徐杨青
	第8章	罗勇和崔文君（北京市地质环境监测所）	
	第9章	南亚林、吴博和秦仕伟（信电综合勘察设计研究院有限公司）	郑建国
	第10章	张小宝（水利部水利水电规划设计总院）	高玉生
	第11章	陈艳国、王贵军和王泉伟（黄河勘测规划设计研究院有限公司）	
	第12章	中冶集团武汉勘察研究院有限公司和河北中核岩土工程有限责任公司组织编写	刘文连
	12.1、12.2节	丁洪元（中冶集团武汉勘察研究院有限公司）	
	12.3节	徐牧明（中冶集团武汉勘察研究院有限公司）	
	12.4节	潘志军（中冶集团武汉勘察研究院有限公司）	
	12.5节	贾国和、韩林、王红贤和孙立川（河北中核岩土工程有限责任公司）	
第5篇	第1章	翟航（中兵勘察设计研究院有限公司）	宁俊栋
	第2章	刘春（中兵勘察设计研究院有限公司）	
	第3章	翟航（中兵勘察设计研究院有限公司）	
	第4章	刘春（中兵勘察设计研究院有限公司）	
第6篇	第1章	李春宝和王炜（航天规划设计集团有限公司）	闫德刚
	第2章	李耀华和王炜（航天规划设计集团有限公司）	
	第3章	曾海柏（航天规划设计集团有限公司）	
	第4章	王书行和梁涛（航天规划设计集团有限公司）	
	第5章	蒋力（航天规划设计集团有限公司）	化建新

目　录

第6篇
岩土工程分析与评价

第1篇

岩土工程勘察基础

第1章　岩土工程勘察基本准则

1.1　法律、法规和技术标准

1.1.1　法律和法规

国家颁布与岩土工程有关的法律和法规主要有：

《中华人民共和国建筑法》

《中华人民共和国招标投标法》

《中华人民共和国合同法》

《中华人民共和国标准化法》

《中华人民共和国安全生产法》

国务院《建设工程质量管理条例》

国务院《建筑工程安全生产管理条例》

国务院《建设工程勘察设计管理条例》

住房和城乡建设部《危险性较大的分部分项工程安全管理规定》

住房和城乡建设部《建设工程勘察质量管理办法》

住房和城乡建设部《房屋建筑和市政公用基础设施工程施工图设计文件审查管理办法》

住房和城乡建设部《工程勘察资质标准实施办法》

1.1.2　技术标准

根据现行《中华人民共和国标准化法》，标准包括国家标准、行业标准、地方标准、团体标准和企业标准。

国际上市场经济国家，技术法规和技术标准是两个层次。技术法规由政府或立法机构、司法机构制订、发布和监督实施，全社会均必须遵守，主要规定涉及人身安全、环境、节能以及涉及国家和公众利益的问题；技术标准则委托有权威的民间机构制订和发布，除被技术法规引用外，原则上由社会自愿选用。

为适应国际技术法规与技术标准通行规则，2016 年以来，住房和城乡建设部陆续印发《关于深化工程建设标准化工作改革的意见》等文件，提出政府制定强制性标准、社会团体制定自愿采用性标准的长远目标，明确了逐步用全文强制性工程建设规范取代现行标准中分散的强制性条文的改革任务，逐步形成由法律、行政法规、部门规章中的技术性规定与全文强制性工程建设规范构成的"技术法规"体系。

关于规范种类。强制性工程建设规范体系覆盖工程建设领域各类建设工程项目，分为工程项目类规范（简称项目规范）和通用技术类规范（简称通用规范）两种类型。项目规范以工程建设项目整体为对象，以项目的规模、布局、功能、性能和关键技术措施等五大要素为主要内容。通用规范以实现工程建设项目功能性能要求的各专业通用技术为对象，以勘察、设计、施工、维修、养护等通用技术要求为主要内容。在全文强制性工程建设规范体系中，项目规范为主干，通用规范是对各类项目共性的、通用的专业性关键技术措施的规定。强制性工程建设规范中各项要素是保障城乡基础设施建设体系化和效率提升的基本规定，是支撑城乡建设高质量发展的基本要求。

关于规范实施。强制性工程建设规范具有强制约束力，是保障人民生命财产安全、人身健康、工程安全、生态环境安全、公众权益和公众利益，以及促进能源资源节约利用，满足经济社会管理等方面的控制性底线要求。与强制性工程建设规范配套的推荐性工程建设标准是经过实践检验的、保障达到强制性规范要求的成熟技术措施，一般情况下也应当执行。在满足强制性工程建设规范规定的项目功能、性能要求和关键技术措施的前提下，可合理选用相关团体标准、企业标准，使项目功能、性能更加优化或达到更高水平。推荐性工程建设标准、团体标准、企业标准要与强制性工程建设规范协调配套，各项技术要求不得低于强制性工程建设规范的相关技术水平。强制性工程建设规范实施后，现行相关工程建设国家标准、行业标准中的强制性条文同时废止。现行工程建设地方标准中的强制性条文应及时修订，且不得低于强制性工程建设规范的规定。现行工程建设标准（包括强制性标准和推荐性标准）中有关规定与强制性工程建设规范的规定不一致的，以强制性工程建设规范的规定为准。

目前，政府主管部门发布与岩土工程勘察相关的规定有：

住房和城乡建设部《岩土工程勘察文件技术审查要点》（2020版）

住房和城乡建设部《房屋建筑和市政基础设施工程勘察文件编制深度规定》（2020年版）

住房和城乡建设部《房屋建筑和市政基础设施工程勘察质量信息化监管平台数据标准（试行）》

与岩土工程勘察相关的现行通用规范包括：

《工程结构通用规范》GB 55001；

《建筑与市政工程抗震通用规范》GB 55002；

《建筑与市政地基基础通用规范》GB 55003；

《工程勘察通用规范》GB 55017；

《工程测量通用规范》GB 55018；

《既有建筑鉴定与加固通用规范》GB 55021；

《既有建筑维护与改造通用规范》GB 55022；

与岩土工程勘察有关的现行国家标准和行业标准主要有：

《工程场地地震安全性评价》GB 17741

《中国地震动参数区划图》GB 18306

《建筑地基基础设计规范》GB 50007

《建筑结构荷载规范》GB 50009

《建筑抗震设计标准》GB/T 50011

《岩土工程勘察规范》GB 50021

《湿陷性黄土地区建筑标准》GB 50025

《膨胀土地区建筑技术规范》GB 50112

《土工试验方法标准》GB/T 50123

《土的工程分类标准》GB/T 50145

《工程岩体分级标准》GB/T 50218

《建筑工程抗震设防分类标准》GB 50223

《工程岩体试验方法标准》GB/T 50266

《地基动力特性测试规范》GB/T 50269

《岩土工程基本术语标准》GB/T 50279

《城市轨道交通岩土工程勘察规范》GB 50307

《建筑边坡工程技术规范》GB 50330

《工程建设勘察企业质量管理标准》GB/T 50379

《水利水电工程地质勘察规范》GB 50487

《330kV～750kV 架空输电线路勘测标准》GB/T 50548

《岩土工程勘察安全标准》GB/T 50585

《1000kV 架空输电线路勘测规范》GB 50741

《冶金工业建设岩土工程勘察规范》GB 50749

《复合地基技术规范》GB/T 50783

《水工建筑物抗震设计标准》GB 51247

《高层建筑岩土工程勘察标准》JGJ/T 72

《建筑地基处理技术规范》JGJ 79

《软土地区岩土工程勘察规程》JGJ 83

《建筑工程地质勘探与取样技术规程》JGJ/T 87

《建筑桩基技术规范》JGJ 94

《冻土地区建筑地基基础设计规范》JGJ 118

《建筑基坑支护技术规程》JGJ 120

《湿陷性黄土地区建筑基坑工程安全技术规程》JGJ 167

《建筑工程抗浮技术标准》JGJ 476

《公路工程抗震规范》JTG B02

《公路路基设计规范》JTG D30

《公路桥涵设计通用规范》JTG D60

《公路桥涵地基与基础设计规范》JTG 3363

《公路工程地质勘察规范》JTG C20

《公路土工试验规程》JTG 3430

《铁路路基设计规范》TB 10001

《铁路工程地质勘察规范》TB 10012

《铁路路基支挡结构设计规范》TB 10025

《铁路工程不良地质勘察规程》TB 10027

《铁路特殊路基设计规范》TB 10035

《铁路工程特殊岩土勘察规程》TB 10038

《铁路工程岩土分类标准》TB 10077

《水运工程岩土勘察规范》JTS 133

《水运工程地基设计规范》JTS 147

《碾压式土石坝设计规范》SL 274

《城市工程地球物理探测标准》CJJ/T 7

《市政工程勘察规范》CJJ 56

《城乡规划工程地质勘察规范》CJJ 57

《民用机场勘测规范》MH/T 5025

《民用机场岩土工程设计规范》MH/T 5027

《民用机场高填方工程技术规范》MH/T 5035

《民用机场填海技术规范》MH/T 5060

也可参考《工程地质手册》附录国内外岩土工程及工程地质主要相关技术标准目录。

1.2　岩土工程勘察等级

根据《岩土工程勘察规范》GB 50021—2001（2009年版），岩土工程勘察等级在工程重要性等级、场地复杂程度等级和地基复杂程度等级的基础上划分。

1.2.1　工程重要性等级

根据工程的规模和特征，以及工程破坏或影响正常使用的后果，分为三个工程重要性等级：

一级工程：重要工程，破坏后果很严重；

二级工程：一般工程，破坏后果严重；

三级工程：次要工程，破坏后果不严重。

工程重要性等级对于勘察，主要考虑工程规模大小和特点，以及由于岩土工程问题造成破坏或影响正常使用的后果。由于涉及房屋建筑、地下洞室、线路、电厂及其他工业建筑、废弃物处理工程等各行各业，很难做出具体划分标准，故《岩土工程勘察规范》只作了比较原则的规定。

1.2.2　场地复杂性等级

1）符合下列条件之一者为一级场地（复杂场地）：

（1）对建筑抗震危险的地段；

（2）不良地质作用强烈发育；

（3）地质环境已经或可能受到强烈破坏；

（4）地形地貌复杂；

（5）有影响工程的多层地下水、岩溶裂隙水，或其他水文地质条件复杂、需专门研究的场地。

2）符合下列条件之一者为二级场地（中等复杂场地）：

（1）对建筑抗震不利的地段；

（2）不良地质作用一般发育；

（3）地质环境已经或可能受到一般破坏；

（4）地形地貌较复杂；

（5）基础位于地下水位以下的场地。

3）符合下列条件者为三级场地（简单场地）：

（1）抗震设防烈度小于或等于6度，或对建筑抗震有利的地段；

（2）不良地质作用不发育；

（3）地质环境基本未受破坏；

（4）地形地貌简单；

（5）地下水对工程无影响。

划分时，从一级开始，向二级、三级推定，以最先满足的为准；地基等级亦按本方法推定。

"不良地质作用强烈发育场地"是指泥石流沟谷、崩塌、滑坡、土洞、塌陷、岸边冲刷、地下水强烈潜蚀等极不稳定的场地，这些不良地质作用直接威胁着工程安全；"不良地质作用一般发育"是指虽有上述不良地质作用，但并不十分强烈，对工程安全的影响不严重。

"地质环境"是指人为因素和自然因素引起的地下采空、地面沉降、地裂缝、化学污染、水位上升等。"受到强烈破坏"是指对工程的安全已构成直接威胁，如浅层采空、地面沉降盆地的边缘地带、横跨地裂缝、因蓄水而沼泽化等。"受到一般破坏"是指已有或将有上述现象，但不强烈，对工程安全的影响不严重。

1.2.3　地基复杂性等级

1）符合下列条件之一者为一级地基（复杂地基）：

（1）岩土种类多，很不均匀，性质变化大，需特殊处理；

（2）严重湿陷、膨胀、盐渍、污染等特殊性岩土，以及其他情况复杂、需做专门处理的岩土。

2）符合下列条件之一者为二级地基（中等复杂地基）：

（1）岩土种类较多，不均匀，性质变化较大；

（2）除本条1）中第（2）款规定以外的特殊性岩土。

3）符合下列条件者为三级地基（简单地基）：

（1）岩土种类单一，均匀，性质变化不大；

（2）无特殊性岩土。

多年冻土情况特殊，应列为一级地基。"严重湿陷、膨胀、盐渍、污染等严重的特殊性岩土"是指III级及III级以上自重湿陷性土、III级膨胀性土等。未分级的特殊性岩土，对工程影响大，需做专门处理的，以及变化复杂、同一场地上存在多种强烈程度不同的特殊性岩土时，也应列为一级地基。但对自重湿陷性黄土，如水平方向变化不大，则在布置勘探点时，可根据情况按二级或三级地基复杂程度等级处理，具体按现行《湿陷性黄土地区建筑标准》GB 50025执行。

1.2.4　岩土工程勘察等级

甲级：在工程重要性、场地复杂性和地基复杂性等级中，有一项或多项为一级；

乙级：除甲级和丙级以外的勘察项目；

丙级：工程重要性、场地复杂性和地基复杂性等级均为三级。

对于岩质地基，场地地质条件的复杂程度是控制因素。建造在岩质地基上的工程，如果场地和地基条件比较简单，勘察工作的难度是不大的。故即使是一级工程，场地和地基为三级时，岩土工程勘察等级也可定为乙级。

1.2.5　突出重点，因地制宜

岩土工程勘察是根据工程建设的要求，查明、分析、评价建设场地的地质、环境特征和岩土工程条件，编制勘察文件的活动。我国地域广大，地质条件各异，场地和地基的复杂程度差别很大，勘察时一定要突出重点，因地制宜。对于岩土工程勘察等级为甲级的工程，除了满足规范要求外，有时还要对某些复杂问题进行专门性试验和专门性研究；对于丙级工程，则可以适当简化。除了均需查明的岩土分布及工程特性、地下水的赋存及其变化外，应抓住对工程的设计、工程的安全关系重大的问题，详细查清，透彻分析，取得明确的结论。

岩土工程勘察必须有明确的工程针对性，需要和设计人员、业主加强沟通，了解他们的意图，勘察工作要处理好共性和个性的关系，既全面而系统，又有个性和特色，解决好本工程的关键性岩土问题。

1.3　岩土工程条件

岩土工程条件包括工程结构条件、场地条件、岩土（地基）条件和环境条件。其中，工程结构条件的有关资料，由勘察人员向结构设计单位收集，场地和岩土条件由勘察人员通过适当手段查明。需搜集的资料和应查明的问题，应根据工程要求和场地地基的具体条件确定，一般包括下列内容。

1.3.1　工程结构条件

岩土工程勘察有明确的工程针对性，故勘察工作开始前必须了解工程结构条件及对勘察的要求，勘察工作和编写报告过程中仍需与结构工程师保持密切的联系。以下简述房屋建筑方面需收集的工程结构资料。

1. 建筑层数、高度和结构类型

建筑结构类型按建筑材料划分有砌体结构、钢筋混凝土结构、钢结构等；其中钢筋混凝土结构又有框架结构、剪力墙结构、框架-剪力墙结构、筒体结构等。按施工方式划分又有现浇混凝土结构、装配式混凝土结构、装配整体式混凝土结构等。

层数、高度和结构形式与岩土工程的关系是显然的，此外，建筑体型，沉降缝，高低层是否建在同一底板上，后浇带等，对岩土工程勘察也是重要资料。

2. 基础埋深和基础形式

基础形式有无筋扩展基础、扩展基础、条形基础、筏形基础、箱形基础、桩基础、桩筏基础、桩箱基础、岩石锚杆基础等。

桩基础按承载性状分为摩擦型桩、端承型桩、端承摩擦型桩；按桩身材料分为混凝土桩（预制桩、灌注桩）、钢桩、组合材料桩；按挤土效应分为非挤土桩（干作业法、泥浆作业法、套管护壁法）、部分挤土桩（预钻孔打入式预制桩、打入式敞口桩）和挤土桩（打入式预制桩、静压式预制桩、沉管式灌注桩、夯扩桩等）。

3. 荷载类型、大小和分布

（1）永久荷载：在结构使用期间，其值不随时间变化，或其变化与平均值相比可忽略不计，或其变化是单调的并能趋于限值的荷载。

（2）可变荷载：在结构使用期间，其值随时间变化，且其变化与平均值相比不可以忽略不计的荷载。

（3）偶然荷载：在结构设计使用年限内不一定出现，而一旦出现其量值很大，且持续时间很短的荷载。

荷载组合有：

（1）基本组合：承载能力极限状态计算时，永久荷载和可变荷载的组合。

（2）偶然组合：承载能力极限状态计算时永久荷载、可变荷载和一个偶然荷载的组合，以及偶然事件发生后受损结构整体稳固性验算时永久荷载与可变荷载的组合。

（3）标准组合：正常使用极限状态计算时，采用标准值或组合值为荷载代表值的组合。

（4）频遇组合：正常使用极限状态计算时，对可变荷载采用频遇值或准永久值为荷载代表值的组合。

（5）准永久组合：正常使用极限状态计算时，对可变荷载采用准永久值为荷载代表值的组合。

荷载组合的计算按现行《建筑结构荷载规范》GB 50009 进行。

4. 抗震要求

（1）抗震设防烈度及设计地震动参数（设计基本地震加速度、设计地震分组）。

（2）建筑抗震设防分类：

①特殊设防类为使用上有特殊要求的设施，涉及国家公共安全的重大建筑与市政工程和地震时可能发生严重次生灾害等特别重大灾害后果，需要进行特殊设防的建筑与市政工程，简称甲类。

②重点设防类为地震时使用功能不能中断或需尽快恢复的生命线相关建筑与市政工程，以及地震时可能导致大量人员伤亡等重大灾害后果，需要提高设防标准的建筑与市政工程，简称乙类。

③标准设防类为除本条第 1、2、4 款以外按标准要求进行设防的建筑与市政工程，简称丙类。

④适度设防类为使用上人员稀少且震损不致产生次生灾害，允许在一定条件下适度降低设防要求的建筑与市政工程，简称丁类。

（3）建筑结构的规则性和结构体系的抗震性能。

（4）是否需要做时程分析法补充计算。

（5）除了要求划分建筑场地类别和液化判别外，对岩土工程勘察的其他要求。

5. 地基变形要求

地基变形特征分为沉降量、沉降差、倾斜和局部倾斜。对于砌体承重结构，由局部倾斜控制；对于框架结构和单层排架结构，由相邻柱基的沉降差控制；对于多层建筑、高层建筑及高耸结构，由倾斜控制，必要时还应控制沉降量。

1.3.2　场地和环境条件

勘察时需查明场地条件和环境条件，场地条件包括：地形地貌、地震、地下水、各种不良地质作用和地质灾害、环境地质问题等，环境条件包括：地下管线、地下建（构）筑物、市政线路、周边建筑等地面条件，现分述如下：

1. 场地条件

（1）地形地貌

地貌形态：如平原、高原、丘陵、河谷、山地、三角洲、山前斜地、山间盆地等；

微地貌形态：如牛轭湖、黄土梁（峁）、碟形洼地、冲沟、岩溶塌陷洼地、泥石流沟谷、泥石流堆积区等；

地面海拔标高、地形坡向、坡度等。

（2）地震

场地抗震设防烈度及地震动参数；

覆盖层厚度、等效剪切波速、建筑场地类别；

对抗震有利、不利或危险地段；

场地液化土层判别、液化指数、场地液化等级。

（3）地下水

地下水的类型：上层滞水、潜水、承压水、裂隙水、岩溶水等；

地下水的水位（水头）：勘察时的水位，水位的季节变化和多年变化，历史最高水位；

地下水的补给、径流和排泄条件，多层地下水之间的关系，地下水与地面水体的关系；

流砂、流土、管涌、突水等渗透性破坏；

地下水的化学成分、污染情况及对建筑材料的腐蚀性。

（4）不良地质作用和地质灾害。

2. 环境条件

（1）地下管网

应查明其平面位置、规格尺寸、材料类型、埋深、接头形式、压力、输送的物质、建造年代和保护要求等。对既有供水、污水、雨水等地下输水管线，尚应查明其使用状况及渗漏状况。

（2）地下建（构）筑物

类型、位置、尺寸、埋深、运营情况及保护要求等。

（3）市政线路

道路的类型、位置、宽度、道路行驶情况、最大车辆荷载、路面材料、路堤高度、路堑深度，支护结构形式和地基基础形式与埋深；桥涵的类型、结构形式、基础形式、跨度，桩基或地基处理设计方案、施工参数等。

（4）周边建筑物

对既有建筑物应查明其用途、结构类型、层数、平面位置、基础形式和尺寸、埋深、使用年限、荷载、沉降、倾斜、裂缝情况、基坑支护、桩基或地基处理设计、有关竣工资料及保护要求等。对历史建筑，宜进行房屋结构质量检测与鉴定，评估其抵抗变形的能力。

1.3.3 岩土分布和岩土特性条件

岩土分布和特性条件一般包括下列内容：

1. 岩土的空间分布

岩土工程勘察时，查明一定范围内各种岩土的分布，是最基本的任务。所谓"查明"是相对的，需根据地质条件、工程要求按规范进行。一般由粗而细分阶段进行。采用的手段有工程地质测绘、钻探、井探、槽探、洞探以及各种触探、工程物探。

2. 岩体的地质条件和工程特性

岩体的地质条件包括：地质年代、成因、地质名称（岩石学名称）、主要矿物、结构构造、风化程度等。

岩体的工程特性包括：岩石的坚硬程度、岩体的完整程度、岩体基本质量等级、岩石质量指标（RQD）、围岩分类（对地下工程）以及饱和单轴抗压强度等各种物理力学指标。岩体或多或少具有裂隙性。裂隙有不同的成因，或宽或窄，或长或短，或平或曲，或规则或不规则，或充填或不充填，形成各种结构面。岩体的完整性和结构面，对场地的稳定性和地基承载力影响极大，常常起控制作用，故岩体的结构面、结构体、结构类型是需要着重查明的条件。

3. 土的年代、成因和性质

土的年代和成因对土的性质有重要影响。土的性质包括：

（1）颗粒组成和基本物理性质指标。

（2）土的水理性质：如可塑性、湿化性、膨胀性、透水性等。

（3）土的力学性质：如压缩性、抗剪强度等。

（4）土的特殊性质：如湿陷性土的湿陷性，膨胀土的膨胀性和收缩性，盐渍土的溶陷性和盐胀性，多年冻土的融陷性等。

4. 岩土特性指标的变异性

包括由于取试样、运输、制备、试验等原因引起的随机性变异和空间位置不同的自然存在的变异，一般用标准差或变异系数表述。此外，土性随时间也会发生变化（例如由于含水率的改变而产生的变化）。

1.4　勘探测试方法的选取

1.4.1　勘探方法的适用性和经济性

探明岩土层的分布，是岩土工程勘察最基本的要求。钻探、井探、槽探、洞探、触探、工程物探等，都是可供选用的方法。其中，钻探、井探、槽探、洞探可直接揭露地层，可用肉眼和取试样分析方法，描述和鉴定岩土成分和性质，是直接的勘探方法。触探通过贯入阻力的大小判断地层，工程物探通过物性差异探测地层和构造，是间接勘探方法，触探同时还是一种原位测试手段。各种方法都有自己的优缺点（表 1.1-1），勘探方法的适用性和经济性是首先应当考虑的准则。

探测方法优缺点　　　　　　　　　　　　　　　　表 1.1-1

勘探方法	优缺点
钻探	适用性很广，尤其对深部地层，钻探是唯一的直接勘探方法。钻探有多种工艺，如泥浆钻进、清水钻进、干法钻进、回转钻进、振动钻进、冲击钻进等。钻探可采用多种钻进工具，岩芯钻进有金刚石钻头、合金钻头、钢砂钻头；土层钻进有螺旋钻、勺钻、管钻等。还有全断面钻进，双层岩芯管钻进以及各种特种钻进，均需根据勘探要求和地层特性正确选用
井探	人员能够直接下入井内，观察岩土的结构构造，采取高质量的试样，是效果最为理想的勘探方法。但投入大，费时费力，且须采取安全防护措施
槽探	效果同井探类似，但槽探适用于探明浅层构造
洞探	效果同井探类似，但洞探适用于探明岩层深部水平方向的变化
触探	分为动力触探和静力触探。动力触探根据锤击数判断地层变化，静力触探根据比贯入阻力或锥尖阻力和侧壁阻力判断地层。触探虽然不能直接揭露地层和取样试验，但因其数据的连续性，可进行力学分层，且有勘探和原位测试两种功能，故在岩土工程勘察中被广泛应用。圆锥动力触探一般包括轻型、重型、超重型三种规格，适用于不同密实度的地层；静力触探有单桥、双桥、孔压静探等，各有不同的特点，也应根据适用性和经济性的原则选取
工程物探	方法很多，各有其适用范围，被探测对象与周围介质之间是否有明显的物理性质差异是物探适用性最基本的方面，如电法勘探的电性差异，地震勘探的波阻抗差异，磁法勘探的磁性差异等。与钻探、触探等几种方法相比较而言，物探最为经济，工程物探具有设备轻便、成本低、效率高等优点。尤其是对于复杂地质条件和深部构造，以及为了探测特定的地下目的物（溶洞、土洞、古墓、管道、孤石等），用直接勘探手段不仅投入大，且难以奏效，常常采用有效的物探方法，工程物探方法易于加大勘探的宽度和深度，可以从不同方向敷设物探线，具有立体透视性。对于勘探人员难以进入的高难地区可用航空物探取得有效观测资料

1.4.2　测试方法的适用性和经济性

岩土测试方法分为室内试验和原位测试，检验和监测也是测试，但在岩土工程的后期进行，一般不列入勘察工作的范围。岩土测试应遵循适用性和经济性准则，但适用性更为重要。原位测试的适用性准则说明见表 1.1-2。

原位测试的适用性准则　　　　　　　　　　　　　　表 1.1-2

测试方法	适用性
载荷试验	载荷试验是确定地基承载力和岩土变形模量最可靠的方法，但成本高，周期长，常出于经济原因少做或不做。浅层平板载荷试验适用于浅层无边载情况（半无限体表面加载）；深层平板载荷试验适用于深层有边载情况（半无限体内部加载）；螺旋板载荷试验适用于深层地基土或地下水位以下的地基（软）土
静力触探试验	适用于软土、一般黏性土、粉土、砂土和含少量碎石的土。特点是质量好，效率高，但不宜穿过硬土层
圆锥动力触探实验	作为测试手段，轻型动力触探主要适用于浅层的填土、粉土和黏性土，重型动力触探主要适用于砂土、中密以下的碎石土、极软岩；超重型动力触探主要适用于密实和很密的碎石土、软岩和极软岩。特点是操作简便，效率高
标准贯入试验	适用于砂土、粉土和一般黏性土。特点是设备简单，应用经验多
十字板剪切试验	适用于饱和软黏性土（$\varphi \approx 0$）。特点是可以测定土的不排水抗剪强度和灵敏度，但适用范围有限
旁压试验	适用于黏性土、粉土、砂土；配有相应装置的旁压仪尚可用于碎石土、残积土、极软岩、软岩等
扁铲侧胀试验	适用于软土、一般黏性土、粉土、黄土、中密—松散的砂土

1.4.3　各种勘探方法的互补性

无论何种勘探方法，都有其优点和缺点。因此，优势互补，扬长避短，钻探、井探、触探、工程物探，选其两种或两种以上方法配合使用，也是岩土工程勘察的常用准则。例如：

1）钻探与井探的配合：对杂填土、风化岩和残积土、湿陷性黄土、混合土等，单一的钻探往往难以鉴定和描述，也不易采取代表性好的高等级试样。一定数量探井的配合能收到良好的效果。

2）钻探与触探的配合：触探效率高，经济性好，数据连续，分层效果一般优于钻探，这是它的优点。但是，触探不能直接揭露地层，不能直接用肉眼鉴别，更不能取样试验，因此单一的触探或钻探都有其不足，钻探和触探配合，以其中之一为主，另一配合，能收到理想的效果。

3）工程物探应用：工程物探是利用岩土及周边介质的物理性质差异进行的间接勘探方法，在特定条件下能发挥其独特的优势。物探技术含量高，发展很快，但毕竟是间接的勘探手段，是一种推断，故必须经过验证，与直接方法配合使用。

工程物探在岩土工程勘察中可用于：

（1）作为直接勘探的先行手段，了解隐藏的地质界线、界面或异常点。

（2）在钻孔之间增加物探点，为钻探成果内插、外推提供依据。

（3）作为原位测试手段，测定岩土体波速、动弹性模量、动剪切模量、卓越周期、电阻率、放射性辐射参数、土对金属腐蚀性等。

应用物探方法时，应具备下列条件：

（1）被探测对象与周围介质之间有明显的物性差异。

（2）被探测对象具有一定的埋藏深度和规模，且地球物理异常有足够的强度。

（3）能抑制干扰，区分有用信号和干扰信号。

（4）在有代表性地段进行方法有效性试验。

物探成果判释时，应考虑其多解性，区分有用信息与干扰信号。需要时应采用多种工程物探方法探测，进行综合判释，并应有已知物探参数和一定数量的钻孔验证。

1.4.4　室内试验和原位测试的互补性

室内试验是岩土性质最基本的试验，砂土的颗粒级配，黏性土的可塑性，各种土的含水量、密度、界限含水率以及渗透性、压缩性、抗剪强度等指标，岩石的密度、吸水率、抗压强度等指标，都是岩土工程师需要掌握的。如果不做室内试验，只做原位测试，则岩土工程师对岩土特性的了解是不全面的。

室内试验另一重要优点是试验条件明确，各种指标都有明确的物理意义，便于理论计算。例如压缩试验，应力条件和应力途径明确，压缩系数、压缩模量、压缩指数等都有明确的物理意义。土的抗剪强度试验符合摩尔-库仑理论，三轴试验还可以控制排水条件，符合总应力法或有效应力法的土力学原理。此外，还可以根据需要进行试验设计，做各种特殊的试验，为各种岩土本构模型提供参数。这些，原位测试是难以达到的。

室内试验的缺点是明显的，主要有：钻探、取试样、运输、制备、试验过程中土试样的扰动，岩土原始应力的释放，样品尺寸很小，代表性不足，某些岩土（大块碎石土，土夹石状的风化岩，破碎和极破碎的岩石等）根本无法取试样试验。

原位测试的优点明显，首先是原位测试避免了取试样、运输、制备、试验过程中的扰动，直接在岩土原位测试，并取得成果。原位测试种类多，各具特色，可选性强。如载荷试验可以直接测定地基承载力和变形模量，被认为是确定地基承载力最可靠的方法；触探试验数据连续，比间断性的土试样信息更全面而丰富；动力触探和标准贯入试验设备简单，容易进行测试，经验丰富；在极软土中很难取试样，而十字板剪切试验可在原位测定其不排水抗剪强度和灵敏度；大块碎石土、土夹石状的风化岩、破碎岩、极破碎岩等根本不能取试样，可用载荷试验，原位剪切试验确定其承载力、变形模量和抗剪强度等。原位测试的尺寸一般比室内试验大，一般能基本保持原始的应力状态。

室内试验的优点正是原位测试的缺点。原位测试的应力状态一般比较复杂，试验的应力条件和排水条件一般不易控制，得到的是特定条件下的试验结果，一般缺乏明确的物理意义。例如动力触探和标准贯入试验的锤击数，静力触探的贯入阻力，与地基承载力、地基变形之间并无理论关系。旁压模量是轴对称条件下水平方向的应力-应变关系，而地基中的应力-应变关系是竖向的。因此，原位测试成果的应用对经验的依赖性很强，特定条件下的测试成果一般不能直接用于理论计算。触探和标准贯入试验成果，需通过回归分析建立经验方程，才能在工程中应用。

由上可知，室内试验和原位测试互补性很强，取长补短，互相配合，相辅相成，是岩土工程勘察通常遵循的准则。

1.5　岩土参数

1.5.1　岩土参数的可靠性和适用性

岩土参数是岩土工程设计的基础，可靠性和适用性是对岩土参数的基本要求。所谓可靠，是指参数能正确反映岩土体在规定条件下的性状，能比较有把握地估计参数值所在的区间。所谓适用，是指参数能满足岩土工程设计计算假定条件和计算精度的要求。

岩土参数的可靠性和适用性，首先取决于岩土试件受扰动的程度，不同取试样方法对土的扰动程度是不同的，表 1.1-3 是几种取样方法对比试验的结果。

几种取试样方法对比试验结果　　　　　　　　　　表 1.1-3

土类	薄壁取土器，压入			厚壁取土器，锤击			厚壁比薄壁	
	n	q_u/kPa	δ	n	q_u/kPa	δ	q_u（降幅）	δ（增幅）
淤泥质黏土	41	59	0.136	21	37	0.195	37%	43%
淤泥质粉质黏土	59	68	0.195	33	52	0.229	24%	17%

注：n为试验次数，δ为变异系数。

由表可见，厚壁取土器，锤击取试样，对土试样结构的扰动较大，使无侧限抗压强度 q_u 明显降低，变异系数显著增大。

其次，试验方法和取值标准对岩土参数也有很大影响。对于同一地层的同一指标，用不同试验标准所得的结果会有很大差异。如土的不排水剪强度，可用室内 UU 试验、室内无侧限抗压强度试验、原位十字板试验等方法测定，而其结果则各不相同。

因此，进行岩土工程勘察时，要合理选用测试方法和试验标准，对岩土参数的可靠性和适用性进行评价。

1.5.2　岩土参数的统计分析

岩土参数均有不同程度的变异性。产生变异的原因有两方面：一是由于取试样、运输、制备、试验、取值过程中产生的随机变异；二是岩土本身的不均匀性，自然的空间变异性。因此，对岩土参数应进行统计分析。

岩土参数应按工程地质单元、区段、层位，统计平均值、标准差和变异系数。算出平均值和标准差后，可剔除粗差数据。剔除粗差有不同方法，常用的有正负三倍标准差法、Chauvenet 法、Crubbs 法，当离差d满足式(1.1-1)时，该数据应舍弃

$$|d| \geqslant gS \tag{1.1-1}$$

式中：d——$x_i - \overline{x}$；

　　　　S——标准差；

　　　　g——由不同标准给出的系数，当采用三倍标准差方法时，$g=3$。

当采用其他两种方法时，g值见表 1.1-4。

Chauvenet 法和 Grubbs 法的 g 值　　　　　　　　　　表 1.1-4

样本数量N		5	6	7	8	9	10	12	14
Chauvenet方法		1.68	1.73	1.79	1.86	1.92	1.96	2.03	2.1
Grubbs 方法	$\alpha=0.05$	1.67	1.82	1.94	2.03	2.11	2.18	2.29	2.37
	$\alpha=0.01$	1.75	1.94	2.1	2.22	2.32	2.41	2.55	2.66
样本数量N		16	18	20	22	24	30	40	50
Chauvenet方法		2.16	2.2	2.24	2.28	2.31	2.39	2.5	2.58
Grubbs 方法	$\alpha=0.05$	2.44	2.5	2.56	2.6	2.64	2.75	2.87	2.96
	$\alpha=0.01$	2.75	2.82	2.88	2.94	2.99	3.1	3.24	3.34

岩土参数沿深度方向变化的特点，有相关型和非相关型两种。对相关型参数，确定变异系数。不同参数的变异系数大小不同，见表 1.1-5 和表 1.1-6。

我国部分地区土性参数的变异系数　　　　　　表 1.1-5

地区	土类	密度变异系数	压缩模量变异系数	内摩擦角变异系数	黏聚力变异系数
上海	淤泥质黏土 淤泥质粉黏土 暗绿色粉质黏土	0.017～0.020 0.019～0.023 0.015～0.031	0.044～0.213 0.166～0.178	0.206～0.308 0.197～0.424 0.097～0.268	0.049～0.080 0.162～0.245 0.333～0.646
江苏	黏土 粉质黏土	0.005～0.033 0.014～0.031	0.177～0.257 0.122～0.300	0.164～0.370 0.100～0.360	0.156～0.0290 0.160～0.550
安徽	黏土	0.020～0.034	0.710～0.500	0.140～0.168	0.280～0.300
河南	粉质黏土 黏土	0.015～0.018 0.017～0.044	0.166～0.469 0.209～0.417	—	—

变异性等级　　　　　　表 1.1-6

变异性等级	变异系数	荷载	土性参数
很低	< 0.1	永久荷载，静水压力	密度
低	0.1～0.2	孔隙水压力	砂土的指示指标，内摩擦角
中等	0.2～0.3	活荷载，环境荷载	黏土的指示指标，黏聚力
高	0.3～0.4	—	压缩性，固结系数
很高	> 0.4	—	渗透性

注：根据 Meyerhof G G（1982）。

1.5.3　岩土参数的选用

选用岩土参数时，一般遵照下列原则：

（1）评价岩土性状的指标，如天然含水率、天然密度、液限、塑限、塑性指数、液性指数、饱和度、相对密实度、吸水率等，选用指标的平均值。

（2）正常使用极限状态计算需要的岩土参数指标，如压缩系数、压缩模量、渗透系数等，选用指标的平均值，当变异性较大时，可根据经验作适当调整。

（3）承载能力极限状态计算需要的岩土参数，如岩土的抗剪强度指标等，选用指标的标准值。

（4）容许应力法计算需要的岩土指标，应根据计算和评价的方法选定，可选用平均值，并作适当的经验调整。

1.6　岩土工程的综合分析评价

1.6.1　基本要求

岩土工程分析评价的基本要求是：

（1）了解工程的结构类型、特点、荷载分布及对变形的要求。

（2）掌握场地的工程地质与水文地质背景，考虑岩土材料的非均质性、各向异性、岩土参数的变异性，岩土性质和地质条件随时间的变化。

（3）参考类似工程的实践经验。

（4）在定性分析的基础上进行定量分析。

（5）对理论依据不足，实践经验不多的工程，可通过现场模型试验或足尺试验进行分析评价，必要时可根据施工监测信息反馈，建议调整或修改设计及施工方案。

（6）根据工程结构特点和场地地基条件，提出一种或几种地基基础方案，并对其技术可行性和经济合理性进行论证。

（7）对工程施工和运行过程中的检验和监测工作提出建议；当承担检验和监测任务时，应专门提交检验和监测报告。

（8）当场地或其邻近存在岩溶、土洞、塌陷、滑坡、危岩、淹没、泥石流、采空、地面沉降、地裂缝、活动砂丘等不良地质条件时；存在湿陷性土、红黏土、软土、混合土、填土、多年冻土、膨胀岩土、盐渍岩土、风化岩、残积土、污染土等特殊性岩土时，应进行有针对性的分析评价，并提出相应的工程措施建议。

（9）当场地土或地下水可能对建筑材料产生腐蚀影响时，评价土水对建筑材料的腐蚀性。

1.6.2　力学分析与地质分析相结合

力的平衡，力矩的平衡，岩土在外力作用下的应力应变关系，地下水在岩体和土体的渗流等，都基于力学原理。基于力学原理的分析是岩土工程分析的基本方法，岩石力学和土力学是岩土工程分析评价的有力工具。但是岩土材料不同于一般建筑材料，它是在自然的地质过程中形成的，有一个生成演化过程，服从地质规律。如地质灾害的治理，以滑坡为例，滑坡是在地壳外力作用下的一种地质演化过程。因此，在查明滑坡体的范围、滑坡面的位置、滑面力学性质的同时，还要从地质角度，分析滑坡形成的条件和因素、发展的过程、现在所处的阶段、今后发展的趋势，判定滑坡与岩体结构面的关系。在此基础上才能对症下药，有的放矢地确定治理方案。治理工程当然需要力学分析，但地质分析是治理方案的基石。滑坡如此，岩溶、泥石流、地裂缝等地质灾害也基本如此。

1.6.3　岩土与结构共同作用

绝大多数岩土工程与结构工程是密切结合的。如建筑物、堤坝、桥梁的地基，结构是荷载，岩土是支承体；边坡工程和地下工程，岩土是荷载，结构是支承体，岩土和结构的共同作用不可忽视。岩土工程的综合分析评价应注意岩土与结构的共同作用。例如主楼（荷载很大）与裙房（荷载很小）间无法设沉降缝的建筑物，同一底板上建有多栋高层和低层的建筑物，地基与基础、上部结构共同作用的分析，成为不可缺少的手段。

1.6.4　环境因素的考虑

这里所说的环境仅指工程建设对周边环境直接的局部的影响，不是指环境工程地质或环境岩土工程中的大环境问题。工程环境是岩土工程综合分析评价时必须注意的因素。例如：

（1）在城市中修建多层地下车库及高层建筑，需要在已建工程侧旁开挖，在城市中修建地下交通工程，需要在已建工程下方开挖，是否威胁已建工程的稳定，可能产生多大的附加变形，需进行分析评价。

（2）工程建设需整平场地，将倾斜的原始地形改为若干平台，填平冲沟、堵塞泉眼等措施，改变了地面水的渗入条件和地下水的排泄条件，使地下水位升高，可能降低地基承载力；若是湿陷性土，可能增加湿陷量，需进行分析评价。

（3）疏干含水层或降低地下水位，在软土地区是否会引起已有工程的附加变形，大范围区域性降落漏斗是否引起地面沉降，岩溶地区是否会引发地面塌陷，大量长期抽水是否引起水源枯竭和水质恶化等，需进行分析评价。

（4）某些地基处理方法是否会污染地下水源，某些化学工厂建成后对岩土和地下水是否造成污染，在生态环境脆弱的地区进行工程建设，是否因岩土工程措施而造成生态环境的破坏，需进行分析评价。

1.6.5　施工方法和施工程序的影响

施工方法和施工程序对岩土工程综合分析评价的影响，举例说明如下：

（1）建在饱和软土上的工程，地基的承载能力与加荷速率关系很大。加荷速度快，软土中的孔隙水压力尚未消散，承载能力较低，慢速加荷时地基承载能力较高。

（2）软土中的挤土桩，如桩群设计过密，施工程序不当，极易因挤土效应产生歪桩、断桩、浮桩；如施工程序适当（如跳打），并监控孔隙水压力的增长和消散，则可避免事故的发生。

（3）许多基坑事故与施工程序不当有关，正确的施工程序则可保证基坑的安全。如软土基坑宜"小步开挖、及时支撑"；易失水开裂的黏土质岩石，应避免暴露，及时覆盖；增加含水率，强度会显著降低的非饱和土，宜避免雨期施工等。

（4）隧道的围岩压力，与隧道的掘进方法、掘进程序、衬砌结构、衬砌时间都有密切关系，按岩土类型选定适当的掘进和衬砌方法，及时衬砌，对增加围岩稳定性是十分有利的。

第 2 章　地质基础知识

2.1　地质构造

地质构造是指岩层和岩体在内动力地质作用下发生变形而形成的诸如褶皱、断层、节理、劈理及其他各种面状和线状的构造形迹。地质构造的规模大小悬殊。地下水的赋存、活动及富集程度与其所处地质构造的性质特征密切相关。

2.1.1　沉积岩的原生构造（岩层）

岩层是指两个平行的或近于平行的界面所限制的、由同一岩性组成的地质体。岩层的上下界面叫层面，上为顶面，下为底面，两个岩层间的接触面既是上覆岩层的底面，又是下伏岩层的顶面。

1. 岩层产状

产状要素指岩层的走向、倾向和倾角，见表 1.2-1。

岩层产状要素表　　　　　　　　　　　　　　表 1.2-1

岩层产状要素	说明	公式、符号及示意图
走向	岩层面与水平面交线的延展方向。走向线就是岩层面上的水平线	$\tan\alpha = \dfrac{\tan\beta}{\cos\theta}$ 式中：α——真倾角； 　　　β——假倾角； 　　　θ——倾向与假倾向之间的夹角。
倾向	岩层面上垂直于岩层走向的方向	
倾角	岩层面与水平面的夹角分为真倾角和视倾角（假倾角）。真倾角指岩层面与水平面所夹的最大角度，即垂直走向方向的夹角，视倾角指岩层面与水平面在任意已知方向上的夹角。视倾角小于真倾角。真倾角与视倾角的关系见右栏公式	 AA—走向线；OB—倾向线； OC—水平线；α—岩层倾角

2. 岩层接触关系

岩层的接触关系从成因特征上可分为整合和不整合两种基本类型（表 1.2-2）。

岩层的接触关系　　　　　　　　　　　　　　表 1.2-2

接触关系		产状特征
整合		岩层在沉积时间上没有间断，形成连续的平行层理，各层的走向和倾向一致
不整合	平行不整合（假整合）	沉积物在沉积过程中发生过间断，虽然不同地质时代的各个岩系相互接触，层理彼此平行，但在接触面上通常可见冲刷或风化的痕迹，常有底砾岩分布

续表

接触关系		产状特征
不整合	角度不整合 （斜交不整合）	较老的岩层经过构造运动发生褶曲和错动，再经长期侵蚀作用后，新的沉积物覆盖其上，新老岩层之间呈显著的角度切交现象
	假角度不整合	在平行不整合中，由于交错层理的出现而造成

3. 按岩层厚度分类

根据《岩土工程勘察规范》GB 50021—2001（2009 年版）岩层根据厚度分类如表 1.2-3 所示。

岩层厚度分类 表 1.2-3

分类名称	薄层	中厚层	厚层	巨厚层
单层厚度/m	$h \leqslant 0.1$	$0.1 < h \leqslant 0.5$	$0.5 < h \leqslant 1$	$h > 1$

4. 层理形成条件的分类（表 1.2-4）

层理按形成条件的分类 表 1.2-4

类型	形成过程	形成环境
水平层理	在沉积环境相当稳定的条件下形成的	牛轭湖、潟湖、沼泽、闭塞海湾
波状层理	沉积介质在波浪振荡运动环境中形成	湖泊浅水带、海湾或河漫滩
斜层理	在单项运动的沉积环境中形成	河流的三角洲、海岸的潮汐带
块状层理	沉积介质快速沉积形成	浊流沉积环境，洪积或冰碛

2.1.2　山地的地质构造类型及特征（表 1.2-5）

山地的地质构造类型及特征 表 1.2-5

类型	基本特征	典型图片
水平岩层构造	在水平岩层地区，若岩层是软硬相间交互出现，顶部是硬岩，水平岩层构造地貌表现为不同形态，山坡可形成似塔状地层，河谷形成构造阶梯（假阶地），分水岭形成桌状台地和方山。岩层皆为硬质岩，经侵蚀、溶蚀和重力崩塌作用形成陡崖和深谷，峡谷之间则是平坦的分水高地，形成峰林地形，如广东北部丹霞地形	
单斜构造	单斜构造由软硬岩层交互组成时，经侵蚀、剥蚀后就会出现外形对称或不对称的山地地形，如猪背脊和单面山	
褶曲构造	褶皱山的分布往往和褶皱构造一致，背斜山和向斜谷是顺构造的通常称顺地形，背斜山和向斜谷是逆构造的通常称逆地形	

续表

类型		基本特征	典型图片
穹隆构造		规模巨大的穹隆构造通常由岩浆侵入或由于方向直交的褶皱运动相互干扰而造成的。当穹隆外部沉积岩被剥开后，周围则形成各种单斜地形，穹隆中心的变质结晶岩则形成复杂的结晶岩山丛	
底辟构造		底辟构造是由于塑性岩层穿刺到上方刚性强的岩层中，将后者拱曲抬升在近地表，表现为穹隆状的隆起。规模较小的底辟构造以岩盐、石膏或黏土等塑性沉积岩为核心。盐丘构造由于水和天然气向盐丘顶部流动喷出，把软化了的岩石碎块带到地面堆积形成泥火山	
断层构造	断层崖	断层活动造成的陡崖称为断层崖，断层崖常被河谷切割成不连续的断层三角面	
	断层谷	河谷正位于断层破碎带，则发育成断层谷。断层谷两侧地层不能对应，在地形上一岸显得高陡，另一岸则较低缓，河谷在平面上也较顺直	
	断块地貌	成组平行排列的断层使地壳断裂成块，产生梯级构造，或形成地堑或地垒，规模较大的断块构造，隆起地块成为断块山地，沉降地块成为断陷盆地	
岩浆岩构造	侵入岩体地貌	较大的侵入岩体有岩盘、岩株、岩基，被剥露以前，表现为正地形，被剥露以后仍可凸起为高地或变成剥蚀低地。岩浆侵入裂隙或层间，较小侵入体有岩脉、岩床，在山坡或山岭突出形成高脊、高坎或壕堑	
	火山地貌或熔岩流地貌	熔岩多为中性或酸性，火山喷发形成火山凝灰岩和熔岩层交替成层的锥状外形结构。玄武岩岩流含有少量的气体，流动性大，造成基部较大的盾形，称为盾状火山。火山锥的顶部，被破坏造成锅盆底状凹地，为破火山口。原先的火山口周壁被后期的喷发冲破一个缺口，形成一种马蹄形火山。松散火山物质组成的火山斜坡上，发育辐射状密集的冲沟，称为火山濑	

2.1.3　褶皱

褶皱是岩层受力发生变形由原始平面变成弯曲或弧形面而形成的一种构造。

1. 褶皱基本类型（表 1.2-6）

褶皱基本类型表　　　　　　　　　　　　　表 1.2-6

褶皱基本类型	特征
背斜	核部岩层向上弯曲，核心部位的岩层较老，而外侧岩层较新
向斜	核部岩层向下弯曲，核心部位的岩层新，而外侧岩层老

2. 褶皱要素（图 1.2-1 和表 1.2-7）

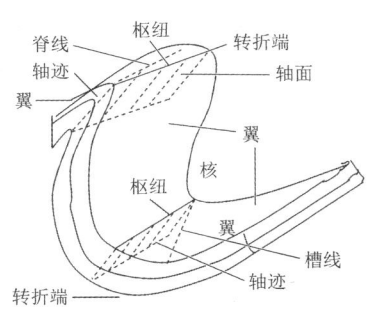

图 1.2-1　褶皱要素示意图

褶皱要素　　　　　　　　　　　　　　　表 1.2-7

褶皱要素	说明
核	褶皱弯曲的核心部位
翼	褶皱核部两侧的岩层
转折端	褶皱两翼岩层互相过渡的弯曲部分
枢纽	褶皱的同一层面上各最大弯曲点的连线。枢纽可以是直线、曲线或折线、水平线、倾斜线
轴面	连接褶皱各层的枢纽构成的面。轴面可以是平面或曲面
轴迹	轴面和包括地面在内的任何平面的交线
脊线	背斜中同一层面上弯曲的最高点连线
槽线	向斜中同一层面上弯曲的最低点连线

3. 褶皱类型与特征

褶皱形态多种多样，可以有不同角度的分类，而最重要的分类是按褶皱产状分类、褶皱形态分类和褶皱的组合形态分类。这三种分类从不同角度反映了褶皱的形态特征、形成机制和成因关系。表 1.2-8 列举了褶皱的类型及不同类型特征。

褶皱类型及特征　　　　　　　　　　　　表 1.2-8

分类标准		名称	特征	形态示意图
产状分类	轴面产状结合两翼产状	直立褶皱	轴面近直立，两翼倾向相反，倾角近于相等	
		斜歪褶皱	轴面倾斜，两翼倾向相反，倾角不同	

续表

分类标准		名称	特征	形态示意图
产状分类	轴面产状结合两翼产状	倒转褶皱	轴面倾斜,两翼倾向相同,有一翼地层倒转	
		平卧褶皱	轴面近于水平,一翼地层层序正常,一翼倒转	
		翻卷褶皱	轴面弯曲的平卧褶皱	
	褶皱枢纽产状	水平褶皱	枢纽近水平,两翼走向基本平行	
		倾伏褶皱	枢纽倾伏(倾伏角10°~80°),两翼走向不平行	
		倾竖褶皱	枢纽近于直立	
形态分类	横向剖面形态	两翼夹角大小	开阔褶皱	两翼夹角大于70°	
			中常褶皱	两翼夹角小于70°,大于30°	
			紧密褶皱	两翼夹角小于30°	
			等(同)斜褶皱	两翼夹角近于0°,两翼产状大致相同	
		岩层弯曲状态	圆弧褶皱	岩层呈圆弧形弯曲	
			尖棱褶皱	两翼岩层平直相交,转折端呈棱角状	

续表

分类标准			名称	特征	形态示意图
形态分类	横向剖面形态	岩层弯曲状态	箱形褶皱	两翼岩层近直立，到转折端转为水平，整个褶皱呈箱状，往往具有一对共轭面	
			扇形褶皱	两翼岩层均倒转，以致整个褶皱呈扇形	
			挠曲	缓倾岩层中的一段突然变陡，形成台阶状弯曲	
		不同部位岩层厚度	等厚（同心）褶皱	同一岩层真厚度在各部位均大致相等，而平行于轴面的视厚度是变化的	
			顶厚（相似）褶皱	褶皱岩层真厚度在两翼变薄，而在转折端增厚，发育于强烈水平挤压区	
			顶薄褶皱	岩层真厚度转折端薄，两翼厚，下部岩层倾角陡，上部岩层倾角缓，形成原因：上拉力作用或沉积同时基底隆起	
	平面形态		穹隆构造	长度和宽度之比小于 3：1 的背斜构造	—
			构造盆地	长度和宽度之比小于 3：1 的向斜构造	—
			短轴褶皱	长度和宽度之比在 3：1～10：1 的褶皱	—
			线状褶皱	长度和宽度之比超过 10：1 的各类狭长形褶皱	—
组合形态分类	平面组合形态		平行褶皱群	一系列背斜和向斜相间平行排列，显示区域性水平挤压特征	
			雁行褶皱群	一个地区内一系列背斜和向斜相间平行斜列如雁行，反映区域性水平力偶作用形成	
			帚状褶皱群	一系列褶皱呈扫帚状排列，一端收敛，一端散开，为区域性水平旋扭运动造成	
			弧形褶皱群	一系列褶皱呈弧形排列，为区域性水平运动引起	—

续表

分类标准		名称	特征	形态示意图
空间组合分类	剖面组合形态	复背斜	两翼被一系列次一级褶皱复杂化了的大背斜	
		复向斜	两翼被一系列次一级褶皱复杂化了的大向斜	
		隔挡式褶皱	一个平行褶皱群内，背斜呈紧密褶皱，向斜呈开阔平缓褶皱	
		隔槽式褶皱	一系列相间排列的开阔背斜被一系列紧密向斜所隔开	

4. 褶皱的工程评价

一般来说，褶皱构造对工程建筑有以下几方面影响：

（1）褶皱核部岩层由于受水平挤压作用，产生许多张裂隙，直接影响到岩体完整性和强度，在石灰岩地区还往往使岩溶较为发育，所以在该部位布置各种建筑工程，如厂房、路桥、坝址、隧道等，必须注意岩层的塌落、漏水、涌水问题。

（2）在褶皱翼部布置建筑工程，重点注意岩层的倾向及倾角的大小，因为它对岩体的滑动有一定影响。

（3）对于深埋地下工程（隧道或道路工程线路）的布置一般宜设计在褶皱翼部。一是隧道通过性质均一的岩层有利稳定；二是褶皱岩层中，背斜的顶部岩层处在张力带中，易引起塌陷。

（4）构造盆地、向斜核部是储水较丰富地段。

2.1.4 断裂

1. 断裂构造基本类型

岩层受力后发生形变，当应力超过岩石的强度极限时，岩石就要破裂，形成断裂构造。断裂构造的基本类型见表1.2-9。

断裂构造的基本类型 表1.2-9

断裂构造基本类型	说明
节理	沿断裂面没有显著位移的断裂构造
劈理	一种次生的、平行的密集潜在破裂面，常发生于变形较强的岩体或变质岩体中，属于塑性变形的结果
断层	岩层断裂后沿断裂面有显著位移的断裂构造

2. 节理的分类与特征

岩石中的断裂，沿断裂面没有（或有很微小）位移称裂隙（节理）。裂隙的主要类型有：

按成因分为：原生裂隙和次生裂隙；

按力的来源分为：构造裂隙和非构造裂隙；

按力的性质分为：剪裂隙和张裂隙。

节理的分类主要有两方面，一是几何关系；二是力学成因。前者指节理与所在岩层或其他构造的几何关系，后者指形成节理的力学性质。表1.2-10列出了节理的分类及其特征。

节理分类及其特征　　　　　　　　　　表 1.2-10

分类依据		名称	主要特征
几何分类	根据节理与所在岩层产状要素分类	走向节理	节理走向与所在岩层走向大致平行
		倾向节理	节理走向与所在岩层倾向大致平行
		斜向节理	节理走向与所在岩层走向既不平行也不垂直
		顺层节理	节理面大致平行于岩层层面
	根据节理与区域褶皱枢纽、主要断层走向或其他线性构造方向分类	纵节理	二者大致平行
		横节理	二者大致垂直
		斜节理	二者既不平行也不垂直
力学成因分类		剪节理	1. 产状较稳定，沿走向和倾向延伸较远 2. 节理面平直光滑 3. 节理面常有剪切滑动时留下擦痕、摩擦镜面 4. 一般发育较密，常密集成带 5. 常呈羽列现象 6. 常呈闭合状 7. 尾端变化有三种形式：折尾、菱形结环、节理叉
		张节理	1. 产状不稳定，延伸不远即消失 2. 节理面粗糙不平 3. 节理面没有擦痕 4. 节理面发育稀疏，节理间距较大 5. 节理呈开口状或楔形，并常被岩脉充填 6. 张节里尾端变化有两种形式，树枝状分叉及杏仁状结环

3. 劈理的分类及特征（表 1.2-11）

劈理、片理、片麻理等是指岩层在变形变质作用过程中，形成的具有透入性的面状构造，统称面理。

劈理是在构造应力的作用下，岩石沿一定方向分裂成平行或大致平行的、密集的薄片或薄板状细微构造。按力学成因，可分为流劈理和破劈理；按结构形态，可分为连续劈理、不连续劈理；按劈理与岩层层理和构造的关系，分为层间劈理、轴面劈理、顺层劈理和断裂劈理、区域劈理。

劈理力学分类及特征　　　　　　　　　　表 1.2-11

类型	主要特征	示意图
流劈理	岩石在强烈构造应力作用下矿物颗粒定向排列形成。不属于劈裂构造，而属于塑性变形中流变构造，主要垂直于挤压力的方向发育。具体表现为片状、针状或长条状矿物定向排列。在变质岩中特别发育，如板状劈理、片理、片麻理等	
破劈理	在岩石中为一组密集的平行劈裂面，与岩石中矿物排列方向无关，劈片很薄，一般以毫米计，有时宽可达几厘米，以密集性及发育于整个岩体中的透入性与节理相区别，与节理常呈过渡关系，一般认为它是一组密集的剪切破裂面，有的破劈理具有张性特征	
折劈理	常见于板岩、千枚岩及片岩中，是切过早期流劈理的一组平行剪切面，又称滑劈理、应变滑劈理。沿折劈理面的滑动，早期劈理可同时形成一系列揉皱或挠曲，有时片状矿物可被拉到平行折劈理面位置而排列，或沿折劈理有新生矿物生长。力学性质上，多属剪性或压剪性结构面	

4. 断层

断层基本要素见图 1.2-2 及表 1.2-12。断层分类及特征见表 1.2-13。断层的识别主要根据表 1.2-14 特征进行。

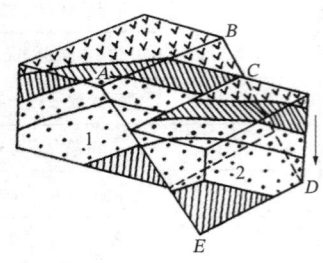
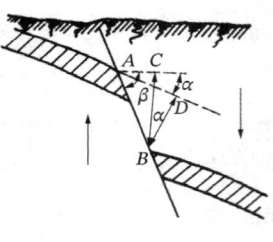

(a)	(b)
1—下盘；2—上盘；ABCDE面—断层面；	AB线—总断距；CB线—垂直断距；
AB线—断层走向线；AE线—断层倾向线	BD线—地层断距；AC线—水平断距

图 1.2-2　断层的基本要素

(a) 断层要素；(b) 断层断距

断层基本要素　　　　　　　　　　　　　表 1.2-12

断层基本要素	说明
断层面	两个断块沿之滑动的破裂面，图 1.2-2（a）中ABCDEF面
断盘	断层面两侧相对移动的块体，图 1.2-2（a）中的 1 和 2
断层走向线	断层面与水平面相交之线，图 1.2-2（a）中AB线
断层面倾向线	垂直断层走向线的线，图 1.2-2（a）中AE线
总断距	断层上下盘沿断层面发生相对位移的实际距离，图 1.2-2（b）中AB线
垂直断距	断层上下盘在垂直方向上的相对位移，图 1.2-2（b）中CB线
地层断距	垂直岩层层面的断距，图 1.2-2（b）中BD线
水平断距	断层上下盘在水平方向上的相对位移，图 1.2-2（b）中AC线

断层分类及特征　　　　　　　　　　　　　表 1.2-13

分类标准	名称	特征	示意图
按断层两盘的相对位移分类	逆断层（压性断层）	上盘相对上移，下盘相对下移，受挤压力沿剪切破坏面形成，常与褶皱同时伴生。根据逆断层层面的倾角大小可分为： 1. 冲断层：断层面倾角大于 45° 的逆断层； 2. 逆掩断层：断层面倾角在 25°~45° 之间，往往是倒转褶曲发展而成； 3. 辗掩断层：断层面倾角小于 25°，常是巨型的，有时一盘沿着平缓的断裂面推覆在另一盘之上	
	正断层（张性断层）	上盘相对下移，下盘相对上移，多垂直于张力的方向发生，断层面倾角一般较陡，多在 50°~60° 之间	

续表

分类标准	名称	特征	示意图
按断层两盘的相对位移分类	平移断层（扭性断层）	两盘产生相对水平位移的断层，受剪切力形成，多与褶皱轴斜交，断层的倾角常近于直立，破碎带一般较窄，沿断层面常有近水平的擦痕	
按断层走向与岩层走向的关系分类	走向断层	断层走向与岩层走向平行	—
	倾向断层	断层走向与岩层走向垂直	—
	斜交断层	断层走向与岩层走向斜交	—
按断层走向与褶曲轴向的关系分类	纵断层	断层走向与褶皱轴向一致	
	横断层	断层走向与褶皱轴向正交	
	斜断层	断层走向与褶皱轴向斜交	
按断层组合形态分类	阶梯状断层	岩层由多个正断层沿多个断层面向同一方向依次下移成阶梯状	
	地垒	数条正断层组成，两边岩层下移，中部岩层相对上移	
	地堑	数条正断层组成，两边岩层上升，中部岩层相对下降	
	叠瓦式断层	一系列平行的冲断层或逆掩断层使岩层叠次向上冲掩的断层	

断层存在特征及识别 表 1.2-14

地形特征	表现为陡峭悬崖或河流纵坡突变或山峰中断，有时沿断层方向出现溪谷，沿断层往往有泉水出露
构造线特征	地层、岩脉、侵入体和变质岩相带、侵入体与围岩接触界线、变质岩片理、褶皱或其枢纽及早期断层等突然中断、错位，造成构造线不连续
岩层排列特征	岩脉的移位，层状岩石地区，地层出现重复或缺失现象，岩层的突然中断
断层面、带构造特征	断层面常有擦痕存在，断层面上因两盘摩擦而产生断层擦痕，从擦痕方向可推知断层运动方向，但有些断层面因长期风化和侵蚀，擦痕可能不清楚； 断层破碎带是两盘相对运动的结果，断层常使断层面附近岩石破碎成碎石和粉末，形成构造岩和断层泥，如：构造角砾岩、碎裂岩、糜棱岩及片理化岩。角砾岩的石质和断层附近的岩体岩性相同；在正断层中，角砾岩块多呈棱角，堆积较无次序，混杂物质很普遍；在逆掩断层中角砾岩块多磨圆或磨光，不出现其他混杂物质； 由于断层的拖曳现象，断层面两侧岩层常有牵引构造，弯曲的弧形突出方向指示本盘相对运动方向

　　断层相对时代确定的一般原则：一般断层下限时代是在被断地层中最新一层时代之后；如断层切断了侵入体则应在侵入体时代之后；如果一组断层被另一组断层切断，则切断者

总要比被切断者新；如果互相切断则认为是同期形成。

被切断的一套岩层如果被上一套不整合地层所覆盖，而上一套岩层又未受断层影响，则断层上限应在上一套不整合岩层中最老一层时代之前。

5. 活动性断裂

1）活动性断裂划分的时间界线

在我国第四纪的早更新世和中更新世之间的构造运动是一次大范围的大地运动，它引起的断裂活动基本上是一直延续至今的，而且由中更新世至今几十万年间的具体活动部位也没有多大改变，这个时期以来的活动性断裂与现代地震活动在空间分布上大体也相吻合，所以把中更新世以来有过活动痕迹的断裂，定为划分活动性断裂的时间界线比较适宜；也可根据工程建设的需要，在近代地质时期（一万年）内有过较强烈地震活动或近期正在活动，在将来（今后一百年）可能继续活动的断裂定为全新活动断裂。

地震部门活动断裂定义为：距今12万年以来有过活动的断层，包括更新世晚期断层和全新世断层。

核电工程中把活动断裂称为能动断层，其定义为在地表或接近地表处 10 万年内有可能引起明显错动的断层。

2）活动性断裂的判别特征

（1）中更新统以来的第四系地层中发现有断裂（错动）或与断裂有关的伴生褶曲。

（2）断裂带中的侵入岩，其绝对年龄新或者对现场新地层有扰动或接触烘烤剧烈。

（3）在实际工作中遇到上列两条有充分依据来判断活动性断裂的情况是不多的，可寻找一些间接地质现象作为判断活动性断裂的佐证；比如：活动性断裂常常表现在山区和平原上有长距离的平滑分界线；沿分界线常有沼泽地、芦苇地呈串珠状分布；泉水呈线状分布；有的泉水有温度升高和矿化度明显增大的现象；有的在地表有一定规律的形态完整的构造地裂缝；有的在断层面上有一种新的擦痕叠加在有不同矿化现象的老擦痕之上；另外，由断层新活动引起河流横向迁移，阶地发育不对称，河流袭夺，河流一侧出现大规模的滑坡，文化遗迹的变位，植被被不正常干扰等。

活动性断裂内容详见第4篇第1章区域构造稳定性评价内容。

6. 区域断裂

区域断裂规模很大，切割很深，常常称作深断裂。区域断裂包括伸展构造、逆冲推覆构造、走向滑动断裂、韧性剪切带等主要类型。

1）伸展构造形式

伸展构造与挤压作用形成的构造是全球构造中最为醒目的两种构造类型，在时间和空间上有密切关系。重力及重力不稳定性是形成伸展构造的驱动机制之一。

在大陆伸展地区，伸展构造多表现为正向滑动为主的断层、剪切带和拆离带组合形式，发育在不同的层次、尺度、区域构造背景和构造演化阶段。主要构造形式如下：

（1）地堑和地垒

地堑，主要由两组走向近平行且相向倾斜的正断层构成。小型地堑在露头尺度上即可看到由两条相向倾斜正断层组成，两条断层之间的共同上盘下降，两条断层的下盘上升。

地垒，与地堑恰好相反，由两组走向平行反向倾斜的正断层构成。在简单情况下，由两条正断层组成的地垒，中间共同的下盘上升，两侧的断层上盘下降。

通常情况下，地堑和地垒相伴发育，正断层多阶梯状，形成盆岭型构造-地貌单元。

盆岭构造，指由不对称的纵列单面山、山岭及其间列的盆地组成的构造-地貌单元。盆岭构造是在区域性伸展作用下形成的地堑、地垒、掀斜式阶梯断层控制下形成发育的，是伸展区典型的构造-地貌形式。

（2）断陷盆地

断陷盆地是指伸展背景条件下受基底及盆缘正断层控制发育的沉积盆地。如我国东部的华北盆地、松辽盆地和江汉盆地等大型盆地，秦岭造山带内的西峡盆地和南阳盆地等中、小型盆地。如果断陷盆地一侧断层发育，形成一侧由于主干弧形或铲形正断层控制的不对称盆地，则称为箕状断陷或半地堑盆地。箕状断陷盆地可单个或多个成一系列。

（3）裂谷

裂谷是区域性伸展隆起背景上形成的切割深的巨大狭长断陷，常具有地堑形式。按裂谷发育的区域构造部位及其地质构造特征，可分为大洋裂谷、大陆裂谷和陆间裂谷。

其他，尚有变质核杂岩、岩墙群等伸展构造。

2）逆冲推覆构造

逆冲推覆构造或推覆构造是由逆冲断层及其上盘推覆体或逆冲岩席组合而成的大型至巨型的构造。逆冲推覆构造主要产出于造山带及其前陆，是挤压或压缩作用的结果。

逆冲断层虽然可以单条产出，更常见的是产状相近的若干条逆冲断层成束产出；若干条产状相近并向同一方向逆冲的断层，构成叠瓦式。叠瓦式是逆冲断层系的最具代表性的基本形式。一定构造单元中的逆冲推覆构造，除了表现为同一个方向的叠瓦式逆冲外，还常常表现出背冲式、对冲式和楔冲式。

3）走向滑动断层

走向滑动断层简称走滑断层，一般是指大型平移断层，是两盘顺直立断层面相对水平剪切滑动的构造。

走滑断层常具以下特点：走滑裂带包括一系列与主断层带相平行或以微小角度相交的次级断层，单条断层延伸一般不远，各级断层分叉交织，常构成发辫式；常伴生有雁列式褶皱、断裂及断块隆起和断陷盆地等构造；断层两侧地层-岩相带呈递进式依次错移，时代愈老，移距愈大；断层带常呈直线延伸，甚至穿过起伏很大的地形仍保持直线状，在航空照片、卫星照片上可显示出来。

在走滑断层作用中，往往形成一些特征性构造，如拉分盆地、花状构造、雁列式褶皱和牵引式弯曲等。

（1）拉分盆地

拉分盆地是走滑断层系中拉伸形成的断陷盆地，拉分盆地形似菱形，称为菱形断陷。盆地两侧长边为走滑断层，两短边为正断层。拉分盆地的规模变化很大，大者长逾百余千米，宽数十千米，小者长数百米，宽仅数十米。

拉分盆地是在两条雁列走滑断层或在一组雁列走滑断层控制下发育形成的。一组雁列走滑断层控制下发育的拉分盆地，各盆地先单独发育再相互连接组成复合盆地。一个大型拉分盆地内部可能存在次级拉分盆地，形成盆中盆或堑中堑构造。次级地堑中又会发生断块隆起，从而构成堑中垒构造。

与其他成因的盆地相比，拉分盆地发育快，沉降快，沉积厚度大，沉积相变化迅速。在长期拉伸生长的大型拉分盆地中，盆地地壳相对减薄，热流值一般较高，常发生火山活动，也是地震多发场地。

（2）花状构造

花状构造是剖面上一条走滑断层自下而上成花状撒开，故称为花状构造。

（3）雁列式褶皱和牵引式弯曲

雁列式褶皱是在走滑剪切作用派生的次级压应力作用下形成的派生构造，以背斜为主，褶皱轴与主走滑断层成小角度相交，所交锐角指示对盘滑动方向。牵引构造是在走滑断层两侧的地层发生牵引式弯曲，弯曲中常包含陡倾的褶皱。

（4）双重构造

走滑断裂带中双重构造表现为两条走滑断层围限的断块中产出的一套与主断层斜交的次级雁列式走滑断层。

2.2　第四纪地质

2.2.1　第四系地层

第四系沉积物是指在地球表面内外营力相互作用过程中，岩石圈发生破坏-搬运-堆积形成的沉积地层。第四系地层划分标准见表 1.2-15。

第四系地层划分标准　　　　　　　　　　　　表 1.2-15

地质年代	考古与古人类			构造与地貌		古气候（南方冰期）	距今年代（万年）
				华北地文期			
	文化期		古人类	侵蚀期	堆积期		
全新世		新石器时代中石器时代	—	—板桥期—	皂兰期	—	1.2
晚更新世	旧石器时代	晚期	山顶洞文化期	山顶洞人资阳人	新人		大理冰期	10
		中期	河套文化期	河套人长阳人	古人	马兰期	庐山—大理间冰期	20
			丁村文化期	丁村人马坝人			庐山冰期	30
中更新世		早期	中国猿人文化期	中国猿人	猿人	—清水期—	大姑—庐山间冰期	40～60
						周口店期	大姑冰期	70
			蓝田猿人文化期	蓝田猿人			鄱阳—大姑间冰期	80～90
							鄱阳冰期	100～110
早更新世			元谋猿人文化期	元谋猿人柳城巨猿	古猿	—湟水期——汾河期—	泥河湾期	红崖—鄱阳间冰期	120～130
							红崖冰期	140～190

2.2.2　第四系地层成因分类及特征（表 1.2-16）

第四系沉积物成因分类与特征　　　　　　　　　　　表 1.2-16

成因	类型	形成条件和特征
风化残积	残积物	指地表岩石风化后残留在原地的松散堆积物。 自下而上颗粒逐渐变细，有时表面有粗化现象，颗粒具明显的棱角状，无分选，无层理；成分与下伏基岩岩性密切相关，以物理风化作用形成的残积物主要由母岩岩屑或矿物碎屑组成，而由化学风化作用形成的除母岩成分外，还有一些新生矿物，如黏土矿物和硅、铝、铁、锰等含水氧化物等；具有明显的分带性，在高纬度地区，中纬度荒漠与半荒漠地区和高山地区，一般以物理风化残积物为主，而热带和亚热带湿润地区主要形成化学风化残积物；厚度变化大，其厚度取决于它的残积条件，即易风化岩石，其残积物厚度较大，反之则薄，而且在不易受外力剥蚀的比较平坦的地形部位，山谷低洼处厚度较大，山丘顶部厚度较小，山坡上往往仅保留粗大的岩块；残积物地表面多为凸形坡面。 残积物具有较大的孔隙度，一般透水性较强，当发育在低洼地段而下伏母岩又不透水时，可有上层滞水出现
重力堆积	坠积物	系斜坡上的物质在机械风化作用下，不断地产生碎块及岩屑，在重力作用下，缓慢而均匀地向坡下堆积形成。 颗粒经过流动棱角有所磨蚀，较大颗粒岩块滚动速度快，多堆积于山脚，较小颗粒多分布于山坡上部，造成下粗上细的粗略分选；不具层理；成分与斜坡上部物质相同；多呈倒石锥形态，有时在坡麓呈倒石锥群；厚度变化大，在倒石锥的上、下缘厚度最薄，而在斜坡由陡变缓的部分厚度最大；多与坡积物、崩塌堆积物相伴生
	崩塌堆积物	系斜坡上的岩、土体在重力作用下，突然而迅速地向坡下垮落堆积形成。 分选性极度差、棱角状、无层理；成分与组成斜坡上的岩性一致；多呈倒石锥形态，厚度较大。坡下发育有崩塌堆积物的斜坡，多有发生崩塌等灾害的隐患
	滑坡堆积物	系斜坡上岩、土体在重力作用下，沿一定的软弱面整体地滑动而形成。 大型滑坡堆积物除滑动带发生扰动外，一般保持原来地层的结构和构造系统，但裂隙开张，岩（土）体松散，强度低，透水性强。一旦平衡条件被破坏，滑坡堆积物还会重新滑动
	土溜堆积物	系斜坡表面松散层，在重力作用下，沿斜坡发生移动形成的。 颗粒无分选，无层理，但局部有带状构造和叠瓦状构造，厚度随地形起伏而变化，一般在较低洼处厚度大
大陆流水堆积	坡积物	系高处风化碎屑物在雨水、雪水等片流作用下，沿斜坡平缓坡段和坡麓地带堆积形成。 岩性成分决定于坡地下部母岩成分；一般颗粒成分混杂，碎屑物分选性和磨圆度很差，多呈亚角形；坡积物多呈坡积裙形态，自裙顶至裙前缘颗粒由粗变细，逐渐由碎石及含碎石的粗粒相变为细砂、粉砂和粉质黏土、黏土；由于片流反复作用，在垂直剖面上可看到具有韵律性的成层堆积，成层的坡积物具有与斜坡一致的层理，韵律结构在坡积裙的不同部位也不相同，裙顶部分以粗粒相为主，间夹含碎屑的粉土、粉质黏土透镜体薄层，此带宽度小，厚度不大，在裙的中部韵律清晰，成层性好，每个韵律层的底部为断续的角砾、碎石或粗粒透镜体，向上逐渐变细为含少量碎屑的粉土及粉质黏土，此带最宽，厚度最大，坡积裙的边缘部分，主要由层理极不明显的粉质黏土组成，沉积厚度不大；坡积物在近坡顶部分常与残积物呈过渡关系，而在坡积裙的前缘也常与冲积物、洪积物互层。 孔隙度大，结构比较疏松，并且容易形成滑坡和土层流动。 形成于温湿气候，古土壤中含有动、植物化石、孢粉
	洪积物	系由暂时性洪流在山麓地带（沟口或山口等）形成。 机械成分混杂，分选差，磨圆度为亚角形至亚圆形，由沟口或山口到山前平原方向，粒度由粗变细，分选性和磨圆度逐渐增高；常以洪积扇、洪积裙、洪积平原等形态出现。在距山区或高地的扇顶部位，多为巨砾、砾石，亚角形，其空隙多为砂、黏性土混杂充填，可见砂的透镜体，具交错层理。在洪积扇中部，多为夹砾石、砂透镜体的粉砂、粉土及粉质黏土层，具交错层理，透镜体中的砾石倾向上游呈叠瓦状，磨圆度较扇顶好。在洪积的边缘部位，多为粉砂、粉土、粉质黏土及粉土层构成，偶夹砂及细砾透镜体，具有近于平行的层理及波状层理，由于该部位常为地下水的溢出带，故沼泽发育，可形成盐渍土和泥炭层，工程地质条件不良。厚度相差悬殊，在山口、沟口地形急剧变化处厚度较大。在上升强烈的山前地带，可厚达数百米，局部范围内厚度变化小；多呈带状、片状分布，洪积平原最大达数百公里。 一般形成于干旱及半干旱气候区，古洪积扇中可发育有古土壤、孢粉、动植物化石等，据此鉴定其形成时代和环境。 地下水一般属于潜水，由山区或高地前缘向平原补给，其埋深从山区或高地向洪积平原方向，由深至浅，局部低洼地段，可能溢出地表

续表

成因	类型	形成条件和特征
大陆流水堆积	冲积物	系在水流所塑造的沟谷范围内形成的，包括永久性河流和暂时性水流的形成物，称为冲积物。 　　上游至下游颗粒粒径逐渐变小，而其分选性和磨圆度逐渐增高，卵砾石一般呈亚圆形、圆形；具明显层理，有时具斜层理、交错层理；砾石倾向上游，长轴与水流方向一致，呈叠瓦状排列。平原河流冲积物可分为：1. 河床冲积物，分布于冲积物的底部，由磨圆度较好的漂石、卵石、圆砾和砂土组成，自下而上颗粒由粗变细，以透镜体、斜层理和交错层理为主；2. 河漫滩冲积物，主要成分为细砂和粉土、黏性土、与下伏河床相冲积物呈二元结构，具斜层理与交错层理；3. 牛轭湖冲积物，它的底部以河床冲积层作为垫层，其顶部被河漫滩冲积物覆盖，但在交接处可高于河漫冲积物底面，主要为含有机质较丰富的黏土、粉质黏土、粉土、有时有粉砂透镜体、夹层，具水平层理和斜层理，颜色多呈黑色、暗灰色、灰蓝色并具铁锈斑；4. 阶地冲积物，上部以粉质黏土、粉土和砂土为主，下部为卵石、圆砾层，具二元结构。多系河流下切，由河漫滩堆积物演变而来。 　　平原河流冲积物中的地下水一般为潜水；平原河流冲积承载力因其机械成分的不同而差异较大，牛轭湖冲积物承载力低，抗变形能力差，而其他冲积物承载力一般较高，但应注意砂、粉土的密实度和振动液化问题
	湖积物	系在湖泊地质作用下，堆积在湖盆内的沉积物。属浅水型的静水堆积。 　　与其他陆相沉积物比较，一般颗粒较细，分选性、磨圆度均较好；以水平层理为主，层理比较清晰、规则、稳定，有时可见微薄水平层理，原始产状自湖岸向湖心微微倾斜；具对称波痕；厚度比较稳定；淡水湖沉积物以碎屑沉积为主，也有化学沉积、生物化学沉积，一般在湖滨浅水地带以颗粒较粗的砂砾为主，常见斜层理和波痕，厚度较小，在湖心深水地带以粉砂、黏性土沉积为主，具水平层理，厚度较大，一般数十米至数百米，有时有碳酸盐、铁质、锰质、铝质、磷质等化学沉积物以及泥炭、硅藻土、淤泥等生物化学沉积物，不含易溶盐类矿物，淡水湖积物主要分布于潮湿地区，化石种类和数量较多，常见的有淡水鱼类、螺蚌、介形虫、植物孢粉等，以及昆虫、陆生的哺乳动物的和植物化石；咸水湖积物主要分布在干旱与半干旱地区，化石种类和数量较少，特征是含有大量的易溶盐类矿物，不含生物沉积，缺乏有机质，湖积物包括碳酸盐、硫酸盐和氯化物三种化学成分的沉积物。 　　湖积物中的淤泥、泥炭分布广、厚度大、承载力低，湖积相黏土也常具有淤泥的特性，灵敏度很高，强度较低。而咸水湖积物的易溶盐类对建筑材料有不同程度的腐蚀性，硫酸盐、碳酸盐类对土的力学强度、胀缩性及密度均有不利影响
	沼泽沉积物	系沼泽地区地表长期积水，并处于过饱和状态，在静水堆积作用下，喜水植物死亡后腐烂分解后与泥砂物混合而成。 　　主要为泥炭，有时也有少量黏土、细砂，具水平层理；形成于不同的气候条件，发育大量孢粉、植物残骸和水生生物；常与湖泊沉积物、河流沉积物和海洋沉积物共生，分布于河流泛滥平原、河流三角洲、湖滨平原和海滨平原及某些高原上。 　　泥炭的性质和含水率关系密切，干燥压密的泥炭较坚硬，压缩性低，湿的泥炭压缩性较高；泥炭含有尚未完全分解的有机物，在作为建筑物主要受力层时需考虑后期继续分解的可能性
	三角洲（河—湖、河—海）堆积物	指河流在入湖、入海处的沉积，形成于河流与海洋或湖水相互作用的复杂沉积环境，是多种岩性、岩相的沉积复合体。 　　一般分为三部分，其特征如下：1. 顶积层，是三角洲的陆上沉积部分，是冲积、湖积、沼泽堆积的交互沉积，岩性以砂、粉土为主，间夹黏土、淤泥、泥炭等，具明显的水平层理和交错层理；2. 前积层，是水下三角洲斜坡部分的堆积，为河、海（湖）交互沉积，平面上呈环带状分布于顶积层的外缘，岩性以粉砂、黏土质粉砂为主，具薄斜层理和波状层理，分选比较好，时有黏土夹层，有机质含量增高，具规则水平层理，常含咸水体软体动物化石；3. 底积层，是三角洲前缘斜坡的坡脚及前方的海（湖）底沉积物，是由河流搬运来的黏粒悬浮物、胶体溶液沉积而成，以淤泥与黏土为主，具水平层理，河-海三角洲底沉积层富含海相生物化石。 　　承载力较低，其顶部多形成硬壳，强度较下面的土层高；地下水一般为潜水，埋藏比较浅
海水堆积	滨海堆积物	指海洋中近海岸的、海水深度不超过 20m 的、经常受海潮涨落作用影响的狭长地带的堆积物。以碎屑机械沉积为主。 　　具高度的分选性，颗粒大小由陆向海方向、自粗而细有规律地变化；颗粒磨圆度极好；具有波痕、泥裂、雨痕等。由于动力的多样性，沉积物较复杂，有卵石、砾石、砂、淤泥及生物贝壳，碎屑物主要为陆源；卵、砾石主要分布在冲蚀岩岸带和山地河流入海处，宽度不大呈狭长带状分布，具明显的层理；砂土沉积范围最广，成分以石英为主，也有长石、角闪石、绿帘石等，常有一些重矿物如锆石、金红石、锡石等经分选形成砂矿；细颗粒物质多分布于沿岸的海湾、潟湖等处，常与细砂或粉砂混合堆积或交互成层，此外，在潮湿气候区沉积物中含有机质，可形成泥炭层，而干燥气候区，则可形成盐沼、盐滩。 　　滨海沉积物成分复杂，承载能力也差别较大

续表

成因	类型	形成条件和特征
海水堆积	浅海堆积物	有粗粒沉积、砂质沉积和淤泥质沉积物，以及化学沉积物；粗粒碎屑沉积来源于水下岸坡破坏和河流或冰川搬运物质；砂质沉积主要是河流挟入物，部分海岸带砂质沉积延伸部分；淤泥质沉积分布极广，其中常含有机质、硫化铁、氧化锰和绿泥石，而呈现不同颜色；并含海绿石等自生矿物；化学沉积物如碳酸盐岩等分布很广
	深海堆积物	以浮游性动植物钙质或硅质沉积为主，其次为火山灰沉积、化学沉积和局部浮冰碎屑沉积物；大型软体生物很少，河流挟入物达不到；深海沉积厚度不大
地下水堆积	泉水堆积物	地下水的天然露头——泉水所形成的沉积物。以化学沉积为主（泉华），有时混杂机械沉积作用，甚至以机械沉积为主 岩性常见的是碳酸钙，其次是二氧化硅、天然硫、硼酸盐及其他盐类；它们以粉末状、被膜状、厚层块状等形态沉积在泉口附近地面，厚度可达几十米；碎屑沉积物主要为黏性土、粉土及粉、细砂等
	洞穴堆积物	指可溶岩洞穴中的沉积物；以机械沉积作用为主，部分化学沉积作用为辅。 洞穴沉积物是一种极其复杂的成因类型混合体。溶蚀残余堆积物，分布在洞穴的底部，岩性为富含 Fe_2O_3 及 Al_2O_3 的红色黏土和部分未被溶蚀的原岩角砾；重力堆积物是洞穴沉积物的主要组成部分，岩性为原岩及石钟乳的块石、碎石、角砾等，大小混杂，次棱角状，表面溶蚀强烈；地下水的机械沉积作用多形成黏土、粉土及粉细砂；地下河、湖沉积物多为具层理的砂、砾及淤泥，伏流沉积的砂、砾多由洞外带入，磨圆度较好，地下湖泊堆积物内无有机质沉积层，但有时有水生动物化石；化学沉积物有石钟乳、石笋、石灰华等；此外，洞穴沉积物中有时有人类和动物化石、石器和文化层；洞穴沉积物规模和厚度不等
冰川堆积	冰碛堆积物	系由冰川融化携带的碎屑物质堆积而形成。 是块石、碎石、角砾、砂和黏土的混合堆积，粒度相差十分悬殊、无分选性；棱角状；碎石土颗粒表面常有磨光面，且有条痕石，而砂颗粒棱角尖锐；不具层理；但可夹有由角砾、砂和黏土所组成的透镜体，多见于大陆冰川沉积物，是冰下湖、冰面湖及冰内流水沉积的结果；冰碛物中常见巨大的漂石
	冰水堆积物	系由冰川的冰下水所携带碎屑物沉积形成。 以砂颗粒为主，夹杂少量砾石、黏土，具一定分选性，砾石有一定磨圆，具斜层理。常是地下水的良好含水层
	冰碛湖堆积物	由冰川掘蚀或冰碛堵塞等原因形成凹地积水而成的湖泊，冰水搬运的物质在冰湖中沉积，形成冰湖沉积物。 冰湖沉积物包括三角洲沉积、湖滨沉积；三角洲、湖滨沉积与普通三角洲或湖滨沉积没有多大差别，所不同的是在沉积物中有冰川砾石，在砾石上可有冰川压磨痕迹；湖底沉积物粗细相间出现，层理极薄，称为"纹泥"，粗粒层是浅色的砂层，成分主要为石英和长石，细粒层是深色黏土层，一深一浅沉积层代表一个年层。 冰川沉积物因冰川形态和规模的差异，厚度变化大
风力堆积	风积物	指经风力搬运后沉积下来的物质。 常见的有风积砂与风积黄土；分选良好，是陆相沉积物中分选最好的一种，颗粒主要集中在 0.01～0.05mm 之间；矿物成分以石英为主，砂颗粒磨圆良好，表面多布满麻坑而无光泽；风积砂中常具弧形斜层理，而风积黄土一般不具层理，具大孔性垂直节理；厚度变化大，从数米到近百米。 风积物是干旱与半干旱地区最具代表性的一种沉积物，有时湿润地区的海岸、湖岸地带也可形成风成沙丘
火山堆积	火山岩及火山碎屑岩	系火山熔岩及喷溢在地表的堆积物。以基性和酸性最常见，包括玄武岩、流纹岩、火山集块岩、火山弹与凝灰岩等。中国第四系火山岩以玄武岩为主，在台湾和腾冲等地有部分安山岩类。 基性玄武岩一般呈层状构造，并具气孔状结构和多边形柱节理；火山弹多堆积于喷发中心的附近，与火山砂或火山岩呈互层状；凝灰岩离喷发点较远，有分选、具层状构造。 火山堆积物的分布与新构造运动的规模及强度有较密切的关系
其他	人工堆积物	指由人为活动所形成的堆积物，一般称为填土。 填土分为素填土、杂填土、冲填土，其密实度具随机性，均匀性较差；素填土的工程性能取决于它的物质组成、均匀性、形成条件的堆积时间，堆积时间较久的土可作为一般建筑物天然地基；杂填土，性质不均，厚度及密实度变化大，压缩性大、强度低，有的具湿陷性；冲填土因其泥砂来源不同，常不均匀；均匀性较好的冲填土，其性质类似于冲积地层；冲填土透水性差，含水率大，多呈软塑和流塑状态

2.3　地貌

2.3.1　地貌分级及成因分类

地貌是指地球表面在内、外地质营力的相互作用下产生的大小不等、千姿百态、成因复杂的地表形态。地貌的规模极为悬殊，通常按其相对大小，并考虑地质构造基础及塑造地貌的营力进行分级，见表 1.2-17～表 1.2-19。

地貌相对分级　　　　　　　　　　　　　　　　　表 1.2-17

相对分级	形态	塑造地貌的营力
巨型地貌	大陆和洋盆	由内力作用形成
大型地貌	陆地上的山地、平原、大型盆地；洋盆中的海底山脉、海底平原等	基本上由内力作用形成，是地壳长期发展的结果
中型地貌	山地中的分水岭、山间盆地，平原中的分水区、河谷区等	是内力地质作用与外力塑造作用综合作用的结果
小型地貌	山脊、谷坡、阶地、残丘等	主要取决于外力地质作用

地貌成因分类　　　　　　　　　　　　　　　　　表 1.2-18

成因	地貌类型		堆积
	侵蚀		
构造、剥蚀	山地	高山 中山 低山	—
	丘陵、剥蚀残山、剥蚀准平原		—
重力作用	崩塌剥蚀坡、重力陡坡		岩屑堆积坡、泥石流、倒石堆、滑坡圈谷、滑坡阶地
流水作用	浅凹地、集水漏斗、侵蚀沟、纹沟、细沟、切沟、冲沟、坳沟、河床、干河床、峡谷、河流凸岸、河流凹岸、侵蚀阶地、基座阶地、先成河段风口、袭夺湾		坡积裙、洪积锥、洪积扇、洪积阶地、浅滩、河漫滩、滨河床沙堤、三角洲、堆积阶地
岩溶作用	石芽、溶沟、溶槽、漏斗、竖井、落水洞、溶蚀凹地、坡立谷、干谷、盲沟、盲谷、峰林、溶洞、地下河		石钟乳、石笋、石柱、石幕或石幔
冰川和冰水作用	冰斗、刃脊、角峰、悬谷、冰槽谷、幽谷、浅沟、凹地、冰蚀凹地		前碛地堤（终碛堤）、冰碛阶地、冰碛垄岗、蛇堤、冰碛扇地、冰碛丘陵、冰碛平原、冰碛阜
冰融作用	冰楔、裂隙、泥炭丘、土丘（坟丘）、冰核丘、秃峰、冰冻风化残丘、冰雪圈谷和悬岩、冰雪碟形地、土溜剥蚀坡、热融岩溶漏斗、沉陷凹地		石海、石川、山顶砾块、冰锥、冰丘、网状土、石环、石带、山原阶地、土溜堆积坡
风力作用	石窝、风蚀垄岗、风蚀残丘、风蚀柱、风蚀墩、风蚀蘑菇、风蚀槽、风蚀凹地、风蚀浅沟、风蚀谷		沙丘、沙堆、草丛沙堆、灌丛沙堆、新月沙丘、横向沙垄、蜂窝状沙地、梁窝状沙地、金字塔形沙丘
风、流水及重力综合利用	劣地、山足面、山前夷平面、山前剥蚀残丘、沙漠风化残丘或岛山、流水—风蚀凹地、干谷、泥石流谷地、风蚀重力坡、片蚀浅沟、风化壳蠕动与冲刷坡、龟裂地、黄土桥、黄土碟、黄土陷穴		泥石流锥、山麓裙、沙漠岩漆或结皮、岩漠、砾漠（或戈壁）、沙漠、泥漠
海湖水作用	海蚀穴、海蚀崖、海蚀洞、海蚀穹、海蚀残丘（柱）、海蚀阶地、海蚀平台、海蚀拱桥、海蚀水下斜坡、水下岩脊、湖蚀岸、湖蚀阶地、盐沼地、潟湖地		海积水下斜坡，水下堤坝、海积阶地、海滩、海岸堤、离岸坝、拦湾坝、沙嘴、泥滩岸
生物作用	土拨鼠穴		珊瑚礁、泥炭沼泽草丘、盐沼草丛草丘、河漫滩草地

平原类型及特征表　　　　　表 1.2-19

平原类型			基本特征
构造平原			其表面与组成平原的岩层是一致的，一般指海成平原，是由于地壳上升，使海水以下的原始倾斜面出露水面形成的。可以是倾角较大的、甚至是凹状或凸状平原，主要取决于原始构造特征
非构造形成的平原	剥蚀平原		在地壳上升比较缓慢的情况下形成，外力剥蚀作用可以充分进行，形成准平原、山麓剥蚀平原等。还分布着起伏不平的残丘和颗粒较粗的薄层堆积
	侵蚀堆积平原		在剥蚀平原和堆积平原之间的过渡类型。当剥蚀平原形成之后，地壳发生轻微、不均匀地下降，使地面堆积一定厚度的细粒松散堆积物层。在局部较高的地方，仍然继续其剥蚀作用，但就整体地面而言，仍近于平坦
	侵蚀平原		是由各种类型的外力侵蚀作用形成的平原，例如有冰川侵蚀、风力吹蚀等形成的平原
	堆积平原	河流冲积平原	由河流堆积形成，大多分布于河流的中下游地带，其面积大小主要取决于构造活动的性质，以及挟带物质的多少
		海积平原	在近海地区，当海平面上升时，海蚀作用不断向大陆方向推移，海面以下形成平原，随后当地壳发生上升，该平原露出海面，形成由海相堆积组成的堆积平原，其表面有时呈波状起伏，从某种意义上，它又属于构造平原类型
		湖积平原	当河流注入湖泊且挟带大量疏松物质时，使湖底逐渐积高，湖水溢出，逐渐干涸，形成面积不大的平原，称为湖积平原。平原的表面常分布沼泽和积水洼地
		冰积平原	在较平坦的地区，由冰川或冰水挟带的疏松碎屑物质堆积而成的平原，称为冰积平原，上面分布着各种冰碛和冰水沉积地貌

2.3.2　地貌形态分类（表 1.2-20～表 1.2-39）

山地地貌形态分类　　　　　表 1.2-20

山地名称		绝对高度/m	相对高度/m	备注
最高山		>5000	>5000	其界线大致与现代冰川位置和雪线相符
高山	高山	3500～5000	>1000	以构造作用为主，具有强烈的冰川刨蚀切割作用
	中高山		500～1000	
	低高山		200～500	
中山	高中山	1000～3500	>1000	以构造作用为主，具有强烈的剥蚀切割作用和部分冰川刨蚀切割作用
	中山		500～1000	
	低中山		200～500	
低山	中低山	500～1000	500～1000	以构造作用为主，受长期强烈剥蚀切割作用
	低山		200～500	

山地构造形式分类表　　　　　表 1.2-21

山地名称	特征
断块山	由于断裂作用上升的山地称为断块山。最初形成断层面和断层线明显完整，经过长期风化剥蚀，崖底断层线被碎屑覆盖
褶皱断块山	被褶皱断层作用分离的褶皱岩层山地。曾经是运动剧烈和频繁的地区
褶皱山	具有背斜或向斜的山地。往往具有次生小褶皱，山脉走向与褶皱轴走向常相一致，河流常沿向斜或背斜轴发育成槽形地形

剥蚀地貌的分类　　　　　　　　　　表 1.2-22

地貌名称	特征
丘陵	经过长期侵蚀切割，外貌形态低矮而平缓的起伏地形。绝对高度小于 500m，相对高度小于 200m。丘陵区一般基岩埋藏浅，谷底堆积较厚的堆积物
剥蚀残山	低山在长期的剥蚀过程中，绝大部分被夷为准平原，但在个别地段形成比较坚硬的残丘，称为剥蚀残山。常成孤立的小丘，有时残山与河流交错分布
剥蚀性平原	低山经过长期的剥蚀和夷平，外貌显得更为低矮平坦，微弱起伏的地形称剥蚀准平原。分布面积不大，基岩面积不大，基岩常裸露地表，低洼地段有平原的残堆积物或洪积物等

斜坡堆积地貌　　　　　　　　　　表 1.2-23

地貌类型	特征
坡积裙	由山坡上的面流将碎屑物搬运到山麓下，并围绕坡脚堆积而成的裙状地貌。坡积物分选性差，大小颗粒混杂一起，由于重力作用，粗颗粒堆积在邻近山麓，细颗粒则堆积在较远的部位
倒石堆、倒石锥	斜坡上岩、土体在重力作用下，突然地、迅速地向坡下垮落的崩积物所形成的地貌。这种地貌常发生在坡度很陡的地带；如具悬崖的斜坡地带和海湖岸带，高山的山崩；海、湖岸边的塌方等，都可形成倒石堆、倒石锥
滑坡圈谷	斜坡上的岩、土体在重力、水和其他有利于滑动因素的作用下，沿着一定软弱面（滑动面或滑动带）整体缓慢滑动形成的一种地质地貌，即由滑坡形成的地貌

平原测高分类及特征　　　　　　　　　　表 1.2-24

分类		高程/m	地质构造	外力作用	地貌特征	代表性平原
洼地		海平面以下	新生代坳陷带	干燥剥蚀作用	地面切割微弱的内陆盆地或面积较小的山间盆地	吐鲁番盆地
低平原	沉积平原	0～200	较稳定的陆台区，第四纪以来轻微下沉	河流堆积作用	冲积平原和三角洲	华北平原
	剥蚀平原		较稳定的陆台区，第四纪以来轻微上升	剥蚀作用	剥蚀平原	—
高平原		200～600	陆台地区，第四纪以来缓慢隆起	剥蚀作用	残丘、准平原以及高度不大的蚀余山	关中平原 宁夏平原
高原		>600	古生代褶皱带，新生代以来强烈隆起	冰川及寒冻风化作用及强烈的干燥剥蚀作用	冰川及寒冻风化作用的丘陵和低山	青藏、云贵高原

暂时性流水地貌　　　　　　　　　　表 1.2-25

地貌类型	特征
洪积扇	山区洪流沿河谷流出山口时，流速减小，搬运能力急剧减弱，洪流搬运的碎屑物质在山口逐渐堆积下来，形成洪积扇。它一般是由山口向山前倾斜的半圆扇形或锥状堆积体
山前平原	暂时性流水在山前堆积了大量的洪积物，这些洪积物与山坡下面流水所挟带的堆积物堆积在一起，形成宽广的山前倾斜平原。靠近山麓较高，远离山麓较低，地形狭长，波状起伏。 在新构造运动上升区，洪积扇向下方移动，山前平原不断扩大；如果山区上升过程中曾有过几次间歇，在山前平原上就产生高差明显的山麓阶地
侵蚀沟	在暴雨和大量积雪融化时形成的洪水流冲成的侵蚀地形是侵蚀沟（又称冲沟）。侵蚀沟有固定的水槽，规模大小不一，主要发育在干旱气候带的松散沉积物区。它的发展可分成细沟、切沟、冲沟和坳谷阶段

河谷按成因分类　　　表 1.2-26

名称	特征
侵蚀河谷	由地表水切割成的河谷
构造河谷	由地壳错动产生的低地，后来又经水流作用形成的河谷
火山河谷	分布在火山裂隙处、后来由水流作用形成的河谷
冰川河谷	经过冰川作用形成的河谷
岩溶河谷	岩溶区地表水，地下水活动所形成的河谷

河谷按发育阶段分类　　　表 1.2-27

名称	特征
少年期河谷	河床坡度、水流速大，以垂直侵蚀作用为主，河床不断加深加长，呈 "V" 字形，出现陡崖和深谷。可细分为隘谷、嶂谷、峡谷
壮年期河谷	河谷纵坡面接近平衡剖面，往往呈不对称的 "U" 字形。侧向侵蚀为主，河曲发育，晚期有牛轭湖生成，原始地形受到强烈破坏。可细分为河曲、蛇曲等河谷地貌
老年期河谷	整个河床均达到平衡剖面，侵蚀作用停止，堆积作用明显，河谷宽阔，阶地完整，牛轭湖和蛇曲发育。巨大的河流则形成广阔的冲积平原

河谷的微地貌单元与特征　　　表 1.2-28

名称	特征
河床	河床是谷底河水经常流动的地方。河床由于受河流的侧向侵蚀作用而弯曲，有些河流经常改变其位置。山区河流河床底部大多为坚硬的岩石或者是大块的碎石、卵石；平原地区河流的河床一般沉积的是细颗粒物质
河漫滩	洪水期河水溢出河床所淹没的谷底部分称为河漫滩。它是在河流侧向侵蚀和河床变迁过程中形成的。最原始的是滨河浅滩，稳定发展后，表面上形成薄薄的覆盖层，成为真正的河漫滩。河流上游的河漫滩常由大块的碎石、卵石组成；河流中游的河漫滩一般为砂成组；河流下游的河漫滩一般为黏性土组成
牛轭湖	牛轭湖又称弓形湖，是曲流发展中被遗弃的一般河流。它是由河流发展过程中 "截弯取直" 而成。在枯水期和平水期，牛轭湖内长满了水草，渐渐淤积成为沼泽。在洪水期，有时就与河流相接成溢洪区。牛轭湖一般是泥炭、淤泥堆积的地区
河谷阶地	不同时期的河谷底部，由于河流下切侵蚀作用加强，被抬升超出一般洪水期水面以上呈阶梯台状分布于谷坡上的地貌称为河谷阶地。多出现在凸岸一侧，沿河分布往往不连续，高度在河流的上、中、下游是不一样的。阶地级数的划分是将超出最新的河漫滩阶地为 I 级，其上分别为 II、III 级

河谷阶地分类　　　表 1.2-29

名称	特征
侵蚀阶地	河水将岩石切割后而形成的阶地称侵蚀阶地。阶地面上有时还残留极少的冲积物。这类阶地往往分布于山区河流中，在不太长的河流段中，切割不同岩层的高度比较稳定
基座阶地	在阶地坎上可以看到上部冲积层。它是由深切侵蚀作用超过原有冲积层厚度造成的。分布在构造运动上升显著的山区
嵌入阶地	完全由冲积层组成，在切穿阶地的冲沟和陡壁上，从断面上看到新老阶地呈嵌入关系，新的谷底高于老的谷底，新冲积层面高于老冲积层面
内叠阶地和上叠阶地	内叠阶地指新的冲积阶地套叠在较老阶地之内，是各次冲积物的厚度愈来愈小造成的，上叠阶地指冲积物组成的新阶地上叠在较老阶地的冲积物之上。与内叠阶地不同的是上叠阶地各次下切侵蚀深度都比前一次为小，不能达到原来的谷底
掩埋阶地	早期形成的各种阶地被近期冲积层掩埋，老的阶地就称为掩埋阶地，但在长期连续下降地区，各时期冲积层连续叠覆，并不断形成阶地。不能将冲积层叠加看作阶地
坡下阶地	早期形成的各种阶地被近期坡积层掩埋，坡下阶地分布在山麓一带

岩溶地貌及特征

表 1.2-30

名称	地貌形态特征
岩溶漏斗	在岩溶发育强烈区，地表经常出现一种漏斗状凹地，称为岩溶漏斗。平面呈圆形或椭圆形，直径数米至数十米，深度数米至数十米，漏斗壁常呈陡坎状，底部堆积有碎石块及残积红土，其下部常发育有垂直裂隙或溶蚀孔道与暗河相通；当孔道堵塞时，漏斗就积水呈湖泊。漏斗常呈串珠状分布，因此是判明暗河走向主要标志
落水洞	落水洞与漏斗的表面形态相似，是地表和地下岩溶的过渡类型，其表面很少有碎石堆积，底部的裂隙深度很大，有的可达 100～200m，常成为通向地下河、地下溶洞的孔道。它形成于地下水垂直循环极度为流畅的地区。是流水沿垂直裂隙进行溶蚀和冲蚀并伴随部分崩塌的产物。它既可出现于地表，也可置于漏斗底部，也是判明暗河的重要标志
干谷、半干谷及盲谷	岩溶区的古河谷，当地壳上升时，地表河流不是随着下切，而是沿着落水洞、漏斗等将水吸干，谷底干涸形成干谷。有的干谷在暴雨期沿排泄部分洪水，则称半干谷。 岩溶区地表河流遇落水洞、溶洞转入地下河流的现象，当这种河谷遇石灰岩壁突截断时成干谷（即称盲谷）
峰丛、峰林、孤峰及溶丘	峰丛、峰林、孤峰及溶丘这四种地貌景观总称峰林地形。 峰丛多分布于山区中部或靠近高原、山地的边缘。顶部为尖锐或圆锥形的山峰，基部相连呈簇状。代表峰林的早期发育阶段。 峰林又称石林，由石峰林立而成。石峰排列常受构造控制，形态受岩性控制。褶皱轴部岩层倾角小，石林多呈圆柱形或锥形，倾角大时形成单面山。 孤峰为峰林的进一步发展，呈分散的孤立山峰，分布于岩溶平原之上。 溶丘为石林与孤峰地形经后期溶蚀—剥蚀作用发展而成平缓丘陵状
溶蚀洼地及坡立谷	在峰丛和峰林之间呈封闭的洼地称溶蚀洼地。平面形态为圆形或椭圆形，长轴常沿构造线发育，面积达数平方至数十平方公里。洼地底部高低不平，有厚度不等的残积红黏土及冲积红黏土。地壳相对稳定时间越长，洼地面积越大；地壳间歇上升可以形成不同标高的溶蚀洼地。 坡立谷又称溶蚀平原。它由溶蚀洼地进一步发展而成，代表岩溶发育的后期阶段。它的特点是面积大，底部平坦，冲积层发育，四周有时发育峰林地形，平原内部峰林稀疏，只有孤峰、溶丘等。长轴方向多与构造线一致
溶洞	溶洞为地下岩溶的主要形态。系由地下水流沿可溶性岩层的各种构造面进行溶蚀和侵蚀作用形成的洞穴。它形成初期以溶蚀作用为主，随着孔穴的扩大，水流作用加强，机械溶蚀作用加强，沿洞壁可见石窝、水痕等侵蚀痕迹。在构造裂隙的交叉点，溶蚀和侵蚀作用易于进行，时常产生崩塌作用，因此在这里往往形成高大的厅堂。洞穴中存在着残余堆积物、石钟乳、石笋和崩塌等。洞穴形成后，由于地壳上升可以被抬高至不同高度而脱离水面。溶洞形状大小各异
伏流、暗河和岩溶泉	地面河潜入地下后称伏流。它与暗河连通成地下水系。它常形成于地壳上升、河流下切、河床纵向坡度较大的地方，在深切河谷两岸和深切河谷上游部分，伏流经常发生。有时落差达数十至数百米。 暗河是由地下水汇集而成的河道，它具有一定范围的地下汇水流域。因此，暗河常有出口而无入口。高温多雨的热带及亚热带气候最有利于暗河的形成。 岩溶区地下水在山麓边缘及深切河谷中以岩溶泉的形式溢出
岩溶湖	岩溶湖分地表岩溶湖和地下岩溶湖两种类型。地表岩溶湖又分为长期湖泊及暂时性湖泊两种。前者形成于岩溶发育晚期，在溶蚀平原上经常处于稳定水位以下的湖泊，终年积水。后者形成于溶蚀洼地之上，由于黏土淤塞而形成的湖泊，或者是岩溶泉水充溢于漏斗凹地中而形成。 地下岩溶湖常见于大的溶洞中，这种溶洞是处于地下水位以下的。在充气带，由于上层滞水潴留而成的湖泊少见，如有规模也小

冰川类型及特征

表 1.2-31

名称	特征
山岳冰川	山岳冰川呈线（带状），流动于山间低洼处。主要分布在中低纬度高山地带。可分为冰斗冰川、悬冰川、山谷冰川、平顶冰川
山麓冰川	山岳冰川流出山口，漫流于山前平原上，称山麓冰川，又称冰汛，是山谷冰川与大陆冰川的过渡类型
大陆冰川	大陆冰川是冰川面积最大，冰层厚度最大的一种。它的运动基本不受下伏地形的控制。在大陆冰川表面呈凸形盾状的冰盾，冰盾的中央积雪区，边缘为消融区，冰川自中心向四周运动。另一种规模更大的大陆冰川称之为大陆冰盖，面积可达几百万平方公里，厚度可达千米以上。现代大陆冰川主要分布在地球的两极地区

冰川地貌及特征　　　　　　　　　　　　　　　表 1.2-32

名称	特征
冰川槽谷	冰川槽谷又称冰川谷、U 谷等，它是山地冰川冰融地形中最为明显的地形之一。起源于负地形，如同河谷一样，分为上游、中游与下游。冰川谷的源头往往不是从冰斗的后壁开始而是在冰坎和较低边缘处。从冰坎到槽谷低处呈明显的陡坎称为首壁。槽谷上游部分是开阔的积雪盆地称围谷。围谷内常发育有冰川湖泊。槽谷的纵剖面多呈阶梯状，横断面呈抛物线形或 "U" 字形，两壁陡峭，下游槽谷变窄
冰斗	是冰斗冰川塑造的地形，由冰川壁、盆底和冰坎三部分组成，冰斗的存在及分布是识别雪线转移的标志
悬谷	支冰川汇入主冰川入口处有一明显的陡坎称谷口台阶，支冰川悬挂在主冰川之上，称悬谷
基碛及基碛地形	当冰川融化以后，原来的表碛和内碛坠落到早已形成的底碛上合称基碛。在基碛中可见到砂、卵石及砾石所组成的透镜体，甚至有黏土质的湖相夹层，厚度一般为数米，大陆冰川可达数十至数百米。有的底碛被侵蚀，只剩一些大砾石。其基碛地形有冰碛丘陵、鼓丘
终碛及终碛地形	当冰川末端补给与消融区平衡时，冰碛物在冰舌前端堆积成弧形堤积称终碛堤。这种冰碛物称终碛（尾碛和前碛）。大陆冰川终碛长而低，山岳冰川短而高。终碛不对称，外侧壁陡，内侧缓。当冰川前进时，终碛则会被推垮，有的只保留根部，常有挤压褶皱现象；当冰川保持后退时，堤会保留下来，如冰川多次停顿，则会形成多道冰碛堤，主要地形有终碛堤
侧碛及侧碛堆	冰川对谷壁的侵蚀作用和崩塌等作用使冰川两侧及冰川表面边缘聚集了大量碎屑物质，当冰川融化时这些物质以融坠的方式堆积在冰川谷两侧，形成与冰川平行的长堤称侧碛堆
冰水扇及冰水冲积平原	冰水携带的碎屑物质在冰前堆积起来，形成平缓的扇状地形称冰水扇。一系列冰水扇连接起来构成冰水冲积平原
冰水阶地	在冰前河谷中，冰期时植被稀少，边缘区基岩遭到强烈的寒冻风化及冰水侵蚀作用，形成大量碎屑物质，大大超过以冰川水形成河流的负载能力，在河谷中堆积。在间冰期物质来源减少，水量增加，产生强烈的侵蚀作用，切割冰川形成的堆积物，而形成了冰水阶地。这与河流的堆积下切正好相反
冰湖沉积	冰湖沉积包括三角洲沉积、湖底沉积、湖滨沉积等类型。冰湖三角洲沉积是冰水河流流入冰湖，在冰湖岸边产生与普通三角洲沉积沉降差别不大的冰湖三角洲沉积；湖底沉积是夏季冰川融化强烈、冰水充沛，把大量泥沙搬运到湖底沉积，冬季浮在水中的黏土慢慢沉积，这样年复一年便形成粗细相间、层理极薄的纹泥，又称季候泥
冰阜阶地	冰川后退时，冰融水在冰川谷两侧形成溪流，水流在谷壁与冰川间流动，冰川全部融化，堆积物前缘失去支撑而坍塌，形成陡坎，形态与河流阶地相似，一般分布于终碛堤内的冰川谷两侧
锅穴	当冰川后退时，在冰水沉积物中常遗留下大小不等的冰块，这些冰块完全融化以后，就会引起上部沉积物的陷落，在地表形成凹坑称锅穴，大多呈圆形，直径可达几十米
蛇形丘	蛇形丘是发育在大陆冰川上的地形，像铁路路基那样的高地，它由经过分选和冲洗的砾石和砂组成。具有明显的不均匀的斜交层理

冻土地貌分类及特征　　　　　　　　　　　　表 1.2-33

名称	特征说明
石海	是冰土风化作用的结果，在平坦而排水较好的山顶和山坡上，经过冰冻风化作用而形成的大小石块，直接覆盖在基岩表面上
石河	是指山坡上冻融崩解产生的大量碎屑充填凹槽或沟谷，岩块在重力作用下顺着湿润的碎屑垫面或多年冻土层顶面发生整体运动的现象
石川	是一种大型的石河，组成石川的岩块可以是冻融崩解的产物，也可以是早期的冰碛物
热力岩溶地形	由于自然因素和人为因素的影响，破坏了原有的保护层，导致冻土上部融化，冻土层也要随之产生沉陷，由此而形成的地形称为热力岩溶地形。以负地形为主，如热力漏斗、洼地、沉陷盆等。可以引起路基塌陷、路面松软、水渠垮塌等不良现象
冻胀丘和冰丘	由于冻结和膨胀作用使土层产生局部隆起常形成丘状地形。这是水在土中分布不均匀所致。在水分多的地方冻结速度快、深度大，向下的膨胀力也大；在水分少的地方则相反，地下水就向压力小的地方集中，结果冻结深度小的地方将产生地面隆起形成冰胀丘。大者高 10～20m，长 150～200m，可以存在几十年几百年，但是一旦融化就消失，甚至出现洼地。冰丘是溢出到河湖面、雪面、地面的地表水冻结而成的丘状冰体

续表

名称	特征说明
融冻泥流	地形上呈平缓—中等坡度（17°～20°）的斜坡，在斜坡上覆盖着含水率很高的细粒土或含砾石的细粒土，当每年夏季冻土融化时，在重力作用下，上部过饱和的软泥沿着下伏冰冻层的表面或基岩面向坡下缓慢地滑动称为融冻泥流作用，缓慢滑动的土体称为融冻泥流。当融冻泥流向下滑动的过程遇到阻碍，就会停滞不前，积累成为台阶状小高地，称为泥流阶地
冰冻结构土	在冻土层表面，常出现碎石按几何图案规则排列的现象，称为冰冻结构土，按碎石排列形态可分为石环、石圈、石条等类型

风成地貌类型 表 1.2-34

名称	特征说明
风蚀垅槽	沙漠干涸的湖底，干缩形成裂缝，风沿着裂缝吹蚀，形成一个鳍形脊和宽浅沟槽，长数十至数百米，深可达 10m，沟槽内经常为砂粒所充填
风蚀洼地	沿着松软物质组成的地面，吹蚀成大体上呈椭圆形的洼地，沿着主要风向伸长，背风坡陡达 30°以上；有的风蚀成新月形洼地，当风蚀作用达到地下水位以下时，即可形成风蚀湖
风蚀谷	风沿着早期河谷（或盆地）吹蚀，使谷进一步扩大，形成风蚀谷。无一定形状，可以为狭长、宽广的谷地或围场，蜿蜒曲折达几十公里
风蚀残墩	在某些盆地内，由松散砂粒组成的地面，被水破坏后，遭风蚀，只留下一些残沙土墩，称风蚀土墩，表面代表古地形
风城	在软弱的水平岩层（或缓倾斜岩层）分布区，风力吹蚀雕刻，塑造成一些残余小山，类似颓壁残垣，状如千载古城

风成地形地貌类型 表 1.2-35

名称	特征说明
沙丘	具有一定形状的堆积体，尤以新月沙丘为主，其他还有新月沙丘链、抛物线形沙丘、梁状沙丘和格状沙丘、金字塔沙丘等
沙地	各种形态分布无定的沙地、沙台、沙海的总称，风吹移动时如遇树、植被等受阻常形成沙堆
沙垄	沿着一个方向延伸的沙质高地谓之沙垄。有纵向、横向沙垄之分
横向沙垄	风前进遇到山体阻碍，发生反射或升起，便在山前一定距离内形成与主要风向垂直的沙垄，长达 10～20km，高达 150～300m，缓坡上分布有沙丘
纵向沙垄	顺风向延伸，波状起伏，在横断面上不同部位，形状有所不同，高度一般 10～30m，最高可达 100～200m，长一般几百米至几公里

荒漠类型 表 1.2-36

名称	特征说明
岩漠	裸露受风化的基岩山地（或丘陵）。多数位于山地边缘，广泛分布着不同高度的封闭盆地，干河谷和各种风蚀地貌形态，有的分布着岛山，干盐湖
砾漠	砾漠即砾石荒漠，又称戈壁。地面无基岩和细粒物质，主要是砾石。来源于早期沉积物，也可能是崩解的基岩，风吹走沙粒而留下砾石
泥漠	分布在各种荒漠内的各种泥质荒漠。形成于洼地带或盆地中心，由洪流所带的黏土质淤积而成。一些泥漠中有龟裂，有的泥漠土干如砖、平坦
沙漠	以风积地形为主，也有风蚀地形。沙漠是最大的荒漠。中国有 $6.37 \times 10^5 km^2$ 沙漠。沙漠中沙丘移动常造成灾害，大致沿年风向合成方向前进，中心地带移动速度一般不超过 2m/a，在沙漠周边每年 5～10m，最大可达 50m/a，沙漠的发展取决于气候和沙源

黄土地貌类型　　　　　　　　　　　　　　　　　　　表 1.2-37

名称	特征说明
黄土高原	一般分布在新构造运动上升区,如陕北、陇东和山西高原,是由黄土堆积形成高而平坦的地面,如受冲刷侵蚀则成塬、梁、峁地形,经常同时并存
黄土塬	黄土高原台面受到冲沟切割后形成,高差可达百余米以上,但是还基本保持了大型的原面,长宽各几公里到数十公里
黄土梁	平行沟谷的梁顶残余长条形高地,高差可达百余米以上,长达几百米至几十公里,宽仅几十到几百米
黄土峁	孤立穹起的黄土丘,有圆形、椭圆形等,峁坡坡度在 15°~35°,紧接塬梁区。系黄土梁进一步切割而成,面积大小不一
黄土平原	分布于新构造运动下降区,如渭河平原,是由黄土堆积而成的低平地,只有在局部倾斜地面发育沟谷系统,但无梁、峁地形发育。较大型的黄土区侵蚀地形有大型河谷、冲沟等
黄土碟	是一种直径数米至数十米,深度数米的碟形凹地。由地表水下渗、潜蚀作用形成
黄土陷穴	碟地进一步发展,沉陷形成深大宽度的陷穴。进一步发展成坳沟
黄土陷井	陷穴进一步向下发展形成深度大于宽度的陷穴称陷井
黄土柱 黄土桥	陷穴区崩塌之后,残余的洞顶即构成黄土桥。沿节理进一步崩塌就形成黄土柱
崩塌倒土堆	由于黄土冲沟深切,岸坡高陡,土体突然迅速向下崩落,坡脚形成黄土倒土堆

海岸地貌类型　　　　　　　　　　　　　　　　　　　表 1.2-38

地貌类型	名称	特征说明
海积	水下阶地	水下岸坡在波浪作用下,在中立线以下沉积物向海搬运,产生下部侵蚀凹地,使该处岸坡变陡,凹地中的物质被搬至坡脚,形成水下堆积阶地,使岸坡下坡度变缓,水深度变浅
	海滩	在海岸向海转折时形成充填型海滨堆积物地形
	沙堤	位于海滩后部,由砂或砾石堆积而成的平行于海岸的垅山岗状地形
	沙嘴	在海岸有屏障地区形成的堆积地形、三角形的海滩称沙嘴
	潟湖	因波能普遍降低而在湾口形成堆积地形是湾口坝,使海湾与大海相隔离成为潟湖
	海蚀穴、海蚀崖、海蚀柱、海蚀平台、海蚀洞、海蚀拱桥	波浪及其所挟带物质对由基岩组成的海岸进行冲蚀、溶蚀及磨蚀等海蚀作用所形成的海蚀穴等种种地貌形态
平原海岸	—	当沿海大陆面和沿海岸坡都十分平缓时所发育的一种低缓而平坦的海岸称平原海岸。其特点是: 1. 细粒砂、淤泥质沉积物组成 2. 微向海倾斜,坡度 1/1000~4/1000 3. 内缘往往与平原相连接 4. 海岸线动态变化很快,冲淤活跃不稳定 平原海洋主要发育沉降区。初期被波浪卷带的海底物质到一定深度堆积下来,形成平行海岸的离岸沙堤或沙嘴;离岸沙堤增长至低潮线以上时,形成的沿海沙洲和浅滩;进一步发展,当沙堤与沙洲、浅滩等相连接,则在陆地一侧形成水道、潟湖、逐步演变成为淤泥质海岸、沼泽
生物海岸	红树林海岸	在热带和亚热带地区由红树林丛和沼泽相伴组合而成海岸。宽达几十公里,海岸可以分为浅水泥滩带、不连续的沙滩带、红树林海滩带、沼泽带
	珊瑚海岸	由珊瑚、石灰藻、软体动物和有孔虫等灰质分泌物及骨骸残体聚积而成的海岸。增长速度 0.005~0.02m/a,西沙的增长速度 0.003m/a

三角洲地貌类型　　　　　　　　　　　　　　　　表 1.2-39

名称	特征说明
鸟足状三角洲	河流输沙量极大,而海岸带冲蚀作用很弱的河口区,堆积速度快,河口区分叉不多,各叉流的输沙不等,各自向海洋深入,形成像鸟爪的三角洲,如密西西比河三角洲
扇形三角洲	在河流输沙量大,海滨区水深度浅的情况下形成扇形或三角形。叉流多,较稳定,近等速度呈放射状向海洋深处发展,类似三角形的三角洲,如尼罗河三角洲、伏尔加河三角洲,中国的黄河三角洲
鸟嘴形三角洲	河流入海时仅有一条主流,叉流少且不大,输沙量小,波浪作用很大,只有在主流河口附近才能形成突出河口的三角洲
港湾式三角洲	在潮汐作用较强的地区形成。此类三角洲的各叉流口处,均因潮汐作用而形成港湾式。三角洲前缘沉积有向海延伸的垄状浅滩及沙坝,沙坝之间为冲蚀作用形成的潮汐水道。如中国的长江三角洲,类似鸟嘴式三角洲和港湾式三角洲

2.4　气象、水文

2.4.1　气象

1. 气象要素

可以扫二维码 M1.2-1 阅读有关内容。

M1.2-1

2. 气候划分标准

1)中国气候带的分带指标(表 1.2-40)

气候带分带指标　　　　　　　　　　　　　　　　表 1.2-40

气候带		冬长/月	夏长/月	春秋/月	≥10℃积温及其天数	最冷月平均气温/℃	极端最低气温/℃
温带	寒温带	≥8	无	≤4	<1600℃(95d)	<−28	−42
	中温带	6~8	0~2.5	3.5~5.0	1600℃至 3250~3400℃(95~170d)	−28~−8	−42~−22
	暖温带	4.5~6.0	1.5~5.0	3.5~5.0	3250~3400℃至 4250~4500℃(170~210d)	−8~−1	−22~−12
亚热带	凉亚热带	3.5~4.5	3.0~5.0	3.5~4.5	4250~4500℃至 5000~5250℃(210~240d)	1~4	−12~−6
	中亚热带	0~3.5	4.5~6.0	4.5~6.5	5000~5250℃至 6250~6500℃(240~270d)	4~12	−6~0
	暖亚热带	无	6~8	4~7	6250~6500℃至 7500~8000℃(270~330d)	12~16	0~6
热带	暖热带	无	8~10	2~4	7500~8000℃至 8500~9000℃(330~365d)	16~19	5~8
	中热带	无	9~12	0~3	8500~9500℃(365d)	19~25	>8
	长热带	无	12	无	—	>25	

2)气候地区划分标准

(1)干燥度的划分标准(表 1.2-41)

干燥度的划分标准　　　　　　　　　　表 1.2-41

地区名称	干燥度
湿润	≤0.99
半湿润	1.0～1.49
半干旱	1.50～3.99
干旱	≥4.0

注：干燥度为蒸发量与降水量之比值

（2）可能蒸发量

中国部分地区的蒸发量及降水量可见二维码 M1.2-2。

M1.2-2

2.4.2　水文

有关内容，请参考第 5 篇第 1 章。

参考文献

[1]　同济大学工程地质水文地质教研室.构造地质与地质力学[M]. 北京: 中国建筑工业出版社, 1982.

[2]　R.G. 帕克. 构造地质学基础[M]. 李东旭, 等译. 北京: 地质出版社, 1988.

[3]　张咸恭. 工程地质学[M]. 北京: 地质出版社, 1983.

[4]　胡广韬, 杨文远. 工程地质学[M]. 北京: 地质出版社, 1984.

[5]　武汉地质学院等. 构造地质学[M]. 北京: 地质出版社, 1979.

[6]　中华人民共和国建设部. 岩土工程勘察规范 (2009 年版): GB 50021—2001[S]. 北京: 中国建筑工业出版社, 2009.

[7]　严钦尚, 曾昭璇. 地貌学[M]. 北京: 高等教育出版社, 1984.

[8]　B.H. 曾科维奇. 海洋地貌[M]. 北京: 商务印书馆, 1959.

[9]　地质部水文地质工程地质研究所. 中国黄土地貌及黄土状土[M]. 北京: 地质出版社, 1959.

[10]　铁道部科学研究院西北研究所. 滑坡防治[M]. 北京: 人民铁道出版社, 1977.

[11]　卢耀如. 中国南方喀斯特发育基本规律的初步研究[J]. 地质学报, 1965, 45(1): 108-128.

[12]　曾昭璇. 中国南部石灰岩地貌类型若干问题[J]. 地质学报, 1964, 44(1): 119-130.

[13]　刘东生. 中国黄土堆积[M]. 北京: 科学出版社, 1965.

[14]　韩慕康. 珊瑚与海洋地貌[J]. 地理, 1963(2).

[15]　林宗元. 岩土工程勘察设计手册[M]. 沈阳: 辽宁科学技术出版社, 1996.

[16]　林宗元. 简明岩土工程勘察设计手册[M]. 北京: 中国建筑工业出版社, 2003.

第 3 章 岩土的工程性质

3.1 岩石的分类与现场鉴别

岩石的分类和现场鉴别见表 1.3-1～表 1.3-7。

岩石成因分类 表 1.3-1

类别	岩浆岩	沉积岩	变质岩
成因特征	岩浆冷凝后形成的岩石称为岩浆岩。岩浆岩的成分主要是硅酸盐,可挥发的成分极少。岩浆岩分为侵入岩和火山岩	各类母岩在温度不高、压力不大的环境条件下,因粉化、生物等各种力的作用下破碎,经搬运、沉积和成岩形成的岩石称为沉积岩	岩浆岩、沉积岩在高温、高压环境条件下,经变质作用形成的岩石称为变质岩

常见岩浆岩现场鉴别 表 1.3-2

岩石名称		颜色	所含矿物	结构	构造	产状	其他特征
超基性岩类	橄榄岩	黑绿、深绿	橄榄石、辉石、角闪石、黑云母	全晶质,自形—半自形,中粗粒	块状	深成	易蚀变为蛇纹石
	金伯利岩(角砾云母橄榄岩)	黑—暗绿	橄榄石、蛇纹石、金云母、镁铝榴石	斑状	角砾	喷出脉状	偏碱性,含金刚石,岩石名称因矿物成分而异
基性岩类	辉长岩	黑—黑灰	辉石、基性斜长石、橄榄石、角闪石	他形,辉长	块状、条带眼球	深成	常呈小侵入体或岩盘、岩床、岩墙
	碱性辉长岩	暗	碱性长石、碱性辉石、普通辉石	半自形粒状,辉长结构	块状	深成侵入	与霞石正长岩、基性岩共生
	辉绿岩	暗绿和黑色	辉石、基性斜长石、少量橄榄石和角闪石	辉绿	—	岩床、岩墙	基性斜长石结晶程度比辉石好、易变为绿泥石
	玄武岩	黑、黑灰、暗褐色	基性斜长石、橄榄石、辉石	斑状或隐晶、交织、玻璃	块状、气孔、杏仁	喷出岩流、岩被、岩床	柱状节理发育
	碱性玄武岩	暗	斜长石、钾长石、辉石	斑状、粗面玻晶、交织	—	喷出	—
中性岩类	闪长岩	浅灰—灰绿	中性斜长石、普通角闪石、黑云母	中粒、等粒、半自形	块状	岩株、岩床或岩墙	和花岗岩、辉长岩呈过渡关系
	闪长玢岩	灰—灰绿	中性斜长石、普通角闪石	斑状	块状	岩床、岩墙	—
	安山岩	红褐、浅紫、灰、灰绿	斜长石、角闪石、黑云母、辉石	斑状交织	块状、气孔、杏仁	喷出岩流	斑晶为中-基性斜长石,多定向排列

续表

岩石名称		颜色	所含矿物	结构	构造	产状	其他特征
酸性岩类	花岗岩	灰白—肉红	钾长石、酸性斜长石和石英，少量黑云母、角闪石	等粒、半自形、花岗、似片麻状	块状	岩基、岩株	在我国约占所有侵入岩面积的80%
	流纹岩	灰白、粉红、浅紫、浅绿	石英、正长石斑晶、偶夹黑云母或角闪石	斑状、霏细	流纹、气孔	熔岩流、岩钟	—
半碱性岩和碱性岩类	正长岩	灰、玫瑰红	正长石、普通角闪石，少量斜长石、角闪石、黑云母	中粗等粒或似斑状、似片麻状	块状、条带状	岩基、岩株	酸性、基性岩边缘小岩株
	粗面岩	浅灰、浅黄、粉红	透长石、正长石、中长石、角闪石、黑云母少量	粗面、斑状球粒	块状多孔状	熔岩流、岩钟	基质细粒、致密，多孔，断口粗糙不平
	霞石、正长岩	浅灰	碱性长石、霞石、碱性辉石、碱性角闪石	半自形、粒状、似粗面状斑状	—	深成侵入呈小型岩株、岩盖	与正长岩的区别是绝不含石英
	霓霞岩	浅—暗	霞石、碱性辉石	半自形、粒状、嵌晶结构	—	深成侵入	不含长石
	响岩	浅绿、灰褐、灰白	霞石、碱性长石、少量辉石	斑状隐晶	—	喷出岩钟、岩流	略具脂肪光泽、沿节理击碎时，发出声响
岩脉类	伟晶岩	浅—暗	富含挥发组分的硅酸岩残余岩浆	伟晶	—	深成岩脉	酸性和碱性的岩脉
	细晶岩（长英岩）	灰白、浅黄、肉红	石英、酸性长石、钾长石、白云母	他形、粒状	—	深成岩脉	根据矿物不同，有基性、碱性多种
	煌斑岩	暗	角闪石、黑云母、辉石	全晶质、斑状	—	深成岩脉	暗色岩脉的总称，种类较多
火山玻璃岩类	黑曜岩	黑、褐	钾长石、酸性斜长石和石英，少量黑云母、角闪石	全玻璃质		喷出	玻璃光泽、贝壳断口
	浮岩	白、灰白	—	全玻璃质	多孔	喷出	质软，无光泽，相对密度小（0.3～0.4），能浮于水

注：本表引自铁道部第一勘测设计院主编《铁路工程地质手册》，中国铁道出版社，1999。

常见沉积岩现场鉴别　　表 1.3-3

分类	岩石名称	物质成分	结构	颜色	其他特征
火山碎屑岩类	凝灰岩	熔岩或围岩的碎块，常含有矿物晶体，如石英、长石、云母等	碎屑结构	紫红、灰绿等色	火山碎屑物，小于2mm，外貌很像细砂岩、粉砂岩，但颜色不同
	火山角砾岩	熔岩角砾	碎屑结构	灰、黄、绿、红等色	一般2～100mm，为棱角状，无任何分选性，为凝灰质胶结，常与火山岩共生
	火山集块岩	火山碎屑	碎屑结构	灰、黄、绿、红等色，但多为浅色	碎屑一般大于100mm，砾石多为纺锤形，一般没有经过流水搬运。胶结物多为火山灰及一些小碎屑
正常碎屑岩类	砾岩、角砾岩	岩屑，矿物碎屑	碎屑结构，呈浑圆状和棱角状	取决于胶结物的成分	一半以上的碎屑大于2mm

续表

分类	岩石名称	物质成分	结构	颜色	其他特征
正常碎屑岩类	石英砂岩	石英，少量的长石及燧石	砂状结构	白色	碎屑磨圆度较好，大部分为硅质胶结
	长石砂岩	主要是长石（30%）和石英（30%～60%），还有细晶岩、花岗岩、页岩与粉砂岩屑等	砂状结构	灰白色，浅黄色，肉红色等	碎屑呈棱角状和圆棱状，中等分选度，胶结物常为钙质或氧化铁，有时为黏土质胶结，二氧化硅少
	杂砂岩	基性喷出岩，凝灰质岩，千枚岩，砂页岩的等岩屑，呈棱角状的石英颗粒含量小于 60%，长石 30%～20%，含少量云母	砂状结构	暗色	胶结物主要是黏土物质，分选不好，碎屑的磨圆度差
	粗砂岩	石英为主	砂状结构	—	颗粒直径 0.5～2mm，颗粒均匀
	细砂岩	石英为主	砂状结构	—	颗粒直径 0.05～0.25mm，颗粒均匀
	粉砂岩	石英为主	砂状结构	—	颗粒直径 0.005～0.05mm，碎屑多为棱角状，胶结物多为胶体物质，常具有薄的水平层理，很少具有斜层理
黏土岩类	高岭石黏土	主要为高岭石（90%以上），其他还混入黄铁矿、菱铁矿、石英、长石等	泥质结构、鲕状结构	白色，浅灰色，淡黄色	致密状，性脆，有滑感，加水呈可塑性
	蒙脱石黏土（膨润土、膨土岩、斑脱岩、漂白土）	主要为蒙脱石	泥质结构	白色，浅黄色，浅绿色	化学成分不稳定，含较多的 MgO、CaO，加酸起泡，有滑感，水侵后强烈膨胀
	页岩	高岭土，石英，云母，绿泥石及其他云母矿物	泥质结构、粉砂泥质结构、砂泥质结构	浅绿，淡灰，浅黑，浅黄，褐，浅红色	有土味，无光泽，呈致密状，具有沿层理面分裂成薄片或页片的性质。加 HCl 强烈气泡的为钙质页岩；坚硬致密的为硅质页岩；呈黑色不污手的为黑页岩；黑色能污手的为炭质页岩；不污手用刀片刮之可成为连续的刨花状，用火烧之有煤油味的为油页岩
化学岩及生物化学岩类	泥灰岩	黏土与石灰质的混合物，碳酸钙多在 50%以上	隐晶质结构、微粒结构	白色，浅黄，浅褐，浅红，浅绿，黑，杂色	加稀盐酸起泡，反应后残留有泥点，有黏土味，易风化
	石灰岩	方解石为主	结晶粒状结构，生物结构，碎屑结构，鲕状结构	白色，浅黄，浅灰色等	产状呈层状，遇到 HCl 起泡。按成因与结构特点可分为生物灰岩、碎屑灰岩、化学石灰岩等
	白云岩	白云石为主	隐晶质结构，生物结构，碎屑结构	白色，黄色，浅褐色，灰色，浅绿色，黑色	遇冷盐酸不起泡或起泡微弱
	硅藻土	由硅藻类及部分放射虫类的骨骼和海绵骨针组成	生物结构	白色，淡黄色	岩石质轻，多孔，胶结不紧，具粗糙感而无黏性和可塑性
	燧石	由蛋白石、玉髓、石英等组成	隐晶质结构	颜色多种	致密，坚硬，用钢铁敲击生火花，破裂后呈贝状断口，有带状构造
	硅华	蛋白石	—	灰白或带棕色，有时带珠状光泽	从温泉及间歇泉沉积出来的一种蛋白石沉积物，疏松。形态多呈多孔状，致密块状，钟乳状等

注：本表引自铁道部第一勘测设计院主编《铁路工程地质手册》，中国铁道出版社，1999。

常见变质岩现场鉴别　　　　　　　　　　表 1.3-4

变质类型	岩石名称	物质成分	结构与构造	颜色	其他特征
接触变质	角岩	董青石，红柱石，硅线石，还有黑白云母，石英，钾长石，斜长石等	细粒矿物，结构较致密，为花岗变晶结构，斑状变晶结构、块状构造	灰白，白色，黑色	不呈片状构造，具有贝状断口，外表和细粒玄武岩相似。角岩的命名主要根据矿物成分，如以石英为主的，则称石英角岩
	大理岩	以方解石、白云石为主。不纯者有橄榄石、蛇纹石、石榴石、辉石、角闪石、云母、绿帘石等	等粒变晶结构与块状构造	白色，灰色或其他颜色	常具带状或美丽而弯曲的条纹，加稀盐酸时起强烈的泡沸作用，小刀可刻划。由接触热液变质及区域变质而成
	石英岩	主要由石英、长石组成。其次还有云母、绿泥石、蓝晶石、电气石、绿帘石、磁铁矿、石墨等	等粒变晶结构与块状构造	白色，浅红色	致密坚硬，不能劈成薄片，现玻璃状或油脂状光泽，与沉积石英岩在结构上有区别
	角页岩	黏土矿物	块状	黑色至暗灰色	根据变质程度的深浅，含有董青石、石榴石、红柱石等变质矿物，致密，常见于泥质岩石与酸性岩浆岩的接触带
动力变质	构造角砾岩	各种矿物	压碎结构	—	由任一成分的岩石经动力破碎而成，并为细粒的粉砂质所胶结
	压碎岩	各种矿物	压碎结构	—	岩石被压碎后，原始岩石的性质可根据矿物成分和岩石中未被破坏的结构特征加以判定，花岗岩被压碎，则称压碎花岗岩，辉长岩被压碎，则称压碎辉长岩
	碎裂岩	各种矿物	碎裂结构	—	在压碎岩基础上进一步剪切变形，矿物遭到强烈破碎，沿裂隙发生摩擦滑动，碎屑形状不规则，边界参差不齐，岩石裂隙间有少量碎粒、糜棱物质或次生的泥、硅、铁、锰等物质充填
	糜棱岩	各种矿物	糜棱结构	—	是岩石强烈破碎作用的产物，一般在断裂两侧岩石彼此强烈研磨时形成，其中有时夹有原始岩石未被磨碎的部分
	千糜岩	绢云母、绿泥石	千枚岩	颜色与原岩性质有关	重结晶显著，多组片理，矿物定向排列，石英重结晶，深变质带
	玻化岩	玻璃质	块状		由剧烈错动产生高温熔融后快速冷凝而成，呈脉状，多在剧烈错动带内分布
区域变质	板岩	黏土，云母，绿泥石，石英，长石	矿物颗粒甚细，结构致密，板状构造	多深灰或近似黑色	致密而均匀，具光滑的板状形态，是页岩经低级变质的产物，敲击时声音清脆
	千枚岩	绢云母，石英，长石，方解石等	矿物结晶较细，构造介于板岩和片岩之间，为片状构造，鳞片变晶结构	绿色，深红色，灰色及黑色	外形似板岩，但较板岩脆，表面现丝绢光泽，易分解为薄而平的石板，由页岩或隐晶质的酸性岩浆岩经低变质而成
	结晶片岩	角闪石，云母，绿泥石，滑石等	结晶较粗，片状构造，变晶结构	各种颜色	是一种具有片状构造的结晶岩，颗粒比千枚岩粗，极易碎裂成片状，属于中变质和低变质的产物，极少数属于深变质

变质类型	岩石名称	物质成分	结构与构造	颜色	其他特征
区域变质	云母片岩	主要由云母组成，还有石榴子石，十字石，蓝晶石，石墨等	片状构造，鳞片变晶结构	灰色，黑色	极易沿片理方向剥开，是中变质作用的产物。片岩中如果含石英较多，则为石英片岩；含角闪石多，则为角闪石片岩；含滑石多，则为滑石片岩。其中颜色视含矿物而定
	片麻岩	石英，长石，云母，角闪石等，还有少量的菫青石，硅线石，石墨，石榴石，十字石，蓝晶石	结晶粗大，片麻状构造，带状构造，鳞片变晶结构	颜色不一，视矿物而定	矿物肉眼常可辨认，呈条带或眼球状分布，片麻岩的命名可根据岩石中的矿物成分命名，如花岗片麻岩，主要存在于深变质带中变质带中
	角闪石	角闪石，长石，有时还有石榴石，绿帘石，辉石及黑云母	片状构造，纤维变晶结构	绿，黑绿色	由各种辉长岩或闪长岩变质而成，有时还可由含镁的泥灰岩变质而成。常呈不大的层状，夹于片麻岩及云母片岩为主的变质岩之间
混合岩化	角砾状混合岩	基体富含铁镁矿物，如斜长角闪岩，角闪石岩，辉石岩。岩脉为斜长花岗质、花岗岩、伟晶质、长英质	—	—	统称贯入混合岩，变质岩基体和花岗岩岩脉相混杂，岩脉物质占次要地位，岩脉物质常呈"胶结物"状态出现，外形与一般角砾岩相似，呈角砾状
	眼球状混合岩	一般基体含黑云、角闪石等，并具有良好片理的岩石	—	—	统称贯入混合岩，变质岩基体和花岗岩岩脉相混杂，岩脉物质占次要地位。眼球一般为单独的长石晶体，有时则为长石的集合体或长石、石英的集合体
	条带状混合岩	基体为片理良好的片岩（特别是云母片岩）、片麻岩。岩脉为花岗岩质	带状构造	基体为暗色，岩脉以粉红色或灰白色为主	统称贯入混合岩，变质岩基体和花岗岩岩脉相混杂，岩脉物质占次要地位。岩脉基本平行片理分布，与暗色的基体常呈条带状互层
	混合片麻岩	基体为各种长英质的变质岩与片麻岩	片麻状构造，变余结构	—	基体中的矿物成分都发生了不同程度的变化，仅部分暗色矿物仍显残痕迹，有时还含有大小不等透镜状团块的暗色矿物集合体，由黑云母或角闪石组成
	混合花岗岩	矿物成分相当于花岗岩或花岗闪长岩	片麻状构造，带状构造，斑点构造，变余结构	—	有些部分具有暗色矿物较集中的矿物斑点、条带或团块，呈不均匀的分布。混合花岗岩与岩浆形成的花岗岩的区别：1. 混合花岗岩与周围的岩石呈逐渐过渡关系，无侵入接触的直接界线；2. 混合花岗岩无完整固定产状形态，只能确定在那一地段以它为主，界线很难圈定；3. 岩石中的基体片麻状构造与周围其他变质岩的片理产状相一致；4. 岩性较不均匀，有些地方全为花岗质而无暗色矿物，有些地方则暗色矿物和斜长石较多，有时还含有交代斑晶及伟晶质团块；5. 没有侵入体的一般特征（岩相分带，接触变质，派生脉岩）

续表

变质类型	岩石名称	物质成分	结构与构造	颜色	其他特征
交代变质	钠长岩	钠长石	等粒变晶结构	白色，灰白色	花岗岩类岩石遭受后期热液的作用，发生交代蚀变，花岗岩中钾长石为钠长石所交代
	蛇纹石	蛇纹石为主，其次为水镁石，菱镁矿，滑石等	斑状变晶结构，呈致密块状	白色，浅灰色，浅黄，浅红，绿色，黑色	常被许多滑石、菱镁矿、石棉的矿物所切穿，有时会形成纤维状的蛇纹石、石棉等。为超基性岩浆岩，经自变质作用而生成
	云英岩	石英、白云母为主，含黄玉、电气石、萤石、绿柱石、金红石等	块状	外表灰黄、灰绿或粉红色	分布在花岗岩侵入体边缘，接触带或矿脉两侧，有时疏松多孔
	矽卡岩	石榴子石、辉石或绿帘石、符山石等	块状或斑杂状	表面常为暗绿、暗棕色	晶形完整，粗大，常疏松多孔，有时为细粒或致密状，相对密度较大，中酸性侵入岩与碳酸盐类岩石或中基性火山岩接触变质而成

注：本表引自铁道部第一勘测设计院主编《铁路工程地质手册》，中国铁道出版社，1999。

岩石风化程度分类　　　　　　　　　　表 1.3-5

风化程度	野外特征	风化程度参考指标	
		波速比K_v	风化系数K_f
未风化	岩质新鲜，偶见风化痕迹	0.9～1.0	0.9～1.0
微风化	结构基本未变，仅节理面有渲染或略有变色，有少量风化裂隙	0.8～0.9	0.8～0.9
中等风化	结构部分破坏，沿节理面有次生矿物，风化裂隙发育，岩体被切割成岩块。用镐难挖，岩芯钻方可钻进	0.6～0.8	0.4～0.8
强风化	结构大部分破坏，矿物成分显著变化，风化裂隙很发育，岩体破碎，用镐可挖，干钻不易钻进	0.4～0.6	< 0.4
全风化	结构基本破坏，但尚可辨认，有残余结构强度，可用镐挖，干钻可钻进	0.2～0.4	—
残积土	组织结构全部破坏，已风化成土状，锹镐易挖掘，干钻易钻进，具可塑性	< 0.2	—

注：1. 波速比K_v为风化岩石与新鲜岩石压缩波速度之比；
　　2. 风化系数K_f为风化岩石与新鲜岩石饱和单轴抗压强度之比；
　　3. 岩石风化程度除按表列现场特征划分外，也可根据当地经验划分；
　　4. 花岗岩类岩石，可按标准贯入试验划分，$N \geqslant 50$ 为强风化，$50 > N > 30$ 为全风化，$N \leqslant 30$ 为残积土；
　　5. 泥岩和半成岩可不进行风化程度划分。
　　本表引自国家标准《岩土工程勘察规范》GB 50021—2001（2009 年版）。

岩石坚硬程度分类　　　　　　　　　　表 1.3-6

坚硬程度	坚硬岩	较硬岩	较软岩	软岩	极软岩
饱和单轴抗压强度标准值f_{rk}/MPa	$f_{rk} > 60$	$60 \geqslant f_{rk} > 30$	$30 \geqslant f_{rk} > 15$	$15 \geqslant f_{rk} > 5$	$f_{rk} \leqslant 5$

注：1. 当无法取得饱和单轴抗压强度数值时，可用点载荷试验强度换算，换算方法按现行国家标准《工程岩体分级标准》GB/T 50218 执行（换算公式为 $f_{rk} = 22.82 I_{s(50)}^{0.75}$，$I_{s(50)}$ 表示实测的岩石点载荷强度指数）；
　　2. 当岩体完整程度为极破碎时，可不进行坚硬程度分类。

岩石坚硬程度等级的定性分类　　　　　　　　　　表 1.3-7

坚硬程度等级		定性鉴定	代表性岩石
硬质岩	坚硬岩	锤击声清脆，有回弹，震手，难击碎，基本无吸水反应	未风化—微风化的花岗岩、闪长岩、辉绿岩、玄武岩、安山岩、片麻岩、石英岩、石英砂岩、硅质砾岩、硅质石灰岩等
	较硬岩	锤击声较清脆，有轻微回弹，稍震手，较难击碎，有轻微吸水反应	1. 微风化的坚硬岩； 2. 未风化—微风化的大理岩、板岩、石灰岩、白云岩、钙质砂岩等
软质岩	较软岩	锤击声不清脆，无回弹，较易击碎，浸水后指甲可刻出印痕	1. 中等风化—强风化的坚硬岩或较硬岩； 2. 未风化—微风化的凝灰岩、千枚岩、泥灰岩、砂质泥岩等
	软岩	锤击声哑，无回弹，有凹痕，易击碎，浸水后手可掰开	1. 强风化的坚硬岩或较硬岩； 2. 中等风化—强风化的较软岩； 3. 未风化—微风化的页岩、泥岩、泥质砂岩等
极软岩		锤击声哑，无回弹，有较深凹痕，手可捏碎，浸水后可捏成团	1. 全风化的各种岩石； 2. 各种半成岩

注：本表引自国家标准《岩土工程勘察规范》GB 50021—2001（2009 年版）。

3.2　岩体结构和工程岩体分级

3.2.1　结构面

1. 结构面成因类型（表 1.3-8）

结构面成因类型及其主要特征　　　　　　　　　　表 1.3-8

成因类型		含义	地质类型	主要特征
原生结构面	沉积结构面	沉积岩在成岩作用过程中形成的地质界面	层面、层理、沉积间断面（不整合面、假整合面）、原生软弱夹层	1. 产状与岩层一致，为层间结构面； 2. 一般为层状分布，延续性强，海相沉积中分布稳定，陆相及滨海相沉积易尖灭，形成透镜体； 3. 结构面一般平整，如不受后期构造运动与风化的影响，结构面较完整，在构造和风化作用下很易分开，在沉积间断面中常有古风化残积物； 4. 层间软弱物质在构造及地下水作用下，易软化、泥化，强度降低，影响岩体稳定
	火成结构面	岩浆侵入及冷凝过程中形成的原生结构面	侵入体与围岩接触面，蚀变带、挤压破碎带、原生节理、流层、流线	1. 产状受岩体与围岩接触面控制，随侵入岩体或岩脉的形态而异； 2. 冷凝原生节理常常平行或垂直于接触面，为平缓或高倾角裂面，较不完整、粗糙； 3. 接触面延伸较远，原生节理延续性不强，但往往密集； 4. 原生节理一般为张裂面，可视为泥质充填，不利于稳定； 5. 接触面可以呈混熔接触或破碎接触，所有混熔面性质较好，而破碎接触面于岩体稳定不利
	变质结构面	岩体在变质作用过程中所形成的结构面	片理、板理、剥理、软弱夹层	1. 产状与岩层一致或受其控制，非沉积变质岩片理只反映区域构造应力场特点； 2. 片理结构面光滑，但形态是波浪起伏的，连接紧密，片麻岩常呈凹凸不平状，面粗糙； 3. 软弱夹层中主要是片状矿物，如黑云母、绿泥石、滑石等富集带，强度低，是岩体中薄弱部位

续表

成因类型	含义	地质类型	主要特征
构造结构面	岩体在构造运动作用下形成的各种结构面	节理、断层、劈理、层间错动	1. 结构面受区域构造控制。张性结构面粗糙不平整，常具次生充填，剪切破裂面光滑、平整，多闭合，压性或压扭性破裂面呈波状起伏，规模较大； 2. 劈理一般短小密集，影响局部地段岩体的完整性及强度； 3. 节理延展范围有限，张节理延续性差，剪节理延伸较长，张节理产状陡倾、面粗糙，其走向垂直岩层走向，剪节理斜交岩层走向，面平直光滑，常有泥质薄膜，其倾角随岩层倾角变陡而变缓； 4. 断层延续性较强，断层带内多存在构造岩。一般认为，压性断层以断层泥、糜棱岩、泥状岩为主，呈带状分布。扭性断层宽度较稳定，糜棱岩、角砾岩为主，两侧羽状节理发育。张性断裂以破碎岩、角砾岩为主，破碎程度参差不齐，常有物质充填
次生结构面	岩体在外力作用下形成的结构面	风化裂隙、风化夹层、卸荷裂隙、爆破裂隙、泥化夹层	1. 次生结构面主要在地表风化带内发育； 2. 风化裂隙无一定产状，一般沿原有结构面发育，短小密集，延续性差，充填物质松散、破碎、含泥质物。风化夹层产状与岩层一致，延展性强； 3. 卸荷裂隙产状与临空面有关，多为曲折不连续状态，延续性差，结构面粗糙不平，常张开，常充填有黏土及泥质碎屑； 4. 爆破裂隙延展范围视爆破力大小而异，多为张开型，松散、破碎，一般多呈弧状分布； 5. 泥化夹层产状与岩层一致，延展性强，各段泥化程度可能不一，泥质物多呈塑性状态，甚至流态，强度低

2. 岩体软弱夹层成因类型

软弱夹层是具有一定厚度的特殊的岩体软弱结构面。它与周围岩体相比，具有显著低的强度和显著高的压缩性，或具有一些特有的软弱特性。它是岩体中最薄弱部位，常构成工程隐患，应予以特殊注意。从成因上，软弱夹层可划分为原生的、构造的和次生的软弱夹层。

（1）原生软弱夹层：与周围岩体同期形成，但性质是软弱的岩层。

（2）构造软弱夹层：主要沿原有的软弱面或软弱夹层经构造错动而形成，也有的沿断裂面错动或多次错动而成，如断裂破碎带等。

（3）次生软弱夹层：沿着薄层状岩石、岩体间接触面、原有软弱面或软弱夹层，由次生作用（主要是风化作用和地下水作用）参与形成。

各种软弱夹层的成因类型及其基本特征见表1.3-9。

软弱夹层类型及其特征   表 1.3-9

成因类型	地质类型	基本特征
原生软弱夹层	沉积软弱夹层	产状与岩层相同，厚度较小，延续性较好，也有尖灭者。含黏土矿物多，细薄层理发育，易风化、泥化、软化，抗剪强度低
	火成软弱夹层	成层或透镜体，厚度小，易软化，抗剪强度低
	变质软弱夹层	产状与层理一致，层薄，延续性较差，片状矿物多，呈鳞片状，抗剪强度低

续表

成因类型	地质类型			基本特征
构造软弱夹层	多为层间破碎软弱夹层			产状与岩层相同，延续性强，在层状岩体中沿软弱夹层发育。物质破碎，呈鳞片状，往往含呈条带状分布的泥质
次生软弱夹层	风化夹层	夹层风化		产状与岩层一致或受岩体产状制约，风化带内延续性好，深部风化减弱。物质松软，破碎，含泥，抗剪强度低
		断裂风化		沿节理、断层发育，产状受其控制，延续性不强，一般仅限于地表附近，物质松散，破碎，含泥，抗剪强度低
	泥化夹层	夹层泥化		产状与岩层相同，沿软弱层层部发育，延续性强，但各段泥化程度不一。软弱面泥化，呈塑性，面光滑，抗剪强度低
		次生夹层	层面	产状受岩层制约，延续性差，近地表发育，常呈透镜状，物质细腻，呈塑性，甚至呈流态，强度低
			断裂面	产状受原岩结构面控制，常较陡，延续性差。物质细腻，结构单一，物理力学性质差

3. 结构面力学效应（表1.3-10）

结构面力学效应   表1.3-10

结构面要素	力学效应
结构面产状	对岩体稳定性有明显的影响。如结构面倾向与边坡倾向同向，且倾角小于边坡坡角时，易发生滑动
结构面密度	直接影响岩体的完整性，影响岩体的力学性质。同时结构面张开度不同，具有不同的力学性质
结构面连续性及延展性	结构面连续性好，岩体稳定性则差。结构面的延展性又可分非贯通性、半贯通性及贯通性
结构面起伏度及粗糙度	主要影响结构面的抗剪性质
结构面的结合状况及充填状况	1. 结构面之间无充填 处于闭合状态，岩块间结合较紧密，结构面强度与两侧岩石强度、结构面形态及粗糙度有关。 2. 结构面之间有充填 （1）充填物为硅质、铁质、钙质及部分岩脉，结构面强度常不低于岩体强度； （2）充填物为黏土质物质，特别是蒙脱石、高岭石、绿泥石、绢云母、蛇纹石、滑石等润滑性矿物较多时，其力学性质很差。若充填非润滑性矿物，如方解石等，其力学性质较好； （3）充填物粒度、成分、厚度等对结构面强度有影响，颗粒越粗，力学性质越好

3.2.2   结构体（表1.3-11）

结构体的分类   表1.3-11

项目	内容
结构体形态分类	可分为锥形、楔形、菱形、方形、多角形和不规则形
稳定性由大到小的结构体形态顺序	多角形＞方形＞菱形＞楔形＞锥形
同一形式，稳定程度由大到小的顺序	块状＞板状＞柱状
结构体规模分级	Ⅰ级结构体—土质体；Ⅱ级结构体—山体；Ⅲ级结构体—块体；Ⅳ级结构体—岩块

3.2.3   岩体结构

《岩土工程勘察规范》GB 50021—2001（2009年版）岩体结构类型划分见表1.3-12。

岩体结构类型划分　　　　　　　　　　　　　　　　　　　　表 1.3-12

岩体结构类型	岩体地质类型	结构体形状	结构面发育情况	岩土工程特征	可能发生的岩土工程问题
整体状结构	巨块状岩浆岩和变质岩，巨厚层沉积岩	巨块状	以层面和原生、构造节理为主，多呈闭合型，间距大于 1.5m，一般为 1～2 组，无危险结构	岩体稳定，可视为均质弹性各向同性体	局部滑动或坍塌，深埋洞室的岩爆
块状结构	厚层状沉积岩，块状岩浆岩和变质岩	块状柱状	有少量贯穿性节理裂隙，结构面间距 0.7～1.5m，一般为 2～3 组，有少量分离体	结构面互相牵制，岩体基本稳定，接近弹性各向同性体	
层状结构	多韵律薄层、中厚层状沉积岩，副变质岩	层状板状	有层理、片理、节理，常有层间错动	变形和强度受层面控制，可视为各向异性弹塑性体，稳定性较差	可沿结构面滑塌，软岩可产生塑性变形
碎裂状结构	构造影响严重的破碎岩层	碎块状	断层、节理、片理、层理发育，结构面间距 0.25～0.50m，一般 3 组以上，有许多分离体	整体强度很低，并受软弱结构面控制，呈弹塑性体，稳定性很差	易发生规模较大的岩体失稳，地下水加剧失稳
散体状结构	断层破碎带，强风化及全风化带	碎屑状	构造和风化裂隙密集，结构面错综复杂，多充填黏性土，形成无序小块和碎屑	完整性遭极大破坏，稳定性极差，接近松散体介质	易发生规模较大的岩体失稳，地下水加剧失稳

《水利水电工程地质勘察规范》GB 50487—2008（2022 年版）岩体结构分类见表 1.3-13。

岩体结构分类　　　　　　　　　　　　　　　　　　　　表 1.3-13

类型	亚类	岩体结构特征
块状结构	整体状结构	岩体完整，呈巨块状，结构面不发育，间距大于 100cm
	块状结构	岩体较完整，呈块状，结构面轻度发育，间距一般 50～100cm
	次块状结构	岩体较完整，呈次块状，结构面中等发育，间距一般 30～50cm
层状结构	巨厚层状结构	岩体完整，呈巨厚层状，层面不发育，间距大于 100cm
	厚层状结构	岩体较完整，呈厚层状，层面轻度发育，间距一般 50～100cm
	中厚层状结构	岩体较完整，呈中厚层状，层面中等发育，间距一般 30～50cm
	互层状结构	岩体较完整或完整性差，呈互层状，层面较发育或发育，间距一般 10～30cm
	薄层状结构	岩体完整性差，呈薄层状，层面发育，间距一般小于 10cm
镶嵌结构		岩体完整性差，岩块镶嵌紧密，结构面较发育到很发育，间距一般 10～30cm
碎裂结构	块裂结构	岩体完整性差，岩块间有岩屑或泥质物充填，嵌合中等紧密—较松弛，结构面较发育到很发育，间距一般 10～30cm
	碎裂结构	岩体破碎，结构面很发育，间距一般小于 10cm
散体结构	碎块状结构	岩体破碎，岩块夹岩屑或泥质物
	碎屑状结构	岩体破碎，岩屑或泥质物夹岩块

3.2.4 岩体基本质量的分级因素

岩体基本质量由岩石坚硬程度和岩体完整程度两个因素确定。两个因素采用定性和定量两种方法确定。

岩石坚硬程度定量、定性分类见表 1.3-6 及表 1.3-7。

岩体完整程度定量、定性分类见表 1.3-14 及表 1.3-15。

岩体完整程度分类 表 1.3-14

完整程度	完整	较完整	较破碎	破碎	极破碎
完整性指数	> 0.75	0.75～0.55	0.55～0.35	0.35～0.15	< 0.15

注：完整性指数为岩体压缩波速度与岩块压缩波速度之比的平方，选定岩体和岩块测定波速时，应注意其代表性。

岩体完整程度的定性分类 表 1.3-15

完整程度	结构面发育程度		主要结构面的结合程度	主要结构面类型	相应结构类型
	组数	平均间距/m			
完整	1～2	> 1.0	结合好或结合一般	裂隙、层面	整体状或巨厚层状结构
较完整	1～2	> 1.0	结合差	裂隙、层面	块状或厚层状结构
	2～3	0.4～1.0	结合好或结合一般		块状结构
较破碎	2～3	0.4～1.0	结合差	裂隙、层面、小断层	裂隙块状或中厚层状结构
	≥3	0.2～0.4	结合好		镶嵌碎裂结构
			结合一般		中、薄层状结构
破碎	≥3	0.2～0.4	结合差	各种类型结构面	裂隙块状结构
		≤0.2	结合一般或结合差		碎裂状结构
极破碎	无序	—	结合很差	—	散体状结构

注：平均间距指主要结构面（1～2 组）间距的平均值。

3.2.5 岩体基本质量分级

《工程岩体分级标准》GB/T 50218—2014 规定岩体基本质量分级，应根据岩体基本质量的定性特征和岩体基本质量指标（BQ）两者相结合，按表 1.3-16 确定。

岩体基本质量分级 表 1.3-16

基本质量级别	岩体基本质量的定性特征	岩体基本质量指标（BQ）
I	坚硬岩，岩体完整	> 550
II	坚硬岩，岩体较完整； 较坚硬岩，岩体完整	450～550
III	坚硬岩，岩体较破碎； 较坚硬岩，岩体较完整； 较软岩，岩体完整	350～450
IV	坚硬岩，岩体破碎； 较坚硬岩，岩体较破碎—破碎	250～350

续表

基本质量级别	岩体基本质量的定性特征	岩体基本质量指标（BQ）
IV	较软岩，岩体较完整—较破碎； 软岩，岩体完整—较完整	250~350
V	较软岩，岩体破碎； 软岩，岩体较破碎—破碎； 全部极软岩及全部极破碎岩	≤250

注：1. 岩石坚硬程度和完整程度的划分见表 1.3-14 和表 1.3-17；
　　2. $BQ = 100 + 3R_C + 250K_V$。其中R_C计量单位为 MPa。当$R_C > 90K_V + 30$时，应以$R_C = 90K_V + 30$和K_V代入计算BQ 值；当$K_V > 0.04R_C + 0.4$时，应以$K_V = 0.04R_C + 0.4$和R_C代入计算BQ值。

3.2.6　工程岩体分级

1. 工业与民用建筑地基岩体分级

工业与民用建筑地基岩体分级根据表 1.3-16 规定的基本质量级别定级。《岩土工程勘察规范》GB 50021—2001（2009 年版）给出了工业与民用建筑地基岩体基本质量等级分类，见表 1.3-17。

岩体基本质量等级分类　　　　　　　　　　表 1.3-17

坚硬程度	完整程度				
	完整	较完整	较破碎	破碎	极破碎
坚硬岩	I	II	III	IV	V
较硬岩	II	III	IV	IV	V
较软岩	III	IV	IV	V	V
软岩	IV	IV	V	V	V
极软岩	V	V	V	V	V

地基工程各级别岩体基岩承载力基本值f_0可按表 1.3-18 确定。

基岩承载力基本值　　　　　　　　　　表 1.3-18

岩体级别	I	II	III	IV	V
f_0/MPa	> 7.0	4.0~7.0	2.0~4.0	0.5~2.0	< 0.5

注：源自《工程岩体分级标准》GB/T 50218—2014。

2. 地下工程岩体分级

地下工程岩体初步定级时，宜按表 1.3-16 规定的岩体基本质量级别作为岩体级别。当详细定级时，应在岩体基本质量分级的基础上，结合工程特点考虑地下水、初始应力、工程轴向或走向线方向与主要软弱结构面产状的组合关系等作必要的修正。

具体修正参见第 2 篇第 5 章铁路工程地质勘察。

3. 坝基岩体质量分级

《水利水电工程地质勘察规范》GB 50487—2008 列出了坝基岩体工程地质分类，见表 1.3-19。

坝基岩体工程地质分类 表 1.3-19

类别	A 坚硬岩（$R_b > 60$MPa）		
	岩体特征	岩体工程性质评价	岩体主要特征值
I	A_I：岩体呈整体状或块状、巨厚层状、厚层状结构，结构面不发育—轻度发育，延展性差，多闭合，岩体力学特性各方向的差异性不明显	岩体完整，强度高，抗滑、抗变形性能强，不需做专门性地基处理，属优良高混凝土坝地基	$R_b > 90$MPa $V_P > 5000$m/s RQD $> 85\%$，$K_v > 0.85$
II	A_{II}：岩体呈块状或次块状、厚层结构，结构面中等发育，软弱结构面局部分布，不成为控制性结构面，或不存在影响坝基或坝肩稳定的大型楔体和棱体	岩体较完整，强度高，软弱结构面不控制岩体稳定，抗滑抗变形性能较高，专门性地基处理工程量不大，属良好高混凝土坝地基	$R_b > 60$MPa $V_P > 4500$m/s RQD $> 70\%$，$K_v > 0.75$
III	A_{III1}：岩体呈次块状、中厚层状结构或焊合牢固的薄层结构，结构面发育中等，岩体中分布有缓倾角或陡倾角（坝肩）的软弱结构面，存在影响局部坝基或坝肩稳定的楔体或棱体	岩体较完整，局部完整性差，强度较高，抗滑、抗变形性能在一定程度上受结构面控制。对影响岩体变形和稳定的结构面应做局部专门处理	$R_b > 60$MPa $V_P = 4000\sim4500$m/s RQD $= 40\%\sim70\%$ $K_v = 0.55\sim0.75$
III	A_{III2}：岩体呈互层状、镶嵌状结构，层面为硅质或钙质胶结薄层状，结构面发育，但延展差，多闭合，岩块间嵌合力较好	岩体强度较高，但完整性、抗滑、抗变形性能受结构面发育程度、岩块间嵌合能力，以及岩体整体强度特性控制，基础处理以提高岩体的整体性为重点	$R_b > 60$MPa $V_P = 3000\sim4500$m/s RQD $= 20\%\sim40\%$ $K_v = 0.35\sim0.55$
IV	A_{IV1}：岩体呈互层状或薄层状结构，层间结合较差，结构面较发育—发育，明显存在不利于坝基及坝肩稳定的软弱结构面、较大的楔体或棱体	岩体完整性差，抗滑、抗变形性能明显受结构面和控制。能否作为高混凝土坝地基，视处理难度和效果而定	$R_b > 60$MPa $V_P = 2500\sim3500$m/s RQD $= 20\%\sim40\%$ $K_v = 0.35\sim0.55$
IV	A_{IV2}：岩体呈镶嵌或碎裂结构，结构面很发育，且多张开或夹碎屑和泥，岩块间嵌合力弱	岩体较破碎，抗滑、抗变形性能差，一般不宜作高混凝土坝地基。当坝基局部存在该类岩体时，需做专门处理	—
V	A_V：岩体呈散体状结构，由岩块夹泥或泥包岩块组成，具有散体连续介质特征	岩体破碎，不能作为高混凝土坝地基。当坝基局部段分布该类岩体时，需做专门处理	—

	B 中硬岩（$R_b = 30\sim60$MPa）		
I	—		
II	B_{II}：岩体结构特征与 A_I 相似	岩体完整，强度较高，抗滑、抗变形性能较强，专门性地基处理工程量不大，属良好高混凝土坝地基	$R_b = 40\sim60$MPa $V_P = 4000\sim4500$m/s RQD $> 70\%$ $K_v > 0.75$
III	B_{III1}：岩体结构特征基本同 A_{II} 相似	岩体较完整，有一定强度，抗滑、抗变形性能一定程度上受结构面和岩石强度控制，影响岩体变形和稳定的结构面应做局部专门处理	$R_b = 40\sim60$MPa $V_P = 3500\sim4000$m/s RQD $= 40\%\sim70\%$ $K_v = 0.55\sim0.75$
III	B_{III2}：岩体呈次块或中厚层状结构，或硅质、钙质胶结的薄层状结构，结构面中等发育，多闭合，岩块间嵌合力较好，贯穿性结构面不多见	岩体较完整，局部完整性差，抗滑、抗变形性能受结构面和岩石强度控制	$R_b = 40\sim60$MPa $V_P = 3000\sim3500$m/s RQD $= 20\%\sim40\%$ $K_v = 0.35\sim0.55$
IV	B_{IV1}：岩体呈互层状或薄层状，层间结合较差，存在不利于坝基（肩）稳定的软弱结构面、较大楔体或棱体	同 A_{IV1}	$R_b = 30\sim60$MPa $V_P = 2000\sim3000$m/s RQD $= 20\%\sim40\%$ $K_v < 0.35$

续表

类别	B 中硬岩（$R_b = 30 \sim 60$MPa）		
	岩体特征	岩体工程性质评价	岩体主要特征值
IV	B_{IV2}：岩体呈薄层状或碎裂状，结构面发育—很发育，多张开，岩块间嵌合力差	同 A_{IV2}	$R_b = 30 \sim 60$MPa $V_P < 2000$m/s RQD < 20% $K_v < 0.35$
V	同 A_V	同 A_V	—
C 软质岩（$R_b < 30$MPa）			
I	—	—	—
II	—	—	—
III	C_{III}：岩石强度 15～30MPa，岩体呈整体状或巨厚层状结构，结构面不发育—中等发育，岩体力学特性各方向的差异性不显著	岩体完整，抗滑、抗变形性能受岩石强度控制	$R_b < 30$MPa $V_P = 2500 \sim 3500$m/s RQD < 50% $K_v > 0.55$
IV	C_{IV}：岩石强度大于 15MPa，但结构面较发育；或岩体强度小于 15MPa，结构面中等发育	岩体较完整，强度低，抗滑、抗变形性能差，不宜作为高混凝土坝地基，当坝基局部存在该类岩体，需做专门处理	$R_b < 30$MPa $V_P < 2500$m/s RQD < 50% $K_v < 0.55$
V	同 A_V	同 A_V	—

注：本分类适用于高度大于 70m 的混凝土坝。R_b 为饱和单轴抗压强度，V_P 为声波纵波速度，K_v 为岩体完整性系数，RQD 为岩石质量指标。

3.3　岩石和岩体的工程性质

3.3.1　岩石的物理力学性质

1. 岩石的物理力学性质指标（表 1.3-20、表 1.3-21）

岩石的物理性质指标

表 1.3-20

指标名称	序号	物理意义	说明
重度	1	$\gamma = \dfrac{W}{V}$	γ——岩石重度（kN/m³） W——岩石重量（kN） V——岩石总体积（m³）
相对密度（比重）	2	$G_s = \dfrac{W_s}{V_s \cdot \gamma_w}$	G_s——相对密度（比重） W_s——绝对干燥的岩石重量（kN） V_s——岩石固体部分体积（不含孔隙）（m³） γ_w——水（4℃）的重度（kN/m³）
孔隙率	3	$n = \dfrac{V_V}{V} \times 100\%$	n——岩石孔隙率为粒间孔隙率和裂隙孔隙率之和 V_V——岩石孔隙（含裂隙）体积（m³） V——岩石总体积（m³）
吸水率	4	$\omega_1 = \dfrac{W_{w1}}{W_s} \times 100\%$	ω_1——岩石吸水率（%） W_{w1}——一般条件下岩石吸入水重量（kN） W_s——绝对干燥的岩石重量（kN）
饱和吸水率	5	$\omega_2 = \dfrac{W_{w2}}{W_s} \times 100\%$	ω_2——岩石饱和吸水率（%）

续表

指标名称	序号	物理意义	说明
饱和吸水率	5	$\omega_2 = \dfrac{W_{w2}}{W_s} \times 100\%$	W_{w2}——岩石饱和吸入水重量（kN） W_s——绝对干燥的岩石重量（kN）
饱水系数	6	$K_W = \dfrac{\omega_1}{\omega_2} \times 100\%$	K_W——饱水系数

岩石的力学性质指标　　　　　　　　　　　　表 1.3-21

指标名称		序号	物理意义	说明
抗压强度		1	$f_r = \dfrac{P_F}{A}$	f_r——岩石抗压强度（kPa） P_F——岩石受压破坏时总压力（kN） A——岩石受压面积（m²）
抗拉强度		2	$\sigma_t = \dfrac{P_t}{A}$	σ_t——岩石抗拉强度（kPa） P_t——岩石在受拉破坏时总拉力（kN） A——岩石受拉面积（m²）
抗剪强度		3	岩石抵抗剪切破坏的极限能力，常以黏聚力c和内摩擦角φ表示	—
软化系数		4	$K_r = \dfrac{f_{r\,饱水}}{f_{r\,干燥}}$	K_r——岩石软化系数 $f_{r\,饱水}$——岩石在饱水状态下的抗压强度（kPa） $f_{r\,干燥}$——岩石在干燥状态下的抗压强度（kPa）
变形特性	弹性模量	5	$E = \dfrac{\sigma}{\varepsilon_e}$	E——弹性模量（MPa） σ——正应力（MPa） ε_e——弹性正应变
	变形模量	6	$E_o = \dfrac{\sigma}{\varepsilon_e + \varepsilon_P} = \dfrac{\sigma}{\varepsilon}$	ε_P——塑性正变形 ε——总应变
	泊松比	7	$\upsilon = \dfrac{\varepsilon_x}{\varepsilon_y}$	ε_x——横向应变 ε_y——纵向应变

2. 岩石的物理力学性质指标经验数据（表 1.3-22～表 1.3-27）

部分岩石物理性质指标　　　　　　　　　　　表 1.3-22

岩石名称	相对密度（比重）	重度/（kN/m³）	孔隙率/%	吸水率/%
花岗岩	2.50～2.84	23.0～28.0	0.04～2.80	0.10～0.70
正长岩	2.50～2.90	24.0～28.5	—	0.47～1.94
闪长岩	2.60～3.10	25.2～29.6	0.18～5.00	0.30～5.00
辉长岩	2.70～3.20	25.5～29.8	0.29～4.00	0.50～4.00
斑岩	2.60～2.80	27.0～27.4	0.29～2.75	—
玢岩	2.60～2.90	24.0～28.6	2.10～5.00	0.40～1.70
辉绿岩	2.60～3.10	25.3～29.7	0.29～5.00	0.80～5.00
玄武岩	2.50～3.30	25.0～31.0	0.30～7.20	0.30～2.80
安山岩	2.40～2.80	23.0～27.0	1.10～4.50	0.30～4.50

岩石名称	相对密度（比重）	重度/（kN/m³）	孔隙率/%	吸水率/%
凝灰岩	2.50～2.70	22.9～25.0	1.50～7.50	0.50～7.50
砾岩	2.67～2.71	24.0～26.6	0.80～10.00	0.30～2.40
砂岩	2.60～2.75	22.0～27.1	1.60～28.30	0.20～9.00
页岩	2.57～2.77	23.0～27.0	0.40～10.00	0.50～3.20
石灰岩	2.40～2.80	23.0～27.7	0.50～27.00	0.10～4.50
泥灰岩	2.70～2.80	23.0～25.0	1.00～10.00	0.50～3.00
白云岩	2.70～2.90	21.0～27.0	0.30～25.00	0.10～3.00
片麻岩	2.60～3.10	23.0～30.0	0.70～2.20	0.10～0.70
花岗片麻岩	2.60～2.80	23.0～33.0	0.30～2.40	0.10～0.85
片岩	2.60～2.90	23.0～26.0	0.02～1.85	0.10～0.20
板岩	2.70～2.90	23.1～27.5	0.10～0.45	0.10～0.30
大理岩	2.70～2.90	26.0～27.0	0.10～6.00	0.10～0.80
石英岩	2.53～2.84	28.0～33.0	0.10～8.70	0.10～1.50
蛇纹岩	2.40～2.80	26.0	0.10～2.50	0.20～2.50
石英片岩	2.60～2.80	28.0～29.0	0.70～3.00	0.10～0.30

部分岩石的吸水性　　　　　　　　　　　　　　　表 1.3-23

岩石名称	吸水率/%	饱水率/%	饱水系数/%
花岗岩	0.46	0.84	0.55
石英闪长岩	0.32	0.54	0.59
玄武岩	0.27	0.39	0.69
基性斑岩	0.35	0.42	0.83
云母片岩	0.13	1.31	0.10
砂岩	7.01	11.99	0.60
石灰岩	0.09	0.25	0.36
白云质灰岩	0.74	0.92	0.80

用饱水系数 K_W 判定岩石的耐冻性　　　　　　　　表 1.3-24

岩石种类	耐冻岩石	不耐冻岩石
一般岩石的理论值	$K_W < 0.9$	$K_W \geqslant 0.9$
粒状结晶、孔隙均匀的岩石	$K_W < 0.8$	$K_W \geqslant 0.8$
孔隙不均匀或呈层状分布有黏土物质充填的岩石	$K_W < 0.7$	$K_W \geqslant 0.7$

部分岩石软化系数值 表 1.3-25

岩石名称	软化系数	岩石名称	软化系数	岩石名称	软化系数
花岗岩	0.72～0.97	砾岩	0.50～0.96	片麻岩	0.75～0.97
闪长岩	0.60～0.80	砂岩	0.93	变质片状岩	0.70～0.84
闪长玢岩	0.78～0.81	石英砂岩	0.65～0.97	千枚岩	0.67～0.96
辉绿岩	0.33～0.90	泥质砂岩、粉砂岩	0.21～0.75	硅质板岩	0.75～0.79
流纹岩	0.75～0.95	泥岩	0.40～0.60	泥质板岩	0.39～0.52
安山岩	0.81～0.91	页岩	0.24～0.74	石英岩	0.94～0.96
玄武岩	0.30～0.95	石灰岩	0.70～0.94	—	
凝灰岩	0.52～0.86	泥灰岩	0.44～0.54	—	

岩石力学性质指标经验数据 表 1.3-26

岩石名称	地质年代	饱和抗压强度 f_r/MPa	摩擦系数 f	黏聚力 c/MPa
花岗岩	燕山期	160.0	0.70	0.031
角闪花岗岩	白垩纪	106.5	0.57	—
花岗闪长岩	三叠纪	116.1	0.64	0.005
辉绿岩	—	170.0	0.45	
云母石英片岩	前震旦纪	113.0	0.55	0.028
千枚岩	前震旦纪	8.9	0.78	0.025
大理岩	前震旦纪	63.7	0.60	0.061
石英砾岩	泥盆纪	126.2	0.69	0.010
石英砂岩	震旦纪	165.8	0.49	0.054
白云质泥灰岩	奥陶纪	87.2	0.67	0.005
薄层灰岩	奥陶纪	106.3	0.75	0.022
鲕状灰岩	奥陶纪	87.8	0.70	0.023
泥灰岩	石炭纪	128.3	0.60	0.021
石英砂岩	寒武纪	68.1	0.54	0.013
砂岩	寒武纪	108.9	0.82	0.002
中粒砂岩	寒武纪	39.9	0.75	0.003
砂质页岩	侏罗纪	104.4	0.69	0.039
页岩	侏罗纪	43.8	0.70	0.047

岩石力学性质指标经验数据

表 1.3-27

岩类	岩石名称	重度 γ/(kN/m³)	抗压强度 f_r/MPa	抗拉强度 σ_t/MPa	静弹性模量 E/×10⁴MPa	动弹性模量 E_d/×10⁴MPa	泊松比 ν	纵波波速 V_p/(m/s)	弹性抗力系数 K_0/(N/cm³)	似内摩擦角 φ	承载力特征值 [σ]/MPa
岩浆岩	花岗岩	26.3~27.3	75~110	2.1~3.3	1.4~5.6	5.0~7.0	0.16~0.36	600~3000	600~2000	70°~82°	3.0~4.0
		28.0~31.0	120~180	3.4~5.1	5.43~6.9	7.1~9.1	0.10~0.16	3000~6800	1200~5000	75°~87°	4.0~5.0
		31.0~33.0	180~200	5.1~5.7		9.1~9.4	0.02~0.10	6800	5000	87°	5.0~6.0
	正长岩	25.0	80~100	2.3~2.8	1.5~11.4	5.4~7.0	0.16~0.36	300~3000	600~2000	82°30'~85°	4.0~5.0
		27.0~28.0	120~180	3.4~5.1		7.1~9.1	0.10~0.16	3000~6800	1200~5000	82°30'~85°	4.0~5.0
		28.0~33.0	180~250	5.1~5.7		9.1~11.4	0.02~0.10		5000	87°	5.0~6.0
	闪长岩	25.0~29.0	120~200	3.4~5.7	2.2~11.4	7.1~9.4	0.10~0.25	3000~6000	1200~5000	75°~87°	4.0~6.0
		29.0~33.0	200~250	5.7~7.1		9.4~11.4	0.02~0.10	6000~6800	2000~5000	87°	6.0
	斑岩	28.0	160	5.4	6.6~7.0	8.6	0.16	5200	1200~2000	85°	4.0~5.0
	安山岩	25.0~27.0	120~160	3.4~4.5	4.3~10.6	7.1~8.6	0.16~0.20	3900~7500	1200~2000	75°~85°	4.0~5.0
	玄武岩	27.0~33.0	160~250	4.5~7.1		8.6~11.4	0.02~0.16	3900~7500	2000~5000	87°	5.0~6.0
	辉绿岩	27.0	160~180	4.5~5.1	6.9~7.9	8.6~9.1	0.10~0.16	5200~5800	2000~5000	85°	4.0~5.0
		29.0	200~250	5.7~7.1		9.4~11.4	0.02~0.10	5800~6800		87°	5.0~6.0
	流纹岩	25.0~33.0	120~250	3.4~7.1	2.2~11.4	7.1~11.4	0.02~0.16	3000~6800	1200~5000	75°~87°	4.0~6.0
变质岩	花岗片麻岩	27.0~29.0	180~200	5.1~5.7	7.3~9.4	9.1~9.4	0.05~0.20	6800	3500~5000	87°	5.0~6.0
	片麻岩	25.0	80~100	2.2~2.8	1.5~7.0	5.0~7.0	0.20~0.30	3700~5000	600~2000	70°~82°30'	3.0~4.0
		26.0~28.0	140~180	4.0~5.1		7.8~9.1	0.05~0.20	5300~6500	1200~5000	80°~87°	4.0~5.0
	石英岩	26.1	87	2.5	4.5~14.2	5.6	0.16~0.20	3000~6500	800~2000	80°	3.0
		28.0~30.0	200~360	5.7~10.2		9.4~14.2	0.10~0.15		2000~5000	87°	6.0
	大理岩	25.0~33.0	70~140	2.0~4.0	1.0~3.4	5.0~8.2	0.16~0.36	3000~6500	600~2000	70°~82°30'	4.0~5.0
	千枚岩 板岩	25.0~33.0	120~140	3.4~4.0	2.2~3.4	7.0~7.8	0.16	3000~6500	1200~2000	75°~87°	4.0~5.0
	凝灰岩	25.0~33.0	120~250	3.4~7.1	2.2~11.4	7.1~11.4	0.02~0.16	3000~6800	1200~5000	75°~87°	4.0~6.0
沉积岩	火山角砾岩 火山集块岩	25.0~33.0	120~250	3.4~7.1	1.0~11.4	7.1~11.4	0.05~0.16	3000~6800	1200~5000	80°~87°	4.0~6.0
	砾岩	22.0~25.0	40~100	1.1~2.8	1.0~11.4	3.3~7.0	0.20~0.36	3000~6500	200~1200	70°~82°30'	3.0~4.0
		28.0~29.0	120~160	3.4~4.5		7.1~8.6	0.16~0.20		1200~5000	75°~85°	4.0~5.0
		29.0~33.0	160~250	4.5~7.1		8.6~11.4	0.05~0.16		2000~5000	80°~87°	5.0~6.0

续表

岩类	岩石名称	重度 γ/(kN/m³)	抗压强度 f_r/MPa	抗拉强度 σ_t/MPa	静弹性模量 E/×10⁴MPa	动弹性模量 E_d/×10⁴MPa	泊松比 ν	纵波波速 V_P/(m/s)	弹性抗力系数 K_0/(N/cm³)	似内摩擦角 φ	承载力特征值 $[\sigma]$/MPa
沉积岩	石英砂岩	26.0~27.1	68~102.5	1.9~3.0	0.39~1.25	5.0~6.4	0.05~0.25	900~4200	400~2000	75°~82°30'	2.0~3.0
	砂岩	12.0~15.0 22.0~30.0	4.5~10 47~180	0.2~0.3 1.4~5.2	2.78~5.4	0.5~1.0 3.7~9.1	0.25~0.30 0.05~0.20	900~3000 3000~4200	30~50 200~3500	27°~45° 70°~85°	1.2~2.0 2.0~4.0
	片状砂岩	27.6	80~130	2.3~3.8	6.1	5.0~8.0	0.05~0.25	900~4200	400~2000	72°30'	1.2~3.0
	碳质砂岩	22.0~30.0	50~140	1.5~4.1	0.6~2.2	4.0~7.8	0.08~0.25	4000~4150	300~2000	65°~85°	2.0~3.0
	碳质页岩	20.0~26.0	25~80	1.8~5.6	2.6~5.5	2.8~5.4	0.16~0.20	1800~5250	200~1200	65°~75°	2.0~4.0
	黑页岩	27.1	66~130	4.7~9.1	2.6~5.5	5.0~7.5	0.16~0.20	1800~5250	400~2000	75°	2.0~4.0
	带状页岩	15.5~16.5	6~8	0.4~0.6	—	0.7~0.9	0.25~0.30	1800	30~50	30°~40°	1.2~2.0
	砂质页岩 云母页岩	23.0~26.0	60~120	4.3~8.6	2.0~3.6	4.4~7.1	0.16~0.30	1800~5250	300~1200	70°~80°30'	2.0~4.0
	软页岩	18.0~20.0	20	1.4	1.3~2.1	1.9	0.25~0.30	1800	60~300	45°~70°	1.2~2.0
	页岩	20.0~27.0	20~40	1.4~2.8	1.3~2.1	1.9~3.3	0.16~0.25	1800~5250	60~400	45°76'	2.0~3.0
	泥灰岩	23.0~23.5 25.0	3.5~20 40~60	0.3~1.4 2.8~4.2	0.38~2.1	0.5~1.9 3.3~4.4	0.30~0.40 0.20~0.30	1800~2800 2800~5250	30~200 200~600	9°~65° 65°~65°	1.2~2.0 3.0~4.0
	黑泥灰岩	22.0~23.0	2.5~30	1.8~2.1	1.3~2.1	2.8~3.6	0.25~0.30	1800	200~400	65°~70°	2.5~3.0
	石灰岩	17.0~22.0 22.0~25.0 25.0~27.5 31.0	10~17 25~55 70~128 180~200	0.6~1.0 1.5~3.3 4.3~7.6 10.7~11.8	2.1~8.4	1.0~1.6 2.8~4.1 5.0~8.0 2.1~9.4	0.31~0.50 0.25~0.31 0.16~0.25 0.04~0.16	2500~2800 3500~4400 4800~6300 6700	30~300 120~800 600~2000 1200~2000	27°~60° 60°~73° 70°~85° 85°	1.2~2.0 2.0~2.5 2.5~3.0 3.5~4.0
	白云岩	22.0~27.0 27.0~30.0	40~120 120~140	1.1~3.4 3.4~4.0	1.3~3.4	3.3~7.1 7.1~7.8	0.16~0.36 0.16	3000~6800	200~1200 1200~2000	65°~83° 87°	3.0~4.0 4.0~5.0

注：1. 弹性抗力系数 K_0 是使岩石产生单位压缩变形所需施加的力。
2. 似内摩擦角 φ 是考虑岩石黏聚力在内的等效摩擦角。
3. 容许应力 $[\sigma]$ 即容许承载力。

3.3.2 岩体力学属性

1. 岩体应力分布的不连续性

岩体由于结构面的存在，有着不均一性和不连续性，因而表现了应力的不连续性，往往在传递应力时，某些部位或方向上产生应力集中，而在另一些部位或方向上又有些削弱。此外还经常出现应力轨迹的转折、弯曲及应力值的不连续现象。在不同结构的岩体中应力分布具有如下规律性：

（1）具软弱结构面的块状及镶嵌状结构岩体，在整体上相对均一，但常夹有个别或少数断层破碎带，软弱夹层等软弱结构面，他们常成为影响岩体稳定性的主要因素。由于软弱夹层及断层破碎带压缩性较大，所以当法向应力到达结构面时，遇到变形空间，因而压应力减弱。剪切应力平行结构面时，由于岩体切割剧烈，黏聚力及摩擦力降低，易于剪切变形。

（2）节理发育的块状及镶嵌状结构岩体，在法向应力作用下，结构面趋于闭合，呈刚性接触，因而结构面对法向应力的传递影响较小，而对于平行结构面的应力侧向传递有所限制，引起应力集中。对这一类岩体，必须充分考虑结构面组合网络与主应力方向的关系，对应力集中作出确切的估计。

（3）层状结构岩体，在层面发育，间有薄层软弱岩层的层状结构岩体，可作为正交各向异性体考虑，分析其平行层面及垂直层面两个方向的应力。这种结构体的岩体，强度上不利的产状往往应力分布特征也不利，二者具有一致性。

（4）碎裂及松散、松软岩体，在应力分析时可作为散粒体考虑，当岩体只是软弱而并不破碎松散时，可按弹塑性或塑性体进行应力分析，基本可将其视为均质、连续介质。

（5）完整块状及镶嵌结构岩体，在一定范围内可视为均一弹性体，虽然可能有一定误差，但对稳定性评价影响不大。

2. 岩体强度各向异性

岩体因成岩条件、结构面和地应力等原因使岩体强度、弹性波速、岩体动弹性模量等均具各向异性。通常把某指标平行于结构面的数据与垂直于结构面的数据的比值，称为该指标的各向异性系数。表 1.3-28 及表 1.3-29 列举了部分岩体波速及动弹性模量的各向异性情况，表 1.3-30 列举了岩体强度的各向异性。

岩体的各向异性与压力有关，一般说来，压力增大，各向异性的表现程度变小，这是由于在压力作用下，层面被压紧，因而各向异性的表现程度变小。表 1.3-31 列举了某些变质岩纵波波速在各种压力下的各向异性系数值，反映压力越大，各向异性系数则越小。

部分岩体弹性波速各向异性 表 1.3-28

岩石		平行岩层的纵波波速 $V^{\parallel}{}_{\mathrm{p}}/$（m/s）	垂直岩层的纵波波速 $V^{\perp}{}_{\mathrm{p}}/$（m/s）	各向异性系数 $V^{\parallel}{}_{\mathrm{p}}/V^{\perp}{}_{\mathrm{P}}$
黏土岩		3500～3800	3000～3400	1.12～1.3
板岩		2840 5120	2250 4700	1.26 1.09
Green 河页岩	贫油	4757	4411	1.08
	富油	5143	3634	1.42
泥灰岩		4300	3900	1.10

续表

岩石	平行岩层的纵波波速 $V^{/\!/}_p/$（m/s）	垂直岩层的纵波波速 $V^{\perp}_p/$（m/s）	各向异性系数 $V^{/\!/}_p/V^{\perp}_p$
砂岩	2400～2540 3800 6100	1550～1830 3200 5500	1.39～1.55 1.19 1.11
大理岩	4855～5105	4389	1.11～1.16
石灰岩	2800 5540～6060	1240 3620	2.28 1.53～1.67
蛇纹岩	4600	3800	1.18
石英岩	2900 4630	2490 4260	1.16 1.09

部分岩石动弹性模量各向异性　　　　　　　表 1.3-29

岩石	平行于岩层的动弹性模量 $E^{/\!/}_d/\times 10^3 \text{MPa}$	垂直于岩层的动弹性模量 $E^{\perp}_d/\times 10^3 \text{MPa}$	各向异性系数 $E^{/\!/}_d/E^{\perp}_d$
砂质黏土岩	20.6	18.5	1.11
砂质板岩	14.9 66.6	11.5 63.5	1.30 1.05
页岩	18.7～21.7	18.5	1.01～1.17
绿泥石片岩	45.4	16.7	2.72
砂岩	38.5 82.7	30.3 66.6	1.27 1.24
石灰岩	47.7～50.2	46.0	1.04～1.09
变质辉绿岩	57.8	54.6	1.06
石英岩	16.1 45.1	11.2 40.0	1.16 1.13

砂岩层理对抗压强度的影响　　　　　　　表 1.3-30

岩石类型		粗砂岩	中砂岩	细砂岩	粉砂岩
抗压强度 f_r（MPa）	垂直层理方向	142.3～176.0	147.0～206.0	133.5～220.5	55.4～114.7
	平行层理方向	118.5～136.8	117.0～216.0	137.8～241.0	34.4～104.5

部分变质岩在不同压力下纵波速度各向异性系数　　　　表 1.3-31

岩石	压力				
	0.1MPa	200MPa	400MPa	1000MPa	1500MPa
石英片麻岩	1.034	1.048	1.045	1.045	1.044
花岗片麻岩	1.100	1.091	1.060	—	—
花岗片麻岩	1.147	1.062	1.026	—	—
绿泥石化片麻岩	1.600	1.072	1.050	1.045	1.030
石英-角闪石片岩	1.135	1.100	1.092	1.076	1.070
二辉-角闪石片岩	1.230	1.095	1.094	1.092	1.090
石榴石-角闪石-辉石片岩	1.266	1.205	1.190	1.190	1.185

续表

岩石	压力				
	0.1MPa	200MPa	400MPa	1000MPa	1500MPa
绿帘石-黑云母-角闪石片岩	1.480	1.290	1.250	1.215	1.210
二云母片岩	1.630	1.250	1.150	1.140	1.140

3.3.3　岩体结构面及软弱夹层的力学属性

1. 岩体结构面的变形特性

（1）法向变形

结构面的法向变形是指垂直压力作用下的压缩变形。结构面产生法向变形的基本条件是两个岩壁之间为张开的或被松散物质充填。法向变形量是有限的，最大变形量不超过张开的宽度。

当结构面互相接触受压时，最初为点接触，随着法向荷载的增大，点接触因弹性变形、压碎或张裂而使接触面积增大，由于变形使得接触点产生于新的区域内。

（2）切向变形

结构面切向变形与结构面的充填物、胶结情况、粗糙度和起伏度有关。

2. 岩体结构面强度特征

岩体结构面的存在，破坏了岩体的完整性，而且它是岩体中强度薄弱部位。结构面的抗拉强度很低。

结构面的抗剪强度受结构面的连续性、起伏度、粗糙度、张开闭合的状态、充填胶结情况以及充填物的物质组成的影响，地下水的赋存和渗透压力，往往促使结构面充填物质的软化和泥化，直接降低了结构面的抗剪强度。一般来说，张性结构面多粗糙、起伏，抗剪强度较高；扭性结构面多光滑、平直，抗剪强度低。按粗糙度在结构面上的力学效应来看，镜面的抗剪强度最低，糙面的抗剪强度较高，且与结构面上起伏状况有关。表 1.3-32～表 1.3-35 列举了某些工程的岩体结构面力学试验资料，供参考。

大冶露天铁矿断层强度　　　　　　　　　　表 1.3-32

结构面类型	岩性	结构面及夹泥特征	建议采用值						
			c/kPa		φ/°		γ/（kN/m³）	E/×10⁴MPa	ν
			浸水	风干	浸水	风干			
断层	大理岩	泥质	0	30	8	16～18	23	0.07～0.09	0.35
		角砾夹泥	0	30	10	20～22	24		
		角砾	0	30	18	25	25	0.5～0.7	
	闪长岩	泥质	0	30	8	15～17	23	0.07～0.09	0.22
		角砾夹泥	0	30	10	18～20	24		
		角砾	0	30	18	25	25	0.5～0.7	
	蚀变闪长岩	泥质	0	20	—	14～16	23	0.07～0.09	0.35
		角砾夹泥	0	20	8	16～18	24		
		角砾	0	20	15	25	25	0.5～0.7	
氧化矿	褐铁矿	碎块及土	0	—	12	27	24		0.35

大冶露天铁矿节理强度　　　　　　　表 1.3-33

结构面类型	岩性	结构面及夹泥特征	建议采用值					
			c/kPa	φ/°	c/kPa	φ/°	$E/\times10^4$MPa	ν
			浸水	风干	浸水	风干		
断层	大理岩	平直、含泥	0	30～50	10	16～20	0.7～1.0	0.3
		平直、干净	0.5	100～200	20	30～32		
		粗糙、含泥	0	30～50	12	20～25	0.7～1.0	0.3
		粗糙、干净	0.5	100～200	25	32～35		
	闪长岩	平直、含泥	0	30～50	20	15～20	0.7～1.0	0.3
		平直、干净	0.5	100～200	10	25～30		
		粗糙、含泥	0	30～50	12	19～28	0.7～1.0	0.3
		粗糙、干净	0.5	100～200	25	35～37		
	蚀变闪长岩	平直、含泥	0	30～50	8	14～18	0.7～1.0	0.3
		平直、干净	0.5	100～200	20	25～26		
		粗糙、含泥	0	30～50	10	14～18	0.7～1.0	0.3
		粗糙、干净	0.5	100～200	20	30		

白云鄂博铁矿边坡结构面不规则试件抗剪强度汇总表　　　　　表 1.3-34

试件编号		f_{1-9}	f_{1-10}	f_{5-2}	f_{5-4}	S_1	f_{7-26}
岩石类型		暗色长石板岩	白云岩	浅色长石板岩	暗色长石板岩	暗色长石板岩	暗色长石板岩
结构面类型		断层	断层	断层	断层	节理	断层
风化程度		弱风化	弱风化	弱风化	弱风化	弱风化	弱风化
取样位置		西北帮 1620 水平	西北帮 1634 水平	东端帮 1594 水平	东端帮 1594 水平	南帮 1594 水平	西帮 1582 水平
试件数		6	6	8	4	8	8
试件面积/cm²		101.5～144.3	73～138.4	83.3～146.4	116.7～131.3	36.7～161	62.3～181.7
起伏差/mm		4～33	5～17	5～23	12～24	2～19	8～27
粗糙度		大部分光滑平整，个别有台阶	大部分粗糙，个别起伏，平整	大部分粗糙，个别有台阶	光滑至粗糙	平整至光滑	大部分平整，局部粗糙及波状
充填类型		绿泥石薄膜及方解石薄膜	铁质薄膜和方解石薄膜，局部充填	局部铁质薄膜充填及泥质充填	局部钙质充填	铁质薄膜	局部有钙质薄膜绿泥石薄膜
抗剪强度	φ/°	32.5	34	33.5	29.5	33	32.5
	c/kPa	30	82	100	45	80	40
摩擦强度	φ/°	23.6～26	25.5～30	24～30.5	27	28～29.5	19.5～30
	c/kPa	52～60	60～70	65～90	45	50～80	35～40

迁安铁矿边坡岩石及结构面抗剪强度汇总表　　　　　　表 1.3-35

取样位置（勘探线）	结构面围岩性质	试验方法	抗剪强度		摩擦强度		重度γ/（kN/m³）	震动力
			摩擦系数 tan φ	黏聚力 c/MPa	摩擦系数 tan φ	黏聚力 c/MPa		加速度系数a
N_2	黑云母斜长片麻岩	不规则试块抗剪	0.40	3.6	0.36	4.5	25.2	0.4
$N_3 \sim N_4$	黑云母斜长片麻岩	不规则试块抗剪	—	—	0.45～0.58	1.0～1.5	24.6	0.4
N_9	黑云母斜长片麻岩	不规则试块抗剪	0.31	3.0	0.31～0.38	1.2～2.5	24.3	0.4
N_{14}	黑云母斜长片麻岩	不规则试块抗剪	0.36	2.0	0.21～0.43	8.0～1.8	23.5	0.4
$N_{14}N$	风化黑云母斜长片麻岩	不规则试块抗剪	0.43	2.8	0.73	0	19.9	0.4
S_1	黑云母斜长片麻岩	不规则试块抗剪	0.43	2.3	0.40	4.8	24.3	0.4
S_3	黑云母斜长片麻岩	不规则试块抗剪	0.68	5.5	0.51	0	—	0.4
$S_3 S_1$	混合岩	不规则试块抗剪	0.43	4.4	0.32～0.47	0～4.2	—	—
$S_3 S_2$	花岗岩	不规则试块抗剪	0.64	2.6	0.75～0.9	1.0～6.3	24.4	0.4
N_6	强风化黑云母斜长片	原位抗剪	0.87	5.0	—	—	21.0	0.4
N_{13}	强风化黑云母斜长片	原位抗剪	0.81	11.5	—	—	21.0	0.4

3. 岩体软弱夹层强度特征

软弱夹层是指那些性质软弱、在工程上常常易引起事故的，或厚或薄的岩层或透镜体甚至脉状体，对于厚度很小呈面状分布的有时称为软弱结构面。

软弱夹层危害很大，常是工程的关键部位。

研究软弱夹层最为重要的是黏粒和黏土矿物含量较高，或浸水后黏性土特征表现较强的岩层、裂隙充填、泥化夹层等。这些泥质的软弱夹层分为松散的，如次生充填的夹泥层、泥化夹层、风化夹泥层；固结的，如页岩、黏土岩、泥灰岩；浅变质的，如泥质板岩、千枚岩等。岩石的状态不同，其软弱的程度也不同，这主要取决于它们与水的作用的程度，这是黏性土最突出的特征。

地下水对于泥质软弱夹层的作用主要表现在泥化和软化两个方面，软化是指泥岩夹层在水的作用下失去干黏土坚硬的状态而成为软黏土状态；泥化是软化的继续，使软弱夹层的含水率增大到大于塑限的程度，表现为塑态，原生结构发生改变，强度很低，c、φ 值很小，f 值一般在 0.3 以下。

软弱夹层的泥化是有条件的，泥化成因是：黏土质岩石是物质基础，构造作用使之破坏形成透水通道，水的活动使之泥化，三者必不可少。

泥化夹层的力学强度比原岩大为降低，特别是抗剪强度，降低很多，压缩性则增大。压缩系数约为 0.5～1.0MPa^{-1}，属高压缩性。泥化夹层的抗剪指标，根据研究，可按下述情况参考确定：受层间错动有连续光滑面，以蒙脱石为主时，$c = 50$kPa，$f = 0.17$，以伊利石为主时，$c = 50$kPa，$f = 0.20$，具微层理，黏粒含量最高的，$f = 0.17$；其他局部泥化的，$f = 0.25$。

表1.3-36、表1.3-37列举了中国某些工程的软弱夹层抗剪强度指标。

中国某些工程软弱夹层抗剪强度　　　　　　　表 1.3-36

工程名称	岩性描述	试验方法及试验值
长江某工程	黏土岩，粉、细砂岩：泥化夹层	室内试验峰值 $f = 0.17 \sim 0.37$
沅江某工程	砂岩、板岩、泥化板岩、碎块状夹泥层、片状破坏层	$f = 0.15 \sim 0.25$（土工×0.8） $f = 0.25 \sim 0.37$（现场×0.85） $f = 0.37 \sim 0.56$（现场×0.85）
潇水某工程	砂岩、板岩：泥化夹层、破碎夹层	$f = 0.14 \sim 0.30$（室内） $f = 0.43$（室内） $f = 0.49 \sim 0.58$（现场）
白龙江某工程	砂岩：顺层分布的破碎泥化夹层、断层泥或角砾天然裂隙面（不夹泥）	$f = 0.445 \quad c = 71\text{kPa}$（室内） $f = 0.20 \quad c = 97\text{kPa}$（现场）
青弋江某坝址	砂页岩：断层面（碎屑、黏土、铁锰物质）	$f = 0.30 \sim 0.48$（现场） $c = 17 \sim 170\text{kPa}$（现场）

中国某些水电工程破碎带夹泥抗剪强度值汇总表　　　　　　　表 1.3-37

序号	破碎带夹泥特征	工程名称	分布位置	试验值		建议值	
				$\tan\varphi$	c/kPa	$\tan\varphi$	c/kPa
1	液性夹泥	狮子滩	—	0.18	22	0.15	<10
2	塑性夹泥	狮子滩	—	0.33	19	0.20	<10
3	夹泥	大柳树	—	0.39	1	0.33	8
4	砾质石英砂岩/绿泥石板岩夹泥	上犹江	—	0.37	26	0.24	0
5	石英岩/夹泥/石英岩	大柳树	—	0.45	15	0.38	12
6	风化破碎带	狮子滩	—	0.40	17	0.34	7～10
7	风化破碎带与夹泥	狮子滩	—	0.39	22	—	13
8	混凝土/断层充填物（方解石<40%）	青铜峡	—	0.57	90	0.48	77
9	挤压破碎带	四川鱼嘴	—	—	—	0.35	—
10	断层破碎带、方解石占40%～70%	青铜峡	坝基	—	—	0.48	—
11	混凝土/构造块状岩	刘家峡	坝基	—	—	0.6～0.65	0
12	构造碎屑岩本身	刘家峡	坝基	—	—	0.45	0
13	F_{II} 断层泥	恒山	拱坝坝肩	—	—	0.35～0.40	—

注：本表引自《水利水电工程岩石物理力学性质数据汇编》。

3.3.4　岩体变形破坏的时间效应

1. 岩体变形、破坏与加荷速度的关系

在比较低的加荷速度和比较低的荷载范围条件下，对岩石进行无侧限单轴加荷试验，加荷速度对强度和应变性能影响较小；反之则影响较大。加荷速度通常以应变速度$V_\varepsilon = \partial\varepsilon/\partial t$或应力速度$V_a = \partial\delta/\partial t$表示。加荷速度对应力、应变具有重要意义，峰值应力随加荷速度增大而增大。对同一种岩石而言，动态强度通常约等于静态强度的$5 \sim 10$倍（表1.3-38）。破坏应变随加荷速度减少而增大，同时伴有破坏后应力应变曲线斜率的减小，这说明岩石从高应变速度下的脆性向极低应变速度下的塑性过渡；也表明了在整个加荷过程中低应变速度下破坏的岩石可在较高应变速度下稳定。

岩石动、静态抗拉强度比较 表 1.3-38

岩石名称	静态/MPa	动态/MPa	比值
花岗岩	7.0	39.0	5.57
石灰岩	4.0	28.0	7
大理岩	6.0	48.0	8
铁燧岩	7.0	90.0	12.85

2.岩体流变性

岩体在长期恒定荷载的作用下，应力、应变随时间延长而变化的性质称为岩体的流变性。蠕变和松弛是流变性的两种宏观表现。蠕变是在一定温度和应力作用下岩体变形随时间而增长的性能；松弛是指岩体在恒定应变下应力随时间而降低的性能。

3.4 土的分类和现场鉴别

3.4.1 国家标准《土的工程分类标准》GB/T 50145—2007

粒组划分见表 1.3-39。

粒组划分 表 1.3-39

粒组	颗粒名称		粒径d的范围/mm
巨粒	漂石、块石		$d > 200$
	卵石、碎石		$60 < d \leqslant 200$
粗粒	砾粒	粗砾（圆砾、角砾）	$20 < d \leqslant 60$
		中砾	$5 < d \leqslant 20$
		细砾	$2 < d \leqslant 5$
	砂粒	粗砂	$0.5 < d \leqslant 2$
		中砂	$0.25 < d \leqslant 0.5$
		细砂	$0.075 < d \leqslant 0.25$
细粒	粉粒		$0.005 < d \leqslant 0.075$
	黏粒		$d \leqslant 0.005$

巨粒类土的分类见表 1.3-40。

巨粒类土的分类 表 1.3-40

土类	粒组含量		土代号	土名称
巨粒土	巨粒含量 > 75%	漂石（块石）含量 > 卵石（碎石）含量	B	漂石（块石）
		漂石（块石）含量 ≤ 卵石（碎石）含量	Cb	卵石（碎石）

续表

土类	粒组含量		土代号	土名称
混合巨粒土	50%<巨粒含量≤75%	漂石（块石）含量>卵石（碎石）含量	BSl	混合土漂石（混合土块石）
		漂石（块石）含量≤卵石（碎石）含量	CbS1	混合土卵石（混合土碎石）
巨粒混合土	15%<巨粒含量≤50%	漂石（块石）含量>卵石（碎石）含量	S1B	漂石混合土（块石混合土）
		漂石（块石）含量≤卵石（碎石）含量	S1Cb	卵石混合土（碎石混合土）

砾类土的分类见表 1.3-41。

砾类土的分类 表 1.3-41

土类	粒组含量		代号	名称
砾类土（圆砾、角砾）	细粒含量<5%	级配：$C_u \geqslant 5$ 且 $1 \leqslant C_c \leqslant 3$	GW	级配良好砾
		级配：不同时满足上述要求	GP	级配不良砾
	5%≤细粒含量<15%		GF	含细粒土砾
	15%≤细粒含量<50%	细粒为粉土	GM	粉土质砾
		细粒为黏土	GC	黏土质砾

砂类土的分类见表 1.3-42。

砂类土的分类 表 1.3-42

土类	粒组含量		代号	名称
砂类土	细粒含量<5%	级配：$C_u \geqslant 5$ 且 $1 \leqslant C_c \leqslant 3$	SW	级配良好砂
		级配：不同时满足上述要求	SP	级配不良砂
	5%≤细粒含量<15%		SF	含细粒土砂
	15%≤细粒含量<50%	细粒为粉土	SM	粉土质砂
		细粒为黏土	SC	黏土质砂

砂的细分定名见表 1.3-43。

砂的细分定名 表 1.3-43

粒组含量	名称
25%≤砾粒含量≤50%	砾砂
粗砂粒及以上含量>50%	粗砂
中砂粒及以上含量>50%	中砂
细砂粒及以上含量>85%	细砂
细砂粒及以上含量>50%	粉砂

细粒类土应按塑性图（图 1.3-1）、所含粒组类别以及有机质含量划分。

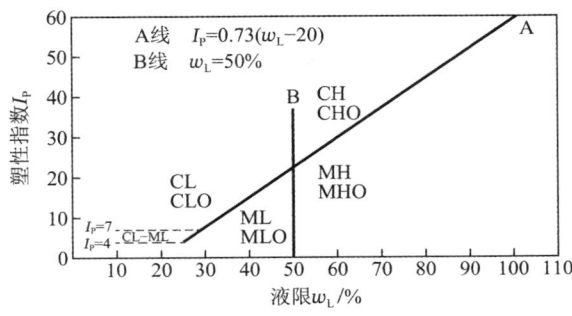

图 1.3-1　塑性图

注：1. 图中的液限 w_L 为用碟式仪测定的液限含水率或用质量 76g、锥角为 30° 的液限仪锥尖入土深度 17mm 对应的含水率；
　　2. 图中虚线之间区域为黏土粉土过渡区。

细粒土分类及简易分类见表 1.3-44、表 1.3-45。

细粒土的分类　　　　　　　　表 1.3-44

土的塑性指标在塑性图中的位置		代号	名称
A 线或 A 线以上且 $I_P \geqslant 7$	$w_L \geqslant 50\%$	CH	高液限黏土
	$w_L < 50\%$	CL	低液限黏土
A 线以下或 $I_P < 4$	$w_L \geqslant 50\%$	MH	高液限粉土
	$w_L < 50\%$	ML	低液限粉土

细粒土的简易分类　　　　　　　表 1.3-45

干强度	手捻试验	搓条试验		摇振反应	代号
		可搓成土条的最小直径/mm	韧性		
低—中	粉粒为主，有砂感，稍有黏性，捻面较粗糙，无光泽	3～2	低—中	快—中	ML
中—高	含砂粒，有黏性，稍有滑腻感，捻面较光滑，稍有光泽	2～1	中	慢—无	CL
中—高	粉粒较多，有黏性，稍有滑腻感，捻面较光滑，稍有光泽	2～1	中—高	慢—无	MH
高—很高	无砂感，黏性大，滑腻感强，捻面光滑，有光泽	< 1	高	无	CH

注：1. 有机质土的分类应符合表 1.3-49 的规定，应在相应土类代号之后加代号 O，如 MLO、CLO、MHO、CHO；
　　2. 干强度可根据用力的大小区分；很难或用力才能捏碎或掰断为干强度高；稍用力即可捏碎或掰断者为干强度中等；易于捏碎和捻成粉末者为干强度低；
　　3. 根据搓条试验可判断土的塑性，能搓成直径小于 1mm 土条为塑性高；能搓成直径为 1～3mm 土条者为塑性中等；能搓成直径大于 3mm 土条为塑性低。
　　4. 韧性判别：将含水率略大于塑限的土块于手中揉捏均匀，并在手掌中搓成直径为 3mm 的土条，根据再搓成土团和搓条的可能性区分韧性高低。能揉成土团，再搓成条，揉而不碎者为韧性高；可再揉成团，捏而不易碎者为韧性中等；勉强或不能再揉成团，稍捏或不捏即碎者为韧性低。
　　5. 摇振反应根据上述渗水和吸水反应快慢，可区分为：立即渗水及吸水者为反应快；渗水及吸水中等者为反应中等；渗水吸水慢及不渗不吸者为无反应。

土的工程分类体系如图 1.3-2 所示。

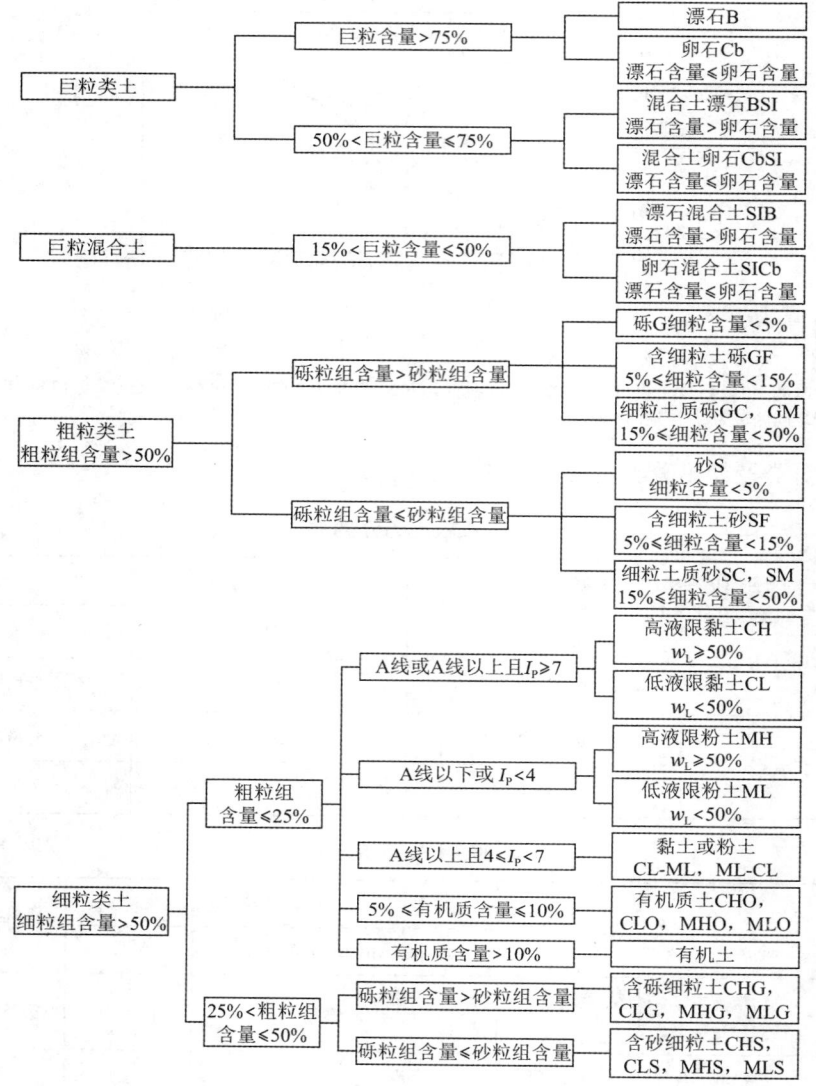

图 1.3-2　土的工程分类体系

3.4.2　国家标准《岩土工程勘察规范》GB 50021—2001（2009 年版）

1. 按地质成因分类

可划分为残积土、坡积土、洪积土、冲积土、淤积土、冰积土和风积土等。其特征见表 1.3-46。

土的地质成因分类及特征

表 1.3-46

分类	堆积方式和条件	堆积物特征
残积土	岩石经风化作用而残留在原地的碎屑堆积物	碎屑物从地表向深处由细变粗，其成分与母岩相同，一般不具层理，碎块呈棱角状，土质不均，具有大孔隙，厚度在山丘顶部较薄，低洼处较厚
坡积土	风化碎屑物由雨水或融雪水沿斜坡搬运及由本身的重力作用堆积在斜坡上或坡脚处而成	碎屑物从坡上往下逐渐变细，分选性差，层理不明显，厚度变化较大，厚度在斜坡较陡处较薄，坡脚地段较厚

续表

分类	堆积方式和条件	堆积物特征
洪积土	由暂时性洪流将山区或高地的大量风化碎屑物携带至沟口或平缓地带堆积而成	颗粒具有一定的分选性，但往往大小混杂，碎屑多呈亚棱角状，洪积扇顶部颗粒较粗，层理紊乱呈交错状，透镜体及夹层较多，边缘处颗粒细，层理清楚
冲积土	由长期的地表水流搬运，在河流阶地、冲积平原、三角洲地带堆积而成	颗粒在河流上游较粗，向下游逐渐变细，分选性及磨圆度均好，层理清楚，除牛轭湖及某些河床相沉积外厚度较稳定
淤积土	在静水或缓慢的流水环境中沉积，并伴有生物化学作用而成	颗粒以粉粒、黏粒为主，且含有一定数量的有机质或盐类，一般土质松软，有时为淤泥质黏性土、粉土与粉砂互层，具清晰的薄层理
冰积土	冰川以及冰水的搬运、堆积	一般是大小悬殊的岩块和黏性土的混合物，泥砾、漂砾粒径数十至数百米，不具层理，没有分选，砾石未经磨圆，排列不规则，有擦痕的磨光面；沉积层常被挤压，呈现褶皱和断裂
风积土	在干旱气候条件下，碎屑物被风吹扬，降落堆积而成	颗粒主要由粉粒或砂粒组成，土质均匀，质纯，孔隙大，结构松散

2. 按沉积时代分类

（1）老沉积土：晚更新世及其以前沉积的土。

（2）新近沉积土：全新世中近期沉积的土。

3. 按颗粒级配和塑性指数分类

土按颗粒级配和塑性指数可分为碎石土、砂土、粉土和黏性土。

碎石土：粒径大于 2mm 的颗粒质量超过总质量 50% 的土。碎石土的分类见表 1.3-47。

碎石土分类　　　　　　　　　表 1.3-47

土的名称	颗粒形状	颗粒级配
漂石	圆形及亚圆形为主	粒径大于 200mm 的颗粒质量超过总质量 50%
块石	棱角形为主	
卵石	圆形及亚圆形为主	粒径大于 20mm 的颗粒质量超过总质量 50%
碎石	棱角形为主	
圆砾	圆形及亚圆形为主	粒径大于 2mm 的颗粒质量超过总质量 50%
角砾	棱角形为主	

注：定名时应根据颗粒级配由大到小以最先符合者确定。

砂土：粒径大于 2mm 的颗粒质量不超过总质量 50%，粒径大于 0.075mm 的颗粒质量超过总质量 50% 的土。砂土的分类见表 1.3-48。

砂土分类　　　　　　　　　表 1.3-48

土的名称	颗粒级配
砾砂	粒径大于 2mm 的颗粒质量占总质量 25%～50%
粗砂	粒径大于 0.5mm 的颗粒质量超过总质量 50%
中砂	粒径大于 0.25mm 的颗粒质量超过总质量 50%
细砂	粒径大于 0.075mm 的颗粒质量超过总质量 85%
粉砂	粒径大于 0.075mm 的颗粒质量超过总质量 50%

注：定名时应根据颗粒级配由大到小以最先符合者确定。

粉土：粒径大于 0.075mm 的颗粒质量不超过总质量的 50%，且塑性指数等于或小于 10 的土。

黏性土：塑性指数大于 10 的土为黏性土，黏性土又分为粉质黏土、黏土；塑性指数大于 10，且小于或等于 17 的土为粉质黏土，塑性指数大于 17 的土为黏土。

注：确定塑性指数应由 76g 圆锥仪沉入土中深度为 10mm 测定的液限计算而得，塑限以搓条法为准。

4. 按工程特性分类

具有一定分布区域或工程意义上具有特殊成分、状态和结构特征的土称特殊性土，根据工程特性分为湿陷性土、红黏土、软土（包括淤泥和淤泥质土）、冻土、膨胀土、盐渍土、混合土、填土、污染土、风化岩和残积土。

5. 按有机质含量分类

土按有机质含量分类见表 1.3-49。

土按有机质含量分类　　　　　　　　表 1.3-49

分类名称	有机质含量 W_u /%	现场鉴别特征	说明
无机土	$W_u < 5\%$	—	—
有机质土	$5\% \leqslant W_u \leqslant 10\%$	深灰色，有光泽，味臭，除腐殖质外尚含少量未分解的动植物体，浸水后水面出现气泡，干燥后体积收缩	1. 如现场能鉴别有机质土或有地区经验时，可不做有机质含量定； 2. 当 $W_u > W_L$，$1.0 \leqslant e \leqslant 1.5$ 时称淤泥质土； 3. $W_u > W_L$，$e \geqslant 1.5$ 时称淤泥
泥炭质土	$10\% < W_u \leqslant 60\%$	深灰或黑色，有腥臭味，能看到未完全分解的植物结构，浸水体胀，易崩解，有植物残渣浮于水中，干缩现象明显	根据地区特点和需要按 W_u 细分为： 泥炭质土（$10\% < W_u \leqslant 25\%$） 中泥炭质土（$25\% < W_u \leqslant 40\%$） 强泥炭质土（$40\% < W_u \leqslant 60\%$）
泥炭	$W_u > 60\%$	除有泥炭质土特征外，结构松散，土质很轻，暗无光泽，干缩现象极为明显	—

注：有机质含量 W_u 按灼失量试验确定。

3.4.3　行业标准《水运工程岩土勘察规范》JTS 133—2013

1. 根据土的地质成因可分为残积土、坡积土、洪积土、冲积土、湖积土、海积土、风积土、人工填土和复合成因的土等。

2. 根据土的堆积年代可分为以下三类：

（1）老沉积土：第四纪晚更新世（Q_3）及其以前沉积的土，一般具有较高的强度和较低的压缩性。

（2）一般沉积土：第四纪全新世（Q_4）文化期以前沉积的土，一般为正常固结土。

（3）新近沉积土：第四纪全新世（Q_4）文化期以来新近沉积的土，其中黏性土一般为欠固结的土，且具有强度较低和压缩性较高的特征。

3. 碎石土、砂土、粉土、黏性土及有机质土分类同《岩土工程勘察规范》GB 50021—2001（2009 年版）。

4. 淤泥性土：在静水或缓慢的流水环境中沉积，天然含水率大于或等于 36% 且大于液限、天然孔隙比大于或等于 1.0 的黏性土；淤泥性土按表 1.3-50 可分为淤泥质土、淤泥和流泥。

淤泥性土的分类　　　　　　　　　　　　　　　　表 1.3-50

指标名称	淤泥质土	淤泥	流泥
孔隙比 e	$1.0 \leqslant e < 1.5$	$1.5 \leqslant e < 2.4$	$e \geqslant 2.4$
含水率 $w/\%$	$36 \leqslant w < 55$	$55 \leqslant w < 85$	$w \geqslant 85$

注：淤泥质土应根据塑性指数 I_p 划分为淤泥质黏土或淤泥质粉质黏土。

5. 混合土：粗细两类土呈混合状态存在的，具有颗粒级配不连续、中间粒组颗粒含量极少、级配曲线中间段极为平缓等特征的土。混合土分两类；

（1）淤泥和砂的混合土：淤泥含量超过总质量的 30% 时为淤泥混砂，淤泥含量超过总质量的 10% 且小于或等于总质量的 30% 时为砂混淤泥。

（2）黏性土和砂或碎石的混合土：黏性土的质量超过总质量的 40% 时为黏性土混砂或碎石，黏性土的质量大于 10% 且小于或等于总质量的 40% 时为砂或碎石混黏性土。

6. 层状构造土：两类不同的土层相间成韵律沉积，具有明显层状构造特征的土。

根据两类土层的厚度比可分为：

（1）互层土：具互层构造，两类土层厚度相差不大，厚度比一般大于 1∶3。

（2）夹层土：具夹层构造，两类土层厚度相差较大，厚度比为 1∶3～1∶10。

（3）间层土：常呈黏性土间极薄层粉砂的特点，厚度比小于 1∶10。

7. 花岗岩残积土：花岗岩风化的最终产物，并残留在原地未经搬运，除石英外其他矿物均已变为土状的土。

可按表 1.3-51 分为砾质黏性土、砂质黏性土和黏性土。

花岗岩残积土分类　　　　　　　　　　　　　　　表 1.3-51

名称	黏性土	砂质黏性土	砾质黏性土
大于 2mm 颗粒含量 $X/\%$	$X < 5$	$5 \leqslant X \leqslant 20$	$X > 20$

8. 填土：由人类活动堆积的土。

根据其物质组成和堆填方式可分为：

（1）冲填土：由水力冲填的砂土、粉土或淤泥性土。

（2）素填土：由碎石类土、砂土、粉土和黏性土等组成的填土。

（3）杂填土：含有建筑垃圾、工业废料或生活垃圾等的填土。

3.4.4　行业标准《铁路工程岩土分类标准》TB 10077—2019

1. 土的颗粒分组（表 1.3-52）

土的颗粒分组　　　　　　　　　　　　　　　　表 1.3-52

颗粒分类		粒径 d/mm
漂石（浑圆、圆棱）或块石（尖棱）	大	$d > 800$
	中	$400 < d \leqslant 800$
	小	$200 < d \leqslant 400$
卵石（浑圆、圆棱）或碎石（尖棱）	大	$100 < d \leqslant 200$
	小	$60 < d \leqslant 100$

续表

颗粒分类		粒径d/mm
粗圆砾（浑圆、圆棱）或角砾（尖棱）	大	$40 < d \leqslant 60$
	小	$20 < d \leqslant 40$
细圆砾（浑圆、圆棱）或角砾	大	$10 < d \leqslant 20$
	中	$5 < d \leqslant 10$
	小	$2 < d \leqslant 5$
砂砾粒	粗	$0.5 < d \leqslant 2$
	中	$0.25 < d \leqslant 0.5$
	细	$0.075 < d \leqslant 0.25$
粉粒		$0.005 < d \leqslant 0.075$
黏粒		$d \leqslant 0.005$

2. 碎石类土分类（表 1.3-53）

碎石类土分类　　　　　　　　　　表 1.3-53

土的名称	颗粒形状	土的颗粒级配
漂石土	浑圆或圆棱状为主	粒径大于 200mm 的颗粒超过全重 50%
块石土	尖棱状为主	
卵石土	浑圆或圆棱状为主	粒径大于 60mm 的颗粒超过全重 50%
碎石土	尖棱状为主	
粗圆砾土	浑圆或圆棱状为主	粒径大于 20mm 的颗粒超过全重 50%
粗角砾土粗角粒土	尖棱状为主	
细圆砾土	浑圆或圆棱状为主	粒径大于 2mm 的颗粒超过全重 50%
细角砾土	尖棱状为主	

注：定名时应根据粒径分组，由大到小以最先符合者确定。

3. 砂类土分类（表 1.3-54）

砂类土分类　　　　　　　　　　表 1.3-54

土名	土的颗粒级配
砾砂	粒径大于 2mm 颗粒的质量占总质量 25%～50%
粗砂	粒径大于 0.5mm 颗粒的质量超过总质量 50%
中砂	粒径大于 0.25mm 颗粒的质量超过总质量 50%
细砂	粒径大于 0.075mm 颗粒的质量超过总质量 85%
粉砂	粒径大于 0.075mm 颗粒的质量超过总质量 50%

注：定名时应根据颗粒级配，由大到小，以最先符合者确定。

4. 粉土、黏性土分类（表 1.3-55）

粉土、黏性土分类 　　　　　　　　　　　　　　　　表 1.3-55

土的名称	塑性指数I_P
粉土	$I_P \leqslant 10$
粉质黏土	$10 < I_P \leqslant 17$
黏土	$I_P > 17$

注：1. 塑性指数等于土的液限含水率与塑限含水率之差；
　　2. 液限含水率试验采用圆锥仪法。圆锥仪总质量为 76g，入土深度 10mm；
　　3. 塑限含水率试验采用搓条法；
　　4. 粉土为 $I_P \leqslant 10$，且粒径大于 0.075mm 的颗粒少于全重 50% 的土。

5. 冻土的分类见详见第 3 篇第 6 章有关内容。

3.4.5　行业标准《公路土工试验规程》JTGE 3430—2020

根据土颗粒组成特征、土的塑性指标、土中有机质存在情况进行分类；粒组的划分基本同表 1.3-39，只是粉粒与黏粒的界限粒径为 0.002mm。

1. 巨粒土分类

1）巨粒组质量大于总质量 50% 的土称巨粒土，分类体系见图 1.3-3。

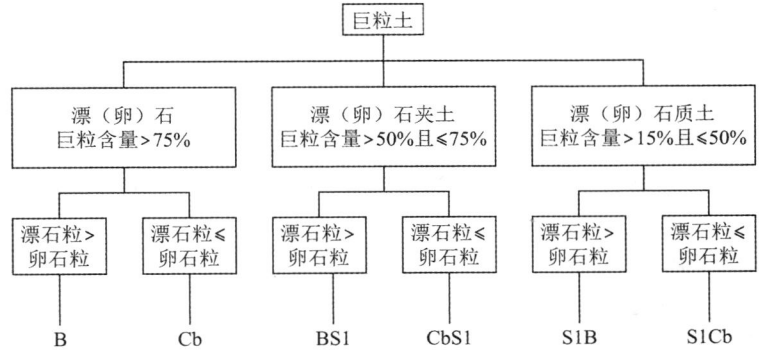

图 1.3-3　巨粒土分类体系

注：1. 巨粒土分类体系中的漂石换成块石，B 换成 Ba，即构成相应的块石分类体系；
　　2. 巨粒土分类体系中的卵石换成小块石，Cb 换成 Cba，即构成相应的小块石分类体系。

（1）巨粒组质量大于总质量 75% 的土称漂（卵）石。

（2）巨粒组质量为总质量 50%～75%（含 75%）的土称漂（卵）石夹土。

（3）巨粒组质量为总质量 15%～50%（含 50%）的土称漂（卵）石质土。

（4）巨粒组质量小于或等于总质量 15% 的土，可剔除巨粒，按粗粒土或细粒土的相应规定分类定名。

2）漂（卵）石按下列规定定名：

（1）漂石粒组质量大于卵石粒组质量的土称漂石，记为 B。

（2）漂石粒组质量小于或等于卵石粒组质量的土称卵石，记为 Cb。

3）漂（卵）石夹土按下列规定定名：

（1）漂石粒组质量大于卵石粒组质量的土称漂石夹土，记为 BS1。

（2）漂石粒组质量小于或等于卵石粒组质量的土称卵石夹土，记为 CbS1。

4）漂（卵）石质土应按下列规定定名：

（1）漂石粒组质量大于卵石粒组质量的土称漂石质土，记为 S1B。

（2）漂石粒组质量小于或等于卵石粒组质量的土称卵石质土，记为 S1Cb。

（3）如有必要，可按漂（卵）石质土中的砾、砂、细粒土含量定名。

2. 粗粒土分类

1）巨粒组土粒质量小于或等于总质量的 15%，且巨粒组土粒与粗粒组质量之和大于总质量 50%的土称粗粒土。

2）粗粒土中砾粒组质量大于砂粒组质量的土称砾类土，砾类土应根据其中细粒含量和类别以及粗粒组的级配进行分类，分类体系见图 1.3-4。

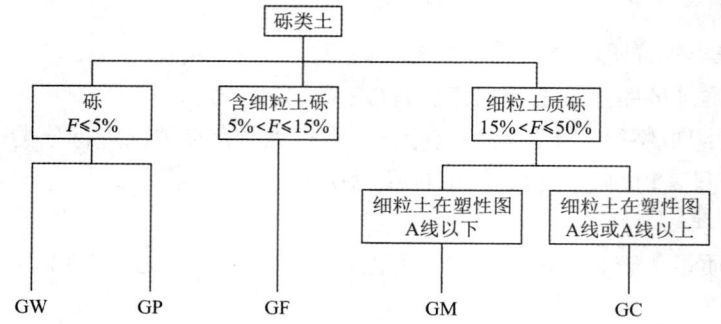

图 1.3-4　砾类土分类体系

（砾类土分类体系中的砾石换成角砾，G 换成 Ga，即构成相应的角砾土分类体系）

（1）砾类土中细粒组质量小于或等于总质量 5%的土称砾。当$C_u \geq 5$，$C_c = 1\sim3$ 时，称级配良好砾，记为 GW。当不能同时满足上述条件时，称级配不良砾，记为 GP。

（2）砾类土中细粒组质量为总质量 5%～15%（含 15%）的土称含细粒土砾，记为 GF。

（3）砾类土中细粒组质量大于总质量的 15%，并小于或等于总质量的 50%时，称细粒土质砾，按细粒土在塑性图中的位置定名：

①当细粒土位于塑性图线以下时，称粉土质砾，记为 GM；

②当细粒土位于塑性图 A 线或 A 线以上时，称黏土质砾，记为 GC。

3）粗粒土中砾粒组质量少于或等于砂粒组质量的土称砂类土。砂类土应根据其中细粒含量和类别以及粗粒组的级配进行分类，分类体系见图 1.3-5。

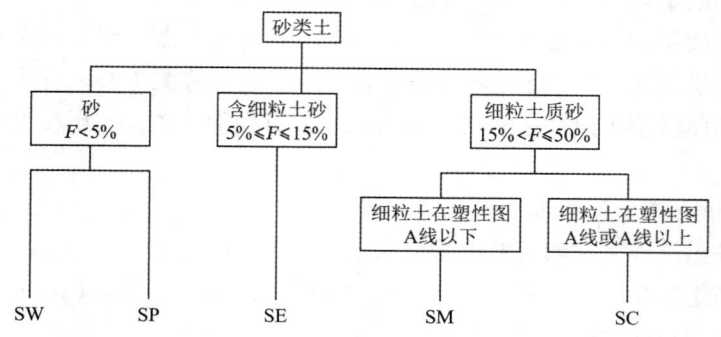

图 1.3-5　砂类土分类体系

（需要时，砂可进一步细分为粗砂、中砂和细砂；粗砂粒径大于 0.5mm 颗粒多于总质量 50%；中砂粒径大于 0.25mm 颗粒多于总质量 50%；细砂粒径大于 0.075mm 颗粒多于总质量 75%）

根据粒径分组由大到小，以首先符合者命名。

（1）砂类土中细粒组质量小于总质量 5%的土称砂，按下列级配指标定名：当$C_u \geqslant 5$，$C_c = 1 \sim 3$ 时，称级配良好砂，记为 SW；不同时满足时，称级配不良砂，记为 SP。

（2）砂类土中细粒组质量为总质量 5%～15%（含 15%）的土称含细粒土砂，记为 SF。

（3）砂类土中细粒组质量大于总质量的 15%并小于或等于总质量的 50%时，按细粒土在塑性图中的位置定名：

①当细粒土位于塑性图 A 线以下时，称粉土质砂，记为 SM；

②当细粒土位于塑性图 A 线或 A 线以上时，称黏土质砂，记为 SC。

3. 细粒土分类

1）细粒组质量大于或等于总质量 50%的土称细粒土，分类体系见图 1.3-6。

2）细粒土应按下列规定划分：

（1）细粒土中粗粒组质量小于或等于总质量 25%的土称粉质土或黏质土。

（2）细粒土中粗粒组质量为总质量 25%～50%（含 50%）的土称含粗粒的粉质土或含粗粒黏质土。

（3）试样中有机质含量大于或等于总质量的 5%，且小于总质量的 10%的土称有机质土；有机质含量大于或等于 10%的土称有机土。

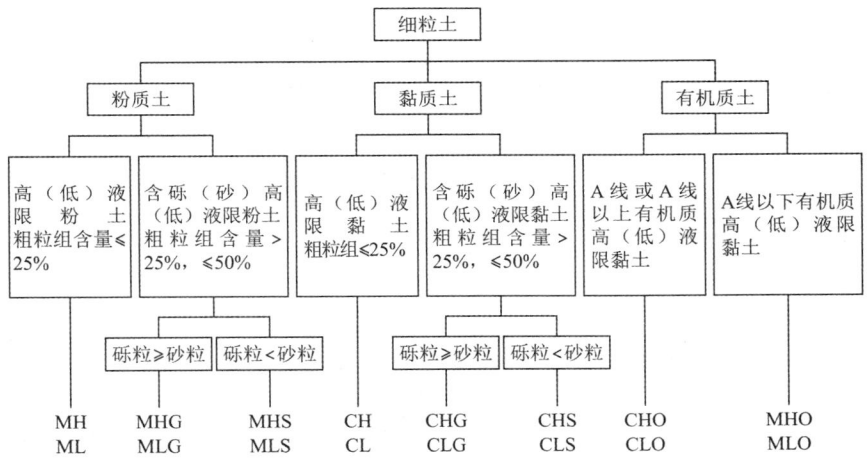

图 1.3-6　细粒土分类体系

3）细粒土应按图 1.3-1 分类。

采用下列液限分区：低液限$w_L < 50\%$；高液限$w_L \geqslant 50\%$。

4）细粒土应按其在塑性图（图 1.3-1）中的位置确定土名称：

（1）当细粒土位于塑性图 A 线或 A 线以上时，按下列规定定名：在 B 线或 B 线以右，称高液限黏土，记为 CH；在 B 线以左，$I_P = 7$ 线以上，称低液限黏土，记为 CL。

（2）当细粒土位于 A 线以下时，按下列规定定名：在 B 线或 B 线以右，称高液限粉土，记为 MH；在 B 线以左，$I_P = 4$ 线以下，称低液限粉土，记为 ML。

（3）黏土—粉土过渡区（CL～ML）的土可以按相邻土层的类别考虑细分。

5）含粗粒的细粒土应先按上述的规定确定细粒土部分的名称，再按以下规定最终定名：

（1）当粗粒组中砾粒组质量大于砂粒组质量时，称含砾细粒土，应在细粒土代号后缀以代号"G"；

（2）当粗粒组中砂粒组质量大于或等于砂粒组质量时，称含砂细粒土，应在细粒土代号后缀以代号"S"；

6）土中有机质包括未完全分解的动植物残骸和完全分解的无定形物质。后者多呈黑色、青黑色或暗色，有臭味，有弹性和海绵感。借助目测、手摸及嗅感判别。也可用土工试验确定；

7）有机质土应根据图 1.3-1 按下列规定定名：

（1）位于塑性图 A 线或 A 线以上：在 B 线或 B 线以右，称有机质高液限黏土，记为CHO；在 B 线以左，$I_P = 7$ 线以上，称有机质低液限黏土，记为 CLO。

（2）位于塑性图 A 线以下：在 B 线或 B 线以右，称有机质高液限粉土，记为 MHO；在 B 线以左，$I_P = 4$ 线以下，称有机质低液限粉土，记为 MLO。

（3）黏土—粉土过渡区（CL～ML）的土可以按相邻土层的类别考虑定名。

4. 特殊土分类

盐渍土根据含盐性质和盐渍化程度按表 1.3-56 和表 1.3-57 分类。

盐渍土按含盐性质分类　　　　　　　　表 1.3-56

盐渍土名称	离子含量比值	
	Cl^-/SO_4^{2-}	$(CO_3^{2-} + HCO_3^-)/(Cl^- + SO_4^{2-})$
氯盐渍土	> 2.0	—
亚氯盐渍土	1.0～2.0	—
亚硫酸盐渍土	0.3～1.0	—
硫酸盐渍	< 0.3	—
硫酸盐渍土	—	> 0.3

注：离子含量以 1kg 土中离子的毫摩尔数计（mmol/kg）

盐渍土按盐渍化程度分类　　　　　　　表 1.3-57

盐渍土类型	细粒土的平均含盐量（以质量百分数计）		粗粒土通过 1mm 筛孔土的平均含盐量（以质量百分数计）	
	氯盐渍土及亚氯盐渍土	硫酸盐渍土及亚硫酸盐渍土	氯盐渍土及亚氯盐渍土	硫酸盐渍土及亚硫酸盐渍土
弱盐渍土	0.3～1.0	0.3～0.5	2.0～5.0	0.5～1.5
中盐渍土	1.0～5.0	0.5～2.0	5.0～8.0	1.5～3.0
强盐渍土	5.0～8.0	2.0～5.0	8.0～10.0	3.0～6.0
过盐渍土	> 8.0	> 5.0	> 10.0	> 6.0

注：离子含量以 100g 干土内的含盐总量计。

其他各类特殊土可根据具体工程要求和相关规范进行分类。

3.4.6　土的现场鉴别

碎石土密实度现场鉴别见表 1.3-58。

碎石土密实度现场鉴别　　　　　　表 1.3-58

密实度	骨架颗粒含量和排列	可挖性	可钻性
稍密	骨架颗粒质量小于总质量的60%，大部分不接触，排列混乱	挖掘困难，井壁有掉块现象	钻进容易
中密	骨架颗粒质量为总质量的60%～70%，大部分接触，交错排列	可挖掘，井壁较稳定	钻进较困难
密实	骨架颗粒质量超过总质量的70%，连续接触，交错排列	挖掘困难，井壁较稳定	钻进极困难

砂土现场鉴别见表 1.3-59。

砂土现场鉴别　　　　　　表 1.3-59

鉴别特征	颗粒	干燥时状态	湿土用手拍	粘着
砾砂	约有 1/4 以上颗粒比荞麦或高粱粒（2mm）大	颗粒完全分散	表面无变化	无粘着感
粗砂	比小米粒（0.5mm）大	颗粒完全分散，个别胶结	表面无变化	无粘着感
中砂	约有一半以上颗粒与砂糖或白菜籽（>0.25mm）近似	颗粒基本分散，部分胶结，胶结部分一碰即散	表面偶有水印	无粘着感
细砂	大部分颗粒与粗玉米粉（>0.1mm）近似	颗粒大部分分散，少量胶结，胶结部分稍加碰撞即散	表面有水印	偶有轻微粘着感
粉砂	大部分颗粒与小米粉（<0.1mm）近似	颗粒少部分分散，大部分胶结（稍加压即能分散）	表面有显著翻浆现象	有轻微粘着感

粉土和黏性土现场鉴别见表 1.3-60。

粉土和黏性土现场鉴别　　　　　　表 1.3-60

鉴别方法	粉土	粉质黏土	黏土
手捻	感觉粗糙	稍有滑腻感	感觉不到有颗粒存在
粘着程度	一般不粘物体	能粘物体	极易粘着物体，干燥后不易剥落
湿土搓条	湿土能搓成 2～3mm 的土条	湿土能搓成 0.5～2mm 的土条	湿土能搓成小于 0.5mm 的土条
干强度	低	中等	高
韧性	低	中等	高
摇振反应	迅速—中等	无	无
光泽反应	无光泽反应	切面稍有光滑	切面非常光滑

3.5　土的静力性质

3.5.1　土的物理性质

土的组成有三部分：固体，即土粒，矿物成分主要有原生矿物、次生矿物或有机质；液体，主要是水或水溶液；气体，分为自由气体和封闭气体。土的物理指标及其相互换算关系见表 1.3-66。

一般情况下，土有几种粒组组成：黏粒（粒径小于 0.005mm）、粉粒（粒径范围 0.005～0.075mm）、砂粒（粒径范围 0.075～2mm）、砾粒（细砾，粒径范围 2～20mm；粗砾，粒径范围 20~60mm)、卵石(碎石)粒(粒径范围 60~200mm)、漂石(块石)粒(粒径大于 200mm)。

粗粒土常用不均匀系数 C_u 和曲率系数 C_c 来评价其级配状况。

$$C_u = \frac{d_{60}}{d_{30}} \tag{1.3-1}$$

$$C_c = \frac{(d_{30})^2}{d_{60}d_{10}} \tag{1.3-2}$$

式中：d_{10}——有效粒径，小于该粒径的颗粒含量为 10%；

      d_{30}——颗粒特征粒径，小于该粒径的颗粒含量为 30%；

      d_{60}——限制粒径，小于该粒径的颗粒含量为 60%。

细粒土常用塑性指数 I_P 和液性指数 I_L 来表示评价其塑性和稠度。

$$I_P = w_L - w_P \tag{1.3-3}$$

$$I_L = \frac{w - w_P}{I_P} \tag{1.3-4}$$

式中：w_L——细粒土呈现液性的起始含水率；

      w_P——细粒土呈现塑性的起始含水率；

      w——含水率。

3.5.2　土的渗透性质

达西(Darcy H)根据砂的渗透试验发现，在层流状态时，水在土中的渗透速度和水力坡降成正比，这一重要发现，就是著名的达西定律。常用下式表示。

$$v = ki \tag{1.3-5}$$

式中：v——渗透速度(cm/s)；

    k——渗透系数(cm/s)；

    i——水力坡降。

发生渗流时，流动着的孔隙水会给土粒以水冲力，这就是渗透力。作用于单位体积土的渗透力 j(简称渗透力)，用下式计算：

$$j = i\gamma_w \tag{1.3-6}$$

式中：j——渗透力(kN/m³)；

    γ_w——水的重力密度(kN/m³)。

3.5.3　土的压实性质

土的压实性是指土体在短暂重复荷载作用下可增大其密度的性质。在给定的击实功能条件下，土的干密度与含水率有关。太湿或太干都不会获得最大干密度。对应于最大干密度 ρ_{dmax} 的含水率称为最优含水率 w_{op}，击实曲线方程式为：

$$\rho_d = (1 - a)\frac{G\rho_w}{Gw + 1} \tag{1.3-7}$$

式中：ρ_d——干密度(g/cm³)；

    G——相对密度；

    w——含水率(以小数计)；

    a——气隙比(单位体积土中空气所占孔隙的体积)。

3.5.4 土的压缩性质

1. 固结试验和压缩模量

如图 1.3-7 所示室内固结试验曲线，压缩系数 a 按式(1.3-8)计算。

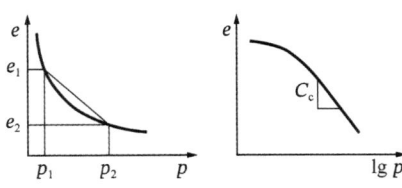

图 1.3-7 固结试验曲线

$$a = \frac{e_1 - e_2}{p_2 - p_1} \tag{1.3-8}$$

压缩模量 E_s 按式(1.3-9)计算：

$$E_s = \frac{1 + e_1}{a} \tag{1.3-9}$$

压缩指数 C_c 按式(1.3-10)计算：

$$C_c = \frac{e_1 - e_2}{\lg p_2 - \lg p_1} \tag{1.3-10}$$

式中：a——压缩系数（MPa^{-1}）；

$\quad\quad E_s$——压缩模量（MPa）；

$\quad\quad e_1$——初始孔隙比；

$\quad\quad p_1$——初始压力（MPa）；

$\quad\quad e_2$——最终孔隙比；

$\quad\quad p_2$——最终压力（MPa）。

土的其他固结（压缩）指标见表 1.3-61。

土的其他固结（压缩）指标　　　　　　表 1.3-61

指标名称	符号	单位	物理意义	计算公式
固结系数	C_v	cm²/s	表示土的固结速度的一个特性指标	$C_v = \dfrac{k(1+e_0)}{a\gamma_w}$
回弹指数	C_s	—	$e\text{-}\lg p$ 曲线上回弹圈中虚线直线段的斜率	$C_s = \dfrac{e_i - e_{i+1}}{\lg p_{i+1} - \lg p_i}$
主固结比	r	—	土体随超静水压力消散而发生的主固结压缩量与总压缩量之比	$r = \dfrac{\Delta d_c}{\Delta d_z}$
次固结系数	C_a	—	$e\text{-}\lg p$ 曲线上回弹圈中虚线直线段的斜率	$C_a = \dfrac{e_1 - e_2}{\lg t_2 - \lg t_1}$
先期固结压力	p_c	kPa	土层在地质历史上所曾经承受过的最大固结压力	在 $e\text{-}\lg p$ 曲线上图解确定
回弹模量	E_{ri}	MPa	地基土卸荷回弹变形量的特性指标	$E_{ri} = (1+e_{ai})\dfrac{p_d}{e_{bi} - e_{ai}}$
回弹再压缩模量	E_{rci}	MPa	地基土卸荷后再加荷过程中的再压缩变形指标	$E_{rci} = (1+e_{bi})\dfrac{p_d}{e_{bi} - e_{ci}}$

2. 载荷试验和变形模量

如图 1.3-8 所示载荷试验曲线，变形模量 E_0 按式(1.3-11)、式(1.3-12)计算。

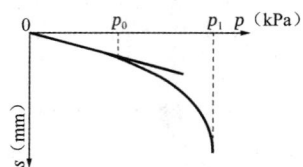

图 1.3-8　载荷试验曲线

浅层载荷试验：

$$E_0 = I_0(1 - \mu^2)\frac{pd}{s} \tag{1.3-11}$$

深层载荷试验：

$$E_0 = \omega\frac{pd}{s} \tag{1.3-12}$$

式中：E_0——变形模量（MPa）；

I_0——刚性承压板形状系数，圆形板取 0.785，方形板取 0.886；

μ——泊松比；

d——承压板直径（m）；

p——承压板压力（kPa）；

s——沉降（mm）；

ω——与试验深度和土类有关的系数，按表 1.3-62 取值。

深层载荷试验计算系数　　　　　　　　　表 1.3-62

d/z	碎石土	砂土	粉土	粉质黏土	黏土
0.30	0.477	0.489	0.491	0.515	0.524
0.25	0.469	0.480	0.482	0.506	0.514
0.20	0.460	0.471	0.474	0.497	0.505
0.15	0.444	0.454	0.457	0.479	0.487
0.10	0.435	0.446	0.448	0.470	0.478
0.05	0.427	0.437	0.439	0.461	0.468
0.01	0.418	0.429	0.431	0.452	0.459

注：d/z表示承压板直径和承压板底面深度之比。

土的物理指标及其相互换算关系见表 1.3-63。

土的物理指标及其相互换算关系　　　　　　　　　表 1.3-63

已知参数	所求参数					
	含水率w	相对密度G	密度ρ	干密度ρ_d	孔隙比e	饱和度S_r
w G ρ	—	—	—	$\dfrac{\rho}{1+w}$	$\dfrac{G\rho_w(1+w)}{\rho} - 1$	$\dfrac{wG\rho}{G\rho_w(1+w) - \rho}$
w G ρ_d	—	—	$(1+w)\rho_d$	—	$\dfrac{G\rho_w}{\rho_d} - 1$	$\dfrac{wG\rho_d}{G\rho_w - \rho_d}$
w G e	—	—	$\dfrac{G\rho_w(1+w)}{1+e}$	$\dfrac{G\rho_w}{1+e}$	—	$\dfrac{wG}{e}$
w G S_r	—	—	$\dfrac{S_r G\rho_w(1+w)}{wG + S_r}$	$\dfrac{S_r G\rho_w}{wG + S_r}$	$\dfrac{wG}{S_r}$	—

续表

已知参数	所求参数					
	含水率w	相对密度G	密度ρ	干密度ρ_d	孔隙比e	饱和度S_r
w ρ e	—	$\dfrac{(1+e)\rho}{(1+w)\rho_w}$	—	$\dfrac{\rho}{1+w}$	—	$\dfrac{w(1+e)\rho}{(1+w)e\rho_w}$
w ρ S_r	—	$\dfrac{S_r\rho}{S_r\rho_w(1+w)-w\rho}$	—	$\dfrac{\rho}{1+w}$	$\dfrac{w\rho}{S_r\rho_w(1+w)-w\rho}$	—
w ρ_d e	—	$\dfrac{(1+e)\rho_d}{\rho_w}$	$(1+w)\rho_d$	—	—	$\dfrac{w(1+e)\rho_d}{e\rho_w}$
w ρ_d S_r	—	$\dfrac{S_r\rho_d}{S_r\rho_w-w\rho_d}$	$(1+w)\rho_d$	—	$\dfrac{w\rho_d}{S_r\rho_w-w\rho_d}$	—
w e S_r	—	$\dfrac{eS_r}{w}$	$\dfrac{eS_r(1+w)\rho_w}{(1+e)w}$	$\dfrac{eS_r\rho_w}{(1+e)w}$	—	—
G ρ ρ_d	$\dfrac{\rho}{\rho_d}-1$	—	—	—	$\dfrac{G\rho_w}{\rho_d}-1$	$\dfrac{G(\rho-\rho_d)}{G\rho_w-\rho_d}$
G ρ e	$\dfrac{\rho(1+e)}{G\rho_w}-1$	—	—	$\dfrac{G\rho_w}{1+e}$	—	$\dfrac{(1+e)\rho-G\rho_w}{e}$
G ρ S_r	$\dfrac{S_r(G\rho_w-\rho)}{G(\rho-S_r\rho_w)}$	—	—	$\dfrac{G(\rho-S_r\rho_w)}{G-S_r}$	$\dfrac{G\rho_w-\rho}{\rho-S_r\rho_w}$	—
G ρ_d S_r	$\dfrac{S_r(G\rho_w-\rho_d)}{G\rho_d}$	—	$\dfrac{S_r(G\rho_w-\rho_d)}{G}+\rho_d$	—	$\dfrac{G\rho_w}{\rho_d}-1$	—
G e S_r	$\dfrac{eS_r}{G}$	—	$\dfrac{(G+eS_r)\rho_w}{1+e}$	$\dfrac{G\rho_w}{1+e}$	—	—
ρ ρ_d e	$\dfrac{\rho}{\rho_d}-1$	$\dfrac{(1+e)\rho_d}{\rho_w}$	—	—	—	$\dfrac{(\rho-\rho_d)(1+e)}{e\rho_w}$
ρ ρ_d S_r	$\dfrac{\rho}{\rho_d}-1$	$\dfrac{S_r\rho_d}{S_r\rho_w-(\rho-\rho_d)}$	—	—	$\dfrac{\rho-\rho_d}{S_r\rho_w-\rho+\rho_d}$	—
ρ e S_r	$\dfrac{eS_r\rho_w}{\rho(1+e)-eS_r\rho_w}$	$\dfrac{(1+e)\rho}{\rho_w}-eS_r$	—	$\rho-\dfrac{eS_r\rho_w}{1+e}$	—	—
ρ_d e S_r	$\dfrac{eS_r\rho_w}{\rho_d(1+e)}$	$\dfrac{(1+e)\rho_d}{\rho_w}$	$\dfrac{eS_r\rho_w}{1+e}+\rho_d$	—	—	—

3.5.5　土的抗剪强度

1. 库仑定律

库仑提出的土的抗剪强度表达式为：

总应力法：

$$\tau = c + \sigma\tan\varphi \tag{1.3-13}$$

有效应力法：

$$\tau = c' + \sigma'\tan\varphi' \tag{1.3-14}$$

式中：c、c'——土的黏聚力、有效黏聚力；

φ、φ'——土的内摩擦角、有效内摩擦角；

σ、σ'——破坏面上的法向应力、有效法向应力；

τ——破坏面上的抗剪强度。

2. 剪切试验和抗剪强度指标

土的室内抗剪强度试验主要有直接剪切试验、三轴试验。典型试验成果见图 1.3-9。通过这些试验可以测定土的抗剪强度指标，黏聚力c和内摩擦角φ。试验的排水条件可以模拟工程实际情况，选择不固结不排水（UU）、固结不排水（CU）和固结排水（CD）。不同试验条件得到的试验结果见图 1.3-9、图 1.3-10。

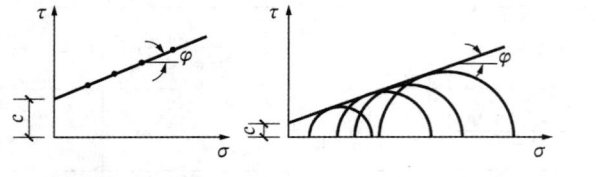

图 1.3-9　直剪试验和三轴试验结果　　　图 1.3-10　不同排水条件的试验结果

3.5.6　侧压力系数和泊松比

1. 侧压力系数

在不允许有侧向变形的情况下，土样受到轴向压力增量$\Delta\sigma_1$将会引起侧向压力的相应增量$\Delta\sigma_3$，比值$\Delta\sigma_3/\Delta\sigma_1$称为土的侧压力系数$\xi$或静止土压力系数$K_0$。

$$\xi = K_0 = \frac{\Delta\sigma_3}{\Delta\sigma_1} \tag{1.3-15}$$

2. 泊松比

在不存在侧向应力的情况下，土样在产生轴向压缩应变的同时，会产生侧向膨胀应变。侧向应变和轴向应变的比值称为土的泊松比ν，又称土的侧膨胀系数。

侧压力系数与泊松比的关系：

$$\xi = \frac{\nu}{1-\nu} \tag{1.3-16}$$

$$\nu = \frac{\xi}{1+\xi} \tag{1.3-17}$$

3.5.7　无侧限抗压强度和灵敏度

1. 物理意义

土在侧面不受限制的条件下，抵抗垂直压力的极限强度称为土的无侧限抗压强度。土的室内试验灵敏度指原状土的无侧限抗压强度与其重塑土（密度与含水率应与原状土相同）的无侧限抗压强度之比。其反映土的性质受结构扰动影响的程度，灵敏度越大，结构扰动影响越明显。

2. 试验仪器

应变控制式无侧限压缩仪。

3. 试样要求

本试验适用于饱和黏性土。原状土要求采用Ⅰ～Ⅱ级土样；重塑土要求与原状土具有相同密度和含水率。试样直径为 35～40mm，试样高度宜为 80mm。

4. 试验方法

将试样放在底座上，转动手轮，使底座缓慢上升，当试样与加压板刚好接触后将测力计读数调整为零。然后保持轴向应变速率为每分钟应变 1%～3%，转动手柄，并按规定记录读数，当出现峰值时，继续进行 3%～5% 的应变后终止；当无峰值时，应变达 20% 后终止。试验宜在 8～10min 内完成。

5. 指标计算

（1）轴向应变按下式计算：

$$\varepsilon_1 = \frac{\Delta h}{h} \tag{1.3-18}$$

式中：ε_1——轴向应变；

　　Δh——试验过程中试样高度变化量（cm）；

　　h——试样初始高度（cm）。

（2）无侧限抗压强度按下式计算：

$$q_u = 10 \frac{(1 - \varepsilon_u) P_u}{A_0} \tag{1.3-19}$$

式中：q_u——不扰动土试样的无侧限抗压强度（kPa）；

　　P_u——试样破坏（或应变达 20% 的塑流破损）时的总荷重（N）；

　　ε_u——试样破坏时的总应变；

　　A_0——试验前试样的横截面积（cm²）。

（3）以轴向应力为纵坐标、轴向应变为横坐标，绘制轴向应力与轴向应变关系曲线，取曲线上最大轴向应力作为无侧限抗压强度。当曲线上的峰值不明显时，取轴向应变 15% 时所对应的轴向应力作为无侧限抗压强度。

（4）根据无侧限抗压强度确定 $\varphi \approx 0$ 的饱和软黏土的抗剪强度。

$$S = \frac{q_u}{2} \tag{1.3-20}$$

式中：S——土的不排水抗剪强度（kPa）。

（5）有的湿细粒土受振动扰动后，强度降低甚至完全丧失，静置一段时间后强度又得到恢复。这种性质称为土的触变性。常用灵敏度 S_t 来评价。灵敏度按下式计算（只适用于 $\varphi \approx 0$ 的饱和软黏土）：

$$S_t = \frac{q_u}{q'_u} \tag{1.3-21}$$

式中：S_t——灵敏度；

　　q'_u——具有与不扰动土相同密度和含水率，并彻底破坏其结构的重塑土的无侧限抗压强度（kPa）。

3.5.8　土的物理力学参数经验值（表 1.3-64～表 1.3-67）

土的渗透系数量级范围　　　　　　　　　　　　　　表 1.3-64

土名	黏土	粉质黏土	粉土	粉砂	细砂	中砂	粗砂	砾砂	砾石
渗透系数k/（cm/s）	$< 10^{-7}$	$10^{-7} \sim 10^{-5}$	$10^{-5} \sim 10^{-4}$	$10^{-4} \sim 10^{-3}$	10^{-3}	10^{-2}	10^{-2}	10^{-1}	$> 10^{-1}$

砂土物理力学指标经验值　　　　　表 1.3-65

土名	孔隙比 e	天然含水率 $w/\%$	重力密度 $\gamma/(kN/m^3)$	黏聚力 c/kPa	内摩擦角 $\varphi/°$	变形模量 E_0/MPa
粗砂	0.4～0.5	15～18	20.5	2	42	46
	0.5～0.6	19～22	19.5	1	40	40
	0.6～0.7	23～25	19.0	0	38	33
中砂	0.4～0.5	15～18	20.5	3	40	46
	0.5～0.6	19～22	19.5	2	38	40
	0.6～0.7	23～25	19.0	1	35	33
细砂	0.4～0.5	15～18	20.5	6	38	37
	0.5～0.6	19～22	19.5	4	36	28
	0.6～0.7	23～25	19.0	2	32	24
粉砂	0.5～0.6	15～18	20.5	5～8	36	14
	0.6～0.7	19～22	19.5	3～6	34	12
	0.7～0.8	23～25	19.0	2～4	28	10

粉土、黏性土物理力学指标经验值　　　　　表 1.3-66

土类		孔隙比 e	液性指数 I_L	天然含水率 $w/\%$	液限 w_L	塑性指数 I_P	承载力特征值 f_{ak}/kPa	压缩模量 E_s/MPa	黏聚力 c/kPa	内摩擦角 $\varphi/°$
一般性粉土、黏性土		0.55～1.00	0.0～1.0	15～30	25～45	5～20	100～450	4～15	10～50	15～22
下蜀系粉土、黏性土		0.6～0.9	<0.8	15～25	25～40	10～18	300～800	>15	40～100	22～30
新近沉积粉土、黏性土		0.7～1.2	0.25～1.20	24～36	30～45	6～18	80～140	2.0～7.5	10～20	7～15
淤泥、淤泥质土	沿海	1.0～2.0	>1.0	36～70	30～65	10～25	40～100	1～5	5～15	4～10
	内陆	1.0～2.0	>1.0	36～70	30～65	10～25	50～110	2～5	5～15	4～10
	山区	1.0～2.0	>1.0	36～70	30～65	10～25	30～80	1～6	5～15	4～10
云贵红黏土		1.0～1.9	0.0～0.4	30～50	50～90	>17	100～320	5～16	3～8	5～10

土的侧压力系数ξ和泊松比ν　　　　　表 1.3-67

土的种类和状态		侧压力系数ξ	泊松比ν
碎石土		0.18～0.33	0.15～0.25
砂土		0.33～0.43	0.25～0.30
粉土		0.43	0.30
粉质黏土	坚硬状态	0.33	0.25
	可塑状态	0.43	0.30
	软塑、流塑状态	0.53	0.35
黏土	坚硬状态	0.33	0.25
	可塑状态	0.53	0.35
	软塑、流塑状态	0.72	0.42

3.6 土的动力性质

土动力学是近年发展起来的科学，主要研究土在动荷载作用下的行为。凡是荷载使土达到某种应力、应变的时间在几十秒以上，并且荷载的变化又很缓慢，这种情况通常按土静力学来对待。反之，按土动力学问题来考虑。

研究土的动力特性，应变幅一般以 10^{-4} 为界。动应变小于 10^{-4} 时，认为是小应变幅；大于 10^{-4} 时，认为是大应变幅（表 1.3-68）。研究小应变行为主要是解决建筑地基、动力机器基础和土工建筑物的动态反应问题的。研究大应变行为主要是解决土的动变形和动强度问题。

土的动力性质随应变幅的变化 表 1.3-68

应变大小		$10^{-6}\sim10^{-5}$	$10^{-4}\sim10^{-3}$	$10^{-2}\sim10^{-1}$
现象		波动、振动	裂缝、不均匀下沉	滑动、压实、液化
力学特性		弹性	弹塑性	破坏
				循环效应、速度效应
常数		剪切模量、泊松比、阻尼比		内摩擦角、黏聚力
原位测试	弹性波探查	⌞___⌟		
	原位振动试验		⌞___⌟	
	循环载荷试验			⌞___⌟
室内试验	波振动	⌞___⌟		
	共振法			
	循环载荷试验		⌞___⌟	

注：由表中可以看出，当应变大致在 $10^{-6}\sim10^{-4}$ 范围内时，土的特性可以属于弹性性质，一般由火车、汽车行驶以及机器行驶基础等产生的振动都属于这种程度的振动。当应变在 $10^{-4}\sim10^{-2}$ 时，则土表现为弹塑性性质，打桩所产生的振动属于这种情况。应变超过 10^{-2} 时，土将破坏或产生液化、压密等现象。

3.6.1 振动和波

根据牛顿定律和虎克定律，弹性体谐振动方程式为：

$$x = A\cos(\omega t + \varphi) \tag{1.3-22}$$

$$x = A\sin\left(\omega t + \varphi + \frac{\pi}{2}\right) \tag{1.3-23}$$

式中：x——弹性变形；

A——振幅；

t——振动时间；

ω——常数；

φ——初周相。

当质点作匀速圆周运动时，该点在直线上的投影的运动，就是谐振动。ω 就是角速度，在这里称为圆频率。质点运动一周即完成一个完全振动所需的时间就是周期 T。周期和圆频率有如下关系：

$$T = \frac{2\pi}{\omega} \tag{1.3-24}$$

谐振动是一种理想的运动，这种振动在整个运动过程中能量守恒。而实际上，振动在岩土介质中传播，振动的能量和振幅都随时间而减小，这种振动称之为阻尼振动。阻尼振动的位移时间关系如图 1.3-11 所示。方程式用下式表示：

$$\frac{A_n}{A_{n+1}} = e^{T\lambda} \tag{1.3-25}$$

式中：A_n、A_{n+1}——任意连续两次的振幅；

　　　T——周期；

　　　λ——阻尼比。

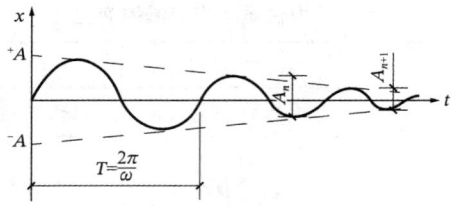

图 1.3-11　阻尼振动

当介质中一点振动时，就要影响周围的介质也会振动，这种传播过程称为波动，简称波。弹性介质中波的传播速度可用下式计算：

$$v_S = \sqrt{\frac{G_d}{\rho}} \tag{1.3-26}$$

$$v_P = \sqrt{\frac{E_d}{\rho}} \tag{1.3-27}$$

式中：v_S——剪切波速（m/s）；

　　　v_P——压缩波速（m/s）；

　　　G_d——动剪切模量（GPa）；

　　　E_d——动压缩模量（GPa）；

　　　ρ——介质密度（g/cm³）。

3.6.2　动强度

动荷载从它的表现形式来看，可以分为冲击荷载和振动荷载如图 1.3-12 所示。土在动荷载作用下的强度有别于静强度。动强度是指在一定应力往返作用次数下产生破坏（相应于某一破坏准则）所需的动应力。其大小与循环次数、破坏准则密切相关。

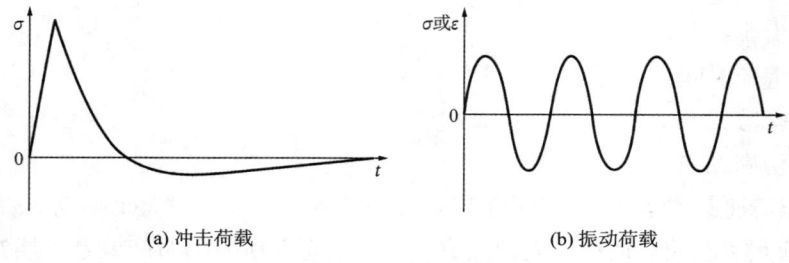

(a) 冲击荷载　　　　　　　(b) 振动荷载

图 1.3-12　冲击荷载和振动荷载

1. 冲击荷载作用下的动强度

自从第二次世界大战后期出现了原子武器以来，人类开始关心巨大爆炸力（冲击荷载）对岩土工程造成的影响。图 1.3-13 和图 1.3-14 是 Casagrande 等人对不同加荷速率的室内研究结果。试验表明，黏性土的强度随应变速率的增大而明显提高。

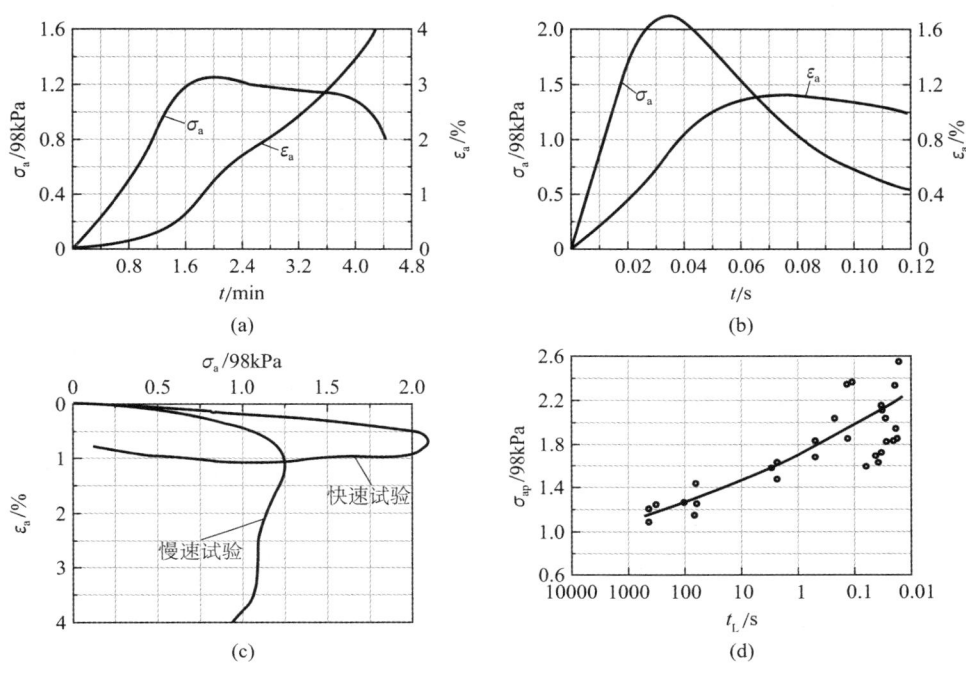

图 1.3-13　Cambridge 黏土无侧限抗压强度试验结果（Casagrande 等，1948）

(a) 静力试验；(b) 快速试验；(c) σ_a-ε_a；(d) σ_{ap}-t_L

2. 循环荷载作用下的动强度

地震、风、海浪、机器基础、车辆、机场跑道等动力作用都属于循环荷载的范畴。其中地震兼有冲击和振动两种性质，通常按短期循环作用考虑。机器振动、海浪和车辆都作为长期循环作用。

（1）黏性土的动强度

黏性土在循环荷载作用下的强度是比较复杂的。Seed 最早报道的试验结果见图 1.3-15 和图 1.3-16。后来石原研而（1978）提出将 Seed 的表达方法改为动强度比（循环作用下的总剪强度与静力抗剪强度之比）$(\tau_s + \tau_c)/\tau_f$ 与初始剪应力比 τ_s/τ_f 关系曲线，如图 1.3-17 所示。此外，循环作用下黏性土的动强度还与动应力的波形、周期等有关。

（2）砂土的动强度

中国学者常亚屏曾在 1960 年代研究了干砂的动强度。他采用固定在振动台上的轴向惯性式振动三轴仪，得出了动静摩擦系数比 $\tan\varphi_c' / \tan\varphi_s'$ 与振动次数 N_f 的关系，见图 1.3-18。可以看出，长期振动后干砂的摩擦系数降低至 10% 左右。饱和砂土的试验结果见图 1.3-19。

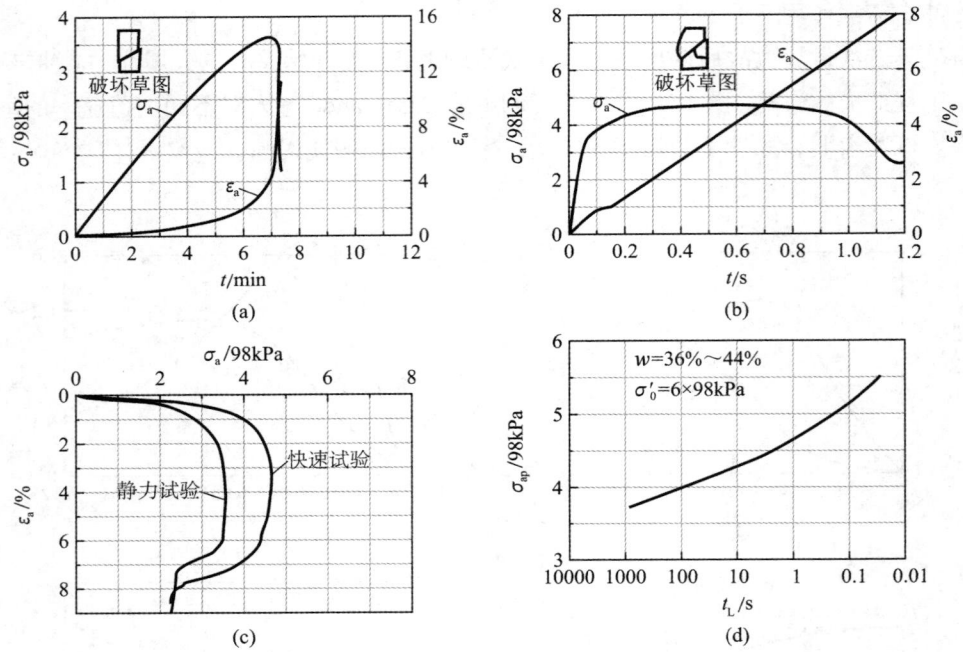

图 1.3-14　Cambridge 黏土三轴固结不排水试验结果（Casagrande 等，1948）

(a) 静力试验；(b) 快速试验；(c) σ_a-ε_a；(d) σ_{ap}-t_L

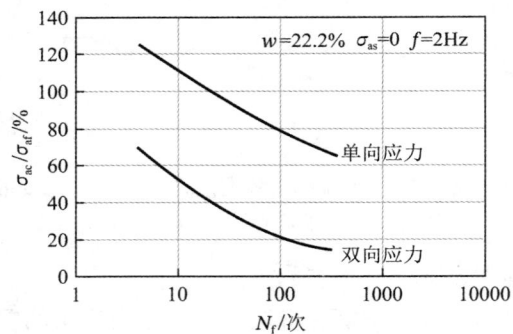

σ_{af}—静强度；σ_{ac}—动应力；N_f—破坏时的循环次数；σ_{as}—初始压力

图 1.3-15　饱和粉质黏土循环压强比与循环次数关系（Seed 等，1966）

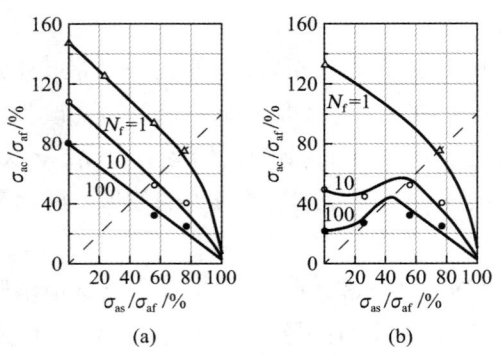

图 1.3-16　Vicksrurg 饱和粉质黏土循环压强比与初始静压比关系（Seed 等，1966）

(a) 单向应力（有压缩无拉伸）；(b) 双向应力（有压缩和拉伸）

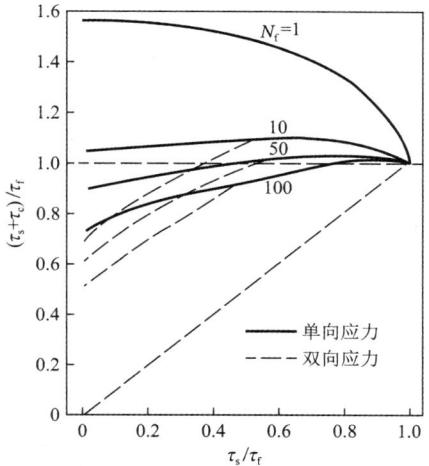

图 1.3-17　黏土动强度比与初始应力比的关系

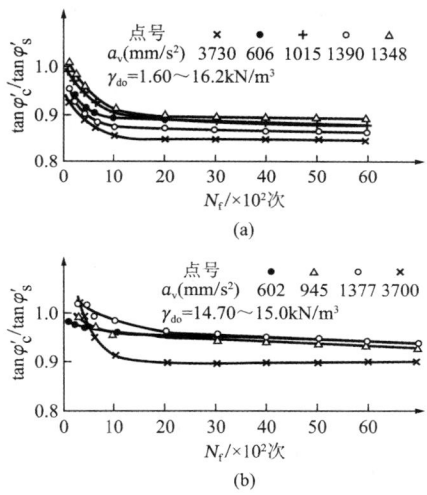

图 1.3-18　振动作用下干砂抗剪强度试验结果（常亚屏，1984）

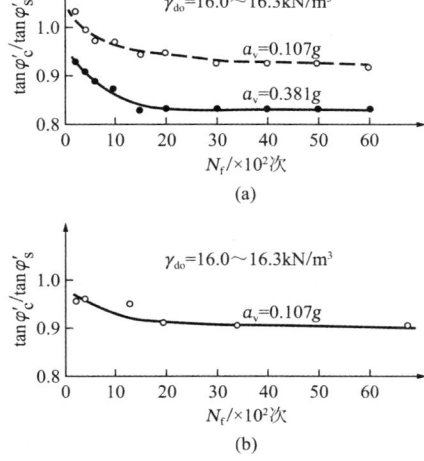

图 1.3-19　振动作用下饱和砂土有效抗剪强度试验结果（常亚屏，1984）

3.6.3　动弹性模量和动剪切模量

图 1.3-20 是典型的动应力-动应变关系。由于土不是理想的弹性体，所以应变滞后，应力应变不同步。把每一周期的振动波形按照同一时刻的动应力σ_d和动应变ε_d描绘到σ_d-ε_d坐标上，可以得到滞回曲线，如图 1.3-20（b）所示。滞回环的平均斜率就是动弹性模量E_d。动弹性模量与振动次数、动应力大小关系很大，见图 1.3-21 和图 1.3-22。

动剪切模量G_d可按下式换算：

$$G_d = \frac{E_d}{2(1+\nu)} \tag{1.3-28}$$

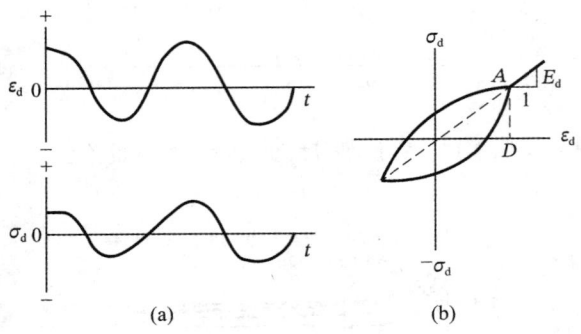

图 1.3-20　典型动应力-动应变关系

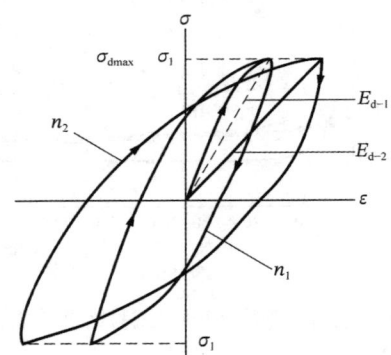

图 1.3-21　随振动次数增加，滞回环的变化

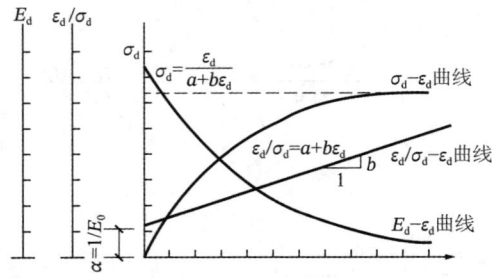

图 1.3-22　动应力-动应变、动弹性模量-动应变关系

3.6.4　阻尼比

滞回曲线说明了土具有黏滞性，黏滞性实质上就是一种阻尼作用。根据 Hardin 等的研究，阻尼作用可用阻尼比λ来表示，其值从滞回曲线求取。

$$\lambda = \frac{A_L}{4\pi A_T} \tag{1.3-29}$$

式中：A_L——滞回曲线所包括的面积；

　　　A_T——图 1.3-23 中三角形阴影面积。

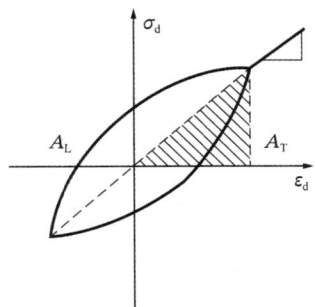

图 1.3-23　滞回曲线和阻尼比

3.7　岩土其他特性（热物理、化学、光学）

3.7.1　岩土热物理性质

基本的热物理指标包括导热系数、比热容、导温系数等，测试方法分为面热源法、热线法、热平衡法等方法。

1. 导热系数（热导率）λ

物体的导热性用导热系数（热导率）表示。导热性是对物质（固体或液体）传热能力的衡量，导热性能好的物体，吸热快，散热也快。

岩石的导热系数定义是面积热流量除以温度梯度，单位为W/(m·K)或J/(m·s·℃)。

2. 比热容C

比热容（曾称比热）是单位物质质量的热容，也是物质热特性之一。它是指单位质量的某种物质，温度升高 1℃吸收的热量（或降低 1℃释放的热量），单位为J/(kg·℃)或J/(kg·K)。

3. 导温系数（热扩散率）a

导温系数（热扩散率）表征物体被加热或冷却时内部温度趋向于均匀的能力。热扩散率越大，物体内部温度传播的速率越高。它也是物质固有的热物性参数，单位为 m²/h 或 cm²/s。

由导温系数的定义，可知a与λ、c存在以下关系：

$$a = \lambda/(\rho C) \tag{1.3-30}$$

式中：a——导温系数（m²/h）；

　　　ρ——物质的密度（kg/m³）；

　　　C——比热容［kJ/(kg·K)］；

　　　λ——导热系数［W/(m·K)］。

常见岩石的热特性参数与温度、岩石密度有关，表 1.3-69 列出了部分岩土的热物理指标，供使用参考。

热物理指标经验数据   表 1.3-69

岩土类别	含水率 $w/\%$	密度 $\rho/$ (g/cm^3)	热物理指标		
			比热容 $C/[kJ/(kg \cdot K)]$	导热系数 $\lambda/[W/(m \cdot K)]$	导温系数 $a/[\times 10^{-3}(m^2/h)]$
黏性土	$5 \leqslant w < 15$	1.90~2.00	0.82~1.35	0.25~1.25	0.55~1.65
	$15 \leqslant w < 25$	1.85~1.95	1.05~1.65	1.08~1.85	0.80~2.35
	$25 \leqslant w < 35$	1.75~1.85	1.25~1.85	1.15~1.95	0.95~2.55
	$35 \leqslant w < 45$	1.70~1.80	1.55~2.35	1.25~2.05	1.05~2.65
粉土	$w < 5$	1.55~1.85	0.92~1.25	0.28~1.05	1.05~2.05
	$5 \leqslant w < 15$	1.65~1.90	1.05~1.35	0.88~1.35	1.25~2.35
	$15 \leqslant w < 25$	1.75~2.00	1.35~1.65	1.15~1.85	1.45~2.55
	$25 \leqslant w < 35$	1.85~2.05	1.55~1.95	1.35~2.15	1.65~2.65
粉、细砂	$w < 5$	1.55~1.85	0.85~1.15	0.35~0.95	0.90~2.45
	$5 \leqslant w < 15$	1.65~1.95	1.05~1.45	0.55~1.45	1.10~2.55
	$15 \leqslant w < 25$	1.75~2.15	1.25~1.65	1.20~1.85	1.25~2.75
中砂、粗砂、砾砂	$w < 5$	1.65~2.30	0.85~1.05	0.45~1.05	0.90~2.85
	$5 \leqslant w < 15$	1.75~2.25	0.95~1.45	0.65~1.65	1.05~3.15
	$15 \leqslant w < 25$	1.85~2.35	1.15~1.75	1.35~2.25	1.90~3.35
圆砾、角砾	$w < 5$	1.85~2.25	0.95~1.25	0.65~1.15	1.35~3.35
	$5 \leqslant w < 15$	2.05~2.45	1.05~1.50	0.75~2.55	1.55~3.55
卵石、碎石	$w < 5$	1.95~2.35	1.00~1.35	0.75~1.25	1.35~3.45
	$5 \leqslant w < 10$	2.05~2.45	1.15~1.45	0.85~2.75	1.65~3.65
全风化软质岩	$5 \leqslant w < 15$	1.85~2.05	1.05~1.35	1.05~2.25	0.95~2.05
	$15 \leqslant w < 25$	1.90~2.15	1.15~1.45	1.20~2.45	1.15~2.85
全风化硬质岩	$10 \leqslant w < 15$	1.85~2.15	0.75~1.45	0.85~1.15	1.10~2.15
	$15 \leqslant w < 25$	1.90~2.25	0.85~1.65	0.95~2.15	1.25~3.00
强风化软质岩	$2 \leqslant w < 10$	2.05~2.40	0.57~1.55	1.00~1.75	1.30~3.50
强风化硬质岩	$2 \leqslant w < 10$	2.05~2.45	0.43~1.46	0.90~1.85	1.50~4.50
中风化软质岩	$w < 5$	2.25~2.45	0.85~1.15	1.65~2.45	1.60~4.00
中风化硬质岩	$w < 5$	2.25~2.55	0.75~1.25	1.85~2.75	1.60~5.50

注：热物理指标数值大小与密度、含水率、化学成分有关，本表是北京、广州、天津等地区近 30 年的试验值。

3.7.2　岩土的流变特性

1. 岩土流变性及研究意义

流变性质就是指材料的应力—应变关系与时间因素有关的性质，材料变形过程中具有时间效应的现象称为流变现象。

岩土的变形不仅表现出弹性和塑性，而且也具有流变性质，岩土的流变包括蠕变、松弛和弹性后效。

蠕变是当应力不变时，变形随着时间而增长的现象。

松弛是当应变不变时，应力随时间增长而减小的现象。

弹性后效是加载或卸载时，弹性应变滞后于应力的现象。

岩土的蠕变特性对岩土工程稳定性有重要意义。

一种岩土既可发生稳定蠕变也可发生不稳定蠕变，这取决于岩土应力的大小。超过某一临界应力时，蠕变按不稳定蠕变发展。小于此临界应力时，蠕变按稳定蠕变发展。通常称此临界应力为岩土的长期强度。

在评价岩土工程稳定性时，必须考虑岩土体因蠕变而产生的强度降低，在设计计算及有关规范中，必须用长期强度极限来确定实际的安全系数。所以研究岩土的流变特性对工程有重要的指导意义。

2. 岩土流变特性及其参数

岩土流变特性及其参数见表 1.3-70。

几种沉积岩蠕变试验资料　　　　　　　　　　　表 1.3-70

岩石名称	含水率 w/%	密度/（kg/cm³）	瞬时强度/× 10^5Pa	长期强度/× 10^5Pa	试件尺寸/mm	试验方法
粉质泥灰岩（a）	26	1.89	$\sigma_s = 30$	$0.6\sigma_s$	—	单压
粉砂岩（b）	0.69	2.61	—	$0.33\sigma_s$	$20 \times 20 \times 16$	弯曲
盐岩（c）	—	—	—	$0.5\sigma_s$	—	单压
砂岩（d）	—	—	$\sigma_s = 200$	—	—	单压

几种常见岩石的黏滞系数、弹性模量和松弛时间如表 1.3-71 和表 1.3-72 所示。

几种常见岩石的流变参数　　　　　　　　　　　表 1.3-71

岩石种类	黏滞系数 η	弹性模量 K/GPa	松弛时间/s		
			（a）	（b）	（s）
页岩	—	12～23	—	3.95	3.41×10^5
砂岩	7.7×10^{17}	10	—	89.1	7.7×10^6
				1.18	1.02×10^5
石灰岩	6.5×10^{22}	65	3170	1157400	10^{11}
大理岩	2.3×10^{13}	41	—	—	0.6×10^2

塑性黏土流变特性　　　　　　　　　　　表 1.3-72

塑性黏土名称	含水率 w/%	液限 w_L/%	塑限 w_P/%	饱和度 S_r/%	瞬时强度/× 10^5Pa	长期强度/× 10^5Pa	试样	试验方法
侏罗纪黏土	32	48	26		$\tau_s = 0.167$	$0.575\tau_s$	人工土 $d < 0.005$mm 占 56%	扭转剪切
冲积塑性黏土	65	63～83	—	100	$\sigma_s = 0.9$	$< 0.63\sigma_s$	原状土	压缩
黏土						$0.4\tau_s$	—	剪切
原状黄土质土	9.3	31.2	20.8	100	$\sigma_n = 1.0$ $\tau_s = 0.75$	$0.73\tau_s$	原状土腐殖质 9%	压剪（在水下）
致密淤泥	—	120	51		$\sigma_m = 1.0\tau_s$ $\tau_s = 1.16$	$0.66\tau_s$	人工土	三轴压缩

3. 岩土长期强度

1）岩石的长期强度

在恒定载荷长期作用下，岩石会比瞬时强度小得多的情况下破坏，根据目前试验资料，对大多数岩石瞬时强度S_0/长期强度$S_\infty = 1.2 \sim 1.7$。

某些岩石瞬时强度与长期强度比值如表 1.3-73 所示。

瞬时强度与长期强度比值　　　　　　表 1.3-73

岩石名称	S_0/S_∞	岩石名称	S_0/S_∞
黏土	1.35	砂岩	1.55
石灰岩	1.36	白垩	1.61
盐岩	1.43	黏质页岩	2.00

岩石的长期强度降低，一般低于瞬时强度，S_∞/S_0 在 0.6～0.8，软岩和中等坚固岩石为 0.4～0.6，坚固岩石为 0.7～0.8。当手头无试验资料可循时，对坚固程度不同的岩石系数就可以依据上述来估算其相应的岩石长期强度。

2）土的长期强度

由于岩石工程实践经验，黏土长期强度研究受到重视。如巴拿马运河滑坡区边坡在完工几年后突然崩塌事故，Casagrade.A 查明是由于片状黏土强度急剧降低所致，而边坡稳定设计未曾考虑。又如荷兰 Geuze E.C.W.A 和陈宗基提出关于某桥墩建成两年后破坏的报告，分析试验该桥墩承受的压力因蠕变而引起强度降低的研究。根据现有试验资料可概括为：

（1）密实黏土的强度降低，S_∞/S_0 在 0.5～0.8，甚至达 0.9。

（2）塑性黏土的强度降低，S_∞/S_0 在 0.2～0.6。

（3）冻土强度降低，S_∞/S_0 在 0.15～0.5。

3.7.3　松散岩土水理性质

1. 岩石颗粒大小和持水度的关系

持水度：地下水位下降时，滞留在非饱和带的不释出的水的体积与单位疏干体积之比，具体内容参见第 5 篇第 3 章。

2. 松散岩土的最大毛细上升高度

具体内容参见第 5 篇第 3 章。

3. 松散岩土给水度

给水度：地下水位下降时，单位体积中释出的水的体积与疏干体积之比。具体内容参见第 5 篇第 3 章。

参考文献

[1]　孙玉科，牟会宠，姚宝魁. 边坡岩体稳定性分析[M]. 北京：科学出版社，1988.

[2]　胡广韬，杨文远. 工程地质学[M]. 北京：地质出版社，1984.

[3]　中华人民共和国建设部. 岩土工程勘察规范（2009 年版）：GB 50021—2001 [S]. 北京：中国建筑工业出版社，2009.

[4]　中华人民共和国建设部. 土的工程分类标准：GB/T 50145—2007[S]. 北京：中国计划出版社，2008.

[5]　中华人民共和国住房和城乡建设部. 工程岩体分级标准：GB/T 50218—2014[S]. 北京：中国计划出版社，2014.

[6]　中华人民共和国住房和城乡建设部. 城市轨道交通岩土工程勘察：GB 50307—2012[S]. 北京：中国计划出版社，2012.

[7]　中华人民共和国住房和城乡建设部. 水利水电工程地质勘察规范: GB 50487—2008[S]. 北京: 中国建筑工业出版社, 2009.

[8]　徐建. 建筑振动工程手册[M]. 北京: 中国建筑工业出版社, 2002.

[9]　汪闻韶. 土的动力强度和液化特征[M]. 北京: 中国电力出版社, 1997.

[10]　吴世明. 土动力学[M]. 北京: 中国建筑工业出版社, 2000.

[11]　中国地质调查局. 水文地质手册 [M]. 2 版. 北京: 地质出版社, 2012.

[12]　铁道部第一勘测设计院. 铁路工程地质手册[M]. 北京: 中国铁道出版社, 2005.

[13]　《工程地质手册》编委会. 工程地质手册[M]. 5 版. 北京: 中国建筑工业出版社, 2018.

[14]　林宗元. 简明岩土工程勘察设计手册[M]. 北京: 中国建筑工业出版社, 2003.

[15]　钱七虎. 岩土工程师手册[M]. 北京: 人民交通出版社. 2010.

第 4 章 岩土工程勘察纲要

1. 编制岩土工程勘察纲要前的准备工作

（1）取得勘察任务书，勘察任务书应包括以下内容：工业与民用建筑的设计条件、图纸和勘察要求，参见表 1.4-1。

勘察任务书内容要点 表 1.4-1

类别	内容要点
建筑设计条件	勘察阶段、工程名称、建筑等级、室内地坪标高（±0.000）、建筑物地上和地下层数、建筑高度、结构形式、基础类型及平面尺寸和埋深、建筑荷载等
图纸	地形图、建筑物总平面图（有坐标）
勘察要求	针对各类工程，相应勘察阶段的勘察基本要求可参见《岩土工程勘察规范》GB 50021—2001（2009 年版）相关内容

（2）搜集拟建场地周边地质资料和已有工程勘察资料。

（3）对拟建场地进行现场踏勘，了解场地条件（自然条件和地质条件）。

（4）分析已有资料，提出本工程的主要岩土工程问题。

2. 岩土工程勘察纲要的主要内容

（1）工程概况。

（2）概述拟建场地环境、工程地质条件、附近参考地质资料（如有）。

（3）勘察目的、任务要求亟须解决的主要技术问题。

（4）执行的技术标准。

（5）选用勘探方法。

（6）勘察工作布置。

（7）勘探完成后的现场处理。

（8）拟采用的质量控制、安全保证和环境保护措施。

（9）拟投入的仪器设备、人员安排、勘察进度计划等。

（10）勘察安全交底（包括危险源识别和安全生产注意事项）、技术交底及验槽等后期服务。

（11）拟建工程勘探点平面布置图。

（12）提交成果的形式、内容、数量和日期。

3. 岩土工程勘察纲要中勘察工作布置

在岩土工程勘察纲要中，应根据工程类别和勘察要求，按现行法律、规程、规范和标准，合理布置勘察工作。具体内容包括：

（1）钻探（井探、槽探、洞探）布置。

（2）工程物探、原位测试的方法和布置。

（3）取样方法和取样器选择，采取岩样、土样和水样及其存储、保护和运输要求。

（4）室内岩、土、水试验内容、方法与数量。

4. 岩土工程勘察纲要的变更和补充

当由于建筑设计条件、勘察要求调整变化，岩土工程勘察纲要不能满足任务要求时，应及时调整岩土工程勘察纲要或编制补充勘察纲要。岩土工程勘察纲要及其变更应由勘察项目负责人签字确认。

5. 重要工程如核电厂的岩土工程勘察，除编制勘察工作大纲外，还应编制专门的质量保证大纲。重点工程的勘察纲要需要通过专家或有关单位的评审，方可实施。

参考文献

[1] 中华人民共和国住房和城乡建设部. 工程勘察通用规范: GB 55017—2021[S]. 北京: 中国建筑工业出版社, 2021.

[2] 中华人民共和国住房和城乡建设部. 岩土工程勘察规范 (2009 年版): GB 50021—2001 [S]. 北京: 中国建筑工业出版社, 2009.

[3] 《工程地质手册》编委会. 工程地质手册[M]. 5 版. 北京: 中国建筑工业出版社, 2018.

[4] 中华人民共和国住房和城乡建设部. 核电厂岩土工程勘察规范: GB 51041—2014[S]. 北京: 中国计划出版社, 2015.

[5] 中华人民共和国住房和城乡建设部. 水力发电工程地质勘察规范: GB 50287—2016[S]. 北京: 中国计划出版社, 2017.

第 5 章　工程地质测绘

5.1　工程地质测绘的目的和要求

工程地质测绘是运用地质学、工程地质学理论，通过现场观察、量测、描述和其他辅助手段查明工程建设有关的地形地貌、地层岩性、地质构造、水文地质条件、不良地质作用和天然建筑材料等各种工程地质条件，将其按照精度要求绘制在设定比例尺的地形图上，并形成技术文件。工程地质测绘应与岩土工程勘察阶段相适应，并根据工程地质条件的复杂程度、主要工程地质问题和工程类型等选择综合工程地质测绘、专门工程地质测绘、工程地质调查或补充工程地质测绘。

5.1.1　测绘范围

工程地质测绘范围应包括建设场地及其附近地段，应满足工程地质测绘任务书和岩土工程分析评价的需要，包括工程建设影响到的范围、影响工程建设的不良地质作用发育范围和对查明测区工程地质条件有重要意义的相邻地段，当地质条件特别复杂时应扩大测绘范围。

5.1.2　测绘比例尺

工程地质测绘的比例尺可根据设计阶段、地质条件复杂程度和工程类型确定。

1. 可行性研究勘察阶段（包括选址阶段）的比例尺可选用 1：50000～1：5000。

2. 初步勘察阶段的比例尺可选用 1：10000～1：2000。

3. 详细勘察阶段的比例尺可选用 1：2000～1：500。

4. 当地质条件复杂或遇到对工程有重要意义的地质单元体（如滑坡、断层、软弱夹层、洞穴等），可扩大比例尺。

5.1.3　测绘精度

测绘的精度要求主要是指图幅的精确度。精确度包括测绘时划分地质单元的最小尺寸和在图上标定时的最小误差两个方面。

1. 测绘填图的最小地质单元应为图上 2mm，即对图上宽度不小于 2mm 的地质现象应予测绘，对具有重要工程地质、水文地质意义的地质现象，在图上宽度小于 2mm 时，应扩大比例尺表示，并注明其实际数据。

2. 测绘精度，国内现行规范大致分为两类。

（1）《岩土工程勘察规范》GB 50021—2001（2009 年版）规定，地质界线和地质观测点的测绘精度，在图上不应低于 3mm。《公路工程地质勘察规范》JTG C20—2011 规定，工程地质图上的地质界线与实际地质界线的误差在图上的距离不应大于 3mm。《电力工程工程地质测绘技术规程》DL/T 5104—2016 规定，地质点的测绘精度在图上不应低于 3mm。

（2）《工程地质测绘规程》YS/T 5206—2020 规定，地质点的定位精度与地质点的重要性相适应，且图上允许偏差应为±2mm。

（3）为了达到精度要求，通常要求在测绘填图中，采用比提交成图比例尺大一级的地形图作为填图的底图；如进行 1∶10000 比例尺测绘时，常采用 1∶5000 的地形图作为外业填图底图；外业填图完成后再缩成 1∶10000 的成图，以提高测绘的精度。

（4）当测绘比例尺小于等于 1∶25000 时，地质观测点可用目测法标绘，少量重要地质观测点应用测量仪器定位；当测绘比例尺小于等于 1∶5000 时，控制主要地质条件和地质单元体的地质观测点应用测量仪器定位；当测绘比例尺大于 1∶5000 时，全部地质观测点应采用测量仪器定位。地质构造线、地质接触线、岩性分界线、软弱夹层、地下水露头和不良地质作用等特殊地质观测点，应用测量仪器定位。当精度满足时也可采用卫星定位系统定位。

5.1.4　填图单位确定

1. 工程地质填图单位的划分应按表 1.5-1 执行。

2. 工程地质岩组应根据岩性差异或成层组合特点，以及岩层所在区域的工程地质条件和水文地质条件的差异等因素划分。

3. 第四系的分层应按地层年代、成因类型、岩性及物质组成划分。大比例尺地质测绘还应根据工程需要，结合沉（堆）积物的物理和水理性质、力学性质和化学性质等详细分层。

工程地质填图单位的划分 表 1.5-1

比例尺 S	填图单位	
	应达到	争取达到
$S \leqslant 1:50000$	统或群	阶或组
$1:50000 < S \leqslant 1:5000$	阶或组	时间带或段
$1:5000 < S \leqslant 1:2000$	时间带或段	工程地质岩组
$S > 1:2000$	工程地质岩组	

5.1.5　地质观测点的布置和密度

1. 在地质构造线、地层接触线、岩性分界线、标准层位、地貌单元分界线、不良地质作用分布处、地质灾害体和环境破坏部位、天然和人工露头应有地质观测点。

2. 地质观测点应充分利用天然和已有的人工露头，例如采石场、路堑、井、泉等。当天然露头不足时，应根据场地的具体情况布置一定数量的勘探工作。条件适宜时，还可配合物探工作，探测地层、岩性、构造、不良地质作用等问题。

3. 地质观测点的密度应根据场地的地貌、地质条件、成图比例尺和工程要求等确定，并应具有代表性。

4.《公路工程地质勘察规范》JTG C20—2011 规定，工程地质调绘点在图上的密度每 100mm×100mm 不得小于 4 个。《工程地质测绘规程》YS/T 5206—2020 规定，工程地质测绘底图上地质点的密度每 100mm×100mm 不得少于 4 个；对于图上面积小于 3mm×3mm 的地质单元体，地质点宜布置在该地质单元体中心部位。

5.《水利水电工程地质测绘规程》SL/T 299—2020 规定，地质点间距应为相应比例尺图上间距 2～3cm。《工程地质测绘规程》YS/T 5206—2020 规定，工程地质测绘底图上地质点的距离宜为 20～50mm。

5.1.6　地质年代的确定方法

进行现场工程地质测绘时，可根据以下方法确定岩层的地质年代。

1. 地层层位法：在正常情况下，位于下面的岩层先沉积，地质年代较老。岩层越在上，形成越晚，年代越新。这种规律对喷出岩地区也适用，老的在下，新的在上。但如发生倒转褶皱及逆断层时，则老地层覆盖在新的地层上面。这时应注意现场的调查和分析。

2. 岩性比较法：即利用岩性的对比来确定岩层的地质年代。如果岩层的地质年代在某一地区已经确定，则在另一地区看到相同的岩层时，就可给予相应的地质年代。但此方法仅适用于在一定范围内进行岩性对比。

3. 化石法：在不同的地质时代有不同的生物，因而就有不同的标准化石。根据标准化石就可以确定地层的地质年代。

4. 岩浆岩新老的确定：如侵入岩与围岩的接触处有变质现象，说明岩浆岩侵入到已形成的岩层中，因此，侵入岩年代较新，围岩较老。若岩浆岩上面还有沉积岩，接触处又有侵蚀存在，则岩浆岩年代较老，沉积岩年代较新。

5. 喷出岩的年代确定：根据上、下沉积岩的年代来判断。与当地的地域性地质资料来对比。

6. 变质岩的年代确定：根据被变质的沉积岩的年代或覆盖于变质岩上的沉积岩的年代来确定。

地质单位按界、系划分的地质年代表详见表 1.5-2。地层单位和地质年代单位对照详见表 1.5-3。

地质年代表　　　　　　　　　　　　　表 1.5-2

代（界）	纪（系）		距今年数（百万年）	地壳构造运动	地史时期主要现象
新生代 Kz	第四纪（Q）	全新世（Qh 或 Q_4）	0.01	喜马拉雅构造阶段（新阿尔卑斯）	近代各种类型的堆积
		更新世（Qp）	2.58		冰川广布，黄土形成
	新近纪（N）	上新世（N_2）	5.33		山系形成，地势分异显著
		中新世（N_1）	23.03		
	古近纪（E）	渐新世（E_3）	33.90		哺乳类分化
		始新世（E_2）	56.00		被子植物繁盛，哺乳类大发展
		古新世（E_1）	66.00		
中生代 Mz	白垩纪（K）		145.00	燕山构造阶段（旧阿尔卑斯）	广大海侵，晚期造山运动强烈，岩浆活动，生物界显著变革
	侏罗纪（J）		201.30 ± 0.20		爬行类极盛，第二次森林广布，煤田生成
	三叠纪（T）		251.90 ± 0.02		陆地增大，爬行类发育，哺乳类开始
古生代 Pz	二叠纪（P）		298.9 ± 0.15	海西构造阶段（华力西）	陆地增大，造山作用强烈，生物界显著变革
	石炭纪（C）		358.9 ± 0.40		早期珊瑚发育，爬行类昆虫发生，北半球煤田生成，南半球末期冰川广布

续表

代（界）	纪（系）	距今年数（百万年）	地壳构造运动	地史时期主要现象
古生代 Pz	泥盆纪（D）	419.20 ± 3.20	海西构造阶段（华力西）	陆相沉积及陆生植物发育，鱼类极盛，两栖类发育
	志留纪（S）	443.80 ± 1.50	加里东构造阶段	地势及气候分异，末期造山运动强烈
	奥陶纪（O）	485.4 ± 1.90		地势较平，海水广布，无脊椎动物极盛
	寒武纪（Є）	541.0 ± 1.00		浅海广布，生物初步大量发展
元古宙	新元古代	1000	—	多细胞动物、高级藻类出现
	中元古代	1600		
	古元古代	2500		
太古宙	新太古代	2800	—	早期基性喷发，继以造山作用，变质强烈，花岗岩入侵
	中太古代	3200		
	古太古代	3600		
	始太古代	4000		
冥古宙		4600	—	—

注：第四纪更新世地质时代再细分为：晚更新世（Q_3）、中更新世（Q_2）、早更新世（Q_1）。

地层单位和地质年代单位对照表　　　　　**表 1.5-3**

使用范围	地层划分单位	地质年代划分单位
国际性的	界/系/统	代/纪/世
全国性的或大区域性的	（统）阶/带	（世）期
地方性的	群/组/段（带）	时（时代、时期）

5.2　准备工作

5.2.1　工程地质测绘前应搜集、分析研究资料

1. 规划、设计资料，包括工程勘察委托书和技术要求、规划文件、建筑设计条件等。

2. 区域地质资料，包括区域地质图、地貌图、构造地质图、地质环境及地质灾害分区图、地质剖面图、综合地质柱状图及其文字说明等。

3. 工程勘察资料，包括测区内及周边的岩土工程勘察报告，研究岩土体工程性质及特征、不良地质作用的分布和发育情况。

4. 矿产资料以及生态环境保护区资料。

5. 地形资料、地面摄影像片、航片、卫片、激光扫描成果以及解译资料。

6. 气象资料，包括气温、气压、湿度、风速、风向、降水量和蒸发量及其随时间的变化规律、冻结深度等主要气象要素。

7. 水文资料，包括与测区有关的水系分布图、水位、流速、流量、流域面积、径流系数及动态，以及洪水淹没范围等资料。

8. 水文地质资料，包括地下水类型、埋深、补给和排泄条件、变化规律、岩土透水性及水质分析资料。

9. 地震资料，包括测区内及周边历史地震发生的次数、时间、烈度、造成的灾害和破坏情况，以及地震与地质构造的关系。

10. 建筑经验资料，包括已有建筑物的结构形式、基础类型及埋深、采用的地基承载力、地基处理方法、建筑物变形及沉降观测资料。

5.2.2　现场踏勘

1. 在对搜集资料整理和研究的基础上，进行现场踏勘，为合理布置地质观测点、实测剖面位置和观察路线，拟定重点研究的岩土工程问题、工作方法等提供依据。

2. 初步了解测区基本的地质条件，踏勘路线应选在地形、地貌、地层、构造、不良地质作用等地质条件有代表性的地段，以及露头较好、涵盖测区地层的地段。

3. 了解测区交通、经济、气候、食宿条件。

4. 访问和了解洪水及其淹没范围。

5. 确定地形控制点的位置，并取得其坐标、高程资料。

5.2.3　编制测绘纲要

测绘纲要应根据工程地质勘察纲要和工程地质测绘任务书编制，主要内容包括：

1. 测绘目的、任务来源、技术要求。

2. 测区自然地理条件：地理位置、水文、气象、地形、交通和经济情况。

3. 测区地质概况：地貌、地层岩性、构造、地下水、不良地质作用。

4. 测绘范围、工作量、测绘比例尺、工作方法和精度要求。

5. 人员组织和经济预算。

6. 仪器、设备和材料计算。

7. 工作计划、工期进度和保障措施。

8. 测区危险源辨识和安全措施。

9. 计划提交的各种资料，包括原始记录、图件和文字报告。

5.3　测绘方法

5.3.1　工程地质测绘的主要方法

1. 像片成图法

利用地面摄影或航空（卫星）摄影的像片，在室内进行解译，划分地层岩性、地质构造、地貌单元、水系分布及不良地质作用等，并在像片上选择若干地质观测点和观测线路，进行实地校对和验证，检查解释标志、解译成果、外推结果，对室内解释难以获得的资料进行现场补充，绘成底图，最后转绘成图。

《岩土工程勘察规范》GB 50021—2001（2009年版）规定，利用遥感影像资料解译进行工程地质测绘时，现场检验地质观测点数宜为工程地质测绘点数的30%～50%。野外工作应包括下列内容：

（1）检查解译标志。

（2）检查解译结果。

（3）检查外推结果。

（4）对室内解译难以获得的资料进行野外补充。

2. 实地测绘法

主要有路线穿越法、追索法和布点法三种，详见表 1.5-4。

实地测绘法　　　　　　　　　　　　　　　　表 1.5-4

实地测绘法	说明
路线穿越法	采用垂直穿越测区内地貌单元、岩层和地质构造线走向的方法，把沿途观察到的各种地质界线、地貌界线、构造线、岩层产状及各种不良地质作用的位置标绘在地形图上。路线形式有"S"形和"直线"形两种。该方法适用于各种比例尺
追索法	沿地层走向、某一构造线方向或其他地质单元界线布点追索，并将界线绘于图上。地表可见部分用实线表示，推测部分用虚线表示。该方法多适用于中、小比例尺
布点法	根据地质条件复杂程度和不同比例尺，预先在图上布置一定数量的地质观测点和观测线路，路线力求避免重复，要求对第四系地层覆盖地段必须要有足够的人工露头、以保证测绘精度。该方法适用于大、中比例尺

5.3.2　地貌测绘分析方法（表 1.5-5）

地貌测绘分析方法　　　　　　　　　　　　表 1.5-5

分析方法	说明
形态分析法	观察描述各地貌单元的形态，测量其形态要素（长度、宽度、坡度、相对高度等），并辅以影像资料、野外素描和室内分析绘图等判识地貌组合依存关系，揭示其发展规律
沉积物相分析法	根据地貌发育过程和沉积物特征，确定其发育的地理环境和地质作用过程，通过沉积物中保存下来的化石、同位素元素和地磁等信息，确定地貌形成的年代
动力分析法	通过对地貌形态特征、微地貌的组合关系、堆积物的结构构造、生物化石、地球化学元素的迁移等来分析地貌发育的外动力地质作用，通过对地貌发育过程多种地貌和新构造形迹研究，分析内动力地质作用

5.3.3　岩体结构面测量方法

1. 三点法

在同一面状构造上选取不在一直线上的三个点A、B、C，分别测出三点高程及坐标，绘制三角形，在最高点A和最低点C的连线上，内差找出与另一点B高程相等的点D，连接BD，则BD就是走向线；由A点向直线BD作垂线AF，则其所指的方向即是倾向；从A点作BD的平行线AG，并使AG段的长度等于A、B两点的高差，连接GF，则∠AFG即为倾角，详见图 1.5-1。

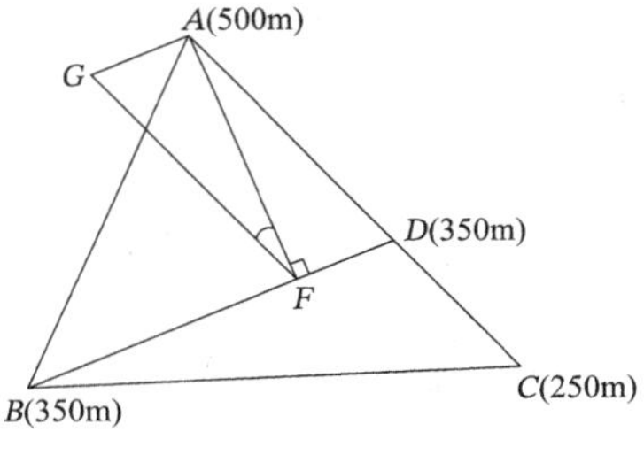

图 1.5-1　三点法求产状

2. V 字形法则

利用岩层、构造与重沟、河谷地形的几何关系确定岩层或构造的产状，采用该方法确定产状的精度较差，但在勾绘地质界线时，该法则很重要，其具体应用参见表 1.5-6。

V 字形法则的应用　　　　　　　　　　　　表 1.5-6

产状	平面图	剖面图	说明
水平	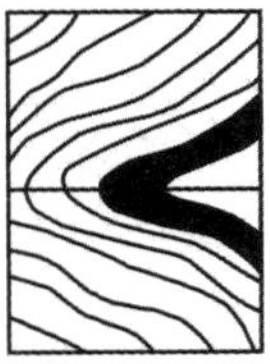		倾角很小，一般小于 5°或近于水平，则露头线与等高线近于平行

产状	平面图	剖面图	说明
直立			倾角为90°，则其露头线不论地形如何起伏，均呈直线延展
倾斜		相反—相同	倾向与地面倾向相反，则其露头线弯曲方向和等高线弯曲方向相同，但弯曲度小于等高线的弯曲度
		相同—相反	倾向与地面倾向相同，但倾角大于地面坡度，则其露头线形状与等高线弯曲形状相反
		相同—相同	倾向与地面倾向相同，倾角小于地面坡度，则其露头线形状与等高线弯曲形状大致相同，但露头线弯曲度大于等高线弯曲度

5.3.4　节理或面理的统计方法

1. 节理或面理的统计应符合以下条件：

（1）统计地点的选择：应选在不同构造单元或地层岩性典型的地段。如研究褶皱或断层时，可在褶皱轴两翼，倾伏端等处或断层两侧一定距离内布点；调查区域构造或应力场等问题时，应在测区内均匀布点；评价岩体稳定性时，应在工程建设范围内岩体构造最具代表性地段和不利岩体稳定的地段布点。

（2）统计数量的确定：每个统计点的节理、面理统计数量一般不小于10组。

（3）节理点统计图示的确定：应根据各节理点统计图的特点及适用范围选择合适的统计图示，节理统计图主要有玫瑰花图、极点图、等值线图等三种。详见表1.5-7。

节理统计图一览表 表 1.5-7

图名	特点及适用范围	绘制方法要点	图示	备注
玫瑰花图	特点：可形象、直观地表示节理走向，但不能很好地表示节理倾角； 适用范围：多用于高角度节理及结构面的统计	1. 画一适当半圆，标出方位，每隔5°或10°画半径； 2. 将节理走向按5或10分组统计，以每组节理条数及走向中值，按适当比例标在半圆某一方位的半径上； 3. 依次连接所标各点，即绘成节理（走向）玫瑰花图； 4. 在节理最发育方向引延伸线并分成90等份，每一份为1°，代表倾角，连延长线末端作垂线并等分，代表节理倾向与节理条数，按倾向及倾角统计并标在图上，便知最发育节理的倾向、倾角		以同样方法，也可绘制节理倾向玫瑰花图，且应绘制一整图

图名	特点及适用范围	绘制方法要点	图示	备注
极点图	特点:可定性反映节理发育程度; 适用范围:适用于各种节理、面理的统计	1. 赤平投影网（等面积网）的圆周方位表示节理倾向（顺时针标为 0°～360°），半径方向表示倾角（由圆心至圆周为 0°～90°）； 2. 将实测节理产状按上述要求标于赤平投影网上，即绘成节理极点图		
等值线图（等密图）	特点:可定量反映节理发育程度; 适用范围:适用于各种节理、面理的统计	1. 将绘制好的节理极点图下放一方格纸，令极点图方位（E、W；S、N）与方格纸横竖线重合，圆心落于横竖线交点上； 2. 用中心密度计统计基圆内节理极点数，并记在小圆圆心处；如极点恰在小圆圆上，则规上半圆记数，下半圆不记数，左半圆记数，右半圆不记数； 3. 用边缘密度计统计投影网边缘部分极点，将两小圆部分内所圈极点数之和写于小圆圆心的方格交点处，如方格交点位于圆上，则将极点数同时写在两端基圆上； 4. 根据单位面积内投影点数连等值线，以便绘成节理等值图；等值线以 3～5 条为宜； 5. 编写说明和图例； 6. 等值线密度计算公式：等值线密度 = (等密线通过的单位面积极点数值)/(网内投影总点数) × 100%		1. 方格纸小正方形边长等于投影网圆周(基圆)半径的 1/10； 2. 中心密度计与边缘密度计小圆直径等于基圆直径的 1/10

2. 节理裂隙发育程度，一般用裂隙率来表示：

$$K_{TP} = \frac{\sum I_P}{A_{TP}} \tag{1.5-1}$$

式中：K_{TP}——裂隙率（%）；

$\sum I_P$——裂隙面积的总和（m^2）；

A_{TP}——所测量的露头面积（m^2）。

节理裂隙发育程度按裂隙率分为：弱裂隙率，$K_{TP} \leqslant 2\%$；中等裂隙率，$2\% < K_{TP} \leqslant 8\%$；强裂隙率，$K_{TP} > 8\%$。

5.3.5 地质观测点的标测方法

《岩土工程勘察规范》GB 50021—2001（2009 年版）规定，地质观测点的定位应根据精度要求选用适当方法，地质构造线、地层接触线、岩性分界线、软弱夹层、地下水露头和不良地质作用等特殊地质观测点，宜用仪器定位。

根据不同比例尺的精度要求，对地质观测点及各种地质界线等的标测可按表 1.5-8

选用。

地质观测点标测方法

表 1.5-8

方法		仪器设备	说明	适用比例尺
目测法		—	利用地形图上地形地物特点估测地质观测点位置	≤1:25000
半仪器法	交汇法	罗盘仪	选择三个明显地形地物点,用罗盘仪测出地质观测点相应的三个方位角,在地形图上画出上述方位角,这三条线之交点即为地质观测点	≤1:10000
	导线法	罗盘仪测绳	选择与地质观测点相邻的三角点、水准点、地物点为基点,罗盘仪测方位,测绳量距离,对地质观测点进行位置标测	
		气压计	用气压计测高程,结合地形、地物进行地质观测点位置标测	
仪器法		经纬法水准法GNSS法	用经纬仪、水准仪、全站仪、GNSS设备等测定地质观测点位置和高程	≥1:5000

5.3.6 地层剖面图测绘方法

为了了解整个测区内地层岩性的变化规律和相互关系,应根据测区内典型的地质剖面资料绘制地层剖面图。

1. 建立标志层:把易于识别、特征明显且稳定的地层单独标出作为判识某一填图单位的标志。

2. 选择地层剖面:应选择露头好,岩层齐全、化石丰富和岩层厚度稳定的代表性地段。

3. 地层剖面测绘:按精度要求选择合适的比例尺,先测绘出地形剖面,然后根据地层的出露情况及其产状测绘地层剖面。如果露头不好,岩层不连续时,可分别测量若干露头,然后利用标志层对岩层进行对比测绘。

5.4 测绘内容

5.4.1 地貌

1. 调查地貌的成因类型和形态特征,划分不同地貌单元及其分界线,分析不同地貌单元的形成、发展和相互关系。

2. 研究微地貌特征及其与岩性、构造、第四系堆积物、新构造运动、不良地质作用的关系。

3. 调查地形的形态及其变化情况。

4. 研究植物的发育情况与地形要素的关系。

5. 调查河谷地貌时,着重调查其阶地、河漫滩的位置及其特征,通过其堆积物的研究,分析有无古河道、牛轭湖等分布及其位置。

5.4.2 地层岩性

1. 沉积岩

(1) 了解沉积岩的成因类型、沉积环境、接触关系、风化程度,确定其形成年代。

(2) 观察岩石的矿物成分、结构类型、层理构造,对岩石进行分类、定名。

(3) 测量岩层的厚度、产状。

（4）观察夹层的物质成分、结构类型、胶结程度、厚度和分布特征。

（5）化学岩和生物化学岩类分布地区，应注意观察岩石的溶蚀现象、发育程度和分布规律。

2. 岩浆岩

（1）了解岩浆岩的成因、类型、产状，与围岩的接触关系、风化程度，确定其形成年代，活动序次。

（2）观察岩石的矿物成分、结构类型、构造特征，对岩石进行分类、定名。

（3）观察与围岩的接触关系和围岩的蚀变情况。

（4）量测岩脉、岩墙等的产状、厚度，观察其与断裂的关系，以及其与各侵入体间的穿插关系。

（5）火山岩分布地区应着重研究与场地稳定性有关的火山岩形成的环境，喷发间断面、凝灰岩风化、泥化特征。

3. 变质岩

（1）了解变质岩的成因类型、变质程度、变质范围、风化程度。

（2）观察岩石的矿物成分、结构类型、构造特征，对岩石进行分类、定名。

（3）量测变质岩的厚度、产状，确定其原岩成分和性质。

（4）了解变质岩的节理、劈理、片理、带状构造等对工程有影响的微构造的性质。

4. 第四系沉（堆）积物

（1）了解土层的成因类型、沉积环境、沉积韵律、层序，确定其形成年代，划分土的类型。

（2）观察土层的颜色、状态、密度、湿度、矿物成分，对土层进行定名。

（3）观察土的结构、构造、水理性质、颗粒组成、矿物成分、土层的厚度，了解土壤的主要工程地质特性。

（4）特殊性土除前述一般土测绘内容外，还应调查其自身特性。

（5）应了解不同土层的厚度、分布范围、工程特性及其对工程的影响。

5.4.3　风化作用和风化程度

1. 风化作用

风化作用的强弱决定了岩石的风化程度，岩石的工程性质除了自身质地的坚硬程度外，往往取决于岩石的风化程度，而岩石的工程性质又常常决定了工程造价和工程建设的技术难易程度。因此，工程地质测绘应把调查岩石风化作用强弱，划分岩石风化程度作为工程地质测绘的重要内容之一。

（1）调查岩石的完整性，裂缝的形态特征，岩石表面及周边环境有无生物活动的破坏作用现象，划分风化作用类型。

风化作用根据其性质和影响因素的不同，一般可分为：①物理风化作用；②化学风化作用；③生物风化作用。

（2）观察岩石中矿物成分的变异情况，岩石的结构和构造。

（3）调查岩石的风化深度、分布范围。

2. 风化程度划分

根据岩石由于风化作用所造成的特征，包括矿物变异、结构和构造、坚硬程度以及可挖掘性或可钻性等，一般可分为 6 等：（1）未风化；（2）微风化；（3）中等风化；（4）强风化；（5）全风化；（6）残积土。

5.4.4　地质构造

1. 褶皱构造

调查褶皱构造基本单位褶曲的性质、类型、地层岩性、两翼岩层的产状、厚度、破碎和层间错动情况，以及水文地质、工程地质特性。

2. 断裂构造

1）断层

（1）调查断层的性质、类型、位置、产状、规模（长度、宽度、断距）、错动方向、断层两盘的地层岩性，以及水文地质、工程地质特性。

（2）调查断层破碎带的分布范围、破碎程度、破碎带中构造岩的胶结程度及其主要矿物成分。

（3）调查断层的组合形式、形成年代。

（4）调查主断裂与伴生构造形迹之间的组合关系及所属的构造体系。

（5）调查工作应根据断层面上的标志、地层上的标志、地形上的标志寻找断层证据，进行综合考虑、判断。

2）节理（裂隙）

（1）调查节理的产状、性质、规模、数量、宽度、分布规律。

（2）调查节理的形态特征、延伸情况、充填程度、胶结情况、充填物的性质。

（3）研究节理的成因类型、组合关系、与褶皱断层之间的关系。

（4）根据上述调查研究结果，对节理进行分类统计。

5.4.5　新构造运动与地震

（1）搜集能反映新构造运动性质和运动幅度的地貌资料。

（2）搜集地形变和地应力资料，卫星航空相片资料和物探资料。

（3）搜集测区的区域构造资料，历史地震资料和近期地震资料。

（4）调查与新构造运动有关的地形地貌特征、地质特征和地震特征。

（5）调查近期以来，不同构造单元和断裂构造运动的性质及活动特征；确定是否有活动断裂、全新活动断裂。

（6）调查测区地震活动规律、活动水平、活动特征可以发生破坏性地震的地震效应。

（7）研究新构造运动的性质、趋向、强度、频率以及新构造运动与地震的关系。

（8）研究分析发震断裂的构造部位和应力场特征。活动断裂重点研究部位。

5.4.6　不良地质作用和环境工程地质问题

1. 岩溶地区

（1）调查可溶岩的分布范围、发育程度、形态、覆盖层厚度及岩性特征。

（2）调查岩溶洞隙及其伴生土洞、塌陷的分布范围、发育程度、形态和发育规律。

（3）调查地下水赋存条件、水位变化和运动规律。

（4）调查岩溶洞隙与地貌、构造、岩性、地下水的关系。

（5）调查土洞和塌陷的分布、形态特征、规模、发育程度和规律，确定其危害程度及发展趋势；分析其成因，确定其诱发因素。

（6）调查当地治理岩溶、土洞和塌陷的经验。

2. 滑坡地区

滑坡地区的调查范围应包括滑坡及其相邻地段，比例尺可选用 1∶1000～1∶200。用于整治设计时，比例尺应选用 1∶500～1∶200。测绘与调查内容如下：

（1）调查收集地质、水文、气象、地震和人类工程活动等相关资料。

（2）调查滑坡体的影响范围、滑坡的形态要素和演化过程，圈定滑坡周界。

（3）调查地表水、地下水、泉和湿地等的分布，水位水量运动规律，以及相互间的关系，分析其对滑坡的影响。

（4）调查地形、地貌形态特征、坡度、地质结构、树木的异态情况、地表和工程设施变形等，确定现状条件下滑坡的危害程度。

（5）分析滑坡稳定性及影响稳定性的因素，预测滑坡发展趋势及可能的危害性。

（6）对稳定滑坡与非稳定滑坡进行初步判识。

3. 危岩和崩塌地区

测绘范围一般应大于危岩和崩塌地区，比例尺宜采用 1∶1000～1∶500；崩塌方向主剖面的比例尺宜采用 1∶200。测绘时应查明以下内容：

（1）查明地貌及崩塌类型、规模、范围、崩塌体的大小和崩落的方向。

（2）查明岩体的基本质量等级、岩性特征和风化程度。

（3）查明地质构造、岩体结构类型、结构面的产状、组合关系、闭合程度、力学属性、延展及贯穿情况。

（4）查明气象（重点是大气降水）、水文、地震和地下水的活动规律。

（5）查明崩塌前的迹象和崩塌原因。

（6）查明当地防治崩塌的经验。

4. 泥石流地区

测绘范围应包括沟谷至分水岭的全部地段和可能受泥石流影响的地段。测绘比例尺，对全流域可采用 1∶50000，对中下游可采用 1∶10000～1∶2000。测绘时应调查以下内容：

（1）调查冰雪融化和暴雨强度、一次最大降雨量、平均及最大流量、地下水活动等情况。

（2）调查地形地貌特征，包括沟谷的发育程度、切割情况、坡度、弯曲、粗糙程度，并划分泥石流的形成区、流通区和堆积区，圈汇整个沟谷的汇水面积。

（3）调查形成区的水源类型、水量、汇水条件、山坡坡度、岩层性质和风化程度；查明断裂、滑坡、崩塌、岩堆等不良地质作用的发育情况及可能形成泥石流固体物质的分布范围、储量。

（4）调查流通区的沟床纵横坡度、跌水、急弯等特征；查明沟床两侧山坡坡度、稳定程度，沟床的冲淤变化和泥石流的痕迹。

（5）调查堆积区的堆积扇分布范围、表面形态、纵坡、植被、沟道变迁和冲淤情况；查明堆积物的性质、层次、厚度、一般粒径和最大粒径，判定堆积区的形成历史、堆积速度、估算一次最大堆积量。

（6）调查泥石流沟谷的历史、历次泥石流发生时间、频数、规模、形成过程、暴发前的降雨情况和暴发后产生的灾害情况。

（7）调查开矿弃渣、修路切坡砍伐森林、陡坡开荒和过度放牧等人类活动情况。

（8）调查当地防治泥石流的经验。

根据调查结果，对泥石流进行工程分类，对泥石流地区工程建设适宜性作出初步评价，对进一步的勘察工作方案、工作量布置、勘察手段的选择提出建议。

5. 采空区

对大面积采空的矿区工程地质测绘应查明以下内容：

（1）查明矿层的分布、层数、厚度、深度埋藏特征和上覆岩层的岩性构造等。

（2）查明矿层开采的范围、深度、厚度、时间、方法和顶板管理，采空区的塌落、密实程度、空隙和积水等。

（3）查明地表变形特征和分布，包括地表、陷坑、台阶、裂缝的位置、形状、大小、深度、延伸方向及其与地质构造、开采边界、工作面推进方向等的关系。

（4）查明地表移动盆地的特征，划分中间区、内边缘区和外边缘区，确定地表移动和变形的特征值。

（5）查明采空区附近的抽水和排水情况及其对采空区稳定的影响。

（6）搜集建筑物变形和防治措施的经验。

应根据采空区的开采情况，地表移动盆地特征和变形大小等对采空区的稳定性和建设适宜性进行分类。

对小窑采空区，工程地质测绘时应查明以下内容：

（1）查明采空区和巷道的位置大小、埋藏深度、开采时间、开采方式、回填塌落和充水程度等情况。

（2）查明地表裂缝、陷坑的位置、形状、大小、深度、延伸方向及其与采空区的关系。

（3）查明地表裂缝、陷坑与采空区地质构造的关系等。

对采矿区的稳定性和建设适宜性进行初步评价，对进一步的勘察工作方案、工作量布置、勘察手段的选择提出建议。

6. 地面沉降地区（指由于常年抽汲地下水造成的地面沉降）

工程地质测绘应调查以下内容：

（1）调查场地的地貌和微地貌特征。

（2）调查第四系堆积物的年代、成因、厚度、埋藏条件和土性特征，硬土层和软弱压缩层的分布。

（3）调查地下水位以下可压缩层的固结状态和变形参数。

（4）调查含水层和隔水层的埋藏条件和承压性质、含水层的水文地质参数。

（5）调查地下水类型、地下水补给、径流、排泄条件，含水层或地下水与地表水的水力联系。

（6）调查地下水的开采量和回灌量，开采和回灌的层段。

（7）调查地下水位水头的变化幅度和速率。

（8）调查地下水下降漏斗及回灌时地下水反漏斗的形成和发展过程。

（9）调查地面沉降对建筑物的影响，包括建筑物的沉降、倾斜、裂缝及其发生时间和发展过程。

（10）搜集各种沉降观测资料，绘制反映地面沉降特征的各种图片。

根据调查结果资料分析，对产生地面沉降的原因和现状进行分析并预测其发展趋势，提出初步的控制和治理方案。对可能发生地面沉降的地区，预测发生的可能性，并对可能产生沉降的层位做出估计，估算沉降量，提出初步的预防和控制地面沉降的建议。

5.4.7　地表水和地下水

工程地质测绘应调查和查明以下内容：

1. 调查地下水的类型、埋藏、补给、排泄条件、含水层间或地下水与地表水的水力联系。

2. 查明含水层和隔水层的岩性、构造特征、埋藏深度、水位变化规律和变化幅度。

3. 查明地下水的流向、水力梯度。

4. 查明泉的出露位置、类型、温度、流量及动态特征。

5. 查明水井的位置、深度、地下水类型、水位、水量、水温及变化幅度。

6. 调查地表水体的类型、分布、所处地貌单元和排泄条件。

7. 查明地表水体的水位、流量、流速、水温及变化幅度、最高洪水位和淹没范围。

8. 调查地下水、地表水的化学成分、对建筑材料腐蚀性和被污染的程度。

5.4.8　天然建筑材料

1. 天然建筑材料测绘内容

（1）材料的成因类型、岩性、产状、厚度、空间分布，初步评价材料质量和储量。

对于块石料应包括矿物成分、岩石结构、构造、胶结物性质和胶结程度，岩石风化程度和风化层厚度，裂隙特征、岩石的物理力学性质。

对于松散状材料，如砂、碎石、黏性土等，应注意调查颗粒级配、矿物与岩石成分、特殊物质成分，如黏性土料中的易溶盐含量、有机质含量等。

（2）开采条件：地下水调查，如地下水位及其动态，材料及顶、底板物质的渗透性、漏水量和与其他水体的水力联系等。注意基坑涌水和流沙产生的可能性；当材料埋藏较深或开采深度较大时，应调查并评价坑道边坡的稳定性，对块石料应注意调查岩层产状、构造发育特征等对边坡稳定性的影响。

（3）建筑材料开采对建筑场地及建筑物稳定性的影响，以及与周边环境的关系，如建筑材料开采是否破坏农田，其破坏程度与规模，是否影响居民的生活和交通干线的安全等。

2. 建筑材料调查一般遵循的原则

由近而远，先下游后上游，先陆上后水下，先容易开采的产地后难开采的产地，先集中产地后分散产地，先交通方便地区后偏僻地区。

5.5　资料整理

5.5.1　外业资料检查

1. 检查各种野外记录测绘的内容是否齐全，对有缺、漏或存在问题的应及时到现场复查、补救。

2. 核对各种原始图件所划分的地层、岩性、构造、地形、地貌、地质年代、地质界限、各种不良地质作用是否符合野外实际情况。

3. 核对、整理各种野外采集的标本和岩、土、水试样。

4. 核对搜集的资料与本次测绘的资料是否一致，出现矛盾的应分析其原因。

5.5.2　编制图表

1. 根据工程地质测绘的目的和要求，根据测区工程地质条件的复杂程度和测绘精度编制有关图表。

2. 编制的图表应能正确反映测区的工程地质条件、水文地质条件，满足工程需要。编制的图表应相互协调，图件应少而精。

3. 工程地质测绘的基本图件主要有实际材料图、综合工程地质图、工程地质分区图、综合地质柱状图、工程地质剖面图，以及各种素描图、照片、影像和文字说明等。

5.5.3 编写工程地质测绘报告

1. 无论测绘范围、工作量大小，都应编写工程地质测绘报告。报告要求主题突出、内容充实、文字简明扼要。

2. 工程地质测绘报告一般都是作为岩土工程勘察报告的阶段内容或附件。

3. 工程地质测绘报告的内容应包括：测绘的目的和要求、测绘范围、测绘精度、测绘方法、完成的工作量、资料内容、工作中遗留的问题和有疑问的现象，提出下一阶段的勘察工作方法、工作重点和要解决的问题。

参考文献

[1] 中华人民共和国住房和城乡建设部. 岩土工程勘察规范 (2009 年版): GB 50021—2001 [S]. 北京: 中国建筑工业出版社, 2009.

[2] 中华人民共和国水利部. 水利水电工程地质测绘规程: SL/T 299—2020[S]. 北京: 中国水利水电出版社, 2020.

[3] 中华人民共和国工业和信息化部. 工程地质测绘规程: YS/T 5206—2020[S]. 北京: 中国计划出版社, 2020.

[4] 国家能源局. 电力工程工程地质测绘技术规程: DL/T 5104—2016[S]. 北京: 中国计划出版社, 2016.

[5] 国家能源局. 水电工程地质测绘规程: NB/T 10074—2018[S]. 北京: 中国计划出版社, 2019.

[6] 中华人民共和国交通运输部. 公路工程地质勘察规范: JTG C20—2011[S]. 北京: 人民交通出版社, 2011.

[7] 《工程地质手册》编委会. 工程地质手册[M]. 5 版. 北京: 中国建筑工业出版社, 2018.

第6章 勘探与取样

6.1 勘探

6.1.1 钻探

1. 地层的可钻性及其分级

岩石宜采用金刚石钻头或硬质合金钻头回转钻进。软质岩石及风化破碎岩石宜采用双层岩芯管钻头钻进或绳索取芯钻进；易冲刷和松软的地层可采用双管钻具或无泵反循环钻进；硬、脆、碎岩宜采用双管钻具、喷射式孔底反循环钻进或冲击回转钻进。地层的可钻性及分级见表 1.6-1。

地层可钻性分级表　　　　　　　　　　　　　　　　表 1.6-1

岩土可钻性分级	岩土硬度	代表性岩土	普氏坚固系数	可钻性指标/（m/h）	
				金刚石	硬质合金
Ⅰ	松软、松散	流—软塑的黏性土、有机土(淤泥、泥炭、耕土)，稍密的粉土。含硬杂质在10%以内的人工填土	0.3~1	—	—
Ⅱ	较松软松散	可塑的黏性土，中密的粉土，新黄土，含硬杂质在（10%~25%）的人工填土，粉砂、细砂、中砂	1~2	—	—
Ⅲ	软	硬塑、坚硬的黏性土，密实的粉上，含杂质在25%以上的人工填土，老黄土，残积土、粗砂、砾砂、砾石、轻微胶结的砂土、石膏、褐煤、软烟煤、软白垩	2~4	—	—
Ⅳ	稍软	页岩，砂质页岩。油页岩，炭质页岩，钙质页岩。砂页岩互层，较致密的泥灰岩、泥质砂岩。中等硬度煤层。岩盐，结晶石膏，高岭土，火山凝灰岩。冻结的含水砂层	4~6	—	>3.9
Ⅴ	稍硬	崩积层，泥质板岩，绿泥石、云母、绢云母板岩，千枚岩、片岩，块状石灰岩、白云岩，细粒结晶灰岩、大理岩，较松散的砂岩，蛇纹岩，纯橄榄岩，硬烟煤，冻结的粗砂、砾石层、冻土层，粒径大于20mm含量大于50%的卵石、碎石，金属矿渣	6~7	2.9~3.6	2.5
Ⅵ	中	轻微硅化的灰岩、方解石、绿帘石砂卡岩，钙质胶结的砾岩，长石砂岩，石英砂岩，石英粗面岩，角闪石斑岩，透辉石岩、辉长岩，冻结的砾石层，粒径大于40mm、含量大于50%的卵石、碎石。混凝土构件、砌块、路面	7~8	2.3~3.1	2.0
Ⅶ	中	微硅化的板岩、千枚岩、片岩，长石石英砂岩，石英二长岩，微片岩化的钠长石斑岩，粗面岩，角闪石斑岩，玢岩，微风化的粗粒花岗岩、正长岩、斑岩、辉长岩及其他火成岩，硅质灰岩，燧石灰岩。粒径大于60mm、含量大于50%的卵石、碎石	8~10	1.9~2.6	1.4

岩土可钻性分级	岩土硬度	代表性岩土	普氏坚固系数	可钻性指标/（m/h）	
				金刚石	硬质合金
Ⅷ	硬	硅化绢云母板岩、千枚岩、片岩、片麻岩、绿帘石岩，含石英的碳酸盐岩石，含石英重晶石岩石，含磁铁矿和赤铁矿石英岩。钙质胶结的砾岩，玄武岩，辉绿岩，安山岩，辉石岩。石英安山斑岩，中粒结晶的钠长斑岩和角闪石斑岩，细粒硅质胶结的石英砂岩和长石砂岩。含大块燧石灰岩，轻微风化的花岗岩、花岗片麻岩。伟晶岩、闪长岩、辉长岩等，粒径大于80mm、含量大于50%的卵石、碎石	11～14	1.5～2.1	0.8
Ⅸ		高硅化的板岩、千枚岩、灰岩、砂岩、粗粒的花岗岩、花岗闪长岩、花岗片麻岩。正长岩、辉长岩、粗面岩，微风化的石英粗面岩、伟晶花岗岩、灰岩、硅化的凝灰岩、角页岩化的凝灰岩、细粒石英岩、石英质磷灰岩，伟晶岩，粒径大于100mm、含量大于50%的卵石、碎石，半胶结的卵石土	14～16	1.1～1.7	—
Ⅹ	坚硬	细粒的花岗岩、花岗闪长岩、花岗片麻岩、流纹岩。微晶花岗岩，石英粗面岩。石英钠长斑岩，坚硬的石英伟晶岩，燧石层，粒径大于130mm、含量大于50%的卵石、碎石，胶结的卵石土	16～18	0.8～1.2	—
Ⅺ		刚玉岩，石英岩，碧玉岩，块状石英，最坚硬的铁质角页岩，碧玉质的硅化板岩，燧石岩，粒径大于160mm、含量大于50%的卵石、碎石	18～20	0.5～0.9	—
Ⅻ	最坚硬	未风化及致密的石英岩、碧玉岩、角页岩、纯钠辉岩、刚玉岩。燧石，石英，粒径大于200mm、含量大于50%的漂石、块石	—	< 0.6	

注：普氏坚固系数又称岩石的坚固性系数、紧固系数，数值是岩石或土的单轴抗压强度 1/100，无量纲。

2. 钻进方法适用地层条件

钻进方法应根据地层条件、岩土可钻性和钻探技术要求等按表 1.6-2 确定。

钻进方法选择　　　　　　　　　　　　　　表 1.6-2

钻进方法		钻进地层					勘察要求	
		黏性土	粉土	砂土	碎石土	岩石	直观鉴别、采取不扰动样	直观鉴别、采取扰动样
回转	螺旋钻进	＋＋	＋	＋	－	－	＋＋	＋＋
	无岩芯钻进	＋＋	＋＋	＋＋	＋	＋＋	－	－
	岩芯钻进	＋＋	＋＋	＋＋	＋	＋＋	＋＋	＋＋
冲击		－	＋	＋＋	＋＋	＋	－	－
锤击		＋＋	＋＋	＋＋	＋	－	＋	＋＋
振动		＋＋	＋＋	＋＋	＋	－	＋	＋＋
冲洗		＋	＋＋	＋＋	－	－	－	－

注：＋＋表示适用，＋表示适用性一般，－表示不适用。

3. 钻孔规格

钻孔成孔口径应根据钻孔取样、测试要求、地层条件和钻进工艺等确定（表 1.6-3、

表 1.6-4）。采取Ⅰ、Ⅱ级土试样的钻孔，孔径应比使用的取土器外径大一个径级。

工程地质钻孔口径及钻具规格　　　　　　　表 1.6-3

钻孔口径/mm	钻具规格/mm										相应于 DCDMA 标准的级别
	岩芯外管		岩芯内管		套管		钻杆		绳索钻杆		
	D	d	D	d	D	d	D	d	D	d	
36	35	29	26.5	23	45	38	33	23	—	—	E
46	45	38	35	31	58	49	43	31	43.5	34	A
59	58	51	47.5	43.5	73	63	54	42	55.5	46	B
75	73	65.5	62	56.5	89	81	67	55	71	61	N
91	89	81	77	70	108	99.5	67	55	—	—	—
110	108	99.5	—	—	127	118	—	—	—	—	—
130	127	118	—	—	146	137	—	—	—	—	—
150	146	137	—	—	168	156	—	—	—	—	S

注：DCDMA 标准为美国金刚石岩芯钻机制造者协会标准；D 为外径，d 为内径。

钻孔成孔口径选择（单位：mm）　　　　　　表 1.6-4

钻孔性质		第四纪土层	基岩	
鉴别与划分地层/岩芯钻孔		≥36	≥59	
取Ⅰ、Ⅱ级土试样钻孔	一般黏性土、粉土、残积土、全风化岩层	≥91	≥75	
	湿陷性黄土	≥150		
	冻土	≥130		
原位测试钻孔		大于测试探头直径		
压水、抽水试验钻孔		≥110	软质岩石	硬质岩石
			≥75	≥59

4. 常规钻探

（1）冲击钻探

冲击钻探将钻具提升到一定高度利用钻具重力冲击孔底破碎岩土层，随着钻孔的延深，可以用钢丝绳或用钻杆连接钻头因此形成两种钻进工艺方法。对于硬岩层（基岩、大块碎石）一般用孔底全面不取芯钻进，对于土层一般选用圆筒形钻头钻进，钻杆冲击钻进一般以小口径较多。但在岩土工程勘察中，仅适用于少数地层条件。取原状试样时，因这种方法对下面的土层有夯实挤密作用，易使土样受影响而失真，故不适合于取原状试样的钻进。

（2）回转钻进

回转钻进是利用钻具回转，借助钻头上的切削刃或研磨材料，研磨岩石或者切削土层，达到破碎岩土层的目的，回转钻进分为取芯和不取芯两种钻进方式，取芯钻进按照岩石的可钻性等级不同分为硬质合金钻进、复合片钻进、金刚石钻进。这三种取芯钻进在岩土工程勘察遇到岩石地层时被广泛使用，第四纪地层勘察中常遇到黏性土和一部分砂、砾、卵石，其中黏性土层经常使用螺旋钻或勺形钻。

（3）冲击回转钻进是在冲击、回转综合作用下完成的，其特点是钻进效率高。目前应用的冲击回钻钻进方法有风动和液动两种，其中反循环连续取样冲击回转钻进（或双壁钻杆潜孔锤连续取样钻进）在岩石地层勘探中得到推广应用。

（4）振动钻进、振动击钻进

振动钻进、振动击钻进是将机械动力产生的高频振动力通过钻杆及钻具传递到岩、土体中，或加以锤击则形成振动锤击钻进，主要用于土层及小径碎石不取原状样或跟套管钻进。

5. 特殊性钻探

（1）岩溶地区

在岩溶地区钻探时，进场前应搜集当地区域地质资料，并应配置相应钻具、护管和早强水泥等。

岩溶发育地区钻探宜采用液压钻机，并应低压、中慢速钻进。

岩溶发育地区钻进过程中，当钻穿溶洞顶板时，应立即停钻，并用钻杆或标准贯入器试探，然后根据该溶洞的特点，确定后续钻进方法和应采用的钻具。同时应详细记录溶洞顶、底板的深度，洞内充填物及其性质、成分、水文地质情况等。

当溶洞内有充填物时，应采用双层岩芯管钻进或采用单层岩芯管无泵钻进。

对无充填物或充填物不满的溶洞，钻进时，应按溶洞大小及时下相应长度的护管。

岩溶发育地区钻进时，应采用带卡簧或爪簧岩芯管取芯。钻具应慢速起落，遇阻时应分析原因并采取相应措施。

当遇有蜂窝状小型溶洞群严重漏水并无法干钻钻进且护管无效时，应使用早强水泥浆进行封堵。

（2）水域

水域钻探开工前，应收集相关水域的水文、气象、航运等资料，并应做好钻探计划和安全措施。

水域钻探应在水上固定式钻探平台或钻探船、筏等浮式平台上进行。钻探平台类型应根据钻探水域的水文、气象、地质条件和勘探技术要求等确定。

钻探点的定位测量的仪器与方法，可根据场地离岸的距离进行选择。钻探点应按设计点位施放，开孔后应实测点位坐标和高程，并应与最新测绘的水域地形图及水文、潮汐等资料进行核对。

钻探点的点位高程应由多次同步测量的水深与水位确定，并可用处于稳定状态套管的长度作校核。在水深流急区域，不宜使用水砣绳测水深法确定点位标高。

水深测量应在孔位附近进行，水深测量和水位观测应同时进行。在潮汐影响水域采用勘探船、筏等浮式平台作业时，应按勘探任务书要求定时进行水位观测，并应校正水面标高。在地层变层时，应及时记录同步测量的水尺读数和水深水位观测数据，并应准确计算变层和钻进深度。

对于水域钻孔的护孔套管，除应满足陆域钻进的要求外，插入土层的套管长度应进入密实地层，并应保持稳定，确保冲洗液不跑漏。

在涨落潮水域采用浮动平台钻探时，可安装与浮动平台连接的导向管，并应配备0.3～1.0m短套管。

对于结冰水域，冰上钻探前，应收集该区域的结冰期、冰层厚度及气象变化规律等资料。钻探施工过程中，应设专人定时对气象和冰层厚度变化进行观测。

冰上钻探宜在封冰期进行，且冰层厚度不得小于 0.4m。春融期间，冰层实际厚度应大于 0.6m，且冰水之间不应有空隙；冰层厚度应满足钻探设备及人员的自重要求。

冰上钻探前，应规划、设定冰上人员行走和机具设备、材料搬运路线，并应避开冰眼和薄弱冰带。钻场 20m 范围内，不得随意开凿冰洞。抽水、回水冰洞应在钻场 20m 以外。冲洗液中应加入适量的防冻液。冲洗液池与基台间的距离宜大于 3.0m。冰上钻探时，应做好人员及土样防冻工作，钻场内炉具底部及附近应铺垫砂土等隔热层。

在受海潮影响的河流、湖泊进行冰上钻探时，基台应高于冰面 0.3m 以上，并应根据冰面变化随时进行调整。

（3）软土地区

软土钻进可采用空心螺纹提土器或活套闭水接头单管钻具钻进取芯；当采用空心螺纹提土器钻进时，提土器上端应有排水孔，下端应用排水活门。软土地区钻进宜连续进行；当成孔困难或需间歇作业时，应采用套管、清水、泥浆等护壁措施。对于钻进回次进尺长度，厚层软土不宜大于 2.0m，中厚层软土不宜大于 1.0m，地层含粉质成分较多时，不宜超过 0.5m，并应保证分层清楚，提土率应大于 80%；当夹有大量砂土互层，提土率不能满足要求时，应辅以标准贯入器取样作土层鉴别。

（4）膨胀岩土

宜采用肋骨合金钻头回转钻进，并应加大水口高度和水槽宽度，严禁采用振动或冲击方法钻进；钻孔取芯宜采用双管单动岩芯管或无泵反循环钻进；钻进时宜采取干钻，采取Ⅰ、Ⅱ级土试样时，严禁送水钻进；回次进尺宜控制在 0.5～1.0m；当孔壁严重收缩时，应随钻随下套管护壁，采用泥浆护壁时，应选用失水量小、护壁性能好的泥浆。

（5）湿陷性土

应采用干钻方式，并严禁向孔内注水；采取Ⅰ级土试样的钻孔应使用螺旋（纹）钻头回转钻进；采取Ⅰ、Ⅱ级土试样的钻孔应根据地层情况控制钻进速度和旋转速度，并应按一米三钻控制回次进尺；使用薄壁取土器进行清孔并采取压入法取样；当采用螺旋钻头清孔时宜采取不施压或少加压慢速钻进。

（6）多年冻土

钻进应符合下列规定：

第四系松散冻土层，宜采取慢速干钻方法，钻进回次时间不宜超过 5min，回次进尺不宜大于 0.5m；对于高含冰率的黏性土层，应采取快速干钻方法，钻进回次进尺不宜大于 0.80m；钻进冻结碎石土或基岩时，可采用低温冲洗液；低温冲洗液的含盐浓度可根据表 1.6-5 确定。

低温冲洗液的含盐浓度　　　　　　　　　　　　　　　表 1.6-5

冰点/℃	含盐溶液浓度/%
−4	4.7
−6	9.4
−8	14.1

孔内有残留岩芯时，应及时设法清除；不能连续钻进时，应将钻具及时从孔内提出；为防止地表水或地下水渗入钻孔，应设置护孔管封水或采取其他止水措施，孔口应加盖密封；护孔管应固定且高出地面 0.1～0.2m，下端应至冻土上限以下 0.5～1.0m；起拔冻土孔内的套管可采用振动拔管，也可用热水加温套管或在钻孔四周钻小口径钻孔并辅以振动拔管；在钻探和测温期间，应减少对场地地表植被的破坏。

（7）污染土

钻探时，当污染土对人体有害或对钻具仪表有腐蚀性时，应采取必要的保护措施。在污染土中钻进时，不宜采用冲洗液，可采用清水或不产生附加污染的可生物降解的酯基洗孔液。

6. 冲洗、护壁和堵漏

1）钻孔冲洗液

钻孔冲洗是钻探过程中的重要环节。钻进过程中，钻头不断地破碎孔底岩石，产生大量岩粉堆积于孔底；同时，钻头与岩石摩擦，积蓄很大的热量，如不及时清除孔底岩粉和冷却钻头，将严重影响钻头继续有效地破碎孔底岩石，降低钻进速度，甚至导致孔内事故，因此，钻进过程钻孔冲洗是十分必要的。冲洗钻孔的目的有：清除孔底岩粉和携带岩粉、冷却钻头、润滑钻具、保护孔壁。

冲洗方式一般有正循环、反循环、孔底反循环等冲洗方式。

（1）冲洗液的种类

①清水：用于钻进稳定地层，较经济又方便。

②泥浆：泥浆由黏土、水和化学处理剂组成。钻进不稳定岩层时，不论是水敏性地层还是松散破碎地层，使用泥浆冲洗钻孔，均可获得良好的护壁效果。回转钻进复杂地层时也多采用泥浆冲孔。正常钻进时，黏度不可过高，否则会导致泵压过高，净化岩粉困难，泥包钻头，钻速降低，起下钻具易造成抽吸作用和具有较大的激动压力。而在漏失层和破碎层中钻进，泥浆黏度要高。

③乳化液

由两种不相溶的液体加入乳化剂后经强力搅拌而制成的一种冲洗液，具有良好的冷却和润滑性能。

④其他冲洗液

如钻进盐层可采用饱和盐水溶液，钻进漏失地层可采用泡沫泥浆等。

⑤空气

利用高压空气或高压天然气冲洗钻孔，空气冲洗多用于缺水地区及严重漏水地层。

⑥冲洗液的选择应符合的规定

a. 钻进致密、稳定地层时，应选用清水作冲洗液；

b. 用作水文地质试验的孔段，宜选用清水或易于洗孔的泥浆作冲洗液；

c. 钻进松散、掉块、裂隙地层或胶结较差的地层时，宜选用植物胶泥浆、聚丙烯酰胺泥浆等作冲洗液；

d. 钻进片岩、千枚岩、页岩、黏土岩等遇水膨胀地层时，宜采用钙处理泥浆或不分散低固相泥浆作冲洗液；

e. 钻进可溶性盐类地层时，应采用与该地层可溶性盐类相应的饱和盐水泥浆作冲洗液；

f. 钻进高压含水层或易坍塌的岩层时，应采用密度大、失水量少的泥浆作冲洗液；

g. 金刚石钻进宜选用清水、低固相或无固相泥浆、乳化泥浆等作冲洗液。

（2）常用冲洗液和护壁堵漏材料

①选择原则：根据地层岩性、钻进方法、设备条件、环境保护要求、任务要求等。

②造浆黏土原料的选择

造浆黏土是由含水铝硅酸盐矿物组成，但其成分复杂。黏土中除黏土矿物外还有石英、长石，云母等一些非黏土矿物以及钙，镁，钠，钾的碳酸盐等可溶盐。造浆黏土矿物，一般有高岭石类、蒙脱石类和伊利石类三种。其中高岭石和伊利石为主黏土最常见。

选择泥浆原料一般常以肉眼鉴别，具备以下基本特征的黏土可以制造泥浆：有较强的抗剪性，破碎时易成坚固的尖锐边棱角，即使是小块也不易用手捏开；用小刀切开时，其面光亮，颜色较破碎面深，有油脂光泽，用水拌合可搓成细长泥条而不断，用手指捏搓时有黏性或滑腻感；干燥时易破裂、在水中易膨胀体积倍数大。

造浆率为每 1000kg、含水率 10%以内的黏土粉制成表观黏度为 0.015Pa·s 的泥浆的体积。造浆率愈高，黏土性能愈好。

2）护壁、堵漏方法

钻孔护壁、堵漏的方法根据护壁、堵漏材料与适用的地层条件参考表 1.6-6 选择。

护孔、堵漏方法　　　　　　　　　　　　　　　　　表 1.6-6

护壁材料	材料性能及要求	适用地层	护孔方法提要
泥浆	根据地层实际情况，选择不同性能的泥浆。按不同性能要求，适当加入处理剂或惰性堵漏材料以提高泥浆质量达到护壁堵漏的作用	松散破碎引起掉块、坍塌地层；水敏性地层；一般或严重程度较大的渗漏地层	加强泥浆使用管理；保持泥浆质量；合理选择惰性材料堵漏
黏土	选用黏性大的黏土；黏土中加些纤维物制成和孔径相适应的黏土球	钻孔浅部覆盖层；局部孔段坍塌漏失	用黏土加纤维物混合配制，拌匀；投入到预定位置，用钻具挤压，填充裂隙
水泥	C40 以上；在水泥中加锯末等，加入速凝剂	破碎带较厚；坍塌较严重；特殊泥浆处理无效，渗漏严重的裂隙地层	浅部采用直接注入法，深部采用送入法，采用泵入法，水灰比要达到可泵入条件
化学浆液	有一定的抗压、抗冲击强度，能有效地固结岩石；可控制凝结时间	多用于裂隙地层严重漏失、时间短，效果佳	采用注入器送入孔内，在一定泵压下在孔内混合。注入方式力求简单
套管	与钻孔同径的套管	浅部覆盖层；严重坍塌漏失地层；较大溶洞	准确校正孔深，下到完整的坚硬岩，孔口间隙堵严

7. 常见孔内事故的预防与处理

1）孔内事故的预防

孔内事故的原因主要有以下三种：

（1）操作人员未遵循施工的基本工艺措施和方法，违反操作规程。

（2）所用设备的不可靠性、不完善性和不配套性。

（3）钻孔地质条件的急剧变化。

以上三个原因，不是钻探中可能引起事故的所有原因，但是大多数事故，基本与这些原因有关。

2）预防事故的措施

（1）在进场之前，应当全面检查钻机和工具的可靠性和工作性能，所发现的任何问题均应予以消除。

（2）钻进过程中，必须遵守有关工艺规程和施工方法。

（3）钻探人员应该考虑到钻进中所钻岩土的性质随时可能发生剧烈变化，因而钻探过程应考虑到这种变化的可能性；

（4）钻进中无事故工作的重要条件是确保钻进过程的连续性，只有在极端必要时，才可中止钻进过程，而且要十分谨慎，钻具不能停放于孔底，未加固的不稳定孔段应采取下套管护壁等措施。

（5）除上述一般建议外，应特别注意钻进中的回次进尺量，用冲击法钻进的回次进尺不应超过 0.5～0.7m。回次进尺量稍微增大，就有可能导致严重的卡钻事故。在冲击振动钻进中，回次期间应多次周期性地轻微提动钻具。

当钻进非粘结性岩石时，应该避免用探头和土样套筒在套管内钻进（即在套管管靴超前于孔底时），防止钻具与套管塞卡住。

3）孔内事故的处理

常见孔内事故的处理方法见表 1.6-7。

处理孔内事故的方法　　　　　表 1.6-7

处理方法	操作方法	适用范围
捞	用各种类型的丝锥和捞管器打捞事故钻具	用于钻具折断、脱落、跑钻事故
提	用升降机提拉	用于卡、埋、夹钻及打捞对上以后
扫	开动回转钻具把挤夹物扫掉或挤入孔壁	用于钻具能回旋但不能升降时
冲	用冲洗液冲洗事故钻具上部或周围障碍物	用于埋钻及夹钻
打	用吊锤冲打事故钻具	多用于处理掉快或钢粒挤夹钻，卡、埋、烧钻
顶	用千斤顶起拔事故钻具	用于阻力大的夹、埋、烧钻等
反	通过反事故接头或采用反丝钻杆和反丝丝锤将事故钻具分若干次从孔内反出	用于卡、埋、夹钻具等
炸	用炸药炸断事故钻杆或振松事故套管	用于埋、夹、烧钻具及孔内落物事故
透	用小一级或二级的钻头从粗径钻具内往下透过钻头 1～2cm	用于孔内只剩下粗径钻具，挤夹力较大时
扩	用大一级岩芯管连接薄壁钻头扩孔套取	夹钻、埋钻、烧钻事故等
割	用割管器分段割去	用于阻力较大时。夹钻、埋钻、烧钻事故
磨	用特制钻头将事故钻具磨完	特殊情况下采用

8. 钻孔回填

工程勘察钻孔完成后，对可能导致建筑物基础、边坡稳定破坏、引起渗漏的钻孔，可能引起含水层水量、水位、水质变化，而致使供水水文地质条件恶化的钻孔，可能影响工程地质条件的钻孔均要以不同材料与方法分层回填。封孔（回填）材料及方法见表 1.6-8。

封孔（回填）材料及方法 表 1.6-8

回填材料	回填方法
原土	每 0.5m 分层夯实
直径 20mm 左右黏土球	均匀回填，每 0.5～1m 分层捣实
水泥、膨润土（4∶1）制成浆液或水泥浆	泥浆泵送入孔底，逐步向上灌注
素混凝土	分层捣实
灰土	每 0.3m 分层夯实

回填的一般方法如下：

（1）钻孔、探井、探槽宜采用原土回填，并应分层夯实，回填土的密度不宜小于天然土层。

（2）需要时，应对探洞洞口采取封堵处理。

（3）邻近堤防的钻孔应采用干黏土球回填，并应边回填夯实；有套管护壁的钻孔应边起拔套管边回填；对隔水有特殊要求时，可用水泥浆或 4∶1 水泥、膨润土浆液通过泥浆泵由孔底向上灌注回填。

（4）特殊地质或特殊场地条件下的钻孔、探井、探槽和探洞的回填，应按勘探任务书的要求回填，并应符合有关主管部门的规定。

6.1.2 槽探、井探、洞探

探井探槽和探洞的深度、长度、断面尺寸等应按勘探任务要求确定，并应符合下列规定：

（1）探井深度不宜超过地下水位，且不宜超过 20m，掘进深度超过 7m 时，应向井内通风、照明；遇地下水时，应采取相应的排水和降水措施。

（2）探井断面可采用圆形或矩形，且圆形探井直径不宜小于 0.8m；矩形探井不宜小于 10m×12m；当根据土质情况需要放坡或分级开挖时，井口宜加大。

（3）探槽挖掘深度不宜大于 3m，大于 3m 时，应根据槽壁的稳定情况增加支撑或改用探井方法，槽底宽度不应小于 0.6m。探槽两壁的坡度，应按开挖深度及岩土性质确定。

（4）探洞断面可采用梯形、矩形或拱形，洞宽不宜小于 1.2m，洞高不宜小于 1.8m。

（5）探井的井口、探洞的洞口位置宜选择在坚固且稳定的部位，并应能满足施工安全和勘探的要求。

（6）当地层破碎或岩土层不稳定、易坍塌又不允许放坡或分级开挖时，应对井、槽、洞壁设支撑保护，支护方式可采用全面支护或间隔支护。全面支护时，每隔 0.5m 及在需要重点观察部位应留下检查间隙。当需要采取Ⅰ、Ⅱ级岩土试样时，应采取措施减少对井、槽、洞壁取样点附近岩土层的扰动。

（7）探井、探槽和探洞开挖过程中的土石方堆放位置离井、槽、洞口边缘应大于 10m。雨期施工时，应在井、槽、洞口设防雨篷和截水沟。遇大块孤石或基岩，人工开挖难以掘进时，可采用控制爆破或动力机械方式掘进。对于井探、槽探和洞探，除应文字描述记录外，尚应以剖面图、展开图等反映井、槽洞壁和底部的岩性、地层分界、构造特征、取样和原位试验位置，并应辅以代表性部位的彩色照片。

6.1.3 工程物探

工程物探是利用地球物理的方法探测地层、岩性、构造等地质问题，具体内容见《岩土工程试验监测手册》第4篇工程物探。

6.1.4 勘探安全与环境保护

1. 勘探安全

1）勘探作业前，应进行如下准备工作：

（1）核实勘察场地各类架空线路和地下管线设施、建（构）筑物与勘察作业点之间的安全距离，设置安全生产防护装置和安全标志。

（2）当作业过程中需挪动勘探点位置时，应经项目负责人批准；挪动后的勘探点位置应重新核对与各类架空线路、地下管线设施、建（构）筑物之间的最小安全距离，满足规定后方可作业。

（3）勘探设备及安全生产防护装置安装完毕后，勘察项目负责人应组织检查验收，合格后方可进行勘探作业。

（4）勘探作业时，勘探作业导电物体外侧边缘与架空输电线路边线之间的最小安全距离应符合表1.6-9的规定。

勘探作业导电物体外侧边缘与架空输电线路边线之间的最小安全距离   表1.6-9

电压/kV	<1	1~10	35~110	154~330	550
最小安全距离/m	4.0	5.0	10.0	15.0	20.0

2）勘探作业过程不得在管线设施安全保护范围内堆放易燃易爆等危险物品。

3）当作业人员进入探槽、探井或探洞时，掘进、打眼、装炸药包、岩渣运输、采样或编录等作业应符合下列规定：

（1）应先对工作面进行通风、检测后，再检查侧壁、洞顶、工作面岩土体和支护体系的稳定情况。

（2）当发现岩土体有不稳定迹象时，应按设计要求进行支护或加固，消除隐患后方可进入工作面作业；当架设、维修或更换支护支架时，不得进行其他作业。

4）单班单机钻探作业人员陆域不应少于3人，水域不应少于4人；探井、探槽每组作业人员不应少于2人。

5）当钻机迁移时，必须落下钻塔，非车装钻探机组严禁整体迁移。

6）泥浆池周边应设置安全标志，作业完成后应及时填平捣实。

7）勘探孔、探槽、探井或探洞竣工验收后，应按勘察纲要要求进行封孔、回填或封闭洞口。

8）当勘察作业场地有下列情况之一时，不得进行夜间作业：

（1）滑坡体、崩塌区、泥石流堆积区域。

（2）危岩峭壁或岩体破碎的陡坡区。

（3）采用筏式勘探平台进行水域勘探。

9）水域勘察时，应注意以下安全问题：

（1）作业前应进行现场踏勘并应搜集与水域勘察安全生产有关的资料踏勘和搜集资料应包括下列内容：

①作业水域水下地形、地质条件；

②勘察期间作业水域的水文气象资料；

③水下电缆、管道的敷设情况；

④人工养殖及航运等与勘察作业有关的资料。

（2）水域勘察纲要应包括下列内容：

①水域勘察设备和作业船舶选择；

②锚泊定位要求；

③水域作业技术方法；

④水下电缆、管道、养殖、航运、设备和勘察作业人员安全生产防护措施。

（3）作业期间应悬挂锚泊信号、作业信号和安全标志。

（4）水域勘察过程中应保证有效通信联络。作业期间应指定专人收集每天的海况、天气和水情资讯，并应采取相应的安全生产防护措施。

（5）勘察作业船舶、勘探平台或交通船应配备救生、消防、通信联络等水上救护安全生产防护设施，并应规定联络信号。作业人员应穿戴水上救生器具。

（6）勘察作业船舶行驶、拖运、抛锚定位、调整锚绳和停泊等应统一指挥、有序进行，并应由持证船员操作。无证人员严禁驾驶勘察作业船舶。

（7）水域钻场应符合下列规定：

①应根据作业水域的海况、水情、勘探深度、勘探设备类型、勘探点露出水面时间长短和总载荷量等选择承载作业平台的船舶和勘探平台类型。

②承载的总载荷量或建造勘探平台船舶载重吨位的安全系数应大于 5；在流速小于 1.0m/s 和浪高小于 0.1m 的非通航江河湖泊、水库等水域勘探，建造筏式勘探平台承载的总载荷量安全系数应大于 3。

③建造的结构强度应稳定、牢固；勘探设备、作业平台与建造勘探平台使用的船舶之间应连接牢固；双船连拼建造的勘探平台两船舶应有间距，船舶的几何尺寸、形状、高度、载重吨位应基本相同。

④作平台长度不应小于 6.5m 宽度不应小于 4.0m，并应配备救生圈；近水侧应设置防撞设施和高度为 0.9～1.2m 的防护栏杆；定位锚应设置安全标志。

⑤钻塔高度不宜大于 9.0m 浮式勘探平台不得安装塔布或悬挂遮阳布。

⑥安装勘探设备与堆放勘探材料应均衡并应保持浮式勘探平台船舶的吃水深度和船体稳定。

⑦移动式或桁架式勘探平台底面应高出勘探期间的最高潮位加 1.5 倍最大浪高。

（8）水域勘探作业应符合下列规定：

①航水域作业的勘探平台定位后勘察项目负责人应检查勘探平台的建造质量，并应达到设计要求，核实使用锚泊、悬挂作业信号和灯旗等安全标志后方可进行勘探作业。

②勘探平台行驶拖带、抛锚定位调整锚绳和停泊等工序应由船员统一协调、有序进行。

③察作业人员应配合船员完成勘探平台的行驶、拖带、抛锚定位、调整锚绳和停泊等工序；勘察作业人员不得要求船员违章操作。

④探孔导向管的作业人员应佩戴有安全锁的安全带导向管不得紧贴船身、不得与浮式勘探平台固定连接。

⑤勘察单位、作业人员和船员之间应保持不间断通信联络。

⑥应定人收集每天的海况气象和水情资讯；根据海况、水情变化及时调整锚绳；检查

浮式勘探平台的锚泊系统，及时清除锚绳、导向管上的漂浮物和船舱内的积水。

⑦不得在勘探平台上游的主锚边锚范围内进行水上或水下爆破作业。

⑧待工或停工期间，勘探平台应留足值守船员。

⑨建造勘探平台的单体船舶横摆角度大于3时，应停止勘探作业。

⑩潮间带勘察作业时间应根据潮汐周期确定和调整。

（9）水深大于10.0m或离岸大于5km的内海勘探作业应符合下列规定：

①除专用勘探工程船舶或移动式勘探平台外，建造式勘探平台应采用自航式、船体宽度大于6.0m承载勘探平台船舶总载重吨位安全系数大于10的单体适航船舶；

②应根据作业海域水下地形、海底堆积物、水文气象等条件进行抛锚定位；

③锚绳应使用耐蚀的尼龙绳安全系数不应小于6，数量不应少于8根。

（10）当勘探平台暂时离开勘察作业点时，应在作业点或孔口管上设置浮标和安全标志。

（11）水域勘察作业完毕应及时清除埋设的套管、井口管和留置在水域的其他障碍物。

（12）在江、河、溪、谷等水域或低洼内涝区域勘察作业时，接到洪水、泄洪或上游水库放水等警报信息后应停止作业；作业人员和装备应撤离至洪水位线以上。

10）在有逸出有害气体或污染颗粒物的场地勘察作业时，应符合下列规定：

（1）现场调查、采样或测试作业人员每组不应少于2人，作业过程应佩戴个体防护装备并相互监护。

（2）应检测和监测有害气体或污染颗粒物浓度。

（3）勘探作业点应保持持续有效的机械通风，并应定时检查空气质量。

（4）勘察现场应配备应急反应处置用具等安全生产防护设施。

11）雨期或解冻期，在滑坡体、泥石流堆积区等特殊地质条件和不良地质作用发育区勘察，应对不良地质体进行监测。发现危及作业人员和设备安全的异常情况时，应立即停止作业，并应撤至安全地点。

12）特殊气象条件应按照当地安全部门要求开展作业施工。当遇台风、暴雨、雷电、冰雹、大雾、沙尘暴、暴雪等气象灾害时，应停止现场勘察作业，并应做好勘察设备和作业人员的安全防护措施。

2. 环境保护

（1）在城镇绿地和自然保护区勘察作业时，应采取措施减小对作业现场植被的破坏和对保护动物的影响。

（2）勘察作业前，应对作业人员进行环境保护交底，对勘探设备进行检查、维护。

（3）作业过程中，应对废油液、泥浆、弃土等废弃物集中收集存放、统一处理，不得随意排放。

（4）作业现场不得焚烧各类废弃物，对易产生扬尘的渣土应采取覆盖、洒水等防护措施。

（5）有毒物质、易燃易爆物品、油类、酸碱类物质和有害气体未经处理不得直接填埋或排放。

（6）在城镇作业时，噪声控制标准应符合国家或地方政府的有关规定，当噪声超标时应采取整改措施，达到标准后方可继续作业。

（7）作业环境的噪声超过85dB（A），作业人员应佩戴相应的个体防护装备。

6.2 取样

取样是岩土工程勘察中必不可少的、经常性的工作。定量评价岩土工程问题而提供室内试验的样品，包括岩样、土样和水样。

6.2.1 一般规定

1. 采取土试样的质量，应符合表 1.6-10 规定。

土试样质量等级　　　　　　　　　表 1.6-10

级别	扰动程度	试验内容
Ⅰ	不扰动	土类定名、含水率、密度、强度试验、固结试验
Ⅱ	轻微扰动	土类定名、含水率、密度
Ⅲ	显著扰动	土类定名、含水率
Ⅳ	完全扰动	土类定名

2. 取样工具

取样之前，应对取土器和衬管或镀锌铁皮进行仔细检查。取土器的刃口应圆整，其卷折残缺的累计长度不应超过周长 3%。对镀锌铁皮，应保证形状圆整，重复使用前应注意整形，清除内外壁黏附的残土或锈迹。取样工具或方法见表 1.6-11。

不同等级土试样要求的取样工具或方法　　　　表 1.6-11

土试样质量等级	取样工具或方法		黏性土 流塑	软塑	可塑	硬塑	坚硬	粉土	粉砂	细砂	中砂	粗砂	砾砂、碎石土、软岩
Ⅰ	薄壁取土器	固定活塞水压 固定活塞	++ ++	++ ++	+ +	— —	— —	+ +	+ +	— —	— —	— —	— —
	薄壁取土器	自由活塞 敞口	— +	+ +	++ +	— —	— —	+ +	+ +	— —	— —	— —	— —
	回转取土器	单动三重管 双动三重管	— —	+ —	++ —	++ +	+ ++	++ —	++ —	++ —	— ++	— ++	— +
	探井（槽）中刻取块状土样		++	++	++	++	++	++	++	++	++	++	++
Ⅰ～Ⅱ	束节式取土器		+	++	++	—	—	+	+	—	—	—	—
	黄土取土器												
	原状取砂器		—	—	—	—	—	++	++	++	++	++	+
Ⅱ	薄壁取土器	水压固定活塞 自由活塞 敞口	+ + ++	++ ++ ++	+ ++ ++	— — —	— — —	+ + +	+ + +	— — —	— — —	— — —	— — —
	回转取土器	单动三重管 双动三重管	— —	+ —	++ —	++ +	+ ++	++ —	— —	++ —	— ++	— ++	— ++
	厚壁敞口取土器		+	++	++	++	++	+	+	+	+	+	—

续表

土试样质量等级	取样工具或方法	适用土类										
		黏性土					粉土	砂土				砾砂、碎石土、软岩
		流塑	软塑	可塑	硬塑	坚硬		粉砂	细砂	中砂	粗砂	
Ⅲ	厚壁敞口取土器	++	++	++	++	++	++	++	++	++	++	-
	标准贯入器	++	++	++	++	++	++	++	++	++	++	-
	螺纹钻头	++	++	++	++	++	+	-	-	-	+	-
	岩芯钻头	++	++	++	++	++	++	+	+	+	+	+
Ⅳ	标准贯入器	++	++	++	++	++	++	++	++	++	++	-
	螺纹钻头	++	++	++	++	++	+	-	-	-	+	-
	岩芯钻头	++	++	++	++	++	++	++	++	++	++	++

注：1. ++表示适用，+表示部分适用，-表示不适用。
    2. 采取砂土试样应有防止试样失落的补充措施。
    3. 有经验时，可用束节式取土器代替薄壁取土器。

6.2.2 试样采取的方法

1. 钻孔取样

采取Ⅰ、Ⅱ级土试样的钻孔，孔径应比取土器直径略大。

（1）在地下水位以上，应采用干法钻进，不得注水或使用冲洗液。土质较硬时，可采用二（三）重管回转取土器，钻进、取土合并进行。

（2）在饱和软黏性土、粉土、砂土中钻进，宜采用泥浆护壁。采用套管时，应先钻进后跟进套管，套管的下设深度与取样位置之间应保留三倍以上的距离。不得向未钻过的土层中强行击入套管。为避免孔底土隆起受扰动，应始终保持套管内的水头高度等于或稍高于地下水位。

（3）钻进宜采用回转方式，在地下水位以下钻进，应采用螺旋钻头。当采用冲洗、冲击、振动等方式钻进时，应在预计取样位置以上 1m 改用回转钻进。

（4）取土器下放之前应清孔，采用敞口取土器取样时，孔底残留浮土的厚度不得超过5cm。

（5）钻机安装必须牢固，保持钻进平稳，防止钻具回转时抖动，升降钻具时，应避免对孔壁的扰动破坏。

2. 探槽、探井、探洞取样

探井、探槽和探洞中采取的Ⅰ、Ⅱ级岩土试样宜用盒装。试样容器可采用ϕ120mm × 200mm 或 120mm × 120mm × 200mm、ϕ150mm × 200mm 或 150mm × 150mm × 200mm 等规格。对于含有粗颗粒的非均质土及岩石样，可按试验设计要求确定尺寸。试样容器宜做成装配式，并应具有足够刚度，避免土样因自重过大而产生变形。容器应有足够净空，以便采取相应的密封和防扰动措施。

采样宜按下列步骤进行：

（1）整平取试样处的表面。

（2）按土样容器净空，除去四周土体，形成土柱，其大小应比容器内腔尺寸小 20mm。

（3）套上容器边框，边框上缘应高出土样柱 10mm，然后浇入热蜡液，蜡液应填满土样与容器之间的空隙至框顶，并应与之齐平；待蜡液凝固后，将盖板封上。

（4）挖开土试样根部，使之与母体分离，再颠倒过来削去根部多余土料，土试样应比容器边框低 10mm，然后浇满热蜡液，待凝固后将底盖板封上。

采取断层泥、滑动（面）或较薄土层的试样，可用试验环刀直接压入取样。

在探井、探槽和探洞中取样时，应与开挖掘进同时进行，且样品应有代表性。

3. 贯入式取样

（1）取土器应平稳下放，不得冲击孔底。取土器下放后，应核对孔深和钻具长度，发现残留浮土厚度超过规定，应提起取土器重新清孔。

（2）采取Ⅰ级土试样，应采用快速、连续的静压方式贯入取土。贯入速率不应小于 0.1m/s。当利用钻机的给进系统施压时，应保证具有连续贯入的足够行程。采取Ⅱ级土试样，可使用间断静压方式。

（3）提升取土器应做到均匀、平稳，避免磕碰。

4. 回转式取样

（1）采用单动、双动二（三）重管采取原状土试样，必须保证平稳回转钻进，使用的钻杆应顺直。为避免钻具抖动，造成土层扰动，可在取土器上接加重杆。

（2）回转式冲洗液宜采用泥浆。

（3）回转式取样时，取土器应具备可改变内管超前长度的替换管靴。宜采用具有自动调节功能的单动二（三）重管取土器，取土器内管超前量宜为 50～150mm，内管管口压进后，应至少与外管齐平。对软硬交替的土层，宜采用具有自动调节功能的改进型单动二（三）重管取土器。

（4）对硬塑以上的黏性土、密实砾砂、碎石土和软岩，可采用双动三重管取样器采取不扰动土试样。对于非胶结的砂、卵石层，取样时可在底靴上加置逆爪，在采取不扰动土试样困难时，可采用植物胶冲洗液。

5. 特殊性土取样

（1）软土取样应符合下列规定：

软土应采用薄壁取土器静力压入法取样，不宜采用厚壁取土器或击入法取样；应采取措施防止所采取的土试样水分流失和蒸发，土试样应置于柔软防振的样品箱中，在运输过程中，不得改变其原有结构状态。

（2）膨胀岩土取样应符合下列规定：

采用薄壁取土器，取土器入土深度不得大于其直径的 3 倍，土试样直径不得小于 89mm。保持土试样的天然湿度和天然结构，并应防止土试样湿水膨胀或失水干裂。

（3）湿陷性土取样应符合下列规定：

Ⅰ、Ⅱ级土试样宜在探井、探槽中刻取；在钻孔中采取Ⅰ、Ⅱ级土试样时，应使用黄土薄壁取土器采取压入法取样；当压入法取样困难时，可采用一次击入法取样；采用无内衬取土器取土时，应确保内壁干净平滑，并可在内壁均匀涂上润滑油；采取结构松散的土样时，应采用有内衬取土器，内衬应平整光滑，端部不得上翘或翻卷，并应与取土器内壁紧贴；清孔时，应慢速低压连续压入或一次击入，清孔深度不应超过取样管长度，并不得采用小钻头钻进，大钻头清孔；取样时应先将取土器轻轻吊放至孔底，然后匀速连续快速压入或一次击入，中途不得停顿，在压入过程中，钻杆应保持垂直、不摇摆，压入或击入深度宜保证土样超过盛土段 50mm；卸土时不得敲击取土器；土试样取出后，应检查试样质量，当试样受压、破裂或变形扰动时，应废弃并重新取样。

（4）多年冻土地区取样

采取Ⅰ、Ⅱ级冻土试样宜在探井、探槽和探洞中刻取；钻孔取样宜采取大直径试样：可用岩芯管取样；岩芯管取样困难时，可采用薄壁取土器击入法取样；从岩芯管内取芯时，可采用缓慢泵压法退芯，当退芯困难时可辅以热水加热岩芯管；取出的岩芯应自上而下按顺序摆放，并应标记岩芯深度；Ⅰ、Ⅱ级冻土试样取出后，宜在现场及时进行试验。当现场不具备试验条件时，应立即密封、包装、编号并冷藏土样送至试验室，在运输中应避免试样振动。

（5）污染土场地取样时，在较深钻孔和坚实土层中，应采用回转法取样；在较浅钻孔和松散土层中，宜采用压入法或冲击法取样。取样工具应保持清洁，应采取有效措施避免污染土与大气及操作人员接触受到二次污染，并应防止挥发性物质流失、氧化。土试样采集后应采取适当的封存方法，并应按规定的要求及时试验。

6. 岩石试验取样

（1）采样数量应根据工程性质决定，岩样可在试坑、平洞、竖井、天然地面、边坡及钻孔中采取，所取岩样应具有代表性，采取岩样时，应让岩样受到最小程度扰动，并保持岩块、岩芯原状结构及天然湿度；用钻机取样时，每节岩芯两端面完整长度不宜小于12cm，除此以外的取样，应将岩石修凿成15～17cm见方岩块，制样时应注意岩石结构不被破坏，经爆破后的岩石，在选取试样时更应注意；对于风化度高的软质岩石和结构面较发育的破碎岩石，每节岩芯两端面完整长度不宜小于10cm，岩块制成10cm见方，涉及变形模量、弹性模量、三轴试验每节岩芯两端面完整长度不宜小于20cm、直径不宜小于10cm，岩块制成20cm见方岩块。

（2）采取岩样数量应满足所要求进行的试验项目和试验方法的需要。

7. 水试样采取

（1）采样容器及采样量：采样容器，一般采用玻璃瓶、塑料瓶或塑料桶，取样前容器内壁的尘垢应清洗干净，保持容器洁净。采样量应根据工程性质确定。

（2）水样采集及封装：将洁净的取样容器用所取水源清洗2～3次后，再将水样灌入容器中，然后轻轻转动摇晃几次，取好后盖好瓶盖并用溶蜡封住瓶口。测侵蚀性CO_2的水样应立即加大理石粉，盖好瓶盖并用溶蜡封住瓶口。

6.2.3　样品检验、封存及运输

1. 钻孔取土器提出地面之后，应小心地将土试样连同容器（衬管）卸下，并应符合下列规定：

（1）对于以螺钉连接的薄壁管，卸下螺钉后可立即取下取样管。

（2）对于以丝扣连接的取样管、回转性取土器应采用链钳、自由钳或专用扳手卸开，不得使用管钳等易于使土样受挤压或使取样管受损的工具。

（3）采用外非半合管的管取土器时，应将衬管与土样从外管推出，并应事先将土样削至略低于衬管边缘，推土时，土试样不得受压。

（4）对种活塞取器卸下取样管之前应打开活塞气孔，消除真空。

2. 钻孔中采取的Ⅰ级原状土试样，应在现场测定取样回收率。使用活塞取土器取样，回收率大于1.00或小于0.95时，应检查尺寸量测是否有误，土试样是否受压，并应根据实际情况决定土试样废弃或降低级别使用。

3. 采取的土试样应密封，密封可选用下列方法：

（1）方法一：在钻孔取土器中取出土样时，先将上下两端各去掉约 20mm，再加上一块与土样截面面积相当的不透水圆片，然后浇灌蜡液，至与容器端齐平，待蜡液凝固后扣上胶皮或塑料保护帽。

（2）方法二：取出土样用配合适当的盒盖将两端盖严后，将所有接缝采用纱布条蜡封封口。

（3）方法三：采用方法一密封后，再用方法二密封。

4. 每个土试样密封后均应填贴标签，标签上下应与土试样上下一致，并应牢固地粘贴在容器外壁上。土试样标签应记载下列内容：

（1）工程名称或编号。

（2）孔号或探井号、土样编号、取样深度、岩土试样名称、颜色和状态。

（3）取样日期。

（4）取样人姓名。

（5）取器型号取样方法，回收率等。

5. 试样标签记载应与现场钻探记录相符。取土器型号、取样方法、回收率等应在现场记录中详细记载。

6. 采取的土样密封后，应置于温度及湿度变化小的环境中，不得暴晒或受冻。土试样应直立放置，严禁倒放或平放。

7. 运输土样时，应用专用的土样箱包装，试样之间应用柔软缓冲材料填实。

8. 岩土试样采取之后至开土试验之间的贮存时间，不宜超过两周。

9. 对易于振动液化、水分离析的砂土试样，宜在现场或就近进行试验，并可采用冰冻法保存和运输。

参考文献

[1]　《工程地质手册》编委会. 工程地质手册[M]. 5 版. 北京：中国建筑工业出版社，2018：118-119.

[2]　中华人民共和国住房和城乡建设部. 建筑工程地质勘探与取样技术规程：JGJ/T 87—2012[S]. 北京：中国建筑工业出版社，2012.

[3]　中华人民共和国住房和城乡建设部. 工程勘察通用规范：GB 55017—2021[S]. 北京：中国建筑工业出版社，2021：15-16.

第2篇

基本建设工程的
岩土工程勘察

第1章　低层及多层建筑岩土工程勘察

1.1　地基基础设计等级

建筑高度不大于 27.0m 的住宅建筑、建筑高度不大于 24.0m 的公共建筑及建筑高度大于 24.0m 的单层公共建筑为低层或多层民用建筑。

地基基础设计类规范根据地基复杂程度、建筑物规模和功能特征以及由于地基问题可能造成建筑物破坏或影响正常使用的程度，将地基基础设计分为三个设计等级。如表 2.1-1 所示。

地基基础设计等级　　　　　　　　　　　　　表 2.1-1

设计等级			备注
甲级	乙级	丙级	
重要的工业与民用建筑；30 层以上的高层建筑；体型复杂，层数相差超过 10 层的高低层连成一体建筑物；大面积的多层地下建筑物（如地下车库、商场、运动场等）；对地基变形有特殊要求的建筑物；复杂地质条件下的坡上建筑物（包括高边坡）；对原有工程影响较大的新建建筑物；场地和地基条件复杂的一般建筑物；位于复杂地质条件及软土地区的二层及二层以上地下室的基坑工程；开挖深度大于 15m 的基坑工程；周边环境条件复杂、环境保护要求高的基坑工程	除甲级、丙级以外的工业及民用建筑物　除甲级、丙级以外的基坑工程	场地和地基条件简单、荷载分布均匀的七层及七层以下的民用建筑及一般工业建筑物；次要的轻型建筑物；非软土地区且场地地质条件简单、基坑周边环境条件简单、环境保护要求不高且开挖深度小于 5.0m 的基坑工程	《建筑地基基础设计规范》GB 50007—2011
设计等级			备注
一级	二级	三级	
重要的工业与民用建筑物；30 层以上或超过 100m 的高层建筑物；体型复杂，软弱地基或严重不均匀地基上的建筑物，建筑层数相差超过 10 层的高低层连成一体且高低层间可能产生较大沉降差的建筑物；对地基变形有特殊要求的建筑物；复杂地质条件下的坡上建筑物；地基发生较大变形时可能造成较大破坏或损失的建筑物；对周围原有工程影响较大的新建建筑物；10 层以上一柱一桩的建筑物；基坑开挖深度大于 20m 的建筑物	一般建筑物	场地地基条件简单、荷载分布均匀的多层民用建筑及一般工业建筑物；使用上非重要的轻型建筑物	《北京地区建筑地基基础勘察设计规范》DBJ 11—501—2009（2016 年版）

1.2　岩土工程勘察等级划分

1. 国家标准

《岩土工程勘察规范》GB 50021—2001（2009 年版）详见本手册第 1 篇 1.2 节。

2. 地方标准

岩土工程勘察等级基本按照工程重要性［根据工程类型、建（构）筑物类型和建（构）

筑物重要性划分〕，根据场地复杂程度（条件）和地基复杂程度（条件）综合划分。

1）北京《北京地区建筑地基基础勘察设计规范》DBJ 11—501—2009（2016 年版）场地复杂程度按表 2.1-2 划分。

场地复杂程度　　　　　　　　　　　　　　　　表 2.1-2

场地复杂程度	工程地质条件
简单场地	地形平坦，地基岩土均匀良好，成因单一，地下水位较低，对工程无明显影响，无特殊性岩土
中等复杂场地	地形基本平坦，地基岩土比较软弱且不均匀，地下水位较高，对建筑物有一定影响，局部分布有特殊性岩土
复杂场地	地形高差很大，地基岩土成因复杂，土质软弱且显著不均匀，地下水位高，对工程有重大影响，分布有特殊性岩土

2）上海《岩土工程勘察规范》DGJ 08—37—2012

建（构）筑物等级可根据类型、结构重要程度划分（表 2.1-3）。

建（构）筑物等级　　　　　　　　　　　　　　表 2.1-3

等级	工程类型
一级	重要的工业与民用建筑、30 层以上的高层建筑、大型公共建筑、高度大于 100m 的高耸构筑物、一级安全等级基坑、大型给水排水工程、特大型桥梁、轨道交通主体工程、隧道、高填土道路、高架道路、大于等于 10000t 级的码头、处理能力大于等于 1000t/d 的垃圾处理场、长江与杭州湾沿岸堤防工程、上海中心城区黄浦江堤防工程及有重大意义或影响的国家重点工程等
二级	一般的工业与民用建筑、中型公共建筑、二级安全等级基坑、中型给水排水工程、大中型桥梁、1000～10000t 级的码头、处理能力 500～1000t/d 的垃圾处理场、黄浦江沿岸非中心城区和苏州河的堤防工程等
三级	三层及三层以下的一般民用建筑、单层工业厂房（吊车起重量小于等 5t）、三级安全等级基坑、小型给水排水工程、小型桥梁、一般道路、小于等于 1000t 级的码头、处理能力小于等于 500t/d 的垃圾处理场、一般河流的堤防工程等

建筑场地地基复杂程度可分为复杂场地、中等复杂场地。场地地基土存在下列情况之一的为复杂场地，其余均属中等复杂场地。

（1）场地地层分布不稳定，持力层层面起伏大或跨越不同工程地质单元。

（2）液化等级为中等及以上的场地。

（3）存在需要专门处理的不良地质条件或地质灾害。

（4）场地受污染，地下水（或土）对混凝土具弱及以上腐蚀性。

（5）存在对工程建设有影响的（微）承压水。

（6）邻岸及近岸工程场地。

（7）环境条件复杂。

综合建（构）筑物等级和场地地基复杂程度，项目的勘察等级可按表 2.1-4 分为甲、乙和丙三级。

勘察等级　　　　　　　　　　　　　　　　表 2.1-4

场地地基复杂程度	建（构）筑物等级		
	一级	二级	三级
复杂场地	甲级	甲级	乙级
中等复杂场地	甲级	乙级	丙级

3）《天津市岩土工程勘察规范》DB/T 29—247—2017

工程重要性等级，根据工程类型、建（构）筑物类型和重要性按表 2.1-5 划分。

工程重要性等级划分　　　　表 2.1-5

等级	地基基础设计等级
一级	30 层以上的高层建筑、体型复杂且层数相差超过 10 层的高低层连成一体建筑物、高度大于 100m 的高耸构筑物、对地基变形有特殊要求的建筑物、多层地下建（构）筑物、一级安全等级基坑、特大型桥梁、城市轨道交通、高填土道路、处理能力不小于 1000t/d 的垃圾填埋场、大型给水排水工程、有重大意义或影响的重点工程等，工程破坏后果很严重
二级	8～30 层的中高层建筑、二级安全等级基坑、中型公共建筑、大中型桥梁、中型给水排水工程、处理能力 500～1000t/d 的垃圾填埋场等，工程破坏后果严重
三级	一级、二级以外的工程，工程破坏后果不严重

场地复杂程度等级，根据场地复杂条件按表 2.1-6 划分为一级场地（复杂场地）、二级场地（中等复杂场地）、三级场地（简单场地）。

场地复杂程度等级划分　　　　表 2.1-6

等级	划分条件
一级场地（复杂场地）	对建筑抗震危险的地段；不良地质作用对工程安全有严重影响；地质环境已经或可能对工程的安全构成直接威胁；地形地貌复杂；有影响工程的多层地下水、岩溶裂隙水或其他水文地质条件复杂，需专门研究的场地；液化土层液化等级为中等～严重的场地
二级场地（中等复杂场地）	对建筑抗震影响不利或一般的地段；不良地质作用对工程安全的影响不严重；地质环境基本未受到破坏；地形地貌较简单；基础位于地下水位以下的场地；液化土层液化等级为轻微的场地
三级场地（简单场地）	对建筑抗震有利的地段；不良地质作用对工程安全很小或无影响；地质环境基本未受到破坏；地形地貌简单；地下水对工程无影响；无液化土层

注：1. 应按一级场地至三级场地顺序，以先满足以上条件之一者确定场地等级；
　　2. 三级场地应满足表中所述全部条件。

地基复杂程度等级，根据地基的复杂条件按表 2.1-7 划分一级地基（复杂地基）、二级地基（中等复杂地基）、三级地基（简单地基）。

地基复杂程度等级划分　　　　表 2.1-7

等级	划分条件
一级地基（复杂地基）	岩土种类多，很不均匀，性质变化大，需进行特殊处理；桩基持力层起伏较大，厚度与土性变化大；存在需做专门处理的岩土；其他复杂情况，如土岩组合地基
二级地基（中等复杂地基）	岩土种类较多，不均匀，性质变化较大；存在厚度较大的人工填土、软土、红黏土、混合土、风化岩、残积土等特殊性岩土
三级地基（简单地基）	岩土种类单一，均匀，物理力学性质变化不大；地层层面标高及厚度变化不大，土性均匀；无特殊性岩土

注：1. 满足以上条件之一者即可确定地基复杂程度等级；
　　2. 三级地基应满足表中所述全部条件。

岩土工程勘察等级，根据工程重要性等级、场地复杂程度等级、地基复杂程度等级按表 2.1-8 综合划分岩土工程勘察等级。

岩土工程勘察等级划分　　　　表 2.1-8

等级	划分条件
甲级	在工程重要性等级、场地复杂程度等级、地基复杂程度等级中，有一项或多项为一级

续表

等级	划分条件
乙级	除勘察等级为甲级和丙级以外的勘察项目；建筑在岩质地基上的一级工程，当场地和地基复杂程度等级均为三级时，岩土工程勘察等级可定为乙级
丙级	工程重要性、场地复杂程度和地基复杂程度等级均为三级

注：岩质地基指地基为强风化、中风化、微风化和未风化的岩石地层，不包括全风化地层。

1.3　各阶段岩土工程勘察

岩土工程勘察宜分阶段进行。勘察阶段应与设计阶段相适应，各阶段勘察内容及任务详见表 2.1-9。

各阶段勘察内容及任务　　　　　　　　　　　　　表 2.1-9

勘察阶段	勘察的主要内容	勘察的主要任务
可行性研究阶段	1. 调查区域地质构造、地形地貌与环境工程地质问题，如断裂、岩溶、区域地震背景及震情等，调查不良地质作用的影响； 2. 调查第四纪地层的分布及地下水埋藏性状； 3. 调查地下矿藏及古文物分布范围； 4. 必要时进行工程地质测绘及少量勘探工作	1. 分析场地的稳定性和适宜性； 2. 明确选择场地范围和应避开的地段； 3. 进行选址方案对比，明确最佳场地方案
初步勘察	1. 根据选址方案的范围，按本阶段勘察要求，布置一定的勘探与测试工作量； 2. 初步查明场地内地质构造及不良地质作用的具体位置； 3. 探测场地土的地震效应； 4. 地下水性质及含水层的渗透性； 5. 收集当地已有建筑经验及已有勘察资料	1. 根据岩土工程条件分区，论证建设场地的适宜性； 2. 根据工程规模及性质，建议总平图位置应注意的事项； 3. 提供地基岩土的承载力及变形量； 4. 地下水对工程建议影响的评价； 5. 指出下阶段可勘察应注意的问题
详细勘察	1. 根据拟建建筑平面图按建筑物或建筑群，及本阶段勘察要求布置勘探及测试工作量； 2. 查明建筑位置处岩土层分布及物理力学性质； 3. 查明建筑位置是否隐藏不良地质作用； 4. 地下水埋深及水土的腐蚀性	1. 提供各岩土层岩土设计参数； 2. 论证地基处理方案建议； 3. 提出地基处理方案建议； 4. 深基坑开挖、工程降水及护坡预防措施的方案建议
施工勘察	1. 进行地基验槽、当地层现状与报告不符时，应进行监测工作或补充勘察； 2. 对基坑的稳定性进行监测； 3. 对周边环境不良地质作用进行监测	1. 对严重不良地质作用，应考虑是否更改设计方案； 2. 对施工应提出采取补救措施

1.3.1　可行性研究（选址）勘察

1. 场地选择原则

场地选择宜避开对场地稳定性有影响的下列地段：

（1）不良地质作用发育或环境工程地质条件差，对场地稳定性有直接或潜在威胁的地段。

（2）对建筑物抗震属危险的地段。

（3）洪水、海潮或水流岸边冲蚀有严重威胁或地下水有不良影响的地段。

（4）受滑坡、崩塌、泥石流危害的地段。

（5）地下有可采价值的矿藏或对场地稳定有严重影响的地下采空区。

2. 可行性研究（选址）勘察工作量

（1）必要时应进行工程地质测绘，其具体内容参见本手册第1篇第5章。

（2）当场地无资料时，应沿主要地貌单元相垂直的方向线上布置不少于2条地质剖面线。在剖面线上钻孔间距为400~600m。钻孔深度一般应穿过软土层进入坚硬稳定地层或至基岩。

（3）钻孔内对主要地层宜选取适当数量的试样进行土工试验。在地下水位以下遇粉土或砂层时应进行标准贯入试验。

3. 可行性研究（选址）勘察报告

选择场地一般有两个以上场地方案进行比较。选址勘察报告主要是从岩土工程条件，对影响场地稳定性和建厂适宜性的重大岩土工程问题作出明确结论和论证，从中选择有利的方案。

1.3.2　初步勘察

1. 主要工作内容

初步勘察应对场地内拟建建筑地段的稳定性作出评价，并进行下列主要工作：

（1）搜集拟建工程的有关文件、工程地质和岩土工程资料以及工程场地范围的地形图。

（2）初步查明地质构造、地层构造、岩土工程特性、地下水埋藏条件。

（3）查明场地不良地质作用的成因、分布、规模、发展趋势，并对场地的稳定性作出评价。

（4）对抗震设防烈度等于或大于6度的场地，应对场地和地基的地震效应作出初步评价。

（5）季节性冻土地区，应调查场地土的标准冻结深度。

（6）初步判定水和土对建筑材料的腐蚀性。

（7）初步勘察时，应对可能采取的地基基础类型、基坑开挖与支护、工程降水方案进行初步分析评价。

2. 勘探点布置

初步勘探点布置详见表2.1-10。《岩土工程勘察规范》GB 50021—2001（2009年版）规定采取土试样和进行原位测试的勘探点数量可占勘探点总数的1/4~1/2。《天津市岩土工程勘察规范》DB/T 29—247—2017规定控制性勘探点不应小于勘探点总数的1/3，且每个地貌单元均应有控制性勘探孔。

初步勘探点间距（单位：m）　　　　　　　　　　　　　　　　　表2.1-10

地基复杂程度	《岩土工程勘察规范》GB 50021—2001（2009年版）		上海《岩土工程勘察规范》DGJ 08—37—2012	浙江《工程建设岩土工程勘察规范》DB33/T 1065—2019（平原区地基）	《天津市岩土工程勘察规范》DB/T 29—247—2017
	线距	点距			
一级（复杂）	50~100	30~50	100~200		50~150
二级（中等复杂）	75~150	40~100			
三级（简单）	150~300	75~200			

3. 勘探孔深度

初步勘探孔深度详见表 2.1-11。

初步勘探孔深度（单位：m） 表 2.1-11

孔深	《岩土工程勘察规范》GB 50021—2001（2009 年版）		上海《岩土工程勘察规范》DGJ 08—37—2012	《天津市岩土工程勘察规范》DB/T 29—247—2017	浙江《工程建设岩土工程勘察规范》DB33/T 1065—2019（平原区地基）	
工程重要性等级	一般性勘探孔	控制性勘探孔			一般性勘探孔	控制性勘探孔
一级（重要工程）	≥15	≥30	勘探孔深度应根据拟建工程性质及地基土条件等综合确定		40～50	≥60
二级（一般工程）	10～15	15～30			25～40	40～60
三级（次要工程）	6～10	10～20			15～25	<40

注：《岩土工程勘察规范》GB 50021—2001（2009 年版）一栏中，勘探孔包括钻孔、探井及原位测试孔；特殊用途的钻孔除外。

4. 取样及原位测试

取样及原位测试详见表 2.1-12。

初步勘察阶段取样与原位测试 表 2.1-12

规范名称	不同性质钻孔数量的比例	取土试样竖向间距	对主要土层的取样数量的要求	对主要土层的原位测试要求
《岩土工程勘察规范》GB 50021—2001（2009 年版）	采取土试样和进行原位测试的勘探点数量可占勘探点总数的 1/4～1/2	各土层一般均需取样或测试数据	不少于 6 个	不少于 6 组
浙江《工程建设岩土工程勘察规范》DB33/T 1065—2019（平原区地基）	采取土试样和进行原位测试的勘探点数量宜占勘探点总数 2/3			
上海《岩土工程勘察规范》DGJ 08—37—2012	原位测试孔的数量宜占勘探孔总数的 1/3～1/2，在确保地基土层能采取足够数量原状土样的前提下，可适当提高原位测试孔比例，但不宜超过 2/3	—	—	—
天津《天津市岩土工程勘察规范》DB/T 29—247—2017	控制性勘探点不应小于勘探点总数的 1/3，且每个地貌单元均应有控制性勘探孔。采取土试样和进行原位测试的勘探点数量不应少于勘探点总数的 1/2	—	—	—

1.3.3 详细勘察

1. 主要工作内容

详细勘察一般应取得附有坐标及地形的建筑物总平面布置图，各建筑物的地面整平标高，建筑物性质、规模、结构特点，基础形式、尺寸、埋置深度、基底压力，地基允许变形及对地基基础设计的特殊要求等资料。应按单体建筑或建筑群提出详细的岩土工程资料和设计、施工所需的岩土参数；对建筑地基作出岩土工程评价，并对地基类型、基础形式、地基处理、基坑支护、工程降水和不良地质作用的防治等提出建议。详细勘察的主要工作内容及提供的资料见表 2.1-13。

详细勘察主要工作内容　　　表 2.1-13

序号	目的	主要工作内容	提供资料
1	为整治不良地质现象、查明其成因、类型、性质和分布范围、发展趋势	工程地质测绘（1：2000～1：500）；勘探与土工试验	提出整治所需的岩土技术参数和有关图件；整治设计方案建议
2	查明建筑范围内岩土层的类型、深度、分布、工程特性	勘探、土工试验与原位测试	分析评价地基的稳定性、均匀性；提供地基设计参数；岩土地基承载力
3	地基变形计算	勘探与土工试验；原型或原位试验	地基土压缩模量、变形模量及试验曲线；估算不同基础条件下的沉降量及预测建筑物的变形特征
4	抗震设计，查明场地类别和地震效应	标准贯入试验；波速试验；土颗粒分析试验	砂土液化势；场地土类型和场地类别；软土震陷可能性
5	查明地下水埋藏条件	地下水位观测；土的渗透性试验；水质分析	地下水位及变化幅度；地下水承压性及水头高度；抗浮设防水位；土的渗透系数；水和土对建筑材料的腐蚀性；地基土标准冻结深度
6	预测地基土及地下水在施工、生产期间产生的变化和影响	饱和和非饱和状态土性试验；土的抗剪强度与新近堆积土的压缩试验	提出工程活动对地基土性质的影响；深基坑与斜坡开挖土体稳定性预测；地下水位升降变化范围内地基土软化分析与评价
7	桩基设计	静探与土工试验，标准贯入试验和静力触探试验	桩端持力层及该层层顶标高等高线图；桩端阻力和桩侧摩阻力及单桩承载力；桩端以下土压缩层内的模量值
8	查明对工程不利的埋藏物	利用适当的勘探手段进行埋藏的河道、沟浜、墓穴、防空洞、孤石等的探查	提出分布范围、埋藏深度等资料及治理方案的建议

2. 勘探点布置

详勘勘探点间距见表 2.1-14。

详勘勘探点间距（单位：m）　　　表 2.1-14

勘察等级	《岩土工程勘察规范》GB 50021—2001（2009 年版）	《北京地区建筑地基基础勘察设计规范》DBJ 11—501—2009（2016 年版）	上海《岩土工程勘察规范》DGJ 08—37—2012	《天津市岩土工程勘察规范》DB/T 29—247—2017	浙江《工程建设岩土工程勘察规范》DB33/T 1065—2019（平原区地基）	福建《岩土工程勘察标准》DBJ/T 13—84—2022
一级	10～15	复杂场地 10～15	30～50；单项工程勘探孔不少于 3 个；当已有资料，可用小螺纹钻进行，孔距 10～15	20～30	10～15	
二级	15～30	中等复杂场地 15～30		25～35	15～30	
三级	30～50	简单场地 30～50		30～50		
桩基	端承桩 12～24 摩擦桩 20～35		20～35	端承桩 12～24 摩擦桩 20～35	端承桩 12～24 摩擦桩 20～30	

详细勘察的勘探点布置，应符合下列规定：

（1）勘探点宜按建筑物周边线和角点布置，对无特殊要求的其他建筑物可按建筑物或建筑群的范围布置。

（2）同一建筑范围内的主要受力层或有影响的下卧层起伏较大时，应加密勘探点，查明其变化。

（3）重大设备基础应单独布置勘探点；重大的动力机器基础和高耸构筑物，勘探点不宜少于 3 个。

（4）勘探手段宜采用钻探与触探相配合，在复杂地质条件、湿陷性土、膨胀岩土、风化岩和残积土地区，宜布置适量探井。

（5）单栋高层建筑勘探点的布置，应满足对地基均匀性评价的要求，且不应少于 4 个，控制性勘探孔不应少于 2 个；对密集的高层建筑群，勘探点可适当减少，但每栋建筑物至少应有 1 个控制性勘探点。

（6）对判别液化而布置的勘探点不应少于 3 个，勘探孔深度应大于液化判别深度。

3. 勘探点深度

1）《岩土工程勘察规范》GB 50021—2001（2009 年版）规定

详细勘察的勘探深度自基础底面算起，应符合下列规定：

（1）勘探孔深度应能控制地基主要受力层，当基础底面宽度不大于 5m 时，勘探孔的深度对条形基础不应小于基础底面宽度的 3 倍，对单独柱基不应小于 1.5 倍，且不应小于5m。

（2）对高层建筑和需作变形验算的地基，控制性勘探孔的深度应超过地基变形计算深度；高层建筑的一般性勘探孔应达到基底下 0.5～1.0 倍的基础宽度，并深入稳定分布的地层。

（3）对仅有地下室的建筑或高层建筑的裙房，当不能满足抗浮设计要求，需设置抗浮桩或锚杆时，勘探孔深度应满足抗拔承载力评价的要求。

（4）当有大面积地面堆载或软弱下卧层时，应适当加深控制性勘探孔的深度。

（5）在上述规定深度内遇基岩或厚层碎石土等稳定地层时，勘探孔深度可适当调整。

（6）地基变形计算深度，对中、低压缩性土可取附加压力等于上覆土层有效自重压力20%的深度；对于高压缩性土层可取附加压力等于上覆土层有效自重压力 10%的深度。

（7）建筑总平面内的裙房或仅有地下室部分（或当基底附加压力 $p \leqslant 0$ 时）的控制性勘探孔的深度可适当减小，但应深入稳定分布地层，且根据荷载和土质条件不宜少于基底下0.5～1.0 倍基础宽度。

（8）当需进行地基整体稳定性验算时，控制性勘探孔深度应根据具体条件满足验算要求。

（9）当需确定场地抗震类别而邻近无可靠的覆盖层厚度资料时，应布置波速测试孔，其深度应满足确定覆盖层厚度的要求。

（10）大型设备基础勘探孔深度不宜小于基础底面宽度的 2 倍。

（11）当需进行地基处理时，勘探孔的深度应满足地基处理设计与施工要求；当采用桩基时，勘探孔的深度应满足桩基勘察的要求。

（12）为划分场地类别布置的勘探孔，当缺乏资料时，其深度应大于覆盖层厚度。当覆盖层厚度大于 80m 时，勘探孔深度应大于 80m，并分层测定剪切波速。10 层和高度 30m以下的丙类和丁类建筑，无实测剪切波速时，可按现行国家标准《建筑抗震设计规范》GB50011 的规定，按土的名称和性状估计土的剪切波速。

2）《北京地区建筑地基基础勘察设计规范》DBJ 11—501—2009（2016 年版）规定

（1）控制性勘探孔的深度应超过地基变形计算深度。地基变形计算深度，对中、低压缩性土层取附加压力等于上覆土层有效自重压力 20%的深度；对高压缩性土层取附加压力等于上覆土层有效自重压力 10%的深度。

（2）一般性勘探孔深度应能控制地基主要受力层。在基础底面宽度不大于 5m 时，勘探孔深度对条形基础不应小于基础底面宽度的 3 倍，对独立基础不应小于 1.5 倍，且不应小于 5m；对地基基础设计等级为三级的建筑，在该范围内遇有稳定分布的中、低压缩性地层时，勘探孔深度可酌情减浅。高层建筑的一般性勘探孔深度应达到基底以下高层部分基础宽度的 0.5～1.0 倍，并进入稳定分布的地层，当稳定分布的地层为坚硬地层时可适当减浅。有经验的地区，一般性勘探孔深度可适当减小。

（3）对仅有地下室的建筑或高层建筑的裙房，勘探孔深度应满足基坑支护的需要，如考虑采用抗浮桩或锚杆时，勘探孔深度应满足抗浮桩或锚杆抗拔承载力评价的要求。

（4）采用天然地基方案，在上述规定深度范围内遇基岩或厚层碎石土等稳定地层时，勘探孔深度可根据实际情况进行调整。

（5）当有大面积地面堆载或软弱下卧层时，应适当加深控制性勘探孔的深度。

（6）当需进行地基整体稳定性验算时，控制性勘探孔的深度应满足验算要求。

（7）桩基础的一般性勘探孔深度应达到预计桩端以下 $3d$～$5d$（d 为桩径），且不应小于桩端下 3m，对大直径桩不应小于桩端下 5m。控制性勘探孔的深度，应满足软弱下卧层验算的要求；对需要验算沉降的桩基，勘探孔深度应超过地基变形计算深度。当钻至预计深度遇软弱层时，勘探孔深度应予加深；在预计深度内遇稳定坚实岩土时，勘探孔深度可适当减浅。

（8）对嵌岩桩，勘探孔深度应达到嵌岩面以下 $3d$～$5d$，并穿过破碎带、节理裂隙密集带，到达稳定地层。

（9）对可能有多种桩长方案时，应根据长桩方案确定勘探孔深度。

3）上海市标准《岩土工程勘察规范》DGJ 08—37—2012 规定

（1）天然地基：勘探孔深度应满足天然地基沉降计算要求。地基压缩层计算厚度可查表 2.1-15。

天然地基压缩层计算厚度 h_0（单位：m）　　　　表 2.1-15

b/m	l/b	基础地面附加应力 p_0/kPa					
		30	50	70	90	110	130
1	1	2.3	2.8	3.2	3.6	3.8	4.0
	3	3.3	4.0	4.6	5.0	5.5	5.8
	5	3.8	4.7	5.3	5.9	6.3	6.8
	≥10	4.3	5.4	6.3	7.0	7.7	8.2
3	1	5.1	6.0	6.9	7.5	8.1	8.7
	3	6.3	8.4	9.6	10.8	11.4	12.0
	5	7.4	9.6	10.8	12.0	13.2	14.1
	≥10	7.8	10.5	12.0	13.5	15.0	16.2
5	1	7.0	8.5	10.0	10.5	11.5	12.0
	3	9.3	11.5	13.5	15.0	16.0	17.0
	5	9.9	13.0	14.5	16.5	18.0	19.5
	≥10	10.2	13.5	16.0	18.0	20.0	21.5
10	1	10.7	14.0	15.0	17.0	18.0	19.0
	3	13.7	18.0	20.0	23.0	25.0	26.0
	5	14.3	19.0	22.0	25.0	27.0	29.0
	≥10	14.4	19.5	23.0	26.0	29.0	31.0

b/m	l/b	基础地面附加应力 p_0/kPa					
		30	50	70	90	110	130
20	1	16.0	20.0	24.0	28.0	30.0	31.0
	3	19.0	26.0	30.0	34.0	38.0	40.0
	5	19.6	28.0	32.0	36.0	40.0	44.0
	≥10	19.7	28.5	33.0	38.0	42.0	46.0

注：1. 表中 l 为基础长度（m）；b 为基础宽度（m），对条形基础，当基础面积系数大于 0.6 时，应将基础外包宽度作为基础宽度；

2. 按附加压力与土自重压力之比为 0.1 计算；

3. 中间值可内插。

（2）桩基控制性勘探孔深度应满足桩基沉降计算要求；对排列密集的群桩基础，桩基压缩层计算厚度见表 2.1-16。

桩基压缩层计算厚度 h_z（单位：m）　　　　　　表 2.1-16

b/m	l/b	h_p/m	桩基承台底面有效附加压力 p_0/kPa			
			150	300	450	600
15	1	20	14	21	25	28
		40	11	17	20	23
		60	7	14	17	20
	3	20	20	29	35	40
		40	14	23	29	34
		60	9	19	25	30
	5	20	20	31	38	44
		40	14	26	32	38
		60	10	21	27	33
30	1	20	25	34	40	45
		40	18	29	35	41
		60	11	25	31	37
	3	20	30	45	54	63
		40	22	38	47	56
		60	15	32	42	51
	5	20	30	47	58	69
		40	27	40	51	61
		60	25	33	44	55
45	1	20	32	45	54	62
		40	23	40	48	56
		60	14	35	43	50

续表

b/m	l/b	h_p/m	桩基承台底面有效附加压力 p_0/kPa			
			150	300	450	600
45	3	20	38	58	70	82
		40	28	49	62	74
		60	18	42	55	67
	5	20	38	60	74	88
		40	28	51	66	80
		60	18	43	58	72
60	1	20	37	55	65	75
		40	27	48	58	68
		60	17	41	51	61

注：1. 表中 l 为基础长度（m）；b 为基础宽度（m）；h_p 为桩端离底面深度（m）；
　　2. 按附加压力与土自重压力之比为 0.2 计算；
　　3. 中间值可以内插。

（3）其他省市规范的规定

其他省市（包括天津、浙江、福建、广东）规范对勘探孔深度的规定可参见表 2.1-17。

其他省市规范的勘探深度规定　　　表 2.1-17

规范名称	勘探孔深度
《天津市岩土工程勘察规范》 DB/T 29—247—2017	对于天然地基：1. 一般性勘探孔深度应不小于地基主要受力层下限深度；2. 对大型设备基础，自基础地面算起的勘探孔深度不宜小于 2.0b；3. 对箱形基础、筏形基础，自基础地面算起的勘探孔深度宜大于 1.0b；4. 当存在可液化土层时，勘探孔深度应穿透其底界；5. 控制性勘探孔深度应至地基压缩深度以下 1～2m，当需进行地基整体稳定性验算时，控制性勘探孔深度应满足验算要求；6. 当有大面积地面堆载或软弱下卧层时，应适当加深控制性勘探孔的深度。 对于地基处理：勘探孔的深度应满足地基处理设计要求。 对于桩基：1. 摩擦型桩一般性勘探孔的深度应进入预计最大桩端入土深度以下 $3d$～$5d$（d 为桩径），且不得小于 3m；对大直径桩，不得小于 5m；控制性勘探孔深度应达桩基沉降计算深度以下 1～2m；2. 端承型桩根据桩端持力层的情况确定勘探孔深度
浙江《工程建设岩土工程勘察规范》 DB33/T 1065—2019	平原区地基控制性勘探孔深度应超过地基压缩层的计算深度 1～2m；桩基一般性勘探孔的深度应进入预计桩长以下 $3d$～$5d$，且不得小于 3m；控制性勘探孔深度应超过地基变形的计算深度；一般岩石地基的嵌岩桩，勘探点深度应进入预计嵌岩面以下 $1d$～$3d$，对控制性勘探孔应钻入预计嵌岩面以下 $3d$～$5d$；花岗岩地区的嵌岩桩，一般性勘探孔深度应进入中等或微风化岩 3～5m，控制性勘探孔应进入中等或微风化岩 5～8m
福建《岩土工程勘察标准》 DBJ/T 13—84—2022	1. 对于浅基础：勘探孔深度应能控制地基主要受力层，当基础底面宽度不大于 5m 时，勘探孔的深度对条形基础不应小于基础底面宽度的 3 倍；对单独柱基不小于 1.5 倍，且不应小于 5m；对于片筏基础、箱形基础不应小于基础底面宽度 1.0 倍，并应深入稳定地层；大型设备基础不宜小于基础底面宽度 2 倍； 2. 对于桩基础：勘探孔深度应大于预计桩端以下 $3d$～$5d$，且不小于 3m，大直径桩，不得小于 5m。对于嵌岩桩，如遇基岩破碎带或溶洞等应进入预计桩端以下稳定地层不小于 $6d$；有球状风化体（孤石）分布时，勘探深度应大于预计桩端以下不小于 $5d$
广东《建筑地基基础设计规范》 DBJ15—31—2016	控制性勘探孔的深度应超过地基变形计算深度；一般性勘探深度应能控制主要受力层；桩基础的一般性勘探孔深度应达到预估桩端以下 $3d$～$5d$，且不应小于桩端下 3m，对大直径桩不应小于桩端下 5m；控制性勘探孔的深度，应满足对软弱下卧层验算的要求；对需要验算沉降的桩基，勘探孔深度应超过地基变形计算深度

4.取样及原位测试

各种规范对取样及原位测试的要求见表2.1-18。

各种规范对取样及原位测试要求　　　　表 2.1-18

规范名称	取样及原位测试要求
《岩土工程勘察规范》 GB 50021—2001（2009 年版）	1. 采取土试样和进行原位测试的勘探孔的数量，应根据地层结构、地基土的均匀性和工程特点确定，且不应少于勘探孔总数的 1/2，钻探取土试样孔的数量不应少于勘探孔总数的 1/3； 2. 每个场地每一主要土层的原状土试样或原位测试数据不应少于 6 件（组），当采用连续记录的静力触探或动力触探为主要勘察手段时，每个场地不应少于 3 个孔； 3. 在地基主要受力层内，对厚度大于 0.5m 的夹层或透镜体，应采取土试样或进行原位测试； 4. 当土层性质不均匀时，应增加取土试样或原位测试数量
《北京地区建筑地基基础勘察设计规范》 DBJ 11—501—2009（2016 年版）	取样和原位测试勘探点的数量应按地基岩土的复杂程度确定，宜占勘探点总数的 1/3～1/2，每幢重要的建筑物不应少于 2 个； 地基基础设计等级为一级和二级的建筑物应采取原状土样，每一主要土层的原状土样数量或原位测试数据不应少于 6 个，当地基土层不均匀时，应增加原状土取土数量或原位测试工作； 对地基持力层和软弱下卧层，取样间距宜为 1m；对厚度大于 0.5m 的夹层或透镜体，应采取土样，对密实或硬塑的下卧层取样间距可适当加大； 对岩石地基中不同风化程度的岩石试验数据不少于 6 件（组）
上海《岩土工程勘察规范》 DGJ 08—37—2012	1. 勘探孔宜以取土孔、取土标贯孔和静力触探孔为主，不宜采用鉴别孔。浅层勘探可采用小螺纹钻孔、浅层物探等，工程需要时，也可采用轻型动力触探孔； 2. 原位测试孔的数量宜占勘探孔总数的 1/3～1/2，在确保各地基土层能采取足够数量原状土样的前提下，可适当提高原位测试孔比例，但不宜超过 2/3； 3. 每一主要土层原状土试样或原位测试数据不应少于 6 个，或静力触探孔的测试数据不少于 3 个
《天津市岩土工程勘察规范》 DB/T 29—247—2017	1. 采取土试样和进行原位测试的勘探孔数量，应根据地层结构、地基土的均匀性和工程特点确定，且不应少于勘探孔总数的 1/2，钻探取土试样孔的数量不应少于勘探孔总数的 1/3； 2. 每一主要土层的原状土试样或原位测试数据不应少于 6 件（组）； 3. 在地基主要受力层内，对厚度大于 0.5m 的夹层或透镜体，应采取土试样或进行原位测试
浙江《工程建设岩土工程勘察规范》 DB33/T 1065—2019	1. 采取土试样和进行原位测试的勘探点数量，应根据地层结构、地基土的均匀性和设计要求确定，对地基基础设计等级为甲级的建筑物每幢不应少于 3 个； 2. 勘察场地内每一主要土层的原状土试样或原位测试数据不应少于 6 件（组）； 3. 地基主要受力层内，对厚度大于 0.5m 的夹层或透镜体，应采取土试样或进行原位测试； 4. 土层性质不均匀时，应增加取土数量或原位测试工作量； 5. 主要土层的原状土样采取或进行原位测试的竖向间距宜按 0.5～1.0m/件（点），土层厚度大时可适当加大间距
福建《岩土工程勘察标准》 DBJ/T 13—84—2022	1. 取样和原位测试的勘探点数量应根据地层类型、地基厚度、均匀性、勘探孔数量及设计要求确定，对地基基础设计等级为甲级的建（构）筑物每栋不应少于 3 个，乙级不宜少于 2 个； 2. 每个场地同一地质单元每一主要土层采取原状（岩）土试样或原位测试数据不应少于 6 件（组）；嵌岩桩持力层采取岩样不应少于 9 件（组）；地基主要受力层有厚度大于 0.5m 的夹层或透镜体时，应采试样或进行原位测试； 3. 每一主要地层采取不扰动试样或进行原位测试的数量不应少于 6 件（组）/次，并应满足整个场地数理统计的要求；当地层不均匀时，应增加取样数量或原位测试数量。当采用连续记录的静力触探或动力触探时，每个场地不应少于 3 个勘探点； 4. 采取不扰动样和进行原位测试的竖向间距，在基础底面下 1.0 倍基础宽度内宜取 1～2m，之后可根据土层厚度适当加大取样间距； 5. 评价场地类别的剪切波速孔测试深度不应小于 20m 或覆盖层深度； 6. 采用标准贯入试验进行液化判别时，每个场地标贯试验勘探孔数量不应少于 3 个

规范名称	取样及原位测试要求
广东《建筑地基基础设计规范》DBJ 15—31—2016	1. 取土试样和原位测试的孔（井）的数量，应按地基土的均匀性和设计要求确定，并不应少于勘探孔总数的 1/2，对安全等级为一级的建筑物每幢不得少于 3 个； 2. 取土试样和原位测试点的竖向间距，在地基主要受力层内宜为 1～2m；对每个场地或每幢安全等级为一级的建筑物，每一主要土层的原状土试样不应少于 6 件；同一土层的孔内原位测试数据不应少于 6 组； 3. 在地基主要持力层内，对厚度大于 0.5m 的夹层或透镜体应采取土试样或进行孔内原位测试； 4. 当土质不均或结构松散难以采取土试样时，可采用原位测试。对岩石地基中不同风化带的岩石试验数据分别不少于 6 件（组）

1.4　岩土工程分析与评价

岩土工程分析评价应在工程地质测绘、勘探、测试和搜集已有资料的基础上，结合工程特点和要求进行。各类工程、不良地质作用和地质灾害以及各种特殊性岩土的分析评价，应分别符合相关规范的规定。

岩土工程的分析评价，应根据岩土工程勘察等级区别进行。对丙级岩土工程勘察，可根据邻近工程经验，结合触探和钻探取样试验资料进行；对乙级岩土工程勘察，应在详细勘探、测试的基础上，结合邻近工程经验进行，并提供岩土的强度和变形指标；对甲级岩土工程勘察，除按乙级要求进行外，尚宜提供载荷试验资料，必要时应对其中的复杂问题进行专门研究，并结合监测对评价结论进行检验。

1. 岩土工程分析评价应符合下列要求：

（1）充分了解工程结构的类型、特点、荷载情况和变形控制要求。

（2）掌握场地的地质背景，考虑岩土材料的非均质性、各向异性和随时间的变化，评估岩土参数的不确定性，确定其最佳估值。

（3）充分考虑当地经验和类似工程的经验。

（4）对于理论依据不足、实践经验不多的岩土工程问题，可通过现场模型试验或足尺试验取得实测数据进行分析评价。

（5）必要时可建议通过施工监测，调整设计和施工方案。

2. 岩土工程分析评价应包括下列内容：

（1）场地稳定性、适应性评价。

（2）场地地震效应评价。

（3）地基基础评价。

岩土工程分析评价内容应满足《工程勘察通用规范》GB 55017—2021 规定要求。

3. 岩土工程计算应符合下列要求：

（1）按承载能力极限状态计算，可用于评价岩土地基承载力和边坡、挡墙、地基稳定性等问题，可根据有关设计规范规定，用分项系数或总安全系数方法计算，有经验时也可用隐含安全系数的抗力容许值进行计算。

（2）按正常使用极限状态要求进行验算控制，可用于评价岩土体的变形、动力反应、透水性和涌水量等。

1.5　勘察报告

1.5.1　一般规定

岩土工程勘察报告应资料真实、内容完整，有明确的工程针对性。

1.5.2　岩土参数的分析和选定

1. 岩土参数应根据工程特点和地质条件选用，并按下列内容评价其可靠性和适用性。

（1）取样方法和其他因素对试验结果的影响。

（2）采用的试验方法和取值标准。

（3）不同测试方法所得结果的分析比较。

（4）测试结果的离散程度。

（5）测试方法与计算模型的配套性。

2. 岩土参数统计应符合下列要求：

（1）岩土的物理力学指标，应按场地的工程地质单元和层位分别统计。

（2）应按下列公式计算平均值、标准差和变异系数：

平均值
$$\phi_{\mathrm{m}} = \frac{\sum\limits_{i=1}^{n} \phi_i}{n} \tag{2.1-1}$$

标准差
$$\sigma_{\mathrm{f}} = \sqrt{\frac{1}{n-1}\left[\sum_{i=1}^{n} \phi_i^2 - \frac{\left(\sum\limits_{i=1}^{n} \phi_i\right)^2}{n}\right]} \tag{2.1-2}$$

变异系数
$$\delta = \frac{\sigma_{\mathrm{f}}}{\phi_{\mathrm{m}}} \tag{2.1-3}$$

3. 分析数据的分布情况并说明数据的取舍标准。

主要参数宜绘制沿深度变化的图件，并按变化特点划分为相关型和非相关型。需要时应分析参数在水平方向上的变异规律。

相关型参数宜结合岩土参数与深度的经验关系，按下式确定剩余标准差，并用剩余标准差计算变异系数。

剩余标准差
$$\sigma_{\mathrm{r}} = \sigma_{\mathrm{f}}\sqrt{1 - r^2} \quad (r \text{为相关系数；对非相关型，} r = 0) \tag{2.1-4}$$

标准值
$$\phi_{\mathrm{k}} = \gamma_{\mathrm{s}} \phi_{\mathrm{m}} \tag{2.1-5}$$

统计修正系数
$$\gamma_{\mathrm{s}} = 1 \pm \left\{\frac{1.704}{\sqrt{n}} + \frac{4.678}{n^2}\right\}\delta \tag{2.1-6}$$

正负号按不利组合考虑，如抗剪强度指标的修正系数应取负值。

统计修正系数γ_{s}也可按岩土工程的类型和重要性、参数的变异性和统计数据的个数，根据经验选用。

4. 在岩土工程勘察报告中，应按下列不同情况提供岩土参数值：

（1）一般情况下，应提供岩土参数的平均值、标准差、变异系数、数据分布范围和数据的数量。

（2）承载能力极限状态计算所需要的岩土参数标准值，应按式(2.1-5)计算；当设计规范另有专门规定的标准值取值方法时，可按有关规范执行。

1.5.3　成果报告的基本要求

1. 岩土工程勘察报告应包括文字和图表部分，并应符合下列规定：

（1）勘察报告应有单位公章、相关责任人签章。

（2）图表应有名称、项目名称及相关责任人签字。

2. 岩土工程勘察报告应根据任务要求、勘察阶段、工程特点和地质条件等具体情况编写，并应包括下列内容：

（1）勘察目的、任务要求和依据的技术标准。

（2）拟建工程概况。

（3）勘察方法和勘察工作布置。

（4）场地地形、地貌、地层、地质构造、岩土性质及其均匀性。

（5）各项岩土性质指标，岩土的强度参数、变形参数、地基承载力的建议值。

（6）地下水埋藏情况、类型、水位及其变化。

（7）土和水对建筑材料的腐蚀性。

（8）可能影响工程稳定的不良地质作用的描述和对工程危害程度的评价。

（9）场地的地震效应评价。

（10）场地稳定性和适宜性的评价。

（11）地基基础分析评价。

（12）基坑支护、地下水控制方案建议。

（13）结论与建议。

3. 成果报告应附下列图件：

（1）勘探点平面配置图。

（2）工程地质柱状图。

（3）工程地质剖面图。

（4）原位测试成果图表。

（5）室内试验成果图表。

参考文献

[1]　林宗元. 简明岩土工程勘察设计手册[M]. 北京: 中国建筑工业出版社, 2003.

[2]　《工程地质手册》编委会. 工程地质手册[M]. 5 版. 北京: 中国建筑工业出版社, 2018.

[3]　中华人民共和国住房和城乡建设部. 工程勘察通用规范: GB 55017—2021[S]. 北京: 中国建筑工业出版社, 2021.

[4]　中华人民共和国住房和城乡建设部. 岩土工程勘察规范 (2009 年版): GB 50021—2001[S]. 北京: 中国建筑工业出版社, 2009.

[5]　中华人民共和国住房和城乡建设部. 民用建筑设计统一标准: GB 50352—2019[S]. 北京: 中国建筑工业出版社, 2019.

[6]　中华人民共和国住房和城乡建设部. 建筑地基基础设计规范: GB 50007—2011[S]. 北京: 中国建筑工业出版社, 2012.

[7]　北京市规划委员会. 北京地区建筑地基基础勘察设计规范 (2016 年版): DBJ 11—501—2009[S]. 北京, 2017.

[8]　　上海市城乡建设和交通委员会. 岩土工程勘察规范: DGJ 08—37—2012[S]. 上海, 2012.

[9]　　天津市城乡建设委员会. 天津市岩土工程勘察规范: DB/T 29—247—2017[S]. 北京: 中国建材工业出版社, 2017.

[10]　浙江省住房和城乡建设厅. 工程建设岩土工程勘察规范: DB 33/T 1065—2019[S]. 杭州, 2019.

[11]　福建省住房和城乡建设厅. 岩土工程勘察标准: DBJ/T 13—84—2022[S]. 福州, 2022.

第 2 章　高层建筑岩土工程勘察

2.1　岩土工程勘察等级划分

2.1.1　高层建筑的特点及分类

所谓高层建筑顾名思义即建筑物层数高，按《民用建筑设计统一标准》GB 50352—2019，民用建筑按地上建筑高度或层数分类如下：

建筑高度不大于 27.0m 的住宅建筑、建筑高度不大于 24.0m 的公共建筑及建筑高度大于 24.0m 的单层公共建筑为低层或多层民用建筑；

建筑高度大于 27.0m 的住宅建筑和建筑高度大于 24.0m 的非单层公共建筑，且高度不大于 100.0m 的，为高层民用建筑；

建筑高度大于 100.0m 为超高层建筑。

高层建筑具有以下特点：

（1）层数高、高度大

目前已有的高层建筑，10～33 层者居多，建筑高度在 30～100m 居多，随着经济及建筑技术的发展，超过 100m 的城市地标性建筑也逐渐增多，最高者阿联酋哈利法塔已超过 800m 达828.1m，国内有 632m 高的上海中心大厦、598.9m 高的深圳平安国际金融中心等超高层建筑。

（2）基础埋深大

高层建筑为满足埋高比和相关验算，一般至少一层地下室，埋深约 5m，对于超高层建筑，一般有三层及以上地下室，基础埋深超过 15m 甚至达到 30m 以上，基础埋深大，基坑开挖与支护、基坑降水的难度增大。

（3）对地基要求高

高层建筑基底压力一般较大，10～33 层建筑基底压力一般在 200～600kPa，33 层以上的建筑基底压力一般超过 600kPa，因荷载大，除岩石、卵石层等地基条件好的区域可以采用天然地基，其他以黏性土、粉土、砂层为主的区域，一般持力层承载力不能满足上部荷载要求，采用复合地基或桩基础者较多。

2.1.2　岩土工程勘察等级

根据《高层建筑岩土工程勘察标准》JGJ/T 72—2017，高层建筑的岩土工程勘察等级应根据高层建筑规模和特征、场地、地基复杂程度以及破坏后果的严重程度，划分为三个等级（表 2.2-1）。

高层建筑岩土工程勘察等级划分　　　　　　　　　　　　　　　　表 2.2-1

勘察等级	高层建筑规模和特征、场地和地基复杂程度及破坏后果的严重程度
特级	符合下列条件之一，破坏后果很严重： 1. 高度超过 250m（含 250m）的超高层建筑； 2. 高度超过 300m（含 300m）的高耸结构； 3. 含有周边环境特别复杂或对基坑变形有特殊要求基坑的高层建筑

续表

勘察等级	高层建筑规模和特征、场地和地基复杂程度及破坏后果的严重程度
甲级	符合下列条件之一，破坏后果很严重： 1. 30 层（含 30 层）以上或高于 100m（含 100m）但低于 250m 的超高层建筑（包括住宅、综合性建筑和公共建筑）； 2. 体型复杂、层数相差超过 10 层的高低层连成一体的高层建筑； 3. 对地基变形有特殊要求的高层建筑； 4. 高度超过 200m，但低于 300m 的高耸结构，或重要的工业高耸结构； 5. 地质环境复杂的建筑边坡上、下的高层建筑； 6. 属于一级（复杂）场地，或一级（复杂）地基的高层建筑； 7. 对既有工程影响较大的新建高层建筑； 8. 含有基坑支护结构安全等级为一级基坑工程的高层建筑
乙级	符合下列条件之一，破坏后果严重： 1. 不符合特级、甲级的高层建筑和高耸结构； 2. 高度超过 24m，低于 100m 的综合性建筑和公共建筑； 3. 位于邻近地质条件中等复杂、简单的建筑边坡上、下的高层建筑； 4. 含有基坑支护结构安全等级为二级、三级基坑工程的高层建筑

注：1. 建筑边坡地质环境复杂程度按现行国家标准《建筑边坡工程技术规范》GB 50330 划分判定；
　　2. 场地复杂程度和地基复杂程度的等级按现行国家标准《岩土工程勘察规范》GB 50021 判定；
　　3. 基坑支护结构的安全等级按现行行业标准《建筑基坑支护技术规程》JGJ 120 判定。

考虑到近年来超高层建筑越来越多，若按照 152m（500ft）为"摩天大楼"的标准，中国已建成和在建中的"摩天大楼"总数目前已超过 1000 座。这类高层建筑中，高度超过 250m（含 250m）的超高层建筑和高度超过 300m（含 300m）的高耸结构，竖向和水平荷载均很大，抗震、抗风要求很高，使用寿命长、投资巨大，往往是城市中有历史意义的标志性建筑，是城市中的重大工程，为保证这类建筑地基基础的绝对安全，将其从原勘察等级甲级中分出来，划为特级，多花一些时间，多做一些更详尽的工作是必要的。

2.2　各阶段岩土工程勘察

2.2.1　初步勘察

1. 勘察目的

初步勘察的目的是解决区域稳定性的问题同时兼顾初步查明场地的工程地质条件、水文地质条件，评价场地的地震效应，初步分析可用的地基基础方案并提供相关参数，主要目的如下：

（1）调查场地不良地质作用的成因、分布、规模、发展趋势，分析与工程建设的相互影响，评价场地的稳定性及建筑适宜性。

（2）初步查明场地的地形地貌、地层结构、岩土工程特性。

（3）初步查明场地地下水的埋深、年变化幅度等。

（4）初步评价场地的地震效应。

（5）初步分析可能采用的地基处理措施，初步提供地基基础设计所需的相应参数。

（6）初步判定水、土对建筑材料的腐蚀性。

（7）季节性冻土地区，初步分析场地土的标准冻结深度。

（8）对基坑开挖与支护、工程降水方案进行初步分析，初步提供相应的参数。

（9）分布有特殊性岩土的场地，初步查明特殊性岩土的分布、厚度、性质，评价对工程建设的影响及工程建设所采取的措施。

（10）提出下一步详勘应重点注意的问题。

2. 勘探点平面布置

结合高层建筑的特点和勘察目的，初步勘察阶段勘探点平面布置原则如下：

（1）勘探点的布置应能控制整个建筑场地。

（2）勘探线应垂直地貌单元、地质构造和地层界线布置，工程地质条件单一、地形平坦的区域可按方格网布置勘探点。

（3）勘探线的间距宜为 50～100m，勘探点的间距宜为 30～50m。

（4）每栋高层建筑不宜少于一个勘探点，每个地貌单元均应布置勘探点，在地貌单元交接部位和地层可能变化较大的地段，勘探点应加密。

3. 勘探点深度

勘探点深度应满足查明地层结构，评价场地稳定性，确定地基承载力，进行初步的地基基础设计与基坑支护设计、初步的地基变形计算等所需深度的要求。

在考虑可能采用的地基处理方式时，一般应考虑最不利情况下采用何种地基处理方式，大部分情况下应考虑采用桩基础时所需的勘探点深度，初勘时勘探点深度相对大一些，可为后期详勘工作量布置提供科学的参考依据。

4. 勘探取样与测试方法

初步勘察阶段采取土试样和进行原位测试应符合下列规定：

（1）采取土试样和进行原位测试的勘探点应结合地貌单元、地层结构和土的工程性质布置，其数量可占勘探点总数的 1/4～1/2，在湿陷性黄土地区应为 1/2。每个地貌单元下应有一个取土试样勘探点和一个原位测试勘探点，这样在工程地质分析时有数据支撑。

（2）原位测试方法根据地层特征确定，一般砂层、黏性土、粉土、素填土进行标准贯入试验，杂填土、碎石土进行圆锥动力触探试验，有条件时也可进行浅层或深层平板载荷试验。

（3）采取土试样的数量和孔内原位测试的竖向间距，应按地层特点和土的均匀程度确定；每层土均应采取土试样或进行原位测试，其数量不应小于 6 个。特殊性土分布区，采取土试样应满足特殊性土相关规范的要求，如湿陷性黄土分布区探井的取样间距应为 1m。

2.2.2　详细勘察

1. 勘察目的

高层建筑岩土工程详细勘察的主要目的包括：查明场地的工程地质和水文地质条件、地基土的岩土工程性质，评价场地的稳定性及建筑适宜性、评价场地的地震效应，提供地基基础方案建议及所需参数、基坑开挖与支护及基坑降水措施建议及所需参数，提出工程建设应注意的其他问题，主要任务如下：

（1）查明场地不良地质作用的成因、分布、规模、发展趋势，分析与工程建设的相互影响，评价场地的稳定性及建筑适宜性。

（2）查明场地的地形地貌、地层结构、岩土工程特性。

（3）查明场地地下水的埋深、年变化幅度等。

（4）评价场地的地震效应。

（5）提出建筑物的地基基础方案建议及所需参数。

（6）判定水、土对建筑材料的腐蚀性。

（7）季节性冻土地区，提供场地土的标准冻结深度。

（8）提出基坑开挖与支护、工程降水措施建议及相关参数。

（9）分布有特殊性岩土的场地，查明特殊性岩土的分布、厚度、性质，评价对工程建设的影响及工程建设所采取的措施。

2. 勘探点平面布置

高层建筑详细勘察阶段勘探点的平面布置应根据高层建筑的平面形状、荷载的分布、场地的工程地质条件及可能选用的地基基础方案布设。大部分高层建筑往往不单独进行岩土工程初步勘察，在布置勘探点时并不能准确判定采用何种地基基础方案，因此在详细勘察的勘探点布置时要兼顾桩基础、复合地基、天然地基三种情况来布置勘探点。勘探点布置可参考以下原则：

（1）当高层建筑平面为矩形或接近矩形时，按双排或多排布设；当为不规则形状时，宜在凸出部位的阳角和凹进的阴角布设勘探点。

（2）体型庞大的超高层建筑在中心点或电梯井、核心筒部位布设勘探点。

（3）单栋高层的勘探点数量

按《高层建筑岩土工程勘察标准》JGJ/T 72—2017，勘察等级为甲级及以上的不应小于 5 个，乙级不应小于 4 个，控制性勘探点数量对勘察等级为甲级及以上的不应小于 3 个，乙级的不应小于 2 个；按《岩土工程勘察规范》GB 50021—2001（2009 年版），勘察点数量不应小于 4 个；按《湿陷性黄土地区建筑标准》GB 50025—2018，甲、乙类建筑不宜小于 5 个勘探点；按《工程勘察通用规范》GB 55017—2021，勘探点数量不应小于 4 个，控制性的勘探点数量不应小于 2 个。综合《高层建筑岩土工程勘察标准》JGJ/T 72—2017、《岩土工程勘察规范》GB 50021—2001（2009 年版）、《工程勘察通用规范》GB 55017—2021，单栋高层建筑勘探点数量不应小于 4 个，控制性的勘探点数量不应小于 2 个可满足强制性条文要求。

在实际工程中，非岩溶地区可能采用天然地基、摩擦桩、复合地基的场地，建筑物长度不大于 30m、宽度不大于 15m 时，可布置 4 个勘探点于角点处，选对角线的 2 个勘探点为控制性勘探点；建筑物长度大于 30m 时，根据建筑长度及宽度等特征布置 5 个或 5 个以上勘探点；非岩溶地区可能采用端承桩的场地，建筑物长度不大于 24m 时，可布置 4 个勘探点；大于 24m 时，根据建筑长度及宽度等特征布置 5 个或 5 个以上勘探点。

（4）建筑群可根据整体建筑物的平面布置特征按方格网布置勘探点，每栋高层不小于 1 个控制性勘探点。相邻的高层建筑，勘探点可互相共用，即将勘探点布置在一栋建筑物的角点或轮廓线上、相邻建筑物共用或布置在两个建筑物的中间。

（5）勘探点间距

《岩土工程勘察规范》GB 50021—2001（2009 年版）、《高层建筑岩土工程勘察标准》JGJ/T 72—2017、《湿陷性黄土地区建筑标准》GB 50025—2018、《建筑桩基技术规范》JGJ 94—2008 等规范对勘探点间距的要求略有区别，但大同小异，与场地复杂程度有关，复杂场地、中等复杂场地、简单场地的勘探点间距依次增加，采用桩基础的勘探点间距小于天然地基。在实际工程中，很难达到《岩土工程勘察规范》GB 50021—2001（2009 年版）中复杂场地勘探点间距 10～15m，不同地域对勘探点间距的惯例不一致，如银川、兰州、西安等区域已形成共识或惯例，高层建筑勘探点间距不大于 30m 可查明场地的工程地质条件，武汉等区域采用端承桩时勘探点间距不大于 24m，贵州等岩溶分布区，高层详勘阶段的勘探点做到一柱一个勘探点。

综合以上分析建议的勘探点间距如下：

非岩溶地区可能采用天然地基、摩擦桩、复合地基的区域，勘探点间距不大于 30m；

非岩溶地区勘探深度范围内有稳定的基岩，可作为端承桩的桩端持力层的区域，勘探点间距不大于 24m；

岩溶地区，勘探点宜按一柱一个勘探点；

当遇到场地存在两个及以上的工程地质单元（地貌单元、岩土性质分区）及岩土层顶底面起伏大等情况下，应在工程地质单元分界线处、岩土层顶底面起伏大的区域加密勘探点。

3. 勘探点深度

《岩土工程勘察规范》GB 50021—2001（2009 年版）、《高层建筑岩土工程勘察标准》JGJ/T 72—2017、《工程勘察通用规范》GB 55017—2021 按天然地基、桩基础分别确定勘探点深度，在实际工程中，勘探点深度在编制勘察方案阶段确定，对场地的了解一般通过收集周围项目的勘察资料、区域地质资料获得，当不能确定是否可采用天然地基方案时，一般按最不利情况下考虑采用钻孔灌注桩方案。对于高层建筑的勘探点深度一般同时兼顾桩基础、复合地基和天然地基，三种情况下，桩基础勘探点深度最大；因此，可按桩基础预估可能的最大桩长来确定勘探点深度。

（1）摩擦型桩

根据《高层建筑岩土工程勘察标准》JGJ/T 72—2017，一般性勘探点的深度应进入预计桩端持力层或预计最大桩端入土深度以下不小于 5m；控制性勘探点深度应达群桩桩基（假想的实体基础）沉降计算深度以下 1～2m，群桩桩基沉降计算深度宜取桩端平面以下附加应力为上覆有效自重压力 20%的深度，或按桩端平面以下 $1B$～$1.5B$（B 为假想实体基础宽度）的深度考虑。

在工程实际中，在确定勘探点深度时，估算可能的最大桩长相对较为容易，而计算桩端以下附加应力、上覆有效自重压力往往条件不是很成熟或估算值与最终勘察完的实际值差别较大，因此在工程中形成的经验为一般性勘探点深度为预估的最大桩端以下 5m 按 5 的倍数取值，控制性勘探点深度在一般性勘探点基础上加 5～30m（对一般黏性土为主的场地而言，一般性勘探点深度小于等于 50m 时，控制性勘探点在一般性勘探点深度的基础上加 10m；一般性勘探点深度大于等于 55m、小于等于 80m，控制性勘探点深度在一般性勘探点深度的基础上加 15m；一般性勘探点深度大于等于 85m、小于等于 100m，控制性勘探点深度在一般性勘探点深度基础上加 20m；一般性勘探点深度大于 105m，控制性勘探点深度在一般勘探点深度基础上加 30m）。

（2）端承型桩

根据《高层建筑岩土工程勘察标准》JGJ/T 72—2017，勘探点深度确定原则如下：

当以可压缩地层（包括全风化和强风化岩）作为独立柱基桩端持力层时，勘探点深度应满足沉降计算的要求，控制性勘探点的深度应深入预计桩端持力层以下 $5d$～$8d$（d 为桩身直径，或为方桩的换算直径），直径大的桩取小值，直径小的桩取大值，且不应小于 5m；

一般性勘探点的深度应达到预计桩端以下 $3d\sim5d$，且不应小于 3m；

对一般岩质地基的嵌岩桩，控制性勘探点应钻入预计嵌岩面以下 $3d\sim5d$，且不应小于 5m，一般性勘探点深度应钻入预计嵌岩面以下 $1d\sim3d$，且不应小于 3m；

对花岗岩地区的嵌岩桩，控制性勘探点深度应深入中等、微风化岩 $5\sim8m$，一般性勘探点深度应进入中等、微风化岩 $3\sim5m$；

对岩溶、断层破碎带地区，勘探点应穿过溶洞或断层破碎带进入稳定地层，进入深度不应小于 $3d$，且不应小于 5m；

具多韵律薄层状的沉积岩或变质岩，当风化带内强风化、中等风化、微风化岩呈互层出现时，对拟以微风化岩作为持力层的嵌岩桩，勘探点深度应进入微风化岩不应小于 5m。

在实际的工程实践中，基岩顶面很难预估得非常准确，桩径也是一个变化的量，在最终的设计阶段才能完全确定，布置勘探点的深度基本达不到 1m 增加的精度，一般按 5m 左右增加，因此其一般勘探点深度在满足规范要求时可按如下原则确定：

①岩溶和断层破碎带地区，一般性勘探点进入岩溶或断层破碎带以下稳定地层不小于 5m，控制性勘探点进入岩溶或断层破碎带以下稳定地层不小于 $8\sim10m$；

②非岩溶及断层破碎带地区，一般性勘探点进入中风化层不小于 5m，控制性勘探点深度进入中风化层不小于 $8\sim10m$。

4. 勘探取样与测试

（1）取样与原位测试的原则

采取土试样和原位测试的勘探点数量：按《工程勘察通用规范》GB 55017—2021、《岩土工程勘察规范》GB 50021—2001（2009 年版），根据地层结构、地基土的均匀性和工程特点综合确定，且不应小于勘探点总数的 1/2；按《湿陷性黄土地区建筑标准》GB 50025—2018，不应小于全部勘探点的 2/3，且取样勘探点不宜小于全部勘探点的 1/2。因此在一般的无特殊性岩土分布区域，取土试样和原位测试的勘探点数量不应小于勘探点总数的 1/2，取土试样的勘探点数量不小于勘探点总数的 1/3；在特殊性岩土分布区域，还应考虑特殊性岩土的相关规范的要求，如湿陷性黄土地区取土试样的勘探点一般为勘探点总数的 1/2 或略多于 1/2，取土试样和原位测试的勘探点数量一般为勘探点总数的 2/3 或略多于 2/3。

采用标准贯入试验锤击数进行液化判别时，每个场地标贯试验勘探点的数量不应小于 3 个。

每一层土取样试样不应少于 6 件（组），以中等风化、微风化岩石作为天然地基持力层、桩端持力层时，每层不宜少于 9 件（组）。

（2）取样间距

湿陷性黄土地区探井取样间距为 1m，钻孔中湿陷性黄土取样间距宜为 2m，非湿陷性黄土，取样间距适当加大。

一般黏性土、粉土、砂土、碎石土，深度小于 40m 时，取样间距宜为 $2\sim4m$，深度大于 40m 取样间距可增大至 $5\sim10m$，岩土性质变化小，勘探点数量多的高层建筑群的岩土工程勘察项目取样间距可适当加大。

（3）原位测试类型

高层建筑岩土工程勘察中，常用的原位测试方法标准贯入试验、分散性圆锥动力触探试验、剪切波速测试，部分工程进行了载荷试验、旁压试验、静力触探试验、十字板剪切试验，原位测试的原则、间距等同多层、单层建筑的岩土工程勘察。

（4）室内试验

砂土、碎石土进行颗粒分析试验，高层建筑岩土工程勘察的试验方法、原则同多层、单层建筑的要求。

黏性土、粉土进行常规物理力学性质试验和压缩性试验。进行压缩性试验时，选择的试验压力应按土样深度和基底压力确定，当基础底面压力很高、而土层的承载力特征值相对较低，确定不能采用天然地基时，试验压力根据可能采用的地基基础方式确定的实际受力确定，压力选择宜按 100kPa 递加。湿陷性黄土地区测试湿陷系数的压力也宜与黏性土、粉土压缩性试验的压力选择相同。

当依据基坑开挖卸荷引起的回弹量和回弹再压缩量时，应进行压缩—回弹—再压缩固结试验，获取回弹模量和回弹再压缩模量，其试验时加卸荷压力宜模拟实际加卸荷工况。

2.2.3　专项勘察

1. 地下水勘察

高层建筑的地下水勘察一般可与岩土工程勘察合并进行，在地下水埋深变化大，分布有不同类型的地下水，对工程影响大等情况下建议进行地下水专项勘察。地下水专项勘察宜包含以下内容：

（1）地下水的类型、水位埋深、水位（水头）标高；含水层、相对隔水层的空间分布；各含水层间的相互补给关系。

（2）地层的渗透系数等相关的水文地质参数。

（3）地下水的补给、径流和排泄，地下水与地表水的水力联系。

（4）历史最高、最低地下水位及近 3～5 年的水位和变化趋势。

（5）分析评价地下水与工程建设的相互影响，提出相应措施及所需参数，并提出采取各措施时应注意问题；采取降水措施时在地下水下降的影响范围内，应评价降水引发周边环境地面沉降及其对工程的危害；在地下水位以下开挖基坑，应评价降水或截水措施的可行性及其对基坑稳定和周边环境的影响；当基坑底面以下存在高水头的承压含水层时，应评价坑底土层的隆起或产生突涌的可能性。

（6）提供场地的抗浮设防水位，分析施工期可能的水位变化特征。

2. 施工勘察

（1）直接持力层及下卧层的进一步探测

采用天然地基的建筑物，天然地基的持力层中夹承载力较低的地层，采用天然地基需要挖除换填，在岩土工程详细勘察时，因勘探点间距略大不能精准地查明时，在基坑开挖后，则需进一步地进行施工勘察，施工勘察的勘探点间距一般不大于 5m，勘探点深度一般在 5～10m，勘察目的也很明确，查明直接接触的层位是否有不能采用天然地基需要换填的地层以及地基主要受力层内有无影响天然地基变形的承载力较低的地层。

（2）桩基施工勘察

岩溶地区、采用端承桩的工程，为更进一步确定桩基的长度，进行桩基施工的专项勘察，采用一桩一孔形式，钻孔需深入稳定的持力层以下 3m。

3. 其他专项勘察

（1）基岩顶面的探测

采用中风化岩石作为持力层的桩基工程，在详勘阶段因地形起伏大、勘探点间距较大的影响，未能更精准地查明基岩顶面，在桩基施工前对基岩顶面进行专项勘察，勘探点间距一般控制在 5m，基岩顶面有断崖式起伏的地段勘探点间距应加密至 2～3m，勘探点深度深入基岩顶面以下至少 3m。

（2）地貌分区界线的探测

跨地貌单元的建筑物，各地貌单元下的地层结构不同，在地貌单元分界处两侧地基一般为不均匀地基，为能更精准地确定地貌分区界线，使不均匀地基的地基处理范围更精确。地貌分区界线探测的勘探点间距一般控制在 5m，勘探点深度揭露至两地貌单元共同的基底地层。

（3）填土厚度及填土底界的探测

建筑物基础底面以下存在大厚度填土场地或基础底面部分位于天然土层、部分位于填土层且填土层厚度大及厚度差异大时，应进行填土分布、填土厚度及填土底界的探测或专项勘察，勘探点间距一般控制在 5m，填土底界呈断崖式起伏的地段勘探点间距应加密至 2～3m，勘探点深度应进入天然土层以下至少 3m。

（4）地裂缝、全新活断裂勘察

经前期勘察或对已有资料分析后，当场地发育或可能发育区域性的地裂缝、全新活动断裂时，应进行地裂缝、全新活动断裂的专项勘察。

地裂缝是地表岩、土体在自然或人为因素作用下，产生开裂，并在地面形成一定长度和宽度裂缝的一种地质现象。地裂缝的成因与类型有地震裂缝、基底断裂活动裂缝、隐伏裂隙、开启裂缝、松散土体潜蚀裂缝、黄土湿陷裂缝、胀缩裂缝、地面沉陷裂缝、滑坡裂缝。地裂缝是一个很广的概念，地表有开裂、有一定的长度和宽度，都可称为地裂缝，比如说某基坑出现变形，在基坑顶部出现一条长约 30m、宽约 5cm 的裂缝，从广义上来说也是地裂缝。

松散土体潜蚀裂缝、黄土湿陷裂缝、胀缩裂缝一般不需要专项勘察，但对区域性的地裂缝、全新世活动断裂应进行专项勘察，区域性地裂缝的勘察见本手册第 4 篇第 9 章、全新世活动断裂内容见本手册第 4 篇第 1 章。

地裂缝类中有一种特殊的地裂缝称为"西安地裂缝"，指在过量开采埋深 80～350m 承压水，产生不均匀地面沉降的条件下，临潼—长安断裂带 FN 断层西北侧（上盘）一组走向北东、倾向南东，呈书斜式构造的隐伏地裂缝出现正倾向活动，在地表形成的破裂。西安地裂缝勘察将场地分为一类、二类、三类。地表破裂为一类场地的勘探标志层，其场地为一类地裂缝场地；地层中发上更新统和中更新统红褐色古土壤为二类场地的勘探标志层（简称二类标志层），其场地为二类地裂缝场地；不符合一类场地、二类场地条件的地裂缝场地属于三类场地。西安地裂缝勘察划分为初步勘察和详细勘察两个阶段。初步勘察在场地布置 1～2 条勘探线；二类场地的勘探钻孔间距宜为 20～30m，在地层异常地段应加密钻孔，确定二类标志层错断的相邻钻孔间距应不大于 4m，勘探孔深度应在揭穿二类标志层后继续钻进不小于 2m；三类场地的勘探点间距宜为 40～50m，在地层异常地段应加密钻孔，确定三类标志层错断的相邻钻孔间距应不大于 10m，勘探孔深度应不小于 80m；地裂缝每一侧的钻孔不宜少于 3 个。详细勘察二类场地勘探线长度不宜小于 40m，钻探勘探线的间距不宜大于 20m；在地层异常地段应加密钻孔，确定二类标志层错断的相邻钻孔间距不宜大于 4m，勘探钻孔的深度应在揭穿二类标志层后，继续钻进不小于 2m；三类场地勘探线的间距不宜大于 30m，勘探线长度不宜小于 80m；在地层异常地段应加密钻孔，非浐灞河阶地区确定地层错断的相邻钻孔间距不宜大于 10m、浐灞河阶地区不宜大于 5m，非浐灞河阶地区勘探孔的深度不宜小于 80m、浐灞河阶地区不宜小于 60m；地裂缝每一侧的钻孔不宜少于 3 个。

（5）崩塌、滑塌等其他不良地质作用的勘察、边坡工程勘察

当高层建筑场地周边有影响工程建设的崩塌、滑坡、泥石流等不良地质作用及地质灾害、边坡工程（挖方边坡、填方边坡），应进行不良地质作用的专项勘察、边坡工程的专项勘察。

高层建筑场地周边的不良地质作用及地质灾害，除按规范查明不良地质作用的成因、分布、规模、发展趋势外，还应重点分析不良地质作用、边坡工程与工程建设尤其是基坑工程的相互影响，并提出处治措施建议及工程建设应注意的相关问题。

2.3　岩土工程分析与评价

高层建筑岩土工程勘察分析评价应在勘探、测试及岩土指标统计分析等工作基础上，结合高层建筑及场地具体特点和有关要求进行。分析评价内容主要包括场地稳定性和适宜性评价、场地地震效应评价和地基基础评价。对场地地质条件可能造成的工程风险应进行评价，并提出防治措施的建议、提供设计所需的岩土参数。

2.3.1　地层空间分布特征分析

地层的空间分布特征主要论述各层层面起伏、层底起伏、厚度变化等特征，必要时绘制关键地层或特殊地层的厚度等值线图、层底高程等值线图或层顶高程等值线图，如填土底界高程等值线图、填土厚度等值线图、基岩顶面等值线图、桩端持力层顶面等值线图、天然地基持力层顶面高程等值线图、天然地基持力层厚度等值线图等。同一场地有两种及以上地层结构时，也需论述各地层结构间的接触关系，必要时绘制相应的插图说明。

2.3.2　地基均匀性评价

1）根据《高层建筑岩土工程勘察标准》JGJ/T 72—2017，天然地基均匀性评价要求如下：

高层建筑采用天然地基应进行地基均匀性评价，符合下列条件之一者，应判定为不均匀地基，对判定为不均匀地基，应进行沉降、差异沉降、倾斜等特征分析评价，并提出相应建议。

（1）地基持力层跨不同地貌单元或工程地质单元，工程特性差异显著。

（2）地基持力层虽属于同一地貌单元或同一工程地质单元，但遇下列情况之一，应判定为不均匀地基：

中—高压缩性地基，持力层底面或相邻基底高程的坡度大于 10%；

中—高压缩性地基，持力层及其下卧层在基础宽度方向的厚度差值大于 0.05b（b 为基础宽度）

（3）同一高层建筑虽处于同一地貌单元或同一工程地质单元，但各处地基土的压缩性有较大差异时，可在计算各钻孔地基变形计算深度范围内当量模量的基础上，根据当量模量的最大值 $\overline{E}_{smax}$ 和当量模量最小值 $\overline{E}_{smin}$ 的比值判定地基均匀性。当 $\dfrac{\overline{E}_{smax}}{\overline{E}_{smin}}$ 大于地基不均匀

系数界限值 K 时，可按不均匀地基考虑，K 值见表 2.2-2。

地基不均匀系数 K 值限值 　　　　　　　　　　　　表 2.2-2

同一建筑物下各钻孔压缩模量当量值 $\overline{E}_s$ 的平均值/MPa	≤ 4	7.5	15	> 20
不均匀系数界限值 K	1.3	1.5	1.8	2.5

在地基变形计算深度范围内，某一个钻孔的压缩模量当量值 $\overline{E}_s$ 应根据平均附加应力系数在各层土的层位深度内积分值 A_i 和各层土的压缩模量 $\overline{E}_s$（按实际压力段取值）按下式计算：

$$\overline{E}_s = \frac{\sum A_i}{\sum \dfrac{A_i}{E_{si}}} \tag{2.2-1}$$

式中：$\overline{E}_s$——压缩模量当量值；

　　　A_i——第 i 层土的层位深度内平均附加应力系数的积分值。

2）不能采用天然地基的建筑物，也建议进行地基均匀性评价，如基础底面以下存在挖填方地基、大厚度填土地基、自重湿陷性土层厚度差异大的地基，建筑物采用桩基础，因地基土性质差异大，对单桩承载力影响也较大，也应判定为不均匀地基。

2.3.3　承载力计算及变形验算

1）地基承载力计算应符合下列规定：

（1）应验算持力层及软弱下卧层的地基承载力。

（2）当高层建筑周边的附属建筑基础的处于超补偿状态，且其与高层建筑不能形成刚性整体结构时，应根据由此造成高层建筑基础侧限力的永久性削弱及其对地基承载力的影响进行计算。

（3）当拟提高附属建筑物的基底压力，以加大其地基沉降、减少高低层建筑之间的差异沉降时，应同时验算地基承载力及地基极限承载力。

2）在承载力验算时，应注意当高层建筑周边为独立基础的地下车库时，承载力修正时采用的基础埋深应从地下车库的室内地面算起，同时应验算现状地下水位、地下水位位于基础底面、地下水位位于抗浮水位时的承载力修正值是否满足设计要求。

2.3.4　地基处理方案分析与评价

广义的地基处理方案含天然地基、桩基础、复合地基，天然地基是一种特殊的地基处理常被单独分析，桩基础常常被归类至基础方案上，本节的地基处理方案指除天然地基、桩基础外的以复合地基为主的地基处理方案，主要有垫层、挤密桩复合地基、刚性桩复合地基等。

1. 垫层地基

垫层地基主要适用于基础底面平均压力小于 250kPa、地基处理厚度小于 3m 的高层建筑，其垫层材料主要有灰土、水泥土、级配砂石等，垫层地基的分析及评价主要包括以下内容：

（1）垫层厚度的分析及建议，垫层材料的建议。

（2）垫层下部持力层的分析。

（3）当垫层下部还剩余有不能作为垫层底部持力层的相对较为软弱土层（如松散填土

等）时，应提出处理措施建议。

（4）下卧层强度及变形分析。

（5）垫层部分原土层开挖时对基坑开挖及基坑降水的影响及处理措施建议。

（6）垫层施工对环境的影响。

（7）检验检测、监测等工作的建议。

2. 挤密桩类复合地基

挤密桩类复合地基主要适用于湿陷性黄土地区、填土地基采用机械方式挤密桩间土体、夯实桩体形成的散体材料桩等复合地基，基础底面平均压力小于等于 300kPa 时可采用挤密类桩复合地基，其桩体材料一般有灰土、水泥土、碎石等，挤密桩类复合地基的分析及评价主要包括以下内容：

（1）桩体的长度和材料。

（2）挤密桩的施工工艺。

（3）桩体施工对环境的影响。

（4）检验检测、监测等工作的建议。

3. 刚性桩复合地基

刚性桩复合地基主要适用于处理黏性土、粉土、砂土、素填土等土层，刚性桩复合地基的分析及评价主要包括以下内容：

（1）桩端持力层建议及桩体的长度。

（2）桩间土的承载力特征值。

（3）桩身范围内土层的侧摩阻力特征值及桩端持力层的端阻力特征值。

（4）桩间土是否需要加固处理的分析。

（5）对复合地基设计参数的检验和设计、施工中注意的问题提出建议。

（6）对复合地基的检验检测、监测等工作提出建议。

2.3.5　桩基方案分析与评价

1）桩基方案的分析及评价主要包括以下内容：

（1）桩型、桩端持力层的建议。

（2）提供建议桩型的侧阻力、端阻力和桩基设计其他岩土参数。

（3）估算桩基承载力。

（4）对沉（成）桩可能性、桩基施工对环境影响进行评价，提出设计、施工应注意的问题。

（5）分析评价采用桩基方案时建筑物的沉降特征。

（6）提出桩基础检测建议。

2）当遇到工程地质条件复杂的工程，宜进一步分析评价：

（1）大厚度自重湿陷性黄土、大厚度欠固结的不均匀填土、大面积堆载的桩基工程，分析可能产生的负摩阻力及其对桩基承载力的影响，提出相应的处理措施建议。

（2）当预制桩桩长范围内有影响成桩的硬质薄层、孤石时，提出其对成桩的影响及处理措施建议。

（3）对于不均匀地基，同一建筑物相同的桩长，估算的单桩承载力值相差较大时，提出对不均匀地基的处理措施建议。

（4）采用嵌岩桩等端承桩，桩端持力层起伏大时，提出桩基施工前的超前钻或施工勘察的建议。

2.3.6 基坑支护方案分析与评价

高层建筑基坑工程的分析与评价应包括下列内容：

（1）基坑周边环境的分析。当建筑物位于坡顶或坡底，分析基坑开挖对边坡的影响，当基坑与其他项目的基坑或已回填的基坑肥槽相邻时，分析其相互影响。

（2）对基坑支护方案和解决基坑工程可能产生的主要岩土工程问题提出建议，应提供基坑工程设计和施工所需的岩土参数。

（3）对地下水控制方案提出建议，场地拟采取降水措施时，提供水文地质计算有关参数和预测降水对周边环境可能造成的影响。

（4）对基坑周边环境可能产生的影响进行预测，并对基坑工程的监测提出建议。

（5）当场地附近有地表水体时，宜分析场地地下水与邻近地表水体的补给、径流、排泄条件，判明地表水与地下水的水力联系，以及对场地地下水位、基坑涌水量的影响。

2.3.7 差异沉降与变形协调分析

1）存在下列情况之一时，应进行高低层建筑差异沉降分析评价：

（1）主体与裙房或附属地下建筑结构之间不设永久沉降缝。

（2）内部荷载差异显著，平面不规则或荷载分布不均造成建筑物显著偏心。

（3）采用不同类型基础。

（4）地基为不均匀地基或压缩性较高的地基。

2）差异沉降分析可根据各建筑物或建筑各部分的基底平均竖向荷载分别估算建筑重心、角点的地基沉降量。沉降估算应包括相邻建筑和结构施工完成后地基剩余沉降的影响，结合基础整体刚度情况和实测资料类比，综合评估各建筑部分的沉降特性及其影响。处于超补偿状态的基础，应采用地基回弹再压缩模量和建筑基底总压力进行沉降估算。

2.4 岩土工程勘察报告

2.4.1 主要内容

高层建筑岩土工程勘察报告应结合工程特点和主要岩土工程问题进行编写，并应资料完整、真实准确、数据无误、图表清晰、结论有据，工程措施建议应因地制宜、合理可行，文字报告与图表部分应协调一致。勘察报告应满足施工图设计要求，为高层建筑地基基础设计、地基处理、基坑与边坡工程、基础施工方案及地下水控制方案的确定等提供岩土工程资料，并做出相应的分析与评价。勘察报告应包含的主要内容如下：

1. 勘察工程概况

（1）主要包括建设单位、勘察单位、设计单位，拟建工程总体特征、占地面积、建筑面积，拟建建筑物的埋深、结构类型、建筑高度、基础类型和基础底面平均压力，岩土工程勘察等级等。

（2）勘察目的任务、勘察工作依据。

（3）勘察方法、勘察工作布置原则、勘察工作完成情况及勘察工作量汇总。

（4）勘探点测放的基准点、勘察完成的时间、室内试验完成的单位及试验报告提交的时间。

（5）勘察完成后的现场处置。

2. 工程地质、水文地质特征、岩土体的性质

（1）地形地貌。

（2）地质构造、不良地质作用、场地稳定性、建筑适宜性分析与评价。

（3）地层结构、地层的空间分布特征及各层的物理力学性质。

（4）地下水的类型、埋深、标高及年变化幅度，地下水的补给、径流、排泄特征，抗浮设防水位。

（5）特殊性岩土及对工程的影响及处理措施。

（6）地下水及地基土的腐蚀性。

3. 地震效应评价

剪切波速测试结果统计、建筑场地类别、抗震设防烈度、地震加速度、地震分组、地基土的液化判定（6 度以上地区）、抗震地段的划分。

4. 地基评价及地基基础方案建议

（1）地基持力层特征、地基土均匀性、地基土的承载力及变形模量，天然地基的可行性分析。

（2）地基基础方案建议及所需参数、承载力估算、变形分析等。

（3）地基处理与环境的相互影响等。

5. 基坑开挖与支护

基坑开挖深度及周边环境、基坑开挖与支护的方式建议及所需参数、基坑降水措施、基坑监测建议及所需参数等。

6. 其他

（1）地质条件可能造成的工程风险。

（2）建筑变形监测。

（3）地基基础施工中的岩土工程问题。

（4）其他需要说明的相关内容等。

2.4.2　注意事项

高层建筑的岩土工程勘察是一个复杂的系统工程，既要有理论支持，也需工程经验，不同项目建筑物的工程概况不同，工程地质条件、水文地质条件不同，工程勘察的难点、重点、关键点不同，勘察时应对不同的关键点重点分析，如地形平坦的工程地形地貌可以简写；地形起伏大、地貌类型多的工程地形地貌应详细分析。

参考文献

[1]　中华人民共和国住房和城乡建设部. 民用建筑设计统一标准: GB 50352—2019[S]. 北京: 中国建筑工业出版社, 2019.

[2]　中华人民共和国住房和城乡建设部. 高层建筑岩土工程勘察标准: JGJ/T 72—2017[S]. 北京: 中国建筑工业出版社, 2017.

[3]　中华人民共和国住房和城乡建设部. 建筑边坡工程技术规范: GB 50330—2013[S]. 北京: 中国建筑工业出版社, 2013.

[4]　中华人民共和国建设部. 岩土工程勘察规范（2009 年版）: GB 50021—2001[S]. 北京: 中国建筑工业出版社, 2009.

[5] 中华人民共和国住房和城乡建设部. 建筑基坑支护技术规程. JGJ 120—2012[S]. 北京: 中国建筑工业出版社, 2012.

[6] 中华人民共和国住房和城乡建设部. 湿陷性黄土地区建筑标准: GB 50025—2018[S]. 北京: 中国建筑工业出版社, 2019.

[7] 中华人民共和国住房和城乡建设部. 工程勘察通用规范: GB 55017—2021[S]. 北京: 中国建筑工业出版社, 2022.

[8] 中华人民共和国住房和城乡建设部. 建筑桩基技术规范: JGJ 94—2008[S]. 北京: 中国建筑工业出版社, 2008.

[9] 陕西省住房和城乡建设厅. 西安地裂缝场地勘察与工程设计规程: DBJ 61/T 182—2021[S]. 北京: 中国建筑工业出版社, 2021.

第 3 章 市政工程岩土工程勘察

本章内容主要包括城市道路工程、桥涵工程、室外管道工程、综合管廊工程、隧道工程、堤岸工程、给水排水厂站工程等七类市政工程的岩土工程勘察。

3.1 基本规定

1. 勘察等级划分

梳理相关规范，北京市现行地方标准《市政基础设施岩土工程勘察规范》DB11/T 1726 中涉及的市政工程类型相对较全面，其规定的市政工程重要性等级划分如表 2.3-1 所示。

市政工程的重要性等级划分　　　　　　　　　　　　　　　　表 2.3-1

工程类别		工程重要性等级		
		一级	二级	三级
道路工程		快速路和主干路、$H>8m$ 的支挡工程	次干路、$8m \geqslant H \geqslant 5m$ 的支挡工程	支路、公交场站和城市广场的道路与地面工程、$H<5m$ 的支挡工程
桥涵工程		特大桥、大桥	除一级、三级之外的城市桥涵	小桥、涵洞及人行地下通道
室外管道工程	顶管法、定向钻法施工	均按一级	—	—
	明挖法施工	$h>5m$	$5m \geqslant h \geqslant 3m$	$h<3m$
综合管廊工程		干线综合管廊、深度大于等于 8m 的明挖法支线综合管廊；非开挖支线综合管廊	深度不大于 8m 的明挖法支线综合管廊；缆线综合管廊	—
隧道工程		均按一级		
堤岸工程		桩式堤岸和桩基加固的混合式堤岸、一级堤防堤岸	坞工结构或钢筋混凝土结构的天然地基堤岸、二级堤防堤岸	土堤、三级及其以下堤防堤岸
给水排水厂站工程		大型、中型厂站	小型厂站	—

注：h 为明挖施工开挖最大深度；H 为支挡结构最大高度。

按照现行《市政工程勘察规范》CJJ 56，市政工程的场地复杂程度可以按照表 2.3-2 进行划分。

场地复杂程度等级　　　　　　　　　　　　　　　　表 2.3-2

等级	场地复杂程度	划分依据
一级	复杂	1. 地形地貌复杂 2. 抗震危险地段 3. 不良地质作用强烈发育 4. 地质环境已经或者可能受到强烈破坏 5. 地下水对工程的影响大 6. 周边环境条件复杂

续表

等级	场地复杂程度	划分依据
二级	中等复杂	1. 地形地貌较复杂 2. 抗震不利地段 3. 不良地质作用一般发育 4. 地质环境已经或者可能受到一般破坏 5. 地下水对工程的影响一般 6. 周边环境条件中等复杂
三级	简单	1. 地形地貌简单 2. 抗震一般或有利地段 3. 不良地质作用不发育 4. 地质环境基本未受破坏 5. 地下水对工程无影响 6. 周边环境条件简单

注：1. 等级划分只需满足划分依据中任何一个条件即可。
　　2. 从一级开始，向二级、三级推定，以最先满足的为准。

　　按照现行《市政工程勘察规范》CJJ 56，市政工程的岩土条件复杂程度等级可以按照表 2.3-3 进行划分。

岩土条件复杂程度等级 表 2.3-3

等级	岩土条件复杂程度	划分依据
一级	复杂	1. 岩土类型多，很不均匀 2. 围岩或地基、边坡的岩土性质变化大 3. 存在需进行专门治理的特殊性岩土
二级	中等复杂	1. 岩土类型较多，不均匀 2. 围岩或地基、边坡的岩土性质变化较大 3. 特殊性岩土不需要专门治理
三级	简单	1. 岩土类型单一，均匀 2. 围岩或地基、边坡的岩土性质变化不大 3. 无特殊性岩土

注：1. 等级划分只需满足划分依据中任何一个条件即可。
　　2. 从一级开始，向二级、三级推定，以最先满足的为准。

　　按照现行《市政工程勘察规范》CJJ 56，市政工程的勘察等级可以按照表 2.3-4 进行划分。

市政工程的勘察等级划分 表 2.3-4

等级	划分依据
甲级	工程重要性等级、场地复杂程度等级、岩土条件复杂程度等级中有一项或多项为一级
乙级	除甲级和丙级以外的勘察项目
丙级	工程重要性等级、场地复杂程度等级、岩土条件复杂程度等级均为三级

注：岩质地基上工程重要性等级为一级的工程，当场地复杂程度等级和岩土条件复杂程度等级均为三级时，勘察等级可划分为乙级。

2. 勘察阶段

市政工程的勘察可以按可行性研究勘察、初步勘察、详细勘察分阶段开展工作。

1）可行性研究勘察工作的主要内容

（1）搜集区域地质、构造、地震、水文、气象、地形、地貌等资料。

（2）了解场地的工程地质条件和水文地质条件概况。

（3）调查拟建场区及周边的环境条件。

（4）分析不良地质作用和场地的稳定性，划分抗震地段类别。

（5）评价拟建场地工程建设的适宜性。

（6）如存在两个或以上的拟选场地时，进行比选分析。

2）初步勘察工作的主要内容

（1）初步查明拟建场地不良地质作用的分布、规模、成因、发展趋势等。

（2）初步查明场地岩土体的地质年代、成因、结构及其工程性质。

（3）初步查明地下水的埋藏条件、动态变化规律以及和地表水的补排关系。

（4）初步判定地下水和浅层土对工程材料的腐蚀性。

（5）初步查明特殊性岩土的工程性质并对其进行相应的评价。

（6）初步评价场地和地基的地震效应。

（7）对可能采用的地基基础方案、围岩及边坡稳定性进行初步分析评价。

3）详细勘察工作的主要内容

（1）查明拟建场地不良地质作用的分布、规模、成因，分析发展趋势，评价其对拟建场地的影响，提出防治措施的建议。

（2）查明场地的地层结构及其物理、力学性质。

（3）查明特殊性岩土、河湖沟坑及暗浜的分布范围，调查工程周边环境条件，分析评价其对设计与施工的影响。

（4）查明地下水埋藏条件及其和地表水的补排关系，提供地下水位动态变化规律，根据需要分析评价其对工程的影响。

（5）判定地下水和浅层土对工程材料的腐蚀性。

（6）对场地和地基的地震效应进行评价，提供抗震设计所需的有关参数。

（7）对地基工程性质、围岩分级及稳定性、边坡稳定性等进行分析与评价。

（8）对设计与施工中可能遇到的岩土工程问题进行分析评价，提供岩土工程技术建议和相关岩土参数。

（9）分析地质问题可能引发的工程风险，并提出针对性的防治措施建议。

3.2　城市道路岩土工程勘察

3.2.1　基本概念

（1）按照现行《城市道路工程设计规范》CJJ 37，城市道路可以按照表 2.3-5 进行分类。

城市道路分类　　　　　　　　　　　　　　　　表 2.3-5

类别	功能
快速路	为城市中大流量、长距离、快速连续交通服务
主干路	连接城市各主要分区，以交通功能为主
次干路	与主干路结合形成道路网，以集散交通功能为主，兼有服务功能
支路	为次干路和街坊路的连接线，解决局部地区交通，以服务功能为主

（2）道路的横断面形式

常见的城市道路的横断面形式可参见表 2.3-6。

常见的城市道路横断面形式　　　　　　　　　　　表 2.3-6

形式	适用条件
单幅路	一般道路红线较窄，机动车和非机动车不多的次干道、支路。用地不足拆迁困难的旧城改建的城市道路
双幅路	单向需要两条以上车道，非机动车较少的道路。有平行道路可以供非机动车行驶的快速路或郊区道路，一般红线宽度在 40m 以下的道路
三幅路	机动车、非机动车交通量较大的城市道路，一般红线宽度在 40m 以上
四幅路	快速路和交通量大的主干线，一般红线宽度在 40m 以上

3.2.2　勘察工作的目的

道路工程（包括公交场站、城市广场的道路与地面等工程）勘察，应对沿线各地段路基的稳定性和岩土条件作出工程评价，为路基设计、不良地质作用的防治、特殊性岩土的治理等提供必要的岩土参数和建议。

3.2.3　资料搜集的要求

道路工程勘察前应当进行资料搜集，具体可包括以下资料：

（1）附有起点、终点、里程桩号的道路、公交场站、城市广场设计总平面布置图。

（2）道路类别、路面设计标高、路基类型、路幅宽度、道路纵（横）断面、拟采用的路面结构类型，城市广场的基底标高等。

（3）设计的支挡结构形式、高度及可能的边坡防护范围。

（4）道路沿线地形图、地物和地下设施的分布图。

3.2.4　勘察方案

1. 勘探点的布置

（1）道路勘探点宜沿道路中线布置。当一般路基的道路宽度大于 50m，其他路基形式的道路宽度大于 30m 时，宜在道路两侧交错布置勘探点。当路基岩土条件特别复杂时，应布置横剖面。

（2）勘探点的间距可根据道路分类、场地或岩土条件的复杂程度按照表 2.3-7 进行确定。

勘探点的间距（单位：m）　　　　　　　　　　　表 2.3-7

场地或岩土条件复杂程度等级	道路分类					
	一般路基		高路堤、陡坡路堤		路堑、支挡结构	
	初步勘察	详细勘察	初步勘察	详细勘察	初步勘察	详细勘察
一级	150~300	50~100	100~150	30~50	100~150	30~50
二级	300~500	100~200	150~300	50~100	150~250	50~75
三级	400~600	200~300	300~500	100~200	250~400	75~150

注：公交场站和城市广场的道路与地面可以按照方格网布置勘探点，勘探点间距宜为 50~100m。

（3）每个地貌单元、不同地貌单元交界部位、相同地貌内的不同工程地质单元均应布置勘探点，在微地貌和地层变化较大的地段应予以加密。

（4）路堑、陡坡路堤及支挡工程的勘察，应在代表性的区段布设工程地质横断面，每条横断面上的勘探点不应少于 2 个。

（5）当线路通过沟、浜、湮埋的沟坑和古河道等地段时，勘探点的间距宜控制在 20～40m，控制边界线勘探点间距可适当加密。

2. 勘探孔的深度

（1）一般路基、公交场站和城市广场的道路与地面的勘探孔深度宜达到原地面以下 5m，在挖方地段宜达到路面设计标高以下 4m；当分布有填土、软土和可液化土层等特殊性岩土时，勘探孔应适当加深，以满足地基处理或沉降计算的要求；在勘探深度内遇基岩时，应有勘探孔（井）钻（挖）入基岩一定深度，查明基岩风化特征。其他勘探孔（井）可钻（挖）入基岩适当深度。

（2）高路堤勘探孔的深度应满足稳定性分析评价要求，控制性勘探孔应满足变形计算的要求。

（3）陡坡路堤、路堑、支挡工程的勘探孔深度应满足稳定性分析评价和地基处理的要求。

3. 取样测试及试验的要求

（1）一般路基的勘探孔均应采取岩土样；高路堤、陡坡路堤、路堑、支挡结构采取岩土试样和进行原位测试的勘探孔数量不应少于勘探孔总数的 1/2，控制性勘探孔不应少于勘探孔总数的 1/3。

（2）采取土样的竖向间距应按地基的均匀性和代表性确定。在原地面或路面设计标高以下 1.5m（分布厚层软土地段 3m）深度范围内的取土间距宜为 0.5m，其下可适当放宽。

（3）为划分路基土类别和路基干湿类型，应进行颗粒分析、天然含水率、液限、塑限试验。

（4）软土地区高路堤宜进行标准固结试验、静三轴压缩试验（不固结不排水）、无侧限抗压强度试验、承载比（CBR）试验或十字板剪切试验。

（5）对路堑、下沉广场等挖方工程，需要时应进行水文地质试验。

（6）对高路堤、陡坡路堤等填方工程，需要时宜对填筑土料进行击实试验。

4. 其他要求

（1）改扩建道路勘察时，为详细了解既有道路的实际状况，应当调查原路面结构与土基现状，病害类型、成因及治理效果。

（2）必要时可以进行路基填料的调查，查明各类填料料场位置、开采运输条件、储量或产量以及填料质量等。

3.2.5　勘察成果的分析与评价

1. 一般要求

（1）岩土分布特征、路基干湿类型，提供道路设计、施工的岩土参数。

（2）地下水的类型、分布、变化规律和地表水情况，分析评价对路基稳定性的影响。

（3）工程地质、水文地质条件变化较大时，应进行分区评价。

（4）不良地质作用的分布及其对工程的影响，提出针对性处理建议。

2. 特殊要求

（1）滨河道路或穿越河塘的道路，应分析浸泡冲刷作用对路堤的影响，对路基稳定性进行分析，并提出防护措施建议。

（2）分析评价高路堤的地基承载力、稳定性，提供地基沉降计算参数，提出地基处理方法的建议。

（3）评价挖方路堑段岩土条件、地下水对支护结构的影响，提供边坡稳定性验算、支护结构设计与施工的岩土参数。

（4）对于路堑、下沉广场、地下道路等工程，分析评价地下水在施工和使用期间的变化及其对工程的影响，提供抗浮设计建议。

（5）高路堤及路堑设置支挡结构时，分析评价地基的均匀性、稳定性、承载力，提供地基处理及支挡方式、开挖方式的建议。

（6）对于桥台后路基过渡段，应分析桥台与路堤的变形差异特征，提出沉降协调控制的地基处理建议。

（7）对路基填筑可用材料质量及开采运输条件作出评价，并提出料场选择建议。

3. 当遇有特殊性岩土时的分析评价要求

（1）对湿陷性土，应根据沿线土层的湿陷程度、地下水分布特征及变化，分析评价可能引起的道路病害，并根据土质特征和地区经验，提出路基（地基）处理方法的建议。

（2）对软土，应根据软土的成因、应力历史、厚度、物理力学性质与排水条件，提供路基（地基）承载力、稳定性与沉降分析所需的岩土参数，建议适宜的地基处理方法。工程需要时，应通过专项分析预测其沉降性状。

（3）对厚层填土，应根据填土堆积年限、堆积方式、分布、成分、均匀性及密实度等，评价地基承载力，提供沉降计算参数；根据填土性质、道路等级和设计要求，提出地基处理方法和检测的建议。

（4）对多年冻土，应根据多年冻土的类型、分布范围、上限深度、冻胀性分级等，分析评价融沉（融陷）的不利影响，并提出处理建议。

（5）对膨胀土，应根据膨胀土的岩土特征，分析评价其体积膨胀、强度降低而引起路基（地基）破坏和边坡失稳的可能性；根据影响岩土胀缩变形的自然条件的变化特点，评价膨胀土地基的变形特点。

（6）对盐渍土，应根据盐渍土的成因、分布、含盐化学成分、含盐量及盐渍土地基的溶陷性和盐胀性，评价盐渍土地基的变形特点和对路基、路面、边坡的危害程度，评价盐渍土对工程材料的腐蚀性，提出病害防治措施的建议。

3.3　城市桥涵岩土工程勘察

3.3.1　基本概念

（1）按照现行《公路桥涵设计通用规范》JTG D60，桥梁涵洞可以参照表 2.3-8 进行分类。

桥梁涵洞的分类　　　　　　　　表 2.3-8

桥涵分类	多孔跨径总长L/m	单孔跨径L_k/m
特大桥	>1000	>150
大桥	100~1000	40~150
中桥	30~100	20~40
小桥	8~30	5~20
涵洞	—	<5

注：1. 单孔跨径指标准跨径。
　　2. 梁式桥、板式桥的多孔跨径总长为多孔标准跨径的总长；拱式桥为两端桥台内起拱线间的距离；其他形式桥梁为桥面行车道长度。
　　3. 管涵及箱涵不论管径或跨径大小、孔数多少，均称为涵洞。
　　4. 标准跨径：梁式桥、板式桥以两桥墩中线间距离或桥墩中线与台背前缘间距为准；拱式桥和涵洞以净跨径为准。

（2）常见桥涵基础类型及适用条件参见表 2.3-9。

常见桥涵基础类型及适用条件　　　　　表 2.3-9

类型	适用条件	基础形式			适应地层情况
明挖基础	无水或冲刷线的天然地基土或人工地基	扩大基础			承载力较高，无冲刷或冲刷深度浅 承载力较低，无水流，跨径小
深基础	1. 河床水流冲刷较深 2. 持力层埋藏较深而地下水位较浅时	桩基础	灌注桩	钻孔灌注桩	水流冲刷较深，无淤泥或不产生流砂的多种土类
				挖孔灌注桩	水位较深、水量较小时
			沉入桩	锤击沉桩	松散或中密砂土、黏性土
				振动沉桩	砂土、硬塑或软塑黏性土、松散或中密碎石土
				射水沉桩	密实砂土、碎石土
				静力压桩	软黏土
	基础埋置深度大，荷载大，跨径大时	沉井基础	筑岛沉井	浅水区	无流砂、孤石，基岩层面平缓
			浮式沉井	深水区	
		管柱基础			深水区，基岩层面起伏较大时

3.3.2　勘察工作的目的

桥涵工程勘察，应对桥涵工程的各墩台和主要防护构筑物的地基作出岩土工程评价，提供地基基础设计（包括基础形式选择、基础埋置深度确定等）、地基处理与加固、不良地质作用的防治以及特殊性岩土的治理等，提供设计与施工相关参数，并提出相应的建议。

3.3.3　资料搜集的要求

桥涵工程勘察前应当取得以下资料：

（1）附有坐标和地形图、地物的拟建桥涵工程设计总平面图、桥型布置和设计纵断面图。

（2）桥涵工程的规模、等级、结构形式，拟采用的基础形式、尺寸、预计砌置深度和荷载等设计条件。

（3）拟建工程场区的地下管网、涵洞、地下洞室等地下埋藏物分布图。

3.3.4　勘察方案

1.勘探点的布置

（1）勘探点的布置应当根据桥涵的分类、场地或岩土条件的复杂程度，按照表2.3-10确定。

勘探点的布置要求　　　　　　　　　　　　　表 2.3-10

桥涵部位	勘探点布置要求	
	初步勘察	详细勘察
特大桥的主桥	每 4 个墩台不应少于 1 个勘探点	每个墩台勘探点不应少于 2 个
其他桥梁		逐墩台布置勘探点，岩土条件复杂程度等级为三级时可隔墩台布置勘探点
人行天桥主桥		逐墩台布置勘探点
梯道		可隔墩台布置勘探点，梯脚部位应布置勘探点
涵洞和人行地下通道	单个涵洞及人行地下通道应布置勘探点	勘探点间距宜为20～35m。单个涵洞、人行地下通道的勘探点不应少于 2 个，当场地或岩土条件复杂程度等级为一级时应适当增加勘探点

（2）遇下列情况之一时，应适当增加勘探点数量：

①基岩层面起伏变化较大。

②存在隐秘的空洞。

③地层变化较大、影响基础设计和施工方案的选择。

④存在不利于抗震、抗渗透变形稳定的地层及破碎带。

2.勘探孔的深度

勘探孔的深度按照可能采取的不同基础形式、地基方案以及地基处理要求等参照表2.3-11确定。

勘探孔的深度　　　　　　　　　　　　　表 2.3-11

基础形式、地基方案及地基处理要求	勘探孔的深度	
	初步勘察	详细勘察
天然地基	1.勘探孔深度应能控制地基主要受力层，应超过地基变形计算深度且不小于基底以下10m。 2.对覆盖层较薄的岩质地基，勘探孔深度应达到可能的持力层（或埋置深度）以下5～8m	1.勘探孔深度应能控制地基主要受力层。一般性勘探孔应当达到基底下 0.5～1.0 倍的基础宽度，且不应小于 5m；控制性勘探孔的深度应当超过地基变形计算深度。 2.对覆盖层较薄的岩质地基，勘探孔深度应当达到可能的持力层（或埋置深度）以下 3～5m
桩基础	1.勘探孔应穿透桩端平面以下压缩层深度且进入桩端以下5～8倍桩径，且不小于 5m。 2.嵌岩桩的勘探孔应穿过溶洞、破碎带，达到稳定地层，进入预计嵌岩面以下不小于 5 倍桩径，且不小于 5m	1.控制性勘探孔应穿透桩端平面以下压缩层厚度；一般性勘探孔深度宜达到预计的桩端以下 3～5 倍桩径且不应小于 3m，对于大直径桩不应小于 5m。 2.嵌岩桩的控制性勘探孔应当深入预计嵌岩面以下 3～5 倍桩径，一般性勘探孔应当深入预计嵌岩面以下 1～3 倍桩径，并穿过溶洞、破碎带，达到稳定地层
沉井基础	勘探孔深度根据沉井刃脚埋深和地质条件确定，宜达到沉井刃脚以下 1～2 倍沉井直径（宽度），并不应小于8m	勘探孔深度根据沉井刃脚埋深和地质条件确定，宜达到沉井刃脚以下 0.5～1.0 倍沉井直径（宽度），并不应小于5m
复合地基	勘探孔深度应当满足地基处理承载力及变形计算的要求	

3. 取样测试及试验的要求

（1）详细勘察阶段，控制性勘探孔数量应当不少于勘探孔总数的 1/3；采取土试样和进行原位测试的勘探孔数量应当不少于勘探孔总数的 1/2；当勘探孔总数少于 3 个时，每个勘探孔均应取样或进行原位测试。

（2）室内外测试及试验项目根据设计要求按照表 2.3-12 确定。

试验与测试项目　　　　　　　　　　　　　　表 2.3-12

项目与内容		目的
原位测试	抽水试验	基坑或沉井开挖施工时，涌水量计算及地下水控制设计
	静力、动力触探试验	承载力评价，确定侧摩阻力，对沉井或桩沉入性能及沉井下沉计算提供依据
	载荷试验	确定承载力及变形特征
室内试验	三轴压缩试验、直剪试验	计算明挖基坑、桥台稳定以及桩端承载力
	固结试验	各类基础的沉降计算
	岩石单轴抗压强度试验	基岩地基风化程度划分、承载力确定及软化性能等评价

3.3.5　勘察成果的分析与评价

1. 一般要求

（1）对地基基础方案进行分析评价，提供设计所需的岩土参数，对设计与施工中的岩土工程问题提出建议。

（2）当拟采用桩基时，提出桩型、施工方法的建议，分析拟选桩端持力层及下卧层的分布规律，提出桩端持力层方案的建议。

（3）提供计算单桩承载力、桩基变形验算的岩土参数，评价成（沉）桩可能性，论证桩的施工条件及其对周边环境的影响。

（4）对涵洞、人行地下通道等工程，分析评价地下水对工程的影响；工程需要时，应进行专项工作，分析评价地下水在运营期间的变化，提供抗浮设计的建议。

2. 特殊要求

（1）当拟采用沉井时，提供井壁与土体间的摩擦力、沉井设计、施工和沉井基础稳定性验算的相关岩土参数。评价地下水对沉井施工可能产生的影响和沉井施工可能性，论证沉井施工条件及其对环境的影响。

（2）当桩身周围有液化土层分布时，应评价液化土层对基桩设计的影响，提供相应参数。

（3）当桩身周围存在可能产生负摩阻力的土层时，应分析其对基桩承载力的影响。

（4）对在河床中设墩台的桥梁，应提供抗冲刷计算所需的岩土参数。

3. 当遇有不良地质作用或特殊性岩土时的分析评价要求

（1）岩溶发育地区，应根据岩溶发育的地质背景、溶洞、土洞、塌陷的形态、平面位置和顶底标高，分析岩溶的稳定性及其对拟建桥涵工程的影响，提出治理和监测的建议。

（2）当存在采空区时，应根据采空区的埋深、范围和上覆岩层的性质等评价桥涵工程地基的稳定性，并提出处理措施的建议。

（3）湿陷性土地区，应根据土层的湿陷程度、地下水条件，分析评价湿陷性土对桥涵工程的危害程度并提出地基处理措施的建议。

（4）软土地区，应根据软土的分布范围、分布规律和物理力学性质，评价桥涵地基的稳定性和变形特征，并提出地基处理措施的建议。

（5）对厚层填土，应根据填土的堆积年代、物质组成、均匀性、密实度等，评价其对拟建桥涵地基基础的影响，提出加固处理措施的建议。

（6）多年冻土地区，应根据多年冻土的类型、工程地质条件及采用的设计原则，综合评价多年冻土的地基强度、变形特征，并提出地基处理措施的建议。

（7）膨胀岩土地区，应评价膨胀岩土的工程特性，根据场地的环境条件和岩土体增水后体积膨胀、强度衰减和失水后体积收缩、强度增大的变化特点，综合评价桥涵工程的地基强度和变形特征。

3.4 室外管道岩土工程勘察

3.4.1 基本概念

1. 管道分类

（1）按材料分类：金属管道和非金属管道。

（2）按设计压力分类：真空管道、低压管道、高压管道、超高压管道。

（3）按输送温度分类：低温管道、常温管道、中温和高温管道。

（4）按输送介质分类：给水排水管道、压缩空气管道、氢气管道、氧气管道、乙炔管道、热力管道、燃气管道、燃油管道、剧毒流体管道、有毒流体管道、酸碱管道、锅炉管道、制冷管道、净化纯气管道、纯水管道等。

2. 管道常用敷设方式（表 2.3-13）

管道常用敷设方式 表 2.3-13

敷设方式		适用条件
埋设管道	直埋式	1. 地下水位低于管基或地下水控制方案实施便利 2. 开槽边坡不需大量支护 3. 管道基底岩土稳定并具有足够强度
	管沟式	1. 开槽边坡及管基不能满足直埋要求 2. 维护检修需要
穿越管道	倒虹吸管	跨越沟谷、河流、场地开挖和地下水控制方便
	顶管	穿越河流、城区建筑、铁路公路等障碍物不宜明挖施工的地段
跨越管道	管桥	沟谷、河流宽度大、沟深岸陡、冲刷强烈，不宜挖槽埋设时，采用悬吊、支架或在交通桥梁上附设
	拱管	宽度不大的河流、沟谷
架空管道		工业区或生活区与已有地下管网交叉重复不便于开挖埋设

3. 管道基础的种类

（1）砂土基础：包括弧形素土基础及砂垫基础，弧形素土基础适用于无地下水、原土能挖成弧形的干燥土层，砂垫基础适用于无地下水、岩石或多石土壤。

（2）混凝土枕基：适用于干燥土层中的雨水管道及不太重要的污水支管。

（3）混凝土带型基础：适用于各种潮湿土层，以及地基软硬不均匀的排水管道。

3.4.2　勘察工作的目的

城市室外管道勘察应对管道地基作出岩土工程评价，为明挖法管道地基基础及顶管、定向钻施工的设计、地基处理与加固、管道基槽开挖和支护、地下水控制设计等提供必要的岩土参数和相关建议。

3.4.3　资料搜集

室外管道工程勘察前需取得以下资料：

（1）管道总平面布置图。

（2）管道类型、管底控制高程、管径（或断面尺寸）、管材和可能采取的施工工法。

（3）周边既有地下埋设物分布情况。

3.4.4　勘察方案

1. 勘探点的布置

（1）明挖管道勘探点宜沿管道中心线布置。因现场条件需移位调整时，勘探点位置不宜偏离管道外边线 3m；顶管、定向钻施工管道的勘探点宜沿管道外侧交叉布置，并满足设计、施工要求。

（2）管道走向转角处、工作井（室）宜布置勘探点。

（3）管道穿越河流时，河床及两岸均应当布置勘探点；穿越铁路、公路时，铁路和公路两侧应当布置勘探点。

（4）在穿越暗埋的沟、塘、河、浜等软弱土分布区及其他岩土工程条件复杂区域，勘探点应适当予以加密。

（5）勘探点间距宜参照表 2.3-14 进行布置。

勘探点间距（单位：m）　　　　　　　表 2.3-14

场地或岩土条件复杂程度等级	埋深小于 5m，明挖施工		埋深 5～8m，明挖施工		埋深大于 8m，明挖施工		顶管、定向钻施工	
	初步勘察	详细勘察	初步勘察	详细勘察	初步勘察	详细勘察	初步勘察	详细勘察
一级	100～200	50～100	50～100	40～75	40～75	30～50	30～60	20～30
二级	200～300	100～150	100～200	75～100	75～150	50～75	60～100	30～50
三级	300～500	150～200	200～400	100～200	150～300	75～150	100～150	50～100

2. 勘探孔的深度

（1）明挖管道勘探孔深度应当满足开挖、地下水控制、支护设计及施工的要求，且应当达到管底设计高程以下不少于 3～5m；非开挖敷设管道，勘探孔深度应当达到管底设计高程以下 5～10m。

（2）当基底下存在松软土层、厚层填土和可液化土层时，勘探孔深度应当适当予以加深。

3. 取样测试及试验的要求

（1）采取土试样和进行原位测试的勘探孔数量不应当少于勘探孔总数的 1/2。

（2）管道工程的试验项目参见表 2.3-15。

管道工程试验项目　　　　　　　　　　表 2.3-15

项目与内容	试验成果应用
抗剪强度试验	顶管施工设计、基槽开挖、边坡稳定性分析
压缩性试验	管基土的承载力和变形
室内外渗透试验、抽水试验	基槽地下水控制
颗粒分析	河床冲刷计算、土类定名
水、土化学分析，电阻率测定	管道腐蚀性判定

3.4.5　勘察成果的分析与评价

（1）分析评价拟建场地的不良地质作用、特殊性岩土的分布情况及其对管道的影响，提供相应处理措施的建议。

（2）对管道沿线水土介质的腐蚀性作出评价。

（3）对拟采用明挖施工方案的深埋管道及工作竖井，应当提供基坑边坡稳定性计算参数及基坑支护设计参数。

（4）分析评价地下水对工程设计、施工的影响，提供地下水控制所需地层参数，并评价地下水控制方案对工程周边环境的影响。

（5）当管道采用顶管、定向钻方式敷设时，应当提供相应工法设计、施工所需参数；对于稳定性较差地层及可能产生流土、管涌等地层，应当提出预加固处理的建议。

（6）管道穿越堤岸时，应当分析破堤对堤岸稳定性的影响和堤岸变形对管道的影响，提供相关建议。

3.5　城市综合管廊岩土工程勘察

3.5.1　基本概念

1.管廊的分类

（1）综合管廊：建于城市地下用于容纳两类及以上城市工程管线的构筑物及附属设施。综合管廊宜分为干线综合管廊、支线综合管廊和缆线管廊。

（2）干线综合管廊：用于容纳城市主干工程管线，采用独立分舱方式建设的综合管廊。

（3）支线综合管廊：用于容纳城市配给工程管线，采用单舱或双舱方式建设的综合管廊。

（4）缆线管廊：采用浅埋沟道方式建设，设有可开启盖板但其内部空间不能满足人员正常通行要求，用于容纳电力电缆和通信电缆的管廊。

2.综合管廊与相邻地下构筑物的最小净距

按照现行《城市综合管廊工程技术规范》GB 50838，综合管廊与相邻地下管线及地下构筑物的最小净距应根据地质条件和相邻构筑物性质确定，且不得小于表 2.3-16 的规定。

综合管廊与相邻地下构筑物的最小净距　　　　　　表 2.3-16

相邻情况	施工方法	
	明挖施工	顶管、盾构施工
综合管廊与地下构筑物水平净距	1.0m	综合管廊外径
综合管廊与地下管线水平净距	1.0m	综合管廊外径
综合管廊与地下管线较差垂直净距	0.5m	1.0m

3.5.2　勘察工作的目的

综合管廊工程的勘察，应对管廊工程的地基和基础做出岩土工程评价，根据不同的施工方式（开挖、暗挖）提供地基基础设计、地基处理与加固、不良地质作用的防治以及特殊性岩土的治理、基坑（竖井）开挖支护设计、地下水控制等设计与施工相关岩土参数，并提出相应的建议。

3.5.3　资料搜集

应搜集以下资料：

（1）附有坐标和地形图、地物的总平面布置图、设计纵断面图、典型横断面图。

（2）拟建工程场区的地下管网、管道、涵洞、地下洞室等地下埋藏物分布图。

3.5.4　勘察方案

1.勘探点的布置

（1）当管廊断面尺寸小于 10m 时，勘探点宜在管廊外侧交叉布置，当管廊断面尺寸大于 10m 时，勘探点宜在管廊两侧双排平行布置。

（2）明挖法综合管廊勘探点宜布置在管廊结构外侧 3m 内，非开挖综合管廊勘探点宜布置在管廊结构外侧 3～5m，水域段的勘探点宜布置在管廊结构外侧 6～10m。

（3）非开挖方法施工时，矩形工作井和接收井的勘探点应布置在角点，圆形工作井和接收井的勘探点沿周边均匀布置。

（4）管廊出入口及纵剖面最低部位、水文地质条件复杂的地段应当布置勘探点。

（5）管廊交叉部位，与地下既有设施、与周边环境交叉风险较高的部位应当布置勘探点。

（6）勘探点的间距，应当根据场地或岩土条件的复杂程度以及施工工法等按照表 2.3-17 确定。

勘探点的间距（单位：m）　　　　　　　　　　表 2.3-17

场地或岩土条件复杂程度等级	明挖法、顶管法、盾构法		矿山法（松散地层）		矿山法（山岭）	
	初步勘察	详细勘察	初步勘察	详细勘察	初步勘察	详细勘察
一级	50～100	15～30	50～100	15～20	100～200	50～100
二级	100～200	30～50	100～150	20～30	200～400	100～150
三级	200～300	50～80	150～200	30～50	400～600	150～200

2.勘探孔的深度

（1）勘探孔深度应满足地基开挖、地下水控制、基坑支护设计及施工要求。

（2）明挖施工时，勘探孔深度不应小于 2 倍的基坑开挖深度，且应当满足抗浮设计要求。控制性勘探孔深度应当满足基坑稳定性分析、地基变形计算以及地下水控制的要求。

（3）非开挖方法施工时，在松散地层中，控制性勘探孔应达到管廊底板设计标高以下 2.5 倍管廊宽度并不小于 10m；一般性勘探孔应达到管廊底板设计标高以下 1.5 倍管廊宽度并不小于 5m；在中等风化或微风化岩石中，控制性勘探孔应进入结构底板以下中等风化或微风化岩石不小于 5m，一般性勘探孔应进入结构底板以下中等风化或微风化岩石不小于 3m。

（4）当管廊基底下分布软弱土层、厚层填土、液化土层等不良地质条件时，勘探孔深度应当根据工程需要适当予以加深。

（5）预定勘探深度范围内遇基岩时，勘探孔深度可适当予以减小；遇岩溶、土洞、暗河、破碎带等时，应当根据工程需要适当予以加深。

3. 取样测试及试验的要求

（1）采取岩土试样和进行原位测试的勘探孔数量不应少于勘探孔总数的 1/2；控制性勘探孔数量不应少于勘探孔总数的 1/3。

（2）山岭综合管廊应选取代表性钻孔进行波速测试。

（3）当水文地质条件复杂且对拟建管廊设计、施工有重要影响时，应进行水文地质试验。

（4）管廊工程的试验项目参见表 2.3-18。

管廊工程试验项目　　　　　　　　　　　　　表 2.3-18

项目与内容	试验成果应用
抗剪强度试验	非开挖方法施工设计、明挖基槽开挖、边坡稳定性分析
压缩性试验	管廊地基土的承载力和变形
室内外渗透试验、抽水试验	基坑开挖施工时，涌水量计算及地下水控制设计
水、土化学分析	对结构、基础、桩的腐蚀性判定
岩石单轴抗压强度试验	基岩地基风化程度划分、承载力确定及软化性能等评价

3.5.5 勘察成果的分析与评价

1. 明挖法施工的分析评价要求

（1）分析评价不良地质作用、特殊性岩土对管廊设计与施工的影响，提出处理或防范措施的建议。

（2）分析评价地下水对管廊施工可能产生的影响，提出抗浮设防水位的建议。

（3）提出管廊地基方案及基坑开挖、地下水控制的相关建议。

（4）根据沿线地下设施及障碍物专项调查报告，分析评价其对管廊设计和施工的不利影响，以及管廊施工对环境的不利影响，并提出处理建议。

（5）对工程结构、周边环境、岩土体变形及地下水位变化等提出监测建议。

2. 非开挖方法施工的分析评价要求

（1）根据岩土层的分布特点和物理力学性质，对非开挖方法施工的适宜性进行评价。

（2）进行围岩分级和岩土施工工程分级。

（3）分析地下水对工程施工的影响，提出地下水控制措施的建议，提供地下水控制设计、施工所需的水文地质参数。

（4）分析不良地质和特殊地质条件，指出可能出现的坍塌、冒顶、边墙失稳、洞底隆起、涌水突泥等现象及其区段。

（5）评价复杂地层及河流、湖泊等地表水体对非开挖方法施工的影响。

（6）提出在软硬不均地层中的开挖措施及开挖面障碍物处理方法的建议。

（7）分析非开挖方法施工可能造成的沉降和土体位移等地面变形，分析地面变形对周边环境和邻近建（构）筑物的影响，提出防治措施和施工监测建议。

3.6　城市隧道岩土工程勘察

3.6.1　基本概念

1. 隧道类别

（1）城市隧道：城市范围内地表以下供机动车通行或兼非机动车、行人通行的隧道。不含铁路隧道、地铁隧道、仅供行人或非机动车通行的地下通道以及连接各地块地下车库的车行通道。

（2）明挖法隧道：在地面开挖形成的基坑中修筑的隧道。

（3）盾构法隧道：采用盾构掘进机全断面开挖、推进，同时在盾尾进行预制管片拼装修筑的隧道。

（4）矿山法隧道：采用人工或控制爆破等方式进行暗挖修筑的隧道。

（5）沉管法隧道：将水域中若干预制完成的基本结构单元通过浮运、沉放和水下对接形成的隧道。

（6）山岭隧道：贯穿山岭或丘陵台地的隧道。

（7）水下隧道：贯穿江河或海峡的隧道。

（8）平原区隧道：除了山岭隧道及水下隧道以外的隧道。

（9）分离式隧道：并行双洞之间的距离较大，在隧道设计施工中不必考虑双洞互相影响的隧道设置形式。

（10）小净距隧道：并行双洞之间的距离较小，在隧道设计施工中必须考虑双洞互相影响的隧道设置形式。

2. 城市隧道的长度分类

根据现行《公路隧道设计细则》JTG/T D70，隧道可按其长度划分为四类，划分标准应符合表 2.3-19 的规定。

城市隧道按长度分类　　　　　　　　　　　　　　　表 2.3-19

分类	特长隧道	长隧道	中隧道	短隧道
长度 L/m	$L > 3000$	$1000 < L \leqslant 3000$	$500 < L \leqslant 1000$	$L \leqslant 500$

注：L 为主线隧道封闭段长度。

3. 城市隧道的开挖跨度分类

根据现行《公路隧道设计细则》JTG/T D70，隧道可按其开挖跨度划分为四类，划分标准应符合表 2.3-20 的规定。

城市隧道按开挖跨度分类　　　　　　　　　　　　表 2.3-20

分类	开挖跨度 B/m	描述
小跨度隧道	$B < 9$	1. 单车道公路隧道； 2. 服务隧道； 3. 人行横洞及车行横洞
中跨度隧道	$9 \leqslant B < 14$	1. 双车道公路隧道； 2. 单车道公路隧道的错车带

续表

分类	开挖跨度 B/m	描述
大跨度隧道	$14 \leqslant B < 18$	1. 三车道公路隧道； 2. 双车道公路隧道的紧急停车带
特大跨度隧道	$B \geqslant 18$	1. 四车道公路隧道（单洞）； 2. 连拱隧道

4. 城市隧道的围岩分级

（1）根据现行《公路隧道设计细则》JTG/T D70，岩质围岩分级应根据围岩定性特征和岩体基本质量指标 BQ 分级，划分标准应符合表 2.3-21 的规定。

岩质围岩基本质量分级　　　　　　　　　　　　　　　表 2.3-21

围岩基本质量分级 基本级别	亚级	围岩的定性特征	围岩基本质量指标 BQ
I	—	坚硬岩，岩体完整，整体状或巨厚层状结构	$\geqslant 551$
II	—	坚硬岩，岩体较完整，块状或厚层状结构；较坚硬岩，岩体完整，块状结构或整体状结构	$451 \sim 550$
III	III₁	坚硬岩，较破碎（$K_v = 0.4 \sim 0.55$），结构面较发育，结合差，裂隙块状或中厚层状结构；较坚硬岩（$R_c = 45 \sim 60$MPa），岩体较完整，结构面较发育、结合好，块状结构；较坚硬岩（$R_c = 30 \sim 45$MPa），岩体完整，整体状或巨厚层状结构	$401 \sim 450$
	III₂	坚硬岩，较破碎（$K_v = 0.35 \sim 0.4$），结构面较发育、结合好，镶嵌碎裂结构或碎裂状结构；较坚硬岩（$R_c = 45 \sim 60$MPa），岩体较破碎，结构面较发育、结合好，块状结构；较坚硬岩（$R_c = 30 \sim 45$MPa），岩体较完整，整体状或巨厚层状结构；较软岩，岩体完整，结构面不发育、结合好或一般，整体状或巨厚层状结构	$351 \sim 400$
IV	IV₁	坚硬岩，岩体破碎（$K_v = 0.28 \sim 0.35$），结构面极发育、结合一般或差，碎裂状结构；较坚硬岩（$R_c = 45 \sim 60$MPa），岩体破碎—较破碎，结构面发育、结合度一般，碎裂状结构；较坚硬岩（$R_c = 30 \sim 45$MPa），较破碎，结构面发育、结合好，镶嵌碎裂结构。较软岩，岩体较完整（$R_c = 20 \sim 30$MPa），结构面较发育、结合好或一般，块状结构；较软岩，岩体较完整（$R_c = 15 \sim 20$MPa），结构面不发育、结合好或一般，整体状或巨厚层状结构；软岩，岩体完整（$R_c = 10 \sim 15$MPa），结构面不发育、结合好或一般，整体状或巨厚层状结构	$316 \sim 350$
	IV₂	坚硬岩，岩体破碎（$K_v = 0.2 \sim 0.28$），结构面极发育、结合一般或差，碎裂状结构；较坚硬岩，岩体破碎（$R_c = 45 \sim 60$MPa），结构面发育、结合一般，碎裂状结构；较坚硬岩，较破碎（$R_c = 30 \sim 45$MPa），结构面发育、结合好，镶嵌碎裂结构；较软岩，岩体较完整（$R_c = 20 \sim 30$MPa），结构面较发育、结合好或一般，块状结构；较软岩或以软岩为主的软硬岩互层，较破碎，结构面发育、结合一般，中、薄层状结构；软岩，岩体完整（$R_c = 7.5 \sim 10$MPa），结构面不发育、结合好或一般，整体状或巨厚层状结构	$285 \sim 315$
	IV₃	坚硬岩，岩体破碎（$K_v = 0.15 \sim 0.2$），结构面极发育、结合一般或差，碎裂状结构；较坚硬岩，岩体破碎，结构面发育、结合一般，碎裂状结构；较软岩，岩体较破碎，结构面较发育、结合好或一般，块状结构；软岩，岩体完整（$R_c = 5 \sim 7.5$MPa），结构面不发育、结合好或一般，整体状或巨厚层状结构	$251 \sim 284$
V	V₁	坚硬岩及较坚硬岩，岩体极破碎（$K_v = 0.06 \sim 0.15$）；较软岩，破碎（$R_c = 20 \sim 30$MPa），结构面发育或极发育；较软岩，较破碎（$R_c = 15 \sim 20$MPa），结构面发育、结合一般或破碎；软岩，较破碎，结构面发育、结合一般，碎裂状结构；极软岩（$R_c = 2 \sim 5$MPa），较完整—完整，结构面不发育或结构面较发育但结合较好	$211 \sim 250$
	V₂	坚硬岩及较坚硬岩，岩体极破碎（$K_v = 0 \sim 0.06$），碎裂状结构或散体状结构；软岩，岩体破碎，结构面极发育、结合一般或较差，碎裂状结构；极软岩（$R_c < 2$MPa），较破碎—完整	$150 \sim 210$

注：当有地下水，受软弱结构面影响，存在高初始地应力时，应对岩体基本质量指标 BQ 进行修正，根据修正后的岩体质量指标[BQ]进行围岩分级。

（2）根据现行《公路隧道设计细则》JTG/T D70，黏性土可按表 2.3-22 进行围岩分级划分。

黏性土围岩级别划分表　　　表 2.3-22

围岩级别		分级指标		围岩状态定性描述
基本级别	亚级	定性描述	定量指标（液性指数 I_L）	
IV	IV_3	坚硬	$\leqslant 0$	压密的坚硬的黏性土、黄土（Q_1、Q_2）
V	V_1	坚硬—硬塑	$\leqslant 0.25$	一般坚硬黏性土、较大天然密度硬塑状黏性土、一般硬塑状黏性土、黄土（Q_3）
	V_2	硬塑—可塑	$0 \sim 0.75$	一般硬塑状黏性土、可塑状黏性土、黄土（Q_4）
VI	—	软塑—流塑	$\geqslant 0.75$	软塑—流塑状黏性土、近软塑状及低天然密度可塑状黏性土

注：当有地下水时，可根据具体情况和施工条件适当降低围岩级别。

（3）根据现行《公路隧道设计细则》JTG/T D70，粉土及砂土可按表 2.3-23 进行围岩分级划分。

粉土及砂土围岩级别划分表　　　表 2.3-23

围岩级别		分级指标		围岩状态定性描述
基本级别	亚级	定性描述	定量指标（标贯锤击数 N）	
IV	IV_3	密实	> 30	压密或成岩作用的砂质土
V	V_1	中密—密实	> 15	压密状态稍湿至潮湿或胶结程度较好的砂质土
	V_2	稍密—中密	$10 \sim 30$	密实以下但胶结程度较好的砂质土
VI	—	松散	< 10	松散潮湿、呈饱和状态的粉细砂等砂质土

注：当有地下水时，可根据具体情况和施工条件适当降低围岩级别。

（4）根据现行《公路隧道设计细则》JTG/T D70，碎石土可按表 2.3-24 进行围岩分级划分。

碎石土围岩级别划分表　　　表 2.3-24

围岩级别		分级指标		围岩状态定性描述
基本级别	亚级	定性描述	定量指标（重型动力触探锤击数 $N_{63.5}$）	
IV	IV_3	密实	> 20	一般钙质、铁质胶结的碎石土、卵石土、大块石土
V	V_1	中密—密实	> 10	稍湿—潮湿的碎石土、卵石土、圆砾、角砾
	V_2	稍密—中密	$5 \sim 20$	稍湿—潮湿且较松散的碎石土、卵石土、圆砾、角砾

注：当有地下水时，可根据具体情况和施工条件适当降低围岩级别。

3.6.2　勘察工作的目的

城市隧道勘察应查明隧址区的工程地质与水文地质条件，对隧道地基、围岩、基坑等做出工程地质评价，重点分析评价不良地质作用、特殊性岩土对隧道的工程影响，洞口边坡稳定性等。提供地基承载力、隧道围岩级别、涌水量、岩土施工工程分级等设计与施工相关参数，并提出相应的建议。

3.6.3　资料搜集

应搜集下列资料：

（1）附有坐标和地形图、地物、隧道里程桩号及洞口的平面布置图、设计纵断面图、典型横断面图。

（2）拟建工程场区的地下管线、地下洞室等地下埋藏物分布图。

3.6.4　勘察方案

城市隧道工程勘察应根据场地或岩土条件复杂程度，采用工程地质测绘与调查、工程物探、地质勘探、原位测试与室内试验等综合勘察手段。

1. 工程地质测绘与调查

山岭隧道工程地质调查与测绘应沿隧道轴线及其两侧各不小于200m的带状区域进行，比例尺洞身段宜为 1∶2000～1∶1000，洞口边坡影响范围宜为 1∶500，断面图宜为 1∶200～1∶100。

2. 工程物探

山岭隧道应以工程物探为主、地质勘探为辅的主要勘察手段。物探方法的选择和物探测线的布置应根据隧道的工程地质条件及周边环境条件综合确定。分离式隧道应沿隧道轴线布置不少于 1 条测线；山岭隧道洞口处应布置不少于 3 条横测线。

3. 勘探点的布置

（1）勘探点应在隧道边线外侧交叉布置。小净距隧道可按单条隧道考虑；净距大于 2 倍洞径时，宜按两条隧道布置勘探点。勘探点的布置应重点考虑以下部位和地段：

①洞口、竖（斜）井、导坑、横洞及纵剖面最低部位等位置。

②地层分界线、地质构造复杂地段、岩体破碎带、工程物探异常点，蓄水构造或地下水发育地段。

③煤系地层、含有害气（矿）体、放射性物质的地层。

④隧道上方有地表水体、道路、建筑物、桥梁等设施的地段。

（2）勘探点的间距，应当根据场地或岩土条件的复杂程度按照表2.3-25确定。

勘探点的间距（单位：m）　　　　　　　　　表 2.3-25

场地或岩土条件复杂程度等级	平原区隧道		山岭隧道		水下隧道	
	初步勘察	详细勘察	初步勘察	详细勘察	初步勘察	详细勘察
一级	50～80	15～30	洞口应布置不少于 1 个勘探点，场地或岩土条件复杂程度等级一级及二级时，洞身段应布置勘探点	50～150	50～100	25～35
二级	80～120	30～50		100～250	100～150	35～50
三级	120～150	50～60		200～400	150～200	50～75

4. 勘探孔深度

（1）围岩为土质的隧道，控制性勘探孔宜进入隧道底板以下不小于 2.5 倍隧道高度，一般性勘探孔宜进入隧道底板以下不小于 1.5 倍隧道高度。

（2）围岩为岩质的隧道，在结构埋深范围内如遇全风化、强风化岩石地层，勘探孔深度应进入隧道底板以下 2 倍隧道高度，且不小于8m；如遇中等风化、微风化岩石地层，勘探孔深度应进入隧道底板以下 1 倍隧道高度，且不小于 5m，遇空洞、溶洞时应穿透，达到稳定地层。

（3）明挖隧道勘探孔深度应不小于 2 倍的开挖深度，且应满足地基、基坑稳定性分析、变形计算、抗浮设计以及地下水控制的要求。当基底分布有填土、软土等特殊性岩土和可液化土层时，勘探孔应适当加深。

5. 取样测试及试验的要求

（1）采取岩土试样和进行原位测试的勘探孔数量不应少于勘探孔总数的 1/2；控制性勘探孔数量不应少于勘探孔总数的 1/3。

（2）室内外测试及试验项目根据设计要求按照表 2.3-26 确定。

试验与测试项目

表 2.3-26

	项目与内容	目的
原位测试	岩体应力测试	原位测定岩体地应力
	抽水试验	隧道开挖施工时，涌水量计算及地下水控制设计
	压水试验	计算岩体相对透水性和了解裂隙发育程度
	注水试验	
	波速测试	划分场地类别；计算确定岩土的动力参数；计算岩体完整性系数；为承载力、变形参数综合评价提供依据
	钻孔电视	获取岩体结构面、岩溶发育等信息
	静力、动力触探试验	天然地基承载力评价，确定桩基承载力
	标准贯入试验	评价砂土、粉土、黏性土的物理状态，评价土的强度、变形参数、地基承载力、单桩承载力、粉土和砂土液化、成桩可行性
	载荷试验	确定承载力及变形特征
室内试验	岩石单轴抗压强度试验	基岩风化程度划分、承载力、围岩级别及软化性能等评价
	岩石抗拉强度试验	获取抗拉强度，为围岩稳定性分析提供依据
	岩石声波测试	基岩风化程度划分、承载力、围岩级别等评价
	固结试验	承载力及变形计算
	直剪试验	获取剪切强度，为基坑及边坡稳定性分析提供依据
	水土腐蚀性试验	评价土、水质对建筑材料的腐蚀性

3.6.5　勘察成果的分析与评价

1. 盾构法、矿山法隧道的分析评价要求

（1）分析评价不良地质作用、特殊性岩土对隧道的影响，提出处理措施的建议。

（2）进行围岩分级，并分析评价围岩的稳定性。

（3）分析评价地质构造复杂地段及不利地形对隧道工程的影响。

（4）分析评价进出洞口、竖（斜）井及导坑、横洞等辅助通道的工程地质条件及岩土体稳定性。

（5）分析评价隧道影响深度范围内地下水对隧道设计和施工可能产生的影响，提出处理的建议。

（6）分析产生流土、管涌、突泥、突水、塌方等危害的可能性，提出防治建议。

（7）隧道通过有害气（矿）体、富含放射性物质的地层时，分析其对工程建设的影响。

（8）应对隧道产生偏压的可能性进行评估，分析高应力区岩石产生岩爆和软质岩产生围岩大变形的可能性。

（9）应评价施工工法的适用性，提出超前地质预报的建议与要求。

（10）分析评价沿线建（构）筑物对隧道设计和施工的不利影响，以及隧道施工对环境的不利影响，并提出相关建议。

2. 明挖法、沉管法隧道的分析评价要求

（1）分析评价不良地质作用、特殊性岩土对隧道设计与施工的影响，提出处理或防范措施的建议。

（2）分析评价地表水、地下水对隧道施工可能产生的影响，提出抗浮设防水位的建议。

（3）提出隧道地基方案及基坑开挖、地表水、地下水控制的相关建议。

（4）根据沿线地下设施及障碍物专项调查报告，分析评价其对隧道设计和施工的不利影响，以及隧道施工对环境的不利影响，并提出处理建议。

（5）对工程结构、周边环境、岩土体变形及地下水位变化等提出监测建议。

3.7　城市堤岸岩土工程勘察

3.7.1　基本概念

1. 堤岸类别

（1）城市堤岸：在城乡规划区，沿河、渠、湖岸边或行洪区、蓄洪区、围垦区边缘修筑的岸坡及护坡结构。

（2）桩式堤岸：以桩作为堤岸或桩基作为堤岸基础的堤岸。

（3）圬工结构或钢筋混凝土结构堤岸：以砖、石材、砂浆混凝土、钢筋混凝土结构筑成，重力式、半重力式为主的堤岸。

（4）土堤：以土填筑，采用浆砌石或干砌块石勾缝的护坡堤岸。

2. 堤防工程的级别划分

根据《堤防工程设计规范》GB 50286—2013，堤防工程的级别应根据确定的保护对象的防洪标准，按表 2.3-27 的规定确定。

堤防工程的级别　　　　　　　　　　　　　表 2.3-27

防洪标准［重现期（年）］	≥100	<100且≥50	<50且≥30	<30且≥20	<20且≥10
堤防工程的级别	一级	二级	三级	四级	五级

3.7.2　勘察工作的目的

查明堤岸沿线的工程地质与水文地质条件，分析评价不良地质作用和特殊性岩土对堤岸稳定性的影响，提出防治措施建议。分析地表水与地下水水力联系，评价地下水对堤岸稳定性的影响，进行地基渗透变形分析。根据堤岸的类别和基础类型，提供基底稳定性验算所需参数，进行地基稳定性分析，提出合理的地基基础方案、地基处理方法和施工方案的建议。

对已失稳的堤岸及除险加固地段，分析堤岸失稳的原因，提出加固处理建议。

3.7.3 资料搜集

应搜集下列资料：

（1）区域地形、地质、地震及气象水文资料。

（2）堤岸工程的设计标高、结构类型、断面尺寸和采取的基础形式、尺寸、预计埋藏深度、荷载情况及对地基基础的特殊要求等资料。

（3）地表水体的现状和设计水面标高等资料。

3.7.4 勘察方案

1. 勘探点的布置

（1）应沿堤岸轴线或在基础轮廓线以内、平行堤岸轴线布置勘探点，可根据沿线地形地貌、地层变化，沿堤岸轴线每隔 2～4 倍孔距布置一条垂直于堤岸轴线的横断面勘探线，每条勘探线上宜布置 3～6 个勘探点。横断面长度应包括堤内、堤外影响区，渗透分析横断面长度应能满足渗透分析的需要。

（2）在每个地貌单元、不同地貌单元交界部位、地层急剧变化部位、堤岸走向转折点，以及堤岸结构类型变化部位，应布置勘探点。

（3）对堤岸的改造、加固工程勘察的勘探点，不宜布置在原有堤岸范围内。

（4）初步勘察勘探点间距宜为 100～150m，详细勘察勘探点间距应符合表 2.3-28 的规定。

勘探点间距（单位：m） 表 2.3-28

场地或岩土条件复杂程度等级	工程重要性等级		
	一级	二级	三级
一级	25～30	30～40	40～80
二级	30～40	40～80	80～120
三级	40～80	80～120	120～150

2. 勘探孔深度

（1）各类河道堤岸控制性勘探孔深度应进入河床深泓线以下 8～12m，一般性钻孔应进入河床深泓线以下 6～8m；湖、渠、调蓄池、行洪区、蓄洪区、围垦区等边缘堤岸控制性勘探孔深度应为堤岸高度的 2～3 倍，一般性钻孔应为堤岸高度的 1.5～2 倍。当存在潜在滑动面时，控制性钻孔应进入潜在滑动面以下 6～8m，一般性勘探孔深度应进入潜在滑动面以下 3～5m。

（2）桩式堤岸勘探孔深度应达到桩端以下 5m，对桩基加固的混合式堤岸，勘探孔深度应达到桩端以下 1.5～2 倍基础底面宽度；圬工结构或钢筋混凝土结构天然地基堤岸勘探孔深度应进入拟选持力层 3～5m；土堤勘探孔深度应达到 1～2 倍土堤高度。

（3）对需进行变形计算的地基，控制性勘探孔应达到地基压缩层的计算深度。

（4）遇基岩时，勘探孔深度可适当减小。

3. 取样测试及试验的要求

（1）软土、细粒土、砂土层，使用套管护壁法钻进时，取样位置至少低于套管底部 0.5m。

（2）取样前应仔细清孔，孔底残留浮土厚度应小于取土器上端废土段长度。

（3）采取土样宜用快速连续静力压入法，遇硬黏土等压入困难的土层时，可采用重锤少击方式，但应有良好的导向装置。

（4）渗透破坏试验土样应在渗透稳定计算剖面上或在渗透稳定计算剖面附近采取，所取土样应具有代表性，取样尺寸、数量应满足试验要求。

（5）采取岩土试样和进行原位测试的勘探孔数量不应少于勘探孔总数的 1/2；控制性勘探孔数量不应少于勘探孔总数的 1/3。

（6）室内外测试及试验项目根据设计要求按照表 2.3-29 确定。

试验与测试项目　　　　　　　　　　　　　表 2.3-29

项目与内容		目的
原位测试	压水试验	计算岩体相对透水性和了解裂隙发育程度
	注水试验	
	波速测试	划分场地类别；计算确定岩土的动力参数；计算岩体完整性系数；为承载力、变形参数综合评价提供依据
	钻孔电视	获取岩体结构面、岩溶发育等信息
	静力、动力触探试验	天然地基承载力评价，确定桩基承载力
	标准贯入试验	评价砂土、粉土、黏性土的物理状态，评价土的强度、变形参数、地基承载力、单桩承载力、粉土和砂土液化、成桩可行性
	十字板剪切试验	确定土的承载力、分析地基稳定性
	载荷试验	确定承载力及变形特征
室内试验	无黏性土休止角	为堤岸稳定性计算提供依据
	颗粒分析	为堤岸渗透稳定性计算提供依据
	渗透系数	
	岩石单轴抗压强度试验	基岩风化程度划分、承载力、围岩级别及软化性能等评价
	固结试验	承载力及变形计算
	直剪试验	获取剪切强度，为边坡稳定性分析提供依据
	水土腐蚀性试验	评价土、水质对建筑材料的腐蚀性

3.7.5　勘察成果的分析与评价

（1）分析评价不良地质作用和特殊性岩土对堤岸稳定性的影响，提出防治措施建议。

（2）分析地表水与地下水水力联系，评价地下水对堤岸稳定性的影响，进行地基渗透变形分析。

（3）根据堤岸的类别和基础类型，提供基底稳定性验算所需参数，进行地基稳定性分析，提出合理的地基基础方案、地基处理方法和施工方案的建议。

（4）对已失稳的堤岸及除险加固地段，应根据搜集的资料（堤岸失稳的范围、类型、规模和崩岸速率、发生险情过程）和必要的专项勘察，分析堤岸失稳的原因，提出加固处理建议。

（5）应进行堤岸填筑料的质量评价。

3.8　城市给水排水厂站岩土工程勘察

3.8.1　基本概念

（1）给水排水厂站：给水和排水系统的附属建（构）筑物的统称。

（2）给水排水厂站工程的工程重要性分级

给水排水工程厂站工程的工程重要性等级，按照《工程设计资质标准》将建筑项目设计规模划分为大、中、小三类。可根据厂区水处理构筑物、泵站规模按表 2.3-30 确定。

给水排水厂站工程规模　　　　表 2.3-30

建设项目		工程规模		
		大型	中型	小型
给水工程	净水厂	>10	5～10	<5
	泵站	>20	5～20	<5
排水工程	处理厂	>8	4～8	<4
	泵站	>10	5～10	<5

注：单位为万 m³/日。

3.8.2　勘察工作的目的

查明拟建场地的工程地质与水文地质条件，评价不良地质作用、特殊性岩土对工程的影响，并提供相应处理建议。提供地基基础设计、建（构）筑物抗浮、地基处理、基坑支护与地下水控制等相关建议和岩土参数。

3.8.3　资料搜集

应搜集下列资料：

（1）附有坐标和地形图、地物、给水排水厂站的总平面图。

（2）拟建厂站各建（构）筑物的结构类型、荷载、重要设备基础等设计条件，拟采用的基础形式、基础埋深等。

（3）拟建工程场区的地下管网、管道、涵洞、地下洞室等地下埋藏物分布图。

3.8.4　勘察方案

1. 勘探点的布置

（1）初勘阶段厂区水处理构筑物勘探点可按方格网布置，间距宜为 50～100m。对地下式厂站，可结合基础埋深情况按方格网布置，间距应为 50～100m，勘察范围宜适当扩大。厂区外的泵站、取排水构筑物等应布置勘探点。

（2）详勘阶段厂区水处理构筑物及地下式厂站拟采用天然地基或地基处理方案时，应根据场地或岩土条件复杂程度按照表 2.3-31 确定勘探点间距。

勘探点间距（单位：m）　　　　表 2.3-31

场地或岩土条件复杂程度等级	勘探点间距
一级	10～15
二级	15～30
三级	30～50

（3）详勘阶段厂区水处理构筑物及地下式厂站拟采用桩基方案时，对端承桩勘探点间距宜为 12～24m，相邻勘探点揭露的持力层层面高差宜控制为 1～2m；对摩擦桩勘探点间距宜为 20～35m，当岩土条件复杂、影响成桩或设计有特殊要求时，勘探点间距应加密。

（4）详勘阶段勘探点布置应不少于 2 个，取水头部（排放口）应布置勘探点；重大设备基础应单独布置勘探点，且勘探点不宜少于 3 个。

2. 勘探孔深度

（1）控制性勘探孔深度应满足地基变形计算及地基处理等要求。桩基一般性勘探孔深度不宜小于桩端下 3～5 倍桩径，且不小于 3m；天然地基一般性勘探孔深度不应小于基础底面下 5m；复合地基一般性钻孔深度应满足地基处理深度的要求。

（2）开槽式泵房勘探孔深度不宜小于开挖深度的 2.5 倍；岸边泵房勘探孔深度宜达岸坡稳定验算深度以下 3～5m；勘探孔深度尚应同时满足不同基础形式及施工工法对孔深的要求。

（3）对地下式厂站或构筑物，尚应满足基坑支护、地下水控制及抗浮设计要求。

（4）遇基岩时，勘探孔深度可适当减小。

3. 取样测试及试验的要求

（1）采取岩土试样及进行原位测试的勘探孔数量不应少于勘探孔总数的 1/2；控制性勘探孔数量应不少于勘探孔总数的 1/3。

（2）给水排水厂站应进行波速测试。

（3）当水文地质条件复杂且对设计、施工有重要影响时，应当进行水文地质试验。

（4）给水排水厂站的主要试验项目参见表 2.3-32。

给水排水厂站试验项目 表 2.3-32

项目与内容	试验成果应用
抗剪强度试验	基槽开挖、边坡稳定性分析
压缩性试验	地基土的承载力和变形
室内外渗透试验、抽水试验	基坑开挖施工时，涌水量计算及地下水控制设计
水、土化学分析	对结构材料的腐蚀性判定
岩石单轴抗压强度试验	基岩地基风化程度划分、承载力确定及软化性能等评价

3.8.5 勘察成果的分析与评价

（1）评价不良地质作用、特殊性岩土对工程的影响，并提供相应处理建议。

（2）为地基基础设计、建（构）筑物抗浮、地基处理等提供必要的岩土参数和相应的建议。

（3）对地下式厂站和构筑物，应提出基坑稳定性计算所需岩土技术参数和支护结构选型建议。

（4）分析对工程建设有影响的各含水层中地下水的埋藏条件、水位变化幅度，提供地下水控制的设计参数。

（5）对可能产生的流土、管涌、坑底突涌等进行分析评价，提出相应处理措施的建议。

（6）对荷载较轻的贮水构筑物，分析评价地下水对工程运营及其在空载状态时的不利影响，提出抗浮设计的相关建议。

（7）取水头部、排放口应分析评价地基的稳定性、承载力，提出防冲刷措施的建议。

3.9 勘察报告

3.9.1 勘察报告总体要求

（1）勘察报告应通过对前期勘察资料的整理、检查和分析，根据工程特点和设计提出的技术要求编写，应有明确的针对性，能正确反映场地工程地质条件、不良地质作用和地质灾害，做到资料真实完整、评价合理、建议可行。

（2）勘察报告应根据工程建设需求分阶段编制，详勘报告应满足施工图设计的要求。

3.9.2　勘察报告文字正文

勘察报告正文文字部分应包括下列内容：

（1）工程概况与勘察工作概述。

（2）场地环境与工程地质条件。

（3）岩土指标统计。

（4）岩土工程评价。

（5）地下工程与周围环境的相互影响评价。

（6）结论与建议。

（7）地质条件可能引发的工程风险及应对措施建议。

（8）其他情况说明。

3.9.3　相关表格

相关表格应包括下列内容：

（1）勘探点主要数据一览表。

（2）原位测试及室内试验物理力学指标统计表及参数建议值。

（3）液化判别计算表等其他相关计算分析表。

3.9.4　图件和附件

相关图件和附件应包括下列内容：

（1）勘探点平面布置图。

（2）工程地质纵、横断（剖）面图。

（3）钻孔柱状图。

（4）原位测试成果图。

（5）室内试验成果图。

（6）关键地层的埋深、厚度等值线图。

（7）其他相关图件及附件。

参考文献

[1]　中华人民共和国住房和城乡建设部. 市政工程勘察规范: CJJ 56—2012[S]. 北京: 中国建筑工业出版社, 2013.

[2]　北京市规划和自然资源委员会. 市政基础设施岩土工程勘察规范: DB11/T 1726—2020[S]. 北京: 2020.

[3]　中华人民共和国交通运输部. 公路水下隧道设计规范: JTG/T 3371—2022[S]. 北京: 人民交通出版社, 2022.

第 4 章　城市轨道交通岩土工程勘察

城市轨道交通为采用轨道结构进行承重和导向的车辆运输系统，依据城市交通总体规划的要求，设置全封闭或部分封闭的专用轨道线路，以列车或单车形式，采用专用轨道导向运行，运送相当规模客流量的城市公共客运系统。

城市轨道交通包括地铁、轻轨、单轨、有轨电车、磁悬浮、自动导向轨道、导轨式胶轮电车、市域轨道系统。

4.1　勘察阶段划分

城市轨道交通工程岩土工程勘察按不同设计阶段的技术要求，开展相应的勘察工作。勘察阶段分为可行性研究勘察阶段、初步勘察阶段和详细勘察阶段。另外，也可以根据需要开展施工阶段的岩土工程勘察工作。当城市轨道交通工程沿线或场地附近存在对工程设计方案和施工有重大影响的岩土工程问题时，应进行专项勘察。

（1）可行性研究勘察阶段：可行性研究勘察是轨道交通建设的一个重要环节。城市轨道交通是复杂的系统工程，在规划和可行性研究阶段，就需要考虑众多的影响和制约因素，如城市发展规划、交通方式、预测客流等，同时地质条件、环境设施等也是线路敷设、走向、埋深以及工法选择时应重点考虑的内容。可行性研究勘察为轨道交通工程线路方案的可行性研究提供地质依据。

（2）初步勘察阶段：城市轨道交通工程初步勘察应在可行性研究勘察的基础上，针对城市轨道交通工程线路敷设形式、各类工程的结构形式、施工方法等开展工作，为初步设计提供地质依据。

（3）详细勘察阶段：城市轨道交通工程的详细勘察应在初步勘察的基础上，以工点为单位，以具体的工程结构为对象，针对城市轨道交通各类工程的建筑类型、结构形式、埋置深度和施工方法等开展工作，提供具体的地质参数和详细的技术资料，并提出岩土工程问题预测及处理措施建议，满足施工图设计、工程施工及工程周边环境保护方案设计要求。

4.2　各阶段岩土工程勘察要点

城市轨道交通工程各阶段的岩土工程勘察要点，见表 2.4-1。

各阶段岩土工程勘察要点　　　　　　　　　　　　　　　　表 2.4-1

勘察阶段	勘察重点	工作方法
可行性研究勘察	影响线路的不良地质作用、特殊性岩土及关键工程的工程地质条件	以搜集已有地质资料和工程地质调查与测绘为主，必要时进行勘探与取样、原位测试及室内试验等工作

续表

勘察阶段	勘察重点	工作方法
初步勘察	对控制线路平面、埋深及施工方法的关键工程或区段进行重点勘察	工程地质调查与测绘、水文地质试验、勘探与取样、原位测试、室内试验等多种手段相结合的综合方法
详细勘察	查明各类工程场地的工程地质、水文地质和工程周边环境等条件	勘探与取样、原位测试、室内试验等为主，辅以工程地质调查与测绘、工程物探

4.2.1　可行性研究勘察

可行性研究勘察应重点研究影响线路的不良地质作用、特殊性岩土及关键工程的工程地质条件。

1. 勘察目的和工作内容

可行性研究勘察的目的是调查城市轨道交通工程线路沿线的岩土工程条件、周边环境条件，研究控制线路方案的主要工程地质问题和重要工程周边环境，为线位、站位、线路敷设形式、施工方法等方案的设计与比选、技术经济论证、工程周边环境保护及编制可行性研究报告提供地质资料。

可行性研究勘察应完成下列工作任务和内容：

（1）搜集区域地质、地形、地貌、水文、气象、地震、矿产等资料，以及沿线的工程地质条件、水文地质条件、工程周边环境条件和当地轨道交通工程及相关工程建设经验。

（2）调查线路沿线的地层岩性、地质构造、地下水埋藏条件等，划分工程地质单元，进行工程地质分区，评价场地稳定性和适宜性。

（3）对控制线路方案的工程周边环境，分析其与线路的相互影响，提出规避、保护的初步建议。

（4）对控制线路方案的不良地质作用、特殊性岩土，了解其类型、成因、范围及发展趋势，分析其对线路的危害，提出规避、防治的初步建议。

（5）研究场地的地形、地貌、工程地质、水文地质、工程周边环境等条件，分析路基、高架、地下等工程方案及施工方法的可行性，提出线路比选方案的建议。

2. 勘察基本要求

可行性研究勘察应在搜集已有地质资料和工程地质调查与测绘的基础上，开展必要的勘探与取样、原位测试、室内试验等工作，以调查和搜集资料为主、现场勘探为辅开展工作。

3. 勘察工作要点

1）资料搜集

可行性研究勘察的资料搜集应包括下列内容：

（1）工程所在地的气象、水文以及与工程相关的水利、防洪设施等资料。

（2）区域地质构造、地震、矿藏资源及砂土液化等资料。

（3）沿线地形、地貌、地层岩性、地下水、特殊性岩土、不良地质作用和地质灾害等资料。

（4）沿线古城址及河、湖、沟、坑的历史变迁及工程活动引起的地质变化等资料。

（5）影响线路方案的重要建（构）筑物、桥涵、隧道、管线、既有轨道交通设施等工程周边环境的设计与施工资料。

（6）沿线岩土工程和建筑经验等。

（7）沿线保护文物、风景名胜区、水源地等。

对影响沿线的特殊地质条件、重大环境工程地质问题应进行专题研究。

2）勘探

（1）勘探点的平面布置

可行性研究勘察勘探点平面布置应符合下列要求：

①勘探点间距不宜大于 1000m，每个站点不少于 1 个勘探点，且所有勘探点均为控制性钻孔。

②勘探点数量应满足工程地质分区的要求，每个地质单元或地貌单元均应有不少于 1 个勘探点，在地质条件复杂地段或不良地质作用及特殊性岩土分布区段应加密勘探点。

③当有两条或两条以上比选线路时，应根据要求进行同精度比较或差异化比较。

④利用已有的勘察孔，其距离拟建方案线路轴线不宜大于 100m；且搜集利用的勘探点应与对应线路场地处于相同的工程地质单元。

⑤控制线路方案的江、河、湖等地表水体，应布置勘探点。

（2）勘探点的深度

勘探孔深度应满足场地稳定性、适宜性评价和线路方案设计、工法选择等需要，遇基岩时，进入中等风化或微风化基岩应不小于 10m，且孔深不宜小于 30m。

对于填土、软土、液化砂土（粉土）、溶洞、球状风化体和断裂带等软弱层发育区，勘探孔深度应予以穿透。

3）取样、原位测试及室内试验

可行性研究勘察的取样、原位测试及室内试验的项目和数量，应根据线路方案、沿线工程地质和水文地质条件，并结合地貌和工程地质单元确定。并应满足各地质单元子样数分层统计要求。

4.2.2　初步勘察

1. 勘察目的和工作内容

初步勘察的目的是初步查明城市轨道交通工程线路、车站、车辆基地和相关附属设施的工程地质条件、水文地质条件，分析评价地基基础形式和施工方法的适宜性，预测可能出现的岩土工程问题，提供初步设计所需的岩土参数，提出复杂或特殊地段岩土治理的初步建议。

初步勘察应进行下列工作：

（1）搜集带地形图的拟建线路平面图、线路纵断面图、施工方法等有关设计文件及可行性研究勘察报告、沿线地下设施分布图。

（2）初步查明沿线地质构造、岩土类型及分布、岩土物理力学性质、地下水埋藏条件，进行工程地质分区。

（3）初步查明特殊性岩土的类型、成因、分布、规模、工程性质，分析其对工程的危害程度。

（4）查明沿线不良地质作用的类型、成因、分布、规模、工程性质，预测其发展趋势，分析其对工程的危害程度。

（5）初步查明沿线地表水的水位、流量、水质、河湖淤积物的分布，以及地表水与地下水的补排关系。

（6）初步查明地下水类型，补给、径流、排泄条件，历史最高水位，地下水动态和变化规律。

（7）对抗震设防烈度等于或大于 6 度的场地，应初步评价场地和地基的地震效应。

（8）评价场地稳定性和工程适宜性。

（9）初步评价水和土对建筑材料的腐蚀性。

（10）对可能采取的地基基础类型、地下工程开挖与支护方案、地下水控制方案进行初步分析评价。

（11）季节性冻土地区，应调查场地土的标准冻结深度。

（12）对环境风险等级较高的工程周边环境，分析可能出现的工程问题，提出预防措施的建议。

（13）勘察深度范围内遇基岩时，应初步查明基岩岩性、力学强度、风化程度及完整性。

（14）搜集和调查沿线土壤氡浓度，结合调查成果初步实测沿线各车站、车辆段、停车场和区间发育断层部位的有害气体。

2. 勘察基本要求

初步勘察应对控制线路平面、埋深及施工方法的关键工程或区段进行重点勘察，并结合工程周边环境提出岩土工程防治和风险控制的初步建议。

初步勘察工作应根据沿线区域地质和场地工程地质、水文地质、工程周边环境等条件，采用工程地质调查与测绘、勘探与取样、原位测试、室内试验等多种手段相结合的综合勘察方法。

3. 勘察工作要点

初步勘察工作应根据沿线区域地质和场地工程地质、水文地质、工程周边环境等条件，采用工程地质调查与测绘、勘探与取样、原位测试、室内试验等多种手段相结合的综合勘察方法。当地质条件复杂时可结合工程物探方法。

1）工程地质调查与测绘

（1）目的

收集现有的地质资料，了解沿线地质构造、地震及断裂活动情况、第四系覆盖层厚度等。研究沿线地形地貌与构造，地震历史，地上地下构筑物与古迹古建筑，地表水与地下水对线路设计、施工和运营的影响。

应通过调查与测绘掌握场地主要工程地质问题，结合区域地质资料对城市轨道交通工程场地的稳定性、适宜性做出评价，划分场地复杂程度，分析工程建设中存在的岩土工程问题，提出防治措施的建议，并为各勘察阶段的勘探与测试工作布置提供依据。

（2）工作内容

初步勘察阶段的工程地质调查与测绘主要完成以下工作内容：

①搜集区域性的地质、水文、气象、航卫片、建筑及植被等资料；

②搜集既有建（构）筑物的岩土工程勘察资料和施工经验；

③搜集已发生的岩土工程事故案例，了解其发生的原因、处理措施和整治效果；

④调查、测绘地形与地貌的形态，划分地貌单元，确定成因类型，分析其与基底岩性和新构造运动的关系；

⑤调查天然和人工边坡的形式、坡率、防护措施和稳定情况；

⑥调查地层的岩性、结构、构造、产状、岩体的结构特征和风化程度，了解岩石的坚硬程度和岩体的完整程度；

⑦调查构造类型、形态、产状、分布，对断裂、节理等构造进行分类，确定主要结构面与线路的关系；

⑧对主干断裂、强烈破碎带，应调查其分布范围、形态和物质组成，分析地下水软化作用对隧道围岩稳定性的影响和危害程度；

⑨调查地表水体及河床演变历史，搜集主要河流的最高洪水位、流速、流量、河床标高、淹没范围等；

⑩调查地下水各含水层类型、水位、变化幅度、水力联系、补给来源和排泄条件，地下水动态变化与地表水系的联系、腐蚀性情况，以及历年地下水位的长期观测资料；

⑪调查填土的堆积年代、坑塘淤泥层的厚度，以及软土、盐渍岩土、膨胀性岩土、风化岩和残积土等特殊性岩土的分布范围和工程地质特征；

⑫调查岩溶、人工空洞、滑坡、岸边冲刷、地面沉降、地裂缝、地下古河道、暗浜、含放射性或有害气体地层等不良地质的形成、规模、分布、发展趋势及对工程建设的影响。

（3）技术要求

工程地质调查与测绘应搜集工程沿线的既有资料，并进行综合分析研究，必要时可进行适量的勘探、物探和测试工作。在采用遥感技术的地段，应对室内解译结果进行现场核实。

工程地质调查和测绘应按勘察阶段所确定的线路、建（构）筑物平面范围及邻近地段开展地质调查与测绘工作，其范围应满足线路方案比选和建（构）筑物选址、地质条件评价的需要。

技术要求如下：

①当地质条件复杂时，宜采用填图的方法进行调查与测绘。当地质条件简单或既有地质资料比较充分时，可采用编图方法进行调查与测绘。

②地质观测点应布置在具有代表性的岩土露头、地层界线、断层及重要的节理、地下水露头、不良地质、特殊岩土界线等处。

③地质观测点密度应根据技术要求、地质条件和成图比例尺等因素综合确定，其密度应能控制不同类型地质界线和地质单元体的变化。

④地质观测点的定位应根据精度要求和地质复杂程度选用目测法、半仪器法、仪器法。对构造线、地下水露头、不良地质作用等重要的地质观测点，应采用仪器定位。

⑤一般区间直线段向两侧不应少于100m；车站、区间弯道段及车辆基地向外侧不应少于200m；山岭隧道应根据需要适当扩大工作范围。对可溶岩分布地段，其两侧调查与测绘范围尚应满足场地岩溶水文地质分析评价的需要。

⑥测绘用图比例尺宜选用比最终成果图大一级的地形图作底图，在初步勘察阶段选用1：1000～1：500，在工程地质条件复杂地段应适当放大比例尺。

⑦地层单位和岩体年代单位均划分到"统或组",岩性复杂时划分到"段",第四系应划分不同的成因类型,年代应划分到"世"。

⑧地质界线、地质观察点测绘在图面上的位置误差,不应大于图面比例尺 2mm。

⑨地质单元在图上的宽度等于或大于 2mm 时,均应在图上表示;有特殊意义或对工程有重要影响的地质单元体在图面上宽度小于 2mm 时,应采用超比例尺方法适当扩大标示并加注明。

⑩对工程建设有影响的不良地质作用、特殊性岩土、断裂构造、地下富水区、既有建筑工地等地段应扩大调查范围。

⑪工程建设可能诱发地质灾害地段,其工作范围应包含可能的地质灾害发生的范围。

⑫当地质条件特别复杂或需要进行专项研究时,其工作范围应专门研究确定。

⑬工程地质调查与测绘的资料应准确可靠、图文相符。对工程设计、施工有影响的工程地质现象,应用素描图或照片记录并附文字说明。

⑭对地质条件简单地段,工程地质调查与测绘的成果可纳入相应阶段的岩土工程勘察报告;对地质条件复杂地段,应编制工程地质调查与测绘报告,报告内容包括文字报告、地质柱状图、工程地质图、纵横地质剖面图、遥感地质解译资料、素描图和照片等。

2）勘探与取样

初步勘察阶段应在充分分析和利用可行性研究资料和工程特点的基础上进行勘探与取样工作量布置。

（1）勘探工作量的具体布置原则见表 2.4-2。

（2）取土、原位测试孔中采取土样的数量和孔内原位测试的竖向间距,应根据勘探孔数量、地层特点和土的均匀程度确定,并应满足子样数分层统计要求。

3）原位测试

初步勘察原位测试方法的选择应根据地区经验、工点类型、任务要求和适用范围按表 2.4-5 进行选择。

4）工程物探

初步勘察工程物探的布置原则如下:

（1）视电阻率测井

①布置原则为每个车站不少于 1 个;

②地下车站的测试深度不应小于结构底板下 5.0m;高架车站的测试深度不应小于地面下 5.0m,接地有特殊要求时,可根据设计要求确定;

③采样间隔宜小于 1m。

（2）其他工程物探手段可根据任务要求、应用范围和适用条件选用。

5）室内试验

（1）试验项目的确定

初步勘察除应提供地基土常规指标外,尚需结合工点情况提供特殊参数,详见表 2.4-6。

（2）布置原则

初步勘察阶段室内试验项目的布置应符合表 2.4-7 中的规定。

初步勘察阶段勘探工作量布置原则

表 2.4-2

工点类型		工作量布置原则		
		勘探孔平面布置	勘探孔深度确定	勘探点性质确定
地下工程	地下车站、地下明挖区间	1. 勘探点宜按结构轮廓线布置,线路穿越的重要地段和重要站位处端头车站应重点布置; 2. 每个车站勘探点数量不宜少于4个,且勘探点间距不宜大于100m; 3. 地下车站的勘探点宜布置在基坑边线外3~5m;	1. 在第四纪地层控制性勘探孔深度进入结构底板以下不应小于30m;一般性勘探孔深度进入结构底板以下不应小于20m; 2. 在软土地区,控制性勘探孔深度应同时满足不小于3倍基坑深度,一般性勘探孔深度应同时满足不小于2.5倍基坑深度; 3. 在结构埋深范围内如遇风化,全风化岩石地层,控制性勘探孔深度进入结构底板以下不应小于15m;一般性勘探孔深度进入结构底板以下不应小于10m; 4. 在结构埋深范围内如遇中等风化、微风化岩石地层,控制性勘探孔宜进入结构底板以下5~8m;一般性勘探孔深度进入结构底板以下不应小于5m; 5. 在钻孔预定深度内遇岩溶和破碎带时钻孔深度应当适当加深; 6. 勘探孔深度应满足基坑支护设计、地基处理、变形验算和桩基设计要求; 7. 对于拟建换乘车站,换乘节点勘探孔深度应满足下层车站的深度要求	1. 取样、原位测试的勘探点数量不应少于勘探点总数的2/3,其中控制性勘探孔不应少于勘探点总数的1/3; 2. 在地质条件复杂地段,可全部为取样、原位测试钻孔; 3. 静力触探孔数量不宜超过勘探点总数的1/2; 4. 湿陷性黄土场地应布置一定数量的探井,其数量宜为取土勘探点总数的1/3~1/2,且不少于3个
	地下暗挖区间	1. 勘探点宜沿区间同线路在隧道结构两侧轮廓线外侧3~5m呈"Z"形交叉布置; 2. 洞口位置布置勘探点; 3. 勘探点间距宜为100~200m; 4. 在地貌、地质单元交接部位、地层变化较大地段以及不良地质作用和特殊性岩土发育地段应加密勘探点;	1. 在第四纪松散地层控制性勘探孔深度进入结构底板以下不应小于3倍隧道直径,一般性勘探孔深度进入结构底板以下不应小于2.5倍隧道直径; 2. 在软土地区,控制性勘探孔深度进入结构底板以下不应小于30m;一般性勘探孔深度进入结构底板以下不应小于20m; 3. 在结构埋深范围内如遇强风化、全风化岩石地层,控制性勘探孔深度进入结构底板以下不应小于15m;一般性勘探孔深度进入结构底板以下不应小于10m; 4. 在结构埋深范围内如遇中等风化、微风化岩石地层,控制性勘探孔宜进入结构底板以下5~8m;一般性勘探孔深度进入结构底板以下不应小于5m; 5. 在钻孔预定深度内遇岩溶和破碎带时钻孔深度应当适当加深	同上

续表

工点类型		工作量布置原则		
		勘探孔平面布置	勘探孔深度确定	勘探点性质确定
高架工程	高架车站	勘探点间距不宜大于100m，且每个车站不宜少于3个	1. 控制性勘探孔深度应满足桩基沉降计算和软弱下卧层验算的要求，一般性勘探孔应满足查明墩台基础或桩基持力层分布的要求。 2. 墩台基础置于地表水和软弱地表水地段时，应穿过最大冻结深度达持力层以下；墩台基础置于基础下卧持力层以下。 3. 覆盖层较薄，下伏基岩风化层不厚时，勘探孔应进入微风化地层3～8m。为确认是基岩而非孤石，应将岩芯同当地岩层露头、层理、岩性、节理和产状进行对比分析，综合判断	同上
	高架区间	1. 勘探点应沿区间轴线布置于机设墩台位置； 2. 墩台点间距应根据场地复杂程度和设计方案确定，宜为80～150m		同上
	高架其他附属设施	过街天桥等附属设施应根据规模布置适当勘察工作量，且每处宜不少于1个勘探点		
地面车站和车辆基地工程	地面车站	1. 勘探点可沿建筑物周边布置； 2. 勘探点间距不宜大于100m，且每个车站不宜少于3个勘探点	1. 勘探孔的深度应符合表2.4.4的规定。 2. 采用桩基础时，孔深应满足桩设计要求； 3. 对于地下车辆基地，勘探孔的深度按地下车站考虑	同上
	车辆基地工程	1. 勘探点可结合建构筑物特点采用网格状布置； 2. 勘探线勘探点间距应符合表2.4-3的规定； 3. 主要设施均应有勘探点控制		1. 控制性勘探孔宜占勘探点总数的1/5～1/3； 2. 静力触探孔数量不宜超过勘探点总数的1/2，对于有经验的地区，该比例可适当放宽； 3. 湿陷性黄土场地应布置一定数量的取样和原位测试勘探孔，其数量宜为取土勘探点总数的1/3～1/2，且不少于3个
	路基路堤路堑	1. 每个地貌、地质单元均应布置勘探点，在地貌、地质单元交界部位和地层变化较大地段应加密勘探点； 2. 勘探点宜沿线路线两侧交错布置，间距100～150m； 3. 高路堤、深路堑应布设勘探点，每条横断面勘探点数量不宜少于2个； 4. 深路堑边坡存在顺层结构的位置应单独布置横断面	1. 勘探孔深度应满足变形及稳定性验算要求，孔深不宜小于30m且应钻穿软土层；预定深度内见坚实土层或岩层时可适当减少孔深。 2. 采用桩基础时，孔深应满足桩设计要求； 3. 路基、涵洞工程的控制性勘探孔深度应满足稳定性评价、变形计算，软弱下卧层验算的要求，一般性勘探孔宜进入基底以下5～10m	取样、原位测试的勘探点数量不应少于勘探点总数的2/3
其他工程	涵洞	勘探点宜沿中线方向布置，且每一涵洞不宜少于1个勘探点	同地下车站	取样、原位测试的勘探点数量不应少于勘探点总数的2/3
	主变电站、单独风井	主变电站及单独布置的风井应布置勘察工作量，且不宜少于1个勘探点	同地下车站	同地下车站

车辆基地工程初步勘察勘探线、勘探点间距/m　　表 2.4-3

地基复杂程度等级	勘探线间距	勘探点间距
一级（复杂场地）	50～100	30～50
二级（中等复杂场地）	75～150	40～100
三级（简单场地）	150～300	75～200

车辆基地工程初步勘察勘探孔深度/m　　表 2.4-4

工程重要性等级	控制性勘探孔	一般性勘探孔
一级	≥30	≥15
二级	15～30	10～15
三级	10～20	6～10

初步勘察原位测试方法选用　　表 2.4-5

工点类型	测试方法													
	标准贯入试验	圆锥动力触探试验	预钻式旁压试验	自钻式旁压试验	静力触探试验	孔压静力触探试验	平板载荷试验	螺旋板载荷试验	扁铲侧胀试验	十字板剪切试验	波速测试	现场直接剪切试验	岩体原位应力测试	地温测试
地下工程	○	○	○	○	○	○	○	○	○	○	√	○	○	√
高架工程	○	○	○	○	○	○	○	○	○	○	√	○	○	—
地面和车辆基地工程	○	○	○	○	○	○	○	○	○	○	√	○	○	—

注：√：应做项目；○：需根据原位测试方法的适用范围和任务要求选做项目；—：可不做该项目。

初步勘察需提供的主要特殊参数

表 2.4-6

工点类型	试验参数												
	渗透系数	三轴抗剪强度CU	三轴抗剪强度UU	无侧限抗压强度	静止侧压力系数	烧失量	热物理指标	基床系数	先期固结压力	固结系数	岩石单轴抗压强度	软化系数	岩石抗剪断强度
地下车站和明挖区间	√	√	√	√	√	○	○	○	—	—	○	○	—
盾构法区间	√	—	√	√	—	○	○	○	—	—	√	○	√
矿山法区间	√	—	○	√	○	○	○	○	—	—	√	√	—
高架工程	—	—	—	—	—	—	—	—	√	—	√	—	—
地面和车辆基地工程	√	—	√	√	○	○	—	—	√	√	—	—	—

注: √: 应提供; ○: 可提供; —: 可不提供。

表 2.4-7

初步勘察阶段室内试验布置原则

试验项目		布置原则	
		布置位置	试验数量
常规物理力学性质试验		每个主要土层布置	每个主要土层的试验指标数量不应少于10件（组），且每一地质单元每一主要土层不应少于6件（组）
三轴抗剪强度		主要布置在地面至结构底板以下5m深度范围内	每一主要土层的试验指标数量不宜少于3组
无侧限抗压强度		主要布置在地面至结构底板以下5.0m深度范围内	每一主要土层的试验指标数量不宜少于6组
静止侧压力系数		主要布置在地面至结构底板以下5.0m深度范围内	每一主要土层的试验指标数量不宜少于6组
热物理指标		主要布置在地下车站地面至结构底板以下5.0m深度范围内，区间试验范围为区间隧道上下1倍直径范围	每一主要土层的试验指标数量不宜少于3组
基床系数	水平	主要布置在地面至结构底板以下5.0m深度范围内	每一主要土层的试验指标数量不宜少于3组
	垂直	主要布置在结构底板以下1倍基坑深度范围内的地层中；区间主要布置在隧道上下1倍直径范围内	
先期固结压力和固结系数		主要布置在地面至结构底板以下10.0m深度范围内	每一主要土层的试验指标数量不宜少于6组
岩石单轴抗压强度		主要布置基岩地区结构范围内	每一主要岩层的试验指标数量不应少于3组
软化系数		主要布置基岩地区结构范围内	每一主要岩层的试验指标数量不宜少于3组
岩石抗剪断强度		主要布置基岩地区的隧道上下各1倍洞径范围内	每一主要岩层的试验指标数量不宜少于3组
水的腐蚀性分析		对工程有影响的地下水和地表水	每层地下水不应少于2组，地表水不应少于1组
土的腐蚀性分析		主要布置在地下水位以上深度的结构范围内	每一主要土层的试验指标数量不宜少于2组

注：其他室内试验项目可根据施工点类型、施工方法、任务要求和适用条件进行布置，试验指标数量应满足子样数分层统计要求。

6）水文地质试验

（1）为保证设计充分使用水文地质试验成果资料，建议在初步勘察阶段进行大部分的水文地质试验布置。

（2）地下水水位量测：初步勘察应布置地下水水位量测孔，当场地存在对工程有影响的多层含水层时，应分层量测。

（3）地下水位动态长期观测：当地下水对车站和区间工程有影响时应布置地下水位动态长期观测孔，每个水文地质单元的每层地下水宜布置 1 组。

（4）水文地质试验：对需要进行地下水控制的车站和区间工程宜进行水文地质试验，每一水文地质单元不宜少于 1 组。

4.2.3　详细勘察

详细勘察工作应根据各类工程场地的工程地质、水文地质和工程周边环境等条件，采用勘探与取样、原位测试、室内试验，辅以工程地质调查与测绘、工程物探的综合勘察方法。

1. 勘察目的和工作内容

详细勘察目的是查明各类工程场地的工程地质、水文地质条件，分析评价地基、围岩及边坡稳定性，预测可能出现的岩土工程问题，提出地基基础、围岩加固与支护、边坡治理、地下水控制、周边环境保护方案建议，提供地基土物理力学指标和岩土设计参数，为施工图设计、工程施工提供依据。

详细勘察应进行下列工作：

（1）查明不良地质作用的特征、成因、分布范围、发展趋势和危害程度，提出治理方案的建议。

（2）查明场地范围内岩土层的类型、年代、成因、分布范围、工程特性，分析和评价地基的稳定性、均匀性和承载能力，提出天然地基、地基处理或桩基等地基基础方案的建议，对需进行沉降计算的建（构）筑物、路基等，提供地基变形计算参数。

（3）分析地下工程围岩的稳定性和可挖性，对围岩进行分级和岩土施工工程分级，提出对地下工程有不利影响的工程地质问题及防治措施的建议，提供基坑支护、隧道初期支护和衬砌设计、施工所需的岩土参数。

（4）分析边坡的稳定性，提供边坡稳定性计算参数，提出边坡治理的工程措施建议。

（5）查明对工程有影响的地表水体的分布、水位、水深、水质、防渗措施、淤积物分布及地表水与地下水的水力联系等，分析地表水体对工程可能造成的危害。

（6）查明地下水的埋藏条件，提供场地的地下水类型、勘察时水位、水质、岩土渗透系数、地下水位变化幅度等水文地质资料，分析地下水对工程的作用，提出地下水控制措施的建议。

（7）判定地下水和土对建筑材料的腐蚀性。

（8）分析工程周边环境与工程的相互影响，提出环境保护措施的建议。

（9）应确定场地类别，对抗震设防烈度大于 6 度的场地，应进行液化判别，提出处理措施的建议。

（10）在季节性冻土地区，应提供场地土的标准冻结深度。

2. 勘察基本要求

详细勘察工作前应搜集附有坐标和地形的拟建工程的平面图、纵断面图、荷载、结构类型与特点、施工方法、基础形式及埋深、地下工程埋置深度及上覆土层的厚度、变形控制要求等资料。

详细勘察工作应满足以下基本要求：

（1）详细勘察工作应根据各类工程场地的工程地质、水文地质和工程周边环境等条件，以勘探与取样、原位测试、室内试验为主，辅以工程地质调查与测绘、工程物探的综合勘察方法。

（2）详细勘察一般以工点为单位进行工作量布置，勘探与取样、原位测试及室内试验等数量要求均以工点为单位进行统计。

（3）详细勘察应充分利用前阶段勘探、原位测试及室内试验等勘察成果。

（4）详细勘察的工作量应根据工点类型、结构类型和施工方法进行布置。

3. 地下车站工程勘察工作要点

1）勘探与取样

（1）勘探点平面布置

勘探点的平面布置应符合下列规定：

①车站主体勘探点宜沿结构轮廓线布置，结构角点以及出入口与通道、风井与风道、施工竖井与施工通道、联络通道等附属工程部位应有勘探点控制。

②明挖法区间勘探点可沿基坑边线布置。

③明挖法车站当采用放坡开挖时宜在开挖边界外按开挖深度的 1～2 倍范围内布置勘探点，当开挖边界外无法布置勘探点时，可通过搜集、调查取得相应资料。对于软土勘察范围尚应适当扩大。

④勘探点间距根据场地的复杂程度及地下工程的埋深、断面尺寸等特点可按表 2.4-8 综合确定，地层变化较大时，应加密勘探点。

⑤每个车站不应少于 2 条纵剖面和 3 条有代表性的横剖面，车站端头部位应设置横剖面且孔数不少于 2 个。

⑥采用立柱桩的车站，勘探点的平面布置宜结合立柱桩的位置布设。

⑦宽度小于 15m 的线型基坑，勘探点可沿基坑边线两侧交错布置，但基坑角点应有勘探点控制。

勘探点间距（单位：m） 表 2.4-8

场地复杂程度	复杂场地	中等复杂场地	简单场地
地下车站勘探点间距	10～20	20～40	40～50

（2）勘探点性质确定

①控制性勘探孔的数量不应少于勘探点总数的 1/3。

②采取岩土试样及原位测试勘探孔的数量：车站工程不应少于勘探点总数的 1/2。

③静力触探孔数量不宜超过勘探点总数的 1/2，对于有经验的地区，静力触探孔数量可适当增加，但不应超过勘探点总数的 2/3。

（3）勘探孔深度确定

勘探孔深度应符合下列规定：

①控制性勘探孔的深度应满足基坑支护设计，地基、隧道围岩、基坑边坡稳定性分析，变形计算以及地下水控制的要求。

②控制性勘探孔进入结构底板以下不应小于 25m 且不小于 3 倍开挖深度或进入结构底板以下中等风化或微风化岩石不应小于 5m。

③一般性勘探孔深度进入结构底板以下不应小于 15m 且不小于 2.5 倍开挖深度或进入结构底板以下中等风化或微风化岩石不应小于 3m。

④当采用立柱桩、抗拔桩或抗浮锚杆时，勘探孔深度应满足其设计的要求。

⑤当预定深度范围内存在软弱土层时，勘探孔应适当加深。

（4）取样

①采取岩土试样应满足岩土工程评价的要求。

②每个车站或区间工程每一主要土层的原状土试样或原位测试数据不应少于 10 件（组），且每一地质单元的每一主要土层不应少于 6 件（组）。

③采取岩土试样的质量和数量应满足试验项目或试验方法的需要。

2）原位测试

地下车站工程详细勘察原位测试工作应符合以下规定：

（1）每个车站工程的波速测试孔不宜少于 3 个，宜布置在控制性勘探孔中，测试深度为设计孔深；提供参数为剪切波波速 v_S、压缩波波速 v_P、动剪切模量 G_d 和动泊松比 v_d 等。

（2）每个车站工程均宜进行地温测试，测试点宜布设地面至结构底板下一倍隧道洞径深度范围；发现有热源影响区域、采用冻结法施工或设计有特殊要求的部位应布置测试点。

（3）其他原位测试应根据需要和地区经验选取适合的测试方法，并满足岩土工程评价的要求。

3）工程物探

（1）每个车站工程的电阻率测试孔不宜少于 2 个。测试深度不应小于结构底板下 5.0m，接地有特殊要求时，可根据设计要求确定。

（2）其他工程物探手段可根据任务要求、应用范围和适用条件选用。

4）室内试验

（1）试验项目的确定

地下车站区间工程详细勘察所需提供的岩土参数除常规指标外，其他地基土参数可从表 2.4-9 中选用。

（2）布置原则

室内试验项目的布置应符合表 2.4-10 中的规定。

表 2.4-9

地下车站工程详细勘察岩土参数选择表

开挖施工方法		三轴抗剪强度 CU	三轴抗剪强度 UU	静止侧压力系数	无侧限抗压强度	十字板剪切强度	基床系数	热物理指标	水平抗力系数的比例系数	回弹及回弹再压缩模量	弹性模量	渗透系数	先期固结压力	灵敏度	软化系数	岩石单轴抗压（拉）强度	岩块波速	土体与锚固体粘结强度	桩基设计参数
放坡开挖		√	√	—	√	○	—	—	—	—	—	√	○	○	○	○	○	—	—
支护开挖	土钉墙	√	√	—	√	○	—	√	—	—	—	√	○	○	○	○	○	√	—
	排桩	√	√	√	√	○	√	√	○	○	○	√	○	○	○	○	○	○	√
	钢板桩	√	√	○	√	○	√	√	○	○	—	√	○	○	○	○	○	○	√
	地下连续墙	√	√	√	√	○	√	√	○	√	√	√	√	○	○	○	○	—	○
	水泥土挡墙	√	√	—	√	○	—	√	—	—	—	√	—	—	○	○	○	—	—
盖挖		√	√	√	√	○	√	√	√	○	—	√	√	○	○	○	○	—	√
矿山法车站		○	○	—	√	○	√	√	○	○	√	√	○	○	○	√	√	—	—

注：√：应提供；○：可提供；—：可不提供。

表 2.4-10

地下车站工程详细勘察室内试验布置原则

试验项目		布置位置	布置原则	备注
			试验数量	
常规物理力学性质试验		每个主要土层布置	每个主要土层的试验指标数量不应少于10件（组），且每一地质单元每一主要土层不应少于6件（组）	—
三轴抗剪强度		主要布置在地面至结构底板以下5m深度范围内	每一主要土层的试验指标数量不宜少于3组	抗剪强度室内试验方法应根据施工方法、施工条件、设计要求等确定。岩土的抗剪强度指宜通过室内试验、原位测试结合当地的工程经验综合确定
无侧限抗压强度		主要布置在地面至结构底板以下5.0m深度范围内	每一主要土层的试验指标数量不宜少于6组	—
静止侧压力系数		主要布置在地面至结构底板以下5.0m深度范围内	每一主要土层的试验指标数量不宜少于6组	—
回弹及回弹再压缩量		基底以下压缩层范围内	每层试验数据不宜少于3组	—
基床系数	水平	主要布置在地下车站地面至结构底板以下5.0m深度范围内	每一主要土层的试验指标数量不宜少于3组	基床系数在有经验地区可通过原位测试的经验值综合确定。室内试验结合规范或试验确定或通过专题研究或现场K_{30}载荷试验确定
	垂直	主要布置在结构底板以下1倍基坑深度范围内	每一主要土层的试验指标数量不宜少于3组	
先期固结压力和固结系数		主要布置在地面至结构底板以下10.0m深度范围内	每一主要土层的试验指标数量不宜少于6组	—
岩石单轴抗压强度		主要布置基岩地区结构范围内	每一主要岩层的试验指标数量不应少于3组	对软岩、极软岩可进行天然湿度的单轴抗压强度试验
软化系数		主要布置基岩地区结构范围内	每一主要岩层的试验指标数量不应少于3组	必要时进行软化试验
水的腐蚀性分析		对工程有影响的地下水和地表水	每层地下水不应少于2组，地表水不应少于1组	—
土的腐蚀性分析		主要布置在地下水位以上深度的结构范围内	每一主要土层的试验指标数量不宜少于2组	—

注：其他室内试验项目可根据工点类型、施工方法、任务要求和适用条件进行布置，试验指标数量应满足子样数分层统计要求。

5）水文地质试验

当地下水对车站工程有影响时应布置长期水文观测孔，对需要进行地下水控制的车站工程宜进行水文地质试验。

（1）地下水水位量测：应布置地下水水位量测孔，当场地存在对工程有影响的多层含水层时，应分层量测。地下水水位量测孔的数量在每个主要地质剖面上不宜少于1个。

（2）地下水位动态长期观测：可利用初勘成果。

（3）水文地质试验：当初步勘察阶段水文地质试验成果不能满足施工图设计或施工要求时，应在详细勘察工作中增加水文地质试验数量。

4. 地下区间工程勘察工作要点

1）勘探与取样

（1）勘探点平面布置

勘探点的平面布置应符合下列规定：

①明挖法区间勘探点可沿基坑边线布置。

②明挖法区间宜在开挖边界外按开挖深度的1～2倍范围内布置勘探点，当开挖边界外无法布置勘探点时，可通过搜集、调查取得相应资料。对于软土勘察范围尚应适当扩大。

③宽度小于15m的线型基坑，勘探点可沿基坑边线两侧交错布置，但基坑角点应有勘探点控制。

④盾构法和矿山法区间勘探点宜在隧道结构外侧3～5m的位置交叉布置；当左右线隧道中线距离大于等于3倍洞径时宜按单线分别布置勘探点。

⑤在区间隧道洞口、陡坡段、大断面、异形断面、工法变换等部位以及联络通道、渡线、施工竖井等应有勘探点控制，并布设剖面；联络通道不少于2个孔。

⑥矿山法区间在地层分界线、断层、物探异常点、储水构造或地下水发育地段、隧道浅埋段及不良地质作用发育地段应布置勘探点。

⑦矿山法区间山岭隧道勘探点的布置可执行现行行业标准《铁路工程地质勘察规范》TB 10012 的有关规定。

⑧区间勘探点间距根据场地的复杂程度及地下工程的埋深、断面尺寸等特点可按表 2.4-11 综合确定，地层变化较大时，应加密勘探点。

勘探点间距（单位：m） 　　　　　　　表 2.4-11

场地复杂程度	复杂场地	中等复杂场地	简单场地
地下区间勘探点间距	10～30	30～50	50～60

（2）勘探点性质确定

①控制性勘探孔的数量不应少于勘探点总数的1/3。

②区间工程采取岩土试样及原位测试勘探孔的数量不应少于勘探点总数的2/3。

③静力触探孔数量不宜超过勘探点总数的1/2，对于有经验的地区，静力触探孔数量可

适当增加，但不应超过勘探点总数的 2/3。

（3）勘探孔深度确定

勘探孔深度应符合下列规定：

①明挖法区间控制性勘探孔的深度应满足基坑支护设计、地基、隧道围岩、基坑边坡稳定性分析、变形计算以及地下水控制的要求。

②控制性勘探孔的深度进入结构底板以下不小于 3 倍洞径且明挖法区间控制性勘探孔的深度进入结构底板以下不应小于 25m 或进入结构底板以下中等风化或微风化岩石不小于 5m。

③一般性勘探孔应进入结构底板以下不小于 2 倍洞径；明挖法区间一般性勘探孔的深度进入结构底板以下不应小于 15m 或进入结构底板以下中等风化或微风化岩石不小于 3m。

④联络通道位置孔深不应小于隧道底以下 3 倍洞径，并可根据具体施工工艺需要确定。

⑤当明挖法区间采用抗拔桩或抗浮锚杆时，勘探孔深度应满足其设计的要求。

（4）取样

①采取岩土试样应满足岩土工程评价的要求。

②每个区间工程每一主要土层的原状土试样不应少于 10 件（组），且每一地质单元的每一主要土层不应少于 6 件（组）。

③在盾构法和矿山法区间隧道上下 1 倍洞径深度范围内取土样间距不宜大于 2m。

④在盾构进出洞端和联络通道各选取 1 个钻探孔在隧道开挖面的上下 2m 深度范围内宜连续取土样，取样间距不宜大于 1m。

⑤采取岩土试样的质量和数量应满足要求进行的试验项目或试验方法的需要。

2）原位测试

区间工程详细勘察原位测试工作应符合以下规定：

（1）每个区间工程的波速测试孔不宜少于 3 个，宜布置在控制性勘探孔中，测试深度为设计孔深。

（2）其他原位测试应根据需要和地区经验选取适合的测试方法，并满足岩土工程评价的要求。

（3）在隧道开挖断面深度范围内原位测试点间距不宜大于 2m。

3）工程物探

（1）每个区间工程的电阻率测试孔不宜少于 2 个。测试深度不应小于结构底板下 5.0m，接地有特殊要求时，可根据设计要求确定。

（2）其他工程物探手段可根据任务要求、应用范围和适用条件选用。

4）室内试验

（1）试验项目的确定

明挖法区间工程详细勘察所需提供的岩土参数除常规指标外，其他地基土参数可从表 2.4-12 中选用。

表 2.4-12

明挖法区间工程详细勘察岩土参数选择

开挖施工方法		三轴抗剪强度 CU	三轴抗剪强度 UU	静止侧压力系数	无侧限抗压强度	十字板剪切强度	基床系数	热物理指标	水平抗力系数的比例系数	回弹及回弹再压缩模量	弹性模量	渗透系数	先期固结压力	灵敏度	软化系数	岩石单轴抗压(拉)强度	岩块波速	土体与锚固体粘结强度	桩基设计参数
放坡开挖		√	√	—	√	○	—	√	—	—	—	√	○	○	○	○	○	—	—
支护开挖	土钉墙	√	√	—	√	○	—	√	—	—	—	√	√	○	○	○	○	√	—
	排桩	√	√	√	√	○	√	√	○	○	○	√	√	○	○	○	○	○	√
	钢板桩	√	√	○	√	○	√	√	○	○	—	√	√	○	○	○	○	○	√
	地下连续墙	√	√	√	√	○	√	√	√	√	√	√	√	○	○	○	○	○	○
	水泥土挡墙	√	√	—	√	○	—	√	—	—	—	√	√	○	○	○	○	—	—
盖挖		√	√	√	√	○	√	√	√	√	√	√	√	○	○	○	○	—	√

注: √: 应提供; ○: 可提供; —: 可不提供。

　　盾构法区间工程详细勘察所需提供的岩土参数除常规指标外，其他地基土参数可从表 2.4-13 中选用。

盾构法区间工程详细勘察岩土参数选择　　　　表 2.4-13

类别	参数	类别	参数
地下水	1. 孔隙水压力	物理性质	1. 含砾石量、含砂量、含粉砂量、含黏土量
	2. 渗透系数		2. d_{10}、d_{50}、d_{70}及曲率系数C_c、不均匀系数C_u
	3. 水质分析		3. 砂卵石中的石英、长石等硬质矿物含量
	4. 地下水水位		4. 最大粒径、砾石形状、尺寸及硬度
力学性质	1. 抗剪强度指标		5. 颗粒级配
	2. 无侧限抗压强度		6. 灵敏度
	3. 静止侧压力系数		7. 围岩的纵、横波速度
	4. 泊松比		8. 硬质岩石的岩矿组成及硬质矿物含量
	5. 先期固结压力		9. 浅层土的腐蚀性
	6. 次固结系数		10. 相对密度、含水率、密度、孔隙比等
	7. 热物理指标		11. 液限、塑限
	8. 基床系数	有害气体	1. 化学成分
	9. 岩石质量指标（RQD 值）		2. 有害气体成分、压力、含量
	10. 软化系数		
	11. 岩石单轴抗压强度（饱和及天然）		

　　矿山法区间工程详细勘察所需提供的岩土参数除常规指标外，其他地基土参数可从表 2.4-14 中选用。

矿山法区间详细勘察岩土参数选择　　　　表 2.4-14

类别	参数	类别	参数
地下水	1. 地下水位、水量	力学性质	10. 基床系数
	2. 渗透系数		11. 岩石质量指标（RQD 值）
	3. 水质分析	物理性质	1. 黏粒含量
力学性质	1. 无侧限抗压强度		2. 颗粒级配
	2. 岩石单轴抗压（拉）强度		3. 围岩的纵、横波速度
	3. 三轴抗剪强度指标（UU 及 CU）		4. 浅层土的腐蚀性
	4. 岩体的弹性模量	矿物组成及工程特性	1. 矿物组成
	5. 土体的变形模量及压缩模量		2. 浸水崩解度
	6. 泊松比		3. 吸水率、膨胀率
	7. 软化系数		4. 热物理指标
	8. 静止侧压力系数	有害气体	1. 土的化学成分
	9. 热物理指标		2. 有害气体成分、压力、含量

（2）布置原则

室内试验项目的布置应符合表 2.4-15 中的规定。

地下区间工程详细勘察室内试验布置原则　　　表 2.4-15

试验项目		布置原则		
		布置位置	试验数量	备注
常规物理力学性质试验		钻探范围内的所有土层	每个主要土层的试验指标数量不应少于 10 件（组），且每一地质单元、每一主要土层不应少于 6 件（组）	—
三轴抗剪强度（UU 和 CU）		主要布置在地面至结构底板以下 5m 深度范围内	每一主要土层的试验指标数量不宜少于 3 组	抗剪强度室内试验方法应根据施工方法、施工条件、设计要求等确定。岩土的抗剪强度指标宜通过室内试验、原位测试结合当地的工程经验综合确定
无侧限抗压强度		主要布置在地面至结构底板以下 5.0m 深度范围内	每一主要土层的试验指标数量不宜少于 6 组	—
静止侧压力系数		主要布置在地面至结构底板以下 5.0m 深度范围内	每一主要土层的试验指标数量不宜少于 6 组	—
回弹及回弹再压缩模量		明挖法区间基底以下压缩层范围内	每层试验数据不宜少于 3 组	—
热物理指标		主要布置在区间隧道上下 1 倍直径范围内	每一主要土层的试验指标数量不宜少于 3 组	—
基床系数	水平	明挖法区间主要布置在地面至结构底板以下 5.0m 深度范围内；矿山法、盾构法区间主要布置在隧道上下 1 倍直径范围内	每一主要土层的试验指标数量不宜少于 3 组	基床系数在有经验地区可通过原位测试、室内试验结合规范的经验值综合确定，必要时通过专题研究或现场 K_{30} 载荷试验确定
	垂直	主要布置在隧道上下 1 倍直径范围内		
先期固结压力和次固结系数		主要布置在地面至结构底板以下 10.0m 深度范围内	每一主要土层的试验指标数量不宜少于 6 组	—
岩块波速		基岩地区结构范围内	每一主要岩层的测试指标数量不应少于 3 组	—
岩石单轴抗压强度		主要布置基岩地区结构范围内	每一主要岩层的试验指标数量不应少于 3 组	对软岩、极软岩可进行天然湿度的单轴抗压强度试验
软化系数		主要布置基岩地区结构范围内	每一主要岩层的试验指标数量不应少于 3 组	明挖法区间必要时尚应进行软化试验，盾构法区间必要时尚应进行软化试验和抗剪断试验
岩矿鉴定		盾构法区间隧道开挖断面深度范围内的硬质岩石	每一主要岩层的试验指标数量不应少于 3 组	—
颗粒分析等指标		盾构法区间对于砂、卵石和全、强风化岩石	满足子样数分层统计要求	提供颗粒组成、最大粒径及曲率系数、不均匀系数、耐磨矿物成分及含量等
水的腐蚀性分析		对工程有影响的地下水和地表水	每层地下水不应少于 2 组，地表水不应少于 1 组	—
土的腐蚀性分析		主要布置在地下水位以上深度的结构范围内	每一主要土层的试验指标数量不宜少于 2 组	—

注：其他室内试验项目可根据工点类型、施工方法、任务要求和适用条件进行布置，试验指标数量应满足子样数分层统计要求。

5）水文地质试验

当地下水对明挖法区间工程有影响时应布置长期水文观测孔，对需要进行地下水控制的区间工程宜进行水文地质试验。

（1）地下水水位量测：应布置地下水水位量测孔，当场地存在对工程有影响的多层含水层时，应分层量测。明挖法区间地下水水位量测孔的数量在每个主要地质剖面上不宜少于 1 个。

（2）地下水位动态长期观测：可利用初勘成果。

（3）水文地质试验：

①下穿地表水体时应调查（必要时通过水文地质试验查明）地表水与地下水之间的水力联系，分析地表水体对盾构法或矿山法施工可能造成的危害。

②当明挖法区间初勘水文地质试验成果不能满足施工图设计或施工要求时，应在详细勘察工作中增加水文地质试验数量。

③矿山法区间对工程有影响的地下水应进行抽（压）水试验，每个矿山法区间不应少于 1 组，分层获取水文地质参数并评价其富水性和涌水量。

5. 高架工程勘察工作要点

1）勘探与取样

（1）勘探点平面布置

勘探点的平面布置应符合下列规定：

①高架车站勘探点应沿结构轮廓线和柱网布置，勘探点间距宜为 15～35m。当桩端持力层起伏较大、地层分布复杂时，应加密勘探点。

②高架区间勘探点应逐墩布设；当地质条件复杂或跨径大于 35m 时，宜增加勘探点数量，地质条件简单时可适当减少勘探点。

③过街天桥应布置剖面，且勘探点不宜少于 2 个。

④岩溶场地的轨道桥梁勘探点应根据岩溶发育程度分级综合确定，岩溶弱发育地段按每个墩台布置 1～2 孔，岩溶中等发育地段每个墩台适当增加钻孔，岩溶强发育地段对于明挖扩大基础应布置 5 个钻孔、对于桩基础应逐桩布置钻孔。

（2）勘探点性质确定

①控制性勘探孔的数量不应少于勘探点总数的 1/3。

②采取岩土试样及原位测试勘探孔的数量不应少于勘探点总数的 1/2。

③静力触探孔数量不宜超过勘探点总数的 1/2，对于有经验的地区，静力触探孔数量可适当增加，但不应超过勘探点总数的 2/3。

（3）勘探孔深度确定

勘探孔深度应符合下列规定：

①墩台基础的控制性勘探孔应满足沉降计算和下卧层验算要求。

②墩台基础的一般性勘探孔应达到基底以下 10～15m 或墩台基础底面宽度的 2～3 倍；基岩地段，当风化层不厚或为硬质岩时，应进入基底以下中等风化岩石地层 2～3m；

③桩基的控制性勘探孔深度应满足沉降计算和下卧层验算要求，应穿透桩端平面以下

压缩层厚度；嵌岩桩的控制性勘探孔应深入预计桩端平面以下不小于 3~5 倍桩身设计直径，并穿过溶洞、破碎带，进入稳定地层；在预计深度范围内如遇中等风化、微风化岩石地层时控制性孔深进入基底或桩端以下不宜小于 8m。

④桩基的一般性勘探孔深度应深入预计桩端平面以下 3~5 倍桩身设计直径，且不应小于 3m，大直径桩不应小于 5m。嵌岩桩一般性勘探孔应达到预计桩端平面以下 1~3 倍桩身设计直径。

⑤当预定深度范围内存在软弱土层时，勘探孔应适当加深。

（4）取样

①采取岩土试样应满足岩土工程评价的要求。

②每个车站或区间工程每一主要土层的原状土试样不应少于 10 件（组），且每一地质单元的每一主要土层不应少于 6 件（组）。

③采取岩土试样的质量和数量应满足要求进行的试验项目或试验方法的需要。

2）原位测试

高架工程详细勘察的原位测试工作应符合以下规定：

（1）每个车站或区间工程的波速测试孔不宜少于 3 个，宜布置在控制性勘探孔中，测试深度为设计孔深；提供参数为剪切波波速v_S、压缩波波速v_P、动剪切模量G_d和动泊松比v_d等。

（2）其他原位测试应根据需要和地区经验选取适合的测试方法，并满足岩土工程评价的要求。

3）工程物探

（1）每个车站的电阻率测试孔不宜少于 2 个。测试深度不应小于地面下 5.0m，接地有特殊要求时，可根据设计要求确定。

（2）其他工程物探手段可根据任务要求、应用范围和适用条件选用。

4）室内试验

（1）试验项目的确定

高架工程详细勘察所需提供的岩土参数除常规指标外，其他地基土参数可从表 2.4-16 中选用。

高架工程详细勘察岩土参数选择 表 2.4-16

类别	参数	类别	参数
力学性质	无侧限抗压强度	地下水	水质分析
	三轴抗剪强度指标（CU）	物理性质	黏粒含量
	岩石单轴抗压强度（饱和和天然）		颗粒级配
	软化系数		围岩的纵、横波速度
	先期固结压力		浅层土的腐蚀性

（2）布置原则

室内试验项目的布置原则应符合表 2.4-17。

高架工程详细勘察室内试验布置原则　　　　表 2.4-17

试验项目	布置原则		
	布置位置	试验数量	备注
常规物理力学性质试验	钻探范围内的所有土层	每个主要土层的试验指标数量不应少于 10 件（组），且每一地质单元每一主要土层不应少于 6 件（组）	—
三轴抗剪强度	桩身范围内	每一主要土层的试验指标数量不宜少于 3 组	抗剪强度室内试验方法应根据施工方法、施工条件、设计要求等确定。岩土的抗剪强度指标宜通过室内试验、原位测试结合当地的工程经验综合确定
无侧限抗压强度	桩身范围内	每一主要土层的试验指标数量不宜少于 3 组	—
先期固结压力	主要布置在桩端以下 10.0m 深度范围内	每一主要土层的试验指标数量不宜少于 6 组	—
岩石单轴抗压强度	主要布置在桩端以下 10.0m 深度范围内	每一主要岩层的试验指标数量不应少于 3 组	对软岩、极软岩可进行天然湿度的单轴抗压强度试验
软化系数	主要布置在桩端以下 10.0m 深度范围内	每一主要岩层的试验指标数量不应少于 3 组	必要时尚应进行软化试验
点载荷试验	主要布置在桩端以下 10.0m 深度范围内无法取样的破碎和极破碎岩石	每一主要岩层的试验指标数量不应少于 3 组	—
水的腐蚀性分析	对工程有影响的地下水和地表水	每层地下水不应少于 2 组，地表水不应少于 1 组	—
土的腐蚀性分析	主要布置在地下水位以上深度的结构范围内	每一主要土层的试验指标数量不宜少于 2 组	—

注：其他室内试验项目可根据工点类型、施工方法、任务要求和适用条件进行布置，试验指标数量应满足子样数分层统计要求。

6. 路基、涵洞工程勘察工作要点

（1）勘探点平面布置

勘探点的平面布置应符合下列规定：

①一般路基勘探点间距为 50～100m。

②高路堤、深路堑、支挡结构勘探点间距可根据场地复杂程度按表 2.4-18 综合确定。

勘探点间距（单位：m）　　　　表 2.4-18

复杂场地	中等复杂场地	简单场地
15～30	30～50	50～60

③高路堤、陡坡路堤、深路堑应根据基底和斜坡的特征，结合工程处理措施，确定代表性工程地质断面的位置和数量。每个断面的勘探点不宜少于 3 个，地质条件简单时不宜少于 2 个。

④深路堑工程遇有软弱夹层或不利结构面时，勘探点应适当加密。

⑤支挡结构的勘探点不宜少于 3 个。

⑥涵洞的勘探点不宜少于 2 个。

（2）勘探点性质确定

控制性勘探孔的数量不应少于勘探点总数的 1/3，取样及原位测试孔数量应根据地层结构、土的均匀性和设计要求确定，不应少于勘探点总数的 1/2。

（3）勘探孔深度确定

勘探孔深度应满足以下要求：

①控制性勘探孔深度应满足地基、边坡稳定性分析、变形计算的要求。

②进行地震效应评价的勘探孔深度不应小于 20m。

③一般路基的一般性勘探孔深度不应小于 5m，高路堤不应小于 8m。

④路堑的一般性勘探孔深度应能探明软弱层厚度及软弱结构面产状，且穿过潜在滑动面并深入稳定地层内 2～3m，满足支护设计要求；地下水发育地段，根据排水工程需要适当加深。

⑤支挡结构的一般性勘探孔深度应达到基底以下不小于 5m。

⑥基础置于土中的涵洞一般性勘探孔深度应按表 2.4-19 确定。

涵洞一般性勘探孔深度（单位：m）　　　　　　　表 2.4-19

碎石土	砂土、粉土和黏性土	软土、饱和砂土等
3～8	8～15	15～20

注：1. 勘探孔深度应由结构底板算起；
　　2. 箱形涵洞勘探孔应适当加深。

⑦预定深度内见中风化或微风化基岩时，进入基底下 3～5m，且应进入中等或微风化基岩不小于 1m。

⑧遇软土、岩溶和破碎带时，勘探孔应适当加深。

⑨采用墩、桩基础时，勘探点间距及孔深应满足墩、桩基设计要求。

7. 地面工程和车辆基地工程勘察工作要点

1）勘探与取样

地面和车辆基地工程的详细勘察应满足以下要求：

（1）地面工程的详细勘察包括地面车站、地面区间及其附属设施的勘察。

（2）车辆基地的详细勘察宜包括站场股道、出入线、各类房屋建筑及其附属设施的勘察。

（3）车辆基地可根据不同建筑类型分别进行勘察，同时考虑场地挖填方对勘察的要求。

（4）站场隧道及出入线的详细勘察，可根据线路敷设形式按地下区间、高架区间路基或地面区间等的相关规定执行。

（5）地面车站、车辆基地各类建筑及附属设施详细勘察勘探点布置和勘探孔深度，应根据建筑物特性和岩土工程条件确定。对岩质地基，应根据地质构造、岩体特性、风化情况等，结合建筑物对地基的要求，按地方标准或当地经验确定；对土质地基，应符合以下规定。

①勘探点平面布置

地面车站、车辆基地各类建筑及附属设施的详细勘察勘探点平面布置原则如下：

a. 地面车站勘探点应根据基础特点结合车站轮廓线布置。

b. 车辆基地各类建筑物及附属设施勘探点宜按建筑物周边线和角点布置，对无特殊要求的其他建筑物可按建筑物或建筑群的范围布置，每栋建筑物的控制性勘探点不应少于 1 个。

c. 同一建筑范围内的主要受力层或有影响的下卧层起伏较大时，应加密勘探点，查明其变化。

d. 勘探手段宜采用钻探与触探相配合，在复杂地质条件、湿陷性土、膨胀岩土、风化岩和残积土地区，宜布置适量探井。

e. 勘探点的间距可按表 2.4-20 确定。

地面车站、车辆基地详细勘察勘探点间距（单位：m）　　　表 2.4-20

地基复杂程度等级	勘探点间距
一级（复杂）	10～15
二级（中等复杂）	15～30
三级（简单）	30～50

②勘探点性质确定

采取土试样和进行原位测试的勘探孔的数量，应根据地层结构、地基土的均匀性和工程特点确定，且不应少于勘探孔总数的 1/2，钻探取土样孔的数量不应少于勘探孔总数的 1/3。

③勘探孔深度确定

勘探孔深度自基础底面算起，应符合下列规定：

a. 勘探孔深度应能控制地基主要受力层，当基础底面宽度不大于 5m 时，勘探孔的深度对条形基础不应小于基础底面宽度的 3 倍，对单独柱基不应小于 1.5 倍，且不应小于 5m。

b. 对高层建筑和需作变形验算的地基，控制性勘探孔的深度应超过地基变形计算深度；高层建筑的一般性勘探孔应达到基底下 0.5～1.0 倍的基础宽度，并深入稳定分布的地层。

c. 对仅有地下室的建筑或高层建筑的裙房，当不能满足抗浮设计要求，需设置抗浮桩或锚杆时，勘探孔深度应满足抗拔承载力评价的要求。

d. 当有大面积地面堆载或软弱下卧层时，应适当加深控制性勘探孔的深度。

e. 在上述规定深度内遇基岩或厚层碎石土等稳定地层，勘探孔深度可适当调整。

f. 地基变形计算深度，对中、低压缩性土可取附加压力等于上覆土层有效自重压力 20% 的深度；对于高压缩性土层可取附加压力等于上覆土层有效自重压力 10% 的深度。

g. 建筑总平面内的裙房或仅有地下室部分（或当基底附加压力 $p_0 \leqslant 0$ 时）的控制性勘探孔深度可适当减小，但应深入稳定分布地层，且根据荷载和土质条件不宜少于基底下 0.5～1.0 倍基础宽度。

h. 当需进行地基整体稳定性验算时，控制性勘探孔深度应根据具体条件满足验算要求。

i. 当需确定场地抗震类别而邻近无可靠的覆盖层厚度资料时，应布置波速测试孔，其深度应满足确定覆盖层厚度的要求，且不应小于 20m。

j. 大型设备基础勘探孔深度不宜小于基础底面宽度的 2 倍。

k. 当需进行地基处理时，勘探孔的深度应满足地基处理设计与施工要求。

l. 当采用桩基时，勘探孔的深度应满足桩基设计要求。

④取样

a. 采取岩土试样应满足岩土工程评价的要求。

b. 每个场地每一主要土层的原状土试样不应少于6件（组）。

c. 在地基主要受力层内，对厚度大于0.5m的夹层或透镜体，应采取土试样。

d. 当土层性质不均匀时，应增加取土试样的数量。

e. 采取岩土试样的质量和数量应满足要求进行的试验项目或试验方法的需要。

2）原位测试

地面和车辆基地工程详细勘察的原位测试工作应符合以下规定：

（1）每场地的波速测试孔不宜少于3个，宜布置在控制性勘探孔中，测试深度为设计孔深且不小于20m。

（2）当采用连续记录的静力触探或动力触探为主要勘察手段时，每个场地不应少于3个孔。

（3）在地基主要受力层内，对厚度大于0.5m的夹层或透镜体，应进行原位测试。

（4）当土层性质不均匀时，应增加原位测试数量。

（5）其他原位测试应根据需要和地区经验选取适合的测试方法，并满足岩土工程评价的要求。

3）工程物探

（1）每个场地的电阻率测试孔不宜少于2个。测试深度不应小于地面下5.0m，接地有特殊要求时，可根据设计要求确定。

（2）其他工程物探手段可根据任务要求、应用范围和适用条件选用。

4）室内试验

（1）试验项目的确定

地面和车辆基地工程详细勘察所需提供的岩土参数应根据拟建建（构）筑物基础类型和地质条件确定，基坑工程可参照地下车站及明挖法区间。

（2）布置原则

室内试验项目的布置应符合以下原则：

①在钻探范围内的所有土层均要进行土的常规物理力学性质试验，每个主要土层的试验指标数量不应少于6件（组）。

②水的腐蚀性分析：每层地下水不应少于2组，地表水不应少于1组。

③土的腐蚀性分析：主要布置在地下水位以上深度的结构范围内，每一主要土层的试验指标数量不宜少于2组。

④其他室内试验项目可根据建（构）筑物基础特点、施工方法、任务要求和适用条件进行布置，试验指标数量应满足子样数分层统计要求。

5）水文地质试验

（1）地下水水位量测：应布置地下水水位量测孔，当场地存在对工程有影响的多层含水层时，应分层量测。地下水水位量测孔的数量在每个主要地质剖面上不宜少于1个。

（2）水文地质试验：当需要进行地下水控制时应进行水文地质试验且不少于1组。

4.2.4　施工勘察

受勘察精度和场地条件的影响，详细勘察工作并不能解决施工中所有的工程地质问题，当遇到下列情况时，应根据工程实际需要进行相应的施工勘察工作：

（1）场地地质条件复杂、施工过程中出现地质异常，对工程结构及工程施工产生较大危害。

（2）施工方案有较大变更或采用新技术、新工艺、新方法、新材料，详细勘察资料不能满足要求。

（3）基坑或隧道施工过程中出现桩（墙）变形过大、基坑隆起、涌水、坍塌、失稳等岩土工程问题，或发生地面沉降过大、地面坍塌、相邻建筑开裂等工程环境问题。

（4）盾构始发（接收）井端头、联络通道的岩土加固等辅助工法需要时。

（5）需开展洞内超前地质预报的山岭隧道工程。

（6）其他需施工勘察的情况。

施工勘察应针对施工方法、施工工艺的特殊要求和施工中出现的工程地质问题等开展工作，提供地质资料，满足施工方案调整和风险控制的要求。

1. 勘察目的和工作内容

施工勘察的目的是解决详细勘察工作不能解决的施工中所有工程地质问题。施工勘察工作一般由施工单位或建设单位委托勘察单位进行，施工勘察宜开展下列地质工作：

（1）研究工程勘察资料，掌握场地工程地质条件及不良地质作用和特殊性岩土的分布情况，预测施工中可能遇到的岩土工程问题。

（2）调查了解工程周边环境条件变化、周边工程施工情况、场地地下水位变化及地下管线渗漏情况，分析地质与周边环境条件的变化对工程可能造成的危害。

（3）施工中应通过观察开挖面岩土成分、密实度、湿度、地下水情况，软弱夹层、地质构造、裂隙、破碎带等实际地质条件，核实、修正勘察资料。

（4）绘制边坡和隧道地质描述图。

（5）复杂地质条件下的地下工程开展超前地质探测工作，进行超前地质预报。

（6）必要时对地下水动态进行观测。

2. 勘察基本要求

施工勘察应符合下列要求：

（1）施工勘察应根据施工需要、地质条件和遇到的岩土工程问题，有针对性地选择勘察方法和手段，优先采用原位测试手段，尽可能降低对现场环境的影响。

（2）对抗剪强度、基床系数、桩端阻力、桩侧摩阻力等关键岩土参数缺少相关工程经验的地区，宜在施工阶段进行现场原位试验。

（3）对于工程施工险情或事故处理需要进行的施工勘察，应采取多手段验证，并进行不同状态及边界条件下的分析评价。

（4）根据施工勘察目的、现场条件进行相应的分析评价工作，并提出治理或处理措施的建议。

3. 勘察工作要点

施工勘察阶段应根据施工需要、地质条件和遇到的岩土工程问题有针对性地选择勘察方法和手段并进行工作量布置。

4.2.5　专项勘察

城市轨道交通工程的专项勘察主要包括不良地质作用及特殊性岩土专项勘察、水文地质专项勘察和冻结法施工专项勘察等。

专项勘察根据工程需要可在不同的勘察阶段进行。不良地质作用及特殊性岩土专项勘察可在可行性研究勘察阶段进行，水文地质专项勘察、冻结法施工专项勘察可在详细勘察阶段实施。

1. 专项勘察实施条件

1）不良地质作用及特殊性岩土专项勘察

遇下列情况时，可进行不良地质作用及特殊性岩土专项勘察：

（1）场地存在暗浜、古河道、空洞、岩溶、土洞等不良地质条件影响工程安全。

（2）场地存在孤石、漂石、球状风化体、破碎带、风化深槽等特殊岩土体对工程施工造成不利影响。

（3）当工程沿线存在其他可能影响拟建线路走向、平面与空间布置及施工工法选择的不良地质作用及特殊性岩土时需要特别查明。

（4）对应的勘察阶段对不良地质作用及特殊性岩土的勘察精度不能满足设计要求，需要进一步查明。

2）水文地质专项勘察

遇下列情况时，可进行水文地质专项勘察：

（1）工程全线或分区段统一进行相关水文地质勘察。

（2）当水文地质条件复杂且对工程及地下水控制有重要影响。

（3）需要查明各含水层补给关系及需测定地下水流向和流速等特殊要求。

（4）对应的勘察阶段对水文地质的勘察精度难以满足工程要求。

2. 专项勘察要求

施工专项勘察工作应符合下列规定：

（1）搜集施工方案、勘察报告、工程周边环境调查报告以及施工中形成的相关资料。

（2）搜集和分析工程检测、监测和观测资料。

（3）充分利用施工开挖面了解工程地质条件，分析需要解决的工程地质问题。

（4）根据工程地质问题的复杂程度、已有的勘察工作和场地条件等确定施工勘察的方法和工作量。

（5）针对具体的工程地质问题进行分析评价，并提供所需岩土参数，提出工程处理措施的建议。

4.3   工法勘察

4.3.1   明挖法勘察

1. 勘察基本要求

（1）查明场地岩土类型、成因、分布与工程特性；重点查明填土、暗浜、软弱土夹层及饱和砂层的分布，基岩埋深较浅地区的覆盖层厚度、基岩起伏、坡度及岩层产状。

（2）根据开挖方法和支护结构设计的需要提供必要的岩土参数。

（3）土的抗剪强度指标应根据土的性质、基坑安全等级、支护形式和工况条件选择室内试验方法；土的抗剪强度试验方法，应与基坑工程设计要求一致，符合设计采用的标准，并应在勘察报告中说明。当地区经验成熟时，也可通过原位测试结合地区经验综合确定。

（4）查明场地水文地质条件，判定降低地下水位的可能性，为地下水控制设计提供参数；分析地下水位降低对工程及工程周边环境的影响，当采用坑内降水时还应预测降低地下水位对基底、坑壁稳定性的影响，并提出处理措施的建议。

（5）根据粉土、粉细砂分布及地下水特征，分析基坑发生突水、涌砂、流土、管涌的可能性。

（6）搜集场地附近既有建（构）筑物基础类型、埋深和地下设施资料，并对既有建（构）筑物、地下设施与基坑边坡的相互影响进行分析，提出工程周边环境保护措施的建议。

2. 勘察工作内容

（1）明挖法勘察宜在开挖边界外按开挖深度的 1～2 倍范围内布置勘探点。当开挖边界外无法布置勘探点时，可通过搜集、调查取得相应资料。对于软土勘察范围尚应适当扩大。

（2）明挖法勘探孔深度应满足基坑稳定分析、地下水控制、支护结构设计的要求。勘察深度宜为开挖深度的 2～3 倍，在此深度内遇到坚硬黏性土、碎石土和岩层，可根据岩土类别和支护设计要求减少深度。在深厚软土区，勘察深度尚应适当扩大。

（3）场地岩土种类、成因、性质及软弱夹层、粉细砂层分布；覆盖层地区还应查明下伏基岩产状、表面起伏及坡度；了解有无古河道、人工洞穴及地下古文物；在强震区应判明有无可液化层。

（4）地下水类型、水位、流速、流向、岩土渗透性、上层滞水及补给源；地下水动力压力对边坡稳定的影响；基坑内存在水头压力差时，对粉细砂层、粉土层的潜蚀、流砂、涌土及黏性土层基底被冲破的可能性应作出评价；水质对建筑材料腐蚀性。

（5）场地岩土物理力学性质，土的密度、黏聚力、内摩擦角、软弱面抗剪强度及边坡稳定性计算有关参数。

（6）岩体主要结构面的类型、产状、延展情况、闭合程度、充填状况、充水状况、力学属性和组合关系，主要结构面与临空面关系，是否存在外倾结构面。

（7）放坡勘察需调查地区气象条件（特别是雨期、暴雨强度）、汇水面积、坡面植被、地表水对坡面、坡脚的冲刷情况；是否存在滑坡、危岩和崩塌、泥石流等不良地质作用。

（8）放坡勘察提供边坡稳定性计算所需岩土参数，提出人工边坡最佳开挖坡形和坡脚、平台位置及边坡坡度允许值的建议。

（9）在边坡保持整体稳定的条件下，岩质边坡开挖的坡率允许值，应根据实际经验，按工程类比的原则并结合已有稳定边坡的坡率值分析确定。

（10）盖挖勘察需查明支护桩墙和立柱桩端的持力层深度、厚度，提供桩墙和立柱桩承载力及变形计算参数。

4.3.2　矿山法勘察

1. 勘察基本要求

（1）土层隧道应查明场地岩土类型、成因、分布与工程特性；重点查明隧道通过土层的性状、密实度及自稳性，古河道、古湖泊、地下水、饱和粉细砂层、有害气体的分布，填土的组成、性质及厚度。

（2）在基岩地区应查明基岩起伏、岩石坚硬程度、岩体结构形态和完整状态、岩层风化程度、结构面发育情况、构造破碎带特征、岩溶发育及富水情况、围岩的膨胀性等。

（3）了解隧道影响范围内的地下人防、地下管线、古墓穴及废弃工程的分布，以及地下管线渗漏、人防充水等情况。

（4）根据隧道开挖方法及围岩岩土类型与特征，提供所需的岩土参数。

（5）预测施工可能产生突水、涌砂、开挖面坍塌、冒顶、边墙失稳、洞底隆起、岩爆、滑坡、围岩松动等风险的地段，并提出防治措施的建议。

（6）查明场地水文地质条件，分析地下水对工程施工的危害，建议合理的地下水控制措施，提供地下水控制设计、施工所需的水文地质参数；当采用降水措施时应分析地下水位降低对工程及工程周边环境的影响。

（7）根据围岩岩土条件、隧道断面形式和尺寸、开挖特点分析隧道开挖引起的围岩变形特征；根据围岩变形特征和工程周边环境变形控制要求，对隧道开挖步序、围岩加固、初期支护、隧道衬砌以及环境保护提出建议。

2. 勘察工作内容

（1）矿山法勘察的平面布置可按第 4.2.3 节要求执行。钻孔位置应距离隧道外缘 3～5m，沿隧道两侧交替布置。

（2）钻孔取样和进行土工试验的条件，应与施工过程及运营阶段地层的实际应力状态，加、卸载的应力水平及地层的含水情况等相符。

（3）勘探完毕应将钻孔回填，并封堵密实。

（4）在复杂含水地层中，必要时应配合钻孔采用物探方法进行连续性勘探，查明地层中有无古河道，或具有使开挖面产生突发性涌水的透镜体。

（5）绘制地质图件（包括隧道轴线及两侧范围工程地质调查测绘图、隧道轴线工程地质纵断面图及工程地质横断面图）。

（6）提供采用矿山法施工所需地层稳定性的特征指标，如土体的抗剪强度、开挖面土体稳定系数及开挖面土体的自立时间等。

（7）围岩分类的确认与修正；围岩稳定性分析；配合隧道开挖进行围岩岩性的编录。

（8）应着重查明下列围岩的条件及其形态：①滑坡等活动性围岩和预计有边坡灾害的围岩；②浅埋情况；③构造破碎带；④含水未固结围岩；⑤膨胀性围岩；⑥存在产生岩溶条件的围岩；⑦高地应力可能产生岩爆的围岩；⑧有地热、温泉或有害气体的围岩。

（9）浅埋土质隧道的岩土工程勘察应着重查明：①表层填土的组成、性质及厚度；②隧道通过土层的性状、密实度及自稳性；③上层滞水及各含水层的分布、补给及对成洞的影响，产生流砂及底鼓的可能性；④采用辅助施工方法时的有关地质勘察；⑤古河道、古湖泊、古墓穴及废弃工程的残留物；⑥地下管线的种类、分布、埋深、材质、接头形式及渗漏情况；⑦隧道附近建筑物、构筑物的基础形式、埋深及基底压力等。

（10）对于岩石地层，应在室内岩石采样试验的基础上，结合现场工程地质测绘，对节理、裂隙、风化程度及地下水影响、围岩分类及岩体的物性值等作出正确的评价。

（11）当需要考虑采用掘进机开挖隧道时，应着重查明沿线的地质构造、有无断层破碎带及溶洞等，并进行岩石抗压抗磨试验，在含有大量石英或其他坚硬矿物的地层中，应做含有量分析。

（12）当采用降低地下水位法施工、地层有可能产生固结沉降时，应进行固结沉降试验。

（13）当采用气压法施工时，为了探明围岩的压气效果，必要时可向钻孔内加压缩空气，进行透气试验。

（14）在市区采用钻爆法施工时，应通过爆破振动监测确认爆破设计参数，把爆破引起的地面质点振动速度，控制在地面建筑物和居民心理的承受能力以内。

（15）采用导管注浆法勘察应重点查明土的颗粒级配、孔隙率、有机质含量、岩石的裂隙宽度和分布规律、岩土渗透性、地下水埋深、流向和流速；宜通过现场试验测定岩土的渗透性；预测注浆施工中可能遇到的工程地质问题，并提出处理措施的建议。

（16）采用管棚超前支护围岩施工时，应评价管棚施工的难易程度，建议合适的施工工艺，指出施工应注意的问题。

（17）施工超前地质预报及变更设计与施工的建议；填写施工地质志；提出施工地质勘察总结。必要时可采用超前导坑进行地质勘察。

（18）现场地质监测（包括测试点的地质描述、围岩变形及松动范围量测、现场取样试验等）。

（19）加强施工中的地质勘察及施工引发的环境问题的监测。

（20）宜结合施工监测，采用反分析或其他有效方法，对隧道通过地段典型地层的物性值、围岩的松弛范围及地压等作出合理评价。

4.3.3　盾构法勘察

1. 勘察基本要求

1）除满足矿山法勘察基本要求外，应查明以下困难地层及在施工中存在的主要问题：

（1）灵敏度高的软弱黏性土层：由于土层流动造成掌子面失稳。

（2）透水性强的松散砂质地层：涌水并引起掌子面失稳和地层下沉。

（3）高塑性的黏性土层：因附着造成堵塞，使开挖难以进行。

（4）夹着承压水的砂质地层：突发性涌水和流砂，随着地层空洞的扩大引起地面大范围下沉。

（5）含巨砾或大卵石的地层：难以排除，或因被切削头带动而扰动地层，造成超挖和地层下沉。

（6）开挖面存在软、硬两种地层：因软地层排土过多引起下沉，并造成盾构在线路方向上的偏离。

2）对盾构始发（接收）井及区间联络通道的地质条件进行分析和评价，预测可能发生的岩土工程问题，提出岩土加固范围和方法的建议。

3）根据隧道围岩条件、断面尺寸和形式，对盾构设备选型及刀盘、刀具的选择以及辅助工法的确定提出建议。

4）根据围岩岩土条件及工程周边环境变形控制要求，对不良地质体的处理及环境保护提出建议。

2. 勘察工作内容

（1）盾构法勘察的平面布置可按第 4.2.3 节要求执行。钻孔位置应距离隧道外缘 3～5m，沿隧道两侧交替布置。对勘探孔进行封填，并详细记录钻孔内遗留物。

（2）在基岩地区应查明岩土分界面位置、岩石坚硬程度、岩石风化程度、结构面发育情况、构造破碎带、岩脉的分布与特征等，分析其对盾构施工可能造成的危害。

（3）在含砾地层中采用机械化密闭型盾构时，必要时应采用大口径钻孔等方法，探明砾石的最大粒径；当需采用破碎方法排土时，应进行压裂试验。

（4）提供砂土、卵石和全风化、强风化岩石的颗粒组成、最大粒径及曲率系数、不均匀系数、耐磨矿物成分及含量，岩石质量指标（RQD），土层的黏粒含量等。

（5）通过专项勘察查明岩溶、土洞、孤石、球状风化体、地下障碍物、有害气体的分布，分析其对盾构施工可能造成的危害。

（6）在隧道下伏淤泥层及易产生液化的饱和粉土层、砂层，分析评价对盾构施工和隧道运营的影响，提出处理措施的建议。

（7）盾构下穿地表水体时应调查地表水与地下水之间的水力联系，分析地表水体对盾构施工可能造成的危害。

（8）埋置于饱和软土中的盾构隧道，应进行长期沉降观测。

4.3.4　其他工法勘察

1. 冻结法勘察

（1）提供勘察孔地质柱状图及相关描述，应包括勘察孔位置、深度，勘察孔主要施工工艺及主要施工过程，勘察孔全深范围内的土层分布图、土层名称、层顶标高、层厚、取样点位置、土体性状、包含物及物理特征等。勘察孔深度应不小于联络通道等拟建工程结构埋深的 2～3 倍。

（2）提供含水层及地下水活动特征。应包括含水层埋深、厚度、渗透系数、地下水水位及其变化幅度，以及含水层与地表水体的水力联系等。当联络通道等拟建工程附近含水层地下水活动频繁、地下水流速有可能超过 5m/d 时，还应提供该含水层的地下水流向、流速、地下水的含盐量等资料。

（3）提供土层的常规物理力学特性指标。主要应包括土层的密度、含水率、饱和度、固结系数、塑性指标、颗粒组成、内摩擦角和黏聚力、膨胀量和承载力等。

（4）进行的冻结试验项目包括原始土层热物理指标和冻土物理力学试验指标。土层的热物理特性指标主要应包括原始地温、导温系数、导热系数、比热容和冻胀率等。冻土的物理力学特性指标主要应包括不同温度下的抗压强度、剪切强度、抗折强度、蠕变参数和融沉率等。

（5）调查周边地面环境及地下管线资料，主要应包括周边地面及地下的建（构）筑物结构、设备、管线特征及其与联络通道等拟建工程位置关系，建（构）筑物、设备和管线等的特殊保护要求等。评价冻结法施工对周边环境的影响及论证冻结法适应性。

2. 沉井法勘察

（1）沉井的位置应由勘探点控制，并宜根据沉井的大小和工程地质条件的复杂程度布置 1 个～4 个勘探孔。

（2）勘探孔进入沉井底以下的深度土层不宜小于 10m，或进入中等风化或微风化岩层不宜小于 5m。

（3）查明岩土层的分布及物理力学性质，特别是影响沉井施工的基岩面起伏、软弱岩土层中的坚硬夹层、球状风化体、漂石等。

（4）查明含水层的分布、地下水位、渗透系数等水文地质条件，必要时进行抽水试验。

（5）提供岩土层与沉井侧壁的摩擦系数、侧壁摩阻力。

3. 沉管法勘察

（1）搜集河流的宽度、流量、流速、含砂（泥）量、最高洪水位、最大冲刷线、汛期等水文资料。

（2）调查河道的变迁、冲淤的规律以及隧道位置处的障碍物。

（3）查明水底以下软弱地层的分布及工程特性。

（4）勘探点应布置在基槽及周围影响范围内，沿线路方向勘探点间距宜为 20～30m，在垂直线路方向勘探点间距宜为 30～40m。

（5）勘探孔深度应达到基槽底以下不小于 10m，并满足变形计算的要求。

（6）河岸的管节临时停放位置宜布置勘探点。

（7）提供砂土水下休止角、水下开挖边坡坡角。

4. 顶管法勘察

（1）查明场地岩土类型、成因、分布与工程特性；重点查明隧道通过土层的性状、密实度及自稳性，古河道、古湖泊、地下水、饱和粉细砂层、有害气体的分布，填土的组成、性质及厚度。

（2）了解隧道影响范围内的地下人防、地下管线、古墓穴及废弃工程的分布，以及地下管线渗漏、人防充水等情况。

（3）预测施工可能产生突水、涌砂、开挖面坍塌、冒顶、围岩松动等风险的地段，并提出防治措施的建议。

（4）查明场地水文地质条件，分析地下水对工程施工的危害，建议合理的地下水控制措施，提供地下水控制设计、施工所需的水文地质参数；当采用降水措施时应分析地下水位降低对工程及工程周边环境的影响。

（5）为顶进方法的选择、顶力计算与后背安全核算、施工降水与支护提供计算参数与设计施工依据。

4.4　勘察报告

4.4.1　岩土工程分析与评价

1. 岩土工程分析评价的基本内容

（1）工程建设场地的稳定性、适宜性评价。

（2）地下工程、高架工程、路基及各类建筑工程的地基基础形式、地基承载力及变形分析与评价。

（3）不良地质作用及特殊性岩土对工程影响的分析与评价，避让或防治措施的建议。

（4）划分场地土类型和场地类别，抗震设防烈度大于或等于 6 度的场地，评价地震液化和震陷的可能性。

（5）围岩、边坡稳定性和变形分析，支护方案和施工措施的建议。

（6）工程建设与工程周边环境相互影响的预测及防治对策的建议。

（7）地下水对工程的静水压力、浮托作用分析。

（8）水和土对建筑材料腐蚀性的评价。

2. 不同工法岩土工程分析评价尚应包括的内容

1) 明挖法

（1）分析基底隆起、基坑突涌的可能性，提出基坑开挖方式及支护方案的建议。

（2）支护桩墙类型分析，连续墙、立柱桩的持力层和承载力。

（3）软弱结构面空间分布、特性及其对边坡、坑壁稳定的影响。

（4）分析岩土层的渗透性及地下水动态，评价排水、降水、截水等措施的可行性。

（5）分析基坑开挖过程中可能出现的岩土工程问题，以及对附近地面、邻近建（构）筑物和管线的影响。

2) 矿山法

（1）分析岩土及地下水的特征，进行围岩分级，评价隧道围岩的稳定性，提出隧道开挖方式、超前支护形式等建议。

（2）指出可能出现坍塌、冒顶、边墙失稳、洞底隆起、涌水或突水等风险的地段，提出防治措施的建议。

（3）分析隧道开挖引起的地面变形及影响范围，提出环境保护措施的建议。

（4）采用爆破法施工时，分析爆破可能产生的影响及范围，提出防治措施的建议。

3) 盾构法

（1）分析岩土层的特征，指出盾构选型应注意的地质问题。

（2）分析复杂地质条件以及河流、湖泊等地表水对盾构施工的影响。

（3）提出在软硬不均地层中的掘进措施及开挖面障碍物处理方法的建议。

（4）分析盾构施工可能造成的土体变形，对工程周边环境的影响，提出防治措施的建议。

3. 工程建设对工程周边环境影响分析评价

（1）基坑开挖、隧道掘进和桩基施工等可能引起的地面沉降、隆起和土体的水平位移对邻近建（构）筑物及地下管线的影响。

（2）工程建设导致地下水变化、区域性沉降漏斗、水源减少、水质恶化、地面沉降、生态失衡等情况，提出防治措施的建议。

（3）工程建成后或运营过程中，可能对周围岩土体、工程周边环境的影响，提出防治措施的建议。

4. 工程风险分析与评价

（1）受现场场地条件和现有技术手段的限制，无法探明工程地质或水文地质条件时，分析设计和施工中潜在的风险。

（2）因勘察过程中操作错误造成埋钻等可能对地下工程施工造成影响，提出处理措施建议。

（3）对不良地质作用、特殊性岩土和复杂周边环境可能导致的工程风险进行分析和评价。

4.4.2 勘察成果报告

1. 岩土参数的统计分析与选定

1) 岩土参数的可靠性和适用性

岩土工程评价是否符合客观实际，岩土工程设计是否可靠，很大程度上取决于参数选取的合理性。因此，要求所选用的岩土参数必须能够正确地反映岩土体在规定条件下的性状，能比较真实地估计参数真值所在的区间，从而能够满足岩土工程设计计算的精度要求。

可靠性是指参数能正确反映岩土体的基本特性，能够较准确地估计岩土参数所在区间。适用性是指参数能满足岩土工程设计的假定条件和计算精度要求。岩土参数应根据工程特点和地质条件选用，并按下列内容评价其可靠性和适用性。

（1）取样方法和其他因素对试验结果的影响。岩土试样从地层中取出到试验室进行再制样的过程中，土样原来的应力状态及结构均不同程度地受到了扰动。不同的取样方法，所取土样的质量等级不同，对土样的扰动程度亦不相同。

（2）采用的试验方法和取值标准。试验方法对岩土参数也有很大影响，对于同一地层的同一指标，用不同试验标准所得的结果会有很大差异。因此，进行岩土工程分析评价与设计时，首先要对岩土参数的可靠性和适用性进行分析评价，对土样从采取、制备及试验方法要全面合理选用。

（3）不同试验方法所得结果的分析比较。

（4）试验结果的离散程度。

（5）试验方法与计算模型的配套性。

2）岩土参数的选定

岩土参数的选定一般满足以下要求：

（1）评价岩土性状的物理指标，如密度、含水率、塑限、液限、塑性指数、液性指数、饱和度、相对密度、吸水率等，应选用指标的平均值。

（2）正常使用极限状态计算需要的岩土参数指标，如压缩系数、压缩模量、渗透系数等，应选用指标的平均值，当变异系数较大时，可根据经验作适当调整。

（3）承载能力极限状态计算需要的岩土参数，如抗剪强度指标等，应选用指标的标准值。

（4）载荷试验承载力应选用特征值。

（5）容许应力法计算需要的岩土指标，应根据计算和评定的方法选定，可选用平均值，并作适当经验调整。

3）基床系数经验值

见二维码 M2.4-1。

M2.4-1

2. 勘察报告编制要求

勘察报告应符合以下基本要求：

（1）勘察报告应资料完整，数据真实，内容可靠，逻辑清晰，文字、表格、图件互相印证；文字、标点符号、术语、数字和计量单位等应符合国家现行有关标准的规定。

（2）勘察报告中应统一全线地质单元、工程地质水文地质分区、岩土分层的划分标准。

（3）勘察报告中的岩土工程分析评价，应论据充分、针对性强，所提建议应技术可行、经济合理、安全适用。

（4）可行性研究阶段岩土工程勘察报告按照线路编写，初步勘察阶段岩土工程勘察报告按照线路（或勘察标段）编制或按照地质单元、线路敷设形式编写，详细勘察阶段岩土工程勘察报告应按车站、区间分册编写，车辆段、停车场应划分线路、地面建筑物分册编写，附属建筑物可根据需要纳入工点报告或单独编写。

（5）各阶段勘察成果应具有连续性、完整性。

（6）相邻区段、相邻工点的衔接部位或不同线路交叉部位的勘察成果资料应互相利用、保持一致。

（7）勘察报告应包括文字部分、表格、图件，重要的支持性资料可作为附件。文字部分幅面宜采用 A3 或 A4，篇幅较大时可分册装订。

（8）勘察报告中的图例符合现行《城市轨道交通岩土工程勘察规范》GB 50307 的规定。

1）可行性研究勘察

可行性研究勘察报告应符合下列规定：

（1）提供区域性的地形地貌、地质构造、地层岩性、水文地质等资料，提供地震、地表水文、气象等资料。

（2）对搜集的资料和勘察结果进行综合分析，初步划分工程地质单元或进行工程地质分区。

（3）初步评价拟建场地稳定性和适宜性。

（4）初步分析评价场地不良地质作用和特殊性岩土对线路方案、敷设形式及施工方法的影响，为编制规划与工程可行性研究报告提供基本的工程地质依据。

（5）当有两个或者两个以上的拟选线路方案、站位方案、敷设方案时，应从工程地质、水文地质、工程周边环境等综合分析和评价，提出比选结论和建议。

（6）提出初步勘察工作的建议。

2）初步勘察

初步勘察报告应符合下列规定：

（1）提供场地地形、地貌、地层、地质构造、岩土性质，确定场地不良地质作用和特殊性岩土发育区段，评价对工程的影响。

（2）初步确定地下水的类型、补给、径流和排泄条件，含水层和隔水层的分布，水位动态变化规律，初步评价地下水对工程的作用与影响。

（3）对全线进行工程地质及水文地质分区。

（4）提供场地不良地质作用、特殊性岩土的分布与特性，初步分析评价其对工程的影响，并提出防治措施建议。

（5）初步确定线路沿线的抗震设计条件，进行场地土类别初步划分和地基土初步液化判定。

（6）初步划定围岩分级，对岩土性状进行初步评价，提出岩土参数建议值。

（7）评价拟建场地地段稳定性和适宜性。

（8）对线路地基基础方案进行初步评价。

（9）对线路位置、隧道埋深、施工方法等提出建议。

（10）结合工程周边环境调查成果，初步分析评价工程建设与重要环境对象的相互影响，提出处理措施建议。

（11）提出详细勘察工作建议。

　　3）详细勘察

　　详细勘察报告应符合下列规定：

　　（1）提供场地地形、地貌、地层、地质构造，分层提供设计、施工需要的岩土指标与参数。

　　（2）提供地下水类型、埋深、补给、径流和排泄条件，含水层和隔水层的分布，水位动态变化规律（必要时需评价周围环境对地下水位的影响），评价地下水对工程的影响。对需进行降水的工程还需要提供渗透系数、影响半径数等参数；评价地下水对混凝土、混凝土中钢筋等建筑材料的腐蚀性。

　　（3）提供场地抗震设计参数，划分场地土类型和场地类别；抗震设防烈度等于或大于6度的场地应评价地震液化和软土震陷的可能性。

　　（4）提供场地不良地质作用及特殊性岩土的分布特征和工程特征，分析其对工程的影响并提出工程防治建议。

　　（5）划分地下工程的围岩级别和岩土施工工程等级，并分段评价围岩的稳定性。

　　（6）评价场地的适宜性和稳定性。

　　（7）分析地基、围岩、边坡设计、施工中的岩土工程问题，预测岩土条件给工程施工带来的风险，提出地基基础方案、基坑开挖和支护、地下水控制措施、岩土加固等建议。

　　（8）结合工程周边环境调查成果，分析评价工程建设与工程周边环境的相互影响，提出保护措施建议。

　　（9）对工程施工和运营过程中可能产生的环境地质问题、地质风险进行预测，提出防治措施的建议。

　　（10）针对不同工点特性提出工程监测建议。

　　4）施工勘察

　　施工勘察报告应针对工程的具体情况，对需要补充调查、勘察、测试的问题，提供补充勘察资料和数据，并应进行分析评价，提出建议。

　　（1）搜集施工方案、勘察报告、工程周边环境调查报告以及施工中形成的相关资料。

　　（2）搜集和分析工程检测、监测和观测资料。

　　（3）充分利用施工开挖面了解工程地质条件，分析需要解决的工程地质问题。

　　（4）根据工程地质问题的复杂程度、已有的勘察工作和场地条件等确定施工勘察的方法和工作量。

　　（5）针对具体的工程地质问题进行分析评价，并提供所需岩土参数，提出工程处理措施的建议。

　　3. 勘察报告组成

　　1）文字部分

　　（1）勘察任务依据、拟建工程概况、执行的技术标准、勘察目的与要求、勘察范围、勘察方法、完成工作量等。

　　（2）区域地质概况及勘察场地的地形、地貌、水文、气象条件。

　　（3）场地地面条件及工程周边环境条件等。

　　（4）岩土特征描述，岩土分区与分层，岩土物理力学性质、岩土施工工程分级、隧道围岩分级。

（5）地下水类型，赋存、补给、径流、排泄条件，地下水位及其变化幅度，地层的透水及隔水性质。

（6）不良地质作用、特殊性岩土的描述，及其对工程危害程度的评价。

（7）场地土类型、场地类别、抗震设防烈度、液化判别。

（8）场地稳定性和适宜性评价。

（9）岩土工程分析评价，并提出相应的建议。

（10）其他需要说明的问题。

2）表格部分

（1）勘探点主要数据一览表。

（2）标准贯入试验、静力触探试验等原位测试，岩土室内试验，抽水试验，水质分析等成果表。

（3）各岩土层的原位测试、岩土室内试验统计汇总表；地震液化判别成果表。

（4）各岩土层物理力学性质指标综合统计表及参数建议值表。

（5）其他的相关分析表格。

3）图件部分

（1）区域地质构造图、水文地质图。

（2）线路综合工程地质图、工程地质及水文地质单元分区图、工程地质及水文地质分区图。

（3）水文地质试验成果图。

（4）勘探点平面位置图，工程地质纵、横断（剖）面图。

（5）钻孔柱状图，岩芯照片。

（6）室内土工试验、岩石试验成果图。

（7）波速、电阻率测井试验成果图，静力触探试验、载荷试验等原位测试曲线图。

（8）填土、软土及基岩埋深等值线图。

（9）其他相关图件。

4）附件部分

勘察报告可附现场试验、室内土工试验、岩石试验、岩矿鉴定等试验原始记录。

4. 不同勘察阶段报告主要内容

见二维码 M2.4-2。

M2.4-2

参考文献

[1]　中华人民共和国住房和城乡建设部. 城市轨道交通岩土工程勘察规范: GB 50307—2012[S]. 北京: 中国计划出版社, 2012.

[2]　李世民, 马海志, 高文新. 城市轨道交通工程勘察手册[M]. 北京: 中国铁道出版社, 2022.

[3]　金淮, 刘永勤. 城市轨道交通工程勘察[M]. 北京: 中国建筑工业出版社, 2013.

[4]　国家能源局. 变电站岩土工程勘测技术规程: DL/T 5170—2015[S]. 北京: 中国计划出版社, 2015.

[5]　住房和城乡建设部工程质量安全监管司. 房屋建筑和市政基础设施工程勘察文件编制深度规定 (2010 年版) [S].
　　　北京: 光明日报出版社, 2011.

[6]　上海市住房和城乡建设管理委员会. 旁通道冻结法技术规程: DG/TJ 08—902—2006[S]. 上海: 上海市建筑建材
　　　业市场管理总站, 2006.

[7]　中华人民共和国住房和城乡建设部. 城市轨道交通结构抗震设计规范: GB 50909—2014[S]. 北京: 中国计划出版
　　　社, 2014.

[8]　中华人民共和国住房和城乡建设部. 建筑抗震设计规范 (2016 年版) : GB 50011—2010 [S]. 北京: 中国建筑工业
　　　出版社, 2016.

第 5 章　铁路工程地质勘察

5.1　概述

5.1.1　铁路的分类和等级

1. 铁路的分类

我国铁路根据铁路管理部门和职能的不同，划分为国家铁路、地方铁路、专用铁路和铁路专用线，见表 2.5-1。其中，国家铁路是指由国务院铁路主管部门管理的铁路；地方铁路是指由地方人民政府管理的铁路；专用铁路是指由企业或者其他单位管理，专为本企业或者本单位内部提供运输服务的铁路；铁路专用线是指由企业或者其他单位管理的与国家铁路或者其他铁路线路接轨的岔线。

铁路的分类　　　　　　　　　　表 2.5-1

分类	管理部门	职能
国家铁路	国务院铁路主管部门	承担全国客货运输
地方铁路	地方人民政府	承担地方客货运输
专用铁路	企业或其他单位	为企业或其他单位运输服务
铁路专用线	企业或其他单位	为企业或其他单位运输服务

2. 铁路的等级

我国铁路等级根据其在铁路网中的作用、性质、设计速度和客货运量确定，分为高速铁路、城际铁路、客货共线铁路、重载铁路，其中客货共线铁路分为Ⅰ、Ⅱ、Ⅲ、Ⅳ级，见表 2.5-2。

铁路的等级　　　　　　　　　　表 2.5-2

铁路等级		作用、性质	近期年客货运量/Mt	设计速度/（km/h）
高速铁路		设计速度 250km/h（含预留）及以上、运行动车组列车、初期运营速度不小于 200km/h 的客运专线铁路	—	350、300、250
城际铁路		专门服务于相邻城市间或城市群，设计速度 200km/h 及以下的快速、便捷、高密度客运专线铁路	—	200、160、120
客货共线铁路	Ⅰ级铁路	铁路网中起骨干作用	≥20	200、160、120
	Ⅱ级铁路	铁路网中起联络、辅助作用	10～20	120、100、80
	Ⅲ级铁路	为某一地区或企业服务	5～10	客运：120、100、80、60 货运：≤80

续表

铁路等级		作用、性质	近期年客货运量/Mt	设计速度/（km/h）
客货共线铁路	Ⅳ级铁路	为某一地区或企业服务	< 5	客运：100、80、60、40 货运：≤ 80
重载铁路		轴重大、牵引质量大、运量大的货运铁路*	—	100、80

注：1. 对Ⅰ、Ⅱ级铁路，作用、性质与近期年客货运量满足其中一项条件即可判定为相应等级铁路；
　　2. 满足列车牵引质量 8000t 及以上、轴重 27t 及以上、在至少 150km 线路区段年运量大于 40Mt 三项条件中两项的货运铁路即可判定为重载铁路。

5.1.2　铁路工程组成

可扫二维码 M2.5-1 阅读有关内容。

M2.5-1

5.1.3　铁路工程地质勘察方法

铁路工程地质勘察是多工序、多工种的综合性工作，其工序一般是先搜集、熟悉区域地质资料，再进行工程地质调绘，而后进行工程勘探测试，最后综合分析评价、整理资料。

铁路工程地质勘察工作开始前，须根据相关规定或委托单位（业主）的要求、工程设置和地质条件等编制勘察大纲，再根据审查通过后的勘察大纲开展勘察工作。

铁路工程地质勘察采用综合勘察方法，在研究、分析区域地质条件的基础上，采用遥感地质解译、工程地质调绘、物探、钻探（简易勘探）及取样、原位测试、室内试验等多种勘察手段，对不同勘察方法获得的勘察资料进行综合分析和工程地质条件评价。

5.1.4　铁路工程岩土分类与经验参数

可扫二维码 M2.5-2 阅读有关内容。

M2.5-2

5.1.5　铁路工程地质选线基本原则

可扫二维码 M2.5-3 阅读有关内容。

M2.5-3

5.2　铁路工程地质勘察阶段

5.2.1　铁路工程勘察阶段划分

铁路工程地质勘察应分阶段开展工作，一般可按踏勘、初测、定测、补充定测四个阶段开展工作，并与预可行性研究、可行性研究、初步设计、施工图四个设计阶段相对应，见表2.5-3。施工阶段、运营铁路工程地质勘察应根据需要开展工作。

勘察阶段与设计阶段对应关系 表2.5-3

勘察阶段名称	踏勘	初测	定测	补充定测
设计阶段名称	预可行性研究	可行性研究	初步设计	施工图

线路通过地形地质条件特别复杂、线路方案多、比选范围大时，应根据需要开展专项地质工作或在初测前安排加深地质工作。

5.2.2 各勘察阶段的勘察任务与要求

铁路工程地质勘察分阶段开展工作，坚持由浅入深、不断深化的原则，逐渐认识区域及场地工程地质条件，准确提供不同阶段所需勘察资料，完成不同勘察阶段的任务和要求。特别在地质条件复杂地区，若不按阶段进行勘察，轻者会给后期工作造成被动，形成返工，重者给运营阶段留下无穷后患。因此，不同勘察阶段的勘察工作深度需满足设计要求，与设计阶段相适应，不应超越阶段要求，也不能将本阶段应做的工作推迟到下阶段或施工中去完成。

1. 踏勘

1）勘察任务

踏勘阶段勘察工作的任务是了解评价影响线路方案的主要工程地质问题和各线路方案一般工程地质条件，为编制预可行性研究报告提供工程地质资料，具体包括：①广泛收集、分析区域地质资料，认真研究线路方案；②地质条件复杂时，进行遥感图像地质解译，拟定现场踏勘重点及需解决的问题；③编制踏勘阶段勘察资料。

2）勘察要求

踏勘阶段勘察工作一般采用收集、分析区域地质资料与遥感图像地质解译、现场踏勘相结合的工作方法，重点包括下列内容：

（1）概略了解线路通过区域的地层、岩性、地质构造、地震动参数区划、水文地质等及其与线路的关系，初步评价线路通过地区的工程地质条件。

（2）对控制线路方案的越岭地段，了解其地层、岩性、地质构造、水文地质及不良地质等概略情况，提出越岭方案的比选意见。

（3）对控制线路方案的大河桥渡，了解其地层、岩性、地质构造、岸坡和河床的稳定程度等概略情况，提出跨越地段的地质条件比选意见。

（4）对控制线路方案的不良地质和特殊岩土地段，概略了解其类型、性质、范围及其发生、发展概况，提出对铁路工程危害程度的评估意见和线路方案比选意见。

（5）了解沿线既有及拟建大型水库及矿区情况，分析其对线路方案的影响。

（6）了解沿线天然建筑材料的分布情况。

（7）对地震动峰值加速度大于0.4g的地区，进行地震危害的专门研究，提出线路方案的比选意见及下阶段勘测的注意事项。

（8）提出对线路方案、工程设置等有很大影响，应进行专项地质工作的课题。

踏勘阶段勘察资料编制应绘制控制线路方案的不良地质、特殊岩土和地质复杂的特大桥、长隧道的工程地质平、纵断面示意图，对收集的勘探试验资料及工程地质照片等进行整理。

2. 初测

1）勘察任务

初测阶段依据预可行性研究报告审查批复意见安排勘察工作，主要任务是做好工程地质选线工作，具体包括：①初步查明线路可能通过地区区域地质条件，为工程地质选线提供可靠地质依据；②初步查明推荐线路方案和线路主要比较方案工程地质条件，对线路各方案作出评价；③为各类工程设计提供工程地质资料。

2）勘察要求

初测阶段勘察工作一般采用收集资料、工程地质调绘、勘探和测试等相结合的工作方法，重点包括下列内容：

（1）初步查明沿线的地形地貌、地层岩性、地质构造、水文地质特征等工程地质条件，确定沿线的岩土施工工程分级。

（2）初步查明各类不良地质和特殊岩土的成因、类型、性质、范围、发生发展及分布规律、对线路的危害程度，提出线路通过的方式和部位；对由于工程修建可能出现的地质病害，预测其发生和发展的趋势及对线路方案的影响。

（3）初步查明地质复杂及控制和影响线路方案的重大路基工点、桥梁、隧道、区段站及以上大站等的工程地质条件，为各类工程位置选择和工程设计提供地质资料。

（4）配合相关专业对沿线大型或重点建筑材料场地进行材料质量及储量的勘察工作，并作出评价。

（5）对地形地质条件复杂的地方，应扩大地质调查范围，为多方案线路方案比选提供地质资料，对重大工程地质问题开展专项地质工作。

初测阶段工程地质调绘宜采用地质调绘与遥感图像地质解译相结合的方法，实地填绘工程地质图，对线路方案和工程有影响的地质界线、地质点应采用仪器测绘。工程地质调绘的宽度应覆盖线路受构造或其他地质条件的影响范围。在短时间内难以查明且影响线路方案选定的复杂地质地段或工点，必要时应建立观测站（点）进行观测。

初测阶段工程勘探与测试应根据地质条件、工程类型合理选配勘探测试方法，条件允许时应充分利用工程物探、原位测试等。勘探测试的重点是控制和影响线路方案的不良地质、特殊岩土及地质复杂的重点工程，一般地段布置适当勘探测试工作，避免遗漏隐蔽的工程地质问题。

初测阶段勘察资料编制应对控制和影响线路的不良地质、特殊岩土、重大工程和技术复杂的工程编制工点资料，控制线路方案、工程地质条件复杂的特大桥、长隧道等工点的勘察资料宜单独成册。

3. 定测

1）勘察任务

定测阶段勘察任务是依据可行性研究报告审查批复意见，在利用初测、可行性研究报告资料的基础上安排勘察工作，为确定线路具体位置详细查明采用方案的地质条件，为各类建筑物和材料场地的初步设计提供勘察资料。

2）勘察要求

定测阶段勘察工作重点包括下列内容：

（1）熟悉可行性研究资料及方案比选过程，补充收集有关区域地质和工程地质资料。

（2）研究可行性研究报告批复意见及定测勘察要求，结合工程地质条件提出对线路方案的改善意见。

（3）勘察工作全面开展前，统一技术工作标准，提出勘察注意事项。

（4）配合有关专业进行沿线会勘，实地了解线路位置概略情况及可能出现的局部修改方案地段的工程地质条件。

（5）勘察工作应采用综合勘察方法，资料整理时进行综合分析。

（6）勘察工作按工点进行，并结合区域地质条件，详细查明场地地质条件，合理布置勘探测试工作。

定测阶段工程地质调绘应根据沿线地质特点，结合工程类型开展工作。对有价值的局部比较方案，提供评定方案的勘察资料和方案选择意见。受工程地质条件控制的地段，宜采用地质横断面选线。已设置且影响工程稳定的地质观测站（点），应继续进行观测。

定测阶段工程勘探点的布置应根据地质复杂程度和不良地质、特殊岩土的性质，以及建筑物的范围和要求确定，其深度应满足各类建筑工程的设计要求。岩土参数测试时，宜采用原位测试、室内试验或经验法分层提供设计所需参数，有不利结构面危及工程稳定和施工安全时，也可选择适当地点做大面积剪切试验。

定测阶段勘察资料编制应按资料整理程序开展工作，其中基础资料应结合现场情况，对各类勘察资料进行认真分析、综合对比。勘探、测试资料及其他原始资料分类分析整理、汇总成册。

4. 补充定测

（1）勘察任务

补充定测阶段勘察任务是根据工程勘察要求，在定测阶段勘察资料的基础上，充分利用既有勘察资料，进行补充勘察工作，提供沿线各类工程施工图设计所需勘察资料。

（2）勘察要求

补充定测阶段工程地质调绘工作应按工点核对、补充地质调绘资料。地质条件复杂工点、尚遗留地质疑点时，应从影响因素入手，多角度反复调查。影响施工安全并已设点进行观测的站点，应继续进行观测。

补充定测阶段勘探与测试工作应在分析既有地质资料的基础上，结合场地工程地质条件按施工图设计要求补充勘探测试工作。勘探测试数量与孔深应根据场地地质条件、工程设置、初步设计勘察资料的情况确定。测试内容应根据既有工程地质资料情况及施工图设计所需参数要求确定。

补充定测阶段勘察资料编制应首先将既有地质资料和本阶段勘察资料一起汇总分析，出现差异时分析原因，做出判断，然后按程序进行。

5.3　新建铁路工程地质勘察

5.3.1　路基工程

1. 一般路基勘察

路基工程勘察的主要工作是查明地形地貌、地层结构、岩土性质、岩层产状及风化程度、水文地质特征等工程地质条件、不良地质和特殊岩土的性质、分布，并分层划分岩土施工工程分级，分析评价山体稳定状态，评价路基基底的稳定性及变形特性，提出路堑边坡坡率建议意见。

路基工程地质调绘的范围一般沿线路中心两侧各 100~200m，不良地质发育且对工程有影响地段，根据需要扩大范围。

路基工程勘探点应布置在代表性工程地质横断上及挡护工程断面上，数量、深度应满足地质剖面图填绘、地基处理沉降检算及边坡挡护工程设计要求。

路基工程根据需要采集岩、土、水样进行相关试验，主要包括物理、力学性质试验，以及水质分析等。

初测阶段对控制线路方案的路基工点应布置勘探点并取样试验，查明其工程地质条件。

2. 高路堤、陡坡路堤勘察

高路堤一般指填方边坡垂直高度大于 20m 的路基工程，陡坡路堤是指修筑在地面横坡不小于 1：2.5 坡面上的路堤。

高路堤、陡坡路堤勘察应重点查明覆盖层与基岩接触面的形态、不利倾向软弱夹层或结构面的性质和状态，以及地下水及其对基底稳定性的影响。

代表性地质横断面间距及断面上勘探点的数量应能满足评价基底或斜坡稳定性，且每个工点不应少于 1 个代表性横断面，代表性横断面上的勘探点不少于 2 个，勘探点深度应满足沉降和稳定计算要求，并至基底持力层以下 3~5m。

进行基底稳定和沉降计算时，需采取岩土试样进行物理力学试验，提供相关检算参数，主要地层的岩土试样不少于 6 组。

3. 深路堑、地质复杂路堑勘察

深路堑一般指挖方边坡垂直高度大于 20m 的路基工程，地质复杂路堑是指路堑边坡分布有较厚的不稳定坡积层、软弱夹层、全风化或强风化岩层、不利结构面发育且倾向线路、地下水发育等地质条件的路堑。

深路堑、地质复杂路堑勘察应重点查明覆盖层厚度、地层结构、含水状态、软弱夹层及其物理力学性质，覆盖层与基岩接触面的形态特征及起伏变化情况，基岩岩性、风化程度、结构面的特征，断裂、褶皱、节理等各类构造特征与组合形式等，以及地下水出露、流量、活动特征，并评价其对路堑边坡及基底稳定的影响。

路堑挖方的弃土场除应查明场地的工程地质条件外，还应查明场地范围内地质灾害的发育情况、周边地质情况及对环境影响，评价弃土是否会引发次生地质灾害。

深路堑、地质复杂路堑根据斜坡的稳定性、初拟边坡坡率与形式、水文地质条件等，确定代表性地质横断面数量和勘探测试工作量。每个工点不少于 1 个代表性地质横断面，每个代表性断面上勘探点不少于 2 个，深度至路基面以下 3~5m，存在软弱结构面时应穿过软弱结构面并进入稳定地层 3~5m。地下水发育地段，勘探点根据排水工程需要适当加深，必要时开展水文地质试验。

4. 浸水路堤勘察

浸水路堤包括水塘路堤、内涝路堤、河滩与滨河路堤、滨海路堤、水库地段路堤等类型。

浸水路堤勘察应重点查明线路两侧的地貌、水文地质、工程地质条件，评价路堤基底土层在受地表水冲刷、浸泡和路堤两侧水位差作用后的稳定性，以及查明基底的地层结构，分析受水作用和填筑路堤后可能恶化基底土层的情况，提出工程措施意见。

浸水路堤勘探点位置需沿中线或设防位置布置，深度应考虑可能产生管涌、流砂的深度；浸水后可能恶化的基底土层需取样试验；地表水与地下水需取样化验侵蚀性。

5. 支挡建筑物勘察

路基支挡建筑物包括重力式挡土墙、悬臂式和扶壁式挡土墙、槽型挡土墙、加筋土挡土墙、土钉墙、锚杆挡土墙、锚索、抗滑桩、桩墙结构、桩基托梁挡土墙、组合桩结构等类型，其勘察应重点查明支挡建筑物基底的地层结构、岩土性质及有无下卧软弱夹层，提供地基承载力参数等，查明水文地质条件并评价其影响。

第四系地层覆盖、岩层风化破碎、岩性软弱、地形地质条件复杂地段的重要支挡建筑物，应进行墙址纵断面和地质横断面勘探，勘探点数量不少于 3 个，深度应满足设计要求，并根据需要取样进行物理力学性质试验以及水质分析试验，地下水发育且对支挡建筑物及其基坑施工有影响时，宜开展水文地质试验。

6. 地基处理工程勘察

路基地基处理工程措施包括换填、冲击（振动）碾压、强夯及强夯置换、袋装砂井及塑料排水板、碎石桩、挤密砂石桩、灰土（水泥土）挤密桩、柱锤冲扩桩、水泥土搅拌桩、旋喷桩、CFG 桩及素混凝土桩、钢筋混凝土桩网（桩筏）结构、钢筋混凝土桩板结构、注浆等类型，常用于处理湿陷性黄土、软土、填土、岩溶、人为坑洞等特殊岩土地基与不良地质地基，其勘察应重点查明路基基底的地层结构、特殊岩土性质、不良地质分布特征与周边环境等，提供地基处理工程设计所需承载力、稳定与沉降计算相关参数，提出处理措施意见。

黄土地区勘探点的布置，应满足工程性质、基础类型、地质条件和黄土场地湿陷性评价的要求。勘探深度需满足场地湿陷性、工程场地稳定性及建筑结构沉降分析评价的要求，非自重湿陷性场地勘探深度大于地基处理基础底面下 10m，并应有适量穿透湿陷性土层的勘探孔；自重湿陷性场地勘探深度应根据地区、建筑、构筑物类型和湿陷性土层厚度确定勘探深度，陇西、陇东、陕北、晋西地区一般勘探孔深度应至地基处理基础底面下 15m，其他地区一般勘探孔深度应至地基处理基础底面下 10m，且工程场地应有适量深度穿透湿陷性土层的取样勘探孔。

软土地区勘探点的布置应根据地层结构、成因类型、成层条件、硬底横坡等情况，并结合建筑物的类型、规模和基础类型确定。勘探点的密度应依据地质条件、铁路等级标准及软土地段长度等确定，并满足各勘察阶段方案比选、地质评价、工程设计的需要，必要时应进行代表性地质横断面勘探。勘探测试深度应穿透软土层至硬底以下 5~10m，或至基岩层中 3~5m，或持力层、桩端以下不小于 5m；软土层较厚时勘探深度应不小于地基计算压缩层深度，且穿透土层的钻孔不少于勘探孔总数的 20%。

填土场地勘探点的布置应根据填土类型、分布范围、工程类型和勘察阶段确定。路基基底为填土场地时，应进行横断面勘探、测试。填土范围的边缘附近（特别是坑填垃圾土场地、山谷型垃圾填埋场地）应适当加密勘探点。查明填土厚度的勘探孔深度至填土层底以下不小于 5m，且不小于填土最大块石粒径的 2 倍。进行原位测试和取样的坑、孔数不少于勘探孔总数的 2/3，且每个场地不少于 2 孔。

7. 无砟轨道和时速 200km/h 及以上有砟轨道铁路路基勘察

无砟轨道铁路和时速 200km/h 及以上有砟轨道铁路路基在工后沉降控制方面较一般铁

路有更严格要求（表 2.5-4），勘探断面密度、勘探点个数与勘探深度均需满足路基工后沉降的控制要求。另外，为使支撑轨道的基础刚度不发生突变，对路基提出了设置过渡段的要求，通常在路堤与桥台、路堤与横向结构物、路堤与路堑、路基与隧道等衔接处设置，并要求对过渡段布置勘探点。

各类线路对路基工后沉降量的要求　　　　　　　　　　　表 2.5-4

铁路等级与轨道类型			一般地段工后沉降/mm	桥台台尾过渡段工后沉降（差异沉降）/mm	沉降速率/（mm/a）
有砟轨道	客货共线铁路	200km/h	≤150	≤80	≤40
		200km/h 以下　Ⅰ级	≤200	≤100	≤50
		200km/h 以下　Ⅱ级	≤300	≤150	≤60
	高速铁路	300、350km/h	≤50	≤30	≤20
		250km/h	≤100	≤50	≤30
	城际铁路	200km/h	≤150	≤80	≤40
		160、120km/h	≤200	≤100	≤50
	重载铁路		≤200	≤100	≤50
无砟轨道			≤15	5	—

高路堤、陡坡路堤、深路堑、地质复杂路堑、支挡工程等路基每工点至少设置 1 个地质横断面，断面间距不大于 100m，地质条件复杂时需加密。每个地质横断面上的勘探点不少于 3 个。

勘探点的深度需满足沉降计算和工程处理措施的要求。基底为第四系地层时，勘探深度不小于地基变形的计算深度；基底下为基岩时，勘探深度进入基岩不小于 3m；路堑勘探点深度一般至路基面以下不小于 5m，当基底为硬质岩时，可至路基面以下 3m；各类过渡段勘探点深度不小于路基的勘探深度；支挡建筑物的勘探深度需达到支挡建筑物基底以下 5m，桩基至桩底以下 5~10m，必要时至桩底以下 15~20m。

根据工点或地貌单元地层的分布情况，对主要地层进行岩土试样采集，每种地层样品数量不少于 6 组。

测试手段宜以原位测试为主，测试成果需与其他勘探、试验手段获取的地质参数进行综合对比分析。

5.3.2　桥涵工程

1. 桥梁工程勘察

桥梁工程勘察的主要工作是查明桥址地段地形地貌、地层岩性、地质构造、断层破碎带的分布及特征、软弱夹层等。提出地基稳定性评价及处理意见；对深峡谷及陡坡地区，必要时进行岸坡稳定性评价；查明不良地质、特殊岩土的性质和分布及对墩台稳定性的影响，提出工程措施建议；查明水文地质特征，分析判明基坑涌水、流砂等情况。

桥梁工程工程地质调绘的范围为沿河流上下游不小于 200m，不良地质地段根据分布情况适当扩大范围。

地质条件复杂的桥基宜开展综合勘探，以钻探和原位测试为主，并与其他勘探手段相结合。勘探点根据场地地质条件和桥跨设置，以能探明地基各岩土层分布和地基强度，满足场地稳定性评价要求为度。地层简单、覆盖层较薄或基岩面平缓且岩性单一时，一般隔墩布置 1 个勘探点，地质条件复杂或高墩、大跨及特殊结构的桥梁每个墩台布置 1 个勘探点，必要时在墩台范围内增加勘探点。

桥梁工程基础置于第四系地层时，勘探深度至持力层或桩端以下不小于 5m，若遇软层则应穿透并进入硬层不小于 3m。岩溶发育或地下采空地段，勘探深度至基底以下不小于 10m，在此深度内如遇溶洞及空洞，勘探深度需专门研究确定。基岩地段勘探深度应穿透强风化层，至弱风化层（或微风化层）2～3m；遇河床有大漂（块）石，至基岩深度不小于 5m，且应超过当地漂（块）石的最大粒径的 2 倍。

初测阶段工程地质条件复杂且控制线路方案的桥梁工程，按工点进行勘察，勘探点不少于 2～4 个。

桥梁工程根据需要采集岩、土、水样进行相关试验，主要包括原状土样的物理力学试验、砂类土与碎石类土的颗粒分析试验、水质分析试验等。

2. 涵洞工程勘察

涵洞工程勘察的主要工作是查明涵洞场地地层岩性、地质构造、地下水位、天然沟岸及基底的稳定状态、隐伏的基岩斜坡、泥石流及其他不良地质现象等。

涵洞工程工程地质调绘的范围为沿线路中心两侧各 100～200m，有不良地质或弃填土分布时应适当扩大范围。

每个涵洞应有 1 个勘探点，地形地质条件复杂时，勘探点不少于 2 个，陡坡涵洞及长涵洞沿涵洞轴线布置。

涵洞基础位于第四系地层时，勘探深度不小于相邻路基工程勘探深度，位于基岩时勘探深度至全风化带以下 2～5m，有软弱夹层或特殊岩土时适当加深。

初测阶段涵洞工程勘察以工程地质调绘为主，只进行代表性勘探测试。

3. 无砟轨道和时速 200km/h 及以上有砟轨道铁路桥涵勘察

勘探方法宜钻探为主，辅以挖探、原位测试和物探。地层简单、覆盖层较薄或基岩面平缓、岩性单一且桥跨不大于 32m 时，一般隔墩布置 1 个勘探点，地质条件复杂或高墩、大跨及特殊结构的桥梁每个墩台布置 1 个勘探点，必要时增加勘探点数量（如墩台面积较大，地层结构复杂，1 个勘探点难以查明基底地层时）。

桥梁基础置于土层时，勘探深度至桩底以下 5～15m，必要时至桩底以下 15～20m，并满足沉降计算要求；基底有软弱层时，至持力层以下不小于 5m。

按地貌单元或墩台布置分层采取岩土试样，同一地层的试样数量不少于 6 组。

5.3.3　隧道工程

1. 一般隧道勘察

隧道工程勘察主要包括工程地质勘察和水文地质勘察两部分。

（1）工程地质勘察主要工作是查明隧道通过地段的地形地貌、地层岩性、地质构造，隧道通过地段是否通过煤层、气田、膨胀性地层、采空区、有害气体及富集放射性物质的地层等，各类不良地质与特殊岩土对隧道的影响，评价隧道可能发生地质灾害，提出工程措施意见等。其中深埋隧道，应预测隧道洞身地温、硬质岩岩爆和软岩大变形情况。隧道工程地质勘察尚应根据工程地质调绘、物探及钻探测试成果资料，综合分析岩性、构造、地下水状态、初始地应力状态等围岩地质条件，结合岩体完整性指数、岩体纵波速度等，分段确定隧道围岩分级。

铁路隧道围岩分级方法可扫二维码 M2.5-4 阅读相关内容。

M2.5-4

（2）水文地质勘察主要工作是查明隧道通过地段的井、泉情况，分析水文地质条件，判明地下水的类型、水质、侵蚀性、补给来源等，预测洞身最大及正常分段涌水量，并取样做水质分析。岩溶发育区应分析突水、突泥的危险，充分估计隧道施工诱发地面塌陷和地表水漏失等破坏环境条件的问题，提出相应工程措施意见。特长隧道、长度 3km 及以上的岩溶隧道、水文地质条件复杂的长隧道应进行专门的水文地质勘察与评价工作。

（3）特长隧道、长隧道和地质条件复杂的隧道，需提出可能发生的灾害类型和进行超前地质预报的重点段落和技术要求。

（4）隧道工程勘探、地质测试应结合采用的施工方法进行。地质条件复杂的隧道需加强工程地质调绘，采用物探、钻探等综合勘察方法，对深钻孔应综合利用。钻孔位置和数量视地质复杂程度而定，洞门附近第四系地层较厚时布置勘探点，地质复杂、长度大于1000m 的隧道按洞身不同地貌及地质单元布置勘探孔，主要的地质界线与断层、重要的不良地质与特殊岩土地段、可能产生突水、突泥危害地段应有钻孔控制，重要物探异常点应有钻探验证；洞身地段的钻孔布置在中线外 8～10m，钻孔完毕后回填封孔。钻探深度一般应至结构底板下 3～5m，遇溶洞、暗河及其他不良地质时，适当加深至溶洞或暗河底以下 5m。

（5）初测阶段特长隧道、控制线路方案的长隧道、多线隧道采用遥感图像地质解译、地质调绘、综合物探测试和少量钻探相结合的方法，为隧道位置和施工方法的选择、工程地质条件评价提供资料，沿洞身纵断面布置物探、钻探与测试工作；一般隧道做代表性勘探测试工作，在沿线工程地质分段说明中简述隧道工程地质条件和围岩分级；钻爆法施工长度大于 5km 且地质条件复杂的越岭隧道、采用 TBM 及盾构法施工的隧道、水下隧道等需进行地质因素风险评价。

2. 采用全断面岩石掘进机（TBM）法施工的隧道勘察

采用 TBM 法施工的隧道勘察需要根据 TBM 法施工的特点和技术要求，结合不同勘察阶段的工作特点和深度要求，分阶段实施勘察工作。

初测阶段重点初步查明隧道区的工程地质和水文地质条件，确定影响采用 TBM 法施工的地质因素、分布段落、长度及所占比例，评价其影响程度，为判定隧道工程能否采用掘进机施工提供必要的地质依据。

定测阶段针对经初测工作判明能够使用掘进机法施工的隧道，重点查明涉及的主要地层岩性和断裂构造发育特征，为掘进机类型、涉及及配套设备提供各类定量地质参数，详细划分隧道围岩掘进机工作条件等级，明确需要采用钻爆法提前处理的具体段落及长度，为隧道掘进机法施工设计、辅助处理方案设计提供详细的勘察资料。

施工阶段需开展超前地质预报，为掘进机法施工组织管理、掘进参数选择以及防治地质灾害等提供依据，指导掘进机施工。在掘进机施工过程中，及时分析掘进机掘进效率与地质参数的相互关系，确定各种围岩条件下掘进机施工的最优方案和合理的掘进机推力、扭矩等掘进参数。

采用 TBM 法施工的隧道勘察洞身埋深小于 100m 的长大地段，钻孔间距不大于 500m，测试项目主要包括岩石坚硬强度、岩石磨蚀性、岩体完整性、岩体主要结构面产状及其与隧道轴向的关系、水文地质参数，以及围岩地应力大小、方向等其他地质参数。

3. 水下隧道勘察

水下隧道工程地质调绘沿线路两侧不小于 1km 范围进行，不良地质、地质条件复杂地段视情况扩大范围。

水下隧道遇地下管线及地面建筑物较多且邻近环境复杂的区域，岩溶强烈发育、大型断裂带或对隧道影响大的风化深槽等重大不良地质及构造发育区域，以及水文地质条件特别复杂的区域，宜开展专项地质勘察工作。

水下隧道初测阶段不同隧道方案均需开展物探工作，地质条件复杂时，进行横断面勘察。在线路走廊带范围内，对可能作为隧道线位的区域进行勘察。

水下隧道取样与试验需考虑地质条件和施工工法差异，进行与隧道设计施工相关的非常规试验，主要包括：钻爆法及盾构法施工的隧道进行土体渗透破坏比测试；沉管隧道进行不同季节、不同温度及不同浑浊条件下水的重度测试；盾构隧道进行岩土体的石英含量及岩石磨蚀强度测试；堰筑法施工隧道进行标贯或十字板剪切等原位测试；冻结法施工隧道进行土体热物理力学指标及冻结强度测试。

4. 无砟轨道和时速 200km/h 及以上有砟轨道铁路隧道勘察

无砟轨道和时速 200km/h 及以上有砟轨道铁路隧道勘察，埋深小于 100m 的较浅隧道或洞身段沟谷较发育的隧道，勘探点间距不大于 500m。

通过粉土、黏性土、黄土地段的隧道，需根据设计需要进行渗透系数、固结系数等项目的试验。

5. 城市铁路隧道勘察

铁路工程以隧道通过城市地段时，因施工工法、周边环境与城市轨道交通地下工程类似，其勘察参照现行《城市轨道交通岩土工程勘察规范》GB 50307 等相关规范规定进行勘察。

5.3.4 站场工程（含站房工程）

站场工程勘察的主要工作是根据场地工程类型，地质条件、勘察手段的适宜性，统筹考虑勘察手段选配，开展综合勘察工作，为站场工程各类构筑物的设计提供地质资料。

1. 站场工程地质调绘内容

（1）查明站场范围场地的地形地貌、地层岩性、地质构造等工程地质条件，评价场地的稳定性，并提供地基的承载力、岩土施工工程分级、冻结深度、地震动参数和工程措施建议等。

（2）查明站场范围内不良地质和特殊岩土的分布范围、性质、稳定程度及其对建筑物的影响，提出工程措施建议。

（3）查明站场基底的地下水类型、分布、埋深及变化幅度、侵蚀性等水文地质条件。

2. 站场工程勘探注意事项

1）站场建筑场地包括货场、站坪以及各段、所建筑场地等不同构筑物，其勘探点的布置范围、数量、深度及间距需根据建筑物的基础类型、建筑面积和场地地质复杂程度确定，每个地貌单元或重要建筑物应有查明地层结构的加深勘探孔，有条件时，应采用钻探、物探、原位测试等综合勘探方法。

2）勘探、测试深度需满足以下要求：

（1）对一般非岩质地基，无软弱下卧层时，勘察深度自基础底面算起，对条形基础应为基础宽度的 3～4 倍，对单独柱基应为柱基宽度（或直径）的 1.3～1.5 倍（最小深度不小于 5m），其他基础应达到持力层下 1～3m；特殊岩土场地的勘探深度不仅应满足地基强度的要求，还应满足特殊岩土场地评价的要求。

（2）对需要变形验算的地基，钻孔深度应达到地基压缩层的计算深度。

3. 站场工程地质测试注意事项

（1）建筑场地内取样和原位测试的勘探点数量，应不少于勘探点总数的 1/3。

（2）一般建筑物场地可取代表性土样进行物理力学性质试验。在地基主要持力层内，对厚度大于 0.5m 的软弱夹层，宜取样试验或进行原位测试工作，有条件时，应布置适量的标准贯入、静力触探或载荷试验与之配合。

（3）特殊岩土的取样要求和试验项目，应满足特殊岩土场地评价要求。

（4）勘探深度内如遇地下水时，应查明含水层的性质，并查明地下水位及其变化情况，取水样进行化学分析，判定其侵蚀性，必要时做简易水文地质试验。

（5）在地震动峰值加速度为 0.1g 及以上地区，对饱和砂土、粉土层应进行地震液化判定。

集装箱结点站、区段站及以上大站场地的工程地质勘察，宜结合场地条件布置，采用钻探、简易勘探与原位测试相结合的综合勘探方法，根据场地条件或建筑物布置代表性勘探横断面。勘探测试点结合场地布置一般性勘探孔和加深的勘探孔，一般性勘探孔的深度应大于持力层的深度，加深的勘探孔深度应大于地基压缩层计算深度。除应根据场地地质条件，采取代表性岩土试样进行一般物理力学性质试验外，对高大建筑物还应在压缩层范围内分层取样进行物理力学性质试验（土层较厚时，可每隔 2～3m 取土样一组）和其他特殊岩土项目试验。

初测阶段站场工程地质勘察应初步查明站场范围内的水文地质、工程地质条件，判明建筑场地及地基的稳定性。确定建筑物的平面布置和基础类型时，需进行代表性的勘探、测试工作。

高层建筑、大型站房、大跨度建筑物等主要生产生活房屋和车站雨棚的地基岩土工程勘察，执行《岩土工程勘察规范》GB 50021 等国家现行有关标准。

5.3.5　天然建筑材料场地

天然建筑材料场地勘察的主要工作是评价路基填料、级配碎石（或级配砂砾石）、碎石道砟、混凝土骨料、石料等开采场地材料的质量和储量，为工程设计提供依据。

天然建筑材料场地的勘察一般按踏勘、初测、定测分阶段开展。各阶段的勘察要求如下：

（1）踏勘阶段应初步了解铁路工程沿线建筑材料场地可开采土、砂、石材料的类别、质量和大概的储量；必要时应进行少量的勘探和取样试验工作。

（2）初测阶段应初步查明建筑材料场地的岩（土）层结构及岩性、夹层性质及空间分布、地下水位、剥离层和无用层厚度、有用层的储量和质量、开采及运输条件和开采对环境的影响等。

（3）定测阶段应在初测的基础上详细查明建筑材料场地的岩（土）层结构及岩性、夹层性质及空间分布、地下水位、剥离层和无用层厚度、有用层的储量和质量、开采及运输条件和开采对环境的影响等。

（4）施工图阶段可视需要对料场进行补充勘察或复查，补充勘察或复查工作应在开采前完成。

1）天然建筑材料场地的地质调绘工作主要内容

（1）查明场地的地形地貌特征及交通条件。

（2）查明场地地层岩性、地质构造、岩石风化程度及完整程度等。

（3）查明场地地表水系及地下水水文地质特征。

（4）查明场地不良地质和特殊岩土的发育情况。

（5）对开采可能引起的地质条件变化以及对周围居民生产、生活、生态环境可能造成的影响作出评价。

2）天然建筑材料场地的勘探、测试注意事项

天然建筑材料场地勘探方法需根据勘察阶段、场地类型、场地地质特征采用钻探、物探、坑探等综合勘探方法。天然建筑材料场地类型的划分，应符合表 2.5-5 的规定。

天然建筑材料场地类型　　　　　　　　　　　　　　表 2.5-5

场地类型	场地特征
I	地形平坦，岩性单一，有用层厚而稳定，水文地质条件简单。无表面剥离层
II	地形有起伏，有用层基本稳定，呈条带状分布或厚度变化较大，其中有少量无用夹层。有剥离层或剥离层分布无规律
III	地形起伏大，有用层产出不稳定，岩性变化较大，断层发育，风化层较厚，水文地质条件复杂。剥离层较厚

路基填料、铁路碎石道砟、混凝土骨料场地勘探点间距见表 2.5-6～表 2.5-8，其他建筑材料场地勘探点间距可参照执行。

路基填料取土场地勘探点的间距（单位：m）　　　　　　表 2.5-6

场地类型	勘察阶段		
	踏勘	初测	定测
I	以地质调查为主，必要时可辅以少量简易勘探和取样工作	控制性勘探	100～200
II		100～200	50～100
III		＜100	＜50

铁路碎石道砟场地勘探点间距（单位：m）　　　　　　表 2.5-7

场地类型	勘察阶段		
	踏勘	初测	定测
I	以地质调查为主，必要时可辅以少量的物探、简易勘探和取样工作	150～300	100～150
II		100～200	50～100
III		＜100	＜50

混凝土骨料场地勘探点间距（单位：m）　　　　　表 2.5-8

场地类型	勘察阶段		
	踏勘	初测	定测
I	以地质调查为主，必要时可辅以少量的物探、简易勘探和取样工作	150～300	100～200
II		100～200	50～100
III		＜100	＜50

3）天然建筑材料场地储量计算

建筑材料的储量计算需在初测或定测工作的基础上进行，以场地地形及代表性地质断面所揭示建筑材料分布为依据，计算方法可参考表 2.5-9。

储量计算方法　　　　　表 2.5-9

方法	平均厚度法	平均断面法
计算公式	$V = Ad$ V——天然石料储量； A——天然石料产地储量计算范围的平面面积； d——可开采石料平均厚度	$V = \frac{1}{2}(A_1 + A_2)L_1 + \frac{1}{2}(A_2 + A_3)L_2 + \cdots = \frac{1}{2}\sum_{1}^{n}(A_n + A_{n+1})L_n$ V——天然石料储量； A_n——第 n 个断面可开采石料面积； L_n——两相邻断面的距离

5.3.6　供水工程

供水工程一般按照供水水源孔、供水构筑物分别进行勘察。

1. 供水水源孔岩土工程勘察

供水水源孔勘察主要工作是提供取水构筑物出水量计算的水文地质参数，并进行水量和水质评价，其勘察方法选择主要根据水文地质条件及复杂程度、设计用水量的大小、勘察阶段及勘察区已进行工作程度、拟开采的地下水资源环境评价等因素确定。

在开展水源孔勘探之前，一般应进行水文地质物探工作，主要包括地面物探和物探测井。

1）地面物探方法，主要用于探查下列内容：

（1）隐伏的古河床和被掩埋的古冲积洪积扇。

（2）基岩风化带厚度和断层破碎带、裂隙带、不同岩性接触带的位置、埋藏深度、宽度和充填情况。

（3）地下水的埋藏深度、地下水的流向。

（4）地下水的矿化度、咸水、淡水在垂直方向的分界深度和在平面上的分布范围。

（5）裸露型岩溶区的岩溶洞穴带埋藏深度、覆盖型岩溶区的覆盖层厚度等；多年冻土的上限和下限的埋藏深度。

（6）含水层的埋藏深度和厚度。

（7）环境水文地质评价。

2）物探测井方法，主要用于探查下列内容：

（1）地下水的稳定水位、流向和含水层的渗透系数、渗透速度。

（2）含水层渗透性的最佳位置。

（3）孔径、孔温和孔斜等。

（4）划分钻孔地质物性断面。

3）开展水文地质物探工作需注意事项如下：

（1）水文地质物探应在水文地质调绘的基础上，开展综合物探工作，为合理布置勘探孔提供依据。

（2）物探的工作内容、方法应根据地质体的物性差异、工程所在地的水文地质条件和勘察目的，合理选择。

（3）水文地质物探的成果资料，应结合工程场地的地质、水文地质条件和勘探资料进行综合解释，并对水文地质情况做出评价。

（4）采用水文地质物探需具备的基本条件：①被探测体与围岩有较明显的物性差异；②被探测体的体积相对于其埋藏深度具有一定的规模；③被探测体所引起的异常值，应有足够的显示；④较宽阔平坦的场地。

（5）物探测线的布置宜垂直于被探测物的走向。

（6）物探测线的密度，应保证在每个探测目的物异常范围内不少于3个点。

2. 供水水源孔勘探

（1）松散层地区，供水水源孔布置按照表2.5-10确定，基岩区按照表2.5-11确定。

松散层地区勘探试验孔的位置　　　　　　　　　　表 2.5-10

类型	勘探试验孔的布置
山间盆地和冲积阶地	傍河或河床下取渗透水时，应结合拟建取水构筑物类型，布置在岸边稳定地段
冲洪积平原	垂直地下水流向布置
冲洪积扇	在地下水位埋藏深度合适地段垂直地下水流向布置
滨海平原	垂直海岸线布置，查明咸淡水分界线后再在上游（咸水不能入浸地段）垂直地下水流方向地段布置
黄土地区	垂直或平行河谷布置，沿黄土塬中砂砾石层（或砂姜石层）延伸方向布置
沙漠地区	垂直、平行河流（含掩埋古河道）、潜蚀洼地布置，或垂直砂丘覆盖的冲积、湖积含水层中的地下水流向布置
多年冻土区	布置在冰椎、冻胀丘发育地段及河流、湖泊附近的融区地段。开采层下水和融区地下水时结合物探资料布置

基岩地区勘探试验孔的布置　　　　　　　　　　表 2.5-11

类型	勘探试验孔的布置
碎屑岩地区	1. 厚层砂岩、砾岩分布区的断裂破碎带（张性断裂破碎带、压性断裂主动盘一侧破碎带），砂页岩地区，在邻近断层破碎带且为地下水运动的上游方向； 2. 褶皱轴迹方向巨变的外侧； 3. 岩层倾角由陡变缓的偏缓地段； 4. 背斜、向斜轴部等构造变动显著的地段； 5. 产状近水平的岩层的裂隙密集带和共轭裂隙的密集部位； 6. 碎屑岩与沿脉或侵入体的接触带附近； 7. 地下水的集中排泄带
可溶岩地区	1. 按碎屑岩地区布置 2. 布置在可溶岩与其他岩层（包括非可溶岩和弱可溶岩）的接触带处 3. 布置在裂隙岩溶发育带和岩溶微地貌（如溶蚀洼地、串珠状漏斗等）发育处
岩浆岩和变质岩地区	布置在风化带（厚度、广度较大地段）、断裂破碎带、岩脉发育带的地下水上游方向和不同言行接触带处

（2）勘探孔的深度，应穿透主要含水层或含水构造带，并进行抽水试验，进行水量和

水质评价，必要时进行地下水动态观测。

3. 供水构筑物岩土工程勘察

供水构筑物岩土工程勘察类似第 5.3.4 节站场工程勘察要求，具体执行《岩土工程勘察规范》GB 50021 等国家现行有关标准，其特殊要求是应注意该类工程对地基变形的敏感性和地基岩土对水的敏感性（例如膨胀性和湿陷性）。

5.3.7　大临工程

大临工程勘察的主要工作包括：①查明大临工程范围的地形地貌、地层岩性、地质构造等工程地质条件，评价场地的稳定性，并提供地基的承载力、岩土施工工程分级、冻结深度、地震动参数和工程措施建议等；②查明大临工程范围不良地质和特殊岩土的分布范围、性质、稳定程度，场地建筑适宜性，提出工程措施建议；③查明大临工程范围地下水类型、分布、埋深及变化幅度、侵蚀性等水文地质条件。

大临工程选址阶段宜利用临近线路的地质资料，必要时另行开展地质调绘工作，工程实施前需取得可靠的地质资料。勘探点布置需根据大临工程的类型、基础类型、地质复杂程度等确定勘探孔数量与勘探深度。

（1）制（存）梁场、铺轨基地、轨道板（轨枕）预制场、拌合站、管片预制场等临时场站按照建筑场地进行勘察。

（2）铁路便线及栈桥、汽车运输便道分别按照相应等级的铁路和公路勘察，临时给水干管、临时电力线路按管道和架空线路工程勘察。

5.3.8　弃土场工程

弃土场勘察的主要工作内容包括：查明场地及外围汇水区域地形地貌特征，评价弃土场堆土后发生泥石流等次生灾害的可能性，并提出排水与防冲刷的工程措施建议方案；查明堆土区及影响弃土场稳定区域内的滑坡、泥石流等不良地质现象；查明场地地层岩性，重点包括覆盖层厚度、层次与软土、粉细砂等特殊土层的分布；查明地基基岩面的形态、斜坡类型；查明岩体构造发育特征，重点查明顺坡向且倾角不大于自然斜坡坡脚的软弱夹层、断层；评价场地稳定性、适宜性及堆土后的整体稳定性；评价拦渣工程地基抗滑稳定、不均匀沉降、渗透变形等问题，并提出处理建议。

弃土场勘察方法选择宜参照现行《水土保持工程调查与勘测标准》GB/T 51297，根据弃土场类型、级别、地质条件等确定，以轻型勘探为主，对临河型、库区型与坡地型弃土场宜布置钻探工作。

弃土场区域内勘探线宜垂直于斜坡走向布置，勘探线长度大于规划堆土范围。勘探线间距宜选用 50～200m，且不应少于 2 条。每条勘探线上的勘探点间距不宜大于 200m，且不应少于 3 个，当遇到软土、软弱夹层等应增加勘探点。

弃土场拦渣工程主勘探线沿轴线布置，勘探点距离宜为 20～30m，地质条件复杂区宜布置辅助勘探线。每条勘探线上的勘探点不宜少于 3 个，地质条件复杂时加密或沿勘探线布置物探辅助地质情况判断。

弃土场堆土区，钻孔深度应揭穿基岩强风化层或表层强溶蚀风化带，进入较完整岩体 5m。拦渣工程区，当覆盖层深厚，孔深宜为设计拦渣工程最大高度的 0.5～1 倍。

弃土场岩土及水文地质试验，需充分利用主体工程的岩土试验成果，无法利用或进行类比取得相关岩土体物理力学参数时，应利用钻孔或探坑采取代表性原状岩土样，测定物理力学性质指标。对主要软弱夹层、主要结构面宜进行力学性质试验。拦渣工程区，细粒土及粉土、粉细砂层宜结合钻探进行标贯及静力触探，软土层进行十字板剪切试验。对地表水与地下水应进行水质分析。

弃土场场地适宜性评价定性分析可参照表 2.5-12。

弃土场场地适宜性定性分级标准　　　　　　　　表 2.5-12

级别	分级要求	
	工程地质与水文地质条件	场地治理难易程度
不适宜	1. 场地不稳定； 2. 斜坡地带软土层厚度大或存在大面积岩层倾角小于倾斜坡度的顺向坡，基岩软弱夹层发育，场地存在活动断层，工程性质很差； 3. 冲沟与地表水系发育，洪水对渣场稳定影响较大； 4. 地下埋藏有待开采的矿藏资源	1. 地质灾害专项处理难度大，费用很高； 2. 工程建设将诱发严重次生地质灾害，应采取大规模工程防护措施，且费用很高； 3. 排洪设施布置困难，费用很高
适宜性差	1. 场地稳定性差； 2. 斜坡地带有连续的软土层分布或存在大范围岩层倾角小于倾斜坡度的顺向坡，基岩软弱夹层较发育，工程性质较差； 3. 冲沟与地表水系发育，洪水对渣场稳定影响较大； 4. 地下埋藏有待开采的矿藏资源	1. 地质灾害专项处理难度较大，费用较高； 2. 工程建设诱发次生地质灾害的概率较大，需采取较大规模工程防护措施，费用较高； 3. 排洪设施布置较困难，费用较高
较适宜	1. 场地基本稳定； 2. 斜坡地带覆盖层厚度不大，存在软土层但分布不连续，存在小范围岩层倾角小于倾斜坡度的顺向坡，基岩软弱夹层少量发育，工程性质较差； 3. 地表排水条件尚可	1. 地质灾害专项处理简单，费用低； 2. 工程建设诱发次生地质灾害，采取一般工程防护或排水措施可以解决； 3. 排洪设施布置较适宜，费用较低
适宜	1. 场地稳定，地貌简单； 2. 岩土种类单一，覆盖层薄且基本无软土层，基本不存在稳定性差的顺向坡； 3. 地表排水条件好	1. 无地质灾害或无须处理，工程费用低廉； 2. 工程建设不会诱发次生地质灾害； 3. 排洪设施布置适宜，费用低

注：1. 表中未列条件，可按其对场地影响程度比照推定。
　　2. 从不适宜开始，向适宜性差、较适宜、适宜推定，以最先满足的为准。

5.4　改建铁路工程地质勘察

5.4.1　勘察基本原则

改建铁路工程包括两大类，一类是提速改造工程；另一类功能改建工程，如专用线改其他等级铁路，普通货运铁路改重载铁路，非电气化铁路改建为电气化铁路、增建二线等。

改建铁路勘察应充分利用既有铁路的工程地质资料，在考虑改建和增建工程场地稳定性的同时，还应考虑既有建筑物的稳定状况及增建第二线对既有建筑物的影响；改建铁路绕行线段按新建铁路的要求开展勘察工作；改建铁路勘察应遵守国家有关安全和环境保护方面的法律法规。调绘和勘探工作应确保既有铁路的安全运营和勘察人员、机具的安全，做好铁路周边环境的保护。

5.4.2　勘察主要内容

改建铁路工程勘察工作的主要内容包括：①查明改建地段及增建第二线的地形、地貌、地层岩性、地质构造、不良地质、特殊岩土及水文地质特征，评价其工程地质条件，提出改建方案或增建第二线的左右侧选择和方案比选的意见；②查明改建地段及并行地段既有不良地质和特殊岩土的性质，施工、运营以来的发展与演变情况，评价既有整治措施的效果，提出改建或增建第二线的通过部位、方式及措施意见；③调查改建或并行地段各类既有建筑物的工程地质条件、稳定状况，病害发生过程及整治效果，确定增建第二线的位置和方式，提出改建或增建建筑物的工程措施意见；④既有线提速工程应重点查明既有路基基床部分的物质组成、密实程度、承载力，既有路基边坡的稳定性，地基条件不能满足要求的地段，路桥、路涵过渡段及新老路基搭接处的地质条件等，并提出工程措施意见；⑤既有线改造工程应查明既有隧道、桥涵工程存在的地质病害，提出整治措施意见；⑥既有线电气化改造还应查明接触网、基站等工程的基底地质情况。

5.4.3　既有工程一般勘察要求

1. 路基工程

既有路基工程应调查既有路基及防护、加固工程的稳定状态，必要时进一步查明其水文地质、工程地质条件。

（1）高填方地段：应查明既有路基有无边坡滑动、路基本体下沉变形等不稳定现象，了解这些地段堤身填料的性质、填筑密度、防护加固措施及基底水文地质情况。在变形严重地段应钻探取样试验，分析变形的原因。

（2）深路堑地段：应查明既有路堑边坡的稳定和变形情况，边坡高度、陡度，堑坡和堑顶有无不良地质现象等。

（3）陡坡地段：应查明山体地层、地面横坡、覆盖层厚度、基岩产状、基岩面的横向坡度以及水文地质条件等情况。

2. 桥梁工程

既有桥涵工程应调查既有桥涵及调节、导流建筑物的稳定状态，必要时查明其水文地质、工程地质条件。

3. 隧道工程

既有隧道工程地质勘察主要包括下列内容：

（1）既有隧道水文地质、工程地质条件及其分段围岩分级。

（2）既有隧道洞口堑坡、仰坡的稳定状态及其工程地质条件。

（3）既有隧道洞口、洞身施工及运营中曾发生过的工程地质问题或病害（如：开裂、掉块）的范围、性质、原因及其变形情况、采用的整治措施与效果。

（4）既有隧道渗漏水地段、地下水类型、动态及整治措施与效果。

4. 站场工程

既有站场工程应调查既有站场、厂房基础的地质条件，地质病害的发生、发展过程及采取的处理措施与效果。

5.4.4　既有路基不稳定（病害）地段的勘察

1. 一般路堤基底软弱及边坡变形

（1）调绘工作：调查路肩及边坡变形的状态，水文地质条件的变化情况，并调查施工、运营期间发生突然变形的原因、经过、处理情况与效果。

由路堤填料或夯实原因引起的变形，尚应查明填料性质，夯实程度、有无水囊和基底土的物理力学性质及水文地质条件。

（2）勘探工作：一般地段每隔 50～100m 一个断面，每处病害段不少于 2 个勘探断面，情况复杂时酌情加密，每个断面 2～3 孔。钻孔深度须达到软弱地层以下 1.0～2.0m，软弱地层很厚时，每个断面至少有一孔深度不得小于持力层厚度或路基高度的 2～3 倍。因填料夯实原因引起的边坡变形，应在路堤本体上布置勘探。

（3）试验工作：软弱基底取样试验原则上同新线要求。但应注意压实后的基底土层，与天然地层物理力学性质的对比。路堤本身填料不良而变形，应取试件测试其夯实后的物理力学指标，以便对比。

2. 路堑边坡变形

（1）调绘工作：应搜集运营养护单位对坍滑的加固措施及效果等。调查原设计和施工边坡坡率及坍滑后的边坡坡率，了解坍滑经过、坍滑轮廓、发展趋势，提出第二线或改建地段的路堑边坡坡率和防治坍滑的措施。

（2）勘探工作：勘探点应布置在坍滑体内及预计设置抗滑建筑物的位置上，并应有部分钻孔布置在坍滑体以外。勘探深度应能查明坍滑面以下稳定地层不小于 2m，并钻至整治坍滑建筑物基底 2～3m，遇地下水时应进行简易水文地质试验。

（3）试验工作：勘探时分层取原样，在滑床附近应加取试件，测定物理力学指标。

3. 路基基床病害

（1）调绘工作：调查冻起高度，春融翻浆及其随气候变化情况，基床积水条件，地下水位，补给来源，流向、渗透情况，既有排水设施及效果，路堤与基底土的物理力学性质（包括毛细水上升高度）等。

（2）勘探工作：按横断面布置勘探，一般地段断面间距 20～50m，每处病害段不少于两个断面，每个断面 2～3 孔。在路堤地段可在路肩上布置垂直钻孔，或在边坡上布置斜孔或水平钻孔，路堑地段钻孔位置在不影响行车条件下，尽量靠近既有线道床，其钻探深度应至原始地层以下及冻结线下 2.0m。必要时进行物探，查明填土（料）的不均匀性。

（3）试验工作：沉陷槽内取样鉴定道砟不洁程度，在路堤及基底分别取试件测定物理力学性质。

4. 路堑积冰（漫冰）、边坡挂冰及地下水路堑

（1）调绘工作：应着重调查含水层位置，地下水位及其升降幅度，地下水类型、补给来源、流向、流速和泉水露头、涌水量及水温、水质等资料，路堑边坡及路基面以下岩石的性质、裂隙和风化程度，以及地表水排泄情况，既有地下水排水设施及效能，分析病害产生的原因和季节性变化规律，并调查隔水及渗水材料的来源。

（2）勘探工作：按横断面布置勘探，一般地段横断面间距 20～100m，每处病害段不少于两个勘探断面，每个断面 2～3 孔。其钻探深度应至原始地层以下及冻结线下 2.0m，有影响路基稳定的含水层时，钻孔应予加深，并做简易水文地质试验，分析地下水与病害的关系，提出相应的整治措施。

5. 路基冲刷

（1）调绘工作：调查基底地质条件、填料性质、路基附近河流变迁或路基坡脚附近地表冲刷而形成的微细起伏情况，既有路基冲刷后边坡的变形及其长度，已有防护加固建筑物的类型、效果、变形的历史资料，以及建筑物基底岩土的物理力学性质和水文地质条件。

（2）勘探工作：根据调查情况做代表性地质勘探断面，勘探深度一般应钻至最大冲刷

线及基底下 2～5m，桩基础钻至桩尖下 3～5m。

（3）试验工作：分层取样试验，并对地下水进行水质分析，必要时对既有挡土墙背后填土取试件测试力学指标。

6. 其他不良地质地段

崩塌、岩堆、泥石流、水库坍岸、岩溶、风沙、采空区，地质复杂的路堑，特殊岩土等的勘察工作，除搜集既有工程地质资料，既有线现状及防护加固等资料外，均参照新建铁路工程地质工作办理。

5.4.5　既有线电气化改造工程地质勘察

在既有线上进行现状电气化建设的工程地质勘察，主要是搜集既有线全线工程地质总说明书、全线工程地质纵断面图、分段说明表与有关车站及房屋建筑的勘察资料。对电化新增设的电力机车机务段、供电段、变电所、分区亭、开闭所等，根据建筑物位置、基础尺寸、荷重等，分别按房屋建筑勘察的要求搜集地质资料。对重大复杂的工点，应单独提出报告，对一般工点可汇总成表，报告内容应含有地形地貌、地层岩性、岩土的物理力学性质（γ、c、φ）、地基承载力、岩土施工工程分级、最大冻结深度、地震动峰值加速度与工程地质评价等。

5.4.6　既有线提速改造工程地质勘察

1. 路基工程

路基工程是既有线提速的主要部分，着重搜集既有病害资料，采用轻型动探 N_{10}、物探、钻探、坑探（试坑取样）、标准贯入试验、螺旋板载荷试验等手段对既有路基部分进行勘探和评价，勘探重点是分别查明基床表层和底层填料的物质组成，判别基床的压实系数、相对密实度、基本承载力等，评价既有路基边坡的稳定性，查明因地基软弱而路基沉降不能满足要求的地段等，并提出工程措施意见。路、桥（涵）过渡段和涵洞顶至轨底的填方小于 1.2m 的地段及新老路基拨接处等基底条件达不到设计要求的段落应结合路基工程进行加固处理。过渡段长度应根据相关规范确定，一般路涵过渡段长度不小于 15m，路桥过渡段长度不小于 20m。应查明新老路基拨接处的地质条件，并提出整治措施意见。

（1）N_{10} 测试（主要采用的方法）：在调查和搜集资料的基础上，选择代表性地段进行 N_{10} 测试。

（2）在调查既有病害的基础上，每 100km 有针对性地选择 3～5 处代表性地段进行全断面开挖，检查有无道砟囊、道砟陷槽等路基病害，每个断面均应取原状土样，测试物理力学指标，提供承载力值。

（3）物探：选择地质雷达、瑞雷波等适宜的物探方法沿线路两侧做纵断面，在物性条件较好处做代表性横断面，测试基床条件，对基床加固处理提出评价意见。

（4）挖探：取样做重型击实试验。

（5）钻探：必要时采用钻探方法，查明基床条件及基底软层（25m 范围内），并对基床表层、底层及基底各层均应分别取原状土样进行试验。

2. 桥隧工程

隧道、桥涵工程：应查明既有隧道、桥涵存在的地质病害，提出整治措施及有关提速工程意见。

5.4.7　增建第二线工程地质勘察

增建第二线时，除少数并行既有线地段的勘察执行改建铁路的要求执行外，其余地段的工程地质勘察都应执行新建铁路工程的勘察要求。增建第二线工程地质勘察工作的重点是第二线位置的选择问题，应在查明既有线两侧工程地质条件的基础上，考虑对既有地质病害的改善和整治，考虑对既有建筑物的影响、既有设备的利用、对运营的干扰等因素，进行技术经济综合比选。第二线的选择主要遵循下列原则：

（1）增建隧道应根据工程地质条件和一线隧道情况，确定二线隧道位置和间距；应充分考虑二线隧道建设对既有隧道稳定和运营安全的影响。

（2）路堑边坡坍塌变形地段用清方刷坡等工程进行根除病害时，第二线可选在有病害的一侧。

（3）滑坡地段应绕避或选择在有利于增进稳定的一侧。

（4）泥石流地段宜选在既有线下游一侧。

（5）风沙地段宜选在当地主导风向的背风一侧。

（6）软土地段基底有明显横坡时，宜选在横坡下侧。

（7）膨胀土地段宜选在地面平缓、挖方较低的一侧。

（8）盐渍土地段宜选在地势较高、地下水位较低或排水条件较好的一侧。

（9）水库坍岸地段不宜选在靠水库的一侧。

5.5　施工阶段工程地质工作

施工阶段工程地质工作的主要任务是加强地质情况的监测，及时预测和解决施工中遇到的工程地质问题，以利施工顺利进行；核查开挖后的工程地质情况，对受地质条件控制的工程和地质条件复杂地段，应根据实际工程地质条件，完善工程措施意见，必要时开展监测或补充勘察工作；实际地质情况与设计资料变化较大时，根据施工实际地质情况修正施工图件中的地质资料，编制竣工工程地质图表、说明等。

5.5.1　施工阶段地质工作主要类型

施工阶段工程地质工作按实施的时间，可分为施工前工程地质工作、施工中工程地质工作、施工后工程地质工作。

1. 施工前工程地质工作

主要指是在工程开工前应完成的，勘察阶段因客观因素未完成的勘探工作，勘察阶段延续下来的观测工作，以及新增工程和服务于变更设计的补充勘察工作等。

（1）勘察阶段因客观因素未完成的勘探工作

勘察阶段可能存在拆迁、环保要求、交通条件、气候、林区等客观因素导致勘探无法实施，施工阶段正式施工前应在勘探条件许可后及时补充勘察，以满足设计要求。

（2）勘察阶段延续下来的观测工作

复杂地质地段或工点在勘察阶段设置的地下水、地温、气温与变形等长期观测站（点），可能影响施工安全时应在施工阶段继续进行观测，及时预测和解决施工中可能遇到的工程地质问题。

（3）岩溶地区隧道及路堑基底岩溶勘探工作

为保证岩溶隧道、路基基底质量，有效防止岩溶地区勘察漏探或病害整治不到位危及行车安全，施工阶段需对隧道周边特别是隧底和路堑基底在隧底和路堑开挖至设计标高后进行岩溶探测。

（4）新增工程和服务于变更设计的补充勘察工作

施工阶段发生新增工程和变更设计时，应根据新增工程类型和变更设计工程措施类型进行补充勘察工作，采用适宜的勘察方法查明新增工程和变更设计工程措施的工程地质和水文地质条件，以满足新增工程和变更设计需要。

2. 施工中工程地质工作

施工中地质工作主要是核查各类构筑物桩基、基坑或路堑开挖后工程地质情况，探测隧道开挖过程中掌子面前方工程地质情况，及时预测和解决施工中遇到的工程地质问题，并根据地质条件的变化为改进施工方法及处理措施提供地质依据，以及根据施工情况编制竣工地质资料。

（1）地质核查

地质核查工作是指对设计采用地质资料的复核、核查、对照、验证，其工作主体是施工单位和监理单位，勘察设计单位主要承担配合工作，进行代表性核查。当核查揭示的地质资料与原设计采用资料不符时，设计单位与建设单位共同研究确定后，承担完成补充地质勘察工作，并修改设计全过程。

（2）隧道超前地质预报

隧道超前地质预报是铁路隧道施工阶段实施，在分析既有地质资料的基础上，采用地质调查、物探、地质超前钻探、超前导坑等手段，对隧道开挖工作面前方的工程地质与水文地质条件及不良地质体的工程性质、位置、产状、规模等进行探测、分析判释及预报，并提出技术措施建议。主要目的是指导隧道施工顺利进行，降低地质灾害发生的概率和危害程度，为优化工程设计提供地质依据，为编制竣工文件提供地质资料。

3. 施工后工程地质工作

施工后地质工作主要是对施工完成后对复杂地质条件工程或重点工程持续监测工作，直至工程验收交付相关管理部门。

5.5.2　不同类型工程施工阶段地质工作主要内容

1. 路基工程

（1）监测路堑开挖过程边坡或所在山坡的稳定情况，分析并提出产生"工程滑坡"的可能性及对策。

（2）对软土、沼泽地区路堤填筑时可能产生的基底滑动、失稳等变形进行监测。

（3）核对支挡建筑物基坑开挖后的岩性和地基基本承载力。

（4）监测滑坡整治施工过程中的变形情况、地表水排水系统施工情况和作用、地下水排泄的效果等。

（5）调查及预测施工中地表水恶化基坑、边坡稳定性的情况。

（6）调查取土场（坑）、弃土场对周围地质条件和地质环境的影响。

2. 桥涵工程

（1）核对基坑坑壁、基底或桩身、桩底地层岩性及基本承载力与勘察资料的一致性。

（2）监测基坑地下水涌水量，以及基坑大量抽水引起周边既有建筑物变形情况。

3. 隧道工程

（1）隧道开挖中，核对、监测和编录工程地质条件的变化情况，必要时应进行洞外地质调查和勘探，及时修正隧道围岩分级、改进施工方案。发现坍塌预兆应分析其对继续掘进的影响，并提出应采取的工程措施。

（2）在瓦斯突出工区施工时，应在距煤层垂距 5m 处的开挖工作面打瓦斯测压孔，或在距煤层垂距不小于 3m 处的开挖工作面进行突出危险性预测。

（3）岩溶隧道施工中应对溶洞发育特征、突然涌水、涌泥进行预测，对岩溶水排泄引发的地表水或地下水疏干、地面塌陷等进行调查和预测，必要时对隧道基底岩溶发育情况进行物探普查及钻探验证工作。

（4）长隧道、特长隧道和地质复杂的隧道在施工过程中应加强地质监测，对隧道围岩变化位置、涌水量、断层带等开展超前地质预报工作，预防突发性地质灾害的发生，保证施工顺利进行。

（5）当隧道地质条件特殊、需进行动态设计或施工管理时，应配合做好相关地质工作。

5.6　勘察报告

铁路工程地质勘察报告应充分利用遥感图像地质解译、地质调绘及各类勘探、测试和试验等资料。在分析、整理、归纳和综合评价的基础上按程序编制。铁路工程地质勘察报告应重点突出、内容完整，客观反映全线或勘察场地的工程地质条件；地质参数依据充分，工程措施建议合理。铁路工程地质勘察报告所采用的文字、标点符号、术语、代号、计量单位、附图、附表等，均应符合相关标准的规定。

铁路工程地质勘察报告应根据各勘察设计阶段的要求，分别编制全线工程地质勘察报告（地质说明文件）、工点工程地质勘察报告（说明表）。

5.6.1　踏勘阶段勘察报告编制

踏勘阶段勘察资料编制为预可行性研究提供地质资料，包括全线工程地质说明，全线工程地质图，控制线路方案的不良地质，特殊岩土和地质复杂的特大桥、长隧道的工程地质平、纵断面示意图，收集的勘探、试验资料及工程地质照片的整理。

1. 预可行性研究说明文件工程地质素材

主要包括地形、地貌、工程地质、水文地质、地震动参数区划、气象；控制线路（或车站）方案的不良地质和特殊岩土地段、地质复杂的越岭地段、大河桥渡、大型水库和矿区等工程地质条件；各方案的工程地质、环境地质条件的评价及方案比选意见；存在的主要问题及对下阶段工程地质勘察工作的建议。

2. 附图

（1）工程地质图（比例 1:500000～1:50000）。

（2）控制线路（或车站）方案的重大不良地质、特殊岩土地段及地质复杂的特大桥、长隧道的工程地质平、纵断面示意图。

5.6.2　加深地质工作勘察报告编制

地形地质特别复杂、线路走向比选方案较多的地区，在预可行性研究中提出加深地质工作的具体意见，经审查后，在初测前安排加深地质工作，主要用来确定初测方案，指导后续地质工作。加深地质工作的文件包括线路方案研究报告和工程地质勘察总报告两部分。

1.线路方案研究报告，章节组成如下：

一、工作概况

（一）工作依据

（二）线路概况

（三）修建意义

（四）勘察经过

（五）完成的主要工作

二、地形地貌和地质特征

（一）地形地貌

（二）地质特征

三、铁路主要技术标准和选线原则

（一）主要技术标准

（二）选线原则

四、线路方案比选

（一）加深地质工作范围的研究、确定

（二）加深地质工作范围内线路方案的研究及概况

（三）线路方案比选（附技术经济比较表）

五、线路方案的评价及结论意见

（一）线路方案的评价

（二）线路方案比选的结论意见

六、存在的主要问题及对初测工作的建议

2.工程地质勘察总报告，章节组成如下：

一、勘察工作概况

（一）工作依据及范围

（二）组织形式

（三）勘察方法

（四）勘察经过

（五）完成的主要工作量

（六）完成的主要成果资料

（七）主要参考资料

二、自然地理概况

（一）地理位置

（二）地形地貌

（三）气象特征

三、地层、构造及地震

（一）地层岩性

（二）地质构造

（三）新构造运动与地震

（四）地震动参数区划

四、水文地质特征

五、主要工程地质问题及工程措施意见

六、线路方案的地质条件评价及结论意见

（一）线路方案的地质条件和评价

（二）结论意见

七、存在的主要问题及初测中应注意事项

5.6.3　初测阶段勘察报告编制

初测阶段勘察资料编制为可行性研究提供地质资料，主要包括地质说明文件、重大工点的勘察报告、全线工程地质图、详细工程地质图、工程地质纵断面图、沿线工程地质分段说明、专项地质工作报告与加深地质工作报告（如果有）、勘探测试及其他原始资料分类分析整理汇总成册。

1.地质说明文件，章节组成如下：

一、概述

（一）研究依据、范围及研究年度

（二）勘察依据

（三）勘察范围

（四）勘察经过（含加深地质工作、地质专题研究课题的开展情况）

（五）初测工程地质勘察大纲的要点（勘察内容、方法、质量要求）及执行情况

（六）计划及完成的勘察工作量

（七）主要参考资料

二、自然地理概况

（一）地理位置

（二）地形地貌

（三）气象特征

三、地层、构造及地震

（一）地层岩性

（二）地质构造

（三）新构造运动与地震

（四）地震动参数区划

四、水文地质特征

（一）地表水分布及特征

（二）地下水分布及特征

五、工程地质特征

（一）不良地质的评价及工程措施意见

（二）特殊岩土的评价及工程措施意见

（三）特殊自然灾害的评价及工程措施意见（必要时）

（四）沿线环境水（土）的侵蚀性评价及工程措施意见

（五）既有线病害的评价及工程措施意见

（六）地质条件复杂、控制线路方案的路基、桥梁、隧道等重大工程的地质条件、评价

及工程措施意见

六、重点天然建筑材料场地的地质条件及对储量和质量的评价

七、地质灾害查询、压覆重要矿产资源查询、加深地质工作和地质专题研究的主要结论

八、工程建设（含天然建筑材料开采及弃土、弃渣等）对地质环境条件的主要影响

九、线路方案（改建方案）的地质条件、评价及比选意见

（一）受地质因素控制的选线原则

（二）线路方案（改建方案）的压覆矿产资源情况和评价

（三）线路方案的地质条件和评价

（四）线路改建方案的地质条件和评价（改）

（五）比选意见

十、有待进一步解决的问题

2.工程地质分段说明表

分段或逐工点编制工点地质说明表，内容包括地形地貌特征、地层岩性、地质构造、水文地质条件、不良地质、工程地质条件与工程措施建议等。

3.工点工程地质勘察报告

（1）路基工程

对影响线路方案、地质条件复杂及典型或代表性设计的路基工点，宜按不同工点类型单独编制工点工程地质勘察报告，不影响线路方案的路基工点可在沿线工程地质分段说明表中描述。

单独编制的路基工点工程地质报告编制内容组成见第 5.6.7 节。

（2）大中桥、高桥、特大桥

对地质条件复杂且影响线路方案的重点特大桥、高桥、特殊孔跨和结构的桥梁及典型或代表性设计的桥梁工点，宜单独编制工点工程地质勘察报告，一般地段的桥梁工点可制表说明或在沿线工程地质分段说明表中描述。

单独编制的桥梁工点工程地质报告编制内容组成见第 5.6.7 节。

（3）隧道工程

对地质条件复杂且控制线路方案的特长隧道、多线隧道及典型或代表性设计的隧道工点，宜单独编制工点工程地质勘察报告，其他隧道工点可制表说明或在沿线工程地质分段说明表中描述。

单独编制的隧道工点工程地质报告编制内容组成见第 5.6.7 节。

5.6.4　定测阶段勘察报告编制

定测阶段勘察资料编制为初步设计提供地质资料，主要包括工点勘察资料、地质说明文件及相关附件、附图等。资料编制应充分利用勘察取得的各类基础资料，在综合分析的基础上进行，所依据的原始基础资料在使用前需整理、检查、分析。

1.地质说明文件，章节组成如下：

一、概述

（一）设计依据、范围及设计年度

（二）可行性研究审批意见的主要内容及执行情况

（三）勘察依据

（四）勘察范围

（五）勘察经过

（六）定测工程地质勘察大纲的要点（勘察内容、方法、质量要求）及执行情况

（七）计划及完成的勘察工作量

二、自然地理概况

（一）地理位置（含交通概况）

（二）地形地貌

（三）气象特征（含季节性冻土深度段落划分）

三、地层、构造及地震

（一）地层岩性

（二）地质构造

（三）新构造运动与地震

（四）地震动参数区划

四、水文地质特征

（一）地表水分布及特征

（二）地下水分布及特征

五、工程地质特征

（一）不良地质分布、特征及工程措施意见（详细阐述）

（二）特殊岩土分布、特征及工程措施意见（详细阐述）

（三）特殊自然灾害的评价及工程措施意见（必要时）

（四）沿线环境水（土）的侵蚀性评价及工程措施意见

（五）既有线病害分布、特征、施工中曾发生的地质问题及工程措施意见（详细阐述）（改）

六、地质灾害危险性评估、压覆矿产资源评估、地震安全性评价及地质专题研究的主要结论

七、建设项目工程地质条件评价

（一）重要路基工程的地质条件、评价及工程措施意见（详细阐述）

（二）重要桥梁的地质条件、评价及工程措施意见（详细阐述）

（三）重要隧道的地质条件、评价及工程措施意见（详细阐述）

（四）其他重大或地质复杂工程的地质条件评价及工程措施意见（详细阐述）

（五）主要天然建筑材料场地的地质条件及对储量和质量的评价（详细阐述）

（六）工程建设（含天然建筑材料开采及弃土、弃渣等）对地质环境的主要影响

（七）建设项目工程地质条件的总体评价

八、地质风险因素及控制措施建议

（根据地质条件、风险等级、周边环境、邻近工程重点部位和环节等因素，提出地质风险主要因素及控制措施建议）

九、下阶段工作和施工中应重视的地质问题及注意事项

2. 工点地质勘察报告

定测阶段所有工点均应编制工程地质勘察报告，其中主要工点和地质复杂工点的工程

地质勘察报告为地质说明文件的附件，工点地质勘察报告编制内容组成见第 5.6.7 节。

5.6.5　补充定测阶段勘察报告编制

补充定测阶段勘察资料编制为施工图设计提供地质资料，主要包括工点勘察资料、地质说明文件及相关附件、附图等。地质说明文件组成内容详见第 5.6.4 节，工点地质勘察报告编制内容组成见第 5.6.7 节。

5.6.6　施工阶段勘察报告编制

施工阶段勘察报告编制包括全线竣工工程地质报告和各类工点竣工工程地质资料。

1. 竣工工程地质报告主要编制内容

（1）工作概况：包括施工单位、施工年月、施工过程、补充勘察工作量、工程地质人员及分工等。

（2）工程地质特征：包括沿线的地层、构造、水文地质、工程地质以及设计中采用各种地质数据的修改与补充。

（3）施工情况：有关不良地质、特殊岩土工点和地质复杂的重大工程，在施工中出现的工程地质问题的性质、特征，施工中采取的措施。

（4）设计文件中工程地质资料存在问题的解决过程与改进意见。

（5）临时运营过程中出现的工程地质问题及采取的处理措施、效果。

（6）对施工期间进行的试验工程中地质因素的评价或说明，观测桩、网的建立情况和观测结果的说明。

（7）运营养护中应注意的工程地质问题。

2. 各类工点竣工工程地质资料

（1）路基工程：包括路基挡墙、改河工程竣工工程地质报告或说明、工程地质纵断面图、工程地质横断面图。

（2）桥涵工程：包括竣工工程地质报告或说明，根据各个基坑资料修改桥址及地质复杂的涵洞竣工工程地质纵断面图，墩台竣工基坑工程地质横断面图或展视图。

（3）隧道工程：包括竣工工程地质报告或说明，洞身竣工工程地质纵断面图（地层、岩性、褶曲、断裂产状，破碎带及坍塌和变形地段的性质、长度、宽度、高度，地下水出露的位置、水质、水量，分段围岩等级等），洞身竣工工程地质横断面图（断裂、破碎、坍塌和变形段及土、岩交界地段适当加密），断裂、破碎地段的洞身展视图（必要时作全洞的洞身展视图）。

（4）站场工程（含站房工程）：包括重大厂房、站房、高层建筑的地基，绘制代表性基坑工程地质纵、横断面图，并编制说明。

（5）地质复杂工点：包括根据不良地质、特殊岩土的类型，采取工程措施的性质，编制相应的竣工工程地质图件及说明；在图件上加注岩、土的物理力学数据或岩土化学试验资料等；对于滑坡工点，将开挖后实测的滑坡面的形状、位置等资料，绘制于相应的竣工工程地质断面图上。

5.6.7　工点工程地质勘察报告主要内容

1. 路基工程

1）一般路基工程地质勘察成果编制包括下列内容：

（1）编写分段说明表。依据工程地质调绘及代表性勘探、测试资料，在沿线工程地质分段说明表中分段阐述一般路基的工程地质条件。

（2）填绘代表性工程地质横断面图。也可与路基横断面图合并绘制，应注明代表段起讫里程，比例 1:200 或 1:500。

（3）汇总有关勘探、测试、试验及其他基础资料。

2）高路堤、陡坡路堤工程地质勘察成果编制包括下列内容：

（1）工点工程地质勘察报告或说明。应重点说明基底工程地质条件，评价基底稳定性，提出工程地质参数和工程措施建议。

（2）附图

①工程地质图，必要时绘制，比例 1:2000～1:500；

②工程地质横断面图，比例 1:500～1:100。

③勘探、测试、试验及其他基础资料。

3）深路堑、地质复杂路堑工程地质勘察成果编制包括下列内容：

（1）工点工程地质勘察报告或说明，应重点说明边坡及基底的工程地质条件，评价边坡及基底稳定性，提供工程地质参数，预测施工及运营期间可能出现的工程地质及环境工程地质问题，提出工程措施建议。

（2）附图

①工程地质图，必要时绘制，比例 1:2000～1:500；

②工程地质横断面图，比例 1:500～1:100；

③节理统计分析图，必要时绘制。

（3）勘探、测试、试验及其他基础资料。

4）支挡建筑物工程地质勘察成果编制包括下列内容：

（1）工点工程地质勘察报告或说明，应重点说明边坡及基底的工程地质条件，评价边坡及基底稳定性，提出工程地质参数和工程措施建议。

（2）附图

①工程地质图，必要时绘制，比例 1:2000～1:500；

②墙址工程地质纵断面图，比例视具体情况确定；

③工程地质横断面图，比例 1:200。

（3）勘探、测试、试验及其他基础资料。

5）改河、大型改沟工程地质勘察成果编制包括下列内容：

（1）工点工程地质勘察报告或说明，应重点说明新河道、拦河坝、导流和防洪地段的工程地质条件，评价拦河坝、导流建筑物基底的稳定性，提出工程地质参数和工程措施建议。

（2）附图

①工程地质图，必要时绘制，比例 1:2000～1:500；

②改河中线、坝址轴线等工程地质断面图，比例视具体情况确定；

③改河及坝址等地段工程地质横断面图，比例 1:500～1:200。

（3）勘探、测试、试验及其他基础资料。

6）河岸防护工程地质勘察成果编制包括下列内容：

（1）工点工程地质勘察报告或说明，应重点说明防护建筑物附近的工程地质条件，评价河岸稳定性及建筑物基底稳定性，提出工程地质参数和工程措施建议。

（2）附图

①工程地质图，必要时绘制，比例 1:2000~1:500；应包括防护工程上下游适当距离，必要时还应包括对岸；

②防护建筑物工程地质纵断面图，必要时绘制，比例视具体情况确定；

③防护河段工程地质横断面图，比例 1:500~1:200。

（3）勘探、测试、试验及其他基础资料。

7）浸水路堤工程地质勘察成果编制包括下列内容：

（1）工点工程地质勘察报告或说明，应重点说明路堤基底的工程地质条件，评价路堤基底土层在受地表水流冲刷、浸泡和两侧水位差作用后的稳定性，提出工程地质参数和工程措施建议。

（2）附图

①工程地质图，必要时绘制，比例 1:2000~1:500；

②线路中线或防护基础的工程地质纵断面图，比例视具体情况确定，必要时绘制；

③工程地质横断面图，比例 1:500~1:200；

（3）勘探、测试、试验及其他基础资料。

2. 桥梁工程

1）大中桥、高桥、特大桥工程地质资料勘察成果编制包括下列内容：

（1）工点工程地质勘察报告或说明，应重点说明场地工程地质条件，评价岸坡与基底的稳定性和适宜性，提供相关工程地质参数，提出基础类型、持力层选择及工程措施建议和设计、施工应注意事项。

（2）附图

①工程地质图，比例 1:5000~1:500；

②工程地质纵断面图，横、竖比例宜一致；

③墩、台工程地质横断面图，比例视具体情况决定，必要时绘制；

④墩、台基岩面起伏较大时，宜作基岩面等高线图。

（3）勘探、测试、试验及其他基础资料。

2）小桥涵工程地质勘察成果编制包括下列内容：

（1）地质条件简单的小桥涵可分段列表或逐个说明岩土名称、工程性质、岩土施工工程分级，地下水位、地基基本承载力、地震动参数及土壤冻结深度等简要工程地质情况及工程措施建议。

（2）地质条件复杂的小桥涵应单独编制工程地质勘察说明、桥址工程地质纵断面图或涵洞轴向工程地质断面图，比例 1:100 或 1:200。

（3）附与工点有关的勘探、测试、试验及其他基础资料。

3. 隧道工程

隧道工程地质勘察成果编制包括下列内容：

（1）工点工程地质勘察报告或说明，应重点说明隧道进出口及洞身工程地质和水文地质条件，提出隧道围岩级别划分意见，分析施工中可能出现的主要工程地质及环境地质问题，提出相关地质参数、工程措施建议及设计、施工中应注意的事项。

（2）附图

①隧道线路方案工程地质图，必要时绘制，比例 1:50000~1:5000；

②隧道地区地质构造图，比例 1：200000～1：10000。隧道长度大于 3000m，且地质构造复杂时绘制。

③隧道地区水文地质图，比例 1：50000～1：5000。水文地质条件复杂时绘制；

④隧道工程地质图，比例 1：10000～1：2000。特长隧道、长隧道、多线隧道及地质构造复杂的隧道绘制，一般隧道视需要绘制；

⑤隧道工程地质纵断面图，比例横 1：5000～1：500，竖 1：5000～1：200，横竖比例宜一致；

⑥隧道洞身工程地质横断面图，必要时绘制，比例 1：200 或 1：500；

⑦隧道洞口工程地质图，比例 1：500；

⑧隧道洞口工程地质纵断面图，比例 1：200；

⑨隧道洞口工程地质横断面图，比例 1：200；

⑩明洞边墙墙址工程地质纵断面图，必要时绘制，比例横 1：2000～1：200，竖 1：500～1：100；

⑪隧道辅助坑道，包括横洞、平行导坑、斜井、竖井等地质图件及说明。

（3）勘探、测试、试验及其他基础资料。

当隧道长度较短，地质条件简单时，隧道工程地质勘察报告编制内容，可适当简化。

4. 站场工程（含站房工程）

1）站场和房屋建筑工程地质勘察成果编制包括下列内容：

（1）工点工程地质勘察报告或说明，应重点说明场地的工程地质条件，评价场地稳定性和适宜性，提出基础类型、持力层选择、工程措施建议和设计、施工应注意事项。

（2）附图

①站场工程地质图，必要时绘制，比例 1：5000～1：1000；

②站场工程地质横断面图，比例 1：200；

③建筑物工程地质纵、横断面图，比例 1：500～1：100。

（3）勘探、测试、试验及其他基础资料。

2）高层建筑、大型站房及大跨度建筑物和房屋集中区，按现行《岩土工程勘察规范》GB 50021 及《高层建筑岩土工程勘察规程》JGJ 72 等要求，编写岩土工程勘察成果资料。

5. 天然建筑材料场地

1）一般天然建筑材料场地工程地质勘察成果编制包括下列内容：

（1）工程地质勘察说明，应重点说明场地的地形及地貌特征，交通条件；地层结构、特征，地下水水位与变幅，地表水及洪水影响情况；采用的主要勘探方法；对其质量、储量、开采条件、场地适宜性的评价和推荐意见等。

（2）附图

①场地工程地质图，比例 1：5000～1：1000；

②代表性地质断面图，比例视场地大小而定，宜为 1：500～1：200。

（3）勘探、测试、试验及其他基础资料。

2）大型（或特殊）天然建筑材料场地工程地质勘察成果编制包括下列内容：

（1）工程地质勘察报告，应重点说明下列内容：

①概况：天然建筑材料场地的类型及对储量、质量的要求，场地位置及其自然地理、

交通条件等；

②工程地质勘察情况：主要勘探方法、勘探点的布置原则及完成的勘探、取样与试验工作量；

③场地地质条件：地层岩性、地层结构及分布情况、有用层与无用层的厚度、地下水水位及变幅、地表水水位及洪水、不良地质或特殊岩土影响情况；

④地质评价意见：对建筑材料质量、储量、开采条件的评价，对开采场地适宜性的评价和推荐意见及下一步工作的建议。

（2）附图

①场地工程地质图，比例 1：10000～1：500；

②代表性地质断面图，比例视场地大小而定，宜为 1：500～1：200。

（3）勘探、测试、试验及其他基础资料。

3）地形地质条件简单、储量较小的小型天然建筑材料的工程地质勘察成果（地层岩性、开采条件等）可列表加以说明。

6. 供水工程

1）供水工程地质勘察成果编制包括下列内容：

（1）工程地质勘察报告或说明，应重点说明场地工程地质和水文地质条件，对地基土进行分析与评价，提出工程地质参数及工程措施建议。

（2）附图

①建筑场地工程地质图，必要时绘制，比例视具体情况决定；

②工程地质断面图，比例 1：1000～1：200。

（3）勘探、测试、试验及其他基础资料。

2）当各供水站（点）地质条件简单时，供水工程地质勘察成果也可列表说明。

7. 大临工程

大临工程地质勘察成果编制包括下列内容：

（1）工程地质勘察报告或说明，应重点说明大临工程场地工程地质和水文地质条件，综合分析、评价场地的稳定性和适宜性，地质风险因素评价，提供设计所需的地质参数，提出不良地质和特殊岩土的防治、处理或防护类型以及设计施工注意事项等工程措施建议。

（2）附图

①场地工程地质图（必要时绘制），比例为 1：10000～1：500；

②代表性地质断面图：比例视场地大小而定，比例为 1：500～1：200。

（3）勘探、测试、试验及其他基础资料。

8. 弃土场工程

弃土场工程地质勘察成果编制包括下列内容：

（1）工程地质勘察报告或说明，应重点说明弃土场工程场地工程地质条件，综合分析、评价场地的稳定性和适宜性，地质风险因素评价，提供设计所需的地质参数，提出不良地质和特殊岩土的防治、处理或防护类型以及设计施工注意事项等工程措施建议。

（2）附图

①场地工程地质图（必要时绘制），比例为 1：10000～1：500；

②代表性地质断面图：比例视场地大小而定，比例为 1：500～1：200。

（3）勘探、测试、试验及其他基础资料。

9. 地质复杂工点

铁路工程勘察遇以隧道形式通过高地温地区且地温较高，活断层与地热异常带、地震动峰值加速度大于 0.4g 的地区、放射性地区、岩溶特别发育地区、有害气体发育地区，以及控制线路方案的成因复杂、面积较大、地裂缝发育的地面沉降地段等情况时，常规勘察手段难以查明并准确评价工点岩土工程地质条件，需开展专题地质研究工作，并根据工点特点针对拟解决的主要岩土工程问题，编制地质复杂工点专题报告，应包括工程概况，勘察依据，勘探与测试方法，不良地质或特殊岩土的类型与成因、发育的地质环境条件、分布规律及特征、对线路方案或工程影响的评价、工程措施建议，设计与施工注意事项，以及相关附件与附图等。

参考文献

[1]　中华人民共和国铁路法 (2015 年 4 月 24 日修正版).

[2]　国家铁路局. 铁路线路设计规范: TB 10098—2017[S]. 北京: 中国铁道出版社, 2017.

[3]　中华人民共和国住房及城乡建设部. Ⅲ、Ⅳ级铁路设计规范: GB 50012—2012[S]. 北京: 中国计划出版社, 2012.

[4]　国家铁路局. 铁路工程地质勘察规范: TB 10012—2019[S]. 北京: 中国铁道出版社, 2019.

[5]　国家铁路局. 铁路工程岩土分类标准: TB 10077—2019[S]. 北京: 中国铁道出版社, 2019.

[6]　国家铁路局. 铁路路基支挡结构设计规范: TB 10025—2019[S]. 北京: 中国铁道出版社, 2019.

[7]　国家铁路局. 铁路工程不良地质勘察规程: TB 10027—2022[S]. 北京: 中国铁道出版社, 2022.

[8]　国家铁路局. 铁路工程特殊岩土勘察规程: TB 10038—2022[S]. 北京: 中国铁道出版社, 2022.

[9]　国家铁路局. 铁路天然建筑材料工程地质勘察规程: TB 10084—2007[S]. 北京: 中国铁道出版社, 2007.

[10]　国家铁路局. 铁路路基设计规范: TB 10001—2016[S]. 北京: 中国铁道出版社, 2017.

[11]　国家铁路局. 铁路建设项目预可行性研究、可行性研究和设计文件编制办法: TB 10504—2018[S]. 北京: 中国铁道出版社, 2018.

[12]　中国铁道学会. 铁路工程地质勘察报告编制规程: T/CRS C0201—2018[S]. 北京: 中国铁道出版社, 2018.

[13]　铁道部第一勘测设计院. 铁路工程地质手册[M]. 2 版. 北京: 中国铁道出版社, 1999.

第 6 章 公路工程地质勘察

6.1 工程地质勘察阶段划分

6.1.1 概述

本章主要是有关各级新建、改扩建公路工程地质勘察方面的内容，包括路基、桥梁、隧道等方面的勘察。

6.1.2 公路分级与公路主要技术指标

公路分为高速公路、一级公路、二级公路、三级公路和四级公路等五个技术等级。

公路主要技术指标有设计速度、车道数量、车道宽度、路基宽度、圆曲线最小半径、竖曲线最小半径、竖曲线最小长度、最大纵坡、最小坡长、行车视距、汽车荷载等级、服务水平等。

6.1.3 公路勘察阶段划分

公路工程地质勘察一般可分为预可行性研究阶段工程地质勘察（简称预可勘察）、工程可行性研究阶段工程地质勘察（简称工可勘察）、初步设计阶段工程地质勘察（简称初步勘察）和施工图设计阶段工程地质勘察（简称详细勘察）四个阶段。

6.1.4 公路工程地质勘察方法

1. 工程地质勘察大纲

项目开展前，须结合现场地质条件、构筑物设置、勘察要求等编制项目工程地质勘察大纲。项目勘察大纲一般包括以下内容，项目简单时可适当简化：

（1）项目概况：包括任务依据、建设规模和标准、路线走向、构筑物设置、已做过的地质工作、评审意见及执行情况。

（2）地质勘察执行的技术标准。

（3）自然地理和工程地质概况：包括项目沿线的地形地貌、气象水文、地震、地层岩性、地质构造、水文地质条件、不良地质和特殊性岩土的分布与发育情况，以及可能影响线位或构筑物设置的重大或关键性地质问题等。

（4）勘察实施方案：包括勘察内容、勘察方法和精度、勘探点布置原则及主要工作量，以及针对重大或关键性地质问题采取的勘察对策、措施和专题研究等。

（5）组织机构、人员组成、设备配置、计划进度、质量管理、安全和环保措施。

（6）提交的成果资料。

（7）其他需要说明的问题。

2. 工程地质调绘

（1）工程地质调绘与路线及沿线构筑物的设计相结合，为路线方案比选、工程场地选址以及勘探、测试工作量的拟定等提供依据。

（2）工程地质调绘应充分搜集和研究勘察区既有的各种地质资料，结合必要的遥感解译、无人机、三维激光扫描等技术手段及勘探测试进行。对控制路线及工程方案或影响构筑物设置的地质界线，应采用追索法、穿越法进行工程地质调绘。

（3）工程地质调绘应包括以下主要内容：地形地貌的成因、类型、分布、规模、形态特征等；地层的成因、地质年代、分布、层序、厚度、岩性和岩石的风化程度等；地质构造的类型、产状、规模、分布范围等；地下水的类型、埋深、赋存、补给、排泄和径流条件，以及水系、井、泉的分布位置、高程和动态特征等；特殊性岩土的类型、分布范围及工程地质性质等；不良地质的类型、分布范围、规模、形成条件、发生与发展的规律等；既有工程的使用情况等。

（4）工程地质调绘采用的地层单位应与公路基本建设程序各阶段的工作内容、深度和成图比例尺相适应，按表 2.6-1 选用。

地层单位划分表

表 2.6-1

勘察阶段	预可勘察	工可勘察	初步勘察	详细勘察
地层单位	群、组	群、组	组、岩性段	组、岩性段

（5）工程地质调绘沿路线及其两侧的带状范围进行，调绘宽度满足工程方案比选及工程地质分析评价的要求。

（6）工程地质调绘点在图上的密度每 100mm × 100mm 不少于 4 个。

（7）工程地质调绘点的布置具有控制性、代表性和针对性，布置在地貌单元的边界、地层接触线、断层、地下水出露点、特殊性岩土及不良地质体的边界，具有代表性的节理和地层露头，以及大桥、特大桥、长隧道、特长隧道、高填深挖路段等部位。

（8）工程地质图上的地质界线与实际地质界线的误差在图上的距离不大于 3mm。对控制路线位置、工程设计方案、构筑物设置的不良地质和特殊性岩土地段，地质点和地质界线采用仪器测绘。

（9）图上宽度大于 2mm 的地质现象予以调绘。对公路工程有影响的滑坡、崩塌、断层、软弱夹层等地质现象，在图上的宽度不足 2mm 时，采用扩大比例尺表示，并标注其实际数据。

3. 工程地质勘探

1）工程地质勘探在工程地质调绘的基础上进行。采用的勘探方法及勘探工作量根据勘察阶段、现场地形地质条件、构筑物设置、勘探的目的和要求等综合确定。

2）工程地质勘探点采用全站仪、卫星定位测量等测放，并符合下列规定：

（1）勘探点位置定位误差：陆地不应大于 0.1m；水中不宜大于 0.5m；水深流急，固定钻船困难时，不应大于 1.0m，并应在套管固定后核测孔位。

（2）勘探点地面孔口高程误差：陆地不应大于 0.01m；水中不应大于 0.1m；钻孔中地层分层误差不宜大于 0.1m。受潮汐影响的桥位，孔口高程测量应进行实际孔深换算。

（3）勘探完成后，应复测勘探点的平面位置及高程。

4. 原位测试

（1）原位测试根据勘察目的、场地岩土条件及测试方法的适用性等选用设备，确定原位测试方案及工作量。

（2）原位测试结合地区经验在综合分析的基础上提供岩土参数，对缺乏使用经验的地区，原位测试与其他勘探测试方法相结合。

（3）原位测试方法可根据勘察目的、岩土条件及测试方法的适用性等选用。

5. 室内试验

（1）室内试验根据工程要求和岩土类型选择岩石试验、土工试验、岩土矿物分析、水质分析等试验项目和试验方法。

（2）岩、土试验符合现行《公路土工试验规程》JTG 3430、《公路工程岩石试验规程》JTG 3431 等相关标准的规定。

（3）水、土腐蚀性测试项目和试验方法符合现行《公路工程地质勘察规范》JTG C20 的有关规定。

6. 岩土参数的分析和选定

可扫二维码 M2.6-1 阅读相关内容。

M2.6-1

6.2 可行性研究阶段勘察

6.2.1 预可勘察

1. 预可勘察应了解公路建设项目所处区域的工程地质条件及存在的工程地质问题。

2. 预可勘察应充分搜集区域地质、地震、气象、水文、采矿、灾害防治与评估等资料，采用资料分析、遥感工程地质解译、现场踏勘调查等方法，对各路线走廊带或通道的工程地质条件进行研究，完成下列各项工作内容：

（1）了解拟建工程项目所处区域及各路线走廊带或通道的地形地貌、地层岩性、地质构造、水文地质条件、地震及设计基本地震加速度值、不良地质和特殊性岩土的类型、分布范围、发育规律；

（2）了解当地建筑材料的分布状况和采购运输条件；

（3）评估各路线走廊带或通道的工程地质条件及主要工程地质问题。

3. 工程地质调查的比例尺为 1：100000～1：50000。

4. 跨江、跨海独立公路工程建设项目应进行工程地质勘探测试，并符合下列要求：

（1）通过资料分析、遥感工程地质解译、现场踏勘调查等明确勘探的重点及问题。

（2）沿拟定的通道布设纵向物探断面，数量不宜少于 2 条。当存在可能影响工程方案的区域性活动断裂等重大地质问题时，应根据实际情况增加物探断面的数量。

（3）区域性断裂及物探异常点、桥梁深水基础、水下隧道、人工岛，应进行钻探，取样和测试应符合初勘的规定。

5. 资料要求

（1）文字说明：对拟建工程项目的工程地质条件、地震、设计基本地震加速度、存在的工程地质问题及筑路材料的分布状况和运输条件等进行说明，对各路线走廊带或通道的工程地质条件进行评估、比选，提出路线方案推荐意见，对下一阶段的工程地质勘察工作提出意见和建议。

（2）图表资料：1∶100000～1∶50000 路线工程地质平面图及附图、附表、照片等；跨江、跨海的桥隧工程，应编制工程地质断面图。

6.2.2　工可勘察

1. 工可勘察应初步查明公路沿线的工程地质条件和对公路建设规模有影响的工程地质问题。

2. 工可勘察以资料搜集和工程地质调绘为主，辅以必要的勘探手段，对项目建设各工程方案的工程地质条件进行研究，完成下列各项工作内容：

（1）了解建设项目所处区域及各路线走廊或通道的地形地貌、地层岩性、地质构造、水文地质条件、地震、设计基本地震加速度、不良地质和特殊性岩土的类型、分布及发育规律。

（2）初步查明沿线区域性活动断裂、水库、矿区的分布情况及其与路线的关系。

（3）初步查明控制路线及工程方案的不良地质和特殊性岩土的类型、性质、分布范围及发育规律。

（4）初步查明技术复杂大桥桥位的地层岩性，地质构造，河床及岸坡的稳定性，不良地质和特殊性岩土的类型、性质、分布范围及发育规律。

（5）初步查明山岭区长隧道及特长隧道隧址的地层岩性，地质构造，水文地质条件，隧道围岩分级，进出口地带斜坡的稳定性，不良地质和特殊性岩土的类型、性质、分布范围及发育规律。

（6）初步查明水下隧道，人工岛，干坞建设场地的地层岩性、地质构造、水文地质条件，隧道围岩分级及地基地质条件，不良地质及特殊性岩土的类型、性质、分布范围及发育规律。

（7）初步查明筑路材料的分布、开采、运输条件以及工程用水的水质、水源情况。

（8）评价各路线走廊或通道的工程地质条件，分析存在的工程地质问题。

3. 工程地质调绘应符合下列要求：

（1）对区域地质、水文地质以及当地采矿资料等进行复核。

（2）工程地质调绘的比例尺为 1∶50000～1∶10000。

4. 遇有下列情况，当通过资料搜集、工程地质调绘不能初步查明其工程地质条件时，应进行工程地质勘探、测试和必要的专项地质研究，工程地质勘探、取样和测试应符合以下规定：

（1）控制路线及工程方案的不良地质和特殊性岩土路段。

（2）控制路线方案的越岭路段、区域性断裂通过的峡谷、区域性蓄水构造。

（3）特大桥、特长隧道、地质条件复杂的大桥及长隧道、水下隧道等控制性工程。

（4）跨江、跨海独立公路工程建设项目。

5. 资料要求

（1）文字说明：对公路沿线的地形地貌、地层岩性、地质构造、水文地质条件、新构造运动、地震动参数等基本地质条件进行说明；对不良地质和特殊性岩土应阐明其类型、性质、分布范围、发育规律及其对公路工程的影响和避开的可能性进行分析；路线通过区域性蓄水构造或地下水排泄区时，对路线方案有重大影响的水文地质及工程地质问题进行充分论证、评价，对工程项目建设可能引发的地质灾害和环境工程地质问题进行分析、预测，评估其对公路工程和环境的影响；特大桥及大桥、山岭区特长隧道及长隧道、水下隧道等控制性工程，应结合工程方案的论证、比选，对工程地质条件进行说明、评价，提供路线及结构工程方案论证、比选的工程地质意见和建议，以及工程方案研究所需的岩土参数。

（2）图表资料：1：50000～1：10000 路线工程地质平面图；1：50000～1：10000 路线工程地质纵断面图；1：10000～1：2000 重要工点工程地质平面图；1：10000～1：2000 重要工点工程地质断面图；附图、附表和照片等。

6.3 初步勘察

初步勘察应基本查明公路沿线及各类构筑物建设场地的工程地质条件，为工程方案比选及初步设计文件编制提供工程地质资料。

初步勘察应与路线和各类构筑物的方案设计相结合，根据现场地形地质条件，采用遥感解译、工程地质调绘、钻探、物探、原位测试等手段相结合的综合勘察方法，对路线及各类构筑物工程建设场地的工程地质条件进行勘察。

初步勘察应对工程项目建设可能诱发的地质灾害和环境工程地质问题进行分析、预测，评估其对公路工程和环境的影响。

6.3.1 路线

1. 路线初步勘察应以工程地质调绘为主，勘探测试为辅，基本查明下列内容：

（1）地形地貌、地层岩性、地质构造、水文地质条件。

（2）不良地质和特殊性岩土的成因、类型、性质和分布范围。

（3）区域性断裂、活动性断层、区域性蓄水构造、水库及河流等地表水体。

（4）斜坡或挖方路段的地质结构，有无控制边坡稳定的外倾结构面，工程项目实施有无诱发或加剧不良地质的可能性。

（5）陡坡路堤、高填路段的地质结构，有无影响基底稳定的软弱地层。

（6）大桥及特大桥、长隧道及特长隧道等控制性工程通过地段的工程地质条件和主要工程地质问题。

（7）充分搜集和研究区域地震及地质资料，了解沿线设计基本地震加速度以及可供开采和利用的气田、矿体在路线上的分布及发育情况。

（8）遇有影响路线方案确定的不良地质现象时，应重点加强地质勘察工作，评价其对工程方案的影响。

2. 工程地质调绘应符合下列规定：

（1）二级及以上公路，应进行路线工程地质调绘。三级及以下公路，当工程地质条件简单时，可仅做路线工程地质调查；当工程地质条件复杂或较复杂时，宜进行路线工程地质调绘。

（2）路线工程地质调绘的比例尺为 1：10000～1：2000，应结合路线方案研究和地质条件的复杂程度选用。

（3）调绘宽度沿路线左右两侧的距离各不宜小于 200m；当存在影响工程方案的区域性蓄水构造、区域性断裂以及不良地质或特殊性岩土时，应适当扩大调绘范围。

（4）对有比较价值的工程方案应进行同深度工程地质调绘。

3. 工程地质勘探、测试应符合下列规定：

（1）隐伏于覆盖层下的地层接触线、断层、软土等对填图质量或工程设置有影响的地质界线、地质体，应辅以钻探、挖探、物探等予以探明。

（2）特殊性岩土应选取代表性试样测试其工程地质性质。

4. 路线初步勘察应提供下列资料：

（1）文字说明：应对各路线方案的水文地质及工程地质条件进行说明，并进行分析、评价，结合工程方案的论证、比选提出工程地质意见和方案推荐建议。

（2）图表资料：路线工程地质平面图：比例尺用 1:10000～1:2000；路线工程地质纵断面图，水平比例尺用 1:10000～1:2000，垂直比例尺用 1:5000～1:200；勘探、测试资料；附图、附表和工程照片等。

6.3.2 路基

1. 一般路基

1）一般路基初勘应根据现场地形地质条件，结合路线填挖设计，划分工程地质区段，分段基本查明下列内容：

（1）地形地貌的成因、类型、分布、形态特征和地表植被情况。

（2）覆盖层的厚度、土质类型、密实度、含水状态、物理力学性质和承载力。

（3）基岩的岩性及其组合、岩石的风化程度、边坡的岩体类型和结构类型。

（4）层理、节理、断裂、软弱夹层等结构面的产状、规模及倾向路基的情况；不良地质和特殊性岩土的分布范围、性质。

（5）地下水和地表水发育情况及腐蚀性。

（6）路堑开挖土石方的比例。

2）工程地质调绘应符合下列规定：

（1）一般路基工程地质调绘可与路线工程地质调绘一并进行；工程地质条件较复杂或复杂，填挖变化较大的路段，在路线工程地质调绘的基础上进行补充工程地质调绘，工程地质调绘的比例尺宜为 1:2000。

（2）对项目区既有边坡工程的设计与使用情况进行调查，搜集边坡设计资料，调查边坡病害类型，实测边坡工程地质横断面，实测横断面的比例尺宜为 1:500～1:200。

3）工程地质勘探、测试应符合下列规定：

（1）一般路基的勘探以钻探和简易勘探为主。

（2）勘探测试点的数量：勘探点沿路基中线布设，其平均间距达到 100～300m，除此以外还应保证每个地貌单元或地形、工程地质变化的路段有勘探点，以查明地质情况、摸清土石方变化情况为原则；各勘探点视需要布设，对路基山坳处软土分布路段、稻田区、鱼塘、低填、浅挖路段等发生变化点处，加密勘探点，并进行相关土石试验；一般路基勘探点应尽量利用桥涵、特殊路基勘探点，同时在布设时尽量考虑与涵洞、通道等勘探点协调利用；覆盖层发育的路堑，宜布置横向勘探断面，其间距不大于 100m，每条断面的钻孔数量不应少于 1 个，钻孔一般选择在一级坡脚对应位置。

（3）填方路段的勘探深度一般为 10.0～15.0m，在此深度范围内遇基岩可终止勘探，如遇软土应穿过软土后 2.0～5.0m 控制，勘探可选择挖探、螺纹钻等方法；遇软弱地基或有岩溶等不良地质发育时，可采用静力触探、钻探、物探等进行综合勘探。挖方路段的勘探深度至设计高程以下稳定地层中 3.0～5.0m；在此深度范围内遇基岩，钻至微风化基岩内 3.0～5.0m 可终孔。

（4）勘探应分层取样。粉土、黏性土应取原状样，砂土、碎石土可取扰动样，取样间距宜为 1.0m；层厚大于 5.0m 时，可上、中、下位置取样。取样后，黏性土、粉土、砂土随即做标准贯入试验，碎石土做动力触探试验。

（5）地下水发育时，量测地下水的初见水位和稳定水位。

（6）室内测试项目可按表 2.6-2 选用。

一般路基室内测试项目表 表 2.6-2

测试项目		岩土类别		
		粉土、黏性土	砂土	碎石土
颗粒分析		（+）	+	+
天然含水率 w/%		+	（+）	（+）
质量密度/（g/cm³）		（+）	（+）	（+）
塑限 w_P/%		+	—	—
液限 w_L/%		+	—	—
压缩系数 a/MPa⁻¹		（+）	—	—
剪切试验	黏聚力 c/kPa	（+）	（+）	（+）
	内摩擦角/°			

注："+"为必做项目；"（+）"为选做项目。

（7）挖方段弃方用作路堤填料时，选择代表性路段土料按沿线筑路材料料场试验的有关规定进行试验，评价弃方的可用性。路床、路堤填料最小承载比要求见表 2.6-3、表 2.6-4。

路床填料最小承载比要求 表 2.6-3

路基部分		路面底面以下深度/m	填料最小承载比（CBR）/%		
			高速公路、一级公路	二级公路	三、四级公路
上路床		0～0.3	8	6	5
下路床	轻、中等及重交通	0.3～0.8	5	4	3
	特重、极重交通	0.3～1.2	5	4	—

注：1. 该表 CBR 试验条件应符合现行《公路土工试验规程》JTG 3430 的规定。
2. 年平均降雨量小于 400mm 地区，路基排水良好的非浸水路基，通过试验论证可采用平衡湿度状态的含水率作为 CBR 试验条件，并应结合当地气候条件和汽车荷载等级，确定路基填料 CBR 控制指标。

路堤填料最小承载比要求 表 2.6-4

路基部分		路面底面以下深度/m	填料最小承载比（CBR）/%		
			高速公路、一级公路	二级公路	三、四级公路
上路堤	轻、中等及重交通	0.8～1.5	4	3	3
	特重、极重交通	1.2～1.9	4	3	—
下路堤	轻、中等及重交通	1.5 以下	3	2	2
	特重、极重交通	1.9 以下			

注：1. 当路基填料 CBR 值达不到表列要求时，可掺石灰或其他稳定材料处理。
　　2. 当三、四级公路铺筑沥青混凝土和水泥混凝土路面时，应采用二级公路的规定。

（8）特殊性岩土应选取代表性试样测试其工程地质性质。

4）一般路基初步勘察应提供下列资料：

（1）文字说明

工程地质条件简单时，一般路基可列表分填、挖段说明各段工程地质条件；当工程地质条件较复杂或复杂，列表不能说明各填、挖段工程地质条件时，编写各填、挖段文字说明和图表。基底有软弱层发育的填方路段，评价路堤产生过量沉降、不均匀沉降及剪切滑移的可能性。挖方路段有外倾结构面时，评价边坡产生滑动的可能性。

（2）图表资料

工程地质平面图：比例尺用 1∶2000～1∶200；工程地质断面图：水平比例尺 1∶2000～1∶200，垂直比例尺用 1∶400～1∶100；挖探（钻探）柱状图：比例尺用 1∶200～1∶50；岩土物理力学指标汇总表；水质分析资料；物探解释成果资料；附图、附表和照片等。

2. 高路堤

1）填土高度大于 20m，或填土高度虽未达到 20m 但基底有软弱地层发育，填筑的路堤有可能失稳、产生过量沉降及不均匀沉降时，应按高路堤进行勘察。

2）高路堤勘察应基本查明下列内容：

（1）高填路段的地貌类型、地形的起伏变化情况及横向坡度。

（2）地基的土层结构、厚度、状态、密实度及软弱地层的发育情况。

（3）地基土层下伏基岩的埋深和起伏变化情况。

（4）岩体的岩性组合、岩层产状、节理发育程度、岩体结构类型和岩石的风化程度。

（5）地基岩土的物理力学性质和地基承载力。

（6）地表水及地下水的类型、分布、水质、水位及埋深。

（7）基底的稳定性。

3）工程地质调绘比例尺为 1∶2000，调绘宽度沿路线左右两侧的距离各应超过路堤底宽至少 20m。

4）工程地质勘探、测试应符合下列规定：

（1）每段高路堤的横向勘探断面其数量不少于 1 条，一般每 100～300m 选定一个控制性断面作代表性勘探；工程地质条件较复杂或复杂时，应增加勘探断面的数量，勘探断面的间距不大于 100m。

（2）每条横向勘探断面上的勘探点数量不少于 1 个；工程地质条件复杂，有软弱下卧层发育时，勘探点数量不少于 2 个。勘探深度至持力层以下不小于 3m，并满足沉降和稳定性分析要求。

（3）粉土、黏性土应取原状样，在 0~10m 的深度范围内，取样间距宜为 1.0m；10m以下，取样间距宜为 1.5m，变层立即取样。砂土、碎石土取扰动样，取样间距宜为 2.0m。层厚大于 5m 的同一土层，可在上、中、下位置取样，取样后立即作动力触探试验，黏性土、粉土和砂土做标准贯入试验，碎石土做动力触探试验。

（4）有地下水发育时，量测地下水的初见水位和稳定水位。

（5）室内测试项目可按表 2.6-5 选用。

高路堤室内测试项目表 表 2.6-5

测试项目	岩土类别		
	粉土、黏性土	砂土	碎石土
颗粒分析	（+）	+	+
天然含水率 w/%	+	（+）	（+）
质量密度 ρ/（g/cm³）	+	（+）	（+）
塑限 w_P/%	+	—	—
液限 w_L/%	+	—	—
压缩系数 a/MPa⁻¹	+	—	—
剪切试验 — 黏聚力 c/kPa 内摩擦角/°	（+）	（+）	（+）

注："+"为必做项目；"（+）"为选做项目。

（6）勘探断面上的地形、岩石露头、地下水出露点、勘探测试点等应实测。

5）高路堤初步勘察勘应提供下列资料：

（1）文字说明：对高路堤设置路段的工程地质条件进行说明，对工程建设场地的适宜性进行评价，分析、评估高路堤产生过量沉降、不均匀沉降及地基失效导致路堤产生滑动的可能性。高路堤与陡坡路堤稳定安全系数可按表 2.6-6 选用。

高路堤与陡坡路堤稳定安全系数 表 2.6-6

分析内容	地基强度指标	分析工况	稳定安全系数	
			二级及二级以上公路	三、四级公路
路堤的堤身稳定性、路堤和地基的整体稳定性	采用直剪的固结快剪或三轴固结不排水剪指标	正常工况	1.45	1.35
		非正常工况 1	1.35	1.25
	采用快剪指标	正常工况	1.35	1.30
		非正常工况 1	1.25	1.15
路堤沿斜坡地基或软卧层滑动的稳定性	—	正常工况	1.30	1.25
		非正常工况 1	1.20	1.15

注：区域内唯一通道的三、四级公路重要路段，高路堤与陡坡路堤稳定安全系数可采用二级公路的标准。

（2）图表资料

工程地质平面图，比例尺用 1：2000～1：200；工程地质断面图，水平比例尺 1：2000～1：200，垂直比例尺用 1：400～1：100；挖探（钻探）柱状图，比例尺用 1：200～1：50；岩土物理力学指标汇总表；水质分析资料；物探解释成果资料；附图、附表和照片等。

3. 陡坡路堤

1）地面横坡坡率大于 1：2.5，或坡率虽未大于 1：2.5 但路堤有可能沿斜坡产生横向滑移时，应按陡坡路堤进行勘察。

2）陡坡路堤勘察应基本查明下列内容：

（1）陡坡路段的地形地貌、地面横向坡度及变化情况。

（2）覆盖层的厚度、土质类型、地层结构、密实程度和胶结状况。

（3）覆盖层下伏基岩面的横向坡度和起伏形态。

（4）陡坡路段的地质构造、层理、节理、软弱夹层等结构面的产状。

（5）岩石的风化程度和边坡岩体的结构类型。

（6）岩、土的物理力学性质及其抗剪强度参数。

（7）地表水和地下水发育情况。

（8）陡坡路堤沿基底滑动面或潜在滑动面产生滑动的可能性。

（9）既有工程的设计与使用情况。

3）工程地质调绘比例尺为 1：2000，调绘宽度沿路线左右两侧的距离各超过路堤底宽至少 20m。

4）工程地质勘探、测试应符合下列规定：

（1）每段陡坡路堤的横向勘探断面数量不少于 1 条，作代表性勘探，工程地质条件较复杂或复杂时，增加勘探断面的数量，勘探断面的间距不宜大于 100m。

（2）每条勘探横断面上的勘探点数量不少于 2 个，采用挖探、物探、钻探等进行综合勘探。勘探深度至持力层或稳定的基岩面以下 3m。

（3）勘探采取岩土试样，取样、测试要求符合高路堤中有关规定。

（4）有地下水发育时，量测地下水的初见水位和稳定水位，采取水样做水质分析。

（5）基岩出露良好，地质条件清楚，可通过调绘查明陡坡路堤工程地质条件。

（6）室内测试项目可按表 2.6-7 选用。

陡坡路堤室内测试项目表　　　　　　　　　表 2.6-7

测试项目		岩土类别		
		粉土、黏性土	砂土	碎石土
颗粒分析		（＋）	（＋）	（＋）
天然含水率 w/%		＋	（＋）	（＋）
质量密度 ρ/（g/cm³）		＋	（＋）	（＋）
塑限 w_P/%		＋	－	－
液限 w_L/%		＋	－	－
剪切试验	黏聚力 c/kPa	＋	（＋）	（＋）
	内摩擦角/°			

注："＋"为必做项目；"（＋）"为选做项目。

（7）勘探断面上的地形、岩石露头、地下水出露点、勘探测试点等应实测。

5）陡坡路堤初步勘察应提供下列资料：

（1）文字说明：对陡坡路堤设置路段的工程地质条件进行说明，对工程建设场地的适宜性进行评价，分析、评估陡坡路堤沿斜坡产生滑动的可能性。

（2）图表资料：

工程地质平面图：比例尺用 1∶2000～1∶200；工程地质断面图：水平比例尺 1∶2000～1∶200，垂直比例尺用 1∶400～1∶100；挖探（钻探）柱状图：比例尺用 1∶200～1∶50；岩土物理力学指标汇总表；水质分析资料；物探解释成果资料；附图、附表和照片等。

4. 深路堑

1）土质边坡垂直挖方高度超过 20m，岩质边坡垂直挖方高度超过 30m，或挖方边坡需特殊设计时，应按深路堑进行勘察。

2）深路堑初勘应基本查明以下内容：

（1）挖方路段的地貌类型、地形起伏变化情况及横向坡度、斜坡的自然稳定状况。

（2）覆盖层的厚度、地层结构、土质类型、含水情况、稠度状态或密实度。

（3）覆盖层与基岩接触面的形态特征及起伏变化情况。

（4）基岩的岩性及其组合、岩体的完整性及边坡岩体的结构类型、岩石的风化程度。

（5）层理、节理、断层、软弱夹层等结构面的产状、规模及其倾向路基的情况。

（6）岩、土的物理力学性质，控制边坡稳定的结构面的抗剪强度。

（7）地下水的出露位置、流量、动态特征及对边坡稳定的影响。

（8）地表水的类型、分布、径流及对边坡稳定性的影响。

（9）边坡岩体工程分级和土、石方开挖比例。

（10）深路堑边坡的稳定性。

（11）既有工程的设计与使用情况。

3）深挖路段应进行 1∶2000 工程地质调绘，并符合下列规定：

（1）工程地质调绘应在路线工程地质调绘的基础上沿拟定的线位及其两侧的带状范围进行，调绘宽度不宜小于边坡高度的 3 倍。对地质构造复杂、岩体破碎、风化严重、有外倾结构面或堆积层发育、上方汇水区域较大以及地下水发育的边坡，应扩大调绘范围。

（2）有基岩露头时，岩质边坡路段应调查边坡的地层岩性，量测岩层产状，进行节理统计调查，划分边坡的岩体类型和结构类型。

4）工程地质勘探、测试应符合下列规定：

（1）每段深路堑横向勘探断面的数量不得少于 1 条，选择代表性位置布置横向勘探断面；工程地质条件较复杂或复杂时，应增加勘探断面的数量，勘探断面的间距不宜大于 100m。

（2）每条勘探横断面上的勘探点数量不宜少于 2 个，其中钻孔数量不应少于 1 个，钻孔一般选择在坡脚对应位置，边坡勘探钻孔布置见图 2.6-1。并宜采用挖探、钻探、物探等进行综合勘探。钻孔深度应至路线设计标高以下 3～5m；在此深度范围内遇微风化基岩，应钻入微风化基岩内 3～5m；有软弱结构面发育时，应穿过软弱结构面进入稳定地层 3～5m；地下水发育路段，根据排水工程需要确定钻孔深度。

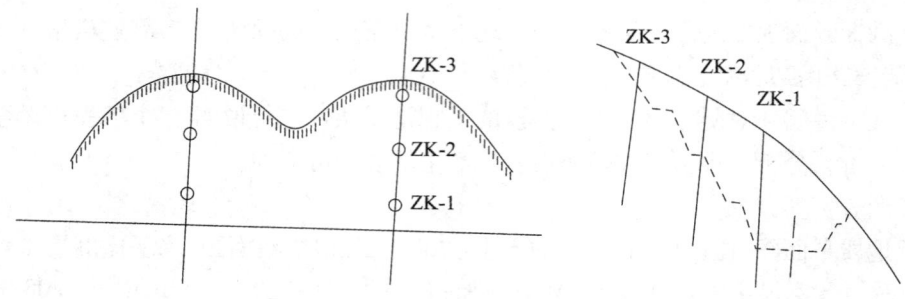

图 2.6-1　边坡勘探钻孔布置示意图

（3）测试工作：钻孔以潜在滑动面为主要采样对象，试验内容以抗剪、抗滑指标为主，结合设计要求确定。

（4）室内测试项目可按表 2.6-8 选用。

深路堑室内测试项目表　　　　　　　　　　　　　表 2.6-8

测试项目		岩土类别			
		粉土、黏性土	砂土	碎石土	岩石
颗粒分析		（+）	+	+	—
天然含水率 w/%		+	（+）	（+）	
质量密度 ρ/（g/cm³）		+	（+）	（+）	（+）
塑限 w_P/%		+	—	—	
液限 w_L/%		+	—	—	—
剪切试验	黏聚力 c/kPa	+	（+）	（+）	
	内摩擦角/°				
饱和单轴抗压强度 R_c/MPa		—	—	—	+

注：1. "+" 为必做项目；"（+）" 为选做项目。

　　2. 泥质岩单轴抗压强度可采用天然含水率试样。

　　3. 测定边坡土体的液限时应采用 100g 锥，若土体具膨胀性应加做膨胀性指标试验，如自由膨胀率、膨胀力等。

（5）深路堑弃方用作路堤填料时，按筑路材料料场试验要求试验，评价填料的可用性。

（6）露头不良地段，可采用声波测井确定岩体的完整性，可采用孔内摄像确定岩体结构面产状。

（7）有地下水发育时，应量测地下水的初见水位和稳定水位，取样做水质分析。

（8）勘探断面上的地形、岩石露头、地下水出露点、勘探测试点等应实测。

（9）基岩出露良好，地质条件清楚，可通过调绘查明深路堑工程地质条件。

5）深路堑初步勘察应提供下列资料：

（1）文字说明：对深路堑设置路段的工程地质条件进行说明，对工程建设场地的适宜性进行评价，按现行《工程岩体分级标准》GB/T 50218 划分边坡岩体工程等级、按现行《公路工程地质勘察规范》JTG C20 进行土、石工程分级，评价边坡工程岩体及结构面的力学参数，分析深路堑边坡的稳定性（表 2.6-9），提出边坡防护工程的建议。

路堑边坡稳定安全系数 表 2.6-9

分析工况	路堑边坡稳定安全系数	
	高速公路、一级公路	二级及二级以下公路
正常工况	1.20~1.30	1.15~1.25
非正常工况 I	1.10~1.20	1.05~1.15

注：1. 路堑边坡地质条件复杂或破坏后危害严重时，稳定安全系数取最大值；地质条件简单或破坏后危害较轻时，稳定安全系数可取最小值。
　　2. 路堑边坡破坏后的影响区域内有重要建（构）筑物（桥梁、隧道、高压输电塔、油气管道等）、村庄和学校时，稳定安全系数取最大值。
　　3. 施工边坡的临时稳定安全系数不应小于 1.05。

（2）图表资料

工程地质平面图，比例尺用 1：2000～1：200；工程地质断面图，水平比例尺 1：2000～1：200，垂直比例尺用 1：400～1：100；挖探（钻探）柱状图，比例尺用 1：200～1：50；岩土物理力学指标汇总表；水质分析资料；物探解释成果资料；附图、附表和照片等。

5. 支挡工程

1）支挡工程初勘应基本查明下列内容：

（1）支挡路段的地形地貌特征、斜坡坡度和自然稳定状况。

（2）支挡路段覆盖层的厚度、土质类型、状态和密实度。

（3）基岩的埋深、岩性、岩石的风化程度、岩体的完整性及边坡岩体结构类型。

（4）边坡和地基的地层结构、岩土的物理力学性质。

（5）地下水的类型、分布及其对边坡稳定的影响。

（6）不良地质和特殊性岩土的发育情况。

（7）支挡工程地基的承载力和锚固条件。

2）支挡路段应进行 1：2000 工程地质调绘，调绘范围宜包括支挡工程和可能产生变形失稳的岩土体以外不小于 50m 的区域。

3）工程地质勘探、测试应符合下列规定：

（1）根据支挡地段的地形地质条件、支挡工程的类型、规模等确定勘探测试点的数量和位置。

（2）挡土墙承重部位，采用挖探、钻探进行勘探，勘探点的数量不得少于 1 个，沿支挡工程设置轴线的纵向间距不宜大于 100m，地质条件变化大时，结合物探进行综合勘探，勘探深度应达持力层以下的稳定地层中不小于 3m。

（3）桩基设置部位，采用钻探、物探进行综合勘探，钻孔数量不得少于 1 个，物探测线应沿桩基设置轴线布置，钻孔至潜在滑动面以下的深度，土层不小于桩基设置部位滑体厚度的 1/2，岩层不小于桩基设置部位滑体厚度的 1/3。

（4）覆盖层厚度变化大，基岩出露不良，边坡高度较高的支挡工程设置路段，选择代表性位置布置横向勘探断面，横向勘探断面的间距不宜大于 100m，每条勘探断面上探坑、钻孔的数量不宜少于 2 个，勘探钻孔至稳定岩层中的深度不小于 6m，至稳定土层中的深度不小于 10m。

（5）挖探、钻探应分层采取岩土试样，室内测试项目可按表 2.6-10 选用。

支挡工程室内测试项目表　　　　　表 2.6-10

测试项目		岩土类别			
		粉土、黏性土	砂土	碎石土	岩石
颗粒分析		（+）	+	+	—
天然含水率w/%		+	（+）	（+）	—
质量密度ρ/（g/cm³）		+	（+）	—	（+）
塑限w_P/%		+	—	—	—
液限w_L/%		+	—	—	—
压缩系数a/MPa^{-1}		（+）	—	—	—
剪试验	黏聚力c/kPa	+	（+）	（+）	—
	内摩擦角φ/°				
单轴抗压强度/MPa		—	—	—	+

注："+"为必做项目；"（+）"为选做项目。

（6）有地下水发育时，量测地下水的初见水位和稳定水位；必要时，取样做水质分析，评价地下水对混凝土的腐蚀性。

（7）勘探断面上的地形、岩石露头、地下水出露点、勘探测试点等应实测。

4）支挡工程初步勘察应提供下列资料：

（1）支挡工程可列表说明工点工程地质条件。当列表不能说明工程地质条件时，应编写文字说明和图表。

（2）文字说明：对支挡工程设置路段的工程地质条件进行说明，对边坡、基底的稳定性进行分析、评价。

（3）图表资料

工程地质平面图，比例尺用 1：2000～1：200；工程地质断面图，水平比例尺 1：2000～1：200，垂直比例尺用 1：400～1：100；挖探（钻探）柱状图，比例尺用 1：200～1：50；岩土物理力学指标汇总表；水质分析资料；物探解释成果资料；附图、附表和照片等。

6.3.3　桥涵

公路桥涵分类规定如表 2.6-11 所示。

桥涵按跨径分类表　　　　　表 2.6-11

桥涵类型	多孔跨径总长L/m	单孔跨径L_k/m
特大桥	$L > 1000$	$L_k > 150$
大桥	$100 \leqslant L \leqslant 1000$	$40 \leqslant L_k \leqslant 150$
中桥	$30 < L < 100$	$20 \leqslant L_k < 40$
小桥	$8 \leqslant L \leqslant 30$	$5 \leqslant L_k < 20$
涵洞	—	$L_k < 5$

注：1. 单孔跨径系指标准跨径。
　　2. 梁式桥、板式桥的多孔跨径总长为多孔标准跨径的总长；拱式桥为两端桥台内起拱线间距离；其他形式桥梁为桥面系车道长度。
　　3. 管涵及箱涵不论管径或跨径大小、孔数多少，均称为涵洞。
　　4. 标准跨径：梁式桥、板式桥以两桥墩中心线间距离或桥墩中线与台背前缘间距为准；拱式桥和涵洞以净距为准。

1. 涵洞

1）涵洞初勘应基本查明以下内容：

（1）地形地貌、地层岩性和地质构造特征。

（2）覆盖层的成因、土质类型、厚度、地层结构。

（3）基岩的岩性、埋深、风化程度及节理发育程度。

（4）地基岩土的物理力学性质及承载力。

（5）地下水的类型、埋深及其动态变化情况和环境水的腐蚀性。

（6）特殊性岩土和不良地质的发育情况。

2）工程地质条件简单时，涵洞工程地质调绘可与路线工程地质调绘一并进行；工程地质条件复杂或较复杂时，进行 1∶2000 工程地质调绘。工程地质调绘的范围包括涵洞及设置涵洞的沟谷上下游各不小于 50m 的区域。当有泥石流等不良地质发育时，根据实际情况确定调绘范围。

3）工程地质勘探、测试应符合下列规定：

（1）根据现场地形地质条件、路基填筑高度等确定勘探测试点的数量和位置。地质条件相同的工点可作代表性勘探，勘探点的数量不少于 1 个。

（2）勘探测试采用挖探、钻探、静力触探等方法。

（3）涵洞勘探深度按表 2.6-12 确定。有软弱下卧层发育时，勘探深度穿过软弱下卧层至硬层内不小于 3.0m。地基持力层为全风化层时，勘探深度至全风化层内不小于 3m。

涵洞勘探深度表　　　　　　　　　　表 2.6-12

岩土类别	碎石土	砂土	粉土、黏性土
勘探深度/m	2～6	3～8	4～10

（4）探坑（井）、钻孔应分层采取岩土试样，并按《公路工程地质勘察规范》JTG C20 的要求进行室内测试，如表 2.6-13 所示。

涵洞室内测试项目表　　　　　　　　　表 2.6-13

测试项目		岩土类别		
		粉土、黏性土	砂土	碎石土
颗粒分析		+	+	+
天然含水率 w/%		+	（+）	（+）
质量密度 ρ/（g/cm³）		+	（+）	（+）
塑限 w_P/%		+	—	—
液限 w_L/%		+	—	—
压缩系数 a/MPa^{-1}		+	—	—
剪切试验	黏聚力 c/kPa	+	—	—
	内摩擦角 φ/°			

注："+"为必做项目；"（+）"为选做项目。

（5）地下水发育时，量测地下水的初见水位和稳定水位，取水样做水质分析。

（6）勘探断面上的地形、岩层露头、勘探测试点等应实测。

4）涵洞初步勘察应提供下列资料：

（1）涵洞初勘可列表说明工点工程地质条件。当列表不能说明时，应编写文字说明和图表。

（2）文字说明：对涵洞设置路段的工程地质条件进行说明，基底存在软弱层时，评价地基产生过量沉降和不均匀沉降的可能性；有泥石流等不良地质发育时，对不良地质的类型、规模、发育规律等进行说明，评价其对工程的影响。

（3）图表资料

工程地质平面图，比例尺用 1∶2000～1∶200；工程地质断面图，水平比例尺 1∶2000～1∶200，垂直比例尺用 1∶200～1∶50；挖探（钻探）柱状图，比例尺用 1∶200～1∶50；岩土物理力学指标汇总表；水质分析资料；物探解释成果资料；附图、附表和照片等。

2. 桥梁

1）桥梁初勘应根据现场地形地质条件，结合拟定的桥型、桥跨、基础形式和桥梁的建设规模等确定勘察方案，基本查明下列内容：

（1）地貌的成因、类型、形态特征、河流及沟谷岸坡的稳定状况和设计基本地震加速度。

（2）褶皱的类型、规模、形态特征、产状及其与桥位的关系。

（3）断裂的类型、分布、规模、产状、活动性，破碎带宽度、物质组成及胶结程度。

（4）节理的类型、产状、规模、组数、平均间距和结合程度。

（5）覆盖层的厚度、土质类型、分布范围、地层结构、密实度和含水状态。

（6）基岩的埋深、起伏形态，地层及其岩性组合，岩石的坚硬程度、风化程度和完整性。

（7）地基岩土的物理力学性质及承载力。

（8）特殊性岩土和不良地质的类型、分布及性质。

（9）地表水和地下水的类型、分布、水质和水的腐蚀性。

（10）水下地形的起伏形态、冲刷和淤积情况以及河床的稳定性。

（11）桥梁墩、台边坡的稳定性及对工程的影响。

（12）深基坑开挖对周围环境可能产生的不利影响。

（13）桥梁通过气田、煤层、采空区时，有害气体对工程建设的影响。

2）工程地质调绘应符合下列规定：

（1）跨江、海大桥及特大桥应进行 1∶10000 区域工程地质调绘，调绘的范围应包括桥轴线、引线及其两侧不小于 1000m 的带状区域。存在可能影响桥位或工程方案比选的危岩、崩塌、泥石流等不良地质时，根据实际情况确定调绘范围；遇隐伏活动性断裂、岩溶、采空区时，辅以必要的物探等手段探明。

（2）工程地质条件较复杂或复杂的桥位进行 1∶2000 工程地质调绘，调绘的范围包括路线及其两侧不小于 100m 的宽度。当桥位附近存在岩溶、泥石流、滑坡、危岩、崩塌等可能危及桥梁安全的不良地质时，根据实际情况确定调绘范围。

（3）工程地质条件简单的桥位，可对路线工程地质调绘资料进行复核，不进行专项 1∶2000 工程地质调绘。

3）工程地质勘探、测试应符合下列规定：

（1）桥梁初勘以钻探、原位测试为主，遇有下列情况时，结合物探、挖探等进行综合勘探：

①桥位有隐伏的断裂、岩溶、土洞、采空区、沼气层等不良地质发育;

②基岩面或桩端持力层起伏变化较大,用钻探资料难以判明;

③水下地形的起伏与变化情况需探明;

④控制斜坡稳定的卸荷裂隙、软弱夹层等结构面用钻探难以探明。

(2)勘探测试点的布置应符合下列要求:

①勘探测试点结合桥梁的墩台位置和地貌地质单元沿桥梁轴线或在其两侧交错布置,数量和深度应控制地层、断裂等重要的地质界线,并能说明桥位工程地质条件。

②特大桥、大桥和中桥的钻孔数量可按表 2.6-14 确定。小桥的钻孔数量每座不宜少于 1 个;深水、大跨桥梁基础及锚碇基础,其钻孔数量应根据实际地质情况及基础工程方案确定。

桥位钻孔数量表　　　　　　　　　　　　　表 2.6-14

桥梁类型	工程地质条件简单	工程地质条件较复杂或复杂
中桥	2~3	3~4
大桥	3~5	5~7
特大桥	≥5	≥7

注:表列钻孔的间距,工程地质条件简单时,不宜大于 200m;工程地质条件较复杂或复杂时,不宜大于 150m。

③基础施工有可能诱发滑坡等地质灾害的边坡,结合桥梁墩台布置和边坡稳定性分析布置横断面进行勘探。

④当桥位基岩裸露,岩体完整,岩质新鲜,无不良地质发育时,通过工程地质调绘基本查明工程地质条件。

(3)勘探深度应符合下列要求:

①基础置于覆盖层内时,勘探深度至持力层或桩端以下不小于 5m,在此深度以下有软弱地层发育时,穿过软弱地层至坚硬土层内不小于 1.0m。

②覆盖层较厚,基础置于基岩风化层内时,对于较坚硬岩或坚硬岩,钻孔钻入中风化基岩内不少于 5m;极软岩、软岩或较软岩,钻入微风化基岩内不少于 8m。

③覆盖层较薄,基础置于基岩风化层内时,对于较坚硬岩或坚硬岩,钻孔钻入中风化基岩内不少于 3m;极软岩、软岩或较软岩,钻入微风化基岩内不少于 5m。

④有软土、填土、岩溶、可液化土、湿陷性黄土等特殊性岩土和不良地质发育的桥位,钻孔适当加深。

⑤基岩面起伏大,地层变化复杂的桥位,布置加深控制性钻孔,探明桥位地质情况。

⑥深水、大跨桥梁基础和锚碇基础勘探,钻孔深度应按设计要求专门研究后确定。

(4)钻探应采取岩、土、水试样,并符合下列要求:

①在粉土、黏性土地层中,每 1.0~1.5m 取原状样一个;土层厚度大于 5.0m 时,可上、中、下取样;遇土层变化时,立即取样。取样后立即做标准贯入试验。

②在砂土和碎石土地层中,分层采取扰动样,取样间距一般为 1.0~3.0m;遇土层变化时,立即取样;取样后,砂土立即做标准贯入试验;碎石土立即做动力触探试验。

③在基岩地层中,根据岩石的风化等级,分层采取代表性岩样。

④当需要进行冲刷计算时,在河床一定深度内取样做颗粒分析试验。

　　⑤遇有地下水时，进行水位观测和记录，量测初见水位和稳定水位，并采取水样做水质分析。

　　（5）根据地基岩土类型、性质和桥梁的基础形式选择岩土试验项目和原位测试方法，并符合下列要求：

　　①黏性土、粉土、砂土做标准贯入试验，碎石土做动力触探试验。

　　②有成熟经验的地区，可采用静力触探、旁压试验、扁铲侧胀试验等方法评价地基岩土的工程地质性质。

　　③室内测试项目可按表 2.6-15 选用。

桥梁室内测试项目表

表 2.6-15

测试项目		岩土类型与基础类型					
		粉土、黏性土		砂土、碎石土		岩石	
		桩基	扩大基础	桩基	扩大基础	桩基	扩大基础
颗粒分析		+	+	+	+	—	—
天然含水率 w/%		+	+	（+）	（+）	—	—
质量密度 ρ/（g/cm³）		+	+	（+）	（+）	—	—
塑限 w_P/%		+	+	—	—	—	—
液限 w_L/%		+	+	—	—	—	—
有机质含量/%		（+）	（+）	（+）	（+）	—	—
酸碱度 pH		（+）	（+）	（+）	（+）	—	—
压缩系数 a/MPa⁻¹		（+）	+	—	—	—	—
渗透系数 k/（cm/s）		—	（+）	（+）	（+）	—	—
剪切试验	黏聚力 c/kPa	（+）	+	（+）	（+）	—	—
	内摩擦角 φ/°						
抗压强度 R/MPa		—	—	—	—	+	+

注：1. "+"为必做项目；"（+）"为选做项目。
　　2. 黏土质岩做天然湿度单轴抗压强度试验，其他岩石做单轴饱和抗压强度试验。

　　④钻探取芯、取样困难的钻孔，可采用孔内电视、物探综合测井等方法探明孔内地质情况。

　　⑤遇有害气体时，取样测试。

　　⑥悬索桥、斜拉桥等技术复杂大桥的锚碇基础，结合工程场地的水文地质条件进行必要的水文地质试验，测定含水层的渗透系数、导水系数、给水度、越流系数等水文地质参数，满足水文地质评价的要求。

　　（6）勘探断面上的地形、地质调绘点、原位测试点、钻孔等应实测。

　　4）桥梁初步勘察应提供下列资料：

　　（1）地质条件简单的小桥可列表说明其工程地质条件。特大桥、大桥、中桥、地质条件较复杂和复杂的小桥按工点编写文字说明和图表。

　　（2）文字说明：对所列桥位的工程地质条件进行说明，对工程建设场地的适宜性进行评价；斜坡坡地带的桥梁，分析斜坡的稳定性及对桥梁工程的影响；发育危岩、崩塌的桥位，应分析、评估危岩、崩塌对桥梁工程的影响；受水库水位变化及潮汐和河流冲刷影响的桥位，分析岸坡、河床的稳定性；含煤地层、采空区、气田等地区的桥位，分析、评估有害气体对工程建设的影响；锚碇基础应分析、评价基础工程施工对环境的影响。

（3）图表资料

斜拉桥、悬索桥等独立技术复杂大桥应提供桥位区域工程地质平面图，比例尺用 1 : 10000；其他桥梁应提供桥位工程地质平面图，比例尺用 1 : 2000～1 : 1000；工程地质断面图，水平比例尺 1 : 2000～1 : 1000，垂直比例尺用 1 : 2000～1 : 500；挖探（钻探）柱状图，比例尺用 1 : 200～1 : 50；岩、土测试资料；原位测试资料；水质分析资料；物探解释成果资料；附图、附表和照片等。

6.3.4 路线交叉

路线交叉工程的路基初勘应符合第 6.3.2 节的规定；路线交叉工程的涵洞、桥梁初勘应符合第 6.3.3 节的规定；路线交叉工程的隧道初勘应符合第 6.3.5 节的规定。

6.3.5 隧道

隧道按长度分类：短隧道（$L \leqslant 500m$）；中长隧道（$500 < L < 1000m$）；长隧道（$1000 \leqslant L \leqslant 3000m$）；特长隧道（$L > 3000m$）。

1. 钻爆法隧道

1）山岭区采用钻爆法施工的隧道，初步勘察应根据现场地形地质条件，结合隧道的建设规模、标准和方案比选，确定勘察的范围、内容和重点，并基本查明以下内容：

（1）地形地貌、地层岩性、水文地质条件、设计基本地震加速度和历史震害资料。

（2）褶皱的类型、分布、规模、形态特征。

（3）断层的类型、规模、产状、破碎带宽度、物质组成、胶结程度、活动性。

（4）节理的类型、产状、规模、组数、平均间距和结合程度。

（5）隧道围岩的岩性及其组合，岩石的坚硬程度、风化程度、完整性和围岩等级。

（6）隧道进出口地带的地层结构、自然稳定状况、隧道施工诱发滑坡等地质灾害的可能性。

（7）水库、河流、煤层、气田的发育情况及对隧道工程的影响。

（8）危岩、崩塌、滑坡、泥石流、采空区等不良地质的类型、分布、性质及对隧道工程的影响。

（9）含盐地层、膨胀性岩土、有害矿体及富含放射性物质的地层等特殊岩土的类型、分布、性质及对隧道工程的影响。

（10）深埋隧道及高应力区隧道的地温、围岩产生岩爆或大变形的可能性。

（11）岩溶，断裂，有水库、河流、湖泊等地表水体发育的地段，隧道产生突水、突泥及塌方冒顶的可能性增加。

（12）隧道浅埋段覆盖层的厚度、岩体的完整性和风化程度、含水状态及塌方冒顶的可能性。

（13）傍山隧道存在偏压的可能性及其危害。

（14）洞门基底的地质条件、地基岩土的物理力学性质和承载力。

（15）地下水的类型、分布、埋深、水质、涌水量及补给、排泄和径流情况。

（16）平行导洞、斜井、竖井等辅助坑道的工程地质条件。

2）根据地质条件选择隧道的位置应符合下列要求：

（1）选择在地层稳定、构造简单、地下水不发育、进出口条件有利的位置，隧道轴线宜与岩层、区域构造线的走向垂直。

（2）避免沿褶皱轴部和区域性大断裂布设，以及在断裂交汇部位通过。

（3）避开高应力区。无法避开时，洞轴线宜平行最大主应力方向。

（4）避免通过岩溶发育区、地下水富集区和地层松软地带。

（5）洞口避开滑坡、崩塌、岩堆、危岩、泥石流等不良地质，以及排水困难的沟谷低洼地带。

（6）傍山隧道洞轴线宜向山体一侧内移，避开外侧构造复杂、岩体卸荷开裂、风化严重，以及堆积层和不良地质地段。

3）工程地质及水文地质调绘应符合下列规定：

（1）工程地质调绘沿拟定的隧道轴线及其两侧各不小于 200m 的带状区域进行，遇对工程方案研究有重大影响的区域性断裂、岩溶，或隧道上方及邻近区域存在河流、水库等地表水体时，适当扩大调绘范围，调绘比例尺为 1∶2000。

（2）特长隧道、工程地质条件复杂的长隧道，或两个及以上特长隧道、长隧道方案进行比选时，进行隧址区域工程地质调绘，调绘范围包括隧址比选区域，调绘比例尺为 1∶50000～1∶10000。

（3）水文地质条件复杂的特长隧道、长隧道结合隧道涌水量分析评价进行专项区域水文地质调绘，调绘比例尺为 1∶50000～1∶10000。

（4）工程地质调绘及水文地质调绘采用的地层单位宜结合隧道围岩分级和水文地质及工程地质评价的需要划分至岩性段。

（5）有基岩露头时，进行节理调查统计，分段评价岩体的完整性。节理调查统计点尽量靠近洞轴线，在隧道洞身及进出口地段选择代表性位置布设，同一围岩分段的节理调查统计点数量不少于 2 个。

（6）有地表径流发育时，搜集隧址流域沟溪的枯季流量资料，估算地下水径流模数；项目区有水文地质条件相似的隧道时，搜集已建隧道的地下水流量资料。

4）工程地质勘探应符合下列要求：

（1）在工程地质调绘的基础上采用钻探、物探、挖探等手段进行综合勘探。

（2）覆盖层发育的隧址，在方法试验的基础上选定物探方法及技术参数。物探测线沿隧道左、右幅间的中心线布置，其数量不少于 1 条；隧道左、右幅相距较远时，物探测线分别沿左、右幅隧道的轴线布置，每幅隧道物探测线不少于 1 条，物探纵断面发现异常时宜增加横断面；遇区域性断裂、岩溶、采空区、地层分界线等需探明时，根据现场地形地质条件确定物探测线的数量和位置。覆盖层发育的隧道进出口，按网格状布置物探测线，其间距不大于 20m，并对物探成果进行钻探验证。

（3）勘探钻孔宜在洞壁外侧不小于 5m 的下列位置布置：

①地层分界线、断层、物探异常、蓄水构造或地下水发育地段；

②高应力区围岩可能产生岩爆或大变形的地段；

③膨胀性岩土、岩盐等特殊性岩土分布地段；

④岩溶、采空区、隧道通过的沟谷及隧道浅埋段、可能产生突泥、突水部位；

⑤煤系地层、含放射性物质的地层；

⑥覆盖层发育或地质条件复杂的隧道进出口，其纵向钻孔数量不少于 2 个。

（4）勘探深度应至路线设计标高以下不小于 5m。遇采空区、岩溶、地下暗河等不良地质时，勘探深度应至稳定底板以下不小于 8m。

（5）洞身段钻孔，在设计标高以上 3～5 倍的洞径范围内分层采取岩、土试样，同一地层中的岩、土试样其数量不少于 6 组；进出口段钻孔，分层采取岩、土试样。

（6）遇有地下水时，进行水位观测和记录，量测初见水位和稳定水位，判明含水层位置、厚度和地下水的类型、流量等。

（7）遇到有害气体、放射性矿床时，做好详细记录，探明其位置、厚度，采集试样进行测试分析。

（8）钻探完成后，根据需要进行回填封孔。

（9）岩性单一，露头清楚，地质构造简单的短隧道，通过调绘基本查明隧址工程地质条件。

5）工程地质及水文地质测试应符合下列要求：

（1）地下水发育时，进行抽（注）水试验，分层获取各含水层水文地质参数并评价其富水性和涌水量。水文地质条件复杂时，进行地下水动态观测。

（2）在钻孔内进行孔内波速测试，采取代表性岩石试样作岩块波速测试，获取评价围岩岩体的完整性指标。

（3）当岩土芯采集困难或采用钻探难以判明孔内的地质情况时，在方法试验的基础上选择物探方法，进行孔内综合物探测井。

（4）深埋隧道及高应力区隧道进行地应力测试。隧道的地应力测试需结合地貌地质单元，选择在代表性钻孔中进行，地应力测试一般采用水压致裂法。

（5）有害气体、放射性矿体等按相关规定进行测试、分析。

（6）高寒地区进行地温测试，提供隧道洞门和排水设计所需的地温资料。

（7）室内测试项目可按表 2.6-16 选用。

钻爆法隧道室内测试项目表 表 2.6-16

测试项目		地层	
		土体	岩体
颗粒分析		（+）	—
天然含水率 w/%		+	—
质量密度 ρ/（g/cm³）		+	+
塑限 w_P/%		+	—
液限 w_L/%		+	—
压缩系数 a/MPa^{-1}		（+）	—
剪切试验	黏聚力 c/kPa	（+）	（+）
	内摩擦角 φ/°		
自由膨胀率 F_s/%		（+）	（+）
孔内波速 v_P/（km/s）		—	+
岩石饱和单轴抗压强度		—	+
矿物成分分析		（+）	（+）

注："+"为必做项目；"（+）"为选做项目。

（8）采取地表水和地下水样，做水质分析，评价水的腐蚀性。

6）隧道围岩基本质量指标 BQ 应按式(2.6-1)计算：

$$BQ = 100 + 3R_c + 250K_v \tag{2.6-1}$$

式中：R_c——岩石饱和单轴抗压强度（MPa）；

　　　K_v——岩体完整性系数。

（1）当 $R_c > 90K_v + 30$ 时，应取 $R_c = 90K_v + 30$ 和 K_v 代入计算 BQ 值。

（2）当 $K_v > 0.04R_c + 0.4$ 时，应取 $K_v = 0.04R_c + 0.4$ 和 R_c 代入计算 BQ 值。

（3）R_c 应采用实测值。当无条件取得实测值时，可采用实测的岩石点荷载强度指数（$I_{s(50)}$）的换算值，并按下式换算：

$$R_c = 22.82I_{s(50)}^{0.75} \tag{2.6-2}$$

7）遇下列情况之一，应对岩体基本质量指标 BQ 进行修正。

（1）有地下水。

（2）围岩稳定性受结构面影响，且有一组起控制作用。

（3）存在高初始应力。

具体修正参见第 2 篇第 5 章铁路工程地质勘察有关内容。

8）隧道的地下水涌水量根据隧址水文地质条件选择水文地质比拟法、水均衡法、地下水动力学方法等进行综合分析评价。

9）钻爆法隧道初步勘察应提供下列资料：

（1）文字说明

对隧道工程建设场地的水文地质及工程地质条件进行说明，分段评价隧道的围岩级别；分析隧道进出口地段边坡的稳定性及形成滑坡等地质灾害的可能性；分析高应力区岩石产生岩爆和软质岩产生围岩大变形的可能性；对傍山隧道产生偏压的可能性进行评估；分析隧道通过蓄水构造、断裂带、岩溶等不良地质地段时产生突水、突泥、塌方的可能性；隧道通过煤层、气田、含盐地层、膨胀性地层、有害矿体、富含放射性物质的地层时，分析有害气体（物质）对工程建设的影响；对隧道的地下水涌水量进行分析计算；评估隧道工程建设对当地环境可能造成的不良影响及隧道工程建设场地的适宜性。

（2）图表资料

隧址区域水文地质平面图，比例尺用 1∶50000～1∶10000；隧址区域工程地质平面图，比例尺用 1∶50000～1∶10000；隧道工程地质平面图，比例尺用 1∶2000～1∶1000；隧道工程地质断面图，水平比例尺 1∶2000～1∶1000，垂直比例尺用 1∶2000～1∶500；隧道洞口工程地质断面图，水平比例尺用 1∶2000～1∶200，垂直比例尺用 1∶200～1∶100；挖探（钻探）柱状图，比例尺用 1∶200～1∶50；岩、土测试资料；原位测试资料；地应力测量资料；水文地质测试资料；有害气体、放射性矿体、地温测试资料；水质分析资料；物探解释成果资料；附图、附表和照片等。

2. 盾构法隧道

可扫描二维码 M2.6-2 阅读相关内容。

M2.6-2

6.3.6　弃土场

弃土场应充分利用既有资料，通过调查、勘探、试验，基本查明弃土场地形地貌、地层岩性、地质构造、水文地质条件、持力层物理力学性质等。

6.3.7　沿线设施工程

公路服务区、收费站等沿线设施的初勘应按照基本建设工程的岩土工程勘察相关规定要求执行。

6.3.8　沿线筑路材料料场

1）沿线筑路材料初勘应充分利用既有资料，通过调查、勘探、试验，基本查明筑路材料的类别、产地、质量、储量和开采运输条件。

2）材料蕴藏量可在 1：2000 的地形图上采用半仪器法量测。材料有用层的厚度通过对露头的调查、测量和勘探确定。

3）材料蕴藏量勘探断面宜垂直岩层走向和地貌单元界线布设，每条勘探断面不宜少于3 个探坑（井、孔），勘探断面间距不宜大于 200m，探坑（井、孔）的深度应大于有用层厚度或计划开采深度。

4）材料蕴藏量可采用算术平均法、平行断面法、三角形法或多角形法等方法计算。

5）各类料场应选取代表性样品进行试验，评价材料的工程性质。材料成品率估算在调查、勘探、试验的基础上进行。

6）材料取样地点在料场内均匀分布，且能反映有用层沿勘探剖面的变化情况，每一料场不少于 3 处。

7）桥涵工程材料试验应包含下列项目：

（1）石料和粗集料：抗压强度、抗冻性、坚固性、有害物质含量、筛分、针片状颗粒含量、含泥量、压碎值等试验。

（2）细集料：颗粒分析、含泥量、有机质含量、云母含量、有害物质含量、压碎值等试验。

8）路基工程材料试验应包含下列项目：

（1）粗粒土：颗粒分析、含水率、密度、击实等试验。

（2）细粒土：颗粒分析、含水率、液限、塑限、密度、击实、承载比、有机质含量、易溶盐等试验。

（3）特殊性岩土尚应根据其特殊性进行专项试验。

9）路面工程材料试验应包含下列项目：

（1）粗集料：颗粒分析、压碎值、针片状颗粒含量、含泥量、磨耗度、吸水率、磨光值、坚固性、冲击值、软弱颗粒含量、有机物含量等试验。

（2）细集料：颗粒分析、表观密度、含泥量、砂当量、有机质含量、坚固性、三氧化硫含量等试验。

　　10）工程用水的水质应取水样做水质分析，判明其对混凝土的腐蚀性。

　　11）工程用水水源的可开采量，通过调查、勘探、测试或水文地质试验确定。以水库、堰塘、溪沟、泉水等作水源时，需了解水量的季节性变化及其与灌溉或其他用水的关系。

　　12）料场开采条件应基本查明下列内容：

　　（1）料场工作面的范围和地形、有用层和覆盖层的厚度、废方堆放地点。

　　（2）宜开采的季节、开采措施和采用机械开采的可能性。

　　（3）料场地下水位的埋深、水位的变化情况及地下水的渗透性。

　　（4）石料场岩层的岩性、产状、节理裂隙发育情况及软弱夹层。

　　（5）土料场的覆盖层和有用层的含水率随季节变化的情况，以及开采的难易程度。

　　（6）料场设置对环境可能产生的不良影响及开采过程中存在的地质问题。

　　13）调查材料运输里程、运输方式和现有交通状况。

　　14）沿线筑路材料初步勘察应提供下列资料：

　　（1）文字说明：按材料类别对其质量、数量、开采方法和运输条件进行评价，提出建议采用的料场。

　　（2）图表资料：沿线筑路材料料场表，沿线筑路材料供应示意图，大型料场平面图、勘探剖面图，储量计算表，材料试验汇总表，附图、附表和照片等。

6.4　详细勘察

6.4.1　路线

　　1）路线详勘应查明公路沿线的工程地质条件，为确定路线和构筑物的位置提供地质资料。

　　2）路线详勘应查明第6.3.1节的有关内容。

　　3）路线详勘应对初勘资料进行复核，当路线偏离初步设计线位较远或地质条件需进一步查明时，应进行补充工程地质调绘，补充工程地质调绘的比例尺为1:2000。

　　4）工程地质勘探、测试应符合第6.3.1节的规定。

　　5）路线详勘应提供下列资料：

　　（1）文字说明：对路线上的水文地质及工程地质条件进行说明，并对其进行分析、评价，提出路线方案优化设计的工程地质意见及建议。

　　（2）图表资料：1:5000～1:2000路线工程地质平面图；1:5000～1:2000路线工程地质纵断面图；勘探、测试资料；附图、附表和工程照片等。

6.4.2　路基

　　1.一般路基

　　（1）一般路基详勘在确定的路线上查明各填方、挖方路段的工程地质条件，其内容应符合第6.3.2节的规定。

　　（2）对初勘调绘资料进行复核，当路线偏离初步设计线位或需进一步查明地质条件时，进行补充工程地质调绘，补充工程地质调绘的比例尺一般为1:2000。

　　（3）每段填、挖路基勘探测试点的数量不少于1个；沟谷低洼、地下水发育、地基软弱的填方路段及覆盖层发育的岩质边坡挖方路段，布置横向勘探断面，每条横向勘探断面勘探测试点的数量不少于 2 个，填、挖路段长度较长时，勘探断面的间距不大于50m。

（4）勘探深度、取样、测试和资料要求等应符合第6.3.2节中一般路基的规定。

2. 高路堤

（1）高路堤详勘在确定的路线上查明高路堤路段的工程地质条件，其内容应符合第6.3.2节中高路堤规定。

（2）工程地质调绘应对初勘调绘资料进行复核。当路线偏离初步设计线位或需进一步查明地质条件时，进行补充工程地质调绘，工程地质调绘的比例尺一般为1：2000。

（3）每段高路堤横向勘探断面的数量不少于1条，作代表性勘探；高路堤路段程度较长时，其间距不大于 200m；工程地质条件复杂时，增加勘探断面数量，其间距不大于 100m。每条勘探断面上的钻孔数量不少于 1 个，遇软弱地基时，需与静力触探、十字板剪切试验、旁压试验等原位测试手段结合进行综合勘探。

（4）勘探深度、取样、测试、资料要求应符合第6.3.2节中高路堤的规定。

3. 陡坡路堤

（1）陡坡路堤详勘在确定的路线上查明陡坡路段的工程地质条件，其内容应符合第6.3.2节中陡坡路堤规定。

（2）陡坡路堤详勘工程地质调绘对初勘调绘资料进行复核。当路线偏离初步设计线位或需进一步查明地质条件时，进行补充工程地质调绘，补充工程地质调绘的比例尺一般为1：2000。

（3）每段陡坡路堤横向勘探断面的数量不少于1条，作代表性勘探；陡坡路堤路段长度较长时，其间不大于 200m；工程地质条件复杂时，增加勘探断面数量，其间距不大于100m。每条勘探断面上的钻孔或探坑（井）数量不少于2个。

（4）勘探、取样、测试、资料要求应符合第6.3.2节中陡坡路堤的规定。

4. 深路堑

（1）深路堑详勘在确定的路线上查明深挖路段的工程地质条件，其内容应符合第6.3.2节中深路堑的规定。

（2）工程地质调绘对初勘调绘资料进行复核，当路线偏离初步设计线位或需进一步查明地质条件时，进行补充工程地质调绘，补充工程地质调绘的比例尺一般为1：2000。

（3）每段深路堑横向勘探断面的数量不少于1条，作代表性勘探；工程地质条件较复杂或复杂时，增加勘探断面数量，其间距不大于50m。每条勘探断面上的钻孔或探坑（井）数量不少于2个。

（4）勘探、取样、测试、资料要求应符合第6.3.2节中深路堑的规定。

5. 支挡工程

1）支挡工程详勘在确定的构筑物位置上查明支挡路段工程地质条件,其内容应符合第6.3.2节中支挡工程的规定。

2）工程地质调绘对初勘调绘资料进行复核。当路线偏离初步设计线位或需进一步查明地质条件时，进行补充工程地质调绘，补充工程地质调绘的比例尺一般为1：2000。

3）工程地质勘探、测试应符合下列规定：

（1）挡土墙应采用挖探、钻探进行勘探，勘探点沿挡土墙设置轴线布置，其数量不少于 1 个，间距不大于 50m，地质条件变化大时，宜结合物探进行综合勘探；

（2）桩基采用钻探、物探进行勘探，钻孔沿桩基设置轴线布置，其数量不少于 1 个，间距不大于 25m，并与物探结合进行综合勘探；

（3）工程地质条件较复杂或复杂的支挡工程设置路段，布置横向勘探断面，其间距不大于 50m，每条横断面上挖探、钻孔数量不少于 2 个。

4）勘探深度、取样、测试、资料要求应符合第 6.3.2 节中支挡工程的规定。

6.4.3   桥涵

1. 涵洞

（1）涵洞详勘在确定的涵洞位置上进行，查明涵洞场地的工程地质条件，其内容应符合第 6.3.3 节中涵洞的规定。

（2）工程地质调绘对初勘调绘资料进行复核。当路线偏离初步设计线位或需进一步查明地质条件时，进行补充工程地质调绘，补充工程地质调绘的比例尺一般为 1:2000。

（3）每座涵洞勘探测试点的数量不少于 1 个，地质条件变化大，涵洞长度较长时，沿涵洞轴线布置勘探断面，每条勘探断面上的勘探测试点数量不少于 3 个。

（4）勘探深度、取样、测试、资料要求应符合第 6.3.3 节中涵洞的规定。

2. 桥梁

1）桥梁详勘根据现场地形地质条件和桥型、桥跨、基础形式制定勘察方案，查明桥位工程地质条件，其内容应符合第 6.3.3 节中桥梁的规定。

2）对初勘工程地质调绘资料进行复核。当桥位偏离初步设计桥位，地质条件需进一步查明时，进行补充工程地质调绘，补充工程地质调绘的比例尺一般为 1:2000。

3）工程地质勘探应符合下列要求：

（1）桥梁墩、台的勘探钻孔根据地质条件按图 2.6-2 在基础的周边或中心布置。当有特殊性岩土、不良地质或基础设计施工需进一步探明地质情况时，可在轮廓线外围布孔，或与原位测试、物探结合进行综合勘探。

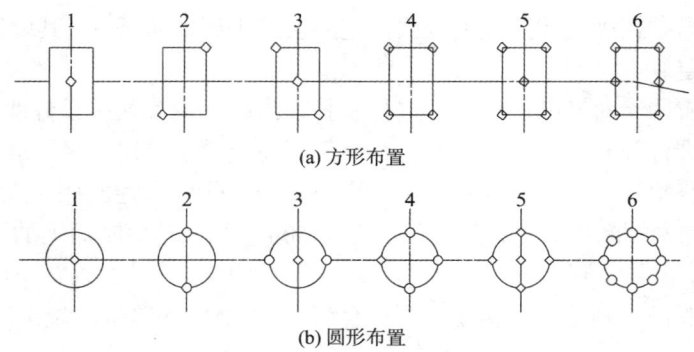

(a) 方形布置

(b) 圆形布置

图 2.6-2   勘探钻孔布置图

（2）工程地质条件简单的桥位，每个墩（台）宜布置 1 个钻孔或探井。工程地质条件较复杂的桥位，每个墩（台）的钻孔或探井数量不少于 1 个。遇有断裂带、软弱夹层等不良地质或工程地质条件复杂时，结合现场情况及基础工程方案的设计要求确定每个墩（台）的钻孔或探井数量。

（3）沉井基础或采用钢围堰施工的基础，当基岩面起伏变化较大或遇涌砂、大漂石、树干、老桥基等情况时，在基础周围加密钻孔，确定基岩顶面、沉井或钢围堰埋置深度。

（4）悬索桥及斜拉桥的桥塔、锚碇基础、高墩基础，其勘探钻孔宜按图 2.6-2 中的 4、5、6 布置，或按设计要求研究后布置。

（5）桥梁墩（台）位于沟谷岸坡或陡坡地段时，除根据地质条件按图 2.6-2 布置钻孔外，宜采用井下电视、硐探等探明控制斜坡稳定的结构面。

（6）钻孔深度根据基础类型和地基的地质条件确定，并符合下列要求：

①天然地基或浅基础：钻孔钻入持力层以下的深度不小于 3m。

②桩基、沉井、锚碇基础：钻孔钻入持力层以下的深度不小于 5m。持力层下有软弱地层分布时，钻孔至软弱层下伏稳定地层内不小于 3m。

4）取样、测试、资料要求应符合第 6.3.3 节中桥梁的规定。深水、大跨桥梁及工程地质条件复杂、较复杂的桥梁尚应编制墩、台部位 1：200 工程地质断面图。

6.4.4　路线交叉

路线交叉的路基详勘应符合第 6.3.2 节的规定；路线交叉的涵洞、桥梁详勘应符合第 6.3.3 节的规定；路线交叉的隧道详勘应符合第 6.3.5 节的规定。

6.4.5　隧道

1. 钻爆法隧道

（1）隧道详勘根据现场地形地质条件和隧道类型、规模制定勘察方案，查明隧址的水文地质及工程地质条件，其内容应符合第 6.3.5 节中钻爆法隧道的规定。

（2）隧道详勘对初勘工程地质调绘资料进行核实，当隧道偏离初初步设计位置或需进一步查明地质条件时，进行补充工程地质调绘，并根据露头及地质条件开展必要的物探工作。补充工程地质调绘的比例尺一般为 1：2000。

（3）勘探测试在初步勘察的基础上，根据现场地形地质条件及水文地质、工程地质评价的要求加密勘探测试点或勘探断面。

（4）隧道围岩分级按第 6.3.5 节确定，地下水涌水量分析评价符合第 6.3.5 节中钻爆法隧道的规定。

（5）勘探、取样、测试、资料要求应符合第 6.3.5 节中钻爆法隧道的规定。

2. 盾构法隧道

可扫描二维码 M2.6-3 阅读相关内容。

M2.6-3

6.4.6　弃土场

弃土场详勘在初勘的基础上，详细查明弃土场地形地貌、地层岩性、地质构造、水文地质条件、持力层物理力学性质等。

6.4.7　沿线设施工程

公路服务区、收费站等沿线设施的详勘按照基本建设工程的岩土工程勘察相关规定要求执行。

6.4.8 沿线筑路材料料场

（1）沿线筑路材料料场详勘对初勘资料进行核实，必要时，补充勘探。

（2）新增料场应按第6.3.8节的规定进行勘察。

6.5 改扩建公路工程地质勘察

6.5.1 一般要求

（1）改扩建公路工程地质勘察要与公路建设程序相适应，按照现行《公路工程地质勘察规范》JTG C20 的要求，提供各勘测阶段的勘察成果。

（2）在各勘察阶段，加强对不良地质作用和地质病害体的工程地质分析，加强对既有工程处治方案的地质安全性评价。

（3）评价因改扩建工程活动可能诱发的工程地质灾害风险和工程安全风险，并提出规避风险的地质建议。

（4）在可行性研究阶段和初步设计阶段，要着重开展工程地质调绘工作，加强工程地质分析，为"走通、走好"改扩建路线方案提供必要的勘察成果，履行地质选线职责。

（5）在施工图设计阶段，应查明改扩建沿线及各类构筑物地基的工程地质条件、建议岩土物理力学参数，提出工程地质勘察成果与建议。

（6）改扩建公路勘察成果需着重评价既有构筑物地基稳定性、分析改扩建工程活动对既有构筑物地基稳定性的影响。

6.5.2 路线工程

1. 既有路线地质调查

既有路线的地质调绘与地质分析工作是对前期勘察成果的甄别、补充和完善。以前期勘察成果为基础，结合改扩建路线方案，开展工程地质及水文地质调绘工作。

1）地形地貌调查

（1）查明路线走廊带内的地貌形态、类型及分布特征。

（2）分析各种地貌的地质成因和地貌特征（坡度、地形起伏度及地形切割深度等），对路线走廊带进行地貌分区。

（3）分析既有工程活动对地形地貌改造的适宜性，评价改扩建工程的可类比性。

2）区域地质调查

（1）查明第四纪地层的地质成因，分析地貌演化与第四纪地层分布的相关性。

（2）查明地层分布特征及地层间的接触关系，分析沉积环境及其演化特征。

（3）调查岩性岩相特征，分析评价岩体工程地质特征。

（4）调查地质构造分布特征，评价构造作用对各类构筑物地基的影响。

（5）调查水文地质特征，查明地貌分区内含水层和隔水层的分布特征，调查地下水动态变化特征，评价地下水活动对构筑物地基的影响。

2. 既有构筑物地质条件调查

1）路基工程

（1）调查既有路堤地基性状、复合地基性状、已处治的特殊性岩土的性状。

（2）调查既有路堤支挡工程的有效性，评价可利用性和支挡方案的类比性。

（3）调查既有路堑边坡的稳定性及防护加固方案的有效性，评价改扩建路线方案的地质适宜性。

（4）对不良地质作用发育路段，开展专项调查与评价工作。

2）桥梁工程

（1）调查既有桥梁基础形式及持力层分布特征。

（2）调查桥梁边坡的地质结构特征，分析评价边坡的整体稳定性。

（3）对既有加固处治的桥梁边坡，分析改扩建施工对现状稳定性的影响，评价改扩建方案的地质适宜性。

3）隧道工程

（1）调查既有隧道的边坡仰坡稳定性，评价防护加固方案的有效性和类比性。

（2）调查既有隧道渗水点、漏水点的分布特征，分析评价水文地质特征。

（3）调查分析围岩工程地质特征，建议新建隧道与既有隧道的安全距离。

3. 不良地质与特殊性岩土调查

（1）调查岩溶区内地表稳定性、地下水分布特征及影响地下水动态变化的工程活动。

（2）对可溶岩地区开展详细的岩溶水文地质调查工作，编制水文地质成果图。

（3）调查既有岩溶处治方案的有效性，评价可利用性和类比性。

（4）调查采空区内含矿地层分布特征、开采率，确定采空区的分布特征。

（5）调查既有采空区处治方案的有效性，评价可利用性和类比性。

（6）调查既有滑坡的整体稳定性和处治方案的有效性，评价改扩建方案的地质适宜性。

（7）调查既有泥石流区的整体性和处治方案的有效性，评价改扩建方案的地质适宜性。

（8）调查软弱土的分布特征、既有处治方案的有效性及经济性。评价软弱土的工程地质特征，以及处治方案的可利用性和类比性。

4. 既有路线工程地质病害分析

1）岩溶病害分析

（1）结合地质调查资料、前期勘察成果，对不同地质年代、不同结构与构造的可溶岩的溶蚀程度进行分级，岩溶发育等级参见表 2.6-17。

场地岩溶发育等级评价表　　　　　　　　　　　　　　　　　表 2.6-17

岩溶发育程度分级	场地岩溶现象	地表点岩溶率/（个/km²）	地表岩溶面积比/%	钻孔遇洞率/%	钻孔线岩溶率/%
极强发育	地表常见密集的岩溶洼地、漏斗、落水洞、塌陷、槽谷、石林等多种岩溶形态，溶蚀基岩面起伏剧烈；地下岩溶形态常见巨型溶洞、暗河及大型溶洞群分布；近期发生过岩溶地面塌陷	＞30	＞30	＞60	＞20
强发育	地表常见密集的岩溶洼地、漏斗、落水洞、塌陷等多种岩溶形态，石芽（石林）、溶沟（槽）强烈发育（或覆盖），溶蚀基岩面起伏大；地下岩溶形态常见较大型溶洞、暗河分布；有岩溶地面塌陷历史，但近期无岩溶地面塌陷发生	10～30	10～30	30～60	10～20

续表

岩溶发育程度分级	场地岩溶现象	地表点岩溶率/（个/km²）	地表岩溶面积比/%	钻孔遇洞率/%	钻孔线岩溶率/%
中等发育	地表常见岩溶洼地、漏斗、落水洞等多种岩溶形态，石芽（石林）、溶沟（槽）发育（或覆盖）溶蚀基岩面起伏较大；地下岩溶形态以规模较小的溶洞为主，出露岩溶泉	5～10	5～10	10～30	3～10
弱发育	地表偶见漏斗、落水洞、石芽、溶沟等岩溶形态，溶蚀基岩面起伏较小；地下岩溶以溶隙为主，偶见小型溶洞，裂隙透水性差	< 5	< 5	< 10	< 3

注：1. 分级应根据各指标综合确定，工可勘察分级指标以场地岩溶现象为主，初步勘察阶段分级指标以场地岩溶现象、地表点岩溶率为主，施工图勘察阶段评价指标以钻孔遇洞率及线岩溶率为主；当采用各指标的评价结果出现矛盾时按不利原则确定岩溶发育程度等级。
2. 当场区岩溶发育程度存在显著差异时应根据岩溶发育程度进行工程地质分区。
3. 表中洞径规模判定标准为：洞径水平大于 12m、竖向大于 24m 为巨型，洞径水平 6～12m、竖向 12～24m 为大型，洞径水平 3～6m、竖向 6～12m 为中型，洞径水平小于 3m、竖向小于 6m 为小型。
4. 地表点岩溶率指每平方公里场地范围内岩溶洼地、漏斗、落水洞、竖井、地表溶洞（洞径大于 2m）、暗河、岩溶泉露头等各种地表岩溶形态的个数，对于岩溶洼地及漏斗内的落水洞、竖井等不重复统计。
5. 地表岩溶面积比指评价范围内岩溶洼地、漏斗、落水洞、竖井、地表溶洞（洞径大于 2m）、暗河、岩溶泉露头等各种地表岩溶形态面积与评价范围面积的百分比，对于岩溶洼地及漏斗内的落水洞、竖井等不重复统计。
6. 钻孔遇洞率指钻探中遇岩溶洞隙（高度大于 0.5m）的钻孔与可溶岩钻孔总数的百分比。
7. 钻孔线岩溶率指场地内各钻孔揭示的岩溶洞隙（高度大于 0.1m）的总高度与钻孔穿过可溶岩总进尺的百分比。

（2）分析路线走廊带内岩溶发育的基本特征，评价岩溶区的稳定性，评价岩溶水对工程的影响，尤其应关注岩溶区隧道设计标高的确定，尽量避免将隧道设计标高置于地下水位之下。岩溶水动力分带参见图 2.6-3。

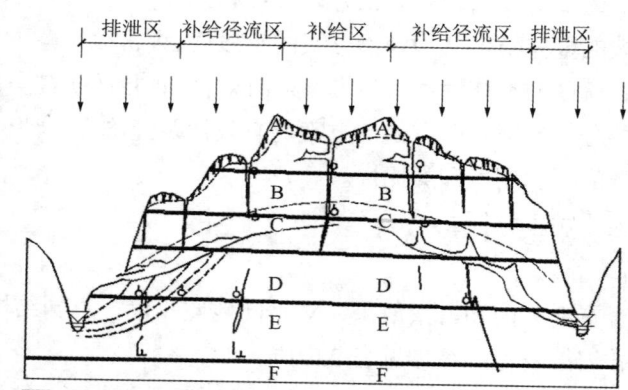

1—表层岩溶带；2—包气带；3—季节交替带；4—浅饱水带；5—压力饱水带；
6—深部缓流带；7—季节性下渗管流水；8—季节性有压管流涌水；
9—有压管流涌水；10—有压裂隙水；11—隧道；12—地下河

图 2.6-3　岩溶水动力分带图

（3）对岩溶强烈发育区，除关注溶蚀漏斗、溶蚀洼地等岩溶形态外，还应分析是否存在岩溶塌陷，避免将路线直接设置在岩溶塌陷区之上。

（4）不同的岩溶形态所产生的地质病害不同，对公路工程的影响也不相同。岩溶区钻孔的岩土芯编录，应加强岩溶形态甄别，不应笼统地定为"溶洞"，应区分溶孔、溶蚀裂隙、溶缝、溶洞、溶沟、岩溶化灰岩等岩溶形态。

（5）分析评价改扩建桥梁桩基施工对既有桩基的影响，如因施工扰动或地下水压力改变而导致岩溶充填物流失等。

（6）结合岩溶空间发育特征、岩溶发育历史、环境条件的改变等三方面进行岩溶场地的稳定性评价和地基的安全性评价。

2）采空区病害分析

（1）结合地质调查资料、前期勘察成果，确定含矿地层的分布特征，以确定采空区的分布范围。

（2）定性评价采空区"活化"的可能性，预测其变形发展趋势。

（3）采空区稳定性分析与评价分为场地稳定性评价和公路地基稳定性评价两部分，遵循"以定性分析为基础、定量计算为手段"的原则，按照现行《采空区公路设计与施工技术规范》JTG/T 3331—03 中相关评价标准进行。

（4）结合已有的位移监测资料或既有构筑物的现状变形特征，评价既有处治方案的有效性。

3）滑坡及潜在不稳定边坡病害分析

（1）对既有公路上已处治的滑坡，评价改扩建施工（如开挖或堆载）对整体稳定性的弱化影响，避免诱发滑坡复活。

（2）既有公路上的路堑高边坡，由于开挖时间较长，坡体的卸荷作用已完成，且局部不稳定部分已进行了防护加固，其现状稳定性较好。改扩建时，应遵循"少扰动"及"有开挖必有防护"的原则，以维持其稳定状态。

（3）潜在不稳定边坡的稳定性评价遵循"以定性分析为基础、定量计算为手段"的原则。根据边坡工程地质条件或已经出现的变形形迹，定性评价边坡稳定状态，预判可能的变形破坏模式。

（4）滑坡变形特征与整体稳定系数的关系，可参见表 2.6-18。

滑坡变形特征与稳定性系数对应关系　　　　　　　　表 2.6-18

滑坡发展阶段	变形形迹	总体稳定系数
主滑带上部蠕动阶段	后缘出现不连续的张性微裂隙 抗滑段未发生变形 主滑段滑体与滑带未分离	1.10～1.15
主滑体挤压阶段	主滑段滑体与滑带已相对分离，主滑带已基本形成 后缘的张性裂隙贯通、下错 后缘的两侧出现平行的羽状裂纹 抗滑段出现局部挤压变形	1.05～1.10
主滑体微动阶段	主滑体已沿滑带明显移动 两侧的剪切裂缝已贯通 抗滑段微隆起，并间断出现放射性裂缝	1.0～1.05
全滑坡时滑时停阶段	后缘错动明显并形成陡坎 两侧剪切裂缝明显相对位移 滑体上分级、分条裂缝明显 抗滑段明显隆起并出现横向挤胀裂缝	0.9～1.0

（5）对跨河、跨水库桥梁，除关注水上岸坡的稳定性之外，还应重视水下岸坡的稳定性分析，以合理确定桥墩位置。

6.5.3　路基工程

1. 一般路基

（1）一般路基的无病害段主要搜集既有勘察成果，采用地质调绘和简易勘探手段补充勘察资料，分析和评价地基岩土工程地质特征。

（2）既有一般路基中存在病害时，调查病害特征和分布范围，分析产生病害的原因，并按新建工程的要求进行勘察和评价，参见第6.3.2节和第6.4.2节。

2. 特殊性岩土路堤

1）软土

（1）根据既有勘察资料和补充调查资料，结合第四纪地貌演化和沉积环境分析，判断软土的成因类型。

（2）搜集和分析既有处治方案、沉降监测资料，评价处治方案的有效性和适宜性。

（3）查明软土的分布特征、结构特征及构造特征，特别应关注其中的层理特征。

（4）原位测试应选用静力触探试验、十字板剪切试验和标准贯入试验。

（5）地质编录时应细化地质分层，尤其应注意分辨黏土层与砂土层的分布特征，如团块状分布、层状分布或脉状分布等。

（6）对山间沟谷区分布的软土，采用螺纹钻和轻型动力触探相结合的方法进行勘察。黏性土的稠度状态与轻型动力触探击数的对应关系可参考表2.6-19。

黏性土的稠度与轻型动力触探击数（N_{10}）的关系　　　　　表2.6-19

N_{10}/击	< 16	16～20	21～30	> 30
稠度状态	软塑	可塑	可—硬塑	硬塑、坚硬

（7）提出检算地基稳定性的强度指标。

2）红黏土及碳酸盐岩残积土

（1）采用地质调绘、钻探和室内试验相结合的方法，查明不同地貌单元的红黏土及碳酸盐岩残积土的分布特征和物理力学性质。

（2）泥质类灰岩的残积土除具有高液限特征外，还常具有弱至中等膨胀特性，相应的物理力学指标应通过室内试验确定。

（3）地形横坡坡度小于1：2.5时的路堤，按一般路基要求进行勘察设计；地形横坡坡度大于1：2.5时，按陡坡路堤要求进行勘察设计，提供检算地基稳定性的强度指标。

3）花岗岩残积土

（1）根据砾石含量，将花岗岩残积土划分为砾质黏性土、砂质黏性土和黏性土；根据稠度状态，划分硬塑、可塑、软塑残积土。

（2）选择挖探、钻探、原位测试等方法进行勘探。应查明路堤段内残积土层中的地下水位及动态变化情况，确定因浸泡而软化的残积土的分布特征。

（3）地形横坡坡度小于1：2.5时的路堤，按一般路基要求进行勘察设计；地形横坡坡度大于1：2.5时，按陡坡路堤要求进行勘察设计，提供检算改扩建地基稳定性的强度指标。

4）填土

（1）改扩建公路路基范围内的填土主要是既有公路施工时的弃土。通过地质调查、微地貌对比分析，结合钻探工作，确定填土的分布特征。

（2）通过溯源调查和室内试验，评价填土是否为特殊性土。

（3）查明填土底面原地面的横坡坡度。当坡度陡于1：1.25时，应评价填土作用对坡体的影响；当坡度大于1：5时，提供检算改扩建地基稳定性的强度指标。

3. 不良地质地段路堤

1）岩溶区路堤

（1）搜集和分析既有路基的岩溶勘察资料、施工方案及运营期内路基的变形状况，评价处治方案的有效性和可利用性。

（2）调查路线走廊带内岩溶管道排水的畅通性，避免在极端降雨条件下路基淹没。

（3）采用工程物探、钻探、地质调绘相结合的综合勘察方法，查明改扩建路基范围内第四纪覆盖层的地质特征、岩溶发育特征、岩溶充填物特征及地下水动力特征。根据上述特征，综合分析评价地基的整体稳定性、提供处治建议。

（4）查明地表岩溶泉、溶蚀洼地等岩溶负地形内出水点的水量及其动态变化特征，提供岩溶水处治建议。

2）采空区路堤

（1）搜集和分析既有路基的采空区勘察资料、施工方案及运营期内路基的变形监测资料，评价勘察方法和处治方案的有效性和可利用性。

（2）根据现行《煤矿采空区岩土工程勘察规范》GB 51044、《采空区公路设计与施工技术规范》JTG/T 3331—03、《建筑物、水体、铁路及主要井巷煤柱留设与压煤开采规范》，分析判定地基的稳定性。

（3）查明含矿地层的分布特征、开采状况及既有路基的处理范围，确定扩建路基处理范围。

（4）公路采空区地表变形应符合表 2.6-20 规定，当地表变形不满足要求时，对采空区进行处治设计。

公路采空区地表变形容许值　　　　　　　　　　表 2.6-20

公路等级	地表倾斜/（mm/m）	水平变形/（mm/m）	地表曲率/（mm/m²）
高速公路、一级公路	≤3.0	≤2.0	≤0.2
二级及二级以下公路	≤6.0	≤4.0	≤0.3

（5）采空区勘察以钻探和地质调绘为主，辅以物探工作。钻探应全孔取芯，采取有效的钻探工艺保证岩土芯采取率，垮落带（冒落带）和断裂带（裂隙带）的采取率分别不小于 40% 和 60%。

（6）勘察成果包括采空区特征分析、采空区稳定性分析和变形预测、采空区场地对拟建公路或构造物的适宜性评价及处治与监测建议。

3）滑坡区路堤

（1）搜集和分析既有滑坡的勘察资料、处治方案及运营期内的位移监测资料，评价既有滑坡的现状稳定性。

（2）改扩建路堤不应设置在既有滑坡体上，可设置在滑坡体前缘外侧，以不扰动既有滑坡为原则。

（3）改扩建路堤不应改变既有滑坡的地表排水系统。

（4）改扩建路堤对既有滑坡的稳定性有影响时，进一步研究路线方案的地质适宜性。

4）泥石流堆积区路堤

（1）搜集和分析泥石流的勘察资料、处治方案及运营期内的位移监测资料，评价既有工程措施的有效性，评价泥石流堆积区构筑物的稳定性。

（2）改扩建路堤应设置在既有路线或支挡工程的下游一侧，以不扰动既有泥石流堆积区为原则。

（3）改扩建路堤不应改变既有泥石流堆积区的地表排水系统。

（4）改扩建路堤对既有泥石流堆积区的稳定性有影响时，应进一步研究路线方案的地质适宜性。

4.陡坡地段路堤

（1）搜集和分析既有陡坡段的勘察资料、支挡结构物施工方案等资料，评价既有陡坡及路堤的现状稳定性。

（2）路堤和地基整体稳定性计算包括改扩建路堤和既有路堤，改扩建路堤不应弱化既有路堤的整体稳定性。否则，应加强防护方案设计或优化路线方案。

（3）当陡坡地基中存在外倾结构面、外倾风化界面或软弱夹层时，视为潜在不稳定斜坡。应提供检算整体稳定性的强度参数，整体稳定安全系数应满足表 2.6-21 要求。

陡坡路堤稳定安全系数　　　　　　　　　　表 2.6-21

分析内容	地基强度指标	分析工况	稳定安全系数	
			二级及二级以上公路	二级以下公路
路堤沿斜坡地基或软弱层滑动的稳定性	直剪固结快剪、三轴固结不排水剪	正常工况	1.30	1.25
		非正常工况 I	1.20	1.15
		非正常工况 II	≥1.10	≥1.05

5.不良地质地段路堑

1）潜在不稳定边坡段

（1）重点研究斜坡体的地质结构。坡体的地质结构指组成边坡的岩土体的结构构造特征、风化特征、岩体结构面分布及其组合特征、水文地质特征等影响坡体稳定性的内在地质特征。以地质结构为基础，以环境条件的改变（开挖卸荷、堆载、地表水与地下水作用）为前提，遵循"以定性分析为基础、定量计算为手段"的原则，对坡体的现状稳定性及变形趋势进行工程地质分析与评价。

（2）稳定度小于规范要求值的自然斜坡或人工边坡称为潜在不稳定斜（边）坡。此类斜（边）坡由于其安全储备不足，在环境条件改变时容易发生变形或破坏，应加强防护。

（3）潜在不稳定边坡段的路线改扩建应充分利用既有边坡的防护加固工程措施，尽量减少坡体的开挖范围，采用"预加固、陡坡率、少开挖、多利用"的原则拓宽既有路堑。

2）既有滑坡段

（1）搜集和分析既有滑坡的勘察资料、处治方案及运营期内的位移监测资料，查明滑坡体的几何特征、滑动破坏机制及现状稳定性，评价改扩建对既有滑坡稳定性的影响。

（2）尽量避免在滑坡周界内开挖路堑边坡，以免诱发滑坡复活；必须开挖时，对滑坡体增加支挡工程。

（3）改扩建路堑不应改变既有滑坡的地表排水系统。

6.既有高边坡段路堑

（1）充分利用既有高边坡的勘察资料，按改扩建方案开展补充勘察工作。

（2）评价坡体的结构特征和水理性特征。对特殊性岩土高边坡，进行专项勘察。

（3）利用前期的岩土物理力学指标时应进行验算分析，并应考虑运营期间强度指标可能的变化情况。

（4）对具有高液限性或膨胀性的土质高边坡、软岩边坡，原则上应尽量少破坏既有工程防护，避免削皮式"开挖"，而采用坡脚支挡后再拓宽路基的方案。

（5）对整体稳定性较好的硬质岩高边坡，采用"预加固、陡坡率、少开挖"原则，尽量减少对上边坡的扰动。

7. 支挡工程

（1）改扩建路基或不良地质体处治的支挡工程，如挡土墙、抗滑桩等，其勘察技术要求、工作量布置均按新建公路执行。

（2）利用既有支挡工程时，应根据改扩建后的荷载及岩土物理力学指标的变化情况，检算整体稳定性。

6.5.4 桥梁工程

1. 既有桥梁地基评价

（1）搜集和分析既有桥梁的勘察资料、施工方案及位移监测资料。评价地基的均匀性、整体稳定性。

（2）对设置改扩建桥梁后整体稳定性不满足规范要求的陡坡地段地基，首先调整桥位方案予以绕避，其次再研究加固处治方案来提高整体稳定系数。

2. 改扩建桥梁基础形式适宜性评价

（1）改扩建桥梁的基础形式应结合地基条件、拟采用的施工工艺及既有基础形式综合确定，以尽量减少对既有基础下岩土层的扰动或损伤为原则。

（2）当存在扰动风险时，首先对既有基础采用隔离、补强等预防护工程措施。

（3）既有桥梁采用浅基础时，改扩建桥梁可优先考虑桩基础。一是利于将荷载向深部传递，减小既有地基中的附加应力；二是减少开挖工程量，避免对既有地基的扰动。

（4）岩溶发育区评价施工过程中发生地基塌陷的风险，采用注浆等预加固措施保护既有地基，并要求改扩建桥梁基础采用合适的施工工艺。

（5）深厚软土区、砂土区评价施工过程中的扰动影响，可采用局部隔离等防护措施保护既有地基。

3. 改扩建桥梁勘探

（1）对均匀性较好的地基，在利用既有勘察资料的基础上，适当补充勘察工作，以满足设计要求为原则。

（2）对均匀性较差的地基，如岩溶发育、差异风化强烈、地质构造发育等，以钻探为主、其他方法为辅，加强勘察工作，逐桩评价地基条件。

（3）钻孔勘探深度以持力层满足基础的变形和稳定性要求为原则。

6.5.5 隧道工程

1. 既有隧道边仰坡稳定性评价

（1）调查和分析地形地貌特征、地质结构特征及不良地质分布特征。

（2）评价既有结构防护工程的有效性和坡体的整体稳定性。

（3）评价地表既有排水系统的完整性和有效性。

（4）当洞口存在反压护坡体时，应评价反压体的现状稳定性，并建议反压体与改扩建隧道的合理间距。

（5）当洞口存在棚洞、明洞等防护工程时，应评价其地基稳定性，并建议与改扩建隧道的合理间距。

2. 既有隧道围岩不良地质处治评价

（1）对比分析既有隧道勘察资料、施工资料，分析围岩级别的修正情况、不良地质分布范围的调整情况及变化原因。

（2）调查施工及运营过程中不良地质（如岩溶、坍塌、突水突泥等）的处治过程，评价处治方案的有效性和可类比性。

（3）调查施工过程中单日平均涌水量、单日最大涌水量、突水时水压力，划分水文地质单元，评价水文地质参数。

（4）调查分析隧道岩溶富水段、导水及富水断裂带与地表水体的水力联系，评价施工安全风险。

（5）搜集施工过程中超前地质预报资料，分析预报精度，评价预报方法的有效性和可改进性。

3. 改扩建隧道勘察

（1）公路改扩建中的隧道工程，一般沿既有隧道一侧修建，按新建隧道开展勘察。

（2）综合分析地形地貌条件、既有隧道工程地质条件及不良地质分布特征，建议新建隧道与既有隧道的合理安全距离，以利于两端路线设计。

（3）在复核既有隧道的地层、地质构造、水文地质等分布特征的基础上，充分利用已有勘察工作量，采用物探、钻探等综合勘察方法，有针对性地布置勘察工作，查明地质条件。

（4）结合既有隧道不良地质的处治、施工中围岩级别的修正情况，综合分析围岩地质条件，评价施工安全风险、工程地质灾害风险，并提供预防风险的地质建议。

6.6　勘察报告

6.6.1　一般要求

1. 公路工程地质勘察报告，应按不同勘察设计阶段进行编制。

2. 公路工程地质勘察报告包括总报告和工点报告，由文字说明和图表部分组成。

（1）工程地质勘察总报告文字说明包括前言、自然地理概况、工程地质条件、总体工程地质评价、路线工程地质评价、路线走廊带或路线方案工程地质比选、结论与建议；总报告图表包括路线综合工程地质平面图、路线综合工程地质纵断面图、工程地质层组岩土物理力学指标统计表、不良地质和特殊性岩土一览表等。文字说明中的附图包括沿线地层综合柱状图、区域地质图、地震动参数区划图，附表包括勘察工点及勘探测试点一览表、物探工作一览表等。

（2）工点工程地质勘察报告应包括勘察概述、场地工程地质条件、工程地质特征与评价、结论与建议、图表及附件。

3. 对工程地质条件简单的一般路基、涵洞、通道等小型工点，可列表说明工程地质条件。

6.6.2 可行性工程地质勘察报告

可行性工程地质勘察报告的编制内容和图表应反映出控制路线走廊带及控制性重点工程的宏观地质概况，为优选走廊带方案提供地质依据。具体包括下列内容：

（1）对公路沿线的地形地貌、地层岩性、地质构造、水文地质条件、新构造运动、地震动参数等基本地质条件进行说明。

（2）对不良地质和特殊性岩土应阐明其类型、性质、分布范围、发育规律及其对公路工程的影响和避开的可能性。

（3）当路线通过区域性蓄水构造或地下水排泄区时，应对路线方案有重大影响的水文地质及工程地质问题进行充分论证、评价，且对工程项目建设可能引发的地质灾害和环境工程地质问题进行分析、预测，评估其对公路工程和环境的影响。

（4）特大桥及大桥、山岭区特长隧道及长隧道、水下隧道等控制性工程，结合工程方案的论证、比选，对工程地质条件进行说明、评价，并提供工程方案研究所需的岩土参数。

6.6.3 初步工程地质勘察报告

初步工程地质勘察报告的编制内容和图表初步反映各路线方案的工程地质条件、控制性重点工程、影响路线方案的不良地质和特殊性岩土，为路线方案比选和初步设计文件编制提供工程地质资料。具体包括下列内容：

（1）一般路基基底有软弱层发育的填方路段，需评价路堤产生过量沉降、不均匀沉降及剪切滑移的可能性；挖方路段有外倾结构面时，需评价边坡产生滑动的可能性。

（2）对高路堤工程建设场地的适宜性进行评价，分析、评估高路堤产生过量沉降、不均匀沉降及地基失稳导致路堤产生滑动的可能性。

（3）对陡坡路堤设置路段的工程地质条件进行说明，对工程建设场地的适宜性进行评价，分析、评估陡坡路堤沿斜坡产生滑动的可能性。

（4）对深路堑设置路段的工程地质条件进行说明，对工程建设场地的适宜性进行评价，按相关规范划分边坡岩体类型、工程等级，评价边坡工程岩体及结构面的力学参数，分析路堑边坡的稳定性，提出边坡防护工程的建议。

（5）对支挡工程设置路段的工程地质条件进行说明，对边坡、基底的稳定性进行分析、评价。

（6）对涵洞、通道设置路段的工程地质条件进行说明，基底存在软弱层时，需评价地基产生过量沉降和不均匀沉降的可能性；有泥石流等不良地质发育时，需对不良地质的类型、规模、发育规律等进行说明，评价其对工程的影响。

（7）对桥位的工程地质条件进行说明，需对工程建设场地的适宜性进行评价；斜坡地带的桥梁，应分析斜坡的稳定性及对桥梁工程的影响；发育危岩、崩塌的桥位，应分析、评估危岩、崩塌对桥梁工程的影响；受水库水位变化及潮汐和河流冲刷影响的桥位，应分析岸坡、河岸的稳定性；含煤地层、采空区、气田等地区的桥位，应分析、评估有害气体对工程建设的影响；锚碇基础应分析、评价基础工程施工对环境的影响。

（8）对钻爆隧道的水文地质及工程地质条件进行说明，分段评价隧道的围岩级别；分析隧道进出口地段边坡的稳定性及形成滑坡等地质灾害的可能性；分析高应力区岩石产生岩爆和软质岩产生围岩大变形的可能性；对傍山隧道产生偏压的可能性进行评估；分析隧道通过蓄水构造、断裂带、岩溶等不良地质地段时产生突水、突泥、塌方的可能性;隧道通过煤层、气田、含盐地层、膨胀性地层、有害矿体、富含放射性物质的地层时,分析有害气体(物质)对工程建设的影响;对隧道的地下水涌水量进行分析计算;评估隧道工程建设对当地环境可能造成的不良影响及隧道工程建设场地的适宜性。

(9)对盾构隧道的工程地质条件进行说明,对工程建设场地的适宜性及稳定性进行评价;分析隧道在高灵敏度软土地层中施工因土层流动造成开挖面失稳的可能性;分析含承压水砂土层因突发性涌水、流砂形成空洞,引起地面大范围塌陷和沉降的可能性;分析在岩溶发育带、节理密集带、风化槽、断裂带的富水性及在施工过程中发生突水、突泥、刀具断裂、盾构姿态变化的可能性;分析有害气体、放射性岩体的危害;分析、评估对高塑性黏土地层,含孤石、漂石、卵石地层在施工过程中存在的地质问题。

(10)对沉管隧道的工程地质条件进行说明,对沉管隧道、干坞、人工岛等工程建设场地的适宜性和稳定性进行评价;分析沉管隧道地基的均一性及产生工后沉降和不均匀沉降的可能性;分析基槽边坡的稳定性;分析干坞地基产生不均匀沉降的可能性和基坑边坡的稳定性;评价饱和砂土、粉土液化的可能性。

(11)对沿线筑路材料,按材料类别对其质量、数量、开采方法和运输条件进行评价,提出建议采用的料场。

6.6.4 详细工程地质勘察报告

详细工程地质勘察报告的编制内容和图表应详细阐明路线、构造物的工程地质条件;对不良地质和特殊性岩土进行详细分析、评价,提出处理建议;为施工图设计文件编制提供工程地质资料。具体内容参见初步工程地质勘察报告的编制内容和图表要求。

6.6.5 技术设计阶段工程地质勘察报告

技术设计阶段工程地质勘察报告的编制,按施工图设计阶段工程地质勘察报告的编制要求执行。具体内容参见初步工程地质勘察报告的编制内容和图表要求。

6.6.6 改扩建公路工程地质勘察报告

改扩建公路的工程地质勘察报告应综合分析和利用原有工程地质勘察资料,结合新增的勘察资料及工程运营阶段出现的新的工程地质问题,编制相应勘察阶段改扩建公路的工程地质勘察报告。

6.6.7 沿线设施工程地质勘察报告

对公路沿线的管理区、养护工区、服务区、收费站、停车场等沿线设施的工程地质勘察报告的编制按现行《岩土工程勘察规范》GB 50021 及相关的报告编制办法执行。

参考文献

[1] 中华人民共和国住房和城乡建设部. 工程勘察通用规范: GB 55017—2021[S]. 北京: 中国建筑工业出版社, 2021.

[2] 中华人民共和国住房和城乡建设部. 安全防范工程通用规范: GB 55029—2022[S]. 北京: 中国建筑工业出版社, 2022.

[3] 中华人民共和国交通运输部. 公路工程地质勘察规范: JTG C20—2011[S]. 北京: 人民交通出版社, 2011.

[4] 中华人民共和国交通运输部. 公路工程技术标准: JTG B01—2014[S]. 北京: 人民交通出版社, 2014.

[5] 中华人民共和国交通运输部. 公路勘测规范: JTG C10—2007[S]. 北京: 人民交通出版社, 2007.

[6] 中华人民共和国住房和城乡建设部. 建筑工程地质勘探与取样技术规程: JGJ/T 87—2012[S]. 北京: 中国建筑工业出版社, 2012.

[7] 中华人民共和国住房和城乡建设部. 建筑地基基础设计规范: GB 50007—2011[S]. 北京: 中国建筑工业出版社, 2012.

[8] 中华人民共和国交通运输部. 公路工程地质原位测试规程: JTG 3223—2021[S]. 北京: 人民交通出版社, 2021.

[9] 中华人民共和国交通运输部. 公路土工试验规程: JTG 3430—2020[S]. 北京: 人民交通出版社, 2020.

[10] 中华人民共和国交通运输部. 公路工程岩石试验规程: JTG 3431—2024 [S]. 北京: 人民交通出版社, 2024.

[11] 中华人民共和国交通运输部. 公路工程集料试验规程: JTG 3432[S]. 北京: 人民交通出版社, 2024.

[12] 中华人民共和国交通运输部. 公路路基设计规范: JTG D30—2015[S]. 北京: 人民交通出版社, 2015.

[13] 中华人民共和国交通运输部. 公路桥涵设计通用规范: JTG D60—2015[S]. 北京: 人民交通出版社, 2015.

[14] 中华人民共和国交通运输部. 公路桥涵地基与基础设计规范: JTG 3363—2019[S]. 北京: 人民交通出版社, 2019.

[15] 中华人民共和国交通运输部. 公路隧道设计规范 第一册 土建工程: JTG 3370.1—2018[S]. 北京: 人民交通出版社, 2018.

[16] 中华人民共和国交通运输部. 公路桥梁抗震设计规范: JTG/T 2231—01—2020[S]. 北京: 人民交通出版社, 2020.

[17] 中华人民共和国交通运输部. 公路工程抗震规范: JTG B02—2013[S]. 北京: 人民交通出版社, 2013.

[18] 中华人民共和国交通运输部. 公路工程物探规程: JTG/T 3222—2020[S]. 北京: 人民交通出版社, 2020.

[19] 中华人民共和国交通运输部. 公路工程地质遥感勘察规范: JTG/T C21-01—2005[S]. 北京: 人民交通出版社, 2005.

[20] 中华人民共和国交通运输部. 公路工程水文勘测设计规范: JTG C30—2015[S]. 北京: 人民交通出版社, 2015.

[21] 中华人民共和国建设部. 岩土工程勘察规范 (2009 年版): GB 50021—2001[S]. 北京: 中国建筑工业出版社, 2009.

[22] 国家铁路局. 铁路工程地质勘察规范: TB 10012—2019[S]. 北京: 中国铁道出版社, 2019.

[23] 化建新, 张苏民, 黄润秋, 等. 城市环境与地质问题研究现状与发展[J]. 工程地质学报, 2006(6): 739-742.

[24] 化建新, 张宝龙, 王玉霞. 复合地基技术及应用[J]. 岩土工程技术, 2001(2): 73-79.

[25] 张金平. 公路挖方边坡勘察土石比例划分研究[J]. 西部探矿工程, 2021, 33(9): 15-18.

[26] 张金平. 某高速公路边坡蠕动滑坡滑动面的综合确定[J]. 路基工程, 2017(4): 16-20.

[27] 张修杰, 程小勇. 岩浆岩地区深埋特长隧道涌水量预测及差异分析[J]. 中外公路, 2020, 40(S2): 188-194.

[28] 张修杰, 王成中, 林少忠. 风化花岗岩地区公路高边坡病害特征及对策研究[J]. 灾害学, 2019, 34(S1): 109-112.

[29] 《工程地质手册》编委会. 工程地质手册[M]. 5 版. 北京: 中国建筑工业出版社, 2018.

[30] 《岩土工程手册》编委会. 岩土工程手册[M]. 北京: 中国建筑工业出版社, 1994.

[31] 《铁路工程地质手册》编委会. 铁路工程地质手册[M]. 2 版. 北京: 中国铁道出版社, 2018.

[32] 《水文地质手册》编委会. 水文地质手册[M]. 2 版. 北京: 地质出版社, 2018.

[33] 韩行瑞. 岩溶水文地质学[M]. 北京: 科学出版社, 2015.

第 7 章　机场工程岩土工程勘察

7.1　机场工程基础知识

7.1.1　机场的分类

机场是供航空器起飞、降落和地面活动而划定的一块地域或水域，包括域内的各种建筑物和设备装置。机场可分为军用机场、民用机场和军民合用机场，民用机场主要分为运输机场和通用航空机场，此外，还有供飞行培训、飞机研制试飞、航空俱乐部等使用的机场。

本章主要介绍民用机场和军民合用机场中民用部分的岩土工程勘察相关内容。军用机场和军民合用机场中军用部分的岩土工程勘察执行现行《军用机场勘测规范》GJB 2263A 的规定。

7.1.2　机场的组成

民用机场主要由飞行区、航站区和工作区三个功能区组成。

1. 飞行区

飞行区是供飞机起飞、着陆、滑行和停放使用的场地，包括跑道、升降带、跑道端安全区、滑行道、机坪、机场净空以及机场周边对障碍物有限制要求的区域。

各部分的定义如下：

跑道：陆地机场内供飞机起飞和着陆使用的特定长方形场地。

升降带：飞行区中跑道和停止道（如设置）中线及其延长线两侧的特定场地，用以减少飞机冲出跑道时遭受损坏的危险，并保障飞机在起飞或着陆过程中在其上空安全飞行。

跑道端安全区：对称于跑道中线延长线、与升降带端相接的特定地区，用以减少飞机在跑道外过早接地或冲出跑道时遭受损坏的危险，同时使冲出跑道的飞机能够减速、提前接地的飞机能够继续进近或着陆。

滑行道：在陆地机场设置供飞机滑行并将机场的一部分与其他部分之间连接的规定通道，包括平行滑行道、快速出口滑行道、联络道等。

机坪：机场内供飞机上下旅客、装卸货物或邮件、加油、停放或维修使用的特定场地，根据使用功能可分为客机坪、货机坪、维修及停机坪。此外机坪还包括等待坪、防吹坪、净空道、停止道等。

等待坪：跑道端部附近，供飞机等待或避让的一块特定场地，用以提高飞机地面活动效率。

防吹坪：紧邻跑道端部、用以降低飞机喷气尾流或螺旋桨洗流对地面侵蚀的场地。

净空道：经过修整的使飞机可以在其上空初始爬升到规定高度的特定长方形场地或水面。

停止道：在可用起飞滑跑距离末端以外供飞机在中断起飞时能在其上停住的特定长方

形场地。

机场净空：为保障飞机起降安全而规定的障碍物限制面以上的空间，用以限制机场及其周围地区障碍物的高度。

民用机场飞行区的组成见图 2.7-1。

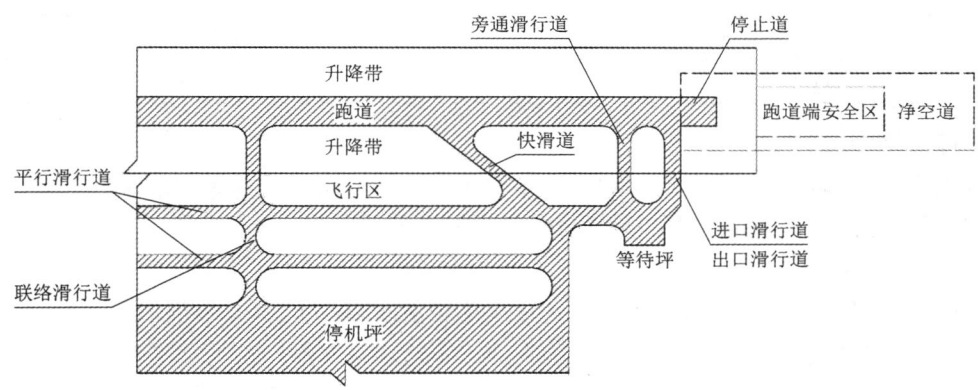

图 2.7-1 民用机场飞行区的组成

2. 航站区

航站区是机场陆、空交换区域陆侧部分的统称，包括航站楼（候机楼）、管制中心、停车楼（场）、航站交通及服务设施等。

3. 工作区

工作区是指除飞行区、航站区外，机场其他区域的统称，包括机场办公区、综合保障区、机场货运区、生活服务区等。

7.1.3 飞行区的分级

为了使得机场各种设施的技术要求与飞行的飞机性能相适应，民用机场飞行区用两个指标进行分级，见表 2.7-1。

民用机场飞行区等级指标　　　　　　　　　　表 2.7-1

飞行区等级指标 I		飞行区等级指标 II		
代码	飞机基准飞行场地长度/m	代字	翼展/m	主起落架外轮外侧边间距/m
1	< 800	A	< 15	< 4.5
2	800～1200（不含）	B	15～24（不含）	4.5～6.0（不含）
3	1200～1800（不含）	C	24～36（不含）	6.0～9.0（不含）
4	≥ 1800	D	36～52（不含）	9.0～14.0（不含）
	—	E	52～65（不含）	9.0～14.0（不含）
	—	F	65～80（不含）	14.0～16.0（不含）

7.1.4 机场跑道组成

机场跑道由道面结构层和道基组成。

1. 机场跑道道面结构层分类

我国民航机场的跑道道面结构层主要为水泥混凝土道面和沥青道面两种。水泥混凝土道面属于刚性道面，沥青道面属于柔性道面。水泥混凝土道面和沥青道面均属于高级道面。

机场跑道道面结构层分类见表 2.7-2。

机场跑道道面结构层分类 表 2.7-2

划分依据	分类
道面构成材料	水泥混凝土道面、沥青道面
道面使用品质	高级道面、中级道面、低级道面
道面力学特性	刚性道面、柔性道面

2. 道面结构层

因飞机荷载和自然环境对道面的影响随着深度的增加而逐渐减弱，道面结构层按照使用要求、受力状况、道基条件和自然因素的不同影响程度，自上而下可进一步细分为面层、基层和垫层（有时不设）。

面层：直接承受飞机荷载作用和自然环境（降水和温度）影响的结构层，具有较高的结构强度和荷载扩散能力，良好的温度稳定性，不透水、耐磨、抗滑和平整的表面。面层可由一层或数层组成。按照组成面层的材料，主要分为水泥混凝土面层和沥青面层。

基层：主要起承重（扩散荷载）作用，具有足够的强度、刚度、水稳性、抗冻性和抗冲刷性。基层有时设两层，分为基层和底基层。常用材料有各种结合料（水泥、沥青等）的稳定土或碎（砾）石混合料，掺加工业废渣的无机结合料稳定土或碎石，各种碎（砾）石混合料或天然砂砾，贫混凝土或碾压混凝土等。

垫层：不是必须设置的结构层，一般在地基土质较差和（或）水稳状况不良时设置，起排水、隔水、防冻等作用，具有良好的水稳定性和抗冻性。常用材料有无机结合料稳定类材料、级配碎石、砂砾等。

3. 道基

道基是道面下受飞机（或车辆）和道面荷载产生的附加应力影响的一定深度范围内的天然地基或人工填筑土（岩）体地基。道基与地基并不等同，二者的关系见图 2.7-2。

道基需密实、均匀、稳定，处于干燥或中湿状态，应防止地表水、地下水和冰冻对道基性能的影响。

道基顶面以下 1.2m（飞行区指标 Ⅱ 为 E、F）或 0.80m（飞行区指标 Ⅱ 为 A、B、C、D）的道基部分称为道床。道床可细分为上道床（0～0.30m）和下道床（0.30～1.20m 或 0.30～0.80m）。

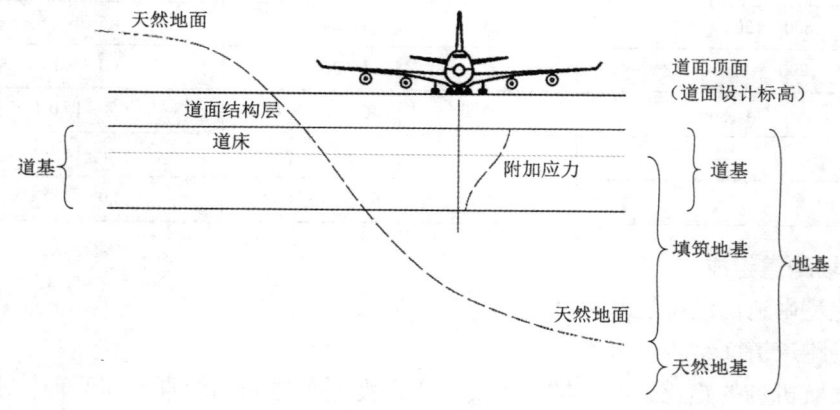

图 2.7-2 道基与地基

7.1.5　机场跑道的荷载作用

本节内容可扫描二维码 M2.7-1 阅读。

M2.7-1

7.1.6　机场道基设计指标

本节内容可扫描二维码 M2.7-2 阅读。

M2.7-2

7.1.7　机场工程岩土分类

民用机场工程岩土分类执行现行《岩土工程勘察规范》GB 50021 的规定。

7.1.8　机场工程勘察等级划分

民用机场工程勘察分级，应根据机场的场地复杂程度、地基等级和飞行区指标，按表 2.7-3～表 2.7-5 综合分析确定。

民用机场场地复杂程度划分　　　　　　表 2.7-3

场地类别	划分条件
一级场地 （复杂场地）	符合下列条件之一者：①抗震设防烈度等于或大于 8 度，分布有潜在地震液化可能性砂土、粉土层的地段；②不良地质作用强烈发育；③地质环境已经或可能受到强烈破坏；④地形地貌复杂或飞行区填方高度大于等于 20m；⑤滩涂或填海造地场地
二级场地 （中等场地）	符合下列条件之一者：①抗震设防烈度等于 7 度，分布有潜在地震液化可能性砂土、粉土层的地段；②不良地质作用一般发育；③地质环境已经或可能受到一般破坏；④地形地貌较复杂或飞行区填方高度大于或等于 10m
三级场地 （简单场地）	符合下列条件者：①抗震设防烈度等于或小于 6 度的场地；②不良地质作用不发育；③地质环境基本未受破坏；④地形地貌简单或飞行区填方高度小于 10m

注：从一级场地开始，向二级场地、三级场地推定，以最先满足的为准。

民用机场地基等级划分　　　　　　表 2.7-4

地基类别	划分条件
一级地基	符合下列条件之一者：①岩土种类多，性质变化大，地下水对工程影响大，且需特殊处理；②软弱土、湿陷性土、膨胀土、盐渍土、多年冻土等特殊性岩土，以及其他情况复杂，需作专门处理的岩土
二级地基	符合下列条件之一者：①岩土种类较多，性质变化较大，地下水对工程有不利影响；②除一级地基规定以外的特殊性岩土
三级地基	符合下列条件者：①岩土种类单一，性质变化不大，地下水对工程无影响；②无特殊性岩土

注：从一级地基开始，向二级地基、三级地基推定，以最先满足的为准。

民用机场工程勘察等级划分　　　　　　表 2.7-5

勘察等级	确定勘察等级的条件		
	场地复杂程度	地基等级	飞行区指标Ⅱ
甲级	一级场地（复杂场地）	一级、二级、三级	C、D、E、F

续表

勘察等级	确定勘察等级的条件		
	场地复杂程度	地基等级	飞行区指标Ⅱ
甲级	二级场地（中等场地）	一级	C、D、E、F
		二级、三级	E、F
	三级场地（简单场地）	一级	C、D、E、F
		二级、三级	E、F
乙级	二级场地（中等场地）	二级	C、D
		三级	C、D
	三级场地（简单场地）	二级	C、D
丙级	三级场地（简单场地）	三级	C

7.2　机场工程阶段性勘察

7.2.1　选址勘察

民航机场工程一般都是大型工程，选址勘察是非常重要的环节，一般通过对多个候选场址工程地质资料的对比分析，对拟选场址的稳定性和适宜性作出工程地质评价。

选址勘察阶段以收集资料、工程地质调查、现场踏勘为主，对地形、地貌、地质条件较复杂的机场场址，应辅助工程地质测绘；场址条件复杂时，对主要设施和代表性地段应进行必要的勘探，布置少量钻探或坑探。

选址勘察一般开展气象条件调查、工程地质测绘与调查等工作，必要时可开展工程地质勘察工作。

1.选址勘察任务

选址勘察阶段应完成下列主要任务：

（1）收集区域地质、工程地质、水文地质和地震地质等有关资料，了解场址范围内的地层分布、岩性特征、地下水条件、构造特点、地震效应和不良地质作用等情况。

（2）从地质构造、地震环境角度，分析评价场址的稳定性。

（3）初步调查场址的特殊性岩土和不良地质作用，分析对机场工程的影响。

（4）进行初步的机场环境工程地质评价和地质灾害预测，对不良地质的防治措施进行初步分析。

（5）对场址的稳定性作出评价，并对机场建设的适宜性作出初步评价。

2.气象条件调查

调查场址及其附近区域的气象条件，统计不少于最近连续 10 年（特殊地区不少于 5年）的各风向频率、最高气温、降水量和蒸发量的多年平均值。

统计影响机场能见度和飞行安全的气象资料，以年出现坏天气日数表示，如：低能见度（按能见度小于 400m、400～800m、800～1200m 分别统计）、低云（按云高低于 400m、400～800m 分别统计）、沙尘暴、雷暴、龙卷风、风切变和强烈降水等。

3.工程地质测绘与调查

工程地质测绘与调查，宜包括下列内容：

（1）初步调查预选场址的区域构造、抗震设防烈度和地震历史情况，判断有无影响场区稳定性的活动断裂或强地震环境。

（2）初步调查预选场址的岩溶、滑坡、崩塌、泥石流、地下采空区等不良地质作用，分析对机场工程的危害程度，对场址的稳定性作出初步评价。

（3）初步调查预选场址地层岩性、特殊性岩土和水文地质等条件，初步分析机场工程建设可能遇到的岩土工程问题。

（4）初步调查地下水的类型，含水层的岩性特征、埋藏深度、污染情况及其与地表水体的关系。

（5）初步调查场址附近的自然水系、水灾情况（包括水灾原因、淹没范围、持续时间等）、水利建设情况。

（6）初步收集气象、水文、植被、土的标准冻结深度等资料。

（7）调查有无地磁异常和影响机场修建的矿藏资源。

4. 工程地质勘察

1）有下列情况之一的，应在选址勘察阶段进行必要的工程地质勘察：

（1）场地复杂程度为一级或二级。

（2）地基等级为一级或二级。

（3）飞行区指标 Ⅱ 为 D、E、F。

（4）场址或场址附近没有可供参考的勘察资料。

2）选址勘察阶段的工程地质勘察工作应符合下列要求：

（1）了解场址岩土类型、成因、地质年代、分布规律及一般物理力学性能指标。

（2）了解场址地形特征、地貌类型。

（3）了解场址环境工程地质概况，进行环境工程地质评价和地质灾害预测，初步提出防治和监测措施。

（4）了解场址主要地质构造类型；了解有无断裂带，判定断裂带的活动性，评价场址的稳定性和断裂带对机场工程的影响。

（5）了解场址有无特殊性岩土和需进行处理的岩土工程问题。

（6）初步提供地基处理设计所需的岩土参数实测值或经验值。

3）勘探点、线的布置

（1）勘探点宜布置在跑道中心线、典型地貌单元及拟建航站区。

（2）根据场地复杂程度和地基等级，跑道中心线上勘探点间距可采用 600～1000m。

4）勘探深度

勘探深度应符合下列规定：

（1）基岩埋藏较浅时，钻孔深度可至中、微风化基岩内 1～3m；基岩埋藏较深时，钻孔深度可至较硬的稳定土层 3～5m。探坑深度根据实际情况确定。

（2）查明地质构造的钻孔深度，按实际需要确定。

5）室内试验及原位测试

室内试验与原位测试应符合下列要求：

（1）钻孔和探坑竖向取土样间距，应按地层特点和岩土的均匀程度确定，主要岩土层应取样。

（2）室内试验与原位测试工作内容应根据岩土类别确定，提供工程分析评价所需参数。

7.2.2　初步勘察

初步勘察阶段，应按勘察任务书要求，采取合适的勘察方法和手段，对机场全场进行勘察。初步勘察宜按飞行区、航站区和工作区分别进行勘察。

初步勘察一般开展工程地质测绘与调查、工程地质勘察、水文地质勘察等工作。

1. 初步勘察任务

初步勘察阶段应完成下列主要任务：

（1）对机场建设的场地适宜性，从区域地质、水文地质、工程地质和环境工程地质条件角度，进行深入的分析与评价。

（2）进行机场环境工程地质评价和地质灾害预测，初步提出不良地质作用的防治和监测措施建议。

（3）对不良地质体和特殊性岩土作出初步分析、评价及处理建议。

（4）在抗震设防烈度等于和大于7度的场地，对场地和地基的地震效应作出初步评价。

（5）提出场地的初步岩土工程资料和主要的岩土设计参数。

（6）评价场地稳定性和适宜性，对主要岩土工程问题提出技术解决方案的初步建议。

2. 工程地质测绘与调查

工程地质测绘与调查，宜包括下列内容：

（1）调查研究地形、地貌特征，划分地貌单元，分析各地貌单元的形成过程及其与地层、构造、不良地质作用的因果关系。

（2）查明场地主要地质构造、新构造活动的形迹及其与地震活动的关系。

（3）初步查明岩土的年代、成因、性质、厚度和分布范围，以及各种特殊性岩土的类别和工程地质特征。

（4）初步查明岩体结构类型、风化程度、各类结构面（尤其是软弱结构面）的产状和性质，岩、土接触面和软弱夹层的特性等。

（5）初步查明场地土的标准冻结深度和冻土性质等。

（6）调查岩溶、洞穴、滑坡、崩塌、泥石流、冲沟、地面沉降、断裂、地震震害、地裂缝、场地的地震效应、岸边冲刷等不良地质作用的形成、分布、形态、规模、发育程度及其对工程建设的影响。

（7）调查人类活动对场地稳定性的影响，包括大挖大填、河流改道、人工洞穴、地下采空、灾害防治、抽水排水和水库诱发地震等。

（8）调查场地地下水的类型、补给来源、排泄条件、历年最高地下水位，尤其是近3～5年最高地下水位，初步确定水位变化幅度和主要影响因素，并实测地下水位；必要时应设长期观测孔。

（9）调查场地附近的河流、水系、水源及水的流向、流速、流量、常水位，洪水位及其发生时间、淹没范围。

（10）收集气象、水文、植被及建筑材料等资料。

3. 工程地质勘察

1）初步勘察阶段工程地质勘察应包括下列主要内容：

（1）初步查明场地的地形特征、地貌类型。

（2）初步查明场地主要地质构造、断层及其性质、地震烈度、工程地震特征。

（3）初步查明场地环境工程地质概况，进行环境工程地质评价和地质灾害预测，初步提出防治和监测措施。

（4）初步查明场地的岩土类型、成因、地质年代、分布规律及一般物理力学性质指标。

（5）初步查明场地沟、塘、河、湖中的淤泥性质、分布、厚度及其对工程建设的影响。

（6）初步查明场地有无特殊性岩土和需进行处理的岩土工程问题。

（7）提供地基处理设计所需的基本岩土参数。

2）勘探点（线）的布置

（1）飞行区勘探点（线）的布置应符合以下要求：

飞行区勘探线可按道面工程范围，沿跑道中心线、平行滑行道中心线、联络道中心线布置，机坪按方格网布置。根据地形地貌条件，必要时可在垂直于跑道方向布置适量勘探线。高填方边坡位置可布置适量勘探点。

勘探线上的勘探点间距可按表2.7-6确定，局部异常地段应予以适当加密。

勘探点应沿勘探线布置，具体位置可根据现场地形地质条件适当调整。在每个地貌单元和不同地貌单元交接部位，应布置勘探点。

飞行区初步勘察勘探点间距　　　　表2.7-6

勘察等级	中心线勘探点/m	方格网勘探点/m
甲级	100～150	150～200
乙级	150～200	200～250
丙级	200～300	250～300

（2）航站区勘探点（线）的布置应符合以下要求：

勘探线、勘探点间距可按表2.7-7确定，局部异常地段应予以适当加密。

在每个地貌单元和不同地貌单元交接部位，应布置勘探点。

航站区初步勘察勘探线、勘探点间距　　　　表2.7-7

勘察等级	勘探线间距/m	勘探点间距/m
甲级	100～150	75～150
乙级	150～200	100～200
丙级	200～300	150～200

注：场地地质条件复杂时，间距取小值。

（3）工作区勘探点（线）的布置应符合以下要求：

勘探线、勘探点间距可按表2.7-8确定，局部异常地段应予以适当加密。

在每个地貌单元和不同地貌单元交接部位，均应布置勘探点。

工作区初步勘察勘探线、勘探点间距　　　　表2.7-8

勘察等级	勘探线间距/m	勘探点间距/m
甲级	150～200	100～150
乙级	200～300	150～200
丙级	300～400	200～300

3）勘探深度应符合下列规定：

（1）钻孔可分控制性钻孔和一般性钻孔。飞行区控制性钻孔宜占勘探孔总数的 1/5～1/3，航站区控制性钻孔宜占勘探孔总数的 1/8～1/4，工作区控制性钻孔宜占勘探孔总数的 1/10～1/5；并且每个地貌单元宜有控制性钻孔。

（2）钻孔深度宜按表 2.7-9 确定。

（3）查明地质构造的钻孔深度，按实际需要确定。

初步勘察钻孔深度　　　　　　　　　　　　　　　　　　表 2.7-9

功能分区	控制性钻孔深度	一般性钻孔深度
飞行区	挖方区及接近道面设计高程区至中微风化基岩内 1～3m；基岩埋藏较深时，至较硬的稳定土层 3～5m 不小于 15～20m。填方区至填方荷载有效深度下 10～15m。厚层软土区至软土层以下地层 5m 且不小于 30m	挖方区及接近道面设计高程区至基岩内 1～2m；基岩埋藏较深时，10～15m。填方区至填方荷载有效深度下 5～10m
航站区	挖方区及接近道面设计高程区至中微风化基岩内 1～3m；基岩埋藏较深时，至较硬的稳定土层 5～10m 且不小于 20～30m。填方区至填方荷载有效深度下 5～10m。厚层软土区至软土层以下地层 5m 且不小于 30m	挖方区及接近道面设计高程区至基岩内 1～2m；基岩埋藏较深时，15～20m。填方区至填方荷载有效深度下 2～5m
工作区	至中微风化基岩内 1～3m；基岩埋藏较深时，至较硬的稳定土层 3～5m 且不小于 10～15m。厚层软土区至软土层以下地层 5m 不小于 30m	至基岩内 1～2m；基岩埋藏较深时，5～10m

4）取样及原位测试要求

取样测试应符合下列要求：

（1）取样的孔、坑在划定的工程地质单元内应均匀布置，其数量应不少于勘探点总数的 1/6～1/3。

（2）钻孔和探坑竖向取土样间距，应按地层特点和岩土的均匀程度确定，每一土层均应取样。场区每土层取样数量不少于 12 个。

（3）飞行区室内试验项目可根据岩土类型按表 2.7-10 确定，航站区和工作区室内试验项目执行现行《岩土工程勘察规范》GB 50021 等相关规范的规定。

（4）应采取有代表性的浅层土样，进行腐蚀性分析试验，地基土对水泥混凝土、混凝土中钢筋及钢结构的腐蚀性评价执行现行《岩土工程勘察规范》GB 50021 的规定。

飞行区室内岩土试验项目　　　　　　　　　　　　　　表 2.7-10

试验项目	道槽影响区							边坡稳定影响区						
	砂类土	粉土	黏性土	软土	黄土	盐渍土	膨胀土	砂类土	粉土	黏性土	软土	黄土	盐渍土	膨胀土
天然含水率试验	●	●	●	●	●	●	●	●	●	●	●	●	●	●
密度试验	—	●	●	●	●	○	●	—	●	●	●	●	○	●
颗粒密度试验	●	●	●	●	●	●	●	●	●	●	●	●	●	●
颗粒分析	●	●	—	●	●	○	○	●	●	—	●	●	○	○
界限含水率试验	—	●	●	●	●	●	●	—	●	●	●	●	●	●
相对密度试验	●	—	—	●	—	—	—	●	—	—	●	—	—	—
击实试验	—	●	●	—	●	●	●	—	●	●	—	●	●	●

续表

试验项目		道槽影响区							边坡稳定影响区						
		砂类土	粉土	黏性土	软土	黄土	盐渍土	膨胀土	砂类土	粉土	黏性土	软土	黄土	盐渍土	膨胀土
承载比试验		○	○	○	—	—	—	—	—	—	—	—	—	—	—
渗透试验	垂直	—	○	●	●	●	—	—	—	○	●	●	○	—	●
	水平	—	○	○	●	○	—	—	—	○	○	—	—	—	—
固结试验		—	●	●	●	●	○	●	—	○	●	●	○	—	—
次固结试验		—	○	○	●	○	—	—	—	—	—	—	—	—	—
直接剪切试验	快剪	—	—	—	—	—	—	—	●	●	●	●	●	●	●
	固快	—	○	○	●	○	—	—	○	—	—	—	—	○	—
	慢剪	—	—	—	—	—	—	—	—	○	●	●	—	—	○
反复直剪试验		—	—	—	—	—	—	—	—	—	—	—	—	—	—
三轴压缩试验	UU	—	—	○	●	○	—	—	—	○	●	●	○	—	○
	CU	—	○	○	●	○	—	●	—	○	●	●	○	—	●
	CD	—	—	—	—	—	—	—	—	—	—	—	—	—	—
无侧限抗压强度试验		—	—	—	○	—	—	—	—	—	—	○	—	—	—
湿陷/溶陷试验		—	—	—	—	●	—	—	—	—	—	—	●	○	—
膨胀试验		—	—	—	—	—	—	●	—	—	—	—	—	—	●
收缩试验		—	—	—	—	—	—	●	—	—	—	—	—	—	○
易溶盐试验		●	●	●	●	○	●	○	●	●	●	●	●	●	●
有机质含量试验		●	●	●	●	●	○	●	●	●	●	●	●	○	●

注：●为适用项目；○为可用项目。

4. 水文地质勘察

1）水文地质勘察的目的任务

（1）查明含水层和隔水层的类型、埋藏条件。

（2）查明地下水类型、流向、水位及其变化幅度、补给、径流和排泄条件。

（3）查明多层地下水的水位和动态变化规律，以及相互间转化关系。

（4）查明场地地质条件对地下水赋存和渗流状态的影响。

（5）评价地下水对地基产生的影响，并提出相应的防治措施建议。

2）勘察方法、内容

（1）结合工程地质测绘，进行水文地质调查。

（2）测量所有钻孔、探井水位。当场地有多层对工程有影响的地下水时，分层量测地下水位。

（3）进行现场试验或室内试验，测定土层的渗透系数等水文地质参数。

（4）根据地下水的埋藏特征采取有代表性的水样进行腐蚀性分析，地下水对水泥混凝土、金属材料等的腐蚀性评价执行现行《岩土工程勘察规范》GB 50021 的规定。

（5）当地下水条件复杂，对机场建设有较大影响时，应选择代表性钻孔进行长期水位观测，或在不同深度处埋设孔隙水压力计，量测压力水头随深度的变化。

7.2.3　详细勘察

详细勘察阶段，应按勘察任务书要求，针对场区存在的岩土工程问题，采取合适的勘察方法和手段，重点对飞行区和周围影响场区稳定的区域进行勘察。航站区、工作区的岩土工程详细勘察执行现行《岩土工程勘察规范》GB 50021、《市政工程勘察规范》CJJ 56等相关规范的规定。

1. 详细勘察任务

飞行区详细勘察阶段应完成下列主要任务：

（1）提供详细的岩土工程资料和设计所需的岩土参数。

（2）对场区地层结构、工程地质条件和水文地质条件进行分区分析与评价。

（3）进一步进行机场环境工程地质评价，提出不良地质作用的防治和监测措施建议。

（4）对不良地质体和特殊性岩土进行岩土工程分析与评价，对地基处理与土石方工程提出建议方案。

2. 工程地质测绘与调查

对地形、地质条件复杂的特殊场地，详细勘察阶段应在初步勘察的基础上，对某些专门地质问题作进一步的工程地质测绘与调查。

详细勘察阶段的工程地质测绘与调查，宜包括下列内容：

（1）查明滑坡的形态特征与规模、滑裂面的地层结构与坡度、滑坡体周边地形地貌特征、地下水条件，分析滑坡的形成过程、稳定状态及发展趋势。

（2）查明崩塌体的分布、规模、形态特征及岩土性状，分析其对工程的影响。

（3）查明塌陷、洞穴、地面裂缝的分布、形态特征和规模，查明塌陷、洞穴、地面裂缝的类型和性质，查明其与地表水和地下水的关系，分析其对工程的影响。

（4）查明泉眼的分布、位置、出水量，泉水的地下水类型、补给来源、排泄条件，与地表水体的关系。

（5）查明场地土层的标准冻结深度。

3. 工程地质勘察

1）详细勘察阶段工程地质勘察应包括下列主要内容：

（1）查明场区地形特征、地貌类型。

（2）查明场区地质构造、抗震设防烈度、工程地震特征及不良地震构造情况。

（3）详细查明场区岩土类型、成因、分布规律。

（4）详细查明场区地基土的物理力学性质和指标。

（5）查明场区特殊性岩土的种类、分布、类别或等级。

（6）查明不良地质作用（岩溶、滑坡、崩塌、地震液化等）及类似不利地质条件（埋藏的古河道、非岩溶土洞、墓穴等）的性质、分布、规模。

（7）查明重要岩土工程问题（地基处理、高填方等）的工程地质条件。

（8）查明沟（塘）的分布、断面尺寸、形态特征，分析对工程建设的影响；查明暗浜、暗河、古河道的分布范围和岩土特征，分析其对工程的影响。

（9）查明地表植物土状况。

2）勘探点（线）的布置

勘探点（线）的布置应符合以下要求：

（1）沿跑道中心线及其道肩边线、滑行道中心线布置勘探线；机坪一般情况下按方格网布置，地形复杂时应结合地形进行调整；高填方边坡区按第 7.3.4 节进行勘察。

（2）勘探线上的勘探点间距可按表 2.7-11 确定。

（3）勘探点应重点布置在地质条件有代表性的地带，并根据现场实际地形条件进行适当调整。每个地貌单元和不同地貌单元交接部位，应布置勘探点。在土面区可根据地形地貌条件适当布置一些勘探点。

飞行区详细勘察勘探点间距 表 2.7-11

勘察等级	勘探点间距/m		
	中心线勘探点	两侧勘探点	方格网勘探点
甲级	50～75	100～150	75～100
乙级	75～100	—	100～125
丙级	100～150	—	125～150

注：1. 跑道两侧勘探点可根据地形地貌条件与中心线勘探点间隔布置或相对布置。
　　2. 中心线勘探点、方格网勘探点间距含初步勘察勘探点。

3）勘探点深度

控制性钻孔宜占勘探孔总数的 1/5～1/3，并且每个地貌单元应有控制性钻孔。一般场地和地基条件下，控制性钻孔深度可至中微风化基岩内 1～3m；基岩埋藏较深时，至较硬的稳定土层 3～5m 且不小于 15～20m。一般性钻孔深度可至基岩内 1～2m；基岩埋藏较深时，10～15m。探坑深度根据实际情况确定。

软土、湿陷性土等特殊性岩土地基、高填方边坡工程还应满足有关规范要求。

对于丘陵地区的高填方区段和软土地区，勘探深度应满足沉降计算的要求。

对于丘陵地区的挖方段，应满足土石材料性质及土石比勘察需要。

4）取样及原位测试要求

取样孔在平面上应均匀布置，其数量应不少于勘探点总数的 1/6～1/3。道槽设计标高下地基土取样竖向间距，应按地层特点和土的均匀程度确定。1～5m 深度可为 1.0～1.5m，5～10m 深度可为 2.0～2.5m，10m 深度以下可为 3.0m。每一土层均应取样。

5）室内试验

室内土工试验的项目宜根据具体地质条件和工程要求按表 2.7-10 确定，并按有关试验方法标准对土样进行试验。道槽设计标高下地基土每一土层每项岩土指标的数量一般情况应不少于 6 个；压缩性高的土层、特殊性土、受地下水影响的土层，每一土层每项岩土指标的数量应不少于 12 个。

对于涉及土石方工程和夯实/压实地基处理的场区内各类细颗粒土，应进行重型击实试验，提供最佳含水率与最大干密度。每种土类重型击实试验的组数应不低于 3 组，勘察等级为甲级时应不低于 5 组。

应根据需要测定天然状态下的地基反应模量、击实状态下的室内加州承载比，并进行不利状态修正。地基反应模量和加州承载比试验不宜少于3组，地基反应模量应选择有代表性的区段、土层和标高位置进行试验，室内加州承载比试验应选择有代表性土料，压实度为95%。

应采取有代表性的道槽设计标高附近的浅层土样，进行腐蚀性分析试验，地基土对水泥混凝土、混凝土中钢筋的腐蚀性评价执行现行《岩土工程勘察规范》GB 50021的规定。

4. 水文地质勘察

1）水文地质勘察的目的、任务

（1）查明地下水类型、埋藏深度、赋存条件和动态变化规律。

（2）查明场区含水层的分布规律、渗流状态及地下水和地表水的水力联系和补排关系。

（3）查明压缩层内各层岩土，以及可能发生渗透变形岩土层的水文地质参数。

（4）查明场区内地下水位、变化幅度及动态变化规律。

（5）查明机场附近范围内有无对地下水的污染源，取样分析地下水的水质情况，评价浅层地下水对混凝土、混凝土中钢筋的腐蚀性。

（6）综合评价地下水对工程的影响（浸泡软化、渗透变形、盐渍化、冻融、腐蚀性等），提出防治措施建议。

2）勘察方法、内容

（1）对地下水影响区的水文地质条件进行深入调查，比例尺1：500～1：200。

（2）分层量测所有钻孔、探井初见水位、稳定水位。

（3）选择有代表性的勘探孔作为地下水位观测孔进行地下水季节性变化观测，对场区泉点、初步勘察阶段设置的地下水观测孔进行长期观测，结合有关工程地质测绘与调查成果，综合分析地下水的季节性动态变化规律。

（4）进行室内渗透试验，测定黏性土、粉土、砂土、全强风化岩石等的渗透系数。

（5）现场抽水或注水试验，综合测定地基土的渗透性。

（6）采取代表性地下水水样进行简分析、全分析。

（7）当地下水条件复杂，对机场建设有较大影响时，应选择代表性钻孔进行长期水位观测。

（8）必要时进行室内物理模拟试验和数值分析。

（9）绘制场区地下水位等值线，尤其是地下水影响区等值线图。

（10）绘制综合水文地质平面图、水文地质柱状图和水文地质剖面图。

7.3 机场工程其他专项勘察

7.3.1 料源勘察

1. 料源分类

（1）按地表土的地表植物状况划分

地表土的分类除执行现行《岩土工程勘察规范》GB 50021的规定外，尚应根据其地表植物状况按表2.7-12进行分类。

地表土按地表植物状况分类　　表 2.7-12

地表土类别	地表植物情况	
地表素土	荒（漠）区	非农林用、荒地、无灌木、草丛
	乔木区	乔木林区、疏林区
	灌木区	灌木林区、无草丛
植物土	果木区	土壤改良区
	耕植区	农作物耕植区
	草木区	牧场、草地、洼地、冲沟底部

注：分布于场区表面，含植物根茎和有机杂质，结构松散、稳定性差的土应判定为植物土。

（2）按土、石开挖难易程度划分

料源的分类除执行现行《岩土工程勘察规范》GB 50021 的规定外，可根据开挖难易程度按表 2.7-13 进行土、石分级。

土、石按开挖难易程度分级　　表 2.7-13

土、石等级	土、石类别	代表性土、石名称	开挖难易程度
I	松土	植物土、中密或松散的砂土和粉土、软塑的黏性土	用铁锹挖，脚蹬一下到底的松散土层
II	普通土	稍密或松散的碎石土（不包括块石或漂石）、密实的砂土和粉土、可塑的黏性土	部分用镐刨松，再用锹挖，以脚蹬锹需连蹬数次才能挖动
III	硬土	中密的碎石土、硬塑黏性土、风化成土块的岩石	必须用镐整个刨过才能用锹挖
IV	软石	块石或漂石碎石土、泥岩、泥质砂岩、弱胶结砾岩，中风化—强风化的坚硬岩或较硬岩	部分用撬棍或十字镐及大锤开挖，部分用爆破法开挖
V	次坚石	砂岩、硅质页岩、微风化—中等风化的灰岩、玄武岩、花岗岩、正长岩	用爆破法开挖
VI	坚石	未风化—微风化的玄武岩、石灰岩、白云岩、大理岩、石英岩、闪长岩、花岗岩、正长岩、硅质砾岩等	用爆破法开挖

（3）按填料分类

填料按照表 2.7-14 进行分类。

民用机场工程填料分类　　表 2.7-14

填料类别	分类粒组	填料亚类	亚类分类粒组	级配	岩石强度 f_r/MPa	填料名称	填料代号
石料	粒径大于 60mm 的颗粒质量超过总质量的 50%	块石料	块石含量大于碎石含量	—	> 30	硬岩块石料	A1
				—	5~30	软岩块石料	A2
				—	≤ 5	极软岩块石料	C1
		碎石料	块石含量不大于碎石含量	—	> 30	硬岩碎石料	A3
				—	5~30	软岩碎石料	A4
				—	≤ 5	极软岩碎石料	C2

续表

填料类别	分类粒组	填料亚类	亚类分类粒组	级配	岩石强度f_r/MPa	填料名称	填料代号
土石混合料	粒径大于60mm 的颗粒质量不超过总质量的50%，且粒径小于2mm 的颗粒质量不超过总质量的50%	石质混合料	粒径大于 5mm 的颗粒质量超过总质量的 70%	—	> 30	硬岩石质混合料	A5
				—	5～30	软岩石质混合料	A6
				—	≤ 5	极软岩石质混合料	C3
		砾质混合料	粒径大于 5mm 的颗粒质量超过总质量的 30%，且不超过 70%	良好	> 30	硬岩良好级配砾质混合料	A7
				不良		硬岩不良级配砾质混合料	B1
				良好	5～30	软岩良好级配砾质混合料	A8
				不良		软岩不良级配砾质混合料	B2
				—	≤ 5	极软岩砾质混合料	C4
		土质混合料	粒径大于 5mm 的颗粒质量不超过总质量的 30%	—	—	砂土混合料	A9
				—	—	粉土混合料	B3
				—	—	黏性土混合料	C5
土料	粒径小于2mm 的颗粒质量超过总质量的50%	砂土料	砂粒含量大于细粒含量	—	—	砂土料	A10
		粉土料	砂粒含量不大于细粒含量	—	—	粉土料	B4
		黏性土料		—	—	黏性土料	C6
特殊土料		特殊土料	—	—	—	特殊土料	D

注：1. 块石为粒径大于 200mm，碎石为粒径大于 60mm 且不大于 200mm，砂粒为粒径大于 0.075mm 且不大于 2mm，细粒为粒径不大于 0.075mm。

2. 级配良好应同时满足$C_u \geqslant 5$，$C_c = 1～3$ 两个条件，不能同时满足时为级配不良。

3. f_r为饱和单轴抗压强度，当无法取得f_r时，可用点载荷试验强度换算，换算方法执行现行《工程岩体分级标准》GB/T 50218 的规定。

4. 粉土料塑性指数$I_P \leqslant 10$，黏性土料塑性指数$I_P > 10$。

5. 当土质混合料中的土料分别以砂土、粉土或黏性土为主时，土质混合料相应命名为砂土混合料、粉土混合料或黏性土混合料。

6. 特殊土料包括膨胀土、红黏土、软弱土、冻土、盐渍土、污染土、有机质土、液限大于 50%且塑性指数大于 26 的黏性土等。

7. 代号 A1～A10 为 A 类填料，代号 B1～B4 为 B 类填料，代号 C1～C6 为 C 类填料，代号 D 为 D 类填料。

8. 表中主要依据填料粒径及其所含石料的岩石强度等进行填料分类，体现的是填料的基本物理力学性质，不仅适用于高填方工程，也适用于填海及其他民用机场工程。

2. 场内料源勘察

1）地表土勘察

机场建设场地范围大，地表土往往有多种类型，其中植物土分布范围广，场区地形条件复杂、地面交通条件差、弃土或倒运费用比较高，如何有效利用场区内的植物土是机场建设中需要解决的迫切现实问题。

（1）地表土勘察要求

①应结合钻探进行，必要时宜布置适量的坑探。探坑的深度应穿透地表土层。

②查明地表土的分布、厚度、含水率、有机质含量、物质成分、颗粒级配、均匀性和

密实性。

③对场区地表素土和有机质含量低于5%的植物土进行重型击实试验，测定其最优含水率和最大干密度。

（2）地表土的岩土工程评价要求

①对道面影响区范围内的填方区地表素土和有机质含量低于3%的植物土，阐明其分布和成分，判定其均匀性，评价其压缩性和密实度，分析植物土中有机质降解对工程的影响。

②对有机质含量3%～5%的植物土作为场内填料的适宜性进行分析和评价。

2）场内挖方区土石材料性质及土石比勘察

对初步确定的场地设计标高、障碍物限制面以上的挖方区进行料源勘察时，应按勘察任务书要求，充分结合初步勘察成果，采取综合的勘察手段和勘察方法，进行土石材料性质及土石比勘察。

（1）土石比勘察应优先采用综合的物探手段，查明岩石面分布情况，并在有代表性地段，有针对性地布置钻孔，验证物探成果。在岩石面起伏大以及存在大量孤石、风化石的地区，应以钻孔方法为主、物探方法为辅，查明土、石分界面。

（2）勘探点布置应充分考虑地形条件、物探和初勘成果；勘探点间距不宜大于 50m，钻孔数量占勘探点总数的比例应不小于 30%；在山顶和山腰间（至初步确定的场地设计标高）应适当布置钻孔。

（3）应根据土、石类别和等级分别统计各种土、石的方量。土石比可按式(2.7-1)进行计算。

$$R_{SR} = \left(\frac{10 \sum V_{Si}}{\sum V_{Si} + \sum V_{Ri}} \right) / \left(\frac{10 \sum V_{Ri}}{\sum V_{Si} + \sum V_{Ri}} \right) \tag{2.7-1}$$

式中：R_{SR}——某统计范围内的土石比，以$n/(10 - n)$表示；

　　　$\sum V_{Si}$——统计范围内可用于填方各类土（包括松土、普通土和硬土）的自然体积的总和；

　　　$\sum V_{Ri}$——统计范围内可用于填方各类石（包括软石、次坚石和坚石）的自然体积的总和。

（4）对用于场区填料的各类土、石应测定天然密度，通过试验确定细粒土的类别和塑性指数、粗粒土颗粒级配以及岩土的最大干密度，按设计要求的密实度计算并且提供各类岩土的填挖比。岩土的填挖比可按式(2.7-2)进行计算。有条件时，应通过现场填筑试验确定填挖比。除按自然地形、整个场区分别计算各类填料储量和填挖比，还宜分区或按标段计算。

$$m = \rho_{d1}/\rho_{d0} \tag{2.7-2}$$

式中：m——某类岩土的填挖比；

　　　ρ_{d1}——设计的压实填土、石干密度。对土，$\rho_{d1} = \rho_{dom} \times R_d$，$\rho_{dom}$为最大干密度，$R_d$为设计的压实度；

　　　ρ_{d0}——天然状态下土、石干密度。

（5）对用于场区填料的各类土、石，除常规土工试验外，应根据工程情况进行其他有关试验（如易溶盐含量、击实土的湿陷性试验、胀缩性试验），以进行工程特性研究和分类；对其作为填料的适宜性进行分析评价，并对其填筑位置提出建议。

（6）针对填筑边坡部位有可能采用的填料，应通过室内相似条件下的密度、抗剪强度参数以及现场大体积灌水法密度试验、现场直接剪切试验等确定稳定性分析所需要的参数。

（7）填料储量宜采用全站仪、三维激光扫描、GPS 测量等采集的数据进行计算，也可执行现行《民用机场高填方工程技术规范》MH/T 5035 的规定；岩溶发育地区应考虑岩溶洞穴对填料储量的影响。

（8）应根据试验段和全场的施工情况，修正填料分类和填挖比。

（9）应考虑填料开采后形成边坡的稳定影响，并提出工程建议。

（10）应提出水土保持措施建议。

3. 场外料源勘察

场外料源调查应依据当地国土空间规划，采用资料搜集、问询和现场踏勘等方法。场外料源勘察宜采用钻探、物探、挖探等多手段相结合的方法。

1）场外料源地调查

（1）料源地调查应符合下列要求：

①查明备选填海料源的地点、范围、运距、沿途交通条件等。

②初步估算不同类型料源的储量，填海工程的料源储量宜为设计需要量的 2.5～3.0 倍。

（2）料源地的选择应符合下列要求：

①料源地与填筑区间的距离应适宜，并避开建（构）筑物、障碍物、爆炸物、水产养殖区、环境敏感区、居民聚集区、学校、医院、高压电网、高速公路、铁路等。

②料源开采不应影响附近建（构）筑物、边坡、航道、河势、堤防及海岸的稳定。

③料源地填料的质量、可开采量以及可供应强度应满足工程建设要求。

④宜选择无覆盖层或覆盖层薄的料源地。

⑤水上料源宜选择距填筑区较近、水深条件适宜、风浪较小、水流较平缓、管线布置较方便的区域。

⑥当疏浚土满足要求时，可作为填料使用。

（3）场外料源勘察

场外料源勘察应满足下列要求：

①查明料源地土石料的岩土类别、工程特性及水稳性。

②查明料源储量，勘察的料源储量宜为设计需要量的 1.5～2.0 倍。

③查明料源开采的难易程度。

④提供各类填料的分类储量、土石比、填筑填挖比。

⑤对各类填料提出填筑建议。

（4）陆上料源地勘察要求见第 7.3.1 节。

（5）水上料源地勘察应符合下列要求：

①水上料源地勘察宜以物探方法为主。

②勘探点可按网格形布置，间距宜为 200～400m，勘探点深度应满足取土深度要求。

③应对不同填料的输运方式提出建议。

④应进行水下开挖边坡稳定性的分析评价，并提出建议。

当采用固体废弃物作为填料时，应查明其种类、成分、工程特性等，评价其作为填料的工程可行性及环保可行性，对可用填料应提出建议的填筑区域。

7.3.2　填海机场勘察

填海机场是在填海形成的陆域上建设的机场，包括由陆域向海域延伸、部分填海形成的半岛式机场，以及在离开陆地的海域填筑形成的离岸式机场。

填海工程是在沿海淤积型潮滩岸段或河口地区建筑堤坝，利用回淤泥沙淤积成陆域；或在海域直接修建围堰，通过水力吹填、水上抛填、陆上堆填等形成陆域的活动。

机场填海工程应先期调查、搜集填海海域的气象、水文、海底地形地貌、地质及地震、环境条件等资料，缺少相关资料时应进行必要的观测、测绘、勘探及专项研究等工作[6]。

机场填海工程勘察范围可分为填海海域和料源区，应根据填海工程的特点和机场填海工程场地分区制定勘测方案。料源区勘察见第 7.3.1 节。

1. 自然条件调查与收集

机场填海工程应先期调查，搜集填海海域的气象、水文、海底地形地貌、地质及地震、环境条件等资料，宜包括下列内容：

（1）气象资料，包括风、雨、雾、气温、湿度、雷暴和灾害性天气等，缺少气象资料时应根据工程需要进行必要的现场观测。

（2）水文资料，包括潮汐、水位、冰况、水温、盐度、水流、波浪和径流等，缺少水文资料时应根据工程需要进行必要的现场观测。

（3）地形、地貌及泥沙资料，包括海岸概况、地貌、多年海床地形图、含沙量、输沙率、输沙量、颗粒级配与海床构成等。

（4）地质资料，包括地形地貌、地层、地质构造、岩土性质、地下水、不良地质作用、岩土工程评价等。

（5）地震资料，包括区域构造、地震史、地震基本烈度等。

（6）鸟情资料。

（7）海域生物资料。

2. 填海海域勘察

填海海域勘察应根据海底地质、水文及气象条件，采用钻探、原位测试、物探等多种手段相结合的方法，选择的物探方法应适用于海上作业。

填海海域勘察范围可分为填筑区和海堤，海堤勘察应执行现行《水运工程岩土勘察规范》JTS 133 的规定。

1）初步勘察

初步勘察应满足飞行区、航站区、工作区和其他区域陆域形成设计和施工的需要，并符合下列要求：

（1）应查明拟建海域海底的地质构造、地层结构、岩土工程特性以及海底不良地质作用的成因、分布、规模和发展趋势，并对场地的稳定性作出评价，对主要的岩土工程问题提出技术解决方案的建议。

（2）勘探点可采用网格状布置，间距宜为 200～300m，地质条件复杂时应加密。

（3）勘探孔深度应满足地基处理方案设计及地基变形计算的要求。

2）详细勘察

对于飞行区，详细勘察应满足飞行区原地基处理设计与施工、道基沉降验算与沉降控制等要求；对于航站区、工作区及其他区域，此阶段不再进行详细勘察，待陆域形成后可根据拟建设施要求执行现行《岩土工程勘察规范》GB 50021、《市政工程勘察规范》CJJ 56 等相关规范的规定。

（1）飞行区详细勘察应符合下列要求：

①查明海域海底地质构造、地层结构、岩土工程特性，提供详细的岩土工程资料。

②查明海域不良地质作用的类型、成因、分布、规模、发展趋势，并提出工程处理建议。

（2）飞行区详细勘察应充分利用初步勘察的成果，勘探点间距宜按表2.7-15确定，海底地质条件复杂时应加密，存在不良地质作用时，应进行专项勘察。

飞行区详细勘察勘探点间距

表 2.7-15

区域		勘探点布置方式	勘探点间距/m	备注
飞行区道面影响区	跑道	沿跑道中心线及道肩边线布置	75～150	跑道中心线 75～100m；道肩边线 100～150m
	滑行道	沿滑行道中心线布置	75～150	影响区范围较大时，滑行道两侧宜布置勘探点
	机坪	网格状布置	100～150	—
飞行区土面区		—	—	根据实际情况适当布置

注：1. 飞行区勘察应采用钻探、静力触探、物探等多种勘探手段相结合的方法，各种勘探手段的比例不作限制，由工程师根据具体情况确定，采用物探手段时，测线间距应满足表中相应要求。
　　2. 表中数值为一般情况下的勘探点间距，地质条件复杂时应加密，以满足查明地质条件为准。

（3）填海海域勘察应采取海水水样进行水化学分析，应在高平潮、低平潮时段分别在目标海域各采取 3 组试样。

（4）岩土取样和测试应符合下列要求：

①取样孔在平面上宜均匀布置，其数量应不少于钻探点总数的 1/6。

②每一地层每项岩土指标的数量应不少于 12 个。

③原位测试和土工试验项目应提供稳定性验算、承载力验算、变形计算、固结度计算等所需的岩土参数与指标。

7.3.3　水上机场勘察

水上机场是指水上飞机进行起降、滑行、锚固等活动的机场，包含用于水上飞机起降的水面和海岸斜坡或码头、停机坪、机库、维修站，以及供公众使用、机场运营保障等岸上附属设施。

水上机场勘察可根据不同勘察阶段对水域开展调查，然后进行工程地质勘察。

1. 水域调查

1）选址阶段

（1）水区水文、气象调查

①调查湖区、库区的最高水位、正常水位、平均水位、枯水期水位、死水位及水位年（月）变化。

②调查海区的最高潮位、最低潮位、平均高潮位、平均低潮位、大潮平均高潮位、大潮平均低潮位、小潮平均高潮位、小潮平均低潮位、平均潮位、最大潮差、平均潮差及潮差年（月）变化等。

③调查不同方向的波浪要素、频率变化、波浪形态及波浪年（月）变化等。

④调查水流、潮流、海流的流速、流向沿平面及水深的变化，沿岸环流及回流的性质和特征。

⑤调查泥沙的来源、特性、运动规律、运移形态等。

⑥调查冰凌的结冰初终日期、范围、冰层厚度、流水期限、冰块大小、流速、流向等。

⑦调查水区沿岸的气温、湿度、雾、能见度、风、降水、雷暴、冰雹等年（月）变化。

（2）水深调查

①大致了解水域的水底地形地貌变化情况。

②调查水深可采用收集已有各种水深图、海图或进行水深测量等方法。

2）初勘阶段

（1）水文、气象调查与分析

①统计分析各种影响飞机水上活动及船舶作业的水文、气象因素和日数。

②确定水域场址不同方向、不同累积率、不同重现期的设计和校核波浪要素（波高、周期与波长）。

③确定一定累积率的设计高水（潮）位、设计低水（潮）位及一定重现期的校核高水（潮）位、校核低水（潮）位。

④设计和校核波浪要素与水（潮）位。

⑤在无潮位观测资料的海区，应设临时验潮站，进行一天 24h 潮位连续观测，验潮时间不应少于一个月。

⑥在水流变化复杂的水区，可按有关规程进行流速、流向的连续测定。

⑦调查研究飞机的入水道的建设、水上滑行道或飞行水区的开挖等对海（湖、库）底、岸滩冲淤变化的影响；必要时，可进行水区动力模型试验、数值模拟或利用遥感资料等进行专门研究。

（2）水深的测量

①测图应在飞机入水道、水上滑行道、飞行水区及港区范围进行。

②水深图比例尺采用 1：1000 或 1：2000。

③图上应标明浅滩、暗礁、淹没建筑物、沉船等障碍物的位置、范围、深度、性质及海底地形地貌。

3）详勘阶段

（1）水文分析与研究

①进一步校验设计、校核水位或潮位、深水波浪等要素，必要时可设立海洋观测站进行水位、波浪的长期观测。

②根据水域水深变化情况，推算不同水深条件下的设计波浪要素。

（2）对特殊水文现象的调查与研究要求

①台风增水与减水的幅度对水位的影响，海啸发生的可能、周期、水位持续时间及对水工设施影响等。

②湖区、库区滑坡涌浪的可能性及对水工设施的影响。

（3）水深测量

①水深图比例尺采用 1：500 或 1：1000。

②必要时，可进行定深扫测。

③水深图应标明水下局部地形、地貌变化、障碍物高度和范围。

2. 工程地质勘察

1）选址阶段

（1）工程地质调查

①调查陆区和飞机水上活动区域的地层成因类型、岩性、产状特征、分布概况、地质构造、地震活动、地下水等情况。

②调查湖泊、水库、河口、海滨的岸坡形态与稳定性、地貌特征、冲淤变化、淹没范围等。

（2）勘探与试验

①对拟选场址宜用简便方法进行勘探，如标准贯入试验、浅层剖面仪探测等；

②湖（库）区顺岸向勘探点间距为 200～300m，垂岸向勘探点间距为 100～200m，海区勘探点间距为 500～1000m。

③勘探深度一般不超过 40m。

（3）水质初步调查与鉴别

①确定有害污染源及水域污染程度。

②判别水质对混凝土、钢等材料的腐蚀性。

2）初勘阶段

（1）工程地质调查

①着重调查水域动力地貌特征、岸滩冲淤变化、岸线迁移过程、岸坡稳定、地层分布规律、岩土层性质、地质年代、成因类型、岩层的风化程度、埋藏条件及产状等。

②不良地质及软土的分布范围、发育程度、形成原因及对工程的影响。

③水域人工建筑物对水底地形、岸滩冲淤的影响及当地建筑经验。

④地震烈度及当地建筑物抗震设防情况。

（2）勘探与试验

①湖区、库区建筑物勘探线一般垂直岸向布置，海区建筑物勘探线一般平行建筑物长轴方向布置，但当建筑物位于岸坡较陡的地区时，亦可垂直岸向布置。

②勘探线和点的间距见表 2.7-16。

水区勘探线和点的间距　　　　　　　　　　　　表 2.7-16

工程类别		地形、地质条件	勘探线间距/m	勘探点间距/m
湖区	飞行水区、港区、水上滑行道区	山区	50～70	40～70
	入水道区			
	飞行水区、港区、水上滑行道区	丘陵	70～100	70～100
	入水道区			
	飞行水区、港区、水上滑行道区	平原	100～150	100～150
	入水道区			
海区	入水道区	岩基	≤50	≤75
		岩土基	50～100	75～100
		土基	75～150	100～150
	飞行水区、港区、水上滑行道区	岩土基	150～200	150～200
		土基	200～300	200～300

③在岸坡区，地貌、地层变化处，以及不良地质作用发育处应适当加密勘探点。

④勘探点深度见表 2.7-17。

勘探点深度　　　　　　　　　　　　　　　表 2.7-17

工程类别	一般性勘探点勘探深度/m	控制性勘探点勘探深度/m
飞行水区、港区、水上滑行道区	设计水深以下 2～4	—
入水道区	10～15	20～40

⑤勘探点中，取样孔为 1/4～1/2，竖向取样间距一般为 1～2m，其余为标准贯入试验孔或静力触探孔。

⑥疏浚区域可仅布置鉴别孔或标准贯入试验孔。

⑦土工试验按常规试验进行。

（3）水质分析

①测定水区水的化学成分、含量、酸碱度（pH 值）、含泥量。

②确定有害物污染程度、主要污染源，预测水质变化趋势。

3）详勘阶段

（1）详细勘察提供的工程地质资料应满足地基基础设计、施工的需要。

（2）详细勘察应详细查明各个建筑物所涉及的岩土分布和物理力学性质以及影响地基稳定的不良地质条件。

（3）初勘阶段在水域部分完成的勘探工作已能满足水上机场飞行区的设计要求，详勘阶段应重点针对护岸工程进行详细勘察，护岸工程的勘探工作应执行现行《水运工程岩土勘察规范》JTS 133 的规定。

（4）各类土的试验应符合下列要求：

①对淤泥、淤泥质土等软弱土层应采用静力触探法、三轴试验、无侧限抗压强度试验或现场十字板剪切试验确定其力学参数，不宜采用直接快剪试验确定抗剪强度。

②对坚硬、硬塑状态的黏性土宜采用无侧限抗压强度试验，抗剪强度试验一般采用快剪和固结快剪法。

③宜用原位测试所得参数结合土层的物理力学性质综合确定单桩承载能力。

④各类岩土除进行常规室内试验外，根据工程需要可增加渗透系数、固结系数、前期固结压力、灵敏度、烧灼损失等指标的试验。

7.3.4　高填方机场勘察

高填方机场是在山区或丘陵地区最大填方高度或填方边坡高度（坡顶和坡脚高差）大于等于 20m 的机场。

高填方机场勘察除应满足本章第 7.2 节相关内容外，尚应满足下列要求：

（1）对场地设计标高以上的挖方区进行挖方区填料勘察，开挖至设计标高后进行挖方区地基勘察。

（2）水文地质条件复杂时，应加强水文地质勘察。

（3）工程地质条件复杂的场地，或由于设计方案调整等因素导致原有勘察资料不能满足要求时，进行施工勘察。

1. 挖方区勘察

挖方区勘察可分为挖方区填料勘察和挖方区地基勘察[8]。

挖方区填料勘察应查明土石材料性质、储量和填挖比，见本章第7.3.1节。

挖方区地基勘察应查明开挖至设计标高后的岩土性质和不良地质作用，挖方区地基勘察应符合下列要求：

（1）应根据不同使用要求和开挖后的场地条件，选择钻探、探井、物探等多种勘察方法。

（2）以查明洞穴为主要目的时，宜采取地质雷达、地震勘探、电法等物探手段，并对物探解译异常点进行钻探验证。

（3）挖方区开挖后，应查明设计高程下是否存在软弱土、湿陷性土、膨胀土、溶洞、土洞等，评价其对工程的影响，并提出处理意见和建议。

2. 高填方边坡勘察

对高填方边坡工程，应加强对边坡稳定影响区的勘察。高填方边坡工程勘察应满足下列要求：

（1）查明高填方边坡工程范围内及周边区域的地形地貌特征。

（2）查明有无影响边坡稳定的不良地质作用。

（3）查明各土层的类型、分布、厚度、状态和结构特征，特别是相对软弱土层的形态特征、分布规律、坡度。

（4）查明岩土的物理力学指标，重点查明各岩土层的抗剪强度指标。

（5）查明地下水分布特征及其与地表水的相互作用关系。

1）资料搜集

（1）机场总体规划平面图、平整区边线定位图、地势设计图、场地平整设计标高（坡顶线设计标高）。

（2）坡顶填方高度、初步确定的边坡坡度、边坡工程范围。

（3）高填方边坡工程范围内和相关区域的地形图。

（4）场地及其附近已有的勘察资料、环境条件资料。

（5）地基处理或岩土工程治理的初步方案。

（6）勘察任务书或勘察技术要求。

2）工程地质测绘与调查

当地形地质条件较复杂时，高边坡工程勘察应进行工程地质测绘与调查，调查范围应包括高填方边坡及其邻近地段。

边坡区工程地质测绘与调查，除应满足详细勘察的要求外，尚应重点包括下列内容：

（1）边坡区的地形形态和微地貌特征。

（2）边坡区的冲洪积堆积物、坡积物、崩塌堆积物的分布与性状。

（3）地表水、地下水、泉和湿地等的分布。

（4）周边地区的自然边坡坡度、性状与坡面情况。

（5）当地边坡工程的经验。

3）工程勘探

勘探线和勘探点的布置应根据边坡范围、工程地质条件、地下水情况和地形形态确定。除沿高边坡主要典型断面布置勘探线外，在其两侧可根据实际情况布置一定数量勘探线。一般宜在坡顶、坡脚及其中间布置勘探点，勘探点间距不宜大于50m，在地形突变处和预计采取工程措施的地段，应布置勘探点。勘探方法除钻探和触探外，可根据土质条件，布置一定数量的探井。

勘探深度应满足边坡稳定分析和工程治理的需要。所有勘探孔应穿过相对软弱层并穿过最深潜在滑裂面进入稳定地层一定深度。进入稳定地层的深度应满足表 2.7-18 的规定。

边坡勘察勘探深度进入稳定地层的要求　　表 2.7-18

稳定地层情况			勘探孔进入稳定地层深度/m	
土、石等级	土、石类别	代表性土、石名称	控制性勘探孔	一般性勘探孔
Ⅱ	普通土	稍密或松散的碎石土（不包括块石或漂石）、密实的砂土和粉土、可塑的黏性土	5.0～10.0	2.0～3.0
Ⅲ	硬土	中密的碎石土、硬塑黏性土、风化成土块的岩石	3.0～5.0	1.0～2.0
Ⅳ	软石	块石或漂石碎石土、泥岩、泥质砂岩、弱胶结砾岩，中风化—强风化的坚硬岩或较硬岩	2.0～3.0	0.5～1.0
Ⅴ	次坚石	砂岩、硅质页岩、微风化—中等风化的灰岩、玄武岩、花岗岩、正长岩	1.0～2.0	—
Ⅵ	坚石	未风化—微风化的玄武岩、石灰岩、白云岩、大理岩、石英岩、闪长岩、花岗岩、正长岩、硅质砾岩等	0.5～1.0	—

注：地形条件不利时取大值，坡高超过 50m 时取大值。

4）原位测试及室内试验

在边坡稳定影响深度内，根据土质条件分别进行动力触探试验、静力触探试验和十字板剪切试验，并采取土试样进行室内剪切试验；当边坡高度超过 20m，顺坡填筑且土质条件复杂（如软弱土、混合土等）时，宜进行现场剪切试验。

土的强度试验应根据岩土条件和实际情况确定，并应符合下列要求：

（1）进行室内快剪和固结快剪试验。

（2）应有一定数量的三轴剪切试验。

（3）应对用作边坡区填土的击实土进行室内剪切试验。

（4）剪切试验的最大竖向压力应不低于高填方边坡附加荷载与地基土自重应力之和。

5）分析评价

高填方边坡稳定性的综合评价应包括下列内容：

（1）对场区地层结构、工程地质条件和水文地质条件，从高填方边坡稳定性的角度进行分析与评价。

（2）对不良地质条件和特殊性岩土，进行岩土工程分析与评价，提出边坡稳定影响区地基处理方案建议。

（3）进行边坡稳定分析，复核建议参数的合理性，提出高填方边坡工程设计方案的建议。边坡稳定性计算，并符合下列要求：

①根据边坡顶面标高和边线位置，选择有代表性的分析断面。

②根据试验测试成果确定强度指标，应考虑地下水条件，采用正确的计算模型。

③选择若干综合坡比。

④提出设计所需的岩土工程资料和岩土参数。

3. 水文地质勘察

高填方工程水文地质勘察应贯穿勘察和施工过程。

1）高填方原地基处理阶段

水文地质勘察应符合下列要求：

①对场区原有泉点、施工中揭露的泉点、填方关键地段中地下水、场区所在水文地质单元内主要泉点、民井、生产井以及盲沟出水点进行观测。

②调查主要内容为水位、水量、浑浊度。

③评价内容包括原地基处理对水文地质条件改变可能造成的次生地质灾害、对周边地下水环境和填筑体底部的影响。

2）填筑施工阶段

水文地质勘察应符合下列要求：

（1）对场区所在水文地质单元内主要泉点、民井、生产井以及盲沟出水点进行观测。

（2）对填筑体内部地下水位、边坡出水点高程、出水量进行观测。

（3）对挖方区段的面积、揭露泉点、地层渗透性、降水或施工管道渗漏等进行调查和观测。

（4）评价内容应包括挖方和填筑施工对水文地质条件的改变，以及水文地质条件改变对填方工程变形、地下水环境和周边地质环境的影响。

3）填筑完成后

水文地质勘察应符合下列要求：

（1）对填筑体施工阶段的观测点继续进行观测，对填筑完成后新出现的填筑体渗水点、建（构）筑物管道渗漏点进行观测。

（2）评价内容应包括地下水变化对填筑体变形、建（构）筑物稳定和周边环境的长期影响等。

4. 施工勘察

当高填方机场出现下列情况之一时，应在施工过程中进行施工勘察：

（1）场地条件复杂，施工过程中才能查明其地质条件。

（2）设计方案发生较大变化，且原有的勘察资料已不能满足现有设计要求。

（3）受工程施工影响，地质条件及参数发生较大变化。

（4）在工程施工过程中，有必要对某些指标和参数进一步优化和验证。

施工勘察应充分利用开挖面、平整场地、施工机械等现场条件，采用地质测绘、物探、探井、钻探等综合勘察方法。

施工勘察报告应包括工程地质条件、水文地质条件和岩土物理力学参数，并对设计和施工提出建议。

7.3.5 机场供油工程勘察

机场供油工程，是为保证民用运输机场的正常运行而配套建设具有收发、输转、储存、加注等功能的航空油料设施及汽车加油设施的工程[9]。

供油工程按功能划分一般包括：

（1）储油库、中转油库、机场油库、装卸油站及航空加油站。

（2）库（站）外敷设的输油管道（含首末站、中间站）及机坪管道。

（3）质量检验及计量设备检定的实验室。

（4）汽车加油站。

本节主要介绍航煤罐勘察的相关内容，供油工程中其他的管道部分、建筑部分和公用设施部分执行现行《岩土工程勘察规范》GB 50021、《市政工程勘察规范》CJJ 56、《油气田及管道岩土工程勘察标准》GB/T 50568 等相应的专业工程规范的规定。

1）航煤罐勘察应完成以下主要任务：

（1）详细查明各个航煤罐地基压缩层深度内的岩土分布。

（2）提供航煤罐地基与基础设计所需的岩土参数。

（3）查明影响地基稳定的不良地质条件。

（4）对航煤罐地基处理方案及基础形式提出建议。

2）航煤罐勘察应依据以下资料和要求：

（1）附有航煤罐平面位置的地形图。

（2）罐的容积、几何尺寸、荷载大小。

（3）基础形式、埋置深度及有关技术要求。

3）航煤罐详细勘察应符合下列要求：

（1）详细查明压缩层内岩土类型、成因、分布规律。

（2）详细查明压缩层内地基土的物理力学性质和指标。

（3）查明场地地震效应，提出场地抗震设防烈度。

（4）查明地下水类型、埋藏深度、动态变化规律及其对混凝土的腐蚀性。

（5）查明不良地质作用的性质、分布情况。

（6）查明场区的标准冻深。

（7）查明场区特殊性岩土的种类、分布、类别或等级。

4）勘探点数量根据航煤罐的容积和场地复杂程度，按表 2.7-19 确定。

航煤罐勘探点数量/个　　　　　　　　　　　　　表 2.7-19

航煤罐容积/m³	场地复杂程度		
	复杂场地	中等复杂场地	简单场地
10000	7～9	5～7	4～5
3000～5000	5～7	4～5	3～4
1000～2000	3～4	2～3	1～2
500	1～2	1	1

注：1. 场地复杂程度执行现行《岩土工程勘察规范》GB 50021 的规定。

　　2. 当为罐群时，勘探点数量可适当减少。

　　3. 罐中心应布置 1 个勘探点，其余在罐周边均匀布置。

5）勘察深度可根据航煤罐的容积和地基土条件按表 2.7-20 确定，并应满足沉降计算、地基处理与基础设计的要求。

航煤罐勘探孔深度/m　　　　　　　　　　　　　表 2.7-20

航煤罐容积/m³	软弱土	一般黏性土、粉土及砂土	密实砂土及碎石土
5000～10000	$(2.0～2.5)D_t$	$(1.4～1.6)D_t$	$(0.8～1.0)D_t$

航煤罐容积/m³	软弱土	一般黏性土、粉土及砂土	密实砂土及碎石土
2000～3000	$(1.5～2.0)D_t$	$(1.2～1.4)D_t$	$(0.8～1.0)D_t$
500～1000	$(1.2～1.5)D_t$	$(1.0～1.2)D_t$	$(0.8～1.0)D_t$

注：1. 表中 D_t 为航煤罐罐体直径。
    2. 当遇到基岩时，应钻穿强风化层，进入中等风化层1m。
    3. 当软弱土层厚度小于表中深度时，以穿透软弱土层并进入一般土层一定厚度为原则。
    4. 罐中心钻孔采用大值，周边孔采用小值。

7.3.6　地方建筑材料调查

应对块石、片石、碎石、砂砾石、砂、石灰、粉煤灰或其他工业废渣等地方建筑材料进行调查，查明各种材料的产地、储量、质量、开采与运输条件、价格等情况。

1. 材料质量调查要求

（1）对于石料场，应鉴定岩石的种类、强度、矿物成分、胶结物及胶结程度、风化和节理程度、有无软弱夹层，以及可开采的品种。用于水泥混凝土的碎石材料，尚应查明石料中有无蛋白石、玉髓等活性二氧化硅成分。

（2）对于砂场，应查明砂的组成成分、颗粒形状和级配、洁净程度。必要时应查明砂料中有无活性二氧化硅成分。

（3）对于砾石、卵石、漂石料场，应查明料场分布特点、埋藏条件、岩石种类、强度、颗粒大小、颗粒形状和级配、强度和风化程度。

（4）对于石灰、粉煤灰和其他工业废渣料场，应收集其有效化学成分、物理性能的试验资料。

2. 材料试验

无现成材质试验资料时，应进行下列材料试验，试验方法应执行现行《公路工程集料试验规程》JTG E42 的规定。

（1）对水泥混凝土用碎石，应进行压碎指标值、坚固性、针片状颗粒含量、含泥量、泥块含量、有机物含量、硫化物及硫酸盐含量、表观密度、松散堆积密度等试验，必要时应进行碱集料反应试验。

（2）对沥青道面面层用碎石，应进行集料压碎值、洛杉矶磨耗损失、与沥青的粘附性、坚固性、细长扁平颗粒含量、软石含量、表观密度、吸水率、磨光值等试验。

（3）对水泥混凝土用砂，应进行颗粒分析、含泥量、泥块含量、云母含量、有机物含量、硫化物及硫酸盐含量、表观密度、松散堆积密度等试验，必要时应进行碱集料反应试验。

7.4　勘察成果报告

7.4.1　选址勘察成果报告

选址勘察报告应包含以下内容：

1. 选址勘察报告内容

（1）前言：勘察目的、依据、任务和要求，勘察方法和手段，勘察工作情况和取得的勘察成果。

（2）机场工程地质、水文地质条件和评价：区域地质条件，工程地质条件，水文地质条件，自然水系、水位情况，机场场地与地基稳定性的基本分析与评价，机场环境工程地质问题预测。

（3）场址气象条件：风向，气温，降水量和蒸发量，坏天气。

（4）结论和建议：场址主要地质构造、地形地貌特征，场址水文情况，场址气象条件，岩土工程问题处理的初步意见，场址环境工程地质条件与机场建设的相互关系和影响，场址工程地质条件对建设机场适宜性影响的初步评价，地方建筑材料情况。

2. 报告附件

（1）附图：勘探点平面布置图，机场所在区域综合地质构造图，综合工程地质图，控制孔、取样孔、测试孔柱状图，场址附近河流的洪水位淹没范围图，勘探点主要数据一览表，其他需要的图表。

（2）试验、测试成果资料：岩土试验指标综合成果表，原位测试成果表，室内试验成果表。

（3）其他专题勘察报告资料。

7.4.2　初步勘察成果报告

初步勘察报告应包含以下内容：

1. 初步勘察报告内容

（1）前言：勘察目的、依据、任务和要求，勘察方法、手段、仪器设备，取得的勘察成果，勘察工作情况和完成的主要工作量。

（2）机场工程地质条件和评价：场地工程地质分区，场地工程地质条件，场地水文地质条件，各主要持力层工程地质评价，机场场地与地基稳定性分析与评价，机场环境工程地质问题预测。

（3）结论和建议：场址主要地质构造、地形地貌特征，基本岩土参数的分析与选用，岩土工程问题处理的初步建议，场地环境工程地质条件与机场建设的相互关系和影响，场地工程地质条件对建设机场适宜性影响的初步评价，地方建筑材料情况，对详勘工作的建议。

2. 报告附件

（1）附图：勘探点平面布置图，机场所在区域综合地质构造图，综合工程地质图，场地地下水等水位线图，机场跑道、平行滑行道、机坪等工程地质剖面图，钻孔柱状图，不良地质体的分布图，场地附近河流的最高洪水位淹没范围图，地方建筑材料分布图，勘探点主要数据一览表，其他需要的图表。

（2）试验、测试成果资料：岩土试验指标综合成果表，原位测试成果表，室内试验成果表。

（3）工程物探勘察成果资料。

（4）其他专题勘察报告资料。

7.4.3　飞行区详细勘察成果报告

飞行区详细勘察报告应包含以下内容：

1. 飞行区详细勘察报告内容

（1）前言：勘察目的、依据、任务和要求，勘察方法、手段、仪器设备，取得的勘察成果，勘察工作情况和完成的主要工作量。

（2）机场工程地质条件和评价：机场工程地质条件和工程地质分区，岩土参数的统计与分析，地基土工程地质条件评价，地下水条件，水与土对建筑材料的腐蚀性，机场场地与地基稳定性具体分析与评价，挖方区填料的可挖性与压实性分析，填挖比，机场环境工程地质问题分析。

（3）结论和建议：对勘察任务书中提出的问题和要求作出技术结论，岩土参数的分析与选用，抗震设防烈度，场地与地基地震效应评价，场地土的标准冻结深度，岩土利用、整治、改造方案及其分析，地基处理方案建议，工程施工和运行期间可能发生的岩土工程问题的预测和预防措施建议。

2. 报告附件

（1）附图：勘探点平面布置图，综合工程地质图，工程地质分区图，机场地下水等水位线图，特殊土分布厚度等位线图，基岩顶面等位线图，机场跑道、滑行道、机坪工程地质剖面图，控制孔、取样孔、测试孔柱状图，勘探点主要数据一览表，岩土工程计算简图及计算成果图表，岩土利用、整治、改造方案的有关图表，其他需要的图表。

（2）试验、测试成果资料：岩土试验指标综合成果表，原位测试成果表，室内试验成果表。

（3）工程物探勘察成果资料。

（4）沟、浜、塘专项调查报告。

（5）其他专项勘察报告资料。

7.5 机场工程勘察实例

本节内容可扫描二维码 M2.7-3 阅读。

M2.7-3

参考文献

[1] 谢春庆. 民用机场工程勘察[M]. 北京: 人民交通出版社, 2016.

[2] 中国民用航空局. 民用机场飞行区技术标准: MH 5001—2013[S]. 北京: 中国民航出版社, 2013.

[3] 种小雷, 刘一通. 机场工程勘测概论[M]. 北京: 人民交通出版社, 2015.

[4] 高俊启, 徐皓. 机场工程概论[M]. 北京: 国防工业出版社, 2014.

[5] 中国民用航空局. 民航机场勘测规范: MH/T 5025—2011[S]. 北京: 中国民航出版社, 2011.

[6] 中国民用航空局. 民用机场填海工程技术规范: MH/T 5060—2022[S]. 北京: 中国民航出版社, 2022.

[7] 中国人民解放军总后勤部. 军用机场勘测规范: GJB 2263—1995[S]. 北京: 2012.

[8] 中国民用航空局. 民用机场高填方工程技术规范: MH/T 5357—2017[S]. 北京: 中国民航出版社, 2017.

[9] 中国民用航空局. 民用运输机场供油工程设计规范: MH 5008—2017[S]. 北京: 中国民航出版社, 2017.

第8章 矿山岩土工程勘察

矿山岩土工程勘察是指矿山开采过程中，为了解决某些与地质因素有关的特殊问题或关键问题，进行的地质调查与研究工作。包括：

（1）为评价露天或地下矿山开采过程中岩体的稳定性所进行的工程地质调查研究工作。

（2）为解决矿坑防排水所进行的水文地质调查研究工作。

（3）为保护矿山生产和生活环境而进行的爆破地质、环境地质、灾害地质调查研究工作。

8.1 矿山岩土工程分级

矿山岩土工程勘察应针对采矿场、开采运输及破碎输送、排土场和辅助生产设施等工程的特点分别划分勘察等级。

可扫描二维码 M2.8-1 阅读相关内容。

M2.8-1

8.2 露天矿边坡岩土工程勘察

露天矿边坡岩土工程勘察宜分阶段进行，并与矿山开采的设计阶段相适应，分为可行性研究阶段边坡工程勘察、设计阶段边坡工程勘察和开采阶段边坡工程勘察。露天矿边坡工程勘察工作内容、工作量及工作方法，应按勘察阶段和边坡工程安全等级确定。

露天矿边坡勘察场区按其工程地质条件的复杂程度可分为简单型、中等复杂型、复杂型和很复杂型四种类型。各类型勘察场地的特点见表 2.8-1。

露天矿边坡勘察场区类型　　　　　　　　　　　　　　　　　表 2.8-1

类型	特点
简单型	岩土类型比较单一，岩性变化不大，岩层产状稳定，接触面比较规则，褶皱、断裂不发育，地质结构简单，水文地质条件单一
中等复杂型	岩石类型较多，岩性变化较大，岩层或结构面不够稳定，褶皱、断裂较发育，有岩脉穿插，有顺坡向软弱结构面，地质结构和水文地质条件较复杂
复杂型	岩石类型多，岩性变化大，岩层产状多变，褶皱、断裂发育，不同时期的岩脉互相穿插，软弱结构面发育，地质结构和水文地质条件复杂
很复杂型	岩石类型很多，岩性多变，岩体破碎现象十分显著，次一级褶皱和断裂发育，不同时期的岩脉纵横交错，软弱结构面十分发育，地质结构和水文地质条件很复杂且对边坡稳定影响强烈

地质条件的复杂程度直接影响到勘察的工作量的布置、治理措施及安全系数的选定。

边坡工程的勘探方法应根据勘察阶段、边坡工程安全等级及地质条件确定，勘探以钻探为主，同时可采用井探、槽探、洞探和工程物探。安全等级为 I 级的边坡勘探应采用岩芯定向钻探，安全等级为 II 级的边坡勘探宜采用岩芯定向钻探。

8.2.1 露天矿边坡特点

非煤露天矿边坡（主要指金属矿山）特点：

（1）露天矿边坡具一定的复杂性，且规模巨大，通常设计高度 300~500m，最高超过 1000m，边坡走向延伸可达数公里，揭露地层多，地质条件通常较为复杂。

（2）矿体赋存状态无选择性，只能在既定的工程地质条件下进行开挖和施工，不存在选址选线和避让的条件。

（3）边坡开挖与采矿效益密切相关，为了获得更大的经济效益，边坡规模非常宏大且深凹陡峻。

（4）露天矿边坡是一个动态的地质过程，边坡工程具有时效性，矿山建设初期并非形成永久边坡而是随着采掘的深入和发展，逐步形成永久边坡，直至采掘终了才能形成整体的永久性边坡，这就是说处于生产期间的矿山边坡大都是属于相对的临时性边坡，其服务年限通常较短或长短不一。

（5）边坡岩体具有可变形性，与大型水坝、交通干线的边坡相比，露天矿边坡远离人群，设备稀少，只要不危及人身、设备和生产安全，允许边坡岩体产生一定的变形甚至产生一定的破坏。按照国内外的惯例，这种破坏宜不超过总体边坡的 10%。

（6）露天矿边坡工程始终处于动态的应力作用下，矿山始终处于复杂的动态开挖的动荷载作用过程中，特别是矿山周而复始的爆破对边坡岩体的松动破坏是持续累进的，尤其是近帮的、不恰当的爆破会使边坡原本完整的岩石破裂，从而降低边坡稳定性并促使其坍塌和滑动。

（7）露天矿边坡工程具阶段性和循环性，矿山开挖本身就是一种最有效、最直接的工程揭露与勘察，此特点恰恰满足了为边坡稳定性研究由表及里、由浅入深的阶段性和渐进性的要求，为依赖于信息反馈的边坡稳定性的动态研究提供了条件。

区别于非煤露天矿山边坡，组成露天煤矿的边坡岩层主要是沉积岩，岩性较单一，层理发育，软弱结构面多，岩石强度低；边坡破坏的形式主要是应力型破坏。而金属露天矿边坡大多为火成岩或变质岩组成，岩石坚硬，岩体组成复杂，边坡破坏形式多样，但主要为结构型破坏。

8.2.2 可行性研究阶段

1. 勘察目的

了解区域和矿区地质背景，初步掌握勘察场区的工程地质、水文地质条件，对采矿场各边帮的边坡角提出推荐值，为初步确定采矿场境界几何形状、估计矿山开采经济效益提供资料。可行性研究阶段的边坡工程勘察成果应作为矿山开采可行性研究的依据。

2. 勘察内容

可行性研究阶段边坡工程勘察应满足下列要求：

（1）调查场地岩土的种类、成因及滑坡、崩塌等不良地质作用的分布范围及性质。

（2）应查明第四纪地层与基岩接触面性状。

（3）应初步查明地质构造、结构面类型、产状及其分布，软弱结构面的分布情况，宜判定各边帮边坡破坏模式。

（4）应初步查明地表水径流条件及对坡面坡脚的冲蚀作用，并应初步查明地下水埋藏情况和各层岩土的渗透性。

（5）应初步确定各岩土层物理力学性质和软弱结构面的抗剪强度，并应初步评价各边帮边坡的稳定性。

（6）可行性研究阶段应调查和分析采场周围的自然边坡、人工边坡以及附近岩溶和地下采空区的岩体崩落状况。

当存在规模很大的地质构造，对总体边坡稳定性构成威胁并关系到矿山可否合理开发时，应进行专门的调查研究或专项勘察，予以查明。

3. 勘察方法

可行性研究阶段的野外工作应以资料搜集、踏勘、专门路线的调查及详细测线测量为主。当因地质条件复杂，搜集的资料不能满足本阶段的勘察要求时，应进行工程地质测绘及槽探、物探等工作。可行性研究阶段搜集和研究下列资料：

（1）区域气象、水文、地质、地震等方面的资料，各种比例尺的区域地质图、地形图及其他有关矿产地质勘探专用图件资料。

（2）标有开采境界或若干个境界方案的地形地质图。

（3）矿山技术档案资料，包括矿产储量勘探报告、采场地形地质图、探槽和平硐的地质测绘和编录资料、水文地质资料、物探资料及有关边坡岩体完整性和物理力学性质的资料，调查了解区域地应力情况和历史地震资料。

（4）勘探钻孔记录和保存的岩芯，对有代表性的钻孔应对岩芯进行重新编录。

（5）岩土工程条件相似的已有边坡勘察资料。

（6）当已有的岩石试验资料不足时，应采取试样进行试验。

4. 评价内容

可行性研究阶段应根据简要的边坡稳定性计算和综合评价，给出各边帮边坡角的推荐建议值。

8.2.3 设计阶段

1. 勘察目的

其成果用于满足矿山设计或改（扩）建设计需要，为开采境界的设计，边坡要素的确定及将来矿山边坡的维护管理提供资料和依据。

矿山设计阶段应确定最终开采境界和边坡几何要素等。露天矿的开采境界由最终开采深度、底部周界及最终边坡角三个要素组成，其中最终边坡角主要是依据勘察研究成果并考虑采矿工艺确定的。边坡几何要素是指在靠帮边坡上布设的各种用途的平台和运输通道的空间几何位置。本阶段应着重对较早形成的固定帮边坡做详细勘察与评价。

2. 勘察内容

（1）应查明各类岩石的分布，研究岩石和土的工程性质，区分出软弱岩层和风化破碎带。

（2）查明场区的构造特征，确定断层、褶皱、节理密集带、岩脉等构造的产状、空间分布、组合规律及其特征，对影响边坡稳定较大的不连续面要着重研究；查明各组节理和其他不连续面的发育程度，确定不同地质分区岩体优势产状及表征其性质的统计参数。

（3）查明勘察场区的水文地质条件；确定可能被滑动面切穿的岩体的抗剪强度和可能成为滑动面的不连续面的抗剪强度。

（4）查明风化、侵蚀、滑坡、地下采空区的地表变形等不良地质现象的分布、成因、发展趋势及其对边坡稳定性的影响程度。

（5）对安全等级为Ⅰ级的边坡，当处在8度及以上地震烈度地区时，宜进行地震危险性分析，确定设计地震加速度。

（6）查明地下水的类型、补给来源、埋藏条件，地下水位、变化幅度及与地表水体的关系，并应预测其矿山开采期间的变化趋势。

（7）判断地下水对建筑材料的腐蚀性。

（8）对勘察场区进行工程地质分区，在此基础上作边坡分区；应对各边坡分区进行破坏模式和边坡稳定性计算分析，并应给出边坡角的推荐值。

（9）对稳定程度较低或稳定坡角过缓的边坡提出治理措施和监测的建议。

3. 勘察方法

以搜集资料、工程地质测绘与调查、勘探为主。

1）应搜集下列资料

（1）露天矿山的生产规模、服务年限、初步确定的开采境界和采矿方法、采场要素及参数、采掘工艺、开采运输方式以及矿山总体布置的说明。

（2）露天矿山采掘最终平面图及地质剖面图。

2）工程地质测绘与调查

（1）工程地质测绘应先于其他工程勘探工作进行，测绘成图的比例尺应与本阶段设计所用的比例尺一致。测绘成图范围应包括境界线以外宽1/2～2/3边坡高度的地带。

（2）岩体不连续面调查应在露天矿台阶，地下平硐等岩体出露的地段通过详细测线测量获取。

3）勘探

（1）重要的地质界线应采用适量的钻探、槽探、井探、洞探，也可进行工程物探予以验证。当覆盖层厚度小于3m，应准确查明岩性分界线、构造线、破碎带宽度、软弱结构面位置时，可采用槽探。对探槽、探井和探洞的底和帮均应进行详细素描和编录。

（2）对安全等级为Ⅰ、Ⅱ级的露天矿边坡，各工程地质分区应布设不少于1条勘探线。勘探线宜垂直于边帮或沿潜在滑坡方向布设，钻孔间距应为50～100m，且每条勘探线不应少于3个钻孔；对安全等级为Ⅲ级的露天矿边坡，各边帮宜布设勘探线，每条勘探线不宜少于3个钻孔。

（3）钻孔的孔径不宜小于76mm，钻孔应穿过不连续面或预计的最低可能滑动面，并应深入其下不小于10m。

（4）对于边帮已揭露且继续采深不大的生产矿山，可根据地面调查结果作深部推测。简单型的场区可不进行钻探，中等及其以上复杂场区应进行钻探。

4）取样

（1）一般性的物理力学指标宜在钻孔内取样进行试验室岩、土试样试验，每个单元层的土样数不应少于6件，岩石试样不应少于9件。

（2）场地的岩体弱面（带）抗剪强度指标，应进行岩土室内试验测定。每一类弱面（带）的试样数不应少于 9 件。

（3）土样可在钻孔、探井、探槽中采取。软弱土层应连续取样。土样应密封送交试验室，运输中应避免振动。

（4）岩石试样可在钻探岩心中选取或在探井、探槽、竖井、平硐中刻取；毛样尺寸应符合试样加工的要求，其数量应符合试验项目的要求；试样应标注可能滑移方向；软质岩石试样应及时密封。

（5）所有不连续面试样在送交试验室时，均应附以说明，内容包括试样编号、岩石和不连续面类型、不连续面产状、剪切方向、粗糙度和试验组别。

5）原位试验

（1）岩层渗透系数的测定可利用形成的钻孔和位于地下水位以下的平硐进行水文地质试验。

（2）各类岩石应进行定性试验和物理力学性质试验。完整岩石和不连续面的力学性质试验应在试验室进行，对于可能构成破坏面的弱面和软弱夹层，应进行原位抗剪试验。试样的选取、原位试验地点的选择和试验方法的采用，应在确定破坏模式的基础上进行。

（3）岩体变形指标可采用钻孔弹模试验、载荷试验、狭缝试验等原位试验方法直接测定。当有适用于本场地的经验数据时，可根据原位弹性波速测试、完整岩石室内变形试验的结果结合经验综合确定。

（4）安全等级为Ⅲ级的边坡，可减少试验工作量，简化试验方法，计算稳定性所需的参数可在类比分析的基础上根据经验确定。

（5）采场位于高地应力区且安全等级为Ⅰ级的边坡，应进行岩体原位应力测试。

（6）安全等级为Ⅰ级的边坡，可进行岩体的物理模型模拟试验。

8.2.4　开采阶段

1. 勘察目的

随着近些年露天矿山开采进入深凹开采，边坡面临的问题增多，原有开采无法进行，或受资源、宏观经济影响，矿山扩界要求有增多趋势。开采阶段的边坡工程勘察成果应作为矿山采场境界变更或修改设计以及边坡治理的依据。

2. 勘察内容

（1）应查明不稳定区工程地质与水文地质条件。

（2）应确定不稳定区的破坏模式。

（3）应确定不稳定区岩土层物理力学指标以及滑动面或潜在滑动面抗剪强度。

（4）应对不稳定区边坡进行稳定性计算，并应提出治理措施和监测的建议。

3. 勘察方法

开采阶段的边坡工程勘察应利用岩体已被揭露的条件和已有的勘察资料，进行工程地质测绘、勘探和试验工作，核查和补充已有的成果资料。

1）工程地质测绘与调查

开采阶段应对已形成的台阶进行稳定性调查，标绘出不稳定性区段并预测其变形破坏的发展趋势。对现有边坡进行稳定性调查是本阶段勘察工作的一项重要内容。

2）原位测试

（1）开采阶段可在台阶上进行声波测试，取得浅层岩体的力学性质变化资料，了解岩体破碎、风化程度和爆破松动的范围。

（2）应充分利用已埋设的水压计的观测资料、边帮上地下水渗出标高和渗出流量以及炮孔中的水位等资料确定坡体中地下水水位线和流入采坑渗流量，并应核对地下水运动的边界条件和岩层的渗透系数。

（3）对于不稳定区、新圈入境界地段或开挖后地质条件与设计所依据的资料有较大差别的地段，当其深部地质条件需要进一步查明时，除充分利用以往成果外，尚应进行专门的钻探或井、洞探。不稳定区指有滑坡、崩塌或潜在有边坡破坏的区段。可进行滑坡反演计算确定滑动面力学参数。

3）勘探

（1）勘探线布置应根据不稳定区工程地质条件、地下水情况、潜在滑坡形态、滑移趋势等因素确定。

（2）勘探线数量在滑坡主滑方向上不宜少于 3 条，勘探点间距不宜大于 40m。勘探孔应穿过最下一层滑面，进入稳定岩层。控制性钻孔应深入稳定地层不小于 10m。

4）取样

（1）进行一般性的物理力学指标试验的岩、土试样试验取样，每个单元层的土样数不应少于 6 件，岩石试样不应少于 9 件。

（2）场地的岩体弱面（带）抗剪强度指标，应进行岩土室内试验测定。每一类弱面（带）的试样数不应少于 9 件。

（3）土样可在钻孔、探井、探槽中采取。软弱土层应连续取样。土样应密封送交试验室，运输中应避免振动。

（4）岩石试样可在钻探岩心中选取或在探井、探槽、竖井、平硐中刻取；毛样尺寸应符合试样加工的要求，其数量应符合试验项目的要求；试样应标注可能滑移方向；软质岩石试样应及时密封。

（5）所有不连续面试样在送交试验室时，均应附以说明，内容包括试样编号、岩石和不连续面类型、不连续面产状、剪切方向、粗糙度和试验组别。

8.2.5　露天矿边坡稳定性评价

露天矿边坡岩土工程勘察主要是对边坡稳定性作出评价，为此应结合不同勘察阶段的技术要求，对矿山最终靠帮边坡、开采期间坡角或坡形变化较大的靠帮边坡和开采期间出现失稳迹象的边坡进行稳定性评价。边坡稳定性评价应按边坡分区进行，确定各区最优边坡角，并应提出已有坡角的调整和修正的建议。

边坡稳定性评价应在定性分析的基础上定量计算，综合进行评价。定性分析通过工程地质类比和图解等方法，分析影响边坡稳定性的各种因素、失稳的力学机制、变形破坏的可能方式等，判断边坡的稳定状况和发展趋势。定量分析主要有解析法和数值法。

1. 边坡分区和边坡的破坏模式

边坡分区是在工程地质分区的基础上将工程地质条件、边坡几何形状和坡面倾向基本相同的地段划分为同一区，使得各分区边坡能用单一的剖面和相同的计算参数来表征。边坡分区标示在规划采场设计平面图上，边坡稳定性分析按边坡分区逐一进行，对每一边坡分区须绘制典型剖面图，以分析可能发生的破坏模式。

　　边坡破坏模式应根据边坡地质结构和边坡潜在破坏的组合情况确定,并应按破坏模式选择相应的计算方法,确定计算参数,进行边坡稳定性计算。边坡破坏模式可分为平面型破坏、圆弧型破坏、折面型破坏、楔型破坏、倾倒破坏和复合型破坏等多种形式。

　　2. 边坡稳定性计算

　　1)边坡稳定性计算剖面一般采用二维分析与计算,对三维效应明显的 I 级边坡,可采用三维稳定性分析方法验算其稳定性。边坡稳定性计算以极限平衡法为主,以安全系数作为主要评价指标。

　　2)先采用图解法、工程类比法等方法对边坡破坏模式、稳定状态和破坏趋势作出初步判定,然后再选用相应的计算方法进行稳定性计算。

　　3)边坡破坏模式和破坏边界应根据边坡各种地质界面、地质结构类型及其空间组合特征为基础进行综合判定。

　　4)露天矿边坡应分别按不同荷载组合进行边坡稳定性计算,不同荷载组合下总体边坡的设计安全系数应满足表 2.8-2 规定的安全系数要求。

总体边坡的设计安全系数　　　　　　　　　　表 2.8-2

边坡工程安全等级	边坡工程设计安全系数		
	荷载组合 I	荷载组合 II	荷载组合 III
I	1.20~1.25	1.18~1.23	1.15~1.20
II	1.15~1.20	1.13~1.18	1.10~1.15
III	1.10~1.15	1.08~1.13	1.05~1.10

　　注:1. 荷载组合 I 为自重 + 地下水;荷载组合 II 为自重 + 地下水 + 爆破振动力;荷载组合 III 为自重 + 地下水 + 地震作用;
　　　　2. 对台阶边坡和临时性工作帮,允许有一定程度的破坏,设计安全系数可适当降低。

　　5)对存在多种破坏模式或多个滑动面的边坡,应分别对各种可能的破坏模式或滑动面进行稳定性计算,并应以最小安全系数作为边坡安全系数。

　　6)计算参数的选取

　　(1)岩质边坡中不同性质的结构面抗剪强度取值应满足下列要求:

　　①硬性结构面抗剪强度应取峰值强度最小值的平均值;

　　②软弱夹层及软弱结构面抗剪强度应取屈服强度;

　　③泥化夹层抗剪强度应取残余强度。

　　(2)岩体结构面的抗剪强度参数应根据室内不连续面剪切试验、现场原位试验。岩体抗剪强度指标应采用室内试验、原位试验等方法确定,无条件进行试验的,可采用反演分析、经验类比的方法综合分析确定。

　　7)计算方法的选取

　　(1)碎裂岩体边坡、散体介质边坡,当破坏模式为圆弧形破坏时,宜采用简化毕肖普法、摩根斯坦-普赖斯法进行稳定性计算;当破坏模式为复合型破坏时,宜采用摩根斯坦-普赖斯法、不平衡推力传递法进行稳定性计算。

　　(2)块状岩体边坡和层状岩体边坡,破坏模式为复合型破坏或折线型破坏时,宜采用萨尔玛法和不平衡推力传递法进行稳定性计算;对两组及两组以上结构面切割形成的楔形破坏模式边坡,宜采用楔体法进行稳定性计算。

（3）对安全等级为Ⅰ级的边坡，宜采用有限元等数值分析方法，进行边坡的应力场和变形场分析。宜采用数值分析法进行边坡的渗流分析。

8）层状岩体边坡的倾倒变形或溃屈破坏，应以工程地质定性和半定量分析为基础，进行稳定性分析与计算。块状岩体边坡等的崩塌破坏，应根据划定的危岩体和不稳定岩体范围，采取定性及半定量的分析方法，评价其稳定状况。

9）对影响边坡稳定的主要因素，尤其是可控因素，应进行敏感性分析。

3. 边坡稳定性评价

1）评价内容

边坡稳定性评价应包括下列内容：

（1）边坡稳定状态的定性分析与判断。

（2）边坡稳定性计算。

（3）边坡稳定性综合评价和演变趋势分析。

（4）根据边坡稳定性评价结果确定露天矿各边坡分区的最优边坡角。最优边坡角的确定宜考虑边坡工程治理措施对提高边坡稳定性的作用，并分析通过工程措施增大最优边坡角的可能性。对露天矿边坡治理工程，应提出相应的工程措施和建议，并确定满足设计安全系数的支护结构抗力。

（5）在采场边坡上方存在自然山坡或废石堆场时，应对其稳定性进行评价，并预测可能发生滑坡或崩塌所造成的影响。

（6）露天开采转地下开采，或采场边坡下存在坑道等地下采空区分布时，应评价其对边坡稳定性的影响。

2）成果报告

（1）边坡稳定性评价成果报告根据不同勘察阶段的技术要求，可包括下列内容：

①任务要求及勘察工作概况；

②区域和勘察场区气象、水文、地形、地层、岩性、构造、地震等自然和地质概况；

③采场工程地质条件：工程地质岩组特性，构造特征，不连续面的产状、分布及性质，水文地质条件，人工及自然边坡稳定状况；

④工程地质分区、边坡分区及破坏模式；

⑤岩石物理力学性质，岩体和不连续面抗剪强度；

⑥稳定性计算的有关条件和参数；

⑦边坡稳定性分析与评价；

⑧结论与建议。

（2）边坡稳定性评价成果报告应附下列图表：

①工程勘察实际材料图；

②工程地质分区的工程地质图；

③边坡分区的开采终了地质结构分析图；

④台阶边坡、自然边坡、滑坡及岩溶和地下采空区的调查图件；

⑤工程地质剖面图；

⑥各边坡分区计算剖面图；

⑦钻孔综合柱状图；

⑧成组不连续面极点图及极点等密度图;

⑨有关测试图表;

⑩其他。

8.3 井巷工程岩土工程勘察

井巷工程是指为采矿或者其他目的在地下开掘的井筒、巷道和硐室等工程的总称。本节所指的井巷岩土工程是矿山的开采、运输及破碎输送工程,主要针对溜井、平硐及溜槽工程进行的勘察。井巷工程岩土工程勘察宜分阶段进行,分为可行性研究勘察、初步勘察、详细勘察和施工勘察。

8.3.1 可行性研究勘察

井巷工程可行性研究勘察是了解溜井、平硐及溜槽工程和破碎输送工程拟选场地、线路及其影响范围内的工程地质、水文地质和环境地质条件,评价场地的稳定性和建设适宜性。当地质条件简单或地质资料充分满足建井位置的确定所需时,可不进行可行性研究勘察。

1. 勘察内容

(1)了解地形地貌、地层岩性、地质构造特征及岩体风化程度。

(2)了解气象、水文特征,水文地质条件。

(3)了解不良地质作用和地质灾害发育特征及地震活动。

(4)穿越(或跨越)河流、周边水库的分布、水文特征,河道与库岸的迁移、坍岸情况。

(5)了解矿产、采空区、文物、保护区、居民区、重要建(构)筑物等的分布。

2. 勘察方法

以资料搜集、工程地质测绘为主,并宜辅以少量勘探、测试与试验工作。应搜集区域工程地质、水文地质和环境地质条件对建井适宜性作出评价。

3. 评价内容

(1)溜井、平硐及溜槽工程位置选择,宜避开不良地质作用和地质灾害发育地段、断裂及构造破碎带、应力分布异常带、强烈风化带等不宜设置为工程场地的地段。

(2)开采运输及破碎输送工程线路的适宜性和场地的稳定性。

(3)不良地质作用和地质灾害状况及对工程的影响。

(4)开采运输及破碎输送工程方案的比选建议。

(5)专项勘察建议。

8.3.2 初步勘察

初步查明溜井、平硐及溜槽工程和破碎输送工程场地的工程地质、水文地质和环境地质条件,初步进行岩土特性分类,评价溜井口和井身、平硐口和硐室、溜槽及破碎输送工程场地的稳定性,提出开采运输及破碎输送工程初步设计建议。

1. 勘察内容

初步勘察应初步查明下列内容

(1)地形地貌、地质构造特征。

(2)地层岩性、产状、分布、结构、物理力学性质、岩体风化程度。

（3）平均降雨量与极端降雨量、最高洪水位及洪峰流量大致范围，地下水类型及埋藏条件，补给、径流与排泄条件。

（4）不良地质作用和地质灾害的类型、分布、规模、发育程度、诱发因素。

（5）地下建（构）筑物、管线等地下设施的分布。

（6）破碎输送工程沿线河流的水流冲刷特征、岸坡地层分布及岩土性质。

2. 勘察方法

初步勘察工作应在搜集和研究已有地质资料的基础上，以工程地质测绘与调查为主，并辅以钻探、测试和工程物探等手段；

1）工程地质测绘

溜井、平硐及溜槽工程的工程地质测绘比例尺宜采用 1：5000～1：2000，溜井口、平硐口地段的工程地质测绘比例尺宜采用 1：1000～1：500；

2）勘探

（1）应以溜井井心为中心布置 2 条十字工程物探剖面，并应分别垂直和平行岩层走向；应沿平硐、溜槽轴线布置工程物探剖面，并宜垂直轴线布置 1～2 条工程物探剖面。

（2）溜井、平硐及溜槽工程初步勘察的勘探点布置宜按表 2.8-3 进行。

溜井、平硐及溜槽工程初步勘察的勘探点布置　　　　　　　　　表 2.8-3

工程类型	勘探点数或间距	勘探点位置	控制性勘探点数
溜井	不少于 1 个	中心、井周	不少于 1 个
平硐	间距 100～200m	双向外侧 10m 外交叉布置	不少于 2 个
溜槽	间距 100～200m	沿轴线	不少于 2 个

（3）勘探深度应穿过溜井底、平硐底及溜槽底设计标高以下深入稳定层不小于 5m。

（4）对场地稳定性有较大影响的溶洞或断层及破碎带，应布置钻孔验证。钻孔间距和勘探深度应初步控制隐伏溶洞或断层及破碎带的空间分布。

（5）宜采用物探方法，探查基岩面埋深、断裂构造的位置和规模，并宜采用声波测井判定围岩完整性和基本质量等级。

3）取样与原位测试

（1）应按工程地质单元分层采取代表性岩土试样，试样的规格和质量应满足试验项目的要求。

（2）松散地层应进行标准贯入试验（或动力触探试验），并应进行剪切波速度测试。

（3）应按工程地质单元分别进行岩体、岩块的压缩波速度测试。

（4）溜井、平硐工程场地宜分别选择代表性钻孔进行电视测井。

（5）在可能存在有害气体或地温异常的场地，应进行有害气体成分、含量或地温测定。

（6）应进行水文地质试验确定围岩的渗透系数和预估井巷工程涌水量。

4）试验

（1）物理力学试验项目应满足溜井、平硐及溜槽工程初步勘察和初步进行岩土特性分类的要求。

（2）试验方法应符合现行国家标准《土工试验方法标准》GB/T 50123、《工程岩体试验方法标准》GB/T 50266 的有关规定。

3. 评价内容

（1）溜井、平硐及溜槽工程和破碎输送工程初步设计需要的岩土参数和水文地质参数。

（2）溜井、平硐工程围岩的稳定性，溜槽和破碎输送工程场地的稳定性。

（3）工程场地的水文地质条件、环境地质条件。

（4）不良地质作用和地质灾害的分布演化及其对工程的影响。

4. 报告内容

（1）开采运输及破碎输送工程总平面布置建议方案。

（2）破碎输送工程支柱基础形式、地基类型与地基处理建议方案。

（3）溜井、平硐工程排水建议方案。

（4）不良地质作用和地质灾害防治对策。

8.3.3　详细勘察

查明溜井、平硐及溜槽工程和破碎输送工程场地地基的工程地质、水文地质条件，按工程地质单元分段进行岩土特性分类，评价围岩和地基的稳定性、工程岩土条件和溜井、平硐的涌水性，提出工程施工图设计岩土参数和施工方案建议。

1. 勘察内容

详细勘察应查明下列内容：

（1）地层岩性、产状、分布、结构、物理力学性质，岩体风化程度，围岩磨蚀性。

（2）断层及破碎带的产状、分布、规模、性质。

（3）地下水类型，主要含水层分布、埋深，地下水补给、径流、排泄条件。

（4）不良地质作用和地质灾害的类型、分布、规模、发育程度。

（5）有毒及有害气体的类型、分布和浓度，地温及地温梯度变化特征，地应力异常地段的初始地应力分布特征。

（6）水、土的腐蚀性。

2. 勘察方法

采用工程地质测绘、勘探、测试与试验等方法。

1）工程地质测绘

溜井口、平硐口位置宜进行工程地质测绘，比例尺宜采用 1∶500～1∶200。

2）勘探

勘探方法应以钻探为主，平硐口位置可布置槽探或井探。溜井、平硐及溜槽工程详细勘察的勘探工作量布置应满足下列要求：

（1）溜井、平硐及溜槽工程详细勘察的勘探点布置宜按表 2.8-4 进行。

溜井、平硐及溜槽工程详细勘察的勘探点布置　　　　　表 2.8-4

工程类型	勘探点数或间距	勘探点位置	控制性勘探点数
溜井	1～3 个	中心、井周	井筒范围内至少布置 1 个控制性勘探孔。不少于勘探点综述的 1/3
平硐	间距 50～100m	双向外侧 10m 外交叉布置	不少于 3 个，不少于勘探点综述的 1/3
溜槽	间距 25～50m	沿轴线	不少于 3 个，不少于勘探点综述的 1/3

（2）溜井井筒范围内至少布置 1 个控制性勘探孔；平硐、溜槽的两端、中间应布置勘

探点，平硐、溜槽的勘探点数各不应少于 3 个；控制性勘探点数量分别不应少于勘探点总数的 1/3。

（3）勘探深度应穿过设计基底标高以下深入稳定层不小于 5m，并应满足变形计算的要求。

（4）活动断裂及破碎带、岩溶强烈发育带应加密勘探点，勘探点数和勘探深度应控制活动断裂及破碎带、岩溶的空间分布。

3）取样与原位测试

（1）控制性勘探点应分层取岩土试样，每一主要岩土层取样数不应少于 6 组（件）；含水层应分层采取水样。试样的规格、质量应满足试验项目的要求。

（2）松散地层应进行标准贯入试验（或动力触探试验），主要地层原位测试次数不应少于 6 次。

（3）控制性勘探孔土层应进行剪切波速度测试，岩层应进行岩体、岩块的压缩波速度测试。

（4）溜井、平硐的控制性勘探孔应进行下列测试：

①电视测井；

②地应力异常地段的岩体应力测试；

③地温异常地段或深度超过 300m 钻孔的地温梯度测试；

④存在有毒及有害气体时的相关测试。

4）试验

（1）物理力学试验项目应满足溜井、平硐及溜槽工程详细勘察和分段进行岩土特性分类的需要。

（2）岩石试验应包括抗压强度试验，溜井、溜槽围岩宜进行岩石磨蚀性试验。

（3）平硐宜进行岩土的导温系数、导热系数和比热容等试验。

（4）应进行水、土的腐蚀性试验。

（5）试验方法应符合现行国家标准《土工试验方法标准》GB/T 50123、《工程岩体试验方法标准》GB/T 50266 的有关规定。

3. 评价内容

（1）溜井、平硐工程的围岩稳定性，溜槽、支柱地基的稳定性。

（2）开拓运输与破碎输送工程的地基强度、变形特征。

（3）水、土的腐蚀性。

（4）溜井、溜槽工程的围岩磨蚀性。

（5）溜井、平硐工程的涌水量，有毒及有害气体、地温及地热梯度对工程的影响。

（6）工程施工中可能出现的其他工程地质问题。

4. 报告内容

（1）溜井、平硐工程支护结构及施工方案。

（2）破碎输送工程支柱基础形式、地基类型与地基处理方案。

（3）溜井、平硐工程疏干排水对区域地下水影响的防治措施。

（4）不良地质作用和地质灾害的防治措施。

8.3.4　施工勘察

施工（生产）中发现岩土条件与勘察资料不符或发现需查明的异常情况时，应进行施工（生产）勘察。施工（生产）勘察应进一步查明原因，分析评价其影响程度，根据分析评价结果提出治理方案建议或专项勘察建议。勘察方法同详细勘察。

8.3.5　井巷工程稳定性评价

溜井、平硐工程的围岩稳定性宜采用定量分析评价；支柱地基的稳定性可采用定性评价，并宜进行变形验算；溜井、平硐工程的涌水量宜采用两种以上方法估算，相互印证。

8.4　排土场岩土工程勘察

8.4.1　概述

我国现有重点大规模生产矿山 90%以上是露天开采，一定规模的排土场 2000 座以上，每年剥离排放岩土量超过 6 亿 t，占地超过 1800hm²，为名副其实的废石排放第一大国。据我国冶金露天矿的调查，排土场占矿山总占地面积的 39%～55%，为露天采场的 2～3 倍。黑色冶金矿山、铝土矿及建材矿山的露天开采产量比重占总产量的 90%以上，化工矿山露天开采占 70%左右，露天矿排土场改变了当地的自然景观和生态环境，排土场占用土地及其与环境保护的矛盾日趋突出。

随着矿山工业的迅速发展与征地之间的矛盾，新建排土场越来越困难，使露天矿山排土场所容纳的岩土量大而集中。一些高阶段堆置的排土场容量少则几百万立方米，多则几千万立方米以至上亿立方米。很多矿山排土场采取增高扩容，排土场堆置高度从原来 50～60m 上升到 200～300m，个别达到 400～500m。同样亟待岩土工程勘察与评价。合理规划排土工程，科学管理排土场所，不仅是保证全面完成矿山生产任务必需的手段，而且对社会和生态平衡也有着十分重要的意义。

8.4.2　排土场的特点

露天矿的剥离物一般包括腐殖表土、风化岩土、坚硬岩石以及混合岩土。有时也包括需要回收和不回收的表外矿、贫矿等。剥离物的排弃是露天矿生产工序的重要组成部分。排土场的特点：

（1）剥离堆置物松散、欠固结、成分复杂属巨型人工松散堆置体，稳定性差，容易下沉或滑落。

（2）堆置高度大（且动态变化）、基底附加应力大，附加应力影响深度大，下卧层压缩层厚度大。

（3）排土场沉降变形大，包括排土场松散体固结变形和基底岩土层压缩变形。过大的沉降变形在排土场基底下形成积水洼地，坡脚长期被水浸泡。对排土场边坡稳定极为不利。不良地质作用影响排土场稳定。

（4）排土场改变了自然环境，改变了原地表和地下水排泄体系，同时，排土场又是大气降水的蓄水池，对周边水文地质环境有较大影响。

（5）对农业和生态环境影响显著。排土场占地面积大，一般为采场面积的 2～3 倍，有的岩土中含有有害元素，在某种程度上污染环境。

（6）排土过程允许产生局部裂缝、沉陷和变形。

合理地选择排土场位置、改进排土工艺和提高排土工作效率，不仅关系着运输和排土的技术经济效果，而且还涉及占用土地和环境保护问题。

排土场应按照可行性研究、初步设计、施工图设计阶段进行相应的工程地质、水文地质勘察工作。排土场工程勘察主要针对堆场场地工程、挡石坝（挡土坝）工程和排水工程（防洪渠或涵洞）进行。

8.4.3 可行性研究勘察

1. 勘察内容

可行性研究勘察应了解排土场工程拟选场地及其影响范围内的工程地质、水文地质和环境地质条件，评价场地的稳定性和适宜性。

可行性研究勘察应了解下列情况：

（1）地形地貌、地层岩性、地质构造特征及基岩风化程度。

（2）气象、水文特征，水文地质条件。

（3）不良地质作用和地质灾害发育特征及地震活动。

（4）重要供水水源地分布。

（5）矿产、采空区、文物、保护区、居民区、重要建（构）筑物等的分布。

2. 勘察方法

可行性研究勘察应以资料收集、调查访问、工程地质测绘为主，并宜辅以少量勘探、测试与试验工作。

3. 评价内容

排土场工程的可行性研究勘察应包括下列内容：

（1）排土场工程场地的稳定性和适宜性。

（2）不良地质作用和地质灾害的影响。

（3）拟选排土场工程方案的比选建议。

（4）专门勘察建议。

8.4.4 初步勘察

1. 勘察内容

初步勘察应初步查明排土场工程场地的工程地质、水文地质和环境地质条件，初步进行岩土特性分类，并应评价工程场地的稳定性，提出排土场工程初步设计建议。

（1）初步勘察应初步查明下列工程地质条件：

①地形地貌、地质构造特征；

②地层岩性、产状、分布；

③土岩界面、下伏软弱层（面）的起伏形态与性质；

④基岩风化程度；

⑤岩土的物理力学性质。

（2）初步勘察应初步查明下列水文地质条件：

①平均降雨量与极端降雨量、最高洪水位及洪峰流量；

②地表水系分布，场地汇水特征；

③地下水类型；

④地下水埋藏、补给、径流、排泄条件；

⑤岩土的透水性。

（3）初步勘察应初步查明下列环境地质条件：

①不良地质作用和地质灾害类型、分布、规模、发育程度、诱发因素；

②地下管线、建（构）筑物的分布与规模。

2. 勘察方法

初步勘察应采用工程地质测绘、勘探、测试与试验等方法。

1）工程地质测绘

（1）堆场场地、排洪渠（或涵洞）的工程地质测绘比例尺宜采用 1∶10000～1∶2000。

（2）挡石坝的工程地质测绘比例尺宜采用 1∶2000～1∶500。

（3）工程地质测绘范围宜为场地范围外延 150～200m，以及对工程有影响的不良地质作用和地质灾害的分布范围。

2）勘探

（1）堆场场地工程初步勘察的勘探线、勘探点的布置应满足下列要求：

①勘探线应沿山坡倾向或隐伏软弱面倾向布置；

②堆场场地工程初步勘察的勘探间距可按表 2.8-5 布置；

堆场场地工程初步勘察的勘探间距　　　　表 2.8-5

地基复杂程度等级	勘探线间距/m	勘探点间距/m
一级（复杂）	80～150	60～100
二级（中等复杂）	150～200	100～150
三级（简单）	200～400	150～200

③堆场场地每个坡面不宜少于 3 条勘探线；

④控制性勘探点宜占勘探点总数的 1/5～1/3，且每个地貌单元应布置控制性勘探点；

⑤复杂场地宜结合工程物探进行综合勘探，物探剖面间距宜为勘探线间距的 1～2 倍。

（2）堆场场地工程初步勘察的勘探方法可采用槽探、井探、钻探等。特殊性岩土分布地段，槽探或井探点不应少于勘探点总数的 1/3。

（3）堆场场地工程初步勘察的勘探深度应满足下列要求：

①堆场场地工程初步勘察的勘探深度可按表 2.8-6 布置；

堆场场地工程初步勘察的勘探深度　　　　表 2.8-6

工程重要性等级	一般性勘探点/m	控制性勘探点/m
一级	≥12	≥25
二级	10～12	15～25
三级	6～10	10～15

②当要求勘探深度内遇基岩时，一般性勘探点应深入基岩，控制性勘探点应深入基岩 2～5m；

③当要求勘探深度内遇隐伏软弱面（或软弱层）时，应适当增加勘探深度，控制性勘探点应穿透软弱面（或软弱层）深入稳定层 2～5m。

（4）挡石坝、排洪渠（或涵洞）工程初步勘察的勘探工作应满足下列要求：

①工程轴线两端及中间宜布置勘探点，且每个地貌单元应布置勘探点；

②勘探深度不宜小于 10m，遇软弱面（层）时应深入稳定层 2～5m；

③当场地覆盖层较厚或存在断层及破碎带、溶洞时，宜局部布置工程物探剖面。

3）取样与原位测试

初步勘察的取样与原位测试应满足下列要求：

（1）堆场场地的控制性勘探点应分层采取岩土试样，挡石坝、排洪渠（或涵洞）工程场地应按工程地质单元分层采取岩土试样，试样的规格和质量应满足试验项目的要求。

（2）松散地层应进行标准贯入试验（或动力触探试验），并应进行剪切波速度测试。

（3）堆场场地主要岩层应进行岩体、岩块的压缩波速度测试。

（4）应进行简易水文地质观测。

4）岩土试验

初步勘察的岩土试验应满足下列要求：

（1）物理力学试验项目应满足堆场场地初步勘察和初步进行岩土特性分类、挡石坝与排洪渠（涵洞）工程选址评价的要求。

（2）试验方法应符合现行国家标准《土工试验方法标准》GB/T 50123、《工程岩体试验方法标准》GB/T 50266 的有关规定。

3. 评价内容

排土场工程的初步勘察应包括下列内容：

（1）排土场工程初步设计所需岩土参数。

（2）堆场场地工程地基的稳定性。

（3）挡石坝、排洪渠（或涵洞）工程场地的稳定性和适宜性。

（4）不良地质作用和地质灾害对排土场工程的影响。

（5）排土场堆置对地质环境的影响。

4. 报告内容

排土场工程的初步勘察报告中应包括下列内容：

（1）排土场工程总平面布置方案。

（2）挡石坝、排洪渠（或涵洞）工程场地方案建议或方案比选建议。

（3）堆场场地地基处理方案建议。

（4）不良地质作用和地质灾害防治方案建议。

8.4.5 详细勘察

1. 勘察内容

详细勘察应查明堆场场地、挡石坝与排洪渠（或涵洞）工程场地地基的工程地质条件，按工程地质单元分段进行岩土特性分类，评价地基的稳定性与工程岩土条件，提出工程施工图设计岩土参数和施工方案建议。

详细勘察应查明下列地质条件：

（1）地层岩性、分布、物理力学性质，基岩风化程度；

（2）断层及破碎带、主要软弱面的分布、规模、性质；

（3）地表水汇水特征，地下水类型及埋藏、补给、径流、排泄条件；

（4）不良地质作用和地质灾害的类型、分布、规模、发育程度；

（5）岩土的透水性，水、土的腐蚀性。

2. 勘察方法

堆场场地工程的详细勘察宜在初步勘察基础上补充勘探、测试与试验。堆场场地工程详细勘察的勘探间距可按表 2.8-7 布置；勘探手段、勘探深度、取样、原位测试、试验可按堆场场地工程初步勘察的相关要求进行；需地基处理地段应取水样、土样进行腐蚀性试验。

堆场场地工程详细勘察的勘探间距 表 2.8-7

地基复杂程度等级	勘探线间距/m	勘探点间距/m
一级（复杂）	40～75	30～50
二级（中等复杂）	75～100	50～75
三级（简单）	100～200	75～100

挡石坝、排洪渠（或涵洞）工程的详细勘察应以勘探、测试与试验为主，挡石坝坝基、坝肩部位和排洪渠（或涵洞）出、入口部位应进行工程地质测绘，比例尺宜采用 1∶500～1∶200。

1）勘探

（1）挡石坝、排洪渠（或涵洞）工程详细勘察的勘探线、勘探点布置宜按表 2.8-8 布置，多于 1 条勘探线时，相邻勘探线上的勘探点应交叉布置；控制性勘探点数量不宜少于勘探点总数的 1/3，且工程两端应有控制性勘探点；复杂地基条件下宜根据勘察需要布置工程物探剖面。

勘探线、勘探点布置表 表 2.8-8

工程	勘探线布置	勘探点间距/m
挡石坝	沿轴线布置 1 条	50～100
排洪渠（或涵洞）	沿工程两侧边线 10m 外各布置 1 条	100～200

（2）挡石坝、排洪渠（或涵洞）工程详细勘察的勘探方法宜采用槽探、井探、钻探等，特殊性岩土分布地段，槽探或井探点不应少于勘探点总数的 1/3；挡石坝坝肩地段宜布置槽探或工程物探点（浅层地震面波勘探点或电测深勘探点）。

（3）挡石坝、排洪渠（或涵洞）工程详细勘察的勘探深度应满足下列要求：

①基岩坝基，一般性钻孔宜深入坝基基础底面以下 1/3 坝高；控制性勘探点宜深入坝基基础底面以下 1/2 坝高；

②覆盖层坝基，当下伏基岩埋深小于坝高时，一般性钻孔宜深入基岩 3～5m；控制性钻孔宜深入基岩 5～10m；当下伏基岩埋深大于坝高时，钻孔深度宜根据坝基持力层、透水层、隔水层的具体情况综合确定；

③排洪渠（或涵洞）地基，一般性钻孔应深入排洪渠（或涵洞）底以下 5～10m；控制性勘探点一般应深入排洪渠（或涵洞）底以下 10～20m，并应进入稳定层。

2）取样与原位测试

挡石坝、排洪渠（或涵洞）工程详细勘察的取样与原位测试应满足下列要求：

（1）控制性勘探点应分层采取岩土试样，松散地层应进行标准贯入试验(或动力触探)，每一主要岩土层取原状样数量或标准贯入试验（或动力触探）数据不应少于 6 组（件），试样的规格和质量应满足试验项目的要求。

（2）应按地貌单元采取满足腐蚀性试验要求的水、土试样。

（3）宜在控制性勘探孔中进行剪切波速度测试。

（4）挡石坝、排洪渠（或涵洞）地基应进行岩体、岩块的压缩波速度测试。

（5）应进行简易水文地质观测。

3）试验

挡石坝、排洪渠（或涵洞）工程详细勘察的试验应满足下列要求：

（1）物理力学试验项目应满足挡石坝、排洪渠（或涵洞）工程详细勘察、地基变形计算和分段进行岩土特性分类的要求。

（2）应进行水、土的腐蚀性试验。

3. 评价内容

详细勘察应按工程地质单元分段进行土石工程分类，划分挡石坝坝基与坝肩部位的岩石质量等级、排洪渠（或涵洞）工程地基的围岩类别。详细勘察应包括下列内容：

（1）排土场工程地基的稳定性。

（2）挡石坝、排洪渠（或涵洞）工程场地稳定性和地基变形特征。

（3）水、土的腐蚀性。

（4）工程施工中可能出现的其他工程地质问题。

4. 评价方法

排土场工程详细勘察的评价可按下列方法进行：

（1）排土堆场、排洪渠（或涵洞）工程地基的稳定性可采用工程地质类比法评价。

（2）地基土承载力特征和变形特征采用定量计算，挡石坝稳定性在定性评价基础上进行验算。

（3）场地内存在的滑动面或潜在滑动面采用极限平衡法等定量方法评价。

5. 评价报告

（1）堆场场地、挡石坝、排洪渠（或涵洞）工程基础形式、地基类型与地基处理方案。

（2）提供满足堆场场地地基处理施工图设计的岩土参数。

（3）提供满足挡石坝、排洪渠（或涵洞）工程施工图设计的岩土参数。

（4）排洪渠（或涵洞）施工支护方案。

（5）不良地质作用和地质灾害的防治措施。

8.4.6　施工勘察

排土工程的施工中发现岩土条件与勘察资料不符或发现需查明的异常情况时，应进行施工勘察。施工勘察应进一步查明原因、分析评价其影响程度，并应根据分析评价结果提出治理方案建议或专项勘察建议。

1. 勘察内容

排土场堆场变形的施工勘察应查明下列地质条件：

（1）排土场堆积体的形态特征、堆场场地的堆载。

（2）堆积物的岩土分类、层序、分布、物理力学性质。

（3）堆场场地的汇水量、排水量及排水条件。

（4）排土场堆积体的变形破坏的类型、成因、发育程度，以及破坏面的分布、性质。

2. 勘察方法

本阶段的勘察方法应按详细勘察的要求进行。

8.4.7　排土场稳定性评价

1. 排土场滑坡和变形类型

根据滑动面的位置和排土场的变形特征，排土场的滑坡和变形可分为 5 类（图 2.8-1）。

（1）软弱地基底鼓引起滑坡，如图 2.8-1（a）所示。当排土场坐落在软弱地层上时，由于地基受排土场荷载压力而产生滑坡和底鼓，然后牵动排土场滑坡。这类牵引式滑坡在排土场破坏事例中经常出现。地基为软弱层可分下列两种情况：一种是第四系松散层和风化带，在山坡坡底和沟谷含冲积层及腐殖层较厚，受地表水的浸润作用，其承载能力下降，极易产生滑动；另一种是因活动而形成的软弱地层，如很多矿山的排土场坐落在尾矿池上或排土场的基底原来为小水库、水塘淤积层及稻田耕地等。

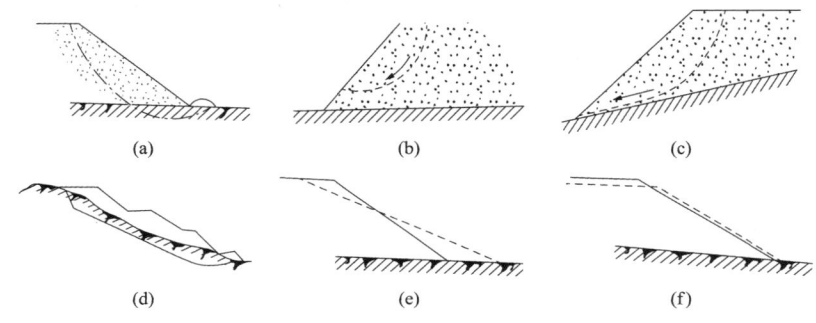

图 2.8-1　排土场滑坡和变形类型

（2）排土场内部滑坡和沿地基接触面滑坡，如图 2.8-1（b）和（c）所示。排土场内部滑坡是指地基岩层稳定，由于物料的岩石力学性质，排土工艺及其他外界条件（如外荷载和雨水等）所导致的排土场失稳现象。其滑动剪出口出露在边坡的不同高度。对于坚硬、岩石块度较大的排土场，其压缩变形较小，当新排弃的岩石较破碎或含土量较大，并含有一定湿度时，则初期的边坡角较陡（38°～42°），随着排土场高度的增加，经压实和沉降，排土场内部会出现孔隙压力的不平衡和应力集中区，孔隙压力的产生降低了潜在滑动面上摩擦阻力，最终导致滑坡。在边坡下部的应力集中区产生位移变形或边坡鼓出，便牵动上部边坡下沉、开裂和滑移，最后形成抛物线形的边坡面，即上部陡、中部缓、下部更缓的稳定边坡，其边坡角（直线量度）通常为 25°～32°。

沿地基接触面滑坡是指滑坡沿着地基上的软弱接触带（即滑动面）产生，多数是在倾斜地基条件下发生的，特别是堆置在倾角较陡的山坡上的排土场，当排土场与地基接触面之间的抗剪强度小于废石堆本身的抗剪强度时便会产生这种滑坡。这类滑坡的主要原因是在地基与物料接触面之间形成了软弱的潜在滑动面，如在矿山基建初期，大量的表土和风化岩土都排弃在排土场的下部形成了软弱层，若原地基上生长有树木和植被，腐殖土层较厚，可构成潜在的软弱带，当有地下水作用时，则会加剧排土场沿地基接触带的滑动。

（3）排土场基底岩层滑坡，如图 2.8-1（d）所示。软岩层基底上的排弃物的压力，将造成基底岩层稳定性破坏，引起基底岩层和上部排弃物滑坡。

（4）排土台阶坡面变缓、形成泥石流，如图 2.8-1（e）所示。这是因排土台阶受雨水冲刷而使坡面流坍逐渐变缓，或者排弃物饱水而形成泥石流。

（5）排土段沉陷，如图 2.8-1（f）所示。排土场在堆置的过程中岩石自重作用下不断压实和沉降。

2. 稳定性评价

排土场稳定性评价应对按相应的阶段进行，可行性研究阶段应进行排土场灾害风险分析，初步设计阶段应进行排土场稳定性分析，施工（生产）勘察阶段排土场安全稳定性评价，包括排土场堆置要素与排土工艺分析和对排土场现状进行稳定性评价。

1）主要依据资料

（1）工程地质及水文地质资料，场址及其影响范围的工程地质及水文地质勘察资料，包括持力层分层岩土物理力学性质试验报告。

（2）排弃物料的岩性组成特征、颗粒级配筛分及物理力学性质试验报告。

（3）原始地形地质图（比例尺大于1∶2000）、现状地形图（比例尺大于1∶2000）。

（4）年末图或分期规划图及堆置要素。

2）应评价的主要内容

（1）工程地质、水文地质分析。

（2）排弃物料物理力学性质分析。

（3）堆置要素与计算方案（包括典型剖面确定及其代表性）。

（4）稳定性计算分析。

（5）安全稳定性对策措施。

（6）稳定性分析结论及建议。

（7）在线监测的要求。

3）计算方法、模型和参数

排土场稳定性分析应根据排土工艺、堆置要素和潜在的破坏模式，采用定性分析和定量分析相结合的方法进行。定性分析可采用工程地质类比法等经验方法，当场地内存在的滑动面或潜在滑动面采用极限平衡法等定量方法。定量计算方法应包括极限平衡法或数值分析方法。

（1）排土场稳定性计算模型应综合地形地貌、地基特征、水文地质特征、物料特征、排土场堆置要素、堆积过程等因素确定。

（2）排土场稳定性计算参数选取应满足下列要求：

①排土场地基力学指标应按照排土场工程地质勘察试验成果，并应结合地层结构特征综合确定；

②排弃物料力学指标宜根据筛分试验和三轴试验成果确定。

（3）排土场稳定性计算工况应满足下列要求：

①排土场稳定性计算工况应根据重力、降雨及地下水、地震或爆破震动影响确定为自然工况、降雨及地下水工况、地震或爆破震动工况三种。

②当排土场影响范围内存在重要设施时，荷载也应考虑在内。

4）安全稳定性标准

（1）安全稳定性标准应根据排土场等级和计算工况确定。

（2）自然工况条件下，排土场整体安全稳定性标准应符合表 2.8-9 的规定。

排土场安全稳定性标准　　　　　　　　　表 2.8-9

排土场等级	安全标准
一	1.25～1.30
二	1.20～1.25
三	1.15～1.20
四	1.15

注：1. 自然工况条件指重力、稳定地下水位、正常施工荷载的组合。
　　2. 排土场下游存在村庄、居民区、工业场地等设施时，相应区域排土场安全标准应取上限值。

（3）排土场的整体稳定性应校核降雨工况。降雨工况，整体排土场安全标准可在表 2.8-8 规定的基础上降低 0.05，最低安全系数不得低于 1.10。

（4）地震基本烈度为 7 度及 7 度以上地区的排土场，整体稳定性应校核地震工况。地震工况作用下，排土场整体安全标准可在表 2.8-9 规定的基础上降低 0.05～0.10，但最低安全系数不得小于 1.10。

（5）排土场台阶安全稳定性宜根据物料特性、地基条件、排土方式，通过控制阶段高度和排弃强度保证。

8.4.8　工程勘察报告

排土场岩土工程勘察报告应在收集资料、工程地质测绘勘探、测试与试验的基础上，结合工程特点、工程设计需求及勘察阶段的要求等编写，报告应充分反映工程建设场地的工程地质、水文地质、环境地质条件，提供设计所需的岩土参数及水文地质参数，并应进行岩土工程分析评价、提出结论及建议。

排土场工程勘察需要进行专题研究的，应在相应研究结论的基础上编写岩土工程勘察报告。排土场岩土工程详细勘察阶段和施工勘察阶段的工程勘察报告主要内容宜按表 2.8-10 编写，其他勘察阶段的工程勘察报告可简化。

勘察报告主要内容　　　　　　　　　表 2.8-10

序号	主要章节	详细内容
1	前言	拟建工程概况； 勘察目的、任务和技术要求； 勘察依据技术标准和资料等
2	勘察工作实施	勘察方法； 勘察工作量布置、调整及完成工作量； 勘探点定位及高程测量等
3	场地地质条件	地形、地貌、地层岩性、地质构造； 场地工程地质条件； 场地水文地质条件； 场地环境地质条件等
4	岩土特性指标与工程性能	岩土工程特性指标的统计、分析与选用； 岩土的工程性能评价等
5	岩土工程分析与评价	不良地质作用和地质灾害对工程影响评价； 场地稳定性及适宜性评价； 场地地震效应评价； 地基强度、变形及稳定性评价； 地基岩土物理力学性质评价；特殊性岩土性能评价； 工程可能引发的工程地质问题的评价等

续表

序号	主要章节	详细内容
6	结论与建议	场地及地基的稳定性和适宜性； 确定抗震地段类型、建筑场地类别、地基液化等级， 判定水、土对建筑材料的腐蚀性； 对场地存在和工程可能引发的不良地质作用 和地质灾害的预测与防治方案建议； 对基础形式、地基类型及持力层的建议； 对设计、施工需注意的问题及检测监测的建议； 对下阶段工作的建议等
7	附件	附图： ①综合工程地质图； ②地质环境图； ③勘探点平面布置图； ④工程地质剖面图； ⑤工程地质柱状图等。 附表： ①岩土工程分析计算图表； ②勘探点主要数据一览表； ③岩土试验（测试）指标统计成果表等。 专题报告： ①室内试验成果报告（图表）； ②原位测试成果报告（图表）； ③现场试验成果报告（图表）； ④工程物探成果报告； ⑤其他专题研究报告等

8.5　尾矿库岩土工程勘察

尾矿是选矿过程中产生的可用土的特征进行描述的废弃产物。尾矿库是用于贮存金属、非金属矿山矿石选别后排出尾矿的场所。尾矿坝是指拦挡尾矿和水的尾矿库外围构筑物，常泛指尾矿库初期坝和堆积坝的总体。尾矿处理设施包括：初期坝、拦洪坝、库区及回水系统等。尾矿堆积坝在运行过程中、扩建和改建、闭库和回采必须进行岩土工程勘察。

8.5.1　初期坝

初期坝是指以土、石为主要材料和其他辅助材料筑成的，作为尾矿堆积坝的排渗或支撑体的坝。

1. 可行性研究勘察

1）初期坝场地选择原则

（1）无不良地质作用或影响较小。

（2）地下不具有开采价值的矿藏和采空塌陷区。

（3）汇水面积小且库容大。

（4）下游和最大频率风向的下方无大工业区、居民区、水源地、重点名胜古迹及风景区。

（5）场地及其附近有足够的筑坝材料且便于运输。

（6）筑坝对周边环境（特别是水资源）无污染或筑坝不至于破坏生态环境。

2）勘察方案

初期坝可行性研究勘察应以搜集资料、现场踏勘为主，当资料不足时，可补充进行调查和工程地质测绘及物探等勘探工作。

3）勘察内容

可行性研究勘察为场址的选择应提供下列资料：

（1）区域地质构造、地震地质资料。

（2）场地的地形地貌、地层、岩性等工程地质条件。

（3）汇水面积、洪水流量、地表水及地下水等水文地质资料及气象资料。

（4）滑坡、崩塌、泥石流、岩溶等不良地质作用。

（5）库区周边自然环境、人文环境、生态环境等；特别应提供邻近的水源地保护带、水源开采状况和环境保护要求。

（6）筑坝材料的储藏分布情况。

2. 初步勘察

1）勘察内容及要求

（1）应初步查明拟建场地坝址、坝肩、库区及库区岸边的工程地质和水文地质条件，并应评价其稳定性和渗漏性以及渗漏对周边环境产生的影响。

（2）应初步查明场地不良地质作用，并应分析评价其对工程可能产生的影响及其防治措施建议。

（3）当场地抗震设防烈度大于或等于 6 度时，应进行场地地震效应分析，并应提供抗震设计有关参数。

（4）应查明筑坝材料的产地、质量、储量和开采条件。

2）取样和原位测试

（1）采取岩、土样或进行原位测试时，应按坝址、库区的主要岩土层分别确定，原位测试应按工程需要确定。

（2）必要时对坝址和库区岩土体进行抽水、压水或注水试验。

3）坝址区初步勘察的勘探工作应满足下列要求：

（1）坝址区的勘探线应平行或沿坝轴线布置，数量不应少于 3 条，沟谷库型的坝基勘探点间距宜为 30～50m，平地库型的坝基勘探点间距宜为 50～70m，每条勘探线上的勘探点数量不宜少于 3 个。

（2）控制性勘探点的数量宜为 1/3～1/2，深度应满足查明坝基和坝肩的软弱地层和软弱结构面、潜在的滑动面和可能发生渗漏或管涌的地层的要求，且不应小于初期坝高的 1 倍。

（3）一般性勘探点深度应满足查明坝基持力层的要求，且不应小于 15m。

（4）在预定深度内，遇有稳定岩层或软弱层时，勘探点深度应酌情调整。

4）库区初步勘察时的勘探工作应满足下列要求：

（1）工程地质测绘比例尺宜选用 1∶5000～1∶2000。

（2）勘探线宜沿拟建排水管及排水井位置布置。

（3）勘探点间距宜为 40～60m，当排水井井位已定时，应与井位的勘探点相结合。

（4）勘探点深度宜为 5～8m，当与排水管、排水井勘探点相结合时，勘探点深度应满足其地基评价的要求。

（5）当需要评价沟谷两侧坡体的稳定性和渗漏性时，应布置垂直沟谷的辅助勘探线。勘探点数量、间距和勘探点深度，可根据所研究的问题和地层条件确定。

3. 详细勘察

1）坝址区详细勘察应满足下列要求：

（1）坝址区的勘探线应沿坝轴线及其上下游平行坝轴线布置，且不应少于 3 条，勘探点间距宜为 25～50m。

（2）控制性勘探点宜布置在坝轴线上，其深度宜为初期坝高的 1～2 倍；一般性勘探点深度宜为初期坝高的 0.6～1.0 倍；在岩溶地区或存在强渗漏性地层或抗滑稳定性差的地层时，应专门进行研究，并应确定勘探深度；在预定深度内遇到基岩或分布稳定的弱渗透性岩土层时，除部分控制性勘探点应钻入基岩中风化层一定深度，其余勘探点要求达到基岩顶面或穿透强风化层即可。

（3）控制性勘探点的数量宜为勘探点总数的 1/3～1/2，但每个地貌单元上应有控制性勘探点。

（4）各工程地段主要岩土层的岩土试样或原位测试的数量，不应少于 6 件（组）。

2）库区详细勘察应满足下列要求：

（1）应详细查明坝基、坝肩以及各拟建建（构）筑物所在位置的地层结构及特点，并应进行岩土的物理、水理和力学性质试验，同时应提供相应的岩土参数值和地基承载力特征值。

（2）应分析评价库区潜在不良地质作用的危害程度，并应提出防治治理措施建议。

（3）应分析坝基、坝肩、库岸的稳定性，并应提出相应工程建议。

（4）应分析坝基、坝肩、库区的渗漏性，并应评价其危害程度以及对周边环境的影响，同时应提出防渗治理建议方案。

（5）应分析和评价排水井、排水管地基的压缩变形和均匀性，对其不均匀性应提出地基处理建议。

（6）当地质条件复杂时，应对坝肩区、需整治的不良地质作用区域进行大比例尺工程地质测绘工作，其成图比例不宜小于 1∶1000。

（7）详细勘察时应对可能产生危害性渗漏地层进行抽水、压水或注水试验，应确定渗漏范围，并应估算渗漏量。

3）库区详细勘察时，下列情况应进行专项勘探和测试工作

（1）库区存在岩溶土洞时。

（2）库区岩层破碎、构造裂隙发育或存在其他强渗漏性地层时。

（3）库区存在滑坡、崩塌或其他不良地质作用，并可能影响尾矿处理设施正常运行时。

（4）库区存在采空区时。

4. 坝基（肩）和库区的稳定性评价

1）尾矿坝坝型及其对地基的要求

初期尾矿坝坝型的选择应根据尾矿、采矿废石、当地材料等坝材的情况及其物理力学性能，坝基岩土工程条件及当地的气候条件、地震等因素，并考虑尾矿坝（初期坝与堆积

坝）的整体情况，进行选择。

（1）初期尾矿坝常用坝型

土坝、砂砾坝、堆石坝等利用当地材料或采矿废石等筑坝。

（2）尾矿坝对地基的要求

①有足够的承载力，不致产生过大的沉降和不均匀沉降；

②有足够的抗剪强度，使坝体保持稳定，坝基中不应有引起滑动的软弱夹层；

③有足够的抗水性，地基岩土在水中不溶解、不软化，没有显著的体积和密实度的变化；

④透水性小，应避免因渗漏引起的管涌、流土现象而破坏坝基；

⑤对于大裂隙、断层及破碎带要做适当的填充加固处理。

2）坝基（肩）抗滑稳定性分析

（1）查明持力层中各种结构面，特别是主要滑动面的产状、成因、结构、物质组成、连续性及水理性质等情况。

（2）根据结构面组合，分析可能的滑动形式，确定滑动体的边界条件和滑动面的抗剪强度指标。

（3）考虑各种荷载的作用力和作用方向，滑动面的性质和滑动方向及其各种边界条件，进行稳定性计算时应注意水对滑动面性质的影响及长期的渗漏作用对坝基稳定性的影响等问题。

3）坝基沉降计算

（1）对坝基为较厚的可塑性土层、较高或较重要的初期坝应进行坝基沉降量的计算。

（2）对于一般的砂砾石透水坝基、岩石坝基及一般的尾矿初期坝可不进行沉降计算。

4）库区稳定性评价

库区稳定性评价主要包括滑坡、泥石流等的分布范围及对尾矿库影响程度的评价，岩溶稳定性分析及坍岸的可能性预测等内容。

5）坝基（肩）渗透稳定性评价

坝基的渗透稳定性验算，通常使坝基面的渗透水力坡降i小于表 2.8-11 给出的容许值。

坝基土的容许水力坡降　　　　　　　　　　表 2.8-11

坝基土的种类	容许的i值	坝基土的种类	容许的i值
漂石	1/4～1/3	粉土	1/10～1/5
砾石、黏土	1/5～1/4	砂	1/12～1/10

8.5.2　尾矿堆积坝

尾矿生产过程中在初期坝坝顶以上用尾矿堆筑而成的坝。尾矿堆积坝在运行过程中、扩建和改建、闭库和回采必须进行岩土工程勘察。

1. 尾矿堆积坝勘察

尾矿堆积坝勘察类别应分为运行期勘察、扩建和改建勘察、闭库勘察和专项勘察。各类别的勘察时机见表 2.8-12、勘察内容见表 2.8-13。

1）勘察内容

尾矿堆积坝各勘察类别的勘察时机　　　　　　表 2.8-12

勘察类别		应进行勘察的时机
运行期勘察		三等及三等以下的尾矿库堆至 1/2~2/3 总坝高时；二等及二等以上尾矿库堆至 1/3~1/2 和 1/2~2/3 总坝高时；运行达到一等之后坝高每增高 20m 时
扩建和改建勘察		在尾矿库改建、扩建前
闭库勘察		对达到设计最终堆积高度或未达到设计最终堆积高度而提前停止使用的尾矿库，在闭库前
专项勘察	回采	对需要进行尾矿回采的尾矿堆积坝
	在线监测	对没有在线监测系统的尾矿堆积坝或需对已有在线监测系统进行调整时
	隐患治理	尾矿堆积坝在运行过程中有异常情况且危及尾矿库安全时

尾矿堆积坝各勘察类别的勘察内容　　　　　　表 2.8-13

勘察类别		勘察内容	
		通用内容	专用内容
运行期勘察		应查明初期坝及尾矿堆积坝的组成、堆积厚度、密实程度、堆积规律及分布特征	—
扩建和改建勘察		应查明尾矿堆积体的物理力学性质、化学性质、总坝高应力状态下强度指标及变形特性，并应分析尾矿的固结规律；	应根据扩建和改建工程的特点提出工程措施建议
闭库勘察		应查明堆积体内浸润线位置；应提供尾矿的渗透系数；需进行动力稳定性分析时，应提供动力稳定性分析所需的参数；应评价尾矿堆积坝在地震作用下的液化可能性；应评价坝体在不同工况下的稳定性及堆积至总坝高的适宜性	应调查评价影响尾矿库安全的不良地质作用，对存在的隐患应进行分析并提出治理措施建议；应对闭库尾矿库提出监测建议
专项勘察	回采	应查明地层结构、地层岩性及尾矿的物理力学性质。采用水采工艺时，应查明尾矿颗粒组成及胶结程度、固结程度，库内水的深度分布特征、尾矿的渗透特性；采用干采工艺时，应查明各层尾矿的承载力及抗剪强度指标	
	在线监测	采用钻探和工程物探工作时，应查明地层结构、地层岩性、软弱层及坝体稳定地层，应分析确定潜在滑动面及地质条件变化情况。在冻土区，应查明冻土的类型、空间分布特征、季节融化深度与多年冻土层厚度、土的冻胀和多年冻土融沉性等级。在监控管理站、监控中心及室外监测设备安装地段，应进行电阻率测试	
	隐患治理	隐患治理专项勘察应通过现场踏勘，分析隐患类型、形成过程、产生原因、发展趋势及潜在危害和影响等，编制隐患治理勘察纲要，勘察工作应采用收集资料、现场调查、钻探、物探等方法	

2）勘察方案

尾矿堆积坝岩土工程勘察应依据勘察任务书进行，勘察工作前应编制勘察纲要，勘察实施过程中，应根据场地地质条件的变化对勘察纲要进行调整。尾矿堆积坝各勘察类别勘察前应收集的资料见表 2.8-14。

尾矿堆积坝勘察以工程勘探为主。原位测试与室内试验的项目根据设计要求、工程特点和尾矿类别确定。除长期观测孔外，坝体上的钻孔、探井和探槽使用完毕后应回填封堵。尾矿、尾矿库水含有害物质时，要对现场作业人员和设备仪器采取防护措施，并应符合现行国家标准《环境管理体系　要求及使用指南》GB/T 24001 的有关规定。

尾矿堆积坝各勘察类别勘察前应收集的资料　　　表 2.8-14

勘察类别		勘察前应收集的资料	
		通用内容	专用内容
运行期勘察		①尾矿的原矿类别、选矿方法与工艺、尾矿的矿物成分和化学成分、尾矿的颗粒组成等；	—
扩建和改建勘察		②初期坝、尾矿堆积坝的结构形式，反滤和排渗设施的设置及运行情况； ③尾矿库的设计参数及使用后尾矿排放堆积方式、逐年堆积高度和运行情况、沉积滩的分布及变化情况；	①应收集尾矿库扩建和改建的背景资料； ②应收集尾矿库建库和运行期间的地质及水文资料、运行期隐患及治理资料
闭库勘察		④尾矿堆积坝及排洪设施分布情况； ⑤尾矿堆积坝所在地区的区域地质、水文地质和地震资料，水文气象资料，前期勘察资料； ⑥尾矿堆积坝的变形、浸润线、排渗及排洪的监测设施设置情况及观测数据； ⑦尾矿堆积坝历史隐患、险情及治理情况； ⑧区域生态环境资料； ⑨类似尾矿堆积坝的工程经验资料	①应收集尾矿库建库和运行期间的地质及水文资料； ②应收集初期坝、尾矿堆积坝、排洪系统、监测系统及影响尾矿库安全的隐患资料
专项勘察	回采	①尾矿库各时期的勘察资料及专项勘察资料； ②尾矿库原设计资料及拟采用的回采工艺； ③运行期尾矿堆积坝监测资料或闭库后尾矿库管理及监测资料； ④尾矿库治理资料； ⑤库区内水文地质条件； ⑥区域气象、水文资料	
	在线监测	①尾矿库各时期的勘察资料及专项勘察资料； ②尾矿堆积坝地层分布及堆积规律； ③尾矿堆积坝水平位移、沉降、浸润线等监测数据； ④地下水类型、水位及水文地质参数； ⑤区域气象、水文资料； ⑥尾矿堆积坝内地下水的补给及排泄条件	
	隐患治理	①尾矿库各时期的勘察资料及专项勘察资料； ②尾矿堆积坝地层分布及堆积规律； ③尾矿堆积坝水平位移、沉降、浸润线等监测数据； ④隐患范围及形成过程	

（1）勘探

①勘探线应在工程地质测绘和调查的基础上，布置在对坝体稳定性评价有代表性的地段，勘探线方向宜垂直坝轴线。

②每个尾矿堆积坝应在预估稳定性较差的地段布置不少于 1 条的主要勘探线，下游端宜达到坝趾下游不小于 30m，上游端宜达到自坝顶起相当于拟评价坝高 2～3 倍的距离，一般勘探线的长度可按实际条件控制。

③湿法堆存的Ⅱ级及Ⅱ级以上尾矿堆积坝的主要勘探线宜进入库区水位线内。

④尾矿堆积坝运行期勘察垂直主坝轴线的勘探线数量不应少于 3 条，其中 1 条应沿沟谷谷底垂直主坝轴线布置，其余勘探线尚应根据尾矿堆积情况，在最不利于主坝稳定的剖面布置。

⑤尾矿堆积坝勘探线、勘探点间距及数量宜符合表 2.8-15 的规定，控制性勘探孔不应少于勘探孔总数的 1/2，且每条勘探线上不应少于 3 个。

勘探线、勘探点间距及数量 表 2.8-15

尾矿堆积坝级别	勘探线间距/m		勘探点间距/m	每条勘探线上勘探点数量/个
	粉性、黏性尾矿	砂性尾矿		
Ⅰ～Ⅲ	≤200	≤250	30～60	≥6
Ⅳ～Ⅴ	≤100	≤150	20～50	≥5

注：1. 拦截沟谷建库的尾矿堆积坝，在堆积过程中沿支沟方向形成的副坝应布置勘探线；围地筑坝建库的尾矿堆积坝，每个坝坡应布置勘探线；
2. 勘探点间距在主要勘探线上宜取小值，在一般勘探线上的坝体地段宜取小值；
3. 存在软弱夹层、可能产生滑动的夹层时，应增加勘探点。

⑥勘探孔深度进入天然地面以下不应小于 3.0m，控制孔深度应满足表 2.8-15 的要求。

⑦当坝体和库区内设有防渗层时，勘探孔深度不应穿透防渗层，可采用工程物探方法或收集已有资料查明防渗层以下地层分布特征。

⑧需进行动力稳定性分析时，勘探孔深度除应满足表 2.8-16 的要求外，每条主要勘探线上不应少于 3 个孔的深度进入基岩或剪切波速大于 500m/s 的稳定土层且不小于 3.0m。

控制性勘探孔进入天然地面以下深度 表 2.8-16

尾矿堆积坝级别	下游坝坡/m	沉积滩/m
Ⅰ～Ⅲ	15.0～20.0	5.0～8.0
Ⅳ～Ⅴ	10.0～15.0	3.0～5.0

注：1. 表中所列勘探孔深度以下存在软弱地层时，勘探孔深度应穿过软弱地层；
2. 在勘探深度内遇见稳定基岩或剪切波速大于 500m/s 的稳定土层时，进入中风化基岩或剪切波速大于 500m/s 的稳定土层深度不应小于 3.0m；
3. 场地内存在岩溶等不良地质作用时，勘探点深度应满足场地稳定性评价要求。

（2）取样和原位测试

①钻孔和探井应取样，不扰动试样取样的垂直间距宜为 1.0～3.0m；

②对以粉性土和黏性土为主的尾矿，应使用薄壁取土器或双管单动取土器进行不扰动试样取样；对以砂性土为主的尾矿，应使用取砂器进行不扰动试样取样；扰动试样宜在贯入器中进行取样；

③软黏性土尾矿和软土宜使用薄壁取土器静压法进行不扰动试样取样；胶结的尾矿和坚硬的黏性土，宜使用三重管回转取土器进行不扰动试样取样；

④每个主要尾矿层和土层的不扰动试样数量应根据试验项目和统计分析要求确定，并不应少于 6 个；

⑤对可能产生滑动的夹层及软弱夹层，应进行不扰动试样取样或进行原位测试；

⑥当尾矿层和岩土层不均匀时，应增加取样数量；

⑦每次标准贯入试验应在贯入器中进行扰动试样取样；

⑧尾矿堆积坝场地应进行水、土试样取样，并应进行水、土对建筑材料腐蚀性的试验，水、土试样数量分别不宜少于 3 件。

（3）水文地质工作

在勘探点应进行地下水位测量，记录初见水位和稳定水位。

2. 尾矿堆积坝岩土工程分析

1）尾矿堆积坝岩土工程分析应遵循下列规定：

（1）尾矿堆积坝的岩土工程分析包括定性分析和定量分析，定量分析应在定性分析的基础上进行。

（2）尾矿堆积坝的岩土工程分析应依据尾矿堆积坝的勘察与试验成果，在对尾矿性质、堆积规律进行概化分区的基础上，根据工程需要选用分析计算方法；计算所采用的物理力学参数应按概化分区进行统计。

（3）尾矿堆积坝的岩土工程定性分析采用工程地质类比法和图解法等，定量分析采用极限平衡法和数值分析法等。

（4）尾矿堆积坝定量分析包括渗流计算分析、坝坡稳定性分析和应力变形分析；当坝坡局部发生管涌、流土时，要进行渗透变形分析。

（5）尾矿堆积坝的稳定性分析，包括现状坝体的稳定性分析和预测达到总坝高时坝体的稳定性分析。

（6）尾矿堆积坝的岩土工程分析，应按所采用的分析方法选取岩土工程参数，尾矿和坝基土的抗剪强度指标应根据计算方法和土的类别按表 2.8-17 选取。

尾矿和坝基土的抗剪强度指标　　　　　　　　　表 2.8-17

计算方法	土的类别	试验方法	强度指标
总应力法	砂性尾矿、砂类土	固结不排水剪	c_{CU}、φ_{CU}
	粉性尾矿、粉土	固结快剪	c、φ
		固结不排水剪	c_{CU}、φ_{CU}
	黏性尾矿、黏性土	固结快剪	c、φ
		固结不排水剪	c_{CU}、φ_{CU}
有效应力法	砂性尾矿、砂类土	慢剪	c、φ
		固结排水剪	c_{CD}、φ_{CD}
	粉性尾矿、粉土	慢剪	c、φ
		固结排水剪	c_{CD}、φ_{CD}
	黏性尾矿、黏性土	慢剪	c、φ
		固结不排水剪测孔压	c_{CU}、φ_{CU}、c'、φ'

（7）软弱尾黏土采用固结快剪指标时，应根据固结程度确定；采用十字板抗剪强度指标时，应分析土体固结后强度的增长对抗剪强度参数的影响。

（8）坝坡稳定性计算参数应按试验与原位实测数据的统计值进行选取，并应结合有关工程经验数据和通过反分析确定，洪水运行条件下，应采用浸润线调整后的参数。

（9）尾矿的液化判别和评价应符合现行国家标准《构筑物抗震设计规范》GB 50191 的有关规定。

2）渗流计算分析

（1）渗流计算应分析尾矿筑坝方式和速率的影响；尾矿堆积坝宜采用二维或三维数值分析方法进行分析，Ⅰ级、Ⅱ级山谷型湿法堆存尾矿堆积坝应进行三维数值分析或模拟试验。

（2）渗流计算参数宜根据现场试验、室内试验和工程类比法、反演分析法确定。渗流计算时，应分析渗透系数的各向异性对计算结果的影响。

（3）坝体设有排渗设施时，渗流计算应分析排渗设施有效和失效对渗流场的影响。

（4）确定渗流计算所用尾矿坝浸润线时，应分析放矿和降雨因素对浸润线的影响。

（5）渗流计算成果宜包括下列内容：

①坝体的浸润线、等势线、流线及下游可能出逸点的位置；

②坝体和坝基的渗流量、流速、水力坡降；

③产生管涌、流土渗透变形可能性的评价。

3）坝坡稳定性分析

（1）静力稳定性分析应采用简化毕肖普法或瑞典圆弧法，对Ⅰ级和Ⅱ级尾矿堆积坝可增加二维或三维强度折减法。

（2）动力分析应满足下列要求：

①Ⅰ级和Ⅱ级尾矿堆积坝的地震设计烈度，应根据场地地震安全性评价结果确定；Ⅲ级及Ⅲ级以下的尾矿堆积坝，可采用现行国家标准《中国地震动参数区划图》GB 18306中的地震烈度作为地震设计烈度，当尾矿堆积坝溃决产生严重次生灾害时，应将地震烈度提高一度作为地震设计烈度；

②位于地震设计烈度为7度地区的尾矿堆积坝，稳定性分析应采用拟静力法；

③位于地震设计烈度为9度地区的尾矿堆积坝和地震设计烈度为8度地区的Ⅲ级及Ⅲ级以上的尾矿堆积坝，抗震稳定性分析应采用拟静力法进行分析，并应采用时程法进行分析；

④采用时程分析法计算地震作用效应时，地震加速度时程的选取应符合现行国家标准《构筑物抗震设计规范》GB 50191的有关规定。

（3）坝坡稳定性分析和评价应按正常运行、洪水运行和特殊运行三种条件分别计算，不同计算条件荷载组合应根据运行情况按表2.8-18采用。

不同计算条件的荷载组合 表 2.8-18

运行条件	计算方法	荷载类别				
		1	2	3	4	5
正常运行	总应力法	有	有	—	—	—
	有效应力法	有	有	有	—	—
洪水运行	总应力法	—	有	—	有	—
	有效应力法	—	有	有	有	—
特殊运行	总应力法	有	有	—	—	有
	有效应力法	有	有	有	—	有

注：荷载类别分为5类，其中：1表示运行期正常库水位的稳定渗透压力，2表示坝体自重，3表示坝体及坝基中的孔隙水压力，4表示设计洪水位时有可能形成的稳定渗透压力，5表示地震荷载。

（4）采用简化毕肖普法和瑞典圆弧法计算时，坝坡抗滑稳定最小安全系数应符合表2.8-19的规定。分析评价现状尾矿坝体稳定性时，坝坡抗滑稳定最小安全系数宜根据现状总库容及现状坝高确定尾矿坝的级别。

坝坡抗滑稳定最小安全系数　　　　　表 2.8-19

计算方法	计算条件	尾矿坝级别			
		I	II	III	IV、V
简化毕肖普法	正常运行	1.50	1.35	1.30	1.25
	洪水运行	1.30	1.25	1.20	1.15
	特殊运行	1.20	1.15	1.15	1.10
瑞典圆弧法	正常运行	1.30	1.25	1.20	1.15
	洪水运行	1.20	1.15	1.10	1.05
	特殊运行	1.10	1.05	1.05	1.05

4）应力变形分析

（1）I～III级尾矿堆积坝应进行静力、动力的应力变形分析。

（2）静力分析应模拟筑坝过程和闭库后状态，分析结果应包括坝体的应力场、变形场及应力水平分布；动力分析结果应包括残余变形、有效应力场、孔压比、液化区域和塑性区范围。

（3）采用有限元法进行坝体静力或动力的应力变形分析时，应根据计算本构模型选用计算参数；单元划分应根据概化尾矿分层界面。

3. 尾矿堆积坝岩土工程勘察报告

岩土工程勘察纲要应根据设计委托要求，在现场踏勘、搜集和分析已有资料的基础上编制，勘察纲要应明确勘察目的、执行的技术标准、工作量布置、技术要求，并应包括环境保护、危险源辨识及相应控制措施等内容。

岩土工程勘察报告应在原始资料整理、检查和分析的基础上进行编制。岩土工程勘察报告应根据勘察任务书要求、工程特点、地质条件和所需要评价的问题进行编制。报告书的主要内容见表 2.8-20。

尾矿堆积坝岩土工程勘察报告书内容　　　　　表 2.8-20

勘察类别	勘察文件内容	
	通用部分	专用部分
运行期勘察	勘察报告内容： ①工程概况，包括尾矿库的设计参数，尾矿堆积坝的堆积方式、运行状况和现状条件；	分析评价现状坝体稳定性和预测达到总坝高时坝体的稳定性
扩建和改建勘察	②勘察技术要求、勘察工作实施的依据和技术标准； ③勘察方法和勘察工作量； ④区域地质概况及气象水文条件； ⑤场地位置、地形及地貌； ⑥坝址及库区的工程地质条件及水文地质条件； ⑦初期坝及坝基、尾矿堆积坝及堆积体的岩土工程性能指标； ⑧场地地震效应； ⑨尾矿堆积坝的岩土工程分析和评价；	①应分析评价现状坝体稳定性； ②应根据扩建和改建尾矿库尾矿的性质、工艺、放矿方式，模拟尾矿堆积坝堆积规律、浸润线变化规律及尾矿性质，为改建扩建提供岩土设计参数； ③应分析扩建和改建的可行性，并应提出工程措施建议； ④应预测达到总坝高时坝体的稳定性及扩建和改建后坝体的稳定性
闭库勘察	⑩尾矿堆积工程风险评价； ⑪尾矿堆积坝存在隐患的分析和治理措施建议； ⑫监测内容及监测方法建议； ⑬尾矿堆积坝的运行与管理建议； ⑭结论与建议	①应分析评价周边影响尾矿库安全的不良地质作用，并应提出治理措施建议； ②应分析评价闭库尾矿坝坝体稳定性，并应提出治理措施建议； ③应提出尾矿库复垦措施及监测建议

续表

勘察类别		勘察文件内容	
		通用部分	专用部分
专项勘察	回采	图表： ①勘探点主要数据一览表； ②勘探点平面布置图； ③工程地质剖面图； ④工程地质柱状图； ⑤室内试验成果表； ⑥原位测试成果图表； ⑦稳定性分析计算图表。 根据需要提供的图表： ①区域地质图； ②综合工程地质图； ③工程物探测试成果图； ④照片、视频及其他数字化成果。 附件： 工程勘察任务书 根据需要提供的附件： ①审查会会议纪要及审查意见； ②专门性试验、专题研究报告或监测报告； ③其他需要的报告及资料	提供库内水的等深度曲线图，并应根据回采工艺设计的要求，分析回采边坡的稳定性
	在线监测		满足在线监测工作布置的要求，并应提出监测内容和监测方法建议
	隐患治理		①应分析隐患产生的原因、发展趋势及危害程度； ②应提出隐患治理措施建议

8.6 选矿厂岩土工程勘察

本节内容可扫二维码 M2.8-2 阅读。

M2.8-2

参考文献

[1] 中华人民共和国住房和城乡建设部. 工程勘察通用规范: GB 55017—2021[S]. 北京: 中国建筑工业出版社, 2021.

[2] 中华人民共和国住房和城乡建设部. 建筑与市政地基基础设计通用规范: GB 55003—2021[S]. 北京: 中国建筑工业出版社, 2021.

[3] 中华人民共和国住房和城乡建设部. 非煤露天矿边坡工程技术规范: GB 51016—2014[S]. 北京: 中国计划出版社, 2015.

[4] 中华人民共和国住房和城乡建设部. 冶金工业建设岩土工程勘察规范: GB 50749—2012[S]. 北京: 中国计划出版社, 2012.

[5] 中华人民共和国住房和城乡建设部. 有色金属工业岩土工程勘察规范: GB 51099—2015[S]. 北京: 中国计划出版社, 2015.

[6] 中华人民共和国住房和城乡建设部. 尾矿堆积坝岩土工程技术标准: GB/T 50547—2022[S]. 北京: 中国计划出版社, 2022.

[7] 中华人民共和国住房和城乡建设部. 冶金矿山排土场设计规范: GB 51119—2015[S]. 北京: 中国计划出版社, 2016.

[8] 中华人民共和国住房和城乡建设部. 有色金属矿山排土场设计标准: GB 50421—2018[S]. 北京: 中国计划出版社, 2018.

[9] 中华人民共和国住房和城乡建设部. 石灰石矿山工程勘察技术规范: GB 50955—2013[S]. 北京: 中国计划出版社, 2014.

[10] 林宗元. 简明岩土工程勘察设计手册[M]. 北京: 中国建筑工业出版社, 2003.

[11] 王运敏. 现代采矿手册[M]. 北京: 冶金工业出版社, 2011.

第 9 章　石油与天然气工程岩土工程勘察

9.1　工程特点和勘察特殊要求

　　石油与天然气工程，主要包括长距离输送天然气、原油及成品油管道（简称长输管道工程）的线路工程、穿（跨）越工程，以及工艺站场（包括阀室）、储罐、地下水封洞库等工程。石油与天然气工程的岩土工程勘察特点和特殊要求可扫二维码 M2.9-1 阅读。

M2.9-1

9.2　长输管道工程

　　长输管道工程按照敷设形式可分为线路工程、穿越工程、跨越工程、隧道工程等类别。长输管道工程的岩土工程勘察，可分为可行性研究勘察、初步勘察、详细勘察三个阶段。必要时，开展施工勘察，解决现场施工遇到的技术难题。长输管道工程的勘探测试、室内试验、岩土的土石等级与分类、环境水和土的腐蚀性评价等勘察要求，主要依据现行《油气田及管道岩土工程勘察标准》GB/T 50568 的有关规定。

9.2.1　线路工程

　　线路工程的岩土工程勘察，需查明管道沿线的地形地貌、地层结构、地下水埋藏条件、特殊性岩土和不良地质作用的分布特征，测试管道沿线的岩土视电阻率，评价环境水和土对钢结构的腐蚀性，确定沿线岩土的土石等级与分类，分析评价沿线场地的地震效应，分析评价管道施工应注意的岩土工程问题，对防治方案提出建议。

　　1.可行性研究勘察

　　线路工程可行性研究勘察,通常采用室内分析研究和现场踏勘调查相结合的工作方法。搜集沿线地形地貌、区域地质、工程地质、水文地质、地震、水文、气象和遥感等资料，在室内进行分析研究和地质判释工作，初步选出 2～3 个线路走向方案，而后由勘察与设计等专业人员共同进行现场踏勘调查，尽量避开不良地质段、环境敏感点、高后果区等地段，确定地形和地质条件较好、地基处理较易、安全经济的最优路由。

　　1）线路路由选择的要求

　　（1）路由选择应与沿线规划、国土、环保、农业、林业、水利、电力、公路、铁路、矿产、文物、军事、海事等部门相结合，取得主管部门批复意见，确保所选路由合法合规。

　　（2）应根据资源市场分布、油气管网布局、城乡规划、沿线地形地貌、工程地质、交通依托、敏感点分布、高后果区等条件，经多方案技术经济综合比选，确定线路总体走向。

（3）线路路由经过城镇规划区、风景名胜区、水源保护区、自然保护区、文物保护区、矿产分布区或其他特殊区域时，应取得相关评价单位评估资料。

（4）线路路由的整体走向应力求顺直，以缩短线路工程的长度，并应优先确定隧道工程、穿（跨）越工程等控制性工程的位置。

（5）线路路由应力求减少与天然和人工障碍物的交叉，应考虑沿线动力、运输、水源、建筑材料等条件，宜利用现有道路为管道施工和维护创造条件。

（6）线路路由应避开军事禁区、飞机场、铁路及汽车客运站、海（河）港码头等区域；宜避开高压直流换流站接地极、变电站和电气化铁路等强干扰区域。

（7）线路路由宜避开不稳定斜坡、滑坡、岩溶、危岩和崩塌、泥石流等不良地质灾害地段，宜避开矿山采空区及全新世活动断裂。当难以避开时，应选择地质灾害规模较小、灾害程度较轻的地段通过，并采取相应的防护措施。

2）可行性研究勘察的工作内容

（1）了解区域性地形地貌、地层岩性、地质构造、水文地质条件等概况，利用天然和人工露头进行地质描述；在地质条件复杂、露头条件不好的地段，可采用简便的勘探手段，了解其地层、岩性等地质条件。调查了解沿线岩土的类型、厚度及其对钢结构的腐蚀性，概略提供线路各方案通过地区的岩土工程条件。

（2）对控制线路方案的越岭地段，踏勘调查地层岩性、地质构造、水文地质和不良地质作用，推荐线路越岭方案。

（3）对控制线路方案的河流，了解其地层、岩性、构造、河床与岸坡的稳定程度及水文特征等概况，提出穿跨越方案比选的建议。

（4）对于线路沿线的特殊性岩土与不良地质作用地段，了解其性质，调查和分析其发展趋势及其对管道的危害程度。

（5）了解沿线有关大型水库的分布情况、近期及远景规划、水位、回水淹没和坍岸的范围、有无诱发地震的可能及其对线路方案的影响。

（6）了解沿线城镇规划区、风景名胜区、水源保护区、自然保护区、文物保护区、矿产分布区、军事区、高速公路和铁路等情况。

（7）了解沿线抗震设防烈度或地震动参数。

2. 初步勘察

线路工程初步勘察的目的和任务，是对可行性研究勘察中所搜集的资料进行分析，补充搜集管道线路通过地区的区域地质、工程地质、水文地质、抗震设防烈度及全新活动断裂、发震断裂等资料，开展工程地质调查，进行必要的勘探工作，对沿线岩土层对钢结构的腐蚀性进行评价，对拟选线路的岩土工程条件作出初步评价，为初步设计提供岩土工程勘察资料。

1）工程地质调查的工作内容

初步勘察工程地质调查的范围宜为线路两侧各100m带状范围内，对工程地质条件复杂地段或不良地质作用发育地段应扩大调查范围。工程地质调查主要包括以下内容：

（1）划分沿线的地貌单元。

（2）初步查明管道埋设深度内及其下卧层的地层成因、岩性特征和厚度。

（3）调查岩层产状和风化破碎程度，调查对线路有影响的断裂走向、倾向、断裂带宽度以及断裂活动的特点。

（4）调查沿线不良地质作用（如岩溶、滑坡、危岩和崩塌、泥石流、采空区、活动断裂等）的发育范围、性质、发展趋势及其对管道的影响。

（5）初步查明沿线湿陷性黄土、盐渍岩土、膨胀岩土、多年冻土、软土和风沙等特殊性岩土的分布范围及工程特性。

（6）调查沿线井、泉分布和地下水位深度及土的冻结深度等资料。

（7）初步查明大中型穿（跨）越河流的岸坡稳定性，河床及两岸的地层岩性和洪水淹没范围。

2）初步勘察的主要技术要求

初步勘察应以利用天然露头和人工露头进行地质调查和描述为主，对重要的地质现象（如岩溶、滑坡、危岩和崩塌、泥石流、矿藏、岩石露头等）宜拍摄照片，保存影像资料。在地质条件复杂、露头条件差的地段可采用简易的勘探手段，结合地貌单元布置适量勘探孔，初步查明地层、岩性、构造、地下水等情况。

初步勘察的勘探点间距和勘探孔深度应根据场地地形地貌与地质条件布置，可按表 2.9-1 确定。山区和地质条件复杂地区，每个地貌单元不应少于 1 个勘探点，应满足控制地质条件的变化。初步勘察应进行土壤视电阻率测试，用于判别沿线岩土层对钢结构的腐蚀性，测试深度宜为地面以下 2.0～3.0m，测试间距可与勘探点间距相同。

初步勘察勘探点间距和勘探孔深度　　　　表 2.9-1

地形地貌与地质条件	勘探点间距/m	勘探孔深度/m
平原区、地质条件简单地区	2000～3000	3.0
山区、地质条件复杂地区	1000～2000	4.0

3. 详细勘察

线路工程详细勘察的目的和任务，是根据初步勘察报告中推荐的线路方案，查明沿线的工程地质条件与水文地质条件，对管道有较大影响的不良地质作用地段进行专项勘察，优化管道路由避开不良地质地段，判别环境水和土对金属管道的腐蚀性，提出线路工程的岩土工程设计参数与建议，为施工图阶段的管沟开挖设计、管沟地基处理与加固、不良地质作用的防治提供岩土工程勘察资料。

1）线路工程详细勘察的准备工作

（1）分析可行性研究报告和初步勘察报告等前期勘察资料，编制详细勘察纲要。

（2）取得附有线路走向的地形图，取得油气管道直径、压力、敷设方式及预计埋设深度等数据。

（3）补充搜集有关沿线的区域地质、工程地质、水文地质等资料。

2）工程地质测绘和调查

对于地形地貌及地质条件较复杂或岩石出露的场地应进行工程地质测绘，地质条件简单的场地可进行工程地质调查。

工程地质测绘的条带宽度宜为线路两侧各 100m。根据地形复杂程度选用工程地质测绘地形图的比例尺，可取 1：2000～1：500；地质界线的测绘精度在图上的误差不应超过

3mm。工程地质测绘观测线应垂直地质界线和不良地质体布置，观测点的间距在图上距离应控制在 20～30mm 范围内。

在初步勘察工程地质测绘的基础上，进一步测绘和调查的主要内容如下：

（1）查明地形、地貌的形态特征及其与地层、构造、不良地质作用的关系，划分沿线地貌单元。

（2）调查各类岩土的年代、成因、性质、厚度及分布情况。

（3）调查地下水的埋藏条件及对管道的影响，调查饱和砂土及粉土的地震液化情况。

（4）调查影响管道建设和运营安全的不良地质作用的类型、分布范围、发展趋势及规律，特殊性岩土的类型、工程特性、分布范围及危害性。

（5）调查沿线的地质构造，对线路通过的断裂应调查其走向、产状、断距、破碎带的宽度及充填胶结情况，并且应重点调查活动断裂。

（6）调查沿线的地下采空区、人工洞穴、挖填方、抽排水和水库修筑等对管道的影响。

3）详细勘察的勘探技术要求

详细勘察可采用钻探和探井相结合勘探方法。用于鉴别地层的钻孔可采用勺钻、麻花钻等方式；对丘陵和剥蚀山地等岩石地段，可采用一定数量的探坑；对需取得岩石试样的钻孔，可采用回转方式钻进采取岩石试样。勘探点沿线路工程中心线布置，根据岩土工程勘察等级按表 2.9-2 的要求确定勘探点间距，山区及地质条件复杂的地段，可适当加密勘探。对于靠近管道线路的人工和天然露头应进行记录，描述或取样测试的地质点可视为勘探点。

详细勘察勘探点间距 表 2.9-2

岩土工程勘察等级	间距/m
甲级	200～300
乙级	300～500
丙级	500～1000

详细勘察的勘探深度应达到管道埋设深度以下 1m。当预计深度内遇基岩或厚层碎石土等稳定地层时，勘探深度可减少。当未取得管道埋设深度时，勘探深度平原地区宜为 3m，地形起伏较大的山区和丘陵宜为 4m。对于场地的基本地震动峰值加速度大于或等于 0.10g，且有饱和砂土及粉土地层的地段，勘探深度不应小于 7m。

勘探深度内遇到砂土，应采取扰动土样测定其天然休止角（风干、水下）；岩石地段可采取一定数量的岩石试样，进行天然状态下单轴极限抗压强度试验，确定土石等级；在软弱土层分布地段，应采取原状土样或进行原位测试。具体的试验项目可根据工程设计要求确定。对于代表性的钻孔岩芯及重要的地质特征点（岩溶、滑坡、崩塌、泥石流、矿藏、岩石露头等）可拍照，保存影像文件。

线路工程勘察时应对管道沿线钻探揭露的地下水位进行记录，记录初见水位和稳定水位深度。对管道沿线地下水位高于管道埋深的地段，选择有代表性的地段采取地下水、地表水试样，进行水质分析试验，判定环境水对钢结构（钢制管道）的腐蚀性。

土壤对钢结构（钢制管道）的腐蚀性可根据土壤视电阻率值判定，测试点的间距和深度可与勘探点间距和深度相同，对于腐蚀性强的地段，可适当加密测试。设计有要求时可测试土壤的极化电流密度、质量腐蚀速率、氧化还原电位等，辅助判定土壤对钢结构的腐蚀性。

依据现行《中国地震动参数区划图》GB 18306 和管道工程的地震安全性评价报告，针对线路工程沿线的乡镇区段，宜分别提供基本地震动峰值加速度和反应谱特征周期。

4）岩土的土石等级与分类

按照现行《油气田及管道岩土工程勘察标准》GB/T 50568 的规定，管道线路勘察应根据岩土性质和开挖施工的难易程度划分沿线岩土的土石等级与分类，详见表 2.9-3。

土石等级与分类　　　　　　　　　　　表 2.9-3

土石等级	分类	岩土名称及特征	岩石天然单轴抗压强度/MPa	开挖方法
I	一类土	稍密的粉土，松散—稍密的砂土，腐殖土，流塑、软塑的黏性土，淤泥质土，淤泥，泥炭质土，泥炭，未经压密的素填土	—	用铁锹开挖
II	二类土	中密—密实的粉土或砂土，可塑—硬塑的黏性土，Q_3、Q_4 新黄土，松散—稍密的圆砾、角砾、卵石、碎石，压实的素填土，含有草根的密实腐殖土，含有直径在 30mm 以内根类的腐殖土或泥炭	—	用铁锹开挖并少数用镐开挖
III	三类土	坚硬的黏性土，Q_1、Q_2 老黄土，含块石或漂石 30%～50% 的土，中密—密实的圆砾、角砾、卵石、碎石，含有直径大于 30mm 根类的腐殖土或泥炭，压实的杂填土	—	用尖铲并同时用镐开挖
IV	四类土	块石土，漂石土，含有重达 50kg 以内的巨砾占总体积的 10% 以内的冰碛黏土，各种风化成块状的岩石	—	用尖铲并同时用镐和撬棍开挖
V	松石	含有重量在 50kg 以内的巨砾占总体积的 10% 以上的冰碛黏土，矽藻岩和软白垩岩，弱胶结的砾岩，裂隙发育的片岩，石膏，粒径 400～800mm 的碎石土，泥板岩，多年冻土，强风化岩石	≤20	部分用手凿工具，部分采用爆破开挖
VI		凝灰岩和浮石，裂隙发育的石灰岩，中硬的片岩，中硬的泥灰岩	20～40	用风镐和爆破开挖
VII	次坚石	钙质胶结的砾岩，裂隙发育的泥质砂岩，坚硬的泥质板岩，坚硬的泥灰岩	40～60	用爆破方法开挖
VIII		花岗岩，泥灰质石灰岩，泥质砂岩，砂质云母片岩，硬石膏	60～80	用爆破方法开挖
IX	普坚石	花岗岩，片麻岩和正长岩，滑石化的蛇纹岩，致密的石灰岩，硅质胶结的砾岩和砂岩，砂质石灰质片岩，菱镁矿	80～100	用爆破方法开挖
X		白云岩，硬质的石灰岩，大理岩，石灰质胶结的致密砾岩，坚硬的砂质片岩	100～120	用爆破方法开挖
XI		粗粒花岗岩，坚硬的白云岩，蛇纹岩，石灰质胶结的含有火山岩的卵石的砾岩，硅质胶结的坚硬砂岩，粗粒正长岩	120～140	用爆破方法开挖
XII		安山岩及玄武岩，片麻岩，非常坚硬的石灰岩，母岩为火山岩的硅质胶结砾岩，粗面岩	140～160	用爆破方法开挖
XIII		中粒花岗岩，坚硬的片麻岩，辉绿岩，玢岩，坚硬的粗面岩，中粒正长岩	160～180	用爆破方法开挖
XIV	特坚石	坚硬的细粒花岗岩，花岗片麻岩，闪长岩，高硬度石灰岩，坚硬的玢岩	180～200	用爆破方法开挖
XV		安山岩，玄武岩，坚硬的角砾岩，坚硬的绿辉石和闪长岩，坚硬的辉长岩和石英岩	200～250	用爆破方法开挖
XVI		拉长玄武岩和橄榄玄武岩，极硬的辉长岩，辉绿岩，石英岩和玢岩	>250	用爆破方法开挖

4. 环境水和土对钢结构的腐蚀性评价

环境水和土对钢结构的腐蚀性评价可扫二维码 M2.9-2 阅读相关内容。

M2.9-2

5. 管道工程的地震液化判别

管道工程沿线若存在饱和的粉土与砂土时,对于抗震设防烈度大于或等于 7 度的地区,需进行地震液化判别,按照现行《油气田及管道岩土工程勘察标准》GB/T 50568 和《油气输送管道线路工程抗震技术规范》GB/T 50470 的有关规定执行。可扫二维码 M2.9-3 阅读相关内容。

M2.9-3

9.2.2 穿越工程

长输油气管道穿越山体、水域(河流、湖泊、水网、渠道等)、冲沟以及铁路、公路时,穿越的方式主要有挖沟法、水下沉管法、水平定向钻法、顶管隧道法、盾构隧道法、钻爆隧道法等。其中,管道采用钻爆隧道法穿越的有关内容详见"9.2.4 钻爆法隧道工程"。

管道穿越水域的工程等级可按表 2.9-4 划分,其中,季节性河流或无资料河流的水面宽度,可按不含滩地的主河槽宽度选取;游荡性河流的水面宽度,应按深泓摆动范围选取,若无资料,宜按两岸大堤间宽度选取。

水域穿越工程等级 表 2.9-4

工程等级	水域特征	
	多年平均水位水面宽度/m	相应水深度/m
大型	> 200	不计水深
	100~200	≥ 5
中型	100~200	< 5
	40~100	不计水深
小型	< 40	不计水深

管道穿越冲沟的工程等级可按表 2.9-5 划分,其中,若冲沟边坡小于 25°,穿越工程等级可降低一级。

穿越冲沟工程等级 表 2.9-5

工程等级	冲沟特征	
	冲沟深度/m	冲沟边坡/°
大型	> 40	> 25
中型	10~40	> 25
小型	< 10	—

1. 可行性研究勘察

穿越工程可行性研究勘察的目的和任务，主要通过搜集资料和现场踏勘调查，概略了解穿越地段的工程地质条件，对拟选穿越段的稳定性和适宜性作出工程地质评价，为可行性研究提供勘察资料。

1）河流穿越位置选择的要求

选择穿越河流的位置时，应尽量利用河段顺直、河床与岸坡较稳定、水流平缓、河床断面大致对称、河床岩土构成较单一、两岸有足够施工的场地等有利地段。确定拟选穿越河段时宜避开下列河段：

（1）河流弯曲，主流不固定，经常改道的河段。

（2）河床为粉细砂土组成，冲淤变幅大的河段。

（3）岸坡区岩土松软、不良地质作用发育且对穿越工程稳定性有危害的河段。

（4）靠近活动断裂的河段。

2）可行性研究勘察的主要工作内容

（1）搜集穿越段有关地形地貌、区域地质、地震、工程地质、水文地质及工程水文资料，河谷发育或平原河道变迁史。

（2）通过踏勘调查，了解穿越山体、河床、漫滩、冲沟及两侧出露的地层、地质构造、岩土性质和不良地质作用、特殊性岩土等工程地质条件。

（3）对于河流大型穿越工程可布置少量勘探孔，初步查明穿越场地的地层分布情况。

2. 初步勘察

穿越工程初步勘察的目的和任务，是初步查明山体、水域、冲沟等穿越段的工程地质条件和水文地质条件，对场地和地基的地震效应进行初步评价，选择最优的穿越断面，推荐合理的穿越方式和穿越层位，为初步设计提供岩土工程勘察资料。

穿越工程初步勘察以搜集资料和工程地质调查为主，对水域、冲沟大中型穿越和山体穿越应布置工程物探或工程钻探工作。

1）穿越工程初步勘察的准备工作

（1）取得设计技术要求、可能采取的穿越方式及有关工程特性等资料。

（2）取得附有拟定穿越山体、水域和冲沟等穿越段范围的地形图（1：2000～1：500）。

（3）补充搜集有关的区域地质、工程地质、工程水文资料（最高洪水位、最大流量、最大流速、冲刷深度等）。

（4）补充搜集附近河道、堤防、水利设施等其他工程有关资料。

2）工程地质调查的主要内容

（1）调查穿越山体、水域和冲沟的地貌成因、形态特征及其发展趋势。

（2）调查穿越山体、水域和冲沟的地层岩性、成因类型、分布规律及岸坡稳定情况。

（3）调查不良地质作用和特殊性岩土的成因类型、分布范围、形成条件及其对管道穿越工程的影响。

3）初步勘察的勘探技术要求

（1）水域大中型穿越工程

①水平定向钻法、顶管隧道法和盾构隧道法

a. 勘探孔宜布置在拟定穿越中线位置的上游 15～30m 处，穿越段勘探孔间距宜为

100～200m，每一个方案不应少于 3 个勘探孔（两岸、主河槽、竖井位置宜布置勘探孔）；控制性勘探孔数量不宜少于勘探孔总数的 1/5～1/3；

b. 控制性勘探孔深度宜为河床底面以下 50～80m，一般性勘探孔深度宜为河床底面以下 30～50m；

c. 当预定勘探深度内遇见基岩时，宜钻穿强风化层和中风化层进入微风化层。

②挖沟法、水下沉管法

a. 对于已确定为挖沟法、水下沉管法穿越方式的穿越段，勘探孔可沿穿越中线布置。勘探孔间距宜为 100～200m，每处穿越不宜少于 3 个勘探孔，控制性勘探孔数量宜为勘探孔总数的 1/5～1/3；

b. 控制性勘探孔深度宜为河床底面以下 20～30m，一般性勘探孔深度宜为河床底面以下 10～20m。

（2）山体水平定向钻穿越工程

a. 初步勘察时应以工程地质测绘和工程物探为主，配合少量钻探及测试工作。

b. 对于地质条件复杂的山体，勘探孔宜交错布置在拟定穿越中线两侧 15～30m 处，勘探孔不宜少于 3 个，勘探孔间距不宜大于 1000m，勘探深度应为设计穿越深度以下 5～10m。

（3）冲沟大中型穿越工程

冲沟大中型穿越工程初步勘察时，勘探孔按照拟定穿越方式布置，勘探孔不宜少于 3 个，勘探深度应按照设计要求确定，无设计要求时宜为 20～30m。

（4）工程物探的要求

在拟定穿越段内，当地层有较明显的物性差异而地形起伏不大时，宜进行工程物探工作。工程物探测线宜垂直于河道或沿拟定的穿越中线布置，对工程物探的实测资料，应结合地质资料进行综合分析提出地质解译成果，必要时进行钻探验证。

（5）取样及试验的要求

采取岩、土、水试样，进行物理力学性质试验和化学分析试验。在抗震设防烈度大于或等于 7 度的场地，对饱和砂土与粉土进行颗粒分析试验，并进行地震液化判别。对湿陷性黄土、膨胀土和盐渍土，应初步判定其湿陷等级、胀缩等级和溶陷等级。

3. 详细勘察

穿越工程详细勘察的目的和任务，是按照拟定穿越方式的技术要求进行勘察，查明山体、水域、冲沟等穿越段的工程地质条件和水文地质条件，提供岩土工程设计参数，对穿越段的岩土工程特性、冲刷深度、地震效应、穿越适宜性、场地稳定性、水和土腐蚀性等进行工程评价，提出穿越工程设计与施工中应注意的问题及防治建议，为施工图设计提供岩土工程勘察资料。

1）穿越工程详细勘察的重点工作

（1）查明穿越断面的地层结构、松散地层的颗粒组成及其工程地质和水文地质特性。

（2）对设置的竖井部位进行工程地质分析评价。

（3）对场地和地基的地震效应进行评价。

（4）对河床、冲沟的稳定性进行分析评价。

（5）对岸坡的稳定性进行评价，并应对护坡措施提出建议。

（6）解决初步勘察时遗留的问题。

2）勘察准备工作

（1）搜集初步勘察的岩土工程勘察资料。

（2）取得附有穿越位置的地形图（1：2000～1：500）。

（3）取得拟定穿越方式（沟埋敷设、顶管、水平定向钻等）和预计的埋设深度，管道穿越两端点（或出、入土点）坐标。

3）勘探孔布置的要求

（1）对挖沟法、水下沉管法穿越方式，勘探孔应布置在确定的管道穿越中线上，偏离中线不宜大于 3m。

（2）对于水平定向钻法、顶管隧道法、盾构隧道法等穿越方式，应在平行穿越中线两侧 15～30m 处各布置一条勘探线，两条勘探线上的勘探孔应交错布置。

（3）勘探孔间距或投影到中线上的间距宜为 30～100m，对于复杂地基宜取小值，简单地基宜取大值。勘探孔不宜少于 3 个，且主河槽内至少有 1 个勘探孔；若发现地质条件复杂变化，可加密勘探。

（4）当水平定向钻穿越山体时，应结合山体形态、岩性特点布置勘探孔，勘探孔间距不宜大于 600m。

（5）当穿越方案设置竖井时，勘探孔可根据竖井尺寸并结合地质条件确定；对于断面和深度较小的竖井，勘探孔不应少于 1 个，布置于拟建竖井中心；对于采用大型顶管隧道法及盾构隧道法穿越方案的竖井应布置勘探孔 3～4 个，勘探孔沿圆形竖井的周边轮廓线或矩形竖井的角点布置。

（6）当需要查明穿越地段地下管道、电缆、地下构筑物、古城遗址、水下沉船、水下护岸设施等异常埋置物时，宜采用适宜的工程物探方法。

4）勘探孔深度的要求

（1）对于挖沟法穿越方式，宜钻至河床最大冲刷深度以下 3～5m；无冲刷深度资料时应视河床地质条件而定，对粉细砂、粉土及黏性土河床，勘探深度宜为 10～15m；对中砂、粗砂、砾砂河床，勘探深度宜为 8～12m；对卵（砾）石河床，勘探深度宜为 6～10m；对基岩河床，应钻穿强风化层，当强风化层很厚时，钻入深度不宜大于 10m；以上勘探深度均应自河床底面算起。

（2）对于顶管隧道法和盾构隧道法穿越方式，勘探深度应根据设计要求确定；顶管法隧道勘探孔深度应超过隧道底板 5～10m；盾构法隧道勘探孔深度应超过隧道底板 10～20m；遇溶洞、暗河或其他不良地质作用时应予以加深。

（3）对于水平定向钻法，勘探孔深度不应少于设计穿越深度以下 5～10m。

（4）岸坡区地面高差较大，且岸坡为第四系松散堆积物组成时，位于高处的勘探孔深度应达到与其相邻的低处勘探孔的地面标高以下一定深度。

（5）对抗震设防烈度大于或等于 6 度的地区，勘探孔深度应满足场地和地基地震效应评价的要求。

5）取样及原位测试的要求

（1）宜采用钻探取样与原位测试相结合的综合勘察方法，采取岩土试样和进行原位测试的勘探孔数量，宜为勘探孔总数的 1/2～2/3。

（2）根据场地地质条件，选择合适的原位测试手段。通常，对主要地层为软土、一般黏性土的穿越段宜优先选用静力触探，粉土、砂土等地层可采用标准贯入试验，中密以下的碎石土、极软岩等可采用动力触探试验($N_{63.5}$)，对卵石河床可采用超重型动力触探(N_{120})试验。

（3）每一主要土层试样或原位测试数据不应少于6件（组）。采取岩土试样或进行原位测试的竖向间距应根据地层结构、均匀性和工程特点确定，一般情况可每隔1~2m采取1件试样或1个原位测试数据；当土质均匀、地层稳定时，可适当加大取样和测试间距。

（4）当场地存在地下水时，应在两岸至少各采取1件地下水试样。对于水域穿越工程，尚需采取地表水试样。

（5）对于隧道穿越工程应进行水文地质试验，提供渗透系数和承压水压力等数据，估算隧道及竖井的最大涌水量。

6）室内试验项目的要求

根据穿越工程的穿越方式和岩土工程特性，可参照表2.9-6确定室内试验项目。

穿越工程的室内试验项目　　　　　　　　　　　表 2.9-6

类别	挖沟法的试验项目	顶管法隧道、盾构法隧道的试验项目	水平定向钻法的试验项目
黏性土	液限、塑限	液限、塑限、相对密度、天然含水率、天然密度、压缩性指标、抗剪强度	液限、塑限、相对密度、天然含水率、天然密度
粉土	颗粒分析、液限、塑限、渗透系数	颗粒分析、液限、塑限、相对密度、天然含水率、天然密度、压缩性指标、抗剪强度、渗透系数	颗粒分析、液限、塑限、相对密度、天然含水率、天然密度
碎石土/砂土	颗粒分析、天然休止角、渗透系数	颗粒分析、渗透系数	颗粒分析
岩石	单轴抗压强度（饱和、天然）		
水样化学分析	pH 值、Ca^{2+}、Mg^{2+}、HCO_3^-、CO_3^{2-}、SO_4^{2-}、Cl^-、侵蚀性CO_2、游离CO_2、NH_4^+、OH^-、总矿化度		
土样化学分析	pH 值、Ca^{2+}、Mg^{2+}、HCO_3^-、CO_3^{2-}、SO_4^{2-}、Cl^-及易溶盐总量		

7）工程物探的要求

（1）对于地层物性差异较大且工程地质条件较复杂的穿越工程，详细勘察时宜沿穿越轴线布置一条工程物探线，必要时可在穿越轴线上下游各布置一条工程物探线。

（2）工程物探解译应结合工程钻探成果，提出工程地质综合解释成果，反映穿越断面的地层分布特征。

（3）若物探解释成果反映的地层分布特征与工程钻探成果存在较大差异，可增加钻孔进行验证。

4. 小型穿越工程

小型穿越工程勘察工作的任务是查明穿越处地层分布情况及地下水埋藏条件，为确定管道穿越方式、敷设深度及施工方案提供依据。

（1）对于设计不需要单独出图的河流、沟渠、非等级公路等小型穿越工程，通常采用挖沟法敷设方式，可合并勘察阶段或直接进行详细勘察，与线路工程的勘察工作合并开展。可根据实际情况，采用简易的勘察手段，或参照有关工程经验按工程类比法提供勘察资料。勘探工作应在确定的穿越断面上布置勘探孔，勘探深度宜为 5m，若遇软弱土层可予以加深，但不宜大于10m。勘察成果可不单独提交文字报告和图纸资料，成果资料可在线路岩土工程勘察报告中独立成章，在线路纵断面图中扼要填写地层岩性和结论性建议。

（2）对于设计需要单出图的等级公路和铁路穿越工程，宜在穿越路基两侧各布置 1 个勘探孔，并采取岩、土和水试样或进行原位测试工作，勘探孔深度宜为 8～10m，宜提供土层的抗剪强度、渗透系数、开挖放坡系数等指标的建议值。当采用水平定向钻法、顶管隧道法等穿越方式时，应满足其相应的规定和要求。此类小型穿越需要向有关管理部门进行报批或备案，应单独编制和提供岩土工程勘察报告。

（3）在城区或靠近重要工程（高速公路、地铁、铁路等）的地段进行穿越钻探时，由于地下管线等障碍物的分布情况较为复杂，上部 1.0～2.0m 宜采用人工开挖或麻花钻探测，必要时使用地下管线探测仪进行探测，确定无地下管线等障碍物后再进行钻探工作。

9.2.3　跨越工程

管道跨越河流、沟谷、沟渠、道路等地段时，通常采用梁式直跨、桁架式、悬索式、斜拉索式、单管拱、组合管拱等跨越方式。

管道跨越工程的岩土工程勘察，应查明跨越段的岩土性质、地质构造、不良地质作用、岸坡稳定性等岩土工程条件，对跨越段的工程地质、水文地质及工程水文条件作出评价，对跨越工程的地基进行岩土工程分析评价，提供设计所需的岩土工程勘察资料。

管道跨越工程等级应按照表 2.9-7 划分。

管道跨越工程等级　　　　　　　　　　　　　　　　表 2.9-7

工程等级	总跨长度L_1/m	主跨长度L_2/m
大型	$L_1 \geqslant 300$	$L_2 \geqslant 150$
中型	$100 \leqslant L_1 < 300$	$50 \leqslant L_2 < 150$
小型	$L_1 < 100$	$L_2 < 50$

1. 可行性研究勘察

跨越工程可行性研究勘察应通过搜集资料、踏勘和调查，概略了解跨越断面的工程地质条件，对拟跨越断面地基的稳定性和跨越的适宜性作出工程地质评价。

1）管道跨越位置选择的要求

选择管道跨越位置应避开地面或地下已有重要设施的地段。管道跨越河流、冲沟地段时，宜选择在河（沟）床较窄、两岸有山嘴或高地、侧向冲刷及侵蚀作用较小并有良好稳定地层的地段，当河流有弯道时宜选择在弯道上游的平直河段，且选择在闸坝上游或其他水工构筑物的影响区之外。同时，避开河道经常疏浚加深、岸蚀严重或冲淤变化强烈、冲沟沟头等地段，避开岩溶、滑坡、泥石流、活动断裂带等不良地质作用发育的地段。

2）可行性研究勘察的主要工作

（1）搜集跨越段有关地形地貌、区域地质、地震、工程地质、水文地质及工程水文资料。

（2）通过踏勘调查，了解跨越断面出露的地层、构造、岩土性质和不良地质作用等工程地质条件。

（3）有特殊要求的管道跨越工程，应按设计要求的深度进行物探和钻探工作。

2. 初步勘察

跨越工程初步勘察应初步查明拟跨越地段的岩土性质、地下水条件、地质构造、不良地质作用、岸坡稳定性等工程地质条件，对跨越工程地基的岩土工程特性进行初步评价，对场地和地基的地震效应进行初步评价，为初步设计提供岩土工程勘察资料。

1）初步勘察前应搜集的资料

（1）拟跨越段范围的地形图（1∶5000～1∶500）。

（2）可能采取的跨越方式及其有关的工程特性。

（3）拟跨越河段所在流域概况、河流类型、河流两岸河漫滩及河床断面特征、河谷发育或平原河道变迁情况及其发展趋势。

（4）拟跨越段上下游已建（或规划）水工设施，其储水能力、最高水位、坝顶标高等资料。

（5）拟跨越河段堤防情况及堤防等级。

（6）拟跨越河段通航情况、航道等级及相应通航水位。

（7）拟跨越河流段的最高洪水位、流速、流量、枯水期水位、冲刷深度及冰凌资料。

2）勘探孔布置的要求

初步勘察勘探孔应沿拟定的跨越方案中线（包括比选方案）布置，勘探孔间距宜为100～200m，每个方案不应少于2个勘探孔。

3）勘探孔深度的要求

（1）陆域勘探孔深度宜为15～20m。

（2）河流（沟谷）勘探孔深度宜为最大冲刷深度以下15～20m，无冲刷深度资料时勘探孔深度宜为20～25m。

（3）在预定深度内遇到稳定基岩时，勘探深度可适当减小。

3. 详细勘察

跨越工程详细勘察应对管墩、锚固墩、桥墩及塔架基础的场地及地基的稳定性进行岩土工程评价，对场地和地基的地震效应进行评价，并为基础设计、地基处理与加固提供岩土工程勘察资料。对于小型跨越工程可合并勘察阶段，一次性进行详细勘察。

1）跨越工程详细勘察的重点工作

（1）查明跨越地段的地形地貌、地质构造和水文地质特性，对场地的稳定性和跨越的适宜性进行评价。

（2）查明拟建管墩、锚固墩、桥墩及塔架基础范围内地层的岩性、风化破碎程度、软弱夹层情况及其物理力学性质，对地基稳定性进行评价。

（3）当跨越地段的抗震设防烈度大于或等于7度时，应按照现行国家标准《建筑抗震设计规范》GB 50011的有关规定，对饱和粉（砂）土进行地震液化判别。

（4）查明对拟建工程有影响的不良地质作用的性质、特征和分布情况，提出处理建议。

（5）当地表水或地下水对基础有影响时，评价水、土对钢结构及建筑材料的腐蚀性。

（6）当水域中有桥墩、塔架基础时，应确定一般冲刷深度和局部冲刷深度。

（7）应对岸坡的稳定性进行评价，对护坡措施提出建议。

2）详细勘察前应取得的资料

（1）附有跨越基础位置的地形图（1∶2000～1∶500）。

（2）拟建管墩、锚固墩、桥墩及塔架基础可能采取的结构形式、受力特点。

（3）可能采取的基础形式、尺寸、埋置深度、单位荷载以及有特殊要求的基础设计、施工方案等。

3）勘探孔布置的要求

详细勘察工作应在已确定的管墩、锚固墩、桥墩及塔架基础的位置进行，可根据场地的地层条件采用钻探、静力触探、动力触探等勘探手段。勘探孔的数量可按表 2.9-8 确定。

详细勘察勘探孔数量　　　　　　　　　　表 2.9-8

地基复杂程度等级	管墩、桥墩及塔架基础的勘探孔/个	锚固墩的勘探孔/个
一级（复杂）	4	2
二级（中等复杂）	3	1
三级（简单）	2	1

4）勘探孔深度的要求

详细勘察勘探孔的深度按地基土的性质和基础类型确定，并应符合下列规定：

（1）对于天然地基，勘探深度为基础底面以下 $2.0b \sim 3.0b$（b 为基础宽度），且不应小于 5m。

（2）对于桩基，勘探深度至桩端以下 3～5m。当在预定的深度范围内有软弱下卧层时，应穿透软弱土层或加深至预计控制深度。

（3）在预定深度内遇见稳定基岩时，应钻穿强风化层至中等风化层内 2～3m，当强风化层很厚时钻入深度不宜大于 10m。

5）取样及试验的要求

采取原状土试样或原位测试的竖向间距应根据地层结构、地基土的性质和工程特点确定。每个场地每一主要土层的原状土试样或原位测试数据不应少于 6 件（组）。

对于河流跨越工程，可采取河水及两岸地下水样不少于 2 件，进行水质分析试验。

跨越工程若采用天然地基，应进行岩土的物理力学性质试验，提供各岩土层的主要物理力学性质指标；若采用桩基，除提供各岩土层的主要力学性能指标外，还需提供桩的极限侧（端）阻力标准值，估算单桩竖向极限承载力值。

9.2.4　钻爆法隧道工程

长输油气管道穿越山体和水域时，若遇到山体高差大且坡面较陡、水域较宽且地层为岩石的地段，可采用钻爆隧道法通过。相比顶管隧道法和盾构隧道法，钻爆法隧道工程的勘察技术要求差别较大，故单独列为一节。

钻爆法隧道工程按其长度可按表 2.9-9 分为长隧道、中长隧道、短隧道三类。

钻爆法隧道工程按长度分类　　　　　　　　表 2.9-9

隧道类型	长隧道/m	中长隧道/m	短隧道/m
山岭隧道	> 2000	500～2000	≤ 500
水域隧道	> 1000	500～1000	≤ 500

1. 可行性研究勘察

钻爆法隧道工程可行性研究勘察的目的和任务，主要通过搜集资料和现场踏勘调查，了解拟选隧道场址的地形地貌、区域地质、工程地质和水文地质条件、洞口稳定性及对环境的影响等，对隧道穿越的可行性进行评价，选择合适的隧道位置，为可行性研究设计提供勘察资料。

1）隧道场址位置选择的要求

（1）隧道应选择在地质构造简单、地层单一、岩体完整等工程地质条件较好的地段，宜选择在山体稳定、山形较完整、岩层稳定且无软弱夹层的地段通过，宜选择在地下水影响小、无有害气体、无有用矿体和不含放射性元素的地层通过，宜早进洞、晚出洞。

（2）隧道洞口应避开滑坡、崩塌、危岩、泥石流、采空区等不良地质作用发育地段，以及排水困难的沟谷、垭口等低洼地段。

（3）隧道应避开断层破碎带，当不能避开时隧道轴线应与其垂直或大角度相交穿过。

（4）隧道宜避开高地应力区，当不能避开时隧道轴线宜平行最大主应力方向。

（5）当隧道顺褶曲构造轴线布置时，宜绕避褶曲轴部破碎带，选择地质条件较好的一侧翼部通过；在倾斜岩层中隧道轴线宜与地层、主要构造面的走向大角度相交；地质构造复杂、岩体破碎、堆积物厚等工程地质条件较差的傍山隧道，宜向山脊线内移。

（6）当隧道通过岩溶地区时，宜选择在难岩溶的地段和地下水不发育的地带，避免穿越岩溶严重发育及地质构造破碎带等地段；宜避开易岩溶与难岩溶的接触带，不能避开时，宜选择影响范围最小地段以垂直或大角度通过。

2）可行性研究勘察的主要工作

（1）搜集隧道场址的有关地形地貌、区域地质、工程地质、水文地质及工程水文气象资料。

（2）通过踏勘调查，了解隧道穿越山体、河床、冲沟等地段的地层分布、岩土性质、地质构造、不良地质作用等工程地质条件；了解道路交通、植被等自然概况。

（3）有特殊要求的隧道工程，应按设计要求进行工程物探和钻探工作。

2. 初步勘察

初步勘察应通过工程地质测绘与调查、工程物探、钻探、取样及试验等工作，初步查明隧道的地形、地貌、地质、地震条件等，初步查明隧道进出口的工程地质条件，对隧道工程地质条件和水文地质条件作出初步评价，采用定性划分或工程类比法初步确定隧道围岩分级，为方案比选和初步设计提供岩土工程勘察资料。

1）工程地质测绘与调查的主要内容

（1）地形地貌、地层岩性、岩层产状、构造特征及岩石的风化程度。

（2）不良地质作用及特殊岩土的分布、规模及对隧道的影响。

（3）了解地震历史，提供地震动参数。

（4）地应力分布及最大主应力作用方向。

（5）是否含有放射性元素、有害气体和有用矿体。

（6）地下水的类型、埋藏、补给和排泄条件。

（7）地表水体分布及其与地下水体的关系。

（8）隧道穿越对地面建筑物、地下构筑物等的影响。

（9）隧道进出口的工程地质条件，隧道的施工条件。

（10）弃渣场的位置及工程地质情况。

2）勘探工作的技术要求

初步勘察时宜以工程物探为主，配合少量钻探、挖探及测试工作，对山岭隧道中地质条件简单的短隧道可不进行钻探，通过工程地质测绘和调查初步查明隧道工程地质条件。

（1）工程物探工作

根据隧道埋深和下伏岩体特征，可采用地震勘探、电法勘探等工程物探方法，工程物探应符合下列要求：

①物探主测线应位于隧道轴线上；辅助测线宜位于主测线两侧 10～30m 处，且平行于主测线；在洞口可垂直于主测线布置两条横测线；

②物探的探测深度不应小于隧道底板以下 10m；

③初步查明基岩面及风化带、断层及构造破碎带、隐伏断裂及其他构造、富含水地层、裂隙发育地段的分布位置和影响范围，对隧道穿越位置的岩土体进行波速分层，评价隧道岩土体的完整性。

（2）勘探孔布置的要求

①勘探孔数量和位置应根据地质条件复杂程度、工程物探揭示的异常点、地形高程等因素综合确定；洞口附近覆土较厚时应布置勘探孔；

②勘探孔宜布置在隧道两侧 6～8m 处，岩溶地区和水域隧道的钻孔应布置在隧道中线两侧 15～20m，以交错布置为宜；

③地质条件复杂的山岭中长隧道钻孔数量不宜少于 3 个，长隧道应增加钻孔。水域隧道勘探孔间距宜为 100～300m；

④当山势陡峻、交通不便、山体相对高差较大、钻探实施困难时，可在隧道洞口以上 30～50m 范围的山体布置钻孔，对隧道洞身段可采用物探进行勘察；

⑤山岭隧道的勘探孔深度应超过隧道底板不少于 5～10m，水域隧道的勘探孔深度应超过隧道底板不少于 10～20m，一般性勘探孔可取小值，控制性勘探孔应取大值；遇溶洞、暗河或其他不良地质作用时应予以加深。

（3）取样、测试及评价的要求

①对钻探揭露的每一地层均应取样进行试验，岩质隧道围岩部位取样不少于 6 组，土质隧道取样间隔宜为 2m，进行岩土物理力学性质试验；岩质隧道应测试岩体和岩块的弹性纵波波速，判定岩体完整性；

②对隧道有影响的主要含水层应取 1～3 组水样进行水质分析，评价对混凝土、钢材、混凝土中钢筋的腐蚀性；

③钻探过程中遇到油气、有害气体和放射性矿物时，应做好观测和记录，探明其位置、厚度，取样进行化验分析和评价；

④土质隧道应进行动力触探、静力触探等原位测试测定土体的物理力学性质；

⑤深埋隧道或地质构造活动强烈的地带存在高地应力时宜测试地应力；当地温异常时应测定地温；

⑥进行水文地质观测，对水文地质条件复杂的隧道进行压水或抽水试验，提供相关水文地质参数，初步查明地下水分布和径流状况，估算最大涌水量，定性分析隧道开挖后可能出现的涌水、突泥可能性；

⑦隧道围岩的初步分级应按照"隧道围岩分级与修正"的规定，采用定性划分或工程类比法确定。

3）岩土试验项目的要求

隧道工程的岩土试验项目宜按照表 2.9-10 的要求执行，其中，岩石的抗压强度、抗拉强度试验宜在天然、饱和、干燥等状态开展。此外,岩溶地区及水域穿越隧道应做渗透试验;对特殊性岩土应做其他有关的特性试验。

岩土试验项目　　　　　　　　　　　　　表 2.9-10

试验项目	岩土类别				
	硬质岩石	软质岩石	碎石类土	砂性土	黏性土
重度	+	+	+	+	+
天然密度	+	+	+	+	+
天然含水率	−	−	+	+	+
孔隙比	−	−	(+)	(+)	+
饱和度	−	−	(+)	(+)	(+)
塑性指数	−	−	−	−	+
液性指数	−	−	−	−	+
相对密度	−	−	−	+	−
天然休止角	−	−	+	+	−
颗粒分析	−	−	+	+	(+)
渗透系数	(+)	(+)	(+)	(+)	(+)
固结试验	−	−	−	−	+
剪切试验	+	+	−	−	+
吸水率	(+)	+	−	−	−
耐冻性	(+)	(+)	−	−	−
软化性	+	+	−	−	−
弹性模量	+	+	−	−	−
泊松比	+	+	−	−	−
抗压强度	+	+	−	−	−
抗拉强度	+	+	−	−	−
载荷试验	(+)	(+)	(+)	(+)	(+)
野外剪切试验	(+)	(+)	(+)	(+)	(+)

注:"+"为应做项目,(+)按需要确定。

3. 详细勘察

详细勘察在初步勘察的基础上,补充工程地质测绘、工程物探、钻探、取样试验、水文试验等勘察工作,对隧道场地的地形地貌、地质构造、岩土结构、工程地质与水文地质条件等作出评价,分段确定隧道围岩级别,为隧道施工布置、各段洞身掘进方法及程序、支护及衬砌类型或整治工程提供岩土工程勘察资料。

1) 钻爆隧道工程详细勘察的重点工作

(1) 应查明隧道通过地段的地形地貌、地质构造、地层岩性及分布特征,岩质隧道应重点查明岩层层理、片理、节理等软弱结构面的产状及组合形式,断层、褶皱的性质、产状、破碎带宽度及破碎程度。

(2) 应查明隧道场地的地层变化、裂隙变化及水文地质条件变化;在隧道洞口需要接长明洞的地段,应查明明洞基底的工程地质条件;应查明不良地质作用、特殊性岩土对隧道的影响,特别是对洞口位置边坡、仰坡的影响。

（3）应查明隧道是否通过岩溶地带、膨胀性岩土、有害气体、高应力区等，预测岩溶、岩土膨胀、高地应力、偏压等对隧道结构的影响，并对有害气体作出评价。

（4）应查明隧道附近井（泉）的分布、含水层的位置和厚度，分析隧道周边的水文地质条件，判别地下水的类型、水质及补给来源；水文地质条件复杂的隧道应进行压水试验或抽（注）水试验；预测隧道开挖后洞体分段涌水量；分析隧道施工引起地表塌陷及地下水漏失的问题，提出工程措施和建议。

（5）结合工程地质测绘、勘探、测试成果，综合分析岩体特征、岩土结构、地下水及地应力状态，分段确定隧道围岩级别，提出支护及衬砌的工程措施和建议。

（6）对山体隧道洞口及边坡、水域隧道岸坡的稳定性进行评价，提出工程措施和建议。

（7）对水域隧道设置的竖井进行勘察，进行岩土工程分析评价；对渣场进行勘察，进行工程地质分析评价。

（8）对拟建场地的稳定性与适宜性进行评价；对不良地质作用、特殊性岩土的影响进行评价，提出设计与施工的防护措施和建议。

（9）对工程建设条件进行分析，提出施工及运营期间应注意的问题及防护措施。

2）勘探和测试的技术要求

（1）勘探孔布置的要求

①除山岭隧道中地质条件简单、岩性单一、无构造影响的短隧道可不布置钻孔外，对隧道洞身、洞口和水域隧道的竖井均宜布置钻孔；

②隧道勘探孔宜布置于地层分界线、物探异常点、储水地段、其他不明异常地段，膨胀性岩土、岩盐、煤系地层、含放射性物质等特殊性岩土地段，岩溶、断层、采空区等不良地质作用地段，以及覆盖层发育或地质条件复杂的隧道进出口；

③山岭隧道勘探孔宜交错布设于隧道两侧 6～8m 处，勘探孔间距宜为 200～500m，勘探深度应超过隧道底板不少于 5～10m；洞口钻孔宜布置在洞口以上 30～50m 范围内；

④水域隧道勘探孔宜交错布设于隧道两侧 15～20m 处，勘探孔间距宜为 50～200m，勘探深度应超过隧道底板不少于 10m，遇复杂地质条件或岩溶、暗河等不良地质作用时应根据工程需要加密勘探；

⑤当水域隧道设置竖井时，应布置勘探孔 3～4 个，勘探孔沿圆形竖井的周边或矩形竖井的角点布置，勘探深度超过竖井底板不少于 5～10m。

（2）取样、测试及评价的要求

①隧道底板以上 10～20m 至勘探深度内每一地层应取样，对膨胀性岩土应做矿物成分分析及膨胀试验；对初见水位、稳定水位、含水层位置及厚度进行观测和记录，采取地下水样进行水质分析。

②土质隧道宜将钻探和原位测试相结合，测试隧道底板以上 10～20m 至勘探深度内土体的物理力学性质。

③当钻探中存在有害气体、放射性矿床时，应采集试样测试有害气体及放射性物质的成分、含量；当地温异常时应进行地温测定。

④采用声波法测定岩体和岩石试件的弹性波波速。

⑤利用工程地质钻探孔进行水文地质观测，水文地质条件复杂或有特殊要求时宜布设专门的水文地质勘探孔和观测孔进行水文地质试验，提供相关水文地质参数。

⑥选择适宜的工程物探方法补充查明工程地质条件；工程物探解译应结合工程钻探成果，提出工程地质综合解释成果，反映隧道断面的地层分布特征。若物探解释成果反映的地层分布特征与工程钻探成果存在较大差异，可增加钻孔进行验证。

⑦对于工程地质条件和水文地质条件复杂的隧道工程宜进行施工勘察。当山势陡峻、交通不便、山体相对高差较大、钻探施工困难及勘察费用高时可直接进行施工勘察。施工勘察宜采用开挖工作面地质调查、超前勘探或物探等方法进行。

⑧岩土试验项目宜按照表 2.9-10 的要求执行。

⑨隧道围岩的分级应按照"隧道围岩分级与修正"的规定，采用定量分析法分段确定。

4. 隧道围岩分级与修正

参见第 2 篇第 5 章铁路工程地质勘察有关内容。

9.3　站场及储罐工程

9.3.1　站场工程

站场工程的勘察主要针对站场中的建（构）筑物及设施，搜集建（构）筑物上部荷载、基础形式、埋置深度和变形要求等方面资料，查明拟建场地的工程地质条件和水文地质条件，查明特殊性岩土及不良地质作用的分布情况及工程特性，提供岩土地基的工程设计参数，对岩土工程特性、地震效应、场地适宜性、场地稳定性、水和土腐蚀性、边坡稳定性等进行工程评价，提出场地整平、地基基础、基坑支护、工程降水、地基处理设计与施工方案的建议，对建（构）筑物有影响的特殊性岩土和不良地质作用提出防治建议。

站场工程的勘察宜分阶段进行，场地较小且无特殊要求的工程可合并勘察阶段。当建（构）筑物总平面图已经确定，且场地或邻近场地已有岩土工程经验或资料时，可根据实际情况直接进行详细勘察。

1. 可行性研究勘察

拟选场地有两个及以上时应进行方案比选，可行性研究勘察开展的主要工作如下：

（1）搜集区域地质、地形地貌、地震、矿产、水文、气象以及当地的工程地质、岩土工程和建筑经验等资料。

（2）在充分搜集和分析已有资料的基础上，宜通过踏勘了解场地的地形地貌、地质构造、地层岩性、不良地质作用和地下水等工程地质条件。

（3）当拟选场地工程地质条件复杂，已有资料不能满足要求时，应根据具体情况进行工程地质测绘和必要的勘探工作。

（4）对拟选场地的稳定性和适宜性作出初步评价。

2. 初步勘察

初步勘察通过工程地质测绘与调查、工程物探、钻探、取样及试验等工作，初步查明拟建场地的地形地貌、地质构造、地层结构及工程特性、地下水埋藏条件等，对岩土工程特性、地震效应、场地适宜性与稳定性、水和土腐蚀性等进行初步评价，为方案比选和初步设计提供岩土工程勘察资料。

1）初步勘察的工作任务

（1）搜集拟建工程的有关文件、工程地质和岩土工程资料及工程场地范围的地形图。

（2）初步查明地形地貌、地质构造、地层结构、岩土工程特性、地下水埋藏条件。

（3）初步查明场地不良地质作用的成因、分布、规模、发展趋势，并对场地的稳定性作出评价。

（4）对抗震设防烈度大于或等于 6 度的场地，应按照现行国家标准《建筑抗震设计规范》GB 50011 的有关规定，进行场地与地基的地震效应初步评价。

（5）调查季节性冻土地区场地土的标准冻结深度。

（6）初步判定水和土对建筑材料的腐蚀性。

（7）若有基坑工程，应初步分析评价基坑开挖与支护、工程降水方案。

（8）设计有要求时，对场地整平、道路、边坡及土方工程方案提出初步建议。

（9）对拟建建（构）筑物基础类型、地基处理、岩土改造等提出初步建议。

2）初步勘察的勘探技术要求

勘探线应垂直地貌单元、地质构造和地层界线布置，每个地貌单元均应布置勘探孔，地貌单元交接部位和地层变化较大的地段，勘探孔应予以加密。地形平坦地区，可按网格布置勘探孔。

对岩质地基，勘探线、勘探孔的布置和勘探孔深度应根据拟建建（构）筑物重要性、岩体特性、风化情况、地质构造等综合确定，不同成因、不同地段的岩质地基有很大差别，可按地方标准或当地经验确定。若需采用桩基，控制性勘探孔应进入中风化—微风化层 3～5m。需进行抗浮水位验算的基坑，应满足抗浮桩或抗浮锚杆的设计要求。

对土质地基，控制性勘探孔宜占勘探孔总数的 1/5～1/3，且每个地貌单元均应有控制性勘探孔，勘探孔包括钻孔、探井和原位测试孔等。勘探线、勘探孔间距及勘探孔深度可按表 2.9-11、表 2.9-12 确定。

初步勘察勘探线、勘探孔间距　　　　　　表 2.9-11

地基复杂程度等级	勘探线间距/m	勘探孔间距/m
一级（复杂）	50～100	30～50
二级（中等复杂）	75～150	40～100
三级（简单）	150～300	75～200

初步勘察勘探孔深度　　　　　　表 2.9-12

工程重要性等级	一般性勘探孔/m	控制性勘探孔/m
一级（重要工程）	≥15	≥30
二级（一般工程）	10～15	15～30
三级（次要工程）	6～10	10～20

可根据拟建场地的整平标高、地基的岩土特性等情况，适当增减勘探孔的深度。当勘探孔的地面标高与预计整平地面标高相差较大时，应按高差调整勘探孔深度。当预定深度内遇基岩时，除控制性钻孔仍钻入基岩一定深度外，其他勘探孔达到确定的基岩后即可终止钻进。当预定深度内有厚度较大，且分布均匀的碎石土、密实砂或老沉积土等坚实土层时，除控制性勘探孔应达到规定深度外，一般性勘探孔的深度可予以减小。当预定深度内有软弱土层时，勘探孔深度应予以增加，部分控制性勘探孔应穿透软弱土层或达到预计控

制深度。针对站场内的边坡进行勘察时，勘探孔深度尚应满足边坡稳定性计算的要求。

3）取样及原位测试的要求

采取土试样和进行原位测试的勘探孔应结合地貌单元、地层结构和土的工程性质布置，数量可占勘探孔总数的 1/4～1/2。采取土样的数量和孔内原位测试的竖向间距应按地层特点和土的均匀性程度确定，每层土均应采取土样或进行原位测试，其数量不宜少于 6 件（组）；当土层性质不均匀时，应增加取土数量或原位测试工作量。

4）水文地质勘察的工作内容

初步勘察应开展水文地质勘察，主要工作内容如下：

（1）调查含水层的埋藏条件，地下水的类型、补给排泄条件，各层地下水位及变化幅度；根据水文地质条件复杂程度和工程需要，必要时应设置长期观测井，监测水位的变化情况。

（2）对基坑工程，宜进行抽（注）水试验，确定地层渗透系数、影响半径及涌水量等。

（3）需绘制地下水等水位线时，应根据地下水的埋藏条件和层位，统一量测地下水位。

（4）地下水可能浸湿地基时，应采取地下水试样进行水质分析试验，对地下水的腐蚀性进行评价。

5）工程物探的工作内容

初步勘察可根据需要开展工程物探，主要工作内容如下：

（1）当需要查明构造破碎带、基岩面、岩溶、古河床地下障碍物、填土及覆盖层等分布特征时，宜选择高密度电阻率法、电测深法、电剖面法、浅层地震法等测试方法，宜垂直构造线布置勘探线。

（2）确定建筑的场地类别时，宜进行剪切波速测试，每个场地的测试孔不宜少于 3 个。

（3）当需要确定土壤导电性及对钢结构的腐蚀性时，宜进行土壤视电阻率测试。

3. 详细勘察

站场工程详细勘察的目的和任务，查明拟建场地的工程地质条件和水文地质条件，查明特殊性岩土及不良地质作用的分布情况及工程特性，按单体建（构）筑物或建（构）筑物群提出岩土地基的工程设计参数，对岩土工程特性、地震效应、场地适宜性、场地稳定性、水和土腐蚀性、边坡稳定性等进行工程评价，对建（构）筑物地基作出岩土工程评价，提出场地整平、地基基础、基坑支护、工程降水、地基处理设计与施工方案的建议，对建（构）筑物有影响的特殊性岩土和不良地质作用提出防治建议，为施工图设计提供岩土工程勘察资料。

1）详细勘察的工作任务

勘察工作前，应搜集附有坐标和地形的建（构）筑物的总平面图，场区的地面整平标高，建（构）筑物的性质、规模、荷载、结构特点、基础形式、埋置深度及地基允许变形等资料。详细勘察需开展的主要工作如下：

（1）查明建（构）筑物范围内岩土层的类型、分布特征及工程特性，分析和评价地基的稳定性、均匀性和承载力。

（2）查明不良地质作用的类型、成因、分布范围、发展趋势和危害程度，提出整治方案的建议。

（3）查明埋藏的古河道、沟浜、墓穴、空洞、孤石等对工程不利的埋藏物。

（4）查明地下水的埋藏条件，提供地下水位及其变化幅度。

（5）在季节性冻土地区，提供场地土的标准冻结深度。

（6）判定水和土对建筑材料的腐蚀性。

（7）对抗震设防烈度大于或等于 6 度的场地，应按照现行国家标准《建筑抗震设计规范》GB 50011 的有关规定，进行场地与地基的地震效应评价。

（8）根据工程需要和地震活动情况、工程地质和地震地质等有关资料，按照现行国家标准《建筑与市政工程抗震通用规范》GB 55002 的有关规定，对场地地段进行综合评价。

（9）对需进行沉降计算的建（构）筑物，提供地基变形计算参数，预测其变形特征，必要时进行沉降验算。

（10）当有压缩机等动力设备时，宜在设备基础处进行孔内波速测试，提供地基动力特征参数。设计要求进行块体基础振动测试时，提供地基刚度系数和阻尼比等动力参数。

（11）若拟建场地邻近水域，宜调查最高洪水位，分析对拟建站场的淹没影响，提出专项防洪评价及防护措施的建议。

（12）若拟建场地范围内有天然边坡或场地整平形成的人工边坡，应对边坡工程进行勘察，查明岩土层的分布特征及物理力学特性，进行边坡稳定性分析与评价，提出工程措施和建议。

2）勘探孔布置的要求

详细勘察勘探孔的布置，应根据建（构）筑物特征和岩土工程条件确定。岩质地基应根据地质构造、岩体特性、风化程度等，结合建（构）筑物对地基的要求综合确定。土质地基勘探孔间距可按表 2.9-13 确定。勘探孔布置应符合下列规定：

（1）勘探孔宜按建（构）筑物周边和角点布置，对无特殊要求的其他建（构）筑物，可按建（构）筑物单体或建（构）筑物群的范围布置。

（2）同一建（构）筑物范围内的主要受力层或有影响的下卧层起伏较大时，勘探孔应予以加密。

（3）重大设备基础应单独布置勘探孔，重大的动力机器基础和高耸构筑物勘探孔不宜少于 3 个。

详细勘察勘探孔间距 表 2.9-13

地基复杂程度等级	勘探孔间距/m
一级（复杂）	10～15
二级（中等复杂）	15～30
三级（简单）	30～50

3）勘探孔深度的要求

详细勘察勘探孔深度自基础底面算起，应符合下列规定：

（1）勘探孔深度应能控制地基主要受力层，当基础底面宽度不大于 5m 时，勘探孔深度对条形基础不应小于基础底面宽度的 3 倍，对于单独柱基础不应小于 1.5 倍，且不应小于 5m。

（2）对于需作变形计算的地基，控制性勘探孔的深度应超过地基变形计算深度；变形计算深度，对中、低压缩性土可取附加压力等于上覆土层有效自重压力 20%的深度，对高压缩性土层可取附加压力等于上覆土层有效自重压力 10%的深度。

（3）当有地下构筑物不能满足抗浮设计要求，需设置抗浮桩或抗浮锚杆时，勘探孔深度应满足抗拔承载力评价的要求。

（4）当有大面积地面堆载或软弱下卧层时，应适当加深控制性勘探孔的深度。

（5）当需确定建筑物的场地类别而邻近无可靠的覆盖层厚度资料时，应布置波速测试孔，深度应满足确定覆盖层厚度的要求。

（6）大型设备基础勘探孔深度不宜小于基础底面宽度的 2 倍。

（7）当需进行地基处理或采用桩基础时，勘探孔的深度应满足地基处理设计、桩基设计与施工的要求。

（8）当预计深度内遇基岩或厚层碎石土等稳定地层时，勘探孔深度可适当调整。

（9）站场边坡详细勘察的勘探孔深度，应满足边坡稳定性计算的要求。

（10）站场深井阳极勘察的勘探孔深度，应满足深井阳极设计深度的要求。

4）取样及原位测试的要求

详细勘察取土试样和进行原位测试应满足岩土工程评价要求，并符合下列规定：

（1）取土试样和原位测试勘探孔数量，应根据地层结构、地基土的均匀性和工程特点确定，其数量不宜少于勘探孔总数的 1/2，取土孔的数量不应少于勘探孔总数的 1/3。

（2）每个场地每一主要土层的不扰动土试样或原位测试数据不应少于 6 件（组）；当土层性质不均匀时，应增加取土数量或原位测试工作量。

（3）在地基主要受力层内，对厚度大于 0.5m 的夹层或透镜体，应采取土试样或进行原位测试。

（4）对环境水和土进行腐蚀性评价，宜采取环境水不宜少于 2 件，采取土试样至少 1 件。

（5）进行土层剪切波速测试，每个场地的测试孔不宜少于 3 个。

（6）进行土壤视电阻率测试不宜少于 3 个点，测试深度按照设计要求确定，无要求时可测试深度 2～4m 的土壤视电阻率值。

对岩质地基，采取岩样和原位测试应结合拟建建（构）筑物重要性、岩体特征、风化情况、地质构造等特点，按地方标准或当地经验确定，但每个场地每一主要岩层的岩样或原位测试数据不应少于 6 件（组）。

9.3.2　储罐工程

储罐工程的勘察应在搜集上部荷载、基础形式、埋置深度和变形要求等方面资料的基础上进行，宜分阶段进行，场地较小且无特殊要求的工程可合并勘察阶段。当总平面图已经确定且场地已有岩土工程经验或资料时，可根据实际情况直接进行详细勘察。

1. 可行性研究勘察

可行性研究勘察应对拟建场地的稳定性和适宜性作出初步评价，并应符合下列规定：

（1）搜集区域地质、地形地貌、地震、矿产、水文、气象以及当地的工程地质、水文地质、岩土工程和建筑经验等资料。

（2）在充分搜集和分析已有资料的基础上，宜通过踏勘了解场地的地形地貌、地质构造、地层岩性、不良地质作用和地下水等工程地质条件。

（3）当拟选场地工程地质条件复杂，已有资料不能满足要求时，应根据具体情况进行工程地质测绘和必要的勘探工作。

（4）当有两个或两个以上拟选场地时，应进行方案比选分析，推荐最佳拟建场地。

2. 初步勘察

初步勘察主要针对拟建储罐的地基进行勘察，如果拟建储罐的具体位置未确定，也可针对拟建场地进行勘察，初步查明工程地质和水文地质条件，对岩土工程特性、地震效应、场地适宜性与稳定性、水和土腐蚀性等进行初步评价，为储罐的初步设计提供岩土工程勘察资料。

1）初步勘察的主要工作任务

（1）初步查明地质构造、地层结构、岩土工程特性、地下水埋藏条件。

（2）初步查明场地不良地质作用的成因、分布、规模、发展趋势，并对场地的稳定性作出评价。

（3）对抗震设防烈度大于或等于 6 度的场地，应按照现行国家标准《建筑抗震设计规范》GB 50011 的有关规定，对场地与地基的地震效应作出初步评价。

（4）调查季节性冻土地区场地土的标准冻结深度。

（5）初步判定水和土对建筑材料的腐蚀性。

2）初步勘察的勘探技术要求

勘探线应垂直地貌单元、地质构造和地层界线布置，每个地貌单元均应布置勘探孔，地貌单元交接部位和地层变化较大的地段，勘探孔应予以加密。地形平坦地区，可按网格布置勘探孔。

对岩质地基，勘探线、勘探孔的布置和勘探孔深度，应根据地质构造、岩体特性、风化情况等综合确定。

对土质地基，控制性勘探孔宜占勘探孔总数的 $1/5 \sim 1/3$，每个地貌单元均应有控制性勘探孔，且每个场地不应少于 3 个，勘探孔包括钻孔、探井和原位测试孔等。勘探线、勘探孔间距可按表 2.9-11 确定。

土质地基的勘探孔深度可按表 2.9-14 确定，储罐中心区域的控制性勘探孔深度应取大值，一般性勘探孔可取小值，D 为罐底圈内直径（m），球罐取罐体外径。对于低温罐（含 LNG 储罐），勘探孔深度宜取表 2.9-14 中数值的 1.2 倍，设计对勘探深度有要求时应按照设计要求进行勘探。

土质地基的储罐勘探孔深度　　　　　　　　　　　　　表 2.9-14

储罐容积/m³	勘探孔深度/m	
	一般黏性土、粉土及砂土	软土地基
≤5000	$(0.9 \sim 1.0)D$	$(1.2 \sim 1.5)D$
10000	$(0.8 \sim 0.9)D$	$(1.2 \sim 1.4)D$
20000	$(0.7 \sim 0.8)D$	$(1.0 \sim 1.2)D$
30000	$(0.7 \sim 0.8)D$	$(1.0 \sim 1.2)D$
50000	$(0.6 \sim 0.7)D$	$(1.0 \sim 1.1)D$
100000	$(0.5 \sim 0.6)D$	$(0.9 \sim 1.0)D$
150000	$(0.5 \sim 0.6)D$	$(0.8 \sim 0.9)D$

　　可根据拟建场地的整平标高、地基的岩土特性等情况，适当增减勘探孔的深度。当勘探孔的地面标高与预计整平地面标高相差较大时，应按高差调整勘探孔深度。当预定深度内遇基岩时，除控制性钻孔仍钻入中等风化基岩不少于 3m 外，其他勘探孔达到确定的中等风化基岩后即可终止钻进。当预定深度内有厚度较大，且分布均匀的碎石土、密实砂或老沉积土等坚实土层时，除控制性勘探孔应达到规定深度外，一般性勘探孔的深度可予以减小。当预定深度内有软弱土层时，勘探孔深度应予以增加。

　　3）取样及原位测试的要求

　　采取土试样和进行原位测试的勘探孔应结合地貌单元、地层结构和土的工程性质布置，数量可占勘探孔总数的 1/3～1/2。采取不扰动土样的数量和孔内原位测试的竖向间距，应按地层特点和土的均匀性程度确定，每层土均应采取土样或进行原位测试，其数量不宜少于 6 件（组）。可根据工程需要开展水文地质勘察与工程物探工作。

　　3. 详细勘察

　　详细勘察前应取得附有储罐平面位置的地形图，取得储罐容积、高度、结构特征，设计地面整平标高，基础形式、尺寸、埋置深度、单位荷载以及其他技术要求等资料。

　　详细勘察应针对储罐工程的地基进行，查明每个储罐地基压缩层计算深度内的岩土分布及其物理力学性质，查明影响地基稳定的不良地质条件，查明地下水成因、类型、补给排泄条件和腐蚀性，对地基均匀性、岩土工程特性、地震效应、场地适宜性与稳定性、水和土腐蚀性等进行评价，提出地基处理或桩基形式的工程措施和建议，为储罐的地基基础设计与施工提供勘察资料。

　　1）详细勘察的工作任务

　　（1）查明拟建罐区的地质构造、地层结构及岩土工程特性，提供岩土层的物理力学参数，分析评价地基的稳定性、均匀性和承载力。如果拟建场地的地层变化较大，宜分区统计岩土参数和进行地基评价。

　　（2）提供地基变形计算参数，预测其变形特征，必要时进行沉降验算。

　　（3）查明地下水埋藏条件，提供地下水位及其变化幅度，设计有要求时提供抗浮设防水位。

　　（4）查明场地不良地质作用的成因、分布、规模、发展趋势，并对场地的稳定性作出评价。

　　（5）对抗震设防烈度大于或等于 6 度的场地，应按照现行国家标准《建筑抗震设计规范》GB 50011 的有关规定，进行场地与地基的地震效应的评价。

　　（6）判定水和土对建筑材料的腐蚀性。

　　（7）如果需要采用桩基，提供桩基设计参数，推荐桩型和桩端持力层，分析成（沉）桩可行性，提出工程措施和建议。

　　（8）如果需要进行地基处理，提供有关参数和指标，推荐地基处理方法和处理深度，提出工程措施和建议。

　　2）勘探孔的数量和布置方式

　　详细勘察勘探孔的数量和布置方式应符合表 2.9-15 的规定，当地基的复杂程度等级为一级地基（复杂地基）时，勘探孔数量取大值，三级地基（简单地基）取小值。控制性勘探孔的数量可占勘探孔总数的 1/3～1/2。

储罐勘探孔数量和布置方式　　　　　　　　　　表 2.9-15

储罐容积/m³	勘探孔数量/个	勘探孔布置方式
≤ 5000	1～3	可布置在储罐中心或周边布置
10000	3～5	储罐中心 1 个，其余沿储罐周边均布
20000	4～7	储罐中心 1 个，其余沿储罐周边均布
30000	5～9	储罐中心 1 个，其余沿储罐周边均布
50000	9～17	储罐中心 1 个，另外 3～5 个沿储罐直径 1/2 处的圆周均布，其余沿储罐周边均布
100000	10～23	储罐中心 1 个，另外 3～7 个沿储罐直径 1/2 处的圆周均布，其余沿储罐周边均布
150000	13～28	储罐中心 1 个，另外 4～8 个沿储罐直径 1/2 处的圆周均布，其余沿储罐周边均布

同一罐区内的主要受力层或有影响的下卧层起伏较大时，宜加密勘探。在复杂地质条件、湿陷性土、膨胀岩土、盐渍岩土、风化岩和残积土地区，宜布置适量探井。

3）勘探深度的要求

（1）对中、低压缩性土可取附加压力等于上覆土层有效自重压力 20% 的深度，对高压缩性土层可取附加压力等于上覆土层有效自重压力 10% 的深度。

（2）当需进行地基整体稳定性验算时，控制性勘探孔的深度应满足沉降验算及充水预压沉降量验算要求。

（3）当需确定建（构）筑物的场地类别时，应布置波速测试孔，深度应满足确定覆盖层厚度的要求。

（4）当需进行地基处理时，勘探孔的深度应满足地基处理设计与施工要求；当采用桩基时，一般性勘探孔应达到预计桩长以下 3～5 倍桩径的深度，且不宜小于 5m；控制性勘探孔深度应满足下卧层验算要求，对需验算沉降的桩基应超过地基变形计算深度。

4）取样及原位测试的要求

储罐工程的取样及原位测试工作，可参照站场工程详细勘察的要求执行。此外，还需要开展以下工作：

（1）每个罐位的主要土层均应采取不扰动土试样进行固结试验，试验的最大压力宜大于预估的土自重压力与附加应力之和，且不应小于 400kPa。

（2）宜进行渗透性试验，提供土层的渗透系数。

（3）当设计要求时，宜布置微振动测试、声波测试等工程物探工作。

5）地震液化判别及防护措施

如果拟建罐区的抗震设防烈度大于或等于 7 度，应按照现行国家标准《建筑抗震设计规范》GB 50011 的有关规定，对饱和粉土和砂土进行地震液化判别，可采用标准贯入试验判别法判别地面以下 20m 范围内土的液化情况，计算每个勘探孔的液化指数，确定场地的液化等级。当液化指数差异性较大时，可根据需要划定抗震分区。

针对可液化的地基，应根据地基液化等级提出抗液化措施的建议。在液化等级为严重的场地，应采取避开或全部消除液化措施；在液化等级为中等或轻微的场地，可不考虑避开措施。消除储罐地基的地震液化影响，可采取压实地基、夯实地基、复合地基等地基处理方法或采用桩基。

9.4　地下水封洞库

地下水封洞库的地下工程，按照建设程序和工程经验，划分为预可研阶段、可研阶段、初步设计阶段、施工图设计及施工阶段等4个勘察阶段。地下水封洞库的勘察要求，主要依据现行《地下水封洞库岩土工程勘察规范》SY/T 0610和《油气田及管道岩土工程勘察标准》GB/T 50568的有关规定。

地下水封洞库的岩土工程勘察，需查明库址所在区域的地质构造条件及区域稳定条件，查明拟建洞库岩体的工程地质条件及岩体稳定特征，查明库址所在区域和库区周围的水文地质条件，为确定设计地下水位、洞库渗水量提供依据，评价岩体质量、围岩稳定性和水封条件，为选择库址、确定建库岩体、部署地下工程、施工图设计及施工方案等提供岩土工程勘察资料。

1. 预可研阶段勘察

预可研阶段勘察首先要搜集资料并进行室内研究，然后开展现场地质踏勘以确定库址比选方案，通常比选不少于2处库址。在重点库址比选范围内开展必要的勘察工作，根据工程地质条件和水文地质条件选择符合地下水封洞库要求的库址，对区域稳定性和库址稳定性作出初步评价，确定库址类别，为编制预可行性研究报告提供岩土工程勘察资料。

1）预可研阶段勘察的工作任务

预可研阶段勘察工作以搜集资料、地质调查和地质测绘为主，完成已有图件和文字资料的搜集并进行充分室内研究，现场辅以工程物探和少量钻探工作。每个重点库址钻孔的数量宜为1～3个，钻探深度应达到预估洞库底板以下30m。通过开展预可研阶段勘察，应对以下方面提出评价和建议：

（1）区域稳定性和库址稳定性。

（2）稳定地下水位、洞库渗水量和洞库埋深。

（3）各库址方案的水文地质、工程地质条件的分析评价，按现行《地下水封洞库岩土工程勘察规范》SY/T 0610的规定确定库址类别，并对库址方案进行排序。

（4）对各个拟选库址的围岩进行工程岩体基本分级，宜采用多种方法进行分级，以便相互校核和综合分级，并对洞库围岩稳定性作出估测性评价。

（5）存在的问题及对下一步工作的建议。

2）需要搜集的资料

仔细研究选址任务和勘察技术要求，明确选址范围、洞库性质、洞库规模、储存介质种类及有关工艺要求等。需要搜集选址区范围内的图件和文字资料包括：地形图（比例尺1∶50000～1∶10000）；区域地质图或区域水文地质图（比例尺1∶200000～1∶50000）、航测（卫星）照片、遥感图等；区域代表性地质剖面图、综合地质柱状图和其他有关地质资料；区域地震地质资料，包括历史地震资料、抗震设防烈度资料、近期活动构造体系图及地震台站资料等；附近地下建筑及采石场资料；地表水体（江、河、湖、海、大型水库等）有关水文资料；区域地下水位、区域地下水的利用和各级区域侵蚀基准面高程（或水文网割切深度）等资料；气象资料；交通、自然地理与社会经济状况方面资料。

3）现场踏勘的要求

对区域资料进行分析研究，并开展现场踏勘，调查库址周围 10km 范围内区域性断裂及其活动性，地表水和地下水的赋存情况，对区域地形地貌、地层、岩性、地下水及构造稳定性进行研究。调查和研究的主要内容包括：区域地形地貌形态；区域内地层的岩性、分布范围、形成时代和岩相岩性特点；区域内的主要构造单元、褶皱和断裂的类型、产状、规模和构造活动历史，历史地震情况和抗震设防烈度等；主要含水层的类型、补给来源、排泄条件、埋藏深度、水位变化、井泉位置、出露高程、类型、水化学参数及流量等。

4）工程地质测绘的要求

确定拟选区域范围后，进行工程地质和水文地质测绘，测绘范围要大于拟选库址范围的 2 倍，测绘比例尺可选用 1∶10000～1∶5000。工程地质观测点应充分利用天然和已有的人工露头，也可根据情况布置一定数量的探坑或探槽。

5）工程物探的要求

若需采用工程物探测试，可采用多种方法进行对比性试验，以确定效果良好的物探方法。测网和测线布置的技术要求：

（1）测线网布置应根据任务要求、探测方法、被探测对象规模和埋深等因素综合确定，应能观测被探测的目的体，并可在平面图上清楚反映探测对象的规模、走向。

（2）测线方向宜垂直于构造线、地层和主要探测对象的走向，应沿地形起伏较小的表层介质较均匀的地段布置，应与地质勘探线及其他物探方法的测线一致，避开干扰源。

（3）当测区边界附近发现重要异常时，应将测线适当延长至测区外，以追踪异常。

（4）测线间距宜为 200～400m，对于地质构造复杂的地质体（区）应适当加密。

（5）测线端点、转折点、物探观测点、观测基准点均应进行测量。

2. 可研阶段勘察

可研阶段勘察应在预可行性研究阶段选定的库址场地上进行，初步查明库址的工程地质条件和水文地质条件，提供可行性研究所需的岩土工程勘察资料。

1）可研阶段勘察的工作任务

（1）初步查明库址的地形地貌条件。

（2）初步查明库址的岩性、构造，岩土物理力学性质及不良地质作用的成因、分布范围、发展趋势和对工程的影响程度。

（3）初步查明岩层的产状，主要断层、破碎带和节理裂隙密集带的位置、产状、规模及其组合关系。

（4）初步查明库址的地下（地表）水位、水压、渗透系数、影响半径、水温和化学成分，水对混凝土和钢结构的腐蚀性及对储存介质质量的影响。

（5）初步查明富水层、汇水构造、强透水带以及与地表水体连通的断层、破碎带和节理裂隙密集带，预测洞室掘进时突然涌水的可能性，估算最大渗水量。

（6）查明场区地应力状态分布规律。

（7）进行围岩工程地质预分级，确定适宜建库的可用岩体范围，提出地下工程布置的建议。

（8）初步确定设计地下水位标高，并结合岩体工程地质条件和储存介质压力要求，提出合理洞库埋深建议。

（9）评价洞顶、边墙和洞室交叉部位岩体的稳定性，提出处理建议。

（10）初步建立地下水动态观测网，观测孔不得少于3个。

（11）初步建立三维地质模型。

2）可研阶段勘察前应取得的资料

应取得有关工程性质和规模的文件，勘察任务委托书和有关技术要求等；拟建库址的预可行性研究勘察报告及图件；附有拟建库址范围的1∶5000～1∶2000比例尺的地形图。

3）工程地质测绘的要求

在已有工程地质测绘资料的基础上，补充校核预可研阶段勘察库址的工程地质图；对地质条件复杂的地段应进行专门性工程地质测绘，比例尺可选用1∶2000～1∶1000；根据工程需要，局部地段可进行比例尺为1∶500的工程地质测绘。

4）工程物探测线布置的要求

初步查明覆盖层的厚度、测定岩体的弹性波速（纵波），结合已有地质资料和专门性测井（声波测井或地震测井）资料判释断层破碎带或其他软弱夹层的存在及分布，必要时测定动弹性模量、动泊松比等参数。

（1）对预可研阶段勘察的测线进行加密，加密后的测线间距宜为100～300m，在施测中应根据已完成情况调整原设计的测线网。

（2）主要测线宜通过或靠近已有钻孔位置。

5）工程钻探的要求

工程钻探应在工程地质测绘和工程物探工作的基础上进行，其主要任务是初步查明建库岩体的性状及存在问题。钻探工作的布置应符合下列规定：

（1）宜利用预可行性研究勘察所完成的钻孔。

（2）应结合场地地质条件的复杂程度和关键地质问题，针对性布置钻孔，各类钻孔的布置宜综合利用，钻孔间距宜为200～300m，垂直钻孔的勘探深度应达到洞库设计标高以下30m，斜孔的勘探深度应钻穿目的层以下5m。

（3）每个钻孔均应有明确的钻探目的，制定钻探测试方案。

（4）钻探工作进行中，可根据钻孔所揭露的地质条件，调整原定的钻孔布置方案。

6）钻孔内测试的要求

钻孔内宜进行水文地质试验及声波测井、孔内成像、地温观测、水位观测等孔内测试。地温测试孔数量不宜少于6个。

地应力测试宜采用水压致裂法，测试孔数量不宜少于3个，宜选择在远离断层、节理密集带等地质构造且能覆盖库址范围的钻孔内。同一测试孔内测点的数量，应根据地质条件、岩性变化、钻孔深度确定，两测点间距宜大于5m。测点位置应根据钻孔岩芯柱状图或孔内成像成果选择。测点的加压段长度应大于测试孔孔径的6倍，加压段的岩性应均一、完整。加压段与封隔段岩体的透水率不宜大于1Lu（吕荣）。

7）巷道口和洞轴线的选择

（1）巷道口位置的选择

巷道口位置宜选择在坡积物少、岩性单一、岩质坚硬、风化层薄和岩体完整性好的部位；宜选择在地形上缓下陡的地段，以利直接拉门进巷；巷道口应避开冲沟发育地段及有安全影响的不良地质地段；巷道口处于地表水体附近时，巷道口或明堑起点的底板标高应大于百年一遇的洪水位或最高潮位 0.5～1.0m。

（2）洞轴线位置的选择

建库岩体处于低地应力区时，洞轴线长轴应与岩体各主要结构面呈大角度相交，同时应兼顾与次要结构面的交角；建库岩体处于高地应力区时，洞轴线长轴应与最大主应力方向水平投影平行或小角度相交。

8）三维地质模型的要求

三维地质模型的范围应与工程地质测绘范围一致，地形面的网格间距宜取 50m。建模内容宜包括地层岩性、地质构造、地下水信息、岩土层参数、地下工程布置等。

3. 初步设计阶段勘察

初步设计阶段勘察应在可研阶段选定的库址场地上进行，基本查明库址的工程地质条件和水文地质条件，进行确定库区布置的地质论证，提供初步设计所需的岩土工程勘察资料。

1）初步设计阶段勘察的工作任务

（1）基本查明库址的地形地貌条件、巷道口边坡的稳定性。

（2）基本查明库址的岩性、构造、岩土物理力学性质及不良地质作用的成因、分布范围、发展趋势和对工程的影响程度；调查岩层中有害气体或放射性元素的赋存情况。

（3）基本查明岩层的产状，主要断裂、破碎带和节理裂隙密集带的位置、产状、规模及其组合关系。

（4）基本查明库址的地下水位、水压、渗透系数、水温和水化学成分，分析对混凝土和钢结构的腐蚀性及对储存介质质量的影响。

（5）基本查明富水层、汇水构造、强透水带以及与地表水体连通的断层、破碎带和节理裂隙密集带，预测洞室掘进时突然涌水的可能性，估算最大渗水量。

（6）进行围岩工程地质分级，提出可用岩体范围；提出洞轴线方位、洞跨、洞间距、巷道口位置的优化建议。

（7）提出设计地下水位建议值，结合岩体工程地质条件和储存介质压力要求，提出洞室埋深建议。

（8）评价洞顶、边墙和洞室交叉部位岩体的稳定性，提出处理建议。

（9）建立地下水动态观测网。

（10）根据进一步查明的工程地质和水文地质条件完善三维地质模型。

2）初步设计阶段勘察前应取得的资料

应取得有关工程性质和规模的文件，勘察任务委托书和有关技术要求；拟建库址的可研阶段勘察报告及图件；附有拟建地下工程布置的地形图。

3）工程地质测绘的要求

补充校核可研阶段勘察库址的工程地质图；对地质条件复杂的地段应进行专项工程地质测绘，比例尺可选用 1∶1000～1∶500；根据工程需要，局部地段可进行 1∶200 的工程地质测绘。

4）钻孔布置的要求

（1）每个钻孔均应有明确的钻探目的，制定钻探测试方案。

（2）各类钻孔的布置宜综合利用，勘探孔应充分利用前期已完成的钻孔，宜在竖井处及洞室外侧交叉布置，勘探孔的间距宜为 150～250m；勘探深度应达到洞底或竖井泵坑设计标高以下 5～10m；巷道口需要开明堑进巷时，应布置勘探孔。

（3）钻探工作进行中，可根据钻孔所揭露的地质条件，调整原钻孔布置方案，施工巷道口处可布置勘探平硐。

（4）钻进过程中应记录水文地质信息。

（5）地下水动态分析应利用库区内已有钻孔进行观测，必要时可布置专用观测孔，构成观测网，其位置与数量可根据水文地质条件确定。

5）钻孔内测试的要求

初步设计阶段勘察孔内测试宜包括水文地质试验、声波测井、孔内成像、水位观测等项目，宜在全部垂直钻孔中进行。

6）水封条件的评价

初步设计阶段勘察应对水封条件进行评价，当周边有与地下水联系密切的地表水体或导水性强的含水带时，应针对其水力联系进行水文地质试验，评价水力联系程度及对水封条件的影响。

7）巷道口和洞轴线的确定

根据基本查明的工程地质和水文地质条件，进一步确定或调整可研阶段选择的巷道口位置和洞轴线方向。

8）三维地质模型的完善

根据基本查明的工程地质和水文地质条件，进一步完善三维地质模型，建模范围不应小于水力保护边界范围，并根据边界效应的影响区间适当向外扩展，地形面的网格间距宜为 20m。三维地质模型的内容宜包括地层岩性、地质构造、地下水信息、岩土层参数、地下工程布置等。

4. 施工图设计及施工阶段勘察

施工图设计及施工阶段勘察应在完成初步设计阶段勘察的基础上，结合初步设计资料，获取动态施工图设计所需的地质信息，补充论证专项工程地质问题，并提出优化设计方案的建议。

1）施工图设计及施工阶段勘察的工作任务

（1）根据开挖获得的勘察资料，校核施工前的勘察成果，分析总结库区地质规律。

（2）配合设计、施工及时解决对施工安全、工程质量有影响的工程地质与水文地质问题。

（3）随巷道、竖井、洞室的开挖，进行围岩地质编录，参与地质会商，校核并确定围岩分级。

（4）编制巷道、竖井、洞室的地质展开图，洞库顶板、底板基岩地质图，洞库围岩出水点分布图等图件。

（5）绘制岩性、构造、结构面组合形态图件，提出可能发生的开挖障碍、施工注意事项。

（6）根据地质素描、超前地质预报、监控量测等信息进行综合地质分析。

（7）根据施工开挖揭露的工程地质、水文地质规律，持续复核地下工程布置的合理性。发现规模较大的隐伏构造或由于工程布置不合理而严重影响围岩稳定时，提出工程处理或调整的建议。

（8）发现危岩时，对危岩产生的原因进行分析，判断稳定状态，提出排除或加固的建议。

（9）对地下水封洞库的重要地下工程部位或新揭露的地质现象，补充必要的钻探、物探工作，钻孔深度应达到设计洞库底板以下 5m，斜孔应钻穿目的层以下 5m，对新发现的岩石类型应采取岩样，进行岩矿鉴定和岩石物理力学性质试验。

（10）收集地下水位、洞库渗水量等信息，预测洞库投产后地下水位恢复动态。

（11）持续进行地下水动态观测和资料整理分析，为投产后的水位恢复预测提供资料，分析地下水动态规律，提出观测网的补充或调整的建议。

（12）根据地下水封洞库的施工特点，利用施工巷道、水幕巷道或洞库第一层开挖所揭露的围岩，提出本阶段的补充勘察资料。

（13）根据获取的信息进一步完善三维地质模型。

2）施工图设计及施工阶段勘察前应取得的资料

应取得附坐标的地下水封洞库地下工程总平面图、洞巷断面图、典型支护图、竖向布置图等有关图件；洞室开挖方案；有关初步设计审批文件或施工图设计及施工阶段勘察任务委托书；初步设计阶段勘察的报告书及图件。

3）地质图件的绘制要求

（1）巷道、竖井、洞库的地质展开图，应标出围岩的岩性（层）界线、风化程度、断层和软弱夹层的性质规模及分布状况。

（2）洞室围岩渗水点分布图，应标出含水裂隙带分布与宽度、出水点位置及出流状态。

（3）围岩结构面组合形态分布图，应标出掉块、塌方、片帮等发生处的结构面组合性状与规模，并附素描图或照片简要说明其发生原因。

（4）底图比例尺宜采用 1∶100，成图比例尺宜采用 1∶200。

4）三维地质模型的要求

根据施工巷道、水幕巷道、主洞室一层开挖揭露的实际工程地质和水文地质条件，进一步完善三维地质模型。建模范围不应小于水力保护边界范围，并根据边界效应的影响区间适当向外扩展，地形面网格间距宜为 20m。

5. 室内试验与勘探测试

地下水封洞库需开展室内试验、工程物探、水文地质试验、地下水动态观测等勘察工作的有关要求，可扫二维码 M2.9-4 阅读。

M2.9-4

6. 工程分析与评价

地下水封洞库需进行的工程分析与评价包括岩土参数分析与选用、水封条件分析、洞库渗水量估算、围岩分级与修正、围岩稳定性评价等，可扫二维码 M2.9-5 阅读。

M2.9-5

9.5　岩土工程勘察报告

石油与天然气工程的岩土工程勘察报告，可扫二维码 M2.9-6 阅读相关内容。

M2.9-6

参考文献

[1]　中华人民共和国住房和城乡建设部. 油气田及管道岩土工程勘察标准: GB/T 50568—2019[S]. 北京: 中国计划出版社, 2019.

[2]　中华人民共和国住房和城乡建设部. 油气输送管道线路工程抗震技术规范: GB/T 50470—2017[S]. 北京: 中国计划出版社, 2017.

[3]　中华人民共和国建设部. 岩土工程勘察规范 (2009 年版): GB 50021—2001[S]. 北京: 中国建筑工业出版社, 2009.

[4]　国家能源局. 地下水封洞库岩土工程勘察规范: SY/T 0610—2023[S]. 北京: 石油工业出版社, 2023.

[5]　中华人民共和国工业和信息化部. 地下水封石洞油库水文地质试验规程: SH/T 3195—2017[S]. 北京: 中国石化出版社, 2017.

[6]　国家能源局. 地下水封洞库工程物探规程: SY/T 7486—2020[S]. 北京: 石油工业出版社, 2020.

[7]　国家铁路局. 铁路隧道设计规范: TB 10003—2016[S]. 北京: 中国铁道出版社, 2017.

[8]　中华人民共和国住房和城乡建设部. 工程岩体分级标准: GB/T 50218—2014[S]. 北京: 中国计划出版社, 2015.

[9]　《工程地质手册》编委会. 工程地质手册[M]. 5 版. 北京: 中国建筑工业出版社, 2018.

[10]　NGI. Using The Q-system Handbook 2022[M]. OSLO: Allkopi AS, 2022.

第 10 章　核电厂岩土工程勘察

10.1　核电厂工程特点和勘察特殊要求

10.1.1　核电工程概述

核能作为清洁低碳、安全高效的优质能源,自 20 世纪 60 年代初起用于发电,在全球范围内提供了近三分之一的清洁电力,为全球能源绿色低碳转型做出了重要贡献,为碳达峰、碳中和目标下的经济社会低碳转型提供更加多元化解决方案。截至 2022 年底,中国大陆已有 55 台核电机组投入商业运行,总装机容量达到约 5698 万 kW。预计 2035 年中国大陆核电在运和在建装机容量将达 2 亿 kW 左右。中国是全世界为数不多的几个拥有核能全产业链的国家,核能在中国能源系统中占有重要地位,是实现碳达峰和碳中和的重要组成。随着我国经济的日益繁荣,核电建设必将迅猛发展,但也面临着在核电建设过程中需要解决许多复杂的岩土工程问题。

目前,世界各国核电厂的堆型主要有轻水堆(包括压水堆和沸水堆)、重水堆、石墨堆和快堆等。在各类堆型的核电厂中,压水堆核电厂具有发电成本低、安全性能高和运行比较简单等优点,被世界各国普遍采用。

核电厂的核心是核反应堆,堆芯由核燃料组件组成,并设置多重屏障(如燃料包壳、封闭的一回路和安全壳)。容纳核反应堆的厂房为反应堆厂房,特点是建筑物荷载大、地基稳定性要求高、对变形有严格限制,需确保安全。

从核安全角度考虑,核电厂建(构)筑物分为安全级和非安全级两大等级,其中承担控制反应性、排出堆芯热量和包容放射性物质以及控制运行排放和限制事故排放三项基本安全功能的物项、其损坏会导致事故的物项以及其他具有防止或缓解事故功能的物项为安全级,如核反应堆厂房及相关部分(俗称核岛)等;其余为非安全级。

根据核安全法规、导则和相关标准、规范的规定,核电厂所有安全级建(构)筑物均为抗震 I 类,应满足核电厂在极限安全地震动和运行安全地震动作用下的结构完整性和设计功能要求;容纳放射性物质和防止放射性物质外逸,但其破坏不会使厂外剂量超过正常运行限值的建(构)筑物均为抗震 II 类,应满足在极限安全地震动作用下的结构完整性要求;抗震 I 类、II 类以外的建(构)筑物均应按常规设施进行抗震设计。

10.1.2　核电厂岩土工程勘察基本要求

核电厂除了要求设计、建造和运行必须高标准以使放射性物质释放故障的可能性减小到最低限度外,对核电厂厂址的岩土工程勘察设计和安全评价也提出了严格的要求:

(1)需要查明地形地貌、地质构造特征,查明建筑地段的岩土成因、类别、分布,并提供岩土物理力学参数,确保核电厂的主体建(构)筑物,尤其是反应堆厂房及其附属建筑物的地基具有足够的承载力和可靠的长期稳定性。保证在遭遇最大可能地震动的情况下，地基不会发生液化、下沉或不均匀沉降、隆起、塌陷、滑动、地表错动等危及核电厂安全的情况。

（2）需要查明不良地质作用及地质灾害对场地稳定性的影响并做出评价，确保不会发生可能危及核电厂安全的不良环境工程地质作用，如崩塌、滑坡、泥石流、涌浪和海啸等。

（3）需要查明水文地质条件和环境水文地质基本特征，特别是查明地下水的排泄途径、速率等，对厂址地下水弥散特征等做出可靠的论证分析。

10.1.3 核电厂勘察特殊要求

中国核电厂址优先选择在海岸，原因之一是可以找到良好的岩体作为主厂房的地基，有深水码头和丰沛的冷却水源。但其缺点是这类厂址往往不够开阔，施工土石方量甚大，强烈风化作用于地表岩石，使岩体的软硬不均匀程度相当突出。

同时，由于核电工程的特殊性，从核安全法规导则等层面就对其各阶段岩土工程勘察工作均提出了更高的要求，存在以下特点：

（1）勘察对象类型更多

核电厂是一个系统庞大的工程项目，选择的厂址也有其特殊要求，这就导致岩土工程勘察涉及的对象很多、范围很广。

（2）勘察阶段划分更细

核电厂是国家审批项目，监管严格，岩土工程勘察也按照国家基本建设程序做相应的工作，与设计阶段一一对应，前期论证工作做得更细，按照设计要求，一般分为：初步可行性研究阶段勘察，可行性研究阶段勘察，初步设计和施工图设计阶段勘察（设计阶段勘察），工程建造阶段勘察（施工勘察）等。

（3）勘察质量要求更高

现行《核电厂岩土工程勘察规范》GB 51041对核岛和其他核安全相关建（构）筑物地段，各阶段的岩土工程勘察要求中均规定了应有实物工作。同时为了能够使勘察工作按照工作大纲（实施方案）及进度要求顺利开展，保证工程完成的质量，核电岩土工程勘察项目均要求编制相应的质量保证大纲，将质量保证工作贯穿整个勘察全过程。质量保证大纲与工作大纲一样，均需经过业内专家的评审后才能批准执行，成果报告也需要经过专家审查。对于安全级建（构）筑物勘察，还需要通过外业验收等环节。

（4）勘察方案要求更全面

核电岩土工程勘察各阶段对断裂的调查勘察均有要求，需要结合测绘、勘探、物探等手段综合开展。由于安全级建（构）筑物的要求，在勘探工作量布置上要求也更高，各阶段勘探孔间距深度等均要按照规范要求布置，针对不同的对象要求也不同，比如核岛区控制孔深度要求达到基础底面以下1.5～2倍反应堆厂房直径等。

（5）勘察成果要求更有针对性

由于核电的特殊安全性要求，设计时需要更多、更准确的参数，甚至是一些特殊参数，这就要求在核电岩土工程勘察时，通过进行大量的原位测试以及一些非常规的试验来获取参数，比如跨孔波速测试、阻尼比测试，室内试验需要结合场地特征布置一些不常见的试验，比如动三轴和共振柱试验等。同时针对地基稳定性、均匀性的评价，砂土液化判别以及其他一些特殊对象的评价分析的要求也更高。

10.2　勘察阶段划分和主要解决问题

10.2.1　勘察阶段划分

根据目前国内基建程序，一般来说勘察阶段划分为初步可行性研究、可行性研究、初步设计、施工图设计和工程建造 5 个勘察阶段；鉴于我国核电厂建设的实际情况，核岛等主要建（构）筑物的初步设计阶段和施工图设计阶段勘察一般合并进行，可以划分为以下 4 个阶段：

（1）初步可行性研究阶段勘察（以下简称初可研勘察）。

（2）可行性研究阶段勘察（以下简称可研勘察）。

（3）初步设计和施工图设计阶段勘察（以下简称设计阶段勘察）。

（4）工程建造阶段勘察（以下简称施工勘察）。

这 4 个阶段勘察循序渐进、逐步深入，每个勘察阶段的侧重点不同、工作深度不同，在实际工程中对具体建（构）筑物应根据具体情况和勘察阶段进行勘察工作。必要时，初步设计阶段和施工图设计阶段勘察也可以分开进行。

从工作深度和内容方面的对比分析来看，本手册在勘察阶段划分与核安全导则基本一致。各相关程序、规范关于核电工程的勘察阶段划分及其相互间大致对应关系见表 2.10-1。

核电工程勘察阶段划分对照　　　　　　　　表 2.10-1

中国核安全法规规定的程序		中国核工业总公司核电工程建设程序	《岩土工程勘察规范》GB 50021—2001（2009 年版）	《核电厂岩土工程勘察规范》GB 51041—2014	阶段目标
阶段划分	工作程序				
厂址查勘阶段	区域分析	规划阶段	初步可行性研究阶段	初步可行性研究阶段	提出项目建议书
	筛选	初步可行性研究阶段			
	比较和排列优劣次序				
厂址评价阶段	初步可行性研究阶段	可行性研究阶段	可行性研究阶段	可行性研究阶段	申请工程立项
	厂址验证	初步设计阶段	初步设计阶段	设计阶段勘察	申请建造许可证
	厂址评定	详细设计（详勘）施工图设计阶段	施工图设计阶段		
运行前阶段	—	施工阶段	工程建造阶段	工程建造阶段	申请运行许可证

10.2.2　各勘察阶段解决的主要岩土问题

1. 初可研勘察解决的主要岩土问题

厂址普选工作在初可研阶段的先期进行，通常并不作为一个完整独立的工作阶段，而是统一划归初可研阶段。厂址普选的岩土工程勘察以搜集分析现有资料为主要方法，结合现场踏勘调查，确定适宜选择核电厂址的区域，筛选区域地质背景和工程地质条件较好的潜在厂址。厂址普选一般不进行现场勘探工作（也称为图上选址阶段）。在图上选址工作成果的基础上，优选场地条件较好的厂址开展初可研勘察。

初可研勘察是在广泛收集已有工程地质、水文地质、地震地质等资料的基础上，了解各拟选厂址的区域地质、地震背景，有针对性地进行适当的工程地质测绘、水文地质调查、工程物探、钻探、原位测试和室内试验等工作，初步查明厂址区工程地质、水文地质条件和主要岩土工程问题，初步排除颠覆性因素，对厂址的适宜性、场地稳定性、主要建（构）筑物地基条件进行初步评价，为厂址比选提供依据，其解决的主要岩土问题有以下几点：

（1）厂址及附近范围是否存在能动断层，是决定厂址是否可行的决定性问题。本阶段勘察应在与地震地质专题充分沟通并取得其成果资料的基础上，查明地质构造，重点查明各候选厂址是否存在断层，明确其是否为能动断层，并应对厂址稳定性做出初步分析。

（2）需要特别关注主厂区（核岛与常规岛所在区域）地基条件，候选厂址需要具备满足核岛等主要建（构）筑物布置要求的地基条件；应初步查明地层分布、风化程度、地基参数，并应对核岛等主要建（构）筑物地基稳定性、均匀性进行初步评价；重点查明有无满足工程需要的主厂房布置场地和适宜核岛建设的地基条件。目前，我国核电厂主要采用岩石地基，因此本阶段应查明各候选厂址可利用岩盘的大小，能否布置适量机组也是一个重要的问题。

（3）初可研勘察工作需要初步查明各候选厂址内是否存在岩溶、塌陷、地面沉降、崩塌、滑坡、泥石流、地裂缝、采空区、地震液化、软土震陷等不良地质作用和地质灾害，并需要对可能影响厂址稳定的不良地质作用和地质灾害做出初步评价；初步查明厂址附近有无有开采价值的矿藏，有无影响地基稳定的人类历史活动、地下工程等。

（4）初步查明岸坡、斜坡及可能的人工高边坡的大致分布情况，初步定性分析其稳定性，评估其对工程建设的影响。

（5）对水文地质条件进行初步调查，重点查明厂址所在的水文地质单元特征和厂址周围地下水补给、径流、排泄条件是否有利于核电厂的建设，并作初步分析评价。

（6）评价各候选厂址的适宜性，并进行分析比选。初可研勘察通常需要针对两个以上厂址进行，岩土工程勘察结果将作为厂址比选和确定优选厂址的依据之一。

2. 可行性研究阶段解决的主要岩土问题

可研勘察是在初可研勘察确定的候选厂址基础上，考虑不同的交通、地质、地震、气象、水文等条件确定的拟选厂址进行勘察，此时主厂区的位置是基于初可研勘察结果初步确定的，并不是最终布置的位置。主厂区位置的确定是进行全厂总体规划和优化总平面布置方案的先决条件，确定主厂区位置考虑的最主要因素就是地基条件，可研勘察应对主要建筑地基的稳定性、均匀性和适宜性进行评价，为总平面布置方案的确定奠定基础。鉴于本阶段所投入的勘察工作量较多，通过可研勘察，应初步确定地基岩土参数，推荐的参数值应有一定的包容性，以便与下阶段的详细勘察结果相协调。

可研勘察是对拟建厂址适宜性结论的进一步验证，通过本阶段的勘察要彻底排除颠覆性因素，为厂址的最终确定提供支撑。本阶段解决的主要岩土问题与初可研阶段基本相同，但投入的工作量要大很多，研究程度更加深入。

因此，可研勘察需要充分吸收利用初可研勘察成果资料，梳理初可研阶段收集的相关资料，并进一步搜集已有工程地质、水文地质、地震地质、气象等资料，重点收集初可研工作后新完成的拟建厂址的相关资料，在此基础上，有针对性地进行工程地质测绘、水文地质调查、工程物探、钻探、原位测试和室内试验等工作，其解决的主要岩土问题有以下几点：

（1）可研勘察应查明拟建厂址厂区的地形地貌、地质构造特征，重点查明断裂的规模及展布；应与地震安全评价专题工作密切配合，明确厂址及附近范围是否存在断层，查明断裂的位置、规模和性质。

（2）进一步查明拟建厂址厂区范围内地层的成因、时代、分布和风化特征，提供初步的静态和动态物理力学参数。

（3）不良地质作用和地质灾害也是可研勘察的重点，例如：位于厂址内滑坡、采空区、泥石流、岩溶等，这些均有可能成为影响厂址适宜性的主要因素，因此可研勘察工作应结合厂址附近范围地震地质专题和地灾评估专题成果，查明厂址内是否存在岩溶、塌陷、地面沉降、崩塌、滑坡、泥石流、地裂缝、采空区、地震液化、软土震陷等不良地质作用和地质灾害，并需要对可能影响厂址稳定的不良地质作用和地质灾害做出初步评价；结合压覆矿产调查专题成果，查明厂址附近有无有开采价值的矿藏，有无影响地基稳定的人类历史活动、地下工程等；结合大比例尺工程地质测绘成果，对河岸、海岸、边坡的稳定性做出初步评价。

（4）在利用地震地质专题成果资料的基础上，结合实测剪切波速值等成果，判断抗震设计场地类别，并划分对建筑抗震有利、一般、不利和危险地段，初步判定场地地震液化和软土震陷的可能性，对于核安全相关的建筑地段，还应根据现行《核电厂抗震设计标准》GB 50267 进一步判定其液化的可能性。

（5）结合本阶段同步开展的厂址附近范围的水文地质调查专题成果，重点查明厂区水文地质基本条件和环境水文地质基本特征，评价其对工程建设的影响。查明地下水补给、径流、排泄条件，划分水文地质单元，为环境影响评价报告书提供基础资料。

3. 设计阶段勘察解决的主要岩土问题

在可研勘察时解决了初步拟建厂址的可行性问题和适宜性问题的基础上，设计阶段勘察主要针对各建筑地段或具体建（构）筑物开展。初步设计阶段可分区对核岛、常规岛、水工建筑、附属建筑分别进行勘察评价；施工图设计阶段对核岛、常规岛地段进行必要的补充勘察，并应根据确定的总平面布置完成附属建（构）筑物、水工建（构）筑物勘察。应根据总平面布置图，充分利用可研阶段的工作成果，优化本阶段的勘察工作。

在初步设计阶段，主厂区和大多数建（构）筑物的位置已经确定，具备针对具体建筑进行勘察的条件，对于建（构）筑物位置没有确定的地段，可按区域进行勘察。少量位置尚未最终明确的核电厂平衡系统（BOP）建筑，可留待施工图设计阶段勘察。

基于国内核电建设经验，在初步设计之后将开始主厂区负挖，因此，对于核岛和常规岛所在的主厂区，初步设计阶段勘察与施工图设计阶段勘察通常合并一次完成，勘察工作深度应同时满足初步设计和施工图设计的需要。本阶段勘察针对具体的建（构）筑物开展，必须确保每一个核安全相关建（构）筑物都有直接的实物工作。

本阶段勘察应依据前期岩土工程勘察资料、设计方案和设计技术要求进行，其解决的主要岩土问题有以下几点：

（1）可研勘察已明确了厂址区断层的分布、规模及其性质，本阶段的重点是进一步明确主厂区地段是否存在断层，查明其分布、性质及其对建筑地基稳定性的影响，必要时提出治理方案的建议。

（2）进一步查明对建（构）筑物有影响的不良地质作用和地质灾害，做出详细评价，并提出治理方案的建议。

（3）本阶段勘察在查明各建筑地段的岩土成因、类别、分布的基础上，针对建（构）筑物特征及地基基础特点，按岩土单元有针对性地提供设计需要的各类设计参数；为基坑开挖提供支护设计所需的参数。

（4）查明各建筑地段的水文地质条件，为建筑防腐、防渗、抗浮、基坑的降排水及地基基础施工等提供相应的水文地质参数及相应的措施建议。

（5）根据各建（构）筑物特征及地基条件，结合地区或行业的工程经验，提出经济可行的地基基础建议，必要时应提出地基处理建议。

（6）除此之外，本阶段勘察还应对设计和施工有关的问题做出评价与建议。

4. 工程建造阶段解决的主要岩土问题

岩土工程勘察是通过有限的调查、勘探、测试和试验工作对厂址和地基进行评价，由于研究对象的复杂性，勘察手段和方法的局限性，勘察成果存在一定的不确定性。

核电厂工程在进入负挖阶段后，常常会发现揭露的地层情况与先前的勘察成果存在一些出入，有时甚至是较大的差异，就目前的勘察手段、勘察方法以及勘察精度来看，不可能仅通过勘察就对勘察场地地下的情况掌握得一清二楚，所以各个规范都规定了基槽开挖以后，勘察、设计、施工等各方要进行验槽工作，以确定地层与勘察成果有出入时的处理方案。

根据设计需要开展必要的补充或是专门的岩土工程勘察工作，如某核电厂开挖后在核岛区域发现了断裂破碎带，且断层破碎带岩体与周边岩体的性质差异较大。

10.2.3　各阶段勘察工作布置原则

1. 初可研勘察工作布置原则

1）初可研勘察的目的是对候选厂址的工程地质条件进行初步的了解，因此本阶段勘察工作以搜集资料、工程地质测绘为主，辅以少量物探、钻探和测试。其工作内容主要为适当的工程地质测绘、水文地质调查、工程物探、钻探、原位测试和室内试验等。

2）厂址工程地质测绘与调查工作的布置原则如下：

（1）测绘范围应包括厂址及其周边地区，面积不应小于 $4km^2$，对小型堆可适当缩减调查面积，具体调查范围应根据厂址周边地质环境确定；测绘比例尺一般选用 1：10000～1：5000；本阶段已有的地形图比例尺一般较小，因此工程地质测绘应结合工程地质调查，可利用遥感等资料进行解译，辅以适当的野外调查工作。

（2）测绘内容主要包括地形地貌、地层岩性及其平面分布、断层性质及其规模与展布、代表性岩体节理裂隙，以及岩溶、塌陷、滑坡、崩塌、泥石流、火山、井泉等。

（3）调查工作采用布线踏勘、点线结合的方法，需对重要地质现象追踪定位。对可能的主厂房布置区需提高调查精度，必要时可对覆盖层发育的主厂房区开展井、槽探等调查，以获取更多的地质信息。对断层、不良地质作用等重要的地质现象进行现场拍摄照片、视频，并进行现场素描绘图。

（4）将测绘范围内获取的重要的地质现象及可能的主厂房布置区内重要地质界线，填绘在比例尺为 1：10000～1：5000 的地形图上。

（5）结合工程地质钻孔和调查资料，形成不少于 2 条贯穿厂址并相交的实测工程地质剖面。

3）厂址工程地质钻探和测试需根据厂址地形地貌和场地复杂程度等地质条件，有针对性地布置，重点考虑初步的主厂房布置，其主要内容如下：

（1）每个厂址勘探孔不少于 5 个，鉴于初可研勘察需确定优选厂址和备选厂址，而新选厂址工程地质条件也愈来愈复杂，对岩土工程条件复杂的厂址勘探孔数量需适当增加，例如，地层岩性种类多的厂址、岩石顶面起伏较大的厂址、风化强烈的厂址和岩溶可能发育的厂址等。勘探孔一般按十字交叉形布置，间距一般不大于 500m，大于这个数值应适当增加勘探孔数量。钻孔深度应为预计设计厂坪标高以下 30～60m，核岛地段和地质条件复杂厂址应采用大值；特别是岩土条件复杂时，不应受这个深度限制，应按需要加大勘探深度。

（2）根据初步划分的岩土类别，进行取样试验工作，保证每一主要岩、土层采取 3 组及以上的试样。

（3）根据钻探揭露情况，在揭露有第四系的勘探孔内进行标准贯入试验或动力触探，标准贯入试验竖向间距一般为 2～3m，动力触探试验应连续进行。

（4）在每个候选厂址需布置不少于 3 个单孔波速测试孔，测试工作应覆盖勘察场地揭露的主要岩土层，兼顾初步的主厂区布置。

（5）在每个候选厂址需布置不少于 3 个声波测试孔，测试工作应覆盖勘察场地揭露的主要各类风化岩层，兼顾初步的主厂区布置。

（6）室内岩石试验项目主要包括岩矿鉴定、密度、单轴抗压强度和岩块声波波速测试等，土工试验项目主要包括含水率、密度、土粒相对密度、界限含水率、颗粒分析、固结试验和抗剪强度试验等，以便进行初步的岩土单元划分，为厂址适宜性的评价提供初步的参数。

4）由于本阶段投入的钻探等工作量较少，进行一些物探工作有助于了解覆盖层厚度、基岩面起伏、隐伏构造及破碎软弱带，初可研阶段需要根据场地岩土工程条件及初步的总平面布置，采用高密度电法、浅层地震法等适宜的工程物探方法，物探剖面布置建议与实测剖面和钻孔剖面重合，有利于物探成果的解译，一般不少于 2 条。当发现有可能影响厂址适宜性的特殊工程地质现象时，应进行专题研究。

5）受限于本阶段的勘察深度，在河岸、海岸及山丘边坡地区，不专门布置钻探工作，主要结合收集的资料，在本阶段工程地质测绘工作过程中，应对岸坡和边坡的稳定性进行调查，并做出初步分析和评价。

6）初可研阶段水文地质调查，应根据厂址所在的水文地质环境确定调查范围，可从厂址区外延到厂址附近周边，一般与工程地质测绘范围相同。调查方法应以搜集资料为主，辅以现场调查。应结合工程地质测绘和工程地质钻孔，初步了解厂址所在水文地质单元地下水水位、补给、径流、排泄特征、地下水类型及富水性，以及地下水开采状况，并与相邻水文地质单元的水力联系，尤其是和下游的水文地质单元联系，初步评价厂址所在的水文地质单元基本特征和水文地质条件。应初步调查厂址附近范围地下水的使用现状和规划利用情况。

7）在初可研勘察过程中，如发现存在可能影响厂址适宜性的特殊工程地质现象时，需要及时与设计单位沟通，确定总平面布置避开该不利地段的可行性，如总平面布置无调整空间，需进行专门研究。

2. 可行性研究阶段的勘察工作布置原则

1）可研勘察的目的是为确定厂址和主厂区最终定位提供岩土资料，为厂址安全分析报告提供岩土资料。可研勘察是对初可研勘察厂址适宜性结论的进一步验证，通过本阶段的勘察要彻底排除颠覆性因素，为厂址的最终确定提供支撑。因此本阶段勘察工作以勘探、测试为主，工程地质测绘、物探为辅，其主要工作内容是在搜集已有地质资料的基础上，进行工程地质测绘、水文地质调查、工程物探、钻探、原位测试和室内试验等工作。

2）可研阶段工程地质测绘工作的主要布置原则如下：

（1）测绘范围应为厂址及其周边地区，面积不应小于 2km²，对小型堆可适当放宽，具体调查范围应根据厂址周边地质环境确定；工程地质测绘比例尺根据厂址的情况来确定，特别简单的厂址可采用 1：2000，复杂的厂址宜采用 1：1000，至少主厂区需采用 1：1000。

（2）测绘的主要内容包含地形地貌、地层岩性及分布、断层性质及规模、代表性岩体节理裂隙，以及岩溶、塌陷、地面沉降、崩塌、滑坡、泥石流、地裂缝、采空区、地震液化等不良地质作用与地质灾害，调查工作应将初步布置的主厂区区域作为重点。

（3）测绘工作应以近期实测的 1：1000～1：500 地形图作为底图，采用布线踏勘、点线结合方法，需对重要地质现象追踪定位，对可能的主厂房布置区需提高调查精度，必要时可对覆盖层发育的主厂区布置探槽或探井。

（4）重要的地质现象应进行现场拍摄照片、视频，并进行现场素描绘图。

（5）重要的地质现象和地质界线应现场直接勾绘在地形图上。

（6）应布置通过主厂区的实测地质剖面，实测剖面的数量一般根据机组的数量来确定，一般来说 2 台机组 3 个剖面，4 台机组 5 个剖面，此外还要根据初可研的资料布置一些有针对性的剖面，对于有冷却塔的厂址在冷却塔区也应布置实测剖面。

3）工程地质钻探和取样试验工作需根据厂址地形地貌和场地复杂程度等地质条件，结合总平面布置方案，有针对性地布置，其主要内容如下：

（1）勘探孔应结合地形、场地复杂程度、地质条件采用网格状布置，勘探孔间距一般为 100～150m，小型堆因建（构）筑物数量及平面尺寸相对较小，其钻孔间距一般为 60～150m；对岩土工程条件复杂的厂址，勘探孔数量应适当增加。控制性勘探孔应按建（构）筑物的位置结合地质条件布置，数量一般不少于勘探孔总数的 1/3～1/2。

（2）核岛和常规岛中轴线均需布置勘探线，勘探孔间距需适当加密，并满足主体工程布置的要求。

（3）核岛区控制性勘探孔应进入基础底面以下 1.5～2.0 倍反应堆厂房直径；核岛区一般性勘探孔，当基岩面埋深较浅时应进入基础底面以下中等风化或微风化岩体不小于 10m，当基岩埋深较深时应进入压缩层底面以下不小于 10m。

（4）常规岛区的勘探孔，当基岩面埋深较浅时应进入基础底面以下中等风化或微风化岩体不小于 10m，当基岩面埋深较深时应进入压缩层底面以下不小于 10m。

（5）可行性研究阶段，水工构筑物位置尚未确定，勘探点深度应结合构筑物的重要程度、水下地形和海流、河流的最大冲刷深度确定。一般情况下，控制性钻孔孔深应穿透压缩层不小于 5m，如果基岩埋深较浅，应进入基底以下中等风化或微风化岩体不小于 5m。

（6）需根据揭露的地层及参数合理划分岩土类别，进行取样试验工作，保证每一主要岩、土层采取 6 组及以上的试样，取样数量应充分考虑试验结果统计时对异常值的剔除。

（7）岩土室内试验在初可研阶段试验内容的基础上，还应包括岩石单轴压缩变形试验和土的渗透试验，提供岩石弹性模量、剪切模量、泊松比以及土的渗透系数等，为厂址适宜性的评价提供必要的参数。如遇盐渍土、湿陷性黄土等特殊性岩土，需按相关规范进行取样试验。

（8）水样需结合水文地质调查采取，每个水文地质单元每层水取不少于 2 组，进行水质分析，判定对建筑材料的腐蚀性。对地下水位以上的土层，需采取土样进行易溶盐试验，判定土对建筑材料的腐蚀性。

4）可行性研究阶段原位测试工作布置原则如下：

（1）每个核岛区、泵房区等抗震 I 类物项均需布置不少于 1 个单孔波速测试孔，常规岛等其他地段应均匀布置适当数量的单孔波速测试孔，测定岩土层的剪切波速和压缩波速，计算动态力学参数；核岛区根据地层岩性等可布置跨孔波速测试（单发单收）。

（2）每个核岛区、常规岛区、泵房区等重要建（构）筑物均需布置不少于 1 个声波测井，测定岩体的压缩波速度，评价岩体的完整程度和风化程度；对岩体破碎或取样困难地段，还应考虑布置适当数量的孔内电视测试工作，综合查明岩体节理裂隙及破碎带等发育情况。

（3）在第四系分布地段，标准贯入、动力触探、静力触探、旁压试验、十字板剪切试验或扁铲侧胀试验等均是本阶段勘察常用的、成熟的原位测试方法，可根据地层情况、所要解决的问题、要取得的参数和地区经验，选用合适的方法。本阶段一般不进行载荷试验，如果工程确有需要且有条件的话也可以进行载荷试验。

5）每个核岛和常规岛控制性勘探孔不应少于 1 个。

6）工程物探工作布置需要与工程地质测绘和钻探工作相结合，查明基岩和覆盖层的组成、厚度和工程特性；查明基岩埋深、风化特征、风化层厚度；查明隐伏岩体的构造特征、软弱带和洞穴的分布；查明水下地层分布和基岩面起伏变化情况。工程物探工作布置原则如下：

（1）考虑到工程物探结果的多解性，选用物探方法时，多采用综合物探的方法，物探方法的选用根据要解决问题的性质和场地地质条件综合确定，目前较常用的方法为浅层地震法和高密度电法。

（2）探测线需垂直地层和构造线的走向布置，工程物探测线一般要与地质剖面线重合，有利于物探成果的解译。

（3）每个核岛需布置纵、横两个方向的物探测线。

7）可行性研究阶段水文地质调查包括厂址和厂址附近范围，其主要工作内容如下：

（1）厂址区水文地质调查范围和比例尺一般与厂址区工程地质测绘一致；厂址附近范围水文地质调查应涵盖以厂址为中心半径 5km 范围，必要时可根据场地水文地质条件适当调整调查范围，调查的比例尺一般采用 1∶25000。

（2）水文地质调查工作需要充分收集利用厂址及厂址附近范围水文地质、工程地质、水文、气象资料。

（3）厂址区一般布置不少于 2 条通过核岛的实测水文地质剖面；厂址附近范围一般布置 1 条通过厂址区的水文地质剖面。

（4）通过水文地质调查需查明厂址及厂址附近范围含水层和隔水层的埋藏条件、分布规律，地下水类型、流速、流向，地下水水位及变化幅度，地表水及地下水水化学特征。

（5）查明厂址及厂址附近范围地下水的补给、径流、排泄条件，地下水排至地表水体的主要排泄点，地表水与地下水水力联系；如厂址及附近区域存在多层地下水，需分层量测地下水位和取样试验，必要时通过适当的水文地质手段查明浅层地下水与深层地下水之间的水力联系。

（6）查明厂址及与厂址有关联的水文地质单元基本特征、场地地质条件对地下水赋存和渗流状态的影响，根据地质条件，对主要地层进行注水、抽水、压水试验，测求地层的渗透系数和单位透水率。

（7）在初可研阶段水文地质工作的基础上，进一步调查厂址附近范围地下水利用现状及规划资料。

3. 设计阶段勘察的工作布置原则

设计阶段勘察主要针对各建筑地段或具体建（构）筑物开展，通过勘探、测试与试验查明岩土的分布特征，确定岩土参数，为施工提出建议。本阶段重点分析评价建（构）筑物地基的稳定性和均匀性。本阶段勘察工作布置原则如下：

1）本阶段包括初步设计勘察和施工图设计勘察。基于核电厂各类建（构）筑物对地基的不同要求，施工进度、周期差异也较大，因此本阶段勘察可分核岛、常规岛、水工构筑物和附属建筑四个地段进行，勘探和测试内容根据各类建（构）筑物的重要性和场地地基的复杂程度确定，并按不同建筑地段实施勘察和进行岩土工程评价；其中核岛、常规岛等主要建（构）筑物初步设计勘察和施工图设计勘察通常合并进行，称为详细勘察，需同时满足初步设计和施工图设计的技术要求，当岩土条件复杂时，建议分阶段进行勘察；其他建（构）筑物的勘察根据设计阶段可分别进行勘察。

2）由于本阶段勘察一般是在场地平整后进行的，本阶段地质测绘工作需充分搜集利用前期已完成的工程地质测绘成果资料，并对前期测绘成果进行验证和补充，对原始地表出露的重要地质现象在厂坪位置的出露特征变化进行调查对比，对开挖后揭露的地质现象进行调查与评价，必要时宜布置适量的探井、探槽进行揭露。

3）核岛地段勘察需满足设计和施工的需要，钻孔布置、数量、深度及原位测试工作要求如下：

（1）反应堆厂房的钻孔数量一般不少于5个，通常布置在反应堆厂房周边和中部；当场地岩土工程条件较复杂时，可沿十字交叉线加密或扩大范围。勘探点间距一般为10～30m。

（2）钻孔数量需能控制核岛地段地层岩性分布，并需满足原位测试的要求。每个核岛钻孔总数一般不少于10个，其中控制性钻孔一般不少于钻孔总数的1/2，取样与原位测试孔数量一般不少于钻孔总数的1/2。

（3）控制性钻孔深度需达到基础底面以下1.5～2.0倍反应堆厂房直径，一般性钻孔深度进入基础底面以下中等风化或微风化岩体10m，非岩石地基和极软岩、软岩地基一般性钻孔进入压缩层底面以下不少于10m，并满足建模所需的深度。

（4）当反应堆厂房为非岩石地基和极软岩、软岩地基时，建议进行载荷试验和旁压试验，试验数量需满足统计要求，每个反应堆厂房一般不少于1个载荷试验点和2个旁压试验孔，旁压试验的测试深度一般为基础底面以下1.0～1.5倍反应堆厂房直径。

（5）每个核岛地段一般布置1～3孔进行单孔波速测试，测试深度不小于基础底面以下10m。

（6）每个核岛地段一般布置 2～4 孔进行声波测井，测试深度不小于基础底面以下10m；对岩体破碎或取样困难地段，还应考虑布置适当数量的孔内电视测试工作，综合查明岩体节理裂隙及破碎带等发育情况。

（7）每个核岛地段布置适当工作量测定地基岩土的电阻率。

4）岩土体动力学参数是反应堆厂房抗震设计和分析必不可少的参数，对参数本身的准确性和可靠性要求也很高。波速测试是获取岩土体动力学参数的主要手段，但是由于单孔法本身的局限性，现在的反应堆厂房抗震设计计算均采用跨孔法波速测试成果，取用的数据的深度达到基础底面以下 1.5～2.0 倍反应堆厂房直径，因此本阶段勘察需在反应堆厂房位置进行跨孔法波速测试，每个反应堆厂房测试组数一般不少于 1 组，测试深度达到控制性钻孔深度。

5）常规岛地段勘察需满足设计和施工要求，钻孔布置、数量、深度及原位测试工作要求如下：

（1）钻孔需沿建（构）筑物轮廓线、轴线或主要柱列线布置。钻孔间距和数量需考虑场地岩土条件复杂程度和建（构）筑物的重要性，每个常规岛钻孔总数一般不少于 10 个，钻孔间距一般为 30～50m。其中控制性钻孔一般不少于钻孔总数的 1/3，取样与原位测试孔数量一般不少于钻孔总数的 1/2。

（2）对岩质地基，控制性钻孔深度需进入基础底面以下中等风化或微风化岩体不少于3m，一般性钻孔深度需进入基础底面以下中等风化或微风化岩体 1～2m；对非岩石地基，控制性钻孔需进入压缩层底面以下不少于 10m，一般性钻孔需进入压缩层底面以下 3～5m。

（3）每个常规岛一般布置不少于 1 组单孔波速测试，测试深度需达到控制性钻孔深度。

（4）每个常规岛应布置适当工作量测定地基岩土的电阻率。

（5）本阶段勘察通常根据设计需要选择合适的方法在汽轮机厂房基底处测定地基刚度系数、阻尼比和参振质量等。

（6）在实际工作过程中，需结合场地具体工程地质条件，适当调整勘察工作量。

6）由于核安全相关建（构）筑物抗震设计需要确定基岩（剪切波速大于 700m/s 的地层）埋深、基岩面以上各土层的动力学参数，使得安全相关建（构）筑物勘察控制性钻孔深度、原位测试和室内试验的要求比同样的常规建（构）筑物勘察要求高得多。因此为了勘察更有针对性，将水工构筑物划分为核安全相关水工构筑物和常规水工构筑物。

核电厂水工构筑物主要包括：取（排）水隧洞、取（排）水管道、取（排）水明渠、循环水泵房、取水头部及闸门井、冷却塔、堤、坝、护岸等。核电厂水工构筑物类型根据核电厂冷却水循环系统的不同而有所区别，对于滨海厂址一般采用直排式冷却水循环系统，其水工构筑物主要包括：取排水系统、循环水泵房等；对于内陆厂址由于水资源相对较少，考虑到节约用水和环境保护的需要，一般采用循环利用冷却水系统，其水工构筑物除包括取排水系统及循环水泵房外，还包括有冷却塔及其配套的一些水工构筑物等。

对于目前我国建设的二代及二代改进型核电机组，都有安全厂用水系统，且其安全厂用水系统一般都与循环冷却水系统并行，因此对于这类核电机组的取水构筑物包括取水头部、闸门井、安全厂用水隧洞、循环水泵房、安全厂用水管道等均属于核安全相关水工构筑物，其排水系统均为常规水工构筑物。对于第三代非能动核电机组（如 AP1000 核电机组），由于其不存在安全厂用水系统，因此其取排水系统均为常规水工构筑物。

水工建（构）筑物的勘察工作布置原则需满足现行国家标准《核电厂岩土工程勘察规范》GB 51041 对水工建（构）筑物的要求。

7）附属建筑地段勘察工作布置原则需满足现行国家标准《岩土工程勘察规范》GB 50021 对建（构）筑物的要求。每个与核安全有关的建（构）筑物一般不少于 1 个控制性钻孔，钻孔深度需达到基础底面以下中等风化基岩或剪切波速大于 700m/s 的地层 3m，并需进行单孔波速测试。

8）当建筑场地有需要查清的软弱夹层和破碎带等特殊地质问题时，可以采用探坑（井、槽），必要时可采用斜井、平硐等工程地质坑探工作，进行针对性的勘察；当建（构）筑物平面位置改变而已有勘察工作不能满足设计要求时，需进行补充勘察工作。

9）本阶段勘察的取样数量及取样钻孔总数应根据具体情况，因地制宜、因工程不同而确定。由于岩土体本身的不均匀性，取样设备、操作、储存、运输、制样对试样质量的影响，测试过程本身的系统误差，使得单个原位测试指标和单个试样的试验指标不能完全代表某一岩土体的工程特性，因此应有足够的样本数量并且具有代表性，原位测试和室内试验数据的量应满足统计的要求。

岩土试样可利用钻孔、探井、探槽采取，具体工作原则如下：

（1）取样孔数量一般不少于钻孔总数的 1/3。

（2）在进行岩土单元划分的基础上，每个场地每一主要土层的原状试样一般不少于 6 组。

（3）在进行岩土单元划分的基础上，基岩需根据不同岩性和风化程度分别取样，每个场地每一主要岩层需采取 6 组以上的岩样。

（4）原状土试样的取样设备、操作、试样质量及储存、运输需满足现行行业标准《建筑工程地质勘探与取样技术规程》JGJ/T 87 的有关要求。

（5）岩石试样在采取、运输、储存和制备过程中应避免岩样受损。

10）原位测试是岩土工程勘察的重要方法，由于原位测试在原地质环境进行，测试结果能比较客观地反映实际情况尤其是岩土体的应力状态。其测试方法、位置和数量不仅应结合所研究的内容，还要根据评价的目的确定。

本阶段勘察的原位测试工作，需根据场地岩土性质和设计要求，选择合适的原位测试方法测求岩土的工程特性参数，每个建筑地段每一主要岩土层的原位测试数据不少于 6 个。

11）由于水文地质调查工作在前期已经取得了大量的资料，本阶段主要针对场地平整后由于场地开挖回填的影响引起的水文地质条件的变化进行补充调查工作，并验证前期资料的准确性。在基岩区可选择压水试验或抽水试验测求岩体的渗透性参数，在第四系土层中可选择抽水试验或注水试验测求土体的渗透性参数。本阶段勘察的水文地质工作布置原则如下：

（1）量测孔内地下水水位。

（2）根据岩土层的含水条件选择压水试验、注水试验或抽水试验等，测求岩土体的渗透性参数，压水试验在每个核岛一般不少于 2 个钻孔。

（3）每个场地需针对不同地下水类型和地下水位以上的土体分别采取每层水不少于 2 件水样和土样进行易溶盐试验。

12）岩土室内试验项目需根据场地岩土类型和建（构）筑物的重要性按《核电厂岩土工程勘察规范》GB 51041—2014 表 6.2.12 选用。核岛和其他核安全相关建（构）筑物，除了进行岩土常规物理力学试验外，尚需考虑核电厂核安全相关建（构）筑物地基设计和安全分析评价的需要，测定岩土的动弹性模量、动泊松比、动剪切模量、阻尼比等指标。每个建筑地段每一主要岩土层常规物理力学试验的数据不少于 6 个，动力试验的数据不少于 3 个。

4. 建造阶段的勘察工作布置原则

核电厂是现今对安全要求最高的工业设施，建设周期长，建造过程中需开展必要的检验和监测工作，以确保核安全，这也是我国和国际核安全法规的基本要求。对岩土工程而言，检验和监测包括：对前期勘察成果和岩土工程施工质量进行检验和检测，确认设计条件和检查施工质量；从场地施工开始就对岩土性状和建（构）筑物的变形进行监测，通过长期的系统监测对设计和施工成果进行验证；对检验和监测中发现的缺陷采取措施加以改进使之满足安全要求。

这一阶段是核电厂独具特色的勘察阶段，需要进行大量详细的地质测绘编录工作。

工程建造阶段勘察主要进行现场检验、监测和负挖基坑的测绘编录工作，必要时进行补充岩土工程勘察和试验工作。

本阶段应通过负挖结果的观察、测绘与编录，对前期岩土工程勘察结论进行检验，进一步完善对厂址特征、地基模型的分析评价结果。

对于负挖揭露的重大问题，应开展必要的补充勘察分析，在查明产生问题的主要原因后制定处理方案与措施。

施工勘察的内容深度还应符合编制最终安全分析报告的要求。

1）本阶段勘察在充分利用前期资料的基础上，进行现场检验、监测、地质编录和必要的补充勘察等工作。

2）应对核岛、常规岛、安全厂用水泵房、安全厂用水管廊基坑、安全厂用水取排水隧洞、核安全相关边坡和大型常规人工边坡等进行地质编录。

关于主厂区正挖地坪是否进行地质编录，各个核电厂的要求并不统一。我国当前的核电厂建设过程中，主厂区正挖工期短，速度非常快，厂坪得不到及时清理，使得正挖地坪编录工作难度很大。但是场地正挖施工挖除了覆盖层，为直观观测各种地质现象提供了良好的露头条件，正挖地坪编录工作是对前期勘察工作的有益补充，也是对前期勘察成果的最好检验。

3）主厂区正挖地坪编录比例尺一般采用 1：1000～1：500；基坑负挖地质编录比例尺一般采用 1：200～1：100。

4）地质编录以直观观测为主，需要时可采用回弹仪、点荷载试验、轻型动力触探等简易仪器与方法作为补充。地质编录工作内容如下：

（1）对施工揭露的地层岩性、岩体风化程度、地质构造、岩体结构面、地下水状况进行编录，并对重要部位或主要地质现象拍摄照片、视频，并进行现场素描绘图。

（2）施工揭露的地质条件需与前期勘察成果相对比，确认设计条件。

（3）依据编录结果，进一步评价地基、基坑边坡、隧洞、人工边坡的稳定性。

（4）对施工中发现的岩土工程问题提出处理意见或补充岩土工程勘察工作的建议。

5）基坑验槽一般以直观观测为主，对非岩石地基可采用轻型动力触探或其他简易机具进行检验。验槽包括下列内容：

（1）岩土分布、性质、地下水情况。

（2）地基条件与前期勘察成果的对比，确认设计条件。

（3）对施工中发现的岩土工程问题提出处理意见或补充岩土工程勘察工作的建议。

（4）对重要部位或主要地质现象拍摄照片、视频，并进行现场素描绘图。

6）核安全有关的建（构）筑物，在建造期间需进行监测，常规建（构）筑物一般根据场地条件、岩土特点、建（构）筑物重要性等来确定是否开展监测工作。建（构）筑物的监测包括下列内容：

（1）基坑工程监测内容包括支护结构应力应变、坑壁变形、基坑周边的地面变形、对邻近工程和地下设施的影响、地下水位、地下水渗漏、深基坑开挖引起的基底回弹或隆起监测等。

（2）建（构）筑物变形监测包括沉降、水平位移、倾斜的监测。

（3）边坡监测需满足现行国家标准《核电厂岩土工程勘察规范》GB 51041 的有关要求。

（4）隧洞监测内容包括洞壁的应力应变、支护结构的应力应变、地下水情况、对邻近工程和地下设施的影响监测等。

（5）堤、坝的变形监测包括沉降和水平位移监测。

7）大面积填方工程需进行监测，监测内容一般包括施工过程中的土体变形、孔隙水压力监测和地面沉降的长期观测。

8）不良地质作用与地质灾害、地下水的监测根据需要开展，监测内容需满足现行国家标准《岩土工程勘察规范》GB 50021 的有关要求。

10.3　专门岩土工程勘察

10.3.1　断裂

断裂是涉及核电厂地基安全的关键因素之一，断裂勘察是核电厂岩土工程勘察的一项极为重要的内容，贯穿于核电厂岩土工程勘察的各个阶段。

对于勘察场地范围内的断裂，岩土工程勘察单位和地震安全评价单位需要密切合作，岩土工程勘察应查明断裂的位置、规模、产状和性质，地震安全评价应查明断裂的活动性并确认其是否为能动断层。对于能动断层（在地表或接近地表处有可能引起明显错动的断层），其产生的地表错动是现代工程技术所无法抵御的，必须采取避让措施；至于非能动断层，主要是对地基均匀性和稳定性的影响，一般可以通过工程措施处理加以解决。为了评价断裂对地基均匀性、稳定性的影响并提出地基处理方案的建议，需采用工程地质测绘、井探、槽探、地质编录、钻探、工程物探等多种方法手段查明断裂破碎带的分布、产状、规模，并通过原位测试、室内试验提供断裂破碎带的物理力学参数。

（1）初可研勘察

初可研阶段厂址尚未确定，主厂区位置往往有很大的调整余地，本阶段一般只需要查明断裂的位置、规模、性质和活动性，为确定厂址和主厂区定位提供依据，不必查明断裂的物理力学指标。初可研阶段的断裂勘察，应在充分搜集、分析研究区域地质资料的基础上，结合本阶段的岩土工程勘察，通过工程地质测绘、井探、槽探和必要的工程物探（如浅层地震勘探、高密度电法等）、钻探，查明断裂出露的位置、规模、产状和性质，与地震安全评价单位合作，查明断裂的活动性；工程地质测绘的实测剖面线和工程物探测线尽量垂直断裂走向。对于非能动断层，应初步评价断裂对地基的影响。

（2）可研勘察

可研阶段，核岛位置已大体确定，但仍有调整的余地，这时需要查明断裂的位置、规模、性质和活动性，为最终确定厂址和核岛最终定位提供依据。因为具有一定宽度破碎带的断裂通过核岛或其他安全相关建筑物地基时，由于地基均匀性、稳定性分析论证和地基处理的难度均比较大，只要场地条件许可，设计都会优先考虑采取避让措施。只有在核岛移位非常困难的情况下，才需要查明通过核岛场地的断裂的工程特性指标，为评价地基的均匀性和稳定性提供依据。

可行性研究阶段的断裂勘察，需要布置垂直于断裂走向的实测地质剖面和工程物探剖面，物探方法优先考虑浅层地震折射法，辅以浅层地震反射法、高密度电法或其他方法；在预计断裂通过处可以布置探槽、探井进行揭露；当需要查明或验证断裂向深部的延伸情况时，应布置适量钻孔；对新发现的断裂尚应根据本阶段的地震安全性评价结果，确认断裂的活动性。对可能通过核岛、常规岛和其他与核安全有关的建（构）筑物场地的非能动断层，当其具有一定规模的破碎带时，可以通过取样试验和原位测试（如动探、波速测试等）查明断裂的主要工程特性指标，评价断裂对场地和地基的影响。

（3）设计阶段勘察

初可研和可研阶段岩土工程勘察，受勘探间距较大、断裂与围岩物性差异小或具有较大的埋深等多方面因素的影响，一些隐伏的断裂不一定能被发现，在场地开挖和基坑负挖时可能会发现新的断裂，如某核电厂 3、4 号机组场地在基坑负挖时发现了断层，某核电厂在场地正挖后发现多条断裂。这时的断裂勘察，首先必须查明断裂的活动性，通过取样测年、断裂错动特征、破碎带胶结特征、断错和覆盖地层时代、区域地质地震分析等综合确定断裂的活动年代。在确认不是能动断层之后，应通过多种方法、手段查明断裂破碎带的分布、产状、规模，提供物理力学参数，评价地基的均匀性和稳定性，当需要进行地基处理时，尚应为地基处理提供设计资料。

以上述某核电厂 3、4 号机组为例，在主厂房基坑负挖过程中发现了一条具有一定规模破碎带的断裂。为了查明该断裂的分布、规模、活动性，评价其对厂址和地基的影响，2004—2008 年，业主先后委托多家勘察设计单位、科研院所对该断裂开展了勘察、专题评价研究、成因分析、抗震分析计算等工作，其中断裂的专门勘察（包括活动性研究）完成的实物工作量见表 2.10-2。

某核电厂 3、4 号机组断裂专门勘察工作量一览表 表 2.10-2

工作内容		工作量
地质调查	野外踏勘	3、4 号机组厂区，人工边坡—冲沟沟口，线路长度约 4km
	地形地貌调查	冲沟 2 条，长度约 1000m
	槽探	探槽 21 条，长 1296m，编录比例尺 1∶100
	典型剖面研究	4 条，长 58m
	减震沟东西两壁详细编录	面积 6213.8m²，长 665m，编录比例尺 1∶100
	3 号核岛负挖详细地质编录	坑底面积 2958m²，坑壁面积 1600m²，编录比例尺 1∶100

续表

工作内容		工作量
地质调查	地表剥土	面积 280m²
	微地形地貌研究	1：10000 地形图约 6km²
	航片解译	判读 1：10000 航片约 51km²，成图面积约 10km²
工程物探	电法剖面勘探	5 条，测点 400 点
	声波测井	7 孔，测试深度 167.25m
钻探与取样	钻探	19 孔，其中：5 个斜孔，进尺 634.41m；14 个直孔，进尺 493.20m
	取样	取测年样 17 组，石英形貌分析试样 3 组，取岩芯样 12 组，刻槽取样 3 组
原位测试与现场试验	跨孔波速测试	2 组一发双收测试，1 组一发单收测试
	跨孔测阻尼比	2 组一发双收测试
	激振法测试	8 组·次
	灌砂法测密度	2 点
	载荷试验	3 点，最大加载量 360kN，承压板面积 0.25m²
室内试验	密度测试	8 组
	断层活动年龄测定	电子自旋共振测龄 16 组，热释光测龄 1 组
	石英形貌分析	3 组

10.3.2　液化

基于抗震Ⅰ、Ⅱ类物项在核安全上的重要性，液化等级为中等或严重的场地，采取措施完全消除液化导致的沉陷并加强上部结构和基础，不但技术上存在困难，也将大量耗费资金。故而现行国家标准《核电厂抗震设计标准》GB 50267 规定："液化等级为中等或严重的地基，不应作抗震Ⅰ、Ⅱ类物项的地基。液化等级为轻微的地基，可在采取消除液化危害的措施后用作抗震Ⅰ、Ⅱ类物项的地基。"

正是由于液化对地基安全有非常严重的危害，《核电厂抗震设计标准》GB 50267—2019第 5.4.1 条规定："对存在饱和砂土和饱和粉土的地基，应进行液化判别"。饱和砂土和饱和粉土地基的液化判别可采用标准贯入试验判别法，判别深度为地面以下不小于 20m，当实测标贯锤击数小于或等于液化判别标贯锤击数临界值时，判别为液化土。在地面以下 20m深度范围内，液化判别标贯锤击数临界值按式(2.10-1)计算。

$$N_{cr} = N_0[\ln(0.6d_s + 1.5) - 0.1d_w]\sqrt{3/\rho_c} \tag{2.10-1}$$

式中：N_{cr}——液化判别标准贯入锤击数临界值；

$\quad\quad N_0$——液化判别标准贯入锤击数基准值，可按表 2.10-3 取值；

$\quad\quad d_s$——饱和土标准贯入点深度（m）；

$\quad\quad d_w$——地下水位（m）；

$\quad\quad \rho_c$——黏粒含量百分率（%），当小于 3 或为砂土时，应取值 3。

液化判别标准贯入锤击数基准值 N_0 　　　　　　　　　表 2.10-3

厂址 SL-2 级地面峰值加速度	0.15g	0.20g	0.25g	0.30g	0.35g	0.40g
标准贯入锤击数基准值N_0	10	12	14	16	18	20

注：当厂址 SL-2 级地面峰值加速度不等于表中数值时，可以线性插值确定相应的标准贯入锤击数基准值。

当采用标准贯入试验判别法判别饱和砂土和粉土地基液化时，每一抗震Ⅰ、Ⅱ类物项建筑地段或单体抗震Ⅰ、Ⅱ类物项建筑场地，为判别液化布置的勘探点不少于 3 个，勘探孔深度应大于液化判别深度；在需作判定的土层中，标准贯入试验点的竖向间距宜为 1.0～1.5m，每层土的试验点数不宜少于 6 个；应按每个试验孔的实测击数进行液化判别；按照现行国家标准《建筑抗震设计规范》GB 50021 规定的方法计算每个钻孔的液化指数并综合划分地基的液化等级，其中的标贯锤击数临界值按上述方法计算。

除了标准贯入试验判别法以外，液化判别也可以采用其他成熟方法。当考虑建筑物与地基共同作用判断抗震Ⅰ、Ⅱ类物项地基液化时，应取样进行振动三轴试验，提供砂土和粉土的抗液化强度指标，并根据需要提供砂土和粉土的动强度指标。

震后灾害调查表明饱和黄土也可能液化，饱和砾石也有液化现象，但目前相关研究还不够充分，其液化判别方法缺乏震例的检验。考虑到抗震Ⅰ、Ⅱ类物项的重要性，现行国家标准《核电厂抗震设计标准》GB 50267—2019 规定："对存在饱和黄土、饱和砾砂的地基，其液化可能性应进行专门评估"。因此，当抗震Ⅰ、Ⅱ类物项地基存在饱和黄土、饱和砾砂时，需要制定专门的勘察和评价方案，并且经过广泛的同行专家咨询或评审。

10.3.3　边坡

本节边坡特指与抗震Ⅰ、Ⅱ类物项安全相关的边坡。

与抗震Ⅰ、Ⅱ类物项安全相关的边坡的破坏可能对核电厂安全产生重大影响，必须进行专门勘察和稳定性评价。

与抗震Ⅰ、Ⅱ类物项安全相关的边坡包括：距抗震Ⅰ、Ⅱ类物项外边缘的距离小于 1.4 倍坡高或坡脚外 50m 范围内可能危及其安全的边坡，以及在上述距离外但地震地质调查与勘察表明对抗震Ⅰ、Ⅱ类物项安全有威胁的边坡。

1. 边坡勘察

核电厂边坡勘察一般可划分为初步勘察、详细勘察和施工勘察三个阶段。大型边坡（高度大于 30m 的岩质边坡和高度大于 15m 的土质边坡）的初步勘察、详细勘察具备条件时应该分开进行，小型边坡的初步勘察、详细勘察可以合并进行。

1）初步勘察

边坡初步勘察一般可与厂区可研勘察合并或同时进行。这一阶段勘察以搜集资料和工程地质测绘为主，辅以必要的勘探及测试工作，以初步查明边坡区的地形地貌、边坡岩性和分布特征、地质构造、水文地质条件、不良地质作用特征及分布等，初步判断边坡的可能破坏模式并评价边坡的稳定性。

（1）资料搜集

包括边坡区地质、水文、气象等有关资料，厂址 SL-2 级地震动峰值加速度，周边范围自然边坡和已有人工边坡资料，边坡附近抗震Ⅰ、Ⅱ类物项位置、结构类型、基础埋深等。

（2）工程地质测绘

测绘范围需包括边坡区和可能对边坡稳定性有影响的地段，测绘比例尺一般为1：2000～1：1000，不少于 2 条垂直于边坡走向的代表性实测工程地质剖面；重点关注结构面发育情况和地下水条件，进行结构面测量、统计，调查地表水体和地下水露头分布情况及其水力联系；必要时开挖探槽、探井对地层和结构面揭露观测。

（3）勘探

勘探点（包括钻孔、探井、探槽等）结合厂址区勘察布置，间距应为 100~200m，坡顶和坡脚位置布置钻孔；至少布置一条垂直边坡走向的勘探剖面，每条勘探剖面上一般不少于 3 个勘探点；坡脚钻孔深度应进入边坡坡脚设计标高以下不小于 3m，坡顶和坡体钻孔应穿过最深潜在滑动面进入稳定地层不小于 5m。

（4）工程物探

开展孔内工程物探工作（如孔内电视、声波测井等），结合工程地质钻探，初步查明坡体内部岩体结构面特征（产状、张开程度等）、岩体完整性等；边坡区工程地质和水文地质条件复杂时，需要用地面工程物探（如浅层地震勘探、电磁法勘探等）查清坡体覆盖层厚度、分布及大型地质构造、地下水分布等。

（5）试验测试

开展原位测试和室内岩土力学试验，初步提供边坡岩土体及重要结构面的物理力学参数和渗透性参数。

2）详细勘察

本阶段的勘察方法和手段与初勘阶段基本一致，但工作量更大，精度更高，勘探测试与测绘并重。应查明边坡的工程地质条件、水文地质条件、岩土体及主要结构面物理力学参数等，并应对边坡岩体进行质量分级和稳定性分类，分析边坡变形破坏模式，验算边坡的稳定性。边坡详细勘察工作布置如下：

（1）工程地质测绘

测绘范围应包括边坡区及可能对边坡稳定性有影响的地段，平面测绘比例尺宜为 1∶1000~1∶500，剖面测绘比例尺宜为 1∶500~1∶200，垂直于边坡走向的工程地质实测剖面不宜少于 3 条；进行结构面测量、统计；结合工程地质测绘开展水文地质调查或水文地质测绘。

（2）勘探

边坡勘探范围应包括边坡区及可能对边坡稳定性有影响的地段，岩质边坡勘探范围包括边坡区和坡顶以外不小于 1 倍边坡高度范围，土质边坡勘探范围一般要扩大到坡顶外不小于 1.5 倍边坡高度的范围。

勘探线垂直边坡走向布置，勘探点间距需要根据地质条件和边坡工程设计确定，勘探线间距一般不大于 40m，勘探点间距一般不大于 30m。勘探点主要为钻孔，也可以是探井、探槽或探洞等，每条勘探线上不宜少于 3 个钻孔。坡脚位置钻孔深度进入坡脚地形剖面最低点和支护结构基底以下不小于 5m，其他钻孔穿过最深潜在滑动面进入稳定层不小于 5m。

（3）工程物探

对于岩质边坡，需要开展孔内工程物探工作，如孔内电视、声波测井等，结合工程地质钻探，查明坡体内部岩体结构面特征（产状、张开程度等）、岩体完整性等。当边坡区工程地质和水文地质条件复杂时，可以布置适当数量的地面工程物探（如浅层地震勘探、电磁法勘探等）线，查清坡体覆盖层厚度、分布以及破碎带、地下水分布等。

（4）取样与测试

边坡区主要岩土层和软弱层应采取试样，每一土层采取试样不应少于 6 组，每一岩层不应少于 9 组。软弱层原则上连续取样，对边坡稳定起控制作用的岩土层的剪切强度试验试样不宜少于 12 组。试验样品需要具有代表性。

试验和测试项目根据边坡的地质条件和规模并参考表 2.10-4、表 2.10-5 确定。对控制边坡稳定性的软弱结构面,当现场具备条件应该进行原位剪切试验;当根据设计和评价需要进行岩体应力测试、波速测试、动力测试、孔隙水压力测试和模型试验时,现场试验与取样地点应选取具有代表性的位置。

土质边坡勘察的试验项目　　　表 2.10-4

试验项目	主要试验内容	试验目的
成分测定	黏土矿物、水溶盐含量、有机质含量试验等	研究力学特性时参考
物理性质	颗粒分析、天然含水率、干(湿)密度、孔隙比、液限、塑限、相对密度、相对密实度、膨胀性等试验	了解土的一般物理性质,研究边坡状况及稳定计算时参考
水理性质	室内或试坑渗透试验、钻孔注水试验;崩解、湿陷、溶滤、水压力测试等	了解土的渗透特性及其他特殊水理性质,作为边坡防渗及加固处理的依据
力学性质	固结试验、载荷试验;标贯试验、触探试验;三轴压缩试验、直接剪切试验、原状土或重塑土反复直剪试验;现场土体直剪试验;振动三轴试验或共振柱试验	测定不同试验条件下土的黏聚力和内摩擦角,作为边坡稳定计算的依据;了解土的压缩、承载力及抗震特性,作为边坡工程设计的依据

岩质边坡勘察的试验项目　　　表 2.10-5

试验项目	主要试验内容	试验目的
成分测定	矿物成分、化学成分、水溶盐含量试验等	了解岩石一般矿物化学成分
物理性质	含水率、干(湿)密度、空隙率、吸水率、饱和吸水率试验等	了解岩石的一般物理性质,研究边坡状况及稳定计算时参考
水理性质	压水试验、室内渗透试验,耐崩解性、软弱夹层渗透变形、膨胀性、水压力等试验	了解岩体风化崩解性能、渗透变形特性,以研究边坡防渗加固和保护措施
力学性质	抗压和抗拉强度:单轴抗压强度、点荷载强度、抗拉强度试验	测定岩石、岩体和结构面的强度;测定岩体的变形特性;测定边坡岩体的原始应力场。为边坡设计计算提供参数
	抗剪强度:室内岩石剪切、现场岩体结构面直剪和岩体直剪试验	
	岩体变形:承压板法、钻孔法试验	
	岩体完整性:岩块及岩体声波波速、压水试验	
	岩体应力测试	
	单孔波速测试或跨孔波速测试	

3)施工勘察

边坡施工勘察主要是配合边坡施工开挖进行地质编录,核对、补充以前阶段的勘察资料。地质编录以直观观测为主,用罗盘量测各类地质构造的产状,用经纬仪、全站仪、GPS 等测量仪器定位,必要时可以采用回弹仪、点载荷试验等简易仪器与方法作为补充。地质编录精度不宜小于 1∶200。

2. 稳定性分析评价

边坡稳定性评价应在确定边坡破坏模式的基础上进行,可采用工程地质类比法、图解分析法、拟静力法、动力数值分析法进行综合评价。

1)定性分析和评价

(1)工程类比法

收集拟建边坡周边已有自然和人工边坡的资料，了解其岩性、风化程度、地质构造特征、稳定性现状和历史等，分析拟建边坡和已有边坡的相似性，总体上判断拟建边坡的稳定性。

（2）图解法

岩质边坡的破坏形态主要受结构面控制，把握结构面的几何特征（产状）及其与边坡坡面的空间关系，是正确判断边坡可能失稳模式的关键。赤平投影图是最常用的展现结构面产状的方式。采用极射赤平投影法初步判别岩质边坡稳定性时，可采用等面积投影法；进行滑动破坏判别时，可采用大圆分析法或极点分析法；进行倾倒破坏判别时，可采用极点分析法，也可按坡角、结构面倾角和摩擦角之间的关系进行判别。

（3）岩体质量等级划分

《核电厂岩土工程勘察规范》GB 51041—2014 给出了边坡岩体质量分类的两种方法，一种是《工程岩体分级标准》GB/T 50218—2014 的岩体基本质量指标（BQ）分级法，一种是水电系统广泛采用的边坡岩体质量（CSMR）分类法，这两种分类方法均将边坡岩体质量从好到差分为Ⅰ～Ⅴ级。BQ 法和 CSMR 法各级岩体边坡稳定性定性评价见表 2.10-6、表 2.10-7。

BQ 法边坡自稳能力评价表　　　　　　　　　　　　　　表 2.10-6

岩体级别	BQ 值	自稳能力
Ⅰ	＞550	高度＜60m，可长期稳定，偶有掉块
Ⅱ	450～550	高度＜30m，可长期稳定，偶有掉块； 高度 30～60m，可基本稳定，局部可发生楔形体破坏
Ⅲ	350～450	高度＜15m，可基本稳定，局部可发生楔形体破坏； 高度 15～30m，可稳定数月，可发生由结构面及局部岩体组成的平面或楔形体破坏，或由反倾结构面引起的倾倒破坏
Ⅳ	250～350	高度＜8m，可稳定数月，局部可发生楔形体破坏； 高度 8～15m，可稳定数日至 1 个月，可发生由不连续面及岩体组成的平面或楔形体破坏，或由反倾结构面引起的倾倒破坏
Ⅴ	≤250	不稳定

注：表中边坡指坡角大于 70°的陡倾岩质边坡。

CSMR 法边坡稳定性评价表　　　　　　　　　　　　表 2.10-7

岩体类别	Ⅴ	Ⅳ	Ⅲ	Ⅱ	Ⅰ
CSMR 值	0～20	21～40	41～60	61～80	81～100
稳定性	很不稳定	不稳定	基本稳定	稳定	很稳定

2）定量分析和评价

（1）计算方法

边坡稳定性定量分析和评价可采用拟静力法和动力数值法。一般先采用较为简单的极限平衡法，后采用更为复杂的方法。由于拟静力法通常更为保守，一般情况下，当拟静力法得出的稳定性系数满足要求时，可不再进行更复杂的分析；当拟静力法计算结果不满足稳定性要求时，需要采用动力分析方法进行计算。对地质条件比较复杂的边坡，可以采用多种方法进行稳定性计算。当边坡三维效应明显时可以建立三维模型进行稳定性计算。

拟静力法包括极限平衡法和静力数值法。不同的破坏模式有不同的极限平衡计算方法，圆弧型滑面情况下，主要采用瑞典条分法、简化毕肖普和摩根斯坦法；直线型滑面情况下，采用整体平衡法计算；折线型滑面情况主要采用萨尔玛法、剩余下滑力法和传递系数法。常用的静力数值法为静力有限元法，也可以采用静力离散元法和有限差分法。

边坡稳定性系数计算值不应小于表 2.10-8 所列数值。

核安全相关边坡稳定性系数   表 2.10-8

拟静力法		动力有限元法
极限平衡法	静力有限元法	
1.50	1.50	1.30

注：有关作用组合采用《核电厂抗震设计标准》GB 50267—2019 的规定。

（2）参数确定

用于边坡稳定性分析计算的岩土体物理性质参数（包括变形参数）采用平均值，强度参数采用标准值。

土的抗剪强度可以采用试验成果的小值平均值作为标准值，也可采用概率分布的 0.1 分位值作为标准值。

当把岩体作为均质体对待时，应综合考虑岩石室内试验和原位测试成果、岩体分级等因素，给出岩体的抗剪强度参数。当边坡稳定由岩体的结构面控制时，应采用结构面的抗剪强度标准值。

对于设计和稳定性分析计算最重要的抗剪强度指标，应根据室内试验和原位测试结果综合分析、并结合当地经验确定，必要时可以采用反分析法验证。

（3）地震作用

边坡稳定性定量分析必须考虑地震作用，并应计入水平与竖向地震作用在不利方向的组合。采用拟静力法进行边坡抗震稳定性验算时，各单元重心处的地震动加速度取厂址 SL-2 级地面运动峰值加速度的 1.5 倍，不随高度变化；当采用动力有限元法进行边坡抗震稳定性验算时，边坡底面输入地震动加速度时程应基于厂址 SL-2 级基准地震动通过具体场地的地震反应分析得出，地震反应分析应满足《核电厂抗震设计标准》GB 50267—2019 第 4.4.2 条的要求，边坡计算域应充分包括可能失稳的岩土体。

（4）地下水作用

对存在地下水渗流作用的边坡，稳定性分析时应考虑地下水的影响。

土质边坡按水土合算原则计算时，地下水位以下的土宜采用土的自重固结不排水抗剪强度指标；按水土分算原则计算时，地下水位以下的土宜采用土的有效抗剪强度指标。

对于易软化的岩体（包括结构面），应对天然状态岩体的抗剪强度进行折减或采用饱和状态岩体的抗剪强度。

10.4 勘察报告

10.4.1 勘察报告的基本要求

1. 岩土工程分析评价包含的主要内容

（1）断裂破碎带对岩土性能的影响。断裂对核电厂址的稳定性和适宜性具有举足轻重的影响，是核电厂岩土工程勘察必须查明的重大问题。能动断层意味着对厂址的否定，虽然断裂是否具有能动性主要由地震调查报告确认，但勘察报告也应根据地震调查报告的意见和现场实际情况给出明确结论。即使为非能动断层，断裂破碎带对核岛及其他重要工程的稳定性和均匀性也可能产生重大影响，应在详细调查的基础上进行分析和评价。断裂问题在各勘察阶段都是重点，但由于核电厂的选址会避开已知断裂，在前期（初可研阶段）更为重要。

（2）岩土的工程特性指标。所有勘察报告都应将岩土工程特性指标作为分析评价的重点，地基承载力、稳定性和均匀性评价，现有边坡和人工边坡稳定性的评价，都离不开岩土的工程特性指标。

（3）地基的承载力、稳定性、均匀性和适宜性。地基的均匀性是对静态变形和地震动响应而言的。有时地基的稳定性和承载力可以满足，但静态变形超限，或在地震作用下动态响应不能满足要求，将严重影响工程的正常使用。变形问题需根据地基与结构协同作用的计算确定，勘察报告应对地基是否均匀提出定性评价。如为均匀地基，则可不进行地基与结构的协同作用计算；如定性分析不能确定为均匀地基，则应建议进行地基与结构协同作用的定量分析。

（4）场地水文地质条件。通过查明工作区的水文地质条件，包括地下水的补给、径流、排泄条件，各含水层的岩性特征及赋水条件、各含水层之间水力联系及其与地表水体的水力联系、地下水位及其变化特征、水化学类型，提出水文地质有关参数，评价地下水对建筑材料的腐蚀性以及对设计施工的可能影响。

（5）现有边坡和人工边坡的稳定性。边坡失稳对核电厂威胁很大，尤其是山高坡陡、深挖高填的厂址，分析评价现有边坡和人工边坡的稳定性是岩土程勘察报告的重要内容。

总体上说，上述几项都是岩土工程分析评价的重点，但具体到某一核电厂，分析评价的重点也有所差别，视具体厂址条件而定。

2. 报告提供的主要岩土参数

1）原位测试提供的主要岩土参数和在工程中的应用

根据现行《岩土工程勘察规范》GB 50021、《核电厂岩土工程勘察规范》GB 51041 的要求进行原位测试，根据各勘察阶段的要求，原位测试需提供以下参数：

（1）波速测试

包含单孔法波速测试和跨孔法波速测试，测定核岛厂房区等重要地段岩体纵波速度值（v_P）、横波速度值（v_S），提供较为准确的动弹性模量（E_d）、动剪切模量（G_d）、动泊松比（ν_d）以及阻尼比等动力参数；其中，核岛厂房区、泵房区等核安全相关地段需要进行跨孔法波速测试，可研阶段根据场地条件可选用跨孔法波速测试（单发单收），设计阶段需采用跨孔法波速测试（单发双收），震源孔和接收孔应布置在一条直线上，测点竖向间距宜取1m。

（2）声波测井

测定岩体的纵波速度，结合室内岩石声波速度，计算岩石的完整性系数；对岩体破碎或取样困难地段，还应考虑布置适当数量的孔内电视测试工作，综合查明岩体节理裂隙及破碎带等发育情况。

（3）标准贯入试验

在砂土、粉土、一般黏性土以及风化岩石层中，通常采用标准贯入试验，对砂土、粉土、黏性土的物理状态，土的强度、变形参数、地基承载力、单桩承载力、砂土和粉土的液化、成桩的可能性等作出评价；有经验的地区也可用于划分岩石的风化程度。

（4）动力触探试验

在砾石或卵石层等地段，通常采用重型动力触探试验或超重型动力触探试验；根据圆锥动力触探试验击数和地区经验，可进行力学分层；并可评定土的均匀性和物理性质、强度、变形参数，地基承载力，单桩承载力；查明土洞、滑动面、软硬土层界面，检测地基处理效果等。

（5）载荷试验

通常在设计阶段，当重要建（构）筑物为非岩石地基和极软岩、软岩地基时，一般进行载荷试验，测定承压板下应力主要影响范围内岩土的承载力、变形模量和基准基床系数，为精确设计提供参数。

应根据试验条件、试验深度等选择浅层平板载荷试验、深层平板载荷试验、螺旋板载荷试验。浅层平板载荷试验宜布置在基底标高处。

（6）压水试验

在核岛区、泵房等重要水工建（构）筑物区或其他重要地段测定不同岩性和风化程度基岩的透水率；试验的主要地段一般在场坪标高至基底之间。

（7）抽水试验

在重要建（构）筑物地段或深大基坑地段的覆盖层较厚时，需布置抽水试验，测定不同岩性和风化程度岩土体的渗透性、涌水量等，为地下水评价和基坑设计提供参数。

（8）旁压试验

通常在可研阶段及设计阶段，当重要建（构）筑物为非岩石地基和极软岩、软岩地基时，一般进行旁压试验；根据初始压力、临塑压力、极限压力和旁压模量，结合地区经验可评定地基承载力和变形参数。根据自钻式旁压试验的旁压曲线还可测求土的原位水平应力、静止侧压力系数、不排水抗剪强度等。根据目前设备的性能，旁压试验仪可以施加的压力一般小于 10MPa，此方法不适用于硬质岩体。

（9）钻孔弹模测试

在设计阶段，通常在核岛地段硬质岩层中进行钻孔弹模测试，该试验施加的最大压力可达到 60MPa；根据各级加荷压力和对应的孔径变形量，应绘制压力-孔径变形量关系曲线，计算岩体的静变形模量和弹性模量，并推算地基平均变形模量和弹性模量、弹性抗力系数。

（10）静力触探试验

在软土地区，可通过静力触探试验，测定比贯入阻力、锥尖阻力、侧壁摩阻力和贯入时的孔隙水压力，结合地区经验，进行力学分层，估算土的塑性状态、强度、压缩性、地基承载力、单桩承载力、沉桩阻力，进行液化判别等，根据孔压消散曲线可估算土的固结系数和渗透系数。

（11）十字板剪切试验

在软土地区，可通过十字板剪切试验，测定饱和软黏土的不排水抗剪强度和灵敏度，结合地区经验，确定地基承载力、单桩承载力，计算边坡稳定，判定软黏土的固结历史。

（12）现场直接剪切试验

大型基坑或边坡地段分布有软岩或软弱结构面时，通常在工程地质测绘的基础上，选择代表性的露头进行现场直剪试验，获得软岩或软弱结构面的抗剪强度指标（黏聚力和内摩擦角）。

2）室内试验提供的主要岩土参数

（1）岩石试验提供的主要参数

包括岩石密度、孔隙率、吸水率、饱和吸水率、耐崩解系数、膨胀率、单轴抗压强度（饱和、干燥）、软化系数、岩石弹性模量、剪切模量、泊松比、抗剪强度、阻尼比和压缩波速度等。

（2）土工试验提供的主要参数

包括天然含水率、密度、相对密度、孔隙比、饱和度、液限、塑限、液性指数、塑性指数、颗粒级配、天然休止角、渗透系数、黏粒含量、压缩系数、压缩模量、黏聚力、内摩擦角等。

3）岩土参数的分析和选定

岩土参数应根据工程特点和地质条件，按照现行《核电厂岩土工程勘察规范》GB 51041选用，其可靠性和适用性评价的主要内容有以下几点：

（1）取样方法和其他因素对试验结果的影响。

（2）采用的试验方法和取值标准。

（3）不同测试方法所得结果的分析比较。

（4）测试结果的离散程度。

（5）测试方法与计算模型的配套性。

3. 报告的主要内容和结构

岩土工程勘察报告应根据任务要求、勘察阶段、工程特点和岩土工程条件等具体情况编写，并应包括下列内容：

（1）勘察目的、任务要求和依据的法规、技术标准。

（2）拟建工程概况，其内容主要包含厂址地理位置、主要建（构）筑物特征、厂坪标高、勘察工作范围等。

（3）勘察方法和完成的勘察工作量。

（4）场地工程地质条件，包括地形地貌、地层岩性、地质构造、岩体工程地质特征、水文地质特征、工程地震条件、不良地质作用与地质灾害等。

（5）各项岩土物理力学性能指标，岩土强度参数、变形参数、地基承载力和动态力学参数的建议值。

（6）水和土对建筑材料的腐蚀性。

（7）岩土工程分析评价，包括场地与地基稳定性、地基均匀性、基坑稳定性、边坡稳定性、场地适宜性等。

（8）结论与建议。

岩土工程勘察报告应资料完整、数据无误、图表清晰、结论有据、建议合理、重点突出，应有明确的工程针对性。

对单项工程和单体建（构）筑物岩土工程勘察的成果报告内容可适当简化。

4. 附图附表

成果报告应与各勘察阶段的任务要求和工程实际相适应，宜附下列图表：

（1）勘探点平面位置图。

（2）地貌分区图。

（3）综合工程地质图、工程地质测绘实际材料图、实测工程地质剖面图、探槽探井展示图。

（4）水文地质图、地下水等水位线图。

（5）厂坪标高、核岛基底标高和其他重要厂房基底标高工程地质切面图。

（6）微风化、中等风化基岩面等高线图。

（7）厂址附近范围综合水文地质图与水文地质调查实际材料图（可行性研究阶段）。

（8）工程地质柱状图。

（9）工程地质剖面图。

（10）原位测试成果图表。

（11）室内试验成果图表。

（12）地球物理勘探成果图表。

（13）钻孔一览表。

（14）岩芯照片等。

5. 分项报告

不同勘察阶段宜根据任务要求和工程实际提交下列分项报告：

（1）工程地质测绘报告。

（2）水文地质调查报告。

（3）工程地质钻探报告。

（4）原位测试报告。

（5）地球物理勘探报告。

（6）室内试验报告等。

6. 成果资料的出版要求

所有文字、表格和图件等成果资料均需提供纸质版和电子版，其中电子版需提供可编辑版和不可编辑版，可编辑版文字和表格应采用 docx 和 xlsx 格式，图件应采用 dwg 格式，不可编辑电子版应提供 pdf 格式。必要时，可根据项目需要，提供三维地质模型。

勘察项目电子版根据类型单独建立目录提交，一般应包含以下几部分：（1）勘察总报告；（2）盒装大图；（3）分项报告；（4）岩芯照片及说明（岩芯照片除成册的报告之外，还应提供每张照片的清晰格式，并命名）；（5）质保报告；（6）岩芯编录表（扫描件）等，具体内容可根据项目情况进行适当的调整。

电子文档目录树：每级目录下包含可编辑格式文档及 pdf 文档，附件中的 dwg 格式文件应在同级目录下附 pdf 格式文件。如有附录、附图和附表等，在本级目录下单独建立子目录，格式如：勘察总报告/A.附录/A.附录 7：工程地质剖面图。

勘探、取样和原位测试、室内试验等的原始资料、影像资料和工程勘察报告均应归档保存，并应可追溯。

宜建立岩土工程勘察数据库系统，对岩土工程勘察报告数据及相应地质模型进行数字化管理及归档。

10.4.2   各勘察阶段报告的内容与深度要求

1.初步可行性研究阶段勘察

初可研勘察的目的是初步查明厂址区工程地质、水文地质条件和主要岩土工程问题，初步排除颠覆性因素，对厂址的适宜性、场地稳定性、主要建（构）筑物地基条件进行初步评价，为厂址比选提供依据。

初可研勘察岩土工程分析评价的主要内容与深度有如下几点：

（1）场地稳定性评价

在收集并分析区域地质资料的基础上，结合本阶段工程地质测绘成果，从区域地壳稳定性，区域构造稳定性及断层的活动性、场地的不良地质作用和地质灾害等方面初步分析、评价场地的稳定性。

（2）地基稳定性评价

在工程地质测绘、钻探、原位测试及物探工作的基础上，根据各候选厂址初步的总平面布置、主要建（构）筑物特征、厂坪标高等，从地质构造、不良地质作用、地基岩性及风化程度、完整程度、结构面特征、岩体的强度及地基承载力等方面初步分析各候选厂址主厂区地基的稳定性，其内容应包括倾覆和滑动分析，并提出初步的处理措施建议。

（3）地基均匀性评价

在地基稳定性分析的基础上初步评价各候选厂址地基的均匀性，重点从岩土层的厚度和物理力学特性在水平方向上的差异等方面初步评价地基的均匀性，并提出初步的处理措施建议。

对沉积岩、变质岩等层状岩层，需要初步进行各向异性分析。

（4）斜坡边坡的稳定性评价

在收集并分析场地地质资料的基础上，结合本阶段工程地质测绘工作，主要应用定性分析的方法对各候选厂址斜坡边坡的稳定性进行初步分析评价，一般采用工程地质类比法和赤平投影法。

测绘工作应初步调查岩层及主要结构面的产状、发育程度及性质等。

（5）场地和地基的地震效应

通过场地的覆盖层厚度、岩土的类型及剪切波速，初步划分建筑场地类别；在初步查明场地岩土工程条件的基础上，根据收集的地震地质资料，结合实测标贯击数，初步进行场地地震液化判别。

（6）厂址比选

厂址比选的主要内容包括：地形地貌、地层岩性、地质构造、不良地质作用、水文地质条件、岩土体工程地质特性、场地稳定性、地基条件、场地类别及地震效应、人工边坡稳定性等。

对各候选厂址的优缺点进行分析，推荐候选厂址顺序，明确存在的问题，并提出下一步开展工作的建议。

2.可行性研究阶段勘察

可研勘察的目的是基本查明厂址区的工程地质条件和岩土工程问题，初步确定岩土参数，进一步评价厂址的适宜性，为核岛定位和总平面布置方案的优化提供依据。

可研勘察岩土工程分析评价的主要内容与深度有如下几点：

（1）场地稳定性评价

充分分析利用可研阶段地震地质成果资料，结合本阶段工程地质测绘成果，从区域地壳稳定性、区域构造稳定性及断层的活动性、场地的不良地质作用和地质灾害等方面进一步分析、评价场地的稳定性。

（2）地基稳定性评价

充分分析利用厂址附近范围地质调查成果资料，在工程地质测绘、钻探、原位测试及物探工作的基础上，根据优化后的总平面布置、主要建（构）筑物特征、厂坪标高等，从地质构造、不良地质作用、地基岩性及风化程度、完整程度、结构面特征、岩体的强度及地基承载力等方面进一步分析反应堆厂房等主要建（构）筑物地基的稳定性，对主要建（构）筑物的地基类型、地基处理方案进行论证，提出建议，必要时可提供初步的地基处理或桩基的设计参数。

场地地基主要岩土层的剪切波速是地基稳定性分析需要重点关注的参数，根据现行《核电厂岩土工程勘察规范》GB 51041，如反应堆厂房等主要建（构）筑物地基剪切波速大于700m/s，地基稳定性可在掌握厂址地质背景的基础上仅做定性分析。

如反应堆厂房等主要建（构）筑物地基剪切波速小于700m/s，地基稳定性分析评价除做定性分析外，还应对地基承载力、变形进行估算分析。

（3）地基均匀性评价

在地基稳定性分析的基础上进一步评价地基的均匀性，重点从岩土层的厚度和物理力学特性在水平方向上的差异等方面初步评价地基的均匀性，并提出初步的处理措施建议。

核电厂地基均匀性评价除应考虑地基岩土体本身力学特性外，还应考虑上部结构对地基特性的要求，本阶段需要基本确定反应堆厂房等主要建（构）筑物基础形式及荷载情况，当基础范围内的岩土层的厚度和物理力学特性在水平方向上有差异，但在上部结构荷载作用下地基不会产生不可接受的不均匀沉降时，可视为均匀地基；当判断为不均匀地基，或地基条件复杂以至均匀性难以判断时，根据需要可提出开展专题研究工作的建议。

（4）场地和地基的地震效应

可研勘察工作针对整个场地进行了大量的钻探、取样试验、工程物探、原位测试等工作，获得了丰富的地层资料和参数，基本查明了场地的覆盖层厚度分布规律，取得的剪切波速值更加精确，在此基础上可进一步划分建筑场地类别，划分对建筑抗震有利、一般、不利和危险地段；根据可研阶段的地震地质成果资料，结合实测标贯击数，进一步进行场地地震液化判别，根据场地的抗震设防烈度和临界等效剪切波速值，进一步判断软土震陷的可能性，并提出初步的处理措施及建议。

（5）斜坡边坡的稳定性评价

在大比例尺工程地质测绘和水文地质调查的基础上，分析场地边坡概况，是否存在自然边坡及人工边坡，通过定性和定量分析的方法进行分析评价，如工程地质类比法、赤平投影法和极限平衡法等，评价其对工程建设的影响，提出初步的治理方案。

本阶段应明确是否存在核安全相关边坡，针对存在的核安全相关边坡和大型常规边坡，在初步评价的基础上，还应提出进行专门的岩土工程勘察的建议。

（6）基坑边坡稳定性分析

在查明场地岩土工程地质条件的基础上，初步分析重要建（构）筑物基坑及其他深基坑的稳定性。

3. 设计阶段勘察

设计阶段勘察针对各建筑地段或具体建（构）筑物开展，主要目的是通过勘探、测试与试验查明岩土的分布特征，确定岩土参数，为设计和施工提出建议。本阶段对地基的稳定性和均匀性的评价工作应按具体建（构）筑物逐一分析评价。

（1）地基稳定性

本阶段对地基稳定性的评价除满足可研勘察的要求外，需根据建（构）筑物的特征和地基条件精确提出地基承载力和变形参数，对软岩地基或第四系地基，需进行建（构）筑物的地基变形计算，当地基受力层范围内有软弱下卧层时，应验算软弱下卧层的地基承载力，以便更有针对性地提出经济合理的地基基础方案。

地基稳定性评价需分析地基产生滑动与倾覆的可能性，主要评价内容为分析地基岩体中是否存在溶洞、地下空洞和可溶盐类，有无采矿和其他地下采空区，是否存在地基塌陷和地基倾覆的危险；根据已有的地表断层、风化带、破碎带以及黏土带等，分析是否存在滑动或斜坡和填土的破坏。

（2）地基均匀性

在地基稳定性分析的基础上进一步评价地基的均匀性，本阶段对地基均匀性的评价除满足可研勘察的要求外，需重点从岩土层的种类和厚度、单轴抗压强度、剪切波速、静弹性模量、变形模量等的差异来评价地基的均匀性。

对软岩地基或第四系地基，判断为不均匀地基，或地基条件复杂以至均匀性难以判断时，根据需要可提出开展专题研究工作的建议。

（3）变形特征与变形参数

对于需进行基础沉降计算的地层，可根据室内试验指标及载荷试验、旁压试验或钻孔弹模试验推荐的岩土体力学参数来估算地基变形，分析沉降变形的均匀性。对于软岩地基，根据设计需求，尚需岩体的现场流变试验。

（4）地基方案建议

根据各建（构）筑物的特征，逐一进行岩土工程分析与评价，对于地基承载力与变形能够满足要求，有可能采用天然地基的工程，优先考虑天然地基。否则应提出桩基方案或地基处理建议。

当建（构）筑物基底或邻近地段存在不良地质现象或特殊性岩土时，应对地基的影响进行分析评价，并提出具体的工程措施建议。

需进行地基处理时，要论证处理的方法及其适宜性，对处理范围提出建议，对处理效果进行预测，并针对地基处理施工提出岩土工程方面的重点注意事项。

需要采用桩基时，要对桩基类型、桩端持力层和桩基施工工艺等提出具体建议，并提供各有关岩土层的极限侧阻力与极限端阻力标准值等桩基设计参数，并根据具体情况进行桩基承载力计算和桩基沉降计算及其他必要的验算等，在计算桩基承载力时还需考虑可能存在的负摩阻力的影响。

（5）场地地震效应评价

本阶段的场地地震效应评价工作可按核安全相关建筑地段和常规建筑地段分类。对于常规建（构）筑物，需根据现行《建筑抗震设计规范》GB 50011 进行液化判别，对于核安全相关建（构）筑物，还需根据现行《核电厂抗震设计标准》GB 50267 进行液化判别；如建筑场地存在软土，在可研勘察评价的基础上核实软土震陷的可能性。如存在地基土液化或震陷时，需提出相应的地基处理措施和建议。

（6）基坑边坡稳定性分析

在查明地下水的埋藏条件及变化规律和收集的勘察场地历年气象、水文资料的基础上，分析场地平整后水文地质条件的变化，评价地表水、地下水对基坑开挖及施工可能产生的影响；提供各建筑地段抗浮设计水位，为基坑开挖降水设计提供参数，提出基坑开挖降排水、截水及其他地下水控制方案的建议。分析和评价基坑开挖形成的人工边坡的稳定性，提出基坑边坡支护的方案建议，并提供基坑设计所需的岩土参数。

（7）本阶段需对工程施工和使用期间可能发生的岩土工程问题或环境地质问题进行预测，提出监控和预防措施的建议，对可能存在的补充勘察、工程施工期间的现场检验和监测提出建议。

参考文献

[1] 中华人民共和国住房和城乡建设部. 岩土工程勘察规范 (2009 年版)：GB 50021—2001[S]. 北京：中国建筑工业出版社, 2009.

[2] 中华人民共和国住房和城乡建设部. 核电厂岩土工程勘察规范：GB 51041—2014[S]. 北京：中国计划出版社, 2015.

[3] 王中平，戴联筠. 核电厂岩土工程勘察阶段划分及若干问题讨论[J]. 电力勘测设计, 2014, 6(3):13-18.

[4] 中华人民共和国住房和城乡建设部. 核电厂工程地震调查与评价规范：GB/T 50572—2010[S]. 北京：中国计划出版社, 2010.

[5] 中华人民共和国住房和城乡建设部. 核电厂抗震设计标准：GB 50267—2019[S]. 北京：中国计划出版社, 2020.

[6] 国家能源局. 水电工程边坡设计规范：NB/T 10512—2021[S]. 北京：中国水利水电出版社, 2021.

第 11 章　电力工程岩土工程勘察

11.1　电力工程的类型和分级

电力工程是指与电能的生产、输送、分配有关的工程。本章中的电力工程包括火力发电厂、输电线路、变电站与换流站及可再生能源项目（风电场、太阳能热发电厂、光伏发电站）等。

11.1.1　火力发电厂

火力发电工程项目是以燃烧燃料（包括固体、液体和气体燃料）产生热能生产电能的工程项目。

1. 火力发电厂的分类

火力发电厂按使用的燃料分类，可分为燃煤火电厂、燃油火电厂、燃气火电厂（亦称燃机电厂）。燃烧垃圾、生物质及工业废料的发电厂，通常统一简称为火电厂。

一般来说，单机容量 125MW 以下为小型火力发电厂，单机容量 125MW 及以上为大中型火力发电厂，单机容量 300～1000MW 为国内火力发电厂建设的主要机组。

2. 厂址与厂区建（构）筑物

火力发电厂厂址是指满足发电厂建设和独立生产运行的所有建（构）筑物所占用的场地。包括发电厂的厂区、取排水、码头及贮灰场在内的各建（构）筑物场地（铁路专用线除外）。

火力发电厂厂区建（构）筑物的功能分区有主厂房地段、电气建筑地段、水工建筑地段、运煤建筑地段、除灰建筑地段、脱硫建筑地段、辅助及附属生产建筑地段等。

"高、大、重、深"为火力发电厂主要建（构）筑物的明显特点。大型火力发电厂主厂房、烟囱、冷却塔等规模巨大，烟囱一般高度可达 240m，具有基础埋藏深、荷重大，且荷载分布不均匀，对地基承载力要求较高，对地基差异沉降十分敏感等特点，是岩土工程勘察工作的核心。

3. 火力发电厂建（构）筑物安全等级

火力发电厂建（构）筑物安全等级见表 2.11-1。

火力发电厂建（构）筑物安全等级　　　　　　　　　　　　　　表 2.11-1

安全等级	建（构）筑物类型
一级	高度不小于 200m 且单机容量不小于 300MW 级机组的烟囱、主厂房悬吊煤斗、汽机房屋盖的主要承重结构
二级	除一级、三级以外的其他生产建筑、辅助及附属建筑物
三级	围墙、自行车棚、临时建（构）筑物

4. 地基基础设计等级

根据地基复杂程度、建筑物规模和功能特征以及由于地基问题可能造成的建筑物破坏或影响正常使用的程度，将发电工程地基基础分为三个设计等级，见表 2.11-2。

发电工程地基基础设计等级　　　　表 2.11-2

设计等级	建筑物名称
甲级	主厂房（包括汽轮发电机基础、锅炉构架基础、燃机基础）、集中（主）控制楼、网络通信楼、220kV 及 220kV 以上的屋内配电装置楼、GIS 开关站、开关站（网络）控制楼、GIL 电气高压廊道、高度 200m 及 200m 以上的烟囱、淋水面积大于或等于 10000m² 的自然通风冷却塔、岸边水泵房（软弱地基）、空冷器支架、封闭式煤场、贮煤筒仓、跨度大于 30m 的厂房建筑、场地及地质条件复杂的建（构）筑物
乙级	除甲级、丙级以外的其他生产建筑、辅助及附属建筑物
丙级	检修间、材料库、危险品库、汽车库、材料棚库、推煤机库、警卫传达室、厂区围墙、自行车棚、汽车衡及临时建筑

11.1.2　输电线路

电力线路分为输电线路和配电线路。由发电厂向电力负荷中心输送电能的线路以及电力系统之间的联络线称为输（送）电线路，架设于变电站（开关站）与变电站之间。由电力负荷中心向各个电力用户分配电能的线路称为配电线路。输电线路是电力系统的重要组成部分，它担负着输送和分配电能的任务。

1. 输电线路的分类

（1）按电能性质：分为交流输电线路和直流输电线路。交流输电线路是以交流电流传输电能的线路，直流输电线路是以直流电流传输电能的线路。

（2）按电压等级：分为输电线路和配电线路。

（3）按结构形式：分为架空线路和电缆线路。架空输电线路是指用绝缘子和杆塔将导线架设于地面上的电力线路，为本章中介绍的内容。电缆线路采用城市地下综合管廊、电缆隧道等地下结构埋设于岩土介质中，与架空输电线路相比，其勘察工作的内容与深度要求高，可按地下工程勘察的相关标准开展。

2. 输电线路的分级

输电线电压等级一般在 35kV 及以上，目前我国输电线路的电压等级有 35kV、66kV、110kV、154kV、220kV、330kV、500kV、750kV、1000kV 交流和 ±400kV、±500kV、±660kV、±800kV、±1100kV 直流。一般来说，线路输送容量越大，输送距离越远，要求输电电压就越高。在我国，通常称 35～220kV 的线路为高压输电线路，330～750kV 的线路为超高压输电线路，大于和等于 800kV 的线路为特高压输电线路。我国配电线路的电压等级有 380/220V、6kV、10kV。

11.1.3　变电站与换流站

1. 变电站

变电站是改变电压的场所，是发电、输电、配电系统中的一个附属站。在电力系统中，变电站是输电和配电的集结点，是电力系统中变换电压、接受和分配电能、控制电力流向和调整电压的电力设施，它通过其变压器将各级电压的电网联系起来。

将整体或局部建设在地下的变电站称为地下变电站，分为全地下变电站和半地下变电站。

地上变电站中的主要设备及建（构）筑物地段有主要设备及生产建筑物、附属生产建筑物及辅助生产建筑物。主要设备及生产建筑物包括主控通信（综合）楼、继电器小室、站用电室、主变压器、高压并联电抗器、配电装置等。附属生产建筑物包括备品备件库、警卫传达室等。辅助生产建筑物包括综合水泵房、深井泵房、雨淋阀间/消防泡沫间、消防小室等。

2. 换流站和接地极

换流站是指在高压直流输电系统中，为了完成将交流电变换为直流电或者将直流电变换为交流电的转换，并达到电力系统对于安全稳定及电能质量要求而建立的站点。而接地极一般是指埋入大地以便与大地连接的导体或几个导体的组合，接地极就是与大地充分接触，实现与大地连接的电极。

换流站和接地极中的主要建（构）筑物地段有换流站主要生产建筑物、附属生产建筑物、辅助生产建筑物及接地极。换流站主要生产建筑物包括阀厅、控制楼、继电器小室、GIS 室、户内直流场、站用电室等。换流站附属生产建筑物包括综合楼、检修备品库、专用品库、车库、换流变检修车间、警卫传达室等。换流站辅助生产建筑物包括综合水泵房、深井泵房、雨淋阀间、消防泡沫间等。接地极包括极圈、中心塔、分支塔等。

3. 建（构）筑物结构安全等级

变电站、换流站建（构）筑物的结构安全等级可按表 2.11-3 确定。

变电站、换流站建（构）筑物结构安全等级　　　　　　　　表 2.11-3

安全等级	建（构）筑物名称
一级	500kV 及以上变电站、串补站、换流站的主要结构（如主控通信楼、500kV 及以上屋外配电装置构架及设备支架、串补平台、阀厅、主（辅）控制楼、500kV 及以上 GIS 室、户内直流场等）
二级	除一级以外的其他建（构）筑物

11.1.4　可再生能源项目

可再生能源包括太阳能、水能、风能、生物质能、波浪能、潮汐能、海洋温差能、地热能等。这些能源在自然界可以循环再生，取之不尽，用之不竭，是清洁、绿色、低碳的能源。本章介绍的内容包括风电场、太阳能热发电厂、光伏发电站。风力发电是指利用风力发电机组直接将风能转化为电能的发电方式，是目前可再生能源中技术最成熟、最具有规模化开发条件和商业化发展前景的发电方式之一。太阳能发电是将太阳能转变成电能的一种发电方式，一般包括两大类型：一类是太阳能光伏发电，另一类是太阳能光热发电。

1. 风电场

风电场为有若干台风力发电机组或几个风力发电机组群组成的利用风能发电的电站，包括风电场内的风电机组、塔架、塔架基础、集电线路、道路、变电站及附属建（构）筑物等部分。风电场分为陆上风电场和海上风电场。全球风电场以陆上风电场为主，但海上风电场的建设正在加速。从陆上机型来说，我国新增装机已经逐渐进入 3～6MW 或以上功率区间；从海上机型来说，主力机型从 8～10MW，未来向 20MW 或 30MW 更大功率等级的海上风电机组发展。

根据风电机组的单机容量、轮毂高度和地基复杂程度等将风电机组地基基础设计划分为甲级、乙级和丙级，见表 2.11-4。

风电机组地基基础设计等级　　　　　　　表 2.11-4

设计等级	单机容量、轮毂高度、地基类型
甲级	单机容量大于等于 2.5MW； 轮毂高度大于 90m； 复杂地质条件或软土地基； 极限风速超过 IEC Ⅰ 类风电机组； 海上风电机组基础
乙级	介于甲级、丙级之间的地基基础
丙级	单机容量小于等于 1.5MW； 轮毂高度小于 70m； 地质条件简单的岩土地基

注：1. 设计等级按表中指标分属不同等级时，应按最高等级确定；
　　2. 采用新型基础时，设计等级乙级、丙级的宜提高一个等级。

2. 太阳能热发电厂

太阳能光热发电是通过聚集太阳能并通过热力过程将太阳直接辐射转化为电能的设施，一般由集热场、发电区构成。目前，光热发电有塔式、槽式、菲涅尔式和碟式四种形式，常见的为塔式发电和槽式发电两种。

（1）塔式太阳能光热发电站，集热场是由定日镜和位于高塔上的吸热器组成的太阳能光热发电站。

（2）槽式太阳能光热发电站，集热场是由槽式集热器及其连接组成的太阳能光热发电站。

（3）太阳能碟式发电站也称盘式系统，主要特征是采用盘状抛物面聚光集热器。

（4）菲涅尔式光热发电技术可以称之为是槽式技术的特例，其基本原理与槽式技术类似，与槽式技术的不同之处在于，其使用平面反射镜。

光热电站建（构）筑物的安全等级按表 2.11-5 确定。根据地基复杂程度、建筑物规模和功能特征以及由于地基问题可能造成建筑物破坏或影响正常使用的程度，光热电站地基基础设计等级按表 2.11-6 确定。

光热电站建（构）筑物的安全等级　　　　　　　表 2.11-5

安全等级	建（构）筑物类型
一级	高度不小于 150m 的吸热塔
二级	除一、三级以外的其他生产建筑、辅助及附属建（构）筑物
三级	围墙

光热电站地基基础设计等级　　　　　　　表 2.11-6

设计等级	建筑物名称
甲级	汽机房（包括汽轮发电机基础）、集中控制楼、熔融盐罐及换热器基础、屋内配电装置室、高度大于或等于 100m 的吸热塔、淋水面积大于或等于 10000m² 的自然通风冷却塔、空冷凝汽器支撑结构、场地及地质条件复杂的建筑物、高边坡等
乙级	定日镜基础，除甲、丙级以外的其他生产建筑、辅助及附属建筑物
丙级	检修间、材料库、汽车库、材料棚库、警卫传达室、围墙及临时建筑

3. 光伏发电站

光伏发电是太阳能光发电的最常见形式。光伏发电工程是利用光伏组件将太阳能转换为电能，并与公共电网有电气连接的工程实体，由光伏组件、逆变器、线路等电气设备、监控系统和建（构）筑物组成。

光伏电站站区主要由太阳能电池板阵列区及管理区组成。光伏阵列区主要为光伏支架、箱式变压器，管理区主要有生产综合楼、综合配电室、生活水泵房、生活污水处理装置、配电装置及主变压器等建（构）筑物。

11.2　火力发电厂岩土工程勘察

11.2.1　勘察要求与阶段划分

1. 基本要求

查清影响发电厂厂址安全性的构造地质作用、不良地质作用、人类活动影响，以及与发电厂各类建（构）筑物地基基础设计、施工和运维有关的岩土结构、岩土性质、地下水条件等工程地质条件，为确定厂址及发电厂的岩土体整治和利用提供依据。

2. 勘察阶段划分

勘察阶段的划分与设计阶段相适应，可分为初步可行性研究阶段勘察、可行性研究阶段勘察、初步设计阶段勘察、施工图设计阶段勘察四个阶段。对于复杂的工程地质条件或有特殊施工要求的重要建（构）筑物，必要时应进行施工勘察。

11.2.2　火力发电厂的厂址选择

1. 生态方针

火力发电厂厂址选择与工程勘察直接关联的内容有：水源、地形、地质、地震、水文、气象、环境保护、贮灰场、电力出线走廊等许多方面。遵循的生态方针是：节约集约用地，宜利用非可耕地、劣地和荒地，不应占用基本农田，减少拆迁及人口迁移，宜保持原有水系、森林、植被，避免高填深挖，减少土石方和防护工程量。

2. 避选场地

火力发电厂厂址不应选择在发震断裂地带、强烈岩溶发育区以及滑坡、泥石流等地质灾害易发区。单机容量为 300MW 及以上或全厂规划容量为 1200MW 及以上的发电厂，不宜建在 50 年超越概率 10%的地震动峰值加速度为 0.40g、地震基本烈度为Ⅸ度的地区。

火力发电厂厂区应避开采空区影响范围，确实无法避开时，在可行性研究阶段应进行地质灾害危险性评估工作，综合评价地质灾害危险性的程度，提出建设场地适宜性的评价意见，并需采取相应的防范措施。

3. 全新活动断裂避让

火力发电厂厂址与全新活动断裂的避让距离应根据断裂的等级、规模、产状、活动性、覆盖层厚度、场地地震动参数或地震烈度等因素综合分析确定。厂址遇非全新活动断裂，可不采取避让措施，当断裂埋藏较浅、破碎带发育时，可按不均匀地基处理。

厂址与全新活动断裂间的安全距离及处理措施：

（1）当为强烈全新活动断裂，地震基本烈度为Ⅸ度时，宜避开断裂 1200m；地震基本烈度为Ⅷ度时，宜避开断裂 800m，且厂址宜选择断裂下盘建设。

（2）当为中等全新活动断裂时，宜避开断裂 400m。

（3）当为微弱全新活动断裂时，厂址不应跨越断裂。

11.2.3　初步可行性研究阶段勘察

1. 勘察的主要任务

对拟选厂址的稳定性和地基条件进行基本评价，提出适宜或不适宜建厂的意见，推荐两个或两个以上场地相对稳定、工程地质条件较好的厂址。本阶段提出"适宜建厂"的厂址，在下阶段不应成为"不适宜建厂"的厂址。

2. 勘察的主要内容

勘察工作以搜集资料和现场踏勘调查为主，必要时可进行工程地质调查或测绘、工程遥感、工程物探及适量的勘探工作。如对一些影响厂址成立与否的活动断裂、特殊性岩土、不良地质作用等重大工程地质问题，需作出定性结论时，可考虑进行适量勘探工作。

初步可行性研究阶段岩土工程勘察的主要内容为：

（1）了解各拟选厂址区的区域地质、区域构造、地震活动情况和厂址附近断裂分布情况，提供厂址区的地震动参数，对厂址稳定性作出基本评价。

（2）初步了解各厂址区地层岩性、地质构造、成因类型及分布特征，对工程拟采用的地基类型提出基本意见。

（3）调查了解各厂址区及其附近地形地貌特征、不良地质作用及危害程度，并提出防治或避开的建议。

（4）调查了解各厂址区地下水埋藏条件及对场地的影响。

（5）了解各厂址区及其附近矿产分布、开采和规划情况。

（6）初步分析各厂址区环境地质问题，以及对工程建设的影响。

（7）对饱和砂土和粉土的地震液化可能性做出初步评价，评价厂址地形、地貌及地质条件对建筑抗震的影响，划分建筑抗震地段。

11.2.4　可行性研究阶段勘察

1. 勘察的主要任务

在初步可行性研究勘察的基础上，对筛选出的两个或两个以上厂址进一步开展勘察工作，查明各厂址建厂条件方面的岩土工程问题，确保所推荐厂址不致出现颠覆性或重大地质问题，并在后续勘察中不致得出相反的结论。着重解决的技术问题有：

（1）对厂址稳定性有影响的断裂、不良地质作用等作出最终评价。

（2）进一步对场地和环境岩土工程条件作出评价，分析工程建设可能引起的地质环境问题。

（3）分析评价地基基础形式，对拟采用的人工地基或桩基方案进行经济技术方面的分析论证，考虑不同等级建（构）筑物要求，提出 1～2 种方案供工程选择采用。

（4）对厂区总平面布置提出建议意见，推荐岩土工程条件较优的厂址。

2. 勘察的主要内容

可研勘察应适量布置勘探工作，以初步查明场地地层岩性及其分布，场地条件复杂时可辅以工程遥感和工程物探。当厂址场地及其附近存在对工程安全有影响的不良地质作用或地质灾害时，应进行专门勘察或专题研究。岩土工程勘察的主要内容为：

（1）收集厂址区的地形地貌、区域地质、地震地质和区域水文地质资料，并对厂址附近断裂及其活动性进行评价。

（2）初步查明厂址及附近区域的不良地质作用，并对其危害程度和发展进行分析，需要时提出防治的初步方案。

（3）初步查明厂址范围内地层成因、时代、分布及各层岩土的主要物理力学性质、地下水赋存条件，以及场地水、土对建筑材料的腐蚀性。

（4）提供厂址区的地震动参数。

（5）搜集矿产资料及邻近工程的压矿评估报告，了解有无压矿情况以及采矿对厂址稳定性的影响，并研究和预测可能影响厂址稳定的其他环境地质问题。

（6）调查了解厂址区土壤标准冻结深度或最大冻结深度。

（7）当工程需要进行场地和地基处理或采用桩基时，应进行方案论证并提出建议。

3. 勘探工作量布置

（1）厂区按场地的复杂程度布置勘探点，勘探点、勘探线间距应能控制场地岩土条件的变化。勘探点通常按网状布置并兼顾总平面布置，控制拟建厂区的范围。对简单场地，可以采用较大的勘探点间距，大部分平原电厂的勘探点间距在 150～300m。对中等复杂和复杂场地，各地貌单元应有适量勘探点，山区电厂勘探点间距在 100～200m。

（2）厂区勘探点深度按场地复杂程度和机组容量大小确定，控制性勘探孔深度应满足有可能采用的不同地基基础方案对沉降变形验算的要求。对简单的中、小型电厂场地，勘探孔深度一般为 20～30m；中等复杂以上的大、中型电厂场地，勘探孔深度一般为 30～40m；1000MW 大型机组场地可达到 40～60m；滨海电厂勘探点深度一般为 40～60m，个别达 80～100m。当预定深度内遇基岩、稳定的坚硬地层或软弱地层时，勘探深度应适当调整。

（3）对取水建（构）筑物和贮灰场地段，应进行工程地质测绘或调查，必要时宜布置一定数量的勘探工作。勘察工作应着重评价取水建筑物的岸边稳定性，分析贮灰场可能产生的环境地质问题，提出山谷灰场坝轴线位置建议。

4. 区域地质稳定性及地震效应

（1）分析评价区域地质稳定性，明确活动断裂对厂址稳定性的影响，避让距离应根据断裂的等级、规模、性质、覆盖层厚度、地震烈度等因素，满足第 11.2.2 节的要求。

（2）依据《中国地震动参数区划图》GB 18306—2015 提供各厂址 II 类场地基本地震动峰值加速度和基本地震动反应谱特征周期。

（3）根据厂址区地形地貌及地质条件，划分对建筑抗震有利、一般、不利和危险地段。厂址宜选择对建筑抗震有利的地段；对不利地段，应提出避开要求，当无法避开时应提出专门研究的建议，并采取有效的措施；对危险地段，不应布置重要建（构）筑物。尚应评价地震作用下发生滑坡、崩塌或塌陷的可能性，对饱和砂土和粉土的地震液化可能性作进一步研究，并评价其液化等级。

11.2.5　初步设计阶段勘察

1. 勘察的主要任务

在可研勘察工作基础上进一步查明厂址的工程地质条件、岩土特性及不同地段的差异，为最终确定发电厂建筑总平面布置、建（构）筑物地基基础方案设计、不良地质作用的整治、原体试验等提供岩土工程勘察资料，推荐适宜的地基处理或桩基方案，并对其他岩土体整治工程进行方案论证。

2. 勘察的主要内容

（1）查明场地的地形地貌和地层的分布、成因、类别、时代及岩土物理力学性质，提出地基基础方案初步设计所需岩土参数。

（2）查明不良地质作用的成因、类型、范围、性质、发生发展的规律及危害程度等，并对其整治方案进行论证。

（3）查明地下水的埋藏条件及变化规律，分析地下水对施工可能产生的影响，提出防治措施，并评价建筑场地地下水和岩土层对建筑材料的腐蚀性。

（4）查明可能对建（构）筑物有影响的天然边坡或人工开挖边坡地段的工程地质条件，分析评价其稳定性，并对其处理方案进行论证。

（5）提供场地地震动参数，对饱和砂土和饱和粉土进行地震液化判定与评价，并确定液化等级，当存在差异时应进行分区。

（6）对复杂场地的厂址进行工程地质分区、分带（或分段）。

3. 勘探工作量布置

厂址区勘探点、线、网的布置应符合下列规定：

（1）勘探线应垂直地貌分界线、地质构造线及地层走向，并应考虑建筑坐标的方向。

（2）勘探点沿勘探线布置，每一地貌单元应有勘探点，同时在地貌和地层变化处应加密勘探线或勘探点。

（3）平原地区的厂址可按方格网布置勘探点。

（4）勘探点的布置应结合主要建（构）筑物位置确定，在主要建（构）筑物范围内可适当加密勘探点，并应考虑建（构）筑物总平面布置变动的可能性。

对厂区内不同工程地质分区，根据各分区场地（或地基）的复杂程度，分别采用不同的勘探线、勘探点间距，可按表 2.11-7 确定。厂区勘探点深度可按表 2.11-8 确定。

初步设计阶段厂区勘探线、勘探点间距　　　　　　　　表 2.11-7

场地复杂程度	勘探线间距/m	勘探点间距/m
复杂	50～70	30～50
中等复杂	70～150	50～100
简单	100～200	80～150

初步设计阶段厂区勘探点深度　　　　　　　　表 2.11-8

机组容量/MW	一般性勘探孔/m	控制性勘探孔/m
125～200	15～25	25～40
300～600	25～35	40～60
800～1000	35～45	≥60

注：勘探孔深度从预计整平地面算起。

11.2.6　施工图设计阶段勘察

1. 勘察的主要任务

施工图设计阶段建筑物总平面布置、地基基础形式、基础埋深、建筑物荷载、地基持力层、桩端持力层等已经确定。勘察应根据不同建筑地段的类别、特点、重要性及已确定的地基基础方案和不良地质作用防治措施，详细评价各建筑地段的工程地质条件和岩土特性，并为其地基基础和不良地质作用整治的设计、施工提供所需的岩土工程资料。

2. 勘察的主要内容

（1）查明各建筑地段的地基岩土类别、层次、厚度及沿垂直和水平方向的分布规律。

（2）提供地基岩土承载力、抗剪强度、压缩模量等物理力学性质指标及地基基础设计所需计算参数。

（3）查明各建筑地段地下水埋藏条件、水位变化幅度与规律。当需降水时，应提供地层渗透性指标，提出地下水控制设计相应建议。

（4）分析地基土及地下水在建筑物施工和使用期间可能产生的变化及其对工程的影响。

（5）分析和预测由于施工和运行可能引起的地质环境问题，并提出防治措施建议。

（6）对需进行沉降计算的建（构）筑物，提供地基变形计算参数，必要时进行建（构）筑物沉降计算。

（7）对深基坑开挖尚应提供稳定计算和支护设计所需的岩土参数，论证和评价基坑开挖、施工降水等对邻近建（构）筑物的影响。

（8）当基础需考虑动力作用时，应提供地基土的动力特性指标。

3. 勘探工作量布置

勘探点的布置根据建（构）筑物的类别及建筑场地的复杂程度确定。对于主要建（构）筑物及需要做变形计算的部分附属、辅助建（构）筑物，应按主要柱列线、轴线及基础的周线布置勘探点；对于其他建（构）筑物可按轮廓线或建筑群布置勘探点。复杂场地的勘探点布置应适当加密，必要时尚应逐基勘探。当条件适宜时，宜选择代表性地段布置适量的探井或探槽。

勘探点的深度一般需符合下列要求：

（1）对按地基承载力控制设计的地基，勘探深度以控制地基主要受力层为原则。当基础底面宽度不大于 5m 时，条形基础的勘探深度不小于基础宽度的 3 倍，独立基础勘探深度不小于基础宽度的 1.5 倍。勘探深度在基础底面以下均不小于 5m。

（2）对尚需进行变形验算的地基，控制性勘探点的深度应超过地基沉降计算深度。

（3）对于岩石地基勘探深度应根据岩石的性质、风化程度及稳定性确定。

（4）当采用地基处理、桩基础或其他深基础时，勘探点深度应满足设计和相应标准的要求。

11.2.7　扩建与改建项目勘察

火力发电厂普遍施行一次规划分期建设的模式，期次以 3~5 期最为常见，建设年限为 10~20 年甚至更长。

部分火力发电厂由于技术升级或生态环保要求等原因，采用在原址拆旧更新、拆小建大或以大代小（机组容量）的方式进行改建。

少数火力发电厂因场地受限、改善环境等原因，以原电厂的名义在异地另选厂址立项开展改建或扩建，此种情形应按新建电厂的勘察要求开展工作。

原址扩建或改建项目的勘察阶段通常会有简化。

1. 勘察前宜取得的资料

（1）前期勘察资料和审查文件。

（2）前期大型岩土试验、原体试验和专项课题成果文件。

（3）前期地基基础施工图设计文件和审查文件。

（4）前期地基基础施工验槽资料。

（5）前期地基基础施工检测与验收资料。

（6）前期工程运行期建（构）筑物沉降变形观测及地下水位动态、边坡（或滑坡）和灰坝等监测资料。

（7）前期工程地下管沟（如用于地下电缆、供气、输水、排洪等）布置图。

2. 勘察方案策划

根据扩建与改建项目的特点和勘察任务要求，在认真分析已有各种资料和岩土工作成败得失的基础上策划勘察方案，需要重点关注以下事项：

（1）场地地震动参数的变化情况。

（2）技术标准的更新或新标准颁布实施后相关技术条文的变化，建设政策形势的变化。

（3）业主需求的变化、设计条件与要求的变化，如采用地基基础处理新方法对勘察提出的新要求。

（4）岩土技术水平的变化，如采用勘探测试新技术、新设备。

（5）进行现场踏勘，调查场地建设环境的变化情况，深入了解现场勘察条件与建设环境。对前期有大挖大填的场地，通过新旧地形图对比，初步确定填方区的分布空间；对靠近厂房扩建端和供排水管道渗漏处，对地基岩土含水状态与地下水分布需要细致研究。

（6）充分利用或引用前期勘探测试成果，进行必要的验证，查漏补缺布置新的勘探测试工作，在地形地貌地质结构相近的情况下，可较新工程减少勘察工作量。

3. 勘察技术重点

（1）地层岩性分布和性能指标与前期资料的吻合性、分异性和变化性。

（2）岩土问题分析评价建议的针对性、精准性、补缺性、优化性。

（3）通常沿用前期地基分层、评价与工程对策方案，若有显著不同或颠覆事项需要深入论证并与相关方沟通，勘察报告需要专门说明。

（4）对地下水位的升降需要查明现状，分析原因，预测其变化趋势及对地基和施工的不利影响。

（5）勘探点布置需避开管沟等地下障碍物，有条件时，可采用仪器探测或挖掘予以查明或揭露。

（6）改建项目需要关注前期地基基础方案的空间影响范围、地基岩土性能趋好或劣化程度及范围，以及利用前期地基基础的可能性、优缺点和后续施工影响等。

（7）分析建议地基处理方案或桩基方案时，要考虑现有场地环境条件、最新政策要求以及对前期工程和周边建筑设施的不利影响。

（8）扩建建（构）筑物紧挨前期建（构）筑物时，对基坑开挖、地基处理、桩基及降水等施工对已有建（构）筑物和设备的安全影响需要进行专门的勘察研究。

11.2.8　各建（构）筑物地段岩土工程勘察要求

各建（构）筑物地段岩土工程勘察要求，可扫描二维码 M2.11-1 阅读相关内容。

M2.11-1

11.3　输电线路岩土工程勘察

11.3.1　勘察要求与阶段划分

1. 基本要求

输电线路的选线勘察视工程要求可分可行性研究和初步设计两个阶段递进展开也可阶段合并进行，主要任务是查明拟选线路走廊对路径方案影响较大的工程地质条件和主要岩土工程问题；施工图定位阶段岩土工程勘察应详细查明塔基及周围的岩土性能特征和相关参数，评价施工、运行中可能出现的岩土工程问题。各阶段的岩土工程勘察均应提出岩土工程评价和建议，为线路路径选择、杆塔基础设计与治理、施工等提供岩土参数和建议。

2. 勘察阶段划分

勘察阶段的划分与设计阶段相适应，可分为可行性研究阶段勘察、初步设计阶段勘察和施工图设计阶段勘察三个阶段。对工程地质条件复杂，且采用常规勘察工作无法查明塔基的岩土条件时，尚需进行施工勘察。

11.3.2　可行性研究阶段勘察

1. 勘察主要任务

主要任务是为论证拟选线路路径的可行性与适宜性提供所需的勘察资料。本阶段以搜集资料为主，初步了解线路拟经过地区的地形地貌特点，岩土特性与分布特征，地下水分布发育条件，矿产种类、分布特点及开采现状，区域内存在的不良地质作用种类与分布范围等内容。本阶段主要核心问题是确保线路路径的可行性与适宜性，路径方案不存在颠覆性或重大工程地质问题。

2. 勘察主要内容

可研勘察可在调查踏勘的基础上布置少量勘探工作，以初步查明主要岩土工程问题。根据线路路径的具体情况，提出开展地质灾害危险性评估、压覆矿产评估等专题研究工作的建议。岩土工程勘察的主要内容为：

（1）通过现场调查及搜集资料，初步查明并分析沿线的地形地貌、地层岩性、地质构造、地震地质、不良地质作用和地质灾害、地下水等条件，以及矿产资源的分布情况。

（2）沿线区域岩土条件复杂且不良地质作用和地质灾害发育时，对拟选输电线路区域进行地质遥感调查。

（3）沿线位于高烈度地震区时，重点调查区域活动性断裂的展布及性质，并分析断裂活动性及地震地质灾害对路径的影响。

（4）沿线不良地质作用发育、特殊性岩土及矿产资源分布范围广泛时，进行路径走廊工程地质分区，分析对工程建设的影响，并提出避让或岩土工程整治的建议。

　　3. 勘察工作原则

　　（1）以搜资、踏勘为主，搜集线路沿线区域地质、地震地质、矿产地质、水文地质、工程地质、岩土工程及遥感影像等资料，踏勘调查沿线地形地貌特征、地层岩性及其分布特征，特殊性岩土和不良地质作用的分布、发育状况及其危害性；调查了解沿线地下水的埋藏条件和水土腐蚀性，矿产资源的分布与开采情况等。对地质不利和危险地段提出绕避建议，协同线路设计专业进行分析和调整路径。

　　（2）对于特殊性岩土、特殊地质、重要地段、资料空白区等（如黄土、盐渍土、跨河砂土液化）可根据场地复杂程度布置适量勘探工作。特高压线路应针对工程地质区段布置适量的手段性勘探工作，如钻探、探井、静探等。

　　（3）基于搜资和路径规划情况开展相应的遥感解译工作，形成遥感解译图集与解译汇总资料，对重要区段和遗留问题应提出下步工作建议。

11.3.3　初步设计阶段勘察

　　1. 勘察的主要任务

　　查明对拟选路径方案影响较大的工程地质条件和主要岩土工程问题，对初步选定的线路路径方案进行对比优化、提出重要跨越段及地基基础初步方案分析建议，提供所需的岩土工程资料。

　　2. 勘察的主要内容

　　可对重要区段布置少量勘探工作，以查明主要岩土工程问题。当存在严重影响路径方案的岩土工程问题，采用常规勘察方法不能解决时，应进行专项勘察。专项勘察宜在初步设计勘察阶段完成。初步设计阶段岩土工程勘察的主要内容为：

　　（1）进一步搜集沿线区域地质、矿产资源、地震地质、水文地质、工程地质、环境地质、遥感及地质灾害等相关资料。

　　（2）进一步调查特殊性岩土及不良地质作用和地质灾害的发育分布特征。

　　（3）初步查明沿线地形地貌特征、地层岩性及其分布特征。

　　（4）初步查明沿线地下水的埋藏条件及水土腐蚀性。

　　（5）分区段对路径方案作出岩土工程评价，提出地基基础方案的建议。

　　（6）进一步分析评价重点交叉跨越地段岩土工程适宜性。

　　（7）对确定线路路径起控制作用的不良地质、特殊性岩土、特殊地质条件应判定其类别、范围、性质，并评价其对工程的危害程度、提出避绕或整治对策的建议。

　　3. 勘察工作原则

　　（1）以搜资、踏勘为主，进一步确认线路路径方案，并对重要路径区段、塔位、关键点进行确定，对前期不明晰的岩土工程条件和遗留问题进一步落实。对于场地条件较简单、资料丰富、前期无变更或技术条件无明显变化的工程，本阶段任务可适当简化。

　　（2）基于线路走廊的工程地质区划，根据设计任务需求，对岩土工程条件特别复杂或缺少资料的地段补充布置适量勘探工作，勘探手段以钻探、井探等为主。特殊岩土、特殊地质、特殊设计要求的线路段，勘探工作布置和深度控制应满足初步设计深度。

　　（3）采用遥感技术对拟选线路沿线的地质条件开展针对性解译工作，对疑难点区段应编制遥感解译报告。对于较为复杂或复杂地段、地质灾害发育地段、采空塌陷区等，在路径方案确定条件下应开展专项遥感工作。

（4）当存在对路径方案具有严重影响的滑坡、泥石流、采空塌陷区时，应进行专项勘察或专题研究。

11.3.4　施工图设计阶段勘察

1. 勘察的主要任务

对拟定路径的工程地质和环境地质条件进行逐段逐基勘察确认，评价场地的稳定性，提出地基基础设计、施工及环境整治方面的岩土工程分析建议并提供勘察资料。

2. 勘察的主要内容

（1）查明杆塔处的地形地貌、岩土特性、不良地质作用。

（2）查明杆塔处的水环境以及地下水的类型与埋藏条件，分析地下水对施工、运行的影响。

（3）对影响杆塔地基和基础的特殊性岩土和特殊地质问题进行勘察、分析与评价，对可能造成的环境地质问题分析其危害并提出相应的处理意见。

（4）分析提供地震基本烈度、地震加速度等地震动参数，分析地震次生灾害可能性并提出防范意见。

（5）评价水、土对建筑材料的腐蚀性。

（6）测量大地导电率和杆塔处地基岩土的电阻率。

（7）分析评价地基条件，对杆塔基础形式提出建议。

（8）对施工和运行过程中可能出现的岩土工程技术问题进行预测分析，提出相应建议。

（9）提供设计、施工所需的岩土指标参数和其他岩土工程资料。

3. 勘探点布置

（1）勘探点布置按地貌单元、工程地质分区、电压等级、基础类型以及设计特殊需求等相关因素确定，220kV 及以下线路可参考表 2.11-9，330～750kV 超高压输电线路可参考表 2.11-10，特高压输电线路主可参考表 2.11-11。

220kV 及以下线路施工图阶段勘探点的布置　　　　表 2.11-9

电压等级	勘探点布置主要原则	地貌单元	勘探点数量	勘探点深度
220kV 及以下线路	以现场踏勘调查为主，杆塔基础逐基鉴定。布置适量勘探工作，手段以钎探、小麻花钻、洛阳铲、槽探为主，必要时增加钻探、物探等方法	平原河谷	（1）耐张塔、转角塔、跨越塔及终端塔每塔布置 1 个勘探点；（2）直线段落，简单场地间隔 3～5 基布置 1 个勘探点，中等复杂场地间隔 1～3 基布置 1 个勘探点，复杂场地宜逐基勘探	一般勘探孔深度应达到 $H+(0.5b\sim1.0b)$，其中 H 为基础埋置深度，b 为基础宽度；对于硬质土可适当减少，对于耐张、转角、跨越、终端塔及软土塔基应适当加深
		山地丘陵	（1）基岩裸露区以工程地质调查为主，查明其岩性、产状、裂隙发育程度、风化程度等；（2）基岩埋深较浅的塔位可采取坑（槽）探、小麻花钻、洛阳铲、轻型动力触探等查明覆盖层厚度及下伏基岩特征；（3）覆盖层厚度较大时，可采用物探、井探或轻型钻探等查明岩土条件	以踏勘调查鉴定为主，采用勘探手段时，以查明坚实可用地基持力层分布条件为控制深度

330～750kV 超高压输电线路施工图阶段勘探点的布置　　　　　　表 2.11-10

电压等级	勘探点布置主要原则	地貌单元	勘探点数量	勘探点深度
330～750kV 超高压线路	根据基础类型、地貌单元、工程场地复杂程度布置勘探工作，手段以钎探、小麻花钻、洛阳铲、槽探为主，辅助以钻探、井探、物探、静探等方法	平原河谷	（1）转角塔、耐张塔、终端塔、跨越塔及其他设计有特殊要求的塔位逐基勘探； （2）直线塔和直线转角塔，简单场地间隔 2～3 基塔布置 1 个，中等复杂场地间隔 1～2 基塔布置 1 个，复杂场地逐基勘探； （3）当地质条件特别复杂或设计有特殊要求时，可增加勘探点	（1）直线塔与直线转角塔，勘探深度应达到基础底面以下 0.5～1.0 倍的基础宽度，且不小于 5m； （2）转角塔、耐张塔、终端塔、跨越塔，勘探深度应达到基础底面以下 1.0～1.5 倍的基础宽度，且不小于 8m； （3）在上述勘探深度内如遇软弱土层，或地震可液化土层时，勘探深度应适当加深； （4）在上述勘探深度内如遇基岩，或厚层碎石土等强度高、压缩性低的岩土层，勘探深度可适当减小； （5）拟采用桩基等深基础的塔位，其勘探深度尚应符合现行国家标准《岩土工程勘察规范》GB 50021 的规定
		山地丘陵	（1）基岩埋藏较浅的塔位，可采用钻探、坑探、槽探等方法，查明覆盖层厚度与性质，并应查明下伏基岩的岩性、产状、岩石风化程度； （2）覆盖层较厚且性质较复杂的塔位，应布置适量的勘探与测试工作，以查明岩土的类别与工程特性，工作量可参照平原河谷	参照平原河谷勘探点深度
		戈壁沙漠	间隔 6～8 基塔布置 1 个	勘探深度应达到基础底面以下 1 倍的基础宽度，且不应小于 5m
		深切峡谷	以工程地质调查为主，辅以坑探、槽探、工程物探等方法。重点勘察内容为： （1）斜坡物质组成、高度、坡度，坡面形态、坡面冲沟发育状态和卸荷裂隙发育特征； （2）植被退化、河流冲刷、人类活动等可能改变斜坡临空面的因素； （3）斜坡宏观结构类型、斜坡滑塌区及其影响范围	

特高压输电线路施工图定位阶段勘探点的布置　　　　　　表 2.11-11

电压等级	勘探点布置主要原则	地貌单元	勘探点数量	勘探点深度
特高压输电线路	根据基础类型、地貌单元、工程场地复杂程度，采用"工程地质调查＋勘探"模式，勘探手段以钎探、小麻花钻、洛阳铲、槽探、钻探为主辅以井探、物探、静探等方法	平原河谷	（1）直线塔和直线转角塔，简单场地布置 1 个；中等复杂场地布置 2 个，且宜在呈对角线的两个塔腿位置；复杂场地应逐腿布置勘探点； （2）转角塔、耐张塔、终端塔、跨越塔或其他有特殊设计要求的塔位，布置 2～4 个； （3）地质条件特别复杂的塔位宜增加勘探点	（1）直线塔和直线转角塔，勘探深度不小于 8m，并应满足变形验算要求； （2）转角塔、耐张塔、一般跨越塔和终端塔，勘探深度不小于 12m，并应满足变形验算要求； （3）对桩基、特殊地段、遇软弱土层、特殊土、特殊地质等塔位，应适当加深勘探深度； （4）遇基岩或厚层碎石土等强度高、压缩性低的岩土层时，勘探深度可适当减小
		山地丘陵	（1）基岩裸露塔位，逐基进行工程地质调查，辅助以轻便勘探或物探手段； （2）第四系覆盖塔位，逐基或多腿勘探，必要时应逐腿勘探	（1）第四系覆盖塔位，勘探深度应至基岩面下一定深度，以准确判定覆盖层和下伏岩体的工程特性； （2）当基岩面埋藏较深时，勘探深度可参照平原河谷要求
		戈壁沙漠	逐基勘探＋地质调查＋取样测试	（1）戈壁区勘探深度不宜小于 8m； （2）沙漠区勘探深度应达到基础底面以下 1～1.5 倍的基础宽度至稳定坚实地层

（2）特殊岩土和特殊地质需满足相关勘察标准的基本要求。

（3）部分特殊基础形式如桩基础、岩石锚杆基础的勘测工作布置应满足设计专门要求。

（4）对于特殊地质、极其复杂岩土工程问题可开展施工勘察，如塔基隐伏岩溶、土洞，塔基下有人防空洞、古墓等均需开展施工勘察。

4. 勘察工作原则

1）预计的基础埋置深度并宜下延 2~3m 范围内的各种地质界线、岩土类别及易扰动性均应通过勘探手段准确查明。

2）某些塔基/腿不具备条件只能推断地基结构和地质界线时，应通过冲沟、陡崖、基岩露头及产状、水渠水塘等地质线索和邻近勘探资料综合确定，并应考虑下面因素：

（1）推断的岩土类别与地质界线即使存在误差，但不会导致基础设计方案变更和线路运行稳定。

（2）地下水位的变幅判定，既要考虑季节变化的常规性，也要考虑场所的特殊性和施工的异常性：如季节性河流区域、戈壁绿洲的灌溉农田区域，雪山的坡脚与沿山地带等场所地下水位大幅升降的可能性，施工开挖后长时间放置暴露、毛细水上升和裂隙水的释放造成地下水位上升和地基软化的可能性。

11.4　变电站与换流站岩土工程勘察

11.4.1　勘察要求与阶段划分

1. 基本要求

查明影响建站的不良地质作用、建筑场地或各建（构）筑物地段的岩土结构、岩土性质、地下水等条件，分析评价站址稳定性和适宜性，结合场地和建（构）筑物的特点，提出岩土工程评价和建议，为站址选择、场地整治及地基基础设计、施工等提供岩土参数和建议。

2. 勘察阶段划分

勘察阶段划分与设计阶段相适应，可分为可行性研究阶段勘察、初步设计阶段勘察和施工图设计阶段勘察三个阶段。对于场地较小且无特殊要求的工程可合并勘察阶段。当工程规模小、建筑物平面布置已经确定，且场地或其附近已有岩土工程资料时，可根据实际情况，直接进行施工图勘察。对位于复杂场地的工程，必要时进行施工勘察或专门性的勘察。

11.4.2　可行性研究阶段勘察

1. 勘察的主要任务

可行性研究阶段通常选择两个或两个以上站址开展勘察工作。岩土工程勘察是对各站址方案的稳定性和适宜性做出最终评价，初步确定地基类型，并预测工程建设可能引起的环境地质问题，同时对拟选的站址方案进行比选，推荐工程地质条件较优站址。通过本阶段勘察，应确保推荐站址成立，避免所推荐的站址在以后的勘察阶段出现颠覆结论或有原则性问题。

2. 勘察的主要内容

（1）详细了解和分析各站址区的区域地质构造和地震活动情况，对站址的区域稳定性做出结论性评价，确定站址的地震动参数。

（2）查明站址的地形地貌特征。

（3）初步查明站址及附近不良地质作用，并对其危害程度和发展趋势做出判断。

（4）初步查明站址区的地层岩性类别、成因、时代、分布及主要物理力学性质，地下水的埋藏条件及场地土和水的腐蚀性。

（5）调查站址附近区域矿产分布、规划及开采情况，分析采动对站址稳定性的影响，并预测可能引起的其他环境地质问题。

（6）在季节性冻土地区，提供站址区土的标准冻结深度，必要时提供土的最大冻结深度。

（7）分析论证地基类型，当需要进行地基处理或采用桩基础时对方案进行论证，并提出建议。

（8）根据工程条件，提出开展地质灾害危险性评估、压覆矿产和文物评估以及地震安全性评价等工作的建议。

3. 勘探工作量布置

总体原则是勘探点、线应能控制拟建站址范围，并兼顾总平面布置；简单场地勘探点宜按十字状或网格状布置，中等复杂场地及复杂场地则需按地貌单元布置；勘探线应垂直地貌分界线、地层走向以及地质构造线布设。常规情况下，勘探点数量可根据电压等级和场地复杂程度确定，简单场地不少于 3 个，中等复杂及复杂场地可为 5～9 个。330kV 以下变电站，当已有资料满足本阶段勘察要求时，可不布置勘探点。勘探深度：330kV 以下一般为 10～20m，330～750kV 一般为 20～25m，750kV 以上一般为 25～30m。

对于分布特殊性岩土、不良地质作用以及在规定深度内遇到基岩的站址，变电站与换流站勘探线数量、间距以及勘探点深度可适当调整。

11.4.3　初步设计阶段勘察

1. 勘察的主要任务

初步设计阶段要确定建（构）筑物地基基础形式、地基处理或桩基方案，以及建筑总平面布置方案。岩土工程勘察应为最终确定总平面布置、主要建（构）筑物的地基基础方案设计及不良地质作用的整治措施等提供岩土工程勘察资料和建议。

2. 勘察的主要内容

（1）查明站址区的地形地貌和地层岩性类别、分布、成因、时代及岩土物理力学性质，提出地基基础方案初步设计所需计算参数。

（2）查明不良地质作用的成因、类型、范围、性质、发生的规律，预测其发展趋势及危害程度，提出有关整治措施的意见。

（3）进一步查明地下水的埋藏条件及变化规律，分析地下水对施工可能产生的不利影响，提出防治建议和措施，并评价站址区地下水和地基土对建筑材料的腐蚀性。

（4）确定建筑物场地类别，判别场地和地基的地震效应。

（5）查明对建（构）筑物可能有影响的自然边坡或人工边坡地段的岩土工程条件，分析评价其稳定性，并对其治理方案进行论证。

（6）地下变电站除了需满足地上变电站勘察的一般要求外，同时需重点考虑基坑勘察内容，并初步提出基坑支护方案建议，提供地下水控制及抗浮措施。

3. 勘探点的布置和深度

勘探点、线的布置应能控制站址范围，并兼顾总平面布置，可按表 2.11-12 确定。变电站勘探点深度可按表 2.11-13 确定，换流站勘探点的深度可按表 2.11-14 确定。

初步设计阶段勘探线和勘探点间距 表 2.11-12

场地复杂程度	勘探线间距/m	勘探点间距/m
简单场地	80～200	70～120
中等复杂场地	75～150	50～100
复杂场地	50～100	≤60

变电站初步设计阶段勘探点深度 表 2.11-13

电压等级	一般性勘探点/m	控制性勘探点/m
330kV 以下	8～10	10～15
330～750kV	10～15	15～20
750kV 以上	15～25	20～30

换流站初步设计阶段勘探点深度 表 2.11-14

电压等级	一般性勘探点/m	控制性勘探点/m
±400kV、±500kV、±660kV	10～15	15～20
±800kV	15～25	20～30

地下变电站勘探点间距一般为 30～50m，当地层变化较大时，应增加勘探点。勘探点的深度应根据基坑支护结构设计、土体及整体稳定性验算和地下水控制设计的要求确定，同时应满足地基强度和变形计算要求，通常为 1.5～2 倍开挖深度，若站址区存在软土，则勘探点深度宜为 2～3 倍开挖深度，必要时尚需穿透软土层。

11.4.4 施工图设计阶段勘察

1. 勘察的主要任务

对各建（构）筑物地基做出岩土工程最终勘察评价，提供设计、施工所需的岩土参数和岩土工程资料。对地基基础形式、地基处理、基坑支护、工程降水以及不良地质作用的整治等提出建议，并对工程建设可能引起的环境地质问题做出预测。

2. 勘察的主要内容

（1）查明各建（构）筑物的地基岩土类别、层次、厚度、垂直和水平方向的分布规律及工程性质，分析评价地基的稳定性和均匀性。

（2）查明各岩土层的物理力学特性，提供岩土的地基承载力特征值、抗剪强度、压缩模量等指标及人工地基、桩基础等地基基础设计所需计算参数。

（3）查明各建筑地段地下水埋藏条件，提供水位及变化幅度。

（4）查明不良地质作用的类型、成因、分布范围，分析发展趋势和危害程度，提出整治方案建议。

（5）分析和预测施工过程中可能引起的环境地质问题，并提出防治措施及建议。

（6）地下变电站岩土工程勘察尚应重点查明基坑开挖影响范围内的岩土物理力学性质和地下水条件，对基坑开挖稳定性进行分析与评价，为基坑支护设计和确定施工方案提供资料和建议。

3. 勘探点布置

根据建（构）筑物特点和场地复杂程度确定，以满足查明各建筑地段的地层结构、性质及均匀性评价要求。地下变电站尚应满足不同支护类型结构设计的需要，在开挖边界向外扩展开挖深度的 1～2 倍范围内布置勘探点，当开挖边界外无法布置勘探点时，应通过调查取得相应的资料。对于深厚软土区，勘察范围尚应适当扩大。勘探点布置要点：

（1）控制楼、配电装置楼的勘探点沿基础柱列线、轴线或轮廓线布置，勘探点间距宜为 30～50m，且每个单体建筑的勘探点数量不少于 2 个。

（2）每台变压器区域的勘探点数量不少于 1 个。

（3）构架、支架场地结合基础位置按格网布置，勘探点间距为 30～50m。

（4）其他建（构）筑物地段根据场地条件及建（构）筑物布置按建筑群布置勘探点。

（5）控制性勘探点的数量按场地复杂程度确定，且不少于勘探点总数量的 1/3，主要建筑物或对地基变形敏感的建（构）筑物应布置控制性勘探点。

（6）地下变电站勘探点间距为 15～30m，地层变化较大时增加勘探点。

换流站勘探点布置根据建（构）筑物特点和场地复杂程度按照下列原则确定：

（1）控制楼、阀厅勘探点沿基础柱列线、轴线或轮廓线布置，每个单体建筑的勘探点数量不少于 5 个。

（2）换流变压器区每台变压器均应布置勘探点。

（3）滤波器区勘探点间距为 15～30m。

（4）构架、支架场地结合基础位置按网格布置，勘探点间距为 30～50m。

（5）其他建（构）筑物地段可根据场地条件及建（构）筑物布置，按建筑群布置勘探点。

（6）控制性勘探点数量按照场地复杂程度确定，一般不少于勘探点总数的 1/3，控制楼、阀厅、换流变压器、滤波器等主要建筑物或对地基变形敏感的建（构）筑物位置应布置控制性勘探点。

4. 勘探点深度

根据不同的建筑地段和上部荷载特点，勘探点深度以满足设计计算所需的承载力和变形深度要求为准。勘探深度自基础底面算起，并需满足下列要求：

（1）一般性勘探点深度应能控制地基主要受力层，基础宽度不大于 5m 时，勘探孔深度对于条形基础不小于基础底宽度的 3 倍，对于单独基础不小于基础底宽度的 1.5 倍，且不小于 5m。

（2）控制性勘探孔深度应大于地基变形计算深度，位于构架、支架区的控制性勘探孔深度可为 5～12m，其他地段的控制性勘探孔深度可为 8～20m。

（3）拟采用人工地基或桩基础时，按其实际需要确定勘探点深度。

（4）地下变电站勘探点深度应根据工程地质条件、水文地质条件、基坑支护结构设计、抗浮设计等要求确定。基坑周边勘探点深度不应小于 2 倍开挖深度，软土地区应穿透软土层。当在要求的勘探深度内遇到基岩时，宜穿透强风化层。

11.5　可再生能源项目岩土工程勘察

11.5.1　风电场

1. 勘察要求与阶段划分

（1）基本要求

查明影响建场的不良地质作用和建筑物场地或各建（构）筑物地段的岩土结构、岩土性质、地下水等条件，分析评价场址稳定性，结合场地和建（构）筑物的特点，提出岩土工程评价和建议，为场址选择、场地整治及地基基础设计、施工等提供岩土参数和建议。

（2）勘察阶段划分

陆上风电场分为规划选址（宏观选址）、可行性研究阶段、初步设计阶段（微观选址）、施工图设计阶段和施工检验与施工勘察，海上风电场一般分为规划阶段勘察、预可行性研究阶段勘察、可行性研究阶段勘察、招标设计阶段勘察和施工详图设计阶段勘察。通常情况下陆上风电场规划选址与海上风电的规划阶段相同，陆上风电场可行性研究阶段与海上风电场的预可行性研究阶段大致相同，陆上风电的初步勘察与海上风电的可行性研究阶段勘察对应、陆上风电的详细勘察与海上风电的招标设计阶段勘察对应，陆上风电后期的施工检验、施工勘察与海上风电的施工详图设计勘察大致对应。

2. 规划选址

1）勘察的主要任务

规划选址勘察旨在了解规划区域的基本地质条件和主要工程地质问题，对规划风电场址的稳定性作出初步评价，为规划场地选择提供初步地质资料。勘察方法以收集资料和现场踏勘为主，其中在海上风电场中近期开发场址海域缺乏地质资料时，可布置少量勘探工作。

2）勘察的主要内容

（1）了解规划地区区域地质和地震概况。

（2）了解规划区各风电场的岩土工程条件和主要技术问题，分析建设风电场的适宜性。

（3）海上风电场需了解海底滑坡、海底浊流、活动沙丘沙波、浅层气等不良地质作用的发育和分布情况，以及海水深度、海底地形地貌等海洋地质条件。

3. 可行性研究段勘察

陆上风电场称之为可行性研究阶段，海上风电场多称之为预可行性研究阶段。

1）勘察的主要任务

在规划选址工作的基础上初步查明场区工程地质条件及重大工程地质问题，为风电场区总体布置及初选基础方案提供地质依据。

2）勘察的主要内容

（1）对区域地质构造和区域地震进行研究，对场址稳定性作出评价。

（2）初步查明场址不良地质作用的发育程度、成因类型、分布范围和规模。

（3）初步查明场址区的地层岩性、分层厚度和地基承载力，对风机基础形式和地基处理提出建议。

（4）初步查明地下水类型、埋藏条件、地下水位等。

（5）对地下水和土对建筑材料的腐蚀性进行初步评价。

（6）确定风电场地震动参数，对场地地震液化作出初步评价。

（7）海上风电场应查明海底一定深度内地层岩性结构，分析评价海床的稳定性。

3）勘察工作量布置

（1）陆上风电项目以收集资料和地质调查为主，当规划规模较大且资料缺乏时，可按不同地质单元布置适量勘探工作。

（2）海上风电场采用资料收集、工程地质测绘、物探、钻探、原位测试及室内试验等综合方法，工作量布置如下：

①工程地质测绘比例尺可选用 1∶10000～1∶5000，应结合地形测量、物探进行，范围需包括影响工程布置的不良地质作用发育地段。

②物探剖面应根据场区范围、海底地形、地貌单元按网格状布置，间距沿风机主排列方向宜为 2～3km，垂直风机主排列方向宜为 4～6km。海床地质条件复杂地段应适当加密。

③钻探布置应根据场区边界、地形地质条件综合确定。钻孔间距宜为 5～8km，且场区周边不应少于 4 个钻孔，场区中间部位不宜少于 1 个钻孔。

④钻孔深度根据场地工程地质条件确定，基岩裸露与浅埋区钻孔深度进入弱风化基岩不应少于 10m，遇断层破碎带、软弱夹层应揭穿。当海床面为斜坡时，钻孔深度应满足边坡稳定评价要求。深厚覆盖层地基钻孔深度应进入稳定持力层 10～20m，并满足承载力和变形验算要求。

4. 初步勘察

陆上风电项目称为初步勘察（包含机位的微观选址），海上风电项目多称之为可行性研究勘察，勘察内容深度与布置原则大致相似。

1）勘察的主要任务

主要任务是查明风电场各风力发电机组、海上升压站或陆域升压站、海缆路由、集控中心等各建（构）筑物的工程地质和水文地质条件，为初步设计提供工程地质资料。

2）勘察的主要内容

（1）对区域地质构造和区域地震进行研究，对场址稳定性做出评价。

（2）初步查明场址不良地质作用的发育程度、成因类型、分布范围和规模。

（3）初步查明场址区的地层岩性组成、分层厚度和地基承载力，对风机基础形式和地基处理提出建议。

（4）初步查明地下水类型、埋藏条件、地下水位等。

（5）对地下水和土对建筑材料的腐蚀性进行初步评价。

（6）确定风电场地震动参数，对场地地震液化做出初步评价。

（7）海上风电场尚需查明场区海床地形地貌，重点查明海沟、海槽的分布范围及形态，以及对风力发电机组及海上升压站布置有影响的海底滑坡、海底浊流、活动沙丘沙波、浅层气、海底障碍物等主要工程地质问题，评价海床的稳定性。

3）勘探工作量布置

（1）陆上风电场

①陆上风电场初步勘察勘探点间距一般在 2000～5000 m，根据场地复杂程度确定，每个地貌单元、不同地层岩体和不良地质作用处均应布置勘探点。当场地工程地质条件复杂时，可适当减小勘探点间距。

②当采用天然地基时，风电机组场址区勘探点深度应根据地层岩性、地基等级、初拟基础形式，按下列情况确定。

a. 当岩石裸露或浅覆盖时，工程地质勘察宜采用工程地质测绘、物探、轻型钻探、坑探等。勘探点应揭穿覆盖层。

b. 当覆盖层较厚时，钻孔深度应超过地基变形的计算深度或揭穿覆盖层。

c. 当预定深度内遇软弱土层时应加深或穿透软弱土层。

　　d. 当勘探深度内遇厚度较大，且结构密实的碎石土、老沉积土时，勘探点深度可适当减小。

　　e. 当采用桩基时，场址区钻孔的深度应满足桩基勘察设计要求。

　　f. 对于岩石预应力锚杆基础，钻孔的深度应进入预计锚杆深度以下不小于 3m。

　　g. 对于预应力筒形基础，钻孔的深度应进入预计基底以下不小于 5m。

　　（2）海上风电场

　　①勘探工作应控制场区岩土类别、性状、断层破碎带的分布和不良地质作用的分布范围。每个地貌单元、不同地层岩体、主要地质构造和不良地质作用处均须布置勘探点。

　　②工程地质测绘比例尺可选用 1∶5000～1∶2000。工程地质测绘应结合地形测量、物探进行，范围应包括有影响工程布置的不良地质作用发育地段。

　　③物探剖面应沿每排风机主排列方向布置至少 1 条剖面，垂直风机主排列方向的物探剖面间距宜为 2～3km。海床地质条件复杂地段应适当加密。

　　④钻孔间距宜为 3～6km，海上升压站位置不应少于 1 个钻孔。

　　5. 详细勘察

　　陆上风电常称之为详细勘察，海上风电通常称之为招标设计勘察，其阶段勘察深度相似。

　　1）勘察的主要任务

　　详细勘察应查明风电场风电机组机位、升压站、集电线路和场内道路的工程地质条件，并作出工程地质评价，提出基础类型和地基处理方案的建议。

　　2）勘察的主要内容

　　（1）查明风电场每台风电机组机位和升压站的工程地质条件，评价其主要工程地质问题，提出基础方案及地基处理方案的建议。

　　（2）查明集电线路、场内道路的工程地质条件，评价沿线的主要工程地质问题，提出地基和边坡处理的建议。

　　（3）复核场址区不良地质作用，评价其对工程的影响，提出工程处理的建议。

　　（4）分析施工中可能遇到的地质问题，评价因地质条件可能造成的工程风险。

　　（5）调查天然建筑材料质量、储量及开采运输条件。

　　3）勘探工作量布置

　　（1）陆上风电场

　　①每台风电机位中心应布置 1 个钻孔，必要时在风电机组基础中心外 10～12m 处布置钻孔或探坑。

　　②对于薄覆盖层或基岩裸露的风电机组机位，当采用扩展基础、梁板基础等开挖深度较浅的基础形式时，宜采用工程地质测绘、物探、轻型钻探及坑探等方法。

　　③黄土地区风电机组机位的勘探应采用探井和钻孔相结合的方法。

　　④当采用桩基础时，应满足桩基勘察设计要求。

　　⑤当采用岩石预应力锚杆基础时，钻孔深度应进入预计锚杆深度以下不小于 3m。当采用预应力筒形基础时，钻孔深度应进入预计基底以下不小于 5m。

　　⑥岩溶地区风电机组机位勘察应钻孔与物探相结合，钻探深度应穿过表层岩溶发育带并进入完整基岩不少于 3m；遇到溶洞时，钻孔应穿过溶洞，进入完整基岩的深度不应小

于 5m。

⑦升压站、集电线路、道路的勘探工作应按变电站、输电线路及道路勘察要求执行。

（2）海上风电场

①建筑物位于基岩裸露区、基岩浅埋区或地形较复杂时，采用侧扫声纳、浅地层剖面等物探方法进行工程地质测绘，比例尺可选用 1:1000～1:500，测绘范围不应小于建筑物基础边界以外 200m。侧扫声纳探测宜覆盖测绘区域；浅地层剖面以建筑基础中心为基点网格状布置，剖面间距 20～50m。

②勘探孔布置

a. 对单桩基础，勘探孔在桩基础中心位置布置，每个机位不应少于 1 个勘探孔。当工程场地复杂程度为一级和二级时，勘探孔总数量不应少于风机总台数的 1.3 倍。

b. 对群桩基础，勘探孔宜按基础中心对称布置。当工程场地复杂程度为一级和二级时，每个机位不应少于 2 个勘探孔；当工程场地复杂程度为三级时，每个机位不应少于 1 个勘探孔。

c. 对重力式基础，勘探孔宜按基础周边等间距布置。每个机位不应少于 3 个勘探孔。当工程场地复杂程度为三级时，每个机位不应少于 2 个勘探孔。

d. 当地形起伏较大、主要持力层或软弱下卧层变化较大时，应加密勘探孔。

e. 当场区覆盖层以黏性土、粉土、砂土为主时，勘探应采用钻探和静力触探结合方法，且静力触探孔总数量不应少于勘探孔总数量的 1/5。

③勘探孔深度

a. 对桩基础，摩擦桩的勘探孔深度不应少于预计桩端下 15m，并满足变形验算的深度要求；端承桩勘探孔的深度应进入预计桩端以下 3～5 倍桩径，且不应小于 5m。静力触探孔深不应小于 40m，宜进入预计桩端持力层。当勘探孔达到预计深度仍为软弱层时，应适当加深；当预计勘探孔深度内遇稳定坚实厚层岩土时，可适当减小孔深。

b. 对重力式基础，钻孔深度不宜小于基础底面下 1.5～2.0 倍基础宽度，并进入中等风化岩层 10～15m，钻孔遇断层破碎带地段，应穿过断层破碎带进入稳定地层不小于 5m，并满足地基整体稳定性验算和评价的要求。

c. 每一工程地质单元土层电阻率测试孔不应少于 3 个，且海上升压站部位测试孔不应少于 1 个。

11.5.2　太阳能热发电厂

1. 勘察要求与阶段划分

（1）基本要求

查明影响建厂的不良地质作用和建筑物场地或各建（构）筑物地段的岩土结构、岩土性质、地下水等条件，分析评价厂址稳定性，结合场地和建（构）筑物的特点，提出岩土工程评价和建议，为厂址选择、场地整治及地基基础设计、施工等提供岩土参数和建议。

（2）勘察阶段划分

与设计阶段划分相对应，可分为规划选址、可行性研究、初步设计和施工图设计四个阶段，当场地岩土工程条件简单时，可合并阶段。对于工程地质条件特别复杂或有特殊施工要求的重要建筑物，必要时进行施工勘察。

2. 规划选址阶段勘察

1）勘察的主要任务

了解各规划厂址的主要岩土工程条件，对各厂址的场地稳定性和工程适宜性做出初步评价。本阶段的主要勘察方法以收集资料和地质踏勘为主，必要时可进行适量的场地勘察工作。

2）勘察的主要内容

（1）搜集区域地质资料，包括区域地形地貌、地层岩性、地质构造、水文地质、新构造运动等。

（2）确定规划区域的地震动参数值。

（3）了解影响厂址及对工程有重大影响的不良地质作用的发育及分布情况，初步分析其对工程建设的影响程度。

（4）调查厂址区的基本地质条件，包括地形地貌、地层岩性结构及岩土物理力学性质，初步分析存在的主要工程地质问题。

（5）初步分析场地稳定性和工程适宜性。

3. 可行性研究阶段勘察

1）勘察的主要任务

初步查明站址的岩土工程条件，对厂址的稳定性和适宜性作出评价，并对主要建筑地基基础方案、不良地质作用整治的可能性进行分析。

2）勘察的主要内容

（1）收集区域地质、地震、矿产、岩土工程和建筑经验等资料。

（2）查明场地的地形地貌和地质构造。

（3）初步查明厂址及附近地区的不良地质作用，并对其危害程度和发展趋势作出判断，需要时提出防治措施建议。

（4）初步查明厂址范围内的地层岩性、成因、时代及各层岩土的主要物理力学性质。

（5）初步查明地下水的埋藏条件，并判断地下水对基础的影响。

（6）了解有无压矿情况以及采矿对厂址稳定性的影响，并研究和预测可能影响厂址稳定的其他环境岩土问题。

（7）提供厂址的地震动参数、场地类别。

（8）提供土壤标准冻结深度。

3）勘探工作量布置

光热发电厂一般规划面积很大，可行性研究阶段勘察应以地质调查、测绘为主，在此基础上布置适当的勘探工作，对于湿陷性黄土等特殊土应满足相应的技术标准要求。勘探方法应根据岩土性状和地下水情况确定，通常采用钻探、静探、井探等相结合的方法。勘探点布置一般遵循下列原则：

（1）按场地的复杂程度布置勘探点，勘探点间距应考虑控制地貌单元和场地岩土条件的变化。

（2）勘探点宜按网状布置，勘探点数量一般按 15～20 个考虑。

（3）勘探点深度主要根据岩土性状确定，并应满足液化判定、地基基础方案选型的要求。

4.初步设计阶段勘察

1）勘察的主要任务

重点查明厂址的岩土工程条件及不同地段的差异，对地基均匀性和稳定性做出评价，为最终确定建筑总平面布置、主要建（构）筑物地基基础方案设计、不良地质作用的整治、原体试验等提供岩土工程勘察资料，推荐适宜的地基处理方案或桩基方案，并对其他岩土体整治工程进行方案论证。

2）勘察的主要内容

（1）查明厂址的地形地貌、地层岩性及其分布规律、地下水埋藏条件等，特别是不良地质作用的类型、成因、分布范围、规模及发展趋势及其对厂址的影响。

（2）查明场地地基土的视电阻率及等效剪切波速，确定场地类别、地震动参数，进行地震效应评价。

（3）查明厂址区地基土的物理力学性质，特殊性岩土的分布、特征及性质，评价地基土的工程特性、均匀性、土水腐蚀性等。

（4）对建筑物的布置和地基基础方案提出建议。

（5）分析地质条件安全风险。

3）勘探工作量布置

主要勘察方法采用工程地质调查与测绘、钻探、物探、原位测试、室内试验等。勘探点布置要求如下：

（1）勘探点应结合建筑物位置确定。

（2）控制性勘探点不少于勘探点总数的 1/3。

（3）勘探线应垂直地貌界线、构造线及地层走向。

（4）每个地貌单元应有勘探点，地层岩性变化较大时需加密勘探线或勘探点。

（5）集热场勘探点布置可按表 2.11-15 确定，发电区勘探点布置可按表 2.11-16 确定。

集热场勘探点布置　　　　　　　　　　　　　　　　　　表 2.11-15

场地复杂程度	勘探线间距/m	勘探点间距/m
复杂	200～400	100～200
中等复杂	400～500	200～300
简单	500～600	300～500

发电区勘探点布置　　　　　　　　　　　　　　　　　　表 2.11-16

场地复杂程度	勘探线间距/m	勘探点间距/m
复杂	50～70	30～50
中等复杂	70～150	50～100
简单	100～200	80～150

（6）勘探点深度应根据场地等级、初拟基础形式、基础埋深等确定，集热场一般性勘探点深度宜为 5～8m，控制性勘探点深度宜为 6～15m；发电区一般性勘探点深度宜为 15～25m，控制性勘探点深度宜为 25～40m。

（7）在勘探预定深度内遇到基岩时，一般性勘探点应进入基岩，深度不宜小于 1m，并判明岩性及风化程度；控制性勘探点应进入强风化基岩深度不宜小于 3m，必要时应穿透强风化层。

5. 施工图设计阶段勘察

1）勘察的主要任务

查明各建筑物的工程地质条件，评价地基土的工程性能，对建筑物基础形式、地基处理方案等提出翔实的岩土设计参数，预测工程建设过程中可能出现的工程地质问题及环境地质问题，提出相应的工程建议措施。为施工图设计、施工提供所需的岩土工程资料。

2）勘察的主要内容

（1）查明各建筑物地段的地形地貌特征、地层岩性及其分布规律、地下水埋藏条件、特殊性岩土的分布特征及其性质等。

（2）提出地基土的物理力学性质指标，包括地基土的视电阻率建议值、熔融盐储罐基础以下地基土的导热系数建议值、地基土剪切波速值。

（3）分析和评价地基土的稳定性、均匀性，评价水、土腐蚀性，评价不良地质作用对建筑物的影响程度，评价特殊性岩土对建筑物的影响，评价地震效应等，提出处理措施建议。

（4）分析在建筑物施工和使用期间可能产生的变化及其对工程的影响，预测因施工和运行引起的环境地质问题，提出相应的防治措施建议。

（5）提出建筑物基础方案的建议、地基处理所需的岩土设计参数。

3）勘探工作量布置

勘探工作量布置，可扫描二维码 M2.11-2 阅读相关内容。

M2.11-2

11.5.3　光伏发电站

1. 勘察要求与阶段划分

（1）基本要求

查明影响建站的不良地质作用和场地或各建（构）筑物地段的岩土结构、岩土性质、地下水条件等，分析评价站址稳定性，结合场地和建（构）筑物的特点，提出岩土工程评价和建议，为站址选择、场地整治及地基基础设计、施工等提供岩土参数和建议。

（2）勘察阶段划分

勘察阶段划分与设计阶段相适应，可分为规划选址勘察、初步勘察和详细勘察三个阶段，当场地岩土工程条件简单时，可合并阶段执行。

2. 规划选址勘察

1）勘察的主要任务

了解各规划站址的主要岩土工程条件，对各站址的场地稳定性和工程适宜性做出初步评价。勘察方法以收集资料和地质踏勘为主，必要时可进行适量的场地勘察工作。

2）勘察的主要内容

（1）搜集区域地质资料，包括区域地形地貌、地层岩性、地质构造、水文地质、新构造运动等。

（2）确定站址的地震动参数。

（3）了解对站址有重大影响的不良地质作用的发育及分布情况，初步分析其对工程建设的影响程度。

（4）调查站址区的岩土工程条件，初步分析存在的主要工程地质问题。

（5）水上光伏电站尚需了解光伏区域的水深及其变幅等。

3. 初步勘察

1）勘察的主要任务

初步查明站址区的工程地质条件和主要工程地质问题，提出光伏发电工程所需的岩土工程资料。

2）勘察的主要内容

（1）查明站址的地形地貌、地层岩性及其分布规律、地下水埋藏条件等，特别是不良地质作用的类型、成因、分布范围、发展趋势及其对站址的影响。

（2）查明场地地基土的视电阻率及等效剪切波速，确定场地类别、地震动参数，进行地震效应评价。

（3）查明站址区地基土的物理力学性质，特殊性岩土的分布、特征及性质，评价地基土的工程特性、均匀性、土水腐蚀性等。

（4）对建筑物的布置和地基基础方案提出建议。

（5）分析地质条件安全风险。

3）勘探工作量布置

勘察方法可采用工程地质调查与测绘、钻探、物探、原位测试、室内试验等。勘探点布置原则如下：

（1）光伏阵列区勘探点布置应能控制场址区地层岩性和不良地质作用的分布范围。每个地貌单元、不同地层和不良地质作用处需布置勘探点，间距一般为 200～600m。

（2）光伏阵列区勘探点深度主要根据地基等级、基础形式等确定，当采用微型桩时，一般性勘探点深度不宜小于桩端以下 3m，控制性勘探点深度不宜小于桩端以下 6m。

（3）水面光伏勘察工作布置应注意下列事项：

①测绘同等比例尺的水深图时，水流平缓、风浪小的水域上下游边界需外延 100m，其他水域的上游边界外延不小于 150m，下游边界外延不小于 100m。

②查明水位变化情况。

③查明淤积物分布、厚度及性状。

④对于漂浮式水面光伏应查明锚泊底质的类型及性状。

4. 详细勘察

1）勘察的主要任务

查明光伏阵列区、升压站及辅助建筑物的工程地质条件，对建筑物基础形式、地基处理方案等提出建议，提供设计、施工所需的岩土工程资料。

2）勘察的主要内容

（1）查明各建筑物地段的地形地貌特征、地层岩性及其分布规律、地下水埋藏条件、特殊性岩土的分布特征及其性质等。

（2）提出地基土的物理力学性质指标，包括地基土的视电阻率建议值。

（3）分析和评价地基土的稳定性、均匀性，评价水、土腐蚀性，评价不良地质作用对建筑物的影响程度，评价特殊性岩土对建筑物的影响，评价地震效应等，提出处理措施建议。

（4）分析在建筑物施工和使用期间可能产生的地质变化及其对工程的影响，预测因施工和运行引起的环境地质问题，提出相应的防治措施建议。

（5）提出建筑物基础方案的建议，提出地基处理所需的岩土设计参数。

3）勘探工作量布置

根据建筑平面布置图、基础参数和前期勘察成果，采用工程地质测绘、遥感解译、钻探、坑探、物探、原位测试、室内试验等相结合的综合勘测方法。勘探点布置原则如下：

（1）光伏阵列区每个地貌单元、不同地层岩体、主要地质构造和不良地质作用处均应布置勘探点，控制性勘探点数量不少于总数量的 1/5。

（2）光伏阵列区不同地基等级勘探点布置可按表 2.11-17 确定，对特殊性岩土及地质灾害点可适当加密、加深。

集热场不同场地复杂等级勘探点、线的布置　　　　　　表 2.11-17

地基等级	勘探线间距/m	勘探点间距/m
一级	80～150	≤ 50
二级	120～200	80～150
三级	160～250	120～200

（3）水面光伏勘察工作布置尚应注意下列事项：

①测绘同等比例尺的水深图时，水流平缓、风浪小的水域上下游边界需外延 100m，其他水域的上游边界外延不小于 150m，下游边界外延不小于 100m。

②查明淤积物分布、厚度及性状。

③对于漂浮式水面光伏尚应查明锚泊底质的类型及性状。

（4）升压站及辅助建筑可沿基础柱列线、轴线或轮廓线布置，具体见第 11.4 节。

11.6　勘察报告

11.6.1　厂（站）区勘察报告

厂（站）的岩土工程勘察主要包含火力发电厂、变电站、换流站、升压站、汇集站以及太阳能热发电厂、光伏发电站等类型，岩土工程勘察报告一般由文字报告、图纸、附件等组成，文字报告应根据任务要求、勘察阶段、工程特点和地质条件等进行编写，主要内容如下：

（1）拟建工程概况。

（2）勘察目的、任务要求和依据的技术标准。

（3）勘察方法和勘察工作布置。

（4）地质构造与地震地质条件。

（5）不良地质作用与环境地质条件。

（6）场地地形地貌、地层岩体性质及分布特征。

（7）地下水埋藏条件及其对工程的影响。

（8）场地稳定性、适宜性评价。

（9）场地地震效应评价。

（10）土和水对建筑材料的腐蚀性评价。

（11）岩土性质指标统计分析与地基承载力评价。

（12）地基土工程性能与地基基础方案分析。

（13）施工与环境地质问题分析与建议。

（14）地质条件可能造成的工程风险分析。

（15）建筑材料。

（16）结论及建议。

11.6.2　线路（风电场）勘察报告

线路（风电场）包含架空输电线路和风电场等类型，岩土工程勘察报告一般由文字报告、附件、杆塔/风机工程地质条件一览表及其他图纸等组成。文字报告应根据任务要求、勘察阶段、工程特点和地质条件等进行编写，主要内容如下：

（1）拟建工程概况。

（2）勘察目的、任务要求和依据的技术标准。

（3）勘察方法和勘察工作布置。

（4）地质构造与地震地质条件，场地地震效应评价。

（5）岩土工程条件，含不良地质作用、环境地质条件、矿产文物分布情况、地形地貌、地层岩体分布、地下水条件和不良地质作用等。

（6）岩土试验与原位测试成果。

（7）岩土工程分析与评价。

（8）地基土工程性能与杆塔（或风机位）地基基础方案分析。

（9）施工运行环境地质相关问题、重要塔位或机位注意事项等问题分析与建议。

（10）地质条件可能造成的工程风险分析。

（11）建筑材料。

（12）结论及建议。

参考文献

[1]　中华人民共和国住房和城乡建设部. 火力发电厂岩土工程勘察规范: GB/T 51031—2014[S]. 北京: 中国计划出版社, 2015.

[2]　中华人民共和国住房和城乡建设部. 大中型火力发电厂设计规范: GB 50660—2011[S]. 北京: 中国计划出版社, 2011.

[3]　中华人民共和国住房和城乡建设部. 塔式太阳能光热发电站设计标准: GB/T 51307—2018[S]. 北京: 中国计划出版社, 2018.

[4]　中华人民共和国住房和城乡建设部. 槽式太阳能光热发电站设计标准: GB/T 51396—2019[S]. 北京: 中国计划出版社, 2019.

[5]　中华人民共和国住房和城乡建设部. 海上风力发电场勘测标准: GB/T 51395—2019[S]. 北京: 中国计划出版社, 2019.

[6]　国家能源局. 变电站岩土工程勘测技术规程: DL/T 5170—2015[S]. 北京: 中国计划出版社, 2015.

[7]　国家能源局. 火力发电厂土建结构设计技术规程: DL 5022—2012[S]. 北京: 中国计划出版社, 2012.

[8]　国家能源局. 火力发电厂总图运输设计规范: DL/T 5032—2018[S]. 北京: 中国计划出版社, 2018.

[9]　国家能源局. 风电场工程等级划分及设计安全标准: NB/T 10101—2018[S]. 北京: 中国水利水电出版社, 2019.

[10]　国家能源局. 陆上风电场工程风电机组基础设计规范: NB/T 10311—2019[S]. 北京: 中国水利水电出版社, 2020.

[11] 国家能源局. 光伏发电工程地质勘察规范: NB/T 10100—2018[S]. 北京: 中国水利水电出版社, 2019.

[12] 国家能源局. 陆上风电场工程地质勘察规范: NB/T 31030—2022[S]. 北京: 中国水利水电出版社, 2022.

[13] 国家能源局. 太阳能热发电厂岩土工程勘察规程: DL/T 5628—2021[S]. 北京: 中国计划出版社, 2022.

[14] 中国电力工程顾问集团有限公司. 电力工程设计手册 (岩土工程勘察设计) [M]. 北京: 中国电力出版社, 2019.

[15] 国家电网公司. 输电线路岩土工程勘测手册[M]. 北京: 中国电力出版社, 2019.

第 12 章　水利水电工程地质勘察

12.1　水利水电工程类型、等级及勘察阶段划分

12.1.1　水利水电工程类型及特点

（1）水利水电工程类型

水利水电工程按照建设目的要求，可分为水库及水电站工程、防洪工程、河道整治工程、治涝及排水工程、供水工程和灌溉工程等。

水库及水电站工程的建筑物主要包括水库拦河坝（闸）、溢洪道、泄洪洞（放空洞）、船闸、引水隧洞、调压井、压力管道、引水渠道、发电厂房及开关站等。防洪工程、河道整治工程、治涝及排水工程的建筑物主要有防洪堤、水闸、堤岸防护、导流堤、丁坝、排水渠、排水沟、涵洞、泵站等。供水工程和灌溉工程的主要建筑物包括取水塔、进水闸、抽水泵站、渠道、管道、暗涵、隧洞、渡槽、倒虹吸、分水闸及节制闸等。

拦河坝依其筑坝材料不同，可分为混凝土坝、砌石坝、土石坝及橡胶坝等，其中土石坝又分为土坝、堆石坝、土石混合坝等；按结构和受力不同，混凝土坝、砌石坝可分为重力坝、拱坝（包括重力拱坝、双曲拱坝、连拱坝等）、支墩坝以及闸坝等，土石坝可分为均质坝、心墙坝、面板坝等。水力发电厂房按照布置特点一般分为河床式厂房、坝后式厂房、岸边式和引水式发电厂房，按照布置形式又可分为地面厂房、地下厂房和半地下式厂房。水工隧洞按其有无承受内水压力的设计要求，分为有压隧洞和无压隧洞；按其埋深不同，分为浅埋隧洞和深埋隧洞（埋深大于 600m）等。

（2）水利水电工程特点不同、规模不同的水工建筑物对岩土工程（地质）要求有所差异，大型工程对岩土工程条件要求高，中小型要求相对较低。水利水电工程必须充分重视水库蓄水运行后，由于库水和地下水的作用直接和间接引起地基、边坡、地下洞室岩土体及环境的工程地质条件变化所产生的不利影响，如地基抗滑、变形、渗透稳定及边坡、围岩变形稳定等工程地质问题，研究相应的工程措施，保证工程安全。

12.1.2　水利水电工程等级划分

（1）水利水电工程等级

根据《水利水电工程等级划分及洪水标准》SL 252—2017 规定水利水电工程的等别，应根据其工程规模、效益和在经济社会中的重要性，按表 2.12-1 确定。

水利水电工程分等指标　　　　　　　　　　　　　　　表 2.12-1

| 工程等级 | 工程规模 | 水库总库容/（×10⁸m³） | 防洪 | | | 治涝 | 灌溉 | 供水 | 发电 |
			保护人口/（×10⁴人）	保护农田面积/（×10⁴亩）	保护区当量经济规模/（×10⁴人）	治涝面积/（×10⁴亩）	灌溉面积/（×10⁴亩）	供水对象重要性	年引水量/（×10⁸m³）	发电装机容量/MW
I	大（1）型	≥10	≥150	≥500	≥300	≥200	≥150	特别重要	≥10	≥1200

续表

工程等级	工程规模	水库总库容/ ($\times 10^8 m^3$)	防洪			治涝	灌溉	供水		发电
			保护人口/ ($\times 10^4$人)	保护农田面积/ ($\times 10^4$亩)	保护区当量经济规模/ ($\times 10^4$人)	治涝面积/ ($\times 10^4$亩)	灌溉面积/ ($\times 10^4$亩)	供水对象重要性	年引水量/ ($\times 10^8 m^3$)	发电装机容量/MW
Ⅱ	大（2）型	<10, ≥1.0	<150, ≥50	<500, ≥100	<300, ≥100	<200, ≥60	<150, ≥50	重要	<10, ≥3	<1200, ≥300
Ⅲ	中型	<1.0, ≥0.10	<50, ≥20	<100, ≥30	<100, ≥40	<60, ≥15	<50, ≥5	比较重要	<3, ≥1	<300, ≥50
Ⅳ	小（1）型	<0.1, ≥0.01	<20, ≥5	<30, ≥5	<40, ≥10	<15, ≥3	<5, ≥0.5	一般	<1, ≥0.3	<50, ≥10
Ⅴ	小（2）型	<0.01, ≥0.001	<5	<5	<10	<3	<0.5		<0.3	<10

注：1. 水库总库容指水库最高水位以下的静库容；治涝面积指设计治涝面积；灌溉面积指设计灌溉面积；年引水量指供水工程渠首设计年均引（取）水量。

2. 保护区当量经济规模指标仅限于城市保护区；防洪、供水中的多项指标满足一项即可。

3. 按供水对象的重要性确定工程等别时，该工程应为供水对象的主要水源。

（2）水工建筑物级别

水利水电工程永久性水工建筑物的级别，应根据工程的等别或永久性水工建筑物的分级指标综合分析确定。水库及水电站工程、拦河闸永久性水工建筑物级别应根据其所在工程的等别和永久性水工建筑物的重要性确定，防洪工程中堤防永久性水工建筑物的级别应根据其保护对象的防洪标准确定，治涝、排水工程中的排水渠（沟）、灌溉工程中的渠道及渠系永久性水工建筑物级别应根据设计流量确定，治涝、排水、灌溉工程中的泵站和供水工程永久水工建筑物应根据设计流量、装机功率确定，临时性挡水、泄水等水工建筑物的级别应根据保护对象、失事后果、使用年限和临时性挡水建筑物的规模确定。水工建筑物级别具体划分详见《水利水电工程等级划分及洪水标准》SL 252—2017。

12.1.3　水利水电工程勘察阶段划分

水利工程勘察设计阶段分为规划、项目建议书、可行性研究、初步设计、招标设计和施工详图设计 6 个阶段，其中项目建议书阶段的勘察工作宜基本满足可行性研究阶段的深度要求。各阶段勘察工作应与相应阶段设计工作深度相适应。工程地质条件简单的小型工程，经主管部门和审查单位批准后，勘察阶段可适当归并简化。

根据《水力发电工程地质勘察规范》GB 50287—2016，水电工程的勘察设计阶段划分为规划、预可行性研究，可行性研究，招标设计和施工详图 5 个阶段。抽水蓄能电站的工程地质勘察工作也按以上 5 个阶段开展地质勘察工作。

水利工程的规划、可行性研究、初步设计、招标设计和施工详图阶段分别与水电工程的 5 个阶段相对应，勘察深度要求基本一致。各阶段勘察任务、内容、勘察方法等基本要求详见二维码 M2.12-1。

M2.12-1

12.1.4　工程地质勘察报告附件

水利水电工程各阶段的工程地质勘察报告附件详见表 2.12-2。

工程地质勘察报告附件　　　　　　　　　表 2.12-2

序号	附件名称	规划阶段	项目建议书阶段	可行性研究阶段	初步设计阶段	招标设计阶段	施工详图设计阶段
1	区域综合地质图（附综合地层柱状图和典型地质剖面）*	√	√	+	−	−	−
2	区域构造与地震震中分布图*	√	√	√	+	−	−
3	水库区综合地质图（附综合地层柱状图和典型地质剖面）	+	√	√	√	+	−
4	水库区专门性问题工程地质图	−	−	+	+	+	−
5	坝址及附属建筑物区工程地质图（附综合地层柱状图）	+	√	√	√	√	−
6	专门性水文地质图*	+	+	+	+	+	+
7	坝址基岩地质图（包括基岩面等高线）	−	−	+	√	√	−
8	工程区专门性问题地质图*	−	−	+	+	+	−
9	竣工工程地质图*	−	−	−	−	−	√
10	引调水工程综合地质图	√	√	√	√	√	−
11	堤防工程综合地质图	√	√	√	√	√	−
12	河道整治工程综合地质图	−	√	√	√	√	−
13	水闸（泵站）综合地质图	+	√	√	√	√	−
14	灌区工程综合地质图	+	√	√	√	−	−
15	天然建筑材料产地分布图*	+	+	√	√	+	−
16	料场综合地质图*	−	+	√	√	√	−
17	坝址、引水线路或其他建筑物场地工程地质剖面图	+	√	√	√	√	−
18	坝基（防渗线）渗透剖面图	−	+	√	√	√	−
19	专门性问题地质剖面图或平切面图*	−	+	+	√	√	+
20	引调水工程及主要建筑物地质剖面图	+	√	√	√	√	−
21	堤防及主要建筑物地质剖面图	+	√	√	√	√	−
22	河道整治工程典型地段地质剖面图	−	√	√	√	√	−

注：1. "√"表示应提交的附图附件；"+"表示视需要而定的附图附件；"−"表示不需要提交的附图附件。
　　2. "*"表示各类水利水电工程都需要考虑的图件。

12.2　坝基工程地质评价

12.2.1　各类闸坝对地质条件的要求

1. 重力坝

重力坝包括混凝土重力坝和砌石重力坝。重力坝依靠自身重力来维持稳定，各向荷载都直接作用于坝基且主要靠坝身自重与坝基间产生的摩阻力来保持稳定，因此对坝基的要求较高。

坝基岩体应有足够的承载力，较好的均一性和完整性，其抗压强度和变形模量无显著差异，能承受坝体所传递来的巨大压力，不产生过大的变形或不均匀变形，致使坝体产生过大的拉应力，使坝体裂开乃至毁坏。对于高坝应以Ⅱ、Ⅲ类岩体作为坝基持力层，尤其是坝趾部位，要求相对要高一些。对于局部分布的断层带、软弱带、节理密集带、不均匀风化带等不良地质体，应采取专门的工程处理措施。

大坝与坝基岩体接触面抗剪强度高，坝基岩体要有足够的抗剪强度，尽量避开不利于稳定的滑动面，如软弱夹层、缓倾角的断层和裂隙带等，不致在水推力的作用下产生滑移失稳。无法避开时，则需采取抗滑处理措施。两岸岸坡，包括下游消能雾化区坡体必须稳定，没有难以处理的滑坡体或潜在的不稳定岩体。

重力坝坝基及两岸坝肩岩体应有良好的抗渗能力，在库水作用下不会产生大的渗漏及出现过大的场压力、结构面的软化、渗透变形等危及大坝安全的现象。

大坝下游泄洪消能区岩体应具有对高速水流相应的抗冲刷能力，以避免冲刷坑向上游或两岸扩展，威胁、影响大坝和两岸岸坡的安全。

2. 拱坝

拱坝的稳定性主要是依靠坝端两岸的抗力岩体维持，拱端岩体内附加应力较大，对坝址区工程地质条件要求高，特别是两岸的稳定至关重要。与重力坝相比，除应满足重力坝的相同要求外，拱坝对两岸岩体条件和地形的完整性要求更高。

两岸坝肩要有足够的稳定性，拱端要有比较雄厚的稳定岩体，拱端岩体须岩质坚硬、风化、卸荷浅，完整性好且均一。两岸顺河向中、高倾角断层、节理、层面、卸荷裂隙等不发育，不存在与缓倾角软弱结构面组合构成滑动块体。两岸抗力岩体范围内存在的断层破碎带等软弱岩体必须要进行处理，以提高岩体的均一性，防止由于过大的变形、不对称的变形或局部的集中变形造成拱坝拉裂。

拱坝要求两岸地形完整，拱座山体厚实稳定，无大的冲沟切割或地形等高线外撇等不利现象，河谷断面形状应是较为狭窄的，两岸对称的 U 形谷或 V 形谷，河谷的宽高比在1.5～2 为佳。

3. 土石坝

土石坝是由散体材料经碾压堆筑而成，上、下游坝坡平缓，坝底底宽较大，基底压力小，坝体容许产生较大的变形。与刚性坝相比，它对坝基工程地质条件的要求相对较低，无论是岩石地基还是土质地基，均可修建土石坝。

土石坝一般需要布置岸边泄洪设施，坝址应具有高程适宜的台地、垭口或弯曲的河段等布置岸边泄洪设施的地形条件。宜避开强烈岩溶化岩体、大的断层破碎带、强透水带、抗剪强度较低的软弱夹层或泥化夹层以及基岩面起伏较大的部位，或者加强处理。

土石坝岸边泄洪设施等的开挖，一般都会产生大量的石渣，应认真研究开挖渣料的性质及利用的可能性，结合具体坝型及坝体材料分区，因地制宜尽可能地合理利用开挖渣料。

面板堆石坝是近年来选用较多的坝型，一般适用于河床覆盖层较薄、基岩面起伏小的地形地貌条件。面板堆石坝的堆石坝体大部可置放在河床覆盖层上，趾板应置于弱风化岩体上，趾板后一定范围内的堆石坝体应清除覆盖层或全风化岩体及部分强风化岩体而置放在弱或强风化的基岩上。趾板因宽度较小、渗径短，应加强对穿过趾板破碎带的防渗处理。

4. 水闸

水闸闸室承受全部荷载，较均匀地将荷载传给地基并利用底板与地基土摩擦来维持闸室稳定,兼有防渗和防冲的作用,对闸基工程地质条件的要求与水闸的规模有关,土基和岩基均可修建,闸基应有足够的承载力和均一性,不产生过大的变形或不均匀变形,致使水闸产生变形破坏。

节制闸或泄洪闸闸址宜选择在河道顺直、河势相对稳定的河段,经技术经济比较后也可选在弯曲河段裁弯取直的新开河道上。进水闸、分水闸或分洪闸闸址宜选择在河岸基本稳定的顺直河段或弯道凹岸顶点稍偏下游处,分洪闸闸址不宜选择在险工堤段和被保护重要城镇的下游堤段。排水闸(排涝闸)或泄水闸(退水闸)闸址宜选择在地势低洼、出水通畅处,排水闸(排涝闸)闸址宜选择在靠近主要涝区和容泄区的堤线上。挡潮闸闸址宜选择在岸线和岸坡稳定的潮汐河口附近,且闸址泓滩冲淤变化较小、上游河道有足够蓄水容积的地点。

多支流汇合口下游河道上建闸,闸址与汇合口之间宜有确定的距离,平原河网地区交叉河口附近建闸,闸址宜在距离交叉河口较远处。

5. 泵站

泵站主泵房承受主要荷载,工程地质条件的要求与泵站的规模有关,土基和岩基均可修建,其承载力和均一性应满足变形稳定的要求。

由河流、湖泊、感潮河口、渠道取水的灌溉泵站,其站址宜选择在有利于控制提水灌溉范围,使输水系统布置比较经济的地点。灌溉泵站取水口宜选择在主流稳定靠岸,能保证引水,有利于防洪、防潮汐、防沙、防冰及防污的河段。由潮汐河道取水的灌溉泵站取水口,宜选择在淡水水源充沛、水质适宜灌溉的河段。

从水库取水的灌溉泵站,其站址应根据灌区与水库的相对位置、地质条件和水库水位变化情况,研究论证库区或坝后取水的技术可靠性和经济合理性,选择在岸坡稳定、靠近灌区、取水方便,不受或少受泥砂淤积、冰冻影响的地点。

排水泵站站址宜选择在排水区地势低洼、能汇集排水区涝水,且靠近承泄区的地点。排水泵站出水口不应设在迎溜、崩岸或淤积严重的河段。灌排结合泵站站址宜根据有利于外水内引和内水外排,灌溉水源水质不被污染和不致引起或加重土壤盐渍化,并兼顾灌排渠系的合理布置等要求,经综合比较选定。供水泵站站址宜选择在受水区上游、河床稳定、水源可靠、水质良好、取水方便的河段。

12.2.2　土基工程地质评价

1. 土基工程地质特性

1)土的物理力学特性

土质坝基勘察除了要查明土的物质组成、结构特征、物理性质、水理性质、抗剪强度、压缩特性等常规物理力学特性外,还应重点查明土的渗透性、渗透变形特性及抗冲刷特性。

(1)渗透性

土的渗透性定量指标是渗透系数,渗透系数可以通过现场试验和室内试验测定。

现场试验有钻孔抽水试验、钻孔注水试验和试坑注水试验等。抽水试验法适用于地下水位以下的均质粗粒土层。注水试验可以测定地下水位以上土层的渗透性。

室内试验有常水头法和变水头法两种,常水头试验适用于透水性较大的无黏性土,变水头试验适用于透水性较小的黏性土。

（2）渗透变形特性

覆盖层中常见渗透变形类型分为管涌、流土、接触冲刷及接触流失。

管涌是指土体内的细颗粒由于渗流作用而在粗颗粒间孔隙通道内移动或被带走的现象。

流土是指在向上的渗流作用下，局部黏性土和其他细粒土体表面隆起、顶穿或不均匀的砂土层中所有颗粒群同时浮动而流失的现象，一般发生于以黏性土为主地层。

接触冲刷是指渗透水流沿着两种渗透系数不同的土层接触面或建筑物与地基的接触面流动时，沿接触面带走细颗粒的现象。

接触流失是指渗透水流垂直于渗透系数相差悬殊的土层流动时，将渗透系数小的土层中细颗粒带进渗透系数大的粗颗粒土孔隙中的现象。

（3）抗冲刷特性

覆盖层由于自身土体结构、重量等因素抵抗水流冲刷作用的能力称为抗冲刷特性，一般用抗冲刷流速表示。抗冲刷流速可以根据水力学模型试验取得，也可根据工程经验确定。表 2.12-3 给出了土质渠道抗冲刷流速经验取值。

土质渠道抗冲刷流速（单位：m/s）　　　　　　表 2.12-3

渠道土质	一般水深渠道	宽浅渠道
砂土	0.35～0.75	0.3～0.6
砂质粉土	0.4～0.7	0.35～0.6
细砂质粉土	0.55～0.8	0.45～0.7
粉土	0.65～0.9	0.55～0.8
黏质粉土	0.7～1.0	0.6～0.9
黏土	0.65～1.05	0.6～0.95
砾石	0.75～1.3	0.6～1.0
卵石	1.2～2.2	1.0～1.9

注：本表引自《水力发电工程地质手册》（2011 版）。

2）土体物理力学参数的选取

（1）取值原则

首先应根据工程场地内的土体结构、水文地质特征等具体工程地质条件的差别进行分区，把工程地质条件相近似的地段或小区，划为一个单元或区段。其次是根据划分的工程地质单元或区段进行选点、试验和整理土的试验标准值，要求能真实地反映试验值的代表性，消除离散性。在此基础上进行工程类比并考虑工程经验提出建议值。

（2）取值方法

①土体的物理水理性质参数应以试验的算术平均值作为标准值。

②土体的承载力及变形参数选取方法见表 2.12-4。

土体承载及变形参数试验标准值取值方法　　　　　　表 2.12-4

承载力及变形参数	取值方法
承载力	根据载荷试验成果的比例极限确定特征值；根据钻孔动力触探、标准贯入试验、静力触探试验、旁压试验等测试成果确定，以试验成果的算术平均值作为标准值
压缩模量 E	在压缩试验的压力-变形曲线上，以建筑物最大荷载下相应的变形关系选取或按压缩试验的压缩性能，根据其固结程度选定试验值；以试验成果值的算术平均值作为标准值；对于高压缩性软土，宜以试验的压缩模量的小值平均值作为标准值

③土体的渗透性参数取值方法见表 2.12-5。

土体的渗透性参数取值方法　　　　　　表 2.12-5

渗透性参数	取值方法
渗透系数	土体渗透系数取值宜以现场抽水试验、注（渗）水试验或室内试验值确定；用于水位降落和排水计算的渗透系数，应采用试验的小值平均值作为标准值；用于浸没区预测的渗透系数，应采用试验的平均值作为标准值；用于水库、渠道渗漏量及基坑涌水量计算的渗透系数，应采用抽水试验的大值平均值作为标准值

④坝（闸）基土体抗剪参数取值方法

a. 混凝土坝、闸基础底面与地基土间的抗剪强度，对黏性土地基，内摩擦角标准值可采用室内饱和固结快剪试验内摩擦角平均值的 90%，黏聚力标准值可采用室内饱和固结快剪试验黏聚力平均值的 20%～30%；

b. 对砂性土地基，内摩擦角标准值可采用室内饱和固结快剪试验内摩擦角平均值的 85%～90%；

c. 对软土地基，力学参数标准值宜采用室内试验、原位测试，结合当地经验确定。抗剪强度指标宜采用室内三轴压缩试验指标，原位测试宜采用十字板剪切试验；

d. 规划与可行性研究阶段的坝、闸基础与地基土间的摩擦系数，可结合地质条件根据表 2.12-6 选用地质建议值。

坝、闸基础与地基土间摩擦系数地质建议值　　　　　　表 2.12-6

地基土类型		摩擦系数 f
卵石、砾石		$0.55 \geqslant f > 0.50$
砂		$0.50 \geqslant f > 0.40$
粉土		$0.40 \geqslant f > 0.25$
黏土	坚硬	$0.45 \geqslant f > 0.35$
	中等坚硬	$0.35 \geqslant f > 0.25$
	软弱	$0.25 \geqslant f > 0.20$

⑤边坡工程中土的抗剪强度取值方法

a. 滑坡滑动面（带）的抗剪强度宜取样进行岩矿分析、物理力学试验，并结合反算分析确定。对工程有重要影响的滑坡，还应结合原位抗剪试验成果等综合选取；

b. 边坡土体抗剪强度宜根据设计工况分别选取饱和固结快剪、快剪强度的小值平均值或取三轴压缩试验的平均值。

2. 坝基抗滑稳定评价

在进行抗滑稳定性评价时应重点研究控制坝基抗滑稳定的多层次粗细粒沉积物相间组合特征，特别是持力层范围内黏性土、砂性土等软弱土层埋深、厚度、分布和性状，确定土体稳定分析的边界条件，分析可能滑移模式，确定计算所需的土体物理力学参数，选择合适的稳定性分析方法，综合评价抗滑稳定问题，提出处理建议。

（1）地基滑动破坏类型

主要滑动破坏类型有表层滑动、浅层或深层滑动、顺层滑动、塑流破坏、蠕变、圆弧滑动和非圆弧滑动等类型，详见表 2.12-7。

土基稳定破坏类型　　　　　　　　　　　　　　　　　　表 2.12-7

破坏类型	图示	特征
表层滑动	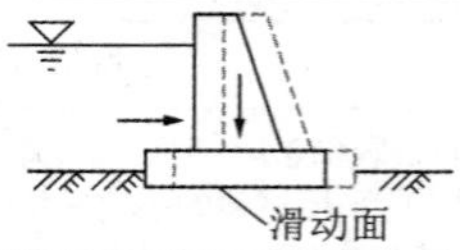 滑动面	接触面摩阻力小，产生平面滑动
浅层或深层滑动	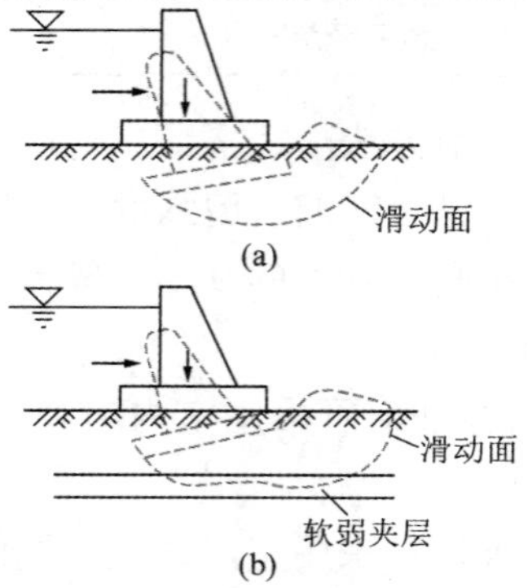 滑动面 (a) 滑动面 软弱夹层 (b)	地基内有松散层，滑面呈圆弧形，产生水平位移或倾倒
顺层滑动	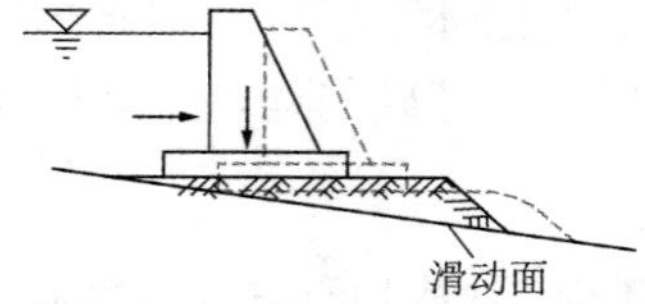 滑动面	地基内有倾斜的滑动面，下有临空面
塑流破坏	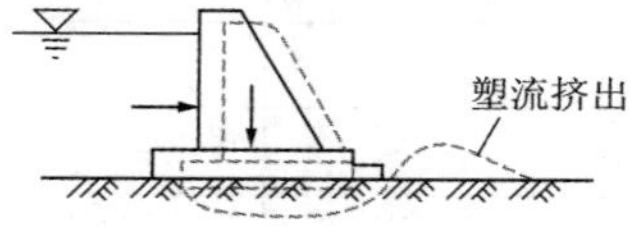 塑流挤出	荷载较大，地基土产生塑流挤出，多发生在均质软土层中
蠕变	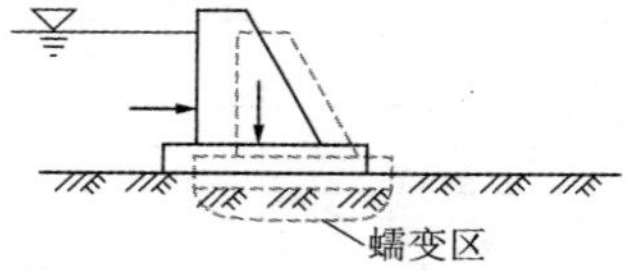 蠕变区	软黏土中，长期强度降低，随时间而变化位移速率增大
圆弧滑动	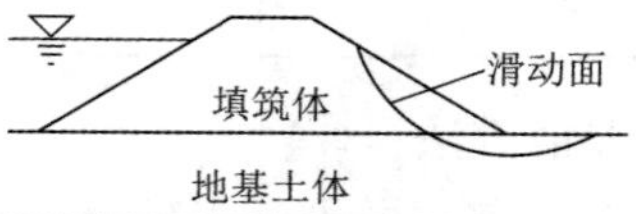 滑动面 填筑体 地基土体	填筑土体与地基土体特性基本一致
非圆弧滑动	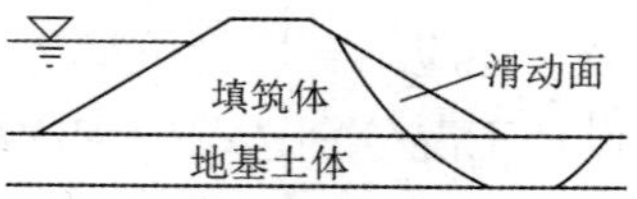 滑动面 填筑体 地基土体	填筑土体与地基土体特性不一致，相差较大或地基中有软弱层分布

（2）抗滑稳定验算

闸坝基面抗滑稳定计算

闸坝基面抗滑稳定计算主要采用刚体极限平衡法，按抗剪强度公式计算闸坝基面抗滑稳定安全系数。据《水闸设计规范》SL 265—2016 应按式(2.12-1)或式(2.12-2)计算：

$$K_C = \frac{f \sum G}{\sum H} \tag{2.12-1}$$

$$K_C = \frac{\tan\varphi_0 \sum G + C_0 A}{\sum H} \tag{2.12-2}$$

式中：K_C——沿坝基底面的抗滑稳定安全系数；

　　　f——闸坝基底面与地基之间的摩擦系数，可根据具体设计的工程试验值取，未做试验时可参照表 2.12-6 取值；

　　　$\sum H$——作用在闸坝上的全部水平向荷载（kN）；

　　　$\sum G$——作用在闸坝上的全部竖向荷载（kN）；

　　　φ_0——闸坝基础底面与土质地基之间的摩擦角（°），可根据具体设计的工程试验值取，未做试验时可参照《水闸设计规范》SL 265—2016 的规定取值；

　　　C_0——闸坝基底面与土质地基之间的黏聚力（kPa）。

3. 地基变形稳定评价

1）地基承载力的确定

在各种工况下，土基上闸坝平均基底压力不应大于地基容许承载力，最大基底压力不大于地基最大容许承载力的 1.2 倍。

碎石土地基的允许承载力可根据密实度按表 2.12-8 确定，表中数值适用于骨架颗粒孔隙全部由中砂、粗砂或坚硬的黏性土所充填的情况。当粗颗粒为弱风化或强风化时，可按其风化程度适当降低允许承载力；当颗粒间呈半胶结状时，可适当提高允许承载力。

碎石土地基允许承载力（单位：kPa）　　　　　　　　　表 2.12-8

颗粒骨架	密实度		
	密实	中密	稍密
卵石	800～1000	500～800	300～500
碎石	700～900	400～700	250～400
圆砾	500～700	300～500	200～300
角砾	400～600	250～400	150～250

在竖向对称荷载作用下，土质地基可按限制塑性区开展深度的方法计算土质地基允许承载力，在竖向荷载和水平荷载共同作用下，可按汉森公式计算土质地基的允许承载力，具体计算方法详见《水闸设计规范》SL 265—2016。

2）基础沉降的计算

（1）变形验算的条件

水工建筑物基础面积大，应力分布影响深，因此地基的设计除计算容许承载力外，大部分都需要验算地基变形，根据地基变形评价建筑物结构形式的适应性。但对中密程度的砂性土地基和坚实的黏性土地基，也可不计算压密变形。对一般工程是否需进行地基变形验算可参考表 2.12-9。

水工建筑物可不进行地基变形验算的条件　　　　　　　　　表 2.12-9

工程规模	下列条件下不计变形	
	规划阶段	可研、初设阶段
大、中型工程	$N > 10$ 击的砂性土或 $N > 8$ 击的黏性土	$N > 20$ 击的砂性土或 $N > 15$ 击的黏性土
小型工程	各类土	砂性土或 $N > 8$ 击的黏性土

注：N 为标准贯入击数。

（2）水工建筑物的容许沉降量

水工建筑物的容许沉降量，目前尚无统一规定。建筑物容许沉降量必须根据建筑物的上部结构、基础类型以及某些特殊要求确定。某些水工建筑物在上层结构的配合下，当沉降量高达 30cm 以上时，并不影响使用；对大型抽水站则要求沉降量尽量小；又如对反拱底板则只允许产生数毫米的不均匀沉降和极小的转角；关于土坝，已建工程沉降量达坝高 3%的，尚未发生危险，关键是未产生不均匀沉降，否则太大的沉降变形将使土坝、土堤发生裂缝；闸坝覆盖层地基容许最大沉降量和最大沉降差应以保证水闸安全和正常使用为原则，根据工程具体情况研究确定；对水利工程中附属建筑，其容许变形值一般按现行《工业与民用建筑地基基础设计规范》要求执行。

（3）最终沉降量的计算

基础最终沉降量计算一般采用分层总和法，1 级和 2 级中坝、高坝，3 级高坝，以及建于复杂和软弱地基上的坝应采取数值法进行应力和变形计算。

闸站工程土基地基沉降可只计算最终沉降量，并应选择有代表性的计算点进行计算，土质地基最终沉降量可按式(2.12-3)计算：

$$S_\infty = \sum_{i=1}^{n} m_i \frac{e_{1i} - e_{2i}}{1 + e_{1i}} h_i \tag{2.12-3}$$

式中：S_∞——土质地基最终沉降量（m）；

n——土质地基压缩层计算深度范围内的土层数；

e_{1i}——基础底面以下第 i 层土在平均自重应力作用下，由压缩曲线查得的相应孔隙比；

e_{2i}——基础底面以下第 i 层土在平均自重应力加平均附加应力作用下，由压缩曲线查得的相应孔隙比；

h_i——基础底面以下第 i 层土的厚度（m）；

m_i——地基沉降量修正系数，可采用 1.0～1.6（坚实地基取较小值，软土地基取较大值）。

压缩层厚度的确定常用两种方法：

①按基础宽度估算。水工建筑物常根据经验，按基础的宽度 b 估算压缩层厚度，压缩层厚度一般为 $1.5b$～$2.5b$。

②按应力分布情况计算。以地基中某一深度处附加应力与自重应力的比例确定压缩层计算深度。常取附加应力与自重应力之比为 0.1～0.2。

对一般地基压缩计算指标采用各层代表性 e-p 压缩曲线，深挖基坑，水利工程中常采用各层代表性回弹再压缩曲线，对于重要的大型闸站工程，土的压缩曲线也可采用 e-$\lg p$ 压缩曲线。当土层压缩曲线近于直线时，可以简化为一常数进行计算，水工建筑物多采用 α_{1-3}（压力由 100kPa 增大到 300kPa 时所得的压缩系数）。

土石坝计算施工期沉降量时，坝体土宜采用非饱和状态的压缩曲线，坝基材料应根据实际的饱和情况，采用非饱和状态下的压缩曲线，计算最终沉降量时，应采用浸水饱和状态下的压缩曲线。

4. 坝基渗漏评价

坝基渗漏是指水库蓄水后由于上、下游水头差，使水库中水沿坝基岩石的孔隙、裂隙、溶洞、断层等处向下游渗漏；绕坝渗漏是指库水沿坝肩地段的透水岩土带渗漏到下游的现象。

坝基与绕坝渗漏首先应根据地质勘察成果明确坝基或绕坝渗漏的位置、形式，即属于集中的管道型渗漏或是一般裂隙性渗漏。

对于坝基、坝肩存在岩溶、张性断层或张性裂隙带贯穿性的集中渗漏通道，则需结合其空间分布、规模、性状、渗透性以及上下游水位情况进行专门研究评价，必要时开展专门的水文地质试验，并进行渗漏形式和渗漏量评价。

一般裂隙性渗漏需结合工程地质勘察成果和压水试验成果，按相关规范对岩土体进行渗透分级，根据岩土体渗透性绘制渗透剖面图，在此基础上对坝基、坝肩岩土体的渗透性作出定性评价，并提出防渗处理建议。

必要时需对坝基和绕坝渗漏量进行估算。

（1）坝基渗流计算

根据坝基地层结构，可简化为单层透水坝基、双层透水坝基、多层透水坝基，计算等效渗透系数 K，并按相关模型公式估算坝基渗漏量，计算公式见表 2.12-10。

不同坝基渗漏模式及计算公式　　　　　　　　　表 2.12-10

示意图	边界条件	计算公式	说明
	均质透水层，无限深，坝底为平面	$Q = BKHq$, $q_r = \dfrac{1}{\pi}\arcsin\dfrac{y}{b}$	y 为计算深度
	均质透水层，无限深，平面护底	$Q = BKHq_r$, $\dfrac{q_r}{H} = \dfrac{1}{\pi}\arcsin\dfrac{S+b}{b}$	s 为上游有限段渗漏长度
	均质透水层，有限深，平面护底	层流：$Q = BKH\dfrac{M}{2b+M}$ 紊流：$Q = BKH\sqrt{\dfrac{M}{2b+M}}$	
	均质透水层，有限深，平面护底 $\dfrac{b}{M} \geqslant 0.5$	$Q = BKHq_r$, $q_r = \dfrac{MH}{2(0.441H+b)}$	

示意图	边界条件	计算公式	说明
	透水层双层结构 $K_1 < K_2$, $M_1 < M_2$	$Q = \dfrac{BH}{\dfrac{2b}{M_2 K_2} + 2\sqrt{\dfrac{M_1}{K_1 K_2 M_2}}}$	
	坝基为多层薄层结构	$Q = BKHq_r$,　$q_r = \dfrac{1}{\pi}\arcsin\dfrac{M}{b^1}$	$b^1 = \dfrac{b}{2}\sqrt{\dfrac{K_x}{K_d}}$,　$K = \sqrt{K_x \cdot K_d}$ K_x, K_d 用厚度加权平均
	坝基为倾斜薄层结构	$Q = BKHq_r$,　$q_r = \dfrac{1}{\pi}\arcsin\dfrac{M}{b^1}$	$b' = 2b\sqrt{\dfrac{K_x}{K_d}\cos^2\alpha + \sin^2\alpha}$ K 值用加权平均值
	均质透水层,无限深,有悬挂式帷幕	层流: $Q = KBH\dfrac{M-T}{2b+M+T}$ 紊流: $Q = KB(M-T)\sqrt{\dfrac{H}{2b+M+T}}$	
	均质透水层,无限深,有悬挂式帷幕	$Q = BKHq$, $\dfrac{q_r}{H} = \dfrac{1}{\pi}\arcsin\left[\dfrac{1}{a}\left(\sqrt{T^2+(L_1+L)^2}+b\right)\right]$	$a = \dfrac{1}{2}\left(\sqrt{T^2+L_1{}^2}+\sqrt{T^2+L_2{}^2}\right)$ $b = \dfrac{1}{2}\left(\sqrt{T^2+L_2{}^2}-\sqrt{T^2+L_1{}^2}\right)$

（2）绕坝渗流计算

对于均质的土体,坝肩岩土体内流线可按圆滑线处理进行绘制;当坝肩裂隙方向性明显时,则流线应考虑裂隙方向。然后在流线方向上取单位宽度,计算每个单宽剖面的渗漏量,最后计算整个坝肩岩土体渗漏量,不同地质条件概化模型及计算公式见表 2.12-11。

不同绕坝渗漏模式及计算公式　　　　　表 2.12-11

示意图	边界条件	计算公式	说明
	承压流	层流: $Q = 0.733KMH\lg\dfrac{B}{r_0}$ 紊流: $Q = 1.128KM\sqrt{H}(\sqrt{B}-\sqrt{r_0})$	B——绕渗带长度 r_0——坝肩绕渗半径

示意图	边界条件	计算公式	说明
	无压流	层流： $$Q = 0.366KH(H_1 + H_2)\lg\frac{B}{r_0}$$ 紊流： $$Q = 0.652K\sqrt{H_1^3 - H_3^3}(\sqrt{B} - \sqrt{r_0})$$	B——绕渗带 长度 r_0——坝肩绕 渗半径
	承压转无压	层流： $$Q = 0.366K(2MH_1 - M^2 - H_2^2)\lg\frac{B}{r_0}$$ 紊流： $$Q = 0.652K\sqrt{3M^2H_1 - 2H^3H_2^3}(\sqrt{B} - \sqrt{r_0})$$	
	隔水层倾斜,双斜式潜水流	逆坡段： $$q = K\frac{H_1 + y}{2} \cdot \frac{H_1 - y - i_1L_1}{L_1}$$ 顺坡段： $$q = K\frac{y + H_2}{2} \cdot \frac{y - H_2 + i_2L_2}{L_2}$$	y 为双斜转 点处含水层 厚度
	隔水层倾斜,双斜式潜水流	顺坡段： $$q = K\frac{y + H_1}{2} \cdot \frac{H_2 - y + i_1L_1}{L_1}$$ 逆坡段： $$q = K\frac{y + H_2}{2} \cdot \frac{y - H_2 - i_2L_2}{L_2}$$	y 为双斜转 点处含水层 厚度
	隔水层倾斜,双斜式,承压流	逆坡段： $$q = KM\frac{H_1 - y - i_1L_1}{L_1}$$ 顺坡段： $$q = KM\frac{y - H_2 + i_2L_2}{L_2}$$	y 为隔水层 底板转折点 水头
	隔水层倾斜,双斜式,承压流	顺坡段： $$q = KM\frac{H_1 - y + i_1L_1}{L_1}$$ 逆坡段： $$q = KM\frac{y - H_2 - i_2L_2}{L_2}$$	y 为隔水层 底板转折点 水头

续表

示意图	边界条件	计算公式	说明
	隔水层倾斜，双斜式，承压转无压	承压段：$$q = KM \frac{H_1 - M - i_1 L_1 + i_2(L_2 - L_3)}{L - L_3}$$ 无压段：$$q = K \frac{M + H_2}{2} \cdot \frac{M - H_2 + i_2 L_3}{L_3}$$	
	隔水层倾斜，双斜式，承压转无压	承压段：$$q = KM \frac{H_1 - M - i_1 L_1 - i_2(L_2 - L_3)}{L - L_3}$$ 无压段：$$q = K \frac{M + H_2}{2} \cdot \frac{M - H_2 + i_2 L_3}{L_3}$$	
	隔水层倾斜，双斜式潜水沿途渗透性变化，浸润曲线呈阶梯状	$$q = \frac{q_1 + q_2 + \cdots + q_n}{n}$$ $$q_1 = K \frac{H_1 + y_1}{2} \cdot \frac{H_1 - y_1 - i_1 L_1 + i_2 L_2}{L_1 + L_2}$$ $$q_1 = K \frac{y_1 + H_2}{2} \cdot \frac{y_1 - H_2 + i_2(L - L_1 - L_2)}{L - L_1 - L_2}$$	
	隔水层倾斜，双斜式潜水，透水性沿流程变化，浸润曲线呈阶梯状	$$q = \frac{q_1 + q_2 + \cdots + q_n}{n}$$ $$q_1 = K \frac{H_1 + y_1}{2} \cdot \frac{H_1 - y_1 + i_1 L_1 - i_2 L_2}{L_1 + L_2}$$ $$q_1 = K \frac{y_1 + H_2}{2} \cdot \frac{y_1 - H_2 - i_2(L - L_1 - L_2)}{L - L_1 - L_2}$$	
	隔水层倾斜，含水层巨厚，承压转无压流以 $\omega = 0.01$ L/min 的近水平面为下限	承压段：$$q = K \frac{(M_1 + M)L_1 + (M + H_2)(L_2 - L_3)}{2(L - L_3)} \cdot \frac{(M_1 - M)}{L - L_3}$$ 无压段：$$q = K \frac{M_2 + H_2}{2} \cdot \frac{M_2 - H_2}{L_3}$$ 或：$$q = K \frac{H + M}{2} \cdot \frac{H_1 - T - M}{L_1}$$ $$q = K \frac{H + M_2}{2} \cdot \frac{T + M - M_2}{L_2 - L_3}$$ $$q = K \frac{M_2 + H_2}{2} \cdot \frac{M_2 - H_2}{L_3}$$	

（3）三维数值分析

必要时对高坝坝基渗漏和绕坝渗漏应进行二维或三维渗流计算分析。坝基计算深度宜达到相对不透水层，当相对不透水层很深时，宜不小于 2.0 倍的最大坝高。两坝肩以外延伸的长度宜达到库水位与相对不透水层或与地下水位相交处以外，当相交处很远时，宜不小于 2.0 倍的最大坝高。渗透系数相差 5 倍以上的地层及断层、裂隙密集带等特殊的地质构造不宜与相邻岩层概化合并。

5. 坝基渗透稳定性评价

地基土体在地下水渗流作用下，当渗透力达到一定值时，土体颗粒发生移动或使土的结构、颗粒成分发生变化，从而引起土体的变形和破坏，这种作用或现象称为渗透变形。由此产生的工程地质问题，就是渗透稳定性问题。

根据《水利水电工程地质勘察规范》GB 50487—2008、《水力发电工程地质勘察规范》GB 50287—2016，渗透变形的类型主要有管涌、流土、接触冲刷和接触流失四种类型。土的渗透变形评价应在判别土的渗透变形类型基础上，确定流土、管涌的临界水力比降及土的允许水力比降。

1）土的渗透变形类型判别

流土和管涌主要出现在单一地基中，接触冲刷和接触流失主要出现在双层地基中。对黏性土而言，渗透变形主要为流土和接触流失。

无黏性土渗透变形形式的判别应符合下列要求。

（1）流土和管涌宜采用下列方法判别：

①不均匀系数不大于 5 的土，其渗透变形为流土，土的不均匀系数应采用下式计算：

$$C_u = \frac{d_{60}}{d_{10}} \tag{2.12-4}$$

式中：C_u——土的不均匀系数；

$\quad\quad d_{60}$——小于该粒径的含量占总土重 60%的颗粒粒径（mm）；

$\quad\quad d_{10}$——小于该粒径的含量占总土重 10%的颗粒粒径（mm）。

②对于不均匀系数大于 5 的土，可根据土中的细粒颗粒含量进行判别：

细颗粒含量的确定应符合下列规定：

级配不连续的土：颗粒大小分布曲线上至少有一个以上粒组的颗粒含量小于或等于 3%的土，称为级配不连续的土。以上述粒组在颗粒大小分布曲线上形成的平缓段最大粒径和最小粒径的平均值或最小粒径作为粗、细颗粒的区分粒径 d，相应于该粒径的颗粒含量为细颗粒含量 P。

级配连续的土：粗、细颗粒的区分粒径为：

$$d = \sqrt{d_{70} \cdot d_{10}} \tag{2.12-5}$$

式中：d_{70}——小于该粒径的含量占总土重 70%的颗粒粒径（mm）。

a. 流土：

$$P \geqslant 35\% \tag{2.12-6}$$

b. 过渡型取决于土的密度、粒级和形状：

$$25\% \leqslant P < 35\% \tag{2.12-7}$$

c. 管涌：

$$P < 25\% \tag{2.12-8}$$

（2）接触冲刷宜采用下列方法判别：

对双层结构地基，当两层土的不均匀系数均小于或等于 10，且符合下式规定的条件时，不会发生接触冲刷。

$$\frac{D_{10}}{d_{10}} \leqslant 10 \tag{2.12-9}$$

式中：D_{10}、d_{10}——分别代表较粗和较细一层土的颗粒粒径（mm），小于该粒径的土重占总土重的 10%。

（3）接触流失宜采用下列方法判别：

对于渗流向上的情况，符合下列条件将不会发生接触流失。

①不均匀系数小于或等于 5 的土层：

$$\frac{D_{15}}{d_{85}} \leqslant 5 \tag{2.12-10}$$

式中：D_{15}——较粗一层土的颗粒粒径（mm），小于该粒径的土重占总土重的 15%；

d_{85}——较细一层土的颗粒粒径（mm），小于该粒径的土重占总土重的 85%。

②不均匀系数小于或等于 10 的土层：

$$\frac{D_{20}}{d_{70}} \leqslant 7 \tag{2.12-11}$$

式中：D_{20}——较粗一层土的颗粒粒径（mm），小于该粒径的土重占总土重的 20%；

d_{70}——较细一层土的颗粒粒径（mm），小于该粒径的土重占总土重的 70%。

2）临界水力比降

（1）流土型宜采用下式计算：

$$J_{\mathrm{cr}} = (G_{\mathrm{s}} - 1)(1 - n) \tag{2.12-12}$$

式中：J_{cr}——土的临界水力比降；

G_{s}——土粒相对密度；

n——土的孔隙率（以小数计）。

（2）管涌型或过渡型可采用下式计算：

$$J_{\mathrm{cr}} = 2.2(G_{\mathrm{s}} - 1)(1 - n)^2 \frac{d_5}{d_{20}} \tag{2.12-13}$$

式中：d_5、d_{20}——分别为小于该粒径的含量占总土重 5% 和 20% 的颗粒粒径（mm）。

（3）管涌型也可采用下式计算：

$$J_{\mathrm{cr}} = \frac{42d_3}{\sqrt{\dfrac{K}{n^3}}} \tag{2.12-14}$$

式中：K——土的渗透系数（cm/s）；

d_3——小于该粒径的含量占总土重 3% 的颗粒粒径（mm）。

土的渗透系数应通过渗透试验测定，若无渗透系数试验资料，可根据下式计算近似值：

$$K = 2.34n^3 d_{20}^2 \tag{2.12-15}$$

式中：K——土的渗透系数（cm/s）；

d_{20}——占土的总质量 20% 的土粒粒径（mm）。

（4）两层土之间的接触冲刷临界水力比降 $J_{\mathrm{K.H.R}}$ 可按下式计算：

如果两层土都是非管涌型土，则：

$$J_{K.H.R} = \left(5.0 + 16.5\frac{d_{10}}{D_{20}}\right)\frac{d_{10}}{D_{20}} \tag{2.12-16}$$

式中：d_{10}——代表细层的粒径（mm），小于该粒径的土重占总土重的 10%；

D_{20}——代表粗层的粒径（mm），小于该粒径的土重占总土重的 20%。

（5）黏性土流土临界水力比降可按下式计算：

$$J_{c.cr} = \frac{4c}{\gamma_w D_0} + 1.25(G_s - 1)(1 - n) \tag{2.12-17}$$

$$c = 0.2W_L - 3.5 \tag{2.12-18}$$

式中：c——土的抗渗黏聚力（kPa）；

γ_w——水的重度（kN/m³）；

D_0——取 1.0m；

W_L——土的液限含水率（%）。

3）无黏性土的允许比降

（1）以土的临界水力比降除以 1.5～2.0 的安全系数；当渗透稳定对水工建筑物危害较大时，取 2 的安全系数；对于特别重要的工程也可用 2.5 的安全系数。

（2）无试验资料时，可根据表 2.12-12 选用。

无黏性土允许水力比降经验值　　　　表 2.12-12

允许水力比降	渗透变形类型					
	流土型			过渡型	管涌型	
	$C_u \leqslant 3$	$3 < C_u \leqslant 5$	$C_u \geqslant 5$		级配连续	级配不连续
$J_{允许}$	0.25～0.35	0.35～0.50	0.50～0.80	0.25～0.40	0.15～0.25	0.10～0.20

注：本表不适用于渗流出口有反滤层的情况。

6. 砂土液化评价

1）砂土液化初判

砂土液化初判主要用已有的勘察资料或较简单的测试手段对土层进行初步鉴别，以排除不会发生液化的土层。初判的目的在于排除一些不需要再进一步考虑液化问题的土，以减少勘察工作量。《水利水电工程地质勘察规范》GB 50487—2008 采用年代法、粒径法、地下水位法和剪切波速法进行初判，具体如下：

（1）地层年代为第四纪晚更新世 Q_3 或以前的土，可判为不液化。

（2）当土的粒径小于 5mm 颗粒含量质量百分率小于或等于 30% 时，可判为不液化。

（3）对粒径小于 5mm 颗粒含量质量百分率大于 30% 的土，其中粒径小于 0.005mm 的颗粒含量质量百分率（ρ_c）相应于地震动峰值加速度为 0.10g、0.15g、0.20g、0.30g 和 0.40g 分别不小于 16%、17%、18%、19% 和 20% 时，可判为不液化；当黏粒含量不满足上述规定时，可通过试验确定。

（4）工程正常运用后，地下水位以上的非饱和土，可判为不液化。

（5）当土层的剪切波速大于下式计算的上限剪切波速时，可判为不液化。

$$V_{st} = 291\sqrt{K_H \cdot Z \cdot r_d} \tag{2.12-19}$$

式中：V_{st}——上限剪切波速；

K_H——地震动峰值加速度系数；

Z——土层深度；

r_d——深度折减系数，可按下列公式计算。

$Z = 0\sim10m$，$r_d = 0.01\sim1.0Z$

$Z = 10\sim20m$，$r_d = 0.02\sim1.1Z$

$Z = 20\sim30m$，$r_d = 0.01\sim0.9Z$

2）砂土液化复判

对于初判为可能液化的土层，应进一步进行复判。对于重要工程，还要做更深入的专门研究。砂土液化复判的方法较多，常用的方法有标准贯入锤击数法、相对密度法、相对含水率法、液性指数法。同时还有剪应力对比法、动剪应变幅法、静力触探贯入阻力法等复判方法。

（1）标准贯入锤击数法

①符合下式要求的土应判为液化土：

$$N < N_{cr} \tag{2.12-20}$$

式中：N——工程运用时，标准贯入点在当时地面以下d_s（m）深度处的标准贯入锤击数；

N_{cr}——液化判别标准贯入锤击数临界值。

②由于建坝及水库蓄水，导致准贯试验点深度和地下水位与工程正常运行时不同，实测标准贯入锤击数应按式(2.12-21)进行校正，并应以校正后的标准贯入锤击数N作为复判依据。

$$N = N'\left(\frac{d_s + 0.9d_w + 0.7}{d_s' + 0.9d_w' + 0.7}\right) \tag{2.12-21}$$

式中：N'——实测标准贯入锤击数；

d_s——工程正常运用时，标准贯入点在当时地面以下的深度（m）；

d_w——工程正常运用时，地下水位在当时地面以下的深度（m），当地面淹没于水面以下时，d_w取0；

d_s'——标准贯入试验时，标准贯入点在当时地面以下的深度（m）；

d_w'——标准贯入试验时，地下水位在当时地面以下的深度（m），若当时地面淹没于水面以下时，d_w'取0。

校正后标准贯入锤击数和实测标准贯入锤击数均不进行钻杆长度校正。

③液化判别标准贯入锤击数临界值应根据下式计算：

$$N_{cr} = N_0[0.9 + 0.1(d_s - d_w)]\sqrt{\frac{3}{\rho_c}} \tag{2.12-22}$$

式中：ρ_c——土的黏粒含量质量百分率（%），当$\rho_c < 3\%$时，取3%；

N_0——液化判别标准贯入锤击数基准值；

d_s——当标准贯入点在地面以下5m以内的深度时，应采用5m计算。

④液化判别标准贯入锤击数基准值N_0，按表2.12-13取值。

液化判别标准贯入锤击数基准值　　　　　　　表 2.12-13

地震动峰值加速度	0.10g	0.15g	0.20g	0.30g	0.40g
近震	6	8	10	13	16
远震	8	10	12	15	18

注：当$d_s=3m$、$d_0=2m$、$\rho_c\leqslant3\%$时的标准贯入锤击数称为液化标准贯入锤击数基准值。

⑤注意事项

式(2.12-20)只适用于标准贯入点地面以下 15m 以内的深度，大于 15m 的深度内有饱和砂或饱和少黏性土，需要进行地震液化判别时，可采用其他方法判定。当建筑物所在地区的地震设防烈度比相应的震中烈度小 2 度或 2 度以上时定为远震，否则为近震。测定土的黏粒含量时，应采用六偏磷酸钠作分散剂。

（2）相对密度法

相对密度（D_r）是无黏性土处于最松状态的孔隙比与天然状态孔隙比之差和最松状态孔隙比与最紧密状态的孔隙比之差的比值。当饱和无黏性土（包括砂和粒径大于 2mm 的砂砾）的相对密度不大于表 2.12-14 中的液化临界相对密度时，可判为可能液化土。

饱和无黏性土的液化临界相对密度　　　　　　表 2.12-14

地震设防烈度	6	7	8	9
液化临界相对密度D_{cr}/%	65	70	75	85

（3）相对含水率法

当饱和少黏性土的相对含水率大于或等于 0.9 时，可判为可能液化土。

相对含水率应按下式计算：

$$W_u=\frac{W_S}{W_L}\qquad(2.12\text{-}23)$$

式中：W_u——相对含水率（%）；

　　　W_S——少黏性土的饱和含水率（%）；

　　　W_L——少黏性土的液限含水率（%）。

（4）液性指数法

液性指数大于或等于 0.75 时，可判为可能液化土。

液性指数应按下式计算：

$$I_L=\frac{W_S-W_P}{W_L-W_P}\qquad(2.12\text{-}24)$$

式中：I_L——液性指数；

　　　W_P——少黏性土的塑限含水率（%）。

12.2.3　岩基工程地质评价

1.岩基工程地质条件

1）岩体工程地质特征

（1）岩体工程地质特性

岩体由结构面、岩块两种基本单元组成，具有非均质各向异性特征。岩体结构面在很大程度上决定着岩体的结构特征和力学特征。

坝基岩体的工程地质特性主要包括岩体的坚硬程度、完整程度、风化程度、紧密程度、结构类型和含（透）水性等。坝基岩体物理力学特性研究主要是根据岩体的工程地质特性和结构面性状，进行岩体和结构面分类。针对各类岩体和结构面，开展相应的室内和原位物理力学性质试验，并按照相应的原则，进行岩体物理力学参数选取。

（2）岩体结构

根据岩体的建造特征，岩体的结构可划分为块体状（整体或块状）结构、层状结构、碎裂结构和散体结构等类型。

水利水电工程的岩体结构类型分类考虑了岩体的建造特征和改造程度，其分类见表 2.12-15。

岩体结构类型　　　　　　　　　　　　　　表 2.12-15

类型	亚类	岩体结构特征
块状结构	整体状结构	岩体完整，呈巨块状，结构面不发育，间距大于 100cm
	块状结构	岩体较完整，呈块状，结构面轻度发育，间距一般 50～100cm
	次块状结构	岩体较完整，呈次块状，结构面中等发育，间距一般 30～50cm
层状结构	巨厚层状结构	岩体完整，呈巨厚层状，结构面不发育，间距大于 100cm
	厚层状结构	岩体较完整，呈厚层状，结构面轻度发育，间距一般 50～100cm
	中厚层状结构	岩体较完整，呈中厚层状，结构面中等发育，间距一般 30～50cm
	互层状结构	岩体较完整或完整性差，呈互层状，结构面较发育或发育，间距一般 10～30cm
	薄层状结构	岩体完整性差，呈薄层状，结构面发育，间距一般小于 10cm
镶嵌结构	镶嵌结构	岩体完整性差，岩块嵌合紧密—较紧密，结构面发育到很发育间距一般 10～30cm
碎裂结构	块裂结构	岩体完整性差，岩块间有岩屑和泥质物充填，嵌合中等紧密—较松弛，结构面较发育到很发育，间距一般 10～30cm
	碎裂结构	岩体较破碎，岩块间有岩屑和泥质物充填，嵌合较松弛—松弛，结构面很发育，间距一般小于 10cm
散体结构	碎块状结构	岩体破碎，岩块夹岩屑或泥质物，嵌合松弛
	碎屑状结构	岩体极破碎，岩屑或泥质物夹岩块，嵌合松弛

（3）软弱夹层工程地质特征

软弱夹层一般特指那些颗粒细、层薄、具片状结构，遇水软化或泥化，力学强度低，有明显上下两个界面的岩层。通常具有明显错动面和分带性，各带的微观结构和工程地质性质有明显差异，一般有三种不同的构造影响带，即节理带、劈理带和泥化带。软弱夹层按工程地质性状一般可划分为四种类型，即泥型、泥夹碎屑性、碎屑夹泥型、岩块岩屑型。

①软弱夹层的物理力学性质

不同地区夹层的物理力学特性和规律不尽相同，主要是由夹层内物质成分、结构特征、上下界面形态决定的。泥化夹层内泥化带与相邻上下部位岩体在物理力学性质上有明显的差异性。根据国内部分工程泥化夹层的室内土工试验和现场试验抗剪强度值及其相应层位的主要物理性质指标，在夹层上下层面较平直、其厚度较大的情况下，室内与现场试验的峰值摩擦系数比较接近；岩性不均一，夹层中有角砾、岩屑时，室内土工试验值偏高。

②软弱夹层渗透性特征

软弱夹层由于物质成分的层状结构特性，具有明显渗流层状分带现象和渗流集中的特点，各带的渗透性差别很大；泥化带渗透系数很小，为 $10^{-9}\sim10^{-5}$cm/s，是不透水的；劈理带的渗透系数为 $10^{-5}\sim10^{-3}$cm/s；节理带（或影响带）渗透系数大于 10^{-3}cm/s，透水性良好。夹层的渗透破坏部位往往发生在泥化带与劈理带和岩石的界面上。

（4）岩体物理力学参数的取值原则

由于岩体具有各向异性的非连续结构特征，所处的地形地质环境不同，岩体的物理力学性质差别较大。因此，首先根据岩体物理性质和岩体结构进行岩体工程地质质量分类，或划分工程地质单元，并按不同级别、不同工程地质单元，布置岩体力学试验和进行试验成果的整理，按照相应取值原则和方法分别提出物理力学参数的地质建议值。

（5）岩体物理力学参数取值方法

①岩体的密度、单轴抗压强度、抗拉强度、波速等物理力学参数可采用试验成果的算术平均值作为标准值。

②软岩的允许承载力采用载荷试验极限承载力的 1/3 与比例极限二者的小值作为标准值；无载荷试验成果时，可通过三轴压缩试验确定或按岩石单轴饱和抗压强度的 $1/10\sim1/5$ 取值。坚硬岩、半坚硬岩可按岩石单轴饱和抗压强度折减后取值：坚硬岩取岩石单轴饱和抗压强度的 $1/25\sim1/20$，中硬岩取岩石单轴饱和抗压强度的 $1/20\sim1/10$。

③岩体变形参数取值方法

岩体变形参数宜根据现场原位岩体变形试验成果作为坝基岩体变形参数取值的依据。对试验成果可按岩体类别、工程地质单元、区段或层位归类进行整理，采用试验成果的算术平均值作为标准值。

④岩体抗剪（断）强度参数取值方法

a. 混凝土坝基础底面与基岩间的抗剪（断）强度取值：

抗剪断强度应取峰值强度的平均值，抗剪强度应取比例极限强度与残余强度二者的小值为标准值。

根据基础底面和基岩接触面剪切破坏性状、工程地质条件和岩体应力对标准值进行调整，提出地质建议值。

b. 岩体抗剪（断）强度取值：

岩体抗剪断强度参数按峰值强度平均值取值。抗剪强度参数对于脆性破坏岩体按残余强度与比例极限强度二者的小值作为标准值，对于塑性破坏岩体取屈服强度作为标准值。

根据裂隙充填情况、试验时剪切变形量和岩体地应力等因素对标准值进行调整，提出建议值。

c. 规划阶段及可行性研究阶段，当试验资料不足时，可根据表 2.12-16 结合地质条件提出建议值。

坝基岩体抗剪断（抗剪）强度参数及变形参数经验值表　　　表 2.12-16

岩体分类	混凝土与基岩接触面						岩体					岩体变形模量
	抗剪断		抗剪		抗剪断			抗剪				
	f'	c'/MPa	f	f'	c'/MPa	f	E/GPa					
I	1.30～1.50	1.30～1.50	0.75～0.85	1.40～1.60	2.00～2.50	0.80～0.90	>20					

续表

| 岩体分类 | 混凝土与基岩接触面 | | | 岩体 | | | 岩体变形模量 |
| | 抗剪断 | | 抗剪 | 抗剪断 | | 抗剪 | |
	f'	c'/MPa	f	f'	c'/MPa	f	E/GPa
Ⅱ	1.10～1.30	1.10～1.30	0.65～0.75	1.20～1.40	1.50～2.00	0.70～0.80	10～20
Ⅲ	0.90～1.10	0.70～1.10	0.55～0.65	0.80～1.20	0.70～1.50	0.60～0.70	5～10
Ⅳ	0.70～0.90	0.30～0.70	0.40～0.55	0.55～0.80	0.30～0.70	0.45～0.60	2～5
Ⅴ	0.40～0.70	0.05～0.30	0.30～0.40	0.40～0.55	0.05～0.30	0.35～0.45	0.2～2

注：表中参数限于硬质岩，软质岩应根据软化系数进行折减。

⑤刚性结构面抗剪（断）强度取值

a. 抗剪断强度取峰值强度，抗剪强度取残余强度或二次剪（摩擦试验）峰值强度。当采用各单组试验成果整理时，取算术平均值作为标准值；当采用同一类别结构面试验成果整理时，取最小二乘法或优定斜率法的下限值作为标准值。

b. 根据结构面的粗糙度、起伏差、张开度、结构面壁强度等因素对标准值进行调整，提出地质建议值。

⑥软弱结构面抗剪（断）强度取值

a. 软弱结构面应根据岩块岩屑型、岩屑夹泥型、泥夹岩屑型和泥型四类分别取值。

b. 抗剪断强度应取峰值强度小值平均值，当试件黏粒含量大于30%或有泥化镜面或黏土矿物以蒙脱石为主时，抗剪断强度应取流变强度；抗剪强度应取屈服强度或残余强度。

c. 当软弱结构面有一定厚度时，应考虑充填度的影响。当厚度大于起伏差时，软弱结构面应采用充填物的抗剪（断）强度作为标准值；当厚度小于起伏差时，还应采用起伏差的最小爬坡角，提高充填物抗剪（断）强度试验值作为标准值。

d. 根据软弱结构面的类型和厚度的总体地质特征进行调整，提出地质建议值。

e. 规划阶段及可行性研究阶段，当试验资料不足时，可结合地质条件根据表 2.12-17 提出地质建议值。

结构面抗剪断（抗剪）强度参数经验取值表　　　　　表 2.12-17

| 结构面类型 | | 抗剪断 | | 抗剪 |
		f'	c'/MPa	f
胶结结构面		0.70～0.90	0.20～0.30	0.55～0.70
无充填结构面		0.55～0.70	0.10～0.20	0.45～0.55
软弱结构面	岩块岩屑型	0.45～0.55	0.08～0.10	0.35～0.45
	岩屑夹泥型	0.35～0.45	0.05～0.08	0.28～0.35
	泥夹岩屑型	0.25～0.35	0.02～0.05	0.22～0.28
	泥型	0.18～0.25	0.005～0.01	0.18～0.22

注：1. 表中胶结结构面、无充填结构面的抗剪强度参数限于坚硬岩，半坚硬岩、软质岩中结构面应进行折减。
　　2. 胶结结构面、无充填结构面抗剪断（抗剪）强度参数应根据结构面胶结程度和粗糙程度取大值或小值。

2）坝基岩体工程地质分类

根据《水利水电工程地质勘察规范》GB 50487—2008，坝基岩体工程地质分类首先按岩石的饱和单轴抗压强度分为 A 坚硬岩（$R_a > 60MPa$）、B 中硬岩（$R = 30 \sim$ 60MPa）、C 软质岩（$R_b < 30MPa$）三类，然后根据岩体结构、岩体完整性、结构面发育程度及其组合情况、岩体和结构面的抗滑、抗变形能力将岩体划分为五类，见表 2.12-18。

坝基岩体工程地质分类　　　　　　　　　　表 2.12-18

类别	A 坚硬岩（$R_b > 60MPa$）		
	岩体特征	岩体工程性质评价	岩体主要特征值
I	A_I：岩体呈整体状或块状、巨厚层状、厚层状结构，结构面不发育—轻度发育，延展性差，多闭合，岩体力学特性各方向的差异性不显著	岩体完整，强度高，抗滑、抗变形性能强，不需作专门性地基处理，属优良高混凝土坝地基	$R_b > 90MPa$，$V_p > 5000m/s$，RQD > 85%，$K_v > 0.85$
II	A_{II}：岩体呈块状或次块状、厚层结构，结构面中等发育，软弱结构面局部分布，不成为控制性结构面，不存在影响坝基或坝肩稳定的大型楔体或棱体	岩体较完整，强度高，软弱结构面不控制岩体稳定，抗滑、抗变形性能较高，专门性地基处理工程量不大，属良好高混凝土坝地基	$R_b > 60MPa$，$V_p > 4500m/s$，RQD > 70%，$K_v > 0.75$
III	A_{III}^1：岩体呈次块状、中厚层状结构或焊合牢固的薄层结构。结构面中等发育，岩体中分布有缓倾角或陡倾角（坝肩）的软弱结构面，存在影响局部坝基或坝肩稳定的楔体或棱体	岩体较完整，局部完整性差，强度较高，抗滑、抗变形性能在一定程度上受结构面控制。对影响岩体变形和稳定的结构面应做局部专门处理	$R_b > 60MPa$，$V_p = 4000 \sim 4500m/s$，RQD = 40%～70%，$K_v = 0.55 \sim 0.75$
	A_{III}^2：岩体呈互层状、镶嵌状结构，层面为硅质或钙质胶结薄层状结构。结构面发育，但延展差，多闭合，岩块间嵌合力较好	岩体强度较高，但完整性差，抗滑、抗变形性能受结构面发育程度、岩块间嵌合能力，以及岩体整体强度特性控制，基础处理以提高岩体的整体性为重点	$R_b > 60MPa$，$V_p = 3000 \sim 4500m/s$，RQD = 20%～40%，$K_v = 0.35 \sim 0.55$
IV	A_{IV}^1：岩体呈互层状或薄层状结构，层间结合较差。结构面较发育—发育，明显存在不利于坝基及坝肩稳定的软弱结构面、较大的楔体或棱体	岩体完整性差，抗滑、抗变形性能明显受结构面控制。能否作为高混凝土坝地基，视处理难度和效果而定	$R_b > 60MPa$，$V_p = 2500 \sim 3500m/s$，RQD = 20%～40%，$K_v = 0.35 \sim 0.55$
	A_{IV}^2：岩体呈镶嵌或碎裂结构，结构面很发育，且多张开或夹碎屑和泥，岩块间嵌合力弱	岩体较破碎，抗滑、抗变形性能差，一般不宜作高混凝土坝地基。当坝基局部存在该类岩体时，需做专门处理	$R_b > 60MPa$，$V_p < 2500m/s$，RQD < 20%，$K_v < 0.35$
V	A_V：岩体呈散体结构，由岩块夹泥或泥包岩块组成，具有散体连续介质特征	岩体破碎，不能作为高混凝土坝地基。当坝基局部地段分布该类岩体时，需做专门处理	—
	B 中硬岩（$R_b = 30 \sim 60MPa$）		
II	B_{II}：岩体结构特征与 A_I 相似	岩体完整，强度较高，抗滑、抗变形性能较强，专门性地基处理工程量不大，属良好高混凝土坝地基	$R_b = 40 \sim 60MPa$，$V_p = 4000 \sim 4500m/s$，RQD > 70%，$K_v > 0.75$
III	B_{III}^1：岩体结构特征与 A_I 相似	岩体较完整，有一定强度，抗滑、抗变形性能一定程度受结构面和岩石强度控制，影响岩体变形和稳定的结构面应做局部专门处理	$R_b = 40 \sim 60MPa$，$V_p = 3500 \sim 4000m/s$，RQD = 40%～70%，$K_v = 0.55 \sim 0.75$
	B_{III}^2：岩体呈次块或中厚层状结构，或硅质、钙质胶结的薄层结构，结构面中等发育，多闭合，岩块间嵌合力较好，贯穿性结构面不多见	岩体较完整，局部完整性差，抗滑、抗变形性能受结构面和岩石强度控制	$R_b = 40 \sim 60MPa$，$V_p = 3000 \sim 3500m/s$，RQD = 20%～40%，$K_v = 0.35 \sim 0.55$

续表

类别	B 中硬岩（$R_b = 30 \sim 60$MPa）		
	岩体特征	岩体工程性质评价	岩体主要特征值
IV	B_{IV}^1：岩体呈互层状或薄层状，层间结合较差，存在不利于坝基（肩）稳定的软弱结构面、较大楔体或棱体	同 A_{IV}^1	$R_b = 30 \sim 60$MPa，$V_p = 2000 \sim 3000$m/s，RQD $= 20\% \sim 40\%$，$K_v < 0.35$
	B_{IV}^2：岩体呈薄层状或碎裂状，结构面发育一很发育，多张开，岩块间嵌合力差	同 A_{IV}^2	$R_b = 30 \sim 60$MPa，$V_p < 2000$m/s，RQD $< 20\%$，$K_v < 0.35$
V	同 A_V	同 A_V	—
	C 软质岩（$R_b < 30$MPa）		
III	C_{III}：岩石强度 $15 \sim 30$MPa，岩体呈整体状或巨厚层状结构，结构面不发育一中等发育，岩体力学特性各方向的差异性不显著	岩体完整，抗滑、抗变形性能受岩石强度控制	$R_b < 30$MPa，$V_p = 2500 \sim 3500$m/s，RQD $> 50\%$，$K_v > 0.55$
IV	C_{IV}：岩石强度大于 15MPa，但结构面较发育；或岩体强度小于 15MPa，结构面中等发育	岩体较完整，强度低，抗滑、抗变形性能差，不宜作为高混凝土坝地基，当坝基局部存在该类岩体，需专门处理	$R_b < 30$MPa，$V_p < 2500$m/s，RQD $< 50\%$，$K_v < 0.55$
V	同 A_V	同 A_V	

注：本分类适用于高度大于 70m 的混凝土坝。R_b 为饱和单轴抗压强度，V_p 为声波纵波波速，K_v 为岩体完整性系数，RQD 为岩石质量指标。

2. 坝基抗滑稳定评价

大坝在库水的推力、波浪压力、扬压力、泥沙压力及地震作用等的综合作用下，沿建基面或坝基、坝肩岩体某些软弱结构面滑移的可能性，就是坝基、坝肩岩体抗滑稳定问题。坝基滑移具备的必要边界条件是：滑移面、切割面、临空面及其力学性质和互相组合关系，且各种结构面、体的抗滑力小于滑动力。

1）滑移模式

坝基、坝肩抗力体滑移模式主要与荷载情况、岩体结构面发育情况有关，拱坝主要将有关荷载转化为水平推力施加给两岸坝肩抗力岩体，主要为坝肩抗力岩体滑移失稳。而重力坝坝基主要承受大坝的重力和顺河向的各种水平荷载，主要表现为坝基的滑移失稳。

（1）坝基滑移模式

根据坝基岩体特征，按滑动面位置，可以分为接触面滑动、浅层滑动和深层滑动三种滑动类型，滑动方向与水推力方向一致。坝基常见的滑移模式见表 2.12-19。

岩石坝基滑动破坏分类表 表 2.12-19

抗滑控制类型	滑移破坏形式	基本图示	岩体条件
接触面滑动	接触面的剪切破坏		坝基岩体的强度远大于坝体混凝土强度，且岩体完整、无控制滑移的软弱结构面
浅层滑动	浅层岩体的剪切破坏		坝基岩体的岩性软弱，岩石本身的抗剪强度低于坝体混凝土与基岩的接触面

续表

抗滑控制类型			滑移破坏形式	基本图示	岩体条件
浅层滑动			滑移弯曲		坝基由近水平产出的夹有软弱层的薄层状岩层组成
			剪切滑移		碎裂结构岩体组成的坝基
深层滑动	无抗力体	简单滑移	单滑面		坝基内缓倾下游的软弱结构面与陡的临空面，或强度低、变形大的断裂带或软弱岩层组合成滑移体
			双滑面		坝基内交线缓倾下游的双滑面与陡立临空面或陡倾的软弱岩层（或断裂带）组合成滑移体
		滑移拉裂	单滑面		坝基内发育有缓倾上游的软弱结构面，横向切割面可以是已有的结构面，也可由上游拉应力区张裂变形发展而形成
			双滑面		坝基内发育有交线缓倾上游的双滑面
		双滑面的平面型滑动			坝基内有由缓倾下游的软弱结构面与缓倾上游的软弱结构面组合而成的滑移体
	有抗力体	剪断滑移			坝基内仅发育有缓倾下游的软弱结构面，滑动受到下游岩体的抵抗，剪断下游岩体后，方能产生滑移

（2）坝肩抗力体滑移模式

坝肩抗力体部位滑移模式一般可分为大块体滑移、阶梯状滑移和抽屉状滑移三种模式，具体模式见表 2.12-20。

坝肩抗力体滑移模式分类表　　　　表 2.12-20

滑移破坏模式	基本图示	岩体条件
大块体滑移模式		构成拱端大块体的基本条件是底滑面、侧裂面、拱端拉裂面和临空面（地形坡面），通常为四面体的形式。其中，侧裂面位置是从坝顶拱端位置按抗滑稳定最不利方向向下游延伸，同时向下切至底滑面位置，具体延伸方式由可能构成侧裂面的结构面产状确定

续表

滑移破坏模式	基本图示	岩体条件
阶梯状滑移模式	 侧裂面 底滑面	除了最上一个滑块对应的侧裂面位置可由坝顶拱端的位置确定外，其余高程底滑面对应的侧裂面位置可根据不同高程侧裂面发育的具体状况确定
抽屉状滑移模式	 挤出	挟持于两个近水平的结构面之间的岩体被推挤出而破坏

2）坝基（肩）岩体抗滑稳定计算和稳定性评价

（1）拱坝抗滑稳定计算

拱座抗滑稳定计算应考虑坝体作用力、岩体自重、扬压力和地震作用。坝基、坝肩岩体抗滑计算方法有刚体极限平衡法、数值分析法和地质力学模型试验法等。目前，在抗滑稳定安全分析评价中，一般以刚体极限平衡法为基本方法。1级、2级拱坝及高拱坝，应按式(2.12-25)计算，其他则应按式(2.12-25)或式(2.12-26)进行计算：

$$K_1 = \frac{\sum(Nf' + c'A)}{\sum T} \tag{2.12-25}$$

$$K_2 = \frac{\sum Nf}{\sum T} \tag{2.12-26}$$

式中：K_1、K_2——抗滑稳定安全系数；

N——垂直于滑裂面的作用力（$\times 10^3$kN）；

T——沿滑裂面的作用力（$\times 10^3$kN）；

A——计算滑裂面的面积（m²）；

f'——滑裂面的抗剪断摩擦系数；

c'——滑裂面的抗剪断黏聚力（MPa）；

f——滑裂面的抗剪摩擦系数。

（2）重力坝抗滑稳定性计算

a. 表层滑移稳定计算，常以下列公式计算：

$$K' = \frac{f'\sum W + c'A}{\sum P} \tag{2.12-27}$$

$$K = \frac{f\sum W}{\sum P} \tag{2.12-28}$$

式中：K'——按抗剪断强度计算的抗滑稳定安全系数；

K——按抗剪强度计算的抗滑稳定安全系数；

f'——坝体混凝土与坝基接触面的抗剪断摩擦系数；

c'——坝体混凝土与坝基接触面的抗剪断黏聚力（kPa）；

A——坝基接触面截面积（m^2）；

W——作用于坝体上全部荷载（包括扬压力，下同）对滑动平面的法向分值（kN）；

P——作用于坝体上全部荷载对滑动平面的切向分值（kN）；

f——坝体混凝土与坝基接触面的抗剪摩擦系数。

b. 浅层滑移的稳定计算。坝基浅层滑移的滑动面位于坝基岩体浅部，其抗滑稳定计算表达式形式同表层滑移，只是滑动面的抗剪指标采用坝体下软弱岩层层面或破碎岩体的抗剪强度指标。

c. 深层滑移的抗滑稳定性计算，一般可概化为单面滑动、双面滑动和多面滑动，进行抗滑稳定分析。双面滑动为最常见情况，坝基分布有倾向下游和上游的滑动面，构成了形状复杂的滑移体，见图 2.12-1。

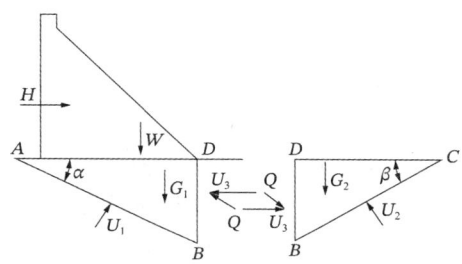

图 2.12-1　双面滑动示意图

采用抗剪断强度公式计算，考虑 ABD 块的稳定，则有：

$$K_1' = \frac{f_1'[(W + G_1)\cos\alpha - H\sin\alpha - Q\sin(\mu - \alpha) - U_1 + U_3\sin\alpha] + c_1'A_1}{(W + G_1)\sin\alpha + H\cos\alpha - U_3\cos\alpha - Q\cos(\mu - \alpha)} \qquad (2.12\text{-}29)$$

若考虑 BCD 块的稳定，则有：

$$K_2' = \frac{f_2'[G_2\cos\beta + Q\sin(\mu + \beta) - U_2 + U_3\sin\beta] + c_2'A_2}{Q\cos(\mu + \beta) - G_2\sin\beta + U_3\cos\beta} \qquad (2.12\text{-}30)$$

式中：K_1、K_2——按抗剪断强度计算的抗滑稳定安全系数；

W——作用于坝体上全部荷载（不包括扬压力，下同）的垂直分值（kN）；

H——作用于坝体上全部荷载的水平分值（kN）；

G_1、G_2——岩体 ABD、BCD 重量的垂直作用力（kN）；

f_1'、f_2'——AB、BC 滑动面的抗剪断摩擦系数；

c_1'、c_2'——AB、BC 滑动面的抗剪断黏聚力（kPa）；

A_1、A_2——AB、BC 面的面积（m^2）；

α、β——AB、BC 面与水平面的夹角；

U_1、U_2、U_3——AB、BC、BD 面上的扬压力（kN）；

Q——BD 面上的作用力（kN）；

μ——BD 面上的作用力 Q 与水平面的夹角，夹角 μ 值应经论证后选用，从偏于安全考虑 μ 可取 0°。

通过式(2.12-29)、式(2.12-30)及 $K_1' = K_2' = K'$，求解 Q、K' 值。

采用抗剪强度公式计算。对于采取工程措施后应用抗剪断强度公式计算仍无法满足表 12.3-27 要求的，可采用抗剪强度公式(2.12-31)、公式(2.12-32)计算抗滑稳定安全系数。

考虑 ABD 块的稳定，则有：

$$K_1 = \frac{f_1[(W+G_1)\cos\alpha - H\sin\alpha - Q\sin\alpha - U_1 + U_3\sin\alpha]}{(W+G_1)\sin\alpha + H\cos\alpha - U_3\cos\alpha - Q\cos\alpha} \tag{2.12-31}$$

考虑 BCD 块的稳定，则有：

$$K_2 = \frac{f_2[G_2\cos\beta + Q\sin\beta - U_2 + U_3\sin\beta]}{Q\cos\beta - G_2\sin\beta + U_3\cos\beta} \tag{2.12-32}$$

式中：K_1、K_2——按抗剪强度计算的抗滑稳定安全系数；

　　　　f_1、f_2——分别为 AB、BC 滑动面的抗剪摩擦系数。

通过式(2.12-31)、式(2.12-32)及$K_1 = K_2 = K$，求解Q、K值。

单滑动面的情况比较简单，可按滑动面的倾向计算滑块的抗滑力、下滑力并分别计算抗滑稳定安全系数。多面滑动可参照双滑动面的计算式，列出各个滑动体的算式，求解K值。

3. 坝基（肩）岩体变形

1）评价方法

对大坝变形稳定的评价一般是采用材料力学和数值模拟计算的方法，确定坝基和抗力岩体部位岩体中的附加应力及由附加应力所产生的相对变形量，并与岩体及坝体混凝土的容许承载能力相比较，评价岩体或结构体是否满足承载要求，进一步确定地质缺陷处理、优化和调整建基面和坝体体型；也可以开展地质力学模型试验评价岩体、结构体的承载能力。在工程施工和运行期，通过对坝基岩体和结构体的变形和应力监测，分析评价其稳定性。

2）安全控制指标

对地基强度和变形要求最高的为混凝土拱坝，其次为混凝土重力坝，当地材料坝要求相对最低，但其中的面板堆石坝的趾板对地基的变形要求也相对较高。具体来说，它们对地基的要求是：岩体有足够的承载能力，在工程附加应力作用下，岩体不致被压破坏和受拉破坏；不致产生过大的压缩变形和不均匀变形，而导致大坝开裂和变形破坏。

3）坝基建基面研究

坝基建基面一般重点研究以下几方面的内容：建基面及以下的岩体质量、坝基（肩）稳定条件、工程荷载作用力的分布特点、可能的加固措施和加固效果。

（1）坝基建基面选择原则

建基面选择的原则是在确保大坝安全（满足抗滑稳定、变形稳定、渗透稳定的要求）运行的前提下，尽量减少坝基开挖深度、地基处理难度，达到技术合理、投资经济的目的。因此，从工程地质角度出发，坝基建基面研究首先要研究的是大坝承载岩体的质量，同时也要研究大坝及水荷载（工程荷载）作用下附加应力、变形的分布、大小、方向特征，有针对性地开展岩体工程特性研究，并对承载岩体可能采取的加固措施及其作用机理和加固效果进行研究和评价，在此基础上对可能承载的岩体作出适应性评价，确定可利用岩体和建基面开挖深度，并提出对承载岩体加固的建议。

（2）建基面岩体质量研究

一般情况下，Ⅰ、Ⅱ类岩体完整、强度高，是良好的天然坝基；Ⅳ、Ⅴ类岩体，完整性差，强度低，具各向异性特征，如进行工程处理，其难度和工程量大，效果差，对于混凝土高坝来说一般不宜作为大坝坝基。Ⅲ类岩体，岩体完整性一般，岩体仍具有一定的强度，岩体经过一定的加固处理后，能满足坝基承载力的要求，对混凝土坝仍为可利用岩体。因此，对建基面的研究在一定意义上说，就是对Ⅲ类岩体的工程适应性研究。其研究的主要内容包括：岩体结构特征、赋存条件、岩体强度及其特性，抗滑、变形、渗透稳定条件及其评价，工程荷载特点及其应力、变形分布特征，工程处理措施及其效果评价。

4. 坝基渗漏与渗透稳定

1）坝基渗漏

对坝基岩体渗漏进行分析评价时，首先应对坝基岩体中结构面的类型、分布特征、连通率等情况进行详细的调查、分析，然后结合水文地质试验分析岩体的渗透特征，在此基础上对坝基渗漏作出定性或定量评价。

当坝基、坝肩存在岩溶、张性断层或张裂隙带等贯穿性的集中渗漏通道时，需结合其空间分布、规模、性状、渗透性以及上、下游水位情况等进行专门研究，必要时开展专门的水文地质试验，并根据试验成果对渗漏的可能性、渗漏的形式以及可能的渗漏量作出评价。

一般情况下，坝基渗漏常常面临的是节理化岩体的渗漏问题，对这类问题通常结合坝址工程地质勘察和钻孔压水试验成果，按相关规范对岩体的渗透性进行分级，并根据岩体透水性和防渗标准要求绘制坝轴线、防渗轴线及主要勘探线渗透剖面。在以上工作成果的基础上，可对坝基（肩）裂隙岩体的渗透性作出定性的分析评价，并提出防渗处理建议。

除定性分析评价外，必要时可对坝基渗漏量、绕坝渗漏量进行估算，详见第 12.2.2 节。

2）坝基渗透稳定性

水库建成蓄水后，在上、下游水位作用下，坝基渗流可产生渗透变形或渗透破坏问题。岩石坝基中由于岩体和结构面受应力作用，常处于一定围压状态，除因高坝工程具有较高的渗透压力或是分布有特定的软弱物质组成的结构面、易溶岩层外，一般情况下不易发生渗透变形或破坏问题。

（1）渗透变形类型及判别

岩基的渗透变形包括机械渗透变形和化学管涌，前者是指岩基中的软弱夹层（或夹泥裂隙）、断层或挤压破碎带（尤其是张性破碎带）中的不溶颗粒在渗透水流作用下产生位移和掏空现象；后者是指岩体中存在易溶岩层或夹层，其间的某些易溶组分被渗透水流溶解和搬运。

机械渗透变形类型及判别可参考第 12.2.2 节土基渗透变形进行。

化学管涌是指易溶盐类在流动水的作用下，尤其是在地下水循环比较剧烈的区域，矿物逐渐被溶蚀，引起管涌，称化学管涌。

（2）渗透变形评价

岩石坝基渗透变形往往是由软弱夹层、夹泥裂隙、挤压带、断层带和构造软弱岩带或者是岩溶通道等构成的机械管涌问题。首先应查明坝基可能产生集中渗流的结构面或通道的空间分布、规模、物质组成等；在了解可能渗流通道的分布特征和范围的基础上，通过各种现场或者室内的分析、试验、测试手段，获得岩体的渗流参数，分析判断坝基可能出现的渗透变形形式；根据渗流条件确定实际水力梯度，对比分析可能的渗流通道处实际水力梯度和容许水力梯度的大小，判断是否可能出现渗透变形破坏，并提出相应的工程处理措施建议。

12.3 水工隧洞工程地质评价

12.3.1 隧洞围岩工程地质分类

1. 隧洞围岩分类概述

影响隧洞围岩分类和稳定性的因素较多，各种围岩分类所考虑的因素、选取的分析计算指标也各有侧重，主要包含地质因素和工程因素两大类。

地质因素主要是指岩体的强度、岩体完整性、结构面状态、地下水状态、初始地应力状态等。

工程因素主要包括隧洞的轴线方向、断面形状及尺寸、隧洞间距，以及施工开挖方法、爆破方式等，是围岩类别修正时考虑的主要因素。

2. 水利水电工程隧洞围岩分类

《水利水电工程地质勘察规范》GB 50487—2008 中的围岩工程地质分类分为围岩初步分类和围岩详细分类。

1）围岩初步分类

围岩初步分类以岩石强度、岩体完整程度、岩体结构类型为基本依据，以岩层走向与洞轴线的关系、水文地质条件为辅助依据，并应符合表 2.12-21 的规定。

围岩初步分类表　　　　　　　　　　　　　　　表 2.12-21

围岩类别	岩质类型	岩体完整程度	岩体结构类型	围岩分类说明
Ⅰ、Ⅱ	硬质岩	完整	整体或巨厚层状结构	坚硬岩定Ⅰ类，中硬岩定Ⅱ类
Ⅱ、Ⅲ		较完整	块状结构、次块状结构	坚硬岩定Ⅱ类，中硬岩定Ⅲ类，薄层状结构定Ⅲ类
Ⅱ、Ⅲ			厚层或中厚层状结构、层（片理）面结合牢固的薄层状结构	
Ⅲ、Ⅳ			互层状结构	洞轴线与岩层走向夹角小于 30°时，定Ⅳ类
Ⅲ、Ⅳ		完整性差	薄层状结构	岩质均一且无软弱夹层时可定Ⅲ类
Ⅲ			镶嵌结构	—
Ⅳ、Ⅴ		较破碎	碎裂结构	有地下水活动时定Ⅴ类
Ⅴ		破碎	碎块或碎屑状散体结构	—
Ⅲ、Ⅳ	软质岩	完整	整体或巨厚层状结构	较软岩定Ⅲ类，软岩定Ⅴ类
		较完整	块状或次块状结构	较软岩定Ⅴ类，软岩定Ⅴ类
			厚层、中厚层或互层状结构	
Ⅳ、Ⅴ		完整性差	薄层状结构	较软岩无夹层时可定Ⅳ类
		较破碎	碎裂结构	较软岩可定Ⅴ类
		破碎	碎块或碎屑状散体结构	—

2）围岩详细分类

围岩工程地质详细分类以控制围岩稳定的岩石强度、岩体完整程度、结构面状态、地下水状态和主要结构面产状五项因素之和的总评分为基本判据，以围岩强度应力比为限定判据，并应符合表 2.12-22 的规定。

围岩详细分类表　　　　表 2.12-22

围岩类别	围岩总评分T	围岩强度应力比S
Ⅰ	> 85	> 4
Ⅱ	85 ≥ T > 65	> 4
Ⅲ	65 ≥ T > 45	> 2
Ⅳ	45 ≥ T > 25	> 2
Ⅴ	T ≤ 25	—

注：Ⅱ、Ⅲ、Ⅳ类围岩，当其强度应力比小于本表规定时，围岩类别宜相应降低一级。

围岩初步分类中的岩石强度、岩体完整程度、结构面状态、地下水状态和主要结构面产状五项因素的评分可参考《水利水电工程地质勘察规范》GB 50487—2008。

3）现行水利水电围岩分类方法的适用范围

（1）围岩初步分类属于宏观判断性质的分类，适用于工程地质资料较少的规划和可行性研究阶段。围岩详细分类主要用于工程地质资料较齐全、隧洞布置已基本确定的初步设计研究、招标和施工详图设计阶段。

（2）不适用于埋深小于两倍洞径或跨度大于 20m 的地下洞室和膨胀土、黄土等特殊土层以及岩溶洞穴发育地段的地下洞室。

（3）不适用于极高应力地区（> 30MPa）的地下洞室。

在锦屏二级水电站和滇中引水工程深埋长引水隧洞的围岩分类研究过程中，提出了高地应力、高外水压力条件下深埋长隧洞围岩分类方法。

12.3.2　隧洞围岩稳定性评价

1. 工程地质分析法

工程地质分析法主要是通过工程地质勘察，在大量实际资料的基础上，与工程地质条件、工程特点、施工方法类似的已建工程进行对比，对其稳定性进行评价，也称工程地质类比法。主要方法有：围岩分类法、块体分析法、塌方分析法、工程经验判别法。

（1）洞室围岩分类

根据围岩类型进行稳定性评价和支护类型分类，详见表 2.12-23。

围岩工程地质分类与稳定性评价　　　　表 2.12-23

围岩类别	围岩稳定性评价	支护类型
Ⅰ	稳定。围岩可长期稳定，一般无不稳定块体	不支护或局部锚杆或喷薄层混凝土。大跨度时，喷混凝土，系统锚杆加钢筋网
Ⅱ	基本稳定。围岩整体稳定，不会产生塑性变形，局部可能产生组合块体失稳	
Ⅲ	局部稳定性差。围岩强度不足，局部会产生塑性变形，不支护可能产生塌方或变形破坏。完整的较软岩可能短时稳定	喷混凝土，系统锚杆加钢筋网。大跨度时，并加柔性或刚性支护
Ⅳ	不稳定。围岩自稳时间很短，规模较大的各种变形和破坏都可能发生	喷混凝土，系统锚杆加钢筋网，并加柔性或刚性支护，浇筑混凝土衬砌
Ⅴ	极不稳定。围岩不能自稳，变形破坏严重	

（2）块体分析法

块体分析法主要包括极限平衡分析和赤平投影分析。

当围岩应力小，围岩中存在软弱结构面不利块体组合时，只考虑重力作用，进行块体极限平衡分析和关键块体稳定计算。隧洞围岩块体稳定假定洞室顶拱上的围岩压力为塌落在拱顶上的全部岩体重量，按下列公式计算：

$$P = 2\eta\alpha h\gamma$$

式中：P——塌落体拱顶上全部岩体重量；

　　　η——为结构体性状因数，塌落体呈三角形取 0.5，呈矩形、方形取 1；

　　　α——洞室宽度的一半；

　　　h——块体高度；

　　　γ——岩体重度。

然后根据块体组合形态及滑动边界上的抗剪强度，计算洞室块体稳定系数。

①塌落体单滑面滑动：

$$K_c = \frac{P\cos\alpha\tan\varphi + \Delta Ac}{P\sin\alpha} \tag{2.12-33}$$

式中：α——单滑面倾角；

　　　ΔA——滑动面面积；

　　　φ——滑动面内摩擦角；

　　　c——滑动面黏聚力。

②塌落体沿两个滑面的交线滑动：

$$K_c = \frac{P\cos\alpha(\sin\alpha_2\tan\varphi_1 + \sin\alpha_1\tan\varphi_2) + (\Delta A_1 c_1 + \Delta A_2 c_2)\sin(180° - \alpha_1 - \alpha_2)}{P\sin\alpha\sin(180° - \alpha_1 - \alpha_2)} \tag{2.12-34}$$

式中：α——双滑面组合交线的倾角。

另外在洞室围岩稳定性分析中，赤平投影也是常用的图解分析方法之一。赤平投影分析方法，把三维空间的几何要素（面、线）投影到平面上来进行研究。在此基础上，可将矢量计算法和赤平投影有机结合起来，分析计算隧洞围岩块体稳定性。

（3）塌方分析法

塌方是围岩受结构面组合不利等条件影响，隧洞开挖后岩体不能形成自然平衡。塌方受岩体类型及结构面影响。

①岩体类型。塌方大多发生在强烈风化带、断层交汇带、极软弱的岩层等碎裂岩体和松散体，围岩强度较低、塌方规模较大，洞室埋深不大时，有的甚至冒顶。

②结构面产状及其与洞室组合关系。结构面走向与隧洞轴线近于垂直，倾角小于 30°时，顶拱下沉，边墙变形大；有软弱夹层存在，又有其他方面的结构面组合，结构面无胶结，容易造成顶拱塌方；多组结构面的产状组合，在不利于洞室轴线及规模时，是造成塌方的主要原因。

③地下水活动。地下水活动地段，易产生塌方。

④岩体风化。强烈风化岩体，易于塌落。

⑤施工方法。施工方法不当，也容易产生塌方。

（4）工程经验判别法

工程经验判别法主要从以下三个方面予以分析和判断：

①围岩岩性与强度。当围岩具有一定的强度（中硬岩及以上），呈块状或中厚层状，软弱夹层不发育时，可认为围岩稳定性满足成洞要求。

②岩体结构。围岩中结构面形式、产状与物理、力学性质是控制其稳定性的主要因素。当围岩虽然有结构面分布，但是无不稳定结构面组合体，或虽然具有不稳定组合体，但是可以通过工程措施加固处理时，可认为围岩稳定性满足成洞要求。

③地下水。地下水对围岩稳定性的影响很大，尤其是对抗水性很低的岩体。当无地下水，或虽然有地下水活动，但是岩体抗水性强，或渗水量不大，不影响施工开挖者，可认为围岩稳定性满足成洞要求。

2. 数值计算方法

数值计算方法也是评价围岩稳定的方法之一，应用较多的主要为有限元法和边界元法。有限元研究方法主要有平面弹塑性有限元分析、三维黏弹性有限元分析、单洞与洞群弹塑性稳定分析等，对研究围岩应力、变形和破坏的发展具有一定的优势。边界元法的使用较有限元法晚，但具有输入参数少、计算速度快等特点，亦得到普遍应用。

12.3.3　主要工程地质问题分析评价

1. 主要工程地质问题

1）涌水、突泥问题

进行隧洞涌水量预测要全面收集隧洞区的气象水文条件、地形地貌、地层岩性、地质构造条件以及水文地质条件等，以便划定边界条件，合理选择预测方法。目前隧洞（道）涌水量的预测方法主要包括水文地质类比法、水均衡法、地下水动力学法、三维渗流场模拟法等。常用的涌水量计算方法见表 2.12-24，最大涌水量预测计算方法见表 2.12-25。

隧洞正常涌水量解析法预测计算公式一览表　　　　表 2.12-24

方法	公式	适用范围	符号意义
水文地质比拟法	$Q_s = Q'_s \dfrac{BLS}{B'L'S'}$	新建隧道附近有水文地质条件相似的既有隧道	Q_s、Q'_s——新建、既有隧洞通过含水体的正常涌水量（m^3/d）； S、S'——新建、既有隧洞通过含水体的水位降深（m）； B、B'——新建、既有隧洞身横断面的周长（m）； L、L'——新建、既有隧洞通过含水体地段的长度（m）
地下径流深度法	$Q_s = 2.74hA$ $H = W - H - E - SS$ $A = LB$	隧洞通过地表水体	Q_s——隧洞通过含水体地段的正常涌水量（m^3/d）； h——年地下径流深度（mm）； A——隧洞通过含水体地段集水面积（km^2）； W——年降水量（mm）； H——年地表径流深度（mm）； E——年蒸发蒸散量（mm）； SS——年地表滞水深度（mm）； L——隧洞通过含水体地段的长度（km）； B——隧洞涌水地段两侧的影响宽度（km）
地下径流模数法	$Q_s = MA$ $M = Q'/F$		Q_s——隧洞通过含水体地段的正常涌水量（m^3/d）； M——地下径流模数［$m^3/(d \cdot km^2)$］； Q'——地下水补给的河流的流量或下降泉流量（采用枯水期流量计算）（m^3/d）； F——与 Q' 的地表水或下降泉流量相当的地表流域面积（km^2）

续表

方法		公式	适用范围	符号意义
降雨入渗法		$Q_s = 2.74\alpha WA$	隧洞埋藏较浅，通过潜水含水体	Q_s——隧洞通过含水体地段的正常涌水量（m^3/d）； α——降雨入渗系数； A——隧洞通过含水体地段的集水面积（km^2）； W——年降水量（mm）
水均衡法		$Q_s = \dfrac{1000\alpha WA}{365}$	隧洞通过岩溶区	Q_s——隧洞通过含水体地段的正常涌水量（m^3/d）； α——降雨入渗系数； A——隧洞通过含水体地段的集水面积（km^2）； W——年降水量（mm）
地下水动力学法	裘布依理论公式	$Q_s = KL\dfrac{H^2 - h^2}{R - r}$	隧洞通过潜水含水体	Q_s——预测隧洞通过含水体稳定涌水量（m^3/d）； K——岩体的渗透系数（m/d）； H——含水层中原始静水位至隧洞底板的垂直距离（m）； L——隧洞通过含水层的长度（m）； R——隧洞涌水影响半径（m）； r——为隧洞洞身横断面的等价圆半径（m）； h——隧洞内排水沟假设水深（m），根据经验取值0.35m
	辐射流公式（宜将隧洞分成若干个扇形区段）	$Q_s = \dfrac{K(b_1 - b_2)}{\ln b_1 - \ln b_2} \times \dfrac{h_1^2 - h_2^2}{2L}$	潜水含水体各向透水性或补给条件差别很大	Q_s——预测隧洞通过含水体稳定涌水量（m^3/d）； K——扇形区段内岩体的渗透系数（m/d）； b_1、b_2——上、下游断面宽度（m）； h_1、h_2——上、下游断面潜水层厚度（m）； L——上、下游断面之间的距离（m）
		$Q_s = \dfrac{KM(b_1 - b_2)(H_1 - H_2)}{(\ln b_1 - \ln b_2)L}$	含水层为承压水时，分段计算	M——扇形区段内承压含水层平均厚度（m）； H_1、H_2——上下游计算断面承压水位（m）； 其余符号同上

最大涌水量解析法预测计算公式一览表

表 2.12-25

方法	公式	适用范围	符号意义
佐藤邦明非稳定流式	$Q_{max} = \dfrac{2\pi m k H_0}{\ln\left[\tan\dfrac{\pi(2H_0 - r_0)}{4h_c}\cot\dfrac{\pi r_0}{4h_c}\right]}$	使用条件为隧洞通过潜水含水体	Q_{max}——预测隧洞通过含水体可能最大涌水量（m^3/d）； k——岩体的渗透系数（m/d）； H_0——原始静水位至洞身横截面等效圆中心的距离（m）； h_c——含水体厚度（m）； r_0——为隧洞洞身横断面的等价圆半径（m）（本次为双洞，经验取值5m）； m——转换系数，一般取0.86
古德曼经验式	$Q_{max} = \dfrac{2\pi k H_0}{\ln\left(\dfrac{4H_0}{d}\right)}$	适用于潜水含水体的越岭和傍山隧洞	Q_{max}——预测隧洞通过含水体可能最大涌水量（m^3/d）； k——岩体的渗透系数（m/d）； H_0——原始静水位至洞身横截面等效圆中心的距离（m）； d——为隧洞洞身横断面的等价圆直径（m），$d = 2r$
大岛洋志公式	$Q_{max} = \dfrac{2\pi m K(H - r)L}{\ln[4(H - r)/d]}$	适用于潜水含水体	Q_{max}——预测隧洞通过含水体可能最大涌水量（m^3/d）； K——岩体的渗透系数（m/d）； H——含水层中原始静水位至隧洞底板的垂直距离（m）； L——隧洞通过含水层的长度（m）； r——为隧洞洞身横断面的等价圆半径（m）； d——为隧洞洞身横断面的等价圆直径（m），$d = 2r$； m——转换系数，一般取0.86

突泥往往和涌水相伴，一般可划分为 3 种类型即：岩溶型（溶蚀裂隙型、溶洞溶腔型、管道及地下暗河型）、断层型（导水断层型、阻水断层型）、其他成因型（侵入接触型、不整合接触型、差异风化型），突泥类型及形成机理见表 2.12-26。

突泥类型及形成机理　　　　　　表 2.12-26

突泥类型		形成机理
岩溶型	溶洞溶腔型	隧道开挖至溶洞溶腔附近时，直接揭露或是隧道与溶洞溶腔之间的厚度小于最小安全厚度，则发生突水突泥灾害。与溶蚀裂隙相比，溶洞溶腔型灾害具有突发性，灾害规模和程度较大
	管道及地下河型	隧道施工过程中，如果揭露岩溶管道或改变地下暗河的水流方向，将会造成隧道大型突水突泥灾
断层型	阻水断层型	阻水型断层通过断盘或内部构造岩起阻水作用，断层破碎带内部含水量一般较少，但断层阻水使得含水层排泄通道不畅，地下水富集，水位上升。当隧道穿越阻水断层时揭穿阻水结构，其阻水作用失效，隧道成为地下水排泄空间，地下水携带泥沙等充填介质从开挖断面涌入隧道内部，发生突水突泥灾害
	导水断层型	导水型断层通过连通不同层位含水层的地下水使之发生水力联系，其含水量和储水空间比富水断层小，地下水以动储量为主，主要来自两盘含水层。导水断层主要存在于弱透水或不透水岩层中，通过连通含水层起到导水作用
其他成因型	侵入接触型	岩浆侵入时，由于挤压、蚀变、侵蚀等作用在侵入岩与围岩接触带附近产生裂隙和裂隙发育带，经后期地质构造运动或风化作用改造，裂隙进一步发育，原来封闭裂隙或隐裂隙的导水性和含水性增强，地下水在裂隙发育带富集，隧道开挖揭露此段围岩时易发生突水突泥灾害
	不整合接触型	不整合接触是沉积岩中存在沉积间断的新、老地层间常见的接触类型之一。当不整合接触面下方地层为不透水岩层或弱透水层起阻水作用，上方地层为强透水层，不整合接触面以及风化剥蚀形成的裂隙带提供储水空间时，在良好的地下水补给条件下，地下水易在不整合接触面附近进行富集。在此范围内开挖隧道时易发生突水突泥灾害
	差异风化型	岩石风化裂隙分布较密集，相互连接呈不规则的网状，在致灾构造中往往起到储水和导水作用，裂隙多由后期泥质充填，差异风化作用形成的风化夹层、风化深槽等，隧道开挖时可能会导致突水突泥

2）高外水压力问题

确定地下隧洞外水压力的主要方法有折减系数法、实测法等，其基础是查明地下建筑物区地层岩性、地质构造、岩体透水性、地下水活动状态、地下水位、地下水补径排条件等。

（1）折减系数法

前期勘察阶段可采用压力水头折减系数法确定隧洞外水压力，即根据隧洞区地下水位埋深情况确定的隧洞外水压力水头，根据围岩透水特性选择适当的外水压力折减系数，二者乘积作为外水压力值。

①地下水位线的确定

地下水位的确定可利用钻孔、泉、井、支沟直接观测；也可根据三维渗流场分析的初始渗流场确定。

②折减系数的确定

根据《水利水电工程地质勘察规范》GB 50487—2008，外水压力折减系数的取值见表 2.12-27。

按岩体透水率确定外水压力折减系数经验值   表 2.12-27

岩土体渗透性等级	渗透系数K/（cm/s）	透水率q/Lu	外水压力折减系数β
极微透水	$K < 10^{-6}$	$q < 0.1$	$0 \leqslant \beta < 0.1$
微透水	$10^{-6} \leqslant K < 10^{-5}$	$0.1 \leqslant q < 1$	$0.1 \leqslant \beta < 0.2$
弱透水	$10^{-5} \leqslant K < 10^{-4}$	$1 \leqslant q < 10$	$0.2 \leqslant \beta < 0.4$
中等透水	$10^{-4} \leqslant K < 10^{-2}$	$10 \leqslant q < 100$	$0.4 \leqslant \beta < 0.8$
强透水	$10^{-2} \leqslant K < 1$	$q \geqslant 100$	$0.8 \leqslant \beta \leqslant 1$
极强透水	$K \geqslant 1$		

根据《水工隧洞设计规范》SL 279—2016，按隧洞地下水活动状态确定外水压力折减系数经验值，见表 2.12-28。

按隧洞地下水活动状态确定外水压力折减系数经验值   表 2.12-28

级别	地下水活动状态	地下水对围岩稳定的影响	折减系数β
1	洞壁干燥或潮湿	无影响	0.00~0.20
2	沿结构面有渗水或滴水	软化结构面的充填物质，降低结构面的抗剪强度。软化软弱岩体	0.10~0.40
3	严重滴水，沿软弱结构面有大量滴水、线状流水或喷水	泥化软弱结构面的充填物质，降低其抗剪强度，对中硬岩体发生软化作用	0.25~0.60
4	严重滴水，沿软弱结构面有小量涌水	地下水冲刷结构面中的充填物质，加速岩体风化，并使其膨胀崩解及产生机械管涌。有渗透压力，能鼓开较薄的软弱层	0.40~0.80
5	严重股状流水，断层等软弱带有大量涌水	地下水冲刷带出结构面中的充填物质，分离岩体，有渗透压力，能鼓开一定厚度的断层等软弱带，并导致围岩塌方	0.65~1.00

根据隧洞围岩岩溶发育程度确定外水压力折减系数经验值，见表 2.12-29。

按岩溶发育程度确定外水压力折减系数经验值   表 2.12-29

岩溶发育程度	弱岩溶发育区	中等岩溶发育区	强岩溶发育区
折减系数β	0.1~0.3	0.3~0.5	0.5~1.0

根据隧洞围岩裂隙发育程度确定的折减系数经验值见表 2.12-30。

按围岩裂隙发育程度确定折减系数   表 2.12-30

岩体透水性	折减系数β	
	未灌浆段	灌浆段
围岩破碎，裂隙很发育	0.8~1.0	0.6~0.9
围岩破碎，裂隙较发育	0.6~0.8	0.5~0.7
围岩完整，裂隙发育，仅少量闭合裂隙	0.4~0.6	0.3~0.5

（2）实测法

在施工期利用埋设在洞室衬砌内的渗压计，直接测定外水压力。

3）硬岩岩爆问题

硬岩系指单轴饱和抗压强度$R_b > 30MPa$的岩石。依据《水利水电工程地质勘察规范》GB 50487—2008，岩体同时具备高地应力、岩质硬脆、完整性好—较好、无地下水的洞段，可初步判别为易产生岩爆。在勘察期可采用岩石强度应力比R_b/σ_m进行预测，并将岩爆分为轻微、中等、强烈、极强四级，见表2.12-31。此外，尚可采用其他应力判据、能量判据和岩性判据进行复核。在施工期则需依据隧洞开挖中出现的围岩破坏现象或微震系统监测成果进行岩爆等级的划分。

岩爆分级及判别　　　　表 2.12-31

岩爆分级	主要现象和岩性条件	岩石强度应力比R_b/σ_m	建议防治措施
轻微岩爆（Ⅰ级）	围岩表层有爆裂射落现象，内部有噼啪、撕裂声响，人耳偶然可以听到。岩爆零星间断发生。一般影响深度0.1～0.3m。对施工影响较小	4～7	根据需要进行简单支护
中等岩爆（Ⅱ级）	围岩爆裂弹射现象明显，有似子弹射击的清脆爆裂声响，有一定的持续时间。破坏范围较大，一般影响深度0.3～1m。对施工有一定影响，对设备及人员安全有一定威胁	2～4	需进行专门支护设计。多进行喷锚支护等
强烈岩爆（Ⅲ级）	围岩大片爆裂，出现强烈弹射，发生岩块抛射及岩粉喷射现象，巨响，似爆破声，持续时间长，并向围岩深部发展，破坏范围和块度大，一般影响深度1～3m。对施工影响大，威胁机械设备及人员人身安全	1～2	主要考虑采取应力释放钻孔、超前导洞等措施，进行超前应力解除，降低围岩应力。也可采取超前锚固及格栅钢支撑等措施加固围岩。需进行专门支护设计
极强岩爆（Ⅳ级）	洞室断面大部分围岩严重爆裂，大块岩片出现剧烈弹射，震动强烈，响声剧烈，似闷雷。迅速向围岩深处发展，破坏范围和块度大，一般影响深度大于3m，乃至整个洞室遭受破坏。严重影响施工，人财损失巨大。最严重者可造成地面建筑物破坏	< 1	

注：R_b为岩石饱和单轴抗压强度（MPa），σ_m为最大主应力（MPa）。

4）软岩变形问题

软岩系指单轴饱和抗压强度$R_b \leqslant 30MPa$的岩石。隧洞围岩软岩大变形一般分为挤出和膨胀两大类。软岩挤出是洞室开挖后引起的应力重分布超过围岩强度，围岩因塑性变形而产生大变形；膨胀则是围岩中亲水矿物吸水后体积发生膨胀导致大变形。

在勘察阶段，可按岩体强度与断面最大初始地应力比值（S）的大小对软岩变形的预测评价见表2.12-32，施工期则可按实测收敛应变（ε）的大小进行评价（表2.12-33）。

软岩变形程度初步预测评价表　　　　表 2.12-32

S值	$S \geqslant 0.45$	$0.30 \leqslant S < 0.45$	$0.20 \leqslant S < 0.30$	$0.15 \leqslant S < 0.20$	$S < 0.15$
变形程度判别	基本稳定	轻微挤压变形	中等挤压变形	严重挤压变形	极严重挤压变形
对应的围岩类别	Ⅲ₁	Ⅲ₂	Ⅳ₁	Ⅳ₂	Ⅴ

注：岩体强度为岩石饱和单轴抗压强度乘以岩体完整系数。

软岩变形程度评价表　　　　表 2.12-33

$\varepsilon/\%$	$\varepsilon \leqslant 1.0$	$1.0 < \varepsilon \leqslant 2.5$	$2.5 < \varepsilon \leqslant 5.0$	$5.0 < \varepsilon \leqslant 10.0$	$\varepsilon > 10.0$
变形程度判别	基本稳定	轻微挤压变形	中等挤压变形	严重挤压变形	极严重挤压变形
对应的围岩类别	Ⅲ₁	Ⅲ₂	Ⅳ₁	Ⅳ₂	Ⅴ

注：ε为收敛应变，其值为开挖洞室实测变形量（d）与开挖隧洞半径（r）的比值。

5）高地温问题

《水利水电工程施工组织设计规范》SL 303—2017规定洞内平均温度不超过28℃。地温预测前需要确定地下工程区恒温层深度、地温梯度，利用恒温层温度与地温梯度和地下建筑物区埋深、恒温带深度之差的乘积的和，作为地温预测值。

恒温层温度可在坑道、钻井中直接测量获得；地温梯度一般采用钻孔、平洞不同深度实测地温资料获取。

6）有害气体及放射性问题

（1）有害气体问题

当隧洞通过含煤、含油、含气等可生成、储积有害气体地层、构造时，利用探洞、钻孔探测有害气体含量，评价和预测其危害程度，并提出相应的防护措施及建议。

地下洞室有害气体最大允许浓度和瓦斯隧洞类别分别见表2.12-34、表2.12-35。

地下洞室有害气体最大允许浓度表 表 2.12-34

名称	符号	最大允许浓度	
		按体积比/%	按重量比/（mg/m³）
一氧化碳	CO	0.00240	30
氮氧化物	换算成 NO_2	0.00025	5
二氧化硫	SO_2	0.00050	15
氨	NH_3	0.00400	30
硫化氢	H_2S	0.00066	10

注：地下工作面空气成分的主要指标：氧气应不低于20%（体积比）；二氧化碳含量不高于0.5%（体积比）。

瓦斯隧洞类别 表 2.12-35

类别	瓦斯涌出量/［mg/(min·m³)］	吨煤瓦斯含量/（m³/t）	瓦斯压力P/MPa
低瓦斯隧洞	< 0.5	< 0.5	< 0.15
高瓦斯隧洞	≥ 0.5	≥ 0.5	0.15～0.74
瓦斯突出隧洞			≥ 0.74

（2）放射性问题

隧洞岩体内的放射性主要为 γ 辐射和氡及其子体。根据《公共地下建筑及地热水应用中氡的放射防护要求》WS/T 668—2019，已建地下建筑内氡浓度的控制水平为400Bq/m³；根据《电离辐射防护与辐射源安全基本标准》GB 18871—2002，公众照射总剂量限值为年有效剂量1mSv（特殊情况下，如5个连续年平均剂量不超过1mSv，则某一单一年份的有效剂量可提高到5mSv），眼晶体的年有效剂量15mSv，四肢或皮肤的年有效剂量50mSv。

2. TBM 隧洞适宜性评价

隧洞 TBM 施工适宜性分级，目前没有较为成熟和统一的方法，大多采用在围岩稳定性分级的基础上，按影响 TBM 工作条件的主要地质因素如岩石的饱和单轴抗压强度、岩体的完整程度、岩石的耐磨性和岩石的硬度等指标进行分级。

《引调水线路工程地质勘察规范》SL 629—2014 中将 TBM 施工的适宜性分为适宜（A）、基本适宜（B）、适宜性差（C）等级别，具体分级标准见表 2.12-36。

隧洞 TBM 施工适宜性分级　　　　　　　　　　　表 2.12-36

围压类别	与 TBM 掘进效率相关的岩体性状指标			TBM 施工适宜性分级	
	岩体完整性系数 K_v	岩石饱和单轴抗压强度 R_c/MPa	围岩强度应力比 S	适宜性评价	分级
I	$K_v > 0.75$	$100 < R_c \leqslant 150$	> 4	岩体完整，围岩稳定，岩体强度对掘进效率有一定影响，地质条件适宜性一般	B
		$150 < R_c$	< 4	岩体完整、围岩稳定，岩体强度对效率有明显影响，地质条件适宜性较差	C
II	$0.55 < K_v \leqslant 0.75$	$100 < R_c \leqslant 150$	> 4	岩体较完整，围岩基本稳定，岩体强度对掘进效率影响较小，地质条件适宜性好	A
				岩体较完整、围岩基本稳定、岩体强度对掘进效率有一定影响，地质条件适宜性一般	B
		$150 < R_c$	< 4	岩体较完整，围岩基本稳定，岩体强度对掘进效率有明显影响，地质条件适宜性较差	C
III	$0.35 < K_v \leqslant 0.55$		> 4	岩体完整性差，围岩局部稳定性差，不利岩体地质条件组合对掘进效率影响较小，地质条件适宜性好	A
		$60 < R_c \leqslant 100$	2~4	岩体完整性差，围岩局部稳定性差，不利岩体地质条件组合对掘进效率有明显影响，地质条件适宜性差	B
		$100 < R_c$	< 2	岩体完整性差—较破碎，围岩不稳定，不利岩体地质条件组合对掘进效率有明显影响，地质条件适宜性差	C
IV	$0.15 < K_v \leqslant 0.35$	$30 < R_c \leqslant 60$	> 2	岩体较破碎，围岩不稳定，不利岩体地质条件组合对掘进效率有一定影响，地质条件适宜性一般或不适宜于开敞式 TBM 施工	B
		$15 < R_c \leqslant 60$	< 2	岩体较破碎，围岩不稳定，变形破坏对掘进效率有明显影响，不利岩体地质条件地段需进行工程处理，地质条件适宜性差且不适宜开敞式 TBM 施工	C

12.4　渠道及渠系建筑物工程地质评价

12.4.1　渠道及渠系建筑物选线选址

渠道是人工开凿的有系统的用来引水排灌的线形建筑物，按其用途可分为灌渠与排水渠道、供水渠道、航运渠道等，主要由渠道和渡槽、倒虹吸等渠系建筑物组成。渠道作为主要的引水建筑物一般是开敞式，按其形式可分为挖方渠道、填方渠道和半挖半填渠道 3 种。开挖深度超过 15m 的渠道称为深挖方渠道，填筑高度大于 8m 的渠道称为高填方渠道。

渠道选线是关系到工程合理开发、渠道安全输水及降低工程造价的关键工序，应从沿线地形地貌、水文地质与工程地质条件、施工条件和挖填平衡、便于管理、社会经济条件、通航渠道要满足航运要求等方面综合考虑，并根据山区、平原与灌区规模大小的不同情况进行方案比较作出合理选择。

1）渠道选线原则

（1）渠线穿过起伏不平地区或丘陵地带时，其线路大致沿等高线布置，采用明渠与明流、隧洞或暗渠、渡槽、倒虹吸相结合的布置，并尽量避免深挖和高填。

（2）灌溉渠道应尽可能布置在灌区脊线，以争取最大的自流灌溉面积；排水渠道应尽可能布置在排水区的经线，以取得最大的排水效果；航运渠道要有较缓纵坡，流速不致影响航运，并使船闸数目最小、线路最短，尽可能地减少交叉建筑物。

（3）渠线选择地形相对完整、环境地质条件简单、地震活动性较弱地段，宜绕避规模较大的滑坡、泥石流、移动沙丘、溶洞、采空区及重要矿产分布区等。

（4）沿线地层分布稳定，岩性较单一，地质构造较简单，宜绕避软弱、膨胀、易溶等不良岩土层及活动性断层、规模较大的断裂破碎带、褶皱轴部等结构破碎的部位。

（5）沿线水文地质条件较简单，宜绕避地下水丰富的含水层（带）及规模较大的汇水构造、充水溶洞等。

（6）渠线宜少占或不占耕地，避免穿过重要矿产分布区、集中居民点、高压线塔、重点保护文物、军用通信线路、油气地下管网以及重要的铁路、公路等。

（7）傍山渠道一般以明渠通过山麓、丘陵、塬边。渠道中心线外侧堤基最好布置在弱风化岩体上，若为土渠要求整个渠岸全部在稳定土层上，以保证渠道安全。

（8）对于滑坡地区渠线应尽量避免通过滑坡地区，在无法避免时，须采取必要的防渗措施，使渠水不渗漏，不增加滑坡体重量。

2）渠系建筑物选址原则

（1）渠道与河流、溪谷、洼地、道路等相交时需要利用如渡槽、倒虹吸管、涵洞，跌水等建筑物。

（2）渡槽位置应结合渠道线路布置，尽可能修建在地形简单、地质条件较好的地带，力求避开不稳定滑坡体及引起地基不均匀沉降的软土与软弱夹层。渡槽轴线宜与河道的主流方向正交，避免选在河流的急转处，渡槽进出口应尽可能与渠道顺直连接。

（3）倒虹吸的布置应根据地形地质条件力求管线与河流、谷地、道路正交，以缩短管长。同时也应选择较缓的地形，以保证管身稳定和便于施工。在地质上要求避开滑坡、崩塌等不稳定地段。

3）渠道及渠系建筑物勘察特点

（1）平原型线路：多为第四系松散堆积物，应根据其成因类型、物质组成、结构，并结合地下水埋藏条件，分析评价渗漏、浸没、盐渍化、渗透稳定等问题。

（2）傍山型线路：多为半挖半填型的渠道，要注意渠坡与山坡的稳定，当山坡稳定条件差时，渠水的渗漏作用常引起山坡失稳，甚至造成渠道连同山坡一起滑动。因此，要根据岩性、构造、地下水埋藏特征分析渗透的可能性。

（3）坡麓型线路：堆积物的成分与结构复杂、地下水类型多变，工程地质条件较复杂。斜坡的不良地质作用（滑坡、崩塌、泥石流等）对渠道工程常造成危害。遇到岩堆时，往往产生较严重的渗漏。

（4）岭脊型线路：一般地下水埋藏较深，主要应注意渠水的渗漏，尤其是对于松散砂及砂砾层构成的渠坡，透水性大的疏松结构和强裂隙性的岩体构成的渠床。

（5）穿越岭脊型线路：此类渠线跨谷工程多，跨谷工程的基础稳定是主要问题。深挖方、高填方工程，应注意渠坡的稳定性。

12.4.2　渠道主要地质问题分析评价

1. 渠道边坡稳定问题

1）边坡失稳模式分类

边坡地质勘察应收集和分析工程区的工程地质、水文地质和地震等资料，对边坡的历史进行调查，分析边坡当前的稳定性状和人类活动对边坡稳定的影响，以及边坡可能的失稳模式。岩质边坡和土质边坡常见的失稳模式见表 2.12-37 和表 2.12-38。

岩质边坡失稳模式　　　　　　　　　　　　　　　表 2.12-37

岩体		可能的失稳模式
类型	亚类	
块状结构	整体状结构	1. 多沿某一结构面或复合结构面滑动； 2. 节理或节理组易形成楔形体滑动； 3. 发育陡倾结构面时，易形成崩塌
	块状结构	
	次块状结构	
层状结构	层状同向结构	1. 层面或软弱夹层易形成滑动面，坡脚切断后易产生滑动； 2. 倾角较陡时易产生溃屈或倾倒； 3. 倾角较缓时坡体易产生倾倒变形； 4. 节理或节理组易形成楔形体滑动； 5. 稳定性受坡角与岩层倾角组合、岩层厚度、顺坡向软弱结构面的发育程度及抗剪强度所控制
	层状反向结构	1. 岩层较陡或存在有陡倾结构面时，易产生倾倒弯曲松动变形； 2. 坡脚有软层时，上部易拉裂或局部崩塌、滑动； 3. 节理或节理组易形成楔形体滑动； 4. 稳定性受坡角与岩层倾角组合、岩层厚度、岩间结合能力及反倾斜面发育与否所控制
	层状斜向结构	1. 易形成层面与节理组成的楔形体滑动或崩塌； 2. 节理或节理组易形成楔形体滑动； 3. 层面与坡面走向夹角越小，滑动的可能性越高
	层状平叠结构	1. 存在有陡倾节理时，易形成崩塌； 2. 节理或节理组易形成楔形体滑动； 3. 在坡底有软弱夹层时，在孔隙水压力或卸荷作用下，易产生向临空面的滑动
碎裂结构	镶嵌碎裂结构	边坡稳定性差，坡度取决于岩块间的镶嵌情况和岩块间的咬合力，失稳类型多以圆弧状滑动为主
	碎裂结构	
散体结构		边坡稳定性差，坡角取决于岩体的抗剪强度，呈圆弧状滑动

土质边坡失稳模式　　　　　　　　　　　　　　　表 2.12-38

边坡类型	主要特征	影响稳定的主要因素	可能的主要变形破坏形式
黏性土边坡	以黏粒为主，一阴干时坚硬遇水膨胀崩解。某些黏土具大孔隙性（如山西南部的黏土），某些黏土甚坚固（如南方网纹红土），某些黏土呈半成岩状，但含可溶盐量高（如黄河上游的黏土），某些黏土具水平层理（如淮河下游的黏土）	1. 矿物成分，特别是亲水、膨胀、溶滤性矿物含量； 2. 节理裂隙的发育状况； 3. 水的作用； 4. 冻融作用	1. 裂隙性黏土常沿光滑裂隙面形成滑面，含膨胀性亲水矿物黏土易产生滑坡，巨厚层半成岩黏土高边坡，因坡脚蠕变可导致高速滑坡； 2. 因冻融产生剥落； 3. 坍塌
砂性土边坡	以砂粒为主：结构较疏松，黏聚力低为其特点，透水性较大，包括厚层全风化花岗岩残积层	1. 颗粒成分及均匀程度； 2. 含水情况； 3. 振动； 4. 外水及地下水作用及密实程度	1. 饱和均质砂性土边坡，在振动力作用下，易产生液化滑坡； 2. 管涌、流土； 3. 坍塌和剥落

续表

边坡类型	主要特征	影响稳定的主要因素	可能的主要变形破坏形式
黄土边坡	以粉粒为主、质地均一。一般含钙量高。无层理，但柱状节理发育，天然含水率低，干时坚硬，部分黄土遇水湿陷，有时呈固结状，有时呈多元结构	主要是水的作用，因水湿陷，或水对边坡浸泡，水下渗使下垫隔水黏土层泥化等	1. 崩塌； 2. 张裂； 3. 湿陷； 4. 高或超高边坡可能出现高速滑坡
软土边坡	以淤泥、泥炭、淤泥质土等抗剪强度极低的土为主，塑流变形严重	1. 土性软弱（低抗剪强度高压缩性塑流变形特性）； 2. 外力作用、振动	1. 滑坡； 2. 塑流变形； 3. 坍滑、边坡脚难以成形
膨胀土边坡	具有特殊物理力学特性，因富含蒙脱石等易膨胀矿物，内摩擦角很小，干湿效应明显	1. 干湿变化； 2. 水的作用	1. 浅层滑坡； 2. 浅层崩解
分散性土边坡	属中塑性土及粉质黏土类，含一定量钠蒙脱石，易被水冲蚀，尤其遇上含盐量水，表面土粒依次脱落，呈悬液或土粒被流动的水带走，迅速分散	1. 低含盐量环境水； 2. 孔隙水溶液中钠离子含量较高，介质高碱性； 3. 土体裸露水土接触	1. 冲蚀孔洞、孔道； 2. 管涌、崩陷和溶蚀孔洞； 3. 坍滑、崩塌性滑坡
碎石土边坡	由坚硬岩石碎块和砂土颗粒或砾质土组成的边坡，可分为堆积、残坡积混合结构、多元结构	1. 黏土颗粒的含量及分布特征； 2. 坡体含水情况； 3. 下伏基岩面产状	1. 土体滑坡； 2. 坍塌
岩土混合边坡	边坡上部为土层、下部为岩层，或上部为岩层，下部为土层〔全风化岩石〕，多层叠置	1. 下伏基岩面产状； 2. 水对土层浸泡，水渗入土体	1. 土层沿下伏基岩面滑动； 2. 土层局部滑滑； 3. 上部岩体沿土层动或错落

2）边坡稳定分析方法

边坡抗滑稳定计算应以极限平衡方法为基本计算方法。对于1级边坡，可同时采用强度指标折减的有限元法验算其抗滑稳定性。

对于土质边坡和呈碎裂结构、散体结构的岩质边坡，当滑动面呈圆弧形时，宜采用简化毕肖普法（Simplified Bishop）和摩根斯顿-普赖斯法（Morgenstern-Price）进行抗滑稳定计算，当滑动面呈非圆弧形时，宜采用摩根斯顿-普赖斯法和不平衡推力传递法进行抗滑稳定计算。对于呈块体结构和层状结构的岩质边坡，宜采用萨尔玛法（Sarma）和不平衡推力传递法进行抗滑稳定计算。对由两组及其以上节理、裂隙等结构面切割形成楔形潜在滑体的边坡，宜采用楔体法进行抗滑稳定计算。复杂边坡宜采用上述合适的多种方法进行抗滑稳定计算，综合判断取值。

3）边坡开挖坡度经验值

渠道边坡开挖坡度与岩土的颗粒组成、物质成分、软弱结构面的分布特征、地下水作用、渠道水深及坡高等因素有关。主要土质边坡开挖坡度经验值见表2.12-39，当岩体中无控制性软弱结构面时，块状坚硬岩体的边坡系数一般为0.2～0.3，层状坚硬、半坚硬岩体边坡系数为0.5～1.0，软弱岩体、破碎岩体及全强风化岩体边坡系数为1.0～1.5。

土质边坡系数建议值表　　　　　　　表2.12-39

岩土名称		低边坡高度/m			高边坡高度/m	
		< 5	5～10	10～15	15～20	> 20
黏性土	坚硬	1.00～1.25	1.00～1.50	1.50～1.75	1.75～2.00	2.00～2.50
	硬塑	1.25～1.50	1.50～1.75	1.75～2.00	2.00～2.25	2.25～2.50
砂类土	级配良好砂	1.50～1.75	1.75～2.00	2.00～2.50	2.50～3.00	3.00～3.50
	级配不良砂	1.75～2.00	2.00～2.50	2.50～3.00	3.00～3.25	3.25～3.75

续表

岩土名称		低边坡高度/m			高边坡高度/m	
		< 5	5～10	10～15	15～20	> 20
砾质土	密实	0.50～1.00	1.00～1.25	1.25～1.50	1.50～1.75	1.75～2.00
	稍密	0.75～1.25	1.25～1.50	1.50～1.75	1.75～2.00	2.00～2.50
膨胀土	强膨胀土	2.50～2.75	2.75～3.25	3.25～3.50	3.50～3.75	3.75～4.00
	中膨胀土	2.00～2.25	2.25～2.75	2.75～3.00	3.00～3.25	3.25～3.50
	弱膨胀土	1.75～2.00	2.00～2.25	2.25～2.50	2.50～2.75	2.75～3.00
黄土	次生黄土	0.50～0.75	0.75～1.00	1.00～1.25	1.25～1.50	1.50～2.00
	马兰黄土	0.30～0.50	0.50～0.75	0.75～1.00	1.00～1.25	1.25～1.75
	离石黄土	0.20～0.30	0.30～0.50	0.50～0.75	0.75～1.00	1.00～1.50
	午城黄土	0.10～0.20	0.20～0.30	0.30～0.50	0.50～0.75	0.75～1.00

2. 渠道渗漏问题

1）渗漏判断及渗漏量计算

当渠基为相对不透水岩土层或渠道周围地下水位高于渠道设计水位时，可判定为渠道不存在渗漏问题。反之，当渠基为透水层或渠道设计水位高于地下水位时，可判定渠道存在渗漏问题。渠道渗漏量计算可采用类比法和计算法。

（1）均质地层厚度大而没有潜水时，渠道稳定渗漏量按式(2.12-35)计算：

$$q = K(B + C_1 H_0) \tag{2.12-35}$$

式中：q——渠道单位长度渗流量（m³/d）；

　　K——地层渗透系数（m/d）；

　　B——梯形断面渠道水面宽度（m）；

　　H_0——渠道内的水深（m）；

　　C_1——系数（按图 2.12-2 根据 B/H_0 值和边坡系数 m 求得）。

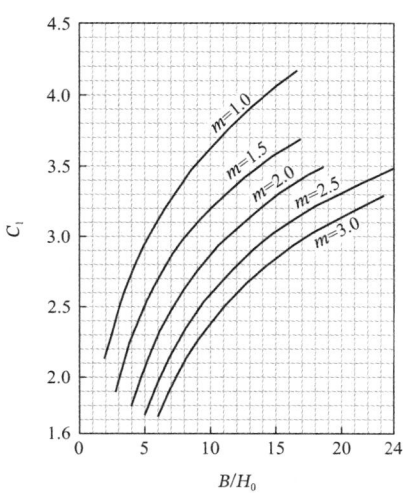

图 2.12-2　C_1 与 B/H_0 关系图

（2）渠道下深处埋藏有透水性好的地层，且地下水位于此层中（图 2.12-3），未造成塞水，渠道渗漏量可用式(2.12-36)计算：

$$q = K(B + C_2 H_0)$$

(2.12-36)

式中：H_0——渠道至透水性较好地层厚度（m）；

C_2——系数（按图 2.12-4 根据 H/H_0 求得）。

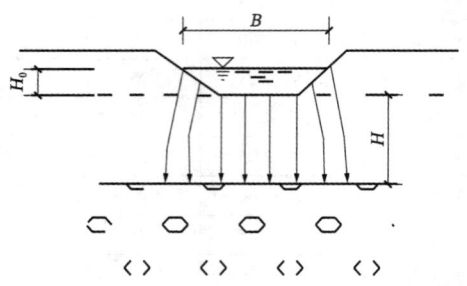

图 2.12-3　地下水埋深较大渗漏示意图

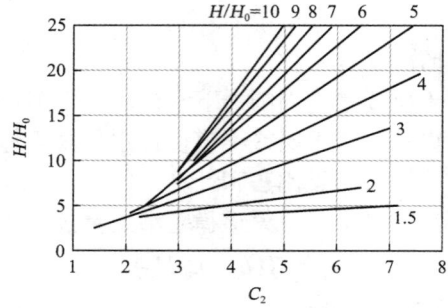

图 2.12-4　C_2 与 H/H_0 关系图

（3）当渠道下深处埋藏有透水性好的地层，且地下水位埋深较浅时（图 2.12-5），则渗漏量可按式(2.12-37)计算：

$$q = K(\phi/\phi')T$$

(2.12-37)

$$B + C_3 H_0 = (\phi/\phi')T - 1.466h \log \lambda'$$

(2.12-38)

式中：T——渠道地层厚度（m）；

ϕ、ϕ'——第一椭圆积分，ϕ/ϕ' 比值可由式(2.12-41)确定；

C_3——系数，查图 2.12-2；

λ'——椭圆积分补模数，与 ϕ/ϕ' 有关系，查表 2.12-40。

当应用式(2.12-37)和式(2.12-38)求渗漏量时，要用试算法，先由已知条件计算出 $B + C_3 H_0$，然后用式(2.12-38)连同表用逐次近似法确定 ϕ/ϕ'（第一次近似时可以将式(2.12-38)右边第二项忽略），最后再由式(2.12-37)求出 q。

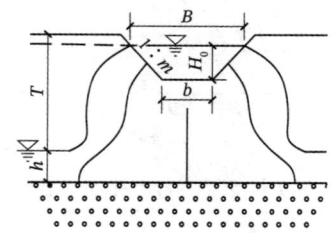

图 2.12-5　地下水埋深较浅渗漏示意图

第一类全椭圆积分数值　　　　表 2.12-40

λ^2	ϕ	ϕ'	ϕ/ϕ'	ϕ'/ϕ	λ'^2	λ^2	ϕ	ϕ'	ϕ/ϕ'	ϕ'/ϕ	λ'^2
0.000	1.571	∞	0.000	∞	1.000	0.21	1.665	2.235	0.745	1.34	0.79
0.001	1.571	4.841	0.325	3.08	0.999	0.22	1.670	2.214	0.754	1.33	0.78
0.002	1.572	4.495	0.349	2.86	0.998	0.23	1.675	2.194	0.763	1.31	0.77
0.003	1.572	4.293	0.366	2.73	0.997	0.24	1.680	2.175	0.773	1.29	0.76
0.004	1.572	4.150	0.379	2.64	0.996	0.25	1.686	2.167	0.782	1.28	0.75
0.005	1.573	4.039	0.389	2.57	0.995	0.26	1.691	2.139	0.791	1.26	0.74
0.006	1.573	3.949	0.398	2.51	0.994	0.27	1.697	2.122	0.800	1.25	0.73
0.007	1.574	3.872	0.406	2.46	0.993	0.28	1.702	2.106	0.808	1.24	0.72
0.008	1.574	3.806	0.413	2.42	0.992	0.29	1.708	2.090	0.817	1.22	0.71
0.009	1.574	3.748	0.420	2.38	0.991	0.30	1.714	2.075	0.826	1.21	0.70
0.01	1.575	3.696	0.426	2.35	0.99	0.31	1.720	2.061	0.834	1.20	0.69
0.02	1.579	3.354	0.471	2.12	0.98	0.32	1.726	2.047	0.843	1.19	0.68
0.03	1.583	3.156	0.502	1.99	0.97	0.33	1.732	2.033	0.852	1.17	0.67
0.04	1.587	3.016	0.526	1.90	0.96	0.34	1.738	2.020	0.860	1.16	0.66
0.05	1.591	2.908	0.547	1.83	0.95	0.35	1.744	2.008	0.869	1.15	0.65
0.06	1.595	2.821	0.565	1.77	0.94	0.36	1.751	1.995	0.877	1.14	0.64
0.07	1.599	2.747	0.582	1.72	0.93	0.37	1.757	1.983	0.886	1.13	0.63
0.08	1.604	2.684	0.598	1.67	0.92	0.38	1.764	1.972	0.895	1.12	0.62
0.09	1.608	2.628	0.612	1.63	0.91	0.39	1.771	1.931	0.903	1.11	0.61
0.10	1.612	2.578	0.625	1.60	0.90	0.40	1.778	1.950	0.911	1.10	0.60
0.11	1.617	2.533	0.638	1.57	0.89	0.41	1.785	1.939	0.920	1.09	0.59
0.12	1.621	2.493	0.650	1.54	0.88	0.42	1.792	1.929	0.929	1.08	0.58
0.13	1.626	2.455	0.662	1.51	0.87	0.43	1.799	1.918	0.938	1.07	0.57
0.14	1.631	2.421	0.674	1.48	0.86	0.44	1.806	1.909	0.946	1.06	0.56
0.15	1.635	2.389	0.684	1.46	0.85	0.45	1.814	1.899	0.955	1.05	0.55
0.16	1.640	2.359	0.695	1.44	0.84	0.46	1.822	1.890	0.964	1.04	0.54
0.17	1.645	2.331	0.706	1.42	0.83	0.47	1.829	1.880	0.973	1.03	0.53
0.18	1.650	2.305	0.716	1.40	0.82	0.48	1.837	1.871	0.982	1.02	0.52
0.19	1.655	2.281	0.726	1.38	0.81	0.49	1.846	1.863	0.991	1.01	0.51
0.20	1.660	2.257	0.735	1.36	0.80	0.50	1.854	1.854	1.000	1.00	0.50

（4）当渠道不长时，每公里渠道渗漏量可用考斯加夫公式近似计算。

$$S = \frac{ALQ_{净}^{1-m}}{100} \tag{2.12-39}$$

式中：S——每公里渠道渗漏量 [m³/(s·km)]；

　　　L——渠道长度（km）；

A、m——渠道系数和指数，应根据相似地区实测资料选用，无实测资料时，A、m 值可近似地采用表 2.12-41 数值；

　　　$Q_{净}$——渠道净流量（m³/s）。

A、m 值　　　　　　　　　表 2.12-41

土壤类别	A	m
黏土	0.7	0.3
重黏壤土	1.3	0.35
中黏壤土	1.9	0.4
轻黏壤土	2.65	0.45
砂壤土及轻砂壤土	3.4	0.5

（5）每公里渠道渗漏损失水量可用吉尔什坎公式计算：

$$S = 0.063K\sqrt{Q_净} \tag{2.12-40}$$

（6）每公里渠道渗漏量可根据土的类别和渠道设计参数采用美国垦务局公式计算：

$$S = 0.012C'\sqrt{\frac{Q}{V}} \tag{2.12-41}$$

式中：C'——根据土壤类型而定的参数，查表 2.12-42；

　　　Q——渠道设计流量（m³/s）。

C' 值　　　　　　　　　表 2.12-42

土壤类别	C' 值
具有砾石胶结层和不透水层的砂壤土	0.34
黏土及亚黏土	0.41
砂壤土	0.66
火山灰土	0.68
含有砂子的火山灰土	0.98
砂土、火山灰土	1.20
含有岩石的砂土	1.68
砂质及砾质土	2.20

2）渗漏引起的环境工程地质问题

渠道渗漏促使地下水位上升，在一定的条件下，造成土壤盐渍化和沼泽化。同时渠道渗漏往往致使渠堤产生管涌与滑坡，在湿陷性黄土地区则会引起塌陷。傍山塬边渠道的渗漏常引起渠堤决口、渠床上的滑坡体复活等事故，威胁城镇村庄及交通干线的安全。

在渠道岩土发生强渗漏或中等渗漏地段，若地下水埋藏浅且无良好的排泄出路，在低洼地区或地表水排泄不畅的地方，便可能产生浸没问题。

3. 渗透变形问题

渠道工程的渗透破坏形式主要是管涌和流土，评价方法详见第 12.2.2 节。

4. 饱和砂土震动液化

饱和砂土震动液化主要发生在Ⅳ级以上地区饱和砂土和粉土中，应根据土的天然结构、颗粒组成、松密程度、地震前和地震时受力状态、边界条件和排水条件及地震历史等因素进行综合分析判定，详见第 12.2.2 节。

12.4.3　渠系建筑物工程地质评价

1. 渡槽工程地质评价

渡槽基础应根据槽址处的工程地质、水文气象、建筑材料和施工方法等条件，结合渡槽结构形式，经技术经济比较后，合理选用浅基础、桩基础或沉井基础等形式。

渡槽工程地质评价应在查明渡槽段工程地质条件的基础上进行。主要内容包括：

（1）根据渡槽上部结构形式及荷载条件并结合地基条件，提出渡槽基础类型、规格与入土深度建议；

（2）提出桩（墩）周各岩土层摩阻力及桩端持力层处端阻力，预估或计算单桩承载力，必要时提出试桩方案及建议；

（3）提出渡槽桩（墩）基相关的岩土体物理力学参数，分析评价渡槽基础抗滑稳定性及渡槽跨越地段岸坡的稳定性，估算桩（墩）基础沉降量。

渡槽的地基允许承载力应根据地质勘察成果采用野外荷载试验、理论计算和类比法综合分析确定。地质情况和结构复杂的大、中型渡槽的地基允许承载力宜经原位测试确定。岩石地基上的小型渡槽也可参考附近桥涵建筑物的地质资料分析确定。

湿陷性黄土或软土上的基础、槽下净空要求较严格的渡槽基础，以及相邻墩台基础的基底应力或地基土质不同时，应计算地基沉降量。渡槽基础的地基最终沉降量宜按通过设计流量时的基本荷载组合采用分层总和法计算，地基压缩层计算深度宜按计算层面处土的附加应力与自重应力之比为 0.10～0.20（软土地基取小值，坚实地基取大值）的条件确定。

当采用浅基础不能满足渡槽基底地基承载力要求或沉降量过大时，宜优先采用钻（挖）孔灌注桩（简称为灌注桩）基础。灌注桩应根据工程地质、水文地质和施工条件等因素，合理选用摩擦桩或端承桩。同一墩台基础下应采用同一种形式、桩径或深度相同（或接近）的灌注桩。

当采用浅基础地基承载能力或基础沉降量不能满足要求，且不宜采用灌注桩基础时，应采用沉井基础。地基中有较大漂石、孤石、树根等难以破碎挖除的障碍物或沉井底部基岩层面倾斜严重时不宜采用沉井基础。

2. 倒虹吸工程地质评价

倒虹吸管宜设在河道或渠谷较窄、河床及两岸岸坡稳定且坡度较缓处。管道基础要求均匀密实，避免管基不均匀沉降造成管身裂缝渗漏。

倒虹吸工程地质条件评价应在查明倒虹吸跨越段工程地质条件的基础上进行。主要内容包括：

（1）分析评价倒虹吸跨越地段岸坡的稳定性。

（2）评价倒虹吸基坑涌水、涌砂、渗透变形的可能性及其对工程的影响，提出基坑降排水方案建议。

（3）提出基础持力层埋藏深度、厚度、岩性变化及岩土体的强度等。

（4）提出倒虹吸基础开挖所需的岩土体物理力学参数及基坑开挖坡度建议值，评价基坑稳定性。

倒虹吸工程地质条件评价方法可参见本手册第 12.3 节、12.5 节、12.6 节等章节相关内容。采用顶管、盾构穿越时，尚应对相应工法适宜性进行评价。

当管基不满足要求时，应采取结构措施或加固处理措施。在软土、流砂地区，应对管道进行基础处理，对沉降量过大的软土层或引起不均匀沉降的软弱夹层或河流冲刷变化大时采用桩基础。

倒虹吸镇墩、支墩地基应坚实、稳定，地基应力最大值不得超过地基的允许承载力，镇墩宜设置在岩基上，置于土基或强风化岩基上的镇墩，应进行抗滑、抗倾覆稳定及地基强度等验算，评价其基础沉陷对管道的影响。

倒虹吸进出口应修建在地基较好、透水性小的基础上，当地基较差、透水性大时应做加固和防渗处理。

12.5　堤防工程地质评价

12.5.1　堤身工程地质评价

1. 评价内容

堤身工程地质评价应在查明出险部位、险情类型、出险水位、堤身形态（包括堤顶高程、堤高、堤顶宽度、堤内坡比、堤外坡比、护坡情况及戗台）、堤身填土结构特征、生物洞穴、清基情况、堤身渗透系数、干密度、孔隙比、压实度、抗剪强度的基础上，结合堤段的特点和要求进行，可包括下列内容：

（1）评价堤身填土质量。

（2）分析堤身出险原因并评价堤身稳定性。

（3）为设计提供堤身填土结构及相应土体工程性状的设计参数。

（4）提出除险加固地质建议。

2. 评价要求

（1）充分了解堤身填土结构的类型、特点、渗透性，分析强度和变形的风险和储备。

（2）分析堤身填土是否存在软弱夹层，预测可能发生的出险位置及类型，并提出相应的地质处理建议。

（3）分析堤身填土的渗透破坏指标，评价堤身稳定性。

（4）参考类似工程的实践经验。

12.5.2　堤基工程地质评价

1. 堤基分类

堤基宜根据勘探深度范围内岩石、黏性土、粗粒土和特殊土的分布与组合关系划分为单一结构、双层结构和多层结构等，具体分类可按表 2.12-43 的规定进行划分。

堤基结构分类表　　　　　　　　　　　表 2.12-43

分类	地质结构特征	亚类
单一结构（Ⅰ）	堤基由一类土体或岩体组成	岩石单一结构、黏土单一结构、粗粒土单一结构、特殊土单一结构等
双层结构（Ⅱ）	堤基由两类土（岩）组成	上黏土下岩石结构、上厚黏性土下粗粒土结构、上黏性土下淤泥质土结构等
多层结构（Ⅲ）	堤基由两类以上的土（岩）组成，呈互层或夹层、透镜体等复杂结构	堤基表层、中层和下层分别为不同的物质

2. 沉降与不均匀变形

（1）对已发生地面沉降的堤基，应查明其原因和现状，并预测其发展趋势，提出控制和治理方案。

（2）对堤基沉降原因，应调查场地的地貌和微地貌，第四纪堆积体的年代、成因、厚度、埋藏条件和土性特征，硬土层和软弱压缩层的分布，地下水位以下可压缩层的固结状态和变形参数，地下水的补给、径流、排泄条件，含水层间或地下水与地下水的水力关系，历年地下水位、水头的变化幅度和速率等。

（3）对堤基沉降情况和地下水的升降情况进行长期观测，绘制不同时间的地面沉降等值线图，并分析堤基沉降中心与地下水位下降漏斗的关系及地面回弹与地下水位反漏斗的关系。

（4）对可能发生堤基沉降的地区应预测堤基沉降的可能性和估算沉降量（沉降量估算方法见第 12.2.2 节），并采取预测和防治措施。

3. 渗透变形

堤防工程渗透变形类型主要是管涌和流土，还有接触冲刷和接触流失。流土和管涌主要出现在单一土层堤基中，接触冲刷和接触流失多出现在多层结构堤基中或穿堤建筑物接触部位。堤基渗透变形类型判别方法见第 12.2.2 节。

对存在渗流危害的堤防，应根据工程具体情况提出堤基防渗及渗流控制措施建议。

4. 饱和砂土地震液化

判定现场某一地点的砂土已经发生液化的主要依据是：

（1）地面喷水冒砂，同时上部建筑物发生巨大的沉陷或明显的倾斜，某些埋藏于土中的构筑物上浮，地面有明显变形。

（2）海边、河边等稍微倾斜的部位发生大规模的滑移，这种滑移具有"流动"的特征，滑动距离由数米至数十米；或者在上述地段虽无流动性质的滑坡，但有明显侧向移动的迹象，并在岸坡后面产生沿岸大裂缝或大量纵横交错的裂缝。

（3）震后通过取土样发现，原来有明显层理的土，震后层理紊乱，同一地点的相邻触探曲线不相重合，差异变得非常显著。

堤基饱和砂土液化判断方法见第 12.2.2 节。

5. 特殊土评价

（1）软土重点评价地基的抗滑稳定性、侧向挤出和沉降变形，包括软土沉陷特性。

（2）黄土查明其湿陷性随深度的变化规律、湿陷类型和等级，冲沟、陷穴、洼地等分布范围、发育特点，预测发展趋势及其对工程的影响。

（3）盐渍土重点评价其溶陷性、盐胀性、腐蚀性和场地工程建设适宜性。

（4）膨胀土重点对其胀缩性进行评价，按膨胀潜势分段评价其对堤防工程的影响。

（5）人工填土按物质组成、颗粒级配、均匀性、密实程度和渗透性评价其承载力和渗透稳定性。

（6）分散性土应根据分散性评价其对堤防工程的影响。

（7）季节性冻土应根据冻土的温度状况评价其融沉性和冻胀性，多年冻土应根据季节融化层的厚度及其变化特征，对其融沉性和季节融化层的冻胀性进行分级。

（8）红黏土应根据湿度状态的垂向变化，评价堤基抗滑稳定和沉降变形问题，根据红黏土裂隙发育规律、干湿循环等情况，评价边坡稳定性。

6. 堤基工程地质分段评价

堤基工程地质条件分类宜综合考虑沿堤线两侧分布的古河道、古冲沟、渊、潭、塘等不良地质体，堤基地质结构，土（岩）物理力学性质，工程地质问题类型与严重程度，以及已建堤防历年险情。

堤基工程地质条件分类应因地制宜，并宜根据上述因素分为 4 类：

A 类：不存在抗滑稳定、抗渗稳定、抗震稳定问题和特殊土引起的问题，已建堤防无历史险情发生，工程地质条件良好，无须采取任何处理措施。

B 类：基本不存在抗渗稳定、抗震稳定问题和特殊土引起的问题，局部坑（塘）处存在渗透变形问题，已建堤防局部有险情，工程地质条件较好。

C 类和 D 类：至少存在一种主要工程地质问题，历史险情普遍，根据主要工程地质问题的严重程度、历史险情的危害程度分为工程地质条件较差（C 类）和工程地质条件差（D 类）。

12.5.3　堤岸稳定性评价

1. 堤岸稳定性影响因素

堤岸是指自身稳定性对堤防有直接影响的岸坡。堤岸的工程地质条件评价实际上就是对其稳定性的评价，其目的就是为堤岸防护段的确定提供地质依据。要进行稳定性的评价，首先要查清影响堤岸稳定的因素，包括外部因素和内在因素。

1）外部因素

堤岸位于江、河、湖、海的边缘，常年遭受水流的冲刷和风浪淘蚀；水位的涨落，使得堤岸土体含水状况时常发生变化。影响堤岸稳定的外部因素如下：

（1）顺直河道水流以侧蚀为主，堤岸稳定性一般较好。

（2）弯曲河道的凹岸，主流逼岸、堤岸迎流顶冲，稳定性一般较差。

（3）形态不规则的堤岸、存在丁坝等阻水建筑物的堤岸，易形成回流和漩涡，堤岸稳定性一般较差。

（4）吹程大且水面宽深的江河湖泊堤岸、海塘，堤岸稳定性一般较差。

（5）水位上涨，引起堤岸土体饱和度增加、强度降低；水位消落时在渗流作用下，堤岸下滑力增加、抗滑力降低。上述两个时期，堤岸稳定性一般较差。

2）内在因素

（1）影响堤岸稳定的内在因素主要有堤岸的物质组成和结构、不利结构面的分布等。

（2）堤岸的物质组成和结构决定了堤岸土体的抗冲刷能力，一般砂性土的抗冲刷能力比黏性土要差，新沉积土体的抗冲刷能力比更早沉积土体的要差；上黏性土、下砂性土堤岸结构的抗冲刷能力比上砂性土、下黏性土堤岸结构的要差。

2. 堤岸工程地质条件分类

堤岸工程地质条件分类宜综合考虑水流条件、岸坡地质结构、水文地质条件、岸坡现状和险情等。当堤岸由细粒土组成时，应根据堤岸土体物理力学性质和水文地质条件分析堤岸在退水期的稳定性。当堤岸存在不利于稳定的结构面时，应分析堤岸土体沿结构面滑移的可能性。当堤岸受河水冲刷时，可根据岸坡（岩）土体抗冲刷能力与历史险情将岸坡稳定性分为 4 类：

1）稳定岸坡：岸坡（岩）土体抗冲刷能力强，无岸坡失稳迹象。

2）基本稳定岸坡：岸坡（岩）土体抗冲刷能力较强，历史上基本上未发生岸坡失稳事件。

3）稳定性较差岸坡：组成岸坡的土体抗冲刷能力较差，历史上曾发生小规模岸坡失稳事件，危害性不大。

　　4）稳定性差岸坡：组成岸坡的土体抗冲刷能力差，历史上曾发生岸坡失稳事件，具严重危害性。

12.6　天然建筑材料评价

12.6.1　概述

　　水利水电工程天然建筑材料勘察的基本任务是查明料场区的基本地质条件和工程设计所需要的各类天然建筑材料的分布、储量、质量，调查料场的开采和运输条件，评价其适用性以及料场开采对周围地质环境的影响。

　　天然建筑材料按料源主要分为砂砾石料、土料和石料，按用途主要分为混凝土骨料、坝体填筑料，混凝土骨料又可分为细骨料、粗骨料，坝体填筑料又可分为坝壳堆石料、反滤料、过渡料、垫层料、砌石料、防渗土料等。砂砾石料可以作为混凝土骨料、填筑料及反滤料，土料可以作为填筑土料、防渗土料、固壁土料及灌浆土料，石料可以作为人工骨料、坝壳堆石料、砌石料等。

　　天然建筑材料应在明确工程设计方案、材料种类、用途、数量、勘察级别等的基础上开展勘察工作。开展野外工作前需全面搜集、分析已有的地质资料，进行现场踏勘，了解料场分布情况、土地利用状况、自然环境条件、勘察工作条件等。

　　天然建筑材料料场选择需考虑环境保护、经济合理、材料质量和储量等因素，由近及远，先集中后分散。料场开采不能影响水工建筑物布置和安全，避免或减少料场开采对工程施工的干扰，避开可能发生崩塌、滑坡、泥石流等地质灾害及其影响的地段，优先利用工程开挖料，尽量不占或少占耕地、林地，避免料场开采引发环境地质问题。

　　勘探点间距根据料场地质条件、用途及勘察阶段确定，一般间距 50～500m 不等，勘探深度应揭穿有用层。有用层厚度较大，勘探深度应大于开采深度 2m。各勘探点所取样品均应进行简分析，用于混凝土骨料的料场，每一料场（区）应进行全分析试验。

12.6.2　质量评价

　　混凝土骨料主要包含骨料原岩技术指标、细骨料质量技术指标、粗骨料质量技术指标，坝体填筑料主要包含坝壳填筑料质量技术指标、反滤料质量技术指标、防渗土料质量技术指标及堆砌石料原岩质量技术指标。

　　1. 混凝土骨料质量技术指标

　　（1）原岩质量技术指标宜符合表 2.12-44 的规定。

水泥混凝土人工骨料原岩质量技术指标　　　　　　　　表 2.12-44

序号	项目	指标	备注
1	饱和抗压强度	＞40MPa	高强度等级或有特殊要求的混凝土应按设计要求确定
2	碱活性	不具有潜在危害性反应	使用碱活性骨料时，应专门论证
3	冻融损失率	＜1%	——
4	硫酸盐及硫化物含量（换算成 SO_3）	＜1%	——

（2）混凝土细骨料质量技术指标宜符合表 2.12-45 的规定。

混凝土细骨料质量技术指标　　表 2.12-45

序号	项目		水泥混凝土细骨料指标	沥青混凝土细骨料指标
1	表观密度		> 2.50g/cm³	> 2.60g/cm³
2	堆积密度		> 1.50g/cm³	—
3	吸水率		—	< 3%
4	坚固性	有抗冻要求	≤ 8%	< 15%
		无抗冻要求	≤ 10%	
5	水稳定等级		—	> 6 级
6	云母含量		< 2.0%	—
7	含泥量		< 3.0%	< 0.3%
8	碱活性		不具有潜在危害性反应	—
9	硫酸盐及硫化物含量（换算成 SO_3）		< 1.0%	—
10	有机质含量		浅于标准色	浅于标准色
11	轻物质含量		< 1.0%	< 1%
12	细度	细度模数	2.2～3.0	—
		平均粒径	0.29～0.43mm	—

（3）混凝土粗骨料质量技术指标宜符合表 2.12-46 的规定。

混凝土粗骨料质量技术指标　　表 2.12-46

序号	项目		水泥混凝土粗骨料指标	沥青混凝土粗骨料指标
1	表观密度		> 2.55g/cm³	> 2.60g/cm³
2	混合堆积密度		> 1.60g/cm³	—
3	吸水率	无抗冻要求的	≤ 2.5%	< 2.5%
		有抗冻要求的	≤ 1.5%	
4	冻融损失率		< 10%	—
5	坚固性		—	< 12%
6	黏附性		—	> 4 级
7	针片状颗粒含量		< 15%	< 10%
8	软弱颗粒含量		< 5%	—
9	含泥量		< 1.0%	< 0.5%
10	碱活性		不具有潜在危害性反应	—
11	硫酸盐及硫化物含量（换算成 SO_3）		< 1%	—
12	有机质含量		浅于标准色	—
13	粒度模数		6.25～8.30	—
14	轻物质含量		不存在	—

2. 坝体填筑料质量技术指标

（1）坝壳填筑料质量技术指标宜符合表 2.12-47 的规定。

坝壳填筑料质量技术指标　　　　　　　　　　　　　　　　表 2.12-47

序号	项目	一般黏性土指标（均质土坝）	碎（砾）石土、风化土填筑料指标	砂砾石料填筑指标
1	最大颗粒粒径	—	< 150mm 或碾压铺土厚度的 2/3	填筑层厚度的 3/4
2	>5mm 颗粒含量	—	< 50%	20%～80%
3	黏粒含量	10%～30%	占小于 5mm 的 15%～40%	含泥量 < 8%
4	塑性指数	7～17	—	—
5	紧密密度	—	—	> 2g/cm^3
6	渗透系数（击实后）	≤ 1 × 10^{-4}cm/s	≤ 1 × 10^{-4}cm/s	> 1 × 10^{-3}cm/s
7	内摩擦角（击实后）		—	> 30°
8	有机质含量（按质量计）	≤ 5%	≤ 5%	—
9	水溶盐含量（易溶盐、中溶盐，按质量计）	≤ 3%	≤ 3%	—
10	天然含水率	与最优含水率的允许偏差为±3%	与最优含水率的允许偏差为±3%	—

（2）反滤料质量技术指标宜符合表 2.12-48 的规定。

反滤料质量技术指标　　　　　　　　　　　　　表 2.12-48

序号	项目	指标
1	不均匀系数	< 8
2	颗粒形状	片状颗粒和针状颗粒少
3	含泥量	≤ 5%
4	对于塑性指数大于 20 的黏土地基，第一层粒度 D_{50} 的要求： 当不均匀系数 C_u ≤ 2 时，D_{50} ≤ 5mm； 当不均匀系数为 2 ≤ C_u ≤ 5 时，D_{50} ≤ 5～8mm	

（3）防渗料质量技术指标宜符合表 2.12-49 的规定。

防渗料质量技术指标　　　　　　　　　　　　表 2.12-49

序号	项目	一般土防渗料指标	碎（砾）石土、风化土防渗料指标
1	最大颗粒粒径	—	≤ 150mm 或碾压铺土厚度的 2/3
2	> 5mm 颗粒含量	—	20%～50%为宜
3	< 0.075mm 粒径含量	—	≥ 15%
4	黏粒含量	15%～40%	占小于 5mm 的 15%～40%
5	塑性指数	10～20	—
6	渗透系数（击实后）	≤ 1 × 10^{-5}cm/s	≤ 1 × 10^{-5}cm/s
7	有机质含量（按质量计）	≤ 2%	≤ 2%

续表

序号	项目	一般土防渗料指标	碎（砾）石土、风化土防渗料指标
8	水溶盐含量 （易溶盐、中溶盐，按质量计）	≤3%	≤3%
9	天然含水率	与最优含水率的允许偏差为±3%	与最优含水率的允许偏差为±3%

（4）堆砌石料原岩质量技术指标符合表2.12-50的规定。

堆砌石料原岩质量技术指标　　　　　　　　表 2.12-50

序号	项目	堆石料原岩指标	砌石料原岩指标
1	饱和抗压强度	>30MPa	>30MPa
2	软化系数	>0.75	>0.75
3	冻融损失率	<1%	<1%
4	干密度	>2.4g/cm³	>2.4g/cm³
5	硫酸盐及硫化物含量（换算成 SO_3）	—	<1%
6	吸水率	—	<10%
7	线胀系数	—	$<8 \times 10^{-6}/℃$

12.6.3　储量计算

天然建筑材料常用储量计算方法有平均厚度法、平行断面法、不平行断面法、三角形法及三维模型计算法。

1）平均厚度法

适用于地形平缓、有用层厚度比较稳定、勘探点分布均匀的料场，储量是用储量计算范围的总面积乘以计算层的平均厚度，按下式计算：

$$V = Sm \qquad (2.12-42)$$

$$m = \frac{m_1 + m_2 + m_3 + \cdots + m_n}{n} \qquad (2.12-43)$$

式中：　　　　　　V——计算层的储量；

　　　　　　　　　S——计算层的面积；

　　　　　　　　　m——计算层的平均厚度；

m_1、m_2、m_3、…、m_n——第1、2、3、…、n个勘探点计算层厚度实测值；

　　　　　　　　　n——勘探点个数。

2）平行断面法

平行断面法宜用于地形有起伏、剥离层和有用层厚度有变化的料场，相互平行的断面将料场分为若干个地块，分别计算出各个地块储量，然后总和求出总储量。

（1）当两断面面积差$(S_1 - S_2)/S_2 < 40\%$时，分段储量按下式计算：

$$V_1 = L_1 \frac{S_1 + S_2}{2} \qquad (2.12-44)$$

式中：V_1——1号块计算层的储量；

L_1——1 号块段两侧断面平均距离；

S_1、S_2——1 号块段两侧断面计算层的面积。

（2）当两断面面积差$(S_1 - S_2)/S_2 > 40\%$时，分段储量按下式计算：

$$V_1 = \frac{L_1}{3}\left(S_1 + S_2 + \sqrt{S_1 S_2}\right)$$ (2.12-45)

料场范围内计算层总储量按下式计算：

$$V = V_1 + V_2 + V_3 + \cdots + V_i$$ (2.12-46)

式中：　　　　　V——圈定范围计算层总储量；

V_1、V_2、V_3、$\cdots$、V_i——第 1、2、3、$\cdots$、i号块计算层的储量。

3）不平行断面法

与平行断面法类似，不平行的断面将料场分为若干个地块，分别计算出各个地块储量，然后总和求出总储量。

（1）两断面夹角不超过 10°时，分段储量按下式计算：

$$V_1 = \frac{L_1 + L_2}{2} \times \frac{S_1 + S_2}{2}$$ (2.12-47)

式中：V_1——1 号块计算层的储量；

L_1、L_2——从断面中的中心至相对断面上的垂直距离；

S_1、S_2——1 号块段两侧断面计算层的面积。

（2）两断面夹角超过 10°时，分段储量按下式（佐罗塔里夫公式）计算：

$$V_1 = \frac{\alpha}{\sin\alpha} \times \frac{L_1 + L_2}{2} \times \frac{S_1 + S_2}{2}$$ (2.12-48)

式中：α——两断面的夹角（弧度表示）；

其他符号同前。

料场范围内计算层总储量按下式计算：

$$V = V_1 + V_2 + V_3 + \cdots + V_i$$ (2.12-49)

式中：　　　　　V——圈定范围计算层总储量；

V_1、V_2、V_3、$\cdots$、V_i——第 1、2、3、$\cdots$、i号块计算层的储量。

4）三角形法

三角形法宜用于勘探网（点）布置不规则的料场，是将料场区内勘探点联成三角形网，分别计算出各个三角形的储量，然后总和各个三角形的储量得到总储量。

单个三角形储量按下式计算：

$$V_1 = S_1 \frac{m_1 + m_2 + m_3}{3}$$ (2.12-50)

式中：　　　　　V_1——第一个三角形计算层的储量；

S_1——第一个三角形的面积；

m_1、m_2、m_3——为第一个三角形三个顶点揭露计算层厚度。

料场范围内计算层总储量按下式计算：

$$V = V_1 + V_2 + V_3 + \cdots + V_i$$ (2.12-51)

式中：　　　　　V——圈定范围计算层总储量；

V_1、V_2、V_3、…、V_i——第 1、2、3、…、i 号三角形计算层的储量。

5）三维模型计算法

三维模型计算法是利用计算机数值模拟技术对料场储量进行准确计算的方法，通过建立料场的三维模型计算其储量，其原理是首先对料场进行边界处理，得到各地层的边界；然后对边界进行围合，得到封闭的围合面；再对围合面进行网格单元剖分，然后利用积分原理对所有体积求和；最终得到料场的储量。

混凝土用天然砂砾料的净砾石、净砂及砾石分级储量应分别按下式进行计算：

$$净砾石储量 = \frac{砂砾石储量 \times 砂砾石天然密度 \times 含砾率}{砾石堆积密度} \qquad (2.12\text{-}52)$$

$$净砂储量 = \frac{砂砾石储量 \times 砂砾石天然密度 \times 含砂率}{砂堆积密度} \qquad (2.12\text{-}53)$$

$$砾石分级储量 = \frac{砂砾石储量 \times 砂砾石天然密度}{某级砾石堆积密度} \times$$

$$某级砾石占整个砂砾石的百分含量 \qquad (2.12\text{-}54)$$

参考文献

[1]　中华人民共和国水利部. 水利水电工程地质勘察规范: GB 50487—2008[S]. 北京: 中国计划出版社, 2008.

[2]　中国电力企业联合会. 水力发电工程地质勘察规范: GB 50287—2016[S]. 北京: 中国计划出版社, 2016.

[3]　中华人民共和国水利部. 中小型水利水电工程地质勘察规范: SL 55—2005[S]. 北京: 中国水利水电出版社, 2005.

[4]　中华人民共和国水利部. 引调水线路工程地质勘察规范: SL 629—2014[S]. 北京: 中国水利水电出版社, 2014.

[5]　中华人民共和国水利部. 水闸与泵站工程地质勘察规范: SL 704—2015[S]. 北京: 中国水利水电出版社, 2015.

[6]　中华人民共和国水利部. 水利水电工程水文地质勘察规范: SL 373—2007[S]. 北京: 中国水利水电出版社, 2007.

[7]　中华人民共和国水利部. 水利水电工程天然建筑材料勘察规程: SL 251—2015[S]. 北京: 中国水利水电出版社, 2015.

[8]　中华人民共和国水利部. 水利水电工程测绘规程: SL/T 299—2020[S]. 北京: 中国水利水电出版社, 2020.

[9]　中华人民共和国水利部. 水利水电工程钻探规程: SL/T 291—2020[S]. 北京: 中国水利水电出版社, 2020.

[10]　中华人民共和国水利部. 水利水电工程勘探规程 第 1 部分: 物探: SL/T 291. 1—2021[S]. 北京: 中国水利水电出版社, 2021.

[11]　中华人民共和国住房和城乡建设部. 工程岩体分级标准: GB/T 50218—2014[S]. 北京: 中国计划出版社, 2014.

[12]　中华人民共和国水利部. 泵站设计规范: GB 50265—2022[S]. 北京: 中国计划出版社, 2022.

[13]　中华人民共和国水利部. 水闸设计规范: SL 265—2016[S]. 北京: 中国水利水电出版社, 2016.

[14]　中华人民共和国水利部. 水工隧洞设计规范: SL 279—2016[S]. 北京: 中国水利水电出版社, 2016.

[15]　中华人民共和国水利部. 碾压式土石坝设计规范: SL 274—2020[S]. 北京: 中国水利水电出版社, 2020.

[16]　中华人民共和国水利部. 混凝土重力坝设计规范: SL 319—2018[S]. 北京: 中国水利水电出版社, 2018.

[17]　中华人民共和国水利部. 混凝土拱坝设计规范: SL 282—2018[S]. 北京: 中国水利水电出版社, 2018.

[18]　中华人民共和国水利部. 堤防工程地质勘察规程: SL 188—2005[S]. 北京: 中国水利水电出版社, 2005.

[19]　中华人民共和国水利部. 堤防工程设计规范: GB 50286—2013[S]. 北京: 中国计划出版社, 2013.

[20]　刘承新, 潘金鹤, 李志. 宜昌城区长江岸坡破坏型式分析及处理措施研究[J]. 人民长江, 2010, 41(21): 45-47.

[21]　毛昶熙, 等. 堤防工程手册[M]. 北京: 中国水利水电出版社, 2009.

[22]　《工程地质手册》编委会. 工程地质手册[M]. 5 版. 北京: 中国建筑工业出版社, 2018.

[23]　陈祖煜, 汪小刚, 杨键, 等. 岩质边坡稳定分析: 原理·方法·程序[M]. 北京: 中国水利水电出版社, 2005.

[24]　陈祖煜, 汪小刚, 杨键, 等. 土质边坡稳定分析: 原理·方法·程序[M]. 北京: 中国水利水电出版社, 2005.

[25]　水利电力部水利水电规划设计院. 水利水电工程地质手册[M]. 北京: 水利电力出版社, 1985.

[26]　邹成杰. 水利水电岩溶工程地质[M]. 北京: 水利电力出版社, 1994.

[27]　彭土标. 水力发电工程地质手册[M]. 北京: 中国水利水电出版社, 2011.

[28]　国家铁路局. 铁路工程水文地质勘察规范: TB 10049—2014[S]. 北京: 中国铁道出版社, 2014.

[29]　中国铁路总公司. 铁路挤压性围岩隧道技术规范: Q/CR 9512—2019[S]. 北京: 中国铁道出版社有限公司, 2019.

[30]　王广德, 复杂条件下围岩分类研究: 以锦屏二级水电站深埋隧洞围岩分类为例[D]. 成都: 成都理工大学, 2006.

[31]　李术才, 许振浩, 黄鑫, 等. 隧道突水突泥致灾构造分类、地质判识、孕灾模式与典型案例分析[J]. 岩石力学与工程学报, 2018, 37(5): 1041-1069.

第13章 水上（岸边）工程岩土工程勘察

13.1 工程分类

水上（岸边）工程是指建筑在江、河、湖、海及其滨岸的各类水工建筑物；按其功能一般可分为港口水工构筑物、航道工程、修造船水工构筑物、跨海大桥、人工岛和沉管隧道等。

13.1.1 港口水工工程的类别、特点及对地基的要求

1. 码头：各类码头的特点和对地基的要求见表 2.13-1；

2. 防波堤：防波堤主要由堤头、堤干（身）和堤根组成，其特点见表 2.13-2，各类防波堤对地基的要求见表 2.13-3。

码头的特点和对地基的要求 表 2.13-1

类别		特点	对地基的要求
重力式码头		靠自重抵抗滑动和倾倒，地基受到的压力大，沉降大，对均匀沉降敏感	稳定性、均匀性好的地基，如基岩、砂土、卵石或硬黏土
板桩码头		板桩墙起着挡土的作用，主要荷载是土的侧压力	有沉桩可能，有较好的土作桩尖持力层
高桩码头		垂直荷载和水平荷载都通过桩传递给地基	岸坡地基稳定性好，有沉桩可能，适用于软土较厚，有较好的土作桩尖持力层
斜坡码头	实体	利用天然岸坡加以修整填筑而成	岸坡地基稳定性好，强度能满足要求
	架空	类似倾斜的桥，荷载通过墩台和桩（墩）传至地基	重力式墩台要求地基土强度较高，变形小；桩（柱）式墩台要求桩尖处有较好的土作持力层
混合式码头		由不同结构类型组合而成	按采用的主要结构类型考虑

防波堤的组成及其特点 表 2.13-2

组成名称	特点
堤头	一般位于水深最大，离岸较远，三面环水，受力复杂，受波浪和水流冲刷最强烈，又是堤干的依靠，因此对地基要求最高
堤干	是防波堤的主体，由基床、水下和水上三部分组成，靠海一侧受波浪的冲刷
堤根	位于浅水区，与岸坡相接，受波浪的冲刷和掏蚀

防波堤对地基的要求 表 2.13-3

类别		对地基的要求	适用情况
重力式防波堤		与重力式码头相同	—
板桩式防波堤	双排板桩	荷载与重力式防波堤同，但自重较小	水深 6～8m
	格形钢板桩		水深较大，波浪较强
斜坡式防波堤		对地基要求不高，如土质较好，一般可不设置基床，如土质较差，则需设置垫层	地基土较差，水深较浅

13.1.2　航道工程

航道工程包括航道整治工程、运河开挖工程、护岸工程和航道标志工程；航道整治炸礁工程涉及砂土液化及岸坡稳定问题，运河开挖涉及岸坡稳定问题，整治筑坝涉及局部河床冲刷问题等，主要涉及岸坡稳定性问题。

航道：主要为船舶进出港、船舶转头的主要场所。主要涉及疏浚土方量及难易程度以及航道的稳定性问题。

护岸：用来防御波浪、水流的侵袭和淘刷及地下水作用，维持岸线稳定。分为斜坡式、直立式和混合式。主要涉及岸坡稳定问题。各类护岸的特点及对地基的要求见表 2.13-4。

表 2.13-4

护岸对地基的要求

类别		特点	对地基的要求
斜坡式		外侧受有波浪、水流作用，内侧承受土压力和地下水压力作用	与斜坡式防波堤相同
直立式和混合式	重力式		与重力式码头相同
	板桩式		与板桩式防坡堤相同

13.1.3　修造船水工构筑物

1. 修造船水工建筑物的特点和对地基的要求

修造船水工建筑物包括船台、滑道、船坞和升船机等，它们的特点和对地基的要求见表 2.13-5 和表 2.13-6。

表 2.13-5

船坞的特点和对地基的要求

名称		特点	对地基的要求
坞首		常采用整体性好、刚度大的重力式结构	要求地基土强度高，土质均匀，沉降小，稳定性好，在软土地基中一般采用桩基
坞室	重力式船坞	自重大、刚度大、变形小	要求地基土强度高，土质均匀，低压缩性
	锚碇式船坞	用锚桩、锚杆或锚块将船坞锚固在地基上以抵抗浮托力	锚块适用于砂土地基，锚杆适用于基岩或硬塑黏性土等低压缩性地基
	止水减压式船坞	用钢（木）板桩，或钢筋混凝土板桩等作防渗墙，或用化学灌浆方法切断地下水来源以消除浮托力	适用于地基持力层下不深处埋藏有不透水层的地基 注：以上三种结构类型适用于强透水性（渗透系数大于 10^{-4} cm/s）的砾石、砂土地基和漏水严重，难以用灌浆法堵漏的岩石地基
	卸荷排水式船坞	在坞底下和坞墙后布置排水系统进行卸荷来消除浮托力	适用于弱透水性（渗透系数小于 10^{-4} cm/s）的非岩石地基和涌水不严重，可以用灌浆法堵漏的岩石地基

表 2.13-6

船台、滑道基础类型及其特点

基础类型		特点	对地基的要求
轨枕式道渣基础		构造简单，便于施工，轨顶标高可调整，适应性强，整体性差	对地基强度和变形的要求不高，新填土地区也适用
梁板基础	天然地基	整体性好，刚度大，对不均匀沉降敏感	要求地基土均匀性好，强度高，变形小，适用于土质较好的地基，如地基较差，应进行地基处理
	人工地基	由桩（柱）基或墩基及其上的梁板组成，整体性好，刚度大，对不均匀沉降敏感	地基软土层较厚，或天然岸坡较陡而滑道坡度较缓的情况适用，地基土较好时用墩基，地基土较差时用桩基

2. 修造船水工建筑物的级别划分

《干船坞设计规范》CB/T 8524—2011 根据船坞修造的最大船舶吨级（载重量），将船坞划分为以下三级：

Ⅰ级：大于或等于 10 万载重吨的大型船坞；

Ⅱ级：5 万～10 万载重吨（含 5 万载重吨）的中型船坞；

Ⅲ级：小于 5 万载重吨的小型船坞。

13. 1. 4 跨海大桥

本章所涉及的跨海大桥主要是指公路桥，内容是近年来常遇到的在覆盖层较厚地区建设大桥的岩土工程勘察；由于大桥的规模和荷载等级差距较大，为论述方便，假定设计标准：采用的双向六车道，100 年正常使用期，荷载等级按汽车–20 或（超 20）级设计，挂车 120 验算。

跨海大桥包括陆域桥（引桥）和海域桥，海域桥又可分为通航孔桥和非通航孔桥；跨海大桥特点和对地基的要求见表 2.13-7。

跨海大桥的特点和对地基的要求　　　　　　　　　　表 2.13-7

名称	特点	对地基的要求
陆域桥（引桥）	常用跨径 22～50m，常用低桩承台基础	侧向荷载：需考虑地震作用和车辆的刹车荷载。 竖向荷载：其荷载与桥宽跨径和荷载等级有关，按前述假设为 18000～69000kN。 桩型：以竖向荷载为主，一般仅设直桩，常用的桩型为预制方桩、PHC 桩或钻孔灌注桩 对勘察的要求：通常与充分发挥桩身结构强度有关。 对沉降与沉降差的要求：沉降量约为 S（cm）$= 2L^{1/2}$（跨径 m）；沉降差约为：Δs（cm）$= L^{1/2}$ 估算
海域非通航孔桥（引桥）	常用跨径 50～70m 的等截面连续梁；有时也用跨径 100～200m 的变截面连续梁；常用高桩承台基础	侧向荷载：除地震作用、车辆的刹车荷载外，尚需考虑：风荷载、流水压力、船撞力（非通航之内允许通航的低吨位船只）。 竖向荷载：按前述假设，当跨径为 50～70m 时为 69000～100000kN；当跨径为 100～200m 时为 160000～459000kN。 桩型：由于侧向荷载占有一定比例和高桩承台需考虑桩的侧向稳定性的要求，一般要求使用大直径的钢管桩和 PHC 桩并设置斜桩；要求由桩提供的承载力是竖向荷载的 1.2～1.5 倍；当为钻孔灌注桩时则有可能要求桩提供的承载力可能为竖向荷载的 1.5 倍以上。 对勘察要求：桩的设置除满足竖向荷载以外，尚需满足水平向桩基稳定的要求，尤其是对于直桩通常对于桩要求的入土深度（扣除冲刷线深度）$\geqslant 2d$（d 为承台底到海底距离），还需满足侧向荷载和力矩的要求；当使用大直径桩时，尚需注意大直径桩的承载力与一般直径桩的承载力的不同；由于海水一般对建筑材料（混凝土、钢材）均具有腐蚀性，故上述的防腐亦是勘察设计中的一个重点问题。 对沉降与沉降差的要求：同陆域桥
海域通航孔桥（主桥）	斜拉桥的跨径为 400～1000m；主塔常用高桩承台下的桩基，有时也用沉井基础；悬索桥的跨径为 1000～2000m，主塔常用高桩承台下的桩基，而锚墩则常用沉井基础	侧向荷载：除地震、刹车荷载外，由于主塔高度超过 200m，故风荷载变得重要，另外，主塔往往位于主航道处，流水压力和船撞力（高吨位船只）也需考虑。 竖向荷载：按前述假设，当跨径为 400～1000m 的斜拉桥时，仍为 650000～1000000kN；当跨径为 1000～2000m 悬索桥时，为 1000000～1500000kN，而要求锚墩承受的水平拉力为 600000～1000000kN
海域通航孔桥（主桥）	同上	桩型：由于竖向荷载巨大而侧向的荷载占有很大比例，一般对高桩承台要设置斜桩的要求，故要求使用大直径桩；对钢管桩，要求由桩提供的承载力约为 1.5 倍竖向荷载，对钻孔灌注桩（直桩），可能会达到 2 倍竖向荷载。 对勘察要求：当有使用沉井可能性时，要同时满足桩和沉井两种基础对地基的要求，即对桩和沉井均需要满足竖向、侧向荷载和力矩的要求，其中除对桩的沉桩分析常规内容之外，尚需对沉井施工中可能遇到的工程地质和水文地质条件逐一作出分析评价，与其他海上工程一样，亦需评价海水对建筑材料（混凝土、钢材）的防腐问题。 对沉降与沉降差的要求同陆域桥

13.1.5　人工岛

人工岛是人工建造而非自然形成的岛屿，是填海造地的一种。一般选在岸滩及海床基本稳定、水深适宜、地质条件较好的海域。

岛身填筑一般有先抛填后护岸和先围海后填筑两种施工方法。先抛填后岛壁适用于掩蔽较好的海域，用驳船运送土石料在海上直接抛填，最后修建护岸设施。先围海后填筑适用于风浪较大的海域，先将人工岛所需水域用堤坝圈围起来，留必要的缺口，以便驳船运送土石料进行抛填或用挖泥船进行水力吹填。

岛壁的结构形式常采用斜坡式、直立式或混合式。斜坡式岛壁采用人工砂坡，并用块石、混凝土块或人工异形块体护坡。直墙式岛壁采用钢板桩或钢筋混凝土板桩墙、钢板桩格形结构或沉箱、沉井等。

主要涉及稳定性和地基处理问题。

13.1.6　沉管隧道

沉管隧道因有浮力作用在隧道上，对地基承载力要求不是很高，故也适用于软弱地层，但管节对差异沉降要求较高。

主要涉及疏浚土方量、难易程度、水下边坡的稳定性及地基处理问题。

13.2　水上工程的特点

1. 建筑场地工程地质条件、水文地质条件比较复杂，主要表现在：

（1）地形上有一定坡度。

（2）地貌上，一个工程往往跨越两个或两个以上的微地貌单元，海蚀地貌发育。

（3）土层较复杂，层位不稳定，常分布有高压缩性软土、混合土、层状构造土（交错层）和各种基岩及风化带且基岩起伏大。

（4）由于长期受水动力作用的影响，这些地段不良地质作用发育，多滑坡、岸边坍塌、冲淤、潜蚀、管涌等。

2. 作用在水工建筑物及基础上的外力频繁、强烈且多变，影响大

（1）由水头差产生的水平推力，对水工建筑物的稳定性十分不利。

（2）水流（力）及所携带的泥砂，对水工建筑物及基础具有冲刷、掏蚀破坏作用。

（3）水的浮托力和渗透压力不仅会降低水工建筑物和地基的稳定性，而且可能引起物理、化学作用对水工建筑物及基础的侵蚀和腐蚀。

（4）波浪力、浮冰撞击力、船舶挤靠力，系缆力以及地震时引起的动水压力等，垂直或水平作用在水工建筑物上，可引起水工建筑物的水平位移、垂直沉降。

3. 施工条件较复杂

（1）一般须采用水下施工的方法，因此施工常受风浪、潮汐、水流及其他水动力作用的影响。

（2）建筑物的水下部分常将预制的构件沉放在地基上或采用浮式打桩，或利用已建成的部分进行施工。

（3）有时需采用围堰施工，工程量大，周期长且受自然条件的影响。

4. 水工建筑物的自身特点

由于水工建筑物的尺度、结构类型和工作条件与建筑场地的地形、地貌、地质和水文气象条件密切相关，地质条件往往是决定结构类型、尺寸及造价的主要因素。每一项水工建筑物都具有各自的特点。

13.3　各阶段划分及岩土工程勘察

13.3.1　勘察阶段的划分及勘察的主要内容

对大中型工程的岩土工程勘察，一般分为可行性（预可行性和工程可行性）研究阶段勘察、初步设计阶段勘察和施工图设计阶段勘察。

对于小型工程、工程地质条件简单或资料充分地区的单项工程可简化勘察阶段或不分勘察阶段。

遇下列情况之一时，应进行施工勘察：

（1）在施工中发现地质情况异常需补充勘察资料时。

（2）地基中有岩溶、土洞、岸（边）坡中裂隙发育需作处理时。

（3）需进一步查明地下障碍物时。

（4）以基岩为持力层，当岩性复杂，岩面起伏大、风化带厚度变化大时。

（5）施工中出现的其他岩土工程问题需进一步查明时。

各类勘察规范对勘察阶段的划分或名称有所不同，见表 2.13-8。

不同规范勘察阶段划分对比　　　　　表 2.13-8

规范名称	勘察阶段划分			
《水运工程岩土勘察规范》JTS 133—2013	可行性研究阶段	初步设计阶段	施工图设计阶段	施工期勘察
《公路工程地质勘察规范》JTG C20—2011	可行性研究阶段 预可　　工可	初步勘察	详细勘察	
《滩海岩土工程勘察技术规范》SY/T 4101—2012	可行性研究阶段	初步勘察	详细勘察	施工勘察
《沉管法隧道设计标准》GB/T 51318—2019	可行性研究勘测	初步勘测	详细勘测	补充勘测

各阶段的勘察内容见表 2.13-9。

各勘察阶段的勘察内容　　　　　表 2.13-9

勘察阶段	勘察目的	工作内容
可行性研究阶段	根据工程的特点及其技术要求，通过搜集资料、现场踏勘、工程地质调查、勘探、岩土水试验和原位测试等，初步查明场地的岩土工程条件，对场地的稳定性和建筑的适宜性作出基本评价，为确定场地的建设可行性提供岩土工程勘察资料	①划分地貌单元，调查研究港湾、海岸或河岸类型、岸坡形态与冲淤变化；②调查地层成因、时代，岩土性质与分布；③调查对场地稳定性有影响的地质构造和地震情况；④调查不良地质作用和特殊性岩土；⑤调查岸坡整体稳定性；⑥调查地下水类型等。 并应收集下列资料：①区域和场地的地质图、工程地质图及岩土工程勘察报告等；②地形图、水深图（包括早期施测的图纸）、水道和岸线变迁图；③地震资料和当地建筑经验；④测量控制资料（包括当地理论最低潮面资料）等

勘察阶段	勘察目的	工作内容
初步设计阶段（初勘）	在已选定的场地上进行，为合理确定总平面布置、建筑物结构形式、基础类型、不良地质作用的防治和施工方法提供岩土工程勘察资料	①划分地貌单元，初步查明岩土层性质、分布、成因类型；②查明与工程有关的地质构造和地震情况；③查明不良地质作用和特殊性岩土的分布范围、发育程度和形成原因；④初步查明地下水类型、含水层性质，调查水位变化幅度、补给和排泄条件；⑤对于抗震设防烈度大于或等于 6 度的场地应进行和地基土的地震效应评价；⑥分析场地各区段岩土工程条件，推荐适宜建设地段、基础形式和基础持力层
施工图设计阶段（详勘）	为地基基础设计、施工及不良地质现象的防治措施提供详细的岩土工程勘察资料	详细查明各个建筑物影响范围内的岩、土分布及其物理力学性质和影响地基稳定的不良地质条件
施工勘察	针对需要解决的具体岩土工程问题进行勘察	原则上按照施工图设计阶段勘察的要求，结合现场条件，合理选择勘察方法，确定勘察工作，提供相应的勘察资料，并作出分析、评价和建议

13.3.2 岩土工程勘察

1. 可行性研究阶段

（1）港口水工建筑物：勘探线一般应垂直岸边线布置，线距不宜大于 200m，线上点距河港不宜大于 150m，海港宜为 200～500m。

（2）航道工程：整治筑坝工程、护滩、护底和航道浅区勘探线宜顺轴线走向布置；运河开挖段勘探线宜沿运河两侧布置；护岸工程宜顺岸线走向布置纵向勘探线。开挖边坡、护岸工程应布置横向勘探线，每条线设置 2 个勘探点。勘探线和勘探点布置可参照表 2.13-10 确定，勘探点深度可参照表 2.13-11 确定。

航道工程可行性研究阶段勘探线、勘探点布置　　　　表 2.13-10

工程类别		勘探线间距或条数	勘探点间距/m
炸礁		50～150m	100～150
整治筑坝工程、护滩和航道浅区		1 条	200～500m，且锁坝不少于 2 个，导堤不少于 4 个
运河工程	地质条件复杂	1 条	500～1000
	地质条件简单	1 条	1000～2000
护岸		1 条	1000～2000

航道工程可行性研究阶段勘探点深度　　　　表 2.13-11

工程类别	一般性勘探点勘探深度	控制性勘探点勘探深度
炸礁	达到炸礁底面以下至少 5m	
整治筑坝工程	沉降和承载力影响深度以下 3m	沉降和承载力影响深度以下至少 5m
运河工程	设计开挖河底高程以下至少 5m	
护岸	稳定影响深度以下 2～3m	稳定影响深度以下至少 5m

（3）修造船水工建筑物：勘探线垂直岸向或平行主要建筑物的长轴方向，线距不宜大于 150m，线上点距河港不宜大于 100m。

（4）跨海大桥：勘探线沿桥轴线走向布置，勘探点间距根据桥梁类型及地质条件综合确定，桥梁主墩和锚碇等重要部位应有钻孔控制。

可行性研究阶段勘察，对地貌单元较多的场地和构造复杂、岩面起伏较大的场地，局部予以加密，勘探深度应达持力层内适当深度，勘探宜采用钻探与各种原位测试和物探相结合的方法；对影响场地取舍的重大工程地质、水文地质问题，需根据具体情况进行专项勘察或试验研究工作。

（5）人工岛：根据工程特点和技术要求，通过收集资料、踏勘、工程地质调查，必要时配合采用勘探、试验及观测等，对场地的工程地质条件作出评价。选址时应避开冲沟、沙坝较发育的不利海域，应避开晚近期活动性断裂等抗震不利地段。

（6）沉管隧道：勘探点平面布置孔距宜为 400～500m，勘探点总数量不宜少于 2 个，且对沿线每一地貌单元及工法分段不应少于 1 孔；在松散地层中，勘探孔深度应达到拟建隧道结构底板下 2.5 倍隧道高度，且不应小于 20m；在微风化及中等风化岩石中，勘探孔深度应达到结构底板下，且不应小于 8m，遇岩溶、土洞、暗河时应穿透并根据需要加深钻孔。

2. 初步设计阶段（初勘）

1）勘探点平面布置

根据工程类别、地质条件以及拟建物总平面布置图等布置勘探点。

（1）港口水工建筑物勘探线和勘探点间距，可参照表 2.13-12 确定。

（2）航道工程勘探线和勘探点间距，可参照表 2.13-13 确定。

（3）修造船水工建筑物勘探线和勘探点间距，可参照表 2.13-14 确定。

（4）跨海大桥勘探线沿桥轴线走向或两侧交叉布置，勘探点主塔墩、锚碇等每处不少于 5 个，采用嵌岩桩时尚需加密；辅助墩、边墩每处应布置 1 个；引桥勘探点间距不宜大于 200m。

（5）对岩质地基的人工岛，勘探线和勘探点布置，应根据地质构造、岩体特性和风化情况等确定；对土质地基的人工岛，勘探线和勘探点间距应根据工程要求、地基复杂程度等级确定，勘探线间距可按 75～200m，勘探点间距可按 50～150m，控制性勘探点宜占勘探点总数的 1/5～1/3。

（6）对地质条件复杂的沉管隧道，勘探点总数不应少于 5 个，长隧道和特长隧道勘探点间距宜为 100～300m。

港口水工建筑物初步设计阶段勘探线、勘探点布置　　　　表 2.13-12

工程类别		地质条件	勘探线间距或条数	勘探点间距/m
河港	水工建筑物区	山区	2～3 条	20～30
		丘陵	2～3 条	30～50
		平原	2～3 条	50～70
海港	水工建筑物区	岩基	3～5 条	40～100
		土基	2～4 条	75～200

续表

工程类别		地质条件	勘探线间距或条数	勘探点间距/m
海港	港池及锚地区	岩基	50～100m	50～100
		土基	100～300m	100～300
	进港航道区	岩基	50～100m	50～100
		土基	1～3 条	100～500
	防波堤区	各类地基	1～3 条	100～300
	陆域形成区	岩土基	50～150m	75～150
		土基	100～200m	100～200

注：1. 岩基，在工程影响深度内基岩上覆盖层薄或无覆盖层；

　　　岩土基，在工程影响深度内基岩上覆盖有一定厚度的土层；

　　　土基，在工程影响深度内全为土层。

　　2. 各种物探工作的布置可根据各自的特点和工程的要求参照上述数值进行。

航道工程初步设计阶段勘探线、勘探点布置　　　　表 2.13-13

工程类别		勘探线、勘探点布置方法	勘探线距或条数		勘探点距或点数	
			地质条件简单	地质条件复杂	地质条件简单	地质条件复杂
炸礁	陆上炸礁	平行礁石长轴方向布置	50～100m		50～100m	
	水下炸礁	根据礁石具体分布状况布置	根据礁石具体分布状况确定，地形起伏大者线距不大于 50m		根据礁石顶面形状和有无覆盖层确定，复杂者间距 25～50m	
整治筑坝和护滩、护底、航道浅区	丁坝、顺坝、护滩、护底、锁坝	平行长轴线方向的纵向布置及垂直长轴线方向的横向布置	每道 1 条纵向勘探线和若干条横向勘探线		纵向 100～300m 且不少于 2 个，横向每条不少于 2 个	
	导堤		每道 1 条纵向勘探线和若干条横向勘探线		纵向 100～300m，横向每条不少于 3 个	
	航道浅区	—	1 条纵向勘探线及适当的横向勘探线		纵向不大于 500m，当地质条件复杂时，横向 1～2 个	
护岸	运河开挖	平行岸线的纵向布置及垂直岸线的横向布置	纵向 1～2 条勘探线，横向若干条		纵向点距 200～500m，横向每条 3 个	
	斜坡式	平行岸线的纵向布置及垂直岸线的横向布置	纵向 1 条勘探线，横向若干条		纵向点距 200～500m，横向每条 2 个，坡顶坡脚各 1 个	
	直立式和混合式	沿护岸上纵向布置	1 条	2 条	100～300m	50～100m
		垂直岸线方向布置	200～1000m	100～200m	20～50m	不大于 20m
大型航道标志	塔形标	塔基处呈等边三角形	—		3 个，遇基岩时 1～2 个	
	大型标牌	在两只牌脚处布置	—		各 1 个	

注：1. 勘察对象中的丁坝、顺坝、护滩、护底，坝体长度大于 500m 取大值或适当增加；

　　2. 锁坝坝体高大者取大值；

　　3. 四级及以下航道工程和小窜沟上的锁坝工程勘探线、勘探点间距可适当放宽；

　　4. 斜坡式护岸，在岩土层地质结构复杂和近岸有凹沟地段，适当增加勘探点。

修造船水工建筑物初步设计阶段勘探线、勘探点布置　　表 2.13-14

工程类别			勘探线间距或条数		勘探点间距/m
			岩土层简单	岩土层复杂	
船坞	5 万吨级以上	纵断面	2~4 条	4~5 条	30~50
		横断面	50~75m	30~50m	
	5 千至 5 万吨级	纵断面	2~3 条	3~4 条	60~90
		横断面	2~4 条	4~5 条	
	5 千吨级以下	纵断面	2 条	2~3 条	60~90
		横断面	2 条	2~3 条	
船台			1~2 条	2~3 条	60~90
滑道			1~3 条		60~90
施工围堰			1 条		50~100

2）勘探点深度确定

（1）港口水工建筑物，可参照表 2.13-15 确定。

（2）航道工程，可参照表 2.13-16 确定。

（3）修造船水工建筑物，可参照表 2.13-17 确定。

（4）跨海大桥勘探孔深度应按设计要求和《公路跨海通道工程地质勘察规程》JTG/T 3221—04—2022 确定。

（5）人工岛，可参照表 2.13-18 确定。

（6）沉管隧道，可参照表 2.13-19 确定。

港口水工建筑物初步设计阶段勘探点深度　　表 2.13-15

工程类型			一般性勘探点深度/m	控制性勘探点深度/m
水工建筑物区	码头	10 万吨级以上	40~60	60~80
		万吨级	35~55	55~65
		千吨级	25~35	35~45
		千吨级以下	20~30	30~40
	防波堤区		20~30	30~40
	港池、进港航道区		设计航道标高以下 2~3	
	锚地区		5~8	
	陆域形成区		15~30	30~40

航道工程初步设计阶段勘探点深度　　表 2.13-16

工程类别		一般性勘探点深度	控制性勘探点深度
炸礁		炸礁底面以下 2~3m	—
整治筑坝	丁坝、顺坝、护滩、护底、锁坝、导堤	筑坝区的孔深应满足地基承载力和建筑物沉降量的要求，且低于极限冲刷面 2~3m	应考虑坝体规模、岩土条件等综合因素以满足抗滑稳定性验算需要，且孔深低于潜在滑面 3~5m
	航道浅区	设计航槽底面下 2~3m	—

续表

工程类别			一般性勘探点深度	控制性勘探点深度
运河开挖			设计开挖河底面以下 1～3m	—
护岸	斜坡式		危险滑动面以下 2～3m	危险滑动面以下 3～5m
	直立式和混合式	重力式	基础底面以下(1.5～2.0)H	基础底面以下不小于 2H 且不大于 30m
		板桩式	桩尖以下 3～5m	桩尖以下 8m
大型航道标志	塔形标		10～15m，遇基岩钻透强风化层	遇不良地层时需适当加深
	大型标牌		10m，遇基岩钻透强风化层	

注：1. H 为拟建护岸的高度（m）；
　　2. 岸坡地面高差较大时，位于高处勘探点的深度应达到与其相邻的低处勘探点地面下适当深度，使地质剖面图上地层能相互衔接；
　　3. 运河开挖工程遇岩溶地层时，其控制性孔深应穿过表层岩溶发育带。

修造船水工建筑物初步设计阶段勘探点深度　　　　表 2.13-17

工程类型		一般性勘探点勘探深度/m	控制性勘探点勘探深度/m
船坞船台	5 万吨级以上	40～60	60～80
	5 千到 5 万吨级	35～55	55～65
	5 千吨级以下	25～40	40～50
滑道		20～40	40～50
围堰		20～30	30～40

注：1. 在预定勘探深度内遇基岩时，一般性勘探点深度应钻入标准贯入试验击数大于 50 的风化岩层中不小于 1m，控制性勘探点深度应钻入标准贯入试验击数大于 50 的风化岩层中不小于 3m 或预计以风化岩为持力层的桩端以下不小于 5m；对于港池、进港航道，勘探深度不变。
　　2. 在预定勘探深度内遇到密实砂层和碎石土层时，一般性勘探点达到密实砂层和碎石土层内深度，砂层不小于 10m，碎石土层不小于 3m；控制性勘探点达到密实砂层和碎石土层内深度，按一般勘探深度增加 5～8m；
　　3. 在预定勘探深度内遇到坚硬的老黏性土时，深度酌减，一般性勘探点达到坚硬的老黏性土层内深度，水域不少于 10m，陆域不少于 5m；控制性勘探点深度达到坚硬的老黏性土层内深度，按一般勘探深度增加 5～8m；
　　4. 在预定勘探深度内遇松软土层时，控制性勘探点穿透松软土层，一般性勘探点应根据具体情况增加勘探深度；
　　5. 在预定深度内遇到溶洞时，应穿透各层溶洞，进入底板以下完整岩层厚度 3～5m；
　　6. 对受侵蚀的江、河岸坡段的控制性勘探孔，孔深进入附近河床深泓线以下不小于 5m；
　　7. 船坞部位的控制性勘探点深度要满足渗流计算的要求。

人工岛初步勘察阶段勘探点深度　　　　表 2.13-18

工程区域	一般性勘探点勘探深度/m	控制性勘探点勘探深度/m
极浅海	30～40	≥50
潮间带	20～30	≥40
潮上带	15～20	≥25

注：1. 勘探孔包括钻孔和原位测试孔等，特殊用途的勘探孔除外；
　　2. 遇下列情形之一时，可适当调整勘探点深度：
　　　（1）在预定勘探深度内遇基岩时，除控制性钻孔仍应钻入基岩适当深度外，其他勘探孔达到确定的基岩后即可终止钻进；
　　　（2）在预定深度内有厚度较大且分布均匀的坚实土层（如碎石土、密实砂、老沉积土等）时，除控制性勘探孔应达到规定深度外，一般性勘探孔的深度可适当减小；
　　　（3）当预定深度内有软弱土层时，勘探孔深度应适当增加，部分控制性勘探孔应穿透软弱土层或达到预计控制深度。

沉管隧道工程初步勘察阶段勘探点深度　　表 2.13-19

地层类别	一般性勘探点勘探深度	控制性勘探点勘探深度
松散地层	进入隧道底板以下不应小于 1.5 倍隧道高度	进入隧道底板以下不应小于 2.5 倍隧道高度
微风化及中等风化岩石	进入隧道底板以下不应小于 1.0 倍隧道高度，遇岩溶、土洞、暗河时应穿透并根据需要加深钻孔	

3. 施工图设计阶段（详勘）

1）勘探点平面布置

（1）港口、修造船水工建筑物施工图设计阶段的勘探工作布置可参照表 2.13-20。

港口、修造船水工建筑物施工图设计阶段勘探线、勘探点布置　　表 2.13-20

工程类别			勘探线（点）布置方法	勘探线距或条数		勘探点距或点数		备注
				岩土层简单	岩土层复杂	岩土层简单	岩土层复杂	
码头	斜坡式		按垂直岸线方向布置	50～100m	30～50m	20～30m	≤20m	—
	高桩式		沿桩基长轴方向	1～2 条	2～3 条	30～50m	15～25m	后方承台相同
	栈桥	桩基	沿栈桥中心线	1 条	1 条	30～50m	15～25m	
		墩基	每墩至少 1 个勘探点	—	—	至少 1 个点	至少 3 个点	
	墩式		每墩至少 1 个勘探点	—	—	至少 1 个点	至少 3 个点	
	板桩式		按垂直码头长轴方向	50～75m	30～50m	10～20m	10～20m	一般板桩码头前沿点距 10m，其余点距为 20m
	重力式		沿基础长轴方向布置纵断面	1 条	2 条	20～30m	≤20m	
			垂直于基础长轴方向布置横断面	40～75m	≤40m	10～30m	10～20m	
	单点或多点系泊式		按沉块和桩的分布范围布点	—	—	4 个点	不少于 6 个点	
修造船建筑物	船坞		纵断面	3～4 条 15～20m	5 条 10～20m	30～50m	15～30m	坞口横断面线距用下限，坞室横断面线距用上限，地质条件简单时坞口布 2 条，复杂时 3 条
			横断面	30～50m	15～30m	15～20m	10～20m	
	滑道		纵式滑道按平行滑道中心线布置	1～2 条	1～2 条	20～30m	≤20m	
			横式滑道按平行滑道中心线布置	2～3 条	3～5 条	20～30m	≤20m	
	船台		按网状布置、斜坡式同滑道	50～75m	25～50m	50～75m	25～50m	
施工围堰			每一区段布置一个垂直于围堰长轴方向的横断面	—	—	每一横断面上布置 2～3 个点		"区段"按岩土层特点及围堰轴向变化划分
防波堤			沿长轴方向	1～3 条	1～3 条	75～150m	≤50m	

注：1. 相邻勘探点间岩土层急剧变化而不能满足设计、施工要求时，应增补勘探点；

2. "岩土层简单"及"岩土层复杂"主要根据基础影响深度内或勘探深度内岩、土层分布规律性及岩性性质的均匀程度判定；

3. 确定勘探线距及勘探点距时除应考虑具体地质条件外，尚应综合考虑建筑物重要性等级、结构特点及其轮廓尺寸、形状等；

4. 沉井基础下基岩面起伏显著时，应沿沉井周界加密勘探点；

5. 港池、进港航道区勘探点的布置应在初步设计阶段勘察的基础上适当加密；

6. 护岸工程勘探点的布置根据工程情况可参照码头、防波堤执行。

（2）航道工程施工图设计阶段的勘探工作布置可参照表 2.13-21；对新线运河开挖工程，应针对工程地质条件复杂的区段沿运河的两侧加密布置，勘探点间距可参照表 2.13-21 确定。

航道工程施工图设计阶段勘探点布置　　　表 2.13-21

地质条件复杂程度	工程地质条件	勘探点间距/m
复杂	地形起伏，地貌单元较多，岩土性质有变化	50～150
简单	地形平坦，地貌单一，岩土性质单一	100～300

（3）跨海大桥的勘探孔按墩台部位布置，对特大桥（$L_0 \geqslant 150$m）每一主要墩台勘探孔不宜少于 4 个，大桥（150m $> L_0 \geqslant 40$m）每一主要墩台勘探孔不宜少于 2 个，墩台多的特大桥与大桥的引桥：桥宽小于 35m，跨径小于 25m 的简支梁桥及跨径小于 18m 的连续梁桥，可隔墩两侧交叉布置勘探孔，跨径大于或等于 25m 的简支梁桥及跨径大于或等于 18m 的连续梁桥，宜每墩布置勘探孔；当相邻勘探孔的地层变化较大，影响基础设计与施工方案的选择时，应按墩台适当加密勘探孔。

（4）人工岛详勘阶段勘探工作平面布置，对于岩质地基的人工岛勘探线和勘探点布置，应根据地质构造、岩体特性和风化情况等，结合结构物对地基的要求确定；对土质地基的人工岛，勘探线和勘探点间距可参照表 2.13-22 确定。

人工岛详细勘察阶段勘探线、勘探点布置　　　表 2.13-22

地基复杂等级	勘探线、勘探点间距/m
一级	30～50
二级	50～70
三级	70～100

（5）沉管隧道勘探孔可采用梅花形布设方式，管节底部投影区域勘探孔间距宜为 30～50m；水下浚挖边坡范围内勘探孔间距宜为 40～60m。

2）勘探点深度确定

（1）港口、修造船水工建筑物根据基础类型、荷载情况、岩土性质等，参照表 2.13-23 确定。

港口、修造船水工建筑物施工图设计阶段勘探点深度　　　表 2.13-23

地基基础类别	建筑物类型		勘探至基础底面或桩尖以下深度/m				
			一般黏性土	老黏性土	中密、密实砂土	中密、密实碎石土	基岩
天然地基	水工建筑物	重力式码头	$\geqslant 1.5B$	$\geqslant B$	3～5	2～3	N 大于 50 的风化岩大于等于 1
		斜坡码头	坡顶及坡身 $\geqslant 15$，坡底 3～5	3～5	2～3	1～2	
		防波堤	10～20	5～10	2～3	1～2	
		船坞	$\geqslant B$	5～8	$\geqslant 5$	3～5	
		滑道	同斜坡码头	3～5	$\geqslant 3$	2～3	
		船台	10～20	8～10	3～5	2～3	
		施工围堰	根据具体技术要求确定				

地基基础类别	建筑物类型	勘探至基础底面或桩尖以下深度/m				
		一般黏性土	老黏性土	中密、密实砂土	中密、密实碎石土	基岩
桩基	水工建筑物	（3～5）d且不小于 3m，对于大直径桩不小于 5m				N大于 50 的风化岩 2～3d
板桩	水工建筑物	3～5		1～2	—	—

注：1. B为基础底面的宽度（m）；
　　2. d为桩的直径（m）；
　　3. 本勘察阶段中港池、进港航道的勘探点深度应与初步设计勘察阶段相同；
　　4. 护岸工程勘探点的深度根据工程情况可参照相关地基基础类别执行。

（2）航道工程勘探点深度可参照表 2.13-16 确定。

（3）跨海大桥勘探孔深度应按确定的基础类型、地质条件及施工方法等确定。

（4）土质地基人工岛勘探点深度可参照表 2.13-24 确定，当基础底面宽度较大，或需进行稳定性、变形等验算时，勘探点深度应根据验算要求予以调整。

人工岛详细勘察阶段勘探点深度　　　　表 2.13-24

地基基础类别	结构物类型	地基土类别		
		软土	一般黏性土、粉土	老堆积土、中密—密实砂土
天然地基	重力式	1.5B～2.0B	1.0B～1.5B	0.5B～1.0B
	斜坡式	坡顶及坡身 20～30 坡底 ≥ 10	坡顶及坡身 15～20 坡底 ≥ 5	坡顶及坡身 10～15 坡底 ≥ 5
桩基	重力式、斜坡式	≥ 10	8～10	5～8

注：1. 勘探点深度指基础底面或桩端以下的深度；
　　2. B为基础底面宽度；
　　3. 单位为 m。

（5）沉管隧道工程勘探点深度可参照表 2.13-25 确定。

沉管隧道工程详细勘察阶段勘探点深度　　　　表 2.13-25

地层类别	一般性勘探点勘探深度	控制性勘探点勘探深度
松散地层	进入隧道底板以下不应小于 1.5 倍隧道高度	进入隧道底板以下不应小于 2.5 倍隧道高度
微风化及中等风化岩石	进入隧道底板以下 0.5 倍隧道高度且不应小于 5m，遇岩溶、土洞、暗河时应穿透并根据需要加深钻孔	

注：1. 当河（海）底存在淤泥时应实测淤泥层厚度及各分层浮泥密度；
　　2. 管节浮运区域需疏浚时，疏浚范围内应布设勘探孔，勘探孔深度应满足疏浚工程量计算需要，勘探孔间距根据区域地质环境具体确定；
　　3. 水域段的水文勘察应包括水流速度、水位、水重度等内容。

4. 各类建筑地基计算所需岩土指标及重点取样测试区

各类建筑地基计算所需岩土指标及重点取样测试区见表 2.13-26。

各类建筑地基计算所需岩土指标及重点取样测试区　　　　表 2.13-26

结构形式		重点取样测试区	地基岩土指标	地基计算项目
码头	重力式	持力层、开挖边坡区	一般物理性指标、抗剪强度指标、压缩性指标	倾覆稳定、滑移稳定、整体稳定、基床和地基承载力、地基沉降等
	高桩	桩入土范围、桩尖持力层、开挖边坡区	一般物理性指标、抗剪强度指标、原位测试指标	整体稳定、桩的承载力
	板桩	板桩后主动土压力区、板桩前被动土压力区、整体稳定验算区、锚碇桩、锚碇墙稳定验算区	一般物理性指标、抗剪强度指标、原位测试指标	板桩入土深度、整体稳定、锚碇结构稳定
防坡堤		持力层、压缩层、开挖边坡及整体稳定区	一般物理性指标、抗剪强度指标、压缩性指标	地基承载力、沉降、基槽开挖边坡稳定、整体稳定、抗滑计算等
航道		开挖深度范围内	一般物理性指标、抗剪强度指标、附着力、原位测试指标、粉土的黏粒含量	开挖边坡稳定等
船坞		持力层、桩入土范围、开挖边坡区、渗透计算区	一般物理性指标、抗剪强度指标、压缩性指标、基床系数、渗透系数	地基承载力、桩的承载力、开挖边坡区整体稳定、渗透计算、抗滑计算、抗浮计算等
船台、滑道		持力层、桩入土范围	一般物理性指标、抗剪强度指标	地基承载力或桩的承载力
跨海大桥		持力层、桩入土范围	一般物理性指标、抗剪强度指标	桩的承载力
人工岛		持力层、压缩层、需地基处理影响区	一般物理性指标、抗剪强度指标、压缩性指标、排水固结指标	地基承载力、强度提高值、施工固结沉降及使用期残余沉降、固结度、施工期稳定
沉管隧道		开挖深度及影响范围内	一般物理性指标、抗剪强度指标、原位测试指标	开挖边坡稳定等

5. 对常见特殊岩土勘察应注意的问题

（1）软土、层状土、混合土地基的勘察宜采用钻探与多种原位测试相结合，土工试验宜在现场进行。

对于软土应根据工程类别和设计要求，分别按边坡稳定、地基加固、地基强度计算、建筑物沉降、疏浚挖泥、挡土构筑物土压力计算和计算桩的摩阻力等要求来确定勘察方法和土工试验项目。勘察时除查明其土层名称、成因、土层结构、包含物、空间分布规律、浅部硬土层的分布与厚度、下部硬土层或基岩的埋藏条件和分布特征等外，还应对其固结历史、压缩性、触变性、流变性、水平向和垂直向的均匀性和渗透性作阐述。

对于层状土，勘察时应查明土层名称、成因、土层的构造特征、单层厚度和组成成分、层厚比例、层理状态及其在水平向与垂直向的分布规律，土层的渗透性、压缩性和力学强度等的各向异性的特点，需结合工程技术要求进行专门研究。

对混合土，应查明名称和颗粒组成、大颗粒风化和接触情况、细颗粒的成分和状态；分布规律、顶板和底板的起伏情况；土层的密实度、压缩性及其水平向和垂直向的变化规律。对于淤泥或淤泥质土与砂土相混合构成的混合土，既没有层理构造，又极不均匀，定名时，当混合土中淤泥含量超过总质量的30%时为淤泥混砂，淤泥含量超过总质量的10%小于或等于总质量的30%时为砂混淤泥。这类土的承载力，不应以物理指标作为评价和计算依据，应以力学指标或用原位测试方法确定。

（2）对于冲填土的勘察，除查明冲填土的分布、厚度、物理力学性质外，尚应调查填土龄期、原地面沟塘和建（构）筑物分布，围堰结构及排水口位置、自身的排水性能、已加固处理情况和固结程度等。

（3）对于风化岩，除查明风化岩和残积土的地质时代和名称、岩体可见的节理、裂隙和产状、岩土的均匀性、膨胀性、湿陷性、遇水软化特征和崩解性，开挖暴露后的抗风化能力等外，还应在定性分析的基础上采用点荷载、标准贯入、声波法等测试方法进行定量分析，测定其物理力学性质，划分风化带，评价岩体的稳定性。

6. 对可燃气体勘察应注意的问题

在海相、海陆交互相、滨海相、湖沼相等有机质土层中易产生可燃气体。可燃气体的勘察应查明以下内容：

（1）地层成因、沉积环境、岩性质特征、结构、构造、分布规律、厚度变化。

（2）含气地层的物理化学特征、具体位置、层数、厚度、产状及纵横方向上的变化特征、圈闭构造。

（3）可燃气体的生成、储藏和保存条件，确定可燃气体运移、排放、液气相转换和储存的压力、温度及地质因素。

（4）可燃气体的分布、范围、规模、类型、气压、气量和物理化学性质。

（5）可燃气体与地下水的共存关系。

（6）可燃气体的利用、危害情况及工程处理经验。

可燃气体的勘探应采用钻探、物探和现场测试等综合手段，并以钻探为主，在钻孔中测定可燃气体的压力、温度，采岩土样、气样进行可燃气体的类型、含量、浓度及物理力学、化学指标分析，取得的资料需综合分析、相互验证。勘探点的布置、数量、深度以查明可燃气体的分布范围、空间位置和有关参数为目的。

7. 水域现场勘察应注意的问题

（1）水域勘探点的坐标与高程要进行专门的测量，离岸较远时，宜采用 GPS 系统定位、测放，确保其精度。

（2）在潮汐地区，每个钻探（原位试验）回次前后均应测量潮位，以及时校正孔深。

（3）水域勘探（钻探、测试及物探）对船只及锚具等要求较高，应根据水域水文及气象情况、地层情况、技术要求等选择适宜的船用设备。

（4）如需判定海水对建筑材料的腐蚀性时，宜在代表性时段处高潮位、低潮位和平潮位时各取 3 组水样做水质分析。

（5）钻探施工时，应注意气象、水文的变化、来往船只、可燃气体等对钻探施工安全的影响，应做好安全应急预案。

（6）钻孔施工完毕，如影响基础、堤防、交通等安全；影响测试与施工、养殖；影响地下水的水质、水量或有可燃气体冒出时，须按规定技术要求回填，其回填材料也应满足相应要求，并做好回填记录。

8. 水上勘探平台的选用

水上钻探与陆上钻探相比较，具有如下特点：

（1）水上钻探平台在施工过程中经常会因水位、水流速度、风力、涨落潮及航行船舶的影响，容易移动或被撞，造成套管弯曲、折断等。

（2）钻探平台的抛锚、定位、起锚、下套管等受深水急流、水位涨落的影响明显。

（3）在水面上使用具有一定面积载重的浮具、船舶或平台，作为水上钻探平台。

为保证水上钻探安全顺利进行，施工前应了解当地水文、气象、航运、航道等情况，周密考虑该水域的特点，做好施工计划，制定有效措施，设计和布置好锚泊作业安全装置，确保钻探工作安全顺利进行。

（1）水上勘探平台的种类

水上勘察可根据江河湖泊等水域的具体情况，选择合适的水上钻探平台的类型。水上钻探平台常用类型分为浮筒式、单体船式、双体船式和平台四种，其中平台又以自升式平台用得较多。其示意图见图 2.13-1～图 2.13-4。

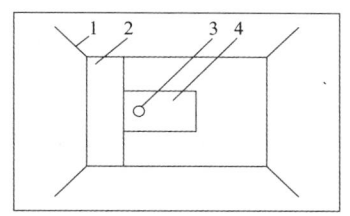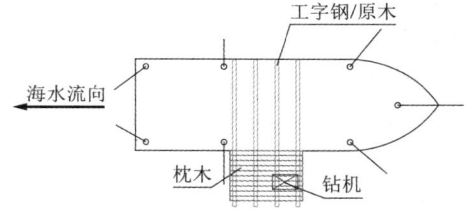

图 2.13-1　浮筒平台连接示意图　　　图 2.13-2　单体船侧跨平台示意图

1—定位钢丝绳；2—漂浮平台；3—预留钻孔；4—钻机

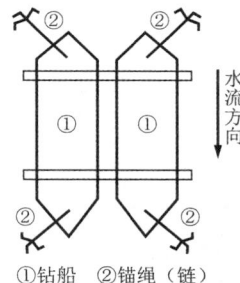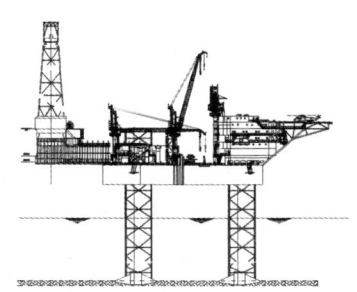

图 2.13-3　双体船平台拼接示意图　　图 2.13-4　自升式钻探平台侧面示意图

（2）水上勘探平台的适用范围及应注意事项

影响水上钻探的主要因素有水域的水深、水流、波浪、潮汐、底质岩土类型、水下地形、航运和季节变化等情况。

浮筒式水上钻探平台主要适用于水深较浅、水位变化不大、流速平衡的水域，最适合池塘、浅滩、沟渠、湖泊。其主要特点是投资少、搭建容易，在水中移动灵活，钻探深度浅。钻探平台的浮力、面积大小是搭建时主要考虑的技术参数。对于滩涂和潮间带等地段，可考虑采用排筏式作业。

单体船和双体船式水上钻探平台主要用在具备航运条件的水域，主要适用于水流深急、浪大漩涡多、航运频繁的大江大河及钻孔较深的工程地质勘探。钻探船的载重量需根据设备（包括钻探机、管材、工具、材料）和作业人员的总重量、波浪潮流作用力和冲击力、承受的最大风力、钻进过程中可能发生的最大阻力并考虑必要的安全系数来选择。在大江大河水深流急、通航船舶较多时，为避免对水上钻探造成较大影响，一般用载重量 200～300t、长度 35～40m、宽度 4～5m 的铁驳船。如用于海上深水作业，则选择的船只吨位一般在15000t以上，以增加抵抗风、浪、流的能力。

自升式钻探平台适应的水深范围较大，一般用于海上作业，适用的水深范围与桩腿长度有密切联系，是目前国内外应用最为广泛的海上钻探平台。平台结构分为船体、桩脚和升降机构三大部分。作业时，将桩脚插入或坐入海底，船体还可顺着桩腿上爬，离开海面，工作时可不受海水运动的影响。作业完成后，船体可顺着桩腿爬下来，浮在海面上，再将桩脚拔出海底并上升一定高度，即可拖航到新的孔位上。

除钻探作业以外，自升式平台在海上的所有作业，可概括为"降、拔、拖、压、升"五项作业。五项作业中有四项是升降作业，五项作业期间是自升式平台最易出事故的阶段。

为顺利完成五项作业，除了良好的升降系统和熟练的作业技术外，还要注意选择好的天气条件和海况条件。

目前我国海洋新能源领域最大的综合性勘探试验平台是由中国船舶集团旗下武汉船机海西重机公司为中国长江三峡集团建造的"中国三峡101"海上风电自升式勘探试验平台（图2.13-5）。它具有国际先进的集智能海上钻探、精准原位测试和高级土工试验于一体的高效、智慧、节能、安全的勘探系统，是目前国内功能最全、效率最高、作业水深最深、平台面积最大的海洋工程勘探试验平台，具备高精度动态定位（DP）系统。平台最大作业水深58m，船长48m，型宽30m，甲板面积约为3.5个篮球场大，型深4.2m，航速5节，定员40人，可变荷载450t，可在8级风下正常进行勘探作业。

图2.13-5　"中国三峡101"平台

水上钻探应重点考虑的问题之一是安全。安全防范措施主要包括：（1）事先报航运海事部门，办理相关手续，提前发布航运通告；（2）钻探船（平台）、交通船必须配备足够的救生、通信、医药和照明警示等设备；（3）钻探船和钻探平台四周应设置不低于1.2m的防护栏，所有能移动的设备和材料必须固定且不能堆放在紧急集合点和人员通道上；（4）当停工或歇钻时，严禁将钻具吊在钻塔上，钻探船（平台）上留有足够人员以应付紧急情况；（5）根据水域底质、潮流等当地实际选择合适的抛锚定位、套管、泥浆及其他钻探工艺。总之，海上钻探情况复杂、行动不便，应密切注意水文气象变化，建立完善的安全保障机制，制定严格的安全操作规程和应急预案，以确保作业人员及财产安全。

9. 各阶段原位测试和室内试验项目

原位测试和室内试验应根据建筑物类型、地基设计计算项目，结合岩土类别按表2.13-27确定。

各勘察阶段原位测试和室内试验项目　　　　　表 2.13-27

勘察阶段	原位测试项目	室内试验项目
可行性研究阶段	标贯试验、水底地层剖面仪探测、水域地震映像探测或其他物探方法	常规物理力学性质试验项目
初步设计阶段	标贯试验、水底地层剖面仪探测、水域地震映像探测或其他物探试验、十字板剪切试验、波速测试、动（静）力触探及根据工程需要进行的其他原位测试	按常规物理力学性质试验项目进行，港池航道疏浚区增做附着力试验和锥沉量试验，对砂性土和粉性土进行颗粒分析试验，提供颗粒分析曲线、不均匀系数、曲率系数等
施工图设计阶段	标贯试验、十字板剪切试验、波速测试、动（静）力触探，为基坑排水、防渗等措施需降低地下水位时，应进行抽（注）水试验或其他现场渗透试验，以确定所需的水文地质参数，地下水位观测、船坞工程的现场平板载荷试验、地表水与地下水的水力联系测试，必要时可进行旁压试验和扁铲侧胀试验。 根据工程需要进行的其他原位测试	应根据建筑物类型、地基设计计算项目及计算工况，结合岩土类别确定力学试验项目，试验项目的数量应结合工程技术要求有所侧重；土的抗剪强度试验，宜采用三轴剪切试验（在有使用经验的地区亦可采用固结快剪和慢剪法），土的压缩固结试验的稳定时间以 24h 为宜，有时也可用快速试验法。 对于挖方工程的稳定验算提供卸荷条件下的抗剪强度时，宜采用三轴剪切试验。 当需提供有效抗剪强度指标时，宜采用三轴固结不排水剪切试验，也可用直剪仪做慢剪试验。 对于黏性土宜采用固结快剪、直剪快剪、无侧限抗压强度试验或采用三轴剪切试验。对于淤泥、淤泥质黏性土等软土宜采用三轴剪切试验、无侧限抗压强度试验。 考虑地基土在施工中或施工时的实际固结度对抗剪强度的影响时，宜作土的不同固结度的抗剪强度试验。对原来处于不饱和状态的土在施工中或竣工后将受到水浸时，应作饱和状态下的抗剪强度试验。当需测定土的残余抗剪强度时，应作反复直剪试验。干船坞区增做渗透试验、K_0 试验，必要时做回弹再压缩试验。 根据工程需要进行的其他试验

注：1. 岩土的室内常规试验一般项目，黏性土的物理性指标包括天然含水率、天然重度、相对密度、孔隙比、饱和度、液限、塑限、液性指数、塑性指数，力学性指标包括抗剪强度、压缩系数、压缩指数、无侧限抗压强度、锥沉量；粉土的试验项目与黏性土基本相同，但需加测黏粒含量，无需进行无侧限抗压强度试验；砂土试验项目为天然含水率、天然重度、相对密度、孔隙比、饱和度、颗粒分析、自然休止角（干、水下）；碎石土试验项目为颗粒分析；岩石的饱和、干燥和天然状态下的单轴极限抗压强度和软化系数。
　　2. 土的渗透系数、固结系数、前期固结压力、击实、附着力、压实系数、灵敏度、有机质含量、振动剪切等试验项目和岩石的重度、相对密度、吸水率、弹性模量、泊松比、剪切及抗拉等试验项目，应根据工程需要和岩土性质确定。

10. 岩土工程评价

1）各阶段评价的主要内容

水上工程岩土工程勘察应按不同的勘察阶段进行分析、评价；对可行性研究阶段，重点评价场地的建设可行性和场地的整体稳定性与适宜性；初步设计阶段除重点评价场地分区地质特点及其建设适宜性，为初步设计方案提出建议和相应设计参数外，尚要兼顾下阶段的内容，针对每个子项目，初步分析评价提出地基设计的相关指标，如地基承载力值及变形参数；施工图设计阶段，在初步设计阶段基础上，进行细化、补充，并针对场地不良工程地质、水文地质现象防治等提出可行的处理意见，同时提出设计、施工中应注意的问题。

2）稳定性评价

（1）不良地质条件与稳定性评价的关系

进行稳定性评价必须查明各类不良地质条件所造成的边界条件，主要有：

①各类软弱结构面的性质、强度、分布及与岸坡面的不利组合关系；

②地表水、地下水对各类软弱结构面的不良影响；

③各种不良地质作用的分布及对岸坡稳定性的影响。

（2）稳定性评价的原则和方法

①稳定性评价应对建筑物使用期间的岸坡和地基稳定性，按设计低水位和校核低水位进行验算，对施工过程中可能出现的较大水头差，较大的临时超载，较陡的挖方边坡等不利情况的稳定性进行验算；对打桩和水位骤然下降时不利情况岸坡的稳定性进行验算；

②稳定性验算一般采用圆弧滑动面法计算；但当有软弱层、倾斜岩面等情况时，宜按非圆弧滑动面计算，计算方法有总应力法和有效应力法；

③所选用各土层的固结快剪、有效剪数据均取标准值，各土层剪力试验指标的统计个数不应少于6个；

④对各种计算情况，稳定性验算所采用的强度指标可按表2.13-28采用；

各种计算情况采用的强度指标 表 2.13-28

设计状况	强度指标	计算方法	说明
持久状况	固结快剪	总应力法	固结度与计算情况相适应
	三轴固结不排水剪		
	有效剪	有效应力法	孔隙水压力采用与计算情况相应的数值
	十字板剪 无侧限抗压强度 三轴不固结不排水剪	总应力法	需考虑因土体固结引起的强度增长
短暂状况	十字板剪 无侧限抗压强度 三轴不固结不排水剪	总应力法	可考虑因土体固结引起的强度增长
	直剪快剪	总应力法	—

注：开挖区的土坡和地基稳定验算宜采用卸荷条件下进行试验的抗剪强度指标。同一工程既有挖方区也有填方区，则应采用不同的试验方法，挖方区采用卸荷条件下进行试验的抗剪强度指标，而加荷区则采用常规试验方法。

⑤根据各类水工构筑物的特点和地质条件，需进行的稳定性验算一般有：整体稳定性验算，抗倾覆稳定性验算，抗滑移稳定性验算和抗浮稳定性验算。

3）地基承载力和变形评价

（1）天然地基

①地基承载力一般按极限平衡理论公式计算，并结合原位测试和实践经验综合确定；在理论计算中应考虑作用于基础底面合力的偏心距 e 和倾斜率 $\tan\delta$ 的影响；当基础有效宽度大于3.0m，埋深大于1.5m时，按《水运工程地基设计规范》JTS 147—2017查得的地基承载力，尚应按有关公式进行深宽修正；

②对持久状况计算地基的承载力时，宜用固结快剪强度指标或三轴固结不排水强度指标；对饱和软土，计算地基在短暂状况的承载力时，宜用十字板剪强度指标或三轴不固结不排水强度指标，有经验时可采用直剪快剪强度指标；对开挖区，宜采用卸荷条件下进行试验的抗剪强度指标；

③对于采用固结快剪强度指标或三轴固结不排水强度指标计算确定地基承载力时，抗力分项系数不得低于 2.0~3.0，其中对安全等级为一、二级的建筑物取较高值，安全等级为三级的建筑物取较低值；以黏性土为主的地基取较高值，以砂土为主的地基取较低值，基床较厚取高值；对于采用十字板剪强度指标或三轴不固结不排水强度指标计算饱和软黏土地基的短暂状况时，抗力分项系数不得低于 1.5~2.0，由砂土和饱和软黏土组成的非均

质地基取高值，以波浪力为主导可变作用时取较高值；

④沉降计算一般只计算持久状况下的最终沉降量，但作用组合应采用持久状况正常使用极限状态的准永久组合，永久作用应采用标准值，可变作用应采用准永久值，水位宜用设计低水位，非正常固结情况下应考虑前期固结压力的影响，有边载时应考虑边载影响；如建筑物地基为碎石土、砂土和复合土，可按国家现行标准《建筑地基基础设计规范》GB 50007 和《建筑地基处理技术规范》JGJ 79 等相关规定进行计算。

（2）桩基

①单桩轴向承载力通常应根据静载荷试验确定，但当附近工程有试桩资料且沉桩工艺相同，地质条件相近；桩数较少的建筑物或桩承载力对结构安全影响较小的建筑物并经技术论证，及有其他可靠的替代试验方法时可以按经验公式计算确定。

②单桩轴向承载力为桩的极限承载力除以分项系数，当桩的承载力按经验公式计算，或通过试桩确定时，分项系数根据相应规范规定确定。

③对于直径大于 2m 的预应力混凝土管桩和钢管桩及后注浆灌注桩的单桩承载力，应根据静载荷试验确定，对钢管桩，还要加强评价水、土对它的腐蚀性。

④桩基设计应考虑岸坡变形、冲刷、淤积、土体沉降等因素对桩的不利影响。

（3）各类水工建筑物地基评价

①重力式码头：应验算地基稳定性、承载力和沉降量是否满足设计要求；当沿码头长度方向地基压缩层厚度或土质变化很大时，应分段计算其沉降量，要求的沉降量按照相应规范规定执行。

②板桩码头：应对码头区地基的整体稳定性和锚碇结构的土的强度、沉桩可能性等进行分析、评价，以便确定板桩的入土深度；如为钢板桩，还应加强评价水、土对它的腐蚀性。

③高桩码头：应对整体稳定性、桩尖持力层的选择，沉桩可能性、单桩承载力的确定方法等进行分析、评价，并提供建议的桩尖持力层和单桩承载力；对钢管桩，还要判定水、土对它的腐蚀性。

④斜坡码头：应对实体斜坡码头或架空斜坡码头地基整体稳定性、地基（或墩基）的承载力，或架空斜坡码头桩基持力层的选择进行分析评价，并提出建议。

⑤防波堤：

a. 对重力式防波堤，其评价内容、方法、要求与重力式码头相同；对于方块式防波堤及沉箱防波堤的允许沉降量按照相应规范规定执行；

b. 对于桩式防波堤，其评价内容、方法和要求大致与板桩码头和高桩码头相同；

c. 对于斜坡式防波堤则应对地基土的稳定性、承载力进行分析评价。

⑥航道：

a. 水下炸礁区应评价爆破的难易程度以及炸礁影响区内的地质环境；

b. 整治筑坝及护滩、护底、护岸、航道标志等工程应评价建筑场地及其邻近边坡的稳定性和地基稳定性；

c. 运河开挖应评价开挖边坡的稳定性，并提出开挖边坡坡比建议值。

⑦船坞：对船坞的稳定性评价应按下列各项进行：

a. 由于船坞坞首和坞室底板均受到巨大的地下水浮托力，所以应进行抗浮稳定性验算。其计算公式如下：

$$K_f = \frac{G}{W} \tag{2.13-1}$$

式中：K_f——抗浮稳定安全系数；

　　G——抵抗坞室上浮的力（kN），不考虑坞墙侧面的摩阻力；

　　W——作用在坞室基底的浮力（kN）。

计算所得的抗浮稳定安全系数K_f不应小于表 2.13-29 中所列数值。

b. 对坞首和重力式、混合式坞墙应进行抗倾覆及抗滑移稳定性验算；其计算公式、评价方法和要求与重力式码头相同，还需对开挖边坡区整体稳定、渗透进行计算；

c. 对用桩基的船坞尚需提供桩的承载力。

船坞抗浮稳定安全系数　　　　　　　　　　　　　　表 2.13-29

安全系数	船坞结构	设计组合	校核组合	特殊组合
K_f	排水减压式 锚碇式 重力式；浮箱式	1.20 1.40 1.05	1.00 1.20 1.00	1.00 1.10 1.00

⑧人工岛：应对岩土体的变形、强度和稳定性作定量分析评价；对场地的适宜性、场地地质条件的稳定性作定性分析评价。

⑨沉管隧道：管节基础应满足管节在施工、运营等各种工况下的承载力、变形及稳定性要求，基槽边坡的稳定性安全系数不应小于 1.3，在缺乏基础资料时可按现行行业标准《疏浚与吹填工程设计规范》JTS 181—5 的相关规定选取。

13.4　勘察报告

13.4.1　各阶段勘察报告编写要求

勘察报告应在充分掌握和研究所获得的勘察资料的基础上，根据任务要求、勘察阶段、工程特点、工程地质与水文地质条件等情况进行编写。勘察报告可分总报告和工点报告，总报告和工点报告包括文字说明、图表资料和附件。各勘察阶段的报告编写要求见表 2.13-30。

各勘察阶段的报告编写要求　　　　　　　　　　　　　　表 2.13-30

勘察阶段	编写要求
可行性研究阶段	着重说明场地的工程地质特征，分析判断工程地质条件的主要有利因素和不利因素。对场地的工程地质条件作出评价时，重点在于分析区域的稳定性，评价场地的建设可行性
初步设计阶段（初勘）	根据工程建设的具体要求，综合分析地质调查（测绘）、勘探、测试所得的各项资料，阐明场地的工程地质条件，分别评价各区段地质特点及其建设的适宜性，为工程初步设计方案提出建议和相应的地基计算参数。场地的整体稳定性评价是其需要着重评价的内容之一
施工图设计阶段（详勘）	分别阐述各个建筑物的工程地质条件，详细说明岩土层的分布，分析评价供地基设计和地基处理、不良地质现象防治等所需的岩土技术指标，并提出设计、施工中应注意的问题和建议。地基的稳定性评价是其需要着重评价的内容之一

注：勘察报告内容可根据不同的勘察阶段有重点地进行叙述。对水运工程疏浚等专项勘察、简单场地、施工期勘察项目的勘察报告可适当简化，或采用以图表为主、辅以必要的文字说明的形式。

13.4.2 报告编写内容

文字部分

第一章 前言

1. 工程概况

应包含下列主要内容：（1）工程名称、委托单位、设计单位名称；（2）工程位置，并附示意图；（3）工程类型、规模；（4）含拟采用的结构类型、基础形式、荷载情况和变形控制要求等内容的工程方案；（5）勘察阶段和勘察区范围。

2. 勘察目的与任务

勘察目的应按工程类型针对不同勘察阶段的要求叙述，勘察任务是为满足勘察目的所需要进行的工作内容。

3. 勘察依据

包括技术要求、标准规范和前期资料等。

4. 勘察布置

应阐明勘察布置原则和工作量等，并应包括下列主要内容：（1）勘察范围、勘察方法、勘探点线布置原则和室内试验布置等；（2）主要勘察工作量。

5. 勘察实施综述

应包括资源配置、勘察历程、勘察方法和质量评述等。

6. 勘察工作量

应包括外业工作量、室内试验工作量和资料整理等内容。

7. 其他

应包括勘探点变更情况、孔内滞留物和外委情况等内容。

第二章 工程地质条件

1. 地形地貌

阐明各地貌单元的成因类型、形态特征、空间分布规律和各种微地貌特征及地形要素等。

2. 地质构造

可行性研究阶段和初步设计阶段应重点阐明区域地质构造和场地地质构造特征。施工图设计阶段和施工期勘察应重点阐述场地地质构造特征，需要进一步论证和解决的工程地质问题涉及区域稳定时应阐述场地地质构造特征。

3. 地震概况

应阐述勘察场地或所在地区地震活动特征，场地或邻近地震危险性分析结果等，宜附区域构造与地震震中分布图。

4. 地层岩性及岩土特性

应按时代、成因、类型和分布，结合现场记录、原位测试和试验成果等划分岩土体单元，根据工程需要进行分区或分段描述，并分析各岩、土体单元体的特性、状态、均匀程度、密实程度和风化程度等，提出物理力学性质指标的统计值。

5. 特殊性岩土

应按其物理性质、分布、强度和变形特性等进行分区、分类阐述。

6. 不良地质作用

应阐述其类型、物质组成和分布等，并根据不同的不良地质作用类型分别阐述。

第三章 水文地质条件

1. 水文气象概况

应阐述区域性气象条件，地表水体的水位、潮汐和波浪等情况。

2. 地下水赋存条件

应阐述含水层和隔水层的分布规律及其特征。

3. 地下水类型及水文地质参数

应阐述地下水的类型和赋存状态、地下水位及其变化幅度和趋势、地层渗透系数、承压含水层水头等相关水文地质参数。

4. 地下水补给、径流、排泄条件

应阐述地下水的补、径、排特征；地表水与地下水的补排关系及其对地下水位变动的影响；区域气象、水文条件等对地下水位的影响。

5. 水的性质

应阐述水质情况、污染情况及污染途径和方式等。

第四章 岩土性质指标

1. 样本选取原则

岩土性质指标应包含室内物理力学指标及原位测试指标，指标统计应分区分段按照岩土单元体进行，主要岩土单元体岩土性质指标统计的最小频数不得少于 6 个。主要岩土单元体中若夹厚层状岩土并且该层零星发育、不贯通，或者发育有透镜体，应分成亚单元体后再统计。对土质不均、变异系数较大的岩土单元体，可采用 3 倍均方差的方法对统计数据进行取舍。

2. 指标统计方法

指标统计方法应符合现行国家标准《岩土工程勘察规范》GB 50021 的有关规定。主要统计的特征值（容许值）应包括频数、最大值、最小值、标准差、变异系数和平均值；力学性质指标统计应增加修正系数和标准值；统计频数不足 6 个的岩土单元体，主要统计的特征值（容许值）应包括频数、最大值、最小值和平均值。

3. 指标统计结果分析

应列相关指标图表进行指标的离散性分析和指标间相关性分析。物理性质指标的变异系数不宜超过 0.1，力学性质指标的变异系数不宜超过 0.3。对变异系数较大的岩土单元体，应分析土质的均匀性、试验指标的正确性和岩土单元体划分的合理性。指标的相关性和可靠性分析应包括室内物理性质指标与力学性质指标、室内试验指标与原位测试指标间的相关性分析，当相关性不好或不匹配时，应分析原因。

第五章 场地地震效应评价

1. 抗震设计基本参数

应简述抗震设防烈度、设计基本地震加速度等内容，并应根据《中国地震动参数区划图》确定；重要工程则应根据地震安全性评估报告确定。

2. 场地土类型和场地类别

应阐述场地地段的划分、场地土类型划分、场地类别和特征周期等内容。

3. 地震液化

应阐述液化的初步判别；初步判别为可液化土层的进一步判别；每个钻孔和液化土层

的抗液化指数、力学指标的折减系数值；液化等级的综合判定，液化对地基基础的影响，抗液化措施建议。

4. 软土震陷

应阐述震陷性；软土震陷对地基基础的影响，抗震陷措施和建议。

第六章　岩土工程评价

1. 岩土层性质评价

根据场地岩土层性质及其对工程的影响，对各岩、土单元体进行综合评价，提出工程设计所需的岩土技术参数。

2. 地基均匀性评价

根据地基的相关要素和基本条件等，将地基均匀性分为均匀、较均匀和不均匀地基三级，对于判定为不均匀的地基，应进行沉降、差异沉降和倾斜等特征分析评价，并提出相应建议。

3. 水的作用及水土的腐蚀性评价

论述水的物理作用、力学作用、化学作用和水土的腐蚀性及其对工程和环境的影响。

4. 特殊性岩土评价

应对软土、混合土、填土、层状构造土、风化岩与残积土等分别进行论述，并提出合理的处理建议等。

5. 不良地质作用评价

评价不良地质作用对工程的危害性，并提出整治方案的建议。

6. 稳定性评价

按勘察阶段论述区域、场地、地基三个方面的稳定性。

7. 适宜性评价

应简述场地稳定性、地基稳定性、建筑抗震地段类型、地下水和因地形影响导致的地表水排水条件等要素对拟建工程的影响。

8. 岩土设计参数分析与评价

结合工程特点，对地基基础形式及持力层选择、岩土设计参数、沉桩可行性、单桩承载力估算、地基处理、基坑、疏浚、地质条件可能造成的工程风险等内容进行评价，并分析施工中应注意的问题，提出防治措施的建议等。

9. 结论与建议

结论应根据工程类型针对不同勘察阶段的要求选择表述稳定性和适宜性、岩土层分布特征及其主要工程性质、地基均匀性、水的作用对工程的影响、特殊性岩土、不良地质作用、地震效应、地基基础形式、持力层选择、岩土设计参数推荐值等方面的结论性意见。

建议应包括设计注意事项、施工注意事项、岩土工程问题监测和预防措施、下阶段勘察工作等方面的意见。

图表部分

1. **勘探点数据一览表**：应包括勘探点编号、类型、坐标、深度、孔口高程、孔底高程、完成日期、备注和图签等。

2. **勘探点平面布置图**：应以地形图为底图，包含项目名称、图名、方向标、比例尺、坐标网、图框和图签；拟建工程轮廓线和建筑物轮廓线及其名称，航道工程航道走向和里程桩号；勘探点和原位测试点的位置、类型和编号，物探测线位置和编号；剖面线的位置和编号；地层单元及其接触关系、地质构造、不良地质作用、水文地质和工程地质分区等地质要素等。

3. 工程地质剖面图：根据岸线方向、主要地貌单元、地层分布、地质构造线和建筑物轮廓等确定剖面位置，绘制纵横工程地质剖面图。图上画出该剖面的标尺、高程、岩土单元体的分布、地下水位、地表水位、标准贯入试验击数、圆锥动力触探曲线、静力触探曲线、拟建工程的位置或开挖线等。可采用全充填或部分充填。

4. 钻孔柱状图：应由表头、主体和表尾三部分组成。主体部分应包括岩土单元体编号、地质时代、成因、分层厚度、层底深度、层底高程、岩土名称、岩土描述、柱状图填充图例、比例、标准贯入试验和动力触探击数、岩芯采取率或岩石质量指标 RQD 等内容。

5. 原位测试图表：反映标准贯入、静力触探、动力触探、十字板剪切试验、旁压试验、载荷试验、波速试验等原位测试成果的图表。

6. 物探测试成果图表：包括实测测线位置图、典型实测曲线图和解译地质剖面图等。

7. 土工试验成果图表：根据土工试验结果编绘土工试验成果总表、颗粒分析成果图表、固结试验成果图表、高压固结试验成果图表、直接剪切试验成果图表和三轴压缩试验成果图表等。

8. 岩石试验成果图表：包括岩石试验成果总表、单轴抗压强度试验图表和点荷载强度试验成果图表等。

9. 化学试验成果图表：分为水质分析报告表和土质分析报告表。

10. 各岩土单元体的物理、力学指标统计表。

11. 对于特殊地质条件或为满足特殊需要而绘制的专门图件（如软土、岩土层等值线图、风化岩的标准贯入击数等值线图、不良地质作用分布图、特殊土的土工试验图表等）。

12. 其他图表：包括综合地层柱状图、探槽探坑展示图等。

参考文献

[1] 《工程地质手册》编委会. 工程地质手册[M]. 5 版. 北京：中国建筑工业出版社，2018.

[2] 林宗元. 岩土工程勘察设计手册[M]. 沈阳：辽宁科学技术出版社，1996.

[3] 林宗元. 简明岩土工程勘察设计手册[M]. 北京：中国建筑工业出版社，2003.

[4] 《简明工程地质手册》编写委员会. 简明工程地质手册[M]. 北京：中国建筑工业出版社，1998.

[5] 中华人民共和国交通运输部. 水运岩土工程勘察规范：JTS 133—2013[S]. 北京：人民交通出版社，2013.

[6] 中华人民共和国交通运输部. 水运工程地基设计规范：JTS 147—2017[S]. 北京：人民交通出版社，2018.

[7] 中华人民共和国交通运输部. 码头结构设计规范：JTS 167—2018[S]. 北京：人民交通出版社，2018.

[8] 中华人民共和国交通运输部. 水运工程岩土勘察报告编制标准：JTS 109—2018[S]. 北京：人民交通出版社，2018.

[9] 中华人民共和国交通运输部. 水运工程海上人工岛设计规范：JTS/T 17—2020[S]. 北京：人民交通出版社，2021.

[10] 中华人民共和国交通运输部. 公路工程地质勘察规范：JTG C20—2011[S]. 北京：人民交通出版社，2011.

[11] 中华人民共和国交通运输部. 公路桥涵地基与基础设计规范：JTG D63—2007[S]. 北京：人民交通出版社，2007.

[12] 中华人民共和国交通运输部. 公路跨海通道工程地质勘察规程：JTG/T 3221—04—2022[S]. 北京：人民交通出版社，2022.

[13] 国家能源局. 滩海岩土工程勘察技术规范：SY/T 4101—2012[S]. 北京：石油工业出版社，2013.

[14] 中华人民共和国住房和城乡建设部，国家市场监督管理总局. 沉管法隧道设计标准：GB/T 51318—2019[S]. 北京：中国建筑工业出版社，2019.

[15] Ben C. Gerwick, Jr. 中文版主审：陈刚. 海洋工程设计手册——海上施工分册[M]. 3 版. 上海：上海交通大学出版社，2013.

第14章　不可移动文物岩土工程勘察

不可移动文物包括古遗址、古墓葬、古建筑、石窟寺、石刻、壁画等，勘察的目的是探查和评估文物存在的状态、破坏因素、破坏程度和产生的原因，并为文物工程设计提供基础资料和必要的技术参数。勘察的主要对象是文物遗存和周围环境。勘察包括搜集资料、现状测绘、病害调查、形制调查、岩土材料分析、环境调查及工程地质和水文地质勘察。

文物勘察遵循下列基本原则：

（1）贯彻"保护第一、加强管理、挖掘价值、有效利用、让文物活起来"新时代的文物保护工作方针。

（2）遵循不改变原状，兼顾文物的真实性、完整性，最低限度干预的文物保护原则。

（3）优先选用无损检测的原则。

（4）必须取样时少量取样的原则。

（5）选择先进分析设备和实验方法，以便减少用样量的原则。

（6）必须进行试验的原则。

（7）注重历史调查，全面搜集资料的原则。

14.1　勘察阶段

不可移动文物包括内容重多，目前国内没有规范对不可移动文物进行勘察阶段划分，《石质文物保护工程勘察规范》WW/T 0063—2015将石质文物保护工程勘察工作划分为三个阶段，各阶段勘察的基本要求见表2.14-1。

勘察阶段及基本要求　　　　　　　　　　　　　　表2.14-1

阶段	基本要求
方案设计	查明文物所在区域工程地质及水文地质条件，对文物所在场地条件的稳定性及环境状况进行评价。查明文物现存的病害类型、分布区域及形成原因
施工图设计	详细查明各类石质文物病害的严重程度、诱发及影响因素
施工	根据工程需要，对工程实施重点区域和重点项目进行补充勘察，补充必要的小区域大比例尺地形测绘、大样图测绘及原位测试、检测和物探工作

石质文物保护工程勘察工作可分为工程测绘和工程勘察两部分，一般情况下，应先开展工程测绘，工程测绘包括地形测绘和文物本体测绘。工程勘察，应按岩土工程勘察和石质文物病害勘察两部分开展工作。必要时，还应开展环境工程地质问题勘察工作。

各类石质文物勘察工作程序、基本内容及深度要求可参照表2.14-2。

各类石质文物勘察工作程序、基本内容及基本深度要求规定　　　　表 2.14-2

类型	第一阶段：工程测绘		第二阶段：工程勘察	
	工程测绘内容及要求		工程勘察内容及基本深度要求	
	地形测绘	文物本体测绘	岩土工程勘察	石质文物病害勘察
石窟寺、摩崖造像、摩崖石刻、岩画及崖墓等与地质体相连的文物类型	详细记录和描绘文物本体与周边环境的空间关系及环境状况	详细记录和描绘文物本体的构造特征、形态尺寸及表面造型	查明文物所在区域工程地质及水文地质条件，对文物所在场地条件的稳定性进行评价	查明文物现存的病害类型、分布情况、严重程度及形成机理
采用多块石材作为构建材料建造的各类地面建筑物及构筑物			对文物所在场地条件的稳定性进行评价	
采用单块石材雕刻的巨型碑刻、单体石刻（体量 ≥4m³）				
采用石材作为构建材料建造的各类地下石质建筑物及构筑物			查明文物所在区域工程地质及水文地质条件，对文物所在场地条件的稳定性进行评价	
采用单块石材雕刻的一般碑刻、单体石刻（体量 <4m³）和石质建筑构件	可结合建筑等文物群落一并测绘，可不单独测绘地形图	详细记录和描绘文物本体的构造特征、形态尺寸及表面造型	—	

《土遗址保护工程勘察规范》WW/T 0040—2012 将土遗址保护勘察划分为两个阶段：初步勘察阶段与详细勘察阶段。初步勘察应满足方案设计的要求，详细勘察应满足施工图设计的要求，对于遗址体较为复杂或有特殊要求的保护工程，宜进行施工勘察。遗址体体量较小、级别低或遗址结构简单的保护工程，可合并勘察阶段。

土遗址本体勘察要求见表 2.14-3。

土遗址本体勘察要求　　　　表 2.14-3

勘察阶段	工程测绘	工程勘察
初步勘察	现状测绘要求地形测绘比例 1∶2000～1∶500；遗址本体的测绘比例 1∶200～1∶50，对重要构件、构造应测绘详图，详图比例 1∶20 以上	查明病害的分类与特征，确定主要病害类型，了解病害的诱发因素，查明遗址结构的稳定状态，了解失稳的范围和规模；以无损和微损勘探手段为主，进行少量取样，基本了解遗址土体的工程特性；查明遗址的建造工艺；开展采取样品的试验测试；最终对遗址作出分析评估，并提出初步保护方案建议
详细勘察	现状测绘要求地形测绘比例 1∶2000～1∶200；遗址本体的测绘比例 1∶100～1∶50，对重要构件、构造应测绘详图，详图比例 1∶20 以上	查明不同类型病害的分布、规模与程度，查明病害的成因，初步确定结构失稳模式；开展土遗址病害监测；必要时可适当采用坑探、槽探、井探和钻探等手段，依据土的类别进行较为全面的取样，查明遗址土体的工程特性；并对样品进行试验测试；最终对遗址作出分析评价，并提出具体保护方案建议
施工勘察	—	对于施工过程中发现与前期勘察不符的部位或出现新的情况时，进行补充勘察，完善前期勘察成果，并提出该部位的保护方案或新情况的处理建议

土遗址载体各勘察阶段工作深度可参照《岩土工程勘察规范》GB 50021—2001（2009年版）中的规定。

14.2　资料搜集

勘察前应进行有关资料的搜集工作，资料搜集包括以下内容。

（1）文物区基本概况

包括行政辖区、地理位置、四至、面积、范围界限、覆盖范围、交通条件及旅游状况等。

（2）自然环境

包括文物区气候气象条件、大气污染情况、地质环境、生物环境、水文条件、地震灾害等内容。

①气候气象条件：降雨、蒸发、气温、湿度、地温、风向、风速、日照。

②大气污染：SO_2、CO_2、NO_2、飘尘。

③地质环境：地形地貌、地层岩性、地质构造、不良地质作用、地下水特征。

④生物环境：植物和动物，如植被、微生物、昆虫、鼠类等。

⑤水文：河流、湖泊分布情况，最大洪水位、最大流量、年变化规律、上下游水利设施、河床变迁、淤积情况、河流特征、径流条件。对于海洋，应搜集最大潮水位、海浪情况、海啸情况等。

⑥地震灾害：包括抗震设防烈度、设计基本地震加速度值等，还应了解历史地震记录以及历史地震对文物本体及周边环境的破坏记录，了解文物的受震历史、搜集地震区有关地震的研究资料。

（3）文物的历史沿革

文物的历史沿革内容包括建造文物建筑时的历史背景、目的、规模、营造者与周围文物建筑的关系等；文物建筑在历史发展过程中的兴衰、变迁，包括相关重要历史事件及其遗留的痕迹、重要人物活动的遗迹、文物古迹修缮及改建的历史。文物往往具有较长的建造历史，有的可达几千年，不同时期遗址的建筑形制、风格和时代特征都不同，有些文物经过许多次改建、扩建和维修，其内涵更多、更为复杂，这就需要更为仔细地研究和调查。搜集历史沿革资料主要通过查阅文献档案，对文献记载进行搜集整理、去伪存真；对有些文献资料比较贫乏的文物，可利用搜集到的考古调查资料和研究报告，对缺乏资料的文物还可以通过当地的老住户进行了解。

（4）建造形制

搜集文物的建造工艺、建造形制、建造特点、建造材料、保护历史、布局结构等方面的历史文献和研究资料。

（5）文物价值

搜集有关文物历史、艺术、科学、社会、文化价值方面的评估和研究资料。

（6）考古研究资料

全面搜集有关的考古研究资料，查明与文物保护工程相关的地下遗存规模、范围边界、主要构成特点和考古学价值评估，为保护工程提供设计依据。①搜集与文物相关的考古发掘报告、考古研究资料、历史文献和研究成果；②根据保护工程的规模和范围，查明保护工程实施对象的地下遗存范围；③查明与工程场地相关的地下遗存范围；④考古资料调查和研究的成果在地形测绘图上标明，包括遗存范围边界、考古探方、探沟位置及地层剖面的剖切位置等。

（7）人文环境

搜集文物所在区域的人文环境资料，包括经济条件（经济状况、市场状况、基础设施、人民生活水平、民族与文化等）、工业设施、农业生产、社会分布与管理等。

（8）管理条件及保护历史

管理条件及保护历史包括管理机构、人员、设施、管理法规、管理措施、过去保护维修史。

（9）有关图件

搜集地形图、平面图、航空摄影图、地质图、水文图及卫星影像图等。

（10）其他相关资料

其他相关资料包括土地利用现状、城镇发展总体规划、过去的研究资料、图片和图件等。

14.3　工程测绘

1. 测绘目的

查明文物区的地形、地貌和地物状态，为保护工程设计提供基本资料。测绘技术成果主要包括遗址范围的地形测绘图，工程对象的平面、立面、剖面测绘图及测绘技术说明。

2. 测绘内容及要求

（1）地形测绘图应根据遗址所在场地的特点，准确表示地形和地物关系，标明测绘基准点并附图例；标示遗址区内各文物遗存的轮廓边界、底部标高和顶部标高。测绘比例为1：2000～1：500，对于意义重大的文物区域比例尺可适当提升至 1：200。

（2）工程对象的测绘应根据文物遗存的特征，准确记录遗存体的完整形态和局部变化。在平、立、剖面图上准确标示遗存的病害及残损状况，准确标示遗存体上材质的差异、构造差异的范围边界。对重要部位应测绘详图。测绘比例为 1：200～1：50，详图比例 1：20以上。

3. 测绘标准

目前主要参考的规范有：《工程测量标准》GB 50026—2020；《近景摄影测量规范》GB/T 12979—2008；《工程摄影测量规范》GB 50167—2014；《1：500、1：1000、1：2000地形图航空摄影规范》GB/T 6962—2005。

4. 测绘仪器

遗址测绘经常应用的仪器有全站仪、全球定位系统（GPS）、经纬仪、水准仪、激光测距仪、红外测距仪、海拔仪、罗盘仪、导航仪、塔尺、皮尺、钢卷尺、工程对讲机及数码相机等多种仪器。由于测绘技术发展，三维扫描仪、无人机等测绘仪器应用逐渐增多。

5. 测绘方法

1）常规测量

常规测量主要应用于文物周边地形测绘，为目前应用最为广泛的技术手段，但是由于需要人工现场逐点采集，具有采集效率低，对于地形复杂山区还会存在数据采集困难等问题。

2）三维扫描

三维扫描多用于文物本体测绘，首先可以精确记录文物本体空间三维形态以及病害劣化现状。其次，三维扫描成果可以应用于现状图（平立剖图）以及病害图绘制。三维扫描的技术要求推荐如下，根据具体项目的要求可适当调整：

（1）单测站扫描精度小于 5mm。

（2）相邻测站间点云重叠度不应小于 20%。

（3）测站与测站间拼接精度应小于 10mm。

（4）整体点云精度小于 10mm。

三维扫描内业数据采用 Geomagic 软件进行点云数据拼接与误差改正、坐标系转换、降噪与抽稀。

3）摄影测量

摄影测量可分为无人机低空摄影测量以及近景摄影测量，可应用于地形图测绘以及本体的测绘，获取文物本体以及周边地形的彩色三维模型，可以全面记录文物现状，其成果不仅可以应用于文物的本体保护，也可以应用于后期文物展示利用。该项技术应用也越来越广泛。

无人机低空摄影测量流程：

（1）航摄准备。

（2）相控点测量。

（3）校核点测量。

（4）航飞实施。

（5）航飞质量检查。

（6）相片调绘。

无人机内业数据处理流程：

（1）空三计算。

（2）相控点平差。

（3）成果导出，格式为 3mx、DSM、obj 等。

（4）地面分辨率检查。

（5）地形图及文物现状图、病害图编绘。

航飞基本技术指标要求：地面分辨率按 2.5cm 进行设计；航向重叠应大于 75%；旁向重叠大于 70%。

14.4　工程勘察

工程勘察应首先编制勘察纲要，勘察纲要的编制主要内容见第 1 篇第 4 章，应做好对文物的保护工作，采用对文物本体及环境影响最小的技术手段，优先采用无损或微损的手段。工程勘察按阶段进行，包括工程地质调查与测绘、勘探（钻探、探槽、探井）、原位测试、工程物探、室内试验等工作。

1. 工程地质调查与测绘

调查与测绘范围应以对文物本体及其环境产生影响的地质结构条件边界为依据确定，必要时可扩大至邻近区域。比例尺根据需要确定，宜采用 1：2000～1：500，工程地质测绘方法和内容见第 1 篇第 5 章。

2. 勘探

勘探包括钻探、探槽和探井工作，文物勘探方法应以工程物探结合槽探为主，布置少量的钻孔，以查明文物载体或本体的岩土体特征。由于钻探对勘察对象有一定的破坏性，所以在文物保护工程之中应谨慎使用，钻探应遵循以下基本要求。

（1）勘探点应根据保护工程设计需求和勘察目的布置。

（2）在满足设计要求前提下，应严格控制勘探工作量。

（3）勘探布线、布点不得对文物本体及相关环境造成不良影响，并应避开文物本体。

（4）勘探线布设应不少于 2 条。

（5）对钻孔，在勘探结束后，应妥善回填，回填材料应选用原材料，不得使用对文物本体及环境有不良影响的材料，并尽可能恢复到原状。

（6）钻探施工过程中做好防护措施，避免出现污染文物、环境的情况。

钻孔的布设、深度等相关要求可参照《岩土工程勘察规范》GB 50021—2001（2009年版）执行。

槽探（探井）属于直接勘探手段，在文物地基基础调查、地基土的取样中应用较多。探槽（探井）尺寸不宜过大，严格控制与文物相邻边的尺寸，一般尺寸控制长×宽为2.0m×1.0m，深度以揭露地层及基础为原则。

在开挖过程中，边开挖边记录，详细记录过程，如有异常发现及时向文物主管单位汇报。

开挖完成后，进行测量与记录工作。对探槽除文字描述外，绘制探槽（探井）展示图，反映侧壁土层岩性、地层分界、基础尺寸及分布情况，并辅以代表性的彩色照片。记录完成后，及时回填夯实。

3. 工程物探

工程物探是一种间接勘探手段，可以获取地质情况，由于具有无损性，在文物保护中应用较多。但是该勘探手段具有多解性，所以一般采用工程物探与钻探或探槽相结合的形式进行勘察，相互补充。

工程物探可在下列方面采用：

（1）与工程地质测绘配合采用，探查隐蔽结构面的位置、分布。

（2）与钻探配合采用，为钻探成果的内插、外推提供依据。

（3）在岩溶发育区、地下采空区及墓葬密集区应优先采用。

（4）测试岩土体的动力参数。

具体工程物探方法的选择，应根据工程设计要求、场地岩土性状及物理特征等，按照《岩土工程勘察规范》GB 50021—2001（2009年版）相关规定确定。

4. 原位测试

原位测试主要用于判定文物地基土层的性质、承载力，获得地基土的物理力学性质参数，进行场地稳定性评价，具体原位测试方法应根据岩土条件、工程设计对参数的要求、地区经验和测试方法的适用性等因素确定。原位测试的选用可参考《岩土工程试验监测手册》第三篇内容。

5. 室内试验

室内试验分为土工试验和岩石试验，试验项目应根据工程要求和评价对象选用。土工试验主要是土的物理力学性质指标试验、水理性质和水的腐蚀性指标试验。岩石试验主要是岩石的物理力学性质指标，根据需要可进行压汞试验、渗透性试验、耐崩解性试验、冻融试验、吸水性能测定试验。

14.5　土遗址调查

14.5.1　现状与病害调查

1. 调查的任务、内容和要求

（1）遗址的现状与病害调查的主要任务：对遗址的现存状态进行调查，调查遗址的病害，分析病害的成因，为保护工程设计提供依据。

（2）病害调查的主要内容及要求：①查明遗址的现存状态，包括规模、大小、高度、布局及保存形式；②查明病害的类型、分布、成因及特征；③查明文物遗址结构的变形、失稳、塌落损坏的性质，记录变形和下沉量，倾斜和塌落程度等数据；④查明遗址本体的裂隙发育情况，划分出不稳定的区域，列表记录裂隙的位置、宽度、产状、填充物等数据，划出裂隙影响的体量和规模；⑤查明遗址的风化类型及分布区域，并作定性、定量的描述，如剥离面积、深度、厚度、裂隙充填物、表面沉积物成分和此类风化的成因；⑥查明历史上维修的情况，以及由于不当维修所造成的损害；⑦除了文字说明外，应在现状测绘图上标明各种病害的位置、范围边界、标注发育规模并附现状和病害的照片。

2. 裂隙的调查

裂隙的特性一般可用下列 10 个参数描述。

（1）裂隙的产状：是指它在空间的分布状态，标示产状的参数包括走向、倾向和倾角。产状可以用裂隙极点图或玫瑰图来统计。

（2）间距：指同组裂隙面法线方向上该裂隙面间的平均距离。间距标示土体中裂隙发育的密集程度。根据裂隙的间距可以对裂隙进行定性分级，描述裂隙的发育程度（表 2.14-4）。

按裂隙间距的裂隙发育程度分级　　　　　　　　　表 2.14-4

分级	Ⅰ	Ⅱ	Ⅲ	Ⅳ
间距/m	> 2	0.5～2	0.5～1	< 1
描述	不发育	较发育	发育	极发育
完整性	整体	块体	破裂	破碎

（3）裂隙的连续性：是指在一个暴露面上能见到的裂隙迹线的长度，可用线连续性系数和面连续性系数表示。

面连续性系数是指遗址土体中包含裂隙的断面内裂隙的面积与土体整个面总面积的比值。这一比值称为裂隙率，裂隙率越大，土体中的裂隙越发育。反之，则表明裂隙不发育（表 2.14-5）。

按裂隙率的裂隙发育程度分级　　　　　　　　　表 2.14-5

分级	Ⅰ	Ⅱ	Ⅲ	Ⅳ
裂隙率K/%	< 2	2～5	5～10	> 10
描述	弱裂隙性	中等裂隙性	强裂隙性	极强裂隙性

面连续性系数表示了裂隙连续性的真正含义，但大多不能直接测量，采用估算的方法得出。在土遗址保护工程勘察时，可沿走向和倾向方向分别测量。一般而言，就是在水平方向量测长度，在垂直方向量测裂隙的深度。

（4）裂隙面的粗糙程度：用裂隙面粗糙度表示，裂隙面粗糙度指裂隙的固有表面相对于其平均平面的凹凸不平程度，粗糙度可以定性分成三类：粗糙的、平坦的和表面光滑的。

（5）裂隙面壁强度：是指裂隙两侧岩壁的等效抗压强度。在土遗址保护工程勘察时，可对其风化性能进行定性定量描述。

（6）张开度：是指张开裂隙的相邻岩壁间的垂直距离，一般用最大张开度表示，张开度的大小可以用塞尺或裂缝宽度测量仪直接测量，裂隙开口宽度分级见表2.14-6。

裂隙开口宽度分级　　　　表 2.14-6

分级	Ⅰ	Ⅱ	Ⅲ	Ⅳ
裂隙宽度/mm	< 0.2	0.2~1	1~5	> 5
描述	闭合	微张	张开	宽张

（7）充填状况：裂隙的充填状况一般可分为充填、半充填和无充填。充填物是指充填于裂隙相邻两壁之间的物料。对充填物可以定量研究它的厚度和物理力学性状，充填物的物理力学性状研究的内容比较多，一般包括充填物的成分、结构构造、胶结程度、物理性质、化学性质、水理性质和力学性质。

（8）组合状况：裂隙往往不只有一组，更多的是几组裂隙组合在一起，共同决定土遗址的稳定性，它们之间的组合方式决定了土遗址破坏的形式和规模。

（9）土块尺寸：指土体中交叉裂隙围限的土体块体大小、形状。这种块体也叫结构体，结构体的形状常有板状、柱状、楔锥状、块状。

（10）类型。裂隙的类型不同，性质也不同，其加固保护方法也有差异，因此应判明裂隙的类型。

3. 片状剥蚀调查

片状剥蚀包括风蚀剥离、雨蚀剥离、裂隙剥离和温度剥离。掌握墙体的总面积和总体病害特征，描述剥离的种类、部位、大小、厚度、疏松度及分布特征。

4. 其他病害调查

（1）掏蚀包括风力掏蚀、酥碱掏蚀和坍塌掏蚀。描述掏蚀的种类、深度、高度、断面形式及与裂隙的关系，初步判定土体的稳定性，绘制力学简图。

（2）冲沟包括径流型冲沟和裂隙型冲沟。描述冲沟的汇水面大小、深度、宽度、长度、高度及地形特征。

（3）生物破坏包括植被破坏及动物破坏。描述破坏的类型及植物的生长规律。

（4）调查灰尘的颜色、分布范围、灰尘颗粒的成分、来源等。

（5）人为破坏的形式多样，无一定的规律，应详细地调查成因、规律等。

14.5.2　建筑形制调查

（1）建筑形制调查的内容：①土遗址的布局、分布特点；②土遗址的建筑分期；③土遗址的建造工艺特点；④土遗址的建造技术和方法。

（2）建筑形制调查的方法：①对照考古资料地面调查遗址布局、分布；②采用测量手段调查建造工艺及技术；③采集样品室内测试土遗址的成分和结构。

14.5.3　遗址材料分析

1. 遗址材料分析的任务、内容及要求

（1）遗址材料分析的主要任务：对遗址的各种组成材料进行物理、化学、力学、水理性质和生物学性状的定性、定量分析，为保护工程提供材料科学依据。

（2）分析遗址材料的内容和要求：①分析遗址材料的常规物理性质、化学性质和水理性质；②分析遗址中与稳定性有关的材料力学性质；③优先选用无损检测方法进行原位测试；④材料分析应尽可能进行现场取样试验。

2. 样品的采集

（1）土样分级

土样质量应根据试验目的分为 4 个等级（表 2.14-7）。

土样级别　　　　　　　　　　　　　表 2.14-7

级别	扰动程度	试验内容
I	不扰动	土类定名、含水率、密度、强度试验、固结试验
II	轻微扰动	土类定名、含水率、密度
III	显著扰动	土类定名、含水率
IV	完全扰动	土类定名

（2）取样数量

取样数量应满足试验项目和试验方法的需要,取样的毛样尺寸应满足试块加工的要求。在特殊情况下,试块形状、尺寸和方向由岩体力学试验设计确定,不同测试项目的样品数量见表 2.14-8。

（3）取样的要求

①取样必须经文物行政主管部门批准，取样要有明确的目的、地点、方法及数量，并做详细的记录；②严禁在影响遗址结构和构造稳定的部位取样，应尽可能采用坍落体标本和位于遗址隐蔽部位的样本；③ I 、II 、III 级土试样应妥善密封，防止湿度变化，严防暴晒或冰冻。在运输中应避免振动，保存时间不宜超过 3 周。

试验取样数量　　　　　　　　　　　表 2.14-8

试验项目	黏土		砂土	
	原状土（筒） ϕ10cm × 20cm	扰动土/g	原状土（筒） ϕ10cm × 20cm	扰动土/g
含水率	—	800	—	500
相对密度		800		500
颗粒分析		800		500
界限含水率		500		—
密度	1		1	—
三轴压缩	2	5000		5000
膨胀、收缩	2	2000		8000
直接剪切	1	2000	—	—
无侧限抗压强度	1			
反复直剪	1	2000		
渗透	1	1000		2000
化学分析	—	300		—

（4）土样应做好记录，取样点应标示在图纸上，认真填写取样标签，内容应包括项目名称、取样编号、取样位置、取样深度、取样高度、取样日期、土样现场鉴别和描述及定义、取土方法等。

（5）土样送交试验单位验收、登记后，将土样按顺序妥善存放，应将原状土样和保持天然含水率的扰动土样置于阴凉地方，尽量防止扰动和水分蒸发。土样从取样之日起至开始试验的时间不应超过 3 周。

（6）土样经过试验之后，余土应储存于适当的容器内，并标记工程名称及室内土样编号，妥善保管，以备审核试验成果。一般保存到试验报告提出 3 个月以后，委托单位对试验报告未提出任何疑义时，方可处理。

3. 室内测试内容

室内测试主要有土的物理性质、力学性质、水理性质、成分和水质成分试验。

土工试验：含水率、密度、相对密度、孔隙比、液限、塑限、塑性指数、液性指数、粒度级配、崩解速度、易溶盐含量、矿物成分、形态结构、渗透系数、湿陷性、黏聚力、摩擦角、抗压强度、抗拉强度、膨胀性。

水质分析：测试的项目有 pH 值、矿化度、K^+、Na^+、Ca_2^+、Mg_2^+、NH_4^+、NO_3^-、CO_3^{2-}、SO_2^{2-}、HCO_3^-、游离性 CO_2、侵蚀性 CO_2。

14.6　石质文物调查

14.6.1　现状病害调查

根据《石质文物保护工程勘察规范》WW/T 0063—2015 石质文物的病害有结构失稳病害勘察、表层劣化和渗漏病害，各类石质文物病害见表 2.14-9。

各类石质文物病害　　　　　　　　　　　　　　　　表 2.14-9

类型	病害类型		勘察深度基本要求
石窟寺、崖墓等与地质体相连、开凿在岩体内的洞窟（洞室）类文物	结构失稳	边坡失稳	I
		洞窟（洞室）失稳	查明洞窟（洞室）内岩体不稳定区域的规模、分布情况，并对危岩体进行稳定性评价及影响因素分析
	渗漏		II
	表层劣化		III
摩崖造像、摩崖石刻、岩画等与地质体相连的雕刻或描绘在岩体表面的文物	结构失稳—边坡失稳		I
	渗漏		II
	表层劣化		III
地面石质建筑物及构筑物	结构失稳		IV
	渗漏		查明出水点的分布区域、渗漏规律，查明与渗漏有关的原造造法，并进行渗漏成因及影响因素分析
	表层劣化		III

续表

类型	病害类型	勘察深度基本要求
地下石质建筑物及构筑物	结构失稳	IV
	渗漏	查明出水点的分布区域、渗漏规律及与地下水位变化和地表水体分布的关系，查明与渗漏有关的原构造做法，并进行渗漏成因及影响因素分析
	表层劣化	III
巨型碑刻、单体石刻	结构失稳	IV
	表层劣化	III
一般碑刻、单体石刻及石质建筑构件	表层劣化	III

注：1. 表中 I 内容为"查明边坡岩体不稳定区域的规模、分布情况，并对危岩体进行稳定性评价及影响因素分析。"
　　2. 表中 II 内容为"查明出水点的分布区域、渗流规律，并进行补给条件、径流途径及影响因素分析。"
　　3. 表中 III 内容为"查明岩石表层的主要劣化形态、物理力学特性的变化特点及矿物和化学成分的变化特性，并进行病害成因分析和劣化机理研究。"
　　4. 表中 IV 内容为"查明基础及主体结构保存现状、结构不稳定现象的分布规律，并进行整体稳定性及受损构件安全性评价及影响因素分析。"

（1）表层劣化病害勘察

表层劣化特指石质文物表层所产生的破坏文物表面结构完整性或影响文物价值的破坏现象。

在岩土工程勘察工作基础上，应查明文物表层的病害类型、分布区域，根据工程设计要求，围绕保护对象应进行详细的取样分析、重点评价和分析病害特征，病害形成原因及影响因素，为保护修复和防风化加固工程设计提供依据。对于表面有彩绘和金箔的石质文物还应开展彩绘层和金箔层材质、保存现状及相应的病害原因分析。

根据《馆藏砖石文物病害与图示》GB/T 30688—2014，石质文物病害有生物病害（植物病害、微生物病害和动物病害）、机械损伤（断裂和残缺）、表面风化（表面泛盐、表面粉化剥落、表层片状剥落、鳞片状起翘与剥落、孔洞状风化和表面溶蚀）、裂隙［机械裂隙（应力裂隙）、浅表性裂隙（风化裂隙）和构造裂隙（原生裂隙）］、空鼓（表层空鼓）、表面污染与变色（水锈结壳、人为污染）、颜料病害（彩绘表面颜料脱落、彩绘表面颜料酥粉）和水泥修补。应对每类病害进行调查，把病害标记在石质文物图件上，形成石质文物病害分布图。

李宏松在对我国华北、西北、西南和华南 20 余处石质文物调查的基础上，提出了一套三级分类体系，该体系由组群、典型类型和独立类型组成。

将石质文物病害由重至轻总体分为五个组群，即：第一表组群，表层完整性破坏类：文物岩石材料表层各种形式的缺失且在无依据情况下无法修复的现象。第二组群，表层完整性损伤类：文物岩石材料表层各种形式的局部破损，但可在现条件下修复的现象。第三组群表面形态改造类：在文物岩石材料表层结构完整性保存较完好的前提下，表面形态由于其他物质覆盖而造成的各种形态造型变化现象。第四组群表面颜色变化类：在岩石材料表层结构完整性保存较完好，表面形态变化不大的前提下，表面或表层颜色的各种变化现象。第五组群生物寄生类：在岩石材料表层结构完整性保存较完好，表面形态变化不大的前提下，表面生物生长，并可处理的各种现象。

典型类型是指具有统一而明显特征以区别其他类型的现象群。①表层完整性破坏类：在该组群下可界定缺损、剥落和溶蚀三个典型类型；②表层完整性损伤类：在该组群下可界定分离、空鼓、龟裂和划痕四个典型类型；③表层微形态改造类：在该组群下可界定结垢、结壳两个典型类型；④表面颜色变化类：该组群下可界定锈变、晶析、斑迹和附积四个典型类型；⑤生物寄生类：该组群下可界定低等植物、高等植物、低等动物痕迹和霉菌四个典型类型。

独立类型是指一定具有独立特征以区别于其他类型的单一现象。如典型类型溶蚀下又分为均匀溶蚀和差异溶蚀 2 个独立类型；典型类型剥落下根据剥落体的特征又可分为层状、片状、鳞片状、板状、粉末状和粒状 6 个独立类型。

（2）结构失稳病害勘察

结构失稳指文物主体结构或其所依存的岩土环境所产生的局部或整体不稳定现象。

结构失稳可采用工程地质分析方法考虑环境因素对洞室、边坡、危岩进行分析评价。

（3）渗漏病害

部分石质文物与周边地质环境密切相关，因此会存在地下水或周边环境水作用下产生渗漏病害，针对该类病害的勘察请参照《石质文物保护工程勘察规范》WW/T 0063—2015执行。

对于渗漏病害应根据工程设计要求，围绕保护对象应进行详细的水文地质勘察，重点评价和分析渗漏特征、水的来源、渗流途径及与文物自身结构、岩土结构间的关系及渗漏对石质文物表层劣化病害的影响程度，必要时在保证文物安全的前提下，可进行一定数量的压（注）水试验，以查明地下水的渗流途径，部分压（注）水试验可结合示踪法。示踪法应在不影响文物本体的情况下实施。

14.6.2　形制调查

（1）形制调查的内容：①文物的布局、分布特点；②文物的建筑分期；③文物的建造工艺特点。

（2）形制调查的方法：①对照考古资料进行调查；②采用测量手段调查建造工艺及技术。

14.6.3　材料分析

根据工程需要在钻孔、探槽中采取土试样、岩石试样，取样过程不应对文物本体造成不良影响，试样数量根据需要确定，并满足岩土工程数据统计的要求，试样应密封及时送交实验室，运输中应避免振动。

水样采集量应根据检测项目确定，水样采集应满足《岩土工程勘察规范》GB 50021—2001（2009 年版）规定。

（1）土工试验

室内试验主要有土的物理性质、力学性质、水理性质、成分和水质成分试验。

土工试验：含水率、密度、相对密度、孔隙比、液限、塑限、塑性指数、液性指数、粒度级配、崩解速度、易溶盐含量、矿物成分、形态结构、渗透系数、湿陷性、黏聚力、摩擦角、抗压强度、抗拉强度、膨胀性。

水质分析：测试项目有 pH、矿化度、K^+、Na^+、Ca^{2+}、Mg^{2+}、NH_4^+、NO_3^-、CO_3^{2-}、

SO_2^{2-}、HCO_3^-、游离性 CO_2、侵蚀性 CO_2。

　　室内试验部分的操作可依据土工试验的要求及《岩土工程勘察规范》GB 50021—2001（2009 年版）进行。

　　（2）岩石试验

　　岩石物理性质试验包括：颗粒密度、块体密度、吸水率和饱和吸水率试验。

　　可选择试验：压汞试验、渗透性试验、耐崩解性试验、冻融试验、吸水性能测定试验。

　　岩石力学性质试验：抗压强度、抗拉强度（劈裂试验）等项目的测试，单轴抗压强度试验应分别测定干燥和饱和状态下的强度并提供极限抗压强度和软化系数。如设计要求，可进行岩石剪切试验、饱和剪切试验。

　　岩石的成分分析试验：岩矿鉴定、矿物成分分析、化学成分分析等项目。岩石描述、岩石坚硬程度分类应符合《石质文物保护工程勘察规范》WW/T 0063—2015 附录 A 的规定。

14.7　数值模拟分析

　　数值计算分析方法可以评估文物本体以及赋存环境稳定情况，为修缮设计提供依据。针对岩土质文物计算应用较为普遍的是 FLAC3D 有限差分软件。

　　数值计算文物对象在天然、饱和、地震等工况下的受力和变形响应，研究其受力和变形特点及其稳定性，提出相应建议。具体分析流程如下：

　　（1）几何模型

　　利用无人机摄影测绘及勘察数据成果，分别建立：现状模型，真实反映结构的变形、构造、残损缺失及不均匀沉降等不良地质条件的现状三维几何模型。

　　（2）数值分析模型

　　根据文物对象的受力特点、传力途径概念分析，采用数值分析软件建立三维数值分析模型。

　　（3）材料本构模型

　　由勘察的原位测试、室内试验及相关文献的研究结果，选择能真实反映现状材性退化的本构模型用于数值分析。

　　（4）数值模型的取值范围及边界条件

　　根据地基的特点和荷载形式确定数值模型的取值范围及边界条件。数值模型的土体厚度考虑地基压缩土层影响厚度，土体宽度一般取建筑结构底部宽度的 2 倍。

　　（5）常采用的工况

　　计算分析常考虑的工况主要有：天然工况、饱和工况、地震工况。

　　（6）结果分析

　　针对计算结果，分析不同工况下的变形特征、应力分布特征以及稳定情况，最终为设计加固提供依据。

14.8　勘察报告

　　根据任务要求、勘察阶段、文物特点，在对搜集的资料、现状调查、工程测绘、工程勘察成果进行分析、资料整理、参数统计、综合分析的基础上，编制勘察报告，报告应对文物主要病害的发生、发展有一定的研究深度，勘察报告内包括以下内容：

（1）前言：包括文物概况、前人研究程度（历史沿革、文物特点及保存现状总体情况、历史保护维修情况、价值评估等）、勘察任务、目的、要求、勘察工作依据、勘察方法和勘察工作布置及工作量等内容。

（2）区域概况：包括区域地形地貌、地层岩性、地质构造、植被条件、气象、水文和地震。

（3）工程地质条件：文物所在场地的地基岩土层、地质构造（褶皱、断层、节理裂隙）、场地抗震设计条件、不良地质作用、岩土工程分析与评价（包括物理力学性质指标、强度参数、变形参数），场地的稳定性评价。

（4）水文地质条件：包括地表水体分布情况及变化规律、地下水类型及埋藏条件、地下水补给、经流及排泄条件、地下水水质分析及腐蚀性评价、地表水体及地下水对文物本体影响程度分析。

（5）环境工程地质：环境工程地质问题类型及对文物本体和环境的影响程度、环境工程地质问题的形成机理及发展趋势。

（6）文物现状：包括文物目前状况、建造工艺与形制、病害特征及成因分析（类型调查、统计与危害性分析、病害形成机理）等内容。

（7）以往保护工程效果。

（8）结论及建议包括：文物所在场地条件的总体评价、文物病害形成机理及影响因素的总结、保护工程设计思路和方向性建议、文物病害监测建议。

（9）附图、附表、照片及专项分析报告。

参考文献

[1] 中华人民共和国国家文物局. 石质文物保护工程勘察规范: WW/T 0063—2015[S]. 北京: 文物出版社, 2015.

[2] 中华人民共和国国家文物局. 土遗址保护工程勘察规范: WW/T 0040—2012[S]. 北京: 文物出版社, 2012.

[3] 中华人民共和国国家文物局. 馆藏砖石文物病害与图示: GB/T 30668—2014[S]. 北京: 文物出版社, 2015.

[4] 中国古迹遗址保护协会. 文物保护工程专业人员学习资料·石窟寺及石刻[M]. 北京: 文物出版社, 2016.

[5] 李宏松. 石质文物岩石材料劣化特征及评价方法[M]. 北京: 文物出版社, 2014.

第 3 篇

特殊性岩土的工程
勘察评价

第1章 湿陷性土岩土工程勘察

湿陷性土是指结构疏松、胶结相对较弱，在一定压力下浸水时，结构迅速破坏而发生显著附加下沉的土。黄土是典型的湿陷性土，除此之外，在干旱和半干旱地区，特别是在山前洪、坡积扇（裙）中常遇到湿陷性砂土和湿陷性碎石土。判定湿陷性土的成因、地质时代、分布范围及厚度，评价土的湿陷程度、承载力，场地湿陷类型，地基湿陷等级是湿陷性土岩土工程勘察评价的重点内容。

1.1 黄土的成因、分布和时代

1.1.1 黄土的成因

黄土的成因具有多种学说，目前普遍接受原生黄土为风尘堆积，原生黄土为狭义的黄土，在干旱的大陆性气候作用下，高度风化的黄土物质受到强大的反旋风从中部呈离心状吹向荒漠的边缘地区，当遇到异向风或降雨时沉落于地面，经生物化学风化作用形成黄土，形成黄土时的自然环境是干旱或半干旱的荒漠草原。一般认为我国黄土材料来源于里海以东，北纬 35°～45°的内陆沙漠盆地地区，来自沙漠盆地中的上升气流将粉尘颗粒输送至高空，进入西风环流系统，随着西风带的高空气流自西向东及东南飘移至东部地区，发生大规模沉降。在气温高、雨量少、蒸发大、草木小、风沙多的干旱、半干旱地区，当风沙土粒沉落在细小的草木上，慢慢掉落在地上，逐渐以松散的状态积累起来之后，稀少的雨水会对土粒起到一定的润湿作用，或使土粒的一些胶结物溶解，但高的气温又使它迅速干燥，在土层还没有能够在其自重下压缩固结之前就在土粒之间形成某种胶结，它和土粒间的基质吸力一起使黄土具有加固黏聚力，从而使土层处于欠固结的大孔隙或多孔隙（架空孔隙）状态。原生黄土没有层理，不含砂、砾等"杂质"，包括了典型黄土和一般黄土。典型黄土是在干旱、半干旱气象条件下，形成于晚更新世和全新世的风尘堆积。地基土在一定压力（即土自重压力或土自重压力与附加压力之和）下受水浸湿，结构迅速破坏而发生显著附加下沉的现象，称为湿陷。干旱半干旱气候条件下，氧化作用不强，低价铁得以保存而使得黄土呈淡黄色，植被不发育，成壤作用微弱，使形成湿陷性的架空孔隙得以保存。我国典型黄土一般具有以下特征：

（1）颜色以黄色、褐黄色为主，有时呈灰黄色。

（2）颗粒组成以粉粒（粒径 0.005～0.05mm）为主，含量一般在 60%以上，粒径大于 0.25mm 的甚为少见。

（3）有肉眼可见的大孔，孔隙比一般在 1.0 左右。

（4）富含碳酸盐类，垂直节理发育。

成壤作用和地层压力是两个消灭黄土典型结构和特征的重要作用。黄土高原和东北平原西部晚更新世时气候干旱形成典型黄土，而东北平原东部和长江两岸气候湿润，成壤作用强盛，而使黄土不能形成湿陷性等特征，因而成为一般黄土。同时，典型黄土区晚更新世和全新世气候比较暖湿形成的古土壤（S1）和黑垆土（S0）层，成壤作用强，也是一般黄土；中、早更新世的黄土，上覆地层压力较大，架空孔隙多被破坏，湿陷性小或者没有，也是一般黄土。

与原生黄土相对的次生黄土，又被称为黄土状土，其沉积除风力以外还有水流作用参加，或者风尘在静水中沉积。组成黄土状土的物质，除了风尘物质外，还有重力或流水搬运的近地物质掺入，或有湖、海环境中的生物碎屑物质等混入。有两个最重要的特征与原生黄土相区别：一是层理明显，二是成分较杂，常夹有砂、砾颗粒或夹层。黄土状土可以是与原生黄土同一地质时代内风尘刚落下即被雨水、坡流、洪流或河流带走堆积，也可以是隔地质时代的侵蚀、再搬运和再堆积作用。由于早期的黄土状土已丧失特殊性质，和一般地基土无异，工程上一般不关注全新世之前的黄土状土，将其当作普通土质看待；而全新世黄土状土往往还具有湿陷性，有时还很强烈，故将其作为特殊土对待，按黄土体系进行评价，即工程界一般将原生黄土和（全新世）黄土状土统称为黄土，浸水后产生湿陷的黄土称为湿陷性黄土，不是所有黄土都具有湿陷性。

1.1.2　黄土的分布

可扫二维码 M3.1-1 阅读相关内容。

M3.1-1

1.1.3　黄土的地质时代与地层划分

我国黄土的堆积时代包括整个第四纪，地质学上认为黄土高原地带第四纪黄土下面的红黏土也和黄土一样，是风成粉砂堆积。第四纪黄土地层的划分列于表 3.1-1。

黄土地层的划分　　　　　　　　　　　　　　　　　　　表 3.1-1

年代		黄土名称		成因		湿陷性
全新世Q_h（Q_4）	近期Q_4^2（Q_b^2）	新近堆积黄土	次生黄土	以水成为主		强湿陷性
	早期Q_4^1（Q_h^1）	黄土状土				一般具湿陷性
更新世Q_p（Q_{1-3}）	晚更新世Q_3（Q_p^3）	马兰黄土	原生黄土	以风成为主		
	中更新世Q_2（Q_p^2）	离石黄土	老黄土			上部部分土层具湿陷性
	早更新世Q_1（Q_p^1）	午城黄土				不具湿陷性

全新世的Q_4黄土是距今 1 万年内的产物，也称现代黄土。它一般处于黄土层的最上部，土质疏松，具有湿陷性，下伏晚更新世黄土时Q_4黄土底部常有厚 0.7～1.3m 的褐色黑垆土。主要分布于梁峁的边坡及河谷阶地的坡脚与低阶地上，受各种因素的影响较大，情况复杂，为风积、冲积、洪积和洪积-坡积，属次生黄土，性质差异很大。早期堆积的Q_4^1黄

土，沉积时间相对较长（在下部），比较密实，湿陷性轻微；有的也比较疏松，有湿陷性，甚至强烈湿陷性；新近堆积的Q_4^2黄土是由滑坡和崩塌物组成的近期堆积层（一般 3～8m，最厚可达 15～20m），出现于河漫滩、低阶地、山间凹地的表层，黄土塬梁的坡脚，洪积扇或山前坡积地带，成岩作用很差，结构松散，土质不均，含有机质、砂砾或基岩碎屑，或砖瓦、陶片、朽木等人类活动的遗迹，或零星分布的钙质结核等，沿深度和平面上分布很不规律。Q_4^2黄土载荷试验承载力特征值为 75～100kPa（冲积—洪积）与 100～125kPa（坡积）。

晚更新世的Q_3黄土是距今 10 万～1 万年间的产物。它以我国北京西北丰沙铁路雁翅车站以西 23km 的斋堂村马兰山谷阶地的黄土为典型代表，所以又叫马兰黄土。粉粒和黏粒含量较早期黄土为少，它有较大的架空结构性、较大的侧向移动性、较小的黏聚力；颜色呈浅黄、褐黄或黄褐色，土质均匀，无层理，较疏松，柱状节理，大孔结构发育，有虫孔及植物根孔，少量小的钙质结核呈零星分布，有湿陷性或强烈湿陷性，有些地区还有黄土溶洞。底部有一层古土壤（S1，L1 和 S1 表示黑垆土以下的第一层黄土和第一层古土壤，以此类推，古土壤一般呈红褐色），作为与Q_2黄土的分界，古土壤底部往往钙质结核富集成层。Q_3黄土遍及黄土的主要分布地区，是工程建设中一般遇到的湿陷性黄土，载荷试验承载力特征值 150～250kPa。

中更新世的Q_2黄土是距今约 115 万～10 万年间的产物。它以我国山西离石区陈家崖黄土为典型代表，所以又叫离石黄土。粉粒和黏粒含量较马兰黄土为高。早期黄土划分方案中，离石黄土的范围为 L2～L14（或 L15），并将 L5/S5 界线作为Q_2^1和Q_2^2的分界。上部的Q_2^2黄土为黄色，地形上多呈陡壁，无湿陷性，或有轻微湿陷性，或在大压力下有较大的湿陷性。不过，这种湿陷性黄土层与古土壤层、钙质结核层为互层结构，对其间黄土层的湿陷具有调整、约束、支撑、减压作用。下部Q_2^1黄土的颜色较红，土质较硬，无湿陷性，古土壤层的厚度较薄，间距也较小。Q_2^1和Q_2^2黄土载荷试验承载力特征值分别为 700～1000kPa 和 400～700kPa。近年来，随着地质界年代学方法的广泛应用，证明早/中更新世的界线在 S7 与 S8 之间，工程界简化处理，可将 S7 底作为Q_2黄土底界。Q_2黄土中第 2 层（S2）和第 5 层（S5）古土壤分别为"红二条"（两薄层古土壤夹一薄层黄土）和"红三条"（三薄层古土壤夹两薄层黄土）。

早更新世的Q_1黄土是距今 248 万～115 万年间的产物。它以我国山西隰县午城镇的黄土为典型代表，所以又叫午城黄土。粉粒和黏粒含量较后期黄土为高；颜色较红，含有密集红棕色古土壤层、钙质结核层；质地较均匀、致密、坚实；压缩性低，无湿陷性。底部常有砾石层和砂层与较老地层不整合接触，完整沉积区第 33 层黄土（L33）为Q_1黄土底界，底部与新近红黏土接触。

由于古气候和古地形不尽相同，上述Q_1到Q_4黄土往往并非完全按形成年代顺序整合接触，如有的在上层无Q_3和Q_4黄土覆盖，Q_2黄土直接出露地表；有的下层见不到Q_1黄土，Q_2黄土直接与基岩石或新近红土接触；有的只有Q_3、Q_4黄土，而下部Q_1、Q_2黄土缺失。

我国地质学界将午城黄土和离石黄土统称为老黄土，而将马兰黄土和全新世各种成因形成的黄土状土统称为新黄土。铁路工程岩土工程勘察需要将黄土地层依据堆积时代应划分为老黄土和新黄土，依据黄土的塑性指数划分为砂质黄土（$I_p \leqslant 10$）或黏质黄土

（ $I_P > 10$ ）。

黄土高原黄土厚度总体上由西北向东南由厚到薄，已发现的中国第四纪黄土最大厚度为 505m。表 3.1-2 是有关学者报道的黄土高原第四纪黄土地层厚度。

黄土高原第四纪黄土地层厚度统计（单位：m） 表 3.1-2

地点	靖远曹岘	兰州九洲台	西峰火巷沟	平凉草峰	灵台任家坡	旬邑职田	洛川黑木沟	宝鸡	西安刘家坡	蓝田段家坡	隰县午城	陕县张汴塬
Q_4	2.0	5.0	2.0	3.0	1.5	1.2	3.0	2.0	1.2	2.0	—	—
Q_3	64.0	55.0	15.0	9.0	9.4	9.8	9.0	7.0	5.2	7.5	10.0	8.0
Q_2	219.0	130.0	55.0	52.0	44.7	46.7	44.0	47.0	32.8	37.0	56.0	47.0
Q_1	230.0*	145.0*	108.0	96.0	110.8	83.5	79.0	104.0	75.7	85.5	55.0*	80.0
Q	505.0	335.0	180.0	160.0	166.4	141.2	135.0	160.0	114.9	132.0	118.0	135.0

注：*表示地层发育不全。

新近堆积黄土由于性质特殊，在工程评价评价时需要单独识别，也往往具有不同于其他时代黄土的评价要求。新近堆积黄土特指沉积年代短，具高压缩性，承载力低，均匀性差，在 50～150kPa 压力下变形较大的全新世（ Q_4^2 ）黄土。可根据下列特征现场鉴定新近堆积黄土：

（1）堆积环境：黄土塬、梁、峁的坡脚和斜坡后缘；冲沟两侧及沟口处的洪积扇和山前坡积地带；河道拐弯处的内侧，河漫滩及低阶地；山间或黄土梁、峁之间凹地的表层；平原上被淹埋的池沼洼地。

（2）颜色：灰黄、黄褐、棕褐，常相杂或相间。

（3）结构：土质不均、松散、大孔排列杂乱。常混有岩性不一的土块，多虫孔和植物根孔。铣挖容易。

（4）包含物：常含有机质；斑状或条状氧化铁；有的混砂、砾或岩石碎屑；有的混有砖瓦陶瓷碎片或朽木片等人类活动的遗物；有时混钙质结核，呈零星分布。在大孔壁上常有白色钙质粉末，在深色土中，白色物呈现菌丝状或条纹状分布，在浅色土中，白色物呈星点状分布。

现场鉴别不明确时，可按下列试验指标判定新近堆积黄土：

（1）在 50～150kPa 压力段变形较大，小压力下具高压缩性。

（2）利用下列判别式判定。

$$R = -68.45e + 10.98a - 7.16\gamma + 1.18w \tag{3.1-1}$$

$$R_0 = -154.80 \tag{3.1-2}$$

当 $R > R_0$ 时，可将该土判定为新近堆积黄土。

式中： e ——土的孔隙比；

a ——压缩系数（ MPa^{-1} ），宜取（50～150）kPa 或（0～100）kPa 压力下的大值；

γ ——土的重度（ kN/m^3 ）；

w ——土的天然含水率（%）。

1.2　黄土的地貌类型

黄土地区地貌类型可分为堆积地貌、侵蚀地貌、潜蚀地貌和重力地貌，其分类特征如表 3.1-3 所示。

黄土的地貌类型划分　　　　　　　　　表 3.1-3

地貌类型	亚类		地形地貌的基本特征
堆积地貌	黄土高原	黄土塬	黄土高原受现代沟谷切割后保存下来的大型平坦地面，周边为沟谷环绕
		黄土梁	两侧为深切冲沟，中部为顶面平坦的长条状侵蚀黄土山脊。沟长数百米到上万米，梁顶宽数十米到上百米
		黄土峁	孤立的黄土丘陵，馒头状山丘顶面平坦或微有起伏，大多数是由黄土梁进一步切割而成
	黄土平原		由黄土堆积形成的平原，分布于山前或山间等新构造运动下降区
	黄土阶地		河谷及大型沟谷两岸，表层全部由风积、冲洪积黄土堆积的阶地
侵蚀地貌	黄土河谷		黄土分布区的侵蚀河谷，其形成和发展过程中伴随有新的黄土堆积
	黄土冲沟		因黄土土质疏松，水流下切速度快，常伴有重力崩塌、潜蚀作用，其特征是沟深、壁陡、向源侵蚀作用显著
潜蚀地貌	碟形洼地		阶地或源边流水聚集引起黄土地层发生自重湿陷或潜蚀，地面下沉后形成直径数米至数十米的浅平凹地，它是陷穴和冲沟发育的初期标志
	黄土陷穴		陡坡边缘附近的地表水沿黄土孔隙和裂隙，垂直下渗潜蚀后形成的坑洞。下陷坑洞沿沟成串分布时称之为串珠状陷穴
	黄土井		黄土陷穴垂直向下发展，形成深度大于宽度若干倍的井状坑洞
	黄土桥		两个黄土陷穴的底都被水流串通，崩塌剥蚀之后残存的拱桥状洞穴土体
	黄土柱		黄土陡崖、坎边沿垂直节理崩塌后残存的土柱
重力地貌	黄土堆积体		由于黄土冲沟深切，岸坡高陡，上部土体向下崩落滑塌，在坡脚下堆积形成的裙状地貌形态
	黄土滑坡		黄土斜坡土体，在重力或地下水作用下产生下滑变形后的簸箕状地貌形态

1.3　湿陷性黄土的工程地质分区

我国湿陷性黄土的分布面积约占我国黄土分布总面积的60%以上，大部分分布在黄河中游地区。这一地区位于北纬34°~41°，东经102°~114°之间，北起长城附近，南达秦岭，西自乌鞘岭，东至太行山。除河流沟谷切割地段和突出的高山外，湿陷性黄土几乎遍布本地区的整个范围，面积达27万km²，是我国湿陷性黄土的典型地区。除此之外，在山东中部、甘肃河西走廊、西北内陆盆地、东北平原等地也有零星分布，但一般面积较小，且不连续。从省份上看湿陷性黄土主要分布在山西、陕西、甘肃等大部分地区，河南西部和宁夏、青海、河北的部分地区，新疆、内蒙古和山东、辽宁、黑龙江等省、自治区的局部地区亦有分布。

我国湿陷性黄土的工程地质分区见表 3.1-4。

我国湿陷性黄土的工程地质分区　　　　　　表 3.1-4

分区	亚区	地貌	黄土层厚度/m	湿陷性黄土层厚度/m	地下水埋藏深度/m	工程地质特征简述
陇西含青海地区 I		低阶地	4～25	3～16	4～18	自重湿陷性黄土分布很广，湿陷性黄土层厚度通常大于 10m，地基湿陷等级多为 III～IV 级，湿陷性敏感
		高阶地及台塬	15～100	8～35	20～80	
陇东—陕北—晋西地区 II	—	低阶地	3～30	4～11	4～14	自重湿陷性黄土分布广泛，湿陷性黄土层厚度通常大于 10m，地基湿陷等级一般为 III～IV 级，湿陷性较敏感
		高阶地及台塬	50～150	10～39	40～60	
关中地区 III	—	低阶地	5～20	4～10	6～18	低阶地多属非自重湿陷性黄土，高阶地和黄土塬多属自重湿陷性黄土，湿陷性黄土层厚度：在渭北黄土塬一般大于 20m；在渭河流域两岸低阶地多为 4～10m，秦岭北麓地带一般小于 4m（局部可达 12m）。在陕西与河南交界的黄土台塬区湿陷性厚度可达 20～50m。地基湿陷等级一般为 II～III 级，自重湿陷性黄土层一般埋藏较深，湿陷发生较迟缓
		高阶地及台塬	50～100	8～32	14～40	
山西—冀北地区 IV	汾河流域地区—冀北区 IV_1	低阶地	5～15	2～10	4～8	低阶地多属非自重湿陷性黄土，高阶地（包括山麓堆积）多属自重湿陷性黄土。湿陷性黄土层厚度多为 5～10m，个别地段小于 5m 或大于 10m，地基湿陷等级一般为 II～III 级。在低阶地新近堆积黄土分布较普遍，土的结构松散，压缩性较高。冀北部分地区黄土含砂量大
		高阶地及台塬	30～140	5～22	50～60	
	晋东南区 IV_2	—	30～80	2～12	4～7	
河南地区 V	—	—	6～25	4～8	5～25	一般为非自重湿陷性黄土，湿陷性黄土层厚度一般为 5m，土的结构密实，压缩性较低。该区浅部分布新近堆积黄土，压缩性较高
冀鲁地区 VI_1	河北区 VI_1	—	3～30	2～6	5～12	一般为非自重湿陷性黄土，湿陷性黄土层厚度一般小于 5m，局部地段为 5～10m，地基湿陷等级一般为 II 级，土的结构较密实，压缩性较低。在黄土边缘地带及鲁山北麓的局部地段，湿陷性黄土层薄，含水率高，湿陷系数小，地基湿陷等级为 I 级或不具湿陷性
	山东区 VI_2	—	3～20	2～6	5～8	
边缘地区 VII	宁—陕区 VII_1	—	5～20	1～20	5～25	大多为非自重湿陷性黄土，湿陷性黄土层厚度一般小于 5m，地基湿陷等级一般为 I～II 级。土的压缩性低，土中含砂量较多，湿陷性黄土分布不连续。定边及靖边台塬区、宁东等部分地区湿陷性土层厚度可达 20m，为自重湿陷性黄土，湿陷等级 II～III 级
	河西走廊区 VII_2	—	5～10	2～5	5～10	
	内蒙古中部—辽西区 VII_3	低阶地	5～15	5～11	5～10	靠近山西、陕西的黄土地区，一般为非自重湿陷性黄土，地基湿陷等级一般为 I 级，湿陷性黄土层厚度一般为 5～10m。低阶地新近堆积黄土分布较广，土的结构松散，压缩性较高；高阶地土的结构较密实；压缩性较低
		高阶地	10～20	8～15	12	
	新疆 VII_4	—	3～30	2～20	1～20	一般为非自重湿陷性黄土场地，地基湿陷等级一般为 I～II 级，局部为自重湿陷性黄土，湿陷等级为 III 级，湿陷性黄土层厚度一般小于 8m（最厚可达 20m）。天然含水率较低，黄土层厚度及湿陷性变化大。主要分布于沙漠边缘，冲、洪积扇中上部，河流阶地及山麓斜坡，北疆呈连续条状分布，南疆呈零星分布

1.4　黄土湿陷性试验与评价

1.4.1　勘探与取样方法

评价湿陷性用的不扰动土样应为 I 级土样，且必须保持其天然的结构、密度和湿度，一般在钻孔和探井中采取。为了使土样少受扰动，得到满足要求的试验土样，钻孔需注意的因素很多，但主要有钻进方法，取样方法和取样器三个方面。采用适合的钻进方法和清孔器是保证取得不扰动土样的第一个前提。钻进方法与清孔器的选用，首先着眼于防止或减少孔底拟取土样的扰动，这对结构敏感的黄土显得更为重要。选择适当的取样器，是保证采取不扰动土样的关键。

在钻孔内采取不扰动土样，应熟练掌握钻进和取样方法，使用合适的清孔器，并应符合下列操作要点：

（1）宜采用回转钻进和使用螺旋（纹）钻头，控制回次进尺的深度。并应根据土质情况，控制钻头的垂直进入速度和旋转速度。取土间距为 1m 时，第一钻进尺应为 50～60cm。第二钻清孔进尺 20～30cm，第三钻取原状土试样。当取土间距大于 1m 时，其下部 1m 深度内仍应按取土间距为 1m 时的方法操作。也可采用取土器连续压入钻进和取土。

对坚硬黄土采用冲击钻进时，应使用专用的薄壁钻头（其规格为：直径不小于 140mm，壁厚不大于 3mm，刃口角度不大于 10°～12°）。并应采取分段进尺、逐次缩减、最后清孔的钻进程序，每段进尺应小于回转钻进要求的进尺深度。

（2）清孔时，不应加压或少许加压、慢速钻进、应使用薄壁取样器压入清孔，不得用小钻头钻进、大钻头清孔。

对坚硬黄土，冲击钻进清孔时，应使用薄壁钻头或薄壁取土器一次击入，击入深度为 120～150mm，严禁多次击入。

取样应采用"压入法"。取样前应将取土器轻轻吊放至孔内预定深度处，然后以匀速连续压入。中途不得停顿。在压入过程中，钻杆应保持垂直不摇摆，压入深度以土样超过盛土段 30～50mm 为宜。当使用有内衬的取样器时，其内衬应与取样器内壁紧贴（塑料或酚醛压管）。

对坚硬黄土，有经验时也可采用击入法取样，击入时应根据击入阻力大小，预估击入能量，使整个取样过程在一击下完成，不得进行二次锤击。击入深度以超过盛土段 30～50mm 为宜。

取样器宜使用带内衬的黄土薄壁取样器，对结构较松散的黄土，不应使用无内衬的黄土薄壁取样器。黄土薄壁取样器内径不宜小于 120mm，刃口壁的厚度不宜大于 3mm，刃口角度为 10°～12°、控制面积比为 12%～15%。

钻进和取土样应符合下列规定：

（1）严禁向钻孔内注水。

（2）在卸土过程中，不得敲打取土器。

（3）土样取出后，应检查土样质量、土样有受压、扰动、碎裂和变形等情况时，应将其废弃并重新采取土样。

（4）应经常检查钻头、取土器的完好情况，当发现钻头、取土器有变形、刃口缺损时，应及时校正或更换。

（5）冬期施工时土样取出后应采取防冻融措施。

（6）对探井内和钻孔内的取样结果，应进行对比、检查，发现问题及时改进。

（7）土样在运输的过程中应采取防止振动破坏措施、结构敏感、含粉土颗粒较大的黄土宜就地进行土工试验。

黄土地区勘察还要求在探井中采取土样，探井是从地面向下凿成的深洞，人工挖掘探井采取得到的土样被认为是扰动最小质量最好的土样。由于黄土通常直立性好且疏松，因此在黄土中通常可以不采取额外支护措施人工开挖出直径 0.5～0.7m，深度可达数十米的深洞，在探井中完成地层识别，在井壁刻取土样。人工开挖探井一般由 2 人配合完成，需要使用圆头铁锹、装土袋、辘轳、吹风机等工具。取样宜在井壁刻取长方体形状土样，在地表根据盛土筒的尺寸将土样切削成圆柱状后装土。在杂填土分布地段，应采取防止填土坍塌的措施；井深较深或井中可能存在一定量毒气时，应使用通风设备，使得井底有足够氧气和毒气被置换；探井放置一定时间重新开工时需要检查井底是否具有蛇鼠毒虫。使用机械洛阳铲开挖探井，刻取土样应避开扰动影响层。

1.4.2　测定黄土湿陷性的试验

1. 基本概念

1）湿陷变形

湿陷性黄土或具有湿陷性的其他土在一定压力作用下，下沉稳定后，受水浸湿产生的附加下沉。

2）湿陷系数δ_s

单位厚度的环刀试样，在一定压力下，下沉稳定后，浸水饱和产生的附加下沉。一般以 3 位有效数字的小数表示。

$$\delta_s = \frac{h_p - h_p'}{h_0} \tag{3.1-3}$$

式中：h_p——保持天然湿度和结构的试样，加压一定压力时，下沉稳定后的高度（mm）；

h_p'——加压下沉稳定后的试样，在浸水饱和条件下，附加下沉稳定后的高度（mm）；

h_0——试样的原始高度（mm）。

测定湿陷系数的试验压力，从理论上分析应采用土样深度所承受的实际压力（附加压力与上覆土的饱和自重压力之和）最为合适，但在勘察阶段，由于基础设计未最终确定，实际压力往往不能计算或计算过程较为复杂，后期变数较多，采用实际压力试验难度很大。因此，当实际压力能确定且具备条件时，可按实际压力试验，否则按接近实际压力的试验压力也是可行的。《湿陷性黄土地区建筑标准》GB 50025—2018 规定，测定湿陷系数δ_s的试验压力，应按土样深度和基底压力确定。土样深度自基础底面算起，基底标高不确定时，自地面下 1.5m 算起；试验压力应按下列条件取值：

（1）基底压力小于 300kPa 时，基底下 10m 以内的土层应用 200kPa，10m 以下至非湿陷性黄土层顶面，应用其上覆土的饱和自重压力。

（2）基底压力不小于 300kPa 时，宜用实际基底压力，当上覆土的饱和自重压力大于实际基底压力时，应用其上覆土的饱和自重压力。

（3）对压缩性较高的新近堆积黄土，基底下 5m 以内的土层宜用 100～150kPa 压力，

5～10m 和 10m 以下至非湿陷性黄土层顶面，应分别用 200kPa 和上覆土的饱和自重压力。

3）自重湿陷系数 δ_{zs}

单位厚度的环刀试样，在上覆土的饱和自重压力作用下，下沉稳定后，浸水饱和产生的附加下沉。即式(3.1-3)中加压压力为试样上覆土的饱和自重压力确定的湿陷系数为自重湿陷系数。

4）压力-湿陷系数（p-δ_s）曲线

以湿陷压力 p 为横坐标，相应的湿陷系数 δ_s 为纵坐标，绘制得出不同湿陷压力作用的湿陷系数曲线，即黄土的湿陷特性 p-δ_s 曲线。p-δ_s 曲线可根据室内压缩试验（一般可用单线法或经过修正的双线法）结果绘制，随着湿陷压力的增大，湿陷系数一般先增大后减小，对应最大湿陷系数的试验压力称为峰值湿陷压力。

5）湿陷起始压力

湿陷性黄土浸水饱和，开始出现湿陷时的压力。即 p-δ_s 曲线中对应湿陷系数为 0.015 时的最小湿陷压力。

6）湿陷量

湿陷性黄土在一定压力作用下，下沉稳定后，浸水饱和产生的附加下沉量。可通过计算或实测取得。

7）湿陷性黄土场地

天然地面或挖、填方场地的设计地面以下以湿陷性黄土为主要地层的场地。分为自重湿陷性黄土场地和非自重湿陷性黄土场地。

8）湿陷性黄土地基

含有湿陷性黄土的建筑物地基。基底下湿陷性黄土层下限深度小于 20m 定为一般湿陷性黄土地基，大于等于 20m 定为大厚度湿陷性黄土地基。

9）剩余湿陷量

地基处理土层底面下未处理湿陷性黄土的湿陷量。

10）湿陷敏感性

指湿陷性黄土受水浸湿后湿陷发展的快慢程度。黄土湿陷变形量大小相同，但其发展可能迅速，也可能缓慢，即黄土湿陷敏感性不同，发展越快敏感性越强，反之越弱。湿陷敏感性越强，造成的危害越大。黄土的湿陷敏感性常随可溶盐含量的增大而增大，随当地降雨量的增大而减弱，随湿陷系数的增大而增强，随粉粒含量的增多而增强，随土层渗透性的增大而增强，也与黄土存在地理位置的自然环境有密切联系。

2. 室内压缩试验

通过室内压缩试验，可以测定黄土湿陷系数 δ_s、自重湿陷系数 δ_{zs}、湿陷起始压力 p_{sh} 和压力-湿陷系数（p-δ_s）曲线。试验应符合下列要求：

1）土样的质量等级应为 I 级不扰动土样；

2）环刀面积不应小于 5000mm²；使用前应将环刀洗净风干，透水石应烘干、冷却；

3）加荷前、环刀试样应保持天然湿度；

4）试样浸水宜用蒸馏水；

5）试样浸水前和浸水后的稳定标准。应为下沉量不大于 0.01mm/h；

6）测定湿陷系数试验分级加荷至试样的规定压力时，压力在 0～200kPa 范围内，每级增量宜为 50kPa；压力大于 200kPa 时，每级增量宜为 100kPa。

7）测定自重湿陷系数试验，上覆土的饱和自重压力应自天然地面算起，挖、填方场地应自设计地面算起，上覆土的饱和密度可取饱和度 85%对应的密度。

8）测定压力-湿陷系数（p-δ_s）曲线和湿陷起始压力 p_{sh}，尚应符合下列要求：

（1）可选用单线法压缩试验或双线法压缩试验。

（2）从同一土样中所收环刀试样，其密度差值不得大于 0.03g/cm³。

（3）压力在 0~150kPa 范围内，每级增量宜为 25~50kPa，压力大于 150kPa 时，每级增量宜为 50~100kPa。

（4）测定压力-湿陷系数（p-δ_s）曲线时，试验最大压力应大于土样所处位置处附加压力与上覆土的饱和自重压力之和。

单线法压缩试验不应少于 5 个环刀试样。均在天然湿度下分级加荷，分别加至不同的规定压力，下沉稳定后，各试样浸水饱和，附加下沉稳定，试验终止。据此可得到 5 个试验压力下的湿陷系数，连接各试验点获得 p-δ_s曲线。

双线法压缩试验，应取 2 个环刀试样，分别对其施加相同的第一级压力，下沉稳定后将 2 个环刀试样的百分表读数调整一致（宜将浸水饱和试样的百分表读数调整至天然环刀试样的读数），调整时应考虑各仪器变形量的差值。然后将 2 个环刀试样中的一个试样保持在天然湿度下分级加荷加至最后一级压力，下沉稳定后，试样浸水饱和，附加下沉稳定后试验终止；应另一个环刀试样浸水饱和，附加下沉稳定后，在浸水饱和状态下分级加荷，每级荷载下下沉稳定后继续加荷，直至最后一级压力下沉稳定，试验终止。当天然湿度的试样在最后一级压力下浸水饱和，附加下沉稳定后的高度与浸水饱和试样在最后一级压力下下下沉稳定后的高度不一致且相对差值不大于 20%时，以前者的结果为准对浸水饱和试样的试验结果进行修正；相对差值大于 20%时，应重新试验。双线法试验任一试验压力下的湿陷系数计算方法如下：

如图 3.1-1 所示，h_0ABCC_1曲线为天然湿度试样的试验曲线，$h_0AA_1B_2C_2$曲线为饱和试样的试验曲线，单线法试验的物理意义更为明确，其结果更符合实际，因而需要把 $h_0AA_1B_2C_2$曲线修正为 $h_0AA_1B_1C_1$曲线，计算压力 p 下的湿陷系数 δ_s，假定：

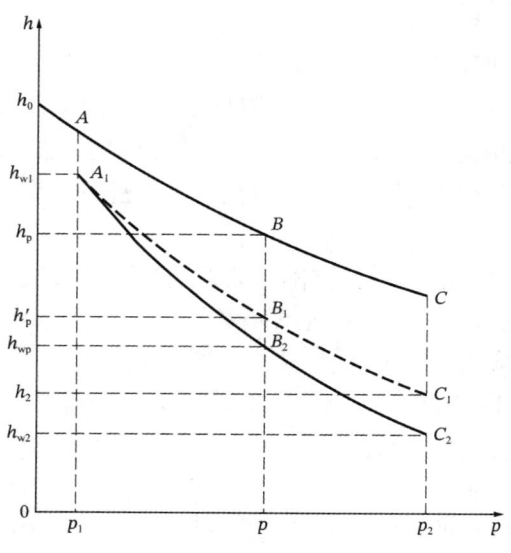

图 3.1-1　双线法压缩试验

$$\frac{h_{w1} - h_2}{h_{w1} - h_{w2}} = \frac{h_{w1} - h_p'}{h_{w1} - h_{wp}} = k \tag{3.1-4}$$

$$有，\quad h_p' = h_{w1} - k(h_{w1} - h_{wp}) \tag{3.1-5}$$

$$得：\quad \delta_s = \frac{h_p - h_p'}{h_0} = \frac{h_p - [h_{w1} - k(h_{w1} - h_{wp})]}{h_0} \tag{3.1-6}$$

据此可得出不同试验压力下的湿陷系数，连接各试验点获得$p\text{-}\delta_s$曲线。

单线法和双线法两种方法当中，单线法试验较为复杂，双线法试验相对简单，研究表明，只要对试样及试验过程控制得当，两种方法得到的湿陷起始压力试验结果基本一致。在$p\text{-}\delta_s$曲线上，取单调递增区间$\delta_s = 0.015$所对应的压力作为湿陷起始压力值。

3. 现场静载荷试验

现场测定湿陷性黄土的湿陷起始压力，或者水敏性土天然和浸水状态地基土的承载力，可采用现场静载荷试验。承压板的底面积宜为 0.50m²，试坑边长或直径应为承压板边长或直径的 3 倍，安装载荷试验设备时，应保持试验土层的天然湿度和原状结构，压板底面下宜用 10～15mm 厚的粗、中砂找平。测定黄土湿陷起始压力的静载荷试验每级加压增量不宜大于 25kPa，试验终止压力不应小于 200kPa，测定承载力的加压级别可按普通静载荷试验的有关技术标准执行。每级加压后，按间隔 15min、15min、15min、15min 各测读 1 次下沉量，以后每隔 30min 观测 1 次，当连续 2h 内，每 1h 的下沉量小于 0.10mm 时，认为压板下沉已稳定，即可加下一级压力。

现场静载荷试验主要用于测定非自重湿陷性黄土场地的湿陷起始压力，自重湿陷性黄土场地的湿陷起始压力值小，无使用意义，一般不在现场测定。现场测定湿陷性黄土的湿陷起始压力，可采用单线法静载荷试验或双线法静载荷试验。单线法静载荷试验在同一场地相邻地段和相同标高的天然湿度土层上设 3 个或 3 个以上静载荷试验，分级加压，分别加至各自的规定压力，下沉稳定后，向试坑内浸水至饱和附加下沉稳定后，试验终止。双线法静载荷试验，在同一场地的相邻地段和相同标高设 2 个静载荷试验，其中一个设在天然湿度的土层上分级加压，加至规定压力，下沉稳定后，试验终止；另一个设在浸水饱和的土层上分级加压，加至规定压力、下沉稳定或确认土体已破坏后，试验终止。试验结束后，根据试验记录绘制判定湿陷起始压力的$p\text{-}S_s$（压力-浸水下沉量）曲线图，在压力与浸水下沉量（$p\text{-}S_s$）曲线上，取转折点所对应的压力作为湿陷起始压力值；曲线上的转折点不明显时，可取浸水下沉量（S_s）与承压板直径（d）或宽度（b）之比等于 0.017 所对应的压力作为湿陷起始压力值（根据静载荷试验对比资料，按湿陷系数$\delta_s = 0.015$所对应的压力，相当于在$p\text{-}S_s$曲线上的S_s/b或$S_s/d = 0.017$）。

4. 现场试坑浸水试验

现场试坑浸水试验主要用于测定自重湿陷量的实测值和自重湿陷下限深度，结合地基土中土壤水分计的埋设，以及浸水前后钻孔含水量测试，可获得大面积浸水条件下水的渗透范围。进行现场试坑浸水试验的场地应选择具有良好代表性的地段，不宜选择对后续地基处理设计和施工造成不利影响的地段。

试验试坑宜挖成圆形或方形、其直径或边长不应小于湿陷性黄土层的底面深度，并不应小于 10m；试坑深度宜为 0.5m，最深不应大于 0.8m，坑底宜铺 100mm 厚的砂砾石。试坑内应对称设置观测自重湿陷的深标点，最大埋设深度应大于室内试验确定的自重湿陷下限深度，各湿陷性黄土层分界深度位置宜布设有深标点。在试坑底部、由中心向坑边以不少于 3 个方向，均匀设置观测自重湿陷的浅标点。在试坑外沿浅标点方向 10m 或 20m 内设置地面观测标点。观测精度宜为 ±0.5mm。试坑内的水头高度不宜小于 300mm。在浸水过程中，应观测湿陷量、耗水量、浸湿范围和地面裂缝。湿陷稳定后可停止浸水，稳定标准为最后 5d 的平均湿陷量小于 1mm/d。设置观测标点前，可在坑底面打一定数量及深度的渗水孔，孔内填满砂砾，以加速地基土的饱和进程。在试坑内停止浸水前，应测试自重湿陷性土层的饱和度。试坑内停止浸水后应继续观测不少于 10d，且最后连续 5d 的平均下沉量不大于 1mm/d 试验终止。

关于试坑尺寸，如果浸水面积较小，尽管试坑下全部湿陷性土体都被水浸透，但由于周围未浸湿土体对浸湿土体起了约束作用，因而湿陷量较小，甚至完全不产生；而另一方面，由于自重湿陷性黄土场地大多数位于缺水的高阶地或黄土塬上，过大的试坑将使试验用水量大幅增加，从而使得试验条件更加困难。试验表明，对于自重湿陷量大、自重湿陷敏感性强的场地，当浸水试坑边长超过湿陷性黄土层的厚度且不小于 10m，自重湿陷能较充分发展，继续加大试坑尺寸，自重湿陷量没有明显增大，但能加快湿陷稳定，缩短浸水时间；但对于自重湿陷量小、敏感性弱的场地则不尽然，试坑尺寸在条件具备时宜稍大。

场地的实测自重湿陷量通过浅标点测量结果得到。试坑内各个浅标点的最终下沉值是不一样的，最大下沉部位称为湿陷中心，如场地土质均匀，湿陷中心应出现在试坑中心部位；但在不少情况下，土质是不均匀的，因而湿陷中心往往不与试坑中心重合，这时应以湿陷中心的下沉量也即浅标点最大下沉量作为场地的实测自重湿陷量。有的场地大面积浸水变形影响范围较大，试坑外沿浅标点方向 10m 或 20m 内设置地面观测标点，有可能测不出变形影响范围，需要准确确定变形影响范围时，可根据地面观测标点实时监测结果，及时向外补充地面观测标点。

自重湿陷下限深度根据深标点测量结果得到。根据不同深度深标点的沉降测量结果，可绘制自重湿陷量-深度的曲线，可以将自重湿陷量不再随深度降低所对应的深度确定为自重湿陷下限深度，当曲线上无此特征点，也可按自重湿陷量减小到某一定值（郑西高铁、西安地铁的一些试验研究取 15mm）所对应的深度确定为自重湿陷下限深度。自重湿陷下限深度有时候不在黄土层分层界线处，当同一分层厚度大时，通常间隔 2～3m 深度布设深标点。

对浸水试坑周围不同深度处土的含水量测定结果表明，浸湿范围自试坑边缘开始，一般成 10°～45° 向四周扩散。浸湿区的大小取决于浸水面积、浸水时间、浸水量、土的竖向和水平渗透系数值。如果水量充足，则浸湿区剖面一般大致呈梯形，在浸湿区以外土仍保持天然含水量。由于浸湿范围内土的塌陷，使得周围未浸湿区类似于悬臂梁的作用而产生拉力和剪力，使土体折断，于是浸水范围外的地表形成一级一级的台阶，从中心处的最大湿陷部位向外逐渐过渡到天然地面，各个台阶之间出现近似于同心圆状的环形裂缝。可记录裂缝宽度、湿陷台阶高差、裂缝出现时间等，作为确定湿陷影响范围的依据。

此外，总耗水量、耗水量与时间的关系曲线、浸湿范围纵剖面图、自重湿陷等值线图等，必要时也可测出或绘出。将现场试验成果与室内浸水压缩试验结果进行对比，可对场地的自重湿陷性质作出更深入的分析。

1.4.3　黄土湿陷性评价

1. 黄土的湿陷性和湿陷程度

黄土的湿陷性和湿陷程度，通常按室内浸水（饱和）压缩试验，在一定压力下测定的湿陷系数δ_s判定：

1）当$\delta_s \geqslant 0.015$时，定为湿陷性黄土；当$\delta_s < 0.015$时，定为非湿陷性黄土。

2）湿陷性黄土的湿陷程度划分，应符合下列规定：

（1）当$0.015 \leqslant \delta_s \leqslant 0.030$时，湿陷性轻微。

（2）当$0.030 < \delta_s \leqslant 0.070$时，湿陷性中等。

（3）当$\delta_s > 0.070$时，湿陷性强烈。

通常，孔隙比小于 0.8，或干密度大于 1.50g/cm³，或含水率大于 25%，或饱和度大于 80% 的黄土一般不具有湿陷性。

2. 场地湿陷类型

湿陷性黄土场地的湿陷类型，根据自重湿陷量实测值Δ'_{zs}或自重湿陷量计算值Δ_{zs}判定。

湿陷性黄土场地自重湿陷量计算值按下式计算：

$$\Delta_{zs} = \beta_0 \sum_{i=1}^{n} \delta_{zsi} h_i \tag{3.1-7}$$

式中：Δ_{zs}——自重湿陷量计算值（mm）；应自天然地面（挖、填方场地应自设计地面）算起，计算至非湿陷性黄土层的顶面止；勘探点未穿透湿陷性黄土层时，应计算至控制性勘探点深度止，其中黄土自重湿陷系数δ_{zs}值小于 0.015 的土层不累计；

δ_{zsi}——第i层土的自重湿陷系数；

h_i——第i层土的厚度（mm）；

β_0——因地区土质而异的修正系数，缺乏实测资料时，Ⅰ区（陇西地区）取 1.5，Ⅱ区（陇东-陕北-晋西地区）取 1.2，Ⅲ区（关中地区）取 0.9，其他地区取 0.5。

黄土湿陷具有不等价性。由于黄土湿陷系数采用单轴侧限压缩试验得到，变形具有侧向约束，而实际黄土湿陷还可以侧向移动；室内试验和现场实际黄土浸水胶结的破坏难度不一；现场实际湿陷不连续，硬土夹层分布导致应力条件发生变化等因素，造成自重湿陷量计算值［式(3.1-7)不乘β_0］与实测值不一致的现象，被称为黄土湿陷的不等价性，甚至会出现湿陷系数小的场地实际湿陷量反而大的情况。为使同一场地自重湿陷量的计算值和实测值接近或相同，在自重湿陷量计算时引入因地区土质而异的修正系数β_0，β_0值是根据各地区已有浸水试验资料宏观上的统计值，近年也发现局部区域因特殊原因造成β_0值和本地区差异较大，对此种情况，若有当地浸水试验实测资料，可采用当地实测数据。

湿陷性黄土场地湿陷类型的判定，应符合下列规定：

（1）自重湿陷量实测值Δ'_{zs}或自重湿陷量计算值Δ_{zs}小于或等于 70mm 时，应定为非自重湿陷性黄土场地。

（2）自重湿陷量实测值Δ'_{zs}或自重湿陷量计算值Δ_{zs}大于 70mm 时，应定为自重湿陷性黄土场地。

（3）按自重湿陷量实测值和自重湿陷量计算值判定出现矛盾时，应按自重湿陷量实测值判定。

由于黄土湿陷具有不等价性，因此对重大工程或在新建地区的自重湿陷性黄土场地，宜进行现场试坑浸水试验,一方面,有的地段实测β_0值大于经验值(黄土规范建议值),开展现场试验可以保障重大工程的安全;另一方面,也有地段实测自重湿陷下限深度或自重湿陷量小于室内试验确定的值,开展现场试验有利于避免投资浪费。同时,由于黄土的湿陷敏感性强弱不同,试坑浸水试验的浸水时长相对于建(构)筑物生命周期还是短,且出现过现场试验确定为非自重湿陷性黄土场地,但建筑物建成后由于大面积浸水发生较大沉降的案例,对于存在大面积长期浸水可能的工程,其场地湿陷类型宜结合室内试验和现场试验结果综合判定。

3. 地基湿陷等级

湿陷性黄土地基的湿陷等级,根据自重湿陷量计算值或实测值和湿陷量计算值判定。

湿陷性黄土地基受水浸湿饱和,其湿陷量计算值应按下式计算:

$$\Delta_{\mathrm{s}} = \sum_{i=1}^{n} \alpha\beta\delta_{\mathrm{s}i}h_i \tag{3.1-8}$$

式中:Δ_{s}——湿陷量计算值(mm);应自基础底面(基底标高不确定时,自地面下1.5m)算起;在非自重湿陷性黄土场地,累计至基底下10m深度止,当地基压缩层深度大于10m时累计至压缩层深度;在自重湿陷性黄土场地,累计至非湿陷性黄土层的顶面止,控制性勘探点未穿透湿陷性黄土层时累计至控制性勘探点深度止;其中湿陷系数值小于0.015的土层不累计;

$\delta_{\mathrm{s}i}$——第i层土的湿陷系数;基础尺寸和基底压力已知时,可采用p-δ_{s}曲线上按基础附加压力和上覆土饱和自重压力之和对应的δ_{s}值;

h_i——第i层土的厚度(mm);

β——考虑基底下地基土的受力状态及地区等因素的修正系数,缺乏实测资料时,可按表3.1-5的规定取值;

α——不同深度地基土浸水概率系数,按地区经验取值。无地区经验时可按表3.1-6取值。对地下水有可能上升至湿陷性土层内,或侧向浸水影响不可避免的区段,取$\alpha = 1.0$;铁路工程无砟轨道铁路和时速200km以上有砟轨道铁路,取$\alpha = 1.0$。

修正系数β 表3.1-5

位置及深度		β
基底下0~5m		1.5
基底下5~10m	非自重湿陷性黄土场地	1.0
	自重湿陷性黄土场地	所在地区的β_0值且不小于1.0
基底下10m以下至非湿陷性黄土层顶面或控制性勘探孔深度	非自重湿陷性黄土场地	Ⅰ区、Ⅱ区取1.0,其余地区取工程所在地区的β_0值
	自重湿陷性黄土场地	取工程所在地区的β_0值

浸水概率系数α 表3.1-6

基础底面下深度z/m	α
$0 \leqslant z \leqslant 10$	1.0
$10 < z \leqslant 20$	0.9
$20 < z \leqslant 25$	0.6
$z > 25$	0.5

根据试验研究资料，基底下地基土在发生竖向压缩的同时会产生侧向挤出，侧向挤出与地基土本身性质、基底压力大小、基础宽度及侧向约束强度等因素有关。为使计算湿陷量更接近实际，式(3.1-8)引入修正系数β以反映侧向挤出以及地区因素等各种因素的影响。根据甘肃、青海未打浸水孔的自然浸水试验资料，平面范围有限的地表水自然向下渗透时，地基土达到饱和的时间和深度是非线性关系，即地基土所处位置越深越难以达到饱和，而且似乎存在一个渗透下限，说明土层浸水概率随深度的增加而减小，因此引入地基浸水概率系数α以反映这一规律。关中地区浸水试验未发现深部土难以饱和的现象，不过深部黄土的湿陷敏感性往往更弱或者发生湿陷的难度程度更大。

湿陷性黄土地基的湿陷等级，应按表3.1-7判定。

湿陷性黄土地基的湿陷等级　　　　　表 3.1-7

场地湿陷类型	非自重湿陷性场地	自重湿陷性场地		
Δ_s/mm		Δ_{zs} 或 Δ'_{zs}/mm		
—	Δ_{zs}（Δ'_{zs}）≤70	70<Δ_{zs}（或Δ'_{zs}）≤350	Δ_{zs}（或Δ'_{zs}）>350	
0<Δ_s≤100	I（轻微）	I（轻微）	II（中等）	
100<Δ_s≤300		II（中等）		
300<Δ_s≤700	II（中等）	II（中等）或III（严重）	III（严重）	
Δ_s>700	II（中等）	III（严重）	IV（很严重）	

注：对70<Δ_{zs}（或Δ'_{zs}）≤350、300<Δ_s≤700一档划分，当Δ_s>600mm、Δ_{zs}（或Δ'_{zs}）>300mm时，可判为III级，其他情况可判为II级。

符合下列条件之一时，地基基础可按一般地区的规定设计：

（1）在非自重湿陷性黄土场地，地基内各层土的湿陷起始压力值，均大于其附加压力与上覆土的饱和自重压力之和。

（2）基底下湿陷性黄土层已经全部挖除或已全部处理完。

（3）现行《湿陷性黄土地区建筑标准》GB 50025确定的丙类、丁类建筑，地基湿陷量的计算值小于或等于50mm。

1.4.4　黄土地基的承载力与沉降计算

1.地基土承载力

《湿陷性黄土地区建筑规范》GBJ 25—90曾列出黄土地基承载力基本值，可根据土的物理、力学指标的平均值或建议值，静力触探比贯入阻力p_s，轻便触探锤击数等按表3.1-8～表3.1-12确定。

晚更新世Q_3、全新世Q_4^1湿陷性黄土承载力 f_0（单位：kPa）　　　　　表 3.1-8

w_L/e	w/%				
	≤13	16	19	22	25
22	180	170	150	130	110
25	190	180	160	140	120
28	210	190	170	150	130
31	230	210	190	170	150
34	250	230	210	190	170
37	—	250	230	210	190

注：对天然含水率小于塑限含水率的土，可按塑限含水率确定土的承载力。

饱和黄土承载力 f_0（单位：kPa）　　　　表 3.1-9

a_{1-2}/MPa^{-1}	w/w_L				
	0.8	0.9	1.0	1.1	1.2
0.1	186	180	—	—	—
0.2	175	170	165	—	—
0.3	160	155	150	145	—
0.4	145	140	135	130	125
0.5	130	125	120	115	110
0.6	118	115	110	105	100
0.7	106	100	95	90	85
0.8	—	90	85	80	75
0.9	—	—	75	70	65
1.0	—	—	—	—	55

注：本表适用于饱和度不小于 70% 的黄土。

土性指标确定新近堆积黄土 Q_4^2 承载力 f_0（单位：kPa）　　　　表 3.1-10

a/MPa^{-1}	w/w_L					
	0.4	0.5	0.6	0.7	0.8	0.9
0.2	148	143	128	133	128	123
0.4	136	132	126	122	116	112
0.6	125	120	115	110	105	100
0.8	115	110	105	100	95	90
1.0	—	100	95	90	85	80
1.2	—	—	85	80	75	70
1.4	—	—	—	70	65	60

注：压缩系数 a 值，可取 50～150kPa 或 100～200kPa 压力下的大值。

静力触探指标确定新近堆积黄土 Q_4^2 承载力 f_0（单位：kPa）　　　　表 3.1-11

p_s（MPa）	0.3	0.7	1.1	1.5	1.9	2.3	2.8	3.3
f_0	55	75	92	108	124	140	161	182

轻便动力触探指标确定新近堆积黄土 Q_4^2 承载力 f_0（单位：kPa）　　　　表 3.1-12

锤击数 N_{10}	7	11	15	19	23	27
f_0	80	90	100	110	120	135

《铁路工程地质勘察规范》TB 10012—2019 给出黄土的极限承载力如表 3.1-13 和表 3.1-14 所示。

新黄土（Q_3、Q_4）地基的极限承载力 p_u（单位：kPa）　　　　表 3.1-13

液限 w_L	孔隙比 e	天然含水率 w/%						
		5	10	15	20	25	30	35
24	0.7		460	380	300	220	—	—
	0.9	480	400	320	250	170	(100)	—
	1.1	420	340	260	200	120	(40)	—
	1.3	360	280	200	140	80	—	—

续表

液限w_L	孔隙比e	天然含水率w/%						
		5	10	15	20	25	30	35
28	0.7	560	520	460	380	300	220	—
	0.9	520	480	400	320	250	170	—
	1.1	480	420	340	280	200	120	—
	1.3	440	360	280	220	140	80	
32	0.7	—	560	520	460	360	300	
	0.9		520	480	400	300	250	
	1.1		480	420	340	260	200	120
	1.3		440	360	280	200	140	80

注：1. 非饱和Q₃新黄土，当$0.85 < e < 0.95$时，p_u值可提高10%；
　　2. 本表不适用于坡积、崩积和人工堆积等黄土；
　　3. 括号内表值供内插用；
　　4. 液限含水率试验采用圆锥仪法，圆锥仪总质量76g，入土深度10mm。

老黄土（Q₁、Q₂）地基的极限承载力p_u（单位：kPa） 表 3.1-14

w/w_L	e			
	$e < 0.7$	$0.7 \leqslant e < 0.8$	$0.8 \leqslant e \leqslant 0.9$	$e > 0.9$
< 0.6	1400	1200	1000	800
$0.6 \sim 0.8$	1000	800	600	500
> 0.8	800	600	500	400

注：1. 老黄土黏聚力小于50kPa，内摩擦角小于25°，表中数值应适当降低20%左右；
　　2. w为天然含水率，w_L为液限，e为天然孔隙比；
　　3. 液限含水率试验采用圆锥仪法，圆锥仪总质量76g，入土深度10mm。

2. 黄土地基承载力的宽度、深度修正

当基础宽度大于 3m 或埋置深度大于 1.50m 时，黄土地基承载力特征值应按式(3.1-9)修正，考虑表层黄土一般沉积年代较短，密度较低，比较松软，深度修正深度自1.5m 起。

$$f_a = f_{ak} + \eta_b \gamma (b-3) + \eta_d \gamma_m (d - 1.50) \tag{3.1-9}$$

式中：f_a——修正后的地基承载力特征值（kPa）；

　　　f_{ak}——相应于$b = 3m$和$d = 1.50m$的地基承载力特征值（kPa）；

　　　η_b、η_d——分别为基础宽度和基础埋深的承载力修正系数，可根据基底下土的类别按表 3.1-15 采用；

　　　γ——基础底面以下土的重度（kN/m³），地下水位以下取浮重度；

　　　γ_m——基础底面以上土的加权平均重度（kN/m³），地下水位以下取浮重度；

　　　b——基础底面宽度(m)，当基础宽度小于3m或大于6m时，分别按3m或6m取值；

　　　d——基础埋置深度（m）。

基础宽度和基础埋深的承载力修正系数 表 3.1-15

土的类别	有关物理指标	承载力修正系数	
		η_b	η_d
晚更新世（Q₃）、全新世（Q₄¹）湿陷性黄土	$w \leqslant 24\%$	0.20	1.25
	$w > 24\%$	0	1.10
新近堆积（Q₄²）黄土	—	0	1.00

续表

土的类别	有关物理指标	承载力修正系数	
		η_b	η_d
饱和黄土	e 及 I_L 都小于 0.85	0.20	1.25
	e 或 I_L 大于等于 0.85	0	1.10
	e 及 I_L 都不小于 1.00	0	1.00

注：饱和黄土是指 $I_P > 10$、饱和度 $S_r \geqslant 80\%$ 的晚更新世（Q_3）、全新世（Q_4^1）黄土。

3. 湿陷性黄土场地的桩基承载力

在非自重湿陷性黄土场地，计算单桩竖向承载力时，湿陷性黄土层内的桩长部分可取桩周土在饱和状态（可取 85% 饱和度）下的正侧阻力。

在自重湿陷性黄土场地，单桩竖向承载力的计算除不应计中性点深度以上黄土层的正侧阻力外，尚应扣除桩侧的负摩阻力，负摩阻力值宜通过现场浸水试验测定，无场地负摩阻力实测资料时，可按表 3.1-16 中的数值估算。中性点以上负摩阻力的累计值称为下拉荷载，从本质上看，下拉荷载是施加于结构（桩）上的作用，按现行《建筑结构荷载规范》GB 50009 等标准，荷载（作用）不能采用特征值作为其代表值（可变荷载应采用标准值、组合值、频遇值或准永久值作为代表值，承载力才采用特征值作为代表值），表 3.1-16 负摩阻力采用特征值是延续习惯做法的一种处理。

桩侧平均负摩阻力特征值（单位：kPa）　　　表 3.1-16

自重湿陷量的计算值或实测值/mm	钻、挖孔灌注桩	打（压）入式预制桩
70~200	10	15
≥200	15	20

中性点深度可通过下列方式之一确定：

（1）单桩竖向静载荷浸水试验实测。

（2）浸水饱和条件下，取桩周黄土沉降与桩身沉降相等的深度。

（3）取自重湿陷性黄土层底面深度。

（4）根据建筑使用年限内场地水环境变化研究结果结合场地黄土湿陷性条件综合确定。

（5）有经验的地区，可根据当地经验结合场地黄土湿陷性条件综合确定。

4. 沉降计算经验系数

湿陷性黄土地基需变形计算采用现行国家标准《建筑地基基础设计规范》GB 50007 方法时，沉降计算经验系数 φ_s 可按表 3.1-17 取值。

沉降计算经验系数　　　表 3.1-17

$\overline{E}_s$/MPa	3.30	5.00	7.50	10.00	12.50	15.00	17.50	20.00
φ_s	1.80	1.22	0.82	0.62	0.50	0.40	0.35	0.30

注：$\overline{E}_s$ 为变形计算深度范围内压缩模量的当量值。

1.5　湿陷性黄土岩土工程勘察工作要求

湿陷性黄土场地建筑工程、公路工程、铁路工程的勘察工作要求与工作量布置，读者可扫描二维码 M3.1-2 阅读相关内容。

M3.1-2

1.6　湿陷性黄土地基处理方法

湿陷性黄土地基处理方法应根据工程类别和场地工程地质条件，结合施工设备、进度要求、材料来源和施工环境等因素，经技术经济比较后综合确定。可选用表 3.1-18 中的一种或多种方法组合。

湿陷性黄土地基处理方法　　　　　　　　表 3.1-18

方法名称	适用范围	可处理的湿陷性黄土层厚度/m
换填垫层法	地下水位以上	1～3
冲击碾压	饱和度$S_r \leqslant 60\%$的Ⅰ、Ⅱ级非自重、Ⅰ级自重湿陷性黄土	0.5～1，最大 1.5
表面重夯		1～3
强夯法	饱和度$S_r \leqslant 60\%$的湿陷性黄土	3～12
挤密法	饱和度$S_r \leqslant 65\%$，$w \leqslant 22\%$的湿陷性黄土	5～25
预浸水法	湿陷程度中等—强烈的自重湿陷性黄土场地	地表下 6m 以下的湿陷性土层
注浆法	可灌性较好的湿陷性黄土（需经试验验证注浆效果）	现场试验确定
其他方法	经试验研究或工程实践证明行之有效	现场试验确定

对建筑工程，地基处理的深度和范围应符合下列要求。

甲类建筑地基的湿陷变形和压缩变形不能满足设计要求时，应采取地基处理措施或将基础设置在非湿陷性土层或岩层上，或采用桩基础穿透全部湿陷性黄土层。采取地基处理措施时应符合下列规定：

（1）非自重湿陷性黄土场地，应将基础底面以下附加压力与上覆土的饱和自重压力之和大于湿陷起始压力的所有土层进行处理，或处理至地基压缩层的深度。

（2）自重湿陷性黄土场地，对一般湿陷性黄土地基，应将基础底面以下湿陷性黄土层全部处理。

地基压缩层厚度宜按下列方法确定，取其中较大值，且不宜小于 5m：

（1）对条形基础，取其宽度的 3.0 倍；对独立基础，取其宽度的 2.0 倍；对筏形基础和宽度大于 10m 的基础取其宽度的 0.8～1.2 倍，基础宽度大者取小值，反之取大值。

（2）无高压缩性土时取附加压力值为自重压力值的 0.2 倍，有高压缩性土时取 0.1 倍所对应的深度。

大厚度湿陷性黄土地基上的甲类建筑，采取地基处理措施时应符合下列规定：

（1）基础底面以下具自重湿陷性的黄土层应全部处理，且应将附加压力与上覆土饱和自重压力之和大于湿陷起始压力的非自重湿陷性黄土层一并处理。

（2）地下水位无上升可能，或上升对建筑物不产生有害影响，且按第1款规定计算的地基处理厚度大于25m时处理厚度可适当减小，但不得小于25m，且应在原防水措施基础上提高等级或采取加强措施。

乙类、丙类建筑应采取地基处理措施消除地基的部分湿陷量。当基础下湿陷性黄土层厚度较薄，经技术经济比较合理时，也可消除地基的全部湿陷量或将基础设置在非湿陷性土层或岩层上，或采用桩基础穿透全部湿陷性黄土层。

乙类建筑采用消除地基部分湿陷量的措施时，应符合下列规定：

（1）非自重湿陷性黄土场地，处理深度不应小于地基压缩层深度的2/3，且下部未处理湿陷性黄土层的湿陷起始压力值不应小于100kPa。

（2）自重湿陷性黄土场地，处理深度不应小于基底下湿陷性土层的2/3，且下部未处理湿陷性黄土层的剩余湿陷量不应大于150mm。

（3）大厚度湿陷性黄土地基，基础底面以下具自重湿陷性的黄土层应全部处理，且应将附加压力与上覆土饱和自重压力之和大于湿陷起始压力的非自重湿陷性黄土层的2/3一并处理；处理厚度大于20m时，可适当减小，但不得小于20m，并应在原防水措施基础上提高等级或采取加强措施。

丙类建筑消除地基部分湿陷量的最小处理厚度，应符合表3.1-19的规定。当按剩余湿陷量计算的地基处理厚度较大，采用表3.1-19中的最小处理厚度时，应在原防水措施基础上提高等级或采取加强措施。

丙类建筑消除地基部分湿陷量的最小处理厚度 表3.1-19

建筑层数	地基湿陷等级			
	Ⅰ级	Ⅱ级	Ⅲ级	Ⅳ级
总高度小于6.0m且长高比小于2.5的单层建筑	可不处理地基	非自重湿陷性场地：处理厚度≥1.0m	处理厚度≥2.5m，对地基浸水可能性小的建筑不宜小于2.0m	处理厚度≥3.5m，对地基浸水可能性小的建筑不宜小于3.0m
		自重湿陷性场地：处理厚度≥2.0m		
其他单层建筑、多层建筑	处理厚度≥1.0m，下部未处理湿陷性黄土层的湿陷起始压力不宜小于100kPa	非自重湿陷性场地：处理厚度≥2.0m，且下部未处理湿陷性黄土层的湿陷起始压力不宜小于100kPa	处理厚度≥3.0m，且下部未处理湿陷性黄土层的剩余湿陷量不应大于200mm。按剩余湿陷量计算的处理厚度大于7.0m时，处理厚度可适当减小，但不应小于7.0m	处理厚度≥4.0m，且下部未处理湿陷性黄土层的剩余湿陷量不应大于200mm。按剩余湿陷址计算的处理厚度大于8.0m时，处理厚度可适当减小，但不应小于8.0m
		自重湿陷性场地：处理厚度≥2.5m，且下部未处理湿陷性黄土层的剩余湿陷量不应大于200mm。按剩余湿陷量计算的处理厚度大于6.0m时，处理厚度可适当减小，但不应小于6.0m	大厚度湿陷性黄土地基：处理厚度≥4.0m，且下部未处理湿陷性黄土层的剩余湿陷量不应大于300mm。按剩余湿陷量计算的处理厚度大于10.0m时，处理厚度可适当减小，但不应小于10.0m	大厚度湿陷性黄土地基：处理厚度≥5.0m，且下部未处理湿陷性黄土层的剩余湿陷量不应大于300mm。按剩余湿陷量计算的处理厚度大于12.0m时，处理厚度可适当减小，但不应小于12.0m

采用地基处理措施时，平面处理范围应符合下列规定：

（1）非自重湿陷性黄土场地可采用整片或局部处理地基，自重湿陷性黄土场地应采用整片处理。

（2）局部处理时，平面处理范围应大于基础底面，且每边应超出基础底面宽度的 1/4，并不应小于 0.5m。

（3）整片处理时，平面处理范围应大于建筑物外墙基础底面。超出建筑物外墙基础外缘的宽度，不宜小于处理土层厚度的 1/2，并不应小于 2.0m。确有困难时，按处理土层厚度的 1/2 计算外放宽度，非自重湿陷性黄土场地大于 4.0m 时，可采用 4.0m；自重湿陷性黄土场地，大于 5.0m 时可采用 5.0m，大厚度湿陷性黄土地基大于 6.0m 时可采用 6.0m，但应在原防水措施基础上提高等级或采取加强措施。

1.7　其他湿陷性土的勘察评价

除常见的湿陷性黄土外，在干旱和半干旱地区，特别是在山前洪、坡积扇（裙）地带常遇到湿陷性碎石土、湿陷性砂土等。上述这种土在一定压力下浸水也常呈现强烈的湿陷性。这类湿陷性土在评价方面尚不能完全沿用我国现行《湿陷性黄土地区建筑标准》GB 50025 的有关规定，可称之为其他湿陷性土。

1.7.1　勘察与评价总体要求

《岩土工程勘察规范》GB 50021—2001（2009 年版）规定，湿陷性黄土以外的湿陷性碎石土、湿陷砂土和其他湿陷性土的岩土工程勘察，除应遵守规范的一般规定外，尚应符合下列要求：

（1）勘探点的间距应按规范的一般规定取小值。对湿陷性土分布极不均匀的场地应加密勘探点。

（2）控制性勘探孔深度应穿透湿陷性土层。

（3）应查明湿陷性土的年代、成因、分布和其中的夹层、包含物、胶结物的成分和性质。

（4）湿陷性碎石土和砂土，宜采用动力触探试验和标准贯入试验确定力学特性。

（5）不扰动土试样应在探井中采取。

（6）不扰动土试样除测定一般物理力学性质外，尚应做土的湿陷性和湿化试验。

（7）对不能取得不扰动土试样的湿陷性土，应在探井中采用大体积法测定密度和含水率。

（8）对于厚度超过 2m 的湿陷性土，应在不同深度处分别进行浸水载荷试验，并应不受相邻试验的浸水影响。

湿陷性土的岩土工程评价应符合下列规定：

（1）对湿陷性土应划分湿陷程度和地基湿陷等级。

（2）湿陷性土的地基承载力宜采用载荷试验或其他原位测试确定。

（3）对湿陷性土边坡，当浸水因素引起湿陷性土本身或其与下伏地层接触面的强度降低时，应进行稳定性评价。

湿陷性和湿陷程度判定：

（1）当不能取试样做室内湿陷性试验时，应采用现场载荷试验确定湿陷性。在 200kPa 压力下浸水载荷试验的附加湿陷量与承压板宽度之比等于或大于 0.023 的土，应判定为湿陷性土。

（2）湿陷性土湿陷程度的划分应符合表 3.1-20 的规定。

湿陷性土的湿陷程度分类　　　　　表 3.1-20

湿陷程度	附加湿陷量ΔF_s/cm	
	承压板面积 0.50m²	承压板面积 0.25m²
轻微	$1.6 < \Delta F_s \leqslant 3.2$	$1.1 < \Delta F_s \leqslant 2.3$
中等	$3.2 < \Delta F_s \leqslant 7.4$	$2.3 < \Delta F_s \leqslant 5.3$
强烈	$\Delta F_s > 7.4$	$\Delta F_s > 5.3$

（3）对能用取土器取得不扰动试样的湿陷性粉砂，其试验方法和评定参照湿陷性黄土标准执行。

湿陷性土地基受水浸湿至下沉稳定为止的总湿陷量Δ_s（cm），应按下式计算：

$$\Delta_s = \sum_{i=1}^{n} \beta \Delta F_{si} h_i \qquad (3.1\text{-}10)$$

式中：ΔF_{si}——第i层土浸水载荷试验的附加湿陷量（cm）；

　　　　h_i——第i层土的厚度（cm），从基础底面（初步勘察时自地面下 1.5m）算起，$\Delta F_{si}/b < 0.023$ 的土层厚度不计入；

　　　　β——修正系数（cm⁻¹）。承压板面积为 0.50m² 时，$\beta = 0.014$；承压板面积为 0.25m² 时，$\beta = 0.020$。

湿陷性土地基的湿陷等级应按表 3.1-21 判定。

湿陷性土地基的湿陷等级　　　　　表 3.1-21

总湿陷量Δ_s/cm	湿陷性土层总厚度/m	湿陷等级
$5 < \Delta_s \leqslant 30$	> 3	I
	$\leqslant 3$	II
$30 < \Delta_s \leqslant 60$	> 3	
	$\leqslant 3$	III
$\Delta_s > 60$	> 3	
	$\leqslant 3$	IV

上述对湿陷性土的判定规定，简单来说就是对能取土进行室内试验的地基土，按湿陷系数 0.015 作为阈值；对不能取土进行室内湿陷试验的地基土，根据浸水载荷试验，将 200kPa 压力下浸水附加沉降量与承压板宽度之比 0.023 作为阈值。将 200kPa 压力作用下浸水载荷试验的附加沉降量与承压板宽度之比等于或大于 0.023 判定为湿陷性土的基本思路为：假设在 200kPa 压力作用下载荷试验主要受压层的深度范围z等于承压板底面以下 1.5 倍承压板宽度；浸水后产生的附加湿陷量ΔF_s与深度z之比$\Delta F_s/z$，即相当于土的单位厚度产生的附加湿陷量；与室内浸水压缩试验相类比，把单位厚度的附加湿陷量（在室内浸水压缩试验即为湿陷系数δ_s）作为判定湿陷性土的定量界限指标，并将其值规定为 0.015，即：

$$\Delta F_s/z = \delta_s = 0.015 \qquad (3.1\text{-}11)$$

$$z = 1.5b \qquad (3.1\text{-}12)$$

$$\Delta F_s/b = 1.5 \times 0.015 \approx 0.023 \qquad (3.1\text{-}13)$$

将 $\Delta F_{s}/b$ 值 0.023 作为湿陷性土的界限值，与黄土规范浸水下沉量（S_{s}）与承压板直径（d）或宽度（b）之比等于 0.017 所对应的压力作为湿陷起始压力值略有差异。

1.7.2 安哥拉红砂性质与勘察评价启示

安哥拉是南部非洲的一个国家，在其首都罗安达及其周边成片分布有棕红色粉砂土，按前述标准可判定为湿陷性土。机械工业勘察设计研究院有限公司对这种红砂进行了较为系统的研究，可为"其他湿陷土"的勘察评价提供参考。

1. 安哥拉红砂所处的环境

研究程度较高的安哥拉红砂分布于罗安达及其周边。罗安达地理位置为南纬 8.8°，东经 13.2°，气候类型为热带草原气候，只有旱季和雨季之分，一般从 11 月到翌年 4 月为雨季，气温较高；5～10 月为旱季，气候凉爽。年平均气温为 24.8℃，年平均最低气温为 21.9℃，年平均最高气温为 37.6℃。平均年降雨量 342mm，降雨主要集中在 3 月和 4 月，在这两个月的降雨往往非常猛烈，而在每年 6～9 月几乎不下雨。年均蒸发量为 1362mm。罗安达西侧濒临大西洋，地形较为平坦，区域地貌为构造剥蚀平原，高程不超过 160m，平原南侧的宽扎河河谷地带，高程一般不足 10m；平原北侧的本戈河河谷地带高程也一般不足 15m；平原东侧较低洼处高程不足 30m。红砂分布于地形相对较高处，是罗安达市及其周边地面出露地层中最为常见的土层，覆盖于广阔的新近纪泥岩、砂岩、泥灰岩地层之上。安哥拉红砂在已有文献中被称盖路（Quelo）砂，被认为是第四纪更新世的海相沉积物，最初由中、细砂组成，在后来陆地环境下发生重塑和红土化作用，产生出由高岭土、伊利石和氧化铁（赤铁矿和针铁矿）等组成的黏土矿物成分，其中氧化铁是其呈现棕红色的原因，有时还会形成铁质结核。在这种沉积物中未发现任何类型的沉积结构，无层理，一般沿海峭壁露头上出现的厚度不足 5m，内陆地区厚度能超过 18m。

2. 安哥拉红砂的工程性质

1）颗粒组成

根据筛分法与密度计法相结合的颗粒分析试验结果，典型场地红砂土的颗粒粒径分布如表 3.1-22 所示，按《岩土工程勘察规范》GB 50021—2001（2009 年版）分类标准属于粉砂，砂颗粒以粒径 0.075～0.5mm 的中砂、细砂颗粒为主，粒径小于 0.075mm 的细粒土颗粒为辅，粒径大于 0.5mm 的砂颗粒非常少。

红砂土颗粒组成　　　　　　　　　　　　　　　　　　表 3.1-22

值别	小于各粒径（mm）重量百分比/%						
	1	0.5	0.25	0.075	0.050	0.010	0.005
范围值	100	97～98	65～73	17～33	12～23	4～14	3～8
平均值	100	97	69	26	18	8	6

2）常规物理力学性质指标

红砂土在含水率适中时能使用黄土薄壁取土器采取土样，与探井内土样试验结果相对比，钻孔土干密度增加 4.4%，孔隙比减少 11.2%，基本能反映地基土的土性指标情况。典型场地钻孔取土试验得到的物理力学性质指标如表 3.1-23 所示，与典型黄土 1.0 左右的孔隙比相比，红砂的孔隙比要小得多，但仍具有超过 0.015 的湿陷系数，显示其湿陷机理与黄土可能存在不同。按《土工试验方法标准》GB/T 50123—2019 进行最大、最小干密度试验，得其最小干密度为 1.36g/cm³（最大孔隙比 0.963），最大干密度为 1.84g/cm³（最小孔隙比 0.455），按相对密度评价，砂土处于中密—密实状态，以中密状态为主。击实试验结果显示最优含水率约 6.8%～7.5%，最大干密度对应重型击实和轻型击实分别为 2.13g/cm³（对应孔隙比 0.254）和 1.96g/cm³（对应孔隙比 0.362）。

红砂土常规物理力学性质指标   表 3.1-23

值别	含水率w/%	重度γ/（kN/m³）	干重度γ_d/（kN/m³）	饱和度S_r/%	孔隙比e	湿陷系数δ_s	压缩系数a_{1-2}/MPa⁻¹	压缩模量E_{s1-2}/MPa	自重湿陷系数δ_{zs}
范围值	3.7～8.6	16.1～19.1	15.4～17.9	12～41	0.470～0.732	0.003～0.051	0.02～0.32	4.2～31.9	0.001～0.038
平均值	5.9	17.5	16.6	26	0.608	0.020	0.15	13.4	0.014

3）红砂土的软化特征

在取土坑中直接用环刀采取不扰动土试样，采用风干（烘干）和滴水法配制不同的含水率进行固结快剪试验，得到典型红砂抗剪强度指标随含水率变化如表 3.1-24 所示。在低含水率和低饱和度有较大的黏聚力和内摩擦角，随着含水率和饱和度的增加，黏聚力急剧减小，内摩擦角略有减小。当含水率超过 10%，饱和度超过 40%，黏聚力基本减小到零。

不同含水率条件下的红砂土抗剪强度指标   表 3.1-24

含水率/%	饱和度/%	干密度/（g/cm³）	黏聚力/kPa	内摩擦角/°
0.3	1	1.66	44	36.0
1.7	7	1.66	36	34.7
3.7	14	1.57	17	35.7
5.9	24	1.61	17	29.4
6.8	28	1.63	8	31.9
7.7	32	1.62	2	32.9
9.9	43	1.65	1	32.5
17.5	70	1.60	0	28.5

在钻孔中先进行天然含水状态的标准贯入试验，然后清孔 50cm 采用滴灌方式浸湿再次进行标准贯入试验，测得 9m 深度内天然含水状态的实测标贯击数 16～51 击，平均值 26 击，浸湿后实测锤击数 3～11 击，平均值 7 击，降低 72%。

在地面下 0.5m 深度的相邻位置采用渗水和停水后晾干方法配制 3 种含水状态的地基土，开展 3 组平板载荷试验（载荷板直径 564mm），载荷试验后在载荷板旁取土进行室内试验，结果见表 3.1-25。从中可以看出含水率对红砂土地基承载力特征值和变形参数敏感。也有其他资料表明，安哥拉红砂含水率较小时，能承受较高的荷载（高达 800kPa）且沉降较小；若一旦浸水，即使是在小荷载作用下也会产生剧烈沉降，导致地基承载力特征值的减小，一般从 200～300kPa 减小到 60～100kPa。

不同含水率条件下的红砂土承载力特征值　　　　　　　　　　　表 3.1-25

编号		ST1-1	ST1-2	ST1-3
平板载荷试验	含水率/%	4.6	7.4	11.1
	承载力特征值/kPa	250	130	100
	变形模量/MPa	62.0	11.4	6.8
室内试验	含水率/%	3.3	6.3	12.4
	湿陷系数	0.070	0.023	0.009
	天然压缩模量/MPa	14.17	5.28	4.91
	饱水压缩模量/MPa	4.10	4.23	3.95

注：试验位置地基土干密度为 $1.60g/cm^3$，表中湿陷系数为 200kPa 试验压力下的湿陷系数（双线法），压缩模量的压力段为 100～200kPa。ST1-1 为天然含水率条件下的试验，ST1-3 试验为持续浸水条件下的试验。

4）红砂土的湿陷特征

统计红砂典型场地 1248 个 18m 深度范围的湿陷试验数据，湿陷系数小于 0.015，处于 0.015～0.030 之间，以及大于 0.030 的土样占总土样的百分比分别为 52%、37% 和 11%，以及表 3.1-23 和表 3.1-25，按湿陷系数 0.015 作为判定湿陷土的界限值，红砂土属于湿陷土。

取土坑现场采取不扰动土样环刀，室内配制不同含水率进行湿陷系数试验的试验结果见图 3.1-2，右图为浸水前后环刀内土样的沉降曲线，可以看出湿陷系数随含水率的增大而减小，这种宏观规律和湿陷性黄土是一致的。根据试验研究结果，红砂不扰动土的 $p\text{-}\delta_s$ 曲线特征和黄土存在区别，其单峰状特征不太明显，双线法试验结果在 25kPa 压力下即具有较大湿陷系数，随着试验压力的增大，湿陷系数单调递增，但增长幅度不大（至最大试验压力 800kPa）；单线法试验结果略显单峰状特征，湿陷系数在 200kPa 压力下最大，但随着试验压力增大湿陷系数减小的幅度不大。红砂重塑土试验结果表明，湿陷系数随着密度的增大而降低，含水率 4% 时，干密度需超过 $1.78g/cm^3$ 后湿陷系数才小于 0.015；湿陷系数随着土中细颗粒（小于 0.075mm 粒径）的增多先增大后减小。值得特别指出的是，重塑土一般具有比不扰动土更大的湿陷系数，200～800kPa 试验压力下重塑土的湿陷系数是不扰动土的 2 倍。

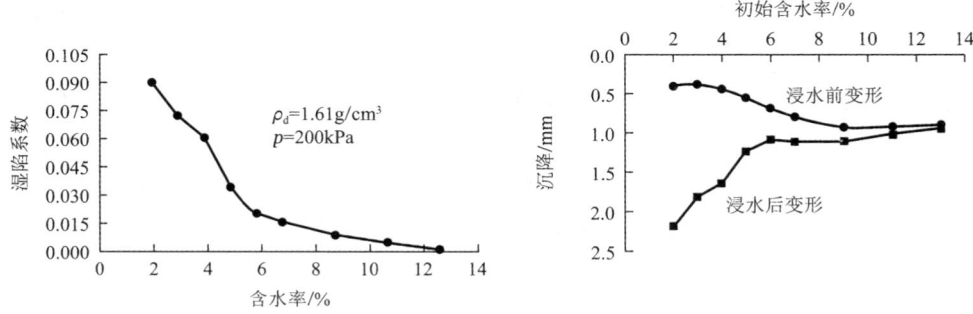

图 3.1-2　湿陷系数及变形随含水率变化曲线

相当数量天然含水状态的红砂土浸水载荷试验（单线法和双线法），200kPa 压力下浸水附加下沉与承压板直径之比 $\Delta F_s/b$ 不小于 0.023，如表 3.1-25 所述的 ST1-1 和 ST1-3 相结合可认为是双线法浸水载荷试验，其在 200kPa 下的沉降分别为 1mm 和 30.89mm，$\Delta F_s/b$ 为 0.053。

在红砂土厚度 15m 的试验场地，按式(3.1-7)β_0取 1.0 计算得自重湿陷量平均值为 216mm，开挖直径 16m 的试坑进行现场试坑浸水试验，实测红砂层未发生明显自重湿陷沉降，红砂湿陷也具有不等价性。

5）其他工程性质特征

（1）天然状态的红砂含水率较小，野外可发现近于直立，高度超 10m 的陡坡。砂土块手捻即碎，浸水后很快崩解。野外经水流搬运后的红砂其表面经常分选堆积黏土薄层。

（2）X 射线衍射仪分析结果表明，红砂矿物成分主要为石英（含量一般超 83%），另有高岭石（含量 8%～15%）、闪石、蒙脱石、伊利石、斜长石、方解石、云母等。

（3）双环法测得渗透系数为 2.2×10^{-3}～1.4×10^{-2}cm/s，是室内渗透试验结果的 4～5 倍。

6）红砂场地地基基础方案

（1）天然地基上的筏形基础。小型建（构）筑物（如别墅），可采用天然地基和筏形基础，采用筏形基础的作用一是减小基础底面平均附加压力，二是可有效调节基础的不均匀沉降。采用天然地基时，应避免采用对差异沉降敏感的结构，如框架结构和独立基础。

（2）换填垫层。对于一些荷载不是太大的建（构）筑物，在下卧层承载力（考虑浸水软化后的承载力）验算及沉降和差异沉降验算均满足要求的情况下，可以采用换填垫层方案。换填垫层材料可采用就地开挖的红砂或水泥土（在红砂中掺入一定比例的水泥），垫层的厚度可根据承载力验算和沉降验算确定。基础可采用条形基础、独立基础等。

（3）强夯。试验研究结果表明强夯对提高红砂土浸水后的承载力效果显著，不过目前在罗安达地区应用还较少。

（4）桩基。采用桩基时，红砂土层桩侧土的极限摩侧阻力也随着含水率的升高而大幅度降低，对单桩竖向极限承载力影响较大，在勘察及桩基设计时应予以足够的重视。为了避免桩侧土含水率的变化对单桩承载力产生显著影响，桩端应深入到较深的稳定土层中。

3. 安哥拉红砂的勘察评价启示

（1）参照黄土规范对湿陷性粉砂进行准确评价有困难。安哥拉红砂具有湿陷不等价性，则其他湿陷性粉砂也可能具有湿陷不等价性，按黄土规范湿陷评价思想，需要获得相对准确的自重湿陷量和湿陷量计算值，从而需要确定 0.015 湿陷阈值是否恰当，β_0和β如何取值等问题，显然对新发现的、分布面积不广的湿陷性土不具备这样的研究条件，而且粉砂土在钻孔中采取不扰动土远比在黄土中难。

（2）室内试验可能夸大了湿陷变形危害，有条件时可开展试坑浸水试验加以验证。典型红砂场地，室内试验确定的自重湿陷量计算值 216mm，而现场试坑浸水试验无明显自重湿陷变形，表明室内试验夸大了湿陷变形危害。联系到重塑样湿陷系数是不扰动样的 2 倍，以及粉砂易受扰动，产生室内试验结果偏大的一个原因可能是现有技术采取的不扰动样实际上也有一定程度扰动，导致试验得到的湿陷系数比实际发生的要大。因此，对于能取土的湿陷性粉砂，按黄土规范湿陷阈值 0.015，β_0取 1.0 进行湿陷评价，有可能是偏于安全、保守的，有条件时可通过试坑浸水试验进行验证。

（3）湿陷性粉砂场地的地基基础可能可以按软化后的地基条件进行设计。在安哥拉红砂典型场地，按软化后的地基土承载力，设计出实际建筑垫层法地基处理厚度和基础尺寸，按此进行实际荷载、实际基础尺寸、实际地基处理条件下的足尺浸水试验，结果表明浸水后的地基基础变形较小，即按软化后的地基土承载力进行地基基础设计是可行的，且按此设计的建筑，已安全运行超十年，有的地基基础经历了地下水上升浸泡也未发生地基原因的问题，也说明按软化进行设计可行。按软化思想（按浸水软化后的承载力和变形参数进行地基基础设计）设计，而不按湿陷思想（按剩余湿陷量或湿陷起始压力控制地基处理厚度）设计，有可能大大节约建设投资，验证湿陷性粉砂场地能否按软化进行设计有可能带来较好经济效益。

（4）勘察中判断出地基土的特殊性更重要。在红砂场地，有的建筑因没认识到红砂具有浸水软化的特殊性质而产生开裂事故，而认识到其特殊性的建筑则都能安全应对。红砂场地的试验结果支持将湿陷系数 0.015 或者 $\Delta F_s/b$ 值 0.023 作为判断湿陷性土（或者称为水敏性土更确切）的阈值，表 3.1-25 中的 ST1-2 和 ST1-3，承载力特征值分别为 130kPa 和 100kPa，差别不大，若将 ST1-2 所对应的土作为浸水后地基土性质不剧烈变化的"正常土"，按其浸水前后的压缩模量可计算得其对应的"湿陷系数"（浸水压缩模量降低产生的应变）为 0.013，跟 0.015 接近；根据 ST1-2 和 ST1-3 试验数据可得 $\Delta F_s/b$（200kPa 下沉降差与载荷板直径比值）为 0.026，也与 0.023 接近。此外，也可以通过浸水前后的标贯、动力触探锤击数差异判断地基土是否属水敏性土；当天然地基土的承载力较高（超过 200kPa），浸水后承载力下降到 130kPa 以下，很大概率上根据湿陷系数或 $\Delta F_s/b$ 也会判定为湿陷性土。勘察中发现地基土具有上述特征时，应将其归集为特殊土，采取相应工程措施。

参考文献

[1]　孙建中. 黄土学（上篇）[M]. 中国香港: 香港考古学会出版, 2005.

[2]　谢定义, 邢义川. 黄土土力学[M]. 北京: 高等教育出版社, 2016.

[3]　罗宇生. 湿陷性黄土地基处理[M]. 北京: 中国建筑工业出版社, 2008.

[4]　刘祖典. 黄土力学与工程[M]. 西安: 陕西科学技术出版社, 1997.

[5]　《工程地质手册》编委会. 工程地质手册[M]. 5 版. 北京: 中国建筑工业出版社, 2018.

[6]　张炜, 夏玉云, 刘争宏, 等. 非洲红砂工程特性研究与应用[M]. 北京: 中国建筑工业出版社, 2021.

[7]　中华人民共和国住房和城乡建设部. 湿陷性黄土地区建筑标准: GB 50025—2018[S]. 北京: 中国建筑工业出版社, 2018.

[8]　国家铁路局. 铁路工程特殊岩土工程勘察规程: TB 10038—2022[S]. 北京: 中国铁道出版社, 2022.

[9]　国家铁路局. 铁路工程地质勘察规范: TB 10012—2019[S]. 北京: 中国铁道出版社, 2019.

[10]　中华人民共和国交通运输部. 公路工程地质勘察规范: JTG C20—2011[S]. 北京: 人民交通出版社, 2011.

[11]　中华人民共和国建设部. 岩土工程勘察规范（2009 年版）: GB 50021—2001[S]. 北京: 中国建筑工业出版社, 2009.

第 2 章　红黏土

红黏土是红土的一个亚类，是一种区域性特殊性土。红黏土是指覆盖于碳酸盐岩类基岩上的棕红、褐黄等色的高塑性黏土。红黏土具有天然含水量高（一般为 40%～60%，最高达 90%）、密度小和天然孔隙比高（一般为 1.4～1.7，最高为 2.0），较高的强度和较低的压缩性，不具有湿陷性。由于其塑性较大，尽管天然含水量高，一般均呈坚硬或硬可塑状态。甚至饱水的红黏土也会呈坚硬状态等特性。

2.1　红黏土定名、分类、分布规律和工程特性

2.1.1　红黏土定名

红黏土分为原生红黏土、次生红黏土。红黏土一般呈褐色、棕红等颜色，当液限大于50%，应判定为原生红黏土。经流水再搬运后仍保留其基本特征，液限大于 45%的坡、洪积黏土，称为次生红黏土。

红黏土的矿物成分主要为多水高岭石、水云母类、胶体 SiO_2 及赤铁矿、三水铝土矿等黏土颗粒组成，不含或极少含有机质。

2.1.2　红黏土的分类

1. 成因分类

红黏土分为原生红黏土和次生红黏土。次生红黏土由于在搬运过程中掺和了一些外来物质，成分较复杂，固结程度也差。经验表明，当物理性质指标数值相似时，次生红黏土的承载力往往只有原生红黏土的 75%。次生红黏土中可塑、软塑状态的比例高于原生红黏土，压缩性也高于原生红黏土。因此，在勘察中查明红黏土的成因分类及其分布是必要的。

2. 状态分类

为查明红黏土上硬下软的特征，勘察中应详细划分土的状态。红黏土状态的划分可采用一般黏性土的液性指数划分法，也可采用红黏土特有的含水比划分法，划分标准详见表 3.2-1。据统计结果，含水比a_w与液性指数I_L的关系如下：

$$a_\mathrm{w} = 0.45I_\mathrm{L} + 0.55 \tag{3.2-1}$$

$$a_\mathrm{w} = \omega/\omega_\mathrm{L} \tag{3.2-2}$$

式中：a_w——含水比；

　　　I_L——液性指数；

　　　ω——天然含水率（%）；

　　　ω_L——液限（%）。

红黏土的状态分类		表 3.2-1
状态	含水比 a_w	液性指数 I_L
坚硬	$a_w \leqslant 0.55$	$I_L \leqslant 0$
硬塑	$0.55 \leqslant a_w \leqslant 0.70$	$0 \leqslant I_L \leqslant 0.33$
可塑	$0.70 \leqslant a_w \leqslant 0.85$	$0.33 \leqslant I_L \leqslant 0.67$
软塑	$0.85 \leqslant a_w \leqslant 1.00$	$0.67 \leqslant I_L \leqslant 1.00$
流塑	$a_w > 1.00$	$I_L > 1.00$

3. 土体结构分类

红黏土的土体结构根据其裂隙发育特征按表 3.2-2 分类，划分依据主要通过野外观测裂隙密度。红黏土网状裂隙分布与地貌有一定联系，如坡度、朝向等，且呈向深处递减的趋势。裂隙发育程度影响土的整体强度，降低其承载力，是土体稳定的不利因素。

红黏土的结构分类		表 3.2-2
土体结构	裂隙发育特征	S_t
致密状结构	偶见裂隙（<1 条/m）	>1.2
巨块状结构	较多裂隙（1~5 条/m）	0.8~1.2
碎块状结构	富裂隙（>5 条/m）	<0.8

注：S_t 为红黏土的天然状态与保湿扰动状态土样的无侧限抗压强度比。

4. 复浸水分类

红黏土在天然状态下膨胀率仅为 0.1%~2.0%，其胀缩性主要表现为收缩，线缩率一般为 2.5%~8.0%，最大达 14%。但在收缩后复浸水，不同红黏土有明显的不同表现，国家标准《岩土工程勘察规范》GB 50021—2001（2009 年版）根据统计分析提出了经验方程 $I_r' \approx 1.4 + 0.0066w_L$，以此对红黏土进行复浸水特性分类，详见表 3.2-3。

红黏土的复浸水特性分类		表 3.2-3
类别	I_r 与 I_r' 的关系	复浸水特性
I	$I_r \geqslant I_r'$	收缩后复浸水膨胀，能恢复到原位
II	$I_r < I_r'$	收缩后复浸水膨胀，不能恢复到原位

注：1. $I_r = w_L/w_P$，称为液塑比。
　　2. I_r' 为界限液塑比。

划属 I 类者，复水后随含水率增大而解体，胀缩循环呈现胀势，缩后土样高度大于原始高度，胀量逐次积累，以崩解告终；风干复水，土的分散性和塑性恢复，表现出凝聚与胶溶的可逆性。划属 II 类者，复水后含水率增量微小，外形完好，胀缩循环呈现缩势，缩量逐次积累，缩后土样高度小于原始高度；风干复水，干缩后形成的团粒不完全分离，土的分散性、塑性和液塑比 I_r 降低，表现出胶体的不可逆性。这两类红黏土表现出不同的水稳性和工程性能。

5. 地基均匀性分类

不同地区红黏土地基的均匀性差别很大。当地基压缩层范围内均为红黏土时，为均匀地基；当由红黏土和岩石组成的地基（土岩组合地基）时，为不均匀地基。红黏土的地基均匀性可按表 3.2-4 分类。

红黏土的地基均匀性分类　　　　　　　　　　　表 3.2-4

地基均匀性分类	地基压缩层厚度z范围内的岩土组成
均匀地基	全部由红黏土组成
不均匀地基	由红黏土和岩石组成

在不均匀地基中，红黏土沿水平方向的土层厚度和状态分布都很不均匀。红黏土较厚地段，其下部较高压缩性土往往也较厚；红黏土较薄地段，则往往基岩埋藏浅，与红黏土较厚地段的较高压缩性土层标高相当。当建（构）筑物跨越布置在这种地段时，就会置于不均匀地基上。

表 3.2-4 中所指的"地基压缩层"厚度 z，一般应根据建筑物结构类型、基础形式、荷载等综合分析确定。当独立基础总荷载 P_1 为 500～3000kN、条形基础线荷载 P_2 为 100～250kN/m 时，z 值（m）可分别按下式确定：

独立基础：　　　　　　　　　 $z_1 = \eta_1 P_1 + 1.5$ 　　　　　　　　　　　(3.2-3)

条形基础：　　　　　　　　　 $z_2 = \eta_2 P_2 - 4.5$ 　　　　　　　　　　　(3.2-4)

式中：η_1——系数（m/kN），取 0.003；

　　　η_2——系数（m²/kN），取 0.05。

2.1.3　红黏土的分布规律

1. 形成条件

红黏土是碳酸盐岩系风化物，其母岩包括夹在其间的非碳酸盐类岩石的碳酸盐岩系。在碳酸盐类岩石分布地区，经常夹杂着一些非碳酸盐类岩石，它们的风化物与碳酸盐类岩石的风化物混杂在一起，构成了红黏土的物质来源。

红黏土是红土在炎热湿润气候条件下进行的一种特定化学风化成土作用。在这种气候条件下，年降水量大于蒸发量，形成酸性介质环境。红土化过程是一系列由岩变土和成土之后新生黏土矿物再演变的过程。我国南方更新世以来，曾存在过较长期的湿热气候条件，有利于红黏土的形成。

2. 分布规律

我国红黏土地方分布具有较强的地域性。主要分布在中国西南、中南和华东地区，其分布范围可达 108 万 km²。主要分布在南方，以贵州、云南和广西最为典型和广泛；其次，在四川盆地南缘和东部、鄂西、湘西、湘南、粤北、皖南和浙西等地也有分布。在西部，主要分布在较低的溶蚀夷平面及岩溶洼地、谷地；在中部，主要分布在峰林谷地、孤峰准平原及丘陵洼地；在东部，主要分布在高阶地以上的丘陵区。我国北方红黏土零星分布在一些较温湿的岩溶盆地，如陕南、鲁南和辽东等地，多为受到后期营力的侵蚀和其他沉积物覆盖的早期红黏土。

各地区红黏土厚度不尽相同，贵州地区为 3～6m，超过 10m 者较少；云南地区一般为7～8m，个别地段可达 10～20m；湘西、鄂西和广西等地一般为 10m 左右。红黏土的厚度变化与原始地形和下伏基岩面的起伏变化密切相关。分布在台地和山坡厚度较薄，在山麓厚度较厚；当下伏基岩的溶沟、石芽等较发育时，上覆红黏土的厚度变化相差较大，咫尺之间相差达数米甚至十多米，红黏土的厚度一般在 5～15m，最厚可达 30m。

2.1.4　红黏土的工程特性

1. 表观特征

原生红黏土在垂直方向上一般可分为两带，上带以红色为主，间红黄白相间的网纹状红土；下带以黄褐色为主，常夹风化残留物质。

天然红黏土作为特殊性土有别于其他土类的特征是，上硬下软、表面收缩、裂隙发育。在垂直方向上，往往出现地表呈坚硬、硬塑状态，向下逐渐变软，为可塑、软塑或流塑状态。根据收集到的资料经统计分析，上部坚硬、硬塑土层厚度一般大于 5m，约占统计土层总厚度的 75% 以上；可塑土层占 10%～20%；软塑土层占 5%～10%；较软土层多分布于基岩面的低洼处，水平分布往往不连续。次生红黏土由于在搬运过程中掺和了一些外来物质，成分较复杂，固结程度较差。次生红黏土呈可塑、软塑状态的比例高于原生红黏土，压缩性也高于原生红黏土。

红黏土在自然状态下呈致密状，无层理，表部呈坚硬或硬塑状态。在湿热交替的气候条件下，红黏土干缩失水，土中即开始出现裂缝，在地表裂隙多呈竖向开口龟裂状，往下逐渐闭合成网状。裂面中可见光滑镜面、擦痕、铁锰质浸染等现象。收缩性强的红黏土，在地形突起、向阳、植被少的地段，裂隙密度大，延伸深，一般达 3～4m，深者 6m，个别地区达 12～14m。裂隙使失水通道向深部土体延伸，促使深部土体收缩，加深加宽原有裂隙；严重时甚至形成深长地裂缝。裂隙破坏土的整体性，降低土的总体强度，增大了土体透水性，形成土体的软弱结构面，构成土体不稳定因素。

2. 基本特征

红黏土的物理力学性质指标与一般黏性土有很大区别，见表 3.2-5，主要表现在：

（1）粒度组成的高分散性。红黏土中小于 0.005mm 的黏粒含量为 60%～80%；其中小于 0.002mm 的胶粒含量占 40%～70%，使红黏土具有高分散性。

（2）天然含水率 w、饱和度 S_r、塑性界限（液限 ω_L、塑限 ω_P、塑性指数 I_P）和天然孔隙比 e 都很高，却具有较高的力学强度和较低的压缩性。这与具有类似指标的一般黏性土力学强度低、压缩性高的规律完全不同。

（3）物理指标变化幅度很大，如天然含水率、液限、塑限、天然孔隙比等。与其相关的力学指标的变化幅度也较大。

（4）土中裂隙的存在，使土体的力学参数尤其是抗剪强度指标相差很大，具有较大的差异性。

（5）红黏土的自由膨胀率 25%～69%，且多小于 40%，其膨胀势较低，无荷膨胀率均小于 20%（无荷膨胀率是表征膨胀土膨胀特性的一个很关键的指标，它是指在有侧限条件、无垂直荷载的情况下，待膨胀土试样吸水膨胀达到稳定后，竖直方向的膨胀量与试样初始高度之比，它能够有效地反映膨胀土浸水饱和过程中整体的膨胀潜势。为了抑制膨胀土的膨胀潜势，改善膨胀土的特性，常常需要加入改性材料对其进行改良，使之达到地基的使用性能），50kPa 压力下膨胀率均小于 0.5%，膨胀压力 10～90kPa，一般小于 30kPa。故红黏土的膨胀性极弱。

（6）红黏土液限时的扰动体缩率较大，可达 20%～40%，说明具有中—强收缩势，原状土的线缩率 1%～10%，其中 3%～7% 最多，体缩率 5%～28%，其中 7%～15% 最多，收缩系数 0.1～0.8，其中 0.2～0.5 最多，可见红黏土具有弱到中收缩性，部分可能具有强收缩性。但在缩后复浸水，不同的红黏土有明显的不同表现，划属Ⅰ类和Ⅱ类。

红黏土与一般黏性土的物理力学指标   表 3.2-5

土类	指标统计值	液限/%	塑限/%	含水率/%	孔隙比	压缩模量/MPa	比例界限荷载/kPa	黏聚力/kPa	内摩擦角/°
红黏土	范围值	40~110	20~60	20~75	0.70~2.10	7.5~20.0	100~400	—	—
	中值	63	37	37	1.09	10.0	230	60	16
次生红黏土	范围值	30~110	20~60	20~60	0.60~1.80	5.0~15.0	100~300	—	—
	中值	52	28	33	0.99	7.5	180	46	18
一般黏性土	范围值	32~54	17~31	19~35	0.65~1.05	4.0~10.0	75~400	—	—
	中值	41	21	30	0.87	5.0	150	—	—

3. 物理力学性质

红黏土的物理力学性质指标经验值见表 3.2-6。

红黏土物理力学性质指标经验值   表 3.2-6

指标	粒组含量/%		土的天然含水率ω/%	最优含水率ω_{op}/%	土的重度γ/（kN/m³）	最大干密度ρ_{dmax}/（t/m³）	土粒相对密度G_s
	粒径/0.002~0.005mm	粒径/< 0.002mm					
一般值	10~20	40~70	30~60	27~40	16.5~18.5	1.38~1.49	2.76~2.90

指标	饱和度S_r/%	孔隙比e	液限ω_L/%	塑限ω_P/%	塑性指数I_P	液性指数I_L	含水比a_w
一般值	88~96	1.1~1.7	50~100	25~55	25~50	−0.1~0.6	0.50~0.80

指标	孔隙渗透系数k/（cm/s）	裂隙渗透系数k'/（cm/s）	三轴剪切		无侧限抗压强度q_u/kPa	比例界限P_0/kPa	压缩系数a_{1-2}/MPa^{-1}
			内摩擦角φ/°	黏聚力c/kPa			
一般值	$i \times 10^{-8}$	$i \times 10^{-5}$~$i \times 10^{-3}$	0~3	50~160	200~400	160~300	0.1~0.4

指标	压缩模量E_s/MPa	变形模量E_0/MPa	自由膨胀率δ_{ef}/%	膨胀率δ_{ep}/%	膨胀压力p_e/kPa	体缩率δ_v/%	线缩率δ_s/%
一般值	6~16	10~30	25~69	0.1~2.0	14~31	7~22	2.5~8.0

4. 矿物成分和化学成分

（1）红黏土的主要矿物成分为高岭石、伊利石和绿泥石，详见表 3.2-7。红黏土矿物具有稳定的结晶格架，细粒组结成稳固的团粒结构，土体近于两相体且土中水又多为结合水，这三者是使红黏土具有良好力学性能的基本因素。

红黏土常见矿物成分   表 3.2-7

粒组	成分（以常见顺序排列）	鉴定方法
碎屑	针铁矿、石英	目测、偏光显微镜
小于 2μm 的颗粒	高岭石、伊利石、绿泥石。部分土中还有蒙脱石、云母、多水高岭石、三水铝矿	X 衍射、电子显微镜、差热分析

（2）红黏土的主要化学成分详见表 3.2-8。

红黏土的化学成分　　　　　　　　　　　表 3.2-8

土类	化学成分/%							
	SiO_2	Fe_2O_3	Al_2O_3	CaO	MgO	K_2O	Na_2O	$\dfrac{SiO_2}{R_2O_3}$
全土	46.1	13.0	24.1	0.5	1.5	2.3	0.2	2.43
小于 2μm 的颗粒	39.2	13.2	28.8	0.4	1.5	2.4	0.2	1.81

交换性阳离子/（Me/100g）		易溶盐/%						有机质/%	pH 值
$K^+ + Na^+$	$Ca^{2+} + Mg^{2+}$	CO_3^{2-}	HCO_3^-	Cl^-	SO_4^{2-}	Ca^{2+}	Mg^{2+}		
0.29	29.98	0	0.018	0.010	0.014	0.011	0.002	0.35	6.9

5. 地下水特征

红黏土的地下水类型主要为上层滞水或潜水，其分布具有不均匀性。受埋藏、径流和补给条件的影响，地下水流量常因地而异。当红黏土呈致密结构时，红黏土的透水性较弱，可视为不透水层；当有大量裂隙存在时，渗透系数可达 $10^{-5} \sim 10^{-1}$ cm/s，在地势低洼地段的上部可见土中水，但水量不大，不具有统一的地下水位；当地下水补给充分、地势低洼地段，才可测到初见水位和稳定水位，但一般水量不大；地下水类型多为潜水或上层滞水，补给来源主要为大气降水、地表水和岩溶裂隙水。地下水对混凝土一般不具腐蚀性。红黏土地区常发育土洞，勘察时应加以注意。

2.2　红黏土工程勘察

2.2.1　工程地质测绘与调查

红黏土地区工程地质测绘与调查的内容和要求，应根据工程特点、场地条件和勘察技术要求，针对潜在的主要岩土工程问题，有针对性、有目的地开展工程地质测绘与调查工作，应重点查明下列内容：

（1）不同地貌单元的红黏土和次生红黏土的分布、厚度、物质组成、土性等特征及其差异。

（2）下伏岩层的岩性、岩溶发育特征及其与红黏土土性、厚度变化的关系。

（3）查明地裂分布、发育特征及其成因，划分土体结构特征，调查土中裂隙的密度、深度、延伸方向及其发育规律。

（4）地表水体、地下水的分布、动态及其与红黏土状态垂直分带的关系。

（5）既有建（构）筑物的使用情况，地基处理情况，当地勘察、设计及施工经验。

2.2.2　岩土工程勘察

红黏土地区勘察工作首先应对红黏土进行分类，应划分原生红黏土和次生红黏土，查明原生红黏土和次生红黏土的平面分布范围。在垂直分布上，应按土的状态进行分层；并应根据不同土性和土体结构分类分别进行评价。应注意的是勘察现场原生红黏土较易于判定，次生红黏土由于具有一定的过渡性质，需要通过对第四纪地质、地貌研究，根据红黏土特征的程度确定是否为次生红黏土。

　　由于红黏土具有垂直方向状态变化大，水平方向厚度变化大的特点，故勘探工作应采用较密的点距，特别是土岩组合的不均匀地基。红黏土底部常有软弱土层，基岩面的起伏也很大，故勘探深度不宜单纯根据地基变形计算深度确定，以免漏掉对场地与地基评价至关重要的信息。对土岩组合的不均匀地基，勘探点都应达到基岩，以便获得完整的地层剖面。当基岩面上土层特别软弱，有土洞发育时，详细勘察阶段不一定能查明所有岩土工程条件，为确保工程质量和安全，在施工阶段补充进行施工勘察是必要的，也是现实可行的。当基岩面高低起伏较大，基岩面倾斜或有临空面时，采用嵌岩桩容易失稳，进行施工勘察显然更是必要的。

　　红黏土地区岩土工程勘察分级标准和勘察阶段划分与一般岩土工程勘察一致，但鉴于红黏土所具有的特殊性，不同勘察阶段需要解决的勘察技术难点和技术要求也有所不同。各勘察阶段的工作重点和技术要求如下：

　　1. 初步勘察

　　初步勘察勘探线间距可取 50～100m，勘探点间距宜取 30～50m，控制性勘探点宜占勘探点总数的 1/5～1/3，且每个地貌单元均应有控制性勘探点；厚度和状态变化大的地段，勘探点间距还可加密。对均匀地基，勘探孔的深度可按表 3.2-9 确定，对不均匀地基，勘探孔应深入稳定分布的岩层。

初步勘察勘探孔深度（单位：m）　　　　　　　　　　　　　　表 3.2-9

工程重要性等级	一般性勘探孔	控制性勘探孔
一级（重要工程）	≥ 15	≥ 30
二级（一般工程）	10～15	15～30
三级（次要工程）	6～10	10～20

　　注：1. 勘探孔包括钻孔、探井和原位测试孔等；
　　　　2. 一级工程遇到软弱层勘探孔应深入到基岩。

　　2. 详细勘察

　　详细勘察勘探点间距对均匀地基宜取 12～24m，对不均匀地基宜取 6～12m。在土层厚度和状态变化大的地段，勘探点间距应加密；独立基础宜一柱一点，基底面积大的设备基础或墩基础宜布置多点。在基岩浅层岩溶发育地区，当红黏土中分布有土洞、软弱土时，应适当加密勘探点查明土洞的成因、形态、规模和下卧岩溶发育情况，勘探孔应深入土洞或溶洞底完整岩（土）层 3～5m。

　　勘探孔深度应能控制红黏土地基主要受力层，当基础底面宽度不大于 5m 时，勘探孔的深度对条形基础不应小于基础底面宽度的 3 倍，对单独柱基不应小于 1.5 倍，且不应小于 5m；当有软弱下卧层时，应适当加深控制性勘探孔的深度；对于土岩组合的不均匀地基，勘探孔深度应达到稳定基岩。

　　对高层建筑和需作变形计算的地基，详细勘察控制性勘探点不应少于勘探点总数的 1/3；控制性勘探孔的深度应超过地基变形计算深度；一般性勘探孔的深度应达到基底下 0.5～1.0 倍的基础宽度，且不应小于 5m。红黏土底部常有软弱土层分布，基岩面的起伏也很大，故勘探孔的深度不宜单纯根据地基变形计算深度来确定，以免漏掉对场地与地基评价至关重要的信息。

当基础底面下红黏土层厚度小于地基变形计算深度时，详细勘察的一般性勘探孔应钻至完整、较完整的基岩面；控制性勘探孔应深入完整、较完整的基岩 3～5m。

当拟用红黏土层之下的基岩作为桩端持力层时，宜在每个桩位布置勘探孔，并按岩溶地基有关规定进行桩基勘察。

3. 施工勘察

当出现下列情况之一时，应进行施工勘察：

（1）红黏土厚度、状态变化大的不均匀地基，基岩面起伏大，有石芽出露，或基岩面上土层特别软弱，按详勘阶段勘探点间距难以查清这些变化时。

（2）土层中有土洞发育，详勘阶段未能查明所有情况时。

（3）采用端承桩，因基岩面倾斜、基岩面高低不平或有临空面，嵌岩桩有失稳危险时。

施工勘察阶段勘探点间距和勘探孔深度应根据需要确定。

2.2.3　取样与测试

为评价红黏土，应采取相应的原位测试和取土试样进行室内试验，原位测试和室内试验原则上与一般土的规定相同。

1. 取样与原位测试

红黏土地区采取试样和原位测试的数量，宜按已划分的土质单元控制，保证各层土的取样、原位测试数量和统计指标的变异系数等符合有关规范的要求。

（1）采取土试样和进行原位测试勘探孔的数量，应结合地貌单元、地层结构和土的工程性质布置，初步勘察其数量可占勘探孔总数的 1/4～1/2；详细勘察勘探孔数量不应少于总数量的 1/2，钻探取土试样孔的数量不应少于勘探孔总数的 1/3。

（2）采取土试样的数量和孔内原位测试的竖向间距，应按地层特点和土的均匀程度确定；每层土均应采取土试样和进行原位测试，其数量不应少于 6 个。

（3）详细勘察采用连续记录的静力触探或动力触探为主要勘察手段时，每个场地不应少于 3 个孔。

（4）详细勘察阶段，在地基主要受力层内，对厚度大于 0.5m 的夹层，应采取土试样或进行原位测试。

2. 室内试验

红黏土除应进行常规项目试验外，尚应根据评价需要进行下列试验：

（1）当评价红黏土在天然状态下和复浸水状态下的胀缩性时，应进行收缩试验和复浸水试验。

（2）当需要了解土的水理特性时，宜进行 50kPa 压力下的膨胀量、收缩量及不同失水量条件下的同胀量等试验。

（3）对裂隙发育的红黏土应进行三轴剪切试验或无侧限抗压强度试验，以满足裂隙对地基承载力和稳定性影响的评价要求。

（4）当评价边坡稳定性时，应进行重复剪切试验。

（5）当判别红黏土的膨胀性时，应按现行《膨胀土地区建筑技术规范》GB 50112 的要求，进行膨胀性有关指标试验。

2.2.4　检测与监测

1. 检验、检测

对于不均匀地基上的建筑物，基坑（槽）开挖后，对已出露岩石露头或石芽及导致地基不均匀性的各种情况应检验。红黏土地基的开挖至设计基底后，应进行检验或检测，当发现地质条件与勘察报告和设计文件不一致或遇到异常情况时，应进行检测，并提出处理处置意见。

　　2. 监测

　　（1）地基基础设计等级为甲级的建筑物，或设计等级为乙级的不均匀地基上的建筑物应进行建筑物变形观测。

　　（2）对边坡工程，应进行土的湿度状态的季节变化和裂隙观测，以了解边坡稳定性的变化情况，预测其影响。

　　（3）当岩土工程评价需要详细了解地下水埋藏条件、运动规律和季节性变化时，应在测绘调查的基础上补充进行地下水的勘察、试验和观测工作。这项工作应按《岩土工程规范》GB 50021—2001（2009 年版）第 7 章的有关要求进行。

2.3　红黏土岩土工程评价

2.3.1　胀缩性评价

　　红黏土在天然状态时一般膨胀性较弱，胀缩性以收缩为主；当复浸水时，经过胀缩循环，一部分胀量逐次积累，一部分缩量逐次积累。因此，胀缩性评价应注意下列问题：

　　（1）轻型建筑物的基础埋置深度应大于大气影响急剧层深度。

　　（2）热工构筑物的基础应考虑地基土不均匀收缩变形的影响。

　　（3）开挖明渠时，应考虑土体干湿循环中胀缩的影响。

　　（4）石芽出露地段应考虑地表水下渗、冲蚀引起地面变形的可能性。

　　（5）基础（坑）开挖时宜采取保湿措施，边坡应及时维护，防止失水干缩。

　　（6）人工边坡稳定性评价时，计算参数取值应考虑开挖坡面土体干缩可能导致裂隙发展和复浸水会使土质产生变化的影响。

　　当地基土的膨胀收缩变形量超过容许值或挖方地段，应建议采取必要的防护措施。防止土的收缩，宜采取保温和保湿为主的处理原则，如适当加大基础埋深，在基底铺设保温材料，做好室外排水和适量加宽建筑物四周散水坡，并清除邻近建（构）筑物吸水量大的阔叶树，改为种植草皮或铺设盖层等措施。

2.3.2　裂缝、裂隙评价

　　红黏土中的裂隙与水的共同作用，将会导致边坡土体散落、崩塌、滑移等地质病害发生，软化土层，降低强度，促进土洞的发生、发展和地面塌陷。控制裂隙发生和发展应采取如种植草皮、浆砌片石护坡、设置支挡结构或分级放坡等防护措施。

　　（1）深长裂缝：分布于红黏土中的深长地裂缝对工程危害极大，最长时可按公里计，深度可达 8m，所经之处地面建筑物无一不受损坏。评价时应建议建（构）筑物绕避措施。

　　（2）细微网状裂隙：细微网状裂隙会使土体的整体性受到较大影响，大大削弱土体的强度。所以，当承受较大水平荷载、基础浅埋、外侧地面倾斜或有临空面等情况时，网状裂隙将对土体的稳定性、均匀性和受力条件构成不利影响，土的抗剪强度值和地基承载力都应做相应折减。

　　（3）巨块状、碎块状红黏土分布地区，由于裂隙的存在，将会构成含水性差异很大的"裂隙含水层"，对工程建设和运营产生影响。

（4）对一些低矮边坡，裂隙会使土体失去固有的连续性，尽管实际坡高小于计算的容许直立高度，仍可能因失稳而垮塌。较高边坡破坏时，将会沿上部竖向裂隙和土体中的裂隙面形成弧形滑动面。

2.3.3　地基承载力评价

1. 地基承载力影响因素

当基础浅埋、外侧地面倾斜、有临空面或承受较大水平荷载时，应结合以下因素综合考虑确定其地基承载力。

（1）土体结构和裂隙对承载力的影响。

（2）地表水体下渗的影响。

（3）开挖面长时间暴露，裂隙发展和复浸水对土质的影响。

（4）有不良地质作用的场地，建造在斜坡或坡顶的建筑物，基础侧旁开挖的建筑物，应对其稳定性进行评价。

2. 地基承载力确定

对甲级岩土工程勘察，宜提供载荷试验资料，确定红黏土的强度和变形指标，同时根据当地经验，选用有关测试手段，综合确定地基承载力特征值，并需进行变形验算。其他等级岩土工程勘察可用静力触探等原位测试、理论公式计算，并结合工程实践经验等方法综合确定，应注意岩土的不均匀性。

（1）物性指标确定地基承载力

依据地区经验，利用物性指标确定地基承载力特征值详见表 3.2-10。

南方碳酸盐岩类地区红黏土的承载力特征值 f_{ak}（单位：kPa）　　　　表 3.2-10

土的名称			第一指标含水比 $a_w = w/w_t$					
			0.5	0.6	0.7	0.8	0.9	1.0
红黏土	第二指标液限比 $I_r = w_L/w_P$	≤1.7	380	270	210	180	150	140
		≥2.3	280	200	160	130	110	100
	次生红黏土		250	190	150	130	110	100

（2）静力触探确定地基承载力

根据贵州地区的经验，利用静力触探比贯入阻力 P_s 确定地基承载力特征值和压缩模量详见表 3.2-11。

比贯入阻力确定红黏土地基承载力、压缩模量　　　　表 3.2-11

状态	含水比	比贯入阻力	地基承载力特征值	压缩模量
	$a_w = w/w_L$	P_s/kPa	f_{ak}/kPa	E_a/MPa
坚硬	< 0.55	> 2300	> 300	> 20.0
硬塑	0.55～0.70	1300～2300	200～300	9.0～20.0
可塑	0.70～0.85	700～1300	150～200	5.2～9.0
软塑	0.85～1.00	200～700	110～150	2.1～5.2
流塑	> 1.00	< 200	< 110	< 2.1

（3）承载力修正系数

对红黏土地基承载力特征值f_{ak}进行基础宽度和埋置深度修正时，修正系数详见表 3.2-12。

红黏土承载力修正系数表　　　　表 3.2-12

土的类别	η_b	η_d
含水比$a_w > 0.8$	0	1.2
含水比$a_w \leqslant 0.8$	0.15	1.4

注：含水比a_w为天然含水率w与液限w_L之比。

2.3.4　地基均匀性评价

1. 当地基属均匀地基时，可不考虑地基不均匀变形的影响；

2. 当初判为不均匀地基时，可按下列方法作进一步分析和评价：

假设分析对象对一般建筑物，检验段长度为 6m，相邻点基础形式和荷载都相近。图 3.2-1 中所示曲线为基岩面以上土层厚度h与地基沉降量s关系曲线。图 3.2-1（a）为：一端A_1基岩外露，另一端A_2有厚度为h_{a2}的土层，h_{a2}小于h_a；图 3.2-1（b）为：一端B_1土层厚度h_{b1}大于地基变形计算深度，另一端B_2土层厚度h_{b2}小于此深度，但都大于h_b时，可认为地基均匀性满足容许变形要求。其中，h_a、h_b值见表 3.2-13。当不符合图 3.2-1（a）、图 3.2-1（b）两条件时，需通过变形计算确定是否属均匀地基。

不均匀地基评价h_a、h_b值　　　　表 3.2-13

基岩面以上土层厚度		h_a/m	h_b/m		
地基土状态		—	坚硬、硬塑①	坚硬—可塑②	坚硬—软塑③
基础形式	独立基础	1.10	$0.00123P_1$	$0.00186P_1 + 1.0$	$0.003P_1 + 3.0$
	条形基础	1.20	$0.0127(P_2 - 100)$	$0.032(P_2 - 100)$	$0.05P_2 - 4.5$

注：1. P_1、P_2为基础荷载。独立基础适用于$P_1 < 3000$kN，条形基础适用于$P_2 < 250$kPa，基底荷载为 200kPa。

2. 地基模型：①基底下全为坚硬、硬塑土；②可塑土在基底下 3.0m 深度以下；③可塑土在基底下 3.0～6.0m 深度，以下为软塑土。

3. 变形计算按《建筑地基基础设计规范》GB 50007—2011 第 5.3 节进行。

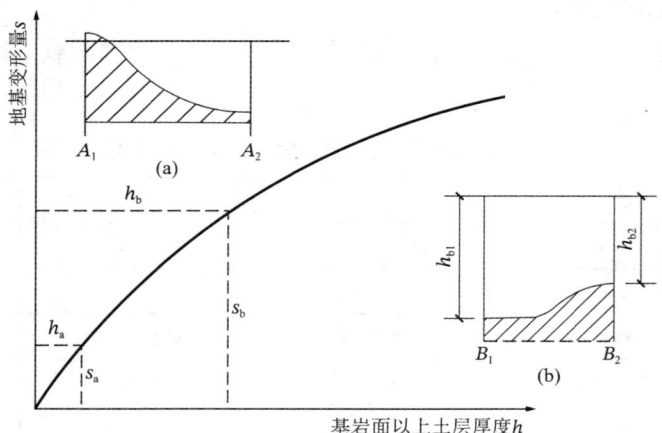

图 3.2-1　不均匀地基中土层厚度h与变形量s关系示意图

3. 土岩组合地基，当主要基础受力层下卧基岩表面坡度较大、石芽密布并有出露或有大块孤石或个别石芽出露的地基属于土岩组合地基。当土岩组合地基下卧基岩面为单向倾斜、岩面坡度大于 10%、基底下的土层厚度大于 1.5m 时，变形分析和评价应符合下列要求：

（1）当结构类型和地质条件符合表 3.2-14 条件时，可不作地基变形计算。

下覆基岩表面允许坡度值　　　　　　　　　　　　　表 3.2-14

上覆土层的承载力标准值 f_k/kPa	四层和四层以下的砌体承重结构，三层和三层以下的框架结构	具有 150kPa 和 150kPa 以下起重机的一般单层排架结构	
		带墙的边柱和山墙	无墙的中柱
≥150	≤15%	≤15%	≤30%
≥200	≤25%	≤30%	≤50%
≥300	≤40%	≤50%	≤70%

（2）当不满足上述条件时，应考虑刚性下卧层的影响，并按式(3.2-5)计算地基的变形。

$$s_{gz} = \beta_{gz} s_z \tag{3.2-5}$$

式中：s_{gz}——具刚性下卧层时，地基土的变形计算值（mm）；

　　　β_{gz}——刚性下卧层对上覆土体的变形增大系数，按表 3.2-15 采用；

　　　s_z——变形计算深度相当于实际土层厚度按《建筑地基基础设计规范》GB 50007—2011 计算确定的地基最终变形计算值（mm）。

具有刚性下卧层时地基变形增大系数 β_{gz}　　　　　　表 3.2-15

h/b	0.5	1.0	1.5	2.0	2.5
β_{gz}	1.26	1.17	1.12	1.09	1.00

注：h——基底下的土层厚度；b——基础底面宽度。

（3）当岩土界面上存在软弱层（如泥化带）时，应验算地基的整体稳定性。

（4）当土岩组合地基位于山间坡地、山麓洼地、冲沟地带或存在局部软弱土层时，应验算软弱下卧层的强度和不均匀变形。

2.3.5　地基基础方案

当拟建（构）物荷载不大或对变形要求不高时，可充分利用红黏土的"上硬下软"特性，充分发挥浅部硬层的承载能力，减轻下卧层的附加压力，基础应尽量浅埋。评价时需考虑红黏土膨胀性因素的影响，基础埋置深度应大于大气影响急剧层的深度。评价时应充分权衡利弊，提出合理建议。如果采用天然地基难以解决上述矛盾时，则应建议对地基处理或采用桩基础。

2.3.6　边坡和基坑工程稳定性评价

边坡、基坑工程设计时，应注意裂隙、胀缩的不利影响；不饱和红黏土可能存在"假黏聚力"即"黏聚力虚高"现象，应合理取值。边坡、基坑开挖会使原来埋藏于深处含水率高的土体外露于地表，产生失水收缩，增加裂隙发育程度，一旦遇水浸润便湿化、崩解，易导致边坡、基坑失稳。因此，边坡、基坑工程宜采取保湿等防护措施，防止失水干缩。

2.3.7　红黏土地基处理与防护

1. 地基处理方法

（1）天然地基：对于石芽密布并有出露的地基，如石芽间距小于 2m，其间为硬塑或坚硬状态的红黏土，当房屋为六层和六层以下的砌体承重结构、三层和三层以下的框架结构或具有 150kN 和 150kN 以下吊车的单层排架结构，其基底压力小于 200kPa 时，可不作地基处理。如不能满足上述要求时，可利用经检验证明稳定性可靠的石芽作支墩式基础，也可在石芽出露部位作褥垫。当石芽间有较厚的软弱土层时，可用碎石、土夹石等进行置换。

在石芽密布地段，当不宽的溶槽中分布有红黏土，且其厚度小于表 3.2-13 中 h_a 值时，可不处理；当大于 h_a 值时，可全部或部分挖除溶槽的土，使之小于 h_a。当槽宽较大时，可将基底做成台阶桩，使相邻段上可压缩土层厚度呈渐变过渡，也可在槽中设置若干短桩（墩）。

（2）褥垫层处理：对于大块孤石或个别石芽出露的地基，如土层的承载力特征值大于 150kPa、房屋为单层排架结构或一、二层砌体承重结构时，宜在基础与岩石接触的部位采用褥垫进行处理。褥垫可采用炉渣、中砂、粗砂、土夹石等材料，其厚度宜取 300～500mm，夯填度（夯填度为褥垫夯实后的厚度与虚铺厚度的比值）应根据试验确定。当方案设计无资料时，可参考以下经验数值：

中砂、粗砂　　　　　　　　　　　　　　　0.87 ± 0.05

土夹石（其中碎石含量为 20%～30%）　　　0.70 ± 0.05

（3）桩基、梁或拱跨越处理：当建筑物对地基变形要求较高或地质条件比较复杂，可适当调整建筑平面位置，也可采用桩基或梁、拱跨越等处理措施。

（4）复合地基处理：当红黏土承载力或变形不能满足设计要求时，或下覆地层岩溶、土洞发育时，可采用复合地基处理方法。

（5）换填、挖除处理：对基础底面有一定厚度，但厚度变化较大的红黏土地基，可调整各段地基沉降差，如挖除土层较厚地段的部分土层，把基底做成阶梯状；当遇到挖除一定厚度土层后，使下部可塑土更接近基底，承载力和变形验算都难以满足要求时，可在挖除后做换填处理，换填材料可采用压缩性低的材料，如碎石、粗砂、砾石等。

（6）在地基压缩性相差较大的部位，宜结合建筑物平面形状、荷载大小和变形要求等设置沉降缝。沉降缝宽度宜取 30～50mm，在特殊情况下可适当加宽。

2. 地基土胀缩性防治

（1）当采用浅基础时，可适当局部加大建筑物中失水界面较大部位（如角端、转角等处）基础的埋置深度，一般应大于大气影响急剧层；对基底下土层较薄、基岩浅埋失水后不易补充的地段，场地横剖面上初始含水率较高而易失水的挖方地段，可采取加大基础埋置深度或在基底下铺设一定厚度砂垫层等措施，以减少地基土收缩。

（2）清除距建筑物过近的吸水量大的阔叶树，种植草皮，改善排水条件，加宽散水坡代替明沟排水和防止水的下渗等措施。

（3）对热工构筑物、工业窑炉，可在基底下设置一定厚度的隔热层。

（4）加快开挖作业进度，减少土体表面暴露时间；并作好边坡坡面防护。

（5）遇土洞必须查明其分布，并进行地基处理。

2.3.8　填筑评价

红黏土经适当处理后，可用作填筑堤坝的材料。最优含水率一般等于塑限，但红黏土天然含水率较大，气候湿热，压实土难于达到较大干密度。当使用红黏土筑路（坝）或作为压实填土地基时，主料应先减水，其最优含水率和干密度应根据工程需要，采用不同动能的击实试验确定。当气候条件难以控制含水率时，干密度可按式(3.2-6)进行预估。

$$\rho_d = \frac{1}{0.37 + \overline{w}} \qquad (3.2\text{-}6)$$

式中：ρ_d——填筑涂料干密度（t/m³）；

　　　$\overline{w}$——填筑土料平均含水率（以小数计）。

当含水率$\overline{w} = 30\% \sim 40\%$时，$\rho_d = 30\% \sim 40\%$，土料强度可满足填土要求。施工填筑压实度不宜小于 0.97，宜选择重型的碾压机具，填筑土体应覆盖保护，切忌表面失水龟裂。

参考文献

[1]　《工程地质手册》编委会. 工程地质手册[M]. 5 版. 北京：中国建筑工业出版，2018.

[2]　林宗元. 岩土工程勘察设计手册[M]. 沈阳：辽宁科学技术出版社，1996.

[3]　林宗元. 简明岩土工程勘察设计手册[M]. 上册. 北京：中国建筑工业出版，2003.

[4]　中华人民共和国建设部. 岩土工程勘察规范：GB 50021—2001 (2009 年版)[S]. 北京：中国建筑工业出版，2009.

[5]　中华人民共和国住房和城乡建设部. 建筑地基基础设计规范：GB 50007—2011[S]. 北京：中国建筑工业出版社，2012.

[6]　林宗元. 试论红土的工程分类[J]. 岩土工程学报，1989(1): 85-91.

[7]　中华人民共和国住房和城乡建设部. 膨胀土地区建筑技术规范：GB 50112—2013[S]. 北京：中国建筑工业出版社，2013.

[8]　云南省住房和城乡建设厅. 云南省膨胀土地区建筑技术规程：DBJ 53/T—83—2017[S]. 昆明：云南科技出版社，2017.

第 3 章 软土

3.1 软土成因类型、分布和工程特性

3.1.1 软土的分类标准

软土指天然孔隙比大于或等于 1.0，且天然含水量大于液限的细粒土，包括淤泥质土、淤泥、泥炭质土、泥炭等。其压缩系数一般大于 $0.5MPa^{-1}$，不排水抗剪强度小于 30kPa。软土分类见表 3.3-1。

软土分类表   表 3.3-1

土的名称	分类标准	备注
淤泥质土	$1.0 \leqslant e < 1.5$，$w > w_L$，$W_u \leqslant 10\%$	e——天然孔隙比 w——天然含水率 w_L——液限 W_u——有机质含量
淤泥	$e \geqslant 1.5$，$w > w_L$，$W_u \leqslant 10\%$	
泥炭质土	$10\% < W_u \leqslant 60\%$	
泥炭	$W_u > 60\%$	

注：1. 液限为采用 76g 圆锥仪沉入土中深度为 10mm 时测定；
2. 公路等部分行业对于软土的判定标准及分类与上表略有差异。

3.1.2 软土的成因类型

按沉积形成环境，软土的成因可分为滨海沉积、湖泊沉积、河滩沉积、山间谷地沉积、沼泽沉积及人工堆积六大类，其成因类型及特征详见表 3.3-2。

软土的成因类型   表 3.3-2

成因类型		特征
滨海沉积	滨海相	常与海浪、岸流及潮汐的水动力作用形成较粗的颗粒（粗、中、细砂）相掺杂，有机质较少，土质疏松且具有不均匀性，增强了软土的透水性能，易于压缩固结，在沿岸与垂直岸边方向有较大的变化
	浅海相	多位于海湾区域内，在较平静的海水中沉积形成，细颗粒来源于入海河流携带的泥砂和浅海中动植物残骸，仅海流搬运分选和生物化学作用，形成灰色或灰绿色的淤泥及淤泥质土
	泻湖相	软土颗粒微细、孔隙比大、强度低、分布范围较广阔，常形成海滨平原。表层为较薄的黏性土，其下为厚层淤泥层，在泻湖边缘常有泥炭堆积
	溺谷相	结构疏松、孔隙比大、强度很低，分布范围呈窄带状，在其边缘表层常有泥炭堆积
	三角洲相	受河流与海潮的复杂交替作用，致使软土层常与薄砂层交错沉积，多交错成不规则的犬牙层或透镜体夹层，分选程度差，结构疏松，颗粒细小。薄砂层为水平渗流提供了良好条件
湖泊沉积	湖相	是近代盆地的沉积。其物质来源与周围岩性基本一致，在稳定的湖水期逐渐沉积而成，沉积层中夹有粉砂颗粒，呈现明显的层理。淤泥结构松散，颜色呈暗灰、灰绿色或暗黑色，表层硬层不规律，厚约 0~4m，时而有泥炭透镜体

成因类型		特征
河滩沉积	河漫滩相	成层情况较为复杂，其成分不均一，走向和厚度变化大，一般呈带状或透镜状分布于河流中下游漫滩宽阔、河岔较多、河曲发育的漫滩及阶地上，间与砂或泥炭互层，其厚度不大，一般小于 10m
	牛轭湖相	
山间谷地沉积	谷地相	软土呈片状、带状分布，靠山边浅，谷地中心深，厚度变化大；颗粒由山前到谷地中心逐渐变细；下伏硬层坡度大
沼泽沉积	沼泽相	分布在水流排泄不畅的低洼地带，且蒸发量不足以干化淹水地面的情况下，形成的一种沉积物，多伴以泥炭，常出露于地表，下部分布有淤泥层，或淤泥与泥炭互层
人工堆积	人工	主要分布在沿海或内陆沿江、沿河区域，由人工通过技术手段，将海底、河流内的泥砂搅拌成泥浆，通过吸泥泵等吹（冲）入人工建成的围堰内，随着泥浆的逐渐静止，泥浆脱水沉淀形成淤泥。其厚度一般不超过 10m，含水率高、孔隙比大，承载力很低，后期多进行真空预压等地基处理，处理后的地表沉降量达 1~2m

3.1.3　软土的分布

软土在我国沿海地区广泛分布，内陆河谷平原、湖泊周围及山区也有分布。如天津、连云港、上海、福州、厦门、深圳等沿海地区的软土以滨海相沉积软土为主。泻湖相沉积的软土以宁波、温州地区的软土为代表；溺谷相沉积软土则在福州、泉州等闽江口一带分布；三角洲相软土在长江下游的上海地区、珠江下游的广州地区有分布；河漫滩相软土在长江中下游的武汉、芜湖、南京，珠江下游的肇庆、淮河平原、松辽平原等地区分布；内陆软土主要为湖相沉积，如洞庭湖、洪泽湖、太湖、鄱阳湖四周和昆明的滇池地区，以及一些山间洼地，如贵州六盘水地区的洪积扇和煤系地层分布区；人工堆积软土主要分布在天津、连云港、上海、宁波、温州、深圳等东南部沿海地区。

我国东南沿海软土的分布厚度呈如下规律：天津滨海地区软土厚度一般 6~15m，广州湾—兴化湾一带一般为 5~20m（汕头除外），兴化湾—温州湾南为 10~30m，温州湾北—连云港一般大于 40m。

3.1.4　软土的工程特性

软土具有含水量高、孔隙比大等天然特征，因此具有以下工程特性。

1. 触变性

当原状软土受到振动或扰动后，由于土体结构遭到破坏，软土的强度将会大幅度地降低，这种现象称为软土的触变性。软土地基受振动荷载后，易产生侧向滑动、变形及基底向两侧挤出等现象。土体的触变性可用灵敏度指标 S_t 表示大小，软土的灵敏度一般在 3~4 之间，高者可达 8~9 甚至更大。根据灵敏度大小进行软土结构性分类如表 3.3-3 所示。

软土的结构性分类表　　　　　　　　　　　　　　表 3.3-3

灵敏度 S_t	结构性分类	灵敏度 S_t	结构性分类
$2 < S_t \leqslant 4$	中灵敏性	$8 < S_t \leqslant 16$	极灵敏性
$4 < S_t \leqslant 8$	高灵敏性	$S_t > 16$	流性

2. 流变性

软土的流变性主要表现为在恒定的荷载作用下，软土的变形随时间持续而使土体产生蠕变的特性。软土除受压固结引起流变外，即使在相当小的剪切荷载作用下，其变形可能长期发展，这对建筑物沉降有较大影响，同时对斜坡、堤岸、码头等地基稳定性不利。

3. 高压缩性

软土具有高压缩性，其压缩系数大而压缩模量小，压缩系数大于 0.5MPa^{-1}，淤泥的压缩系数甚至达 1.0MPa^{-1}以上，压缩模量 $E_{s1\text{-}2}$一般多在 1.5～3.0MPa 之间。故软土地基固结沉降量大，深厚软土地基道路路面往往呈现波浪状起伏，且有长期的次固结影响。为此，控制地基沉降变形，是有效利用软土地基的关键因素。

4. 低强度

软土的不排水抗剪强度一般小于 30kPa，故软土地基的承载力很低，在兴建荷载较大的建（构）筑物、高等级道路时，均需要对软土地基进行处理。

5. 低渗透性

软土的含水率虽然很高，一般含水率均大于 40%，但渗透性却很差，特别是垂直渗透系数更小，一般在 10^{-8}～10^{-7}cm/s 之间，大多为极微透水性，对地基土层固结排水不利。软土的水平向渗透系数一般比垂直向渗透系数大，对于滨海相、三角洲相、河漫滩相沉积的软土，往往存在明显的微层理，特别是当软土层夹有薄层粉砂、粉土时，其水平向渗透系数甚至比垂直渗透系数大 1～2 个数量级。

6. 不均匀性

因沉积环境的变化，导致软土层土质均匀性较差，如滨海相、三角洲相、河漫滩相沉积的软土层中常夹有薄厚不一的粉土、粉砂层，湖泊相、沼泽相软土常在淤泥、淤泥质土层中夹有厚度不等的泥炭、泥炭质土薄层或透镜体，导致软土层在水平向及垂直向土质的不均匀，作为建筑物地基则易产生不均匀沉降。

7. 高含盐性

主要表现在滨海相、浅海相沉积的软土中，由于海水本身具有含盐量大、矿化度高的特点，如天津渤海湾海水矿化度一般在 30g/L 以上，在滨海相、浅海相软土沉积过程中，海水中的盐分被土颗粒所吸附，导致滨海相、浅海相沉积的软土层中含盐量（主要为氯盐）较高，对建筑物基础、地下构筑物等建筑材料具有腐蚀作用。

3.2　软土地区工程勘察

3.2.1　勘察工作重点

软土地区勘察应重点查明和分析以下内容：

（1）软土的成因类型、分布规律、埋藏条件、层理特征、水平及垂直向的均匀性。

（2）地表硬壳层的分布与厚度、下伏硬土层或基岩的埋深和起伏。

（3）软土的固结历史、强度和变形特征随应力水平的变化规律，以及结构破坏对强度和变形特征的影响。

（4）微地貌形态和暗埋的坑塘、暗浜、沟坑、洞穴、古河道、地下建（构）筑物的分布、埋深，以及回填和回填土质情况。

（5）地下水类型、水位、补排条件、腐蚀性等及对工程的影响。

（6）提供基坑（槽）开挖时，边坡稳定性计算、支护和降水设计所需的岩土参数，分析开挖、回填、支护、地下水控制、桩基施工、沉井等对软土应力状态、强度和压缩性的影响。

（7）当滨海相或浅海相沉积软土内的贝壳或腐殖质层有沼气时,应测定沼气层的层位、厚度、沼气量和压力等级,并应对顶管或盾构等地下掘进的施工安全、防治措施提出建议。

（8）软土固结沉降对桩基产生的负摩阻力影响及处理措施。

（9）地震时软土产生震陷的可能性及对震陷量的估算和分析。

3.2.2　勘察方法

（1）软土勘察宜采用钻探取样与静力触探等原位测试相结合的勘探方法。软土取样应采用薄壁取土器。

（2）可采用小螺旋钻探查浅层暗浜、沟坑等分布范围。

（3）软土原位测试宜采用静力触探试验、旁压试验、十字板剪切试验、扁铲侧胀试验和螺旋板载荷试验。

（4）软土的物理力学参数宜采用室内试验、原位测试,结合当地经验确定。有条件时,可根据载荷试验、原型监测及分析确定。

3.2.3　建筑工程勘探工作布置

1）可行性研究勘察应以搜集资料和现场调查为主,当已有资料不能满足要求时,应针对具体情况和工程需要,增加现场钻探及测试工作。

2）初步勘察应在搜集分析已有资料或进行工程地质调查与测绘的基础上进行。

3）初步勘察勘探线、点的布置应符合以下规定:

（1）勘探线应垂直地貌单元边界线、地层界线,海边附近的勘探线应垂直海岸线。

（2）勘探点宜按勘探线布置,在每个地貌单元和地貌交接部位均应布置勘探点,在微地貌和地层变化较大地段应当加密。

（3）在地形平坦地区,可按方格网布置勘探点。

（4）应按规划主要建筑物布置勘探点、线。

4）初步勘察的勘探线、勘探点间距根据地基复杂程度等级,可按表 3.3-4 的规定确定,局部异常地段应适当加密。

初步勘察勘探线、勘探点间距　　　　　　　　　　表 3.3-4

地基复杂程度等级	勘探线间距/m	勘探点间距/m
简单	150～300	75～200
中等复杂	75～150	40～100
复杂	50～100	30～50

5）应根据拟建物结构特点、荷载条件,以及拟采用的地基处理方式,按表 3.3-5 的规定确定初步勘察孔的深度。

初步勘察勘探孔深度　　　　　　　　　　表 3.3-5

工程重要性等级	一般性勘探孔/m	控制性勘探孔/m
一级（重要工程）	>30	>50
二级（一般工程）	>20	>30
三级（次要工程）	>10	>20

6）初步勘察勘探孔的深度应根据钻探遇到的不同地质条件进行合理调整，符合下列规定：

（1）在预定深度内遇基岩时，控制性勘探孔应钻入基岩适当深度，其他勘探孔在进入基岩后，可终止钻进。

（2）在预定深度内有厚度较大且分布均匀的密实土层时，控制性勘探孔应达到规定深度，一般性勘探孔的深度可适当减少。

（3）当预定深度内控制性勘探孔未穿透软土层时，应增加控制性勘探孔深度，使部分控制性勘探孔穿透软土层。

7）初步勘察采取土试样和进行原位测试的勘探点应结合地貌单元、地层结构和土的工程性质进行布置，且其数量不应少于勘探点总数的1/2。采取土试样的数量和孔内原位测试的竖向间距，应按地层特点和土的均匀程度确定；每层土均应采取土试样或进行原位测试，且其数量不宜少于6个。

8）详细勘察勘探点平面位置及勘探点间距应符合以下规定：

（1）宜按建筑物周边线和角点布置，对无特殊要求的其他建筑物可按建筑物或建筑群的范围布置。

（2）重大设备基础应单独布置勘探点。

（3）当拟建物采用天然地基时，勘探点的间距可根据地基复杂程度，按表3.3-6确定，且控制性勘探孔数量应占勘探孔总数的1/3。

天然地基详细勘察勘探点间距   表3.3-6

地基复杂程度等级	勘探点间距/m
简单	30～50
中等复杂	15～30
复杂	10～15

（4）当拟建物采用桩基础时，应根据桩基础类型按表3.3-7确定勘探点间距，且控制性勘探孔数量应占勘探孔总数的1/3～1/2。

桩基础详细勘察勘探点间距   表3.3-7

桩基类型	勘探点间距/m
摩擦桩	20～35
端承桩	12～24

9）天然地基详细勘察勘探孔深度确定应符合以下规定：

（1）勘探孔深度自基础底面起算，当基础底面宽度不大于5m时，勘探孔的深度对于条形基础不应小于基础底面宽度的3倍，对单独柱基不应小于1.5倍，且不应小于5m。

（2）需作变形验算的地基，控制性勘探孔的深度应超过地基变形计算深度。

（3）当控制性勘探孔深度未穿透软土层时，应适当加深，必要时可选择部分控制性勘察孔穿透软土层。

（4）在规定深度内遇基岩或厚层碎石土等稳定地层时，勘探孔深度可适当调整减小。

10）桩基础详细勘察勘探孔深度确定应符合以下规定：

（1）控制性勘探孔的深度应进入预计桩尖以下 5～10m 或 6d～10d（d 为桩身直径或方桩的换算直径，大直径桩取小值，小直径桩取大值），并满足软弱下卧层验算要求。对于需要验算沉降的桩基，应超过地基变形计算深度；一般性勘探孔深度应到达预计桩端以下 3～5m 或 3d～5d。

（2）在规定深度内遇基岩或厚层碎石土等稳定地层时，勘探孔深度应根据相关规定进行调整。

11）详细勘察阶段采取土试样和进行原位测试时，应符合下列规定：

（1）采取土试样和进行原位测试的勘探点数量，应根据地层结构、地基土的均匀性和设计要求确定，对地基基础设计等级为甲级的建筑物每栋不应少于 3 个。

（2）每个场地每一土层的原状土试样或原位测试数据不应少于 6 件（组）。

（3）在地基主要受力层内，对厚度大于 0.5m 的夹层或透镜体，应采取土试样或进行原位测试。

（4）当土层性质不均匀时，应增加取土或原位测试的数量。

3.2.4　原位测试

软土原位测试主要采用静力触探试验、旁压试验、十字板剪切试验、扁铲侧胀试验、螺旋板载荷试验、波速测试试验。

（1）静力触探可进行土层力学分层，估算土的塑性状态或密实度、强度、压缩性、地基承载力、单桩承载力、沉桩阻力，进行液化判别等。根据孔压消散曲线可估算土的固结系数和渗透系数。

（2）十字板剪切试验用于测定饱和软土层的不排水抗剪强度和灵敏度、判断软土层的应力历史、估算地基土承载力和单桩承载力。

（3）旁压试验可测求软土层临塑荷载和极限荷载，评定地基土的承载力和变形参数，计算土的侧向基床系数，自钻式旁压试验可确定软土层的原位水平应力和静止侧压力系数。

（4）扁铲侧胀试验可用于确定软土层的固结状态、静止侧压力系数、水平基床系数、水平固结系数等。

（5）螺旋板载荷试验可用于测定软土层的变形模量、固结系数、地基土承载力等。

（6）波速测试用于测定软土层的压缩波、剪切波、瑞利波的速度，可计算土体的动剪切模量、动泊松比、动弹性模量等土体动参数。

3.2.5　室内试验

软土室内试验宜包括土的物理性质、力学性质指标测试和化学分析，实际试验项目应根据工程性质、基础类型、荷载条件、土质特性及设计需求等综合确定。

（1）对于软土常规固结试验，第一级压力应根据土的有效自重压力确定，并宜用 12.5kPa、25kPa 或 50kPa，最后一级压力应大于土的有效自重与附加压力之和。

（2）在测定软土常规压缩性指标（压缩系数、压缩模量）基础上，根据工程特点及变形计算的需求，可测定先期固结压力、压缩指数、回弹指数和固结系数，可分别采用常规固结试验、高压固结试验等方法测定。

（3）固结系数试验应包括垂直向固结系数（C_v）和水平向固结系数（C_h）的测定，压力范围可采用在土的自重压力至土的自重压力与附加压力之和的范围内选定。

（4）对厚层软土，应根据需要测定软土的次固结系数，用以计算次固结沉降及其历时关系。

（5）当考虑基坑开挖卸荷和再加荷影响时，应进行回弹试验，其压力的施加应模拟实际的加、卸荷状态。

（6）对一级工程或有特殊要求的工程，应采用三轴剪切试验测定软土的抗剪强度。三轴剪切试验方法应与工程及设计要求一致。对饱和软土进行不固结不排水剪切（UU）试验前，应对试样在有效自重压力下预固结后再进行试验。

（7）对土体可能发生大应变的工程，应测定残余抗剪强度。

（8）当工程有特殊需求时，应对软土进行蠕变试验，测定土的长期强度；当研究分析土对动荷载的反应时，可进行动扭剪试验、动单剪试验或动三轴试验。

（9）有机质含量可采用灼矢量试验确定，且当有机质含量不大于15%时，宜采用重铬酸钾容量法测定。

3.3 软土岩土工程评价

3.3.1 地基稳定性

当软土场地存在以下情况时，应进行地基稳定性分析评价：

（1）当建（构）筑物距池塘、河（海、湖）岸、边坡较近时，应判别软土产生侧向塑性挤出或滑移的危险程度。

（2）当地基土受力范围内，软土下卧层为基岩或硬土层，且表面起伏倾斜时，应判定其对地基产生滑移或不均匀变形的影响程度，并提出工程处理措施建议。

（3）当地基主要受力层中有薄砂层或软土与砂土层呈互层时，应根据其固结排水条件，判定其对地基变形的影响。

（4）应评价地下水水位变化和承压水水头变化对软土地基和地下隧道及其他构筑物稳定性和变形的影响。

（5）对含有沼气的地基，应评价沼气逸出对地基稳定性和变形的影响。

（6）位于强震区的场地，应进行地震稳定性评价。

3.3.2 地基及持力层选择

应根据场地地形地貌对软土地基稳定、变形，以及地下构筑物围岩稳定等造成的影响，按以下原则进行建筑物地基或桩基持力层选择等：

（1）建（构）筑物平面位置应尽量避开场地内明浜、暗浜等不良地质体，当无法避开时，应对明浜、暗浜等进行地基处理的方法提出建议。

（2）建（构）筑物位置应尽量远离池塘、河（海、湖）岸、边坡。

（3）当软土场地地表有硬壳层时，应充分利用其作为天然地基的持力层。

（4）应选择较硬土层作为桩端持力层，优先选择软土中夹砂及可塑至硬塑黏性土层，以及软土场地下伏砂性土、可塑至硬塑黏性土、碎石土、全风化和强风化岩及基岩作为桩基础桩端持力层。

3.3.3　地基承载力确定

（1）软土地基承载力应结合建筑物等级和场地地层条件按变形控制的原则确定，或根据已有成熟的建筑经验采用工程类比法确定。

（2）采用类比法确定地基承载力特征值时，宜在充分比较类似工程的沉降观测资料和工程地质、荷载、基础等条件后，综合分析确定。

（3）采用静载荷试验确定地基承载力特征值时，当试验承压板宽度大于或接近实际基础宽度，或其持力层下的土层力学性质好于持力层时，其地基承载力特征值取地基极限承载力标准值的一半；当试验承压板宽度远小于实际基础宽度，且持力层下存在软弱下卧层时，应考虑下卧层对地基承载力特征值的影响。

（4）采用原位测试成果确定地基承载力特征值时，宜按表 3.3-8 提供的方法确定。

地基承载力特征值 f_{ak}

表 3.3-8

原位测试方法	土性	f_{ak}/kPa	适用范围值	说明
静力触探试验	淤泥质土	$f_{ak} = 29 + 0.063 p_s$ $f_{ak} = 29 + 0.072 q_c$	$p_s > 800kPa$，取 800kPa $q_c > 700kPa$，取 700kPa	p_s、q_c 分别为各土层静力触探比贯入阻力和锥尖阻力的平均值（kPa）
	冲填土	$f_{ak} = 20 + 0.040 p_s$ $f_{ak} = 20 + 0.047 q_c$	$p_s > 1000kPa$，取 1000kPa $q_c > 900kPa$，取 900kPa	
十字板试验	饱和黏性土	$f_{ak} = 10 + 2.5 c_u$	$c_u > 100kPa$，取 100kPa	c_u 为十字板试验的抗剪强度（kPa）
	淤泥质土	$f_{ak} = 10 + 2.2 c_u$	$c_u > 50kPa$，取 50kPa	
轻型动力触探试验	冲填土	$f_{ak} = 29 + 1.4 N_{10}$	$N_{10} > 30$ 击，取 30 击	N_{10} 为轻便动力触探试验的锤击数（击/30cm）
旁压试验	黏性土	$f_{ak} = (p_y - p_0)/1.3$ $f_{ak} = (p_L - p_0)/2.5$	—	p_0 为由试验曲线和经验综合确定的侧向压力（kPa）； p_y 为由试验曲线确定的临塑压力（kPa）； p_L 为由试验曲线确定的极限压力（kPa）

　　注：1. 表中经验公式具有一定的地区性，使用前应根据地区资料进行验证；
　　　　2. 当土质较均匀时，可取平均值；当土质不均匀时，宜取最小平均值；
　　　　3. 冲填土指冲填时间超过 5 年以上。

（5）当采用室内土工试验三轴不固结不排水（UU）抗剪强度指标计算软土地基承载力特征值时，可按现行国家标准《建筑地基基础设计规范》GB 50007 的相关规定确定。

3.3.4　软土地基变形

（1）软土地基沉降计算可采用分层总和法或土的应力历史法，并应根据当地经验进行修正，必要时，应考虑软土的次固结效应。

（2）当考虑应力历史对黏性土压缩性的影响时，应提供各土层的前期固结压力（p_c）以及超固结比（OCR）、压缩指数（C_c）、回弹指数（C_s）。

（3）当建筑物相邻高低层荷载相差较大时，应分析其变形差异和相互影响；当地面有大面积堆载或基础周围有局部堆载时，沉降计算应计入地面沉降引起的附加沉降。

（4）当建筑物设有地下室且埋置较深时，应考虑基坑开挖后地基土回弹再压缩引起的沉降值。

（5）天然地基压缩层厚度应自基础底面算起。对于高压缩性土层，可算到附加压力等于土层自重压力的10%处；对于中、低压缩性土，可算到附加压力等于土层自重压力的20%处。计算附加压力时，应考虑相邻基础的影响。

3.3.5　软土震陷

（1）抗震设防烈度等于或大于7度时，对厚层软土分布区宜判别软土震陷的可能性。

（2）当不同等级抗震设防烈度的场地软土层临界等效剪切波速分别大于表3.3-9中对应的数值时，可不考虑软土震陷的影响。

软土层临界等效剪切波速　　　　　　　　表 3.3-9

场地抗震设防烈度	7度	8度	9度
软土层临界等效剪切波速 v_{se}/（m/s）	90	140	200

（3）对于采用天然地基的建筑物，当场地软土层临界等效剪切波速小于或等于表3.3-9的数值时，甲级建筑物和对沉降有严格要求的乙级建筑物应进行专门的震陷分析计算；对沉降无特殊要求的乙级建筑物和对沉降敏感的丙级建筑物，可按表3.3-10的建筑物震陷估算值或根据地区经验确定。

建筑物震陷估算值　　　　　　　　表 3.3-10

场地抗震设防烈度（地震加速度）	7（0.1g～0.15g）	8（0.2g）	9（0.4g）
建筑物震陷估算值/mm	30～80	150	>350

注：1. 按上表确定建筑物震陷量时，应满足地基主要受力层深度内软土厚度>3m，且地基土等效剪切波速值<90m/s；
　　2. 当地基主要受力层深度内软土厚度或地基土等效剪切波速值只有一项不符合注1的条件时，应按实际条件变化的大小和建筑物性质及结构类型，适当减小震陷值；当地基实际条件与注1的两项条件均不相符时，可不考虑震陷对建筑物的影响；
　　3. 当需要估算软土震陷量时，宜采用以静力计算代替动力分析的简化分层总和法。

3.3.6　地基处理

应综合考虑场地工程地质和水文地质条件、建筑物对地基要求、建筑结构类型和基础形式、周围环境条件、材料供应、施工条件、地基处理方法的可靠性等，择优选择地基处理方法。

1. 对暗浜、暗塘、古河道等分布软土的地基处理措施：

（1）当分布范围较小，且深度不大时，可采用基础加深或换填进行地基处理。

（2）当分布范围较小，但深度较大时，可采用注浆加固、抛石挤淤等地基处理措施。

（3）当分布范围较大，可采用深层搅拌桩、旋喷桩等复合地基处理措施，或采用桩基础。

2. 对表层或浅层不均匀地基及软土的处理：

（1）对不均匀地基常采用机械碾压法或夯实法进行处理。

（2）对软土层常采用换土垫层法进行处理。

3. 对大面积厚层软土的地基处理措施：

（1）采用真空预压法、堆载预压法，或在软土层中施工砂井、袋装砂井、塑料排水板与预压相结合的地基处理方法。

（2）采用深层搅拌桩、旋喷桩、石灰桩等复合地基处理措施。

（3）采用桩基础，桩身穿透软土层，达到减小地基沉降的目的。

3.3.7　软土对桩基础影响

软土对桩基础的影响主要体现在以下几个方面：

1）软土地区中的桩基础应优先选择软土中夹砂及可塑至硬塑黏性土层，以及软土层下伏砂性土、可塑至硬塑黏性土、碎石土、全风化和强风化岩及基岩作为桩端持力层。

2）应选择较硬土层作为桩基础桩端持力层，当桩端持力层以下存在软弱下卧层时，桩端以下硬持力层厚度不宜小于 4 倍的桩直径或桩边长，扩底桩桩端下持力层厚度不宜小于 2 倍扩底直径。

3）当因桩侧软土层固结、地面堆载、地下水位下降等引起桩周土层产生的沉降超过桩基的沉降时，在计算桩基承载力时应计入桩侧负摩阻力。

4）桩周土沉降可能引起桩侧负摩阻力时，应根据工程具体情况考虑负摩阻力对桩基承载力和沉降的影响；当缺乏可参照的工程经验时，可按下列规定进行验算：

（1）对于摩擦型基桩可取桩身计算中性点以上桩侧阻力为零计算基桩竖向承载力特征值，并可按式(3.3-1)验算基桩承载力：

$$N_k \leqslant R_a \tag{3.3-1}$$

式中：N_k——作用效应标准组合轴心竖向作用下，基桩或复合基桩的平均竖向力（kN）；

　　　　R_a——基桩或复合基桩竖向承载力特征值（kN）。

（2）对于端承型基桩，除应按上条计算基桩竖向承载力特征值，满足式(3.3-1)要求外，尚应考虑负摩阻力引起基桩的下拉荷载 Q_g^n，并可按式(3.3-2)验算基桩承载力：

$$N_k + Q_g^n \leqslant R_a \tag{3.3-2}$$

（3）当土层不均匀或建筑物对不均匀沉降较敏感时，尚应将负摩阻力引起的下拉荷载计入附加荷载验算桩基沉降。

5）桩侧负摩阻力及其引起的下拉荷载，当无实测资料时可按下列规定计算：

（1）中性点以上单桩桩周第 i 层土负摩阻力标准值，可按下列公式计算：

$$q_{si}^n = \xi_{ni}\sigma_i' \tag{3.3-3}$$

当填土、欠固结软土层产生固结和地下水降低时：$\sigma_i' = \sigma_{ri}'$ $\tag{3.3-4}$

当地面分布大面积荷载时：$\sigma_i' = p + \sigma_{ri}'$ $\tag{3.3-5}$

$$\sigma_{ri}' = \sum_{e=1}^{i-1} r_e \Delta z_e + \frac{1}{2} r_i \Delta z_i \tag{3.3-6}$$

式中：q_{si}^n——第 i 层土桩侧负摩阻力标准值；当按式(3.3-6)计算值大于正摩阻力标准值时，取正摩阻力标准值进行设计；

　　　　ξ_{ni}——桩周第 i 层土负摩阻力系数，可按表 3.3-11 取值；

　　　　σ_{ri}'——由土自重引起的桩周第 i 层土平均竖向有效应力；群桩外围桩自地面算起，群桩内部桩自承台底算起；

σ_i'——桩周第i层土平均竖向有效应力;

r_i、r_e——分别为第i层计算土层和其上第e土层的重度,地下水位以下取浮重度;

Δz_i、Δz_e——第i层土、第e土层的厚度;

p——地面均布荷载。

负摩阻力系数ξ_n 表 3.3-11

土类	ξ_n
饱和软土	0.15~0.25
黏性土、粉土	0.25~0.40
砂土	0.35~0.50

注:1. 在同一类土中,对于挤土桩,取表中较大值,对于非挤土桩,取表中较小值;
　　2. 填土按其组成取表中同类土的较大值。

(2)考虑群桩效应的基桩下拉荷载可按式(3.3-7)、式(3.3-8)计算:

$$Q_g^n = \eta_n \cdot u \sum_{i=1}^{n} q_{si}^n l_i \tag{3.3-7}$$

$$\eta_n = s_{ax} \cdot s_{ay} / \left[\pi d \left(\frac{q_s^n}{r_m} + \frac{d}{4} \right) \right] \tag{3.3-8}$$

式中:n——中性点以上土层数;

l_i——中性点以上第i土层的厚度;

η_n——负摩阻力群桩效应系数;

u——桩身周长;

d——桩身设计直径;

s_{ax}、s_{ay}——分别为纵、横向桩的中心距;

q_s^n——中性点以上桩周土层厚度加权平均负摩阻力标准值;

r_m——中性点以上桩周土层厚度加权平均重度(地下水位以下取浮重度)。

对于单桩基础或按式(3.3-8)计算的群桩效应系数$\eta_n > 1$时,取$\eta_n = 1$。

(3)中性点深度l_n应按桩周土层沉降与桩沉降相等的条件计算确定,也可参照表 3.3-12 确定。

中性点深度l_n 表 3.3-12

持力层性质	黏性土、粉土	中密以上砂	砾石、卵石	基岩
中心点深度比l_n/l_0	0.5~0.6	0.7~0.8	0.9	1.0

注:1. l_n、l_0分别为自桩顶算起的中性点深度和桩周软弱土层下限深度;
　　2. 当桩周土层固结与桩基固结沉降同时完成时,取$l_n = 0$;
　　3. 当桩周土层计算沉降量小于20mm时,l_n应按表列值乘以 0.4~0.8 折减。

6)软土地区应分析评价对桩基础成(沉)桩及周边环境等造成的不利影响:

(1)采用挤土桩时,分析挤土效应对临近桩、建(构)筑物、道路和地下管线等产生的不利影响。

（2）锤击沉桩产生的多次反复振动对邻近既有建（构）筑物及公用设施等的损害。

（3）挤土桩施工中因挤土效应产生的沉桩困难、已施工桩体上浮、桩身拉裂。

（4）先沉桩后开挖基坑时，分析基坑挖土顺序、坑边土体侧移对桩的影响。

（5）灌注桩施工时在软土层中产生的桩孔孔径缩颈，造成桩身质量缺陷。

3.3.8 基坑开挖及降水

软土场地基坑开挖及降水应分析评价以下内容：

（1）对基坑整体稳定性和可能的破坏模式作出评价；对施工过程中形成的流砂、流土、管涌等现象的可能性进行评价，并提出预防措施。

（2）当基坑底部有饱和软土时，应提出抗隆起、抗突涌和整体稳定加固的措施或建议，必要时，应对基坑底土进行加固以提高基坑内侧被动抗力。

（3）评价基坑工程与周边环境的相互影响，对基坑支护方案和施工中应注意的问题及保护措施提出建议。

（4）评价地下水对基坑工程的影响，对地下水控制方案提出建议；当基坑下部存在承压含水层时，应评价承压水水头对基坑稳定性的影响；当建议采取降水措施时，应提供水文地质计算的有关参数和预测降水对周边环境可能造成的影响。

（5）基坑工程应充分考虑基坑开挖暴露时间造成土体可能发生的蠕变、流变及长期强度降低的影响。

3.4 国内软土特性

3.4.1 全国软土分布及工程特性

根据我国软土成因类型不同，对滨海沉积、湖泊沉积、河滩沉积、沼泽沉积的软土统计的物理力学性质指标见表 3.3-13。

不同成因软土物理力学性质指标表　　　　表 3.3-13

成因类型	天然含水率 ω/%	重度 γ/（kN/m³）	天然孔隙比 e	抗剪强度		压缩系数 a_{1-2}/MPa⁻¹	灵敏度 S_t
				φ/°	c/kPa		
滨海沉积	40～100	15～18	1.0～2.3	1～7	2～20	0.6～3.5	2～7
湖泊沉积	30～60	15～19	1.0～1.8	0～10	5～30	0.8～3.0	4～8
河滩沉积	35～70	15～19	1.0～1.8	0～11	5～25	0.8～3.0	4～8
沼泽沉积	40～120	14～19	1.0～1.5	0	5～19	>0.5	2～10

根据软土工程性质结合自然地质地理环境，可将我国划分为三个软土分布区，即以沿秦岭走向向东至连云港以北的海边一线作为Ⅰ、Ⅱ区分界线和以沿苗岭、南岭走向向东至莆田的海边一线作为Ⅱ、Ⅲ区分界线，从北至南分别为北方地区软土-Ⅰ区、中部地区软土-Ⅱ区、南方地区软土-Ⅲ区，从北向南各区内软土成因、物理力学性质详见表 3.3-14。

表 3.3-14

中国软土主要分布地区软土物理力学性质指标

物理力学指标（平均值）

软土分区	海陆别	沉积相	土层埋深/m	天然含水率ω/%	重度γ/(kN/m³)	孔隙比e	饱和度S_r/%	液限ω_L/%	塑限ω_P/%	塑性指数I_P	液性指数I_L	有机质含量/%	压缩系数$a_{1\text{-}2}$/MPa⁻¹	垂直渗透系数K_v/(cm/s)	固结快剪φ/°	固结快剪C/kPa	无侧限抗压强度q_u/kPa
北方（Ⅰ区）	沿海	滨海	2~24	43	17.8	1.21	98	44	25	19	1.22	5.0	0.88	5.0E-06	10	11	40
	沿海	三角洲	5~29	40	17.9	1.11	97	35	19	16	1.35	—	0.67	—	—	—	—
	沿海	滨海	2~30	52	17.0	1.42	98	42	21	21	1.34	2.3	1.06	4.0E-08	11	4	50
		泻湖	1~30	50	16.8	1.56	98	47	25	22	1.90	6.0	1.30	7.0E-08	13	6	45
		溺谷	2~30	58	16.3	1.67	97	52	31	26	1.11	8.0	1.55	3.0E-07	15	8	26
		三角洲	2~19	43	17.6	1.24	98	40	23	17	1.28	—	1.00	1.5E-06	17	6	40
中部（Ⅱ区）	内陆	高原湖泊	—	77	15.6	1.93	—	70	—	28	1.28	18.4	1.60	—	6	12	—
		平原湖泊	—	47	17.4	1.31	—	43	23	19	—	9.9	—	2.0E-07	—	—	—
		河漫滩	—	47	17.5	1.22	—	39	—	17	1.44	—	—	—	—	—	—
南方（Ⅲ区）	沿海	滨海	1~20	88	15.0	2.35	100	56	34	22	2.56	6.8	2.04	3.59E-07	2	6	5
		三角洲	1~19	51	17.0	1.45	100	33	19	14	1.79	2.7	1.32	7.33E-07	5	12	14

3.4.2　北方软土（Ⅰ区）特性

1. 天津软土

主要分布在滨海新区，中心城区在古洼淀、古河道等有不连续分布厚度较薄的软土层。

滨海新区根据地貌类型、沉积环境、软土的物理力学指标等分为Ⅰ、Ⅱ、Ⅲ、Ⅳ四个工程地质分区。滨海新区软土主要为第四系全新统中组浅海相沉积，层顶埋深一般在 3～6m，层底埋深一般在 10～18m，总体可分为上下 2 层，上层以淤泥、淤泥质土为主（地层编号⑥$_1$），厚度一般为 2.5～7.0m，下层以淤泥质土为主（地层编号⑥$_4$），厚度一般为 4.0～8.0m。在古河坑、古沟坑底部多分布厚度 0.5～1.0m 的坑底淤积软土（地层编号②），土质以淤泥、淤泥质黏土为主。在区内古河道分布区域（Ⅳ区），多分布厚度 2.0～4.0m 淤泥质软土（地层编号③$_3$）。在沿海吹填成陆地区（主要为Ⅲ区）的东疆港、天津港、临港工业区、南港工业区等，顶部基本分布厚度 4.0～7.0m 的淤泥质土为主的吹填软土（地层编号①$_{3-3}$），吹填软土在地基处理前，多以流塑状态的淤泥、淤泥质土为主，淤泥含水量大，一般介于 50%～80%，采用真空预压处理后，吹填软土多以淤泥质为主。滨海新区各层软土成因、层底埋深、常见厚度等特性详见表 3.3-15，各个工程地质分区内软土的物理力学性质详见表 3.3-16。

天津滨海新区软土分布特性表　　　　　　　　　　表 3.3-15

层序		成因	代号	标准层号	土层名称	层底埋深/m	常见厚度/m	状态特征	分布状况
统	组								
全新统	—	人工堆积	Qml	①$_3$	冲填土	3～7	4.0～7.0	流塑	主要分布于Ⅲ区
	新近组	坑底淤积	Q$_4^{3N}$si	②	淤泥、淤泥质土	1～5	0.5～1.0	流塑	古沟坑塘区域分布
		河流洪泛、古河道、洼淀冲积	Q$_4^{3N}$al	③$_3$	淤泥质土	4～10	2.0～4.0	流塑	古河道区域分布，主要分布于Ⅳ区
	中组	浅海相沉积	Q$_4^2$m	⑥$_1$	淤泥、淤泥质土	6～10	2.5～7.0	流塑	大部分地区分布，主要分布于Ⅰ～Ⅲ区
				⑥$_4$	淤泥质土	10～18	4.0～8.0	流塑	遍布于Ⅰ～Ⅳ区

天津中心城区软土呈不连续分布，软土分布特征详见表 3.3-17，物理力学性质详见表 3.3-18。

2. 山东软土

山东软土主要分布于黄河冲积平原、南四湖、东平湖等湖区及渤海、黄海滩涂、内陆坑塘等处。

胶州湾地区滨海相沉积软土颜色呈灰黑色—灰色，软塑—流塑状态为主，含较多海相生物贝壳、有机质，该层软土的主要物理力学指标见表 3.3-19。

表 3.3-16

天津滨海新区软土层物理力学性质指标统计表

工程地质分区	时代成因	岩性	标准层号	统计项目	天然含水率 ω/%	重度 γ/(kN/m³)	孔隙比 e	塑性指数 I_P	液性指数 I_L	压缩系数 a_{1-2}/MPa⁻¹	压缩模量 E_{s1-2}/MPa	直快 c/kPa	直快 φ/°	固快 c/kPa	固快 φ/°	波速 v_s/(m/s)	侧摩阻力 f_s/MPa	锥尖阻力 q_c/MPa	三轴 c_{UU}/kPa	三轴 φ_{UU}/°
I 区	$Q_4^{3N}si$	淤泥	②	最小值	37.3	15.80	1.35	15.0	0.80	0.54	1.40	—	—	—	—	—	—	—	—	—
				最大值	59.0	18.80	1.77	26.9	1.94	1.48	2.99	—	—	—	—	—	—	—	—	—
				平均值	48.0	17.31	1.52	19.7	1.11	0.95	2.30	—	—	—	—	—	—	—	—	—
	Q_4m	淤泥、淤泥质土	⑥₁	最小值	35.0	16.95	1.00	13.1	0.87	0.41	1.90	5.0	2.0	7.0	5.0	100.0	0.006	0.42	11.0	0.0
				最大值	58.9	18.60	1.55	26.0	1.57	1.14	3.90	16.0	14.9	20.0	17.0	125.0	0.014	0.84	20.0	4.8
				平均值	42.8	17.86	1.20	18.1	1.19	0.74	2.92	10.7	8.6	13.2	12.4	112.3	0.010	0.56	14.0	1.0
		淤泥质土	⑥₄	最小值	34.0	17.60	1.00	12.9	0.82	0.44	2.39	4.0	4.3	8.0	8.6	108.0	0.008	0.53	2.0	0.0
				最大值	44.4	18.70	1.66	20.1	1.51	0.88	3.89	19.0	13.9	22.0	16.9	159.0	0.014	0.74	21.0	5.1
				平均值	38.1	18.23	1.10	16.4	1.10	0.64	3.19	12.8	10.4	14.5	13.6	128.6	0.010	0.62	12.7	2.7
II 区	$Q_4^{3N}si$	淤泥	②	最小值	39.9	16.00	1.32	15.0	0.86	0.51	1.42	—	—	5.0	7.0	—	—	—	—	—
				最大值	66.4	18.80	1.82	27.5	1.59	1.70	3.00	—	—	12.0	13.0	—	—	—	—	—
				平均值	50.5	17.47	1.53	20.8	1.16	1.07	2.23	—	—	6.4	10.5	—	—	—	—	—
	Q_4m	淤泥、淤泥质土	⑥₁	最小值	35.4	16.45	1.00	13.5	0.90	0.39	1.86	4.0	1.0	4.0	6.3	78.0	0.006	0.45	4.0	0.0
				最大值	58.6	18.60	1.65	24.9	1.64	1.47	3.87	15.0	14.0	17.0	16.8	145.0	0.011	0.85	28.0	4.6
				平均值	45.1	17.60	1.27	19.1	1.22	0.88	2.70	8.8	7.5	10.5	12.3	111.3	0.008	0.62	12.8	0.9
		淤泥质土	⑥₄	最小值	34.0	16.95	1.00	14.2	0.80	0.45	2.30	5.0	1.0	7.0	6.3	103.0	0.007	0.62	6.0	0.0
				最大值	51.3	18.60	1.46	22.8	1.48	1.18	3.86	20.0	13.4	21.0	14.9	170.0	0.009	0.79	32.0	4.6
				平均值	41.7	17.85	1.19	18.4	1.12	0.79	2.92	12.2	8.0	13.6	11.5	136.0	0.008	0.68	18.0	0.9

续表

工程地质分区	时代成因	岩性	标准层号	统计项目	天然含水率 ω/%	重度 γ/(kN/m³)	孔隙比 e	塑性指数 I_P	液性指数 I_L	压缩系数 a_{1-2}/MPa⁻¹	压缩模量 E_{s1-2}/MPa	直快 c/kPa	直快 φ/°	固快 c/kPa	固快 φ/°	波速 v_s/(m/s)	侧摩阻力 f_s/MPa	锥尖阻力 q_c/MPa	三轴 c_{UU}/kPa	三轴 φ_{UU}/°
Ⅲ区	Qml	淤泥质冲填土	①₃₋₃	最小值	33.0	16.60	1.00	15.0	0.69	0.44	1.96	3.0	1.0	4.0	6.2	60.0	—	—	—	—
				最大值	57.3	18.70	1.59	24.4	1.46	1.17	3.80	14.0	11.4	15.0	14.3	88.0	—	—	—	—
				平均值	43.7	17.73	1.23	19.6	1.06	0.79	2.82	8.7	6.9	8.9	9.1	74.0	—	—	—	—
	Q₄³ᴺsi	淤泥	②	最小值	39.4	15.70	1.31	15.5	0.89	0.64	2.00	—	—	3.0	3.7	—	—	—	—	—
				最大值	66.7	17.90	1.89	28.7	1.53	1.44	2.90	—	—	11.0	12.0	—	—	—	—	—
				平均值	51.9	16.87	1.56	21.8	1.24	1.13	2.16	—	—	5.8	8.5	—	—	—	—	—
	Q₄²m	淤泥、淤泥质土	⑥₁	最小值	35.1	16.37	1.00	15.1	0.92	0.43	1.72	3.0	1.2	4.0	6.2	81.0	—	—	8.0	0.0
				最大值	60.3	18.60	1.70	25.7	1.53	1.37	3.69	15.0	14.0	17.0	16.0	122.0	—	—	14.0	4.4
				平均值	45.5	17.58	1.28	20.1	1.23	0.90	2.68	8.1	6.6	9.3	12.0	102.6	—	—	10.5	0.9
		淤泥质土	⑥₄	最小值	36.0	16.55	1.00	15.3	0.72	0.42	1.89	5.0	1.0	6.0	5.3	—	—	—	6.0	0.0
				最大值	57.0	18.70	1.61	25.4	1.37	1.25	3.87	16.0	12.0	20.0	14.7	—	—	—	22.0	3.4
				平均值	44.0	17.74	1.24	19.9	1.14	0.79	2.85	10.0	6.3	12.4	10.9	—	—	—	12.4	0.8
Ⅳ区	Q₄³ᴺal	淤泥质土	③₃	最小值	34.9	16.86	1.00	15.0	0.84	0.49	2.14	6.0	10.0	8.0	12.0	—	0.005	0.45	—	—
				最大值	51.5	18.40	1.44	23.8	1.29	1.08	3.62	12.0	15.5	15.0	16.0	—	0.010	0.79	—	—
				平均值	42.5	17.69	1.20	19.4	1.06	0.77	2.85	9.2	11.8	11.1	13.5	—	0.007	0.62	—	—

表 3.3-17

天津中心城区软土分布特性表

层序		成因	代号	标准层号	土层名称	常见厚度/m	层底埋深/m	状态特征	分布状况
统	组								
全新统	新近组	坑底淤积	$Q_4^{3N}si$	②	淤泥质土	0.5~1.5	2.5~5.5	软塑—流塑	古沟坑区
		古河道、洼淀冲积	$Q_4^{3N}al$	③₃	淤泥质土	0.5~4.0	4.0~11.0	软塑—流塑	古河道、古洼地区域分布
	上组	湖沼相沉积	Q_3^1l+h	⑤₂	淤泥质土	1.0~3.0	7.0~8.0	软塑—流塑	市区西北部局部分布
	中组	浅海相沉积	Q_2^2m	⑥₂	淤泥质土	0.5~4.0	7.0~11.0	流塑	局部分布

表 3.3-18

天津中心城区软土层物理力学性质指标统计表

时代成因	岩性	标准层号	统计项目	天然含水率ω/%	重度γ/(kN/m³)	孔隙比e	塑性指数IP	液性指数IL	压缩模量Es1-2/MPa	固快c/kPa	固快φ/°	直快c/kPa	直快φ/°	标贯击数N/击	波速vs/(m/s)
$Q_4^{3N}si$	淤泥质土	②	最小值	38.0	15.9	1.07	15.6	0.98	1.5	7.0	4.0	2.0	1.0	0.5	71.0
			最大值	55.6	18.1	1.92	24.1	1.56	3.1	14.0	15.0	10.0	9.0	2.0	132.0
$Q_4^{3N}al$	淤泥质土	③₃	最小值	34.8	17.3	1.01	14.0	0.93	2.2	6.0	7.3	2.5	5.0	0.5	93.0
			最大值	46.6	18.5	1.39	21.3	1.56	3.9	16.0	18.7	10.4	12.0	2.5	152.0
Q_3^1l+h	淤泥质土	⑤₂	最小值	36.1	17.3	1.02	15.0	0.85	2.3	—	—	—	—	0.5	144.0
			最大值	47.9	19.1	1.38	22.5	1.42	4.0	—	—	—	—	3.0	163.0
Q_2^2m	淤泥质土	⑥₂	最小值	36.0	17.4	1.05	14.2	1.02	2.1	8.0	8.3	3.8	6.0	0.5	107.0
			最大值	48.5	18.3	1.41	20.9	1.51	3.7	16.0	19.5	14.4	14.0	3.0	155.0

胶州湾滨海沉积软土物理力学性质指标统计表　　　　表 3.3-19

指标项目	平均值	极大值	极小值	标准差	变异系数	统计个数	中值	代表性值域区间
$w/\%$	36.4	79.8	23.7	9.2	0.25	1158	33.7	28～45
$\rho/(g/cm^3)$	1.84	1.97	1.39	0.09	0.05	1158	1.84	1.70～1.90
e	1.007	2.570	0.772	0.251	0.25	1158	1.009	0.9～1.5
$S_t/\%$	95.9	100.0	90.3	3.8	0.04	1158	97	93～100
$\omega_L/\%$	30.9	57.3	22.5	7.4	0.24	1158	28.5	24～37
$\omega_P/\%$	16.3	32.7	12.0	4.0	0.24	1158	15.1	13～19
I_P	14.6	29.5	10.1	4.0	0.27	1158	14	11～19
I_L	1.39	2.63	0.94	0.27	0.19	1158	1.33	1.0～1.7
$a_{v0.1-0.2}/MPa^{-1}$	0.67	1.58	0.30	0.35	0.54	159	0.57	0.4～0.9
$E_{s0.1-0.2}/MPa$	3.61	6.33	1.70	1.30	0.36	159	3.47	2.0～4.5
c_{uu}/kPa	12.9	24.2	3.8	5.1	0.40	28	14	7.2～17.0
$\varphi_{uu}/°$	4.6	12.9	2.6	1.7	0.37	28	4.5	3～12
c/kPa	6.3	17.8	2.6	2.5	0.40	78	6.2	3～10
$\varphi/°$	7.6	17.6	1.2	2.9	0.37	78	5.8	1.6～14
c_q/kPa	11.7	20.6	6.4	2.5	0.22	67	14	7.2～17
$\varphi_q/°$	8.0	17.3	2.0	2.6	0.32	67	7.2	4～15
q_u/kPa	26.0	49.3	5.8	10.1	0.39	50	27.2	10.2～41.2

3.4.3　中部软土（Ⅱ区）特性

1. 上海软土

上海地区地貌类型可划分为湖沼平原、滨海平原、河口砂嘴砂岛、潮坪地带和剥蚀残丘五种，软土在前四种地貌类型内基本均有分布。软土的地质年代、土层序号、成因类型、分布特点等详见表 3.3-20，湖沼平原Ⅰ-1 及滨海平原主要软土层的物理性质详见表 3.3-21。

2. 连云港软土

连云港地区普遍分布滨海浅海相沉积软土，特别是东部沿海地区，软土层厚度大，最大厚度超过 20m，土性以淤泥、淤泥质土为主。连云港软土物理力学性质指标详见表 3.3-22。

3. 武汉软土

软土主要分布于长江、汉江冲积一级阶地，沿长江、汉江两岸的湖积平原内。软土主要为全新统湖积淤泥质土和淤泥组成，分布区域内总体厚度大，最大厚度超过 15m，且软土层内多夹粉土、粉砂层，或呈淤泥质土与粉土、粉砂层互层。武汉软土物理力学性质指标见表 3.3-23。

4. 杭州软土

杭州平原地区广泛分布的软土主要为全新统滨海沉积软土，软土层物理力学性质指标详见表 3.3-24。

5. 宁波软土

软土主要分布在中东部沿海平原区及丘陵平原区，以全新统滨海沉积淤泥、淤泥质土和湖沼沉积的泥炭土为主。宁波市区软土主要为全新统滨海沉积淤泥、淤泥质土，宁波市区软土层编号、时代成因及物理力学性质指标详见表 3.3-25。

6. 温州软土

温州滨海平原广泛分布第四纪泻湖相、溺谷相与滨海相等滨海沉积软土，土质主要包括淤泥及淤泥质土，软土层累积厚度大，最大厚度超过 40m。温州地区软土物理力学性质指标见表 3.3-26。

7. 福建软土

福建沿海广泛分布厚度较大的软土层，最大厚度超过 30m，在晋江、闽江的河口平原有大面积分布。泉州、莆田地区的软土主要成因类型为第四纪滨海沉积相；福州地区的软土主要为溺谷相成因类型。

沿海地区软土主要物理力学性质指标见表 3.3-27。

8. 贵州软土

贵州六盘水地区软土的物理力学指标见表 3.3-28。

3.4.4　南方软土（Ⅲ区）特性

1. 广州南沙软土

广州市南沙地区在长期的河流冲积和海潮进退作用下，广泛沉积了深厚的海陆交互相的冲-海积沉积软土。该地区软土主要为淤泥、淤泥质土、淤泥混粉细砂等，在软土层内夹有薄厚不一的薄层粉细砂层，具有一定的水平层理，有机质及腐殖物含量较高。软土一般分布在地表硬壳层之下，大部分地段软土为单层，局部为双层。厚度总体呈从西北向东南沿海逐渐增大的趋势，西北部软土厚度一般小于 20m，东南部软土厚度一般大于 20m，最厚可超过 40m，区内分布的淤泥物理力学性质指标见表 3.3-29。

2. 昆明软土

云南昆明分布的软土主要是有机质含量高的泥炭质土及泥炭土，分布范围广，厚度大，埋藏深度大，昆明地区一般发育三层泥炭土，最大埋置深度达 40m。昆明滇池地区全新世中期形成的湖沼相泥炭土一般埋深在 3.6～10m 之间，厚度 2.3～7.3m，物理力学性质指标见表 3.3-30。

3. 深圳软土

深圳地区软土主要分布在深圳市西海岸，东部零星分布。西部地区软土从深圳湾到珠江入海口东岸，即从深圳河口、深圳湾、后海湾、前海湾、西乡、沙井的沿海滩涂地区，面积约 60km²，厚度一般为 3～10m，最大厚度可达 20m。在湖、塘、河、沟等处分布厚度较薄的淤泥和埋藏于海积平原海陆交互沉积的淤泥质黏性土，湖塘沉积的含泥炭质黏性土，在深圳局部也有分布。

深圳海岸滩涂地带海积淤泥层，厚度一般为 3～10m，含水率高，最高可达 100% 以上，基本呈流动状态。埋藏于海积平原海陆交互沉积的淤泥质黏性土含水率一般为 40%～60%，呈流塑状态。湖沼相沉积的含泥炭质黏性土含水率较高，但液性指数往往小于 1.0，野外观察与触摸已呈可塑状态。深圳地区软土的物理力学性质指标统计见表 3.3-31，典型工程的淤泥物理力学性质指标见表 3.3-32。

表 3.3-20

上海软土层次划分及特征表

地貌单元	地质年代		土层序号	土层名称	顶面埋深/m	常见厚度/m	成因类型	状态	包含物及工程特性	分布状况
湖沼平原 I-1区	全新世	Q₄³	①₂	灰黑色泥炭质土	0.5~1.0	0.2~0.5	湖沼	软塑	含大量腐殖物、有机质、有臭味、无层理	局部分布
		Q₄²	②₂	灰黑色泥炭	2.0~3.0	0.3~0.6	河口—湖沼	软塑	以腐殖质为主、有机质、有臭味	局部分布
			③₁	灰色淤泥质黏性土	2.0~3.5	1.0~12.0	滨海—浅海	流塑	含云母、有机质、夹少量薄层粉性土。属高压缩性土、具流变和触变的特性	局部缺失
湖沼平原 I-2区及滨海平原	全新世	Q₄³	①₂	沃底淤泥	1.0~2.0	1.0~4.0	—	流塑	黑色淤泥、有杂物、有臭味	分布于明浜、暗浜（塘）区
		Q₄²	③₁ ③₃	灰色淤泥质粉质黏土	3.0~7.0	5.0~10.0	滨海—浅海	流塑	含有机质、夹薄层粉砂、局部为软塑状粉质黏土、是天然地基主要软弱下卧层	遍布
			④	灰色淤泥质黏土	7.0~12.0	5.0~10.0	滨海—浅海	流塑	含云母、有机质、夹少量薄层粉砂、局部夹贝壳碎屑。属高压缩性土、高灵敏度土、是天然地基主要软弱下卧层	遍布
河口砂嘴砂岛	全新世	Q₄²	③	灰色淤泥质粉质黏土	6.0~7.0	1.0~3.0	滨海—浅海	流塑	含云母、有机质、夹薄层粉砂。属高压缩性土、是天然地基主要软弱下卧层	与滨海平原交界地带分布
			④	灰色淤泥质黏土	9.0~15.0	3.0~10.0	滨海—浅海	流塑	含云母、有机质、夹少量薄层粉砂、局部夹贝壳碎屑。属高压缩性土、高灵敏度土、是天然地基主要软弱下卧层	遍布
潮坪地带	全新世	Q₄³	①₁	围海填土	0	0.5~6.5	人工	松散、流塑	以粉性土为主、局部夹较多淤质土、土质不均	滩面围垦区分布
		Q₄³	①₂	灰褐色淤泥	0.5~6.5	0.5~2.0	—	流塑	原滩面淤泥、土质极为软弱	局部分布
		Q₄²	③	灰色淤泥质粉质黏土	6.0~7.0	1.0~3.0	滨海—浅海	流塑	含云母、有机质、夹薄层粉砂。属高压缩性土、是天然地基主要软弱下卧层	局部分布
			④	灰色淤泥质黏土	9.0~15.0	3.0~10.0	滨海—浅海	流塑	含云母、有机质、夹少量薄层粉砂、局部夹贝壳碎屑。属高压缩性土、高灵敏度土、是天然地基主要软弱下卧层	遍布

表 3.3-21

上海软土物理力学性质指标统计表

地貌单元	土层名称	土层序号	天然含水率 w/%	密度 ρ/(g/cm³)	相对密度 G_s	孔隙比 e	液限 ω_L/%	塑限 ω_P/%	塑性指数 I_P	压缩系数 $a_{0.1-0.2}$/MPa⁻¹	压缩模量 $E_{s0.1-0.2}$/MPa	固结快剪 c/kPa	固结快剪 φ/°	三轴UU c_{uu}/kPa	三轴UU φ_{uu}/°	三轴CU c_{cu}/kPa	三轴CU φ_{cu}/°	三轴CU c'/kPa	三轴CU φ'/°	无侧限抗压强度 q_u/kPa
湖沼平原 I-1 区	灰色淤泥质黏性土	③₁	31.2~50.2	1.70~1.88	2.72~2.75	0.81~1.42	28.7~45.5	17.2~24.3	10.7~22.0	0.34~1.16	1.33~4.83	9.0~17.0	10.0~20.5	—	—	—	—	—	—	—
滨海平原	灰色淤泥质粉质黏土	③₁ ③₃	36.0~49.7	1.71~1.86	2.72~2.74	1.00~1.36	29.6~40.1	17.8~23.0	10.3~17.0	0.30~1.03	2.20~5.97	8.5~14.2	12.1~28.0	21.0~40.0	0	5.0~17.0	11.5~26.5	0~6.0	25.5~36.5	31~66
滨海平原	灰色淤泥质黏土	④	40.0~59.6	1.64~1.79	2.73~2.76	1.12~1.67	34.4~50.2	19.0~26.0	17.0~25.1	0.55~1.65	1.32~3.58	11.5~15.7	8.5~16.9	18.0~44.0	0	7.0~18.0	11.0~18.5	0~9.0	21.5~30.5	42~77

连云港软土物理力学性质指标统计表

表 3.3-22

土层名称		含水率 w/%	重度 γ/(kN/m³)	孔隙比 e	塑性指数 I_P	液性指数 I_L	压缩系数 $a_{0.1-0.2}$/MPa⁻¹	直剪 快剪 c/kPa	直剪 快剪 φ/°	直剪 固快 c/kPa	直剪 固快 φ/°	三轴 UU c_{uu}/kPa	三轴 UU φ_{uu}/°	三轴 CU c_{cu}/kPa	三轴 CU φ_{cu}/°	无侧限抗压强度 q_u/kPa	灵敏度	十字板强度/kPa
淤泥质黏土	范围值	39.8~58.5	16~18.7	1.13~1.64	19.6~27.2	0.95~1.59	—	9~19	0.74~9.1	6~16	15~22.6	—	—	—	—	18.5~28	—	4.5~37.6
	平均值	48.9	17	1.4	23.9	—	0.77	14.8	3.85	12	18.1	—	—	—	—	23.1	—	20.1
淤泥	范围值	51.1~68.4	15.5~17.7	1.44~1.99	19.7~33.2	—	1.05~1.79	7~23	0.98~5.9	4~16	12.7~19.7	14~23	0~4.6	4~11	18.5~28.1	10~54	1.8~12	4.5~25.9
	平均值	60.3	16.3	1.68	25.8	1.04	1.45	13.6	2.81	8.5	17.1	16.6	2.6	7.7	23.3	34.8	4.3	14.8

武汉软土物理力学性质指标

表 3.3-23

软土类型		天然含水率 w/%	重度 γ/(kN/m³)	天然孔隙比 e	液限 ω_L/%	液性指数 I_L	塑性指数 I_P	c/kPa	φ/°	压缩性 压缩系数 $a_{0.1-0.2}$/MPa⁻¹	压缩性 压缩模量 $E_{s0.1-0.2}$/MPa
淤泥、淤泥质土（上层）	最大值	68.0	18.6	1.45	62	1.50	29	22	19	1.33	3.61
	最小值	33.4	16.9	0.95	33	0.75	12	4	6	0.36	1.29
	平均值	42.2	17.8	1.20	38	1.05	20	11	13	0.70	2.88
淤泥、淤泥质土（下层）	最大值	65.0	18.6	1.45	61	1.40	27	24	20	1.26	3.98
	最小值	32.0	16.8	0.97	33	0.68	11	4	7	0.38	1.80
	平均值	40.5	17.8	1.16	39	1.02	18	11	14	0.60	2.54

杭州地区软土物理力学性质指标

表 3.3-24

层序	岩土名称	天然含水率w/%	天然重度γ/(kN/m³)	天然孔隙比e	塑性指数I_P	液性指数I_L	压缩系数$a_{0.1-0.2}$/MPa⁻¹	直剪固结快剪 c/kPa	直剪固结快剪 φ/°
③ₐ	淤泥质黏土	38~65	16~18	1~2.5	15~23	1.2~1.5	1~1.6	9~14	4~8
③ᵦ	淤泥质粉质黏土	37~46	17~18	1~1.3	12~15	1.5~1.9	0.5~1.3	9~23	6~10
⑤ₐ	淤泥质粉质黏土	40~42	17~18	1.1~1.2	13~16	1.3~1.7	0.6~0.8	13~25	7~13
⑤ᵦ	淤泥质黏土	43~49	17~17.7	1.2~1.4	17~22	1.2~1.4	0.7~0.8	16~21	7~11

宁波市区软土物理力学性质指标

表 3.3-25

成因时代	岩土编号	岩土名称	天然含水率w/%	密度ρ/(g/m³)	天然孔隙比e	液限ω_L/%	塑限ω_P/%	液性指数I_L	塑性指数I_P	压缩系数$a_{0.1-0.2}$/MPa⁻¹	压缩模量$E_{s0.1-0.2}$/MPa	直剪快剪 c/kPa	直剪快剪 φ/°	固结快剪 c/kPa	固结快剪 φ/°
mQ₄³	①₃	淤泥质黏土	39.9~57.2	1.65~1.81	1.12~1.65	36.6~47.5	20.8~25.9	1.0~1.6	15.6~21.5	0.8~1.4	2.0~2.6	5.9~11.6	1.6~3.4	12.6~18.8	7.7~10.8
mQ₄²	②₂₋₁	淤泥	50.4~60.4	1.63~1.71	1.42~1.74	40.9~48.5	22.6~26.6	1.3~1.7	17.8~22.2	1.1~1.6	1.6~2.3	4.2~9.3	1.6~2.9	11.9~16.7	7.4~9.1
	②₂₋₂	淤泥质黏土	41.3~53.8	1.67~1.79	1.23~1.55	35.8~45.1	20.3~24.8	1.1~1.7	15.2~20.5	0.8~1.3	1.9~2.8	2.5~10.0	1.4~3.8	12.0~19.8	7.4~10.9
mQ₄¹	④₁	淤泥质粉质黏土	38.1~51.9	1.68~1.81	1.11~1.54	34.8~47.0	20.0~26.0	1.0~1.4	14.4~21.2	0.8~1.2	2.0~2.8	5.4~16.6	1.6~5.3	13.3~21.9	7.8~11.9

温州地区软土物理力学性质指标

表 3.3-26

岩土名称	天然含水率w/%	干密度ρ_d/(g/m³)	天然孔隙比e	塑性指数I_P	压缩系数$a_{0.1-0.2}$/MPa⁻¹	灵敏度S_t	直剪快剪 φ/°	固结快剪 φ/°
淤泥	53~72	0.96~1.11	1.50~1.92	15~34	0.5~3.2	1.6~6.1	2~4	10~15
淤泥质黏土	38~56	1.06~1.35	1.04~1.49	17~30		1.5~6.8	3~5	10~15
淤泥质粉质黏土	35~50	1.14~1.37	1.00~1.39	11~17		1.4~10.4	3~5	10~20

福建省沿海地区软土主要物理力学性质指标

表 3.3-27

地区	天然含水率 w/%	重度 γ/(kN/m³)	天然孔隙比 e	饱和度 S_r/%	液限 ω_L/%	塑性指数 I_P	压缩性		固结快剪		无侧限抗压强度 q_u/kPa	灵敏度 s_t
							压缩系数 $a_{0.1-0.2}$/MPa⁻¹	压缩模量 $E_{s0.1-0.2}$/MPa	φ/°	c/kPa		
福州	45.0~80.0	15.0~17.5	1.1~2.7	90~98	35~75	16~35	0.8~2.7	1.2~3.0	4~12	1~15	9~35	2.5~7.0
马尾	45.7~73.0	16.0~17.5	1.15~1.9	90~100	35~75	16~35	0.8~2.0	1.2~3.3	6~15	2~17	9~36	2.5~7.0
厦门	50.0~70.0	14.5~18.0	1.0~1.7	85~100	35~60	15~25	0.7~1.9	1.5~3.5	4~13	3~15	—	—
漳州	45.0~65.0	15.5~17.5	0.9~1.8	85~96	40~65	16~30	1.0~2.4	1.3~4.0	4~16	2~20	—	—
泉州	45.0~75.0	15.0~17.0	1.0~1.8	96~99	40~60	17~30	0.7~1.8	1.6~3.0	4~14	3~15	—	—
诏安	36.0~65.0	16.7~18.5	0.99~1.6	86~100	50~68	10~25	0.6~1.5	1.5~3.4	8~16	5~12	—	—

注：上表不包括福建省第三系内陆型软土指标。

贵州六盘水地区软土物理力学性质指标

表 3.3-28

软土类型		天然含水率 w/%	重度 γ/(kN/m³)	饱和度 S_r/%	天然孔隙比 e	液限 ω_L/%	塑限 ω_P/%	塑性指数 I_P	液性指数 I_L	c/kPa	φ/°	压缩系数 $a_{0.1-0.2}$/MPa⁻¹
泥炭	最大值	563	15.7	—	10.9	340	236	246	—	42	23	12.9
	最小值	79	9.7	81	1.60	67	36	23	0.38	2	9	2.1
淤泥	最大值	223	18.6	100	6.03	223	150	122	2.06	62	26	8.3
	最小值	38	11.7	86	1.12	41	21	12	0.30	0	1	0.4
淤泥质土	最大值	142	19.2	100	3.72	165	90	75	2.09	63	23	4.2
	最小值	23	12.3	84	0.79	35	20	9	0.24	0	0	0.4

广州南沙软土物理力学性质指标[2]

表 3.3-29

统计项目	天然含水率w/%	密度ρ/(g/m³)	相对密度G_s	天然孔隙比e	饱和度S_r/%	液限ω_L/%	塑限ω_P/%	液性指数I_L	压缩系数$a_{0.1-0.2}$/MPa⁻¹	压缩模量$E_{s0.1-0.2}$/MPa	直剪快剪		固结快剪	
											c/kPa	φ/°	c/kPa	φ/°
最大值	82.50	1.68	2.73	2.16	100.0	61.40	36.90	2.62	2.97	6.79	12.00	14.00	19.30	25.70
最小值	48.00	1.48	2.57	1.45	82.5	35.70	22.90	1.01	0.37	0.89	2.90	0.80	5.00	2.50
平均值	61.84	1.60	2.65	1.69	96.64	48.95	28.39	1.61	1.38	1.98	6.09	3.96	11.64	13.70

昆明滇池地区泥炭土物理力学性质指标

表 3.3-30

统计项目	天然含水率w/%	重度γ/(kN/m³)	颗粒相对密度G_s	天然孔隙比e	液限ω_L/%	塑限ω_P/%	塑性指数I_P	液性指数I_L	压缩性		固结快剪		有机质含量W_u/%
									压缩系数$a_{0.1-0.2}$/MPa⁻¹	压缩模量$E_{s0.1-0.2}$/MPa	c/kPa	φ/°	
最大值	478.00	14.60	2.68	9.24	385.0	250.7	121.00	3.85	12.74	2.28	21.1	8.1	84.1
最小值	60.00	9.60	1.32	1.51	68.0	29.0	15.00	0.39	0.66	0.60	12.0	4.1	10.5
平均值	233.61	11.36	2.01	4.80	190.7	132.2	57.40	1.72	5.18	1.18	17.3	6.0	51.5

深圳地区软土物理力学性质指标统计表　　　表 3.3-31

土层名称		淤泥		淤泥质黏性土			
地层成因		海积 Q_4^m		海陆交互沉积 Q_4^{mc}		湖沼相沉积 Q_3^h	
地层编号		③₁		③₃		⑥₁	
统计内容		范围值	平均值	范围值	平均值	范围值	平均值
天然含水率 w/%		50～110.8	71.9	36.3～98.9	51.2	37.1～60.2	46.2
密度 ρ/（g/cm³）		1.38～1.80	1.55	1.10～1.81	1.68	1.59～1.84	1.74
孔隙比 e		1.5～3.063	1.991	1.141～1.495	1.348	1.012～1.488	1.206
液限 w_L/%		23.5～78.1	52.8	30.9～57.9	44.5	26.4～57.5	44.1
塑性指数 I_P		10.2～33.4	22.2	10.5～26.0	18.3	11.6～24.9	19.3
液性指数 I_L		0.976～4.782	1.877	0.849～2.995	1.434	0.752～1.374	1.088
压缩模量 E_S/MPa		0.83～3.71	1.87	1.85～4.81	2.64	2.24～3.44	2.71
直剪试验（快剪）	c/kPa	4.0～9.6	6.6	15.4～26.4	21.8	6.6～19.0	12.7
	φ/°	1.5～4.0	2.5	1.6～3.4	2.4	1.3～6.9	4.5
直剪试验（固快）	c/kPa	11.8～26.0	19.2	15.5～28.2	20.7	4.1～37.3	23.1
	φ/°	3.9～9.7	7.1	5.8～17.6	12.2	2.7～9.9	5.8
静三轴试验 UU	c/kPa	2.0～4.5	3.1	3.6～14.3	8.4	2.7～18.3	9.3
	φ/°	0.6～1.7	1.2	1.5～4.8	3.5	1.1～4.9	2.5
静三轴试验 CU	c/kPa	6.0～14.0	9.5	6.0～23.9	13.9	9.0～23.9	15.4
	φ/°	11.2～16.4	14.0	9.4～16.5	13.0	9.4～14.3	11.5
固结系数（50～100kPa）/（×10⁻⁴cm²/s）	c_V	3.78～5.52	4.20	35.0～37.2	36.3	—	—
	c_h	4.46～5.55	5.08	51.0～104.0	77.5	—	—
固结系数（100～200kPa）/（×10⁻⁴cm²/s）	c_V	4.10～7.20	5.50	25.0～35.5	30.1	—	—
	c_h	5.18～6.56	6.05	45.0～85.1	65.7	—	—
次固结系数	c_a（垂直向，100kPa）	0.0103～0.0126	0.0113	0.00305～0.00347	0.00315	—	—
	c_a（垂直向，200kPa）	0.0126～0.0129	0.0128	0.00275～0.00441	0.0036	—	—
渗透系数 k/（cm/s）	水平	1.07×10^{-8}～3.91×10^{-8}	3.17×10^{-8}	2.5×10^{-6}～3.6×10^{-5}	9.0×10^{-6}	—	—
	垂直	1.02×10^{-8}～3.56×10^{-8}	1.98×10^{-8}	1.2×10^{-7}～9.1×10^{-6}	1.7×10^{-6}	—	—

深圳地区典型工程淤泥主要物理力学性质指标对比表[3]　　　表 3.3-32

工程名称	位置	地貌	天然含水率 w/%	孔隙比 e	压缩模量 E_S/MPa	固结系数c_V/ ($\times 10^{-4}$cm²/s)	厚度 H/m
皇岗口岸	深圳河边	海积平原	52.6	1.45	1.7	3.5	—
福田保税区	深圳河注入深圳湾河口北岸	海积平原	61.1	1.67	1.56	6.2	8～18
滨海大道	深圳湾北岸	海积平原	58	1.56	2.00	—	9～12
		低潮干出滩	89	2.44	2.57	—	
		水下浅滩	91.5	2.51	1.55	4.2	
深圳湾填海区	深圳湾北岸	—	80	2.17	—	5.5	3～15
南山商业文化中心	深圳湾南山后海	海积平原	60	1.47	2.07	5.2	3～6
		低潮干出滩	82	2.22	1.64	4	
海月花园	深圳湾南山后海	低潮干出滩	84.6	2.39	—	—	3～19
深港西部通道口岸填海区	深圳湾南山后海	水下浅滩	90.9	2.46	1.6	—	—
蛇口集装箱码头	深圳湾口	水下浅滩	83	2.25	—	4.7	12～18
南油 12.9 万 m² 填海造地	妈湾	水下浅滩	80	2.06	1.8	5.18	7.1～15
南油前海 314 地块填海造地	妈湾	低潮干出滩	80	2.06	1.8	—	9.8
妈湾电厂湿灰场灰坝	妈湾	水下浅滩	—	2.1	1.6	—	8～10
宝安中心区	伶仃洋东岸大铲湾	海积平原	67.7	2.23	1.67	3.75	0.7～6.7
		低潮干出滩	62.5	1.73	2.19	3.76	
南昌路	伶仃洋东岸西乡固戎	海积平原	86.5	2.24	—	—	7～10
深圳机场	伶仃洋东	海积平原	82.1	2.22	—	4.0	4～9
		红树林漫滩	94.9	2.57	—	4.1	

参考文献

[1]　杨德才，王怀拔，徐军. 温州地区巨厚软土的工程地质特征[J]. 岩土工程技术，2007, 21(4), 207-208.

[2]　姜燕，杨光华，孙树楷，等. 广州市南沙区软土物理力学指标统计分析[J]. 长江科学院院报，2019, 36(9): 100-101.

[3]　丘建金，张旷成，文建鹏. 深圳海积软土地基加固技术与工程实践[M]. 北京：中国建筑工业出版社，2017.

第4章 混合土

4.1 混合土的定名、分类和工程特性

4.1.1 混合土的定名和分类

涉及混合土定名和分类的国家行业标准有《岩土工程勘察规范》GB 50021—2001（2009年版）、《水运工程岩土勘察规范》JTS 133—2013。

1. 混合土的定名

（1）《岩土工程勘察规范》GB 50021—2001（2009年版）规定由细粒土和粗粒土混杂且缺乏中间粒径的土应定名为混合土。

（2）《水运工程岩土勘察规范》JTS 133—2013中规定由粗细两类土呈混合状态存在，具有颗粒级配不连续、中间粒组颗粒含量极少、级配曲线中间段极为平缓等特征的土应定名为混合土。

2. 混合土的分类

（1）《岩土工程勘察规范》GB 50021—2001（2009年版）

碎石土中粒径小于0.075mm的细粒土质量超过总质量的25%，分类定名为粗粒混合土；

粉土或黏性土中粒径大于2mm的粗粒土质量超过总质量的25%，分类定名为细粒混合土。

（2）《水运工程岩土勘察规范》JTS 133—2013

根据不同土类分为淤泥和砂的混合土、黏性土和砂或碎石的混合土，其分类方法见表3.4-1。

混合土分类　　　　　　　　　　　　　　表 3.4-1

土类与砂或碎石混合	土类含量	分类定名
淤泥和砂的混合土	淤泥含量 > 30%	淤泥混砂
	10% < 淤泥含量 ≤ 30%	砂混淤泥
黏性土和砂或碎石的混合土	黏性土的含量 > 40%	黏性土混砂或碎石
	10% < 黏性土的含量 ≤ 40%	砂或碎石混黏性土

3. 混合土的特征

（1）粗细粒混杂且各占相当比例，如果按粒组含量分类，有些混合土往往可定名为碎石土，但如果按同种土的细粒（即过0.5mm筛后的细粒部分）的塑性指数又可定名为黏性土。

（2）在潮湿状态下，除去极粗颗粒后，往往呈可塑状，且在干燥后能保持原来的形状。

如不除去其中的粗颗粒，又不能像黏性土那样可以搓成细条；

（3）分布于各种特殊性土地区的混合土，常具有该地区土相应的特殊性质，如膨胀性或湿陷性。

（4）混合土中的粗、细粒的矿物成分、重度、相对密度、比表面积等常常相差很大。因此，对混合土测试和各种指标的计算以及评价均需采用特殊的方法，且不能把它作为均一体考虑。

（5）混合土中常因含有大量的粗大颗粒，如碎（卵）石颗粒，甚至漂石，取不扰动土样困难，甚至也很难取到有代表性的扰动土样。用一般室内试验方法，几乎不能取得其正确的物理力学性质。

（6）混合土中的粗颗粒可能互相接触，或可能为细粒局部包围，也可能呈斑状"浮"在细粒之中，要正确评价混合土的工程性能，必须查明这些情况。

4.1.2   混合土的工程特性

1. 人工制备混合土的性质

1）由黏粒、粉粒及砂粒人工制备的砂质混合土

（1）按一定比例配合的混合土的含水量随砂掺量的增加而减少，重度随之增加。当砂掺量达90%时，土呈松散状，密度减小，重度偏低。

（2）混合土的孔隙比随砂掺量的增加而增大，当掺量达80%以上时，土呈松散状，孔隙比增大。在砂掺量相同的情况下，孔隙比随砂粒径增大而减小，土的饱和度在砂掺量少于60%时，变化不大，砂掺量为70%时，饱和度为85%，之后随砂掺量的增加而明显降低，呈现不饱和状态。土的塑性指数随砂掺量增加而降低。当砂掺量达70%，塑性指数为8以下，砂颗粒大小对塑性指数的影响减弱，出现突变点。

（3）混合土的φ值随砂掺量的增加而出现明显的变化。砂掺量小于60%，φ值在5°以内，当砂掺量达70%，φ值增大，砂掺量达80%以上时，φ值骤增至33°~35°，c值随砂掺量增加变化不大。

室内微型十字板试验表明，土的c_u值随砂掺量的增加而增加，当砂掺量达70%时，c_u变化幅度显著增大，圆锥沉入度试验则与微型十字板和直剪强度具有相同规律。

（4）混合土的压缩性变化也有一定规律，当砂掺量小于60%时a_{1-2}随砂掺量的增加而减小，当砂掺量超过60%时，a_{1-2}出现逆转现象，砂掺量增加至80%时，a_{1-2}略有增大的趋势。

（5）采用废钢渣、废轮胎颗粒、泡沫塑料颗粒、水泥颗粒替代部分细颗粒土，达到提高强度，减轻混合土质量，降低压缩性的目的。针对不同的使用用途，采用不同配合比的混合土。混合土的轻质和高强是矛盾的，通过试验，找到各种情况下的最佳配合比。

2）由砾粒、黏粒、粉粒人工制备的砾质混合土三轴试验强度

（1）砾石土的φ值较大，随其中黏粒或粉粒量的增加φ值下降。当黏粒和粉粒的含量接近40%和50%时，砾质混合土的φ值接近粉土或者粉质黏土的φ值，且当孔隙比$e = 0.5$的情况下，砾石的φ值为39°，含30%粉土时φ值为36°，含50%粉土时φ值为31°，同样孔隙比时，含30%粉质黏土时，φ值为34°，含50%粉质黏土时，φ值为28.5°。

（2）没有找到混合土中黏聚力随黏、粉粒增加的变化规律，且发现砾石土也有类似黏

性土的黏聚力为 1~8kPa，含粉土时为 1~11kPa，含粉质黏土时为 7~15kPa。

　　3）人工泡沫塑料颗粒轻质混合土

　　人工泡沫塑料颗粒轻质混合土按照所添加泡沫塑料颗粒种类的不同，性质不同。其中聚苯乙烯（EPS）泡沫颗粒的混合土应用最为广泛。EPS 颗粒的混合土的密度随着 EPS 颗粒添加量的增加而降低，它的降低趋势也是非线性的，当 EPS 颗粒的添加量达到一定程度时，它对混合土密度的降低作用开始减弱。对 EPS 颗粒轻质混合土采用无侧限抗压强度试验测试抗压强度，发现其强度也是随着水泥添加量、EPS 颗粒添加量、养护龄期、含水量的影响而变化的。

　　2. 天然混合土的性质

　　对含细粒（粒径＜0.1mm）的砾质混合土进行了研究，认为混合土中细粒含量小于 10% 时，对土体的渗透性、临界管涌、抗剪强度及地基承载力等都无明显影响；当细粒含量增加，接近或大于 40% 时，有关指标就趋向于恒值，如临界管涌比降（J_{cr}）由急剧增加而趋于恒值，渗透性、抗剪强度、地基土承载力则由急剧降低而趋于恒值，当细粒含量为 20%~30% 时，土体性状有一个明显的递变过程或拐点。

4.1.3　混合土的成因类型

　　1. 混合土的形成条件

　　（1）物质条件：有同时提供大量粗、细土颗粒的物质来源。例如，粗、中粒花岗岩在风化过程中石英粒保存下来，形成了土中的粗颗粒，而长石、云母以及其他黑色矿物经化学风化后的黏土矿物形成了土中的细粒，使花岗岩残积土成为粗、细粒混杂的混合土。

　　（2）地形条件：例如山麓堆积的坡积物，由于重力作用，使形成的粗、细粒搬运不远即在坡脚或坡腰堆积起来形成混合土。

　　（3）搬运条件：例如洪积形成的粗细混杂土层，泥石流堆积物以及冰碛物（泥包砾）等都是有强大的搬运力量，在搬运过程中使被搬运的物质不能产生分选而形成粗、细混杂的混合土。

　　2. 混合土的成因类型

　　混合土的成因类型一般有洪积、坡积、冰碛、冲积、滑塌堆积、残积等。前几种成因形成混合土的重要条件是要有提供大颗粒的条件。残积混合土则是岩石中有不易风化的粗粒（体）存在。

4.2　混合土勘察

4.2.1　工程地质调查及测绘

　　除一般调查内容外，重点在于查明：

　　（1）混合土的成因类型、物质来源及组成成分；最大颗粒粒径、大颗粒的风化情况及大颗粒的接触情况。

　　（2）混合土的形成时期，形成历史中的周期性（例如泥石流的周期发生、滑塌的周期性活动、山洪的周期性发生等）。

　　（3）混合土与下伏岩土的接触情况以及接触面的坡向、坡度。下伏岩土中（尤其是倾斜的岩土层）有无软弱带或软弱面。

（4）混合土体中是否存在崩塌、滑坡、潜蚀及洞穴等不良地质现象。下伏岩土中有无溶洞、土洞等不良地质现象。

（5）是否具有膨胀性、湿陷性。

（6）调查当地与混合土成因有关的地质现象发生的周期性、堆积范围和堆积量。调查当地利用混合土作为建筑物、建筑材料的经验以及各种有效的处理措施。

（7）泉水及地下水的情况。

4.2.2　勘探

（1）勘探点数量应较一般土地区密一些。

（2）勘探点的深度除按一般要求外，应达到能判断场地稳定性的深度。当混合土较薄时，勘探点的深度应穿过混合土层，达到其下伏坚硬土层的顶面或进入一定深度。混合土地基的勘探深度应深于一般地区。

（3）采用多种勘探手段如井探、钻探（有时需配合孔中爆破）、静力触探、动力触探以及物探等方法。在含有漂砾的混合土中勘探时，常常需要开挖大直径的探井以观察混合土的结构情况和取得有代表性的砾间填充物的试样，并可利用其进行密度测试，开挖探井时，应对井壁作详细描述、素描或照相、录像。进行钻探或触探时，应根据钻进及触探的贯入情况，了解土层中的成分变化情况。

4.2.3　原位测试

1. 静力触探

静力触探适宜用于砂质黏性土，其中所含粗大颗粒稀少，在使用静力触探的资料时，应考虑到其中粗大颗粒对测试结果的影响。

2. 动力触探

动力触探是混合土测试时常用的手段。一般采用重型动力触探或超重型动力触探，对于含稀少粗大颗粒的砂质黏土和含一般碎（卵）石的砾质黏性土适宜采用重型动力触探。对于含巨砾的砾质黏性土采用超重型动力触探，在含漂砾的混合土中测试时，则需配合钻孔爆破和岩芯钻探法与重型动力触探交互进行。

3. 旁压试验

旁压试验主要适用于能用普通方法钻探成孔的含粗粒较少的混合土中。对含粗粒较多、不易形成规则形状的钻孔中，也可选择成孔规则含粗颗粒较少的区段做旁压试验。

4. 载荷试验

要求载荷板的直径大于最大颗粒粒径的 5 倍，且载荷板的面积不小于 5000cm²。载荷试验完成后应对底板下 2.5 倍板宽（或直径）深度内土层的均匀性和代表性进行了解，并测定其物理力学性质。对于特大的漂砾，可直接对其加载进行载荷试验，观察其稳定情况，据以估算整个土体的结构稳定性、变形性质和抗剪强度。

5. 剪切试验

要求剪切盒的直径大于盒中最大颗粒的 5 倍，剪切完成后，应观察剪切面（带）所通过的土的情况对其物理性质进行测试。对于直径特大的漂石，亦可利用加载、推剪，了解其稳定情况，推估其抗剪强度。

对于含一般碎、卵石的混合土的抗剪强度，可用推剪法和压塌法进行测试。

6. 现场密度试验

对砂质黏性土,一般可用大环刀法取样分析。对含粗粒较多的混合土,可用现场挖坑,用试坑充砂法或充水法测定其密度。但在计算时,应考虑到试坑中不能容纳的巨大颗粒的存在,不同粒级土料的相对密度可能不同等情况。

4.2.4 室内试验

由于混合土很难或者不可能取得有代表性的土样,很难或者不可能取得结构不遭破坏的土样以及实验室的试验条件所限,室内试验常不能正确取得混合土的物理力学性质资料。

目前混合土的室内试验项目和常规土的项目基本相同,因此,在使用这些资料时,至少应考虑到以下的几个方面:

(1)天然密度:进行密度试验时,应注意所取土样常不包含实际土层中的巨大颗粒,在室内用环刀切取试样时,又进一步避开了较大颗粒,以及土样破坏后进行修补等原因,得不到正确的结果。

(2)相对密度:粗颗粒与细颗粒土的矿物成分不同,相对密度相差很大,故宜对粗细颗粒分别求得其相对密度,并在实际使用相对密度资料时,针对具体情况加以考虑。

(3)天然含水率:由于粗细颗粒的矿物成分不同,比表面积相差悬殊,它们的含水率相差很大。在评价土的性质时,用平均含水率常会导致不正确的结果。例如,花岗岩残积砾质黏性土,用平均含水率计算,其液性指数常小于 1 为硬塑至坚硬状态,如果使用细粒的含水率计算,则其状态为可塑有时为流塑。因此,在使用含水率资料时,要考虑到粗细粒的矿物成分、含量等因素的影响。

(4)颗粒分析:混合土的土试样中常不能包括土中实际存在的巨大颗粒,在使用颗分资料时应注意到这一点。此外,颗粒分析时,用一般风干土试样筛分法常不能将附着在粗粒上的黏粒分离,故宜用湿法进行颗分。有些土中,粗粒易碎,不宜对土试样锤捣。

(5)固结试验:混合土的固结试验,常因取样和制样过程中对土试样的破坏和土结构的破坏,不能得到正确的结果,例如,花岗岩残积砾质黏性土的E_{s1-2}常为 4.0～6.0MPa,而其变形模量E_0则在 20.0MPa 以上,此外,尚应注意到固结试验的土样中,未能将粗大颗粒包括进去的因素对压缩性的影响。

(6)剪切试验:常取混合土中的细粒集中部分进行剪切试验,但在某些情况下应考虑到粗粒对抗剪强度的影响。

总之,对土样进行室内测试和使用测试资料,都需慎重地加以研究,不可盲目和不加分析地套用。目前,对这方面的研究工作和经验甚少,岩土工程师应灵活对待。

4.3 混合土的岩土工程评价

4.3.1 混合土地基评价

1. 评价时应注意的问题

(1)不能将混合土作为一般土看待,应根据具体的情况进行专门的工作。

(2)应注意调查混合土的成因,对于由不良地质作用而生成的混合土,要研究该不良地质作用是否有重复发生的可能。

(3)搞清混合土底部的接触情况(岩土层的性质、倾角、倾向及地下水)以考虑土体的稳定性。

（4）对于残积混合土、膨胀性混合土、湿陷性混合土以及盐渍混合土具有特殊性质的混合土，尚应参照本手册第三篇中的有关章节进行评价。

2. 混合土地基承载力评价

对混合土地基的承载力评价时，应根据土的颗粒级配、土的结构、构造与建筑物安全等级及勘察阶段选择适宜的方法。

1）载荷试验法

一、二级建筑物的详勘阶段宜采用载荷试验确定。

载荷试验法可以分为压板法、土中巨大颗粒加载法，载荷试验法与其他静力触探、动力触探以及旁压法等建立关系，求得地基土的承载力和变形计算参数。

2）查表法

（1）混合土承载力可参考表 3.4-2 采用，该表适用于一、二级建筑物的初步勘察阶段和三级建筑物的详勘阶段。当使用这些资料时，用探井中大体积土试样的物理性质试验指标并应结合当地经验采用。

混合土承载力特征值　　　　　　　　　　表 3.4-2

干密度ρ_d/（t/m³）	1.6	1.7	1.8	1.9	2.0	2.1	2.2	—	适用于粗粒混合土
f_{ak}/kPa	170	200	240	300	380	480	620	—	
孔隙比e	0.65	0.60	0.55	0.50	0.45	0.40	0.35	0.30	适用于细粒混合土
f_{ak}/kPa	190	200	210	230	250	270	320	400	

（2）当粗粒混合土中的黏性土（粒）为硬塑、坚硬状态、粉土（粒）为稍湿时，也可参考碎石土承载力值见表 3.4-3。

碎石土承载力特征值 f_{ak}（单位：kPa）　　　　表 3.4-3

土的名称	密实度		
	稍密	中密	密实
卵石	300～500	500～800	800～1000
碎石	250～400	400～700	700～900
圆砾	200～300	300～500	500～700
角砾	200～250	250～400	400～600

注：1. 表中数值适用于骨架颗粒空隙全部由中砂、粗砂或硬塑、坚硬状态的黏性土或稍湿的粉土所填充；
　　2. 当粗颗粒为中等风化或强风化时，可按其风化程度适当降低承载力，当颗粒间呈半胶结状态时，可适当提高承载力。

3）计算法

（1）当能取得混合土的抗剪强度参数时，对于砂质黏性土或粒径较小的砾质黏性土，可采用一般计算方法计算地基承载力；

（2）混合土中含有巨大漂砾，可以设法估算（或测定）其抗剪强度，按一般方法计算其承载力，在估算其抗剪强度值时，应充分考虑土中细粒部分的主要作用。对于其中的巨大漂砾，还应采用相互接触刚体模型计算各单独块体的稳定性、沿接触点滑移的可能性以及块体接触处压碎的可能性，计算时要充分考虑块体接触面及土中细粒的分布、状态及其可能的变化对强度的影响。

4）经验法

对于出现的混合性土层，可以建立一套可对比勘探手段，利用载荷试验结合静力、动力触探，建立可对比关系。尤其是动力触探以确定地基承载力。动力触探对粗粒混合土是很好的手段，但应有一定数量的钻孔或探井配合。对于地域性的混合土总结地区性经验。

3. 混合土地基变形

（1）混合土中包含的粗大颗粒可视为不可压缩的成分。例如，在花岗岩残积土的混合土中常残留大体积的球状坚硬块体（常称孤石），在计算地基变形时，可将该块石所在位置作为不可压缩段考虑。

（2）混合土一般不容易取得原状土试样，即使取得这种土试样，一般也不具代表性，而且在室内制备试样时，其结构会遭受进一步破坏，不适于作室内压缩试验。混合土的变形性质指标，应采用载荷试验及其他原位测试方法求得。

（3）变形计算方法：对于混合土地基的变形计算，可按变形模量计算沉降量，计算参照现行《建筑地基基础设计规范》GB 50007 相关规定。

（4）膨胀土、湿陷性土、盐渍土地区的混合土，常具有膨胀性或湿陷性、溶陷性，在考虑地基变形时，应按本手册的有关章节考虑其膨胀、湿陷、溶陷变形。在考虑这些变形时，同样应适当考虑粗大颗粒对实际变形的影响。

4. 混合土地基的稳定性

对于混合土地基，应充分考虑其与下伏岩土接触面的性质、层面倾角、倾向，以及混合土体中和下伏岩土中存在的软弱面的倾角、倾向，核算地基的整体稳定性。此外，对于含巨大漂砾的混合土，尤其是粒间填充不密实或为软弱土所填充时，要考虑这些漂砾的滚动或滑动，影响地基的稳定性。

4.3.2　边坡、滑坡、崩塌、塌陷及泥石流

（1）混合土形成的边坡稳定性评价，一般根据混合土各粒组构成及比例选择不同分析方法，对于铁路和公路路基稳定性分析参照其行业规定。对于一般工程的混合土边坡坡度值可参考表 3.4-4 的坡度值。

混合土边坡容许坡度值　　　　　　　　　　表 3.4-4

混合土分类	密实度或状态	边坡容许坡度值（高度比）	
		坡度 <5m	坡度 5～10m
粗粒混合土	密实	1∶0.50～1∶0.35	1∶0.75～1∶0.50
	中密	1∶0.75～1∶0.50	1∶1.00～1∶0.75
	稍密	1∶1.00～1∶0.75	1∶1.25～1∶1.00
细粒混合土	坚硬	1∶1.00～1∶0.75	1∶1.25～1∶1.00
	硬塑	1∶1.25～1∶1.00	1∶1.50～1∶1.25

（2）滑坡、洪、坡积混合土，其下伏岩土层的坡度一般较大，有的混合土本身即为滑坡物质所形成，因此，应考虑这种混合土沿下伏岩土层面或混合土层中的倾斜软弱面产生滑坡，或者本身即为滑坡体的可能。

（3）崩塌：有些混合土常由崩塌体形成，应了解该崩塌体形成的机制、历史，以推测有无进一步崩塌的可能，及混合土粒组的可能构成等。

（4）塌陷：洪、坡积土中常形成土洞，土洞失去稳定形成塌陷，有时，在混合土的下伏土层中可能有洞穴而塌陷。

（5）泥石流：有些混合土的成因即为泥石流堆积，应对泥石流的产生条件、来源及今后继续发生的可能性进行调查、分析、判断。

4.3.3　混合土中的地下水

在混合土中，常易形成上层滞水，地下水易使混合土中的黏粒的状态产生变化、易使土产生潜蚀。因此，应对地下水的补给来源、类型、排泄情况、出露的泉水等结合场地稳定、场地整平、场地利用及基础深度进行评价，以防治地下水的危害。

4.3.4　勘察、设计、施工及加固处理的有关问题

（1）对混合土的定名、分类以及其物理力学性质的研究，现尚缺乏经验，因此，在混合土地区勘察时，岩土工程师应针对具体情况采取不同的勘察手段和评价方法。

（2）岩土工程师应与结构设计工程师紧密配合，详尽地研究地基土的情况和上部结构的要求，作出正确的地基基础方案或处理方案。

（3）对具有不稳定可能的混合土地基在大多数情况下，宜采取避让措施。

（4）对有反复发生的不良地质作用形成的混合土或混合土下伏土层中具有不良地质作用时，应采取避开措施。

（5）具有不良性质的混合土（如膨胀性、湿陷性），在勘察、设计、施工时，均应遵照本手册有关章节采取相应措施。

（6）对于含有漂石且其间隙充填不密实（或为软弱土填充）的混合土地基，可根据漂石的大小，采用重夯、强夯、灌浆等加固措施。

参考文献

[1]　张佩蕙. 混合土工程特性的试验研究[R]. 北京: 交通部第一航务工程勘察设计院, 1986.

[2]　姬凤玲, 吕擎峰. EPS 颗粒轻质混合土技术开发与工程应用[C]//2006 年中国交通土建工程学术研讨会论文集. 成都: 2006.

[3]　工业与民用建筑工程地质勘察规范管理组. 岩土的工程分类及承载力研究分报告之五: 碎石类土的工程分类[R]. 1984.

[4]　黄志仑, 黄聪. 花岗岩残积土的分类及其承载力[C]//第三届工程勘察学术交流会议论文选集. 北京: 中国建筑工业出版社. 1987.

[5]　何颐华, 李婉如. 高层建筑箱形与筏式基础沉降变形计算方法的有关问题[J]. 建筑结构, 1985(5).

[6]　黄志仑, 王燕. 花岗岩残积土土工试验中的几个问题[J]. 勘察科学技术, 1987(2).

[7]　原苏联远东建筑科学研究院. 混合土的强度及压缩性的评价新方法[J]. 姚雨风泽. 工程勘察, 1990(5): 22-29.

[8]　中华人民共和国建设部. 岩土工程勘察规范 (2009 年版): GB 50021—2001[S]. 北京: 中国建筑工业出版社, 2009.

[9]　中华人民共和国交通运输部. 水运工程勘察规范: JTS 133—2013[S]. 北京: 人民交通出版社, 2013.

[10]　苏阳, 杜赐阳, 刘之葵. 桂林市混合土地基承载力研究[J]. 土工基础, 2019, 33(4): 455-459.

[11]　孟安福, 张旭光. 混合土中细粒组份含水率测定试验方法的研究[J]. 港口工程, 2018, 55(S1): 144-147.

[12]　付佳佳, 王烁, 尤苏南, 等. 黏-砂混合土压缩特性与微观结构特征关系研究[J]. 长江科学院院报, 2021, 38(5): 115-122.

[13]　李伟, 王海龙, 李峰, 等. 废钢渣与砂土的混合土材料力学特性试验[J]. 沈阳建筑大学学报 (自然科学版), 2008, 24(5): 794-799.

第 5 章　填土

　　填土系指人类活动在地表堆填形成的岩土堆积体。除压实填土外，均为无规则堆填且未经压实或未严格压实的松散土体。填土的工程与环境问题在形态和规模上多种多样，本章主要是针对厚度不大，且以填土本身性能为工程核心问题的论述，不包含大开挖、深回填的高填方深厚填土勘察评价内容。

5.1　填土的分类和工程特性

5.1.1　填土的分类

　　填土根据物质组成和堆积方式分为素填土、杂填土、冲填土、压实填土四类，见表3.5-1。

按物质组成和堆填方式填土分类表　　　　　　　　表 3.5-1

分类	特征和说明
素填土	由碎石土、砂土、粉土和黏性土等一种或几种材料组成，不含杂物或含杂物很少。由天然土经人工扰动和搬运堆积而成。按主要组成物质分为：碎石素填土、砂性素填土、粉性素填土、黏性素填土等
杂填土	填土中含有大量建筑垃圾、工业废料或生活垃圾等杂物。按其主要物质成分可分为： 1. 建筑垃圾土：主要为碎砖、混凝土块、瓦砾、朽木等建筑垃圾夹土组成，有机物含量少； 2. 工业废料土：由工业生产的废料、废渣夹少量土类堆积而成； 3. 生活垃圾土：由人类生活抛弃的废物夹土类组成，一般含有机质，未分解的腐殖质较多
冲填土	由水力冲填泥砂形成的填土，又称为吹填土。系沿海、沿江及岛礁等区域较为常见的填土类型
压实填土	按一定标准控制填料成分、密度、含水率，分层压实或夯实而成的工程性填土

　　填土的其他分类方法见表3.5-2。

填土的其他分类方法　　　　　　　　表 3.5-2

分类依据	分类
堆填年代	古填土（堆填时间在50年以上）、老填土（堆填时间在15～50年）和新填土（堆填时间不满15年）
堆积方式	有计划填土和无计划填土
原岩的软化性质	矿床开采而形成的填土划分：非软化填土、软化填土和极易软化填土

5.1.2　填土的工程性质

　　填土一般具有弱结构性、高水敏性、强自重压密性及不均匀性。

　　（1）素填土的工程性质

　　素填土的工程性质取决于它的均匀性和密实度。细粒类、碎石类填土的成分与结构差异性不明显，如是土石混杂的素填土其性状往往极不均匀。除碎石类填土外，素填土一般都有显著的自重压密性和延时性；细粒类素填土结构松散，又没有大颗粒作骨架支撑，往往强度很低，同时遇水后容易出现湿陷下沉，产生裂缝，如果下伏地形起伏不平，还将加剧地基变形的不均匀性。隧道、矿山等施工过程中形成的碎石类填土往往有较多的架空结构存在，大孔洞发育，在雨水和地下水作用下，容易流失细颗粒，进一步加剧土体的不均匀性和不稳定性。素填土边坡因结构松散，在雨天易出现拉沟、溜塌现象。

（2）杂填土的工程性质

杂填土由于其组成物质的多样性和空间结构的复杂性，通常呈现孔隙大、密实度变化大的特点，大多具有较强的压缩性且性质很不均匀；同时渗透性普遍较强且极不均匀，遇水后容易出现孔洞、塌陷及不均匀下沉现象；填土边坡在雨天容易出现拉沟、垮塌现象。建筑垃圾土的组成物以砖块、混凝土块为主时，其骨架支撑作用一般优于以瓦片为主的填土；总体上建筑垃圾土和工业废料土经适当处理后可作地基使用。生活垃圾土物质成分杂乱，含大量有机质和未分解的腐殖质，具有很大的压缩性和很低的强度，即使堆积时间较长，仍可能较松软；需要在处理后利用时，应充分考虑其耐久性和污染性。

（3）冲填土的工程性质

冲填土在冲填过程中随吹泥口的远近存在一定程度的沉积分异现象，如料源本身粗细一体或土石混杂，沉积分异导致的填土性状不均匀现象就更加突出，甚至会出现透镜体状或薄层状的分布形态。冲填土的含水量大，一般大于液限，呈软塑或流塑状态。当黏粒含量多时，水分不易排出，土体形成初期呈流塑状态，后来虽土层表面经蒸发干缩龟裂，但下面土层由于水分不易排出仍处于流塑状态，稍加触动易发生触变现象。

冲填土多属未完成自重固结的高压缩性的软土。土的结构需要有一定时间进行再组合，土的有效应力要在排水固结条件下才能提高。土的排水固结条件，也决定于原地面的形态，如原地面高低不平或局部低洼，冲填后土内水分排不出去，长时间仍处于饱和状态；如冲填于易排水的地段或采取了排水措施时，则固结进程加快。

（4）压实填土的工程特性

压实填土通常为工程建设本身需要而设置，一般厚度不大，填料就地取材，按计划和技术要求回填，其性质主要取决于填料的颗粒大小及级配、密实度、含水率和均匀性。由于其填料、施工方法与工艺可以选择，并进行质量控制和检测、验收，因此它的岩土工程性质一般能达到一定的标准。

压实填土的透水性有透水和不透水之分，如下伏岩土为湿陷性黄土或遇水软化地层，只能采用灰土、水泥土等不透水垫层。在正规施工情形下，压实填土的成分、结构和均匀性差异不大，性能评价重要指标之一是压实系数，很多行业的规范都有具体的数值规定，需要遵照执行。压实填土的承载力和模量指标一般由载荷试验确定。

5.2　填土勘察

5.2.1　勘察要求

（1）充分调查收集已有资料，了解地形和地物的变迁、填土的来源、堆填年限和堆积方式。

（2）查明填土的分布、厚度、物质成分、颗粒级配、含水量、均匀性、密实性、压缩性和湿陷性等，对冲填土尚应了解其排水条件和固结程度。

（3）查明有无暗浜、暗塘、废弃坑与井、旧基础及古墓等的存在，并确定其暗埋的范围和深度。

（4）查明填土下是否有隐伏洞穴、高压缩性和特殊性岩土，并确定其暗埋的范围和深度。

（5）查明地下水类型、水位、水量、补给和排泄条件。

（6）查明地下水对建筑材料的腐蚀性。

（7）查明堆填物对水源、岩土和周边环境的污染程度。

5.2.2　勘察方法

1. 调查访问及资料收集

通过场地及周边的深入调查走访，可以基本了解地形地貌的变迁历史、填料来源与堆填方式、施工管理权责方、填方后的设施建设与地面变形等情况。

场地现状地形图与填方前的地形图，是确定填方范围和厚度的最直接的对比图件，需要充分掌握，可利用不同年代的卫星照片，了解场地回填情况；如有场地规划设计或填方设计、施工方面的资料也应尽可能搜集。

2. 勘探测试

（1）勘探布置

一般按复杂场地布置，勘探线平行或垂直于堆填场的轴线或原始地形的坡向，在局部填土厚度变化较大处需要增加勘探点；勘探孔的深度一般应穿透填土层至天然岩土体以下不少于1.0m，当填土下伏有不良土体和不利地质结构时，勘探孔需加深穿透不良土体和不利地质结构。

（2）勘探方法

基于填土的类型、厚度及勘察目的的不同，选用钻探、井探、静探、轻型动力触探、重型动力触探、取土综合手段。陆地钻探一般采用干钻工艺，井探一般要采取护壁措施，碎石类填土和建筑垃圾杂填土的部分勘探点可采用连续重型或超重型动力触探的方式。

面波、地质雷达、波速测试等工程物探方法在揭示填土与原始岩土的分界面、填土体性状分布差异性等方面通常可以达到良好效果，可与直接勘探方法结合使用。

（3）测试与检测

填土的测试和检测应以原位测试为主、辅以室内试验，并充分考虑其适应性和代表性。原位测试一般包括触探、物探、原位载荷试验、原位剪切试验等；室内试验项目包括密度、含水率、颗粒分析、相对密度、有机质含量、固结和浸水固结试验、抗剪强度等。

①填土的均匀性和密实度宜采用触探法，并辅以室内试验。轻型动力触探一般适用于厚度不大于 4m 的细粒类素填土和杂填土，静力触探适用于细粒类素填土和冲填土，重型动力触探适用于粗粒类填土；杂填土的密实度必要时可采用大容积法测定；地质雷达、面波测试、剪切波速测试等物探方法可用于定性地进行填土的均匀性评价。

②填土的压缩性、湿陷性和承载力可采用室内固结试验、浸水固结试验、载荷试验、浸水载荷试验确定。当填土层厚度很大时载荷试验应分层进行或与原位测试方法相结合。

③压实填土填料的最优含水率和最大干密度应在压实前测定，压实后应取样测定其干密度和含水率，计算压实系数。压实填土的承载力可采用现场载荷试验确定。

5.2.3　填土勘察的注意事项

1. 填土勘察的重要性

工程勘察实例中，可能存在不重视针对填土勘察的情况，体现在忽视填土作为地基持力层的可能性，低估填土可能对工程的影响。习惯地预先认为填土不是工程的关键因素，而忽略地基土层存在填土时应进行的相应鉴别、取样、测试工作，造成勘察报告对填土的性质评价及利用缺乏依据，导致出现返工情况，这也反证了填土勘察的重要性。

2. 勘察方案的针对性

填土的类型多，场地条件复杂多样，工作难度各不相同，填土引发的工程问题不一而足，勘察重点可能是填土本身的性状与均匀性，也可能还与周边尤其是下伏岩土性质相关；可能重点关注平面各处填土厚度不均的差异性，也可能重点关注地下水阻塞上升或与地表水环境联通导致地基劣化问题；或可能重点关注加固处理过程中粗颗粒骨架障碍问题，也还可能是多个重点问题的综合，也就是说，填土勘察方案是侧重性的还是全面性的，事先要有基本的调查和判断，制定出的勘察方案才会有较强的针对性。

3. 填土性能指标的代表性

大多数填土由于堆填的混杂性和不均匀性，很难用单一位置的土样与原位测试结果来表征整个填土体的工程特性，在对场地填土性状及特点有基本的了解和判断的基础上，平面和竖向都要有足够数量的取样测试数据，土工测试项目和试验条件要贴近勘察评价需要，填土室内试验不可机械套用天然土样的试验方法。静探和连续动探可奏效的场所应尽可能多加使用，需要时可多开展一些现场试验，如大筛分、现场密度、现场直剪试验、渗水试验、载荷试验等。多数情况下，最终的填土性能指标宜室内外综合分析，分层分区取值。

5.3　填土的岩土工程评价

1. 非压实填土地基

（1）应根据填土的物质成分、分布特征、堆填条件和测试结果，判定填土的密实度、自重压密性、湿陷性，分析填土和下伏岩土整个地基的压缩性、均匀性和沉降稳定性、必要时应按厚度、强度和变形特性分层或分区评价。

（2）对堆积年限较长的素填土、冲填土和由建筑垃圾或性能稳定的工业废料组成的杂填土，当较均匀和较密实，且不具备湿陷性，宜进行天然地基或分区利用的分析评价。

（3）当填土底面的坡度大于 20%或有软弱下卧层时，应验算其稳定性，并应判定原有斜坡受填土影响产生滑动的可能性。

（4）分布在干旱或半干旱地区的细粒类填土和粗细颗粒混杂类填土，应分析水环境条件，判定其浸水湿陷性，并提出防治措施。

（5）由有机质含量较多的生活垃圾和工业废料组成的杂填土，应判定其对水、土的污染程度和对周边环境的影响程度。

2. 人工压实填土地基

（1）当利用压实填土作为建筑工程的地基持力层时，在平整场地前，应根据结构类型、填料性能和现场条件等，对拟压实的填土提出质量要求。未经检验和不符合质量要求的压实填土，不得作为建筑工程的地基持力层。

（2）位于斜坡和软弱土层上的压实填土，应验算其稳定性和限制堆填高度。当填土底面的坡度大于 20%时，应分析压实填土可能沿坡面滑动的可能性。

（3）压实填土的质量应以压实系数λ控制，一般情况下可根据结构类型和压实填土所在部位按表 3.5-3 采用。

压实填土的质量控制　　　　　　　　　　表 3.5-3

结构类型	填土部位	压实系数λ	控制含水率/%
砌体承重结构和框架结构	在地基主要受力层范围内	≥0.97	$w_{op}\pm2\%$
	在地基主要受力层范围以下	≥0.95	
排架结构	在地基主要受力层范围内	≥0.96	
	在地基主要受力层范围以下	≥0.94	

注：1. 压实系数λ_c为压实填土的控制干密度ρ_d与最大干密度ρ_{max}的比值，w_{op}为最优含水率。
　　2. 地坪垫层以下及基础底面标高以上的压实填土，压实系数不应小于0.94。

（4）压实填土的边坡允许值，一般情况下可根据其厚度、填料的性质等因素，按表3.5-4采用。

压实填土的边坡允许值　　　　　　　　　　表 3.5-4

填料类别	压实系数	边坡允许值			
		$H\leq5$	$5<H\leq10$	$10<H\leq15$	$15<H\leq20$
碎石、卵石	0.94～0.97	1:1.25	1:1.50	1:1.75	1:2.00
砂夹石（其中碎石、卵石占全重30%～50%）		1:1.25	1:1.50	1:1.75	1:2.00
夹石（其中碎石、卵石占全重30%～50%）	0.94～0.97	1:1.25	1:1.50	1:1.75	1:2.00
粉质黏土、黏粒含量$\rho_c\geq10\%$的粉		1:1.50	1:1.75	1:2.00	1:2.25

注：H表示填土厚度（m）。

（5）压实填土的最大干密度和最优含水率，宜采用击实试验确定，当无试验资料时，最大干密度可按下式计算：

$$\rho_{dmax}=\eta\frac{\rho_w d_s}{1+0.01w_{op}d_s}\qquad(3.5\text{-}1)$$

式中：ρ_{dmax}——分层压实填土的最大干密度；
　　　η——经验系数，粉质黏土取0.96，粉土取0.97；
　　　ρ_w——水的密度；
　　　d_s——土粒相对密度（比重）；
　　　w_{op}——填料的最优含水率。

当填料为碎石或卵石时，其最大干密度可取2000～2200kg/m³。

3. 填土地基的承载力

填土地基的承载力可按现行《建筑地基基础设计规范》GB 50007的要求，由载荷试验或其他原位测试、公式计算，并结合工程实践经验等方法综合确定。

1）载荷试验

应在有代表性土层的位置进行，试验宜在预计的基础砌置标高处。浅层平板载荷试验承压板面积不应小于0.25m²，对粒径较大的填土不应小于0.5m²。承载力特征值的确定应符合下列规定：（1）当p-s曲线上有比例界限时，取该比例界限所对应的荷载值；（2）满足前三条终止加载条件之一时，其对应的前一级荷载定为极限荷载，当该值小于对应比例界限的荷载值的2倍时，取极限荷载值的一半；（3）不能按上述二款要求确定时，可取s/d=

0.01～0.015 所对应的荷载值，但其值不应大于最大加载量的一半。

2）原《建筑地基基础设计规范》GB 50007 编制组总结了有关资料，提出素填土地基承载力可根据室内压缩试验与轻型动力触探试验的结果分别按表 3.5-5 和表 3.5-6 取值。

素填土按压缩模量（E_s）确定地基承载力特征值　　　　　　表 3.5-5

压缩模量E_{s1-2}/MPa	7	5	7	3	2
f_{ak}/kPa	150	130	110	80	60

注：本表只适用于堆填时间超过 10 年的黏性素填土和超过 5 年的粉性素填土。

素填土按轻型动力触探试验锤击数（N_{10}）确定地基承载力特征值　　　表 3.5-6

N_{10}	10	20	30	40
f_{ak}/kPa	80	110	130	150

注：本表只适用于黏性土和粉土组成的素填土。

3）各地填土地基承载力经验值

（1）西安市黏性素填土承载力，见表 3.5-7。

含少量杂物的填土 N_{10} 与地基承载力的关系　　　　　　表 3.5-7

N_{10}	15～20	18～25	23～30	27～35	32～40	35～50
e	1.25～1.15	1.20～1.10	1.15～1.00	1.05～0.9	0.95～0.80	0.8
f_k/kPa	40～70	60～90	80～120	100～150	130～180	150～200

（2）广东省素填土承载力特征值，见表 3.5-8。

广东省素填土承载力特征值　　　　　　表 3.5-8

N_{10}	10	20	30	40
黏性素填土承载力特征值f_{ak}/kPa	80	110	130	150

（3）江苏省黏性土素填土地基承载力特征值，见表 3.5-9

江苏省黏性土素填土 N_{10} 与地基承载力特征值的关系　　　表 3.5-9

N_{10}	10	20	30	40
黏性土素填土承载力特征值f_{ak}/kPa	70	90	110	130

（4）辽宁省素填土承载力特征值，见表 3.5-10。

辽宁省素填土承载力特征值　　　　　　表 3.5-10

N_{10}	10	15	20	25	30	35	40
素填土承载力特征值f_{ak}/kPa	70	85	100	110	120	130	140

（5）天津市黏性土素填土地基承载力，见表 3.5-11。

天津市黏性土素填土地基承载力特征值　　　　　　表 3.5-11

N_{10}	10	20	30	40
黏性素填土承载力特征值f_{ak}/kPa	80	115	135	160

（6）北京市素填土地基承载力标准值f_{ka}，见表 3.5-12。

北京市素填土地基承载力标准值　　　　表 3.5-12

压缩模量E_s/MPa	1.5	3.0	5.0	7.0	9.0	11.0
比贯入阻力p_s	0.5	0.9	1.4	2.0	2.6	3.1
轻型圆锥动力触探锤击数N_{10}	5	9	14	20	26	31
下沉 1cm 时的附加压力$k_{0.08}$/kPa	74	94	122	149	177	205
承载力标准值f_{ka}/kPa	60～80	75～100	90～120	105～135	120～155	135～170

注：本表适用于自重固结完成后饱和度为 0.60～0.90 的均匀素填土，饱和度高的取低值。

（7）湖北省杂填土地基承载力特征值f_{ak}，见表 3.5-13。

湖北省杂填土地基承载特征值　　　　表 3.5-13

$N_{63.5}$	1	2	3	4
地基承载力特征值f_{ak}/kPa	40	80	120	160
压缩模量E_{s1-2}/MPa	2.0	3.5	5.0	6.5

注：1. 本表适用于堆填时间超过 10 年的建筑垃圾为主的杂填土。
　　2. $N_{63.5}$系经过杆长修正的动探击数标准值。

（8）冲填土地基承载力标准值（经验值）见表 3.5-14。

冲填土地基承载力经验值　　　　表 3.5-14

地区	土的物理力学性质	承载力标准值f_{ka}/kPa
上海	$I_P = 11.3～15.0$，$e = 1.04～1.15$	80～100
天津	$I_P = 14.0～15.0$，$e = 0.99～1.30$	60～100
广州	细砂及中砂，松散—稍密	100～120

4. 填土的压缩性和稳定性

填土地基的压缩及变形具有其特殊性，填土地基的不均匀变形和长期沉降是工程中填土地基的最大难点问题。填土地基的压缩变形由填土自身自重压密变形、下伏岩土体承受上覆填土增重固结变形、上部结构物加载导致的地基沉降变形三部分组成，三部分的占比因场地条件不同而不同。在同一填土场地，如填土性状差异较大或下伏岩土条件不一，则取样测试的位置代表性和压力匹配性应与实际工况相对应。分析评价地基压缩变形或沉降稳定问题时，宜建立全地基（填土和其他相关地基岩土层）、水环境（地下水及其他对地基有影响的地表水）、包含整个施工期及使用期的岩土工程概念。除了常规的沉降量计算评估外，对各评价单元因填土性状差异、下伏岩土条件差异、填土厚度差异等导致的不均匀变形、最终沉降量和稳定时间、沿原始坡面（亦称隐形边坡）的蠕滑变形、地下阻水壅水导致土体软化变形、跨填土与非填土地基不均匀沉降变形风险等事项应进行重点的关注。

5. 填土的加固处理方法

填土加固处理方法的选择应从加固效果、经济费用、工程周期、环境影响以及地区经验等方面综合考虑。常用的填土地基处理方法有以下几种：

（1）换填法：适用于地下水位以上素填土、杂填土地基及暗沟、暗塘等的浅层处理并可消除填土的湿陷性。常用的施工方法有：①碾压法；②振密法；③重锤夯实法。

（2）预压法：适用于处理饱和冲填土地基。施工方法：①加载预压法；②真空预压法。

（3）强夯法：适用于处理杂填土和素填土地基，并可消除填土的湿陷性。厚度较大的填土可采用分层强夯方法。

（4）振冲法：适用于处理不排水抗剪强度不小于20kPa以砂土为主的素填土地基。施工方法有：①振冲置换法；②振冲密实法。

（5）挤密桩法：适用于处理地下水位以上的细粒类填土地基，处理深度宜为5～15m。施工方法有：①沉管挤密法；②DDC挤密法。当以消除地基湿陷性为主要目的时，填料可用素土；当以提高地基承载力或水稳性为主要目的时，填料宜用灰土或水泥土。当地基土的含水率大于23%及饱和度大于0.65时，不宜选用挤密桩法。

（6）砂石桩法：适用于处理杂填土和素填土地基，可通过挤压作用提高地基承载力。

参考文献

[1] 林宗元. 简明岩土工程勘察设计手册[M]. 北京: 中国建筑工业出版社, 2003.
[2] 《工程地质手册》编委会. 工程地质手册[M]. 5版. 北京: 中国建筑工业出版社, 2018.
[3] 岩土工程手册编写委员会. 岩土工程手册. 北京: 中国建筑工业出版社, 1994.
[4] 中华人民共和国建设部. 岩土工程勘察规范 (2009年版): GB 50021—2001[S]. 北京: 中国建筑工业出版社, 2009.
[5] 中华人民共和国住房和城乡建设部. 建筑地基基础设计规范: GB 50007—2011[S]. 北京: 中国建筑工业出版社, 2012.
[6] 中华人民共和国住房和城乡建设部. 建筑地基处理技术规范: JGJ 79—2012[S]. 北京: 中国计划出版社, 2012.
[7] 北京市规划委员会. 北京地区建筑地基基础勘察设计规范 (2016年版): DBJ 11—501—2009[S]. 北京: 中国计划出版社, 2017.
[8] 福建省建设厅. 建筑地基基础勘察设计规范: DBJ 13—07—91[S]. 福州: 福建科学技术出版社, 1992.
[9] 中华人民共和国建设部. 建筑地基基础设计规范: GBJ 7—89[S]. 北京: 中国建筑工业出版社, 1989.
[10] 黄昌乾, 张建青, 陈昌彦. 人工填土的勘察与评价[J]. 工程勘察, 2010(S1): 187-191.

第 6 章　多年冻土

6.1　冻土定名、分类、分布、现象和工程特性

6.1.1　冻土定名

冻土指具有负温度或零温度并含有冰的土（岩）。它是由固体矿物颗粒、冰（胶结冰、冰夹层、冰包裹体）和气体（空气、水蒸气）组成的三相体系，其特殊性主要表现在它的性质与温度密切相关，是一种对温度十分敏感且性质不稳定的土体。

6.1.2　冻土分类

根据冻结状态持续时间，分为多年冻土、隔年冻土和季节冻土。多年冻土是指持续冻结时间在 2 年或 2 年以上的土（岩）；季节冻土是指地壳表层冬季冻结而夏季又全部融化的土（岩）；隔年冻土是指冬季冻结而翌年夏季并不融化的那部分冻土。

根据多年冻土形成和存在的自然条件，分为高纬度多年冻土和高海拔多年冻土。我国高纬度多年冻土主要分布在大小兴安岭地区，面积约 38.6 万 km²。我国高海拔多年冻土主要分布在青藏高原和喜马拉雅山、祁连山、天山和阿尔泰山、长白山等高山地区，面积约 157.4 万 km²，其中青藏高原多年冻土面积约 150 万 km²。

根据多年冻土的连续程度，分为大片连续多年冻土、岛状融区多年冻土和岛状多年冻。大片连续多年冻土是指在较大的地区内呈片状构造的冻土；岛状融区多年冻土是指在冻土层中有岛状的不冻层分布的多年冻土；岛状多年冻土是呈岛状分布在不冻土区域内的冻土。

根据季节冻土与多年冻土的衔接性，分为衔接性多年冻土和非衔接性多年冻土。衔接性多年冻土的冻土层中没有不冻结的活动层，冻层上限与受季节性气候影响的季节性冻结层下限相衔接；非衔接性多年冻土的冻土上限与季节性冻结层下限不衔接，中间有一层不冻结层。

根据冻土含冰特征可分为肉眼看不见分凝冰的或仅有单个冰晶体或冰包裹体的少冰冻土；在颗粒周围有冰膜存在的多冰冻土；可见不规则走向冰条带的富冰冻土；可见层状或明显定向冰条带的饱冰冻土；冰层厚度大于 25mm 的含土冰层；冰层厚度大于 25mm 的纯冰层。

6.1.3　冻土分布

地球表层现代多年冻土分布面积约占陆地总面积的 24%，主要分布于环北极高纬度地区和中低纬度的一些高海拔地区，我国多年冻土面积居世界第三位，占我国国土陆地面积的 22.3%，季节冻土占 53.5%。在冻土分布区，岩土由冻结状态转化为融化状态和由融化状

态转化为冻结状态时，其状态和性质均要发生剧烈变化，直接影响着岩土工程地质条件和环境特征，也影响着冻土区工程建筑物的稳定性。冻土层的分布、埋藏条件、冻土性质、冷生构造，多年冻土退化或新生，冷生过程和现象的发育和消融等都与环境变化、工程运营安全息息相关。

我国季节性冻土占中国领土面积 53.5%左右，其南界西从云南章凤，向东经昆明、贵阳，绕四川盆地北缘，到长沙、安庆、杭州一带。季节冻结深度在黑龙江省南部、内蒙古东北部、吉林省西北部可超过 3m，往南随纬度降低而减少。

我国的多年冻土分为高纬度多年冻土和高海拔多年冻土区。高纬度多年冻土分布在东北地区，主要集中分布在大小兴安岭，面积为 38 万～39 万 km²。高海拔多年冻土分布在西部高山高原（如：青藏高原、阿尔泰山、天山、祁连山、横断山、喜马拉雅山）及东部一些较高山地（如长白山、五台山等地）。高海拔多年冻土约占多年冻土总面积的 92%，其中青藏高原较高的海拔和严酷的气候条件使得高原上发育着世界中低纬度地带海拔最高（平均 4000m 以上）、面积最大（超过 100 万 km²）的冻土区，其分布范围北起昆仑山，南至喜马拉雅山，西抵国界，东缘至横断山脉西部、巴颜喀拉山和阿尼马卿山东南部。

冻土分布也具有垂直分带规律，如祁连山热水地区海拔 3480m 出现岛状冻土带，3780m 以上出现连续冻土带；前者在青藏公路上的昆仑山上分布于海拔 4200m 左右，后者则分布于 4350m 左右。

6.1.4 冻土现象及危害

1. 冰丘

在多年冻土地区冬季表层土由上而下冻结时，使多年冻土层顶部与季节冻土层底部的过水断面逐渐减少，促使地下水承压，同时在冻结过程中水向冻结面转移，形成地下冰层。因为水冻成冰体积增大，产生很大的膨胀力，随着冻结深度的增加，当冰层的膨胀力和水的压力增加到大于上覆土层的强度时，地表就发生隆起形成冰丘。

2. 冰椎

在冬季河水上层结冰以后，过水断面变小河水流动受阻而渐具有承压性。上部冰冻得越厚下部流水受压越大。当压力增加到一定程度时水就冲破上覆冰层外溢，边流边冻形成冰椎。

3. 地下冰

在多年冻土上限附近往往存在着一层冰，这种层状冰是在多年冻土形成过程中由于气候寒冷、水分补给充分、冻结速度缓慢而造成大量水分向冻结锋面迁移并冻结的结果，常见的地下冰有楔形冰和层状冰两种。楔形冰由于地温的不均匀变化，导致多年冻土中发生上大下小的裂缝，裂缝中聚水后冻结形成的；层状冰（纯冰层）厚几厘米至几米，平行地面呈层状、行状的冰层，存在于泥炭、黏土、砂质黏土层中（图 3.6-1）。地下冰对温度变化最为敏感，对建筑物修筑影响最大，而且不容易绕避。厚层地下冰融化时产生大的下沉量会引起工程建筑物的严重变形和破坏。

4. 冻胀丘

冻胀丘是地下水活动与冻结作用的产物。承压的冻结层下水沿断裂带上升，在季节融化层下冻结成冰核，在地面拱起成鼓丘。冬季季节融化层从地表向下逐渐冻结，冻结层上水承压，因自然因素或人为环境因素使水流在某一地点汇集并冻结成冰核或冰层，地面鼓起成土丘。应高度重视冻胀丘对铁路工程的危害。冻胀丘形成时产生巨大的膨胀力会使道路变形，同时，由于冻胀丘的隆起可将路堤一同抬起，靠近桥墩的冻胀丘可使桥墩产生倾斜（图 3.6-2）。

(a)　　　　　　　　　　　　　　　　　　(b)

图 3.6-1　层状冰

5. 融冻泥流

在反复冻融过程中，饱水土体沿山坡向下缓慢移动，这种现象称为融冻泥流作用。通常在冻结过程中，土体含水率逐渐增大并发生冻胀与蠕动，在融化过程中，这种饱水土体在重力作用下进一步沿山坡向下蠕动。融冻泥流一般发生在活动层内，由于各部分运动速度的不同，形成各种形态的产物，如泥流阶地、泥流舌等。

6. 热融滑塌

热融滑塌是山坡上含冰量大的冻土（含土冰层或厚层地下冰），由于人为活动（施工取土等）或自然因素（河流侵蚀坡脚）的作用，破坏了其热平衡状态发生融化下陷，其上面的土体丧失平衡向下滑动，导致上侧地面覆盖破坏，冰层融化，融化下沉和滑塌互相作用循环发生，直至恢复热平衡和力平衡状态才能稳定。由于滑塌是一块一块地发生，所以滑塌体呈台阶状，又因为滑塌主要是自下而上发展，向两侧发展较少，所以滑塌体的轮廓呈簸箕状。热融滑坍不仅危害工程建设，同时破坏冻土局部地区的生态平衡。热融滑坍体在建筑物下方时可使建筑物基底失去稳定性。滑塌体有可能掩埋路基。对于桥涵工程，当流域内有较大的滑塌体时，滑塌产生的泥流可能淤积桥涵孔径。

7. 热融湖塘和热融洼地

由自然或人为因素引起季节融化深度加大，导致地下冰或当年冻土层发生局部融化，地表土层随之沉陷而形成的洼地，称为热融洼地，积水后形成的湖塘称为热融湖塘（图 3.6-3）。

热融湖塘会引起路基的不均匀冻胀和沉陷及边坡陷裂等问题。同时湖塘积水容易引起路基湿软，加剧冻胀和沉陷。

图 3.6-2　冻胀丘

图 3.6-3　热融洼地

8. 冻土沼泽和冻土湿地

冻土沼泽化湿地是在多年冻土区适宜的水热环境下形成的，冻土沼泽的发育又促进了冻土层的形成和发育。这些现象会对工程造成危害。按其水源供给及演变过程可分为低位、中位和高位沼泽。东北大兴安岭多年冻土区的沼泽主要为中位和高位型沼泽，青藏高原冻土区主要为低水位草炭—泥炭沼泽。在泉水出露凹地、潮湿草洼地以及厚层泥炭潮湿地段，由于水分和植被的保温作用，多年冻土上限埋深较浅，通常情况下存在厚层地下冰。

6.1.5　冻土工程特性

冻土工程特性主要内容见二维码 M3.6-1。

M3.6-1

6.2　冻土勘察

6.2.1　冻土勘察工作重点

冻土地区勘察工作除应执行相应行业的岩土工程勘察规范外，更主要应执行现行《冻土工程地质勘察规范》GB 50324—2014。区别于传统的岩土工程勘察工作，在季节冻土和多年冻土发育地区，由于地基土在冻结与融化两种不同状态下，其力学性质、强度指标、变形特点、构造的热稳定性相差悬殊，冻结与融化状态相互转变时往往对地基的承载力及稳定性产生极大的影响，故冻土地区勘察工作的重点应在传统工程勘察工作的基础上通过冻土工程地质调查与测绘、勘探、冻土取样、室内试验和原位测试等方式查明冻土对工程的不利影响，提出合理的建议和整治措施。

季节冻土发育地区，地表季节冻结层冻结和融化过程中发生胀缩，从而对建设于其上的建筑物造成破坏，而季节冻土的冻胀性和冻胀量主要与土的类别、冻前含水率、地下水位以及冻结深度有关。因而季节冻土发育地区勘察工作应重点查明上述主要因素，提供标准冻深及最大冻深，评价季节冻土的平均冻胀率、冻胀等级和冻胀类别。

多年冻土勘察工作具有特殊性和复杂性，这是由多年冻土分布的不稳定性、融化后沉降的不均匀性和冻土环境对人类工程活动的敏感性和脆弱性共同决定的。多年冻土的力学性质、强度指标、构造的热稳定性都与地温关系密切，冻土地基的融沉性又与地基土的类型、总含水率密不可分，此外冻土层上水、层间水、层下水同样会对冻土的力学性质和融沉性产生影响。故多年冻土发育地区勘察工作应重点查明多年冻土的空间分布特征、多年冻土的基本特征、地下水对多年冻土特性的影响及多层地下水之间的相互作用，并预测人类工程活动对冻土环境的影响。

6.2.2　冻土调查与测绘

冻土地区工程地质调查与测绘是冻土工程勘察工作的重要一环，往往直接影响着勘察方案的布置和勘探方法的选择。调查与测绘工作应在勘察工作之初首先开展，并应贯彻"循序渐进、逐步深入"的原则，即："先区域特征，后局部性质"，逐步查清和提出拟建工程设计、施工所需要的多年冻土资料和地基冻土工程地质资料。测绘可采用目测法、半仪器法和仪器法。冻土调查与测绘的比例尺应符合相应行业规范的要求。

冻土调查与测绘工作首先应调查建设区域的冻土分布特征，判断建设场地是否可能处于季节冻土和多年冻土发育地区，搜集周边建筑的地质资料、结构和基础形式的资料以及是否发生冻害等信息，并进行现场踏勘。对新建工程可能遇到的风险进行预测。

对冻土现象的调查与测绘是冻土调查与测绘的重要内容，冻土现象的发生与发展往往直接影响着建设工程的稳定性，对建设区域内存在直接威胁和潜在威胁的冻土现象，如：冰椎、冻胀丘、厚层地下冰、融冻泥流、热融滑塌、热融湖塘、热融洼地、冻土沼泽、冻土湿地等，应进行测绘。多年冻土地区的微地形、微地貌是指示冻土现象活动的标志，调查与测绘时应重点关注。对不同冻土现象的调查与测绘工作应满足现行《冻土工程地质勘察规范》GB 50324，并应评价其对建设工程稳定性的影响程度，提出防治对策和设计、施工注意事项。

在冻土调查与测绘期间宜进行冻土工程地质区划，随着勘察阶段的深入以及区划中各级分区的要求，逐步查清和提出拟建工程设计、施工所需要的多年冻土资料和地基冻土工程地质资料。冻土调查测绘主要内容的整体框架包括：地层岩性、地质构造、抗震设防烈度、地震动参数、地形地貌特征；多年冻土的类型、厚度、含冰程度及冻土工程类型、上（下）限埋深、分布特点、多年冻土年平均地温及地温年变化深度；多年冻土及活动层的岩性成分；地表植被的类型、分布特点及覆盖度；地表水体的类型、分布及补给、排泄条件；地下水的类型、水位埋深、补给、径流、排泄条件；冻土现象的类型、分布、发生发展规律及对工程建设和运营的影响；融区的类型、规模、分布及其对工程建设和运营的影响；多年冻土环境的特点、变化特征；收集气温、降水量等工程设计所需气象资料，评价建筑场地的地表排水条件；收集已有冻土工程建筑经验的冻土地基类型、建筑基础形式、人为上限、工程措施及有效性、环境保护措施等相关资料。

6.2.3　冻土区划

冻土工程地质区划应在冻土调查与测绘、勘察期间进行，冻土工程地质区划宜分三级分区。原则上可行性研究及规划阶段可给出一级分区，初步勘察做出二级分区，详细勘察阶段应该进行三级分区。

冻土工程地质区划一级分区首先应反映勘察区内多年冻土或季节冻土分布的区域性和

地带性特征。分区内容应包括：多年冻土类型、分布范围、厚度，地貌单元，多年冻土的年平均地温，冻结沉积物的成因类型，主要冻土现象及主要冻土工程问题等。

冻土工程地质区划二级分区应在常规工程地质区划原则的基础上，按地质构造、地貌特征、结合冻土地温的地带性和主要基本特征进行分区；分区内容应包括：冻土地温带（划分见表 3.6-1），冻土的成分、冰包裹体的性质、分布及其所决定的冻土构造和埋藏条件，多年冻土及融区的分布面积、厚度及其连续性，季节冻结层及其与下卧多年冻土层的衔接关系，表明各地带的冻土现象、年平均气温、地下水、雪盖及植被等基本特征。

多年冻土地温带划分　　　　　　　　　　　　　　表 3.6-1

多年冻土地温带	多年冻土年平均地温 T_{cp}/℃
稳定带	$T_{cp} < -2.0$
基本稳定带	$-2.0 \leqslant T_{cp} < -1.0$
不稳定带	$-1.0 \leqslant T_{cp} < -0.5$
极不稳定带	$T_{cp} \geqslant -0.5$

冻土工程地质区划三级分区应依据工程地质条件、主要物理力学热学特征，地下水及冻土现象的分布，进一步分区。分区内容应包括：各建筑地段冻土的含冰程度及冻土工程类型、物理力学和热学性质；按冻土工程地质条件及其物理力学参数，划出不同的冻土工程地质分区地段，并作出评价。

6.2.4　冻土勘察阶段

多年冻土地区岩土工程勘察阶段的划分，应与设计阶段相适应，宜分为可行性研究勘察、初步勘察和详细勘察三个阶段。可行性勘察应符合确定场地方案的要求，初步勘察应符合初步设计或扩大初步设计的要求，详细勘察应符合施工图设计要求。当冻土工程地质条件复杂或有特殊施工要求的工程，尚应进行施工勘察。场地复杂程度等级、地基复杂程度等级、工程重要性等级均为三级的场区或已有充分的冻土资料、建筑经验的其他场区，可简化勘察阶段。

可行性研究勘察阶段建筑勘察主要内容应重点阐明场地稳定性和适宜性问题；线状工程以搜集和研究线路通过区的区域地质、冻土地质、遥感图像、地震、工程地质、水文地质、气象、水文及既有工程使用情况等资料为主。

初步勘察阶段建筑勘察应对场地内拟建建筑地段的稳定性作出评价，并应对建筑总平面布设方案、冻土地基的计算原则、基础方案、冻土现象的防治及建筑场地地质环境保护与恢复措施提出建议；线状工程以沿线区域地质条件、区域冻土条件、水文地质条件为主，对线路通过区域及各类构筑物建设场地的冻土工程地质条件作出评价，基本查明对线路起控制作用的冻土现象的类型、范围、性质和特征，依据冻土工程地质条件，做好地质选线工作。

详细勘察阶段应进一步查明冻土工程类型、构造、厚度、温度、工程性质，分析和评价地基的承载力与稳定性，查明冻土现象的成因、类型、分布范围、发展趋势及危害程度，提出整治所需冻土技术参数和整治方案的建议，查明地下水类型、埋藏条件、变化幅度、地层的渗透性、冻土层上水、层间水、层下水及其相互作用，分析评价对地基冻胀与融沉的影响。

6.2.5 冻土钻探与取样

在冻土地区勘探，宜采用干钻或单动双管岩芯管低温冲洗液钻进，目的是取得完整的冻土岩芯，准确获得冻土的上下限、冻土构造、冰层厚度等相关资料，确保勘探质量。钻孔开孔直径宜按钻机性能和冻土取样的需要采用最大口径，开孔直径不应小于 130mm，终孔直径不宜小于 110mm。进行钻探工作时如遇地表水、多层地下水时，应设置护口管及套管封水或采取其他止水措施，并应分层测定地下水水位、采取水样。如需取得土的最大冻结与融化深度资料，应在地表开始融化或冻结前进行钻探，在钻探和测温期间，应减少对场地地表植被的破坏，已破坏的应在任务完成后，进行植被的恢复。

在冻土工程地质勘察中，采取保持天然冻结状态土（岩）样，供实验室分析试验，是勘探工作主要目的之一，也是对冻土地基作出正确工程地质评价的基础。测定冻土基本物理指标的试样，应由地表以下 0.5m 开始逐层采取，取样间距应根据工程规模、工程特点及冻土岩土工程性质确定，一般取样间距不宜大于 1.0m；测定冻土力学及热学指标时，冻土取样应按工程需要采取；不得从爆破的碎土块中取样，应从原状岩芯、探坑或探槽壁上采取。测定冻土天然含水率的取样，宜采用刻槽法；土样运输过程中应就近进行试验。现场试验无条件时应采取封闭措施并及时送至实验室，土样搬运中应保持冻结状态条件，不得融化和扰动。

6.2.6 冻土测试

室内冻土试验项目应根据不同勘察阶段的需要进行总含水率、未冻含水率、冻结温度、导热系数、冻胀率、融化压缩等项目的试验；对盐渍化多年冻土和泥炭化多年冻土，应分别测定易溶盐含量和有机质含量（表 3.6-2）。

冻土室内分析测试项目   表 3.6-2

序号	测试项目	可研勘察阶段		初步勘察阶段		详细勘察阶段	
		土类					
		粗粒土	细粒土	粗粒土	细粒土	粗粒土	细粒土
1	颗粒分析	+	+	+	+	+	+
2	总含水率	+	+	+	+	+	+
3	液、塑限	−	+	−	+	−	+
4	相对密度	+	+	+	+	+	+
5	天然密度	+	+	+	+	+	+
6	未冻含水率	−	−	⊙	⊙	+	+
7	盐渍度	+	+	+	+	+	+
8	有机质含量	+	+	+	+	+	+
9	土的骨架比热	⊙	⊙	⊙	⊙	+	+
10	导热系统	⊙	⊙	⊙	⊙	+	+
11	起始冻结温度	+	+	+	+	+	+
12	冻胀率			+	+	+	+
13	渗透系数	−	−	+	+	+	+
14	冻土中的冰和地下水化学成分	−	−	+	−	+	−

续表

序号	测试项目	可研勘察阶段		初步勘察阶段		详细勘察阶段	
		土类					
		粗粒土	细粒土	粗粒土	细粒土	粗粒土	细粒土
15	切向冻胀力	⊙	⊙	⊙	⊙	+，⊙	+，⊙
16	水平冻胀力	⊙	⊙	⊙	⊙	+，⊙	+，⊙
17	抗压强度	⊙	⊙	⊙	⊙	+，⊙	+，⊙
18	抗剪强度	⊙	⊙	⊙	⊙	+，⊙	+，⊙
19	融化下沉系数	⊙	⊙	⊙	⊙	+，⊙	+，⊙
20	融化后体积压缩系数	⊙	⊙	⊙	⊙	+，⊙	+，⊙

注："+"表示测定；"⊙"表示测试困难时查表确定；"−"表示不测定。

冻土原位测试主要包括冻土层的地温观测、波速试验、动力触探试验、融化压缩试验、冻土与基础间冻结强度试验、冻胀率试验、切向冻胀力试验、锚杆与锚索抗拔试验、冻土地基静载荷试验、桩基静载荷试验等。其中冻土层地温观测是冻土原位测试中最重要的一项，也用来评价多年冻土的力学性质、强度指标、构造的热稳定性。

地温电阻测量仪表采用不小于 4 位半的数字万用表或数据采集仪，输出电流应小于 10μA；冻土地温观测元件采用热敏电阻或铂电阻热度感应器，观测精度为 0.05℃；地温观测孔采用钻探成孔，终孔直径不宜小于 90mm，孔中应插入测温管，材质宜为铝塑管、普通钢管或不锈钢管，管径宜为 60mm，测温管底部及管接处应密封，钻孔壁与测温管间隙应用粒径为 0.5~2.0mm 的砂水混合物振荡回填；冻土层观测深度应超过地温年变化深度以下 3m，长期观测孔深度宜超过多年冻土下限以下 5m，从地面算起 5m 以内温度传感器测点宜按 0.5m 间隔布设，5m 以下宜按 1.0m 间隔布设；冻土观测的时间和观测的频次应根据工程需求设定，年平均地温应在成孔后地温回复稳定后测得，最大季节融化深度观测时间宜在 9~11 月，最大季节冻结深度观测时间宜为 3~5 月，观测频次半年内每月不应少于 3 次，半年至一年每月不应少于 1 次。

6.2.7　勘察成果

冻土工程地质勘察成果应在搜集、调查、测绘、勘探、测试、试验等资料的基础上进行整理、分析，并编制勘察成果报告。

冻土工程地质勘察成果报告应包括下列内容：

（1）拟建工程概述。

（2）勘察目的、要求和任务。

（3）勘察方法和勘察工作布置及工作量。

（4）场地地形地貌、地层岩性、地质构造、不良地质及特殊岩土、冻土特征、冻土现象、物理力学性质、热学性质。

（5）冻土试验参数的分析与选用。

（6）冻土工程性质、冻土工程地质条件、水文地质条件及环境变化影响评价。

（7）场地稳定性和适用性的评价。

（8）地基冻胀性和融沉性评价。

（9）场地利用、整治、改造方案及地基基础设计原则的建议。

（10）工程建设和运营期间可能发生的冻土工程地质问题的预测、监控、预防措施的建议。

冻土工程地质勘察报告可包括下列图件：

（1）勘探和试验点平面布置图：应能标明建筑物平面位置关系、钻孔与建筑物的相对位置关系以及各测试试验点与建筑物的位置关系。

（2）冻土工程地质平面分区图：宜根据多年冻土的分布特性及融沉特性提供多年冻土分区图。

（3）冻土工程地质剖面图：由横、纵剖面构成，剖面中应能反映地层成层特性和多年冻土发育深度，地下水分布特征等。

（4）冻土工程地质柱状图：对地层岩性及冻土发育情况进行描述，应能反映冻土类型及冻土上下限深度。

（5）室内试验资料及图表。

（6）原位测试及地温观测图表。

（7）冻土利用、整治、改造方案的有关图表。

（8）冻土工程计算图表。

（9）其他有关资料（包括素描、照片和图件）等。

（10）成果报告中冻土常用图例及应用（冻土常用图例、多年冻土分布分区图、多年冻土融沉分区图、多年冻土工程地质剖面图、多年冻土柱状图），主要内容见二维码 M3.6-2。

M3.6-2

6.3　冻土的岩土工程评价

6.3.1　冻胀性评价

在冻土地区从事岩土工程勘察时，需要对季节冻土层、季节活动层进行冻胀性评价，要求评价其冻胀性等级及冻胀类别，冻胀性等级及冻胀类别分为五级：冻胀等级为Ⅰ级对应冻胀类别为不冻胀、冻胀等级为Ⅱ级对应冻胀类别为弱冻胀、冻胀等级为Ⅲ级对应冻胀类别冻胀、冻胀等级为Ⅳ级对应冻胀类别为强冻胀、冻胀等级为Ⅴ级对应冻胀类别为特强冻胀。

冻胀性评价还应该提供平均冻胀率。冻胀率是指单位冻结深度的冻胀量，一般可通过现场试验计算确定，对于冻胀性评价要求不高的勘察项目，也可根据岩土性质及其天然含水率综合经验确定。

正确评价冻胀性等级及冻胀类别，对后续设计有着重要的指导意义，如何确定建筑地基基础埋置深度、是否要采取防冻胀措施、采取哪些防冻胀措施、哪些部位需要采取防冻胀措施都要依赖冻胀性评价。

6.3.2　融沉性评价

在多年冻土区从事岩土工程勘察时，需要对多年冻土层的融沉性及融沉类别作出评价，融沉等级及融沉类别分为五级：融沉等级Ⅰ级对应融沉类别为不融沉、融沉等级为Ⅱ级对应融沉类别为弱融沉、融沉等级Ⅲ级对应融沉类别为融沉、融沉等级Ⅳ级对应融沉类别为强融沉、融沉等级Ⅴ级对应融沉类别为融陷。

　　评价融化下沉性重要性指标即冻土层的平均融化下沉系数，同时平均融化下沉系数的大小又是划分融沉等级的依据，平均融沉系数一般情况下是通过融沉试验计算确定，对于融沉性评价要求不高的项目也可以根据岩土性质及其总天然含水量综合经验确定。

6.3.3　冻土环境评价

　　冻土环境是指两个方面的环境，一方面是指冻土所处的区域环境，另一方面是指冻土本身的温度环境，在冻土地区进行勘察作业时，要求对冻土环境做出正确评价，冻土环境评价包括上述两个方面评价。

　　冻土所处区域环境包括：高纬度地区冻土环境、高海拔地区冻土环境、零星岛状分布区域冻土环境、岛状融区分布区域冻土环境、大片连续分布区域冻土环境；勘察评价时应明确评价勘察范围属于哪个冻土区域环境。

　　在冻土地区进行的岩土勘察其中有一项重要内容就是布置地温观测孔并按照规定进行地温观测，其目的就是对冻土地温环境进行评价，冻土年平均地温越低，冻土环境相对就越稳定，相反情况，冻土年平均地温越高其冻土环境越不稳定，一般情况下仅分低温冻土环境和高温冻土环境，不同行业对低温和高温划分界限又不一致，有的行业以−1.5℃为分界点，低于该值认为是低温冻土，等于或者高于该值认为是高温冻土；也有的行业将−1.0℃定为低高温冻土分界点；冻土工程地质勘察规范对年平均地温进行了详细划分，根据年平均地温高低划分了极不稳定带、不稳定带、基本稳定带、稳定带四个级别：年平均地温等于或者高于−0.5℃时，评价为冻土地温环境极不稳定带；年平均地温低于−0.5℃且等于或者高于−1.0℃时，评价为冻土地温环境不稳定带；年平均地温低于−1.0℃且等于或者高于−2.0℃时，评价为冻土环境基本稳定带；年平均地温低于−2.0℃时，评价为冻土环境稳定带。

6.3.4　冻土工程性质评价

　　冻土工程性质主要是反映在冻土含冰量及含冰特征方面，不同含冰量的冻土工程性质区别很明显，根据含冰量及含冰特征，冻土按工程性质分为少冰冻土、多冰冻土、富冰冻土、饱冰冻土、含土冰层、纯冰层。

　　野外钻探时通过观察含冰特征来确定其冻土工程性质：肉眼看不见可见冰的冻土为少冰冻土；在颗粒周围有冰膜的冻土为多冰冻土；有不规则走向的冰条带冻土为富冰冻土；有层状冰或者有定向冰条带的冻土为饱冰冻土；有大于25mm厚的冰分布为含土冰层，不含土的为纯冰层。

　　冻土工程性质与融沉有大致的对应关系，一般情况下少冰冻土不融沉、多冰冻土具有弱融沉性、富冰冻土具有融沉性、饱冰冻土具有强融沉性、含土冰层及纯冰层具有融陷性。

　　冻土工程性质与冻土冷生构造大致也有对应关系：一般情况下少冰冻土对应整体构造、多冰冻土对应微层状网状构造、富冰冻土对应层状构造、饱冰冻土对应斑状构造、含土冰层对应基状构造。

　　冻土的工程性质除与含冰量有关外，还表现在其承载力随温度而变化，同样冻土层温度不同其承载能力也不同，总体是冻土温度越低其承载能力越强，评价冻土层承载能力时，一定要结合温度条件，比如粉质黏土层，−1℃时承载力为500kPa，−2℃时承载力为700kPa，

−3℃时承载力为 900kPa。

冻土层岩性、温度、深度相同时，其承载能力会随着盐渍度提高而降低，比如粉质黏土层温度、入土深度一定情况下（−2℃、入土 10m），盐渍度 0.20 时桩端承载力为 800kPa，盐渍度 0.50 时桩端承载力为 450kPa，盐渍度 0.75 时桩端承载力为 250kPa，盐渍度 1.0 时桩端承载力为 200kPa。

冻土层承载力特征值不适合深度宽度修正。

6.3.5　冻土地区水体对工程影响评价

冻土地区水体较为特殊，其分布与运移不仅受地层岩性孔隙裂隙影响，同时还受冻土层分布、冻土层厚度、冻土层间融区影响，在岛状融区有层间水分布，大量开采抽取地下水，会加速附近冻土融化，从而会对工程造成不利影响。

地表河流附近会产生岛状融区，融区范围会随季节发生变化，在其之内的工程建筑也会受到不同程度影响。

冻土地区对工程影响较大的水体是空山水，有冻土层分布的地方或者是寒季表层冻结状态的区域，地表水体（雨水、雪水）是无法入渗到地下，多存在于地面草丛林地之上，待暖季来临，季节活动层融化或者有非衔接性冻土分布区域，山体地表水开始入渗径流排泄，通常人们称之为空山水，当白天融化夜晚冻结时还会形成冰锥、冰湖、冰幔等奇特冻土现象，有时冰锥会把附近的林木连根拔起形成“醉汉林”；有时漫过道路形成冰湖，中断交通、有时漫上道路冻结成 2～4m 高冰体阻断交通；有时空山水会侵入在建地基，原本没有地下水的建筑地段会发生突然涌水，对工程施工造成不便，有时浸泡地基土还会造成地基承载能力降低情况，在昼夜冻融交替期间，还会在基坑侧壁形成冰瀑布，寒季还会对建筑地基、电线塔基造成冻胀破坏；因此在冻土地区勘察时应评价该区域有无空山水形成的地形、通道条件，分析评价其对工程的影响，并提出防治方案建议。

参考文献

[1]　中华人民共和国住房和城乡建设部. 冻土地质勘察规范: GB 50324—2014[S]. 北京: 中国计划出版社, 2014.

[2]　中华人民共和国住房和城乡建设部. 冻土地区建筑地基基础设计规范: JGJ 118—2011[S]. 北京: 中国建筑工业出版社, 2012.

[3]　郑启浦. 冰丘冰椎对铁路工程的危害及其防治[J]. 工程勘察, 1986(6): 13.

[4]　铁道部第三勘测设计院. 冻土工程[M]. 北京: 中国铁道出版社, 1994.

[5]　赵林, 盛煜. 多年冻土调查手册[M]. 北京: 科学出版社, 2015.

[6]　吴青柏, 周幼吴, 童长江, 等. 冻土调查与测绘[M]. 北京: 科学出版社, 2018.

[7]　《工程地质手册》编委会. 工程地质手册[M]. 5 版. 北京: 中国建筑工业出版社, 2018.

第 7 章　膨胀岩土

7.1　膨胀岩土的定义、分布、成分与成因

7.1.1　膨胀岩土的定义

可扫描二维码 M3.7-1 阅读相关内容。

M3.7-1

7.1.2　膨胀岩土的分布

膨胀土在世界范围内分布广泛，已发现有膨胀土的国家和地区大约有 40 多个，就亚洲地区而言，主要集中在北纬 10°到 45°之间的广阔区域。美国较早发现膨胀土，分布也较多，文献介绍在 50 个州中有 7 个州有膨胀土，如：科罗拉多、得克萨斯、加利福尼亚等；非洲的膨胀土分布较广，中国在援建项目中发现：苏丹、坦桑尼亚、阿尔及利亚、加纳、索马里、肯尼亚、喀麦隆、摩洛哥、多哥、南非、卢旺达等国都存在因膨胀土造成工程损坏的实例；澳大利亚南部阿德莱德、墨尔本和昆士兰州西北地区，亚洲的以色列、印度、沙特阿拉伯、约旦，欧洲的西班牙、英国、法国、意大利、罗马尼亚等国均有膨胀土存在。

中国是世界上膨胀土分布最广、面积最大的国家之一，是世界上对膨胀土进行了系统研究，并取得丰富的研究成果的国家之一。自 20 世纪 50 年代以来，我国先后发现膨胀土危害的地区已达 20 余个省份，分布范围主要集中于珠江、长江中下游、黄河中下游及淮河、海河流域的广大平原、盆地、河流阶地以及平缓丘陵地带，总面积在 10 万 km² 以上，其中以云南、广西、湖北、安徽、河北、河南等省份的膨胀土造成的房屋损坏最为严重，研究查明已有两百多个县、市、地区因膨胀土问题造成建（构）筑物损坏的工程实例。

膨胀土是自然地质历史作用的产物，其生成及发育与地区的地形地质、水文气候条件有密切的关系，其分布具有一定的区域性，但又不是成片存在，埋藏深度及厚度也很不一致，与其他岩土相比量少而分散，常呈窝状分布，因此对其判别、评价的要求很高。对膨胀岩缺少系统的研究，工程事故中已发现有弱—中等胶结的泥质页岩、泥岩和黏土岩。在中国的云南、陕西、甘肃、广西、新疆和内蒙古等地均已发现膨胀性泥岩、页岩和风化黏土岩。此外，中国西北黄土覆盖地区的下部，常分布有膨胀性的上新世（N_2）三趾马红土（地质报告中多称为泥岩）。

我国地域辽阔，不同的地质背景造就了不同地区膨胀土的分布特点。我国典型膨胀土分布地区的分布特征如下。

1. 长江流域膨胀土的分布特征

长江中下游地区的膨胀土分布特征主要表现为以下三点：

（1）膨胀土分布地域与区域地形地质条件相关，特别是地层的空间分布上表现明显。膨胀土多数呈零星分布，厚度也较薄。

（2）膨胀土分布与地貌密切相关，长江流域绝大多数膨胀土集中分布在Ⅰ级阶地以上、盆地及平原内部，例如南（阳）襄（阳）盆地、汉中盆地、合肥阶地等地区，仅少数残积坡积膨胀土分布在低山丘陵剥蚀的地貌单元上。

（3）膨胀土分布与气候有关，长江流域膨胀土主要集中在半干旱温热带气候地区。

2. 南水北调中线工程中，黄河流域膨胀土分布及野外特征（表 3.7-1）。

黄河流域膨胀土分布特征

表 3.7-1

黄河流域	成因分类	主要分布	野外特征
黄河以南	残积坡积膨胀土	南水北调中线渠首—汝河段	为新近纪黏土岩、泥灰岩风化而来的灰白、灰绿和棕红色黏土，土体裂隙发育
	河—湖相沉积膨胀土（晚更新世）		褐黄色夹灰黑色黏性土，部分含铁锰质和风化的钙质结核，土体中裂隙短小，广泛分布在河流的Ⅰ级阶地
	冲—洪积膨胀土（中更新世）		棕黄色黏土，含钙质和铁锰质结核，局部地段夹灰白色黏土透镜体，土体裂隙发育，主要分布在垄岗地区
	洪积膨胀土（早更新世）		红色黏土与钙质结核互层，局部夹灰白色黏土透镜体，红色黏土结构致密，裂隙不发育；灰白色黏土则网纹状裂隙发育，主要分布在南阳盆地边缘
黄河以北	湖积膨胀土（早更新世）	新乡—淇县、邢台和邯郸一带	灰绿和灰白色黏土夹黄褐色斑点，裂隙发育，含铁锰质较多
	冰水沉积膨胀土（早更新世）		棕黄色夹灰绿色泥砾，裂隙发育，土中富含石英颗粒和白色钙质结核。分布于邢台白马河北
	泥灰岩风化膨胀土		为新近纪泥灰岩风化而来的灰白、灰绿色黏土，含较多风化碎屑，土体裂隙发育，主要分布在潞王坟、淇河—漳河段
	黏土岩风化膨胀土		为新近纪黏土岩风化的棕红色黏土，含灰白和灰绿色斑块，土体裂隙发育，有铁锰质结核，分布于漳河—输元河段

从表 3.7-1 可以看出，黄河流域膨胀土主要分布在渠首—汝河段，并以南阳盆地最为典型和集中。膨胀土形成类型包含了残积、坡积、冲积、湖积，并各有不同的野外特征。

3. 西南地区

膨胀土分布省份包括云南、贵州和四川，云南地区膨胀土主要分布在滇西高原的下关—保山以东、蒙自—大屯盆地和鸡街盆地；贵州境内的膨胀土大多分布在黔东南和黔西北，这与广泛分布在这一区域的泥灰岩与黏土质岩石有关，此外还分布在黔中一些地区的小型山间盆地与丘陵缓坡；四川地区的川西平原、川中丘陵以及涪江、岷江、嘉陵江及安宁河谷阶地，著名的"成都黏土"分布面积较大，属典型的膨胀土，对工程危害大。

4. 西北和东北地区

西北地区在陕甘宁地区，盐池、环县、内蒙古赤峰等膨胀土特别发育，有的地区甚至发现含有蒙脱石的黏土矿物特别富集。东北地区的吉林、抚顺、图们与珲春发现膨胀土。

5. 南部沿海

广东地区的膨胀土分布零散，主要有粤西的湛江、粤北的韶关、乐昌等地。广西境内分布较广，也比较典型，主要分布在右江、郁江、黔江等江河盆地，发现膨胀土出露的地区有南宁、隆安、田东、百色等盆地，尤以宁明盆地和桂林、柳州、来宾、贵县等地比较典型。

7.1.3　膨胀土的矿物成分和颗粒组成

膨胀土的特殊工程性质是受其矿物组成和化学成分以及结构控制的，研究膨胀土的物质组成与结构不仅可以了解控制膨胀土工程特性的内在因素，探讨其胀缩机理，而且是探讨膨胀土研究的新技术和新方法所必不可少的途径，也是研究膨胀土改良与加固新方法的重要技术手段。

膨胀土的矿物成分包括黏土矿物和碎屑矿物。碎屑矿物中大部分为石英、斜长石和云母，其次为方解石和石膏等。碎屑矿物构成膨胀土的粗粒部分，含量有限，对膨胀土的胀缩性质影响不大。黏土矿物构成膨胀土的细粒部分，对膨胀土的工程性质起决定性作用，主要有蒙脱石和伊利石，其次为高岭石和蛭石、绿泥石等。研究发现，我国南方膨胀土黏土矿物成分主要是伊利石，含有一定量的蒙脱石、多水高岭石或高岭石等矿物组分的混合体，曲永新等将其称为混层矿物，即为不同混层比的伊利石/蒙脱石的混层矿物。最新研究认为，此种矿物是膨胀土中占优势地位的矿物，符合实际情况。北方膨胀土黏土矿物成分主要是蒙脱石。此外，伊利石性质不稳定，在适宜的条件下会失去钾离子变成似蒙脱石。

对膨胀土而言，影响其性质的是黏土矿物，就蒙脱石而言，只要土中蒙脱石有效成分含量超过5%，就会对土的工程性质产生影响；有效含量超过20%～30%时，则土的胀缩性和强度特性基本上由蒙脱石决定。我国各地膨胀土主要矿物成分见表3.7-2。

中国各地膨胀土主要矿物

表 3.7-2

地区		矿物成分	鉴定方法
云南	个旧	伊利石、蒙脱石	—
	曲靖、茨营	水云母为主，多水高岭石次之，含少量绿泥石	X 射线，差热
贵州	贵阳、安顺、铜仁	主要为绿泥石、伊利石和高岭石，有些含少量蒙脱石	X 射线，差热，电镜
	遵义	伊利石、蒙脱石，或高岭石、伊利石	X 射线，电镜
四川	成都	主要为伊利石，次为蒙脱石，含少量高岭石和石英	X 射线，差热，偏光镜，染色
	广汉、邛崃、什邡	伊利石、蒙脱石和高岭石及少量石英	—
广西	南宁	伊利石 74%～96%，多水高岭石 14%，石英 1%～7%	偏光镜
	宁明	伊利石 58%～61%，高岭石＋绿泥石 29%～33%，蒙脱石 7%～13%	X 射线，差热，电镜，红外光谱
	贵县	高岭石，蒙脱石或蒙脱石＋伊利石混合层，伊利石为主，含绿泥石	X 射线，电镜
陕西	安康	蒙脱石为主，伊利石次之；蒙脱石-伊利石-多水高岭石（或高岭石）	X 射线，差热，电镜，染色
	汉中、西乡	伊利石为主，含少量或极少量高岭石、蒙脱石	X 射线，差热
湖北	郧县、十堰、宜城	伊利石为主，含少量蒙脱石或一定量蛭石与多水高岭石	X 射线，差热
	当阳	蒙脱石-多水高岭石，少量针铁矿	X 射线，差热
	荆门	伊利石 22%～55%，高岭石 32%～57%，蒙脱石 8%～16%；以伊利石为主，含蒙脱石	X 射线，差热，电镜，化学分析

续表

地区		矿物成分	鉴定方法
河南	平顶山	蒙脱石为主，含伊利石、高岭石	—
	南阳、宝车、鲁山	伊利石为主，次为蒙脱石和含蒙脱石晶层的有序层间矿物	X 射线，差热，化学分析
安徽	合肥	伊利石为主，含蛭石、石英、褐铁矿；蒙脱石、伊利石为主，含石英、水铝英石	X 射线，差热，偏光镜，染色
	淮南	蒙脱石、伊利石和多水高岭石	—
山东	泰安	蛭石、伊利石、蒙脱石和高岭石	X 射线，差热
	临沂	伊利石为主，含少量蒙脱石、高岭石	X 射线，差热，红外光谱
山西	榆次、红崖	伊利石为主，含少量高岭石	—
河北	邯郸	蒙脱石为主，含少量伊利石	X 射线，差热

我国以蒙脱石为主的地区有：河南平顶山褐黄色黏土、安阳褐色黏土，河北邯郸褐黄色黏土，云南蒙自灰黄色黏土、鸡街灰黄色黏土、个旧灰黄色黏土，山东即墨灰黄、浅黄色黏土，其蒙脱石含量一般为 40%～60%，而伊利石含量仅为 20% 左右；以伊利石为主的地区有：云南个旧黄褐色黏土，安徽合肥灰黄色黏土，广西宁明深灰色黏土，湖北荆门黄色黏土等，其伊利石含量一般为 40% 左右，而蒙脱石含量仅为 20% 左右。

研究表明，自由膨胀率是干土颗粒在无结构力影响时的膨胀特性指标，且较为直观，试验方法简单易行。大量试验研究表明：自由膨胀率与土的蒙脱石含量和阳离子交换量有较好的相关关系，蒙脱石含量及阳离子交换容量是影响膨胀土胀缩性能的主要内在因素，而蒙脱石含量的增长将引起膨胀土自由膨胀率的线性增长，见图 3.7-1 和图 3.7-2。图中的试验数据是全国有代表性膨胀土的试验资料的统计分析结果。试验用土样都是在不同开裂破坏程度房屋的附近取得，其中尚有一般黏土和红黏土。

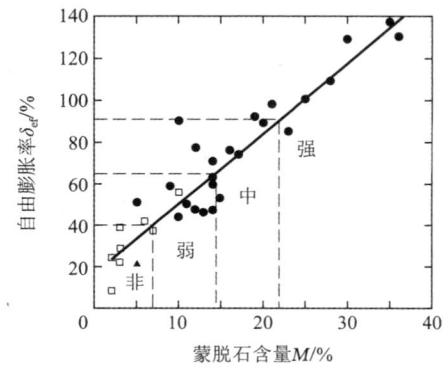

图 3.7-1　蒙脱石含量与自由膨胀率关系

●膨胀土；▲一般黏土；□红黏土

$\delta_{ef} = 3.3459M + 16.894 \quad R^2 = 0.8114$

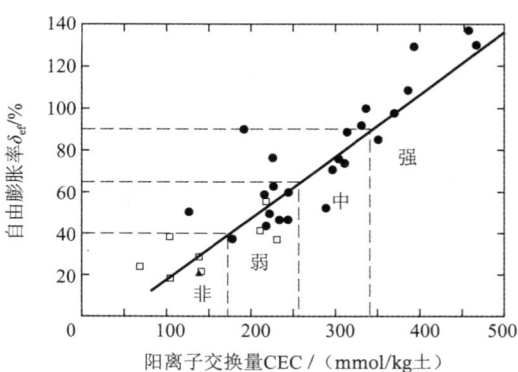

图 3.7-2　阳离子交换量与自由膨胀率关系

●膨胀土；▲一般黏土；□红黏土

$\delta_{ef} = 0.2949CEC - 10.867 \quad R^2 = 0.7384$

粒度，通俗地说是指颗粒大小，粒度成分是反映膨胀土性质的一个重要指标。与其矿物成分对应，组成膨胀土的粒度成分以细颗粒为主。调查表明，我国膨胀土中粒径小于 0.005mm 的黏粒，一般的平均含量大多在 50% 以上，最低的都在 30% 以上；粒径 0.005～

0.05mm 的粉粒含量，一般在 15%～50% 之间；粒径大于 0.05mm 的砂粒含量相对较少。从这方面来看，膨胀土为黏土或粉质黏土。中国部分地区膨胀土的颗粒组成见表 3.7-3。

中国部分地区膨胀土粒度成分   表 3.7-3

地区	深度/m	粒级含量/%				自由膨胀率δ_{ef}/%
		> 0.05mm	0.005～0.05mm	0.002～0.005mm	< 0.002mm	
云南鸡街	1	34	23.5	7.5	35	52
	2	18.5	13.5	5.5	62.5	80
	3	5.5	12.5	8	74	111
	4	0	7.5	8.5	84	134
安徽合肥	2	1	47	3	49	71
	3	3.7	32.5	8	55.8	101
河北邯郸	1	15	51	15.5	18.5	47
	2	18.5	37	19	25.5	63
	3	3.5	39	25.5	32	98
	4	2.5	22	28	47.5	109
四川成都	—	6	44	15.3	34.7	45
新疆阿克塞	1	3	17	11	69	140

从表 3.7-3 中可以看出，膨胀土粒度成分随着剖面深度增加，黏粒含量有增加的趋势。膨胀土中的黏粒含量一般在 40% 以上，最多可达 90% 以上。土的自由膨胀率也随着其增加而增大。

7.1.4　膨胀土的成因

膨胀土主要是由含有硅铝酸盐的岩石风化，经流水搬运或就地残积而成的产物。这包括沉积岩、岩浆岩和变质岩经日晒破碎，经流水动力搬运与分选，在重力作用下沉积而生成的膨胀土，或经风化破碎，未经搬运，在原地堆积演化发育而生成的残积成因膨胀土，或是混合型膨胀土。因而根据膨胀土形成类型，可以将膨胀土分成残积成因膨胀土、河流冲积成因膨胀土、湖积成因膨胀土、洪积成因膨胀土、冰水成因膨胀土，此外还有海相沉积膨胀土。我国地域广阔，源于不同的地形地质和气候条件，膨胀土的成因类型多，这体现在不同地区膨胀土的物质组成、结构和主要工程性质不一样。表 3.7-4 和表 3.7-5 所示是世界部分国家和中国部分地区膨胀土成因类型及其与母岩的关系。

世界部分国家膨胀土成因类型   表 3.7-4

国家	典型膨胀土名称	成因类型	母岩或物质来源
加拿大	渥太华灰色黏土	海相沉积	页岩风化物
	马尼托巴褐色黏土	湖积	
美国	芝加哥黏土	残积	页岩、泥岩风化物
	丹佛黏土	残积	黏土页岩风化物
委内瑞拉	—	残积	页岩风化物

续表

国家	典型膨胀土名称	成因类型	母岩或物质来源
俄罗斯	赫瓦伦黏土	海相沉积	基性火成岩、蒙脱石的沉积岩风化残积物
	阿拉尔黏土	湖积、残坡积	
罗马尼亚	Brasow 黏土	残积、冲积	岩浆岩，含蒙脱石沉积岩
英国	伦敦黏土	冰川	—
南非	灰色—黑色黏土	河湖沉积、残积	基性岩浆岩，厄卡页岩风化
苏丹	喀土穆黑棉土	残积	埃塞俄比亚高原火山风化物
加纳	阿克拉黏土	海相沉积	阿克拉页岩风化残积物
以色列	Afalah 黏土	冲积、残积	玄武岩、石灰岩风化物
印度	黑棉土	残积、冲积	玄武岩风化物
日本	—	残积	火山岩、泥岩、泥灰岩风化物
柬埔寨	—	残积、坡积	玄武岩风化物、残积物
澳大利亚	阿德莱德黑土	残积	页岩风化物
	昆士兰黏土	冲积	砂岩、黏土岩、石灰岩风化物
沙特阿拉伯	麦地那黏土	—	页岩、泥灰岩、石灰岩风化物

中国部分地区膨胀土成因类型

表 3.7-5

地区		成因类型	母岩	地质年代	分布地貌单元
云南	蒙自	冲积、湖积	第三纪泥岩、泥灰岩	N_2—Q_1	二级阶地、斜坡地形
	鸡街	残坡积	新第三纪黏土岩、泥灰岩	N_2—Q_1	二级阶地、缓坡、缓丘
	开远小龙潭	残坡积	黏土岩、三叠砂岩	N_2—Q_1	斜坡地形
贵州	贵阳	残坡积	石灰岩	Q	低丘缓坡
四川	成都	冲积、洪积	黏土岩、泥灰岩	Q_2—Q_3	二级以上阶地
	西昌	残积	黏土岩	Q	低丘、缓坡
山东	临沂	冲积、湖积、冲洪积	玄武岩、凝灰岩	Q_3	一级阶地
	泰安	冲积、湖积、冲洪积	泥灰岩、玄武岩、泥岩	Q_2—Q_3	河谷平原阶地、山前缓坡
安徽	合肥	冲积、洪积	黏土岩、页岩	Q_3	二级阶地、垄岗
	淮南	洪积	黏土岩	Q	山前洪积扇
河南	平顶山	湖积	玄武岩、泥灰岩	Q_1	山前缓坡
	南阳	冲积、洪积	花岗岩	Q_2—Q_3	垄岗、缓坡
广西	南宁	冲积、洪积	泥灰岩、黏土岩	Q_3—Q_4	一、二级阶地
	贵县	残坡积	石灰岩	Q	岩溶平原与阶地
	宁明	残坡积	泥岩、泥灰岩	N—Q_1	盆地中波状残丘
湖北	郧县	冲洪积	变质岩、岩浆岩	Q_2	二级以上阶地
	荆门	残坡积	黏土岩	Q_2	山前缓丘
	枝江	冲洪积	变质岩、岩浆岩	Q_2	二级以上阶地
	襄阳	湖积	变质岩、岩浆岩	Q_2	盆地与阶地垄岗

地区		成因类型	母岩	地质年代	分布地貌单元
河北	邯郸	残坡积	玄武岩、泥灰岩	Q_1	山前缓坡
	邢台	冰水沉积	黏土岩	Q_1	山前缓丘
陕西	汉中	冲积	变质岩、岩浆岩	Q_1-Q_2	二级以上阶地

从表 3.7-5 中可以看出，我国膨胀土的成因多以冲积、洪积、湖积、残坡积和混合成因为主，海相成因的较少，海相成因的膨胀土主要分布在沿海国家，这得益于其长大海岸线。

7.2　膨胀岩土的工程特性

7.2.1　膨胀土工程特性

（1）胀缩性。胀缩性指膨胀土吸水后体积膨胀，失去水分后体积收缩的特性。如膨胀受阻产生膨胀力可使路面隆起，失去水分可使路面下沉或土体干裂。膨胀土不同于其他黏土的胀缩性，反复的干缩湿胀导致土体的有效黏聚力下降，使得土体的强度降低。

（2）多裂隙性。膨胀土中的裂隙，主要可分为垂直裂隙、水平裂隙与斜交裂隙三种类型。这些裂隙将土体分割成具有几何形状的块体，如菱块状、短柱状等，破坏了土体的完整性。膨胀土路基边坡的破坏，大多与土中裂隙有关，且滑动面的形成主要受裂隙软弱结构面控制。目前有两种观点阐述膨胀土的裂隙性，一是认为裂隙的产生由于膨胀土的胀缩特性导致，由于反复的吸水膨胀、失水干缩，反复周期变化，导致土体结构松散，而结构的松散使得雨水进入，又为胀缩创造了条件。另一观点认为，裂隙性引起的应力集中和吸力下降等原因造成了土层软化，引起土体的破坏。

（3）遇水崩解性。膨胀土浸水后体积膨胀，在无侧限的条件下则发生吸水湿化。不同类型的膨胀土崩解性不同，强膨胀土浸水后，几分钟很快就完全崩解；弱膨胀土浸水后，则需要经过较长的时间才能逐步崩解，且不完全崩解。

（4）超固结性。膨胀土大多具有超固结性，天然孔隙比较小，干密度较大，初始结构强度较高。超固结膨胀土路基开挖后，将产生土体超固结力释放，边坡与路面出现卸载膨胀，并常在坡脚形成应力集中区和塑性区，使边坡容易破坏。超固结性是膨胀土的一个重要特征，这个特征越来越受到重视，并被认为是导致边坡渐进性破坏的一个重要原因。

（5）强度衰减性。膨胀土强度为典型的变动强度，具有峰值极高而残余强度极低的特性。由于膨胀土的超固结性，其初期强度高，随着土体受胀缩效应和风化作用时间的增加，抗剪强度将大幅度衰减。强度衰减的幅度与速度和土体的物质组成、土的结构和状态、风化作用以及胀缩性的大小有关。

（6）易风化特性。膨胀土受气候因素影响，极易产生风化破坏作用。开挖后土体在风化作用下，很快产生碎裂、剥落和泥化等现象，使土体结构破坏、强度降低。

膨胀土的胀缩特性、裂隙性、超固结性是膨胀土的基本特性，一般称之为"三性"，正是由于"三性"复杂的共同作用，使得膨胀土的工程性质极差，而常常对各类工程建设造成巨大的危害。

7.2.2　膨胀岩的物理性质及胀缩性

1. 膨胀性

影响膨胀岩胀缩性的因素主要有：

（1）成分：①黏土矿物：蒙脱石晶包由二硅片夹一铝片构成，晶格间的 O^{2-} 联结力弱，水分子可进入晶包间，即内膨胀；同时，蒙脱石粒度最小，表面能巨大，浸水后土颗粒间的结合膜和双电层增厚，即外膨胀，故膨胀性强。高岭石晶包不产生内膨胀，故膨胀性小，伊利石也不产生内膨胀，但粒度比高岭石小，故膨胀性介于二者之间。②胶结物质：胶结物质分水稳性的胶结物质和水溶性胶结物质，第一类包括晶态游离氧化物，憎水性有机物、碳酸盐等，这类胶结物可以抑制泥质岩石的膨胀。第二类包括易溶盐、亲水性有机物等，这类物质中有的对膨胀有一定的抑制作用，而亲水性有机物遇水不但不起胶结作用，反而有助于吸水膨胀。

（2）岩性：泥岩膨胀性最强，砂岩弱。

（3）含水率：中铁第一勘察设计院试验表明：含水率增值与膨胀力成正比，试验前的初始含水率与试验后的含水率相差越大，测得的膨胀力也越大。如同时测得 1、2 号两个样品，其蒙脱石含量分别为 16% 和 3%，而膨胀力分别为 23.7kPa 和 1036.5kPa，无荷载膨胀率分别为 6.1% 和 46%。分析其原因是 1 号样品的初始含水率为 35.5%，试验结束时含水率为 40.1%，含水率仅增 4.6%，说明岩样在自然条件下已经吸水膨胀，故测得的膨胀力和膨胀率都比较小；而 2 号样品初始含水率为 4.8%，试验结束时含水率为 23.9%，含水率增 19.1%，试样吸收的水分较多，因而测得膨胀力和膨胀率都高于 1 号样品。

（4）黏粒含量：黏粒含量越高，膨胀性越大，液限、塑限、塑性指数一般均较大。

2. 破碎性

区别于膨胀土的裂隙性，主要是膨胀岩的强度受控于结构面的发育、岩体与岩块强度的差异。结构面是裂隙水通道，使结构面软化，强度降低，形成滑动面。

3. 低强度性

据南昆线资料，膨胀岩地基容许承载力 150～196kPa，无侧限抗压强度 20～34kPa，现场大型剪切所得黏聚力为 26kPa，内摩擦角 12°，其强度比一般膨胀土还低。铁科院试验证明：泥岩含水量每增加 1%，岩体强度约降低 20～30kPa，c 值约降低 17kPa，综合内摩擦角约降低 13°。

胀缩性、破碎性对膨胀岩强度有很大的影响。膨胀岩具有超固结性，水分蒸发、长期干旱、风化作用、胶结作用及人类的大规模开挖等加剧了超固结状态，形成了以垂直方向为主的网状裂隙，裂隙不但破坏了岩体的整体性，构成流水通道，而且裂隙中的填充物也增加了岩体沿裂隙面的滑移程度。由于裂隙的存在，使膨胀岩强度研究变得十分复杂，强度应由室外确定为主，采用反算法。由于干缩湿胀的反复作用，膨胀岩强度会急剧衰减，这对工程的长期稳定不利。这些特性的影响有一个时间过程，存在着一个渐进破坏的机理及破坏滞后现象，所以不少开挖工程即使在开挖后数十年，也遭受不同程度的滑坡破坏。

我国典型膨胀岩（土）地区膨胀岩（土）的物理性质和胀缩性指标如下：

（1）云南小龙潭盆地及盆地边缘三叠系膨胀性黏土岩的物理性质及胀缩性指标见表 3.7-6。

小龙潭黏土岩的物理胀缩性指标 表 3.7-6

岩性	天然含水率 w/%	湿重度γ/（kN/m³）	孔隙比 e	液限 w_L/%	自由膨胀率 δ_{ef}/%	50kPa下膨胀率δ_{e50}/%	膨胀力 P_e/kPa	线缩率 δ_s/%	体缩率 V_s/%	收缩系数λ_s	胀缩总率δ_{cs}/%
残坡积黏土岩	24.9	19.3	0.785	46.8	54.4	−1.40	42	4.40	18.8	0.532	2.0~2.8
全风化黏土岩	17.5	20.4	0.520	43.0	83.4	4.40	213	3.50	12.0	0.570	5.5
强风化黏土岩	15.7	21.5	0.521	42.1	59.4	0.32	88	2.80	8.0	0.573	1.38
中风化黏土岩	11.8	22.6	0.367	37.0	48.4	0.07	55	1.80	6.4	0.822	1.10

（2）新疆克拉玛依地区白垩系黏土岩的物理力学性质指标见表 3.7-7。

克拉玛依黏土岩物理力学性质指标一般值 表 3.7-7

指标取样深度/m	密度		天然含水率 w/%	孔隙比 e	饱和度 S_r/%	液限 w_L/%	塑限 w_P/%	塑性指数	液性指数	自由膨胀率 δ_{ef}/%	膨胀力 P_e/kPa	50kPa下膨胀率δ_{e50}/%
	湿密度ρ/（g/cm³）	干密度ρ_d/（g/cm³）										
0~10	2.11	1.85	13.5	0.497	80.3	44.4	21.9	22.5	< 0	48	127	0.80
10~19	2.13	1.91	12.7	0.454	72.7	44.2	21.6	22.6	< 0	48	173	0.85

注：1. 两组数据为黏土岩面下 0~3m 范围取样。
2. 其他指标均为多年试验平均值。

（3）陕西第三系三趾马红土的土工试验指标详见表 3.7-8。

三趾马红土的物理性质 表 3.7-8

地区	天然含水率 w/%	湿重度γ/（kN/m³）	干重度γ_d/（kN/m³）	孔隙比 e	液限 w_L/%	塑限 w_P/%	塑性指数 I_P
西安	15.1~21.6	17.6~21.5	13.4~19.4	0.49~0.81	39.3~54.6	16.4~23.0	17.3~29.4
延安	19.3~22.6	17.5~20.9	14.8~18.8	0.44~0.62	38.9~50.1	18.8~21.2	17.6~29.8

三趾马红土的胀缩性试验指标详见表 3.7-9。

三趾马红土的胀缩特性 表 3.7-9

地区	自由膨胀率 δ_{ef}/%	零荷载下膨胀率 δ_f/%	膨胀力 P_e/kPa	含水率 w/%	线缩率 δ_s/%	缩限 w_s/%	压缩系数 a_{1-2}/MPa^{-1}
西安	45.4~71.8	4.1~12.3	21~328	8.6~11.7	5.9~8.3	8.6	0.06~0.196
延安	41.3~76.5	4.7~11.6	18~268	9.8~11.2	6.2~9.8	11.7	0.03~0.14

（4）内蒙古二连浩特三趾马红土工程性质见表 3.7-10。

内蒙古二连浩特三趾马红土的工程特性 表 3.7-10

土样编号	深度/m	含水率/%	密度/（g/m³）	干密度/（g/m³）	塑性指数	液性指数	自由膨胀率/%	膨胀力/MPa
6-2-1	0.50~0.75	20.7	1.93	1.60	37.1	< 0	145	0.50
6-2-2	1.50~1.75	20.1	2.09	1.74	49.8	< 0	160	1.80
6-2-3	2.50~2.75	23.2	1.95	1.58	46.5	< 0	92	1.80

续表

土样编号	深度/m	含水率/%	密度/ （g/m³）	干密度/ （g/m³）	塑性指数	液性指数	自由膨胀率/ %	膨胀力/MPa
6-2-4	3.50～3.75	21.0	1.99	1.65	49.5	< 0	95	1.80
6-2-5	4.50～4.75	14.9	2.18	1.90	30.5	< 0	112	—

表 3.7-9、表 3.7-10 说明三趾马红土是具有较强胀缩潜势的膨胀土。

7.2.3　膨胀土的物理性质、化学成分

1. 膨胀土的物理性质

膨胀土按黏土矿物分类，可以归纳为两大类，一类以蒙脱石为主，另一类以伊利土和高岭土为主。蒙脱石黏土在含水量增加时出现膨胀，而伊利土和高岭土则发生有限的膨胀。引起膨胀土发生变化的条件，有以下几方面：

（1）含水率。膨胀土具有很高的膨胀潜势，这与它含水量的大小及变化有关，如果其含水量保持不变，则不会有体积变化。在工程施工中，建造在含水量保持不变的黏土上的构造物不会遭受由膨胀而引起的破坏。当黏土的含水量发生变化，立即就会产生垂直和水平两个方向的体积膨胀，含水量的轻微变化，仅 1%～2%的量值，就足以引起有害的膨胀。

（2）干重度。黏土的干重度与其天然含水量是息息相关的，干重度是膨胀土的另一重要指标。$\gamma = 18.0 \text{kN/m}^3$ 的黏土，通常显示很高的膨胀潜势。这表明黏土将不可避免地出现膨胀问题。

（3）渗透性。在大气影响深度范围内，经过降雨和蒸发的过程，膨胀土会发生反复的膨胀和收缩，使土体趋于松散。同时，大量次生裂隙生成与原生裂隙的进一步扩大，使得土体中裂隙极为发育。裂隙的发展与土体的松散，为膨胀土的进一步风化创造了条件。干湿循环作用导致膨胀土渗透性增强，从而使得大气影响深度会向土体深处发展。

（4）液限、液性指数。液限、液性指数以及塑限、塑性指数在土力学中是评价黏性土的主要指标。同一种黏性土随其含水量的不同而分别处于固态、半固态、可塑状态及流动状态。土由半固态转到可塑状态的界限含水量称为塑限，由可塑状态到流动状态的界限含水量称为液限。土的塑限和液限都可通过试验得到。根据塑性指数可以对黏性土进行分类，根据液性指数可以判断土的物理状态，土的液性指数越小，土越硬。

（5）黏粒含量。膨胀土按黏土矿物分类，可以归纳为两大类，一类以蒙脱石为主，另一类以伊利土和高岭土为主。蒙脱石黏土在含水率增加时出现膨胀，而伊利土和高岭土则发生有限的膨胀。膨胀土的黏土矿物成分是决定其工程特性的主要内在因素。已有研究表明，当黏土矿物中蒙脱石的含量达到 5%时，即对土的膨胀性与强度产生影响，若蒙脱石含量超过 20%，则土的工程性质主要由蒙脱石所决定，一般蒙脱石含量在 12%以上的土，即具有较强的胀缩性。

膨胀土的物理性质见表 3.7-11、表 3.7-12。

世界部分地区膨胀土的物理性质　　　　　　　　表 3.7-11

地区	土颜色	天然含水率 w/%	天然孔隙比 e	天然重度γ/ （kN/m³）	干重度γ_d/ （kN/m³）	塑限w_P/%	液限w_L/%	塑性指数
俄罗斯伏尔加格勒	深褐色	25.7	0.96	19.3	15.0	61	27.1	33.9
柬埔寨	—	17.6	0.53	20.8	17.7	41.7	19.4	22.0

续表

地区	土颜色	天然含水率 w/%	天然孔隙比 e	天然重度 γ/(kN/m³)	干重度 γ_d/(kN/m³)	塑限 w_P/%	液限 w_L/%	塑性指数
缅甸	—	13.2	0.62	19	16.9	32	15	17
以色列	—	29	1.00	17.7	13.7	71～95	31	39～67
也门	—	24.9	1.08	16.5	13.2	53.7	29.9	27
苏丹喀土穆	黑色	18.4	0.67	19.7	16.6	42.5	23.6	18.9
沙特麦地那	棕黄色	32.0	0.51	17.2	13.0	69	36	33
英国伦敦	棕、蓝色	33	0.47	19.3	14.5	95	30	65
苏丹迈达尼	黑色	20	0.87	17.5	15.1	60.4	24.4	36
索马里乔哈	褐黄色	26	0.82	17.5	14.8	53	28.5	24.5
坦桑尼亚萨拉姆	黑色	17.8	0.59	20	17	56.1	27.6	28.5

中国部分地区膨胀土的物理性质　　　　表 3.7-12

地区		土颜色	天然含水率 w/%	天然孔隙比 e	天然重度 γ/(kN/m³)	干重度 γ_d/(kN/m³)	塑限 w_P/%	液限 w_L/%	塑性指数 I_P	w/w_L
云南	鸡街	杂色	23.2	0.75	19.5	15.8	27	52	25	0.86
	鸡街	灰黄、灰色	22.1	0.67	20.1	16.5	23.7	49.4	25.7	0.93
	蒙自	褐红色	32.0	1.38	16.4	13.2	35	61	26	0.91
	蒙自	褐黄、杂色	30.6	1.05	18.6	14.2	35	64	29	0.87
	蒙自	灰黄、灰白	39.3	1.15	17.8	12.8	39	73	34	1.00
湖北荆门		黄色	19.1	0.54	20.2	17.0	18.6	39.5	20.9	1.03
广西	贵县	红色	41.0	1.18	18.1	12.8	35	74	39	1.17
	南宁	灰色	31.0	0.88	19.3	14.7	27	56	29	1.15
	宁明	灰色	24.0	0.75	19.9	16.0	26	52	26	0.92
	黎塘	红色	34.2	1.01	18.6	13.9	40.0	80.6	40.6	0.86
安徽	合肥	灰黄色	16.1	0.65	18.9	16.3	22.1	40.8	18.7	0.93
	合肥	灰黄色	28.2	0.78	19.5	15.2	27.8	56.0	26.2	1.01
广东茂名		杂色	20.1	0.57	20.8	15.5	21.1	43.2	22.1	0.95
河北邯郸		杂色	18.3	0.54	20.7	17.5	21.8	44.6	22.8	0.84
河南	南阳	灰白	20.3～33.0	0.57～0.96	—	—	20～32	55～76	35～44	1.01～1.03
	南阳	棕黄色	18.5～28.7	0.56～0.82	—	—	20～28	38～51.4	18～23.4	0.92～1.02
	南阳	灰褐色	20.3～26.4	0.61～0.96	—	—	20～29.6	37.8～52.3	17.8～22.7	0.89～1.01
	平顶山	绿色	20.1	0.61	20.0	16.7	24.5	52.0	27.5	0.82
	安阳	褐色	24.8	0.87	18.3	14.7	22.6	43.2	20.6	1.10
湖北	荆门	黄色	22.9	0.68	19.9	16.3	25.1	50.5	25.4	0.91
	郧县	黄色	20.5	0.61	20.7	17.2	26.4	50.7	24.3	0.78

续表

地区	土颜色	天然含水率w/%	天然孔隙比e	天然重度γ/（kN/m³）	干重度γ_d/（kN/m³）	塑限w_P/%	液限w_L/%	塑性指数I_P	w/w_L
陕西安康	棕红色	20.6	0.65	20.2	16.7	21.5	39.4	17.9	0.96
山西晋城	深红色	21.7	0.65	20.2	16.6	21.8	39.3	17.5	1.00
四川成都	杂色	20.6	0.62	20.0	16.6	20.9	42.9	22.0	0.99
山东即墨	褐黄色	28.3	0.86	18.5	14.5	26.9	54.7	27.8	1.05

2. 膨胀土的化学成分

与矿物成分对应，膨胀土中化学成分主要包括：SiO_2、Al_2O_3 和 Fe_2O_3，其次是 MgO、CaO 和 K_2O、Na_2O，含少量的 TiO_2、MnO 和 P_2O_5。膨胀土化学成分以 SiO_2 为主，占其含量的 50% 以上，Al_2O_3 一般占 15%～25%，而 Fe_2O_3 的含量一般在 4%～10% 之间，三者为膨胀土的主要成分，合计在 73%～86% 之间。表 3.7-13 列出了我国典型地区膨胀土的化学成分。

中国部分地区膨胀土化学成分　　　　　　　表 3.7-13

地区		SiO_2	TiO_2	Al_2O_3	Fe_2O_3	FeO	MnO	MgO	CaO	Na_2O	K_2O	P_2O_5	H_2O	挥发性CO_2、有机质
云南	曲靖	44.67	2.75	24.15	8.82	—	—	1.48	2.58	2.65	1.20	—	—	11.98
	茨营	53.67	0.71	24.67	3.48	—	—	1.51	1.40	4.85	0.99	—	—	—
贵州	贵阳	39.03	—	30.17	12.40	—	—	1.05	0.45	1.94	1.94	—	—	—
	遵义	46.76	—	40.09	10.63	—	—	2.60	0.40	0.19	4.69	—	—	—
四川	广汉	41.80	0.88	24.19	10.76	0.10	0.02	1.34	0.20	0.29	2.39	0.12	—	14.65
	西昌	47.50	—	25.75	8.55	—	—	1.51	1.40	—	—	—	—	9.60
广西	宁明	52.02	0.31	29.61	3.35	0.22	0.07	1.37	0.28	0.19	3.11	0.29	7.03	8.90
	三塘	45.20	0.50	25.13	7.05	—	—	1.51	4.21	3.20	5.85	—	—	10.72
陕西	安康	50.23	—	23.70	6.02	—	—	2.97	4.14	2.00	4.90	—	10.39	—
湖北	郧县	64.21	—	17.27	6.31	0.05	—	1.51	1.47	0.87	2.16	—	7.48	—
	十堰	67.85	0.86	14.17	1.52	0.33	0.18	1.55	1.01	0.67	2.54	—	—	—
	荆门	45.93	0.36	24.44	9.60	—	0.05	6.96	0.74	0.33	2.70	0.13	17.63	0.48
河南	南阳	44.57	0.55	20.49	9.06	—	0.02	1.96	0.70	0.27	2.13	0.04	14.74	0.56
	宝丰	60.10	0.58	13.80	5.85	—	0.05	1.52	1.96	0.18	1.87	0.09	13.82	0.99
安徽	合肥	46.58	—	26.54	10.66	—	—	2.00	0.16	0.59	2.12	—	—	—
	淮南	49.11	0.85	19.79	9.57	—	—	2.85	1.87	2.72	2.03	—	—	9.11
河北	邯郸	52.33	0.64	22.92	8.76	—	—	2.66	0.95	0.42	1.90	—	—	—
浙江	平山	64.78	0.28	15.31	2.61	0.65	0.06	2.12	2.38	2.21	2.41	—	6.28	—

我国典型地区膨胀土的化学性质见表 3.7-14。

广西百色残积型膨胀土物理化学性质测试结果　　　　表 3.7-14

土样编号	游离氧化物/%		无定形游离氧化物/%			阳离子交换量/（mmol/kg）	比表面积/（m²/g）	有机质/%	pH 值
	Fe_2O_3	Al_2O_3	Fe_2O_3	Al_2O_3	SiO_2				
土样 1	2.362	0.916	0.049	0.375	0.859	137.59	141.84	0.234	6.75
土样 2	2.794	1.017	0.014	0.546	0.868	125.47	107.16	0.099	6.85
土样 3	2.889	1.201	0.081	0.964	1.806	152.98	181.19	0.557	5.41
土样 4	1.909	3.548	0.013	0.289	0.839	126.81	114.33	0.040	5.56
土样 5	2.751	4.389	0.169	0.745	1.539	259.03	264.64	0.271	4.91
土样 6	3.703	1.722	0.046	1.092	1.759	227.49	226.57	0.715	5.19
土样 7	1.573	0.688	0.003	0.201	1.255	221.16	188.45	0.051	7.53

7.2.4 膨胀土的力学特性及胀缩特性

1. 膨胀土的力学特性

在非饱和膨胀土的弹-塑性本构模型研究中，利用宏观结构层次的参数和微、宏观结构的变形耦合参数（t）来计算微观结构层次中集聚体胀缩变形耦合后形成的微、宏观结构耦合变形，取得了很好的效果。长沙理工大学在这方面做了很多工作，通过采用侧限有荷膨胀试验，研究了膨胀土有荷膨胀率和上部荷载、终了含水率以及过程含水率之间的关系，据此推导出了可以用来计算膨胀土路堤随含水量以及上部荷载变化而变形的本构模型。研究结果表明：在初始含水量一定的条件下，有荷膨胀率与上部荷载半对数呈线性关系，终了含水率与上部荷载半对数呈线性关系，有荷膨胀率与过程含水量呈线性关系。膨胀土的强度特性较之普通黏性土要复杂得多。在强度特性研究方面，不少学者在各自研究的基础上提出了不同的理论和强度选取的方法。

1）渐进性破坏理论

Bjerrun 认为超固结膨胀土边坡的破坏是渐进性的，强度不一，其抗剪强度并非在滑动面上同时发挥。Skempton 认为在渐进性破坏时，强度并不一定降低到残余强度，并且初次滑动的强度明显低于峰值强度。廖济川利用现场滑动面推求现场平均强度，其值介于峰值强度与残余强度之间。Katti 在这方面也做了很多有价值的研究工作。

2）滞后破坏理论

膨胀土边坡破坏往往是在开挖后几个月或若干年后才发生。Bishop 与 Bjerrun 认为由于裂隙性引起的应力集中和吸力下降等原因造成土层软化，使黏聚力 c 随时间减小，引起滞后破坏。Chandler、Skempton 认为滞后破坏的根本原因除了存在裂隙的关系使 c 随时间降低外，更主要的是由于孔隙水压力达到平衡的速度非常缓慢所致。

3）胀缩效应理论

自然状态下的膨胀土强度较高，但是一旦浸水后体积增大，土体结构遭到破坏，强度降低，其强度降低与初始含水量有关。廖世文等认为膨胀土边坡的变形演化实际上是土体在内应力作用下，经往复干缩湿胀（干湿循环），其抗剪强度逐渐衰减的过程。孔官瑞、廖济川的研究也证实这一点。孔官瑞认为胀缩变形和干湿循环次数只影响有效黏聚力，对内摩擦角影响不大。

4）气候作用层理论

潘君枚认为边坡土体在气候作用下，气候作用层的强度会随时间衰减从而引起边坡的破坏。

5）分期分带理论

廖济川认为膨胀土的抗剪强度应考虑以下三个方面：①强度分带的界限。为使界限明确，按地下水位上下分别取强度值。②强度使用期限。按短期及长期稳定分别取不排水及排水强度值。③膨胀土的工程特性。对胀缩性考虑长期浸水或干湿效应，对超固结性为渐进性破坏，对裂隙性为裂隙状态。

6）非饱和土强度理论

自 20 世纪 50 年代中期以来，许多学者相继提出了不少非饱和土有效应力公式，并进而建立了非饱和土的强度公式。非饱和土的性质受固液气三相在细观上的影响，其问题比较复杂，目前不同学者提出了不一样的理论，尚无一个比较满意的结果。

我国部分地区膨胀土的力学性质指标，见表 3.7-15。

中国部分地区膨胀土力学性质指标　　　　　　　　　　　　表 3.7-15

地区	天然含水率 $w/\%$	天然孔隙比 e	压缩模量 $E_{s1\text{-}2}/\mathrm{MPa}$	压缩系数 $a_{1\text{-}2}/\mathrm{MPa}^{-1}$	变形模量 E_0/MPa	黏聚力 c/kPa	内摩擦角 $\varphi/°$	荷载试验P_0（比例极限）/MPa
云南蒙自	48	1.1～1.4	6.08	0.28	—	42	9.5	0.29
云南鸡街	18～30	0.53～0.75	—	—	10.3～17.2	34	6	—
河南南阳	24～26	0.57～0.96	9.7～14.8	0.21～0.30	18～30	27～36	17	0.15～0.20
山西晋城	17.7～24.2	0.62	11.1～33.3	0.10	—	30～60	18～22	0.30
四川成都	21	0.62	—	0.13	9～12	15～44	23～26	0.2～0.4
安徽合肥	20～25	0.60～0.80	—	0.10～0.15	—	56～84	25	—
广西宁明	25	0.74	—	0.09	—	61	17	—
河南安阳	24.8	0.84	5.7	0.28	—	92～120	11～21	—
湖北襄阳	23	0.6～0.7	15.8	0.12	—	91～109	23	—

2. 膨胀土的膨胀收缩特性

1）膨胀

膨胀是指在一定条件下，土的体积因不断吸水而显著增大的特性。

（1）膨胀率：膨胀率指单位体积的膨胀量。它是膨胀变形计算的一个重要参数，由室内试验确定。

（2）膨胀力：膨胀力指原状土样在体积不变时，由于浸水膨胀而产生的最大内应力。中国膨胀土天然状态下的膨胀力不大，一般在 50～100kPa。设计时，为了减少房屋膨胀变形，常采用基底压力接近膨胀力值的方法。

2）收缩

膨胀土的收缩是另一种特性。它与土的初始密度、含水率和黏粒含量有很大关系，在一定条件下收缩与膨胀是可逆的。

（1）收缩与含水率

土样收缩是含水率减少的过程。在同样的条件下，土样初始含水率越高，收缩变形就越大。

（2）收缩极限含水率 W_s

收缩极限含水率（简称缩限）是土体在收缩过程中，由半固体转入固体时的界限含水率。土样的含水率达到缩限之后，继续失水，不再产生收缩变形。缩限值低表示土的膨胀大，收缩也大。中国膨胀土的缩限值一般在 9%～20%。

（3）收缩系数 λ_s

在含水率从 w_0 到 w_s 之间变化时，收缩变形量与含水率变化呈线性关系，该直线的斜率称为收缩系数 λ_s。它是计算收缩变形量的重要参数，由室内试验确定。

中国大部分膨胀土的收缩系数一般为 0.3～0.6，而云南、广西的土较大，可达 0.7～1.0。

3）胀缩可逆性

膨胀土具有吸水膨胀、失水收缩的可逆性，这是膨胀土地基上房屋变形长期不能稳定的主要原因。

中国膨胀土地区大多处于亚湿润气候区，膨胀土胀缩可逆性反映在平坦场地上房屋的变形呈上升、下沉波动型的规律十分明显。

4）胀缩各向异性

膨胀土具有胀缩各向异性，已为一些学者证实，反映胀缩各向异性的指标有：$a_缩$ 和 $a_胀$，其计算公式如下：

$$a_缩 = \frac{e_{sl}}{e_{sd}} \tag{3.7-1}$$

$$a_胀 = \frac{e_{pl}}{e_{pd}} \tag{3.7-2}$$

式中：　e_{sl}、e_{sd}——收缩试验测定的竖向收缩率和横向收缩率；

　　　　e_{pl}、e_{pd}——三向膨胀试验测定的竖向膨胀率和横向膨胀率。

我国部分地区膨胀土胀缩各向异性见表 3.7-16。

中国部分地区膨胀土各向异性　　　　　　　表 3.7-16

地区			膨胀各向异性	
			$a_缩$	$a_胀$
河南	平顶山		2.00	—
	南阳	十八里岗灰白土	0.85	0.96
		构林棕黄土	0.97	0.81
		朱营灰褐土	1.00	0.91
云南	蒙自		0.53～1.50	1.13～2.62
	鸡街		0.29	—
陕西	安康		0.97	1.39
	西乡		1.01	1.17
	勉西		0.98	1.71

续表

地区		膨胀各向异性	
		$a_缩$	$a_胀$
广西	南宁	0.77	—
	宁明	3.33	—
四川成都		1.43	—
湖北荆门		0.72	—
安徽合肥		1.25	—
广东湛江（杂色）		0.10～1.67	0.67～4.21

当$a_缩$（或$a_胀$）= 1时，表示竖向胀缩和横向胀缩相等，即胀缩各向同性；当$a_缩$（或$a_胀$）> 1 时，即竖向胀缩大于横向胀缩；反之，当$a_缩$（或$a_胀$）< 1 时，表示土的横向胀缩大于竖向。

我国部分地区膨胀土的胀缩特性指标见表 3.7-17。

中国部分地区膨胀土胀缩特性指标　　　表 3.7-17

地区		颜色	天然含水率 w/%	天然孔隙比 e	塑限w_P/%	液限w_L/%	自由膨胀率 δ_{ef}/%	缩限w_s/%	收缩系数λ_s	膨胀力 P_e/kPa
云南	蒙自	杂色	30.6	1.05	35	64	40～90	22.1	0.44	18
	蒙自	灰黄色	39.6	1.15	39	73	54～128	15.1～16.1	0.30～0.50	0～50
	鸡街	杂色	17.9～30.0	0.53～0.94	20.2～36	44.5～66.4	40～70	14.7～20.4	0.25～0.49	0～100
	鸡街	灰黄色	12.6～32.0	0.4～0.96	15.3～40	31.9～74	43～139	10.5～20	0.27～0.89	250
广西	宁明	灰绿色	20～32	0.59～0.92	30～32	42～61	41～93	—	0.70～1.15	30～360
	贵县	红色	27～42	0.81～1.24	31～41	60～86	40～50	—	0.30～0.40	7～66
	南宁	灰白、灰色	23～41	0.68～1.08	22～32	43～69	40～65	—	0.33～0.45	12～98
	黎塘	红色	34.2	1.01	40.0	80.6	42	29	0.26	40
河南	平顶山	灰白、灰色	21.5	0.64	21.6	52.9	106	11.8	0.40	96
	南阳	棕黄色	24	0.87	22.6	43.2	47	—	0.73	36
河北邯郸		红褐色	20.7～22.8	0.60～0.67	17～22	43～47	41～85	—	0.45～0.51	30～50
湖北荆门		褐黄色	24.3	0.69	22.8	45.5	56	—	0.38	73
安徽合肥		褐黄色	28.2	0.78	27.8	56.0	71	—	0.42	138
广东茂名		褐红色	20～40.7	0.76～1.10	27～32	55.6～76.2	43～89	—	0.37～0.80	25～250

7.3　各类工程膨胀岩土的勘察要求

建筑工程、公路工程、铁路工程膨胀岩土的勘察要求可以扫二维码 M3.7-2 阅读。

M3.7-2

7.4　室内试验及原位测试

7.4.1　室内试验

膨胀土的室内试验，除了常规土的物理性质试验之外，主要的特性试验有：自由膨胀率试验、膨胀率试验、收缩试验和膨胀力试验等；对膨胀岩应进行黏土矿物成分、体膨胀量和无侧限抗压强度试验等。对各向异性的膨胀岩土，应测定其不同方向的膨胀率、膨胀力和收缩系数。各试验要求按照《膨胀土地区建筑技术规范》GB 50112—2013 和《土工试验方法标准》GB/T 50123—2019 执行。

7.4.2　原位测试

重要的和有特殊要求的工程场地，宜进行原位测试，主要有：浸水膨胀试验、浸水载荷试验、桩基胀切力试验、剪切试验和旁压试验。

浸水膨胀试验和浸水载荷试验方法及步骤可扫描二维码 M3.7-3 阅读。

M3.7-3

7.5　膨胀岩土的判别

工程建设中，把膨胀土误判成非膨胀土，将给工程安全带来严重的隐患；将普通土当成膨胀土进行设计和施工，将造成工程的巨大浪费；此外，若对膨胀土的等级估计不足，也同样将对工程造成不利的影响。因此，开展膨胀土判别与分类方法研究具有重大的意义，以便为工程的设计与施工提供合理的参数和科学依据。当拟建场地及其邻近有因胀缩变形而破坏的实例时，应判定该岩土为膨胀岩土，应进行调查，分析膨胀岩土对工程的破坏机理，判定破坏是否由膨胀变形、收缩变形或膨胀收缩交替变形引起，估计膨胀压力大小和胀缩等级。

7.5.1　膨胀岩的判别

1. 直观判别

即观察岩体的外观特征。膨胀岩外表颜色较杂，经常见到的为浅色，如：白色、浅灰色、浅黄色、绿黄色等。手摸具有柔滑细腻感，且具有油脂、蜡状或丝绢光泽，外观常呈致密坚硬的块状或层状、角砾状构造，具有贝壳状断口。

利用浸水崩解试验观察样品崩解特性，可以直接观察到样品对水的敏感程度。试验方法是将风干或烘干的不规则块状样品浸入水中，观察其在水中的崩解破坏情况。根据样品在水中的崩解性状可将岩石分为四类（表 3.7-18），其中Ⅰ、Ⅱ类可判作为亲水的膨胀岩，应予以重点测试与研究，Ⅲ类则是由于微节理或裂隙的存在而产生机械破坏，但不是膨胀岩，Ⅳ可判定为不亲水的非膨胀岩。膨胀岩和膨胀土的现场鉴别见表 3.7-19 和表 3.7-20。

软岩崩解类型及特征　　　　　　　　　　　　表 3.7-18

崩解分类	崩解物形态	崩解特征
Ⅰ	泥状	浸入水中即刻"土崩瓦解"
Ⅱ	碎屑泥、碎块泥	浸入水中呈絮状、粉末状崩落，短则几分钟，长则 20min，样品即崩解完毕，崩解物为粒状、片状碎屑或碎块，用手搓仍为泥状
Ⅲ	碎岩片、碎岩块	浸入水中呈块状崩裂坍落或片状开裂，全部样品崩解完毕需一至数小时，崩解物为碎岩片或碎岩块
Ⅳ	整体块状	浸入水中数天、半月或更长时间都不发生崩解或仅在局部沿隐微裂隙节理开裂

膨胀岩的野外地质特征　　　　　　　　　　　表 3.7-19

地貌	一般为波状起伏的低缓丘陵，相对高度 20～30m，丘顶多浑圆，坡面圆顺，山坡坡度缓于 40°，岗丘之间多为宽阔的 U 形谷地；当具有砂岩夹层时，常形成陡坎
地质年代	以石炭系、二叠系、三叠系、侏罗系、白垩系和第三系地层为主
岩性	主要为灰白、灰绿、灰黄、紫红和灰色的泥岩、泥质粉砂岩、页岩、风化的泥灰岩、风化的基性岩浆岩、蒙脱石化的凝灰岩以及含硬石膏、芒硝的岩石等。岩石由细颗粒组成，遇水时多有滑腻感
结构构造	岩层多为薄层和中、厚层状，裂隙发育，裂隙多为灰白、灰绿等富含蒙脱石的物质充填
风化情况	风化裂隙多沿构造面、层理面进一步发展，使已被结构面切割的岩块更加破碎；地表岩石风化后呈碎块状或含碎屑的土状，剥离现象明显；天然含水状态的岩石在暴晒时多沿层理方向产生微裂隙；干燥的岩块泡水后易崩解成碎块、碎片和土状

膨胀土的初判标准　　　　　　　　　　　　表 3.7-20

特征内容	地质内容
地貌	山前丘陵、盆地边缘的堆积、残积地貌，常呈垄岗与沟谷相间景观；地形平缓开阔，坡脚少见自然陡坎，坡面沟槽发育
颜色	多呈棕、黄、褐色，间夹灰白、灰绿色条或薄膜；灰白、灰绿色多呈现出透镜体或夹层
结构	具多裂隙结构，方向不规则。裂面光滑，可见擦痕。裂隙中常充填灰白、灰绿色黏土条带或薄膜，自然状态下常呈坚硬或硬塑状态
土质情况	土质细腻，有滑腻感，土中常含有钙质或铁锰质结核或豆石，局部可富集成层
自然地质现象	坡面常见浅层溜坍、滑坡、地面裂缝。当坡面有数层土时，其中膨胀土层往往形成凹形坡。新开挖的坑壁易发生坍塌。膨胀土上浅基础建筑的墙体裂缝，有随气候的变化而张开或闭合的现象
自由膨胀率F_s	$F_s \geqslant 40\%$

2. 膨胀势快速预测

未扰动岩块的干燥-饱和吸水率的大小能够反映泥质岩的成岩胶结作用、黏土矿物组成、物理化学性质等，对泥质岩的水稳定性或膨胀性的综合影响。根据该指标可以对泥质岩的膨胀势进行快速有效的预测。

干燥-饱和吸水率的测定是将未扰动的不规则岩块烘干后称重，再将岩块充分浸水后称重，浸水前后重量之差即为该样品的最大吸水量，再除以浸水前的重量，即得出该岩块的干燥-饱和吸水率（％）。根据大量试验结果，确定干燥-饱和吸水率$W_d = 25\%$作为膨胀岩的下限，对膨胀岩的膨胀潜势，按表 3.7-21 划分为四类。

膨胀岩的膨胀潜势分类　　　　表 3.7-21

干燥-饱和吸水率/%	膨胀潜势等级	干燥-饱和吸水率/%	膨胀潜势等级
$25 \leqslant W_d < 50$	弱	$90 \leqslant W_d < 130$	强
$50 \leqslant W_d < 90$	中	$W_d \geqslant 130$	剧烈

3. 膨胀岩的定量判别

铁道部第三勘测设计院的张金富收集国内有关膨胀岩隧道岩土工程性质资料，归纳列于表 3.7-22 并提出了膨胀岩定量判别技术指标，见表 3.7-23 所示。

中国膨胀岩隧道岩土资料　　　　表 3.7-22

取样地点 项目及指标	扫石一号隧道		引滦入津输水隧道		崔家沟隧道
	$282 + 14 \sim 283 + 34$	$287 + 07 \sim 287 + 50$	F10 $10 + 079$	F1 $10 + 127.5 \sim 10 + 132$	DK67 + 6800 $\sim$ DK69 + 221
天然含水率 w/%	12.3	12.0	7.8	—	$2.2 \sim 10.4$
天然密度 ρ/ (g/cm³)	2.34	2.39	2.47	—	$2.25 \sim 2.56$
天然孔隙比 e	0.301	0.27	—	—	—
液限 w_L/%	25.3	25.4	23.7	断层泥 28.9, 糜棱岩 41.6	$28.6 \sim 49$
塑限 w_p/%	13.6	14.9	13.0	$15.9 \sim 23.2$	$18.8 \sim 25.9$
液性指数 I_L	−0.11	−0.28	−0.49	—	$-1.62 \sim -0.31$
自由膨胀率 δ_{ef}/%	50.0	66.7	53.5	断层泥 59.5, 糜棱岩 56.7, 碎裂岩 25.0, 角砾岩 43.0	$23 \sim 162$
无荷膨胀量/%	19.9	13.2	16.2	—	$3.2 \sim 77.1$
不同压力下的膨胀率/% 100kPa	0.88	0.24	2.30	断层泥 15.5, 糜棱岩 9.0	
不同压力下的膨胀率/% 200kPa	0.75	0.02	1.12		
不同压力下的膨胀率/% 300kPa	0.42	负值	0.68		
膨胀压力 P_e/kPa	236	58	216	—	$150 \sim 1250$, 一般 $600 \sim 900$
无侧限抗压强度 q_u/kPa	3019	1113	—	—	—
试验数据初步分析	岩性为泥灰岩，属类似半干硬土体结构的极软岩，矿物成分以绿泥石为主，少量长石 $\delta_{ef} > 30\%$，$w_L < 40\%$，膨胀量 > 2%，膨胀压力 > 100kPa，按膨胀性围岩考虑为宜		岩性为断层泥（母岩为安山—玄武岩），矿物成分以蒙脱石、绿泥石为主，$\delta_{ef} > 30\%$，膨胀量 > 2%，膨胀压力 > 100kPa，应按膨胀性围岩考虑		δ_{ef} 一般 > 30%，粒径小于 2μm 含量 15% $\sim$ 42.5%，膨胀量 > 2%，应按膨胀性围岩考虑
设计、施工概况	原设计未考虑膨胀围岩不利因素，断面形式按圆拱直墙不封底设计、施工开挖做完永久衬砌，发现边墙开裂，底板鼓起，施工三次处理，补样确定为膨胀岩，改变断面形式为圆拱曲墙，仰拱封底，边墙背后作盲沟排水及泄水孔，至今基本状态良好		设计采用双筋圆拱直墙封底，断面与喷锚网复合式衬砌，拱部及边墙厚 70cm，底板厚 105cm，设计时考虑岩体膨胀，侧压力按 40kPa 计算，经多年营运使用，目前状态正常		岩性以泥质页岩为主，铺底完成后，发现底板隆起十多处，开裂长达 1km，采用加设钢筋混凝土仰拱

膨胀岩定量判别试验指标　　　　　　　　　　　　表 3.7-23

美国	日本	中国首届膨胀岩学术会议（1986 年）		铁道部第一勘测院初判指标	张金富提出的初判指标
		材料（岩石粉末）	岩块		
霍尔兹建议定性的,胶粒含量、塑性指数、缩限	1. 粒径小于 2μm 的含量大于 30%。 2. 体膨胀量大于 2%。 3. 围岩强度比 $a = q_u/(\gamma \cdot H)$,当 $a = 1 \sim 2$ 时,形成塑性区,有轻微变形;当 $a = 0.7 \sim 1$ 时,轻微膨胀,有变形破损;当 $a = 0.38 \sim 0.7$ 时,膨胀显著,破坏非常严重。 式中：q_u——单轴抗压强度（MPa）, γ——重度 kN/m³, H——构筑物上覆埋藏厚度(m)	液限、粉末样的干燥饱和吸水率、比表面积、蒙脱石含量、阳离子交换量、交换阳离子成分	不规则岩块的干燥饱和吸水率、岩块的崩解耐久性指标、软化系数	1. 黏粒含量小于 2μm 的占 25%,小于 5μm 的占 30%。 2. 蒙脱石占全含量的 8%或伊利石占全含量的 20%以上。 3. 膨胀量（无荷,有侧限试件高 2cm）大于 2%。当蒙脱石与伊利石成混层结构时,以膨胀量为主要控制指标	1. 黏粒含量小于 2μm 大于 30%或小于 5μm 大于 35%。 2. 围岩强度比照日本资料。 3. 自由膨胀率 $\delta_{ef} > 30\%$。 4. 液限 $w_L > 40\%$。 5. 膨胀压力 $P_e > 0.1$MPa。 6. 单轴抗压强度 $q_u < 5$MPa。 7. 蒙脱石含量大于 5%或伊利石含量大于 15%。 8. 体膨胀量（无荷,有侧限）大于 2%

根据《公路工程地质勘察规范》JTG C20—2011,膨胀岩室内试验判定指标见表 3.7-24。

膨胀岩室内试验判定指标　　　　　　　　　　　　表 3.7-24

试验项目		判定指标
自由膨胀率 F_s/%	不易崩解的岩石	$F_s \geqslant 3$
	易崩解的岩石	$F_s \geqslant 30$
膨胀力 P_p/kPa		$P_p \geqslant 100$
饱和吸水率 W_{sr}/%		$W_{sr} \geqslant 10$

注：1. 对于不易崩解的岩石,应取轴向或径向自由膨胀率的大值进行判定。
　　2. 对于易崩解的岩石应将其粉碎,过孔径 0.5mm 的筛,去除粗颗粒后,比照土的自由膨胀率试验方法进行试验。
　　3. 当有两项及以上符合表中所列指标时,在室内可判定为膨胀岩。

根据《工程地质手册》(第五版),膨胀岩的分类如表 3.7-25 所示。

膨胀岩的分类　　　　　　　　　　　　表 3.7-25

指标	典型的膨胀性软岩	一般的膨胀性软岩	指标	典型的膨胀性软岩	一般的膨胀性软岩
蒙脱石含量/%	$\geqslant 50$	$\geqslant 10$	体膨胀量/%	$\geqslant 3$	$\geqslant 2$
单轴抗压强度/MPa	$\leqslant 5$	$> 5, \leqslant 30$	自由膨胀率/%	$\geqslant 30$	$\geqslant 25$
软化系数	$\leqslant 0.5$	< 0.6	围岩强度比	$\leqslant 1$	$\leqslant 2$
膨胀压力/MPa	$\geqslant 0.15$	$\geqslant 0.10$	粒径小于 2μm 的含量/%	> 30	> 15

7.5.2　膨胀土的判别

　　膨胀土的判别可以分为试验指标判别和现场特征鉴别。在国外,一般都采用试验指标判别,而中国大多采用现场鉴别与试验指标判别相结合的综合判别方法。

　　1. 国外膨胀土的判别方法

　　（1）苏联建筑法规提出：

　　当浸水时按式(3.7-3)计算的 Π 值大于等于 0.3 时,要考虑土的膨胀性：

$$\Pi = \frac{e_L - e_0}{1 + e_0} \qquad\qquad (3.7-3)$$

$$e_L = w_L \frac{d_s}{d_w} \qquad\qquad (3.7-4)$$

式中：e_0——天然状态土的孔隙比；

$\quad\ e_L$——液限状态w_L时土的孔隙比；

$\quad\ d_s$——土的相对密度；

$\quad\ d_w$——水的相对密度。

（2）相对膨胀量（无荷重）$\delta_H \geqslant 0.04$时为膨胀土。

$$\delta_H = \frac{h_{HC} - h_0}{h_0} \qquad\qquad (3.7-5)$$

式中：h_{HC}——浸水饱和时，在有侧限条件下，自由膨胀后土样高度（m）；

$\quad\ h_0$——天然含水量时土样的原始高度（m）。

（3）美国的霍尔兹提出自由膨胀率大于等于 50%时，判定为膨胀土。

2. 中国膨胀土的判别方法

1）蒙脱石含量的鉴别

膨胀土矿物的鉴别，通过测定黏土矿物中蒙脱石含量是最为直接的方法。常用的方法有：X 射线衍射法、差热分析法、染料吸附法、化学分析法、电子显微镜辨别法等。

X 射线衍射法是采用分光仪自动记录试样（粉末试样）转动时产生的一系列衍射束的密度峰值，将这些峰值与典型 X 射线迹线和反映晶体 X 射线衍射间距的标准值进行比较，确定试样中所含主要矿物成分，只能凭经验定性鉴别。

差热分析法是采用差热分析仪将试样和一种惰性参考材料以恒定速率加热，矿物在加热过程中，成分和晶格结构发生变化，各种物质会产生吸热和放热现象，自动记录得到曲线。将这种差热曲线与黏土矿物特有的差热曲线进行比较，定性地鉴别矿物含量。

染料吸附法是将黏土的矿物经过酸预处理后，利用黏土矿物吸附染料的颜色与黏土矿物的碱交换量的关系来确定矿物成分和数量。染料吸附法试验简单，速度很快，此法与 X 射线衍射法和差热分析法相比，有广泛实用价值。

化学分析法是一种鉴别黏土矿物的有效辅助手段。它利用不同的化学元素置换的方法显示出晶格电荷的来源和位置，同晶型性涉及三种置换，即：在晶格的四面体位置内以 Al 置换 Si，在八面体位置内以 Fe 置换 Al，在八面体位置内以 Mg 置换 Al。

电子显微镜辨别法是利用电子显微镜直接观察土的微观结构，辨别出黏土片不同的形态和特征，来确定黏土的矿物成分、结构及内部晶体结构。

文献提出，当土中蒙脱石含量大于 7%时，对土的胀缩性有明显影响，可以用该指标作为判别膨胀土的指标。

2）国家、地区和行业判别标准

（1）国家标准《膨胀土地区建筑技术规范》GB 50112—2013

具有下列工程地质特征及建筑物破坏形态，且自由膨胀率δ_{ef}大于或等于 40%的黏性土，应判定为膨胀土：

①土的裂隙发育，常有光滑面和擦痕，有的裂隙中充填灰白、灰绿色等杂色黏土，在

自然条件下呈坚硬或硬塑状态。

②多出露于二级或二级以上阶地、山前和盆地边缘的丘陵地带，地形较平缓，无明显自然陡坎。

③常见浅层塑性滑坡、地裂，新开挖坑（槽）壁易发生坍塌等现象。

④建筑物多呈"倒八字""X"或水平裂缝，裂缝随气候变化而张开和闭合。

（2）国家标准《岩土工程勘察规范》GB 50021—2001（2009 年版）

具有下列特征的土可初判为膨胀土：

①多出露于二级或二级以上阶地、山前丘陵和盆地边缘。

②地形平缓，无明显自然陡坎；常见浅层塑性滑坡、地裂，新开挖的路堑、边坡、基槽易发生坍塌。

③裂隙发育，方向不规则，常有光滑面和擦痕，裂隙中常充填灰白、灰绿色黏土。

④干时坚硬，遇水软化，自然条件下呈坚硬或硬塑状态。

⑤自由膨胀率一般大于 40%。

⑥未经处理的建筑物成群破坏，低层较多层严重，刚性结构较柔性结构严重；建筑物开裂多发生都在旱季，裂缝宽度随季节变化。

（3）铁道行业标准《铁路工程特殊岩土勘察规程》TB 10038—2022

膨胀土的判别分初判和详判。初判适用于踏勘与初测阶段，详判适用于定测与施工图设计阶段。

初判时，土的现场宏观地质特征符合表 3.7-20 时，应判别为膨胀土。

详判时，采用 $F_s \geqslant 40\%$，蒙脱石含量 $M \geqslant 7\%$，阳离子交换量 $CEC(NH_4^+) \geqslant 170\mathrm{mmol/kg}$ 三项指标中，符合其中两项及以上时，应判定为膨胀土。

7.6　膨胀岩土的分类与评价

膨胀岩土的工程评价应符合下列规定：

（1）对建在膨胀岩土上的建筑物，其基础埋深、地基处理、桩基设计、总平面布置、建筑和结构措施、施工和维护，应符合《膨胀土地区建筑技术规范》GB 50112—2013 的规定。

（2）一级工程的地基承载力应采用浸水载荷试验方法确定；二级工程宜采用浸水载荷试验确定；三级工程可采用饱和状态下不固结不排水三轴剪切试验计算或根据已有经验确定。

（3）对边坡及位于边坡上的工程，应进行稳定性验算；验算时应考虑坡体内含水量变化的影响；均质土可采用圆弧滑动法，有软弱夹层及层状膨胀岩土应按最不利的滑动面验算；具有胀缩裂缝和地裂缝的膨胀土边坡，应进行沿裂缝滑动的验算。

在初勘阶段，主要是判别建筑场地是否属于膨胀岩土。

在详勘阶段，主要是对建筑场地进行分类和评价，为建筑物地基基础设计提供必要的依据。

7.6.1　国外对膨胀土的分类与评价

（1）霍尔兹提出根据胶体含量、塑性指数、收缩极限含水量、可能的体积膨胀，划分膨胀程度，见表 3.7-26。

估计膨胀土可能的体积变化（一）　　　　表 3.7-26

试验指标的数据			可能的体积膨胀/%	膨胀程度
粒径小于 0.001mm 的颗粒含量/%	塑性指数	缩限/%		
> 28	> 35	> 11	> 30	很高
13～20	25～41	7～12	20～30	高
13～23	15～28	10～16	10～30	中
> 15	< 18	> 15	< 10	低

注：以竖向荷载 1 磅 1 英寸（6.89kPa）为依据。

（2）美籍华人陈孚华提出，通过粒径小于 200 号筛筛孔的粉粒和黏粒百分率、液限、现场标贯击数等指标来分类，见表 3.7-27。

估计膨胀土可能的体积变化（二）　　　　表 3.7-27

室内及现场试验			可能膨胀的总体积变化/%	膨胀压力/kPa	膨胀程度
粒径小于 200 号筛筛孔的颗粒含量/%	液限/%	标贯击数			
> 95	> 60	> 30	> 10	> 958	很高
60～95	40～60	20～30	5～10	239～958	高
30～60	30～40	10～20	1～5	144～239	中
< 30	< 30	< 10	< 1	< 48	低

7.6.2 中国膨胀土的分类及评价

关于膨胀土的判别，国内外尚不统一，根据多年来工程实践的经验总结和工程地质特征，自由膨胀率大于 40% 和液限大于 40% 的黏土，可初判为膨胀土，但这并不是唯一的，最终决定的因素是胀缩总率及膨胀的循环变形特征，以及与其他指标相结合的综合判别方法。目前，国内外膨胀土分类的方法很多，不同的研究者提出了不同的标准，所选择的指标和标准也不一。研究膨胀土的判别方法主要在两方面进行探讨，一是指标的选择，二是判别方法的选择。我国普遍采用试验测试指标判别法，包括单指标判别法、双指标判别法、多指标判别法和作图法四类，现对膨胀土的判别方法总结如表 3.7-28 所示。

膨胀土判别与分类方法综述　　　　表 3.7-28

名称	判别依据	评价	代表人物
杨世基法	液限、塑性指数、胀缩总率、吸力、CBR 膨胀量	—	杨世基
《膨胀土地区建筑技术规范》GB 50112—2013 判别法	自由膨胀率 $F_s \geqslant 40\%$	单一指标、人为干扰、易误判	—
按最大胀缩性指标进行分类	最大线缩率 δ'_{sv}，最大体缩率 δ'_v，最大膨胀率 δ'_{ep}	指标随环境变化，出现同膨胀土不同环境、不同等级的情况	柯尊敬
按自由膨胀率与胀缩总率进行分类	无荷载下体胀缩总率、无荷载下线胀缩总率、线膨胀率、缩限含水率状态下的体缩率、自由膨胀率(计算公式)	指标随环境变化，出现同膨胀土不同环境、不同等级的情况	—

名称	判别依据	评价	代表人物
按塑性图判别与分类	塑性图联合使用塑性指数与液限来判别	未考虑微结构影响	李生林
按多指标综合判别分类	黏粒含量、液限、线胀缩率、比表面积、阳离子交换量、零荷载线胀缩总率	指标随环境变化，出现同膨胀土不同环境、不同等级的情况	—
利用多指标数学式判别与分类	使用函数式进行判别	数据局限性，区域性，不易推广	余镇麟、廖世文等
南非威廉姆斯（Williams）分类标准	联合使用塑性指数及粒径小于 $2\mu m$ 颗粒的成分含量作图	理论依据不足，结果明显偏高	威廉姆斯
风干含水率法	建立一种新的 ω_f-ω_L 膨胀土判别分类图	离散性较大，实际应用不易控制	谭罗荣
《公路工程地质勘察规范》JTG C20—2011 分类法	标准吸湿含水量和塑性指数	已得到广泛的适用性验证	—
《铁路工程特殊岩土勘察规程》TB 10038—2022	自由膨胀率、蒙脱石含量与阳离子交换量	只关注了矿物成分，而忽视了微结构的影响	—

目前，国内常用的三种分类方法为《膨胀土地区建筑技术规范》GB 50112—2013、《铁路工程特殊岩土勘察规程》TB 10038—2022 和《公路工程地质勘察规范》JTG C20—2011 确定的分类标准。

1.《膨胀土地区建筑技术规范》GB 50112—2013 对膨胀土的分级

1）按自由膨胀率 δ_{ef}，将土的膨胀潜势分为三类（表 3.7-29、表 3.7-30）

膨胀土的膨胀潜势分类　　　　　　　　　　　　　　　　表 3.7-29

自由膨胀率 δ_{ef}/%	膨胀潜势
$40 \leqslant \delta_{ef} < 65$	弱
$65 \leqslant \delta_{ef} < 90$	中
$\delta_{ef} \geqslant 90$	强

膨胀土的自由膨胀率与蒙脱石含量、阳离子交换量的关系　　　表 3.7-30

自由膨胀率 δ_{ef}/%	蒙脱石含量/%	阳离子交换量 $CEC(NH_4^+)$/（mmol/kg 土）	膨胀潜势
$40 \leqslant \delta_{ef} < 65$	7～14	170～260	弱
$65 \leqslant \delta_{ef} < 90$	14～22	260～340	中
$\delta_{ef} \geqslant 90$	> 22	> 340	强

注：1. 表中蒙脱石含量为干土全重含量的百分数，采用次甲基蓝吸附法测定。
　　2. 对不含碳酸盐的土样，采用醋酸铵法测定其阳离子交换量；对含碳酸盐的土样，采用氯化铵-醋酸铵法测定其阳离子交换量。

2）根据地形地貌条件，对场地的分类

Ⅰ类：平坦场地：

地形坡度小于 5°；地形坡度大于 5°，而小于 14°，距坡肩水平距离大于 10m 的坡顶地带。

Ⅱ类：坡地场地：

地形坡度大于 5°；地形坡度虽然小于 5°，但同一座建筑物范围内局部地形高差大于 1m。

3）膨胀土地基的评价

地基评价的基本假定：低层房屋，基底压力小于或等于 50kPa，砖石结构，基础埋深 1m，平坦场地，地基土含水量是在自然气候条件下可能达到的最大范围。

根据土的胀缩特性指标，预估地基的分级胀缩变形量S_c，根据分级胀缩变形量S_c，将地基分为三个等级，分级标准见表 3.7-31 所示。

膨胀土地基胀缩等级　　表 3.7-31

地基分级变形量S_c/mm	地基等级	破坏程度	单层砖石房屋墙体开裂裂缝宽度/mm
$15 \leqslant S_c < 35$	Ⅰ	轻微	< 15
$35 \leqslant S_c < 70$	Ⅱ	中等	15～50
$S_c \geqslant 70$	Ⅲ	严重	> 50

地基分级变形量S_c可根据膨胀土地基的变形特征确定，可分别按本手册式(3.7-6)、式(3.7-7)和式(3.7-12)进行计算。

2.《铁路工程特殊岩土勘察规程》TB 10038—2022 对膨胀土的分级（表 3.7-32）

膨胀土的膨胀潜势分级　　表 3.7-32

分级指标	弱膨胀土	中等膨胀土	强膨胀土
自由膨胀率F_s/%	$40 \leqslant F_s < 60$	$60 \leqslant F_s < 90$	$F_s \geqslant 90$
蒙脱石含量M/%	$7 \leqslant M < 17$	$17 \leqslant M < 27$	$M \geqslant 27$
阳离子交换量 $CEC(NH_4^+)$/（mmol/kg 土）	$170 \leqslant CEC(NH_4^+) < 260$	$260 \leqslant CEC(NH_4^+) < 360$	$CEC(NH_4^+) \geqslant 360$

注：当土质符合表列任意两项及以上指标时，即判定为该等级。

3.《公路工程地质勘察规范》JTG C20—2011 对膨胀土的分级（表 3.7-33）

膨胀土分级　　表 3.7-33

分级指标	级别			
	非膨胀土	弱膨胀土	中等膨胀土	强膨胀土
自由膨胀率F_s/%	$F_s < 40$	$40 \leqslant F_s < 60$	$60 \leqslant F_s < 90$	$F_s \geqslant 90$
塑性指数I_P	$I_P < 15$	$15 \leqslant I_P < 28$	$28 \leqslant I_P < 40$	$I_P \geqslant 40$
标准吸湿含水率ω_f/%	$\omega_f < 2.5$	$2.5 \leqslant \omega_f < 4.8$	$4.8 \leqslant \omega_f < 6.8$	$\omega_f \geqslant 6.8$

注：标准吸湿含水率指在标准温度下（通常为25℃）和标准相对湿度下（通常为60%）膨胀土试样恒重后的含水率。

7.6.3　膨胀土的承载力

可扫描二维码 M3.7-4 阅读相关内容。

M3.7-4

7.6.4　膨胀土的抗剪强度

可扫描二维码 M3.7-5 阅读相关内容。

M3.7-5

7.7　变形计算及容许变形值

7.7.1　膨胀变形量的计算（图 3.7-3、图 3.7-4）

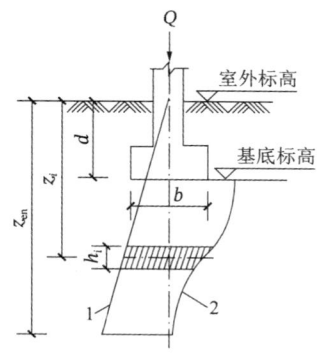

(a) 一般情况　　(b) 地表下4m深度内存在不透水基岩

图 3.7-3　地基土的膨胀变形计算示意　　　图 3.7-4　地基土收缩变形计算含水量变化示意
1—自重压力曲线；2—附加压力曲线

膨胀变形量S_e按下式计算：

$$S_e = \psi_e \sum_{i=1}^{n} \delta_{epi} \cdot h_i \qquad (3.7\text{-}6)$$

式中：S_e——地基土的膨胀变形量（mm）；

ψ_e——计算膨胀变形量的经验系数，宜根据当地经验确定，无可依据经验时，三层及三层以下建筑物可采用 0.6；

δ_{epi}——基础底面下第i层土在平均自重压力与对应于荷载效应准永久组合时的平均附加压力之和作用下的膨胀率（用小数计），由室内试验确定；

h_i——第i层土的计算厚度（mm）；

n——基础底面至计算深度内所划分的土层数，膨胀变形计算深度z_{en}应根据大气影响深度确定，有浸水可能时可按浸水影响深度确定。

7.7.2　收缩变形量、土层含水率变化值、湿度系数的计算及相关应用

1. 收缩变形量S_s的计算

$$S_s = \psi_s \sum_{i=1}^{n} \lambda_{si} \cdot \Delta w_i \cdot h_i \qquad (3.7\text{-}7)$$

式中：S_s——地基土的收缩变形量（mm）；

ψ_s——计算收缩变形量的经验系数，宜根据当地经验确定，无可依据经验时，三层及三层以下建筑物可采用 0.8；

λ_{si}——基础底面下第i层土的收缩系数,由室内试验确定;

Δw_i——地基土收缩过程中,第i层土可能发生的含水率变化平均值(以小数表示);

n——基础底面至计算深度内所划分的土层数,收缩变形计算深度z_{sn},应根据大气影响深度确定;当有热源影响时,可按热源影响深度确定;在计算深度内有稳定地下水位时,可计算至水位以上3m。

2. 土层含水量变化值的计算

在计算深度内,各土层的含水量变化值,按下式计算:

$$\Delta w_i = \Delta w_1 - (\Delta w_1 - 0.01)\frac{z_{i-1}}{z_{sn-1}} \tag{3.7-8}$$

$$\Delta w_1 = w_1 - \psi_w w_p \tag{3.7-9}$$

式中:Δw_i——第i层土可能发生的含水率变化平均值(以小数表示);

Δw_1——地表下1m处土的含水率变化值(以小数表示);

w_1、w_p——地表下1m处土的天然含水率和塑限含水率(以小数表示);

ψ_w——土的湿度系数;

z_i——第i层土的深度(m);

z_{sn}——计算深度,可取大气影响深度(m)。

注:1. 地表下4m深度,存在不透水基岩时,可假定含水量变化值为常数;2. 计算深度内有稳定地下水位时,可计算至水位以上3m。

3. 湿度系数ψ_w的计算

湿度系数ψ_w是指在自然气候条件下,地表下1m处土层的含水率可能达到的最小值与其塑限含水率比值,即下式表示:

$$\psi_w = \frac{w_{min}}{w_p} \tag{3.7-10}$$

膨胀土湿度系数应根据当地 10 年以上土的含水率变化及有关气象资料统计求出,无资料时,可按下式计算:

$$\psi_w = 1.152 - 0.726a - 0.00107c \tag{3.7-11}$$

式中:a——当地9月至次年2月的蒸发力之和与全年蒸发力之比值;

c——全年干燥度大于1的月份的蒸发力与降水量差值之总和。

干燥度为蒸发力与降水量之比值,北方供暖地区,供暖期的c值不计。

中国部分地区的湿度系数ψ_w及大气影响深度d_a值,见图 3.7-34。

中国部分地区的湿度系数及大气影响深度(单位:m) 图 3.7-34

地区	汉中	安康	通州	唐山	泰安	兖州	临沂	南京	蚌埠
ψ_w	0.95	0.91	0.74	0.71	0.65	0.64	0.86	0.96	0.90
d_a	3.0	3.0	4.0	4.0	5.0	5.0	3.5	3.0	3.0

地区	荆门	合肥	许昌	南阳	郧阳	桂林	百色	贵县	南宁
ψ_w	0.8	0.91	0.71	0.79	0.87	0.85	0.82	0.8	0.87
d_a	3.5	3.0	4.0	3.5	3.0	3.5	3.5	3.5	3.0

地区	来宾	昭关	广州	湛江	绵阳	成都	昆明	开远	文山
ψ_w	0.85	0.82	0.8	0.81	0.89	0.89	0.62	0.56	0.71
d_a	3.5	3.5	3.5	3.5	3.0	3.0	5.0	5.0	4.0

地区	蒙自	贵阳	邯郸	郧县	枝江	平顶山	宁明	个旧	鸡街
ψ_w	0.57	0.97	0.67	0.76	0.80	0.80	0.70	0.60	0.60
d_a	5.0	3.0	4.0	3.5	3.5	3.5	4.0	5.0	5.0

4. 湿度系数的应用

1）确定各地大气影响深度d_a

大气影响深度d_a是指自然气候条件下土层湿度、地温等变化，引起土层升降变形的有效深度，大气影响深度是进行膨胀土地基设计及处理的一个重要参数。

实测资料表明，湿度系数与大气影响深度有明显的相关性。

2）预估土层含水量变化值

根据湿度系数，按式(3.7-9)计算地表1m处含水率变化值Δw_1，并可计算各层土的含水量变化幅度δw_i。

7.7.3 膨胀收缩变形量计算

膨胀收缩变形量S_{es}可按下式计算：

$$S_{es} = \psi_{es} \sum_{i=1}^{n} \left(\delta_{epi} + \lambda_{si} \cdot \Delta w_i \right) \cdot h_i \qquad (3.7\text{-}12)$$

式中：ψ_{es}——计算膨胀收缩变形量的经验系数，可取 0.7。

当地表下 1m 处地基土的天然含水率等于或接近最小值或地面有覆盖且无蒸发可能，或建筑物使用期间，经常有水浸湿时，可按式(3.7-6)计算膨胀变形量。

当地表下 1m 处地基土的天然含水量大于 $1.2w_p$ 时，或直接受高温作用时，可按式(3.7-7)计算收缩变形量。

其他情况可按式(3.7-12)计算膨胀收缩变形量。

膨胀土地基变形量取值，应符合下列规定：

（1）膨胀变形量应取基础的最大膨胀上升量。

（2）收缩变形量应取基础的最大收缩下沉量。

（3）胀缩变形量应取基础的最大胀缩变形量。

（4）变形差应取相邻两基础的变形量之差。

（5）局部倾斜应取砌体承重结构沿纵墙 6～10m 内基础两点的变形量之差与其距离的比值。

7.7.4 容许变形值

膨胀土地基上建筑物的地基变形计算值，不应大于地基变形允许值。地基变形允许值应符合表 3.7-35 的规定。表中未包括的建筑物，其地基变形允许值应根据上部结构对地基变形的适应能力及功能要求确定。

膨胀土地基上建筑物地基变形允许值表 表 3.7-35

结构类型	相对变形		变形量/mm
	种类	数值	
砌体结构	局部倾斜	0.001	15
房屋三到四开间及四角有构造柱或配筋砌体承重结构	局部倾斜	0.0015	30
工业与民用建筑相邻柱基 框架结构无填充墙时	变形差	$0.001l$	30
框架结构有填充墙时	变形差	$0.0005l$	20
当基础不均匀升降时不产生附加应力的结构	变形差	$0.003l$	40

注：l 为相邻基础的中心距离（m）

7.8 膨胀土病害的防治措施

在膨胀土地基上进行工程建设，应根据当地的气候条件、地基胀缩等级、场地工程地质和水文地质条件，结合当地建筑施工经验，因地制宜避免大开挖，依山就势建筑，并采取综合措施。

1. 路基边坡方面可采取的措施

（1）加强隔水，做好排水。路堑边坡或切坡建房时，应及早封闭，做好排水工作。施工时，注意工程用水和雨水的排泄，减少对基坑的浸泡时间。

（2）支挡防护。对不高的边坡，采取轻型防护，如方格骨架护坡、草皮护坡等；对较高边坡，采用挡护结合或分级挡护。

（3）改良土壤。用砂、碎石屑与膨胀土拌合，回填、夯实边坡。

2. 建筑物地基及基础方面措施

1）换土垫层

将膨胀土全部或部分挖掉，换填非膨胀黏性土、砂、碎石垫层，并做好排水辅助措施。其作用主要是抑制膨胀土的升降变形引起的危害，减小地基胀缩变形和调节膨胀土地基沉降量。该方法施工工艺简单，可就地取材，是处理膨胀土地基的一种较为适用和经济的方法。

2）增大基础埋置深度

其作用为：相应减小膨胀土厚度；增大基础面以上土的自重；加大基础与土的摩擦力；增大至基底的渗透距离和改变蒸发条件，致使地温和湿度的变化较稳定。

3）桩基础

桩基础应穿透膨胀土层，使桩尖进入非膨胀土层，或进入大气影响急剧层以下。

4）湿度控制法

湿度控制法包括预湿和保持含水率稳定。为控制由于膨胀土含水率变化而引起的胀缩变形，应尽量减少地基含水率受外界大气的影响。目前，比较成功的保湿方法有：预浸水法、暗沟保湿法、帐幕保湿法和全封闭法。

5）压实控制法

用机械方法将膨胀土压实到所需要的状态，充分利用膨胀土的强度与胀缩特性随含水率、干密度及荷载应力水平的变化规律，尽量增大击实膨胀土的强度指标，是一种处理弱膨胀土较为理想的方法。

6）土质改良法

常用的方法包括物理改良法、化学改良法、生物改良法。

物理改良法和化学改良法是利用物理改良或化学改良加固机理，通过改变膨胀土的物质组成结构和其物理力学性质，集成化学改良土水稳定性较好、有较大的黏聚力和物理改良材料有较高内摩擦角及无胀缩性的优势，达到强化膨胀土的土质改良效果。该法常充分利用一些固体废弃物与价格低廉的材料，如粉煤灰、矿渣与砂砾石等，有利于环境保护，且改良质量良好，得到了工程界的普遍重视。

生物改良法根据不同的材料可以分为植物改良法和微生物改良法。植物改良法是对膨胀土地段的公路边坡采用种植植物的生物技术进行治理和防护的方法。微生物改良法是通过微生物的新陈代谢活动，改变原始地质环境，使矿物直接从介质中沉淀。沉积物和死亡的细菌将土颗粒胶结或填塞在粒间孔隙中，对膨胀土起到改良作用，该方法目前尚处于理论分析和试验研究阶段。

参考文献

[1] 中华人民共和国建设部. 岩土工程勘察规范: GB 50021—2001: 2009 年版[S]. 北京: 中国建筑工业出版社, 2009.

[2] 刘国楠. 膨胀土研究综述[J]. 地基处理, 1993, 4(3): 30-35.

[3] 李斌. 膨胀土地区[M]. 北京: 人民交通出版社, 1993.

[4] 刘特洪. 工程建设中的膨胀土问题[M]. 北京: 中国建筑工业出版社, 1997.

[5] 冯建林. 国内膨胀土处理领域研究趋势分析[J]. 山西建筑, 2020, 46(3): 186-188.

[6] 刘特洪. 长江流域膨胀土工程地质特征及工程处理[J]. 人民长江, 2005, 36(3): 13-15.

[7] 蔡耀军. 赵曼. 南水北调中线工程第四系工程地质[J]. 第四纪研究, 2003, 23(2): 113-124.

[8] 曲永新, 张永双, 等. 中国膨胀土黏土矿物组成的定量研究[J]. 工程地质学报, 2002(10 增刊): 416-422.

[9] 付景春. 蒙脱石对地基胀缩性能的影响[C]//廖世文, 等. 全国首届膨胀土科学研讨会论文集. 成都: 西南交通大学出版社, 1990.

[10] 中华人民共和国住房和城乡建设部. 膨胀土地区建筑技术规范: GB 50112—2013[S]. 北京: 中国建筑工业出版社, 2013.

[11] 舒福华. 襄樊膨胀土的矿物成分及化学特征对其胀缩性能的影响研究[J]. 军工勘察, 1995(1): 27-29.

[12] 廖世文. 膨胀土与铁路工程[M]. 北京: 中国铁道出版社, 1984.

[13] 许英姿, 杨昀和, 黄政棋. 压实度对膨胀土渗透特性的影响研究[J]. 道路工程, 2002(2): 8-10.

[14] 李德峰. 膨胀土路基危害及处理方法浅析[J]. 现代公路, 2009(3/4): 95-96.

[15] 中华人民共和国交通运输部. 公路工程地质勘察规范: JTG C20—2011[S]. 北京: 人民交通出版社, 2011.

[16] 中华人民共和国国家铁路局. 铁路工程特殊岩土勘察规程: TB 10038—2022[S]. 北京: 中国铁道出版社, 2022.

[17] 时梦熊, 吴芝兰. 膨胀岩的简易判别方法[J]. 水文地质工程地质, 1986(5): 46-48.

[18] 曲永新, 徐晓岚, 等. 泥质岩的工程分类和膨胀势的快速预测[J]. 水文地质工程地质, 1988(5): 14-17.

[19] 张金富. 膨胀性软质围岩隧道的施工处理与定量判别指标的初步探讨[J]. 工程勘察, 1987(2): 21-26.

[20] 工程地质手册编委会. 工程地质手册[M]. 5 版. 北京: 中国建筑工业出版社, 2018.

[21] СНИП II-15-74 СТРОИТЕЛЬНЫЕНОРМЫ И ПРАВИНАЧАСТЬ II НОРМЫПРОЕК-ТИРОВАНИЯГЛАВА 15ОСНОВАНИЯЗДАНИЙ И СООРУЖЕНИЙМАСКВАСТРОИИЗДАТ, 1975.

[22] 陈孚华. 膨胀土上的基础[M]. 石油化工部化工设计院, 译. 北京: 中国建筑工业出版社, 1979.

[23] 杨世基. 公路路基膨胀土的分类指标[J]. 公路工程地质, 1997, 15(1): 1-6.

[24] 柯尊敬. 用胀缩潜量指标判别和评价膨胀土[J]. 冶金建筑, 1980(9): 14-17.

[25] 李生林. 塑性图在判别膨胀土中的应用[J]. 地质论评, 1984, 30(4): 352-356.

[26] 余镇麟, 廖世文. 数学地质在安康膨胀土研究中的初步应用[J]. 水文地质工程地质, 1979(5): 62-68.

[27] 谭罗荣, 张梅英, 邵梧敏, 等. 风干含水量 W_{65} 用作膨胀土判别分类指标的可行性研究[J]. 工程地质学报, 1994, 2(1): 15-26.

[28] 李妥德, 赵中秀. 膨胀土土体抗剪强度参数测定时试样尺寸的选择方法[C]//廖世文, 等. 全国首届膨胀土科学研讨会论文集. 成都: 西南交通大学出版社, 1990.

[29] 温国炫. 膨胀土抗剪强度浅析[J]. 大坝观测与土工测试, 1997, 21(1): 34-35+42.

[30] 舒福华. 襄樊膨胀土的抗剪强度研究[J]. 土工基础, 1996, 10(4): 33-35.

[31] 李峰德. 膨胀土路基危害和处理方法浅析[J]. 现代公路, 2009, 4(3): 95-96.

[32] 杨晓东, 赵伟. 浅谈膨胀土的土质改良[J]. 新疆交通运输科技, 2016(4): 122-124.

第 8 章 盐渍岩土

8.1 盐渍岩土概述

盐渍岩土是对盐渍岩和盐渍土的总称，不同于一般的岩石和土层，盐渍岩土含有较高的盐类成分，并具有特殊的工程性质，在岩土的工程分类中归为特殊性岩土。

8.1.1 盐渍岩的基本特点

盐渍岩是由含盐度较高的天然水体（如泻湖、盐湖、盐海等）通过蒸发作用产生的化学沉积所形成的岩石。按盐类矿物成分划分，主要分为石膏及硬石膏岩、石盐岩、钾镁质岩三类。石膏及硬石膏岩的主要化学成分是 $CaSO_4 \cdot 2H_2O$ 和 $CaSO_4$，石盐岩的主要化学成分是 $NaCl$。

我国的盐渍岩主要分布在四川盆地、湘西、鄂西地区（中三叠纪地层），云南、江西（白垩纪地层），江汉盆地、衡阳盆地、南阳盆地、东濮盆地、洛阳盆地等（下第三纪地层）和山西（中奥陶统地层）。

盐渍岩具有整体性、可溶性、膨胀性、腐蚀性等主要工程特性。几种常见易溶盐和中溶盐类矿物的溶解度见表 3.8-1。

易溶和中溶盐类矿物在水中的溶解度（20℃时）　　　　　表 3.8-1

矿物	分子式	相对密度	溶解度/（g/L）
石膏	$CaSO_4 \cdot 2H_2O$	2.3～2.4	2
硬石膏	$CaSO_4$	2.9～3	2.1
芒硝	$Na_2SO_4 \cdot 10H_2O$	1.48	448
无水芒硝	Na_2SO_4	2.68	488（40℃）
钙芒硝	$Na_2SO_4 \cdot CaSO_4$	2.7～2.85	不一致
泻利盐	$MgSO_4 \cdot 7H_2O$	1.75	262
六水泻盐	$MgSO_4 \cdot 6H_2O$	1.76	308
石盐	$NaCl$	2.1～2.2	264
钾石盐	KCl	1.98	340

8.1.2 盐渍土的基本特点

1. 盐渍土的形成

盐渍土按形成过程可分为现代积盐过程盐渍土（简称现代盐渍土）、残余积盐过程盐渍土（简称残余盐渍土）和碱化过程盐渍土（简称碱化盐渍土）三类。

1）现代盐渍土的形成，主要包括以下几种方式：

（1）海水浸渍形成的盐渍土，分布于滨海地区，盐渍土的盐分主要来自海水，由海水浸渍或海岸退移而形成。盐渍土和地下水的盐分组成与海水一致，以氯盐为主，离海岸越近地下水的矿化度越高。

（2）矿化地下水形成的盐渍土，广泛分布于内陆盆地，盐渍土的含盐成分与地下水矿化物基本一致，其积盐强度取决于地下水的矿化度与埋藏深度，同时受气候的干旱程度与土的性质影响，气候越干旱、积盐时间越长，形成的盐渍土厚度越大、含盐量越高。

（3）地表矿化径流形成的盐渍土，主要分布于内陆半干旱、干旱和极端干旱区的洪积扇、冲积平原。冰雪融水和暴雨山洪冲刷、搬运、溶解流经的盐岩及含盐地层，形成矿化的地表径流，携带的盐岩碎屑随洪积物堆积、盐分随地表水下渗，加之强烈的蒸发，盐分向地表聚积形成盐渍土。地表矿化径流形成的盐渍土含盐成分较复杂，与物源区盐岩性质和地表径流溶解的盐分有关，受水流多次叠加的影响，往往具有明显的分层特点。

2）残余盐渍土，是在地质历史时期形成盐渍土的过程中，受地壳上升等因素的影响，导致原有的积盐条件改变、积盐过程终止，加之缺少地表水和地下水的影响，由此而残留于地层当中的盐渍土。残余盐渍土常见于荒漠和半荒漠地区，主要分布在古冲积平原、古河流阶地、山前洪积平原等地区。残余盐渍土与现代盐渍土不同，所处场地的地下水埋藏较深，有可能存在叠加的多层高含盐地层，含盐量高的地层不一定位于地表，而是处在某一深层部位。

3）碱化盐渍土是土层受淋溶作用影响，发生脱盐、土壤胶体逐步吸附代换性钠离子的碱化过程而形成的盐渍土，盐分中的碳酸钠和碳酸氢钠较多，盐渍土呈碱性，厚度不大，具有较明显的层次。

2. 盐渍土的分布

我国盐渍土主要分布于新疆、青海、甘肃、宁夏、内蒙古、陕西、西藏的大部分地区，此外，在华北除内蒙古外的其他地区和东北地区也有部分盐渍土分布。平原和滨海地区盐渍土的厚度一般不大，仅在地表下几米，内陆盆地盐渍土的厚度变化很大，有的可达几十米。

中国土壤盐渍化分区可参考表 3.8-2。

中国土壤盐渍化分区表　　　　　　　　　　表 3.8-2

区名	范围	气候特征						水文、水文地质特点	积盐特征及盐渍类型
		灾害性天气	干燥度	年蒸发量/mm	年降水量/mm	$\sum t$/℃	无霜期/d		
滨海湿润-半湿润海水浸渍盐渍区	沿海一带，北起辽东半岛经渤海湾、黄海、东海、台湾海峡、南海至海南岛等滨海	中部及南部时有台风袭击，偶有海啸袭击，造成局部海浸	1.0 ~ 1.5	—	400 ~ 700	3200 ~ 4100	北部 165~225	地处河流下游，河流出口与海洋相通。水质有规律地呈带状分布，越靠近海矿化度越高	盐渍类型以 NaCl 为主，北部含 NaHCO₃ 成分，南部有酸性硫酸盐
			0.75 ~ 1.0	—	800 ~ 2000	4500 ~ 8000	中部 240		
			0.5 ~ 1.0	800 ~ 1000	1200 ~ 2000	8000 ~ 9500	南部 240~365		
东北半湿润-半干旱草原盐渍区	三江平原、松嫩平原和辽河平原	寒冷、冻结期长	1.0 ~ 1.5	1600 ~ 1800	400 ~ 800	2000 ~ 3000	120~180	除黑龙江、松花江、辽河等外流河外，还有许多无尾河，积水成为泡子，地下水和泡子水多含 NaHCO₃ 成分	冻融过程对盐分积累有重要影响，土壤和地下水 NaHCO₃ 含量占总盐量的 50%~80%

续表

区名	范围	气候特征						水文、水文地质特点	积盐特征及盐渍类型
		灾害性天气	干燥度	年蒸发量/mm	年降水量/mm	$\sum t/℃$	无霜期/d		
黄淮海半湿润-半干旱耕作盐渍区	冀、鲁、豫、苏、皖的黄河、淮河、海河的广大冲积平原	常受旱、涝危害	1.0～1.5	1800～2000	500～700	3400～4500	170～220	主要为黄河、淮河、海河三大水系。黄河为地上河，对两岸有很大威胁	在低矿化条件下积盐，具有季节性积盐或脱盐，盐分在土壤中表聚性很强，以SO_4-Cl盐或Cl-SO_4盐为主
内蒙古高原干旱-半干旱荒漠盐渍区	内蒙古东部高平原的呼伦贝尔和中部草原，狼山以北直抵中蒙边境	常遇寒冷暴风雪的袭击	1.25～1.5	2000	200～350	2000～3000	140～160	除海拉尔、伊敏河等外流河外，内流水系发育成咸水湖、盐湖	在干旱草原条件下，碱土具有明显的剖面发育。在河迹和湖周发育为$NaHCO_3$草甸盐渍土，还有大面积的潜在盐渍土
黄河中、上游半干旱-半荒漠盐渍区	陕、甘、青、蒙的一部分和宁大部分黄河流经地区	受干旱威胁，又常遭受强暴风雨而发生水土流失	—	1800～2400	150～500	2500～3500	140～180	黄河流经本区，在鄂尔多斯高平原内有一些盐池和碱池	黄土高原中有潜在盐渍化，在黄河河套冲积平原有碱土、$NaHCO_3$盐渍土及SO_4-Cl盐或Cl-SO_4盐渍土等
甘、新、蒙干旱-荒漠盐渍区	河西走廊、阿拉善以西和准噶尔盆地	受干旱、风沙威胁	—	2000以上	100～200，个别<100	2500～3500	—	除新疆额尔齐斯河外流外，其余均为内流区，盐湖、碱水湖发育	残余积盐大面积发育，土壤盐碱化发育
青、新极端干旱-荒漠盐渍区	吐鲁番盆地、塔里木盆地、疏勒河下游和柴达木盆地	受干旱、风沙威胁	—	2000～3000	15～80	2000～4000	—	完全封闭的内流盆地，盐湖、盐池、咸水湖大量分布	土壤盐渍化普遍存在，各种类型的盐渍土均有发育，残余积盐过程和现代积盐过程大面积发育
西藏高寒荒漠盐渍区	西藏高原	受高原恶劣天气变化影响	—	—	100～300，个别<100	—	—	羌塘高原闭流区，咸水湖广泛发育	冻融过程对盐分富集有重要影响，盐渍土主要分布在湖周边和河谷低地，盐渍类型以硫酸盐为主

3. 盐渍土的基本性质

盐渍土所含易溶盐的化学成分主要包括氯盐类（NaCl、KCl、$CaCl_2$、$MgCl_2$）、硫酸盐类（Na_2SO_4、$MgSO_4$）和碳酸盐类（Na_2CO_3、$NaHCO_3$）三类，基本性质列于表3.8-3。

易溶盐的基本性质　　　　　　　　　　　　　　　　表3.8-3

盐类名称	基本性质
氯盐类（NaCl、KCl、$CaCl_2$、$MgCl_2$）	1. 溶解度大。 2. 有明显的吸湿性，如氯化钙的晶体能从空气中吸收超过本身重量4～5倍的水分，且吸湿水分蒸发缓慢。 3. 从溶液中结晶时，体积不发生变化。 4. 能使冰点显著下降
硫酸盐类（Na_2SO_4、$MgSO_4$）	1. 没有吸湿性，但在结晶时有结合一定数量水分子的能力。 2. 硫酸钠从溶液中沉淀重结晶时，结合10个水分子形成芒硝（$Na_2SO_4 \cdot 10H_2O$），体积增大；在32.4℃时芒硝放出水分，又成为无水芒硝（Na_2SO_4），体积减小；硫酸镁结晶时，结合7个水分子形成结晶水化合物（$MgSO_4 \cdot 7H_2O$），体积也增大，在脱水时体积减小。 3. 硫酸钠在32.4℃以下时溶解度随温度增加而增加，在32.4℃时溶解度最大，在32.4℃以上时溶解度下降

续表

盐类名称	基本性质
碳酸盐类 （Na_2CO_3、$NaHCO_3$）	1. 水溶液有很大的碱性反应。 2. 能使黏土胶体颗粒发生最大的分散。 3. 对土的崩解速度影响很大

8.1.3 盐渍土的工程定名与分类

1. 盐渍土的工程定名

我国相关行业技术标准中，对盐渍土的判别和定名均作出了规定。

（1）《岩土工程基本术语标准》GB/T 50279—2014：土中易溶盐含量较高，并具有溶陷、盐胀、腐蚀等工程特性的土。

（2）《岩土工程勘察规范》GB 50021—2001（2009 年版）：岩土中易溶盐含量大于 0.3%，并具有溶陷、盐胀、腐蚀等工程特性时，应判定为盐渍岩土。

（3）《盐渍土地区建筑技术规范》GB/T 50942—2014：易溶盐含量大于或等于 0.3%且小于 20%，并具有溶陷或盐胀等工程特性的土。

（4）《盐渍土地区建筑规范》SY/T 0317—2021：易溶盐含量大于或等于 0.3%且小于 20%，并具有溶陷、盐胀或腐蚀等工程特性的土。

（5）《公路工程地质勘察规范》JTJ C20—2011：地表以下 1m 深度范围内的土层，当其易溶盐的平均含量大于 0.3%，并具有溶陷、盐胀等特性时，应判定为盐渍土。

（6）《公路路基设计规范》JTG D30—2015：易溶盐含量大于规定值的土。

（7）《民用机场勘测规范》MH/T 5025—2011：岩土中易溶盐含量大于 0.3%，并具有溶陷、盐胀、腐蚀等工程特性时，应按盐渍土进行工程勘察。

（8）《铁路工程特殊岩土勘察规程》TB 10038—2022：土中的易溶盐含量大于 0.3%的粉土、粉质黏土或砂类土，应定为盐渍土；当地表以下 1m 深度内的土层易溶盐平均含量大于 0.3%时，应判定为盐渍土场地。

2. 盐渍土的工程分类

盐渍土的分类方法很多，分类原则一般都是根据盐渍土本身特点，按其对工业、农业、交通运输业的影响和危害程度，各行业根据各自的特点确定盐渍土的分类。

1）按含盐化学成分（含盐性质）分类

盐渍土的含盐性质，主要以土中所含阴离子的氯根（Cl^-）、硫酸根（SO_4^{2-}）、碳酸根（CO_3^{2-}）、重碳酸根（HCO_3^-）的含量比值来表示。

《盐渍土地区建筑技术规范》GB/T 50942—2014 中，盐渍土按含盐的化学成分分类见表 3.8-4。

盐渍土按含盐的化学成分分类   表 3.8-4

盐渍土名称	$\dfrac{c(Cl^-)}{2c(SO_4^{2-})}$	$\dfrac{2c(CO_3^{2-}) + c(HCO_3^-)}{c(Cl^-) + 2c(SO_4^{2-})}$
氯盐渍土	> 2.0	—
亚氯盐渍土	> 1.0，≤ 2.0	—
亚硫酸盐渍土	> 0.3，≤ 1.0	—

续表

盐渍土名称	$\dfrac{c(Cl^-)}{2c(SO_4^{2-})}$	$\dfrac{2c(CO_3^{2-}) + c(HCO_3^-)}{c(Cl^-) + 2c(SO_4^{2-})}$
硫酸盐渍土	$\leqslant 0.3$	—
碱性盐渍土	—	> 0.3

注：$c(Cl^-)$、$c(SO_4^{2-})$、$c(CO_3^{2-})$、$c(HCO_3^-)$分别表示氯离子、硫酸根离子、碳酸根离子、碳酸氢根离子在 0.1kg 土中所含毫摩尔数，单位为 mmol/0.1kg。

2）按含盐量（盐渍化程度）分类

（1）盐渍土中含盐量的差别对土的工程性质影响很大，按含盐量（%）分类是对按含盐化学成分分类的补充和量化。

《盐渍土地区建筑技术规范》GB/T 50942—2014 中，盐渍土按含盐量的分类见表 3.8-5。

盐渍土按含盐量分类　　　　　　　　　　　　　表 3.8-5

盐渍土名称	盐渍土层的平均含盐量/%		
	氯盐渍土及亚氯盐渍土	硫酸盐渍土及亚硫酸盐渍土	碱性盐渍土
弱盐渍土	$\geqslant 0.3$，< 1.0	—	—
中盐渍土	$\geqslant 1.0$，< 5.0	$\geqslant 0.3$，< 2.0	$\geqslant 0.3$，< 1.0
强盐渍土	$\geqslant 5.0$，< 8.0	$\geqslant 2.0$，< 5.0	$\geqslant 1.0$，< 2.0
超盐渍土	$\geqslant 8.0$	$\geqslant 5.0$	$\geqslant 2.0$

（2）大量的工程实践与科研成果证明，同类等量的盐分赋存于不同颗粒组成的土中时，盐渍土会表现出不同的工程特性，对比粗粒土与细粒土盐渍土，两者的盐胀、溶陷都存在很大差异。《公路路基设计规范》JTG D30—2015 中区分了细粒土和粗粒土的分类判别标准，盐渍土按盐渍化程度分类见表 3.8-6。

盐渍土按盐渍化程度分类　　　　　　　　　　表 3.8-6

盐渍土类型	细粒土土层的平均含盐量（以质量百分数计，%）		通过直径 1mm 筛孔粗粒土的平均含盐量（以质量百分数计，%）	
	氯盐渍土及亚氯盐渍土	硫酸盐渍土及亚硫酸盐渍土	氯盐渍土及亚氯盐渍土	硫酸盐渍土及亚硫酸盐渍土
弱盐渍土	0.3~1.0	0.3~0.5	2.0~5.0	0.5~1.5
中盐渍土	1.0~5.0	0.5~2.0	5.0~8.0	1.5~3.0
强盐渍土	5.0~8.0	2.0~5.0	8.0~10.0	3.0~6.0
过盐渍土	> 8.0	> 5.0	> 10.0	> 6.0

注：离子含量以 100g 干土内的含盐总量计。

3）易溶盐测定方法的影响

不同的技术标准在对盐渍土分类作出规定的同时，均明确了易溶盐测定采用的相应试验标准，如《岩土工程勘察规范》GB 50021—2001（2009 年版）对应采用《土工试验方法标准》GB/T 50123—2019，《公路工程地质勘察规范》JTG C20—2011 对应采用《公路土工试验规程》JTG 3430—2020。

不同的试验标准中，试验浸出液制取的方法不完全相同，主要的差别在于土样的过筛标准。对细粒土土样，过筛标准有规定采用 2mm 孔径的，也有规定采用 1mm 孔径的；对粗粒土土样，过筛标准规定采用的孔径包括 1mm、2mm 和 5mm。

采用不同过筛标准，各制备样品的盐分总量基本保持不变，但土颗粒组分有可能发生变化、盐分占比也可能发生变化，是否变化主要取决于过筛之前样品的粒径大小。对于细粒土，分别采用 1、2mm 孔径的过筛标准，两者的盐分占比变化相对较小，易溶盐含量测定的结果差异不大；对于粗粒土，分别采用 1、2、5mm 孔径的过筛标准，三者的盐分占比变化较大，测定结果会出现较大差异，筛孔孔径越小测定值越高。

据新疆某机场项目易溶盐研究课题成果，飞行区场道工程填方区采用碎石土填筑，研究目的是分析评价不同过筛标准对易溶盐含量测定结果的影响程度，合理确定填料易溶盐检测试验方法和控制标准。试验研究中将样品分为两类，第一类为天然粗粒土填料，第二类为同级配粗粒土经除盐之后人工定量添加易溶盐配制的样品。分组对两类样品分别采用 1、2、5mm 孔径的过筛标准，对比易溶盐总量测定值的变化。结果表明：（1）天然粗粒土填料，采用直径 1、2mm 筛孔测定的易溶盐总量平均值分别是直径 5mm 筛孔平均值的 2.79 倍和 2.14 倍；（2）除盐配制样的理论计算结果是 2.38 倍和 1.72 倍；（3）除盐配制样的试验结果是 2.40 倍和 1.73 倍，与理论计算值相近。

4）标准中相关规定对比

盐渍土分类评价时，应当根据工程项目的特点和属性选择适用的技术标准，并按标准中规定的方法进行试验测定，依据所用标准对盐渍土进行分类判别。

《岩土工程勘察规范》GB 50021—2001（2009 年版）规定细粒土与粗粒土采用相同的试验方法、统一的分类标准；《盐渍土地区建筑技术规范》GB/T 50942—2014 规定细粒土与粗粒土采用不同的试验方法、统一的分类标准；《公路路基设计规范》JTG D30—2015 规定细粒土与粗粒土采用相同的试验方法、不同的分类标准。

我国现行的一些技术标准中，有关盐渍土的分类及试验方法对比见表 3.8-7。

盐渍土分类及试验方法对比 表 3.8-7

	《岩土工程勘察规范》GB 50021—2001（2009 年版）	《盐渍土地区建筑技术规范》GB/T 50942—2014	《公路路基设计规范》JTG D30—2015
按含盐的化学成分（含盐性质）分类	分类指标及分类界限值相同，划分为氯盐渍土、亚氯盐渍土、亚硫酸盐渍土、硫酸盐渍土、碱性盐渍土（碳酸盐渍土）5 类		
按含盐量（盐渍化程度）分类	分类指标相同，细粒土和粗粒土采用相同的判别标准，分类界限值相同，划分为弱、中、强、超 4 类		分类指标相同，细粒土和粗粒土采用不同的判别标准和分类界限值，均划分为弱、中、强、过 4 类
执行的土工试验标准	《土工试验方法标准》GB/T 50123—2019	细粒土和粗粒土中的砂土执行《土工试验方法标准》GB/T 50123—2019。粗粒土按"附录 B 粗粒土易溶盐含量测定方法"执行	《公路土工试验规程》JTG 3430—2020
试验浸出液制取的要点	粗粒土和细粒土相同：筛孔孔径：2mm。风干土样质量：50～150g。土水比例：1:5。振荡时间：3min	细粒土及砂土（砂土试样质量≥200g），其他要点同左。粗粒土：筛孔孔径：5mm。风干土样质量：≥300g。土水比例：1:5。振荡时间：3min	粗粒土和细粒土相同：筛孔孔径：1mm。烘干土样质量：50～150g。土水比例：1:5。振荡时间：3min

8.1.4　盐渍土的主要工程特性

1. 盐渍土的溶陷性

盐渍土在浸水后，受到水对土中盐类的溶解和迁移作用影响，在土的自重压力或外力作用下发生土体沉陷的现象，称为盐渍土的溶陷。

盐渍土中有的盐作为盐渍土的颗粒骨架，起支撑结构的作用；有的盐又是连接颗粒骨架的胶结物，提高了土颗粒间的连接强度，对盐渍土的强度起到增强的作用。2013 年新疆建筑设计研究院，通过让盐渍土浸润不同的溶剂，进行了现场原位试验和室内土工试验。试验结果表明，采用中性煤油作为溶剂，不能将可溶性土粒和可溶盐溶解，盐渍土的颗粒、粒状架空结构体系（骨架）均未被破坏，煤油使盐渍土颗粒结合液态膜增厚，骨架颗粒间引力减弱，仅仅降低了粒间摩擦力，盐渍土由此而产生少量的变形。对盐渍土浸水饱和后，作为骨架的可溶性土粒、可溶盐颗粒就会部分或全部溶解于水中，盐渍土失去由它们形成的骨架，结构性被破坏；同时，因水的作用而消除或减弱了颗粒间的粘结力，使盐渍土的强度大大降低，产生湿陷变形，溶陷变形相伴发生。

盐渍土的溶陷性可根据溶陷系数划分，当溶陷系数小于 0.01 时，划分为非溶陷性土；当溶陷系数等于或大于 0.01 时，划分为溶陷性土。根据溶陷系数的大小将盐渍土的溶陷程度划分为轻微、中等、强三个等级。

溶陷性是盐渍土重要的工程性质之一，地层的溶陷性主要取决于地层的沉积条件、土的类别和原始结构状态、易溶盐含量、土层厚度、浸水和渗水条件等。溶陷性盐渍土通常分布于干旱荒漠地区，地层中的易溶盐含量很高、甚至夹杂着盐团，骨架颗粒间存在着不稳定的泥质和盐质胶结，当地下水位埋深较深、溶陷性土层厚度较大时，如直接作为地基，一旦浸水溶陷会在短时间内发生，对建（构）筑物的结构安全构成极大的威胁。

当碎石土盐渍土、砂土盐渍土及粉土盐渍土处于饱和状态，黏性土盐渍土处于软塑、流塑状态时，通常不具有溶陷性。

2. 盐渍土的盐胀性

盐渍土因温度或含水量变化而出现土体体积增大的现象，称为盐渍土盐胀。

盐胀性是盐渍土另一项重要的工程性质，盐胀现象主要出现在以硫酸盐（亚硫酸盐）盐渍土为主的地层当中，影响因素主要包括硫酸钠含量、土的类型和密度、温度变化及含水率变化等。

当土层中含有一定数量的硫酸盐或碳酸盐时，就有可能发生盐胀。

（1）硫酸盐沉淀结晶时，体积增大，脱水时体积缩小，致使原有土体结构破坏而疏松。土体的盐胀主要是由其中的硫酸钠吸水、结晶造成的，其反应方程如下：

$$Na_2SO_4 + 10H_2O \rightleftharpoons Na_2SO_4 \cdot 10H_2O$$

硫酸钠的分子量约为 142，10 个水分子的总分子量约为 180，由方程可知：142g 的 Na_2SO_4 可吸收 180g 的结晶水而转变成芒硝（$Na_2SO_4 \cdot 10H_2O$），因此，测得土中 Na_2SO_4（以硫酸盐计）的含量，便可计算出结晶时的吸水量，其计算公式如下：

$$\omega_{吸} = \frac{10H_2O}{Na_2SO_4} \times G = \frac{180}{142} \times G \approx 1.27G \tag{3.8-1}$$

式中：$\omega_{吸}$——结晶时的吸水量（%）；

G——土中的 Na_2SO_4 的含量（%）。

若土中硫酸钠的含量为4%~6%，那么它的结晶吸水量为5.08%~7.62%。可以看出，在一定的含盐量条件下，只要能满足吸收这么多水分，就会使硫酸盐盐渍土产生盐胀。

温度在15℃上下时开始出现盐胀表征，-6℃附近时盐胀量达到最大值，而且在这个温度变化相应的时间范围内，盐胀发生的速度最快，一般能完成盐胀量的90%以上，当温度继续下降时，盐胀增量不再明显增加。

（2）碳酸盐中含有大量吸附性阳离子，遇水时与胶体颗粒相互作用，在胶体颗粒和黏土颗粒周围形成结合水薄膜，减少了颗粒间的黏聚力，使其互相分离，引起土体盐胀。试验证明，当土中的Na_2CO_3含量超过0.5%时，其盐胀量显著增大。

3. 盐渍土的腐蚀性

从腐蚀机理分析，氯盐主要与钢筋混凝土中的钢筋发生反应，硫酸盐主要对混凝土发生作用，混凝土受物理和化学多种作用的影响，腐蚀机理较复杂。

钢筋混凝土结构处于氯盐盐渍土环境中，氯离子会逐步进入钢筋混凝土内部，钢筋表面被腐蚀，其反应如下：

$$Fe^{2+} + 2Cl^- + 4H_2O \longrightarrow FeCl_2 \cdot 4H_2O$$
$$FeCl_2 \cdot 4H_2O \longrightarrow Fe(OH)_2 + 2Cl^- + 2H^+ + 2H_2O$$
$$4Fe(OH)_2 + O_2 + 2H_2O \longrightarrow 4Fe(OH)_3$$

钢筋混凝土结构处于硫酸盐盐渍土环境中，以硫酸根和镁离子腐蚀作用为主。

当硫酸根渗入混凝土后发生如下化学反应：

$$SO_4^{2-} + Ca(OH)_2 \longrightarrow CaSO_4 + 2OH^-$$

硫酸钙与铝酸钙反应，混凝土出现膨胀、开裂等。

镁离子（Mg^{2+}）与混凝土中的氢氧化钙$Ca(OH)_2$发生反应，生成氢氧化镁$Mg(OH)_2$，混凝土出现粉化。

盐渍土对建筑材料具有腐蚀性，腐蚀程度除了与土、水中的盐类成分及含量有关外，还与建筑结构所处的环境条件有关。

4. 氯盐盐渍土的可塑性

研究资料表明，盐渍土的液限、塑限随含盐量的增加而降低。另外，人工配制含盐量的试验也表明，含盐量越大，土的可塑性越低，见表3.8-8。

氯盐盐渍土可塑性试验成果 表3.8-8

土的名称	掺入NaCl/%	液限w_L/%	塑限w_P/%	塑性指数I_P/%
粉质黏土	0	25.9	16.5	9.4
	2	26.0	15.7	10.3
	4	24.8	14.6	10.2
	6	24.0	14.0	10.0
	10	22.9	13.6	9.3
	20	21.2	12.8	8.4
粉土	0	19.0	14.2	4.8
	2	18.9	13.7	5.2

土的名称	掺入 NaCl/%	液限w_L/%	塑限w_P/%	塑性指数I_P/%
粉土	4	18.1	13.3	4.8
	6	16.8	13.0	3.8
	10	16.6	12.6	4.0
	20	16.3	11.6	4.7

5. 氯盐盐渍土的吸湿性

氯盐盐渍土由于土内含有较多的钠离子，钠离子的水解半径大，水化膨胀力强，故在其周围可形成较厚的水化薄膜，使盐渍土具有较强的吸湿性和保水性，这种现象也被称为"泛潮"。

影响吸湿性的主要因素是空气的相对湿度，据观测，一般"泛潮"时的相对湿度都在40%以上。

据铁道部第一勘测设计院（简称铁一院）资料，氯盐盐渍土吸湿的深度只限于表层，其"泛潮"深度仅为 100mm 左右，见表 3.8-9。

氯盐盐渍土吸湿影响深度　　　　　表 3.8-9

土的名称	（NaCl）盐含量/%	相对湿度/%	吸湿深度/mm
细砂	20	100（饱和）	60
	30		80
粉砂	20		80
粉土	30		100
粉质黏土	30		120

6. 有害毛细水作用的影响

盐渍土中有害毛细水上升能直接引起地基土的浸湿软化和次生盐渍化，进而使土的强度降低，产生盐胀、冻胀等工程问题。如何控制地下水位、掌握有害毛细水上升高度是盐渍土地区重要的岩土工程问题之一。

影响毛细水上升高度和上升速度的因素，主要是土的粒度成分、土的矿物成分、土颗粒的排列和孔隙的大小，以及水溶液的成分、浓度、温度等。

（1）土的粒度成分对毛细水上升高度的影响最为显著，一般来说颗粒越细毛细水上升高度越高。铁一院对不同粒组与上升高度及速度的研究参见表 3.8-10。

不同粒组砂土毛细水上升高度及上升速度　　　　　表 3.8-10

颗粒大小/mm	孔隙度/%	毛细水上升高度/mm		达到最大高度的时间/d	平均速度/（mm/h）	
		24h	最大		第一昼夜	达到最大上升高度以前
0.5~1	41.8	115	131	4	4.8	1.4
0.1~0.2	40.4	376	428	8	15.6	2.2
0.05~0.1	41.0	530	1055	72	22.1	0.6

（2）盐分含量对毛细水上升高度也有影响，盐分影响主要是盐的含量和盐的类型，如表 3.8-11 所示，盐分对毛细水上升高度有着正反两个方面的影响，一方面水中含盐量可以提高其表面张力，毛细水上升高度随着表面张力增大而增大；另一方面水中盐分又使其溶液相对密度增大，并使颗粒表面分子水膜厚度增大，从而增加了毛细水上升的阻力使毛细水上升值减小。当矿化度较低时，前种情况占优势，反之则后一种影响占优势。

盐类对粉砂毛细管上升高度的影响   表 3.8-11

序号	水质		有害毛细水上升高度/m
	含盐种类	矿化度/（g/L）	
1	蒸馏水	0	1.44
2	Na$_2$SO$_4$	10	1.46
3		50	1.38
4	NaCl	50	1.59
5		150	1.36
6		250	1.31
7		300	0.87

（3）不同的地层毛细水上升高度显著不同，可参考表 3.8-12 中的经验值。

各类土毛细水强烈上升高度经验值   表 3.8-12

土的名称	含砂黏性土	含黏粒砂土	粉砂	细砂	中砂	粗砂
毛细水强烈上升高度/m	3.0～4.0	1.9～2.5	1.4～1.9	0.9～1.2	0.5～0.8	0.2～0.4

7. 盐渍土的冻结深度

1）起始冻结温度

盐渍土中的水是具有一定浓度的溶液，土中水的冻结温度要远低于 0℃。

盐渍土的起始冻结温度，是指土中毛细水和重力水溶解土中盐分后而形成溶液，并使该溶液开始冻结的温度。起始冻结温度随溶液浓度的增大而降低，还与盐分的类型有关。

2）影响盐渍土冻结深度的主要因素

（1）含盐量

对不同含盐量土样的实测资料表明，当土中含盐量在 5%以上时，土的起始冻结温度下降到−20℃以下，见表 3.8-13。

土中水溶液浓度与土的起始冻结温度关系   表 3.8-13

土名	盐渍土类型	含水率/%	含盐量/%	水溶液浓度/%	起始冻结温度/℃
粉质黏土	氯盐渍土	16.2	8.5	34.4	−25.0
		20.1	8.5	29.7	−23.6
粉土	氯盐渍土	18.4	6.7	26.7	−22.7
		23.9	6.7	21.9	−18.7

续表

土名	盐渍土类型	含水率/%	含盐量/%	水溶液浓度/%	起始冻结温度/℃
粉砂	氯盐渍土	18.0	7.3	28.8	−23.9
	亚氯盐渍土	10.0	2.3	18.7	−25.7

（2）盐类性质

在土质条件及盐溶液浓度相同的条件下，不同盐类的起始冻结温度也不相同。铁一院通过对亚硫酸盐盐渍土与氯盐盐渍土的试验得出结论，在水溶液浓度大于 10%后，氯盐盐渍土的起始冻结温度比亚硫酸盐盐渍土低得多。

3）盐渍土地区冻结深度的确定

可通过对土中水溶液起始冻结温度的测定来确定，当土中的地温高于起始冻结温度时则不会冻结，当地温低于土中水溶液起始冻结温度时则土冻结。所以，可以根据不同深度地温的资料和不同深度盐渍土中水溶液的起始冻结温度的试验成果来判定。此外，也可在冻结末期现场直接测定。

8.1.5　盐渍土含盐类型和含盐量对土的物理力学性质的影响

1. 对土的物理性质的影响

（1）氯盐盐渍土的含氯量越高，液限、塑限和塑性指数越低，可塑性越低。资料表明，氯盐盐渍土的液限要比非盐渍土低 2%～3%，塑限低 1%～2%。

（2）氯盐盐渍土由于氯盐晶粒充填了土颗粒间的空隙，一般能使土的孔隙比降低，土的密度、干密度提高。但硫酸盐盐渍土由于 Na_2SO_4 的含量较多，Na_2SO_4 在 32.4℃以上时，为无水芒硝，体积较小；当温度下降到 32.4℃时，吸水后变成芒硝 $Na_2SO_4 \cdot 10H_2O$，使体积变大；经反复作用后使土体变松，孔隙比增大，密度减小。

2. 对土的力学性质的影响

（1）盐渍土的含盐量对抗剪强度影响较大。在含水率一定，当土中只含有少量盐分时，黏聚力减小，内摩擦角降低；但当盐分增加到一定程度后，由于盐分结晶，使黏聚力和内摩擦角增大。因此，当盐渍土的含水率较低且含盐量较高时，土的抗剪强度就较高，反之就较低。三轴试验表明，盐渍土土样的垂直应变达到 5%的破坏标准和达到 10%的破坏标准时的抗剪强度相差较大：10%破坏标准的抗剪强度要比 5%破坏标准小 20%左右。浸水对黏聚力影响较大，对内摩擦角影响不大。

（2）由于盐渍土具有较高的结构强度，当压力小于结构强度时，盐渍土几乎不产生变形，但浸水后，盐类等胶结物软化或溶解，模量有显著降低，强度也随之降低。

（3）氯盐盐渍土的力学强度与总含盐量有关，总的趋势是总含盐量增大，强度随之增大。当总含盐量在 10%范围内时，载荷试验比例界限变化不大，超过 10%后，比例界限有明显提高。原因是土中氯盐含量超过临界溶解含盐量时，以晶体状态析出，同时对土粒产生胶结作用，使土的强度提高；相反，氯盐含量小于临界溶解含盐量时，则以离子状态存在于土中，此时对土的强度影响不太明显。

硫酸盐盐渍土的总含盐量对强度的影响与氯盐盐渍土相反，盐渍土的强度随总含盐量增加而减小。原因是硫酸盐盐渍土具有盐胀性和膨胀性。资料表明，当总含盐量为 1%～2%时，即对载荷试验比例界限产生较明显的影响，且随总含盐量的增加而很快降低；当总含盐量超过 2.5%时，其降低速度逐渐变慢；当总含盐量等于 12%时，比例界限降低到非盐渍土的一半左右。

8.2　盐渍岩土勘察

8.2.1　盐渍土的现场判别方法

1. 地形特征

（1）一般情况下，地貌单元从山麓平原、冲积平原变化为沿海平原，地层和地下水中含盐类型的变化通常是由碳酸盐、硫酸盐逐步过渡为氯盐。

（2）干旱区内陆盆地的边缘和腹地，地下水浅埋区域分布有大面积的盐渍土，受强烈的表聚作用影响，水位以上地层盐渍化程度严重、地下水的矿化度极高。

（3）干旱荒漠区中低山山前发育的洪积扇地段，风蚀作用一般较为明显，尤其是当山体中存在盐岩或含盐量较高的泥岩时，场地出现溶陷性盐渍土的可能性很大。

（4）干旱区季节性积水洼地和湖泊的周边，常分布着盐渍化程度较高的地层。

2. 外观特征

（1）在干燥季节或干燥地区，盐渍化的地表可以看到一层"白霜"。

（2）含有吸湿性氯化物的盐渍土，比非盐渍土更显潮湿、颜色偏暗，潮湿季节中，氯盐盐渍土比非盐渍土更显湿软、更具黏附力。

（3）当地下水位较高时，氯盐盐渍土和硫酸盐盐渍土场地的地表都有白色或灰白色的盐壳，氯盐盐渍土盐壳表面较密实，硫酸盐盐渍土表层较为疏松。

盐渍土地表形态是一定盐渍化类型和程度的外表特征，通过工程地质调查，能大致判断各种盐渍土的分布规律，不同类型盐渍土地表形态特征见表 3.8-14。

不同盐渍土地表形态特征

表 3.8-14

盐渍土类型	地表形态特征
氯盐盐渍土	地表常结成厚度几厘米至几十厘米的褐黄色坚硬盐壳，地表高低不平，波浪起伏，犹如刚犁过的耕地，足踏"咔嚓咔嚓"作响，盐壳厚者相对积盐较重，盐壳较薄或呈结皮状者积盐较轻
硫酸盐盐渍土	因盐胀作用，表面形成厚 30~50mm 的白色疏松层，似海绵，踏之有陷入感，白色粉末尝之有苦涩味
碱性盐渍土	地表常有白色的盐霜或结块，但厚度较小，仅数毫米，结块背面多分布有大量小孔，白色粉末尝之有咸味。胶碱土地表很少生长植物，干燥时龟裂，潮湿时则泥泞不堪

3. 植物及其生长情况

盐渍土地区植物的生长和分布与土壤的含盐特性密切相关，一些植物具有很好的指示性，在特定植物具有生长优势的地段，往往指示着该地段具有的含盐类型、含盐程度、水位深度及矿化度等特性。由此，结合地貌单元、地层成因等宏观分析，通过对植物及其生长情况的观察记录，有助于勘察工作的开展。

（1）盐渍土地区植物的生长条件差，只适合于喜盐植物和耐盐植物的生长，这些植物大多具有叶小、根深、多刺的特点。

（2）如果在耐盐植物之间出现个别稀疏的耐盐性很差的植物，则说明下层土是弱盐渍土；如某一地区植物大量死亡，往往是该地区强烈盐渍化的反映。

（3）盐渍土地区常见的几种指示性植物详见表 3.8-15。

盐渍土地区常见植物   表 3.8-15

植物类型	分布地区	指标特征
柽柳	内陆盐渍土区	生于疏松的硫酸盐盐渍土上
盐木群丛	内陆盐渍土区	有盐爪爪、琵琶柴、柽柳时，则为含盐量较大的硫酸盐盐渍土
盐蒿、碱蓬等	沿海盐渍土区	黑色结皮，氯盐盐渍土
盐爪爪、芨芨草	各区均有分布	地下水位较深、含盐较大
琵琶木、骆驼刺	内陆盐渍土区	含盐量最大地区特有植物

8.2.2 勘察工作的内容和方法

布置勘察工作量时，需要结合项目特点、勘察阶段和技术标准的规定，分析盐渍岩土的危害形式与程度，考虑项目建成后使用阶段的环境变化等因素，合理确定勘探点（孔）的数量和深度以及测试试验等工作。

1. 勘察工作的基本内容

（1）收集当地气象资料和水文资料。

（2）调查场地地形特征、地表形态及植物生长状况。

（3）调查当地的工程建设经验和既有建（构）筑物使用、损坏情况。

（4）调查大气降水的积聚、径流、排泄、洪水淹没范围及冲蚀情况等，查明地下水类型、埋藏条件、水质、水位及其变化、地表水与地下水的相互补给关系、矿化度及其季节变化特征等。

（5）查明盐渍岩土的成因、分布范围、埋深和厚度。

（6）测定盐渍岩土的化学成分、含盐量等。

（7）调查溶蚀洞穴的发育程度和分布。

（8）查明含石膏为主的盐渍岩的水化深度、含芒硝较多的盐渍岩在隧道通过地段的地温情况等。

2. 勘探工作

勘探方法可采用钻探、井探、物探等综合手段。

1）勘探点布置

勘探点需结合项目整体勘察的勘探点布置情况合理确定，为盐渍土勘察专门布置的勘探点以探井、探槽为主，用于人工采取水位以上的土样，记录地层分布、湿度变化、盐类结晶、盐生植物根茎深度等。

工程项目实践中，勘探点布置的数量、深度等可区分不同的勘察阶段并依据所执行的技术标准确定。

2）取土试样

（1）盐渍土地区的试样采取宜在干旱季节进行，此时，接近地表的土层积盐最严重。

（2）用于易溶盐化学分析的土样，宜采用探井人工取样。地面下一定深度范围内的土样宜连续刻槽取样，刻槽时遇地层发生改变，应按层位上下分别取样。

（3）采取原状土试样的钻孔，应采取措施保持土的天然结构和含水率，钻进过程中，不应向孔内灌水，必要时可采用高黏度泥浆，取土器内径不宜小于 100mm。

3. 原位测试

根据盐渍岩土的工程特性和工程所需确定采用的原位测试方法。

对于溶陷性盐渍土，可以通过浸水载荷试验确定其溶陷性，载荷试验的压板面积可采用 0.25～0.5m²。

对盐胀性盐渍土可通过长期观测和现场试验，确定盐胀临界深度、有效盐胀厚度和总盐胀量。由于现场盐胀试验周期很长，可以采用远程全自动化监测系统，包括数据中心、监控端、通信网络、无线采集设备、前端传感器（单点沉降计、分层沉降计、温度计及传感器等），建立变形监测网和地温监测网，通过高精度传感器监测、数据自动采集，具有实时分析盐胀变形、温度变化的特点。

4. 室内试验

为了解盐渍土的化学成分和土的结构特征，可以进行土的化学成分分析试验及土的微观结构鉴定。

（1）进行土的物理力学性质试验时，要考虑土的含盐类型和含盐量对试验指标的影响，一般应测定天然状态和排除易溶盐后的物理性质指标。对含有中溶盐的盐渍土，必要时应测定排除中溶盐后的物理性质指标。

（2）为确定土中易溶盐的含量及类型应进行土的易溶盐测定，测定指标一般为 CO_3^{2-}、HCO_3^-、Cl^-、SO_4^{2-} 及 K^+、Na^+、Mg^{2+}、Ca^{2+} 和易溶盐总量等。

（3）对具有溶陷性的盐渍土，应测定溶陷系数。

（4）对具有盐胀性的盐渍土，应测定盐胀系数。

8.3   盐渍土的工程评价

盐渍土的工程评价，除应包含对盐渍土地层物理力学性质指标、地基承载力、变形、地震液化等评价内容之外，还需要重点评价盐渍土地层的基本特征、含盐类型、含盐程度、溶陷性及盐胀性，评价地基和场地的溶陷性及盐胀性。

对于含盐量超出规定值，但并不具有溶陷或盐胀的地基，一些技术标准规定这一类地基可按一般地基对待。如《盐渍土地区建筑技术规范》GB/T 50942—2014、《盐渍土地区建筑规范》SY/T 3017—2021 均规定：对非（无）盐胀和非溶陷性盐渍土地基，除应采取（考虑）防腐措施外，还可按非盐渍土地基对待。

盐渍土的工程评价中需要分别评价盐渍土地层、盐渍土地基和盐渍土场地。盐渍土地层包含了自然形成的盐渍土地层和人为定义划分的盐渍土地层（如地表以下 1m 深度范围内的土层，当其易溶盐的平均含量大于 0.3%时，则将该层划分为盐渍土）；盐渍土地基是指在地基主要受力层由盐渍土构成的地基；盐渍土场地是指建（构）筑物的有效环境影响范围内由盐渍土构成的场地。

8.3.1   盐渍土基本特征的描述与评价

（1）描述勘察场地（线路）所处的盐渍化分区、地貌单元、盐渍土的主要成因，划分并评价盐渍土现代积盐、残余积盐或碱化过程积盐的属性。

（2）描述盐渍土平面分布的范围、竖向分布的层位及厚度。对需要进行挖方或填方的场地，为便于土方平衡设计和地基处理设计，应描述挖方区盐渍土的剩余厚度、填方区盐渍土层面至填筑体顶面的距离。

（3）描述场地周边（线路沿线）水文和水文地质条件。

（4）分层评价盐渍土的分类，主要包括按颗粒组成、按含盐化学成分（含盐性质）、按含盐量（盐渍化程度）。

（5）评价盐渍土的溶陷性。

（6）评价盐渍土的盐胀性。

（7）评价盐渍土的腐蚀性。

（8）结合工程需要，评价盐渍土作为填料的适用性。

（9）评价盐渍土受环境条件改变的影响，场地（路线）盐渍化发展变化的趋势。

8.3.2　盐渍土的溶陷性评价

1. 盐渍土溶陷性初判

溶陷性盐渍土是在特定成因条件下形成的，分布范围十分有限，出现严重溶陷变形的工程案例极少。溶陷性初判时，应分析场地所处地貌单元特点、地层成因、土层状态、地下水埋深及当地工程经验等，注意区分盐渍土溶陷与洪积碎石土（砂土）湿陷、高海拔冰碛碎石混合土湿陷的差别。

当初判确定为非溶陷性场地时，可不考虑溶陷对建（构）筑物的影响，按非溶陷性场地进行勘察，初判条件包括：

（1）碎石土（砂土、粉土）盐渍土处于饱和、黏性土盐渍土状态处于软塑—流塑，且工程的使用环境条件保持不变。

（2）冲积形成的碎石土，其骨架颗粒稳定接触、填充密实，且洗盐后粒径大于 2mm 的颗粒超过全重的 70%。

当盐渍土未能通过初步判定时，可根据盐渍土成因、地层类型、场地复杂程度及工程重要性等级，采用现场浸水载荷试验、室内压缩试验等方法判别盐渍土的溶陷性。

2. 溶陷系数的确定

溶陷系数可通过室内压缩试验、现场浸水载荷试验和液体排开法试验确定。对碎石土盐渍土和难以采取不扰动样的地层可采用现场浸水载荷试验，对土样定型困难的不规则原状砂土可采用液体排开法试验。

室内试验测定溶陷系数的方法与黄土湿陷系数试验相同。

现场浸水载荷试验计算某一压力时土层平均溶陷系数$\overline{\delta}_{rx}$值可按式(3.8-2)计算。

$$\overline{\delta}_{rx} = \Delta S / H \tag{3.8-2}$$

式中：ΔS——某一压力时，盐渍土层浸水后的溶陷量（mm）；

H——承压板下盐渍土的浸湿（润）深度（mm）。

3. 盐渍土溶陷性程度的划分

根据溶陷系数δ_{rx}值的大小将溶陷性划分为三类：

当 $0.01 < \delta_{rx} \leqslant 0.03$ 时，溶陷性轻微；

当 $0.03 < \delta_{rx} \leqslant 0.05$ 时，溶陷性中等；

当 $\delta_{rx} > 0.05$ 时，溶陷性强。

4. 盐渍土地基总溶陷量的计算和溶陷等级分类

（1）地基总溶陷量S_{rx}可按式(3.8-3)计算。

$$S_{rx} = \sum_{i=1}^{n} \delta_{rxi} h_i (i = 1, \cdots, n) \tag{3.8-3}$$

式中：S_{rx}——盐渍土地基的总溶陷量计算值（mm）；

δ_{rxi}——试验测定的第i层土的溶陷系数；

h_i——第i层土的厚度（mm）；

n——基础底面以下可能产生溶陷的土层层数。

（2）盐渍土地基溶陷等级可根据地基总溶陷量划分为三个等级，见表 3.8-16。

盐渍土地基的溶陷等级 表 3.8-16

溶陷等级	总溶陷量S_{rx}/mm
Ⅰ级，弱溶陷	$70 < S_{rx} \leqslant 150$
Ⅱ级，中溶陷	$150 < S_{rx} \leqslant 400$
Ⅲ级，强溶陷	$S_{rx} > 400$

5. 盐渍土场地的溶陷性评价

盐渍土场地的溶陷性评价应根据溶陷机理，结合地基的溶陷等级、溶陷性地层的埋深、厚度及分布范围，考虑项目基础形式和埋深、场地的使用环境条件等综合评价。

《盐渍土地区建筑技术规范》GB/T 50942—2014 将使用环境条件划分为 A 或 B 两类。A 类使用环境是指工程实施前后和工程使用过程中不会发生大的环境变化，能保持盐渍土地基的天然结构状态，地基受淡水侵蚀的可能性小或能够有效防止淡水侵蚀；B 类使用环境是指工程实施前后和工程使用过程中会发生较大的环境变化，盐渍土地基受淡水侵蚀的可能性大，且难以防范。

8.3.3 盐渍土的盐胀性评价

1. 盐渍土盐胀性初判

盐渍土地基的盐胀性主要取决于土中硫酸盐的含量，还受土层的类型、温度和含水量的变化影响，并与上覆压力的大小相关，实践证明，当土中的硫酸钠含量在一定范围之内时，可以不考虑其膨胀作用。

盐渍土的盐胀性初判，通常以硫酸钠含量作为初判依据，《盐渍土地区建筑技术规范》GB/T 50942—2014 规定：当硫酸钠含量小于 0.5%时，为非盐胀性盐渍土；当盐渍土地基中硫酸钠含量小于 1%，且使用环境条件不变时，可不计盐胀性对建（构）筑物的影响。

土中硫酸钠的含量可通过易溶盐成盐计算确定。

土工试验中，易溶盐的测定多是在溶液中进行的，易溶盐在溶液中通常以离子的形式存在，各种离子间的化合关系可直接用其浓度（毫摩尔/千克，mmol/kg）来表示；而在盐渍土中，易溶盐则多以成盐的形式存在。因此，当需要确定某种易溶盐的含量时，可以根据测得的离子含量进行成盐计算。

试验测得的阳离子通常有钠、镁、钙离子（Na^+、Mg^{2+}、Ca^{2+}）；阴离子通常有氯离子、硫酸根、碳酸根、碳酸氢根及硝酸根（Cl^-、SO_4^{2-}、CO_3^{2-}、HCO_3^-、NO_3^-）。各种离子的结合，一般是按照以上所列顺序，依次达到满足。钠盐在易溶盐中活性最大，以钠盐（钠离子、氯离子、硫酸根）为例，成盐方式可分为表 3.8-17 所示三种情况。

钠离子不同浓度情况的成盐方式和成盐种类　　　表 3.8-17

钠离子浓度情况	成盐方式	成盐种类
$[Na^+] \leqslant [Cl^-]$	全部钠离子与氯离子结合成为氯化钠，不可能有其他钠盐；剩余的氯离子依次与镁、钙离子结合	NaCl 【$MgCl_2$、$CaCl_2$】
$[Na^+] > [Cl^-]$且 $[Na^+] \leqslant [Cl^-] + [SO_4^{2-}]$	全部钠离子与氯离子结合成为氯化钠，剩余的钠离子与硫酸根形成硫酸钠；剩余的硫酸根离子依次与镁、钙离子结合	NaCl、Na_2SO_4 【$MgSO_4$、$CaSO_4$】
$[Na^+] \geqslant [Cl^-] + [SO_4^{2-}]$	钠离子首先与氯离子、硫酸根离子结合成为氯化钠、硫酸钠；剩余的钠离子则与其他阴离子结合，形成碳酸钠等易溶盐	NaCl、Na_2SO_4 【Na_2CO_3、$NaHCO_3$、$NaNO_3$】

注：成盐种类列中未加"【 】"的为一定存在的易溶盐，括号内的为可能形成的易溶盐及其形成顺序。

2. 盐渍土盐胀系数的确定

当初步判定为盐胀性土时，可采用现场浸水试验法和室内试验法测定盐胀性，《盐渍土地区建筑技术规范》GB/T 50942—2014 规定了现场试验单点法和多点法以及室内试验的方法。

3. 盐渍土盐胀程度的划分

《盐渍土地区建筑技术规范》GB/T 50942—2014 根据盐胀系数（δ_{yz}）和硫酸钠含量，对盐渍土盐胀性的分类见表 3.8-18。

盐渍土的盐胀性分类　　　表 3.8-18

指标	非盐胀性	弱盐胀性	中盐胀性	强盐胀性
盐胀系数δ_{yz}	$\delta_{yz} \leqslant 0.01$	$0.01 < \delta_{yz} \leqslant 0.02$	$0.02 < \delta_{yz} \leqslant 0.04$	$\delta_{yz} > 0.04$
硫酸钠含量C_{ssn}/%	$C_{ssn} \leqslant 0.5$	$0.5 < C_{ssn} \leqslant 1.2$	$1.2 < C_{ssn} \leqslant 2.0$	$C_{ssn} > 2.0$

注：当盐胀系数和硫酸钠含量两个指标判断的盐胀性不一致时，应以硫酸钠含量为主。

4. 盐渍土地基总盐胀量的计算和盐胀等级分类

（1）《盐渍土地区建筑技术规范》GB/T 50942—2014 规定，盐渍土地基的总盐胀量可按附录直接测定，也可按下列公式计算。

$$s_{yz} = \sum_{i=1}^{n} \delta_{yzi} h_i (i = 1, \cdots, n) \tag{3.8-4}$$

式中：s_{yz}——盐渍土地基的总盐胀量计算值（mm）；

　　　δ_{yzi}——室内试验测定的第i层土的盐胀系数；

　　　h_i——第i层土的厚度（mm）；

　　　n——基础底面以下可能产生盐胀的土层层数。

（2）《盐渍土地区建筑技术规范》GB/T 50942—2014 规定，盐渍土地基盐胀等级可根据地基总盐胀量划分为三个，见表 3.8-19。

盐渍土地基的盐胀等级（一）　　　表 3.8-19

盐胀等级	总盐胀量s_{yz}/mm
I 级，弱盐胀	$30 < s_{yz} \leqslant 70$
II 级，中盐胀	$70 < s_{yz} \leqslant 150$
III 级，强盐胀	$s_{yz} > 150$

（3）《盐渍土地区建筑规范》SY/T 0317—2021 规定，盐渍土地基盐胀等级可根据地基总盐胀量（$S_{\eta 0}$）划分为三个，见表 3.8-20。

盐渍土地基的盐胀等级（二）　　　　　　　　　　　表 3.8-20

盐胀等级	盐胀量$S_{\eta 0}$/mm	
	道路	建（构）筑物
Ⅰ级，弱盐胀	$20 < S_{\eta 0} \leqslant 60$	$30 < S_{\eta 0} \leqslant 70$
Ⅱ级，中盐胀	$60 < S_{\eta 0} \leqslant 120$	$70 < S_{\eta 0} \leqslant 150$
Ⅲ级，强盐胀	$S_{\eta 0} > 120$	$S_{\eta 0} > 150$

5. 盐渍土场地的盐胀性评价

盐渍土场地的盐胀性应根据地基的盐胀等级，分析具有盐胀性地层的埋深、厚度及分布范围，结合场地挖方与填方特点、基础形式和埋深、场道工程结构形式及使用环境条件综合评价，盐渍土的盐胀往往对一些荷载较小的建（构）筑物、场道工程、管网工程等危害很大。

8.3.4　盐渍土的腐蚀性评价

盐渍土对建筑材料的腐蚀性评价与一般土层腐蚀性评价的方法及标准相同。

8.3.5　盐渍土的地基处理与防护措施

盐渍土地区的工程建设应坚持因地制宜、以防为主、防治结合、综合治理的方针，根据盐渍土的特性，综合分析地形、地貌、地层、水文、气候及环境等因素，做到周密勘察、慎重设计、严格施工、精心维护。

8.3.6　建设工程的防护措施

（1）工程所处的位置应尽可能避开盐渍岩分布地段，对盐渍岩中的蜂窝状溶蚀洞穴可采用抗硫酸盐水泥进行灌浆处理。

（2）应防止大气降水、地表水、工业和生活用水淹没或浸湿地基和附近场地。对湿润厂房地基应设置防渗层，各类建筑物基础均应采取防腐蚀措施。

（3）在盐渍岩中开挖地下洞室时，应保持岩石的干燥，洞室开挖后应及时喷射混凝土进行封闭；盐渍土地区的基坑开挖后，应做好地基保护并及时进行基础施工，严控施工用水，避免渗入地基。

（4）对具有盐胀性或溶陷性的盐渍土地基应进行地基处理。当采用桩基础时，桩身应穿透具有盐胀性和溶陷性的地层。

（5）盐渍土的腐蚀主要是盐溶液侵入建筑材料造成的，可以采取隔断盐溶液的侵入或增加建筑材料的密度等措施，防止或减少盐渍土对建筑材料的腐蚀。《工业建筑防腐蚀设计标准》GB/T 50046—2018 规定了相应的防护措施，可以参照使用。

8.3.7　地基处理

盐渍土地基处理应根据盐渍土的工程特性，针对盐渍土的溶陷、盐胀、腐蚀性采用不同的地基处理方法，避免盐胀与溶陷发生、消除或减轻盐胀与溶陷影响、阻断腐蚀性介质的迁移，同时满足提高地基承载力、改善地基均匀性的要求。

盐渍土地基常用的地基处理方法包括换填法、预压法、强夯法和强夯置换法、砂石（碎石）桩法、排水桩＋强夯法、浸水预溶法、盐化法、隔断层法及上述方法的组合。常用的地基处理方法见表 3.8-21。

盐渍土常用地基处理方法　　　　　　表 3.8-21

处理方法	适用条件	注意事项
换填法	适用于地下水埋置较深的浅层盐渍土地基和不均匀盐渍土地基	换填料应为非盐渍土的级配砂砾石、中粗砂、碎石、矿渣、粉煤灰等，不宜采用石灰和水泥混合料
预压法	适用于处理盐渍土中的淤泥质土、淤泥和吹填土等饱和软土地基	宜在地基中设置竖向排水体加速排水固结，竖向排水体可采用塑料排水带、袋装砂井或普通砂井
强夯法和强夯置换法	适用于处理盐渍土中的碎石土、砂土、粉土和低塑性黏性土地基	不宜用于处理盐胀性地基
砂石（碎石）桩法	适用于处理溶陷性盐渍土中的松散砂土、碎石土、粉土、黏性土和填土等地基	设计和施工前应选择有代表性的场地进行现场试验，确定施工方式、施工机械、施工参数和处理效果
排水桩＋强夯法	适用于处理地下水位较高，粉土和粉细砂层等地基	需现场试验，监测孔隙水压力消散
浸水预溶法	适用于处理厚度不大，渗透性较好的无侧向盐分补给的盐渍土地基	需经现场试验确定浸水时间和预溶深度。黏性土、粉土以及含盐量高或厚度大的盐渍土地基，不宜采用浸水预溶法
盐化法	当盐渍土含盐量很高，土层较厚，且地下水位较深，淡水资源缺乏，其他方法难以处理时	应进行现场试验，确定达到设计要求所需的每平方米地基用盐量、盐化遍数、盐化时间和间歇时间等主要参数
隔断层法	适用于在盐渍土地基中隔断盐分和水分的迁移	设置的隔断层应有足够的抗拉强度和耐腐蚀性

参考文献

[1]　林宗元, 等. 岩土工程勘察设计手册[M]. 沈阳: 辽宁科学技术出版社, 1996.

[2]　中华人民共和国建设部. 岩土工程勘察规范: GB 50021—2001 (2009 年版) [S]. 北京: 中国建筑工业出版社, 2009.

[3]　中华人民共和国住房和城乡建设部. 盐渍土地区建筑技术规范: GB/T 50942—2014[S]. 北京: 中国计划出版社, 2015.

[4]　中华人民共和国住房和城乡建设部. 岩土工程基本术语标准: GB/T 50279—2014[S]. 北京: 中国计划出版社, 2015.

[5]　中华人民共和国住房和城乡建设部. 土工试验方法标准: GB/T 50123—2019[S]. 北京: 中国计划出版社, 2019.

[6]　中华人民共和国交通运输部. 公路工程地质勘察规范: JTJ C20—2011[S]. 北京: 人民交通出版社, 2011.

[7]　中华人民共和国交通运输部. 公路路基设计规范: JTG D30—2015[S]. 北京: 人民交通出版社, 2015.

[8]　中华人民共和国交通运输部. 公路土工试验规程: JTG 3430—2020[S]. 北京: 人民交通出版社, 2020.

[9]　国家能源局. 盐渍土地区建筑规范: SY/T 0317—2021[S]. 北京: 石油工业出版社, 2021.

[10]　新疆公路学会. 盐渍土地区公路设计施工指南[M]. 北京: 人民交通出版社, 2006.

[11]　中国民用航空局. 民用机场勘测规范: MH/T 5025—2011[S]. 2011.

[12]　新疆维吾尔自治区交通厅. 新疆盐渍土地区公路路基路面设计与施工规范: XJTJ 01—2001[S]. 2001.

第9章 风化岩与残积土

9.1 风化岩与残积土定名、分类和工程特性

9.1.1 风化岩与残积土定名

岩石在风化作用下（主要指物理、化学和生物作用），其结构、成分和性质已产生不同程度的变异，应定名为风化岩。已完全风化成土而未经搬运的应定名为残积土。

风化岩和残积土的主要区别，是原岩受风化作用的程度较轻，保存的原岩性质较多，基本上可以作为岩石看待。而残积土则是仅保留原岩结构，极少保持原岩的性质，完全成为土状物，其工程性质与土基本一致，岩土工程勘察将其作为一种特殊性土看待。两者的共同特点是均保持在其原岩所在的位置，没有受到搬运营力的水平搬运。

风化岩的定名可按岩石风化程度（前缀）＋岩石名称（后缀）的格式定名，如微风化花岗岩等。

残积土为特殊性土，其定名可按（***＋残积＋***）格式定名；前缀为母岩名称，后缀按土的一般分类确定，如花岗岩残积黏性土。

9.1.2 风化岩与残积土分类

风化岩与残积土的分类国内外通常使用六分法，即新鲜岩石（未风化）、微风化带、中等风化带、强风化带、全风化带和残积土。

建筑与市政（建筑、市政、城市道路、轨道交通、水运等）工程勘察，一般按表 3.9-1 进行分类[《岩土工程勘察规范》GB 50021—2001（2009 年版）]。

岩石风化程度划分标准   表 3.9-1

风化程度 [3~5]	野外特征	风化程度参考指标	
		波速比 K_v [1]	风化系数 K_f [2]
未风化 [6]	岩质新鲜，偶见风化痕迹	0.9~1.0	0.9~1.0
微风化	结构基本未变，仅节理面有渲染或略有变色，有少量风化裂隙	0.8~0.9	0.8~0.9
中等风化 [6]	结构部分破坏，沿节理面有次生矿物，风化裂隙发育，岩体被切割成岩块。用镐难挖，岩芯钻方可钻进	0.6~0.8	0.4~0.8
强风化 [7]	结构大部分破坏，矿物成分显著变化，风化裂隙很发育，岩体破碎。用镐可挖，干钻不易钻进	0.4~0.6	< 0.4
全风化	结构基本破坏，但尚可辨认，有残余结构强度，可用镐挖，干钻可钻进	0.2~0.4	—
残积土	组织结构全部破坏，已风化成土状，锹镐易挖掘，干钻易钻进，具可塑性	< 0.2	—

注：1. 波速比 K_v 为风化岩石与新鲜岩石压缩波速度之比。
2. 风化系数 K_f 为风化岩石与新鲜岩石饱和单轴抗压强度之比。
3. 岩石风化程度，除按野外特征和定量指标划分外，也可根据当地经验划分。
4. 花岗岩类岩石，可采用标准贯入试验划分，$N \geqslant 50$ 为强风化；$50 > N \geqslant 30$ 为全风化；$N < 30$ 为残积土。
5. 泥岩和半成岩，可不按风化程度划分。
6. 水利水电工程中，未风化称为新鲜岩石，中等风化称为弱风化。
7. 强风化岩中，根据风化岩的结构类型，可进一步划分为散体状（砂土状、碎屑状）强风化岩及碎块状强风化岩等。

现场鉴别全风化—强风化岩与残积土的重要标志，主要是观察其是否保留有原岩的结构和构造特征，全风化岩是风化程度最严重的岩石，其表现似岩非岩，似土非土，结构基本破坏，但用肉眼尚可辨认，有残余结构强度，可用原位测试方法和室内岩石抗压试验成果进行划分。花岗岩类风化岩和残积土一般呈渐变状态，其划分依据主要根据现场标准贯入试验击数、剪切波速度、面波速度等原位测试成果和无侧限抗压强度、岩石饱和单轴抗压强度等室内试验指标，划分标准详见表 3.9-2。

花岗岩残积土与风化岩划分标准　　　　　　　　　　　　　　表 3.9-2

岩体风化程度	风干样无侧限抗压强度 q_u/kPa	标准贯入试验击数 N	剪切波速度 v_s/（m/s）
残积土	$q_u < 600$	$N < 30$	$v_s < 250$
全风化岩	$600 \leqslant q_u < 800$	$30 \leqslant N \leqslant 50$	$250 \leqslant v_s < 350$
强风化岩	$q_u \geqslant 800$	$N \geqslant 50$	$v_s \geqslant 350$

福建沿海地区主要为岩浆岩分布地区，福建地区残积土与风化岩的划分标准详见表 3.9-3（引自福建省工程建设地方标准《岩土工程勘察标准》DBJ/T 13—84—2022）。

福建岩石风化程度划分标准　　　　　　　　　　　　　　表 3.9-3

风化程度	野外特征	风化程度参数指标 波速比 K_v	风化程度参数指标 风化系数 K_f	面波速度 v_R/（m/s）	剪切波速 v_s/（m/s）	
未风化	岩质新鲜，偶见风化痕迹	0.9～1.0	0.9～1.0	—	—	
微风化	结构基本未变，仅节理面有渲染或略有变色，有少量风化裂隙	0.8～0.9	0.8～0.9	1400～1850	1500～2000	
中等风化	结构部分破坏，沿节理面有次生矿物，风化裂隙发育，岩体被切割成岩块。用镐难挖，岩芯钻方可钻进	0.6～0.8	0.4～0.8	480～1400	500～1500	
强风化	结构大部分破坏，矿物成分显著变化，风化裂隙很发育，岩体破碎，用镐可挖，干钻不易钻进	0.4～0.6	< 0.4	330～480	≥ 500	碎块状
					350～500	散体状
全风化	结构基本破坏，但尚可辨认，有残余结构强度，用镐可挖，干钻可钻进	0.2～0.4	—	240～330	250～350	

花岗岩残积土可采用颗粒级配定量分类法，根据土中某粒组含量的大小进一步细分。现行相关标准主要根据粒径大于 2mm 的颗粒含量进一步分为黏性土、砂质黏性土和砾质黏性土，分类标准如表 3.9-4 所示。

花岗岩残积土分类标准　　　　　　　　　　　　　　表 3.9-4

土的名称	黏性土	砂质黏性土	砾质黏性土	备注
粒径大于2mm的颗粒含量 X/%	$X < 5$	$5 < X \leqslant 20$	$X > 20$	注1
	不含	$X \leqslant 20$	$X > 20$	注2

注：1. 此分类法代表性技术标准主要有：行业标准《港口岩土工程勘察规范》JTS 133—2013、福建省工程建设地方标准《岩土工程勘察标准》DBJ/T 13—84—2022、浙江省工程建设地方标准《工程建设岩土工程勘察规范》DB 33/T 1065—2019 等。

　　2. 此分类法代表性技术标准主要有：行业标准《公路工程地质勘察规范》JTG C20—2011、江苏省工程建设地方标准《岩土工程勘察规范》DGJ32/TJ 208—2016、深圳市工程建设地方标准《地基基础勘察设计规范》SJG 01—2010、山东省工程建设地方标准《建筑岩土工程勘察设计规范》DB37 5052—2015 等。

深圳地区对残积土与风化岩的划分标准主要依据标准贯入试验和超重型动力触探原位测试成果，详见表3.9-5。

深圳残积土与风化岩划分标准 表3.9-5

岩石风化程度	实测标准贯入试验击数N	修正重型动力触探击数$N_{63.5}$	修正超重型动力触探击数N_{120}	外观
残积土	< 40	—	—	
全风化岩	40～70	—	—	
强风化上层	70～100	12～18	8～12	土状
强风化中层	100～130	18～30	12～30	砂砾状
强风化下层	> 130	> 30	> 30	碎石状

注：强风化岩厚度小于10m时，可不进行上、中、下亚层的划分。

山东省工程建设地方标准《建筑岩土工程勘察设计规范》DB37/5052—2015对残积土与风化岩的划分标准主要依据室内岩石饱和单轴抗压强度即岩石的坚硬程度，详见表3.9-6。

山东风化岩与残积土划分标准 表3.9-6

岩石风化程度	残积土	全风化	强风化
硬质岩石 ($f_r > 30MPa$)	$N < 40$	$40 \leqslant N < 70$	$70 \leqslant N$
	$q_u < 600$	$600 \leqslant q_u < 800$	$800 \leqslant q_u$
软质岩石 ($f_r \leqslant 30MPa$)	$N < 30$	$30 \leqslant N < 50$	$50 \leqslant N$

注：q_u为风干试样的无侧限抗压强度（kPa），f_r为岩石的饱和单轴极限抗压强度（MPa）。

湖北省工程建设地方标准《建筑地基基础技术规范》DB42/242—2014对残积土及强风化岩的划分标准主要依据标准贯入试验和剪切波速原位测试成果，详见表3.9-7。

湖北残积土与强风化岩划分标准 表3.9-7

判别指标	沉积岩类		花岗岩类	
	强风化岩石	残积土	强风化岩石	残积土
标贯击数N/击	$N \geqslant 35$	$N < 35$	$N \geqslant 50$	$N < 50$
剪切波速v_S/（m/s）	$v_S \geqslant 350$	$350 > v_S > 210$	$v_S \geqslant 500$	$v_S < 500$

注：N为未经杆长修正的平均值。

9.1.3 风化岩与残积土工程特性

岩石在风化作用下，由新鲜岩石逐步风化为块状、土状风化物，最终风化成为残积土。风化过程中其成分、结构和构造均发生了不同程度的改变。风化岩和残积土一般具有以下工程特性。

1. 区域差异性与分带性

风化岩和残积土具有显著的区域差异性、垂直分带性。区域差异性是指不同地区因地理环境、地形条件、气候条件和风化岩岩性等的不同，使风化岩及残积土的工程特性具有地区差异性。分带性是指风化岩和残积土自上而下组成成分、岩土结构和工程性质不同，一般从地表到深处岩石风化程度逐渐减弱。

风化岩和残积土的风化程度、风化带厚度和风化产物的工程性质与气候、地形、岩性、地质构造和水文地质条件等因素有关，具有明显的区域工程地质特性。一般情况下，土状风化带厚度会随气温的升高和雨量的增大而增大。南方地区气候温暖，雨量充足，湿度大，物理化学风化作用强烈，土状风化带厚度大，福建、广东地区最大可达 70~80m 以上。北方地区一般干燥少雨，岩石湿热化程度低，风化程度不剧烈，土状风化带厚度相对较小，东北（长春—山海关）地区风化带厚度一般仅 2~5m。

2. 不均匀性及各向异性

风化岩和残积土一般随着深度增加风化程度逐渐减弱，强度逐渐增加，且由于风化岩与残积土存在原生和次生结构面，因结构面岩体风化后强度明显低于周边岩土体的强度，导致风化岩与残积土具有明显的不均匀性及各向异性。

岩浆岩类风化岩，如花岗岩当受不同时期地质构造运动的影响，常见有沿断裂、构造后期侵入呈脉状不均匀分布的岩脉、岩墙等；有些岩脉、岩墙的岩性与原岩不同，其抗风化能力较强，如石英岩脉、辉绿岩脉等，而有些则抗风化能力较弱，如二长岩脉、煌斑岩脉等。前者在残积土中常形成硬化层，而后者则形成纯高岭土化的软弱夹层。岩脉、岩墙的存在，加剧了风化岩体的不均匀性及各向异性。

残积土与风化岩不均匀性的典型特征，是在风化带中常分布有孤石等硬质风化核。孤石常存在于花岗岩类岩石中，某些玄武岩、砂岩、灰岩的风化带中也常有此类残留球状风化核。孤石具有分布无规律（受岩石节理、裂隙分布影响大，有时呈串珠状分布）、大小不一（一般直径几十厘米到十几米）、岩石强度高（天然抗压强度一般为 30~150MPa，最大可达 250MPa）、地层均匀性差、软硬不均、稳定性差等特点，对桩基工程、地下工程的设计和施工具有较大的不利影响。

3. 易受扰动性

全风化岩与残积土（特别是花岗岩类岩土体）都是结构性较强的岩土体，地基土强度较高，工程地质性能较好，一旦受到外界施工扰动或开挖卸荷情况下，极易产生结构破坏、强度明显降低和变形增大，具有易受扰动的特点。安然等通过在花岗岩残积土中进行自钻式旁压试验（SBPT）和预钻式旁压（PMT）试验，研究了土体原位强度指标、承载力特征值和刚度衰减性状的响应特征。结果表明：钻探扰动对花岗岩残积土的强度、承载力和刚度特征的弱化影响十分明显，且弱化程度随卸荷过程应力释放时间的增长而不断加深，钻探扰动引起的剪切模量、不排水剪切强度和承载力特征值下降了 52.5%、36.2%和 32.2%。

4. 软化特性

软化特性是指随着风化岩和残积土含水量的增加，其强度降低，压缩性增加的性质。由于风化岩及残积土吸湿性较好，浸水后其工程性能具有明显的软化特性。刘俊龙通过福建地区 12 台花岗岩残积土的平板载荷试验，验证了残积土经短时浸泡及较长时间泡水后，地基承载力特征值明显降低，下降幅度达到 11%~57.5%。许旭堂等研究了闽南地区花岗岩残积土的含水率与土抗剪强度的关系，结果表明：随着含水率的增大，残积土的黏聚力总体呈减小趋势，内摩擦角在含水率增大过程中具有非线性衰减的趋势。

5. 崩解特性

崩解是指风化岩及残积土浸泡在水中后呈散粒状、片状和块状，并产生掉、剥和崩落的现象。残积土亲水性较好，抗水性能差，受水浸泡后，由于吸水膨胀，土体内产生不均匀应力以及岩石风化胶结物的溶解。风化岩及残积土具有较强的崩解性，崩解后岩土体性能劣化显著。简文彬对福州地区花岗岩进行了室内试验研究，试验结果表明残积土浸水后在 40min 内已完全崩解。

6. 物理、力学性质

风化岩和残积土一般具有高孔隙比、含水量和渗透性，室内试验由于难于制取原状试样，所以室内试验得到的压缩模量一般偏小；原状风化岩和残积土具有强度高、压缩变形小的特点，一般也无膨胀性。随着母岩风化程度的加剧，岩石结构、构造破坏加大，残余结构强度降低。风化岩风化物和残积土一般兼具黏性土和粗粒土的组构特征与工程特性。

吴能森统计了南方地区部分花岗岩残积土的物理、力学性质指标，详见表 3.9-8

南方地区部分花岗岩残积土的物理、力学性质指标　　　表 3.9-8

省份	统计值	含水率 $w/\%$	孔隙比 e	液限 $I_L/\%$	塑性指数 I_P	含水比 u	压缩系数 $a_{0.1-0.2}/MPa$	黏聚力 c/kPa	内摩擦角 $\varphi/°$
广东	范围值（平均值）	17~40（27）	0.60~1.10（0.83）	34~55（43.2）	18~24（14.8）	0.63	0.20~0.50（0.39）	10~40（25）	25~37（32.2）
福建	范围值（平均值）	20~40（30）	0.67~1.09（0.93）	36~60（46.3）	12~25（16）	0.65	0.27~0.57（0.37）	10~50（27）	19~34（27.4）
江西	范围值（平均值）	19~50（28）	0.61~1.15（0.83）	33~61（45）	13~32（18）	0.63	0.09~0.55（0.29）	10~70（25）	15~37（32.2）

随着岩石风化程度的加剧，风化岩的孔隙比、吸水率、泊松比逐渐增大，而重度、各种强度和弹性（变形）模量明显降低，花岗岩不同风化程度的物理、力学性质指标可参考表 3.9-9。

风化花岗岩物理、力学性质试验指标参考值　　　表 3.9-9

风化程度	统计项目	相对密度 G_s	重度 $\gamma/(kN/m^3)$	吸水率 $W/\%$	孔隙率 $n/\%$	干燥单轴极限抗压强度 R_d/MPa	饱和单轴极限抗压强度 R_w/MPa	弹性模量 E/GPa	变形模量 E_0/GPa	泊松比 μ	抗剪断强度 有效黏聚力 c'/kPa	抗剪断强度 有效内摩擦角 $\varphi'/°$	纵波波速 $V_P/(km/s)$	点荷载强度 $I_{s(50)}/MPa$
未风化	均值	2.70	26.7	0.25	1.57	170.00	136.30	57.73	53.57	0.21	2.28	51.15	5.25	7.54
未风化	最小值	2.64	25.8	0.07	0.73	121.20	99.80	34.10	25.40	0.09	1.02	38.20	4.95	6.16
未风化	最大值	2.79	28.2	0.42	2.60	217.90	173.00	84.30	76.30	0.33	4.84	62.24	5.70	10.10
微风化	均值	2.70	26.5	0.35	2.19	129.00	102.21	44.15	36.90	0.22	1.74	51.76	4.63	5.96
微风化	最小值	2.63	25.5	0.07	1.31	86.70	52.5	27.00	14.70	0.13	0.38	33.02	3.84	5.17
微风化	最大值	2.78	28.2	0.71	3.15	190.50	147.0	69.16	67.40	0.30	4.00	63.32	5.15	8.21

续表

风化程度	统计项目	相对密度 G_s	重度 γ/(kN/m³)	吸水率 W/%	孔隙率 n/%	干燥单轴极限抗压强度 R_d/MPa	饱和单轴极限抗压强度 R_w/MPa	弹性模量 E/GPa	变形模量 E_0/GPa	泊松比 μ	有效黏聚力 c'/kPa	有效内摩擦角 φ'/°	纵波波速 V_p/(km/s)	点荷载强度 $I_{s(50)}$/MPa
中等风化	均值	2.70	26.2	0.80	4.88	83.85	58.66	29.13	19.87	0.26	1.62	51.45	2.95	3.86
	最小值	2.62	24.8	0.13	1.83	27.20	24.00	7.20	7.02	0.18	0.29	37.95	2.09	1.22
	最大值	2.77	27.5	1.98	7.12	122.20	89.30	54.80	44.00	0.42	3.29	62.73	4.00	6.00
强风化	均值	2.67	22.8	2.50	18.7	33.96	24.17	8.68	4.01	0.30	0.69	39.33	1.67	0.57
	最小值	2.61	18.3	0.68	6.00	6.86	5.90	4.90	1.68	0.19	0.20	30.96	0.86	0.20
	最大值	2.74	25.8	4.52	42.50	70.50	52.40	15.00	5.90	0.42	1.94	46.90	2.50	1.11
全风化	均值	2.67	18.2	16.27	40.40	—	—	3.25	0.28	—	0.16	35.00	0.68	0.032
	最小值	2.61	14.9	2.30	26.62	—	—	0.26	0.02	—	0.02	26.00	0.31	0.009
	最大值	2.69	21.9	27.70	46.55	—	—	5.99	0.84	—	0.49	45.00	0.87	0.063

福建省地方标准《建筑与市政地基基础技术标准》DBJ/T 13—07—2021 附录 A 列出了福建省常见岩石的物理、力学性质指标经验值，详情可扫描二维码 M3.9-1 阅读。

M3.9-1

其他一些常见岩石的物理、力学性质指标经验数据可参见《工程地质手册》（第五版）表 3.1.45。

9.2 风化岩与残积土勘察

9.2.1 岩土工程勘察

风化岩与残积土勘察应重点查明以下内容：

（1）母岩的地质年代和岩石的名称，下伏基岩的产状和裂隙发育程度。

（2）划分岩石风化程度，不同风化带的埋深、分布及厚度情况。

（3）风化岩和残积土中的球状风化体（孤石）和岩脉的分布和埋藏深度。

（4）风化的均匀性和连续性，破碎带（断层破碎带、节理裂隙带等）和其他软弱夹层的分布、产状及厚度。

（5）地下水的类型、分布和赋存条件，透水性和富水性，不同含水层的水力联系，特别是基岩裂隙水的埋藏、分布及承压情况。

9.2.2 勘探及取样

1. 风化岩与残积土勘探工作量布置

（1）勘探点间距应根据场地地基的复杂程度取《岩土工程勘察规范》GB 50021—2001（2009 年版）中第 4 章规定的最小值。孤石或不均匀风化核、岩脉等发育的场地应按复杂场地进行勘察。

（2）一般在初勘阶段，应有部分勘探点达到或深入中等—微风化层，了解整个风化剖面。

（3）对拟以中等—微风化岩作为桩端持力层的场地，勘探深度进入中等—微风化岩的深度应大于 5~8m，并查明桩端以下 3~5 倍桩径范围内是否存在洞穴、临空面、破碎岩体或破碎带、软弱夹层等，避免将孤石误判为持力层。

（4）孤石、岩脉等不良地质体发育的场地，应结合工程物探进一步查明其埋藏深度、分布范围和产状等。

（5）当工程建设过程中需对分布在风化岩和残积土中的地下水进行控制时，应通过抽、注水等现场水文地质试验获取设计、施工所需的水文地质参数。

2. 风化岩与残积土的取样

（1）残积土及土状风化岩室内土工试验，应采用 I 级试样，一般可采用单动三重管或双动三重管回转取土器采取或在探井（槽）中采用环刀进行取样。碎块状风化岩及中—微风化岩应采取岩样进行岩石试验，每一风化带的取样数量不应少于 3 组，主要岩土层取样数量不少于 6 件（组），中等—微风化岩样取样数量不少于 9 件（组）。

（2）花岗岩类残积土和风化岩具有较强的结构性，很难通过取土器采取未受扰动的原状岩土试样，采用室内土工试验获取的力学性质指标均偏小，宜采用大体积直接剪切试验或进行原位直接剪切试验。

（3）在残积土及风化岩埋深较浅或出露的地带，除采用钻探取样外，对残积土或全—强风化带，还应布置一些探井、探槽或探坑，直接观察岩土暴露后其结构的变化情况（如干裂、湿化、软化等），从中采取不扰动试样或进行原位密度等物理、力学性质试验。

9.2.3 原位测试

风化岩与残积土具有明显的结构性，均匀性差，室内土工试验会明显改变试样的原始应力状态，难以准确反映原状岩土体的力学特性，试验结果的代表性差。原位测试是评定风化岩与残积土工程特性的重要手段，常用的原位测试方法主要有以下几种。

1. 标准贯入试验（SPT）及圆锥动力触探试验（DPT）

SPT 及 DPT 广泛用于划分岩土风化带及层位，评价岩土的承载能力及变形指标等。主要用于残积土、全风化岩、强风化岩的测试。

2. 载荷试验（PLT）

试验方法包括浅层平板载荷试验（SPLT）、深层平板载荷试验（DPLT）及螺旋板载荷试验（SPLT）等。主要用于测定岩土层的承载力基本值（f_0）及变形模量（E_0）等。SPLT

还可用于测试残积土及风化岩的固结系数（C_v）及不排水抗剪强度（C_u）。

在残积土和风化岩中进行载荷试验应注意保持岩土层的原状结构及天然湿度，严禁开挖扰动或浸泡水。因压板尺寸越小，地基土的载荷试验结果受试验岩土体扰动及不均匀性的影响越大，即试验结果具有较明显的尺寸效应。因此，残积土及散体状风化岩载荷试验的压板直径（或边长）一般不宜小于 0.8m（承压板面积不小于 $0.5m^2$），且应大于岩土层中最大颗粒粒径的 5 倍。中、微风化的岩石地基压板直径（或边长）不宜小于 0.3m。每个岩石风化带载荷试验点数量不宜少于 3 点。

3. 静力触探试验（CPT）

CPT 主要用于残积土、全风化岩及散体状强风化岩的测试。常用的触探法有单桥静力触探、双桥静力触探以及孔压静力触探（CPTU）等。主要用于划分岩土风化带及层位，评价岩土的天然地基及桩基承载力基本值（f_0、Q_u）及变形指标（E_0、E_S）等。CPTU 还可求得岩土的固结系数（C）和渗透系数（K）。新型研发的多功能静探设备，如：波速静力触探仪（SCP-TU）还可实测岩土层的剪切波速 V_S，旁压静力触探仪（CPT-PMT）还兼具有旁压仪的功能等。

4. 旁压试验（PMT）

自钻式旁压试验（SB-PMT）可用于残积土、全风化岩的测试，预钻式旁压试验（P-PMT）还可用于强风化岩的试验。试验成果可用于计算岩土层的地基承载力基本值（f_0）、变形参数（E_0、E_S）、岩土体的水平固结系数（C_h）、水平向基床系数（K_h）、不排水抗剪强度（C_u）与抗剪强度参数（c、φ）等。

5. 扁铲侧胀试验（DMT）

DMT 主要用于残积土和全风化岩的测试。试验成果可进行岩土层划分、计算静止土压力系数（k_0）、变形参数（E_S、E）、水平固结系数（C_h）等。新型改进的地震扁铲侧胀试验（SDMT）还可测得岩土层的剪切波速 V_S，计算岩土的动剪切模量 G，进行工程场地类别划分等。

6. 波速测试

试验方法包括纵波波速（V_P）测试、横波波速（V_S）测试、面波波速（V_R）测试（包含瞬态面波法、微动探测法等），主要用于岩土分层、场地类别划分等。微动探测法还用于孤石、岩脉及破碎带等不良地质体的探测。

7. 孔内剪切试验（BST）

BST 是近年来开发的一种新型原位测试手段，主要用于获取残积土、全风化岩层和强风化岩的原位抗剪强度指标（c、φ）。该法可有效避免室内土工试验由于取样、运输及制样过程，导致岩土体被扰动、原状结构损伤、初始应力释放而产生的强度损失。孔内剪切试验所获得的强度指标明显高于室内直接剪切试验结果，也更接近实际岩土体的抗剪强度。

8. 原位直接剪切试验

适用于测定岩土体的原位抗剪强度，特别是测定边坡工程中岩体弱面（岩层层面、节理、裂隙面、断层破碎带）、软弱夹层、滑带土的抗剪强度指标。

原位直剪试验每组岩体试验不宜少于 5 个，剪切面积不宜小于 $0.25m^2$，试体最小边长不宜小于 0.5m，高度不宜小于最小边长的 0.5 倍，试体之间的距离应大于最小边长的 1.5

倍。每组土体不宜少于 3 个，剪切面积不宜小于 0.3m²，高度不宜小于 20cm 或为最大粒径的 4～8 倍，剪切面开缝应为最小粒径的 1/4～1/3。

9.2.4　室内试验

（1）全、强风化岩和残积土应采取 I 级样进行室内土工试验。试验项目包括颗粒级配、相对密度、天然含水率、干密度、液限、塑限、渗透系数（k_v、k_h）、抗剪强度、压缩系数及压缩模量等。必要时，应对残积土进行湿陷性和湿化试验。

（2）对花岗岩残积土或其他含粗颗粒矿物成分的残积土应增作细粒土（粒径小于 0.5mm）的天然含水率 w_f、塑限 w_P、液限 w_L，并计算塑性指数 I_P、液性指数 I_L。细粒土部分的天然含水率 w_f、塑性指数 I_P、液性指数 I_L 可按下式计算：

$$w_f = \frac{w - w_A 0.01 P_{0.5}}{1 - 0.01 P_{0.5}}　\text{(3.9-1)}$$

$$I_P = w_L - w_P　\text{(3.9-2)}$$

$$I_L = \frac{w_f - w_P}{I_P}　\text{(3.9-3)}$$

式中：w_f——花岗岩残积土中细粒土的天然含水率（%）；

　　　w——花岗岩残积土（包括粗粒土、细粒土）的天然含水率（%）；

　　　w_A——土中粒径大于 0.5mm 颗粒吸着水的含水率（%），根据试验资料及地方经验确定，一般可取 5%（国家标准及福建、山东地方标准采用 5%，深圳地方标准取 15%，广东地方标准取 12%）；

　　　$p_{0.5}$——土中粒径大于 0.5mm 颗粒的含量（%）；

　　　w_L——土中粒径小于 0.5mm 颗粒的液限含水率（%）；

　　　w_P——土中粒径小于 0.5mm 颗粒的塑限含水率（%）。

（3）对于全风化岩和残积土的边坡工程，应提供岩、土天然状态和饱和状态的直接剪切强度或三轴不固结不排水抗剪指标。滑坡工程勘察，尚应提供滑动带岩、土的重复剪切和残余剪切抗剪强度指标。李传懿研究表明，试样的尺寸效应对岩土抗剪强度的试验结果有较大的影响，相同试验条件下，尺寸较小试样的抗剪强度指标大于尺寸较大试样的抗剪强度指标。因此，根据《土工试验方法标准》GB/T 50123—2019 规定，试样直径 D 与土样最大粒径 d_{max} 之比宜大于 10。

（4）对中等风化、微风化、未风化岩石，一般应进行颗粒密度和块体密度、吸水率、饱和吸水率、干燥及饱和状态下的单轴抗压强度试验，必要时应进行岩矿鉴定、直剪试验、耐崩解性试验、膨胀试验、冻融试验等。每一风化带岩样试验数量不应少于 9 件（组），每组抗压试验试件的数量应不少于 3 件。

（5）对无法取得柱状岩样进行抗压试验的强风化岩，可采取块状岩芯进行点荷载强度试验，每组试件的数量宜为 5～10 个。用点荷载强度指数 I_s 换算出岩石单轴饱和抗压强度 R_c，进而对岩石的强度进行评定，岩石饱和单轴抗压强度可按下式计算：

$$R_c = 22.82 I_{s(50)}^{0.75}　\text{(3.9-4)}$$

式中：$I_{s(50)}^{0.75}$——按直径 50mm 修正后的点荷载强度指数（MPa）；

　　　R_c——岩石饱和单轴抗压强度（MPa）。

9.3　风化岩与残积土的岩土工程评价

9.3.1　基本要求

（1）一般情况下，未风化、微风化、中风化和强风化岩应根据现场原位试验及室内土工试验成果，确定岩石的坚硬程度、风化程度、岩体的完整程度及基本质量等级。划分标准可参考《岩土工程勘察规范》GB 50021—2001（2009 年版）第 3.2.2～3.2.6 条。

（2）对于厚层的强风化岩石，由于其具有部分岩石特征和部分土的成分，可结合当地经验作进一步细分，如：碎块状、碎屑状和砂土状等；厚层残积土可根据标准贯入试验击数或波速等原位试验结果进一步划分为硬塑残积土和可塑残积土，也可根据含砾量参考表 3.9-4 进一步划分。

（3）风化岩和残积土评价时，应考虑软弱夹层和软硬互层的厚度、位置和产状对建设场地稳定性、地基稳定性和均匀性的影响；特别是对工程建设有影响的不良地质作用和不良地质体，如岩脉及球状风化核、断裂构造破碎带、节理密集带、囊状风化带的平面和垂直位置及其对地基均匀性的影响。

9.3.2　均匀性评价

风化岩与残积土均匀性评价主要为地基的均匀性评价，可参考《高层建筑岩土工程勘察标准》JGJ/T 72—2017 中第 8.2.3 条的规定。由于室内土工试验获得的风化岩与残积土压缩模量 E_S 不能很好地反映地基土的实际变形结果，所以地基均匀性评价指标压缩模量 E_S 宜采用地基土荷载试验结果，或建筑物沉降监测结果反分析获得的变形模量 E_0。

符合下列情况之一者，应判定为不均匀地基：

1）建筑物地基持力层跨越不同的地貌单元或工程地质单元，或基底下存在构造破碎带、节理裂隙密集带、岩脉、孤石发育带；基础影响深度范围内，岩土层的工程特性在纵横方向上差异显著。

2）地基持力层虽属于同一地貌单元或工程地质单元，但存在下列情况之一：

（1）基础持力层底面或相邻基底高程的坡度大于 10%。

（2）基础持力层及其下卧层在基础宽度方向的厚度差值大于 0.05b（b 为基础宽度）。

3）同一建筑虽处于同一地貌单元或同一工程地质单元，但地基岩土体的压缩性有较大差异时，可在地基变形计算深度范围内，通过计算各勘探点当量模量的基础上，根据当量模量最大值 $\overline{E}_{0max}$ 和当量模量最小值 $\overline{E}_{0min}$ 的比值，判定地基的均匀性。当 $\dfrac{\overline{E}_{0max}}{\overline{E}_{0min}}$ 大于表 3.9-10 中地基不均匀系数界限值 K 时，可按不均匀地基考虑。

地基不均匀系数界限值 K　　　　　　　　　　表 3.9-10

同一建筑物下各钻孔变形模量当量值 $\overline{E}_0$ 的平均值/MPa	≤ 4	7.5	15	> 20
不均匀系数界限值 K	1.3	1.5	1.8	2.5

在地基变形计算深度范围内，某一勘探点的变形模量当量值 $\overline{E}_0$ 应根据平均附加应力系数在第 i 层土的深度范围内的积分值 A_i 和各层土的变形模量 E_{0i}（按实际压力段取值）按下式计算：

$$\overline{E}_0 = \frac{\sum A_i}{\sum \dfrac{A_i}{E_{0i}}} \qquad\qquad (3.9\text{-}5)$$

式中：$\overline{E}_0$——岩土层的变形模量当量值（MPa）；

A_i——第i层土的层位深度范围内平均附加应力系数的积分值。

9.3.3　地基承载力

1. 地基承载力确定基本原则

（1）根据《岩土工程勘察规范》GB 50021—2001（2009 年版）第 14.1.5 条规定，风化岩与残积土地基承载力的确定，应根据岩土工程勘察等级区别进行。对丙级岩土工程勘察，可根据邻近工程经验，结合标准贯入试验、触探试验和钻探取样室内土工试验资料结合强度理论公式计算；对乙级岩土工程勘察，应在详细勘探、测试的基础上，结合邻近工程经验确定；对甲级岩土工程勘察，宜采用载荷试验，并参考原位测试、强度理论公式计算结果，结合邻近工程经验综合确定。

（2）风化岩和残积土地基承载力的确定应考虑岩脉、断裂破碎带、囊状风化核、带状风化槽、球状风化体和软弱夹层的分布情况对地基均匀性和地基承载力的影响。

2. 根据岩石的抗压强度确定岩石地基承载力

根据岩石抗压强度确定岩石地基承载力一般适用于中等风化—微风化岩。根据国家标准《建筑地基基础设计规范》GB 50007—2011 第 5.2.6 条，对于完整、较完整和较破碎的岩石地基承载力特征值，可根据室内饱和单轴抗压强度按下式确定：

$$f_a = \psi_r \cdot f_{rk} \qquad\qquad (3.9\text{-}6)$$

式中：f_a——岩石地基承载力特征值（kPa）。

f_{rk}——岩石的饱和单轴抗压强度标准值（kPa）。岩样尺寸一般为ϕ50mm × 100mm。

ψ_r——折减系数。根据岩体完整程度以及结构面的间距、宽度、产状和组合，由地方经验确定。无经验时，对完整岩体可取 0.5；对较完整岩体可取 0.2～0.5；对较破碎岩体可取 0.1～0.2。

应注意：采用公式(3.9-6)计算岩石地基承载力特征值时，折减系数并未考虑施工因素和建筑物使用期间岩石风化作用的继续。对软质岩，当采取确保施工期和使用期不会遭水浸泡的工程措施后，也可采用天然湿度的试样，不进行饱和处理。

深圳市工程建设地方标准《地基基础勘察设计规范》SJG 01—2010 建议折减系数ψ_r可按表 3.9-11 取值。

深圳岩石地基承载力特征值折减系数ψ_r建议值　　　　表 3.9-11

岩石类别		完整程度	
		较完整岩体	完整岩体
硬质岩石	微风化	0.3～0.4	0.4～0.5
	中等风化	0.2～0.3	0.3～0.4
软质岩石	微风化	0.2～0.3	0.3～0.4
	中等风化	0.15～0.25	0.25～0.35

注：岩样RQD = 75～90 为较完整岩体，RQD > 90 为完整岩体。

3. 根据岩石的风化程度确定风化岩地基承载力

不同行业、不同地区根据岩石的风化程度确定风化岩地基承载力经验值有明显的差异，但基本原则都是根据静荷载试验，结合岩石节理、裂隙的发育程度和地区经验等综合确定。以下是我国一些省市工程建设地方标准和行业标准根据岩石风化程度确定风化岩地基承载力的经验值。

《工程地质手册》（第五版）对于破碎、极破碎的岩石地基承载力特征值，建议根据平板载荷试验确定。当试验难以进行时，可按表 3.9-12 确定岩石地基承载力特征值。

破碎、极破碎岩石地基承载力特征值 f_a（单位：kPa）　　　　　表 3.9-12

岩石类别	风化程度		
	强风化	中等风化	微风化
硬质岩石	700～1500	1500～4000	≥4000
软质岩石	600～1000	1000～2000	≥2000

注：强风化岩石的标准贯入试验击数 $N \geqslant 50$ 击。

行业标准《港口岩土工程勘察规范》JTS 133—2013 规定，根据岩石类别确定风化岩承载力特征值的经验值，详见表 3.9-13。

风化岩承载力特征值 f_a（单位：kPa）　　　　　表 3.9-13

岩石类别	风化程度			
	全风化	强风化	中等风化	微风化
硬质岩石（$f_{rk} > 30$MPa）	200～500	500～1000	1000～2500	2500～4000
软质岩石（$f_{rk} \leqslant 30$MPa）	按土考虑	200～500	500～1000	1000～1500

湖北省工程建设地方标准《建筑地基基础技术规范》DB 42/242—2014 根据岩石类别确定岩石地基承载力特征值的经验值，详见表 3.9-14。

湖北岩石地基承载力特征值 f_a（单位：kPa）　　　　　表 3.9-14

岩石类别	风化程度		
	强风化	中等风化	微风化
坚硬岩石（$f_{rk} > 60$MPa）	1000～1500	6000～15000	12000～24000
较硬岩石（60MPa ≥ $f_{rk} > 30$MPa）	800～1200	4500～12000	8000～18000
较软岩石（30MPa ≥ $f_{rk} > 15$MPa）	700～1000	2500～6000	5000～9000
软岩石（15MPa ≥ $f_{rk} > 5$MPa）	600～800	1500～3500	2500～4500
极软岩石（$f_{rk} \leqslant 5$MPa）	500～600	1000～2000	1500～2500

注：1. f_{rk} 为岩石饱和单轴抗压强度标准值；岩石地基的承载力应根据岩层的地质年代、产状、破碎程度、岩芯抗压强度和工程经验综合确定，有条件时宜进行岩基荷载试验，确定岩石承载力，依据不充分时可取表中数据。
　　2. 对强风化岩，当含泥量（风化残积土）较少时，取表中上限值，反之取下限值。
　　3. 对完整、较完整的中风化、微风化岩石取高值，对较破碎的中风化、微风化岩石取低值。
　　4. 对破碎的中风化、微风化岩石可采用现场试验确定地基承载力，当无法进行试验时，可在表中下限值的基础上折减降低使用。
　　5. 表中强风化数值为 f_{ak}。

福建省工程建设地方标准《建筑与市政地基基础技术标准》DBJ/T 13—07—2021 对本地区风化岩的承载力特征值建议参考表 3.9-15 取值。

福建风化岩承载力特征值 f_a（单位：kPa）　　　　　表 3.9-15

岩石类别	风化程度			
	砂土状强风化	碎块状强风化	中等风化	微风化
硬质岩石（$f_{rk} > 30$MPa）	500～800	1000～1500	2500～4000	＞4000
软质岩石（$f_{rk} \leqslant 30$MPa）	200～400	500～700	1200～1800	1500～2000

注：1. 除风化程度不同外，尚应结合岩体裂隙、节理、夹层及均匀性综合取值。
　　2. 对于微风化的硬质岩，当承载力取值大于表中数值时，应通过试验确定。

4. 根据标准贯入试验击数确定风化岩与残积土地基承载力

广东、福建、山东、湖北等地区通过大量原位荷载试验与标准贯入试验成果对比分析，建立了本地区根据标贯击数 N（均采用杆长修正后的值）确定风化岩及残积土的承载力的经验公式或经验值。

《简明岩土工程勘察设计手册》（2003 年版）和行业标准《港口岩土工程勘察规范》JTS 133—2013 建议可根据表 3.9-16，采用标准贯入试验击数 N 确定花岗岩残积土的承载力特征值。

花岗岩残积土承载力特征值 f_{ak}（单位：kPa）　　　　　表 3.9-16

土的名称	标贯击数 N				
	f_{ak}				
	4	10	15	20	30
砾质黏性土	100	200	240	280	320
砂质黏性土	80	180	220	260	300
黏性土	120	220	280	340	—

注：标准贯入击数应进行杆长修正。

深圳市工程建设地方标准《地基基础勘察设计规范》SJG 01—2010 规定，可根据表 3.9-17 采用标准贯入击数 N' 确定全风化、强风化花岗岩类的承载力特征值 f_{ak}。可根据表 3.9-18，采用标准贯入试验击数确定花岗岩类残积土的承载力特征值。

全风化、强风化花岗岩岩类承载力特征值 f_{ak}（单位：kPa）　　　　　表 3.9-17

土类	标贯击数修正值 N'				
	30～40	40～50	50～60	60～75	＞75
全风化	350～500	500～600	—	—	—
强风化	—	500～700	700～800	800～900	900～1500

花岗岩类残积土承载力特征值 f_{ak}（单位：kPa）　　　表 3.9-18

土类	标贯击数修正值N′			
	4～10	10～15	15～20	20～30
砾质黏性土	（100）～220	220～280	280～350	350～430
砂质黏性土	（80）～200	200～250	250～300	300～380
黏性土	（130）～180	180～240	240～280	280～330

注：括号内数值供内插用。该表格也列入了湖北省工程建设地方标准《建筑地基基础技术规范》DB 42/242—2014。

福建省工程建设地方标准《建筑与市政地基基础技术标准》DBJ/T 13—07—2021 建议可参考表 3.9-19，根据标准贯入击数确定福建地区花岗岩残积土的承载力特征值。

福建标准花岗岩类残积土承载力特征值 f_{ak}（单位：kPa）　　　表 3.9-19

土类	标贯击数修正值N′					
	4	10	15	20	25	30
砾质黏性土	（150）	250	300	350	400	450
砂质黏性土	（120）	200	280	320	350	420
黏性土	（90）	170	220	270	300	（330）

注：括号内数值仅供内插使用。

福建省工程建设地方标准《岩土工程勘察标准》DBJ/T 13—84—2022，对花岗岩残积土承载力特征值 f_{ak} 建议按下式计算。

$$f_{ak} = 11.97N' + 87.37 \tag{3.9-7}$$

式中：f_{ak}——承载力特征值（kPa）；

N'——经杆长修正后的标准贯入试验击数（击）。

黄建南等建议厦门地区按下列经验公式计算砂砾状强风化花岗岩的承载力特征值。

$$f_{ak} = 9.62N' + 138.22 \tag{3.9-8}$$

式中：N'——经杆长修正后的标准贯入试验击数（击）。

5. 根据室内土工试验指标确定残积土地基承载力

根据残积土室内土工试验获得的物理、力学性质指标计算的地基承载力与现场载荷试验获取的地基承载力差异较大。其差异是由于残积土具有很强的结构性，取样和室内土工试验制样时，常导致残积土的原状结构被破坏，湿度和初始应力状态也不同，导致通过室内土工试验成果计算的地基承载力较原位载荷试验的结果要低很多。

根据物性指标（含水率 w 及孔隙比 e）评价地基承载力国内仅个别地区采用，主要是深圳市工程建设地方标准《地基基础勘察设计规范》SJG 01—2010 和湖北省工程建设地方标准《建筑地基基础技术规范》DB 42/242—2014。根据孔隙比 e 和含水率 w 确定花岗岩类残积土承载力特征值，详见表 3.9-20。

花岗岩类残积土承载力特征值 f_{ak}（单位：kPa） 表 3.9-20

e	土类								
	砾质黏性土			砂质黏性土			黏性土		
	w/%								
	20	30	40	20	30	40	20	30	40
0.6	400	（350）	—	350	300	250	—	—	—
0.8	350	300	—	300	250	（200）	280	（220）	—
1.0	300	250	（200）	250	200	（150）	240	200	—
1.1	250	200	150	200	150	（100）	200	160	（140）
1.4	—	—	—	—	—	—	160	140	120

注：1. 本表适用于花岗岩残积土。其他岩石的残积土也可按本表黏性土选用，但应与其他方法综合确定。
　　2. 括号内数值供内插用。

根据室内土工试验获取的残积土黏聚力 c、内摩擦角 φ，按土的 $P_{1/4}$ 塑性状态或极限状态计算残积土地基承载力。$P_{1/4}$ 塑性状态可根据《建筑地基基础设计规范》GB 50007—2011 中第 5.2.5 条，按下式进行：

$$f_a = M_b \gamma b + M_d \gamma_m d + M_c c_k \tag{3.9-9}$$

式中：　　　f_a——由土的抗剪强度指标确定的地基承载力特征值（kPa）；

M_b、M_d、M_c——承载力系数，详见《建筑地基基础设计规范》GB 50007—2011 规范表 5.2.5；

　　　　b——基础底面宽度（m）；

　　　　d——基础埋深（m）；

　　　　γ——基础底面以下土的重度（kN/m³）；

　　　　γ_m——基础底面以上土的加权平均重度（kN/m³）；

　　　　c_k——基底下一倍短边宽深度内土的黏聚力标准值（kPa）。

按土的极限状态计算残积土地基极限承载力可根据行业标准《高层建筑岩土工程勘察标准》JGJ/T 72—2017 中附录 B 的有关规定，按下列公式计算：

$$f_u = \frac{1}{2} N_r \xi_r b \gamma + N_q \xi_q \gamma_0 d + N_c \xi_c c_k \tag{3.9-10}$$

$$f_a = f_u / K$$

式中：　　　f_u——地基极限承载力（kPa）；

　　　　K——安全系数，对残积土建议取 2；

N_r、N_q、N_c——承载力系数，根据地基持力层代表性内摩擦角标准值 $\overline{\varphi}_k$（°），按《高层建筑岩土工程勘察标准》JGJ/T 72—2017 附录 B.0.1-1 确定；

ξ_r、ξ_q、ξ_c——基础形状系数，按《高层建筑岩土工程勘察标准》JGJ/T 72—2017 附录 B.0.1-2 确定。

经与现场载荷试验结果对比，采用式(3.9-9)、式(3.9-10)计算的残积土地基承载力一般较载荷试验获取的承载力小；其中，采用极限状态（安全系数取 2）计算的残积土地基承载力比按土的 $P_{1/4}$ 塑性状态计算的结果较接近载荷试验获取的承载力。

9.3.4　桩基的侧阻力和端阻力

由于残积土和风化岩具有明显的遇水软化、崩解的特点，置于残积土或风化岩中的基桩，其竖向承载力受桩型、成桩工艺和施工质量等影响较大。特别是灌注桩，桩基承载力受桩底沉渣厚度、清渣质量、桩侧泥皮厚度、成桩时间长短等施工因素影响较大，即使在相同条件下单桩承载力的离散性也可能较大。因此，根据国家标准《建筑与市政地基基础通用规范》GB 55003—2021 第 5.2.5 条规定，单桩竖向极限承载力应通过单桩静载荷试验确定。单桩竖向抗压极限承载力应采用慢速维持荷载法。

行业标准《建筑桩基技术规范》JGJ 94—2008 第 5.3.1 条规定，设计等级为甲级的建筑桩基，单桩竖向极限承载力标准值应通过单桩静载荷试验确定；设计等级为乙级的建筑桩基，当地质条件简单时，可参照地质条件相同的试桩资料，结合静力触探等原位测试和经验参数综合确定，其余均应通过单桩静载荷试验确定；设计等级为丙级的建筑桩基，可根据原位测试和经验参数确定。

采用经验参数法估算残积土和风化岩单桩竖向承载力特征值 R_a，可根据国家标准《建筑地基基础设计规范》GB 50007—2011 第 8.5.6 条 4 款规定，按下式进行估算：

$$R_a = q_{pa}A_p + u_p \sum q_{sia} l_i \tag{3.9-11}$$

式中：A_p——桩底端横截面面积（m^2）；

q_{pa}、q_{sia}——桩端阻力特征值（kPa）、桩侧阻力特征值（kPa），由当地单桩静载荷试验结果经统计分析获得；

u_p——桩身周长（m）；

l_i——第 i 层岩土的厚度（m）。

单桩竖向承载力特征值 R_a 与单桩竖向极限承载力标准值 Q_u 可根据下式计算：

$$R_a = Q_{uk/2} \tag{3.9-12}$$

式(3.9-12)中桩端阻力特征值和桩侧阻力特征值或极限承载力标准值应由当地单桩静载荷试验结果经统计分析后确定。我国行业标准《建筑桩基技术规范》JGJ 94—2008 和部分省市工程建设地方标准建议的残积土与风化岩的极限桩侧阻力标准值 q_{sik}（经验值）详见表 3.9-21；广东、深圳地标建议的预制桩桩侧阻力修正系数见表 3.9-22；部分省市地标建议的极限端阻力标准值 q_{pk}（经验值）详见表 3.9-23～表 3.9-26。

行标和地标建议残积土及风化岩极限侧阻力标准值 $q_{s/k}$（单位：kPa）　　表 3.9-21

岩土名称	土的状态		混凝土预制桩				钻（冲）孔灌注桩			
			《建筑桩基技术规范》JGJ 94—2008	福建省标	广东省标[1]	深圳市标[1]	《建筑桩基技术规范》JGJ 94—2008	福建省标	广东省标[1]	深圳市标[1]
残积黏性土	软塑	$I_L > 0.75$	—	—	—	30～60	—	—	—	30～60
	可塑	$0.25 < I_L \leqslant 0.75$	—	45～80	—	60～90	—	25～55	—	60～90
	硬塑	$I_L \leqslant 0.25$	—	70～95	—	90～120	—	40～70	—	90～120
	坚硬	$I_L \leqslant 0$	—	90～110	—	—	—	60～90	—	—

续表

岩土名称	土的状态		混凝土预制桩				钻（冲）孔灌注桩			
			《建筑桩基技术规范》JGJ 94—2008	福建省标	广东省标[1]	深圳市标[1]	《建筑桩基技术规范》JGJ 94—2008	福建省标	广东省标[1]	深圳市标[1]
残积砂质黏性土	软塑	$I_L > 0.75$	—	—	—	40~70	—	—	—	40~70
	可塑	$0.25 < I_L \leqslant 0.75$	—	50~85	—	70~100	—	30~60	—	70~100
	硬塑	$I_L \leqslant 0.25$	—	75~100	—	100~120	—	50~80	—	100~120
	坚硬	$I_L \leqslant 0$	—	95~115	—	—	—	70~95	—	—
残积砾质黏性土	软塑	$I_L > 0.75$	—	—	—	50~80	—	—	—	50~80
	可塑	$0.25 < I_L \leqslant 0.75$	—	50~85	—	80~110	—	30~60	—	80~110
	硬塑	$I_L \leqslant 0.25$	—	75~100	—	110~140	—	50~80	—	110~140
	坚硬	$I_L \leqslant 0$	—	95~115	—	—	—	70~95	—	—
全风化软质岩[2]	—	$30 \leqslant N < 50$	100~120	90~120	100~120	80~120	80~100	85~105	80~100	60~100
全风化硬质岩[2]	—	$30 \leqslant N < 50$	140~160		140~160	140~160	120~150		120~140	100~140
土状强风化软质岩[2]	—	$N \geqslant 50$ 或 $N_{63.5} > 10$	160~240	100~130	160~240	120~220	140~220	80~110	140~180	120~220
土状强风化硬质岩[2]	—	$N \geqslant 50$ 或 $N_{63.5} > 10$	220~300		180~240	160~240	160~260		160~220	160~240
全风化花岗岩	—	$40 \leqslant N < 70$	—	—	160~240	—	—	—	140~200	—
强风化花岗岩	—	$N \geqslant 70$	—	—	—	—	—	—	200~260	—
碎裂状强风化岩	—	—	—	—	—	—	—	120~150	—	—
中等风化岩	—	—	—	—	—	—	—	150~250	—	—

注：1. 表中已将深圳市工程建设地方标准《地基基础勘察设计规范》SJG 01—2010、广东省工程建设地方标准《建筑地基基础设计规范》DBJ 15—31—2016 中桩侧阻力特征值换算为极限侧阻力标准值（安全系数取 2）。当采用预制桩时，上表中广东、深圳地区的经验值尚应根据土层埋深，按表 3.9-22 进行修正。当采用泥浆护壁钻孔灌注桩时，上表中广东、深圳地区的经验值宜取范围值的下限值。

2. 全风化、强风化软质岩和全风化、强风化硬质岩系指其母岩分别为 $f_{rk} \leqslant 15MPa$、$f_{ck} > 30MPa$ 的岩石。

广东、深圳地标建议的预制桩桩侧阻力修正系数表　　　表 3.9-22

土层埋深h/m	$\leqslant 5$	10	20	$\geqslant 30$
修正系数	0.8	1.0	1.1	1.2

行标、福建省地标建议的残积土及风化岩极限端阻力标准值 q_{pk}（单位：kPa）　　　表 3.9-23

岩土名称	土的状态		混凝土预制桩		钻（冲）孔灌注桩	
			《建筑桩基技术规范》JGJ 94—2008	福建省标	《建筑桩基技术规范》JGJ 94—2008	福建省标
残积黏性土	可塑	$0.25 < I_L \leqslant 0.75$	—	2500～5000	—	600～1200
	硬塑	$I_L \leqslant 0.25$	—	4000～7000	—	1200～1800
	坚硬	$I_L \leqslant 0$	—	6000～9000	—	1800～2500
残积砂（砾）质黏性土	可塑	$0.25 < I_L \leqslant 0.75$	—	3000～6000	—	800～1500
	硬塑	$I_L \leqslant 0.25$	—	5000～8000	—	1500～2000
	坚硬	$I_L \leqslant 0$	—	7000～10000	—	2000～2800
全风化软质岩	—	$30 \leqslant N < 50$	4000～6000	6000～10000	1000～1600	2500～3000
全风化硬质岩	—	$30 \leqslant N < 50$	5000～8000		1200～2000	
土状强风化软质岩	—	$N \geqslant 50$ 或 $N_{63.5} > 10$	6000～9000	9000～12000	1400～2200	3000～4000
土状强风化硬质岩	—	$N \geqslant 50$ 或 $N_{63.5} > 10$	7000～11000		1800～2800	
碎裂状强风化岩	—	—	—	—	—	5000～9000
中等风化岩	—	—	—	—	—	9000～15000

注：1. 全风化、强风化软质岩和全风化、强风化硬质岩系指其母岩分别为 $f_{rk} \leqslant 15\text{MPa}$、$f_{rk} > 30\text{MPa}$ 的岩石。

　　2. N 为实测标准贯入试验击数，$N_{63.5}$ 为重型动力触探试验击数。

广东省地标建议的风化岩桩端阻力特征值 q_{pa}（单位：kPa）　　　表 3.9-24

风化岩名称	土的状态	混凝土预制桩		水下钻（冲）孔、旋挖灌注桩	
		$L \leqslant 16$	$L > 16$	$L \leqslant 15$	$L > 15$
全风化软质岩	$30 \leqslant N < 50$	2000～3000	3000～4500	400～700	600～900
全风化硬质岩	$30 \leqslant N < 50$	2500～3500	3500～5000	500～800	700～1000
强风化软质岩	$N \geqslant 50$	3000～4500	3500～5000	600～900	800～1200
强风化硬质岩	$N \geqslant 50$	3500～5500	4000～7000	800～1200	1000～1800
全风化花岗岩	$40 \leqslant N < 70$	3500～4500	4000～6000	700～1000	900～1500
强风化花岗岩	$N \geqslant 70$	4500～6000	6000～8000	1000～1500	1500～2500

注：1. 预制桩对静压桩取中低值，对打入桩取中高值。

　　2. N 为实测标准贯入试验击数。

深圳市地标建议的花岗岩残积土桩端阻力特征值 q_{pa}（单位：kPa）　　表 3.9-25

残积土名称	土的状态		$L < 15$	$15 \leqslant L \leqslant 30$	$L > 30$
残积砾质黏性土	软塑	$I_L > 0.75$	800～1300	1300～1600	1600～2000
	可塑	$0.25 < I_L \leqslant 0.75$	1300～1600	1600～2000	2000～2400
	硬塑	$I_L \leqslant 0.25$	1800～2000	2000～2400	2400～2600
残积砂质黏性土	软塑	$I_L > 0.75$	800～1100	1100～1300	1300～1600
	可塑	$0.25 < I_L \leqslant 0.75$	1100～1500	1500～1800	1800～2300
	硬塑	$I_L \leqslant 0.25$	1500～1800	1800～2300	2300～2500
残积黏性土	软塑	$I_L > 0.75$	600～1000	1000～1200	1200～1500
	可塑	$0.25 < I_L \leqslant 0.75$	1000～1300	1300～1600	1600～2000
	硬塑	$I_L \leqslant 0.25$	1300～1600	1600～2000	2000～2400

注：1. 本表适用于预应力混凝土管桩、预制桩和灌注桩。
　　2. 地下水位以下和采用泥浆护壁的挖、钻、冲孔灌注桩，宜取表中范围值乘以系数 0.4～0.6。

深圳市地标建议的风化岩桩端阻力特征值 q_{pa}（单位：kPa）　　表 3.9-26

风化岩名称	土的状态	混凝土管桩、预制桩（注 1）			水下和采用泥浆护壁钻、冲孔灌注桩		
		$6 \leqslant L < 15$	$15 \leqslant L \leqslant 30$	$L > 30$	$L < 15$	$15 \leqslant L \leqslant 30$	$L > 30$
全风化岩	$30 \leqslant N' < 45$	1600～2200	2200～3500	3500～4500	700～1000	1300～1600	800～1600
强风化软质岩	$N' \geqslant 45$	1800～3000	3000～4000	4000～6000	900～1200	1500～1800	1200～1800
强风化硬质岩	$N' \geqslant 45$	2000～3500	3500～5000	5000～7000	1100～1300	1600～2200	1400～2200

注：1. 静压桩取表中范围值的中间值，打入桩取表中范围值的高值。
　　2. 表中 N' 为修正后的标准贯入试验击数。

9.3.5　地基变形及不均匀沉降计算

1. 地基变形计算

基底位于中等风化、微风化岩等岩质地基的嵌岩桩，由于岩石强度高，变形模量（弹性模量）大，根据《建筑地基基础设计规范》GB 50007—2011 第 8.5.14 条，可不进行地基沉降变形验算。

残积土及风化岩地基的变形计算常用的计算方法有两种，最常用的是基于压缩模量 E_s 计算的分层总和法，代表性的地基最终变形量 s 的计算公式如《建筑地基基础设计规范》GB 50007—2011 第 5.3.5 条所列，如下：

$$s = \psi_s \cdot \sum_{i=1}^{n} \frac{p_0}{E_s}(z_i \bar{\alpha}_i - z_{i-1} \bar{\alpha}_{i-1}) \tag{3.9-13}$$

由于室内试验得到的残积土及风化岩的压缩模量较实际情况偏小较多，按式(3.9-13)计算的地基变形量相对工程沉降实测结果明显偏大（一般偏大 2～8 倍）。

残积土及风化岩地基的另一种变形计算方法是基于变形模量 E_0 计算地基最终平均沉降量的叶果洛夫法。采用此计算方法的标准有：行业标准《高层建筑岩土工程勘察标准》JGJ/T 72—2017、深圳市工程建设地方标准《地基基础勘察设计规范》SJG 01—2010 等。对筏形和箱形基础地基最终平均沉降量按式(3.9-13)计算，对扩展基础、条形基础可按下式计算：

$$s = \psi_s pb\eta \sum_{i=1}^{n} \left(\frac{\delta_i - \delta_{i-1}}{E_{0i}} \right) \tag{3.9-14}$$

式中：s——地基最终平均沉降量（mm）；

ψ_s——沉降经验系数，根据地区经验确定，花岗岩残积土可取 1；

p——对应于荷载效应准永久组合时的基底平均压力（kPa），地下水位以下应扣除水浮力；

b——基础底面宽度（m）；

δ_i、δ_{i-1}——沉降应力系数，可按行业标准《高程建筑岩土工程勘察标准》JGJ/T 72—2017 表 C.0.1-1 确定；

E_{0i}——基底下第 i 层土的变形模量（MPa），可通过载荷试验或地区经验确定；

η——考虑下卧层刚性影响的修正系数，可按《高程建筑岩土工程勘察标准》JGJ/T 72—2017 附录 C 中表 C.0.1-2 确定。

$$s = \eta \sum_{i=1}^{n} \frac{p_{0i}}{E_{0i}} h_i \tag{3.9-15}$$

$$p_{0i} = \alpha_i (p_k - p_c) \tag{3.9-16}$$

式中：s——地基最终沉降量（mm）；

p_{0i}——第 i 层土中点处的附加压力（kPa）；

h_i——第 i 层土厚度（m）；

η——沉降计算经验系数，花岗岩类土层可取 0.8，其他土层宜根据实测资料和工程经验确定；

p_k——对应于荷载效应准永久组合基础底面的平均压力（kPa）；

p_c——基础底面以上土的自重压力标准值（kPa）；

α_i——矩形基础和条形基础均布荷载下中心点竖向附加应力系数，可按行业标准《高程建筑岩土工程勘察标准》JGJ/T 72—2017 表 C.0.3 确定。

工程实践表明，基于变形模量的沉降计算结果与工程实测的沉降结果更接近。

国家标准《岩土工程勘察规范》GB 50021—2001（2009 年版）第 6.9.6 条规定，地基基础设计等级为甲级的工程，残积土及风化岩的变形模量应采用载荷试验确定。地基基础设计等级为乙级、丙级的工程，可根据标准贯入试验等原位测试资料，结合当地经验综合确定。采用标准贯入试验击数确定残积土及风化岩的变形模量可根据下式(3.9-17)确定。

$$E_0 = \alpha N \tag{3.9-17}$$

式中：E_0——变形模量（MPa）。

α——载荷试验与标准贯入试验对比的经验系数一般为 2.2。广东省工程建设地方标准规定可按表 3.9-27 取值，深圳市工程建设地方标准规定可按表 3.9-28 取值，一般可结合当地经验取值。

N——实测标准贯入试验锤击数（击）。

广东省残积土与风化岩变形模量计算的经验系数 α　　　　表 3.9-27

花岗岩		泥质软岩	
实测 N	α	实测 N	α
$10 < N \leqslant 30$	2.3	$10 < N \leqslant 25$	2.0
$30 < N \leqslant 50$	2.5	$25 < N \leqslant 40$	2.3
$50 < N \leqslant 70$	3.0	$40 < N \leqslant 60$	2.5
$N > 70$	3.5	$N > 60$	3.0

注：引自广东省地方标准《建筑地基基础设计规范》DBJ 15—31—2016

深圳市残积土与风化岩变形模量计算的经验系数 α　　　　表 3.9-28

实测 N	α
$N \leqslant 15$	$1.8 \sim 2.1$
$15 < N \leqslant 30$	$2.1 \sim 2.4$
$30 < N \leqslant 40$	$2.4 \sim 2.6$
$40 < N \leqslant 50$	$2.6 \sim 2.8$
$N > 50$	$2.8 \sim 3.0$

注：引自深圳市地方标准《地基基础勘察设计规范》SJG 01—2010。

福建省工程建设地方标准《岩土工程勘察标准》DBJ/T 13—84—2022 规定，根据杆长修正后的标准贯入试验击数确定残积土及风化岩的变形模量，可按下式估算：

$$E_0 = 1.167N' - 1.053 \tag{3.9-18}$$

式中：E_0——变形模量（MPa）；

　　　　N'——经杆长校正后的标准贯入试验击数（击）。

2. 地基不均匀沉降计算

残积土和风化岩地基，当建筑物基础选择同一种风化程度的基础持力层，且基底压缩层厚度变化不大（相对厚度差小于 20%）时，一般可不考虑地基的沉降和不均匀沉降问题。

当建筑基础位于残积土或不同风化程度的岩石地基，或基底下存在软弱夹层、破碎带或软硬程度不同的互层、岩脉和球状风化体（孤石）时，应按第 9.3.2 节评价地基的均匀性，并应考虑地基的不均匀沉降问题，验算不同基础间的沉降差、建筑的倾斜及局部倾斜值。

当基础持力层深度内（独立基础 1.5 倍基底宽度深度内或条形基础 3 倍基础宽度深度内或 5 倍桩径深度内）存在风化程度相差两级以上的岩土层，且岩土层的层面坡度超过 10% 时，除应验算地基的不均匀沉降外，尚应考虑基底的抗滑移稳定和整体稳定性。

9.3.6　渗透性评价

地下水位以下的残积土及风化岩一般为弱—中等透水性含水层，部分为强透水性含水层。根据地下水的埋藏分布特征，储藏于残积土、散体状风化岩和碎块状风化岩中的地下水一般为孔隙-裂隙水，主要呈层状或带状分布，透水性通常为弱—中等；而储藏于中等—微风化岩中的地下水一般为基岩裂隙水或构造裂隙水，主要呈层状或脉状分布，透水性通常为弱—强。碳酸岩（石灰岩等）地区，在溶蚀作用下常分布有岩溶水，其分布规律受岩溶发育程度控制，通常透水性为中等—强。

国家标准《水利水电工程地质勘察规范》GB 50487—2008 附录 F 规定，岩体的渗透性可按表 3.9-29 进行分级。

岩体渗透性分级　　　　　　　　　　　　　　　　　　　表 3.9-29

岩体渗透性等级	岩体渗透系数k		岩体透水率q	岩体特征
	m/d	cm/s	Lu	
极微透水	$k < 10^{-3}$	$k < 10^{-6}$	$q < 0.1$	完整岩石，含裂隙等价开度小于 0.025mm 的岩体
微透水	$10^{-3} \leqslant k < 10^{-2}$	$10^{-6} \leqslant k < 10^{-5}$	$0.1 \leqslant q < 1$	含裂隙等价开度 0.025～0.05mm 的岩体
弱透水	$10^{-2} \leqslant k < 10^{-1}$	$10^{-5} \leqslant k < 10^{-4}$	$1 \leqslant q < 10$	含裂隙等价开度 0.05～0.1mm 的岩体
中等透水	$10^{-1} \leqslant k < 10$	$10^{-4} \leqslant k < 10^{-2}$	$10 \leqslant q < 1000$	含裂隙等价开度 0.1～0.5mm 的岩体
强透水	$10 \leqslant k < 1000$	$10^{-2} \leqslant k < 1$	$q \geqslant 1000$	含裂隙等价开度 0.5～2.5mm 的岩体
极强透水	$k \geqslant 1000$	$k \geqslant 1$		含连通孔洞或裂隙等价开度大于 2.5mm 的岩体

注：1. Lu 为透水率单位，代表注水压力 1MPa 情况下，每米测试段注入 1L 水量。$1Lu \approx 1.5 \times 10^{-5}cm/s$。
　　2. 裂隙开度，也称裂隙张开度，指岩石节理或裂隙张开的大小。
　　3. 中等透水等级的透水率范围根据渗透系数范围作了修正，即将原规范中的"$10 \leqslant q < 100$"调整为了"$10 \leqslant q < 1000$"。

岩体的渗透系数主要取决于岩体的裂隙和风化发育程度，未风化岩体或岩块本身的渗透性很小，所以常采用现场压水试验来确定其等效多孔介质的渗透系数k值。根据毛昶熙著的《堤防工程手册》和郑春苗、Gordon D.Bennett 著的《地下水污染物迁移模拟》，岩块和岩体的渗透系数k可参考表 3.9-30 取值。

岩块和岩体的渗透系数k值及渗透性等级　　　　　　　表 3.9-30

岩块	k（实验室测定，cm/s）	渗透性等级	岩体	k（现场测定，cm/s）	渗透性等级
砂岩（白垩复理层）	$6 \times 10^{-10} \sim 1 \times 10^{-8}$	极微透水	脉状混合岩	3.3×10^{-3}	中等透水
花岗岩	$5 \times 10^{-11} \sim 2 \times 10^{-10}$	极微透水	绿泥石化脉状页岩	7×10^{-3}	中等透水
板岩	$7 \times 10^{-11} \sim 1.6 \times 10^{-10}$	极微透水	片麻岩	$1.2 \times 10^{-3} \sim 1.9 \times 10^{-3}$	中等透水
角砾岩	4.6×10^{-10}	极微透水	伟晶花岗岩	6×10^{-4}	弱透水
方解岩	$7 \times 10^{-10} \sim 9.3 \times 10^{-8}$	极微透水	褐煤层	$1.7 \times 10^{-2} \sim 2.4 \times 10^{-2}$	中等透水
灰岩	$7 \times 10^{-10} \sim 1.2 \times 10^{-7}$	极微透水	砂岩	1×10^{-2}	中等透水
白云岩	$4.6 \times 10^{-9} \sim 1.2 \times 10^{-8}$	极微透水	泥岩	1×10^{-4}	弱透水
砂岩	$1.6 \times 10^{-7} \sim 6 \times 10^{-4}$	弱—极微透水	鳞状片岩	$1 \times 10^{-4} \sim 1 \times 10^{-2}$	中等透水
砂泥岩	$6 \times 10^{-7} \sim 2 \times 10^{-6}$	微—极微透水	风化花岗岩	$3 \times 10^{-4} \sim 3 \times 10^{-2}$	中等透水
细砂岩	2×10^{-7}	极微透水	风化辉长岩	$6 \times 10^{-5} \sim 3 \times 10^{-4}$	弱透水
蚀变花岗岩	$6 \times 10^{-6} \sim 1.5 \times 10^{-5}$	微透水	玄武岩	$2 \times 10^{-9} \sim 3 \times 10^{-5}$	弱—极微透水
泥岩	$1 \times 10^{-9} \sim 6 \times 10^{-6}$	微—极微透水	可透水的玄武岩	$4 \times 10^{-5} \sim 3 \times 10^{0}$	弱—强透水
硬石膏	$4 \times 10^{-11} \sim 2 \times 10^{-6}$	微—极微透水	无裂隙火成岩和变质岩	$3 \times 10^{-12} \sim 3 \times 10^{-8}$	极微透水
页岩	$1 \times 10^{-11} \sim 2 \times 10^{-7}$	极微透水	有裂隙火成岩和变质岩	$8 \times 10^{-7} \sim 3 \times 10^{-2}$	极微—中等透水

残积土和土状风化岩的渗透性与风化物的颗粒级配及黏粒含量有关，一般随着黏粒含

量的增加渗透性降低，随着砂粒含量增加渗透性增大。由于残积土与风化岩结构性较强，所以室内渗透试验无法反映残积土和风化岩中裂隙对岩土体渗透性的影响，室内渗透试验获得的渗透系数较现场抽、注水试验的结果明显偏小，最大可达 1～2 个数量级。因此，残积土和风化岩的渗透系数宜通过现场抽水或注水试验确定。福建省工程建设地方标准《岩土工程勘察标准》DBJ/T 13—84—2022 规定，花岗岩残积土和风化岩的渗透性可参考表 3.9-31 取值。

花岗岩残积土和风化岩渗透系数经验值 表 3.9-31

岩土层名称	渗透系数/（cm/s）	渗透系数/（m/d）	渗透性等级
花岗岩残积土	5×10^{-5}～5×10^{-4}	0.05～0.50	弱—中等透水
全—强风化花岗岩	1×10^{-4}～9×10^{-4}	0.1～0.8	中等透水
碎块状强风化花岗岩	3×10^{-4}～3×10^{-3}	0.3～3.0	中等透水
中等风化花岗岩（裂隙不发育）	1×10^{-6}～1×10^{-3}	0.001～0.1	微—弱透水
基岩裂隙带、构造破碎带	3×10^{-3}～7×10^{-2}	3～60	中等—强透水

9.3.7 边坡稳定评价

岩性为残积土和风化岩的边坡工程，其稳定性应根据边坡高度、坡角、岩体结构面、节理裂隙类型、发育程度、充填情况、岩脉、构造破碎带的产状、岩土性状和地下水的渗流作用等进行综合评价。评价时应注意岩土体的非均质性和各向异性。边坡开挖坡率应根据工程经验，按工程类比的原则，通过稳定计算经综合分析后确定。

岩质边坡的稳定性主要受岩体结构面控制，其破坏方式一般为沿结构面的线形、折线形滑动破坏或沿两组或多组结构面形成的楔形体产生的双滑面或多滑面滑动破坏等，其稳定性分析可采用极限平衡法、Sarma 法、赤平投影法及实体比例投影法、数值极限分析法等。

残积土和全—强风化岩边坡工程，稳定性评价和边坡坡度允许值可参照土质边坡确定。其边坡的破坏模式一般可按圆弧滑动或折线形滑动考虑，采用简化 Bishop 法、JanBu 法、摩根斯坦-普赖斯法、数值分析法等方法进行稳定分析。应注意残积土和全—强风化岩边坡的稳定性还常受风化岩的原生或次生结构面（节理、裂隙、软弱岩脉风化面等）控制；当边坡存在明显的不利结构面，且结构面倾向与坡面倾向同向时，边坡易沿此类结构面产生平面滑动失稳。

边坡稳定计算应根据不同的工况选择相应的岩土抗剪强度指标。天然边坡一般宜采用岩土的（大体积）直接快剪强度指标或三轴不固结不排水抗剪强度指标，对已经滑动的边坡则应采用残余剪切试验的抗剪强度指标；若边坡处于饱和状态或遭遇暴雨、连续降雨等不利工况的稳定性验算时，则应采用饱和状态下的抗剪强度指标。

边坡岩土体的抗剪（断）强度指标宜通过现场直接剪切试验、室内抗剪切试验，并结合工程经验综合确定。由于残积土和风化岩的初始应力状态对岩土的抗剪强度有较大的影响，进行室内直接剪切试验或现场直接剪切试验时，必须根据边坡岩土体实际所承受的应力水平来设计试验加载级数和试验应力水平，这样才可获得接近于工程实际应力状态的抗剪强度指标。室内直接剪切试验宜优先考虑采用K_0固结状态下的三轴剪切试验，其次可选用K_0固结状态下的直接剪切试验。

张文华、张旷成对华南地区的花岗岩残积土采用不同方法测得的抗剪强度，详见表 3.9-32。

不同方法测得的花岗岩残积土抗剪强度指标　　　　表 3.9-32

试验方法	样本数	黏聚力c/kPa		内摩擦角φ/°	
		范围值	平均值	范围值	平均值
直接剪切试验	205	25~54	32	16.6~38.3	31
三轴试验	23	15~50	30	10.6~35.0	21
野外大型直接剪切	6	19~61	40	23.8~39.7	29.4

当试验资料不足时，边坡岩体抗剪强度指标可根据岩体分类，参考表 3.9-33 选用（引自国家标准《水利水电工程地质勘察规范》GB 50487—2008 表 E.0.4，并将其摩擦系数转化成角度）。

岩体抗剪断（抗剪）强度经验值　　　　表 3.9-33

岩体分类	混凝土与基岩接触面			岩体		
	抗剪断		抗剪	抗剪断		抗剪
	c'/MPa	φ'/°	φ/°	c'/MPa	φ'/°	φ/°
Ⅰ	1.30~1.50	52~56	37~40	2.00~2.50	54~58	39~42
Ⅱ	1.10~1.30	48~52	33~37	1.50~2.00	50~54	35~39
Ⅲ	0.70~1.10	42~48	29~33	0.70~1.50	39~50	31~35
Ⅳ	0.30~0.70	35~42	22~29	0.30~0.70	29~39	24~31
Ⅴ	0.05~0.30	22~35	16~22	0.05~0.30	22~29	19~24

注：1. 岩体分类标准可参考国家标准《水利水电工程地质勘察规范》GB 50487—2008 附录 V。
　　2. 表中参数仅限于硬质岩，软质岩应根据软化系数进行折减。
　　3. 抗剪断强度是指在任一法向应力作用下横切结构面剪切破坏时岩体能抵抗的最大剪应力；在任一法向应力作用下，岩体沿已有破裂面剪切破坏时的最大剪应力称抗剪强度，实际为某结构面抗剪强度。

岩体结构面抗剪断峰值强度经验值可按表 3.9-34 选用。该表系根据国家标准《水利水电工程地质勘察规范》GB 50487—2008 表 E.0.5，并将其摩擦系数转化成角度，并结合国家标准《建筑边坡工程技术规范》GB 50330—2013 表 4.3.1 和行业标准《公路路基设计规范》JTG D30—2015 表 3.7.3-1 作了小幅调整。其中，泥夹岩屑型的抗剪断摩擦角调整为与国家标准《建筑边坡工程技术规范》GB 50330—2013 和行业标准《公路路基设计规范》JTG D30—2015 一致。

岩体结构面抗剪断峰值强度的经验值　　　　表 3.9-34

结构面类型		抗剪断		抗剪
		c'/MPa	φ'/°	φ/°
胶结结构面	坚硬岩	0.2~0.3	35~42	29~35
	较硬—较软岩	0.1~0.2	29~35	24~29
无充填结构面	坚硬岩			
	较硬—软岩	0.08~0.1	24~29	19~24

结构面类型		抗剪断		抗剪
		c'/MPa	φ'/°	φ/°
软弱结构面	岩块岩屑型结构面	0.08~0.1	24~29	19~24
	岩屑夹泥型结构面	0.05~0.08	18~24	16~19
	泥夹岩屑型结构面	0.02~0.05	12~18	12~16
	泥型结构面	0.005~0.01	10~12	10~12

注：1. 对于软弱结构面，两壁岩性为极软岩、软岩时取较低值。
　　2. 取值时应考虑结构面的贯通程度；胶结结构面、无充填结构面应考虑结构面的胶结程度和粗糙程度。
　　3. 结构面浸水时取较低值。
　　4. 临时性边坡可取高值。
　　5. 本表参数已考虑结构面的时间效应。
　　6. 未考虑结构面参数在施工期和运行期受其他因素影响发生的变化，当判定为不利因素时可进行适当折减。

福建地区岩体结构面强度可参考表 3.9-35（引自福建省地方标准《建筑与市政地基基础技术标准》DBJ/T 13—07—2021 附录 D）。

福建岩体结构面强度参考指标（标准值）　　　　　　表 3.9-35

结构面类型		结构面特征	胶结或充填情况	黏聚力c/kPa	内摩擦角φ/°
硬性结构面	1	张开度 < 1mm	胶结良好，无充填	> 200	> 35
		张开度 1~3mm	硅质或铁质胶结		
	2	张开度 1~3mm	钙质胶结	100~180	28~35
		张开度 > 3mm	表面粗糙，钙质胶结		
	3	张开度 1~3mm	表面平直，无胶结	80~100	18~30
		张开度 > 3mm	岩屑或岩屑夹泥充填		
软弱结构面	4	张开度 > 3mm	表面平直光滑，无胶结泥夹岩屑充填，强风化小型破碎带，分布不连续的泥化夹层	20~50	12~20
	5	张开度 > 5mm	泥质充填，分布连续的泥化夹层	14~20	10~14

注：1. 无经验时，极软岩、软岩，岩体结构面连通以及结构面浸水均取表中低值。
　　2. 表中内摩擦角须根据岩体裂隙发育程度，按 0.75~0.95 进行折减。

边坡岩体等效内摩擦角宜按当地经验确定。当缺乏经验时，可参考表 3.9-36 选用（引自《建筑边坡工程技术规范》GB 50330—2013 表 4.3.4）。

边坡岩体等效内摩擦角标准值　　　　　　表 3.9-36

边坡岩体类型	I	II	III	IV
等效内摩擦角φ_c/°	φ_c > 72	72 ≥ φ_c > 62	62 ≥ φ_c > 52	52 ≥ φ_c > 42

注：1. 适用于高度不大于 30m 的边坡；当高度大于 30m 时，应作专门研究。
　　2. 边坡高度较大时宜取较小值；高度较小时宜取较大值；当边坡岩体变化较大时，应按同等高度段分别取值。
　　3. 已考虑时间效应；对于 II、III、IV 类岩质临时边坡可取上限值，I 类岩质临时边坡可根据岩体强度及完整程度取大于 72°的数值。
　　4. 适用于完整、较完整的岩体；破碎、较破碎的岩体可根据地方经验适当折减。
　　5. 岩质边坡的岩体类型划分可参照国家标准《建筑边坡工程技术规范》GB 50330—2013 第 4.1.4 条的规定。

对无外倾结构面的边坡，对边坡工程安全等级为三级的岩质边坡，放坡坡率可按

表 3.9-37 选用（引自国家标准《建筑边坡工程技术规范》GB 50330—2013 表 14.2.2）。

岩质边坡坡率允许值 表 3.9-37

边坡岩体类型	风化程度	坡率允许值（高宽比）		
		$H < 8m$	$8m \leqslant H < 15m$	$15m \leqslant H < 25m$
I	未（微）风化	1：0.00～1：0.10	1：0.10～1：0.15	1：0.15～1：0.25
	中风化	1：0.10～1：0.15	1：0.15～1：0.25	1：0.25～1：0.35
II	未（微）风化	1：0.10～1：0.15	1：0.15～1：0.25	1：0.25～1：0.35
	中风化	1：0.15～1：0.25	1：0.25～1：0.35	1：0.35～1：0.50
III	未（微）风化	1：0.25～1：0.35	1：0.35～1：0.50	—
	中风化	1：0.35～1：0.50	1：0.50～1：0.75	—
IV	中风化	1：0.50～1：0.75	1：0.75～1：1.00	—
	强风化	1：0.75～1：1.00	—	—

注：1. 表中H为边坡高度，边坡岩体类型划分可参照国家标准《建筑边坡工程技术规范》GB 50330—2013 第 4.1.4 条的规定。
　　2. IV类强风化岩包括各类风化程度的极软岩。
　　3. 本表适用于无外倾软弱结构面的岩质边坡。
　　4. 全风化岩体可按土质边坡坡率取值。

相关研究表明，地下水位以上的残积土和全风化岩一般为非饱和土。影响残积土和全风化岩抗剪强度的主要因素有含水率（饱和度）、初始干密度、初始应力状态、岩土的粒组成分等。含水率（饱和度）对残积土和全风化岩的抗剪强度有较大的影响，总体上岩土体的抗剪强度（黏聚力及内摩擦角）随含水率的增大而减少，其中黏聚力受含水率变化的影响较大，内摩擦角受含水率变化的影响相对较小。当含水率一定时，一般情况下岩土的初始干密度值越大，岩土的黏聚力值和内摩擦角也越大。此外，残积土和全风化岩的抗剪强度还受岩土颗粒组成的影响，一般粗粒组成越大内摩擦角越大，而细粒组成含量越多黏聚力越大。因此，残积土和全风化岩的抗剪强度取值应考虑岩土体的颗粒组成、含水率或饱和度，以及岩土初始应力状态的影响，特别应注意含水率变化对边坡岩土体强度和稳定性评价结果的影响，以及可能产生的工程风险。

张文华、张旷成对华南地区不同粒度的花岗岩残积土测得的抗剪强度见表 3.9-38。

不同粒度测得的花岗岩残积土的抗剪强度 表 3.9-38

土类	样本数	黏聚力c/kPa		内摩擦角φ/°	
		范围值	平均值	范围值	平均值
砾质黏性土	200	20～36	27	31.8～38.5	32.8
砂质黏性土	150	28～39	34	27～31	30
黏性土	60	35～55	40	20.5～28.6	26.5

无实测数据时，花岗岩残积土和风化岩的抗剪强度指标可参照表 3.9-39 取值（引自福建省工程建设地方标准《建筑与市政地基基础技术标准》DBJ/T 13—07—2021 表 D.0.1）。

福建地区风化花岗岩和残积土抗剪强度指标经验值　　　　表 3.9-39

岩土名称	黏聚力c/kPa	内摩擦角φ/°
强风化岩（碎块状）	50～55	32～35
强风化岩（砂土状）	35～40	30～32
全风化岩	25～35	25～30
花岗岩残积土	15～25	20～25

注：1. 表中花岗岩残积土数据是根据残积砾质和砂质黏性土资料统计的；如果是残积黏性土，则应根据表中数值进行相应的折减。

2. 表中岩土强度指标为天然状态下的直接剪切快剪强度指标经验值，饱和状态下的强度指标应进行适当折减。

9.3.8　风化料用作填筑料的工程性能评价

风化料是残积土、全风化岩和强风化岩的统称，目前广泛用作工程建设场地、道路路基、水利堤坝等工程的填筑材料。风化料具有强度较高、压缩模量较大、可就近取材、工程造价低等优点，但也存在均匀性较差、工程性能不稳定、渗透性较大、水稳性较差的缺点。风化料保留了风化岩的一些工程特性，通常浸水后具有软化、强度明显降低的特点，一般不宜作为浸水路基等的填筑料。另外，风化料作为填料时，受温度、湿度变化、光辐射和渗流等的作用，其粗颗粒成分在使用过程中会继续产生碎裂和风化，而细颗粒成分则遇水易产生溶蚀和流失等。因此，风化料的长期稳定性问题也需予以注意。风化料粗颗粒成分继续碎裂和风化后，黏粒等细颗粒土含量增加，砂砾粒等粗颗粒成分减少，会降低填料的强度和内摩擦角，对填土地基的强度和边坡的稳定性产生不利影响。

风化料用作填筑料的工程性能受填料的原岩性质、粒组成分、干湿状态、填筑方法等因素影响大，一般风化料的压实度越大，干密度越大，抗剪强度也越高，对风化料边坡的稳定性越有利，其用于路堤填方的压实度一般不宜低于90%。因风化填料均匀性较差，变化较大，稳定性差异大，其作为场地、路基或堤坝填料的性能应通过试验确定。残积土和风化岩填料的矿物成分、粒度大小对风化料物理、力学性能影响较大。应通过颗粒分析试验确定风化料的粒组成分，采用偏光显微镜和 X 射线衍射分析仪等进行矿物成分分析，通过击实试验、抗压回弹模量试验、固结试验、抗剪强度试验、加州承载比（CBR）试验、干缩试验、温缩试验、冻融试验、疲劳试验等获得风化料填料的力学性能和耐久性能指标。必要时可在风化料中加入适量的水泥、生石灰、粉煤灰、黏土等材料进行改良，以提高风化料的浸水稳定性、CBR 强度、渗透性、耐久性等，改良风化料的工程性能。

花岗岩风化料是建设场地、路基常用的填筑料。根据郑州至石人山高速公路对花岗岩风化料的试验成果，通过击实试验得到含砂砾质的花岗岩风化料素土的最优含水量为 7.9%～8.1%，最大干密度为 2.11～2.14g/cm³；采用室内直剪试验实测击实达到最大干密度后的风化料素土，其固结不排水抗剪强度黏聚力c_{cu}可达到 123.1～152.6kPa，内摩擦角φ_{cu}可达到 31°～33°；采用循环加卸荷条件下的三轴压缩试验测得风化料抗压回弹模量为 17～36MPa。加入 3.5%～6.0%的水泥与花岗岩风化类混合后，击实试验测得混合料最大干密度为 2.085～2.114g/cm³，最优含水率在 8.12%～8.3%之间；测得 7d 试件的无侧限抗压强度随水泥用量的增大而增大，试验值为 1.55～2.89MPa，90d 试件的无侧限抗压强度为 7.52～12.23MPa。采用室内承载板法试验测得水泥掺入量为 4%～6%的水泥稳定花岗岩风化料的抗压回弹模量基本介于 798.1～1007.3MPa 之间。水泥稳定花岗岩风化料可以代替水泥稳定砂砾作为高速公路基层的筑路材料。

张旷成等对珠海某项目采用强夯处理后的花岗岩强风化岩块与残积土混合料填土进行大型原位直接剪切试验,实测风化岩混合料的黏聚力 $c = 101.4$ kPa,内摩擦角 $\varphi = 38°$,岩土混合料与原始地面的内摩擦角 $\varphi = 39.1°$,黏聚力 $c = 108.9$ kPa。经强夯处理后的花岗岩风化料填土具有较好的物理、力学性能,能满足风化料填筑形成的高填方边坡稳定性要求。

参考文献

[1] 中华人民共和国建设部. 岩土工程勘察规范: GB 50021—2001: 2009 年版[S]. 北京: 中国建筑工业出版社, 2009.

[2] 福建省住房和城乡建设厅. 岩土工程勘察标准: DBJ/T 13—84—2022 [S]. 福州: 福建科学技术出版社, 2022.

[3] 林宗元. 简明岩土工程勘察设计手册[M]. 北京: 中国建筑工业出版社, 2003.

[4] 中华人民共和国交通运输部. 港口岩土工程勘察规范: JTS 133—2013[S]. 北京: 人民交通出版社, 2014.

[5] 深圳市住房和建设局. 地基基础勘察设计规范: SJG 01—2010[S]. 北京: 中国建筑工业出版社, 2010.

[6] 吴能森, 赵尘, 侯伟生. 花岗岩残积土的成因、分布及工程特性研究[J]. 平顶山工学院学报, 2004(4): 1-4.

[7] 邵磊. 花岗岩残积土物理力学特性研究[D]. 武汉: 华中科技大学, 2018.

[8] 福建省住房和城乡建设厅. 城市轨道交通工程不良地质体探测技术规程: DBJ/T 13—314—2019[S]. 福州: 福建科学技术出版社, 2020.

[9] 安然, 等. 花岗岩残积土原位力学特性的钻探扰动与卸荷滞时效应[J]. 岩土工程学报, 2020, 42(1): 109-116.

[10] 刘俊龙. 地下水对残积土地基承载力影响的试验研究[J]. 岩土工程技术, 2017(2): 62-66+96.

[11] 许旭堂, 等. 含水率和干密度对残积土抗剪强度参数的影响[J]. 地下空间与工程学报, 2015, 11(2): 364-369.

[12] 简文彬, 陈文庆, 郑登贤. 花岗岩残积土的崩解试验研究[C]//中国土木工程学会. 第九届土力学及岩土工程学术会议论文集: (上册). 北京: 清华大学出版社, 2003: 25-28.

[13] 吴能森. 结构性花岗岩残积土的特性及工程问题研究[D]. 南京: 南京工业大学, 2005.

[14] 工程地质手册编委会. 工程地质手册[M]. 5 版. 北京: 中国建筑工业出版社, 2018.

[15] 福建省住房和城乡建设厅. 建筑与市政地基基础技术标准: DBJ/T 13—07—2021[S]. 北京: 中国建筑工业出版社, 2021.

[16] 中华人民共和国住房和城乡建设部. 工程勘察通用规范: GB 55017—2021[S]. 北京: 中国建筑工业出版社, 2022.

[17] 中华人民共和国住房和城乡建设部. 高层建筑岩土工程勘察标准: JGJ/T 72—2017[S]. 北京: 中国建筑工业出版社, 2018.

[18] 陈晓坚. 厦门花岗岩风化层的地震扁铲侧胀 (SDMT) 试验研究[J]. 工程地质学报, 2019, 27(4): 825-831.

[19] 安然, 等. 残积土孔内剪切试验的强度特性及广义邓肯-张模型研究[J]. 岩土工程学报, 2020, 42(9): 1723-1732.

[20] 尹松, 等. 花岗岩残积土的室内直剪与原位孔内剪切对比试验研究[J]. 公路工程, 2020, 45 (6): 66-72.

[21] 广东省住房和城乡建设厅. 建筑地基基础设计规范: DBJ 15—31—2016[S]. 北京: 中国建筑工业出版社, 2016.

[22] 李传懿. 海底强风化花岗岩 K_0 固结三轴试验尺寸效应[J]. 中南大学学报 (自然科学版), 2020, 51(6): 1646-1653.

[23] 中华人民共和国住房和城乡建设部. 建筑地基基础设计规范: GB 50007—2011[S]. 北京: 中国建筑工业出版社, 2012.

[24] 黄建南, 邹燕红, 等. 厦门地区砂砾状强风化花岗岩强度与变形特征试验[J]. 沈阳建筑大学学报 (自然科学版), 2008(5): 768-773.

[25] 刘俊龙. 大口径灌注桩竖向承载力的影响因素及其评价[J]. 工程勘察, 2001(2):14-17.

[26] 中华人民共和国住房和城乡建设部. 建筑与市政地基基础通用规范: GB 55003—2021[S]. 北京: 中国建筑工业出版社, 2022.

[27] 中华人民共和国建设部. 建筑桩基技术规范: JGJ 94—2008[S]. 北京: 中国建筑工业出版社, 2008.

[28] 中华人民共和国住房和城乡建设部. 水利水电工程地质勘察规范: GB 50487—2008[S]. 北京: 中国计划出版社, 2009.

[29] 毛昶熙. 堤防工程手册[M]. 北京: 中国水利水电出版社, 2009.

[30] 郑春苗, Gordon D.Bennett. 地下水污染物迁移模拟[M]. 孙晋玉, 卢国平, 译. 2 版. 北京: 高等教育出版社, 2009.

[31] 张文华. 花岗岩残积土的抗剪强度及土质边坡稳定分析[J]. 水文地质　工程地质, 1994(3): 41-43.

[32] 李静荣. 花岗岩残积土抗剪强度指标取值影响的研究[J]. 地下空间与工程学报, 2020, 16(2): 484-492.

[33] 张文华, 张旷成. 花岗岩残积土工程性质研究[C]//魏道垛, 等. 区域性土的岩土工程问题学术讨论会论文集. 北京: 原子能出版社, 1996: 212-219.

[34] 中华人民共和国住房和城乡建设部. 建筑边坡工程技术规范: GB 50330—2013[S]. 北京: 中国建筑工业出版社, 2014.

[35] 许旭堂. 含水率和干密度对残积土抗剪强度参数的影响[J]. 地下空间与工程学报, 2015, 11(2): 364-369.

[36] 陈东霞, 龚晓南, 马亢. 厦门地区非饱和残积土的强度随含水量变化规律[J]. 岩石力学与工程学报, 2015, 34(S1): 3484-3490.

[37] 李凯, 王志兵, 韦昌富, 等. 饱和度对风化花岗岩边坡土体抗剪特性的影响[J]. 岩土力学, 2016, 37(S1): 267-273.

[38] 龙志东. 花岗岩残积土抗剪强度及其影响因素试验[J]. 长沙理工大学学报, 2016, 13(3): 25-31.

[39] 赵建军. 全风化花岗岩抗剪强度影响因素分析[J]. 岩土力学, 2005(4): 624-628.

[40] 刘新喜, 等. 降雨入渗下强风化软岩高填方路堤边坡稳定性研究[J]. 岩土力学, 2007(8): 1705-1709.

[41] 杨万里. 花岗岩风化料路用性能应用研究[D]. 西安: 长安大学, 2009.

[42] 张旷成. 花岗岩强风化岩块和残积土岩土混合料填土强夯后的抗剪强度[J]. 岩土工程技术, 2016, 30(1): 20-23+45.

第 10 章 污染土

10.1 污染土定义及对工程的危害

10.1.1 污染土定义及其污染来源

污染土（Contaminated Soil）是指人类活动造成的污染物质的侵入，使成分、结构和物理化学性质发生变化并影响正常用途，或对生态环境具有一定危害风险的土，一般可通过对照有关环保质量标准或评价标准来确定。由于不同国家和地区的经济发展水平不同、环境保护重视程度不一，因而评价污染土的质量标准也有差异。

根据《全国土壤污染状况调查公报》（2014 年），在全国所有调查点位中，土壤超标率为 16.1%，其中轻微、轻度、中度和重度污染点位比例分别为 11.2%、2.3%、1.5%和 1.1%。而根据《2015 国土资源公报》，全国 202 个地市级行政区 5118 个地下水水质监测点中综合评价水质较差与极差的比例近 61%；《2021 中国生态环境状况公报》显示，全国 339 个地级及以上城市 1900 个国家地下水环境质量考核点位中，I～IV类水质点位占 79.4%，V类占 20.6%。土壤与地下水污染状况不容乐观。

从国内外土壤和地下水污染的情况看，引起污染的主要来源有工业生产、农业生产、垃圾填埋、地下储存设施、输送管网泄漏、大气污染、施工活动、军事活动及核污染等。污染物质不仅会进入浅部土壤层，还可能进入或影响到深层土体。

根据我国土壤污染防治相关法律法规要求，城市建设更新涉及的污染地块，当再开发建设为住宅、公共管理与公共服务用地时，工程实施前必须妥善解决土壤与地下水污染对人体健康、生态环境及建筑物安全使用的长期危害问题。

10.1.2 污染物在土壤与地下水中的迁移特点

土的固液气三相多孔介质特性是污染物迁移转化的基础。污染土中的固相物质除了土颗粒外还可能包括固相的污染物质颗粒物、悬浮物、胶体物及乳状物，以及固态的水。污染土中的液相物质除了孔隙水外还可能包括可溶相流体和非可溶相流体（NAPLs），非可溶相流体主要由一些农药和石油烃类等有机污染物组成。污染土中的气相物质除了孔隙中的空气外，还可能有气态的挥发性/半挥发性污染物质、水蒸气等。

污染物在土壤和地下水环境中发生的各种变化过程称之为污染物的迁移和转化。污染物的迁移，是指污染物在环境中发生的空间位置的相对移动过程，分为机械性迁移、物理化学迁移及生物性迁移等形式。其中，机械迁移是占主导的迁移形式，主要由地下水流动的对流作用、分子扩散作用和土骨架引起的弥散作用所导致。

（1）对流作用：污染物在水动力作用下运动产生迁移，是污染物在地下水中最主要的迁移方式。

（2）分子扩散：在污染物浓度差或其他推动力的作用下，由于分子、原子的热运动引起迁移；污染物质浓度越大，其扩散的推动力越大，扩散范围越广。只有在地下水流速非常缓慢的地区，分子扩散才有意义。

（3）机械弥散：土骨架孔隙结构的非均质性和孔隙通道的弯曲性，导致污染物质运移的不规则扩展，从而使得污染物的运移偏离地下水的平均流速。

机械弥散和分子扩散又通常被合称为水动力弥散。

污染物的转化，是指在土水环境中通过物理的、化学的或生物的作用改变形态或者转变成另一物质的过程，包括吸附与解吸、水解与络合、溶解与沉淀、氧化还原反应、生物降解等物理、化学和生物的转化形式。迁移和转化均可导致局部环境中污染物的种类、数量和综合毒性强度发生变化。

对特定场地来说，污染物的迁移转化除了与自身性质有关外，还受地质环境、水文地质环境的影响（表 3.10-1），污染物留存在土壤和地下水中的类型、赋存状态、迁移转化过程及其影响机理和程度各不相同。主要包括：

（1）工程地质与水文地质条件：土的成分与结构特征、土中孔隙条件、地下水的赋存及流动等因素；

（2）水文化学环境：地下水中的离子交换能力、氧化还原性、酸碱性等因素；

（3）生物化学环境：地下的细菌和其他微生物的转化和降解等因素。

环境地质条件对污染物质的作用 表 3.10-1

环境地质条件	作用方式	作用过程描述	作用结果
工程地质与水文地质条件	对流	地下水在土体的孔隙和裂隙中流动	携带溶解的或悬浮的污染物
	弥散	土体孔隙中流动速度不均引起污染范围扩展	污染范围扩大
	吸附/解吸	通过离子交换使溶解性污染物被矿物颗粒吸附或解吸	减小浓度或运移速度
	漂浮	密度小的液体，浮在水面上；反之，密度大的在水底部	污染物在含水层的底部或顶部富集
	过滤	土体颗粒之间的孔隙对地下水中悬浮污染物的机械过滤	水中悬浮物的含量减小
水文化学环境	酸碱	具有质子 H^+ 转移的化学反应	改变水中的 pH 值，间接控制污染物迁移
	氧化还原	污染物与土体、地下水中的物质发生氧化还原反应	改变污染物的分子、离子特征，化学性质及活动性
	水解	污染物与水发生反应	改变污染物的分子、离子特征，化学特征及活动性
	络合	溶解的污染物与其他溶解的化合物络合，形成新的污染物	增加污染物的运移能力或改变化学特征
	溶解/沉淀	水与土发生溶解作用，使物质从固相进入液相；或沉淀，从液相到固相	使水中污染物增加或减少
生物化学环境	转化和降解	细菌和微生物改变或分解污染物	减少某些污染物的浓度，也可能产生新的有毒产物

10.1.3 污染土与地下水对工程的不利影响

污染物渗透侵入土壤，引起土中不同矿物被腐蚀，土体结构、状态、颜色、气味等发生改变。遭到污染的地下水也大多呈现异常颜色，且有特殊气味。国内自 20 世纪 60 年代起就在一些老厂房的改造过程中发现，工业废液污染可导致地基土条件改变、建构筑物破坏等工程安全负面影响。如太原某厂地基因受碱液腐蚀而膨胀，引起基础上升开裂，个别桩基被抬起，造成巨大经济损失；某化工厂硫酸库主体工程为 6 个贮酸罐，建成使用后因贮酸罐地基长期受酸性物质的侵蚀，地基基础发生变形，并不断加剧，造成输酸管道漏酸，并影响到正常生产。因此，污染地块的再开发，除了人体健康风险外，还面临很大的工程安全风险。

1. 污染土腐蚀机理

地基土体是否受到污染、污染的程度以及污染后地基土体的性状如何，受很多因素的制约和影响：

（1）土颗粒、粒间胶结物和污染物的物质成分。

（2）土的结构和粒度、土粒间液体介质、吸附阳离子的成分以及污染物（液体）的浓度等。

（3）土与污染物的作用时间、作用温度等。

从目前的研究看，污染土的腐蚀机理主要有以下几方面：

（1）土体被污染后，土粒之间的胶结盐类被溶蚀，胶结强度被破坏，在水作用下盐类溶解流失。土孔隙比和压缩性增大，抗剪强度降低，承载力明显下降，土的工程性质发生明显的变化。

（2）土颗粒受污染腐蚀后形成新的物质，在土中产生相变结晶而膨胀，并逐渐溶蚀或分裂成细小的颗粒，新生成含结晶水的盐类，在干湿交替下，体积膨胀、收缩，破坏土层。

（3）地基土遇酸碱等腐蚀性污染物质，与土中的盐类形成离子交换，改变土的性质。地基土的污染，可能是由其中的一种或几种腐蚀作用共同造成的。

2. 污染对土物理力学指标的影响

目前，对污染土力学性质和腐蚀机制的研究主要是针对个别土样进行的，且力学性质的研究和腐蚀机制的有机结合，以及污染对土力学性质影响因素的定量化研究有待进一步突破。

酸、碱是两种比较典型的无机污染物，有较强的腐蚀性，尤其是酸污染对工程安全影响显著，因此较多学者对酸碱污染对土性质的影响作用进行过试验研究。许丽萍等以上海市区某工程场地第③层原状淤泥质粉质黏土为研究对象，作了 H_2SO_4 浸泡试验，研究不同浓度、不同浸泡时间下，土含水量、密度、液塑限、黏聚力、内摩擦角、压缩系数、压缩模量等指标的变化。刘汉龙、张晓璐等选用自宁波绕城高速公路西段所取海相沉积淤泥质黏土进行室内试验研究，研究在不同浓度盐酸溶液和氢氧化钠溶液污染下黏性土样基本物理力学性质的变化规律。李相然等在对济南某住宅小区地基土污染腐蚀的研究中，将现场取得的原状土样浸泡于三种不同 pH 值的化学溶液中，测定污染前后土样的物理力学性质。李琦等采取南京地区常见的下蜀组黏土、粉质黏土和粉土作为试样，浸入清水和废碱液（取自南京某小型造纸厂）饱和 30d 后，作常规土工试验对比，废碱液的主要成分为 NaOH、Na_2CO_3、Na_2SO_4 等钠盐类，pH 值为 13.4。

研究得出的一些基本结论包括：

（1）土体经酸、碱污染后化学成分、物理力学性质及强度均发生了变化，总体上污染土的强度明显下降，工程性质恶化。

（2）污染物对土中黏粒作用较大，黏粒含量越高，污染对于土的工程性质影响越大。

（3）同种酸碱的部分影响规律尚不明确，有待于进一步研究影响机理。考虑酸、碱污染对土物理力学指标的影响程度，可以用"变化率"予以表征评价。

10.2   污染土勘察

城市建设更新涉及众多老工业遗留场地、非卫生填埋生活垃圾场等，当再开发建设为居住或办公用途时，工程实施前必须妥善解决土壤与地下水污染对人体健康、生态环境及建筑物安全使用的长期危害问题。因专业领域的差异，环境工程主要关注土壤及地下水污染对人体健康、动植物生长的危害，而传统的建设场地岩土工程勘察则重点关注地基基础的安全性（地基承载力、变形、腐蚀性）等不利影响。故针对污染土和地下水的勘察工作，既不同于"场地环境调查"，亦有别于"常规工程勘察"，需综合考虑两个专业领域的技术要点。

污染地块勘察要采用各种勘察技术与方法，查明并分析评价建设场地的工程地质、水文地质条件与环境污染特征，并编制勘察文件。《岩土工程勘察规范》GB 50021—2001（2009年版）中已有针对特殊性岩土"污染土"的相关内容，各地方性勘察规范也有关于污染土勘察的简单要求，但针对性与操作性不强。近年来，随着污染地块建设再开发需求与环保监管的日趋成熟，越来越多与污染地块专项勘察相关的地方标准、行业标准及协会标准发布，进一步规范了污染地块勘察工作的流程、方法和技术要求。

（1）北京市地方标准《污染场地勘察规范》DB11/T 1311—2015。

（2）上海市工程建设规范《建设场地污染土勘察规范》DG/TJ 08—2233—2017。

（3）中国环境保护产业协会标准《污染地块勘探技术指南》T/CAEPI14—2018。

（4）化工行业标准《污染场地岩土工程勘察标准》HG/T 20717—2019。

（5）江苏省地方标准《污染场地岩土工程勘察标准》DB 32/T3749—2020 等。

10.2.1   勘察目的与工作内容

在建设场地污染土与地下水勘察中贯彻执行国家和地方有关技术经济政策，建设场地污染土的专项勘察内容与技术指标设置应满足污染地块再开发建设时勘察的特殊要求，应查明工程地质与水文地质条件以及污染土和地下水的分布，提出资料完整、数据真实、评价正确的勘察报告，规避污染地块再利用时的环境与工程风险，为污染地块修复治理及建设项目的设计施工提供依据，做到技术先进，保护生态环境，保障人体健康与建设工程安全。建设场地污染土与地下水的勘察内容应包括：

（1）查明场地地形地貌、土层结构与性质，提供相关土层的物理力学参数。

（2）查明场地含水层分布、地下水补径排及水位变化，提供相关土层的水文地质参数。

（3）查明场地污染源特征与分布，土层及地下水中污染物种类、浓度及分布。工程需要时，建立场地环境水文地质概念模型。

（4）评价场地污染土承载力与变形特征、污染土和地下水对建筑材料的腐蚀性、污染土和地下水的环境质量。

（5）根据建设工程性质与场地污染特征，提出污染土与地下水修复治理方法及地基基础方案的建议。

（6）工程需要时，宜分析评价建设场地的污染发展趋势以及对生态环境和人体健康的危害。

10.2.2   工作流程与勘察方法

由于工业污染多为点源污染，污染范围通常呈"斑块化"，加之受浅部地质与水文条件影响，污染物空间分布极不均匀，一次性勘察通常使工作不具针对性，且成本昂贵，容易造成浪费。因此，需要在了解场地污染源或可能污染源分布的情况下，分阶段进行污染地块的勘察工作，逐步降低勘察过程中的不确定性，提高勘察工作的效率和质量。污染地块勘察宜分初步勘察与详细勘察进行，当污染源及污染物分布基本明确时，也可直接进行详细勘察。

勘察各阶段重点工作包括以下方面。

1. 前期准备

污染地块勘察前，应收集气象、水文、地块及邻近已有的工程地质与水文地质、环境等资料，了解场地使用历史，并开展现场踏勘与访谈。

1）资料收集

收集分析地块工程地质与水文地质资料，可提前掌握地块的工程地质和水文地质条件，了解土层的土性、渗透性以及含水层分布，以便针对性地布置采样点平面位置及深度。

收集周边地块相关资料，包括地质资料、环境资料、道路与地下设施、敏感目标等。了解周边是否分布有污染企业及可能对本地块的不利影响；了解周边是否有居民区、学校、医院、饮用水源保护区以及重要公共场所等需要重点关注的敏感目标；了解周边道路、建筑物、地下设施分布情况等，在后期修复治理中需要考虑对周边设施的保护措施（表 3.10-2）。

地块及周边资料收集汇总表　　　　　　　　表 3.10-2

自然环境和社会信息	土地利用与变迁资料	区域环境资料	工程地质与水文地质资料
1. 地理位置图、气象与水文资料、区域地质。 2. 所在地的经济现状和发展规划。 3. 人口密度和分布，敏感目标分布。 4. 国家、行业和地方的相关政策、法规与标准。 5. 当地地方性疾病统计信息等	1. 场地及其相邻区域的航片或卫星图片。 2. 场地的土地规划、使用及登记信息。 3. 场地使用记录信息包括： （1）场地平面布置图、生产工艺流程图、地下管线图； （2）生产产品、化学品储存和使用清单，地上和地下储罐清单； （3）废物管理、危险废弃物堆放记录； （4）发生泄漏及处理记录。 4. 场地利用变迁过程中的场地内建筑、设施、工艺流程和生产等变化情况	1. 场地环境监测数据、环境影响报告。 2. 场地内土层及地下水污染记录。 3. 相邻场地的环境资料。 4. 场地与自然保护区和水源地保护区的位置关系等	1. 地形地貌。 2. 地层结构及物理力学性质参数。 3. 不良地质条件。 4. 地下水类型、补给来源与排泄条件，含水层的渗透性与富水性，相关含水层的分布、水位及水质。 5. 场地及周围地表水水位及变化幅度、水质，与地下水的水力联系

2）踏勘与访谈

现场踏勘范围应以地块内为主，当地块周边存在可能受污染影响的环境敏感点或相邻地块存在重大污染源时，应适当扩大范围。周围区域的范围应由现场调查人员根据污染可能迁移的距离来判断。如无法判断，一般以 500～1000m 辐射范围为界。对于挥发性有机污染地块，辐射范围还应适当拓宽（表 3.10-3）。

踏勘与访谈内容汇总表　　　　　　　　表 3.10-3

现场踏勘主要内容	人员访谈内容
1. 地块现状及生产设施与工艺的使用情况，地块恶臭、化学品和刺激性气味、污染和腐蚀的遗迹等。 2. 地块内污水处理设施、废弃物堆放、井与地下管线分布等。 3. 地块及其周围区域的地形地貌、地表水体分布。 4. 地块周围雨污水管、道路、废物储存和处置等公用设施	1. 访谈内容应结合资料收集和现场踏勘的需要，提前准备访谈提纲。 2. 访谈对象应选择对地块利用变迁及现状熟悉的人员。 3. 可采取当面交流、电话交流、书面或电子调查表等方式进行。 4. 访谈宜了解造成地块污染土与地下水污染的物质使用、生产、堆放、贮存、泄漏及处理情况。 5. 应对访谈信息进行整理，根据访谈信息核实所收集资料的有效性，并对照已有资料，对其中可疑和不完善处进行核实和补充

现场踏勘时调查人员应在地块全面巡查的基础上,通过对重点区域异常气味的辨识、异常痕迹的观察初步判断地块污染的状况。条件具备时,可借助现场快速测定仪器进行污染区的识别,并应将观察到的可能污染源、异常痕迹等进行记录。目前,采用的便携式仪器包括:用于挥发性有机物(VOC)检测的便携式光离子化检测仪(PID)、用于重金属测试的便携式 X 射线荧光光谱分析仪(XRF)和酸碱度测试仪等。

2. 工作量布置

用于环境调查及分析评价的勘察工作量应满足查明污染物的种类与浓度、查明污染土与地下水的分布范围、评价地块污染程度及其对工程安全与环境的影响、提出修复与治理建议的需要。污染地块再开发建设时,勘察工作需要准确查明地块的工程地质和水文地质条件,提供各土层的物理力学指标,为建(构)筑物的地基基础设计与施工提供各类岩土参数。

在分析利用已有勘察与环境调查资料的基础上,根据不同勘察阶段的技术要求,结合建设项目性质、场地工程地质与水文地质条件、污染物分布特征、修复治理目标等确定勘察工作量。同时,结合场地地质条件与污染物种类及分布特征,有针对性地选择勘察方法,包括现场调查、勘探与建井、现场取样与测试、室内试验与样品检测等。

1)勘探点类型与布置要求

污染地块宜根据工程需要布设勘探点、土样采样点、地下水采样点及水文地质勘探点,各类勘探点通常可以结合使用,如勘探点与土样采样点结合使用;水文地质勘探点也可与勘探采样点、地下水采样点相互借用。地下水采样点因涉及岩土工程、环境工程两个专业,既不能完全改变常规勘察的约定做法,也不能降低环境指标检测的要求。因此,对于采取地下水样进行建筑材料腐蚀性分析(水质简分析),在槽、坑、孔中采取水样时必须做好隔离措施,采取从某深度段地层中直接渗出的地下水。对于采取地下水样进行环境指标的检测,应按照环境领域的要求建井,在地下水监测井中采取地下水样。条件具备时,也可采用直压式定深采样器采集地下水样。

传统岩土工程勘察规范对"污染土处置工程"规定初步勘察勘探点间距宜为 50~100m。考虑到工业地块"斑块化"污染土分布特点,初步勘察勘探点间距要求通常高于常规勘察。具体布置时,按污染源是否明确,根据污染源及污染特征、地块面积确定勘探采样点平面布置。污染源明确的地块,勘探采样点宜布置在污染区中央、明显污染的部位及可能影响的范围,非污染区域至少应布置 1 个勘探点。每个地块勘探采样点不应少于 5 个;当地块面积小于 5000m² 时,勘探采样点数量不应少于 3 个。污染源不明确的情况下,勘探采样点的平面间距与地块环境调查要求进行协调,宜采用网格状布点法,勘探采样点间距宜小于等于 40m。

为查明地块地下水的水位与流向、含水层分布、土层的渗透性、地下水中污染物的种类与浓度,地下水监测井的平面布置应符合:污染源尚不明确的地块,监测井宜布设在地块周边及中央,或在地下水流方向的上下游及地块中央各布置 1 个监测井;污染源明确的地块,监测井宜布置在污染区及附近,非污染区至少布置 1 个监测井;每个地块监测井不应少于 3 个;当涉及多层地下水污染时,应分层采样;当工程需要跟踪监测地下水质量或水位变化时,应设置地下水长期监测井。

2）勘探深度

勘探点的深度应穿透可能污染的土与地下水，并宜根据地层结构、含水层分布特征确定。勘探采样点深度应揭穿浅部渗透性较大的填土、粉性土及砂土，进入低渗透性的黏性土层。

当前期调查发现人类活动可能将污染物质带至深部，或发现地块存在重质非水溶性有机物（DNAPL）污染时，勘探采样点和地下水监测井的深度应适当加深。

3）勘探方法

勘探方法的选择应根据勘探目的、地块污染物种类与土层条件确定。由于建设地块污染物的分布范围、深度和扩散特征与污染物种类、土层渗透性以及地下水赋存条件有直接的关系，故要求选择适宜的勘探方法，并满足污染地块采取土样及地下水样品的特殊要求，同时避免造成二次污染。

钻探技术可以揭示地下岩层层位、岩性，可用于成井供水、采集岩样/水样、现场试验以及用作钻监测孔。在污染地块最为常用的钻探方法有中空螺旋钻进和直推钻进技术。可依据污染物特征、地层岩性以及不同程度、不同调查要求选取适合的钻探器械。

直接推进钻探技术（DPT）是通过贯入、推进和振动将内附取样器的小直径空心钢管直接压入地层，实现对代表性的土壤、土壤气体及地下水样品的采集，或携带特定探头对地下物理、化学情况进行探测的系列措施。直接推进钻探技术可以用来进行包气带和含水层土壤样品采集、地层渗透系数探测，以及直接测定地层中污染物的组成，具有快速、准确、不引起交叉污染的优点，在污染地块调查中已得到广泛应用。该类技术可以通过在钻头上安装探测仪，半定量探测地层中污染物的浓度。原位污染探测技术包括：激光诱导荧光技术（LIF）和薄膜界面探测技术（MIP）。

中空螺旋钻是近年来从国外引进的一种钻探工具，其钻头为螺旋中空式，可实现无浆液钻进、安装监测井管、大口径低扰动采样、防坍孔等功能，适应绝大部分的土壤环境钻探。4.25in 的中空螺旋钻，一般在黏土层中的钻探深度可以达到 70m 以上。从传统的地质勘察角度来看，相比一般的单管钻进、绳索取芯钻进，中空螺旋钻由于钻杆直径大，往往需要更大的扭矩输入，才能到达同样的钻探深度。

除上述钻探方法外，可获得土层电阻率参数的静探和工程物探作为一种间接的勘探方法，可快速初步识别污染范围与程度，结合钻探与坑探一并使用可提高勘探的效率。

10.2.3 现场测试与室内试验

为确定污染源的位置、污染物的种类和污染程度、工程地质与水文地质条件，以及污染范围，环保领域一般采用现场采样结合室内化验分析的方法实施调查，一般先采用便携式测试设备对潜在污染区域进行快速筛查后再取样。常用的便携式测试设备有 XRF（土壤重金属探测仪）、PID（光离子气体检测仪）。

1. 现场测试

随着近年来原位测试技术与装备和计算机技术的迅速发展，地球物理探测方法、地球化学探测方法和信息化技术也逐步开展了研究并得到初步应用，并成为传统方法的有益补充。利用电法、电磁法、激发极化法等探测地下水、土壤的污染源及其污染范围，具有可靠的物性基础和成功的范例。与现场取样结合实验室分析的传统方法相比，地球物理探测等方法具有成本低、效率高的特点，获得的资料还有助于推断水质的污染程度，了解浅部地层和地质构造资料，推测流体的渗漏趋势，对污染场范围的初步筛查和宏观判断具有良好的应用价值。

因此，在传统地块调查方法的基础上，充分考虑污染物的类型及其特性、工程地质与水文地质条件等因素，综合运用多种测试方法和分析手段，并在数据处理、资料三维可视化方面充分利用信息化技术，将是未来的发展趋势。

1）工程物探

土体受到污染后将呈现出不同的物理、化学特性，土体的含水率、孔隙比、重度、强度指标、电阻率等物理性质指标均可能发生变化。这些物性指标的变化与化学指标的变化之间具有相关性，借助钻探取样和室内试验可进一步建立对应关系。应用工程物探等现场测试方法可原位获取土体电阻率等物性指标，根据其变化情况，结合物性指标与化学指标之间的对应关系，即可快速判别污染可能性并对污染程度作定性评价。为此，国外研究人员针对污染土的快速诊断方法作了大量研究，并取得了一定的成果。其中，最常见的方法是借助电阻率、电磁场测试手段，即通过土体污染后电阻率或电磁性变化与土体本底值的对比分析，查找电阻率、电磁场的异常范围，实现污染土的快速诊断。常用的物探方法有电阻率测井法、电阻率静力触探法（RCPT）、高密度电法、电磁波法和电阻率 CT 法等。国外大量研究表明，这些物探方法具有快速、经济、无（低）损的优点，是对污染土进行快速诊断的有效途径。

当被探测对象与周围介质之间有明显的物理性质差异，具有一定的埋藏深度和规模，或被探测对象激发的异常场能够从干扰背景场中分辨时，可选择对污染特征敏感的物探方法，进行污染地块现场测试。

当采用多种物探方法时，应进行综合判释。有疑问时应进行取样检测、分析验证及标定。对污染区的测试值与区域背景值进行对比分析，依据测试值的异常程度初步判定污染土与地下水的范围（表 3.10-4）。

污染场地常见物探方法　　　　　　　　　　　表 3.10-4

方法名称	电阻率法	探地雷达法	激发极化法
适用条件	适用于重金属污染、石油烃类污染和有机物污染等地块的测试	适用于石油烃类污染、垃圾填埋场渗滤液污染等介电常数或电磁波衰减特征产生变化的地块测试	适用于重金属、有机物污染等导致地块极化效应产生变化的污染地块的测试
适用要求	1. 可根据工作条件和探测要求选用高密度电阻率法、电阻率层析成像等方法。 2. 高密度电阻率法的剖面长度宜大于 6 倍最大目标探测深度。 3. 电阻率层析成像布设测孔时，测孔深度宜大于最大目标探测深度与 1 倍测孔间距之和；相邻测孔间距不宜大于测孔深度的 1/2	1. 应根据工作条件和探测深度选用天线频率，必要时可通过现场试验确定；当多个频率的天线均能满足探测深度要求时，宜选择频率相对较高的天线。 2. 同等条件下宜选用屏蔽天线。 3. 现场测试时应避开大范围金属构件及超高压输变电线路等强干扰物	1. 可根据测试需要选择电测深装置或电剖面装置。 2. 测线长度应大于供电极距的 2/3，需移动供电电极完成整条测线的观测时，在相邻观测段间应有 2～3 个重复观测点。 3. 一线供电多线观测时，旁测线与主测线间的最大距离应不大于供电极距的 1/5。 4. 供电电流强度变化应不大于 5%。 5. 二次场的电位差值宜大于 1mV。 6. 仪器的调零应在规定的供电时间内完成

2）静力触探

静力触探试验适用于黏性土、粉土与砂土。可选用测定土层电阻率或介电常数的探头进行污染地块的原位测试，测试的仪器与设备应定期校准、标定，测试时应确保探头密封。

应对污染区的电阻率或介电常数测试值与区域背景值进行对比分析，依据测试值的异常程度初步判定污染土与地下水的分布范围。

3）水文地质参数测试

水文地质参数宜包括地下水位、流向、渗透系数、给水度、贮水系数、弥散系数等，测试孔应量测静止水位。多层含水层的水位量测，应采取措施将被测含水层与其他含水层隔开。

当需测定地下水流速、流向时，可采用几何法、示踪剂法、地下水流速流向测定仪等方法。当采用钻孔注水试验或抽水试验测定水文地质参数时，应符合相关规定并做好防污染扩散措施。

可根据地块水文地质条件、污染源的分布以及污染源同地下水的相互关系等选用弥散试验方法。弥散试验可采用天然状态法、附加水头法、连续注入法、脉冲注入法。试验过程中应定时、定深在试验孔和观测孔中采取水样，用于水化学分析。

2. 室内试验与样品检测

建设场地污染土与地下水勘察应进行室内物理力学试验、土和水腐蚀性试验及环境指标的检测。用于评价土层物理力学特性、土和水腐蚀性的试验方法应符合国家与地方的勘察规范或土工试验方法标准。土样从取样之日起至开土试验的时间不宜超过 10d，水样自取样之时起至试验开始的时间不宜超过 24h。污染土与地下水的室内试验与样品检测时，应采取防护措施。

用于评价土与地下水环境质量试样的制备应详细记录，记录内容宜包括样品的颜色、气味、包含物、污染痕迹、土样的土性和均匀性、每个样品所进行的试验项目等。

1）土的物理力学试验

污染地块勘察土样质量应符合室内物理力学性质试验要求，用环刀切取试样时，应确保试样的代表性。

土的物理性质试验应包括天然密度、天然含水率、液限、塑限、颗粒分析、密度、渗透系数、有机质含量等，各类试验应符合下列要求：

（1）土的密度试验宜采用环刀法，密度宜取同一组 3 块及以上试样平均值；当同组试验结果差异大时，应分析原因，并在报告中说明。

（2）含水率试验宜进行两次平行测定，或用环刀内试样测定，其密度与同组密度差不宜大于 $0.03g/cm^3$。

（3）液限含水率可采用 76g 圆锥仪法测定（下沉深度为 10mm），塑限含水率可采用联合法测定。塑性指数小于 12 的土，宜用颗粒分析复测黏粒含量。

（4）颗粒分析试验，粒径大于 0.075mm 时可用筛析法，粒径小于 0.075mm 时可用密度计法或移液管法（六偏磷酸钠作为分散剂）。若试验中易溶盐含量大于 0.5%时，应洗盐。

（5）土粒的密度可查规范表格确定，对于污染土或有机质含量大于 5%的土，应采用密度瓶法实测土粒的密度。

（6）砂土可采用常水头渗透试验测定渗透系数，黏性土和粉性土可采用变水头渗透试验测定渗透系数。

（7）土的有机质含量的测定可采用重铬酸钾容量法。

土的力学性质试验包括固结试验、直剪固结快剪试验、无侧限抗压强度试验、三轴压缩试验等，各类试验要求如下：

（1）固结试验的固结压力宜为 400kPa，加荷等级分别为 50、100、200、400kPa。对于天然密度小于等于 1.75g/cm³ 的黏性土，第一级压力宜为 25kPa。对于黏性土可采用综合固结度校正的快速法。

（2）直剪固结快剪试验宜采用 4 块性质相近的试样，对于黏性土固结时间不宜少于 4.5h，对于粉性土或砂土不宜少于 2h。

（3）无侧限抗压强度试验适用于饱和黏性土，报告中应提供无侧限抗压强度 q_u、重塑土无侧限抗压强度 q_u'、灵敏度 S_t 值。

（4）三轴压缩试验应制备 3 个以上土质结构相同的试样，第一级围压宜接近土的自重压力，最大一级围压宜接近土的自重压力与附加压力之和。报告中三轴不固结不排水（UU）试验应提供土的不固结不排水抗剪强度 c_u 和内摩擦角 φ_u，附摩尔圆包络线；三轴固结不排水（CU）试验应提供土的总应力抗剪强度 c_{cu} 和内摩擦角 φ_{cu}、有效应力抗剪强度 c' 和内摩擦角 φ'，附摩尔圆包络线。

2）土和水腐蚀性试验

每个污染地块土和水腐蚀性试验一般分别不少于 5 组，腐蚀性的测试项目要求如下：

（1）土对混凝土结构及钢结构腐蚀性的测试项目包括：pH 值、Ca^{2+}、Mg^{2+}、Cl^-、SO_4^{2-}、HCO_3^-、CO_3^{2-} 的易溶盐（土水比 1：5）分析。工程需要时，土对钢结构的腐蚀性测试项目尚应包括氧化还原电位、极化电流密度、电阻率、质量损失。

（2）水对混凝土及钢结构腐蚀性的测试项目包括：pH 值、Ca^{2+}、Mg^{2+}、Cl^-、SO_4^{2-}、HCO_3^-、CO_3^{2-}、侵蚀性 CO_2、游离 CO_2、NH_4^+、OH^-、总矿化度。

腐蚀性测试项目的试验方法应符合表 3.10-5 的规定。

腐蚀性试验方法　　　　　　　　　　　　　　　　　表 3.10-5

序号	试验项目	试验方法
1	pH 值	电位法或锥形玻璃电极法
2	Ca^{2+}	EDTA 容量法
3	Mg^{2+}	EDTA 容量法
4	Cl^-	摩尔法
5	SO_4^{2-}	EDTA 容量法或质量法
6	HCO_3^-	酸滴定法
7	CO_3^{2-}	酸滴定法
8	侵蚀性 CO_2	盖耶尔法
9	游离 CO_2	酸滴定法
10	NH_4^+	钠氏试剂比色法
11	OH^-	酸滴定法
12	总矿化度	计算法
13	氧化还原电位	铂电极法
14	极化电流密度	原位极化法
15	电阻率	四极法
16	质量损失	管罐法

3）土和水环境指标检测

土样的环境指标检测项目应结合地块类型与潜在污染物种类确定，测试参数宜包括：pH 值、重金属（铜、锌、镍、镉、铅、砷、汞、锑、六价铬）、总石油烃、挥发性有机物、半挥发性有机物、氰化物、有机氯农药等。环境指标检测方法可参照表 3.10-6。

土样检测方法　　　　　　　　　　　　　　表 3.10-6

监测项目	分析方法	方法依据
pH 值	pH 计	《土壤 pH 值的测定 电位法》HJ 962—2018
六价铬	火焰原子吸收分光光度法	《土壤和沉积物 六价铬的测定 碱溶液提取-火焰原子吸收分光光度法》HJ 1082—2019
砷、锑、钴、钒	等离子体发射光谱法	《土壤和沉积物12种金属元素的测定 王水提取-电感耦合等离子体质谱法》HJ 803—2016
铅、镉	石墨炉原子吸收分光光度法	《土壤质量 铅、镉的测定 石墨炉原子吸收分光光度法》GB/T 17141—1997
总铬、铜、锌、铅、镍	火焰原子吸收分光光度法	《土壤和沉积物 铜、锌、铅、镍、铬的测定 火焰原子吸收分光光度法》HJ 491—2019
汞、砷、硒、锑	原子荧光法	《土壤和沉积物 汞、砷、硒、铋、锑的测定 微波消解/原子荧光法》HJ 680—2013
汞	冷原子吸收分光光度法	《土壤和沉积物 总汞的测定 催化热解-冷原子吸收分光光度法》HJ 923—2017
氰化物	紫外分光光度计	《土壤 氰化物和总氰化物的测定 分光光度法》HJ 745—2015
苯并[a]芘	高效液相色谱法	《土壤和沉积物 多环芳烃的测定 高效液相色谱法》HJ 784—2016
挥发性有机物	气相色谱/质谱联用	《土壤和沉积物 挥发性有机物的测定 吹扫捕集/气相色谱-质谱法》HJ 605—2011 《土壤和沉积物 挥发性有机物的测定 顶空/气相色谱-质谱法》HJ 642—2013
半挥发性有机物	气相色谱/质谱联用	《土壤和沉积物 半挥发性有机物的测定 气相色谱-质谱法》HJ 834—2017
总石油烃	气相色谱法	《土壤和沉积物 石油烃（C10-C40）的测定 气相色谱法》HJ 1021—2019
多氯联苯	气相色谱法	《土壤和沉积物 多氯联苯的测定 气相色谱法》HJ 922—2017
多溴联苯	气相色谱法	《土壤和沉积物 20 种多溴联苯的测定 气相色谱-高分辨率质谱法》HJ 1243—2022
有机氯农药	气相色谱法	《土壤中六六六和滴滴涕测定 气相色谱法》GB/T 14550—2003 《土壤和沉积物 有机氯农药的测定 气相色谱-质谱法》HJ 835—2017

地下水样的环境指标检测参数应结合地块类型与潜在污染物种类确定，测试参数宜包括：pH 值、重金属（铜、锌、镍、镉、铅、砷、汞、锑、铍、银、六价铬）、总石油烃、挥发性有机物、半挥发性有机物、氰化物、有机氯农药等。环境指标检测方法可参照表 3.10-7。

地下水样品检测方法　　　　　　　　　　表 3.10-7

监测项目	分析方法	方法依据
pH 值	pH 计	《水质 pH 值的测定 电极法》HJ 1147—2020
铜、锌、镉、铅、锑、铍、银、镍、砷	等离子体发射光谱法	《水质 32 种元素的测定 电感耦合等离子体发射光谱法》HJ 776—2015
铜、铅、锌、镉	火焰原子吸收分光光度法	《水质 铜、铅、锌、镉的测定 原子吸收分光光度法》GB/T 7475—1987
六价铬	分光光度法	《生活饮用水标准检验方法 第 6 部分：金属和类金属指标》GB/T 5750.6—2023

续表

监测项目	分析方法	方法依据
镍	电感耦合等离子体质谱法	《水质 65 种元素的测定 电感耦合等离子体质谱法》HJ 700—2014
汞、砷、硒、锑	原子荧光法	《水质 汞、砷、硒、铋和锑的测定 原子荧光法》HJ 694—2014
汞	冷原子吸收分光光度法	《水质 总汞的测定 冷原子吸收分光光度法》HJ 597—2011
氰化物	紫外分光光度计	《水质 氰化物的测定 容量法和分光光度法》HJ 484—2009 《水质 氰化物的测定 流动注射-分光光度法》HJ 823—2017
苯并[a]芘	高效液相色谱法	《水质 多环芳烃的测定 液液萃取和固相萃取高效液相色谱法》HJ 478—2009
挥发性有机物	气相色谱/质谱联用	《水质 挥发性有机物的测定 吹扫捕集/气相色谱-质谱法》HJ 639—2012 《水质 挥发性有机物的测定 吹扫捕集/气相色谱法》HJ 686—2014
半挥发性有机物	气相色谱/质谱联用	《水和废水监测分析方法》(第四版),国家环境保护总局,(2002 年)4.3.2 条 《液液萃取/气相色谱质谱法分析半挥发性有机物》USEPA 3510C:1996USEPA 8270E:2018
总石油烃 (C6~C9)	气相色谱法	《气相色谱法》USEPA 8015C—2007 《水质 挥发性石油烃（C6-C9）的测定 吹扫捕集/气相色谱法》HJ 893—2017
总石油烃 (C10~C40)	气相色谱法	《水质 可萃取性石油烃（C10-C40）的测定 气相色谱法》HJ 894—2017
多氯联苯	气相色谱法-质谱法	《水质 多氯联苯的测定 气相色谱-质谱法》HJ 715—2014
多溴联苯	气相色谱法-质谱法	《液液萃取/气相色谱质谱法分析半挥发性有机物》USEPA 3510C:1996USEPA 8270E:2018

10.2.4 二次污染防控与安全防护

污染地块勘察与常规勘察不同,在现场勘探与测试中,需要采取严格的隔离措施,防止污染物质的扩散,并高度重视职业健康安全。

1. 环境保护措施

污染物一般分布在表部或浅部土层中,因此污染地块现场勘探、建井与测试等过程中,如果不采取隔离措施,污染物易随着钻孔迁移至下部土层,造成污染扩散。因此,污染地块的勘探、建井与测试,与常规勘察的最大区别就是需要采取严格的隔离措施,避免不同区域勘探孔（坑）之间、同一勘探孔不同深度之间的污染扩散及交叉污染,保障勘探质量,避免产生的二次污染对环境造成不利影响。

对现场勘探、建井、采样、测试、样品室内试验和检测产生的废弃物,如采样剩余土、设备清洗废液、地下水监测井疏通和清洗过程中产生的废水以及实验室废气、废液等,也应采取有效隔离和处置措施防止污染扩散。在污染区或可能污染区进行现场测试,测试完成后应对测试孔及时注入清洁且低渗透性的材料进行封孔,防止污染物迁移。

2. 安全防护措施

污染地块现场调查、勘探与测试、室内试验与检测等过程中,应根据污染物的种类和污染程度采取相应保护措施,保障人体健康安全,并符合下列规定:

(1) 进入现场前,应根据收集的环境资料预判污染地块的污染物种类和污染程度,确定需采取的防护措施,并制定紧急路线图。

(2) 勘探与测试前,应查明各类地下管线、地下构筑物的分布及使用情况,防止地下管道及储罐等破损造成环境污染和人员安全事故。

(3) 现场勘探时,应配备安全管理员和应急反应处置用具。

（4）根据勘察地块污染物的种类和污染程度，确定现场作业人员应佩戴的专用手套、口罩等安全防护用品，避免直接接触地块内的污染土和水；进入严重污染地块时，应使用防毒面具、穿戴防护服等。

（5）严禁饮用地块内的地表水与地下水，禁止在污染地块饮食。

（6）同一监测点应有两人以上进行采样，相互监护，防止中毒及掉入坑洞等意外事故发生。

10.3 污染土的岩土工程评价

污染地块勘察成果常作为土壤污染调查、修复设计与施工的基础信息，包括：污染物在土壤和地下水中的含量、浓度分布的剖面图和等值线图、工程地质剖面图和钻孔柱状图、各岩土层的基本物理力学性质参数、污染因子的室内化验分析结果，并在上述信息的基础上，参照质量评价标准对污染状态作出评价。涉及地基基础的岩土工程分析评价内容尚应符合相应国家及地方岩土工程勘察规范。建设地块污染土和地下水分析评价的内容宜包括：

（1）分析受污染地基土的物理力学性质指标与非污染区地基土的差异，评价污染对地基土强度与变形等指标的影响。

（2）评价污染土与地下水对建筑材料的腐蚀性。

（3）分析地基土与地下水中主要污染物环境指标的超标情况，评价土与地下水的受污染程度及对环境的影响。

（4）工程需要时，可综合评价建设地块受污染的程度，并根据污染地块的环境水文地质概念模型预测污染发展趋势。

（5）对于需修复治理的污染地块，宜针对修复目标、修复工期和成本等因素，结合地块地质条件及拟建工程地基基础方案，提出污染土的修复治理建议，并分析不良地质条件对污染物的迁移及其对污染土与地下水修复治理的影响。

（6）当同一地块内不同区域的污染程度和地质条件有差异时，应根据工程需要进行分区评价。

10.3.1 污染影响的分析与评价

1. 受污染程度影响分析

我国环保领域针对土壤和地下水污染程度的评价，目前主要有两种标准体系：

一是基于质量标准的评价体系，主要用于评价土和地下水中污染物的超标情况。其中，土壤根据用地类型选用《土壤环境质量 农用地土壤污染风险管控标准（试行）》GB 15618—2018、《土壤环境质量 建设用地土壤污染风险管控标准（试行）》GB 36600—2018 对应的筛选值标准进行评价；地下水主要依据《地下水质量标准》GB/T 14848—2017 等，一般采用Ⅳ类水质标准对地下水环境质量进行评价。国内地下水标准中未涉及的总石油烃（TPH）、挥发性有机污染物（VOCs）和半挥发性有机污染物（SVOCs）等有机类项目早期一般参照荷兰、美国等发达国家的标准进行评价，如 *ANNEXES Circular on Target Values and Intervention Values for Soil Remediation 2000*（荷兰住房，空间规划和环境部 VROM）和 *Soil Screening Level (SSLs) Preliminary*（美国环境保护署 EPA）等。2019 年土壤法颁布后，技术标准体系逐渐完善，部分地方标准更是细化、补充了原国家标准未包含的筛选值，可作为评判标准。

二是基于人体健康的风险评估体系，主要用于判断污染物对敏感受体的健康风险是否可接受，进而确定是否需要对污染土和地下水作相应的治理或修复。此类评价需要根据场地土与地下水的环境指标，按国家环保标准建设用地土壤《污染风险评估技术导则》HJ25.3—2019 评价污染土与地下水对人体健康的影响程度。如果地块土壤和地下水环境调查监测值高于可接受健康风险评估确定的修复目标值，则需要进行污染修复。

需要综合评价建设地块受污染的影响程度时，可根据污染土工程特性指标的变化率、污染土和地下水对建筑材料的腐蚀性、污染土和地下水的环境质量的单项评价结果，按下列要求进行综合评定：

（1）地基土受污染的综合影响程度宜分为严重、中等、轻微三个等级。

（2）当单项评定结果不同时，应以污染影响程度最高的等级判定。

（3）当单项评定结果中，中等污染影响项大于等于 2 项时，宜综合判定为严重影响。

2. 污染土物理性质的变化

有研究表明，部分有机污染浓度增大导致饱和土体电阻率增大，重金属污染浓度增大则通常使土体电阻率降低。William 构建了轻质非水相液体污染物在砂质沉积物中的羽流和羽流周边电阻率结构模型，并用垂向电阻率方法进行验证，探测结果与模型一致。Yoon 等则将土电阻率理论应用于污染的砂土的电阻率变化规律研究。Shevnin 等利用高密度电阻率成像技术（ERT）技术在对炼油厂和输油泵站泄漏的调查中发现，石油刚泄漏地区往往表现出高阻状态，污染 3~4 个以后所有石油污染区都出现了低阻状态。

国内一些学者针对污染土的电阻率变化规律也开展了室内试验研究，侧重于分析电阻率与单一影响因素的关系，相关成果汇总如表 3.10-8 所示。

污染物类型对电阻率测定结果的影响 表 3.10-8

污染物	浓度值	电阻率值
无机污染物（含金属阳离子）	↑	↓
部分石油类有机物	↑	↑
氯代有机物	↑	↓
垃圾渗滤液	↑	↓

王玉玲等针对某重金属地块的测试结果表明，电阻率法能够正确检测出污染相对严重的区域，污染程度越严重，探测得到的低阻异常越明显，污染区域越容易识别；污染区域越靠近地表，则越容易被检测出。郭秀军等通过室内试验研究发现，含油污水的侵入会改变土的饱和度从而引起其电阻率的降低，侵入量越大其电阻率越低，而饱和土的电阻率随含油污水侵入量的增大而增大，直到趋于稳定。孙亚坤等对铬污染土壤的电阻率进行了研究，研究结果表明，污染物浓度、含水率和孔隙比都可以对铬污染土壤的电阻率产生影响。其中，污染物浓度和含水率的影响较大，孔隙比的影响较小。魏丽等研究渗滤液的侵入对不同类型地下介质电阻率的改变情况，得出渗滤液的侵入对不同类型地下介质电阻率的改变作用明显，整体表现为随注入量的增多电阻率逐渐降低。当侵入污染介质的污染物达到一定的浓度后，电阻率降低幅度减小，最后趋于平缓。白兰等得出黄土电阻率随盐类含量的增大呈幂函数下降；随垃圾渗滤液含量的增加呈指数级下降，但达到饱和时电阻率趋于

稳定；汽油含量增加，电阻率呈幂函数上升。刘松玉等根据前人的研究成果总结了典型无机物污染地块和垃圾渗漏液中电阻率的参数值，详见表 3.10-9。

典型地块类型的电阻率参数表（单位：Ω·m）　　　　　　表 3.10-9

地块类型	体积电阻率	液体电阻率
受盐水入侵影响的三角洲砂土	2	0.5
来自于砂土层中的饮用水	> 50	> 15
典型的垃圾渗滤液	1～30	0.5～10
尾矿和氧化硫化物沥出液	0.01～20	0.005～15
无氧化硫化物沥出液的尾矿	20～100	15～50
砷污染砂砾土	1～10	0.5～4
工业地块：无机污染砂土	0.5～1.5	0.3～0.5
工业地块：碳酸污染淤泥土和砂土	200～1000	75～450
工业地块：木材腐烂类污染的黏质粉土	300～600	80～200

3. 修复施工影响分析

污染地块需要修复时，应根据拟采用的修复方法进行分析评价，并符合下列要求：

（1）对采用挖除法进行异位修复的工程，应根据污染土与地下水分布特征建议合理的开挖范围与深度、围护支挡和降水措施，提供相关土层的强度与渗透性参数，并根据周边环境条件提出进行相关监测的建议。

（2）对采用添加药剂原位搅拌修复的工程，应分析评价搅拌药剂及工艺对土体强度的影响；当土体强度降低风险不可接受时，应针对后期工程建设的需要提出采取必要的地基加固措施的建议。

（3）对采用抽提和注入等工艺实施原位水土联合治理时，应阐明土层的渗透性、处理范围内砂土或粉性土的分布，宜分析地下水中污染物质迁移的规律；建议采取必要的隔离措施，并分析抽提工艺对土体强度与地下水的影响等。

（4）对采用原位热增强技术修复的工程，应阐明修复深度范围内地温随深度的变化、地下水位及其变化幅度，并提供相关土层的导热系数、比热容、导温系数等。

（5）对采用隔离屏障的修复工程，应提供相关土层的渗透性指标，并根据污染土与地下水深度及地层特性，建议垂直隔离屏障的插入深度和屏障厚度等。

（6）宜分析修复工程对周边环境的影响及修复后的二次污染风险，提出控制措施的建议。

修复工程时会涉及挖除、搅拌、抽提、注入、加热、隔离、固化等技术。采用相关技术时应充分结合区域地质条件特点。从岩土工程角度提出不同处置修复方法需要分析评价的内容，只有针对性评价才能对工程建设与地块修复治理具有实际意义。

暗浜（塘）底的淤泥以及厚层填土往往是污染物的富集地，在提出修复方法时，宜充分考虑暗浜区及厚层填土的污染深度与污染程度。

另外，修复工程施工可能会引起污染物质逸散，从而导致周边环境受到二次污染、变形过大等不利影响，勘察报告应根据环保与岩土工程两个专业的现行技术规范要求，提出有效的监测与防控措施建议等。

10.3.2 污染土对强度与变形影响评价

污染对土的工程特性的影响程度可按表 3.10-10 划分,应根据工程具体情况,可采用强度、变形、渗透等工程特性指标进行综合评价。进行综合评价时考虑到污染程度的叠加,规定当达到 2 个及以上的单项评定结果为中等影响时,考虑各方面增加成本或延误工期的叠加效应,综合判定结果为严重影响。当然,如何科学合理地综合评价建设地块的污染影响程度尚需深化研究并在实际工程中积累经验。

污染对土的工程特性的影响程度 表 3.10-10

影响程度	轻微	中等	大
工程特性指标变化率/%	< 10	10~30	> 30

注:"工程特性指标变化率"是指污染前后工程特性指标的差值与污染前指标之百分比。

污染地块评价与修复治理所需的参数应包括土的物理力学指标、水文地质参数以及土水环境指标等。

(1)土的物理力学指标应包括含水率、孔隙比、饱和度、抗剪强度、压缩模量、有机质含量、粉性土与砂土的颗粒组成等,必要时可提供土层的无侧限抗压强度、三轴不固结不排水压缩指标等。

(2)水文地质参数应包括地下水的水位、流向、土层渗透系数,必要时尚宜提供流速、给水度、弥散系数等。

(3)土水环境指标应包括主要污染物的含量以及超标倍数。

污染地块勘察应分析评价获得参数的可靠性和适用性,内容宜包括:

(1)取样方法和其他因素对试验结果的影响。

(2)采用的试验方法和取值标准。

(3)不同测试方法所得结果的分析比较。

(4)污染程度不同造成土与地下水指标变化与土体本身非均匀性造成的指标离散性分析。

污染地块所涉及的参数统计除应符合现行《岩土工程勘察规范》GB 50021 的相关规定外,还应符合下列要求:

(1)当地块不同区域污染程度变化时,尚应按污染程度分区、分深度段分别统计主要污染物指标和岩土参数。

(2)子样的取舍宜考虑数据的离散程度、地块污染物分布特征及既有经验。

(3)物理力学指标的统计参数除提供范围值与平均值外,还可根据需要提供最大或最小平均值。

10.3.3 污染土与地下水腐蚀性评价

污染土/地下水对建筑材料的腐蚀性评价可根据国家标准《岩土工程勘察规范》GB 50021—2001(2009 年版)和地方性岩土工程勘察规范的相关规定进行,规范规定对污染土壤进行 pH 值、硫酸盐含量、镁盐含量、铵盐含量、苛性碱含量、总矿化度、腐蚀性 CO_2、氧化还原电位、视电阻率、极化电流密度、质量损失、HCO_3^- 的腐蚀性试验。污染土壤对建筑材料(混凝土、钢材)的腐蚀性,可分为微腐蚀、弱腐蚀、中腐蚀、强腐蚀四个等级(说明：微腐蚀相当于不腐蚀），具体评价标准可参见表 3.10-11～表 3.10-14。

按环境类型水和土对混凝土结构的腐蚀性评价　　　　　　表 3.10-11

腐蚀等级	腐蚀介质	环境类型		
		I	II	III
微	硫酸盐含量（SO_4^{2-}）/（mg/L）	< 200	< 300	< 500
弱		200～500	300～1500	500～3000
中		500～1500	1500～3000	3000～6000
强		> 1500	> 3000	> 6000
微	镁盐含量（Mg^{2+}）/（mg/L）	< 1000	< 2000	< 3000
弱		1000～2000	2000～3000	3000～4000
中		2000～3000	3000～4000	4000～5000
强		> 3000	> 4000	> 5000
微	铵盐含量（NH_4^+）/（mg/L）	< 100	< 500	< 800
弱		100～500	500～800	800～1000
中		500～800	800～1000	1000～1500
强		> 800	> 1000	> 1500
微	苛性碱含量（OH^-）/（mg/L）	< 35000	< 43000	< 57000
弱		35000～43000	43000～57000	57000～70000
中		43000～57000	57000～70000	70000～100000
强		> 57000	> 70000	> 100000
微	总矿化度/（mg/L）	< 10000	< 20000	< 50000
弱		10000～20000	20000～50000	50000～60000
中		20000～50000	50000～60000	60000～70000
强		> 50000	> 60000	> 70000

注：1. 表中的数值适用于有干湿交替作用的情况，I、II 类腐蚀环境无干湿交替作用时，表中硫酸盐含量数值应乘以 1.3 的系数。
　　2. 表中数值适用于水的腐蚀性评价，对土的腐蚀性评价，应乘以 1.5 的系数；单位以 mg/kg 表示。
　　3. 表中苛性碱（OH^-）含量（mg/L）应为 NaOH 和 KOH 中的 OH^- 含量（mg/L）。

按地层渗透性水和土对混凝土结构的腐蚀性评价　　　　　　表 3.10-12

腐蚀等级	pH 值		腐蚀性 CO_2/（mg/L）		HCO_3^-/（mmol/L）
	A	B	A	B	A
微	> 6.5	> 5.0	< 15	< 30	> 1.0
弱	5.0～6.5	4.0～5.0	15～30	30～60	1.0～0.5
中	4.0～5.0	3.5～4.0	30～60	60～100	< 0.5
强	< 4.0	< 3.5	> 60	—	—

注：1. A 是指直接临水或强透水层中的地下水；B 是指弱透水层中的地下水。强透水层是指碎石土和砂土；弱透水层是指粉土和黏性土。
　　2. HCO_3^- 含量是指水为矿化度低于 0.1g/L 的软水时，该类水质 HCO_3^- 的腐蚀性。
　　3. 土的腐蚀性评价只考虑 pH 值指标；评价其腐蚀性时，A 是指强透水土层，B 是指弱透水土层。

对钢筋混凝土结构中钢筋的腐蚀性评价　　　　　　表 3.10-13

腐蚀等级	水中的 Cl^- 含量/（mg/L）		土中的 Cl^- 含量/（mg/kg）	
	长期浸水	干湿交替	A	B
微	< 10000	< 100	< 400	< 250
弱	10000～20000	100～500	400～750	250～500
中	—	500～5000	750～7500	500～5000
强	—	> 5000	> 7500	> 5000

注：A 是指地下水位以上的碎石土、砂土，坚硬、硬塑的黏性土；B 是湿、很湿的粉土，可塑、软塑、流塑的黏性土。

土对钢结构的腐蚀性评价　　　　　　表 3.10-14

腐蚀等级	pH 值	氧化还原电位/（mV）	视电阻率/（Ω·m）	极化电流密度/（mA/cm^2）	质量损失/g
微	> 5.5	> 400	> 100	< 0.02	< 1
弱	4.5～5.5	200～400	50～100	0.02～0.05	1～2
中	3.5～4.5	100～200	20～50	0.05～0.20	2～3
强	< 3.5	< 100	< 20	> 0.20	> 3

注：土对钢结构的腐蚀性评价，取各指标中腐蚀等级最高者。

参考文献

[1]　《工程地质手册》编委会. 工程地质手册[M]. 5 版. 北京：中国建筑工业出版社，2018.

[2]　中华人民共和国住房和城乡建设部. 岩土工程勘察规范 (2009 年版)：GB 50021—2001[S]. 北京：中国建筑工业出版社，2009.

[3]　上海市住房和城乡建设管理委员会. 岩土工程勘察标准：DGJ 08—37—2023[S]. 上海：同济大学出版社，2023.

[4]　上海市住房和城乡建设管理委员会. 建设场地污染土勘察规范：DG/TJ 08—2233—2017[S]. 上海：同济大学出版社，2017.

第 11 章　珊瑚岩土

11.1　珊瑚岩土的定名

珊瑚土系指含以珊瑚死后骨骼和外壳为主的岩土，掺杂生物残骸碎屑。

珊瑚礁灰岩系指珊瑚死后骨骼和外壳经物理、化学和生物等作用，聚积而成的具有一定强度的岩石。

珊瑚岩土主要分布于北纬 30°和南纬 30°之间的热带或亚热带气候的大陆架和海岸线一带，在我国南海诸岛、红海、印度西部海域、北美的佛罗里达海域、阿拉伯湾南部、中美洲海域、澳大利亚西部大陆架和巴斯海峡，以及巴巴多斯等地都有分布。

珊瑚岩土的主要化学成分为 $CaCO_3$，矿物成分为白云石、方解石、文石、高镁方解石及低镁方解石，随着时间的推移，其中的文石、高镁方解石含量逐渐减少，低镁方解石含量逐渐增多。

11.2　珊瑚岩土的分类

11.2.1　珊瑚碎石土的分类

粒径大于 2mm 的颗粒质量超过总质量 50%的珊瑚土，应定为珊瑚碎石土，并按表 3.11-1 进一步分类。

珊瑚碎石土分类　　　　　　　　　　　　　　　　表 3.11-1

土名		颗粒级配
碎石土	珊瑚块石	粒径大于 200mm 的颗粒质量超过总质量的 50%
	珊瑚碎石	粒径大于 20mm 的颗粒质量超过总质量的 50%
	珊瑚角砾	粒径大于 2mm 的颗粒质量超过总质量的 50%

11.2.2　珊瑚砂的分类

1）珊瑚砂土可根据颗粒级配按表 3.11-2 分类。

珊瑚砂土的分类　　　　　　　　　　　　　　　　表 3.11-2

土名		颗粒级配
砂土	珊瑚砾砂	粒径大于 2mm 的颗粒质量占总质量的 25%～50%
	珊瑚粗砂	粒径大于 0.5mm 的颗粒质量超过总质量的 50%
	珊瑚中砂	粒径大于 0.25mm 的颗粒质量超过总质量的 50%

续表

土名		颗粒级配
砂土	珊瑚细砂	粒径大于 0.075mm 的颗粒质量超过总质量的 85%
	珊瑚粉砂	粒径大于 0.075mm 的颗粒质量超过总质量的 50%
珊瑚粉土		粒径大于 0.075mm 的颗粒质量不超过总质量的 50%
珊瑚软土		粒径小于 0.005mm 的颗粒质量超过总质量的 90%

注：分类时应根据颗粒级配由大到小以最先符合者确定。

2）珊瑚岩土的描述应包括下列内容：

（1）碎石土，名称、成分、含量、颗粒级配、颗粒形状、磨圆度、颗粒排列、密实程度、胶结情况、易碎性、孔隙类型、充填物及充填程度等。

（2）砂土，名称、成分、颜色、湿度、颗粒级配、颗粒形状、密实程度、形态特征、胶结情况、易碎性等。

（3）粉土，名称、成分、颜色、湿度、密实度、包含物、胶结情况等。

（4）珊瑚软土，名称、成分、颜色、状态、包含物。

3）珊瑚砂土的密实度可根据标准贯入试验击数按表 3.11-3 判定。

珊瑚砂土密实度分类　　　　　　　　　　　表 3.11-3

珊瑚砂土密实度	松散	稍密	中密	密实
标准贯入试验击数 N/击	$N \leqslant 15$	$15 < N \leqslant 20$	$20 < N \leqslant 35$	$35 < N$

11.2.3　珊瑚礁灰岩分类

（1）珊瑚礁灰岩可根据结构类型按表 3.11-4 分类。

珊瑚礁灰岩按结构类型分类　　　　　　　　　表 3.11-4

珊瑚礁灰岩名称	结构类型	结构特征	胶结类型
珊瑚块状灰岩	块状结构	由生长状态的、较大块体的珊瑚骨骼组成，整体性好。大多分布在外礁坪区珊瑚生长带	孔隙式胶结
珊瑚砾块灰岩	砾块结构	由珊瑚骨骼经风浪破碎就地堆积或搬移不远堆积胶结形成，珊瑚碎块杂乱堆积，大小不一，粒径为 2～5cm，部分大于 10cm，有少量磨圆，砾块间充填细砾和砂	孔隙式胶结
珊瑚砾屑灰岩	砾屑结构	珊瑚种类较多，砾屑经长期磨蚀或搬运稍远而磨圆度较高，粒径为 1～2cm，同一层位的砾屑大小较均匀，砾屑间充填砂屑	孔隙式胶结为主，接触式胶结为辅
珊瑚砂屑灰岩	砂屑结构	碎屑物多来源于潟湖沉积，以中粗砂居多，部分含砾块，珊瑚种类多，胶结程度不均	接触式胶结

（2）岩石的胶结程度可根据饱和单轴抗压强度按表 3.11-5 分类。

岩石胶结程度分类　　　　　　　　　　　　表 3.11-5

胶结程度	强胶结	较强胶结	较弱胶结	弱胶结
饱和单轴抗压强度 f_r/MPa	$f_r > 20$	$20 \geqslant f_r > 10$	$10 \geqslant f_r > 5$	$f_r \leqslant 5$

（3）岩体的致密程度可根据纵波波速或孔隙率按表 3.11-6 确定。

岩体致密程度　　　　　　　　　　　　　　　　表 3.11-6

岩体致密程度	岩体纵波波速V_P/（m/s）	孔隙率n/%
疏松	$V_P \leqslant 3000$	$n \geqslant 30$
较疏松	$3000 < V_P \leqslant 4000$	$15 \leqslant n < 30$
较致密	$4000 < V_P \leqslant 5000$	$5 \leqslant n < 15$
致密	$V_P > 5000$	$n < 5$

注：1. 以上表格是引用中交二航院程新生研究结果。
　　2. 当岩体纵波波速与孔隙率指标均有且不协调时，以岩体的纵波波速确定。

（4）礁灰岩的描述应包括名称、颜色、胶结程度、孔隙大小及连通性、颗粒的大小和形状、生物来源等。

（5）岩体的描述应包括地质时代、成因及沉积相带、结构类型、致密程度、岩层厚度、构造特征、软弱夹层的分布和性质、溶蚀孔隙的发育情况等。

11.3　珊瑚岩土的工程特性

11.3.1　珊瑚土的工程性质

相关内容可扫描二维码 M3.11-1 阅读。

M3.11-1

11.3.2　珊瑚礁灰岩的工程性质

1. 透水性弱

珊瑚礁灰岩内孔隙结构发育，但内孔隙之间一般不连通，在室内试验时应注意样品的代表性。

2. 强度低

珊瑚礁灰岩的物质成分及胶结程度直接影响抗压强度，胶结越弱，强度越低。王新志（2008）对南沙诸碧礁礁坪的礁灰岩进行试验，试验测得饱和礁灰岩的单轴抗压强度为 5.04～7.21MPa，弹性模量为 7.9～12.9GPa，泊松比为 0.23～0.27；干燥礁灰岩的单轴抗压强度为 7.95～10.78MPa，弹性模量为 9.61～22.4GPa，泊松比为 0.24～0.26。测得天然状态下纵波波速在 2780～3693m/s 之间，饱和波速为 3000～3630m/s，干燥波速为 2764～3589m/s，饱和后波速略有增大，而干燥波速略有减小。礁灰岩破坏后仍有较高的残余强度。已有工程资料显示，礁灰岩饱和单轴抗压强度一般小于 40MPa。

《西沙群岛珊瑚岛（礁）地区岩土工程勘察标准》DBJ 46—060—2022 给出了单轴抗压强度与岩块纵波波速的关系见表 3.11-7。

单轴抗压强度与岩块纵波波速关系表　　　　　　　表 3.11-7

干燥岩块纵波波速/（m/s）	单轴干燥抗压强度/MPa	饱和岩块纵波波速/（m/s）	单轴饱和抗压强度/MPa
2300	1.69	2300	1.44
2500	2.22	2500	1.89

干燥岩块纵波波速/（m/s）	单轴干燥抗压强度/MPa	饱和岩块纵波波速/（m/s）	单轴饱和抗压强度/MPa
2800	3.36	2800	2.81
3000	4.43	3000	3.67
3200	5.84	3200	4.80
3500	8.83	3500	7.15
3800	13.34	3800	10.67
4000	17.57	4000	13.92

3. 孔隙发育

珊瑚礁灰岩珊瑚骨架之间发育有空隙，构成珊瑚礁灰岩的珊瑚礁块也发育有大量的内孔隙，造成珊瑚礁灰岩孔隙率较大，大量的试验结果显示，珊瑚礁灰岩孔隙率一般在45%~60%之间，而文献资料显示，砂岩的孔隙率一般在1.6%~28%，灰岩的孔隙率一般在1%~27%之间，大理岩的孔隙率一般在0.1%~6%之间，与珊瑚礁灰岩相差较大。

11.4　珊瑚土的勘察

11.4.1　工程地质调查与测绘

1）工程地质调查与测绘内容除应满足有关规定外，尚应包括下列内容：

（1）调查珊瑚礁类型、地形和出露情况，划分地貌单元；分析各地貌单元的形成和发展与珊瑚礁灰岩土性质、地质构造、不良地质作用之间的关系。

（2）调查珊瑚礁地层岩性、层序、接触关系、珊瑚礁灰岩土的组分、碎屑类型等，根据沉积环境、地层岩性、珊瑚礁灰岩体结构特征及工程地质性质，划分沉积相带。

（3）调查地质构造类型、分布、产状和性质，根据岩体结构类型、岩土接触面和软弱夹层的特性，分析对建筑场地和岸坡稳定性的影响。

（4）搜集波浪、潮汐、周边松散沉积物资料，调查地下水的类型、含水层特征及埋藏深度、地下水位变化规律和变化幅度等。

（5）调查岸坡的坡向、坡高、坡度、沟槽分布特征及稳定性。

（6）调查岩溶、滑坡、崩塌、岸坡侵蚀、塌陷、港池淤积、地震液化、潮流沙坝等不良地质作用的形成、分布、形态、规模、发育程度、发展趋势及其对工程的影响。

2）工程地质调查与测绘应根据勘察要求和场地环境特征，采用陆地测绘、水下摄影、侧扫声纳、多波束测深等一种或多种方法相结合的方式；必要时进行地质钻探、物探工作，地质构造、不良地质作用、地质界线等观察点宜采用半仪器法或仪器法进行测量。

3）侧扫声纳扫测、多波束测深作业要求应符合《水运工程测量规范》JTS 131—2012的有关规定。

11.4.2　勘察方法及工作量

1. 岩土勘察应查明的内容

（1）地形、地貌特征和水动力环境特征，珊瑚礁灰岩土地貌的分区、分带特征。

（2）珊瑚礁灰岩土类型、成礁背景及其组成与分布，包括珊瑚礁灰岩土的颗粒类型与组成、不均匀性及其空间变化规律、易碎性、胶结程度等。

（3）珊瑚礁灰岩土的物理力学性质指标。

（4）拟建场区的稳定性和适宜性，不良地质作用发育情况。

2. 勘察阶段

珊瑚岛礁场地勘察应分阶段，按照工程可行性研究阶段勘察、初步设计阶段勘察、施工图设计阶段勘察进行，各阶段的勘察按以下要求进行：

1）工程可行性研究阶段勘察工作应对拟选场址的稳定性和适宜性作出评价。应以分析利用已有资料、工程地质调绘为主，可根据工程建设的需要布置少量勘探点，辅以原位测试、物探和室内试验等技术方法。勘察工作布置应符合下列规定：

（1）工程地质调绘比例尺宜为 1∶5000～1∶1000，岛礁地区可在满足需求的条件下，根据已有底图条件将比例尺适当放宽。

（2）勘探点线应兼顾珊瑚礁分带特点，优先布置垂直分带线，总体按网格状布置，间距不宜大于 150m。

（3）勘探点的深度宜按初步设计阶段勘察控制性勘探点深度范围的最大值确定。

（4）取样或测试间距宜为 1～1.5m，岩土层厚度大于 5m 时，可根据场地地质条件，调整为 1.5～2m。

（5）物探线应与钻探剖面线保持一致，异常区段宜适当加密。

2）初步设计阶段勘察应充分利用场地已有资料，并根据工程建设的需要、工程地质条件采用工程地质调绘、钻探、原位测试、物探和室内试验等多种技术方法进行。勘察工作布置应符合下列规定：

（1）工程地质调绘比例尺宜为 1∶2000～1∶500。

（2）勘探线和勘探点应布置在比例尺为 1∶1000 的地形图上，勘探线宜垂直于珊瑚礁分带或沿水工建筑物长轴方向布置，在向海坡、礁坪分带处、灰沙岛与礁坪接触带等地段应适当加密，勘探线、勘探点的布置可按表 3.11-8 确定。

初步设计阶段勘探线、勘探点布置　　　　表 3.11-8

工程类别	勘探线数量或间距	勘探点间距/m
水工建筑物区	3～5 条	30～50
港池	50～100m	50～100
锚地区	300～500m	300～500
进港航道区	50～100m	50～100
防波堤区	1～3 条	50～150
陆域建筑区、陆域形成区	50～100m	50～100

注：1. 勘探线、点间距应满足珊瑚礁的地质、地貌分带划分的需要。
2. 物探布置可根据方法适用性和工程需要适当加密。

（3）勘探点的深度可根据工程规模、设计要求和岩土条件，取表 3.11-9 中大值。

初步设计阶段勘探点深度表 表 3.11-9

工程类别		一般性勘探点勘探深度/m	控制性勘探点勘探深度/m
码头	十万吨级以上	40～60	60～80
	万吨级	35～55	55～65
	千吨级	25～35	35～45
	千吨级以下	20～30	30～40
防波堤区		20～30	30～40
港池、航道区		设计高程以下 2～3	
锚地区		5～8	
陆域建筑区、陆域形成区		15～30	30～40

注：1. 在预定勘探深度内遇基岩时，一般性勘探点深度应钻入标准贯入击数大于 50 击的风化岩层中不小于 1m，控制性勘探点应钻入标准贯入击数大于 50 击的风化岩层中不小于 3m 或预计以风化岩为持力层的桩端以下不小于 5m；对于港池、航道，勘探深度不变。
2. 在预定勘探深度内遇到密实砂层和碎石土层时，深度可酌减，一般性勘探点达到密实砂层和碎石土层内的深度，砂层不小于 10m，碎石土层不小于 3m；控制性勘探点达到密实砂层和碎石土层内的深度，应按一般勘探点深度增加 5～8m。
3. 在预定勘探深度内遇松软土层时，控制性勘探点应穿透松软土层，一般性勘探点应根据具体情况增加勘探深度。
4. 在预定勘探深度内遇到溶洞时，应穿透各层溶洞，进入底板以下完整岩层厚度为 3～5m。

（4）进港航道、港池和锚地等水域地段宜根据地质条件采用适宜的物探方法，结合钻探进行勘察。

（5）勘探点中控制性勘探点数量不应少于勘探点总数的 1/3，每个地貌单元和拟建重要建筑物区布置不应少于 2 个控制性勘探点。勘探点宜以原位测试孔为主，辅以采取土样或岩样，勘探点中取土样孔的数量不应少于勘探孔总数的 1/5。

（6）取样或标准贯入试验等测试间距宜为 1～1.5m，主要地层中应有足够数量的试验数据。

（7）圆锥动力触探试验应连续进行，单次贯入量应根据地层特点控制，在碎石土层中的单次贯入量不应小于 1m。

（8）同一场地中波速测试孔不应少于 2 个，地层条件复杂时，应适当增加测试孔。

（9）同一场地浅层载荷试验点不应少于 3 个，当场地内岩土层不均匀时，应适当增加试验点。

3）施工图设计阶段勘察应充分利用场地已有资料，根据工程建设的需要、工程地质条件，在前期勘察方法的基础上，选用多种技术方法进行。勘察工作布置应符合下列规定：

（1）工程地质调绘比例尺宜为 1∶1000～1∶200。

（2）勘探线和勘探点应布置在比例尺不小于 1∶1000 的地形图上，线距和点距可按表 3.11-10 确定。

施工图设计阶段勘探线、勘探点布置 表 3.11-10

工程类别		勘探线布置方法	勘探线距或条数	勘探点距或点数	备注
码头	斜坡式	按垂直岸线方向	30～50m	≤20m	—
	高桩式	沿平台长轴方向	2～3 条	15～25m	后方承台相同
	引桥式	沿引桥中心线	1 条	15～25m	每墩至少 1 个点
	墩式	—	—	每墩至少 3 个点	—

续表

工程类别		勘探线布置方法	勘探线距或条数	勘探点距或点数	备注
码头	板桩式	按垂直码头长轴方向	30~50m	10~20m	一般板桩码头前沿线点距 10m，其余点距为 20m
	重力式	沿基础长轴方向布置纵断面	2 条	≤20m	—
		垂直于基础长轴方向布置横断面	≤40m	10~20m	—
	单点或多点系泊式	—	—	不少于 6 个点	—
施工围堰		每一区段布置 1 个垂直于围堰长轴方向的横断面	—	每一横断面上布置 2~3 个点	"区段"按岩土层特点及围堰轴向变化划分
防波堤		沿长轴方向	1~3 条	≤50m	
机场		沿长轴方向	3 条	≤50m	根据机场的规模增减勘探线，勘探点、线间距按机场勘测规范要求执行
道路、堆场		沿道路中心线、料堆长轴方向	50~75m	50~75m	
陆域建筑物	条形基础	按建筑物轮廓线	20~30m	15~30m	
	柱基	按柱列线方向	15~25m	15~30m	
	桩基	按建筑物轮廓线	15~25m	15~30m	
	单独建筑物	每一建筑物不少于 3 个勘探点			灯塔、天线、系船设备及重大设备的基础等

注：1. 相邻勘探点间岩土层急剧变化而不能满足设计、施工要求时应增补勘探。
　　2. 勘探线、点间距除应考虑具体地质条件外，尚应考虑建筑物重要性等级、结构特点及其轮廓尺寸、形状等。
　　3. 沉井基础当基岩面起伏显著时应沿沉井周界加密勘探点。
　　4. 本阶段港池、进港航道区勘探点的布置应在初步设计阶段勘察的基础上加密。
　　5. 护岸工程勘探点的布置可根据工程情况参照码头、防波堤执行。
　　6. 施工期揭示的地层变化较大时，应进行施工勘察，并逐孔或逐桩布置勘探孔。
　　7. 岛礁地下建筑应进行专门的勘察，重点关注软弱夹层和地下水的发育情况。

（3）控制性勘探点数量不应少于勘探点总数的 1/3，每个地貌单元和拟建重要建筑物区不应少于 4 个控制性勘探点；勘探点以原位测试孔为主，辅以采取土样孔，勘探点中取土样孔的数量不应少于勘探孔总数的 1/4。

（4）一般性勘探点勘探深度应能查明地基持力层，可参照表 3.11-11 确定；控制性勘探点的勘探深度应能查明下卧岩土层，需作变形计算时，应超过地基变形计算深度；大面积填土堆载区勘探深度可根据具体情况确定。

施工图设计阶段勘探点深度　　　　　表 3.11-11

地基基础类别	建筑物类型		基础底面或桩尖以下深度	
			中密、密实珊瑚礁土/m	珊瑚礁灰岩
天然地基	水工建筑物	重力式码头	5~8	进入较致密—致密、较强胶结—强胶结的岩体 3~5m
		斜坡码头	4~6	
		防波堤	4~6	
		施工围堰	2~5	
	道路、堆场		5~8	

续表

地基基础类别	建筑物类型		基础底面或桩尖以下深度	
			中密、密实珊瑚礁土/m	珊瑚礁灰岩
天然地基	机场		5～8	进入较致密—致密、较强胶结—强胶结的岩体3～5m
	陆域建筑	条形基础	6～10	
		矩形基础	6～10	
桩基	水工建筑物、陆域建筑物		（3～5）d且不小于5m，大直径桩不小于8m	
板桩	水工建筑物、陆域建筑物		5～8	

注：基础底面下松散层较厚时，可根据桩型、桩径、上部荷载估算单桩极限承载力来确定钻孔深度。
d为桩径（m）。

（5）取样、标准贯入试验、圆锥动力触探试验的要求宜按有关规定执行。

（6）同一场地中波速测试孔不宜少于5个，地层条件复杂时，宜增加测试孔。

（7）当采用浅基础时，同一场地同一土层浅层载荷试验点不宜少于3个，当场地内岩土层不均匀时，应增加试验点。

（8）桩基工程应进行单桩静载试验或其他原位测试。

4）室内试验应根据工程设计、施工要求和珊瑚礁灰岩土特性确定试验项目和试验方法。

5）岛礁造陆填筑材料取材需要勘察，填筑材料勘察时需考虑以下几个方面：

（1）填筑材料场地选择时考虑岛礁整体稳定性问题，尽量选择在潟湖区，避免因建筑材料开采对岛礁整体稳定性造成影响。

（2）填筑材料场地选择时要考虑珊瑚岛礁的生态破坏问题，应避免对岛礁生态环境的破坏，避开珊瑚生长区域，优先选择疏浚开挖区域材料。

（3）填筑材料开采区要满足挖泥船的自航、锚泊、输送条件。

（4）填筑材料优先选择粗粒组以上的砂石，避开礁灰岩出露区，以适应经济合理的开挖装置的性能。

（5）填筑材料的勘察可按照现行行业规范进行。

3. 钻探与取样

1）钻探除应符合有关规定外，尚应符合下列规定：

（1）钻探前应收集场地的气象、水文、地形、地层和岸坡稳定性等资料。

（2）固定平台应具有良好的稳定性；浮式平台应具有足够抵抗风浪的能力，避免涨落潮影响正常钻进作业。

（3）钻探取芯应采用回转钻进的方法，宜选用双层岩芯管钻具，钻孔终孔孔径不宜小于110mm。

（4）钻孔应保持孔壁稳定，满足取样、原位测试的要求；松散地层段宜采用套管跟进护壁，必要时应采用双层或多层套管跟进；冲洗液应采用无污染钻井液。

（5）钻进时应严格控制回次进尺，提高岩芯采取率；松散层位宜控制在每回次钻进0.3～1m；致密完整层位，每回次进尺可适当增加。土层、疏松和较疏松的珊瑚礁灰岩岩芯采取率不宜低于65%，致密和较致密礁岩岩芯采取率不宜低于80%，钻探岩芯应能辨识其结构特征。珊瑚礁灰岩由于孔隙发育，渗透性强，在进行钻探时会出现漏浆的问题，因而钻探中常采用套管护壁、泥浆为循环液的正循环钻探工艺。

2）珊瑚礁灰岩土取样应满足下列要求：

（1）取样前进行洗孔，避免孔内泥浆浓度过大而污染样品。

（2）土样质量和尺寸满足室内各项试验的要求。

（3）岩样可利用钻探岩芯制作，直径不小于 10cm，并满足试块加工的要求。

（4）岩土样及时密封、妥善保存，严防曝晒，防止湿度变化，采取防振措施。

3）钻探记录除应符合有关规定外，尚应满足下列要求：

（1）按珊瑚礁灰岩土分类的规定对岩、土芯样进行定名，对岩土和岩体结构特征进行描述。

（2）钻进过程中和现场鉴定时对不均匀岩土体、岩性突变部位、沉积间断面、溶蚀孔隙、软弱结构面等进行记录。

11.4.3　原位测试

1.原位测试方法除应符合有关规定外，尚应根据珊瑚礁灰岩土特性、场地条件、设计要求和类似工程经验等选用。

2.载荷试验承压板面积对松散—稍密状珊瑚礁土层不应小于 0.5m²；中密—密实状珊瑚礁土层或弱胶结—较强胶结的珊瑚礁灰岩层不应小于 0.25m²；强胶结珊瑚礁灰岩层不应小于 0.07m²。

3.标准贯入试验除应符合有关规定外，尚应符合下列规定：

（1）标准贯入试验可用于各类珊瑚砂、珊瑚粉土等土层。

（2）当试验土层中夹杂有大粒径珊瑚碎块、硬贝壳或薄胶结层等导致标准贯入试验击数异常时，分层统计中应剔除。

（3）使用标准贯入试验成果综合评价岩土物理力学性质时，应结合地区经验。

4.圆锥动力触探试验除应符合有关规定外，尚应符合下列规定：

（1）圆锥动力触探试验可用于珊瑚礁土和弱胶结珊瑚礁灰岩等。

（2）圆锥动力触探试验可按表 3.11-12 选用。

圆锥动力触探试验类型　　　　　　　　　　　　表 3.11-12

类型		轻型	重型	超重型
落锤	锤的质量/kg	10	63.5	120
	落距/cm	50	76	100
探头	直径/mm	40	74	74
	锥角/°	60	60	60
探杆直径/mm		25	42	50
指标		贯入 30cm 的读数N_{10}	贯入 10cm 的读数$N_{63.5}$	贯入 10cm 的读数N_{120}
主要适用岩土类别		珊瑚细砂、珊瑚粉砂、珊瑚粉土	珊瑚碎石、珊瑚角砾、珊瑚砾砂—珊瑚中砂	珊瑚块石、珊瑚碎石

（3）使用圆锥动力触探试验成果综合评价岩土物理力学性质时，应结合地区经验。

5. 静力触探试验除应符合有关规定外，尚应符合下列规定：

（1）静力触探试验可用于珊瑚软泥、珊瑚粉土、珊瑚砂土类等珊瑚礁土。

（2）使用静力触探试验成果综合评价岩土物理力学性质时，应结合地区经验。

6. 由于受珊瑚土形状影响，剪切指标与陆源土存在明显不同，宜在现场进行直剪试验，试验要求按照相关规定进行。尚应符合下列规定：

（1）预钻式旁压试验可用于珊瑚砂土、珊瑚碎石、珊瑚块石。

（2）旁压试验的加压等级宜为预估极限压力的 1/12～1/8，可按表 3.11-13 选用。

旁压试验的加压等级表 表 3.11-13

土的工程特性	加压等级ΔP/kPa	
	临塑压力前	临塑压力后
珊瑚软泥，稍密珊瑚粉土，松散珊瑚粉砂、珊瑚细砂	$\Delta P \leqslant 15$	$\Delta P \leqslant 30$
稍密珊瑚砂土	$15 < \Delta P \leqslant 25$	$30 < \Delta P \leqslant 50$
中密至密实珊瑚粉土，中密至密实珊瑚粉砂、珊瑚细砂，稍密至中密珊瑚中砂、珊瑚粗砂	$25 < \Delta P \leqslant 50$	$50 < \Delta P \leqslant 100$
中密或密实珊瑚中砂、珊瑚粗砂	$50 < \Delta P < 100$	$100 < \Delta P < 200$
珊瑚块石、珊瑚碎石	$\Delta P \geqslant 100$	$\Delta P \geqslant 200$

11.4.4 室内试验

1. 室内试验除应符合有关规定外，尚应根据其孔隙度大小、颗粒易碎性等结合工程设计和施工要求选用合适的试验方法。

2. 珊瑚礁土的主要物理试验项目宜包括含水率试验、密度试验、土粒密度试验、颗粒分析试验、相对密度试验、休止角（水上、水下）试验、击实试验等；力学试验项目宜包括压缩试验、直剪试验、三轴压缩试验；根据工程需求可进行动力特性试验，化学分析项目宜进行碳酸钙含量测试。试验应满足下列要求：

（1）试样饱和可采用二氧化碳、水头饱和、反压饱和等方法，饱和时间不少于 24h。

（2）粒径小于 5mm 的土应采用比重瓶法测定密度。粒径不小于 5mm 的土，且其中粒径大于 20mm 的颗粒含量小于 10% 时，应采用浮称法；粒径不小于 5mm 的土，且其中粒径大于 20mm 的颗粒含量不小于 10% 时，应采用虹吸筒法测定密度。

（3）最大干密度测试宜采用振密法，最小干密度测试宜采用量筒法。

（4）粒径小于 0.075mm 土粒的颗粒分析应采用密度计法，粒径大于 0.075mm 土粒的颗粒分析应采用筛析法。

（5）压缩试验宜采用标准固结法，并采用大尺寸试样。

（6）直剪试验宜按砂类土的试验方法执行，并采用大尺寸试样。

（7）三轴压缩试验可按现行国家标准《土工试验方法标准》GB/T 50123 的有关规定执行，并采用试样直径 D 不小于 300mm 的大尺寸试样，试样最大粒径小于 $1/5D$。

（8）力学试验前后宜进行颗粒破碎分析，并初步评价颗粒破碎程度。

（9）碳酸钙含量测试宜采用气量法。

3. 珊瑚礁灰岩的主要物理试验项目宜包括含水率试验、孔隙率试验、颗粒密度试验、块体密度试验、饱和密度试验等；力学试验项目宜包括单轴抗压强度试验、点荷载强度试验、直剪试验、三轴压缩试验、抗拉强度试验等，并应符合下列规定：

（1）颗粒密度试验应采用密度瓶法。

（2）块体密度试验可采用量积法或蜡封法。

（3）力学试验可按现行国家标准《工程岩体试验方法标准》GB/T 50266 的有关规定执行。

（4）珊瑚礁灰岩试样制备时应描述名称，颜色，胶结程度，孔隙大小及连通性，颗粒大小、形状、生物来源等，并应记录试件尺寸、制备方法等。

11.4.5　工程物探

（1）水域珊瑚岩土工程物探主要采用多道瞬态地震法、水上瞬变电磁法、多极化大地电磁法、浅层地剖法等。

（2）陆域珊瑚岩土工程物探主要采用地震微动法、浅层地震法、高密度电法、高精度瞬变电磁法、MT 大地电测法等。

（3）物探测井主要采用波速测井、井下电视、电阻率测井等方法。

（4）物探技术测试及解译按相关规范进行，物探测试前应根据钻孔资料，建立各地层物性参数的相关性。

11.5　珊瑚岩土的岩土工程评价

11.5.1　基本要求

1. 岩土工程评价应结合工程特点和勘察成果，对珊瑚礁灰岩土工程特性进行分析与评价。

2. 岩土单元体的划分应充分考虑到地层结构、变形和强度指标的差异性。

3. 每个主要岩土单元体的各项有效试验指标的统计子样不应少于 10 个，考虑到珊瑚岩土的不均性特点，尽量增加统计样本数。

4. 珊瑚礁灰岩土指标选用应考虑下列因素：

（1）岩土体的非均匀性和各向异性。

（2）指标与原位岩土体性状之间的差异。

（3）工程环境不同可能产生的变异。

5. 地基承载力应根据载荷试验并结合原位测试成果、工程经验等综合确定。

6. 珊瑚礁灰岩土的极限桩侧摩阻力标准值和极限桩端阻力标准值应根据单桩静载荷试验并结合原位测试结果、工程经验等综合确定。

7. 岸坡稳定性应根据实测剖面、表观实景、试验数据等评价。

8. 珊瑚礁灰岩土地基方案的建议，应根据珊瑚礁灰岩土的工程特性，结合建筑物荷载和结构形式的要求提出。

11.5.2　地基承载力的确定

1. 珊瑚土地基承载力的确定

珊瑚土地基的承载力评价应根据土的颗粒级配、颗粒形状、结构、构造、胶结情况与建筑物安全等级和勘察阶段选择适当方法。

（1）载荷试验法。由于珊瑚土工程经验少，珊瑚土的承载力，一般应以载荷试验为准，并与动力触探、静力触探等原位测试资料建立相关关系，以求得地基土的承载力和变形参数。

（2）综合确定法。基于珊瑚土的粒径组成、颗粒形态、胶结情况等根据动力触探、静力触探、室内试验等指标综合确定承载力推荐值。

《西沙群岛珊瑚岛（礁）地区岩土工程勘察标准》DBJ 46—060—2022给出了标准贯入击数与珊瑚碎屑砂土地基承载力特征值及变形模量对照表3.11-14。

标准贯入击数与珊瑚碎屑砂土地基承载力特征值 f_{ak}（单位：kPa）
及变形模量 E_0（单位：MPa）对照表　　　　　表 3.11-14

N'_m/击	6	7	8	9	10	11	12	13	14	15
f_{ak}/kPa	105	130	150	170	185	200	215	230	240	250
E_0/MPa	8.6	10.5	12.2	13.7	15.1	16.3	17.4	18.4	19.4	20.3
N'_m/击	16	17	18	19	20	21	22	23	24	25
f_{ak}/kPa	260	270	280	290	298	305	312	320	325	330
E_0/MPa	21.1	21.9	22.6	23.3	23.9	24.6	25.1	25.7	26.3	26.8

注：N'_m是标准贯入试验修正锤击数平均值，f_{ak}是地基承载力特征值，E_0是变形模量。

《西沙群岛珊瑚岛（礁）地区岩土工程勘察标准》DBJ 46—060—2022给出了采用修正动探锤击数与珊瑚碎屑砂土地基承载力特征值及变形模量对照表3.11-15。

采用修正动探锤击数与珊瑚碎屑砂土地基承载力特征值 f_{ak}（单位：kPa）
及变形模量 E_0（单位：MPa）对照表　　　　　表 3.11-15

$N_{63.5}$/击	3	4	5	6	7	8
f_{ak}/kPa	145	170	195	215	235	255
E_0/MPa	11.7	13.8	15.6	17.3	18.9	20.4
$N_{63.5}$/击	9	10	11	12	13	14
f_{ak}/kPa	270	285	300	315	330	345
E_0/MPa	21.8	23.1	24.4	25.6	26.8	27.9

注：$N_{63.5}$是修正后的重型动力触探锤击数平均值。

郭毓熙等（2022）通过室内试验研究不同含水状态和密实状态下珊瑚砂地基承载特性，得到对相对密度72%的珊瑚砂饱和状态下地基的极限承载力约为干燥状态下的44%，地基破坏时的沉降量约为干燥状态下的2倍，也就是说，地下水状态对珊瑚砂地基承载特性影响很大。

2. 珊瑚礁灰岩承载力的确定

（1）礁灰岩地基承载力可按照《建筑地基基础设计规范》GB 50007—2011 附录H中的岩石地基载荷试验方法确定。

（2）对于不具备载荷试验条件的，可按照《建筑地基基础设计规范》GB 50007—2011第5.2.6条，根据室内饱和单轴抗压强度计算。

11.5.3　珊瑚土的地基稳定性评价

进行岛礁大规模整体建设时，应就建设对岛礁的整体稳定性进行专门评价。

对于珊瑚土地基，潟湖区应充分考虑地基土中珊瑚礁盘、点礁、大块珊瑚礁块的影响，尤其是珊瑚礁盘的存在，考虑地基不均匀性和礁盘在荷载较大时整体下沉；礁坪区与潟湖区过渡带，应根据珊瑚土下伏礁灰岩接触面层面的倾向、倾角，判断是否因加载造成整体滑动。

11.5.4　珊瑚土的边坡稳定性评价

由于珊瑚土颗粒形状复杂、颗粒之间存在一定的胶结，不同于一般陆源砂土层，按现行规范中的坡率法偏于保守，可根据室内试验和现场试验的抗剪指标综合确定。

礁灰岩岩质边坡可按照相关试验指标确定。

11.5.5　桩基础

1. 单华刚等（2000）对桩基工程的观点

（1）虽然珊瑚砂内摩擦角较大，但是打入桩桩侧阻力却很小，桩端阻力也较小，一般认为是由颗粒破碎和胶结作用破坏造成的。

（2）打入桩桩侧阻力远小于钻孔灌注桩或沉管灌注桩（在打入钢管桩桩壁预先设置喷嘴，钢管桩打入后再向桩内注水泥浆，浆液通过喷嘴注入珊瑚砂中而成桩）。

（3）根据原位测试数据难以确定桩基承载力，桩基承载力往往受胶结程度的影响较大，即使同一个地区也难以确定地区经验。

（4）桩侧阻力与珊瑚砂压缩性有关。

（5）珊瑚礁浅部地层中胶结层与未胶结层交互出现，给桩基承载力计算、工程设计和施工带来很大困难。

2. 珊瑚砂的极限侧阻力的影响因素

1）成桩方法的影响

试验表明，成桩方法对珊瑚砂承载力性状影响较大。据多个文献报道，珊瑚砂中，打入钢管桩极限侧阻力值一般在 10～40kPa 之间，多为 20kPa 以内，而钻孔灌注桩则达 160～200kPa，若为胶结层则有的高达 300～400kPa。并且指出，沉管灌注桩摩阻力类似钻孔灌注桩，但具有施工方便、造价相对较低等特点。

2）压缩性的影响

珊瑚砂中的桩侧阻力远小于石英砂的一个很大因素是砂的压缩性不同。试验表明，桩侧阻力与砂的压缩指数具有双对数曲线关系。石英砂的压缩性小，侧阻力较大，而珊瑚砂的压缩性较大，侧阻力较小。

3）循环荷载作用的影响

珊瑚砂一般分布于海岸带、大陆架、浅海珊瑚礁等地。服务于近海石油平台、港口建筑、海洋航标等工程设施的钙质土中的桩基必受到各种海洋动荷载和机器振动的作用，这些动力循环荷载通过桩基作用于桩侧土中，降低了桩侧土的承载力。Poulos 指出轴向循环荷载导致桩侧摩阻力降低，降低程度与循环荷载水平和循环位移量有关。另外，桩顶位移与循环应力水平也有关。

4）相对密度的影响

在珊瑚砂中，挤土加密效应并不明显，在相对密度增加的同时，沉桩过程中的高应力促使更多的珊瑚砂颗粒产生了破碎，珊瑚砂越密，颗粒破碎越多，这将导致桩周水平有效应力迅速减小，在这两个因素的相互影响下的变化很小，桩周水平有效应力增加有限，因此珊瑚砂中桩侧摩阻力随相对密度变化很小。

3. 珊瑚砂的极限端阻力的影响因素

1）围压的影响

一般来说，在临界深度以上，普通砂中桩端阻力随围压的增大而增加，而珊瑚砂中也有类似现象，但受围压的影响较石英砂要小。

2）压缩性的影响

在研究桩端阻力与围压之间的关系时，许多学者已经提出压缩性是影响桩端阻力的根本原因之一。珊瑚砂在较高的围压下体积压缩变形量大，比同条件下的石英砂有更大的体积来容纳桩的贯入体积，使桩侧阻力下降。而砂的密实度也同样是通过压缩性来对桩端阻力产生影响的。

3）循环荷载的影响

循环荷载对珊瑚砂中桩端阻力会产生一定的影响。循环荷载导致桩端阻力减小往往与位移的发展有关，但是假如最大循环荷载小于 1/3 的静止极限承载力，则减小量不可能大于 10%。

4）胶结程度的影响

钙质土的胶结程度直接影响胶结体的抗压强度和桩端阻力。胶结程度高，则胶结体抗压强度也高，桩端阻力也大。

5）软硬互层地基的影响

在珊瑚砂海域，由于特殊的海洋沉积环境，使钙质沉积地层中，软硬互层的现象较为突出。这种软硬互层现象主要包括两个方面：一是珊瑚砂层中不同粒度组成和密实程度不同而产生的软硬互层，二是由于珊瑚砂的胶结作用而产生的胶结层（硬层）与松散层（软层）之间的交错互层现象，软硬互层对桩的端阻力有一定的影响。

考虑到珊瑚砂的极限侧阻力和极限端阻力影响因素多，具有地域特点，建议现场进行工程试桩，确定桩的承载力标准值。

11.6 珊瑚土地基的处理、利用与检测

11.6.1 地基处理的方法

珊瑚土地基处理勘察应满足下列要求：

（1）针对可能采用的地基处理方案，提供地基处理设计和施工所需的岩土特性参数和地下水资料。

（2）预测所选地基处理方法对环境和邻近建筑物的影响。

（3）提出地基处理方案的建议。

根据已有工程经验，对珊瑚砂采用的地基处理方案有：强夯、强夯置换、振动辗压、振冲法、微生物加固或其组合。余东华（2015）在苏丹新港集装箱码头项目中采用强夯联合振动辗压对珊瑚礁回填料地基进行加固处理。现场动力触探、压实度和载荷板检测结果表明，强夯联合振动辗压能把深层加固和表层加固结合起来，有效解决珊瑚礁回填料地基土压缩性大和承载力低等问题，达到满意的施工效果。贺迎喜等（2010）在沙特 RSGT 码头项目吹填珊瑚礁地基加固处理中采用加料振冲法和强夯法，根据对比分析振冲与强夯处理前后地基 SPT 与 CPT，表明该珊瑚礁材料属于较好的一类填料，地基处理效果较好，且

经济、环保，尤其适合在珊瑚礁大量分布的沿海地区港口建设项目的造陆工程中应用。王建平等（2016）在南海某场地，对珊瑚碎屑地基加固采用振冲和强夯方法，对两种方法进行了对比，测试了地基沉降量、颗粒级配、压实度、承载比、回弹模量和反应模量（基床系数），同时进行了浅层平板载荷试验和标准贯入试验。结果表明：振冲法对珊瑚碎屑地基土的处理效果优于强夯法，可大面积推广应用。严与平（2008）介绍了巴哈马国家体育场南、北附属建筑物采用长螺旋钻水泥搅拌桩法对上部回填砂砾层进行加固处理形成复合地基的案例，实践证明处理效果很好。中航勘察设计研究院有限公司对马尔代夫维拉纳国际机场改扩建项目机场跑道采用冲击碾压方式对回填珊瑚砂进行地基处理，效果很好。文兵等（2021）对马尔代夫胡鲁马累岛吹填珊瑚砂场地 16 栋 25 层高层建筑采用素混凝土桩复合地基处理方案（桩端进行压力注浆），载荷试验结果表明满足设计要求，沉降观测结果最大沉降量在结构封顶时为 15.2mm，在工程验收时为 18.2mm，地基处理结果很好。

11.6.2　地基处理的检测

处理后的珊瑚土地基应进行质量检验，常用的检验手段有动力触探、标准贯入试验、静力触探、压实系数检测和载荷试验。一般应以载荷试验结果为准，试验根据现行规范进行。

强夯处理后的效果除采用载荷试验检验外，尚应采用动力触探等方式查明土层强度随深度的变化。采用振冲碾压进行处理的地基应采用载荷试验、压实系数及其他原位测试方式综合确定。

参考文献

[1]　李建光, 等. 细颗粒珊瑚砂、石英砂、黏性土蠕变特征对比研究[J]. 岩土工程技术, 2022, 36(4): 340-344.

[2]　王笃礼, 等. 基于干密度指标的珊瑚砂吹填地基机场跑道沉降计算[J]. 岩土工程技术, 2020, 34(2): 106-110.

[3]　王新志. 南沙群岛珊瑚礁工程地质特性及大型工程建设可行性研究[D]. 北京: 中国科学院研究生院, 2008.

[4]　海南省住房和城乡建设厅. 西沙群岛珊瑚岛（礁）地区岩土工程勘察标准: DBJ 46—060—2022[S]. 海南: 2022.

[5]　郭毓熙, 等. 不同含水和密实状态下珊瑚砂地基承载特性试验研究[J]. 土木与环境工程学报（中英文）, 2023, 45(5): 49-57.

[6]　单华刚, 等. 钙质砂中的桩基工程研究进展述评[J]. 岩土力学, 2000(3): 299-304+308.

[7]　余东华. 强夯联合振动碾压加固珊瑚礁回填料地基[J]. 中国水运（下半月）, 2015, 15(2): 283-285.

[8]　贺迎喜, 等. 沙特 RSGT 码头项目吹填珊瑚礁地基加固处理[J]. 水运工程, 2010(10): 100-104.

[9]　王建平, 等. 珊瑚碎屑地基加固方法现场对比试验[J]. 工业建筑, 2016, 46(5): 119-123.

[10]　严与平. 浅谈珊瑚礁工程地质特性及地基处理[J]. 资源环境与工程, 2008, 22(S2): 47-49.

[11]　文兵, 等. 吹填珊瑚砂场地高层建筑复合地基工程实践与沉降估算[J]. 土木工程学报, 2021, 54(12): 85-93.

第4篇

环境岩土工程勘察评价

第 1 章 区域构造稳定性评价

1.1 概述

区域构造稳定性是指工程建设地区地壳的稳定程度，又称区域地壳稳定性，是指地球内动力地质作用，如地震、断层错动、火山活动以及显著的地壳升降运动等及其形成的地质灾害对地壳表层及工程建设、人居安全的影响程度。区域构造稳定性问题是我国工程建设中具有特色的重要研究课题。随着我国大规模建设的迅速发展，由于重大工程尤其是核电站、水利水电工程及大型海洋平台等前期的论证关系着工程建设的战略决策和工程经济合理性、技术可能性和安全可靠性，甚至整个工程的成败，致使区域构造稳定性受到建设规划、设计部门和工程、地质与环境学界的普遍重视。而且，随着今后更多更大工程建设转向构造活动强烈、地质环境复杂的我国西部地区和深海区域，区域构造稳定性评价显得越来越重要。

区域构造稳定性问题是一个与建（构）筑物、核电站、重大线性工程如公路、铁路（含地铁）、海底隧道、长距离输水（或油气）管道等工程稳定性密切相关的问题，在工程建设选址和规划设计时必须充分予以考虑。根据区域稳定性特点,选择相对稳定的建筑场地("安全岛")和采用合理的工程结构形式。尽管影响地壳表层稳定性的地质作用，包括内动力作用和外动力作用，但是发生突然、波及范围大、造成工程损失大的主要还是内动力作用引起的构造活动，特别是断裂活动、地震活动。在地壳的不同部分，其活动程度和表现的强度是不同的，对工程的危害程度存在差异。所以，区域构造稳定性主要是地球内动力地质作用及其造成的地质灾害对工程建筑物影响的综合反映。

区域构造稳定性评价的主要任务是研究工程建设地区区域构造地质环境与人类工程活动的相互作用、相互影响的关系，涉及诸如区域构造格局、演化历史及其相互关系，区域孕震与发震的条件及规律，活动构造（活动断裂、褶皱、断块、新隆起或凹陷等）、地震活动与岩石圈圈层的结构、组合、运动状态的相互关系，区域应力场的类别、组合及相互作用，以及工程建设场地失稳的非稳定动力学环境、动力学机制与过程及其可能出现的灾害效应等问题。它的研究内容可概括为岩石圈结构与其动力条件和内动力的地质灾害对工程建筑的影响两大方面，其目的是通过对工程建设地区区域断裂、活动断裂、重力场、地壳现代构造应力场、地震及地表形变特征等的分析评价，获得相对稳定的"安全岛"，作为工程建设可靠的基地和场址。

深断裂和地壳结构以及岩石圈动力学条件是控制地震、活动断裂和现代火山活动的重要因素，也是地球内动力作用形成的三大地质灾害，它们是区域构造稳定性评价的三个重要方面。对于我国工程建设中的区域构造稳定性评价工作主要涉及地震和活动断裂两大方面，具体来讲主要包括区域构造稳定性分区（带）、活动断裂评价及地震危险性分析等工作内容，这是我国重大工程建设区域构造稳定性分析评价的重要依据。

1.2 中国区域构造稳定性特征

1.2.1 中国区域构造分区及特征

中国大陆及毗邻海区的区域稳定状况明显受到不同的板块构造动力源控制，并且不同构造单元及其岩石圈性质的差异也显著影响着区域构造的变形方式。因此，在本手册编写中，中国区域构造稳定分区综合考虑了板块构造动力源、大地构造单元对变形方式的影响和不同断块区现今构造活动的主要特征等因素。

第一，根据动力源划分一级活动构造域。中国大陆西部主要受印度板块北北东向挤压，东部主要受到太平洋板块向西俯冲及菲律宾板块向北西俯冲与挤压及其引起的岩石圈深部动力作用的影响，使中国的不同区域因距离板块动力源远近不同而表现出不同的构造变形特征。据此，以横贯中国东部的北北东向郯庐断裂带及其西南延长线和中部的南北构造带（即狼山、雅布赖山、六盘山、龙门山、大凉山和乌蒙山一线）为界，可将中国及毗邻海区分为东部、中部和西部3个一级活动构造域。

第二，在一级活动构造域划分基础上，进一步综合构造变形方式、主要构造线的空间展布特征和断裂活动性差异等方面的差异性，依次划分出二级和三级活动构造区。划分结果包括8个二级活动构造区和31个三级活动构造区带。后者根据活动断裂发育程度可进一步区分为地块、断块和活动构造带等不同性质的活动构造单元。另外，根据构造变形强度差异，在三级活动构造区带中可进一步区分出强烈、中等及弱活动区和稳定地块4类活动程度不同的区带。

具体中国区域构造分区及基本特征可扫描二维码 M4.1-1 阅读。

M4.1-1

1.2.2 中国区域构造稳定性判定

1.2.2.1 构造稳定性与地震的关系

根据国家现行抗震规范，抗震设防烈度Ⅵ度及以上时就需要抗震设防，根据各种设防烈度下的建筑物破坏情况和工程抗震要求，将区域地壳稳定性以地震指标作为第一指标进行分级，见表4.1-1。表中的震级是按浅源地震（震源深度 10~45km）的相应地震烈度估算的。

地壳稳定性分级与地震指标的关系　　　　表 4.1-1

稳定性等级	基本烈度	最大震级M	地面最大水平加速度A_{max}/g	建筑条件
稳定区（Ⅰ类）	≤Ⅵ	≤5.5	≤0.063	适宜
基本稳定区（Ⅱ类）	Ⅵ~Ⅷ	5.5~6.5	0.125	适宜

稳定性等级	基本烈度	最大震级M	地面最大水平加速度A_{max}/g	建筑条件
次不稳定区（Ⅲ类）	Ⅷ～Ⅸ	6.5～7	0.25, 0.5	不完全适宜
不稳定区（Ⅳ类）	≥ Ⅹ	> 7	≥ 1.000	不适宜

注：据本章文献[3]～[5]修改，g为重力加速度（$g \approx 9.8m/s^2$）。

1.2.2.2　构造稳定性与活动断裂的关系

根据活动断裂规模愈大、年龄愈新，区域地壳活动性也愈大的原则，为区域地壳稳定性活动断裂进行分级，见表 4.1-2。

区域地壳稳定性与活动断裂　　　　　　　　　　表 4.1-2

稳定性等级	活动断裂特征
稳定区	不存在第四纪（200×10^4a）活动断裂或仅存在早更新世〔（200～100）$\times 10^4$a〕活动断裂，不活动，规模小，不在深断裂附近
基本稳定区	存在中更新世〔（100～10）$\times 10^4$a〕或晚更新世早、中期〔（10～5）$\times 10^4$a〕断裂，不活动或微弱活动，断裂长度小于30km
次不稳定区	存在晚更新世晚期（5×10^4a）和全新世（1×10^4a）以来的活动断裂，活动速率1～10mm/a，较强活动，长度大于100km
不稳定区	有近代活动断裂，沿断裂带发生过震级不小于6级地震，产生过地面地震断层（地裂缝），活动速率大于10mm/a，强烈活动，断裂在深断带内或邻近地段

注：据本章文献[3]～[5]修改。

1.2.2.3　构造稳定性与第四纪地壳升降速率的关系

第四纪或晚第三纪以来地壳的相对升降量或升降速率与地壳结构、岩石圈动力条件密切相关。垂直差异运动大的活动带常是地震带。大面积地壳均匀上升区常是地壳稳定区，相对沉降地带大多是地壳稳定条件差的地区。中国西部区域地壳相对上升，但在块体边界断裂带地壳活动性高，产生强烈地震带。东部地区的沉降平原区，沉降速率大，地壳活动性大。中国一些地区第四纪以来地壳升降速率与地壳稳定性有一定的关系，并将其作为稳定性分级指标（表 4.1-3）。

地壳稳定性与第四纪地壳升降　　　　　　　　表 4.1-3

稳定性等级	稳定区	基本稳定区	次不稳定区	不稳定区
地壳相对升降速率$S_v/$（mm/a）	$S_v < 0.1$	$S_v = 0.1～0.4$	$S_v = 0.4～1$	$S_v > 1$

注：据本章文献[3]～[5]修改。

1.2.2.4　构造稳定性与断裂走向最大主应力间夹角的关系

地壳现代主应力方向与断裂走向之间的夹角α是反映断裂重新活动的条件之一。地壳现代最大主应力与活动断裂走向的夹角是判定地壳稳定性等级的重要指标之一，见表 4.1-4。构造应力场的确定可以通过地质力学分析方法、震源机制解、地震宏观变形的力学分析、地应力量测等方法进行。

地壳稳定性和断裂走向与最大主应力夹角的关系　　　　表 4.1-4

最大主应力与断裂走向夹角α	$\alpha_1 = 0° \sim 10°$ $\alpha_2 = 71° \sim 90°$	$\alpha_1 = 11° \sim 24°$ $\alpha_2 = 51° \sim 70°$	$\alpha_{1(2)} = 25° \sim 50°$
地壳稳定性分级	稳定区	基本稳定区	次不稳定或不稳定区

1.2.2.5　构造稳定性与大地热流值的关系

大地热流值直接反映地壳现代活动性。高热流值区反映地壳深部的地热向上逸散，岩浆熔融体距地表近，地壳上部承受拉张力，这些地区地壳活动性高，地壳稳定程度低。反之，热流值低的地方，岩浆熔融体埋深大，地震活动性低，地壳稳定程度高。一些非新生代裂谷区热流值低于 54.43mW/m^2，地壳稳定性高，高于此数值时稳定性低。根据中国一些地区的大地热流值与地壳活动性的关系，以大地热流值作为测定地壳稳定性的极重要的指标，见表 4.1-5。

大地热流值划分地壳稳定性程度标准　　　　表 4.1-5

地壳稳定性等级	稳定区	基本稳定区	次不稳定区	不稳定区
热流值/（mW/m^2）	≤ 60	60～75	76～85	> 85

注：据本章文献[3]～[5]修改。

地温梯度也是地壳活动性的标志之一。地温梯度值愈大，地壳活动性愈高，地壳稳定程度就低，见表 4.1-6。将温度梯度大小作为划分地壳稳定性的参考标准（因目前中国地温梯度资料不完全），当缺乏大地热值资料时可以地温梯度取代。

按地温梯度值划分地壳稳定性标准　　　　表 4.1-6

地壳稳定性等级	稳定区	基本稳定区	次不稳定区和不稳定区
地温梯度/（℃/100m）	< 2	2～3.5	> 3.5

1.2.2.6　构造稳定性与重力梯度值的关系

在中国布格重力异常图上，布格异常等值线密集成带区大多是深断裂带与地震活动带，而等值线宽缓不密集成带的地区，地壳深部不存在断裂，地震活动少。重力异常是现代地壳活动的特征，高值的重力梯级带是地壳现代活动区。从中国重力异常梯度值与地震的关系可以看出，在重力梯度值 $B_s < 0.6 \text{mGal/km}$ 的重力接近均衡的盆地区，大多属于地壳稳定区。对于重力不均衡的山区，其重力梯度值 B_s 大于 1mGal/km，一般 $B_s = 1 \sim 2.5 \text{Gal/km}$，属于次稳定区或不稳定区，见表 4.1-7。

按重力梯度值划分地表稳定性标准　　　　表 4.1-7

地壳稳定性等级	稳定区	基本稳定区	次不稳定区	不稳定区
梯度值B_s/（mGal/km）	$B_s < 0.6$	$B_s = 0.6 \sim 1$	$B_s = 1.1 \sim 1.2$	$B_s > 1.2$

注：据本章文献[3]～[5]修改。

1.2.2.7　构造稳定性与静压力强度差的关系

位于地壳或岩石圈一定深度平面上，由于上覆岩层压力在单位面积上产生的应力，称静压力强度。处于平衡状态的地壳，在横向上的静压力相等。由于地壳结构的非均匀性，在同一标高上距离为 x 的两点上，静压力强度不等，两点之间的差值称为压强差（ΔP_x）。存在压强差的地带，是压力不均衡带，使地壳和断裂产生运动。压强差带与重力梯级带、重力不均衡带是一致的，与深断裂位置相对应，是地壳活动性地带。根据中国压强差带与地震的关系，可以看出压强差 $\Delta P_x < 50$bar 的地方基本是弱震或无震区，如鄂尔多斯、四川盆地等块体属地壳稳定区。大多数地方，在 50bar $< \Delta P_x < 300$bar 的条件下，地震震级也小于 6 时，为地壳基本稳定区：当 $\Delta P_x \geqslant 300$bar 时，会产生 $6 \leqslant M \leqslant 8\frac{1}{4}$，属次稳定区或不稳定区。压强差值大小与地震活动强度关系很密切，因此将静压强度差作为判定地壳稳定性的指标，见表 4.1-8。

按静压力强度差划分地壳稳定性标准　　　表 4.1-8

地壳稳定性等级	稳定区	基本稳定区	次不稳定区和不稳定区
压强差 ΔP_x/bar	$\Delta P_x \leqslant 50$	$50 < \Delta P_x \leqslant 300$	$\Delta P_x > 300$

1.2.2.8　构造稳定性与地震应变释放能量的关系

当构造应力值超过断裂带力学强度时，断层发生形变或位错而产生地震。地震是地壳释放应变能量的主要方式。地壳中应变能量的大小表示一个地区地壳活动性的高低。根据历史地震资料，计算出地震能量 E，将 E 开平方根（$\sqrt{E}$），即为地壳的应变能量。据统计，华北地区历史上发生过 $M \geqslant 5$ 的地震，其中大地震均发生在地壳应变能量高的地区。因此，地震应变能量的大小也是判别地壳稳定性的指标之一，见表 4.1-9。

地壳稳定性与地震应变能量 $\sqrt{E}$ 的关系　　　表 4.1-9

地壳稳定性等级	稳定区	基本稳定区	不稳定区	极不稳定区
地震应变能量 $\sqrt{E}$/J	$\sqrt{E} < 2.51 \times 10^6$	$3.35 \times 10^6 < \sqrt{E} \leqslant 1.28 \times 10^7$	$1.28 \times 10^7 < \sqrt{E} \leqslant 4.47 \times 10^7$	$\sqrt{E} > 6.86 \times 10^7$

上述 9 个指标都是用以判定区域构造稳定性的，与地壳稳定性关系都很密切。在判定区域构造稳定性时，最好运用多个指标进行综合判定。

1.2.3　中国区域构造稳定性分区

根据上述地壳稳定性评价原则、方法和判定指标，对中国范围的地壳稳定性等级进行了概略分区评价，见表 4.1-10。

中国地壳基本稳定地区的主要特点是：（1）这类基本稳定区位于块体、断块、断褶带内部，深断裂中等发育，地壳结构属块状和镶嵌型，极少数为块裂结构。它们位于大陆裂谷边缘或洋壳与陆壳接触的边界断裂、板块碰接带的邻接地段。（2）第四纪期间地壳微弱沉降，存在着活动断裂，但其最新活动年代可达到晚更新世，现代全新世活动断裂极少见。（3）区内存在中强地震（$M < 6$ 级）的发震断裂，或受邻区强震的影响，基本烈度为Ⅵ度。（4）本区一些亚区存在较高值的重力梯级带，大部分为中等值的梯级带（$B_s = 0.6 \sim 1$mGal/km），多数亚区重力均衡补偿较好，但存在中强地震的动力源。（5）这类地区内的少数地区，基本烈度可达到Ⅷ度，它们靠近 $M \geqslant 6$ 级的震中区。

表 4.1-10

区域地壳稳定性分级和主要评价指标表

稳定性等级	地壳结构与深断裂	活动断裂和地壳第四纪升降速率 S_v/(mm/a)	叠加断裂角 α	大地热流值 q/(mW/m²)	物理布格异常梯度值 B_s/(mGal/km)	地应压强偏差值 ΔP_a/bar	地壳应变能量 $\sqrt{E}$/J	地震 最大震级 M	地震 基本烈度 I	与地壳运动有关的地面形变	工程建设条件
稳定区（Ⅰ类）	元古界和更老的大陆壳部分古生代大洋壳区，缺乏或深断裂过深基底断裂，地壳较完整，块状结构	缺乏第四纪（200×10⁴a）断裂或存在早更新世[（200～100）×10⁴a]活动过的断裂，第四纪同地壳相对上升或相对沉降，速率 $S_v<0.1$	$\alpha_1=0°\sim10°$ $\alpha_2=71°\sim90°$	≤60	布格异常等值线间距大，梯度小，缺乏梯度带，$B_s<0.6$	缺乏偏差带，$\Delta P_a<50$	$\sqrt{E}<2.51\times10^4$	<5.5	≤Ⅵ	缺乏	适宜所有建筑类型工程建筑，需作抗震设计
基本稳定区（Ⅱ类）	大陆壳边界或大洋壳内部，深断裂深断裂切割绕布。深断裂分布，四边地块或菱形，地壳较完整，镶嵌结构	存在中更新世[（100～10）×10⁴a]或晚更新世早、中（10×10⁴～3×10⁴a）活动断裂，断裂长度不大，活动速率 0.1～1mm/a，第四纪同地壳相对沉降 $S_v=0.1\sim0.4$	$\alpha_1=11°\sim24°$ $\alpha_2=51°\sim70°$	60～75	布格异常等值线呈局部或岛大区域的低值梯度带，$B_s=0.6\sim1$	存在低值局部地段或偏差带，$50<\Delta P_a<300$	$3.35\times10^6<\sqrt{E}\leqslant1.28\times10^7$	5.5～6.5	Ⅵ～Ⅷ	微小变形或局部小变形	适宜某种模类型的工程建筑，需作抗震设计
次不稳定区（Ⅲ类）	在大陆壳与大洋壳分界带，中、新生代大洋壳分界带，近代大陆地缝合带，新生代大陆消减带，新生大陆裂谷和复活的古裂谷带、深断裂成带	发育晚更新世（3×10⁴a）和全新世（1×10⁴a）以来活动断裂，延伸长度大于百公里，存在近代活动断裂引起的 $M\geqslant6$ 级地震，并伴生地裂，断裂活动速率 1～10mm/a，第四纪活动地壳相对沉降 $S_v=0.4\sim1$	$\alpha_{1,2}=25°\sim50°$	76～85	布格异常等值线呈区域性中、高值梯度带，$B_s=1.1\sim1.2$	存在区域性高值偏差带，$\Delta P_a>300$	$1.28\times10^7<\sqrt{E}\leqslant4.47\times10^7$	6.5～7	Ⅷ～Ⅸ	较小规模的地裂、滑坡和山崩	适宜某种模类型的工程建筑，需专门作抗震设计
不稳定区（Ⅳ类）	新生代褶皱带，板块碰撞带、现代板块间强烈断块差异运动，断裂活动俯冲带、现代岛弧深断裂发育，地壳破碎	地震断层或地裂、第四纪间强烈断块活动速率大于10mm/a，地壳相对沉降或破碎沉降幅度较大，$S_v>1$	$\alpha_{1,2}=25°\sim50°$	>85	布格异常等值线呈区域性高值带，长200km以上，$B_s>1.2$（多数达1.2～2）	存在区域性高值偏差带，$\Delta P_a>300$	$\sqrt{E}>6.86\times10^7$	>7	≥Ⅹ	山区及升降差异带有规模滑坡、山崩成作特殊滑坡、山崩群（带）分布	不适宜重大工程，如需建设必须作特殊防震设计

注：据本章文献[3]～[5]修改，1Gal=1cm/s²。

中国地壳次不稳定的地区为零星分布，呈星岛状分布于稳定区和基本稳定区之中，个别的分布在海域，占中国国土面积的比例甚小。它在中国东部分布甚少，中国的西北和西南山区次稳定区较多。地壳次不稳定区与不稳定区略有差别，但差异不大。次不稳定区都是地壳最活动区，大地热流、地震震级及频率都是最高的，概括其特点如下：（1）在地质构造单元上它们处于喜山褶皱带、新生代裂谷区及板块碰撞带等活动的构造单元上。深断裂发育，地壳破碎为块裂结构。（2）新生代以来地壳的差异断块运动强烈，堆积了巨厚的第三纪和第四纪沉积，沉降速率甚大。活动断裂发育，普遍有全新世以来的现代活动断裂。（3）有显著的区域重力梯级带。在南北地震带以西 $B_s > 1.2\text{mGal/km}$，最高可达 $2.3 \sim 3\text{mGal/km}$，以东 $B_s = 0.8 \sim 1.3\text{mGal/km}$。（4）次稳定区是中国历史上强烈地震带、地壳活动带，产生过 $M \geqslant 7$ 级的地震，有不少地方曾发生过 $M \geqslant 8$ 级的地震。

地壳基本-次不稳定区并不属于标准的地壳稳定分区，它实际上是一种混合区。这类混合区的中央地带是次不稳定区，其外围又是基本稳定区。这类混合区包括中国一些强震带以及其邻区，例如汾河、渭河、银川新生代裂谷及天山南北地震带和阿尔泰地震带等。其主要特点是地震震中迁移和分布及地震影响烈度仅局限于狭长的地带内。由于编图比例尺的限制，无法将两类不同稳定级别的地壳，从地理位置上分开，但对工程的影响差别较大，故用混合区的办法表示，以引起工程上重视。

中国地壳不稳定区仅划出台湾省东部不稳定区和西藏南部不稳定区两块。这两个地段均是喜山期板块边界附近，是现代地壳最活动的地区。西藏南部属喜马拉雅期板块碰撞带的转换断层位置，应力集中、地壳破碎、地壳活动极强、稳定程度低。台湾东部区处在晚第三纪太平洋板块和近代亚洲大陆板块与太平洋板块的消减带两侧。历史上 $M = 8$ 级的地震重复发生两次（相距 52a），均在此消减带上。近百年曾发生多次 $M \geqslant 7$ 级的地震。因此，预测未来百年内这里是不稳定地区。

1.3　中国地震及地震区带划分

1.3.1　中国六大地震区

以亚板块与构造块体的划分为格架，并按强震的多少，强度的大小，地震复发间隔，考虑岩石圈的结构构造和现今地球动力的状态，可将中国分为六大地震区，见表 4.1-11。

中国地震区特征表

表 4.1-11

分区	地震区特征
东北地震区	相当于黑龙江亚板块，21 世纪有少量 6 级地震，一次 7.3 级地震，强震成带现象不明显，按小震分布特征，主要是松辽平原两侧两条北北东向的地震带
华北（黄海）地震区	华北地震区包括东延的黄海陆棚，相当于华北亚板块。历史地震和现代地震都很活跃的地震区，不小于 8 级的地震 6 次，7~7.9 级的地震 11 次，6~6.9 级的地震 43 次。强震数量多，强震密集成带，主要延伸方向是北东-北东向，主要有汾渭地堑系地震带、华北平原两侧地震带、郯庐断裂地震带、黄海陆棚地震带等，与之穿插的有张家口—渤海北西西向地震带
东南地震区	相当于华南亚板块。总体上是一个少震弱震区，四川盆地、贵州高原、湖南—江西低山丘陵区都很少发生不小于 5 级的地震。但是闽南和粤东的东南沿海一带是一个历史地震强和频度较高的地震带，不小于 8 级的地震 1 次，7~7.9 级的地震 4 次，6~6.9 级的地震 30 次。 台湾包括在东南地震区内，其西侧地震活动与东南沿海地震带相似，其东侧地震频度很高，21 世纪以来不小于 6 级的地震已达 30 次，与大陆地震特征显著不同

续表

分区	地震区特征
南海地震区	相当于南海亚板块。强震主要分布在菲律宾板块的西缘，其内部分布有零散的少量达到6级的地震
青藏高原地震区	相当于青藏亚板块。地震频度最高，密布成片，震级也较高的强活动区。21世纪以来，不小于8级的地震2次，7～7.9级的地震45次，6～6.9级的地震236次。地震强度和频度很高。地震带主要在东西两侧有两条：一条是西南边缘的喜马拉雅地震带，另一条是东缘的南北地震带。它的内部可分为4条弧形地震带：喜马拉雅弧形带；喀喇昆仑—可可西里—鲜水河—小江弧形带；东昆仑—阿尼玛卿弧形带；阿尔金祁连弧形带
新疆（阿拉善）地震区	相当于新疆亚板块。强震主要分布在近东西向天山的南北两侧。21世纪以来发生不小于8级的地震4次，1～7.9级的地震9次，6～6.9级的地震41次。天山两侧的两大盆地是地震活动很弱的稳定地块，仅有少量5级以下地震。阿尔泰富蕴地震带与蒙古西部地震活动带相近。喀什地区强震密集成丛出现，靠近帕米尔块体又是一个复杂的岩石圈碰撞的扭结点

1.3.2　中国地震震源深度分区

我国大陆地震深度最大的地震密集区是新疆西南部地区，即塔里木地块的西端和西南缘，这里是帕米尔—西昆仑地震带、南天山地震带西端和喀喇昆仑地震带所在的地震活动区，其平均震源深度达 23km ± 10km，而且，在帕米尔一带的震源深度最深达 60km 以上，平均为 31km ± 13km，并呈现由帕米尔向天山逐渐变浅的趋势。此外，我国大陆东西部地震深度还存在明显差异，在地震活动性研究中常以 107°作为东西部的界限，就地震深度分布来看，这种差异也是十分显著的，我国内陆地震平均深度为 16km ± 7km，东部地区为 13km ± 6km，西部地区为 18km ± 8km，东部比西部平均偏浅 5km。震源深度呈现的东、西部差异是我国大陆东、西两大部分地球物理背景场差异的一个结果和组成部分。

全国大于或等于6级的地震 90%以上发生在深度 10～25km 范围内，强震发震深度与地壳中上部的低速层（P波速度为 6km/s）有密切关系，这是陆壳内多震层和孕震层。中国地震震源分布见表 4.1-12。

中国地震震源深度分布表

表 4.1-12

	地区	地壳厚度/km	浅源震源深度/km	中源震源深度/km	深源震源深度/km
1	中国西部地区	55～70	10～50 有时 10～30	—	—
2	青藏高原南部区	>70	15～70	—	—
	青藏高原中部区	55～70	10～40	—	—
	青藏高原北部区	55～70	10～30	—	—
3	中国东部地区	30～45	5～30	—	—
	华北地区	30～45	5～30	—	—
	东北地区	30～45	<20	—	—
	华南地区	30～45	5～20	—	—
4	冲绳海槽区	—	—	270	—
5	喜马拉雅地震带东西两侧	—	—	120～160	—
6	台湾东北、北部	—	—	270	—
7	东北延吉、珲春、黑龙江东部	—	—	—	500～590

1.3.3　中国强震及地震带分布特征

可扫描二维码 M4.1-2 阅读相关内容。

M4.1-2

1.3.4　中国强震与深大断裂关系

中国及毗邻海区以发育板内活动断裂为主，主要存在走滑、逆冲和正断三种类型，总数达到 2705 条，是目前全球已知活动断裂数量最多的国家。综合断裂的活动速率和历史强震活动性对活动断裂进行活动强度分级后，可从中区分出极强活动断裂 15 条、强烈活动断裂 161 条、中等活动断裂 602 条、弱活动断裂 1553 条和推测活动断裂 374 条，极强—中等活动断裂比例 29%。其中，海域断裂 303 条，陆域断裂 2402 条，后者包括正断层 679 条、逆断层 232 条、左旋走滑断层 431 条、右旋走滑断层 380 条、隐伏断裂 309 条、推测断裂 319 条和推测隐伏断裂 52 条。这些显著的活动断裂带控制了中国历史上的绝大部分 $M \geqslant 7.0$ 大地震，但在不同的活动构造区带及其内部，主要断裂的活动方式和活动强度变化较大。

深大断裂在青藏高原广泛分布，并显示出与海拔高度相关的规律性：逆冲断裂主要发生在高原周边的低海拔区，反映了高原向周边的挤压和缩短作用；高海拔的高原内部则以拉张性质的南北向正断裂和共轭走滑断裂为主，表明了高原内部近东西向的伸展作用；走滑断裂发育在高原的不同海拔的不同部位，但北部是左旋走滑运动，南部是右旋走滑运动，反映了高原内部地壳物质东流所导致的巨型左旋和右旋剪切作用。这种地表活动断裂的有序分布同时也控制着地壳深部地震的性质。青藏高原的南边界由向南凸出的弧形喜马拉雅逆冲带所组成，控制了包括 1950 年察隅 8.5 级地震在内的有历史记载以来的 5 次 8 级以上逆断层型强震。祁连山、柴达木盆地和六盘山构成了青藏高原的东北边缘，该地区地震活动强烈，震源机制解表明地震破裂以逆冲和左旋走滑为特征，与地表活动断裂研究结果一致。不同类型地震的分布也具有一定的规律。祁连山两侧的柴达木盆地和河西走廊盆地的地震绝大部分是逆冲地震，断层面解的走向为北西西到近东西，基本上平行于地表逆冲断裂和褶皱的走向，倾角一般在 40°～60°，表明作为青藏高原北边界的祁连山—柴达木地区的地壳缩短以厚皮构造为特征。

华北地块由西部的鄂尔多斯和东部的华北平原所组成，二者的构造变形模式和地震活动特征截然不同。鄂尔多斯地块内部构造活动性微弱，周边的地震活动却十分强烈，控制了有历史记载以来的 19 次 7 级以上强震的发生，其中 1303 年山西洪洞 8 级地震发生在其西边界，1556 年陕西华县 8 级大地震发生在其南边界的华山山前断裂，而 1739 年宁夏平罗 8 级地震和 1920 年宁夏海原 8.5 级地震则发生在地块的西边界。华北平原活动地块的西边界是分割鄂尔多斯地块的山西断陷盆地带，有历史记载以来发生过 7 次 7 级以上强震；东边界的郯庐断裂 1668 年发生过 8 级强震；北边界的张家口—渤海断裂带与地块内部北北东向次级地块边界的交界地带往往是强震的孕育场所，1679 年三河—平谷 8 级强震发生在冀中次级活动地块边界与张家口—渤海断裂带的交会区附近，而造成 24 万人死亡的 1976 年唐山 7.8 级地震则发生在沧州次级活动地块边界与张家口—渤海断裂带的交会区。华北平原活动地块的 7 级以上地震还沿内部次级地块的边界发生，如 1937 年山东磁县和 1966 年邢台地震，除了上述活动地块边界带的强震之外，华北平原内部还发育两条次级地震带，一条是唐山—河间—磁县地震带，另一条是安阳—菏泽—临沂地震带，这两条地震带不对应地表发育的已知断层带，被认为是新生地震带。

1.4　活动断裂及其评价

活动断裂的勘察及其评价是重大工程在选址与抗震设计时应进行的一项重要工作。主要涉及活动断裂带的分类、活动性特征及其与地震的关系，以及工程应对措施等内容。《岩土工程勘察规范》GB 50021—2001（2009 年版）第 5.8.1 条规定：抗震设防烈度等于或大于Ⅶ度的重大工程场地应进行活动断裂的勘察。应查明断裂位置和类型，分析其活动性和地震效应，评价断裂对工程建设可能产生的影响，并提出处理方案。而对核电厂的断裂勘察，应按核安全法规和导则进行专门研究。

1.4.1　活动断裂的定义与分类

1.4.1.1　活动断裂的定义

活动断裂（Active Fault）一般指活断层，中外学者对此术语给予了不同的定义，不少学者认为活断层是目前在持续活动或在历史时期或近期地质时期活动过、极可能在不久的将来重新活动的断层；有的把新生代以来活动过的断裂叫活动断裂，有的把第四纪以来活动过的断裂叫活动断裂，还有的把活动断裂和地震断层作为同义语，还有"发震断层""孕震断层""控震断层"和"休眠断层"等。因术语过多而造成了不少困难和混乱。本手册定义为：活动断裂是指晚更新世（距今 12万～10万年）以来或晚第四纪有过活动且将来有可能再度活动的断裂。

从工程使用时间尺度和断层活动时间测年的准确性来考虑，近期地质活动时间上限不宜太长，应以 10000 年为适当。可能有重新活动的不远的将来，一般理解为重要建筑物如大坝、原子能电站等的使用年限之内，约为 100 年。

活动断裂按活动时间和活动性质进一步定义如下：

1）按照活动时间上大体有如下几类定义：

（1）地震地质研究：地质历史时期形成、第四纪以来有过活动、将来有可能再次活动的断裂，称为活动断裂。

（2）适用于核电站、海洋平台、大坝：地质历史时期形成、在距今 3.5万年以来有过活动、在工程的运行期内仍可能再次活动的断裂。

（3）适用于一般工业与民用建筑工程：地质历史时期形成、全新世以来有过活动、未来一百年内可能再次活动的断裂。

2）在活动性质上总括有三种类型：震动、蠕动及错动（突发性的相对位移）。

（1）地震地质研究：上述任何一种或一种以上的活动发生时，均认为是"活动断裂"。

（2）工程抗震应用：只考虑发生震动和/或错动的断裂，而不考虑仅有蠕动的"动而无震"的断裂。为此工程抗震一般只研究和处理发震断裂问题。

此外，按发震断裂、非发震断裂、能动断裂分类又可定义如下：

（1）发震断裂：是针对某次历史地震或预测未来地震的震源所在的断裂而言。在工程抗震应用中主要指发生过或有可能发生 5 级以上地震的活动断裂称发震断裂，从地震学出发，凡是能产生 3 级以上有感地震的活动断裂均称发震断裂。

（2）非发震断裂：发震断裂以外的其他活动断裂，包括只可能发生无感微震的活动断裂和当今（包括今后一二百年）暂不发震的活动断裂。

（3）能动断裂：《美国联邦核管理委员会管理规程》（10CFR100）附录 A 中定义为：①在过去 35000 年中至少有一次地表活动或在过去 500000 年中重复活动；②精确的仪器观测记录资料表明产生的地震活动和断裂有直接的联系；③与具有第①或第②项特征的活动断裂有构造联系，以至在一方活动时，另一方有可能活动。

1.4.1.2　活动断裂的分类

1. 按构造应力状态及两盘相对位移分类

（1）走滑断裂：最大最小主应力近于水平，两者之间的最大剪应力面，亦即此类断层的断裂面，近于直立，因之其地表出露线也就最为平直；常表现为极窄的直线形断崖。主要是断裂面两侧相对的水平运动，相对的垂直升降很小。河流最易于沿这种断裂发育，水工建筑物也就最易于受到这种断裂的威胁。

（2）逆断裂：最大主应力近于水平，最小主应力近于垂直。走向垂直于最大主应力的断裂面与水平面夹角一般小于 45°，往往为 20°～40°，且由于位移是水平挤压形成的，断裂面两侧的点之间的距离总是由于位移而缩短。上盘除上升外还产生地面变形，往往伴以多个分支或次级断裂的错动。

（3）正断裂：最大主应力近于垂直，最小主应力近于水平。走向垂直于最小主应力且与最大主应力呈锐角的断裂面与水平面夹角大于 45°，一般为 60°～80°。在错动过程中，垂直断面走向的水平方向有所伸长，伴随这类断层活动的变形（下沉）和分支断裂错动，主要集中于下降盘。与河谷平行断面倾斜的正断裂，可以使拦河坝产生比其他形式断裂运动更宽的初始裂缝。一般说来，这类断裂的可识别程度介于走滑断裂和逆断裂之间，其影响带宽度和对工程的危害程度也介于两者之间。

2. 按照《岩土工程勘察规范》GB 50021—2001（2009 年版）的地震工程分类

（1）全新活动断裂：为在全新地质时期（1万年）内有过地震活动或近期正在活动，在今后 100 年可能继续活动的断裂；全新活动断裂中、近期（近 500 年来）发生过地震震级 $M \geqslant 5$ 级的断裂，或在今后 100 年内，可能发生 $M \geqslant 5$ 级的断裂，可定为发震断裂。全新世活动断裂可按表 4.1-13 分级。

（2）非全新活动断裂：1万年以前活动过，1万年以来没有发生过活动的断裂。

全新活动断裂分级　　　　　　表 4.1-13

断裂分级	活动性	平均活动速率 v/（mm/a）	历史地震震级 M
强烈全新活动断裂（Ⅰ）	中晚更新世以来有活动，全新世活动强烈	$v > 1$	$M \geqslant 7$
中等全新活动断裂（Ⅱ）	中晚更新世以来有活动，全新世活动较强烈	$1 \geqslant v \geqslant 0.1$	$7 > M \geqslant 6$
微弱全新活动断裂（Ⅲ）	全新世有微弱活动	$v < 0.1$	$M < 6$

3. 按活动断裂中发震断裂分类

由于在活动断裂中发震断裂和非发震断裂的划分仅仅在于地震震级大小上有差别，而地震能级和断裂的切割深度是密切相关的，因此发震断裂一般按断裂的切割深度分类。

李兴唐提出的分类法一般为地震学界及工程界采用，但在国外还不见有发震断裂的分类。

（1）盖层断裂：一般可能发生 3 级以下的地震，切入上地壳或到达基底顶面 1～12km，地面出现区域性大断裂或有火成岩墙出露。

（2）基底断裂：一般可能发生 6 级以下的地震，最深可切割到达康拉德面，切割深可达 18～57km，有磁异常梯级带和居里面突变带，沿断裂带有中酸性火成岩带出露或隐伏于断陷盆地之下。

（3）地壳断裂：一般可能发生 6 级以上地震，切入下地壳或莫霍面 30～75km，是局部重力梯级带、莫霍面突变带。沿断裂带有基性火成岩和碱性岩，常为大陆裂谷边界。

（4）岩石圈断裂：一般可能发生 6 级以上地震，切入上地幔或达软流圈 50～200km，是区域重力异常梯级带、莫霍面突变带、重力均衡异常带，沿断裂带分布有超基性岩或地幔源岩类、高压变质岩类，组成板块边界。

1.4.2　中国主要活动断裂及其特征

中国活动断裂带的展布规律以南北构造带为界，西部主要在印度板块向北推挤和欧亚板块阻挠的夹持下形成一系列近东西向、北西西—北西和北东东—北东向的逆冲、逆掩或逆-走滑型的，规模巨大的活动断裂带；而东部形成一系列北北东、北东走向走滑正断裂带，与其共轭的北西向断裂带，多为正断层或正走滑断层。其中，最主要的活动断裂共 21 条，详见二维码 M4.1-3。

M4.1-3

活动断裂平均相对位移速率分为水平和垂直位移分量。根据用地质方法、地震矩方法和形变测量方法量测，20 世纪 80 年代以来测得中国第四纪主要活动断裂平均位移速率共99 个，涉及 58 条活动断裂。

采用地震矩方法计算断层的平均位移速率，选取时间尺度比较长，得出断层的水平分量的平均位移速率更趋近于实际。形变测量所得数据比其他方法大得多，只能反映活动断裂的现代平均位移状况。根据地质方法所得断层平均位移速率准确性较大，以此为主并参考其他方法将中国活动断裂的平均位移速率分成四个等级（表 4.1-14）。

中国活断层平均位移速率，在西部地区多在 6mm/a 以上，东部地区多在 5mm/a 以下，在华南地区更低，小于 1mm/a。各区的块体内平均滑移速率相对较低些。

中国活动断裂平均位移速率分级表　　　　　表 4.1-14

等级	平均位移速率/（mm/a）		垂直与水平位移速率比值	分布特征
	块体边界	块体内部		
一级	>10	1～4	1:6～1:0	主要分布在西部地区，青藏亚板块的南部与西部的边界断裂和台湾块体的边界断裂
二级	6～10	1～3	1:6～1:0	西部地区各块体的边界断裂
三级	1～5	0.5～1	1:3	主要分布在东部地区，华北亚板块西部及内部次一级块体边界断裂
四级	<1.0	<0.1	1:2	东部及华南地区的块体内部断裂

1.4.3　活动断裂勘察与评价

1.4.3.1　活动断裂的鉴别与调查

（1）活动断裂的线性地貌标志：活动断裂是一种线形构造，其地貌标志十分明显，如沿断裂带的断层崖、断层梯形面及三角面、泉水等均呈线形分布。随着断层继续差异活动，沿山麓带的断崖下形成一系列洪积扇。这种断层崖、三角面、洪积扇三位一体的地貌形态，是活动断裂存在的重要证据。

（2）活动断裂与洪积扇的发育特征：断块隆起和断块陷落的分界，断裂带洪积扇发育是判断山麓带存在活动断裂的重要依据。在差异活动强烈地带，洪积扇高度大，组成物质颗粒粗大，分选性差。台地前缘的陡坎常呈直线或折线状，形如刀切，为一系列新断层崖。

（3）盆地断陷，洪积扇顶点将向平原方向移动，往往新洪积扇覆盖在老洪积扇上，形成垒叠式、串球状洪积扇群，是边缘活动断裂不断活动的标志。横切洪积扇的活动断裂，使河流通过断层产生急转弯。

（4）活动断裂与河流地貌：当活动断裂横切河流时，因活动断裂水平位错扭动，将使河谷、山脊、冲沟水平位错，河流同步扭曲或直角转折；由于断裂的垂直位移，断裂两盘阶地发育不对称，河流纵剖面上阶地级数、阶面高程和阶地类型都不一致，基岩型阶地阶面高程突然变化，表现为跌水和瀑布。当活动断裂顺河通过时，则表现为两岸阶地发育不对称，河流横剖面上的阶地级数、高程和阶地类型不一致，同时河流不断向断层下降盘一侧扩展，下降盘侧沉积阶地完整，上升盘侧冲刷，阶地缺失、不完整，河岸呈陡坎状。

（5）活动断裂与盆地地貌：一个单独的盆地周围受不同方向的活动断裂围限时，盆地边缘山麓线比较直，或呈折线状，且山坡较陡。由于断层两盘的差异活动，在横剖面上呈阶梯状陷落，构成一系列的地堑、地垒式构造。

（6）第四系地层中发现断层露头，并连续或断续分布，这是活动断裂的直接出露标志。第四纪活动断裂有的是基岩深断裂的复活引起第四系地层的错动，有的是第四纪期间的地壳运动新产生的第四纪断裂，两者与现代活动的深断裂有联系，规模巨大，在平面上可延伸数十公里至百公里，断距可达数米至数十米，往往是近代地震活动带。后者不与深断裂相联系，与盖层断裂和表层断裂有联系，断裂规模不大，长度数十米，最长 1～2km。断距小，数厘米至数米，很少超过 10m。这种活动断裂无震或仅有弱震或微震。

此外，在缺失第四系地层的基岩地区鉴别活动断裂时，主要靠分析研究断层破碎带，需要采断层泥样品实测地质年龄来确定是否属于活动断裂。

1.4.3.2　活动断裂的研究方法

活动断裂的研究主要涉及活动断裂的调查、监测、年代测定及其活动性与区域构造稳定性评价等内容，其目的是确定活动断裂的位置、产状、地表形态、活动特性（如错距、速率、周期等）、剖面特征、区域构造应力场与形变场以及地震危险性。其研究方法主要包括地质地貌方法、地球物理方法、地球化学方法、遥感解译方法以及数值模拟方法等。

1. 地质地貌方法

主要有断错地质地貌制图法、钻探与槽探法。地貌制图法是通过对各种地质地貌，尤其是断错地质地貌特征进行实地调查，对断裂几何学和运动学参数、最新断裂错动面和断错地貌、地震地表破裂带以及地裂缝带等进行实地详细调查，从地貌上确定断裂带空间展布与发育特征。

钻探与槽探是工程建设区活动断裂研究非常重要的技术手段，它可以对地层结构、岩性进行真实揭露，获取活动断层详尽的地质信息，如通过观察钻进过程中是否存在漏浆现象判断断层破碎带的存在；而槽探法主要用来识别古地震的活动期次、古地震事件和时间、年龄等，其识别标志一般有崩积楔、构造楔、断层泥、充填楔和地层的错断与覆盖关系等，如跨断层的最新沉积是否被断层错断及其错动幅度，提供含碳物质及其他用于测年的断层泥的样品，以便判定错动的时代；揭露重复错动证据，如较老地层比新地层错距大、多次的地震砂土液化造成的多次喷砂以及多次形成崩积楔的地层记录等，以判定间歇错动的时间间隔。可确定地球物理探测界面的地质含义及其年龄，确定断裂最新活动带的空间位置和宽度。

2. 地球物理方法

物探方法具有快捷、经济、容易操作等特点，特别是在初勘中起到更大的作用，但地球物理勘探是一种间接的勘探方法，是通过所掌握的地球物理场反演地下结构，因此地球物理勘探存在多解性的问题，为了能获得更准确的判断，一般会结合钻探或者多种物探方法配合，进行对比研究。主要有以下三大类方法：

（1）地震勘探。浅层高分辨地震勘探是活动断层浅部探测中最为有效的探测方法之一，以提供断层的位置、几何形态、断层带宽度、断层活动和在资料完整的条件下研究地层变形时代等有关参数，对了解构造活动历史，研究强震发生的可能性等具有重要作用。

（2）电法勘探。适用于地震活动断层探测的方法主要包括联合剖面法、高密度电法、大地电磁测深法、瞬变电磁法等。主要是利用地下介质的电性特征，对活动断层的不同深度进行研究，其缺点是分辨率一般较低，但可以提供活动断层的宏观特征。

（3）其他方法。主要有重力勘探、磁法勘探等。重力勘探是利用组成地壳的各种岩体、矿体间的密度差异所引起的地表重力加速度值的变化而进行地质勘探的一种方法。磁法勘探在大地构造分区、断裂带、接触带、破碎带和基底构造的探测，沉积岩、侵入岩、喷出岩以及变质岩的分布范围划分等方面有着广泛的应用。断裂带的磁异常因不同的构造作用以及其后发生的地质过程而具有不同的特征。其异常特征包括岩石在经受外力作用，尤其是因岩石破碎后出现的磁性降低引起的负异常；因深断裂内伴有岩浆活动或热液侵入带来的磁场增强所表现的正异常；或因热退磁作用引起的负异常等。

3. 地球化学方法

气体地球化学探测技术是一种寻找隐伏断层位置的方法。地球内部在压力差、浓度差、温度差等因素作用下，不同成因的气体（如 Hg、Rn、He 气体）会通过断层（断裂）向地表迁移并逸出。因此，可以通过活断层上地球气体释放的气体强度变化的异常信息来探测活动断层的位置。目前，利用 Hg、Rn、He 气体来探测活断层已经是一种比较成熟的方法。但地球化学探测不能用于受严重化学污染的场地的探测。

4. 遥感解译方法

是利用卫星图像或者航空摄影得到的数据通过一系列的图像处理来提取和判断活断层的性质和特征的一种方法。遥感技术具有全天候、连续性、观察范围大、周期短等特点，可有效节省人力物力，快速识别大区域范围内的活动断层，是对活断层研究方法的有效补充。该方法根据不同地物的波谱响应特征的差异导致的地形地貌颜色特征的差异，基于影像的色调、地形地貌的线性特征以及水系格局等判别标志进行活动断裂的解译。根据沿断裂形迹的明显色调差异、断层线性延伸的连续性、水系的形态特征等标志，均能直接判断断裂的活动特征。但遥感探测技术需要先进的数据处理方法，只有增强空间分辨率才能提高活动断层的探测精度。

5. 数值模拟方法

活动断裂的活动性往往受区域现代构造应力场的支配，采用与地质力学模型相结合的数值模拟方法可以进行断层活动与区域构造稳定性的研究。大体步骤如下：（1）根据区域大地构造、地球物理、地震活动性、构造应力场等观测资料，建立地质力学模型；（2）基于工程建设区的应力实测结果与震源机制解，数值模拟反演区域构造应力量级与模型边界力源的作用方式；（3）基于数值模拟分析获得区域应力场和应变能密度的基本特征和断层两盘的相对位移矢量，判定断层的活动方式；（4）基于时效过程的数值模拟分析，揭示工程建设区应力场、形变场、断层活动强度随时间的调整过程，地震应力释放对未来地震危险区的影响。

1.4.3.3　活动断裂的工程判别标准

在地震地质部门研究的成果基础上，从工程角度出发，具备下述条件之一者的断裂为活动断裂。

（1）年龄测定：地层或断层带内物质的年龄测定表明断层是活动的（表 4.1-15）。

（2）位错标志：新地层错动，或有足够准确可靠的仪器观测数据。

（3）地震活动：古地震调查、历史地震记录或现代小震活动。

活动断裂年龄测定主要方法

表 4.1-15

方法	样品	最佳年龄范围/万 a
C^{14}	淤泥、方解石、贝壳、骨骼、碳等	<3.5
光释光	石英、方解石、烘烤层、陶瓷等	20～30
轴系法	方解石、碳酸钙沉积物等	5～60
石英表面显微构造	石英颗粒	1～10

1.4.3.4　发震断裂的识别

（1）发震断裂带属于活动断裂带。

（2）发震断裂的最大地震震级与断裂的切割深度有关，发震断裂属于岩石圈、地壳、基底活动断裂。断裂的切割深度和震级的关系可按发震断裂的分类中各断裂的特点来判别。

（3）一条深大断裂并非全部都是发震断裂，一般应力集中部位是发震地点：①断裂端部；②断裂弯曲部位；③两组断裂交汇部位。两构造带交会或交而不会地区为 7 级以上在震源区，交会区附近为 6～6.9 级潜在震源区（中国华北）。

（4）新生代晚期或第四纪强烈断块差异带，如构造单元或断块边界、缝合带、消减带、新生代裂谷或第四纪复合的裂谷带、板块边界。通过新生代沉积厚度变化找出差异运动强烈的新生代断陷盆地，特别是第四纪以来的断陷盆地，盆地内断距较大的一侧为潜在震源区。

（5）全新世以来沿断裂多次发生过破坏性地震，包括历史记载或古地震研究确定的地震；在断裂上多次断错发生；小震很少或地震构造带空区。

1.4.3.5　断裂发震的标准

断裂最强活动是地震，强震对工程建筑的破坏也最大。因此，活动断裂工程评价的直接标准为，它是否具备震中烈度 $I_o \geqslant Ⅵ$ 度的严重破坏的发震条件，特别重要的它是否具备震中烈度 $I_o \geqslant Ⅷ$ 度的严重破坏的发生条件。因为此时既有高烈度影响要抗震设防，同时又将出现地震断层，建筑物要防止位错影响。

评价活动断裂发震标准的要点是未来工程使用期内可能出现的最大震级和震中烈度，断裂如不在工程区域内的要确定临近强震影响下的影响场地的烈度，以作为工程建筑抗震设防的依据。

对可能出现地震断层的发震断裂进行评价时，要考虑第四系覆盖层厚度对产生地震断层的抑制作用，不同类型建筑对起始覆盖层厚度要求不同，可按照活动断裂埋藏条件分类分别进行评价。

必须着重指出，第四纪地层厚度是指未受错动的原状厚度，对于隐伏于第四纪地层中的断裂，要以其上断点的埋藏深度作为真实厚度的评价依据。因此这里要求，凡一般的工业与民用建筑可以第四纪地层厚度作为评价依据，可以不查清断裂上断点的埋深，但是对于甲类工程必须查清第四纪地层中是否有隐伏断裂，及其上断点的埋藏深度，以真实的厚度作为覆盖层影响的评价依据。

1.4.3.6　活动断裂的工程评价及对策

活动断裂的活动方式本质上决定了抗震设防的工程措施的内容。活动断裂具有蠕滑和黏滑两种活动方式，蠕滑是持续缓慢平稳变形，一般无地震活动或仅伴有小震，而黏滑错动往往是间断性突然发生，触发较强地震，且这种瞬间发生的强烈错动间断、周期性地发生，沿断裂往往出现周期性的地震活动，常常导致地基失效、建（构）筑物损坏，诱发山崩、滑坡、饱和土液化等地质灾害，其工程破坏效应大。但实际中发现活动断裂的活动方式，既非绝对黏滑也非绝对蠕滑，而是二者兼而有之。如 1995 年日本阪神大地震和 2008年"5·12"汶川特大地震的发震活动断裂都是兼具黏滑和蠕滑两种活动方式，在发震黏滑错动发生之前均有震前蠕滑现象。因此，仅有蠕滑的非发震断裂与发震断裂的工程效应与防治对策是不同的。

1. 非发震断裂的工程评价及对策

非发震的活动断裂是指只有蠕动而无震动发生的断裂，它的工程评价主要是提出抗蠕动措施。

（1）一般情况下工程建筑物应避开断裂，但在有的地区是无法办到这一点的，特别是对线性的工程如公路、铁路（含地铁）及管道等，其沿线较长的距离内不可避免地要与断裂相交。对蠕动断裂，如已知变形速率或预估出其总的蠕变量，就可采取柔性的连接措施。如果断裂的蠕动段位置比较明确，工程建筑物只需躲开该段断裂即可。如果断裂上方的覆盖层较厚，则蠕动量会在覆盖层中消失，只需加强建筑物的整体刚度。而且，非发震断裂的位错影响主要局限在断层带或其两侧一定的范围内，沿其走向方向呈现狭长的条带状，范围是有限的，无法绕避的应根据建筑物的重要性不同，确定安全避让距离。

（2）非发震断裂地震效应的评价的另一个方面主要是考虑高烈度异常及增加活动断层变形的可能性。一般说来高烈度异常只在与发震断裂有关联或属于两组断裂的交汇处出现，而其他非发震断层的地震效应和一般场地相同，即把断裂看成一破碎带或一软弱结构面，由此考虑它的影响。

2. 发震断裂的工程评价及对策

（1）一般工程根据地震部门和建设部门已定的基本烈度或设防烈度进行抗震设计即可，同时在总平面设计中应尽量避开发震断裂带。

（2）发震断裂工程抗震评价时应评估断裂活动的最大可能震级和场地影响烈度，但最大可能震级评估是一个复杂的不确定性的问题，可根据已有经验和资料综合评估。国内外都很重视震级与发震断层长度和位移量大小的统计关系，现推荐一些主要公式，作为评估最大可能震级的参考。见表 4.1-16。

震级与断层长度和位移幅度关系对比表　　　　　　表 4.1-16

作者、时间		关系式	研究范围	震级	
				$M=7$	$M=8$
Tocher	1958 年	$\lg L = 1.02M - 5.76$	美国	$L=24$	$L=252$
Otsuka	1964 年	$\lg L_m = 0.5M - 1.8$	全世界	$L=50$	$L=159$
Lida	1965 年	$\lg L = 1.32M - 7.99$	全世界	$L=18$	$L=372$
郭建增等	1965 年	$M = 3.3 + 2.1\lg L$	中国及邻区	$L=58$	$L=173$
Bonilla	1970 年	$\lg L = 0.338M - 0.964$	全世界	$L=25$	$L=55$
松田	1975 年	$\lg L = 0.6M - 2.9$	日本	$L=20$	$L=80$
杨章	1983 年	$\lg L = 0.66M - 3.02$	中国西部及邻区	$L=40$	$L=182$
杨章	1983 年	$\lg L = 0.73M - 2.74$	世界走滑断层	$L=36$	$L=220$
Lida	1965 年	$\lg D = 0.55M - 3.71$	全世界	$D=1.4$	$D=4.9$
SJemmons	1966 年	$M = 3.68 + 0.411\lg LD$	美国	—	—
King	1968 年	$\lg LD^2 = 1.9M - 2.65$	全世界	—	—
Chinnesy	1969 年	$\lg D = 0.96M - 6.69$	世界走滑断层	$D=1.1$	$D=9.9$
Bonilla	1970 年	$\lg D = 0.57M - 3.91$	美国	$D=1.2$	$D=4.5$
Bonilla	1970 年	$\lg D = 0.57M - 3.39$	美国走滑断层	$D=4$	$D=14.8$
Yonekura	1983 年	$\lg D_{max} = 0.67M - 4.0$	日本	$D=2.3$	$D=8$
郭建增等	1973 年	$Ms = 1.931\lg D + 2.4$	中国及邻区	$D=2.4$	$D=8$
松田	1975 年	$\lg D = 0.6M - 4.0$	日本	$D=1.5$	$D=6$
杨章	1983 年	$\lg D = 0.73M - 2.74$	世界走滑断层	$D=2.35$	$D=12.6$
杨章	1983 年	$\lg D = 0.84M - 4.08$	中国西部及邻区	$D=1$	$D=6.92$

注：M——地震震级；L——断层长度（km）；D——位移量（m）。

确定最大可能震级时，可以按表 4.1-16 在浅源地震条件下推算出相应的震中烈度，也可以根据中国地震震级和震中烈度统计经验关系进行推算。

$$M = 0.66I + 0.98 \tag{4.1-1}$$

而场地影响烈度根据工程场地地震安全性评价的要求和技术方法进行综合判定。

（3）对于重大工程场地的稳定性评价，应分方案论证和详细勘察两阶段来进行。在方案论证阶段重点论证场地断裂是否属于发震断裂，拟建场地可能产生的最大烈度。在详细勘察阶段应根据场地位置、地形地貌和地震工程地质条件，开展工程场地地震安全性评价工作，包括区域地震活动性、区域地震构造、近场区地震构造与地震活动性评价，地震危险性分析，场地地震工程地质条件勘测，最终获取工程场地地震动参数，并进行地震地质灾害评价，可参阅相关规范。

（4）工程建筑物必须避开近代曾发生过地震，尤其是历史上发生过 $M > 5$ 级地震的发震断裂，特别应当避开下列强震高发部位：活动断裂交汇、复合部位、深大断裂凸出、转折段、活动深大断裂端部或其他闭锁部位、强烈活动的深大断裂、控震和发震活动构造带及其延伸线、极震区及高烈度区、高地应力和剪应力集中带。上述部位如果自第四纪以来有明显活动的特别是晚第四纪以来有过活动的则应避开。

此外，还应尽量避开第四纪断陷盆地的下述地震易发部位：盆地的深陡一侧、盆地的锐角型端部以及盆地中多组断裂交汇部位。在工程无法避开时，主体工程结构也应尽量避离，防止断裂的直接破坏。

（5）发震断裂对铁路、公路工程的影响表现在地表位错与变形。位错很小的蠕动对铁路、公路工程不会造成直接的危害，但当发生强烈位错并伴发地震时，在断裂附近其地面运动和变形是人工建筑物所无法抗拒的，但是其影响范围却是有限的。一些震害区的实例表明，尽管工程建筑物距活动断层不远，但只要不直接建在位错带上，地基土坚实，工程抗震性能好，常可免受严重损害。铁路、公路在发震断裂带选址的原则：线路应避开此断裂带，难以绕避时，应选择在断裂较窄处，以简单路基工程大夹角方向通过；重点工程应尽量避开可能存在的构造闭锁部位，选择安全岛。

（6）在发震断裂带地区铺设管线时应尽量避开发震断裂，无法避开时应考虑在断裂最窄的部位穿过，管道穿过断裂时应选择使管道受拉并且交角较大的方位，避免管道受压；在管道穿过断裂处以浅埋为好，最好采用空中管道，使管道能调整适应断裂的位移；设法减小管道侧壁摩阻力，提高管道材料的延展性和管道的抗剪能力；正确估计断裂的位移，采用能适应地基位错和变形的措施，设计应急备用系统或在快速检修方面认真考虑。

此外，大型工业建设场地，在可行性研究勘察时，应建议避让全新世活动断裂和发震断裂。避让距离应根据断裂的等级、规模、性质、覆盖层厚度、地震烈度等因素，按有关标准综合确定。非全新活动断裂可不采取避让措施，但当浅埋且破碎带发育时，可按不均匀地基处理。

参考文献

[1]　刘国昌. 区域稳定工程地质[M]. 长春: 吉林大学出版社, 1993.

[2]　彭建兵, 毛彦龙, 范文, 等. 区域稳定动力学研究: 黄河黑山峡大型水电工程例析[M]. 北京: 科学出版社, 2001.

[3]　林宗元. 岩土工程勘察设计手册[M]. 沈阳: 辽宁科学技术出版社, 1996.

[4]　李兴唐, 许兵, 等. 区域地壳稳定性研究理论与方法[M]. 北京: 地质出版社, 1987.

[5]　崔可锐. 岩土工程师实用手册[M]. 北京: 化学工业出版社, 2007.

[6]　马杏垣. 中国岩石圈动力学纲要[M]. 北京: 地质出版社, 1987.

[7]　王彦斌, 王永, 李建成, 等. 1999 年台湾集集大地震的地表断层破裂特征[J]. 地震地质, 2000(2): 97-103.

[8]　张培震, 王琪, 马宗晋. 中国大陆现今构造运动的 GPS 速度场与活动地块[J]. 地学前缘, 2002(2): 430-441.

[9]　SHEN Z K, ZHAO C K, YIN A, et al. Contemporary crustal deformation in east Asia constrained by global positioning system measurements[J]. Journal of geophysical research, 2000, 105(B3): 5721-5734.

[10]　高维明, 郑朗荪, 李家灵, 等. 1668 年郯城 8.5 级地震的发震构造[J]. 中国地震, 1988(3): 15-21.

[11]　晁洪太, 崔昭文, 李家灵. 鲁中地区北西向断裂及其第四纪晚期的活动特征[J]. 地震学刊, 1992(2): 1-10.

[12]　汤有标, 姚大全. 郯庐断裂带赤山段晚更新世以来的活动性[J]. 中国地震, 1990, 6(2): 7.

[13]　MEYER B, TAPPONNIER P, BOURJOT L, et al. Crustal thickening in Gansu-Qinghai, lithospheric mantle subduction, and oblique, strike-slip controlled growth of the Tibet plateau[J]. Geophysical journal international, 1998, 135(1): 1-47.

[14]　邓起东. 活动断裂研究[M]. 北京: 地震出版社, 1991.

[15]　邓起东, 徐锡伟, 于贵华. 中国大陆活动断裂的分区特征及其成因: 中国活动断层研究[M]. 北京: 地震出版社, 1994.

[16]　邓起东, 张培震, 冉勇康, 等. 中国活动构造基本特征[J]. 中国科学, 2002, 32(12): 1020-1030.

[17]　徐锡伟, 于贵华, 冉永康, 等. 中国城市活动断层概论[M]. 北京: 地震出版社, 2015.

[18]　王锺琦, 张荣祥, 汪敏, 等. 地震区工程选址手册[M]. 北京: 中国建筑工业出版社, 1994.

[19]　张倬元, 王士天, 王兰生, 等. 工程地质分析原理[M]. 北京: 地质出版社, 2017.

[20]　明镜. 城市活动断层研究方法[J]. 工程技术, 2011, 17:49.

[21]　李洪艺. 活断层研究方法刍议[J]. 广东科技, 2010, 10: 29-31.

[22]　中华人民共和国建设部. 岩土工程勘察规范: GB 50021—2001 (2009 年版) [S]. 北京: 中国建筑工业出版社, 2009.

第 2 章　场地和地基的地震效应

2.1　概述

地震作用是由地震动引起的结构动态作用，包括水平地震作用和竖向地震作用。在地震作用下，土既是地震波的传播介质，又是结构物的地基，支撑上部结构传来的各种荷载。作为波传播的介质，土层条件将影响地表地震动的大小和特征，即通常所说的放大和滤波作用。在很多情况下，这种作用将成为地震作用的主要部分，它在抗震设计中是通过场地分类和设计反应谱加以考虑的。作为结构物的地基，承受上部结构传来的动的和静的水平、竖向荷载及倾覆力矩，并要求不产生过大的沉降和不均匀沉降，保证上部结构在地震作用后能正常使用。

与土的双重作用有联系的是两种性质不同的结构物震害。结构物的震害可以分成两类：一类是由振动引起的破坏，即地震作用使结构物产生惯性力，它附加于静荷载之上，最终导致总应力超过材料强度而使结构物达到破坏状态。大多数结构物的震害属于这一类。减轻这类震害的措施是加强结构物的抗震能力，在改善结构物的强度、刚度和整体性上想办法。

另一类结构物震害是由地基失效引起的，也就是说，结构物本身具有足够的抗震能力，振动作用下本不致破坏，但是由于地基沉陷、失稳等原因导致结构开裂、倾斜（甚至倾倒）、下沉，使结构物损坏或者不能正常使用。这类破坏具有地区性，修复和加固比较困难。为了减轻这类震害，有效的措施是通过各种方法加固地基（或避免采用容易失效的地基），而不是采取措施加强上部结构。在震害预测和地震小区划中应注意区分这两类震害。

2.2　地震作用与地震反应谱

抗震设防的所有建筑应按现行国家标准《建筑工程抗震设防分类标准》GB 50223—2008确定其抗震设防类别及其抗震设防标准。建筑所在地区遭受的地震影响，应采用与抗震设防烈度相对应的设计基本地震加速度和特征周期表征。设计基本地震加速度是 50 年设计基准期超越概率10%的地震加速度的设计取值。设计特征周期是抗震设计用的地震影响系数曲线中，反映地震震级、震中距和场地类别等因素的下降段起始点对应的周期值，简称特征周期。

抗震设防烈度和设计基本地震加速度取值的对应关系如表 4.2-1 所示。设计基本地震加速度为 0.15g 和 0.30g 地区内的建筑，除《建筑抗震设计规范》GB 50011—2010（2016 年版）另有规定外，应分别按抗震设防烈度 7 度和 8 度的要求进行抗震设计。地震影响的特征周期应根据建筑所在地的设计地震分组和场地类别按表 4.2-2 确定。

我国主要城镇（县级及县级以上城镇）中心地区的抗震设防烈度、设计基本地震加速度值和所属的设计地震分组，可按《建筑抗震设计规范》GB 50011—2010（2016 年版）附录 A 采用。

抗震设防烈度和设计基本地震加速度值的对应关系　　　表 4.2-1

抗震设防烈度	6	7	8	9
设计基本地震加速度值	0.05g	0.10（0.15）g	0.20（0.30）g	0.40g

注：g 为重力加速度。

特征周期值（单位：s）　　　表 4.2-2

设计地震分组	场地类别				
	I_0	I_1	II	III	IV
第一组	0.20	0.25	0.35	0.45	0.65
第二组	0.25	0.30	0.40	0.55	0.75
第三组	0.30	0.35	0.45	0.65	0.90

2.3　场地问题

　　场地指大体上相当于厂区、居民小区和自然村或平面面积不小于 1.0km² 的工程群体所在地，在其范围内，反应谱特征相似，影响反应谱特性的岩土性状和土层覆盖厚度大致相近。选择建筑场地时，应根据工程需要、地震活动情况、工程地质和地震地质的有关资料，对抗震有利、一般、不利和危险地段做出综合评价。对不利地段，应提出避开要求；当无法避开时应采取有效的措施。对危险地段，严禁建造甲、乙类的建筑，不应建造丙类的建筑。

2.3.1　建筑场地类别划分

　　建筑场地的类别划分，应以土层等效剪切波速和场地覆盖层厚度为准。

　　1）土层等效剪切波速 v_{se}

　　地震引起的振动以波的形式从震源向各个方向传播，其中土质点的振动方向与波的前进方向相垂直的波称为剪切波（或横波），其波传播的速度称剪切波速，单位 m/s。剪切波只能在固体内传播，且一般特征为周期较长、振幅较大。

　　根据《岩土工程勘察规范》GB 50021—2001（2009 年版），各类岩土体的剪切波波速可通过波速测试测定，根据任务要求采用单孔法、跨孔法或面波法。现场测试完成后，在波形记录上识别剪切波的初至时间，计算由振源到达测点的距离，根据波的传播时间和距离确定波速。

　　当有各分层土的剪切波速值时，土层的等效剪切波速应按下列公式计算：

$$v_{se} = d_0/t \tag{4.2-1}$$

$$t = \sum_{i=1}^{n}(d_i/v_{si}) \tag{4.2-2}$$

式中：v_{se}——土层等效剪切波速（m/s）；

　　　　d_0——计算深度（m），取覆盖层厚度和 20m 两者的较小值；

　　　　t——剪切波在地面至计算深度之间的传播时间（s）；

　　　　d_i——计算深度范围内第 i 土层的厚度（m）；

v_{si}——计算深度范围内第 i 土层的剪切波速（m/s）；

n——计算深度范围内土层的分层数。

由 $G = \rho v_s^2$ 可知，等效剪切波速 v_{se} 反映了在一定深度，即 $\sum_{i=1}^{n} d_i$ 内土的软硬程度，v_{se} 越大，则越硬，v_{se} 越小，则越软。也就是说，如果将土作为一种材料，等效剪切波速表示了地面下一定深度内材料的力学特性。

2）场地覆盖层厚度

在成层的水平场地情况下，通常可以将上覆土层简化成剪切杆进行地震反应分析。剪切杆的动力特性可用剪切刚度表示，而其剪切刚度不仅取决于各层土的动剪切模量或剪切波速，还取决于上覆土层厚度。实际上，上覆土层的厚度越大，其剪切刚度越小。当地震动通过上覆土层传到地面时，其加速度记录的低频成分就越多，相应的加速度反应谱的特征周期就越大。因此，目前通常都将上覆土层厚度作为场地分类的另一个重要指标。

建筑场地覆盖层厚度的确定，应符合下列要求：

（1）一般情况下，应按地面至剪切波速大于 500m/s 且其下卧各层岩土的剪切波速均不小于 500m/s 的土层顶面的距离确定。

（2）当地面 5m 以下存在剪切波速大于其上部各土层剪切波速 2.5 倍的土层，且该层及其下卧各层岩土的剪切波速均不小于 400m/s 时，可按地面至该土层顶面的距离确定。

（3）剪切波速大于 500m/s 的孤石、透镜体，应视同周围土层。

（4）土层中的火山岩硬夹层，应视为刚体，其厚度应从覆盖土层中扣除。

3）建筑场地类别的确定

建筑的场地类别，应根据土层等效剪切波速和场地覆盖层厚度按表 4.2-3 划分为四类，其中 I 类分为 I_0、I_1 两个亚类。当有可靠的剪切波速和覆盖层厚度且其值处于表 4.2-3 所列场地类别的分界线附近时，应允许按插值方法确定地震作用计算所用的特征周期。

各类建筑场地的覆盖层厚度（单位：m）　　　　表 4.2-3

岩石的剪切波速或土的等效剪切波速/（m/s）	场地类别				
	I_0	I_1	II	III	IV
$v_s > 800$	0	—	—	—	—
$800 \geq v_s > 500$	—	0	—	—	—
$500 \geq v_{se} > 250$	—	< 5	≥ 5	—	—
$250 \geq v_{se} > 150$	—	< 3	3~50	> 50	—
$v_{se} \leq 150$	—	< 3	3~15	15~80	> 80

2.3.2　场地选择

1）场地选择原则

根据目前的一些研究，影响建筑震害和地震动参数的场地因素很多，其中包括局部地形、地质构造、地基土质等，影响的方式也各不相同。地基土质条件对建筑抗震性能的影响应从如下几个方面考虑：

（1）避免在极不稳定的土壤上（如沼泽、流砂、新填土、悬岩绝壁、陡坡等）进行建设，对于建造在高烈度区的重要建筑尤其要注意这一点，因为建造在不稳定土壤上的建筑物在强烈地震中可能会受到难以抗御的震害。

（2）根据地基土质和结构的特点采取适宜的抗震措施。有些抗震性不良的地基在本身或上部结构加固以后便能改善整体的抗震性，例如软弱地基上采用筏型基础就可以显著地提高整体结构的抗震性。

（3）根据土质条件和地震烈度对地基承载力进行调整，并通过验算保证建筑物在地震时不致因地基失效而破坏。很明显，软弱和不稳定土壤的承载力，会因地震而减弱或丧失，而对坚硬土层，除非本身遭受破坏，承载力一般是不会削弱的。

（4）根据不同地基情况和不同结构特性采用不同的地震作用，这是在地基不致失效的前提下保证结构具有必要抗震强度的措施。

这样就形成了在抗震设计中如何考虑场地条件影响的综合处理方法。《建筑抗震设计规范》GB 50011—2010（2016 年版）在认真总结国内震害经验的基础上，进一步充实了场地选择的内容，并提出应该从抗震的角度区分和考虑建筑场地对抗震的有利与不利条件，尽量选择有利于抗震的建筑场地，同时按照不同的场地类别以及结构物的动力特性，决定地震作用。对地基失效问题则应主要依靠地基处理措施加以解决。

一般认为，抗震有利的地段系指地震时地面无残余变形的某一浅层土范围；而不利地段为可能产生明显形变或地基失效的某一范围或地区；危险地段指可能发生严重的地面残余变形的某一范围或地区。按照这样的考虑，抗震有利的地段，一般是稳定基岩，坚硬土，开阔、平坦、密实、均匀的中硬土等地段；抗震不利的地段，一般是软弱土，液化土，条状突出的山嘴，高耸孤立的山丘，陡坡，陡坎，河岸和边坡边缘，平面分布上成因、岩性、状态明显不均匀的土层（含古河道、疏松的断层破碎带、暗埋的塘浜沟谷和半填半挖地基），高含水量的可塑黄土，地表存在结构性裂缝等；抗震危险的地段，一般是地震时可能发生滑坡、崩塌、地陷、地裂、泥石流等的地段以及发震断裂带上可能发生地表位错的部位。

2）场地选择应注意的问题

进行场地选择时，应根据地震勘察和工程勘察部门提供的有关资料，进行适当的判断，不能一概而论，应区分具体情况，进行合理的选择，以下各点可供参考：

（1）对于软弱场地土应进一步查明其下部土层的构成。当有不同的软弱夹层时，在土层剖面下部具有低剪切波速的软弱层，对某些轻型建筑可能有减震作用。但对于大震级（一般来讲，$M > 7.0$ 级）远震中距（通常 $R > 100km$）的地震影响，厚冲积层上的高层建筑，尚应考虑共振效应问题，这时软弱夹层就不一定具有减震作用了。

（2）对条状突出的山脊，应根据地形本身的形状、高度和地震动特征（预估情况）作出判断。如从区域地形来说（指较大范围内的地形条件）处于峡谷底部，但从局部地形（指该地区内的细微部分）来说，又处于山脊顶部时，区域地形的有利影响可能会掩盖局部地形的不利作用。孤立山丘的高差较小时，可不加考虑，但当陡坎高度大于 50m 时，则一定要考虑不利地形对地震动强度的放大作用。

（3）河谷地区、河漫滩、低级阶地前缘地带，常因土质松软而产生与河岸平行的裂缝，土体常沿这些裂缝向河心呈梯状下滑，其开裂范围较难确定，但一般应在稳定土体部分建筑。此外，上游地区与下游地区也有差别，通常下游地区开裂宽度较大。

（4）对于可液化土，应查明其层厚、埋藏的深浅、地下水位深度和变化，以及表层覆盖的厚度，以进一步判明其危害程度。特别是地下水位一定要收集使用期内不同年度值，采用最不利水位，避免采用个别年度的值。

（5）在岩溶地段常发育有溶洞，当这些洞穴在近地表处或埋深不大时，地震可使顶板破碎塌落形成陷坑。在厚层黄土分布地区，地面以下也常有隐伏的土洞，地震时由于洞顶黄土坍陷也易造成陷坑、陷穴。对这种可能情况，应做特别的勘察，以判断其确切位置和危害程度。

（6）对于基岩地区，特别是在建有重要建筑的地方，尚应查明岩石类别、岩体结构、风化程度，各种类型破碎带范围、破碎情况、胶结状态等。如场地范围内有可溶岩分布时，应探明地下是否有隐伏洞穴，及其位置和埋深。

（7）滑坡应区分岩体和土层两种不同情况，然后结合当地的抗震设防烈度作出判断。一般土体滑坡在 6 度以上就有可能发生，8 度以上地震时规模可能比较大。基岩滑坡的危险性与地震动强度和岩石的倾向、倾角、破碎风化程度和节理面结合条件等因素均有关，当岩层倾向与岩石临空面的倾斜方向一致时易造成崩塌。

（8）对于填土应探明其成因、年代和物理力学特征。当回填时间较长且压密较好时，可建中低层房屋。杂填土系由垃圾土和杂物回填而成，其特点是成分很不均匀，地震时易使建筑物受到较大的震害。

（9）与地形有关的断裂一般发生在河流、道路、水沟、陡坎的侧边，延伸方向与这些地形、地物方向一致，而和砂土液化有关的地裂一般发生在喷水冒砂区，方向也不规律，但发生于古河道、废河道的液化裂缝则大致与河流方向一致，应区分这两种不同的情况来布置建筑物和考虑抗震措施。

（10）发震断层最危险的部位是出露于地表的错动带，常出现在高烈度的山区。强震发生时的断裂常常由密集的地裂缝或错动组成，宽度可达数十米。为此在判定时，应结合已有的经验，在考虑不同烈度的情况下，确定其出露范围，以求避开。此外，对于平原地区，特别是岩层上有较厚的覆盖土层时，错动带出露于地表的可能性很小或没有，因此可不判为危险地段。一般来讲，发震断层位置愈准确，破碎带范围较窄，活动迹象愈明显，则愈应采取回避措施，断层附近不得进行开发建设的限制愈应严格，但范围不必过大。相反，当发震断层不能准确定位、破碎带范围较宽、活动性不强时，对断层附近地区的开发利用则不必限制过严，但监视区的范围可适当扩大。通常对于 7 度以下的地区，在进行建筑时，可不必考虑发震断裂在地表出露的可能性和影响。

3）有关场地的勘察要求

场地地质勘察工作，除应按《岩土工程勘察规范》GB 50021—2001（2009 年版）执行外，尚应满足下列要求：

（1）勘察报告应提出建筑所在的地段为对抗震有利、不利或危险的判别和场地类别，对液化地基应提供有关液化判别、液化指数、液化等级的数据。

（2）提供岩土地震稳定性（如发震裂、滑坡、崩塌、泥石流等）的评价。

（3）对软弱性土场地提供地基震陷的评价。

（4）对严重不均匀地基应详细查明地质、地形、地貌（包括暗藏的）情况，并提出评价和建议。

（5）需要采用时程分析法补充计算的建筑物，尚应根据设计要求提供有关土的动力参数和场地覆盖层厚度。

（6）对于个别特殊重要的建筑，需要考虑从基盘输入地震波计算地面加速度时程时，应提供下列资料：

①基岩性质（土或岩石）；

②基岩至地面的距离；

③覆盖层内各土层动三轴试验结果：

a. 动剪变模量-动应变关系曲线；

b. 阻尼-动应变关系曲线；

④基岩及各土层的实测剪切波速值。

2.4　土的液化

2.4.1　液化机理

就液化机制而言，饱和砂土液化可分为两种类型。一种是渗透液化，即向上渗透的水流当其水力梯度大于土的浮重度时，使土处于悬浮状态。发生渗透液化的必要条件是有向上的水流流动。另一种是剪切液化，即在剪切作用下砂土体积发生压缩，使其孔隙水压力升高到静有效应力，抗剪强度丧失，像液体那样不再能抵抗剪切作用。这里所说的剪切作用可以是静剪切作用，也可以是动剪切作用。一般来说，像爆炸、地震等引起的剪切作用历时都很短。例如，地震的历时也就是几十秒。在这样短的时间内，排水作用是很小的。因此，地震时饱和砂土液化常被认为是在不排水条件下发生的。

室内液化试验研究表明，只有松散和中密状态的饱和砂土才具有典型的液化现象。即孔隙水压力升高到静有效应力后发生流动变形。对于密实状态的饱和砂土，当孔隙水压力升高到静有效应力后只产生有限的剪切变形，不会发生流动变形。人们把密实砂的这种特性叫作循环流动性。这表明，密度状态不同的饱和砂土在动剪作用下的孔隙水压力达到静有效应力后，它们的变形性能是不同的。

除了较为纯净的饱和砂土液化外，中国海城地震和唐山地震都发现了饱和粉土发生液化的现象。由于粉土中黏土颗粒的胶结作用，当饱和粉土液化时一般也不发生典型的流滑现象。

此外，唐山地震时密云水库白河主坝砂砾石保护层滑落使人们认识到，以前对饱和砂砾石的抗液化性能估计过高。研究表明，饱和砂砾石的抗液化性能与其砾料含量有关。当砾料含量较小，例如小于 70% 时，饱和砂砾石被认为是可能液化的。

2.4.2　液化的判别

1）《建筑抗震设计规范》GB 50011—2010（2016 年版）中的液化判别

（1）初步判别

饱和的砂土或粉土（不含黄土），当符合下列条件之一时，可初步判别为不液化或可不考虑液化影响：

①地质年代为第四纪晚更新世（Q_3）及其以前时，7 度、8 度时可判为不液化；

②粉土的黏粒（粒径小于 0.005mm 的颗粒）含量百分率，7 度、8 度和 9 度分别不小于 10、13 和 16 时，可判为不液化土（用于液化判别的黏粒含量系采用六偏磷酸钠作分散剂测定，采用其他方法时应按有关规定换算）；

③浅埋天然地基的建筑，当上覆非液化土层厚度和地下水位深度符合下列条件之一时，可不考虑液化影响：

$$d_u > d_0 + d_b - 2 \tag{4.2-3}$$

$$d_w > d_0 + d_b - 3 \tag{4.2-4}$$

$$d_u + d_w > 1.5d_0 + 2d_b - 4.5 \tag{4.2-5}$$

式中：d_w——地下水位深度（m），宜按设计基准期内年平均最高水位采用，也可按近期内年最高水位采用；

d_u——上覆盖非液化土层厚度（m），计算时宜将淤泥和淤泥质土层扣除；

d_0——液化土特征深度（m），可按表 4.2-4 采用；

d_b——基础埋置深度（m），不超过 2m 时应采用 2m。

液化土特征深度（单位：m）　　　　表 4.2-4

饱和土类别	7 度	8 度	9 度
粉土	6	7	8
砂土	7	8	9

注：当区域的地下水位处于变动状态时，应按不利的情况考虑。

（2）进一步判别

当饱和砂土、粉土的初步判别认为需进一步进行液化判别时，应采用标准贯入试验判别法判别地面下 20m 范围内土的液化；但对《建筑抗震设计规范》GB 50011—2010（2016 年版）第 4.2.1 条规定可不进行天然地基及基础的抗震承载力验算的各类建筑，可只判别地面下 15m 范围内土的液化。当饱和土标准贯入锤击数（未经杆长修正）小于或等于液化判别标准贯入锤击数临界值时，应判为液化土。当有成熟经验时，尚可采用其他判别方法。

在地面下 20m 深度范围内，液化判别标准贯入锤击数临界值可按下式计算：

$$N_{cr} = N_0 \beta [\ln(0.6d_s + 1.5) - 0.1d_w]\sqrt{3/\rho_c} \tag{4.2-6}$$

式中：N_{cr}——液化判别标准贯入锤击数临界值；

N_0——液化判别标准贯入锤击数基准值，可按表 4.2-5 采用；

d_s——饱和土标准贯入点深度（m）；

d_w——地下水位（m）；

ρ_c——黏粒含量百分率，当小于 3 或为砂土时，应采用 3；

β——调整系数，设计地震第一组取 0.80，第二组取 0.95，第三组取 1.05。

液化判别标准贯入锤击数基准值 N_0　　　　表 4.2-5

设计基本地震加速度/g	0.10	0.15	0.20	0.30	0.40
液化判别标准贯入锤击数基准值	7	10	12	16	19

2)《公路工程抗震规范》JTG B02—2013 中的液化判别

（1）初步判别

一般地基地面以下 15m，桩基和基础埋置深度大于 5m 的天然地基地面以下 20m 范围内有饱和砂土或饱和粉土（不含黄土），可判定为不液化或不需考虑液化影响的条件与《建筑抗震设计规范》GB 50011—2010（2016 年版）相同。

（2）进一步判别

当不能判别为不液化或不需考虑液化影响，需进一步进行液化判别时，应采用标准贯入试验进行地面下 15m 深度范围内的液化判别；采用桩基或基础埋深大于 5m 的基础时，还应进行地面下 15~20m 深度范围内土的液化判别。当饱和土标准贯入锤击数（未经杆长修正）小于液化判别标准贯入锤击数临界值 N_{cr} 时，应判为液化土。有成熟经验时，也可采用其他判别方法。液化判别标准贯入锤击数临界值的计算，应符合下列规定：

①在地面下 15m 深度范围内，液化判别标准贯入锤击数临界值可按下式计算：

$$N_{cr} = N_0[0.9 + 0.1(d_s - d_w)]\sqrt{3/\rho_c} \qquad (4.2\text{-}7)$$

②在地面下 15~20m 深度范围内，液化判别标准贯入锤击数临界值可按下式计算：

$$N_{cr} = N_0(2.4 - 0.1d_w)\sqrt{3/\rho_c} \qquad (4.2\text{-}8)$$

式中：N_{cr}——修正的液化判别标准贯入锤击数临界值；

$\quad\quad N_0$——液化判别标准贯入锤击数基准值，应按表 4.2-6 采用；

$\quad\quad d_s$——饱和土标准贯入点深度（m）；

$\quad\quad \rho_c$——黏粒含量百分率（%），当小于 3 或为砂土时，应采用 3。

液化判别标准贯入锤击数基准值 N_0　　　　　　　　　　　表 4.2-6

区划图上的特征周期/s	设计基本地震动峰值加速度		
	0.10g（0.15g）	0.20g（0.30g）	0.40g
0.35	6（8）	10（13）	16
0.40、0.45	8（10）	12（15）	18

注：1. 特征周期根据场地位置在现行《中国地震动参数区划图》GB 18306 上查取。
　　2. 括号内数值用于设计基本地震动峰值加速度为 0.15g 和 0.30g 的地区。

3）《铁路工程抗震设计规范》GB 50111—2006（2009 年版）中的液化判别

初步判别

饱和砂土和饱和粉土符合下列条件之一时，可不考虑液化的影响，并不再进行液化判定：

①地质年代属于上更新统及其以前年代的饱和砂土、粉土；

②土中采用六偏磷酸钠作分散剂的测定方法测得的黏粒含量百分比 P_c，当设防烈度为 7 度时大于 10%；为 8 度时大于 13%；为 9 度时大于 16%；

③基础埋置深度不超过 2m 的天然地基，应符合图 4.2-1 的要求。

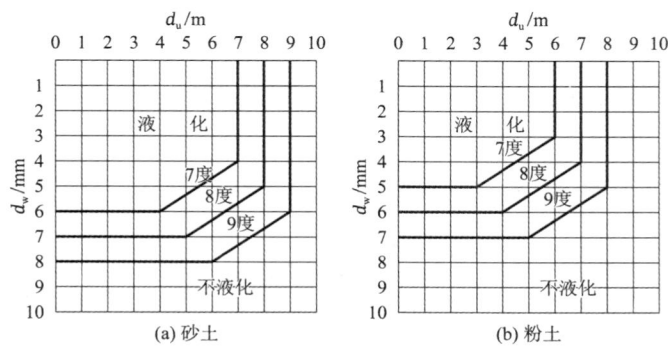

d_u—第一层液化土顶面至地面或一般冲刷线之间所有上覆非液化土层厚度，不包括软土、砂土与碎石土的厚度；

d_w—常年地下水位埋深

图 4.2-1　利用 d_u 和 d_w 的液化初判图

4）进一步判别

设计烈度为 7 度，地面以下 15m 以内；设计烈度为 8 度或 9 度，地面以下 20m 以内，当地基中存在可液化土层时，应按国家标准《中国地震动参数区划图》GB 18306—2015 附录 C 反应谱特征周期分区有关规定及《铁路工程抗震设计规范》GB 50111—2006（2009 年版）附录 B 进行液化土判定试验，并结合场地的工程地质和水文地质条件进行综合分析，判定其地震时是否液化。

液化土判定的试验方法为标准贯入试验和单桥头静力触探试验。

（1）标准贯入试验

当实测标准贯入锤击数 N 值小于液化临界标准贯入锤击数 N_{cr} 时，应判为液化土。N_{cr} 值应按下列公式计算：

$$N_{cr} = N_0 \alpha_1 \alpha_2 \alpha_3 \alpha_4 \tag{4.2-9}$$
$$\alpha_1 = 1 - 0.065(d_w - 2) \tag{4.2-10}$$
$$\alpha_2 = 0.52 + 0.175 d_s - 0.005 d_s^2 \tag{4.2-11}$$
$$\alpha_3 = 1 - 0.05(d_u - 2) \tag{4.2-12}$$
$$\alpha_4 = 1 - 0.17\sqrt{P_c} \tag{4.2-13}$$

式中：N_0——当 d_s 为 3m，d_w 和 d_u 为 2m，α_4 为 1 时土层的液化临界标准贯入锤击数，应按表 4.2-7 取值；

　　　α_1——地下水埋深 d_w（m）修正系数，当地面常年有水且与地下水有水力联系时，d_w 为 0；

　　　α_2——标准贯入试验点的深度 d_s（m）修正系数；

　　　α_3——上覆非液化土层厚度 d_u（m）修正系数，对于深基础取 α_3 为 1；

　　　α_4——黏粒重量百分比 P_c 修正系数，可按式(4.2-13)计算，也可按表 4.2-8 取值。

临界锤击数 N_0 值　　　　　　　　　　　　　　表 4.2-7

特征周期分区	地震动峰值加速度				
	0.1g	0.15g	0.2g	0.3g	0.4g
一区	6	8	10	13	16
二区、三区	8	10	12	15	18

P_c 修正系数 α_4 值　　　　　　　　　　　　　　表 4.2-8

土性	砂土	粉土	
		塑性指数 $I_P \leqslant 7$	塑性指数 $7 < I_P \leqslant 10$
α_4 值	1.0	0.6	0.45

（2）单桥头静力触探试验

当实测的计算贯入阻力 P_{sca} 值小于液化临界贯入阻力 P_s' 值时，应判为液化土。

P_s' 值应按下列公式计算：

$$P_s' = P_{s0} \alpha_1 \alpha_3 \tag{4.2-14}$$

式中：P_{s0}——当 d_w 和 d_u 为 2m 时，砂土的液化临界贯入阻力 P_{s0}（MPa）值应按表 4.2-9 取值。

临界贯入阻力 P_{s0} 值　　　　　　　　　　　　　　表 4.2-9

A_g	0.1g	0.15g	0.2g	0.3g	0.4g
P_{s0}/MPa	5	6	11.5	13	18

P_{sca}的确定应符合下列规定：

①砂层厚度大于 1m 时，应取该层贯入阻力P_s'的平均值作为该层的P_{sca}值。当砂层厚度大于 1m，且上、下层为贯入阻力P_s'值较小的土层时，应取较大值作为该层的P_{sca}值。

②砂层厚度较大，力学性质和P_s'值可明显分层时，应分别计算分层的平均P_{sca}值。

2.4.3　液化等级划分

（1）《建筑抗震设计规范》GB 50011—2010（2016 年版）中的液化等级划分

对存在液化砂土层、粉土层的地基，应探明各液化土层的深度和厚度，按下式计算每个钻孔的液化指数，并按表 4.2-10 划分地基的液化等级：

$$I_{lE} = \sum_{i=1}^{n} \left(1 - \frac{N_i}{N_{cri}}\right) d_i W_i \tag{4.2-15}$$

式中：I_{lE}——液化指数；

　　　n——在判别深度范围内每一个钻孔标准贯入试验点的总数；

N_i、N_{cri}——分别为i点标准贯入锤击数的实测值和临界值，当实测值大于临界值时应取临界值；当只需要判别 15m 范围以内的液化时，15m 以下的实测值可按临界值采用；

　　　d_i——i点所代表的土层厚度（m），可采用与该标准贯入试验点相邻的上、下两标准贯入试验点深度差的一半，但上界不高于地下水位深度，下界不深于液化深度；

　　　W_i——i土层单位土层厚度的层位影响权函数值（单位为 m^{-1}）；当该层中点深度不大于 5m 时应采用 10，等于 20m 时应采用零值，5～20m 时应按线性内插法取值。

液化等级与液化指数的对应关系　　　　　　　　表 4.2-10

液化等级	轻微	中等	严重
液化指数I_{lE}	$0 < I_{lE} \leqslant 6$	$6 < I_{lE} \leqslant 18$	$I_{lE} > 18$

（2）《公路工程抗震规范》JTG B02—2013 中的液化等级划分

《公路工程抗震规范》JTG B02—2013 中地基的液化等级根据液化指数按表 4.2-11 来划分。液化指数的计算公式与《建筑抗震设计规范》GB 50011—2010（2016 年版）相同，区别在于式中i土层单位土层厚度的层位影响权函数值W_i的取值。若判别深度为 15m，当该层中点深度不大于 5m 时应取 10，等于 15m 时取 0，5～15m 按线性内插法取值；若判别深度为 20m，当该层中点深度不大于 5m 时应取 10，等于 20m 时取 0，5～20m 按线性内插法取值。

地基液化等级　　　　　　　　表 4.2-11

液化等级	轻微	中等	严重
判别深度为 15m 的液化指数	$0 < I_{lE} \leqslant 5$	$5 < I_{lE} \leqslant 15$	$I_{lE} > 15$
判别深度为 20m 的液化指数	$0 < I_{lE} \leqslant 6$	$6 < I_{lE} \leqslant 18$	$I_{lE} > 18$

2.4.4　抗液化措施

1)《建筑抗震设计规范》GB 50011—2010（2016 年版）中的抗液化措施

抗液化措施，应根据构筑物的类别和地基的液化等级按表 4.2-12 选择。除丁类建（构）筑物外，不应将未经处理的液化土层作为天然地基持力层。

抗液化措施

表 4.2-12

建筑抗震设防类别	地基的液化等级		
	轻微	中等	严重
乙类	部分消除液化沉陷，或对基础和上部结构处理	全部消除液化沉陷，或部分消除液化沉陷且对基础和上部结构处理	全部消除液化沉陷
丙类	基础和上部结构处理，亦可不采取措施	基础和上部结构处理，或更高要求的措施	全部消除液化沉陷，或部分消除液化沉陷且对基础和上部结构处理
丁类	可不采取措施	可不采取措施	基础和上部结构处理或其他经济的措施

注：甲类建筑的地基抗液化措施应进行专门研究，但不宜低于乙类的相应要求。

全部消除地基液化沉陷的措施，应符合下列要求：

（1）采用桩基时，桩端伸入液化深度以下稳定土层中的长度（不包括桩尖部分），应按计算确定，且对碎石土，砾、粗、中砂，坚硬黏性土和密实粉土尚不应小于 0.8m，对其他非岩石土尚不宜小于 1.5m。

（2）采用深基础时，基础底面应埋入液化深度以下的稳定土层中，其深度不宜小于 0.5m。

（3）采用加密法（如振冲、振动加密、挤密碎石桩、强夯等）加固时，处理深度应达到液化深度下界；振冲或挤密碎石桩加固后，桩间土的标准贯入锤击数不宜小于按《建筑抗震设计规范》GB 50011—2010（2016 年版）第 4.3.4 条规定的液化判别标准贯入锤击数临界值。

（4）用非液化土替换全部液化土层，或增加上覆非液化土层的厚度。

（5）采用加密法或换土法处理时，在基础边缘以外的处理宽度，应超过基础底面下处理深度的 1/2 且不小于基础宽度的 1/5。

部分消除地基液化沉陷的措施，应符合下列要求：

（1）处理深度应使处理后的地基液化指数减少，其值不宜大于 5；大面积筏基、箱基的中心区域，处理后的液化指数可比上述规定降低 1；对独立基础和条形基础，尚不应小于基础底面下液化土特征深度和基础宽度的较大值（中心区域指位于基础外边界以内沿长宽方向距外边界大于相应方向 1/4 长度的区域）。

（2）采用振冲或挤密碎石桩加固后，桩间土的标准贯入锤击数不宜小于《建筑抗震设计规范》GB 50011—2010（2016 年版）第 4.3.4 条规定的液化判别标准贯入锤击数临界值。

（3）基础边缘以外的处理宽度，应超过基础底面下处理深度的 1/2 且不小于基础宽度的 1/5。

（4）采取减小液化震陷的其他方法，如增厚上覆非液化土层的厚度和改善周边的排水条件等。

为减轻液化影响的基础和上部结构处理，可综合采用下列各项措施：

（1）选择合适的基础埋置深度。

（2）调整基础底面积，减少基础偏心。

（3）加强基础的整体性和刚度，如采用箱基、筏基或钢筋混凝土交叉条形基础，加设基础圈梁等。

（4）减轻荷载，增强上部结构的整体刚度和均匀对称性，合理设置沉降缝，避免采用对不均匀沉降敏感的结构形式等。

（5）管道穿过建筑处应预留足够尺寸或采用柔性接头等。

2）抗液化措施的一般原则

当地基已判定为液化，地基液化等级或地震沉陷也已确定以后，下一步的任务就是选择抗液化措施。

抗液化措施的选择首先应考虑建筑物的重要性和地基液化等级，对不同重要性的建筑物和不同液化等级的地基，有不同要求的抗液化措施。《建筑抗震设计规范》GB 50011—2010（2016 年版）已将这些要求作了原则性的规定。当根据这些原则采取具体措施时，还应考虑如下因素：

（1）经济上的合理性。

（2）施工技术条件，如施工机械条件、施工工艺的成熟程度等。

（3）施工的工期。

（4）施工对周围环境的影响。

在综合考虑上述各种影响因素，对比和论证不同方案之后，制定一个适当的工程措施方案。该方案可以同时包括两个或两个以上的具体工程措施。

从土力学的观点考虑，对抗液化措施也可提出一些原则方法。

砂土和粉土的密度对其抗液化能力有重大影响，因此，凡是能增加土的密度的措施都是提高其抗液化能力的措施。增加覆盖压力也是有效的抗液化措施，在某些情况下，本来就因其他的用途要求填土（例如防洪），或填土很容易实现（例如矿井附近煤矸石处理），这时就可通过增加覆盖压力来提高抗液化能力，这个方法也是很有效的。降低地下水位对提高地基抗液化能力同样是有效的，有时由于种种原因可以预料到场地的地下水位必定会稳定地降低（例如抽水），这时也可利用水位降低作为抗液化措施。排水也可减轻或避免发生液化，在地基中创造排水条件也可作为抗液化措施。

最后，应该注意，避免将建筑物直接设置在可液化土层上是一个非常有效的措施，很多情况下这一措施是可以实现的。震害事例表明，不少情况下都是由于无知或疏忽而造成本来可以避免的损失。

3）抗液化的几项具体措施

（1）振动水冲法

振动水冲法（简称振冲法）是用特制的振冲器一边振动，一边冲水成孔，再向孔内回填砂砾料，反插振密，对地基进行加固的施工方法。我国于 1977 年制成振冲器，进行了现场试验，证明了它的有效性，随后开始用于工程实际，取得了令人满意的结果。振冲法最适宜用来加密水力冲填料、滨海地区软弱土层，以提高承载能力、减少沉降量和增加砂性土的抗液化能力。实践证明，用此法加固砂土地基可使相对密度增加到 80%。

振冲器是一个前端能进行高压喷水的振动器。高压喷水使喷口附近的砂土急剧流动，振冲器借自重和振动力沉入砂层,在沉入过程中把浮动的砂挤向四周并予以振密。在振动器沉到设计深度后,关小下喷水口,打开上喷水口,同时向孔内回填砂砾料,逐步提升振冲器,把填料和四周砂层振密。

振冲法的加密效果与很多因素有关,除设备性能、操作技术、施工质量以外,孔距与布孔方式、场地土质条件和填料品位等也都是重要因素。从加密程度来看,孔距是决定性因素。大体上说,随着孔距的增大,加密的程度会减小。孔距大小取决于土质条件、动力设备的马力。例如,单孔的影响范围,在纯砂中,当使用 30 马力的电动机时约为 2m。大面积处理时通常采用等边三角形的方式布孔,单独基础多采用正方形或矩形的方式布孔。

(2)强力夯实法

强力夯实法(简称强夯法)是用重锤(一般为 8~30t)从高处(一般为 6~30m)自由落下,对土层进行夯实的地基加固方法,它可以提高土层密度和降低压缩性。

强夯法于 1970 年创始于法国,目前已获得广泛的应用。1978 年我国在天津塘沽用强夯法做加固软土地基的试验,次年应用于实际工程,得到令人满意的结果。

强夯法施工方便,适用范围广而且效果好、速度快、费用低,是一种经济有效的地基处理方法。

强夯法的缺点是施工时噪声和振动很大,对附近的建筑物和居民有影响,在城市中使用有一定的局限性。

(3)深层挤密法

为了加密较大深度范围内的地基土,常采用挤密桩的方法。该法先向土中打入桩管成孔,然后拔出桩管,同时向孔中填入砂或其他材料并予以捣实,其作用主要是挤密桩周围的土,使桩和被挤密的土共同组成基础下的持力层,从而提高地基的强度和减少地基的变形。挤压桩所用填充材料有砾石、砂、石灰、灰土和土等,适用于含砂砾、瓦块的杂填土地基及含砂量较多的松散土。砂桩由于透水,能有效地防止地震液化。但是对于饱和软黏土地基,由于土的渗透性小,排水困难,故挤密效果不大。

砂桩挤密适用于加固深层松砂、杂填土及黏粒含量不高的粉土。砂桩的直径较大,一般为 600~800mm,间距较小,一般为 1~2m。

(4)砂井预压法

天然地基经常是由砂层、粉土层、淤泥质黏土层、淤泥层等多层土构成。上述的一些加固方法对砂土效果很好,但对淤泥之类的软土则收效甚微。砂井预压的方法适用于深厚的粉土层、黏土层、淤泥质黏土层和淤泥层互层的地基加固。由固结理论可知,在相同的荷载与排水条件下,黏土层达到同一固结度所需的时间与排水距离的平方成正比。因此,可以在软黏土层中按一定间距打井,并在井孔中填以透水性良好的砂,形成所谓"砂井",就可显著改善软黏土层的排水条件。砂井形成之后即堆载预压,这就叫砂井预压地基加固法。

砂井直径一般采用 200~400mm,砂井的间距取其直径的 8~10 倍。砂井的深度应穿透地基的持力层。若软土不是很厚,其下又有透水层时,砂井应穿透软土层。砂井的布置范围超出基础 2~4m。预压荷载的大小宜接近设计荷载,必要时可超出设计荷载 10%~20%,但不得超过土层的极限荷载,以免地基失稳破坏。

砂井预压法的优点是施工简单,造价低,但工期较长,而且仅适用于新建工程的空旷场地。

(5)爆炸振密法

爆炸振密法是一种在钻孔中放置炸药进行爆炸,借爆炸振动使松散砂层趋向密实的地基处理方法。我国在 1958 年研究过这种方法，并在水利工程上应用，取得良好的结果。

用爆炸振密法处理砂土地基时，须根据试验结果和经验适当地确定炸药量、埋置深度、爆炸孔的间距及爆炸的次数。

炸药量过大会引起喷砂或松动，炸药量过小不能取得满意的振密效果。炸药埋深与需要处理的砂层厚度有关，一般取砂层厚度的 2/3。

爆炸孔的间距也要根据现场试验确定，通常为 6～12m，爆炸孔一般布置为方格网形。为了确定爆炸次数，要在现场进行单孔试验。爆炸振密法的效果取决于砂的初始紧密程度和应力状态，对松砂的振密效果显著。

这种方法的优点是不需要复杂的机械设备，施工方法简单，工本低廉。

（6）组合法

近年来，在我国沿海软弱土地区，先采用振冲碎石桩法、挤密砂桩法在地层中建立排水通道，后采用重锤夯击加速地基土排水固结，达到提高地基承载力、消除或减轻地基土液化的目的。

2.5　地基基础抗震验算

2.5.1　不验算范围与抗震措施

从我国多次强地震中遭受破坏的建筑来看，只有少数房屋是因为地基的原因而导致上部结构破坏，而这类地基大多数是液化地基、易产生震陷的软弱黏性土地基和严重不均匀地基。大量的一般性地基具有较好的抗震性能，极少发现因地基承载力不够而产生震害的情况。基于这一事实，在编写规范时，对地基基础抗震的思路是：对于大量的一般地基，地基与基础都不作抗震验算；而对于容易产生地基基础震害的液化地基、软弱土地基和严重不均匀地基，则规定抗震措施，靠有效的措施（不要求作强度验算）来避免或减轻震害。

对于一般的单层厂房和单层空旷房屋、砌体房屋、不超过 8 层且高度在 24m 以下的一般民用框架和框架-抗震墙房屋、多层框架厂房和多层混凝土抗震墙房屋（基础荷载与前述房屋相当），可按上述思路处理，即对建在一般地基之上的不作承载力抗震验算，也不采取专门抗震措施；对建在容易失效的地基之上的，则采取有针对性的地基抗震措施。这样的规定是有根据的、可行的。

对于高层建筑、特殊构筑物等，它们所受地震作用和基础形式与一般民用建筑有区别。这些建筑与结构尚未经受过强地震考验，缺乏经验，故未列入不验算范围。

液化地基、易产生震陷的地基和严重不均匀地基，是靠专门的抗震措施来保证不发生地基失效的。这些措施将在下面相应章节中谈到。这里介绍一些常用的地基基础设计、构造原则，它们之中不少属于常识范围的抗震措施，但有时也容易忽略。

（1）建筑的平、立面布置，尽量规则、对称，建筑的质量分布和刚度变化尽量均匀，这对于减少不均匀沉降是非常有效的。

（2）对于《建筑地基基础设计规范》GB 50007—2011 规定的一般原则、强度验算和构造措施，应从严掌握，确保地震前地基与基础具备应有的强度储备。经验表明，这样做对抗震非常有利。

（3）同一结构单元不应设置在性质截然不同的地基土上；同一结构单元也不应部分采

用天然地基，部分采用桩基。

（4）在地基条件无可选择，也无力加固或无力采用人工基础的情况下，有时也可考虑采用加强上部结构和基础的整体性和刚性的途径，例如选择合适的基础埋置深度和基础形式，调整基础面积以减小基础偏心，设置基础圈梁、基础系梁等。

2.5.2　天然地基土抗震承载力验算

天然地基基础抗震验算时，应采用地震作用效应标准组合，且地基抗震承载力应取地基承载力特征值乘以地基抗震承载力调整系数计算。地基抗震承载力应按下式计算：

$$f_{aE} = \zeta_a f_a \tag{4.2-16}$$

式中：f_{aE}——调整后的地基抗震承载力（kPa）；

　　　　ζ_a——地基抗震承载力调整系数，应按表 4.2-13 采用；

　　　　f_a——深宽修正后的地基承载力特征值（kPa），应按现行国家标准《建筑地基基础设计规范》GB 50007—2011 采用。

地基抗震承载力调整系数　　　　　表 4.2-13

岩土名称和性状	ζ_a
岩石，稍密的碎石土，密实的砾、粗、中砂，$f_{ak} \geqslant 300kPa$ 的黏性土和粉土	1.5
中密、稍密的碎石土，中密和稍密的砾、粗、中砂，密实和中密的细、粉砂，$150kPa \leqslant f_{ak} < 300kPa$ 的黏性土和粉土，坚硬黄土	1.3
稍密的细、粉砂，$100kPa \leqslant f_{ak} < 150kPa$ 的黏性土和粉土，可塑黄土	1.1
淤泥，淤泥质土，松散的砂，杂填土，新近堆积黄土及流塑黄土	1.0

验算天然地基地震作用下的竖向承载力时，按地震作用效应标准组合基础底面平均压力和边缘最大压力应符合下列各式要求：

$$p \leqslant f_{aE} \tag{4.2-17}$$

$$p_{max} \leqslant 1.2 f_{aE} \tag{4.2-18}$$

式中：p——地震作用效应标准组合的基础底面平均压力（kPa）；

　　　　p_{max}——地震作用效应标准组合基础边缘的最大压力（kPa）。

高宽比大于 4 的高层建筑，在地震作用下基础底面不宜出现脱离区（零应力区）；其他建筑，基础底面与地基土之间脱离区（零应力区）面积不应超过基础底面面积的 15%。

2.5.3　桩基竖向抗震承载力验算

1）可不进行抗震承载力验算的桩基

通过震害调查分析，《建筑抗震设计规范》GB 50011—2010（2016 年版）对可不进行抗震承载力（竖向承载力和水平承载力）验算的桩基作出规定，承受竖向荷载为主的低承台桩基，当地面下无液化土层，且桩承台周围无淤泥、淤泥质土或地基承载力特征值不大于 100kPa 的填土时，下列建筑可不进行桩基抗震承载力验算：

（1）砌体房屋。

（2）抗震设防烈度为 6 度的乙、丙、丁类建筑。

（3）7 度和 8 度时的下列建筑：

①一般的单层厂房和单层空旷房屋；

②不超过 8 层且高度在 24m 以下的一般民用框架房屋；

③基础荷载与②项相当的多层框架厂房。

2）非液化土中低承台桩基的竖向抗震承载力验算

考虑地震作用效应和荷载效应标准组合下验算桩基竖向承载力时，基桩竖向承载力特征值 R 在轴心竖向力作用下，可较无地震作用效应组合时提高 25%（$\zeta_{pa} = 1.25$，ζ_{pa} 为桩基抗震承载力调整系数），即 $N_{Ek} \leqslant 1.25R$。

偏心竖向力作用下边桩可提高 50%（$1.2\zeta_{pa} = 1.2 \times 1.25 = 1.5$），即 $N_{Ek,max} \leqslant 1.5R_a$。

3）液化土中桩基的竖向抗震承载力验算

（1）地震（主震）时桩基的竖向承载力验算

地震（主震）时土体尚未完全液化，但土体刚度明显降低，故应对桩侧摩阻力做适当折减。根据日本新潟地震砂土液化情况调查，λ_N（$\lambda_N = N/N_{cr}$）小于 0.6 时几乎全部液化；当 λ_N 大于 1.0 时一般不发生液化；λ_N 介于 0.6～1.0 之间则有液化的趋势，可通过折减系数来体现这种趋势。

地震中桩基土液化深度是以地面下 20m 为界限，即埋深 20m 以下土体不液化。地震时地基振动状态随深度而减弱，深度大于 10m 的土层完全液化的实例较少，故在主震时折减系数以 10m 为界。对于桩身周围有非液化土层的低承台桩基，在进行抗震验算时可将液化土层极限侧摩阻力乘以土层液化影响折减系数 ψ_l，当承台地面上、下分别有厚度不小于 1.5m、1.0m 的非液化土或非软弱土层时，可按表 4.2-14 确定。

土层液化影响折减系数 ψ_l　　　　　　　　　　　表 4.2-14

$\lambda_N = N/N_{cr}$	自地面算起的液化土层深度 d_S/m	ψ_l
$\lambda_N \leqslant 0.6$	$d_L \leqslant 10$	0
	$10 < d_L \leqslant 20$	1/3
$0.6 < \lambda_N \leqslant 0.8$	$d_L \leqslant 10$	1/3
	$10 < d_L \leqslant 20$	2/3
$0.8 < \lambda_N \leqslant 1.0$	$d_L \leqslant 10$	2/3
	$10 < d_L \leqslant 20$	1.0

注：N 为饱和土标贯锤击数实测值；N_{cr} 为液化判别标贯锤击数临界值。

当承台底面上、下非液化土层或非软弱土层厚度小于以上规定时，则取 $\psi_l = 0$。

使用时应注意，表 4.2-14 中 d_L 不是液化土层厚度，而是用于体现液化趋势随深度衰减的界限值。根据震后液化调查统计，地表 0～10m 范围内饱和粉细砂较易液化，而 10～20m 范围内的饱和粉细砂液化趋势较弱，因此以 10m 为界，其上、下分别用不同数值对土体参数进行折减，d_L 的工程含义见图 4.2-2。

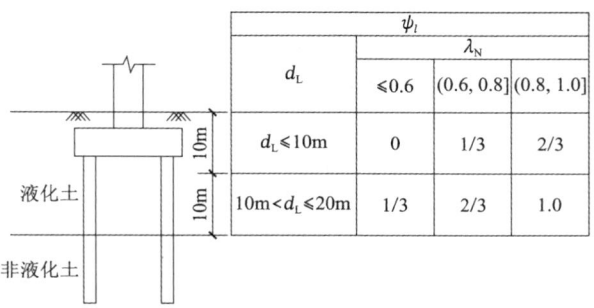

图 4.2-2　d_L 的工程含义

阪神地震后，日本工程界在对土体液化性质研究的基础上，提出更为具体的土层液化影响折减系数。表 4.2-15 为 2002 年日本高速路桥桩侧液化土影响折减系数，对比可见，按表 4.2-15 取用的折减系数计算的桩基承载力较低。

日本高速路桥桩侧液化土影响折减系数（2002 年）　　　　　　　　表 4.2-15

F_L	自地面算起的液化土层深度d_L/m	液化强度			
		$R \leqslant 0.3$		$0.3 < R$	
		L1 地震动	L2 地震动	L1 地震动	L2 地震动
$F_L \leqslant 1/3$	$0 < d_L \leqslant 10$	1/6	0	1/3	1/6
	$10 < d_L \leqslant 20$	2/3	1/3	2/3	1/3
$1/3 < F_L \leqslant 2/3$	$0 < d_L \leqslant 10$	2/3	1/3	1	2/3
	$10 < d_L \leqslant 20$	1	2/3	1	2/3
$2/3 < F_L \leqslant 1.0$	$0 < d_L \leqslant 10$	1	2/3	1	1
	$10 < d_L \leqslant 20$	1	1.0	1	1

注：$F_L = R/L$，为液化抵抗系数，也称液化安全系数，相当于表 4.2-14 中的λ_N；其中R为动力剪切强度比，L为地震时的剪切应力比。L1 地震动为结构物使用期间发生 1～2 次概率的地震动，不容许建筑物破坏；L2 地震动为极其罕见的强烈地震动，也就是陆地发生大规模板块边界地震和主要活动断层造成的内陆直下型地震，容许建筑物受损但不能完全破坏，或破坏后能够经过修复恢复其功能。

（2）余震（液化后）桩基竖向承载力验算

地震后液化土中的超静水孔隙压力需要较长时间消散，地面喷水冒砂在震后数小时发生，并可能持续一至两天。在此过程中，液化土层不仅完全丧失承载力，且逐渐固结沉降，对桩基产生负摩阻力，对桩身侧面产生下拉荷载，桩基缓慢沉降。由于主震后有余震发生，故地震作用按水平地震影响系数最大值的 10% 采用，基桩承载力仍按地震作用下提高 25% 取用，但应扣除液化土层的全部桩侧阻力和承台下 2m 深度范围内非液化土层的桩侧摩阻力。

关于液化土再固结引起的桩侧负摩阻力对承载力和沉降的影响，对于摩擦型桩，将液化层和承台下 2m 土层的侧摩阻力取零，按上述规定验算基桩竖向承载力；对于端承型桩，除满足以上要求外，尚应考虑负摩阻力引起基桩的下拉荷载验算基桩的竖向承载力。关于桩基沉降问题，考虑到地震后，土层液化负摩阻力逐步发生，桩基受负摩阻的下拉荷载逐渐增加而缓慢沉降，一般可不验算桩基的不均匀沉降，以控制承载力为主。建筑物对不均匀沉降较敏感时，应将下拉荷载计入附加荷载验算桩基沉降。

（3）考虑成桩挤土的加密效应验算桩基竖向承载力

对于挤土桩、部分挤土桩，当平均桩距不大于 4 倍桩径且桩数不少于 5×5 时，可考虑成桩挤土加密效应对消除、减弱桩间土液化的影响，验算桩基的竖向承载力。成桩后桩间土标贯锤击数可通过试验确定或按下式计算：

$$N_l = N_p + 100\rho(1 - e^{-0.3N_P}) \qquad (4.2\text{-}19)$$

式中：N_l——打桩后的标准贯入锤击数；

ρ——打入式预制桩的面积置换率；

N_p——打桩前的标准贯入锤击数。

根据N_l与液化判别标贯锤击数临界值N_{cr}之比N_l/N_{cr}，按上述（1）验算地震（主震）时桩基竖向承载力；按上述（2）验算余震（液化后）桩基竖向承载力。

2.5.4 桩基水平抗震承载力验算

1）非液化土中低承台桩基水平抗震承载力验算

桩基水平抗震承载力由：①各基桩的水平承载力；②承台与地下室侧墙正面土抗力；③桩距不小于 $6d$ 的复合桩基承台底摩阻力，共三部分组成。

关于承台和地下室侧墙的正面水平土抗力，应符合以下两种情况之一时才能考虑。一是承台和地下室侧墙与基坑坑壁间隙回填处理符合《建筑桩基技术规范》JGJ 94—2008 第4.2.7 条要求；二是当承台和地下室侧面为液化土或极软土，但按《建筑桩基技术规范》JGJ 94—2008 第 3.4.6 条进行加固处理时。

关于承台和地下室侧墙的正面土抗力的确定，目前各国做法不一，大体有以下三种方法：

①取被动土压力的 1/3；

②容许承台、侧墙有 1cm 左右水平位移，按 m 法求出此水平位移下的土抗力；

③日本的经验公式：桩承担的水平力 H_p 按下式计算：

$$H_p = \frac{F_E\left(0.2\sqrt{h_b}\right)}{\sqrt[4]{d_f}} \tag{4.2-20}$$

式(4.2-20)源自高度 10 层左右塔式建筑的计算统计，允许水平位移 10mm。F_E 为总的水平地震作用；h_b 为建筑地上部分高度（m），d_f 为基础埋深（m）。H_p 之值约为 $(0.3\sim0.9)F_E$，小于 $0.3F_E$ 时取 $0.3F_E$，大于 $0.9F_E$ 时取 $0.9F_E$。对于建筑物高度和埋深更大的情况不适于采用该式计算。

《建筑桩基技术规范》JGJ 94—2008 按水平地震作用下地下室-承台-桩土协同工作原理，采用拟静力法 m 法共同作用进行计算。

（1）拟静力法 m 法

地震波通过地表土体作用于基桩以及承台，传递至上部结构，上部结构振动产生的惯性力又反作用于桩基，形成地基土-基桩-承台侧壁土-上部结构共同作用。为简化计算，将动态作用简化为静力作用，即将上部结构产生的底部剪力、弯矩和轴力作用于承台或地下室底部的桩群形心处，见图 4.2-3，这些作用将由承台侧壁土、基底土和基桩分担。

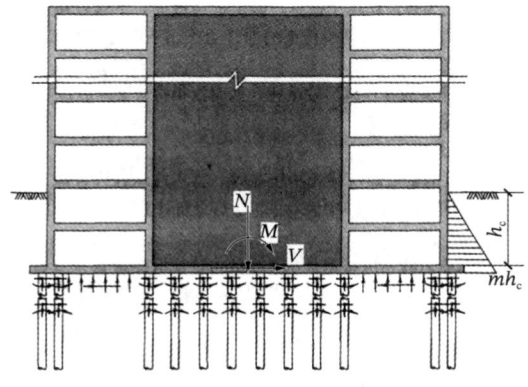

图 4.2-3　拟静力法 m 法的共同作用模型

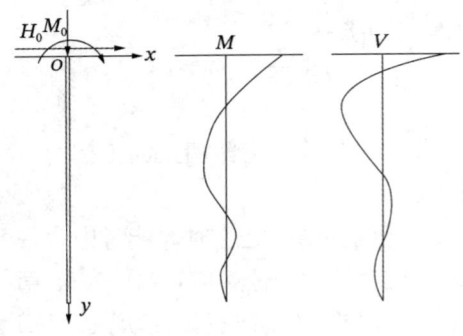

图 4.2-4 基桩内力分布示意图

按照此共同作用模型，用拟静力法计算基桩轴力、弯矩和剪力。图 4.2-4 为桩身弯矩和剪力示意图。

从图 4.2-4 可见，基桩顶部弯矩与剪力均远大于下部，该方法计算结果能反映无液化土、无软（硬）夹层的内力分布特征；当桩周土存在软（硬）夹层时，有限元分析表明，桩身内力在软硬交界面将出现弯剪突增现象。因此，按拟静力法设计桩基结构时，应将软硬交界面附近按与桩顶等量配筋予以加强。

（2）位移响应法

基桩直立于地基土中，且穿越多个性质迥异的土层。一方面基桩质量比周围土体小许多，故惯性力小到可忽略不计；另一方面基桩振动受到周围土体约束，迅速收敛并与土层振动保持一致，在地基土不失效的情况下，基桩振动加速度、速度、位移均与周围土层保持一致。当土层振动特性随深度显著变化时，以位移差 δ 的形式（图 4.2-5）迫使基桩产生位移和应力。位移响应法，即是将地震时地层的位移差通过地基弹簧以静荷载的形式作用在基桩上，从而求得基桩内力。

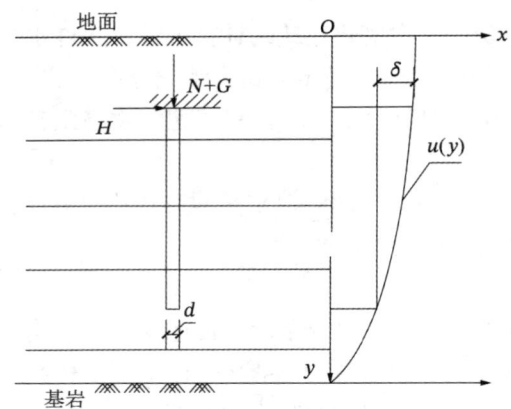

图 4.2-5 地震动下桩长范围内的强迫位移

在具体设计中，分别计算①地震时的土层变形：当前是用数值分析方法求得地层反应位移曲线 $u(y)$，再等效转化为弹簧作用于桩身，假定桩顶嵌固，下端铰接，则可求得桩身内力；②上部结构传来的惯性力：将上部结构传来的惯性力作用于桩顶，按拟静力 m 法计算桩身内力。将二者叠加得到基桩总内力。

由于桩身内力对地基弹簧的弹性模量较敏感，如何取得符合实际的地基弹簧弹性模量是最为核心的问题，也是当前应用的难点。

（3）桩基抗震水平承载力简化计算

8 度及以上抗震设防区的重要高层建筑桩筏基础，宜考虑承台（含地下室侧墙）-桩-土的共同作用，按低承台桩基采用《建筑桩基技术规范》JGJ 94—2008 附录 C 进行分析计算。距径比小于 6 时，承台底摩阻效应系数 $\eta_b = 0$。

验算桩基抗震水平承载力时，应将基桩水平承载力特征值提高 25%（$\zeta_{pa} = 1.25$）。

2）液化土中桩基水平抗震承载力验算

（1）当承台（或地下室）底面以上为液化土时，不考虑承台侧面土体的弹性抗力和承台底土的竖向弹性抗力与摩阻力，可按《建筑桩基技术规范》JGJ 94—2008 附录 C 的高承台公式计算，此时，令 $C_n = C_b = 0$。

（2）当承台（或地下室）底面以上为非液化层，而承台底面与其下地基土可能发生脱离时（地基土震陷、液化等），不考虑承台底地基土的竖向弹性抗力和水平摩阻力，只考虑承台侧面土体的水平弹性抗力；计算承台单位变位引起的桩顶、承台侧壁土体的反力和时，应考虑承台侧面土体弹性抗力的影响，此时，$C_b = 0$。

（3）当桩顶以下 $2(d+1)$m 深度内有液化夹层时，其水平抗力系数的比例系数综合计算值 m，可将液化层的 m 乘以土体液化影响折减系数 ψ_l（表 4.2-14）计算确定。

液化土中的群桩基础，一方面应验算桩身结构承载力，另一方面应验算承台水平位移，避免位移过大使得竖向荷载对桩身产生较大附加弯矩，当水平位移过大时应计入附加弯矩对桩身结构承载力的影响。

参考文献

[1] 中华人民共和国住房和城乡建设部. 建筑地基基础设计规范: GB 50007—2011[S]. 北京: 中国建筑工业出版社, 2011.

[2] 中华人民共和国建设部. 建筑桩基技术规范: JGJ 94—2008[S]. 北京: 中国建筑工业出版社, 2008.

[3] 中华人民共和国住房和城乡建设部. 建筑抗震设计规范: GB 50011—2010 (2016 年版) [S]. 北京: 中国建筑工业出版社, 2008.

[4] 中华人民共和国住房和城乡建设部. 建筑地基处理技术规范: JGJ 79—2012[S]. 北京: 中国建筑工业出版社, 2012.

[5] 《工程地质手册》编委会. 工程地质手册[M]. 5 版. 北京: 中国建筑工业出版社, 2018.

[6] 刘金砺, 高文生, 邱明兵. 建筑桩基技术规范应用手册[M]. 北京: 中国建筑工业出版社, 2010.

第 3 章　岩溶勘察评价

3.1　概述

岩溶又称喀斯特，是地壳岩石圈内可溶岩层（碳酸盐类岩层石灰岩、白云岩等，硫酸盐类岩石膏等和卤素类岩岩盐等）在具有侵蚀性和腐蚀能力的水体作用下以化学溶蚀作用为特征，包括水体对可溶岩层的机械侵蚀和溶解作用，被腐蚀下来的物质携出、转移和再沉积的综合地质作用以及由此所产生的现象的统称。可溶岩层被溶蚀后产生溶沟、溶槽石芽、漏斗、洞穴、洼地、峰林等不同类型的岩溶形态。覆盖在岩溶形态之上的土层经过岩溶水体的潜蚀等作用而形成洞隙、土洞直至地面塌陷等岩溶景观。各种岩溶形态和塌陷的出现危及地面建（构）筑物的稳定和人类生命财产的安全，由岩溶引起的自然灾害也往往给工业农业生产带来损失。

岩溶现象在地球岩石圈中分布是很广泛的，在中国很多地区都有岩溶发育。岩溶的形成和发育、发展要有其内在因素和外界条件。形成岩溶一般需要同时具备三个条件：一是地区要有具可溶性的岩层，岩性不同、溶蚀强度不一；二是要具有溶解可溶岩层能力的溶蚀体，在自然界中主要是 CO_2 和足够流量的水体；三是要有溶蚀体能够沿着岩土裂隙、节理等孔隙而渗入可溶岩体上，进行侵蚀作用的通道。

3.2　岩溶类型及岩溶发育影响因素

3.2.1　岩溶类型与形态

1. 岩溶类型

岩溶类型可按表 4.3-1 和表 4.3-2 分类。

岩溶类型（一）　　　　　　　　　　　　　　　　　表 4.3-1

类型划分依据	基本类型	主要特征
埋藏条件	裸露型	岩层大部分出露地表, 低洼地带分布有厚度不超过 10m 的第四系覆盖层, 地表岩溶景观显露, 地表水同地下水连通密切
	浅覆盖型	岩层大部分被第四系土层覆盖, 厚度一般不超过 30m, 少部分岩溶景观显露地表, 地表水与地下水连通较密切
	深覆盖型	岩层基本被第四系土层覆盖, 土层厚度一般超过 30m, 几乎没有岩溶景观显露地表, 地表
	埋藏型	可溶岩层被不可溶岩层（如砂岩、页岩等）覆盖, 没有岩溶景观显露地表, 地表水同地下水连通不密切

续表

类型划分依据	基本类型	主要特征
形成时代	古岩溶型	岩溶形成于新生代以前，溶蚀凹槽和溶洞中常见填有新生代以前的沉积岩石
	近代岩溶型	岩溶形成于新生代之后，溶槽和洞隙呈空洞状或填充有第三系、第四系的沉积物
区域气候	寒带型	地表和地下岩溶发育强度均弱，岩溶规模较小
	温带型	地表岩溶发育强度较弱，规模较小，地下岩溶较发育
	亚热带型	地表岩溶发育，规模较大，分布较广；地下溶洞、暗河较常见
	热带型	地表岩溶发育强烈、规模大、分布广、地下溶洞、暗河常见

岩溶类型（二）　　　　表 4.3-2

分类依据	岩溶类型
气候	主要类型：1. 热带型；2. 亚热带型；3. 温带型 次要类型：1. 高寒地区型；2. 干旱地区型
发育时代	1. 古岩溶，中生代及中生代以前发育的岩溶 2. 近代岩溶，新生代以来发育的岩溶
岩溶出露条件	裸露型，岩溶岩层裸露，仅低洼地区有零星小片覆盖 半裸露型，岩溶岩层以裸露为主，在谷地、大型洼地及河谷附近有较大面积被第四纪沉积物覆盖 覆盖型，岩溶岩层大面积被厚的（一般为几十米以上）第四纪沉积物所覆盖，地面一般没有岩溶岩层的分布 埋藏型，岩溶岩层大面积埋藏于非岩溶岩层之下
岩溶作用及岩溶形态组合	溶蚀为主类型，包括：石林溶沟、溶丘洼地、峰丛洼地、峰丛谷地、峰林谷地、孤峰坡地或残丘坡地等 溶蚀—轻蚀类型，包括：岩溶高山深谷、岩溶中山峡谷。岩溶低山沟谷、海岸岩溶、礁岛岩溶等 溶蚀构造类型，包括：垄脊箱谷、垄脊谷地、岩溶断陷盆地、岩溶断块山地等
按河谷发育部位	阶地 斜坡 分水岭
按水动力特征	近河谷排泄基准面岩溶、远排泄基准面岩溶、构造带岩溶
地台区类型	河谷侵蚀岩溶、沿裂隙发育的岩溶、构造破碎带岩溶、埋藏的古岩溶

2. 岩溶形态

岩溶形态是水的溶蚀能力与可溶岩的抗蚀能力在空间上和时间上相互作用的量，能定性地表征岩溶发育的强度。岩溶形态见表 4.3-3 和表 4.3-4。

主要岩溶形态　　　　表 4.3-3

类别	地表岩溶形态	地表岩溶形态
岩溶形态	石芽、石林、溶隙、溶洞、溶蚀准平原、溶沟、溶槽、溶蚀洼地、溶蚀平原、溶碟、漏斗、溶蚀谷地、峰丛、峰林、落水洞、竖井、干谷、盲谷、孤峰	溶孔、落井、溶潭、溶穴、溶泉、天窗、暗河

不同气候环境下的岩溶形态组合标志 表 4.3-4

气候环境		形态标志						
		地表形态				地下形态		
		宏观	大形态	小形态	堆积物	大形态	小形态	堆积物
干旱、半干旱		常态山	干谷	单个溶痕	石灰岩角砾，钙壳或钙质结核	风蚀岩屋，穿沿。除雪山底部外很少大洞穴	雪山底部洞穴中，可见涡穴，贝窝	雪山底洞穴中，可见各种小型次生化学沉积物
潮湿	寒带、高寒山区	常态山	干谷、浅洼地	尖溶痕	石灰岩角砾、流水钙华	雪山或现代冰川下可发育大型洞穴	少量涡穴、贝窝、边槽	次生化学沉积物较少冰川纹泥、崩塌堆积、少量寒冷区生物堆积
潮湿	温带	丘陵地、丘峰洼地	碟形洼地、溶盆	尖溶痕、土下溶痕、溶盘	流水钙华、少量洞外钟乳石、有的地区有石灰岩角砾	常用大型洞穴系统、形态取决于水动力条件	常有涡穴、贝窝、边槽悬吊岩等	较多次生化学沉积物，常有崩塌堆积、冲积层温带生物堆积
潮湿	热带、亚热带	峰林地形	多边形洼地、溶盆、石林	尖溶痕、土下溶痕、溶盘	红壤土、大量洞外钟乳石	常有大型洞穴系统、形态取决于水动力条件	较多的小型溶蚀形态	大量次生化学沉积物，崩塌堆积，冲积层、热带、亚热带生物堆积

3.2.2 岩溶发育影响因素

影响岩溶发育的因素见表 4.3-5。

影响岩溶发育因素 表 4.3-5

岩溶发育因素		环境因素
可溶岩的抗蚀能力	可溶岩：岩石成分、颗粒成分、矿物成分、结构构造、化学成分、重结晶性质孔隙度、岩石组合、裂隙度、沉积组合、单层厚度、地质组合	气候环境：降水量、质、强度空间和时间的分配 气温 湿度
可溶岩的抗蚀能力	裂隙系统：构造部位、裂隙力学性质、地层产状、裂隙密度、节理产状、裂隙充填情况、组合系统	人为环境：对可溶岩抗蚀能力的加强和减弱 对溶蚀水溶蚀能力的加强和减弱 对气候环境因素的加强和减弱 对大地环境因素的加强和减弱
溶蚀水的溶蚀力	溶蚀水水质：化学成分、物理性质、水温 水量：补给量、排泄量、径流量、渗流强度 水力：水位、流态、变幅、基准面变迁	大地环境：生态环境（碳和酸） 地形地貌环境 新构造活动

不同时代的地层岩溶发育统计指标见表 4.3-6。

不同时代地层岩溶发育统计指标 表 4.3-6

岩溶化层位（地质年代）	T	P	C	D	Є
地下河密度/（m/km^2）	56.2～232.2	51.2～147.5	38～304.5	47～91.2	10.12
面岩溶率/%	5.2～20	10～30	10～30	2～15	0.5～6.5
线岩溶率/%	5～15	17	13.9	10～18	1.5～10

3.2.3 岩溶发育强度

岩溶发育强度，可用统计后求得的岩溶率表示如下：

$$\text{线岩溶率}(K_L) = \frac{\text{测量线上的溶洞、溶隙累计长度}(H)(m)}{\text{测量线总长度}(L)(m)} \times 100\% \qquad (4.3\text{-}1)$$

$$\text{面岩溶率}(K_A) = \frac{\text{测量面上的溶洞、溶隙累计面积}(A_p)(m^2)}{\text{测量面总面积}(A_0)(m^2)} \times 100\% \qquad (4.3\text{-}2)$$

$$\text{体岩溶率}(K_V) = \frac{\text{测量体内的溶洞、溶隙累计体积}(V_p)(m^3)}{\text{测量面总体积}(V_0)(m^3)} \times 100\% \qquad (4.3\text{-}3)$$

面岩溶率和体岩溶率的代表性较好，但测量困难；线岩溶率的测量可在岩层裸露的地表进行，也可在钻孔、探井和探洞编录中进行，故较常用。

除岩溶率之外，岩层的水文地质参数，如给水度、渗透系数、单位吸水量等；岩溶个体形态类型，如溶井（竖井）溶泉、溶潭等，也可作为表征岩溶发育强度的指标。

1. 岩溶发育强度划分（表 4.3-7）

岩溶发育强度划分　　　　　　　　　表 4.3-7

岩溶发育强度	特征
岩溶强烈发育	以大型暗河、廊道、较大规模的溶洞、竖井和落水洞为主，地下洞穴系统已形成或基本形成，溶洞间管道连通性强，有大量溶洞水涌出
岩溶中等发育	沿断裂、层面、不整合面等有显著溶蚀，中小型串球状洞穴发育，地下洞穴系统尚未形成，但岩溶化裂隙连通性好，有小型暗河或集中径流，呈岩溶裂隙水涌出
岩溶弱发育	沿裂隙，层面溶蚀扩大为岩溶化裂隙或小型洞穴，裂隙连通性差，很少有集中径流，常有裂隙性泉水出露
岩溶微弱发育	以裂隙状岩溶或溶孔为主，裂隙透水性差

2. 碳酸盐岩溶发育程度分级标志（表 4.3-8）

碳酸盐岩溶发育程度分级标志　　　　　　　表 4.3-8

岩溶发育程度	特征	参考性指标				
		地表发育密度/（个/km²）	钻孔岩溶率*/%	钻孔遇洞率/%	泉流量/（L/s）	单位涌水量/（L/m·s）
强	碳酸盐岩岩性较纯，连续厚度较大，出露面积较广，地表有较多的洼地漏斗，落水洞，地下溶洞发育，多岩溶大泉和暗河，岩溶发育深度较大	>6	>10	>60	>100	>1
中	以次纯碳酸盐岩为主，多间夹型，地表有洼地、漏斗、落水洞发育，地下洞穴通道不多。岩溶大泉数量较少，暗河稀疏，深部岩溶不发育	5～1	10～3	60～30	100～10	0.1～1
弱	以不纯碳酸盐岩为主，多间夹型或互夹型。地表岩溶形态稀疏发育，地下洞穴较少，岩溶大泉及暗河少见	<1	<3	<30	<10	<0.1

注：*指地表下 100m 或基岩面下 50m 以内孔段统计数；对于孔深超过 100m 全孔岩溶率，指标减半。

（引自《中国南方岩溶塌陷》）

3. 岩溶发育分级指标（表 4.3-9）

岩溶发育分级指标

表 4.3-9

岩类	等级	石峰洞穴化程度/（m/km²）	面岩溶率/%	岩溶个体形态密集/（个/km³）	钻孔遇洞率/%	钻孔线岩溶率/%
纯碳酸盐岩类	强	> 1000	> 85	> 3.7	> 60	> 7.4
	较强	440～1000	69～85	1.5～3.7	50～60	2.9～7.4
不纯碳酸盐岩类	中等	140～440	< 69	0.8～1.5	10～50	2.5～2.9
	较弱	10～30		0.2～0.8	10～30	1～2.2
	弱	< 10		< 0.2		

3.3　岩溶发育的基本规律

3.3.1　岩溶发育与岩性的关系

可溶岩的岩性、岩石成分，成层条件和岩层的组织结构都对岩溶的发育程度和溶蚀速度有直接影响。硫酸盐类和卤化物类的岩层就比碳酸盐类的岩层的溶蚀速度快。当岩层中含泥或其他杂质成分时，其溶蚀速度会更慢。质纯而且层厚的可溶岩的岩溶发育强度就比质不纯而且层薄的可溶岩溶蚀的速度快，其在地表或地下岩溶发育的形态也多，类型齐全。

岩石结晶颗粒的粗细对岩溶发育的强弱有直接的影响。

3.3.2　岩溶发育与地质构造的关系

岩溶发育与地质构造的关系也极为密切。

（1）岩层结构，节理裂隙发育的强弱与岩溶发育的快慢强弱有直接的关系。

（2）岩石出现断层破碎带，则岩溶发育强烈，常有漏斗、落水洞、岩溶竖井溶洞等岩溶形态出现，且与地下暗河连通。一般情况下，在正断层处岩溶发育的速度较快，而在逆断层处岩溶发育的速度则较慢。

（3）岩层的褶皱发育强烈处，岩溶发育，且发展速度快。张性裂隙带，常向背斜轴部两翼延伸，岩溶发育较为强烈。单斜岩层，岩溶只顺着层面发育。在不对称的褶皱中，陡的一翼要比缓的一翼岩溶发育得快。

（4）岩层的产状对岩溶的发育也有一定的影响。一般情况下岩层产状倾斜较陡时，则岩溶发育比产状平缓的一面发育弱得多，而且较慢。

（5）可溶岩与非可溶岩的接触带或不整合面常是岩溶水体的流动渠道，岩溶沿着这些地方发育得较强烈。

3.3.3　岩溶发育与新构造运动的关系

在具备岩溶发育条件或地壳强烈上升的地区，侵蚀基准面相对下切的作用也较强烈，岩溶的发育以垂直方向的发育为主。在地壳下降的地区，原来垂直发育的岩溶又增加了水平发育的条件。而在地壳相对稳定的地区，岩溶以水平发育为主。因此，新构造运动能够促进岩溶的发育。

3.3.4　岩溶发育与地形的关系

地形越陡，地表水体径流越快，岩溶的发育越常以表面的岩溶形态为主，常有溶沟、溶槽、石芽等地表形态出现。由于水体很难进入深部，因此深部的岩溶不发育。当地形平缓时，则地表水易于下渗而进入可溶岩体内易蚀岩层，这时地表与地下的岩溶发育速度几乎相同，地下的岩溶多以漏斗、落水洞、岩溶竖井、岩溶塌陷、岩溶洼地和溶洞等形态出现。

3.3.5　岩溶发育与大气降水的关系

降水多，地表水体强度就大，气候也潮湿，地下水于是能得到补给，岩溶发育得就较快；反之，气候干旱，降雨量很少，地表水体强度也弱，地下水于是得不到补给，岩溶就得不到发展。

3.3.6　地表水体与岩层产状关系对岩溶发育的影响

水体与层面反向或斜交时，岩溶易于发育；水体与层面顺向时，岩溶不易发育。

3.3.7　岩溶发育的带状性和成层性

岩石的岩性、裂隙、断层和接触面等一般都具有方向性，造成了岩溶发育的带状性；可溶性岩层与非可溶性岩层互层、地壳强烈的升降运动、水文地质条件的改变等则往往造成岩溶分布的成层性。

3.4　岩溶勘察

3.4.1　岩溶地区建筑岩土工程勘察

1. 各勘察阶段的要求与方法（表 4.3-10）

各阶段岩溶地区建筑岩土工程勘察要求和方法　　　　　　表 4.3-10

勘察阶段	勘察要求	勘察方法和工作量
可行性研究	应查明岩溶洞隙、土洞的发育条件，并对其危害程度和发展趋势作出判断，对场地的稳定性和建筑适宜性作出初步评价	宜采用工程地质测绘及综合物探方法。发现有异常地段，应选择具有代表性的部位布置钻孔进行验证核实，并在初步规划的岩溶分区及规模较大的地下洞隙地段适当增加勘探孔。控制孔应穿过表层岩溶发育带，但深度不宜超过 30m
初步勘察	应查明岩溶洞隙及其伴生土洞、地表塌陷的分布、发育程度和发育规律，并按场地的稳定性和建筑适宜性进行分区	
详细勘察	应查明建筑物范围内或位于对建筑有影响地段的各种岩溶洞隙及土洞的形态、位置、规模、埋深、围岩和岩溶堆填物性状，地下水埋藏特征；评价地基的稳定性。 在岩溶发育区的下列部位应查明土洞和土洞群的位置： 1. 土层较薄、土中裂隙及其下岩体岩溶发育部位； 2. 岩面张开裂隙发育，石芽或外露的岩体交接部位； 3. 两组构造裂隙交汇或宽大裂隙带； 4. 隐伏溶沟、溶槽-漏斗等，其上有软弱土分布的负岩面地段； 5. 降水漏斗中心部位。当岩溶导水性相当均匀时，宜选择漏斗中地下水流向的上游部位，当岩溶水呈集中渗流时，宜选择地下水流向的下游部位； 6. 地势低洼和地面水体近旁	宜按建筑物轴线布置物探线，并宜采用多种方法判定异常地段及其性质。对基础下和邻近地段的物探异常点或基础顶面荷载大于 2000kN 的独立基础，均应布置验证性钻孔。当发现有危及工程安全的洞体时，应采取物探或加密钻孔等措施。必要时可采取顶板和洞内堆填物的岩土试样，其勘探应符合下列规定： 1. 当基础底面以下土层厚度不大于独立基础宽度的 3 倍或条形基础宽度的 6 倍时，应将勘探孔全部或部分钻入基岩。当在预定深度内遇见洞体时，应将部分勘探孔钻入洞底以下，当遇中等风化基岩时，其深度不应小于洞底以下 2m； 2. 当需查明浅埋岩溶的岩组分界、断裂及岩溶土洞的形态或验证其他勘探手段的成果时，应采取岩土试样或进行原位测试，并应布置适量的探槽或探井； 3. 在土洞发育地段，应沿基础轴线或在每个单独基础位置上以较大密度布置静力触探或小口径钎探，查明土洞、地表塌陷的分布

续表

勘察阶段	勘察要求	勘察方法和工作量
施工勘察	应针对某一地段或尚待查明的专门事项进行补充勘察和评价。当基础采用大直径嵌岩桩或墩基时,尚应进行专门的桩基勘察	应根据岩溶地基处理设计和施工要求布置。在土洞,地表塌陷地段,可在已开挖的基槽内布置触探和钎探。对大直径嵌岩桩或墩基,勘探点应按桩或墩布置,勘探深度应为其底面以下桩径的3倍并不小于5m,当相邻桩底的基岩面起伏较大时应适当加深。对重要或荷载较大的工程,应在墩底加设小口径钻孔,并应进行检测工作

2. 测试与观测要求

（1）当追索隐伏洞隙的联系时，可进行连通试验。

（2）评价洞隙稳定时，可采用洞体顶板岩样及充填物土样做物理、力学试验。必要时可进行现场顶板岩体的载荷试验。

（3）顶板为易风化或软弱岩石时，可进行抗风化试验。

（4）当需查明土的性状与土洞形成的关系时，可进行湿化、胀缩、可溶性及剪切试验。

（5）查明地下水动力条件和潜蚀作用，地表水与地下水的联系，对预测土洞、地表塌陷的发生和发展时，可进行水位、流速、流向及水质的长期观测。

3.4.2 岩溶地区水工建筑勘察

岩溶地区水工建设包括水库，输水隧洞、渠道、尾矿库（池）、堤坝、渣场、供水池、矿山开采有关设施等岩土工程。勘察要求为解决下列问题提供勘察资料。

1. 岩溶渗漏和场地稳定

岩溶地区水工建设要查清与水工建设项目有关的岩溶渗漏和场地的稳定问题。造成场地库区渗漏和影响场地稳定的基本因素有：

1）地形地貌因素

（1）场地下游有较大的河湾；（2）场地两侧或一侧有低于建设项目的河谷或洼地；（3）场地下游河谷纵剖面上存在纵向裂点。

2）地质结构因素

（1）有无隔水层或相对隔水层；（2）岩层产状及其与河谷走向的关系；（3）层面裂隙和节理裂隙与低邻谷的沟通；（4）相对隔水层错断情况；（5）断层性质和断裂带分布情况。

3）水文地质条件

（1）河谷水动力条件；（2）分水岭区地下水位与设计蓄水位关系。

4）坝区岩溶渗漏的基本因素：

（1）河谷的地质结构；（2）岩溶发育的程度和深度；（3）坝基地段地表下岩溶系统的充填与蓄水后库水位对充填物的影响；（4）坝肩区山体中岩溶系统和充填与蓄水后库水位对其影响。

2. 岩溶地区水工建设勘察内容

岩溶地区水工勘察，除遵循一般水工勘察原则之外，勘察内容按表4.3-11要求进行。

岩溶地区水库勘察内容 表 4.3-11

勘察阶段	勘察目的、内容	勘察及试验工作
规划阶段	初步查明岩溶发育程度和规律；查明河谷及库区岩溶地质条件；有无相对隔水层及其分布、厚度；地下水补排关系，地下水分水岭位置和高程；库区及坝区岩溶渗漏初步评价	航片解译；土层土工试验；库区水样水质分析
可行性研究	查明岩溶形态、分布规律和古岩溶情况；查明库区特别是坝址区断层性质和坝区岩溶裂隙系统；查明相对隔水层厚度、分布延续性和封闭情况；查明库区土洞发育条件和岩溶塌陷情况；预测蓄水后地下水分水岭可能的变化；分析渗漏地段范围、渗涌形式，估算渗漏量；初步评价坝基稳定性、防渗处理的必要性和可能性	岩溶微地貌调查；坝址区的物探、钻探；分水岭区水文地质调查；溶蚀试验，连通试验；压水试验、抽水试验；水点动态长期观测；岩土原位测试
招标设计阶段	查明库区地表下岩溶系统的分布，充填规律；查明坝区地表下岩溶发育的深度、分布充填规律；查明坝区山体中岩溶发育规律和溶蚀裂隙系统；查明渗漏地段的范围、深度，计算渗漏量和基坑涌水量；提出防渗处理的范围、深度和处理方案；提出蓄水后水文地质条件改变对稳定性和渗漏的影响	钻探、物探测井大疏量、大降深抽水试验，压水试验，注水试验；水点动态长期观测岩土原位测试和试验
施工阶段	防渗处理中需进一步查明的岩溶问题检查防渗处理的效果	动态长期观测；稳定性观测

3. 岩溶地区水工设施防渗处理

岩溶地区水工设施防渗处理方法综合 表 4.3-12

位置	防渗处理方法		基础处理典型例子示意图	简要说明
坝前防渗基础处理方法	铺盖	天然黏土铺盖法		充分利用库盆中已有较厚的黏土层（C）以防渗。一般在其下部没有大洞穴，或少量洞穴已堵塞情况下，可采用天然黏土层作防渗层，于一些部位可增加人工铺盖
		人工黏土铺盖法		库盆冲积层、残积层不厚，基岩裸露多，但岩溶大洞穴不发育（A），或有砂卵石层覆盖，基岩洞穴不发育（B），可采用人工黏土铺盖（b）；有洞穴存在时，先填洞，再铺盖，铺盖范围为全库区或库前地带
		混凝土板铺盖法		库盆洞穴发育严重渗漏地段，或库岩陡坡不能进行黏土铺盖地带，多采用混凝土大面积盖板（CP）或斜板（墙）（SP）防渗
	封闭	浆砌块石封洞法		对库岸内出露的能造成邻谷、坝下游渗漏的岩洞与人工坑道，用浆砌块石（CR）封堵。一般洞穴规模不大时，可采用此法
		混凝土墙封洞法		对库内出露并可成为渗漏通道的大溶洞、暗河，修建混凝土墙（CW）以防渗，应于蓄水前处理好。墙基的渗漏处理很重要
		混凝土板封洞法		洞穴发育密集，但规模不大的情况下。先用块石堵塞，再在外直立混凝土薄板（CP）或斜板（SP），以达到封洞效果
		钢铁闸门封洞法		库区出露的大洞穴，修建重力坝（D），安装钢铁闸门（C），一方面起到封洞效果，另外可开闸泄洪、放水，以满足工农业及生活用水需要
		浆砌石墙封洞法		于可引起渗漏的大洞口，用浆砌块石墙（RW）以封闭。墙基能利用不透水层或弱岩溶化地层，可收到更好防渗效果

续表

位置	防渗处理方法		基础处理典型例子示意图	简要说明
坝前防渗基础处理方法	填塞	混凝土墙加固法		对库岩、库盆浅处存在的，但无明显出口的大洞穴，要考虑水库蓄水后引起岩溶塌陷面大量渗漏。洞穴顶板不稳定地段，于蓄水前应予以加固（S）及部分填堵
		混凝土桥加固法		对坝肩、坝基、库盆内无明显出口隐伏的大洞穴，可修混凝土桥（CB）及充填块石以加固，主要在水平垂直洞穴交会处，不易修垂直加固墙时采用
		混凝土塞填塞法		规模不大的落水洞或溶蚀破碎断裂带，可先填塞块石，再加上混凝土塞（CA）。洞穴密集时，可使混凝土塞连成盖板
		黏土骨料填塞法		对小落水洞先填反滤料，再填压黏土。A：黏土反滤法，先填块石、沙砾、砂，再填黏土；B：黏土加盖法，先填块石、再填黏土，上面再加浆砌块石盖板；C：黏土砌石法，先填块石，再浆砌块石，后填压黏土
基础处理方法（坝下防渗处理）	截流	完全封闭帷幕法		将灌浆帷幕达到埋存不深的可靠隔水层（如厚的页岩层等），形成完全封闭的灌浆帷幕（CG），可收到极好的防渗效果
		溶蚀带防渗墙法		坝基、坝肩有较多充填、半充填溶蚀带，可设混凝土防渗齿墙（C-OW）以截断水流，避免渗漏、潜蚀，达到很好的防渗效果
		覆盖防渗墙法		坝基盖层很厚，可用大口径钻凿 1～2m 宽槽达岩溶化基岩面下一定深度，可填混凝土形成防渗墙（C-CW）
		大洞穴防渗墙法		坝基或坝肩帷幕通过地带有大洞穴存在，或小洞穴、软弱层、破碎带密集，都不易达到灌浆效果，可设混凝土防渗墙（C-OW），使与灌浆帷幕相连，起较好防渗效果，并可增强基础稳定性
		坝前齿槽截流法		岩溶通道埋存不深、库水位不高时，可用 A：浆砌块石齿墙；B：黏土回填土墙；及 C：混凝土齿墙以截断渗流，并保护坝基与基岩接触地带的稳定性
坝后防渗基础处理方法（坝后防渗处理）	引泉	坝内反滤引泉法		坝基开挖中，有岩溶泉出现，修土石坝时。对泉水要引入坝内反滤层，以排向库下游，避免坝体被冲刷
		坝后反滤引泉法		干土石坝下游坝基铺设反滤层，引导泉水排出坝下游，可避免坝基被潜蚀及降低扬压力
		坝肩反滤引泉法		坝基两岸边坡有泉水或可能有渗漏水流出露，修坝时可铺设反滤层（F），引导泉水流向库外，以保护坝肩稳定性
		坝前反滤引泉法		坝基下泉水流最大，且水头高，于水库设计水位时，可于坝前设反滤井（FW），引导泉水流入库内，并可增加小水库补给量

位置	防渗处理方法		基础处理典型例子示意图	简要说明
坝后防渗基础处理方法（坝后防渗处理）	排水	坝内排水减压法		各种防渗措施都不能完全截断岩溶地区渗漏水流时，为减少坝基扬压力，保证坝基稳定性，在坝内埋设排水管（OP），以减少渗流压力
		坝后天然减压法		坝后有凹洼河谷（CR）。常可天然排出渗漏水流，有助降低渗水压力，并可减少坝内排出量
		坝基排水减压法		岩溶渗漏水压力较大时，常于坝后坡及坝下游的砂卵石层、岩溶化地层中打排水井（DW），以更好降低渗漏水流的压力
坝前防渗处理	围隔通气	骨料拱桥填塞法		对大落水洞，特别是有荷载的情况下，可用 A：混合连拱法，落水洞中填块石，再浆砌块石连拱，或上面再加混凝土板与黏土；B：混凝土单拱法：填块石后加混凝土拱桥，再填黏土；C：浆砌块石单拱法：填块石，后浆砌块石拱桥，再填黏土
		圆烟囱井围隔法		库区落水洞大，不易填塞时，可建 A：土圆烟囱井；B：混凝土圆烟囱井；C：浆砌圆烟囱井；以避免库水渗漏。也可开闸泄水，并可通气，有的也可起泄洪作用
		闸门圆井围隔法		大落水洞修混凝土圆烟囱井（CD）并设闸门，可防止水库渗漏，又可开闸泄水
		弧形堤坝围隔法		库边大落水洞或通向库外的暗河、伏流，堵洞困难时，可修建弧形堤（CC）坝以封隔库水
		库崖脱井通气法		天然落水洞堵后，有的会形成高压气团，冲爆人工处理及天然整层。落水洞附近天然竖井-溶蚀裂隙在通向库水位以上的山岗的情况下，可利用以通气，或开凿些人工竖井以通气
		钢铁长管通气法		用混凝土塞（CA）堵塞落水洞，同时埋上钢铁长管（直立或倾斜的）（IT），以通气减压，并可排出上涌地下水
		混凝土管通气法		靠库边落水洞在修建混凝土堵墙体后，可连接混凝土管（CT），以通气减压，并可排泄上涌地下水
		自动洞门通气法		大落水洞上安装钢筋混凝土或钢铁自动启闭阀门（AG）（于库水下）。当高压气团压力大于库水水压时，则自动冲开闸门，需有a：防止阀门翻转齿；b：防渗橡皮垫
	喷涂	浮动闸门通气法		落水洞上埋设钢管（IT），回填防渗塑料片、黏土，钢管上接软管（ST），软管头有浮动阀门可自动出高压气团
		砂浆勾缝喷涂法		岩石破碎，但无大洞，可用砂浆（或其他材料）勾缝及喷涂（GM），一方面可起防渗作用，另一方面可起保护岩坡作用

位置	防渗处理方法	基础处理典型例子示意图	简要说明
坝下防渗	灌浆 悬挂灌浆帷幕法		坝基下进行灌浆形成防渗帷幕（GC），是大、中型水库最通用的有效防渗方法之一。当岩溶化地层很厚时，帷幕只达到渗透性较小地带，形成悬挂帷幕，也可起到很好的防渗效果
	相对封闭帷幕法		坝基下有相对弱岩溶化地层或薄隔水层（页岩、泥灰岩），可使灌浆帷幕（GC）达到该地层，形成相对封闭帷幕，起到良好防渗效果

3.4.3 岩溶地区线路勘察

线路主要指铁路和公路，对其他线路（如供热、供水、供电线路，输送油气管路，工矿企业的专用铁路、公路，水管线路，高压线路，旅游区的架空索道等）可比照执行。

1. 岩溶地区选线勘察要点

（1）岩溶地区选线应避免在下列地带延伸，若不能绕避时，应以最大的交通角通过下列地带：①可溶岩与非可溶岩的接触带；②有利于岩溶发育的褶皱轴部和断裂带及其交汇处；③岩溶水富集区及岩溶水排泄带。

（2）在孤峰平原区，线路应选择在覆盖土层较厚、地下水位埋藏较深的地段通过，并宜避开下列地段：①抽取地下水可能形成的最大下降漏斗范围；②地表水位与地下水位变化幅度较大的地段；③多元土层结构地段。

（3）峰林谷地、峰丛洼地及溶丘洼地地区，线路宜选择在下列位量：①靠山地段，并且高程高于岩溶的最高洪水位；②线路避开垭口中心，选在地质条件较好的一侧通过。

（4）位于洼地谷地和岩溶平原中的线路，宜采用石质路堤的形式，若受到岩溶水体危害时，应采用桥涵跨越的方式处理。

（5）越岭线，宜在地下水分岭通过，平面位置，宜在岩溶负地形之间，高程宜在垂直渗流带中。无条件时，也可在深部汇流带，不宜在水平径流带中。

（6）河谷线宜选择在下列位置：①岩溶发育较弱的一岸；②位于高阶地上；③位于负地形之间及垂直渗流带中；④以河谷为排泄区的岩溶地段，线路宜选择在位于岩溶安全带；⑤由早期河流侧蚀作用造成，现存留在谷坡上的无水溶洞群地带，线路宜向山里靠。

（7）当隧道位于水平流动带及深部缓流带中，宜采用"人"字坡平行导坑的设置，并位于隧道迎地下水方向的一侧。

2. 新建线路踏勘阶段岩溶勘察要点

（1）踏勘（或称草测）阶段岩溶岩土工程勘察应着重了解影响线路方案的岩溶岩土工程问题，为编制可行性研究报告提供岩溶地质资料；

（2）踏勘（草测）阶段的岩溶勘察内容：①搜集线路通过地区的区域地质、地貌、气象、卫星图像及航空相片等资料；②通过航片判断和踏勘了解岩溶地区地层，岩性，构造、地貌、岩溶发育特征及其与线路方案的关系；

（3）踏勘（草测）阶段的资料编制的要求：①在岩土工程勘察总说明书中阐述控制线路方案的岩溶发育地段的特征，评价其对方案的影响，并对初勘工作的重点提出建议；②在比例尺为 1∶200000～1∶50000 的全线工程地质图中，对控制线路方案的岩溶发育地段，用文字或图表简要说明可溶岩与非可溶岩的组合形成及岩溶发育的特征。

3. 新建线路初勘阶段岩溶勘察要点

（1）初勘（测）阶段的线路岩溶勘察任务是查明线路各方案岩溶分布情况、发育规律和特征，为选线方案及初步设计提供岩土工程勘察资料。

（2）线路初勘（测）阶段岩溶勘察应查明的问题：①岩溶水文地质特征；②地貌、地层、岩性、地质构造特征；③岩溶地区产生地面塌陷的可能性。

（3）遥感影像判释的要求是：①判明岩溶地区的地貌、地层，时代。岩性成分、地质构造、可溶岩与非可溶岩的分布特征、接触关系，可溶岩结晶程度、声状层厚、风化程度、夹层情况等。②判明岩溶发育区的漏斗、落水洞、溶蚀洼地，泉，暗河进出口等的分布位置。③判明岩溶发育与阶地，剥蚀夷平面的关系，划分岩溶地貌单元。

（4）初期阶段工程地质测绘的要求：①岩溶地质复杂的工点及影响线路方案的地段，应进行区域地质测绘，其精度应符合比例尺为 1：50000～1：10000 的工程地质图的要求，②在进行比例尺为 1：2000 的工程地质测绘中，在裸露型的岩溶区，与线路有关的岩溶点，应使用仪器测绘，对远离线路的岩溶点宜用半仪器法测绘，在半覆盖型或覆盖型的岩溶区，图幅范围内的岩溶点均应使用仪器测绘。对岩溶地质复杂的隧道和长达 3km 或 3km 以上的隧道，地质测绘应满足下列要求：①区域地质测绘长达 3km 或 3km 以上的隧道地区，应利用遥感影像判释了解区域地质、地貌、岩溶富水构造等。②区域地质测绘的范围应以查明地层、地质构造及岩溶的发育规律，满足隧道方案的比选为依据，宜包括岩溶水的补给边界或隔水边界要查明。③控制性钻孔的目的主要是查明岩溶水的贮水构造，断层破碎带、岩体的溶蚀程度；孔深宜根据路面设计高程、岩溶发育深度。④确定岩溶排水基准面高程。

（5）对负地形应调查的内容：①封闭洼地、串珠状洼地、干谷等应调查其排列方向、高程、分布范围、覆盖层性质与厚度，以及洼地、干谷的高程从分水岭的至排泄区递减分布规律；②竖井、漏斗、落水洞等应调查其分布位置、高程、形态尺寸，所在层位与岩性特征、节理裂隙发育程度、地貌单元周围水系和沟谷的变迁与沉积物的成分；岩溶盆地应调查其分布范围、水系发育特征、岩溶盆地边缘暗河，岩溶泉的出露位置，落水洞的消水特征，覆盖层性质，厚度等。

（6）应调查分析下列情况，判断与线路建设工程有关的岩溶基准面的存在形式与高程。①可溶岩层底板与高程；②裸露型的岩溶区河流的最枯水位或高悬于河面以上的暗河或岩溶泉的高程；③单侧或两侧为非可溶岩的分水岭地区，流经可溶岩中的河流或暗河，岩溶泉及其高程；④覆盖型岩溶区，河水面以上的岩溶泉的高程；⑤海平面。

（7）溶洞、竖井、漏斗，洼地、落水洞、塌陷、岩溶泉、暗河等，应做观测点或填调查卡片，在现场应使用油漆编号。

（8）与线路有关的洞穴、竖井、暗河等，凡是人能进入洞内的都应进行洞内实地测绘，其内容要求包含以下内容：①洞口位置、洞底高程，所在层位岩性和地质构造特征，洞壁完整性及稳定程度；②洞穴规模，层数及延伸变化；③洞内地下水枯、洪水位的调查并实测流量；④洞内充填情况，化学沉积物、机械堆积物的物理力学性质及化学成分等；⑤实测及绘制线路附近的洞穴平面图和代表性的纵横断面图，并附简要说明；⑥远离线路的洞穴，调查后可列表及附简要说明。

（9）应查明与线路有关的暗河、岩溶泉流量的动态变化及补给、径流、排泄特征，并做连通试验。

（10）对岩溶区的断裂构造，应着重调查下列内容：①断裂的力学性质、产状；②断裂带的破碎程度、宽度、胶结程度、阻水与导水条件；③断层交接部位断裂延伸方向与岩溶发育的关系。

（11）对岩溶区的褶皱构造，应着重调查下列内容：①褶曲轴部的倾伏端，仰起端等转折部位的特征与岩溶发育的关系；②褶曲各部位的节理，裂隙性质及岩体破碎程度；③沿褶曲轴延伸方向的岩溶发育规律。

4. 水文地质调查

（1）应调查岩溶地层的富水程度、圈定贮水构造的范围。

（2）岩溶水点的调查，包括岩溶泉、落水洞、暗河、潭湖等，调查内容要求；

①所在地层层位、岩性、地貌及地质构造特征；②岩溶水出露的形式；③水点的高程、水位、埋深、水深、流量以及变幅，观察流水痕迹；④水的物理性质，如颜色、臭味、味道、透明度等，并记录水温、洞温、气温；⑤采取代表性水样进行水质分析；⑥绘水点示意图，必要时进行素描或摄影。

（3）岩溶地层中的钻孔及水井应查明以下列情况：

①所在位置、高程、深度；②出水层位、岩性特征、含水层厚度；③潜水位或承压水位高程；④钻孔、井结构；⑤日取水量、水位降深值；⑥井水泥砂含量及变化情况；⑦井（孔）周围塌陷史。

（4）对突水的人工坑道和洞室应搜集下列资料：

①突水位置、高程、突水口形态；②突水地层、岩性、突水量、持续时间，疏干范围；③人工坑道和洞室施工方法；④突水与大气降水、地表水之间的关系；⑤突水后是否引起地面塌陷。

（5）岩溶区补给，径流、排泄条件的调查内容：

①岩溶水的补给来源、补给范围、覆盖层、植被、地形对降雨入渗的影响，地表、地下水分水岭位置；②岩溶含水层性质、水位埋深、较集中的岩溶水流的分布范围，含水层与上覆盖层及下伏非碳酸盐类岩层水的联系、地下水的流速流向、水力坡度等；③岩溶区的汇水面积与集水面积；④岩溶含水层的排泄方式、排泄位置及水量随季节变化的特征；⑤岩溶水与地表水之间的相互转化关系。

（6）为确定地下水分水岭的位置，应对地表分水岭两侧的暗河、竖井、钻孔水位进行调查；为查明地下洞穴连通情况和地下水之间的联系，应做连通试验；为表明岩溶富水性和含水带的水文地质参数，必要时应做抽水试验。

（7）初勘阶段线路岩溶勘察时勘探点的布设，应重点放在控制线路方案的岩溶发育地段及重大工点上，应根据工点的研究程度、探测对象、工程类型、建筑物具体位置和设计要求等综合考虑后合理地确定。

（8）特大桥、高桥、岩溶地质复杂的大中桥应进行控制性勘探。地形条件适宜时，应用物探的探测方法，在每一工点的控制性钻孔应不少于 2 个孔，孔深宜深入完整基岩下 5～10m，在该深度遇有溶洞时，应在洞底板下钻进完整基岩 3～5m，必要时，应钻至当地侵蚀基准面高程。

（9）隧道场地勘探：①应以物探为主，结合地质测绘和遥感影像判断资料布置勘探工作量。②沿隧道中线和断裂破碎带、褶皱带轴部、可溶岩与非可溶岩接触带布置勘探线。查明洞身不同地段的岩溶发育程度和发育规律、岩溶洞穴的含水特性等。③在已判定的岩溶发育带和物性指标异常带布置适量钻孔，查明岩溶发育程度、基本形态和规模、洞穴充填物性状、岩溶的富水性，岩溶水的补给、径流和排泄条件。④钻孔深度，在钻入隧道底板设计标高以下完整基岩的要求同上。

（10）钻探资料的编录，除应符合规范规定的要求外，在钻进过程中，尚应记录的内容：①钻进过程钻具自然下落和自然减压的起止深度和状况；②将洞内填充情况，发出隆隆声音的情况；③遇溶洞破碎岩层时，孔内发生掉块的情况；④钻具发生跳动的起止深度；⑤钻进过程中，孔内冲洗液变化情况，孔内漏水、涌水情况。

（11）初勘阶段岩溶勘察试验的内容：①地表水、地下水的水质分析和水的腐蚀性试验；②采取具有代表性的不同层位的碳酸盐岩石岩石试样，做镜下鉴定及化学成分分析；③在覆盖型岩溶区的地面塌陷地段，应采取原状土样做物理力学性质试验和化学成分分析。

5. 新建线路定测阶段岩溶勘察要点

（1）定测阶段的任务是详细查明采用方案沿线岩溶溶洞和土洞的分布、发育的规律性和特征、确定线路具体位置，为工程设计提供岩溶勘察资料。

（2）定测阶段线路岩溶勘察的测绘、勘探测试和试验的重点应放在工点上。

（3）对线路附近的溶洞、暗河、岩溶竖井等岩溶形态位置、规模、埋深、洞穴的顶板岩体厚度、洞穴充填情况等；岩溶水的埋藏条件，水动力特征，水位标高及变化幅度，补给、径流、排泄条件；初勘测绘时未进行实测的部分补测，已经实测过的地方进行核对。

（4）勘探工作，需在工程地质测绘的基础上布置，应以物探与钻探相结合。查明建筑物附近及其应力影响范围内的岩溶裂隙、空洞大小、高程及充填物性质。

（5）为查明各类建筑物地基的稳定性，勘探方法应以钻探为主，勘探点的数量和深度应按下列原则考虑确定：①对于路基、站场、房屋建筑，在裸露型及半覆盖型岩溶区，宜使用钎探、挖探或钻探，钻探主要用于查明覆盖较厚的勘探点上，并辅以物探的方法，查明基底岩溶洞穴的分布；②隧道对不同含水层段及断裂破碎带应布置代表性的钻孔，以查明岩溶洞穴及岩溶水；③对孔内进行物探，水文地质试验、地下水进行动态观测；④勘探点的数量要结合桥式布置和基础类型确定：a. 岩溶复杂地段的桥基勘探次数应不少于两次；b. 特大、大、中、小桥的明挖基础应在基础中心布一孔，高桥的明挖基础应在基础的任一对角线上布置 2 个勘探孔，若发现有溶洞，应适当增加钻孔或专门研究确定；c. 沉井基础每墩宜布置 4 孔，若溶蚀严重，基岩面参差不齐，则应增加钻孔；d. 桩柱基础宜每桩 1 孔；对摩擦桩基础，每墩、台宜不少于 2 孔；⑤钻孔深度宜钻至线路设计标高或建筑物基础以下 10m；桩基础宜至桩尖下 10m，在此深度内遇溶洞时，钻孔深度要结合工程措施专门研究确定。

（6）在岩溶发育地段，为查明岩溶洞穴及岩溶含水层的位置，宜在孔内进行管波法、电磁波透视、跨孔弹性波 CT 测试和钻孔测试。

（7）当建筑物基础下和建筑物影响范围内，有洞穴并且人能进入者，应搜集下列资料：①洞穴顶板节理、裂隙的分布与充填、胶结程度、洞顶板岩层产状、单层厚度、洞顶、洞底、洞壁完整程度；②洞穴形态尺寸，建筑物跨越洞穴的宽度、洞顶板至建筑物基底之间的岩层厚度；③洞内有无沉积物及其性状，有无积水痕迹，有无搬运能力；④若洞顶板较薄，需作验算时，应取样做岩石密度、弹性模量、泊松比和抗拉、抗压强度试验。

（8）线路岩溶详勘对试验与测试的要求。

（9）对地基中的洞穴顶板岩石进行下列内容的试验：①饱和单轴抗压强度；②岩石的黏聚力；③内摩擦角；④弹性模量；⑤泊松比；⑥剪切模量；⑦计算摩擦角等。

（10）对隧道洞体上部2.5倍洞径高度范围内的围岩进行下列内容的试验：①天然状态和饱和状态岩石单轴抗压强度；②岩石弹性抗力系数；③岩石的黏聚力；④内摩擦角；⑤弹性模量；⑥泊松比；⑦剪切模量；有条件时，测定围岩的弹性波的波速。

（11）对深挖路堑和隧道洞身附近的岩溶含水带，进行抽水试验，查明含水带的水文地质特征。

（12）对地下水和地表水进行水质分析，判断其对混凝土的侵蚀性。

6. 资料整理的要求

（1）勘察说明书（或工程地质勘察报告）：①论述场地的岩土工程条件，评述岩溶发育带的岩溶发育特征和稳定性，岩溶水的埋藏条件和水动力特征，详细评价岩溶发育带路基的安全和稳定性，以及岩溶水对路基的危害；②对危害路基安全和稳定的岩溶洞穴和岩溶水提出整治措施；③论述桥址区岩土工程条件和岩溶的发育强度，基本形态和规模，评价桥基的稳定性；有条件时提出洞穴顶板体的安全厚度；对影响桥基稳定的岩溶洞穴提出治理措施；④详述隧道场地的岩土工程条件和岩溶发育程度，分布规律、岩溶水带的水文地质特征、分析评价岩溶洞穴的岩溶水对隧道安全和稳定的影响及给施工和运营造成的危害；⑤对岩溶洞穴和岩溶水提出治理措施。

（2）场地工程地质图：按路、桥、隧等工程场地分别绘制，除反映出一般工程地质条件外，重点标出与岩溶及岩溶水有关的工程地质现象。其比例尺要求为1∶5000～1∶2000。

（3）工程地质纵断面图：分别按路、桥、隧等工程绘制，比例尺为水平1∶5000～1∶2000，垂直1∶1000～1∶500。

（4）岩溶发育带有关断面图。

（5）岩土水的试验成果。

（6）钻孔柱状图、物探资料成果。

（7）对岩溶进行治理的原则及措施（表4.3-13）。

对岩溶进行治理的原则及措施　　　　　　表4.3-13

项目	治理原则	治理措施
岩溶水的处理	岩溶水情况复杂，难以查清，且危言较大时，对岩溶水的处理应遵循下列原则： 1. 对水量的评价宁大勿小； 2. 排水建筑物宁宽勿窄； 3. 采用桥梁跨越比涵洞好； 4. 疏导比堵截好； 5. 为防止引起地面塌陷时，堵塞又比疏导优越	1. 疏干排泄，设置与水流方向垂直的截流盲沟、截水洞、截水墙等； 2. 流量流速较大，可能淹没农田或线路时，可设桥涵、落水洞； 3. 为保持岩溶泉正常出水，或保持消水洞消水，或防止消水，以及需要提高水位时可采用围堰、围栏； 4. 地下水小而分散时，可用砂浆、黏土、化学浆液压浆及浆砌片石堵塞
岩溶洞穴的处理	1. 防止洞穴坍塌，采取处理措施加强板的稳定性； 2. 能自立者，不要处理，需作经济技术比较；能跨则跨，能堵则堵，需作多方案比较； 3. 与当地已有材料结合考虑	1. 可采用跨越空洞的梁跨、拱跨，及盖板等； 2. 采用各种类型的桩基、浆砌支柱、混凝土块、锚杆锚固回填堵塞加固； 3. 遇石芽时，凿平、清除充填物后，用圬工嵌补平整

续表

项目	治理原则	治理措施
岩溶洞穴堆积物的处理	研究调查测绘资料，根据工程用途、目的考虑处理措施，采用经济的办法加以处理	1. 堆积物不易清除时，可换填或风干，采取桩基或筏板基础； 2. 对基础下的块石堆积及石笋、石钟乳、石柱等宜爆破清除； 3. 对较厚层松散块石、堆积物宜压浆处理； 4. 对黏土、砂土及砾石、碎石堆积物作基础时，可用旋喷桩加固
对岩溶地面塌陷的处理	应针对塌陷产生的成因类型岩层结构、地形地貌、地质构造、第四纪覆盖层厚度、岩性、地下水的流量、流速综合因素分析后提出处理方案，并论证其经济性、可靠性、可行性，再付诸实施	1. 因雨水渗入土层引起塌陷时，可采用地面排水、封闭路基、路面、压浆等； 2. 因河水位涨落引起地面塌陷可采用封闭洞穴、加固基础等； 3. 因地下水位下降引起塌陷时，可采用恢复水位、钻孔充气、帷幕灌浆、隔水等； 4. 可根据具体情况，有针对性地采用碎石路堤、带洞路基墙、桩基、栈桥、桥跨、扣轨梁、框架等结构，以及压浆、网格板垫层、强夯、旋喷桩、换填土等处理措施

（8）对岩溶洞穴顶板安全厚度要进行评价，当建（构）筑物位于岩溶洞穴之上，而溶洞顶板厚度又符合下列条件时，可认为该场地是安全稳定的：①对于非完整的溶洞顶板，其厚度大于溶洞高度的 5 倍；②对完整溶洞顶板，其厚度与溶洞最大跨度之比大于 0.5。

（9）定测资料编制，除在全线地质综合资料中编入岩溶内容外，对工点资料的要求：①编制岩溶工点勘察说明时，除满足一般要求外，还要补充下列内容：a. 岩溶发育的地质、地貌、气象条件；b. 岩溶发育特征及一般规律；c. 工点岩溶岩土工程条件评价；d. 工程处理措施意见。②岩溶复杂时，单独编制 1:500～1:2000 比例尺的工点岩溶工程地质图及纵、横断面图。③提供各类建筑物设计所需要的洞穴、岩溶水点位置及简要说明。④提供洞穴板顶稳定性评价所需要的调查、测试资料。⑤提供隧道排水设计所需要的漏水量资料。

7. 改建已有线路，增建第二线路勘察要点

（1）应充分利用既有线路在勘察、设计、施工及运营期间积累的岩溶勘察资料和已有的防治措施。

（2）应调查岩溶区既有线路建筑的稳定状态、变形情况、工程处理措施。

（3）增建第二线并肩、平行地段应根据岩溶的岩土工程条件选择线路左、右侧的位置。

8. 线路施工阶段勘察要点

1）施工阶段岩溶岩土工程勘察内容

（1）对岩溶复杂地段进行调查。

（2）解决施工中揭露的岩溶问题。

（3）提供变更设计所需的岩溶勘察资料。

2）线路施工阶段岩溶勘察内容

（1）对施工中遇到岩溶突水、突泥、突砂的地段，应采取超前钻探、地震波、声波探测等方法加强预报。

（2）对施工阶段揭露的溶洞、暗河等应搜集详细的资料，在未查明情况前，不应随意爆破或用弃渣填塞。

（3）施工中揭露的岩溶水，应观测其流量大小及变幅、追溯来源，必要时做连通试验。

岩溶水与圬工有关时，应取水样作侵蚀性分析。

（4）施工时产生突水、突泥引起地面塌陷及变形的地段，应进行观测监视，提出处理措施。

（5）对路基附近的落水洞、暗河出口、岩溶泉的排水通道不宜随意封堵。

（6）施工过程中，应对岩溶发育地段的隧道基底、路堑、堑底进行复查，了解有无洞穴及溶隙存在。

3.4.4　岩溶地区有害废物排放、堆存场地勘察

同其他地区相比，岩溶地区地表水文网络同地下水文体系之间的连通关系较密切，排放和堆存有害废物，较易导致地下水污染；另外岩溶地区地表水较易流失，而地下水却较丰富，地下水常成为当地工农业生产和生活用水的主要来源，地下水一旦遭受污染，将给工农业生产和居民生活带来很不利的影响。防止和治理地下水污染，也是岩溶环境岩土工程的重要工作内容。

1. 岩溶地区有害废物排放、堆存场地的勘察应查明：

①场地及其周围区域的地貌、地层、构造情况，特别是断层带、构造破碎带的分布、规模和性质；②场地岩溶类型、形态、发育强度、分布范围等特征；③场地及其周围的水文地质条件，包括地下水类型、赋存条件，补给、径流和排泄情况，含水层、隔水层的分布和性质，地下水径流的流向，流速和流量，地表水和地下水的连通关系等。

2. 岩溶地区有害废物排放、堆存场地常用的勘察方法有：

（1）综合地质测绘：测绘范围包括排放或堆存场地以及地下水可能接受污染的周围区域，比例尺可选用1∶5000～1∶25000；（2）综合物探：探查分布于排放或堆存场地的溶洞、溶隙密集带和暗河等导水性强的地下水通道；（3）井探和钻探：揭露含水层和隔水层，验证物探指示的岩溶地下水通道；（4）钻孔和探井抽水、注水试验：测定排放或堆存场地土层和岩层的渗透参数；（5）地下水流向、流速和水位观测；（6）地下水示踪试验；（7）地表水和地下污染监测。

3.5　岩溶地基评价和处理

3.5.1　岩溶场地稳定性评价

1. 岩溶场地稳定性判定

1）当场地存在下列情况之一时，可判定为对工程不利地段；

（1）浅层洞体或溶洞群，其洞径大、顶板破碎且可见变形迹象，洞底有新近塌落物。

（2）隐伏的漏斗、洼地、槽谷等规模较大的浅埋岩溶形态，其间或上覆为软弱土体，且地面已出现明显变形。

（3）地表水沿土中裂隙下渗或地下水自然升降变化使上覆土层被冲蚀，并出现成片（带）土洞塌陷。

（4）抽水降落漏斗中最低动水位高于岩土交界面的覆盖土地段。

（5）岩溶通道排泄不畅，导致暂时淹没的地段。

2）当地基属于下列条件之一时，对安全等级为二级及以下的建筑物可不考虑岩溶稳定性的不利影响：

（1）基础底面以下土层厚度大于独立基础宽度的3倍或条形基础宽度的6倍，且不具

备形成土洞或其他地面变形的条件。

（2）基础底面与洞体顶板间岩土厚度虽小于第（1）项所列基础宽度的倍数，但符合下列条件之一时：

①洞隙或岩溶漏斗被密实的沉积物填满且无被水冲蚀的可能；

②洞体为微风化岩石，顶板岩石厚度大于或等于洞跨；

③洞体较小，基础底面积大于洞的平面尺寸，并有足够的支承长度；

④宽度（长径）小 1.0m 的竖向溶蚀裂隙、落水洞、漏斗近旁地段。

3）不符合前述 1）所列情况时，可根据洞体情况进行稳定分析：

（1）当判定顶板为不稳定，但洞内为密实堆积物充填且无流水活动时，可认为堆积物受力，可按不均匀地基评价。

（2）当能够取得计算参数时，可将洞体视为一个结构，进行分析计算。

（3）有经验地区，可按工程类比法进行稳定分析。

（4）在基础近旁有裂隙及临空面时，应验算基底岩体向临空面倾覆或沿裂面滑移的可能。

2. 天然溶洞稳定性分级

天然溶洞稳定性分级表　　　　　　　　　　　　　　　　　表 4.3-14

等级	因素				
	地层岩性	地质构造	地下水及支洞、暗河	洞体表面特征	洞体堆积物
	条件				
稳定	厚层至巨厚层灰岩，无软弱夹层，层面胶结好	无褶皱+断层不发育，仅有 1～2 组较明显的裂缝，裂缝呈闭合状或胶结好。未形成临空不稳定切割体	洞内很少漏水。洞内无暗河通过	洞顶、侧壁均有钙壳，溶蚀窝状面，洞体表面较平整，无危岩和近期崩塌痕迹	洞底平坦，表面堆积物为黏性土或钙质胶结层，不含块石
基本稳定	厚层至中厚层灰岩，层面有一定程度的胶结	有小型断层、褶皱，一般有 2～3 组连续性差的裂隙形成的临空面切割体少	断层中有季节地下水活，四周支洞较少，暗河易于查明处理	洞顶有钙壳、溶蚀窝状面，有少量钟乳石灰华痕迹，无近期崩塌痕迹，有少量危石	洞底平坦，表层堆积物中有少量块石，或有古崩坍体
稳定性差	中厚层夹薄层灰岩，层面胶结差	断层发育，有 3 组以上的裂隙，且胶结差。形成较多的临空切割体	顶板、断层中常有地下水活动，四周支洞较多，暗河分布较复杂，不易查明处理	洞顶钙亮和窝状溶蚀面少，钟乳石多，测面有泥质较多的灰华物分布，局部有危岩和近期崩塌痕迹	有近期崩塌堆积物，有多量块石
不稳定	薄层至中厚层灰岩，有软弱夹层，层面胶结差	断层很发育，裂隙在 4 组以上，呈张开状充水、夹泥，形成大量临空切割体	洞内，断层中漏水严重，四周大小支洞多，暗河分布复杂，难于查明处理	危岩和近期崩塌痕迹多，钟乳石、石笋、石柱等林立丛生，灰华物大面积分布	洞底为暗河或大量近期崩坍物

3.5.2　岩溶地基稳定性评价与处理

1. 岩溶地基处理的一般原则

1）重要建筑物宜避开岩溶强烈发育区。

2）当地基含石膏、岩盐等易溶岩时，应考虑溶蚀继续作用的不利影响。

3）不稳定的岩溶洞隙应以地基处理为主，并可根据其形态、大小及埋深，采用清爆换填、浅层楔状填塞、洞底支撑、梁板跨越、调整柱距等方法处理。

4）岩溶水的处理宜采取疏导的原则。

5）在未经有效处理的隐伏土洞或地表塌陷影响范围内不应作天然地基。对土洞和塌陷宜采用地表截流、防渗堵漏、挖填灌填岩溶通道、通气降压等方法进行处理，同时采用梁板跨越。对重要建筑物应采用桩基或墩基。

6）应采取防止地下水排泄通道堵截造成动水压力对基坑底板、地坪及道路等不良影响以及泄水，涌水对环境的污染的措施。

7）当采用桩（墩）基时，宜优先采用大直径墩基或嵌岩桩，并应符合下列要求：

（1）桩（墩）以下相当桩（墩）径的3倍范围内，无倾斜或水平状岩溶洞隙的浅层洞隙可按冲剪条件验算顶板稳定。

（2）桩（墩）底应力扩散范围内，无临空面或倾向临空面的不利角度的裂隙面可按滑移条件验算其稳定。

（3）应清除桩（墩）底面不稳定石芽及其间的充填物；嵌岩深度应确保桩（墩）的稳定及其底部与岩体的良好接触。

2. 岩溶地区地基稳定性评价与处理

岩溶地区地基稳定性评价与处理 表 4.3-15

岩溶地基形态	示意图	岩溶地基稳定性判别		处理措施
		稳定的地基	可能失稳需要加固处理的地基	
基底底面下有大块溶蚀孤石或单个石芽		上盖土层的承载力标准值大于150kPa，建筑物为单层排架结构或1~2层砌体承重结构	建筑物的安全等级为二级以上	清除孤石，凿平石芽，铺设毛石混凝土垫层
基础底面下有多个石芽		石芽间距小于2m，石芽间充填坚—硬塑状态红黏土，建筑物为不高于6层的砌体承重结构，不高于3层的框架结构或具有不大于15t吊车的单层排架结构，基底压力小于200kPa	石芽间距大于2m，石芽间充填土层软弱或没有充填，建筑物重要、高大，基底压力大。建筑物安全等级为二级以上	石芽出露部位作碎石或黏性土铺垫；用碎石置换石芽间的软弱土层；用混凝土填塞石芽间溶沟
基础底面旁侧有溶沟或落水洞		溶沟或落水洞的水平宽度小于1m，基底下为微风化—未风化硬质岩层，岩体中没有倾向溶沟或落水洞的软弱结构面	溶沟或落水洞的水平宽度大于1m，其中充填土层软弱或没有充填，基础底面下为中风化—强风化基岩，岩体中有倾向溶沟或落水洞的软弱结构面，岩体稳定性验算结果安全系数小于1.3	充填或置换溶沟和落水洞中充填的软弱土；高压喷射灌浆加固溶沟和落水洞中充填的软弱土；基岩压力灌浆加固

续表

岩溶地基形态	示意图	岩溶地基稳定性判别		处理措施
		稳定的地基	可能失稳需要加固处理的地基	
基础底面有溶洞	地面	基岩为微风化或未风化硬质岩石，溶洞顶板厚度大于洞跨，洞体较小，洞的平面尺寸小于基础平面尺寸，溶洞充填密实，充填土层的承载力标准值大于150kPa	溶洞较大，顶板厚度较小，洞中充填土层较软弱或没有充填；基岩风化较强烈，岩体较破碎，洞体稳定性验算结果安全系数较小	梁、板、拱结构跨越溶洞；混凝土充填或置换溶洞中软弱土层；必用深基础穿过溶洞
基础底面下有土洞	地面	土洞较小，洞体在地基压层以下，且无继续扩大可能，建筑物安全等级为三级以下	土洞分布于地基压缩层内洞体较大。	梁、板、拱结构跨越土洞；砂、砾充填土洞；改用深基础
基础位于塌陷坑	地面	塌陷坑被硬塑～坚硬状态的黏性土或密实的砂类土充填，充填物无发生潜蚀的可能；建筑物安全等级为三级以下	充填于塌陷坑中的软土的强度和变形指标不能满足建筑物的要求，塌陷坑中的充填物有被潜蚀的可能	清除充填塌坑的软土，抛填块石、碎石和砂、砾作反滤层，反滤层上夯填黏性土层，并用梁、板拱结构跨越塌坑；改用深基础穿过塌坑底部

3. 溶洞顶板安全厚度估算

1）按顶板坍塌后，塌落体较原岩体有一定膨胀的原理，估算塌落体填满原洞空间所需顶板塌落的高度：

（1）适用条件：顶板有坍塌可能的，如顶板为裂隙发育，特别是薄层、中厚层、易风化的软弱岩层，已掌握溶洞的原最大高度。

（2）计算公式：

$$H = \frac{H_e}{K-1} \text{（也适用于椭圆形的洞）} \tag{4.3-4}$$

式中：H——顶板坍塌填满溶洞原空间所需的塌落高度（m）；

H_e——溶洞坍塌前的最大高度（m）；

K——岩石的涨余（松散）系数。碳酸盐岩 $K=1.2$，黏土 $K=1.05\sim1.10$。

2）按梁板受力弯矩情况估算：

（1）适用条件：顶板岩体层理厚、完整、坚硬、强度高，同时已掌握溶洞顶板厚度和裂隙发育情况。

（2）计算公式

①对顶板两端支座处岩体完整、坚硬、仅顶板跨中有裂隙的，按悬壁梁计算：

$$M = \frac{1}{2}pl^2 \tag{4.3-5}$$

②对顶板较完整，仅支座处岩体有裂隙的，按简支梁计算：

$$M = \frac{1}{8} p l^2 \tag{4.3-6}$$

③对顶板和支座外的岩层均较完整的，按两端固定梁计算：

$$M = \frac{1}{12} p l^2 \tag{4.3-7}$$

抗弯验算：

$$\sigma \geqslant \frac{6M}{bH^2} \tag{4.3-8}$$

$$H \geqslant \sqrt{\frac{6M}{b\sigma}} \tag{4.3-9}$$

抗剪验算：

$$f_{sv} \geqslant \frac{4f_s}{H^2} \tag{4.3-10}$$

式中：M——弯矩（kN·m）；

    p——顶板承受的荷载（包括厚度为 H 的顶板岩体自重、顶板上覆土层重量和顶板上的附加荷载）（kN/m）；

    l——溶洞跨度（m）；

    σ——顶板岩体的计算抗弯强度，一般取该岩石允许抗压强度值的 1/8（kPa）；

    f_s——支座岩体承受的剪力（kN）；

    f_{sv}——顶板岩体的计算抗剪强度，一般取该岩石允许抗压强度值的 1/12（kPa）；

    b——梁板的宽度（m）。

3.5.3 岩溶塌陷问题的评价与处理

岩溶塌陷一般系为岩溶地区土层中的塌陷、岩溶基岩中的塌陷和上覆土层同下伏基岩一起坍塌的塌陷之统称。本节主要以岩土工程中大量遇到的岩溶地区土层中的塌陷作为勘察对象，即：在覆盖型岩溶地区，由于土层中土洞的发展，导致地面陷落而产生地表变形和破坏所形成的负地形，称为岩溶塌陷。

岩溶塌陷是岩溶环境灾害之一，它破坏土地资源，影响土地开发利用，甚至破坏原地面上的工程建筑设施，或影响地面下的矿产（包括地下水多数、石油等）资源的开发。

岩溶塌陷虽有突发性，但其前身的土洞，多数是在某些因素作用下长期发育而形成的。因而，对土洞的调查、勘探、治理和预报是岩溶塌陷区重要的岩土工程。

1. 岩溶塌陷的形成因素

覆盖型岩溶地区的岩溶塌陷是由覆盖层中的土洞发展而发生的，见图 4.3-1。土洞形成的基本条件是：（1）基岩的岩溶发育程度；（2）土层的性质；（3）地下水的活动特征。

自然的因素通过长期和经常地影响地下水的水质、水量、水力来溶蚀可溶岩、潜蚀土层而孕育、发展土洞的；人为的因素则通过这些作用加速土洞的发展，加强塌陷的规模，加剧塌陷的危害。

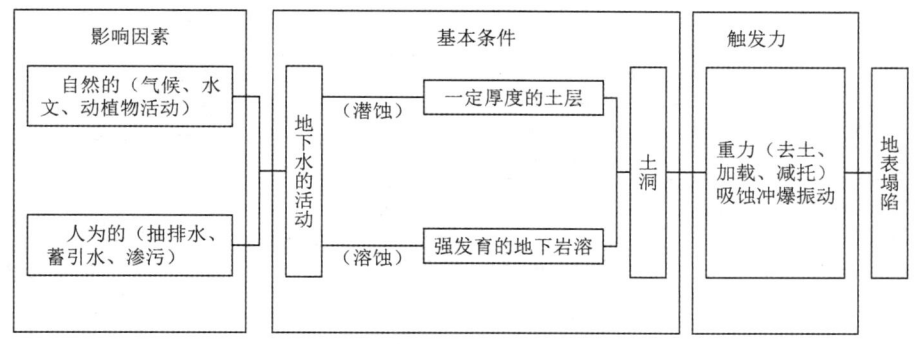

图 4.3-1　岩溶塌陷框图

（1）岩溶塌陷处下伏基岩的岩溶发育程度是强烈的，而岩溶发育程度弱的地段则塌陷少见（图 4.3-1），岩溶塌陷主要是与浅部岩溶发育程度密切相关。

浅部岩溶是指基岩表面的溶芽和溶沟槽部分，和低基岩面以下约 10m 范围内的洞穴或溶隙发育段。可用钻探、物探等（表 4.3-16）方法。基岩面的起伏程度，可用单位面积的溶沟槽数量，基岩面埋深的均方差来表征。

（2）土层是土洞形成和塌陷发生的物质基础。土层的成因类型、矿物成分、岩性、颗粒成分、结构构造、物理力学性质、水力性质、状态、厚度等，影响着土洞的形成和发展的快慢（表 4.3-17），土层的厚度，还控制或影响塌陷的形态与规模（表 4.3-18、表 4.3-19）。

凡口矿区岩溶率与塌陷关系　　　　　　　　　　　　表 4.3-16

岩溶发育程度	岩溶率/%	水位降低/m	排水量/（m²/h）	塌坑数/个
岩溶发育强烈的	19.08	13.48	5900	24
岩溶发育中等的	4.01	36.35	4800	5
岩溶发育弱的	1.96	28.39	3700	仅开裂下沉

电测曲线特征与岩溶关系　　　　　　　　　　　　表 4.3-17

地质特点	电测深等ρ_s断面图	电测深曲线		ρ_s平面等值线图	电测剖面		备注
		布极方向平行地质体走向	布极方向垂直地质体走向		四极对称法则	联合剖面法	
充泥充水溶洞	在相应深度上ρ_s等值线有低阻	曲线畸变或出现不正常脱节，溶洞大者尾支小于 45°		有面积极小的低阻封闭区	ρ_s曲线呈低阻	有低阻正交点或ρ_s^A与ρ_s^B同时下降	
不同电性岩层接触带	接触带处ρ_s等值线密集呈阶梯状	ρ_s曲线受界面影响升高或尾支小于 45°	ρ_s曲线有拐曲脱节点，张口大	接触带附近等值线密集，梯度大	ρ_s曲线呈阶梯状	ρ_s^A、ρ_s^B同步起伏，或阶状或有正交点（接触面易于风化破碎）	测深曲线畸变的先后，大小与测点相对接触带的距离有关
充泥充水的断裂溶蚀带	断层带处等值线密集，且呈阶梯状或漏斗状	ρ_s曲线受界面影响升高或尾支小于 45°	ρ_s曲线有拐曲脱节点，张口大	ρ_s等值线呈低阻条带状	ρ_s曲线呈低阻	有正交点或ρ_s^A与ρ_s^B同步降低	测深曲线畸变的先后，大小与测点相对接触带的距离有关
溶沟与溶槽	浅部有同上特点或小封闭低阻区	ρ_s曲线出现不正常脱节、曲线类型不一		ρ_s等值线有条状低阻带	ρ_s曲线呈狭窄低阻	有正交点或ρ_s^A与ρ_s^B同步降低	溶沟溶槽一般发育于基岩表面，埋藏较浅

地质特点	电测深等ρ_s断面图	电测深曲线		ρ_s平面等值线图	电测剖面		备注
		布极方向平行地质体走向	布极方向垂直地质体走向		四极对称法则	联合剖面法	
基岩凹陷	相应深度上凹陷边缘等ρ_s曲线呈阶梯状,其间平缓,呈低阻反映	平行凹陷移动时,极小点横坐标$\left(\frac{AB}{2}\right)$值变化不大	垂直凹陷移动时,极小点横坐标$\left(\frac{AB}{2}\right)$值由小至大再到小的变化	ρ_s等值线有较广的低区,其边缘梯度大	ρ_s曲线有较宽的低阻段	有低阻正交点,在其附近ρ_s曲线呈凹槽	基岩凹陷一般规模较大,对测深布极方向影响不大
地下热水带	在相应深度上有低阻分布区	受热矿水影响的ρ_s曲线显著降低		有低阻分布区	ρ_s等值线呈低阻带	有正交点	热矿水电阻率只有几欧姆·米

主要塌陷点第四系厚度统计表* 表 4.3-18

第四系厚度/m	塌陷点数/个	所占比例/%	说明
< 10	36	69.2	以粉土、粉质黏土为主
10~20	15	28.8	以黏土、砂砾石为主
20~30	1	2.0	粉土、砂砾石
合计	52	100	—

注:*主要塌陷点是指塌坑数 > 20 个以上的塌陷点。

(引自《中国南方岩溶塌陷》)

土层厚度分级表 表 4.3-19

厚度分级	土层厚度/m	说明
薄的	< 10	容易塌陷
中厚的	10~30	较易塌陷
厚的	> 30	不易塌陷

(引自《中国南方岩溶塌陷》)

(3)地下水的活动是土洞的形成、发展,以致破坏的最活跃因素。特别是水位在基岩面上下波动的幅度和频度,对崩解和搬运土粒和流土的速度有重要作用(表 4.3-20),地下水的活动还改变土的含水量、塑性状态或因湿胀干缩而出现裂隙等。桂林市东郊地下水位与岩溶地面塌陷的关系见图 4.3-2。

塌陷与水位下降或水力坡度的关系 表 4.3-20

地名	水位下降值/m	水力坡度/‰	塌坑数/个	备注
水口山矿区		17 35 70	1 20 202	
贵州水域	10~15		91	第一次塌陷高峰
	10~15		209	第二次塌陷高峰
	15~20		307	第三次塌陷高峰

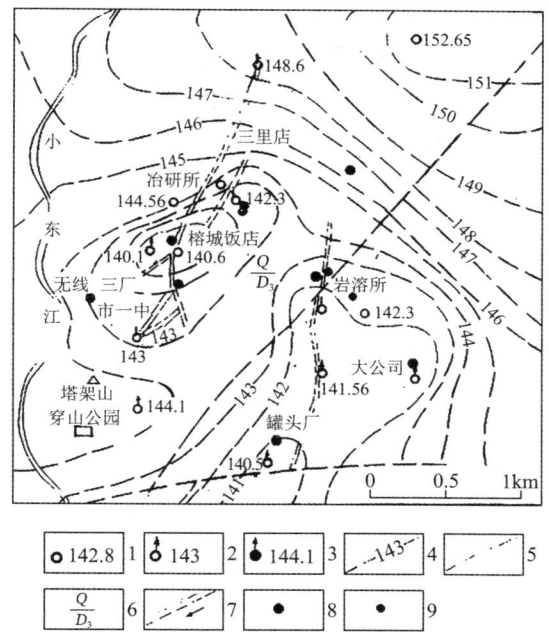

1—水位控制点，数字为标高（m）；2—抽水井，数字为水位标高（m）；3—抽水溶洞，数字为标高（m）；
4—1986 年 12 月枯水期岩溶地下水位等值线（m）；5—推断隐伏断裂；6—泥盆系上统灰岩；上覆第四系土层；
7—推测岩溶地下强径流带（箭头表示流向）；8—岩溶地面塌陷；9—土洞

图 4.3-2　桂林市东郊地下水位等值线与岩溶地面塌陷分布图

（廖如松、周维新）
（引自《中国地质灾害与防治》）

2. 岩溶塌陷勘察要求

1）查明岩溶区可能产生塌陷的条件，并调查岩溶塌陷的历史，搜集形成土洞的基本资料（包括遥感影像判释，分析判释微地貌形态，当地的渗灌、渗漏、地表水体的解释），填大比例尺的地质图；

2）调查已有建筑物，场地的地势及历史变迁，查明附近的水井供水、水管铺设、地表水体、墓地等基本情况；

3）必要时通过物探，探明地下土洞的位置与分布、密度、范围；

4）布置一定数量的钻孔，查明覆盖层下伏的岩性、构造，并取土试样、水试样，进行室内土试验，对物探结果进行重点验证；必要时布置抽水试验以查清地表水与地下水的水力联系。

5）进行岩溶地面塌陷的调查：

（1）应查明覆盖层成因、分布范围、性质、厚度等。

（2）应查明地下水补给来源、埋深。各含水层间的水力联系、地下水开采量、开采方式、岩溶地面塌陷与地表水、地下水位升降之间的关系。

（3）列为重点整治的岩溶地面塌陷工点，应查明地下水水位变幅与降雨量的关系。

（4）应查明碳酸岩的分布范围、溶蚀程度及与构造线的关系。

（5）应调查塌陷形成的原因、过程、规模、密度、分布规律、工程处理措施及效果。

（6）对个体塌陷（陷坑）的调查内容：

①陷坑的位置、形态、大小，陷坑壁倾斜方向等；②陷坑发生的时间、原因；③陷坑与抽水钻孔、排水坑道、河床位置及高程之间的关系；④陷坑的发生与大气降水的关系；⑤覆盖层的性质、厚度。

（7）岩溶地面塌陷较多的地段或工点，宜绘制比例尺为 1：500～1：2000 岩溶地面塌陷分布图，或与工程地质平面图合并。

（8）外业调查的项目可按表 4.3-21 和表 4.3-22 格式填列。

岩溶塌陷调查表　　　　　　　　表 4.3-21

陷穴编号	里程	塌陷情况				土层情况				井泉分布	危害情况	处理经过效果及塌陷原因	地貌	构造与岩性	草图
		塌陷经过	陷穴形状尺寸 m²	陷穴距抽水点距离 m	陷穴中基岩土层及溶蚀情况	名称	厚度	取土							
								编号	个数						

调查者　　年　月　日　　　复核者　　年　月　日

线路沿线岩溶可能塌陷地质调查表　　　　　　　　表 4.3-22

号序	里程	地名	工程名称	土层分布最大密度/m		土层名称及分层	土层厚度/m	水位埋深/m	地下水位变动后的埋深/m	地貌类型（平原、岩溶洼地斜坡山地等）
				左	右					

调查者　　年　月　日　　　复核者　　年　月　日

6）利用已塌区的资料预测未塌区的塌陷可能发展趋势，对未塌陷地段进行预测。

7）包括地面、建筑物、抽水点、排水点、渗漏点，岩溶泉等，对已出现的塌陷的发展趋势进行长期观测。勘查工作结束时，各个监测点要做移交，使监测工作不致中断。

监测内容包括水位变化、水质变化（含泥量、化学成分），地表水、岩溶泉的水位、水量的变化，建（构）筑物的开裂、下沉、位移倾斜的观测。

8）岩溶相对稳定分区（表 4.3-23）

岩溶发育分区与相对稳定性的关系　　　　　　　　表 4.3-23

相对稳定性划分	岩溶发育分区	钻孔线岩溶率/%
极不稳定	极强烈岩溶发育岩溶区	>15
不稳定	强烈发育岩溶区	10～15
中等稳定	中等发育岩溶区	3～10
稳定	弱岩溶区	<3

3. 岩溶塌陷的防治原则和措施（表 4.3-24）

岩溶塌陷的防治原则与措施　　　　　　　　　　表 4.3-24

防治原则	防治措施
1. 勘察设计过程中，要认真地研究环境工程地质条件，避开塌陷不稳定区或严重渗漏区，选择稳定性较好的场地用于工程建设； 2. 由于某些特定因素决定必须把建设场地选择在稳定性较差的场地时，要提出经济合理的治理方案，经过充分论证后，提出最优化的方案； 3. 要事先做好场地塌陷的预测，避免塌陷危害、威胁地面建（构）筑物的稳定和人类生命财产的安全； 4. 对于开采地下资源（含矿床开采）而进行抽水或掘进等引起了矿床涌突水时，要及时采取适宜的防治措施，加以排除，以保证资源开发的顺利进行。尽可能采取疏导的方案，不得已时方可考虑堵截的方案； 5. 进行深部岩溶水的抽取或排放时，要合理控制地下水的下降速度，尽可能利用排水疏干下降漏斗中心地段布置建（构）筑物；水源地的布置开采要合理，防止乱采乱抽，要加强水资源管理措施； 6. 防止场地地面积水，避免地表水大量下渗，减少和杜绝地下水位在基岩面附近波动； 7. 要持续进行地下水观测点站，避免中断，勘察工作结束时，要做好移交工作； 8. 必要时，在设计中采用抗塌结构； 9. 注意积累地方塌陷的观测资料的整理建档，防止零散和遗失	1. 通过工程地质测绘和调查、钻探、物探和有关的试验，查清勘察场地引起塌陷的可能性和场地的稳定性，做出评价； 2. 遇塌陷场地应避免塌陷区，建（构）筑物宜布置在环境工程地质条件好的地区； 3. 对于某些不可绕避的塌陷区，要采取适当的措施进行治理；当水文地质条件有利时，可采取压力灌浆的方法进行帷幕灌浆，解决场地不稳定或渗漏等问题； 4. 对于相对封闭的岩溶网络地段，可设置通气孔，以防止产生负压（真空吸蚀或高压冲爆）作用，把钻孔打入岩溶通道并下入钢管或铸铁管使之与大气连通；也可利用塌陷坑埋设通气管通气； 5. 条件适宜时，可把基础直接放置在稳定的基岩上，否则可利用桩基； 6. 合理选择和布置水源地，井管结构采用必要的过滤措施，防止抽水过程中淘刷土体颗粒； 7. 对已产生塌陷的地区和土洞，要进行填埋，当填堵无效或不经济时，再考虑其他较为经济的治理方法； 8. 条件时可采用直梁、拱梁和八字梁，筏板的方法跨越经过处理的地面塌陷坑； 9. 对于土层较厚，已有坑较多的场地，宜采用强夯的办法将塌坑分层填塞夯实

3.5.4　岩溶渗漏问题的评价与处理

1. 岩溶渗漏问题评价的基本原则

岩溶渗漏是指库（池）水通过河间地块、坝基或坝肩的岩溶通道向邻谷和坝下游漏失的现象。岩溶渗漏包括邻谷渗漏、下游渗漏、坝基渗漏、绕坝渗漏等。

（1）评价岩溶渗漏问题，主要应从区域和工程区岩溶详细调查和渗流条件的宏观分析入手，结合渗漏估算，作出综合评价。

（2）评价时必须掌握的资料：①岩溶发育规律，其中包括各种岩溶形态、发育程度、空间分布规律及其与岩性、构造、地貌、水文地质条件的相互关系；对各种岩溶现象进行定量化的描述，按岩溶发育程度和渗漏形式予以分区、分带，并分别阐明其特征。②岩溶水的水文地质条件。其中包括水文地质构造、岩溶水的补、排径流条件，动态规律及水温、水质等。③隔水层和相对隔水层的空间分布情况、封闭条件和隔水性能等。④地形地貌条件。

2. 不渗漏情况的判别

（1）邻谷的河水位（不是悬托河流）高于库（池）的正常蓄水位的。

（2）水库（水池）周边有连续、稳定、可靠的隔水层或相对隔水层阻隔，构造封闭条件良好，分布高程高于正常水位。

（3）河间地块存在高于正常蓄水位的岩溶水地下分水岭的（双层或多层水文地质结构的河同地块、各层的地下水分水岭均应高于正常蓄水位）。

3. 渗漏问题待查的条件

（1）库（池）水位高于邻谷河水位，河间地块无地下水分水岭，又无隔水层，或隔水层已被断裂破坏不起隔水作用。

（2）库（池）水位高于邻谷河水位，河间地块虽有岩溶地下水分水岭存在，但低于库（池）水位，且正常蓄水位以下岩溶发育，有通向库（池）外的岩溶通道。

（3）库（池）区蓄水前就有明显的漏失现象，河流的上、下游的流量出现反常现象，河水补给地下水，两岸或一岸有地下水凹槽，存在贯通上下游的纵向岩溶通道。

4. 判别存在渗漏问题的依据

岩溶区的坝址，在没有封闭条件良好的隔水层时，一般都存在坝基或绕坝渗漏问题。有下列情况之一者，将存在较严重的坝基或绕坝渗漏问题：

（1）河水补给地下水，河床或两岸存在纵向地下径流或有纵向地下水凹槽的。

（2）坝区顺河向的断裂、层面裂隙或埋藏古河道发育，并有与之相应的岩溶系统的。

5. 岩溶渗漏问题评价的方法与准则

（1）渗漏量的估算，应采用多种方法计算，相互验证。一般以地下水动力学方法为主，辅以水量均衡法，或水文学方法。

（2）蓄水的库（池）或坝址岩溶渗漏问题的评价，是从安全、技术和经济效益全面分析得出。在不影响水工建筑物安全和经济效益的情况下，允许渗漏量（水库和绕坝渗漏之和）一般不大于河流多年平均流量的5%。否则，应进行专门论证。

6. 防渗处理范围和深度的确定

防渗处理的范围和深度，必须在保证水工建筑物安全的前提下，按照下列原则，通过技术经济比较确定：

（1）应保证坝基、坝肩附近的溶洞、裂隙中充填物在大坝运行期间不发生冲刷，不允许增大扬压力。

（2）充分利用隔水层或相对隔水层（微弱岩溶化的岩体）。

（3）依据岩溶化的强度和渗漏形式，进行分区或分带，分别考虑处理方式。对强烈岩溶化带（区），应予全部封堵，并要伸入到弱岩溶化带（区）一定深度，一般可考虑采用透水率不大于或等于5Lu作为处理的界限（Lu是透水率单位）。

（4）悬挂帷幕的深度一般不少于1倍水头；对于100m以上的高坝，为有充分论证，帷幕深度可考虑少于1倍水头，但不应少于2/3倍水头。

（5）当河谷两岸地下水补给河水、水位向山内急剧抬高时，防渗帷幕可与高于正常蓄水位的地下水位线衔接，但要注意两岸是否有纵向地下水位凹槽带存在。

（6）利用岩溶泉的水工工程，还应调查泉水或暗河的流量与汇水面积。

参考文献

[1] 中华人民共和国地质矿产部, 中华人民共和国国家科学技术委员会, 中华人民共和国国家计划委员会. 中国地质灾害与防治[M]. 北京: 地质出版社, 1991.
[2] 卢耀如. 中国岩溶[M]. 北京: 地质出版社, 1986.
[3] 水利电力部水利水电规划设计院. 水利水电工程地质手册[M]. 北京: 水利电力出版社, 1995.
[4] 胡广韬, 杨文元. 工程地质学[M]. 北京: 地质出版社, 1984.
[5] 张倬元, 王士天, 王兰生. 工程地质分析原理[M]. 北京: 地质出版社, 1981.
[6] 康彦仁, 顶式均等. 中国南方岩溶塌陷[M]. 南宁: 广西科学技术出版社, 1990.

[7]　袁道先, 蔡桂鸣. 岩溶环境学[M]. 重庆: 重庆出版社, 1988.

[8]　中华人民共和国建设部. 岩土工程勘察规范 (2009 年版): GB 50021—2001[S]. 北京: 中国建筑工业出版社, 2009.

[9]　中华人民共和国住房和城乡建设部. 建筑地基基础设计规范: GB 50007—2011[S]. 北京: 中国建筑工业出版社, 2011.

[10]　国家铁路局. 铁路工程地质勘察规范: TB 10012—2019[S]. 北京: 中国铁道出版社, 2019.

[11]　中华人民共和国交通运输部. 公路路基设计规范: JTG D30—2015[S]. 北京: 人民交通出版社, 2015.

[12]　中华人民共和国交通运输部. 公路工程地质勘察规范: JTG C20—2011[S]. 北京: 人民交通出版社, 2011.

[13]　中国有色金属工业总公司《岩土工程技术文集》编辑组. 岩土工程技术文集[M]. 西安: 西安交通大学出版社, 1989.

[14]　中华人民共和国住房和城乡建设部. 水利水电工程地质勘察规范: GB 50487—2008 (2022 年版) [S]. 北京: 中国计划出版社, 2008.

[15]　中华人民共和国国家经济贸易委员会. 500kV 架空送电线路勘测技术规程: DL/T 5122—2000 [S]. 2000.

[16]　《工程地质手册》编委会. 工程地质手册[M]. 5 版. 北京: 中国建筑工业出版社, 2018.

[17]　广西壮族自治区住房和城乡建设厅. 广西壮族自治区岩土工程勘察规范: DBJ/T 45—066—2018[S]. 2018.

[18]　广西壮族自治区住房和城乡建设厅. 广西岩溶地区建筑地基基础技术规范: DBJ/T 45—2016[S]. 2016.

第4章　滑坡勘察评价

　　滑坡是斜坡上的岩土体受河流冲刷、地下水活动、加载、地震及人工切坡等因素影响，在重力作用下，沿着一定的软弱面或者软弱带，整体或者分散地顺坡向下滑动的现象，是一种不良的地质现象。滑坡发生后形成的碎屑流-堵江-堰塞湖等链式灾害，给环境和工程建设带来较大危害。评价和预测滑坡稳定性，并加以预防和治理，对环境保护和经济建设具有重大意义。西南山区宝成、成昆等铁路受滑坡危害严重，尤以成昆线最为严重（线路经过大型滑坡 183 处）。20 世纪 90 年代以来建成的南昆、内昆、渝怀等铁路，也有不同程度的滑坡灾害（图 4.4-1）。

图 4.4-1　我国典型滑坡事件

注：1. 南昆线八渡滑坡，体积约 $500 \times 10^4 m^3$，治理费用约 9000万元；2. 陇海线吴庄滑坡，造成西宁至郑州列车 5 节车厢脱轨，行车中断 13 小时；3. 四川青川红光滑坡，由 2008 年 5·12 地震诱发，体积约 $1000 \times 10^4 m^3$，堵塞青竹江，形成堰塞湖；4. 四川茂县新磨村滑坡，体积约 $1800 \times 10^4 m^3$，堵塞河道 2km。

　　从 16 世纪开始，人们开始把滑坡作为独立的研究个体。到 20 世纪早期，世界各国对滑坡的研究都是片段的、零星的、小规模的。20 世纪中期以后，人们对滑坡的研究工作逐渐深入与系统化。自新中国成立以来，我国对滑坡的研究经历了从被动治理到主动治理、预防为主的过程。经过 50 年的发展，我国科技人员基本掌握了滑坡的形成条件、发育类型、分布规律、作用因素、发生和运动机理，由定性研究向定量研究过渡。目前滑坡勘察的重难点主要是滑坡周界确定、滑带土强度指标的试验和取值、地下水作用的定量评价、滑坡发生时间的预报等。

目前广泛采用的滑坡孔隙水压力理论、残余强度理论等虽在滑坡理论研究上有突破性进展，但均有一定的适用条件。各种类型滑坡的发生机理和运动机制仍然是当前的重点研究课题，如不同组成材料的滑带土强度衰减的机理、不同岩土在破坏过程中的物理化学效应、高速远程滑坡的形成机制、各类滑坡的成因及作用因素的变化与其稳定性的关系，以及滑坡的预报等。

滑坡预报理论、标准、方法和有关的仪器设备是近几年来正在研究的课题，针对复杂山区野外高边坡或滑坡体，国内外已逐渐发展出集"天-空-地"多源数据采集、大数据存储处理及多源异构数据融合展示为一体的三级架构滑坡自动监测系统，可实现天基（星载 InSAR、高分卫片遥感解译）、空基（机载 SAR、机载 LiDAR、航空-半航空物探技术、无人机倾斜摄影）、地基（地面 LiDAR、地基合成孔径雷达、地面传感器）等信息的自动化采集、传输和融合展示等。变形功率理论预报滑坡取得成功，使我国滑坡预报进入世界先进行列。

4.1　滑坡要素、分类和成因

4.1.1　滑坡要素

滑坡的特点是必备临空面和滑动面。一个发育完全的滑坡一般具有如图 4.4-2、表 4.4-1 所示的滑坡要素。

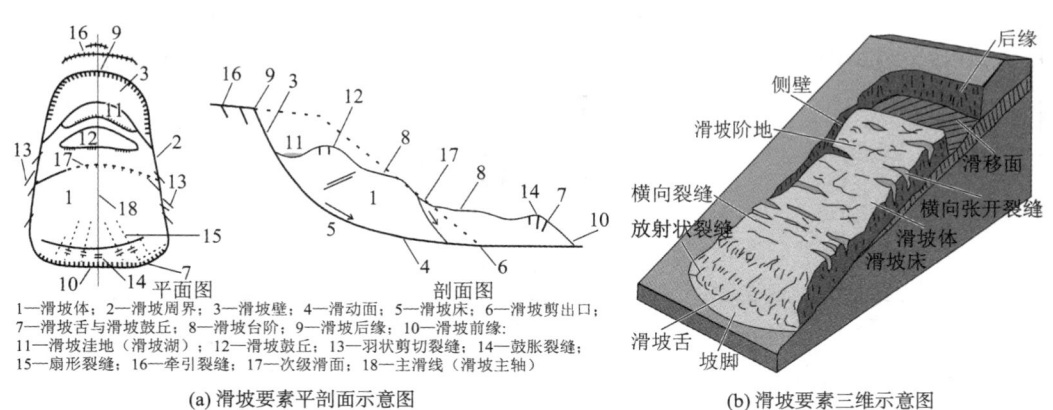

1—滑坡体；2—滑坡周界；3—滑坡壁；4—滑动面；5—滑坡床；6—滑坡剪出口；
7—滑坡舌与滑坡鼓丘；8—滑坡台阶；9—滑坡后缘；10—滑坡前缘；
11—滑坡洼地（滑坡湖）；12—滑坡鼓丘；13—羽状剪切裂缝；14—鼓胀裂缝；
15—扇形裂缝；16—牵引裂缝；17—次级滑面；18—主滑线（滑坡主轴）

(a) 滑坡要素平剖面示意图　　　　　　　　　(b) 滑坡要素三维示意图

图 4.4-2　滑坡要素二维、三维示意图

滑坡要素及含义　　　　　　　　　　　　　　　　　表 4.4-1

滑坡要素	含义
滑坡体	与母岩（土）体完全脱离并发生滑动的称为滑坡体，简称滑体
滑坡周界	滑坡体和其周围不动体在平面上的分界线
滑坡后缘壁	滑坡体后缘位移后的未动母岩（土）陡壁
滑坡台阶	由于滑体中各滑段滑动速度的差异，在中部和后缘地带形成的错台，有时为积水洼地
滑动面	滑坡体相对于母岩（土）进行下滑移动的软弱面，可分前、中、后三部分

续表

滑坡要素		含义
滑坡后缘		指滑动面较陡的后缘地段，因受牵引而多分布张拉裂缝
滑坡中部主滑段		除前后缘地段外的中间部分，是滑坡主要下滑地段
滑坡前缘		指滑动面变缓或反翘的前缘地，因滑坡受阻而多呈现挤压和地表鼓胀裂缝
滑动带		滑动面以上受滑动揉皱的地带，厚数厘米至数米
滑坡床		滑体沿滑动面滑动时，下伏不动岩（土）体
滑坡轴线		滑体运动速度最快的纵向线，它代表整个滑坡滑动方向，位于推力最大、滑床凹槽最深的纵断面上，可为直线、折线或曲线
滑坡裂缝	拉张裂缝	分布在后缘地段，长数十米至数百米，多呈弧形与后缘壁大致平行，因受滑体下滑牵引，多成张拉裂缝
	剪切裂缝	分布在滑坡中部两侧，因滑体和相邻不动体相对位移而出现剪切裂缝，导致两侧伴生有羽毛状裂缝和褶皱
	鼓胀裂缝	分布在滑坡前缘段，因滑面变缓和反翘，下滑受阻，使滑体下部受挤压，地表隆起呈鼓胀裂缝，其方向垂直滑坡滑动方向
	扇形张裂缝	分布在前缘边缘地带，因滑体在此向两侧扩散而形成放射状裂缝
滑坡舌		滑坡前缘形似舌状的伸入沟谷或河道中的部分称滑坡舌
封闭洼地		滑体与后缘壁之间形成的沟槽洼地，且常成为地下水和地表水汇集的湿地或水塘

4.1.2　滑坡分类

　　滑坡根据其滑体的物质组成、剖面上滑面形态、滑面通过岩层情况、滑体厚度、滑动形式、形成原因、现今活动程度、发生年代、滑体体积等因素，可分为各种类型，详细分类见表 4.4-2，我国滑坡地层汇总和滑坡按滑面形态分类可扫描二维码 M4.4-1 阅读。

M4.4-1

滑坡分类表　　　　　　　　　　　　　　　　　　　表 4.4-2

分类方式	滑坡名称	特征	示意图
按滑坡物质组成分	堆积层滑坡	各种成因堆积层内的滑坡，或沿下伏基岩面或沿堆积间歇面滑动	—
	黄土滑坡	发生在各时期的黄土层中，并多群集出现常见于高阶地边缘斜坡上	—
	黏性土滑坡	黏性土层中滑坡，多沿裂面和下伏基岩面滑动，多为平缓形滑面	—
	膨胀岩（土）滑坡	在膨胀岩（土）中多呈弧形、倒椅子形的浅层牵引式滑坡	—
	填土滑坡	发生在人工填土、人工弃土堆中，多沿老地面或基底以下松软层滑动	—
	风化带滑坡	在全风化带、强风化带中发生的滑坡，滑面常呈倒椅子形	—
	岩层滑坡	主要沿结构面发生滑坡，滑面有椅子形、直线形和折线形	—
	断层带滑坡	滑面多为弧形和折线形，多群集出现	—

续表

分类方式	滑坡名称	特征	示意图
按滑动面通过岩层情况分	近水平层滑坡	由基岩构成，沿缓倾岩层或裂隙滑动，滑动面倾角 ≤10°	—
	顺层滑坡	沿岩层面或裂隙面滑动，或沿坡积体与基岩交界面及基岩间不整合面等滑动，大多分布在顺倾向的山坡上	
	切层滑坡	滑动面与岩层面相切，常沿倾向山外的一组断裂面发生，滑坡床多呈折线状，多分布在逆倾向岩层的山坡上	
	逆层滑坡	由基岩构成，沿倾向坡外的软弱面滑动，滑动面与岩层层面相切，且滑动面倾角大于岩层倾角	—
	楔形体滑坡	在花岗岩、厚层灰岩等整体结构岩体中，沿多组弱面切割形成的楔形体滑动	—
按剖面上滑面形态分	船底型滑面	由后缘段、主滑段和前缘段三部分组成完整的滑坡滑动面	
	椅子型滑面	船底形滑面缺失后缘段的滑坡，多在顺层地区中发生	
	倒椅子滑面	船底形滑面缺失前缘段的滑坡，多出现在风化带和顺层地段的工程滑坡中	
	直线形滑面	在滑面倾角陡于自然斜坡中发生，常出现在顺层地区的工程滑坡中	
	折线形滑面	主要分布在滑面陡于岩层倾角地区的切层滑坡中	
	圆弧形滑面	主要分布在较均质的土质滑坡中	
按滑坡厚度分	浅层滑坡	滑体厚度在 10m 以内	
	中层滑坡	滑体厚度在 10～25m 之间	
	深层滑坡	滑体厚度在 25～50m 之间	
	超深层滑坡	滑体厚度大于 50m	
按滑动形式分	推移式滑坡	中上部滑坡体挤压推动前缘段滑体，滑体整体性较好，速度快、危害大，多见于倒椅子形和直线形滑面坡	
	牵引式滑坡	前缘段首先发生滑坡，因失去支撑面向后缘牵引，滑坡规模较小，速度较慢	
按成因分	工程滑坡	由于施工引起的滑坡，可分为新生滑坡和老滑坡复活	—
	自然滑坡	自然营力作用产生的滑坡	—
按现今活动程度分	活动滑坡	发生后仍继续活动的滑坡，或暂时停止活动，但在近年内活动过的滑坡	—
	不活动滑坡	发生后已停止发展的滑坡	—
按发生年代分	新滑坡	现今正在发生滑动的滑坡	—
	老滑坡	全新世以来发生滑动，现今整体稳定的滑坡	—
	古滑坡	全新世以前发生滑动的，现今整体稳定的滑坡	—

续表

分类方式	滑坡名称	特征	示意图
按滑体体积分	小型滑坡	滑体体积 $< 4 \times 10^4 \text{m}^3$	—
	中型滑坡	$4 \times 10^4 \text{m}^3 \leqslant$ 滑体体积 $< 30 \times 10^4 \text{m}^3$	—
	大型滑坡	$30 \times 10^4 \text{m}^3 \leqslant$ 滑体体积 $< 100 \times 10^4 \text{m}^3$	—
	巨型滑坡	$100 \times 10^4 \text{m}^3 \leqslant$ 滑体体积 $< 1000 \times 10^4 \text{m}^3$	—
	超巨型滑坡	滑体体积 $\geqslant 1000 \times 10^4 \text{m}^3$	—
按变形体分	堆积层变形体	由堆积体构成（包括土体），以蠕滑变形为主，边界特征和滑动面不明显	—
	岩质变形体	由岩体构成，受多组软弱面控制，存在潜在滑面，已发生局部变形破坏，但边界特征不明显	—

4.1.3 滑坡成因

本节内容可扫描二维码 M4.4-2 阅读。

M4.4-2

4.1.4 滑坡发生和运动机理

1）滑坡性质

滑坡是一种突发性的地质灾害，同一类型的滑坡基本上具有相似的性质，但彼此之间仍有区别。因滑坡的特殊性突出，不易找出在滑体、滑带和滑床上完全一致且环境相同的两个滑坡。滑坡类型划分愈细，所反映的滑坡共性愈多、愈具体。事实上，滑坡性质是受下述两类条件所控制：一是滑坡的滑体、滑带和滑床各自组成的岩性、结构和含水状态，以及彼此之间的关系与组合；二是促使滑坡的滑体、滑带和滑床破坏的因素，特别是在滑带破坏的有关作用因素上的差别。

影响滑坡生成的因素或营力，一般系指数值变化情况下能使沿滑带的力增加或减少，导致滑带岩土体结构破坏、强度降低甚至丧失，进而促使岩土体产生大动破坏或整体滑动。对任一滑坡生成后的发展，多数是在许多作用因素及营力长期、反复的共同作用下所致。对滑坡发展的影响有主、次之别，且在滑坡发展的不同阶段其主、次的作用可以相互转换。所谓主要因素是指缺之则滑坡仍停留在相应的活动阶段或逐渐趋向稳定，该作用因素在数值变化下可使滑坡过度至更不稳定阶段直至大动破坏；而次要因素则只能促使滑坡发展加快，即使缺少次要因素，滑坡同样可向更不稳定的阶段发展。

2）滑坡机理

滑坡发生和运动机理是具有一定地质结构条件下的斜坡，在各种因素作用下从稳定状态变化到失稳滑动，再达到新的稳定状态或永久稳定全过程动态变化的物理力学本质和规律。

（1）滑坡的运动特征

①滑动类型

a.缓慢蠕动型

b. 匀速滑动型

c. 间歇性滑动型

d. 高速滑动型

②高速滑坡的形成条件

a. 具有相当大的高差（>100m）

b. 具有相当大的体积（$>100 \times 10^4 m^3$）

c. 具有较陡的滑面坡度（>20°）

d. 具有较大的峰残强度差

e. 具有较高的滑坡剪出口

f. 滑坡前方有开阔地形

（2）滑带土的强度特性

①黏性滑带土的残余强度随土中黏粒含量的增大而减小，也与其矿物成分有关。

②残余强度与土的原始受力状态及原始密度无关，即不论是超固结土还是正常固结土，不论其初始密度是多少，其残余强度都是一样的。因此可采用重塑土样试验求滑带土的残余强度。

③国外测定残余强度（C_r）多采用排水剪切，因此得出残余强度与土的含水量无关，且C_r等于或接近于零。国内则多采用固结不排水剪切试验，所得残余强度随含水量增大而减小，C_r不等于零。只在含水量超过一定限度后才不再变化。

④用不同的试验仪器和方法测定同种土的残余强度，其结果是有差别的。环剪仪所测数值较大，而直剪仪所测数值较小。

（3）滑坡的滑动性质

滑坡的滑动性质对生产及生活设施的破坏与危害有所区别，在时间上对于防治工作有缓急之分，所以在滑坡定性勘测后，甚而在滑动初期，即需提出比较准确的滑动性质。滑动性质一般划分：

①长期而缓慢地滑动；

②时滑时停具有周期性，最终可突然发生急剧的大动破坏；

③由蠕动、挤压、微动、滑动至大动破坏逐次发展，各阶段区分明显的滑动；

④突然作急剧的大动破坏。

这四种不同滑动性质的滑坡，虽说均由不同的地质条件和主要作用因素造成，但彼此之间在环境影响下也非一成不变，有时还可以互相转换，所以在分析滑坡的滑动性质时，应考虑到今后可能的条件、因素等环境变化使滑动性质改变，而在防治措施上要事先预防其出现。

（4）滑坡不同部位破坏形式一般包括：

①滑坡在不同部位的滑带破坏分析；

②对滑体与滑带同时破坏的滑坡分析；

③组成滑坡的滑体、滑带及滑床岩土不同的破坏分析。

4.2　滑坡勘察

山坡呈明显的圈椅状地貌、有较陡的后壁、坡面不顺直呈台阶状、前缘呈舌状凸出、侵占或挤压沟（河）床、坡脚出露泉水或湿地、两侧地层有扰动或不连续现象时，应按滑坡进行工程地质勘察。

滑坡勘察应查明滑坡类型及要素、滑坡的范围、性质、地质背景及其危害程度，分析滑坡原因，判断稳定程度，预测发展趋势，提出防治对策、方案或整治设计的建议。

4.2.1　滑坡野外识别

表 4.4-3 为滑坡外貌特征、内部特征和变形过程，利用下述特征有利于滑坡早期识别。

滑坡识别特征　　　　　　　　　　　　　　　　　　　　　　表 4.4-3

外貌特征	内部特征	变形过程
1. 滑坡外形多呈扁平状的簸箕形，发生后，山坡的平均坡度缓于25°~30°； 2. 滑体下部常见隆起，上部有封闭洼地（多为溃泉湿地或水塘）； 3. 滑坡为整体移动，内部物质无或有极小相对位移，表层有局部翻滚现象； 4. 滑体上各部分的裂隙规律受内部的应力控制（但岩石滑坡裂缝往往受其原有结构面控制），裂缝的最外缘一条距堑顶远达数十米至数百米。每次滑动有一组以上的主裂缝呈下滑性质	1. 一般滑带土软弱，易吸水，不易排水，多在塑限至液限之间；力学指标低；抗滑地段的滑带，揉皱严重，常有几组滑面具擦痕，主滑地段多具一组擦痕。 2. 滑带为黏性土时，有光滑镜面，其上有明显擦痕，滑带被挤压成鳞片状；滑带为黄土质或砂类土时，常饱水，滑面不清楚； 3. 滑带的形状在均质土中多为圆弧形，非均质土中一般为折线形，主滑动带的坡度常小于 5°~25°其长度大于和滑壁相联的陡坡部分； 4. 滑动带出口位置多数在坡脚临空面以上，均质土，或下部为软层时，出口位置可深入临空面以下数米，此处滑面成反坡； 5. 滑带常为含水层的顶板或底板，少数为含水层，水多是滑坡发展的主要原因； 6. 滑动物质多为土层，软质岩层，或夹有软质岩层的坚硬岩层，滑体岩、土结构为完整密实，仅头部及两侧较松散	1. 酝酿阶段：（从出现变形裂缝算起）位移速度慢，每月数毫米至数厘米，水平位移多大于垂直位移，酝酿期一般较长，迹象明显。 2. 突变阶段：位移速度每小时数米至百余米，变形前常见泉水变浊，前缘局部堆坍掉块； 3. 残余变形阶段：突变以后，再次缓慢位移，在一定条件下，它可以稳定变为死滑坡；1、2 两个阶段也可以多次重复交错出现

野外滑坡的早期识别标志主要分为地貌地物识别标志、地层构造识别标志、水文地质识别标志。

（1）地貌地物识别标志

滑坡的存在常使斜坡坡面呈圈椅状和马蹄状环谷；其后缘有陡壁及顺坡擦痕；上部有弧形拉张裂缝；中部坑洼起伏，常有高程和特征与外围地形不连续的鼻状凸丘或多级平台；前缘有鼓丘（其上常有鼓张扇形裂缝），常呈舌状向外突出，侵占河、沟床，有时反翘；滑坡体两侧可见羽状裂缝，且常形成沟谷，并有双沟同源现象。有的滑坡体上还有积水洼地、马刀树、醉汉林和房屋倾斜、开裂等现象。滑坡地貌地物识别标志如图 4.4-3 所示，滑坡稳定程度的地貌识别标志如表 4.4-4 所示。

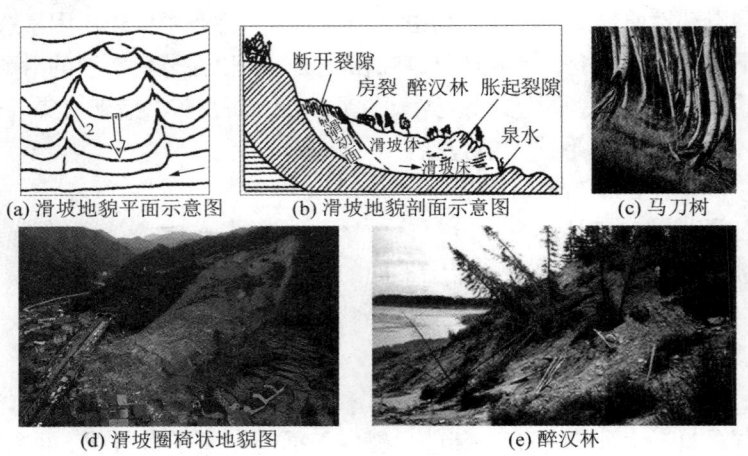

(a) 滑坡地貌平面示意图　　(b) 滑坡地貌剖面示意图　　(c) 马刀树

(d) 滑坡圈椅状地貌图　　(e) 醉汉林

图 4.4-3　滑坡地貌地物识别标志

新、老滑坡识别标志特征如表 4.4-4 所示。

古、新滑坡识别标志特征 表 4.4-4

名称	滑坡判识标志特征
古（老）滑坡	1. 山坡坡面不顺直，呈无规律台阶状，局部呈弧圈状或簸箕状低洼地貌；坡面一般长有植物或出现"马刀树"，古滑坡地貌形态不明显，山坡较平缓，土体较密实，建筑物长期无变形现象。 2. 河流凹岸坡体前缘向河床凸出，山坡略呈台阶，前部多由松散土石或破碎岩石堆积成垄状地形，有坍塌现象；岸边或河床中常有滑坡舌残存的块石堆。 3. 河流阶地被破坏，阶地面不连续，堆积物层次紊乱或微向内倾；山坡前缘湿地成片，喜水植物茂盛，股状泉水清澈稳定。 4. 滑坡两侧自然沟谷稳定，沟坡平缓，滑坡壁下有双沟同源或洼地，沟谷切割深且开阔，滑坡壁常被剥蚀夷缓，沟壁稳定，草木丛生，地下水出露位置固定，水质清澈。 5. 山坡中部成凸起状，岩体裸露，裂隙被充填，长有植被，有时见两侧岩层产状不一致。 6. 冲沟壁或人工开挖边坡上，有时可见老滑动面、带痕迹。 7. 河流远离滑坡舌或滑坡舌覆盖于 1 级阶地上，不再受洪水冲刷，植被好，无坍塌现象
新生滑坡	1. 山坡呈明显的圈椅状地貌，有较陡的后壁，坡面不顺直呈台阶状。 2. 后缘常见双沟同源的封闭洼地或主轴断面上的坡面洼地，有时可形成水塘。 3. 前缘呈舌状凸出，侵占或挤压沟（河）床，坡面常见放射状和环状张裂隙。 4. 滑坡脚常出露泉水或湿地，两侧地层有扰动或不连续现象

（2）地层构造识别标志

地层的整体性因滑动而被破坏，有扰动现象；岩层层位、产状或构造与外围不连续，岩层层序有时倒置或重叠；常见有泥土、碎屑充填或未被充填的张性裂缝。

（3）水文地质识别标志

斜坡含水层的原有状况被破坏，使滑坡体成为单独的含水体；水文地质条件变得特别复杂，如潜水位不规则，流向紊乱；在滑动带前缘常有成排泉水溢出，如图 4.4-4 所示。

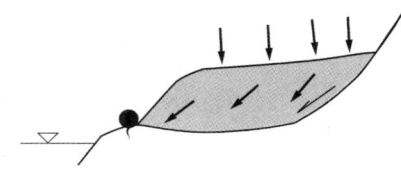

（4）岩、土结构识别标志

滑坡范围内的岩层、坡土常有扰动现象，基岩

图 4.4-4 滑坡水文地质识别标志

层位、产状特征与外围不连续，有时局部地段新老地层呈倒置现象，容易与断层破碎带混淆。可以从五个方面进行识别区分，见表 4.4-5。

基岩滑坡与倾向坡脚的断层主要区别 表 4.4-5

基岩滑坡	倾向坡脚的断层
1. 滑坡体岩体结构改变，滑坡床岩体结构基本无变化	1. 断层顺走向改变岩体结构，延伸远范围大
2. 滑坡面以上岩体常具松动张裂破坏等现象，杂乱无规律	2. 断层上盘有时较破碎，但具有明显的规律
3. 滑坡床即滑动面的产状总体为向下凹的趋势	3. 断层产状总体较稳定
4. 滑坡面(带)内的物质成分较杂，塑性变形带厚度变化大，所含砾石磨光性强，而挤碎性差	4. 断层带构造岩特征，与滑坡塑性变形带物质特征相反
5. 滑坡擦痕方向与主滑方向一致，且只存在于黏性软塑带中或基岩表面一层，不同部位槽痕深浅及方向略有变化	5. 断层擦痕与错动方向有关，规律性强

4.2.2 遥感识别解译

1）滑坡遥感识别解译原则

遥感识别解译是滑坡勘察的重要手段和方法，滑坡遥感地质识别解译应遵循以下原则：

（1）遥感地质识别解译应根据项目具体要求并结合勘察阶段，选择适当比例尺或分辨率、多波段、多时相、适宜平台的遥感数据。

（2）遥感地质识别解译工作应遵循"从宏观到微观"的原则，按照"室内建立解译标志、初步解译、野外验证、复判、补充解译、最终验证"的程序开展。

（3）遥感地质识别解译应与其他勘察手段互为补充，综合分析并相互验证。

2）卫片图像遥感识别解译

利用卫星图像宏观地研究区域地质构造具有很大的优越性，通常大型和巨型地质构造在卫片上均有十分清晰的显示（图 4.4-5）。对于滑坡的形成和分布，地质构造，尤其断层影响巨大，中、小断层与滑坡的关系更为直接，但由于卫片比例尺较小，一般说来，中小型地质构造显示较差，利用卫片来分析地质构造与某一具体滑坡的关系有时就比较困难。

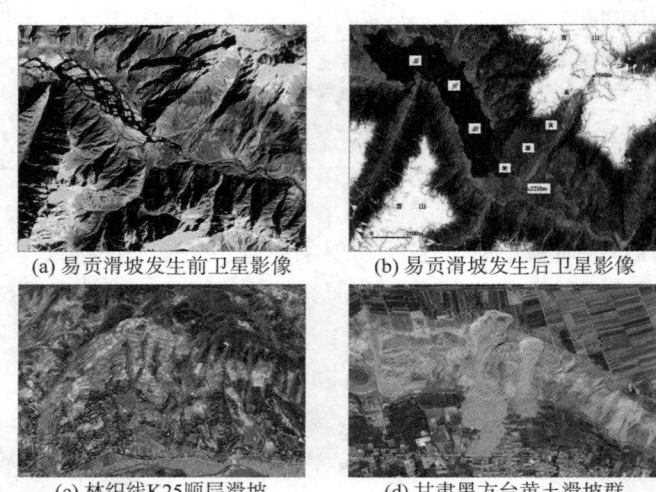

(a) 易贡滑坡发生前卫星影像 　　　(b) 易贡滑坡发生后卫星影像

(c) 林织线K25顺层滑坡 　　　(d) 甘肃黑方台黄土滑坡群

图 4.4-5　滑坡卫星遥感识别标志

3）航片图像遥感识别解译

航片具有信息量大、分辨率高的特点，可以十分逼真地把地面上的许多景物显示在航片上。所以，在野外工作开始前，对工作区的航片进行室内识别解译，可以很方便地了解到工点的概况，对下一步开展地面调查工作有一定的指导意义。

在航片上识别解译滑坡所依据的是判读特征，判读特征一般分为直接特征和间接特征两类。直接特征主要指地物影像的形状、大小、影像的色调（对黑白航片而言，一般称为灰阶或灰度）、阴影的大小和形状，以及地物的表面图案等。间接特征主要指地貌特征、植被特征、水文地质特征及人类活动特征等。以滑坡勘察为目的进行航片遥感解译，不仅要确定滑坡的位置、范围，还希望了解滑坡的类型、形成条件及稳定性状态等。

（1）滑坡位置和范围的解译

航片是地面景物在照片上的反映，地面景物愈清晰，愈有特点，解译效果愈好。由于滑坡具有特殊的地貌形态，在航片上很容易识别，通常不会错判。但是如果滑坡产生年代较早，并且经过了较大的自然和人工剥蚀，其外貌形态将受到一定程度的影响而模糊不清。另外，如果是潜在滑坡体，则不一定具有滑坡地貌显示，或者说通常没有可以在航片上辨识的行迹特征，在航片上难以辨识其存在。因而，一般地说，对滑坡不会错判，但可能漏判。一旦滑坡被判释确认，其位置和范围多半会有清晰或较清晰的显示。

（2）滑坡形成条件和类型遥感解译

可扫描二维码 M4.4-3 阅读相关内容。

M4.4-3

4）无人机遥感识别

通过对滑坡工点区域进行无人机多点航拍，从而实现对滑坡体的几何尺寸、具体坐标、结构面特征在模型中进行勘测，得到关于此滑坡体的任意几何特征和空间特征，这样可以便于评估滑坡体的稳定性（图 4.4-6）。

5）机载激光雷达滑坡遥感识别解译

机载激光雷达技术不仅可以通过激光点云数据获取高精度数字表面模型，还可去除植被，获取高精度数字高程模型，使古老滑坡体、大型堆积体、裂缝等历史"损伤"暴露无遗。结合地形开阔度、红色地形图、天空视域因子等可视化方法，还可以突出显示滑坡壁、滑坡边界、裂缝等，从而更清晰地展示滑坡的微地貌特征（图 4.4-7）。

图 4.4-6　汶马高速理县黄泥坝子滑坡无人机航拍图

（a）去除植被前滑坡机载激光雷达光学影像

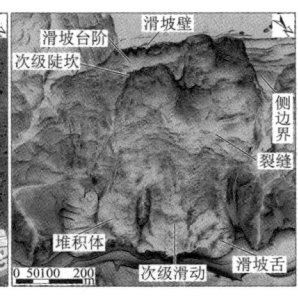

（b）去除植被后的滑坡机载激光雷达影像

图 4.4-7　机载激光雷达滑坡识别标志

4.2.3　地质调绘

滑坡地质调绘与调查前应搜集地形图，区域地质资料，遥感图像，气象、地震、水文资料，既有滑坡的调查和观测资料，以及地方志、地震史料中有关滑坡灾情的记载。地质测绘与调查范围包括滑坡可能发展的整个范围及其相邻的稳定地段。

滑坡地质调绘包括滑坡的地貌形态及特征，滑坡的裂缝分布及特征，滑坡区的地层层序、产状及分布特征，滑坡区的地质构造，滑带水和地下水的补给及排泄条件，滑坡体的厚度，岩土性质、特征，滑面（带）的展布形态及特征，滑坡内外已有建筑物的变形、位移特征及形成时间和破坏过程等。可扫描二维码 M4.4-4 阅读相关内容。

M4.4-4

4.2.4 勘探与测试

1. 钻探

滑坡勘探的主要任务是查明滑体的范围、厚度、物质组成和滑动面（带）的个数、形状及各滑动带的物质组成；查明滑坡体内地下水含水层的层数、分布、来源、动态及各含水层间的水力联系；采取岩土样品做物理、力学试验，必要时进行滑坡动态观测。

1）勘探工作要求

（1）滑坡勘探宜采用坑探、探井等形式，对规模较大的深层滑坡主要采用钻探手段，辅以必要的物探工作。

（2）勘探线、勘探孔的布置根据组成滑坡体的岩土种类、性质和成因，滑动面的分布、位置和层数，滑动带的物质组成和厚度，滑动方向，滑带的起伏及地下水等情况综合确定。除沿主滑方向布置勘探线外，在其两侧及滑体外尚应布置一定数量的勘探线。勘探线勘探孔间距依据滑坡规模确定，但不宜超过40m，在滑床转折处，应设控制性钻孔。

（3）勘探孔深度应穿过最下一层滑动面，控制性勘探孔应深入稳定层位。

（4）在滑坡体、滑动面（带）和稳定地层中应采取土试样，必要时尚应采取水试样。

（5）应查明地下水的层数、各层地下水的位置，含水层厚度，水的流向、流速、流量及其承压性质。

（6）对于规模较大的滑坡，宜布置物探工作。

2）钻探孔布置原则

（1）先为确定滑坡主轴剖面位置布孔。以验证地质测绘确定的轴线位置及滑面形态布孔，孔位应尽可能布置在滑面及地形变化点附近，钻孔数量视滑坡规模和滑面形态而定，但一般不少于3孔。如发现与预计的滑面形态不符，应适当调整孔数和数量，并充分利用物探点加密，并从中指导其他剖面布孔和预计取原状土试样深度。

（2）辅助剖面钻孔。当滑坡规模较大，仅一条主轴剖面不能控制滑面形态，不能满足整治工程设计检算需要时，要在主轴两侧布置辅助勘探剖面，其间距一般为30~60m，条数据滑坡规模决定，每条剖面孔数不少于2孔，孔位宜按图4.4-8所示错开布置，以增大钻孔的覆盖面。

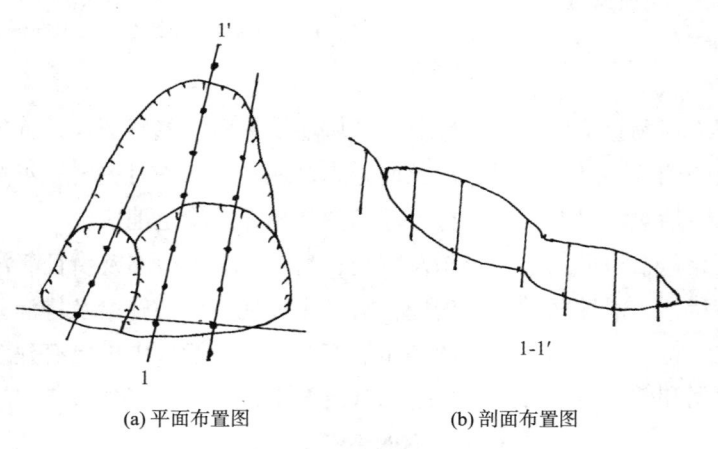

(a) 平面布置图　　　　(b) 剖面布置图

图 4.4-8　滑坡布孔示意图

（3）在满足查明滑面形态的前提下，尽可能结合工程措施进行布孔。

（4）钻孔深度，要钻至可能滑动面（带）以下稳定岩层1~3m。

3）钻探

（1）钻探尽量采用双层岩芯管钻进，或干钻、风压钻进、无泵反循环等钻进方法。

（2）钻至预计滑动、错落面（带）以上 5m 或发现滑动、错落面（带）迹象（软弱面、地下水）时，应采用双层岩芯管钻进、干钻或风压钻进，并宜增大钻压、降低转速，提高岩芯采取率；同时应及时检查岩芯，确定滑动、错落面（带）位置。

（3）在钻探过程中，应注意钻进中的异常情况、软弱面（带）的位置和特征，及时记录岩芯的潮湿程度、地下水情况。发现地下水时应分层止水并测定初见、稳定水位，含水层厚度，必要时应进行水文地质试验。

4）滑动面（带）岩芯的一般特征

（1）堆积层滑坡滑带岩芯，细粒或黏性土相对增多，含水量增大，晾干后岩芯可见镜面及擦痕。

（2）风化带滑坡滑带常在强风化带与中等风化带接触带附近。

（3）岩层滑坡滑带岩芯相对破碎，多被碾磨呈细粒状，并可在其中找到擦痕和光滑面；滑带顶底板岩层倾角不一致，底板以下岩性完整性较好。

（4）河谷岸坡滑坡前缘段滑体以下常钻到河床相岩性，滑面位置应在该河床相表面附近。

（5）黄土滑坡滑带往往不清楚，主要根据土试样分析黄土结构有无扰动和古土壤及卵石产状有无变化来确定滑面位置。

（6）滑带上部附近常为地下水初见水位。

2. 测试

滑动面（带）、软弱夹层及其上下岩土层应逐层取代表性岩、土、水样，进行物理力学性质试验和水质分析，必要时应对岩样进行切片和黏土矿物鉴定。滑动面（带）试验工作应符合下列规定：

1）无法采取原状土样时，可取保持天然含水量的扰动土样，做重塑土样试验。

2）结合滑动条件、岩土性质、工程要求，选择快剪、固结快剪、浸水饱和剪和残余强度试验。

3）有条件时，可进行原位大面积剪切试验或其他原位测试工作。

滑带土的剪切试验方法大致有：原状土快剪、原状土固结快剪、浸水饱和土固结快剪、原状土滑面重合剪、重塑土的多次剪和野外大面积剪切等。究竟宜采取何种方法，应从滑坡的性质、组成滑带土的岩性、结构、滑坡目前的运动状态来选择（表 4.4-6）。

剪切试验不同情况下选择方法 表 4.4-6

滑坡的运动状态或滑带土的岩性结构	宜采用剪切试验的方法	附注
目前正处于运动阶段的滑坡，滑动带为黏性土或残积土	宜采用残余剪或多次快剪求滑带土的残余抗剪强度。因为滑坡滑动使滑带土的结构遭受破坏，强度逐渐衰减	试验方法的选择，必须以能否真实地模拟滑坡的性质为原则。如已经产生的滑坡，则宜采用多剪；至于采用几次剪为准，则视滑坡变形大小而定，可以使用 2～6 次中的任一次结果，并不一定采用最后的残余强度值；在重塑土多次剪时，增加一个考虑今后含水量变化时，最不利含水状态的剪切试验
滑带土为流塑状态的滑坡泥	采用浸水饱和快剪为宜。因为此时上部土层所构成的垂直荷载没有成为滑带土内颗粒间的有效应力	
滑带土潮湿度不大，且具有明显的滑动面	可采用滑面重合剪	
滑动带为角砾土或岩层接触面	最好采用野外大面积剪切	
还未产生滑坡的自然斜坡，当其潜在滑动带为不透水且有相当饱和度的黏土层	采用固结快剪或三轴剪切试验为宜	

3. 坑探

用于小型浅层滑坡和滑坡边缘地带的勘探，并从中采取原状土试样。

4. 洞探

一般用于滑动面深的复杂滑坡，因其造价高、工期长，探洞的位置主要布置在预定的滑动面中，并在挖洞中随滑面变化进行调整。探洞要详细记录滑动带及其顶底板的地层岩性（含岩层倾倒褶皱产状等）情况，同时可取滑体及滑动带土原状土样，并利用洞探作滑带土的原位大面积剪切试验。

5. 物探

利用滑带土相对含水量大、较软弱等的物理特性，在电阻率和弹性波方面与周围岩土体存在明显差异的特点，采用电探、地震勘探等物理勘探方法，查明滑动面及地下水分布情况，在勘探中及时与其他勘探成果互相校正，提高物探质量。

4.2.5　滑坡滑动面位置的确定

由地质调绘决定选用的各种勘察手段进行综合勘探、互相验证、综合分析，确定可靠的滑动面位置及其形态。

（1）直接连线法。是取地面测绘确定的前后缘位置和勘探获得的软弱面及地下水位(一般初见水位在软弱面之上)相连线作为滑动面位置及形态。这在各类顺层滑动的直线形滑面滑坡和土层中较广泛使用，精度较高。

（2）综合分析法。比较复杂的滑坡，如切层滑坡、风化带中的滑坡滑面深度及其形态都较复杂，难以确定，这就需要多方面资料和多因素进行综合分析确定。例如，赵家塘滑坡，主要位于结晶片岩强风化带和中等风化带中，西侧顺层，东侧切层，小断裂和褶皱发育，裂隙水在滑面大范围出露。断层、褶皱、裂隙水和滑面混淆不清，实难确定滑动面位置，使整治方案难于决策。曾采取地表测绘、滑坡动态观测、物探、钻探实测的工程地质水文地质等资料进行综合分析计算和讨论研究，才初步确定滑面深度和形态，据此进行整治工程设计。后期为保证安全，在抗滑桩中埋置土压力盒和其他测试元件、地面建网动态观测、钻孔中安装观测管等手段证实确定的滑动面符合实际。

（3）古滑坡滑动面的判断

主要着眼于地层的对比调查，一般斜坡地层出现不连续或老地层覆于现代河流阶地上时，即可判定为存在古滑坡。

（4）滑坡前缘滑面与堆积面的区别

滑坡前缘缓坡段的滑面容易与堆积面混淆不清，滑坡剪出后滑面标高突然降低，上覆滑坡堆积物，属于堆积区段，一般位于滑坡舌前方。尤其对于深层圆弧滑动，滑坡剪出口处，滑面上倾，形成滑坡前方堆积较多。因此，应注意区分滑面与堆积面，分别计算。

4.3　滑坡稳定性评价

滑坡稳定性的评价方法分为地貌地质条件分析法、工程地质类比法、图解法、极限平衡法、数值计算和综合评价法等。

4.3.1　滑坡稳定性分析

1. 地貌地质条件分析法

一般堆积层滑坡和岩石滑坡，从其外貌上的滑动迹象，可划分为：蠕动、挤压、滑动、急剧变形、滑带固结、暂时稳定、消亡等七个发展阶段，并可以此为依据粗略地分析判断其稳定性。

（1）蠕动阶段。滑体与滑带（面）尚未分开，仅滑体中后部有微动，后缘地表出现一些不连续的隐约可见的微裂隙。由蠕动向挤压阶段过渡时，后缘裂缝开始明显并有错距，但未贯通。

（2）挤压阶段。除抗滑段外，滑带（面）已形成，并有少量位移；后缘裂缝已贯通并错开，滑体中前部被挤紧，两侧羽毛状裂缝陆续出现但未贯通和撕开。由挤压阶段向滑动阶段过渡时，两侧羽毛状裂缝已贯通但仍未撕开，前缘出现 X 形微裂缝，有时在滑坡出口附近渗水，潮湿，呈带状分布。

（3）滑动阶段。全部滑带已形成，整个滑体沿滑带（面）作缓慢移动；两侧羽毛状裂缝撕开；前沿出现断续的隆起裂缝和不连续的放射状裂隙；前缘和两侧的斜坡不断坍塌；滑坡出口也已形成。由滑动阶段向急剧变形阶段过渡时，前缘隆起裂缝贯通。放射状裂缝形成并张开；滑坡舌部凸出且变形速度不断增大；后缘裂缝急剧张开并下错；前缘或两侧的斜坡有大量坍塌，有的滑体上出现几条裂缝，且彼此间有错距；少数滑坡因滑带上含有大量岩块而发生微小的岩石碎裂响声。

（4）急剧变形阶段。滑体急剧滑动，滑带不断遭到破坏，有的滑体已分成几块而有显著的不均匀变动，彼此间的差距很大，滑动速度有增有减，有的在前缘出现气浪并有巨大的音响，有的随滑舌前移而带出大量泥水。

（5）滑带固结阶段。滑带土在压密作用下排出水分而逐渐固结增大强度，整个滑体在自重作用下固结，基本上以垂直压密变形为主，而水平位移很小。滑体上各分块由后向前逐渐挤紧作横向挤压，地表裂缝逐渐消失，有的出现因垂直压密而产生的沉降性的裂缝。

（6）暂时稳定阶段。滑体表层岩、土已挤压密实，外貌平顺，地表裂缝完全消失或极不明显，两侧及前缘的斜坡基本无坍滑现象，滑带土已固结，滑坡出口附近已无带状湿地，只有渗水现象或有成线点分布的清澈水泉，用仪器观测不出移动现象。

（7）消亡阶段。地表已完全夷平，滑坡外貌完全消失。对滑坡进行稳定性分析，应运用各种工程地质手段，通过调查、测绘、勘探、观测和工程类比，对滑坡地段的地貌形态、地质条件的演变，滑动因素的变动进行综合分析研究，再辅以力学平衡检算，从而判定其稳定性（表 4.4-7）。

根据地貌特征识别滑坡稳定性　　　　　　　表 4.4-7

滑坡要素	相对稳定	不稳定
滑坡体	坡度较缓，坡面较平整，草木丛生，土体密实，无松塌现象；两侧沟谷已下切深达基岩	坡度较陡，平均坡度 30°左右，坡面高低不平，有陷落松塌现象，无高大直立树木。地表水、泉、湿地发育
滑坡壁	滑坡壁较高，长满草木，无擦痕	滑坡壁不高，草木少，有坍塌现象，有擦痕
滑坡平台	平台宽大，且已夷平	平台面积不大，有向下缓倾或后倾现象
滑坡前缘及滑坡舌	前缘斜坡较缓，坡上有河水冲刷过的痕迹，并堆积了漫滩阶地，河水已远离舌部；舌部坡脚有清晰泉水	前缘斜坡较陡，常处于河水冲刷之下，无漫滩阶地，有时有季节性泉水出露

2. 滑面形态图解分析法

（1）直线形（含倒椅子形及前缘短的椅子形）滑动面。由于滑体处于单一倾斜面上，所以，除滑面倾角缓于滑带土残余剪强度外（一般小于10°），稳定性均较差，一旦滑面（或倾斜软弱面）被切穿，迟早会发生滑坡。军师庙滑坡是其中一例。二滩电站三滩大沟顺层倾角36°地段，因专用公路面切断坡脚面，预测会导致顺层滑坡，设计跳槽开挖作抗滑工程，施工时抗滑工程尚未进行就发生滑坡，导致抗滑工程工程量大为增加，后因考虑到有弃方场地位置而改为全部顺层清除滑体；在左坝顶专用公路的另一个顺层老滑坡，公路在后缘通过，预计在清体中或坡脚开挖都将引起滑坡复活，故在设计中，除绕避外，并强调需加强滑坡地质环境保护。

（2）椅子形（含船底形）滑动面。滑坡稳定性均较好，其稳定性主要取决于滑体在滑坡面上所处的部位，主滑体还停留在中部主滑段上时，属不稳定状态。如宝成铁路熊家河滑坡，虽然铁路已经安全运营分别为10年和20年，但局部滑体均有微量位移，且有逐年加速的趋势，最后只有放弃既有线，进行改线绕避。

大部分主滑体位于缓坡抗滑段且前缘不受水冲刷作用时，一般为已稳定滑坡，可在其前缘抗滑段上作填方加重反压为主的工程。铁西车站就是在滑坡缓坡抗滑段上修建，1980年滑坡上部近 $200 \times 10^4 m^3$ 滑体复活，也没有影响前缘缓坡段滑面以上滑体的稳定，现已安全运营10余年，并无任何变形迹象。

已如上述，前缘缓坡段较短（与滑坡规模有关，一般小于50m）时稳定性均较差，即使长度较大，但有河流冲刷时，仍多属不稳定。襄渝铁路中的白河和枇杷沟滑坡，前缘缓坡段均长约80m，但部分滑体已伸入现代河床中，经常受汉江冲刷，铁路未交付运营就复活，均以抗滑桩进行整治。

（3）圆弧形滑动面，多发生在土层中，滑坡规模均较小，多用计算和经验进行综合分析判定。

（4）折线形滑动面。此类滑面滑坡较少见，由于目前勘探手段难于准确确定每段折线位置，因此滑面多以弧形或直线形代之。评价方法可按前述方法进行，但因滑面实为阶状折线，故一般抗滑强度较圆弧形或直线形大。

3. 工程地质类比分析法

（1）滑坡地形地貌演变类比分析。主要通过访问和查阅地方志的记载来推论现状的滑坡地形地貌的演变过程。如古老民房、庙宇、古墓碑、树林植被等变形年代及现状对比，河湾、河流阶地变迁情况等。如近代都无变化记载和遗迹，说明古滑坡已经稳定。

（2）环境地质的演变类比分析。主要是对滑坡周围地层对比和微构造迹象分析。如滑坡两侧各级阶地间断缺失情况，以及周围岩层变形的趋势形迹等，滑体处在河床1级阶地以下的河床中，滑坡周围，特别是滑坡后缘及两侧岩层有新的拖拉褶皱和裂隙发展，都说明滑坡仍在微量滑动或处于不稳定状态。

4. 遥感判识

（1）新近产生的滑坡。能看到较清晰或清晰的滑坡壁、滑坡舌，滑坡台阶棱角分明，滑坡壁光秃无植物生长。

（2）较古老或已稳定的滑坡。虽有较清晰的滑坡壁，但其上多覆盖植被；或滑坡壁及其他滑坡要素已不清晰，滑坡体上有成片农田或林地，甚至有居民定居。

（3）InSAR、GPS 监控等高精度遥感技术在滑坡稳定性判断上的应用

单个滑坡的稳定性状态依据航片解译不一定都能获得令人满意的结果，但对于蠕动型和间歇蠕动型滑坡的稳定状态，可通过不同时期的航片解译，利用 InSAR、GPS 监控高精度遥感技术开展斜坡稳定性的早期识别、监测预警与风险防控的研究分析，是一种有效手段。

4.3.2　滑带土强度指标的确定

详细内容可扫描二维码 M4.4-5。

M4.4-5

4.3.3　滑坡稳定性检算

滑坡稳定性检算应符合下列规定：

（1）选择有代表性的断面，并划分出牵引、主滑和抗滑地段。

（2）正确选用强度指标，宜根据测试成果、反算分析和当地经验确定。

（3）有地下水时，应计入浮托力和水压力。

（4）根据滑面（带）条件，按平面、圆弧或折线，选用正确的计算模型，滑坡稳定系数F的计算可按本手册第 4.3.3.1 节的规定进行，还可采用数值计算法检算滑坡稳定性。

（5）除整体稳定性外，尚应检算局部滑动的可能性。

（6）有地震、冲刷、人类活动等影响因素时，应考虑这些因素对稳定的影响。

4.3.3.1　极限平衡法

详细内容可扫描二维码 M4.4-6。

M4.4-6

4.3.3.2　数值计算法

计算机技术在岩土工程中已经得到广泛应用，滑坡稳定性分析中采用的工程地质数值模拟法（有限元法、有限差分法、离散元法等），并结合 FLAC、ANSYS、PFC、COMSOL 等大型数值模拟程序软件，能很好地模拟分析滑坡稳定性问题。对于开挖边坡采用有限元、有限差分和离散元程序，具有计算多种边界荷载（应力边界、水压力边界）、地下水作用（渗透力、孔隙水压力、超孔隙水压力）、地震作用、岩性差异及岩土体分步开挖卸荷等功能，计算模拟非常有效。详细内容可扫描二维码 M4.4-7。

M4.4-7

4.3.4　滑坡稳定性综合评价

滑坡稳定性的综合评价，应根据滑坡的规模、主导因素、滑坡前兆、滑坡区的工程地

质和水文地质条件、滑坡稳定性分析，以及滑坡稳定性检算结果，综合分析发展趋势及危害程度，提出治理方案建议。

滑坡稳定性综合评价的内容应包括：

（1）确认形成滑坡的主导因素和影响滑坡稳定的环境因素。

（2）评定滑坡的稳定程度、发展趋势和危害程度。

（3）论证因线路工程修建或环境改变，促使滑坡复活或发展的可能性及危害程度。

（4）论证滑坡防治工程方案的合理性、经济性和可行性。

4.4 滑坡防治

滑坡治理原则是科学有据、技术可行、经济合理、安全可靠。

滑坡防治是一个系统工程。防治滑坡应当贯彻"早期发现，预防为主，防治结合"的原则；对滑坡的整治，应针对引起滑坡的主导因素进行，原则上应一次根治不留后患；对性质复杂、规模巨大、短期内不易查清或工程建设进度不允许完全查清后再整治的滑坡，应在保证建设工程安全的前提下做出全面整治规划，采用分期治理的方法，使后期工程能获得必需的资料，又能争取到一定的建设时间，保证整个工程的安全和效益；对建设工程随时可能产生危害的滑坡，应先采用立即生效的工程措施，然后再做其他工程；一般情况下，对滑坡进行整治的时间，宜放在旱季为好；施工方法和程序应以避免造成滑坡产生新的滑动为原则。

图4.4-9为南昆铁路八渡车站巨型滑坡整治情况，采用地表和地下结合的截排水系统，以及预应力锚索加固工程进行综合治理。

(a) 滑坡治理前影像　　　　　　　　　(b) 滑坡治理后影像

(c) 排水系统　　(d) 地表排水与坡面加固　　(e) 预应力锚索

图4.4-9 南昆铁路八渡车站巨型滑坡综合治理案例

4.4.1 滑坡预防

滑坡"预防"是针对尚未产生严重变形与破坏的斜坡，或者是针对有可能发生滑坡的斜坡。既要加强地质环境的保护与治理，预防滑坡的发生；又要加强前期地质勘察和研究，使滑坡不再发生。同时，滑坡防治应采取工程措施、生物措施以及宣传教育措施、政策法规措施等多种措施综合防治，才能取得最佳防治效果。因此，滑坡预防和治理应坚持"以预防为主、防治结合、综合防治"的原则。

4.4.1.1　绕避

厚层松散堆积体、弃渣场地、断裂构造或风化破碎带、岩体顺层带，易产生工程滑坡，工程地质选线应符合下列要求。

（1）线路等工程不应与大断裂平行，应绕避地下水发育地段的厚层构造破碎带及岩体顺层带。

（2）不宜切割厚层松散堆积体、风化破碎带坡脚或在其上部填方。

（3）线路等工程宜绕避大型尾矿坝、弃渣场地，不应在其边坡上或下游通过。

例如图 4.4-10 所示大瑞铁路澜沧江特大桥，受澜沧江、平坡、五里哨及次级断层的影响，岩体极为破碎，在济虹桥位上下游各约 10km 范围沿江两岸密集发育有规模巨大的滑坡、崩塌、岩堆、危岩落石等，工程整治难度极大，鉴于以上情况，东西向垂直澜沧江桥位无"缝"可插。仅济虹桥上游有一 500m 左右范围"安全岛"，夹持在南北向平坡、五里哨断层之间，出露基岩为灰岩，岩体较完整，岸坡陡峻，桥位地质条件相对较好，桥长较短，推荐桥位选在此处，绕避了大量崩塌滑坡。

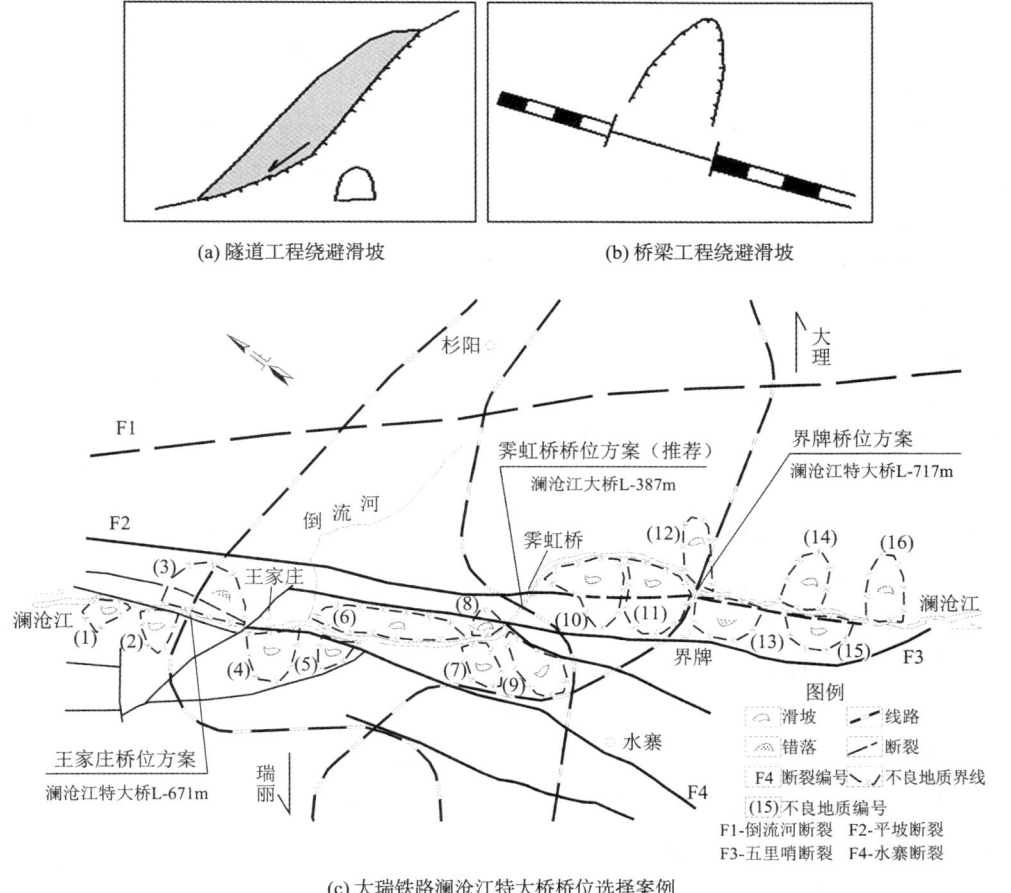

(a) 隧道工程绕避滑坡　　　　　　　　(b) 桥梁工程绕避滑坡

(c) 大瑞铁路澜沧江特大桥桥位选择案例

图 4.4-10　线路绕避滑坡方案

4.4.1.2　预防工程滑坡

（1）厚层松散堆积体或破碎带、岩体顺层带、特殊岩土或存在软硬不均岩层的路堑，应尽量降低边坡高度；斜坡软弱地基上的路堤，应控制填方高度。设计时应通过对路堑开挖、路堤加载后路基及边坡的稳定性分析，采取相应的工程措施，预防产生工程滑坡。

（2）厚层松散堆积体或破碎带、软硬不均岩层地段的路堑高边坡，宜采取坡脚预加固措施或加强边坡中下部锚固处理。特殊岩土边坡、岩体顺层边坡，宜采取放缓边坡或顺结构面刷坡及防护的处理措施；地形陡峻时，可于坡脚设锚固桩或采取分层开挖、坡面分级锚固等措施，保证施工安全及边坡稳定。

（3）斜坡软弱地基上路堤，应采取加强边坡支护和软弱地基处理措施，防止路堤加载引起边坡或地基失稳变形。

（4）在地表水汇集或地下水发育地段，应加强截排水工程措施，防止地表水强烈冲蚀、下渗或浸泡边坡，地下水软化边坡及地基岩土体，确保路基工程的长期稳定。

4.4.2　滑坡治理

不稳定的滑坡对工程和建筑物危害性较大，一般对大中型滑坡，线路应以绕避为宜；如不能绕避或绕避非常不经济时，则应予整治。滑坡防治应遵循"一次根治，不留后患"的原则，采取截、排水与减载或反压、支挡等相结合的工程措施综合治理。

4.4.2.1　滑坡治理原则和要点

1）滑坡防治工程设计应根据滑坡性质、成因、规模、稳定状态和防治工程安全等级，结合滑坡与铁路的位置关系、滑坡地形和场地条件等，并考虑高寒缺氧条件下的施工可实施性，采取截水、排水、减载、反压、抗滑桩、锚索等相结合的综合治理措施。

2）滑坡防治工程应综合考虑下列因素选择适宜的措施：

（1）滑坡性质、规模及防治工程安全等级。

（2）滑坡与工程的位置关系。

（3）抗滑工程设计荷载。

（4）地形、工程地质及水文地质条件。

（5）周边环境及气候条件。

（6）施工工艺、工期等条件。

（7）用地、节能、生态环境保护等因素。

（8）工程造价。

3）滑坡防治过程中，应急工程、临时工程设计应与永久工程相结合。

4）滑坡防治工程设计尚应符合现行标准、规范的规定。

5）滑坡防治工程设计应重视生态环境保护，工程措施应与周边环境、景观相协调。

6）滑坡防治设计应对施工顺序和施工注意事项提出要求。

4.4.2.2　消除和减轻水对滑坡的危害

"水"是促使滑坡发生和发展的主要因素，尽早消除和减轻"水"对滑坡的危害，是滑坡工程整治中的关键措施。

1. 截、排地表水

（1）沿滑坡周界处修建环形截水沟，不使滑体外水进入滑体的周边裂缝及滑坡体内。

（2）在滑坡体上修建树枝状排水系统，排除滑体范围内的地表水。

（3）在滑坡体上修建明沟与渗沟相结合的引、排水工程，排除滑体内的泉水、湿地水等。

2. 截、排地下水

（1）在滑坡体上修建渗沟，截、排地下水，主要有以下 3 种类型：

①支撑渗沟：适用于中、浅层滑坡，由于其抗剪强度较高，兼有支撑滑体和排水两个作用；

②截水渗沟：截排滑体外深层地下水，不使其进入滑体；

③边坡渗沟：支撑边坡并疏干边坡地下水。

（2）在滑床及滑坡体上修建隧洞，截排地下水。主要用于深层滑坡，其类型有：

①截水隧洞：引排滑体外深层地下水，不使其进入滑体；

②排水隧洞：引排出滑体内封闭式鸡窝状积水；

③疏干隧洞：疏干滑坡体内的地下水，常与渗井等工程配合修建。

（3）在滑坡体上施设垂直孔群，用钻孔穿透滑带，将滑坡水降至下部强透水层中排走。当下部地层具有良好的排泄条件时，效果才好。

（4）采用砂井与水平钻孔相结合的截排水方法，其排水是以砂井聚集滑体内地下水，用近于水平的钻孔穿连砂井，把水排出，疏干滑体。

图 4.4-11 为四川宣汉天台乡滑坡，由于滑坡主要诱发因素为"水"，滑坡治理工程坚持"治坡先治水，以排水措施为主"的原则，据坡面地形条件，布置 16 条支沟，与 4 条主排水沟有机结合构成网状地表排水系统，并在滑带以下的砂层岩中设置南侧和北侧两条地下排水廊道，在排水廊道硐顶布置竖向排水井群，后经特大暴雨和洪水的考验，证明了治理工程效果较为显著。

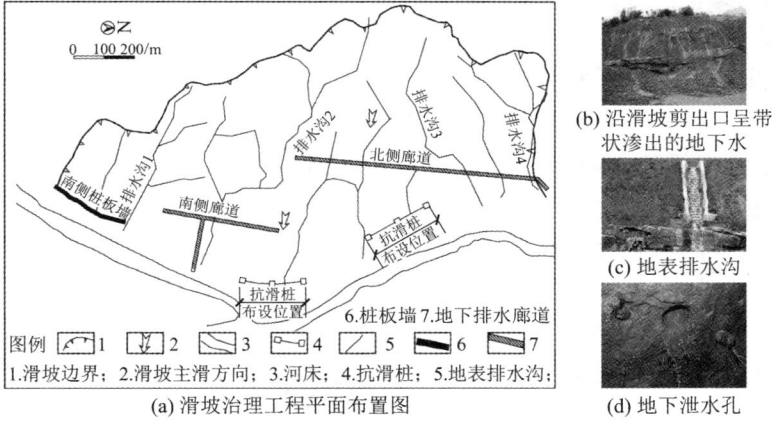

（a）滑坡治理工程平面布置图　　　（b）沿滑坡剪出口呈带状渗出的地下水　　（c）地表排水沟　　（d）地下泄水孔

图 4.4-11　四川宣汉天台乡滑坡治理工程平面布置图

3. 设置植物防护工程

挖方、填方边坡的植物防护施工应在边坡开挖、回填或加固整修达到设计要求后方可进行。

（1）坡面在喷播前，应对浮石、危石、浮根、杂草、污淤泥和杂物进行清理，对坡面转角处及坡顶的棱角进行修整；对存在渗水的坡面，应设置引排措施。

（2）植物防护施工完成后，应对植被进行维护，包括覆盖遮阳、喷水、施肥、病虫害防治、杂草防除、修剪与补植、基材维护等，达到植被能在坡面生长、物种丰富度较高并有较强固土护坡效果的草灌结合型或草灌乔结合型生态边坡的目标（图4.4-12）。

图4.4-12　边坡植草防护

4.4.2.3　改善滑坡体力学平衡条件，减小下滑力，增大抗滑力

1. 减载、反压

对于滑床上陡下缓，滑体头重脚轻的滑坡或推移式滑坡，可对滑坡上部主滑段清方减重；也可在前部阻滑段反压填土，以达到滑体的力学平衡（图4.4-13）。对于小型滑坡可全部清除。减重和清除均应慎重进行，应验算和检查残余滑体和后壁的稳定性。

（1）减载或反压设计应综合考虑滑坡特征及场地、施工条件等因素，必要时可联合采用其他工程措施。

（2）减载设计应考虑清方后滑坡后部和两侧山体的稳定性，防止后缘产生新的滑动。

（3）减载高度较大时，边坡应设置成台阶状，采取分层、分级减载，坡面采用骨架、框架等措施及时防护。

（4）滑坡前缘反压体可采用土石回填，或结合加筋土、片石垛等进行反压。

（5）反压体填料宜利用减载弃方或其他弃方。

（6）反压体应加强防排水设计，防止填土反压堵塞滑坡前缘地下水渗出通道。

（7）反压体应置于稳定的地基上，边坡坡率应满足反压体稳定要求。

（8）减载、反压工程应考虑生态保护和土地的有效利用。

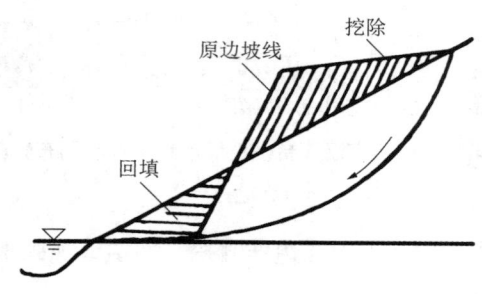

图4.4-13　滑坡减载反压示意图

2. 抗滑挡墙

抗滑挡墙是设置在滑坡或变形前缘的条带状支挡构筑物，利用自身重力结构或锚固构件、嵌固构件承载，以阻挡滑坡滑动。其与一般挡土墙的根本区别在于承受的荷载中包含了滑坡推力。抗滑挡墙一般是被动承载结构，在滑体变形挤压墙背时被动承受滑坡推力或主动土压力，常用于浅层中、小型滑坡的防治（图 4.4-14）。

（1）抗滑挡土墙可用于中小型滑坡或浅表层溜坍的防治，宜布设在滑坡前缘。

（2）抗滑挡土墙结构形式应根据滑坡稳定状态、施工条件、工程造价等因素确定，宜采用胸坡缓、重心低的重力式挡土墙。

（3）抗滑挡土墙可与排水、减载、锚索（杆）、抗滑桩等工程措施联合使用。

（4）季节性冻土区抗滑挡土墙设计应考虑冻胀力。

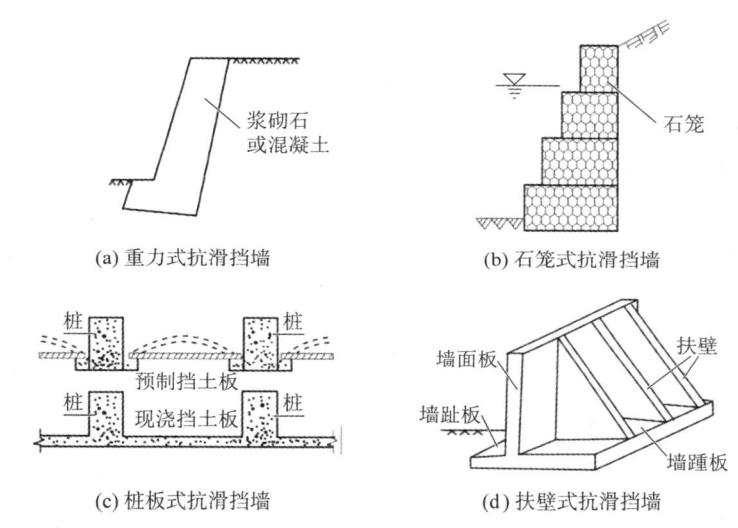

图 4.4-14　不同形式抗滑挡墙

3. 抗滑桩

当采用重力式支挡建筑物圬工量大、不经济或施工开挖易引起滑体下滑时，可将抗滑桩作为抗滑措施。抗滑桩一般适用于整治浅层及中厚层滑坡。它也可与轻型支挡建筑物上下结合使用，这样就可相应地减少下部支挡工程的数量（图 4.4-15）。

（1）抗滑桩适用于一般地区、浸水地区和地震地区的各种类型滑坡防治。

（2）根据滑坡特点和工程需要，抗滑桩可选用埋入式抗滑桩、悬臂式抗滑桩、预应力锚索抗滑桩等类型。

（3）抗滑桩的平面布置、间距、桩长和截面尺寸等应根据滑坡形态、滑坡推力的大小、锚固段地基条件等因素综合确定。

（4）桩的横截面宜采用矩形，桩截面根据计算确定。

（5）抗滑桩的桩位宜设在滑坡体较薄、锚固段地基强度较高的地段。

（6）滑坡沿滑动方向的长度较大时，可视地表形态、滑动面（带）倾角、推力分布、滑体厚度等因素设置多排抗滑桩进行分段阻滑。

（7）采用预应力锚索抗滑桩时，锚索锚固段应置于稳定岩层内。

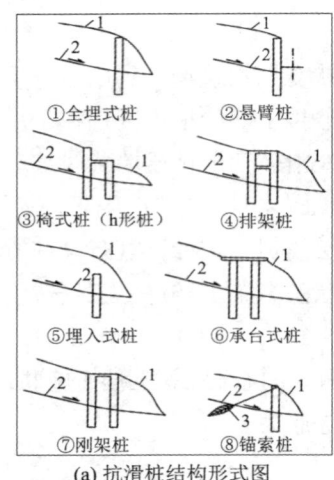

(b) 抗滑桩浇筑

(c) 悬臂式抗滑桩效果图

图 4.4-15　常用抗滑桩结构形式图及效果图

4. 锚索、锚杆

滑坡防治锚固技术是通过造孔将钢绞线或钢筋（束）等受拉杆件穿过不稳定地层安放到稳定地层中，利用注浆等方式固定杆体，并将孔口段杆体与格构梁等工程结构物相联结，采取主动加载平衡地层压力，或被动承受地层压力的方法来维持岩土体的稳定（图 4.4-16）。

锚固技术包括预应力锚固和非预应力锚固，前者是通过张拉杆体对岩土体进行主动加载，以平衡地层压力，维持岩土体的稳定；后者是通过岩土体的变形动承载，进而限制岩土体的位移，达到对岩土体加固的目的。锚固技术用于滑坡防治，主要优点是能充分调用岩土体的自身强度和自承能力，实现对滑坡的主动加固；能够较准确地控制滑坡的变形，有效保证坡体上建筑物的安全，且施工作业部署灵活，对滑坡的扰动较小。

（1）预应力锚索适用于一般地区和地震地区的滑坡防治，锚杆主要用于浅层滑坡加固或坡面防护。

（2）预应力锚索锚固段应置于滑面以下的稳定地层中。

（3）腐蚀环境中不宜采用预应力锚索，采用时应采取严格的防腐措施。

（4）预应力锚索的类型应根据滑坡工程特性、地质条件、荷载大小、施工工艺等条件综合确定。

（5）预应力锚索应采用高强度、低松弛的钢绞线制作，压力型和压力分散型锚索应采用无粘结钢绞线，其力学性能应符合现行国家标准《预应力混凝土用钢绞线》GB/T 5224 的规定。

（6）高烈度地震区可采用低预应力锚杆，易塌孔地层可采用自钻式锚杆。

（7）锚索（杆）的外锚结构可采用钢筋混凝土梁、板或抗滑桩等。

（8）锚索的抗拉稳定性、抗拔稳定性应按现行规范要求进行计算。

（9）预应力锚固工程应根据滑坡防治工程安全等级和实际条件，对预应力锚索的工作状况和锚固效果进行监测。

(a) 锚杆框架　　　　　　　　　(b) 锚索框架

(c) 锚索地梁　　　　　　　　　(d) 预应力锚索

图 4.4-16　锚杆、锚索工程效果图

4.4.2.4　改变滑带土的工程性质

滑带土的改良目的在于提高滑带土的强度，增加滑坡自身的抗滑力。过去曾研究过灌浆、爆破、焙烧等方法。该技术具有施工便捷、机械化程度高、劳动强度低等优点，与抗滑桩、墙等被动支挡相比较，属于对滑坡主动加固，避免开挖或改变斜坡现状，环境效益好，但至今没有广泛应用，主要是可操作性差，能量消耗严重，且资金昂贵，处理效果难以检验。滑带土工程性质的改良方法主要有以下 6 种。

（1）高压喷射注浆法

利用钻机将带有喷嘴的注浆管钻进滑体滑动面的预定位置后，以高压设备使浆液以 20MPa 左右的高压流从喷嘴中喷射出来，冲击破坏土体。在喷射流的冲击力、离心力和重力用下与浆液搅拌混合，并按一定的浆土比例和质量大小有规律地重新排列。浆液凝固后，在土中形成固结体。高压喷射注浆法是近年来受到大力发展的一种新型的加固方法，它不仅具有加固质量好、可靠性高、止水防渗、降低土中含水量和减少支挡结构上的滑体压力等特点，而且还具有不影响滑坡体上的建筑物、道路交通，不对周围环境产生危害和节省钢材等特点。达成铁路金堂滑坡采用高压旋喷注浆加固滑坡滑动带，内昆铁路冷家坡隧道进口岩石滑坡采用了钢花管注浆，均取得成功。

（2）电渗法

在土中布置两个电极，直流电使土中水从阳极流向阴极，然后从阴极管中抽走，土中孔隙水的损失可引起土体固结并增加抗剪强度。该法适用于软的细粒粉土和粉质黏土的边坡加固，其特点是排水快，可在有限范围内进行，施工简便，但要求电极间土性不均匀，对于高电性土不适用，最大有效处理深度为 10～20m。

（3）焙烧法

将空气和油输入特殊的混合器中燃烧，产生的高温气体压入土中，将土焙烧成坚硬物质。该法适用于细粒土，特别是非饱和的黏土及粉土到不可逆的土性加固，但这种方法有时稳定性低。

（4）动力固结法

在地面上用重锤重复施加强烈的冲击，使土层液化压密和细粒土，最大有效处理深度为 30m，其特点是施工简单。该法适用于无黏性土，但需进行施工控制，远离已有的建筑物。

（5）石灰土加固

石灰土即在黏土中掺入适当比例的石灰（一般可控制在 8%）、水经拌和而成。粉碎的土中掺入石灰、水拌和均匀后，石灰与土之间发生强烈的离子交换、碳酸化及结晶作用，从而使土的性质发生根本变化，增加土体强度。该法适用塑流性黏土和膨胀性黏土。其特点是反应快速，价格低廉，但受土性影响较大。

（6）离子固化剂

离子土固化剂是一种新型电化学土壤稳固剂。在常温下为黑褐色液体，略黏于水，易溶于水，溶于水后迅速离子化而使溶液呈高导电性。适用于黏土粒组含量在 25% 以上的各种土类。从 20 世纪 70 年代起，已在世界上数十个国家与地区广泛应用于道路加固与农田水利工程防渗等工程领域中。但离子土固化剂在滑带土中的加固、渗透和扩散方式，是需要深入研究的问题。因为这些方式对滑带土抗剪强度的提高和离子土固化剂作用于滑带土的施工设计影响极大，将决定治理工程的造价，并对设计的安全性和合理性产生重大影响。

参考文献

[1] 林宗元. 岩土工程勘察设计手册[M]. 沈阳: 辽宁科学技术出版社, 1996.
[2] 林宗元. 简明岩土工程勘察设计手册: 上册[M]. 北京: 中国建筑工业出版社, 2003.
[3] 黄运飞, 冯静. 计算工程地质学[M]. 北京: 兵器工业出版社, 1992.
[4] 中华人民共和国建设部. 岩土工程勘察规范 (2009 年版): GB 500021—2001[S]. 北京: 中国建筑工业出版社, 2009.
[5] 国家铁路局. 铁路工程不良地质勘察规程: TB 10027—2022[S]. 北京: 中国铁道出版社, 2022.
[6] 中华人民共和国住房和城乡建设部. 岩土工程勘察安全标准: GB/T 50585—2019[S]. 北京: 中国计划出版社, 2019.
[7] 楚涌池, 李法昶. 铁路工程地质手册[M]. 北京: 中国铁道出版社, 2018.
[8] 郑明新. 论滑带土强度特征及强度参数的反算法[J]. 岩土力学, 2003(4): 528-532.
[9] 徐邦栋. 滑坡分析与防治[M]. 北京: 中国铁道出版社, 2001.
[10] 国家铁路局. 铁路特殊路基设计规范: TB 10035—2018[S]. 北京: 中国铁道出版社, 2018.
[11] 国家市场监督管理总局. 滑坡防治设计规范: GB/T 38509—2020[S]. 北京: 中国标准出版社, 2020.
[12] 黄润秋, 许强. 中国典型灾难性滑坡[M]. 北京: 科学出版社, 2008.
[13] 王恭先, 王应先, 马惠民. 滑坡防治 100 例[M]. 北京: 人民交通出版社, 2009.
[14] 王恭先, 马惠民, 王红兵. 大型复杂滑坡和高边坡变形破坏防治理论与实践[M]. 北京: 人民交通出版社, 2016.
[15] 吴香根. 工程滑坡滑带土抗剪强度与地形坡度的关系[J]. 地质灾害与环境保护, 2000(2): 145-146.
[16] 周平根. 滑带土强度参数的估算方法[J]. 水文地质工程地质, 1998(6): 32-34, 60.
[17] 铁道科学研究院西北研究所. 滑坡防治及研究述评滑坡文集[M]. 北京: 中国铁道出版社, 1976.

第5章 危岩与崩塌勘察评价

5.1 危岩与崩塌形成条件与分类

5.1.1 危岩与崩塌定义

陡坡上的岩体或土体在重力或有其他外力作用下，突然向下崩落的现象称为崩塌。未崩塌坠落之前的不稳定岩（土）体称为危岩。落石是指陡坡上的个别岩石块体在重力或有其他外力作用下，突然向下滚落的现象。一般来说，落石的规模较小，岩块体积从几立方厘米至几立方米。

5.1.2 危岩与崩塌形成条件

危岩与崩塌的形成条件可分为地形地貌、地层岩性、地质构造等内在地质条件，以及风化作用、水、地震和机械振动、人类活动等外部环境因素。内在条件是决定能否发生崩塌的基础，外在条件是崩塌发生的诱发因素。详细内容可扫描二维码 M4.5-1 阅读。

M4.5-1

5.1.3 危岩与崩塌分类

单块危岩块体按照其体积可分为小型危岩、中型危岩、大型危岩和特大型危岩（表4.5-1）。

危岩按体积分类   表 4.5-1

单块危岩体积V/m³	$V < 1000$	$1000 < V \leqslant 10000$	$10000 < V \leqslant 10 \times 10^4$	$V > 10 \times 10^4$
危岩类型	小型危岩	中型危岩	大型危岩	特大型危岩

危岩按所处相对崖底高度可分为低位危岩、中位危岩、高位危岩、特高位危岩（表4.5-2）。

危岩按所处相对崖底高度分类   表 4.5-2

危岩相对崖底高度H/m	$H < 15$	$15 < H \leqslant 50$	$50 < H \leqslant 100$	$H > 100$
危岩类型	低位危岩	中位危岩	高位危岩	特高位危岩

崩塌按组成分类可分为岩质崩塌和土质崩塌。

依据危岩可能的破坏模式，将崩塌分为滑移式、倾倒式以及坠落式三类，见表4.5-3。

危岩崩塌按破坏模式分类 表 4.5-3

类型	基本特征
滑移式	危岩沿软弱面滑移，于陡崖（坡）处塌落
倾倒式	危岩转动倾倒塌落
坠落式	悬空或悬挑式危岩拉断塌落

国土资源部《滑坡崩塌泥石流灾害调查规范（1：50000）》DZ/T 0261—2014，根据崩塌的形成机理，把崩塌划分为五类，见表 4.5-4。

崩塌按形成机理分类 表 4.5-4

类型	岩性	结构面	地貌	崩塌体形状	受力状态	起始运动形式
倾倒式崩塌	黄土，石灰岩及其他直立岩层	多为垂直节理，柱状节理，直立岩层面	峡谷，直立岸坡，悬崖等	板状，长柱状	主要受倾覆力矩作用	倾倒
滑移式崩塌	多为软硬相间的岩层	有倾向临空面的结构面（可能是平面、楔形，或弧形）	陡坡通常大于55°	可能组合成各种形状，如板状、楔形、圆柱状	滑移面主要受剪切力	滑移
鼓胀式崩塌	直立的黄土、黏土或坚硬岩石下有较厚软岩层	上部垂直节理，柱状节理，下部为近水平的结构面	陡坡	岩体高大	下部软岩受垂直挤压	鼓胀，伴有下沉、滑移、倾斜
拉裂式崩塌	多见于软硬相间的岩层	多为风化裂隙和重力张拉裂隙	上部突出的悬崖	上部硬岩层以悬臂梁形式突出来	拉张	拉裂
错断式崩塌	坚硬岩石或黄土	垂直节理发育，通常无倾向临空面的结构面	大于45°的陡坡	多为板状、长柱状	自重引起的剪切力	错断

表中列举了各类崩塌五个方面的特征，其中岩土受力状态和起始运动形式是分类的主要依据，因受力状态和起始运动形式决定了崩塌发展的模式。上述五类是基本类型，在某些条件下，还可能出现一些过渡类型，如鼓胀-滑移式崩塌、鼓胀-倾倒式崩塌等。

5.2 危岩与崩塌勘察

5.2.1 崩塌防治工程等级划分

崩塌防治工程等级可根据崩塌灾害威胁对象及其重要性等因素，按表 4.5-5 进行划分。

崩塌防治工程等级划分 表 4.5-5

崩塌防治工程等级		特级	Ⅰ级	Ⅱ级	Ⅲ级
威胁对象	威胁人数/人	≥5000	≥500且<5000	≥100且<500	<100
	威胁设施的重要性	非常重要	重要	较重要	一般

注：表中崩塌防治工程等级根据判定因素由特级向Ⅲ级判定，威胁人数与威胁设施的重要性2项中有1项首先满足较高等级时，崩塌防治工程等级划为该等级。

受崩塌威胁设施的重要性分类应按表 4.5-6 确定。

受崩塌威胁设施重要性分类

表 4.5-6

重要性	设施类别
非常重要	放射性设施、核电站、大型地面油库、危险品生产仓储、政治设施、军事设施等
重要	城市和城镇重要建筑（含 30 层以上的高层建筑）、国家级风景名胜区、列入全国重点文物保护单位的寺庙、高等级公路、铁路、机场、学校、大型水利水电工程、电力工程、大型港口码头、大型矿山、油（气）管道和储油（气）库等
较重要	城市和城镇一般建筑、居民聚居区、省级风景名胜区、列入省级文物保护单位的寺庙、边境口岸、普通二级（含）以下公路、中型水利工程、电力工程、通信工程、港口码头、矿山、城市集中供水水源地等
一般	居民点、小型水利工程、电力工程、通信工程、港口码头、矿山、乡镇集中供水水源地、村道等

注：表中未列项目可根据有关技术标准和规定按大、中、小型分别确定其重要性等级。大型为重要，中型为较重要，小型为一般。

5.2.2　危岩与崩塌勘察一般要求

危岩与崩塌勘察的一般要求如下：

（1）对于规模大、难以查清的崩塌宜分为初步勘察与详细勘察两个阶段，对于其他情况的崩塌可直接进行详细勘察。施工过程中，地质条件与原勘察资料不符并有可能影响防治工程质量时可进行施工勘察。长度较大、地质环境复杂程度差异较大的危岩与崩塌，应根据危岩分布特征、可能的破坏模式和运动方向，以分区、分段、分块或分组的形式布置勘察工作。

（2）勘察工作应遵循先地质测绘后勘探，以地质测绘与调查为主，以勘探为辅的原则。宜根据需要采用三维激光扫描、陆地摄影测量（无人机）、干涉雷达（InSAR）或孔内成像、孔间 CT 探测等新技术新方法。

（3）崩塌初步勘察应在充分收集分析以往地质资料的基础上，进行地质测绘与调查、勘探和测试等工作。初步查明崩塌的基本特征、成因、形成机制，并对危岩在现状和规划状态下的稳定性做出初步分析评价。

（4）崩塌详细勘察应考虑现有和规划保护对象的需要，依据初步勘察的结果，结合可能采取的治理方案部署勘察工作，分析评价危岩在现状和规划状态下的稳定性和发生灾害的可能性，并提出防治方案建议。

（5）危岩与崩塌勘察应查明以下内容：

①勘察区自然地理条件，包括位置与交通状况、气象、水文、植被、社会经济概况等；

②地质环境条件，包括地形地貌、地层岩性、地震、水文地质特征、地质构造等；

③陡崖或陡坡的基本特征，包括危岩风化程度、裂隙发育程度、人类工程活动及分布特征，陡崖卸荷带分布范围；

④危岩的位置、分布高程、空间几何形态、控制性结构面特征、危岩变形特征、规模及危害程度；

⑤崩塌的运动特征，包括危岩破坏模式、危岩崩落的方向和影响范围等；

⑥崩塌堆积体情况；

⑦分析崩塌产生原因，评价危岩在可能的最不利条件下的稳定性、失稳特征、规模及危害程度；

⑧提供防治工程设计所需要的地质资料、参数及防治建议等。

（6）危岩与崩塌勘察中勘探和原位测试位置和方法的选择，应保证勘探和原位测试的实施不导致灾害稳定性明显降低。

5.2.3　危岩与崩塌勘察纲要

危岩与崩塌初步勘察和详细勘察实施前均应编制勘察纲要。

危岩与崩塌初步勘察纲要应在充分收集现状地形图及其他有关资料，认真进行现场踏勘的基础上进行；危岩与崩塌详细勘察纲要应在初步勘察成果的基础上编制，勘察工作的布置应充分利用初步勘察阶段工作量并结合可能的防治措施。

危岩与崩塌勘察工作应按勘察纲要实施。当勘察过程中发现勘察纲要预估的地质情况与实际地质情况有较大出入时，应根据实际地质情况对工作量进行调整。

危岩与崩塌勘察纲要应包括以下内容：

（1）前言包括崩塌近期变形及危害情况、勘察目的任务、前人的研究程度、执行的技术标准、勘察范围、崩塌防治工程勘察等级。

（2）基础地质、气象、水文地质资料及当地崩塌防治的经验。

（3）确定勘察阶段。

（4）勘察区地质环境。

（5）崩塌（含危岩、陡崖及崩塌堆积体）的基本特征及稳定性初步评判。

（6）勘察工作方法及部署（包括工作布置平面图）。

（7）勘察工作技术要求（包括各种手段、方法及技术要求及精度）。

（8）勘察工作进度计划。

（9）勘察工作保障措施。

（10）预期勘察成果文件。

5.2.4　勘察方法

1. 工程地质测绘与调查

危岩、崩塌地质测绘与调查是在充分收集前人资料的基础上，主要通过测绘、访问调查和踏勘等手段，调查清楚危岩、陡崖和崩塌堆积体自身的基本特征以及区域地震、气象、水文、地质、植被、人类工程活动、崩塌灾害事件与历史等资料。

危岩、崩塌地质测绘与调查的范围应包括陡崖、危岩、崩塌堆积体及它们的影响区。危岩与崩塌调查范围应包括陡崖和相邻的地段，坡顶应达到陡崖岩体卸荷带之外的稳定区域，坡底应达到崩塌堆积区外及崩塌堆积体可能转化为滑坡或泥石流的影响范围外。如存在对危岩起控制作用的区域性结构面时，可扩大调查范围或进行专题地质调查。

地质测绘与调查精度、工作量及工作方法应根据勘察阶段以及地质环境复杂程度确定。地质环境的复杂程度详见表 4.5-7。

崩塌地质环境复杂程度划分　　　　　　　　　　表 4.5-7

判定条件	崩塌地质环境复杂程度划分表		
	复杂	中等复杂	简单
地形地貌	崩塌分布区陡崖相对高度 > 50m，周边环境地形变化大，地形零碎，可能的崩塌破坏方向多	15m < 崩塌分布区陡崖相对高度 ≤ 50m，周边的崩塌破坏方向较多	崩塌分布区陡崖相对高度 ≤ 15m，地形单一
地质构造	地震频发，地震加速度 > 0.1g，结构面发育，陡崖不利结构面（包括软弱夹层）3 组以上	地震较频发，0.05g < 地震加速度 ≤ 0.1g，结构面较发育，陡崖不利结构面（包括软弱夹层）2～3 组	地震少，地震加速度 ≤ 0.05g，结构面不发育，陡崖不利结构面（包括软弱夹层）小于 2 组

续表

判定条件	崩塌地质环境复杂程度划分表		
	复杂	中等复杂	简单
岩土体特征	岩土体破碎，分层多，岩性变化大，风化卸荷裂隙发育	岩土体较破碎，分层较多，岩性变化较大，风化卸荷裂隙较发育	岩土体较完整，分层少，岩性稳定，风化卸荷裂隙不发育
水文及水文地质特征	地表、地下水对崩塌稳定性的影响大	地表、地下水对崩塌稳定性的影响中等	地表、地下水对崩塌稳定性的影响小
破坏地质环境的人类工程活动	地面开挖边坡高度＞30m，地下采空区开采深厚比＜120	15m＜地面开挖边坡高度≤30m，120≤地下采空区开采深厚比≤200	地面开挖边坡高度≤15m，地下采空区开采深厚比＞200

注：1. 从复杂条件向简单条件推定，除地形地貌、破坏地质环境的人类工程活动，首先满足其中两项条件者，即为该等级。

　2. 地形地貌、破坏地质环境的人类工程活动两项中，任一项为复杂即为复杂条件，任一项为中等复杂时即为中等复杂条件。

　3. 长度较大、地质环境复杂程度差异较大的崩塌带地质环境复杂程度应根据其差异分段划分。

具体要求：

1）应搜集已有地形图、遥感图像、地震、气象、水文、植被、人类工程活动资料及崩塌史资料，了解前人工作程度，并访问调查和踏勘。

2）危岩、崩塌地质测绘与调查的内容包括地形测绘、地质测绘与调查两个方面。

3）危岩、崩塌地质测绘与调查采用的比例尺及精度应符合下列要求：

（1）陡崖和崩塌堆积体测绘的比例尺在初勘阶段采用 1∶2000～1∶1000，在详勘阶段采用 1∶1000～1∶500；危岩单体测绘的比例尺采用 1∶200～1∶100。

（2）图上观测点，在初步勘察阶段，每 10cm×10cm 范围不少于 1 个；在详细勘察阶段每 10cm×10cm 范围不少于 3 个。每个危岩单体及主控裂隙的观测点不少于 1 个。观测点经分类编号后，标注在工作图上，并详细记录。对重要观测点用油漆或木桩在实地标识。

（3）重要观测点的定位采用仪器测量，一般观测点用油漆或木桩在实地标识。

4）危岩、崩塌地质测绘与调查的内容应符合下列要求：

（1）调查崩塌所在区域的地形地貌、地质构造、地层岩性、水文地质条件、不良地质现象，了解与崩塌有关的地质环境。

（2）在分析已有资料的基础上，调查崩塌所处陡崖岩性、结构面产状、力学属性、延展及贯穿情况、闭合程度、深度、宽度、间距、充填物、充水情况、结构面或软弱层及其与斜坡临空面的空间组合关系，陡崖卸荷带范围及特征、基座地层岩性、风化剥蚀情况、岩腔与洞穴状况、变形及人类工程活动情况。同一区域，陡崖地质环境条件变化大时，应进行分段调查评价。

（3）对危岩应调查下列内容，并对正面、侧面、基座和主要裂缝进行拍照，勾绘侧立面、正立面素描图：

①危岩位置、形态、规模、分布高程；

②危岩、基座及周边的地质构造、地层岩性、岩体结构类型，基座压裂变形情况及其对危岩稳定性的影响；

③危岩及周边裂隙充水条件、高度及特征，泉水出露、湿地分布、落水洞情况；

④危岩变形发育史及崩塌影响范围。

（4）对卸荷裂隙进行专门的调查并编号，标注在图上。调查裂隙的性质、几何特征、充填物特性、充水条件及高度；对裂隙进行分带统计，划出卸荷带范围。

卸荷裂隙勘察中的注意问题：

①卸荷裂隙发育于危岩坡顶后不远处，循破裂角发育，平行于岩顶线，多为拉张裂隙，少有下错。

②卸荷裂隙往往有多条，相互平行，既要揭示贯通性的主控裂隙，还要揭示最后一条裂隙，作为锚固工程之设计依据。

③卸荷裂隙有的未贯通至崖脚发育，而是贯通至崖壁中，形成楔形危岩。

④有的卸荷裂隙封闭发育于岩体内部，岩顶与崖脚未显示出裂缝。

（5）对崩塌堆积体，调查下列内容：

①崩塌源的位置、高程、规模、地层岩性、岩土体工程地质特征及崩塌产生的时间；

②崩塌体运移斜坡的形态、地形坡度、粗糙度、岩性、起伏差、运动方式，崩塌块体的运动线路和运动距离；

③崩塌堆积体的分布范围、高程、形态、规模、物质组成、分选情况，植被生长情况，崩塌堆积体块度（必要时需进行块度统计和分区）、结构、架空情况和密实度；

④崩塌堆积床形态、坡度、岩性和物质组成、地层产状；

⑤崩塌堆积体内地下水的分布和运移条件；

⑥崩塌堆积体中孤石的大小、岩性，所处位置的坡度、下伏岩土体的类型，水文地质条件，变形情况。

（6）调查崩塌影响范围内的人口及实物指标。

5）工程地质测绘与调查成果包括：野外测绘实际材料图、野外地质草图、实测地质剖面图、各类观测点的记录卡片、地质照片集、工程地质调查与测绘工作总结。

危岩一般位于较高的陡崖或陡坡地带（高位危岩），传统的地质工程师通过罗盘、皮尺等测量结构面信息的接触式地质测绘与调查方法，存在工作难度大、效率低、危险性大等特点，甚至不具备测绘与调查条件。目前新兴的无人机倾斜测量、三维激光扫描技术具有远距离、非接触、实体化等优势，目前在危岩调查中广泛应用。

无人机倾斜测量和三维激光扫描技术等在危岩工程地质测绘与调查工作中应用通常包括以下几个方面：

（1）对研究区进行三维数据全面采集，通过软件处理，生成研究区的三维全貌图，对研究区的高差、坡度、坡向等进行分析。

（2）利用无人机倾斜测量、三维激光扫描技术结合二维图像资料解译危岩边界条件，将边界点三维坐标导入工程地质平面图中，准确定位危岩的位置。

（3）可以较准确地测量危岩的长、宽、高等几何尺寸数据及危岩的相对高程，为危岩的分类、稳定性评价、防治措施等提供可靠的基础资料。

（4）可以获得不易人工测量的危岩结构面产状。在数字化模型中通过单点拟合法、多点拟合法等方法拟合获得结构面的产状。同时还可以对结构面的迹长、间距等进行测量，实现岩体结构面的精细测量。

2. 勘探

勘探工作的总体要求为满足确定危岩形态，评价危岩、陡崖及崩塌堆积体稳定性，布设治理工程的要求。

1）勘探手段

危岩与崩塌勘探手段一般为槽探、钻探及物探等，必要时可采用坑探、井探及硐探等手段。物探方法宜采用孔内弹性波、井下电视、孔间 CT 物探、高密度电法或地质雷达等手段。勘探手段应根据勘察阶段及地质环境复杂程度等确定。勘探手段的选择原则为：

（1）对于土质崩塌，必要时可采用坑探或井探。

（2）对地质环境特别复杂、危害大的崩塌，必要时可布置硐探工程。

（3）卸荷带特征、控制性裂隙分布及充填情况宜采用槽探或物探。

（4）软弱基座分布范围勘探宜采用槽探或井探。

（5）当可能采用支撑方式时，在危岩软弱基座处布置钻孔或浅井。

（6）控制性结构面深部特征及母岩的物理力学特性的勘探应采用水平或倾斜钻孔。

（7）当选用钻探和物探时，除孔内物探工作外，宜先地面物探后钻探。

①钻探

适用于各种危岩与崩塌的勘察，主要查明危岩、崩塌的地层岩性，并采取原状岩、土试样。

②槽探

主要用于查明危岩与崩塌的卸荷带特征、控制性裂隙分布及充填情况、软弱基座的分布范围等。

③坑探、井探

用于土质崩塌及软弱基座分布范围的勘探，并采取原状土试样。

④硐探

硐探在危岩与崩塌中属于大型勘探工程，由于施工相对复杂、工期长、风险大、造价高，应慎重使用，可以结合既有采矿坑道等进行使用。对地质环境特别复杂、危害大的崩塌，可用硐探进行勘探。

探洞应布置在预定的崩滑面中，并在挖洞中随崩滑面的变化进行调整。应及时记录掘进过程中遇到的现象，包括裂缝、崩滑面、出水点、水量、顶底板变形情况（底鼓、片帮、下沉等）。及时进行探洞的工程地质编录，特别注意软弱夹层、破裂结构面、岩（土）体结构面和崩滑面的位置和特征的编录，并进行照（录）像。同时在预定层位按要求采取岩、土、水样，并利用探洞进行母岩、基座岩土、崩滑带的现场抗剪强度试验。

⑤物探

由于软弱基座、采空区、裂缝、溶洞等与母岩存在明显的电阻率及弹性波差异，因而可以采用电探、地震勘探、声波跨孔、孔间 CT 等物探方法查明其分布情况；井下电视对于裂隙发育位置及产状判别具有直观、准确等优点。

2）危岩与崩塌勘探工作量布置原则

（1）勘探线布置原则

①初步勘察阶段主要布置控制性勘探线；详细勘察阶段控制性勘探线与一般勘探线相结合；取样及现场测试均应布置在控制性勘探线上。

②对陡崖初勘阶段勘探线间距不应大于200m，且每个陡崖至少有1条勘探线；详勘阶

段勘探线间距不应大于 100m，且每个陡崖至少有 2 条勘探线。

③危岩均应布设勘探线，对大型以上的危岩和有重要保护对象的中小型危岩，布置控制性勘探线；对其他危岩，布置一般勘探线。

④控制性勘探线沿危岩可能崩塌方向布置，从危岩后缘稳定区域一定范围到崩塌可能影响范围，且尽量通过危岩的重心。

⑤一般勘探线布设在危岩的代表性部位，尽量通过其重心，勘探线长度以能准确反映危岩形态、母岩及基座特征为原则。

⑥变形强烈带应有剖面控制。

⑦土质崩塌勘探线不少于 2 条。

（2）勘探点布置原则

①危岩后缘、临空面及软弱基座等部位均应布置勘探点。

②危岩厚度较大时，在被裂缝切割形成的规模较大的岩体上布置 1 个垂直钻孔控制危岩、软弱夹层及基座。

③当危岩形态在竖向接近板状时，在危岩的临空面布置水平或倾斜钻孔勘探控制危岩的控制性结构面；水平或倾斜钻孔位置从危岩地面起算的高度不宜低于危岩高度的 1/3。

④能满足对危岩、母岩、基座取样需要。

⑤对地质环境特别复杂、危害大、常规勘探方法不能查明其特征的危岩，在控制勘探线下部危岩底部布设 1 条平硐，探查危岩底部控制面。

⑥对土质崩塌布置一定数量的控制性钻孔或探井穿透可能崩滑控制面。

⑦对密集的形态近似的危岩陡崖带，勘探点可适当减少，每个陡崖的勘探点不宜少于 1 个。

⑧危岩上无进入基座的垂直钻孔时，在支挡线附近布置勘探点。

⑨危岩与崩塌勘探工作布置时，每条控制性勘探线的钻孔不应少于 1 个；槽探、井探、硐探、物探工作量应根据需要确定。

（3）勘探深度布置原则

①初步勘察阶段钻孔深度的确定以探明危岩体深部崩滑面或潜在崩滑面为原则。

②详细勘察阶段钻孔深度的确定以探明危岩基座和周边岩土体作为工程持力层地质情况为原则，其中水平（倾斜）钻孔以探明锚固段地质情况为原则，垂直钻孔以探明桩、键、支撑墙（柱）持力层地质情况为原则。

③垂直钻孔穿过最底层危岩体崩滑面（带）进入稳定岩土体（危岩体基座）的深度不小于 5m；水平（倾斜）钻孔穿过危岩体后缘裂缝（或卸荷带）进入稳定岩体的深度不小于 8m。

④平硐穿过最底层崩滑带进入稳定岩土层。

（4）勘探取样

①试验样品应在母岩及治理工程可能涉及范围内采集。当结构面中充填土质时，采集土样。

②优先在探槽、探井或探洞中采集原状试样；钻孔中尽可能采集土层、软弱夹层原状试样。

3. 测试

1）测试对象及测试项目

（1）危岩与崩塌勘察中的测试宜现场试验与室内试验相结合。

（2）危岩与崩塌勘察中的测试对象为软弱夹层、破碎带或结构面，母岩和基座岩体，地下水和地表水。

（3）危岩与崩塌勘察中的测试项目应包括岩土的物理性质、力学性质、软弱夹层或结构面充填土的颗粒级配、物质成分试验，地下水和地表水的化学成分及其对建筑材料腐蚀性试验；力学性质试验应包括母岩及基座岩土抗压试验与变形试验；对受抗拉强度控制的倾倒式危岩，还应包括母岩岩石抗拉试验；对受抗剪强度控制的坠落式危岩及滑移式危岩，还应包括母岩和基座岩土抗剪强度试验，必要时应进行结构面现场抗剪强度试验。

（4）危岩与崩塌勘察期间应注意观测和分析崩塌的地下水动态和裂隙水头压力。土质崩塌地区及裂隙贯通性不清楚的地段，当条件允许时可采用钻孔注水试验或试坑渗水试验。

（5）进行抗剪试验的土样含水状态应与崩塌区土体的含水率一致。对粉土和粉质黏土，剪切试验方法宜选择快剪或不排水剪、固结快剪或三轴固结不排水剪。

（6）岩土室内试验工作量宜符合表 4.5-8 的要求。

室内试验单项试验数量　　　　　　　　　　表 4.5-8

地质环境复杂程度	母岩、软弱夹层、基座岩土层的物理性质试验/组	母岩、软弱夹层、基座岩土层的抗剪强度试验/组	母岩、基座岩土层的抗压强度、抗拉强度、单轴压缩变形试验/组	基座的耐崩解试验/组
复杂	≥6	≥9	≥6	3
较复杂	3～5	6～8	3～5	2
简单	1～2	3～5	1～2	1

注：1. 不同性质的岩土层均宜有试样。
　　2. 初步勘察在该表的基础上适当减少，但不得少于表中地质环境简单区试验数量的最小值。
　　3. 当母岩、软弱夹层、基座岩性不同时，分岩性取表中数值。

2）测试结果统计

（1）岩土性质指标测试值应根据概率理论进行统计。统计前应根据岩土的性质差异划分不同的统计单元，并根据采样方法、测试方法及其他影响因素对测试结构的可靠性和适用性做出评价。

（2）每一个测试值均应参与统计，当统计的变异系数大于 0.3 时，应分析原因并删除异常值。

（3）岩土性质指标测试值统计结果应包括范围值、算术平均值、标准差、变异系数及标准值，其计算应符合现行《岩土工程勘察规范》GB 50021 的有关规定；样品只有 1 个，参考当地经验值；样品数多于 1 个但少于统计所需个数，取算术平均值。

（4）室内抗剪强度试验和三轴压缩试验成果可按图解法及最小二乘法进行分析整理。

3）岩土体性质指标

（1）崩塌勘察应根据现场测试及室内试验资料提供稳定性评价及治理工程设计需要的岩土体性质指标值。无试验资料时，岩体结构面抗剪强度指标标准值可采用表 4.5-9 中的经验值。

结构面抗剪强度指标经验值　　　　　　　　表 4.5-9

结构面类型		结构面结合程度	内摩擦角 φ/°	黏聚力 c/kPa
硬性结构面	1	结合良好	> 35	> 130
	2	结合一般	27～35	90～130
	3	结合差	18～27	50～90
软弱结构面	4	结合很差	12～18	20～50
	5	结合极差（泥化层）	< 12	< 20

注：1. 除结合极差外，结构面两壁岩性为极软岩、软岩时取表中较低值。
　　2. 取值时应考虑结构面的贯通程度。
　　3. 结构面浸水时取表中较低值。
　　4. 表中数值已考虑结构面的时间效应。
　　5. 本表未考虑结构面参数在施工期和运行期受其他因素影响发生的变化，判定为不利因素时，可进行适当折减。

结构面的结合程度可参照表 4.5-10 选用。

结构面的结合程度　　　　　　　　表 4.5-10

结合程度	结构面特征
结合好	张开度小于 1mm，胶结良好，无充填；张开度 1～3mm，硅质或铁质胶结
结合一般	张开度 1～3mm，钙质胶结；张开度大于 3mm，表面粗糙，钙质胶结
结合差	张开度 1～3mm，表面平直，无胶结；张开度大于 3mm，岩屑充填或岩屑夹泥质充填
结合很差、结合极差（泥化层）	表面平直光滑，无胶结；泥质充填或泥夹岩屑充填，充填物厚度大于起伏差；分布连续的泥化夹层；未胶结的或强风化的小型断层破碎带

（2）土的强度指标应取标准值，各种物理指标和压缩指标应取平均值，载荷试验承载力应取特征值。

（3）岩体内摩擦角和黏聚力可根据岩体完整程度由岩石的内摩擦角和黏聚力乘以表 4.5-11 中的折减系数确定；当岩体完整、较完整时，岩体抗拉强度可根据结构面产状和岩体完整性由岩石抗拉强度折减确定，当结构面不起控制作用时，折减系数可按表 4.5-11 选取；岩体的变形模量和弹性模量可由岩石的变形模量和弹性模量乘以表 4.5-11 中的折减系数确定；岩石泊松比可视为岩体泊松比。

岩体性质指标折减系数　　　　　　　　表 4.5-11

岩体完整程度	内摩擦角	黏聚力	变形模量和弹性模量	抗拉强度
完整	0.90～0.95	0.40	0.8	0.5
较完整	0.85～0.90	0.30	0.7	0.4
较破碎	0.80～0.85	0.20	0.6	—

（4）当无试验资料时，岩石与锚固体极限粘结强度标准值可按表 4.5-12 确定。土体与锚固体的粘结强度可按地方经验确定。

岩石与锚固体极限粘结强度标准值　　　　表 4.5-12

岩石类别	极限粘结强度标准值/kPa
极软岩	270～360
软岩	360～760
较软岩	760～1200
较硬岩	1200～1800
坚硬岩	1800～2600

注：1. 表中数据适用于注浆强度等级为 M30。
　　2. 岩体结构面发育时，取表中下限值。
　　3. 表中岩石类别根据天然单轴抗压强度 f_r 划分：$f_r < 5MPa$ 为极软岩，$5MPa \leqslant f_r < 15MPa$ 为软岩，$15MPa \leqslant f_r < 30MPa$ 为较软岩，$30MPa \leqslant f_r < 60MPa$ 为较硬岩，$f_r \geqslant 60MPa$ 为坚硬岩。
　　4. 当需提供岩石与锚固体粘结强度特征值时，可将表中极限粘结强度标准值除以 2.2～2.7 后确定（对坚硬岩和较硬岩取 2.7，较软岩和软岩取 2.5，极软岩取 2.2）。

（5）岩土地基承载力可根据勘察试验成果结合地区经验确定。

5.2.5　危岩与崩塌的评价与预测

崩塌评价应包括危岩稳定性评价和崩塌影响范围分析。崩塌稳定性评价的对象应包括陡崖、危岩和既有崩塌堆积体。

1. 危岩与崩塌稳定性分析

1）定性分析

危岩稳定性定性评价可根据危岩特征、母岩特征、危岩与母岩接触特征及已有变形破坏迹象，采用地质类比或结构面赤平投影等方法。

陡崖的稳定性定性评价可根据陡崖形态、卸荷裂隙特征、结构面组合关系及岩体完整性，采用地质类比或结构面赤平投影等方法。

崩塌堆积体整体稳定性评价可根据崩塌堆积体特征和堆积床特征采用地质类比法。崩塌堆积体中孤石稳定性定性评价可根据孤石特征、周围岩土体特征及孤石与周围岩土体接触特征采用地质类比法。

（1）野外斜坡要素法

在野外可根据以下斜坡要素将崩塌分为不稳定、较稳定及稳定 3 类，见表 4.5-13。

崩塌稳定性野外判断依据　　　　表 4.5-13

斜坡要素	不稳定	较稳定	稳定
坡脚	临空，坡度较陡且常处于地表径流的冲刷之下有发展趋势，并有季节性泉水出露，岩土潮湿、饱水	临空，有间断季节性地表径流流经，岩土体较湿	斜坡较缓，临空高差小，无地表径流和继续变形的迹象，岩土体干燥
坡体	坡面上有多条新发展的裂缝，其上建筑、植被有新的变形迹象，裂隙发育或存在易滑软弱结构面	坡面上局部有小的裂缝，其上建筑物、植被无新的变形迹象，裂隙较发育或存在软弱结构面	坡面上无裂隙发展，其上建筑物、植被没有新的变形迹象，裂隙不发育，不存在软弱结构面
坡肩	可见裂隙或明显位移迹象，有积水或存在积水地形	有小的裂隙，无明显变形迹象，存在积水地形	无位移迹象，无积水，也不存在积水地形
岩层	中等倾角顺向坡，前缘临空，反向层状碎裂结构岩体	碎裂岩体结构，软硬岩层相间，斜倾视向变形岩体	逆向和平缓岩层，层状块体结构
地下水	裂隙水或岩溶水发育，具多层含水层	裂隙发育，地下水排泄条件好	隔水性好，无富水地层

（2）赤平极射投影法

反映结构面（岩层面、裂隙面、节理面）与坡面组合的赤平极射投影，可显示可能失稳的模式与失稳楔形体，包括顺坡向结构面缓于崖面时的滑移式失稳，顺坡向结构面陡于崖面时的倾倒式失稳和底部叠加缓倾坡外的结构面时的二折线形滑移式失稳。但赤平投影有局限性，只能分析可能的失稳方式，不能评价失稳可能性的大小。赤平极射投影具体分析方法可扫描二维码 M4.5-2 阅读。

M4.5-2

（3）危岩体临界高度

据临界高度可评判危岩失稳的可能性。

①临界高度的评判标准

根据卡尔曼公式计算危岩的临界高度 H_{cr}（m）评判危岩的稳定性：

a. H（H 为危岩高度）$> H_{cr}$（H_{cr} 为临界高度），不稳定。

b. $H < H_{cr}$ 但 $H > H_{cr}/K$（K 为安全系数），欠稳定。

c. $H < H_{cr}/K$，稳定。

②临界高度的计算公式

a. 对非垂直危岩，采用下式进行计算：

$$H_{cr} = \frac{4c}{\gamma} \times \frac{\sin\theta\cos\varphi}{1-\cos(\theta-\varphi)} \tag{4.5-1}$$

式中：θ——边坡坡度（°）；

γ、c、φ——坡体岩土的重度（kN/m³）、黏聚力（kPa）、内摩擦角（°）。

b. 对直立危岩，采用下式进行计算：

$$H_{cr} = \frac{4c}{\gamma} \tan\left(45° + \frac{\varphi}{2}\right) \tag{4.5-2}$$

c. 有张裂隙的危岩，包括平顶边坡和直立边坡，其临界高度 H^* 可根据卡尔曼公式估计：

$$H^* = H_{cr} - z \tag{4.5-3}$$

式中：H_{cr}——按式(4.5-1)和式(4.5-2)计算的卡尔曼临界高度（m）；

　　　　z——垂直张裂隙的深度（m）。

2）定量分析法

在进行危岩稳定性计算之前，应根据危岩范围、规模、地质条件、危岩破坏模式及已有变形破坏迹象，采用地质类比法对危岩稳定性做出定性判断。

危岩稳定性评价应考虑危岩内部因结构面切割形成的次级危岩稳定性的差异。悬挑危岩的稳定性评价尚应考虑基座岩壁在危岩治理工程设计使用年限内因极软岩崩解造成的后退带来的不利影响，基座岩壁后退距离可取极软岩崩解速率与危岩治理设计使用年限的乘积。

（1）刚体极限平衡法

危岩稳定性计算所采用的荷载可分为基本荷载（危岩自重、工程荷载）、裂隙水压力和地震作用。

危岩稳定性计算视所采用的工况，可分为天然工况（工况 1）、暴雨（融雪）工况（工况 2），地震烈度为 6 度及以上时，尚应考虑地震工况（工况 3）。其中所采用的暴雨强度应是重现期为 20a 的暴雨强度。

危岩稳定性计算中各工况考虑的荷载组合应符合下列规定：

①工况 1，基本荷载：危岩自重 + 工程荷载；

②工况 2，基本荷载 + 暴雨（融雪）引起的裂隙水压力；

③工况 3，基本荷载 + 暴雨（融雪）引起的裂隙水压力 + 地震作用。

考虑降雨（融雪）对危岩稳定性的影响时，除应计算暴雨（融雪）时裂隙水压力外，还应分析暴雨（融雪）引起的土体物质的迁移及上覆土体的自重应力增加。

危岩稳定性评价计算应给出危岩在一般工况（即天然工况、暴雨工况）下的稳定系数和稳定状态、在校核工况（即地震工况）下的稳定系数，判定危岩稳定性是否满足要求。

除地震工况外，危岩稳定状态应分为稳定、基本稳定、欠稳定和不稳定。危岩稳定状态划分见表 4.5-14。

危岩稳定状态划分　　　　　　　　　　　　　　　表 4.5-14

破坏模式	稳定状态			
	稳定	基本稳定	欠稳定	不稳定
滑移式	$F \geqslant F_t$	$F_t > F \geqslant 1.15$	$1.15 > F \geqslant 1.00$	$F < 1.00$
倾倒式	$F \geqslant F_t$	$F_t > F \geqslant 1.25$	$1.25 > F \geqslant 1.00$	$F < 1.00$
坠落式	$F \geqslant F_t$	$F_t > F \geqslant 1.35$	$1.35 > F \geqslant 1.00$	$F < 1.00$

注：F_t 为危岩稳定安全系数。

危岩稳定安全系数应根据崩塌防治工程等级和破坏模式按表 4.5-15 确定。

危岩稳定安全系数　　　　　　　　　　　　　　　表 4.5-15

破坏模式	防治工程等级					
	一级		二级		三级	
	一般工况	校核工况	一般工况	校核工况	一般工况	校核工况
滑移式	1.40	1.15	1.30	1.10	1.20	1.05
倾倒式	1.50	1.20	1.40	1.15	1.30	1.10
坠落式	1.60	1.25	1.50	1.20	1.40	1.15

危岩稳定性定量分析应在危岩破坏模式分析的基础上进行，当危岩破坏模式难以确定时，对危岩的各种可能破坏模式均应进行稳定性计算，并进行稳定状态判断。

危岩稳定性计算剖面应沿危岩失稳的最不利方向并通过其危岩重心。当危岩稳定性计算剖面未通过危岩重心且危岩断面尺寸变化较大时，危岩稳定性计算应按空间问题进行计算。

地震作用采用的综合水平地震系数取值参见表 4.5-16。

综合水平地震系数取值
表 4.5-16

设计基本地震加速度（α_h）	≤0.05g	0.10g	0.15g	0.20g	0.30g	0.40g
综合水平地震系数（α_w）	0.0000	0.0250	0.0375	0.0500	0.0750	0.1000

危岩稳定性计算一般仅考虑水平向地震作用，当基本地震加速度为 0.20g 及以上，且位于地震断裂带 15km 范围内的危岩稳定性计算，宜同时计入水平向地震作用和竖向地震作用。

地震作用可按如下公式进行计算：

$$Q_h = \alpha_w \cdot G \cdot \alpha \tag{4.5-4}$$
$$Q_v = Q_h/3 \tag{4.5-5}$$

式中：Q_h——危岩的水平地震作用（kN/m）；

Q_v——危岩的竖向地震作用（kN/m）；

α_w——综合水平地震系数，即：

$$\alpha_w = \alpha_h \xi/g \tag{4.5-6}$$

g——重力加速度（m/s²）；

α_h——基本地震加速度（m/s²）；

ξ——折减系数，取 0.25；

G——危岩的重量（含地面荷载）（kN/m）；

α——危岩地震放大效应系数，低位危岩取 1.0，中位危岩取 1.5，高位危岩取 2，特高位危岩取 3；

危岩稳定性可根据破坏模式按下列方法计算：

①后缘有陡倾裂隙且滑面缓倾的滑移式危岩稳定性按下式计算（图 4.5-1）：

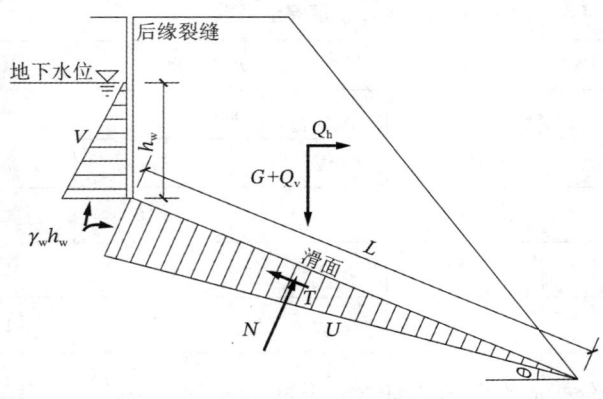

图 4.5-1　后缘有陡倾裂隙的滑移式危岩计算示意图

$$F = \frac{[(G+Q_v)\cos\theta - (Q_h+V)\sin\theta - U]\tan\varphi + cL}{(G+Q_v)\sin\theta + (Q_h+V)\cos\theta} \tag{4.5-7}$$

$$V = \frac{1}{2}\gamma_{\mathrm{w}}h_{\mathrm{w}}{}^2 \tag{4.5-8}$$

$$U = \frac{1}{2}\gamma_{\mathrm{w}}h_{\mathrm{w}}L \tag{4.5-9}$$

式中：F——危岩稳定系数；

$\quad V$——后缘陡倾裂隙水压力（kN/m）；

$\quad h_{\mathrm{w}}$——后缘陡倾裂隙充水高度（m），对现状工况根据调查资料确定，对暴雨工况根据汇水面积、裂隙蓄水能力和降雨情况确定，当汇水面积和裂隙蓄水能力较大时不应小于裂隙高度的 1/3；

$\quad U$——滑面水压力（kN/m），滑面受基座岩体强度控制时，取 0；

$\quad L$——滑面长度（m）；

$\quad c$——滑面黏聚力（kPa），当视为滑面的裂隙未贯通时，取贯通段和未贯通段黏聚力按长度加权的加权平均值，未贯通段黏聚力取岩体黏聚力，滑面受基座岩体强度控制时，取岩体黏聚力；

$\quad \varphi$——滑面内摩擦角（°），当视为滑面的裂隙未贯通时，取滑面平均内摩擦系数；滑面平均内摩擦系数取贯通段和未贯通段内摩擦系数按长度加权的加权平均值，未贯通段内摩擦系数取岩体的内摩擦系数，滑面受基座岩体强度控制时，取岩体内摩擦系数；

$\quad \theta$——滑面倾角（°）；

Q_{h}、Q_{v}——水平地震作用和垂直地震作用（kN/m）按式(4.5-4)和式(4.5-5)计算；

$\quad G$——危岩的重量（含地面荷载）（kN/m）。

②后缘无陡倾裂隙的滑移式危岩稳定性计算（图 4.5-2）：

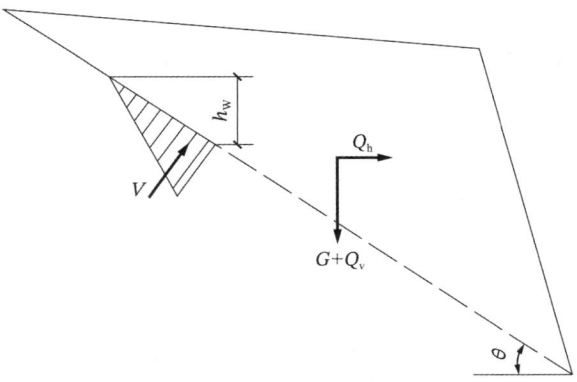

图 4.5-2　后缘无陡倾裂隙的滑移式危岩稳定性计算

$$F = \frac{[(G + Q_{\mathrm{v}})\cos\theta - Q_{\mathrm{h}}\sin\theta - V]\tan\varphi + cL}{(G + Q_{\mathrm{v}})\sin\theta + Q_{\mathrm{h}}\cos\theta} \tag{4.5-10}$$

式中：V——充当滑面的裂隙贯通段水压力（kN/m）；

其余符号意义同前。

③坠落式危岩下切坠落稳定性计算（图 4.5-3）：

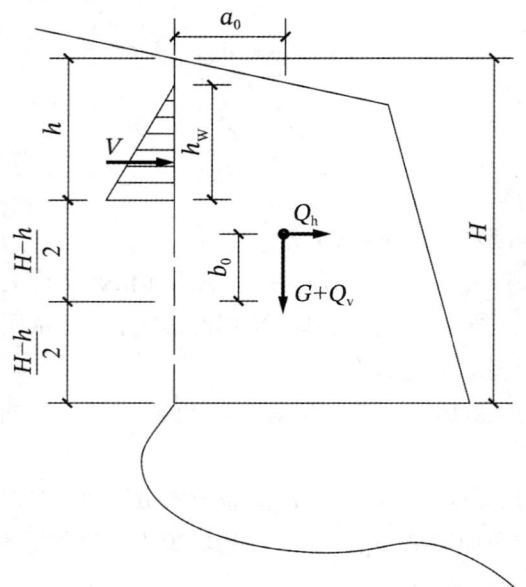

图 4.5-3 坠落式危岩下切坠落及折断坠落稳定性计算

$$F = \frac{(H-h)c}{G+Q_v} \qquad (4.5-11)$$

式中：c——危岩黏聚力（kPa）；

H——后缘裂隙上端到未贯通段下端的垂直距离（即危岩悬臂高度）（m）；

h——后缘裂隙深度（m）；

其余符号意义同前。

④坠落式危岩折断坠落稳定性计算（图 4.5-3）：

$$F = \frac{\sigma_t(H-h)^2}{6[(G+Q_v)a_0 + Q_h b_0] + V[2h_w + 3(H-h)]} \qquad (4.5-12)$$

式中：a_0、b_0——块体重心与后缘铅垂面中点的水平距离和垂直距离（m）；

σ_t——岩体抗拉强度（kPa）；

其余符号意义同前。

⑤当危岩重心位于危岩底面中点内侧时，倾倒式危岩底部折断倾倒稳定性可按下式计算（图 4.5-4）：

$$F = \frac{\sigma_t b^2 + 6Ge}{6(Q_h h_0 - Q_v e) + 2V h_w} \qquad (4.5-13)$$

当危岩重心位于危岩底面中点外侧时，倾倒式危岩底部折断倾倒稳定性可按下式计算：

$$F = \frac{\sigma_t b^2}{6[Q_h h_0 + (G+Q_v)e] + 2V h_w} \qquad (4.5-14)$$

式中：e——块体重心到块体底面中点的水平距离（即块体重心偏心距）（m）；

h_0——块体重心到块体底面中点的竖向距离（即块体重心高度）（m）；

其余符号意义同前。

⑥对危岩重心在基座顶面前缘内侧情形，倾倒式危岩后部拉断倾倒稳定性可按下式计

算（图 4.5-5）：

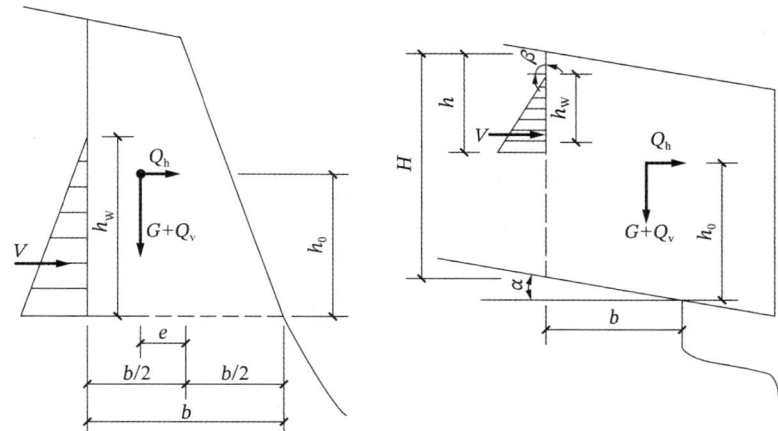

图 4.5-4　倾倒式危岩底部折断倾倒　　图 4.5-5　倾倒式危岩后部拉断倾倒
　　　　　稳定性计算　　　　　　　　　　　稳定性计算

$$F = \frac{(G + Q_{\mathrm{v}})a + \frac{1}{2}\sigma_{\mathrm{t}}\dfrac{H-h}{\sin\beta}\left(\dfrac{2}{3}\cdot\dfrac{H-h}{\sin\beta} + \dfrac{b\sin\alpha}{\cos\alpha\sin\beta}\right)}{Q_{\mathrm{h}}h_0 + V\left[\dfrac{1}{3}\cdot\dfrac{h_{\mathrm{w}}}{\sin\beta} + \dfrac{H-h}{\sin\beta} + \dfrac{b\sin\alpha}{\cos\alpha\sin\beta}\right]} \tag{4.5-15}$$

对危岩重心在基座顶面前缘外侧情形，倾倒式危岩后部拉断倾倒稳定性可按下式计算：

$$F = \frac{\frac{1}{2}\sigma_{\mathrm{t}}\dfrac{H-h}{\sin\beta}\left(\dfrac{2}{3}\cdot\dfrac{H-h}{\sin\beta} + \dfrac{b\sin\alpha}{\cos\alpha\sin\beta}\right)}{(G + Q_{\mathrm{v}})a + Q_{\mathrm{h}}h_0 + V\left[\dfrac{1}{3}\cdot\dfrac{h_{\mathrm{w}}}{\sin\beta} + \dfrac{H-h}{\sin\beta} + \dfrac{b\sin\alpha}{\cos\alpha\sin\beta}\right]} \tag{4.5-16}$$

式中：a——块体重心到基座顶面前缘的水平距离（m）；

β——后缘陡倾结构面倾角（°）；

h_0——水平地震作用线到基座顶面前缘的垂直距离（m）；

α——块体与基座接触面倾角（°）；

b——后缘裂隙的延伸段下端到基座顶面前缘的水平距离（即块体与基座接触面长度的水平投影）（m）；

其余符号意义同前。

完全分离的倾倒式危岩倾倒稳定性可按式(4.5-15)计算。

（2）数值分析方法

随着计算机技术的发展，数值分析方法在岩土工程问题中的应用越来越广泛。目前岩土工程中常用的数值分析方法包括有限元法、边界元法、有限差分法、离散单元法。

2. 落石运动特征及计算

危岩与崩塌评价应给出崩塌运动途径和危岩运动可能达到的最大范围，划定危岩与崩塌可能造成灾害范围，进行险情的分析与预测。因而，需要对落石的运动特性进行研究。

1）落石的运动特征

（1）落石运动的分类

根据岩块从陡坡上崩落到平坦地面的运动形式不同，可以把落石分为 5 个类型（表 4.5-17）。

落石分类

表 4.5-17

序号	落石类型	落石运动形式	图示
1	直落式	直立边坡上的突出危岩失稳时呈自由落体向下崩落	
2	跳落式	岩块从高陡的山坡向下崩落，以高速跳跃式前进，从坡肩以上的山坡可直接落到地面上。最后一次跳跃点离坡肩越近，跳跃的距离则越远	
3	直落跳跃式	在直立台阶式的边坡上部的危岩向下崩落的过程中，岩块先自由坠落，与台阶或突出岩体碰撞后，产生跳跃而落到地面	
4	滑落式	板状岩块沿山坡向下滑动，过坡肩后落到地面上	
5	滚落式	这种落石多为各边近于相等的块状孤石，沿坡滚动落于地面	

（2）落石运动的研究方法

目前对落石运动的方法主要有落石调查、落石运动的计算和落石试验。

①落石调查。对已发生的落石事件进行调查可得到最真实的落石运动特征参数。

主要为崩塌历史的调查，主要包括对崩塌堆积体的特征及崩塌体遗留痕迹的调查等。

②落石运动的计算又分为数学模式和数值模拟分析。数学模式又可细分为质点模式及刚性块体模式。质点模式将落石块体近似看成质点而忽略其形状及尺寸的影响，但可处理自由落体、弹跳、滚动及滑动四种运动模式；而刚性块体模式则可模拟落石实际情况，但大多数仅能处理自由落体及弹跳两种运动模式（滚动及滑动另需特殊处理）。数值模拟分析依靠基于数学模式开发的数值计算软件。能够实现落石运动行为的大规模、随机计算，通过恢复系数等参数的随机取值，以大规模重复计算求得落石的弹跳高度及运动动能等。常

用的软件主要有 Rocfall、CRSP 等。

③落石试验依据试验的尺度大小可分为模型试验和现场试验。模型试验可以根据需要设定坡段特征、坡度、块体形状等试验条件，进行多次重复试验，从而可以多方考察落石运动特征，并分析其影响因素；现场落石试验是研究工程区危岩失稳后的运动特征最贴切有效的方式。

（3）落石运动的影响因素

影响落石运动的因素有很多，包括落石的初始运动状态、坡表形态、坡表覆盖物特征、植被情况以及落石自身特征参数（形状、质量、岩性等）。其中落石的形状对落石的运动方式影响较大。球形落石运动方式多以滚动、碰撞弹跳为主，片状落石多以滑移为主。

（4）落石运动计算重要参数取值

无论是数学计算方法还是数值模拟计算，其计算结果的可靠性依赖于运动计算参数取值的合理性。

落石运动重要计算参数主要包括恢复系数、滚动摩擦系数。

①恢复系数

恢复系数包括单恢复系数与双恢复系数。单恢复系数定义为：

$$e = \frac{v_a}{v_b} \tag{4.5-17}$$

式中：e——单恢复系数；

v_b——碰撞前的入射速度；

v_a——反弹速度。

恢复系数不仅同落石自身和坡表回弹特性参数有关，而且还随着发生碰撞所在坡表倾角增加而增大。

双恢复系数即将落石速度变化沿坡表分解为法向和切向速度变化，对法向和切向分别定义恢复系数，即有法向恢复系数：

$$e_n = \frac{v_{an}}{v_{bn}} \tag{4.5-18}$$

切向恢复系数：

$$e_t = \frac{v_{at}}{v_{bt}} \tag{4.5-19}$$

式中：e_n——法向恢复系数；

e_t——切向恢复系数；

v_{bn}——碰撞前的入射速度法向分量（m/s）；

v_{an}——反弹速度法向分量（m/s）；

v_{bt}——碰撞前速度切向分量（m/s）；

v_{at}——反弹速度切向分量（m/s）。

两参数恢复系数随坡角变化较小，比较"稳定"，不会因坡面倾角的不同带来过大的计算误差。

目前常用的恢复系数取值见表 4.5-18。

常用恢复系数 表 4.5-18

取值来源	坡面覆盖层特征及场地描述	e_n	e_t
美国联邦公路 CRSP 计算程序	极软：以拳击易被打入几英寸	0.10	0.50
	软：拇指易压入几英寸	0.10	0.55
	坚实：一般用力下拇指可压入几英寸	0.15	0.65
	坚硬：拇指易压出痕迹，但需极用力才可压入	0.15	0.70
	极坚硬：易被拇指指甲划伤	0.20	0.75
	坚固：难于被拇指指甲划伤	0.20	0.80~0.85
	极软岩：可被拇指指甲划伤	0.15	0.75
	较软岩：地质锤尖击打可破碎，易被小刀切削	0.15	0.75
	软岩：难被小刀切削，可被地质锤击打出浅坑	0.20	0.80
	中等岩：小刀不能切削，可被地质锤一下击碎	0.25	0.85
	硬岩：试件需要不止一下才可击碎	0.25~0.30	0.90
	较硬岩：试件需要多次才能击碎	0.25~0.30	0.95~1.00
	极硬岩：试件仅能被地质凿切割	0.25~0.30	0.95~1.00
Giani, 1992	基岩裸露	0.5	0.95
	块石堆积层	0.35	0.85
	岩屑堆积层	0.30	0.70
	土层	0.25	0.55
Giani, 2004	基岩裸露	0.70	0.85
	密实碎屑堆积层	0.50	0.80
	松散碎屑堆积层	0.48	0.79
	植被区	0.30	0.30
《崩塌防治工程勘查规范》 T/CAGHP 011—2018	硬岩	0.40	0.86
	软岩	0.35	0.84
	硬土	0.30	0.81
	普通土	0.26	0.75
	松土	0.22	0.65

②滚动摩擦系数

滚动摩擦系数是处理落石在坡面滚动运动模式关键参数。目前常用的滚动摩擦系数取值见表 4.5-19。

滚动摩擦系数取值　　　　表 4.5-19

取值来源	坡面特征	滚动摩擦系数$\tan\varphi_d$
《崩塌防治工程勘查规范》 T/CAGHP 011—2018	光滑岩面、混凝土表面	0.30～0.60
	软岩面、强风化硬岩面	0.40～0.60
	块石堆积坡面	0.55～0.70
	密实碎石堆积坡面、硬土坡面、植被（灌木丛为主）发育	0.55～0.85
	密实碎石堆积坡面、硬土坡面、植被不发育或少量杂草	0.50～0.75
	松散碎石坡面、软土坡面、植被（灌木丛为主）发育	0.50～0.85
	软土坡面、植被不发育或少量杂草	0.50～0.85
Giani，2004	基岩裸露	0.40
	密实碎屑堆积层	0.50
	松散碎屑堆积层	0.50
	植被区	0.70

2）落石运动路径计算

（1）崩塌运动学分析方法

①崩塌运动学分析可采用下列方法（图 4.5-6、图 4.5-7）：

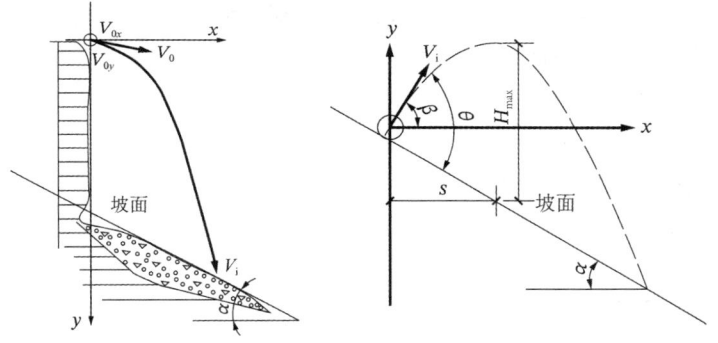

图 4.5-6　危岩崩落分析模型　　图 4.5-7　危岩弹跳分析模型

危岩最大弹跳高度由下式确定：

$$H_{\max} = s \cdot \tan\alpha + \frac{(V_i' \sin\beta)^2}{2g} \tag{4.5-20}$$

$$s = \frac{V_i'^2 \sin\beta \cos\beta}{g} \tag{4.5-21}$$

$$V_i' = V_i \sqrt{(e_n \cos\alpha)^2 + (e_t \sin\alpha)^2} \tag{4.5-22}$$

$$V_i = \sqrt{V_{0x}^2 + (V_{0y} + gt)^2} \tag{4.5-23}$$

$$\beta = \theta - \alpha \tag{4.5-24}$$

$$\theta = \arctan\left(\frac{e_n}{e_t} \cot\alpha\right) \tag{4.5-25}$$

式中：H_{max}——危岩最大弹跳高度（m）；

　　　s——危岩弹跳最高点距离起跳点的水平距离（m）；

　　　V_i'——危岩碰撞坡面后的反弹速度（m/s）；

　　　V_i——危岩碰撞坡面的入射速度（m/s）；

　　　V_{0x}——危岩脱离母岩后沿 x 轴的初速度（m/s）；

　　　V_{0y}——危岩脱离母岩后沿 y 轴的初速度（m/s）；

　　　g——重力加速度（m/s²）；

　　　t——危岩体系坠落时间（s），由坠落初速度及具体地形按自由落体的公式试算得出；

e_n、e_t——岩块法向回弹系数、切向回弹系数，见表 4.5-18；

　　　α——斜坡坡角（°）；

　　　β——危岩运动方向与水平面的夹角（°）；

　　　θ——危岩反弹方向与坡面的夹角（°）。

$$S_{max} = 0.7 \times \frac{V_{it}'^2}{g \cos\alpha(\tan\alpha - \tan\varphi_d)} \tag{4.5-26}$$

$$V_{it}' = e_t V_i \sin\alpha \tag{4.5-27}$$

$$\tan\varphi_d = \frac{l_r}{r} \tag{4.5-28}$$

式中：$\tan\varphi_d$——滚动摩擦系数，可由上式求出，也可按表 4.5-20 取经验值；

　　　V_{it}'——危岩碰撞坡面后沿坡面的反弹速度，即初始滚动速度（m/s）；

　　　V_i——危岩碰撞坡面的入射速度（m/s）；

　　　e_t——岩块切向回弹系数，按表 4.5-19 确定；

　　　r——危岩的半径（m）；

　　　l_r——危岩在坡面的支撑点距离重心在坡面法线方向上的距离（m）；

　　　S_{max}——危岩最大滚动距离（m）；

　　　α——坡角（°）（图 4.5-8）。

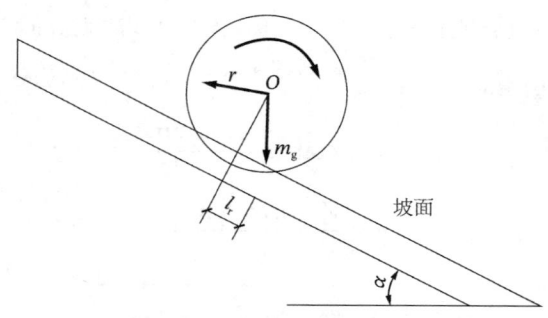

图 4.5-8　危岩滚动计算示意图

②也可按简化的 H.M.罗依尼什维里经验公式计算落石速度：

a. 直线坡形或折线坡形的首段

落石的冲击速度 v_1 按下式计算：

$$v_1 = \beta\sqrt{2gH_1} \tag{4.5-29}$$

$$\beta = \sqrt{1 - K \cot \alpha_1} \tag{4.5-30}$$

式中：H_1——落石高度（m）；

α_1——山坡坡角（°）；

K——滚动阻力系数，近似可按表 4.5-20 计算。

滚动阻力系数 K 的 H.M.罗依尼什维里经验公式　　　　　　表 4.5-20

坡段	山坡坡角α	K值计算公式
减速带	0°～28°20′	$K = 0.41 + 0.0043\alpha$
加速带	28°20′～60°	$K = 0.543 - 0.0048\alpha + 0.000162\alpha^2$
撞击坠落带	60°～90°	$K = 1.05 - 0.0125\alpha + 0.0000025\alpha^3$

当 $K \cot \alpha_1 = 1$ 时，$\beta = 0$，此时 $\alpha_1 = 28°20′$，故 $\alpha_1 < 28°20′$ 时落石作减速运动。当 $\alpha_1 = 28°20′\sim60°$ 时，落石作加速运动，当 $\alpha_1 > 60°$ 时，落石近于自由坠落。

b. 折线形坡其余坡段

落石冲击速度 v_j 按下式计算：

$$v_j = \sqrt{v_{0j}^2 + 2gH_j(1 - K_j \cot \alpha_j)} \tag{4.5-31}$$

式中：初速度 $v_{0j} = (1 - \lambda) \cdot v_{j-1} \cos(\alpha_{j-1} - \alpha_j)$　　　　　　　　（4.5-32）

瞬间摩擦系数 λ 可按表 4.5-21 取值。

瞬间摩擦系数 λ 取值　　　　　　表 4.5-21

坡面覆盖物	基岩	密实岩块与堆积层	草皮	松散堆积层	浅埋基岩
λ值	0.1	0.3	0.1	0.4	0.3

（2）落石冲击力计算

落石冲击力是进行落石威胁区明洞、棚洞及落石防治结构设计的主要荷载依据。落石形状、质量、冲击速度、垫层厚度等是影响落石冲击力和冲击历时的敏感因素。目前求解落石冲击力的方法主要包括：基于冲击试验结果的经验公式方法；对落石碰撞过程做一定简化，基于冲量定理建立的计算方法；基于冲击土层陷入深度的计算方法；数值模拟方法。

①崩塌防治工程勘察规范方法

危岩崩塌后的最大冲击力（$P_{\max}$）可按下式计算：

$$P_{\max} = \left[\frac{4E_2}{3(1 - \mu_2^2)}\sqrt{r_1}\right]^{\frac{2}{5}} \times \left[\frac{2}{5}m_1(e_n V_n)^2\right]^{\frac{3}{5}} \tag{4.5-33}$$

$$V_n = V_{0y} + gt \tag{4.5-34}$$

式中：$P_{\max}$——危岩崩塌后的最大冲击力（N）；

E_2——受冲击体的弹性模量（N/m²）；

μ_2——受冲击体的泊松比；

r_1——危岩的半径（m）；

m_1——危岩的质量（kg）；

e_n——危岩法向回弹系数；

V_n——危岩碰撞坡面的法向入射速度（m/s）；

V_{0y}——危岩脱离母体后沿y轴的初速度（m/s）；

g——重力加速度（m/s²）；

t——危岩体坠落时间（s），由坠落的初速度及具体地形按自由落体的公式计算得出。

②日本道路协会方法

日本道路协会基于落石冲击力试验数据和 Hertz 弹性碰撞理论，建议落石的最大冲击力采用以下公式计算：

$$p = 2.018 \cdot (mg)^{\frac{2}{3}} \cdot \lambda^{\frac{2}{5}} \cdot H^{\frac{3}{5}} \tag{4.5-35}$$

式中：m——落石质量（t）；

λ——拉梅系数（kN/m²），对于填筑有缓冲砂土层的结构建议取 1000，对于软的表面取 3000～5000，对于坚硬的表面取 10000；

H——落石至碰撞点高度（m）。

该公式实际求解的为自由下落情况下的落石冲击力。

③崩塌防治工程设计规范方法

根据日本道路协会基于落石自由落体运动冲击力的试验数据及 Hertz 弹性碰撞理论得出的经验公式，并考虑法向和切向恢复系数得出适用于倾倒式和坠落式危岩冲击力的计算公式：

竖向：

$$q_{Y\max} = \frac{(1 + k_n) \times 2.108 \times G^{\frac{2}{3}} \times \lambda^{\frac{2}{5}} \times H^{\frac{3}{5}} \times \sin\beta}{\pi(R + h \times \tan\varepsilon)^2} \tag{4.5-36}$$

水平向：

$$q_{X\max} = \frac{(1 + k_t) \times 2.108 \times G^{\frac{2}{3}} \times \lambda^{\frac{2}{5}} \times H^{\frac{3}{5}} \times \cos\beta}{\pi(R + h \times \tan\varepsilon)^2} \tag{4.5-37}$$

$$\varepsilon = 45° - \frac{\varphi}{2} \tag{4.5-38}$$

式中：$q_{Y\max}$、$q_{X\max}$——水平向和竖向最大分布荷载（kPa）；

G——落石质量（t）；

k_n、k_t——法向恢复系数、切向恢复系数，同e_n、e_t；

λ——拉梅系数（kN/m²），建议取值为 1000；

h——结构缓冲土层厚度（m）；

ε——冲击力缓冲土层扩散角（°）；

φ——冲击力缓冲土层内摩擦角（°）；

β——冲击力入射角（°）；

R——落石等效半径高度（m）。

当落石沿坡面滚动时，冲击力入射角β取坡面与缓冲层顶面相交处切线夹角；当落石沿坡面弹跳时，冲击力入射角 β 取落石坠入缓冲层时速度方向与缓冲层顶面的夹角。

④路基规范方法

路基规范方法基本原理在于简化落石冲击过程功能原理，视落石冲击作用下陷入土层的过程也是落石动能消散的过程，根据《公路路基设计规范》JTG D30—2015，落石对拦石墙体的冲击力由下式计算：

$$P = P(Z)F = 2\gamma Z\left[2\tan^4\left(45° + \frac{\varphi}{2}\right) - 1\right]F \tag{4.5-39}$$

式中：P——落石冲击力（kN）；

$\quad P(Z)$——落石冲击土堤后陷入缓冲层的单位阻力（kPa）；

$\quad Z$——落石冲击陷入缓冲土层的深度（m），并由下式计算：

$$Z = \upsilon_R\sqrt{\frac{Q}{2g\gamma F}} \times \sqrt{\frac{1}{2\tan^4\left(45° + \frac{\varphi}{2}\right) - 1}} \tag{4.5-40}$$

$\quad \upsilon_R$——落石块体接触缓冲土层时的冲击速度（m/s）；

$\quad Q$——石块重量（kN）；

$\quad \gamma$——缓冲层重度（kN/m³）；

$\quad g$——重力加速度（9.81m/s²）；

$\quad \varphi$——缓冲层内摩擦角（°）；

$\quad F$——落石等效球体的截面积（m²），由下式计算：

$$F = \pi R^2 \tag{4.5-41}$$

$$R = \sqrt[3]{\frac{3Q}{4\pi\gamma_1}} \tag{4.5-42}$$

$\quad \gamma_1$——落石重度（kN/m³）；

$\quad R$——落石等效球体半径（m），实际工程中根据落石陷入土堤的可能最大深度来确定最小填土层的厚度。

⑤瑞士方法

Labiouse 等（1996 年）通过落石冲击现场试验建立了落石冲击力经验计算公式，落石冲击力按下式计算：

$$p = 1.765M_E^{\frac{2}{5}}R^{\frac{1}{5}}(QH)^{\frac{3}{5}} \tag{4.5-43}$$

式中：M_E——通过载荷板试验得到的缓冲土层变形模量（kPa）。

⑥隧道手册方法

隧道手册方法指的是《铁路工程设计技术手册 隧道》所推荐的方法，从理论上视为基于冲量定理的一种近似算法。其落石冲击力计算式为：

$$p = \frac{Q\upsilon_0}{gt} \tag{4.5-44}$$

式中：p——落石冲击力（kN）；

$\quad Q$——落石重量（kN）；

v_0——落石冲击速度（m/s）；

　t——冲击持续时间（s）。

3）威胁区域预测

（1）崩塌体运动方向及影响距离预测

崩塌评价应给出崩塌体运动途径区域和危岩运动可能到达的最大范围，划定危岩与崩塌可能造成的灾害范围，进行险情的分析和预测。

崩塌地质灾害影响范围确定应采用崩塌历史调查法和崩塌运动学分析计算法确定，必要时可采用现场落石试验法确定。

崩塌历史调查应包括以下内容：

①崩塌堆积物的空间分布特征，包括崩落物的边界及不同位置崩塌堆积物的厚度、大小。

②崩塌堆积物的岩性、磨圆度、风化程度、溶蚀程度以及新老崩塌物的位置关系。

③崩塌体运动过程中遗留在地表的撞击等运动痕迹。

④崩塌堆积物周边环境特征。

⑤危岩下方斜坡的人工改造情况。

⑥有关崩塌的史料记载和崩塌发生地原住居民的口头传述。

在峡谷区，崩塌体运动方向及影响距离预测应重视气垫浮托效应和折射回弹效应的可能性及由此造成的特殊运动特征与危害。

崩塌体运动方向及影响距离预测应分析崩塌体可能到达并堆积的场地地形、坡度、分布、高程、地层岩性与产状及该场地的最大堆积容积，并分析在不同堆积条件下，崩塌体越过堆积场地向下运移的可能性及最终场地。分析时应考虑崩塌体解体对危害范围的影响。

（2）偏移比

Azzoni 等定义偏移比为落石偏离中心线最大的横向运动距离 W 与斜坡长度 L 的比值。

$$\eta = \frac{W}{L} \tag{4.5-45}$$

式中：η——落石偏移比；

　W——落石偏离中心线的最大横向距离（m）；

　L——边坡的等效长度（m）。

落石的偏移对于被动防护系统设置的长度和范围具有重要意义。

根据研究偏移比具有坡度越陡偏移比越小；体积越大偏移比越小；正方体及球体落石的偏移比较小，长方体、片状体和圆柱体落石偏移比较大的规律。

Azzoni 通过现场试验提出落石偏移比的建议值为 0.1；叶四桥建议在设计交通干线落石被动防治方案时，可偏安全地取落石偏移比 0.3 作为划定落石横向威胁区域的依据；或者依据落石灾害危险性评价结果，结合可接受的风险水平，确定相应的落石偏移比取值。

（3）数值模拟

可采用 CRSP-3D、RocFall-3D 等软件进行模拟，能够很好地再现山体实际情况，模拟结果接近实际。

5.2.6　勘察成果报告

崩塌勘察报告的内容应根据任务要求、地质环境、崩塌特点等具体情况确定，可由下列几部分构成：

（1）前言，包括任务由来、崩塌可能造成的危险性及损失情况、勘察目的与任务、规划概况、勘察工作概况、前人研究程度、执行的技术标准、完成的主要实物工作量及勘察质量评述。

（2）勘察区自然地理条件，包括位置与交通状况、气象、水文（包括水位变动）、社会经济概况。

（3）勘察区地质环境，包括地形地貌、地层岩性、地质构造与地震、水文地质特征。

（4）陡崖基本特征，包括形态特征及边界条件、卸荷带及分离面特征、基座特征、近期变形破坏特征；稳定性评价。

（5）危岩特征包括形态特征及边界条件、影响因素、形成机制、危岩类型；危岩稳定性的定性分析、稳定性计算、稳定性综合评价，其中计算部分包括试验数据的分析统计、计算原理与方法、计算参数的确定、计算工况的确定、稳定性系数计算结果；监测成果分析。

（6）崩塌堆积体特征包括崩塌堆积体自身几何特征与地质特征、堆积床特征、崩塌堆积体与堆积床接触面特征、变形破坏特征；稳定性评价。

（7）危岩（落石）滚落路径的计算。

（8）危岩防治工程建议包括变形破坏发展趋势与危险性分析、防治工程设计参数、防治工程方案建议。

（9）结论与建议。

崩塌勘察报告应有下列附图附件：

（1）崩塌勘察工程地质平面图（包括卸荷带、凹岩腔分布范围）（比例尺为 1∶1000～1∶500）。

（2）崩塌勘察工程地质剖面图（比例尺为 1∶500～1∶100）。

（3）危岩剖面图、危岩立面图（比例尺一致，比例尺为 1∶200～1∶100，大的危岩带还应附危岩带的平面图）。

（4）危岩基本要素特征表。

（5）危岩区裂隙统计图（极点图或带倾角的裂隙倾向玫瑰图）。

（6）钻孔地质柱状图（比例尺为 1∶100～1∶50）。

（7）探槽、探井、平硐展示图（比例尺为 1∶200～1∶50）。

（8）测试成果报告。

（9）勘察期间的监测成果报告。

（10）崩塌地质调查表。

（11）卸荷裂隙调查表。

（12）孤石调查表。

（13）各种计算成果。

（14）有代表性的与崩塌有关的影像资料，包括全貌照片、危岩照片等。

5.3　危岩崩塌勘察实例

本节内容可以扫二维码 M4.5-3 阅读。

M4.5-3

参考文献

[1]　林宗元. 岩土工程勘察设计手册[M]. 沈阳: 辽宁科学技术出版社, 1996.

[2]　门玉明, 王勇智, 郝建斌, 等. 地质灾害治理工程设计[M]. 北京: 冶金工业出版社, 2011.

[3]　叶四桥. 崩塌落石灾害防治与研究[M]. 北京: 人民交通出版社, 2017.

[4]　中国地质灾害防治工程协会. 崩塌防治工程勘查规范 (试行): T/CAGHP 011—2018[S]. 武汉: 中国地质大学出版社, 2018.

[5]　中华人民共和国国土资源部. 滑坡崩塌泥石流灾害调查规范 (1:50000) DZ/T 0261—2014[S]. 北京: 中国标准出版社, 2014.

[6]　重庆市质量技术监督局. 地质灾害防治工程勘查规范: DB50/T 143—2018[S]. 武汉: 中国地质大学出版社, 2018.

[7]　蒋忠信. 震后山地地质灾害治理工程勘察设计实用技术[M]. 成都: 西南交通大学出版社, 2018.

[8]　Chau K T, Wong R H C, Wu J J. Coefficient of restitution and rotational motions of rock-fall impacts [J]. International Journal Rock Mechanics Mining Science & Geomechanism, 2002, 39: 69-77.

[9]　中国地质灾害防治工程协会. 崩塌防治工程设计规范: T/CAGHP 032—2018[S]. 武汉: 中国地质大学出版社, 2018.

[10]　中华人民共和国交通部第二公路勘察设计研究院. 公路路基设计规范: JTG D30—2015[S]. 北京: 人民交通出版社, 2015.

[11]　中华人民共和国铁道部第二设计院. 铁路工程设计技术手册 隧道[M]. 北京: 人民铁道出版社, 1978.

第6章 泥石流勘察评价

我国是一个多山国家，山地地形占陆地国土面积的1/3，多山的地形使得我国成为泥石流灾害受灾最严重的国家之一。

资料显示我国现有泥石流沟一万多条，而泥石流灾害具有规模大、危害严重、危及面广、易重复成灾等特点，一旦发生泥石流灾害，往往对当地造成人员伤亡和严重的经济损失。所以，研究泥石流灾害的勘察和防治具有特殊的政治、经济和社会意义。

6.1 泥石流成因和分类

6.1.1 泥石流基本概念

泥石流是由于降水（暴雨、冰川、积雪融化水）在沟谷或山坡上产生的一种携带大量泥砂、石块和巨砾等固体物质的特殊洪流。其汇水、汇砂过程十分复杂，是各种自然和（或）人为因素综合作用的产物。

泥石流灾害是指对人民生命财产造成损失或构成危害的灾害性泥石流。泥石流如不造成损失或不构成危害，则只是一种自然地质作用和现象。

6.1.2 泥石流形成条件

泥石流形成的三大主要条件为物源、水源和沟床比降（陈宁生等，2011）。

物源条件，即丰富的松散固体物质，是泥石流形成的基础。世界范围内许多泥石流沟都具有丰富的松散固体物质。典型的如我国云南蒋家沟（吴积善等，1990），意大利南部Campania地区（Pareschi，1998；Rolandi et al，2000），尼泊尔中部的Kulekhani流域（Dhital，2003），委内瑞拉中部的众多流域（Garner，1959）。水源是泥石流的激发因素。在我国的云南东川（吴积善等，1990）、台湾省中部的山区，法国的阿尔卑斯山，意大利北部的Motharone山等地区，均有强降水激发泥石流的案例。沟床比降提供泥石流产生的能量条件，在世界范围内泥石流启动的有利坡度一般在15°~30°范围内（中国科学院水利部成都山地灾害与环境研究所，2000）。从分析泥石流产生所需物源、水源和沟床比降等关键条件出发，研究外界条件（地质、地形地貌、水文、气象、植被、土壤、人类活动等）对泥石流形成的影响，有利于人们从形成机理上认识外界条件对泥石流形成的作用。

1. 物源条件

物源是泥石流形成的重要条件。物源指泥石流形成区内参与泥石流形成的松散固体物质的总称。为便于阐述，物源有时也用土体表示。通过对泥石流流体组成的计算可知，重度大于 $1.8g/cm^3$ 的泥石流中固体物质一般占总重量的77%以上。物源对泥石流形成的影响主要是通过其性质和数量的不同实现。物源性质包括结构和组成两个方面，物源数量即可参与泥石流形成的土体数量。

2. 水源条件

通过对我国的灾害性泥石流进行调查发现，泥石流的水源主要为暴雨、冰川融水和溃决洪水。著名的古乡沟泥石流水源即为冰川融水和降雨。在气温较高的夏季，冰雪融水使沿途的松散堆积物含水率增加甚至饱和，在特殊的高温下，融水量增加，加上降雨的作用，形成大规模的径流，冲刷沿途的松散固体物质，最终形成泥石流。冰湖溃决泥石流则是突然增加的溃决洪水冲刷沿途物源而形成。冰湖溃决泥石流在高海拔的山区，尤其西藏境内分布较多，如西藏波密的米堆沟冰湖溃决泥石流。泥石流最主要水源为降雨，降雨通过前期降雨和激发降雨影响泥石流的形成。前期降雨可以定义为激发泥石流的时段降雨以前的降雨。前期降雨的作用在于使松散土体含水率增加甚至饱和，从而大大降低土体的强度。激发降雨是促使泥石流产生的降雨，其作用是使土体的孔隙水压力迅速增加，导致土体液化而强度快速降低；同时在超渗产流的作用下，侵蚀土体的黏土颗粒，使局部土体的黏滞力迅速下降。泥石流的前期雨量十分重要，根据《四川省山洪灾害防治规划》中拥有降雨资料的 100 多条泥石流沟，泥石流的暴发均有不同程度的前期降雨。当前期降雨较为充足时，土体达到一定的饱和度，泥石流产流区地表将产生一定的超渗产流和超蓄产流，超渗产流和超蓄产流的产生与泥石流的启动有关。

泥石流的产生还需要一定规模的激发雨量。陈宁生在《泥石流勘察技术》中举例，四川省山区有 10min 临界雨量记录的泥石流沟有 25 条，雨量变化在 3.5～18.7mm 之间；有 30min 临界雨量记录的泥石流沟 24 条，雨量变化在 9.3～35.8mm 之间；有 1h 临界雨量记录的泥石流沟 124 条，雨量变化在 0.1～64.7mm 之间，其中雨量 ≥9mm 的有 76 条，占总数的 61.3%；有 3h 临界雨量记录的泥石流沟 121 条，雨量变化在 0.3～80.9mm，其中雨量 ≥9mm 的有 92 条，占总数的 76%；有 6h 临界雨量记录的泥石流沟 79 条，雨量变化在 0.3～93.2mm，其中雨量 ≥9mm 的有 67 条，占总数的 84.8%；有 24h 临界雨量记录的泥石流沟 141 条，雨量变化在 0.4～149.4mm，其中雨量 ≥9mm 的有 128 条，占总数的 90.8%（因各沟各时段雨量统计数值不全，故此数据仅作为参考）。从以上统计数值可以看出，不同流域的泥石流启动的临界雨量差别较大。一般临界雨量越小的区域，泥石流越容易发生。

2003 年 7 月 11 日暴发的四川丹巴水卡子沟特大灾害性泥石流。其流域基岩为变质花岗片麻岩、闪长片麻岩和少量的变质大理岩，由于流域基岩表面风化形成的 30～60cm 的残坡积物在 70 多天的断续降雨过程中达到饱和，在 7 月 11 日晚暴雨的作用下，沿途坡面产生超渗产流和超蓄产流，土体基本同时启动产生坡面泥石流，汇流后演化为高重度的黏性泥石流（陈宁生，2006）。

3. 沟坡比降

泥石流的产生还受到沟坡比降的影响，且在不同流域坡度和沟道比降对泥石流的形成有不同作用。一般来说，坡度较大的坡面利于泥石流形成。一个流域内，泥石流首先在坡度相对较大的坡面产生，而后汇入沟道泥石流能否继续发展，沟床比降起着能量控制作用。沟道比降通常较坡面比降小，较大比降有利于泥石流的形成和发展。沟坡比降主要通过影响泥石流沟的水土势能而影响泥石流的形成，坡度或坡降大有利于泥石流的形成，坡度或坡降小则不利于泥石流的形成。流域两岸的岸坡坡度可大致划分为四个等级：即 <10°、10°～25°、25°～45°、>45°。《泥石流勘察技术》中以四川省 3268 条泥石流为例，分析泥石流易发区的地形坡度主要集中在 10°～45°，其中以 10°～25°所占（高、中、低易发区）

比例最大。沟床的坡度通常比岸坡坡度小，依据其大小可划分为 < 10°、10°～20°、20°～30°、> 30°几个等级。利于泥石流启动的沟床坡度在 10°～20°之间，大于 30°的一般为坡面泥石流，规模和流域面积都较小。据不完全统计，大部分泥石流启动（发生）的沟床坡度大于 14°（周必凡等，1991）。影响流域比降的因素主要有流域的地貌类型、流域高差、流域面积等。一般而言，流域高差越大，沟床的比降和坡面的坡度就越大，对泥石流的形成就越有利。

4. 泥石流的物源、水源和沟坡比降的相互影响

对于数量较多、结构组分有利于泥石流产生的土体，其产流所需的前期雨量、激发雨量或径流量就少，即临界雨量相对较小。对于比降较大的区域，泥石流所需的临界雨量较小，反之比降较小的区域泥石流所需的临界雨量就较大。同样地，比降较大的地区，土体能量条件较好，泥石流容易产生。总之，三者的关系此消彼长，可以用三角示意图来表示（图 4.6-1）。图中的有效物源指结构松散、强度低、孔隙大、级配较宽且容易遭侵蚀破坏而启动的土体。

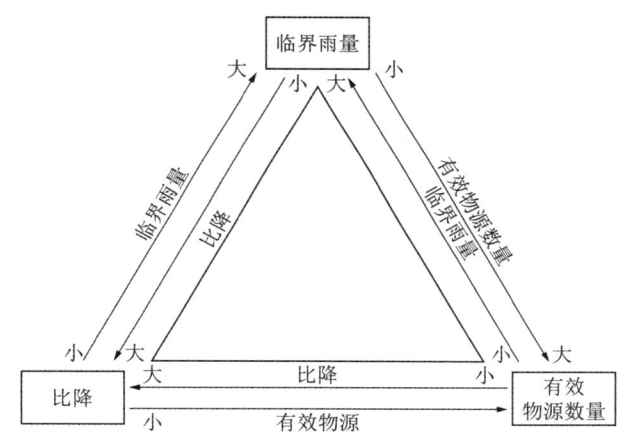

图 4.6-1　泥石流的物源、水源和沟坡比降的相互影响关系

6.1.3　泥石流启动模式

在泥石流勘察过程中，泥石流成因与发展趋势是一个重要的工作和研究内容。通过判断泥石流的形成与发展趋势可进一步确定泥石流的危害并最终确定泥石流防治的必要性。

在总结上百条泥石流沟特点的基础上，充分考虑其成因动力因素与机理，可将泥石流的形成模式概括为 12 类，各类特征及案例如下。

1. 中、上游崩塌滑坡转化启动模式

泥石流的形成需要足够数量的失稳土体。流域中、上游的崩塌滑坡在含水率较高的前提下，通常会沿较为陡峻的山坡运动并液化直接转化为泥石流，并且运动至中下游流通堆积区。该类泥石流的物源可来自于单个较大的崩滑体，也可来自于一群较小的崩滑体。

2. 中、下游崩塌滑坡堵溃启动模式

流域中下游的崩塌滑坡堵塞沟道并且形成堰塞湖，土石质堰塞体在径流作用下溃决形成泥石流。与沟床启动型泥石流形成过程相比，溃决型泥石流的物源集中于溃决处，水源来自于库内水体，溃决时间短暂，泥石流峰值流量较高。

3. 坡面坍滑启动模式

坡面松散物质在强降雨条件下发生坍滑，坡面坍滑处的土体最先启动形成小规模泥石流，在向下运动过程中携带大量坡面物质，形成更大规模的泥石流。这种模式常发育在小型泥石流沟谷的坡面上，流域面积一般不超过 $2km^2$，由于汇水面积小，松散固体物质相对补给充分，多形成黏性泥石流。

4. 沟床侵蚀启动模式

一般发生在有较多松散物质堆积的沟道中。受上游径流的影响，沟道内部松散土体最先启动，水流含砂量逐渐增加，流体携砂能力加强，在向下游运动过程中不断掏蚀沟床物质和携带沟岸物质，流体含砂量进一步增加，最终发展成泥石流。具体实例如四川甘洛县利子依达沟。

5. 突发性森林火灾泥石流启动模式

沟道上游植被受火灾等影响被破坏，土体裸露产生大量固体物质，使降雨条件下土体侵蚀加剧，大量固体物质随面流进入沟道，当固体物质堆积到一定程度时，在强降雨条件下可启动形成泥石流。具体实例如四川木里县杨房沟泥石流。

6. 弃土、弃渣滑塌启动模式

在工程建设、采矿、采石过程中，由于处置不当，弃土、弃渣堆积于沟道内和沟岸，严重挤压沟道，为泥石流的形成提供了大量的松散碎屑物质。当上游遇强降雨造成沟道径流猛增时，这些松散物质被流水携带并进一步侵蚀下游沟道底床和沟岸松散物质，最终形成泥石流。具体实例如四川冕宁县盐井沟泥石流。

7. 天然（人工）土石坝溃决启动模式

泥石流的形成过程即为沟道堰塞体的溃决过程。天然堰塞坝或者人工土石坝体在径流作用下溃决后，坝体中大量固体物质被洪水侵蚀形成稀性泥石流。具体实例如西藏波密县易贡藏布泥石流。

8. 冰湖溃决启动模式

冰碛湖因各种因素发生溃决后形成泥石流。如冰碛湖受到冰舌前端崩落冰体进入冰湖的影响，堤坝瞬时溃决，形成泥石流。具体实例如西藏波密县米堆沟泥石流。

9. 地震液化启动模式

在地震烈度大于 7 度的地区，松散土体在地震的作用下直接液化形成泥石流。此类泥石流常在地震过程中或终了时发生，是不可忽视的次生灾害。具体实例如 1976 年四川松潘平武地震灾区泥石流。

10. 火山泥石流启动模式

火山泥石流是火山顶部因降雨或冰雪融水形成的径流携带火山碎屑物沿山坡向下运动形成泥石流。具体实例如美国圣海伦斯火山泥石流。

11. 灾害性雪崩、冰崩启动模式

在高山冰川区，冰舌崩滑和雪崩携带冰碛物等松散固体物质而形成泥石流，其中夹有大量尚未消融的冰块和雪块。具体实例如西藏波密县川藏公路 K3839 + 200 段泥石流。

12. 综合启动模式

前述两种或多种成因组合形成的泥石流，如西藏波密县古乡沟泥石流和云南东川蒋家沟泥石流。

6.1.4　泥石流的活动特性

泥石流活动受地质、地貌、气候条件和人类活动的影响,泥石流活动具有下列特征(崔鹏等,2018)。

1. 突发性

一般的泥石流活动暴发突然,历时短暂,一场泥石流过程从发生到结束仅几分钟到几十分钟,在流通区的流速可高达 20m/s。泥石流的突发性使得难以准确预报,撤离可用时间短。

2. 准周期性

泥石流活动具有波动性和(准)周期性。泥石流活动的波动性主要受固体物质补给和降雨的影响。但是,泥石流暴发与强降雨周期不完全一致。把泥石流活动这种具有一定的周期性特点称为准周期性则更符合实际。例如,青藏高原泥石流活动有大周期与小周期,1902 年,扎木弄巴发生特大规模滑坡泥石流,堵断易贡藏布江形成易贡湖;2000 年 4 月,扎木弄巴再次发生特大规模滑坡泥石流,堵断易贡藏布江,这代表了泥石流活动大周期的特征。根据调查和文献资料统计,1953 年,西藏波密古乡沟暴发了特大型泥石流,中间经过了 3 个相对活跃期和 3 个相对平静期(吕儒仁等,2001)。

3. 群发性

由于在同一区域内泥石流形成的环境背景条件差别不大,地质构造作用、水文气象因子、地震活动作用等对泥石流的影响具有面状特征,使得满足泥石流形成的条件常常呈现面状,导致泥石流的群发性特征。泥石流多沿断裂带和地震带发育,在断裂和地震活跃的地区,泥石流活动特别集中和强烈,在长历时降雨或强降雨天气过程影响下,会成群出现。例如,1979 年,云南怒江傈僳族自治州的六库、泸水、福贡、贡山和碧江 5 个县 40 余条沟暴发了泥石流;1981 年,长江上游长历时高强度降雨导致四川省有 1000 多条沟发生泥石流;1986 年,云南省祥云县鹿鸣山的"九十九条破箐"几乎同时暴发了泥石流,酿成了巨大灾害。

4. 季节性和夜发性

泥石流活动具有季节性,由于受降雨过程的影响,泥石流发生时间主要在雨季 6~9 月,集中在 7 月、8 月,其他季节暴发较少,而且规模也较小;在高山地区,4~6 月常常暴发冰川泥石流。泥石流暴发还主要集中在傍晚和夜间,具有明显的夜发性,加大了警报、灾后转移人员和财产的难度,增大了其危害性。从 50 多年来中国科学院东川泥石流观测研究站对蒋家沟泥石流活动的观测来看,在夜间暴发的泥石流占发生总次数的 70% 以上。

6.1.5　泥石流分类

根据我国现阶段对泥石流灾害的研究成果,泥石流有多种分类方法。目前行业内对泥石流灾害分类主要按照《泥石流灾害防治工程勘查规范》DZ/T 0220—2006 执行。主要有按照水源成因及物源成因、暴发频率、积水区地貌特征、泥石流重度、泥石流暴发规模等分类。具体内容可以扫二维码 M4.6-1 阅读。

M4.6-1

6.2 泥石流有关指标的确定

6.2.1 泥石流易发程度

泥石流的易发程度通常也可以叫作泥石流的发育程度。泥石流的易发程度评价是泥石流灾害核心评价之一，直接反映了泥石流沟发生泥石流的可能性。目前泥石流易发程度评价主要参照《泥石流灾害防治工程勘查规范》DZ/T 0220—2006 和《地质灾害危险性评估规范》GB/T 40112—2021，以《泥石流灾害防治工程勘查规范》DZ/T 0220—2006 为例，按照表 4.6-1 进行易发程度评分。

泥石流易发程度量化评分及评判等级标准 表 4.6-1

序号	影响程度	强发育（A）	得分	中等发育（B）	得分	弱发育（C）	得分	不发育（D）	得分	评分
1	崩塌、滑坡及水土流失（自然和人活动的）严重程度	崩塌、滑坡等重力侵蚀严重，多层滑坡和大型崩塌，表土疏松，冲沟十分发育	21	崩塌、滑坡发育，多层滑坡和中小型崩塌，有零星植被覆盖，冲沟发育	16	有零星崩塌、滑坡和冲沟存在	12	无崩塌、滑坡、冲沟或发育轻微	1	
2	泥砂沿程补给长度比	≥60%	16	30%～60%	12	10%～30%	8	<10%	1	
3	沟口泥石流堆积活动程度	主河河形弯曲或堵塞，主流受挤压偏移	14	主河河形无较大变化，仅主流受迫偏移	11	主河形无变化，主流在高水位偏，低水位时不偏	7	主河无河形变化，主流不偏	1	
4	河沟纵比降	≥21.3%	12	10.5%～21.3%	9	5.2%～10.5%	6	<5.2%	1	
5	区域构造影响程度	强抬升区，6级以上地震区，断层破碎带	9	抬升区，4～6级地震区，有中小支断层	7	相对稳定区，4级以下地震区，有小断层	5	沉降区，构造影响小或无影响	1	
6	流域植被覆盖率	<10%	9	10%～30%	7	30%～60%	5	≥60%	1	
7	河沟近期一次变幅	≥2.0m	8	1.0～2.0m	6	0.2～1.0m	4	<0.2m	1	
8	岩性影响	软岩、黄土	6	软硬相间	5	风化强烈和节理发育的硬岩	4	硬岩	1	
9	沿沟松散物储量（10⁴m³/km²）	≥10	6	5～10	5	1～5	4	<1	1	
10	沟岸山坡坡度	≥32°	6	25°～32°	5	15°～25°	4	<15°	1	
11	产砂区沟槽横断面	V形谷、U形谷、谷中谷	5	宽U形谷	4	复式断面	3	平坦型	1	
12	产砂区松散物平均厚度	≥10m	5	5～10m	4	1～5m	3	<1m	1	
13	流域面积	0.2～5km²	5	5～10km²	4	0.2km²以下或10～100km²	3	≥100km²	1	
14	流域相对高差	≥500m	4	300～500m	3	100～300m	2	<100m	1	
15	河沟堵塞程度	严重	4	中等	3	轻微	2	无	1	
得分										

注：评分时跨越两个量化等级时可按照就高不就低原则控制。

通过对表 4.6-1 中所列的要素进行综合打分，最后对各分项分值进行累计，可按下列判别标准进行泥石流易发性判别（表 4.6-2）：

（1）所得总分值 115～130，属极易发泥石流。

（2）所得总分值 84～114，属中等易发泥石流。

（3）所得总分值 44～83，属轻度易发泥石流。

泥石流易发程度评价　　　　　　　　　　　　　　表 4.6-2

是与非的判别界限值		划分易发程度等级的界限值	
等级	标准得分*N*的范围	等级	按标准得分*N*的范围自判
是	44～130	极易发	115～130
		中度易发	84～114
		轻度易发	44～83
否	15～43	不发生	15～43

6.2.2　泥石流动力学特征指标

泥石流动力学特征值是泥石流评价的核心，也是指导泥石流治理工程设计的基础。

1. 泥石流的重度

泥石流重度指单位体积泥石流流体的重量，是确定泥石流性质的重要指标。近期发生过泥石流的通常可以通过现场配比试验获得（配浆法）；未发生过的泥石流采用查表法确定泥石流重度（表 4.6-3）。

数量化评分与泥石流重度的关系　　　　　　　　　　表 4.6-3

评分	重度/（g/cm³）	评分	重度/（g/cm³）	评分	重度/（g/cm³）	评分	重度/（g/cm³）
44	1.300	66	1.453	88	1.607	110	1.759
45	1.307	67	1.460	89	1.614	111	1.766
46	1.314	68	1.467	90	1.621	112	1.772
47	1.321	69	1.474	91	1.628	113	1.779
48	1.328	70	1.481	92	1.634	114	1.786
49	1.335	71	1.488	93	1.641	115	1.793
50	1.342	72	1.495	94	1.648	116	1.800
51	1.349	73	1.502	95	1.655	117	1.843
52	1.356	74	1.509	96	1.662	118	1.886
53	1.363	75	1.516	97	1.669	119	1.929
54	1.370	76	1.523	98	1.676	120	1.971
55	1.377	77	1.530	99	1.683	121	2.014
56	1.384	78	1.537	100	1.690	122	2.057
57	1.391	79	1.544	101	1.697	123	2.100
58	1.398	80	1.551	102	1.703	124	2.143
59	1.405	81	1.558	103	1.710	125	2.186
60	1.412	82	1.565	104	1.717	126	2.229
61	1.419	83	1.572	105	1.724	127	2.271

评分	重度/（g/cm³）	评分	重度/（g/cm³）	评分	重度/（g/cm³）	评分	重度/（g/cm³）
62	1.426	84	1.579	106	1.731	128	2.314
63	1.433	85	1.586	107	1.738	129	2.357
64	1.440	86	1.593	108	1.745	130	2.400
65	1.447	87	1.600	109	1.752	—	—

2. 泥石流的流速

泥石流流速指泥石流流体在通过某一断面处时的平均速率，由于不同断面的沟床比降和糙率不同，流速变化很大。稀性泥石流流速计算公式采用西南地区（铁道第二勘察设计院）公式：

$$V_c = \frac{1}{\sqrt{\gamma_H \varphi + 1}} \frac{1}{n} R^{2/3} I^{1/2} \tag{4.6-1}$$

式中：V_c——泥石流断面平均流速（m/s）；

γ_H——泥石流固体物质重度（g/cm³）；

φ——泥石流泥砂修正系数，$\varphi = (\gamma_c - \gamma_w)/(\gamma_s - \gamma_c)$；

$1/n$——河床糙率系数 M_c（n 为糙率）；

R——水力半径（m），一般可用平均水深 H（m）代替；

I——泥石流水力坡度（‰），一般可用沟床纵坡代替。

铁道第三勘察设计院经验公式：$V_c = (15.5/a) H_c^{2/3} I_c^{1/2}$ （4.6-2）

铁道第一勘察设计院（西北地区）经验公式：$V_c = (15.3/a) H_c^{2/3} I_c^{1/2}$ （4.6-3）

黏性泥石流采用西藏古乡沟、东川蒋家沟、武都火烧沟的通用公式：

$$V_c = 1/n \times H_c^{2/3} \times I_c^{1/2} \tag{4.6-4}$$

式中：V_c——泥石流断面平均流速（m/s）；

a——阻力系数；

H_c——泥石流平均泥深（m）；

I_c——泥位纵坡降（‰）；

$1/n$——河床糙率系数 M_c（n 为糙率），可按表 4.6-4 取值。

泥石流沟床糙率系数 M_c 　　　　　　　　　　　　　　表 4.6-4

序号	沟槽特征	M_c 值		坡度
		极限值	平均值	
1	沟槽糙率很大，槽中堆积不易滚动的棱石大块石，并被树木严重阻塞，无水生植物，沟底呈阶梯式降落	3.9～4.9	4.5	0.174～0.375
2	沟槽糙率较大，槽中堆积有大小不等的石块，并有树木阻塞，槽内两侧有草木植被，沟内坑洼不平，但无急剧突起，沟底呈阶梯式降落	4.5～7.9	5.5	0.067～0.199
3	较弱的泥石流沟槽，但有大的阻力，沟槽由滚动的砾石和卵石组成，常因有稠密的灌木丛而被严重阻塞，沟床因有大石块突起而呈凹凸不平	5.4～7.0	6.6	0.116～0.187
4	在山区中下游的光滑岩石泥石流槽，又是具有大小不断的阶梯跌水的沟床，在开阔河段有树枝、砂石停积阻塞，无水生植物	7.7～10.0	8.8	0.112～0.220
5	流域在山区或近山区的河槽，河槽经过砾石、卵石河床，由中小粒径与能完全滚动的物质组成，河槽阻塞轻微，河岸有草木及木本植物，河底降落较均匀	9.8～17.5	12.9	0.022～0.090

3. 泥石流的流量

泥石流流量指泥石流在某一断面处的峰值流量，是泥石流工程治理最为重要的参数之一，其计算方法有形态调查法和雨洪修正法，西北地区有自己的经验公式。

形态调查法是通过历史发生泥石流留下的泥痕断面，实测过流断面面积乘以所在部位计算流速从而获得流量的方法；雨洪修正法则是在计算出清水流量的基础上，根据泥石流重度、堵塞系数进行计算确定。

1）形态调查法

形态调查法主要用于已经发生过的泥石流，根据实际发生泥石流留下的泥痕断面，实测过流断面面积并乘以所在部位流速从而获得流量。

2）雨洪修正法

暴雨洪峰流量采用水利水电科学研究院水文研究所提出的计算公式：

$$Q_P = 0.278\psi\frac{s}{\tau^n}F \tag{4.6-5}$$

其中，洪峰径流系数
$$\psi = f(\mu, \tau^n) \tag{4.6-6}$$
$$\tau^n = f(m, s, J, L) \tag{4.6-7}$$

式中：Q_P——频率为P的暴雨洪水设计流量（m³/s）；

$\quad\quad s$——暴雨雨力（mm/h）；

$\quad\quad n$——暴雨指数；

$\quad\quad F$——流域面积（km²）；

$\quad\quad L$——沟道长度（km）；

$\quad\quad \tau$——流域汇流时间（h）；

$\quad\quad \mu$——入渗强度（mm/h）；

$\quad\quad m$——汇流参数（可按照现行《水利水电工程设计洪水计算规范》SL44 取值）；

$\quad\quad J$——平均比降。

在计算出各断面的清水流量后，考虑沟道的堵塞情况，采用以下公式计算泥石流峰值流量：

$$Q_C = D_c(1 + \varphi)Q_P \tag{4.6-8}$$

式中：Q_C——频率为P的泥石流峰值流量（m³/s）；

$\quad\quad Q_P$——频率为P的暴雨洪水设计流量（m³/s）；

$\quad\quad \varphi$——泥石流泥砂修正系数，$\varphi = (\gamma_c - \gamma_w)/(\gamma_s - \gamma_c)$；

$\quad\quad \gamma_c$——泥石流重度（g/cm³）；

$\quad\quad \gamma_w$——清水的重度（g/cm³）；

$\quad\quad \gamma_s$——泥石流中固体物质相对密度（g/cm³）；

$\quad\quad D_c$——泥石流堵塞系数，其取值见表 4.6-5。

泥石流堵塞系数 D_c 值　　　　　　　　　　表 4.6-5

堵塞程度	沟道特征	重度γ_c/（g/cm³）	黏度/（Pa·s）	堵塞系数
严重	河槽弯曲，河道宽窄不均，卡口、陡坎多；大部分支沟交汇角度大，形成区集中；物质组成黏性大，稠度高；沟槽堵塞严重，阵流间隔时间较长	1.8~2.3	1.2~2.5	> 2.5
中等	河槽较顺直，河段宽窄较均匀，陡坎、卡口不多；主支沟交角多小于60°，形成区不大集中；河床堵塞情况一般，流体多呈稠浆—稀粥状	1.5~1.8	0.5~1.2	1.5~2.5

续表

堵塞程度	沟道特征	重度γ_c/（g/cm³）	黏度/（Pa·s）	堵塞系数
轻微	沟槽顺直均匀，主支沟交汇角小，基本无卡口、陡坎，形成区分散；物质组成黏稠度小，阵流的间隔时间短而小	1.3～1.5	0.3～0.5	< 1.5

3）西北地区经验公式

$$Q_{ci} = (F_i/F)0.8Q_C \tag{4.6-9}$$

式中：Q_{ci}、F_i——支沟或各断面以上控制流量（m³/s）和面积（km²）；

　　　Q_C、F——调查流量（m³/s）和断面以上流域面积（km²）。

采用配方法计算，公式如下：

$$Q_{c(1\%)} = (1 + \Phi)Q_{B(1\%)} \cdot D_C \tag{4.6-10}$$

式中：Q_B——某频率下的暴雨洪水下最大流量（m³/s）；

　　　Q_C——某频率下的暴雨洪水下的泥石流流量（m³/s）；

　　　D_C——堵塞系数；

　　　Φ——泥石流流量增加系数；

$$\Phi = (\gamma_c - 10)/(\gamma_h - \gamma_c) \tag{4.6-11}$$

　　　γ_c——泥石流治理后重度（kN/m³）；

　　　γ_h——泥石流颗粒重度（kN/m³）。

$$Q_{B(n\%)} = 11.2F^{0.84} \tag{4.6-12}$$

式中：$Q_{B(n\%)}$——某频率下的暴雨洪水下最大流量（m³/s）；

　　　F——流域面积（km²）。

4. 弯道泥痕复核泥石流参数

由于采用直道泥痕计算流速仍要凭经验选用糙率系数，结果不精确，根据沟道泥痕可准确计算流速，再根据泥痕过流断面计算流量。然后再反算出泥石流的历时、一次冲出量。计算公式采用蒋忠信编写的《震后山地地质灾害治理工程设计概要》计算公式：

稀性泥石流：

$$v = \sqrt{R \cdot g \cdot \left(\frac{\Delta h}{B} - \tan\varphi\right)} \tag{4.6-13}$$

黏性泥石流：

$$v = \sqrt{R \cdot g \cdot \left(\frac{\Delta h}{B} - \tan\varphi - \frac{c}{H \cdot \gamma \cdot \cos^2\theta}\right)} \tag{4.6-14}$$

式中：v——断面平均流速（m/s）；

　　　R——沟道中心曲率半径（m）；

　　　g——重力加速度（m/s²）；

　　　B——水流断面宽度（m）；

　　　φ、c——泥石流体的内摩擦角（°）、黏聚力（kN/m²），据土工试验或经验参数；

　　　θ——泥面倾角（°）；

　　　H——平均泥深（m）；

　　　γ——流体重度（kN/m³）。

如果 φ、c 值难以获取，且考虑可能发生洪流冲刷，建议偏于安全地按洪水公式计算：

$$v = \sqrt{Rg\frac{\Delta h}{B}} \tag{4.6-15}$$

式中符号意义同前。

5. 泥石流动力学特征参数

1）一次泥石流过流总量计算

由于泥石流比一般洪水更具暴涨暴落的特点，一次泥石流过程一般均比较短，一次泥石流过流总量计算公式：

$$W_c = (19TQ_c)/72 \tag{4.6-16}$$

式中：W_c——一次泥石流过流总量（m³）；

　　　T——泥石流历时（s）；

　　　Q_c——泥石流的洪峰流量（m³/s）。

一次冲出固体物质的总量 W_s 由下式计算：

$$W_s = \frac{\gamma_c - \gamma_w}{\gamma_H - \gamma_w}W_c \tag{4.6-17}$$

式中：γ_c——泥石流重度（kN/m³）；

　　　γ_w——水重度（kN/m³）。

2）泥石流的冲击力

（1）泥石流冲击力包括整体冲击力和单块块石的最大撞击力，整体冲击力计算公式为：

$$F = \lambda\frac{\gamma_c V_c^2}{g}\sin\alpha \tag{4.6-18}$$

式中：F——泥石流整体冲击力（kPa）；

　　　g——重力加速度，一般取 9.8m/s²；

　　　α——受力面与泥石流冲击力方向所夹的角（°）；

　　　λ——受力体形状系数，方形为 1.47；矩形为 1.33；圆形、尖端、圆端形为 1.00；

　　　V_c——泥石流断面平均流速（m/s）。

泥石流流体冲压力单位是（kPa），乘以泥深后方得单位长度所受的力（kN）。

（2）单块块石的最大撞击力按下式计算：

$$F_s = \gamma \cdot V_c \cdot \sin\alpha \cdot \sqrt{\frac{W}{C_1 + C_2}} \tag{4.6-19}$$

式中：F_s——单块块石最大撞击力（kN）；

　　　γ——动能折减系数，正面撞击时取 0.3，斜面撞击时取 0.2，对拦砂坝取 0.3；

　　　α——受力面与泥石流撞击面撞击角（°），正冲时 $\sin\alpha = 1$；

　$C_1 + C_2$——巨石与建筑物弹性变形系数，$C_1 + C_2 = 0.0005$kN/m；

　　　V_c——泥石流断面平均流速（m/s）；

　　　W——巨石重量（kN），按最大石块计。

（3）如治理工程为坝和格栅，泥石流中大块石的冲击力按对梁（简化为简支梁）的冲击力来计算，公式如下：

$$F_b = \sqrt{\frac{48EJV^2W}{gL^3}} \cdot \sin\alpha \text{（简化为简支梁的计算公式）} \qquad (4.6\text{-}20)$$

式中：F_b——泥石流大石块冲击力（kN）；

$\qquad E$——工程构件弹性模量（kPa）；

$\qquad J$——工程构件界面中心轴的惯性矩（m^4）；

$\qquad V$——石块运动速度（m/s）；

$\qquad L$——构件长度（m）；

$\qquad W$——巨石重量（kN）；

$\qquad g$——重力加速度，取 $g = 9.8m/s^2$；

$\qquad \alpha$——石块运动方向与构件受力面的夹角（°）。

3）泥石流最大冲刷深度

（1）泥石流最大冲刷深度在直槽中计算可用下式进行计算：

$$t = \frac{0.10q}{\sqrt{D}\left(\frac{H}{D}\right)^{\frac{1}{6}}} \qquad (4.6\text{-}21)$$

在凹岸处可用下式进行计算：

$$t = \frac{0.17q}{\sqrt{D}\left(\frac{H}{D}\right)^{\frac{1}{6}}} \qquad (4.6\text{-}22)$$

式中：t——由沟床底算起的冲刷深度（m）；

$\qquad q$——泥石流沟单宽流量〔$m^3/(s \cdot m)$〕；

$\qquad D$——泥石流固相颗粒的平均粒径（m）；

$\qquad H$——泥深（m）。

（2）泥石流局部最大冲刷深度可按照下式计算：

$$H_B = PH_c\left[\left(\frac{KV_c}{V_H}\right)^n - 1\right] \qquad (4.6\text{-}23)$$

式中：H_B——局部最大冲刷深度（m）；

$\qquad P$——冲刷系数；

$\qquad H_c$——泥石流泥深（m）；

$\qquad V_c$——泥石流流速（m/s）；

$\qquad V_H$——土壤不冲刷流速（m/s）；

$\qquad n$——与堤岸平面形状有关的系数，一般取值 $1/4 \sim 1/2$；

$\qquad K$——泥石流平均流速增大系数，根据内插法确定。

冲刷系数 P 取值见表 4.6-6。

冲刷系数 P 取值

表 4.6-6

河流类型		冲刷系数	附注
山区	峡谷段	1.0～1.2	河谷窄深无滩，岸壁稳定，水位变幅大
	开阔段	1.1～1.4	有河滩，桥孔可适当压缩河滩部分断面

河流类型		冲刷系数	附注
山前区	半山区稳定段	1.2～1.4	河段大体顺直，滩槽明显，河谷较为开阔，岸线及河槽形态较为稳定
	变迁性河段	1.2～1.8	滩槽不明显，甚至无河滩，河段微弯或呈扇状扩散，洪水时此冲彼淤，岸线和主槽形态位置不稳多变，在断面平均水深 ≤ 1.0m 时刻接近较大值 1.8
平原区		1.1～1.4	有河滩，桥孔可适当压缩河滩部分断面

土壤不冲刷流速的取值见表 4.6-7。

不冲刷流速 V_H 取值　　　　　　　　　表 4.6-7

土的种类	淤泥	细砂	砂粒土	粗砂	黏土	砾石	卵石	漂石
不冲刷流速 V_H/（m/s）	0.2	0.4	0.6	0.8	1.0	1.2	1.5	2.0

泥石流平均流速增长系数 K 的取值见表 4.6-8。

泥石流的平均流速增长系数 K 值　　　　　　　　　表 4.6-8

γ_c/（t/m³）	1.2	1.3	1.4	1.5	1.6	1.7	1.8	1.9	2.0	2.1
K	1.27	1.42	1.60	1.73	1.88	2.08	2.30	2.38	2.52	2.70

4）泥石流的冲起高度

泥石流遇反坡，由于惯性作用，将沿直线前进的现象称为爬高；泥石流遇阻，其动能瞬间转化为势能，撞击处使泥浆及包裹的石块飞溅起来，称为泥石流的冲起。泥石流爬高和最大冲起高度按照计算公式进行计算：

（1）泥石流最大冲起高度

泥石流最大冲起高度 ΔH_1 为：

$$\Delta H_1 = \frac{V_c^2}{2g} \tag{4.6-24}$$

式中：ΔH_1——泥石流最大冲起高度（m）；

　　　V_c——泥石流流速（m/s）；

　　　g——重力加速度（m/s²），取 9.8m/s²。

（2）泥石流爬高

泥石流再爬高过程中由于受到沟床阻力的影响，其爬高 ΔH_2 为：

$$\Delta H_2 = \frac{bV_c^2}{2g} \approx 0.8\frac{V_c^2}{g} \tag{4.6-25}$$

式中：ΔH_2——泥石流爬高（m）；

　　　V_c——泥石流流速（m/s）；

　　　g——重力加速度（m/s²），取 9.8m/s²；

　　　b——迎面坡度的函数。

5）泥石流的弯道超高

泥石流弯道超高指泥石流在沟槽转弯处因凹岸处流速较快，流体增厚，凸岸一侧流速较慢，流体变薄而产生超高的现象，当凹岸为陡壁时将对凹岸产生强大的侵蚀作用。泥石流弯道超高按照《泥石流灾害防治工程勘查规范》DZ/T 0220—2006 中的公式进行计算：

$$\Delta h = \frac{2V_c^2 B}{gR} \qquad (4.6\text{-}26)$$

式中：Δh——泥石流弯道超高（m）；

$\quad\quad V_c$——泥石流流速（m/s）；

$\quad\quad R$——主流中心曲率半径（m）；

$\quad\quad g$——重力加速度（m/s²）；

$\quad\quad B$——泥面宽度（m）。

6）泥石流的一次最大堆积厚度计算

泥石流的淤积厚度是对泥石流灾害评估和防治的最重要参数之一。泥石流的淤积厚度可以通过野外调查获得，也可以通过泥石流的重度和泥石流危险范围的地形坡度，结合相应泥石流体的屈服应力计算而得。但到目前为止，还没有一个方法能直接计算出所有地区和类型的泥石流体的屈服应力和淤积厚度。因缺少泥石流体的屈服应力数据，故不能通过该方法获得一次泥石流最大堆积厚度。

刘希林等曾提出一次泥石流危险范围预测模型。该模型中一次泥石流最大堆积厚度（d_c）与堆积区比降（G）成反比关系，与一次松散固体物质最大补给量（V）成正比。一次泥石流最大堆积厚度（d_c）的计算公式为：

$$d_c = 0.017[V\gamma_c/(G^2 \ln \gamma_c)]^{\frac{1}{3}} \qquad (4.6\text{-}27)$$

式中：d_c——一次泥石流最大堆积厚度（m）；

$\quad\quad V$——一次松散固体物质最大补给量（m³），即一次泥石流冲出固体物质总量；

$\quad\quad \gamma_c$——泥石流最大重度（kN/m³）；

$\quad\quad G$——堆积区比降。

7）泥石流影响范围预测

当泥石流冲出沟口或滑坡坡面后，沟槽变宽，坡度变缓，泥石流流速逐渐减小，直到堆积。如堆积区遇到河流，由于主河道水位的顶托作用，其能量会迅速耗散，流动的固体物质在水下迅速卸载快速淤积下来，泥石流堆积范围不会有显著变化。泥石流流体宽度一般按下式计算：

$$B_P = (1.5\sim3)Q_c^{0.5} \qquad (4.6\text{-}28)$$

式中：B_P——泥石流流体宽度（m）；

$\quad\quad Q_c$——泥石流流量（m³/s）。

一般情况可取 1.0～2.0 倍沟道宽度进行计算，在没有沟道地形约束情况下，泥石流堆积宽度一般为流体宽度的 6 倍。

8）泥石流堵河效应评价

根据《水电工程泥石流勘察与防治设计规程》NB/T 10139—2019，泥石流堵河判别的估算公式为：

$$Z = \frac{2KQ_c\gamma_c\beta}{Q_m B} \qquad (4.6\text{-}29)$$

式中：Z——泥石流堵河判别值；

　　B——堆积范围主河宽度（m）；

　Q_c——泥石流流量（m^3/s）；

　Q_m——主河流量（m^3/s）；

　β——泥石流沟与主河方向的夹角（°）；

　K——修正系数，与泥石流沟道堵塞系数有关，一般取 1.0～1.5。

计算出泥石流堵河判别值后，泥石流堵河判别标准如下：

（1）判别值 $Z \geqslant 1.0$，泥石流可能造成堵河，属堵断型泥石流沟。

（2）判别值 $0.5 < Z < 1.0$，泥石流造成部分堵河，属堵塞型泥石流沟。

（3）判别值 $Z \leqslant 0.5$，泥石流不会造成堵河，属不堵型泥石流沟。

6.2.3　泥石流的活动强度和发生概率

泥石流的活动强度和发生概率对泥石流灾害的定性和评价具有重要意义。

1. 泥石流的活动强度

泥石流活动强度按表 4.6-9 判别。

泥石流活动强度判别　　　　　　　　　　　　　　　　表 4.6-9

活动强度	堆积扇规模	主河河型变化	主流偏移程度	泥沙补给长度比/%	松散物储量/（$10^4 m^3/km^2$）	松散体变形量	暴雨强度指数R
很强	很大	被逼弯	弯曲	>60	>10	很大	>10
强	较大	微弯	偏移	30～60	5～10	较大	4.2～10
较强	较小	无变化	大水偏移	10～30	1～5	较小	3.1～4.2
弱	小或无	无变化	不偏	<10	<1	小或无	<3.1

2. 泥石流活动危险程度或灾害发生机率判别

危险程度或灾害发生机率（D）= 泥石流的综合致灾能力（F）/受灾体（建筑物）的综合承（抗）灾能力（E）

$D < 1$，受灾体处于安全工作状态，成灾可能性小；

$D > 1$，受灾体处于危险工作状态，成灾可能性大；

$D \approx 1$，受灾体处于灾变的临界工作状态，成灾与否的机率各占 50%，要警惕可能成灾部分。

泥石流的综合致灾能力（F）按表 4.6-10 中四因素分级量化总分值判别：

$F = 13 \sim 16$，综合致灾能力很强；

$F = 10 \sim 12$，综合致灾能力强；

$F = 7 \sim 9$，综合致灾能力较强；

$F = 4 \sim 6$，综合致灾能力弱。

致灾体的综合致灾能力分级量化　　　　　　　　　　　　　　表 4.6-10

活动强度①	很强	4	强	3	较强	2	弱	1
活动规模②	特大型	4	大型	3	中型	2	小型	1
发生频率③	极低频	4	低频	3	中频	2	高频	1
堵塞程度④	严重	4	中等	3	较微	2	无堵塞	1

受灾体（建筑物）的综合承（抗）能力 E 按表 4.6-11 中四因素分别量化总分值判别，判别标准如下：

$E = 4 \sim 6$，综合承（抗）灾能力很差；

$E = 7 \sim 9$，综合承（抗）灾能力差；

$E = 10 \sim 12$，综合承（抗）灾能力较好；

$E = 13 \sim 16$，综合承（抗）灾能力好。

受灾体（建筑物）的综合承（抗）灾能力分级量化 表 4.6-11

设计标准	< 5 年一遇	5~10 年一遇	2	20~50 年一遇	3	> 50 年一遇	4
工程质量	较差，有严重隐患	合格但有隐患	2	合格	3	良好	4
区位条件	极危险区	危险区	2	影响区	3	安全区	4
防治工程和辅助工程的工程效果	较差或工程失败	存在较大问题	2	存在大部分问题	3	较好	4

6.3 泥石流勘察和防治

6.3.1 泥石流勘察

通过对泥石流形成、活动、堆积特征、发展趋势与危害等方面的各种实地调查，结合防治工程方案，采用测绘、勘探（钻探、物探等）、试（实）验等手段，查明防治工程所需要的工程地质条件的工作过程。

1. 泥石流勘察的主要任务

泥石流的勘察工作主要为泥石流的评价和防治工程提供依据，其主要任务如下：

（1）查明形成泥石流的物源条件，包括物源类型、分布范围、可转化为泥石流的松散固体物质储量及泥石流固体堆积物的粒度沿沟道的变化特征等。

（2）查明形成泥石流的沟道条件，包括沟道的宽度、长度、弯曲度、纵比降、跌坎、卡口等沟道特征，特别是泥石流堆积扇的发育特征及沟道泄流能力。

（3）查明形成泥石流的水源条件，包括降雨量及地表水体等对形成泥石流的补给特征。

（4）调查泥石流沟道上、中、下游及支沟汇入主沟口等典型断面的过流特征，推算不同设计频率下泥石流的特征值，包括流体重度、水位、流量、流速、一次性冲出固体物质量、弯道超高、冲击力等。

（5）综合分析研究泥石流的暴发频率、活动规律，预测泥石流的发展趋势与可能的危害程度，划定泥石流灾害的危险区范围，调查泥石流危害特征。

（6）调查泥石流沟的区域地质条件，针对拟进行工程治理的地段和部位进行必要的工程地质勘查，提供满足工程设计需要的平剖面图和工程地质参数。

（7）查明泥石流发生的条件、规模、类型、运动特征、灾情和险情等。

（8）调查工程治理区的水电、原材料供应、施工道路、作业场地、工程占地拆迁等施工条件。

2. 资料搜集

（1）地质环境条件：包括区域地质构造发展史，沟域内出露的地层岩性，水文地质条件及崩塌、滑坡发育状况，已有泥石流暴发状况。

（2）地貌条件：沟域内地形地貌特点，以及泥石流沟谷流域面积，主、支沟长度，沟谷形态（平面和纵断面、横断面），沟床纵坡坡降等。

（3）第四系地层和植被发育状况：第四系地层类型、森林覆盖状况及坡面水土流失特点。

（4）气象及水文资料：收集年降雨量，一日最大降雨量，1h 及 10min 最大降雨量，连续暴雨天数，不同强度暴雨出现的频次等。

（5）历史泥石流灾害：搜集泥石流暴发频率、历史最大规模泥石流影响范围、对应雨强资料，人员、财产损失等。

3. 泥石流遥感调查

泥石流的遥感调查主要为航空照片、卫星影像两种方法（陈宁生等，2011）。

1）航空照片

航空照片有全色黑白和彩色两种，其图像空间分辨率高，并且通常拍摄成立体像对，能生成地形的立体图像，可以提供详细的地形、地物信息，是进行坡面不稳定体和泥石流分析的理想图像。随着近年无人机行业的高速发展，航片飞摄的成本逐年降低，图像清晰度越来越高，传输速度越来越快。无人机技术已经成为航空相片的主要手段。

无人机航测的测绘原理是将调查图像以及相关技术软件引擎安装到无人机上，然后无人机按照设定的飞行路径进行航行，在飞行过程中不断拍摄大范围图像，而调查的图像提供精确的定位信息，可以有效的将一片区域的相关信息准确捕捉。同时，调查图像也可以将相关地理信息映射到坐标系统，最终可以实现精准的测绘与调查。

无人机航测具有以下几大优点：①高效率。无人机可以及时对项目区进行大范围测绘，并快速转化成监测项目区的高清图像数据信息，大幅提升了测绘效率。②测绘范围大且具宏观经济性。对于不一样航高无人机可以进行大范围、高室内空间的测绘，同时还可以对较小面积、低空间进行精确监测。③较高的影像分辨率。无人机技术的影像屏幕分辨率的范围在 0.1～0.5m 之间，高于现阶段世界各国的高辨别卫星影像数据信息的屏幕分辨率。此外，其采集数据速率较快，作业效率较高。④较强的规律性。无人机技术能与 GIS 或遥感技术软件系统开展集成化解决，测绘精确测量运用也可以很方便快捷迅速地开展应用，为测绘精确测量工作中的综合性和规律性提供了有效保障。

2）卫星影像

卫星影像采用多光谱拍摄，具有很高的光谱分辨率，并且能够周期性地获取实时影像，给坡面泥石流特征分析带来了极大方便。常用的卫星影像有以下几种：

（1）（TM）影像

TM 影像由美国 LandSat 卫星拍摄，共有 7 个波段拍摄，覆盖了电磁波谱的可见光部分、近红外及红外光谱部分，并有一个热红外波段。TM 影像受天气影响非常大，云层会在影像上形成阴影。TM 影像在泥石流灾害解译中的最大弱点是缺少立体视觉，这一缺点可通过 DTM 来补偿。

（2）SPOT 影像

SPOT 影像资料来源于法国，包含宽全色波段和三个窄光谱波段。窄光谱波段的空间分辨率为 20m，宽全色波段的空间分辨率可达 10m。SPOT 影像质量受天气影响也很严重，但克服了 TM 影像没有立体视觉的缺点，是泥石流灾害解译和分析较理想的卫星影像。

（3）雷达卫星影像

近年来雷达遥感卫星获得了长足进展。雷达卫星影像是一种主动式遥感影像，微波可以穿透除暴雨以外的所有云层，几乎不受天气影响。我国泥石流灾害主要集中在西南地区，这里的阴、雨、雾等天气，雷达卫星影像是进行泥石流灾害解译和分析的理想影像。目前雷达卫星影像主要有 ERS-1.JERS 和 RADARSAT 等。其中 ERS-1.JERS 不适用于山区，RADARSAT 在这方面进行了改进，成为泥石流解译的理想雷达卫星影像。

随着遥感技术的不断进步，近几年来高分辨率卫星技术突飞猛进，为泥石流灾害遥感解译提供了更为精确的影像产品。如 ArcGIS earth 在线遥感地图等，已经广泛地在各地泥石流灾害勘察工程中使用。

4. 泥石流实地调查与测绘

室内收集了大量有关泥石流流域地理位置、地貌、岩性构造、气象水文、土壤植被、人类活动等基本资料后，需要进一步对泥石流区域进行实地勘察，甄别泥石流性质。泥石流实地勘察包括泥石流调访、形成特征勘察、运动特征勘察和堆积特征勘察等（周必凡等）。

（1）地形条件：在查明泥石流沟流域总体地貌形态基础上，重点划分出清水汇流区、物源形成区、流通区及堆积区范围及其各自特征。

对泥石流全流域进行地形图测量，全流域可采用 1 : 10000～1 : 5000 比例尺，可采用实测或数字化成图，沿泥石流沟道条带状成图。对沟口威胁区和拟设工程区域等重要位置采用实测地形图，比例尺采用 1 : 1000～1 : 500。

泥石流地质测绘工作应该是全流域地形图的基础上工作，确定泥石流的物源位置、泥石流分区，并结合地形图和现场实际情况对泥石流各区的特征进行调查、测绘。

（2）物源：查明形成区、流通区范围内的物源类型、规模以及现状稳定性，尤其是高位崩塌、沿途稳定性一般或较差的大型滑坡物源规模及堵溃情况。

（3）泥石流物源量调查可采用多种方法，主要采用现场实测方法对泥石流进行调查，无法进行现场实测的可采用卫星图片进行分析，但误差会较大。

（4）水源：除充分掌握泥石流流域气象及水文资料基础上，对可能出现的不同频率强暴雨量进行调查评价。

（5）泥石流性状：包括泥石流的粒度组成，尤其是泥石流搬运的最大块石粒径和粗大颗粒平均粒径，泥石流堆积物的重度测定，相应的泥石流性状判别。

（6）泥石流类型划分：根据沟域内物源性质、泥石流性状测定结果及其堆积物性质的现场判定，分别按流体性质、暴发频率、规模、地貌形态等对其进行划分。

（7）泥石流活动历史：通过实地调查及访问，判别泥石流暴发频率，并结合沟口堆积区勘探揭露对泥石流活动期次做出评价。

（8）泥石流形成规模：通过对泥石流可能存在的泥痕、洪痕以及弯道超高调查，再结合沟口堆积区形成期次及相应堆积厚度勘探结果，以形态调查法（有泥痕存在状况下）和雨洪修正法分别计算该次泥痕条件下的泥石流流量，并分析其泥石流形成的降雨频率。

5. 泥石流物源的分类与储量估算

泥石流物源调查是泥石流野外调查的核心工作之一。一般泥石流沟域内松散物源类型主要有崩滑型物源（崩塌堆积体、滑坡堆积体）、坡面侵蚀物源、弃渣型物源及沟道堆积型物源等多种类型。但泥石流物源的统计、计算方法却存在较大的差异。目前生产项目多以四川地区经验为主。

以四川地区为例，由于地震后大量的松散物质堆积在沟道内，在降雨作用下，地表水汇流后形成洪水，对沟床内松散堆积体产生强烈的下切侵蚀作用，并逐渐形成深切沟壑，为两岸堆积坡提供有效临空面。然后发生牵引式垮塌堵沟，最终溃决转化为泥石流。这类泥石流物源启动过程大致可分为 4 个阶段（图 4.6-2）：下切侵蚀→形成沟壑→崩滑堵塞→冲刷溃决。

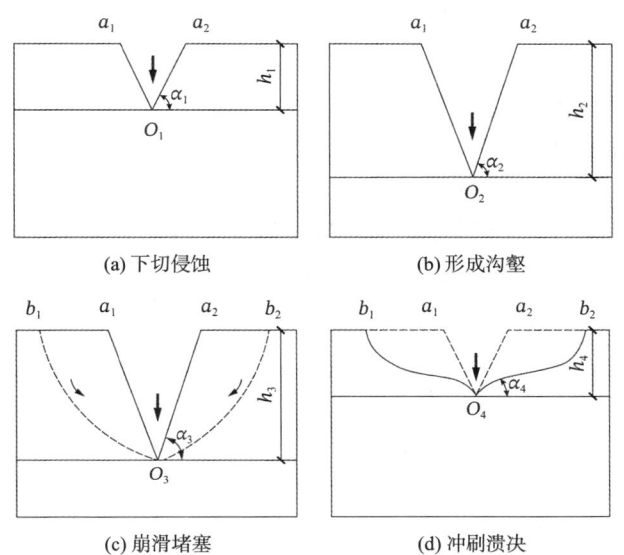

(a) 下切侵蚀　　(b) 形成沟壑

(c) 崩滑堵塞　　(d) 冲刷溃决

O—沟床侵蚀基准点；a—下切沟壑宽度；b—潜在崩滑面；h—沟床深度；α—坡角

图 4.6-2　沟谷下切侵蚀溃决型泥石流物源启动模式示意图

（引自《汶川地震极震区泥石流物源动储量统计方法讨论》，乔建平等）

在降雨作用下，沟道洪水位迅速上升并侧蚀两岸堆积物坡脚，引起沟谷侧缘侵蚀滑坍型物源，入主沟后转化为泥石流。这类泥石流物源启动模式大致可分为 2 个阶段（图 4.6-3）：侧缘侵蚀→失稳滑坍。

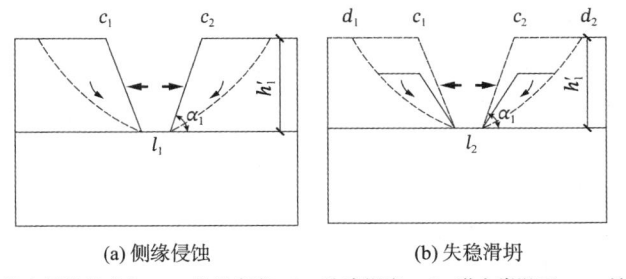

(a) 侧缘侵蚀　　(b) 失稳滑坍

l—沟床侵蚀基准点；c—沟谷宽度；h—沟床深度；d—潜在崩滑面；α—坡角

图 4.6-3　沟谷侧缘侵蚀滑坍型泥石流物源启动模式示意图

（引自《汶川地震极震区泥石流物源动储量统计方法讨论》，乔建平等）

1）泥石流物源统计方法

（1）下切侵蚀型泥石流动储量

假设"V"形谷沟床堆积体在洪水下切作用下，从c点开始到o点将逐渐形成沟壑并形成泥石流物源，其中直角三角形cod是泥石流沟单侧动储量的最大可能物源区[图 4.6-4（a）]。该区的面积为：

$$\Delta cod = \frac{1}{2}co \cdot cd = \frac{1}{2}h \cdot h \cdot \tan\alpha = \frac{1}{2}h^2 \cdot \tan(90° - \theta) \tag{4.6-30}$$

式中：θ——斜坡自然休止角（°）；

$\qquad\alpha$——坡脚（°）；

$\quad co = h$——原沟床深度（m）。

动储量体积为：

$$V_{01} = \Delta cod \times L_1 \tag{4.6-31}$$

式中：V_{01}——下切侵蚀型动储量（m³）；

$\qquad L_1$——沟床堆积体长度（m）。

（2）侧缘侵蚀型泥石流动储量

假设 U 形谷坡面堆积体在洪水侵蚀、洪水侧蚀作用下，从c_2点到d点将逐渐坍塌形成泥石流物源，其中任意三角形c_2od是泥石流沟单侧动储量的最大可能物源区[图4.6-4(b)]。该区的面积为：

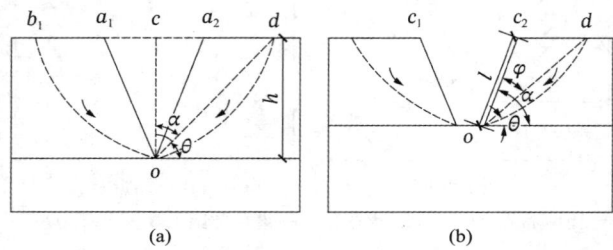

图 4.6-4　下切侵蚀型和侧缘侵蚀型泥石流统计模型
（引自《汶川地震极震区泥石流物源动储量统计方法讨论》，乔建平等）

$$\Delta c_2od = \frac{1}{2}c_2o \cdot c_2d = \frac{1}{2}l \cdot l \cdot \tan\varphi = \frac{1}{2}l^2 \cdot \tan(\alpha - \theta) \tag{4.6-32}$$

式中：θ——斜坡自然休止角（°）；

$\qquad\alpha$——实测堆积坡角（°）；

$\qquad\varphi$——崩积体与自然休止角夹角（°）；

$\quad c_2o = l$——实测坡面长度（m）。

$$V_{02} = \Delta c_2od \times L_2 \tag{4.6-33}$$

式中：V_{02}——下切侵蚀型动储量（m³）；

$\qquad L_2$——沟床堆积体长度（m）。

（3）崩塌堆积物源动储量

崩塌堆积物主要为碎块石土或者受节理裂隙控制而破碎的岩石等，块石直径较大，主要分布于沟域中下游沟道两侧斜坡地带，结构松散，稳定性差，堆积于沟道一带且因时常被水流冲刷，是形成泥石流主要的物源之一。其参与泥石流活动方式主要有坡面冲刷、侧蚀坡脚、拉槽下切等。

崩塌类物源根据其物源点与主沟道位置关系可分为三种类型：

第一类堆积于岸坡坡脚，这类崩塌堆积物源在主、支沟均有分布，其特点是崩滑体前缘已进入沟道，并部分堵塞沟道。

由于此类物质大多堆积于沟道旁及沟道内，其参与泥石流的方式为：在暴雨洪水冲刷或泥石流携带作用下，堆积体以被切脚＋揭底冲刷的方式参与泥石流活动；堆积于沟道内的物质被切脚＋揭底后，堆积体上部将继续滑塌，直至达到稳定休止角（一般块碎石土为30°～35°）；各物源点参与泥石流活动的量（动储量）与堆积体坡度、稳定性、堆积物颗粒特征和结构差异性有关，因此可参与量也会不同。

第二类堆积于岸坡中部：前缘离沟底具备一定高度，一般高于正常洪水位和泥石流冲刷区。此类物源离沟底有一定高度，但均位于沟道岸坡，其参与泥石流活动的方式为：坡岸物质在暴雨作用下，表面被水流冲刷，顺坡面进入沟道后参与泥石流活动，直至达到稳定休止角（一般块碎石土为30°～35°）；各物源点参与泥石流活动的量（动储量）与堆积体坡度、稳定性、堆积物颗粒特征和结构差异有关。

第三类堆积于沟道斜坡上部：崩塌体为高陡斜坡或基岩陡壁在地震作用下产生崩塌，松散物质堆积于斜坡体上，远离主沟道，其特点主要为堆积物块体大小混杂，堆积物成带状，规模小。

由于此类物质均残余在坡体上，并远离沟道，大多不会参与泥石流活动，能够参与泥石流活动的物源点一般都坡度较大，主要在暴雨冲刷下顺坡面进入沟道后参与泥石流活动，部分能到达斜坡底部或进入沟道，再被泥石流裹挟带走，由于其运动路径和过程相对较长，运动中部分物质仍可能被斜坡上的树木阻挡或缓坡地带缓冲而停积，因此其可能参与泥石流活动的比例相对较小，且主要以细粒物质为主，视堆积坡度及堆积物颗粒级配的不同，其可能参与泥石流活动的物源量一般占10%～20%。

2）崩塌堆积体与滑坡堆积体物源的稳定性分析

（1）稳定性的定性分析

崩塌发生后，在降雨的作用下，堆积体大部分以碎屑流的形式冲刷堆积于沟道内，坡体仍然残留部分松散块碎石土，局部在降雨时易发生滑动。因此，残留的物质处于欠稳定状态。在暴雨条件下，表层松散块碎石在雨水冲刷下，易参与泥石流活动。

（2）稳定性的定量分析

崩塌堆积体按滑坡形式计算，滑动面一般为折线形，可采用传递系数法进行稳定性计算与评价。

6. 泥石流流域地形地貌特征分区

根据《泥石流勘查技术》（陈宁生等，2011），流域的地形地貌为泥石流启动和运动提供能量条件。许多地形地貌的定量指标可以从数字化地形图获得，而现场勘察的内容主要包括主河和支沟的堆积台地特征，泥石流沟道跌坎分布特征，流域的形成、流通和堆积区划分及形态等特征。

（1）泥石流堆积台地与主河阶地

一般在泥石流堆积区可见由主河洪积台地和泥石流堆积台地混合形成的堆积台地。泥石流堆积台地反映了泥石流活动的历史，而主河阶地则反映了区域新构造运动的幅度和次数。勘察中要区分出泥石流堆积台地和主河阶地的分布位置、阶数、阶高、宽度与长度，并绘制泥石流堆积台地的剖面图。

（2）主沟形态特征

泥石流沟的沟床比降在整个流域的不同区段变化较大。以主沟比降的变化为指标，可以划分泥石流流域的不同沟段，即形成沟段、流通沟段和堆积沟段。同时，泥石流主沟中常有大量的跌坎，这是泥石流能量集中、侵蚀严重的表现。

（3）泥石流流域分区

泥石流流域分区与沟道分段类似，可以分为泥石流的清水区、形成区、流通区和堆积区。流域上游不提供物源的区域为清水区，形成区为能提供一定势能的物源区域，流通区为形成区与堆积区之间的区域，泥石流堆积的范围为泥石流堆积区。

7. 泥石流降雨条件分析

泥石流形成所需的降水包括降雨、降雪（含冰雹）等。降水和降雨是不同的概念，后者不包括降雪，但在我国绝大多数低海拔地区，因缺少降雪，降水和降雨是等量的。泥石流形成所需降水条件的具体指标有泥石流前期雨量、泥石流激发雨量、降雨强度（10min、1h、24h 降雨量）等。

（1）泥石流过程的降雨特征

为了获得某一次泥石流的降雨特征资料，需选择离泥石流流域最近的气象台站进行调查。如果流域与气象台站间的海拔相差较大，则需要依据海拔高度进行降雨量的调整。具体需调查泥石流暴发当日前连续降雨过程或前 5 天的降雨量，以获得前期降水量特征；还需调查泥石流结束前 24h 的降雨过程线，然后拟合出前期降水和激发雨强的临界值。激发雨强通常采用 10min 雨强，如果条件不允许则根据实际条件采用 1h 或者 24h 雨强。

（2）区域降水特征

区域降水特征应重点确定区域内 100 年、50 年、20 年、10 年和每年的 10min、1h、24h 最大降雨量及相应的频率。

（3）山区不同高度带的降雨特征

我国山区的众多泥石流流域缺少雨量观测站点。实际中不仅由于空间水平距离差异，更多的是由于海拔差异造成收集的降雨资料无法完全反映泥石流暴发时的降雨过程。这就需要通过推算来获得泥石流发生时的雨量和雨强。计算方法可参考《泥石流勘查技术》（陈宁生等，2011）。

8. 泥石流堆积特征勘察

泥石流堆积量是判断泥石流规模的重要参数，通常用堆积区的面积乘以平均堆积厚度得到。泥石流堆积扇面积可以通过测量的方法确定，将分布区域填绘在大比例尺地形图上（比例尺大于 1：2000 或由 1：10000 放大到 1：2000），在图上量算堆积扇面积。堆积物的平均厚度是最重要也是最难确定的参数，目前常采用勘探或物探的方法来获取。

一般地，如果初步判断堆积物厚度较小（＜3m），可使用探槽具体确定堆积物的厚度。探槽的长度根据堆积扇面积的大小决定，探槽的底界通常为堆积物底层基岩或古老堆积台地的上部和堆积物性质截然变化的层面。堆积扇区域的扇顶、扇中和扇沿部位的堆积物厚度各不相同，可从扇顶到扇缘至少开挖 3 个探槽并取其均值作为堆积物的平均厚度。

如果初步判断堆积层厚度较大（＞3m），可采用钻探方法确定堆积层厚度。钻孔底部界线与探槽类似，最终根据钻探深度和钻孔中岩层性质变化深度来确定堆积物的厚度。

大多数泥石流堆积层都发育有天然的剖面，通过对天然剖面的地质测绘也可以确定泥石流堆积层的厚度，进而估算泥石流的堆积总量。

9. 泥石流勘察报告

　　根据前述资料搜集、地形测绘、实地调查、勘探（钻探、物探等）和试验等，通过对泥石流形成、活动、堆积特征、发展趋势与危害等方面分析，基本上能够形成为指导泥石流治理工程设计的勘察成果报告。建议泥石流勘察报告可按照以下章节编写，根据项目具体情况增减。

　　1　概述

　　1.1　任务由来

　　1.2　泥石流危害性、项目实施的紧迫性和必要性

　　1.3　勘察的目的及任务

　　1.4　勘察工作评述

　　2　勘察区自然条件及地质环境条件

　　2.1　自然条件

　　2.2　气象与水文

　　2.3　区域地质环境概况

　　2.4　工程地质

　　2.5　人类工程活动

　　3　泥石流形成条件及基本特征

　　3.1　泥石流形成条件

　　3.2　泥石流的形成机制分析和形成过程

　　3.3　泥石流发育历史及易发性判断

　　3.4　泥石流活动特征及活动强度判别

　　3.5　泥石流的危害与分级

　　3.6　泥石流危险性评估

　　3.7　泥石流运动特征和动力特性

　　3.8　拟设工程位置处泥石流特征参数计算结果

　　4　地质灾害体防治方案建议

　　4.1　防治目标原则

　　4.2　防治工程设计参数建议

　　4.3　防治工程方案建议

　　5　结论与建议

　　附图：泥石流流域特征及物源分布总平面图、拟设工程区工程地质平面图、工程地质剖面图、钻孔柱状图、探槽展布图等。

　　附件：试验报告等。

6.3.2　泥石流防治

　　泥石流防治措施从大的方面可划分为避让搬迁、工程治理、生物工程和群测群防等。从泥石流的形成条件、运动特征、发生频率、易发程度和危险性、危害性分析，宜采取群测群防、监测预警、工程治理措施对其进行综合防治。

　　泥石流工程治理措施常用的有控制水源的治水工程（如蓄水工程、引排水工程）、控制松散固体物源的治土工程（如拦渣坝和拦砂坝、挡土墙、护坡及潜坝工程等）、排导工程（如排导堤、顺水坝、导流堤、渡槽、明洞及改沟工程等）、停淤工程（如停淤场和拦泥库等）、

农田水利工程（如水改旱、水渠防渗、坡改梯、夯填滑坡裂缝及修建截水沟等）、铁路常用的穿越和跨越工程及其他流域综合治理、生物措施等。其中治土工程中的稳拦措施和各种排导工程经过多年的工程实践，特别是铁路部门等的研究和总结，其技术条件日趋成熟，为泥石流治理工程中采用最多的手段。

总而言之，泥石流防治工程设计较为复杂，一般根据物源条件、沟道地形地貌、地层岩性、受威胁对象数量、位置等综合确定。各治理方案设计理念和计算方法均有较大差异。

1. 治水工程

泥石流的治水工程主要是修建水库、水塘和引水、排水渠道、隧洞工程，调蓄、引导泥石流流域的地表水，改善泥石流形成与发展的水动力条件。

2. 治土工程（拦挡）

控制松散固体物源的治土工程主要有修建拦挡坝、谷坊坝、停淤场等，拦截泥石流，削弱泥石流强度，沉积砂石，减小泥石流破坏能力。

拦挡坝作为泥石流治理主要工程措施，其作用归纳起来如下：①拦截、贮存砂石，减少下泄流量，起到减轻坝下游泥石流规模的调节作用；②由于泥石流淤积在拦挡坝形成的库内，其形成的淤积比降小于原沟道纵坡，因而有减缓河床纵坡。减少沟床纵向侵蚀的作用；同时抬高上游河床，覆盖沟谷坡脚，有利于减少两岸或横向的重力侵蚀；③坝前淤满后，回淤坡将随来水、来砂量的变化而变，坝前回淤量也随之增减变化，仍能起一定程度的调节和消减泥石流规模的作用。

拦挡坝根据具体条件可选用不同形式及材料的实体坝，一般修筑在泥石流形成区的下部，形成区重力侵蚀是产生大量细颗粒泥沙的主要原因。在形成区筑坝控制重力侵蚀可有效地消减泥浆浓度，降低泥石流对其沟床堆积层的侵蚀搬运能力，坝高应使回淤长度内能覆盖沟谷坡脚，抑制横向的侵蚀。

拦沙坝出库水流的冲刷能力强，如果坝下没有很好的消能抗冲措施，会导致下游沟床的强烈冲刷，在一定程度上抵消了拦挡坝对减轻下游泥石流规模的作用，并对坝的安全构成威胁。为克服这一缺点，在一条沟道上布设两个以上的拦挡坝，使下一个坝的回水与上一个坝相接，以保护上一个坝的稳定与安全（费祥俊、舒安平，2004）。

3. 停淤工程

停淤功能主要为三个方面，一是通过有效库容拦挡泥石流中的固体物质，降低流体重度，减轻对下游的危害；二是通过停淤场内部拦挡导流工程的削峰减流作用调节泥石流流体峰值流量，减小泥石流冲击力，增加停淤场围堤的安全性；三是通过有效拦砂停淤作用，降低沟道冲刷。

4. 排导工程

排导工程的作用是改善泥石流流势，增大沟道的泄洪能力，使泥石流按设计意图顺利排泄。

泥石流排导工程包括导流堤、急流槽和束流堤三种类型，导流堤的作用主要是在于改善泥石流的流向，同时也改善流速。急流槽的作用主要是改善流速，也改善流向。束流堤作用主要是改善流向，防止漫流。导流堤和急流槽组合成排导槽，以改善泥石流在堆积扇上的流势和流向，让泥石流循着指定的道路排泄，不让淤积。导流堤和束流堤组合成束导堤，常用的排导工程主要有排导槽、单边防护堤等。

5. 生物措施

泥石流防治的生物措施是包括恢复植被和合理耕牧。一般采用乔、灌、草等植物进行科学地配置营造，充分发挥其滞留降水，保持水土，调节径流等功能，从而达到预防和制止泥石流发生或减小泥石流规模，减轻其危害程度的目的。生物措施一般需要在泥石流沟的全流域实施，对宜林荒坡更需采取此种措施。

与泥石流工程防治措施相比较，生物防治措施具有应用范围广、投资省、风险小、能促进生态平稳、改善自然环境条件、具有生产效益以及防治作用持续时间长的特点。生物措施初期效益一般不够显著，需三五年或更长一些时间才可发挥明显作用，在一些滑坡、崩塌等重力侵蚀现象严重地段，单独依靠生物措施不能解决问题，还需与工程措施相结合才能产生明显的防治效能，生物措施包括林业措施、农业措施和牧业措施等各种措施，通常在同一流域内随地形、坡度、土层厚度及其他条件的变化而因地制宜地进行具体布置。

6. 全流域综合治理

泥石流的全流域综合治理，目的是按照泥石流的基本性质，采用多种工程措施和生物措施相结合，上、中、下游统一规划，山、水、林、田综合整治，以制止泥石流形成或控制泥石流危害，这是大规模、长时期、多方面协调一致的统一行动。综合治理措施主要包括"稳、拦、排"三个方面：

"稳"主要是在泥石流形成区植树造林，其目的在于增加地表植被、涵养水分、减缓暴雨径流对坡面的冲刷，增强坡体稳定性，抑制冲沟发展。

"拦"主要是在沟谷中修建拦挡坝，用以拦截泥石流下泄的固体物质，防止沟床继续下切，抬高局部侵蚀基准面，加快淤积速度，以稳住山坡坡脚，减缓沟床纵坡降，抑制泥石流的进一步发展。

"排"主要是修建排导构筑物，防止泥石流对下游居民区、道路和农田的危害。这是改造和利用堆积扇，发展农业生产的重要工程措施。

7. 跨越和穿越工程

1）跨越工程

跨越工程是指修建桥梁、涵洞从泥石流上方凌空跨越，让泥石流在其下方排泄。根据1977 年的考察资料，成昆铁路沿线 249 条泥石流沟共修建桥梁 157 座，涵洞 48 座，占全部 221 项工程的 90.2%，可见桥涵跨越是通过泥石流地区的主要工程形式。

2）穿越工程

穿越工程是指修建隧道、明洞从泥石流下方穿过，泥石流在其上方排泄。这是通过泥石流地区的又一种主要工程形式。据统计，成昆线穿过泥石流共修建隧道、明洞和渡槽 16 座，占全部 221 项工程的 9.8%。对于隧道、明洞和渡槽设计的选择，总的原则是因地制宜。

（1）隧道

当线路穿过泥石流沟的高程低于沟底甚多，或当线路穿过规模很大，淤涨漫流危害严重的特大型泥石流或泥石流沟群，并宜于暗挖施工时，宜采用深埋隧道，当受对岸特大型泥石流严重威胁时，宜将线路内移，以隧道通过。当线路以傍山隧道平行通过泥石流沟时，要保持外壁围岩有足够厚度，以防泥石流冲刷本侧河岸而引起山体坍塌，威胁隧道安全。从泥石流洪（冲）积扇缘进洞的隧道，其洞口被泥石流掩埋是常见的病害，故此类隧道应贯彻"早进晚出"的原则，隧道长度应不短于洞顶泥石流的活动范围，隧道应力求深埋在泥石流底下稳定的基岩内，洞顶应保持一定厚度的覆盖层，谨防泥石流对隧道的侵蚀。线路以桥隧相连的方式跨越泥石流沟时，桥梁应留有足够的净空，以利泥石流的宣泄，并防止洞外泥石流淤塞桥孔，灌入隧道。

（2）明洞

当线路在泥石流扇底部穿过，高程略低于洞顶，不具备暗进施工条件，且泥石流淤涨漫流不太严重时，可用浅埋明洞。明洞洞口也要特别注意防止泥石流的淤埋，明洞洞身要尽可能减小偏压，避免外侧临空；立面上要求洞顶浅埋（约 1m），以利施工。在泥石流地区，明洞应注意加强防排水及结构的整体性、拱顶圬工的强度与耐磨性。

（3）渡槽

当深长路堑截断单个山坡型稀性泥石流沟，或半路堑截断稳定的古扇缘上的小型稀性泥石流沟，下游地形临空、便于宣泄，无淤涨漫流之患，且槽下净高足够时，常采用渡槽，但对黏性泥石流及粒径大于 0.5m 的稀性泥石流沟，最好采用下部明洞上部渡槽的排泄方案。

渡槽在平面上应与原沟顺接，如有急弯则易因泄流不畅导致泥石流溢槽而出，掩埋路堑，槽宽和纵坡也要与沟槽上下平顺连接。渡槽横断面视原沟形状，可采用直墙或斜墙。泄床最好做成三角形或圆弧形。渡槽深度除按通过流量计算外，尚需考虑一定的泥石流残留层厚度以及阵发性的波高、浮运的大石块与泥团等因素，增加 1～2m 的安全深度。

参考文献

[1]　林宗元. 岩土工程勘察设计手册[M]. 沈阳: 辽宁科学技术出版社, 1996.

[2]　陈宁生, 等. 泥石流勘查技术[M]. 北京: 科学出版社, 2011.

[3]　蒋忠信. 震后泥石流治理工程设计简明指南[M]. 成都: 西南交通大学出版社, 2014.

[4]　蒋忠信. 震后山地地质灾害治理工程勘察设计实用技术[M]. 成都: 西南交通大学出版社, 2018.

[5]　乔建平, 黄栋, 杨宗信, 等. 汶川地震极震区泥石流物源动储量统计方法讨论[J]. 中国地质灾害与防治学报, 2012, 23(2): 1-6.

[6]　周必凡, 李德基, 罗德富, 等. 泥石流防治指南[M]. 北京: 科学出版社, 1991.

[7]　崔鹏, 邓宏艳, 王成华, 等. 山地灾害[M]. 北京: 高等教育出版社, 2018.

[8]　中华人民共和国国土资源部. 泥石流灾害防治工程勘查规范: DZ/T 0220—2006[S]. 北京: 中国标准出版社, 2006.

[9]　中国地质调查局. 泥石流灾害防治工程设计规范: DZ/T 0239—2004[S]. 北京: 中国标准出版社, 2004.

[10]　费祥俊, 舒安平. 泥石流运动机理与灾害防治[M]. 北京: 清华大学出版社, 2004.

[11]　中国地质灾害防治工程行业协会. 泥石流灾害防治工程勘查规范 (试行): T/CAGHP 006—2018[S]. 武汉: 中国地质大学出版社, 2018.

[12]　中华人民共和国住房和城乡建设部. 岩土工程勘察规范 (2009 年版): GB 500021—2001[S]. 北京: 中国建筑工业出版社, 2009.

[13]　国家能源局. 水电工程泥石流勘察与防治设计规程: NB/T 10139—2019[S]. 北京: 中国水利水电出版社, 2019.

[14]　刘希林, 唐川, 陈明, 等. 泥石流危险范围的模型实验预测法[J]. 自然灾害学报, 1993(3): 67-73.

[15]　陈宁生, 张飞. 2003 年中国西南山区典型灾害性暴雨泥石流运动堆积特征[J]. 地理科学, 2006(6): 701-705.

第 7 章　采空区勘察与评价

7.1　采空区的概念

采空区狭义上指地下矿产资源开采完成后留下的空洞或空腔，广义上为矿产资源开采后的空间及其围岩失稳而产生位移、开裂、破碎垮落，直至上覆岩层整体下沉、弯曲所引起的地表变形和破坏的区域及范围。

根据开采方法、规模、形式、时间、采深及煤层倾角等因素对采空区进行分类（表 4.7-1），是采空区勘察、设计的主要依据，特别是在利用开采条件判别法进行采空区稳定性分析时具有重要的参考意义。

煤矿采空区类型划分　　　　　　　　　　　　　　　　　　表 4.7-1

划分依据	采空区类型	划分类型的简要描述
按开采时间	老采空区	已停止开采且地表移动变形衰退期已经结束
	新采空区	正在开采或虽已停采但地表移动变形仍未结束
	未来（准）采空区	已经规划设计，尚未开采的采空区
按开采深度	浅层采空区	采深 $H < 50$m 或 50m $\leqslant H < 200$m 且采深采厚比 $H/M < 30$
	中深层采空区	50m $\leqslant H < 200$m 且 $H/M \geqslant 30$ 或 200m $\leqslant H < 300$ 且 $H/M < 60$
	深层采空区	$H \geqslant 300$m 或 200m $\leqslant H < 300$m 且 $H/M \geqslant 60$
按煤层倾角	水平（缓倾斜）采空区	煤层水平或倾角小于 $15°$
	倾斜采空区	煤层倾角介于 $15°\sim55°$
	急倾斜采空区	煤层倾角大于 $55°$
按开采规模和采空区面积	大面积采空区	小窑采空区范围较窄，开采深度较浅，采用非正规开采方式开采，巷道、采区分布无规律
	小窑采空区	
按开采方法	长壁式开采	采煤工作面长度一般在 60m 以上的开采
	短壁式开采	采煤工作面长度一般在 60m 以下
	条带式开采	将采区划分为条带，采一留一
	房柱式开采	在煤层中开掘煤房，在煤房中采煤，保留煤柱

7.2　采空区地表移动变形特征

7.2.1　地表移动变形的形式

当采空区上覆岩层移动发展至地表，地表便会产生移动和破坏。不同的地质采矿条件，地表移动和破坏的形式是不相同的。

（1）地表移动盆地

地下矿层被开采后，其上部岩层失去支撑，应力平衡状态遭到破坏，上覆岩层随之产生弯曲、塌落，这种移动发展到地表产生下沉变形。随着采空区的不断扩大，地表受采动影响的范围及下沉值不断增加，从而在地表形成一个比采空区范围大得多的沉陷区域，称为地表移动盆地。

（2）裂缝与台阶

地表移动盆地边缘下沉不均匀，地面移动向盆地中心方向倾斜，呈凸形，产生拉伸变形；当拉伸变形达到一定程度，地表形成拉伸裂缝。地表裂缝一般平行于工作面边界发展，即沿着工作面走向和开切眼方向。地表裂缝的形状一般呈楔形，即上宽下窄状，裂缝沿竖直方向的发育深度也是有限的，即发育到一定深度会尖灭。当采深采厚比较小时，裂缝两侧可出现落差而形成台阶。

（3）塌陷坑

当采深采厚比较小或者存在较大的地质构造破坏带或者较大的断层等破坏条件下，采动引起地表移动为非连续变形，且没有严格的规律性，地表可能会产生塌陷坑。此外，急倾斜矿层开采时，矿层露头处附近地表易出现严重的非连续性破坏，往往也会出现漏斗状塌陷坑。

7.2.2　描述地表移动和变形的指标

地表点的移动和变形取决于地表点在空间和时间上与工作面的相对位置关系，描述地表移动盆地内移动和变形的指标是下沉、倾斜、曲率、水平移动、水平变形。

（1）下沉

下沉是指地表移动盆地内某点的沉降量，用 W 表示。下沉反映了移动盆地内某一点不同时间在竖直方向的沉降量，用该点本次与首次观测的高差表示。

$$W = h_0 - h_m \tag{4.7-1}$$

式中：h_0、h_m——地表某点首次和第 m 次观测的高程。

下沉值正负号的规定：正值表示下沉，负值表示上升。

（2）水平移动

水平移动是指地表移动盆地内某点沿水平方向的位移，用 U 表示。水平移动值反映地表移动盆地内某一点不同时间在水平方向上的移动量，用本次与首次观测的从该点到控制点水平距离差表示。

$$U = l_0 - l_m \tag{4.7-2}$$

式中：l_0、l_m——地表某点首次和第 m 次观测的距控制点的水平距离。

水平移动值正负号的规定：在倾斜断面上，指向煤层上山方向为正，指向煤层下山方向为负；在走向断面上，指向右侧为正，指向左侧为负。

（3）倾斜

倾斜是指相邻两点在竖直方向的下沉差与其变形前水平距离的比值，用 i 表示。倾斜反映了移动盆地内地表沿某一方向的坡度，用相邻两点间线段的平均斜率表示。

$$i_{A\text{-}B} = \frac{W_A - W_B}{l_{AB}} \tag{4.7-3}$$

式中：W_A、W_B——A、B 点的下沉值；

l_{AB}——A 点和 B 点间的水平距离。

倾斜值正负号的规定：在倾斜断面上，指向煤层上山方向为正，指向煤层下山方向为负；在走向断面上，指向右侧为正，指向左侧为负。

（4）曲率

曲率是指相邻两线段的倾斜差与两线段中点间的水平距离的比值，用k表示。曲率反映移动盆地内地表某断面的弯曲程度，用相邻两线段间单位水平长度内倾斜值的变化表示。

$$k_{A\text{-}C} = \frac{i_{A\text{-}B} - i_{B\text{-}C}}{1/2(l_{AB} + l_{BC})} \tag{4.7-4}$$

式中：$i_{A\text{-}B}$、$i_{B\text{-}C}$——线段AB、BC的倾斜值；

　　　l_{AB}、l_{BC}——线段AB、BC的水平长度。

曲率值正负号的规定：在地表下沉曲线上，凸为正，凹为负。

（5）水平变形

水平变形是指相邻两点的水平移动差与两点间水平距离的比值，用ε表示。水平变形反映了移动盆地内地表沿某一水平方向收到的拉伸或压缩，用相邻两点间单位水平长度的水平移动差表示。

$$\varepsilon_{A\text{-}B} = \frac{U_A - U_B}{l_{AB}} \tag{4.7-5}$$

式中：U_A、U_B——A、B点的水平移动值；

　　　l_{AB}——A点和B点间的水平距离。

水平变形正负号的规定：拉伸变形为正，压缩变形为负。

7.2.3　地表移动盆地的特征

1. 地表移动盆地类型

根据采动对地表的影响程度，一般将地表移动盆地划分为 3 种类型：

（1）非充分采动

采空区尺寸（长度和宽度）小于该地质采矿条件下的临界开采尺寸时，地表任意点的下沉值均未达到该地质条件下应有的最大下沉值，即地表最大下沉值随采区尺寸增大而增加，这种状态即称为非充分采动。此时地表移动盆地形态呈漏斗状，工作面沿一个方向（走向或倾向）达到临界开采尺寸，而另一个方向未达到临界开采尺寸的情况，也属于非充分采动，此时的地表移动盆地为槽形，如图 4.7-1 所示。

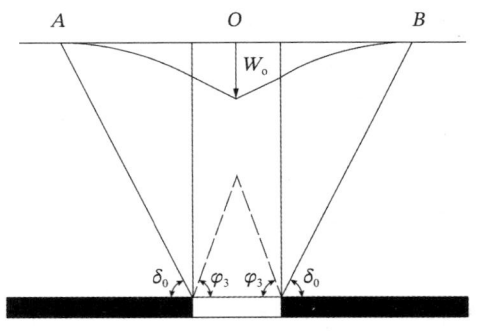

图 4.7-1　非充分采动下沉盆地

（2）充分采动

当地表移动盆地内某一点的下沉达到了该地质采矿条件下应有的最大下沉值的采动状态，称为充分采动，又称临界采动。此时地表移动盆地形态呈碗状，如图 4.7-2 所示。

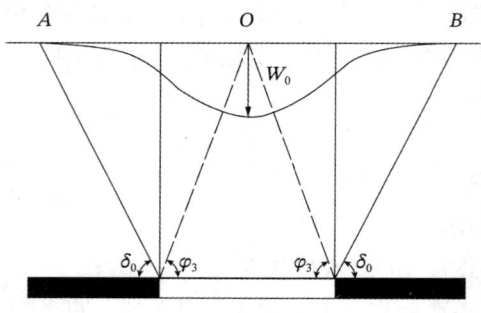

图 4.7-2　充分采动下沉盆地

（3）超充分采动

当达到充分采动后，开采工作面的尺寸再继续扩大时，地表的影响范围相应扩大，但地表最大下沉值不再增加，且地表出现多个点的下沉达到最大下沉值，地表下沉盆地将出现平底，这种情况称为超充分采动。此时地表移动盆地形态大致呈盆状，如图 4.7-3 所示。

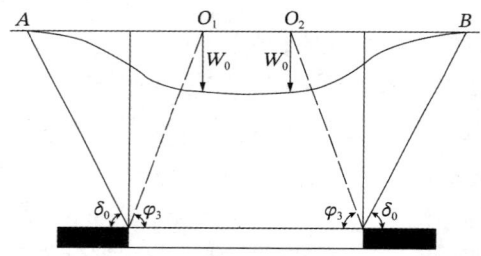

图 4.7-3　超充分采动下沉盆地

2. 地表移动盆地分区特征

在移动盆地内，各个部位的移动和变形性质及大小不尽相同。在水平矿层开采、地表平坦、采动影响范围内没有大的地质构造条件下，达到超充分采动，最终形成的稳态地表移动盆地可划分为三个区域，如图 4.7-4 所示。

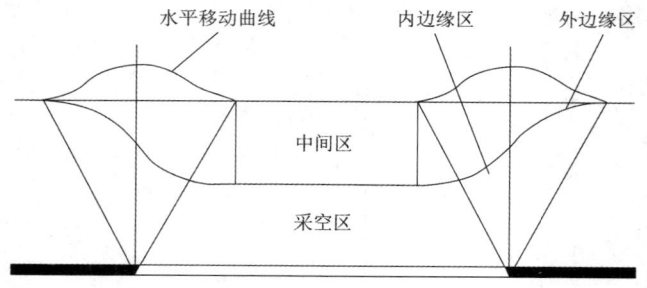

图 4.7-4　移动盆地分区示意图

（1）中间区域（又称中性区域）：移动盆地的中间区域位于盆地的中央部位，即移动盆地的中心平底部分，在此范围内，地表均匀下沉，地表下沉值达到地质采矿条件下应有的最大值，其他移动和变形值近似于零，地表无明显裂缝。

（2）内边缘区（又称压缩区域）：移动盆地的内边缘区一般位于采空区边界附近到最大下沉点之间，在此区域内，地表下沉不等，地面移动向盆地中心方向倾斜，呈凹形，产生压缩变形，一般不出现裂缝。

（3）外边缘区（又称拉伸区域）：移动盆地的外边缘区位于采空区边界到移动盆地边界之间，在此区域内，地表下沉不均匀，地面移动向盆地中心方向倾斜，呈凸形，产生拉伸变形，地表出现发育长度不等的拉裂缝。

3. 地表移动盆地主断面特征

通常将地表移动盆地内通过地表最大下沉点所做的沿矿层走向或倾向的垂直断面称为移动盆地主断面，沿走向的主断面称为走向主断面，沿倾向的主断面称为倾向主断面。

稳态地表移动盆地内，移动变形分布规律与地质、采矿等因素有关，如矿层倾角、开采厚度、开采深度、采空区形态、采矿方法、顶板管理方法、松散层厚度等。以下根据矿层倾角变化讨论地表移动规律。

1）开采矿层倾角为 $\alpha \leqslant 15°$ 时，如图 4.7-5 所示，地表移动盆地主断面应具有下列特征：

（1）最大下沉值位于采空区中央之上方，自盆地中心至盆地边缘下沉值逐渐减小，在盆地边界点处下沉值趋于零。

（2）移动盆地的中间区域地表均匀下沉，地表无明显裂缝。

（3）移动盆地下沉曲线与采空区对称，拐点位置（下沉值为最大下沉值的 1/2）处倾斜值最大，并以该点向两侧对称分布。

（4）各点的水平移动值指向盆地中心，拐点处的水平变形值为零。

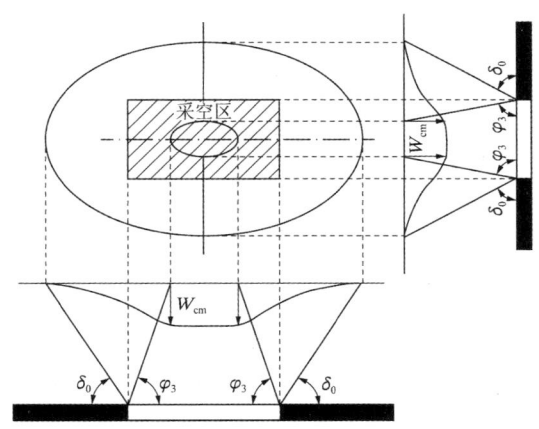

图 4.7-5　开采矿层倾角为 $\alpha \leqslant 15°$ 时地表移动盆地示意

2）开采矿层倾角为 $15° \leqslant \alpha \leqslant 55°$ 时，如图 4.7-6 所示，地表移动盆地主断面应具有下列特征：

（1）在倾斜方向上，移动盆地的中心（最大下沉点）应偏向采空区的下山方向，并与采空区中心不重合。最大下沉点同采空区几何中心的连线与水平线在下山一侧夹角（最大下沉角）应小于 90°。

（2）移动盆地与采空区的相对位置，在走向方向上应对称于倾斜中心线，而在倾斜方向上应不对称，且矿层倾角越大，不对称性越加明显。

（3）移动盆地的上山方向较陡，移动范围较小；下山方向较缓，移动范围较大。

（4）采空区上山边界上方地表移动盆地拐点应偏向采空区内侧，采空区下山边界上方地表移动盆地拐点应偏向采空区外侧。拐点偏离的位置大小与矿层倾角和上覆岩层的性质有关。

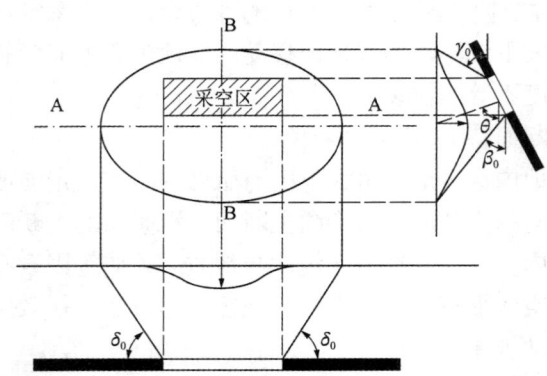

图 4.7-6 开采矿层倾角为 $15° \leqslant \alpha \leqslant 55°$ 时地表移动盆地示意

3）开采矿层倾角 $\alpha > 55°$ 时，如图 4.7-7 所示，地表移动盆地主断面应具有下列特征：

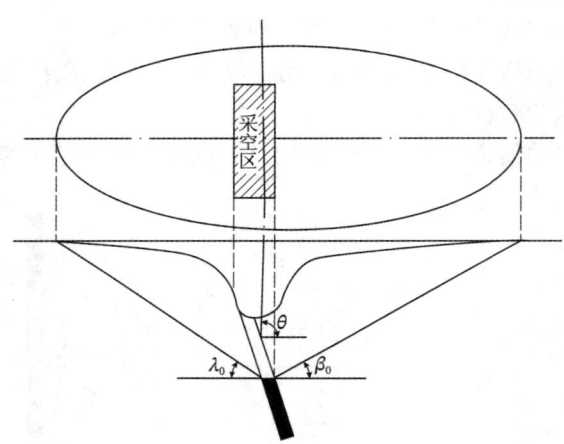

图 4.7-7 开采矿层倾角 $\alpha > 55°$ 时地表移动盆地示意

（1）地表移动盆地形状的不对称性更加明显。工作面下边界上方地表的开采影响达到开采范围以外很远，上边界上方开采影响则达到矿层底板岩层。整个移动盆地明显地偏向矿层下山方向。

（2）最大下沉值不应出现在采空区中心正上方，而应向采空区下边界方向偏移。

（3）底板的最大水平移动值应大于最大下沉值，最大下沉角应小于 15°。

（4）煤层开采时，可不出现充分采动的情况。

7.2.4 地表变形的影响因素

1. 矿层因素

矿层开采深度越大，变形发展到地表所需的时间越长，地表各种移动变形值越小，地表移动和变形比较平缓均匀，但地表移动盆地的范围增大。

矿层开采厚度越大，覆岩移动过程越剧烈，地表移动和变形值也越大。

随着矿层倾角的增大，地表水平移动值增大，地表出现裂缝的可能性增大，地表移动盆地与采空区的位置更不对称。

2. 岩性因素

上覆岩层强度高、分层厚度大时，产生地表变形所需采空区面积要大，破坏过程时间长；厚度大的坚硬岩层，甚至长期不产生地表变形。强度低、分层薄的岩层，常产生较大的地表变形，且速度快，但变形均匀，地表一般不出现裂缝，脆性岩层地表易产生裂缝。

厚度大、塑性大的软弱岩层，覆盖于硬脆的岩层上，后者产生破坏会被前者缓冲或掩盖，使地表变形平缓；反之，上覆软弱岩层较薄，则地表变形会很快并出现裂缝。岩层软硬相间且倾角较陡时，接触处常出现离层现象。

地表第四纪松散层越厚，则地表移动变形值越大，移动盆地范围越大，但变形平缓均匀。

3. 地质构造因素

岩层节理裂隙发育，会促进变形加快，增大变形范围，扩大地表裂缝区。

断层会破坏地表移动的正常规律，改变地表移动盆地的位置和大小，断层带上的地表变形更加剧烈。

4. 地下水因素

地下水活动（特别是对软弱岩层及松散层），使地表变形值增加及移动范围扩大。

5. 开采条件因素

矿产开采和顶板管理方法以及采空区的大小、形状、工作面推进速度等，均影响着地表变形值、变形速度和变形的形式。

7.3　采空区岩土工程勘察

7.3.1　勘察阶段及工作内容

采空区岩土工程勘察应根据基本建设程序分阶段进行，可分为可行性研究勘察、初步勘察、详细勘察和施工勘察。已建场地或拟建工程施工过程中发生新采或复采时，应进行补充勘察。

1. 可行性研究勘察

可行性研究勘察阶段应对场地的稳定性和工程建设适宜性进行初步评价，主要以资料搜集、采空区调查及工程地质测绘为主，以适量的物探和钻探工作为辅。

2. 初步勘察

初步勘察应对工程场地的稳定性和工程建设的适宜性进行评价与分区，并应以采空区专项调查、工程地质测绘、工程物探及地表变形观测为主，辅以适当的钻探工作验证及水文地质观测试验。勘察工作满足下列要求：

（1）采空区专项调查及工程地质测绘范围应包括对拟建场地可能有影响的煤矿采空区。

（2）工程物探方法应根据场地地形与地质条件、采空区埋深与分布及其与周围介质的物性差异等综合确定，探测有效范围应超出拟建场地一定范围，并应满足稳定性评价的需要，物探线不宜少于 2 条；对于资料缺乏或资料可靠性差的采空区场地，应选用两种物探方法且至少选择一种物探方法覆盖全部拟建工程场地及可能影响的煤矿采空区；物探点、线距的选择应根据回采率、采深采厚比等综合确定，解译深度应达到采空区底板以下 15～25m。

（3）工程钻探勘探点的布置应根据搜集资料的完整性和可靠性、物探成果、采空区的影响程度、建（构）筑物的平面布置及其重要程度等综合确定，并应符合下列规定：

①对于资料丰富、可靠的采空区场地，当采空区对拟建工程影响程度中等或影响大时，钻探验证孔的数量对于单栋建筑物的场地不应少于 2 个，多栋建筑物的场地每栋不宜少于 1 个或整个场地不宜少于 5 个；当采空区对拟建工程影响程度小时，钻探验证孔的数量对于单栋建筑物的场地不宜少于 1 个，多栋建筑物的场地不宜少于 3 个。对于资料缺乏、可靠性差的采空区场地，应根据物探成果，对异常地段加密布置。钻探孔间距尚应满足孔间测试的需要，对于不具备垂直钻孔布置条件但对拟建场区稳定性可能产生较大影响的关键区域，可采用定向钻进行钻孔验证。

②对于需进行地基变形验算的建（构）筑物，应根据其平面布置加密布设，单栋建（构）筑物钻探验证孔数量不应少于 2 个。

③钻探孔深度应达到有影响的开采矿层底板以下不少于 3m，且应满足孔内测试的需要。

（4）当拟建场地下伏新采空区时，应进行地表变形观测；当拟建场地下伏老采空区时，宜进行地表变形观测。

3. 详细勘察

详细勘察应对建筑地基进行岩土工程评价，并应提供地基基础设计、施工所需的岩土工程参数和地基处理、采空区治理方案建议，本阶段应以工程钻探为主，并应辅以必要的物探、变形观测及调查、测绘工作。勘察工作满足下列要求：

（1）勘察范围宜为初勘阶段所确定的对工程建设有影响的采空区。对于初勘后发生新采或复采的，还应根据新采或复采的影响范围综合确定。

（2）对于场地稳定且采空区与拟建工程相互影响小的采空区场地，可仅针对地基压缩层范围内的地基土开展勘察工作。

（3）对于稳定性差、需进行治理的采空区场地，勘探点布置应结合采空区治理方法确定，钻探孔深度应达到开采矿层底板以下不小于 3m，且应满足地基基础设计要求。

（4）采空区专项调查及工程地质测绘应对初勘阶段确定的采空区范围进行核实，并应对初、详勘阶段相隔时间段内采空区变化情况进行调查。

（5）地表变形监测宜在初勘阶段所建立的观测网基础上按周期观测，验证初勘阶段的评价结果；初勘后新采和复采的采空区或当场地移位较大时，应重新布置观测网进行观测。

7.3.2　勘察手段与方法

1. 资料收集

（1）采空区地质资料：包括地形地质图、地层综合柱状图、地质剖面图、煤岩层对比图、煤层底板等高线、资源储量图等，掌握矿区矿产资源赋存状况、地层岩性、地质构造及地形地貌特征等。

（2）采空区采矿资料：包括井上下对照图、采掘工程平面图、开采历史与规划，查清矿区范围内周边生产矿井及闭坑矿井的各个开采水平的井巷布置、开采方式、开采层位、开采深度、开采厚度、开采时间、开采范围、生产能力、顶板垮落情况、积水情况等。

（3）遥感影像资料：通过矿区内各个不同时期的地形图和遥感影像资料，分析矿区各个时期的地形地貌变化情况、地表移动分布范围及其发展演变情况等。

2. 采空区工程地质调查与测绘

采空区地段工程地质调查与测绘应包括：地质调查、采矿情况及采空区调绘、地表变形和建筑物变形调绘，并应符合下列要求：

1）区域工程地质调绘

（1）地形地貌、地质构造，地层的时代、成因、岩性、产状及厚度分布。

（2）地下水的埋深及动态变化，地表水和地下水水质及其腐蚀性。

（3）不良地质的类型、分布范围、基本特征及其与采空区的相互关系。

2）采空区专项调查

（1）矿产的经营性质、开采框中、开采规模、开采层位、开采方式、回采率、顶板管理方式及开采的历史与规划。

（2）采空区的埋深、采高、开采范围、拟估计形态、顶板支护方式、顶板垮落情况。

（3）采空区地下水赋存、水质和补给情况。

（4）采空区密闭情况，井下水害和有毒气体（类型、浓度、分布特征、压力）等赋存情况。

（5）采空区地表变形程度、影响范围和地表移动盆地特征。

（6）采空区场地内建（构）筑物的类型、基础形式、变形破坏情况及其原因。

3）采空区测绘

（1）对矿井口、巷道口及地表塌陷坑、台阶、裂缝的形状、走向、深度、宽度等变形要素进行核定和编录，确定采空区的地表变形范围及程度。

（2）有条件的矿区宜结合巷道和采空区内部测绘，调查巷道的断面及其支护衬砌情况和采空区顶板的垮落状况。

3. 移动变形观测

采空区地表移动变形监测一般采用观测站方法，条件允许可采用星载合成孔径雷达干涉测量（InSAR）方法进行监测，以查明采空区场地地表形变历史、变化规律和发展趋势。

（1）根据勘察阶段、工程特点、地层特征、矿层开采深度、开采方式等因素布设监测方案，分析地表剩余移动变形特征。

（2）地表移动变形监测内容包括地表下沉、地表水平位移、地表裂缝（台阶）及建（构）筑物变形等。

（3）监测线宜平行或垂直工作面走向布设，走向监测线宜设在移动盆地主断面位置，长度宜大于地表移动变形预计范围。监测线长度确定中所采用的边界角，应可能采用矿区已求实测的角值，矿区无角值参数时可参考其他类似矿区。

4. 工程物探

地球物理勘探，应在收集、调查地形、地质、采矿等资料的基础上，并应根据采空区预估埋深、可能的平面分布、垮落及充水状态、覆岩类型和特性、周围介质的物性差异、现场地形、干扰因素、勘探目的和要求等，选择有效的方法，按表 4.7-2 选择地面物探或井内（间）物探方法。

工程物探方法及适用条件　　　　　　　　　　表 4.7-2

方法名称		成果形式	应用范围	适用条件	有效深度/m	技术经济特点	干扰及缺陷
地面物探	电法勘探 — 高密度电阻率法	平、剖面	浅部采空塌陷等不均匀地质空间分布	被测地质体与围岩的电性差异显著，其上方没有极高阻或极低阻的屏蔽层；地形平缓，覆盖层薄，适用任何地层及产状	≤100	兼具剖面法、电测深功能，采样方式多样，分辨率相对较高，质量可靠性较高，资料为二维结果，信息丰富，便于整体分析。定量解释能力强，成本较高	高压电流、地下管线、游散电流、电磁干扰
	电法勘探 — 电阻率测深	剖面	探测地层岩性在垂直方向的电性变化，解决与深度有关的采空塌陷问题	被测岩层有足够厚度，岩层倾角小于20°；相邻层电性差异显著，水平方向电性稳定；地形平缓	≤500	方法简单、成熟，较为普及；资料直观，定向定量解释方法均成熟，成本较低	
	电法勘探 — 充电法	平面	探测含水构造在平面上的电性变化，解决充水采空区平面分布问题	充电体相对围岩应是良导体，要有一定规模，且埋深不大	≤200	资料简单、直观，工作效率高，以定性解释为主，成本低	
	电磁法勘探 — 瞬变电磁法	平、剖面	基岩裸露、沙漠、冻土及水面上，探测采空塌陷、地下洞穴、断层及破碎带	被测地质体相对规模较大，且相对围岩呈低阻；其上方没有极低阻屏蔽层；没有外来电磁干扰	50~500	静态影响和地形影响较小，对低阻反应灵敏，工作形式灵活多样，成本适中	
	电磁法勘探 — 可控源音频大地电磁测深法	平、剖面	探测中、浅部地质构造及深部采空塌陷	被测地质体有足够的厚度及显著的电性差异；电磁噪声比较平静；地形开阔、起伏平缓	500~1000	设备轻便，方法简单，设地形复杂区工作，资料直观，以定性解释为主，适合初步勘察工作，成本低	
	电磁法勘探 — 地质雷达	剖面	探测采空塌陷、地下洞穴、构造破碎带	被测目标与周围介质有一定电性差异，且埋深不大或基岩裸露。被测地质体上方没有极低阻的屏蔽层和地下水的干扰；没有较强的电磁场源干扰	≤30	具有较高的分辨率，使用范围广、成本较高	极低阻屏蔽层、地下水、较浅的电磁场源
地面物探	地震法勘探 — 反射波法	平、剖面	探测采空塌陷及不同深度的地质界面	要求被探测地层具有一定波阻抗差异，采空区范围大，巷道等小尺寸空洞探测困难	100~1000	对地层结构、空间位置反映清晰、分辨率高、精度高、成本高	黄土覆盖层较厚、古河道砾石、潜水面埋深大的区域
	地震法勘探 — 瑞雷波法	平、剖面	探测采空塌陷不良地质体、覆盖层厚度及分层	被测地层与相邻层之间、不良地质体与围岩之间，存在明显的波速和波阻抗差异，覆盖层较薄，采空区埋深浅，地表平坦、无积水	≤40	适合于复杂地形条件下工作，特别是反映浅部结构清晰、分辨率高，资料直观，成本适中	
	地震法勘探 — 地震映像	剖面	探测采空塌陷不良地质体	覆盖层较薄，采空区埋深浅	≤150	适合对重点地质要素的了解，资料准确、直观，成本较高	
	重力法 — 微重力勘探	平面	探测采空塌陷不良地质体	地形平坦、无植被、透视条件好	≤100	—	地形与地物环境复杂
	放射性勘探 — 放射性勘探	平、剖面	探测采空塌陷不良地质体	探测对象要具有放射性	—	—	

方法名称		成果形式	应用范围	适用条件	有效深度/m	技术经济特点	干扰及缺陷
孔内（间）物探	孔内 CT 层析成像	平、剖面	评价岩体质量；划分岩体风化程度；探测溶洞、地下暗河、断裂破碎带等	被探测体与围岩有明显差异；电磁波 CT 要求外界电磁波噪声干扰小，孔况良好、孔径合理，激发与接受配合良好	2/3 等效钻孔深度	属近源探测，适合对重点部位地质要素的详细了解，资料结果比较直观、精确，成本较高	游散电流、电磁干扰
	跨孔 CT 层析成像	剖面			等效钻孔深度		
	孔内电视摄像	剖面	确定孔内岩层节理、裂隙、断层、破碎带及软弱夹层的位置及结构面的产状；了解采空塌陷情况	在无套管的干孔和清水钻孔中进行			井液污浊干扰
	孔内光学成像	剖面					
	孔内超声波成像	剖面		在无套管、有井液的孔段进行			
	综合测井 电测井	剖面	划分地层，确定软弱夹层、裂隙破碎带的位置和厚度；确定含水层的位置；测定地层电阻率	在无套管、有井液的孔段进行	测试段	—	高压电流、地下管线、游散电流、电磁干扰
	综合测井 声波测井	剖面	区分岩性，确定裂隙破碎带的位置和厚度；测定地层的孔隙度；研究岩土体的力学性质	在无套管、有井液的孔段进行		—	—
	综合测井 放射性测井	剖面	划分地层；区分岩性，鉴别软弱夹层、裂隙破碎带；确定岩层密度、孔隙度	钻孔有无套管及井液均可进行		—	—

对于单一方法不易判定的采空区，应采用两种及以上物探方法进行综合解译，宜先选择一种物探方法进行大面积扫描，再用第二种方法在异常区加密探测。在有钻孔的工作区，应综合考虑采用综合测井、孔内电视及跨孔物探等方法进行井中物探。

5. 工程钻探

钻探应在工程地质调查、测绘和地球物理勘探成果的基础上，验证采空区、巷道的分布范围及其覆岩破坏类型与发育特征，并应开展稳定性评价计算参数确定所需的原位测试和试验工作。

1）钻探目的

（1）验证收集资料、调查与测绘成果以及物探成果的准确性和可靠性。

（2）查明采空区覆岩岩性、结构特征以及采空区的分布范围、空间形态和顶底板高程。

（3）查明采空区引起的垮落带、裂隙带和弯曲带的分布、埋深和发育状况。

（4）查明采空区中瓦斯等有害气体赋存状况。

（5）查明采空区地下水赋存条件，包括地下水位及类型、水力联系、水化学特征及其腐蚀性。

（6）采集岩（土）体样品，进行物理力学性质测试。

（7）为孔内电视、测井等孔内原位测试提供条件。

2）钻孔布设

（1）拟建建（构）筑物的重要程度。

（2）搜集资料的完整性、有效性及工程地质调查与测绘成果。

（3）工程物探异常区域。

（4）地表变形观测资料。

（5）地层产状、简易水文观测。

（6）综合测井、跨孔物探、井下电视的需要。

3）钻探描述与三带判别

除满足一般工程地质地层描述的要求外，尚应重点描述冲洗液损耗、钻进速度、掉钻情况、地下水水位变动、岩芯采取率及破碎情况等重点反映采空区覆岩裂隙及"三带"的特征，如表 4.7-3 所示。

采空区及三带现场识别标志

表 4.7-3

跨落带	断裂带	弯曲带	采空区
1. 突然掉钻且掉钻次数频繁； 2. 钻机速度时快时慢，有时发生卡钻或埋钻，钻具振动加剧现象； 3. 孔口水位突然消失； 4. 孔内有明显的吸风现象； 5. 岩芯破碎，层理、倾角紊乱，混杂有岩粉、淤泥、坑木、煤屑等； 6. 瓦斯、煤层自燃等有害气体上涌	1. 突然严重漏水或漏水量显著增加； 2. 钻孔水位明显下降； 3. 岩芯有纵向裂纹或陡倾角裂隙； 4. 钻孔有轻微吸风现象； 5. 瓦斯、煤层自燃等有害气体上涌； 6. 岩芯采取率小于 75%	1. 全孔返水； 2. 无耗水量或耗水量小； 3. 取芯率大于 75%； 4. 进尺平稳； 5. 岩芯完整，无漏水现象	1. 突然掉钻； 2. 孔口水位突然消失； 3. 钻心完整含矿； 4. 孔口吸风

7.3.3 地表移动和变形预计

预计地表移动和变形时，根据我国的实际情况，可以选用典型曲线法、负指数函数法、概率积分法和数值模拟法等。但无论采用哪种方法，都应具备相应的参数。未经实测资料充分验证的方法，在预计中不宜采用。地表移动和变形计算的常用方法为概率积分法。

1. 水平或缓倾斜煤层

开采煤层倾角 $\alpha < 15°$，采用概率积分法进行采空区地表移动变形值计算时，采空区地表移动变形值可按下列公式计算：

（1）下沉

$$W(x,y) = W_{cm} \iint\limits_{D} \frac{1}{r^2} e^{-\pi \frac{(\eta-x)^2+(\zeta-y)^2}{r^2}} d\eta d\zeta \qquad (4.7\text{-}6)$$

（2）倾斜

$$i_x(x,y) = W_{cm} \iint\limits_{D} \frac{2\pi(\eta-x)}{r^4} \cdot e^{-\pi \frac{(\eta-x)^2+(\zeta-y)^2}{r^2}} d\eta d\zeta \qquad (4.7\text{-}7)$$

$$i_y(x,y) = W_{cm} \iint\limits_{D} \frac{2\pi(\zeta-y)}{r^4} \cdot e^{-\pi\frac{(\eta-x)^2+(\zeta-y)^2}{r^2}} d\eta d\zeta \qquad (4.7\text{-}8)$$

（3）曲率

$$K_x(x,y) = W_{cm} \iint\limits_{D} \frac{2\pi}{r^4}\left[\frac{2\pi(\eta-x)^2}{r^2}-1\right] \cdot e^{-\pi\frac{(\eta-x)^2+(\zeta-y)^2}{r^2}} d\eta d\zeta \qquad (4.7\text{-}9)$$

$$K_y(x,y) = W_{cm} \iint\limits_{D} \frac{2\pi}{r^4}\left[\frac{2\pi(\zeta-y)^2}{r^2}-1\right] \cdot e^{-\pi\frac{(\eta-x)^2+(\zeta-y)^2}{r^2}} d\eta d\zeta \qquad (4.7\text{-}10)$$

（4）水平移动

$$U_x(x,y) = U_{cm} \iint\limits_{D} \frac{2\pi(\eta-x)}{r^3} \cdot e^{-\pi\frac{(\eta-x)^2+(\zeta-y)^2}{r^2}} d\eta d\zeta \qquad (4.7\text{-}11)$$

$$U_y(x,y) = U_{cm} \iint\limits_{D} \frac{2\pi(\zeta-y)}{r^3} \cdot e^{-\pi\frac{(\eta-x)^2+(\zeta-y)^2}{r^2}} d\eta d\zeta + W(x,y) \cdot \cot\theta_0 \qquad (4.7\text{-}12)$$

（5）水平变形

$$\varepsilon_x(x,y) = U_{cm} \iint\limits_{D} \frac{2\pi}{r^3}\left[\frac{2\pi(\eta-x)^2}{r^2}-1\right] \cdot e^{-\pi\frac{(\eta-x)^2+(\zeta-y)^2}{r^2}} d\eta d\zeta \qquad (4.7\text{-}13)$$

$$\varepsilon_y(x,y) = U_{cm} \iint\limits_{D} \frac{2\pi}{r^3}\left[\frac{2\pi(\zeta-y)^2}{r^2}-1\right] \cdot e^{-\pi\frac{(\eta-x)^2+(\zeta-y)^2}{r^2}} d\eta d\zeta + i_y(x,y) \cdot \cot\theta_0 \qquad (4.7\text{-}14)$$

式中：　x、y——计算点相对坐标（考虑拐点偏移距）（m）；

　　　　D——开采煤层区域。

2. 倾斜煤层

开采煤层的倾角为 $15° \leqslant \alpha \leqslant 55°$，采用概率积分法进行采空区地表移动变形值计算时，采空区地表移动变形值可按下列公式计算：

（1）下沉

$$W(x,y) = W_{cm} \sum_{i=1}^{n} \int_{L_i} \frac{1}{2r} \text{erf} \frac{\sqrt{\pi(\eta-x)}}{r} \cdot e^{-\pi\frac{(\zeta-y)^2}{r^2}} d\zeta \qquad (4.7\text{-}15)$$

（2）倾斜

$$i_x(x,y) = W_{cm} \sum_{i=1}^{n} \int_{L_i} \frac{1}{r^2} e^{-\pi\frac{(\eta-x)^2+(\zeta-y)^2}{r^2}} d\zeta \qquad (4.7\text{-}16)$$

$$i_y(x,y) = W_{cm} \sum_{i=1}^{n} \int_{L_i} \frac{-\pi(\zeta-y)}{r^2} \cdot \text{erf}\left[\frac{\sqrt{\pi(\eta-x)}}{r}\right] \cdot e^{-\pi\frac{(\zeta-y)^2}{r^2}} d\zeta \qquad (4.7\text{-}17)$$

（3）曲率

$$K_x(x,y) = W_{cm}\sum_{i=1}^{n}\int_{L_i}\frac{-2\pi}{r^2}\cdot\frac{\eta-x}{r}\cdot e^{-\pi\frac{(\eta-x)^2+(\zeta-y)^2}{r^2}}d\zeta \qquad (4.7\text{-}18)$$

$$K_y(x,y) = W_{cm}\sum_{i=1}^{n}\int_{L_i}\frac{\pi}{r^3}\left[\frac{2\pi(\zeta-y)^2}{r^2}-1\right]\cdot\text{erf}\left(\sqrt{\pi}\frac{\eta-x}{r}\right)\cdot e^{-\pi\frac{(\zeta-y)^2}{r^2}}d\zeta \qquad (4.7\text{-}19)$$

（4）水平移动

$$U_x(x,y) = U_{cm}\sum_{i=1}^{n}\int_{L_i}\frac{1}{r^2}e^{-\pi\frac{(\eta-x)^2+(\zeta-y)^2}{r^2}}d\zeta \qquad (4.7\text{-}20)$$

$$U_y(x,y) = U_{cm}\sum_{i=1}^{n}\int_{L_i}\frac{-\pi(\zeta-y)}{r^2}\cdot\text{erf}\left[\frac{\sqrt{\pi}(\eta-x)}{r}\right]\cdot e^{-\pi\frac{(\zeta-y)^2}{r^2}}d\zeta + W(x,y)\cdot\cot\theta_0 \qquad (4.7\text{-}21)$$

（5）水平变形

$$\varepsilon_x(x,y) = U_{cm}\sum_{i=1}^{n}\int_{L_i}\frac{-2\pi}{r^2}\cdot\frac{\eta-x}{r}\cdot e^{-\pi\frac{(\eta-x)^2+(\zeta-y)^2}{r^2}}d\zeta \qquad (4.7\text{-}22)$$

$$\varepsilon_y(x,y) = U_{cm}\sum_{i=1}^{n}\int_{L_i}-\frac{\pi}{r^2}\cdot\frac{\zeta-y}{r}\cdot\text{erf}\left(\sqrt{\pi}\frac{\eta-x}{r}\right)\cdot e^{-\pi\frac{(\zeta-y)^2}{r^2}}d\zeta + i_y(x,y)\cdot\cot\theta_0 \qquad (4.7\text{-}23)$$

式中：r——等价计算工作面的主要影响半径；

$\qquad L_i$——等价计算工作面各边界的直线段。

3. 急倾斜煤层

开采煤层的倾角为 $\alpha \geqslant 55°$，急倾斜煤层开采后的地表下沉盆地表现为瓢形下沉盆地和兜形下沉盆地。瓢形下沉盆地的地表移动与变形发生在顶板覆岩内，仍可采用等价工作面计算方法。兜形下沉盆地的地表移动与变形已扩展至煤层底板，可采用对深度积分的方法。积分公式如下：

（1）下沉

$$W(x,y) = q\iiint_G\frac{1}{r(z)^2}e^{-\pi\frac{(\eta-x)^2+(\zeta-y)^2}{r(z)^2}}d\eta d\zeta dz \qquad (4.7\text{-}24)$$

（2）倾斜

$$i_x(x,y) = q\iiint_G\frac{2\pi(\eta-x)}{r(z)^4}e^{-\pi\frac{(\eta-x)^2+(\zeta-y)^2}{r(z)^2}}d\eta d\zeta dz \qquad (4.7\text{-}25)$$

$$i_y(x,y) = q\iiint_G\frac{2\pi(\eta-y)}{r(z)^4}e^{-\pi\frac{(\eta-x)^2+(\zeta-y)^2}{r(z)^2}}d\eta d\zeta dz \qquad (4.7\text{-}26)$$

（3）曲率

$$K_x(x,y) = q \iiint\limits_{G} \frac{2\pi}{r(z)^4}\left[\frac{2\pi(\eta-x)^2}{r(z)^2}-1\right]\mathrm{e}^{-\pi\frac{(\eta-x)^2+(\zeta-y)^2}{r(z)^2}}\mathrm{d}\eta\mathrm{d}\zeta\mathrm{d}z \qquad (4.7\text{-}27)$$

$$K_y(x,y) = q \iiint\limits_{G} \frac{2\pi}{r(z)^4}\left[\frac{2\pi(\zeta-y)^2}{r(z)^2}-1\right]\mathrm{e}^{-\pi\frac{(\eta-x)^2+(\zeta-y)^2}{r(z)^2}}\mathrm{d}\eta\mathrm{d}\zeta\mathrm{d}z \qquad (4.7\text{-}28)$$

（4）水平移动

$$U_x(x,y) = bq \iiint\limits_{G} \frac{2\pi(\eta-x)}{r(z)^3}\mathrm{e}^{-\pi\frac{(\eta-x)^2+(\zeta-y)^2}{r(z)^2}}\mathrm{d}\eta\mathrm{d}\zeta\mathrm{d}z \qquad (4.7\text{-}29)$$

$$U_y(x,y) = bq \iiint\limits_{G} \frac{2\pi(\zeta-y)}{r(z)^3}\mathrm{e}^{-\pi\frac{(\eta-x)^2+(\zeta-y)^2}{r(z)^2}}\mathrm{d}\eta\mathrm{d}\zeta\mathrm{d}z + W_y(x,y)\cot\theta_0 \qquad (4.7\text{-}30)$$

（5）水平变形

$$\varepsilon_x(x,y) = bq \iiint\limits_{G} \frac{2\pi}{r(z)^3}\left[\frac{2\pi(\eta-x)^2}{r(z)^2}-1\right]\mathrm{e}^{-\pi\frac{(\eta-x)^2+(\zeta-y)^2}{r(z)^2}}\mathrm{d}\eta\mathrm{d}\zeta\mathrm{d}z \qquad (4.7\text{-}31)$$

$$\varepsilon_y(x,y) = bq \iiint\limits_{G} \frac{2\pi}{r(z)^3}\left[\frac{2\pi(\zeta-y)^2}{r(z)^2}-1\right]\mathrm{e}^{-\pi\frac{(\eta-x)^2+(\zeta-y)^2}{r(z)^2}}\mathrm{d}\eta\mathrm{d}\zeta\mathrm{d}z + i_y(x,y)\cot\theta_0 \qquad (4.7\text{-}32)$$

式中：$r(z)$——开采深度为 z 处的主要影响半径（m）；

$\quad\quad G$——开采空间。

4. 地表移动变形计算参数的概念和求取方法

1）根据实测数据反演计算参数

地表移动变形预计的计算参数宜根据实测数据，采用最小二乘法原则，并应符合下列规定：

（1）下沉系数

$$q = \frac{W_{\mathrm{cm}}}{M \cdot \cos\alpha} \qquad (4.7\text{-}33)$$

（2）水平移动系数

$$b = \frac{U_{\mathrm{cm}}}{W_{\mathrm{cm}}} \qquad (4.7\text{-}34)$$

（3）主要影响角正切

$$\tan\beta = \frac{H_z}{r_z} \qquad (4.7\text{-}35)$$

式中：H_z——走向主断面上走向边界采深（m）；

$\quad\quad r_z$——走向主断面上主要影响半径（m）；充分采动时，可取为走向主断面上下沉值是 $0.16W_{\mathrm{cm}}$ 和 $0.84W_{\mathrm{cm}}$ 所对应点间距的 1.25 倍。

（4）开采影响传播角

$$\theta_0 = \arctan\left(\frac{W_{\mathrm{cm}}}{U_{\mathrm{wcm}}}\right) \qquad (4.7\text{-}36)$$

式中：U_{wcm}——倾向剖面上最大下沉值点处的水平移动值（mm）。

（5）充分采动时，下沉盆地主断面上下沉值为 $0.5W_{cm}$、最大倾斜和曲率为零的3个点的点位 x（或 y）的平均值 x_0（或 y_0）为拐点坐标。将 x_0（或 y_0）向煤层投影（走向断面按90°、倾向断面按开采影响传播角投影），其投影点至采空区边界的距离为拐点偏距 S。拐点偏距分下山边界拐点偏距 S_1，上山边界拐点偏距 S_2，走向左边界拐点偏距 S_3 和走向右边拐点偏距 S_4。

2）依据覆岩岩性条件选取计算参数

对于无实测资料的矿区，可依据覆岩岩性条件按表 4.7-4 选取计算参数。

按覆岩岩性确定地表移动变形计算参数　　　　　　　　　表 4.7-4

覆岩类型	覆岩岩性		下沉系数 q	水平移动系数 b	移动角/°			边界角/°			主要影响角正切 $\tan\beta$	拐点偏移距 S_0/H	开采影响传播角 θ/°
	主要岩性	饱和单轴抗压强度/MPa											
坚硬岩	以中生代地层硬砂岩、硬灰岩为主，其他为砂质页岩、页岩、辉绿岩	>60	0.27~0.54	0.2~0.4	75~80	75~80	δ—(0.7~0.8)α	60~65	60~65	δ_0—(0.7~0.8)α	1.20~1.91	0.31~0.43	90°—(0.7~0.8)α
较硬岩	以中生代地层中硬砂岩、石灰岩、砂质页岩为主，其他为软砾岩、致密泥灰岩、铁矿石	30~60	0.55~0.84	0.2~0.4	70~75	70~75	δ—(0.6~0.7)α	55~60	55~60	δ_0—(0.6~0.7)α	1.92~2.40	0.08~0.30	90°—(0.6~0.7)α
较软岩—极软岩	以新生代地层砂质页岩、页岩、泥灰岩及黏土、砂质黏土等松散层	<30	0.85~1.00	0.2~0.4	60~70	60~70	δ—(0.3~0.5)α	50~55	50~55	δ_0—(0.3~0.5)α	2.41~3.54	0.00~0.07	90°—(0.6~0.7)α

3）依据覆岩岩性评价系数求取计算参数

依据覆岩综合评价系数 P 及地质、开采技术条件等确定地表移动计算参数时，应符合下列规定：

（1）覆岩综合评价系数 P 可按下式计算：

$$P = \frac{\sum\limits_{1}^{n} m_i \cdot Q^i}{\sum\limits_{1}^{n} m_i} \tag{4.7-37}$$

式中：m_i——覆岩第 i 分层法线厚度（m）；

　　　Q^i——覆岩第 i 分层的岩性评价系数，可由表 4.7-5 查得；当无实测强度值时，Q^0 值可由表 4.7-6 查得。

分层岩性评价系数 表 4.7-5

岩性	饱和单轴抗压强度/MPa	岩性名称	初次采动Q^0	重复采动	
				Q^1	Q^2
坚硬岩	≥90	很硬的砂岩、石灰岩和黏土页岩、石英矿脉、很硬的铁矿石、致密花岗岩、角闪岩、辉绿岩	0.0	0.0	0.1
	80 70 60	硬的石灰岩、硬砂岩、硬大理石、不硬的花岗岩	0.0 0.05 0.1	0.1 0.2 0.3	0.4 0.5 0.6
较硬岩	50 40 30	较硬的石灰岩、砂岩和大理石 普通砂岩、铁矿石	0.2 0.4 0.6	0.45 0.7 0.8	0.7 0.95 1.0
软质岩石	20 >10	砂质页岩、片状砂岩 硬黏土质页岩、不硬的砂岩和石灰岩、软砾岩	0.8 0.9	0.9 1.0	1.0 1.1
	≤10	各种页岩（不坚硬的）、致密泥灰岩 软页岩、很软石灰岩、无烟煤、普通泥灰岩 破碎页岩、烟煤、硬表土—粒质土壤、致密黏土 软砂质土、黄土、腐殖土，松散砂层	1.0	1.1	1.1

初次采动的岩层评价系数 Q^0 表 4.7-6

岩性	地层时代										
	震旦纪 寒武纪 奥陶纪	志留纪	泥盆纪	石炭纪	二叠纪	三叠纪	侏罗纪	白垩纪	第三纪	第四纪	
砂岩	0.00	0.05～0.15 （0.10）	0.15～0.30 （0.22）	0.30～0.50 （0.40）	0.40～0.60 （0.50）	0.50～0.70 （0.60）	0.70～0.85 （0.78）	0.85～0.95 （0.90）	0.95～1.00 （0.98）		
页岩、泥灰岩[①]	0.00	0.10～0.30 （0.20）	0.30～0.50 （0.40）	0.50～0.70 （0.60）	0.60～0.80 （0.70）	0.70～0.85 （0.78）	0.85～0.95 （0.90）	0.85～0.95 （0.90）			
砂质页岩	0.00	0.10～0.20 （0.15）	0.20～0.40 （0.30）	0.40～0.60 （0.50）	0.50～0.70 （0.60）	0.60～0.80 （0.70）	0.80～0.90 （0.85）	0.85～0.95 （0.90）			

①泥灰岩指淮南矿区二道河等地区的泥灰岩组。

（2）覆岩综合评价下沉系数可按下式计算：

$$q = 0.5 \times (0.9 + P) \tag{4.7-38}$$

（3）覆岩综合评价主要影响角正切可按下式计算：

$$\tan\beta = (D - 0.0032H) \cdot (1 - 0.0038\alpha) \tag{4.7-39}$$

式中：D——岩性影响系数，其数值与综合评价系数P的关系可由表 4.7-7 查得。

岩性综合评价系数 P 与系数 D 的对应关系 表 4.7-7

坚硬岩	P	0.00	0.03	0.07	0.11	0.15	0.19	0.23	0.27	0.3
	D	0.76	0.82	0.88	0.95	1.01	1.08	1.14	1.20	1.25
较硬岩	P	0.3	0.35	0.40	0.45	0.50	0.55	0.60	0.65	0.70
	D	1.26	1.35	1.45	1.54	1.64	1.73	1.82	1.91	2.00
软质岩	P	0.70	0.75	0.80	0.85	0.90	0.95	1.00	1.05	1.10
	D	2.00	2.10	2.20	2.30	2.40	2.50	2.60	2.70	2.80

（4）水平移动系数可按下式计算：

$$b_c = b \cdot (1 + 0.0086\alpha) \tag{4.7-40}$$

（5）开采影响传播角可按下列公式计算：

$$\alpha \leqslant 45°时，\qquad \theta_0 = 90° - 0.68\alpha \tag{4.7-41}$$

$$\alpha > 45°时，\qquad \theta_0 = 28.8° + 0.68\alpha \tag{4.7-42}$$

（6）坚硬、较硬和软弱覆岩的拐点偏移距，宜分别取$(0\sim0.07)H$、$(0.08\sim0.30)H$和$(0.31\sim0.43)H$。

7.4　采空区场地稳定性与工程建设适宜性评价

7.4.1　采空区场地稳定性评价

采空区场地稳定性评价，应根据采空区类型、开采方法及顶板管理方式、终采时间、地表移动变形特征、采深、顶板岩性及松散层厚度、煤（岩）柱稳定性等，宜采用定性与定量评价相结合的方法划分为稳定、基本稳定和不稳定。不同类型的采空区场地稳定性的评价因素可按表4.7-8确定。

采空区场地稳定性评价因素　　　　　　　　　　　表4.7-8

评价因素	采空区类型			
	顶板垮落充分的采空区	顶板垮落不充分的采空区	单一巷道及巷采的采空区	条带式开采的采空区
终采时间	●	●	●	●
地表变形特征	●	●	○	●
采深	○	●	○	○
顶板岩性	○	●	●	○
松散层厚度	○	●	△	△
地表移动变形值	●	○	○	○
煤（岩）柱安全稳定性	△	○	●	△

注："●"表示作为主控评价因素；"○"表示作为一般评价因素；"△"表示可不作为评价因素。

采空区场地稳定性可采用开采条件判别法、采深采厚比判别法、地表移动变形判别法、煤（岩）柱稳定分析法等进行评价。

1. 开采条件判别法

（1）开采条件判别法可用于各种类型采空区场地稳定性评价。

（2）对不规则、非充分采动等顶板垮落不充分、难以进行定量计算的采空区场地，可采用开采条件判别法进行定性评价。

（3）开采条件判别法判别标准应以工程类比和本区经验为主，并应综合各类评价因素进行判别。无类似经验时，宜以采空区终采时间为主要因素，结合地表移动变形特征、顶板岩性及松散层厚度等因素按表 4.7-9～表 4.7-11 综合判别。

按终采时间确定顶板垮落充分的采空区场地稳定性等级 表 4.7-9

稳定等级	终采时间/年		
	软弱覆岩	较硬覆岩	坚硬覆岩
稳定	$t > 1.0$	$t > 2.5$	$t > 4.0$
基本稳定	$0.6 < t \leqslant 1.0$	$1.5 < t \leqslant 2.5$	$2.5 < t \leqslant 4.0$
不稳定	$t \leqslant 0.6$	$t \leqslant 1.5$	$t \leqslant 2.5$

注：软弱覆岩指采空区上覆岩层的饱和单轴抗压强度小于等于 30MPa；较硬覆岩指采空区上覆岩层的饱和单轴抗压强度大于 30MPa、小于等于 60MPa；坚硬覆岩指采空区上覆岩层的饱和单轴抗压强度大于 60MPa。

按地表移动变形特征确定采空区场地稳定性等级 表 4.7-10

稳定等级评价因素	不稳定	基本稳定	稳定
地表移动变形特征	非连续变形	连续变形	连续变形
		盆地边缘区	盆地中间区
	地面有塌陷坑、台阶	地面倾斜、有地裂缝	地面无地裂缝、台阶、塌陷坑

按顶板岩性及松散层厚度确定浅层采空区场地稳定性等级 表 4.7-11

稳定等级评价因素	不稳定	基本稳定	稳定
顶板岩性	无坚硬岩层分布或为薄层或软硬岩层互层状分布	有厚层状坚硬岩层分布且 $15.0m > 层厚 > 5.0m$	有厚层状坚硬岩层分布且层厚 $\geqslant 15.0m$
松散层厚度 h/m	$h \leqslant 5$	$5 < h \leqslant 30$	$h > 30$

2. 采深采厚比判别法

对于不规则柱式、顶板垮落充分的采空区场地稳定性可用采深采厚比判别法进行定性评价。对于顶板尚未垮落的浅埋、煤柱留设不规则柱式的采空塌陷场地应列为不稳定区。采深采厚比判别法确定场地稳定性等级评价标准，宜以采空区采深采厚比为主要指标，并应按表 4.7-12 综合判别。

按采深采厚比确定采空区场地稳定性等级 表 4.7-12

稳定等级	采深采厚比		
	坚硬覆岩	中硬覆岩	软弱覆岩
稳定	$\geqslant 80$	$\geqslant 100$	$\geqslant 120$
基本稳定	$60 \sim 80$	$80 \sim 100$	$100 \sim 120$
不稳定	$\leqslant 60$	$\leqslant 80$	$\leqslant 100$

3. 地表移动变形判别法

（1）地表移动变形判别法可用于顶板垮落充分、规则开采的采空区场地稳定性的定量评价。对顶板垮落不充分且不规则开采的采空区场地稳定性，也可采用等效法等计算结果判别评价。

（2）地表移动变形值宜以场地实际监测结果为判别依据，有成熟经验的地区也可采用经现场核实与验证后的地表变形预测结果作为判别依据。

（3）地表移动变形值确定场地稳定性等级评价标准，宜以地面下沉速度为主要指标，并应结合其他参数按表 4.7-13 综合判别。

按地表剩余移动变形值确定场地稳定性等级　　表 4.7-13

稳定状态	下沉速度V_w/（mm/d）及下沉值/mm	地表剩余移动变形值		
		剩余倾斜值Δi/（mm/m）	剩余曲率值ΔK/（mm/m²）	剩余水平变形值$\Delta \varepsilon$/（mm/m）
稳定	$V_w < 1.0$且连续 6 个月累计下沉值 < 30	$\Delta i < 3$	$\Delta K < 0.2$	$\Delta \varepsilon < 2$
基本稳定	$V_w < 1.0$但连续 6 个月累计下沉值 $\geqslant 30$	$3 \leqslant \Delta i < 10$	$0.2 \leqslant \Delta K < 0.6$	$2 \leqslant \Delta \varepsilon < 6$
不稳定	$V_w \geqslant 1.0$	$\Delta i \geqslant 10$	$\Delta K \geqslant 0.6$	$\Delta \varepsilon \geqslant 6$

4. 煤（岩）柱稳定分析法

1）煤（岩）柱稳定分析法可用于穿巷、房柱及单一巷道等类型以及条带式开采形成采空区场地稳定性的定量评价。

2）巷道（采空区）的空间形态、断面尺寸、埋藏深度、上覆岩层特征及其物理力学性质指标等计算参数，应通过实际勘察成果并结合矿区经验确定。

3）煤（岩）柱安全稳定性系数计算可按式(4.7-43)～式(4.7-50)计算，场地稳定性等级评价应按表 4.7-14 判别。

按煤（岩）柱安全稳定性系数确定场地稳定性等级　　表 4.7-14

稳定状态	不稳定	基本稳定	稳定
煤（岩）柱安全稳定性系数K_p	$K_p \leqslant 1.2$	$1.2 < K_p \leqslant 2$	$K_p > 2$

（1）当采用条带式开采时（图 4.7-8），煤（岩）柱安全稳定性系数可按下式计算：

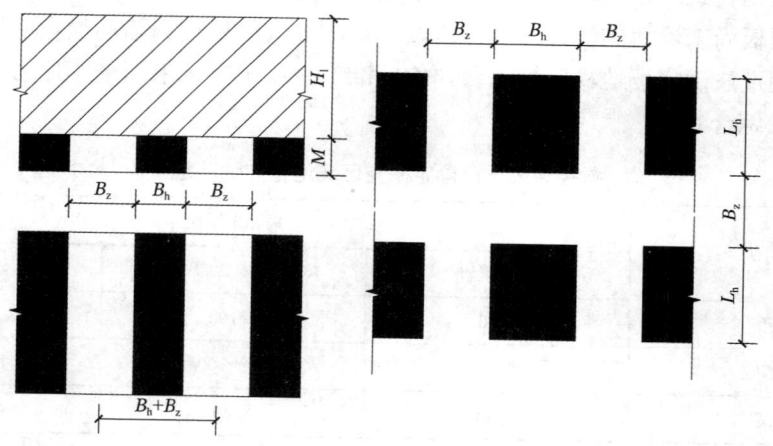

图 4.7-8　条带开采计算示意　　　图 4.7-9　房柱式开采计算示意

$$K_p = \frac{B_h \cdot \sigma_m}{\gamma_0 H_1 (B_h + B_z)} \qquad (4.7\text{-}43)$$

式中：γ_0——上覆岩层的平均重度（kN/m³）；

H_1——煤（岩）柱埋深（m）；

B_h——保留煤（岩）柱条带的宽度（m）；

B_z——采出条带宽度（m）；

σ_m——煤（岩）柱的极限抗压强度（kPa）。

（2）当采用充填条带式开采或条带煤（岩）柱有核区存在时，煤（岩）柱安全稳定性系数可按下式计算：

$$K_p = \frac{R_U}{P_z} \tag{4.7-44}$$

式中：R_U——煤（岩）柱能承受的极限荷载（kN 或 kN/m 或 kPa）；

P_z——煤（岩）柱实际承受的荷载（kN 或 kN/m 或 kPa）。

（3）煤（岩）柱能承受的极限荷载R_U计算，应符合下列规定：

①对于房柱式开采，当采区的宽度足够大且煤（岩）柱尺寸比较规则、各煤（岩）柱的刚度相同时，对于房柱形煤（岩）柱，其所能承受的极限荷载为：

$$P_U^F = \sigma_m (B_h B_z M)^{-0.75} (B_h/M)^{0.48} \tag{4.7-45}$$

②对于矩形煤（岩）柱，其所能承受的极限荷载P_U^J，可按下式计算：

$$P_U^J = 4\gamma_0 H_1 [B_h L_h - 4.92(B_h + L_h)MH_1 \times 10^{-3} + 32.28M^2 H_1^2 \times 10^{-6}] \tag{4.7-46}$$

③对于长条形煤（岩）柱，其所能承受的极限荷载P_U^L，可按下式计算：

$$P_U^L = 4\gamma_0 H_1 (B_h - 4.92MH_1 \times 10^{-3}) \tag{4.7-47}$$

式中：L_h——煤（岩）柱长度（m）；

M——采出煤层厚度（m）。

4）煤（岩）柱实际承受的荷载P_z计算，应符合下列规定：

①对于房柱式开采，当采区的宽度足够大且煤（岩）柱尺寸比较规则、各煤（岩）柱的刚度相同时（图 4.7-9）：

$$P_z^F = \frac{\gamma_0 H_1 (B_h + B_z)(L_h + B_z)}{B_h L_h} \tag{4.7-48}$$

②对于条带式开采所形成的矩形煤（岩）柱

$$P_z^J = \gamma_0 L_h \left[B_h H_1 + \frac{B_z}{2} \left(2H_1 - \frac{B_z}{0.6} \right) \right] \tag{4.7-49}$$

③对于条带式开采所形成的长条形煤（岩）柱

$$P_z^L = \gamma_0 \left[B_h H_1 + \frac{B_z}{2} \left(2H_1 - \frac{B_z}{0.6} \right) \right] \tag{4.7-50}$$

5. 下列地段宜划分为不稳定地段

（1）采空区垮落时，地表出现塌陷坑、台阶状裂缝等非连续变形的地段。

（2）特厚煤层和倾角大于 55°的厚煤层浅埋及露头地段。

（3）由于地表移动和变形引起边坡失稳、山崖崩塌及坡脚隆起地段。

（4）非充分采动顶板垮落不充分、采深小于 150m，且存在大量抽取地下水的地段。

7.4.2 采空区场地工程建设适宜性

采空区场地工程建设适宜性，应根据采空区场地稳定性、采空区与拟建工程的相互影响程度、拟采取的抗采动影响技术措施的难易程度、工程造价等，将采空区场地工程建设适宜性级别按表 4.7-15 划分。

采空区场地工程建设适宜性评价分级　　　　　表 4.7-15

级别	分级说明
适宜	采空区垮落断裂带密实,对拟建工程影响小;工程建设对采空区稳定性影响小;采取一般工程防护措施(限于规划、建筑、结构措施)可以建设
基本适宜	采空区垮落断裂带基本密实,对拟建工程影响中等;工程建设对采空区稳定性影响中等;采取规划、建筑、结构、地基处理等措施可以控制采空区剩余变形对拟建工程的影响,或虽需进行采空区地基处理,但处理难度小,且造价低
适宜性差	采空区垮落不充分,存在地面发生非连续变形的可能,工程建设对采空区稳定性影响大或者采空区剩余变形对拟建工程的影响大,需规划、建筑、结构、采空区治理和地基处理等的综合设计,处理难度大且造价高

1. 采空区对各类工程的影响程度

根据采空区场地稳定性、建筑物重要程度和变形要求、地表变形特征及发展趋势、地表移动变形值、采深或采深采厚比、垮落断裂带的密实状态、活化影响因素等,可采用工程类比法、采空区特征判别法、活化影响因素分析法、地表剩余移动变形判别法等方法综合评价,并宜按表 4.7-16～表 4.7-19 的规定将采空区对各类工程的影响程度进行划分。

按场地稳定性及工程重要性程度和变形要求定性分析
采空区对工程的影响程度　　　　　表 4.7-16

工程条件			
场地稳定性	拟建工程重要程度和变形要求		
	重要、变形要求高	一般、变形要求一般	次要、变形要求低
	影响程度		
稳定	中等	中等—小	小
基本稳定	大—中等	中等	中等—小
不稳定	大	大—中等	中等

1)工程类比法

(1)可用于各种类型采空区对拟建工程的影响程度定性评价。

(2)应在对位于地质、采矿条件相同或相似的同一矿区或邻近矿区类似工程进行全面细致的调查的基础上,可按表 4.7-17 的规定进行类比。

采用工程类比法定性分析采空区对工程的影响程度　　　　　表 4.7-17

影响程度	类比工程或场地的特征
大	地面、建(构)筑物开裂、塌陷,且处于发展、活跃阶段
中等	地面、建(构)筑物开裂、塌陷,但已经稳定 6 个月以上且不再发展
小	地面、建(构)筑物无开裂;或有开裂、塌陷,但已经稳定 2 年以上且不再发展。邻近同类型采空区场地有类似工程的成功经验

2)采空区特征判别法

(1)可用于各种类型采空区对拟建工程的影响程度定性评价。对不规则、非充分采动等顶板垮落不充分且难以进行定量计算的采空区场地,可仅用采空区特征判别法进行定性评价。

（2）采空区特征判别法应根据采空区场地稳定性、采深、采深采厚比、地表变形特征及发展趋势、采空区的充填密实状态等，按表 4.7-18 的规定综合评价。

3）活化影响因素分析法

（1）可用于不稳定和基本稳定的采空区场地。

（2）应评价地下水上升引起的浮托作用、煤（岩）柱软化作用等和地下水位下降引起垮落断裂带压密，以及潜蚀、虹吸作用等的影响；并应评价地下水径流引起岩土流失诱发地面塌陷的可能性。

（3）应评价地震、地面振动荷载等引起松散垮落断裂带再次压密以及未垮落采空区活化诱发地面塌陷和不连续变形的可能性。

（4）活化影响因素分析应以定性分析评价为主，预测评价地表变形特征、发展趋势及其对工程的影响，有条件时宜结合数值模拟方法进行综合评价。

根据采空区特征及活化影响因素定性分析采空区对工程的影响程度　　表 4.7-18

影响程度	采空区特征			活化影响因素
	采空区采深 H/m 或采深采厚比 H/M	采空区的密实状态	地表变形特征及发展趋势	
大	浅层采空区	存在空洞，钻探过程中出现掉钻、孔口串风	正在发生不连续变形；或现阶段相对稳定，但存在发生不连续变形的可能性大	活化的可能性大，影响强烈
中等	中深层采空区	基本密实，钻探过程中采空区部位大量漏水	现阶段相对稳定，但存在发生不连续变形的可能	活化的可能性中等，影响一般
小	深层采空区	密实，钻探过程中不漏水、微量漏水但返水或间断返水	不再发生不连续变形	活化的可能性小，影响小

4）地表剩余移动变形判别法

（1）可用于充分和规则开采、顶板垮落充分的采空区影响程度的定量评价，对顶板垮落不充分的不规则开采采空区的影响也可采用等效法等计算结果进行判别评价。

（2）地表剩余移动变形判别应根据预计的剩余变形值，结合建（构）筑物的允许变形值及本区经验综合判别，按表 4.7-19 的规定进行综合评价。

根据采空区地表剩余移动变形值确定采空区对工程的影响程度　　表 4.7-19

影响程度	地表剩余移动变形值			
	剩余下沉值 $\Delta W/mm$	剩余倾斜值 $\Delta i/$（mm/m）	剩余水平变形值 $\Delta\varepsilon/$（mm/m）	剩余曲率值 $\Delta K/$（mm/m^2）
大	$\Delta W \geqslant 200$	$\Delta i \geqslant 10$	$\Delta\varepsilon \geqslant 6$	$\Delta K \geqslant 0.6$
中等	$100 \leqslant \Delta W < 200$	$3 \leqslant \Delta i < 10$	$2 \leqslant \Delta\varepsilon < 6$	$0.2 \leqslant \Delta K < 0.6$
小	$\Delta W < 100$	$\Delta i < 3$	$\Delta\varepsilon < 2$	$\Delta K < 0.2$

2. 拟建工程对采空区稳定性的影响程度

应根据建筑物荷载及影响深度等，采用荷载临界影响深度判别法、附加应力分析法、数值分析法等方法，并宜按表 4.7-20 划分。

1）附加应力分析法

（1）可用于工程建设对垮落断裂带发育且密实程度差的浅层、中深层采空区场地稳定性影响程度的定量评价。

（2）附加应力影响深度应取地基中附加应力 σ_z 等于自重应力 0.1 倍的深度，附加应力 σ_z 计算应按现行国家标准《建筑地基基础设计规范》GB 50007 的有关规定执行。

（3）附加应力分析法应根据计算的影响深度和垮落断裂带岩体完整程度、密实程度及本区经验等，按表 4.7-20 的规定综合判别。

2）荷载临界影响深度判别法

（1）可用于工程建设对穿巷、房柱及单一巷道等类型采空区场地稳定性影响程度的定量评价。

（2）荷载临界影响深度计算时，建筑物基底压力、基础尺寸等基本参数应由设计单位提供，暂无准确数据时，可按类似工程经验数据确定。

（3）穿巷、房柱开采自然垮落拱高度宜以实际勘探结果为准。采用经验公式计算时，应有本矿区或相同地质条件的邻近矿区的实测资料验证，验证的钻孔不宜少于 2 个。

（4）荷载临界影响深度判别法，应根据计算的影响深度、顶板岩性及本区经验等，按表 4.7-20 的规定综合判别。

根据附加应力影响深度和荷载临界影响深度评价工程建设对
采空区稳定性影响程度的评价标准

表 4.7-20

影响程度评价因子	大	中等	小
荷载临界影响深度 H_D 和采空区深度 H	$H_D \geqslant H$	$H_D < H \leqslant 1.5H_D$	$H > 1.5H_D$
附加应力影响深度 H_α 和垮落断裂带深度 H_{lf}	$H_{lf} \leqslant H_\alpha$	$H_\alpha < H_{lf} \leqslant 2.0H_\alpha$	$H_{lf} > 2.0H_\alpha$

注：1. 采空区深度 H，指巷道（采空区）等的埋藏深度，对于条带式开采和穿巷开采指垮落拱顶的埋藏深度。

2. 垮落断裂带深度 H_{lf} 指采空区垮落断裂带的埋藏深度，H_{lf} = 采空区采深 H - 垮落带高度 H_m - 断裂带高度 H_{li}，宜通过钻探及其岩芯描述并辅以测井资料确定；当无实测资料时，也可根据采厚、覆岩性质及岩层倾角等按第 7.4.3 节计算确定。

7.4.3　小窑采空区稳定性评价

小窑采空区指采空范围较窄、开采深度较浅、采用非正规开采方式开采、以巷道采掘并向两边开挖支巷道、分布无规律或呈网格状、单层或多层重叠交错、大多不支撑或临时简单支撑、任其自由垮落的采空区。

极限平衡分析法是一种根据刚体极限平衡理论评价采空区场地稳定性的方法。对于开采面积小，且近水平的单一巷道式小窑采空区，当顶板岩层节理发育或被裂隙贯通时，上覆岩层可形成冒落拱，采用极限平衡分析方法可计算出维持巷道顶板稳定的临界深度 H_0。

（1）小窑采空区一般距地表较近，采用极限平衡分析方法计算维持巷道顶板稳定的临界深度 H_0。取采空段以下以巷道单元长度为计算单元体，则作用在巷道顶板上的压力按式 (4.7-51) 计算：

$$
\begin{aligned}
Q &= G - 2F \\
Q &= \gamma H \left[2a - H \tan\varphi \tan^2\left(45° - \frac{\varphi}{2}\right) \right]
\end{aligned}
\tag{4.7-51}
$$

由式 (4.7-51) 可知，当 H 增大到某一定深度时，顶板上方岩层恰好能保持自然平衡（ $Q = 0$ ）而不塌陷，这时的 H 称为临界深度：

$$H_D = \frac{2a}{\tan\varphi\tan^2\left(45° - \dfrac{\varphi}{2}\right)} \tag{4.7-52}$$

式中：G——巷道单位长度顶板上岩层所受的总重力（kN/m）；

$2a$——巷道宽度（m）；

γ——岩层的重度（kN/m³）；

H——巷道顶板的埋藏深度（m）；

φ——顶板岩层的内摩擦角（°）。

（2）当建筑物已修建于小窑采空区的影响范围以内时，可按式(4.7-53)近似地验算地基的稳定性。设建筑物其底的单位压力为R（kN/m²），则作用在采空段顶板上的压力Q为：

$$Q = G + 2aR - 2F$$
$$Q = \gamma H\left[2a - H\tan\varphi\tan^2\left(45° - \frac{\varphi}{2}\right)\right] + 2aR \tag{4.7-53}$$

由式(4.7-53)可知，当H增大到某一深度时，使顶板岩层恰好保持自然平衡（即$Q = 0$），此时的H称为临界深度：

$$H_D = \frac{2a\gamma + \sqrt{4a^2\gamma^2 + 8a\gamma R\tan\varphi\tan^2\left(45° - \dfrac{\varphi}{2}\right)}}{2\gamma\tan\varphi\tan^2\left(45° - \dfrac{\varphi}{2}\right)} \tag{4.7-54}$$

（3）当$H < H_D$时，顶板及地基不稳定；$H_D < H < 1.5H_D$时，顶板及地基稳定性差；$H > 1.5H_D$时，顶板及地基稳定。

7.5　采空区处置措施

采空区工程建设场地稳定性评价分为稳定、基本稳定、不稳定三种程度。对于稳定的建设场地，可以采取简易抗变形结构措施；对于基本稳定的建设场地，可以选用抗变形结构措施、采空区治理措施或者两者的结合；对于不稳定的建设场地，应当避免进行建设，或者采用采空区处理措施，保障建设场地稳定性。

1. 建筑抗变形处理与预防措施

在采空区设计新建筑物时，应充分掌握地表移动和变形的规律，分析地表变形对建筑物的影响，选择有利的建筑场地，采取有效的建筑和结构措施，保证建筑物的正常使用功能。

（1）应选择地表变形小、变形均匀的地段，并应避开地表裂缝、塌陷坑、台阶等分布地段，不得将同一建（构）筑物置于地基土层软硬不均的地层上。

（2）建筑物平面形状应力求简单、对称，以矩形为宜，高度尽量一致。建筑物或变形缝区段长度宜小于20m。

（3）应采用整体式基础，加强上部结构刚度，以保证建筑物具有足够的刚度和强度。

（4）在地表非连续变形区内，应在框架与柱子之间设置斜拉杆，基础设置滑动层等措施。在地表压缩变形区内，宜挖掘变形补偿沟。

2. 采空区工程治理方法

煤矿采空区工程治理方法可采用注浆法、干（浆）砌支撑法、开挖回填法、巷道加固法、强夯法、跨越法、穿越法等，其主要适用范围如表 4.7-21 所示。工程治理方法应根据工程特点及处治目的、采空区地质条件、开采方式、拟建建（构）筑物地基条件、现场施工条件等综合确定。

煤矿采空区工程治理方法　　　　　　　　　　　　　　表 4.7-21

覆岩类型	垮落类型	变形特征	处理方法		
			采空区类型		
			浅层采空区	中层采空区	深层采空区
局部坚硬岩	拱冒型	采用长臂跨落法开采形成"自然拱"或无支撑"砌体拱""板拱"，地表变形轻微	穿（跨）越法、干（浆）砌体法、局部充填法	穿（跨）越法、干（浆）砌体法	干（浆）砌体法、局部灌注或全灌注充填
主要为坚硬岩	弯曲型	采用条带法或刀柱法开采形成"悬顶"，煤柱面积一般占 30%～35%，覆岩稳定，地表变形最大值小于煤层采高的 5%～15%	穿（跨）越法、干（浆）砌体法、局部充填法	穿（跨）越法、干（浆）砌体法	干（浆）砌体法、局部灌注或全灌注充填
主要为坚硬岩	切冒型	采深较小且煤柱面积小于 30%，覆岩不能形成"悬顶"，煤柱失稳，地表突然陷落形成"断陷"式盆地	穿（跨）越法、干（浆）砌体法、局部充填或全灌注充填法	干（浆）砌体法或全灌注充填	局部灌注或全灌注充填
软弱、极软弱岩	抽冒型	急倾斜煤层采深较小或开采覆岩不能形成"悬顶"，地表形成漏斗状陷坑	干（浆）砌体法或剥挖回填法、全灌注充填法	干（浆）砌体法或全灌注充填	局部灌注或全灌注充填

　　注浆法可用于不稳定或相对稳定的采空塌陷区治理。干（浆）砌支撑法可用于采空区顶板尚未完全塌陷、需回填空间较大、埋深浅、通风良好、具有人工作业条件，且材料运输方便的煤矿采空区。开挖回填法可用于挖方规模较小、易开挖且周边无任何建筑物的采空区，回填时可采用强夯或重锤夯实处理。巷道加固法可用于正在使用的生产、通风和运输巷道，或具备井下作业条件的废弃巷道。强夯法可用于埋深小于 10m、上覆顶板完整性差、注浆法可用于不稳定或相对稳定的采空塌陷区治理。干（浆）砌支撑法可用于采空区顶板尚未完全塌陷、需回填空间较大、埋深浅、通风良好、具有人工作业条件，且材料运输方便的煤矿采空区。开挖回填法可用于挖方规模较小、易开挖且周边无任何建筑物的采空区，回填时可采用强夯或重锤夯实处理。巷道加固法可用于正在使用的生产、通风和运输巷道，或具备井下作业条件的废弃巷道。强夯法可用于埋深小于 10m、上覆顶板完整性差、岩体强度低的采空区地段或采空区地表裂缝区的处治。跨越法可用于埋深浅、范围小、不易处理的采空区。当采用桩基穿过采空区时，应分析评价采空区成桩可能性，并应分析采空区沉陷可能性及其对桩基稳定性和承载力的影响，必要时应对采空区进行注浆或浆砌工程处治。

参考文献

[1]　中华人民共和国住房和城乡建设部. 煤矿采空区岩土工程勘察规范: GB 51044—2014[S]. 北京: 中国计划出版社, 2015.

[2]　《工程地质手册》编委会. 工程地质手册[M]. 5 版. 北京: 中国建筑工业出版社, 2018.

[3]　吴侃, 汪云甲, 王岁权. 矿山开采沉陷监测及预测新技术[M]. 北京: 中国环境科学出版社, 2012.

[4]　李宏杰, 张彬, 李文. 煤矿采空区灾害综合防治技术与实践[M]. 北京: 煤炭工业出版社, 2016.

[5]　刘小平. 我国建 (构) 筑物场地下伏煤矿采空区勘察技术进展[J]. 煤田地质与勘探, 2022, 52(4): 139-146.

[6]　刘宝琛, 张家生, 廖国华. 随机介质理论在矿业中的应用[M]. 长沙: 湖南科技出版社, 2004.

[7]　国家煤炭工业局. 建筑物、水体、铁路及主要井巷煤柱留设与压煤开采指南[M]. 北京: 煤炭工业出版社, 2017.

[8]　铁道部第一勘测设计院. 铁路工程地质手册[M]. 北京: 中国铁道出版社, 1999.

[9]　中华人民共和国交通运输部. 采空区公路设计与施工技术细则: JTG/T D31—03—2011[S]. 北京: 人民交通出版社, 2011.

[10]　中华人民共和国住房和城乡建设部. 煤矿采空区建 (构) 筑物地基处理技术规范: GB 51180—2016[S]. 北京: 中国计划出版社, 2017.

第8章　地面沉降勘察评价

8.1　概述

地面沉降广义上讲,是指因自然因素和人类活动造成的地面高程降低的一种地质现象,严重时成为地质灾害。工程意义上讲主要指抽吸地下水或油气引起的区域性地面沉降,其具有显著的缓变性、区域性和难以恢复等特点。

8.1.1　国内外地面沉降情况

由于超采地下水诱发的地面沉降问题已经成为全球的一个突出问题。全世界已经有 34 个国家、200 多个地区发生了过量开采和工程施工抽降地下水诱发的地面沉降。中国、印度尼西亚、日本、伊朗、荷兰、意大利、美国和墨西哥等地面沉降问题较为突出。

8.1.2　地面沉降危害

地面沉降减少含水层系统储水能力、引发地裂缝、损坏建筑物和市政基础设施、增加了洪水风险等;预计未来几十年,随着经济增长对地下水需求的增加,叠加上可能出现的干旱,地面沉降及造成的相关问题会在全球范围内进一步加剧。

8.2　地面沉降成因机理

8.2.1　地面沉降成因

地面沉降成因包括自然因素和人为因素,引起的地面沉降原因见表 4.8-1。地面沉降的地质环境模式见表 4.8-2。

引起地面沉降原因一览 　　　　　　　　　　　　　　　　　　　　　　　表 4.8-1

诱发因素		地面沉降特点
自然因素	新构造运动	以垂直升降为主的新构造运动使地面随基地而升降,运动速率低,持续时间长
	强烈地震	在短期内可引起区域性地面垂直变形,历时短;强震导致的软土震陷、砂土液化也可造成局部地面下沉
	气候变暖引起海平面相对上升	气候变暖,冰川消融,海平面相对上升,沿海地区地面相对下降
	岩溶塌陷地面沉降	由于地下水长期自然坡降潜蚀、溶蚀、真空吸蚀等作用导致岩溶洞(孔)隙中和其上伏覆盖层土体流失,从而引起地面塌陷和不均匀沉降
	欠压密土的天然固结	欠固结土在土自重压力下的固结作用和正常固结土的次固结作用,使土层压缩变形引起地面沉降

诱发因素		地面沉降特点
人为因素	大面积开采地下液体、气体	是产生大面积、大幅度地面沉降的主要因素，具有沉降速率大，持续时间长的特点
	大面积地面堆载	厚层软土在大面积地面堆载（如填土、建材等）影响下产生压缩面结形成地区性地面沉降
	开采地下固体矿藏	地下矿藏大面积采空使地表下沉变形，形成凹陷盆地
	建筑荷载	建筑荷载对地层带来的压缩，尤其是城市建设规模化建筑群产生的荷载，引发的地表下沉
	基坑工程降、排水引起的地面沉降	基坑降排水，尤其是深基坑工程降水引起的地面沉降，岩溶发育地区，由于人工降低地下水位或由于打桩等施工震动导致岩溶上伏覆盖层土体流失，从而引起地面塌陷和不均匀沉降
	动荷载	人为产生的随时间而变化的荷载，如公路汽车、高铁机车、机械设备震动等动荷载引起土体发生的垂向压缩
	地下空间开发	地铁盾构施工、人工开挖后回填不密实等地下空间开发引发的沉降

地面沉降的地质环境模式　　　　　表 4.8-2

模式	地层构成	地区举例
冲积平原	河床沉积土—以下粗上细的粗粒土为主泛原沉积土—以细粒土为主的多层交互沉积结构	黄淮海平原、长江下游平原
三角洲平原	海陆交互相沉积，具有多个含水系统并为较厚的黏性土层所交错间隔	长江三角洲、海河三角洲
断陷盆地	冲积、洪积、湖积及海相沉积物所组成的粗细粒土交错沉积层，其厚度及粒度受构造沉降速度、沉积韵律等因素的控制	近海式—台北盆地内陆式—汾渭盆地

8.2.2　地下水超采诱发的地面沉降

一定地区一定时段地下水补给和开采（抽排）量的平衡关系，亦称地下水均衡。当地下水量开采大于补给时，则含水层的储水量减少，地下水位下降，说明地下水处于超采状态。

土的固结理论认为，引起土层受压变形的总应力由两部分组成：由土颗粒承担的有效应力和由孔隙中水承担的孔隙水压力。过量开采地下水，使含水层的水头或水位下降，导致孔隙水压力减小，而总应力不变，有效应力必然相应增加，等同于给土层施加一附加应力。即抽水前应力平衡状态可表达为下式 $p = \sigma + u_w$ 抽水后随着水压下降了 u_f，土层中孔隙水压力随之下降，颗粒间浮托力减少，但由于抽水过程中土层的总压力基本保持不变，故此下降的 u_f 值即转化为有效应力增量，即抽水后应力平衡状态可表达为下式：

$$p = (\sigma + u_f) + (u_w - u_f) \tag{4.8-1}$$

（1）砂层中水位下降的力学效应

水头下降导致液压减小，有效应力增加。对承压含水层，水头下降，浮托力降低，使原由该水头压力所承担的上部土层的重量转移到土骨架上，等于给含水砂层施一附加压应力；对潜水含水层，水位下降，被疏干段浮力消失，使上的自重由有效重度变为湿重度，有效应力增加，土层发生压密变形。

（2）黏性土水头下降的力学效应

黏性土层中任一点的有效应力增量等于该点的渗透压力与顶板处有效应力增量之和。在含水砂层中抽水，由于压力的传导作用，不论是承压含水层的浮托力降低，还是潜水段的浮力消失，均使其下伏黏性土上端边界孔隙水压力下降，有效应力增加，它相当于对下伏黏性土层施加一外荷载。

抽水使黏性土层上下端边界水头不一致，产生水头差和水头梯度，从而形成孔隙水渗流，渗流作用于土骨架上的力即为渗透压力。

$$\overline{D} = -\frac{1}{2}\Delta h \cdot \gamma_w \tag{4.8-2}$$

式中：$\overline{D}$——黏性土层的平均渗透压力（kN/m^2）；

　　　Δh——黏性土层顶板与底板间的水头差（m）；

　　　γ_w——地下水重度（kN/m^3）。

（3）抽水作用下黏性土固结方程

抽水区水位下降的范围远远大于可压缩层的厚度，故黏性土层的抽水固结问题，可按一维渗透固结考虑。抽水固结方程与太沙基的加荷固结方程相同，即：

$$\frac{\partial u}{\partial t} = C_V \frac{\partial^2 u}{\partial Z^2} \tag{4.8-3}$$

$$C_V = \frac{K}{\gamma_w \cdot m_v} \tag{4.8-4}$$

式中：C_V——固结系数（cm^2/s）；

　　　K——渗透系数（cm/s）；

　　　m_v——体积压缩系数（MPa^{-1}）。

黏性土层上下呈单面透水时，上述微分方程的固结度表达式为：

$$U \approx 1 - 0.8e^{-T} \tag{4.8-5}$$

$$T = \frac{\pi^2 \cdot C_V}{4h^2}t \tag{4.8-6}$$

式中：U——固结度（%）；

　　　T——时间因子；

　　　e——自然对数底数；

　　　h——排水最长距离，当土层为单面排水时，为土层的全部厚度，当土层上下双面排水时为土层厚度的一半。

　　　t——固结历时。

8.3　地面沉降勘察

8.3.1　总体要求

（1）对已发生地面沉降的地区应查明地面沉降的原因和现状，预测发展趋势，提出控制和治理方案。

（2）对可能发生地面沉降的地区应结合水资源评价预测发生地面沉降的可能性，并对可能的沉降层位作出估计，对沉降量进行估算，提出预防和控制地面沉降的建议。

8.3.2　地面沉降现状调查

（1）对地面沉降应按精密水准测量要求进行长期观测，并按不同的地面沉降结构单元体设置高程基准标、地面沉降水准点和分层标。

高程基准标：设立在不受抽吸地下水影响的地层上，以衡量地面沉降量的基准。

地面沉降水准点：用于观测地面沉降的地面水准点。

分层标：用于观测地下某地层沉降变化，通常与基岩标联合使用。

（2）对地下水的水位升降、开采量、回灌量、化学成分、污染情况及孔隙水压力消散和增长情况进行观测。

（3）调查地面沉降对建筑物的影响，包括建筑物的变形、倾斜、裂缝及发生时间和发展过程。对于重要线性工程，尤其是输水、输气、输油管线和高速铁路等重要生命线工程发生的形变进行重点调查。

（4）绘制不同时间的地面沉降等值线图，并分析地面沉降中心与地下水位降落漏斗的关系、地面回弹与地下水位反漏斗的关系。

（5）分析地面沉降在时间、地点及地下水位开采、回灌等不同情况下的变化规律。

（6）绘制以地面沉降为主要特征的专门工程地质分区图。

8.3.3　成因调查

1. 工程地质条件

（1）场地的沉积环境和年代、地貌单元，有无碳酸盐类地层分布及岩溶发育程度，并查明第四纪冲积，湖积和浅海相沉积的平原或盆地以及古河道、洼地、河间地块等微地貌单元。

（2）第四纪松散堆积物的岩性、厚度和埋藏条件，并查明硬土层和软弱压缩层的分布。必要时尚可根据地层分布，划分出不同地面沉降地段的地质结构单元。

（3）测定在最大取土深度范围内的可压缩层和含水层的变形特征。当地下水位升降频率、幅度较大时，尚可模拟水位升降变化进行土的反复载荷试验，并测定土的压缩与回弹特性。

2. 地下水埋藏条件

（1）第四系含水层的水文地质条件，包括含水层的岩性、渗透性、单位涌水量、矿化度等。

（2）地下水埋藏深度和承压性质，含水层间或地下水与地面水间的水力联系。

（3）地下水的补给、径流，排泄条件及有关参数，隔水层越流的可能性。

3. 地下水动态

（1）历年地下水的开采回灌量，开采的含水层、段，分析侧向补给的可能和水量及在总取水量中的比例。

（2）历年地下水位、水头的变化幅度和速率。

（3）地下水位下降漏斗的形成和发展过程及回灌时地下水反漏斗的形成动态。

其他主要人类活动方面，对基坑降排水、动荷载、地下空间开发、建筑荷载和大面积堆载等进行调查。

8.3.4　勘察阶段与方法

根据调查区有无明显的地面沉降现象，把勘察分为 2 个阶段，不同阶段勘察工作的任务，方法手段和内容也有所不同，见表 4.8-3。

地面沉降勘察阶段划分

表 4.8-3

勘察阶段	任务要求	主要工作内容方法	最终目的
无明显地面沉降现象区的地面沉降勘察	初步查明调查区的有关自然地理和地质条件；评估各因素影响地面沉降的可能性及其发展趋势	收集资料，开展地面调查；布少量勘探孔，取水、土试样试验；资料整理，分析研究	预测与预防地面沉降现象的发生，制定预防措施
明显地面沉降区的地面沉降勘察	查明调查区的有关自然地理和地质条件；掌握地面沉降的时空分布规律；查清地面沉降的主要原因，评价各因素的影响强度	收集资料，开展地面调查；布设勘探孔，取水、土试样试验；建基岩标，分层标和长期观测孔；进行地面沉降监测	制定控沉措施；评价地下水可采资源；防治地面沉降引起的灾害

8.3.5　勘探网的布设

1. 勘探网的布设

（1）沿地面沉降或地下水下降漏斗的长、短轴方向布置"十"字形、"井"字形或网格状勘探点。分别布设水文地质孔和工程地质孔，进行抽水试验、地下水长期观测和埋设基岩标、分层标等。

（2）勘探点间距：一般地区 3000m，主剖面线上 1000m，重点地段适当加密。

（3）孔深：控制孔应揭露基岩，水文地质孔达主要开采层底板，工程地质孔揭露沉降层底板。

2. 钻探技术要求

（1）抽水试验孔的技术要求：泥浆护壁钻进，每 2m 取土样一件；孔径，开孔 500～550mm，终孔 400mm；滤水管直径 146mm，长度不小于含水层厚度 2/3；洗井后，对主要含水层做分层抽水试验并取水样。

（2）工程技术孔的技术要求：全岩芯钻进，连续取芯，黏性土取芯率 > 70%，砂类土 > 50%；每 2m 取原状土试样一件，确保取土试样质量进行强度试验、固结试验；在砂性土中用单动双管钻具或取原状土试样。

3. 孔隙水压力观测孔技术要求

（1）孔隙水压力测头埋设在黏性土层中，以观测土层中各点的孔隙水压力变化。

（2）孔隙水压力测头形式：孔隙水压力测头分为管式（单管式和双管式）与膜式（差动式、钢弦式和薄膜式）两大类。现多采用单管式测头。

（3）观测孔技术要求：孔径 130～170mm；孔深视最深一个测头的埋设位置而定；一个孔内埋设 4～5 个测头；测头周围充填砂滤层；测头间距应大于 5m，并设置黏土球止水，严防各测头间水力沟通。

4. 基岩标与分层标的技术要求

（1）基岩标埋设于稳定基岩内，分层标分别埋设在各压缩层中，通过定期测量求得各土层的变形值。

（2）基岩标与分层标均由保护管、标杆、标底、扶正器和标头等组成，技术要求见表 4.8-4。

各类标技术要求一览　　　　　　　　　　　　　　表 4.8-4

标类项目	基岩标		分层标		
	钢管式	钢索导正式	托盘式	套筒式	套筒插入式
保护套	φ89～146 无缝钢管	φ203 铸铁管或φ300 水泥管	φ108 钢管，下端高于孔底 1.5m 左右		
标杆	φ42～73 无缝钢管	φ42～50 无缝钢管			
扶正方式	滚轮扶正器间距 5～6m	用平衡锤拉紧，φ1.0～1.5mm，19 股碳素弹簧钢丝索	滚轮扶正器间距 5～6m	扶正器间距 5～6m	
标底形式	标杆与新鲜基岩相接灌注水泥砂浆		标杆装接于托盘上	标底加设保护套筒	爪形器插入土层
管内填充物	重柴油	清水	重柴油	重柴油	重柴油

8.3.6　测试及分析

1. 现场抽水试验

对主要含水层做分层抽水试验，分别确定各层的渗透系数K值、导水系数T值和弹性储水系数S值。

2. 水质分析

水质简分析是地面沉降勘察和地下水动态观测工作的重要组成部分，是分析研究地下水补给、径流，排泄条件和开展在人工采灌条件下地下水防污监测的重要内容。

3. 常规土工试验及颗粒分析

包括：含水率（w）、密度（ρ）、相对密度（G_s）、液限（ω_L）塑限（ω_P）、抗剪强度（c、φ）、压缩试验（a_V、E_s）、固结系数（C_V）和颗粒分析。

4. 高压固结试验

目的是确定土层先期固结压力（P_C），当土的自重压力较大时，a_V、E_s、C_V 也应由高压固结试验求得，最大压力可达 8～16MPa。

5. 循环加荷固结试验

含水层在抽灌水影响下，其水位是变化的，为确定在水位变化条件下压缩性指标，需进行循环加荷固结试验，荷载大小和形式应尽量模拟含水层水位的实际波动情况。

8.4　地面沉降监测

通过对调查区的地下水动态，地层应力状态、土层变形和地面沉降等的定期观测，取得实测动态变化数据，以便为地面沉降分析、预测及制定防治措施提供依据。

8.4.1　监测系统的布设

地面沉降监测系统一般包含地面沉降监测站网、水准监测网、GPS 监测网、InSAR 监测网，以及地下水动态监测网。

8.4.2　监测方法

8.4.2.1　地下水动态观测

地下水动态观测内容有：地下水开采量、人工回灌量及水位、水温、水质等，各项观测的技术要求见表 4.8-5。

地下水动态观测一览　　　　　　　　　　　　表 4.8-5

观测要求		井点布设	设备	观测要求	资料整理要求
地下水采灌量		工作区内所有开采井、回灌井	水表计量装置，水表精度为 0.1m³	每月观测 1～3 次，观测精度 ±1m³	分别按单井、含水层、地区和时间统计
地下水位		沉降区及邻近区均匀布点，重点加密	电测水位计或自记水位仪等	水位变幅较大时，5 天一次；一般 10～30 天一次，观测误差 0.03m	绘制单孔地下水位历时曲线；编制年度水位等值线图
地下水温	面测	在采灌区均匀布点，重点加密	水银或酒精温度计	抽水后地表量测；每年 1～2 次，观测精度±0.1℃	编制地下水温等值线图
	点测	在回灌区布设十字观测剖面线	半导体点温计；观测精度±0.02℃	自水面至含水层底板布测温点；含水层及常温带以上每米一点，其他层段 5m 一点；1～3 次/月	绘制单孔水温垂直变化曲线及观测剖面上的等水温线图
地下水质		采样井均匀布置，尽量不使用经回灌的开采井	开泵抽水采样	丰水期、枯水期、回灌前及开采后各采水样一次	编制丰（枯）水期、回灌前及开采后的水化学类型图、矿化度图、氯离子及有害物质分布图

8.4.2.2　孔隙水压力观测

（1）监测井布设一般与分层标组同步布设，宜在同一含水层组布设相应的孔隙水压力监测井。

（2）孔隙水压力计的量程应结合监测精度确定，上限值宜大于静水压力值与预估的超孔隙水压力值之和的 100～200kPa。

（3）孔隙水压力计埋设结束后，连续观测 3 天，取稳定后读数的平均值或中值为监测初始值。

（4）监测过程中，根据孔隙水压力变化规律，采用跟踪、逐日或多日等不同的观测频率进行数据测试。

（5）孔隙水压力监测精度不宜低于 0.5%F·S。

（6）孔隙水压力监测频率不少于 1 次/月。

8.4.2.3　土层变形观测

（1）土层变形观测是通过对不同埋深分层标进行的定期测量。施测精度应达到国家一等水准测量的要求。

（2）在有基岩标的地区以基岩标为基点，否则以最深的分层标为基点，定期测量各分层标相对于基点的高差变化，以计算土层的分层变形量。

（3）观测周期：一般对主要的分层标每 10 天测量一次，其他分层标组每 30 天测段一次。

（4）资料整理：应分别计算本次沉降量、累计沉降量和各层土的变形量。

8.4.2.4　地面沉降水准测量

1）水准监测网由水准基准点和水准点组成，应采用一、二等水准闭合环方式布设，基准点应是基岩标或基岩水准点。

2）水准点的布设应符合下列要求：

（1）监测网水准点间距应满足区域地面沉降监测的要求，宜按 0.5～2.0km 布设。

（2）水准点位应选在地势平坦、坚实稳固、通视条件较好的位置，避开地下设施地段，并能反应地面沉降特点和变化趋势。

（3）一、二等水准网的节点应选取基岩标、深标或其他稳定的点，不得选用新埋设水准点和临时转站点。

（4）水准点的标志类型、埋设要求及提交资料等应符合现行《地面沉降测量规范》DZ/T 0154、《国家一、二等水准测量规范》GB/T 12897 的有关规定。

3）水准路线的布设应符合下列要求：

（1）应尽量利用已测定的、较稳定的国家水准路线。

（2）水准路线应垂直于或斜交于不同地质单元。

（3）应穿越构造带、地下水开采区、地面沉降和地下水漏斗中心，并沿道路等较平缓、通视条件好的区域布设。

（4）应尽量避开堆土区、河湖、山谷等阻碍观测地带以及可能遭受较大震动和交通影响的区域。

4）采用水准法进行区域地面控制监测时，监测频率宜不少于 1 次/年，变形异常时应加密监测。

5）地面沉降水准监测应符合现行《地面沉降测量规范》DZ/T 0154 和《国家一、二等水准测量规范》GB/T 12897 的有关规定。

6）沉降观测资料整理

（1）进行水准网平差与插线高程计算，求得各水准点的沉降量。

（2）确定等值线间距，编制沉降量等值线图。

（3）以面积为权，应用加权平均法计算各沉降区的年均沉降量。

8.5　地面沉降计算与预测

地面沉降计算的目的在于寻求地下水采灌量、地下水位变化量与土层变化之间的数学关系进而预测一定时期内在特定的地下水采灌条件下，水位与沉降的变化规律，求得在某一特定条件下的地下水合理采灌方案，为有关防治措施提供依据。

8.5.1　地下水采灌量与水位的关系

当研究区内，地下水采灌量的时空分布基本定型，水位漏斗明显时，可采用漏斗均衡法建立地下水位标高与采灌量间的均衡方程式：

$$H_t = a_0 + a_1 Q_t + a_2 H'_t \tag{4.8-7}$$

式中：H_t、H'_t——分别为漏斗中心区 t 和 t' 时刻平均水位标高；

$\qquad Q_t$——漏斗区内 t 到 t' 时刻的总出水量；

a_0、a_1、a_2——待定系数，可将实测不同时刻的总出水量与水位标高带入式中，可得各待定系数的代数方程组，求得 a_0、a_1、a_2 的反求值。

8.5.2　地下水位与土层变形量的关系

研究地下水位与土层变形的关系，其目的在于求得在含水层水头升降作用下，含水砂层及相邻的黏性土层的变形过程和最终沉降量。当多层同时抽灌水时，应分层计算后叠加，求得整个覆盖层总的变形量。

1）分层总和法计算地面沉降量

（1）砂层变形量计算

含水砂层的变形与水位变化相关性较好，压缩量较小，基本满足弹性变形规律，用分层总和法计算：

$$S_\infty = \frac{\Delta P}{E} H \tag{4.8-8}$$

式中：S_∞——最终变形量（mm）；

　　　　H——计算土层的厚度（mm）；

　　　　ΔP——由于地下水位变化施加于土层上的平均荷载（MPa）；

　　　　E——砂层的弹性模量（MPa），压缩时为E_s，回弹时为E_e。

砂层的弹性模量（E_s，E_e）可由室内固结试验求得，也可用实测的水位和土层变形资料反算求得。

（2）黏性土层最终变形量计算

$$S_\infty = \frac{a_v}{1 + e_0} \Delta P \cdot H \tag{4.8-9}$$

式中：a_v——压缩系数（MPa^{-1}），压缩时为a_{vc}，回弹时为a_{vs}；

　　　　e_0——初始孔隙比。

2）用压缩指数计算变形量

（1）对于正常固结土

$$S_\infty = H \frac{C_C'}{1 + e_0} \lg \frac{p + \Delta p}{p_0} \tag{4.8-10}$$

当有效应力大于先期固结压力时，土层沉降量计算式为：

$$S_\infty = \frac{H}{1 + e_0} \left(C_C' \lg \frac{p_c}{p_0} + C_C \lg \frac{p_0 + \Delta p}{p_c} \right) \tag{4.8-11}$$

（2）考虑次固结时的计算法

软土，尤其是加荷量小或水位下降幅度小的厚层淤泥质土，次固结量在总沉降量计算时不容忽视，其值按下式计算：

$$S_s = \frac{H}{1 + e_0} C_a \lg \frac{t_2}{t_{100}} \tag{4.8-12}$$

式中：S_s——次固结沉降量（mm）；

　　　　C_a——次固结系数；

　　　　e_0——主固结完成时土层的孔隙比；

　　　　t_{100}——压缩曲线上相当于主固结为100%的时间；

　　　　t_2——需要考虑的次固结时间。

3）单位变形量法计算地面沉降

假定土层变形量与水位升降幅度及土层厚度之间呈线性比例关系，一般以已有的预测期前3～4年的实测资料为依据. 计算土层在某一特定时段（水位上升或下降）内，含水层水头每变化1m时相应的变形量，称为单位变形量，按下列公式计算：

$$I_s = \frac{\Delta S_s}{\Delta h_s} \tag{4.8-13}$$

$$I_c = \frac{\Delta S_c}{\Delta h_c} \tag{4.8-14}$$

为反映地质条件和土层厚度的关系，将上述单位变形量除以土层的厚度 H（mm），称为该土层的比单位变形量，按下列公式计算：

$$I'_s = \frac{I_s}{H} = \frac{\Delta S_s}{\Delta h_s H} \tag{4.8-15}$$

$$I'_c = \frac{I_c}{H} = \frac{\Delta S_c}{\Delta h_c H} \tag{4.8-16}$$

在已知预期的水位升降幅度和土层厚度的情况下，土层预测回弹量按下列公式计算：

$$S_s = I_s \cdot \Delta h = I'_s \cdot \Delta h \cdot H \tag{4.8-17}$$

$$S_c = I_c \cdot \Delta h = I'_c \cdot \Delta h \cdot H \tag{4.8-18}$$

式中：I_s、I_c——水位升、降期的单位变形量（mm/m）；

Δh_s、Δh_c——同时期的水位升降幅度（m）；

ΔS_s、ΔS_c——相当于该水位变幅下的土层变形量（mm）；

I'_s、I'_c——水位升、降期的比单位变形量（1/m）；

S_s、S_c——水位上升或下降时，厚度为 H（mm）的土层预测沉降量（mm）。

8.5.3　地下水开采量与地面沉降的相关分析与利用

当地面沉降主要由过量开采地下水面引起时，可利用地面沉降勘察与监测资料建立沉降量与开采量之间的相关关系，既可进行沉降预测，也可按控沉目标（年均沉降量）来制定年开采量。天津市历年累计开采量与历年累计沉降量的相关式为：

$$\sum S = 42.59 + 7.8 \times 10^{-3} \sum Q \tag{4.8-19}$$

$$S_0 = 42.59 + 7.8 \times 10^{-3}(\sum Q + \sum Q_0) - \sum S \tag{4.8-20}$$

式中：$\sum S$——历年累计沉降量（mm）；

$\sum Q$——历年地下水开采量（$\times 10^4 \text{m}^3$）；

Q_0——下一年度的计划开采量（$\times 10^4 \text{m}^3$）；

S_0——下一年度沉降量预测值（mm）。

8.5.4　临界水位值的确定与应用

在地面沉降工作中，地下水临界水位是指不引起地面沉降或不引起明显地面沉降的地下水位。如果开采地下水使水位下降超过临界值，就要引起地面沉降，超值越大，所引起的沉降量越大。因此，临界水位是制订合理开发利用地下水资源方案的重要科学依据。

临界水位可根据地面沉降速度、地面累计沉降量、模拟方程等方法确定。天津对于超固结地层，应用先期固结压力确定的临界水位值也符合实际。

$$h_{临} = h_0 - \frac{p_c - p_0}{\gamma_w} \tag{4.8-21}$$

式中：$h_{临}$——地下水临界水位标（m）；

h_0——原有效上覆压力时的地下水位标高（m）。

8.6　地面沉降防治

区域性地面沉降具有不可逆性，地面一旦下沉其标高难以恢复。因此，对已发生地面沉降危害的城市，一方面应根据所处地理环境和灾害程度，因地制宜采取治理措施，以减轻或消除危害；另一方面，还应在查明沉降影响因素的基础上，及时采取控制地面沉降继续发展的措施。

8.6.1　防治措施（表 4.8-6）

地面沉降的危害及治理措施　　　　　　表 4.8-6

危害类型		治理目标	治理措施
直接危害		修复被损工程	修补受损的建（构）筑物、道路、码头、地下管线、取水设施等
间接危害	潮水侵袭	抵御潮水登陆	沿海建造、加高、加固防潮墙，在主要潮汐河入海口建防潮闸
	洪涝灾害	提高防洪排涝能力	加高堤防，增建排水泵站，整修下水管道，增高干道路面等

8.6.2　防治方法

控制地面沉降，就是要针对引起沉降的主要原因，采取不同的控制沉降的措施：

1）在地面沉降主要由新构造运动或是海平面相对上升而引起的地区，应根据地面沉降或海面上升速率和使用年限等采取预留标高措施。

2）在古河道新近沉积分布区，对可发生地震液化塌陷地带，可采取挤密碎石桩、强夯等工程措施。

3）在欠固结土分布区和厚层软土上大面积回填堆载地区，可采用强夯、真空预压或固化软土等措施。

4）对因过量开采地下水而引起的地面沉降，则应采取控制开采量、调整开采层次、开展人工回灌、开辟新的水源地等综合措施，其中压缩地下水开采量使地下水恢复是控制地面沉降的主要措施。

（1）限制地下水开采量

压缩开采量使地下水开采量不大于容许开采量的范围是控制面沉降的根本对策。确定地下水容许开采量的方法主要有相关分析法、临界水位法、水均衡法等。

（2）地下水人工回灌措施

通过人工注水，增加地下水的补给量，以稳定或抬高地下水位，进而缓和或控制地面沉降；回灌还可以改善水质，进行地下储能。

回灌方法可根据水文地质条件采用真空回灌或压力回灌。回灌井的布设则应考虑水文地质条件、开采现状、地下水动态、单井回灌量及回灌影响半径等因素，统一规划，均匀布置，重点加密。严格控制回灌水源的水质标准，以防地下水被污染。

干涸河道生态补水是防治地面沉降，增补区域地下水的有效办法。我国北方城市在接受"南水北调"工程补水后，为合理调配水资源，防治地面沉降，开展的河道生态补水工作，对于减缓地面沉降发育速率起到了很好的作用。

（3）调整地下水开采层次

由于水文地质条件和土的工程特性不同，在相同开采量下，各土层可能产生的沉降量将有较大的差异。一般地，深层土较密实，其强度和模量值均较高，在相同水位降深作用下，深部地层所产生的变形量要比浅部土层小得多。因此，可通过适当增加深部含水层开采量、适当增加渗透性能好而层厚大的含水层开采量所占比例，来达到减少地面沉降总量的目的。

参考文献

[1]　林宗元. 简明岩土工程勘察设计手册[M]. 北京: 中国建筑工业出版社, 2003.

[2]　国家市场监督管理总局. 地质灾害危险性评估规范: GB/T 40112—2021[S]. 北京: 中国标准出版社, 2021.

[3]　北京市市场监督管理局. 地质灾害监测技术规范: DB11/T 1677—2019[S]. 2019.

[4]　中华人民共和国国土资源部. 地面沉降调查与监测规范: DZ/T 0283—2015[S]. 北京: 中国标准出版社, 2015.

第 9 章　地裂缝勘察评价

9.1　地裂缝概述

9.1.1　地裂缝概念

地裂缝，广义上指地表岩土体产生的一种沿一个方向或多个方向的线性破裂延展现象。狭义上指岩土体在自然或人类活动作用下形成的具有一定延展方向、长度、宽度和活动特征，对工程建设及运行有一定不利作用的裂缝。

当内外力作用与积累超过岩土层内部的结合力时，岩土层发生破裂，其连续性遭到破坏，在地下因遭受周围岩土层的限制和上部岩土层的重压作用其闭合比较紧密，而在地表则由于其围压作用力减小，又具有一定的自由延伸空间，使其沿着某一方向延展，时隐时现，即为地裂缝。

地裂缝灾害是地质灾害中地面变形灾害中的一种，它会直接或间接地恶化环境、危害人类和生物圈发展，造成各类工程建筑（如城市建筑、生命线工程、交通、农田、水利设施等）的直接破坏，严重制约城市建设和经济发展。因此，研究地裂缝的分布、分类、活动规律及灾害特征，制定一系列地裂缝场地的勘察要求、方法与工程设计措施，从而实现防灾减灾的目的。

9.1.2　地裂缝分布

21 世纪以来，我国地裂缝的发展趋势持续增加，表现为已有地裂缝的不断延伸和新的地裂缝不断出现，目前已在全国 25 个省和 3 个直辖市累计发现地裂缝 5000 余条，主要分布在汾渭盆地、河北平原和长江三角洲等地区，造成的经济损失约占社会总经济损失的80%。详见表 4.9-1。

地裂缝统计 表 4.9-1

地区	截至 2015 年出露地裂缝/条	巨型地裂缝（长度＞1km）/条	造成经济损失/亿元
河北平原（京津冀）	1100	85	24.0
汾渭盆地（陕、晋）	612	207	36.2
江苏省	＞650	0	13.0
山东省	480	0	6.2
安徽省	＞550	0	4.0
河南省	＞650	0	6.2
其他地区	960	3	1.7
合计	＞5002	295	91.3

我国地裂缝尽管在展布特征、发育规律、运动特征和灾害特征等方面有很大的差异，但仍然存在明显的群集性和区带性，表现为沿断裂带集中分布（在断裂带两侧一定范围内）、顺地貌分界线展布（地裂缝走向基本平行于地貌分界线走向）、与地面沉降伴生（地裂缝常出露于地面沉降边缘）、在湿陷性黄土区散布以及大中城市群发的特征。

1. 河北平原地裂缝

河北平原位于华北地区东侧，夹于太行山和鲁西隆起之间，是中国的腹地，包括京津冀的全部平原地区，现今地震活动性强且发生频率高，不仅造成了大量人员伤亡，还产生了大量的地裂缝，至 2015 年调查累计发现 1110 条，主要分布在太行山前、冀中坳陷、沧县隆起和临清坳陷 4 个地区。按照发育程度由大到小主要发育走向为 NE5°、NW85°、NW55°、NE30°和 NE50°，其产状与土层构造节理有对应关系，即 NE5°、NW85°和 NW50°走向的地裂缝组成一组，NW55°和 NE30°走向的地裂缝组成另一组。

邯郸地裂缝主要由三组地裂缝带（长短不同的 26 条地裂缝）组成，其展布方向以 NNE-SN 为主，并构成其主体，其次为 NWW-EW 方向，分布位置较分散。邯郸地裂缝具有如下规律：

（1）有明显的线性展布特征，不受地貌、地物影响，穿越不同的工程地质区时径直延伸。

（2）成带性和等距性，各条地裂缝带上多有 1～2 条主地裂缝和多条伴生的次级地裂缝组成带，成带性延伸，同级地裂缝走向相同，断续平行排列。

（3）裂缝带内单条地裂缝平直延伸，但时有弯曲、分叉和斜列现象。剖面上表现为上宽下窄，逐渐尖灭，自上而下呈舒缓波状并有分支现象。

（4）具有同步位错特征，即所有地裂缝皆张开，多数近南北向地裂缝东侧地面下沉、近东西向地裂缝则南侧地面下沉，反映区域 NE 向压应力的作用，且垂直沉降量最大、水平扭动量最小、水平张量居中。

（5）地裂缝因介质组分和物理力学性质的变化，对其上的地面建筑物、道路及地下管线设施影响宽度不一。

（6）地裂缝多位于地下水降落漏斗区，受地面沉降等因素控制，多在漏斗边缘或一侧呈线性分布。

（7）地裂缝发生方式兼有新生性、继承性和不均一性，并具有多点单向或双向破裂特征。

2. 汾渭盆地地裂缝

汾渭盆地位于华北地块的中西部地区，其南倚秦岭山脉，北接阴山-燕山山脉，西靠鄂尔多斯台地，东侧以太行山-中条山为界与华北平原相连，该区域地质构造基底形态、结构复杂，构造活动强烈，且持续发生沉陷，故发育大量地裂缝，截至 2015 年调查累计发现 612 条，主要发育在地面沉降较为严重的断裂沿线，并与地面沉降相伴生，平行于断裂走向，两侧差异沉降明显。

1）西安地裂缝

西安地裂缝是发育在主控断裂临潼—长安断裂F_N上盘的正断层组，分布在西安市区约 155km² 范围内，与抽水引发的地面沉降范围基本一致。根据陕西省标准《西安地裂缝场地勘察与工程设计规程》DBJ 61/T 182—2021，目前西安地裂缝共发育 12 条，大多数是由主地裂缝和分支裂缝组成，少数地裂缝由主地裂缝、次生地裂缝和分支裂缝组成。主地裂缝总体走向北东，近似平行于临潼—长安断裂F_N，倾向南东，与F_N倾向相反，倾角约 80°。次生地裂缝分布在主地裂缝的南侧（上盘），总体倾向北西，在剖面上与主地裂缝组成 Y 形。主要根据黄土梁峁以及黄土洼地的地貌特性向两边延伸。平面上多排列成斜列式、雁列式、锯齿式，每条地裂缝之间近乎等间距排列，宽 1.0～1.5km。剖面特征表现为地裂缝竖向位错移动而引发不同规模的地面断坎，起初表现为裂开型，发展过程中会转变为台阶型和台凹型，最终发展为稳定型。

西安地裂缝具有三维活动特征，以垂直运动为主；主地裂缝表现为南侧（上盘）下降，北侧（下盘）相对上升的正断活动，次生地裂缝表现为北侧（上盘）下降，南侧（下盘）相对上升的正断活动，最大垂直运动速率超过 50mm/a，总体活动速率在 5～35mm/a；水平引张次之，活动速率 2～10mm/a；水平扭动最小，活动速率 1～3mm/a。其活动强度大大超过区域构造活动量（其主控断裂临潼—长安断裂 F_N 年均活动速率仅 2～4mm/a），属超常活动。因此，西安地裂缝是在构造运动的基础上，由于过量开采埋深 80～350m 的承压水引起不均匀地面沉降条件下在地表形成的破裂现象。其具有如下规律：

（1）方向性：西安地裂缝总体较严格地按照 NE75°～85°方向展布，且不受地形、地物的影响。

（2）成带性：12 条地裂缝均有一条主地裂缝和若干条伴生或次生地裂缝组成的宽 5～40m 的裂缝带，最宽可达 110m，成带性定向延伸，地裂缝带总张开量 3～50cm。

（3）似等间距性：12 条地裂缝带的展布大体相互平行，其间距大致相等，这一特征反映了控制各地裂缝带的先存断裂具似平行等间距性的特征。

（4）位错同步性：在历史一定时期内，地裂缝的活动具有位错同步性，其主地裂缝主要向东错移，裂面多为南倾；次生地裂缝主要向西错移，裂面多为北倾。

（5）多级性：作为西安地裂缝主体的一些 NEE 向地裂缝具显著的多级性，同级地裂缝走向相同，侧裂再现首尾相接，排成左行雁列式，组成高一级的裂缝带。

2）大同地裂缝

大同地裂缝实质上是由一系列地裂缝组成的地裂缝带，具有统一的构造背景，有 7 条地裂缝其下部均有活断层存在，且走向完全重合，倾向相同，倾角相近。截至 2018 年共发现地裂缝 11 条，从平面展布上看，主要是由主裂缝及其伴生的次级裂缝组成的地裂缝带，走向大多在 NE30°～80°范围内，与大同市区断裂构造主体方向一致；从剖面上看，主地裂缝一般与下部断层产状一致，倾角较陡，在上盘；活动量较大的次级裂缝，倾角一般为 60°～70°，向下延伸与主裂缝相交，由地面至深处，其活动有上弱下强、上宽下窄的特点，呈现出"Y"形、"断阶"形、"梳状"构造、"弧形"构造等形态。

大同地裂缝的形成方式为多级逐渐相连，贯穿成带，最低级地裂缝一般为羽状、雁列式和斜列式，逐渐发展成锯齿状、藕节状，最终形成波状或弧状的裂缝带。

大同地裂缝具有明显的三维活动特征，即垂直差异沉降、横向水平拉张、纵向水平扭动，活动量大小呈现出垂直沉降量＞水平张量＞水平扭量。同时，在走向上各段活动程度具有差异性，强发育段地裂缝连续，活动程度大，影响宽度大，建（构）筑物破坏严重。

3. 长江三角洲苏-锡-常地裂缝

截至 2015 年，苏-锡-常地区共发现地裂缝 25 条，主要分布在常州武进、无锡锡山、江阴以及张家港等地市。这些地裂缝的裂隙面均不太明显，发育长度较小，仅为数米至数十米，宽度一般在 2～80mm，平面形态则呈线条状，或直或曲或呈雁列式排列，大多在主裂缝两侧分布发育一定宽度的裂缝带，但延伸方向没有统一，即各地裂缝间关联程度较小。剖面上大多呈裂缝两侧上下错移，在地表形成陡坎状或阶步状，有的呈"V"字形开裂状。

苏-锡-常地裂缝在一定时间内具持续发展的特点，一般均在汛期或雨季初现，一旦形成后，沿裂隙面继续跌落加剧，是不稳定的发展状态。在不同的地质环境背景表现出不同的特征。

（1）在有埋藏山体、古埋藏阶地、埋藏基岩陡崖分布发育的地区，如江阴市长泾-河塘-无锡张泾杨墅里地裂缝带，表现为线状地裂缝。

（2）在地下水主采层以上的第四系沉积物，存在明显沉积差异的地区，受地下水疏干因素的影响，多形成半环状发育的与土层结构差异有关的地裂缝，如常州市漕桥地裂缝灾害。

（3）在第四系沉积物中主采含水砂层不太发育或发育较差的地区，通常采取上下含水层综合开采的方法抽取地下水资源，进而在局部地区地下水水位形成局部的降落漏斗，使得局部地区的水力坡度变陡，在地表产生以环状为主的地裂缝，如常州大学城南周村地裂缝灾害。

9.2　地裂缝分类与活动规律

9.2.1　地裂缝的分类

对地裂缝的分类，由于工作目的不同，关注的重点不同，往往采用的分类方法也不同。目前常用的是按形态、力学性质、成因和运动特征进行分类。

1. 按形态分类

地裂缝的形态与发生区域的介质和边界条件、地裂缝形成的力学机制以及形成原因等均具有密切的联系，是某一种力学性质或某一种成因的表观特征。主要依据出露于地表的地裂缝在平面上所展现的形态，包含多条裂缝的组合形态，常见的几何形态如下：

（1）直线形：地裂缝平直，延伸方向稳定，整条裂缝没有发生转折。

（2）弧形：在某种自然条件控制或影响下，呈弧形弯曲。

（3）"S"形：地裂缝中段比较平直，首尾两端呈反方向弧形弯曲，以致整条呈现往返转折的弯曲。

（4）锯齿形：地裂缝像锯齿一样弯曲转折，但整条地裂缝朝一定方向延伸，每一线段与其总体走向均具一定夹角。

（5）"Z"形：地裂缝中段和首尾两段都比较平直，但中间段发生突然转折，首尾两端连线和中段的走向明显不同。

（6）环形：地裂缝围绕着某一环形构造、环形地质体或环形地貌形态而呈环状展布。

（7）雁列形：若干条大致平行的地裂缝，彼此首尾遥相呼应，呈雁行排列，这些地裂缝有的是直线，有的是"S"形。

（8）"人"字或"入"字形：主地裂缝的一侧，有一条分支以一定交角与其相汇，但未切穿主地裂缝，呈"人"字或"入"字形形态。

（9）扫帚形：主地裂缝端部的某一侧，发育了一系列规模较小的地裂缝，它们与主地裂缝的交角大小不一，呈现向某一方向撒开的扫帚形。

（10）"X"形与格子形：多组不同走向的地裂缝，每一组常由相互平行的地裂缝组成，彼此相互交切呈"X"形，总体呈格子形。

（11）放射形：地裂缝自中心部位向周围散开，呈放射状，中心部位一般呈现比其外围高的地貌形态，宽度也由中心向外逐渐变细。

2. 按力学性质分类

地裂缝的发生发展都是在力的作用下进行的，力的性质和作用方向不同，导致地裂缝的形态特征亦不相同。大致可以分为以下五类：

（1）压性地裂缝：在压应力作用下，产生了一组与最大主应力作用方向垂直的地裂缝，宽度较细，延伸较短，平面呈舒缓波状，由于岩土体抗压强度较高（相比抗剪、抗拉强度），故一般较不发育。

（2）张性地裂缝：地裂缝的走向与最大主应力的作用方向平行，或者与最大主张应力的作用方向垂直。裂缝宽度较宽，常呈锯齿状，延伸较差，每一线段延伸不远就转折为另一延伸方向，但整体延伸方向稳定。

（3）扭性地裂缝：扭性地裂缝的走向与最大剪切应力的作用方向平行，与最大主压应力的作用方向大约成45°交角，延伸性较好，产状稳定，往往呈带状雁列式出现。不同走向的两组扭性地裂缝彼此常常相互交切呈"X"形，这是识别一对共轭扭性地裂缝的重要依据。当两组扭性地裂缝都很发育时，可以将地面切割成格子状或菱块状。

（4）压扭性地裂缝：地裂缝的走向与最大主压应力的作用方向的交角小于90°、大于45°，其中交角接近于90°者呈现以压性为主，交角接近于45°者呈现以扭性为主，裂缝线呈平缓的"S"形，常常由若干条地裂缝组合成雁列式，宽度不一，兼具压性和扭性地裂缝特征。

（5）张扭性地裂缝：地裂缝的走向与最大主压应力作用方向的交角小于45°、大于0°时，即为张扭地裂缝，其中交角接近于0°者呈现以张性为主，交角接近45°者呈现以扭性为主，裂缝线比较平直，局部呈"Z"形。

3. 按成因分类

在自然界中，有时地裂缝的形态或力学性质相似，但它们的成因各异。地裂缝的成因与复杂的自然条件和多种多样的营力作用密切相关，许多地裂缝的形成是多种因素的综合作用，以形成地裂缝的主导因素为主，可分为非构造地裂缝和构造地裂缝两大类，详见表4.9-2。

地裂缝成因分类 表4.9-2

类别	主导因素	动力类型	名称
非构造地裂缝	人类活动作用	次级重力、动载荷	采空区塌陷地裂缝
			采油、采水地面不均匀沉降地裂缝
			人为滑坡、崩塌地裂缝
			地面负重下沉地裂缝
			强烈爆炸或机械振动地裂缝
	自然外营力作用	特殊自然力	膨胀土地裂缝
			黄土湿陷地裂缝
			冻土和盐丘地裂缝
			干旱地裂缝
构造地裂缝	自然内营力作用	断层活动	地震地裂缝
			蠕滑地裂缝
		基底构造作用	基底伸展构造地裂缝
		区域微破裂开启	土层构造节理开启型地裂缝
			黄土喀斯特陷落地裂缝

（1）非构造地裂缝

非构造地裂缝的成因很复杂，受到各种各样的营力和诱发因素影响，形态和力学性质差异较大。由于不同的人类活动而诱发形成的地裂缝，如采矿形成的塌陷地裂缝等；由于滑坡、崩塌等灾害衍生的地裂缝，如滑坡地裂缝、崩塌地裂缝等；由于岩土体特殊性质而产生的地裂缝，如黄土湿陷地裂缝、膨胀土地裂缝等。这些地裂缝主要是人类活动或自然外营力作用直接或诱发产生。

（2）构造地裂缝

构造地裂缝主要受到自然内营力作用，可以因断裂缓慢蠕滑而产生，也可以因断裂快速黏滑而产生，不受地形、地物、岩土体性质的影响，并沿着活动断裂延伸的方向发展，有着明显的方向性，平面上一般呈断续的折线形、锯齿形或雁行形，剖面上呈阶梯状、地堑状或地垒状，且近直立，在时间和空间上有重复出现的特点。

4. 按运动特征分类

地裂缝的运动特征根据力学性质可以划分为 4 种类型：拉张型、拉张-剪切型、剪切-拉张型和剪切型，其中拉张型和拉张-剪切型地裂缝以水平拉张运动为主，剪切-拉张型和剪切型地裂缝以垂直差异运动为主。

（1）拉张型地裂缝：指地裂缝在浅表部近直立，其张开量随着深度的增加而逐渐减小直至尖灭，但地裂缝两侧地层无明显位错。

（2）拉张-剪切型地裂缝：指地裂缝在浅表部兼具水平位移和垂直位移，地裂缝的张开量随着深度的增加而逐渐减小，且地裂缝两侧地层的位错量随深度的增加也逐渐减小。

（3）剪切-拉张型地裂缝：指地裂缝在浅表部近直立且兼具水平位移和垂直位移，地裂缝向下延伸的过程中发生倾斜且地裂缝两侧地层的位错量随深度的增加而逐渐增加，但是地裂缝的张开量随深度的增加而逐渐减小。

（4）剪切型地裂缝：指地裂缝在浅表部具有一定的倾角，地裂缝以垂直位移为主且无明显水平位移，地裂缝两侧地层的垂直位错量随深度的增加而显著增加，地裂缝两侧局部地层具有牵引现象和剪切破裂带，表明地裂缝以剪切运动为主。

9.2.2　地裂缝的活动规律

我国地裂缝约 80% 均为有构造基础的地裂缝，受到区域构造应力场的作用，通常也具有一定的活动规律。

（1）地裂缝活动可分为长、中、短三期，长期活动具有周期性，中期活动常具有张性特征，短期活动常出现跳动、衰减、休止和反向运动现象。同期活动速率有显著的差异，有高潮期，有间歇期，同时也受到由于自然环境变化引起工程地质条件改变的影响（如地下水位升降），导致地裂缝的活动性呈现季节性周期变化。

（2）地裂缝是地表岩土层在地应力作用下的破裂变形，因为地表岩土层与地应力都是三维的，因此地裂缝的破裂活动方式也必然具有三向变形位移，即垂直沉降（倾滑）、水平张裂、水平扭动（顺扭或反扭），三向变形中在不同的地裂缝有不同的比值，如地震地裂缝以水平扭动为主，次为倾滑量，张裂量最小；受构造断层影响的地裂缝，则以垂直沉降为主，水平张裂次之，水平扭动最小。

（3）作为地裂缝构造基础的断层活动是具有空间不连续性的，局部的交替运动往往是常见的。因此，地裂缝运动也存在分段活动性，即同一条地裂缝各段的活动速率也有显著差别，可以分区段进行评价。

（4）控制地裂缝活动的断层蠕滑是缓慢的、接近连续的运动，表现为长期蠕动但不发生强震或者强震前的断裂活动的平静期发生蠕动，因此地裂缝的运动机制是以长期蠕滑运动为主，但也间有短期黏滑机制。

（5）地裂缝的破裂点发生时间不受季节限制，决定于区域构造应力场变化和断层蠕滑加速的时间，但在地表上出露的时间却常受雨季影响。

（6）破裂点发生时间和活动速率在多条地裂缝组成的地裂缝带中定向迁移。

（7）每条地裂缝带在它形成发展的过程中，大多先在它的多个一级主裂缝的中部也就是剪切拉张变形强烈处开始破裂，然后向两端扩展延伸，最后互为贯通或斜列，表现为地裂缝多点双向破裂特征。同时，向两侧扩宽较慢，横向破裂不明显。

（8）对于区域微破裂开启型地裂缝，表现出只张开成缝，无明显垂直位移和水平扭错，在较为频繁的中小地震活动且震源较浅的地区，多演化成近地表的隐伏地裂缝，若遇集中降雨和灌溉，这些隐伏地裂缝成群呈现出来。

9.2.3　地裂缝的地表变形特征

由于地裂缝受到构造应力场的作用，所经之处会对地表及建（构）筑物造成不同程度的破坏，而且具有一定的规律性。

1. 开裂宽度

地裂缝开裂宽度应包括由于构造地应力使岩土层破坏开裂的原发开裂宽度，在此基础上随时间推移经外营力改造后的现存宽度两类。由于开裂岩土层的不均匀性和外营力改造的随机性，造成多数地裂缝沿走向和倾向时宽时窄，忽隐忽现，在锯齿形和弧形地裂缝拐点、"X"形和网格交点处常常变宽，甚至演变成坑洞。一般地裂缝开裂宽度从几厘米到几十厘米，个别经后期外营力改造的土层地裂缝可宽达数米。因此，在描述地裂缝开裂宽度时，应分清原发开裂宽度与现存宽度。原发开裂宽度在地表土层中多保留时间较短，需要在地表开裂后及时观察或者挖探槽揭开表土，对隐伏于地下的地裂缝进行追踪才能得到。

2. 裂面特征

地裂缝壁面多数粗糙不平、直立，两壁无明显错动迹象，但常有水蚀痕迹，在沟壑和探槽中可以清楚观察到有明显或者不甚明显的擦痕。

3. 地面变形特征

地裂缝在混凝土地坪、道路、荒地、灌溉过或降雨后的农田中直接显露。混凝土地坪、柏油马路在遭受地裂缝作用后，在裂缝的两侧出现台阶状，并伴随出现一定宽度的破碎带；在荒地中呈现宽 1～3cm 的线状裂缝，出露的地裂缝条数多与地下实际条数一致；在灌溉过或降雨后的农田中，地表水沿地裂缝入渗时冲刷塌陷形成椭圆形坑洞，并按一定方向呈串珠状排列，其长轴多平行地裂缝走向，部分地裂缝在地表呈现出不规则锯齿形。

4. 建筑物变形特征

地裂缝带上的房屋裂缝一般是张性裂缝，有三种形式：一是垂直的张拉裂缝，表现为上宽下窄；二是斜裂缝，多是沉降裂缝，一般是建筑物上部裂口较大并沿建筑物连接薄弱处通过；三是窗角和外墙水平缝。不同建筑物结构或地裂缝与建筑物方向关系不同时，产生不同的变形破坏特征。

当地裂缝垂直穿过建筑物时，建筑物裂缝带较窄；当地裂缝与建筑物斜交时，建筑物裂缝带较宽；当地裂缝走向平行于墙体方向时，同一侧下沉，墙体上将会出现水平裂缝。当地裂缝穿过地下管道时，当应力累进到一定程度，无论是混凝土管还是钢管，都无法抵抗，必然会发生错断；当地裂缝穿过地下人防工程时，产生的变形裂缝特征与上述建筑物裂缝特征基本相同，不过有时会在斜裂缝两侧产生 1～2 条直立的上宽下窄的张拉裂缝。

9.2.4　地裂缝灾害特征及分类

地裂缝灾害是地面变形地质灾害中的一种，是地裂缝的长期活动效应的反映，在地壳内部构造应力和外营力作用下，伴随着地下深部断层活动，导致地表形变，以应力集中、传递、释放等活动方式，对岩土体、地下工程、地面建（构）筑物施加以拉张应力和剪切应力，同时由于建筑物自重施加于地基的附加荷载作用，导致建筑物产生不可抗拒的变形和破坏，对社会经济造成一定程度的损害。

1. 灾害特征

地裂缝灾害表现在对岩土体、地下工程和地面建（构）筑物的破坏上，是在地裂缝缓慢倾滑或走滑蠕动位错过程中逐渐产生的，其具有以下特征：一是成灾缓慢，从见到裂缝到建（构）筑物破坏少则数月多则几年；二是成灾范围小，呈长条形，宽度几米到十几米；三是地裂缝周期性活动致使反复成灾；四是结构破坏不易抗拒。

1）三维空间的有限性

地裂缝灾害的三维空间有限性，指的是地裂缝致灾范围仅限于地裂缝带的影响空间之内，对远离地裂缝带的外围地段和更深处不具辐射作用，而且在地裂缝带范围内，其灾害效应在横向、垂向和走向上灾害作用表现也不同，即：横向上，自主裂缝向两侧致灾程度逐渐减弱，且上盘重于下盘；在垂直方向上，沿主裂缝自地表向下灾害作用强度递减；沿地裂缝走向其灾害作用强弱不平衡，一般其转折段和错裂部位相对较重。

2）成灾过程的缓变性和累进性

地裂缝成灾过程是渐变的，由能量积累到释放有较长的时间过程，通常不具突发性。致灾作用伴随地裂缝显露之后，随时间增长逐年加重，平面上沿走向向两端不断扩展，剖面上灾害作用自下而上逐渐加强，累计破坏效应主要集中于基础与上部结构结合部位的地表浅部。

3）反复成灾，灾害过程常具有周期性变化

由于地裂缝活动受区域构造运动及人类活动的影响，因此在时间域上往往表现为一定周期性。当区域构造活动剧烈，或人类活动强烈时，地裂缝活动随之加剧，致灾作用增强；反之则减弱。如西安地裂缝，在 20 世纪 90 年代，过量开采地下水导致地裂缝活动加剧，造成了诸多灾害。

4）灾害强度分布的非均衡性和非对称性

由于构造应力分布不均匀的特性，灾害强度分布具有明显的非均衡性和非对称性。一般来说，主裂缝带灾害重，次裂缝带灾害轻；地表建筑灾害重，地下建筑灾害轻。同时，沿走向有强弱交替的分段特征，发展时间长的区段灾害多重于时间短的区段，在地裂缝发生转折和错列的部位灾害重，展布平直部位轻。

5）灾害效应的方向性

地裂缝引起的地表建（构）筑物开裂顺序通常是由下往上裂，即应力释放是由下往上传递，而且开裂的形态与地裂缝及其活动方式有关；横跨地裂缝或与地裂缝呈大交角的墙体上，裂缝带宽；与地裂缝带平行或呈小交角的墙体，无裂缝或裂缝较小。

6）灾害的不可抗拒性

当有构造基础的地裂缝具有活动特性时，这是建（构）筑物不可抗拒破坏的重要因素。在地裂缝发育活动地段，凡跨主地裂缝上的建（构）筑物，无论新旧、材料强度、基础和上部结构类型如何，最终无一幸免，由于地裂缝成灾的渐进性，只存在时间早晚或破坏程度轻重的差异。

2. 灾害分类

1）活动形式分类

由于地裂缝的活动形式具有三维性，可将地裂缝活动形式引发的工程灾害划分为以下四种类型：

（1）水平拉裂：大多数位于地裂缝带的建筑物都具有这种特点，只是位置不同、结构形式不同，水平拉裂的程度表现有一定差异。

（2）垂直位错：主要发生在主裂缝带内的建筑物上，并且由于这种垂直位错导致结构最终破坏。

（3）水平扭动：这种形式常伴随着结构的不均匀沉降，尤其当建筑物与地裂缝呈一定交角斜交时，在结构上产生的扭转变形特征比较明显。

（4）不均匀沉降：在道路和桥梁上表现比较突出，地表建筑物破坏不明显，但在一定的时间范围内，可以监测到其明显的差异沉降。

2）承灾体类型分类

根据地裂缝的破坏对象分类，可以将其划分为以下五种类型：

（1）房屋建筑灾害：这是地裂缝地区最为严重的一类灾害，轻者可在房屋墙体上产生裂缝，影响房屋外观；重者引起房屋的开裂及结构的破坏，使其倒塌或成为危房，失去使用价值。

（2）道路及桥梁灾害：地裂缝对道路的危害主要是造成路面开裂和不均匀沉降，影响车辆行驶，同时由于地裂缝具有周期性，需要不断地反复维修，导致维修成本加大；而其对桥梁的危害，因维修较为困难，所以造成的后果也比道路严重。

（3）地下管道灾害：包括各类给水排水管道，供暖、供气管道等，这些作为城市的生命线工程，一旦出现破坏，造成较大的经济损失和产生重大的社会影响。

（4）地下建筑灾害：随着城市地下空间的开发利用，地下建筑逐渐增多，尤其是地铁等线性工程，不可避免地穿过地裂缝带，导致线路损坏、地下连续墙开裂等，影响交通运行。

（5）其他建（构）筑物灾害：如在水塔、烟囱等建（构）筑物上引起的灾害，虽不常见，但也需引起注意。

9.3　地裂缝场地勘察与评价

9.3.1　地裂缝场地勘察

1. 勘察目的

地裂缝勘察一般为场地的专项勘察，其目的是通过现场调查或采用槽探、井探、钻探等勘探手段，查明场地地裂缝的分布位置、产状及其活动性，分析、评价地裂缝对拟建建

（构）筑物的影响、危害，从而提出合理的避让距离和必要的工程措施。

2. 勘察内容

1）国家标准《城市轨道交通岩土工程勘察规范》GB 50307—2012 将地裂缝勘察作为专项勘察，勘察的对象包括地表出露的地裂缝和未在地表出露的隐伏地裂缝。勘察的内容主要包括以下几个方面：

（1）搜集研究区域地质条件及前人的工作成果资料，查明地裂缝的性质、成因、形成年代、发生发展规律。

（2）调查场地的地形、地貌、地层岩性及地质构造等地质背景，研究其与地裂缝之间的关系；对有显著特征的地层，可确定为勘探时的标志层。

（3）调查场地的新构造运动和地震活动情况，研究其与地裂缝之间的关系。

（4）调查场地地下水类型、含水层分布、地下水开采及水位变化情况，研究其与地裂缝之间的关系。

（5）调查场地人工坑洞分布及地面沉降等情况，研究其与地裂缝之间的关系。

（6）查明地裂缝的分布规律、具体位置、出露情况、延伸长度、产状、上下盘主变形区和微变形区的宽度、次生裂缝发育情况。

（7）查明地裂缝的活动性、活动速率、不同位置的垂直和水平错距。

（8）查明地裂缝对既有建构筑物的破坏情况及针对地裂缝破坏所采取工程措施的成功经验。

2）我国许多地方都出现过地裂缝，最具代表性的应属于西安地裂缝。陕西省标准《西安地裂缝场地勘察与工程设计规程》DBJ 61/T 182—2021 中明确地裂缝场地专项勘察应重点解决的是场地内是否发育地裂缝（地表出露的地裂缝或隐伏地裂缝），场地内发育地裂缝时应查明地裂缝的分布位置、产状和活动性，并对场地进行建设适宜性评价，并将地裂缝场地专项勘察划分为初步勘察和详细勘察两个阶段。

初步勘察时通过调查和勘探查明场地是否发育地裂缝。若发育地裂缝，进一步确定地裂缝地面出露点。

地裂缝详细勘察主要针对的是发育地裂缝的场地，勘察时应重点查明场地内地裂缝的分布位置和产状，调查场地及附近地区地裂缝的活动性，如为现今不活动的地裂缝还应对场地周边的城市公共供水管网建设情况及附近地区还在开采埋深 80～350m 承压水的城中村、单位和供水水源地等分布范围进行调查。

3. 勘察方法与要求

1）国家标准《城市轨道交通岩土工程勘察规范》GB 50307—2012 对地裂缝勘察进行了如下要求：

（1）宜采用地质调查与测绘、槽探、钻探、静力触探、物探等综合方法。

（2）每个场地勘探线数量不宜少于 3 条，勘探线间距宜为 20～50m，在线路通过的位置应布置勘探线。

（3）地裂缝每一侧勘探点数量不宜少于 3 个，勘探线长度不宜小于 30m；对埋深 30m 以内标志层错断，勘探点间距不宜大于 4m；对于埋深 20m 以下标志层错断，勘探点间距不宜大于 10m。

（4）勘探孔深度应能查明主要标志层的错动情况，并达到主要标志层层底以下 5m。

（5）物探可采用人工浅层地震反射波法，并应对场地异常点进行钻探验证。

2）陕西省标准《西安地裂缝场地勘察与工程设计规程》DBJ 61/T 182—2021根据地裂缝场地勘探标志层不同，将地裂缝场地分为一类、二类、三类三种场地类型，场地类型不同勘察的方法与要求也略有不同，一般采用资料搜集、现场地裂缝调查、勘探等方法，当拟建工程为线性工程（地铁、地下管廊等）时，可采用人工浅层地震反射波法。

不同场地类型，不同勘察阶段，勘察的方法与要求均不同，勘察时应选择适宜勘察方法。

（1）一类场地的勘探标志层（简称一类标志层）为地表破裂，需要同时符合下列全部条件：

①场地内的地裂缝是活动的，在地表层已形成破裂；

②地表破裂具有清晰的垂直位移，地面呈台阶状；

③断续或连续的地表破裂延伸距离较长；

④地表破裂位置与错断上更新统或中更新统隐伏的地裂缝位置相对应。

一类场地勘察时可将初步勘察阶段和详细勘察阶段合并进行，勘察时应符合下列规定：

①收集拟建场地及附近地区地裂缝研究、勘察资料，进行系统的综合分析。

②开展现场地裂缝调查。了解拟建场地构造地貌形态；调查地表破裂产生的时间、发展过程；调查地表破裂的形态、活动方式、垂直位移；追踪地表破裂的延伸方向、延伸距离。

③采用钻探方法，确定地表破裂与隐伏地裂缝的对应关系，每个场地应对1/3的测量地裂缝坐标的地表破裂点进行钻探验证，每个场地的验证点不宜少于3个。地裂缝每一侧的钻孔不宜少于3个。

④选择典型地裂缝破裂点测量其地面高程和坐标，测量地裂缝地表破裂点的水平间距不宜大于15m。

一类场地的勘探标志层为地表破裂，因此一类场地勘探精度修正值Δ_k等于零。

（2）二类场地的勘探标志层（简称二类标志层）为上更新统和中更新统红褐色古土壤，地表无破裂且同时符合下列全部条件：

a. 场地内的地裂缝现今没有活动或活动产生的地表破裂已被人类工程活动掩埋；

b. 场地内埋藏有上更新统或中更新统红褐色古土壤。

①二类场地初步勘察时应符合下列规定：

a. 收集拟建场地及附近地区地裂缝研究、勘察资料，进行系统的综合分析；

b. 开展现场地裂缝调查，并了解拟建场地及附近地区构造地貌形态，地裂缝的活动情况；

c. 根据区域地裂缝的走向和场地附近地裂缝的走向，应在场地内布置1~2条钻探勘探线，控制地裂缝可能发育的区域；

d. 勘探钻孔间距宜为20~30m，在地层异常地段应加密钻孔，确定二类标志层错断的相邻钻孔间距应不大于4m；

e. 勘探孔深度应在揭穿二类标志层后继续钻进不小于2m；

f. 地裂缝每一侧的钻孔不宜少于3个。

②二类场地详细勘察时应符合下列规定：

a. 充分利用初勘取得的场地地裂缝勘察资料，尽量垂直地裂缝走向布置详勘钻探勘探线；

b. 勘探线长度不宜小于 40m，钻探勘探线的间距不宜大于 20m；在地层异常地段应加密钻孔，确定二类标志层错断的相邻钻孔间距不宜大于 4m；

c. 勘探钻孔的深度应在揭穿二类标志层后，继续钻进不小于 2m；

d. 地裂缝每一侧的钻孔不宜少于 3 个；

e. 调查场地地裂缝的活动历史；

f. 对现今地裂缝不活动的场地，还应进行以下调查工作：

a）城市供水管网是否已到达勘探场地；

b）场地及附近地区还在开采埋深 80～350m 承压水的城中村分布范围；

c）场地及附近地区是否存在允许开采埋深 80～350m 承压水的单位和城市供水水源地。

二类场地的勘探标志层（简称二类标志层）为上更新统和中更新统红褐色古土壤，当二类标志层为上更新统古土壤时，采用钻探方法推测的地面地裂缝坐标勘探精度修正值Δ_k不小于 2m；当二类标志层为中更新统古土壤时，采用钻探方法推测的地面地裂缝坐标勘探精度修正值Δ_k不小于 4m。

（3）不符合一类场地、二类场地条件的地裂缝场地都属于三类场地，其标志层有以下三种（简称三类"相对标志层"）：

a. 埋藏深度大于 40m 的中更新统湖相地层；

b. 埋藏深度大于 60m 可连续追踪的多个人工地震反射层；

c. 埋藏深度小于 40m 的浐灞河阶地全新统、上更新统粗粒相地层。

①三类场地初步勘察时应符合下列规定：

a. 收集拟建场地及附近地区地裂缝研究、勘察资料，进行系统的综合分析；

b. 开展现场地裂缝调查，了解拟建场地及附近地区构造地貌形态，地裂缝的活动情况；

c. 根据区域地裂缝的走向和场地附近地裂缝的走向，在场地内布置 1～2 条钻探勘探线，控制地裂缝可能发育的区域；

d. 勘探钻孔间距宜为 40～50m，在地层异常地段应加密钻孔，确定三类标志层错断的相邻钻孔间距不大于 10m；

e. 勘探孔深度应不小于 80m；

f. 地裂缝每一侧的钻孔不宜少于 3 个；

g. 采用人工浅层地震反射波法勘探仅适用于长度大的线状工程（地铁、管廊等），勘探前应进行现场试验，确定合理的仪器参数和观测系统，野外数据采集系统的基本要求为：覆盖次数不宜小于 24 次，道间距 3～4m，勘探目标层深度范围以双程反射时间 100～800ms 为宜；

h. 人工浅层地震反射波法勘探查明的地裂缝异常点应进行钻探验证，验证钻孔的布置与三类场地用钻探查明地裂缝的要求相同。

②三类场地详细勘察时应符合下列规定：

a. 充分利用初勘取得的场地地裂缝勘察资料，尽量垂直地裂缝走向布置钻探勘探线；

b. 钻探勘探线的间距不宜大于 30m，勘探线长度不宜小于 80m；在地层异常地段应加密钻孔，非浐灞河阶地区确定地层错断的相邻钻孔间距不宜大于 10m、浐灞河阶地区不宜大于 5m；

c. 非浐灞河阶地区勘探孔的深度不宜小于 80m，浐灞河阶地区不宜小于 60m；

d. 地裂缝每一侧的钻孔不宜小于 3 个；

e. 调查场地地裂缝的活动历史；

f. 对现今地裂缝不活动的场地，还应进行以下调查工作：

a）城市供水管网是否已到达勘探场地。

b）场地及附近地区还在开采埋深 80～350m 承压水的城中村分布范围。

c）场地及附近地区是否存在允许开采埋深 80～350m 承压水的单位和城市供水水源地。

三类场地采用钻探方法推测地面地裂缝坐标时，非浐灞河阶地区勘探精度修正值 Δ_k 不小于 10m；浐灞河阶地区，满足埋藏深度小于 40m 的地层中存在地层错断和相邻钻孔间距不大于 5m 的条件时，勘探精度修正值 Δ_k 不小于 5m。

三类场地采用人工浅层地震反射波勘探方法推测地面地裂缝坐标时，勘探精度修正值 Δ_k 不小于 20m。

9.3.2　地裂缝场地活动性评价

目前针对地裂缝场地活动性评价的常用标准有陕西省标准《西安地裂缝场地勘察与工程设计规程》DBJ 61/T 182—2021 和团体标准《地裂缝地质灾害监测规范（试行）》T/CAGHP 008—2018。

1. 陕西省标准《西安地裂缝场地勘察与工程设计规程》DBJ 61/T 182—2021

该标准给出了西安地区判定为不活动地裂缝场地需满足的四个条件：

（1）现今场地地裂缝已经不活动且未来也不可能活动，其判定标准应为场地及附近地区的地面沉降速率不大于 10mm/a 或地裂缝活动速率不大于 1mm/a，且趋于收敛。

（2）城市供水管网已到达建设场地。

（3）场地及附近地区的城中村已完成拆迁或城中村没有开采埋深 80～350m 的承压水。

（4）场地及附近地区不存在允许开采埋深 80～350m 承压水的单位和城市供水水源地。

当不满足上述条件之一的地裂缝场地应评价为活动地裂缝场地。

2. 团体标准《地裂缝地质灾害监测规范（试行）》T/CAGHP 008—2018

该标准提到影响地裂缝地质灾害活动性的因素主要有三个方面，即地质环境条件、地裂缝发育现状、地裂缝诱发因素。因此采用基于 GIS 的方法对地裂缝的活动性进行评价，评价时通过对地裂缝活动现状及影响因素分析，建立地裂缝地质灾害影响因素指标体系（表 4.9-3），将各指标因子专题图层按权重进行代数叠加，采用 1-9 标度法使各因素的相对重要性定量化（表 4.9-4），按式(4.9-1)计算地裂缝活动性综合指数，指数越大地裂缝活动越强，反之越小。

$$F = \sum_{i=1}^{n} F_i W_i \tag{4.9-1}$$

式中：　F——地裂缝活动综合指数；

F_i——影响因素单项评价分值；

W_i——影响因素权重。

地裂缝地质灾害活动性评价指标体系　　　　　　表 4.9-3

地裂缝地质灾害活动性评价	地质环境条件	活动断裂
		黏性土厚度
		湿陷性黄土范围
	地裂缝发育现状	地裂缝发育强度
	地裂缝诱发因素	承压水变幅

地裂缝活动影响因素量化值　　　　　　表 4.9-4

量化值（F_i）评价因素	1	2	3	4	5
活动断裂	非断裂影响带	—	—	—	断裂影响带
黏性土厚土 M/m	$M \leqslant 120$	$120 < M \leqslant 140$	$140 < M \leqslant 160$	$160 < M \leqslant 170$	$M < 170$
湿陷性黄土分布范围	Ⅰ级非自重	Ⅱ非自重	Ⅱ级自重	Ⅲ级自重	Ⅳ级自重
地裂缝发育强度	不发育区	低育区	中等发育区	较强发育区	强发育区
承压水变幅（m/a）	上升 $\geqslant 1$	—	升降 < 1	—	下降 $\geqslant 1$

该标准对地裂缝活动趋势也提出了 2 种预测方法，分别是历史演变趋势分析法和工程地质类比法。

历史演变趋势分析方法是根据区域地质构造和地层结构以及水文地质条件，结合人类工程活动特征，应用岩土体变形破坏的机理及基本规律，通过地裂缝监测数据与历史数据对比分析，追溯其演变的全过程，对地裂缝发展趋势进行预测评价。

工程地质类比法是将已有的地裂缝发育区的研究经验或预测评价成果直接应用到地质条件及地面沉降地裂缝影响因素与之相似的工作区。该法的前提条件是主要类比内容具有相似性，类比内容主要包括：

（1）地裂缝发育区工程地质条件及水文地质条件，诱发地裂缝主导因素及其发展趋势等。

（2）区域地质构造背景，地层结构及水文地质条件，地裂缝诱发因素，地裂缝分布特征及发展趋势。

（3）统计分析法是根据长期地下水开采（回灌）量、地下水位和地裂缝活动速率长期动态监测资料，建立合理的统计分析数学模型进行预测评价。

9.3.3　地裂缝的防治方法

1. 建筑物最小避让距离的确定

除采空区塌陷地裂缝、膨胀土地裂缝、黄土湿陷地裂缝等非构造地裂缝外，其余地裂缝都具有构造基础或构造因素与环境工程地质条件改变的复合成因。当地裂缝引起的变形较大，建筑物无法有效抵抗变形时，各类建（构）筑物一般采取避开一定距离的方式才能保证其安全。这个避让距离称为建（构）筑物最小避让距离。

（1）陕西省标准《西安地裂缝场地勘察与工程设计规程》DBJ 61/T 182—2021 的要求

该标准给出了不同地裂缝场地，不同建筑类别的最小避让距离。当场地判定为不活动地裂缝场地时，一类至四类建筑可以不避让地裂缝，特殊类建筑不宜跨地裂缝，宜避开地裂缝破碎带（下盘4m + Δ_k、上盘6m + Δ_k，Δ_k 为勘探精度修正值）。当场地判定为活动地裂缝场地时，标准给出了各类建筑的最小避让距离，见表 4.9-5。各类建（构）筑物的重要性分类，见表 4.9-6。

建筑物最小避让距离（单位：m）　　　表 4.9-5

建筑类别	下盘	上盘
四类建筑	可以不避让地裂缝布置	
三类建筑	$4m + \Delta_k$	$6m + \Delta_k$
二类建筑	$8m + \Delta_k$	$12m + \Delta_k$
一类建筑	$12m + \Delta_k$	$18m + \Delta_k$
特殊类建筑	$16m + \Delta_k$	$24m + \Delta_k$

注：1. 建筑物的避让距离是建筑物基础底面外缘（桩基础为桩端外缘）至地裂缝的最短水平距离，计算时地裂缝倾角统一采用 80°。
　　2. 建筑物基础的任何部分都不能进入地裂缝破碎带（上盘 $6m + \Delta_k$、下盘 $4m + \Delta_k$）。

各类建（构）筑物的重要性分类　　　表 4.9-6

建筑类别	分类特征
特殊类	使用上对沉降变形有特殊要求，涉及国家公共安全的重大工程；因不均匀沉降变形可能发生次生灾害，产生特别重大后果的建筑物；高度大于 150m、不大于 250m 的高层建筑、高耸结构
一类	重要的工业与民用建筑，高度大于 100m、不大于 150m 的高层建筑、高耸结构；跨度大于 120m 的大跨空间结构，跨度大于 36m、起重量大于 100t 的桥式吊车厂房；容易引发次生灾害的大型储水构筑物和大量用水的大型工业与民用建筑；城市燃气高中压阀门井
二类	高度大于 24m、不大于 100m 的高层建筑、高耸结构；跨度大于 60m、不大于 120m 的大跨空间结构；跨度大于 24m、不大于 36m 且起重量大于 30t、不大于 100t 的吊车厂房；容易引发次生灾害的中型储水构筑物和大量用水的中型工业与民用建筑
三类	除特殊类、一类、二类、四类以外的一般工业与民用建筑
四类	临时建筑

注：1. 高度大于 250m 的高层建筑、高耸结构，其最小避让距离应专门研究。
　　2. 铁路、公路、地铁和未列入表 4.9-6 的市政基础设施的类别宜由设计单位自行确定。

（2）国家标准《建筑抗震设计规范》GB 50011—2010（2016 年版）的要求

地震地裂缝是震源深处断层活动在地表最直接、最具体的反映。因此，建筑的安全避让距离可按发震断层避让距离考虑。国家标准《建筑抗震设计规范》GB 50011—2010（2016 年版）给出了发震断裂的最小避让距离，见表 4.9-7。

发震断裂的最小避让距离（单位：m）　　　表 4.9-7

烈度	建筑抗震设防类别			
	甲	乙	丙	丁
8	专门研究	200	100	—
9	专门研究	400	200	—

（3）河北隆尧地裂缝的专项研究

国内学者对河北隆尧地裂缝进行了调查研究，由于隆尧地裂缝属断层蠕滑型地裂缝，其形成发育与隐伏断层蠕滑运动密切相关，而非超采地下水引起的地裂缝。因此，对此类构造型地裂缝的防治措施以避让为主。

根据地表建筑损毁程度，提出"损毁度"的概念，即：地表建筑损毁类型一致，损毁程度相同，其损毁度值相同。隆尧地裂缝区损毁度划分与损毁等级相对应：1、3、5、7、9，损毁度值越大，地表建筑损毁程度越严重，见表4.9-8。截至2019年，隆尧地裂缝上盘影响范围约50m，下盘约30m。距离主裂缝越近，地表建筑损毁越为严重，损毁度值越大；反之，建筑损毁程度越轻，损毁度值越小。

隆尧地裂缝场区建筑损毁等级划分　　　表 4.9-8

等级	距地裂缝距离/m		地表建筑损毁特征	损毁度
	上盘	下盘		
完全损毁区	0~2	0~2	主要位于地裂缝带内，房屋四周墙体均有开裂，变形严重，地基基础遭到损毁，建筑结构完全破坏，部分房屋发生倾倒、坍塌，已被迫废弃，不可居住	9
	0~2	0~2		9
	0~2	0~2		9
	0~2	0~2		9
重度损毁区	2~10	2~5	位于地裂缝带两侧，房屋多出现开裂、变形，开裂宽度一般较窄，墙体开裂较为严重，房屋完整性未被破坏，修复较为困难，已成危房，且上盘影响范围较下盘较大	7
	2~15	2~8		7
	2~15	2~8		7
	2~15	2~8		7
一般损毁区	6~15	5~10	该范围内房屋发育裂纹，基本无开口或开裂很小，墙体多发育垂直拉裂缝，多沿结构衔接处发育，墙体内部发育的裂缝往往未贯穿墙体	5
	10~30	8~15		5
	10~30	8~15		5
	10~30	8~15		5
微影响区	15~30	10~15	该区域内建筑受地裂缝影响较小，房屋偶见裂缝发育，延伸短，基本无影响，墙体偶见裂缝发育，延伸较短，对墙体或房屋的稳定性影响较小	3
	30~50	15~30		3
	30~50	15~30		3
	30~50	15~30		3
安全区	>50	>30	未见有明显地裂缝发育	1

因此，通过对隆尧地裂缝进行长期的变形监测，掌握其活动程度，对其避让距离进行了修正，最终确定了隆尧地裂缝最小避让距离，上盘为60m，下盘为40m，见表4.9-9。

隆尧地裂缝安全避让距离　　　表 4.9-9

损毁等级	地裂缝安全避让距离/m		损毁度
	上盘	下盘	
完全损毁区	0~5	0~2	9
重度损毁区	5~20	2~10	7
一般损毁区	20~35	10~20	5
微影响区	35~60	20~40	3
安全区	>60	>40	1

2. 地裂缝设防宽度的确定

对于地下轨道、地下管线等线性工程，无法避开地裂缝的影响。因此，对此类工程只能在地裂缝带及其附近一定范围内采取适当的结构措施，与此同时，对地基进行必要的处理。关于地基处理的范围，即设防宽度的确定，应从地裂缝的影响带范围考虑。

彭建兵院士进行了地裂缝破裂扩展的大型物理模拟试验，同时通过散体极限平衡理论进行了验证，结果显示，地裂缝带的影响宽度随深度变浅和沉降量的增加而增大，近地表处的强烈变形带宽度可达 5m，而整个影响带（包括强烈变形带和弱变形带）宽度达到了 10m 以上。因此，在地裂缝带的设防宽度的选取上，可以此为依据，对一般单体建筑物，其设防宽度应自地裂缝向上盘扩展距离不小于 6m，向下盘扩展距离不小于 4m，且从基础边缘向外延伸的距离不小于 2m。

3. 隐伏地裂缝上覆土层安全厚度的确定

上覆土层的厚度直接影响断裂错动释放能量的吸收，即在一定程度上决定了地裂缝对地表建筑物的破坏程度。有些隐伏地裂缝产生的位错量由于上覆一定厚度土层而可能不会扩展至地表，或者产生一定位错量的隐伏地裂缝向上扩展需要超过一定土层厚度。该土层厚度称之为安全厚度。因此，需根据隐伏地裂缝的位错量和上覆土层安全厚度来选取不同的工程措施。

彭建兵院士为研究隐伏地裂缝位错活动时引起上覆土体中的应力场、位移场的变化规律，以及地裂缝向上破裂扩展模式和平、剖面结构特征，在大型试验沉降台上进行了地裂缝破裂扩展的大型物理模拟试验。试验结果表明，隐伏地裂缝只有在地裂缝活动量较小时，才可能保持其隐伏状态，当地裂缝活动强烈时，会随着地裂缝的扩展而逐渐在地表显现出来。因此，隐伏地裂缝上覆土层安全厚度的确定，不仅要考虑上覆土层的厚度，还要考虑地裂缝在工程建设期内的可能活动情况。

彭建兵院士为定量评价隐伏地裂缝破裂扩展模式，取一定尺寸的地质体，按平面应变问题进行模拟分析，模拟结果表明，当地裂缝底部位错量 $\Delta h = 20\text{cm}$ 时，隐伏地裂缝向上扩展的前沿位置与地面新出现的向下扩展裂缝的前沿位置基本处于同一高度上，此时可认为该隐伏地裂缝贯通到地面。由此可以计算得出：

$$\Delta T' = \text{覆盖层厚度/地裂缝底部允许最大位错量} = 1000/20 = 50$$

即当覆盖层厚度大于 50 倍的地裂缝底部最大位错量时，隐伏地裂缝不会出现与地表裂缝贯通的现象，考虑到工程的安全，取安全系数为 1.2，则得到：

$$\Delta T = 1.2 \times \Delta T' = 60 \tag{4.9-2}$$

由于地裂缝的扩展是一个缓慢的过程，对工程的破坏也是一个逐渐累积的过程，只要发现及时，就能采取适当的措施予以处理。从兼顾安全与经济的原则出发，以 10m 以下的土层内允许位错量 20cm 作为临界控制值是可以接受的。以此为依据，则可将隐伏地裂缝的上覆土层临界厚度确定为 10m，乘以 1.2 的安全系数，则隐伏地裂缝的上覆土层厚度为 12m。

综合以上研究成果，可以认为当隐伏地裂缝的上覆土层厚度大于 12m，且覆盖层厚度大于 60 倍的地裂缝位错量时，不会在地表造成明显的不均匀沉降，可以通过对建筑物地基的适当处理，达到工程使用的目的。

9.3.4　地裂缝场地适宜性评价

地裂缝场地勘察时应对场地的适宜性进行评价，通过对地裂缝场地的活动性、建筑物最小避让距离等进行分析，从而评价场地的适宜性，见表 4.9-10。

地裂缝场地适宜性评价　　　　　　　　　　表 4.9-10

级别	分级要素
适宜	1）不活动地裂缝场地，拟建建筑物未跨越地裂缝 2）活动地裂缝场地，建筑物最小避让距离满足规范要求
较适宜	1）不活动地裂缝场地，拟建建筑物（不含特殊类建筑）跨越地裂缝 2）活动地裂缝场地，拟建建筑为临时建筑
不适宜	活动地裂缝场地，建筑物最小避让距离不满足规范要求

注：建筑物最小避让距离应依据相应地区、行业的规范要求确定，比如西安市建筑物最小避让距离应满足陕西省标准《西安地裂缝场地勘察与工程设计规程》DBJ 61/T 182—2021 的要求。

不同地区地裂缝场地评价时应根据当地地裂缝勘察资料及工程经验进行综合评价。

考虑地裂缝的活动特点，还应评价建（构）筑物的施工工法或结构形式是否适宜地裂缝场地。例如，由于地裂缝一般具有较大的垂直位错活动，在地铁施工中宜采用明挖法、浅埋暗挖法，而不宜采用盾构法施工；对于市政地下管廊施工时，宜采用装配式管廊结构，不宜采用现浇式整体管廊结构。

9.3.5　地裂缝场地的工程设计

1. 地裂缝场地工程设计的主要原则

（1）不活动地裂缝场地，应加强建（构）筑物适应不均匀沉降的能力。

（2）活动地裂缝场地，建（构）筑物应采取避让措施或工程设计措施。

（3）应采取防水措施或地基处理措施，避免水浸入地裂缝产生次生灾害。

（4）在地裂缝破碎带范围内，不得采用用水量较大的地基处理方法。

（5）增强市政工程（管线、管廊等）适应不均匀沉降和拉伸变形的能力。

2. 主要工程设计措施

1）建（构）筑物工程设计

（1）跨越不活动地裂缝的建筑以及基础进入地裂缝破碎带的建筑，其地基应按不均匀地基处理。

（2）活动地裂缝场地，临近地裂缝的建筑应采用合理的避让距离，基础宜采用整体刚度较大的钢筋混凝土双向条形基础、筏板基础或箱形基础。例如，林业规划院原四层住宅楼建于 1964 年，条形基础，砖混结构无构造柱，在地裂缝的作用下遭到了严重破坏。1984 年，在拆除该楼原东单元的基础上，向东增加了 11.75m，建成了 2 个单元的⑥层住宅楼，地裂缝从新楼东北角通过，伸入北墙体 6.5m，东墙体 2.7m。该六层住宅楼建成时，地裂缝仍在继续活动，但活动强度已大幅度减小。由于设计时在住宅楼上部增设了构造柱，增强了上部结构的整体性，地基采用筏板基础，基础的刚度大大增加，该六层楼建成之后，地裂缝虽绕楼角而过，但整体结构完好无损。

（3）当建筑物无法满足避让要求时，可采用悬挑结构的工程措施。例如，西安火车站北侧发育的 f_3 地裂缝影响了东配楼的建设，因此设计单位采用基础避让，上部结构悬挑的措施，实现了建筑功能及造型，同时使主体结构传力直接、可靠。

（4）拟建建（构）筑物体型复杂时，应设置沉降缝将建（构）筑物分成几个体型简单的独立单元，单元长高比不应大于 2.5。

（5）砌体结构应在每层楼盖、屋盖及基础处设置钢筋混凝土现浇圈梁，门窗洞口应采用钢筋混凝土过梁。

（6）柱网间距不大的轻型全钢框架结构、轻型全钢门式框架结构建筑，设置可调节柱脚时，可以跨越活动地裂缝布置，柱脚应根据地裂缝活动量及时调整。

（7）地裂缝场地的总平面设计应妥善处理雨水、污水排水系统，场地排水不得排进地裂缝破碎带。

2）铁路、公路、地铁等市政设施工程设计

（1）铁路、公路、地铁和市政基础设施穿越或跨越不活动地裂缝时，可不采取应对地裂缝活动的结构设防措施，进入地裂缝破损带的建（构）筑物地基应按不均匀地基处理。

（2）铁路、公路、地铁和市政基础设施以路堤、隧道、桥梁跨越或穿越活动地裂缝时，相应的避让措施和设防措施宜根据工程的规模、重要性和场地地裂缝的活动性综合考虑。例如西安地铁跨越地裂缝时对地裂缝的百年变形量按 500mm 预留考虑，结构处理按 "分段处理、柔性接头、衬砌加强、预留净空、道床可调、加强监测、先结构后防水" 的原则执行，采用明挖法或浅埋暗挖法扩大断面，预留必要的变形量；结构上扩大断面、预留净空，以便在地铁使用期内，地裂缝错动后仍能通过线路调坡来保证行车；变形缝采取特殊的防水处理措施，使其在达到最大变形量时能够起到防水作用；轨道采用可调式的框架板道床，满足地裂缝变形调整的要求。

（3）跨越活动地裂缝的路基可采用加筋材料，以提高路基对变形的适应能力，路面材料宜采用沥青等柔性路面材料；对于必须跨越活动地裂缝的桥梁，桥的上部结构应选用简支梁等静定结构，在支座处增设调节装置，在变形影响到桥面的使用或桥跨结构的附加应力接近容许应力值时，可以通过调节装置使其恢复到正常位置，消除不均匀变形对桥梁的危害。

（4）穿越活动地裂缝的综合管廊可采用 "防" 和 "放" 共同设置的防治措施，即 "分段设缝，柔性接头设置，先结构后防水"，利用管廊结构来适应地裂缝的变形。设缝时，当地下管廊与地裂缝的夹角 ≤45° 时采用对缝设置模式，当夹角 >45° 时采用骑缝设置模式；设缝处采用 "且" 形止水带和 "U" 形止水带柔性接头并配合预留注浆导管等多种手段，当地裂缝错动时，柔性接头与管廊的变形可以同步进行，同时也能起到较好的防水效果。

（5）穿越活动地裂缝的重要管线可采用柔性材料连接，以适应地裂缝的变形，管道下部设置高低调节架，可随地裂缝活动反向调节，管道采用管沟或管廊铺设，上盖盖板，中间填充减震材料。例如，西安市市政工程管理处在通过地裂缝带处的旧排水管道的改造方案中，提出采用柔性管材和柔性管道接头，并设置砂基础。在地裂缝上、下盘一定范围内的排水管道，选用聚乙烯双臂波纹管（PE）或玻璃钢夹砂管（PVC），双波纹塑料螺旋管等，接口采用双密封圈，同时为了保证有充分的变形预留，每根管的管长尽量短一些，这样不仅可允许较大的变形量，而且双密封圈接口还可有一定的伸缩量，既可以适应地裂缝的垂直变形，还可以适应地裂缝的水平张拉和扭动。同时，为了避免柔性管道受到刚性挤压，将管道安放于充满中、粗砂的沟槽中，并在沟两边砌墙，在沟顶加盖板，可以使柔性管道的自由变形受外界影响较小。

3. 危房处理与加固

位于地裂缝及地裂缝破碎带上的建（构）筑物多年遭受地裂缝变形影响，多数已成为危房，需加固处理后才能继续使用。根据地裂缝及地裂缝破碎带穿过建（构）筑物位置不同，采用的加固方案也不同。

（1）当地裂缝垂直穿过建筑物长边方向时，可沿地裂缝位置设置沉降缝，将建筑物分割成独立的两个单元，地裂缝活动时两个独立单元可沿沉降缝差异活动，建筑物可以继续使用，此种做法在西安已有成功之例，需要注意的是做好屋面活动沉降缝的防水措施。

（2）当地裂缝斜向穿过建筑物的一小角时，大部分建筑在地裂缝的一盘上，可对建筑物的基础进行整体加固，保持建筑物的整体性，能够继续安全使用；也可采取将部分拆除的方式，从而保证其余大部分建筑物的安全。

（3）当地裂缝从建筑物中部大角度斜向穿过时，一般会破坏建筑物的 1 个单元或 2～3 个单元，由于地裂缝的不可抗拒性，加固难度较大，可遵循"拆除局部、保留整体"的原则，即将处于地裂缝位置上的已破坏的建筑单元进行拆除，保留剩余部分，这样避免整栋建筑受到破坏和影响，最大限度地降低经济损失。

（4）当地裂缝平行建筑物的长边方向穿过时，如地裂缝或地裂缝破碎带位于边墙基础以下，可采用悬挑方式加固，如地裂缝或地裂缝破碎带从建筑物中部穿过，悬挑方式加固难度较大，加固不易实现，只能异地重建。

（5）当所处地裂缝活动强度较低时，房屋的裂缝修补可以采用新型材料加固加强，如高延性混凝土，它具有较高的强度、韧性以及抗变形能力，被称为"可弯曲的混凝土"，其"配方"是在普通混凝土中加入了一定比例的专用纤维，能够加强砖混结构中的抗剪、抗扭性能。

（6）对于受地裂缝及地裂缝破碎带影响的需长期保留的重要建筑物，应综合考虑地基、基础与上部结构进行整体加固，可采用地基基础托换与主体结构整体加固方式进行加固，从而保证建筑物的安全。

参考文献

[1]　王景明. 地裂缝及其灾害的理论与应用[M]. 西安: 陕西科学技术出版社, 2000.

[2]　乔建伟, 彭建兵, 郑建国, 等. 中国地裂缝发育规律与运动特征研究[J]. 工程地质学报, 2020, 28(5): 12.

[3]　刘方翠, 祁生文, 彭建兵, 等. 北京市地裂缝分布与发育规律[J]. 工程地质学报, 2016, 24(6): 9.

[4]　李世雄, 李守定, 郜洪强. 河北平原地裂缝分布特征及成因机制研究[J]. 工程地质学报, 2006, 14(2): 178-183.

[5]　彭建兵, 范文, 李喜安, 等. 汾渭盆地裂缝成因研究中的若干关键问题[J]. 工程地质学报, 2007, 15(4): 8.

[6]　万佳威, 李滨, 谭成轩, 等. 中国地裂缝的发育特征及成因机制研究——以汾渭盆地、河北平原、苏锡常平原为例[J]. 地质评论, 2019, 65(6): 14.

[7]　陈志新, 袁志辉, 彭建兵, 等. 渭河盆地地裂缝发育基本特征[J]. 工程地质学报, 2007, 15(4): 7.

[8]　宋伟, 马学军, 吕凤兰. 山东鲁北平原地裂缝分布规律及成因分析[J]. 中国地质灾害与防治学报, 2016, 027(3): 81-89.

[9]　刘科, 王景明. 河北平原构造特征、地裂缝分布及成因机制[J]. 南水北调与水利科技, 2005, 3(6): 5.

[10]　宗开红. 苏锡常地区地裂缝灾害研究[C]. 全国突发性地质灾害应急处置与灾害防治技术高级研讨会, 2010.

[11]　邹继兴, 刘科, 陈世红, 等. 衡水市地裂缝成因分析及防治[J]. 河北理工学院学报 (社会科学版), 2003.

[12]　彭建兵. 汾渭地区地裂缝成因与减灾综合研究成果报告[R]. 长安大学地质调查研究院, 2014.

[13]　贺秀全, 单利军, 李军, 等. 大同市地面沉降地裂缝调查与监测报告[R]. 山西省地质环境监测中心, 2009.

[14]　彭建兵. 西安地裂缝灾害[M]. 北京: 科学出版社, 2012.

[15]　王浩男, 倪振强. 汶川地震地裂缝发育特征及治理方法研究[J]. 西部探矿工程, 2016, 28(10): 15-17.

[16]　中华人民共和国住房和城乡建设部. 城市轨道交通岩土工程勘察规范: GB 50307—2012[S]. 北京: 中国计划出版

社, 2012.

[17] 陕西省住房和城乡建设厅. 西安地裂缝场地勘察与工程设计规程: DBJ 61/T 182—2021[S]. 北京: 中国建筑工业出版社, 2021.

[18] 中国地质灾害防治工程行业协会. 地裂缝地质灾害监测规范 (试行): T/CAGHP 008—2018[S]. 武汉: 中国地质大学出版社, 2018.

[19] 吴玉涛, 杨为民, 周俊杰, 等. 河北隆尧地裂缝灾害及其安全避让距离分析[J]. 中国地质灾害与防治学报, 2020, 31(2): 67-73.

[20] 丁少锋. 地裂缝地基上工程病害及其防治对策研究[D]. 西安: 西安建筑科技大学, 2021.

[21] 郭东, 韦孙印, 武红姣. 地裂缝等多重因素影响下西安火车站东配楼结构设计[J]. 建筑结构, 2022, 52(11): 117-124, 56.

第 10 章　水库浸没勘察评价

10.1　概述

　　水库浸没问题是由于水库蓄水引起库区周边地下水位升高，导致土地沼泽化、盐碱化、建筑物地基变形、居住环境恶化、地下工程和矿坑涌水量增加等次生灾害或现象。另外，由于渠道壅水，两侧地下水位升高，也可引起上述次生灾害，也称为浸没现象。

　　官厅水库浸没问题比较突出，是最早引起管理和相关方面重视此类次生地质灾害的水库，以后如三门峡库区以及华北和西北地区的水库也发生不同程度的浸没，这些水库浸没主要发生在黄土类轻粉质壤土和砂壤土地层中。实践证明，我国南方已建水库的浸没问题没有北方严重，主要原因可能与库岸的地质结构、土质条件和农作物类型等因素的差异有关：

　　（1）一般具双层水文地质结构，下部为砂或砂砾石组成的含水层，上部为重壤土或黏土组成的相对隔水层。

　　（2）中国北方降水量少、蒸发量大，为盐分向表层积聚创造了条件，容易发生土壤次生盐碱化。南方气候湿润多雨，不存在盐碱化问题。

　　（3）北方多为旱地作物，土壤含水量不宜过大，而官厅库区浸没问题最严重的是大片果园，其根须层较深，水位壅高后，树根大量受浸泡致死；南方则以水稻田为主，对浸没的适应性强。

　　（4）北方冬季气温低，地基土浸水后产生冻胀，引起房屋开裂倒塌。

　　（5）北方黄土地区的房屋倒塌有时还与黄土的湿陷有关。

10.2　产生浸没的地质条件

　　一般发生浸没的库岸地段，具有下列特点：

　　（1）水库区周边地区的地面高程和起伏变化是决定是否产生浸没及其范围的主要因素。一般来说，地面高程低于或略高于水库正常蓄水位的盆地型水库的坝下游、顺河坝或围堤的外侧地段，均易发生浸没，地面越宽阔低平，浸没范围越大。

　　（2）产生浸没的库岸，特别是正常蓄水位常常是透水地层，如冲洪积砂卵砾石层等。岩石库岸或研究地段与水库之间有连续完整的相对不透水层时，不致产生浸没。

　　（3）建库前，地下水位埋藏较浅，地表水及地下水排泄不畅的低洼地段等。

　　岩溶（喀斯特）区水库浸没问题除具有上述特点外，还有如下几种情况：

　　（1）由于岩溶（喀斯特）区水库是由地表水系和地下暗河系统两部分共同组成的。所以，在喀斯特区除要研究由地表水系回水引起的浸没问题外，还要研究地下暗河系统回水引起的浸（淹）没问题。如广西的岩滩、恶滩等水库，库外存在底部高程高于水库正常蓄水位的岩溶洼地，因底部消水洞管道狭窄或被堵而排泄不畅，在连续暴雨季节，洼地内的地表径流受水库回水顶托，不能及时排泄，以致产生暂时性浸（淹）没。

（2）在出露有溶蚀残丘的平原型或低山丘陵区水库，如山东东平湖水库，蓄水后库水通过库内的小安山和第四纪沉积层下面的喀斯特通道，向西岸围堤外1km的龟山渗漏，导致龟山周围一带土地沼泽化。

（3）存在向邻谷渗漏的喀斯特区水库，渗漏水流可导致分水岭另一侧的一些洼地发生浸没，如云南以礼河水槽子水库西南2.5～3km的娜姑盆地，地面高程低于库水位90～150m的水槽子水库1958年蓄水两个月后，娜姑盆地边缘地下水位显著抬高，导致浸没发生。

10.3　水库浸没勘察

10.3.1　勘察目的与任务

水库浸没勘察的目的是查明水库区的水文地质条件，确定浸没范围和浸没程度，提出浸没防治措施建议。主要内容包括：①水库周边的地形地貌特征，地层岩性、层次、厚度、渗透系数，表层土的毛细水上升高度、给水度，土壤含盐量。②水库周边水文地质结构，含水层的类型、厚度，相对隔水层的埋深，地下水位以及地下水的补排条件，地下水化学成分和矿化度。③碳酸盐岩地区岩溶发育和连通情况，库水、地表水与地下水的补排关系，库周洼地的分布、岩土类型和水文地质条件。④主要农作物种类，根须层厚度，土壤盐渍化、沼泽化现状。⑤水库周边城镇和居民区的建筑物类型、基础形式和埋置深度，膨胀土、湿陷性黄土或软土等工程性质不良土层的分布。

10.3.2　勘察内容

1. 综合性勘察

综合性勘察的主要任务是预测可能的浸没范围，为选择正常蓄水位、水库移民征地范围及预留防治处理措施提供依据，勘察内容主要包括：

（1）调查水库周边的地貌特征，平原及河谷阶地的分布情况、成因类型、范围、地表高程及地形坡度的变化；山前洪积扇、洪积裙的分布及其形态特征。

（2）调查与地下水有密切关系的集水洼地、湿地的形成条件、分布特点及其发展概况；封闭和半封闭洼地的分布情况；沟谷及地表水系（或渠系）的分布、水位及其补给、径流和排泄条件。

（3）调查水库周边矿井、地下建筑物的分布、高程及其形态特征。

（4）调查水库周边第四纪地层的成因类型、结构、组成物质、厚度、分布范围及其岩相岩性的变化。在黄土地区，还应调查其湿陷性和耐崩解性。

（5）调查水库周边含水层的颗粒组成、易溶盐含量、渗透性、给水度和饱和度。

（6）调查水库周边的水文地质条件、地下水类型、水化学特性、埋藏条件、出露情况及其补给、径流和排泄条件，相对隔水层或基岩的埋藏深度。

（7）潜水位的动态变化。

（8）搜集和调查水库区水文、气象资料；水库周边城镇和居民区建筑物的基础类型和砌置深度；主要农作物的种类、根须层厚度；土壤盐渍化和沼泽化的历史和现状。

2. 专门性勘察

专门性勘察一般在综合性勘察工作的基础上进行，重点对可能发生浸没的地段进行系统、全面的研究，查明其地质条件，为更准确地预测浸没范围、危害程度和确定防护措施提供地质资料。勘察内容主要包括：

（1）查明土层的层次、厚度、物理性质、渗透系数、给水度和饱和度。

（2）查明潜水含水层的边界条件、相对隔水层或基岩埋藏分布条件。

（3）通过试验和长期观测，确定土的毛细管水上升带高度和产生浸没的临界地下水埋深。

（4）建立渗流数学模型，进行潜水回水预测计算。给出水库回水位情况下，水库周边的潜水等水位线预测图，预测不同库水位时的浸没范围。

（5）查明防护地段的水文地质、工程地质条件，当防护区的地面高程低于水库蓄水位时，应对防护工程地基的渗透稳定性进行研究，提出处理措施的建议。

10.3.3　勘察方法

1. 综合性勘察

综合性勘察主要是收集和分析已有的资料，对可能产生浸没的地区进行初步分析，确定工程地质测绘范围，并采用钻探或物探与钻探相结合的方法进行勘察，一般结合水库区工程勘察进行，勘察方法如下：

（1）搜集并分析有关区域地质资料和遥感图像资料。

（2）结合水库区的水文地质、工程地质测绘，进行浸没区地质测绘，测绘比例尺一般 1∶50000～1∶10000，测绘范围应包括水库正常蓄水位以上至可能浸没的阶地后缘或相邻地貌单元的前缘。

（3）在典型浸没地段，垂直于库岸或平行于地下水流向布置水文地质勘探剖面，勘探剖面和钻孔间距参照表 4.10-1 确定，勘探点以钻孔或探坑为主，探坑要求挖到地下水位，钻孔要求进入相对隔水层。

（4）利用钻孔、探坑或水井等进行地下水位观测，观测时间不少于一个水文年。

（5）根据需要，采用综合物探方法进行浸没区地下水位探测。

（6）根据需要进行水文地质参数测试和室内土工试验。

水库浸没勘探剖面间距、钻孔间距参照　　　　　　　　表 4.10-1

项目	综合性勘察		专门性勘察	
	城镇区	农业区	城镇区	农业区
勘探剖面间距/m	500～1000	2500～5000	200～500	1000～3000
钻孔间距/m	300～500		100～300	

2. 专门性勘察

（1）工程地质测绘比例尺，城镇地区可选用 1∶2000～1∶1000，农业地区可选用 1∶10000～1∶5000。工程地质测绘范围应包括可能浸没区所在地貌单元的后缘。

（2）勘探剖面线应实测，并应垂直库岸或平行地下水流向布置，勘探剖面和钻孔间距参照表 4.10-1 确定。预测浸没区所在的地貌单元不应少于两个控制钻孔，第一个控制孔应靠近水库设计正常蓄水位的边线布置，一般钻孔应进入稳定地下水位以下 3～5m，控制性钻孔应进入相对隔水层。

（3）勘探剖面线之间可采用物探方法了解地下水位、相对隔水层或基岩埋深的变化情况。

（4）水库蓄水后地下水壅高值可根据设计正常蓄水位采用地下水动力学方法计算；库尾地段应加水位翘高值。

（5）应通过室内试验和野外试验测定土的渗透系数、饱和度、毛管水上升带高度、土壤含盐量和地下水化学成分等。每一浸没区主要土层的物理性质和化学成分试验组数累计不应少于 5 组。

（6）防护工程地段应进行土的物理力学性质和水文地质试验，主要土层的试验组数累计不应少于 5 组。

（7）浸没区可根据需要建立长期观测网。观测内容应包括地下水位、水化学成分、土壤含盐量等。

10.4　水库浸没评价

10.4.1　浸没的初判与复判

1. 浸没初判

浸没初判是在调查水库区的工程地质与水文地质条件的基础上，排除不会发生浸没的地区，对可能浸没的地区，可进行稳定态潜水回水预测计算，初步圈定浸没范围。本阶段可只进行设计正常蓄水位条件下的最终浸没范围的初步预测。

1）浸没区判定

具有下列情况之一的地区，可判别为不易浸没地区：

（1）库岸或渠道由相对不透水岩土层组成或调查地区与库水间有相对不透水层阻隔，且该不透水层的顶部高程高于水库设计正常蓄水位。

（2）调查地区与库岸间有经常水流的溪沟或泉水，其水位等于或高于水库设计正常蓄水位。

（3）水库蓄水前，调查区地下水位高于水库设计正常蓄水位，且地下水排泄通畅。

易产生浸没地区的初判标志包括：

（1）平原型水库的周边和坝下游，顺河坝或围堤的外侧，地面高程低于库水位地区。

（2）库岸周边由透水的松散土体组成的河谷阶地或平原。

（3）盆地型水库边缘与山前洪积扇、洪积裙相连的地区。

（4）地形平缓、地表水和地下水排泄不畅、地貌高程低于或等于水库回水位的封闭洼地或盆地。

（5）地下水补给量大于排泄量的库岸地区。

（6）库岸周边原有的常年或季节性水池、涝池、沼泽地和盐渍化地带等的边缘地带。

（7）与水库渗漏通道相连的邻谷或下游地区。

在气温较高地区，当潜水位被壅高至地表，排水条件又不畅时，可判为涝渍、湿地浸没区；对气温较低地区，可判为沼泽地浸没区。在干旱、半干旱地区，当潜水位被壅高至土壤盐渍化临界深度时，可判为次生盐渍化浸没区。

2）潜水回水预测

在进行潜水回水预测计算时，根据可能浸没区的地形、地貌、地质和水文地质条件，选定若干个垂直于水库库岸或垂直于渠道的计算剖面进行。在河湾地段地下水流向呈辐射状时，需考虑水流单宽流量变化所带来的影响。

3）浸没范围初步预测

浸没范围可在各剖面潜水稳定态回水计算的基础上，绘制水库蓄水后或渠道过水后可能浸没区潜水等水位线预测图或埋深分区预测图，结合实际调查确定的各类地区的地下水临界深度，初步圈出涝渍、次生盐渍化、沼泽化和城镇浸没区等的范围。

2. 浸没复判

浸没复判是对初判圈定的浸没范围进行复判，并对其危害性做出评价，主要内容如下：

（1）核实和查明初判圈定的浸没地区的水文地质条件，获得比较详细的水文地质参数及潜水动态观测资料。

（2）建立潜水渗流数学模型，进行非稳定态潜水回水预测计算，绘出设计正常蓄水位情况下库区周边的潜水等水位线预测图或潜水埋深分区预测图，结合当地气候条件和临界地下水埋深，对水库设计正常蓄水位条件下次生盐渍化、沼泽化和危害建筑物基础等不同类型浸没区范围进行复判。

（3）除复核水库设计正常蓄水位条件下的浸没范围外，还要根据需要计算水库运用规划中的其他代表性运用水位下的浸没情况。

（4）对浸没作出危害性评价，并提出防护措施建议。

10.4.2　浸没指标确定

1. 浸没临界地下水埋深

浸没的临界地下水埋深（H_{cr}）是指地下水对工业与民用建筑、古迹、道路和各种农作物、林木等的安全埋藏深度。该浸没指标与土的类型、水文地质结构、地下水的矿化度、气候条件、农作物的种类与生长期、耕作方法、地区的排灌条件，以及建筑物特性、基础类型和砌置深度等因素有关，应根据调查区具体水文地质条件、农业科研单位的田间试验观测资料和当地生产实践经验因地制宜地确定，也可按下式计算：

$$H_{cr} = H_k + \Delta H \tag{4.10-1}$$

式中：H_{cr}——浸没的临界地下水埋深（m）；

　　　H_k——地下水位以上土壤毛细管水上升带的高度（m）；

　　　ΔH——安全超高值（m）。

我国幅员广阔，各地区自然条件差异较大，影响浸没临界地下水埋深的因素很多，因此浸没临界地下水埋深的确定应视具体地区、具体对象而定。

1）农作物区浸没临界地下水埋深

对不可能发生盐渍化的地区，应根据现有农作物种类确定适宜于作物生长的临界地下水埋深值，以使土壤中的水分和空气状况适宜于作物根系的生长。不同作物种类所要求的临界地下水埋深不尽相同，复判时应对当地农业管理部门、农业科研部门和当地农民进行调研，收集相关资料，根据需要开挖试坑验证，在此基础上，针对实际的农作物类型因地制宜地确定。

　　对可能发生盐渍化的地区，应根据土壤性质和地下水矿化度确定防止土壤发生盐渍化的临界地下水埋深值。各地区的防止土壤发生盐渍化的临界地下水埋深值各不相同，复判时应根据实际调查和观测试验资料确定。总体而言，防止土壤发生盐渍化所要求的临界地下水埋深值要大于作物适宜生长的临界地下水埋深值。无资料地区，防止土壤发生盐渍化的临界地下水埋深值及盐渍化程度分级可参考表 4.10-2 和表 4.10-3。

　　土壤性质和地下水矿化度是影响盐渍化的主要因素，砂性土的毛细管水上升高度虽比黏性土低，但其输水速度却大于黏性土，上升的水量多，更易于发生盐渍化；地下水矿化度低，土壤积盐作用小；反之，地下水矿化度高，土壤积盐作用大。

几种土在不同矿化度下防止次生盐渍化的临界地下水位埋深值　　　　表 4.10-2

地下水矿化度/（g/L）	临界地下水位埋深/m			
	砂土	砂壤土	黏壤土	黏土
1～3	1.4～1.6	1.8～2.1	1.5～1.8	1.2～1.9
3～5	1.6～1.8	2.1～2.2	1.8～2.0	1.2～2.1
5～8	1.8～1.9	2.2～2.4	2.0～2.2	1.4～2.3

土壤盐渍化程度分级（单位：%）　　　　表 4.10-3

成分	轻度盐渍化	中度盐渍化	重度盐渍化	盐土
苏大（CO_3^{2-} + HCO_3^-）	0.1～0.3	0.3～0.5	0.5～0.7	> 0.7
氯化物（Cl^-）	0.2～0.4	0.4～0.6	0.6～1.0	> 1.0
硫酸盐（SO_4^{2-}）	0.3～0.5	0.5～0.7	0.7～1.2	> 1.2

　　国内外多数资料认为，作物所要求的最小地下水埋深，一般砂质土为 0.6～0.9m，黏性土为 1.0～1.5m，盐渍化地区中等质地土壤为 1.8～2.2m 以下，表 4.10-4～表 4.10-10 为我国部分地区几种作物的试验和实测资料。

我国部分地区农作物要求的地下水位埋深临界值（单位：m）　　　　表 4.10-4

地区	小麦	棉花	马铃薯	芝麻	蔬菜	甘蔗
长江中下游地区	0.5～0.6	1.0～1.4	0.8～0.9	1.0～1.4	0.8～1.0	0.8～1.4
华北	0.6～0.7	1.0～1.4	0.9～1.1	—	0.9～1.1	—

上海及江苏地区麦田适宜地下水位埋深和土壤水分　　　　表 4.10-5

小麦生育阶段	播种出苗	分蘖前期	越冬	返青至成熟
适宜地下水埋深/m	0.5 左右	0.6～0.8	0.5 左右	1.0～1.2
适宜土壤水分（田间持水率）/%	75～90	70～90	70～90	70～90

上海及江苏地区棉田适宜地下水位埋深和土壤水分　　　　表 4.10-6

棉花生育阶段	苗期	蕾期	花龄期	吐絮期
适宜地下水埋深/m	0.5～0.8	1.2～1.5	1.5 左右	1.5 左右
适宜土壤水分（田间持水率）/%	75～90	70～90	70～90	70～90

河南胜利渠灌区地下水临界埋深与地下水矿化度关系　　　　　表 4.10-7

地下水矿化度/（g/L）	临界地下水位埋深/m	分蘖前期	越冬
	砂壤土、轻壤土	中壤土	黏质土（包括土层中夹厚）
<2	1.6~1.9	1.4~1.7	1.0~1.2
2~5	1.9~2.2	1.7~2.0	1.2~1.4

山东地区地下水临界埋深与地下水矿化度关系　　　　　表 4.10-8

地区	岩性	矿化度/（g/L）	临界水深/m
山东	砂壤土为主，上部砂土，下部黏土	<3~5（淡水）	2.0
		>3~5（矿质水）	2.2
	上部黏土层，下部砂层	<3~5	1.3
		>3~5	1.5

河南地区地下水临界埋深与地下水矿化度关系　　　　　表 4.10-9

地区	岩性	矿化度/（g/L）	临界水深/m
河南	轻壤—砂壤	<2	1.9~2.1
		2~5	2.1~2.3
		5~10	2.3~2.5
	中壤	<2	1.5~1.7
		2~5	1.7~1.9
		5~10	1.9~2.1
	重壤—黏土	<2	0.9~1.1
		2~5	1.1~1.3
		5~10	1.3~1.5

河北地区地下水临界埋深与地下水矿化度关系　　　　　表 4.10-10

地区	岩性	矿化度/（g/L）	临界水深/m
河北	砂	1~3	1.5
	砂壤—轻壤	1~3	1.8~2.1
	中壤	1~3	1.0~1.9
	重壤—黏土	1~3	1.2~1.4

2）建筑物区浸没临界地下水埋深

建筑物区浸没引起的环境恶化主要表现为生态环境恶化和建筑物开裂、沉陷、倒塌破坏等，其浸没的临界地下水埋深值应根据表层土的毛细管水上升高度、地基持力层情况、冻结层深度以及当地现有建筑物的类型、层数、基础形式和深度等确定，并根据需要开挖验证。

（1）居住环境标准。浸没的临界地下水埋深值等于表层土的毛细管水上升带高度。

（2）建筑物安全标准。当勘探、试验成果表明现有建筑物地基持力层在饱和状态下的强度显著下降导致承载力不足，沉陷值显著增大超出建筑物的允许值时，浸没的临界地下水埋深值等于该类建筑物的基础砌置深度加土的毛细管水上升高度，且黄土湿陷性地区的临界地下水埋深，应在建筑物地基土有效持力层（不允许发生湿陷的地基土持力层）以下。

（3）值得注意的是建筑物浸没的临界地下水埋深值不能简单地采用建筑物基础砌置深度加土的毛细管水上升高度值，并非地基土的含水率达到饱和，就必然引起承载力不足或产生过量沉陷，而应针对具体情况进行相应调查、勘察和试验研究工作，在掌握充分资料后才可进行建筑物浸没的可能性评判。

2. 土壤毛细管水上升带高度

地下水位以上，土壤毛细管水上升带的高度是指野外条件下的毛细管水上升高度，与试验室测定的毛细管水上升高度有较大差别。土壤毛细管水上升带的高度，可根据作物在不同生长期土壤适宜含水率和野外实测的土壤含水率随深度变化的曲线选取：

（1）在非盐渍化地区，可取毛细管水饱和带，即土的饱和度（S_r）等于或大于80%的土层的顶部距地下水位的高度，因为饱和度等于或大于80%的土壤层已不利于作物根系呼吸和生长。也可根据适宜于作物生长的土壤水分确定。

（2）在盐渍化地区，应根据地下水位以上土壤含水率随深度变化曲线上毛细管水断裂点的位置和土壤含盐量分布及其动态变化，以及调查区的排水条件等情况确定。

（3）居民区可通过对地下水位以上土的含水率随深度变化曲线与水库蓄水前持力层土的天然含水量的对比确定。重要大型建筑物的浸没问题应进行专题研究。

3. 安全超高值

农业区，安全超高值即作物根系层的厚度（m）；城镇和居民区，安全超高值取决于建筑物荷载、基础形式和砌置深度（m）。

10.4.3 潜水回水计算

无论是初判还是复判，均需要进行水库蓄水后库岸地下水回水计算。不同水文地质条件的稳定态潜水回水计算公式见表4.10-11。

在进行地下水位回水计算时，水库上游地区库水位应采用库尾水位壅高值。由于水库尾淤积使当地河水位抬高，从而影响地下水壅高值，因此在计算中必须予以考虑。最终和分期的预测浸没范围都应在相应的泥砂计算成果的基础上作出。

壅水前的地下水位，采用农作物生长期的多年平均水位。

稳定态潜水回水计算常用公式　　　　　　　　　　　表 4.10-11

水文地质特征		示意图	公式
无渗入时均质岩层	隔水层底板水平，陡直河岸		$y = \sqrt{h_2^2 - h_1^2 + H^2}$

续表

水文地质特征		示意图	公式
无渗入时均质岩层	隔水层底板水平，平缓开阔河谷		$y = \sqrt{\dfrac{L'}{L}(h_2^2 - h_1^2) + H^2}$
	隔水层底板倾斜		正坡 $y = \sqrt{\dfrac{z^2}{4} + H^2 + h_2^2 - h_1^2 + z(h_2 + h_1 - H)} - \dfrac{z}{2}$
			反坡 $y = \sqrt{\dfrac{z^2}{4} + H^2 + h_2^2 - h_1^2 - z(h_2 + h_1 - H)} + \dfrac{z}{2}$
无渗入时非均质岩层	双层结构水平岩层		$2k_1M(h_2 - h_1) + k_2(h_2^2 - h_1^2) = 2k_1M[(y - H)] + k_2(y^2 - H^2)$
	透水性在水平方向上急剧变化的岩层		$y = \sqrt{h_2^2 - h_1^2 + H^2}$ 在水平方向急剧变化的岩层中潜水的壅水值与岩层的渗透系数无关
	构造复杂的非均质岩层		$(k_1h_1 + k_2h_2)(h_2 - h_1) = [k_1'(h_1 + z_1) + k_2'(h_2 + z_2)][(h_2 + z_2) - (h_1 + z_1)]$ 式中：k_1、k_2——壅水前Ⅰ断面和Ⅱ断面的平均渗透系数； k_1'、k_2'——壅水后Ⅰ断面和Ⅱ断面的平均渗透系数
	非均质岩层隔水底板倾斜		正坡　$y = \sqrt{\left(\dfrac{2H-z}{2}\right)^2 + \dfrac{k}{k'}L'I(h_1 + h_2)} - \dfrac{z}{2}$ 反坡　$y = \sqrt{\left(\dfrac{2H-z}{2}\right)^2 + \dfrac{k}{k'}L'I(h_1 + h_2)} + \dfrac{z}{2}$ 式中：I——回水前上下断面间的潜流坡度。 断面间的平均渗透系数k（壅水前）或k'（壅水后）按下式确定： $k(k') = [(k_1'h_1' + k_2'h_2' + \cdots + k_n'h_n') + (k_1''h_1'' + k_2''h_2'' + \cdots + k_n''h_n'')]/[(h_1' + h_2' + \cdots + h_n') + (h_1''h_2'' + \cdots + h_n'')]$ 式中：k_1'、$k_2'\cdots k_n'$——开始断面处地下水位以下厚度h_1'、$h_2'\cdots h_n'$的渗透系数； k_1''、$k_2''\cdots k_n''$——计算断面处地下水位以下厚度h_1''、$h_2''\cdots h_n''$的渗透系数

续表

水文地质特征		示意图	公式
有渗入时河间地块	两河壅水陡直河岸		$y = \sqrt{h^2 + (H_1^2 - h_1^2)\dfrac{L-x}{L} + (H_2^2 - h_2^2)\dfrac{x}{L}}$
	两河壅水平缓河岸		$y = \sqrt{H_1^2 - x'\left[\dfrac{H_1^2 - H_2^2}{L'} - \dfrac{L'-x'}{L-x}\left(\dfrac{h^2 - h_1^2}{x} + \dfrac{h_1^2 - h_2^2}{L}\right)\right]}$
	一河壅水，一河水位不升高，陡直河岸		$y = \sqrt{h^2 + (H_1^2 - h_1^2)\dfrac{L-x}{L}}$
	一河壅水，一河水位不升高，平缓河岸		$y = \sqrt{H_1^2 - x'\left[\dfrac{H_1^2 - H_2^2}{L'} - \dfrac{L'-x'}{L-x}\left(\dfrac{h^2 - h_1^2}{x} + \dfrac{h_1^2 - h_2^2}{L}\right)\right]}$

10.5　水库浸没治理

1. 治理原则

（1）因害设防，因势利导，尽量恢复原有耕地条件或改变土地耕种条件，控制区域临界地下水位不影响农作物生长，库周建筑物安全和群众生活。

（2）浸没防治应与防洪安全、工程建筑物安全（如渗透稳定）相结合考虑。

（3）应结合浸没区的工程地质特点选取和布设浸没防治措施。

2. 防治措施

（1）降低地下水位。结合地区水文地质条件和地下水壅水预测结果，对浸没区布设排渗、减压或疏干工程。对于潜水型浸没一般采取排渗或疏干工程，对于承压水型浸没一般布设减压与排渗相结合的防治措施。如河北官厅水库，主要在浸没区内布设排水沟和渠系，形成浸没区排渗网络；汉江的兴隆水利枢纽，左岸堤内的田地在蓄水后存在浸没问题，采取截渗沟与排水沟相结合的处理方式，浸没问题得到有效解决；山东聊城发电厂新厂引黄调蓄水库，在出现浸没坝段的坝址下游设置减压井，导出承压水，解决已出现的库外浸没现象，防止库外农田出现沼泽化和盐碱化。

（2）采取工程措施与浸没区可持续开发式移民安置工程、农业措施相结合的综合防治方法，包括降低正常蓄水位，改变作物种类和耕作方法，垫高复垦和建筑物基础加固处理措施等方法。

参考文献

[1]　中华人民共和国住房和城乡建设部. 水利水电工程地质勘察规范 (2022 年版)：GB 50487—2008[S]. 北京：中国计划出版社, 2008.

[2]　司富安, 邵维中. 中国大江大河的开发治理与环境地质[M]//水工设计手册: 第 2 卷. 北京：水利电力出版社, 1984.

[3]　陆兆溱. 工程地质学[M]. 北京：水利电力出版社, 1989.

[4]　彭土标, 袁建新, 王惠明. 水力发电工程地质手册[M]. 北京：中国水利水电出版社, 2011.

第 11 章　水库塌岸勘察评价

11.1　概述

　　水库塌岸现象是指在水库蓄水后，库岸边坡岩土体在水的浸泡下改变了其自身的物理力学性质，库岸为适应新的自然平衡条件，岸坡在浪蚀、冲刷等作用下发生坍塌、磨蚀、后退等现象，直到岸坡稳定为止。水库塌岸问题是水库区主要工程地质问题之一，对库区移民征迁、生态环境保护治理、水库运行管理、岸边工程安全等具有重大影响。

11.2　水库塌岸产生机制与过程

　　水库塌岸产生机制与过程可扫描以下二维码 M4.11-1 阅读。

M4.11-1

11.3　水库塌岸影响因素与类型

11.3.1　水库塌岸影响因素

　　水库塌岸是十分复杂的动力地质过程，塌岸影响因素多，总体可分为内因、外因两部分。内因主要包括地形地貌、地层岩性；外因主要包括地下水、水库水位变化（升降幅度、频率）、波浪掏蚀、水流冲刷、水库淤积等。塌岸是在多因素综合作用下发生发展的过程。

　　（1）地形地貌

　　地形地貌对水库塌岸有重要影响，包含岸坡坡度、坡高、坡形及植被发育状况等，同时对塌岸起算点有影响。不同地形、地貌单元，其塌岸的严重程度、规模大小有很大差别。弯曲库岸较平直库岸易产生塌岸；库岸越高陡，塌岸越严重；高岸缓坡塌岸量小，坍塌以岸腰部分为主；低岸陡坡的塌岸速度快，塌岸量小，常表现为崩塌；低缓岸坡常以水下塌岸为主。库岸的切割程度往往是塌岸范围和形成的制约条件，一般支沟发育、地形切割严重的库岸塌岸显著，而地形平整、阶面较宽、支沟不发育的库岸则次之。

　　（2）地层岩性

　　不同岩土岸坡，具有不同的抗剪强度和抗冲刷能力。地层岩性对塌岸的范围、速度和模式具有明显的控制作用。由松散堆积物组成的土质岸坡较易塌岸；岩质岸坡一般不易产生塌岸，但当岸坡岩性易软化、风化卸荷剧烈、岩层产状及结构面组合不利于边坡稳定时，也可能产生塌岸，多以滑移型、崩塌型为主。

地层岩性不仅直接控制塌岸的宽度、速度和形式，还决定了浅滩的形状、坡角和宽度。密实坚硬的黏性土抗冲刷性较强，塌岸宽度较小或仅表现为岸坡表面松动土体的剥落，形成较陡磨蚀浅滩，如冯家山水库岸坡［图 4.11-1（a）］。马兰黄土粉粒含量高，孔隙率高，浸水易崩解，易形成快速、强烈的塌岸，如王瑶水库岸坡［图 4.11-1（b）］。胶结好的砂卵石层，抗剪强度较高，抗冲蚀性较强，稳定性较好。

(a) 冯家山水库（Q_2 坚硬黄土）　　　　　　　(b) 王瑶水库（Q_3 疏松黄土）

图 4.11-1　不同土质岸坡塌岸

（3）地下水作用

水库蓄水时，库水补给两岸地下水，岸坡地下水位上升，岸坡岩土体部分饱和；库水下降时，地下水补给库水，岸坡地下水位下降。地下水位升降改变了岩土体的物理、力学及水理性质，使岩土体性状劣化，产生崩解、崩塌、滑坡等现象，造成塌岸。

（4）风浪作用

风浪作用是水库崩塌现象发生特别是浅滩形成的主要外力。激浪对库岸的冲刷、磨蚀和崩积物的搬运，其影响大小取决于激浪强度（浪高与冲刷深度）。强度越大，塌岸外动力作用越强，加大了冲蚀磨蚀作用。浪高取决于风速、风向、吹程。峡谷区中小型水库一般库面较窄，吹程小，波浪作用较弱，如甘肃花果山水库［图 4.11-2（a）］；平原区大中型水库库面一般较宽阔，波浪作用较强烈，若其岸坡土质疏松，则塌岸较严重，如官厅水库［图 4.11-2（b）］。

(a) 甘肃花果山水库（库窄浪小）　　　　　　　(b) 官厅水库（库宽浪高）

图 4.11-2　不同水库库面宽度图

（5）水库运用方式

一般水库运用方式对塌岸的影响主要表现在库水位变幅及升降频率。库水位变幅越大，受影响的水位变动带岸坡高度越大，库水位高低变化频率越高，水位变动带岸坡受波浪影响的频率越大，越利于产生塌岸。

（6）水流冲刷

水流对河岸的侧向掏蚀冲刷导致的岸坡崩塌、垮塌属于非典型塌岸。水流冲刷侵蚀岸坡造成坍塌后，迅速将坍塌物带走，延缓了水下浅滩的形成，从而加剧了塌岸。该类型不能用常规塌岸理论来预测塌岸宽度。水流对岸坡的冲刷掏蚀不仅取决于流速、流向、夹带物，还与岸坡的物质组成以及植被等因素有关。黄河下游东明段（图4.11-3），由于河道滩区宽阔，汛期河流侧蚀冲刷严重，河岸坍塌明显。

图 4.11-3　黄河下游东明段河水冲刷导致岸坡坍塌

（7）水库淤积

水库蓄水后泥沙淤积，河床抬高，水深减小，波浪的淘刷作用减弱，可降低塌岸的宽度和速度。水库淤积的影响在不同阶段影响程度不同，在蓄水初期快速的淤积会阻滞水下坡角减缓，后期在高滩深槽形成后会阻止塌岸的进一步发展。甘肃巴家咀水库坝前淤积厚度达32m（图4.11-4），库容萎缩严重，严重的淤积阻滞了塌岸的发展。

图 4.11-4　巴家咀水库区淤积状态（2021年）

11.3.2　水库塌岸一般类型

按照成因，水库塌岸可分为风浪塌岸和冲刷塌岸。水库塌岸的勘察评价工作主要针对风浪塌岸。依据库岸物质组成，可将库岸划分为岩质、土质、岩土混合质库岸。按照塌岸破坏类型，水库塌岸可分为冲蚀-磨蚀型、坍（崩）塌型、滑移型、混合型，各类型特征见表4.11-1。

（1）冲蚀-磨蚀型

多发生在地形坡度较缓的土质岸坡中，岸坡在水位升降、波浪作用下，缓慢剥蚀后退，形成浅滩。其再造过程具缓慢性与持久性，见图4.11-5。

(a) 河南小浪底水库（Q_3 地层）　　　　(b) 陕西冯家山水库（Q_2 地层）

图 4.11-5　冲蚀-磨蚀型塌岸［(a) 松散地层、(b) 密实土质］

（2）坍（崩）塌型

该类型显著特点是垂直位移一般大于水平位移，多发生在地形较陡的土质岸坡中（图 4.11-6）。具突发性，易发生于暴雨期和库水位急剧变化期。坍（崩）塌类型有剥落式、坠落式、错落式、滑塌式、倒塌式或倾倒式。

图 4.11-6　土质岸坡崩塌型塌岸

（3）滑移型

滑移型塌岸是指在水库蓄水后两岸地下水位抬升，导致库周岸坡部分岩土体性状劣化，达到滑动条件时产生滑坡，滑移型塌岸可作为水库塌岸的特例（图 4.11-7）。滑移型塌岸不能以简单的水库塌岸方法勘察评价，应结合滑坡勘察要求进行勘察评价。滑移型塌岸范围预测应结合塌岸理论与滑坡理论综合确定其塌岸范围。

(a) 陕西王瑶水库黄土滑坡　　　　　　(b) 湖北秭归岩体滑坡

图 4.11-7　土质、岩质岸坡滑移型塌岸

（4）混合型

前述塌岸破坏模式叠加形成混合型。如图 4.11-8 是在崩塌型塌岸的基础上，坡脚继续受库水冲刷、掏蚀，进而产生滑坡。因此，在塌岸预测时，对于崩塌型岸坡，宜验算其滑坡稳定性范围。对于崩塌型、滑移型塌岸，宜在预测崩塌、滑坡范围的基础上，验算冲蚀-磨蚀的塌岸范围，相互验证，综合判定塌岸范围。

图 4.11-8 崩塌型转换为滑移型

塌岸模式特征 表 4.11-1

塌岸模式		示意图		特征说明
		蓄水前岸坡	蓄水后岸坡产生塌岸	
冲蚀-磨蚀型	松散堆积物			岸坡在库水冲蚀、风浪冲刷作用下,岸坡物质逐渐被冲刷、磨蚀,而后被搬运带走,从而使岸坡坡面缓慢后退的一种库岸再造形式。多发生在地形坡度较缓的松散堆积物岸坡。该塌岸模式是逐渐发生发展的,速率较慢,短期塌岸规模较小,长期仍可形成较大规模塌岸
坍(崩)塌型	土质岸坡			岸坡在库水的长期作用下,基座被软化、掏空,岸坡上部岩土体失去平衡,局部下挫或坍塌,而后被水流逐渐搬运带走的一种库岸再造形式。一般发生在坡度较陡的土质岸坡或基岩卸荷带岸坡,具突发性
	裂隙等结构面发育的岩石岸坡			
滑移型	诱发老滑坡			水库蓄水诱发古滑坡复活,直至岸坡重新稳定的一种岸坡再造形式
	土质滑坡			水库蓄水导致松散堆积物力学参数弱化,坡体滑动失稳,直至岸坡稳定的一种岸坡再造形式。一般以圆弧滑动为主
	沿基覆界面滑坡			水库蓄水后,基覆界面参数弱化,上部覆盖层沿基覆界面发生整体性滑动的岸坡破坏形式
	不利结构面引起的岩体滑坡			发育有倾向坡外、倾角小于坡角的软弱结构面等存在潜在滑坡风险的岩体岸坡。水库蓄水后,结构面弱化,上覆岩体沿软弱结构面向临空面方向发生滑移变形,直至岸坡稳定

塌岸模式	示意图		特征说明
	蓄水前岸坡	蓄水后岸坡产生塌岸	
混合型 崩塌型转换为冲蚀-磨蚀型（土质岸坡）			库岸发生崩塌后，后期在库水位不断升降波动的情况下，波浪不断对崩塌体冲蚀-磨蚀，最终形成冲蚀-磨蚀型岸坡
滑移型转换为冲蚀-磨蚀型			库岸发生滑移后，后期在库水位不断升降波动的情况下，波浪不断对滑坡体冲蚀-磨蚀，最终形成冲蚀-磨蚀型岸坡
崩塌转换为滑移型			库水位上升弱化了岸坡岩土体力学参数；库岸前缘在库水冲刷掏蚀下发生小规模崩塌后，岸坡失衡，发生滑坡

11.4　水库塌岸勘察内容及方法

水库塌岸勘察是库区勘察工作的重要内容，宜与库区勘察一并进行。

11.4.1　规划阶段

本阶段主要是对建坝成库条件的论证。大规模的塌岸，影响水库效益及可行性，塌岸可能对库周城镇、重大基础设施的安全构成威胁。需在本阶段初步调查、了解可能发生的塌岸规模、范围及影响程度，支撑库址方案比选。

（1）勘察内容

了解可能对水库成库，对城镇、重大基础设施的安全产生严重不良影响的塌岸分布范围、塌岸量。

（2）勘察方法

本阶段主要为小比例尺的地质调查、测绘。影响工程决策的重大塌岸段，应开展1∶100000～1∶50000工程地质测绘，地质测绘宜结合航拍、遥感解译进行；视需要布置勘探、物探工作。

11.4.2　可行性研究阶段

本阶段对应水电行业"预可行性研究阶段"。本阶段勘察应对影响工程效益、库区环境等关系到建库可行性的重大工程地质问题做出初步评价。应较为全面地对塌岸问题进行勘察、预测评价。初步查明塌岸范围、塌岸量；初步评价其对库区周边城镇、居民区、耕园地等的可能影响。

1）勘察内容

初步查明库岸地形地貌、地层岩性、地质构造；初步查明库岸岩土体物理力学性质；调查水上、水下与水位变动带稳定坡角；初步查明塌岸模式，预测塌岸的失稳形式及影响范围、危害性，提出工程处理措施建议。

2）勘察方法

本阶段一般是项目审批立项阶段，塌岸评价成果应较为全面、精确。应开展大、中比例尺的地质测绘，布置较全面的勘探、物探、试验工作。

（1）地质测绘：一般库岸段比例尺可采用 1∶50000～1∶10000，对可能威胁工程及重要城镇、居民区安全的塌岸段应加大测绘比例尺，可选用 1∶2000～1∶500。测绘范围应能涵盖塌岸范围。地质测绘宜结合航拍、遥感解译进行。

（2）勘探：塌岸预测断面应垂直库岸布置，水库死水位或陡坡脚高程以下应有坑、孔控制。

（3）物探：地形及条件允许时，应充分利用物探手段。

（4）试验：主要岩土层，应进行物理力学性质试验，累计组数不应少于6组，试验项目应包含颗粒分析、自然休止角和水下休止角试验。确无条件取样试验时，可按工程地质类比法选用岩土体参数。

11.4.3 初步设计阶段

本阶段对应水电行业"可行性研究阶段"。本阶段应在上阶段的基础上，全面查明塌岸范围、规模、影响及危害程度。针对重点塌岸段，做重点勘察，并提出塌岸防治、监测方案建议。

1）勘察内容

（1）调查收集气象、风浪资料：冻融作用，风向和风速，频率最多的风向和风速及最大风速和持续时间；风浪及船浪的高度，浪向和浪程、波浪冲刷深度等。

（2）明确水库的运行方式，水库蓄水初期的最高水位、消落水位和正常蓄水位，库水位升降幅度和频率，水库各段的回水位。

（3）调查相似地质条件的已建水库、河流、湖泊的塌岸情况，水上岸坡稳定坡角、浪击带稳定坡角和水下稳定坡角。

（4）查明库岸的形态特征，岸坡的高度和坡角、岸坡方向、岸线的曲率、冲刷岸和淤积岸，阶地及河漫滩的形态、类型及基座高程。岸坡稳定现状、可能的失稳模式。

（5）查明塌岸区岸坡地层结构类型，岩土体物理力学性质、水理性质，应注意特殊性土层的耐崩解性、膨胀性和湿陷性等。

（6）查明地下水位及其变化幅度、渗透系数、水力梯度，分析水库回水与地下水的动态关系。

（7）应选择典型剖面预测水库蓄水后塌岸的宽度；塌岸预测应根据各水库类型、库岸岩性，视水库区风浪作用大小等因素，综合选择塌岸预测方法，多以图解法为主；预测计算中，各段的稳定坡角应根据试验成果，结合调查资料综合确定。

（8）预测时宜考虑塌岸物质中粗颗粒的含量及其在坡脚再沉积的影响；对于淤积型水库，宜考虑水库淤积程度对塌岸的影响；对于库区较长、淤积量大的水库，还应考虑各库区段叠加淤积影响后的回水位变化，综合确定塌岸预测的高水位。

（9）应根据预测的塌岸宽度和范围，评价对城镇、集中居民点、规划移民区、重要工程设施、农业区的影响和危害程度，提出处理措施，并应提出运行期塌岸监测内容、方案和技术要求的建议。

（10）查明塌岸防护工程区的地质条件，评价主要工程地质问题，针对不同塌岸模式提出处理措施建议。

2）勘察方法

本阶段塌岸评价成果应全面、翔实可靠，勘察精度要求高。主要为大比例尺的地质测绘，全面的勘探，必要的物探、试验工作。宜充分利用 3S 等信息化技术辅助开展塌岸分析，未来数字化技术在塌岸评价中将是重要手段。

（1）地质测绘：农业地区可选用 1∶10000～1∶2000，城镇地区等重要库岸段可选用 1∶2000～1∶500，测绘范围应包括塌岸区及其影响区。应对塌岸预测勘探剖面进行工程地质剖面测绘。塌岸防护工程部位应实测与库岸基本垂直的工程地质剖面，比例尺宜为 1∶500～1∶200，剖面间距不宜大于 100m。

（2）勘探：塌岸预测剖面应垂直库岸布置，靠近岸边的坑、孔应进入水库死水位或相当于陡坡脚高程以下。勘探线间距，城镇地区可选用 200～1000m，农业地区可选用 1000～5000m；每一勘探剖面不应少于 3 个勘探点，其间距视可能塌岸宽度确定，靠近岸坡边缘应布置钻孔，钻孔穿过可能塌岸体以下深度不应小于 5m。

（3）试验：各土层应进行物理力学性质试验，其中颗粒分析、自然休止角和水下休止角试验组数累计不应少于 6 组。

（4）3S 技术：宜采用 3S 技术对相似水库工程开展样本分析，确定水库塌岸敏感因子及权重，结合库区地形分析，确定水位变动带稳定坡角，预测水库塌岸危险性。

11.4.4　蓄水运行阶段

水库塌岸过程一般历时较长，多持续数十年以上。蓄水运行阶段勘察主要是收集、分析塌岸发生发展过程资料，核验、复核前期预测结果，对与前期预测出现较大偏差的塌岸段进行补充勘察，对新出现的塌岸段进行针对性勘察，更新塌岸预测成果，不断调整、完善处理措施、监测方案。

勘察方法及工作量宜结合前期勘察资料及当前塌岸具体情况综合考虑，针对性查明水库塌岸相关问题。

11.5　水库塌岸预测原则

现阶段塌岸预测方法仍是半理论半经验的，预测成果往往与实际塌岸宽度存在偏差。塌岸预测成果既要确保人民生命财产安全，又不能因过度保守而导致不必要的占地征迁，大幅增加工程投资。水库塌岸预测宜参考以下原则开展。

11.5.1　预测方法与塌岸模式相匹配

依据库区不同区段的地形地貌、岩性结构、波浪作用大小等因素，确定塌岸破坏模式，选择适宜的塌岸预测方法及参数。

（1）冲蚀-磨蚀型

主要涉及低水位以下岸坡、水位变动带岸坡、水上岸坡等部分，另涉及水下淤积、岸坡岩土结构等因素。可适用类比图解法、卡丘金法、两段法、三段法，其方法适用性相对较强。

（2）坍（崩）塌型

坡度陡峻的土质边坡，库水掏蚀岸坡下部，导致上部土坡出现剥落、坠落、错落、滑塌、倒塌，土质岸坡坍（崩）塌多以几种方式的组合形式表现。对于岩质岸坡，应充分调查岩体结构面的发育特征，分析在水库蓄水作用下，可能发生的崩塌形式，采用块体理论或危岩稳定性评价方法进行塌岸范围预测。

（3）滑移型

滑移型塌岸可视为滑坡问题，滑坡稳定性计算一般以极限平衡法为基本计算方法，确定滑坡后缘范围。对于重要的边坡，可同时采用有限元法验算。

对于土质边坡或呈碎裂结构、散体结构的岩质边坡，当滑动面呈圆弧形时，宜采用简化毕肖普（Simplified Bishop）法、摩根斯顿-普赖斯（Morgenstern-Price）法，当滑面呈非圆弧形时，宜采用摩根斯顿-普赖斯法、不平衡推力传递法计算。

对于呈块体结构和层状结构的岩质边坡，宜采用萨尔玛（Sarma）法和不平衡推力传递法计算边坡稳定性。对多组结构面组合可能形成楔形体的边坡，应计算楔形体的抗滑稳定性。

（4）混合型

针对主要塌岸模式进行预测，次要塌岸模式复核，综合确定塌岸范围。需要说明的是，对于崩塌、滑移型土质岸坡塌岸，在产生坍（崩）塌、滑坡后，若仍继续受库水的侵蚀、波浪磨蚀，仍需以冲蚀-磨蚀型塌岸预测法复核其长期塌岸范围。

11.5.2　定性分析与定量评价相结合

塌岸宽度预测应以塌岸区地质环境条件调查（蓄水后总体条件预判）和塌岸机理分析（塌岸模式判别）为基础，定性判断塌岸模式、塌岸范围，并选择适宜的方法、参数，定量计算塌岸范围。

11.5.3　多种方法综合预测

水库塌岸影响因素多，水库运行库水位、库水位升降速率、水库淤积等后续不确定性因素对塌岸影响较大，前期塌岸预测宜采用多种方法综合预测，相互验证，给出相对更优解。

11.5.4　突出重点、以人为本

水库塌岸应充分考虑岸坡变形破坏后的危害程度，突出重点，以人为本，对塌岸范围综合取值，见表4.11-2。对重要建筑物区、居民区等关乎人民生命财产安全的区域，塌岸范围取值要特殊或重点对待，确保塌岸预测范围足够安全；对一般道路、临建等普通建筑物，视塌岸危害程度，可重点或一般对待；对耕园地、荒地、林地等塌岸危害不严重的地段，可总体按一般对待。

水库塌岸范围取值

表 4.11-2

岸边附属物类型	塌岸对岸边附属物的危害程度	
	大	小
重要建筑物、居民区	特殊对待	重点对待
普通建筑物	重点对待	一般对待
耕园地、荒地、林地	总体一般对待，局部重点对待	一般对待

11.6　水库塌岸预测方法

水库塌岸受多因素影响，目前仍无法以精确的物理、数学方程来表达，现行方法多为经验、半经验性的。不同的塌岸模式对应的塌岸宽度计算方法不同，本节主要介绍冲蚀-磨

蚀型塌岸计算方法。对于崩塌型、滑移型塌岸，应采用相应方法计算崩塌、滑坡范围，不在此介绍。

塌岸预测按时长可分为短期预测、长期预测。短期预测无严格意义时长，一般限于 2～10 年；长期预测时长则指水库在设计工况下的最终运行期限。长短期塌岸预测方法原理相同，只在塌岸模式、塌岸方法、塌岸参数、库水位选择等方面有差异。

11.6.1　短期预测

短期预测是预测蓄水初期的水库塌岸，与长期预测差异主要表现为塌岸模式、坡角参数、水位的选择。一是蓄水初期一定时段内，塌岸模式并未完全表现为长期塌岸模式；二是时间相对短，水下坡角、水位变动带坡角、水上坡角与长期塌岸参数有差异；三是蓄水初期高低水位的运用大多未达到正常工况，如三峡水库自 2003 年蓄水至 2010 年才首次蓄至正常蓄水位 175m，小浪底水库自 2000 年蓄水至 2021 年才首次蓄至 273.5m（正常蓄水位 275m）。

短期塌岸是一种过程状态，预测时长相对较短，波浪作用对库岸的冲刷、磨蚀程度有限，一般可采用忽略波浪作用的两段法，针对非均质岸坡可采用两段库岸结构图解法。

（1）时长选择

依据短期预测的目的、影响因素、蓄水设计过程，以及预测结果的安全度，综合确定短期预测时长。具体步骤为：①预测蓄水后确定年限内（如 2 年、3 年、5 年等）的塌岸范围，可直接确定时长，高水位选择应考虑选取年限内的库水位计划；②若未有明确的时长年限，只是概念性地开展短期预测，则应充分结合蓄水计划过程来综合判断，选择年限、高水位、预测方法时应充分考虑预测结果的安全度；一般表现为几类情况：前期几年始终保持低水位运行，则预测高水位可直接确定，时长可选择低水位保持的年限；前期几年便蓄水至正常蓄水位，则预测高水位应选择正常蓄水位，时长也不宜过长；前期高、低水位震荡运行，则应考虑高水位运行规律及历时长短加以综合判断。

（2）预测方法及参数

短期塌岸预测两段图解法见图 4.11-9。

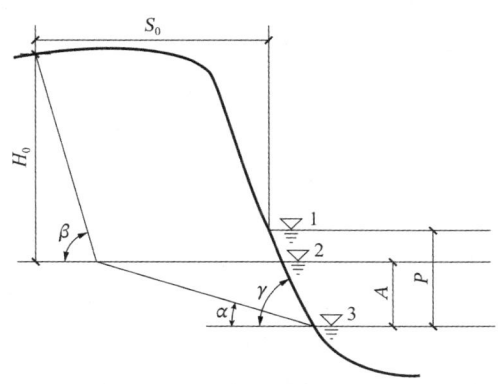

图 4.11-9　短期预测两段图解法示意图

S_0—蓄水初期塌岸宽度；水位 1、水位 2、水位 3—正常蓄水位、初期最高蓄水位、原河道多年平均洪水位；A—水位 2 与水位 3 的差值；P—水位 1 与水位 3 的差值；H_0—初期最高蓄水位以上的岸坡高度；α—短期水下岸坡稳定坡角；β—水上岸坡稳定坡角；γ—原始岸坡角

该方法与长期预测的两段法类似，确定初期最高蓄水位、短期水下稳定坡角、水上稳

定坡角等即可计算。但各水库的初期蓄水过程及运行方式差异很大，动水位作用下的水下岸坡角α其实是动态变化的，初期蓄水过程、水库运行方式是确定α的重要依据。从理论上讲，对于大部分具有结构强度的土质岸坡的短期α是高于其长期水下稳定坡角的，但对松散的砂土类地层，长短期的α相差较小。

α、β宜根据现场调查、试验或工程地质类比综合确定。当无资料时，可参考表 4.11-3。

短期塌岸预测不同岩性坡角参考值 表 4.11-3

岩性	$\alpha/°$	$\beta/°$
坚硬黏土、壤土	25～45	60～80
黄土状壤土	10～25	50～70
黄土状砂壤土	8～22	45～50
砂土	6～20	38～45
砂砾土	14～26	45～60
胶结的砂、砂砾	25～45	60～80

11.6.2 长期预测

长期预测可根据水库运行方式、库区波浪作用强弱、库岸地层结构等因素选择适宜的方法。

1. 类比图解法

由于现阶段天然河道的平均枯水位、河水涨幅带、平均洪水位分别与水库运行期低水位、调节水位（水位变动带）、设计高水位存在可类比性，因此可通过地质调查，统计现状天然河道的平均枯水位以下、河水涨幅带、平均洪水位以上三带内不同岩土体的稳定坡角。以此类比图解水库蓄水运行时的库岸再造范围。根据实测岸坡剖面，自现状河道枯水位起，首尾相连依次绘出在不同库水位条件下相应岩土层的稳定坡角，并以各段稳定坡角连线代表最终库岸再造边界线，进而量取库岸再造的最终宽度与高程。

岩土体在不同库水位条件下稳定坡角的取值应切合实际，具有代表性。根据地质测绘与勘探资料，现场调查统计不同岩土体在天然河道的平均枯水位以下、河水涨幅带以及平均洪水位以上三带内岩土体的稳定坡角。采用调查统计的数据，按式(4.11-1)计算各类岩土层在不同库水条件下的稳定坡角。

$$\alpha = \sum \alpha_i \times L_i / \sum L_i \tag{4.11-1}$$

式中：α——一个统计范围内该岩土层的稳定坡角；

α_i——单个统计点岩土层的坡角；

L_i——单个统计顺坡向之间的平面距离。

根据各岩土层自然坡度统计值与前述类比原则，得出各岩土层在不同库水位状态下的稳定坡角建议值，最后采用图解法求得塌岸范围。

类比图解法适用于拦蓄天然径流的水库岸坡塌岸预测，其缺点是现状河道与水库建成蓄水后的水动力学条件有所差异。原径流型河道主要是岸坡冲刷问题，水库蓄水后一般是波浪影响问题，尤其是大型水库，库面宽阔，波浪作用强，类比坡角误差较大。

2. 卡丘金法

苏联学者卡丘金于 1949 年提出该法，目前普遍应用。卡丘金法是考虑波浪作用的一种方法，适用于由松散堆积物组成的库岸，其预测图解见图 4.11-10。

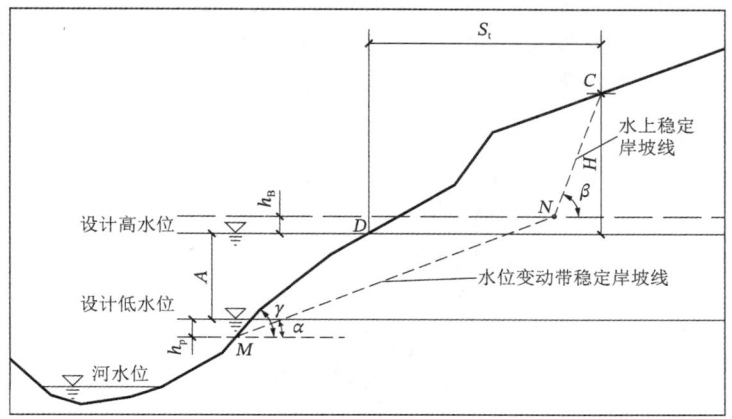

图 4.11-10　卡丘金长期塌岸预测示意图（土质岸坡）

将图解公式化如下式：

$$S_t = N[(A + h_P + h_B)\cot\alpha + (H - h_B)\cot\beta - (A + h_P)\cot\gamma] \tag{4.11-2}$$

式中：S_t——最终塌岸宽度（m）；

A——库水位变幅（m），设计低水位与高水位之差（一般取死水位与正常蓄水位之差）；

N——与土的颗粒大小有关的系数，黏土取 $N = 1.0$，粉土取 $N = 0.8$，黄土取 $N = 0.6$，砂土取 $N = 0.5$，砂卵石取 $N = 0.4$，多种土质岸坡应取加权平均；

H——设计高水位以上岸坡高度（m）；

α——水位变动带浅滩稳定坡角（°），依据图 4.11-11 取值；

β——岸坡水上稳定坡角（°），依据工程区实测结果取值；

γ——原始岸坡坡度（°）；

h_P——波浪冲刷深度（m），一般情况下 h_P 可取 1.5～2 倍浪高（h），或以式(4.11-3) 计算 h_P；

$$h_P = 0.64\alpha \sin h(8.1h) \tag{4.11-3}$$

h_B——波浪爬高（m），见式(4.11-4)；

$$h_B = 3.2Kh\tan\alpha \tag{4.11-4}$$

K——被冲蚀的岸坡表面糙度有关的系数；一般砂质岸坡 $K = 0.55～0.75$；砾石质岸坡 $K = 0.85～0.9$；混凝土 $K = 1.0$；抛石 $K = 0.775$；

h——浪高（m），一般水库工程的浪高 h 为 0.2～1.0m，土石坝、重力坝、堤防等相关设计规范对浪高计算依据条件不同，计算方法不同（莆田、鹤地、官厅公式）。

对于峡谷水库可采用官厅水库公式进行估算浪高 h，见式(4.11-5)；对于丘陵、平原区水库可采用鹤地水库公式计算浪高 h，见式(4.11-6)；

$$h = 0.0166 \times W^{5/4} \times L^{1/3} \tag{4.11-5}$$

$$h = 0.0136 \times W^{3/2} \times L^{1/3} \tag{4.11-6}$$

式中：W——风速（m/s）；

L——吹程（m）。

从图 4.11-11 关于各类土质与浪高关系对应的水位变动带浅滩稳定坡角值来看，卡丘金法未考虑土体的胶结程度、结构强度。主要以土体颗粒粗细为基准，这在一定程度上忽略了某些坚硬土质岸坡的结构强度，而其浅滩坡角一般是比图 4.11-10 对应的坡度值高。因此该法主要适用于由松散堆积物组成的库岸，土体越松散，对应性越好；对于密实的、不易于水解的坚硬土，甚至胶结半胶结土质组成的岸坡适宜性较差。

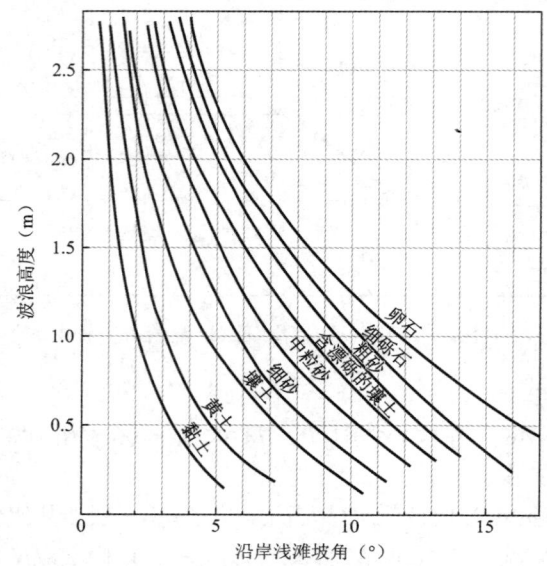

图 4.11-11　不同波浪高度时各类土的浅滩稳定坡角

关于起算点 M：当岸坡为土质岸坡时，原始岸坡坡度 γ 大于水位变动带浅滩稳定坡角 α 时，M 点取设计低水位以下冲刷深度 h_P 对应的原始岸坡交点；若原始岸坡坡度 γ 小于水位变动带浅滩稳定坡角 α 时，M 点取自冲刷深度 h_P 向上对应的原始岸坡坡度 γ 开始大于水位变动带坡角 α 的对应岸坡位置；当冲刷深度 h_P 以上岸坡存在基岩岸坡时，起算点 M 点应取土石界线点，见图 4.11-12。

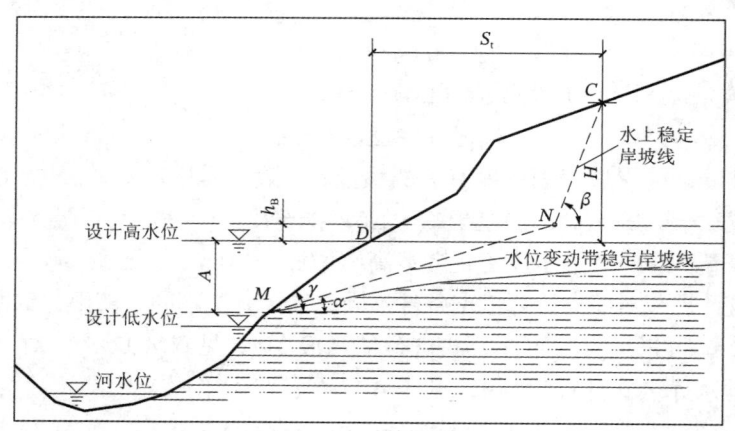

图 4.11-12　卡丘金长期塌岸预测示意图（岩土混合质岸坡）

3. 两段法

王跃敏等（2000 年）提出"两段法"，水库蓄水后的岸坡由水下稳定岸坡、水上稳定岸坡两段组成，方法图解见图 4.11-13。该法适用于库面较窄、风浪较小的库区段，是忽略波浪作用的一种方法。库宽、浪高的库区，库水位变幅大且水位升降频繁的水库岸坡不适宜采用"两段法"预测。

具体原理：水下稳定岸坡线由原河道多年最高洪水位 h 及水下稳定坡角 α 确定；水上稳定岸坡线由设计洪水位和毛细水上升高度 H' 及水上稳定坡角 β 确定。

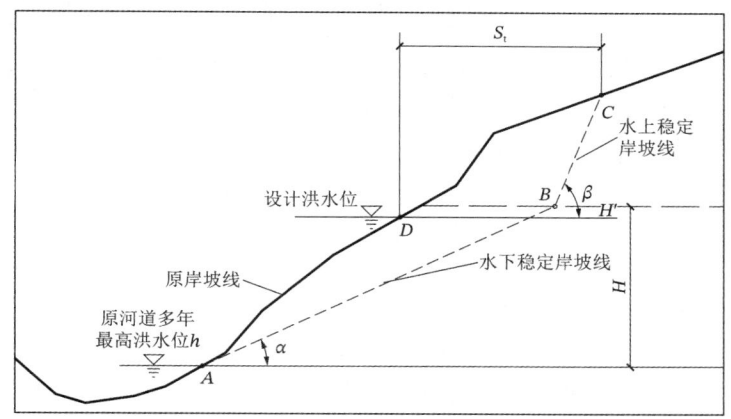

图 4.11-13　两段法塌岸预测示意图（均质土岸坡）

图解过程：以原河道多年最高洪水位与岸坡交点 A 为起点，以 α 为倾角绘出水下稳定岸坡线，该线延伸至设计洪水位加毛细水上升高度的高程点 B，再经过 B 点以倾角 β 绘出水上岸坡稳定线，与原岸坡交于 C 点，即为水上稳定岸坡的终点。设计洪水位高程所对应的原岸坡的 D 点，与 C 点之间的水平距离，即为预测的塌岸宽度 S_t。

（1）稳定岸坡角参数取值

水下稳定岸坡角 α 取值方法有两种。一种是工程地质调查法，王跃敏通过南方数十处水库的调查，给出了不同岩土层组成的水下稳定岸坡角参考值，见表 4.11-4。实际应用时，各段坡角参数需结合工程所在区域实际调查结果确定。

水下稳定岸坡角 α 值　　　　　　　　　　表 4.11-4

岩土体名称	颗粒组成及性质	α/°
粉细砂	密实、$e < 0.6$	18～21
	中密、$e = 0.6\sim0.75$	15～18
	稍松、$e > 0.75$	12～15
中粗砂夹角砾	密实、$e < 0.6$	24～27
	中密、$e = 0.6\sim0.9$	21～24
	稍松、$e > 0.9$	18～21
黏土、砂黏土、夹碎（卵）石、角（圆）砾	密实，石质含量 $> 35\%$	27～30
	中密，石质含量 $20\%\sim35\%$	24～27
	稍松，石质含量 $< 20\%$	21～24
碎（卵）石土	密实，石质含量 $> 70\%$	33～36
	中密，石质含量 $60\%\sim70\%$	30～33
	稍松，石质含量 $< 60\%$	27～30

续表

岩土体名称	颗粒组成及性质	$\alpha/°$
漂（块）石、卵（碎）石土	全胶结	45～50
	半胶结	40～45
石渣	粒径 3～30cm，含量 > 90%	34～36

另一种为综合计算法，是在地质调查法的基础上总结出来的，对于砂性土及碎石类土，取 $\alpha = \varphi$（内摩擦角）；对于黏性土，则用增大内摩擦角的方法来考虑黏聚力 c 的影响，使 $\alpha = \varphi_0$（综合内摩擦角），用剪切力公式计算 φ_0，即

$$\varphi_0 = \arctan[\tan\varphi + c/(\gamma_s H)] \tag{4.11-7}$$

式中：γ_s——水下岩土体的饱和重度；

　　　　H——水下岸坡起点岸坡终点的高度；

φ、c、γ_s——由试验获得。

水上稳定岸坡坡角参考值见表 4.11-5，实际应用时，需结合工程所在区域实际调查结果选用。毛细上升高度 H' 一般通过试验与现场调查综合确定，其值与岸坡岩土体的颗粒组成有关，粗颗粒毛细水上升高度小，细颗粒相对较高。

水上稳定岸坡角 β 值　　　　　　　　　　表 4.11-5

岩土体名称	颗粒组成	β 实测值/°	β 终止值（天然）/°
黏土	粒径 ≤ 0.002mm 占 8% 以上	58～80	60
砂黏土	粒径 ≥ 0.02mm 占 60% 以上	55～70	55
砂夹卵石	含砂量 ≥ 70%，卵石含量 ≤ 30%	40～62	40
石渣	粒径 3～30cm 占 90% 以上	45	42～45

（2）关于两段法设计高、低水位的选取

关于设计低水位涉及的水下岸坡起算点 A，因原河道多年最高洪水位以下岸坡局部段可能并未完全达稳定状态，对于此类情况可调整为多年平均洪水位作为起算点 A；关于设计高水位 D，可取正常蓄水位，如图 4.11-14 所示。

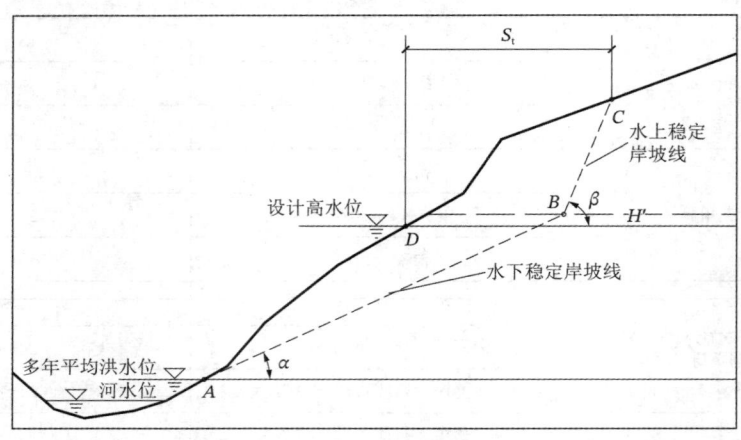

图 4.11-14　优化起算点 A 后的两段法塌岸预测示意图（均质土岸坡）

当多年平均洪水位以上存在岩质岸坡时，起算点 A 应以土石界线点为起点，见

图 4.11-15。

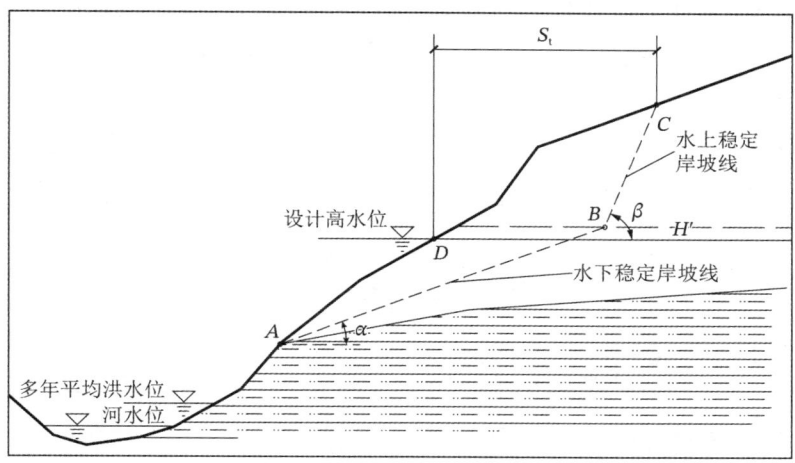

图 4.11-15 两段法塌岸预测示意图（岩土质岸坡）

4. 三段法

三段法适用于库面宽阔、风浪较大的库岸段，是考虑波浪作用的方法。水库蓄水后的岸坡由水下岸坡、水位变动带岸坡、水上岸坡三段组成，方法图解见图 4.11-16。图解过程：自多年平均洪水位起算点 A，以 θ 为倾角绘出水下稳定岸坡线，该线延伸至设计低水位以下波浪影响深度 h_p 的水平线交点 B；经过 B 点以倾角 α 绘出水位变动带稳定岸坡线，该线延伸至设计高水位以上波浪爬高 h_B 的水平线交点 C；以倾角 β 绘制水上稳定岸坡线延伸至原岸坡交于 D 点，即为水上稳定岸坡的终点。设计高水位与原岸坡的交点 E 与塌岸点 D 之间的水平距离，即为预测的塌岸宽度 S_t。

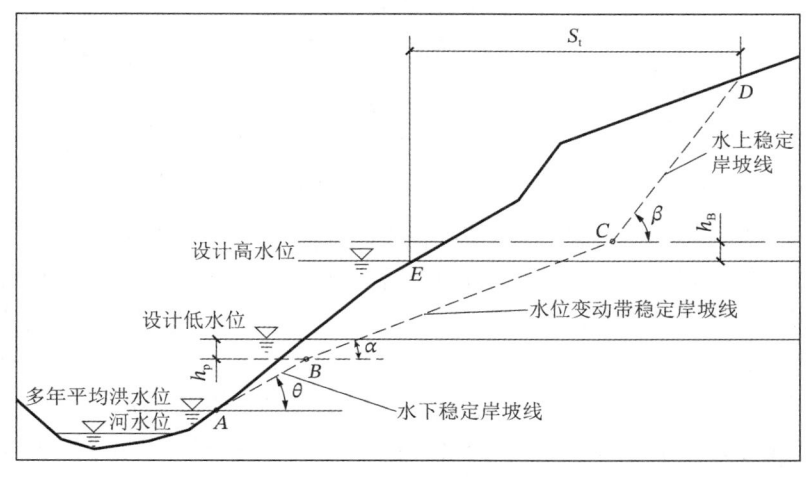

图 4.11-16 三段法塌岸预测示意图（均质土岸坡）

波浪爬高 h_B，波浪影响深度 h_p，可参照卡丘金法的相关内容；水下岸坡、水位变动带岸坡、水上岸坡的稳定坡角，可依据试验成果，结合现场调查或类似工程类比获得。设计低水位一般取死水位，设计高水位一般取正常蓄水位。

当多年平均洪水位以上存在岩质岸坡时，起算点 A 应以土石界线点为起点。若土石界线点位于设计低水位以下，塌岸预测图解见图 4.11-17；若土石界线点位于设计低水位以上，塌岸预测图解见图 4.11-18，此时"三段法"变为两段岸坡，即水位变动带岸坡、水上岸坡。

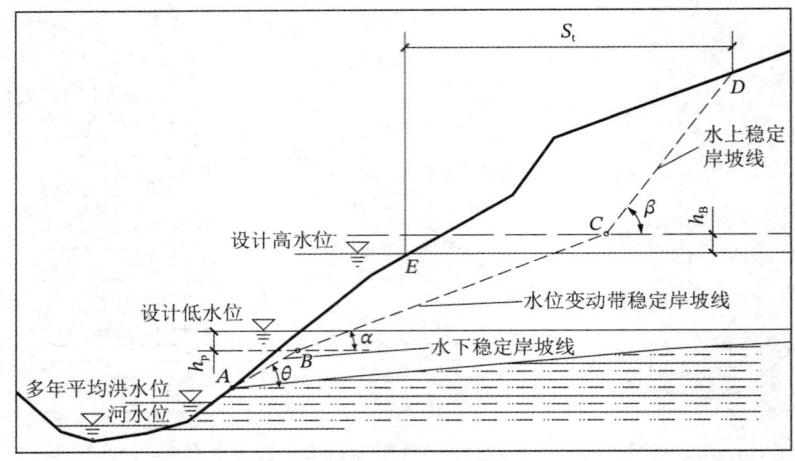

图 4.11-17 三段法塌岸预测示意图（岩土质岸坡，土石界线在低水位以下）

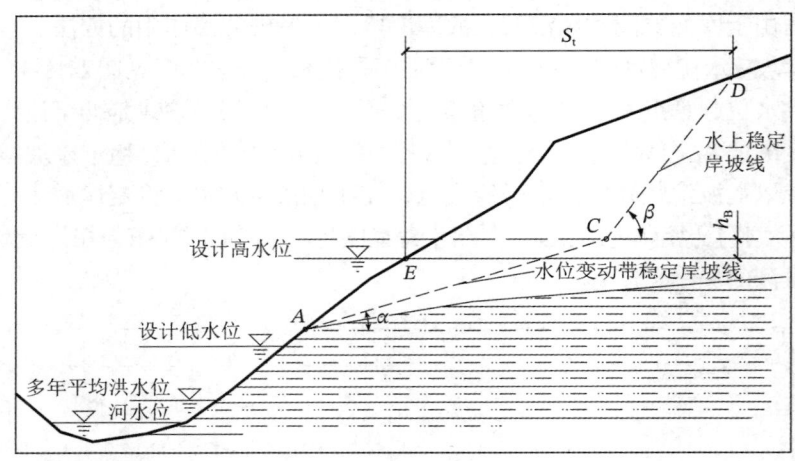

图 4.11-18 三段法塌岸预测示意图（岩土质岸坡，土石界线在低水位以上）

笔者对部分北方黄土地区水库塌岸坡角参数进行了调查，见表 4.11-6。从调查情况看，水库淤积越快，淤积量越大，塌岸程度相对越轻，如巴家咀水库；库水位变幅越小，塌岸程度相对越轻，如冯家山水库、羊毛湾水库、花果山水库、尖岗水库等；库水位变幅越大，塌岸相对越严重，如王瑶水库；中小型水库库面较窄，风小浪低，塌岸程度较轻，如花果山水库、尖岗水库；库岸岩性地层年代越老，土体越坚硬、密实，塌岸程度越轻，如冯家山水库、羊毛湾水库；地层年代越新，土体越疏松，易浸水破坏，塌岸程度越严重，如王瑶水库。

北方黄土地区水库塌岸坡角参数调查 表 4.11-6

水库	蓄水年代/年	库岸地层岩性	水下坡角/°	水位变动带坡角/°	备注
甘肃巴家咀	1962	中、重粉质壤土（Q_4）	—	7~27	库区淤积后的主河槽冲刷坡角

水库	蓄水年代/年	库岸地层岩性	水下坡角/°	水位变动带坡角/°	备注
甘肃花果山	1960	中、重粉质壤土（Q_2）	18~35	—	—
陕西冯家山	1974	重粉质壤土（Q_2、Q_1）	—	20~39	—
陕西羊毛湾	1969	中粉质壤土、粉质黏土（Q_2、Q_1）	—	16~28	—
陕西王瑶	1972	轻、中粉质壤土（Q_3）	—	7~15	—
河南小浪底	1999	重粉质壤土（Q_3）	—	16~28	—
河南尖岗	1970	重粉质壤土（Q_3、Q_2）	—	8~38	—

5. 库岸结构图解法

对于由多层地层组成的库岸，宜在均质库岸图解法的基础上，对各地层采用不同的稳定坡角参数。

（1）两段库岸结构图解法

两段库岸结构图解法是不考虑波浪作用的方法。当库岸为非均质地层时，在水下、水上两大段岸坡的基础上，针对各段不同地层岸坡采用不同稳定岸坡坡角参数，见图 4.11-19，水下岸坡稳定坡角参数为 $\theta_1 \cdots \theta_n$，水上岸坡稳定坡角参数为 $\beta_1 \cdots \beta_n$。

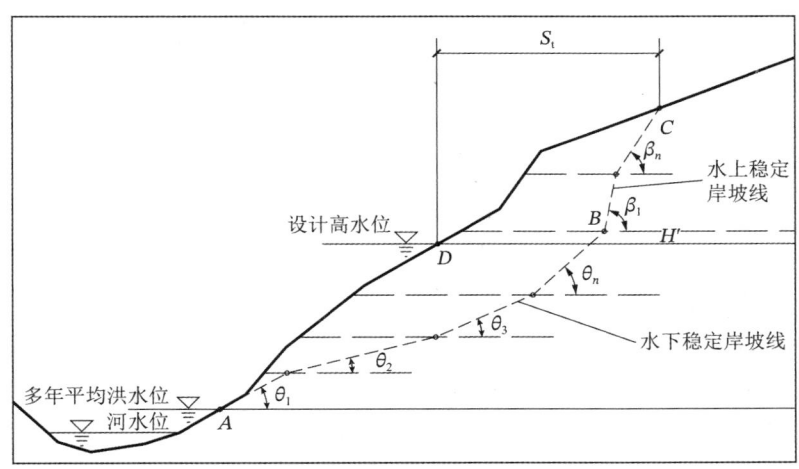

图 4.11-19　两段库岸结构图解法塌岸预测示意图（非均质库岸）

（2）三段库岸结构图解法

三段库岸结构图解法是考虑波浪作用的方法，因此需要考虑波浪爬高 h_B、波浪冲刷深度 h_p。当库岸为非均质土时，在水下、水位变动带、水上三大段岸坡的基础上，针对各段不同地层岸坡采用不同稳定岸坡坡角参数，见图 4.11-20。水下岸坡稳定坡角参数为 $\theta_1 \cdots \theta_n$，水位变动带磨蚀稳定坡角参数为 $\alpha_1 \cdots \alpha_n$，水上岸坡稳定坡角参数为 $\beta_1 \cdots \beta_n$。实际工程在无实测资料时，各坡角参数可参考表 4.11-4~表 4.11-6。

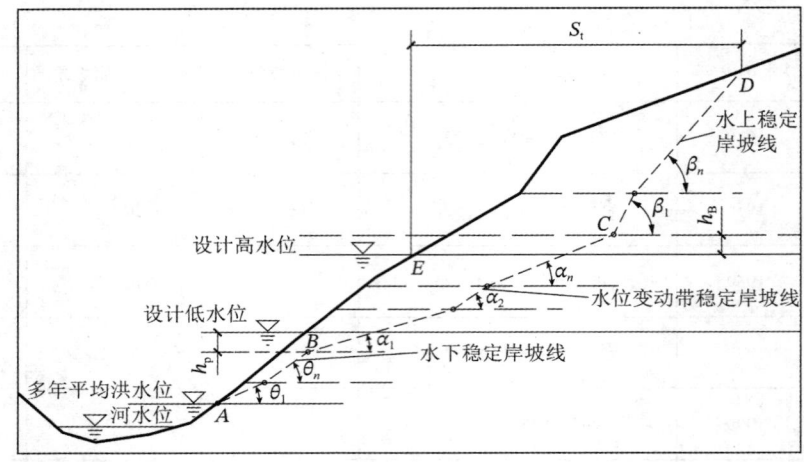

图 4.11-20　三段库岸结构图解法塌岸预测示意图（非均质库岸）

6. 佐洛塔廖夫图解法

苏联学者佐洛塔廖夫于 1955 年提出该法，认为波浪对塌岸起主要作用，塌岸后的岸坡可分为浅滩台阶、堆积浅滩、浅滩冲蚀坡、浪击带和水上稳定岸坡 5 部分，计算图解见图 4.11-21。该方法认为波浪对库岸再造起主要作用，较适用于具有非均一地层结构的岸坡，主要是黏土质的、较坚硬和半坚硬岩土组成的高陡水库岸坡。

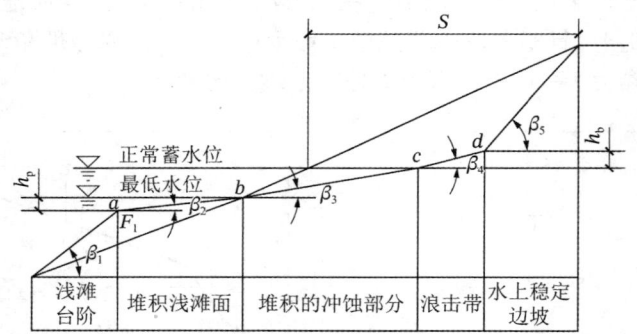

图 4.11-21　佐洛塔廖夫图解法塌岸预测示意图

具体图解步骤：

（1）绘制预测岸坡的地质剖面。

（2）标出水库正常蓄水位与水库最低水位。

（3）从正常蓄水位向上标出波浪爬升高度线 h_B。

（4）由最低水位向下，标出波浪影响深度 h_p。

（5）波浪影响深度线上选取 a 点，使其堆积系数（k_a）达到预定值。堆积系数（k_a）= F_1/F_2（F_1 为堆积浅滩体积，F_2 为水上边坡被冲去部分的体积）。

（6）由 a 点向下，根据浅滩堆积物绘出外陡坡线使之与原斜坡相交，其稳定坡度 β_1，粉细砂土和黏土采用 10°～20°，卵石层和粗砂采用 18°～20°；由 a 点向上绘出堆积浅滩坡的坡面线，与原斜坡线交于 b 点；其稳定坡度 β_2，细粒砂土为 1°～1.5°，粗砂小砾石为 3°～5°。

（7）以 b 点作冲蚀浅滩的坡面线，与正常高水位线相交于 c 点，坡角为 β_3。

（8）以 c 点作冲蚀爬升带的坡面线，与波浪爬升高度水位线相交于 d 点；其稳定坡角 β_4，

β_3、β_4及k_a可按表 4.11-7 确定。

（9）依自然坡角绘制水上稳定岸坡。

（10）检验堆积系数与预定值是否相符，如不相符，则向左或右移动a点并按上述步骤重新作图，直至合适为止。

佐洛塔廖夫图解法在实际运用中必须查明有多少比例的冲蚀土可组成堆积浅滩，实际运用较为复杂。

β_3、β_4及 k_a 值　　　　　　表 4.11-7

岩层名称	β_3	β_4	k_a	岩层泡软速度
粉砂、细砂、砂壤土、淤泥质壤土	0.7°~1°	3°	5%~20%根据颗粒组成而定	快，几分钟内
小卵石类粗砂、碎石土	6°~8°	16°~18°	30%以下	
黄土质壤土	1°~1.5°	4°	冲蚀的	相当快，10~30min 内
松散的壤土	1°~2°	4°	冲蚀的	1~2h 内，水中分解
下白垩纪黏土	2°~3°	6°	10%~20%	不能泡软，在土样棱角上膨胀破坏
上白垩纪泥灰岩、蛋白岩（极软岩），有裂缝	3°~5°	10°	10%~30%	不能泡软
黏土，致密，含钙质	2°~3°	5°	冲蚀的	一个月内不能泡软，部分分化淋蚀
黏土，黑色，深灰色，致密成层	2°	6°	冲蚀的	一个月内不能泡软，部分分化淋蚀
有节理的泥灰岩，石灰质黏土，密实的砂，松散砂岩	2°~4°	10°	10%~15%	一个月内不能泡软，部分分化淋蚀
黄土和黄土质土	1°~1.5°	—	—	很快，全部分解

注：表列β_3、β_4值符合波浪高为 2m 的情况，在库尾因波浪高度较小，可按表列数值增加 1.5 倍。

7. 基于数字化手段的塌岸预测方法

（1）基于三维地质模型的塌岸预测

随着数字地质技术的进步，三维塌岸预测方法已有少许研究。目前主要方法有两类，一类是先建立三维地质模型，然后建立水下、水上岸坡坡面，求得与原始地表面的交线，即可得出塌岸范围；另一种是利用高分辨率 DEM 数据，对"两段法"三维化，得出塌岸范围线、塌岸体积及塌岸的三维空间状态。这两种方法只适合于顺直岸坡、地层均一岸坡段，对地层结构复杂，或河流弯曲时，无法考虑到塌岸计算断面需垂直于库岸的问题，对地形曲率过大或多面环水造成的塌岸叠加影响时，适用性受限。

（2）基于 3S 技术的坡角参数获取

对拟建水库和类似水库的水库塌岸进行工程地质类比分析在塌岸预测过程中十分重要。3S 技术可利用高分辨率影像数据对库区和邻近水库工程已经产生的塌岸开展样本分析，得出影响水库塌岸各因子敏感性，并据此赋予各因子不同权重值，预测水库塌岸危险性；同时可通过相似水库塌岸现状开展综合解译，通过地形分析确定水位变动带稳定坡角。

动力法、平衡剖面法可扫描以下二维码 M4.11-2 阅读。

M4.11-2

11.6.3 塌岸参数的影响因素

1. 主要参数类别

（1）冲蚀-磨蚀型塌岸：水下岸坡稳定坡角、水位变动带磨蚀坡角、水上岸坡稳定坡角。

（2）坍（崩）塌型塌岸：岩土体物理力学参数，结构面产状、迹长、张开度、充填物、起伏状态等性状特征。

（3）滑移型塌岸：岩土体及滑动面的空间分布，物理力学参数。

（4）波浪参数：风速、风向、吹程。

（5）水位参数：多年平均洪水位、设计低水位、设计高水位。

2. 各参数的影响因素

（1）内在因素

地层岩性：坚硬密实的土质岸坡抗冲磨蚀能力高于疏松的土质岸坡，同样的黄土岸坡，地层时代和黏粒含量的不同，水下岸坡稳定坡角、水位变动带磨蚀坡角、水上稳定坡角差异显著。

矿物成分：不同的土体其矿物成分往往不同，亲水特性以及矿物间联结力大小也不尽相同。含亲水矿物成分的土体遇水易膨胀，抗冲刷能力相对较弱，水下稳定坡角较小。遇水易软化、膨胀、崩解的岩土质岸坡，在库水长期浸润作用下，岩土体强度降低，从而导致岸坡失稳。

（2）外在因素

波浪冲刷作用：风速、吹程越大，波浪越高，冲刷磨蚀作用越强，水位变动带（波浪作用带）磨蚀角越小，例如海岸岸滩多是十分平缓的。在大、中型水库的主河道库区，一般库宽浪高；而在支流库区，一般库窄浪小；高山峡谷区相对于平原区水库，库面相对窄，波浪作用有差异。

库水的物理化学作用：水对岩土体的物理作用主要是润滑、软化和泥化作用。润滑作用反映在力学上，使岩土体的摩擦角减小；软化和泥化作用使岩土体的力学性能降低，黏聚力和摩擦角减小。水对岩土体的化学作用主要是通过水与岩土体之间的离子交换、溶解、水化、水解、溶蚀作用等。水对岩土体的化学作用越强烈，土体越易分解，塌岸稳定坡角参数往往越低。

3. 水位参数

设计低水位，一般取死水位；设计高水位，一般取正常蓄水位。但当库区较长，且淤积严重时，库区上游段淤积后的河底高程往往已高于水库正常蓄水位值。对此建议做如下处理：汛期限制高水位叠加多年汛期平均来水量后的综合水位，与非汛期高水位叠加多年非汛期平均来水量后的综合水位，取其外包水位作为各断面处的塌岸预测的设计高水位。

11.6.4　各方法适宜性对比

塌岸影响因素错综复杂，各类经验、半经验预测方法都有其自身的假定条件、适用范围，各有优缺点。对目前塌岸预测方法适宜性汇总分析见表 4.11-8。

各塌岸预测方法适用性对比　　　　　　　　表 4.11-8

方法			适用条件	不适用条件
短期预测	图解法		可用于水库初期蓄水位及时长明确的水库塌岸预测	—
长期预测	类比图解法		适用于拦蓄天然径流水库的塌岸预测	现状河道与水库建成蓄水后的水动力学条件有所差异，原径流型河道主要是岸坡冲刷问题，水库蓄水后一般是波浪影响问题，尤其是大型水库，库面宽阔，波浪作用强
	计算图解法	卡丘金法	适用于库面宽阔、考虑波浪作用的库区，适宜于松散堆积物组成的岸坡	不适宜库窄、浪小的库区。对于混合介质组成的岸坡，以及密实的、不易于水解的坚硬土，甚至胶结半胶结土质组成的岸坡适宜性较差
		两段法	适用于库面较窄、风浪较小的库区，适宜于各类地层结构的库岸段	不适宜库宽、浪高的库区，不适宜库水位变幅大且水位升降频繁的水库岸坡
		三段法	适用于库面宽阔、风浪作用较强的库区，适宜于各类地层结构的库岸段	不适宜库窄、浪小的库区
		库岸结构图解法	适用于岸坡地层结构复杂的库岸段，具体应用时，可视波浪作用的强弱，选择是否考虑波浪作用的方法	—
		佐洛塔廖夫图解法	适用于库面宽阔、风浪作用较强的库区，适宜于黏土质的、较坚硬和半坚硬岩土组成的高陡水库岸坡	实际运用中必须查明有多少比例的冲蚀土可组成堆积浅滩，岸坡分段复杂，参数繁多，实际运用较为复杂
	动力法		该法有一定的物理依据，但"关系方程"的建立同时也需要一定量的观测样本。在海洋工程科学领域，该方法已得到一定程度的应用	往往缺乏对此类动力学过程长期的直接观测资料，故很少得到运用
	基于三维地质模型的塌岸预测		适用于地层结构较均一、库岸较为顺直的岸坡段	不适宜岸坡地层结构复杂，库岸弯曲的岸坡段

11.7　塌岸规模与危害程度分级

参照相关规程规范对崩塌、滑坡规模的划分标准，将崩塌型塌岸规模划分为四级，滑移型塌岸规模分为五级，冲蚀-磨蚀型塌岸规模参照滑移型塌岸规模，分为五级，见表 4.11-9。当塌岸危害程度无其他参考等级时，可参考表 4.11-10 确定。

塌岸规模划分　　　　　　　　表 4.11-9

规模分级	崩塌型/$10^4 m^3$	滑移型/$10^4 m^3$	冲蚀-磨蚀型/$10^4 m^3$
巨型	—	$V \geqslant 10000$	$V \geqslant 10000$
特大型	$V \geqslant 100$	$1000 \leqslant V < 10000$	$1000 \leqslant V < 10000$
大型	$10 \leqslant V < 100$	$100 \leqslant V < 1000$	$100 \leqslant V < 1000$
中型	$1 \leqslant V < 10$	$10 \leqslant V < 100$	$10 \leqslant V < 100$
小型	$V < 1$	$V < 10$	$V < 10$

塌岸危害程度划分　　　　　　　　　　　　　表 4.11-10

危害程度分级	危害对象
一级	县级及县级以上城市、重大工矿企业，或重要桥梁、高速公路、国道等专项设施
二级	集镇、重要工矿企业，省道、一般桥梁等专项设施
三级	村镇、一般工矿企业，一般道路等
四级	零星民房、非重要建筑物
备注	当危害对象为建筑、交通、电力、电信、水利设施、文物古迹等各行业对象时，应按各行业要求确定其重要性等级

11.8　水库塌岸监测与防治

水库运行后，对于库区塌岸的发生发展，有必要进行监控、监测。针对全库区，可采用多期遥感数据，宏观监测塌岸发生情况；针对塌岸危害程度较大库岸段，需要开展针对性安全监测、预警预报，并及时采取针对性处理措施。

11.8.1　重点塌岸段监测

重点塌岸段的主要监测内容如下。

（1）库水位动态观测

掌握库水位升降过程，分析其与岸坡变形的相互关系、影响程度。

（2）地下水位动态观测

在库岸稳定对工程及周边环境有较大影响库段，如岸坡垮塌可能形成堰塞湖、影响交通道路、房屋等建筑物安全，应开展地下水位动态观测。实时掌握地下水位与库水位的动态变化关系，分析对岸坡稳定的影响。观测断面应垂直于岸坡布置。

（3）岸坡变形观测

滑塌体内部变形、地表变形，有条件时宜布置自动化观测设备，实时掌握岸坡深部、地表变形特征。滑塌体深部变形监测适宜于滑移型塌岸。

（4）遥感观测

可开展多期遥感观测，对比分析岸坡变形特征，分析岸坡变形演化趋势。

（5）预警预报

依据变形观测数据，后台及时处理分析反馈，及时预警预报，避免或降低灾害影响。

（6）观测时段、频次

蓄水初期、汛期、暴雨期，水位升降速率大时、风浪大时、冻融时节，是岸坡变形的不利时段，应加强观测。当岸坡变形稳定后，观测频次可减少。

11.8.2　水库塌岸防治原则

水库塌岸往往岸线长、点多面广，一般不适宜全面防治。在确需进行防治的重点塌岸段，可依据以下原则进行。

（1）以保护对象的重要程度为根本，采取适宜的治理方案。

（2）塌岸类型多，塌岸机理差异大。塌岸治理措施应具针对性。

（3）由于塌岸机理的复杂性和治理措施的多样性，治理方案宜进行多方案比选确定。

11.8.3　塌岸工程防护措施

不同塌岸类型，防护措施不同，防治措施建议可扫描下方二维码 M4.11-3 阅读。

M4.11-3

参考文献

[1]　中华人民共和国住房和城乡建设部. 水利水电工程地质勘察规范: GB 50487—2008 (2022 年版) [S]. 北京: 中国计划出版社, 2022.

[2]　中华人民共和国水利部. 水库枢纽工程地质勘察规程: SL 652—2014[S]. 北京: 中国水利水电出版社, 2014.

[3]　中华人民共和国住房和城乡建设部. 水力发电工程地质勘察规范: GB 50287—2016[S]. 北京: 中国计划出版社, 2016.

[4]　国家能源局. 水电工程水库区工程地质勘察规程: NB/T 10131—2019 [S]. 北京: 中国水利水电出版社, 2019.

[5]　华东水利学院. 水工设计手册[M]. 北京: 水利电力出版社, 1984.

[6]　水利电力部水利水电规划设计院. 水利水电工程地质手册[M]. 北京: 水利电力出版社, 1985.

[7]　林宗元. 岩土工程勘察设计手册[M]. 沈阳: 辽宁科学技术出版社, 1996.

[8]　彭土标. 水力发电工程地质手册[M]. 北京: 中国水利水电出版社, 2011.

[9]　冯树荣, 彭土标. 水工设计手册[M]. 北京: 中国水利水电出版社, 2013.

[10]　许强, 黄润秋, 汤明高, 等. 山区河道型水库塌岸研究[M]. 北京: 科学出版社, 2009.

[11]　陈卫东, 彭仕雄. 水库塌岸预测[M]. 北京: 中国水利水电出版社, 2015.

第 12 章　固体废（弃）物处置勘察评价

12.1　概述

12.1.1　固体废（弃）物分类

固体废（弃）物是指在生产建设、日常生活和其他活动中产生的污染环境的固态、半固态废弃物质。按危害状况分为危险性废物、一般工业固体废物。危险废物是指列入国家危险废物名录或者根据国家规定的危险废物鉴别标准和鉴别方法认定的具有危险特性的固体废物。一般工业固体废物是指企业在生产过程中产生不属于危险废物的工业固体废物。

一般工业固体废物分为第Ⅰ类固体废物和第Ⅱ类固体废物。第Ⅰ类固体废物为按照《固体废物浸出毒性浸出方法　水平振荡法》HJ 557—2010 规定方法获得的浸出液中任何一种污染物浓度均未超过《污水综合排放标准》GB 8978—1996 最高允许排放浓度，且 pH 值为 6～9 的一般工业固体废物。第Ⅱ类固体废物为按照《固体废物浸出毒性浸出方法　水平振荡法》HJ 557—2010 规定方法获得的浸出液中有一种或一种以上特征污染物浓度超过《污水综合排放标准》GB 8978—1996 最高允许排放浓度，且 pH 为 6～9 范围外的一般工业固体废物。

固体废（弃）物按其来源可分为工业（含矿业、原材料工业、建筑业等）固体废物、农业固体废物、城市生活垃圾、放射性废物和非常规来源固体废物。

12.1.2　固体废（弃）物堆场分类

固体废（弃）物堆场包括临时堆放的贮存场和最终处置的填埋场，封场后的贮存场按照填埋场进行管理。贮存场、填埋场分为Ⅰ类场和Ⅱ类场。

进入Ⅰ类场的一般固体废物应同时满足以下要求：

（1）第Ⅰ类一般工业固体废物（包括第Ⅱ类一般工业固体废物经处理后属于第Ⅰ类一般固体废物的）；（2）有机质含量小于 2%（煤矸石除外）；（3）水溶性盐总量小于 2%。

进入Ⅱ类场的一般固体废物应同时满足以下要求：

（1）有机质含量小于 5%（煤矸石除外）；（2）水溶性盐总量小于 5%。

勘察工程中常见的固体废（弃）物堆场主要有排土场、工业废渣堆场、垃圾填埋场和放射性废物填埋场等。

12.1.3　废（弃）物堆场污染控制选址要求

废（弃）物堆场选址应符合《一般工业固体废物贮存和填埋污染控制标准》GB 18599—2020、《危险废物填埋污染控制标准》GB 18598—2019 以及《生活垃圾填埋场污染物控制标准》GB 16889—2008 国家固体废物污染控制标准选址要求。污染控制选址具体要求扫描下述二维码 M4.12-1 阅读。

M4.12-1

12.1.4　废（弃）物堆场防渗技术要求

1. Ⅰ类场

当天然基础层饱和渗透系数不大于 1.0×10^{-5}cm/s，且厚度不小于 0.75m 时，可以采用天然基础作为防渗衬层；不能满足时，可采用改性压实黏土类衬层或具有同等以上隔水效力的其他材料防渗衬层，其防渗性能应至少相当于渗透系数不大于 1.0×10^{-5}cm/s，且厚度为 0.75m 的天然基础层。

2. Ⅱ类场

应采用单人工复合衬层作为防渗衬层。人工合成材料应采用高密度聚乙烯膜，厚度不小于 1.5mm；采用其他人工合成材料的，其防渗性能至少相当于 1.5mm 高密度聚乙烯膜的防渗性能。黏土衬层厚度应不小于 0.75m，且经压实、人工改性等措施处理后的饱和渗透系数不大于 1.0×10^{-7}cm/s。使用其他防渗衬层材料时，应具有同等以上隔水效力。Ⅱ类场基础层表面与地下水年最高水位保持 1.5m 以上的距离。

3. 生活垃圾填埋场

（1）当天然基础层饱和渗透系数不大于 1.0×10^{-7}cm/s，且厚度不小于 2m 时，可以采用天然基础作为防渗衬层。

（2）当天然基础层饱和渗透系数不大于 1.0×10^{-5}cm/s，且厚度不小于 2m 时，可采用单层人工合成材料防渗层；人工合成材料衬层下，应具有厚度不小于 0.75m，且其被压实后饱和渗透系数不大于 1.0×10^{-7}cm/s 的天然黏土防渗衬层，或具有同等隔水效力的其他材料防渗衬层。

（3）当天然基础层饱和渗透系数不大于 1.0×10^{-5}cm/s，且厚度小于 2m 时，可采用双层人工合成材料防渗层；下层人工合成材料衬层下，应具有厚度不小于 0.75m，且其被压实后饱和渗透系数不大于 1.0×10^{-7}cm/s 的天然黏土防渗衬层，或具有同等隔水效力的其他材料防渗衬层。两层人工合成材料衬层之间应布设导水层和渗漏检测层。

生活垃圾填埋场填埋区基础层表面与地下水年最高水位保持 1.0m 以上的距离。

本章节介绍排（弃）土场、工业废渣堆场、垃圾填埋场和放射性废物堆场的岩土工程勘察评价。

12.2　排（弃）土场

12.2.1　排（弃）土场的分类

排土场通常是指矿山采矿排弃物集中排放的场所，也称废石场。包括煤矿、金属矿、非金属矿、建材矿和化学矿等矿山排土场，服务年限一般较长，排弃物一般为粗物料。

广义的排土场包括集中堆放开采、开挖、剥离等施工形成的废弃岩土的场所，涵盖公路和铁路工程、地铁和基坑工程、边坡和场地平整工程、河道清理工程等施工产生的废弃土石方、渣土的堆场，也称"弃土场"。其工程规模相对矿山排土场较小，一般大型弃土场、或需要稳定性评价的排土场需要进行勘察。

本章节介绍排（弃）土场岩土工程勘察和评价，是指广义排土场，包括废石综合利用后粗物料堆场、废石临时堆场、表土堆场，以及施工产生的废弃土石方、渣土堆场等非工业废渣的排土场。矿山排土场勘察评价详见第 2 篇第 8.4 节。

排（弃）土场按地形条件可分为山坡型、沟谷型和平地型排土场，大型排（弃）土场一般由下列工程组成：

（1）堤坝或拦渣坝：一般为堆石坝，或石笼网坝。

（2）排（弃）土场场地：排土分多级平台弃土，每级平台留有安全平台宽度，平台之间设有坡比。

（3）排洪设施：排土场周边，用以截排山坡沟谷中地表水以及周边地表水。

（4）沉淀池：一般排（弃）土场无有毒有害物质；但对于排弃物中含有易溶性的有毒有害物质，用以集中处理有害渗沥液，防止对周围环境的污染，下游一般设置有防渗设施、沉淀池和水处理设施。

12.2.2 排（弃）土场的岩土工程勘察

1. 勘察要求

（1）查明排（弃）土场排土方式、排弃物的颗粒组成、堆积规律及变化、工程性能，提供稳定性计算和治理所需参数。

（2）分析评价排（弃）土场各边坡的稳定性，提出防治措施和建议。

（3）查明排（弃）土场的变形、地下水位、排洪等各种设施的运行状况。

（4）查明排（弃）土场存在的滑坡、坍塌、泥石流、裂缝、水土流失、环境污染等病害情况，分析原因和发展趋势，并提出病害防治措施与建议。

（5）对于特殊排弃物中含有易溶性的有毒有害物质产生污染的排（弃）土场，应查明场地水文地质单元封闭性、基底岩土层的渗透性和渗漏途径，以及渗漏对环境的影响。

2. 勘察工作布置

排（弃）土场的勘察工作布置，可参照现行《建筑边坡工程技术规范》GB 50330 进行。对于排弃物中含有易溶性的有毒有害物质的排（弃）土场，参照本篇第 12.3 节工业废渣堆场进行勘察工作布置。

12.2.3 排（弃）土场岩土工程评价

排（弃）土场岩土工程评价包括：排（弃）土场边坡稳定性评价、病害分析和防治、渗漏性评价等。

12.2.3.1 边坡稳定性评价

根据弃土的性质、堆积规律分区，对全部边坡进行边坡稳定性分析，评价弃土场边坡在一般工况、饱和工况和地震工况下的稳定性。

12.2.3.2 病害分析和防治

根据排（弃）土场地形地貌、工程地质、水文地质、气象和弃土的物理力学性质以及弃土方式、台阶高度、稳定性等因素，分析可能产生病害（滑坡、坍塌、泥石流、沉陷、裂缝、水土流失、环境污染）的原因，提出防治建议。

12.2.3.3 渗漏评价

对于排弃物中含有易溶性的有毒有害物质的排（弃）土场，对排（弃）土场水文地质条件和可能产生的渗漏途径以及渗漏对水源、农业、生态环境产生的污染影响程度进行评价。

12.2.4 岩土工程勘察报告

排（弃）土场的岩土工程勘察报告除了一般报告的内容外，尚应包括下列内容：

（1）进行病害和渗漏性分析评价，并提出防治措施建议。

（2）分析评价边坡的稳定性，提出防治措施和排土建议。

（3）排（弃）土场区发生泥石流的可能性评估。

（4）提出排（弃）土场边坡稳定性、渗漏、病害等方面的监测工作建议。

12.3　工业废渣堆场

12.3.1 工业废渣堆场的组成和规模

工业固体废（弃）物指工矿企业在生产过程中排放出来的固体废物，又称工业废渣，包括冶炼废渣、矿山采选废渣、燃料废渣、化工废渣等。冶炼废渣包括高炉矿渣、钢渣、各种有色金属渣、铁合金渣、化铁炉渣以及粉尘、污泥等，其生成条件见表 4.12-1；矿山采选废渣包括矿山采矿剥离废石、掘进废石、煤矸石等，以及矿山选矿的尾矿；燃料废渣包括火力发电厂或其他燃料燃烧产生的灰渣、煤渣、页岩灰渣等；化工废渣包括硫酸烧渣、电石渣、煤气炉渣、磷渣、铬渣、盐渣等。常见处置规模较大的工业废渣有：冶炼钢渣、矿山废石和尾矿、氧化铝厂的赤泥、电解锰厂的锰渣、化工厂的废渣、火力发电厂的灰渣等。不同类型工业废渣的物理、化学和生物成分特性不同，废渣及其渗滤液对土体、水体等环境造成不同程度的污染。

处置工业废渣的贮存场即工业废渣堆场，根据废渣类型也可简称为"渣库、矿山排土场、尾矿库、灰渣库、赤泥库、磷石膏库"等。其中，矿山采选废渣在第 2 篇第 8 章单独列出，本章节不包括矿山排土场和尾矿库内容。

废渣堆场的形式有山谷型（一面筑坝）、山坡型（两面或三面筑坝）和平地型（四面筑坝），一般以山谷型为主。堆积方式有湿法堆存和干式堆存。

常见工业废渣　　　　　　　　　　　　　　　　　　　表 4.12-1

工业废渣	生成条件
赤泥	用含铝的矿物原料制取氧化铝或氢氧化铝后所产生的废渣
锰渣	电解金属锰、电解二氧化锰、高纯硫酸锰生产过程中经硫酸浸取、固液分离产生的固体废弃物
磷石膏	磷矿石生产肥料而形成的副产品硫酸钙水合物
灰渣	燃煤发电厂除尘器收集的粉煤灰和锅炉底部炉渣的混合物
钢渣	炼钢排出的渣，依炉型分为转炉渣、平炉渣、电炉渣

各行业工业废渣堆场组成和名称存在差异，通常由堆场（库区）、初期坝（堤坝）、子坝（加高坝）、拦洪坝、排洪构筑物等组成，水力输送的废渣堆场通常还设有水力输送设施（浓缩池、输送管槽、输送泵站等）、回水设施（回水泵站、回水池等）、水处理设施（水处

理站、截渗、回收设施等）。初期坝（堤坝）坝体一般采用土石坝或堆石坝为主。

工业废渣堆场的设计等别可根据该使用期的全库容及坝高按表 4.12-2 确定。当按全库容和坝高分别确定的堆场等别的等差为一等时，应以高者为准；当等差大于一等时，应按高者降低一等确定。

工业废渣堆场使用期的设计等别　　　　　　　　　　表 4.12-2

等别	全库容$V/10000m^3$	坝高H/m
一	$V \geqslant 50000$	$H \geqslant 200$
二	$10000 \leqslant V < 50000$	$100 \leqslant H < 200$
三	$1000 \leqslant V < 10000$	$60 \leqslant H < 100$
四	$100 \leqslant V < 1000$	$30 \leqslant H < 60$
五	$V < 100$	$H < 30$

12.3.2　工业废渣堆场选址

工业废渣堆场的选址应多方案技术经济比较综合确定，一般应符合下列要求：

（1）不应设在风景名胜区、自然保护区、饮用水源保护区、国家法律规定禁止的矿产开采区。

（2）不宜位于大型工矿企业、大型水源地、重要铁路和公路、水产基地和大型居民区上游。

（3）不宜位于居民集中区主导风向的上风侧。

（4）应不占或少占农田，并不迁或少迁居民。

（5）不宜位于有开采价值的矿床上面。

（6）汇水面积小，并应有足够的库容，有足够的初、终期库长。

（7）筑坝工程量应小，生产管理应方便。

（8）应避开地质构造复杂、不良地质作用严重区域。

（9）水力输送距离宜短，输送耗能低。

12.3.3　工业废渣堆场的岩土工程勘察

本章包括新建工业废渣堆场工程的勘察、运营期间加高和封场工程的勘察。

不同行业和类型的工业废渣的成分、粒度、物理和化学性质等差异性较大，技术要求不同，不同性质堆场以及不同勘察阶段解决的岩土工程问题侧重点有所不同，因此勘察方法存在差异。勘察工作除满足现行《岩土工程勘察规范》GB 50021 外，还应满足对应的现行行业标准，如：《干法赤泥堆场设计规范》GB 50986，《火力发电厂灰渣筑坝设计规范》DLT 5045，《化工危险废物填埋场设计规定》HG/T 20504，《锰渣污染控制技术规范》HJ 1241 等。规范未涉及的水力输送工业废渣堆场可参照尾矿库进行勘察。

新建工业废渣堆场勘察，重点围绕堆场的场地稳定性、坝体和配套设施地基与基础，以及堆场渗漏和污染物运移造成的环境污染等岩土工程问题开展。

运营期间加高和封场工程勘察，重点围绕堆场整体稳定性分析评价和堆场现状渗漏调查和治理等岩土工程问题开展。

废渣堆场勘察前，应搜集以下技术资料：

（1）废弃物的成分、粒度、物理和化学性质、废弃物的日处理量、输送和排放方式。

（2）废渣堆场的总容量、有效容量和使用年限。

（3）山谷型堆场的流域面积、降水量、径流量、多年一遇洪峰流量。

（4）初期坝的坝长和坝顶标高，加高坝的最终坝顶标高。

（5）活动断裂和抗震设防烈度。

（6）邻近的水源地保护带、水源地开采情况和环境保护要求。

1. 新建工业废渣堆场的勘察

新建工业废渣堆场的勘察分可行性研究勘察、初步勘察和详细勘察。行业不同、工程规模不同、技术要求不同，勘察阶段划分可以不同。可行性研究勘察和初步勘察要求和工作布置可扫描二维码 M4.12-2 阅读。

M4.12-2

（1）勘察要求

①详细查明坝基和坝肩以及各建构筑物地段的岩土组成、分布特征、工程特性，并提供岩土的强度和变形参数；

②分析和评价坝基、坝肩、库岸、溢洪道等稳定性，并对潜在的不稳定因素提出治理措施和建议；

③查明场地水文地质条件，分析和评价坝基、坝肩、库区的渗漏及其对环境的影响；

④查明场地内潜在的不良地质作用，并提出治理措施建议；

⑤分析和评价排水井和排水管地基的压缩性和变形特征，当地基不均匀或存在软弱地基时，应提出地基处理措施建议；

⑥排水隧洞应查明沿线地层岩性、产状、结构面组合关系，判定围岩类别，评价围岩稳定性，提供支护设计参数，提出掘进中突（涌）水防治和支护措施建议；

⑦判定水和土对建筑材料的腐蚀性。

（2）勘察工作布置

①工程地质测绘

当地质条件复杂时，应对坝址区和库区需整治的不良地质作用和潜在渗漏的地段等进行补充工程地质测绘。测绘比例尺不宜小于 1∶1000。

②坝址区勘探

a. 沟谷型和山坡型的坝址：沿坝轴线布置 1 条主勘探线，主勘探线上、下游布置辅助勘探线。辅助勘探线间距宜为 50～100m；沿沟谷方向应布置不少于 1 条勘探线。主勘探线在河床部位和坝肩部位应布置有勘探点，每条勘探线不少于 3 个勘探点。勘探点间距宜为 25～50m。

b. 平地围堰型的坝址：沿坝轴线布置 1 条主勘探线；主勘探线上、下游布置辅助勘探线。辅助勘探线间距宜为 50～100m；勘探点间距宜为 50～100m，坝轴线上转角处宜布置有勘探点。

c. 控制性勘探点宜布置在坝轴线上,勘探孔深度应能满足查明坝基、坝肩的软弱地层、潜在发生渗漏和潜蚀地层的分布,以及坝基稳定、变形和渗漏的要求,一般宜为初期坝高的 1.0~1.5 倍;一般性勘探孔深度宜为初期坝高的 0.6~1.0 倍。在预定深度范围内遇见基岩或分布稳定的弱渗透性岩土时,部分勘探孔仍应进入基岩中风化层外,其余勘探孔可减少深度。

d. 控制性勘探点不应少于勘探点总数的 1/3,且每个地貌单元上应有控制性勘探点。

e. 对影响坝址选择的重要地质现象,或与坝基稳定、渗漏有关的地段应加密、加深勘探孔,或根据需要布置专门性的勘探、测试和物探工作。

f. 可溶岩地区钻孔深度根据具体情况决定。

g. 对设有垂直防渗,防渗线上的钻孔深度应进入相对隔水层不少于 10m 或不小于坝高。

③堆场(库区)勘探

a. 沟谷型、山坡型库区:代表性勘探线垂直库岸、堤坝或平行地下水流向布置。勘探线间距宜为 100~200m,勘探点间距宜为 50~200m,每个地貌单元勘探点不少于 1~2 个,深度应达到基岩或相对隔水层以下 1m。当采用防渗衬层时或水文地质条件复杂地区应加密。当采用表层黏性土可作为天然基础防渗衬层时,勘探点间距宜小于 60m,满足防渗基础评价的要求,并布置一定数量探井。

b. 平地围堰型库区:代表性勘探线垂直和平行坝轴线布置。勘探线间距宜为 100~200m,勘探点间距宜为 50~200m,深度应达到基岩或相对隔水层以下 1m。当采用防渗衬层时,勘探点间距应加密;当采用表层黏性土可作为天然基础防渗衬层时,勘探点间距宜小于 60m,满足防渗基础评价的要求。

c. 排水管线勘探点间距宜为 50~100m,勘探点深度宜为 5~8m,并满足地基评价的要求。

d. 排洪隧洞进出口应布置勘探点。

e. 当堆场(库区)存在岩溶、土洞、断裂构造、裂隙发育带或其他强渗漏性地层时,应进行勘探、测试和物探工作,工作量布置以能查明上述地质条件为目的。

f. 当堆场(库区)存在滑坡、崩塌、采空区或其他不良地质作用,且可能影响堆场正常和有效运行时,应布置勘探和测试工作,工作量布置应能查明不良地质作用的规模和失稳条件。

④测试试验

a. 对坝址区和堆场可采用标准贯入试验、静力触探试验、圆锥动力触探试验、旁压试验等原位测试以及室内试验,以确定各层岩土的物理力学性质指标。每个主要岩土层的原位测试或取土试样的数量不应少于 6 件(组)。

b. 土试样的试验项目,除一般常规项目外,对黏性土应做抗剪强度和渗透性试验,对砂土应做抗剪强度、渗透性、颗粒分析、相对密实度试验。当黏土层拟作为天然基础防渗衬层时,各分区主要黏土层的渗透系数试验不少于 6 件。

c. 坝基主要透水层的抽水试验或注水试验、压水试验不少于 3 组。强透水的断裂带或裂隙带应做专门的水文地质试验。防渗线上的基岩孔段应做压水试验,其他地段压水试验根据需要确定。

d. 应进行水和土对建筑材料的腐蚀性试验，水试样和土试样均不少于 2 件。

2. 运营期间加高和封场工程的勘察

运营期间加高和封场工程的勘察一般为详细勘察。

1）勘察要求一般包括以下内容：

（1）查明初期坝（堤坝）以及加高坝的组成、堆积厚度、密实程度、堆积规律及分布特征。

（2）查明堆场内废渣的物理力学性质、化学性质、总坝高应力状态下的强度指标及变形特征以及废渣的固结状况。

（3）查明堆场内浸润线位置、堆场渗漏及环境污染情况。

（4）提供稳定性分析所需的参数。

（5）评价坝体在不同工况下的稳定性。

2）勘察工作布置：

（1）勘探线应布置在对坝体稳定性评价有代表性地段，勘探线方向宜垂直于坝轴线。各坝体（堤坝）在预测稳定性较差的地段布置的主勘探线不少于 1 条。

①沟谷型的坝址：主勘探线一般不少于 3 条，其中 1 条沿沟谷谷底且垂直于主坝轴线布置，其余勘探线根据堆场堆积情况，在不利于主坝稳定的剖面布置。

②山坡型和平地型的坝址：根据坝体长度和预测稳定性确定，预测稳定性较差的坝体应布置不少于 2 条勘探线；且每个坝坡应布置不少于 1 条勘探线。

（2）勘探点间距根据堆存方式、废弃物成分、粒度、均匀性、堆积规律等因素确定，宜为 20～60m，废弃物堆积规律不强、密实度和均匀性差的取小值。

（3）勘探孔深度进入天然地面以下 3m，当坝体和堆场内设有防渗层时，不应穿透防渗层，宜收集已有资料查明防渗层以下地层分布特征。控制性勘探点深度应能满足稳定性分析和变形计算的要求；一般性勘探点深度应能满足稳定性分析的要求。控制性勘探点不应少于勘探点总数的 1/3；不宜少于勘探点总数的 1/2。

（4）勘察方法根据废弃物的性质确定，可采用钻探取样、标准贯入试验、圆锥动力触探试验、静力触探试验、旁压试验、室内试验等相结合，对于含较多粗粒成分的炉渣、废渣等，应布置适量的探井。

12.3.4　工业废渣堆场的岩土工程评价

1. 新建工业废渣堆场

岩土工程评价包括：场地稳定性，坝基、坝肩和库岸的稳定性，坝址和库区的渗漏及其对环境的影响以及对建筑材料的评价。

1）场地稳定性的评价

根据场地全新断裂带、抗震地段、不良地质作用发育程度、地质灾害危险性大小等条件，分析评价场地稳定性。

抗震地段的划分为抗震有利、一般、不利和危险地段，可根据《构筑物抗震设计规范》GB 50191—2012 从地质、地形和地貌等划分；三等以上沟谷型堆场宜根据《水电工程水工建筑物抗震设计规范》NB 35047—2015，从构造活动性、场地地基和边坡稳定性及发生次生灾害危害性等综合评价，可按表 4.12-3 划分为有利、一般、不利和危险地段。

有利、一般、不利和危险地段划分　　　　　　　　　　表 4.12-3

地段类型	构造活动性	地基和边坡稳定性	发生次生灾害危险性
有利地段	近场区 25km 范围内无活动断层，场址地震基本烈度为Ⅵ度	好	小
一般地段	场址 5km 范围内无活动断层，场址地震基本烈度为Ⅶ度	较好	较小
不利地段	场址 5km 范围内有长度小于 10km 的活动断层；有 $M<5$ 级发震构造。场址地震基本烈度为Ⅷ度	较差	较大
危险地段	场址 5km 范围内有长度大于等于 10km 的活动断层；有 $M \geqslant 5$ 级的发震构造。场址地震基本烈度为Ⅸ度	差	大

2）坝基、坝肩和库区岩土问题分析评价

（1）坝基稳定性

坝体自重压力产生的荷载较大，对于覆盖层较厚的坝基稳定性计算可采用圆弧滑动面法验算在自重荷载作用下包括一般工况、饱和工况和地震工况下的坝基稳定性。对不稳定坝基提出地基处理、反压、控制堆载速率等措施和建议。

坝的整体抗滑稳定性需根据坝体材料、地基土物理力学性质、废弃物堆积情况、荷载组合、动应力情况等进行计算确定。勘察阶段筑坝坝体参数、堆积废弃物参数和边界条件不能确定，故勘察报告一般不进行整体抗滑稳定性计算。

（2）坝基渗流分析与评价

土的渗透变形是初期坝失稳的主要原因之一，根据土的颗粒组成、土的密度和结构状态等因素综合分析确定渗透变形特征，判别场地内各土层的渗透变形类型（流土、管涌、接触冲刷和接触流失），提供允许水力比降值，提出渗透变形的防治措施和建议。

（3）坝肩和库岸稳定性

分析评价坝肩和库岸地段边坡存在断裂、滑坡、崩塌、塌陷、泥石流等不良地质作用的影响，以及自然边坡稳定性。库岸稳定性应分析评价库区正常运营后，在库水位长期浸泡和库水位骤降等情况下，对边坡稳定性的影响。

（4）坝基沉降分析

沉降分析包括估算在坝体自重及其他外荷载作用下，坝体和坝基竣工时的沉降量和最终沉降量，分析坝基不均匀沉降量对坝基及防渗设施的不利影响。对于一般的砂砾石坝基、岩石坝基和四、五级初期坝可不进行沉降分析。

沉降估算采用土层对应竖向压力作用下的孔隙比或压缩模量，因此勘察时应提供不同压力段的压缩试验指标。

（5）坝基和库区防渗

①宜根据室内渗透性试验和现场岩体压水试验结果，按表 4.12-4 进行岩土体渗透性分级。

岩土体渗透性分级　　　　　　　　　　表 4.12-4

渗透性等级	渗透系数 K/（cm/s）	透水率 q/Lu
极微透水	$K<10^{-6}$	$q<0.1$
微透水	$10^{-6} \leqslant K<10^{-5}$	$0.1 \leqslant q<1$

续表

渗透性等级	渗透系数$K/$（cm/s）	透水率q/Lu
弱透水	$10^{-5} \leqslant K < 10^{-4}$	$1 \leqslant q < 10$
中等透水	$10^{-4} \leqslant K < 10^{-2}$	$10 \leqslant q < 100$
强透水	$10^{-2} \leqslant K < 1$	$q \geqslant 100$
极强透水	$K \geqslant 1$	

②分析库区渗漏途径，包括坝基渗漏、第四系地层或基岩渗漏；估算渗漏量，评价渗漏对周边环境的影响，提出防渗处理方案和防渗监测措施的建议。

③对于Ⅱ类库（堆存第Ⅱ类一般固体废弃物的堆场），环保防渗要求为库底和周边应具有一层防渗系统，并具备相当于渗透系数不大于 1.0×10^{-7}cm/s、厚度不小于 1.5m 的黏土层的防渗性能。水平防渗系统的防渗层材料一般采用黏土等天然材料或土工膜、复合土工膜等土工合成材料及钠基膨润土防渗毯等复合材料，也可采用垂直防渗系统。水平防渗系统的堆场（库区），应分析评价防渗层基础的稳定性，尤其是岩溶、裂隙发育等地区极易导致防渗层失效。

3）排洪隧洞评价

确定隧洞围岩分级，并进行围岩稳定性评价，根据围岩质量与隧洞宽度的关系评价自稳能力，提出支护措施和建议；预测估算隧洞单位长度涌水量，深埋隧洞应对岩爆和岩芯饼化现象以及地温和有害气体等进行评价，并提出防治措施。

4）筑坝和防渗材料评价

对料场选取、材料质量和储量、分布和开采和运输条件进行分析评价，并提出后期开采措施建议等。

2. 运营期间加高和封场

岩土工程评价包括：堆场稳定性分析评价、堆场渗漏及防渗效果评价。

1）堆场稳定性分析评价

根据工业废渣的性质、堆积规律进行概化分区、选用分析计算方法，进行渗流稳定性分析、坝坡静力和动力稳定性分析，评价堆场坝坡的稳定性。

2）堆场渗漏及防渗效果评价

通过勘察或坝坡调查、库内及周边调查，分析评价防渗体防渗效果。

12.3.5　岩土工程勘察报告

1）新建工业废渣堆场的岩土工程勘察报告除了一般报告的内容外，尚应包括下列内容：

（1）按上述岩土工程评价要求进行岩土工程分析评价，并提出防治措施的建议。

（2）提出坝基清基、填筑、防渗等施工应采取的措施建议。

（3）提出边坡稳定、地下水位、库区渗漏等方面监测工作的建议。

2）运营期间加高和封场废渣堆场的岩土工程勘察报告除了一般报告的内容外，尚应包括下列内容：

（1）堆场稳定性分析评价，并提出边坡防治措施以及排放或堆存的建议。

（2）堆场渗漏及防渗效果评价，并提出防渗治理措施与监测的建议。

12.4　垃圾填埋场

12.4.1　垃圾填埋场的规模和组成

垃圾填埋场处理规模按日平均填埋量按表 4.12-5 进行分类。

垃圾填埋场处理规模分类　　　　　　　　表 4.12-5

填埋场类别	日平均填埋量/（t/d）
Ⅰ	≥1200
Ⅱ	500～1200
Ⅲ	200～500
Ⅳ	<200

填埋场建设项目由填埋场主体工程和辅助工程构成。具体包括下列内容：

（1）主体工程：主要包括垃圾坝，地基处理和防渗系统，防洪雨污分流及地下水导排系统，渗沥液收集和处理系统，填埋物气体导排和处理系统，计量设施，封场工程和监测井等。

（2）辅助工程：主要包括进场道路，备料场，供配电，给水排水设施，生活行政办公管理设施等。

垃圾坝坝型根据坝体材料分为（黏）土坝、碾压土石坝、浆砌石坝及混凝土坝；按坝高分为低坝（低于 5m）、中坝（5～15m）及高坝（高于 15m）。

垃圾坝坝体类型根据坝体位置、坝体主要作用分类按表 4.12-6 确定；建筑级别根据下游情况、失事后果、坝体类型、坝型（材料）及坝高按表 4.12-7 确定，当坝体根据表中指标分属于不同级别时，其级别按最高级别确定。

坝体类型分类　　　　　　　　表 4.12-6

坝体类型	习惯名称	坝体位置	坝体主要作用
A	围堤	平原型库区周围	形成初始库容、防洪
B	截洪坝	山谷型库区上游	拦截库区外地表径流并形成库容
C	下游坝	山谷型或库区与调节池之间	形成库容的同时形成调节池
D	分区坝	填埋库区内	分隔填埋库区

垃圾坝体建筑级别　　　　　　　　表 4.12-7

建筑级别	坝下游存在的建（构）筑物及自然条件	失事后果	坝体类型	坝型（材料）	坝高
Ⅰ	生产设备、生活管理区	对生产设备造成严重破坏，对管理区带来严重损失	C	混凝土坝、浆砌石坝	≥20m
				土石坝、黏土坝	≥15m

续表

建筑级别	坝下游存在的建（构）筑物及自然条件	失事后果	坝体类型	坝型（材料）	坝高
Ⅱ	生产设备	仅对生产设备造成一定破坏或影响	A、B、C	混凝土坝、浆砌石坝	≥10m
				土石坝、黏土坝	≥5m
Ⅲ	农田、水利或水环境	影响不大，破坏小，易修复	A、D	混凝土坝、浆砌石坝	<10m
				土石坝、黏土坝	<5m

填埋场防渗系统，根据填埋场工程地质和水文地质条件进行选择，防渗结构可采用天然黏土类衬里结构、改性压实黏土类衬里结构、人工合成衬里结构。

天然黏土类衬里结构其天然基础层饱和渗透系数应小于 $1.0 \times 10^{-7} cm/s$，且场底及四壁衬里厚度不小于 2m。改性压实黏土类衬里应达到天然黏土衬里结构的等效防渗性能。人工合成衬里采用复合衬里（HDPE 土工膜 + 黏土或 GCL）防渗结构，位于地下水贫乏地区的防渗系统也可采用单层衬里防渗结构；在特殊地质及环境要求较高的地区，应采用双层衬里防渗结构。

垃圾堆体边坡工程安全等级根据坡高及失稳可能造成后果的严重性等因素按下表 4.12-8 确定。

垃圾堆体边坡工程安全等级　　　　　　表 4.12-8

安全等级	堆体边坡高度 H/m
一级	$H \geq 60$
二级	$30 \leq H < 60$
三级	$H < 30$

注：1. 山谷型填埋场的垃圾堆体边坡坡高是以垃圾坝底部为基准的边坡高度，平原型填埋场的垃圾堆体的边坡高度是指以原始地面为基准的边坡高度。
　　2. 下列情况安全等级应提高一级：垃圾堆体失稳将使下游重要城镇、企业或交通干线遭受严重灾害；填埋场地基为软弱土或其他特殊土；山谷型填埋场库区顺坡坡度大于 10°。

12.4.2　垃圾填埋场的场址选择

《生活垃圾处理处置工程项目规范》GB 55012—2021 规定：生活垃圾填埋场选址应与城乡功能结构相协调，满足城乡建设发展、环境卫生行业发展等需要。选址距居民居住区、人畜供水点等敏感目标的卫生防护距离，应通过环境影响评价确定，且不应设在下列地区：

（1）生活饮用水水源保护区，供水远景规划区。
（2）洪泛区和泄洪道。
（3）尚未开采的地下蕴矿区和岩溶区。
（4）自然保护区。
（5）文物古迹区，考古学、历史学、生物学研究考察区。

12.4.3　垃圾填埋场的岩土工程勘察

垃圾填埋场的岩土工程勘察，包括新建填埋场勘察和治理与扩建填埋场勘察。

1. 新建填埋场

新建填埋场的岩土工程勘察阶段可划分为：可行性研究勘察，初步勘察和详细勘察。可行性研究勘察和初步勘察工作内容和要求扫描二维码 M4.12-3 阅读。

M4.12-3

（1）勘察要求

①详细查明坝基和填埋区以及各建构筑物地段的岩土组成、分布特征、工程特性，并提供岩土的强度和变形参数；

②分析和评价坝基、坝肩、库岸等的稳定性，并对潜在的不稳定因素提出治理措施和建议；

③查明场地水文地质条件、地层渗透性及分布范围，分析和评价运营后填埋区的渗漏及渗漏对环境的影响，提出防渗处理和防渗衬层结构方案；

④查明场地内潜在的不良地质作用，并提出治理措施建议；

⑤分析和评价辅助建（构）筑物地基的压缩性和变形特征，提出地基基础类型建议；

⑥判定水和土对建筑材料的腐蚀性；

⑦判定场地的地震效应。

（2）勘察工作布置

①工程地质测绘

当地质条件复杂时，应对坝址区和库区需整治的不良地质作用和潜在渗漏的地段等进行补充工程地质测绘，测绘比例尺宜小于 1∶1000。

②坝址区勘探

a. 沿平行和垂直坝轴线布置勘探线，在河床部位和坝肩部位应布置有勘探点，每条勘探线不少于 3 个勘探点。平行坝轴线勘探点间距宜小于 15m，垂直坝轴线勘探点间距宜为 15～30m，所有勘探钻孔完成后均应采用水泥黏土浆回填封闭钻孔。

b. 控制性勘探点宜布置在坝轴线上，勘探孔深度应能满足查明坝基、坝肩的软弱地层、潜在发生渗漏和潜蚀地层的分布，以及坝基稳定、沉降变形和渗漏的要求，一般宜为垃圾坝坝高的 1.0～1.5 倍；一般性勘探孔深度宜为坝高的 0.6～1.0 倍。在预定深度范围内遇见基岩或分布稳定的弱渗透性岩土时，部分勘探孔仍应进入基岩中风化层外，其余勘探孔可减少深度。

c. 控制性勘探点不应少于勘探点总数的 1/3，且每个地貌单元上应有控制性勘探点。

d. 对影响坝址选择的重要地质现象，或与坝基稳定、渗漏有关的地段应加密、加深勘探孔，或根据需要布置专门性的勘探、测试和物探工作。

③填埋场（库区）勘探

a. 勘探线宜垂直库岸和平行地下水流向布置，在地形平坦地区，勘探点可按方格网布置。勘探线间距宜为 100～200m，勘探点间距宜为 30～60m，表层分布有渗透系数小于 1.0×10^{-5}cm/s 的黏性土可作为天然基础防渗衬层时，勘探点间距取小值。每个地貌单元和地貌交接部位应布置勘探点，同时在水文地质条件、微地貌单元和地层变化较大的地段应予以加密，所有勘探钻孔完成后均应采用水泥黏土浆回填封闭钻孔。

　　b. 控制性勘探点应为勘探点总数的 1/3～1/2，且每个地貌单元上应有控制性勘探点，每条勘探线控制性勘探孔不宜少于 3 个。

　　c. 控制性勘探点深度应能满足填埋区沉降变形计算和渗漏性评价的要求。在预定深度范围内遇见基岩或分布稳定的相对隔水层时，部分勘探孔仍应进入基岩中风化层外，其余勘探孔可减少深度，一般勘探孔进入相对隔水层层底以下 1m。表层分布黏性土时，应布置探井取样。

　　d. 当填埋区存在岩溶、土洞、断裂构造、裂隙发育带或其他强渗漏性地层时，应进行勘探、测试和物探工作，工作量以能查明上述地质条件为目的。

　　e. 当填埋场（库区）存在滑坡、崩塌、采空区或其他不良地质作用，且可能影响堆场正常和有效运行时，应布置勘探和测试工作，工作量应能查明不良地质作用的规模和失稳条件。

　　f. 当设置有垂直防渗帷幕时，勘探孔孔深应进入渗透系数小于 1.0×10^{-7}cm/s 的隔水以下不少于 5m，悬挂式帷幕孔深应进入插入深度以下不少于 5m。

　　④测试和试验

　　a. 对坝址区和堆场（库区）可采用标准贯入试验、静力触探试验、动力触探试验、旁压试验、室内试验，以确定地基土的物理力学性质指标。每个主要岩土层的原位测试数量应不少于 6 组，取土试样的数量不应少于 10 件。

　　b. 土试样的试验项目，除一般常规项目外，对黏性土每层渗透性试验不少于 10 件，对砂土应进行渗透性、颗粒分析、相对密实度试验。库区基底覆盖层应提供不同压力段的变形参数，试验最大压力宜与堆场自重压力相对应。

　　c. 坝基主要透水层应进行抽水试验或注水试验、压水试验。强透水的断裂带或裂隙带应做专门的水文地质试验。填埋区应根据地下水和含水层的情况，进行注水试验和抽水试验确定土层的渗透系数。

　　d. 应进行水和土对建筑材料的腐蚀性试验，水试样和土试样均不少于 2 件。为评价渗漏区污染程度，每个渗漏区水试样不少于 3 件。

　　⑤防渗材料勘察

　　采用改性压实黏土类衬层的防渗黏土材料勘察，应满足评价黏土的渗透性质量、储量要求布置工作量。

　　⑥辅助工程建（构）筑物勘察

　　辅助工程建（构）筑物等勘察按可参照本手册相应的内容或相关规范执行。

　　（3）监测工作

　　必要时，可采取适当的监测手段对地下水水位、水质、流向进行长期监测。

　　2. 治理与扩建填埋场勘察

　　1）勘察要求

　　勘察前，应搜集以下资料：

　　（1）现有填埋场原勘察、设计、施工相关资料，包括场底地基、垃圾坝、防渗系统、渗沥液导排系统、雨污分流系统、填埋气收集系统等资料。

　　（2）现有填埋场运行相关资料，包括填埋总量、填埋分区、填埋作业方式、堆体填过程及后期发展规划。

（3）填埋场运行期间垃圾组分和填埋量及其变化，填埋的其他废弃物种类及填埋量。

（4）填埋场垃圾降解环境和条件，填埋场各系统工作状况，填埋场环境监测结果和填埋场其他监测资料。

（5）当地气候、气象条件，包括多年降雨量、年最大降雨量、月最大降雨量。

（6）山谷型填埋场的汇水面积、地表径流和地下补给量、多年一遇洪峰流量。

（7）活动断层和抗震设防烈度。

（8）邻近的水源地保护区、水源地开采情况和环境保护要求。

治理与扩建填埋场勘察，应详细查明以下内容：

（1）堆体地形、地貌特征、厚度、体积、下卧地基或基岩的埋藏条件。

（2）堆体垃圾的组分、密实程度、堆积规律和成层条件。

（3）填埋垃圾的工程特性和生化降解特性。

（4）堆体内渗沥液水位分布形式及其变化规律。

（5）当场内填埋了污泥、垃圾焚烧灰等废弃物时，应查明其体量、埋深及工程特性。

（6）现状堆体的稳定性，继续扩建至设计高度的适宜性和稳定性。

（7）堆体地震作用下的稳定性。

（8）堆体沉降及侧向变形，导致中间衬垫系统、封场覆盖系统及其他设施失效的可能性。

（9）垃圾渗沥液产量、填埋气量及压力。

（10）填埋场扩建工程可能产生的环境影响。

2）勘察要求与工作布置

（1）工程地质测绘

工程地质测绘比例尺不应小于 1∶1000。

（2）勘探

①勘探线宜平行于现有堆体边坡走向、扩建堆体及其他关键设施的轴线布置，详细勘察勘探点间距可按表 4.12-9 确定，局部地形、地质条件异常地段应加密。

详细勘察勘察点间距　　表 4.12-9

垃圾堆体复杂程度等级	分类	勘探点间距/m
复杂	填埋种类较多，除城市生活垃圾以及以外还有城市污水污泥等废弃物，或垃圾填埋过程中大量采用低渗透性的中间覆土	30～50
中等复杂	复杂和简单以外的情况	50～100
简单	填埋物为比较单一的城市生活垃圾且组分变化不显著	勘探点数量不少于 5 个

②勘探孔的深度应满足稳定、变形和渗漏分析的要求。对于场底无衬垫系统的填埋场，勘探孔的深度应穿透堆体；对于场底有衬垫系统的填埋场，勘探孔的最深处距离衬垫系统不应小于 5m。

③垃圾堆体应进行专门水文地质勘察，包括以下内容：

a. 查明堆体中含水层和隔水层的埋藏条件，包括渗沥液水位、承压情况、流向等条件及变化幅度，当堆体含多层滞水位时，必要时分层测量滞水位，并查明相互之间的补给关系；

b. 查明垃圾填埋、覆土及渗沥液导排系统淤堵等对渗沥液赋存和渗流状态的影响；必要时设置观测孔，或在不同深度处埋设孔隙水压力计，量测水头随深度的变化；

c. 查明堆体可能存在碎石盲沟、粗粒料堆积体等形成的优势透水通道，以及渗沥液导排设施淤堵程度；

d. 通过现场试验，测定不同埋深垃圾的水力渗透系数等水文地质参数。

④勘探方法应根据填埋垃圾和覆盖层土的性质确定。对于含有建筑垃圾和杂填土的垃圾堆体，宜采用钻探取样和重型动力触探相结合的方法。勘探时应采取措施避免填埋气体发生爆炸或火灾事故。

⑤垃圾抗剪强度指标宜采用现场试验、室内直剪试验、室内三轴压缩试验、工程类比或反演分析等方法确定。无试验条件时，一级垃圾堆体边坡可采用工程类比或反演分析等方法综合确定，二级和三级垃圾堆体边坡可按工程类比方法确定。

垃圾抗剪试验试样宜现场钻孔取样或人工配制；直剪试验的试样平面尺寸不应小于 30cm × 30cm，三轴压缩试验的试样直径不应小于 8cm；试验所施加的应力范围根据边坡的实际受力确定。

生活垃圾抗剪强度指标参考值：Kavaazanjian 等（1995）推荐美国垃圾抗剪强度参数取值原则：在深度 3m 以内，黏聚力 $c = 24kPa$，内摩擦角 $\varphi = 0°$；深度 3m 以下，黏聚力 $c = 0kPa$，内摩擦角 $\varphi = 33°$；Dixon 和 Jones（2005）推荐英国垃圾抗剪强度参数：黏聚力 $c = 5kPa$，内摩擦角 $\varphi = 25°$；行业标准《生活垃圾卫生填埋场岩土工程技术规范》CJJ 176—2012 编制组总结的垃圾抗剪强度参数参考值见表 4.12-10。

垃圾抗剪强度指标参考值　　　　　　　　　　　　　　　表 4.12-10

垃圾类型	内摩擦角 $\varphi/°$	黏聚力 c/kPa
浅层垃圾（埋深小于 10m）	12～25	15～30
深层垃圾（埋深大于 10m）	25～33	0～10

12.4.4　垃圾填埋场的岩土工程评价

1. 新建垃圾填埋场

新建垃圾填埋场的岩土工程评价应包括场地稳定性，坝基、坝肩和库岸的稳定性，填埋体稳定性，坝址和库区的渗漏及其对环境的影响以及对建筑材料的评价。运营、封场垃圾填埋场的岩土工程评价主要包括填埋体的稳定性，坝基和库区的渗漏评价。

1）场地稳定性评价

根据场地全新断裂带、抗震地段、不良地质作用发育程度、地质灾害危险性大小等条件，评价场地稳定性。

2）坝基、坝肩、库岸稳定性评价

坝基稳定性评价包括截洪坝、下游坝、围堤的地基稳定性、渗流稳定性评价。

库岸稳定性评价，分析库岸边坡存在断裂、滑坡、崩塌、塌陷、泥石流等不良地质作用的影响，以及自然边坡的稳定性。

3）填埋场稳定性评价

（1）填埋堆体地基承载力和最大堆高验算

①将填埋单元简化成规则（矩形）底面，按式(4.12-1)和式(4.12-2)计算极限承载力。

$$P_u' = P_u/K \qquad\qquad (4.12\text{-}1)$$

$$P_u = \frac{1}{2}b\gamma N_r + cN_c + qN_q \qquad\qquad (4.12\text{-}2)$$

式中：　　P_u'——修正地基极限承载力（kPa）；

　　　　　P_u——地基极限荷载（kPa）；

　　　　　γ——填埋场库底地基土的天然重度（kN/m³）；

　　　　　c——地基土的黏聚力（kPa），按固结、排水后取值；

　　　　　q——原自然地面至填埋场库底范围内的自重压力（kPa）；

N_r、N_c、N_q——地基承载力系数，均为tan(45° + φ/2)的函数，其中，与垃圾填埋体的形状和埋深有关，取值根据地勘资料确定（kPa）；

　　　　　φ——地基的内摩擦角（°），按固结、排水后取值；

　　　　　b——垃圾体基础底宽（m）；

　　　　　K——安全系数，可根据填埋规模按表 4.12-11 确定。

各级填埋场安全系数 K 值　　　　　　表 4.12-11

重要性等级	处理规模	K
Ⅰ	≥ 900	2.5~3.0
Ⅱ	200~900	2.0~2.5
Ⅲ	≤ 200	1.5~2.0

②最大堆高（极限堆填高度）H_{max}根据修正地基极限承载力，按(4.12-3)式计算：

$$H_{max} = (P_u' - \gamma_2 d)\frac{1}{\gamma_1} \qquad\qquad (4.12\text{-}3)$$

式中：γ_1、γ_2——分别为垃圾堆体和被挖出土体的重度（kN/m³）；

　　　　d——垃圾堆体埋深（m）。

（2）坝体稳定性分析和评价按照《碾压式土石坝设计规范》SL 274—2001 的相关规定执行。其边坡最小稳定安全系数和垃圾坝坝体抗滑稳定最小安全系数分别按表4.12-12 确定。

垃圾坝坝体抗滑稳定最小安全系数　　　　　　表 4.12-12

运行条件	坝体建筑级别		
	Ⅰ	Ⅱ	Ⅲ
施工期	1.30	1.25	1.20
填埋作业期	1.20	1.15	1.10
封场稳定期	1.25	1.20	1.15
正常运营遇地震、遇洪水	1.15	1.10	1.05

（3）堆体沉降稳定性评价

对填埋库区地基进行沉降及不均匀沉降估算。包括瞬时沉降、主固结沉降和次固结沉降，不均匀沉降。分析评价沉降对造成防渗衬里材料和渗滤液收集管的拉升破坏影响。

4）坝基和库区渗漏

分析库区渗漏途径，评价渗漏对周边环境的影响，提出防渗处理方案和环境监测措施建议。

5）筑坝材料和天然防渗材料

对料场的选取、材料质量和储量、分布和开采条件进行分析评价，并提出后期开采措施建议等。

2. 治理与扩建填埋场勘察岩土评价内容

（1）现有堆体及扩建堆体整体稳定性和局部稳定性评价。

垃圾堆体边坡稳定性计算工况包括正常运用条件、非正常运用条件Ⅰ（遭遇强降雨等引起渗滤液水位显著上升）和非正常运用条件Ⅱ（正常运用条件下遭遇地震），其抗滑稳定最小安全系数应满足表 4.12-13 规定。

垃圾堆体边坡抗滑稳定最小安全系数　　　　　表 4.12-13

运行条件	安全等级		
	一级	二级	三级
正常运用条件	1.35	1.30	1.25
非正常运用条件Ⅰ	1.30	1.25	1.20
非正常运用条件Ⅱ	1.15	1.10	1.05

注：1. 除垃圾堆体边坡以外的其他边坡安全系数控制标准按照国家标准《建筑边坡工程技术规范》GB 50330—2013 执行。
　　2. 当垃圾堆体边坡等级为一级且又符合表 4.12-8 中提级条件时，安全系数应根据表 4.12-13 相应的安全系数提高 10%。

（2）现有堆体沉降及侧向变形，及其导致中间衬垫系统、封场覆盖系统及其他设施失效的可能性。

（3）堆体渗滤液水位升高、填埋气产量及气压、渗滤液与场底岩土相互作用、斜坡衬垫系统土工材料界面抗剪强度软化、污泥库等不良作用及其影响。

（4）渗滤液污染物的渗漏与扩散及其对水源、农业、岩土和生态环境的影响。

（5）治理工程和扩建工程的适宜性。

12.4.5　岩土工程勘察报告

新建填埋场的岩土工程勘察报告除了一般岩土工程勘察报告的基本内容外，尚应包括下列内容：

（1）强透水层及其层间联系；弱透水层和隔水层的厚度、埋藏深度、水平向连续性、渗透性、吸附能力。

（2）场地及其周围地下水的水动力特征和地下水的运动规律。

（3）按上述岩土工程评价的要求进行分析评价。

（4）对新建填埋场，应提出防渗基础场地平整的建议。

（5）提出保证稳定、减少变形、防止渗漏和保护环境措施的建议。

（6）提出有关稳定、变形、水位、渗漏、填埋气体和渗沥液化学监测工作的建议。

治理与扩建填埋场的岩土工程勘察报告除了一般岩土工程勘察报告的基本内容外，尚应包括下列内容：

（1）按上述岩土工程评价的要求进行分析评价。

（2）提出保证堆体稳定安全措施的建议。

（3）提出减少堆体沉降和侧向变形的工程措施的建议。

（4）提出防渗系统改造及其防止渗滤液渗漏和环境保护措施的建议。

（5）提出渗滤液导排系统改造及淤堵疏通措施的建议。

（6）提出避免填埋气体爆炸、淤泥涌出措施的建议。

（7）提出有关稳定、变形、水位、渗漏等监测工作的建议。

12.5 放射性废弃物勘察与评价

12.5.1 勘察阶段的划分

按照现行标准《低、中水平放射性固体废物的浅地层处置规定》GB 9132、《低、中水平放射性废物近地表处置设施的选址》HJ/T 23、《放射性废物近地表处置场选址》HAD 401/05 及 IAEA 关规定，将勘察阶段划分为规划选址阶段、区域调查阶段、场址特性评价阶段和场址确定阶段，这样的划分方法虽能与前述规范或标准协调一致，但与我国的基本建设程序不协调，也与处置场设计阶段不匹配。目前我国的基本建设程序为项目建议书阶段（初步可行性研究阶段）、可行性研究阶段、设计工作阶段（初步设计/施工图设计）、建设准备阶段/建设实施阶段/竣工验收阶段/后评价阶段，同时现有的工程设计程序和国内目前的所有勘察规范也是按照初步可行性研究、可行性研究、初步设计、施工图设计和施工建造阶段来划分的。规范各阶段划分见表 4.12-14。

为了与国家的基本建设程序及相关规范协调一致，放射性废物处置场岩土工程勘察阶段可划分为初步可行性研究、可行性研究、初步设计、施工图设计和施工建造五个勘察阶段。

根据场地条件、资料完整程度和设计要求，初步可行性和可行性研究阶段可合并勘察，勘察深度应满足可行性研究阶段勘察的要求；初步设计和施工图设计阶段可合并勘察，勘察深度应满足施工图设计阶段勘察的要求。

放射性废物处置场勘察、设计阶段的划分对照　　　　表 4.12-14

《低、中水平放射性固体废物的浅地层处置规定》GB 9132—1988		《低、中水平放射性废物近地表处置设施的选址》HJ/T 23—1998	《放射性废物近地表处置场选址》HAD 401/05—1998		我国基本建设程序	《放射性固体废物浅地层处置环境影响报告书的格式与内容》HJ/T 5.2—1993	本手册勘察阶段划分
厂址选择阶段	区域调查阶段	规划选址阶段	选址阶段	规划选址阶段	项目建议书阶段（初步可行性研究阶段）	申请厂址审批阶段	初步可行性研究阶段前厂址踏勘及收资
		区域调查阶段		区域调查阶段			
	场址初选阶段	场址特性评价阶段		场址特性评价阶段			初步可行性研究阶段
	场址确定阶段	场址确定阶段		场址确定阶段	可行性研究阶段		可行性研究阶段

《低、中水平放射性固体废物的浅地层处置规定》GB 9132—1988	《低、中水平放射性废物近地表处置设施的选址》HJ/T 23—1998	《放射性废物近地表处置场选址》HAD 401/05—1998	我国基本建设程序	《放射性固体废物浅地层处置环境影响报告书的格式与内容》HJ/T 5.2—1993	本手册勘察阶段划分
定阶段	—	—	—	—	—
设计阶段	—	设计和建造阶段	设计工作阶段（初步设计/施工图设计）	申请建造阶段	初步设计/施工图阶段
			建设准备阶段/建设实施阶段/竣工验收阶段/后评价阶段	—	施工建造阶段
运行阶段	—	运营阶段	—	申请营运阶段	—
关闭阶段	—	关闭阶段	—	—	—

12.5.2　各阶段勘察应取得的资料

1. 初步可行性研究阶段勘察应取得下列资料：

（1）废物处置方式、规划容量等处置场总体规划资料。

（2）比例尺为 1∶50000～1∶5000 的地形图。

（3）区域地质、地震、自然地理及水文气象资料。

（4）区域水资源、水利设施、土地利用等规划资料。

（5）区域工程地质、水文地质、水文地球化学、环境地质和地质灾害资料。

（6）矿产分布及开采资料。

（7）遥感资料。

2. 可行性研究阶段勘察应取得下列资料：

（1）比例尺为 1∶2000～1∶500 并标有初步拟定的处置场总平面布置的地形图。

（2）与岩土工程勘察有关的前期工作成果资料。

（3）处置废物的主要核素种类和活度范围。

（4）压覆矿产、人类活动遗址、有关工程建设及规划资料。

3. 初步设计阶段勘察应取得下列资料：

（1）比例尺为 1∶2000～1∶500，具有坐标及地形，并标有处置场平面布置及场坪标的图件。

（2）前期岩土工程勘察、水文地质专题勘察、地震安全性评价、地质灾害危险性评估报告等资料。

4. 施工图设计阶段勘察应取得下列资料：

（1）具有坐标和地形等高线的场区总平面布置图。

（2）处置设施和辅助建（构）筑物的荷载、基础形式及尺寸、基础埋深等资料。

（3）前期勘察成果及相关资料。

5. 施工建造阶段勘察应取得下列资料：

（1）具有坐标位置的建（构）筑物基础布置图。

（2）基坑负挖及支护、边坡设计和其他与岩土工程施工有关的设计图及文件。

12.5.3　各阶段勘察目的

1. 初步可行性研究阶段勘察目的

初步可行性研究阶段勘察应以搜集资料为主，辅以适当的现场调查、勘探、测试等，初步分析场址的工程地质条件、水文地质条件和水文地球化学特征，并应初步评价场址的适宜性，同时应为场址的比选提出建议。

2. 可行性研究阶段勘察目的

可行性研究阶段应进行全面的岩土工程勘察，对场址的工程地质条件、水文地质条件和水文地球化学条件应作出明确评价，并应评价场址的适宜性，提出处置场总平面布置建议。

3. 初步设计阶段勘察目的

初步设计阶段应根据初步总平面布置方案，分区进行岩土工程勘察，对处置区的岩土特征和天然屏障特性作出明确评价，应为确定处置设施基底标高和处置区边界提供岩土工程资料，并对地基稳定性作出评价，推荐适宜的地基处理或基础方案，提出处置场总平面布置优化的建议。

4. 施工图设计阶段勘察目的

施工图设计阶段勘察应依据确定的设计方案、技术要求，查明各处置设施及辅助建（构）筑物的地基条件，应提供工程屏障设计、地基基础设计和施工所需的岩土工程资料，并应对与设计和施工有关的岩土工程问题作出评价与建议。

5. 施工建造阶段勘察目的

施工建造阶段勘察应主要对前期勘察成果的现场检验和工程建设开始后的现场监测，并应确认设计条件，对施工中发现的岩土工程问题应提出处理意见，必要时应补充勘察工作，并为编写申请营运阶段的环境影响报告书提供资料。

12.5.4　各勘察阶段的主要工作内容

1）初步可行性研究阶段勘察，应包括下列工作内容：

（1）了解场址的区域地质构造、地震活动性、区域地壳稳定性和区域水文地质概况。

（2）初步查明场址附近范围是否存在活动断裂以及场址区是否存在可能成为核素运移通道的断裂破碎带。

（3）初步查明场址附近范围的地形地貌特征，岩土层的类型、成因、时代和分布特征。

（4）初步查明场址附近范围不良地质作用的发育情况和危害程度。

（5）初步查明场址附近范围的水文地质条件、水文地球化学特征及其相关参数。

（6）初步查明场址区岩土层的物理、力学性质及相关参数。

（7）初步分析场址区场地地震效应。

（8）初步分析场址区场地稳定性。

（9）初步评价场址的适宜性。

2）可行性研究阶段岩土工程勘察，应包括下列工作内容：

（1）查明场址附近范围是否存在活动断裂，以及场址区是否存在可能成为核素运移通道的断裂破碎带。

（2）查明场址附近范围的地形地貌和地层的成因、时代、分布。

（3）查明场址附近范围的水文地质条件、水文地球化学特征及其相关参数。

（4）查明场址附近范围的不良地质作用，判断其危害程度和发展趋势，提出初步的防治建议。

（5）查明场区内主要岩土层的物理力学参数以及场地水、土对可能采用的建筑材料的腐蚀性。

（6）确定场地土的类型和建筑场地类别，分析评价场地地震效应。

（7）分析场地岩土体的地球化学特性，评价其对核素运移的吸附能力。

（8）初步预测处置场建设可能引起的工程地质环境和水文地质环境问题。

（9）综合评价场址的岩土工程条件，给出场址适宜性的明确结论。

3）初步设计阶段岩土工程勘察应包括下列工作内容：

（1）查明各分区的地形、地貌和地层的分布、成因、类别、时代及岩土层的物理力学性质，提供岩土工程设计所需的参数。

（2）查明处置区是否存在破碎带、节理密集带等导水通道。

（3）查明处置区包气带的厚度及含水特征，各分区地下水的埋藏条件及动态变化规律。

（4）查明各分区水、土对建筑材料的腐蚀性。

（5）查明各分区的不良地质作用，提出整治方案建议。

（6）查明边坡地段的岩土工程条件，评价其长期稳定性，提出边坡处理建议。

（7）分析评价处置区地基岩土层的均匀性、承载力、变形特征等岩土工程特性和天然屏障作用。

（8）分析预测处置场场地平整、建设、运营和关闭后的地下水变化情况，评价其对处置场的影响，提出防治措施。

（9）分析各分区的水文地质条件和水文地球化学条件，综合评价其对核素运移的阻滞能力。

4）施工图设计阶段岩土工程勘察应在初步设计阶段岩土工程勘察的基础上开展工作，且应包括下列工作内容：

（1）针对处置设施、工程屏障和辅助建（构）筑物的基础形式，查明地基岩土类别、层次、厚度及沿垂直和水平方向的分布规律。

（2）提供地基岩土承载力、抗剪强度、压缩模量等物理力学指标，基坑开挖稳定计算和支护设计所需的岩土参数，评价基坑开挖对邻近处置设施或辅助建（构）筑物的影响。

（3）分析预测工程地质及水文地质条件在施工和运行期间可能产生的变化及其引起的岩土工程问题，并提出防治建议。

5）施工过程中应及时进行现场检验，并应确认地基岩土组成、工程性质、水文地质条件等是否与前期勘察资料相符，同时应对施工中的岩土工程问题提出处理意见，包括下列工作内容：

（1）施工揭露的工程地质和水文地质条件的检验。

（2）核对检验结果与原勘察结论的一致性，当差别明显时，应提出处理意见。

（3）处置单元地基的检验，重点是基槽内的断层、连通的节理、破碎的岩脉等导水通道，必要时应补充勘察工作，查明其性质。钻孔的封孔效果也应检验，封填不好的钻孔易形成核素的运移通道。

（4）地基土改良或加固处理效果的检验、回填区回填土的检验，检验方法包括地质编录、原位试验、室内试验等。

12.5.5 各阶段勘察方法

1. 初步可行性研究阶段勘察方法

（1）勘探点应根据场址区的地形地貌、岩土条件和水文地质条件合理布置，每个场址的勘探孔不宜少于5个，不同地貌单元应有勘探孔控制，场地条件复杂时应适当增加勘探孔数量。

（2）勘探孔应进入预设场坪标高以下100～150m，并揭露稳定的地下水水位，当遇到透水层时应揭穿透水层；勘探孔在预设深度范围内提前遇到完整基岩时，勘探孔深度可适当减小。

（3）主要岩、土、水的试样采取数量应满足不少于3组试验的需要。

（4）原位测试的方法和数量应满足工程地质和水文地质条件初步评价的要求。

（5）工程地质测绘、水文地质测绘和水文地球化学调查的范围和深度，应满足场址初步适宜性评价的要求。

2. 可行性研究阶段勘察方法

（1）勘探点宜按网格状布置，并宜兼顾总平面布置；勘探点、线间距应能控制岩土条件的变化，勘探线间距宜为100～200m，勘探点间距宜为75～150m，复杂地段应加密勘探点；控制性勘探点的数量不应少于勘探点总数的1/5，典型地貌单元应布置控制性勘探点；边坡地段应布置勘探点。

（2）一般性勘探孔应进入设计场坪标高以下30～60m；控制性勘探孔应揭露稳定地下水水位并进入设计场坪标高以下100～150m，当遇到透水层时应揭穿透水层；勘探孔在设计深度范围内提前遇到完整基岩时，勘探孔深度可适当减小；边坡地段的勘探孔应穿越潜在的滑移面，并深入稳定岩土层3～5m。

（3）主要岩、土层的试样采取数量不应少于6组；当试验成果剔除粗差数据后不满足统计要求时，应补充取样。

（4）原位测试的方法和数量应满足获取工程地质和水文地质主要参数的要求。

（5）地球物理勘探线宜结合勘探点按网状布置，在拟建处置区及主要导水通道宜适当加密。

（6）工程地质测绘、水文地质测绘、水文地球化学调查的范围和深度，应根据区域地质、区域水文地质条件和任务要求确定。

（7）本阶段应建立地下水监测网，监测时间不应少于1个水文年。

（8）本阶段应进行专门的水文地质勘察和水文地球化学勘察工作。

（9）当场址存在的断裂、不良地质作用等可能影响场址的适宜性时，应进行相应的专题勘察。

（10）可行性研究阶段宜在场址及其附近地区进行工程屏障材料的初步调查。

3. 初步设计阶段勘察方法

（1）勘探点宜按网格状布置，勘探点数量应能控制处置区地层岩性分布，并满足原位测试的要求，勘探线间距宜为50～100m，勘探点间距宜为50～75m，控制性勘探点的数量不宜少于勘探点总数的1/4。

（2）一般性勘探孔深度宜进入处置单元基底标高以下 20～30m；控制性勘探孔深度宜进入处置单元基底标高以下 40～60m。

（3）取样勘探点的数量不应少于勘探点总数的 1/3，主要岩、土层试样采取数量应满足试验成果的统计要求。

（4）原位测试应满足确定地基承载力、地基变形计算等主要参数的要求。

（5）本阶段辅助建（构）筑物区的勘察，宜根据场地的岩土工程条件，结合建（构）筑物的特点选择适当的勘探手段，勘探点宜按建（构）筑物轮廓线或轴线布置，勘探深度应满足基础设计的要求。

（6）本阶段缓冲区的勘察应补充水文地质勘察工作，并应完善地下水监测网。

（7）本阶段应在前期水文地质和水文地球化学专题勘察的基础上，结合处置场的最终处置形式和总平面布置等，开展水文地质和水文地球化学专题勘察工作。

（8）本阶段应进行边坡专题勘察，并应评价边坡长期稳定性和建设施工对边坡稳定性的影响。

（9）本阶段宜在场址及其附近地区进行工程屏障材料的专题勘察工作。

4. 施工图设计阶段勘察方法

（1）处置单元勘探点应按周线和轴线布置，勘探点间距宜为 20～30m，控制性勘探点的数量不应少于勘探点总数的 1/4；一般性勘探孔的深度应能控制地基的主要受力层，控制性勘探孔的深度应超过地基变形计算深度；辅助建（构）筑物的勘探点宜按周线和角点布置，勘探孔深度应满足基础设计的要求。

（2）采取岩土试样和进行原位测试的勘探点的数量，应根据地层结构、地基土的均匀性和处置场特点确定，且不应少于勘探点总数的 1/2，取样勘探点的数量不应少于勘探点总数的 1/3。

（3）处置场主要岩土层的原状土试样或原位测试数据，不应少于 6 件（组），且应满足成果统计的要求。

（4）当岩土层性质不均匀时，应增加取样和原位测试数量。

（5）本阶段可根据总平面布置情况和工程需要，补充边坡勘察工作，勘察精度应满足边坡施工图设计的需要。

（6）本阶段应根据总平面布置，结合长期监测需要，进一步完善地下水监测网，监测工作应延续至施工建造阶段。

（7）本阶段应对已有的水文地质资料和水文地球化学资料作进一步评价，当不满足处置场评价的需要时，应补充相应的勘察工作。

5. 施工建造阶段勘察方法

施工过程中应及时进行现场检验，并应确认地基岩土组成、工程性质、水文地质条件等是否与前期勘察资料相符，同时应对施工中的岩土工程问题提出处理意见。

（1）施工揭露的工程地质和水文地质条件的检验。

（2）核对检验结果与原勘察结论的一致性，当差别明显时，应提出处理意见。

（3）地基改良或加固处理效果的检验。

（4）处置区施工过程中应进行跟踪编录，揭露基础底面后应进行比例尺不小于 1：200 的测绘及编录；存在断裂破碎带、节理密集带、破碎的岩脉及其他影响天然屏障特性的地质体时，应进行针对性勘察。

（5）处置区施工过程中应检验前期勘探孔的封孔效果，必要时应重新封孔。

（6）土石方迁移过程中应维护地表水及地下水观测网，并应加大监测频率和验证前期预测结果。

（7）本阶段勘察应实施信息化动态管理，并应根据现场勘察获得的信息，及时提出处理意见或设计、施工建议。

12.5.6 岩土工程勘察评价的主要内容

岩土工程勘察的评价内容应根据不同勘察阶段的任务要求给出，并应符合下列要求：

（1）初步可行性研究阶段勘察应阐明场址的主要工程地质条件、水文地质条件和水文地球化学特征，并收集和调查获取区域地质、构造及活动性和地震地质等，以此对场址的稳定性和适宜性应进行初步分析和评价，并根据上述条件对候选场址的比选提出建议。

（2）可行性研究阶段勘察应全面论述处置场场址的构造特征、不良地质作用发育程度、地质灾害危险性程度、岩土性质等，在此基础上对场址的稳定性作出评价；通过勘察所获得的资料，对场址的工程地质条件、水文地质条件和水文地球化学条件等作出明确评价。建立合理的水文地质和溶质运移模型，初步预测处置场建设可能引起的岩土工程问题，对场址的适宜性作出评价，为处置场的总平面布置提出建议。

（3）初步设计阶段勘察应根据初步总平面布置方案，分区进行岩土工程条件评价；重点根据所查明的处置区的工程地质条件、水文地质条件、水文地球化学条件评价处置区岩土特征、天然屏障特性和地基稳定性以及均匀性，推荐适宜的地基处理或基础方案、不良地质作用整治、边坡治理和基坑支护等方案建议，并应提出处置场总平面最终布置的建议。

（4）施工图设计阶段勘察应查明各建筑地段的工程地质条件、水文地质条件、水文地球化学条件，对各地段做出详细的岩土工程评价；对各种测试方法获得的参数，结合前期资料进行统计、分析和评价，提出工程屏障设计、地基基础设计和地基处理、基坑开挖与支护等所需的岩土参数，分析预测工程地质及水文地质条件在施工和运行期间可能产生的变化及其引起的岩土工程问题，并应提出防治建议。

（5）施工建造阶段勘察应按建筑地段对施工揭露的工程地质条件、水文地质条件、水文地球化学条件全面、详细地作出工程地质和水文地质条件、水文地球化学特征的检验、鉴定、评价；与前期勘察成果进行比对，确认前期的勘察成果和岩土设计参数，对施工中发现的岩土工程问题提出处理意见，并应为编制申请营运阶段的环境影响评价报告书提供所需资料。

参考文献

[1] 中华人民共和国环境保护部. 固体废物浸出毒性浸出方法 水平振荡法: HJ 557—2009[S]. 北京: 中国环境科学出版社, 2010.
[2] 中华人民共和国生态环境部. 污水综合排放标准: GB 8978—1996[S]. 北京: 中国环境科学出版社, 1996.
[3] 中华人民共和国生态环境部. 一般工业固体废物贮存和填埋污染控制标准: GB 18599—2020[S]. 北京: 中国环境出版集团, 2021.
[4] 中华人民共和国生态环境部. 危险废物填埋污染控制标准: GB 18598—2019[S]. 北京: 中国环境出版集团, 2020.
[5] 中华人民共和国生态环境部. 生活垃圾填埋场污染控制标准: GB 16889—2008[S]. 北京: 中国环境科学出版社, 2008.

[6] 中华人民共和国住房和城乡建设部. 建筑边坡工程技术规范: GB 50330—2013[S]. 北京: 中国建筑工业出版社, 2013.

[7] 中华人民共和国住房和城乡建设部. 干法赤泥堆场设计规范: GB 50986—2014[S]. 北京: 中国计划出版社, 2014.

[8] 中华人民共和国电力工业部. 火力发电厂灰渣筑坝设计规范: DLT 5045—2018[S]. 北京: 中国计划出版社, 2018.

[9] 中华人民共和国工业和信息化部. 化工危险废物填埋场设计规定: HG/T 20504—2013[S]. 北京: 中国计划出版社, 2014.

[10] 中华人民共和国生态环境部. 锰渣污染控制技术规范: HJ 1241—2022[S]. 北京: 中国环境出版集团, 2022.

[11] 中华人民共和国国家能源局. 水电工程水工建筑物抗震设计规范: NB 35047—2015[S]. 北京: 中国电力出版社, 2015.

[12] 中华人民共和国住房和城乡建设部. 生活垃圾处理处置工程项目规范: GB 55012—2021[S]. 北京: 中国建筑工业出版社, 2021.

[13] 中华人民共和国住房和城乡建设部. 生活垃圾卫生填埋处理技术规范: GB 50869—2013[S]. 北京: 中国计划出版社, 2013.

[14] 中华人民共和国住房和城乡建设部. 生活垃圾卫生填埋场岩土工程技术规范: CJJ 176—2012[S]. 北京: 中国建筑工业出版社, 2012.

[15] 中华人民共和国住房和城乡建设部. 生活垃圾卫生填埋防渗系统工程技术规范: CJJ 113—2007[S]. 北京: 中国建筑工业出版社, 2007.

[16] 中华人民共和国住房和城乡建设部. 生活垃圾卫生填埋场封场技术规范: GB 51220—2017[S]. 北京: 中国计划出版社, 2017.

[17] 中华人民共和国住房和城乡建设部. 低、中水平放射性废物处置场岩土工程勘察规范: GB/T 50983—2014[S]. 北京: 中国计划出版社, 2014.

[18] 生态环境部. 低、中水平放射性固体废物近地表处置安全规定: GB 9132—2018[S]. 北京: 中国环境出版集团, 2018.

[19] 国家核安全局. 放射性废物近地表处置场选址: HAD 401/05—1998.

[20] 国家核安全局. 高水平放射性废物地质处置设施选址: HAD 401/06—2013[S]. 北京: 2013.

[21] 国家环境保护局. 低、中水平放射性废物近地表处置设施的选址: HJ/T 23—1998[S]. 北京: 中国环境科学出版社, 1998.

[22] 国家核安全局. 放射性废物处置安全全过程系统分析: NNSA-HAJ-0001—2020[S]. 北京: 2020.

[23] 尚彦军, 桂兰润. 放射性废弃物的地质处理及其他地质环境的长期安全性[J]. 世界环境, 1997(1): 37-40.

[24] 于津生. 放射性核素在花岗岩处置库中迁移的天然类似物模拟研究[J]. 核动力工程, 1995(3): 267—271.

[25] 刘佩, 刘昱, 姚兵, 等. 核电厂离堆放射性废物处理方案浅析[J]. 核动力工程, 2013, 34(5): 149-153.

[26] 陈诚. 后处理放射性固体废物管理及处置有关问题研究[J]. 中国核电, 2020, 104-108.

[27] 康宝伟, 王旭宏, 杨球玉, 等. 我国废弃矿井放射性废物处置选址原则研究[C]//土木工程新材料、新技术及其工程应用交流会论文集 (中册), 2019, 12-16.

第 5 篇

水文、气象与地下水

第 1 章　水文与气象

1.1　水文

1.1.1　水循环

　　水循环是地球上一个重要的自然过程（图 5.1-1），地球上水在太阳热能及重力作用下，从海面、河湖表面、岩土表面及植物叶面不断蒸发和蒸腾，变成水汽进入大气圈，水汽随气流的运移，在适宜的条件下，重新凝结下降（这就是雨、雪等降水）。降落至陆地的水分，一部分就地蒸发，进入大气圈；一部分沿着地表流动，变成地表径流，汇入河流、湖泊、海洋；另一部分渗入地下成为地下水。地下水在径流过程中一部分再度蒸发又以蒸汽的形式重新进入大气圈，一部分再度排入河流、湖泊、海洋。这样蒸发、降水、径流的过程，在全球范围内周而复始地不断进行着，形成了自然界极为复杂的水循环。

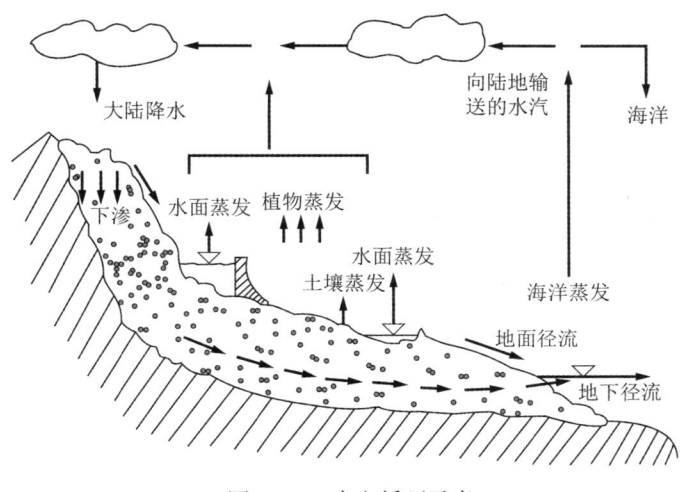

图 5.1-1　水文循环示意

　　根据水循环的途径不同，分为大循环和小循环。水分由海洋输送到陆地，又回到海洋的循环称为大循环或外循环；水分在陆地内部或海洋内部循环称为小循环或内循环。

1.1.2　水动态与均衡

　　参加水循环的水量，从长期来看，大体上是不变的，根据物质不灭定律可知，对于任意水文系统，在任意时间段内，来水量与出水量之差额等于系统蓄水的变化量，这就是"水量平衡"或"水文平衡"。

　　1. 通用水量平衡方程

　　根据上述水量平衡原理，对于处在任意时段的任意水文系统，则有：

$$I - O = \Delta S \tag{5.1-1}$$

式中：I——时段内的来水量；

O——时段内的出水量；

ΔS——时段内系统蓄水的变化量。

上式为水平衡方程式的最基本形式，对于不同区域，可进一步细化 I 和 O 的具体组成。

2. 区域方程式

假设以该区域边界线向地下的投影划分一个垂直柱体，以地表为界面，以地下某一深度为界线围成的平面为下界面（垂直柱面与外界通过此面无水分交换），则任意区域任意时段内的水均衡方程式（也称为通用水量平衡方程）为：

$$\left(P + R_{sI} + R_{gI}\right) - \left(E + R_{sO} + R_{gO} + q\right) = \Delta S \tag{5.1-2}$$

$$I = P + R_{sI} + R_{gI}, \quad O = E + R_{sO} + R_{gO} + q$$

式中：P——时段内的区域降水量；

R_{sI}——时段内从地表流入区域的水量；

R_{gI}——时段内从地下流入区域的水量；

E——时段内的区域净蒸发量；

R_{sO}——时段内从地表流出区域的水量；

R_{gO}——时段内从地下流出区域的水量；

q——时段内的耗水量。

3. 闭合流域水均衡方程式

对于一个闭合流域，即地表分水线和地下分水线重合且无河流流入的流域，并没有水分从地表和地下流入，因此，$R_{sI} = R_{gI} = 0$；此外，在这一流域中，若河道的下蚀深度足够大，已切入所有地下含水层，地下水则主要汇入河道而流出，$R = R_{sO} + R_{gO}$，以代表总的流出水量，并称其为"河川径流量"；再假设工农业生产和生活耗水量很小，可以忽略，即 $q = 0$。这样，式(5.1-2)便可推衍为：

$$P - (E + R) = \Delta S \tag{5.1-3}$$

式(5.1-3)即为任意时段的闭合流域水量平衡方程。

在多年平均的情形下，区域内的蓄水的变量 ΔS 正负可以抵消，即 $\Delta \overline{S} \to 0$；则多年平均闭合流域水量平衡方程为：

$$\overline{P} - \left(\overline{E} + \overline{R}\right) = 0 \tag{5.1-4}$$

式中：$\overline{P}$——多年平均降雨量；

$\overline{E}$——多年平均蒸发量；

$\overline{R}$——多年平均径流量。

沙漠地区的内河流的流域，其径流全部消失在沿程的沙漠中，在此情况下 $\overline{R} = 0$，则水均衡方程为：

$$\overline{P} = \overline{E} \tag{5.1-5}$$

则 $\dfrac{\overline{R}}{\overline{P}} = \alpha_0$，$\dfrac{\overline{E}}{\overline{P}} = \beta_0$

式中：α_0——多年平均径流系数；

　　β_0——多年平均蒸发系数。

中国湿润地区，α_0 一般大于 0.5；非湿润地区，α_0 一般小于 0.3；在干旱地区，特别是沙漠地区，α_0 很小，几乎为零，但 β_0 则达到 1。中国北方河流多年平均径流系数 α_0 小，而南方河流多年平均径流系数 α_0 则大。中国主要河流的水均衡见表 5.1-1。

中国主要河流流域水量均衡　　　　　　表 5.1-1

流域河流	流域面积/10^4km²	降水量/mm	径流量/mm	总蒸发量/mm	径流系数α_0/%
辽河	21.90	472.6	64.6	408.0	13.7
松花江	55.68	526.8	136.8	390.0	26.0
梅河	26.34	558.7	86.5	472.2	15.5
黄河	75.20	474.6	87.5	387.1	18.4
淮河	26.90	888.7	231.0	657.7	26.0
长江	180.85	1070.5	526.0	544.5	49.1
珠江	44.20*	1469.3	751.3	718.0	51.1
雅鲁藏布江	24.05*	949.4	687.8	261.6	72.4

注：*在中国境内的流域面积。

1.1.3　水均衡要素

1. 降水基本要素

（1）降水量（深）

时段内降落到地面上一点或一定面积上的降水总量称为降水量。前者称为点降水量，后者称为面降水量。点降雨量以 mm 计，而面降雨量以 mm 或 m³ 计。当以 mm 作为降水量单位时，又称为降水深。

（2）降水历时

一次降水过程中从一时刻到另一时刻经历的降水时间称为降水历时，特别的从降水开始至结束所经历的时间称为次降水历时，一般以 min、h 或 d 计。

（3）降水强度

单位时间的降水量称为降水强度，一般以 mm/min 或 mm/h 计。降水强度一般有时段平均降水强度和瞬时降水强度之分，降水强度等级见表 5.1-2。

降水强度等级　　　　　　表 5.1-2

等级	24h 降雨量/mm	12h 降雨量/mm	1h 降雨量/mm
微量降雨	< 0.1	< 0.1	—
小雨	0.1～9.9	0.1～4.9	—
中雨	10.0～24.9	5.0～14.9	—
大雨	25.0～49.9	15.0～29.9	—
暴雨	50.0～99.9	30.0～69.9	> 16

等级	24h 降雨量/mm	12h 降雨量/mm	1h 降雨量/mm
大暴雨	100.0～249.9	70.0～139.9	—
特大暴雨	≥250.0	≥140.0	—

引自国家标准《降水量等级》GB/T 28592—2012

时段平均降水强度定义为：

$$\bar{i} = \frac{\Delta p}{\Delta t} \tag{5.1-6}$$

式中：$\bar{i}$——时段平均降水强度；

Δt——时段长；

Δp——时段 Δt 内的降水量。

（4）降水面积

降水笼罩范围的水平投影面积称为降水面积，一般以 km² 计。

2. 流域平均降水量计算

由雨量站观测到的降水量只代表该雨量站所在位置或较小范围的降水情况，称为点降水量。在实际工作中，往往需要全流域的降水量值。因此，就要由各点降水量推求流域平均降水量。常用的流域平均降水量的计算方法有：算术平均法、垂直平分法和等雨量线法。

（1）算术平均法

多流域内雨量站分布比较均匀，地形起伏变化不大平原流域，可用算术平均法计算：

$$\bar{p} = \frac{p_1 + p_2 + \cdots + p_n}{n} = \frac{1}{n} \sum_{i=1}^{n} p_i \tag{5.1-7}$$

式中：　　　$\bar{p}$——流域平均降水量（mm）；

p_1、$p_2 \cdots p_n$——各雨量站同期降雨量（mm）；

n——测站数。

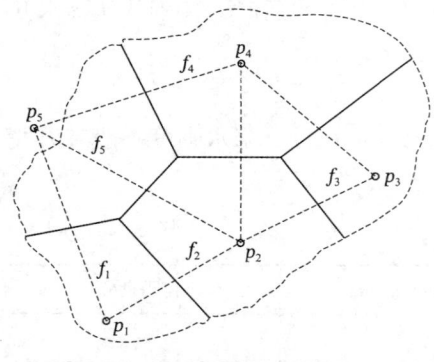

图 5.1-2　泰森多边形

（2）泰森多边形法

测法又称垂直平分法、加权平均法、最近距离法，是降雨空间插值和计算流域面雨量时最常用的方法。如图 5.1-2 所示，具体做法是将相邻雨量站用直线连接而成若干个三角形，然后对每个三角形各边作垂直平分线，连接这些垂直线的交点，得若干个多边形，每个多边形各有一个雨量站，即以此多边形面积作为该雨量站所控制的面积，则流域平均降水量按下式计算：

$$\bar{p} = \frac{f_1 p_1 + f_2 p_2 + \cdots + f_n p_n}{f_1 + f_2 + \cdots + f_n} = \frac{1}{F} \sum_{i=1}^{n} f_i p_i \tag{5.1-8}$$

或

$$\bar{p} = p_1 \frac{f_1}{F} + p_2 \frac{f_2}{F} + \cdots + p_n \frac{f_n}{F}$$

式中：　　　　　　$\overline{p}$——流域平均降水量（mm）；

　　　　　　　　　F——流域总面积（km²）；

p_1、p_2、…、p_n——各雨量站同期降雨量（mm）；

　f_1、f_2、…、f_n——流域内各测站控制面积（km²）；

　　　　　　　　　n——多边形的个数；

　　　　　　　　$\dfrac{f_n}{F}$——各雨量站权重系数。

（3）等雨量线法

此法先根据雨量站的资料绘出等雨量线，用求积仪或其他方法量得各相邻等雨量线间的面积f_i，并计算相邻等降雨量线的平均降水深度，然后按下式计算流域平均降水量：

$$\overline{p} = \frac{1}{F}\sum_{i=1}^{n} f_i p_i = \frac{p_1 f_1 + p_2 f_2 + \cdots + p_n f_n}{F} \tag{5.1-9}$$

以上三种方法，算术平均法最简便，适用于流域面积较小，站点多而分布均匀。泰森多边形法，比算术平均法把各站按等权处理要合理，但不能反映地形对降雨的影响。等雨量线法，绘算工作麻烦，且要求雨量站多而分布均匀。

3. 蒸发

在常温下，水由液态变为气态进入大气的过程称为蒸发。蒸发所消耗的水量称为蒸发量（mm），蒸发量用蒸发掉的水层厚度（水柱高度）表示。

蒸发可分为水面蒸发、土壤蒸发、植物散发（或蒸腾）。土壤蒸发和植物散发合称为陆面蒸发，而流域或区域内的各种蒸发和散发统称为流域或区域总蒸发。地下水在距地表不深和毛细管上升高度能达到地表的地方，也能参与蒸发。

4. 径流

径流系指落到地表的降水，在重力作用下，沿地表和地下流动的水流。径流分地表径流、壤中径流和地下径流，并经常相互转化。自土层进入者为壤中径流或壤中流；自地下含水层进入者为地下径流。径流常用特征值为：

（1）流量

某一时刻或单位时间内通过河道某一过水断面的水量称为流量（Q），常以 m³/s 或 L/s计，可有瞬时流量、日平均流量、月平均流量以及年平均流量等，瞬时流量为某一时刻的流量，而日、月以及年平均流量则为相应时段内的平均流量，多年平均流量又称正常径流量。

$$Q = VF \tag{5.1-10}$$

式中：V——断面平均流速（m/s）；

　　　F——过水断面（m²）。

（2）径流总量

一定时段内（时、日、年）内通过某一过水断面的总水量称为径流总量（W），常以 m³ 计，若时段为$T(s)$，时段内的平均流量为Q（m³/s），则可取以下公式单位：

$$W = QT \qquad (\text{m}^3) \tag{5.1-11}$$

式中：T——时段（时间间隔）（s）；

Q——时段平均流量（m³/s）。

（3）径流模数

流域内单位面积上的平均流量称为径流模数（M），常以m³/(s·m²)或L/(s·km²)计，若流域的面积为F（km²），时段内的平均流量为Q（m³/s），则可用以下公式计算：

$$M = 10^3 \frac{Q}{F}$$ (5.1-12)

式中：F——流域面积（km²）。

径流模数有日平均、月平均和多年平均值，多年平均径流模数称正常径流模数M。

（4）径流深度

一定时段内径流总量均匀地平铺在流域表面所形成的水层厚度称为径流深度（Y），又称径流深，常以 mm 计。

$$Y = \frac{W}{F} \times \frac{1}{1000} = \frac{QT}{1000F} = \frac{MT}{10^6}$$ (5.1-13)

若T为一年，又以 365 天计算，则

$$Y_{年} = \frac{365 \times 24 \times 60 \times 60}{10^6} M$$ (5.1-14)

（5）径流系数

一定时段内的径流深与同一时段内降水量之比称为径流系数（α）。若时段内的降水量为P（mm），相应的径流深为Y（mm），则：

$$\alpha = \frac{Y}{P}$$ (5.1-15)

（6）模比系数（流量变率）

各时间段内的径流模数与正常径流模数之比：

$$K_i = \frac{M_i}{M_0}$$ (5.1-16)

式中：K_i——某年的模比系数；

M_i——某年的径流模数；

M_0——正常径流模数。

（7）各径流特征值换算

在实际工程径流计算中经常涉及上述径流特征值的换算，常用的径流特征值换算关系见表 5.1-3。

各径流特征换算关系 表 5.1-3

	$Q/$（m³/s）	W/m^3	Y/mm	$M/$ [L/(s·km²)]
W	QT	—	$YF10^3$	$MTF10^{-3}$
M	$\frac{Q}{F}10^3$	$\frac{W}{TF}10^3$	$\frac{Y}{T}10^6$	—
Y	$\frac{QT}{F10^3}$	$\frac{W}{F10^3}$	—	$\frac{MT}{10^6}$
Q	—	$\frac{W}{T}$	$\frac{YF}{T}10^3$	$\frac{MT}{10^3}$

1.1.4 水文计算

1. 分水线和集水线

分水线是指山峰、山脊和鞍部的连接线，降落到这条线这边的雨水只可能向这边汇集，降落到这条线那边的雨水只能向那边汇集，这条线起到了分水的作用，顾名思义称之为分水线。"分水线"一般就是指地面分水线。其实，地下水也存在分水线，不透水基岩一般也是不平坦的，地下水分水线就是不透水基岩的峰、脊和鞍的连接线。

与分水线对应的是集水线。集水线是地形等高线中两边较高，中间较低的凹槽线，它位于相邻两条分水线之间。降落在集水线两边的雨水都要向凹槽汇集。

2. 流域和流域面积

流域是指地面分水线包围的、能够汇集雨水从其出口流出的区域。根据地面分水线与地下分水线之间的管线和河流河槽的切割深度，可将流域分为闭合流域和非闭合流域。流域面积又称汇水面积或集水面积，流域分水线所包围的面积。

流域特征参数包括流域面积、流域长度、流域宽度、主沟长、主沟比降、流域坡度、植被覆盖度、透水面积与不透水面积、流域下渗参数等。

流域特征值中的流域面积、流域长度、流域宽度、主沟长、主沟比降、流域坡度等参数可在地形图上量算；植被覆盖度、透水面积与不透水面积等参数可根据卫星影像图量算；流域下渗参数可通过试验获得，也可根据实测雨洪资料用模型率定得出，或参考相似流域参数值确定。

3. 水文统计的基本概念

水文具有多变和不完全重复性、地区性及周期性三个特点，应用概率论来研究其规律性的方法很多，常用的有经验频率曲线法和理论频率曲线法。前者较简单但欠准确，后者较复杂，但较可靠。另外常遇水文资料不足或部分缺测时，可用相关（回归）分析法来解决。

1）机率及频率

所谓机率，即指偶然事件在客观上可能出现的程度。简单机率可用下式计算：

$$P = \frac{m}{n} \tag{5.1-17}$$

式中：P——偶然事件出现的机率；

　　m——事件出现的总数；

　　n——事件发生与不发生（可能的结果）的总数。

对某些复杂事件，要估计它的机率，要通过多次试验求得，称为经验机率，也叫频率。

2）重现期

累计频率，水文学中常用重现期来代替。所谓重现期即等量或超量的水文特征值，平均多少年一遇（次）及一年出现几遇（次）等，以T表示。

3）频率P与重现期T的关系

（1）当研究对象为最大流量（最高水位）时，则：

$$T = \frac{100}{p} \tag{5.1-18}$$

（2）当研究对象为枯水流量时，则：

$$T = \frac{100}{100 - p} \tag{5.1-19}$$

式中：T——重现期；

P——频率（%）。

两者关系如下表 5.1-4 所示。

频率与重现期关系　　　　　　　　　　　表 5.1-4

频率		重现期	频率		重现期
式(5.1-18)	式(5.1-19)		式(5.1-18)	式(5.1-19)	
0.01	99.99	万年一遇	5	95	二十年一遇
0.1	99.9	千年一遇	10	90	十年一遇
1	99	百年一遇	20	80	五年一遇
2	98	五十年一遇	50	50	两年一遇

4）经验频率曲线

根据实测资料，以随机变量数值的递减次序排列，依次计算其累积频率所得的累计频率曲线，称为经验累积频率曲线。将算得的频率 P 为横坐标，以其对应的流量或水位为纵坐标绘于机率格纸上，连接各点即绘成频率曲线。

计算经验频率的公式很多，常用的均值公式或维泊公式，该公式较简单方便。

$$P = \frac{m}{n + 1} \tag{5.1-20}$$

式中：P——频率（%）；

m——各水位或流量编号；

n——观测的流量或水位总个数（或年数）。

1.1.5　洪水计算

1. 现场调查

1）洪水调查

洪水调查，实际上是实地查询历史上发生过的洪水痕迹，增补历史上缺测的特大洪水资料，借以推算历史上发生的洪峰流量。洪水调查方法如下：

（1）查访，调查访问当地领导机关和群众。查访时，要注意多方启发、回忆分析，做到不失访一个老人，不漏掉一点情况，不放松一根线索，不错过一个机会；

（2）河段踏勘，了解河段顺直弯曲、滩槽、支流、分流、急滩、卡口、壅水现象，水文站的观测断面、水准点位置、堤防、桥涵、渠道、水坝、村庄、渡口、古建筑物及有洪水标志物的地点等；

（3）调查河段的选择，为使调查及计算具有较可靠的结果，所选河段应靠近工程地点，有足够数量可靠的洪水痕迹，河道较为稳定，如顺直、无交叉和断面形状一致的地方；

（4）洪水痕迹的调查，辨识及现场查核较可靠的洪水痕迹。要在固定的建筑物上寻找，如庙宇、碑石、老屋、祠堂、坝堰、桥梁和标志杆等。

2）现场测量

现场测量是洪水调查的重要工作，内容包括水准测量、河道简易地形图和纵断面测量，以取得河段内地形、地物和洪水痕迹位置，达到推求洪峰流量值。水准测量一般采用相当于城市四等水准。地形测图一般采用 1∶5000～1∶2000，特殊情况可用 1∶10000，测量范围应包括整个调查河段，高程一般测至历年最高洪水位以上 0.5～1.0m 处。简易地形图应标明水边线、洪水漫滩边界、槽中流态、主流或中泓线的位置和流向、水准点位置、洪水痕迹及其高程、有关地物及水工建构筑物与交通情况等。

2. 洪水设计

1）防洪标准

在《防洪标准》GB 50201—2014 中有两类防洪标准的概念。一是水工建筑物本身的防洪标准；二是与防洪对象保护要求有关的防洪区的防洪安全标准，对于影响公共防洪安全的防护对象，应按照自身和公共防洪安全两者要求的防洪标准中较高者确定。

在确定防洪标准时，应划分独立的防洪保护区，各个防洪保护区的防洪标准分别应确定，根据人口、耕地、经济指标分为城市防护区及乡村防护区，其防护等级和防洪标准应按照表 5.1-5、表 5.1-6 确定。

城市防护区的防护等级和防洪标准　　　　　表 5.1-5

防护等级	重要性	常住人口/万人	当量经济规模/万人	防洪标准/重现期（年）
Ⅰ	特别重要	≥150	≥300	≥200
Ⅱ	重要	<150，≥50	<300，≥100	100～200
Ⅲ	比较重要	<50，≥20	<100，≥40	50～100
Ⅳ	一般	<20	<40	20～50

乡村防护区的防护等级和防洪标准　　　　　表 5.1-6

防护等级	人口/万人	耕地面积/万亩	防洪标准/重现期（年）
Ⅰ	≥150	≥300	50～100
Ⅱ	<150，≥50	<300，≥100	30～50
Ⅲ	<50，≥20	<100，≥30	20～30
Ⅳ	<20	<30	10～20

2）水利水电工程防洪、治涝工程等别

水利水电工程的等别，应按承接的任务和功能类别确定，并根据其保护对象的重要性和受益面积，按照表 5.1-7 确定。其余工矿企业、交通运输设施、电力设施、文物古迹和旅游设施防护等级、工程等别和防洪标准参照《防洪标准》GB 50201—2014 中相关规定。

水利水电工程枢纽的等别　　　　　表 5.1-7

工程等别	水库		防洪		治涝	灌溉	供水	发电
	工程规模	总库容/亿 m³	城镇及工矿业的重要性	保护农田面积/万亩	治涝面积/万亩	灌溉面积/万亩	供水对象的重要性	装机容量/MW
Ⅰ	大（1）型	≥10	特别重要	≥500	≥200	≥150	特别重要	≥1200
Ⅱ	大（2）型	<10，≥1.0	重要	<500，≥100	<200，≥60	<150，≥50	重要	<1200，≥300

工程等别	水库		防洪		治涝	灌溉	供水	发电
	工程规模	总库容/亿 m³	城镇及工矿业的重要性	保护农田面积/万亩	治涝面积/万亩	灌溉面积/万亩	供水对象的重要性	装机容量/MW
Ⅲ	中型	<1.0, ≥0.10	比较重要	<100, ≥30	<60, ≥15	<50, ≥5	比较重要	<300, ≥50
Ⅳ	小（1）型	<0.10, ≥0.01	一般	<30, ≥5	<15, ≥3	<5, ≥0.5	一般	<50, ≥10
Ⅴ	小（1）型	<0.01, ≥0.001		<5	<3	<0.5		<10

3）历史洪水流量的求算方法

（1）若调查的洪痕靠近某一水文站，可先求水文站基本水尺断面处的洪水位高程，通过延长该站的水位流量关系曲线，推求洪峰流量。

（2）在调查的河段无水文站情况下，匀直河段洪峰流量计算。

$$Q = KS^{1/2} \tag{5.1-21}$$

其中

$$K = \frac{1}{n}AR^{2/3}$$

式中：Q——洪峰流量（m³/s）；

　　S——水面比降（‰）；

　　K——河段平均输水率；

　　n——糙率；

　　A——河段平均断面积（m²）；

　　R——河段平均水力半径（m）。

（3）在调查的河段无水文站情况下，非匀直河段洪峰流量计算。

$$Q = KS_e^{1/2} \tag{5.1-22}$$

其中

$$S_e = \frac{h_f}{L} = \frac{h + \left(\dfrac{\overline{v}_\text{上}^2}{2g} - \dfrac{\overline{v}_\text{下}^2}{2g}\right)}{L}$$

式中：S_e——能面比降；

　　h_f——两断面间的摩阻损失；

　　h——上、下两断面的水面落差；

$\overline{v}_\text{上}$、$\overline{v}_\text{下}$——上、下两断面的平均流速（m/s）；

　　L——两断面间距（m）；

　　g——重力加速度。

（4）若考虑扩散及弯曲损失时洪峰流量推算。

$$Q = K\sqrt{\frac{h + (1-\alpha)\left(\dfrac{\overline{v}_\text{上}^2}{2g} - \dfrac{\overline{v}_\text{下}^2}{2g}\right)}{L}} \tag{5.1-23}$$

式中：α——扩散、弯道损失系数，一般取 0.5；

其余符号意义同上。

4）设计洪水过程线

在设计洪峰、洪水量确定后，按规划设计要求，尚需推求设计洪水过程线。其方法一般先从实测资料中选取典型洪水，然后按设计洪峰、洪水量放大，以放大倍比乘典型洪水过程线的流量坐标，即得设计洪水过程线。

同频率放大法公式为：

$$K_Q = \frac{Q_{mp}}{Q_m} \tag{5.1-24}$$

$$K_{W1} = \frac{W_{1p}}{W_1} \tag{5.1-25}$$

式中：K_Q——洪峰放大比；

$\quad Q_{mp}$——设计洪峰流量；

$\quad Q_m$——典型洪水过程线的洪峰流量；

$\quad K_{W1}$——1 日洪量放大比；

$\quad W_{1p}$——设计 1 日洪水量；

$\quad W_1$——典型洪水过程线最大 1 日洪水量。

对于 1 日以外各时段过程线的放大问题，由于 3 日之中包括了 1 日，则：

$$K_{W3-1} = \frac{W_{3p} - W_{1p}}{W_3 - W_1} \tag{5.1-26}$$

同理，对于 7 日洪水量，已包括了 3 日洪水量，如此类推，15 日洪水量，包括了 7 日洪水量，则其放大倍比各为：

3～7d 洪水量的放大倍比为：$\quad K_{W7-3} = \frac{W_{7p} - W_{3p}}{W_7 - W_3} \tag{5.1-27}$

7～15d 洪水量的放大倍比为：$K_{W15-7} = \frac{W_{15p} - W_{7p}}{W_{15} - W_7} \tag{5.1-28}$

在典型洪水过程线放大中，由于在两种历时衔接的地方放大倍比（K）不一致，因而放大后在交界处产生不连续现象，使过程线呈锯齿形。此时需要修匀，使其成为光滑曲线，修匀时需要保持设计洪峰和各种历时的设计洪量不变。修匀后的过程线即为设计洪水过程线。

1.2 气象要素

1. 气压

单位面积上所承受的大气柱的重量，单位为帕斯卡（Pa），简称帕。气象工作者一直用毫巴（mbar）为单位，1mbar 等于 0.75mm 水银柱的压力。目前也常用百帕（hPa）作为气压单位，1hPa = 1mbar。

2. 气温

空气的冷热程度，简称气温。通用温标有两种，一种是摄氏温标，用 t（℃）表示，一种是热力学温标，用 T（K）表示，$T = 273 + t$。通常在离地 1.5～2.0m 处百叶箱内测得。根据最冷月平均气温及一年内冻结核融化循环次数，对岩土工程影响程度的气候分区按

表 5.1-8 确定。

对岩土工程影响程度的气候分区

表 5.1-8

分区	气候条件	
	最冷月平均气温	一年内冻结和融化循环次数
严寒地区	< −15℃	> 50 次
寒冷地区	−15～−5℃	20～50 次
温暖地区	> −5℃	< 20 次

3. 湿度

表示大气中所含水汽量多少和空气湿润程度的指标，它是直接影响降雨的气象要素之一。湿度用水汽压 e、饱和水汽压 E、相对湿度 R、饱和差 d 来表示。空气湿度概念见表 5.1-9。

空气的湿度

表 5.1-9

名称	定义
绝对湿度	某一时刻空气中所含水汽的实际数量，用空气中的水汽压力表示
相对湿度	空气中所含水汽压力和当时温度下的饱和水汽压力的百分比，用百分数表示，取整数
饱和差	空气中过的水汽压力和当时温度下的饱和水汽压力的差数
蒸发量	由于蒸发而消耗的水量，即在一定口径的蒸发器中的水因蒸发而降低的深度，以 mm 为单位

4. 风

地面上气压分布不均匀，空气由高压区流向低压区，从而产生了风，它具有大小和方向。风的要素主要为风向、频率、风速，见表 5.1-10。

风的要素

表 5.1-10

名称	说明
风向	风吹来的方向，共分十六方向
风向频率	某风向在一定时期内出现次数与同一时期内各风向出现总次数的百分比
最多风向	一定时期内某一风向为所有风向中频率最多者，通常称为当地的主导风向
平均风速	一定时期内风速之和除以观测次数，以 m/s 表示
最大风速	10min 平均风速值中的最大者
极大风速	瞬时的最大风速，以达因风速计自计纸上挑出
大风	瞬时风速达到或超过 17m/s 或风力 ≥ 8 级的风

5. 降水

（1）降水量

降落在地面上的雨或雪、雹、霰等融化后未经蒸发、渗透、流失而积聚在水平面上的深度，单位为 mm。

（2）降水日

日降水量合计达 0.1mm 或者以上者。

（3）年（月）平均降水量

年（月）内各日降水量的多年平均值。

（4）大气降雨蒸发影响临界深度

在自然气候下，由降水、蒸发地温等因素引起土本身升降变形的有效深度，大气影响急剧层深度指大气影响特别明显的深度，可按表 5.1-11 查得的大气影响深度乘以 0.45 系数得到。

土的湿度系数、大气影响深度对比　　　　　　　　　　表 5.1-11

土的湿度系数φ_N	大气影响深度α_a/m	土的湿度系数φ_N	大气影响深度α_a/m
0.6	5.0	0.8	3.5
0.7	4.0	0.9	3.0

6. 雾和霾

为大量浮游在空气中的水滴，它所含的水量不易测到，只能感觉到一些潮湿。当雾不是由水滴而是由冰晶构成时称冰雾。有雾和冰雾时能见度小于 1000m，空气中悬浮的大量微粒和气象条件共同作用的结果，相对湿度较低，能见度小于 10000m 为霾。

7. 能见度

正常人视力在当时天气条件下，所能看到的最大水平距离，能见度用十个等级表示（表 5.1-12）。

能见度范围　　　　　　　　　　表 5.1-12

等级	能见距离/m	不能见距离/m	等级	能见距离/m	不能见距离/m
0	< 50	≥ 50	5	2000～4000	≥ 4000
1	50～200	≥ 200	6	4000～10000	≥ 10000
2	200～500	≥ 500	7	10000～20000	≥ 20000
3	500～1000	≥ 1000	8	20000～50000	≥ 50000
4	1000～2000	≥ 2000	9	>50000	—

第 2 章　地下水的勘察

2.1　地下水形成条件及其存在状况

2.1.1　地下水形成条件

岩石形成时，在各种风化营力构造运动的影响下，都可以引起分解、破裂产生空隙，在表层十余公里范围内或多或少都存在着孔隙，特别是地面下 1~2km 内较为普遍，这就是地下水赋存的必要空间条件，是地下水储存场所和运动的通道。其空隙的多少、大小、连通程度及分布规律对地下水的分布和运动具有重要影响。空隙有孔隙、裂隙和溶穴或溶洞之分。

1. 孔隙

松散岩、土中的空隙称孔隙。常用孔隙率来表示，经验值见表 5.2-1。

基岩和土的孔隙率范围值 表 5.2-1

名称		孔隙率 n/%
基岩	地球深部结晶形成的火成岩	0
	结晶喷出岩（玄武岩）	1~2
	破裂结晶岩石	2~5
	风化的火成岩和变质岩	30~60
	气体含量极高的岩浆形成的玻璃岩石（浮岩）	可达 87
	凝灰岩	14~40
	近代火山灰	可达 50
	风化火山沉积物	> 60
	碎屑岩	3~30
	石灰岩和白云岩	1~30
土	砾石土	25~40
	砂土	25~50
	黏土	40~70

注：孔隙率指孔隙体积与包括孔隙在内的介质总体积之比，常用百分数表示。

2. 裂隙

坚硬岩石中破裂产生的空隙称为裂隙。

按裂隙成因可分为成岩裂隙、构造裂隙和风化裂隙（表 5.2-2）。

裂隙种类　表 5.2-2

裂隙名称	成因	特征
成岩裂隙	在成岩过程中，由于岩浆岩冷凝收缩和沉积岩固结干缩而产生	裂隙比较发育，尤以玄武岩中柱状节理最为发育
构造裂隙	岩石在构造变动中受力产生	具有方向性，大小悬殊，由隐蔽的节理到大断层，分布不均
风化裂隙	风化营力作用下，岩石破坏产生	分布在地表附近

3. 溶穴或溶洞

可溶的沉积岩，如岩盐、石膏、石灰岩和白云岩等，在地下水溶蚀作用下，产生了空洞称为溶穴或溶洞。可以用岩溶率表示：

$$K_K = \frac{V_K}{V} \times 100\% \tag{5.2-1}$$

式中：K_K——岩溶率（%）；

V_K——溶穴或溶洞的体积；

V——包括溶穴或溶洞在内的岩石体积。

2.1.2　地下水存在状况（表 5.2-3）

地下水存在形式与特点　表 5.2-3

存在形式		特点
名称	含义	
气态水	以空气和气体状态存于非饱和岩土空隙中的水	由水汽压力（或绝对湿度）大的地方向水汽压力（或绝对湿度）小的地方迁移。当温度降到露点时，气态水便凝结成液态水。气态水对岩土中地下水重新分布有一定影响
吸着水（强结合水）	被分子吸附在岩土颗粒周围形成的极薄水膜，又称为强结合水	吸着力达 1.01325GPa，水分子排列紧密，平均密度达 $2g/cm^3$。它具有极大的黏滞性、弹性及抗剪强度，溶解盐类能力弱，不传递静水压力，在外界土压力作用下，吸着水不移动。温度达 150～300℃时，可转化为气态水；温度低至−7.8℃时，可冻结
薄膜水（弱结合水）	受分子力影响包围在吸着水外面的薄层水，又称弱结合水	厚度大于吸着水的厚度，密度为 1.3～$1.8g/cm^3$，具有较高的黏滞性和抗剪强度，溶解盐类的能力较低，冰点低于 0℃。在外界压力作用下可以变形，在相邻土粒的水膜厚度不一致时，可由厚处向薄处转移。薄膜水因蒸发可由土中逸出。黏性土的物理力学性质与薄膜水有关
毛细管水	因表面张力作用而支持充填在细小孔隙中的水，为自由水	密度为 $1g/cm^3$ 左右，同时受表面张力和重力作用。通常在地下水面之上形成一个毛细管带，毛细管水能垂直运动，没有抗剪强度，能传递静水压力
重力水	距固体水表面更远的水分子，重力对它的影响大于固体表面对它的吸引力，能在岩土空隙中运动的水，为自由水，即通常所说的地下水	密度为 $1g/cm^3$ 左右，没有抗剪强度，能传递静水压力
固态水	在常压下，岩土体温度低于 0℃，空隙中的液态水和气态水凝结成的冰	在岩土中起胶结作用，形成冻土，提高抗剪强度。液态水结冰，体积膨胀，孔隙增大，故冻土解冻后压缩性增大，强度降低

2.2　地下水的类型及特征

地下水的分类，一是按水的某一特征进行分类，二是综合地下水的某些特征进行分类。

2.2.1　地下水主要类型（表 5.2-4）

地下水主要类型　　　　　　　　　　　　　　　　　　　　　　表 5.2-4

地下水类型	孔隙水	裂隙水	岩溶水	多年冻土带水
上层滞水（包气带水）	地下水面以上包气带中，局部隔水层上松散层中的水，其中包括吸着水，薄膜水，毛细管水，"悬挂"毛细管水，上层滞水渗透重力水	裂隙黏土及基岩裂隙风化区存在的重力水和毛细管水	垂直渗入岩溶化岩层中的重力水	融冻层中的水
潜水（饱水带水）	埋藏在饱和带中松散层中的水，有坡积、洪积、冲积、冰碛和冰水沉积物中的水，当经常出露或接近地表时成为沼泽水，沙漠和滨海沙丘中的水	基岩裂隙破碎带中的水	岩溶化岩石溶蚀层中的水	冻结层上部和冻结层间的水
承压水	疏松沉积物构成的向斜盆地，单斜及山前平原自流斜地中的水	基岩构造盆地，向斜单斜岩层中裂隙水构造断裂带及不规则裂隙中的水	构造盆地、向斜及单岩溶层中的水	冻结层下部的水

2.2.2　地下水特征（表 5.2-5）

地下水特征　　　　　　　　　　　　　　　　　　　　　　表 5.2-5

地下水类型	包气带水	饱水带水	
		潜水	承压水
埋藏特征	处于地下水面以上	处于地下水面以下	处于地下水面以下
	可直接与大气相通，是地表水和地下水相互转换的过渡带	地表以下第一个区域性隔水层上的饱和地下水	存在于两个隔水层之间，是承压性质的饱和地下水，在一定条件下，可自流喷出地面
水力特征	水压力小于大气压力	水压力大于大气压力	水压力大于大气压力
	受分子力，重力和毛细管力作用	受重力和静水压力作用	受重力和静水压力作用
	毛细管水上升与孔隙直径成反比，上层滞水属无压水	通过包气带与地表相通、属无压水，与河流水往往有水力联系	具有隔水板，承受静水压力和隔板以上岩土压力，河流如切割到此含水层，承压水就将补给河流
水面特征	毛细管水无连续的水面，上层滞水的水面受局部不透水层构造的支配	具有自由潜水面，其形状随地形、含水层的透水性和厚度、隔水层底板的起伏而变化	压力水面只有在含水层被揭穿才显示出来，其形状与补给区和排泄区之间相对位置有关
补给区与排泄区分布的关系	因与地表大气相通，使补给区与排泄区分布相一致	因与地表大气相通，使补给区与排泄区分布相一致	补给区与排泄区分布一般不一致
动态特征	受气候变化影响，具有季节性和暂时性	水位升降，决定于地表水分的渗入和地下水的蒸发，某些地方决定于水压传递，一般有季节规律	水位变化取决于水的压力的传递，动态相对稳定，水源补给区可以很远，补给时间较长
成因	基本上为渗入形成的	基本上为渗入形成的	渗入或构造形成的

2.3 地下水的物理性质及化学成分

2.3.1 地下水的物理性质

地下水的物理性质，主要有颜色，气味，透明度或浑浊度，密度，温度，导电性及放射性等。纯净的地下水是无色，无味，无臭及透明的。当含有杂质时才改变其物理性质，其主要物理性质见表 5.2-6。

地下水主要物理性质　　　　　　　　　　　　表 5.2-6

名称	物理性质
密度	质量密度的大小，决定于水中所溶解的盐分含量，水中溶解的盐分愈多，其密度就愈大，有时可达 1.2～1.3。地下淡水密度通常与化学纯水的密度相同
颜色	决定于水中化学成分及悬浮于其中的杂质：含亚铁和硫化氢气体的水，常呈翠绿色；含氧化亚铁的水呈浅蓝绿色；含氧化铁的水呈褐红色；含腐殖质的水呈橘黄、褐色；硬度大的水呈浅蓝色；含悬浮物的水，其颜色决定于悬浮物的颜色，其深浅决定于悬浮物量的多少
味	决定于水中化学成分：含氯化钠的水，具有咸味；含硫化钠的水具涩味，含氯化镁或硫酸镁的水具苦味，含氧化亚铁的水具墨水味，含氧化铁的水具锈味，有机质存在使水具甜味，含有重碳酸钙，镁及硫酸时则味美适口，一般水温在 20～30℃时，水的味道最明显
臭	决定于水中所含气体成分与有机物质。含硫化氢气体具有臭蛋味；含氧化亚铁时具铁腥味；含腐殖质具鱼腥气味，一般水温在 40℃左右时，气味最显著
透明度	决定于水中固体矿物质、有机质及胶体悬浮物的含量：1. 透明的（60cm 水深可见 3mm 的粗线）；2. 半透明的（微浑浊的，30cm 水深可见 3mm 的粗线）；3. 微透明的（混浊的，小于 30cm 水深可见 3mm 的粗线）；4. 不透明的（极浑浊的，水深很小也不能清楚看见 3mm 的粗线）
温度	主要受气温和地温的影响，近地表的地下水受气温的影响较大，具有周期性的昼夜变化和季节变化，具有昼夜变化的地下水，其埋深一般在 3～5m 之间，具有年变化的地下水，一般埋深在地表下 50m，为年常温带以上。在年常温带以下地下水温度，随深度的加大而逐渐升高。分七类：1. 非常冷水（＜0℃）；2. 极冷水（0～4℃）；3. 冷水（4～20℃）；4. 温水（20～37℃）；5. 热水（37～42℃）；6. 极热水（42～100℃）；7. 沸腾水（＞100℃）
导电性	决定于水中含有电解质的性质及含量，通着以电导率 k 表示，一般地下淡水的 k 值为 $33 \times 10^{-5} \sim 33 \times 10^{-3}$S/cm，其中 S 为西门子
放射性	决定于水中所含放射性元素的数量：一般地下水的放射性极微弱，埋藏和运动于放射性矿床及酸性火成岩分布区的地下水，其放射性相应增强。地下水中常见的放射性物质有镭、铀、锶及氢、氧同位素。一般地下淡水 ^{226}Ra 的含量 $< 3.7 \times 10^{-2}$Bq/L，矿泉及深井水 ^{226}Ra 的含量为 $3.7 \times 10^{-2} \sim 3.7 \times 10^{-1}$Bq/L（其中 Bq—贝可），放射性用"马海"（M.E）和居里（ci）单位表示：$1M.E = 3.64 \times 10^{-10}$ci，$1ci = 3.7 \times 10^{10}$Bq（贝可）

2.3.2 地下水的化学成分

1. 地下水化学成分概况

目前为止，存在地壳中的 87 种稳定元素，在地下水中已发现 70 多种，这些元素在地下水中的含量，取决于它们在地壳中的含量及其溶解度。氧、钙、钾、钠、镁等元素在地壳中分布最广，其含量亦较多，硅、铁等在地壳中分布虽广，但由于溶解度低，在地下水中含量不多。另一些元素，在地壳中分布极少，但溶解度大，在地下水中却大量存在，在地下水中这些元素，以多种成分，各种离子，有机化合物、有机和无机络合物、微生物、胶体和放射性元素、同位素等存在，但以离子状态为主。

2. 水的硬度及矿化度

水中的硬度取决于 Ca^{2+} 和 Mg^{2+} 离子含量。

总硬度，水中 Ca^{2+} 和 Mg^{2+} 的总含量。

暂时硬度，将水煮沸后，由于形成碳酸盐沉淀，而使水失去一部分 Ca^{2+} 与 Mg^{2+}，主要是 $Ca(HCO_3)_2$ 和 $Mg(HCO_3)_2$，这部分 Ca^{2+} 与 Mg^{2+} 的数量称为暂时硬度。

$Ca(HCO_3)_2 \longrightarrow CaCO_3 \downarrow + H_2O + CO_2 \uparrow$，常以 HCO_3^- 的含量表示，故又称碳酸盐硬度。

永久硬度，又称非碳酸盐硬度，水煮沸后，不能失去的 Ca^{2+}、Mg^{2+} 的含量。数值上等于总硬度与暂时硬度之差。主要是水中 Ca^{2+}、Mg^{2+} 与 SO_4^{2-}、Cl^- 或 NO_3 生成的盐类。这些盐类在普通气压下煮沸不生成沉淀。

硬度表示方法很多，有德国度、法国度、英国度等。一个德国度，相当于 1L 水中有 10mg 的 CaO 或 7.2mg MgO 的含量；又相当于1L 水中有 7.1mg Ca^{2+} 或 4.3mg Mg^{2+} 之意；一个法国度相当于 1L 水中有 10mg $CaCO_3$ 的含量；一个英国度相当于 1L 水中有 14mg 的 $CaCO_3$ 的含量；苏联曾采用分析所得的 Ca^{2+}、Mg^{2+} 的毫克当量数来表示；中国目前较为普遍采用类似德国制硬度。各国硬度单位间的换算见表 5.2-7。

各国硬度单位间的换算关系 表 5.2-7

硬度表示单位	me/L	德国度	法国度	英国度	美国度	中国度
1me/L	1	2.804	5.005	3.511	50.045	28.04
1 德国度	0.3566	1	1.7848	1.2521	17.847	10
1 法国度	0.1998	0.5603	1	0.7015	10	5.603
1 英国度	0.2848	0.7987	1.4255	1	14.255	7.987
1 美国度	0.0200	0.0560	0.100	0.0702	1	0.560
1 中国度	0.0357	0.1000	0.1785	0.1252	1.785	1

注：me/L，即毫克当量/升。

地下水硬度分类见表 5.2-8。

地下水按总硬度分类 表 5.2-8

地下水类别	总硬度	
	me/L	德国度
软水	> 1.5	< 4.2
微硬水	1.5~3.0	4.2~8.4
硬水	3.0~6.0	8.4~16.8
极硬水	6.0~9.0	16.8~25.2
极软水	> 9.0	> 25.2

注：me/L，即毫克当量/升。

矿化度，存在于地下水中的离子、分子及化合物的总量，称为水的总矿化度。以克/升（g/L）表示，其中包括所有呈溶解状态及胶体状态的成分，但不包括游离状态的气体成分。

矿化度表示水中含盐量多少，即水的矿化程度。

地下水的矿化度，通常是以水样蒸干（100~105℃）后所得的干涸残余物的含量表示，也可以通过理论计算求得，即按化学分析所得的全部离子量，分子及化合物总量相加求得。由于一部分分子分析不出；另外在蒸发时，有机物氧化或挥发掉；有时干涸残余物中形成含有结晶水的化合物；HCO_3^-在蒸发时一部分被破坏逸失、蒸干。结果，所得 HCO_3^- 的含量，只大约相当于实际含量的一半。因此利用分析结果计算矿化度时，HCO_3^- 只应计算其含量的一半。

离子毫克当量百分数表示法，以 1L 水中阳离子或阴离子的当量总数作为 100% 来计算某离子所占百分数，阴阳离子的当量应相等。

几种主要离子当量见表 5.2-9。

主要离子当量　　　　　　　　　　　表 5.2-9

阳离子	H^+	K^+	Na^+	Ca^{2+}	Mg^{2+}	NH_4^+	Fe^{2+}	Fe^{3+}	Al^{3+}	Mn^{2+}
离子当量	1.008	39.098	22.997	20.040	12.160	18.040	27.925	18.617	8.990	27.465
阴离子	Cl^-	SO_4^{2-}	HCO_3^-	CO_3^{2-}	NO_2^-	NO_3^-	PO_4^{3-}	OH^-	SiO_3^{2-}	—
离子当量	35.457	48.08	61.018	30.005	46.000	62.008	31.660	17.007	38.042	—

地下水的总矿化度见表 5.2-10，酸碱度见表 5.2-11。

地下水按总矿化度分类　　　　　　　表 5.2-10

名称	淡水	微咸水	咸水	盐水	卤水
总矿化度	< 1	1~3	3~10	10~50	> 50

地下水按酸碱度分类　　　　　　　　表 5.2-11

名称	强酸性水	弱酸性水	中性水	弱碱性水	强碱性水
pH 值	< 5.0	5.0~6.4	6.5~8.0	8.1~10.0	> 10.0

地下水按放射性分类见表 5.2-12。

地下水按放射性分类　　　　　　　　表 5.2-12

分级	水中射气含量/eman	镭水中镭的含量/（g/L）
强放射性水	> 300	> 10^{-9}
中等放射性水	100~300	10^{-10}~10^{-9}
弱放射性水	35~100	10^{-11}~10^{-10}

2.4　地下水勘察工作内容

2.4.1　《工程勘察通用规范》GB 55017—2021

地下水勘察应查明地下含水层和隔水层的埋藏条件，地下水类型、水位及其变化幅度，地下水的补给、径流、排泄条件，并应评价地下水对工程的影响。

地下水位的量测应符合下列规定：

（1）遇地下水时应量测水位；

（2）对工程有影响的多层含水层的水位量测，应采取分层隔水措施，将被测含水层与其他含水层隔开。

在冻土、膨胀岩土、盐渍岩土、湿陷性土等特殊岩土地区，应根据工程需要和地质情况，分析地下水对特殊性岩土的影响；在岩溶、土洞、塌陷、滑坡等不良地质作用发育地区，应分析地下水对不良地质作用的影响；在污染土场地，应查明地下水和地表水的污染源及其污染程度。

地下水评价应包括下列内容：

（1）分析评价地下水对建筑材料的腐蚀性；

（2）当需要进行地下水控制时，应提供相关水文地质参数，提出控制措施的建议；

（3）当有抗浮需要时，应进行抗浮评价，提出抗浮措施建议。

2.4.2 《岩土工程勘察规范》GB 50021—2001（2009年版）

岩土工程勘察应根据工程要求，通过搜集资料和勘察工作，掌握下列水文地质条件：

（1）地下水的类型和赋存状态；

（2）主要含水层的分布规律；

（3）区域性气候资料，如年降水量、蒸发量及其变化和对地下水位的影响；

（4）地下水的补给排泄条件、地表水与地下水的补排关系及其对地下水位的影响；

（5）勘察时的地下水位、历史最高地下水位、近3~5年最高地下水位、水位变化趋势和主要影响因素；

（6）是否存在对地下水和地表水的污染源及其可能的污染程度。

对高层建筑或重大工程，当水文地质条件对地基评价、基础抗浮和工程降水有重大影响时，宜进行专门的水文地质勘察。

专门的水文地质勘察应符合下列要求：

（1）查明含水层和隔水层的埋藏条件，地下水类型、流向、水位及其变化幅度，当场地有多层对工程有影响的地下水时，应分层量测地下水位，并查明互相之间的补给关系；

（2）查明场地地质条件对地下水赋存和渗流状态的影响；必要时应设置观测孔，或在不同深度处埋设孔隙水压力计，量测压力水头随深度的变化；

（3）通过现场试验，测定地层渗透系数等水文地质参数。

水试样的采取和试验应符合下列规定：

（1）水试样应能代表天然条件下的水质情况；

（2）水试样的采取和试验项目应符合本规范的规定；

（3）水试样应及时试验，清洁水放置时间不宜超过72h，稍受污染的水不宜超过48h，受污染的水不宜超过12h。

2.4.3 《城市轨道交通岩土工程勘察规范》GB 50307—2012

城市轨道交通岩土工程勘察应查明沿线与工程有关的水文地质条件，并应根据工程需要和水文地质条件，评价地下水对工程结构和工程施工可能产生的作用并提出防治措施的建议。

当水文地质条件复杂且对工程及地下水控制有重要影响时应进行水文地质专项勘察。

地下水的勘察应符合下列规定：

（1）搜集区域气象资料，评价其对地下水的影响。

（2）查明地下水的类型和赋存状态、含水层的分布规律，划分水文地质单元。

（3）查明地下水的补给、径流和排泄条件，地表水与地下水的水力联系。

（4）查明勘察时的地下水位，调查历史最高地下水位、近 3～5 年最高地下水位、地下水水位年变化幅度、变化趋势和主要影响因素。

（5）提供地下水控制所需的水文地质参数。

（6）调查是否存在污染地下水和地表水的污染源及可能的污染程度。

（7）评价地下水对工程结构、工程施工的作用和影响，提出防治措施的建议。

（8）必要时评价地下工程修建对地下水环境的影响。

山岭隧道或基岩隧道工程地下水的勘察还应符合下列规定：

（1）查明不同岩性接触带、断层破碎带及富水带的位置与分布范围。

（2）当隧道通过可溶岩地区时，查明岩溶的类型、蓄水构造和垂直渗流带、水平径流带的分布位置及特征。

（3）预测隧道通过地段施工中可能发生集中涌水段、点的位置以及对工程的危害程度。

（4）分段预测施工阶段可能发生的最大涌水量和正常涌水量，并提出工程措施的建议。

应根据地下水类型、基坑形状与含水构造特点等条件，提出地下水控制措施的建议。

地下水对地下工程有影响时，应根据工程实际情况布设一定数量的水文地质试验孔和长期观测孔。

对工程有影响的地下水应采取水试样进行水质分析，水质分析试验应符合现行国家标准《岩土工程勘察规范》GB 50021 的有关规定。

2.4.4　《岩溶地区建筑地基基础技术标准》GB/T 51238—2018

岩溶地区地下水勘察应重点查明下列特征：

（1）地下水的埋藏条件、分布范围、水位与动态变化特征等；

（2）地下水的补给、径流、排泄条件，地表水、上覆土层孔隙水、上覆土层含水层与岩溶层地下水的水力联系；

（3）当存在多层地下水时，应查明每层地下水的赋存条件、动态特征及各层地下水之间的越流渗透关系；

（4）存在管道型地下水（地下暗河）时，应查明其空间分布与走向、流速与流量等形态要素。

2.4.5　《高层建筑岩土工程勘察标准》JGJ/T 72—2017

高层建筑地下水勘察应根据工程需要，查明地下水的类型、埋藏条件和变化规律，提供水文地质参数；应针对地基基础形式、基坑和边坡支护形式、施工方法等情况分析评价地下水对地基基础设计、施工和环境影响，预估可能产生的危害，提出预防和处理措施的建议。

对已有地区经验或场地水文地质条件简单，且有常年地下水位监测资料的地区，地下水的勘察可通过调查方法掌握地下水的性质、埋藏条件和变化规律，并宜包括下列内容：

（1）地下水的类型、主要含水层及其渗透特性；

（2）地下水的补给、径流和排泄条件、地表水与地下水的水力联系；

（3）历史最高、最低地下水位及近 3～5 年水位变化趋势和主要影响因素；

（4）区域性气象资料；

（5）地下水腐蚀性和污染源情况。

在无经验地区，当地下水的变化或含水层的水文地质特性对地基评价、地下室抗浮和地下水控制有重大影响时，在调查和满足上述要求的基础上，应进行专项水文地质勘察，并应符合下列规定：

（1）应查明地下水类型、水位及其变化幅度；

（2）应明确与工程相关的含水层相互之间的补给关系；

（3）应测定地层渗透系数等水文地质参数；

（4）在初步勘察阶段应设置长期水位观测孔或孔隙水压力计；

（5）对与工程结构有关的含水层，应采取有代表性水样进行水质分析；

（6）在岩溶地区，应查明场地岩溶裂隙水的主要发育特征及其不均匀性。

当勘察遇有地下水时，应量测水位，也可埋设孔隙水压力计，或采用孔压静力触探试验进行量测，但在黏性土中应有足够的消散时间；当场地有多层对工程有影响的地下水时，应在代表性地段布设一定数量钻孔分层量测水位。

地下水对工程的作用和影响评价应符合下列规定：

（1）对地基基础、地下结构应评价地下水对结构的上浮作用；对节理不发育的岩石和黏土且有地方经验或实测数据时，可根据经验或实测数据确定其对结构的上浮作用；有渗流时，地下水的水头和作用宜通过渗流计算进行分析评价；

（2）验算基坑和边坡稳定性时，应评价地下水及其渗流压力对基坑和边坡稳定的不利影响；

（3）采取降水措施时在地下水位下降的影响范围内，应评价降水引发周边环境地面沉降及其对工程的危害；

（4）当地下水位回升时，应评价可能引起的土体回弹和附加的浮力等；

（5）在湿陷性黄土地区应评价地下水位上升对湿陷性的影响；

（6）对粉细砂、粉土地层，应评价在有水头压差情况下产生潜蚀、流砂、管涌的可能性；

（7）在地下水位下开挖基坑，应评价降水或截水措施的可行性及其对基坑稳定和周边环境的影响；

（8）当基坑底面下存在高水头的承压含水层时，应评价坑底土层的隆起或产生突涌的可能性；

（9）在粉土、砂土、卵石地层中，当可能受潮汐波动或地下水渗流影响时，应评价灌注桩、搅拌桩以及注浆工程产生水泥土流失或水泥浆液呈支脉状流失的影响。

地下水的物理、化学作用的评价应符合下列规定：

（1）对地下水位以下的工程结构，应评价地下水对混凝土、钢筋混凝土结构中的钢筋的腐蚀性，评价方法应按现行国家标准《岩土工程勘察规范》GB 50021 执行；

（2）对软岩、强风化、全风化岩石、残积土、湿陷性土、膨胀岩土和盐渍岩土，应评价地下水位变化所产生的软化、崩解、湿陷、胀缩和潜蚀等有害作用；

（3）在冻土地区，应评价地下水对土的冻胀和融陷的影响。

当任务需要时，应对地下水的分布和动态特征进行分析，评估工程建设对场地水文地质环境可能造成的影响，提出地下水控制的建议，评估、模拟、预测深基坑降水引起的地下水渗流场的变化及对地面沉降的影响，并提出防治措施建议。

2.4.6　北京市地方标准《市政基础设施岩土工程勘察规范》DB11/T 1726—2020

岩土工程勘察工作中，应根据场地特点和工程要求查明水文地质条件，主要包括下列内容：

（1）年降水量、蒸发量及其变化等区域气候资料。

（2）地下水水质、地下水开发利用和地下水水源地等资料。

（3）地下水的类型和赋存状态、含水层的分布规律，划分水文地质单元。

（4）地下水的补给、径流和排泄条件，地表水与地下水的水力联系。

（5）现状地下水位、历史高水位、近3～5年最高水位和水位年变化幅度。

（6）地下水控制的水文地质参数。

（7）是否存在污染地下水和地表水的污染源及可能的污染程度。

2.4.7　《北京地区建筑地基基础勘察设计规范》DBJ 11—501—2009（2016年版）

岩土工程勘察应根据场地特点和工程要求，通过搜集资料和勘察工作，查明下列水文地质条件，提出相应的工程建议：

（1）地下水的类型和赋存状态。

（2）主要含水层的空间分布和岩性特征。

（3）区域性气候资料，如年降水量、蒸发量及其变化规律和对地下水的影响。

（4）地下水的补给排泄条件、地表水与地下水的补排关系及其对地下水位的影响。

（5）勘察时的地下水位、近3～5年最高地下水位，并宜提出历年最高地下水位、水位变化趋势和主要影响因素。

（6）当场地存在对工程有影响的多层地下水时，应分别查明每层地下水的类型、水位和年变化规律，以及地下水分布特征对地基评价和基础施工可能造成的影响。

（7）当地下水可能对基坑开挖造成影响时，应对地下水控制措施提出建议。

（8）当地下水位可能高于基础埋深时，应对抗浮设防水位进行分析。

（9）对工程有影响的各层地下水水质情况。

（10）场地及其附近是否存在对地下水和地表水造成污染的污染源及其可能的污染程度，提出相应工程措施的建议。

当场地水文地质条件复杂，且对地基评价、基础抗浮和施工中地下水的控制有重大影响时，宜进行专门的水文地质勘察。

专门的水文地质勘察除应上述要求外，尚应符合下列要求：

（1）查明含水层和隔水层的埋藏条件，地下水类型、流向、水位、水质及其变化幅度，当场地存在对工程有影响的多层地下水时，应分层量测地下水位，并查明互相之间的补给关系。

（2）查明场地地质条件对地下水赋存和渗流状态的影响；必要时应设置观测孔，或在不同深度处埋设孔隙水压力计，量测压力水头随深度的变化。

（3）通过现场试验，测定地层渗透系数等水文地质参数。

（4）进行定量分析计算，提出场地建筑防渗设防水位、建筑抗浮设防水位和地下室外墙水压力分布的建议值。

（5）进行建筑抗浮问题分析时，应分析场地地下水位的动态和影响动态的各种因素，并预测各因素对场地未来地下水位变化的影响。

（6）提出基坑开挖施工中地下水控制方案的建议。

在有地下水位长期观测资料的地区进行岩土工程勘察时，应根据多年观测成果分析地下水位动态规律。对缺乏地下水位长期观测资料的地区，在高层建筑或重大工程的初步勘察时，宜设置长期观测孔，对有关层位的地下水进行长期观测。

历年最高地下水位和近 3～5 年最高地下水位应根据地下水位长期观测资料提供。当缺少长期观测资料时，可根据区域水文地质资料综合分析确定。

地下水位的量测应符合下列规定：

（1）遇地下水时应量测水位。

（2）对工程有影响的多层地下水应分层量测水位。

初见水位和稳定水位可在钻孔、探井或测压管内量测，稳定水位距初见水位量测的时间间隔按地层的渗透性确定，对砂土和碎石土不得少于 0.5h，对粉土和黏性土不得少于 8h，并宜在勘察结束后统一量测稳定水位。量测读数至厘米，精度不得低于±2cm。

水试样的采取和试验应符合下列规定：

（1）水试样应能代表天然条件下的水质情况。

（2）水试样的采取和试验项目应符合现行国家标准《岩土工程勘察规范》GB 50021 的规定。

（3）水试样应及时试验，清洁水放置时间不宜超过 72h，稍受污染的水不宜超过 48h，受污染的水不宜超过 12h。

2.4.8 《天津市岩土工程勘察规范》DB/T 29—247—2017

岩土工程勘察应根据场地特点和工程要求，通过收集资料和勘察工作，查明下列水文地质条件：

（1）地下水的类型和赋存状态；

（2）主要含水层的分布和岩性特征；

（3）区域性气候资料，如年降水量、蒸发量及其变化规律和对地下水的影响；

（4）地下水的补给排泄条件、地表水和地下水的补排关系及其对地下水位的影响；

（5）勘察时的地下水位、近 3～5 年最高地下水位，并宜提出历年最高及最低地下水位、水位变化趋势和主要影响因素；

（6）查明场区是否存在对地下水和地表水的污染源及其可能的污染程度。

岩土工程勘察时应量测初见水位和稳定水位，当场区存在对工程有影响的多层地下水时，应分层量测地下水位，并提供设计、施工所需的水文地质参数。

地下水位可在钻孔或探井中直接量测，稳定潜水位应在勘察结束后统一量测，对于砂土、碎石土稳定时间不得少于 0.5h；对于粉土、黏性土不得少于 8h；软土不得少于 24h。量测精度不得低于±2cm。

对带有深基坑的高层建筑或重大工程，当水文地质特性对地基基础设计及施工有重大影响时，应进行专门的水文地质勘察；地下水动态变化对地铁等重大工程有影响且缺少地下水长期观测资料时，宜布置长期水位观测孔。

在有地下水位长期观测资料的地区进行岩土工程勘察时，应根据多年观测结果提供地下水位动态变化规律，并提供历年最高地下水位和近 3～5 年最高地下水位。对于具有多层地下室的建筑宜提供历年最低地下水位。

地下水对建筑材料的腐蚀性评价应按现行国家标准《岩土工程勘察规范》GB 50021 的有关规定进行。

2.4.9　上海市工程建设规范《岩土工程勘察规范》DGJ 08—37—2012

上海地区与工程建设密切相关的地下水主要为第四系地层中的潜水、微承压水和承压水。

潜水赋存于浅部地层中，潜水水位埋深一般为 0.3～1.5m，水位受降雨、潮汐、地表水及地面蒸发的影响有所变化，年平均水位埋深一般为 0.5～0.7m；当大面积填土时，潜水位会随地面标高的升高而上升。

微承压水赋存于全新统地层中下部的粉性土或砂土中，呈不连续分布，局部与承压水连通，其水位低于潜水位，呈周期性变化，水位埋深 3～11m。

承压水赋存于上更新统地层中的粉性土或砂土中，其水位低于潜水位，呈周期性变化，水位埋深 3～12m，不同区域其水位有较大变化。

地下水的温度，在地表下 4m 深度范围内受气温变化影响明显，4m 以下水温受气温变化影响小，一般为 16～20℃。

未受环境污染时，潜水和地基土一般对混凝土有微腐蚀性；当长期浸水时，潜水对混凝土中的钢筋有微腐蚀性；当干湿交替时，对混凝土中的钢筋有微或弱腐蚀性；潜水对钢结构有弱腐蚀性。承压水一般对混凝土有微腐蚀性，对混凝土中的钢筋有微腐蚀性。

勘察时宜调查勘察场地和周围是否存在影响地下水及地表水的污染源。

对污染场地，应有针对性并采取至少两组有代表性的水样进行测试分析与评价。地下水对建筑材料的腐蚀性等级为中等及以上时，尚应进行地基土的专项测试分析。

当判定场地地下水与地基土受污染时，应根据工程需要提出专项勘察的建议。

地下水、土试样的采取和试验应按有关规范和规程进行。评价地下水、土对混凝土、钢筋混凝土中的钢筋及钢结构的腐蚀性所需进行的化验或测试内容见表 5.2-13。

地下水、土试样的测试目的和内容　　　　　　　　　　表 5.2-13

测试目的	取样量	样品处理	化验或测试内容	
评价地下水对混凝土及钢结构的腐蚀	水样 1kg	侵蚀性 CO_2 需单独取样，在现场加 $CaCO_3$ 后密封	pH值、游离 CO_2、侵蚀性 CO_2、Ca^{2+}、Mg^{2+}、NH_4^+、Cl^-、SO_4^{2-}、CO_3^{2-}、HCO_3^-、OH^-、总硬度	除 pH值外其他均用 mg/L 表示
评价土对混凝土及钢结构的腐蚀	土样 3kg	水浸出液土水比＝1:5	pH值（应为电极在土中直接测定）、Ca^{2+}、Mg^{2+}、Cl^-、SO_4^{2-}、HCO_3^-、CO_3^{2-}、有机质	除 pH值外其他均用 mg/kg 表示
	土样 1kg	盐酸浸出液	SO_4^{2-}	
评价土对钢结构的腐蚀	土样 5kg	室内测试	质量损失	
	原位测试（除视电阻率外，其他各项亦可取不扰动土进行室内试验）		pH值、氧化还原电位、视电阻率、极化电流密度	

当地下水的变化或含水层的水文地质特性对地基基础设计及施工有重大影响时，宜进

行专门的水文地质勘察。

2.4.10 重庆市工程建设标准《工程地质勘察规范》DBJ 50/T—043—2016

工程地质勘察应根据工程需要，查明地下水的赋存状态和变化规律，提供水文地质参数；应针对地基基础形式、基坑支护形式、施工方法等情况分析评价地下水对地基基础设计、施工和环境的影响，预估可能产生的危害，提出预防和处理措施的建议。

地下水勘察可采用收集资料、调查与测绘、钻探、测试、动态监测等手段进行。对存在岩溶地下水的场地，可辅以地面物探和水文地质综合测井，判断地下水的埋藏条件。

已有相邻工程经验或场地水文地质条件简单的地区，可通过场地工程地质勘察中的勘探孔水位观测、简易抽水试验及调查方法掌握下列水文地质条件：

（1）地下水的类型、主要含水层及其渗透特性；

（2）区域性气象资料，如年降水量、蒸发量及其变化和对地下水位的影响；

（3）可能影响工程场地水文地质条件的地表水资料；

（4）地下水的补给排泄条件、地表水与地下水的水力联系；

（5）历史最高、最低地下水位、勘察时的地下水位、水位变化趋势和主要影响因素；

（6）地下水和地表水的腐蚀性和污染源情况。

当无相邻工程经验、场地水文地质条件复杂，地下水的变化或含水层的水文地质特性对地基评价、基础抗浮和工程降水有重大影响时，或有地表水与场地联系需要专门论证抗浮设防水位，且已有资料不能满足要求时，宜进行专门的水文地质勘察。

专门水文地质勘察的内容应符合下列要求：

（1）查明含水层和隔水层的埋藏条件，地下水类型、流向、水位及其变化幅度，与工程相关的各层含水层相互之间的补给关系；

（2）查明场地地质条件对地下水赋存和渗流状态的影响；

（3）测定地层渗透系数等水文地质参数。

当施工过程中发现水文地质条件改变，或与原勘察资料不符，且可能影响施工及工程安全时应进行施工阶段的地下水勘察。

2.4.11 福建省工程建设地方标准《岩土工程勘察标准》DBJ/T 13—84—2022

地下水勘察应查明地下含水层和隔水层的埋藏条件，地下水类型、水位及其变化幅度，地下水的补给、径流、排泄条件。并应评价地下水对工程的影响。

在岩溶、土洞、塌陷、滑坡、地面沉降等不良地质作用发育地区，应分析地下水对不良地质作用的影响；应分析地下水对特殊性岩土的影响；在污染土场地，应查明地下水和地表水的污染源及其污染程度。

当未能收集到拟建场地历史最高地下水位，近3～5年最高地下水位、水位变化趋势和主要影响因素时，宜在初步勘察时设置地下水位监测孔，对地下水位进行长期监测。

地下水位量测应符合下列规定：

（1）遇地下水时应量测地下水位；

（2）对工程有影响的多层含水层的水位量测，应采取止水措施，将被测含水层与其他含水层隔开，分层量测地下水位。

采取水试样应符合下列规定：

（1）取水容器应清洗干净，取样前应用水试样的水对水样瓶反复冲洗3次；

（2）采取水样时应将水样瓶沉入水中预定深度缓慢将水注入瓶中，严防杂物混入，水面与瓶塞间要留 10mm 左右的空隙；

（3）分析侵蚀性二氧化碳的水试样取出后，应加入 2~3g 的大理石粉；

（4）采取的水试样应及时试验，清洁水放置时间不宜超过 72h，稍受污染的水不宜超过 48h，受污染的水不宜超过 12h。

专门水文地质勘察除应符合上述规定外，尚应符合下列要求：

（1）对工程有影响的多层地下水含水层应查明不同含水层互相之间的水力联系。

（2）查明场地地质条件对地下水赋存和渗流状态的影响；必要时应设置监测孔，或在不同深度埋设孔隙水压力计，量测压力水头随深度的变化。

（3）应通过现场抽、注水试验，测定含水层渗透系数等水文地质参数。

（4）分析、评价场地水文地质条件对工程的影响，分析评价产生渗透破坏、流砂、管涌、坑底突涌的可能性，验算涌水量大小，提出地下水控制措施和地下水监测的建议。

2.4.12　湖北省地方标准《岩土工程勘察规程》DB42/T 169—2022

地下水勘察应根据工程要求通过收集资料和勘察工作，查明下列水文地质条件：

（1）地下水类型和赋存状态；

（2）区域性气候资料和对地下水位的影响；

（3）地下水的补给径流排泄条件、地表水与地下水的补排关系及其对地下水位的影响；

（4）地下水和地表水的水质、污染源及其可能的污染程度和腐蚀性。

对高层建筑或重大工程，当水文地质条件对地基评价、基础抗浮和工程降水有重大影响时，宜进行专门的水文地质勘察。

地下水试样的采取和试验，应符合现行国家标准《岩土工程勘察规范》GB 50021 有关规定。

地下水位的量测应符合下列规定：

（1）遇地下水时应量测水位，对工程有影响的多层含水层的水位测量，应采取止水措施，将被测含水层与其他含水层隔开；

（2）测定初见水位，在钻探见到地下水之前，不应注水钻进，稳定水位应在初见水位后经一定的稳定时间后量测；对砂土和碎石土不得少于 0.5h，对粉土、黏性土不得少于 8h，并宜在勘察结束后统一量测稳定水位；

（3）地下水位的量测必须由编录员或技术人员负责，使用专用水位量测仪量测地下水位并作好记录，量测精度为±2cm；

（4）测量地下水位时应注意排除地表水进入观测孔、相邻井点抽水等因素的干扰。

第 3 章 水文地质参数测定

3.1 水文地质常见参数

1. 渗透系数

渗透系数，又称水力传导系数，是水力坡度为 1 时，地下水在介质中的渗透速度。

2. 导水系数

表示含水层全部厚度导水能力的参数。通常，可定义为水力坡度为 1 时，地下水通过单位含水层垂直断面的流量。导水系数等于含水层渗透系数与含水层厚度的乘积。

3. 给水度

地下水位下降单位体积时，释出水的体积和疏干体积的比值，记为 μ，用小数表示。

4. 持水度

地下水位下降时，滞留于非饱和带中而不释出的水的体积与单位疏干体积的比值，记为 S_r，用小数表示。给水度、持水度与孔隙度关系：$u + S_r = n$。

5. 释水系数（贮水系数）

表示当含水层水头变化一个单位时，从底面积为一个单位、高等于含水层厚度的柱体中所释放（或贮存）的水量，含水层释水系数用 S 表示，承压含水层常用 u 表示。

6. 越流系数（越流因数）

当抽水含水层和供给越流的非抽水含水层之间的水头差为一个单位时，单位时间内通过两含水层之间弱透水层的单位面积的水量。

7. 毛细水上升高度

毛细管水从地下水面沿土层或岩层空隙上升的最大高度。毛细水上升高度主要取决于岩土空隙大小，空隙愈大，毛细水上升高度愈小。

3.2 常见水文地质参数计算

水文地质参数的计算，必须在分析勘察区水文地质条件的基础上，合理地选用公式。

1. 渗透系数

1）单孔稳定流抽水试验，当利用抽水孔的水位下降资料计算渗透系数时，可采用下列公式（摘自《供水水文地质勘察规范》GB 50027—2001）：

（1）当 $Q\text{-}s$（或 Δh^2）关系曲线呈直线时：

①承压水完整孔

$$K = \frac{Q}{2\pi sM}\ln\frac{R}{r} \tag{5.3-1}$$

②承压水非完整孔

当$M > 150r$，$l/M > 0.1$时：

$$K = \frac{Q}{2\pi sM}\left(\ln\frac{R}{r} + \frac{M-l}{l}\ln\frac{1.12M}{\pi r}\right)$$ (5.3-2)

或当过滤器位于含水层的顶部或底部时：

$$K = \frac{Q}{2\pi sM}\left[\ln\frac{R}{r} + \frac{M-l}{l}\ln\left(1 + 0.2\frac{M}{r}\right)\right]$$ (5.3-3)

③潜水完整孔

$$K = \frac{Q}{\pi(H^2 - h^2)}\ln\frac{R}{r}$$ (5.3-4)

④潜水非完整孔

当$\overline{h} > 150r$，$l/\overline{h} > 0.1$时：

$$K = \frac{Q}{\pi(H^2 - h^2)}\left(\ln\frac{R}{r} + \frac{\overline{h}-l}{l}\cdot\ln\frac{1.12\overline{h}}{r}\right)$$ (5.3-5)

或当过滤器位于含水层的顶部或底部时：

$$K = \frac{Q}{\pi(H^2 - h^2)}\left[\ln\frac{R}{r} + \frac{\overline{h}-l}{l}\cdot\ln\left(1 + 0.2\frac{\overline{h}}{r}\right)\right]$$ (5.3-6)

式中：K——渗透系数（m/d）；

$\quad Q$——出水量（m³/d）；

$\quad s$——水位下降值（m）；

$\quad M$——承压水含水层的厚度（m）；

$\quad H$——自然情况下潜水含水层的厚度（m）；

$\quad \overline{h}$——潜水含水层在自然情况下和抽水试验时厚度的平均值（m）；

$\quad h$——潜水含水层在抽水试验时的厚度（m）；

$\quad l$——过滤器的长度（m）；

$\quad r$——抽水孔过滤器的半径（m）；

$\quad R$——影响半径（m）。

（2）当Q-s（或Δh^2）关系曲线呈曲线时，可采用插值法得出Q-s代数多项式，即：

$$s = a_1Q + a_2Q^2 + \cdots + a_nQ^n$$ (5.3-7)

式中：a_1、a_2、$\cdots$、a_n——待定系数。

注：a_1宜按均差表求得后，可相应地将式(5.3-1)～式(5.3-3)中的Q/s和式(5.3-4)～式(5.3-6)中的$\frac{Q}{(H^2-h^2)}$以$1/a_1$代换，分别进行计算。

（3）当s/Q（或$\Delta h^2/Q$）-Q关系曲线呈直线时，可采用作图截距法求出a_1后，按上文（2）条代换，并计算。

2）单孔稳定流抽水试验，当利用观测孔中的水位下降资料计算渗透系数时，若观测孔中的值s（或Δh^2）在s（或Δh^2）-$\lg r$关系曲线上能连成直线，可采用下列公式（摘自《供水水文地质勘察规范》GB 50027—2001）：

（1）承压水完整孔

$$K = \frac{Q}{2\pi M(s_1 - s_2)} \ln \frac{r_2}{r_1} \tag{5.3-8}$$

（2）潜水完整孔

$$K = \frac{Q}{\pi(\Delta h_1^2 - \Delta h_2^2)} \ln \frac{r_2}{r_1} \tag{5.3-9}$$

式中：s_1、s_2——在$s\text{-}\lg r$关系曲线的直线段上任意两点的纵坐标值（m）；

Δh_1^2、Δh_2^2——在$\Delta h^2\text{-}\lg r$关系曲线的直线段上任意两点的纵坐标值（m²）；

r_1、r_2——在s（或Δh^2）$\text{-}\lg r$关系曲线上纵坐标为s_1、s_2（或Δh_1^2、Δh_2^2）的两点至抽水孔的距离（m）。

3）单孔非稳定流抽水试验，在没有补给的条件下，利用抽水孔或观测孔的水位下降资料计算渗透系数时，可采用下列公式（摘自《供水水文地质勘察规范》GB 50027—2001）：

（1）配线法

①承压水完整孔

$$K = \frac{0.08Q}{Ms} W(u) \tag{5.3-10}$$

$$u = \frac{S}{4KM} \cdot \frac{r^2}{t} \tag{5.3-11}$$

②潜水完整孔

$$K = \frac{0.159Q}{\Delta h^2} W(u) \tag{5.3-12}$$

$$u = \frac{\mu}{4KH} \cdot \frac{r^2}{t} \tag{5.3-13}$$

或 $$K = \frac{0.08Q}{\overline{h}s} W(u) \tag{5.3-14}$$

$$u = \frac{\mu}{4K\overline{h}} \cdot \frac{r^2}{t} \tag{5.3-15}$$

式中：$W(u)$——井函数；

S——承压水含水层的释水系数；

μ——潜水含水层的给水度。

（2）直线法

当$\dfrac{r^2 S}{4KMt}$（或$\dfrac{r^2 \mu}{4K\overline{h}t}$）$< 0.01$ 时，可采用式(5.3-8)、式(5.3-9)或下列公式：

①承压水完整孔

$$K = \frac{Q}{4\pi M(s_2 - s_1)} \cdot \ln \frac{t_2}{t_1} \tag{5.3-16}$$

②潜水完整孔

$$K = \frac{Q}{2\pi(\Delta h_2^2 - \Delta h_1^2)} \cdot \ln \frac{t_2}{t_1} \tag{5.3-17}$$

式中：s_1、s_2——观测孔或抽水孔在s-$\lg t$关系曲线的直线段上任意两点的纵坐标值（m）；

　　　Δh_1^2、Δh_2^2——观测孔或抽水孔在Δh^2-$\lg t$关系曲线的直线段上任意两点的纵坐标值（m²）；

　　　t_1、t_2——在s（或Δh^2）-$\lg t$关系曲线上纵坐标为s_1、s_2（或Δh_1^2、Δh_2^2）两点的相应时间（min）。

　　4）单孔非稳定流抽水试验，在有越流补给（不考虑弱透水层水的释放）的条件下，利用s-$\lg t$关系曲线上拐点处的斜率计算渗透系数时，可采用下列公式（摘自《供水水文地质勘察规范》GB 50027—2001）：

$$K = \frac{2.3Q}{4\pi \cdot M \cdot m_i \cdot e^{r/B}} \tag{5.3-18}$$

式中：r——观测孔至抽水孔的距离（m）；

　　　B——越流参数；

　　　m_i——s-$\lg t$关系曲线上拐点处的斜率。

　　注：1. 拐点处的斜率，应根据抽水孔或观测孔中的稳定最大下降值的 1/2 确定曲线的拐点位置及拐点处的水位下降值，再通过拐点作切线计算得出。

　　　　2. 越流参数，应根据$e^{r/B} \cdot K_0^{r/B} = 2.3\frac{s_i}{m_i}$，从函数表中查出相应的$r/B$，然后确定越流参数$B$。

　　5）稳定流抽水试验或非稳定流抽水试验，当利用水位恢复资料计算渗透系数时，可采用下列公式（摘自《供水水文地质勘察规范》GB 50027—2001）：

　　（1）停止抽水前，若动水位已稳定，可采用式(5.3-18)计算，式中的m_i值应采用恢复水位的s-$\lg\left(1+\frac{t_k}{t_T}\right)$曲线上拐点的斜率。

　　（2）停止抽水前，若动水位没有稳定，仍呈直线下降时，可采用下列公式：

　　①承压水完整孔

$$K = \frac{Q}{4\pi Ms}\ln\left(1+\frac{t_k}{t_T}\right) \tag{5.3-19}$$

　　②潜水完整孔

$$K = \frac{Q}{2\pi(H^2-h^2)}\ln\left(1+\frac{t_k}{t_T}\right) \tag{5.3-20}$$

式中：t_k——抽水开始到停止的时间（min）；

　　　t_T——抽水停止时算起的恢复时间（min）；

　　　s——水位恢复时的剩余下降值（m）；

　　　h——水位恢复时的潜水含水层厚度（m）。

　　注：1. 当利用观测孔资料时，应符合$\frac{r^2S}{4KMt_k}$（或$\frac{r^2\mu}{4Kht_k}$）< 0.01 的要求。

　　　　2. 如恢复水位曲线直线段的延长线不通过原点时，应分析其原因，必要时应进行修正。

　　6）利用同位素示踪测井资料计算渗透系数时，可采用下列公式（摘自《供水水文地质勘察规范》GB 50027—2001）：

$$K = \frac{V_f}{I} \tag{5.3-21}$$

$$V_f = \frac{\pi(r^2 - r_0^2)}{2art} \ln \frac{N_0 - N_b}{N_t - N_b} \tag{5.3-22}$$

式中：V_f——测点的渗透速度（m/d）；

　　　I——测试孔附近的地下水水力坡度；

　　　r——测试孔滤水管内半径（m）；

　　　r_0——探头半径（m）；

　　　t——示踪剂浓度从N_0变化到N_t所需的时间（d）；

　　　N_0——同位素在孔中的初始计数率；

　　　N_t——同位素t时的计数率；

　　　N_b——放射性本底计数率；

　　　a——流场畸变校正系数。

　2. 导水系数

$$T = KM \tag{5.3-23}$$

式中：K——含水层的渗透系数（m/d）；

　　　M——承压含水层的厚度（m）。

导水系数的概念仅适用于二维的地下水流动，对于三维流动是没有意义的。

　3. 给水度

$$\mu = \frac{1}{d_2 - d_1} \int_0^{d_2} [W_v(z, t_1) - W_v(z, t_2)] \, dz \tag{5.3-24}$$

式中：　　t_1、t_2——时间（$t_1 < t_2$）；

　　　d_1、d_2——分别为对应于t_1和t_2时刻的潜水位埋深；

$W_v(z, t_1)$、$W_v(z, t_2)$——分别为水位下降前t_1时刻和下降后t_2时刻的体积含水量分布函数。

　4. 释水系数（贮水系数）

$$S = S_s M \tag{5.3-25}$$

式中：S_s——含水层的释水率（贮水率）；

　　　M——含水层的厚度。

　5. 越流系数

$$\sigma' = \frac{K_1}{m_1} \tag{5.3-26}$$

式中：K_1——弱透水层的渗透系数；

　　　m_1——弱透水层的厚度。

3.3　水文地质测试

1. 地下水流向的测定［《水文地质学手册（第二版）》］

确定地下水流向，是阐明区域地下水径流条件，确定地下水补给方向和流量计算断面走向，正确布置地下水取水、排水、堵水截流工程设施以及示踪试验、井组位置等必不可少的依据。

测定（确定）地下水流向的方法主要有：

1）根据等水位线图确定，垂直于等水位线、水位由高到低的方向即地下水流向。

2）三角形井孔法。即大体按等边三角形布置三个钻孔，并测得各孔天然地下水位，用插值的方法作出等水位线，垂直于等水位线、水位由高到低方向即地下水流向（图 5.3-1）。

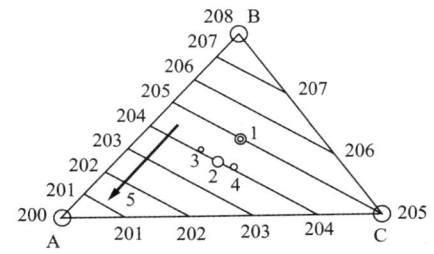

图 5.3-1　地下水流向、流速测定钻孔布置示意图
A、B、C 为地下水位观测孔，水位标高单位为 m；1—投试剂孔；2—主要流速观测孔；3、4—辅助观测孔；5—地下水流向

3）应用示踪剂测定地下水实际流速同时，亦可确定地下水流向（多井法或单井法）。

（1）多井法。在某一时刻，示踪剂含量最大的观测井相对于投放井的方向即水流方向，见图 5.3-2。图示地下水流向为北东，线段长度表示浓度的大小。

（2）单井法。放射性示踪剂投入钻孔中后，将沿主要水流方向以一定的流散角被地下水携出孔外，进入含水层中。流散角与流速、含水层结构和颗粒粒径等有关。漂移到含水层中的示踪剂放射性水晕反映的放射性强度在孔内各不相同，最强（及最弱）方向与地下水流出（和流入）滤水管的方向相对应。根据对孔周测得的计数率即可确定地下水的流向。常用测量装置是瞄准闪烁计数器。

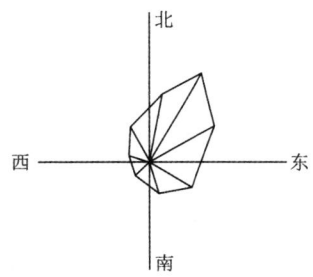

图 5.3-2　地下水流向示意图

2. 地下水实际流速的测定

地下水实际流速，可直接用于地下水断面流量的计算，判断水流为层流或紊流，研究化学物质在水中的弥散，确定含水层有关参数等。

测定地下水实际流速，主要有示踪剂试验法和物探方法。

示踪剂试验方法工作流程如下。

（1）测定地下水流速前，先测定地下水的流向。

（2）布置投剂孔（注入孔）和观测孔（接受孔）。在地下水流向已知的基础上，沿地下水流向至少布置两个井孔，上游孔为投剂孔，下游孔为观测孔。为防止流向偏离，可在主要流速观测孔两侧按圆弧相距 0.5～5.0m 各布置一个辅助观测孔（图 5.3-1）。上游孔与下游孔间距离主要取决于岩石透水性：细砂，一般为 2～5m；透水性好的裂隙岩石一般为 10～15m。

（3）在注入孔中投入示踪剂，在观测孔中监测。目前国内常用示踪剂见表 5.3-1。

试验时，首先将示踪剂以瞬时脉冲方式注入投剂孔（注入孔）中含水层段，然后用定深取样分析法或定深探头（如离子探针等）定时观测法观测井（接受井）中到达的示踪剂。当观测井中出现示踪剂晕前缘后，应加密观测（取样）次数，以准确测定示踪剂前缘和峰值到达观测井的时间。

示踪剂类型、特点和应用条件　　　　　　　　　　表 5.3-1

类型		试剂名称	特点	应用条件
化学试剂	电解液	NaCl（食盐）	氯化物便宜，具有较高的导电性和较弱的被吸附性；但检验灵敏度低，用量大，会改变水的相对密度、流速、流向，且 $CaCl_2$、NH_4Cl 有毒，不能用于高氯、高氮水	NaCl（食盐）示踪剂应用最广，适用于淡水和透水性较好的含水层
		$CaCl_2$		
		NH_4Cl		
	氟碳化合物	CCl_3F	毒性低，极稳定，便宜，有高灵敏度的检出方法；但易被有机物吸附	不能用于煤、油页岩，含油气层
		CCl_2F		
染色剂		荧光染料	可用荧光剂或比色计直接测定，灵敏度较高	适用于高矿化含水层或弱透水层
		亚甲基蓝		
		玫瑰精 B		
放射性同位素		^{131}I	用量小，能在较长距离示踪；但需专门仪器检测	适用于包气带、饱水带
		^{82}Br		
		^3H		
微生物		酵母菌	无毒、便宜、易检出	可用于孔隙含水层，又可用于较大岩溶水通道

（4）计算地下水实际流速。投剂孔到观测孔的距离为已知，故准确测定示踪剂从投剂孔到达观测孔的时间，即可确定地下水实际流速。示踪剂在孔隙和裂隙中的运动，不是活塞式的推进，而是以对流-弥散方式进行的。由于空隙通道的复杂性，观测孔中示踪剂浓度历时曲线也是复杂多样的，主要取决于岩性、示踪剂类型及投剂孔到观测孔的距离等。一般条件下观测孔中失踪剂浓度历时曲线如图 5.3-3 所示。

实际上，当所测流速用于供水时，常取 b 点对应的时间 t_b 计算；当用于疏干时，常取 a、b 间 c 点所对应的时间 t_c 计算。

$$地下水实际流速 = \frac{渗透途径长度(投剂孔与观测孔间的距离)}{示踪剂从投剂孔到达观测孔所需时间}$$

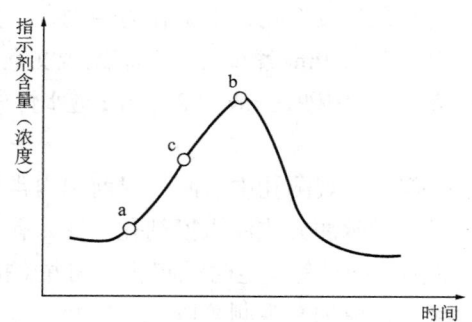

图 5.3-3　观测孔中指示剂含量变化过程曲线

3.4 水文地质常见参数参考经验值

1. 渗透系数（表 5.3-2～表 5.3-10）

岩土渗透系数经验值　　　　　　　　　表 5.3-2

岩性	渗透系数 k		岩性	渗透系数 k	
	m/d	cm/s		m/d	cm/s
黏土	< 0.005	$< 6 \times 10^{-6}$	级配不良中砂	30.000～50.000	$4 \times 10^{-2}～6 \times 10^{-2}$
粉质黏土	0.005～0.100	$6 \times 10^{-6}～1 \times 10^{-4}$	粗砂	20.000～50.000	$2 \times 10^{-2}～6 \times 10^{-2}$
粉土	0.100～0.500	$1 \times 10^{-4}～6 \times 10^{-4}$	级配不良粗砂	60.000～75.000	$7 \times 10^{-2}～8 \times 10^{-2}$
黄土	0.250～0.500	$3 \times 10^{-4}～6 \times 10^{-4}$	砾石	50.000～100.000	$6 \times 10^{-2}～1 \times 10^{-1}$
膨胀土	0.002～0.095	$2 \times 10^{-6}～1 \times 10^{-4}$	卵石	100.000～500.000	$1 \times 10^{-1}～6 \times 10^{-1}$
粉砂	0.500～1.000	$6 \times 10^{-4}～1 \times 10^{-3}$	无充填物卵石	500.000～1000.000	$6 \times 10^{-1}～1 \times 100$
细砂	1.000～5.000	$1 \times 10^{-3}～6 \times 10^{-3}$	弱裂隙岩体	20.000～60.000	$2 \times 10^{-2}～7 \times 10^{-2}$
中砂	5.000～20.000	$6 \times 10^{-3}～2 \times 10^{-2}$	多裂隙岩体	> 60.000	$> 7 \times 10^{-2}$

岩土渗透性分级　　　　　　　　　　表 5.3-3

渗透性等级	标准		岩体特征	土类
	渗透系数 k/（cm/s）	透水率 q/Lu		
极微透水	$< 10^{-6}$	< 0.1	完整岩石，含等价开度 < 0.025mm 裂隙的岩体	黏土
微透水	$10^{-6}～10^{-5}$	0.1～1	含等价开度 0.025～0.05mm 裂隙的岩体	黏土—壤土
弱透水	$10^{-5}～10^{-4}$	1～10	含等价开度 0.05～0.1mm 裂隙的岩体	壤土—砂壤土
中等透水	$10^{-4}～10^{-2}$	10～100	含等价开度 0.1～0.5mm 裂隙的岩体	砂—砂卵石
强透水	$10^{-2}～100$	> 100	含等价开度 0.5～2.5mm 裂隙的岩体	砂砾—碎石卵石
极强透水	> 100	—	含连通孔洞或等价开度 > 2.5mm 裂隙的岩体	粒径均匀的巨砾

注：1. Lu为吕荣单位，是 1MPa 压力下，每米试段的平均压入流量，以 L/min 计。
2. 等价开度一假定试段内，每条裂隙都是平直、光滑、壁面平行、开度均相同时，裂隙的平均开度。表列数据是假定裂隙间距为 1m 时，相应的等价开度范围值。
3. 渗透性分级不得作为土类分类的依据。

各类土渗透系数的一般范围　　　　　　表 5.3-4

土名	k/（cm/s）
黏土	$< 1.2 \times 10^{-6}$
粉质黏土	$1.2 \times 10^{-6}～6.0 \times 10^{-5}$
粉土	$6.0 \times 10^{-5}～6.0 \times 10^{-4}$
黄土	$3.0 \times 10^{-4}～6.0 \times 10^{-4}$
粉砂	$6.0 \times 10^{-4}～1.2 \times 10^{-3}$
细砂	$1.2 \times 10^{-3}～6.0 \times 10^{-3}$

续表

土名	k/（cm/s）
中砾	$6.0 \times 10^{-3} \sim 2.4 \times 10^{-2}$
粗砂	$2.4 \times 10^{-2} \sim 6.0 \times 10^{-2}$
砾石	$6.0 \times 10^{-2} \sim 1.8 \times 10^{-1}$

部分岩土的渗透系数与透水性[①]　　　　表 5.3-5

岩土名称	渗透系数/（m/d）	透水性分级
卵石、砾石、粗砂、具溶洞的灰岩	> 10	强透水
砂、裂隙岩石	10～1	中等透水
砂质粉土、黄土、泥灰岩、砂层	1～0.01	弱透水
黏质粉土、黏土质砂岩	0.01～0.001	微透水
黏土、致密的结晶岩、泥质岩	< 0.001	不透水（隔水）

松散岩土渗透系数参考值[①]　　　　表 5.3-6

松散岩土名称	渗透系数/（m/d）	松散岩土名称	渗透系数/（m/d）
黏质粉土	0.05～0.5	中砂	5～20
砂质粉土	0.1～0.5	粗砂	20～50
粉砂	0.5～1.0	砾石	100～500
细砂	1.0～5.0	漂石	> 500

松散土石渗透系数经验值[②]　　　　表 5.3-7

岩性	岩层颗粒		渗透系数 k/（m/d）
	粒径/mm	所占比重/%	
粉质黏土	—	—	0.05～0.1
黏质粉土	—	—	0.10～0.25
黄土	—	—	0.25～0.50
粉土质砂	—	—	0.50～1.0
粉砂	0.05～0.1	70 以下	1.0～1.5
细砂	0.1～0.25	> 70	5.0～10.0
中砂	0.25～0.5	> 50	10.0～25
粗砂	0.5～1.0	> 50	25～50
砾砂	1.0～2.0	> 50	50～100
圆砾	—	—	75～150
卵石	—	—	100～200
块石	—	—	200～500
漂石	—	—	500～1000

① 引自地质矿产部水文地质工程地质技术方法研究队，1978，有修改
② 引自《水文地质手册》(第二版)

岩石和岩体的渗透系数 *k* 值[①]　　　　　　　表 5.3-8

岩块	*k*（实验室测定）/（cm/s）	岩体	*k*（实验室测定）/（cm/s）
砂岩（白垩复理层）	$10^{-10} \sim 10^{-8}$	脉状混合岩	3.3×10^{-3}
粉岩（白垩复理层）	$10^{-9} \sim 10^{-8}$	绿泥石化脉状页岩	7×10^{-3}
花岗岩	$2 \times 10^{-11} \sim 5 \times 10^{-10}$	片麻岩	$1.2 \times 10^{-3} \sim 1.9 \times 10^{-2}$
板岩	$1.6 \times 10^{-11} \sim 5 \times 10^{-10}$	伟晶花岗岩	6×10^{-4}
角砾岩	4.6×10^{-10}	褐煤岩	$1.7 \times 10^{-2} \sim 2.39 \times 10^{-3}$
方解石	$9.3 \times 10^{-10} \sim 7 \times 10^{-8}$	砂岩	1×10^{-2}
灰岩	$1.2 \times 10^{-10} \sim 7 \times 10^{-7}$	泥岩	1×10^{-4}
白云岩	$1.2 \times 10^{-9} \sim 4.6 \times 10^{-8}$	鳞状片岩	$10^{-4} \sim 10^{-2}$
砂岩	$1.2 \times 10^{-7} \sim 1.6 \times 10^{-6}$	一个吕荣单位	$1 \times 10^{-5} \sim 2 \times 10^{-5}$
砂泥岩	$2 \times 10^{-7} \sim 6 \times 10^{-6}$	裂隙宽度 0.1mm，间距 1m 和不透水岩块的岩体	8×10^{-5}
细粒砂岩	2×10^{-7}		
蚀变花岗岩	$6 \times 10^{-6} \sim 1.5 \times 10^{-5}$	—	—

压力对岩石裂隙透水性的影响[①]　　　　　　　表 5.3-9

岩类	压力/（N/cm²）	渗透系数*k*/（cm/s）
石灰岩	−10	5×10^{-7}
	100	5×10^{-7}
	500	5×10^{-7}
花岗岩	−10	2×10^{-9}
	100	1×10^{-9}
	500	8×10^{-10}
片麻岩	−10	1×10^{-8}
	100	2×10^{-9}
	500	4×10^{-10}

黄淮海平原区渗透系数经验值表[①]　　　　　　　表 5.3-10

岩性	渗透系数/（m/d）	岩性	渗透系数/（m/d）
砂卵石	80	粉细砂	5～8
砂砾石	45～50	粉砂	2～3
粗砂	20～30	砂质粉土	0.2
中粗砂	22	砂质粉-黏质粉土	0.1
中砂	20	黏质粉土	0.02
中细砂	17	黏土	0.001
细砂	6～8	—	—

---

① 引自《水文地质手册》（第二版）

2. 给水度（表 5.3-11～表 5.3-14）

给水度经验值 表 5.3-11

岩性	给水度	岩性	给水度
粉砂与黏土	0.10～0.15	裂隙岩石	0.0002～0.002
极细砂	0.10～0.15	强裂隙岩石	0.002～0.01
细砂	0.15～0.20	泥质胶结的砂岩	0.02～0.03
中砂	0.20～0.25	裂隙灰岩	0.008～0.1
粗砂	0.25～0.30	弱岩溶化岩	0.005～0.01
粗砂及砾石砂	0.25～0.35	岩溶化岩	0.01～0.05
卵砾石	0.30～0.35	强岩溶化岩	0.05～0.15

某些松散岩石给水度参考值[1] 表 5.3-12

岩石名称	给水度变化区间	平均给水度
砾砂	0.20～0.35	0.25
粗砂	0.20～0.35	0.27
中砂	0.15～0.32	0.26
细砂	0.10～0.28	0.21
粉砂	0.05～0.19	0.18
黏质粉土	0.03～0.12	0.07
黏土	0.00～0.05	0.02

河南省平原区给水度经验值[2] 表 5.3-13

岩性	给水度	岩性	给水度
粉质黏土	0.030～0.045	细砂	0.08～0.10
粉质黏土与粉土	0.040～0.053	中砂	0.15～0.20
粉土	0.040～0.060	砂砾石	0.12～0.22
粉砂	0.060～0.080	砂卵石	0.15～0.25
粉细砂	0.064～0.091	—	—

给水度（μ）的经验值[1] 表 5.3-14

岩性	给水度μ	岩性	给水度μ
粉砂与黏土	0.10～0.15	粗粒及砾石砂	0.25～0.35
细砂与流质砂	0.15～0.20	黏土胶结的砂岩	0.02～0.03
中砂	0.20～0.25	裂隙灰岩	0.008～0.1

[1] 引自《水文地质手册》(第二版)
[2] 引自河南省平原区潜水含水地层给水度分区研究（李洋）

3. 持水度（表 5.3-15、表 5.3-16）

松散岩土持水度经验值

表 5.3-15

颗粒直径/mm	0.50～1.00	0.25～0.50	0.10～0.25	0.05～0.10	0.005～0.05	< 0.005
持水度s_r/%	1.57	1.60	2.73	4.75	10.18	44.85

松散岩石颗粒大小与持水度[1]

表 5.3-16

颗粒直径/mm	持水度（最大分子容水量）/%	颗粒直径/mm	持水度（最大分子容水量）/%
0.50～1.00	1.5	0.05～0.10	15.0
0.25～0.50	2.0	0.005～0.05	34.0
0.10～0.25	4.2	< 0.005	45.0

4. 释水系数（贮水系数）（表 5.3-17）

各种岩石的压缩弹性模量 E 与单位贮存量 S_s 经验值[2]

表 5.3-17

岩土类别	压缩弹性模量E/10Pa	单位贮存量S_s/m^{-1}
塑性软黏土	$3.9 \times 10^5 \sim 4.9 \times 10^4$	$2.6 \times 10^{-3} \sim 2 \times 10^{-2}$
坚韧黏土	$3.9 \times 10^5 \sim 7.8 \times 10^5$	$1.3 \times 10^{-3} \sim 2.6 \times 10^{-3}$
中等硬黏土	$1.5 \times 10^6 \sim 7.8 \times 10^5$	$6.9 \times 10^{-4} \sim 1.3 \times 10^{-3}$
松砂	$2 \times 10^6 \sim 9.8 \times 10^5$	$4.9 \times 10^{-4} \sim 1 \times 10^{-3}$
密实砂	$4.9 \times 10^6 \sim 7.8 \times 10^6$	$1.3 \times 10^{-4} \sim 2 \times 10^{-4}$
密实砂质砾	$2 \times 10^7 \sim 9.7 \times 10^6$	$4.9 \times 10^{-5} \sim 1 \times 10^{-4}$
裂隙节理的岩石	$1.5 \times 10^7 \sim 3.2 \times 10^8$	$3.3 \times 10^{-6} \sim 6.9 \times 10^{-5}$
较完整的岩石	$> 3.1 \times 10^8$	$< 3.3 \times 10^{-6}$

5. 毛细水上升高度（表 5.3-18～表 5.3-21）

松散岩土毛细管上升最大高度[2]

表 5.3-18

岩性	粗砂	中砂	细砂	粉砂	粉质黏土	黏土	粉土
毛细管上升最大高度h_c/cm	2～4	12～35	35～120	70～150	300～350	500～600	120～250

各类土的毛细水上升高度参考[3]

表 5.3-19

土名	H_K/cm
中砂	15～35
粉、细砂	35～100
粉土	100～150
粉质黏土	150～400
黏土	400～500

---

① 引自《水文地质手册》（第二版）；② 引自《岩土工程勘察设计手册》；③ 引自《岩土工程试验监测手册》

各类土的毛管上升高度 h_c 值① 　　　　表 5.3-20

土类	h_c/m
中粗砂	0.05～0.1
粉细砂	0.2～0.3
砂质粉土	0.4～0.6
黏质粉土	0.8～1.0

松散岩石的最大毛细上升高度参考值① 　　　　表 5.3-21

岩土名称	最大毛细上升高度/cm
粗砂（粒径：1～2mm）	2～12
中砂（粒径：0.50～1.0mm）	12～35
细砂（粒径：0.25～0.5mm）	35～70
粉砂（粒径：0.1～0.25mm）	70～150
砂质粉土	70～250
黏质粉土	250～350
黏土	500～600

6. 影响半径（表 5.3-22）

松散岩层影响半径经验值② 　　　　表 5.3-22

岩性	主要颗粒		影响半径/m
	粒径/mm	所占质量/%	
粉砂	0.05～0.1	＜70	25～50
细砂	0.1～0.25	＞70	50～100
中砂	0.25～0.5	＞50	100～200
粗砂	0.5～1.0	＞50	300～400
极粗砂	1.0～2.0	＞50	400～500
小砾	2.0～3.0	—	500～600
中砾	3.0～5.0	—	600～1500
大砾	5.0～10.0	—	1500～3000

7. 入渗系数（表 5.3-23）

入渗系数经验值① 　　　　表 5.3-23

岩性	入渗系数	岩性	入渗系数	岩性	入渗系数
黏质粉土	0.01～0.02	坚硬岩石 （裂隙极少）	0.01～0.10	裂隙岩石 （裂隙极深）	0.02～0.25
粉质黏土	0.02～0.05				

① 引自《水文地质手册》（第二版）；② 引自《岩土工程试验监测手册》

岩性	入渗系数	岩性	入渗系数	岩性	入渗系数
粉砂	0.05~0.08	半坚硬岩石（裂隙较少）	0.10~0.15	岩溶化极弱的灰岩	0.01~0.10
细砂	0.08~0.12			岩溶化较弱的灰岩	0.10~0.15
中砂	0.12~0.18	裂隙岩石（裂隙度中等）	0.15~0.18	岩溶化中等的灰岩	0.15~0.20
粗砂	0.18~0.24			岩溶化较强的灰岩	0.20~0.30
砾砂	0.24~0.30	裂隙岩石（裂隙度较大）	0.18~0.20	岩溶化极强的灰岩	0.30~0.50
卵石	0.30~0.35			—	—

第 4 章　地下水作用

4.1　流土（砂）

　　流土（砂）指在向上渗流作用下局部土体表面的隆起、顶穿或粗颗粒群同时浮动而流失的现象。流土（砂）多发生在颗粒级配均匀而细的粉、细砂中，有时在粉土中亦会发生，其表现形式是所有颗粒同时从一近似于管状通道被渗透水流冲走，发展结果是使基础发生滑移或不均匀下沉、基坑坍塌、基础悬浮等。

　　流土（砂）通常是由于工程活动而引起的，但在有地下水出露的斜坡，岸边或有地下水溢出的地表面也会发生。流土（砂）破坏一般是突然发生的，对岩土工程危害很大。

4.1.1　根据土的细粒含量进行判别

　　1. 按《水利水电工程地质勘察规范》GB 50487—2008（2022 年版）

　　1）级配不连续的土：颗粒大小分布曲线上至少有一个粒径组的颗粒含量小于或等于 3% 的土，称为级配不连续的土。以上述粒组在颗粒大小分布曲线上形成的平缓段的最大粒径和最小粒径的平均值或最小粒径作为粗、细颗粒的分区粒径 d，相应于该粒径的颗粒含量为细粒含量 P。

　　2）连续级配的土，粗、细颗粒的区分粒径可按下式计算：

$$d = \sqrt{d_{70}d_{10}} \tag{5.4-1}$$

式中：d——粗细粒的区分粒径（mm）；

　　　　d_{70}——小于该粒径的含量占总土重 70% 的颗粒粒径（mm）；

　　　　d_{10}——小于该粒径的含量占总土重 10% 的颗粒粒径（mm）。

　　3）不均匀系数小于等于 5 的土可判为流土。

　　4）对于不均匀系数大于 5 的不连续级配土可采用下列方法判别流土：

$$P \geqslant 35\% \tag{5.4-2}$$

对于流土和管涌过渡型取决于土的密度、粒级、形状：

$$25\% \leqslant P < 35\% \tag{5.4-3}$$

　　2. 按《碾压式土石坝设计规范》DL/T 5395—2007

　　1）不连续级配的土，级配曲线中至少有一个以上的粒径级的颗粒含量小于或等于 3% 的平缓段，粗细粒的区分粒径 d_f，以平缓段粒径级的最大和最小粒径的平均粒径区分，或以最小粒径为区分粒径，相应于此粒径的含量为细颗粒含量 P_c。

　　2）连续级配的土，区分粗粒和细粒粒径的界限粒径 d_f 按下式计算：

$$d_f = \sqrt{d_{70}d_{10}} \tag{5.4-4}$$

式中：d_f——粗细粒的区分粒径（mm）；

　　　　d_{70}——小于该粒径的含量占总土重 70% 的颗粒粒径（mm）；

d_{10}——小于该粒径的含量占总土重 10% 的颗粒粒径（mm）。

流土：

$$P_c \geqslant 1/4(1-n) \times 100 \tag{5.4-5}$$

式中：P_c——土的细粒颗粒含量，以质量百分率计（%）；

　　　n——土的孔隙率（以小数计）。

3）对于不均匀系数大于 5 的不连续级配土可采用下列方法判别：

流土：

$$P_c \geqslant 35\% \tag{5.4-6}$$

过渡型取决于土的密度、粒级、形状：

$$25\% \leqslant P_c < 35\% \tag{5.4-7}$$

4.1.2　按水力条件判别

按《水利水电工程地质勘察规范》GB 50487—2008 和（2022 年版）《碾压式土石坝设计规范》DL/T 5395—2007：

流土：

$$J > J_{允许} \tag{5.4-8}$$

式中：J——该处土体渗流作用下的实际水力比降；

　　　$J_{允许}$——该处土体渗流作用下的允许水力比降。

无黏性土的允许水力比降：

$$J_{允许} = \frac{J_{cr}}{F_s} \tag{5.4-9}$$

式中：J_{cr}——土的临界水力比降；

　　　F_s——安全系数（$F_s = 1.5 \sim 2.0$，对水工建筑物的危害较大，取 2.0；对于特别重要的工程也可取 2.5）。

流土的临界水力比降：

$$J_{cr} = (G_s - 1)(1 - n) \tag{5.4-10}$$

式中：G_s——土粒密度与水的密度之比；

　　　n——土的孔隙率（以小数计）。

4.1.3　经验值

当无试验资料时，可依据表 5.4-1 选用经验值。

无黏性土允许水力比降　　　　　　　　　　表 5.4-1

允许水力比降	渗透变形类型					
	流土型			过渡型	管涌型	
	$C_u \leqslant 3$	$3 < C_u \leqslant 5$	$C_u \geqslant 5$		级配连续	级配不连续
$J_{允许}$	0.25~0.35	0.35~0.50	0.50~0.80	0.25~0.40	0.15~0.25	0.10~0.20

注：本表不适用于渗流出口有反滤层情况（摘自《水利水电工程地质勘察规范》GB 50487—2008）。

4.2　管涌

管涌是指在渗流作用下土体中的细颗粒在粗颗粒形成的孔隙中发生移动并被带出，逐渐形成管形通道，从而掏空地基或坝体，使地基或斜坡产生变形、失稳的现象。

管涌通常是由于工程活动而引起的，但在有地下水出露的斜坡，岸边或有地下水溢出的地带也有发生。

4.2.1　根据土的细粒含量进行判别

依据《水利水电工程地质勘察规范》GB 50487—2008（2022年版）和《碾压式土石坝设计规范》DL/T 5395—2007，管涌：

$$P_c < 1/4(1-n) \times 100 \tag{5.4-11}$$

对于不均匀系数大于5的不连续级配土可采用下列方法判别：

$$P_c < 25\% \tag{5.4-12}$$

4.2.2　按水力条件判别

依据《水利水电工程地质勘察规范》GB 50487—2008（2022年版）和《碾压式土石坝设计规范》DL/T 5395—2007，管涌型或过渡型的临界水力坡降：

$$J_{cr} = 2.2(G_s - 1)(1 - n)^2 \frac{d_5}{d_{20}} \tag{5.4-13}$$

式中：d_5、d_{20}——分别为小于该粒径的含量占总土重的5%和20%的颗粒粒径（mm）。

管涌型也可采用下式计算：

$$J_{cr} = \frac{42d_3}{\sqrt{\dfrac{k}{n^3}}} \tag{5.4-14}$$

式中：k——土的渗透系数（cm/s）；

d_3——小于该粒径的含量占总土重的3%的颗粒粒径（mm）。

土的渗透系数应通过渗透试验测定。若无渗透系数试验资料，可根据下式计算近似值：

$$k = 6.3 C_u^{-3/8}/d_{20}^2 \tag{5.4-15}$$

式中：d_{20}——小于该粒径的含量占总土重的20%的颗粒粒径（mm）。

4.2.3　工程类比法确定

应用上述方法确定的临界水力比降在进行地基渗流管涌稳定性计算评价时，应考虑采用一定的安全系数。

$$J_{允许} = \frac{J_{cr}}{F_s} \tag{5.4-16}$$

式中：J_{cr}——土的临界水力比降；

F_s——安全系数（$F_s = 1.5 \sim 2.0$）。

当无试验资料时，允许水力比降$J_{允许}$可依据表5.4-1选用经验值。

4.3　抗浮

4.3.1　抗浮设防水位取值原则

1.《工程勘察通用规范》GB 55017—2021

当有抗浮需要时，应进行抗浮评价，提出抗浮措施建议。

2.《岩土工程勘察规范》GB 50021—2001（2009年版）

（1）对地基基础、地下结构应考虑在最不利组合情况下，地下水对结构物的上浮作用，原则上应按设计水位计算浮力；对节理不发育的岩石和黏土且有地方经验或实测数据时，可根据经验确定；

（2）有渗流时，地下水的水头和作用宜通过渗流计算进行分析评价。

3.《城市轨道交通岩土工程勘察规范》GB 50307—2012

一般抗浮设防水位可采用综合方法确定：

（1）当有长期水位观测资料时，抗浮设防水位可根据该层地下水实测最高水位和地下工程运营期间地下水的变化来确定；无长期水位观测资料或资料缺乏时，按勘察期间实测最高稳定水位并结合场地地形地貌、地下水补给、排泄条件等因素综合确定；

（2）场地有承压水且与潜水有水力联系时，应实测承压水水位并考虑其对抗浮设防水位的影响。

4.《岩溶地区建筑地基基础技术标准》GB/T 51238—2018

地下结构物抗浮设防水位应按下列原则确定：

（1）当地有长期地下水观测资料时，宜采用长期观测期间的地下水最高水位，结合场地水文地质条件综合确定；

（2）当地无长期地下水观测资料时，应根据当地抗浮设防水位经验、场地水文地质条件，结合勘察期间的地下水水位与预测远期地下水位最大变幅综合确定；

（3）当场地地下水受地表水补给，且对地下水位变化有直接影响时，宜取地表水最高水位时的地下水位；

（4）位于山区坡地的场地，应根据地形地貌特征与地表冲沟和汇水区分布，绘制沿坡地的地下水位分布线，按基础或地下结构埋置深度，取最不利条件下的最高水位；

（5）当地下结构的基底位于含水层之间的弱透水层时，宜通过竖向一维渗流分析及现场孔隙水压力测试等确定基底相应位置最大孔隙水压力，并根据最大孔隙水压力计算抗浮水位，确定最大孔隙水压力时宜以弱透水层上下相对稳定含水层不利条件下最高水位作为边界条件。

5.《高层建筑岩土工程勘察标准》JGJ 72—2017

1）抗浮设防水位的综合确定宜符合下列规定：

（1）抗浮设防水位宜取地下室自施工期间到全使用寿命期间可能遇到的最高水位。该水位应根据场地所在地貌单元、地层结构、地下水类型、各层地下水水位及其变化幅度和地下水补给、径流、排泄条件等因素综合确定；当有地下水长期水位观测资料时，应根据实测最高水位以及地下室使用期间的水位变化，并按当地经验修正后确定；

（2）施工期间的抗浮设防水位可按勘察时实测的场地最高水位，并考虑季节变化导致地下水位可能升高的因素；同时应充分考虑结构自重和上覆土重尚未施加时，浮力对地下结构的不利影响；

（3）场地具多种类型地下水，各类地下水虽然具有各自的独立水位，但若相对隔水层已属饱和状态、各类地下水有水力联系时，宜按各层水的混合最高水位确定；

（4）当地下结构临近江、湖、河、海等大型地表水体，且与本场地地下水有水力联系时，可参照地表水体百年一遇高水位及其波浪壅高，结合地下排水管网等情况，并根据当地经验综合确定抗浮设防水位；

（5）对于城市中的低洼地区，应考虑特大暴雨期间可能形成街道被淹的情况，在南方地下水位较高、地基土处于饱和状态的地区，抗浮设防水位可取室外地坪高程。

2）当建设场地处于斜坡地带且高差较大或者地下水赋存条件复杂、变化幅度大、地下室使用期间区域性补给、径流和排泄条件可能有较大改变或工程需要时，应进行专门论证，提供抗浮设防水位的专项咨询报告。

3）对位于斜坡地段的地下室或其他可能产生明显水头差的场地上的地下室，进行抗浮设计时，应考虑地下水渗流在地下室底板产生的非均布荷载对地下室结构的影响。

4）地下室在稳定地下水位作用下的浮力应按静水压力计算。对临时高水位作用下所受的浮力，在黏性土地层中可根据当地经验适当折减。

6.《建筑工程抗浮技术标准》JGJ 476—2019

确定抗浮设防水位时应综合分析下列资料和成果：

（1）抗浮设计等级和抗浮工程勘察报告提供的抗浮设防水位建议值；

（2）设计使用年限内场地地下水水位预测咨询报告成果；

（3）地下水位长期观测资料、近 5 年和历史最高水位及其变化规律；

（4）场地地下水补给与排泄条件、地下水水位年变化幅度；

（5）地下结构底板下承压水赋存情况及产生浮力的可行性和大小；

（6）洼地淹没、潮汐影响的可能性及大小。

施工期抗浮设防水位应取下列地下水水位的最高值：

（1）水位预测咨询报告提供的施工期最高水位；

（2）勘察期间获取的场地稳定地下水水位并考虑季节变化影响的最不利工况水位；

（3）考虑地下水控制方案、邻近工程建设对地下水补给及排泄条件影响的最不利工况水位；

（4）场地近 5 年内的地下水最高水位；

（5）根据地方经验确定的最高水位。

使用期抗浮设防水位应取下列地下水水位的最高值：

（1）地区抗浮设防水位区划图中场地区域的水位区划值；

（2）水位预测咨询报告提供的使用期最高水位；

（3）与设计使用年限相同时限的场地历史最高水位；

（4）与使用期相同时限的场地地下水长期观测的最高水位；

（5）多层地下水的独立水位、有水力联系含水层的最高混合水位；

（6）对场地地下水水位有影响的地表水系与设计使用年限相同时限的设计承载水位；

（7）根据地方经验确定的最高水位。

特殊条件场地抗浮设防水位宜为上述方法确定水位与下列高程的最大值：

（1）地势低洼、有淹没可能性的场地，为设计室外地坪以上 0.50m 高程；

（2）地势平坦、岩土透水性等级为弱透水及以上且疏排水不畅的场地，为设计室外地坪高程；

（3）不同竖向设计标高分区地下水可向下一级标高分区自行排泄时，为下一级标高区高程。

既有工程抗浮设防水位宜根据抗浮安全性鉴定并综合后续使用年限确定。

7.《软土地区岩土工程勘察规程》JGJ 83—2011

评价地下水对结构的上浮作用时，宜通过专项研究确定抗浮设防水位。在研究场区各层地下水的赋存条件、场区地下水与区域性水文地质条件之间的关系、各层地下水的变化趋势以及引起这种变化的客观条件的基础上，应按下列原则对建筑物运营期间内各层地下水位的最高水位作出预测和估计：

（1）当有长期水位观测资料时，抗浮设防水位可根据该层地下水实测最高水位和建筑物运营期间地下水的变化来确定；

（2）无长期观测水位观测资料或资料缺乏时，可按勘察期实测最高稳定水位并结合场地地形地貌、地下水补给、排泄条件等因素综合确定；

（3）场地有承压水且与潜水有水力联系时，应实测承压水水位并考虑其对抗浮设防水位的影响；

（4）只考虑施工期的抗浮设防时，抗浮水位可按近 3～5 年的最高水位确定。

8.《北京地区建筑地基基础勘察设计规范》（2016 年版）DBJ 11—501—2009

当地下水位较高，建筑存在上浮可能时，应进行抗浮验算；工程需要时，应在专项工作的基础上，根据建筑基础埋置深度、场地岩土工程条件、地下水位变化历史和对建筑使用期间地下水位变化幅度的预测提供抗浮设防水位的建议。抗浮水位对结构安全和工程造价有重大影响时，宜提出进行专门的勘察工作的建议。

进行建筑抗浮问题分析时，应分析场地地下水位的动态和影响动态的各种因素，并预测各因素对场地未来地下水位变化的影响。考虑地下水对建筑物的上浮作用时，应按设计水位计算浮力。有渗流时，地下水的水头和作用宜通过渗流计算进行分析评价。

9.《天津市岩土工程勘察规范》DB/T 29—247—2017

拟建场地抗浮设防水位的综合确定应符合下列规定：

（1）当场地地下水类型为潜水，并有长期地下水位观测资料时，场地抗浮设防水位可采用实测最高水位；如缺乏地下水位长期观测资料时，可按勘察期间实测最高稳定水位并结合场地地形地貌特征、地下水补给、排泄条件及地下水位年变化幅度等因素综合确定；对地下水位埋藏较浅的滨海地区和市内地势低洼地区，抗浮设防水位可取室外地坪标高；

（2）当场地有承压水且基础底板置于承压水中时，应实测承压水水位并考虑其对抗浮设防水位的影响；

（3）当地下水与地表水发生水力联系时，应考虑采用地表水的最高水位作为抗浮设防水位；

（4）重大工程项目，应对抗浮设防水位进行专项分析。

10. 上海市工程建设规范《地基基础设计标准》DGJ 08—11—2018

地下工程在施工和使用阶段均应符合抗浮稳定性要求：

（1）在地下工程施工阶段，应根据施工期的抗浮设防水位（可取年最高水位）进行抗浮验算，可采取可靠的降、排水措施满足抗浮稳定要求。

（2）在地下工程使用阶段，应根据设计基准期抗浮设防水位进行抗浮验算。设计基准期内抗浮设防水位应根据长期水文观测资料所提供的建设场地地下水历史最高水位计算。当地表径流与地下水有水力联系时尚应考虑地表径流对地下水位的影响。当大面积填土面高于原有地面时，应按填土完成后的地下水位变化情况考虑。

11. 重庆市工程建设标准《工程地质勘察规范》DBJ 50/T—043—2016

我市建筑场地大多地处丘陵、山区，往往没有稳定的地下水水位，地下水是动态的、变化的，要准确地确定抗浮设防水位是非常困难的。因此，对地下水情况复杂的重要工程，其抗浮设防水位需进行专门论证。一般情况下，地下水抗浮设防水位可按下列原则确定：

（1）对有长期水位观测资料的，按实测最高水位和建筑物运营期间地下水的变化确定；当长期观测资料缺乏时，按勘察期间实测稳定水位结合场地地形地貌、地下水补给、排泄条件等综合确定；

（2）场地有承压水且与潜水有水力联系时，应考虑承压水位，提高抗浮设防水位；

（3）只考虑施工期间的抗浮设防时，抗浮设防水位可按一个水文年的最高水位确定。

12. 深圳经济特区技术规范《地基基础勘察设计规范》SJG 01—2010

基础或地下结构物的抗浮设防水位应结合场地条件按下列原则确定：

（1）当有长期系统的地下水观测资料时，应采用峰值水位；

（2）只考虑施工期间的抗浮设防时，宜采用 1～2 个水文年度的最高水位；

（3）无法确定地下水的峰值水位时，可取建筑物室外地坪标高以下 1.0～2.0m；

（4）位于坡地上、斜坡下的场地，宜以分区单栋建筑物室外地面最低处的地面标高为抗浮设防水位；对顺山而建的多栋建筑且地下室连通时，宜按地下室的实际埋深分成若干部分，每一部分取实际埋深水位作为抗浮设防水位；

（5）当建筑物周边地面和地下有连通性良好的排水设施时，宜以该排水设施的底标高为基点，综合考虑地表水对地下水位的影响，确定抗浮设防水位；

（6）当涨落潮对场地地下水位有直接影响时，宜取最高潮水位时的地下水位。

13. 广东省标准《建筑地基基础设计规范》DBJ 15—31—2016

在计算地下水的浮托力时，不宜考虑地下室侧壁及底板结构与岩土接触面的摩擦作用和黏滞作用，除有可靠的长期控制地下水位的措施外，不应对地下水水头进行折减；结构基底面承受的水压力应按全水头计算；地下室侧壁所受的水土压力宜按水压力与土压力分算的原则计算。

14. 湖北省地方标准《岩土工程勘察规程》DB 42/T 169—2022

地下建（构）筑物的抗浮设防水位的综合确定宜符合下列规定。

（1）地下建（构）筑物的抗浮设防水位宜取地下建（构）筑物自施工期间到全使用寿命期可能遇到的最高水位，该水位根据地貌单元、地层结构、地下水类型、各层地下水水位及其变化幅度和地下水补给、径流、排泄条件等因素综合确定。

（2）抗浮设防水位应全面考虑上层滞水、潜水、承压水、岩溶水等不同类型地下水的水位，水位变化及水力联系的影响以及建（构）筑物的特征，按最不利情况确定抗浮设防水位。

（3）对于上层滞水，抗浮设防水位可按使用阶段地下建（构）筑物周边地面设计标高取值。当地表水及上层滞水排泄条件较差时，经常发生渍水的低洼地区，抗浮设防水位可取地下建（构）筑物室外地面设计标高以上 0.5m。场地及周边或场地竖向设计的分区标高差异较大时，宜划分抗浮设防分区采用不同的抗浮设防水位。

（4）当地下建（构）筑物置于承压含水层中，应考虑其历史最高水位的影响，抗浮设防水位宜按下列情况取值：

当承压含水层历史最高水位低于地下室周边地面设计标高时，应取地下室周边地面设计标高；

当承压含水层历史最高水位高于地下室周边地面设计标高时，应取历史最高承压含水层水位。

（5）对处于斜坡上或其他可能产生的明显水头差的场地的地下建（构）筑物，应考虑地下水对地下建（构）筑物产生的非均布浮力，提出相应的抗浮设防水位，必要时进行专门论证，提供浮设防水位的专项咨询报告。

（6）当地形地貌、地质条件、水文地质条件、设计条件、场地条件等均很复杂的情况下，抗浮设防水位的确定应进行专项论证。

（7）紧邻江、河、湖泊的地下建（构）筑物，确定抗浮设防水位应根据地层分布情况考虑江、河和湖泊最高水位及水力坡降的影响。

15. 湖南省工程建设地方标准《岩土工程勘察标准》DBJ 43/T 512—2020

抗浮设防水位的综合确定宜符合下列规定：

（1）抗浮设防水位宜取地下室自施工期间到全使用寿命期间可能遇到的最高水位，该水位应考虑场地所在地貌单元、地层结构、地下水类型、各层地下水水位及变化幅度和地下水补给、径流、排泄条件等因素；

（2）当有地下水长期水位观测资料时抗浮设防水位宜取实测最高水位，该水位应考虑地下室使用期间的水位变化及当地经验等因素；

（3）施工期间的抗浮设防水位可取勘察时实测的场地最高水位，该水位应考虑季节变化导致的地下水水位可能升高的因素，还应考虑结构自重和上覆土重尚未施加时浮力对地下结构的不利影响；

（4）场地内具有多种类型地下水时，抗浮设防水位宜取各层地下水的混合最高水位，该水位应考虑各自的独立水位、相对隔水层的饱和状态及水力联系等因素；

（5）地下结构邻近江、河、湖等大型地表水体时，抗浮设防水位可取地表水体百年一遇最高水位加波浪壅高，该水位应考虑地表水体与本场地地下水的水力联系及地下排水管网情况；

（6）城市中的低洼地区应考虑特大暴雨期间可能形成街道被淹的情况，抗浮设防水位可取室外地坪以上 0.50m 高程；地下水位高、地基土处于饱和状态的地区，抗浮设防水位可取室外地坪高程；

（7）场地需大面积回填时，抗浮设防水位可取室外地坪高程；该水位应考虑地下水补给来源和地下排水管网情况；

（8）场地临近高于场地的边坡时，抗浮设防水位可根据边坡地下水渗流结合场地排水设施的设置综合确定；

（9）场地设计室外地坪有坡度时，可根据场地内地下水水位分段确定抗浮设防水位；

（10）岩溶地下水抗浮水位宜采用地下水长期观测期间的最高水位；无地下水长期观测资料时宜采用勘察期间的地下水位与预测远期地下水位最大变幅综合确定；地下水受地表水补给时宜取地表水最高水位；山区坡地的场地宜根据地下水位分布线，按基础或地下结构埋置深度取最不利条件下的最高水位；地下结构的基底位于含水层之间的弱透水层时，宜根据最大孔隙水压力计算抗浮水位。

16.《贵州省建筑岩土工程技术规范》DB52/T 046—2018

抗浮设防水位应符合下列规定：

（1）有长期观测孔水位资料，应以最高历史水位作为抗浮设防水位；

（2）无初勘长期观测孔水位资料，应根据勘察期间最高稳定水位，结合场地地形地貌、岩溶发育情况，地下水补径排条件、人类工程活动综合确定，可参照附录E；

（3）当勘察场地附近存在水库、河流、溪沟、湿地等地表水体，必须查明场地地下水与地表水的水力联系，若存在水力联系，丰水期应以地表水洪水位作为抗浮设防水位；若无水力联系，应执行上述第1条或第2条。

17.其他观点

李广信（2000，2003，2004）通过理论分析认为：（1）地下水中的浮力与地下水的赋存形态及地下水的流动有关，应通过渗流计算分析确定；（2）将水压力及浮力用孔隙率n折减不符合有效应力原理，无论对于黏土还是砂土都无理论依据；（3）在浮力计算中，侧壁摩擦、饱和黏土中的负孔压及永久排水有利于抗浮，肥槽、垫层及裂隙可能产生很大浮力。

杨瑞清（2001）研究了深圳地区潜水型及滞水型地下水设防水位h及抗浮设计水头值H的确定原则，探讨了抗浮验算公式，并对浮力折减问题进行了探讨，建议按有效作用面积系数进行折减。

周载阳（2003）研究了多层地下水的水头分布问题，提出了同一含水层无越流条件下、有越层渗流条件下及含水层间有不透水层条件下的地下水水头分布模式。

张欣海（2004）结合深圳地区经验，探讨了几种常见地层结构情况下地下建筑物抗浮设计水位的取值及浮力折减问题，认为浮力计算时应根据地下室的埋藏深度及所在地层正确选择抗浮设计水位，并且不同的地层其浮力折减系数也不同；在进行抗浮验算方面，通常采用"浮筏"和"井底抗隆起稳定性"两种验算模式。

张思远（2004）在分析北京地区典型的水文地质特征基础上，指出了在确定建筑物基础抗浮设防水位时应当注意的几个问题，即：要弄清场地水文地质条件和地下水位的变化规律，重视各含水层间的弱透水层（相对隔水层）对各层地下水位变化的影响以及了解建筑物基底所在含水层层位及标高等问题。

黄志仑（2005）认为：在多层地下水条件下，各层地下水具有各自独立的水位和最高水位，强调对于多层地下水进行分层长期监测的重要性；由于在多层地下水场地可能有多种建筑物，各自有各自的基底埋置深度，可能涉及不同的地下水层而有不同的抗浮设防水位，因此并不存在统一的场地抗浮设防水位。

4.3.2 北京地区抗浮设防水位确定方法

1.地下水位的影响因素

（1）自然地理及区域气象条件：如大气降水入渗；地表径流；地下水的补给动态变

化等。

（2）水文地质条件：如区域地质和水文地质条件；勘察期间地下水水位、历史最高水位、近 3～5 年地下水水位；地下水位的长期观测资料；地下水的补给与排泄关系、赋存状态与渗流规律；建筑物周围环境与周围水系的联系等。

（3）地下水资源规划与管理：如地区管控措施（地下水开采量变化、采用降水-止水帷幕和实施水资源费、水资源税）等。

（4）其他因素：如新水源的开发；生态补水等。

2. 地下水抗浮设防水位的确定

1）当有长期水位观测资料时,抗浮设防水位可根据该层地下水实测最高水位和建筑物运营期间地下水的变化来确定；无长期水位观测资料或资料缺乏时,按勘察期间实测最高稳定水位并结合场地地形地貌、地下水补给、排泄条件等因素综合确定；抗浮设防水位确定应根据场地地下水远期最高水位预测结果和场地远期最大孔隙水压力（或总水头）垂向分布预测结果综合确定。

2）场地有承压水且与潜水有水力联系时,应实测承压水水位并考虑其对抗浮设防水位的影响；对于建筑基底位于浅部潜水或潜水-承压水含水层中的情况,其抗浮设防水位可直接取值为结构基底所在含水层的远期最高水位。

3）只考虑施工期间的抗浮设防时,抗浮设防水位可按一个水文年的最高水位确定。

4）一般情况下场地的抗浮设防水位分析,需要通过最大孔隙水压力分布规律预测分析得到：

（1）根据勘察地层、地下水分布条件建立垂向一维渗流模型,然后根据场地地下水水位分层监测或孔隙水压力监测结果进行模型识别和校正。

（2）利用所在浅部潜水或潜水-承压水含水层远期最高水位预测结果分别作为场地垂向一维渗流模型的上、下给定水头边界,进行场地孔隙水压力（或总水头）垂向分布规律的预测。

（3）根据地下结构基底位置处的孔隙水压力（或总水头）预测结果确定抗浮设防水位。

5）对于轨道交通等线状地下工程,应根据沿线地层和地下水分布条件变化规律以及结构基底变化情况,视工程抗浮设计的需要,分段提供抗浮设防水位。

沈小克等人在《地下水与结构抗浮》（2013）中介绍了北京市勘察设计研究院有限公司的第一代抗浮分析方法——"场域渗流模型综合分析法"（场域法）,该方法为：在充分利用区域工程地质、水文地质背景和地下水水位长期观测资料的基础上,分析工程场区及其附近区域的水文地质条件、场地地下水与区域地下水之间的关系、各层地下水的水位动态特征以及相邻含水层之间的水力联系,确定影响场区地下水水位变化的各种因素及影响程度,预测场区地下水远期最高水位,并经渗流分析、计算,最终提出建筑抗浮水位建议值。

第二代抗浮分析方法——"区域三维瞬态流模型分析法"（区域法）,该方法为：利用地下水三维渗流模型进行抗浮水位分析计算,在充分利用北勘 50 多年以来积累的大量地质资料和地下水长期动态资料及其研究成果的基础上,根据地下水动力学基本原理,建立了北京市中心区域（1040km²）地下水三维瞬态流分析模型和方法，该方法的重要特点是能根据不断更新和完善的输入条件（如最新的地下水监测数据或地下水水位观测结果），计算预测模型范围内任意位置各层地下水的远期最高水位及其变化过程，并结合场地水文地质条件和建筑基底位置综合确定抗浮水位设计参数。

4.4　腐蚀性

在岩土工程中，腐蚀是指水、土对混凝土结构、对混凝土结构中的钢筋和土对钢结构的侵蚀破坏能力。对地下水位以下的工程结构，应评价地下水对混凝土、金属材料的腐蚀性；对地下水位以上的工程结构，应评价地基土对混凝土、金属材料及钢结构的腐蚀性。

在勘察过程中，基础位于地下水位以下的部位采取地下水试样做水的腐蚀性评价，位于地下水以上的部位采取土试样做土的腐蚀性评价。

水、土对混凝土结构的腐蚀性可按环境类型和按地层渗透性两种情况来进行评价。当评价的腐蚀等级不同时，应按下列规定综合评定：

（1）腐蚀等级中，只出现弱腐蚀，无中等腐蚀或强腐蚀时，应综合评价为弱腐蚀；

（2）腐蚀等级中，无强腐蚀；最高为中等腐蚀时，应综合评价为中等腐蚀；

（3）腐蚀等级中，有一个或一个以上为强腐蚀，应综合评价为强腐蚀。

水、土对建筑材料腐蚀的防护，应符合现行国家标准《工业建筑防腐蚀设计规范》GB 50046 的规定。

《岩土工程勘察规范》（2009 年版）GB 50021—2001、《公路工程地质勘察规范》JTG C20—2011、《水利水电工程地质勘察规范》GB 50487—2008（2022 年版）和《铁路工程地质勘察规范》TB 10012—2019 对水、土的腐蚀性评价不同。

（1）《岩土工程勘察规范》（2009 年版）GB 50021—2001 有关规定：

受环境类型影响，水和土对混凝土结构的腐蚀性，应符合表 5.4-2 的规定；环境类型的划分按表 5.4-3 执行。

按环境类型水和土对混凝土结构的腐蚀性评价　　　　　　　表 5.4-2

腐蚀等级	腐蚀介质	环境类型		
		I	II	III
微	硫酸盐含量 SO_4^{2-}/（mg/L）	< 200	< 300	< 500
弱		200～500	300～1500	500～3000
中		500～1500	1500～3000	3000～6000
强		> 1500	> 3000	> 6000
微	镁盐含量 Mg^{2+}/（mg/L）	< 1000	< 2000	< 3000
弱		1000～2000	2000～3000	3000～4000
中		2000～3000	3000～4000	4000～5000
强		> 3000	> 4000	> 5000

续表

腐蚀等级	腐蚀介质	环境类型		
		Ⅰ	Ⅱ	Ⅲ
微	铵盐含量 NH_4^+/（mg/L）	< 100	< 500	< 800
弱		100～500	500～800	800～1000
中		500～800	800～1000	1000～1500
强		> 800	> 1000	> 1500
微	苛性碱含量 OH^-/（mg/L）	< 35000	< 43000	< 57000
弱		35000～43000	43000～57000	57000～70000
中		43000～57000	57000～70000	70000～100000
强		> 57000	> 70000	> 100000
微	总矿化度/（mg/L）	< 10000	< 20000	< 50000
弱		10000～20000	20000～50000	50000～60000
中		20000～50000	50000～60000	60000～70000
强		> 50000	> 60000	> 70000

注：1. 表中的数值适用于有干湿交替作用的情况，Ⅰ、Ⅱ类腐蚀环境无干湿交替作用时，表中硫酸盐含量数值应乘以 1.3 的系数；
　　2. 表中数值适用于水的腐蚀性评价，对土的腐蚀性评价，应乘以 1.5 的系数；单位以 mg/kg 表示；
　　3. 表中苛性碱（OH^-）含量（mg/L）应为 NaOH 和 KOH 中的 OH^-含量（mg/L）。

场地环境类型的分类，应符合表 5.4-3 的规定。

环境类型分类　　　　　　　　　　　　　　　表 5.4-3

环境类别	场地环境地质条件
Ⅰ	高寒区、干旱区直接临水；高寒区、干旱区强透水层中的地下水
Ⅱ	高寒区、干旱区弱透水层中的地下水；各气候区湿、很湿的弱透水层 湿润区直接临水；湿润区强透水层中的地下水
Ⅲ	各气候区稍湿的弱透水层；各气候区地下水位以上的强透水层

注：1. 高寒区是指海拔高度等于或大于 3000m 的地区；干旱区是指海拔高度小于 3000m，干燥度指数 K 值等于或大于 1.5 的地区；湿润区是指干燥度指数 K 值小于 1.5 的地区；
　　2. 强透水层是指碎石土和砂土，弱透水层是指粉土和黏性土；
　　3. 含水率 w < 3%的土层，可视为干燥土层，不具有腐蚀环境条件；
　　4. 当混凝土结构一边接触地面水或地下水，一边暴露在大气中，水可以通过渗透或毛细作用在暴露大气中的一边蒸发时，应定为Ⅰ类；
　　5. 当有地区经验时，环境类型可根据地区经验划分；当同一场地出现两种环境类型时，应根据具体情况选定。

受地层渗透性影响，水和土对混凝土结构的腐蚀性评价，应符合表 5.4-4 的规定。

按地层渗透性水和土对混凝土结构的腐蚀性评价　　　　表 5.4-4

腐蚀等级	pH 值		侵蚀性 CO_2/（mg/L）		HCO_3^-/（mmol/L）
	A	B	A	B	A
微	> 6.5	> 5.0	< 15	< 30	> 1.0
弱	5.0～6.5	4.0～5.0	15～30	30～60	0.5～1.0

续表

腐蚀等级	pH 值		侵蚀性 CO_2/（mg/L）		HCO_3^-/（mmol/L）
	A	B	A	B	A
中	4.0～5.0	3.5～4.0	30～60	60～100	< 0.5
强	< 4.0	< 3.5	> 60	—	—

注：1. 表中 A 是指直接临水或强透水层中的地下水；B 是指弱透水层中的地下水。强透水层是指碎石土和砂土；弱透水层是指粉土和黏性土。
2. HCO_3^- 含量是指水的矿化度低于 0.1g/L 的软水时，该类水质 HCO_3^- 的腐蚀性。
3. 土的腐蚀性评价只考虑 pH 值指标；评价其腐蚀性时，A 是指强透水土层，B 是指弱透水土层。

水和土对钢筋混凝土结构中钢筋的腐蚀性评价，应符合表 5.4-5 的规定。

对钢筋混凝土结构中钢筋的腐蚀性评价　　　　表 5.4-5

腐蚀等级	水中的 Cl^- 含量/（mg/L）		土中的 Cl^- 含量/（mg/kg）	
	长期浸水	干湿交替	A	B
微	< 10000	< 100	< 400	< 250
弱	10000～20000	100～500	400～750	250～500
中	—	500～5000	750～7500	500～5000
强	—	> 5000	> 7500	> 5000

注：A 是指地下水位以上的碎石土、砂土，稍湿的粉土，坚硬、硬塑的黏性土；
B 是湿、很湿的粉土，可塑、软塑、流塑的黏性土。

土对钢结构腐蚀的评价，应符合表 5.4-6 的规定。

土对钢结构腐蚀性评价　　　　表 5.4-6

腐蚀等级	pH 值	氧化还原电位/mV	视电阻率/（$\Omega \cdot m$）	极化电流密度/（mA/cm^2）	质量损失/g
微	> 5.5	> 400	> 100	< 0.02	< 1
弱	5.5～4.5	200～400	50～100	0.02～0.05	1～2
中	4.5～3.5	100～200	20～50	0.05～0.20	2～3
强	< 3.5	< 100	< 20	> 0.20	> 3

注：土对钢结构的腐蚀性评价，取各指标中腐蚀等级最高者。

（2）《公路工程地质勘察规范》JTG C20—2011 中规定：
腐蚀性判别与《岩土工程勘察规范》GB 50021—2001（2009 年版）有关规定一致。
（3）《水利水电工程地质勘察规范》GB 50487—2008（2022 年版）规定：
环境水对混凝土的腐蚀性判别，应符合表 5.4-7 的规定。

环境水对混凝土腐蚀性判别标准　　　　表 5.4-7

腐蚀性类型	腐蚀性判定依据	腐蚀程度	界限指标
一般酸性型	pH 值	无腐蚀	pH 值 > 6.5
		弱腐蚀	6.5 ≥ pH 值 > 6.0
		中等腐蚀	6.0 ≥ pH 值 > 5.5
		强腐蚀	pH 值 ≤ 5.5

续表

腐蚀性类型	腐蚀性判定依据	腐蚀程度	界限指标
碳酸型	侵蚀性 CO_2 含量/（mg/L）	无腐蚀	$CO_2 < 15$
		弱腐蚀	$15 \leqslant CO_2 < 30$
		中等腐蚀	$30 \leqslant CO_2 < 60$
		强腐蚀	$CO_2 \geqslant 60$
重碳酸型	HCO_3^- 含量/（mmol/L）	无腐蚀	$HCO_3^- > 1.07$ $1.07 \geqslant HCO_3^- > 0.70$ $HCO_3^- \leqslant 0.70$
		弱腐蚀	
		中等腐蚀	
		强腐蚀	
镁离子型	Mg^{2+} 含量/（mg/L）	无腐蚀	$Mg^{2+} < 1000$
		弱腐蚀	$1000 \leqslant Mg^{2+} < 1500$
		中等腐蚀	$1500 \leqslant Mg^{2+} < 2000$
		强腐蚀	$Mg^{2+} \geqslant 2000$
硫酸盐型	SO_4^{2-} 含量/（mg/L）	无腐蚀	$SO_4^{2-} < 250$
		弱腐蚀	$250 \leqslant SO_4^{2-} < 400$
		中等腐蚀	$400 \leqslant SO_4^{2-} < 500$
		强腐蚀	$SO_4^{2-} \geqslant 500$

注：1. 本表规定的判别标准所属场地应是不具有干湿交替或冻融交替作用的地区和具有干湿交替或冻融交替作用的半湿润、湿润地区。当所属场地为具有干湿交替或冻融交替作用的干旱、半干旱地区以及高程 3000m 以上的高寒地区时，应进行专门论证。

2. 混凝土建筑物不应直接接触污染源，有关污染源对混凝土的直接腐蚀作用应专门研究。

环境水对钢筋混凝土结构中钢筋的腐蚀性判别，应符合表 5.4-8 的规定。

环境水对钢筋混凝土结构中钢筋的腐蚀性判别标准　　　　表 5.4-8

腐蚀性判定依据	腐蚀程度	界限指标
Cl^- 含量/（mg/L）	弱腐蚀	100～500
	中等腐蚀	500～5000
	强腐蚀	> 5000

注：1. 表中是指干湿交替作用的环境条件。

2. 当环境水中同时存在氯化物和硫酸盐时，表中的 Cl^- 含量是指氯化物中的 Cl^- 与硫酸盐折算后的 Cl^- 之和，即 Cl^- 含量 = $Cl^- + SO_4^{2-} \times 0.25$，单位为 mg/L。

环境水对钢结构的腐蚀性判别，应符合表 5.4-9 的规定。

环境水对钢结构腐蚀性判别标准　　　　表 5.4-9

腐蚀性判定依据	腐蚀程度	界限指标
pH 值、（$Cl^- + SO_4^{2-}$）含量/（mg/L）	弱腐蚀	pH 值 3～11、（$Cl^- + SO_4^{2-}$）< 500
	中等腐蚀	pH 值 3～11、（$Cl^- + SO_4^{2-}$）$\geqslant$ 500
	强腐蚀	pH 值 < 3、（$Cl^- + SO_4^{2-}$）任何浓度

注：1. 表中是指氧能自由溶入的环境水。

2. 本表亦适用于钢管道。

3. 如环境水的沉淀物中有褐色絮状物沉淀（铁）、悬浮物中有褐色生物膜、绿色丛块，或有硫化氢臭味，应做铁细菌、硫酸盐还原细菌的检查，查明有无细菌腐蚀。

（4）《铁路工程地质勘察规范》TB 10012—2019 规定：环境水、土对混凝土侵蚀类型和侵蚀程度的判别按表5.4-10执行。

化学侵蚀环境的作用等级   表 5.4-10

环境作用等级	环境条件					
	水中 SO_4^{2-} 含量/（mg/L）	强透水环境土中 SO_4^{2-}（水溶值，mg/kg）	弱透水环境土中 SO_4^{2-}	酸性水（pH值）	水中侵蚀性 CO_2/（mg/L）	水中 Mg^{2+}/（mg/L）
H1	$200 \leqslant SO_4^{2-} \leqslant 1000$	$300 \leqslant SO_4^{2-} \leqslant 1500$	$1500 < SO_4^{2-} \leqslant 6000$	$5.5 \leqslant pH \leqslant 6.5$	$15 \leqslant CO_2 \leqslant 40$	$300 \leqslant Mg^{2+} \leqslant 1000$
H2	$1000 < SO_4^{2-} \leqslant 4000$	$1500 < SO_4^{2-} \leqslant 6000$	$6000 < SO_4^{2-} \leqslant 15000$	$4.5 \leqslant pH < 5.5$	$40 < CO_2 \leqslant 100$	$1000 < Mg^{2+} \leqslant 3000$
H3	$4000 < SO_4^{2-} \leqslant 10000$	$6000 < SO_4^{2-} \leqslant 15000$	$SO_4^{2-} > 15000$	$4.0 \leqslant pH < 4.5$	$CO_2 > 100$	$Mg^{2+} > 3000$
H4	$10000 < SO_4^{2-} \leqslant 20000$	$15000 < SO_4^{2-} \leqslant 30000$	—	—	—	—

注：1. 强透水性土是指碎石土和砂土，弱透水性土是指粉土和黏性土。
    2. 当混凝土结构处于高硫酸盐含量（水中 SO_4^{2-} 含量大于20000mg/kg、土中 SO_4^{2-} 含量大于30000mg/kg）的环境时，其耐久性技术措施应进行专门研究和论证。
    3. 当环境中存在酸雨时，按酸性水侵蚀考虑，但相应作用等级可降一级。
    4. 水和土中侵蚀性离子浓度的测定方法应符合现行行业标准《铁路工程水质分析规程》TB 10104 和《铁路工程岩土化学分析规程》TB 10103 的规定。

参考文献

[1] 中华人民共和国住房和城乡建设部. 工程勘察通用规范: GB 55017—2021[S]. 北京: 中国建筑工业出版社, 2021.

[2] 中华人民共和国建设部. 岩土工程勘察规范: GB 50021—2001 (2009 年版) [S]. 北京: 中国建筑工业出版社, 2002.

[3] 中华人民共和国住房和城乡建设部. 建筑地基基础设计规范: GB 50007—2011[S]. 北京: 中国建筑工业出版社, 2012.

[4] 中华人民共和国住房和城乡建设部. 城市轨道交通岩土工程勘察规范: GB 50307—2012[S]. 北京: 中国计划出版社, 2012.

[5] 中华人民共和国住房和城乡建设部. 岩溶地区建筑地基基础技术标准: GB/T 51238—2018[S]. 北京: 中国计划出版社, 2018.

[6] 中华人民共和国住房和城乡建设部. 高层建筑岩土工程勘察标准: JGJ/T 72—2017[S]. 北京: 中国建筑工业出版社, 2017.

[7] 北京市规划和自然资源委员会. 市政基础设施岩土工程勘察规范: DB11/T 1726—2020[S]. 北京: 北京市城乡规划标准化办公室, 2020.

[8] 北京市规划委员会. 北京地区建筑地基基础勘察设计规范: DBJ 11—501—2009 (2016 年版) [S]. 北京: 北京市城乡规划标准化办公室, 2017.

[9] 天津市城乡建设委员会. 天津市岩土工程勘察规范: DB/T 29—247—2017[S]. 天津: 中国建材工业出版社, 2017.

[10] 上海市城乡建设和交通委员会. 岩土工程勘察规范: DGJ 08—37—2012[S]. 上海: 上海市建筑建材业市场管理总站, 2012.

[11] 重庆市城乡建设委员会. 工程地质勘察规范: DBJ 50/T—043—2016[S]. 重庆: 2016.

[12] 福建省住房和城乡建设厅. 岩土工程勘察标准: DBJ/T 13—84—2022[S]. 福建: 2022.

[13] 湖北省住房和城乡建设厅. 岩土工程勘察规程: DB42/T 169—2022[S]. 福建: 2022.

[14] 中华人民共和国住房和城乡建设部. 水利水电工程地质勘察规范: GB 50487—2008 (2022 年版) [S]. 北京: 中国计划出版社, 2023.

[15] 中华人民共和国国家发展和改革委员会. 碾压式土石坝设计规范: DL/T 5395—2007[S]. 北京: 中国电力出版社, 2007.

[16] 中华人民共和国住房和城乡建设部. 岩溶地区建筑地基基础技术标准: GB/T 51238—2018[S]. 北京: 中国计划出版社, 2018.

[17]　中华人民共和国住房和城乡建设部. 建筑工程抗浮技术标准: JGJ 476—2019[S]. 北京: 中国建筑工业出版社, 2019.

[18]　中华人民共和国住房和城乡建设部. 软土地区岩土工程勘察规程: JGJ 83—2011[S]. 北京: 中国建筑工业出版社, 2011.

[19]　上海市住房和城乡建设管理委员会. 地基基础设计标准: DGJ 08—11—2018[S]. 上海: 同济大学出版社, 2019.

[20]　深圳市住房和建设局. 地基基础勘察设计规范: SJG 01—2010[S]. 深圳: 2010.

[21]　广东省住房和城乡建设厅. 建筑地基基础设计规范: DBJ 15—31—2016[S]. 广东: 中国建筑工业出版社, 2016.

[22]　湖南省住房和城乡建设厅. 岩土工程勘察标准: DBJ 43/T 512—2020[S]. 北京: 中国建筑工业出版社, 2016.

[23]　贵州省住房和城乡建设厅. 贵州省建筑岩土工程技术规范: DB52/T046—2018[S]. 北京: 中国建筑工业出版社, 2018.

[24]　中华人民共和国住房和城乡建设部. 工业建筑防腐蚀设计标准: GB/T 50046—2018[S]. 北京: 中国计划出版社, 2019.

[25]　中华人民共和国交通运输部. 公路工程地质勘察规范: JTG C20—2011[S]. 北京: 人民交通出版社, 2011.

[26]　国家铁路局. 铁路工程地质勘察规范: TB 10012—2019[S]. 北京: 中国铁道出版社, 2019.

[27]　中华人民共和国建设部. 供水水文地质勘察规范: GB 50027—2001[S]. 北京: 中国计划出版社, 2004.

[28]　中华人民共和国住房和城乡建设部. 防洪标准: GB 50201—2014[S]. 北京: 中国计划出版社, 2015.

[29]　李广信. 基坑支护结构上水土压力的分算与合算[J]. 岩土工程学报, 2000, 22(3): 348-353.

[30]　李广信, 周顺华. 挡土结构上的土压力与超静孔隙水压力的关系[J]. 工程力学, 1999 (增刊): 507-512.

[31]　李广信, 刘早云, 温庆博. 渗透对基坑水土压力的影响[J]. 水利学报, 2002(5): 75-80.

[32]　李广信, 吴剑敏. 浮力计算与粘性土中的有效应力原理[J]. 岩土工程技术, 2003(2): 63-66.

[33]　杨瑞清, 朱黎心. 地下建筑结构设计和施工设防水位的选定与抗浮验算的探讨[J]. 工程勘察, 2001(1): 43-46.

[34]　周载阳. 多层地下水的水头分布[J]. 岩土工程技术, 2003(2): 67-68.

[35]　张欣海. 深圳地区地下建筑抗浮设计水位取值与浮力折减分析[J]. 勘察科学技术, 2004(2): 12-20.

[36]　张思远. 在确定建筑物基础抗浮设防水位时应注意的一些问题[J]. 岩土工程技术, 2004, 18(5): 227-229.

[37]　黄志仑, 马金普, 李丛蔚. 关于多层地下水情况下的抗浮水位[J]. 岩土工程技术, 2005, 19(4): 182-217.

[38]　李洋, 景兆凯, 杨明华, 等. 河南省平原区潜水含水地层给水度分区研究[J]. 华北水利水电大学学报, 2022, 43(4): 67-75.

[39]　龚向红. 城市水资源循环的义乌实践[J]. 资源节约与保护, 2021(8): 144-146.

[40]　杨大文, 杨雨亭, 高光耀, 等. 黄河流域水循环规律与水土过程耦合效应[J]. 中国科学基金, 2021, 35(4): 544-551.

[41]　常福宣, 洪晓峰. 长江源区水循环研究现状及问题思考[J]. 长江科学院院报, 2021, 38(7): 1-6.

[42]　《工程地质手册》编委会. 工程地质手册[M]. 5 版. 北京: 中国建筑工业出版社, 2018.

[43]　胡方荣, 侯宇光. 水文学原理[M]. 北京: 水利电力出版社, 1988.

[44]　西安建筑冶金学院, 湖南大学. 水文学[M]. 北京: 中国建筑工业出版社, 1987.

[45]　顾慰祖. 水文学基础[M]. 北京: 水利水电出版社, 1984.

[46]　王燕生. 工程水文学[M]. 北京: 水利电力出版社, 1992.

[47]　雒文生. 河流水文学[M]. 北京: 水利电力出版社, 1992.

[48]　水利电力部新东北勘测设计院. 洪水调查[M]. 北京: 水利电力出版社, 1977.

[49]　华东水利学院. 水力学[M]. 北京: 科学出版社, 1979.

[50]　第一机械工业部勘测公司. 供水水文地质手册[M]. 北京: 地质出版社, 1983.

[51]　河北省地质局水文四大队. 水文地质手册[M]. 北京: 地质出版社, 1978.

[52]　李正根. 水文地质学[M]. 北京: 地质出版社, 1980.

[53]　石振华, 李传尧. 城市地下水工程与管理手册[M]. 北京: 中国建筑工业出版社, 1993.

[54]　任天培. 水文地质学[M]. 北京: 地质出版社, 1986.

[55]　李正根. 水文地质学[M]. 北京: 地质出版社, 1980.

[56]　中国地质调查局. 水文地质手册[M]. 2 版. 北京: 地质出版社, 2012.

[57] 徐向阳, 陈元芳. 工程水文学[M]. 5 版. 北京: 中国水利水电出版社, 2020.

[58] 芮孝芳. 水文学原理[M]. 北京: 高等教育出版社, 2013.

[59] 沈小克, 周宏磊, 王军辉, 等. 地下水与结构抗浮[M]. 北京: 中国建筑工业出版社, 2013.

[60] 薛禹群, 吴吉春. 地下水动力学[M]. 3 版. 北京: 地质出版社, 2010.

[61] 张人权, 梁杏, 靳孟贵, 等. 水文地质学基础[M]. 7 版. 北京: 地质出版社, 2011.

[62] 王大纯, 张人权, 史毅虹, 等. 水文地质学基础[M]. 北京: 地质出版社, 2011.

[63] 中国地质调查局. 水文地质手册[M]. 2 版. 北京: 地质出版社, 2012.

[64] 杨维, 张戈, 张平. 水文学与水文地质学[M]. 北京: 机械工业出版社, 2008.

[65] 王红亚, 吕明辉, 李帅. 水文学概论[M]. 北京: 北京大学出版社, 2007.

[66] 林宗元. 岩土工程试验监测手册[M]. 北京: 中国建筑工业出版社, 2005.

[67] 林宗元. 岩土工程勘察设计手册[M]. 辽宁: 辽宁科学技术出版社, 1996.

第 6 篇

岩土工程分析与评价

第 1 章　场地稳定性和适宜性评价

《房屋建筑和市政基础设施工程勘察文件编制深度规定》（2020 年版）、《工程勘察通用规范》GB 55017—2021 规定岩土工程勘察分析评价应包括场地稳定性、适宜性评价。场地稳定性、适宜性评价应包括下列内容：

（1）评价场地稳定性；

（2）通过综合分析评价场地适宜性；

（3）对存在影响场地稳定性的不良地质作用提出防治措施的建议。

1.1　场地稳定性评价

场地稳定性评价是通过对活动断裂、所处抗震地段、不良地质作用和地质灾害等方面分析，定性地对场地稳定性作出分级。

场地稳定性评价结论是场地适宜性评价的先决条件。场地不稳定，建设项目的场地治理代价很高，而且处理不当还会破坏地质环境并带来新的次生工程地质问题，因此一般不适宜进行大规模工程建设，但可以调整土地功能，如作为绿化生态、旅游休闲用地等。

1.1.1　评价方法

场地稳定性评价宜采用定性的评价方法。

1.1.2　评价分级

场地稳定性可划分为不稳定、稳定性差、基本稳定和稳定四级，其分级应符合下列规定：

1）符合下列条件之一的，应划分为不稳定场地：

（1）强烈全新活动断裂带；

（2）对建筑抗震的危险地段；

（3）不良地质作用强烈发育，地质灾害危险性大地段。

2）符合下列条件之一的，应划分为稳定性差场地：

（1）微弱或中等全新活动断裂带；

（2）对建筑抗震的不利地段；

（3）不良地质作用中等—较强烈发育，地质灾害危险性中等地段。

3）符合下列条件之一的，应划分为基本稳定场地：

（1）非全新活动断裂带；

（2）对建筑抗震的一般地段；

（3）不良地质作用弱发育，地质灾害危险性小地段。

4）符合下列条件的，应划分为稳定场地：

（1）无活动断裂；

（2）对建筑抗震的有利地段；

（3）不良地质作用不发育。

注：评价从不稳定开始，向稳定性差、基本稳定、稳定推定，以最先满足的为准。

1.1.3　全新活动断裂

全新活动断裂为在全新地质时期（一万年）内有过地震活动或近期正在活动，在今后一百年可能继续活动的断裂；全新活动断裂中、近期（近 500 年来）发生过地震震级 $M \geqslant 5$ 级的断裂，或在今后 100 年内可能发生 $M \geqslant 5$ 级的断裂，可定为发震断裂。

非全新活动断裂：一万年以前活动过，一万年以来没有发生过活动的断裂。

全新活动断裂可按表 6.1-1 分级。

全新活动断裂分级　　　　　表 6.1-1

断裂分级		指标		
		活动性	平均活动速率 $v/$（mm/a）	历史地震震级 M
Ⅰ	强烈全新活动断裂	中晚更新世以来有活动，全新世活动强烈	$v > 1$	$M \geqslant 7$
Ⅱ	中等全新活动断裂	中晚更新世以来有活动，全新世活动较强烈	$1 \geqslant v \geqslant 0.1$	$7 > M \geqslant 6$
Ⅲ	微弱全新活动断裂	全新世有微弱活动	$v < 0.1$	$M < 6$

1.1.4　所处抗震地段

按现行国家规范《建筑抗震设计规范》GB 50011（2016 年版）的规定，评价划分场地对建筑抗震有利、一般、不利、危险地段（表 6.1-2），提供建筑场地类别和岩土的地震稳定性（如滑坡、崩塌、液化和震陷特性等）评价，对需要采用时程分析法补充计算的高层建筑或重要建筑物，尚应根据设计要求提供土层剖面、场地覆盖层厚度和有关动力参数等。

所处抗震地段的划分　　　　　表 6.1-2

地段类别	地质、地形、地貌
有利地段	稳定基岩，坚硬土，开阔、平坦、密实、均匀的中硬土等
一般地段	不属于有利、不利和危险的地段
不利地段	软弱土，液化土，条状突出的山嘴，高耸孤立的山丘，陡坡，陡坎，河岸和边坡的边缘，平面分布上成因、岩性、状态明显不均匀的土层（含故河道、疏松的断层破碎带、暗埋的塘浜沟谷和半填半挖地基），高含水量的可塑黄土，地表存在结构性裂缝等
危险地段	地震时可能发生滑坡、崩塌、地陷、地裂、泥石流等及发震断裂带上可能发生地表位错的部位

1.1.5　不良地质作用发育程度及地质灾害危险性

1. 不良地质作用和地质灾害

（1）一般规定

不良地质作用：由地球内力或外力产生的对工程可能造成危害的地质作用。

地质灾害：由不良地质作用引发的，危及人身、财产、工程或环境安全的事件。

发育程度：地质体在地质作用下变形和发育的状态及空间分布特征。

地质灾害危险性：一定发育程度的地质体在诱发因素作用下发生灾害的可能性及危害程度。

（2）主要类型

主要类型有岩溶、滑坡、危岩和崩塌、泥石流、采空区、地面沉降、地裂缝、场地和地基的地震效应和活动断裂。

2. 发育程度及危险性

《地质灾害危险性评估规范》GB/T 40112—2021、《地质灾害危险性评估规范》DZ/T 0286—2015，地质灾害发育程度根据地质体的变形和破坏特征确定，分为强发育、中等发育和弱发育三级，各类地质灾害的发育程度见下表6.1-3～表6.1-9。岩溶塌陷发育程度按表6.1-3确定，滑坡的稳定性（发育程度）按表6.1-4确定，崩塌（危岩）的发育程度按表6.1-5确定，泥石流发育程度按表6.1-6确定，采空区发育程度按表6.1-7确定，地面沉降发育程度按表6.1-8确定，地裂缝发育程度按表6.1-9确定。

岩溶塌陷发育程度分级　　　　　　　　　　　　表 6.1-3

发育程度	发育特征
强	①以纯厚层灰岩为主，地下存在中大型溶洞、土洞或有地下暗河通过 ②地面多处下陷、开裂，塌陷严重 ③地表建（构）筑物变形开裂明显 ④上覆松散层厚度小于30m ⑤地下水位变幅大，水位在基岩面上下波动
中等	①以次纯灰岩为主，地下存在小型溶洞、土洞等 ②地面塌陷、开裂明显 ③地表建（构）筑物变形有开裂现象 ④上覆松散层厚度30～80m ⑤地下水位变幅不大，水位在基岩面以下
弱	①灰岩质地不纯，地下溶洞、土洞等不发育 ②地面塌陷、开裂不明显 ③地表建（构）筑物无变形、开裂现象 ④上覆松散层厚度大于80m ⑤地下水位变幅小，水位在基岩面以上

滑坡的稳定性（发育程度）分级　　　　　　　表 6.1-4

判据	稳定性（发育程度）分级		
	稳定（弱发育）	欠稳定（中等发育）	不稳定（强发育）
发育特征	①滑坡前缘斜坡较缓，临空高差小，无地表径流流经和继续变形的迹象，岩土体干燥；②滑体平均坡度小于25°，坡面上无裂缝发展，其上建筑物、植被未有新的变形迹象；③后缘壁上无擦痕和明显位移迹象，原有裂缝已被充填	①滑坡前缘临空，有间断季节性地表径流流经，岩土体较湿，斜坡坡度为30°～45°；②滑体平均坡度为25°～40°，坡面上局部有小的裂缝，其上建筑物、植被无新的变形迹象；③后缘壁上有不明显变形迹象；后缘有断续的小裂缝发育	①滑坡前缘临空，坡度较陡且常处于地表径流的冲刷之下，有发展趋势并有季节性泉水出露，岩土潮湿、饱水；②滑体平均坡度大于40°，坡面上有多条新发展的裂缝，其上建筑物、植被有新的变形迹象；③后缘壁上可见擦痕或有明显位移迹象，后缘有裂缝发育
稳定系数F_S	$F_S > F_{St}$	$1.00 < F_S \leqslant F_{St}$	$F_S \leqslant 1.00$

注：F_{St}为滑坡稳定安全系数，根据滑坡防治工程等级及其对工程的影响综合确定。

崩塌（危岩）发育程度分级

表 6.1-5

发育程度	发育特征
强	崩塌（危岩）处于欠稳定—不稳定状态，评估区或周边同类崩塌（危岩）分布多，大多已发生。崩塌（危岩）体上方发育多条平行沟谷的张性裂隙，主控裂隙面上宽下窄，且下部向外倾，裂隙内近期有碎石土流出或掉块，底部岩土体有压碎或压裂状；崩塌（危岩）体上方平行沟谷的裂隙明显
中等	崩塌（危岩）处于欠稳定状态，评估区或周边同类崩塌（危岩）分布较少，有个别发生。危岩体主控破裂面直立呈上宽下窄，上部充填杂土生长灌木杂草，裂面内近期有掉块现象；崩塌（危岩）上方有细小裂隙分布
弱	崩塌（危岩）处于稳定状态，评估区或周边同类崩塌（危岩）分布但均无发生，危岩体破裂面直立，上部充填杂土，灌木年久茂盛，多年来裂面内无掉块现象；崩塌（危岩）上方无新裂隙分布

泥石流发育程度分级

表 6.1-6

发育程度	易发程度（发育程度）及特征
强	评估区位于泥石流冲淤范围内的沟中和沟口，中上游主沟和主要支沟纵坡大，松散物源丰富，有堵塞成堰塞湖（水库）或水流不通畅，区域降雨强度大
中等	评估区局部位于泥石流冲淤范围内的沟上方两侧和距沟口较远的堆积区中下部，中上游主沟和主要支沟纵坡较大，松散物源较丰富，水流基本通畅，区域降雨强度中等
弱	评估区位于泥石流冲淤范围外历史最高泥位以上的沟上方两侧高处和距沟口较远的堆积区边部，中上游主沟和支沟纵坡小，松散物源少，水流通畅，区域降雨强度小

采空塌陷发育程度分级

表 6.1-7

发育程度	参考指标							发育特征
	地表移动变形值				开采深厚比	采空区及其影响带占建设场地面积/%	治理工程面积占建设场地面积/%	
	下沉量/(mm/a)	倾斜/(mm/m)	水平变形/(mm/m)	地形曲率/(mm/m²)				
强	>60	>6	>4	>0.3	<80	>10	>10	地表存在塌陷和裂缝；地表建（构）筑物变形开裂明显
中等	20～60	3～6	2～4	0.2～0.3	80～120	3～10	3～10	地表存在变形及地裂缝；地表建（构）筑物有开裂现象
弱	<20	<3	<2	<0.2	>120	<3	<3	地表无变形及地裂缝；地表建（构）筑物无开裂现象

地面沉降发育程度分级

表 6.1-8

因素	发育程度		
	强	中等	弱
近五年平均沉降速率/(mm/a)	≥30	10～30	≤10
累计沉降量/mm	≥800	300～800	≤300

注：上述两项因素满足一项即可，并按由强至弱顺序确定。

地裂缝发育程度分级　　　　　　　　表 6.1-9

发育程度	参考指标		发育特征
	平均活动速率v/（mm/a）	地震震级M	地裂缝发生的可能性及特征
强	$v > 1.0$	$M \geqslant 7$	评估区有活动断裂通过，中或晚更新世以来有活动，全新世以来活动强烈。地面地裂缝发育并通过拟建工程区。地表开裂明显；可见陡坎、斜坡、微缓坡、塌陷坑等微地貌现象；房屋裂缝明显
中等	$1.0 \geqslant v \geqslant 0.1$	$7 > M \geqslant 6$	评估区有活动断裂通过，中或晚更新世以来有活动，全新世以来活动较强烈，地面地裂缝中等发育，并从拟建工程区附近通过。地表有开裂现象；无微地貌显示；房屋有裂缝现象
弱	$v < 0.1$	$M < 6$	评估区有活动断裂通过，全新世以来有微弱活动，地面地裂缝不发育或距拟建工程区较远。地表有零星小裂缝，不明显；房屋未见裂缝

地质灾害危害程度分为危害大、危害中等和危害小三级，见表 6.1-10。

地质灾害危害程度分级　　　　　　　　表 6.1-10

危害程度	灾情		险情	
	死亡人数/人	直接经济损失/万元	受威胁人数/人	可能直接经济损失/万元
大	$\geqslant 10$	$\geqslant 500$	$\geqslant 100$	$\geqslant 500$
中等	$3 \sim 10$	$100 \sim 500$	$10 \sim 100$	$100 \sim 500$
小	$\leqslant 3$	$\leqslant 100$	$\leqslant 10$	$\leqslant 100$

注：1. 灾情：指已发生的地质灾害，采用"人员伤亡情况""直接经济损失"指标评价。
2. 险情：指可能发生的地质灾害，采用"受威胁人数""可能直接经济损失"指标评价。
3. 危害程度采用"灾情"或"险情"指标评价。

地质灾害危险性依据地质灾害发育程度、危害程度分为大、中等、小三级，见表 6.1-11。

地质灾害危险性分级　　　　　　　　表 6.1-11

危害程度	发育程度		
	强	中等	弱
大	危险性大	危险性大	危险性中等
中等	危险性大	危险性中等	危险性中等
小	危险性中等	危险性小	危险性小

1.1.6　不良地质作用场地稳定性评价

1. 岩溶场地稳定性评价

1）当场地存在下列情况之一时，可判定为对工程不利地段：

（1）浅层洞体或溶洞群，其洞径大、顶板破碎且可见变形迹象，洞底有新近塌落物；

（2）隐伏的漏斗、洼地、槽谷等规模较大的浅埋岩溶形态，其间或上覆为软弱土体，且地面已出现明显变形；

（3）地表水沿土中裂隙下渗或地下水自然升降变化使上覆土层被冲蚀，并出现成片（带）土洞塌陷；

（4）抽水降落漏斗中最低动水位高于岩土交界面的覆盖土地段；

（5）岩溶通道排泄不畅，导致暂时淹没的地段。

2）当地基属于下列条件之一时，对安全等级为二级及以下的建筑物可不考虑岩溶稳定性的不利影响：

（1）基础底面以下土层厚度大于独立基础宽度的3倍或条形基础宽度的6倍，且不具备形成土洞或其他地面变形的条件。

（2）基础底面与洞体顶板间岩土厚度虽小于上述规定，但符合下列条件之一时：

①洞隙或岩溶漏斗被密实的沉积物填满且无被水冲蚀的可能；

②洞体为基本质量等级为Ⅰ级或Ⅱ级的岩石，顶板岩石厚度大于或等于洞跨；

③洞体较小，基础底面积大于洞的平面尺寸，并有足够的支承长度；

④宽度或直径小于1.0m的竖向溶蚀裂隙、落水洞、漏斗近旁地段。

3）不符合前述第1.1.6节第1）条时，可根据洞体情况进行稳定分析：

（1）当判定顶板为不稳定，但洞内为密实堆积物充填且无流水活动时，可认为堆积物受力，可按不均匀地基评价；

（2）当能够取得计算参数时，可将洞体视为一个结构，进行分析计算；

（3）有经验地区，可按工程类比法进行稳定分析；

（4）在基础近旁有洞隙和临空面时，应验算向临空面倾覆或沿裂面滑移的可能；

（5）当地基为石膏、岩盐等易溶岩时，应考虑溶蚀继续作用的不利影响；

（6）对不稳定的岩溶洞隙可建议采用地基处理或桩基础。

2. 采空区场地稳定性评价

《煤矿采空区岩土工程勘察规范》GB 51044—2014（2017年版），根据建筑物重要性等级、结构特征和变形要求、采空区类型和特征，采用定性与定量相结合的方法，分析采空区对拟建工程和拟建工程对采空区稳定性的影响程度，综合评价采空区场地稳定性。

不同类型采空区场地稳定性的评价因素可按表6.1-12确定，采空区对拟建工程的影响程度评价因素可按表6.1-13确定。

采空区场地稳定性评价因素　　　　表6.1-12

评价因素	采空区类型			
	顶板垮落充分的采空区	顶板垮落不充分的采空区	单一巷道及巷采的采空区	条带式开采的采空区
终采时间	●	●	●	●
地表变形特征	●	●	○	●
采深	○	●	○	●
顶板岩性	○	●	●	○
松散层厚度	○	●	δ	δ
地表移动变形值	●	○	○	○
煤（岩）柱安全稳定性	δ	○	●	δ

注："●"表示作为主控评价因素；"○"表示作为一般评价因素；"δ"表示可不作为评价因素。

采空区对拟建工程影响程度评价因素　　　　　　　　　表 6.1-13

评价因素	采空区类型			
	顶板垮落充分的采空区	顶板垮落不充分的采空区	单一巷道及巷采的采空区	条带式开采的采空区
采空区场地稳定性	●	●	○	○
建筑物重要程度	●	●	●	●
地表变形特征及发展趋势	○	●	○	○
地表剩余移动变形	●	○	δ	○
采空区密实状态	●	●	●	○
采深	●	●	●	●
采深采厚比	●	●	●	●
顶板岩性	○	○	●	●
松散层厚度	●	○	δ	●
活化影响因素	●	●	●	●
煤（岩）柱安全稳定性	δ	δ	○	●

注："●"表示作为主控评价因素；"○"表示作为一般评价因素；"δ"表示可不作为评价因素。

根据采空区类型、开采方法及顶板管理方式、终采时间、地表移动变形特征、采深，顶板岩性及松散层厚度、煤（岩）柱稳定性等，采用定性与定量评价相结合的方法进行场地稳定性评价。

1）评价分级

采空区场地稳定性可划分为不稳定、基本稳定和稳定三级。

2）评价方法

采用定性与定量评价相结合的方法，采空区场地稳定性采用开采条件判别法、地表移动变形判别法、煤（岩）柱稳定分析法等进行评价。

（1）开采条件判别法

①开采条件判别法可用于各种类型采空区场地稳定性评价。

②对不规则、非充分采动等顶板垮落不充分、难以进行定量计算的采空区场地，可仅采用开采条件判别法进行定性评价。

③开采条件判别法判别标准应以工程类比和本区经验为主，并应综合各类评价因素进行判别。无类似经验时，宜以采空区终采时间为主要因素，结合地表移动变形特征、顶板岩性及松散层厚度等因素按表 6.1-14～表 6.1-16 综合判别。

按终采时间确定顶板垮落充分的采空区场地稳定性等级　　　　　表 6.1-14

稳定等级	终采时间t/a		
	软弱覆岩	较硬覆岩	坚硬覆岩
稳定	$t > 1.0$	$t > 2.5$	$t > 4.0$
基本稳定	$0.6 < t \leqslant 1.0$	$1.5 < t \leqslant 2.5$	$2.5 < t \leqslant 4.0$
不稳定	$t \leqslant 0.6$	$t \leqslant 1.5$	$t \leqslant 2.5$

注：软弱覆岩指采空区上覆岩层的饱和单轴抗压强度小于或等于 30MPa；较硬覆岩指采空区上覆岩层的饱和单轴抗压强度大于 30MPa 且小于或等于 60MPa；坚硬覆岩指采空区上覆岩层的饱和单轴抗压强度大于 60MPa。

按地表移动特征确定采空区场地稳定性等级 表 6.1-15

评价因素	稳定等级		
	不稳定	基本稳定	稳定
地表移动变形特征	非连续变形	连续变形	连续变形
		盆地边缘区	盆地中间区
	地面有塌陷坑、台阶	地面倾斜、有地裂缝	地面无地裂缝、台阶、塌陷坑

按顶板岩性及松散层厚度确定浅层采空区场地稳定性等级 表 6.1-16

评价因素	稳定等级		
	不稳定	基本稳定	稳定
顶板岩性	无坚硬岩层分布或为薄层或软硬岩层互层状分布	有厚层状坚硬岩层分布且 15.0m > 层厚 > 5.0m	有厚层状坚硬岩层分布层厚 ≥ 15.0m
松散层厚度 h/m	$h \leqslant 5$	$5 < h \leqslant 30$	$h > 30$

（2）地表移动变形判别法

①地表移动变形判别法可用于顶板垮落充分、规则开采的采空区场地的稳定性定量评价。对顶板垮落不充分且不规则开采的采空区场地稳定性，也可采用等效法等计算结果判别评价。

②地表移动变形值宜以场地实际监测结果为判别依据，有成熟经验的地区也可采用经现场核实与验证后的地表变形预测结果作为判别依据。

③地表移动变形值确定场地稳定性等级评价标准，宜以地面下沉速度及下沉值为主要指标，并应结合其他参数按表 6.1-17 综合判别。

按地表移动变形值确定场地稳定性等级 表 6.1-17

稳定状态	评价因子			
	下沉速度 $V_W/$（mm/d）及累计下沉值/mm	地表剩余移动变形值		
		剩余倾斜值 $\Delta i/$（mm/m）	剩余曲率值 $\Delta K/$（$\times 10^{-3}$/m）	剩余水平变形值 $\Delta\varepsilon/$（mm/m）
稳定	$V_W < 1.0$，且连续 6 个月累计下沉值 < 30	$\Delta i < 3$	$\Delta K < 0.2$	$\Delta\varepsilon < 2$
基本稳定	$V_W < 1.0$，但连续 6 个月累计下沉值 ≥ 30	$3 \leqslant \Delta i < 10$	$0.2 \leqslant \Delta K < 0.6$	$2 \leqslant \Delta\varepsilon < 6$
不稳定	$V_W \geqslant 1.0$	$\Delta i \geqslant 10$	$\Delta K \geqslant 0.6$	$\Delta\varepsilon \geqslant 6$

（3）煤（岩）柱稳定分析法

该方法应符合下列规定：

①煤（岩）柱稳定分析法可用于穿巷、房柱及单一巷道等类型采空区场地的稳定性定量评价；

②煤（岩）柱安全稳定性系数计算可按规范附录 K 计算，场地稳定性等级评价应按表 6.1-18 判别。

按煤（岩）柱安全稳定性系数确定场地稳定性等级　　表 6.1-18

稳定状态	不稳定	基本稳定	稳定
煤（岩）柱安全稳定性系数K_p	$K_p \leqslant 1.2$	$1.2 < K_p \leqslant 2$	$K_p > 2$

（4）下列地段宜划分为不稳定地段：

①采空区垮落时，地表出现塌陷坑、台阶状开裂缝等非连续变形的地段；

②特厚煤层和倾角大于 55°的厚煤层浅埋及露头地段；

③由于地表移动和变形引起边坡失稳、山崖崩塌及坡脚隆起地段；

④非充分采动顶板垮落不充分、采深小于 150m，且存在大量抽取地下水的地段。

3. 小窑采空区的稳定性评价

1）地表陷坑、裂缝发育分布地段，属于不稳定地段，不适于建筑。在其附近建筑时，需有一定的安全距离，安全距离的大小视建筑物的性质而定，一般应大于 5～15m。

2）当建筑物已建在影响范围以内时，可按下式验算地基稳定性。

设建筑物基底单位压力为p_0，则作用在采空段顶板上的压力Q为：

$$Q = G + Bp_0 - 2f = \gamma H[B - H\tan\varphi\tan^2(45° - \varphi/2)] + Bp_0 \tag{6.1-1}$$

式中：G——巷道单位长度顶板上岩层所受的总重力（kN/m），$G = \gamma BH$；

B——巷道宽度（m）；

f——巷道单位长度侧壁的摩阻力（kN/m）；

H——巷道顶板的埋藏深度（m）；

γ——顶板以上岩层的重度（kN/m³）；

φ——顶板以上岩层的内摩擦角（°），由岩样剪切试验求得。

当H增大到某一深度，使巷道顶板岩层恰好保持其自然平衡（即$Q = 0$），此时的H称为临界深度H_0，H_0可按下式确定：

$$H_0 = \frac{\gamma B + \sqrt{\gamma^2 B^2 + 4rBP_0\tan\varphi\tan^2\left(45° - \frac{\varphi}{2}\right)}}{2\gamma\tan\varphi\tan^2\left(45° - \frac{\varphi}{2}\right)} \tag{6.1-2}$$

当$H < H_0$时，地基不稳定；

$H_0 < H < 1.5H_0$时，地基稳定性差；

$H > 1.5H_0$时，地基稳定。

3）采空区建筑物地基稳定性评价应符合下列要求：

（1）对于三级建筑物，当采空区采深采厚比大于 30，且地表已经稳定时可不进行稳定性评价。

（2）当采空区采深采厚比小于 30 时，可根据建筑物的基底压力、采空区埋深、范围和上覆岩层的性质等评价建筑物地基的稳定性，并根据矿区建筑经验提出处理措施。

1.2　场地适宜性评价

场地适宜性评价是通过分析地形地貌、水文、工程地质、水文地质、不良地质作用和地质灾害、活动断裂和地震效应、地质灾害治理难易程度等影响因素，从地质的角度定性、定量评价场地内工程建设的适宜程度。

1.2.1 评价方法

场地适宜性评价宜采用定性划分和定量相结合的综合评判方法。

场地适宜性评价由于涉及的评价因子多而复杂，单纯的定性或定量评价方法都可能有失偏颇，使评价结果与实际存在一定差别，定性评价有一定的人为因素和不确定性，随勘察人员的认识和经验的差别，对同一适宜性级别很可能作出不同的判断，定量评价方法是通过对涉及因子打分，经计算得到适宜性指数，并以该指数值进行分级。由于拟建场地岩土体性质和赋存条件十分复杂，勘察现场钻探、原位测试和室内试验数量有限，数据的代表性和抽样的代表性均存在一定局限，仅用少数参数和某个数学公式难以全面准确地概括所有情况。

为此，实际评价时宜采用定性划分和定量评价相结合的综合评判方法，两者可以互相校核和检验，以提高分级评价的可靠性。

1.2.2 评价分级

场地适宜性可划分为不适宜、适宜性差、较适宜和适宜四级。

1. 场地适宜性的定性评价

场地适宜性的定性评价应符合表 6.1-19 规定，按表 6.1-19 划分为适宜的场地，可不进行适宜性的定量评价。

场地适宜性的定级分类标准　　表 6.1-19

级别	分级要素	
	工程地质与水文地质条件	场地治理难易程度
不适宜	1. 场地不稳定 2. 地形起伏大，地面坡度大于 50% 3. 岩土种类多，工程性质很差 4. 洪水或地下水对工程建设有严重威胁 5. 地下埋藏有待开采的矿藏资源	1. 场地平整很困难，应采取大规模工程防护措施 2. 地基条件和施工条件差，地基专项处理及基础工程费用很高 3. 工程建设将诱发严重次生地质灾害，应采取大规模工程防护措施，当地缺乏治理经验和技术 4. 地质灾害治理难度很大，且费用很高
适宜性差	1. 场地稳定性差 2. 地形起伏较大，地面坡度大于等于 25%且小于50% 3. 岩土种类多，分布很不均匀，工程性质差 4. 地下水对工程建设影响较大，地表易形成内涝	1. 场地平整较困难，需采取工程防护措施 2. 地基条件和施工条件较差，地基处理及基础工程费用较高 3. 工程建设诱发次生地质灾害的机率较大，需采取较大规模工程防护措施 4. 地质灾害治理难度较大或费用较高
较适宜	1. 场地基本稳定 2. 地形有一定起伏，地面坡度大于 10%且小于 25% 3. 岩土种类较多，分布较不均匀，工程性质较差 4. 地下水对工程建设影响较小，地表排水条件尚可	1. 场地平整较简单 2. 地基条件和施工条件一般，基础工程费用较低 3. 工程建设可能诱发次生地质灾害，采取一般工程防护措施可以解决 4. 地质灾害治理简单
适宜	1. 场地稳定 2. 地形平坦，地貌简单，地面坡度小于等于 10% 3. 岩土种类单一，分布均匀，工程性质良好 4. 地下水对工程建设无影响，地表排水条件良好	1. 场地平整简单 2. 地基条件和施工条件优良，基础工程费用低廉 3. 工程建设不会诱发次生地质灾害

注：1. 表中未列条件，可按其对场地工程建设的影响程度比照推定；
　　2. 划分每一级别场地工程建设适宜性分级，符合表中条件之一时即可；
　　3. 从不适宜开始，向适宜性差、较适宜、适宜推定，以最先满足的为准。

2. 场地适宜性的定量评价

场地适宜性的定量评价应在定性评价基础上进行，定量评价宜采用评价单元多因子分级加权指数和法，按以下规定进行。当有成熟经验时，可采用模糊综合评判等其他方法评判。

当采用评价单元多因子分级加权指数和法进行适应性评价时，应符合下列规定：

1）评价单元的定量评价因子体系应由一级因子层和二级因子层组成。一级因子层应包括地形地貌、水文、工程地质、水文地质、不良地质作用和地质灾害、活动断裂和地震效应等；二级因子层应为反映各一级因子主要特征的具体指标。

2）评价因子体系定量标准可按表 6.1-20 确定。

3）应以评价单元为单位，按以下步骤进行计算：

（1）选定一级因子、二级因子；

（2）确定二级因子的具体计算分值（X_j）；

（3）按下式计算评价单元的适宜性指数（I_s），并根据标准判定评价单元的场地适宜性分级。

$$I_s = \sum_{i=1}^{n} \omega_i' \left(\sum_{j=1}^{m} \omega_{ij}'' X_j \right) \tag{6.1-3}$$

式中：n——参评一级因子总数；

　　　m——隶属于第 i 项一级因子的参评二级因子总数；

　　　ω_i'——第 i 项一级因子权重；

　　　ω_{ij}''——隶属于第 i 项一级因子下的第 j 项二级因子的权重。

评价单元多因子分级加权指数和法的一级、二级因子权重的确定应符合下列规定：

（1）应根据各级因子对适宜性的影响程度，将其划分为主控因素、次要因素或一般因素。

（2）一级因子权重（ω_i'）、二级因子权重（ω_{ij}''）应满足下列要求：

$\sum_{i=1}^{n} \omega_i' = 1$，$n$ 为参评一级因子总数；

$\sum_{j=1}^{m} \omega_{ij}'' = 10$，$m$ 为隶属于第 i 个一级因子的参评二级因子总数。

评价因子的量化标准　　　　　　　　　　　　　　表 6.1-20

序号	一级因子	二级因子	量化标准			
			所属分级（1 分 ≤ X_j < 3 分）	所属分级（3 分 ≤ X_j < 6 分）	所属分级（6 分 ≤ X_j < 8 分）	所属分级（8 分 ≤ X_j < 10 分）
1	地形地貌	地形形态	地形破碎，分割严重，非常复杂	地形分割较严重，复杂	地形变化较大，较完整	地形简单，完整
2		地面坡度 i	$i \geqslant 50\%$	$50\% > i \geqslant 10\%$	$25\% > i > 10\%$	$i \leqslant 10\%$
3	水文	洪水淹没可能	洪水淹没深度或用地标高低于设防洪（潮）水位超过 1.0m	洪水淹没深度或用地标高低于设防洪（潮）水位 0.5～1.0m	洪水淹没深度或用地标高低于设防洪（潮）水位 < 0.5m	无洪水淹没，或用地标高高于设防（潮）标高
4		水系水域	跨区域防洪标准行洪、泄洪的水系水域	区域防洪标准蓄滞洪的水系水域；城乡防洪标准行洪、泄洪的水系水域	城乡防洪标准蓄滞洪水系水域	防洪保护区

续表

序号	一级因子	二级因子	量化标准			
			所属分级 （1分≤X_j<3分）	所属分级 （3分≤X_j<6分）	所属分级 （6分≤X_j<8分）	所属分级 （8分≤X_j<10分）
5	工程地质	岩土特征	岩土种类多，分布不均匀，工程性质差；分布严重湿陷、膨胀、盐渍、污染的特殊性岩土，且其他情况复杂，需作专门处理的岩土		岩土种类较多，分布较不均匀，工程性质一般；分布中等—轻微湿陷、膨胀、盐渍、污染的特殊性岩土	岩土种类单一，分布均匀，工程性质良好；无特殊性岩土分布
6		地基承载力	f_a<80kPa	80kPa≤f_a<150kPa	150kPa≤f_a<200kPa	f_a≥200kPa
7		桩端持力层埋深d	d>50m	30m<d≤50m	5m≤d≤30m	d<5m
8	水文地质	地下水埋深	<1.0m	1.0～3.0m	3.0～6.0m	>6.0m
9		土、水腐蚀性	强腐蚀	中等腐蚀	弱腐蚀	微腐蚀
10		土、水污染	严重，不可修复	中度，可修复	轻微，可不作处理	无污染
11	不良地质作用和地质灾害	崩塌	不稳定	稳定性差	基本稳定	稳定
12		滑坡				
13		地面塌陷				
14		泥石流	Ⅰ₁、Ⅱ₁类泥石流沟谷	Ⅰ₂、Ⅱ₂类泥石流沟谷	Ⅰ₃、Ⅱ₃类泥石流沟谷	非泥石流沟谷
15		构造地裂缝	正在活动	近期活动过	近期无活动	无构造性地裂缝
16		采空区	采深采厚比小于30，地表水平变形大于6mm/m，且非连续变形	采深采厚比小于30，地表水平变形2～6mm/m	采深采厚比大于30且地表已稳定	非采空区
17		地面沉降 沿海	沉降速率大于40mm/a		沉降速率20～40mm/a	沉降速率小于20mm/a
		地面沉降 内陆	沉降速率大于50mm/a		沉降速率30～50mm/a	沉降速率小于30mm/a
18		坍岸	不稳定库岸	欠稳定库岸	较稳定库岸	稳定库岸
19	活动断裂和地震效应	地震液化	严重液化		中等、轻微液化	不液化
20		活动断裂	强烈全新活动断裂	微弱、中等全新活动断裂	非全新活动断裂	无活动断裂
21		抗震设防烈度	>Ⅸ度区	Ⅸ度区	Ⅶ、Ⅷ度区	≤Ⅵ度区

注：1. X_j为评价因子的计算分值；

2. 表中数值型因子，可以内插确定其分值；

3. 表中未列入而确需列入的指标，在不影响评价因子系统性的前提下可建立相应的评价因子体系，相应评价因子体系定量标准应根据有关国家和行业规范、标准及地区经验比照确定。

（3）一级、二级因子的权重宜根据对其划分的类别，按表6.1-21确定。

因子权重取值 表 6.1-21

因子类别	一级因子权重（ω_i'）	二级因子权重（ω_{ij}''）
主控因素	ω_i'≥0.50	ω_{ij}''≥5.00
次要因素	0.20≤ω_i'<0.50	2.00<ω_{ij}''<5.00
一般因素	ω_i'<0.20	ω_{ij}''<2.00

注：因子权重可根据专家会议法、德尔菲法（Delphi）或地区经验综合确定。

不同地区、不同地质环境条件的拟建场区，其评价因子对场地适宜性的影响程度、相对重要程度可能不同。一级权重的确定应结合拟建场区特定的工程地质特点，突出主控因素对场地适宜性的限制影响程度而加以确定，因此不规定具体的一级权重值，仅给出建议的权重参考值范围。将指标划分出主控因素、次要因素及一般因素，其中次要因素或一般因素可不划分。

不管一级还是二级因子的权重确定一般可采用专家会议法、德尔菲法进行确定。

各评价单元的场地适宜性可根据评价单元的适宜性指数，按表 6.1-22 确定。

评价单元的适宜性判定标准 表 6.1-22

评价单元的适宜性指数	适宜性分级
$I_S < 20$	不适宜
$20 \leqslant I_S < 45$	适宜性差
$45 \leqslant I_S < 70$	较适宜
$I_S \geqslant 70$	适宜

定量标准表中有关不适宜的定量评价标准说明如下：

（1）洪水淹没深度或用地标高低于防洪（潮）水位大于 1.0m 的地区、跨区域防洪标准行洪、泄洪的水系水域，不适宜工程建设。

（2）大型危岩体（崩塌区落石方量大于 5000m³），山高坡陡，岩层软硬相间，风化严重，岩体结构面发育且组合关系复杂，形成大量破碎带和分离体，山体不稳定，破坏力强，难以治理。这些危岩体及其下方，危岩崩塌时可能直接波及地段，不适宜工程建设。

（3）不稳定的巨型、大中型滑坡对工程和建筑物危害性很大，常常冲毁和掩埋工程和村庄，治理极为困难。不稳定的滑坡体上，巨型、大中型滑坡可能直接波及的地段，不适宜工程建设。

（4）I₁、Ⅱ₁类的泥石流爆发规模大、活动频繁、正处于发展阶段，分布和影响范围很大，破坏后果严重，治理困难，其泥石流沟谷及影响地段，不适宜工程建设。

（5）对不稳定的溶洞、采空区，受降雨、地震等因素影响会逐渐产生地面塌陷，随着时间推移地面塌陷会进一步加剧，故塌陷严重区不适宜工程建设。

（6）采空区采深采厚比小于 30、地表非连续变形的地段、地表移动活跃的地段，产生台阶、地裂缝、塌陷坑的可能性非常大，不适宜工程建设。

（7）对于强烈全新活动断裂带，其平均活动速率较大（大于 1mm/a），历史地震震级一般大于等于 7 级，可产生级联或分段地表破裂，地面峰值加速度很大，一般大于等于 0.4g。地震发生时地面形态将显著改变，各类工程将遭到严重破坏，造成重大的不可抗拒的人员和经济损失，非工程措施可以抵御，唯一的对策就是避让，不适宜工程建设。

（8）对于抗震设防烈度大于Ⅸ度即Ⅹ度和Ⅹ度以上的地区，亦即地震动峰值加速度大于等于 0.4g 的地区，地震造成的灾害非常严重，抗震设防难度大、成本特别高，大量的活动断裂引起的地表错动、滑坡、崩塌等地震地质灾害造成大坝、道路、管线破坏并易产生次生灾害，市政公用设施破坏严重，很难进行人工防御，不适宜工程建设。

其他需说明的问题包括：

（1）蓄滞洪区和防洪保护区

根据《中华人民共和国防洪法》，蓄滞洪区是指包括分洪口在内的河堤背水面以外临时贮存洪水的低洼地区及湖泊等。防洪保护区是指在防洪标准内受防洪工程设施保护的地区。

（2）防洪标准和防洪（潮）水位

按照国家标准《防洪标准》GB 50201—2014 的有关规定，防护对象的防洪标准应以防御的洪水或潮水的重现期表示，对特别重要的防护对象，可采用可能最大洪水表示。各类防护对象的防洪标准应根据经济、社会、政治、环境等因素对防洪安全的要求，统筹协调局部与整体、近期与长远及上下游、左右岸、干支流的关系，通过综合分析论证确定。蓄、滞洪区的分洪运用标准和区内安全设施的建设标准，应根据批准的江河流域规划的要求分析确定。

（3）泥石流类型、全新活动断裂分级和土、水腐蚀性分级

该表中所涉及的 I_1、II_1、I_2、II_2、I_3、II_3 类泥石流沟谷，强烈全新活动断裂、中等全新活动断裂、轻微全新活动断裂，土、水腐蚀性分级的划分标准可参照国家标准《岩土工程勘察规范》GB 50021—2001（2009 年版）的有关规定执行。

（4）坍岸可分为稳定库岸、较稳定库岸、欠稳定库岸及不稳定库岸，可按下列规定划分：①稳定库岸，地层以完整硬岩为主，物理、水理、力学性质好；工程荷载及其他人类作用影响小，库水位影响轻微；覆盖层浸水稳定，几乎没有坍岸现象（边坡重力失稳除外）；②较稳定库岸，地层以较完整岩体为主，物理、水理、力学性质较好；各种因素对库岸的稳定影响较小；覆盖层浸水基本稳定，没有或仅有少量小规模坍岸现象；③欠稳定库岸，地层以较破碎-较完整岩体为主，物理、水理、力学性质一般；覆盖层浸水欠稳定，具有一定数量规模不大的坍岸现象发生；④不稳定库岸，地层为较破碎—破碎岩体或土层，结构较松散，物理力学性质较差，水稳定性差；覆盖层浸水不稳定，库岸变形、失稳较严重，坍岸数量较多，且具有一定规模。

评价因子的量化标准表（表 6.1-20）定了二级因子定量分值与所属分级的对应设置关系、对应于所属分级的定量分值及定量评价标准。定量分值对应于所属分级采用范围值是考虑到当地质环境条件较复杂时，即使隶属于同一分级的因子，其影响程度还是存在差别的，定量分值采用范围值可以更客观地反映因子的实际影响程度。

当采用定性和定量评价方法分别确定的场地适宜性级别不一致时，应分析原因后综合评判。

3. 采空区场地适宜性评价

1）《岩土工程勘察规范》GB 50021—2001（2009 年版）

《岩土工程勘察规范》GB 50021—2001（2009 年版），采空区场地应根据地表移动特征、地表移动所处阶段和地表移动、变形值的大小等进行场地适宜性评价。根据开采情况、地表移动盆地特征和地表变形值的大小和上覆岩层的稳定性，把采空区场地划分为不宜建筑的场地和相对稳定可以建筑的场地，并应符合下面的规定：

（1）下列地段不宜作为建筑场地

①在开采过程中可能出现非连续变形的地段。当出现非连续变形时，地表将产生台阶、

裂缝、塌陷坑。它对建筑物的危害要比连续变形的地段大得多。

②处于地表移动活跃阶段的地段。地表移动活跃阶段内，各种变形指标达到最大值，是一个危险变形期，它对地面建筑物的破坏性很大。

③特厚矿层和倾角大于 55°的厚矿层露头地段。在开采急倾斜矿层时，它除了产生顶板方向的破坏外，采空区上边界以上的破坏范围也显著增大。而且随所采矿层厚度、倾角的增大，上边界所采矿层的破坏越来越严重。同时，开采急倾斜矿层时，采空区上边界矿层会发生抽冒，其抽冒高度严重者可达地表（冒顶）。

④由于地表移动和变形可能引起边坡失稳和山崖崩塌的地段。

⑤地表倾斜大于 10mm/m 或地表水平变形大于 6mm/m 或地表曲率大于 0.6mm/m² 的地段。上述地表变形值对砖石结构建筑物产生严重破坏。对工业建筑，其值也已超过容许值，有的已达到或接近极限值。

（2）下列地段作为建筑场地时，其适宜性应专门研究：

①采空区采深采厚比小于 30 的地段。

②采深小、上覆岩层极坚硬并采用非正规开采方法的地段。

③地表变形值处于下列范围值的地段：

地表倾斜：3～10mm/m；

地表曲率：0.2～0.6mm/m²；

地表水平变形：2～6mm/m。

（3）下列地段为相对稳定区可以作为建筑场地

①已达充分采动，无重复开采可能的地表移动盆地的中间区。

②预计的地表变形值小于下列数值的地段：

地表倾斜：3mm/m；

地表曲率：0.2mm/m²；

地表水平变形：2mm/m。

2)《煤矿采空区岩土工程勘察规范》GB 51044—2014（2017 年版）

《煤矿采空区岩土工程勘察规范》GB 51044—2014（2017 年版）根据建筑物重要性等级、结构特征和变形要求、采空区类型和特征，采用定性与定量相结合的方法，分析采空区对拟建工程和拟建工程对采空区稳定性的影响程度，综合评价采空区场地工程建设适宜性。

（1）采空区场地工程建设适宜性，按表 6.1-23 分级。

采空区场地工程建设适应性评价分级　　　　　　　　　　表 6.1-23

级别	分级说明
适宜	采空区垮落断裂带密实，对拟建工程影响小；工程建设对采空区稳定性影响小；采取一般工程防护措施（限于规划、建筑、结构措施）可以建设
基本适宜	采空区垮落断裂带基本密实，对拟建工程影响中等；工程建设对采空区稳定性影响中等；采取规划，建筑、结构、地基处理等措施可以控制采空区剩余变形对拟建工程的影响，或虽需进行采空区地基处理，但处理难度小且造价低
适宜性差	采空区垮落不充分，存在地面发生非连续变形的可能，工程建设对采空区稳定性影响大或者采空区剩余变形对拟建工程的影响大，需规划、建筑、结构、采空区治理和地基处理等的综合设计，处理难度大且造价高

（2）采空区对各类工程的影响程度，根据采空区场地稳定性、建筑物重要程度和变形要求、地表变形特征及发展趋势、地表移动变形值、采深或采深采厚比、垮落断裂带的密实状态、活化影响因素等，采用工程类比法、采空区特征判别法、活化影响因素分析法、地表剩余移动变形判别法等方法综合评价，并宜按表6.1-24～表6.1-27 的规定划分。

按场地稳定性及工程重要性程度和变形要求定性分析采空区对工程的影响程度　　表6.1-24

场地稳定性	影响程度		
	拟建工程重要程度和变形要求		
	重要拟建工程、变形要求高	一般拟建工程、变形要求一般	次要拟建工程、变形要求低
稳定	中等	小—中等	小
基本稳定	中等—大	中等	小—中等
不稳定	大	中等—大	中等

采用工程类比法定性分析采空区对工程的影响程度　　表6.1-25

影响程度	类比工程或场地的特征
大	地面、建（构）筑物开裂、塌陷，且处于发展、活跃阶段
中等	地面、建（构）筑物开裂、塌陷，但已经稳定6个月以上且不再发展
小	地面、建（构）筑物无开裂，或有开裂、塌陷，但已经稳定2年以上且不再发展；邻近同类型采空区场地有类似工程的成功经验

根据采空区特征及活化影响因素定性分析采空区对工程的影响程度　　表6.1-26

影响程度	采空区特征			活化影响因素
	采空区采深或采深采厚比	采空区的密实状态	地表变形特征及发展趋势	
大	浅层采空区	存在空洞，钻探过程中出现掉钻、孔口窜风	正在发生不连续变形，或现阶段相对稳定，但存在发生不连续变形的可能性大	活化的可能性大，影响强烈
中等	中深层采空区	基本密实，钻探过程中采空区部位大量漏水	现阶段相对稳定，但存在发生不连续变形的可能	活化的可能性中等，影响一般
小	深层采空区	密实，钻探过程中不漏水、微量漏水但返水或间断返水	不再发生不连续变形	活化的可能性小，影响小

根据采空区地表剩余移动变形值确定采空区对工程的影响程度　　表6.1-27

影响程度	地表剩余移动变形值			
	剩余下沉值 δ_W/mm	剩余倾斜值 δ_i/（mm/m）	剩余水平变形值 δ_ε/（mm/m）	剩余曲率值 δ_K/（×10^{-3}/m）
大	$\delta_W \geqslant 200$	$\delta_i \geqslant 10$	$\delta_\varepsilon \geqslant 6$	$\delta_K \geqslant 0.6$
中等	$100 \leqslant \delta_W < 200$	$3 \leqslant \delta_i < 10$	$2 \leqslant \delta_\varepsilon < 6$	$0.2 \leqslant \delta_K < 0.6$
小	$\delta_W < 100$	$\delta_i < 3$	$\delta_\varepsilon < 2$	$\delta_K < 0.2$

（3）拟建工程对采空区稳定性影响程度，应根据建筑物荷载及影响深度等，采用荷载临界影响深度判别法、附加应力分析法、数值分析法等方法，并宜按表6.1-28划分。

根据荷载临界影响深度定量评价工程建设对采空区稳定性影响程度的评价标准　表 6.1-28

评价因子	影响程度		
	大	中等	小
荷载临界影响深度H_D和采空区采深H	$H_D \geqslant H$	$H_D < H \leqslant 1.5H_D$	$H > 1.5H_D$
附加应力影响深度H_a和垮落断裂带深度H_H	$H_a \geqslant H_H$	$H_a < H_H \leqslant 2.0H_a$	$H_H > 2.0H_a$

注：1. 采空区采深H指巷道（采空区）等的埋藏深度，对于条带式开采和穿巷开采指垮落拱顶的埋藏深度；
　　2. 垮落断裂带深度H_H指采空区垮落断裂带的埋藏深度，H_H = 采空区采深H － 垮落断裂带高度H_H，宜通过钻探及其岩芯描述并辅以测井资料确定；当无实测资料时，也可根据采厚、覆岩性质及岩层倾角等按本规范附录 L 计算确定。

采空区场地工程建设适宜性，应采用定性和定量相结合的评价方法综合确定。对于位于稳定或基本稳定的采空区场地上的可不作变形验算的次要建（构）筑物，可仅采用工程类比法等定性方法评价。

4. 泥石流建筑场地适宜性评价

泥石流地区场地适宜性评价，一方面应考虑到泥石流的危害性，确保工程安全，不能轻率地将工程设在有泥石流影响的地段；另一方面也不能认为，凡属泥石流沟谷均不能兴建工程，而应根据泥石流的规模、危害程度等区别对待。

泥石流流域作为建筑场地，应在专门性泥石流勘察工作的基础上，对泥石流进行泥石流工程分类，然后根据泥石流的规模及其危害程度进行综合评价。

（1）Ⅰ₁、Ⅱ₁亚类泥石流沟谷，因其规模大，危害严重，防治工作困难且不经济，不应作建筑场地。各类线路工程也应采取绕避方案。

（2）Ⅰ₂、Ⅱ₂亚类泥石流沟谷，规模较大，危害较严重，不宜作建筑场地。各类建筑，以绕避为好，当必须建筑时，则应采取综合治理和防治措施。对线路工程应避免直穿扇形地，宜在沟口或流通区内沟床稳定、沟形顺直、沟道纵坡一致，冲、淤变幅较小的地段设桥通过，并宜采用一跨或大跨通过。

（3）Ⅰ₃、Ⅱ₃亚类泥石流沟谷，规模较小，危害轻微，可利用其堆积区作建筑场地，但应避开沟口。线路工程亦可通过，但应一沟一桥，不宜改沟并沟，同时应做好排洪疏导等防治工程。

（4）当沟口上游有大量弃渣或进行工程建设而改变原有的排洪平衡条件，应重新判定产生新泥石流的可能性和流域作为建筑适宜性评价。

1.3　对存在影响场地稳定性的不良地质作用提出防治措施的建议

不良地质作用和地质灾害应调查其成因，类型、分布、发育规律和危害特征，判断其稳定性，分析评价自然和人类工程活动等对工程建设适宜性和规划布局的影响，并提出不良地质作用和地质灾害的防治措施和对策建议。

不良地质作用和地质灾害调查应搜集气象、水文、矿产资源、工程地质、水文地质、环境地质、地震、遥感影像、地质灾害防治规划、人类工程活动以及当地不良地质作用和地质灾害治理经验等资料。收集资料是不良地质作用和地质灾害调查的基础工作。

以下内容可以扫二维码 M6.1-1 阅读。

M6.1-1

参考文献

[1]　中华人民共和国住房和城乡建设部. 岩土工程勘察规范: GB 50021—2001 (2009 年版) [S]. 北京: 中国建筑工业出版社, 2002.

[2]　中华人民共和国住房和城乡建设部. 城乡规划工程地质勘察规范: CJJ 57—2012[S]. 北京: 中国建筑工业出版社, 2012.

[3]　中华人民共和国住房和城乡建设部. 煤矿采空区岩土工程勘察规范: GB 51044—2014[S]. 北京: 中国计划出版社, 2015.

[4]　中华人民共和国自然资源部. 地质灾害危险性评估规范: GB/T 40112—2021[S]. 北京: 国家标准化管理委员会, 2021.

[5]　中华人民共和国国土资源部. 地质灾害危险性评估规范: DZ/T 0286—2015[S]. 北京: 中国计划出版社, 2017.

[6]　《工程地质手册》编委会. 工程地质手册[M]. 5 版. 北京: 中国建筑工业出版社, 2018.

[7]　林宗元. 简明岩土工程勘察设计手册[M]. 北京: 中国建筑工业出版社, 2003.

第 2 章　岩土参数选取

2.1　岩土参数选取的目的意义

岩土参数是岩土工程设计的基础，可靠性和适用性是对岩土参数的基本要求。可靠性是指参数能正确反映岩土体在规定条件下的性状，能比较有把握地估计参数值所在的区间。适用性是指参数能满足岩土工程设计计算假定条件和计算精度的要求。

岩土参数的可靠性和适用性，首先取决于岩土试件受干扰的程度，不同取样方法对土的扰动程度不同，测试结果也不同；其次试验方法和取值标准对岩土参数也有很大影响，对于同一地层的同一指标，用不同试验标准所得的结果会有很大差异。因此，在进行岩土工程勘察设计时，需要合理选用测试方法和试验标准，对岩土参数的可靠性、适用性进行评价。

岩土参数统计分析与取值是岩土工程勘察的重要组成部分，是对原位测试和室内试验的数据进行分析和处理，提供设计和施工所需要的参数，是岩土工程勘察分析评价的重要依据。但由于土层的不均匀性，取样扰动、不同的试验方法及其他外界因素的影响，会导致岩土参数具有变异性。

2.2　岩土参数的分类

2.2.1　土的参数分类

1. 土的物理参数

（1）基本物理参数：含水率、密度、相对密度、孔隙率、孔隙比、饱和度、颗粒组成、粒径、砂的相对密实度、有机质含量、热物理参数（比热容、导热系数、导温系数）；

（2）可塑性参数：液限、塑限、塑性指数、液性指数、含水比、活动度 A；

（3）水文地质参数：渗透系数、水力梯度、影响半径。

2. 土的变形参数

（1）击实性参数：最大干密度、最优含水率、压实系数；

（2）压缩性参数：压缩系数、压缩模量、体积压缩系数、固结系数、先期固结压力、压缩指数、回弹指数、固结比；

（3）膨胀性参数：膨胀率、自由膨胀率、有荷膨胀率、无荷膨胀率、膨胀比、线缩、体缩、缩限、膨胀力、线缩率、体缩率、收缩系数；

（4）湿陷性黄土参数：湿陷系数、自重湿陷系数、自重起始压力；

（5）盐渍土参数：含盐量、有效盐胀厚度、总盐胀量；

（6）冻土参数：融化下沉系数、总含水率、含冰量、冻结温度、导热系数、冻胀量；

（7）其他：静止侧压力系数、泊松比、孔隙水压力系数、承载比、灵敏度、基床系数。

3. 土的强度参数

抗剪强度、黏聚力、内摩擦角、残余抗剪强度、无侧限抗压强度。

4. 土的动力参数

（1）变形特征参数：动弹性模量、动剪变模量、阻尼比、动强度；

（2）抗液化强度；

（3）动孔隙水压力；

（4）地基土动力参数：不同振动方式下地基土的刚度、刚度系数、阻尼比；

（5）场地岩土层的剪切波速；

（6）场地特征周期；

（7）土层电阻率。

2.2.2 岩石的参数分类（表6.2-1）

1. 岩石的物理参数

密度、孔隙率、吸水率、饱和系数、耐冻性、透水率、热物理参数。

2. 岩石的力学参数

抗压强度、抗拉强度、抗剪强度、抗弯强度、摩擦系数、黏聚力、静弹性模量、泊松比、基床系数、静止侧压力系数，无侧限抗压强度。

3. 岩石的化学参数

有机质及含量、易溶盐、不溶物等。

4. 岩石的动力参数

动弹性模量、纵波速度、弹性抗力系数、特征周期、岩层电阻率。

岩土参数分类　　　　　　　　　　　　　　表6.2-1

指标类型	参数名称	定义	符号	单位	用途
土的基本物理性质指标	土的质量密度	单位体积土的质量	ρ	t/m³	用于计算其物理力学性质指标；计算土的自重压力；计算地基的稳定性和地基土的承载力；计算土压力；计算斜坡稳定性
	土的重力密度	单位体积土所受的重力	γ	kN/m³	用于计算其物理力学性质指标；计算土的自重压力；计算地基的稳定性和地基土的承载力；计算土压力；计算斜坡稳定性
	浮重度	地下水面以下单位岩土体的体积的有效重力，可由岩土的饱和重度和水的重度之差值求得	γ'	kN/m³	用于计算其物理力学性质指标；计算土的自重压力；计算地基的稳定性和地基土的承载力；计算土压力；计算斜坡稳定性
	含水率	土中水的质量与颗粒质量之比（用百分比表示）	w	%	用于计算其他物理力学性质指标；评价土的承载力；评价土的冻胀性
	相对密度	土粒单位体积的质量与4℃时蒸馏水的密度之比	d_s	—	用于计算其他物理力学参数

指标类型	参数名称	定义	符号	单位	用途
土的基本物理性质指标	干密度	土的单位体积内颗粒质量	ρ_d	t/m^3	用于计算其他物理力学性质指标；评价土的密度和控制填土的回填质量
	最大干密度	土的单位体积内颗粒质量的最大值	ρ_{dmax}	t/m^3	控制回填土的回填质量及夯实效果
	最小干密度	土的单位体积内颗粒质量的最小值	ρ_{dmin}	t/m^3	控制回填土的回填质量及夯实效果
	干重度	土的单位体积内颗粒所受的重力	γ_d	kN/m^3	—
	饱和密度	土中孔隙完全被水充满时土的密度	ρ_{sat}	t/m^3	—
	饱和重度	土中孔隙完全被水充满时土的重度	γ_{sat}	kN/m^3	—
	有效重度	在地下水位以下，土体受到水的浮力作用时土的重度	γ'	—	—
	孔隙率	土中孔隙体积与土的体积之比（用百分数表示）	n	—	计算压缩系数和压缩模量；评价土的密实度和土的承载力
	孔隙比	土中孔隙体积与土粒体积之比	e	%	—
	饱和度	土中水的体积与孔隙体积之比	S_t	%	划分砂土的湿度，评价地基承载力
	电阻率	反映岩石和矿石导电性变化	ρ	$\Omega \cdot m$	用于配电设计
	比热容	没有相变化和化学变化时，1kg 均相物质温度升高 1K 所需的热量	C	$kJ/(kg \cdot K)$	用于地铁工程等通风设计、冷冻法施工设计
	导热系数	指在稳定传热条件下，1m 厚的材料，两侧表面的温差为 1 度（K，℃），在 1s 内，通过 1m² 面积传递的热量	λ	$W/(m \cdot K)$	用于地铁工程等通风设计、冷冻法施工设计
	导温系数	在非稳态导热过程中，用以表征物质传播并均衡温度的能力（或物体扩散热量能力）的一个物性参数	α	$\times 10^{-3}$ (m²/h)	用于地铁工程等通风设计、冷冻法施工设计
可塑性指标	塑限	当土由固体状态变到塑性状态时的分界含水率	w_p	%	进行黏性土的分类；划分黏性土状态；评价黏性土的承载力；评价土的力学性质
	液限	当土由塑性状态变到流动状态时的分界含水率	w_L	%	进行黏性土的分类；划分黏性土状态；评价黏性土的承载力；评价土的力学性质
	塑性指数	液限与塑限之差	I_P	—	进行黏性土的分类；划分黏性土状态；评价黏性土的承载力；评价土的力学性质
	液性指数	天然含水率与塑限之差除以塑性指数	I_L	—	进行黏性土的分类；划分黏性土状态；评价黏性土的承载力；评价土的力学性质
	含水比	土的天然含水率与液限的比值	U	—	进行黏性土的分类；划分黏性土状态；评价黏性土的承载力；评价土的力学性质

指标类型	参数名称	定义	符号	单位	用途
颗粒组成	黏粒含量	粉土中黏粒含量	P_c	mm	评价砂土的级配情况；估计土的渗透系数；评价砂土粉土的液化可能性；大粒径卵石对盾构开挖的影像；评价注浆加固的可行性
	界限粒径	小于该粒径（d_{60}）的颗粒质量占土粒总质量的 60%的粒径	d_{60}	mm	评价砂土的级配情况；估计土的渗透系数；评价砂土粉土的液化可能性；大粒径卵石对盾构开挖的影像；评价注浆加固的可行性
	平均粒径	小于该粒径（d_{50}）的颗粒质量占土粒总质量的 50%，	d_{50}	mm	评价砂土的级配情况；估计土的渗透系数；评价砂土粉土的液化可能性；大粒径卵石对盾构开挖的影像；评价注浆加固的可行性
	中间粒径	土粒累计质量百分数为 30%的粒径	d_{30}	mm	评价砂土的级配情况；估计土的渗透系数；评价砂土粉土的液化可能性；大粒径卵石对盾构开挖的影像；评价注浆加固的可行性
	有效粒径	粒径分布曲线上小于该粒径（d_{10}）的土含量占总土质量的 10%的粒径称为有效粒径	d_{10}	mm	评价砂土的级配情况；估计土的渗透系数；评价砂土粉土的液化可能性；大粒径卵石对盾构开挖的影像；评价注浆加固的可行性
	不均匀系数	以限制粒径（d_{60}）与有效粒径（d_{10}）之比值表示土中颗粒级配均匀程度的一个指标	C_u	—	评价砂土的级配情况；估计土的渗透系数；评价砂土粉土的液化可能性；大粒径卵石对盾构开挖的影像；评价注浆加固的可行性
	曲率系数	指颗粒级配曲线上，累积颗粒含量为 30%的粒径d_{30}的平方与累积颗粒含量为 60%的粒径d_{60}和有效粒径d_{10}乘积的比值	C_c	—	评价砂土的级配情况；估计土的渗透系数；评价砂土粉土的液化可能性；大粒径卵石对盾构开挖的影像；评价注浆加固的可行性
土的膨胀性指标	自由膨胀率	浸水膨胀稳定后，土样增加的体积与原体积的比值	δ_{cf}	—	测定膨胀土的胀缩性指标
	有荷/无荷膨胀率	在一定压力/无荷载下，浸水膨胀稳定后，土样增加的高度与原高度的比值	δ_{ep}/δ_e	—	测定膨胀土的胀缩性指标
	膨胀力	原状土在体积不变时，由于浸水膨胀时产生的最大应力	p_e	N	测定膨胀土的胀缩性指标
	线缩率	黏性土在自然风干条件下收缩变形量与原试样高度的比值	δ_{si}	—	测定膨胀土的胀缩性指标
	体缩率	黏性土在自然风干条件下收缩体积减小量与原体积的比值	δ_v	—	测定膨胀土的胀缩性指标
	收缩系数	原状土在直线收缩阶段，含水率减少 1%时的竖向线缩率	λ_n	—	测定膨胀土的胀缩性指标

续表

指标类型	参数名称	定义	符号	单位	用途
土的压缩性指标	压缩系数	描述物体压缩性大小的物理量	$a_{1\text{-}2}$	—	计算地基变形;评价土的承载力
	压缩模量	土在完全侧限条件下的竖向附加应力与相应的应变增量之比,也就是指土体在侧向完全不能变形的情况下受到的竖向压应力与竖向总应变的比值	E_s	MPa	计算地基变形;评价土的承载力
	压缩指数	土在有侧限条件下受压时,压缩曲线 $e\text{-}\lg p$ 在较大范围内为一直线,土压缩指数即为该段的斜率	C_c	—	计算地基变形;评价土的承载力
	先期固结压力	前期固结压力又称天然固结压力,是土在地质历史上曾经受过的最大有效竖向压力	P_c	—	评价土的应力状态和压密状态
	固结系数	在研究试验过程中试样固结所需要的时间	C_s	—	计算沉降时间及固结度
	泊松比	土体在无侧限条件下压缩时,侧向应变与轴向应变之比	V	—	测定土的压缩性
土的动力参数	剪切波速	振动横波在土内的传播速度	V_s	m/s	判断场地土类别、判断场地地震液化的可能性、提出地震反应分析所需的场地土动力参数
	标准贯入击数	标准贯入器击入土中 30cm 所需的锤击数	N	—	评价砂土的密实状况和黏性土所处的稠度状态
抗剪强度指标	黏聚力	在同种物质内部相邻各部分之间的相互吸引力	C	kPa	计算承载力;评价地基稳定性;计算边坡稳定性
	内摩擦角	内摩擦角是抗剪强度线在 $\sigma\text{-}\tau$ 坐标平面内的倾角,反映土或岩石内部各颗粒之间内摩擦力的大小	φ	°	计算承载力;评价地基稳定性;计算边坡稳定性
	无侧限抗压强度	试样在无侧向压力情况下,抵抗轴向压力的极限强度,由无侧限压缩试验求得	q_u	kPa	评价土的承载力;估计土的抗剪强度
	土的灵敏度	原状土与其重塑后立即进行试验的无侧限抗压强度之比值	S_t	—	评价软土的结构性,衡量黏性土结构性对强度的影响
动力变形指标	动弹性模量	土在周期荷载作用下动应力与动应变的比值	E_d	MPa	测定土的动力特性;进行场地的动力稳定性分析
	动剪变模量	动剪应力与动剪应变的比值	G_d	MPa	测定土的动力特性;进行场地的动力稳定性分析
	动阻尼比	阻尼系数与临界阻尼系数之比	λ_d	—	测定土的动力特性;进行场地的动力稳定性分析
	动强度	一定振动循环次数下使试样产生破坏应变时的动剪应力值	c_d、φ_d	—	计算地基的动承载力、评价土体稳定性、判定饱和砂土及粉土的液化势
	变形模量	在部分侧限条件下,其应力增量与相应的应变增量的比值	E_σ	MPa	反映天然土层的变形特性
	泊松比	材料在单向受拉或受压时,横向正应变与轴向正应变的绝对值的比值	μ	—	反映天然土层的变形特性

指标类型	参数名称	定义	符号	单位	用途
地基动力参数	地基刚度	施加于地基上的力（力矩）与其引起的线变位（角变位）之比	K	—	地基抵抗变形的能力
	刚度系数	单位面积上的地基刚度	C	kN/m³	指材料或结构在受力时抵抗弹性变形的能力
	阻尼比	使自由振动衰减的各种摩擦和其他阻碍作用	—		外界作用和或系统本身固有的原因引起的振动幅度逐渐下降的特性
岩石物理力学指标	吸水率	单位体积岩石在大气压力下吸收水的质量与岩石干质量之比	ω_1	—	反映岩石中裂隙的发育程度，测定岩石的吸水能力
	饱和吸水率	单位体积岩石在 150×10^5Pa 下或真空条件下吸收水的质量与岩石干重之比	ω_2	—	测定岩石在较大压力下的吸水能力
	抗压强度	50mm × 50mm × 50mm 立方体试件，在水饱和状态下测得的抗压强度极限值	R	kPa	评价岩石地基的承载力
	抗拉强度	使岩石受拉破坏所需最大轴向拉力	f_r	kPa	岩石抵抗剪切破坏的极限能力
	抗剪强度	岩石对剪切破坏的极限抵抗能力	σ_r	kPa	岩石抵抗剪切破坏的极限能力
	透水率	水压 p 为 1MPa 时，每米试段长度 L（m）每分钟注入水量 Q（L/min）为 1L 时，称为 1Lu	q	Lu	评价地层的渗透性
	软化系数	表示岩石吸水前后机械强度变化的物理量，指岩石饱含水后的极限抗压强度（一般指饱和单轴抗压强度）与干燥时的极限抗压强度（单轴抗压强度）之比	K_R	—	评价岩石耐风化、耐水浸的能力
	比热容	没有相变化和化学变化时，1kg 均相物质温度升高 1K 所需的热量	C	kJ/(kg · K)	用于地铁工程等通风设计、冷冻法施工设计
	导热系数	指在稳定传热条件下，1m 厚的材料，两侧表面的温差为 1℃，在 1s 内，通过 1m² 面积传递的热量	λ	W/(m · K)	用于地铁工程等通风设计、冷冻法施工设计
	导温系数	在非稳态导热过程中，用以表征物质传播并均衡温度的能力（或物体扩散热量能力）的一个物性参数	α	× 10⁻³m²/h	用于地铁工程等通风设计、冷冻法施工设计
	基床系数	地基上任一点所受的压力强度 p 与该点的地基沉降量 s 成正比，这个比例系数就是基床反力系数	K	kN/m	主要用于模拟地基土与结构物的相互作用，计算结构物内力及变位
	静止侧压力系数	土样在无侧向变形条件下测得的有效侧压力 σ_3 与轴向有效压力 σ_1 之比	K_0	—	研究土体变形和强度的重要参数
	无侧限抗压强度	试样在无侧向压力条件下，抵抗轴向压力的极限强度	q_u	MPa	评价岩体强度

续表

指标类型	参数名称	定义	符号	单位	用途
水文地质参数	渗透系数	在各向同性介质中，单位水力梯度下的单位流量	k	cm/s	评价地层的渗透性；进行阻降水方案的设计
	给水度	饱和介质在重力排水作用下可以给出的水体积与多孔介质体积之比	μ	—	评价地层的渗透性；进行阻降水方案的设计

2.3　岩土参数的分析

2.3.1　岩土参数的统计方法

下列内容可以扫二维码 M6.2-1 阅读。

M6.2-1

2.3.2　岩土参数的分布特征

下列内容可以扫二维码 M6.2-2 阅读。

M6.2-2

2.3.3　岩土参数统计分析

1. 工程地质单元体的划分

由于自然界中的岩土体生成条件和所处环境的不同，导致岩土体的性质具有明显的非均一性和各向异性。不同工程地质单元体的岩土参数具有较大的差异性，是一个随机变量。而对于同一工程地质单元体来讲，其值域的分布具有相同或相似的规律，可以用数理统计的方法进行分析与处理。

因此在进行岩土参数的统计分析之前，首先应根据拟建场地所处的地貌单元、地层层位、岩性、成因类型、沉积年代、堆积年代等，对勘探深度范围内所涉及的岩土初步划分工程地质单元体，即工程地质层，然后按照工程地质单元体进行岩土参数的统计分析。对该单元的试验数据进行检查，对异常数据应进行复查检验，分析研究，然后决定取舍。每个统计单元，土的物理力学性质指标应基本接近，数据的离散性只能是土质不均匀或试验误差造成的。若两个统计单元的指标，经过差异显著性检验无明显差异时，可以合并成一个统计单元。

2. 各工程地质单元岩土参数的统计分析

岩土工程参数统计的特征值可分为两类：一类是反映参数分布的集中情况或中心趋势的，是某一批数据的现行代表，用算术平均值表示。另一类是反映参数分布的离散程度的，用标准差和变异系数来表征。

3. 数据的统计

（1）平均值

表示分布的平均趋势，最常用的平均值是算术平均值，也称均值，用 μ 表示。

设有一组数据 x_1，x_2，$\cdots$，x_n，则 $\mu = \frac{1}{n}(x_1 + x_2 + \cdots + x_n) = \frac{1}{n}\sum\limits_{i=1}^{n} x_i$ 是这组数据的算术平均值。

（2）加权平均值

当不同数据具有不同的权时，应计算加权平均值。

$$\bar{x} = \frac{w_1 x_1 + w_2 x_2 + \cdots + w_n x_n}{w_1 + w_2 + \cdots + w_n} = \frac{\sum w_i x_i}{\sum w_i} \tag{6.2-1}$$

式中：w_i——指标 x_i 所具有的权。

（3）标准差

平均值只能反映一组数据总的情况，但不能说明它们的分散程度，子样本标准差是表示数据离散程度的特征值，用 s 表示，是数据方差 s^2 的平方根，s^2 用二阶中心矩描述：

$$s = \sqrt{\frac{1}{n-1}\left[\sum_{i=1}^{n} x_i^2 - \frac{1}{n}\left(\sum_{i=1}^{n} x_i\right)^2\right]} \tag{6.2-2}$$

母体的标准差又称均方差，用 σ 表示，s 是 σ 的无偏估计量。则 $\sigma = s\sqrt{\frac{n-1}{n}}$，$\sigma = \sqrt{\frac{1}{n}\sum\limits_{i=1}^{n}(x_i - \mu)^2}$ 是这组数据的标准差，当 σ 越大，这组数据越分散，即变异系数越大；当 σ 越小，这组数据越集中，即变异系数越小。

应当指出，只有当随机变量的试验数据较多时（$n \geqslant 30$），按 $\sigma = \sqrt{\frac{1}{n}\sum\limits_{i=1}^{n}(x_i - \mu)^2}$ 估算随机变量总体标准差才是正确的。这是因为随机变量总体试验数据较其部分数据的分散程度大的原因。为此，当 $n < 30$ 时，应将标准差公式修正为：

$$\sigma = \sqrt{\frac{1}{n-1}\sum_{i=1}^{n}(x_i - \mu)^2} \tag{6.2-3}$$

或

$$\sigma = \sqrt{\frac{\sum\limits_{i=1}^{n} x_i^2 - n\mu^2}{n-1}} \tag{6.2-4}$$

（4）变异系数

标准差 σ 只能反映数据同一平均值时的分散程度，而不能说明不同平均值时的分散程度，变异系数是表示数据变异性的特征值，则变异系数是标准差与平均值的比值，即：

$$\delta = \frac{\sigma}{\mu} \tag{6.2-5}$$

变异系数可以比较不同参数之间的离散程度。

（5）岩土参数在深度方向上的变异

岩土参数沿深度方向呈有规律的变化，按变化特点分为相关型和非相关型。相关型参数宜结合岩土参数与深度的经验关系，按下式确定剩余标准差，并用剩余标准差计算变异系数。

$$\sigma_r = \sigma_f\sqrt{1 - r^2} \tag{6.2-6}$$

$$\delta = \frac{\sigma_r}{\varphi_m} \tag{6.2-7}$$

式中：σ_r——剩余标准差；

　　　σ_f——岩土参数的标准差；

　　　r——相关系数，对非相关型，$r = 0$；

　　　φ_m——岩土参数的平均值。

2.3.4　岩土参数的误差分析

下述内容可以扫二维码 M6.2-3 阅读。

M6.2-3

2.3.5　岩土参数的变异系数与变异性等级

岩土参数均有不同程度的变异性。产生变异的原因有两个方面：一是由于取试样、运输、制备、试验、取值过程中产生的随机变异；二是岩土本身的不均匀性，自然的空间变异性。

1. 变异系数

当需要比较两组数据离散程度大小的时候，如果两组数据的测量尺度相差太大，或者数据量纲的不同，直接使用标准差来进行比较不合适，此时就应当消除测量尺度和量纲的影响，而变异系数可以做到这一点，它是原始数据标准差与原始数据平均数的比。变异系数没有量纲，这样就可以进行客观比较了。事实上，可以认为变异系数和极差、标准差和方差一样，都是反映数据离散程度的绝对值。其数据大小不仅受变量值离散程度的影响，而且还受变量值平均水平大小的影响。

按变异系数划分变异类型，有助于定量地判别和评价岩土参数的变异特性，提出不同的设计参数值。分析岩土参数在深度方向和水平方向的变异规律，有助于正确掌握岩土参数的变异特性，按变异特性划分力学层或分区统计指标。

按变异系数，可将岩土参数与深度关系划分为两种类型，当 $\delta < 0.3$ 时，为均一性；当 $\delta \geqslant 0.3$ 时，为剧变形。不同参数的变异系数大小不同，见表 6.2-2。国内部分地区土层指标的变异系数见表 6.2-3。

Ingles 统计的变异系数　　　　　　　表 6.2-2

岩土参数	内摩擦角		黏聚力（不排水）	压缩值	固结系数	弹性模量	液限	塑限	标准贯入击数	无侧限抗压强度	孔隙比	重度	黏粒含量
	砂土	黏性土											
范围值	0.05～0.15	0.12～0.56	0.20～0.50	0.18～0.73	0.25～1.00	0.02～0.42	0.02～0.48	0.09～0.29	0.27～0.85	0.06～1.00	0.13～0.42	0.01～0.10	0.09～0.70
建议值	0.10	0.10	0.30	0.30	0.50	0.30	0.10	0.10	0.30	0.40	0.25	0.03	0.25

国内研究成果的变异系数　　　　　　　表 6.2-3

地区	土类	密度的变异系数	压缩模量的变异系数	内摩擦角的变异系数	黏聚力的变异系数
北京	主要岩土层	—	0.35	0.25	0.30

地区	土类	密度的变异系数	压缩模量的变异系数	内摩擦角的变异系数	黏聚力的变异系数
上海	淤泥质黏土	0.017～0.020	0.044～0.213	0.206～0.308	0.049～0.080
	淤泥质粉质黏土	0.019～0.023	0.166～0.178	0.197～0.424	0.162～0.245
	暗绿色粉质黏土	0.015～0.031	—	0.097～0.268	0.333～0.646
江苏	黏土	0.005～0.033	0.177～0.257	0.164～0.370	0.156～0.290
	粉质黏土	0.014～0.030	0.122～0.300	0.100～0.360	0.160～0.550
安徽	黏土	0.020～0.034	0.170～0.500	0.140～0.168	0.280～0.300
河南	粉质黏土	0.015～0.018	0.166～0.469	—	—
	粉土	0.017～0.044	0.209～0.417	—	—

2. 变异性等级

根据岩土参数变异系数的大小划分不同的等级（或程度）（表 6.2-4）。

变异性等级（根据 Meyerhol）　　　　　　表 6.2-4

变异性等级	变异系数	荷载	土性参数
很低	< 0.1	永久荷载，静水压力	密度
低	0.1～0.2	孔隙水压力	砂土的指示指标，内摩擦角
中等	0.2～0.3	活荷载，环境荷载	黏土的指示指标，黏聚力
高	0.3～0.4	—	压缩性，固结系数
很高	> 0.4	—	渗透性

2.3.6　岩土参数的极差

一组试验数据中的最大数据与最小数据的差叫做这组数据的极差。在统计中常用极差来刻画一组数据的离散程度，以及反映的是变量分布的变异范围和离散幅度，在总体中任何两个单位的标准值之差都不能超过极差。同时，它能体现一组数据波动的范围。极差越大，离散程度越大，反之，离散程度越小。

$$R = x_{\max} - x_{\min} \tag{6.2-8}$$

用载荷试验确定地基土承载力的同一土层参加统计的试验点不应少于三点，各试验实测值的极差不得超过其平均值的 30%，当极差大于其平均值的 30%，应查找、分析出现异常值原因，并按极差剔除准则补充试验和剔除异常值。

2.4　岩土参数的选取

2.4.1　选取的原则

选用岩土参数时，一般宜遵循下列原则：（1）评价岩土性状的指标，如天然含水率、天然密度、液限、塑限、塑性指数、液性指数、饱和度、相对密实度、吸水率等，选用其平均值。（2）正常使用极限状态计算需要的岩土参数指标，如压缩系数、压缩模量、渗透系数等，选用指标的平均值，但变异性较大时，可根据经验做适当调整。（3）承载能力极限状态计算需要的岩土参数，如岩土的抗剪强度指标等，选用指标的标准值。（4）容许应力法计算需要的岩土指标，应根据计算和评价的方法选定，可用平均值，并作适当的经验调整。

2.4.2　选取的影响因素

岩土参数应根据工程特点和地质条件等因素分析和选定，并按下列内容评价其可靠性和适用性。

（1）取样方法和其他因素对试验结果的影响；

（2）采用的试验方法和取值标准；

（3）不同测试方法所得结果的分析比较；

（4）测试结果的离散程度；

（5）测试方法与计算模型的配套性；

（6）软土的形成条件、成层特点、均匀性、应力历史、地下水及其变化条件；

（7）施工方法、程序以及加荷速率对软土性质的影响。

2.4.3　岩土参数选取的工作程序

（1）搜集工程所在地区岩土体的成因类型、结构构造、物质组成、结构面分布规律；地应力状态、水文地质条件等地质资料，掌握岩土体的均质和非均质体。

（2）了解工程布置方案、工程建筑类型、持力方向；荷载大小以及对地基和地下围岩的要求等设计意图。

（3）根据地质条件和设计意图，安排岩土试验工作，试样或现场原位测试件除满足岩土分类需要外，通常布置的工程持力范围内，要求具有代表性，并达到规范规定的试验组数，确保试验成果的可信程度。

（4）采集岩土试样保持原状结构，试样制备与试验时应保持岩土原来所处的应力状态和含水状态，符合岩土试验规程和工程特点（工程作用力的大小与方向）。

（5）试验成果按岩体质量类别或工程地质单元，分别在用算术平均值法、最小二乘法、数值统计法或优定斜率和图解法进行整理，舍去不合理的离散值。一般以整理后的试验数值作为标准值，在结合建筑物地基（围岩）的工程地质条件进行调整，提出地质建议值。设计计算值有设计人员确定，如采用结构可靠度分项系数及极限状态设计方法时，岩土性能的标准值根据现场岩土试件性能的概率分布的某一分位值确定。

2.4.4　岩土参数的选取

岩土参数的选取，应充分考虑取样、试验操作等因素影响，根据场区地层沉积规律划分地层，对于土层测试、试验指标，分析舍去明显不合理数据后，采用算术平均值、最大值、最小值、变异系数等可靠的数理统计学指标，以获取准确的岩土设计参数。

下列内容可以扫二维码 M6.2-4 阅读。

M6.2-4

1. 土的物理参数取值

1）土的物理力学参数以试验成果为依据，当土体具有明显的各向异性，或工程设计有特殊要求时，则以现场测试成果为依据。

2）土的物理性质参数一般以试验的算术平均值作为标准值；地基工程时，则以抽水试验的平均值作为标准值渗透系数一般根据土体结构、渗流状态，以室内试验或抽水试验的大值平均值作为标准值，当用于水位降落和排水时，则以试验的小值平均值作为标准值；用于供水工程时，则以抽水试验的平均值作为标准值。

3）土的压缩（变形）模量可以从压力-变形曲线上，以建筑物最大荷载下相应的变形关系选取；或按压缩（变形）试验的压缩性能，根据其固结程度选定标准值。土的压缩（变形）模量、泊松比也可以取 0.5 的分位值作为标准值。对于高压缩性软土，则以试验的大值平均值作为标准值。

4）混凝土坝、闸基础地面与地基土间的抗剪强度，对于黏性土地基，φ_0 值用室内饱和固结快剪试验内摩擦角 φ 的90%，c_0 值可采用室内饱和固结快剪试验黏聚力 c 值的20%～30%，如折算的综合摩擦系数 f_z 值大于 0.45，采用时应有论证。对于砂性土地基 φ_0 值可采用 φ 的85%～90%，不计 c_0 值，如 $\tan\varphi_0$ 值大于 0.50，采用时应有论证。

$$f_z = \frac{\sum G \tan\varphi_0 + c_0 A}{\sum G} \qquad (6.2-9)$$

式中：$\sum G$——作用在闸室上的竖向荷载（包括闸室基底面上的扬压力在内）（kN）；

　　　　A——闸室基础底面面积（m²）；

　　　　f_z——折算后的综合摩擦系数。

规划、可行性研究阶段可参考选用表 6.2-5 中的 $\tan\varphi_0$ 值。

坝、闸基础底面与地基土之间摩擦系数参考　　　　　　表 6.2-5

地基土类型		摩擦系数
卵石、砾石		0.50～0.55
粗砂、中砂		0.45～0.50
细砂		0.40～0.45
粉砂、砂质粉土		0.35～0.40
黏质粉土、粉质黏土		0.25～0.40
黏土	坚硬	0.35～0.45
	中等坚硬	0.25～0.35
	软弱	0.20～0.25

5）土的抗剪强度宜取试验峰值的小值平均值作为标准值；也可以取 0.1 的分位值作为标准值；对于三轴试验资料，以有效应力计算，宜以试验的平均值作为标准值。

（1）当采用总应力进行稳定分析时，应考虑以下情况：

①当地基为厚的黏性土层或高塑性土层，由于固结速度慢，宜取饱和快剪强度（或三轴不固结不排水剪）；对于软黏土、淤泥也可用现场十字板剪切强度。

②当地基黏性土较薄，透水性较好或采用排水措施，宜取饱和固结快剪强度（或三轴固结排水剪）。

③当地基土层能自由排水,透水性能良好,不容易产生孔隙水压力,宜取慢剪强度(或三轴固结排水剪)。

(2)当采用有效应力进行稳定分析时,对于黏性土类地基,需测定过估算孔隙水压力,以取得有效应力强度。

(3)具有超固结性、多裂隙性和膨胀性的膨胀土,承受荷载时呈渐进破坏,应根据所含黏土矿物的性状、微裂隙的密度和建筑物地段在施工期,运行期的干湿效应等综合分析后选取,具有显著流变特性的强、中膨胀土宜取流变强度(长期强度)作为标准值;弱膨胀土、含钙铁结核的膨胀土或坚硬黏土,可以峰值强度的小值平均值作为标准值。

(4)软土以流变试验值作为标准值。

(5)进行有效应力动力分析时,需测定饱和砂土的地震附加孔隙水压力,并采用地震有效应力强度,原则上是用动力试验测定土体在地震作用下的抗剪强度,对于灵敏度高的软土和易于液化的砂土,应进行专门试验,以其强度值作为标准值。

在无动力试验资料时,可以参考以下情况选用静力抗剪强度作为标准值。

①固结的黏性土,采用三轴饱和固结不排水剪测定的强度,根据总应力强度(R)和有效应力强度(R'),按下述原则确定强度:

$$当 R < R' 时 \quad 取 \frac{R + R'}{2} \tag{6.2-10}$$

$$当 R > R' 时 \quad 取 R' \tag{6.2-11}$$

如果直剪仪测定强度,可采用饱和固结快剪强度。

②紧密的砂、砂砾,可采用直剪仪测定的固结快剪强度的小值平均值作为标准值,若允许地基土有较大变形时,可采用强度包线的下限(即最后强度的内摩擦角)作为标准值。

2. 岩体物理力学参数取值

(1)均质的各向同性岩体的物理力学性质参数,如单轴抗压强度、点荷载强度、均质岩体弹性波速度等,均可采用测试成果的算术平均值或统计的最佳值作为标准值。

(2)非均质的各向异性明显的岩体,可划分成若干的均质体(或按不同岩性)分别试验取值;对于层状结构岩体应该按建筑物荷载方向与结构面的不同交角进行试验,以取得相应条件下的单轴抗压强度、点荷载强度、弹性波速度等试验值,并以算术平均值或统计最佳值作为标准值。

(3)岩体变形模型或弹性模量按岩体实际受力方向和大小进行原位试验,在压力-变形曲线上以建筑物最大荷载下相应的变形关系选取标准值;弹性模量、泊松比也可取 0.5 的分位值作为标准值,并结合实测的动、静弹性模量相关关系岩体结构调整。

(4)坝基岩体承载力原则上根据岩石饱和单轴抗压强度(R_k),结合岩体节理、裂隙发育程度,做相应折减后确定。对于软质岩可通过三轴试验确定其容许承载力。

(5)抗剪强度取值应与现行设计规范和稳定计算方法和安全系数相应配套,原则上以原位抗剪试验或中型抗剪试验成果为主要依据,当夹泥层厚度较大时,可以室内试验资料为依据。

（6）混凝土坝基基础底面与基岩间的抗剪强度，当试件呈脆性破坏，抗剪强度以峰值强度的小值平均值，抗剪强度以比例极限强度，或以优定斜率的下限值作为标准值，再根据基础底面和基岩接触面剪切破坏性状和地质条件进行调整，提出地质建议值。在岩性、起伏差和试件尺寸相同的情况下，接触面抗剪强度随混凝土强度等级的增高而增加，对于新鲜、坚硬的岩浆岩，也可以按坝基混凝土强度等级的6.6%～7.0%估算黏聚力，规划、可行性研究阶段可参考表6.2-6选用。

坝基岩体力学参数参考 表6.2-6

岩体分类	混凝土与岩体		岩体		变形模量
	f'/MPa	c'/MPa	f'/MPa	c'/MPa	E_0/10^4MPa
Ⅰ	1.3～1.5	1.3～1.5	1.4～1.6	2.0～2.5	> 2.0
Ⅱ	1.1～1.3	1.1～1.3	1.2～1.4	1.5～2.0	1.0～2.0
Ⅲ	0.9～1.1	0.7～1.1	0.8～1.2	0.7～1.5	0.5～1.0
Ⅳ	0.7～0.9	0.3～0.7	0.55～0.8	0.3～0.7	0.2～0.5
Ⅴ	0.4～0.7	0.05～0.3	0.4～0.55	0.05～0.3	0.02～0.2

注：1. 表中岩体限坝基岩，f'和c'为抗剪断强度；
    2. 表中参数限于硬质岩，软质岩需折减。

（7）岩体抗剪强度，具有整体块体状结构、层状结构的硬质岩体，试件呈脆性破坏，抗剪强度以峰值强度的小值平均值，抗剪强度以比例极限强度作为标准值，对于似均质岩体也可用优定斜率法下限值作为标准值。均有镶嵌碎裂结构、破碎结构（无充填、闭合）及隐微裂隙发育的岩体，试件呈塑性破坏或脆性破坏，以屈服强度作为标准值，再根据裂隙充填情况和试验时剪切变形量等因素进行调整，提出地质建议值。

（8）混凝土坝基础底面与基岩间的抗剪强度或岩体抗剪强度也可以取0.2的分位值作为标准值。

（9）结构面的抗剪强度，结构面试件呈剪断破坏（结构面的凸起部分，被啃断或胶结充填物被剪断）时，以峰值强度的小值平均值作为标准值，试件呈剪切（摩擦）破坏时，以比例极限强度作为标准值，再根据结构面粗糙度、起伏差、张开度、结构面壁强度等因素进行调整，提出地质建议值。

（10）软弱层（带）、断层的抗剪强度。试件呈塑性破坏，以屈服强度过流变强度作为标准值。再根据软弱层（带）、断层的类型和厚（宽）度调整为地质建议值，软弱层（带）、断层通常分为岩块岩屑型（含泥膜）、岩屑夹泥型、泥夹岩屑型和泥型四类。当黏粒含量大于30%、泥化镜面或黏土矿物以蒙脱石为主的软弱层（带）和断层采用流变强度。当软弱层（带）和断层有一定厚度和起伏差时，应该考虑充填度（层的厚度t与起伏差h的比值）的影响。t大于h时，层（带）强度采用充填物的抗剪强度；t小于h时，还要以有效爬坡角中的小值给予调整，提高其抗剪强度，根据上述情况调整为地质建议值。规划、可行性研究阶段可参考表6.2-7选用。

结构面、软弱层（带）、断层抗剪强度参考　　　　表 6.2-7

类型	f'/MPa	c'/MPa
节理面	0.6～0.8	0.10～0.25
层面	0.5～0.7	0.05～0.15
岩块与岩屑型	0.45～0.55	0.10～0.25
岩屑夹泥型	0.35～0.45	0.05～0.10
泥夹岩屑型	0.25～0.35	0.02～0.05
泥	0.18～0.25	0.02～0.10

注：限于硬质岩中无充填或胶结的节理面、层面、软质岩需折减。

2.5　岩土参数经验值

根据原始资料，结合地区以往的工程经验，对地层进行合理划分后，按照上述岩土参数分析方法对岩土参数进行统计，得出了主要地层岩土物理力学参数参考值。

2.5.1　土的部分经验值（表 6.2-8～表 6.2-34）

土的物理性质指标数值范围　　　　表 6.2-8

名称	符号	单位	数值范围
土的质量密度	ρ	t/m³	1.6～2.0
土的重力密度	γ	kN/m³	16～20
含水率	w	%	20%～60%
相对密度	d_s	—	黏性土：2.72～2.75，粉土：2.70～2.71，砂类土：2.65～2.69
干密度	ρ_d	t/m³	1.3～1.8
干重度	γ_d	kN/m³	13～18
饱和密度	ρ_{sat}	t/m³	1.8～2.3
饱和重度	γ_{sat}	kN/m³	18～23
有效重度	γ'	—	8～13
孔隙率	n	—	黏性土和粉土：30%～60%，砂类土：25%～45%
孔隙比	e	%	黏性土和粉土：0.40～1.20，砂类土：0.30～0.90
饱和度	S_t	%	0～100%

注：引自《地基基础设计简明手册》。

相对密度经验值　　　　表 6.2-9

土的名称	碎石土	砂土	粉土	粉质黏土	黏土
相对密度	2.60～2.70	2.65～2.70	2.70～2.71	2.70～2.73	2.70～2.80（常见值为 2.74～2.76）

注：引自《地基基础设计简明手册》。

各种土的最优含水量和最大密度　表 6.2-10

土的种类	最优含水率（重量比）/%	土颗粒的最大密度/（g/cm³）
砂土	8～12	1.80～1.83
粉土	16～22	1.61～1.80
砂壤土	9～15	1.85～2.08
黏壤土	12～18	1.85～1.95
重黏壤土	16～20	1.67～1.79
粉质黏土壤土	18～21	1.65～1.74
黏土	19～23	1.68～1.70

注：引自《建筑地基计算原理与实例》。

土的自然干密度　表 6.2-11

土的种类	自然干密度/（g/cm³）		土的种类	自然干密度/（g/cm³）	
	范围值	平均值		范围值	平均值
淤泥	0.81～1.36	1.95	轻壤土	1.35～1.74	1.58
重黏土	1.07～1.36	1.21	含少量砾石的轻壤土	1.36～1.86	1.60
黏土	1.14～1.65	1.38	砾质轻壤土	1.37～1.86	1.65
含少量砾石的黏性土	1.20～1.74	1.50	重砂壤土	1.35～1.65	1.49
砾质黏性土	1.31～1.70	1.51	含少量砾石的重砂壤土	1.35～1.89	1.59
重壤土	1.25～1.55	1.48	砾质重砂壤土	1.36～1.75	1.59
含少量砾石的重壤土	1.26～1.65	1.51	轻砂壤土	1.31～1.82	1.57
砾质重壤土	1.25～1.66	1.50	含少量砾石的轻砂壤土	1.36～1.67	1.55
中壤土	1.36～1.86	1.61	砾质轻砂壤土	1.33～1.65	1.47
含少量砾石的中壤土	1.36～1.85	1.59	—	—	—
砾质中壤土	1.35～1.74	1.63	—	—	—

注：引自《建筑地基计算原理与实例》。

土的相对密度（比重）　表 6.2-12

土的名称	范围值	常用值	土的名称	范围值	常用值
黏土	2.6～2.8	2.72	黑土（黄土类黑土）	—	2.57
壤土	2.6～2.75	2.68	黑土（壤土类黑土）	—	2.60
粉质壤土	2.6～2.7	2.65	灰化黑土（腐殖质含量3%）		2.65
黄土类壤土	2.6～2.7	2.68	细砂	2.55～2.7	2.66
砂壤土	2.6～2.7	2.65	中砂	2.55～2.68	2.65
黄土	2.65～2.7	2.68	粗砂	2.55～2.68	2.65
黑土（腐殖质含量10%）	—	2.37	重矿物土	—	≤3.10
黑土（腐殖质含量小于10%）	2.4～2.5	2.45	泥炭土	—	1.5～1.8

注：引自《建筑地基计算原理与实例》。

砂土物理力学指标经验值　　　　　　　　　　表 6.2-13

土的种类	孔隙比 e	天然含水率 w/%	重度 γ/（kN/m³）	黏聚力 c/kPa	内摩擦角 φ/°	变形模量 E_0/MPa
粗砂	0.4～0.5	15～18	20.5	2	42	46
	0.5～0.6	19～22	19.5	1	40	40
	0.6～0.7	23～25	19.0	0	38	33
中砂	0.4～0.5	15～18	20.5	3	40	46
	0.5～0.6	19～22	19.5	2	38	40
	0.6～0.7	23～25	19.0	1	35	33
细砂	0.4～0.5	15～18	20.5	6	38	37
	0.5～0.6	19～22	19.5	4	36	28
	0.6～0.7	23～25	19.0	2	32	24
粉砂	0.5～0.6	15～18	20.5	5～8	36	14
	0.6～0.7	19～22	19.5	3～6	34	12
	0.7～0.8	23～25	19.0	2～4	28	10

注：引自《简明岩土工程勘察设计手册（上册）》。

粉土、黏性土物理力学指标经验值　　　　　　　表 6.2-14

土类	孔隙比 e	液性指数 I_L	天然含水率 w/%	液限 w_L/%	塑性指数 I_P	承载力特征值 f_{ak}/kPa	压缩模量 E_s/MPa	黏聚力 c/kPa	内摩擦角 φ/°
一般性粉土、黏性土	0.55～1.00	0.0～1.0	15～30	25～45	5～20	100～450	4～15	10～50	15～22
下蜀系粉土、黏性土	0.6～0.9	< 0.8	15～25	25～40	10～18	300～800	> 15	40～100	22～30
新近沉积粉土、黏性土	0.7～1.2	0.25～1.20	24～36	30～45	6～18	80～140	2.0～7.5	10～20	7～15
沿海淤泥、淤泥质土	1.0～2.0	> 1.0	36～70	30～65	10～25	40～100	1～5	5～15	4～10
内陆淤泥、淤泥质土	1.0～2.0	> 1.0	36～70	30～65	10～25	50～100	2～5	5～15	4～10
山区淤泥、淤泥质土	1.0～2.0	> 1.0	36～70	30～65	10～25	30～80	1～6	5～15	4～10
云贵红黏土	1.0～1.9	0.0～0.4	30～50	50～90	> 17	100～320	5～16	3～8	5～10

注：引自《简明岩土工程勘察设计手册（上册）》。

常用岩土物理力学指标经验值　　　　　　　　表 6.2-15

岩土名称	状态	重度 γ/（kN/m³）	地基承载力特征值 f_{ak}/kPa	黏聚力 c/kPa	内摩擦角 φ/°	人工挖孔灌注桩	
						极限侧阻力标准值 q_{sk}/kPa	极限端阻力标准值 q_{pk}/kPa
黏土	硬塑	18	200	35	12	80	—
	可塑	17	160	30	8	60	—
	软塑	16	90	20	6	40	—

续表

岩土名称	状态	重度γ/（kN/m³）	地基承载力特征值f_{ak}/kPa	黏聚力c/kPa	内摩擦角φ/°	人工挖孔灌注桩	
						极限侧阻力标准值q_{sk}/kPa	极限端阻力标准值q_{pk}/kPa
粉质黏土	硬塑	18	190	30	16	80	—
	可塑	17	140	20	14	60	—
	软塑	16	70	10	10	40	—
砂岩	强风化	23	300	20	25	100	
	中风化	25	800	150	32	160	5000
泥岩、页岩	强风化	22	280	50	20	100	
	中风化	25	800	150	32	160	6000
白云岩	强风化	23	800	100	30	150	
	中风化	25	2600	250	35	280	9000
灰岩	中风化	26	3500	360	36	200	10000
泥灰岩	强风化	23	300	20	25	100	—
	中风化	25	800	150	32	160	7000
玄武岩	强风化	23	600	60	25	150	—
	中风化	26	1800	200	33	220	7000

注：引自《简明岩土工程勘察设计手册（上册）》。

土的弹性模量经验参考值 表 6.2-16

土类	弹性模量/MPa	土类	弹性模量/MPa
很软的黏土	0.30~0.35	粉质砂土	7~20
软黏土	2~5	松砂	10~25
中硬黏土	4~8	密实砂	50~80
硬黏土	7~18	密实砂、卵石	100~200
砂质黏土	30~40	—	—

土的泊松比的参考值 表 6.2-17

土类	泊松比	土类	泊松比
饱和黏土	0.50	粉土	0.25
含砂和粉土的黏土	0.30~0.42	坚硬状态粉质黏土	0.25
非饱和黏土	0.35~0.40	可塑状态粉质黏土	0.3
黄土	0.44	软塑或流动粉质黏土	0.35
砂质土	0.15~0.25	坚硬状态黏土	0.25
砂土	0.30~0.35	可塑状态黏土	0.35

土类	泊松比	土类	泊松比
碎石土	0.15～0.20	软塑或流动黏土	0.42

几种土的渗透系数经验值　　　表 6.2-18

土类	渗透系数k/（cm/s）	土类	渗透系数k/（cm/s）
黏土	$< 1.2 \times 10^{-6}$	均质粗砂	$7.0 \times 10^{-2} \sim 8.6 \times 10^{-2}$
粉质黏土	$1.2 \times 10^{-6} \sim 6.0 \times 10^{-5}$	砾砂	$6.0 \times 10^{-2} \sim 1.8 \times 10^{-1}$
黏质粉土	$6.0 \times 10^{-5} \sim 6.0 \times 10^{-4}$	圆砾	$6.0 \times 10^{-2} \sim 1.2 \times 10^{-1}$
黄土	$3.0 \times 10^{-4} \sim 6.0 \times 10^{-4}$	卵石	$1.2 \times 10^{-1} \sim 6.0 \times 10^{-1}$
粉砂	$6.0 \times 10^{-4} \sim 1.2 \times 10^{-3}$	无充填的卵石	$6.0 \times 10^{-1} \sim 1.2$
细砂	$1.2 \times 10^{-3} \sim 6.0 \times 10^{-3}$	稍有裂隙岩石	$2.4 \times 10^{-2} \sim 7.0 \times 10^{-2}$
中砂	$6.0 \times 10^{-3} \sim 2.4 \times 10^{-2}$	裂隙多的岩石	$> 7.0 \times 10^{-2}$
均质中砂	$4.0 \times 10^{-2} \sim 6.0 \times 10^{-2}$	—	—
粗砂	$2.4 \times 10^{-2} \sim 6.0 \times 10^{-2}$	—	—

注：引自《工程地质手册》《岩土工程师手册（上册）》《城市轨道交通岩土工程勘察规范》。

岩土给水度经验值　　　表 6.2-19

岩土名称	给水度μ	岩土名称	给水度μ
粉砂与黏土	0.001～0.150	粗粒与砾砂	0.250～0.350
细砂与泥质砂	0.150～0.200	黏土胶结的砂岩	0.020～0.030
中砂	0.200～0.250	裂隙灰岩	0.008～0.100

注：引自《城市轨道交通岩土工程勘察规范》。

碎石土的密实度　　　表 6.2-20

密实度	重型圆锥动力触探锤击数$N_{63.5}$
松散	$N_{63.5} \leqslant 5$
稍密	$5 < N_{63.5} \leqslant 10$
中密	$10 < N_{63.5} \leqslant 20$
密实	$N_{63.5} > 20$

注：本表适用于平均粒径小于等于 50mm 且最大粒径不超过 100mm 的卵石、碎石、圆砾、角砾，表内$N_{63.5}$为修正后的平均值；引自《地基基础设计简明手册》。

砂土的密实度　　　表 6.2-21

土的名称	密实	中密	稍密	松散
砾砂、粗砂、中砂	$e < 0.60$	$0.60 \leqslant e \leqslant 0.75$	$0.75 < e \leqslant 0.85$	$e > 0.85$
细砂、粉砂	$e < 0.70$	$0.70 \leqslant e \leqslant 0.85$	$0.85 < e \leqslant 0.95$	$e > 0.95$

注：引自《地基基础设计简明手册》。

砂土的密实度（根据标准贯入试验锤击数划分）　　　　　表 6.2-22

密实度	标准贯入试验锤击数N	密实度	标准贯入试验锤击数N
松散	$N \leqslant 10$	中密	$15 < N \leqslant 30$
稍密	$10 < N \leqslant 15$	密实	$N > 30$

注：引自《地基基础设计简明手册》。

基床系数经验值　　　　　表 6.2-23

岩土类别		状态/密实度	基床系数$K/$（MPa/m）	
			水平基床系数K_h	垂直基床系数K_v
新近沉积土	黏性土	软塑	10~20	5~15
		可塑	12~30	10~25
	粉土	稍密	10~20	12~18
		中密	15~25	10~25
软土（软黏性土、软粉土、淤泥、淤泥质土、泥炭和泥炭质土等）		—	1~12	1~10
黏性土		流塑	3~15	4~10
		软塑	10~25	8~22
		可塑	20~45	20~45
		硬塑	30~65	30~70
		坚硬	60~100	55~90
粉土		稍密	10~25	11~20
		中密	15~40	15~35
		密实	20~70	25~70
砂类土		松散	3~15	5~15
		稍密	10~30	12~30
		中密	20~45	20~40
		密实	25~60	25~65
圆砾、角砾		稍密	15~40	15~40
		中密	25~55	25~60
		密实	55~90	60~80
卵石、碎石		稍密	17~50	20~60
		中密	25~85	35~100
		密实	50~120	50~120
新黄土		可塑、硬塑	30~50	30~60
老黄土		可塑、硬塑	40~70	40~80

续表

岩土类别	状态/密实度	基床系数K/（MPa/m）	
		水平基床系数K_h	垂直基床系数K_v
软质岩石	全风化	35～39	41～45
	强风化	135～160	160～180
	中等风化	200	220～250
硬质岩石	强风化或中等风化	200～1000	
	未风化	1000～15000	

注：基床系数宜采用K_{30}试验结合原位测试和室内试验以及当地经验综合确定，引自《城市轨道交通岩土工程勘察规范》。

岩土热物理指标经验值　　　　　　　　　　　　　表 6.2-24

岩土类别	含水率w/%	密度ρ/（g/cm³）	热物理指标		
			比热容C/[kJ/(kg·K)]	导热系数λ/[W/(m·K)]	导温系数α/×10⁻³（m²/h）
黏性土	5≤w<15	1.90～2.00	0.82～1.35	0.25～1.25	0.55～1.65
	15≤w<25	1.85～1.95	1.05～1.65	1.08～1.85	0.80～2.35
	25≤w<35	1.75～1.85	1.25～1.85	1.15～1.95	0.95～2.55
	35≤w<45	1.70～1.80	1.55～2.35	1.25～2.05	1.05～2.65
粉土	w<5	1.55～1.85	0.92～1.25	0.28～1.05	1.05～2.05
	5≤w<15	1.65～1.90	1.05～1.35	0.88～1.35	1.25～2.35
	15≤w<25	1.75～2.00	1.35～1.65	1.15～1.85	1.45～2.55
	25≤w<35	1.85～2.05	1.55～1.95	1.35～2.15	1.65～2.65
粉、细砂	w<5	1.55～1.85	0.85～1.15	0.35～0.95	0.90～2.45
	5≤w<15	1.65～1.95	1.05～1.45	0.55～1.45	1.10～2.55
	15≤w<25	1.75～2.15	1.25～1.65	1.20～1.85	1.25～2.75
中砂、粗砂、砾砂	w<5	1.65～2.30	0.85～1.05	0.45～1.05	0.90～2.85
	5≤w<15	1.75～2.25	0.95～1.45	0.65～1.65	1.05～3.15
	15≤w<25	1.85～2.35	1.15～1.75	1.35～2.25	1.90～3.35
圆砾、角砾	w<5	1.85～2.25	0.95～1.25	0.65～1.15	1.35～3.35
	5≤w<15	2.05～2.45	1.05～1.50	0.75～2.55	1.55～3.55
卵石、碎石	w<5	1.95～2.35	1.00～1.35	0.75～1.25	1.35～3.45
	5≤w<10	2.05～2.45	1.15～1.45	0.85～2.75	1.65～3.65
全风化软质岩	5≤w<15	1.85～2.05	1.05～1.35	1.05～2.25	0.95～2.05
	15≤w<25	1.90～2.15	1.15～1.45	1.20～2.45	1.15～2.85
全风化硬质岩	10≤w<15	1.85～2.15	0.75～1.45	0.85～1.15	1.10～2.15
	15≤w<25	1.90～2.25	0.85～1.65	0.95～2.15	1.25～3.00
强风化软质岩	2≤w<10	2.05～2.40	0.57～1.55	1.00～1.75	1.30～3.50

续表

岩土类别	含水率w/%	密度ρ/（g/cm³）	热物理指标		
			比热容C/ [kJ/(kg·K)]	导热系数λ/ [W/(m·K)]	导温系数α/ ×10⁻³（m²/h）
强风化硬质岩	2≤w<10	2.05~2.45	0.43~1.46	0.90~1.85	1.50~4.50
中风化软质岩	w<5	2.25~2.45	0.85~1.15	1.65~2.45	1.60~4.00
中风化硬质岩	w<5	2.25~2.55	0.75~1.25	1.85~2.75	1.60~5.50

注：引自《城市轨道交通岩土工程勘察规范》GB 50307—2012。

某些岩石的物理性质指标经验数据　　　　表 6.2-25

岩石名称	相对密度	重度/（kN/m³）	孔隙率/%	吸水率/%
花岗岩	2.50~2.84	23.0~28.0	0.04~2.809	0.10~0.70
正长岩	2.50~2.90	24.0~28.5	—	0.47~1.94
闪长岩	2.60~3.10	25.2~29.6	0.18~5.00	0.30~5.00
辉长岩	2.70~3.20	25.5~29.8	0.29~4.00	0.50~4.00
斑岩	2.60~2.80	27.0~27.4	0.29~2.75	—
玢岩	2.60~2.90	24.0~28.6	2.10~5.00	0.40~1.70
辉绿岩	2.60~3.10	25.3~29.7	0.29~5.00	0.80~5.00
玄武岩	2.50~3.30	25.0~31.0	0.30~7.20	0.30~2.80
安山岩	2.40~2.80	23.0~27.0	1.10~4.50	0.30~4.50
凝灰岩	2.50~2.70	22.9~25.0	1.50~7.50	0.50~7.50
砾岩	2.67~2.71	24.0~26.6	0.80~10.00	0.30~2.40
砂岩	2.60~2.75	22.0~27.1	1.60~28.30	0.20~9.00
页岩	2.57~2.77	23.0~27.0	0.40~10.00	0.50~3.20
石灰岩	2.40~2.80	23.0~27.7	0.50~27.00	0.10~4.50
泥灰岩	2.70~2.80	23.0~25.0	1.00~10.00	0.50~3.00
白云岩	2.70~2.90	21.0~27.0	0.30~25.00	0.10~3.00
片麻岩	2.60~3.10	23.0~30.0	0.70~2.20	0.10~0.70
花岗片麻岩	2.60~2.80	23.0~33.0	0.30~2.40	0.10~0.85
片岩	2.60~2.90	23.0~26.0	0.02~1.85	0.10~0.20
板岩	2.70~2.90	23.1~27.5	0.10~0.45	0.10~0.30
大理岩	2.70~2.90	26.0~27.0	0.10~6.00	0.10~0.80
石英岩	2.53~2.84	28.0~33.0	0.10~8.70	0.10~1.50
蛇纹岩	2.40~2.80	26.0	0.10~2.50	0.20~2.50
石英片岩	2.60~2.80	28.0~29.0	0.70~3.00	0.10~0.30

注：引自《简明岩土工程勘察设计手册（上册）》《岩土工程师手册（上册）》。

岩石力学性质指标经验数据

表 6.2-26

岩类	岩石名称	重度γ/(kN/m³)	抗压强度R/kPa	抗拉强度f_t/kPa	静弹性模量E/MPa	动弹性模量E_d/MPa	泊松比μ	纵波速度v/(m/s)	弹性抗力系数K_0	内摩擦角φ	容许应力σ/N
岩浆岩	花岗岩	26.3~27.3	75~100	2.1~3.3	1.4~5.6	5.0~7.0	0.36~0.16	600~3000	600~2000	70°~82°	3.0~4.0
		28.0~31.0	120~180	3.4~5.1	5.43~6.9	7.1~9.1	0.16~0.10	3000~6800	1200~5000	75°~87°	4.0~5.0
		31.0~33.0	180~200	5.1~5.7		9.1~9.4	0.10~0.02	6800	5000	87°	5.0~6.0
	正长岩	25.0	80~100	2.3~2.8	1.5~11.4	5.4~7.0	0.36~0.16	300~3000	600~2000	82°30'~85°	4.0~5.0
		27.0~28.0	120~180	3.4~5.1		7.1~9.1	0.16~0.10	3000~6800	1200~5000	82°30'~85°85'°	4.0~5.0
		28.0~33.0	180~250	5.1~5.7		9.1~11.4	0.10~0.01		5000		5.0~6.0
	闪长岩	25.0~29.0	120~200	3.4~5.7	2.2~11.4	7.1~9.1	0.25~0.10	3000~6000	1200~5000	75°~87°87'	4.0~6.0
		29.0~33.0	200~250	5.7~7.1		9.1~11.4	0.10~0.02	6000~6800	2000~5000		6.0
	斑岩	28.0	160	5.4	6.6~7.0	8.6	0.16	5200	1200~2000	85°	4.0~5.0
	安山岩玄武岩	25.0~27.0	120~160	3.4~4.5	4.3~10.6	7.1~8.6	0.20~0.16	3900~7500	1200~2000	75°~85°85'	4.0~5.0
		27.0~33.0	160~250	4.5~7.1		8.6~11.4	0.16~0.02	3900~7500	2000~5000		5.0~6.0
	辉绿岩	27.0	160~180	4.5~5.1	6.9~7.9	8.6~9.1	0.16~0.10	5200~5800	2000~5000	85°	4.0~5.0
		29.0	200~250	5.7~7.1		9.4~11.4	0.10~0.02	5800~6800		87°	5.0~6.0
	流纹岩	25.0~33.0	120~250	3.4~7.1	2.2~11.4	7.1~11.4	0.16~0.02	3000~6800	1200~5000	75°~87°	4.0~6.0
变质岩	花岗片麻岩	27.0~29.0	180~200	5.1~5.7	7.3~9.4	9.1~9.4	0.20~0.05	6800	3500~5000	87°	5.0~6.0
	片麻岩	25.0	80~100	2.2~2.8	1.5~7.0	5.0~7.0	0.30~0.20	3700~5000	600~2000	70°~82°30'	3.0~4.0
		26.0~28.0	140~180	4.0~5.1		7.8~9.1	0.20~0.05	5300~6500	1200~5000	80°~87°	4.0~5.0
	石英岩	26.1	87	2.5	4.5~14.2	5.6	0.20~0.16	3000~6500	800~2000	80°	3.0
		28.0~30.0	200~360	5.7~10.2		9.4~14.2	0.15~0.10		2000~5000	87°	6.0
	大理岩	25.0~33.0	70~140	2.0~4.0	1.0~3.4	5.0~8.2	0.36~0.16	3000~6500	600~2000	70°~82°30'	4.0~5.0
沉积岩	千枚岩板岩	25.0~33.0	120~140	3.4~4.0	2.2~3.4	7.1~7.8	0.16	3000~6500	1200~2000	75°~87°	4.0~6.0
	凝灰岩	25.0~33.0	120~250	3.4~7.1	2.2~11.4	7.1~11.4	0.16~0.02	3000~6800	1200~5000	75°~87°	4.0~6.0
	火山角砾岩火山集块岩	25.0~33.0	120~250	3.4~7.1	1.0~11.4	7.1~11.4	0.16~0.05	3000~6800	1200~5000	80°~87°	4.0~6.0

续表

岩类	岩石名称	重度γ/(kN/m³)	抗压强度R/kPa	抗拉强度f_t/kPa	静弹性模量E/MPa	动弹性模量E_d/MPa	泊松比μ	纵波速度v/(m/s)	弹性抗力系数K_o	内摩擦角φ	容许应力σ/N
沉积岩	砾岩	22.0~25.0	40~100	1.1~2.8	1.0~11.4	3.3~7.0	0.36~0.20	3000~6500	200~1200	70°~82°30′	3.0~4.0
		28.0~29.0	120~160	3.4~4.5		7.1~8.6	0.20~0.16		1200~5000	75°~85°	4.0~5.0
		29.0~33.0	160~250	4.5~7.1		8.6~11.4	0.16~0.05		2000~5000	80°~87°	5.0~6.0
	石英砂岩	26.0~27.1	68~102.5	1.9~3.0	0.39~1.25	5.0~6.4	0.25~0.05	900~4200	400~2000	75°~82°30′	2.0~3.0
	砂岩	12.0~15.0	4.5~10	0.2~0.3	2.78~5.4	0.5~1.0	0.30~0.25	900~3000	30~50	27°~45°	1.2~2.0
		22.0~30.0	47~180	1.4~5.2		3.7~9.1	0.20~0.05	3000~4200	200~3500	70°~85°	2.0~4.0
	片状砂岩	27.6	80~130	2.3~3.8	6.1	5.0~8.0	0.25~0.05	900~4200	400~2000	72°30′	1.2~3.0
	炭质砂岩	22.0~30.0	50~140	1.5~4.1	0.6~2.2	4.0~7.8	0.25~0.08	4000~4150	300~2000	65°~85°	2.0~3.0
	炭质页岩	20.0~26.0	25~80	1.8~5.6	2.6~5.5	2.8~5.4	0.20~0.16	1800~5250	200~1200	65°~75°	2.0~4.0
	黑页岩	27.1	66~130	4.7~9.1	2.6~5.5	5.0~7.5	0.20~0.16	1800~5250	400~2000	75°	2.0~4.0
	带状页岩	15.5~16.5	6~8	0.4~0.6		0.7~0.9	0.30~0.25	1800	30~50	30°~40°	1.2~2.0
	砂母页岩 云母页岩	23.0~26.0	60~120	4.3~8.6	2.0~3.6	4.4~7.1	0.30~0.16	1800~5250	300~1200	70°~80°30′	2.0~4.0
	软页岩	18.0~20.0	20	1.4	1.3~2.1	1.9	0.30~0.25	1800	60~300	45°~70°	1.2~2.0
	页岩	20.0~27.0	20~40	1.4~2.8	1.3~2.1	1.9~3.3	0.25~0.16	1800~5250	60~400	45°76′	2.0~3.0
	泥灰岩	23.0~23.5	3.5~20	0.3~4.4	0.38~2.1	0.5~1.9	0.40~0.30	1800~2800	30~200	9°~65°	1.2~2.0
		25.0	40~60	2.8~4.2		3.3~4.4	0.30~0.20	2800~5250	200~600		3.0~4.0
	黑泥灰岩	22.0~23.0	2.5~30	1.8~2.1	1.3~2.1	2.8~3.6	0.30~0.25	1800	200~400	65°~70°	2.5~3.0
	石灰岩	17.0~22.0	10~17	0.6~1.0	2.1~8.4	1.0~1.6	0.50~0.31	2500~2800	30~300	27°~60°	1.2~2.0
		22.0~25.0	25~55	1.5~3.3		2.8~4.1	0.31~0.25	3500~4400	120~800	60°~73°	2.0~2.5
		25.0~27.5	70~128	4.3~7.6		5.0~8.0	0.25~0.16	4800~6300	600~2000	70°~85°	2.5~3.0
		31.0	180~200	10.7~11.8		2.1~9.4	0.16~0.04	6700	1200~2000	85°	3.0~4.0
	白云岩	22.0~27.0	40~120	1.1~3.4	1.3~3.4	3.3~7.1	0.36~0.16	3000~6800	200~1200	65°~83°	3.0~4.0
		27.0~30.0	120~140	3.4~4.0		7.1~7.8	0.16		1200~2000	87°	4.0~5.0

注:
1. 弹性抗力系数K_o是使岩石产生单位压缩变形所需施加的力;
2. 似内摩擦角φ是考虑岩石黏聚力在内的等效摩擦角;
3. 容许应力[σ]即容许承载力。
引自《简明岩土工程师手册(上册)》《岩土工程勘察设计手册(上册)》。

岩石力学性质指标经验数据 表 6.2-27

岩石名称	地质年代	饱和抗压强度σ_1/MPa	摩擦系数f	黏聚力c/MPa
花岗岩	燕山期	160.0	0.70	0.031
角闪花岗岩	白垩纪	106.5	0.57	—
花岗闪长岩	三叠纪	116.1	0.64	0.005
辉绿岩	—	170.0	0.45	—
云母石英片岩	前震旦纪	113.0	0.55	0.028
千枚岩	前震旦纪	8.9	0.78	0.025
大理岩	前震旦纪	63.7	0.60	0.061
石英砾岩	泥盆纪	126.2	0.69	0.010
石英砂岩	震旦纪	165.8	0.49	0.054
白云质泥灰岩	奥陶纪	87.2	0.67	0.005
薄层灰岩	奥陶纪	106.3	0.75	0.022
鲕状灰岩	奥陶纪	87.8	0.70	0.023
泥灰岩	石炭纪	128.3	0.60	0.021
石英砂岩	寒武纪	68.1	0.54	0.013
砂岩	寒武纪	108.9	0.82	0.002
中粒砂岩	寒武纪	39.9	0.75	0.003
砂质页岩	侏罗纪	104.4	0.69	0.039
页岩	侏罗纪	43.8	0.70	0.047

注：引自《简明岩土工程勘察设计手册（上册）》《岩土工程师手册（上册）》。

某些岩体弹性波速各向异性 表 6.2-28

岩石名称	平行岩层的纵波波速/（m/s）	垂直岩层的纵波波速/（m/s）	各向异性系数
黏土岩	3500~3800	3000~3400	1.12~1.3
板岩	2840	2250	1.26
	5120	4700	1.09
Green 河页岩（贫油）	4757	4411	1.08
Green 河页岩（富油）	5143	3634	1.42
泥灰岩	4300	3900	1.10
砂岩	2400~2540	1550~1830	1.39~1.55
	3800	3200	1.19
	6100	5500	1.11
大理岩	4855~5105	4389	1.11~1.16

续表

岩石名称	平行岩层的纵波波速/（m/s）	垂直岩层的纵波波速/（m/s）	各向异性系数
石灰岩	2800	1240	2.28
	5540～6060	3620	1.53～1.67
蛇纹岩	4600	3800	1.18
石英岩	2900	2490	1.16
	4630	4260	1.09

注：引自《简明岩土工程勘察设计手册（上册）》《岩土工程师手册（上册）》。

某些岩石的弹性模量和泊松比　　　　　　　　表 6.2-29

岩石种类	弹性模量$E/10^4$MPa	泊松比μ
闪长岩	10.1021～11.7565	0.26～0.37
细粒花岗岩	8.1201～8.2065	0.24～0.29
斜长花岗岩	6.1087～7.3984	0.19～0.22
斑状花岗岩	5.4938～5.7537	0.13～0.23
花岗闪长岩	5.5605～5.8302	0.20～0.23
石英砂岩	5.3105～5.8685	0.12～0.14
片麻花岗岩	5.0800～5.3104	0.16～0.18
正长岩	4.8387～5.3104	0.18～0.26
片岩	4.3298～7.0129	0.12～0.25
玄武岩	4.1366～9.6206	0.23～0.32
安山岩	3.8482～7.6965	0.21～0.32
绢云母岩	3.3677	—
花岗岩	2.9823～6.1087	0.17～0.36
细砂岩	2.7900～4.7622	0.15～0.52
中砂岩	2.5782～4.0308	0.10～0.22
中灰岩	2.4056～3.8296	0.18～0.35
石英岩	1.7946～6.9374	0.12～0.27
板状页岩	1.7319～2.1163	—
粗砂岩	1.6642～4.0306	0.10～0.45
片麻岩	1.4043～5.5125	0.20～0.34
页岩	1.2503～4.1179	0.09～0.35
大理岩	0.962～7.4827	0.06～0.35
炭质灰岩	0.5482～2.0781	0.08～0.25
泥灰岩	0.3658～0.7316	0.30～0.40
石膏	0.1157～0.7698	0.30

某些岩石的弹性模量各向异性　　　　　表 6.2-30

岩石名称	平行岩层的动弹性模量/10^3MPa	垂直岩层的动弹性模量/10^3MPa	各向异性系数
砂质黏土岩	20.6	18.5	1.11
砂质板岩	14.9	11.5	1.30
	66.6	63.5	1.05
页岩	18.7~21.7	18.5	1.01~1.17
绿泥石片岩	45.4	16.7	2.72
砂岩	38.5	30.3	1.27
	82.7	66.6	1.24
石灰岩	47.7~50.2	46.0	1.04~1.09
变质辉绿岩岩	57.8	54.6	1.06
石英岩	16.1	11.2	1.16
	45.1	40.0	1.13

注：引自《简明岩土工程勘察设计手册（上册）》。

渗透系数经验值　　　　　表 6.2-31

松散岩体	渗透系数	沉积岩	渗透系数	结晶岩	渗透系数
砾石	$3 \times 10^{-4} \sim 3 \times 10^{-2}$	礁灰岩	$1 \times 10^{-6} \sim 2 \times 10^{-2}$	渗透性玄武岩	$4 \times 10^{-7} \sim 2 \times 10^{-2}$
粗砂	$9 \times 10^{-7} \sim 6 \times 10^{-3}$	石灰岩	$1 \times 10^{-9} \sim 6 \times 10^{-6}$	玄武岩	$2 \times 10^{-11} \sim 4.2 \times 10^{-7}$
中砂	$9 \times 10^{-7} \sim 5 \times 10^{-4}$	砂岩	$3 \times 10^{-10} \sim 6 \times 10^{-6}$	花岗岩	$3.3 \times 10^{-6} \sim 5.2 \times 10^{-5}$
细砂	$2 \times 10^{-7} \sim 2 \times 10^{-4}$	粉砂岩	$1 \times 10^{-11} \sim 1.4 \times 10^{-8}$	辉长岩	$5.5 \times 10^{-7} \sim 3.8 \times 10^{-6}$
粉砂	$1 \times 10^{-9} \sim 2 \times 10^{-5}$	岩盐	$1 \times 10^{-12} \sim 1 \times 10^{-10}$	裂隙化火山变质岩	$8 \times 10^{-9} \sim 3 \times 10^{-4}$
漂积土	$1 \times 10^{-12} \sim 2 \times 10^{-6}$	硬石膏	$4 \times 10^{-13} \sim 2 \times 10^{-8}$	—	—
黏土	$1 \times 10^{-11} \sim 4.7 \times 10^{-9}$	页岩	$1 \times 10^{-13} \sim 2 \times 10^{-9}$		

注：引自《地下水水文学原理》《城市轨道交通岩土工程勘察规范》。

几种岩土给水度经验值　　　　　表 6.2-32

岩土名称	给水度	岩土名称	给水度	岩土名称	给水度
粉砂与黏土	0.10~0.15	粗砂及砾石砂	0.25~0.35	裂隙灰岩	0.008~0.1
极细砂	0.10~0.15	卵砾石	0.30~0.35	弱岩溶化岩	0.005~0.01
细砂	0.15~0.20	裂隙岩石	0.0002~0.002	岩溶化岩	0.01~0.05
中砂	0.20~0.25	强裂隙岩石	0.002~0.01	强岩溶化岩	0.05~0.15
粗砂	0.25~0.30	泥质胶结砂岩	0.02~0.03	—	—

注：引自《城市轨道交通岩土工程勘察规范》。

几种岩石的吸水性　　　　　表 6.2-33

岩石名称	吸水率/%	饱水率/%	饱水系数/%
花岗岩	0.46	0.84	0.5
石英闪长岩	0.32	0.54	0.59

续表

岩石名称	吸水率/%	饱水率/%	饱水系数/%
玄武岩	0.27	0.39	0.69
基性斑岩	0.35	0.42	0.83
云母片岩	0.13	1.31	0.10
砂岩	7.01	11.99	0.60
石灰岩	0.09	0.25	0.36
白云质灰岩	0.74	0.92	0.80

注：引自《简明岩土工程勘察设计手册（上册）》《岩土工程师手册（上册）》。

某些岩石的软化系数值 表 6.2-34

岩石名称	软化系数	岩石名称	软化系数
花岗岩	0.72～0.97	泥质砂岩、粉砂岩	0.21～0.75
闪长岩	0.60～0.80	泥岩	0.40～0.60
闪长玢岩	0.78～0.81	页岩	0.24～0.74
辉绿岩	0.33～0.90	石灰岩	0.70～0.94
流纹岩	0.75～0.95	泥灰岩	0.44～0.54
安山岩	0.81～0.91	片麻岩	0.75～0.97
玄武岩	0.30～0.95	变质片状岩	0.70～0.84
凝灰岩	0.52～0.86	千枚岩	0.67～0.96
砾岩	0.50～0.96	硅质板岩	0.75～0.79
砂岩	0.93	泥质板岩	0.39～0.52
石英砂岩	0.65～0.97	石英岩	0.94～0.96

注：引自《简明岩土工程勘察设计手册（上册）》《岩土工程师手册（上册）》。

2.5.2 其他岩土参数经验值（表 6.2-35～表 6.2-39）

福建省常见岩石力学性质指标 表 6.2-35

岩石名称	重度/（kN/m³）	饱和单轴极限抗压强度/MPa	软化系数	抗剪强度/MPa	弹性模量/10³MPa
花岗岩	24.9～30.0	84.8～250.0	0.60～1.00	7.06～8.10	14.0～59.0
花岗斑岩	25.3～26.0	64.0～216.0	0.67～0.94	—	—
石英闪长岩	26.3～30.5	85.9～139.6	—	—	—
花岗闪长岩	25.4～26.7	93.9～176.6	0.66～0.88	—	—
正长岩	25.0～29.0	33.9～151.3	0.70～0.90	—	15.0～91.2
闪长玢岩	25.7～28.6	75.0～168.8	0.78～0.90	3.28	—
辉绿岩	25.3～29.7	67.8～165.2	0.50～0.65	6.32	55.2～63.2
辉长岩	25.5～29.9	102.1～179.1	—	—	—
凝灰熔岩	25.9～26.4	37.2～189.8	0.66～0.95	12.10～13.40	—

岩石名称	重度/（kN/m³）	饱和单轴极限抗压强度/MPa	软化系数	抗剪强度/MPa	弹性模量/10³MPa
流纹岩	25.7～27.0	36.5～110.5	0.66～1.00	—	22.0～90.2
凝灰岩	26.2～30.0	75.0～200.0	0.64～0.97	—	—
石英片岩	27.1～27.4	70.3～195.4	0.61～0.86	7.30～10.80	—
变粒岩	25.0～26.4	44.5～159.2	0.75～0.97	—	16.6～17.3
粉砂岩	21.7～27.2	55.0～115.2	0.20～0.51	1.28～2.16	—
砂岩	22.0～29.0	30.0～126.0	0.67～1.00	4.71～11.8	19.5～37.8
泥岩	23.5～27.4	9.9～23.8	0.40～0.66	—	6.0
石灰岩	23.0～29.0	70.0～120	0.70～0.90	—	14.7～58.8

注：表中所列数值为中—微风化岩石的试验结果统计值。

成都地区碎石密实度分类   表 6.2-36

触探类型	松散	稍密	中密	密实
N_{120}	$N_{120} \leqslant 4$	$4 < N_{120} \leqslant 7$	$7 < N_{120} \leqslant 10$	$N_{120} > 10$
$N_{63.5}$	$N_{63.5} \leqslant 7$	$7 < N_{63.5} \leqslant 15$	$15 < N_{63.5} \leqslant 30$	$N_{63.5} > 30$

注：引自《成都地区建筑地基基础设计规范》DB 51/T 5026—2001。

西北地区岩石的抗压强度试验数据   表 6.2-37

岩石名称	吸水率/%	天然密度/（g/cm³）	极限抗压强度/MPa					
			干燥试件			饱和试件		
			最大	最小	平均	最大	最小	平均
花岗片麻岩	0.85	2.61	21.8	17.1	19.4	9.5	7.3	8.3
	0.33	2.62	53.0	28.2	41.3	48.4	34.0	43.0
	0.32	2.62	77.8	60.4	68.4	88.2	60.2	66.8
	0.25	2.75	78.5	59.4	69.2	84.2	66.2	76.1
	0.15	2.68	166.1	74.4	106.0	112.0	89.9	103.0
片麻岩	0.34	2.62	75.5	35.5	56.8	52.3	30.0	43.8
	0.33	2.64	80.8	32.0	66.5	56.4	26.7	45.6
	0.21	2.71	—	—	—	62.0	48.9	56.3
	0.17	2.68	101.0	55.3	77.8	—	—	—
	0.11	2.73	116.7	94.9	107.0	98.7	96.0	97.0
石英岩	0.84	2.64	73.3	44.8	65.4	53.3	15.2	32.9
	0.33	2.64	126.7	15.5	60.5	54.6	16.6	36.0
	0.30	2.59	82.1	42.4	62.3	70.0	32.7	54.3
	0.24	2.67	119.4	36.5	75.2	88.8	70.3	77.6
	0.18	2.66	120.5	112.4	115.6	121.4	116.5	118.3

续表

岩石名称	吸水率/%	天然密度/（g/cm³）	极限抗压强度/MPa					
			干燥试件			饱和试件		
			最大	最小	平均	最大	最小	平均
大理岩	1.00	2.66	47.2	15.8	30.6	45.6	12.8	27.4
	0.27	2.70	85.1	77.1	80.0	47.2	22.3	31.1
	0.17	2.68	91.5	57.8	74.5	53.5	46.8	50.0
	0.15	2.71	63.8	52.1	58.3	76.8	41.6	55.0
	0.34	2.82	106.0	54.8	80.3	104.0	16.8	64.7
片岩	角闪片岩	2.70	115.3	38.4	70.0	68.0	53.5	57.3
	石英片岩	2.84	67.3	36.9	55.6	61.1	50.7	55.6
	千枚状片岩	—	45.4	30.5	36.2	—	—	—
花岗岩	1.06	2.57	48.9	11.3	31.4	46.8	9.9	27.9
	0.57	2.64	66.0	36.3	48.2	33.4	12.1	23.6
	0.45	2.59	91.6	36.3	74.0	63.0	43.6	48.8
	0.42	2.67	62.5	37.0	52.6	76.9	46.5	56.7
	0.40	2.64	79.2	46.8	63.0	73.0	42.8	59.5
	0.38	2.66	84.7	62.3	74.5	78.7	57.8	70.5
	0.36	2.67	82.6	40.8	66.5	82.0	55.7	68.7
	0.29	2.66	106.2	61.0	77.2	86.2	51.4	72.5
	0.22	2.63	120.4	69.2	86.5	171.7	57.3	94.0
花岗闪长岩	0.38	2.93	46.0	37.7	41.8	43.3	31.2	37.2
	0.24	2.84	70.4	47.4	58.6	66.7	49.2	58.2
	0.24	2.96	95.3	69.5	80.2	79.1	41.9	59.7
	0.19	2.86	74.8	67.5	71.0	69.9	57.2	63.5
	0.21	2.91	141.5	62.5	100.0	93.8	78.1	87.4
角闪花岗岩	0.41	2.76	4.3	35.8	41.3	37.8	33.7	35.0
	0.39	2.71	67.7	32.3	48.6	61.0	36.9	49.5
闪长花岗岩	0.59	2.65	74.5	25.5	51.3	50.7	32.8	41.3
	0.22	2.77	96.0	60.6	76.5	93.5	49.2	72.2
闪长岩	—	2.72	42.4	20.0	32.8	46.5	23.5	31.9
	—	2.73	54.1	46.6	49.5	49.2	44.4	46.0
	—	2.80	100.5	53.4	67.2	76.6	41.1	57.7
闪长斑岩	0.32	2.60	90.2	71.5	81.1	52.5	22.8	36.3
流纹岩	0.30	2.59	105.0	51.4	77.7	91.3	59.6	77.3
	0.15	2.62	104.0	76.0	85.5	100.0	54.5	79.2

续表

岩石名称	吸水率/%	天然密度/ (g/cm³)	极限抗压强度/MPa					
			干燥试件			饱和试件		
			最大	最小	平均	最大	最小	平均
正长岩	1.30	2.60	58.7	23.0	34.2	76.8	15.8	45.1
砂岩	3.60	2.27	21.4	11.4	17.1	15.5	12.8	14.1
	3.10	2.51	36.3	13.5	21.3	35.7	6.4	14.5
	2.60	2.44	30.6	8.2	17.6	26.8	5.7	15.8
	1.60	2.55	32.2	21.2	25.9	22.9	18.7	20.7
	1.08	2.57	56.5	18.5	35.2	57.6	11.1	33.9
	0.59	2.60	71.0	31.7	49.8	62.8	18.7	41.5
	0.52	2.62	103.6	35.2	68.8	81.7	46.1	60.0
	0.50	2.62	93.2	20.8	52.2	88.6	18.0	42.0
	0.45	2.53	76.3	32.4	50.0	70.0	47.2	58.8
	0.32	2.64	104.5	48.8	79.7	113.0	46.5	74.4
砾岩	2.40	2.51	44.4	13.4	22.5	28.9	10.5	16.6
	1.04	2.59	31.1	18.0	21.6	26.8	13.3	18.8
页岩	1.44	2.60	82.0	18.5	45.9	30.4	23.1	27.1
	0.51	2.68	96.4	13.2	37.2	33.5	18.5	32.1
石灰岩	0.44	2.70	82.6	27.0	41.9	66.5	10.7	37.9
	0.22	2.69	76.5	46.0	60.0	85.5	53.0	63.5

注：引自《铁路工程地质手册（修订版）》。

无黏性土内摩擦角的经验值　　　　　　　　　　表 6.2-38

土类	自然休止角/°	φ_{cv}/°	φ/°	
			中密	密实
粉土	26～30	26～30	28～32	30～34
级配不良砂	26～30	26～30	30～34	32～36
级配良好砂	30～34	30～34	34～40	38～46
圆（角）砾、卵（碎）石	32～36	32～36	36～42	40～48

注：φ_{cv}为常体积内摩擦角（残余内摩擦角），松散内摩擦角和φ_{cv}数值相当，引自《建筑地基计算原理与实例》。

冲、洪积非饱和黏性土的强度指标经验值　　　　　　　　　　表 6.2-39

土类	状态	液性指数	指标	孔隙比为下列数值时指标值						
				0.45	0.55	0.65	0.75	0.85	0.95	1.05
粉土	硬塑	0～0.25	c/kPa	21	17	15	13	—	—	—
			φ/°	30	29	27	24	—	—	—
	可塑	0.25～0.75	c/kPa	19	15	13	11	9	—	—
			φ/°	28	26	24	21	18	—	—

续表

土类	状态	液性指数	指标	孔隙比为下列数值时指标值						
				0.45	0.55	0.65	0.75	0.85	0.95	1.05
粉质黏土	硬塑	0~0.25	c/kPa	47	37	31	25	22	19	—
			φ/°	26	25	24	23	22	20	
	可塑	0.25~0.5	c/kPa	39	34	28	23	18	15	—
			φ/°	24	23	22	21	19	17	
		0.5~0.75	c/kPa	—	—	25	20	16	14	12
			φ/°			19	19	16	14	12
黏土	硬塑	0~0.25	c/kPa		81	68	54	47	41	36
			φ/°		21	20	18	18	16	14
	可塑	0.25~0.5	c/kPa	—	—	57	50	43	37	32
			φ/°			18	17	16	14	11
		0.5~0.75	c/kPa	—	—	45	41	36	33	29
			φ/°			15	14	12	10	7

注：引自《建筑地基计算原理与实例》。

参考文献

[1] 中华人民共和国建设部. 岩土工程勘察规范 (2009 年版)：GB 50021—2001 [S]. 北京：中国建筑工业出版社, 2009.

[2] 中华人民共和国住房和城乡建设部. 城市轨道交通岩土工程勘察规范：GB 50307—2012[S]. 北京：中国计划出版社, 2012.

[3] 四川省建设厅. 成都地区建筑地基基础设计规范：DB 51/T 5026—2001[S]. 成都：成都市建筑设计研究院, 2001.

[4] 中华人民共和国住房和城乡建设部. 地基基础设计规范：GB 50007—2011[S]. 北京：中国计划出版社, 2012.

[5] 北京市规划委员会. 北京地区建筑地基基础勘察设计规范：DBJ 11—501—2009[S]. 北京：中国计划出版社, 2009.

[6] 郭继武. 地基基础设计简明手册[M]. 北京：机械工业出版社, 2007.

[7] 林宗元. 简明岩土工程勘察设计手册[M]. 北京：中国建筑工业出版社, 2003.

[8] 《工程地质手册》编委会. 工程地质手册[M]. 5 版. 北京：中国建筑工业出版社, 2018.

[9] 顾慰慈. 建筑地基计算原理与实例[M]. 北京：机械工业出版社, 2010.

[10] 林宗元. 岩土工程勘察设计手册[M]. 沈阳：辽宁科学技术出版社, 1996.

[11] 钱七虎, 方鸿琪, 张在明, 等. 岩土工程师手册[M]. 北京：人民交通出版社, 2010.

[12] 彭土标, 袁建新, 王惠明. 水力发电工程地质手册[M]. 北京：中国水利水电出版社, 2011.

[13] 铁道部第一勘测设计院. 铁路工程地质手册[M]. 修订版. 北京：中国铁道出版社, 1999.

[14] 余钟波, 黄勇. 地下水水文学原理[M]. 北京：科学出版社, 2008.

第 3 章　地基的稳定性分析

3.1　地基稳定性分析方法及内容

　　地基的稳定性是指主要受力层的岩土体在外部荷载作用下沉降变形、深层滑动等对工程建设安全稳定的影响，避免由此产生过大变形、侧向破坏、滑移造成地基破坏从而影响正常使用。岩土体的变形、强度和稳定应在定性分析的基础上进行定量分析。评价地基稳定性问题时按承载力极限状态计算，评价岩土体的变形稳定性时按正常使用极限状态的要求进行计算。

　　影响地基稳定性的因素，主要是场地的岩土工程条件、地质环境条件、建（构）筑物特征等。一般情况下，需要对经常受水平力或倾覆力矩的高层建筑、高耸结构、高压线塔、锚拉基础、挡墙、水坝等建（构）筑物进行地基稳定性评价。

3.2　倾斜荷载作用下地基的稳定性

　　对于承受倾斜荷载或偏心荷载作用的工程结构物或构筑物，通常需要进行抗滑稳定性和抗倾覆稳定性或抗变形能力的核算，以保证其安全和正常工作。

3.2.1　抗滑稳定性

　　在倾斜荷载作用下（既作用竖直力又作用水平力的情况）建筑物或构筑物的抗滑失稳形态，通常分为两类，即建筑物或构筑物沿地基接触面的水平滑动（平面滑动）和建筑物或构筑物连同部分地基的整体滑动（深层滑动），如图 6.3-1 所示。

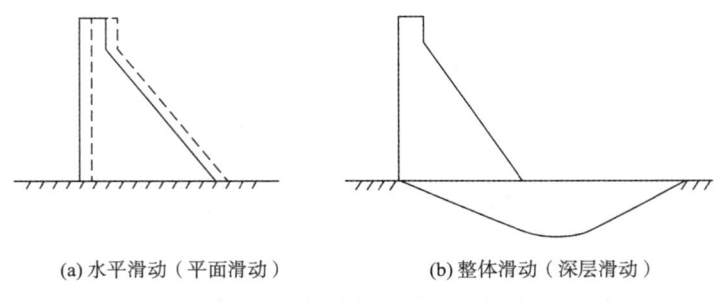

(a) 水平滑动（平面滑动）　　　　(b) 整体滑动（深层滑动）

图 6.3-1　建筑物或构筑物的平面滑动和深层滑动

　　平面滑动已为人们所熟知，而且在工程实践中也已得到证实。建筑物或构筑物连同部分地基的整体滑动，实际上也早已为试验所确认，并且也已为理论分析所证实。近年来的一些室内和现场试验资料表明，在一定的竖直压力下，建筑物或构筑物失稳时的滑动面大多处在建筑物或构筑物基础底面的地基土中，滑动面的形状基本上是弧形（曲线形）。当竖直压力较大时，弧面基本上是对称的；当竖直压力较小时，弧面的上游部分较平缓，下游部分较陡，如图 6.3-2 所示。所有这些试验都表明，只有在竖直压力较小、建筑物或构筑物与地基的接触面较光滑的情况下，才会产生建筑物或构筑物沿地基表面的平面滑动。随着竖直压力的增大，连同建筑物或构筑物一起滑动的地基土也随之增大，当竖直压力达到一定程度后，滑动即超出建筑物或构筑物的基础底面之外，形成所谓的深层滑动。

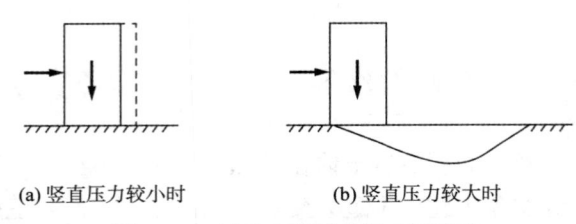

(a) 竖直压力较小时   (b) 竖直压力较大时

图 6.3-2   试验中显示的滑动面形状

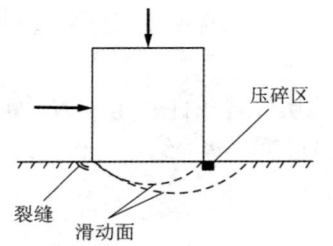

图 6.3-3   建筑物或构筑物的失稳形态

一些石膏模型试验的结果也表明，模型在破坏时首先在建筑物或构筑物的上游地基面处产生倾斜的裂缝，随后在建筑物或构筑物的下游地基处产生压碎区，并且在建筑物或构筑物基础底面的地基中出现弧形破裂面，如图 6.3-3 所示。随着竖直压力的增大，弧形破裂面也就超出建筑物或构筑物的基础底面。这种失稳形态，与在土基上所做试验的结果是类似的。

3.2.2   抗滑失稳的形态

根据一些试验资料和现场观察资料的分析，在倾斜荷载作用下建筑物或构筑物的抗滑失稳形态又可细分为四类，即平面滑动、表层滑动、局部深层滑动和深层滑动，如图 6.3-4 所示。其中平面滑动（包括表层滑动）和深层滑动（包括局部深层滑动）是建筑物或构筑物失稳的两种基本形态。但是由试验结果可知，在通常情况下，建筑物或构筑物抗滑失稳多表现为表层滑动和深层滑动，只有在满足某些特定条件下，才会出现平面滑动的失稳形态。

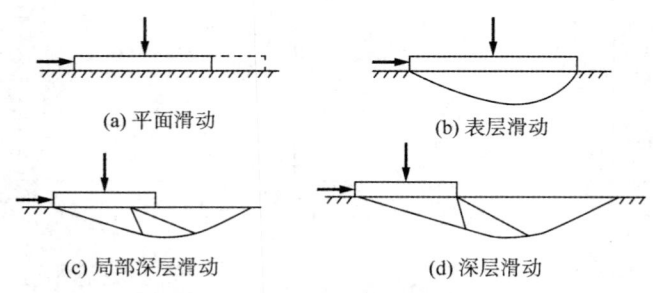

(a) 平面滑动   (b) 表层滑动

(c) 局部深层滑动   (d) 深层滑动

图 6.3-4   建（构）筑物的失稳形态

建（构）筑物的抗滑失稳形态与建筑物或构筑物基础底面的应力和抗剪强度有关，土的抗剪强度通常用库仑公式表示：

（1）对于无黏性土

$$\tau_f = \sigma \tan \varphi \tag{6.3-1}$$

（2）对于黏性土

$$\tau_f = \sigma \tan \varphi + c \tag{6.3-2}$$

式中：σ——法向应力（kPa）；

　　　φ——内摩擦角（°）；

　　　c——黏聚力（kPa）。

若以法向应力σ为横坐标，以抗剪应力τ为纵坐标，则可绘制如图 6.3-5 所示的$\tau = f(\sigma)$关系曲线，即建（构）筑物的滑动曲线。由图 6.3-5可知，滑动曲线基本上由直线段ab和曲线段bc两部分组成，直线段表示相应于平面滑动的应力范围，其中当法向应力$\sigma \leqslant \sigma_d$时抗滑失稳的形态为平面滑动；当$\sigma_d \leqslant \sigma \leqslant \sigma_b$时抗滑失稳的形态为表层滑动；当$\sigma_b \leqslant \sigma$时抗滑失稳的形态为深层滑动（包括局部深层滑动）。

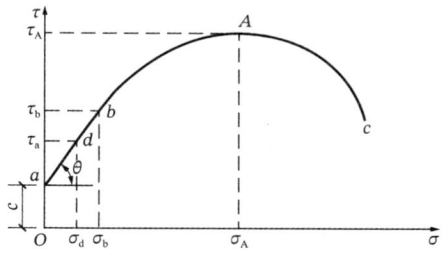

图 6.3-5　滑动曲线$\tau = f(\sigma)$

3.3　平面滑动和表层滑动

3.3.1　平面滑动

当建（构）筑物的基础底面比较光滑，基础与地基之间的摩擦系数较小；或者是基础底面的法向应力较小，或者是地基为砂、卵石、砾石、碎石、块石；或者是地基由坚硬的和半坚硬的黏性土所组成，或者地基是由塑性的、低塑性的和软塑性的黏性土所组成，或者地基是由剪切系数$\tan \varphi \geqslant 0.45$和固结度系数$C_v \geqslant 4$的均质土所组成时，建（构）筑物的失稳形态都可能是平面滑动。

判别建（构）筑物在倾斜荷载作用下是否产生平面滑动，也可以用下列判别式来进行计算：

$$N_C = \sigma_{max}/\gamma b \leqslant M \tag{6.3-3}$$

式中：N_C——平面滑动判别数；

　　　σ_{max}——建（构）筑物基础底面角点的最大法向应力（kPa）；

　　　γ——地基土的重度（kN/m³）；如果地基位于地下水位以下，则应采用浮重度（有效重度）；

　　　M——无因次标准值，对于密实的砂采用$M = 1.0$；对于其余的各类土采用$M = 3.0$；对于重要的Ⅰ级和Ⅱ级建筑物的地基，应根据试验的结果来确定。

计算结果如果满足式(6.3-3)的条件，则建（构）筑物的稳定性可仅按平面滑动形态进行计算。

平面滑动的稳定分析方法有摩擦公式法、剪摩公式法和极限状态法三种。

1.摩擦公式法

摩擦公式是目前工程界用来核算建（构）筑物抗滑稳定性的最常用计算公式，该公式的形式如：

$$K_C = \frac{f \cdot \sum W}{\sum P_H} \leqslant [K_C] \tag{6.3-4}$$

式中：$\sum W$——作用在建（构）筑物基础上的所有竖直力的代数和（kN）；

$\quad\quad \sum P_H$——作用在建（构）筑物基础上的所有水平力的代数和（kN）；

$\quad\quad f$——建（构）筑物基础与地基接触面上的摩擦系数；

$\quad\quad K_C$——抗滑安全系数；

$\quad\quad [K_C]$——建（构）筑物允许的抗滑安全系数,对于普通的挡土构筑物,一般采用$[K_C] = 1.2\sim1.5$；对于大型工程或重要性较高的建（构）筑物，常取$[K_C] = 2.0\sim 3.0$。

对于大型的和重要性较高的建（构）筑物，允许的抗滑安全系数$[K_C]$与计算中所采用的荷载组合有关，如计算中仅考虑了基本荷载，则允许的抗滑安全系数$[K_C]$值应较大；如计算中不仅考虑到基本的荷载，而且考虑到特殊情况下作用的荷载，则允许的抗滑安全系数$[K_C]$可较小。

下列内容及剪摩公式法可扫二维码 M6.3-1 阅读。

M6.3-1

2. 极限状态法

极限状态的含义是指整个结构或结构的一部分超过某一特定状态就不能满足设计规定的某一功能要求，此特定状态称该功能的极限状态。

极限状态法是将影响结构极限状态的各种因素,如外部荷载及其在结构中引起的内力,材料强度及其在构件中构成的承载力等都视作随机变量，用概率理论去研究结构在达到预定功能的极限状态方面是否有足够的可靠度。

建（构）筑物的抗滑稳定分析是按承载能力极限状态进行计算，其表达式如下：

$$\gamma_0\psi S \leqslant \frac{1}{\gamma_d}R \tag{6.3-5}$$

式中：γ_0——结构重要性系数，与结构的安全等级有关，对于安全等级为一级、二级和三级的结构，结构重要性系数可分别取 1.1、1.0 和 0.9，结构的安全等级见表 6.3-1；

$\quad\quad \psi$——设计状况系数，可取 0.85；

$\quad\quad S$——结构作用效应（荷载效应）；

$\quad\quad R$——结构抗力代表值（结构承载力代表值）；

$\quad\quad \gamma_d$——承载能力极限状态的结构系数，可根据建（构）筑物的级别参考见表 6.3-2。

结构的安全等级　　　　　　　　　　　　　表 6.3-1

结构的安全等级	破坏后果	建筑物的重要性
一级	很严重	重要
二级	严重	一般重要
三级	不严重	次要

建筑物按承载能力极限状态的结构系数 γ_d

表 6.3-2

结构重要性系数γ_d	建筑物级别				
	一	二	三	四	五
1.1	1.61	1.39	1.39	1.34	1.34
1.0	1.51	1.46	1.40	1.35	1.35

在建（构）筑物的水平滑动情况下，结构作用效应 S 和结构抗力代表值 R 可按下列计算式确定：

$$S = \sum P_H \tag{6.3-6}$$

式中：$\sum P_H$——沿建（构）筑物滑动方向作用的所有水平作用力（kN），

$$R = \tan\varphi \cdot \sum w + c \cdot A + \sum P_f \tag{6.3-7}$$

式中：$\sum w$——作用在建（构）筑物上的所有竖直力之和（kN）；

φ、c——建（构）筑物基础与地基接触面（滑动面）上的内摩擦角（°）和黏聚力（kPa）；

$\sum P_f$——除摩擦力 $\tan\varphi \cdot \sum w$ 和黏着力 $c \cdot A$ 之外的所有抗滑力之和（kN）；

A——建（构）筑物基础与地基接触面（滑动面）的面积（m²）。

3.3.2　表层滑动

当建（构）筑物的基础比较粗糙，或者是建（构）筑物的基础与地基接触面上的抗剪强度大于地基土的抗剪强度，而建（构）筑物基础底面的法向应力较小，不足以形成深层滑动时，建（构）筑物的失稳形态即为表层滑动。

除此之外，当建（构）筑物的基础底面做成向上倾斜的斜面［图 6.3-6（a）］，或者是建（构）筑物的基础底面设置齿墙［图 6.3-6（b）、图 6.3-6（c）、图 6.3-6（d）］时，建（构）筑物的失稳形态也都将是表层滑动。

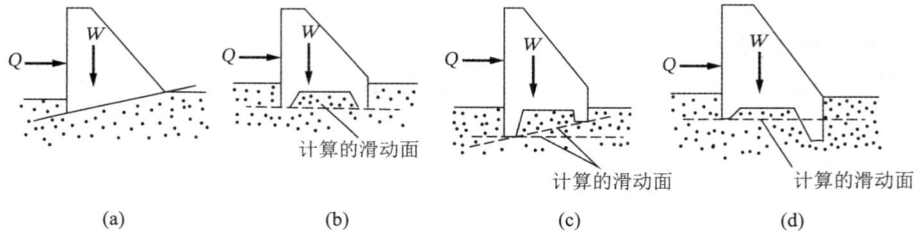

(a)　　　　　　(b)　　　　　　(c)　　　　　　(d)

图 6.3-6　建筑物或构筑物产生表层滑动的情况

由于表层滑动稳定性的计算方法研究得很少，所以目前对表层滑动稳定性计算仍采用平面滑动稳定性计算的方法进行计算，即采用剪摩公式法和极限状态法。

1. 剪摩公式法

计算公式为：

$$K_C = \frac{f\sum W + cA}{\sum P_H} \leqslant [K_C] \tag{6.3-8}$$

此时式(6.3-8)中的 f、c 应采用地基土的剪切摩擦系数和黏聚力，A 为滑动平面的面积，其他符号与式(6.3-4)相同。

地基土的剪切摩擦系数 f 可用下式表示：

$$f = \tan \varphi \tag{6.3-9}$$

式中：φ——地基土的内摩擦角（°）。

2. 极限状态法

在按极限状态法进行表层滑动的稳定性计算时，仍采用式(6.3-5)～式(6.3-7)，即：

$$\gamma_0 \psi S \leqslant \frac{1}{\gamma_{\mathrm{d}}} R$$

$$S = \sum P_{\mathrm{H}}$$

$$R = \tan \varphi \cdot \sum w + c \cdot A + \sum P_{\mathrm{f}}$$

但此时式(6.3-7)中的 φ 和 c 应采用地基的剪切摩擦角和黏聚力，A 采用滑动面的面积，其他符号的含义均与平面滑动稳定性计算相同。

3.3.3　斜坡面滑动

位于斜坡上的建筑物或当地基有可能整体滑动时，应进行地基的稳定性验算，并满足下式要求：

$$\frac{M_{\mathrm{R}}}{M_{\mathrm{s}}} \geqslant F_{\mathrm{s}} \tag{6.3-10}$$

式中：M_{R}——抗滑力矩（kN·m）；

　　　M_{s}——滑动力矩（kN·m）；

　　　F_{s}——抗滑稳定安全系数，当滑动面为圆弧形时，F_{s} 取 1.2；当滑动面为平面时，F_{s} 取 1.3。

当不能确定最危险滑动面时，地基稳定性验算方法宜采用极限平衡理论的圆弧滑动条分法。

3.4　局部深层滑动和深层滑动

3.4.1　局部深层滑动

局部深层滑动的形状有两种，第一种是滑动土体的起点 A 位于建筑基础底面的某一点处，如图 6.3-7（a）所示；第二种是滑动土体转动中心 B 点在建筑基础底面某一点处，如图 6.3-7（b）所示。

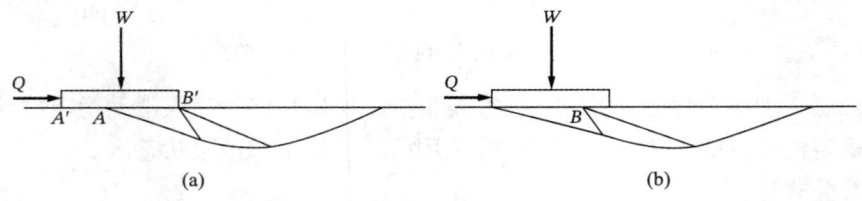

图 6.3-7　局部深层滑动的形状

1. 局部深层滑动的第一种形态

对于局部深层滑动的第一种形态，其滑动稳定性可按两种方法来进行计算：一种是按平面滑动进行计算；另一种是按深层滑动进行计算。

如图 6.3-8 所示的建筑地基，在倾斜荷载作用下建筑基础下面地基的滑动稳定性分为两段，AA' 段的滑动方式为沿建筑基础与地基的接触面产生平面滑动；$A'E$ 段的滑动方式为建筑基础随地基的滑动土体 $A'CDEB$ 沿滑动面 $A'CDE$ 滑动。但是由于滑动面 $A'CDE$ 的水平投影是 $A'E$ 平面，所以 $A'E$ 段的滑动方式也可以近似地认为是沿 $A'E$ 面的水平滑动，因此第一种形态的局部深层滑动稳定性，可以按两段平面滑动来代替。

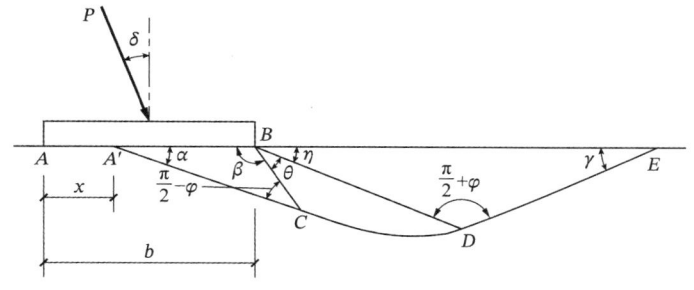

图 6.3-8　第一种形态的局部深层滑动

应该注意的是，在进行抗滑稳定性计算时，AA' 段应采用建筑基础与地基接触面的抗剪强度，而 $A'E$ 段则应采用地基土的抗剪强度。

下列内容可扫二维码 M6.3-2 阅读。

M6.3-2

2. 局部深层滑动的第二种形态

局部深层滑动的第二种形态如图 6.3-9 所示，即地基滑动土体的 B 点位于基础底面中间部位，而非端点处。此时滑动土体 $ACDEB$ 可分为三部分：主动滑动块 ABC；过渡滑动块 BCD；被动滑动 BDE。

各滑动块体上的作用力

（1）滑动块体 ABC。滑动块体 ABC 此时由于建筑基础位于两个滑动土块上，即同时位于滑动土块 ABC 和 BDE 上，因此基础底面的地基应力将分别传递给这两个滑动块体。

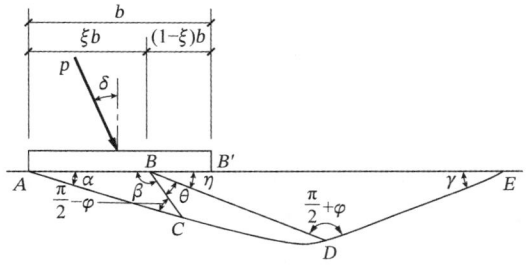

图 6.3-9　局部深层滑动的第二种形态

当基础上同时作用竖直荷载 $\sum W$ 和水平荷载 $\sum P_H$（作用倾斜荷载 p）时，基础底面将产生均匀分布的竖直应力和均匀分布的剪切应力。块体 ABC 的重力 G_1 也近似地认为是均匀作用在块体 ABC 的 AB 面上。对于黏性土地基，地基土的黏聚力 c 可以看作是土的内结构压力 $\dfrac{c}{\tan\varphi}$ 作为一种均匀分布的法向应力作用在滑动土体的表面上，即作用在地基表面 AE 上，因此滑动块体 ABC 的 AB 面最终将作用均匀分布的法向应力 σ_0 和均匀分布的剪应力 τ_0，如图 6.3-10（a）所示。

在滑动块体 ABC 的 AC 面上作用有均匀分布的反力，此反力可分解为均匀分布的法向应力 σ_1 和均匀分布的剪应力 τ_1，如图 6.3-10（a）所示。

在滑动块体 ABC 的 BC 面上也作用有均匀分布的反力，该反力也可分解为均匀分布的法向应力 σ_2 和均匀分布的剪应力 τ_2，如图 6.3-10（a）所示。

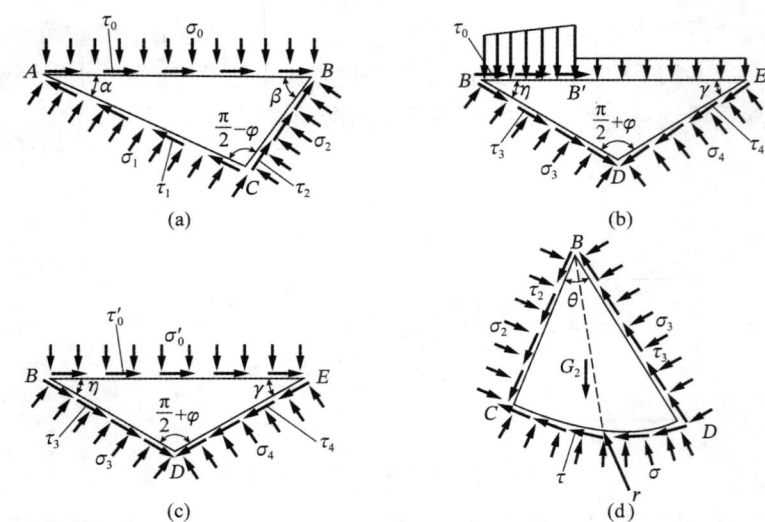

图 6.3-10　各滑动块体上的作用力

（2）滑动块体 *BDE*。在滑动块体 *BDE* 的 *BE* 面上，作用有基础（基础的 *BB′* 段）底面的法向基底应力和剪应力，这部分作用力将被近似地转化为均匀分布在 *BE* 面上的法向应力和剪应力。当建筑基础埋置在地基面以下，埋置深度为 *d* 时，基础底面以上的这部分土层重力 $q = \gamma d$（γ 为地基土的重度）将作为超荷载均匀地作用在 *BE* 面上。对于黏性土地基，土的黏聚力 *c* 可作为土的内结构压力 $\dfrac{c}{\tan\varphi}$ 均匀地作用在地基面 *BE* 上。此外，滑动块体 *BCD* 和 *BDE* 的重力 G_2 和 G_3 也将近似地转化为作用在 *BE* 面上的法向应力，因此在块体 *BDE* 的 *BE* 面上最终将作用均匀分布的法向应力 σ_0' 和均匀分布的剪应力 τ_0'，如图 6.3-10（b）和图 6.3-10（c）所示。

在滑动块体 *BDE* 的 *BD* 面上作用有均匀分布的法向应力 σ_3 和剪应力 τ_3，在 *DE* 面上则作用有均匀分布的法向应力 σ_4 和剪应力 τ_4，如图 6.3-10（c）所示。

（3）滑动块体 *BCD*。在滑动块体 *BCD* 的 *BC* 面上作用有均匀分布的法向应力 σ_2 和剪应力 τ_2，在 *BD* 面上作用有均匀分布的法向应力 σ_3 和剪应 τ_3，在 *CD* 面上作用有均匀分布的反力 *r*，该力的作用线与 *CD* 面的法线成 φ 角，并指向 *B* 点，*r* 力可分解为均匀分布的法向应力 σ 和均匀分布的剪应力 τ，如图 6.3-10（d）所示。

3. 各滑动块体中的角度关系和应力关系

本节内容可以扫二维码 M6.3-3 阅读。

M6.3-3

3.4.2　深层滑动

深层滑动的形态如图 6.3-11 所示，对于这种深层滑动的抗滑稳定性验算，可以按本章中所述的任一种方法计算出地基的极限承载力 *p* 或 *P*，然后按下式计算其荷载系数：

$$K = \frac{p}{p_e} \leqslant [K] \tag{6.3-11}$$

或

$$K = \frac{P}{P_e} \leqslant [K] \qquad (6.3\text{-}12)$$

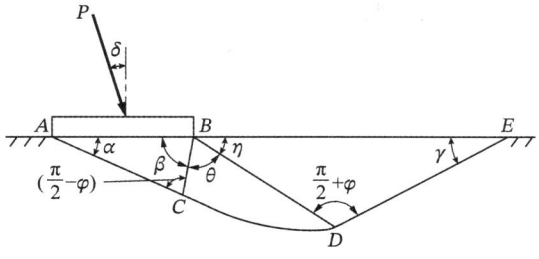

图 6.3-11　深层滑动

式中：K——地基的荷载系数；

　　　p_e——作用在基础上的实际荷载强度（kN）；

　　　P_e——作用在基础上的实际荷载（kN）；

　　　p——地基的极限荷载强度（kN）；

　　　P——地基的极限荷载（kN）；

　　$[K]$——允许的荷载系数，可按有关规定采用。

3.5　深层滑动的圆弧滑动面法

在工程设计计算中，对于建筑基础连同地基一起的深层滑动，其滑动面也常采用圆弧面来代替前面（本章第 3.4 节中）所述的组合滑动面（组合滑动面是指 AC 和 DE 两个平面和对数螺旋曲面 CD 所组成的滑动面），如图 6.3-7 和图 6.3-11 所示。

圆弧滑动面法的优点是计算原理简单，可用于均质地基和非均质地基，而且在计算中既可以考虑深层滑动的可能性，也可以考虑局部深层滑动的可能性，但这种方法的缺点是不可能通过一次（一个圆弧滑动面）计算就确定地基的抗滑稳定性，而需要假定一系列滑动面通过试算才能确定地基的抗滑稳定安全系数。

1. 计算的基本原理

用圆弧滑动面法进行地基的深层抗滑稳定性计算，首先需要假定（选取）一系列可能的滑动面，然后对其中的每一个可能的滑动面计算出作用在滑动土体上的各种荷载和作用力。当滑动土体在上述荷载和作用力的作用下沿圆弧面产生滑动时，其实质就是滑动土体在上述荷载和作用力作用下围绕圆弧的圆心产生转动，因此滑动土体在上述荷载和作用力作用下是否会产生滑动，主要决定于上述荷载和作用力对圆心所产生的力矩的大小，若使滑动土体沿圆弧面滑动的力矩大于阻止滑动土体沿圆弧面滑动的力矩，建筑基础连同部分地基就将产生滑动；反之，地基就不可能产生滑动。

因此，地基在荷载作用下的抗滑稳定性可用下式表示：

$$K_c = \frac{M_R}{M_S} \geqslant [K] \qquad (6.3\text{-}13)$$

式中：K_c——抗滑稳定安全系数；

　　　　M_R——作用在滑动土体上的抗滑力对圆心 O 产生的抗滑力矩之和（kN·m），如图 6.3-12 所示；

　　　　M_S——作用在滑动土体上的滑动力对圆心 O 产生的滑动力矩（kN·m）；

　　　　$[K]$——允许的抗滑稳定安全系数，$\geqslant 1.2$。

2. 计算方法及步骤

圆弧滑动面法的计算方法及步骤如下：

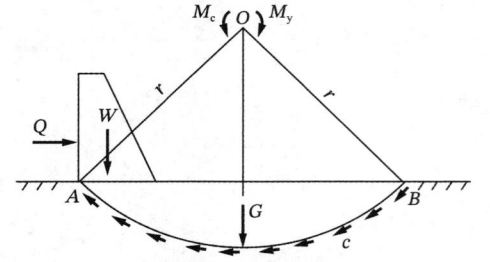

图 6.3-12　圆弧滑动面法示意图

（1）确定一系列滑动面的起点 A，A 点可以在建筑基础的左部端点（建筑基础上游端点），如图 6.3-13（a）所示；也可以在建筑基础底部的任一点，如图 6.3-13（b）所示；也可以在建筑基础左端以外地基的任一点（建筑基础上游地基面上任一点），如图 6.3-13（c）所示。

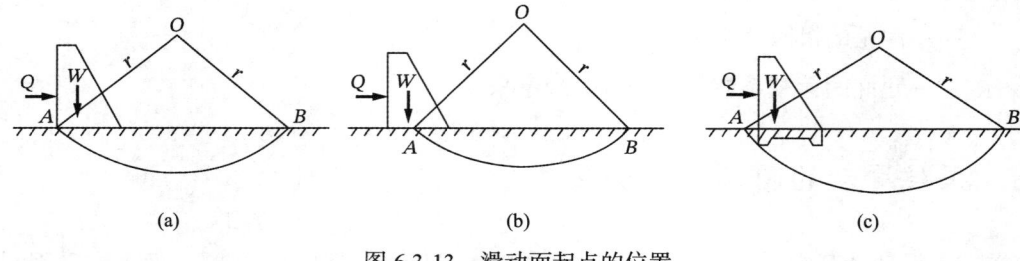

|　(a)　|　(b)　|　(c)　|

图 6.3-13　滑动面起点的位置

（2）对滑动面的每一个起点 A 选定一系列圆心 O 及相应的半径 r，绘制相应的圆弧滑动面 AEB。

（3）对每一个滑动面，计算作用在该滑动面相应的滑动土体上的荷载（建筑基础传来的荷载）和作用力，如基础传来的竖直荷载 W 和水平荷载 Q，滑动土体重力 G，滑动土体上的渗流力 F_ϕ 等，如图 6.3-14 所示。

滑动土体的重力 G 可按下式计算：

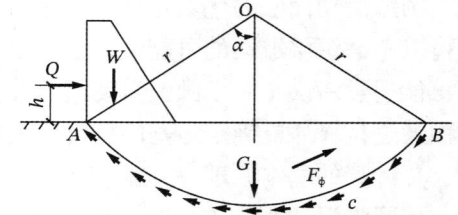

图 6.3-14　作用在滑动土体上的荷载及作用力

$$G = \gamma \frac{(n\alpha - \sin\alpha\cos\alpha)r}{180°} \tag{6.3-14}$$

式中：γ——地基土的重度（kN/m³），在地下水位以下部分采用浮重度；

　　　　r——圆弧面的半径（m）；

　　　　α——圆弧中心角的一半（°），如图 6.3-14 所示。滑动土体上的渗流力 F_ϕ 可按流网法计算。

（4）确定竖直荷载的合力 W、水平荷载的合力 Q、滑动土体的重力 G、渗流力 F_ϕ 及其作用点。

（5）将竖直荷载的合力 W 向右侧（即下游方向）平移水平距 $e = Qh/W$，其中 h 为水平荷载的合力 Q 的作用线距地基面的高度。然后再将竖直荷载的合力 W 沿其作用线移至与滑动面相交点处，在该交点处将 W 分解为两个力，一个是与相交点处滑动面相切的力 $W \sin \beta$；另一个是与相交点处滑动面正交的力 $W \cos \beta$（图 6.3-15）。

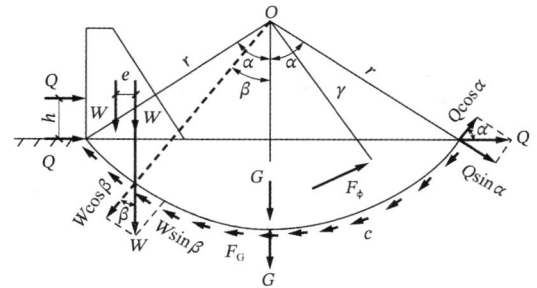

图 6.3-15　作用力的分解

将滑动土体的重力 G 也沿其作用线延伸至圆弧面，使其变成与圆弧面正交的作用力。

（6）将水平荷载的合力 Q 移至地基表面，并沿地基表面延伸至圆弧面的右侧端点（滑动面的下游端点）B，并在 B 点处分解为两个力，一个与该点处滑动面相切的力 $Q \cos \alpha$；另一个与该点处滑动面正交的力 $Q \sin \alpha$（图 6.3-15）。

（7）对于黏性土地基，沿滑动面存在黏聚力 c，沿整个滑动面的总黏聚力为：

$$C = \frac{c \pi \gamma \alpha}{90°} \tag{6.3-15}$$

式中：C——沿滑动面的总黏聚力（kN）；

　　　c——地基土的单位黏聚力（kPa）；

　　　γ——滑动面的半径（m）；

　　　α——滑动面中心角的一半（°）。

（8）作用在滑动土体上的渗流力可用流网法进行计算，即作用在每一个流网网格上的渗流力为：

$$f_i = \gamma_\omega \omega_i i_i \tag{6.3-16a}$$

式中：f_i——作用在流网图中第 i 个网格上的渗流力（kN）；

　　　γ_ω——水的重度（kN/m³）；

　　　ω_i——第 i 个网格的面积（m²）；

　　　i_i——第 i 个网格上渗流的水力坡降（梯度）。

因此，作用在整个滑动土体上的渗流力为：

$$F_\phi = \sum f_i = \gamma_\omega \sum \omega_i i_i (i = 1,2,\cdots,n) \tag{6.3-16b}$$

（9）计算作用在滑动面上的滑动力和抗滑力。作用在滑动面上的滑动力有 $W \sin \beta$ 和 $Q \cos \alpha$，与滑动面正交的力 $W \cos \beta$、$Q \sin \alpha$ 和 G，将在滑动面上产生抗滑的摩阻力 $W \cos \beta \tan \varphi$、$Q \sin \alpha \tan \varphi$ 和 $G \tan \varphi$。

此外，滑动面上的黏聚力 C 也为抗滑力，而作用在滑动土体上的渗流力 F_ϕ 则为滑动力。

（10）荷载和作用力 W、Q、G 和 C 对圆心 O 产生的滑动力矩 M_c 和抗滑力矩 M_y 为

$$M_c = W \sin \beta \cdot r + Q \cos \alpha \cdot r + F_\phi \cdot l$$

$$M_y = W \cos \beta \tan \varphi \cdot r + Q \sin \alpha \tan \varphi \cdot r + G \tan \varphi \cdot r + C \cdot r \tag{6.3-17}$$

（11）计算每个滑动面相应的抗滑稳定安全系数：根据式(6.3-13)，抗滑稳定安全系数等于抗滑力矩 M_R 与滑动力矩 M_S 的比值，即：

$$K_{\mathrm{C}} = \frac{M_{\mathrm{R}}}{M_{\mathrm{S}}} = \frac{(W\cos\beta + Q\sin\alpha + G)\tan\varphi + c\pi r\dfrac{\alpha}{90°}}{W\sin\beta + Q\cos\alpha + F_{\phi}\dfrac{l}{r}} \qquad (6.3\text{-}18)$$

式中：β——总竖直荷载W的作用线与滑动面的交点a和圆心O的连线与竖直线的夹角（°）；

$\qquad$ φ——地基土的内摩擦角（°）；

$\qquad$ F_{ϕ}——作用在滑动土体上的渗流力（kN）；

$\qquad$ l——渗流力F，对圆心O的力臂（m），根据流网图确定；

$\qquad$ r——滑动圆弧的半径（m）。

（12）对通过每一个滑动面起点A的所有滑动面按上述方法及式(6.3-18)求得其相应的抗滑稳定安全系数K_{c}，这些抗滑安全系数中的最小值$K_{\min}$，代表通过A点的最危险的滑动面（最可能产生滑动的滑动面）相应的抗滑安全系数值。

将每一个滑动面起点所相应的抗滑稳定安全系数$K_{\min}$按一定的比例尺标注在起点A上，然后将其连成曲线mn，如图 6.3-16 所示。作地基面的平行线SS'与曲线mn相切，得切点b，按同样的比例尺由图中量取长度$\overline{bb}'$，则$\overline{bb}'$就代表地基实际的抗滑安全系数，即：

$$K_{\mathrm{c}} = \overline{bb}' \geqslant [K] \qquad (6.3\text{-}19)$$

对于非均质地基，抗滑稳定安全系数的计算方法与均质地基相同，但此时在计算每个滑动面相应的抗滑稳定安全系数时，考虑到地基土的不均匀性，应将滑动土体划分成数个土条，如图 6.3-17 所示，然后根据作用在基础上的荷载计算相应的基底应力，并将这一基底应力代替竖直荷载分配到相应的土条上，则此时作用在每一个土条上的竖直力为$g_i + \omega_i$，其中g_i为第i根土条的自重ω_i，是分配到第i根土条上的基底竖直应力的总合力。将每根土条的$g_i + \omega_i$相应地作用在该土条的中心线上，并将其向下延伸到与滑动面相交，在交点处将$g_i + \omega_i$分解为两个分力，即与滑动面相切的分力$(g_i + \omega_i)\sin\beta_i$和与滑动面正交的分力$(g_i + \omega_i)\cos\beta_i$，此与滑动面正交的分力将在滑动面上产生摩阻力$(g_i + \omega_i)\cos\beta_i\tan\varphi$，其中$\beta_i$为第$i$根土条的滑动面中心点和圆心的连线与竖直线的夹角。在非均质地基的情况下，滑动面上的黏聚力c也应按所划分的土条分段计算，每根土条上的黏聚力$c_i = \dfrac{c_i b_i}{\cos\beta_i}$。其中，$b_i$为土条宽度，$c_i$为该土条滑动面上的单位黏聚力。水平荷载与渗流力的计算方法与均质地基情况相同，此时相应于各滑动面的抗滑稳定安全系数按下式确定：

$$K_{\mathrm{c}} = \frac{\left[\sum(g_i + \omega_i)\cos\beta_i\tan\varphi_i + Q\sin\alpha\tan\varphi_{\mathrm{B}} + \sum\dfrac{c_i b_i}{\cos\beta_i}\right]}{\sum(g_i + \omega_i)\sin\beta_i + Q\cos\alpha + F_{\phi}\dfrac{l}{r}} \qquad (6.3\text{-}20)$$

式中：g_i——第i土条的重力（kN）；

$\qquad$ ω_i——作用在第i土条上的基底应力的合力（kN）；

$\qquad$ β_i——第i土条底面中点和圆心的连线与竖直线的夹角（°）；

$\qquad$ Q——水平荷载之和（kN）；

$\qquad$ φ_i——第i土条底面地基土的内摩擦角（°）；

$\qquad$ c_i——第i土条底面地基土的黏聚力（kPa）；

$\qquad$ α——滑动圆弧中心角的一半（°）；

$\qquad$ b_i——第i土条的宽度（m）；

F_ϕ——作用在滑动土体上的总渗流力（kN）；

l——总渗流力F_ϕ对圆心O的力臂（m）；

r——滑动圆弧的半径（m）。

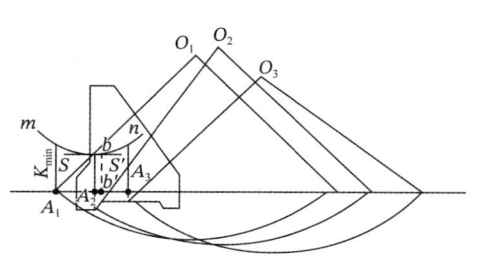 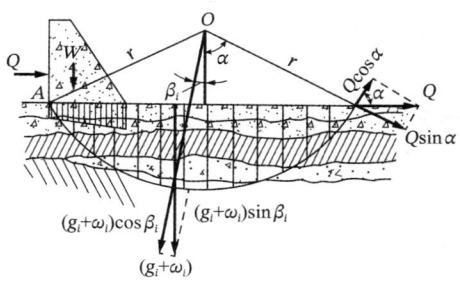

图 6.3-16　最小抗滑安全系数 K 的确定　　　图 6.3-17　非均质地基的抗滑稳定计算图

3.6　岩石地基的抗滑稳定性计算

对于修建在岩石地基上的建筑物或构筑物，在倾斜荷载作用下常常会沿着岩石的节理裂隙面、断裂面、软弱夹层面产生滑动，因此必须核算建（构）筑物沿这些软弱层面滑动的可能性。

建（构）筑物沿岩石薄弱层面产生深层滑动的形态，可分为两大类。

3.6.1　单斜滑动

所谓单斜滑动是指建（构）筑物沿着岩石的某一个倾斜的层面产生的滑动。根据倾斜层面的倾斜状态的不同，单斜滑动又可分为下列两种：

（1）上倾式单斜滑动。上倾式单斜滑动是指滑动面向上倾斜的一种滑动形态，如图 6.3-18（a）所示。

（2）下倾式单斜滑动。下倾式单斜滑动是指滑动面向下倾斜的一种滑动形态，如图 6.3-18（b）所示。

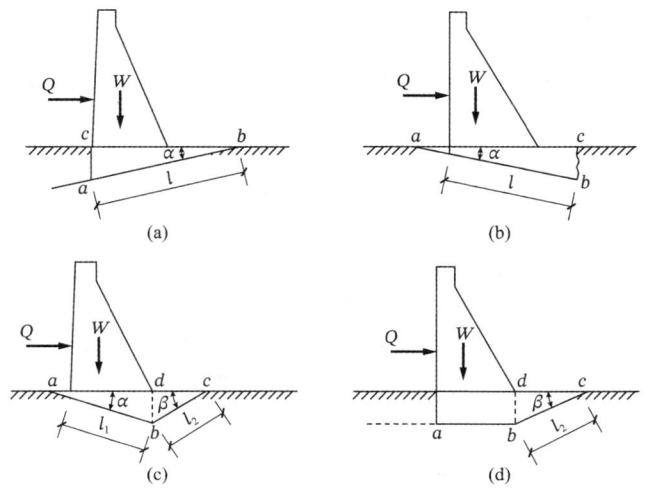

图 6.3-18　岩石地基深层滑动的形式

3.6.2　双斜滑动

双斜滑动是指建（构）筑物沿着岩石的两个连续的倾斜面产生的滑动，通常又可分为下列两种：

（1）下倾和上倾式双斜滑动。下倾和上倾式双斜滑动是指建（构）筑物沿着两个紧连的向下倾斜的和向上倾斜的滑动面产生滑动，如图 6.3-18（c）所示。

（2）水平和上倾式双斜滑动。水平和上倾式双斜滑动是指建（构）筑物沿着水平滑动面和紧连的向上倾斜的滑动面产生滑动，如图 6.3-18（d）所示。

3.6.3　单斜滑动的抗滑稳定性计算

1. 上倾式单斜滑动

对于上倾式单斜滑动，地基的抗滑稳定安全系数可按下式计算：

$$K_c = \frac{fW\cos\alpha + W\sin\alpha + cl}{Q\cos\alpha - Qf\sin\alpha} \geqslant [K] \tag{6.3-21}$$

或

$$K_c = \frac{W(f + \tan\alpha) + \dfrac{cl}{\cos\alpha}}{Q(1 - f\tan\alpha)} \tag{6.3-22}$$

或

$$K_c = \frac{W\tan(\varphi + \alpha)}{Q} + \frac{cl}{Q\cos\alpha(1 - \tan\varphi\tan\alpha)} \tag{6.3-23}$$

式中：K_c——抗滑稳定安全系数；

　　　W——作用在建（构）筑物以及地基滑动块 abc 上所有竖直荷载和作用力之和（kN）；

　　　Q——作用在建（构）筑物和地基滑动块 abc 上的所有水平荷载和作用力之和（kN）；

　　　α——滑动面 ab 与水平面的倾角（°）；

　　　l——滑动面 ab 的长度（m）；

　　　f——滑动面 ab 的摩擦系数，$f = \tan\varphi$；

　　　φ——滑动面 ab 上的摩擦角（°）；

　　　c——滑动面 ab 上的黏聚力（kPa）；

　　$[K]$——允许的抗滑稳定安全系数。

当不考虑 c 值时（$c = 0$），则：

$$K_c = \frac{W\tan(\varphi + \alpha)}{Q} \tag{6.3-24}$$

2. 下倾式单斜滑动

对于下倾式单斜滑动，地基的抗滑稳定安全系数 K_c 可按下式计算：

$$K_c = \frac{fW\cos\alpha - W\sin\alpha + cl}{Q\cos\alpha + fQ\sin\alpha} \tag{6.3-25}$$

或

$$K_c = \frac{W(f - \tan\alpha) + cl/\cos\alpha}{Q(1 + f\tan\varphi)} \tag{6.3-26}$$

或

$$K_c = \frac{W\tan(\varphi - \alpha)}{Q} + \frac{cl}{Q\cos\alpha(1 + \tan\varphi\tan\alpha)} \tag{6.3-27}$$

当不考虑 c 值时（$c = 0$）

$$K_c = \frac{W \tan(\varphi - \alpha)}{Q} \tag{6.3-28}$$

3.6.4　双斜滑动的抗滑稳定性计算

1. 下倾和上倾式双斜滑动

对于如图 6.3-18（c）所示的下倾和上倾式双斜滑动的情况，地层的抗滑稳定安全系数可按下式计算：

$$K_c = \frac{W \tan(\varphi_1 - \alpha) + E \tan(\varphi_1 + \alpha)}{Q} + \frac{c_1 l_1}{Q \cos \alpha (1 + \tan \varphi_1 \tan \alpha)} \tag{6.3-29}$$

式中：W——作用在建（构）筑物及岩石滑动块 abd 上的所有竖直荷载和作用力之和（kN）；

　　Q——作用在建（构）筑物及岩石滑动块 abd 上的所有水平荷载和作用力之和（kN）；

　　φ_1——滑动面 ab 上的摩擦角（°）；

　　c_1——滑动面 ab 上的黏聚力（kPa）；

　　l_1——滑动面 ab 的长度（m）；

　　α——滑动面 ab 与水平面的夹角（°）；

　　E——岩石滑动块 bcd 的被动抗力，可按下式计算：

$$E = \frac{f_2(G \cos \beta - u_2) + G \sin \beta + c_2 l_2}{\cos(\psi + \beta) - f_2 \sin(\psi + \beta)} \tag{6.3-30}$$

式中：G——岩石滑动块 bcd 的重力（kN）；

　　f_2——滑动面 bc 上的摩擦系数；

　　c_2——滑动面 bc 上的黏聚力（kPa）；

　　l_2——滑动面 bc 的长度（m）；

　　β——滑动面 bc 与水平面的夹角（°）；

　　ψ——被动抗力 E 与水平面的夹角（°）；

　　u_2——作用在滑动面 bc 上的渗透压力（kN）。

如图 6.3-19 所示，一般取 $\psi = 0 \sim \varphi_1$，或令 $\psi = \alpha$；

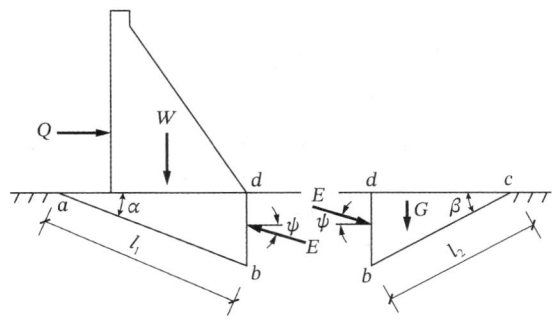

图 6.3-19　被动抗力 E 的作用图

为了计算简化起见，常取 $\psi = 0$，此时抗力 E 可按下式计算：

$$E = \frac{G(f_2 \cos \beta + \sin \beta) + c_2 l_2 - f_2 u_2}{\cos \beta - f_2 \sin \beta} \tag{6.3-31}$$

或

$$E = G\tan(\varphi_2 + \beta) + \frac{c_2 l_2 - u_2 \tan\varphi_2}{\cos\beta(1 - \tan\varphi_2 \tan\beta)} \tag{6.3-32}$$

2. 水平和上倾式双斜滑动

对于如图6.3-18（d）所示的水平和上倾式双斜滑动，地基的抗滑稳定安全系数按下式计算：

$$K_C = \frac{W\tan\varphi_1 + c_1 l_1 + E}{Q} \tag{6.3-33}$$

其中被动抗力E按式(6.3-31)或式(6.3-32)计算。

在岩石地基的抗滑稳定计算中，允许的抗滑稳定安全系数$[K]$值决定于计算中所采用的抗剪强度值，当考虑滑动面上的峰值抗剪强度时，可取$[K] = 2.5 \sim 4.0$，当考虑滑动面上的残余抗剪强度时（此时$c_1 = c_2 = 0$），则取$[K] = 1.1 \sim 1.3$。

下列内容可以扫二维码M6.3-4阅读。

M6.3-4

3.7 非均质地基上建筑物的稳定性计算

建筑物修建在非均质地基上（如层状地基），是比较常见的。位于这种地基上的建筑物，其地基面上的应力状况和建筑物的稳定条件，与均质地基上的建筑物是不同的。根据库仑破坏准则，非均质地基上的建筑物的底面应力及建筑物的稳定性，与地基的变形模量及其变化有着密切的关系。

3.7.1 建筑物与地基接触面的应力计算

对于非岩石的层状地基上的建筑物，以及软弱的层状岩基上的高度不大的建筑物，其基础通常被视为刚性的，因此可近似地假定建筑物下面地基的变形是线性变化的，和建筑物与地基接触面间的法向应力与其作用下的应变成正比（比例常数为该处地基的变形模量）。

1. 陡倾角层状地基的应力计算

（1）轴向力作用下地基面上的应力

在地基变形是线性变化的这一假定的基础上，当建筑物基础面上作用轴向垂直力时，建筑物底面的地基面上各点所产生的应变是相同的。此时，对于倾角较大的层状地基（图6.3-20），其各层中的应力存在着下列关系：

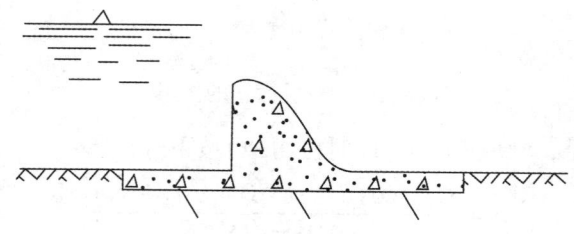

图6.3-20 陡倾角的层状地基

$$\epsilon = \frac{\sigma_1}{E_1} = \frac{\sigma_2}{E_2} = \frac{\sigma_3}{E_3} \cdots = \frac{\sigma_i}{E_i} \tag{6.3-34a}$$

由此可得

$$\sigma_2 = \sigma_1 \frac{E_2}{E_1}, \quad \sigma_3 = \sigma_1 \frac{E_3}{E_1}, \quad \cdots, \quad \sigma_i = \sigma_1 \frac{E_i}{E_1} \tag{6.3-34b}$$

式中：　　　　　ϵ——地基面各点应变值；

$\sigma_1, \sigma_2, \sigma_3, \cdots, \sigma_i$——地基各层中的应力值；

$E_1, E_2, E_3, \cdots, E_i$——地基各层的变形模量。

如果地基各层与建筑物底面的接触面积分别为 $F_1, F_2, F_3, \cdots, F_i$，则地基各层与建筑物底面的接触应力的合力，等于建筑物的垂直作用力，即：

$$\sigma_1 F_1 + \sigma_2 F_2 + \sigma_3 F_3 + \cdots + \sigma_i F_i = W \tag{6.3-35}$$

式中：$F_1, F_2, F_3, \cdots, F_i$——地基各层与建筑物底面接触面积；

　　　　　　　W——建筑物的垂直作用力；

其他符号意义同前。

将式6.3-34代入式(6.3-35)中，即可得出地基各层中的应力：

$$\sigma_i = \frac{W E_i}{E_1 F_1 + E_2 F_2 + E_3 F_3 + \cdots E_i F_i} \tag{6.3-36}$$

式中符号意义同前。

因此，在轴向垂直力作用下地基接触面的应力如图 6.3-21 所示。

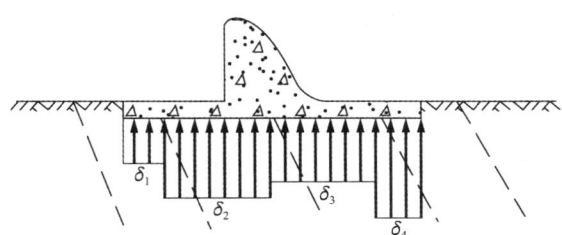

图 6.3-21　轴向垂直力作用下地基接触面应力示意

（2）偏心力作用下地基面上的应力

对于非均质的层状地基，在弯矩 M 的作用下，地基接触面所产生的角变可按下式计算，即：

$$\theta = \frac{M}{\sum E_i I_i} = \left[M \div \left(E_1 I_{F1} + E_2 I_{F2} + \cdots + E_i I_{Fi} + E_1 F_1 x_1^2 + E_2 F_2 x_2^2 + \cdots + E_i F_i x_i^2 \right) \right] \tag{6.3-37}$$

式中：　　　　θ——在弯矩 M 的作用下，地基接触面所产生的角变；

　　　　　　　M——作用在非均质的层状地基上的弯矩；

$I_{F1}, I_{F1}, \cdots, I_{Fi}$——分别为各接触面积 $F_1, F_2, F_3, \cdots, F_i$ 对各该面积的中心轴的惯性矩；

$x_1, x_2, \cdots, x_i$——分别为各接触面积 $F_1, F_2, F_3, \cdots, F_i$ 的重心距中性轴的水平距离，中性轴的位置。

$$x_0 = \frac{\sum F_i E_i l_i}{\sum F_i E_i} \tag{6.3-38}$$

式中：x_0——层状地基基础面的计算中性轴距建筑物底面上游边缘的距离；

其他符号意义同前。

对于如图 6.3-20 所示的层状地基，其接触面上各点处的应力为：

$$\sigma_i = \frac{Mx_i}{\sum E_i I_i} E_i \tag{6.3-39}$$

式中：x_i——计算点距中性轴的距离，在顺时针弯矩作用下，以中性轴为准，x_i向右量取为正值，向左量取为负值；

$\quad\quad E_i$——计算点处地基的变形模量。

其他符号意义同前。

因此在偏心荷载作用下（图 6.3-22），地基接触面上任一点i处的法向应力为：

$$\sigma_i = \frac{WE_i}{\sum E_i F_i} + \frac{Mx_i}{\sum E_i I_i} E_i \tag{6.3-40}$$

式中符号意义同前。

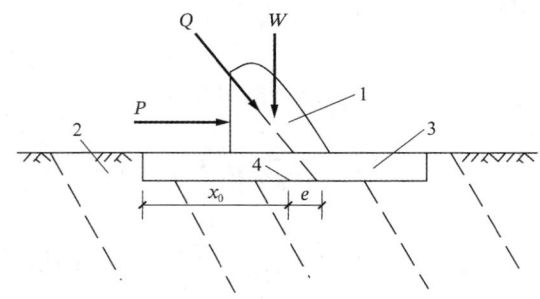

1—建筑物；2—层状地基；3—建筑物基础；4—中性轴位置；W—垂直力；P—水平力；Q—合力

图 6.3-22　偏心荷载作用下的计算简图

2. 缓倾角层状地基的应力计算

缓倾角的层状地基（图 6.3-23），如果各层的层厚基本相同，在压缩深度范围内，基础面以下地基各垂线上的平均变形模量也基本相同，则这种地基可按均质地基来计算。如果基础面以下地基各垂线上的平均变形模量并不相同，则可根据变形模量的变化情况，将基础面以下的地基划分为几个区，各区范围内采用相同的变形模量。对于这种地基，接触面的应力则可按上述陡倾角层状地基的计算方法进行计算。

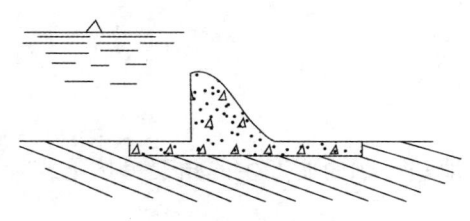

图 6.3-23　缓倾角层状地基

3. 地基抗剪强度的计算

（1）由法向应力产生的抗剪强度

在偏心力作用下，在基础底面由法向应力而产生的抗剪力及平均抗剪强度分别为：

$$S_\varphi = \sum_{i=1}^{n}\left[\frac{WE_i}{\sum E_i F_i}\tan\varphi_i F_i\right] + \sum_{i=1}^{n}\left[\frac{ME_i}{\sum E_i I_i}\tan\varphi_i \int_{F_i} x_i \mathrm{d}F_i\right] \tag{6.3-41}$$

$$\tau_{\mathrm{cp}} = \frac{S_\varphi}{\sum\limits_{i=1}^{n} F_i} \tag{6.3-42}$$

式中： S_φ ——由法向应力产生的抗剪力；

　　　　τ_{cp} ——由法向应力产生的抗剪强度；

　　　　φ_i ——地基第 i 层与建筑物接触面的摩擦角；

　　　　n ——与建筑物底面接触的地基的层数；

其他符号意义同前。

如果设非均质地基与建筑物底部接触面上的平均摩擦角为 φ_{cp} ，则由法向应力所产生的接触面上的抗剪力可表示为：

$$S_\varphi = \sum_{i=1}^{n} \int_{F_i} \sigma_i \tan\varphi_{cp} \, \mathrm{d}F_i = \tan\varphi_{cp} \left[\sum_{i=1}^{n} \int_{F_i} \sigma_i \mathrm{d}F_i \right] = \tan\varphi_{cp} W \qquad (6.3\text{-}43)$$

根据式(6.3-41)与式(6.3-43)相等的条件，可得接触面上的平均摩擦系数 $\tan\varphi_{cp}$ 为：

$$\tan\varphi_{cp} = \sum_{i=1}^{n} \left[\frac{E_i}{\sum E_i F_i} \tan\varphi_{iF_i} \right] + \sum_{i=1}^{n} \left[\frac{e}{\sum E_i I_i} E_i \tan\varphi_i \int_{F_i} x_i \mathrm{d}F_i \right] \qquad (6.3\text{-}44)$$

式中： e ——作用在建筑物上的合力在基础底面的作用点距中性轴的水平距离；其他符号意义如前。

对于缓倾角的层状地基，若压缩深度范围内地基各垂线上平均变形模量基本相同，则这种地基与建筑物底部接触面上的平均摩擦系数为：

$$\tan\varphi_{cp} = \sum_{i=1}^{n} \left[\frac{F_i}{\sum F_i} \tan\varphi_i \right] + \sum_{i=1}^{n} \left[\frac{e}{I} \tan\varphi_i \int_{F_i} x_i \mathrm{d}F_i \right] \qquad (6.3\text{-}45)$$

式中： I ——建筑物底部与地基接触面对其重心轴的惯性矩；其他符号意义同前。

（2）由黏聚力所产生的抗剪强度

由黏聚力所产生的抗剪强度等于建筑物底部与地基接触面上的单位黏聚力，因此接触面上由黏聚力所产生的抗剪力应为：

$$S_i = \sum_{i=1}^{n} c_i F_i \qquad (6.3\text{-}46)$$

式中： c_i ——地基第 i 层与建筑物接触面上的单位面积黏聚力。

若设 c_{cp} 为建筑物与地基接触面上的平均黏聚力，则 c_{cp} 值可按下式计算：

$$c_{cp} = \frac{\sum_{i=1}^{n} c_i F_i}{\sum_{i=1}^{n} F_i} \qquad (6.3\text{-}47)$$

（3）建筑物与地基接触面上的总抗剪强度

对于非均质地基上的建筑物，建筑物底面与地基接触面上的总抗剪强度可用下式计算：

$$\tau_i = \sigma_i \tan\varphi_{cp} + c_{cp} \qquad (6.3\text{-}48)$$

式中： τ_i ——接触面上计算点 i 处的抗剪强度；

　　　　σ_i ——接触面上计算点 i 处的法向应力。

对于非均质地基上的建筑物，由于与建筑物接触面处地基的变形模量是变化的，故使得建筑物底部与地基接触面上的应力及其分布也随之产生变化，所以对于这种地基上的建筑物，其地基应力的计算不能沿用计算均质地基的方法，而应该采用本文所述的，考虑沿建筑物底面地基变形模量变化的方法来计算，否则会带来较大的误差。

同样，在核算非均质地基上建筑物的稳定性时，建筑物与地基接触面上的平均摩擦系数，也不能简单地按地基各层的摩擦系数与该层接触面积的加权平均值，而必须考虑接触面上地基变形模量的变化和作用力偏心的影响。

必须指出，对于沿建筑物滑动方向倾斜面缓倾角的层状地基，如果不同强度的各层相对较薄，则地基的承载力决定于距基础面较近而强度较弱的地基层的抗剪强度，因此在这种情况下核算建筑物的稳定性时，则应直接采用该层的黏聚力 c、摩擦角 φ 值代替其平均值 c_{cp} 及 φ_{cp}，作为计算的抗剪强度指标。

3.7.2　地基均匀性分析

本节内容可以扫二维码 M6.3-5 阅读。

M6.3-5

3.8　基础抗浮稳定性验算

3.8.1　抗浮设计基本原则

地下水对基础的浮力作用，是最明显的一种力学作用。

1)《岩土工程勘察规范》GB 50021—2001（2009 年版）

（1）对地基基础、地下结构应考虑在最不利组合情况下，地下水对结构物的上浮作用，原则上应按设计水位计算浮力；对节理不发育的岩石和黏土且有地方经验或实测数据时，可根据经验确定；

（2）有渗流时，地下水的水头和作用宜通过渗流计算进行分析评价。

2)《高层建筑岩土工程勘察标准》JGJ/T 72—2017，抗浮设防水位的综合确定宜符合下列规定：

（1）抗浮设防水位宜取地下室自施工期间到全使用寿命期间可能遇到的最高水位。该水位应根据场地所在地貌单元、地层结构、地下水类型、各层地下水水位及其变化幅度和地下水补给、径流、排泄条件等因素综合确定；当有地下水长期水位观测资料时，应根据实测最高水位以及地下室使用期间的水位变化，并按当地经验修正后确定；

（2）施工期间的抗浮设防水位可按勘察时实测的场地最高水位，并考虑季节变化导致地下水位可能升高的因素；同时应充分考虑结构自重和上覆土重尚未施加时，浮力对地下结构的不利影响等因素综合确定；

（3）场地具多种类型地下水，各类地下水虽然具有各自的独立水位，但若相对隔水层已属饱和状态、各类地下水有水力联系时，宜按各层水的混合最高水位确定；

（4）当地下结构邻近江、湖、河、海等大型地表水体，且与本场地地下水有水力联系时，可参照地表水体百年一遇高水位及其波浪壅高，结合地下排水管网等情况，并根据当地经验综合确定抗浮设防水位；

（5）对于城市中的低洼地区，应考虑特大暴雨期间可能形成街道被淹的情况，在南方地下水位较高、地基土处于饱和状态的地区，抗浮设防水位可取室外地坪高程。

3）当建设场地处于斜坡地带且高差较大或者地下水赋存条件复杂、变化幅度大、地下室使用期间区域性补给、径流和排泄条件可能有较大改变或工程需要时，应进行专门论证，提供抗浮设防水位的专项咨询报告。

4）对位于斜坡地段的地下室或其他可能产生明显水头差的场地上的地下室，进行抗浮设计时，应考虑地下水渗流在地下室底板产生的非均布荷载对地下室结构的影响。

3.8.2　地下水对基础浮力的确定

浮力可以用阿基米德原理计算。一般认为，在透水性较好的土层或节理发育的岩石地基中，计算结果即等于作用在基底的浮力；对于渗透系数很低的黏土来说，上述原理在原则上也应该是适用的，但是有实测资料表明，由于渗透过程的复杂性，黏土中基础所受到的浮托力往往小于水柱高度。但工程设计中，只有具有当地经验或实测数据时，方可进行一定折减。

渗流条件下地下水赋存于地层中，始终在运动，并受多种因素影响，并不是所谓的静水环境。由于地下建筑物的存在，改变了拟建场地原有地下水的运动边界条件，即使在基础埋深范围内仅存在一层地下水，在地下水赋存体系比较复杂的情况下，上层水与下部含水层之间也存在一定的水力联系，在各含水层之间有非饱和带时更是如此。基底的水压力并不完全取决于水位的高低，而必须由渗流分析来确定。用地下水动力学的方法确定的水压力与过去仅仅将水压力按静水环境确定的做法，存在很大的差别。而后者往往对基底的水压力估计过高，造成浪费。

图 6.3-24 为某工程通过渗流分析，得到的水压力沿竖向的分布图。从图中可见，基础处的水压力为 36kPa，即设计中考虑的浮力的数据，比在静水环境中按抗浮设防水位 38.00m 计算的浮力 92kPa 要小。

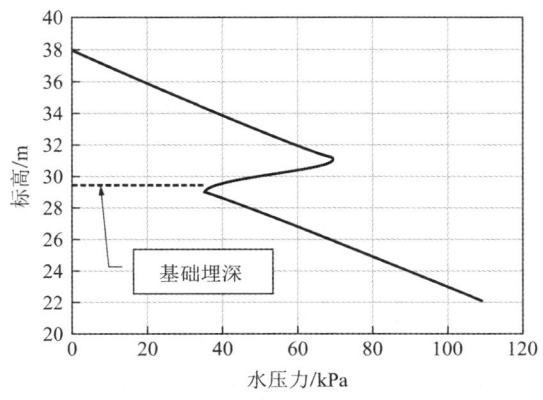

图 6.3-24　某工程通过渗流分析得到的水压力分布曲线（张在明，2001）

表 6.3-3 为某水库大坝黏土墙下实测孔隙水压力与按实际浸润线位置计算得到的静水压力与实测的孔隙水压力的比较，均不同程度地低于静止水压力。

在工程设计中，应根据工程重要性和具体的水文地质条件，结合当地经验或实测数据，科学分析慎重对待。

测试日期	对比项目	测点位置				
		208号点	222号点	237号点	239号点	242号点
2002-06-07	实测孔隙水压力	56.4	60.5	57.6	—	29.6
	计算静水压力	74.1	74.1	73.5	61.7	46.1
	比值	0.76	0.82	0.78		0.64
2002-07-30	实测孔隙水压力	55.5	58.9	55.2	—	26.5
	计算静水压力	63.7	63.7	62.7	57.4	41.2
	比值	0.87	0.92	0.88	—	0.64

某水库大坝实测孔隙水压力与计算静水压力对比   表 6.3-3

注：张彬，深基坑水土压力共同作用试验研究与机理分析，博士论文，2004。

3.8.3 基础抗浮稳定性验算

建筑物基础存在浮力作用时应进行抗浮稳定性验算，并应符合下列规定：

1. 对于简单的浮力作用情况，基础抗浮稳定性应符合下式要求：

$$\frac{G_k}{N_{w,k}} \geqslant K_W \tag{6.3-49}$$

式中：G_k——建筑物自重及压重之和（kN）；

$N_{w,k}$——浮力作用值（kN）；

K_W——抗浮稳定安全系数，一般情况下可取 1.05。

2. 抗浮稳定性不满足设计要求时，可采用增加压重或设置抗浮构件等措施。在整体满足抗浮稳定性要求而局部不满足时，也可采用增加结构刚度的措施。

3.9 土石坝地基稳定性分析

3.9.1 渗流计算

1. 土石坝渗流计算包括以下内容：

（1）确定坝体浸润线及其下游出逸点的位置，绘制坝体及坝基内的等势线分布图或流网图。

（2）确定坝体与坝基的单宽渗流量和总渗流量。

（3）确定下游坝壳与坝基面之间的渗透比降，坝坡出逸段的出逸比降，以及不同土层之间的渗透比降。

（4）确定库水位降落时上游坝坡内的浸润线位置或孔隙压力。

（5）确定坝肩的等势线、渗流量和渗透比降。

2. 渗流计算应考虑水库运行中出现的不利条件，包括以下水位组合情况：

（1）上游正常蓄水位与下游相应的最低水位。

（2）上游设计洪水位与下游相应的水位。

（3）上游校核洪水位与下游相应的水位。

（4）库水位降落时对上游坝坡稳定最不利的情况。

3. 渗流计算应包括各工况组合下的稳定渗流，1级坝、2级坝和3级坝以下高坝原水位降落工况宜进行非稳定渗流计算。

　　4. 渗透系数取值应符合下列规定：

　　（1）坝体和坝基材料应考虑渗透系数的各向异性。

　　（2）计算渗流量时宜采用渗透系数的大值平均值。

　　（3）计算水位降落时的浸润线宜用渗透系数的小值平均值。

　　5. 渗透系数可根据试验成果和工程类比综合确定，岩石坝基材料取值应考虑岩层特性、风化程度和地质构造的影响。地质条件复杂时，水文地质参数可根据现场水文地质资料用反演法校核和修正。

　　6. 渗流计算应采用数值法进行计算，窄深河谷的高地和岸边绕坝渗流应按三维渗流进行计算。

　　7. 二维渗流计算的典型断面应包括以下内容：

　　（1）最大坝高断面。

　　（2）两岸岸坡坝段的代表性断面。

　　（3）坝体不同分区的代表性断面。

　　（4）坝基不同地质条件的代表性断面。

　　8. 渗流几何模型的确定应满足下列要求：

　　（1）坝基计算深度宜达到相对不透水层，当相对不透水层很深时，宜不小于 2.0 倍的最大坝高。

　　（2）上游、下游坝坡脚外延伸的长度应根据坝基地质条件、淤积情况等综合分析确定，宜不小于 2.0 倍的最大坝高。

　　（3）两坝肩以外延伸的长度宜达到库水位与相对不透水层或与地下水位相交处以外，当相交处很远时，宜不小于 2.0 倍的最大坝高。

　　（4）渗透系数相差 5 倍以上的相邻坝体分区和地层，不宜概化合并。

　　（5）断层、裂隙密集带等特殊的地质构造不宜与相邻岩层概化为一个分区。

3.9.2　渗透稳定计算

　　1）渗透稳定计算应包括以下内容：

　　（1）判别土的渗透变形形式，即管涌、流土、接触冲刷或接触流失等。

　　（2）判明坝体和坝基土体的渗透稳定。

　　（3）判明坝下游渗流逸出段的渗透稳定。

　　2）渗透变形初步判别方法，参见第 5 篇第 4 章内容。

3.9.3　抗滑稳定计算

　　1. 抗滑稳定指土石坝坝坡及其覆盖层地基的抗滑稳定。

　　根据单一安全系数法为设计应遵循的抗滑稳定计算基本方法，当要求按概率极限状态设计原则，以分项系数设计表达式的设计方法（可靠度法）进行抗滑稳定计算。

　　2. 土石坝施工、建成、蓄水和库水位降落的各个时期，受到不同的荷载，土体也具有不同的抗剪强度，应分别计算其抗滑稳定性。抗滑稳定指土石坝坝坡及其覆盖层地基的抗滑稳定。

　　控制抗滑稳定的有施工期（包括竣工时）、稳定渗流期、水库水位降落期和正常运用遇地震四种工况，应计算的内容如下：

（1）施工期的上、下游坝坡稳定。

（2）稳定渗流期的上、下游坝坡稳定。

（3）水库水位降落期的上游坝坡稳定。

（4）正常运用遇地震的上、下游坝坡稳定。

上述四种工况之外还有特殊条件的坝，应根据其条件分析抗滑稳定性。如在多雨地区，应根据填土的渗透性和坝面排水设施的功能，酌情核算长期降雨期坝坡的抗滑稳定性；地基黏土层或坝体黏土填土孔隙压力消散慢，宜核算初期蓄水期坝坡的抗滑稳定性等。

3. 土石坝各种计算工况，土体的抗剪强度均应采用有效应力法，按式(6.3-50)计算：

$$\tau = c' + (\sigma - u)\tan\varphi' = c' + \sigma'\tan\varphi' \tag{6.3-50}$$

黏性土施工期同时还应采用总应力法，按式(6.3-51)计算：

$$\tau = c_u + \sigma\tan\varphi_u \tag{6.3-51}$$

黏性土库水位降落期同时还应采用总应力法，按式(6.3-52)计算：

$$\tau = c_{cu} + \sigma_c'\tan\varphi_{cu} \tag{6.3-52}$$

式中：τ——土体的抗剪强度；

c'、φ'——有效应力抗剪强度指标；

σ——法向总应力；

σ'——法向有效应力；

u——孔隙压力；

c_u、φ_u——不排水剪总强度指标；

c_{cu}、φ_{cu}——固结不排水剪总强度指标；

σ_c'——库水位降落前的法向有效应力。

稳定渗流期应采用有效应力法，施工期和库水位降落期应同时采用有效应力法和总应力法进行坝坡稳定计算，并以较小的安全系数为准。如果采用有效应力法确定填土施工期孔隙压力的消散和强度增长时，可不必用总应力法相比较。

4. 堆石、砂砾石等粗颗粒料的非线性抗剪强度指标，可按式(6.3-53)计算：

$$\varphi = \varphi_0 - \delta_\varphi \lg\frac{\sigma_3}{p_a} \tag{6.3-53}$$

式中：φ——土体的摩擦角；

φ_0——一个大气压力下的摩擦角；

δ_φ——σ_3增加一个对数周期下φ的减小值；

σ_3——土体的小主应力；

p_a——大气压力。

5. 土质防渗体坝、沥青混凝土面板或心墙坝及土工膜斜墙或心墙坝，其抗剪强度应按式(6.3-50)～式(6.3-52)确定（对于堆石、砂砾石等非黏性土，黏着力虽可由试验求出，但略而不计）。经过充分论证，粗粒料亦可采用式(6.3-53)确定的抗剪强度指标进行稳定计算。混凝土面板堆石坝的粗粒料应采用式(6.3-53)确定的抗剪强度指标进行稳定计算。

6. 土的抗剪强度指标应采用三轴仪测定。对 3 级以下的中低坝，也可采用直接慢剪试验测定土的有效强度指标；对渗透系数小于 10cm/s 或压缩系数小于 0.2MPa 的土，也可采用直接快剪试验或固结快剪试验测定其总强度指标。

7. 黏性填土或坝基土中某点在施工期的起始孔隙压力 u_0 可按式(6.3-54)计算：

$$u_0 = \gamma h \overline{B} \tag{6.3-54}$$

式中：γ——某点以上土的平均重度；

$\quad\quad h$——某点以上的填土高度；

$\quad\quad \overline{B}$——孔隙压力系数。

对于饱和度大于 80% 和渗透系数介于 $10^{-7} \sim 10^{-5}$cm/s 的大体积填土，可计算施工期填土中孔隙压力的消散和强度的相应增长。应加强现场孔隙压力监测，校核计算的成果。

8. 稳定渗流期坝体和坝基中的孔隙压力，应根据流网确定。

9. 水库水位降落期坝体和坝基中孔隙压力的计算应符合下列规定：

1）无黏性土，可通过渗流计算确定水库水位降落期间坝体内的浸润线位置，绘制瞬时流网，定出孔隙压力。

2）黏性土，可按下列方法计算，并通过现场监测进行核算。

黏性土可假定孔隙压力系数 B 为 1，近似采用以下公式计算：

如图 6.3-25 所示，当水库水位降落到 B 点以下时，则坝内某点 A 的孔隙压力可按式(6.3-55)计算：

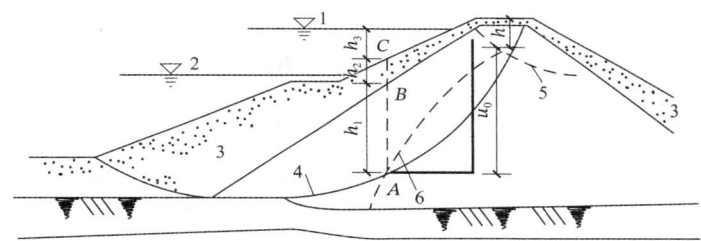

1—原水位线；2—骤降后水位线；3—透水料；4—滑裂面；5—水位降落前浸润线；6—水位降落前的等势线

图 6.3-25　水库水位降落期黏性土中的孔隙压力

$$u = \gamma_w [h_1 + h_2(1 - n_c) - h'] \tag{6.3-55}$$

当水库水位降落在不同位置时，其孔隙压力可用以下通用式(6.3-56)、式(6.3-57)计算：

$$u = u_0 - (\Delta h_w + \Delta h_s n_c)\gamma_w \tag{6.3-56}$$

$$u_0 = \gamma_w(h_1 + h_2 + h_3 - h') \tag{6.3-57}$$

式中：u_0——水库水位降落前的孔隙压力；

$\quad\quad \Delta h_w$——点土柱的坝面以上库水位降落高度；

$\quad\quad \Delta h_s$——点土柱中砂壳无黏性土区内库水位降落高度；

$\quad\quad h_1$——点上部黏性填土的土柱高度；

$\quad\quad h_2$——点上部无黏性填土（砂壳）的土柱高度；

$\quad\quad h_3$——点上部坝面以上至库水位降落前水面的高度；

$\quad\quad n_c$——大坝无黏性填土（砂壳）的有效孔隙率；

$\quad\quad h'$——在稳定渗流期，库水流达 A 点时的水头损失值。

10. 坝坡抗滑稳定计算应采用刚体极限平衡法。对于均质坝、厚斜墙或厚心墙坝，可采用计及条块间作用力的简化毕肖普（Simplified Bishop）法；对于有软弱夹层、薄斜墙坝、薄心墙坝及任何坝型的坝坡稳定分析，可采用满足力和力矩平衡的摩根斯顿-普赖斯

（Morgenstern-Price）等方法。

非均质坝体和坝基的抗滑稳定计算应考虑稳定安全系数分布的多极值特性。滑动破坏面应在不同的土层进行分析比较，直到求得抗滑稳定安全性最小时为止。

11. 由土工膜做成的斜墙土石坝，除应进行有关部位的坝坡和坝基稳定分析外，还应沿土工膜与土的接触带进行稳定分析。

12. 采用计及条块间作用力的计算方法时，坝坡抗滑稳定的安全系数，不应小于表 6.3-4 规定的数值。

坝坡抗滑稳定最小安全系数（一） 表 6.3-4

运用条件	土石坝级别			
	1	2	3	4、5
正常运用条件	1.50	1.35	1.30	1.25
非常运用条件 I	1.30	1.25	1.20	1.15
非常运用条件 II	1.20	1.15	1.15	1.10

13. 采用不计条块间作用力的瑞典圆弧法计算时，坝坡抗滑稳定安全系数不应小于表 6.3-5 规定的数值。

坝坡抗滑稳定最小安全系数（二） 表 6.3-5

运用条件	土石坝级别			
	1	2	3	4、5
正常运用条件	1.30	1.25	1.20	1.15
非常运用条件 I	1.20	1.15	1.10	1.05
非常运用条件 II	1.10	1.05	1.05	1.05

14. 采用滑楔法进行稳定计算时，若假定滑楔之间作用力平行于坡面和滑底斜面的平均坡度，安全系数应符合表 6.3-4 的规定；若假定滑楔之间作用力为水平方向，安全系数应符合表 6.3-5 的规定。

15. 对于狭窄河谷中的高土石坝，抗滑稳定计算还可计及三向效应，求取最小安全系数值。

对于特别高的坝或特别重要的工程，最小安全系数的容许值可做专门研究确定。

参考文献

[1] 顾慰慈. 建筑地基计算原理与实例[M]. 北京: 机械工业出版社, 2010.

[2] 《工程地质手册》编委会. 工程地质手册[M]. 5 版. 北京: 中国建筑工业出版社, 2018.

[3] 中华人民共和国住房和城乡建设部. 建筑地基基础设计规范: GB 50007—2011[S]. 北京: 中国建筑工业出版社, 2012.

[4] 北京市规划委员会. 北京地区建筑地基基础勘察设计规范: DBJ 11—501—2009 (2016 年版) [S]. 北京: 2017.

[5] 中华人民共和国水利部. 碾压式土石坝设计规范: SL 274—2020[S]. 北京: 中国水利水电出版社, 2020.

第 4 章　地基承载力

地基承载力的确定既是岩土工程专业的初级入门问题之一，也是高级阶段的最终难题之一。地基承载力的问题伴随着土力学的发展，地基承载力可由载荷试验或其他原位测试、理论公式、实测数理统计，并结合工程实践经验综合确定。本章将对地基承载力的基本概念、理论计算、相关规范提供的承载力表、载荷试验确定地基承载力的方法等内容予以介绍。

4.1　地基承载力的基本概念

1857 年，朗肯（Rankine W. J. M.）最早提出了地基极限承载力的计算公式。1920 年，普朗德尔（Prandtl L.）根据塑性理论，导出了无埋深、条形刚性基础压入无重量土的极限承载力公式，该公式假设基础底面完全光滑、无摩擦力。1924 年，瑞斯纳（Reissner H.）对普朗德尔极限承载力公式进行了改进，将其推广到有埋深的情况。在 20 世纪 40 年代以前，世界各国学者提出的地基承载力公式，都是假定土是无重量的，为了弥补这一缺陷，20 世纪 40 年代太沙基（Terzaghi K.）根据普朗德尔原理，提出了考虑土重量的地基极限承载力公式，该公式假设基底完全粗糙，并忽略基底以上土体本身的阻力，将其简化为上覆均布荷载。20 世纪 50 年代，迈耶霍夫（Meyerhof G. G.）提出了考虑基底以上两侧土体抗剪强度影响的地基极限承载力公式。20 世纪 60 年代，汉森（Hansen J. B.）提出了中心倾斜荷载并考虑其他一些影响因素的极限承载力公式，如基础形状、深度、地面倾斜、荷载倾斜、基底倾斜等因素。20 世纪 70 年代，魏锡克（Vesic A. S.）引入修正系数并考虑压缩性影响，把整体剪切破坏条件下地基极限承载力公式推广到局部或冲剪破坏时的极限承载力计算。

在中国工程建设发展史上，也曾使用过不同的承载力概念。承载力概念的演变，反映了不同历史时代中国学者对承载力认识上的不断深化，曾使用过的承载力概念如下：

地基容许承载力：确保地基不发生剪切破坏而失稳，同时又保证建筑物的沉降不超过允许值的最大荷载。

地基极限承载力：使地基发生剪切破坏，失去整体稳定时的基础底面最小压力，即地基能承受的最大荷载强度。地基极限承载力和地基容许承载力是一对承载力概念。

《建筑地基基础设计规范》GBJ 7—89 曾对地基承载力基本值、标准值和设计值给出相关规定。

地基承载力基本值（f_0）：是指按有关规范规定的一定的基础宽度和埋置深度条件下的地基承载能力，按有关规范查表确定。

地基承载力标准值（f_k）：岩土工程勘察评价中采用的考虑了土性指标变异影响后

的相应于标准基础（载荷板）宽度和埋深时具有某一特定置信概率的地基容许承载力代表值。

地基承载力设计值（f）：是指地基承载力标准值 f_k 经基础宽度和埋深修正，或直接用地基抗剪强度指标标准值，考虑实际基础宽度和埋深，采用承载力理论公式计算得到的地基容许承载力值。地基承载力标准值和地基承载力设计值是一对承载力概念。

目前《建筑地基基础设计规范》GB 50007—2011 中采用的是地基承载力特征值（f_{ak}）和修正后的地基承载力特征值（f_a）。

地基承载力特征值（f_{ak}）是由载荷试验测定的地基土压力变形曲线线性变形段内规定的变形所对应的压力值，其最大值为比例界限值。

修正后的地基承载力特征值（f_a）是从载荷试验或其他原位测试、经验值等方法确定的地基承载力特征值经深宽修正后的地基承载力值。按理论公式计算得来的地基承载力特征值不需修正。

对于地基承载力的确定方法，《建筑地基基础设计规范》GB 50007—2011 规定，地基承载力特征值可由荷载试验或其他原位测试、公式计算，并结合工程实践经验等方法综合确定。具体确定时，应结合当地建筑经验按下列方法综合确定。

（1）对一级建筑物采用荷载试验、理论公式计算及原位测试试验方法综合确定。

（2）对二级建设物可按有关规范查表，或原位试验确定，有些二级建筑物尚应结合理论公式计算确定。

（3）对三级建筑物可根据邻近建筑物的经验确定。

4.2　按理论公式计算地基承载力

4.2.1　按塑性状态计算

目前常用的公式是在条形基础受均布荷载和均质地基条件下得到的（图 6.4-1），即基础受中心荷载，地基土刚开始出现剪切破坏（开始由弹性变形进入塑性变形，塑性变形区最大深度 $z_{max} = 0$）时的临界压力，称为临塑荷载 p_{cr}，即：

$$p_{cr} = \frac{\pi(\gamma_m d + c_k \cdot \cot \varphi_k)}{\cot \varphi_k - \frac{\pi}{2} + \varphi_k} + \gamma_m d$$

$$= \gamma_m d \left(1 + \frac{\pi}{\cot \varphi_k - \frac{\pi}{2} + \varphi_k} \right) + c_k \left(\frac{\pi \cot \varphi_k}{\cot \varphi_k - \frac{\pi}{2} + \varphi_k} \right) \tag{6.4-1}$$

$$= M_d \gamma_m d + M_c c_k$$

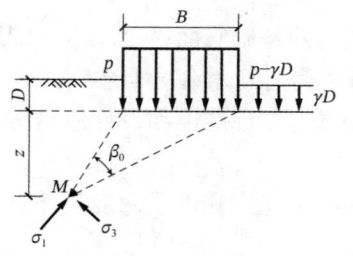

图 6.4-1　条形基础临塑压力计算模型

对于软土，可取临塑荷载 p_{cr} 作为地基容许承载力，这时常取 $\varphi = 0$。对于一般的土，经验表明，取临塑荷载作为地基的容许承载力，过于保守。根据工程经验，当塑性变形区最大深度 z_{max} 等于1/3或1/4的基础宽度 B 时，地基仍是安全的，为此常取此塑性变形区深度对应的荷载（亦称为临界荷载），作为地基的容许承载力，可得：

当 $z_{\max} = 0$，即塑性区开展深度为 0，

$$p_{cr} = \gamma_m d \left(1 + \frac{\pi}{\cot\varphi_k - \frac{\pi}{2} + \varphi_k}\right) + c_k \left(\frac{\pi\cot\varphi_k}{\cot\varphi_k - \frac{\pi}{2} + \varphi_k}\right) = M_d \gamma_m d + M_c c_k \tag{6.4-2}$$

当 $z_{\max} = 1/4B$（中心受压基础），

$$p_{\frac{1}{4}} = \gamma B \frac{\pi}{4\left(\cot\varphi_k - \frac{\pi}{2} + \varphi_k\right)} + \gamma_m d \left(1 + \frac{\pi}{\cot\varphi_k - \frac{\pi}{2} + \varphi_k}\right) + c_k \left(\frac{\pi\cot\varphi}{\cot\varphi_k - \frac{\pi}{2} + \varphi_k}\right) \tag{6.4-3}$$

$$= M_b \gamma B + M_d \gamma_m d + M_c c_k$$

当 $z_{\max} = 1/3B$ 时（偏心受压基础），

$$p_{\frac{1}{3}} = \gamma B \frac{\pi}{3\left(\cot\varphi_k - \frac{\pi}{2} + \varphi_k\right)} + \gamma_m d \left(1 + \frac{\pi}{\cot\varphi_k - \frac{\pi}{2} + \varphi_k}\right) + c_k \left(\frac{\pi\cot\varphi}{\cot\varphi_k - \frac{\pi}{2} + \varphi_k}\right) \tag{6.4-4}$$

《建筑地基基础设计规范》GB 50007—2011 和苏联的有关规范均采用 $p_{\frac{1}{4}}$ 计算地基承载力特征值。

$$f_v = p_{\frac{1}{4}} = M_b \gamma B + M_d \gamma_m d + M_c c_k \tag{6.4-5}$$

式中： p_{cr}——临塑压力，可直接作为地基承载力特征值（kPa）；

f_v——塑性区开展深度为 1/4 基础宽度时的压力，《建筑地基基础设计规范》GB 50007—2011 规定，当偏心距 e 小于或等于 0.033 倍基础底面宽度时，可作为地基承载力特征值（kPa）；

γ——基础底面以下土的重度，地下水位以下取有效重度（kN/m³）；

γ_m——基础底面以上土的加权平均重度，地下水位以下取有效重度（kN/m³）；

d——基础埋置深度，对于建筑物基础，一般自室外地面起算。在填方整平地区，可从填土地面起算，但填土在上部结构施工后完成时，应以天然地面起算。对于地下室，如采用箱形基础或筏基时，基础埋置深度自室外地面起算，在其他情况下，应从室内地面起算（m）；

B——基础底面宽度（m），《建筑地基基础设计规范》GB 50007—2011 规定，大于 6m 时按 6m 考虑，小于 3m 时按 3m 考虑，对于圆形或多边形基础，可按 $b = 2\sqrt{F/\pi}$ 考虑，F 为圆形或多边形基础面积；

c_k、φ_k——分别为基底下一倍基础宽度的深度范围内土的黏聚力（kPa）和内摩擦角（°）标准值；

M_b、M_d、M_c——承载力系数，可根据 φ_k 值按表 6.4-1 查取或按式(6.4-6)计算。

$$\begin{cases} M_b = \dfrac{\pi}{4\left(\cot\varphi_k + \varphi_k - \frac{\pi}{2}\right)} \\ M_d = 1 + \dfrac{\pi}{\cot\varphi_k + \varphi_k - \frac{\pi}{2}} \\ M_c = \dfrac{\pi}{\tan\varphi_k\left(\cot\varphi_k + \varphi_k - \frac{\pi}{2}\right)} \end{cases} \tag{6.4-6}$$

承载力系数表 M_b、M_d、M_c 表 6.4-1

内摩擦角φ_k/°	M_b	M_d	M_c	内摩擦角φ_k/°	M_b	M_d	M_c
0	0	1.00	3.14	22	0.61	3.44	6.04
2	0.03	1.12	3.32	24	0.80	3.87	6.45
4	0.06	1.25	3.51	26	1.10	4.37	6.90
6	0.10	1.39	3.71	28	1.40	4.93	7.40
8	0.14	1.55	3.93	30	1.90	5.59	7.95
10	0.18	1.73	4.17	32	2.60	6.35	8.55
12	0.23	1.94	4.42	34	3.40	7.21	9.22
14	0.29	2.17	4.69	36	4.20	8.25	9.97
16	0.36	2.43	5.00	38	5.00	9.44	10.80
18	0.43	2.72	5.31	40	5.80	10.84	11.73
20	0.51	3.06	5.66	—	—	—	—

注：26°～40°的M_b值系根据砂土的载荷试验资料作了修正。

上述公式推导中假定：地基土为完全弹性体，但求临界荷载时，地基中已出现一定范围的塑性变形区；而且假定$K_0 = 1.0$，这些都是与实际情况不符的。因此求得的临界荷载只作初估地基容许承载力用。公式应用弹性理论，对已出现塑性区情况条件不严格；但因塑性区的范围不大，其影响为工程所允许，故取临界载荷为地基承载力，应用仍然较广。

另外，上述公式是由条形基础均布荷载推导得来，对矩形或圆形基础偏于安全。在采用f_v计算地基土的承载力特征值时，基础的宽度不宜较小，以防止塑性区的贯通，使地基发生较大的变形或失稳。同时，还必须验算变形。利用上述公式确定地基承载力时，对于c、φ值可靠程度要求是比较高的。因此试验的方法必须和地基土的工作状态相适应。

4.2.2 按极限状态计算

根据如图 6.4-2 所示计算模型，普朗德尔（Prandtl L.）（1921 年）和瑞斯纳（Reissner H）（1924 年）得出的极限承载力公式是：

$$f_u = c_k N_c + \gamma_0 d N_d \tag{6.4-7}$$

式中：f_u——极限承载力（kPa）；

N_d、N_c——承载力系数，按式(6.4-8)或按表 6.4-2 确定：

$$\begin{cases} N_d = e^{\pi \tan \varphi_k} \tan^2\left(\dfrac{\pi}{4} + \dfrac{\varphi_k}{2}\right) \\ N_c = (N_d - 1)\cot\varphi_k \end{cases} \tag{6.4-8}$$

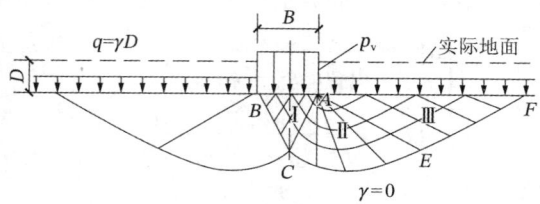

图 6.4-2 普朗德尔计算模型

极限承载力系数

表 6.4-2

内摩擦角φ_k/°	N_c	N_d	N_b	内摩擦角φ_k/°	N_c	N_d	N_b
0	5.14	1.00	0.00	26	22.25	11.85	12.54
1	5.38	1.09	0.07	27	23.94	13.20	14.47
2	5.63	1.20	0.15	28	25.80	14.72	16.72
3	5.90	1.31	0.24	29	27.86	16.44	19.34
4	6.19	1.43	0.34	30	30.14	18.40	22.40
5	6.49	1.57	0.45	31	32.67	20.63	25.99
6	6.81	1.72	0.57	32	35.49	23.18	30.22
7	7.16	1.88	0.71	33	38.64	26.09	35.19
8	7.53	2.06	0.86	34	42.16	29.44	41.06
9	7.92	2.26	1.03	35	46.12	33.30	48.03
10	8.35	2.47	1.22	36	50.59	37.75	56.31
11	8.80	2.71	1.44	37	55.63	42.92	66.19
12	9.28	2.97	1.69	38	61.35	48.93	78.03
13	9.81	3.26	1.97	39	67.87	55.96	92.25
14	10.37	3.59	2.29	40	75.31	64.20	109.41
15	10.98	3.94	2.65	41	83.86	73.90	130.22
16	11.63	4.34	3.06	42	93.71	85.38	155.55
17	12.34	4.77	3.53	43	105.11	99.02	186.54
18	13.10	5.26	4.07	44	108.37	115.31	224.64
19	13.93	5.80	4.68	45	133.88	134.88	271.76
20	14.83	6.40	5.39	46	152.10	158.51	330.35
21	15.82	7.07	6.20	47	173.64	187.21	403.67
22	16.88	7.82	7.13	48	199.26	222.31	496.01
23	18.05	8.66	8.20	49	229.93	265.51	613.16
24	19.32	9.60	9.44	50	266.89	319.07	762.86
25	20.72	10.66	10.88	—	—	—	—

　　普朗德尔-瑞斯纳公式具有重要的理论价值，它奠定了极限承载力理论的基础。其后，众多学者在他们各自研究成果的基础上，对普朗德尔-瑞斯纳公式作了不同程度的修正与发展，从而使极限承载力理论逐步得以完善。

　　其中，布依斯曼（A.S.K.Buisman）（1940 年）和太沙基（1943 年）即对式(6.4-7)作了补充，提出如下公式：

$$f_u = cN_c + qN_q + \frac{1}{2}\gamma bN_\gamma \tag{6.4-9}$$

式中：
$$\begin{cases} N_q = \dfrac{e^{\left(\frac{3}{2}\pi - \varphi\right)\tan\varphi}}{2\cos^2\left(45° + \dfrac{\varphi}{2}\right)} \\ N_c = \cot\varphi(N_q - 1) \end{cases} \tag{6.4-10}$$

地基承载力系数 N_γ、N_c、N_q 的值只决定于土的内摩擦角 φ。太沙基将其绘制成曲线如图 6.4-3 所示，可供直接查用。

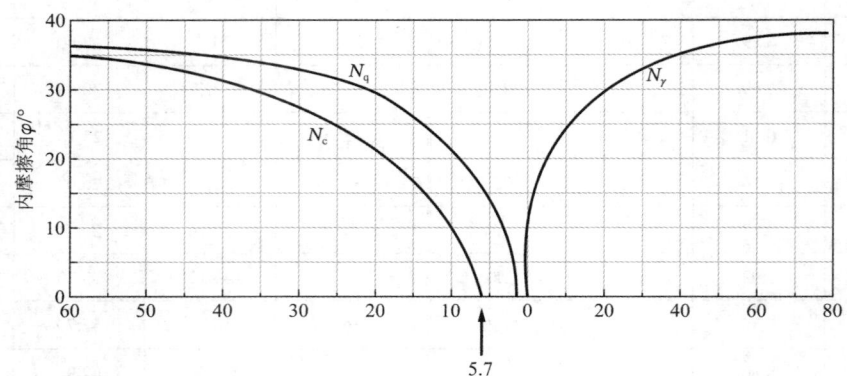

图 6.4-3　承载力系数 N_γ、N_c、N_q 与内摩擦角 φ 的关系

前面所述的极限承载力 f_u 和承载力系数 N_b、N_d、N_c 均按条形竖直均布荷载推导得到的。汉森（Hansen J. B.）在极限承载力上的主要贡献就是对承载力进行数项修正，包括非条形荷载的基础形状修正，埋深范围内考虑土抗剪强度的深度修正，基底有水平荷载时的荷载倾斜修正，地面有倾角 β 时的地面修正以及基底有倾角 η 时的基底修正，每种修正均需在承载力系数 N_b、N_d、N_c 上乘以相应的修正系数。德比尔（De Beer E. E.）（1967 年）和魏锡克（Vesic A. S.）（1970 年）则引入修正系数并考虑压缩性影响，对上式又作了补充，这也是目前国内外常用的极限承载力公式。

$$f_u = c_k N_c \zeta_c + \gamma_0 d N_d \zeta_d + \frac{1}{2}\gamma b N_b \zeta_b \tag{6.4-11}$$

式中：ζ_c、ζ_d、ζ_b——基础形状系数，按表 6.4-3 确定；
其余符号意义同前。

基础形状系数　　　　　　　　　　　　　　　　　　表 6.4-3

基础形状	ζ_c	ζ_d	ζ_b
条形	1.00	1.00	1.00
矩形	$1 + \dfrac{b}{l}\dfrac{N_d}{N_c}$	$1 + \dfrac{b}{l}\tan\varphi_k$	$1 - 0.4\dfrac{b}{l}$
圆形和方形	$1 + \dfrac{N_d}{N_c}$	$1 + \tan\varphi_k$	0.60

注：l 为基础底面长度（m）。

上述按极限状态的极限承载力，均应除以抗力分项系数后与作用力的设计值进行比较，抗力分项系数应根据建筑物的重要程度、破坏后果的严重性、试验方法和试验数据的可信度等因素，在 1.5～3.0 之间选取。对于采用固结快剪强度指标的情况，其值不应低于 2.0～3.0；一、二级建筑物取较高值，三级建筑物取较低值；以黏性土为主的地基取较高值，以砂土为主的地基取较低值；对于采用不排水抗剪强度指标的情况，抗力分项系数可酌情降低；对灵敏度$S_t < 4$的土，可取 1.5～2.0，对高灵敏度的土，可取 2.0～3.0。

【例题】某建筑条形基础的宽度$b = 4.8$m，埋置深度$d = 1.5$m，地下水位在基础埋置深度处。地基土的相对密度$G_s = 2.70$，孔隙比$e = 0.75$，水位以上饱和度$S_r = 0.8$，土的黏聚力$c = 15$kPa，内摩擦角$\varphi = 20°$。求地基土的临塑荷载p_{cr}，临界荷载$p_{1/4}$、$p_{1/3}$。

解：

1. 求土的天然重度和有效重度

地下水位以上土的天然重度：$\gamma = \frac{G_s + S_r e}{1+e}\gamma_w = \frac{2.7 + 0.8 \times 0.75}{1+0.75} \times 10 = 18.86$kN/m³，即为基础底面以上土的加权平均重度$\gamma_m$。

地下水位以下土的有效重度：$\gamma' = \frac{G_s - 1}{1+e}\gamma_w = \frac{2.7-1}{1+0.75} \times 10 = 9.71$kN/m³

2. 求承载力系数

$$M_c = \frac{\pi \cot \varphi_k}{\cot \varphi_k - \frac{\pi}{2} + \varphi_k} = \frac{\pi \times \cot 20°}{\cot 20° - \frac{\pi}{2} + \frac{20}{180} \times \pi} = 5.66$$

$$M_d = 1 + \frac{\pi}{\cot \varphi_k - \frac{\pi}{2} + \varphi_k} = 1 + \frac{\pi}{\cot 20° - \frac{\pi}{2} + \frac{20}{180} \times \pi} = 3.06$$

$$M_b(1/4) = \frac{\pi}{4\left(\cot \varphi_k - \frac{\pi}{2} + \varphi_k\right)} = \frac{\pi}{4\left(\cot 20° - \frac{\pi}{2} + \frac{20}{180} \times \pi\right)} = 0.51$$

$$M_b(1/3) = \frac{\pi}{3\left(\cot \varphi_k - \frac{\pi}{2} + \varphi_k\right)} = \frac{\pi}{3\left(\cot 20° - \frac{\pi}{2} + \frac{20}{180} \times \pi\right)} = 0.69$$

3. 求p_{cr}，$p_{1/4}$，$p_{1/3}$

$$p_{cr} = \gamma_m d M_d + c_k M_c = 18.86 \times 1.5 \times 3.06 + 15 \times 5.66 = 171.47\text{kN/m}^2$$
$$p_{1/4} = \gamma b M_{b(1/4)} + p_{cr} = 9.71 \times 4.8 \times 0.51 + 171.47 = 195.24\text{kN/m}^2$$
$$p_{1/3} = \gamma b M_{b(1/3)} + p_{cr} = 9.71 \times 4.8 \times 0.69 + 171.47 = 203.63\text{kN/m}^2$$

4.3　按查表法确定地基承载力

4.3.1　建筑地基基础设计规范

国家标准《建筑地基基础设计规范》GBJ 7—1989 中曾给出了不同类型岩土层的承载力标准值f_k经验值表，《建筑地基基础设计规范》GB 50007—2011 中地基承载力特征值f_{ak}也多采用经验值，但其取消了地基承载力表。现行的地方规范和行业规范仍然提供了承载力表。

《建筑地基基础设计规范》GB 50007—2011 规定当基础宽度大于 3m 或埋置深度大于0.5m 时，以载荷试验或其他原位测试、经验值等方法确定的地基承载力特征值，尚应按下式修正：

$$f_a = f_{ak} + \eta_b \gamma (b - 3) + \eta_d \gamma_m (d - 0.5) \tag{6.4-12}$$

式中：f_a——修正后地基承载力特征值（kPa）；

f_{ak}——地基承载力特征值（kPa），可由载荷试验或其他原位测试、公式计算，并结合工程实践经验等方法综合确定；

η_b、η_d——基础宽度和埋置深度的地基承载力修正系数，应按基底下土的类别查表 6.4-4 取值；

γ——基础底面以下土的重度（kN/m³），地下水位以下取浮重度；

b——基础底面宽度（m），当基础底面宽度小于 3m 时按 3m 取值，大于 6m 时按 6m 取值；

γ_m——基础底面以上土的加权平均重度（kN/m³），地下水位以下取浮重度；

d——基础埋置深度（m），宜自室外地面标高算起。在填方整平地区，可自填土地面标高算起，但填土在上部结构施工后完成时，应从天然地面标高算起。对于地下室，如采用箱形基础或筏基时，基础埋置深度自室外地面标高算起；当采用独立基础或条形基础时，应从室内地面标高算起。

承载力修正系数   表 6.4-4

土的类别		η_b	η_d
淤泥和淤泥质土		0	1.0
人工填土，e 或 I_L 大于等于 0.85 的黏性土		0	1.0
红黏土	含水比 $\alpha_w > 0.8$	0	1.2
	含水比 $\alpha_w \leq 0.8$	0.15	1.4
大面积压实填土	压实系数大于 0.95、黏粒含量 $\rho_c \geq 10\%$ 的粉土	0	1.5
	最大干密度大于 2100kg/m³ 的级配砂石	0	2.0
粉土	黏粒含量 $\rho_c \geq 10\%$ 的粉土	0.3	1.5
	黏粒含量 $\rho_c < 10\%$ 的粉土	0.5	2.0
e 及 I_L 均小于 0.85 的黏性土		0.3	1.6
粉砂、细砂（不包括很湿与饱和时的稍密状态）		2.0	3.0
中砂、粗砂、砾砂和碎石土		3.0	4.4

注：1. 强风化和全风化的岩石，可参照所风化成的相应土类取值，其他状态下的岩石不修正；
  2. 地基承载力特征值按有关规范用深层平板载荷试验确定时 η_d 取 0；
  3. 含水比是指土的天然含水率与液限的比值；
  4. 大面积压实填土是指填土范围大于两倍基础宽度的填土。

4.3.2　公路和铁路规范

本节各表是按《公路桥涵地基与基础设计规范》JTG 3363—2019 和《铁路桥涵地基和基础设计规范》TB 10093—2017 列出。其中公路规范地基承载力称为地基承载力特征值 f_{a0}，铁路规范称为地基的基本承载力 σ_0。各类岩土的地基承载力特征值 f_{a0} 或地基的基本承载力σ_0见表 6.4-5～表 6.4-11。

（1）两本规范均明确指出下列承载力表只适用于桥涵，铁路规范还指出，除桥涵外还适用于路基和隧道等工程，对房屋、厂房等工程建筑的地基承载力，应按现行《建筑地基基础设计规范》GB 50007 执行。两本规范的承载力基本相同，对个别不同者在表注中说明，同一表格中附带括号者为铁路规范的内容。

（2）表列的地基承载力特征值f_{a0}（公路）或地基的基本承载力σ_0（铁路）均指基础宽度$b \leqslant 2m$，埋置深度$d \leqslant 3m$时的承载力。

岩石的地基承载力特征值 f_{a0} 或地基的基本承载力 σ_0（单位：kPa）　　　表 6.4-5

坚硬程度	节理发育程度及间距/mm		
	节理很发育（20～200）	节理发育（200～400）	节理不发育（大于 400）
坚硬岩、较硬岩（硬质岩）	1500～2000	2000～3000	＞3000
较软岩	800～1000	1000～1500	1500～3000
软岩	500～800	800～1000（700～1000）	1000～1200（900～1200）
极软岩	200～300	300～400	400～500

注：1. 对于溶洞、断层、软弱夹层、易溶岩的岩石等，应个别研究确定；
　　2. 裂隙张开或有泥质充填时，应取低值；
　　3. （）内为《铁路桥涵地基和基础设计规范》TB 10093—2017 地基承载力。

碎石土的地基承载力特征值 f_{a0} 或地基的基本承载力 σ_0（单位：kPa）　　　表 6.4-6

土名	密实程度			
	密实	中密	稍密	松散
卵石	1000～1200	650～1000	500～650	300～500
碎石	800～1000	550～800	400～550	200～400
圆砾	600～800（600～850）	400～600	300～400	200～300
角砾	500～700	400～500	300～400	200～300

注：1. 由硬质岩组成，填充砂土者取高值，由软质岩组成，填充黏性土者取低值；
　　2. 半胶结的碎石土，可按密实的同类土的f_{a0}值提高 10%～30%；
　　3. 自然界中很少见松散的碎石类土，其密实程度判定为松散时应慎重；
　　4. 漂石、块石的f_{a0}值，可参照卵石、碎石适当提高。

砂土的地基承载力特征值 f_{a0} 或地基的基本承载力 σ_0（单位：kPa）　　　表 6.4-7

土名	湿度	密实度			
		密实	中密	稍密	松散
砾砂、粗砂	与湿度无关	550	430	370	200
中砂	与湿度无关	450	370	330	150
细砂	水上（稍湿或潮湿）	350	270	230	100
	水下（饱和）	300	210	190	—
粉砂	水上（稍湿或潮湿）	300	210	190	—
	水下（饱和）	200	110	90	—

粉土的地基承载力特征值 f_{a0} 或地基的基本承载力 σ_0（单位：kPa） 表 6.4-8

天然孔隙比e	天然含水率ω/%						
	10	15	20	25	30	35	40
0.5	400	380	(355)	—	—	—	—
0.6	300	290	280	(270)	—	—	—
0.7	250	235	225	215	(205)	—	—
0.8	200	190	180	170	165	—	—
0.9	160	150	145	140	130	(125)	—
1.0	130	125	120	115	110	105	(100)

注：1. 表中括号内数值用于内插取值；
　　2. 在湖、塘、沟、谷与河漫滩地段以及新近沉积的粉土，应根据当地经验取值。

新近沉积黏性土的地基承载力特征值 f_{a0} 或地基的基本承载力 σ_0（单位：kPa） 表 6.4-9

天然孔隙比e	I_L		
	≤0.25	0.75	1.25
≤0.8	140	120	100
0.9	130	110	90
1.0	120	100	80
1.1	110	90	—

注：新近沉积的黏性土是指文化期以来沉积的黏性土、一般为欠固结，且强度较低。

一般黏性土的地基承载力特征值 f_{a0} 或地基的基本承载力 σ_0（单位：kPa） 表 6.4-10

天然孔隙比e	I_L												
	0	0.1	0.2	0.3	0.4	0.5	0.6	0.7	0.8	0.9	1.0	1.1	1.2
0.5	450	440	430	420	400	380	350	310	270	240	220	—	—
0.6	420	410	400	380	360	340	310	280	250	220	200	180	—
0.7	400	370	350	330	310	290	270	240	220	190	170	160	150
0.8	380	330	300	280	260	240	230	210	180	160	150	140	130
0.9	320	280	260	240	220	210	190	180	160	140	130	120	100
1.0	250	230	220	210	190	170	160	150	140	120	110	—	—
1.1	—	—	160	150	140	130	120	110	100	90	—	—	—

注：1. 本表是指第四纪全新世Q_4（文化期以前）沉积的黏性土，一般为正常沉积的黏性土；
　　2. 土中含有粒径大于 2mm 的颗粒重量超过全部 30% 的，$[f_{a0}]$ 可酌量提高；
　　3. 当 $e<0.5$ 时，取 $e=0.5$；$I_L<0$ 时，取 $I_L=0$。此外，超过表列范围的一般黏性土，$[f_{a0}]$ 可按式(6.4-13)计算。

$$[f_{a0}] = 57.22E_s^{0.57} \tag{6.4-13}$$

式中：E_s——土的压缩模量（MPa）；

$[f_{a0}]$——一般黏性土的容许承载力（kPa），一般黏性土地基承载力特征值 $[f_{a0}]$ 取值大于 300kPa 时，应有原位测试数据作依据。

老黏性土的地基承载力特征值 f_{a0} 或地基的基本承载力 σ_0（单位：kPa）　　表 6.4-11

E_s/MPa	10	15	20	25	30	35	40
$[f_{a0}]$/kPa	380	430	470	510	550	580	620

注：1. 老黏性土是指第四纪晚更新世 Q₃ 及其以前沉积的黏性土，一般具有较高的强度和较低的压缩性；

2. E_s 为对应于 0.1～0.2MPa 压力段的压缩模量；

3. 当老黏性土 E_s < 10MPa 时，容许承载力 $[f_{a0}]$ 按一般黏性土（表 6.4-10）确定。

（3）以公路规范为例，修正后的地基承载力特征值 f_a 计算如下，铁路规范同理。当基础宽度 b 超过 2m，基础埋置深度 h 超过 3m，且 $h/b \leqslant 4$ 时，按下式计算：

$$[f_a] = [f_{a0}] + k_1\gamma_1(b - 2) + k_2\gamma_2(h - 3) \tag{6.4-14}$$

式中：f_a——修正后的地基承载力特征值（kPa）；

　　　f_{a0}——按上述各表查得的地基承载力特征值（kPa）；

　　　b——基础底面的最小边宽或直径（m），当 b < 2m 时，取 b = 2m 计；当 b > 10m 时，按 10m 计；

　　　h——基础底面的埋置深度（m），对于受水流冲刷的基础，由一般冲刷线算起；不受水流冲刷者，由天然地面算起；位于挖方内的基础，由开挖后地面算起；当 h < 3m 时，取 h = 3m 计；当 h/b > 4 时，取 h = 4b；

　　　γ_1——基底下持力层土的天然重度（kN/m³），如持力层在水面以下且为透水者，应取浮重度；

　　　γ_2——基底以上土的重度（kN/m³）或不同土层的按厚度加权平均重度。如持力层在水面以下，且为不透水者，不论基底以上土的透水性质如何，应一律采用饱和重度；如持力层为透水者，水中部分土层则应取浮重度；

　　　k_1、k_2——地基土容许承载力随基础宽度、深度的修正系数，按持力层土的类别决定，见表 6.4-12。

地基土承载力宽度、深度修正系数　　　　　　　　　　表 6.4-12

系数	黏性土				粉土	砂土								碎石土			
	老黏性土	一般黏性土		新近沉积黏性土	—	粉砂		细砂		中砂		砾砂、粗砂		碎石、圆砾、角砾		卵石	
		$I_L \geqslant 0.5$	$I_L < 0.5$			中密	密实	中密	密实	中密	密实	中密	密实	中密	密实	中密	密实
k_1	0	0	0	0	0	1.0	1.2	1.5	2.0	2.0	3.0	3.0	4.0	3.0	4.0	3.0	4.0
k_1	2.5	1.5	2.5	1.0	1.5	2.0	2.5	3.0	4.0	4.0	5.5	5.0	6.0	5.0	6.0	6.0	10.0

注：1. 对于稍密和松散状态的砂、碎石土，k_1、k_2 值可采用表列中密值的 50%；

2. 强风化和全风化的岩石，可参照所风化成的相应土类取值；其他状态下的岩石不修正。

4.3.3　水运工程规范

本节各表是按《水运工程地基设计规范》JTS 147—2017 列出：

1. 下列各表仅适用于水运工程建筑物的一般地基，包括的地基土为岩石、碎石土和砂土，对于港区内的建筑地基、铁路、公路的桥涵、路基，应按现行有关规范执行。

2. 各表所列地基承载力设计值系指当基础有效宽度小于或等于 3m，基础埋深为 0.5～1.5m 时的承载能力，表中允许内插，表中地基承载力设计值根据岩石的野外特征和土的密实度或标准贯入击数确定，详见表 6.4-13～表 6.4-15。

3. 确定港口水工建筑物地基承载力应考虑合力的偏心距 e 和斜率 $\tan\delta$ 的影响。

$$\tan\delta = \frac{H_k}{V_k} \tag{6.4-15}$$

式中：δ——作用于计算面上的合力方向与竖向的夹角（°）；

H_k——作用于计算面以上的水平合力标准值（kN/m），对重力式码头 H_k 应包括基床厚度范围内的主动土压力，对直立式防波堤可不计土压力；

V_k——作用于计算面上的竖向合力标准值（kN/m）。

4. 当基础形状为条形时地基承载力验算可按平面问题考虑；当基础形状为条形以外的其他形状时，可按下列原则化为相当的矩形：

（1）基础底面的重心不变；

（2）两个主轴的方向不变；

（3）面积相等；

（4）长宽比接近。

5. 当作用于基础底面的合力为偏心时，根据偏心距将基础面积和宽度化为中心受荷的有效面积（对矩形基础）或有效宽度（对条形基础）。对有抛石基床的港口工程建筑物基础，以抛石基床底面作为基础底面，该基础底面的有效面积或有效宽度应按下列公式计算：

（1）对矩形基础：

$$A_e = B'_{re}L'_{re} = (B'_{r1} - 2e'_B)(L'_{r1} - 2e'_L) \tag{6.4-16}$$

$$B'_{re} = B'_{r1} - 2e'_B, \quad L'_{re} = L'_{r1} - 2e'_L \tag{6.4-17}$$

$$B'_{r1} = B_{r1} + 2d, \quad L'_{r1} = L_{r1} + 2d \tag{6.4-18}$$

式中：A_e——基础的有效面积（m²）；

d——抛石基床厚度（m）；

B_{r1}、L_{r1}——分别为矩形基础墙底面处的实际受压宽度（m）和长度（m），应根据墙底合力作用点与墙前趾的距离 ζ 按行业标准《码头结构设计规范》JTS 167—2018 有关规定确定；

B'_{r1}、L'_{r1}——分别为矩形基础墙底面扩散至抛石基床底面处的受压宽度（m）和长度（m）；

B'_{re}、L'_{re}——分别为矩形基础墙底面扩散至抛石基床底面处的有效受压宽度（m）和长度（m）；

e'_B、e'_L——分别作用于矩形基础抛石基床底面上的合力标准值（包括抛石基床重量）在 B'_{re}、L'_{re} 方向的偏心距（m）。

（2）对条形基础：

$$B'_e = B'_1 - 2e' \tag{6.4-19}$$

$$B'_1 = B_1 + 2d \tag{6.4-20}$$

式中：B'_e——条形基础抛石基床底面处的有效受压宽度（m）；

　　　B'_1——条形基础抛石基床底面处的受压宽度（m）；

　　　B_1——墙底面的实际受压宽度（m），应按现行行业标准《码头结构设计规范》JTS 167 有关规定确定；

　　　e'——抛石基床底面合力标准值的偏心距（m），应按现行行业标准《码头结构设计规范》JTS 167 有关规定确定；

　　　d——抛石基床厚度（m）。

6. 对于Ⅲ级水工建筑物地基可以按下述各表确定地基承载力，对于Ⅰ、Ⅱ级水工建筑物地基承载力除查表外，尚应结合公式计算、野外载荷试验、实践经验等方法中的一种或多种综合确定。

岩石承载力设计值 f_d（单位：kPa）　　　　　　　　　　　表 6.4-13

岩石类别	风化程度			
	微风化	中等风化	强风化	全风化
硬质岩石	2500～4000	1000～2500	500～1000	200～500
软质岩石	1000～1500	500～1000	200～500	—

注：1. 强风化岩石改变埋藏条件后，强度降低时，宜按降低程度选用较低值；当受倾斜荷载时，其承载力设计值应进行专门研究；
　　2. 微风化硬质岩石的承载力设计值选用大于4000kPa时应进行专门研究；
　　3. 全风化软质岩石的承载力设计值应按土考虑。

碎石土承载力设计值 f_d（单位：kPa）　　　　　　　　　　　表 6.4-14

土名	密实度								
	密实			中密			稍密		
	$\tan\delta = 0$	$\tan\delta = 0.2$	$\tan\delta = 0.4$	$\tan\delta = 0$	$\tan\delta = 0.2$	$\tan\delta = 0.4$	$\tan\delta = 0$	$\tan\delta = 0.2$	$\tan\delta = 0.4$
卵石	800～1000	640～840	288～360	500～800	400～640	180～288	300～500	240～400	108～180
碎石	700～900	560～720	252～324	400～700	320～560	144～252	250～400	200～320	90～144
圆砾	500～700	400～560	180～252	300～500	240～400	108～180	200～300	160～240	72～108
角砾	400～600	320～480	144～216	250～400	200～320	90～144	200～250	160～200	72～90

注：1. δ 为合力方向与竖向的夹角（°）；
　　2. 表中数值适用于骨架颗粒空隙全部由中砂、粗砂或液性指数 $I_L \leqslant 0.25$ 的黏性土所填充；
　　3. 当粗颗粒为中等风化或强风化时，可按风化程度适当降低承载力设计值；当颗粒间呈半胶结状时，可适当提高承载力设计值。

砂土承载力设计值 f_d（单位：kPa）　　　　　　　　　　　表 6.4-15

N	土类					
	中砂、粗砂			粉细砂		
	$\tan\delta = 0$	$\tan\delta = 0.2$	$\tan\delta = 0.4$	$\tan\delta = 0$	$\tan\delta = 0.2$	$\tan\delta = 0.4$
30～50	340～500	272～400	180～222	250～340	200～272	90～122
15～30	250～340	200～272	90～122	180～250	144～200	65～90
10～15	180～250	144～200	65～90	140～180	112～144	50～65

注：δ 为合力方向与竖向的夹角（°）；N 为标准贯入击数。

7. 当条形基础有效宽度大于3m或基础埋深大于1.5m时，由表 6.4-13～表 6.4-15 查得的承载力设计值，应按下式进行修正：

$$f'_d = f_d + m_B \gamma_1 (B'_e - 3) + m_D \gamma_2 (D - 1.5) \tag{6.4-21}$$

式中：f'_d——修正后地基承载力设计值（kPa）；

f_d——由表查得的地基承载力设计值（kPa）；

γ_1——基础底面下土的重度，水下用浮重度（kN/m³）；

γ_2——基础底面以上土的加权平均重度，水下用浮重度（kN/m³）；

m_B——基础宽度的承载力修正系数（表 6.4-16）；

m_D——基础埋深的承载力修正系数（表 6.4-16）；

B'_e——基础有效宽度（m），当宽度小于3m时，取 3m；大于8m时，取 8m；

D——基础埋深（m），当埋深小于 1.5m 时，取 1.5m。

基础宽度和埋深的承载力修正系数 m_B、m_D 表 6.4-16

土类		$\tan \delta$					
		0		0.2		0.4	
		m_B	m_D	m_B	m_D	m_B	m_D
砂土	细砂、粉砂	2.0	3.0	1.6	2.5	0.6	1.2
	砾砂、粗砂、中砂	4.0	5.0	3.5	4.5	1.8	2.4
碎石土		5.0	6.0	4.0	5.0	1.8	2.4

注：1. δ 为合力方向与竖向的夹角（°）；
　　2. 微风化、中等风化岩石不修正；强风化岩石的修正系数按相近的土类采用。

4.3.4 北京市平原地区

1. 本节所列各承载力表是根据《北京地区建筑地基基础勘察设计规范》DBJ 11—501—2009（2016 年版）列出。

2. 表列地基承载力标准值系指基础宽度 b 为 1.0m（一般第四纪沉积土）或 1.5m（新近沉积土和人工填土），埋置深度 d 为 1.0m 时的承载能力，适用于中小型民用建筑物，符合表列情况，并采用表中规定的数值时，一般可不再验算地基的强度和变形。

3. 一般第四纪黏性土及粉土、新近沉积黏性土及粉土、一般第四纪粉细砂、新近沉积粉细砂、卵石及圆砾、素填土及变质炉灰的承载力见表 6.4-17～表 6.4-23。

一般第四纪黏性土及粉土地基承载力标准值 f_{ka} 表 6.4-17

压缩模量 E_s/MPa	4	6	8	10	12	14	16	18	20	22	24
轻型圆锥动力触探锤击数 N_{10}	10	17	22	29	39	50	60	70	80	90	100
比贯入阻力 P_s/MPa	1.0	1.3	2.0	3.1	4.6	6.2	7.7	9.2	11.0	12.5	14.0
下沉 1cm 时的附加压力 $k_{0.08}$/kPa	162	200	237	275	312	350	387	425	462	499	536
承载力标准值 f_{ka}/kPa	120	160	190	210	230	250	270	290	310	330	350

注：1. 对饱和软黏性土，不宜单一采用轻型圆锥动力触探锤击数 N_{10} 确定承载力标准值 f_{ka}，应和其他原位测试方法（如静力触探、旁压试验）综合确定；
　　2. 粉土指黏质粉土及塑性指数大于或等于 5 的砂质粉土，塑性指数小于 5 的砂质粉土按粉砂考虑；
　　3. P_s 为单桥静力触探比贯入阻力标准值；
　　4. $k_{0.08}$ 系压板面积为 50cm×50cm 的平板载荷试验，当沉降量为 1cm 时的附加压力（简称"下沉 1cm 时的附加压力"），单位为 kPa。

新近沉积黏性土及粉土地基承载力标准值 f_{ka}　　　　　表 6.4-18

压缩模量 E_s/MPa	2	3	4	5	6	7	8	9	10	11
轻型圆锥动力触探锤击数 N_{10}	6	8	10	12	14	16	18	20	23	25
比贯入阻力 P_s/MPa	0.4	0.6	0.9	1.2	1.5	1.8	2.1	2.5	2.9	3.3
下沉 1cm 时的附加压力 $k_{0.08}$/kPa	57	71	85	98	112	125	139	153	166	180
承载力标准值 f_{ka}/kPa	50	80	100	110	120	130	150	160	180	190

注：同表 6.4-17 的注 1~4。

一般第四纪粉砂、细砂地基承载力标准值 f_{ka}　　　　　表 6.4-19

标准贯入试验锤击数校正值 N'	15	20	25	30	35	40
比贯入阻力 P_s/MPa	12	15	18	21	24	27.5
下沉 1cm 时的附加压力 $k_{0.08}$/kPa	378	471	565	658	752	845
承载力标准值 f_{ka}/kPa	180	230	280	330	380	420

注：当有效覆盖压力 σ'_V 大于 25kPa 时，标准贯入试验锤击数校正值 N' 宜按式(6.4-22)计算。

$$N' = C_N \cdot N \tag{6.4-22}$$

$$C_N = \frac{1}{[(\eta_N(\sigma'_V - 25))/1000 + 1]^2} \tag{6.4-23}$$

式中：N——实测标准贯入试验锤击数；

　　　N'——实测标准贯入试验锤击数校正值；

　　　C_N——有效覆盖压力校正系数，列在表 6.4-20 中；

　　　σ'_V——标准贯入深度处有效覆盖压力（kPa）；

　　　η_N——与密实度有关的系数。

有效覆盖压力校正系数值 η_N　　　　　表 6.4-20

N	30	15	5
η_N	0.45	0.80	3.80

新近沉积粉砂、细砂地基承载力标准值 f_{ka}　　　　　表 6.4-21

标准贯入试验锤击数校正值 N'	4	6	9	11	14
比贯入阻力 P_s/MPa	3.3	4.6	6.5	7.7	10.0
轻型圆锥动力触探锤击数 N_{10}	22	32	48	59	75
下沉 1cm 时的附加压力 $k_{0.08}$/kPa	128	177	249	295	370
承载力标准值 f_{ka}/kPa	90	110	140	160	180

注：同表 6.4-17 的注 3、4。

卵石、圆砾地基承载力标准值 f_{ka}　　　　　表 6.4-22

剪切波速 v_s/（m/s）		250~300	300~400	400~500
密实度		稍密	中密	密实
承载力标准值 f_{ka}/kPa	卵石	300~400	400~600	600~800
	圆砾	200~300	300~400	400~600

注：本表适用于一般第四纪及新近沉积卵石和圆砾。

素填土和变质炉灰承载力标准值 f_{ka} 表 6.4-23

压缩模量 E_s/MPa		1.5	3.0	5.0	7.0	9.0	11.0
轻型动力触探击数 N_{10}		5	9	14	20	26	31
比贯入阻力 P_s/MPa		0.5	0.9	1.4	2.0	2.6	3.1
下沉 1cm 时的附加压力 $k_{0.08}$/kPa		74	94	122	149	177	205
承载力标准值 f_{ka}（kPa）	素填土	60～80	75～100	90～120	105～135	120～155	135～170
	变质炉灰	50～70	65～85	80～100	85～120	95～135	105～150

注：本表适用于自重固结完成后，饱和度为 0.60～0.90 的均匀素填土或变质炉灰，饱和度高的取低值。

4. 当基础埋置深度大于 1.5m 或基础宽度大于 3m 时，从表 6.4-17～表 6.4-23 查得的地基标准容许承载力应按下式修正，计算时如基础埋置深度小于 1.5m 按 1.5m 考虑；如基础宽度小于 3m 时按 3m 考虑，大于 6m 按 6m 考虑。

$$f_a = f_{ka} + \eta_b \gamma(b - 3) + \eta_d \gamma_0(d - 0.5) \tag{6.4-24}$$

式中：f_a——深宽修正后的地基承载力特征值（kPa）；

$\quad\quad f_{ka}$——地基承载力标准值（kPa）；

$\quad\eta_b$、η_d——基础宽度及深度的承载力修正系数，按表 6.4-24 采用，当有充分依据时，也可按照设计情况及已有建筑经验另行确定；

$\quad\quad \gamma$——基础底面以下土的平均重度，地下水位以下为有效重度（kN/m³）；

$\quad\quad \gamma_0$——基础底面以上土的加权平均重度，地下水位以下为有效重度（kN/m³）；

$\quad\quad b$——基础底面宽度（m）；

$\quad\quad d$——基础埋置深度（m）。

基础埋置深度 d 的确定应符合下列规定：

一般基础（包括箱形基础和筏形基础）自室外地面标高算起。挖方整平时应自挖方整平地面标高算起。填方整平应自填方后的地面标高算起，但填方在上部结构施工后完成时，应从天然地面标高算起。对于具有条形基础或独立基础的地下室，其基础埋置深度分别按下式计算：

（1）外墙基础埋置深度 d_{ext}（m）

$$d_{ext} = \frac{d_1 + d_2}{2} \tag{6.4-25}$$

（2）室内墙、柱基础埋深 d_{int}（m）按式(6.4-26)和式(6.4-27)取值

持力层为一般第四纪土：

$$d_{int} = \frac{3d_1 + d_2}{4} \tag{6.4-26}$$

持力层为新近沉积及人工填土：

$$d_{int} = d_1 \tag{6.4-27}$$

式中：d_1——自地下室地面起算的基础埋深；

$\quad\quad d_2$——自室外地面起算的基础埋深。

基础宽度和埋深的承载力修正系数　　　　　　　　　　　　　　表 6.4-24

成因年代	岩性	η_b	η_d
一般第四纪沉积层	中粗砂、砾砂与碎石土	3.0	4.5
	粉砂、细砂	2.0	2.8～3.2*
	砂质粉土	0.8～1.0*	2.5
	黏质粉土	0.8	2.2
	粉质黏土	0.5	1.6
	黏土、重粉质黏土	0.3	1.5
新近沉积土及人工填土	粉砂、细砂	0.3	1.5
	黏性土、松砂、人工填土	0	1.0

注：*土的内摩擦角高的取大值。

（3）在确定高层建筑箱形或筏形基础埋深时，应考虑高层建筑外围裙房或纯地下室对高层建筑基础侧限的削弱影响，宜根据外围裙房或纯地下室基础宽度与主楼基础宽度之比，将裙房或纯地下室的平均荷载折算为土层厚度作为基础埋深。

4.3.5　天津市

（1）本节所列各承载力表是根据天津市工程建设地方规范《天津市岩土工程技术规范》DB/T 29—20—2017 列出，该规范适用于天津市的建筑工程、市政工程和港湾工程。

（2）采用物理指标确定地基土承载力，需统计出查表 6.4-25～表 6.4-33 所需的修正后物理指标的标准值。修正后的物理力学指标标准值按本篇第 2 章有关公式确定。

黏性土承载力特征值 f_{ka}（单位：kPa）　　　　　　　　　　表 6.4-25

孔隙比 e	液性指数 I_L				
	0.25	0.50	0.75	1.00	1.20
0.60	280	250	220	200	—
0.70	240	220	200	185	160
0.80	210	190	170	160	135
0.90	190	170	155	130	110
1.00	170	155	140	110	—
1.10	150	140	120	100	—
1.20	135	120	110	90	—

粉土承载力特征值 f_{ka}（单位：kPa）　　　　　　　　　　表 6.4-26

孔隙比 e	含水率 ω/%						
	10	15	20	25	30	35	40
0.50	410	390	365	—	—	—	—
0.60	310	300	280	270	—	—	—
0.70	250	240	225	215	205	—	—

续表

孔隙比e	含水率ω/%						
	10	15	20	25	30	35	40
0.80	200	190	180	170	165	—	—
0.90	160	150	145	140	130	125	—
1.00	130	125	120	115	110	105	100

注：分布沟、塘、洼地、古运河及河漫滩地段的新近沉积土，根据实测或经验取值。

淤泥和淤泥质土承载力特征值 f_{ka}（单位：kPa）　　表 6.4-27

原状土天然含水率ω/%	36	40	45	50	55	65	70
f_{ak}/kPa	100	90	80	70	60	50	40

素填土承载力特征值 f_{ka}（单位：kPa）　　表 6.4-28

压缩模量E_{s1-2}/MPa	7	5	4	3	2
f_{ak}/kPa	160	135	115	85	65

注：本表只适用于堆填时间超过10年的黏性土，以及超过五年的粉土。

（3）根据经杆长修正后的标准贯入试验锤击数N'或轻便触探试验锤击数N_{10}，按上述统计修正后查表 6.4-30～表 6.4-33 确定土的承载力基本值。

标准贯入试验当杆长度大于 3m 时，锤击数应进行钻杆长度修正。

$$N' = \alpha N \tag{6.4-28}$$

式中：N'——经修正后标准贯入试验锤击数；

N——标准贯入试验锤击数；

α——触探杆长校正系数，按表 6.4-29 确定。

触探杆长校正系数　　表 6.4-29

触探杆长度/m	≤3	6	9	12	15	18	21
α	1.00	0.92	0.86	0.81	0.77	0.73	0.70

砂土承载力特征值 f_{ka}（单位：kPa）　　表 6.4-30

土类	密实度N'		
	10～15	15～30	>30
	稍密	中密	密实
中、粗砂	180～250	250～340	340～500
粉、细砂	140～180	180～250	250～340

注：分布沟、洼地、古运河及河漫滩地段的新近沉积土，根据实测或经验取值。

粉土、黏性土承载力特征值 f_{ka}（单位：kPa）　　表 6.4-31

N'	3	5	7	9	11	13	15	17	19	21	23
f_{ka}/kPa	105	145	190	235	280	325	370	430	515	650	680

粉土、黏性土承载力特征值 f_{ka}（单位：kPa）　　　　表 6.4-32

N_{10}	15	20	25	30
f_{ka}/kPa	105	145	190	230

素填土承载力特征值 f_{ka}（单位：kPa）　　　　表 6.4-33

N_{10}	10	20	30	40
f_{ka}/kPa	85	115	135	160

注：本表适用于堆填时间超过 10 年的黏性土及超过五年的粉土。

（4）天津市地基承载力仅考虑深度修正，不作宽度修正，修正后的地基承载力特征值 f_a，可按下式计算：

$$f_a = f_{ak} + \eta_d \gamma_m (d - 1.0) \tag{6.4-29}$$

式中：f_a——修正后的地基承载力特征值（kPa）；

η_d——基础埋深的地基承载力修正系数，按基础底下土孔隙比查表 6.4-34；

γ_m——基础底面以上土的加权平均重度，地下水位以下取有效重度（kN/m³）；

d——基础埋置深度（m），一般自室外地面标高算起。在填方整平地区可自填土地面标高算起，但填土在上部结构施工后完成时，应从天然地面标高算起。对于地下室，如采用箱形基础或筏基时，基础埋置深度自室外地面标高算起，其他情况下，应从室内地面标高算起。

基础埋深的地基承载力修正系数 η_d　　　　表 6.4-34

土的类别	e				
	≤ 0.6	0.7	0.8	0.9	≥ 1.0
黏性土	1.6	1.4	1.2	1.1	1.0
粉土	2.3	1.8	1.5	1.2	1.0

注：对淤泥及淤泥质土取 $\eta_d = 1.0$。

4.3.6　河北省

1. 本节所列各承载力表是根据河北省工程建设地方标准《河北省建筑地基承载力技术规程（试行）》DB13（J）/T 48—2005 列出。该标准适用于河北省各设区市建成区的建筑岩土工程勘察，其他县（市）可按照所在工程地质分区参照执行。地处工程地质分区分界线上的县（市）参照执行本规程时可按具体情况酌情考虑相邻两区后综合确定。

2. 河北省全省境内有石家庄、邯郸、邢台、保定、廊坊、张家口、承德、秦皇岛、唐山、沧州、衡水 11 个设区市。

全省分为 4 个工程地质区：

①山区：位于太行山、燕山山地，包括张家口、承德、唐山北部等地。

②山前平原区：位于河北平原西部和北部，冲、洪积形成。包括石家庄、邯郸、邢台、保定、廊坊西部、唐山中南部等地。

③内陆平原区：位于河北平原中部，冲、湖积形成，包括沧州、衡水、廊坊东部、任丘等地。

④滨海平原区：位于东部沿海地区，主要由滨海沉积形成，包括秦皇岛、京唐港、黄骅等地。

3. 根据现场鉴别结果确定地基承载力特征值时，可按表 6.4-35、表 6.4-36 估计。

岩石承载力特征值（单位：kPa） 表 6.4-35

岩石类别	风化程度		
	强风化	中风化	未风化
坚硬岩、较硬岩（$f_{rk} > 30$）	500～1500	1500～4000	≥4000
较软岩、软岩（$f_{rk} = 5～30$）	300～750	750～1500	1500～4000
极软岩（$f_{rk} < 5$）	200～400	400～750	750～1500

注：1. f_{rk} 为岩块饱和单轴抗压强度标准值（MPa）；
　　2. 对于未风化硬质岩石，其承载力如取值大于4000kPa时，应由试验确定；
　　3. 对于全风化的岩石，当与残积土难以区分时按土考虑。

碎石土承载力特征值（单位：kPa） 表 6.4-36

碎石土名称	密实度		
	稍密（$V_s = 250～350$）	中密（$V_s = 350～450$）	密实（$V_s > 450$）
卵石	300～400	400～800	800～1000
碎石	200～300	300～700	700～900
圆砾	150～250	250～500	500～700
角砾	150～200	200～400	400～600

注：1. V_s 为剪切波速（m/s）；
　　2. 表中数值适用于骨架颗粒空隙全部由中砂、粗砂或硬塑、坚硬状态的黏性土所充填；
　　3. 当粗颗粒为中等风化或强风化时，可按其风化程度适当降低承载力，当颗粒呈半胶结时，可适当提高承载力。

4. 根据室内物理、力学指标确定地基承载力特征值时，应先按规定计算指标标准值，然后查表 6.4-37～表 6.4-44。

Ⅰ、Ⅱ区黏性土承载力特征值（单位：kPa） 表 6.4-37

孔隙比 e	液性指数 I_L				
	0.00	0.25	0.50	0.75	1.00
0.5	470	410	360	（320）	—
0.6	375	325	285	250	（225）
0.7	305	270	230	210	190
0.8	260	225	200	180	160
0.9	220	195	170	150	135
1.0	195	170	150	135	120
1.1	—	150	135	120	110

注：有括号者仅供内插用。

Ⅰ、Ⅱ区粉土承载力特征值（单位：kPa）　　　　　　　　　表 6.4-38

孔隙比e	含水率ω/%					
	10	15	20	25	30	35
0.5	405	370	350	330	—	—
0.6	300	280	260	245	（230）	—
0.7	240	220	205	195	180	（175）
0.8	195	180	170	160	150	（145）
0.9	160	150	140	130	120	（115）
1.0	140	130	120	115	110	105

注：有括号者仅供内插用。

Ⅲ、Ⅳ区黏性土承载力特征值（单位：kPa）　　　　　　　　表 6.4-39

孔隙比e	液性指数I_L				
	0.00	0.25	0.50	0.75	1.00
0.6	330	290	255	225	205
0.7	270	235	210	185	170
0.8	225	200	175	160	145
0.9	195	170	155	140	125
1.0	170	150	135	125	115
1.1	150	135	125	115	105

注：分布于沟、塘、洼地、古河道及河漫滩等地段的新近沉积土，工程性能一般较差，应根据实测或实践经验取值。

Ⅲ、Ⅳ区粉土承载力特征值（单位：kPa）　　　　　　　　表 6.4-40

孔隙比e	含水率ω/%					
	10	15	20	25	30	35
0.6	290	250	230	215	200	—
0.7	240	210	190	180	170	—
0.8	200	180	165	155	150	—
0.9	180	160	145	135	130	（125）
1.0	160	145	130	120	115	（110）
1.1	145	130	120	115	110	（105）

注：有括号者仅供内插用。

Ⅰ、Ⅱ区新近沉积黏性土承载力特征值（单位：kPa）　　　　表 6.4-41

孔隙比e	液性指数I_L		
	≤0.25	0.50	1.00
≤0.8	140	130	115
0.9	130	120	105

孔隙比e	液性指数I_L		
	≤0.25	0.50	1.00
1.0	120	110	95
1.1	110	100	80

注：1. 新近沉积土指第四纪全新世中近期沉积的土；
　　2. Ⅲ、Ⅳ区可供参考。

Ⅰ、Ⅱ区新近沉积粉土承载力特征值（单位：kPa）　　　表 6.4-42

孔隙比e	含水率ω/%				
	10	15	20	25	30
0.5	285	255	240	225	215
0.6	220	200	185	175	165
0.7	180	160	150	140	135
0.8	150	135	125	120	115
0.9	130	120	110	105	100
1.0	115	105	100	95	90
1.1	100	95	90	85	80

Ⅲ、Ⅳ区淤泥和淤泥质土承载力特征值（单位：kPa）　　　表 6.4-43

含水率ω/%	36	40	45	50	55	65	75
f_{ak}/kPa	100	90	80	70	60	50	40

注：Ⅰ、Ⅱ区沟、塘淤积的淤泥和淤泥质土可参考使用。

素填土承载力特征值f_{ak}（单位：kPa）　　　表 6.4-44

压缩模量E_{s1-2}/MPa	7	6	5	4	3	2
f_{ak}/kPa	160	145	130	105	80	60

注：本表只适用于堆填时间超过 10 年的黏性土，以及超过 5 年的粉土。

5. 按照标准贯入试验或触探试验等原位测试指标确定地基承载力特征值时，应先对试验数据进行处理，使用处理后的数据查表 6.4-47～表 6.4-63。

（1）杆长修正

当标准贯入试验触探杆长度大于 3m（重型圆锥动力触探杆长度大于 2m）时，可按式(6.4-30)进行修正：

$$N'(\text{或}N'_{63.5}) = \alpha N \qquad (6.4-30)$$

式中：N——实测标准贯入试验（或重型圆锥动力触探）锤击数；

　　　α——杆长修（校）正系数，由表 6.4-45、表 6.4-46 确定。

标准贯入试验杆长校正系数　　　　　　　　　　　表 6.4-45

杆长/m	≤3	6	9	12	15	18	21
校正系数α	1.00	0.92	0.86	0.81	0.77	0.73	0.70

重型圆锥动力触探杆长修正系数　　　　　　　　　表 6.4-46

杆长L/m	实测锤击数								
	5	10	15	20	25	30	35	40	≥50
2	1.00	1.00	1.00	1.00	1.00	1.00	1.00	1.00	—
4	0.96	0.95	0.93	0.92	0.90	0.89	0.87	0.86	0.84
6	0.93	0.90	0.88	0.85	0.83	0.81	0.79	0.78	0.75
8	0.90	0.86	0.83	0.80	0.77	0.75	0.73	0.71	0.67
10	0.88	0.83	0.79	0.75	0.72	0.69	0.67	0.64	0.61
12	0.85	0.79	0.75	0.70	0.67	0.64	0.61	0.59	0.55
14	0.82	0.76	0.71	0.66	0.62	0.58	0.56	0.53	0.50
16	0.79	0.73	0.67	0.62	0.57	0.54	0.51	0.48	0.45
18	0.77	0.70	0.63	0.57	0.53	0.49	0.46	0.43	0.40
20	0.75	0.67	0.59	0.53	0.48	0.44	0.41	0.39	0.36

（2）对于地下水位以下的中粗砂、碎石土，重型圆锥动力触探锤击数经杆长修正后，尚应按式(6.4-31)进行地下水影响修正：

$$N_{63.5} = 1.1N'_{63.5} + 1.0 \tag{6.4-31}$$

（3）指标的标准值，然后再进行查表。

砾石土承载力特征值　　　　　　　　　　　　表 6.4-47

$N_{63.5}$	5	10	15	20	25	30	35	40
f_{ak}/kPa	150	200	250	300	350	400	450	500

注：当砾石中充填软—流塑粉质黏土或粉土，饱和稍密的粉砂，承载力适当减少，乘 0.9 系数。

碎石土承载力特征值　　　　　　　　　　　　表 6.4-48

$N_{63.5}$	6	8	10	12	14	16	18	20
f_{ak}/kPa	200	240	280	320	360	400	440	480

黏性土、粉土承载力特征值　　　　　　　　　　表 6.4-49

N_{10}	15	20	25	30
f_{ak}/kPa	105	145	190	230

注：1. 当饱和软黏土中不宜单一采用N_{10}确定承载力特征值f_{ak}，应与其他原位测试方法综合使用；
　　2. 本表中粉土指塑性指数大于或等于 5 的粉土。

素填土承载力特征值　　　　　　　　　　　　表 6.4-50

N_{10}	10	20	30	40
f_{ak}/kPa	85	115	135	160

注：本表只适用于黏性土和粉土组成的素填土。

秦皇岛市混合花岗岩残积土承载力特征值　　　　表 6.4-51

N	3～5	5～10	10～15	15～20	20～25	25～30
f_{ak}/kPa	90～130	130～220	220～300	300～370	370～430	430～480

注：秦皇岛市区残积土以砂质黏性土为主，滨海平原其他区域如遇残积黏性土、砾质黏性土，其承载力指标可参照本表选用。

Ⅰ、Ⅱ区黏性土承载力特征值　　　　表 6.4-52

N	3	5	7	9	11	13	15
f_{ak}/kPa	115	150	180	215	250	285	320

Ⅰ、Ⅱ区粉土承载力特征值　　　　表 6.4-53

N	4	6	8	10	12	16	18
f_{ak}/kPa	110	140	170	200	225	250	280

注：1. 本表粉土指塑性指数大于或等于5的粉土，塑性指数小于5时宜按粉砂考虑；
　　2. 对Ⅰ区晚更新世及以前的粉土，表中的数值可适当提高。

Ⅲ、Ⅳ区黏性土、粉土承载力特征值　　　　表 6.4-54

N	2	3	4	5	6	7	8	9
f_{ak}/kPa	85	95	105	120	135	150	165	180

Ⅰ区新近沉积粉土承载力特征值　　　　表 6.4-55

N	4.0	4.5	5.0	5.5	6.0	6.5	7.0	7.5	8.0
f_{ak}/kPa	85	95	105	110	115	120	125	130	140

Ⅱ区新近沉积粉土承载力特征值　　　　表 6.4-56

N	3	4	5	6	7	8	9	10	11
f_{ak}/kPa	110	120	130	140	150	160	170	175	180

粉、细砂承载力特征值　　　　表 6.4-57

N	8	10	12	14	16	18	20	22	24	26
f_{ak}/kPa	110	130	150	170	190	210	225	245	260	280

中、粗砂承载力特征值　　　　表 6.4-58

N	10	15	20	25	30	35	40	45	50
f_{ak}/kPa	180	220	260	300	340	380	420	460	500

Ⅰ、Ⅱ区新近沉积黏性土、粉土承载力特征值　　　　表 6.4-59

P_s/MPa	0.5	0.9	1.3	1.7	2.1	2.5	2.9	3.3
f_{ak}/kPa	70	85	100	115	130	145	155	165

Ⅰ、Ⅱ区新近沉积黏性土、粉土承载力特征值　　　　表 6.4-60

P_s/MPa	0.6	1.2	1.8	2.4	3.0	3.6	4.2	4.8
f_{ak}/kPa	105	130	155	180	205	230	255	280

Ⅰ、Ⅱ区中、粗砂承载力特征值　　　　　　　　　　表 6.4-61

q_c/MPa	10	12	14	16	18	20	22
f_{ak}/kPa	170	190	215	240	265	290	315

注：对于Ⅰ、Ⅱ区的粉、细砂，表中的数值可适当降低使用。

Ⅲ、Ⅳ区软土承载力特征值　　　　　　　　　　表 6.4-62

P_s/MPa	0.3	0.4	0.5	0.6	0.7	0.8	0.9	1.0	1.1
f_{ak}/kPa	50	60	70	80	90	100	105	110	115

Ⅲ、Ⅳ区黏性土、粉土承载力特征值　　　　　　　表 6.4-63

P_s/MPa	0.3	0.6	0.9	1.2	1.5	1.8	2.1	2.4
f_{ak}/kPa	70	85	100	115	125	135	145	155

6. 采用室内抗剪强度指标确定地基承载力特征值时，可按式(6.4-32)进行估算。

$$f_{ak} = \frac{1}{K}\left(c_k N_c + 0.30\gamma N_\gamma\right) \tag{6.4-32}$$

式中：c_k——黏聚力标准值（kPa）；

　　　γ——重力密度（kN/m³）；

N_c、N_γ——承载力系数，根据地基土的内摩擦角标准值按表 6.4-64 确定；

　　　K——安全系数，根据工程具体情况确定，取值不得小于 2.0。

地基承载力系数　　　　　　　　　　表 6.4-64

φ_k/°	N_c	N_γ	φ_k/°	N_c	N_γ
0	5.14	0.00	20	14.83	3.54
1	5.38	0.00	21	15.81	4.19
2	5.63	0.01	22	16.88	4.96
3	5.90	0.03	23	18.05	5.85
4	6.19	0.05	24	19.32	6.89
5	6.49	0.09	25	20.72	8.11
6	6.81	0.14	26	22.25	9.53
7	7.16	0.19	27	23.94	11.19
8	7.53	0.27	28	25.80	13.13
9	7.92	0.36	29	27.86	15.41
10	8.35	0.47	30	30.14	18.08
11	8.79	0.60	31	32.67	21.23
12	9.28	0.76	32	35.49	24.94
13	9.80	0.94	33	38.64	29.33
14	10.37	1.16	34	42.16	34.53
15	10.98	1.42	35	46.12	40.71

续表

$\varphi_k/°$	N_c	N_γ	$\varphi_k/°$	N_c	N_γ
16	11.63	1.72	36	50.59	48.06
17	12.34	2.07	37	55.63	56.86
18	13.10	2.49	38	61.35	67.41
19	13.93	2.97	39	67.87	80.11

注：φ_k 为内摩擦角标准值（°）。

4.3.7 吉林省

1. 本节所列各承载力表是根据吉林省工程建设地方标准《岩土工程勘察技术规程》DB22/JT 147—2015 列出，该标准适用于吉林省内各类建筑工程详细勘察阶段的岩土工程勘察。

2. 岩石地基承载力特征值可根据风化程度，按表 6.4-65 的规定。

岩石承载力特征值（单位：kPa） 表 6.4-65

岩石类别	风化程度			
	全风化	强风化	中等风化	微风化
花岗岩、玄武岩	250～500	500～1200	1200～3000	3000～6000
凝灰岩、砂岩、砾岩、石灰岩、板岩	200～400	400～900	900～2000	2000～3000
泥岩、页岩	200～300	300～600	600～1200	1200～2000

注：全风化、强风化岩的承载力可根据风化后所呈现的土类别进行深度、宽度修正。中等风化、微风化岩的承载力不再进行深度、宽度修正。

3. 全风化—强风化泥岩地基承载力特征值及变形模量可根据标准贯入试验锤击数N，按下列公式计算：

$$f_{ak} = 9.87N + 8.35 \tag{6.4-33}$$
$$E_0 = 0.52N + 4.26 \tag{6.4-34}$$

式中：f_{ak}——地基承载力特征值（kPa）；

E_0——变形模量（MPa）；

N——经杆长修正后的标准贯入试验锤击数。

4. 碎石土地基承载力特征值及变形模量的确定应符合下列规定：

（1）根据超重型圆锥动力触探试验锤击数N_{120}确定碎石土的地基承载力特征值及变形模量，可按表 6.4-66 的规定执行，表中N_{120}为经杆长修正并分层统计的平均值。

N_{120} 与碎石、卵石、圆砾 f_{ak} 及 E_0 的关系 表 6.4-66

N_{120}	3	4	5	6	7	8	9	10	11	12	14	16
f_{ak}/kPa	240	320	400	480	560	640	720	800	850	900	950	1000
E_0/MPa	16.0	21.0	26.0	31.0	36.5	42.0	47.5	53.0	56.5	60.0	62.5	65.0

（2）根据重型圆锥动力触探试验锤击数$N_{63.5}$确定碎石土的地基承载力特征值及变形模量，可按表 6.4-67 的规定执行，表中$N_{63.5}$为经杆长修正并分层统计的平均值。

$N_{63.5}$与碎石、卵石、圆砾f_{ak}及E_0的关系　　　　　　　　表 6.4-67

$N_{63.5}$	3	4	6	8	10	12	14	16	18	20	24	30
f_{ak}/kPa	140	170	240	320	400	480	540	600	660	720	830	930
E_0/MPa	10.0	12.0	16.0	21.0	26.0	30.0	34.0	37.5	41.0	44.5	51.0	59.0

5. 砂土地基承载力特征值及压缩模量的确定应符合下列规定：

（1）根据重型圆锥动力触探试验锤击数$N_{63.5}$确定砂土的地基承载力特征值及压缩模量，可按表 6.4-68 的规定执行，表中$N_{63.5}$为经杆长修正并分层统计的平均值。

$N_{63.5}$与中砂、粗砂、砾砂f_{ak}及E_s的关系　　　　　　　表 6.4-68

$N_{63.5}$	3	4	6	8	10	12
f_{ak}/kPa	120	150	220	300	380	460
E_s/MPa	8.0	9.5	15.0	19.0	23.0	27.0

（2）根据标准贯入试验锤击数N确定砂土的地基承载力特征值及压缩模量，可按表 6.4-69 的规定执行，表中N为经杆长修正并分层统计的平均值。

N与砂土f_{ak}及E_s的关系　　　　　　　　表 6.4-69

土类		N								
		10	15	20	25	30	35	40	45	50
粉、细砂	f_{ak}/kPa	150	190	220	240	280	300	330	350	380
	E_s/MPa	7.0	8.0	11.0	12.0	14.0	15.0	16.0	18.0	19.0
中、粗、砾砂	f_{ak}/kPa	190	270	300	340	380	420	460	500	600
	E_s/MPa	12.0	18.0	20.0	23.0	25.0	28.0	30.0	33.0	40.0

6. 根据单桥静力触探比贯入阻力估算中砂、粗砂、砾砂的地基承载力特征值及压缩模量，可按下列公式计算：

$$f_{ak} = \alpha(35P_s + 51) \tag{6.4-35}$$
$$E_s = 1.95P_s + 3.94 \tag{6.4-36}$$

式中：P_s——单桥静力触探比贯入阻力分层统计平均值（MPa），$4.0 < P_s < 12.0$；当采用双桥静力触探锥头阻力q_c（MPa）估算式，可将P_s替换为$1.05q_c$进行计算；

　　　　E_s——压缩模量（MPa）；

　　　　α——承载力修正系数，可取 0.75～0.95。

7. 根据单桥静力触探比贯入阻力估算粉砂、细砂地基承载力特征值可按式(6.4-37)计算：

$$f_{ak} = \alpha(20P_s + 60) \tag{6.4-37}$$

式中：P_s——单桥静力触探比贯入阻力分层统计平均值（MPa），$4.0 < P_s < 15.0$。当采用双桥静力触探锥头阻力q_c（MPa）估算式，可将P_s替换为$1.05q_c$进行计算；

　　　　α——承载力修正系数，可取 0.75～0.95。

8. 根据室内土工试验指标孔隙比及含水率确定粉土地基承载力特征值，应符合下列规定：

（1）根据室内土工试验指标孔隙比及含水率按表 6.4-70 确定粉土地基i承载力基本值f_0；

粉土地基承载力基本值 f_0（单位：kPa）　　　表 6.4-70

孔隙比e	含水率ω/%					
	10	15	20	25	30	35
0.5	372	354	—	—	—	—
0.6	279	270	260	—	—	—
0.7	233	219	210	200	—	—
0.8	186	177	168	158	154	—
0.9	149	140	135	130	120	—
1.0	121	117	112	107	103	98

（2）粉土地基承载力特征值f_{ak}由查表得到的承载力基本值f_0乘以统计修正系数Ψ确定；

（3）统计修正系数Ψ按式(6.4-38)计算：

$$\Psi = 1 - (\delta_e + 0.1\delta_\omega)(2.884/\sqrt{n} + 7.918/n^2) \tag{6.4-38}$$

式中：δ_e——孔隙比分层统计的变异系数；

　　　δ_ω——含水率分层统计的变异系数；

　　　n——据以查表的土性指标参加统计的数量；

当Ψ小于 0.75 时，应分析分层是否合理，试验有无差错，或者增加试验数量。

（4）饱和粉土应进行现场含水率试验。

9. 黏性土地基承载力特征值的确定应符合下列规定：

1）根据室内土工试验指标孔隙比及液性指数确定黏性土地基承载力特征值，应符合下列规定：

（1）根据室内土工试验指标孔隙比及液性指数按表 6.4-71 确定黏性土地基承载力基本值f_0；

黏性土极限承载力基本值 f_{u0}（单位：kPa）　　　表 6.4-71

孔隙比e	液性指数I_L					
	0	0.25	0.50	0.75	1.00	1.20
0.5	475	430	390	—	—	—
0.6	400	360	325	295	—	—
0.7	325	295	265	240	210	170
0.8	275	240	220	200	170	135
0.9	230	210	190	170	135	105
1.0	200	180	160	135	115	95
1.1	—	160	135	115	105	75

（2）黏性土地基承载力特征值f_{ak}由查表得到的承载力基本值f_0乘以承载力修正系数α确定，$\alpha = \Psi\beta$；Ψ为统计修正系数，β为压缩性修正系数；

（3）统计修正系数Ψ按式(6.4-39)计算：

$$\Psi = 1 - (\delta_e + 0.1\delta_{IL})(2.884/\sqrt{n} + 7.918/n^2) \tag{6.4-39}$$

式中：δ_e——孔隙比分层统计的变异系数；

δ_{IL}——液性指数分层统计的变异系数；

n——据以查表的土性指标参加统计的数量；

当Ψ小于 0.75 时，应分析分层是否合理，试验有无差错，或者增加试验数量。

（4）压缩性修正系数β按下列规定取值：压缩系数大于 0.50MPa^{-1}的土取 0.60～0.80；压缩系数小于 0.50MPa^{-1}、大于 0.20MPa^{-1}的土取 0.80～1.00；压缩系数小于 0.20MPa^{-1}的土取 1.00～1.15。

2）根据单桥静力触探比贯入阻力确定黏性土地基承载力特征值，可按式(6.4-40)计算：

$$f_{ak} = \alpha(191.11\sqrt{P_s} - 16) \tag{6.4-40}$$

式中：α——承载力修正系数，可取 0.75～0.95。

3）根据双桥静力触探锥头阻力确定黏性土地基承载力特征值，可按下列公式计算：

当$f_s < 20$kPa时，

$$f_{ak} = \alpha(60 + 126q_c) \tag{6.4-41}$$

当20kPa$\leqslant f_s < 60$kPa时，

$$f_{ak} = \alpha(125 + 82q_c) \tag{6.4-42}$$

当$f_s \geqslant 60$kPa时，

$$f_{ak} = \alpha(188 + 48q_c) \tag{6.4-43}$$

式中：q_c——双桥静力触探锥头阻力分层统计平均值（MPa）；

f_s——双桥静力触探侧摩阻力分层统计平均值（MPa）；

α——承载力修正系数，可取 0.75～0.95。

10. 素填土的主要成分为黏性土及粉土时，其地基承载力特征值的确定应符合下列规定：

（1）根据轻型圆锥动力触探试验锤击数N_{10}可按表 6.4-72 确定，其中N_{10}为实测值、并经分层统计的平均值。

N_{10} 与素填土 f_{ak} 的关系　　表 6.4-72

N_{10}	10	15	20	25	30	35	40
f_{ak}/kPa	60	80	100	110	120	130	140

（2）堆填时间超过 10 年的黏性土，以及超过 5 年的粉土，其地基承载力特征值可根据土的压缩模量按表 6.4-73 确定。

E_{s1-2} 与素填土 f_{ak} 的关系　　表 6.4-73

E_{s1-2}	2	3	4	5	6	7
f_{ak}/kPa	55	70	105	120	130	140

4.3.8　辽宁省

（1）本节所列各承载力表是根据辽宁省工程建设地方规范《建筑地基基础技术规范》DB21/T 907—2015 列出，该规范适用于辽宁省范围内工业与民用建筑物（包括构筑物）的地基基础工程。

（2）对于完整、较完整、较破碎的岩石地基承载力特征值可按岩石地基载荷试验确定；对于破碎、极破碎岩石地基承载力，可根据平板载荷试验确定。对于完整、较完整、较破碎的岩石地基承载力特征值也可根据岩石室内饱和单轴抗压强度按下式进行计算：

$$f_{ak} = \psi_r \cdot f_{rk} \tag{6.4-44}$$

式中：f_{ak}——岩石地基承载力特征值（kPa）；

　　　ψ——折减系数。对完整岩体可取 0.5；对较完整岩体可取 0.2～0.5；对较破碎岩体可取 0.1～0.2；此值未考虑施工因素及建筑物使用后风化作用的继续；

　　　f_{rk}——岩石饱和单轴抗压强度标准值（kPa）。对于黏土质岩，在确保施工期及使用期不致遭水浸泡时，也可采用天然湿度的试样。

（3）根据室内物理性指标标准值确定粉土、黏性土地基承载力特征值时，应符合表 6.4-74～表 6.4-76 的规定。

粉土承载力特征值 f_{ak}（单位：kPa）　　　　　　　　表 6.4-74

孔隙比e	含水率ω/%					
	10	15	20	25	30	35
0.5	380	360	（335）	—		
0.6	280	270	250	（240）	—	
0.7	220	210	195	185	（175）	—
0.8	170	160	150	140	（135）	
0.9	140	130	120	110	100	（95）
1.0	110	100	95	90	85	80

注：有括号者仅供内插用。

黏性土承载力特征值 f_{ak}（单位：kPa）　　　　　　　　表 6.4-75

孔隙比e	液性指数I_L					
	0	0.25	0.50	0.75	1.00	1.20
0.5	425	400	360	（330）	—	—
0.6	350	330	295	265	（235）	—
0.7	275	265	235	210	180	140
0.8	225	210	190	170	140	105
0.9	180	170	160	140	105	75
1.0	150	140	130	105	85	45
1.1	—	130	105	85	75	—

注：有括号者仅供内插用。

淤泥和淤泥质土承载力特征值 f_{ak}（单位：kPa）　　　　表 6.4-76

天然含水率 ω/%	35	40	45	50	55	65	70
f_{ak}/kPa	75	70	65	55	50	40	30

（4）根据修正后标准贯入、动力触探锤击数的标准值及静力触探锥尖阻力标准值确定地基承载力特征值时，应符合表 6.4-77～表 6.4-81 的规定。

重型动力触探锤击数 $N_{63.5}$ 确定碎石土、砂土承载力特征值 f_{ak}（单位：kPa）表 6.4-77

$N_{63.5}$	碎石土	中、粗、砾砂	粉、细砂
3	190	120	100
4	250	160	140
5	300	200	175
6	350	240	205
8	450	320	250
10	550	400	290
12	600	480	320
16	700	640	365
20	850	800	400
25	900	850	—
30	1000	900	—

注：1. 本表适用于冲、洪积成因的碎石土、砂土，对碎石土，d_{60} 不大于 30mm，不均匀系数不大于 120，对中、粗砂，不均匀系数不大于 6，对砾砂，不均匀系数不大于 20；
　　2. 沈阳地区砾砂承载力特征值可参照碎石土取值。

标准贯入试验击数 N 确定中、粗砂及粉、细砂承载力特征值 f_{ak}（单位：kPa）表 6.4-78

N	5	10	15	20	25	30	35	40	45
中、粗砂	120	180	250	280	310	340	380	420	460
粉、细砂	90	140	180	200	230	250	270	290	310

标准贯入试验击数 N 确定黏性土、粉土承载力特征值 f_{ak}（单位：kPa）　　　表 6.4-79

N	3	5	7	9	11	13	15	17	19	21	23
f_{ak}	90	110	150	180	210	240	270	300	330	360	390

静力触探锥尖阻力 q_c 确定承载力特征值 f_{ak}（单位：kPa）　　　表 6.4-80

q_c	淤泥质土	黏性土	饱和粉土	粉、细砂	中、粗砂
0.3	60	75	70	—	—
0.5	75	95	75	—	—
0.7	80	115	80	100	—
0.9	85	125	85	105	—
1.1	90	135	90	110	130

续表

q_c	淤泥质土	黏性土	饱和粉土	粉、细砂	中、粗砂
1.3	95	145	95	115	140
1.5	—	155	110	120	150
2.0	—	160	130	125	160
3.0	—	170	170	135	200
4.0	—	—	—	145	240
5.0	—	—	—	160	260
6.0	—	—	—	180	280
12.0	—	—	—	240	340

轻型触探击数 N_{10} 确定地基承载力特征值 f_{ak}（单位：kPa）   表 6.4-81

N_{10}	10	15	20	25	30	35	40	45	50	60	80
黏性土、粉土	80	120	150	180	200	210	220	230	240	—	—
中、粗、砾砂	100	130	170	200	240	280	310	350	390	480	600
素填土	70	85	100	110	120	130	140	—	—	—	—

注：表中素填土仅指由黏性土和粉土组成的且堆积年龄超过5年素填土。

（5）利用煤矸石做建筑地基时，其承载力特征值和变形指标可按表6.4-82～表6.4-83的确定。

动力触探击数 $N_{63.5}$ 确定煤矸石承载力特征值和变形模量   表 6.4-82

$N_{63.5}$	3	5	7	9	11	13	15	20
f_{ak}/kPa	130	150	180	200	240	280	320	430
E_0/MPa	9.7	11.4	13.1	15.5	18.0	20.9	24.2	32.3

注：1. 本表适用于填埋10年以上的煤矸石；
    2. 煤矸石中含煤部位应进行封闭处理。

瑞利波速 V_r 确定煤矸石承载力特征值和变形模量   表 6.4-83

V_r	承载力特征值 f_{ak}/kPa	变形模量 E_0/MPa
150	160	12.0
170	200	15.0
190	250	19.0
210	280	21.0

（6）根据瑞利波速确定碎石土及砾砂的地基承载力特征值和变形模量应符合表6.4-84的规定。

瑞利波速 V_r 确定碎石土及砾砂的地基承载力特征值

f_{ak}（单位：kPa）和变形模量 E_0（单位：MPa）　　　　　　表 6.4-84

$V_r/$（m/s）		220	240	280	300	320	360	400	450
碎石土	f_{ak}	310	380	530	600	680	770	850	920
	E_0	22.5	26.5	35.0	42.0	50.0	58.0	63.5	80.0
砾砂	f_{ak}	270	330	480	560	650	720	800	870
	E_0	20.0	24.5	34.8	40.0	45.0	50.7	56.0	74.4

4.3.9　上海地区

上海市工程建设规范《地基基础设计标准》DGJ 08—11—2018 适用于上海地区建筑、市政、港口和水利工程的地基基础设计。

根据土的抗剪强度确定天然地基承载力设计值 f_d 时，可按下式计算。

$$f_d = 0.5\psi N_\gamma \zeta_\gamma \gamma b + \psi N_c \zeta_c c_d + N_q \zeta_q \gamma_0 d \qquad (6.4\text{-}45)$$

$$c_d = \frac{\lambda c_k}{\gamma_c} \qquad (6.4\text{-}46)$$

$$\varphi_d = \frac{\lambda \varphi_k}{\gamma_\varphi} \qquad (6.4\text{-}47)$$

式中：　　　ψ——地基承载力修正系数，按内摩擦角设计值 φ_d 由表 6.4-85 查得；

N_γ、N_q、N_c——承载力系数，按内摩擦角设计值 φ_d 由表 6.4-86 查得；

　　　　　c_d——地基土的黏聚力设计值（kPa），由公式(6.4-46)确定；

　　　　　c_k——土的黏聚力的标准值（kPa），取直剪固快峰值强度指标的平均值；

　　　　　φ_k——土的内摩擦角的标准值（°），取直剪固快峰值强度指标的平均值；

　　　　　λ——土的抗剪强度指标标准值修正系数，取 0.8；

　　　　　γ_c——土的黏聚力分项系数，取 2.7；

　　　　　γ_φ——土的内摩擦角的分项系数，取 1.2；

　　　　　b——基础宽度（m），验算偏心荷载时，应取力矩作用方向的基础边长；当基础宽度大于 6m 时用 6m 计算；

　　　　　d——基础埋置深度（m），一般自室外地面标高算起；在填方整平地区，可自填土地面标高算起，但填土在上部结构施工后完成时，应从天然地面标高算起；

　　　　　γ——基础底面以下土的重度（kN/m³），地下水位以下取浮重度；

　　　　　γ_0——基础底面以上土的加权平均重度（kN/m³），地下水位以下取浮重度；

ζ_γ，ζ_q，ζ_c——基础形状系数，按不同情况由下列公式计算：

当为条形基础时，$\zeta_\gamma = \zeta_q = \zeta_c = 1$；

当为矩形基础时，

$$\zeta_\gamma = 1.0 - 0.4\frac{b}{l} \qquad (6.4\text{-}48)$$

$$\zeta_q = 1.0 + \frac{b}{l}\sin\varphi_d \qquad (6.4\text{-}49)$$

$$\zeta_c = 1.0 + 0.2\frac{b}{l} \tag{6.4-50}$$

式中：l——矩形基础的长度（m）；

b——矩形基础的宽度（m），对于圆形基础，取 $l = b = D$，D 为圆形基础直径。

当根据土的抗剪强度指标计算天然地基极限承载力标准值 f_k 时，式(6.4-46)中的 γ_c 和式(6.4-47)中的 γ_φ 均取 1.0 计算 c_d、φ_d，并相应查表 6.4-85 和表 6.4-86 计算。

地基承载力修正系数   表 6.4-85

$\varphi_d/°$	≤ 16	18	20	22	23	24	25
ψ	0.90	1.03	1.17	1.30	1.37	1.44	1.50

地基承载力系数   表 6.4-86

$\varphi_d/°$	N_γ	N_q	N_c	$\varphi_d/°$	N_γ	N_q	N_c
0	0.00	2.00	5.14	13	0.78	2.12	9.81
1	0.01	2.00	5.38	14	0.97	2.15	10.37
2	0.01	2.00	5.63	15	1.18	2.18	10.98
3	0.02	2.00	5.90	16	1.43	2.22	11.63
4	0.05	2.00	6.19	17	1.73	2.26	12.34
5	0.07	2.00	6.49	18	2.08	2.30	13.10
6	0.11	2.00	6.81	19	2.48	2.35	13.93
7	0.16	2.00	7.16	20	2.95	2.40	14.83
8	0.22	2.00	7.53	21	3.50	2.46	15.82
9	0.30	2.00	7.93	22	4.13	2.52	16.88
10	0.39	2.00	8.35	23	4.88	2.58	18.05
11	0.50	2.07	8.80	24	5.74	2.65	19.32
12	0.63	2.09	9.28	25	6.76	2.72	20.72

当持力层下存在软弱下卧层，持力层厚度 h_1 与基础宽度 b 之比（h_1/b）小于等于 0.70 且大于等于 0.25 时，需考虑软弱下卧层对持力层地基承载力的影响，可采用双层体系的平均抗剪强度指标设计值按式(6.4-45)计算地基承载力设计值。平均抗剪强度指标设计值由式(6.4-46)、式(6.4-47)求得，式中的抗剪强度指标的标准值按下列公式计算：

$$c_k = \frac{c_{1k} + c_{2k}}{2} \tag{6.4-51}$$

$$\varphi_k = \frac{\varphi_{1k} + \varphi_{2k}}{2} \tag{6.4-52}$$

式中：c_{1k}、c_{2k}——分别为持力层和软弱下卧层土的黏聚力标准值（kPa）；

φ_{1k}、φ_{2k}——分别为持力层和软弱下卧层土的内摩擦角标准值（°），当 $\varphi_{1k} < \varphi_{2k}$ 时，取 $\varphi_k = \varphi_{1k}$。

$h_1/b > 0.7$ 时不计下卧层影响，按持力层指标计算地基承载力；

$h_1/b < 0.25$ 时不计持力层影响，按下卧层指标计算地基承载力，计算时采用实际基础

的埋置深度。

4.3.10　成都地区

　　1. 根据四川省地方标准《成都地区建筑地基基础设计规范》DB51/T 5026—2001，成都地区地基极限承载力标准值 f_{uk} 及基本值 f_{u0} 见表 6.4-87～表 6.4-91。其中按表 6.4-87～表 6.4-91 查得的地基极限承载力基本值 f_{u0} 需按下式计算求出地基极限承载力标准值。

$$f_{uk} = \psi \cdot f_{u0} \tag{6.4-53}$$

$$\psi = 1 - \left(\frac{2.884}{\sqrt{n}} + \frac{7.918}{n^2}\right)\delta \tag{6.4-54}$$

式中：ψ——回归修正系数；
　　　　δ——变异系数。

岩石地基极限承载力标准值 f_{uk}（单位：kPa）　　　　　　表 6.4-87

岩石类别	强风化	中风化	微风化
硬质岩	1000～3000	3000～8000	＞8000
软质岩	500～1000	1000～3000	3000～8000
极软质岩	300～500	500～1000	1000～3000

黏性土极限承载力基本值 f_{u0}（单位：kPa）　　　　　　表 6.4-88

第一指标孔隙比 e	第二指标液性指数 I_L				
	0	0.25	0.50	0.75	1.00
0.5	950	860	780	（720）	—
0.6	800	720	650	590	（530）
0.7	650	590	530	480	420
0.8	550	480	440	400	340
0.9	460	420	380	340	270
1.0	400	360	320	270	230

　　注：1. 有括号者仅供内插用；
　　　　2. 折算系数 ε 为 0.1；
　　　　3. 在湖、塘、沟、谷与河漫滩地段新近沉积的黏性土，其工程性质一般较差，这些土应根据当地经验选取分项系数。

粉土极限承载力基本值 f_{u0}（单位：kPa）　　　　　　表 6.4-89

第一指标孔隙比 e	第二指标含水率 ω/%						
	10	15	20	25	30	35	40
0.5	820	780	（730）	—	—	—	—
0.6	620	600	560	（540）	—	—	—
0.7	500	480	450	430	（410）	—	—
0.8	400	380	360	340	（330）	—	—
0.9	320	300	290	280	260	（250）	—
1.0	260	250	240	230	220	210	（200）

　　注：1. 有括号者仅供内插用；
　　　　2. 折算系数 ε 为 0.0；
　　　　3. 在湖、塘、沟、谷与河漫滩地段新近沉积的粉土，其工程性质一般较差，这些土应根据当地经验选取分项系数。

淤泥和淤泥质土极限承载力基本值 f_{u0}（单位：kPa） 表 6.4-90

天然含水率 ω/%	36	40	45	50	55	65
f_{u0}/kPa	200	180	160	140	120	100

淤泥和淤泥质土极限承载力基本值 f_{u0}（单位：kPa） 表 6.4-91

压缩模量 E_{s1-2}/MPa	7	5	4	3	2
f_{u0}/kPa	320	270	230	170	130

注：本表适用于堆填时间超过十年的黏性土以及超过五年的粉土。

2. 根据现场原位测试确定地基承载力标准值，试验指标应按相关原则计算原位测试指标的标准值，分别查表 6.4-92～表 6.4-98。

（1）根据超重型动力触探锤击数 N_{120} 按表 6.4-92 确定卵石土的极限承载力标准值及变形模量。

卵石土极限承载力标准值 f_{uk} 及变形模量 E_0 表 6.4-92

N_{120}	4	5	6	7	8	9	10	12	14	16	18	20
f_{uk}/kPa	700	860	1000	1160	1340	1500	1640	1800	1950	2040	2140	2200
E_0/MPa	21	23.5	26	28.5	31	34	37	42	47	52	57	62

（2）根据动力触探锤击数 N_{120} 按表 6.4-93 确定松散卵石、圆砾、砂土的极限承载力标准值。

松散卵石、圆砾、砂土极限承载力标准值 f_{uk}（单位：kPa） 表 6.4-93

$N_{63.5}$	2	3	4	5	6	8	10
卵石	—	—	—	400	480	640	800
圆砾	—	—	320	400	480	640	800
中、粗、砾砂	—	240	320	400	480	640	800
粉细砂	160	220	280	330	380	450	—

（3）根据标准贯入试验锤击数 N，轻便动力触探试验锤击数 N_{10}，按表 6.4-94～表 6.4-98 确定砂土、粉土、黏性土和素填土地基极限承载力标准值。

砂土极限承载力标准值 f_{uk}（单位：kPa） 表 6.4-94

土类	N						
	4	6	8	10	15	20	30
中、粗砂	240	280	320	360	500	560	680
粉细砂	200	220	250	280	360	410	500

粉土极限承载力标准值 f_{uk}（单位：kPa） 表 6.4-95

N	2	4	6	8	10	12	15
f_{uk}/kPa	160	220	280	340	400	460	550

黏性土极限承载力标准值 f_{uk}（单位：kPa）　　　表 6.4-96

N	3	4	7	9	11	13	15
f_{uk}/kPa	160	220	280	340	400	460	550

黏性土极限承载力标准值 f_{uk}（单位：kPa）　　　表 6.4-97

N_{10}	15	20	25	30
f_{uk}/kPa	210	290	380	460

素填土极限承载力标准值 f_{uk}（单位：kPa）　　　表 6.4-98

N_{10}	10	20	30	40
f_{uk}/kPa	170	230	270	320

（4）根据静力触探比贯入阻力 p_s，按表 6.4-99～表 6.4-102 确定砂土、粉土、黏性土和素填土地基极限承载力标准值。

砂土极限承载力标准值 f_{uk}（单位：kPa）　　　表 6.4-99

p_s/MPa	2	3	4	5	6	7	8
中、粗砂	200～400	280～320	360～400	440～480	520～560	580～620	640～680
粉、细砂	180～200	220～240	260～280	300～320	340～360	380～400	420～440

注：中砂用低值，粗砂用高值；粉砂用低值，细砂用高值。

粉土极限承载力标准值 f_{uk}（单位：kPa）　　　表 6.4-100

p_s/MPa	1	2	3	4	5
砂质粉土	200	240	280	320	360
黏质粉土	220	270	320	370	420

黏性土极限承载力标准值 f_{uk} 及压缩模量 E_s　　　表 6.4-101

p_s/MPa	0.5	1	1.5	2	2.5	3	3.5	4
f_{uk}/kPa	160	240	320	400	480	560	620	680
E_s/MPa	3	5	7	9	11	12.5	14	15

素填土极限承载力标准值 f_{uk} 及压缩模量 E_s　　　表 6.4-102

p_s/MPa	0.5	1	1.5	2	2.5
f_{uk}/kPa	120	200	270	340	400
E_s/MPa	2.6	4.2	5.8	7.4	9

注：本表只适用于黏性土组成堆填时间超过 10 年的素填土。

3. 当基础埋置深度大于 1.5m 或基础宽度大于 3m 时，土质地基承载力设计值 f_d 按下式确定：

$$f_d = \frac{1}{\gamma_{uk}} \cdot f_{uk} + \frac{1}{\gamma_b} \eta_b \gamma_1 (b - 3) + \frac{1}{\gamma_d} \eta_d \gamma_2 (d - 1.5) \tag{6.4-55}$$

式中：f_d——地基承载力设计值；

f_{uk}——地基承载力标准值；

γ_{uk}——地基极限承载力标准值分项系数，取 1.75；

γ_b——宽度修正分项系数，取 1.1；

γ_d——深度修正分项系数，取 1.1；

η_b、η_d——考虑基础宽度和埋置深度影响的地基承载力修正系数，按表 6.4-103 取值；

γ_1——基础底面以下地基持力层土的重度（kN/m^3），地下水位以下取有效重度；

γ_2——基础底面以上各土层土体按厚度的加权平均重度（kN/m^3），地下水位以下取有效重度；

b——基础底面短边边长，小于 3m 取 3m，大于 6m 取 6m；

d——基础埋置深度，小于 1.5m 取 1.5m。

地基承载力的宽度和深度修正系数 表 6.4-103

土的类别	η_b	η_d
淤泥和淤泥质土 素填土 e 或 I_L 大于等于 0.85 的黏性土 稍密的粉土 饱和及很湿的粉砂、细砂（稍密、松散）	0	1.0
e 及 I_L 均小于 0.85 的黏性土	0.3	1.6
中密或密实的粉土	0.5	2.2
中密、密实的粉砂、细砂	2.0	3.0
中砂、粗砂、圆砾、卵石	3.0	4.4

注：强风化岩石，可参照风化所成的相应土类取值。

4. 基础埋置深度 d 值的确定应符合下列规定：

（1）对于一般基础（包括箱形基础和筏形基础）自室外地面标高算起，若填土上部结构施工后完成时，应从天然地面标高算起；

（2）对采用条形基础或独立基础的地下室，当基础中心距 $\leqslant 4b$ 时，基础埋深可按以下规定计算：

外墙基础埋置深度 d_{ext}

$$d_{ext} = 0.3d_1 + 0.7d_3 \tag{6.4-56}$$

与外墙相邻的内墙基础埋置深度 d_{int}

卵石地基
$$d_{int} = 0.2d_1 + 0.8d_2 \quad d_{int} 不得小于 d_2 \tag{6.4-57}$$

砂土、黏性土、新近沉积土及人工填土
$$d_{int} = d_2 \tag{6.4-58}$$

式中：d_1——外墙基础与室外的高差（m）；

d_2——内墙基础与地下室地面的高差（m）；

d_3——外墙基础与地下室地面的高差（m）。

地基基础设计等级为甲级的建筑物可根据情况另行研究确定。

4.3.11   湖北省

（1）湖北省地方标准《建筑地基基础技术规范》DB 42/242—2014，遵守现行国家标准《建筑地基基础设计规范》GB 50007 及其系列规范，适用于湖北省建筑工程的地基基础设计及施工。

（2）根据现场鉴别结果确定地基承载力特征值时，应符合表 6.4-104、表 6.4-105 的规定。

岩石地基承载力特征值 f_a（单位：kPa）　　　　表 6.4-104

岩石类别	强风化	中风化	微风化
坚硬岩	1000～1500	6000～15000	12000～24000
较硬岩	800～1200	4500～12000	8000～18000
较软岩	700～1000	2500～6000	5000～9000
软岩	600～800	1500～3500	2500～4500
极软岩	500～600	1000～2000	1500～2500

注：1. 岩石地基承载力应根据岩层的地质年代、产状破碎程度、岩芯抗压强度和工程经验综合确定，有条件时亦进行岩基载荷试验，确定岩石承载力，依据不充分时可取表内数据；
　　2. 对强风化岩，当含泥量（风化残积土）较少时，取表中上限值，反之取下限值；
　　3. 对完整、较完整的中风化、微风化岩石，取高值，对破碎的中风化、微风化岩石，取低值；
　　4. 对破碎的中风化、微风化岩石，可采用现场试验确定地基承载力，当无法进行试验时，可在表中下限的基础上，折减降低使用；
　　5. 表中强风化数据为 f_{ak}。

碎石土承载力特征值 f_{ak}（单位：kPa）　　　　表 6.4-105

土名	密实度		
	稍密	中密	密实
卵石	300～500	500～800	800～1000
碎石	250～400	400～700	700～900
圆砾	200～300	300～500	500～700
角砾	200～250	250～400	400～600

注：1. 表中数值适用于骨架颗粒空隙全部由中砂、粗砂或硬塑、坚硬状态的黏性土或稍湿的粉土所充填；
　　2. 当粗颗粒为中风化或强风化时，可按其风化程度适当降低承载力，当颗粒间呈半胶结状时，可适当提高承载力。

（3）根据室内物理、力学指标平均值确定地基承载力特征值时，应符合表 6.4-106～表 6.4-110 的规定。

粉土承载力特征值的经验值 f_{ak}（单位：kPa）　　　　表 6.4-106

孔隙比 e	含水率 ω/%			
	20	25	30	35
0.6	（260）	（240）	—	—
0.7	200	190	（160）	—
0.8	160	150	130	—
0.9	130	120	100	（90）
1.0	110	100	90	（80）
1.1	100	90	80	（70）

注：有括号者仅供内插用。

一般黏性土承载力特征值 f_{ak}（单位：kPa）　　　表 6.4-107

孔隙比e	液性指数I_L					
	0	0.25	0.50	0.75	1.00	1.20
0.6	—	270	250	230	210	—
0.7	250	220	200	180	160	（135）
0.8	220	200	180	160	140	（120）
0.9	190	170	150	130	110	（100）
1.0	160	140	120	110	100	（90）
1.1	—	130	110	100	90	80

注：有括号者仅供内插用。

新近沉积黏性土承载力特征值 f_{ak}（单位：kPa）　　　表 6.4-108

孔隙比e	液性指数I_L		
	0.25	0.75	1.25
0.8	120	100	80
0.9	110	90	80
1.0	100	80	70
1.1	90	70	—

老黏性土承载力特征值 f_{ak}（单位：kPa）　　　表 6.4-109

含水比α_w	0.50	0.55	0.60	0.65	0.70	0.75
f_{ak}/kPa	（630）	560	480	430	380	（350）

注：1. 含水比α_w为天然含水率ω与液限ω_L的比值；
　　2. 本表适用于静力触探贯入阻力$p_s \geqslant 3.0$MPa的土。

淤泥和淤泥质土承载力特征值 f_{ak}（单位：kPa）　　　表 6.4-110

天然含水率ω/%	36	40	45	50	55	65
f_{ak}/kPa	70	65	60	55	50	40

（4）根据标准贯入、动力触探自由落锤锤击数、静力触探试验比贯入阻力的标准值确定地基承载力特征值时，应符合表 6.4-111～表 6.4-120 的规定。表中N为未经杆长修正的标准贯入击数标准值。

标准贯入试验锤击数N（或动力触探锤击数$N_{63.5}$、N_{120}，静力触探比贯入阻力p_s）的标准值，应按下式计算：

$$N(或N_{63.5}、N_{120}、p_s) = \psi \cdot \mu \qquad (6.4\text{-}59)$$

式中：μ——标准贯入自由落锤锤击数N（或单孔同一土层的动力触探锤击数$N_{63.5}$、N_{120}、静力触探比贯入阻力p_s）的平均值；

ψ——统计修正系数，不应小于 0.75，应按下式计算：

$$\psi = 1 - \left(\frac{1.704}{\sqrt{n}} + \frac{4.678}{n^2}\right)\delta \tag{6.4-60}$$

式中：n——据以查表的标准贯入自由落锤锤击数N（或单孔同一土层的动力触探锤击数
　　　　$N_{63.5}$、N_{120}、静力触探比贯入阻力p_s）参与统计的数据数，n不应少于6个；
　　　δ——变异系数，δ值较大时应分析原因，如分层是否合理，试验有无差错，并应增
　　　　加测试数量。

中、粗、砾砂承载力特征值 f_{ak}（单位：kPa）　　　　　表 6.4-111

$N_{63.5}$	3	4	5	6	7	8	9	10
f_{ak}/kPa	120	150	180	220	260	300	340	380

注：1. 本表一般适用于冲积和洪积的砂土，且中、粗砂的不均匀系数不大于6，砾砂的不均匀系数不大于20；
　　2. 表中$N_{63.5}$为经杆长修正后的锤击数标准值。

砂土承载力特征值 f_{ak}（单位：kPa）　　　　　表 6.4-112

土类	N								
	10	15	20	25	30	35	40	45	50
中、粗砂	180	250	280	310	340	380	420	460	500
粉、细砂	140	180	200	230	250	270	290	310	340

注：表中N为未经杆长修正的标准贯入击数标准值。

砂土承载力特征值 f_{ak}（单位：kPa）　　　　　表 6.4-113

p_s/MPa	3.0	4.0	5.0	6.0	7.0	8.0	9.0	10.0	11.0	12.0	13.0	14.0	15.0
粉细砂	110	130	150	170	190	210	230	250	270	290	310	330	350
中粗砂	140	180	220	260	290	320	350	380	410	440	470	500	530

注：以粉砂为主的粉砂与粉土、粉质黏土互层的f_{ak}值，应按式(6.4-61)取值。

$$f_{ak} = \frac{f_{ak(max)} + f_{ak(avg)}}{2} \tag{6.4-61}$$

式中：$f_{ak(max)}$——三者f_{ak}的最大值；
　　　$f_{ak(avg)}$——三者f_{ak}的平均值。

粉土承载力特征值 f_{ak}（单位：kPa）　　　　　表 6.4-114

p_s/MPa	1.0	1.5	2.0	2.5	3.0
f_{ak}/kPa	90	100	110	130	150

注：以粉土为主的粉土与粉砂、粉质黏土互层的f_{ak}值，应取三者f_{ak}的平均值。

一般黏性土承载力特征值 f_{ak}（单位：kPa）　　　　　表 6.4-115

N	3	4	5	6	7	8	9	10	11	12
f_{ak}/kPa	85	100	120	140	160	180	200	230	260	290

注：表中N为未经杆长修正的标准贯入击数标准值。

淤泥质土、一般黏性土承载力特征值 f_{ak}（单位：kPa）　　表 6.4-116

p_s/MPa	0.3	0.5	0.7	0.9	1.2	1.5	1.8	2.1	2.4	2.7	2.9
f_{ak}/kPa	40	60	80	100	120	150	180	210	240	270	290

注：以粉质黏土为主的粉质黏土与粉土、粉砂互层的 f_{ak} 值，应按式(6.4-62)取值。

$$f_{ak} = \frac{f_{ak(min)} + f_{ak(avg)}}{2} \tag{6.4-62}$$

式中：$f_{ak(min)}$——三者 f_{ak} 的最小值；
　　　$f_{ak(avg)}$——三者 f_{ak} 的平均值。

老黏性土承载力特征值 f_{ak}（单位：kPa）　　表 6.4-117

N	13	14	15	16	17	18	19	20	21	22
f_{ak}/kPa	330	360	390	420	450	480	510	540	570	（610）

注：表中 N 为未经杆长修正的标准贯入击数标准值。

老黏性土承载力特征值 f_{ak}（单位：kPa）　　表 6.4-118

p_s/MPa	3.0	3.3	3.6	3.9	4.2	4.5	4.8
f_{ak}/kPa	320	360	400	450	500	560	（610）

素填土承载力特征值 f_{ak}（单位：kPa）　　表 6.4-119

p_s/MPa	0.5	1.0	1.5	2.0	4.2	4.5	4.8
f_{ak}/kPa	320	360	400	450	500	560	（610）

注：本表仅适用于堆填时间超过十年、主要由黏性土、粉土组成的素填土；含砖渣、碎石等在30%以下的素填土。

杂填土承载力特征值 f_{ak}（单位：kPa）　　表 6.4-120

$N_{63.5}$	1	2	3	4
f_{ak}/kPa	40	80	120	160

注：1. 本表适用于堆积时间超过十年的建筑垃圾和土为主的填土；
　　2. 表中 $N_{63.5}$ 为经杆长修正后的锤击数标准值。

（5）从上述表中查得的承载力特征值 f_{ak} 应按照式(6.4-12)进行深宽修正，获得修正后的承载力特征值。

4.3.12 甘肃省

本节所列各承载力表是根据甘肃省工程建设地方规范《岩土工程勘察规范》DB 62/T 25—3063—2012列出，该规范适用于甘肃省范围内建（构）筑物与市政工程的岩土工程勘察（表 6.4-121～表 6.4-127）。

碎石类土密实度判定及地基设计参数经验值　　表 6.4-121

密实度	松散	稍密	中密	密实
骨架颗粒含量和排列	小于55%，排列十分混乱，绝大部分不接触	55%～60%，排列混乱，大部分不接触	60%～70%，交错排列，大部分接触	大于70%，交错排列，连续接触
可挖性	锹易挖掘，井壁容易坍塌	锹可挖掘，井壁易坍塌，取出大颗粒后砂土塌落	锹镐可挖掘，井壁有掉块，取出大颗粒后可保持凹坑	锹镐挖掘困难，撬棍方能松动，井壁稳定

续表

密实度		松散	稍密	中密	密实
可钻性		钻进很容易，无跳动，孔壁极易坍塌	钻进较容易,冲击钻稍有跳动,孔壁易坍塌	钻进较困难,冲击钻进跳动不剧烈,孔壁有坍塌现象	钻进极困难,冲击钻进跳动剧烈,孔壁较稳定
按$N_{63.5}$判定密实度		< 5	5～10	10～20	20～30
按N_{120}判定密实度		≤ 3	3～6	6～11	11～14
按V_s判定密实度/（m/s）		< 250	250～350	350～500	> 500
承载力特征值f_{ak}/kPa	卵石	350～500	500～650	650～800	800～1000
	碎石	250～350	350～450	450～650	650～900
	原理	—	200～300	300～500	> 500
	角砾	—	200～250	250～400	> 400
变形模量E_0/MPa	卵石	10～20	20～30	30～45	> 45
	圆砾	8～15	15～25	25～30	> 30

兰州地区低阶地软质岩土风化程度划分及地基设计参数经验值 表 6.4-122

风化程度		强风化	中风化	微风化
含水率/%		> 10	5～10	< 5
剪切波速/（m/s）		< 500	500～600	> 600
天然状态单轴抗压强度/MPa	泥质胶结	< 0.5	0.5～1.5	> 1.5
	钙质胶结	< 1.0	1.0～2.0	> 2.0
地基承载力特征值/kPa		500～800	800～1000	> 1000

冲洪积黏性土地基设计参数经验值 表 6.4-123

状态		坚硬	硬塑	硬可塑	可塑	软塑	流塑
状态判定	标贯击数N/（击/30cm）	> 30	8～30		4～8	2～4	< 2
	静力触探P_s/MPa	5～6	2.7～3.3	1.2～1.5	0.7～0.9	< 0.5	
	天然孔隙比e_0	液性指数I_L					
		≤ 0	0～0.25	0.25～0.50	0.50～0.75	0.75～1.00	> 1.00
地基承载力特征值/kPa	0.5	425	400	360	330	—	—
	0.6	350	270	250	230	210	—
	0.7	250	220	200	180	160	135
	0.8	220	200	180	160	140	125
	0.9	190	170	150	130	110	100
	1.0	160	140	120	110	100	90
	1.1	—	130	110	100	90	80

粉土地基设计参数经验值

表 6.4-124

天然孔隙比e_0	密实度	地基承载力特征值/kPa					
		含水率ω/%					
		10	15	20	25	30	35
0.500	密实	380	360	335	—	—	—
0.600		280	270	260	240	—	—
0.700		220	210	200	190	160	—
0.800	中密	170	160	160	150	130	—
0.900		140	130	130	120	100	90
1.000	稍密	130	120	110	100	90	80
1.100		120	110	100	90	80	70

砂土密实度判定及地基设计参数经验值（单位：kPa）

表 6.4-125

密实度		松散	稍密	中密	密实
标准贯入N	砂土	≤10	10～15	15～30	>30
重型动力触探$N_{63.5}$	中砂	<5	5～6	6～9	>9
	粗砂	<5	5～6.5	6.5～9.5	>9.5
	砾砂	<5	5～8	8～10	>10
静力触探P_s/MPa	粉细砂	≤4	4～6	6～11	>11
	中粗砂	—	3～5	5～8	≥8
承载力特征值 f_{ak}/kPa	砾砂	<220	220～280	280～350	>350
	中粗砂	<180	180～220	220～300	>300
	粉细砂	<140	140～180	180～250	>250
变形模量 E_0/MPa	砾砂	10.0～15.0	15.0～18.0	18.0～25.0	>25.0
	中粗砂	8.0～12.0	12.0～15.0	15.0～20.0	>20.0
	粉细砂	5.0～8.0	8.0～12.0	12.0～18.0	>18.0

老黄土地基承载力经验值

表 6.4-126

ω/ω_L/%	天然孔隙比e_0		
	<0.7	0.7～0.8	0.8～0.9
<0.6	700	600	500
0.6～0.8	500	400	300
>0.8	400	300	250

注：本表参考《铁路工程地质勘察规范》TB 10012，表中液限采用76g圆锥仪、入土深度10mm。

静力触探判定地基承载力特征值（单位：kPa）与压缩模量（单位：MPa）经验值　表 6.4-127

土类	P_s/MPa	0.5	1.0	1.5	2.0	3.0	4.0	5.0	6.0	8.0	10.0	12.0	15.0	20.0
黏性土（Q_4）	承载力	80	135	175	210	270	320	360	400	—	—	—	—	—
	压缩模量	2.6	4.5	6.0	9.5	12.5	16.5	20.5	24.4					
砂土与粉土	承载力	60	80	100	120	150	180	200	220	270	300	345	390	470
	压缩模量	2.6~5.0	4.1~6.0	5.5~8.0	7.0~9.5	9.0~11.5	11.5~13.0	13.0~15.0	15.0~16.5	18.5~20.0	22.5~24.0	27.0~28.0	35.0	—
西北新黄土	承载力	60	85	110	135	155	205	285	335					
	压缩模量	—	1.7	4.5	6.0	9.0	12.6	16.3	20.0					

注：上表根据行业标准《铁路工程地质原位测试规程》TB 10018—2018 确定的基本承载力和压缩模量。当采用双桥探头时，以 $P_s = 1.1q_c$ 换算后参照使用。

4.3.13　宁夏回族自治区

（1）本节所列各承载力表是根据宁夏回族自治区工程建设地方规范《岩土工程勘察标准》DB 64/T 1646—2019 列出，该规范适用于宁夏回族自治区内工业与民用建筑、市政工程、地下工程、边坡工程等岩土工程勘察。

（2）按压缩模量和轻型动力触探击数取值（表 6.4-128、表 6.4-129）。

新近沉积黏性土及粉土　　　　　　　　　表 6.4-128

压缩模量E_{s1-2}/MPa	2	3	4	5	6	7	8	9	10	11
轻型动力触探击数N_{10}	6	8	10	12	14	16	18	20	23	25
承载力特征值f_{ak}/kPa	50	80	100	110	120	130	150	160	180	190

一般第四纪黏性土及粉土　　　　　　　　　表 6.4-129

压缩模量E_{s1-2}/MPa	4	6	8	10	12	14	16	18	20	22	24
轻型动力触探击数N_{10}	10	17	22	29	39	50	60	70	80	90	100
承载力特征值f_{ak}/kPa	120	160	190	210	230	250	270	290	310	330	350

（3）按标准贯入试验击数校正值取值（表 6.4-130、表 6.4-131）。

砂土承载力特征值 f_{ak}（单位：kPa）　　　　　表 6.4-130

N'	5	10	15	30	50
粉、细砂	100	150	200	320	460
中、粗砂	130	180	250	340	500

粉土和黏性土承载力特征值 f_{ak}（单位：kPa）　　　　　表 6.4-131

N'	2	3	4	5	7	9	12	15	20	30	40
粉土（$\rho_c < 10\%$）	60	80	90	110	140	160	210	240	280	360	420
粉土（$\rho_c \geq 10\%$）	70	90	100	120	160	190	240	270	320	410	480
黏性土	80	100	120	140	180	220	280	320	380	480	560

（4）形成时间大于5年的砂土、粉土及形成时间大于10年的黏性土为主的素填土，其承载力特征值按主要成分参照以上各表，并综合考虑素填土的均匀性、干湿程度、包含物、形成时间等因素，折减10%～30%后使用。

（5）当按本附录所确定的承载力特征值取值较大且采用天然地基或换土垫层法地基处理方案时，对18层以上的高层建筑或重要建筑物需进行现场载荷试验进行验证。

（6）本附录适用于银川平原、卫宁平原等冲积、洪积、湖积相土层；对测试时含水率较低或处于干、硬性状态的土层，当拟建物使用期间地基土含水率可能提高时，应按饱和状态考虑其承载力的折减，具体折减幅度可根据地区经验或通过室内、室外浸泡饱和试验确定。

4.3.14 广东省

（1）广东省地方标准《建筑地基基础设计规范》DBJ 15—31—2016，遵守现行国家标准《建筑地基基础设计规范》GB 50007及其系列规范，适用于广东省的工业与民用建筑（包括构筑物）的地基基础设计。

（2）较破碎、破碎、极破碎的岩石地基承载力可根据平板载荷试验确定，当试验难以进行时，亦可按表6.4-132确定。

较破碎、破碎、极破碎岩石地基承载力特征值 f_a（单位：kPa）　　　　表 6.4-132

岩石类别	风化程度		
	强风化	中风化	微风化
硬质岩石	700～1500	1500～4000	≥4000
软质岩石	600～1000	1000～2000	≥2000

注：强风化岩石的实测标准贯入试验击数 $N' \geqslant 50$。

（3）碎石土、砂土、粉土、黏性土、淤泥和填土的承载力特征值的经验值可分别根据土的物理力学指标按表6.4-133～表6.4-138确定。

碎石土承载力特征值的经验值 f_{ak}（单位：kPa）　　　　表 6.4-133

土名	密实度		
	稍密	中密	密实
卵石	300～500	500～800	800～1000
碎石	200～400	400～700	700～900
圆砾	200～300	300～500	500～700
角砾	150～200	200～400	400～600

砂土承载力特征值的经验值 f_{ak}（单位：kPa）　　　　表 6.4-134

土名		密实度		
		稍密	中密	密实
砾砂、粗砂、中砂		160～240	240～340	＞340
细砂、粉砂	稍湿	120～160	160～220	＞220
	很湿	—	120～160	＞160

粉土承载力特征值的经验值 f_{ak}（单位：kPa）　　　　表 6.4-135

第一指标孔隙比 e	第二指标液性指数 I_L					
	0	0.25	0.50	0.75	1.00	1.20
0.5	350	330	310	290	280	—
0.6	300	280	260	240	230	—
0.7	250	230	210	200	190	150
0.8	200	180	170	160	150	120
0.9	160	150	140	130	120	100
1.0	—	130	120	110	100	—
1.1	—	—	100	90	80	—

注：在湖、塘、沟、谷与河漫滩地段新近沉积的粉土，其工程性质较差，特征值应根据当地实践经验取值。

一般黏性土承载力特征值的经验值 f_{ak}（单位：kPa）　　　　表 6.4-136

第一指标孔隙比 e	第二指标液性指数 I_L					
	0	0.25	0.50	0.75	1.00	1.20
0.5	450	410	370	（340）	—	—
0.6	380	340	310	280	（250）	—
0.7	310	280	250	230	190	160
0.8	260	230	210	190	160	130
0.9	220	200	180	160	130	100
1.0	190	170	150	130	110	—
1.1	—	150	130	110	100	—

注：1. 在湖、塘、沟、谷与河漫滩地段新近沉积的粉土，其工程性质一般较差；第四纪晚更新世 Q_3 及其以前沉积的老黏性土，其工程性能通常较好，这些土均应根据当地实践经验取值；
　　2. 括号内仅供内插用。

沿海地区淤泥和淤泥质土承载力特征值的经验值 f_{ak}（单位：kPa）　　表 6.4-137

天然含水率 ω/%	36	40	45	50	55	65	75
f_{ak}/kPa	100	90	80	70	60	50	40

注：1. 对于内陆淤泥和淤泥质土，可酌情采用；
　　2. ω 为原状土的天然含水率。

黏性素填土承载力特征值的经验值 f_{ak}（单位：kPa）　　　　表 6.4-138

压缩模量 E_s/MPa	7	5	4	3	2
f_{ak}/kPa	150	130	110	80	60

注：本表只适用于堆填时间超过 10 年的黏土和粉质黏土，以及超过 5 年的粉土。

（4）砂土、粉土、残积土及填土的承载力特征值的经验值也可根据标准贯入试验锤击数和触探试验指标按表 6.4-139～表 6.4-145 确定。当采用触探试验确定承载力特征值时，如缺乏经验，应作必要的验证。所采用的设备规格和操作要点，应符合《建筑地基基础设计规范》DBJ 15—31—2016 附录 L 的有关要求。

砂土承载力特征值的经验值 f_{ak}（单位：kPa）　　　表 6.4-139

土名	N			
	10	20	30	50
粗砂、中砂	180	250	340	500
细砂、粉砂	140	180	250	340

注：N 为经过修正的标准贯入试验锤击数。

砂土承载力特征值的经验值 f_{ak}（单位：kPa）　　　表 6.4-140

土名	$N_{63.5}$							
	3	4	5	6	7	8	9	10
粗砂、中砂	120	160	200	240	280	320	360	400
细砂、粉砂	75	100	125	150	175	200	225	250

注：$N_{63.5}$ 为经过修正的重型圆锥动力触探试验锤击数。

一般黏性土和花岗岩残积土承载力特征值的经验值 f_{ak}（单位：kPa）　表 6.4-141

N	3	5	7	9	11	13	15	17	19	21	23
f_{ak}/kPa	100	150	200	240	280	320	360	420	500	580	660

注：N 为经过修正的标准贯入试验锤击数。

一般黏性土承载力特征值的经验值 f_{ak}（单位：kPa）　　　表 6.4-142

$N_{63.5}$	2	3	4	5	6	7	8	9	10	11	12
f_{ak}/kPa	100	150	200	240	280	320	360	420	500	580	660

注：$N_{63.5}$ 为经过修正的重型圆锥动力触探试验锤击数。

粉土承载力特征值的经验值 f_{ak}（单位：kPa）　　　表 6.4-143

N	3	4	5	6	7	8	9	10	11	12	13	14	15
f_{ak}/kPa	105	125	145	165	185	205	225	245	265	285	305	325	345

注：N 为经过修正的标准贯入试验锤击数。

黏性土承载力特征值的经验值 f_{ak}（单位：kPa）　　　表 6.4-144

N_{10}	15	20	25	30
f_{ak}/kPa	100	140	180	220

注：N_{10} 为经过修正的轻便触探锤击数。

黏性素填土承载力特征值的经验值 f_{ak}（单位：kPa）　　　表 6.4-145

N_{10}	10	20	30	40
f_{ak}/kPa	80	110	130	150

注：N_{10} 为经过修正的轻便触探锤击数。

4.3.15　广西壮族自治区

（1）广西壮族自治区地方标准《广西壮族自治区岩土工程勘察规范》DBJ/T 45—066—2018，适用于广西壮族自治区各类建筑工程、基坑工程、边坡工程、地基处理以及地基基础施工等工程的勘察、测试、治理、检测与监测。

（2）根据野外鉴别结果确定地基承载力特征值时，应符合表 6.4-146～表 6.4-148 的规定。

岩石承载力特征值（单位：kPa）　　　　表 6.4-146

岩石类别	风化程度		
	强风化	中等风化	微风化
坚硬岩	800～1500	1500～4000	>4000
较硬岩	600～1300	1300～2600	2600～4000
较软岩	500～1000	1000～2000	2000～3500
软岩	400～750	750～1600	1600～2500
极软岩	300～550	550～1000	1000～1600

注：1. 除风化情况外，尚需结合岩体裂隙、节理、夹层及均匀性综合取值；
　　2. 对于微风化坚硬岩，其承载力如取用大于 4000kPa 时，应由试验确定；
　　3. 对于强风化的岩石，当与残积土难于区分时，可按土考虑。

碎石土承载力特征值（单位：kPa）　　　　表 6.4-147

土的名称	密实度		
	稍密	中密	密实
卵石	300～500	500～800	800～1000
碎石	250～400	400～700	700～900
圆砾	200～300	300～500	500～700
角砾	200～250	250～400	400～600

注：1. 表中数值适用于骨架颗粒空隙全部为中砂、粗砂或硬塑、坚硬状态的黏性土或稍湿的粉土所填充；
　　2. 当粗颗粒为中等风化或强风化时，可按其风化程度适当降低承载力，当颗粒间呈半胶结状时，可适当提高承载力。

碎石土承载力特征值（单位：kPa）　　　　表 6.4-148

土的名称		密实度		
		稍密	中密	密实
砾砂、粗砂、中砂		160～240	240～340	>340
细砂、粉砂	稍湿	120～160	160～220	>220
	很湿		120～160	>160

（3）根据室内物理、力学指标平均值确定地基承载力特征值时，应符合表表 6.4-149～表 6.4-157 的规定。

黏性土承载力特征值 f_{ak}（单位：kPa）　　　　表 6.4-149

孔隙比 e	液性指数 I_L					
	0	0.25	0.50	0.75	1.0	1.20
0.5	380	340	310	280	(250)	—
0.6	300	270	250	230	210	
0.7	250	220	200	180	160	(135)
0.8	220	200	180	160	140	(120)

续表

孔隙比e	液性指数I_L					
	0	0.25	0.50	0.75	1.0	1.20
0.9	190	170	150	130	110	（100）
1.0	180	140	120	110	100	（90）
1.1	—	130	110	100	90	80

注：1. 在湖、塘、沟、谷与河漫滩地段新近沉积的黏性土，其工程性质一般较差；第四纪更新世沉积的老黏性土，其工程性质通常较好；这些土均应根据当地实践经验取值；
　　2. 有括号者仅供内插用。

粉土承载力特征值 f_{ak}（单位：kPa）　　　　　表 6.4-150

天然孔隙比e	天然含水率ω/%			
	20	25	30	35
0.6	（260）	（240）	—	—
0.7	200	190	（160）	—
0.8	160	150	130	—
0.9	130	120	100	（90）
1.0	110	100	90	（80）
1.1	100	90	80	（70）

注：1. 在湖、塘、沟、谷与河漫滩地段，新近沉积的粉土，其工程性质一般较差，应根据当地经验取值；
　　2. 有括号者仅供内插用。

膨胀岩土承载力特征值 f_{ak}（单位：kPa）　　　　　表 6.4-151

含水比α_w	孔隙比e		
	0.6	0.9	1.1
< 0.5	350	280	200
0.5～0.6	300	220	170
0.6～0.7	250	200	150

注：1. 含水比为天然含水率与液限比值；
　　2. 此表适用于基坑开挖时土的天然含水率等于或小于勘察取土试验时土的天然含水率。

红黏土承载力特征值 f_{ak}（单位：kPa）　　　　　表 6.4-152

土的名称	含水比α_w 液塑比I_r	0.5	0.6	0.7	0.8	0.9	1.0
红黏土	≤ 1.7	350	260	210	170	130	110
	≥ 2.3	260	190	160	120	100	80
次生红黏土		230	180	150	120	100	80

淤泥和淤泥质土承载力特征值 f_{ak}（单位：kPa）　　　　　表 6.4-153

天然含水率ω/%	36	40	45	50	55	65	75
f_{ak}/kPa	70	65	60	55	50	40	30

注：1. 本表只适用于一般工程，应同时进行地基变形验算；缺乏经验地区，必须有可靠的试验对比或实际工程验证；
　　2. ω为原状土的天然含水率。

素填土承载力特征值 f_{ak}（单位：kPa）　　　　　　　表 6.4-154

压缩模量$E_{s1\text{-}2}$/MPa	7	5	4	3	2
f_{ak}/kPa	130	110	90	70	50

注：本表仅适用于堆填时间超过 10 年的黏性土，以及超过 5 年的粉土。

粗粒混合土承载力特征值 f_{ak}（单位：kPa）　　　　　表 6.4-155

干密度/（g/cm³）	1.6	1.7	1.8	1.9	2.0	2.1	2.2
f_{ak}/kPa	170	200	240	300	380	480	620

细粒混合土承载力特征值 f_{ak}（单位：kPa）　　　　　表 6.4-156

孔隙比e	0.65	0.60	0.55	0.50	0.45	0.40	0.35	0.30
f_{ak}/kPa	190	200	210	230	250	270	320	400

花岗岩残积土承载力特征值 f_{ak}（单位：kPa）　　　　表 6.4-157

孔隙比e	天然含水率ω/%											
	砾质黏性土				砂质黏性土				黏性土			
	< 10	20	30	40	< 10	20	30	40	< 10	20	30	40
0.6	450	400	（350）	—	400	350	300	（250）	—	—	—	—
0.8	400	350	300	—	350	300	250	（200）	（300）	—	—	—
1.0	350	300	250	（200）	300	250	200	（150）	250	200	—	—
1.1	300	250	200	150	250	200	150	（100）	200	160	（140）	—
1.4	—	—	—	—	—	—	—	—	160	140	120	（100）

注：括号的数值为提供内插时使用。

（4）根据标准贯入试验锤击数 N、轻便触探试验锤击数 N_{10}、重型圆锥动力触探试验锤击数 $N_{63.5}$ 和超重型圆锥动力触探试验锤击数 N_{120} 的标准值确定地基承载力特征值时，应符合表 6.4-158～表 6.4-167 的规定，对实测试验的锤击数应进行修正。

黏性土承载力特征值 f_{ak}（单位：kPa）　　　　　　　表 6.4-158

N	3	5	7	9	11	13	15	17	19	21	23
f_{ak}/kPa	105	145	190	220	295	326	370	430	515	600	680

黏性土承载力特征值 f_{ak}（单位：kPa）　　　　　　　表 6.4-159

N_{10}	15	20	25	30
f_{ak}/kPa	100	130	150	180

粉土承载力特征值 f_{ak}（单位：kPa）　　　　　　　　表 6.4-160

N	3	4	5	6	7	8	9	10	11	12	13	14	15
f_{ak}/kPa	105	125	145	165	185	205	225	245	265	285	305	325	345

砂土承载力特征值 f_{ak}（单位：kPa）　　表 6.4-161

土的名称	N								
	10	15	20	25	30	35	40	45	50
中砂、粗砂、砾砂	180	250	280	310	340	380	420	460	500
粉砂、细砂	140	180	200	230	250	270	290	310	340

砂土承载力特征值 f_{ak}（单位：kPa）　　表 6.4-162

土的名称	$N_{63.5}$							
	3	4	5	6	7	8	9	10
中砂、粗砂、砾砂	120	160	200	240	280	320	360	400
粉砂、细砂	75	100	125	150	175	200	225	250

碎石土承载力特征值 f_{ak}（单位：kPa）　　表 6.4-163

f_{ak}/kPa	$N_{63.5}$													
	3	4	5	6	7	8	9	10	11	12	13	14	16	18
	140	170	200	240	280	320	360	400	440	480	510	540	600	680

碎石土承载力特征值 f_{ak}（单位：kPa）　　表 6.4-164

f_{ak}/kPa	N_{120}												
	3	4	5	6	7	8	9	10	12	14	16	18	20
	270	350	430	500	580	670	750	820	900	975	1020	1070	1100

黏性素填土承载力特征值 f_{ak}（单位：kPa）　　表 6.4-165

N_{10}	10	20	30	40
f_{ak}/kPa	80	110	130	150

杂填土承载力特征值 f_{ak}（单位：kPa）　　表 6.4-166

$N_{63.5}$	1	2	3	4
f_{ak}/kPa	40	80	120	160

花岗岩残积土承载力特征值 f_{ak}（单位：kPa）　　表 6.4-167

土的名称	N				
	4	10	15	20	30
砾质黏性土	（100）	250	300	350	（400）
砂质黏性土	（80）	200	250	300	（350）
黏性土	150	200	240	（270）	—

注：1. 括号内数字仅供内插用；
　　2. N 按修正后锤击数平均值进行查表。

4.4　根据载荷试验确定地基承载力

地基承载力特征值可由载荷试验或其他原位测试、公式计算，并结合工程实践经验等方法综合确定。前文已介绍了通过公式计算地基承载力、通过土工试验及原位测试数据查表确定地基承载力等方法，本节将对根据载荷试验确定地基承载力的相关内容进行介绍。

4.4.1　地基变形的发展

由地基的载荷试验曲线（$p\text{-}s$曲线）中可见，从开始承受荷载到破坏，在荷载作用下地基变形的发展可分为三个阶段，即压密阶段，局部剪切阶段和破坏阶段。

1. 压密阶段（直线变形阶段）

相应于图 6.4-4 中$p\text{-}s$曲线上的Oa段，接近于直线关系。此阶段地基中各点的剪应力，小于地基土的抗剪强度，地基处于稳定状态。地基仅有小量的压缩变形，主要是土颗粒互相挤紧、土体压缩的结果。所以此变形阶段又称压密阶段。

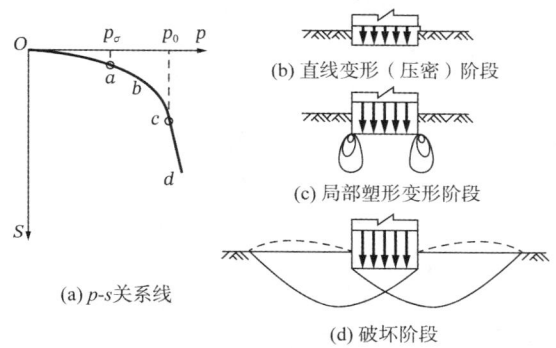

图 6.4-4　载荷试验曲线

2. 局部塑性变形阶段

相应于图 6.4-4 中$p\text{-}s$曲线上的abc段。在此阶段中，变形的速率随荷载的增加而增大，$p\text{-}s$关系线是下弯的曲线。其原因是在地基的局部区域内，发生了剪切破坏［图 6.4-4（c）］。这样的区域称塑性变形区。随着荷载的增加，地基中塑性变形区的范围逐渐向整体剪切破坏扩展。所以这一阶段是地基由稳定状态向不稳定状态发展的过渡性阶段。

3. 破坏阶段

相应于图 6.4-4 中$p\text{-}s$曲线上的cd段。当荷载增加到某一极限值时，地基变形突然增大。说明地基中的塑性变形区，已经发展到形成与地面贯通的连续滑动面。地基土向基础的一侧或两侧挤出，地面隆起，地基整体失稳，基础也随之突然下陷。

从以上地基破坏过程的分析中可以看出，在地基变形过程中，作用在它上面的荷载有两个特征值：一是地基中开始出现塑性变形区的荷载，称临塑荷载p_{cr}；另一个是使地基剪切破坏，失去整体稳定的荷载，称极限荷载p_u。显然，以极限荷载作为地基的承载力是不安全的，而将临塑荷载作为地基的承载力，又过于保守。地基的容许承载力，应该是小于极限荷载，而稍大于临塑荷载。

4.4.2　通过 $p\text{-}s$ 曲线确定地基承载力

1. 国家标准《建筑地基基础设计规范》GB 50007—2011 对于如何根据平板载荷试验的$p\text{-}s$曲线确定地基承载力特征值给出了相关规定。

地基土浅层平板载荷试验适用于确定浅部地基土层的承压板下应力主要影响范围内的

承载力和变形参数，承压板面积不应小于 0.25m²，对于软土不应小于 0.50m²。

试验基坑宽度不应小于承压板宽度或直径的三倍，应保持试验土层的原状结构和天然湿度。宜在拟试压表面用粗砂或中砂层找平，其厚度不应超过 20mm。

加载分级不应少于 8 级，最大加载量不应小于设计要求的两倍。每级加载后，按间隔 10min、10min、10min、15min、15min，以后每隔半小时测读一次沉降量，当在连续两小时内，每小时的沉降量小于 0.1mm 时，则认为已趋稳定，可加下一级荷载。

当出现下列情况之一时，即可终止加载：

（1）承压板周围的土明显地侧向挤出；

（2）沉降 s 急骤增大，荷载-沉降（p-s）曲线出现陡降段；

（3）在某一级荷载下，24h 内沉降速率不能达到稳定标准；

（4）沉降量与承压板宽度或直径之比大于或等于 0.06。

当满足上述前三款的情况之一时，其对应的前一级荷载为极限荷载。而承载力特征值的确定应符合下列规定：

（1）当 p-s 曲线上有比例界限时，取该比例界限所对应的荷载值；

（2）当极限荷载小于对应比例界限的荷载值的 2 倍时，取极限荷载值的一半；

（3）当不能按上述两项要求确定时，当压板面积为 0.25～0.50m²，可取 s/b = 0.01～0.015 所对应的荷载，但其值不应大于最大加载量的一半。

（4）同一土层参加统计的试验点不应少于三点，各试验实测值的极差不得超过其平均值的 30%，取此平均值作为该土层的地基承载力特征值（f_{ak}）。

《北京地区建筑地基基础勘察设计规范》DBJ 11—501—2009（2016 年版）对载荷试验的终止条件及承载力特征值的确定方法与上述规定基本相同，但上海及广东等地的地方规范规定则有所不同。

2. 上海市《地基基础设计标准》DGJ 08—11—2018 规定，天然地基静载荷试验应加载至地基破坏。当出现下列情况之一时，即可终止加载：

1）沉降量急剧增大，土被挤出或压板周围出现明显裂缝；

2）累计沉降量已大于载荷板宽度（或直径）的 10%；

3）在某级荷载作用下载荷板的沉降量大于前一级的 2 倍，并经 24h 尚未稳定，同时累计沉降量达到载荷板宽度（或直径）的 7%以上。

天然地基静载荷试验极限承载力的确定应符合下列规定：

1）在 p-s 曲线上取明显陡降段的起始点所对应的荷载；

2）在 s-$\lg t$ 曲线上取曲线尾部明显向下弯折的前一级所对应的荷载；

3）按累计沉降量确定，取 s/b 或 s/d（b 为板的宽度，d 为板的直径）等于 0.07 所对应的荷载；

4）同一土层参加统计的试验点不应少于 3 点，地基极限承载力统计值按照下列规定确定。

（1）静载荷试验结果统计：

①首先按照天然地基静载荷试验的要求，确定 n 个正常条件下极限承载力实测值 R_i；

②计算 n 个静载荷试验实测极限承载力平均值 R_m 及小值平均值 R'_m；

$$R_{\mathrm{m}} = \frac{1}{n}\sum_{i=1}^{n} R_i \tag{6.4-63}$$

$$R_{\mathrm{m}}' = \frac{R_{\mathrm{m}} + R_{\min}}{2} \tag{6.4-64}$$

式中：$R_{\min}$——实测值的最小值。

③按下式计算标准差S_{x}及变异系数C_{x}：

$$S_{\mathrm{x}} = \frac{\sqrt{\sum\limits_{i=1}^{n} R_i^{\,2} - n R_{\mathrm{m}}^{\,2}}}{n - 1} \tag{6.4-65}$$

$$C_{\mathrm{x}} = \frac{S_{\mathrm{x}}}{R_{\mathrm{m}}} \tag{6.4-66}$$

（2）当多组静载荷试验结果差异较大（$C_{\mathrm{x}} > 0.17$）时，应分析差异过大的原因并结合工程具体情况进行综合评价；必要时，将试验结果异常的试验数量加倍进行扩大抽检，并对试验结果进行重新统计。

（3）对于正常试验情况，静载荷试验极限承载力试验统计值R_{kt}可按下式计算：

$$R_{\mathrm{kt}} = R_{\mathrm{m}}[1 - \xi(C_{\mathrm{x}} - 0.17)] \tag{6.4-67}$$

式中：R_{kt}——单桩极限承载力试验统计值（kN），当$R_{\mathrm{kt}} < R_{\mathrm{m}}'$时，取$R_{\mathrm{kt}} = R_{\mathrm{m}}'$；

$\quad\quad\ C_{\mathrm{x}}$——变异系数，当$C_{\mathrm{x}} < 0.17$时，取$C_{\mathrm{x}} = 0.17$；

$\quad\quad\ \xi$——与试验有关的系数，由表 6.4-168 查得。

系数 ξ 与试验数量的关系　　　　　　　　　　　表 6.4-168

试验数	3	4	5	6	7	8	9	10
ξ	1.67	1.20	0.95	0.82	0.73	0.67	0.62	0.58

3. 广东省地方标准《建筑地基基础设计规范》DBJ 15—31—2016 对通过浅层平板载荷试验确定地基承载力特征值给出了如下规定。

当出现下列情况之一时，即可终止加载：

（1）承压板周围的土明显地侧向挤出；

（2）沉降s急骤增大，荷载-沉降（p-s）曲线出现陡降段；

（3）在某一级荷载下，24h 内沉降速率不能达到稳定标准；

（4）当$s/b \geqslant 0.06$（b为承压板宽度或直径）。

（5）加载至最大试验荷载，承压板沉降速率达到相对稳定标准。

当满足前三种情况之一时，其对应的前一级荷载可定为极限荷载。

试验点的承载力特征值可按下列规定确定：

（1）当p-s曲线上有明显的比例界限时，取该比例界限所对应的荷载值。

（2）当极限荷载能确定，且该值小于对应比例界限的荷载值的 2 倍时，取极限荷载值的一半。

（3）不能按上述两项确定时，如压板面积为 0.25～0.5m²，可取$s/b = 0.015～0.02$所对应的荷载（低压缩性土取低值，高压缩性土取高值），但其值不应大于最大加载量的一半。

（4）出现上述"终止加载第（5）项"情况，且p-s曲线无法确定比例界限，承载力又没达到极限时，取最大试验荷载的一半所对应的荷载值。

同一土层参加统计的试验点不应少于三点，各试验实测值的极差不超过其平均值的30%时，可取此平均值作为该土层的地基承载力特征值（f_{ak}）。极差超过其平均值的 30%时，应分析原因，增加试验点数，重新评定地基承载力特征值或取最小值作为地基承载力特征值。

4. 天津市地方标准《天津市岩土工程技术规范》DB/T 29—20—2017 对通过浅层平板载荷试验确定地基承载力特征值给出了如下规定。

当出现下列现象之一时可终止试验：

（1）沉降急剧增大，土被挤出或承压板周围出现明显的隆起；

（2）天然地基、换填地基的$s/b \geqslant 0.06$（s为沉降量，b为载荷板宽度或直径）；

（3）当达不到极限荷载，而最大加载压力已大过设计要求地基承载力的 2 倍；

（4）在某级荷载作用下，24h 沉降速率不能达到稳定标准。

天然地基承载力特征值的确定：

（1）当p-s曲线上有明确的比例界限时，取该比例界限所对应的荷载值；

（2）当极限荷载能确定，且该值小于比例界限的荷载值的 1.5 倍时，取极限荷载值的一半；

（3）不能按照上述两项确定时，如压板面积为 0.25～0.5m²，可取$s/b = 0.01～0.015$所对应的荷载（低压缩性土取低值，高压缩性土取高值）。

天然地基的同一土层的试验点数量不应少于 3 点，当满足其极差不超过平均值的 30%时，可取其平均值为地基承载力特征值；当极差超过 30%时，应查明原因，必要时宜增加试验点数。

参考文献

[1] 林宗元. 简明岩土工程勘察设计手册[M]. 北京: 中国建筑工业出版社, 2003.

[2] 《工程地质手册》编委会. 工程地质手册[M]. 5 版. 北京: 中国建筑工业出版社, 2018.

[3] 郭继武. 地基基础设计简明手册[M]. 北京: 机械工业出版社, 2007.

[4] 顾慰慈. 建筑地基计算原理与实例[M]. 北京: 机械工业出版社, 2010.

[5] 中华人民共和国住房和城乡建设部. 建筑地基基础设计规范: GBJ 7—89[S]. 北京: 中国建筑工业出版社, 1989.

[6] 中华人民共和国住房和城乡建设部. 建筑地基基础设计规范: GB 50007—2011[S]. 北京: 中国建筑工业出版社, 2012.

[7] 中华人民共和国交通运输部. 公路桥涵地基与基础设计规范: JTG 3363—2019[S]. 北京: 人民交通出版社股份有限公司, 2019.

[8] 国家铁路局. 铁路桥涵地基和基础设计规范: TB 10093—2017[S]. 北京: 中国铁道出版社, 2017.

[9] 中华人民共和国交通运输部. 水运工程地基设计规范: JTS 147—2017[S]. 北京: 人民交通出版社股份有限公司, 2018.

[10] 北京市规划委员会. 北京地区建筑地基基础勘察设计规范 (2016 年版): DBJ 11—501—2009[S]. 北京: 2017.

[11] 天津市城乡建设委员会. 天津市岩土工程技术规范: DB/T 29—20—2017[S]. 天津: 2017.

[12] 河北省建设厅. 河北省建筑地基承载力技术规程 (试行): DB 13(J)/T 48—2005[S]. 石家庄: 2005.

[13] 吉林省住房和城乡建设厅. 岩土工程勘察技术规程: DB 22/JT 147—2015[S]. 长春: 吉林人民出版社, 2015.

[14] 辽宁省住房和城乡建设厅. 建筑地基基础技术规范: DB 21/T 907—2015[S]. 沈阳: 辽宁科学技术出版社, 2015.

[15] 上海市住房和城乡建设管理委员会. 地基基础设计标准: DGJ 08—11—2018[S]. 上海: 同济大学出版社, 2019.

[16] 四川省质量技术监督局. 成都地区建筑地基基础设计规范: DB 51/T 5026—2001[S]. 成都: 2001.

[17] 湖北省质量技术监督局. 建筑地基基础技术规范: DB 42/242—2014[S]. 湖北: 2014.

[18]　甘肃省住房和城乡建设厅. 岩土工程勘察规范: DB 62/T 25—3063—2012[S]. 兰州: 2012.

[19]　宁夏回族自治区住房和城乡建设厅. 岩土工程勘察标准: DB 64/T 1646—2019[S]. 宁夏: 2019.

[20]　广东省住房和城乡建设厅. 建筑地基基础设计规范: DBJ 15—31—2016[S]. 北京: 中国建筑工业出版社, 2016.

[21]　广西壮族自治区住房和城乡建设厅. 广西壮族自治区岩土工程勘察规范: DBJ/T 45—066—2018[S]. 广西: 2018.

[22]　中华人民共和国交通运输部. 码头结构设计规范: JTS 167—2018[S]. 北京: 人民交通出版社股份有限公司, 2018.

第 5 章　地基变形与基础沉降

5.1　规范规定的建筑地基变形值

5.1.1　《建筑地基基础设计规范》GB 50007—2011 的规定

1. 地基基础设计等级

根据地基复杂程度、建筑物规模和功能特征以及由于地基问题可能造成建筑物破坏或影响正常使用的程度分为三个设计等级（表 6.5-1）。

地基基础设计等级　　　　　　　　　　　　　　表 6.5-1

设计等级	建筑和地基类型
甲级	重要的工业与民用建筑物 30 层以上的高层建筑 体型复杂，层数相差超过 10 层的高低层连成一体建筑物 大面积的多层地下建筑物（如地下车库、商场、运动场等） 对地基变形有特殊要求的建筑物 复杂地质条件下的坡上建筑物（包括高边坡） 对原有工程影响较大的新建建筑物 场地和地基条件复杂的一般建筑物 位于复杂地质条件及软土地区的二层及二层以上地下室的基坑工程 开挖深度大于 15m 的基坑工程 周边环境条件复杂、环境保护要求高的基坑工程
乙级	除甲级、丙级以外的工业与民用建筑物除甲级、丙级以外的基坑工程
丙级	场地和地基条件简单、荷载分布均匀的七层及七层以下民用建筑及一般工业建筑；次要的轻型建筑物 非软土地区且场地地质条件简单、基坑周边环境条件简单、环境保护要求不高且开挖深度小于 5.0m 的基坑工程

2. 需验算地基变形的建筑物范围

根据建筑物地基基础设计等级及长期荷载作用下地基变形对上部结构的影响程度，需验算地基变形的建筑物应符合下列规定：

1）设计等级为甲级、乙级的建筑物，均应按地基变形设计；

2）表 6.5-2 所列范围内设计等级为丙级的建筑物可不作变形验算，如有下列情况之一时，仍应作变形验算：

（1）地基承载力特征值小于 130kPa，且体型复杂的建筑；

（2）在基础上及其附近有地面堆载或相邻基础荷载差异较大，可能引起地基产生过大的不均匀沉降时；

（3）软弱地基上的建筑物存在偏心荷载时；

（4）相邻建筑距离过近，可能发生倾斜时；

（5）地基内有厚度较大或厚薄不均的填土，其自重固结未完成时。

可不作地基变形计算的设计等级为丙级的建筑物范围　　　　表 6.5-2

地基主要受力层情况	地基承载力特征值 f_{ak}/kPa			$80 \leqslant f_{ak} < 100$	$100 \leqslant f_{ak} < 130$	$130 \leqslant f_{ak} < 160$	$160 \leqslant f_{ak} < 200$	$200 \leqslant f_{ak} < 300$
	各土层坡度/%			$\leqslant 5$	$\leqslant 10$	$\leqslant 10$	$\leqslant 10$	$\leqslant 10$
建筑类型	砌体承重结构、框架结构（层数）			$\leqslant 5$	$\leqslant 5$	$\leqslant 6$	$\leqslant 6$	$\leqslant 7$
	单层排架结构（6m 柱距）	单跨	吊车额定起重量/t	10～15	15～20	20～30	30～50	50～100
			厂房跨度/m	$\leqslant 18$	$\leqslant 24$	$\leqslant 30$	$\leqslant 30$	$\leqslant 30$
		多跨	吊车额定起重量/t	5～10	10～15	15～20	20～30	30～75
			厂房跨度/m	$\leqslant 18$	$\leqslant 24$	$\leqslant 30$	$\leqslant 30$	$\leqslant 30$
	烟囱	高度/m		$\leqslant 40$	$\leqslant 50$	$\leqslant 75$		$\leqslant 100$
	水塔	高度/m		$\leqslant 20$	$\leqslant 30$	$\leqslant 30$		$\leqslant 30$
		容积/m³		50～100	100～200	200～300	300～500	500～1000

注：1. 地基主要受力层系指条形基础底面下深度为 3b（b 为基础底面宽度），独立基础下为 1.5b，且厚度均不小于 5m 的范围（二层以下一般的民用建筑除外）；

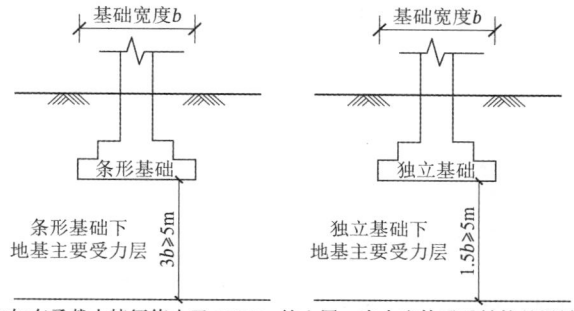

2. 地基主要受力层中如有承载力特征值小于 130kPa 的土层，表中砌体承重结构的设计，应符合有关要求；
3. 表中砌体承重结构和框架结构均指民用建筑，对于工业建筑可按厂房高度、荷载情况折合成与其相当的民用建筑层数；
4. 表中吊车额定起重量、烟囱高度和水塔容积的数值指最大值。

3. 建筑物地基变形允许值（表 6.5-3）

建筑物的地基变形允许值　　　　表 6.5-3

变形特征		具体内容	中、低压缩性土	高压缩性土
局部倾斜　$l=6～10m$　$\tan \theta' = \dfrac{s_1 - s_2}{l}$		砌体承重结构基础	0.002	0.003
沉降差/mm		框架结构	$0.002l$	$0.003l$
	工业与民用建筑相邻柱基的沉降差	砌体墙填充的边排柱	$0.0007l$	$0.001l$
		当基础不均匀沉降时不产生附加应力的结构	$0.005l$	$0.005l$
	单层排架结构（柱距为6m）柱基的沉降量（mm）	$0.002 \times 6\,m = 12mm$	（12）仅适用中压缩性土	200

续表

变形特征	具体内容		中、低压缩性土	高压缩性土
倾斜	桥式吊车轨面的倾斜（按不调整轨道考虑）	纵向	0.004	
		横向	0.003	
	多层和高层建筑的整体倾斜	$H_g \leqslant 24$	0.004	
		$24 < H_g \leqslant 60$	0.003	
		$60 < H_g \leqslant 100$	0.0025	
		$H_g > 100$	0.002	
	高耸结构基础	$H_g \leqslant 20$	0.008	
		$20 < H_g \leqslant 50$	0.006	
		$50 < H_g \leqslant 100$	0.005	
		$100 < H_g \leqslant 150$	0.004	
		$150 < H_g \leqslant 200$	0.003	
		$H_g \leqslant 100$	400	
		$100 < H_g \leqslant 200$	300	
		$200 < H_g \leqslant 250$	200	
平均沉降量/mm	体型简单的高层建筑基础的平均沉降量/mm		200	

倾斜示意图：

$\tan \theta = \dfrac{s_1 - s_2}{b}$

沉降量/mm

注：1. 本表数值为建筑物地基实际最终变形允许值；
   2. 有括号者仅适用于中压缩性土；
   3. l 为相邻柱基的中心距离（mm），H_g 为自室外地面起算的建筑物高度（m）；
   4. 倾斜指基础倾斜方向两端点的沉降差与其距离的比值；
   5. 局部倾斜指砌体承重结构纵向 6～10m 内基础两点的沉降差与其距离的比值。

5.1.2 上海等地方性地基基础设计规范的规定

本节内容可以扫二维码 M6.5-1 阅读。

M6.5-1

5.2 沉降变形计算

5.2.1 三大地基模型

本节内容可以扫二维码 M6.5-2 阅读。

M6.5-2

5.2.2 沉降计算方法

1. 分层总和法

（1）计算地基变形时，地基内的应力布，可采用各向同性均质线性变形体理论。其最终变形量可按下式进行计算：

$$s = \psi_s s' = \psi_s \sum_{i=1}^{n} \frac{p_0}{E_{si}} (z_i \overline{\alpha}_i - z_{i-1} \overline{\alpha}_{i-1}) \tag{6.5-1}$$

式中： s——地基最终变形量（mm）；

s'——按分层总和法计算出的地基变形量（mm）；

ψ_s——沉降计算经验系数，根据地区沉降观测资料及经验确定，无地区经验时可根据变形计算深度范围内压缩模量的当量值（$\overline{E}_s$）、基底附加压力按表 6.5-4 取值；

n——地基变形计算深度范围内所划分的土层数（图 6.5-1）；

p_0——相应于作用的准永久组合时基础底面处的附加压力（kPa）；

E_{si}——基础底面下第 i 层土的压缩模量（MPa），应取土的自重压力至土的自重压力与附加压力之和的压力段计算；

z_i、z_{i-1}——基础底面至第 i 层土、第 $i-1$ 层土底面的距离（m）；

$\overline{\alpha}_i$、$\overline{\alpha}_{i-1}$——基础底面计算点至第 i 层土、第 $i-1$ 层土底面范围内平均附加应力系数，可按表 6.5-12 采用。

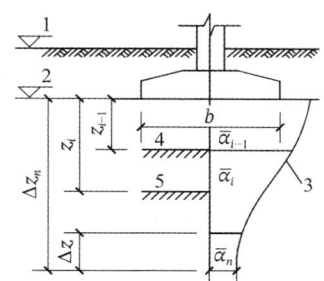

1—天然地面标高；2—基底标高；3—平均附加应力系数 $\overline{\alpha}$ 曲线；4—$i-1$ 层；5—i 层

图 6.5-1 基础沉降计算的分层示意

沉降计算经验系数 ψ_s　　　　　　　　　　表 6.5-4

基底附加压力	$\overline{E}_s$/MPa				
	2.5	5.0	7.0	15.0	20.0
$p_0 \geqslant f_{ak}$	1.4	1.3	1.0	0.4	0.2
$p_0 \leqslant 0.75 f_{ak}$	1.1	1.0	0.7	0.4	0.2

（2）地基变形计算深度 z_n（图 6.5-1），应符合式(6.5-1)的规定。当计算深度下部仍有较软土层时，应继续计算：

$$\Delta s'_n \leqslant 0.025 \sum_{i=1}^{n} \Delta s'_i \tag{6.5-2}$$

式中： $\Delta s'_i$——在计算深度范围内，第 i 层土的计算变形值（mm）；

$\Delta s'_n$——在由计算深度向上取厚度为 Δz 的土层计算变形值（mm），Δz 见图 6.5-1 并按表 6.5-5 确定。

		Δz		<div align="right">表 6.5-5</div>
b/m	$b \leqslant 2$	$2 < b \leqslant 4$	$4 < b \leqslant 8$	$b > 8$
$\Delta z/\text{m}$	0.3	0.6	0.8	1.0

【算例】设基础底面处的平均压力 $p_k = 180\text{kPa}$，基础埋深 1.50m，基础平面和各层土的压缩模量如图 6.5-2 所示，求基础 Ⅰ 的最终沉降量。

基础底面处土的自重压力：

$$p_c = 1.5 \times 18 = 27\text{kPa}$$

基础底面处的附加压力 $p_0 = p_k - p_c = 180 - 27 = 153\text{kPa}$

从图 6.5-2 可知基础 Ⅰ 底面中点至第 i 层底面范围内的平均附加应力系数 $\overline{\alpha}_i$ 由两部分组成，即：

$$\overline{\alpha}_i = \overline{\alpha}_{\text{Ⅰ}i} + \overline{\alpha}_{\text{Ⅱ}i}$$

$$\overline{\alpha}_{\text{Ⅰ}i} = 4\overline{\alpha}_{\text{oaed}}$$

$$\overline{\alpha}_{\text{Ⅱ}i} = 2(\overline{\alpha}_{\text{ocgd}} - \overline{\alpha}_{\text{obfd}})$$

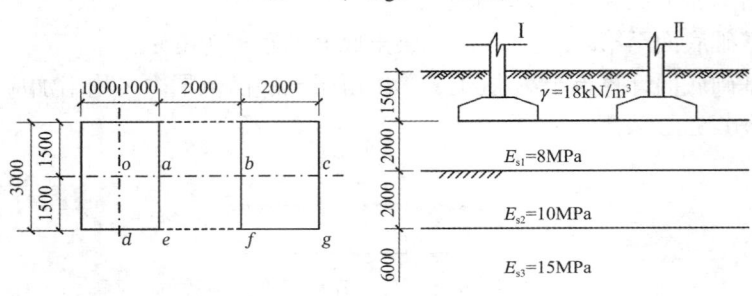

图 6.5-2 基础平面和基底下土层示意

式中： $\overline{\alpha}_{\text{Ⅰ}i}$——基础 Ⅰ 底面中点至第 i 层底面范围内，由基础 Ⅰ 荷载作用产生的平均附加应力系数；

$\overline{\alpha}_{\text{Ⅱ}i}$——基础 Ⅰ 底面中点至第 i 层底面范围内，由基础 Ⅱ 荷载影响产生的平均附加应力系数；

$\overline{\alpha}_{\text{oaed}}$——基础 Ⅰ 底面中点至第 i 层底面范围内，由于作用在矩形 $oaed$ 面积上的荷载所产生的平均附加应力系数，本节表 6.5-13 中查得；

$\overline{\alpha}_{\text{ocgd}}$——基础 Ⅰ 底面中点至第 i 层底面范围内，由于作用在矩形 $ocgd$ 面积上的荷载所产生的平均附加应力系数，本节表 6.5-13 中查得；

$\overline{\alpha}_{\text{obfd}}$——基础 Ⅰ 底面中点至第 i 层底面范围内，由于作用在矩形 $obfd$ 面积上的荷载所产生的平均附加应力系数，本节表 6.5-13 中查得。

2. 斯肯普顿-比伦法

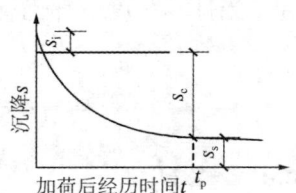

图 6.5-3 地基表面某点总沉降量的三个分量示意图

根据对黏性土地基在外荷载作用下，实际变形发展的观察和分析，可以认为地基土的总沉降量 s 是由三个分量组成（图 6.5-3），即 $s = s_i + s_c + s_s$。

式中： s_i——瞬时沉降（初始沉降）；

s_c——固结沉降（主固结沉降）；

s_s——次固结沉降。

此分析方法是斯肯普顿地基沉降的三分量示意图和

比伦提出的比较全面计算总沉降量的方法，称为计算地基最终沉降量的变形发展三分法，也称斯肯普顿-比伦法。

1）初始沉降（瞬时沉降）

有限范围的外荷载作用下地基由于发生侧向位移（剪切变形）引起的瞬时沉降，是紧随着加压之后地基即时发生的沉降，地基土在外荷载作用下其体积还来不及发生变化，主要是地基土的畸曲变形，也称畸变沉降、初始沉降或不排水沉降。

斯肯普顿提出黏性土层初始不排水变形所引起的瞬时沉降可用弹性力学公式进行计算，饱和的和接近饱和的黏性土在受到中等的应力增量的作用时，整个土层的弹性模量可近似地假定为常数。而无黏性土的弹性模量明显地与其侧限条件有关，线性弹性理论的假设已不适用。通常用有限元法等数值解法，对土层内采用相应于各点应力大小的弹性模量进行分析，即无黏性土的弹性模量是根据介质内各点的应力水平而确定的。

（1）对正常固结黏土的初始沉降量可按最终沉降量 15% 估计；

（2）当地基表面有集中荷载 P 作用时，半无限弹性地基在地面距荷载作用点距离 r 处的地面沉降；

（3）圆形矩形均布荷载柔性基础下的初始沉降弹性半空间表面任意点处的矩形或圆形基础在均布荷载 P 作用下的初始沉降；

（4）考虑地基有限厚度和基础埋深的瞬时沉降当压缩厚度为 H、基础埋深为 D 时，基础的平均瞬时沉降计算：

$$s_{\mathrm{d}} = \mu_0 \mu_1 \frac{qB}{E} (\text{按} \upsilon = 0.5) \tag{6.5-3}$$

式中：μ_0——考虑基础埋深 D 的修正系数，见图 6.5-4；

$\qquad \mu_1$——为考虑地基压缩层 H 的修正系数，见图 6.5-4；

$\qquad E$——土的弹性模量，宜从三轴压缩试验反复加荷卸荷法测得，也可根据地基土的不排水抗剪强度估计，即按图 6.5-5 确定。

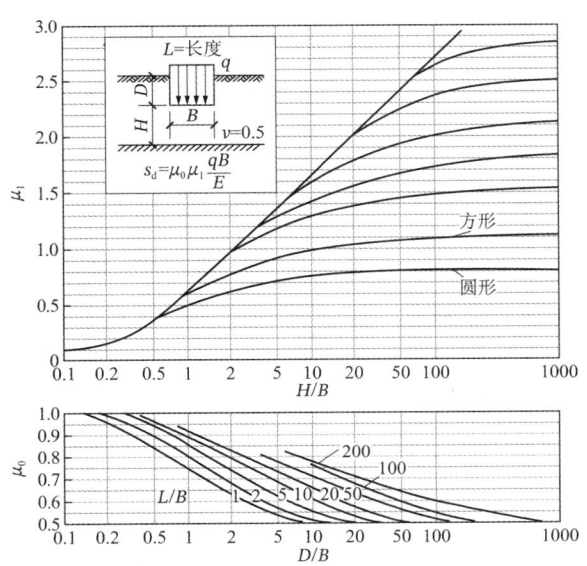

图 6.5-4 瞬时沉降的修正系数 μ_0 与 μ_1

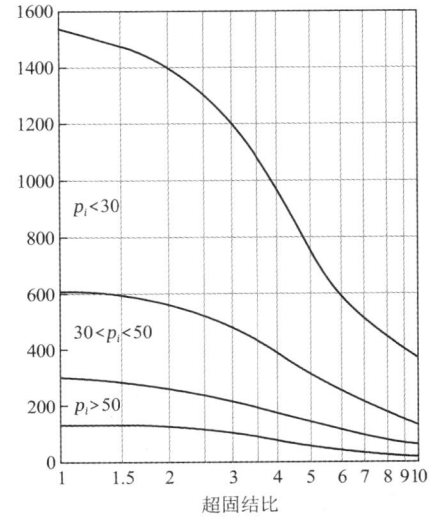

图 6.5-5 超固结比与 K 的关系（塑性指数，其液限由蝶式仪求得）

2）固结沉降（主固结沉降）

由于荷载作用下随着超孔隙水压力的消散、有效应力的增长而完成的。通常采用单向压缩分层总和法计算。由于超孔隙水压力逐渐向有效应力转化而发生的土渗透固结变形引起的，是地基变形的主要部分。

3）次固结沉降

次固结被认为与土的骨架蠕变有关，它是在超孔隙水压力已经消散、有效应力增长基本不变之后仍随时间而缓慢增长的压缩。在次压缩沉降过程中，土的体积变化速率与孔隙水从土中流出速率无关，即次压缩沉降的时间与土层厚度无关。

次固结沉降系指在恒值的有效应力下发生并随时间而变化的沉降量。在次固结沉降中，土的体积变化的速率并非由孔隙水从土中流出的速率所控制。因此，它并不取决于所考虑的土层的厚度。在大多数情况下，相对于主固结来说，次固结是次要的，但对极软弱的黏土如淤泥、淤泥质黏土尤其是含有机质时，或者当深厚的高压缩土层受到较小的压力增量比（压力增量比为新近施加的压力与土的原位有效应力之比）作用时，次固结沉降会成为总沉降量一个主要组成部分，为此应予估计。

次固结压缩系数 C_a 可由室内压缩试验求出，按半对数作图，当主固结完成后，次固结压缩的量值与时间之间的关系近似为一直线。

由次固结引起的沉降量按下式计算：

$$\Delta H_{sc} = C_a H \log \frac{t_{sc}}{t_p} \tag{6.5-4}$$

式中：　ΔH_{sc}——次固结沉降量；

　　　　　C_a——次固结压缩系数（表 6.5-6）；

　　　　　H——可压缩层的原始厚度；

　　　　　t_{sc}——包括次固结在内的整个计算时间；

　　　　　t_p——主固结完成的时间（相应于压缩曲线上主固结达到 100%的时间），可由图 6.5-6 确定。

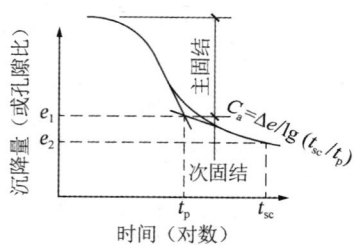

图 6.5-6　典型的时间-沉降曲线

次固结速率判定　　　　　　　　　　　　　　　　表 6.5-6

次固结系数 C_a	次固结性	次固结系数 C_a	次固结性
0.002	很低	0.016	高
0.004	低	0.032	很高
0.008	中等	0.064	极高

3. 公路总沉降计算方法（此内容可以扫二维码 M6.5-3 阅读）

M6.5-3

4. 应力历史法（此内容可以扫二维码 M6.5-4 阅读）

M6.5-4

5. 应力路径法（此内容可以扫二维码 M6.5-5 阅读）

M6.5-5

5.2.3　特殊情形下的沉降计算

1. 特殊性土地基变形计算

1）黄土地基变形性质及计算

（1）黄土地基的变形性质

湿陷性黄土地基变形包括压缩变形和湿陷变形。

湿陷性黄土在荷载作用下产生压缩变形，其大小取决于荷载的大小和土的压缩性。在天然湿度和天然结构情况下，一般近似线性变形。湿陷性黄土在外荷不变的条件下，由于浸水使土的结构连续被破坏（或软化）产生湿陷变形，其大小取决于浸水的作用压力和土的湿陷性，属于一种特殊的塑性变形。

湿陷性黄土在增湿时（含水率增大），其湿陷性降低，而压缩性增高。当达到饱和后，在荷载作用下土的湿陷性退化而全部转化为压缩性。

（2）黄土地基的压缩变形计算

①按《建筑地基基础设计规范》GB 50007—2011 公式计算

计算时，黄土地基的沉降计算经验系数 ψ_s 可按表 6.5-7 确定。

黄土地基沉降计算经验系数 ψ_s　　　　　　　　　　表 6.5-7

压缩模量当量值 $\overline{E}_s$/MPa	3.0	5.0	7.5	10.0	12.5	15.0	17.5	20.0
ψ_s	1.80	1.22	0.82	0.62	0.50	0.40	0.35	0.30

②按地基固结沉降公式计算

在一定程度上考虑了黄土的结构强度，按正常固结、超固结和欠固结三种情况分别用不同公式进行计算。

2）膨胀土地基变形特性及计算

（1）膨胀土地基变形量，可按下列变形特征分别计算（图 6.5-7）：

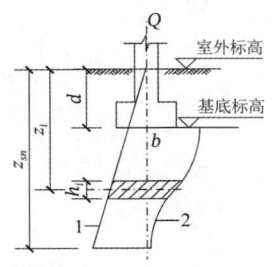

1—自重压力曲线；2—附加压力曲线

图 6.5-7 地基土的膨胀变形计算示意

①场地天然地表下 1m 处土的含水率等于或接近最小值或地面有覆盖且无蒸发可能，以及建筑物在使用期间，经常有水浸湿的地基，可按膨胀变形量计算；

②场地天然地表下 1m 处土的含水率大于 1.2 倍塑限含水率或直接受高温作用的地基，可按收缩变形量计算；

③其他情况下可按胀缩变形量计算。

（2）地基土的膨胀变形量应按下式计算：

$$s_e = \psi_e \sum_{i=1}^{n} \delta_{epi} \cdot h_i \tag{6.5-5}$$

式中：s_e——地基土的膨胀变形量（mm）；

ψ_e——计算膨胀变形量的经验系数，宜根据当地经验确定，无可依据经验时，三层及三层以下建筑物可采用 0.6；

δ_{epi}——基础底面下第 i 层土在平均自重压力与对应于荷载效应准永久组合时的平均附加压力之和作用下的膨胀率（用小数计），由室内试验确定；

h_i——第 i 层土的计算厚度（mm）；

n——基础底面至计算深度内所划分的土层数，膨胀变形计算深度 z_{sn} 应根据大气影响深度确定，有浸水可能时可按浸水影响深度确定。

（3）地基土的收缩变形量应按下式计算：

$$s_s = \psi_s \sum_{i=1}^{n} \lambda_{si} \cdot \Delta w_i \cdot h_i \tag{6.5-6}$$

式中：s_s——地基土的收缩变形量（mm）；

ψ_s——计算收缩变形量的经验系数，宜根据当地经验确定，无可依据经验时，三层及三层以下建筑物可采用 0.8；

λ_{si}——基础底面下第 i 层土的收缩系数，由室内试验确定；

Δw_i——地基土收缩过程中，第 i 层土可能发生的含水量变化平均值（以小数表示），按式(6.5-7)计算；

n——基础底面至计算深度内所划分的土层数，收缩变形计算深度 z_{sn} 应根据大气影响深度确定；当有热源影响时，可按热源影响深度确定；在计算深度内有稳定地下水位时，可计算至水位以上 3m。

（4）收缩变形计算深度内各土层的含水率变化值（图 6.5-8），应按下列公式计算。地表下 4m 深度内存在不透水基岩时，可假定含水率变化值为常数 [图 6.5-8（b）]：

$$\Delta w_i = \Delta w_1 - (\Delta w_1 - 0.01) \frac{z_i - 1}{z_{sn} - 1} \tag{6.5-7}$$

$$\Delta w_1 = w_1 - \psi_w w_p \tag{6.5-8}$$

式中：Δw_i——第 i 层土的含水率变化值（以小数表示）；

Δw_1——地表下 1m 处土的含水率变化值（以小数表示）；

w_1、w_p——地表下 1m 处土的天然含水率和塑限（以小数表示）；

ψ_w——土的湿度系数，在自然气候影响下，地表下 1m 处土层含水率可能达到的最小值与其塑限之比。

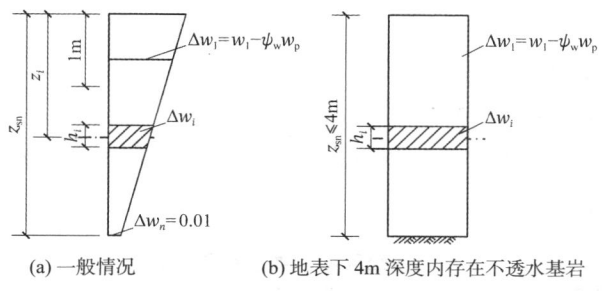

図 6.5-8　地基土收缩变形计算含水率变化示意

（5）土的湿度系数应根据当地 10 年以上土的含水率变化确定，无资料时，可根据当地有关气象资料按下式计算：

$$\psi_{w} = 1.152 - 0.726\alpha - 0.00107c \tag{6.5-9}$$

式中：α——当地 9 月至次年 2 月的月份蒸发力之和与全年蒸发力之比值（月平均气温小于 0℃的月份不统计在内）。我国部分地区蒸发力及降水量的参考值可按《膨胀土地区建筑技术规范》GB 50112—2013 附录 H 取值；

c——全年中干燥度大于 1.0 且月平均气温大于 0℃月份的蒸发力与降水量差值之总和（mm），干燥度为蒸发力与降水量之比值。

（6）大气影响深度应由各气候区土的深层变形观测或含水量观测及地温观测资料确定；无资料时，可按表 6.5-8 采用。

大气影响深度（单位：m）　　　　　　　　　　　　表 6.5-8

土的湿度系数ψ_{w}	大气影响深度d_{a}
0.6	5.0
0.7	5.0
0.8	3.5
0.9	3.0

（7）大气影响急剧层深度，可按表 6.5-8 中的大气影响深度值乘以 0.45 采用。

（8）地基土的张缩变形量应按下式计算：

$$s_{es} = \psi_{es}\sum_{i=1}^{n}(\delta_{epi} + \lambda_{si} \cdot \Delta w_{i})h_{i} \tag{6.5-10}$$

式中：　s_{es}——地基土的胀缩变形量（mm）；

ψ_{es}——计算胀缩变形量的经验系数，宜根据当地经验确定，无可依据经验时，三层及三层以下可取 0.7。

（9）膨胀土地基变形量取值，应符合下列规定：

①膨胀变形量应取基础的最大膨胀上升量；

②收缩变形量应取基础的最大收缩下沉量；

③胀缩变形量应取基础的最大胀缩变形量；

④变形差应取相邻两基础的变形量之差；

⑤局部倾斜应取砌体承重结构沿纵墙 6～10m 内基础两点的变形量之差与其距离的

比值。

2. 深开挖基础地基沉降计算

（1）对于一般埋深 5m 左右的箱形基础地基沉降

可仍按式(6.5-1)计算，但沉降计算经验系数（ψ_s 或 ψ_c）根据地区经验确定，无经验时按表 6.5-9 中的 ψ_s 值采用。

箱形基础沉降计算经验系数 ψ_s 表 6.5-9

土的类别	基底附加压力 P/kPa					
	≤ 400	400~600	600~800	500~1000	1000~1500	1500~2000
淤泥或淤泥质土 粉土一般第四纪土	0.5~0.7	0.7~1.0	1.0~1.2 0.6~0.9	0.6~0.9 0.3~0.5	0.5~0.7	0.7~0.9

（2）在密实黏性土地基中大面积深开挖基础沉降

建造于密实黏性土地基上的构筑物如船坞、深水池以及相类似的建（构）筑物，并采用天然地基，估算此类基础沉降按下列方法进行：

①在硬塑—可塑状态黏性土地基大面积深开挖时，卸荷后，基坑浸水会引起坑底土层回弹，由此将使近基坑表部一定深度范围内土体结构黏聚力受到减弱影响。勘察时取设计开挖深度下的不扰动土试样，用渗压仪，固定防膨螺丝，加水后，用小荷重等级（10~20kPa）加荷，求出土遇水后的膨胀力 P_e，根据土的重度 γ，求出膨胀区的厚度 h_e（P_e/r）。

在现场施工开挖时，可预设观测点，测定土体膨胀量（回弹量）和膨胀（回弹量）层厚度。

②取开挖深度下的不扰动土试样做压缩试验时应考虑开挖卸荷对 E_s 的影响。

试验时先分级加荷至土试样所处深度的天然压力 p_1，再退去相当于开挖去的土重的荷重，再加压进行。按再压缩 e-p 曲线计算 E_s。

③基础下受压层内分为膨胀区与压缩区，计算膨胀区沉降值时，直接采用基础底面下平均压力，即不减去开挖土自重，计算压缩区的沉降时，采用基底压力减去土自重后的应力分布计算。

④膨胀区沉降按 e-p 曲线的相应压力段确定的 E_s 采用，压缩区沉降按再压缩曲线采用。对密实黏土的压缩试验时一般不加水，保持在天然湿度状态下进行。

3. 回弹变形及回弹再压缩变形

高层建筑由于基础埋置较深，地基回弹再压缩变形往往在总沉降中占重要部分，基础的总沉降量应由地基土的回弹再压缩量与附加压力引起的沉降量两部分组成。当荷载较大时，地基土的回弹量与回弹再压缩量虽然在意义上并不相同，但在数值上却由于相近而可采用。若为地下车库，附加荷载甚至小于卸载土的自重压力，而引起的回弹再压缩量常小于地基土的回弹量。因之当基坑开挖较深时，计算地基土的回弹变形量，从而进一步估算回弹再压缩变形量。地基在建筑物下的回弹再压缩量就成为较深地基变形计算中的一个内容。

1）回弹变形计算

（1）当建筑物地下室基础埋置较深时，地基土的回弹变形量可按下式进行计算：

$$s_{\mathrm{c}} = \psi_{\mathrm{c}} \sum_{i=1}^{n} \frac{p_{\mathrm{c}}}{E_{\mathrm{c}i}} (z_i \bar{\alpha}_i - z_{i-1} \bar{\alpha}_{i-1}) \tag{6.5-11}$$

式中：s_{c}——地基的回弹变形量（mm）；

　　　ψ_{c}——回弹量计算的经验系数，无地区经验时可取 1.0；

　　　p_{c}——基坑底面以上土的自重压力（kPa），地下水位以下应扣除浮力；

　　　$E_{\mathrm{c}i}$——土的回弹模量（kPa），按现行国家标准《土工试验方法标准》GB/T 50123 中土的固结试验回弹曲线的不同应力段计算。

（2）正常固结土，按明德林解进行修正

　　基础埋深较大时，应分析卸荷引起的地基土回弹和回弹再压缩对工程的不利影响。地基的回弹量（mm）可按下式计算：

$$s_{\mathrm{r}} = \psi_{\mathrm{r}} \sum_{i=1}^{n} \frac{\sigma_{\mathrm{zr}i}}{E_{\mathrm{r}i}} h_i \tag{6.5-12}$$

$$s_{\mathrm{rc}} = \psi_{\mathrm{rc}} \sum_{i=1}^{n} \frac{\sigma_{\mathrm{zrc}i}}{E_{\mathrm{rc}i}} h_i \tag{6.5-13}$$

$$\sigma_{\mathrm{zr}i} = \delta_{\mathrm{m}} \alpha_i p_{\mathrm{c}} \tag{6.5-14}$$

式中：$\sigma_{\mathrm{zr}i}$——由于基坑开挖卸荷，引起基础底面处及底面以下第 i 层土中点处产生向上回弹的附加应力，相当于该处有效自重压力的减量（kPa），为负值；

　　　$E_{\mathrm{rc}i}$——第 i 层土的回弹模量（MPa）；

　　　ψ_{rc}——回弹量计算经验系数，应根据类似工程条件下沉降观测资料及群桩作用情况综合确定，当无经验时可取 1.0；

　　　α_i——按 Boussinesq 解的竖向附加应力系数，l、b 分别为基础底面的长度和宽度，z_i 为基坑底面至第 i 层土中点的距离；

　　　p_{c}——基坑底面处有效自重压力（kPa），地下水位以下应扣除浮力；

　　　δ_{m}——由 Boussinesq 解，换算为 Mindlin 解的应为修正系数，可按本标准附录 J 确定，当 $\delta_{\mathrm{m}} > 1.0$ 寸取 $\delta_{\mathrm{m}} = 1.0$。

（3）考虑应力历史对回弹量的影响

$$s_{\mathrm{r}} = \psi_{\mathrm{r}} \sum_{i=1}^{n} \frac{C_{\mathrm{s}i} h_i}{1 + e_{0i}} \lg \left[\frac{p_{\mathrm{cz}i} + \sigma_{\mathrm{zr}i}}{p_{\mathrm{cz}i}} \right] \tag{6.5-15}$$

$$p_{\mathrm{cz}i} = p_{\mathrm{c}i} \cdot \delta_{\mathrm{m}} \tag{6.5-16}$$

式中：$C_{\mathrm{s}i}$——坑底开挖面以下第 i 层土的回弹指数，$C_{\mathrm{s}i}$ 可用 e-$\log p$ 曲线按应力变化范围确定；

　　　e_{0i}——第 i 层土的初始孔隙比；

　　　$p_{\mathrm{cz}i}$——考虑应力修正系数（δ_{m}）后的第 i 层土层中心点的原有土层有效自重压力（kPa）；

　　　$p_{\mathrm{c}i}$——第 i 层土的原有有效自重压力（kPa）；

　　　δ_{m}——由 Boussinesq 解，换算为 Mindlin 解的应为修正系数，可按本标准附录 J 确定，当 $\delta_{\mathrm{m}} > 1.0$ 寸取 $\delta_{\mathrm{m}} = 1.0$。

2）回弹再压缩变形

地基基础设计规范理解与应用

（1）回弹再压缩变形量计算可采用再加荷的压力小于卸荷土的自重压力段内再压缩变

形线性分布的假定按下式进行计算：

$$
s'_c = \begin{cases}
r'_0 s_c \dfrac{p}{p_c R'_0} & (p < R'_0 p_c) \\[2ex]
s_c \left[r'_0 + \dfrac{r'_{R'=1.0} - r'_0}{1 - R'_0} \left(\dfrac{p}{p_c} - R'_0 \right) \right] & (R'_0 p_c \leqslant p \leqslant p_c)
\end{cases}
\tag{6.5-17}
$$

式中：s'_c——地基土回弹再压缩变形量（mm）；

　　　　s_c——地基的回弹变形量（mm）；

　　　　r'_0——临界再压缩比率，相应于再压缩比率与再加荷比关系曲线上两段线性交点对应的再压缩比率，由土的固结回弹再压缩试验确定；

　　　　R'_0——临界再加荷比，相应在再压缩比率与再加荷比关系曲线上两段线性交点对应的再加荷比，由土的固结回弹再压缩试验确定；

　　$r'_{R'=1.0}$——对应于再加荷比 $R' = 1.0$ 时的再压缩比率，由土的固结回弹再压缩试验确定，其值等于回弹再压缩变形增大系数；

　　　　p——再加荷的基底压力（kPa）。

　　根据土的固结回弹再压缩试验或平板载荷试验卸荷再加荷试验结果，地基土回弹再压缩曲线在再压缩比率与再加荷比关系中可用两段线性关系模拟。这里再压缩比率定义为：

（2）土的固结回弹再压缩试验

$$
r' = \frac{e_{max} - e'_i}{e_{max} - e_{min}}
\tag{6.5-18}
$$

（3）平板载荷试验卸荷再加荷试验

$$
r' = \frac{\Delta s_{rci}}{s_c}
\tag{6.5-19}
$$

式中：Δs_{rci}——载荷试验中再加荷过程中，经第 i 级加荷，土体再压缩变形稳定后产生的再压缩变形；

　　　　s_c——载荷试验中卸荷阶段产生的回弹变形量。

　　再加荷比定义为：

（1）土的固结回弹再压缩试验

$$
R' = \frac{p_i}{p_{max}}
\tag{6.5-20}
$$

（2）平板载荷试验卸荷再加荷试验

$$
R' = \frac{p_i}{p_0}
\tag{6.5-21}
$$

式中：　p_0——卸荷对应的最大压力；

　　　　p_i——再加荷过程中，经第 i 级加荷对应的压力。

　　典型试验曲线关系见图 6.5-9，工程设计中可按如图 6.5-9 所示的试验结果按两段线性关系确定 r'_0 和 R_0'。

　　中国建筑科学研究院滕延京、李建民等在室内压缩回弹试验、原位载荷试验、大比尺模型试验基础上，对回弹变形随卸荷发展规律以及再压缩变形随加荷发展规律进行了较为深入的研究。

　　图 6.5-9 的试验结果表明，土样卸荷回弹过程中，当卸荷比 $R < 0.4$ 时，已完成的回弹变形不到总回弹变形量的 10%；当卸荷比增大至 0.8 时，已完成的回弹变形仅约占总回弹变形量的 40%；而当卸荷比介于 0.8～1.0 之间时，发生的回弹量约占总回弹变形量的 60%。

　　图 6.5-9 的试验结果表明，土样再压缩过程中，当再加荷量为卸荷量的 20% 时，土样再压缩变形量已接近回弹变形量的 40%～60%；当再加荷量为卸荷量 40% 时，土样再压缩变形量为回弹变形量的 70% 左右；当再加荷量为卸荷量的 60% 时，土样产生的再压缩变形量接近回弹变形量的 90%（图 6.5-10）。

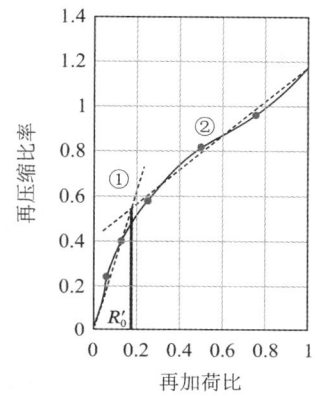

图 6.5-9　再压缩比率与再加荷比关系

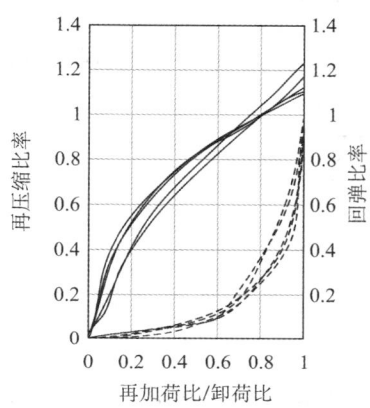

图 6.5-10　土样卸荷比-回弹比率、再加荷比-再压缩比率
关系曲线（粉质黏土）

注：图中虚线为土样的卸荷比-回弹比率关系曲线，实线为土样的再加荷比-再压缩比率关系曲线。图中为 5 组曲线，分别为 100kPa、200kPa、300kPa、400kPa、500kPa，由图形可知其分布规律。

　　回弹变形计算可按回弹变形的两个阶段分别计算：小于临界卸荷比时，其变形很小，可按线性模量关系计算；临界卸荷比至极限卸荷比段，可按对数曲线分布的模量计算。

　　工程应用时，回弹变形计算的深度可取至土层的临界卸荷比深度；再压缩变形计算时初始荷载产生的变形不会产生结构内力，应在总压缩量中扣除。

　　工程计算的步骤和方法如下：

　　①进行地基土的固结回弹再压缩试验，得到需要进行回弹再压缩计算土层的计算参数。每层土试验土样的数量不得少于 6 个，按《岩土工程勘察规范》GB 50021—2001（2009 年版）的要求统计分析确定计算参数。

　　②按式(6.5-11)进行地基土回弹变形量计算。

　　③绘制再压缩比率与再加荷比关系曲线，确定 r'_0 和 R'_0。

　　④按本条计算方法计算回弹再压缩变形量。

　　⑤如果工程在需计算回弹再压缩变形量的土层进行过平板载荷试验，并有卸荷再加荷试验数据，同样可按上述方法计算回弹再压缩变形量。

　　⑥进行回弹再压缩变形量计算，地基内的应力分布，可采用各向同性均质线性变形体理论计算。若再压缩变形计算的最终压力小于卸载压力，$r'_{R'=1.0}$ 可取 $r'_{R'=a}$，a 为工程再压缩变形计算的最大压力对应的再加荷比，$a \leqslant 1.0$。

（3）考虑回弹时总变形计算

①基坑的回弹仅限基坑范围，基坑回弹 s_c 与基坑土自重应力 σ_c 呈线性关系，即：基坑边缘不受基坑开挖影响，基坑开挖完毕基坑回弹全部完成；

②基坑的回弹再压缩量 s'_c 在回弹量值范围内（$s'_c \leqslant s_c$）时，有两种计算方法。可采用基坑回弹再压缩计算公式(6.5-17)，或者直接用回弹再压缩模量 E'_{ci} 代替回弹模量 E_{ci}，计算总变形时可用回弹量替代回弹再压缩量。

③基坑的回弹再压缩超出回弹量值范围（$s'_c > s_c$）时，变形为 Δs，如图 6.5-11 所示。其超出部分按下式计算。

$$s = \psi_s s' = \psi_s \sum_{i=1}^{n} \frac{p_0}{E_{si}}(z_i \bar{\alpha}_i - z_{t-1} \bar{\alpha}_{i-1}) \tag{6.5-22}$$

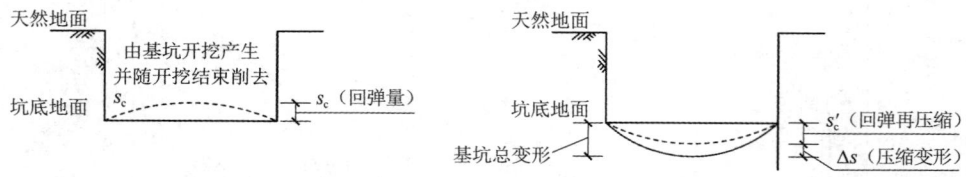

图 6.5-11　考虑回弹时总变形计算示意

【算例】某高层筏板基础，基坑平面尺寸 20m×40m，开挖深度 10m，基底压力为 300kPa，土层参数如图所示，不考虑地下水位的影响，回弹计算修正系数为 $\psi_r = 1.0$，回弹再压缩计算修正系数 $\psi_{rc} = 0.85$。

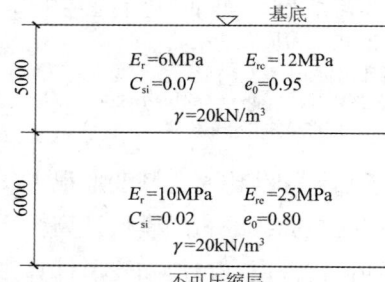

列表计算总沉降量（z_i 为基坑底面至土层中点距离，l、B 为基底长、宽）：

$h/b = 10/20 = 0.5$，$L/B = 40/20 = 2$，查附录 J 得：$\delta_m = (0.944 + 0.861)/2 = 0.903$ 开挖释放的应力 $p_c = 20 \times 10 = 200$kPa，再压缩时，基底压力荷载大于 p_c，取 $p_c = 200$kPa，故 $p_{0c} = 200$kPa。

z_i	l/b	$2z/b$	α_i	E_{ri}	E_{rci}
0	—	—	—	—	—
2.5	2	0.25	0.992	6	12
8	2	0.80	0.870	10	25

$\sigma_{zr1} = \delta_m \alpha_1 p_c = 0.903 \times 0.992 \times 200 = 179.2$kPa，

$\sigma_{zr2} = \delta_m \alpha_2 p_c = 0.903 \times 0.872 \times 200 = 157.5$kPa

$\sigma_{zrc1} = \delta_m \alpha_1 p_{0c} = 0.903 \times 0.992 \times 200 = 179.2$kPa，

$\sigma_{zr2} = \delta_m \alpha_2 p_c = 0.903 \times 0.870 \times 200 = 157.1$kPa

回弹变形量：$s_r = \psi_r \sum_{i=1}^{n} \frac{\sigma_{zri}}{E_{ri}} h_i = 1.0 \times \left(\frac{179.2}{6} \times 5 + \frac{157.1}{10} \times 6\right) = 244$mm；

回弹再压缩量：$s_{rc} = \psi_{rc} \sum_{i=1}^{n} \frac{\sigma_{zrci}}{E_{rci}} h_i = 0.85 \times \left(\frac{179.2}{12} \times 5 + \frac{157.5}{25} \times 6\right) = 96$mm。

4. 刚性下卧层沉降变形（此内容可以扫二维码 M6.5-6 阅读）

M6.5-6

5. 大型刚性基础沉降变形计算（此内容可以扫二维码 M6.5-7 阅读）

M6.5-7

6. 筏形和箱形基础最终沉降量估算（此内容可以扫二维码 M6.5-8 阅读）

M6.5-8

7. 扩展基础、条形基础最终沉降量估算（此内容可以扫二维码 M6.5-9 阅读）

M6.5-9

8. 大面积地面荷载作用引起的柱基沉降（此内容可以扫二维码 M6.5-10 阅读）

M6.5-10

5.3　沉降的时间效应

5.3.1　地基变形延续时间的经验关系

一般建筑物，在施工期间完成的沉降量，对于砂土可认为其最终沉降量已基本完成，对于低压缩黏性土可认为已完成最终沉降量的 50%～80%，对于中压缩黏性土可认为已完成 20%～40%，对于高压缩黏性土可认为已完成最终沉降量的 5%～20%。

5.3.2　按太沙基单向固结理论计算黏性土地基固结速率

当地基为单面排水时：

$$T_{\mathrm{v}} = \frac{C_{\mathrm{v}}t}{H^2} \tag{6.5-23}$$

当地基为双面排水时：

$$T_{\mathrm{v}} = \frac{4C_{\mathrm{v}}t}{H^2} \tag{6.5-24}$$

式中：T_{v}——对应于固结度的时间因数；

t——固结的时间（s）;

H——压缩层厚度（cm）;

C_v——土的固结系数（cm^2/s），一般从固结试验中求得，也可根据土的渗透系数、初始孔隙比、压缩系数、水的重度资料求取土的固结度U与沉降量s的关系。

$$U_{(t)} = \frac{s_{(t)}}{s_\infty} \tag{6.5-25}$$

式中：$U_{(t)}$——可压缩土层在时间t时的平均固结度;

$s_{(t)}$——可压缩土层在时间t时的相应沉降量;

s_∞——可压缩土层的最终沉降量。

在地基计算中常常需要先假定一个固结度，求达到这个固结度的时间从表6.5-11中查得与此固结度相应的T_v，代入式(6.5-23)或(6.5-24)得t，或假定一个时间t，求t时的固结度从式(6.5-22)或(6.5-23)求得了T_v，再从表6.5-10、表6.5-11查得相应的$U_{(t)}$。

不同 T_v 值的平均固结度　　　　　　　表 6.5-10

T_v	平均固结度U/%				T_v	平均固结度U/%			
	情况1	情况2	情况3	情况4		情况1	情况2	情况3	情况4
0.004	7.14	6.49	0.98	0.80	0.200	50.41	48.09	38.95	37.04
0.008	10.09	8.62	1.95	1.60	0.250	56.22	55.17	46.03	45.32
0.012	12.36	10.49	2.92	2.40	0.300	61.32	59.50	52.30	50.78
0.020	15.96	13.67	5.81	5.00	0.350	65.82	65.21	57.83	56.19
0.028	18.88	16.38	6.67	5.60	0.400	69.79	68.36	62.73	61.54
0.036	21.40	18.76	8.50	7.20	0.500	76.40	76.28	70.88	69.95
0.048	25.72	21.96	11.17	9.60	0.600	81.56	80.69	77.25	76.52
0.060	27.64	25.81	13.7S	11.99	0.700	85.59	85.91	82.22	81.65
0.072	30.28	27.43	16.28	15.36	0.800	88.74	88.21	86.11	85.66
0.083	32.51	29.67	18.52	16.51	0.900	91.20	90.79	89.15	88.80
0.100	35.68	32.88	21.87	19.77	1.000	93.13	92.8	91.52	91.25
0.125	39.89	36.54	26.54	25.42	1.500	98.00	97.90	97.53	97.45
0.160	43.70	41.12	30.93	28.86	2.000	99.42	99.39	99.28	99.26
0.175	47.18	45.73	35.07	33.06	—	—	—	—	—

不同平均固结度的时间因数　　　　　　　表 6.5-11

U/%	时间因数T_v				U/%	时间因数T_v			
	情况1	情况2	情况3	情况4		情况1	情况2	情况3	情况4
0	0.000	0.000	0.000	0.000	55.000	0.239	0.257	0.324	0.336
5	0.002	0.003	0.021	0.025	60.000	0.286	0.305	0.371	0.384
10	0.008	0.011	0.043	0.050	65.000	0.342	0.359	0.426	0.438
15	0.018	0.024	0.066	0.075	70.000	0.403	0.422	0.488	0.501

续表

U/%	时间因数T_v				U/%	时间因数T_v			
	情况 1	情况 2	情况 3	情况 4		情况 1	情况 2	情况 3	情况 4
20	0.031	0.041	0.090	0.101	75.000	0.477	0.495	0.562	0.575
25	0.049	0.061	0.117	0.128	80.000	0.567	0.586	0.652	0.665
30	0.071	0.085	0.145	0.157	85.000	0.684	0.702	0.769	0.782
35	0.096	0.112	0.175	0.187	90.000	0.848	0.867	0.933	0.946
40	0.126	0.143	0.207	0.220	95.000	1.129	1.148	1.214	1.227
45	0.159	0.177	0.242	0.255	100.000	∞	∞	∞	∞
50	0.197	0.215	0.281	0.294	—	—	—	—	—

注：对于初始超孔隙水压力分布的描述见图 6.5-12。

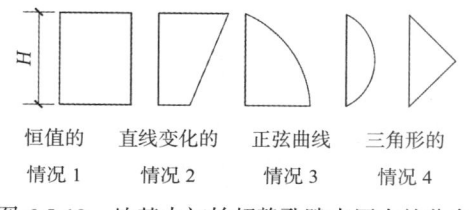

| 恒值的 | 直线变化的 | 正弦曲线 | 三角形的 |
| 情况 1 | 情况 2 | 情况 3 | 情况 4 |

图 6.5-12　地基中初始超静孔隙水压力的分布

5.4　土和结构共同作用影响

　　一般情况，基础梁与地基之间的共同作用是比较粗略的计算。本节讨论这两者之间共同作用的分析方法，并假定作用在梁上的外荷载是已知的。

　　以下内容可以扫二维码 M6.5-11 阅读。

M6.5-11

5.5　数值模拟方法

　　目前在工程技术领域内常用的数值模拟方法有：有限单元法 FEM（Finite Element Method）、边界元法 BEM（Boundary Element Method）、有限差分法 FDM（Finite Difference Method）和离散单元法 DEM（Discrete Element Method），其中有限单元法、有限差分法是最具实用性和应用最广泛的。

　　利用数值分析方法,北京市勘察设计研究院有限公司团队成功进行了北京国家体育场、北京国家大剧院等建筑地基基础协同分析，北京市建筑设计院有限公司团队进行了北京 CBD 区中国尊项目、北京丽泽 SOHO 项目、北京银河 SOHO 等项目的地基基础协同分析，计算了工程沉降与差异沉降，计算结果与实际沉降观测比较一致，有关地基基础协同分析的内容参见《岩土工程设计治理手册》第 13 篇内容。

5.6　计算沉降用表

5.6.1　平均附加应力系数$\bar{\alpha}$（表6.5-12～表6.5-15）
5.6.2　沉降系数δ（表6.5-16～表6.5-18）
5.6.3　按E_0计算沉降时沉降系数（表6.5-19）

矩形面积上均布荷载作用下角点的平均附加应力系数$\bar{\alpha}$　　　　表6.5-12

z/b	l/b												
	1.0	1.2	1.4	1.6	1.8	2.0	2.4	2.8	3.2	3.6	5.0	5.0	10.0
0.0	0.2500	0.2500	0.2500	0.2500	0.2500	0.2500	0.2500	0.2500	0.2500	0.2500	0.2500	0.2500	0.2500
0.2	0.2496	0.2497	0.2497	0.2498	0.2498	0.2498	0.2498	0.2498	0.2498	0.2498	0.2498	0.2498	0.2498
0.4	0.2474	0.2479	0.2481	0.2483	0.2483	0.2484	0.2485	0.2485	0.2485	0.2485	0.2485	0.2485	0.2485
0.6	0.2423	0.2437	0.2444	0.2448	0.2451	0.2452	0.2454	0.2455	0.2455	0.2455	0.2455	0.2455	0.2456
0.8	0.2346	0.2372	0.2387	0.2395	0.2400	0.2403	0.2407	0.2408	0.2409	0.2409	0.2410	0.2410	0.2410
1.0	0.2252	0.2291	0.2313	0.2326	0.2335	0.2340	0.2346	0.2349	0.2351	0.2352	0.2352	0.2353	0.2353
1.2	0.2149	0.2199	0.2229	0.2248	0.2260	0.2268	0.2278	0.2282	0.2285	0.2286	0.2287	0.2288	0.2289
1.4	0.2043	0.2102	0.2140	0.2164	0.2180	0.2191	0.2204	0.2211	0.2215	0.2217	0.2218	0.2220	0.2221
1.6	0.1939	0.2006	0.2049	0.2079	0.2099	0.2113	0.2130	0.2138	0.2143	0.2146	0.2148	0.2150	0.2152
1.8	0.1840	0.1912	0.1960	0.1994	0.2018	0.2034	0.2055	0.2066	0.2073	0.2077	0.2079	0.2082	0.2084
2.0	0.1746	0.1822	0.1875	0.1912	0.1938	0.1958	0.1982	0.1996	0.2004	0.2009	0.2012	0.2015	0.2018
2.2	0.1659	0.1737	0.1793	0.1833	0.1862	0.1883	0.1911	0.1927	0.1937	0.1943	0.1947	0.1952	0.1955
2.4	0.1578	0.1657	0.1715	0.1757	0.1789	0.1812	0.1843	0.1862	0.1873	0.1880	0.1885	0.1890	0.1895
2.6	0.1503	0.1583	0.1642	0.1686	0.1719	0.1745	0.1779	0.1799	0.1812	0.1820	0.1825	0.1832	0.1838
2.8	0.1433	0.1514	0.1574	0.1619	0.1654	0.1680	0.1717	0.1739	0.1753	0.1763	0.1769	0.1777	0.1784
3.0	0.1369	0.1449	0.1510	0.1556	0.1592	0.1619	0.1658	0.1682	0.1698	0.1708	0.1715	0.1725	0.1733
3.2	0.1310	0.1390	0.1450	0.1497	0.1533	0.1562	0.1602	0.1628	0.1645	0.1657	0.1664	0.1675	0.1685
3.4	0.1256	0.1334	0.1394	0.1441	0.1478	0.1508	0.1550	0.1577	0.1595	0.1607	0.1616	0.1628	0.1639
3.6	0.1205	0.1282	0.1342	0.1389	0.1427	0.1456	0.1500	0.1528	0.1548	0.1561	0.1570	0.1583	0.1595
3.8	0.1158	0.1234	0.1293	0.1340	0.1378	0.1408	0.1452	0.1482	0.1502	0.1516	0.1526	0.1541	0.1554
5.0	0.1114	0.1189	0.1248	0.1294	0.1332	0.1362	0.1408	0.1438	0.1459	0.1474	0.1485	0.1500	0.1516
5.2	0.1073	0.1147	0.1205	0.1251	0.1289	0.1319	0.1365	0.1396	0.1418	0.1434	0.1445	0.1462	0.1479
5.4	0.1035	0.1107	0.1164	0.1210	0.1248	0.1279	0.1325	0.1357	0.1379	0.1396	0.1407	0.1425	0.1444
5.6	0.1000	0.1070	0.1127	0.1172	0.1209	0.1240	0.1287	0.1319	0.1342	0.1359	0.1371	0.1390	0.1410
5.8	0.0967	0.1036	0.1091	0.1136	0.1173	0.1204	0.1250	0.1283	0.1307	0.1324	0.1337	0.1357	0.1379
5.0	0.0935	0.1003	0.1057	0.1102	0.1139	0.1169	0.1216	0.1249	0.1273	0.1291	0.1304	0.1325	0.1348
5.2	0.0906	0.0972	0.1026	0.1070	0.1106	0.1136	0.1183	0.1217	0.1241	0.1259	0.1273	0.1295	0.1320

续表

z/b	l/b												
	1.0	1.2	1.4	1.6	1.8	2.0	2.4	2.8	3.2	3.6	5.0	5.0	10.0
5.4	0.0878	0.0943	0.0996	0.1039	0.1075	0.1105	0.1152	0.1186	0.1211	0.1229	0.1243	0.1265	0.1292
5.6	0.0852	0.0916	0.0968	0.1010	0.1046	0.1076	0.1122	0.1156	0.1181	0.1200	0.1215	0.1238	0.1266
5.8	0.0828	0.0890	0.0941	0.0983	0.1018	0.1047	0.1094	0.1128	0.1153	0.1172	0.1187	0.1211	0.1240
6.0	0.0805	0.0866	0.0916	0.0957	0.0991	0.1021	0.1067	0.1101	0.1126	0.1146	0.1161	0.1185	0.1216
6.2	0.0783	0.0842	0.0891	0.0932	0.0966	0.0995	0.1041	0.1075	0.1101	0.1120	0.1136	0.1161	0.1193
6.4	0.0762	0.0820	0.0869	0.0909	0.0942	0.0971	0.1016	0.1050	0.1076	0.1096	0.1111	0.1137	0.1171
6.6	0.0742	0.0799	0.0847	0.0886	0.0919	0.0948	0.0993	0.1027	0.1053	0.1073	0.1088	0.1114	0.1149
6.8	0.0723	0.0779	0.0826	0.0865	0.0898	0.0926	0.0970	0.1004	0.1030	0.1050	0.1066	0.1092	0.1129
7.0	0.0705	0.0761	0.0806	0.0844	0.0877	0.0904	0.0949	0.0982	0.1008	0.1028	0.1044	0.1071	0.1109
7.2	0.0688	0.0742	0.0787	0.0825	0.0857	0.0884	0.0928	0.0962	0.0987	0.1008	0.1023	0.1051	0.1090
7.4	0.0672	0.0725	0.0769	0.0806	0.0838	0.0865	0.0908	0.0942	0.0967	0.0988	0.1004	0.1031	0.1071
7.6	0.0656	0.0709	0.0752	0.0789	0.0820	0.0846	0.0889	0.0922	0.0948	0.0968	0.0984	0.1012	0.1054
7.8	0.0642	0.0693	0.0736	0.0771	0.0802	0.0828	0.0871	0.0904	0.0929	0.0950	0.0966	0.0994	0.1036
8.0	0.0627	0.0678	0.0720	0.0755	0.0785	0.0811	0.0853	0.0886	0.0912	0.0932	0.0948	0.0976	0.1020
8.2	0.0614	0.0663	0.0705	0.0739	0.0769	0.0795	0.0837	0.0869	0.0894	0.0914	0.0931	0.0959	0.1004
8.4	0.0601	0.0649	0.0690	0.0724	0.0754	0.0779	0.0820	0.0852	0.0878	0.0893	0.0914	0.0943	0.0938
8.6	0.0588	0.0636	0.0676	0.0710	0.0739	0.0764	0.0805	0.0836	0.0862	0.0882	0.0898	0.0927	0.0973
8.8	0.0576	0.0623	0.0663	0.0696	0.0724	0.0749	0.0790	0.0821	0.0846	0.0866	0.0882	0.0912	0.0959
9.2	0.0554	0.0599	0.0637	0.0670	0.0697	0.0721	0.0761	0.0792	0.0817	0.0837	0.0853	0.0882	0.0931
9.6	0.0533	0.0577	0.0614	0.0645	0.0672	0.0696	0.0734	0.0765	0.0789	0.0809	0.0825	0.0855	0.0905
10.0	0.0514	0.0556	0.0592	0.0622	0.0649	0.0672	0.0710	0.0739	0.0763	0.0783	0.0799	0.0829	0.0880
10.4	0.0496	0.0537	0.0572	0.0601	0.0627	0.0649	0.0686	0.0716	0.0739	0.0759	0.0775	0.0804	0.0857
10.8	0.0479	0.0519	0.0553	0.0581	0.0606	0.0628	0.0664	0.0693	0.0717	0.0736	0.0751	0.0781	0.0834
11.2	0.0463	0.0502	0.0535	0.0563	0.0587	0.0609	0.0644	0.0672	0.0695	0.0714	0.0730	0.0759	0.0813
11.6	0.0448	0.0486	0.0518	0.0545	0.0569	0.0590	0.0625	0.0652	0.0675	0.0694	0.0709	0.0738	0.0793
12.0	0.0435	0.0471	0.0502	0.0529	0.0552	0.0573	0.0606	0.0634	0.0656	0.0674	0.0690	0.0719	0.0774
12.8	0.0409	0.0444	0.0474	0.0499	0.0521	0.0541	0.0573	0.0599	0.0621	0.0639	0.0654	0.0682	0.0739
13.6	0.0387	0.0420	0.0448	0.0472	0.0493	0.0512	0.0543	0.0568	0.0589	0.0607	0.0621	0.0649	0.0707
15.4	0.0367	0.0398	0.0425	0.0448	0.0468	0.0486	0.0516	0.0540	0.0561	0.0577	0.0592	0.0619	0.0677
15.2	0.0349	0.0379	0.0404	0.0426	0.0446	0.0463	0.0492	0.0515	0.0535	0.0551	0.0565	0.0592	0.0650
16.0	0.0332	0.0361	0.0385	0.0407	0.0425	0.0442	0.0469	0.0492	0.0511	0.0527	0.0540	0.0567	0.0625
18.0	0.0297	0.0323	0.0345	0.0364	0.0381	0.0396	0.0422	0.0442	0.0460	0.0475	0.0487	0.0512	0.0570
20.0	0.0269	0.0292	0.0312	0.0330	0.0345	0.0359	0.0383	0.0402	0.0418	0.0432	0.0444	0.0468	0.0524

注：l 为基础长度（m），b 为基础宽度（m），z 为计算点离基础底面垂直距离（m）。

矩形面积上三角形分布荷载作用下的平均附加应力系数$\bar{\alpha}$　　　　表 6.5-13

z/b	l/b												
	0.2		0.4		0.6		0.8		1.0		1.2		1.4	
	点													
	1	2	1	2	1	2	1	2	1	2	1	2	1	2
0	0.0000	0.2500	0.0000	0.2500	0.0000	0.2500	0.0000	0.2500	0.0000	0.2500	0.0000	0.2500	0.0000	0.2500
0.2	0.0112	0.2161	0.0140	0.2308	0.0148	0.2333	0.0151	0.2339	0.0152	0.2341	0.0153	0.2342	0.0153	0.2343
0.4	0.0179	0.1810	0.0245	0.2084	0.0270	0.2153	0.0280	0.2175	0.0285	0.2184	0.0288	0.2187	0.0289	0.2189
0.6	0.0207	0.1505	0.0308	0.1851	0.0355	0.1966	0.0376	0.2011	0.0388	0.2030	0.0394	0.2039	0.0397	0.2043
0.8	0.0217	0.1277	0.0340	0.1640	0.0405	0.1787	0.0440	0.1852	0.0459	0.1883	0.0470	0.1899	0.0476	0.1907
1.0	0.0217	0.1104	0.0351	0.1461	0.0430	0.1624	0.0476	0.1704	0.0502	0.1746	0.0518	0.1769	0.0528	0.1781
1.2	0.0212	0.0970	0.0351	0.1312	0.0439	0.1480	0.0492	0.1571	0.0525	0.1621	0.0546	0.1649	0.0560	0.1666
1.4	0.0204	0.0865	0.0344	0.1187	0.0436	0.1356	0.0495	0.1451	0.0534	0.1507	0.0559	0.1541	0.0575	0.1562
1.6	0.0195	0.0779	0.0333	0.1082	0.0427	0.1247	0.0490	0.1345	0.0533	0.1405	0.0561	0.1443	0.0580	0.1467
1.8	0.0186	0.0709	0.0321	0.0993	0.0415	0.1153	0.0480	0.1252	0.0525	0.1313	0.0556	0.1354	0.0578	0.1381
2.0	0.0178	0.0650	0.0308	0.0917	0.0401	0.1071	0.0467	0.1169	0.0513	0.1232	0.0547	0.1274	0.0570	0.1303
2.5	0.0157	0.0538	0.0276	0.0769	0.0365	0.0908	0.0429	0.1000	0.0478	0.1063	0.0531	0.1107	0.0540	0.1139
3.0	0.0140	0.0458	0.0248	0.0661	0.0330	0.0786	0.0392	0.0871	0.0439	0.0931	0.0476	0.0976	0.0503	0.1008
5.0	0.0097	0.0289	0.0175	0.0424	0.0236	0.0476	0.0285	0.0576	0.0324	0.0624	0.0356	0.0661	0.0382	0.0690
7.0	0.0073	0.0211	0.0133	0.0311	0.0180	0.0352	0.0219	0.0427	0.0251	0.0465	0.0277	0.0496	0.0299	0.0520
10.0	0.0053	0.0150	0.0097	0.0222	0.0133	0.0253	0.0162	0.0308	0.0186	0.0336	0.0207	0.0359	0.0224	0.0379

z/b	l/b												
	1.6		1.8		2.0		3.0		5.0		6.0		10.0	
	点													
	1	2	1	2	1	2	1	2	1	2	1	2	1	2
0.0	0.0000	0.2500	0.0000	0.2500	0.0000	0.2500	0.0000	0.2500	0.0000	0.2500	0.0000	0.2500	0.0000	0.2500
0.2	0.0153	0.2343	0.0153	0.2343	0.0153	0.2343	0.0153	0.2343	0.0153	0.2343	0.0153	0.2343	0.0153	0.2343
0.4	0.0290	0.2190	0.0290	0.2190	0.0290	0.2191	0.0290	0.2192	0.0291	0.2192	0.0291	0.2192	0.0291	0.2192
0.6	0.0399	0.2046	0.0400	0.2047	0.0401	0.2048	0.0402	0.2050	0.0402	0.2050	0.0402	0.2050	0.0402	0.2050
0.8	0.0480	0.1912	0.0482	0.1915	0.0483	0.1917	0.0486	0.1920	0.0487	0.1920	0.0487	0.1921	0.0487	0.1921
1.0	0.0534	0.1789	0.0538	0.1794	0.0540	0.1797	0.0545	0.1803	0.0546	0.1803	0.0546	0.1804	0.0546	0.1804
1.2	0.0568	0.1678	0.0574	0.1684	0.0577	0.1689	0.0584	0.1697	0.0586	0.1699	0.0587	0.1700	0.0587	0.1700
1.4	0.0586	0.1576	0.0594	0.1585	0.0599	0.1591	0.0609	0.1603	0.0612	0.1605	0.0613	0.1606	0.0613	0.1606
1.6	0.0594	0.1484	0.0603	0.1494	0.0609	0.1502	0.0623	0.1517	0.0626	0.1521	0.0628	0.1523	0.0628	0.1523
1.8	0.0593	0.1400	0.0604	0.1413	0.0611	0.1422	0.0628	0.1441	0.0633	0.1445	0.0635	0.1447	0.0635	0.1448
2.0	0.0587	0.1324	0.0599	0.1338	0.0608	0.1348	0.0629	0.1371	0.0634	0.1377	0.0637	0.1380	0.0638	0.1380

续表

z/b	l/b													
	1.6		1.8		2.0		3.0		5.0		6.0		10.0	
	点													
	1	2	1	2	1	2	1	2	1	2	1	2	1	2
2.5	0.0560	0.1163	0.0575	0.1180	0.0586	0.1193	0.0614	0.1223	0.0623	0.1233	0.0627	0.1237	0.0628	0.1239
3.0	0.0525	0.1033	0.0541	0.1052	0.0554	0.1067	0.0589	0.1104	0.0600	0.1116	0.0607	0.1123	0.0609	0.1125
5.0	0.0403	0.0714	0.0421	0.0734	0.0435	0.0749	0.0480	0.0797	0.0500	0.0817	0.0515	0.0833	0.0521	0.0839
7.0	0.0318	0.0541	0.0333	0.0558	0.0347	0.0572	0.0391	0.0619	0.0414	0.0642	0.0435	0.0663	0.0445	0.0674
10.0	0.0239	0.0395	0.0252	0.0409	0.0263	0.0403	0.0302	0.0462	0.0325	0.0485	0.0349	0.0509	0.0364	0.0526

注：点 1，点 2 分别为三角形荷载周边上压力为零及压力为 p 的点。

圆形面积上均布荷载作用下中点的平均附加应力系数 $\bar{\alpha}$　　　　表 6.5-14

z/r	圆形 $\bar{\alpha}$	z/r	圆形 $\bar{\alpha}$	z/r	圆形 $\bar{\alpha}$
0.0	1.0	1.6	0.739	3.2	0.484
0.1	1.0	1.7	0.718	3.3	0.473
0.2	0.988	1.8	0.697	3.4	0.463
0.3	0.993	1.9	0.677	3.5	0.453
0.4	0.986	2.0	0.658	3.6	0.443
0.5	0.974	2.1	0.64	3.7	0.434
0.6	0.96	2.2	0.623	3.8	0.425
0.7	0.942	2.3	0.606	3.9	0.417
0.8	0.923	2.4	0.59	5.0	0.409
0.9	0.901	2.5	0.574	5.2	0.393
1.0	0.878	2.6	0.56	5.4	0.379
1.1	0.855	2.7	0.546	5.6	0.365
1.2	0.831	2.8	0.532	5.8	0.353
1.3	0.808	2.9	0.519	5.0	0.341
1.4	0.784	3.0	0.507	—	—
1.5	0.762	3.1	0.495	—	—

圆形面积上三角形分布荷载作用下边点的平均附加应力系数 $\bar{\alpha}$　　　　表 6.5-15

z/r	点		z/r	点		z/r	点	
	1	2		1	2		1	2
0.0	0.00	0.500	1.6	0.070	0.294	3.1	0.069	0.200
0.1	0.008	0.483	1.7	0.071	0.286	3.2	0.069	0.196
0.2	0.016	0.466	1.8	0.072	0.278	3.3	0.068	0.192

续表

z/r	点 1	点 2	z/r	点 1	点 2	z/r	点 1	点 2
0.3	0.023	0.450	1.9	0.072	0.270	3.4	0.067	0.188
0.4	0.030	0.435	2.0	0.073	0.263	3.5	0.067	0.184
0.5	0.035	0.420	2.1	0.073	0.255	3.6	0.066	0.180
0.6	0.041	0.406	2.2	0.073	0.249	3.7	0.065	0.177
0.7	0.045	0.393	2.3	0.073	0.242	3.8	0.065	0.173
0.8	0.050	0.380	2.4	0.073	0.236	3.9	0.064	0.17
0.9	0.054	0.368	2.5	0.072	0.230	5.0	0.063	0.167
1.0	0.057	0.356	2.6	0.072	0.225	5.2	0.062	0.161
1.1	0.061	0.344	2.7	0.071	0.219	5.4	0.061	0.155
1.2	0.063	0.333	2.8	0.071	0.214	5.6	0.059	0.150
1.3	0.065	0.323	2.9	0.070	0.209	5.8	0.058	0.145
1.4	0.067	0.313	3.0	0.070	0.204	5.0	0.057	0.140
1.5	0.069	0.303	—	—	—	—	—	—

矩形基础中心沉降系数 δ_1　　　　　　　　表 6.5-16

$\dfrac{2z}{b}$	l/b 1.0	1.2	1.4	1.6	1.8	2.0	3.0	5.0	5.0	6.0	10.0	条形
0.0	0.000	0.000	0.000	0.000	0.000	0.000	0.000	0.000	0.000	0.000	0.000	0.000
0.2	0.100	0.100	0.100	0.100	0.100	0.100	0.100	0.100	0.100	0.100	0.100	0.100
0.4	0.198	0.198	0.198	0.198	0.198	0.198	0.198	0.198	0.198	0.198	0.198	0.198
0.6	0.290	0.292	0.294	0.294	0.294	0.294	0.294	0.294	0.294	0.294	0.294	0.294
0.8	0.374	0.378	0.382	0.382	0.384	0.384	0.384	0.386	0.386	0.386	0.386	0.386
1.0	0.450	0.458	0.462	0.464	0.466	0.468	0.470	0.470	0.470	0.470	0.470	0.470
1.2	0.516	0.526	0.534	0.538	0.542	0.544	0.548	0.548	0.548	0.548	0.548	0.548
1.4	0.536	0.588	0.598	0.606	0.610	0.614	0.620	0.622	0.622	0.622	0.622	0.622
1.6	0.620	0.642	0.656	0.664	0.672	0.676	0.684	0.686	0.688	0.688	0.688	0.688
1.8	0.662	0.688	0.706	0.718	0.726	0.732	0.744	0.748	0.750	0.750	0.750	0.750
2.0	0.700	0.728	0.750	0.764	0.774	0.782	0.800	0.804	0.806	0.806	0.807	0.808
2.2	0.730	0.764	0.788	0.806	0.818	0.828	0.850	0.856	0.858	0.860	0.860	0.860
2.4	0.756	0.796	0.822	0.844	0.858	0.870	0.896	0.904	0.908	0.908	0.910	0.910
2.6	0.782	0.822	0.854	0.876	0.894	0.906	0.938	0.948	0.952	0.954	0.956	0.956
2.8	0.802	0.848	0.882	0.906	0.926	0.940	0.978	0.990	0.994	0.996	0.998	1.000
3.0	0.822	0.870	0.906	0.934	0.954	0.972	1.016	1.028	1.034	1.038	1.040	1.040
3.2	0.838	0.890	0.928	0.958	0.982	1.000	1.048	1.064	1.072	1.074	1.078	1.078

续表

$\dfrac{2z}{b}$	l/b											
	1.0	1.2	1.4	1.6	1.8	2.0	3.0	5.0	5.0	6.0	10.0	条形
3.4	0.854	0.906	0.948	0.980	1.006	1.026	1.078	1.098	1.106	1.110	1.114	1.114
3.6	0.868	0.924	0.966	1.000	1.026	1.048	1.108	1.130	1.140	1.144	1.148	1.150
3.8	0.880	0.938	0.982	1.018	1.048	1.070	1.134	1.160	1.170	1.176	1.182	1.182
5.0	0.892	0.950	0.998	1.036	1.066	1.090	1.160	1.188	1.200	1.206	1.212	1.214
5.2	0.902	0.964	1.012	1.050	1.082	1.108	1.182	1.214	1.228	1.234	1.242	1.244
5.4	0.912	0.974	1.024	1.066	1.098	1.126	1.204	1.238	1.254	1.262	1.270	1.272
5.6	0.932	0.984	1.036	1.078	1.112	1.140	1.226	1.262	1.278	1.288	1.298	1.300
5.8	0.928	0.994	1.048	1.090	1.126	1.156	1.244	1.284	1.302	1.312	1.324	1.326
5.0	0.936	1.002	1.058	1.102	1.138	1.168	1.262	1.304	1.324	1.336	1.348	1.352
6.0	0.966	1.040	1.100	1.148	1.190	1.226	1.338	1.394	1.422	1.438	1.460	1.466
7.0	0.988	1.066	1.130	1.184	1.228	1.268	1.396	1.462	1.500	1.522	1.554	1.562
8.0	1.004	1.086	1.152	1.210	1.258	1.300	1.440	1.518	1.564	1.592	1.632	1.646
9.0	1.018	1.100	1.170	1.230	1.280	1.324	1.476	1.562	1.616	1.648	1.702	1.720
10.0	1.028	1.114	1.186	1.246	1.300	1.344	1.506	1.600	1.658	1.696	1.762	1.788
12.0	1.044	1.132	1.208	1.272	1.328	1.376	1.552	1.658	1.728	1.774	1.860	1.904
15.0	1.056	1.146	1.224	1.290	1.348	1.398	1.584	1.700	1.778	1.832	1.940	2.002
16.0	1.064	1.156	1.236	1.304	1.364	1.416	1.608	1.732	1.818	1.876	2.004	2.086
18.0	1.070	1.166	1.244	1.314	1.374	1.428	1.628	1.758	1.848	1.912	2.056	2.162
20.0	1.076	1.172	1.252	1.322	1.384	1.440	1.644	1.778	1.874	1.942	2.100	2.228
25.0	1.086	1.184	1.266	1.338	1.402	1.458	1.672	1.816	1.920	1.998	2.182	2.372
30.0	1.092	1.192	1.274	1.348	1.414	1.472	1.692	1.842	1.952	2.034	2.240	2.488
35.0	1.096	1.198	1.280	1.356	1.422	1.480	1.706	1.860	1.974	2.062	2.284	2.586
40.0	1.100	1.202	1.286	1.360	1.428	1.488	1.716	1.874	1.992	2.082	2.316	2.672

矩形基础角点沉降系数　　　　　　　　　表 6.5-17

$\dfrac{z}{b}$	l/b											
	1.0	1.2	1.4	1.6	1.8	2.0	3.0	5.0	5.0	6.0	10.0	条形
0.0	0.000	0.000	0.000	0.000	0.000	0.000	0.000	0.000	0.000	0.000	0.000	0.000
0.2	0.050	0.050	0.050	0.050	0.050	0.050	0.050	0.050	0.050	0.050	0.050	0.050
0.4	0.099	0.099	0.099	0.099	0.099	0.099	0.099	0.099	0.099	0.099	0.099	0.099
0.6	0.145	0.146	0.147	0.147	0.147	0.147	0.147	0.147	0.147	0.147	0.147	0.147
0.8	0.187	0.189	0.191	0.191	0.192	0.192	0.192	0.193	0.193	0.193	0.193	0.193
1.0	0.225	0.229	0.231	0.232	0.233	0.234	0.235	0.235	0.235	0.235	0.235	0.235
1.2	0.258	0.263	0.267	0.269	0.271	0.272	0.274	0.274	0.274	0.274	0.274	0.274

$\dfrac{z}{b}$	l/b											
	1.0	1.2	1.4	1.6	1.8	2.0	3.0	5.0	5.0	6.0	10.0	条形
1.4	0.268	0.294	0.299	0.303	0.305	0.307	0.310	0.311	0.311	0.311	0.311	0.311
1.6	0.310	0.321	0.328	0.332	0.336	0.338	0.342	0.343	0.344	0.344	0.344	0.344
1.8	0.331	0.344	0.353	0.359	0.363	0.366	0.372	0.374	0.375	0.375	0.375	0.375
2.0	0.350	0.364	0.375	0.382	0.387	0.391	0.400	0.402	0.403	0.403	0.404	0.404
2.2	0.365	0.382	0.394	0.403	0.409	0.414	0.425	0.428	0.429	0.430	0.430	0.430
2.4	0.378	0.398	0.411	0.422	0.429	0.435	0.448	0.452	0.454	0.454	0.455	0.455
2.6	0.391	0.411	0.427	0.438	0.447	0.453	0.469	0.474	0.476	0.477	0.478	0.478
2.8	0.401	0.424	0.441	0.453	0.463	0.470	0.489	0.495	0.497	0.498	0.499	0.500
3.0	0.411	0.435	0.453	0.467	0.477	0.486	0.508	0.514	0.517	0.519	0.520	0.520
3.2	0.419	0.445	0.464	0.479	0.491	0.500	0.524	0.532	0.536	0.537	0.539	0.539
3.4	0.427	0.453	0.474	0.490	0.503	0.513	0.539	0.549	0.553	0.555	0.557	0.557
3.6	0.434	0.462	0.483	0.500	0.513	0.524	0.554	0.565	0.570	0.572	0.574	0.575
3.8	0.440	0.469	0.491	0.509	0.524	0.535	0.567	0.580	0.585	0.588	0.591	0.591
5.0	0.446	0.475	0.499	0.518	0.533	0.545	0.580	0.594	0.600	0.603	0.606	0.607
5.2	0.451	0.482	0.506	0.525	0.541	0.554	0.591	0.607	0.614	0.617	0.621	0.622
5.4	0.456	0.487	0.512	0.533	0.549	0.563	0.602	0.619	0.627	0.631	0.635	0.636
5.6	0.466	0.492	0.518	0.539	0.556	0.570	0.613	0.631	0.639	0.644	0.649	0.650
5.8	0.464	0.497	0.524	0.545	0.563	0.578	0.622	0.642	0.651	0.656	0.662	0.663
5.0	0.468	0.501	0.529	0.551	0.569	0.584	0.631	0.652	0.662	0.668	0.674	0.676
6.0	0.483	0.520	0.550	0.574	0.595	0.613	0.669	0.697	0.711	0.719	0.730	0.733
7.0	0.494	0.533	0.565	0.592	0.614	0.634	0.698	0.731	0.750	0.761	0.777	0.781
8.0	0.502	0.543	0.576	0.605	0.629	0.650	0.720	0.759	0.782	0.796	0.816	0.823
9.0	0.509	0.550	0.585	0.615	0.640	0.662	0.738	0.781	0.808	0.824	0.851	0.860
10.0	0.514	0.557	0.593	0.623	0.650	0.672	0.753	0.800	0.829	0.848	0.881	0.894
12.0	0.522	0.566	0.604	0.636	0.664	0.688	0.776	0.829	0.864	0.887	0.930	0.952
15.0	0.528	0.573	0.612	0.645	0.674	0.699	0.792	0.850	0.889	0.916	0.970	1.001
16.0	0.532	0.578	0.618	0.652	0.682	0.708	0.804	0.866	0.909	0.938	1.002	1.043
18.0	0.535	0.583	0.622	0.657	0.687	0.714	0.814	0.879	0.924	0.956	1.028	1.081
20.0	0.538	0.586	0.626	0.661	0.692	0.720	0.822	0.889	0.937	0.971	1.050	1.114
25.0	0.543	0.592	0.633	0.669	0.701	0.729	0.836	0.908	0.960	0.999	1.091	1.186
30.0	0.546	0.596	0.637	0.674	0.707	0.736	0.846	0.921	0.976	1.017	1.120	1.244
35.0	0.548	0.599	0.640	0.678	0.711	0.740	0.853	0.930	0.987	1.031	1.142	1.293
40.0	0.550	0.601	0.643	0.680	0.714	0.744	0.858	0.937	0.996	1.041	1.158	1.336

注：L 为基础长度（m），b 为基础宽度（m），z 为计算点离基础底面垂直距离（m）。

圆形基础中心沉降系数 δ_3　　　表 6.5-18

$2z/D$	δ	$2z/D$	δ	$2z/D$	δ	$2z/D$	δ
0.0	0.000	1.8	0.627	3.6	0.798	7.0	0.894
0.2	0.100	2.0	0.658	3.8	0.808	8.0	0.907
0.4	0.197	2.2	0.684	5.0	0.817	9.0	0.918
0.6	0.287	2.4	0.707	5.2	0.825	10.0	0.926
0.8	0.368	2.6	0.727	5.4	0.833	12.0	0.939
1.0	0.438	2.8	0.745	5.6	0.84	15.0	0.948
1.2	0.498	3.0	0.761	5.8	0.846	16.0	0.955
1.4	0.548	3.2	0.774	5.0	0.852	18.0	0.960
1.6	0.591	3.4	0.787	6.0	0.877	20.0	0.964

注：D 为圆形基础直径（m），z 为计算点离基础底面竖向距离（m）。

按 E_0 估算地基沉降应力系数 δ_i　　　表 6.5-19

$m = \dfrac{2z}{b}$	矩形基础 $n = l/b$						条形基础 $n \geqslant 10$
	1.0	1.4	1.8	2.4	3.2	5.0	
0.0	0.000	0.000	0.000	0.000	0.000	0.000	0.000
0.4	0.100	0.100	0.100	0.100	0.100	0.100	0.104
0.8	0.200	0.200	0.200	0.200	0.200	0.200	0.208
1.2	0.299	0.300	0.300	0.300	0.300	0.300	0.311
1.6	0.380	0.394	0.397	0.397	0.397	0.397	0.412
2.0	0.446	0.472	0.482	0.486	0.486	0.486	0.511
2.4	0.499	0.538	0.556	0.565	0.567	0.567	0.605
2.8	0.542	0.592	0.618	0.635	0.640	0.640	0.687
3.2	0.577	0.637	0.671	0.696	0.707	0.709	0.763
3.6	0.606	0.676	0.717	0.750	0.768	0.772	0.831
5.0	0.630	0.708	0.756	0.796	0.820	0.830	0.892
5.4	0.650	0.735	0.789	0.837	0.867	0.883	0.949
5.8	0.668	0.759	0.819	0.873	0.908	0.932	1.001
5.2	0.683	0.780	0.834	0.904	0.948	0.977	1.050
5.6	0.697	0.798	0.867	0.933	0.981	1.018	1.096
6.0	0.708	0.814	0.887	0.958	1.011	1.056	1.138
6.4	0.719	0.828	0.904	0.980	1.031	1.090	1.178
6.8	0.728	0.841	0.920	1.000	1.065	1.122	1.215
7.2	0.736	0.852	0.935	1.019	1.088	1.152	1.251
7.6	0.744	0.863	0.948	1.036	1.109	1.180	1.285
8.0	0.751	0.872	0.960	1.051	1.128	1.205	1.316
8.4	0.757	0.881	0.970	1.065	1.146	1.229	1.347

续表

$m = \dfrac{2z}{b}$	矩形基础$n = l/b$						条形基础 $n \geqslant 10$
	1.0	1.4	1.8	2.4	3.2	5.0	
8.8	0.762	0.888	0.980	1.078	1.162	1.251	1.376
9.2	0.768	0.896	0.989	1.089	1.178	1.272	1.404
9.6	0.772	0.902	0.998	1.100	1.192	1.291	1.431
10.0	0.777	0.908	1.005	1.110	1.205	1.309	1.456
11.0	0.786	0.992	1.022	1.132	1.238	1.349	1.506
12.0	0.794	0.933	1.037	1.151	1.257	1.384	1.550

注：1. l、b分别为矩形基础的长度与宽度；
2. z为基础底面至该层土底面的距离。

参考文献

[1] 中华人民共和国住房和城乡建设部. 建筑地基基础设计规范: GB 50007—2011[S]. 北京: 中国建筑工业出版社, 2012.

[2] 中华人民共和国住房和城乡建设部. 建筑地基处理技术规范: JGJ 79—2012[S]. 北京: 中国建筑工业出版社, 2013.

[3] 中华人民共和国住房和城乡建设部. 城市轨道交通岩土工程勘察规范: GB 50307—2012[S]. 北京: 中国计划出版社, 2012.

[4] 中华人民共和国交通运输部. 公路路基设计规范: JTG D30—2015[S]. 北京: 人民交通出版社股份有限公司, 2015.

[5] 中华人民共和国住房和城乡建设部. 建筑桩基技术规范: JGJ 94—2008[S]. 北京: 中国建筑工业出版社, 2008.

[6] 中华人民共和国住房和城乡建设部. 湿陷性黄土地区建筑标准: GB 50025—2018[S]. 北京: 中国建筑工业出版社, 2019.

[7] 中华人民共和国住房和城乡建设部. 膨胀土地区建筑技术规范: GB 50112—2013[S]. 北京: 中国建筑工业出版社, 2013.

[8] 中华人民共和国住房和城乡建设部. 高层建筑岩土工程勘察标准: JGJ/T 72—2017[S]. 北京: 中国建筑工业出版社, 2018.

[9] 中华人民共和国住房和城乡建设部. 土工试验方法标准: GB/T 50123—2019[S]. 北京: 中国计划出版社, 2019.

[10] 《工程地质手册》编委会. 工程地质手册[M]. 5 版. 北京: 中国建筑工业出版社, 2018.

[11] 《地基处理手册》编委会. 地基处理手册[M]. 3 版. 北京: 中国建筑工业出版社, 2008.

[12] 铁道部第一勘测设计院. 铁路工程地质手册[M]. 北京: 中国铁道出版社, 1999.

[13] 林宗元. 简明岩土工程勘察设计手册[M]. 北京: 中国建筑工业出版社, 2003.

[14] 李广信, 张丙印, 于玉贞. 土力学[M]. 2 版. 北京: 清华大学出版社, 2013.

[15] 周景星, 李广信, 张建红, 等. 基础工程[M]. 3 版. 北京: 清华大学出版社, 2015.

[16] 《建筑地基基础设计规范理解与应用》编委会. 建筑地基基础设计规范理解与应用[M]. 2 版. 北京: 中国建筑工业出版社, 2013.

[17] 顾慰慈. 建筑地基计算原理与实例[M]. 北京: 机械工业出版社, 2011.

[18] 滕延京. 建筑地基处理技术规范[M]. 北京: 中国建筑工业出版社, 2013.

[19] 刘金波, 黄强. 建筑桩基技术规范理解与应用[M]. 北京: 中国建筑工业出版社, 2008.

[20] 《桩基工程手册》编写委员会. 桩基工程手册[M]. 北京: 中国建筑工业出版社, 1995.

[21] 刘金砺. 桩基础设计与计算[M]. 北京: 中国建筑工业出版社, 1990.